LEXIKON DER BIOLOGIE
8

HERDER
LEXIKON DER BIOLOGIE

Achter Band
Spinifex-Grasland
bis Zypressenmoos

Spektrum Akademischer Verlag
Heidelberg · Berlin · Oxford

Redaktion:
Udo Becker
Sabine Ganter
Christian Just
Rolf Sauermost (Projektleitung)

Fachberater:
Arno Bogenrieder, Professor für Geobotanik an der Universität Freiburg
Klaus-Günter Collatz, Professor für Zoologie an der Universität Freiburg
Hans Kössel, Professor für Molekularbiologie an der Universität Freiburg
Günther Osche, Professor für Zoologie an der Universität Freiburg

Autoren:

Arnheim, Dr. Katharina (K.A.)
Becker-Follmann, Johannes (J.B.-F.)
Bensel, Joachim (J.Be.)
Bergfeld, Dr. Rainer (R.B.)
Bogenrieder, Prof. Dr. Arno (A.B.)
Bohrmann, Dr. Johannes (J.B.)
Breuer, Dr. habil. Reinhard
Bürger, Dr. Renate (R.Bü.)
Collatz, Prof. Dr. Klaus-Günter (K.-G.C.)
Duell-Pfaff, Dr. Nixe (N.D.)
Emschermann, Dr. Peter (P.E.)
Eser, Prof. Dr. Albin
Fäßler, Peter (P.F.)
Fehrenbach, Heinz (H.F.)
Franzen, Dr. Jens Lorenz (J.F.)
Gack, Dr. Claudia (C.G.)
Ganter, Sabine (S.G.)
Gärtner, Dr. Wolfgang (W.G.)
Geinitz, Christian (Ch.G.)
Genaust, Dr. Helmut
Götting, Prof. Dr. Klaus-Jürgen (K.-J.G.)
Gottwald, Prof. Dr. Björn A.
Grasser, Dr. Klaus (K.G.)
Grieß, Eike (E.G.)
Grüttner, Dr. Astrid (A.G.)
Hassenstein, Prof. Dr. Bernhard (B.H.)
Haug-Schnabel, Dr. habil. Gabriele (G.H.-S.)
Hemminger, Dr. habil. Hansjörg (H.H.)
Herbstritt, Lydia (L.H.)
Hobom, Dr. Barbara
Hohl, Dr. Michael (M.H.)
Huber, Christoph (Ch.H.)
Hug, Agnes (A.H.)
Jahn, Prof. Dr. Theo (T.J.)
Jendritzky, Dr. Gerd (G.J.)

Jendrsczok, Dr. Christine (Ch.J.)
Kaspar, Dr. Robert
Kirkilionis, Dr. Evelin (E.K.)
Klein-Hollerbach, Dr. Richard (R.K.)
König, Susanne
Körner, Dr. Helge (H.Kör.)
Kössel, Prof. Dr. Hans (H.K.)
Kühnle, Ralph (R.Kü.)
Kuss, Prof. Dr. Siegfried (S.K.)
Kyrieleis, Armin (A.K.)
Lange, Prof. Dr. Herbert (H.L.)
Lay, Martin (M.L.)
Lechner, Brigitte (B.Le.)
Liedvogel, Dr. habil. Bodo (B.L.)
Littke, Dr. habil. Walter (W.L.)
Lützenkirchen, Dr. Günter (G.L.)
Maier, Dr. Rainer (R.M.)
Maier, Dr. habil. Uwe (U.M.)
Markus, Dr. Mario (M.M.)
Mehler, Ludwig (L.M.)
Meineke, Sigrid (S.M.)
Mohr, Prof. Dr. Hans
Mosbrugger, Prof. Dr. Volker (V.M.)
Mühlhäusler, Andrea (A.M.)
Müller, Wolfgang Harry (W.H.M.)
Murmann-Kristen, Luise (L.Mu.)
Neub, Dr. Martin (M.N.)
Neumann, Prof. Dr. Herbert (H.N.)
Nübler-Jung, Dr. habil. Katharina (K.N.)
Osche, Prof. Dr. Günther (G.O.)
Paulus, Prof. Dr. Hannes (H.P.)
Pfaff, Dr. Winfried (W.P.)
Ramstetter, Dr. Elisabeth (E.F.)
Riedl, Prof. Dr. Rupert
Sachße, Dr. Hanns (H.S.)
Sander, Prof. Dr. Klaus (K.S.)

Sauer, Prof. Dr. Peter (P.S.)
Scherer, Prof. Dr. Georg
Schindler, Dr. Franz (F.S.)
Schindler, Thomas (T.S.)
Schipperges, Prof. Dr. Dr. Heinrich
Schley, Yvonne (Y.S.)
Schmitt, Dr. habil. Michael (M.S.)
Schön, Prof. Dr. Georg (G.S.)
Schwarz, Dr. Elisabeth (E.S.)
Sitte, Prof. Dr. Peter
Spatz, Prof. Dr. Hanns-Christof
Ssymank, Dr. Axel (A.S.)
Starck, Matthias (M.St.)
Steffny, Herbert (H.St.)
Streit, Prof. Dr. Bruno (B.S.)
Strittmatter, Dr. Günter (G.St.)
Theopold, Dr. Ulrich (U.T.)
Uhl, Gabriele (G.U.)
Vollmer, Prof. Dr. Dr. Gerhard
Wagner, Prof. Dr. Edgar (E.W.)
Wagner, Prof. Dr. Hildebert
Wandtner, Dr. Reinhard
Warnke-Grüttner, Dr. Raimund (R.W.)
Wegener, Dr. Dorothee (D.W.)
Welker, Prof. Dr. Michael
Weygoldt, Prof. Dr. Peter (P.W.)
Wilmanns, Prof. Dr. Otti
Wilps, Dr. Hans (H.W.)
Winkler-Oswatitsch, Dr. Ruthild (R.W.-O.)
Wirth, Dr. Ulrich (U.W.)
Wirth, Dr. habil. Volkmar (V.W.)
Wuketits, Dozent Dr. Franz M.
Wülker, Prof. Dr. Wolfgang (W.W.)
Zeltz, Patric (P.Z.)
Zissler, Dr. Dieter (D.Z.)

Grafik:
Hermann Bausch
Rüdiger Hartmann
Klaus Hemmann
Manfred Himmler
Martin Lay
Richard Schmid
Melanie Waigand-Brauner

Die Deutsche Bibliothek – CIP-Einheitsaufnahme

Herder-Lexikon der Biologie / [Red.: Udo Becker ... Rolf Sauermost (Projektleitung). Autoren: Arnheim, Katharina ... Grafik: Hermann Bausch ...]. – Heidelberg ; Berlin ; Oxford : Spektrum, Akad. Verl.
ISBN 3-86025-156-2
NE: Sauermost, Rolf [Hrsg.]; Lexikon der Biologie
8. Spinifex-Grasland bis Zypressenmoos. – 1994

Alle Rechte vorbehalten – Printed in Germany
© Spektrum Akademischer Verlag GmbH, Heidelberg · Berlin · Oxford 1994
Die Originalausgabe erschien in den Jahren 1983–1987 im Verlag Herder GmbH & Co. KG, Freiburg i. Br.
Bildtafeln: © Focus International Book Production, Stockholm, und Spektrum Akademischer Verlag Heidelberg
Satz: Freiburger Graphische Betriebe (Band 1–9), G. Scheydecker (Ergänzungsband 1994), Freiburg i. Br.
Druck und Weiterverarbeitung: Freiburger Graphische Betriebe
ISBN 3-86025-156-2

Spinifex-Grasland [v. lat. spina = Dorn, facere = hervorbringen], Trockenvegetation der niederschlagsarmen Sommerregengebiete W.-↗Australiens; weitgehend beherrscht v. harten, scharfen, harzüberzogenen Igelgräsern.

Spinnapparat, der Erzeugung v. Gespinsten dienende Einrichtung bei einigen Tieren. a) bei Spinnentieren (↗Pseudoskorpionen, ↗Spinnmilben und Webspinnen): Morpholog. Grundlagen des S.s bei Webspinnen sind *Spinndrüsen* im Opisthosoma (bis 8 verschiedene Typen), die auf sehr bewegl. *Spinnwarzen* ventral auf dem Hinterleib ausmünden (bei ursp. Spinnen 4 Paar bauchständige Spinnwarzen [↗*Mesothelae*], bei ↗*Cribellatae* 3 Paar Spinnwarzen und ↗*Cribellum*, sonst meist 3 Paar funktionsfähige Spinnwarzen). Die Spinnwarzen sind abgewandelte Opisthosomaextremitäten. Jeder Drüsentyp sezerniert eine für eine bestimmte Funktion eingesetzte *Spinnseide*. Sie tritt meist aus der Spitze der Spinnwarzen aus feinsten, mit Regulationsventilen versehenen Düsen *(Spinnspulen)* aus. Spinnseide besteht aus Proteinen, deren Moleküle beim Austritt ausgerichtet werden u. dadurch einen *Spinnfaden* bilden, dessen ⌀ v. 10 nm (Cribellum-Wolle) bis mehrere µm betragen kann (⌀ bei der Seidenspinne z. B. ca. 0,007 mm), der enorm reißfest u. gleichzeitig elastisch ist. Neusynthese erfolgt innerhalb weniger Minuten. Das Spinnvermögen wird für verschiedenste Funktionen eingesetzt: Auskleidung von Wohnröhren (wahrscheinlich urspr. Funktion), Bau v. Fanggeweben, Sicherheitsfaden, Ballooning (↗Altweibersommer), Bau v. Häutungs-, Wohn- u. Überwinterungsgespinsten, Bau v. Eikokons. b) Bei Insekten liegen Spinndrüsen entweder als modifizierte ↗Labialdrüsen vor (z. B. Schmetterlingsraupen), die an der Spitze der Praementums münden, od. die Spinnsekrete werden am Hinterleibsende aus Malpighi-Gefäßen abgegeben; Tarsenspinner besitzen an den Tarsen der Vorderbeine Spinndrüsen (↗Embioptera). c) Spinndrüsen bei Muscheln: ↗Byssus. – ↗Gespinst, ↗Spinnennetz, ↗Kokon. ®Gliodorfüßor II.

Spinndrüsen ↗Spinnapparat.

Spinnen, i. e. S. die ↗Webspinnen, i. w. S. die ↗Spinnentiere.

Spinnenaffe, *Brachyteles arachnoides,* ↗Klammerschwanzaffen.

Spinnenameisen, Ameisenwespen, Bienenameisen, Mutillidae, Fam. der Hautflügler mit ca. 2000 meist trop. Arten, in Mitteleuropa etwa 10. Die meist größeren Weibchen der sexualdimorphen S. sind stets ungeflügelt, v. einer dunklen, pelzigen, durch helle Punkte od. Streifen unterbrochenen Behaarung überzogen u. haben kleinere Komplexaugen als die geflügelten u. andersfarbig behaarten Männchen. Der Stich der Weibchen ist für Menschen sehr schmerzhaft. Die Begattung findet häufig in der Luft statt, wobei das Männchen das Weibchen trägt. Die Eier werden meist in die Nester v. Goldwespen, Grabwespen, Bienen od. Echten Wespen gelegt, die Larven ernähren sich v. den Wirtslarven selbst od. von der für die Brut gesammelten Nahrung. Die häufige, bis 16 mm große Europäische Ameisenwespe *(Mutilla europaea)* parasitiert in Hummelnestern. Die Brust des Weibchens ist braunrot, das Männchen ist ganz schwarzblau gefärbt, der Hinterleib trägt bei beiden Geschlechtern 3 silbergraue, in der Mitte unterbrochene Querbinden.

Spinnenasseln, die Gatt. ↗Scutigera.

Spinnenfische, *Bathypteroidae,* Fam. der ↗Laternenfische.

Spinnenfliegen, die ↗Fledermausfliegen.

Spinnenfresser, *Mimetidae,* ca. 100 Arten umfassende Fam. der ↗Webspinnen, deren Vertreter in allen Erdteilen vorkommen; sie weben niemals Fanggewebe, sondern überwältigen ausschl. andere Spinnen als Nahrung. Manche Arten sollen die Beute durch spezif. Zupfsignale (eventuell Balzsignale) an den Rand des Netzes locken. Charakterist. sind die sehr stark bedornten beiden vorderen Beinpaare, mit denen die Beute ergriffen wird. Es erfolgt kein Zerkleinern, sondern ein Aussaugen der Beute durch das Bißloch. In Mitteleuropa leben 3 Arten der Gatt. ↗*Ero* (☐).

Spinnengifte, giftige Sekrete, die v. ↗Giftspinnen in ihren ↗Giftdrüsen gebildet werden. Die Zusammensetzung der Rohgifte ist sehr komplex. Als wirksame Bestandteile der S. wurden v. a. als Nervengifte wirkende Proteine (↗Neurotoxine), Enzyme (z. B. Hyaluronidase, proteolyt. Aktivitäten und hämolyt. wirkende Enzyme) u. biogene Amine (Histamin u. Serotonin) gefunden. Nur wenige S. sind für Menschen gefährlich. Stärkstes S. ist das Gift der ↗Kammspinne *Phoneutria fera,* das u. a. 11 pharmakolog. aktive Komponenten sowie Histamin u. Serotonin enthält u. als Neurotoxin wirkt. Die tödl. Dosis (LD_{100}) beträgt für eine Maus (20 g) i. v. 0,006 mg; der Tod wird durch Atemlähmung verursacht. Bekannt ist auch das Neurotoxin der ↗Schwarzen Witwe *(Latrodectus mactans),* das die Erregungsübertragung an neuralen Synapsen u. am Muskel beeinflußt u. eine Reihe charakterist. Erscheinungen hervorruft, z. B. starke Schmerzen, verlangsamte Herztätigkeit, Todesangst u. Muskelkontraktionen im Gesicht (facies latrodectismica). Andere S. wirken hpts. cytotoxisch, z. B. die Toxine v. *Lycosa*- u. *Loxosceles*-Arten. Beste Gegenmittel bei Vergiftungen sind spezif. Antiseren.

Spinnenkrabben, die ↗Seespinnen.

Spinnenläufer, die Gatt. ↗Scutigera.

Spinnennetz, v. ↗Webspinnen gebaute, 2- oder 3dimensionale Netze aus Spinnsekret (↗Spinnapparat), um Beute zu fangen. Da-

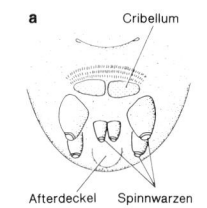

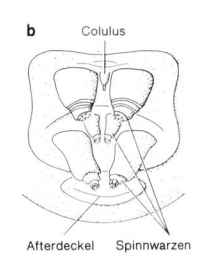

Spinnapparat

S. bei Spinnentieren: **a** Spinnwarzenregion einer cribellaten Spinne, **b** einer ecribellaten Spinne; **c** Spinndrüsenkomplex einer Radnetzspinne

Spinnenschildkröten

bei bleibt die Beute entweder mechan. in den Fäden (bei ↗ Cribellatae in der Cribellumwolle) od. an Leimtropfen hängen. Am bekanntesten sind die Radnetze der ↗ Radnetzspinnen, außerdem gibt es aber viele Webspinnen, die völlig anders konstruierte Fanggewebe errichten: z. B. Dekkennetze (↗ Trichterspinnen, ↗ Baldachinspinnen, ↗ Kugelspinnen), Röhrennetze (↗ Finsterspinnen), Fangschläuche (↗ Atypus). Das Netzbauverhalten ist weitestgehend angeboren. Häufig dienen S.e auch der Übertragung v. Erschütterungssignalen bei der Balz. Bei vielen Arten zupft das Männchen in einem spezif. Rhythmus an den Fäden, den das Weibchen erkennt. Als phylogenetisch urspr. gelten ausgesponnene Schlupfwinkel mit vom Eingang aus gespannten Fangfäden, als abgeleitet die wahrscheinl. konvergent entstandenen Radnetze der Radnetzspinnen u. ↗ Kräuselradnetzspinnen. Innerhalb dieser Fam. finden sich dann wieder vielfältige Abwandlungen des Radnetzes.

Spinnenschildkröten, *Pyxis,* Gattung der ↗ Landschildkröten. [ken.

Spinnenschnecken, die ↗ Fingerschnekken.

Spinnenspringer, *Dicyrtomidae,* Fam. der ↗ Kugelspringer.

Spinnentiere, *Arachnida,* arten- (etwa 60 000) und individuenreiche Kl. der ↗ Chelicerata mit 10 Ord. (vgl. Tab.); größte Art *Pandinus imperator* (↗ Skorpione) mit ca. 18 cm Länge, kleinste Arten 0,08 mm (↗ Gallmilben); Vertreter bereits aus dem Silur bekannt (Skorpione). Primär landlebende, luftatmende Cheliceraten (v. einigen Milbengruppen u. der ↗ Wasserspinne wurde sekundär das Wasser als Lebensraum wieder erobert). Mit Ausnahme vieler Milben erfolgt die Ernährung räuberisch. Habitus u. Anatomie der einzelnen Ordnungen sind im Detail sehr verschieden. Der Körper ist in ungegliedertes Prosoma u. Opisthosoma unterteilt; letzteres gegliedert od. ungegliedert, trägt niemals Laufbeine, sondern nur umgewandelte Extremitäten (z. B. Spinnwarzen der Webspinnen, Kämme der Skorpione). Extremitäten: je 1 Paar Cheliceren u. Pedipalpen, 4 Laufbein-Paare, die neben Laufen u. Tasten weitere Funktionen übernehmen können (Graben, Schwimmen). Sinnesorgane: zahlr. Sinneshaare, Trichobothrien, Spaltsinnesorgane; Augen in Form v. Ocellen (meist Median- u. Seitenaugen mit verschiedenem Bau). Nervensystem: Ganglien meist stark im Prosoma konzentriert, nur Skorpione weisen noch Strickleiternervensystem auf. Darmtrakt: enger Mund (extraintestinale Verdauung im Mundvorraum), Vorderdarm mit Saugmuskel (Pharynx, Magen), Mitteldarm mit zahlr. Divertikeln (Mitteldarmdrüse) für Verdauung u. Resorption. Exkretion: Coxaldrüsen, paarige, entodermale Malpighische Gefäße, Nephrocyten zur Exkretspeicherung. At-

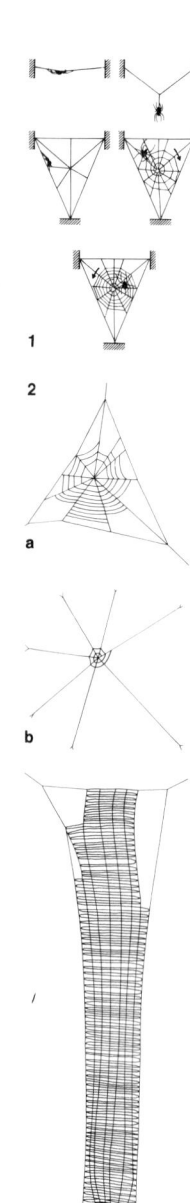

Spinnentiere	
Ordnungen:	↗ Pseudoskorpione (Cheloneti)
↗ Geißelskorpione (Uropygi)	↗ Skorpione (Scorpiones)
↗ Geißelspinnen (Amblypygi)	↗ Walzenspinnen (Solifugae)
↗ Kapuzenspinnen (Ricinulei)	↗ Weberknechte (Opiliones)
↗ Milben (Acari)	↗ Webspinnen (Araneae)
↗ Palpigradi	

mung: Fächerlungen, Röhrentracheen, bei Kleinstformen oft Hautatmung. Gefäßsystem: dorsal gelegenes Herz mit Ostien u. Perikardialsinus, Blut mit Hämocyanin u. Blutzellen; Herz bei Kleinstformen oft reduziert. Geschlechtsorgane: primär paarige Gonaden, getrenntgeschlechtlich, im Opisthosoma gelegen, Mündung stets auf dem 2. Opisthosomasegment. Entwicklung: meist dotterreiche Eier mit superfizieller Furchung, bei manchen Skorpionen u. Milben Viviparie. □ Webspinnen, B Gliederfüßer II.

Spinner, *Bombyces,* Sammelbegriff für viele, nicht unbedingt näher miteinander verwandte Schmetterlingsfam. und Artengruppen, deren Falter meist breitflügelig, dickleibig u. dicht beschuppt sind; Männchen mit gekämmten Fühlern; überwiegend nachtaktiv; Raupen oft dicht behaart; mit Spinnvermögen zur Herstellung v. Gespinsten u. Puppen-Kokons.

Spinnfüßer, die ↗ Embioptera.

Spinngewebshaut, die ↗ Arachnoidea.

Spinnmilben, *Tetranychidae,* Fam. winziger (0,26–0,8 mm), weichhäutiger ↗ Milben (U.-Ord. *Trombidiformes*), die an Pflanzen parasitieren. In modifizierten Speicheldrüsen wird ein Spinnsekret produziert, das zw. den stilettförm. Chelizeren u. der Oberlippe abgegeben wird. Viele Arten leben in großen Kolonien u. bilden waagerechte Gewebedecken bes. auf der Unterseite der Blätter. Die Tiere leben geschützt zw. Gewebe u. Blatt. Alle Entwicklungsstadien (Larven, Protonymphen, Deutonymphen,

Spinnennetz

1 Stadien des Spinnens eines S.es der Kreuzspinne. 2 Abwandlungen des Radnetzes (□ Radnetzspinnen):
a *Poecilopachys australasia,* **b** *Wixia ectypa,* **c** *Tyloriba spec.* („Leiternetz"), **d** *Pasibolus spec.*

Spinnmilben

Häufige Kulturpflanzenschädlinge unter den Spinnmilben:

Rote Spinne, Obstbaumspinnmilbe *(Metatetranychus ulmi),* lebt in Massen auf der Ober- u. Unterseite der Blätter v. Obstbäumen, 0,26–0,47 mm lang, Eier überwintern

Gemeine Spinnmilbe *(Tetranychus urticae),* an Kartoffeln, Bohnen, Wein, Hopfen u. in Gewächshäusern an Gurken u. Zierpflanzen, 0,3–0,5 mm lang, grünlich, im Winter rot; Kosmopolit, überwintert an abgestorbenen Pflanzenteilen

Lindenspinnmilbe *(Eotetranychus telarius),* im Herbst Massenwanderungen in die Winterquartiere unter Rinde u. in der Erde

Stachelbeermilbe *(Bryobia praetiosa),* an Stachel- u. Johannisbeersträuchern, 0,8 mm lang, nur als ♀ bekannt, braunrot; überwintern als Eier

Adulte) stechen mit den Cheliceren Blattzellen an u. saugen sie aus. Die S. richten häufig in Kulturen u. Gewächshäusern großen wirtschaftl. Schaden an (T 2).

Spinnwarzen ↗Spinnapparat.

Spinte, die ↗Bienenfresser.

Spintherida [Mz.; v. gr. spinthēr = Funke], Ringelwurm-Ord. der ↗Polychaeta mit der einzigen Fam. *Spintheridae* u. der einzigen Art *Spinther arcticus;* 1–9 mm lang, Körper breitoval u. aus 12–24 Segmenten bestehend; vordere Parapodien nach vorn, hintere nach hinten gerichtet; lebt auf Schwämmen, carnivor od. parasitisch; arktisch-boreal.

Spinturnicidae [Mz.], die ↗Fledermausmilben.

Spinulosida [Mz.; v. lat. spinula = kleiner Dorn], *Spinulosa*, Ord. der ↗Seesterne.

Spiomorpha [Mz.; v. *spio-, gr. morphē = Gestalt], früher Ringelwurm-(Polychaeten-)U.-Ord. innerhalb der Ord. ↗*Sedentaria;* beide Einheiten sind nicht mehr gebräuchl.; die S. sind heute weitestgehend durch die ↗*Spionida* ersetzt.

Spionida [Mz.; v. *spio-], Ord. der Ringelwürmer (Kl. ↗*Polychaeta*) mit 9 Fam. (vgl. Tab.); Körper in 2 Abschnitte gegliedert; Prostomium mit od. ohne unpaare Antenne, Peristomium sowohl mit od. ohne ein Paar Tentakel als auch mit od. ohne Parapodien; Rüssel immer unbewaffnet, meist vorstülpbar.

Spiracularkieme w [v. lat. spiraculum = Luftloch], *Pseudobranchie,* ↗Spritzloch.

Spiraculum s [lat., = Luftloch], **1)** bei Fischen: das ↗Spritzloch. **2)** bei Gliederfüßern: ↗Stigma; ↗Tracheensystem. **3)** unpaares Kiemenloch an der Bauchseite od. linken Körperseite v. Kaulquappen. **4)** das in die Atemhöhle überleitende Atemloch bei zahlr. Schnecken.

Spiraea w [v. gr. speiraia = Spierstrauch], Gatt. der ↗Rosengewächse.

Spiraeoideae [Mz.; v. gr. speiraia = Spierstrauch], U.-Fam. der ↗Rosengewächse.

Spiraldarm, spiralig aufgewundener Mitteldarm der Rundmäuler, Haie u. Rochen, bei dem es zur Ausbildung einer den Darm längs durchziehenden, korkenzieherartig gewundenen Falte *(Spiralfalte)* gekommen ist. Der S. ist nach der zottenartigen Auffaltung der Darmschleimhaut eine weitere Möglichkeit der Oberflächenvergrößerung, indem auf kurzer Strecke große Austauschoberflächen gewonnen werden. Bei höheren Wirbeltieren fehlt der S.; hier wird eine vergrößerte Resorptionsfläche durch Schleifenbildung erreicht. B Darm.

spiralförmige und gekrümmte (gramnegative) Bakterien, Gruppe 6 der ↗Bakterien (T), in der die Spirillen (↗*Spirillum*) u. a. chemotrophe, gramnegative Bakterien mit mehr od. weniger spiralförm. Zellform eingeordnet werden; neuerdings (1984) in 2 Gruppen (parts) aufgeteilt (vgl. Tab.).

---

spio- [ben. nach der Nereide Speiō].

Spintherida
Spinther arcticus, von der Bauchseite, 9 mm lang

Spionida
Familien:
Acrocirridae
↗ Apistobranchidae
↗ Chaetopteridae
↗ Cirratulidae
Heterospionidae
↗ Magelonidae
↗ Poecilochaetidae
Spionidae
Trochochaetidae

Spiralfurchung
a 4-Zell-Stadium und
b 8-Zell-Stadium v. oben gesehen;
c 16-Zell-Stadium v. der Seite gesehen.
Da die Teilungsspindeln in b und c schräg stehen, werden die voneinander getrennten Zellkränze gegeneinander gedreht.

spir-, spiro- [v. gr. speira (lat. spira) = Windung].

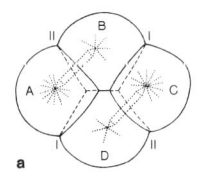

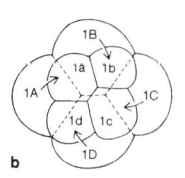

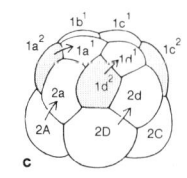

---

spiralförmige und gekrümmte (gramnegative) Bakterien	gramnegative Bakterien (Sektion 2)
Gruppe (part) 6 der ↗ Bakterien (T) (Bergey, 1974)	Gattungen: ↗ *Aquaspirillum* ↗ *Spirillum* ↗ *Azospirillum* *Oceanospirillum* (↗ *Spirillum*) ↗ *Campylobacter* ↗ *Bdellovibrio* *Vampirovibrio*
Fam. *Spirillaceae* (Gattungen): ↗ *Spirillum* ↗ *Campylobacter*	
zugeordnete Gattungen: *Bdellovibrio* *Microcyclus** (ringbildend, im Boden u. Süßwasser) *Pelosigma** (im Faulschlamm) *Brachyarcus** (in Seen u. Teichen)	Unbewegliche (od. selten bewegliche) gramnegative, gekrümmte Bakterien (Sektion 3, Auswahl): *Spirosoma* (ringbildend, im Boden u. Süßwasser) (Fam. *Spirosomataceae*) *Microcyclus** *Brachyarcus** *Pelosigma**
Neue Gruppeneinteilung (Bergey, 1984): Aerobe/mikroaerophile, bewegliche, helikale/vibrioide,	* noch nicht in Reinkultur isoliert

Spiralfurchung, Typ der ↗Furchung, bei dem die ↗Blastomeren ab dem 4- oder 8-Zellen-Stadium „auf Lücke" angeordnet sind, weil die jeweiligen Mitosespindeln schräg zur animal-vegetativen ↗Eiachse stehen (↗dexiotrop, ↗lävotrop). Die S. ist der urspr. Furchungstyp bei den als ↗*Spiralier* zusammengefaßten Tierstämmen, i. d. R. verbunden mit Mesodermbildung über Urmesodermzelle (↗Somatoblast) u. Larve vom ↗Trochophora-Typ. Wegen des konstanten Teilungsmusters kann man das Schicksal der Tochterzelle bis in späte Entwicklungsstadien verfolgen (↗Zellgenealogie, „cell lineage"). Die Terminologie für die Furchungszellen (vgl. Abb.) bezeichnet den Teilungsschritt (erste Ziffer), den Quadranten (Buchstaben) u. die animal-vegetative Lage der jeweiligen Tochterzellen (Groß- bzw. Kleinbuchstaben u. Indexziffern). B Furchung.

Spiralier [Mz.; v. *spir-], *Spiralia,* Sammelbezeichnung für alle Tiergruppen mit ↗Spiralfurchung (B Furchung); umfassen die ↗Plattwürmer *(Plathelminthes),* Schnurwürmer *(Nemertini),* ↗Gnathostomulida, ↗Kamptozoa, ↗Echiurida, ↗Sipunculida, ↗Weichtiere *(Mollusca),* ↗Ringelwürmer *(Annelida),* ↗Pogonophora und ↗Gliederfüßer *(Arthropoda),* unter diesen auch die ↗Bärtierchen *(Tardigrada),* ↗Pentastomiden, ↗Stummelfüßer *(Onychophora).* Von den meisten Zoologen, wenngleich nicht allg. anerkannt, werden auch die ↗*Nema-*

Spiralwuchs

thelminthes (Schlauchwürmer) den S.n zugerechnet.

Spiralwuchs [v. *spir-], der ↗Drehwuchs.

Spiramycin *s* [v. *spir-, gr. mykēs = Pilz], von *Streptomyces ambofaciens* produziertes ↗Makrolidantibiotikum, das gg. grampositive Bakterien u. Rickettsien wirksam ist. B Antibiotika.

Spiranthes *m* [v. *spir-, gr. anthos = Blüte], der ↗Schraubenstendel.

Spirastrellidae [Mz.; v. *spir-, gr. astēr = Stern], Schwamm-Fam. der ↗*Demospongiae*; bekannte Gatt. *Spirastrella*, ↗*Spheciospongia*.

Spiratella *w* [v. *spir-], jetzt ↗*Limacina*.

Spiridentaceae [Mz.; v. *spir-, lat. dentes = Zähne], Fam. der ↗*Bryales* (U.-Ord. *Spiridentineae*); bärlappähnl. epiphytische Laubmoose; einige Arten der Gatt. *Spiridens* können bis 30 cm groß werden; Verbreitungsgebiet Polynesien, Melanesien, Neuseeland.

Spiridion *s* [v. gr. speiridion = kleine Windung], Ringelwurm-(Oligochaeten-)Gatt. der ↗*Tubificidae*. *S. insigne*, 5–10 mm lang, bräunl. bis rötl., Blut hellgelb; Ostsee.

Spirifer cultrijugatus *m* [v. *spir-, lat. -fer = -tragend, cultrum = Messer, iugatus = verbunden], (F. Römer), Leitfossil der 1860 v. Gosselet für unter-/mitteldevon. Grenzschichten (Couvin) aufgestellten „Cultrijugatus-Zone"; heute dem unteren Mitteldevon zugerechnet (Eifelium).

Spiriferida [Mz.; v. *spir-, lat. -fer = -tragend], (Waagen 1883), † Ord. articulater ↗Brachiopoden (T) mit einer großen Zahl v. Leitfossilien. ↗Armgerüst ↗helicopegmat, Schalen überwiegend impunctat (↗Impunctata) u. radial berippt; Stielklappe mit ↗Interarea u. dreieckigem ↗Delthyrium, z. T. ein ↗Deltidium entwickelt. Verbreitung: Ordovizium bis Lias.

Spirillose *w* [v. *spir-], durch Spirillen (↗*Spirillum*) hervorgerufene Krankheiten, z. B. die ↗Rattenbißkrankheit.

Spirillum *s* [v. *spir-], Gatt. der ↗spiralförmigen u. gekrümmten (gramnegativen) Bakterien; fr. mit ↗*Campylobacter* in der Fam. *Spirillaceae* zusammengefaßt. Neuerdings (1984) werden die chemoorganotrophen *Spirillen* mit helikaler Zellform wegen molekularer Unterschiede (DNA-Zusammensetzung) in 3 Gatt. aufgeteilt: In der neuen Gatt. *S.* wird nur noch 1 Art, *S. volutans*, eingeordnet; sie lebt in Süßwasser u. massenhaft in Schweinejauche; an den Polen ihrer sehr großen Zellen (⌀ 1,4–1,7 μm, Länge bis 60 μm) entspringen Geißelbüschel. *S.* wächst normalerweise nur bei verringerter Sauerstoffkonzentration (keine Katalase!); im Atmungsstoffwechsel werden organ. Substrate, aber keine Kohlenhydrate, abgebaut. – Die meisten früheren *S.*-Arten stehen heute in der Gatt. ↗*Aquaspirillum* eingeordnet; ihr ⌀ beträgt 0,2–1,4 μm; typischerweise besitzen sie auch bipolare Geißelbüschel; sie

spir-, spiro- [v. gr. speira (lat. spira) = Windung].

wachsen aerob bis mikroaerophil; meist werden ebenfalls keine Kohlenhydrate genutzt; höhere Salzkonzentrationen (3,0% NaCl) verhindern ein Wachstum. In verunreinigtem Süßwasser, stehenden Gewässern u. Jauche findet sich häufig *A. serpens*. – Die salzliebenden Spirillen werden in der Gatt. *Oceanospirillum* zusammengefaßt; für ihr Wachstum ist NaCl notwendig. Die helikalen Zellen (⌀ 0,3–1,4 μm) besitzen typischerweise bipolare Geißelbüschel od. Einzelgeißeln. Im Atmungsstoffwechsel werden organ. Substrate (aber keine Kohlenhydrate) verwertet. Stickstoff-fixierende Spirillen werden in die Gatt. ↗*Azospirillum* eingeordnet. *S.*-ähnliche Bakterien, die noch nicht auf künstl. Medien gezüchtet werden konnten, sind Erreger v. Krankheiten: „*S. minor*" verursacht die Rattenbißkrankheit und „*S. pulli*" eine diphtherieähnliche Stomatitis bei Geflügel. ☐ Bakteriengeißel, B Bakterien.

Spiritus *m* [lat., = Geist], das ↗Äthanol.

Spirke *w* [v. mlat. spergula = Spark], *Pinus mugo* ssp. *uncinata*, ↗Kiefer.

Spirobolidae [Mz.; v. *spiro-, gr. bōlos = Klumpen], Fam. der ↗Doppelfüßer (T).

Spirobrachiidae [Mz.; v. *spiro-, gr. brachiōn = Arm], Fam. der ↗*Pogonophora* aus der U.-Ord. *Thecanephria* mit 1 Art *(Spirobrachia grandis)* aus der Beringsee.

Spiroceras *s* [v. *spiro-, gr. keras = Horn], (Quenstedt 1856), einfachrippige Gatt. der ↗*Ammonoidea* mit uhrfederart. aufgelockerter Windungsspirale, manchmal korkenzieherartig. Verbreitung: mittlerer Dogger, fast weltweit.

Spirochaeta *w* [v. *spiro-, gr. chaitē = Borste], Gatt. der Spirochäten mit 6 (sicher) beschriebenen Arten; ihre Zellen sind helikal gewunden u. besitzen den typ. Aufbau v. ↗Spirochäten; bis auf 1 Ausnahme *(S. plicatilis)* haben sie nur 2 Axialfibrillen. Sie leben saprophytisch, anaerob od. fakultativ anaerob, normalerweise freilebend, z. B. in Schlamm, Sümpfen, Teichen, Morast. Vorwiegend werden Kohlenhydrate vergoren; Cellobiose kann auch genutzt werden, Cellulose wahrscheinl. nicht. Anaerob werden die Kohlenhydrate im Glykolyse-Weg bis zum Pyruvat abgebaut; als Hauptendprodukte entstehen dann Essigsäure, Äthanol, CO_2 und H_2, in geringen Mengen bilden sich auch Bernstein- u. Milchsäure. Bei den aerob wachsenden Arten entstehen CO_2 u. Essigsäure als Endprodukte. – *S. plicatilis* tritt massenhaft in engem Kontakt mit Schwefelbakterien (↗*Beggiatoa*-Trichomen) auf. *S. halophila* lebt in Salzseen u. benötigt Kochsalz zum Wachstum.

Spirochaetaceae [Mz.; v. *spiro-, gr. chaitē = Borste], Fam. der ↗Spirochäten.

Spirochaetales [Mz.; v. *spiro-, gr. chaitē = Borste], die ↗Spirochäten.

Spirochäten [Mz.; v. *spiro-, gr. chaitē =

Borste], *Spirochaetales*, Gruppe (Ord.) einzelliger, chemoheterotropher, helikaler Bakterien, die sich durch ihren Zellaufbau u. ihre Bewegung v. den anderen ↗Bakterien unterscheiden. Die Zelle ist spirillenförmig, aber nicht starr, sondern flexibel; außerdem sind die meisten Vertreter im Vergleich zur Länge sehr dünn ($\varnothing$ 0,1–3,0 µm, Länge 5–250 µm), so daß sie nur im Phasenkontrast- od. im Dunkelfeld-Mikroskop deutl. zu erkennen sind u. durch ↗Bakterienfilter hindurchgehen. Alle S. besitzen einen gramnegativen Zellaufbau: Zellwand mit Murein u. Cytoplasmamembran, die das Cytoplasma mit den Einschlüssen umhüllt; dieser helikal gewundene *Protoplasmazylinder* ist v. Fibrillen *(= Axialfibrillen)* umwunden, die in ihrer Gesamtheit als *Achsenfaden* od. *Axialfilament* bezeichnet werden. Protoplasmazylinder u. Axialfibrillen werden noch v. einer äußeren, mehrschicht. Hülle (äußere Scheide) umschlossen. Die Anzahl der Axialfibrillen kann je nach Gatt. und Art von 2 bis über 100 variieren; sie entspringen etwas unterhalb der Zellpole an beiden Enden des Protoplasmazylinders. Ihre freien Enden sind zur Mitte gerichtet u. können sich überlappen. In Aufbau u. chem. Zusammensetzung (Flagellin) entspr. sie den normalen äußeren ↗Bakteriengeißeln; daher werden sie auch als „innere Geißeln" bezeichnet. Da die Axialfibrillen innerhalb einer Zellhülle liegen, unterscheiden sich S. im Bewegungsmechanismus: neben Schwimmbewegungen besitzen sie andere, charakterist. Bewegungsweisen: ein Schlängeln, Biegen, ruckartiges Verbiegen u. Torsionen. Im Ggs. zu begeißelten Bakterien können sie sich auch in einem sehr dichten Medium u. an Oberflächen bewegen. – S. leben anaerob, fakultativ anaerob od. aerob. Sie sind freilebende (↗*Spirochaeta*) Parasiten u. Krankheitserreger in Mensch u. Tier (↗*Treponema*, ↗*Borrelia*), Kommensalen u. Symbionten in Mollusken (↗*Cristispira*) od. im Hintordarm v. holzfressenden Termiten, Schaben (*Cryptocercus punctulatus*), wo sie i.d.R. mit Flagellaten assoziiert vorkommen. Ähnliche Mikroorganismen wurden in einer Reihe weiterer Gliederfüßer beobachtet. In *Artemia salina* (↗Salinenkrebschen) befinden sich S. extra- u. intrazellulär; auch im Verdauungstrakt, Dickdarm u. Pansen v. Säugern (einschl. Mensch) lassen sich S. nachweisen (↗Darmflora, T). In der Mundhöhle (↗Mundflora, T) v. Tier und Mensch leben S. (*Treponema*-Arten), die möglicherweise bei der Auslösung v. periodontalen Erkrankungen v. Bedeutung sind. S. besitzen einen chemoorganotrophen Stoffwechsel; Kohlenhydrate, Aminosäuren, langkettige Fettsäuren od. Fettalkohole werden als Energie- u. Kohlenstoffquelle genutzt. Eine Reinkultur der meisten pathogenen u. vieler symbiontischer S. ist noch nicht gelungen, so daß die Benennung v. Termiten-S. bisher (noch) nicht anerkannt wurde (z.B. „*Spirochaeta termitis*"). G. S.

Spirochäten
Familien u. Gattungen:
Spirochaetaceae
  ↗ *Spirochaeta*
  ↗ *Cristispira*
  ↗ *Treponema*
  ↗ *Borrelia*
Leptospiraceae
  ↗ *Leptospira*
„*Pillotaceae*"
(S. im hinteren Darmabschnitt v. Termiten)
  ↗ *Pillotina*
  ↗ *Hollandina*
  ↗ *Diplocalix*
  (*Diplocalyx*)

Spiroplasmataceae
Einige Pflanzenkrankheiten, die durch *Spiroplasma*-Arten verursacht werden:
Vergilbungskrankheiten (Eichelfruchtigkeit, Citrus-Stauche) an Citrusbäumen durch *S. citri*
Maisstauche
Gelbverzwergung an Reis

Spirorbidae
Wichtige Gattungen:
Bushiella
Dexiospira
Janua
Leodora
Metalaeospira
Paradexiospira
Paralaeospira
Pileolaria
Protolaeospira
Romanchella
↗ *Spirorbis*

spir-, spiro- [v. gr. speira (lat. spira) = Windung].

Spirochona w [v. *spiro-, gr. chōnē = Tiegel], Gatt. der ↗Chonotricha.
Spirodela w [v. *spiro-, gr. dēlos = sichtbar], Gatt. der ↗Wasserlinsengewächse.
Spirodistichie w [v. *spiro-, gr. distichia = Doppelreihe], Bez. für die zweizeilige od. ↗ *distiche* Blattstellung, bei der sich die beiden Geradzeilen allmählich um die Achse drehen. Beispiele: Schraubenbaum, viele Drachenbäume.
Spirographis w [v. *spiro-, gr. graphis = Griffel], Ringelwurm-(Polychaeten-)Gatt. der *Sabellidae*. *S. spallanzani*, bis 30 cm lang, mit bis 300 Segmenten, ↗Radioli jederseits spiralig angeordnet; Röhre gummiartig u. mit Schlick behaftet. B Atmungsorgane I.
spirogyr [v. *spiro-, gr. gyros = Kreis] heißen nach auswärts gekrümmte Wirbel v. Muschelklappen (z.B. bei *Diceras*).
Spirogyra w [v. *spiro-, gr. gyros = Kreis], Gatt. der ↗Zygnemataceae.
Spirometrie w [v. lat. spirare = atmen, gr. metran = messen], Methode der indirekten ↗Kalorimetrie zur Messung der Atemu. Lungenvolumina, wobei die ein- u. ausgeatmeten Luftmengen mit Hilfe eines *Spirometers* direkt registriert werden können. Spirometer erlauben die Bestimmung variierender Gasvolumina bei konstantem Druck u. sind meist in Form v. Glockenspirometern aufgebaut. ↗Respirometrie ( ).
Spiroplasmataceae [Mz.; v. *spiro-, gr. plasma = Gebilde], Fam. der ↗Mycoplasmen, zellwandlose, pleomorphe Bakterien mit wechselnder Zellform, von rundl. oder leicht ovoiden (100–250 nm) über helikale Formen ($\varnothing$ 120 nm, Länge 2–4 µm) bis zu verzweigten, nicht-helikalen Filamenten. Die helikalen Formen sind beweglich; sie besitzen aber keine Geißeln od. Axialfibrillen. Die Cytoplasmamembran ist 3schichtig (7–8 nm dick); manchmal ist eine zusätzl. äußere Hüllschicht erkennbar; die Gramfärbung ist positiv. S. wachsen fakultativ anaerob u. können auf Nährböden kultiviert werden. Der Stoffwechsel ist chemoorganotroph; beim Abbau v. Glucose u. Mannose entstehen Säuren. Zum Wachstum werden Cholesterin od. andere Sterine benötigt. Die Arten der einzigen Gatt. *Spiroplasma* leben saprophytisch auf Blüten, einige sind Krankheitserreger bei Pflanzen (vgl. Tab.). S. ist auch in Bienen u. a. Insekten nachgewiesen worden, die als Überträger und wahrscheinl. auch als Wirt dienen.
Spiroplasmaviren [Mz.; v. *spiro-, gr. plasma = Gebilde] ↗Mycoplasmaviren.
Spirorbidae [Mz.; v. *spir-, lat. orbis = Kreis], Ringelwurm-(Polychaeten-)Fam. der ↗ *Sabellidae*, nicht selten auch als U.-Fam. der ↗ *Serpulidae* gedeutet; ca. 26 Arten; wichtige Gatt. vgl. Tab.

Spirorbis

Spirorbis *m* [v. *spir-, lat. orbis = Kreis], Ringelwurm-Gatt. der ↗ Spirorbidae. Bekannteste Art *S. (= Laeospira) borealis*, der Posthörnchenwurm, bes. auf *Fucus* u. *Laminaria,* aber auch auf Steinen u. Molluskenschalen.

Spirostomum *s* [v. *spiro-, gr. stoma = Mund], Gatt. der ↗ Heterotricha, Wimpertierchen mit zylindr., langgestrecktem Körper; die Membranellenzone ist sehr lang u. zieht sich vom Vorderende bis in die hintere Körperregion. *S. ambiguum* ist eine häufige Art am Grund mesosaprober Gewässer, v. a. an faulenden Blättern, u. wird bis 4,5 mm groß.

Spirostreptidae [Mz.; v. *spiro-, gr. streptos = gedreht], Familie der ↗ Doppelfüßer (T).

Spirotaenia *w* [v. *spiro-, gr. tainia = Band], Gatt. der ↗ Mesotaeniaceae.

Spirotheca *w* [v. *spiro-, gr. thēkē = Behältnis], die Gehäusewand v. ↗ Fusulinen.

Spirotricha [Mz.; v. *spiro-, gr. triches = Haare], artenreiche u. vielgestaltige Ord. der ↗ Wimpertierchen mit 4 U.-Ord. (vgl. Tab.); Mundfeld trägt stets ein Band v. Membranellen, das in einer rechtsläufigen Spirale zum Zellmund führt. Einer der bekanntesten Vertreter ist das ↗ Trompetentierchen.

Spirotrichonympha *w* [v. *spiro-, gr. triches = Haare, nymphē = Mädchen], Gatt. der ↗ Hypermastigida. [↗ Blütenstand.

Spirre *w* [wohl Anagramm aus dt. Rispe],
Spirula *w* [lat., = kleine Windung], ↗ Posthörnchen 2).

Spirulina *w* [v. *spir-], *Schraubenfaser*, Gatt. der ↗ Cyanobakterien (↗ Oscillatoriaceae), ähnl. der Gatt. ↗ Oscillatoria, nur bildet *S.* lange, spiralig gewundene Trichome aus (vgl. Abb.). *S. platensis* lebt planktisch in Salz- u. Süßwasser warmer und trop. Klimazonen. *S.* wird seit altersher in Afrika (Tschadsee) u. bei den Azteken als Nahrungsmittel (Gemüse) genutzt (↗ Cyanobakterien). Heute wird in Versuchsanlagen, in flachen Wasserbeeten v. Freiland-„Algenfarmen", geprüft, inwieweit *S. (S. maxima* und *S. platensis)* in Massenkultur gezüchtet werden kann, um als billige Proteinquelle in trop. und subtrop. Gebieten genutzt zu werden. Der Ertrag bleibt jedoch hinter dem Biomassezuwachs v. Hefen u. Bakterien deutl. zurück.

Spirurida [Mz.; v. *spir-, gr. oura = Schwanz], Ord. der ↗ Fadenwürmer mit ca. 235 Gatt. in 2 U.-Ord.; Darm-, Organ- od. Gewebeparasiten in Wirbeltieren; Lebenszyklus stets mit Zwischenwirt (fast immer Gliederfüßer). – 1. U.-Ord. *Camallanina* mit 2 Über-Fam.: *Camallanoidea* (8 Gatt., ↗ *Camallanus*) u. *Dracunculoidea* (17 Gatt., ↗ Medinawurm). – 2. U.-Ord. *Spirurina* mit 10 Über-Fam. (in Klammern die Zahl der Gatt.): *Rictularioidea* (2), *Gnathostomatoidea* (5, ↗ *Gnathostoma*), *Physalopteroidea* (13, ↗ *Physaloptera*), *Thelazioidea* (14,

spir-, spiro- [v. gr. speira (lat. spira) = Windung].

Spirotricha
Unterordnungen:
↗ Heterotricha
↗ Hypotricha
↗ Odontostomata
↗ Oligotricha

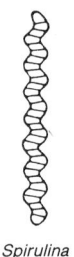

Spirulina

Spitzhörnchen
Gattungen:
Tupaias
(Tupaia)
Malaiische Tupaias
(Tana)
Ind. Tupaias
(Anathana)
Philippinentupaias
(Urogale)
Bergtupaias
(Dendrogale)
Federschwanztupaias
(Ptilocercus)

Spitzhörnchen
(Tupaia spec.)

↗ *Gongylonema*), *Spiruroidea* (21), *Habronematoidea* (35, ↗ *Habronema*, ↗ *Placentonema*), *Acuarioidea* (28, ↗ *Acuaria*), *Aproctoidea* (8), *Diplotriaenoidea* (11), *Filarioidea* (73, ↗ Filarien, ↗ *Onchocerca*).

Spisula *w* [ben. nach J. B. v. ↗ Spix], Gatt. der Trogmuscheln mit festen, dreieckigen bis ovalen Klappen. Die Feste Trogmuschel *(S. solida),* 6 cm lang, gräbt sich in den Sandboden der Meeresküsten ein; sie ist in der Dt. Bucht häufig, auch in der westl. Ostsee. Die Gedrungene Trogmuschel *(S. subtruncata),* 3 cm lang, bevorzugt feinen bis schlickigen Sand, ist in der Dt. Bucht häufig u. dient Schollen als Nahrung.

Spitzahorn-Lindenwald ↗ Tilio-Acerion.
Spitzbartfisch, *Gnathonemus petersi*, ↗ Nilhechte.
Spitzendürre, Vertrocknen der Zweigspitzen u. jungen Triebe bei Gehölzen; oft die Folge eines Befalls durch parasitäre Pilze; wirtschaftl. wichtig ist die S. der Sauerkirsche, bei der ganze Zweige verdorren, verursacht durch *Monilinia laxa;* bei Süßkirschen sterben meist nur Blütenbüschel ab *(Blütenfäule).* S. kann auch durch verschiedene pilzl. Wund- u. Schwächeparasiten an Bäumen verursacht werden, z. B. *Valsa-, Fomes-, Polyporus-* u. *Trametes*-Arten.
Spitzengänger, die ↗ Unguligrada.
Spitzenwachstum, Bez. für das Wachstum bei mehrzelligen Pflanzen, bei denen die Zellteilungsaktivität u. damit der Ausgangsbereich der Differenzierung in die Spitzenzonen der wachsenden Vegetationskörper verlegt ist. Beispiele: Scheitelzellen bei den Faden- u. Gewebethalli der Algen, Hyphen der Pilze, Scheitelzellen der Sprosse, Wurzeln u. Blätter der Farne, Scheitelmeristeme v. Sproß u. Wurzel bei den Samenpflanzen.
Spitzhörnchen, *Tupajas, Tupaias, Tupaiidae*, Fam. äußerl. eichhörnchenähnlicher Kleinsäuger SO-Asiens u. Indonesiens; Kopfrumpf- u. Schwanzlänge je 15–20 cm; z.T. mit buschig behaartem Schwanz (↗ Schwanzsträubwert); alle Zehen mit Krallen, Daumen nicht opponierbar; je nach Autor 5 oder 6 Gatt. (vgl. Tab.) mit 16 bis 47 Arten. S. sind pflanzen- u. fleischfressende Tagtiere; sie leben paarweise u. markieren ihr Revier mit Drüsensekret u. Harn. S. vereinigen Merkmale unterschiedl. systemat. Gruppen (Beuteltiere, Nagetiere, Hasenartige, Herrentiere). Ihre systemat. Zuordnung ist deshalb noch umstritten. Einige Autoren halten S. für hochentwickelte ↗ Insektenfresser, andere stellen sie an die Basis der ↗ Herrentiere, zu den ↗ Halbaffen, od. verleihen ihnen den Rang einer eigenen Ord.
Spitzhorn-Schlammschnecke ↗ Lymnaea.
Spitzkiel, die ↗ Fahnenwicke.
Spitzklette, *Xanthium*, in Amerika heimische Gatt. der ↗ Korbblütler (T) mit 5 in den gemäßigten u. wärmeren Zonen heute

fast weltweit verbreiteten Arten. 1jährige, krautige Pflanzen mit wechselständ., herz- bis eiförm., gelappten, am Grunde bisweilen mit Stacheln versehenen Blättern u. einzeln od. in blattachselständ. Knäueln stehenden kleinen Blütenköpfen. Diese diklin, die staminaten vielblütig, die karpellaten 2blütig u. von einer vielhakig-stacheligen, festen Hülle umgeben, die zur Reifezeit zus. mit den in ihr enthaltenen Früchten als „Scheinfrucht" v. der Pflanze abfällt. Die Verbreitung der Samen erfolgt durch Tiere, in deren Fell sich die „Klettfrucht" verfängt. Die nach Mitteleuropa eingeschleppten Arten sind relativ selten u. wachsen meist unbeständig in Unkrautfluren, an Wegen u. Schuttplätzen. Es sind u. a. die Gewöhnliche S. (*X. strumarium*), die Dornige S. (*X. spinosum*) u. die Großfrüchtige S. (*X. orientale*).

Spitzkopfpythons, *Loxoceminae*, U.-Fam. der ↗ Riesenschlangen.

Spitzkopfschildkröten, *Emydura*, Gatt. der ↗ Schlangenhalsschildkröten.

Spitzkronigkeit, hochkegelig-walzenförmige Wuchsform v. Nadelbäumen (v. a. Fichte) in schneereichen Gebirgslagen. Die kurzastige Kronenform bietet durch geringere Auflagefläche u. verkürzten Hebelarm einen erhöhten Schutz gg. Schnee- u. Eisbruch; unklar ist, ob es sich in jedem Falle um eine genetisch fixierte Anpassung handelt, also ein bes. Ökotyp vorliegt, od. ob diese Wuchsform lediglich. modifikatorisch, z. B. durch das Zurückfrieren der Seitentriebe, erzeugt wird. [käfer.

Spitzmäuschen, *Apion*, Gatt. der ↗ Rüssel-

Spitzmäuse, *Soricidae*, Familie kleiner, mausartiger ↗ Insektenfresser der gemäßigten nördl. Zone mit spitzer, weit über die Schneidezähne vorragender (rüsselartiger) Schnauze; Kopfrumpflänge 3,5 (↗ Etruskerspitzmaus) bis 18 cm; kurzes, dichtes Fell oberseits dunkel graubraun, unten hellgrau bis weiß; 26–32 kleine, spitze Zähne (Färbung u. Form dienen der Artbestimmung); meist Moschusdrüsen an den Flanken; Speichel z. T. giftig; kein Winterschlaf; 20 Gatt. mit insgesamt 265 Arten (vgl. Tab.). Die meisten S. sind Landtiere u. bevorzugen bewachsenes Gelände. An das Leben am u. im Wasser angepaßt sind die ↗ Wasser-S. (z. B. *Neomys fodiens*) durch Borstensäume an Füßen u. Schwanz; Schwimmhäute zw. den Zehen besitzt die Gebirgsbachspitzmaus (*Nectogale elegans*; Tibet). Wenige S. leben in Trockengebieten (z. B. die amerikan. Wüsten-S.: Gatt. *Notiosorex*). S. sind ungesellige, überwiegend nachtaktive Tiere mit sehr ausgeprägtem Geruchs- u. Tastsinn. Verständigung durch hohe Zirptöne; einige Arten benutzen Ultraschalltöne zur ↗ Echoorientierung. Die Nahrung besteht überwiegend aus Insekten, aber auch aus Wirbellosen. Von den meisten Beutegreifern werden S. gemie-

Spitzklette
Gewöhnliche S. (*Xanthium strumarium*), rechts unten Frucht

Spitzmäuse
In Dtl. vorkommende Arten:
Rotzahnspitzmäuse (U.-Fam. *Soricinae*)
Waldspitzmäuse (Gatt. *Sorex*)
Zwergspitzmaus (*S. minutus*)
↗ Waldspitzmaus (*S. araneus*)
Alpenspitzmaus* (*S. alpinus*)
↗ Wasserspitzmäuse (Gatt. *Neomys*)
Wasserspitzmaus** (*N. fodiens*)
Sumpfspitzmaus** (*N. anomalus*)
Weißzahnspitzmäuse (U.-Fam. *Crocidurinae*)
Wimperspitzmäuse (Gatt. *Crocidura*)
Feldspitzmaus* (*C. leucodon*)
Gartenspitzmaus (*C. suaveolens*)
Hausspitzmaus (*C. russula*)

* „potentiell gefährdet",
** „gefährdet" nach der ↗ Roten Liste

Hausspitzmaus (*Crocidura russula*)

splancho- [v. gr. splagchnon, Mz. splagchna = Eingeweide].

den. Gefahr droht den S.n (wie allen Insektenfressern) durch den Einsatz v. Insektiziden in der Landwirtschaft. ↗ Otterspitzmäuse. B Europa XI. [mäuse.

Spitzmaus-Opossums, die ↗ Opossum-

Spitznattern, *Oxybelis*, Gatt. der ↗ Trugnattern.

Spix, *Johann Baptist* von, dt. Zoologe, * 9. 2. 1781 Höchstadt a. d. Aisch, † 13. 3. 1826 München; Konservator der Zool. Sammlung in München; zus. mit dem Botaniker C. F. P. von Martius 1817–20 Forschungsreise nach Brasilien, auf der er umfangreiche Studien über südam. Vögel, Kriechtiere u. Affen machte.

Splachnaceae [Mz.], Fam. der ↗ *Funariales* mit ca. 4 Gatt.; dichte Polster bildende Laubmoose, die vielfach auf trockenen, hochalpinen Regionen vorkommen, z. B. *Voitia nivalis;* andere Gatt. zeichnen sich durch eine ungewöhnl. Verbreitungsökologie aus; so gedeiht *Tetraplodon* auf Aas u. *Splachnum* auf Dung; viele Arten der Gatt. *Tayloria* sind Epiphyten. [geweide.

Splanchna [Mz.; v. *splanchno-], die ↗ Ein-

Splanchnikus *m* [v. gr. splagchnikos = Eingeweide-], *Nervus splanchnicus*, vasokonstriktorischer (die Spannung der Gefäßmuskulatur beeinflussender) *Eingeweidenerv*, der vom ↗ Grenzstrang des Brustbereichs zu den Eingeweiden zieht. Er versorgt einen großen Teil der glatten Gefäßmuskulatur in diesem Gebiet, so daß er für die Funktion des gesamten Kreislaufs Bedeutung hat.

Splanchnocranium *s* [v. *splanchno-, gr. kranion = Schädel], der ↗ Kieferschädel.

Splanchnologie *w* [v. *splanchno-], Wiss. von den ↗ Eingeweiden; Teilbereich der Anatomie.

Splanchnopleura *w* [v. *splanchno-, gr. pleura = Rippen, Seiten], *viscerales Blatt*, bei Wirbeltieren die innere Schicht der ↗ Seitenplatten, u. U. zusammen mit dem unterlagernden Entoderm (Definition uneinheitlich). ↗ Bauchhöhle, ☐ Somit.

spleißen, *RNA*-*spleißen*, engl. *splicing*, das Herausschneiden von ↗ Intron-codierten RNA-Sequenzen (= intervenierende Sequenzen) u. die gleichzeitige kovalente Verknüpfung v. ↗ Exon codierten RNA Sequenzen bei der ↗ Prozessierung v. Primärtranskripten mosaikartig aufgebauter Gene (↗ Mosaikgene; ↗ Genmosaikstruktur, ☐). Durch das S. bilden sich aus den primär synthetisierten längerkettigen RNA-Vorstufen (↗ hn-RNA) die reifen u. – nach weiteren Modifikationen – funktionell aktiven RNAs, deren Kettenlängen je nach Anzahl u. Längen der herausgeschnittenen intervenierenden Sequenzen meist erhebl. verkürzt sind. Da Genmosaikstrukturen sowohl bei m-RNA- (d. h. Protein-)codierenden als auch bei r-RNA- und t-RNA-codierenden Genen gefunden wurden, ist S. ein essentieller Prozessierungsschritt bei allen drei RNA-Klassen. Die dem S. zu-

spleißen

spleißen
Schema zur Wirkungsweise von U1-RNA beim Spleißen eines m-RNA-Primärtranskripts (nur Ausschnitt mit einem Intron u. den beiden flankierenden Exonen dargestellt). Die beiden Intron-Exon-Grenzen sind durch Pfeile innerhalb der betreffenden Nucleotidsequenzen gekennzeichnet. Die beiden Bereiche liegen im freien Primärtranskript (oben) voneinander weit entfernt. Durch Basenpaarung zw. der im sn-RNP-Partikel (Spleißosom) enthaltenen U1-RNA und den Nucleotidsequenzen der beiden Intron-Enden werden sowohl diese als auch die angrenzenden Exon-Enden in räuml. Nachbarschaft gebracht (Mitte). Ausgehend v. diesem Komplex vollzieht sich die Spleißreaktion in folgenden vier, z.T. gleichzeitig ablaufenden Einzelschritten (im Schema nicht einzeln aufgeführt):
1. Trennung der Exon-Intron-Grenze an der 5′-Seite der Intron-Sequenz.
2. Kovalente Verbindung der am 5′-Ende geöffneten Intronsequenz mit der 2′-OH-Gruppe eines Adenosin-Rests in der Nähe der 3′-Exon-Intron-Grenze, wobei eine verzweigte RNA (sog. Lariat- od. Lassostruktur) entsteht.
3. Trennung der Exon-Intron-Grenze an der 3′-Seite der Intron-Sequenz unter Freisetzung von Intron-RNA.
4. Verknüpfung der beiden Exon-Enden. Als Produkte entstehen reife m-RNA mit exakt „verlöteten" Exon-Sequenzen (unten) u. Intron-RNA, deren Lassostruktur durch spezielle Enzyme zu linearer RNA aufgelöst wird.

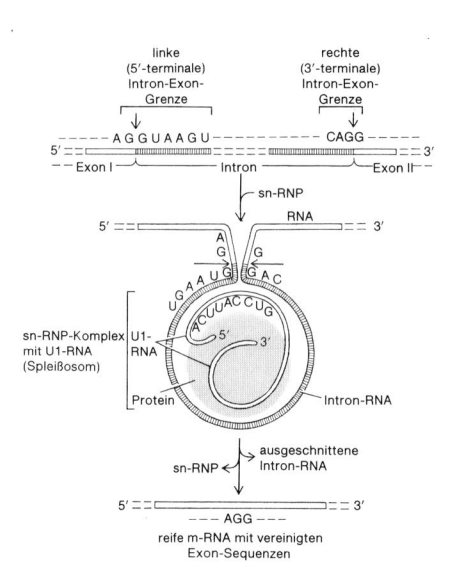

grundeliegenden Einzelreaktionen werden durch mehrere Enzyme katalysiert (u. a. Endonucleasen für die Spaltung an den Intron-Exon-Grenzen, Kinasen u. RNA-Ligasen für Aktivierung u. Ligierung der Exon-codierten Sequenzen), die bei Säugerzellen in einem Multienzymkomplex (sog. Spleißosom) vereinigt sind. In diesem Nucleoprotein-Komplex ist auch die aus 165 Nucleotiden bestehende U1-RNA enthalten, die über Basenpaarungen mit Sequenzen an den Intron-Exon-Grenzen das korrekte Zusammenführen benachbarter Exonbereiche bewirkt. Das S. bestimmter intervenierender Sequenzen kann auch ohne Enzyme, allein aufgrund der Sekundär- (wahrscheinl. auch Tertiär-)Struktur der betreffenden RNAs erfolgen (sog. Selbstspleißen od. Autospleißen). Diese Beobachtung, zuerst beim S. von r-RNA aus dem Wimpertierchen Tetrahymena (↗ Hymenostomata, ▢), inzwischen aber an zahlr. anderen RNAs nachgewiesen, hat wesentl. zur Auffassung beigetragen, daß außer Proteinen auch RNAs katalyt. (d. h. enzymat.) Wirkung entfalten können. Es scheint daher sogar möglich, daß während der präbiot. Evolution RNAs zuerst als „Enzyme" aktiv waren, bevor in einer späteren Phase der Evolution Proteine die Rolle der Biokatalysatoren weitgehend übernahmen. Bei den Primärtranskripten bestimmter Protein-codierender Gene, wie z. B. der Immunglobulingene u. Gene der Polyomaviren, können verschiedene Intron-Exon-Grenzen in der Spleißreaktion umgesetzt werden, wodurch, ausgehend v. einem gemeinsamen Primärtranskript, verschiedene m-RNAs als Prozessierungsprodukte entstehen, durch die sich wiederum verschiedene Proteine (trotz gleicher codierender DNA!) bilden. Dieses sog. differentielle S. gilt als Beispiel für die Regulation v. Genaktivitäten auf der Ebene des RNA-Prozessierens. ▢ Prozessierung.

Splint m [v. engl. splint = Schiene], S.holz, bei vielen ↗Holzgewächsen der äußere, aus den letzten ↗Jahresringen bestehende Teil des ↗Holzes. Die lebenden Zellen des S.s übernehmen die Funktionen des Wassertransports u. der Speicherung v. Reservestoffen. Bei einigen Arten unterscheidet sich der S. vom innen liegenden Kern (↗Kernholz) durch eine hellere Färbung.

Splintholzbäume ↗Holz.

Splintholzkäfer, Schattenkäfer, Holzmehlkäfer, Lyctidae, Fam. der polyphagen ↗Käfer (▢T▢) aus der Verwandtschaft der Klopfkäfer u. Bohrkäfer, weltweit über 100, bei uns nur 3–4 Arten. Längl., abgeplattete, bräunl. Käfer mit fadenförm. Fühlern, 2–5 mm groß. Larven weißlich, engerlingförmig, mit kurzen Beinen; bohren ähnl. wie die Larven der Klopfkäfer in trockenem Holz v. Laubhölzern. Bei uns findet sich v. a. der Parkettkäfer (Lyctus linearis), dessen Larve hpts. in Eiche lebt, u. der Braune S. (L. brunneus), der als bedeutender Zerstörer v. Trockenholz in Holzlagern u. Schreinereien gilt.

Splintkäfer, 1) die ↗Splintholzkäfer; 2) Scolytinae, U.-Fam. der ↗Borkenkäfer, deren Larven zw. Rinde u. Splint Fraßgänge anlegen; überwiegend in Laubhölzern; längl., hinten abgestutzte Arten mit rotbraunen od. schwarz glänzenden Elytren. Bei uns nur die Gatt. Scolytus (Eccoptogaster) mit 14, z. T. forstl. wichtigen Arten; z. B. Großer Obstbaum-S. (S. mali), in Obstbäumen; Birken-S. (S. ratzeburgi), monophag in Birken; ↗Ulmen-S.

Spodogramm s [v. gr. spodos = Asche, gramma = Schrift], ↗Aschenanalyse.

Spöke, Chimaera monstrosa, ↗Chimären.

Spondias w [gr., = Art Pflaumenbaum], Gatt. der ↗Sumachgewächse.

Spondylis w [v. gr. sp(h)ondylē = Erdkäfer], Gatt. der Bockkäfer, ↗Waldbock.

Spondylium s [v. *spondyl-], konvergierende Zahnstützen v. ↗Brachiopoden.

Spondylomoraceae [Mz.; v. *spondyl-, gr. moron = Maulbeere], Fam. der Volvocales; einzellige, begeißelte Grünalgen; bilden traubenförm. Kolonien. Pascherina, vierzellige Kolonien aus kreuzartig angeordneten Zellpaaren, Uva (7 Arten), Kolonien aus 8–16 zweigeißeligen Zellen, ebenfalls in Paaren kreuzartig angeordnet; Spondylomorum, 16zellige Kolonien, ähneln Uva, Zellen aber viergeißelig.

Spondylus m [v. *spondyl-], **1)** Gatt. der ↗Klappermuscheln. **2)** der ↗Wirbel.

Spongia [v. *spongi-], 1) die ↗Schwämme. 2) früher Euspongia, Gatt. der ↗Spongiidae; kommt mit verschiedenen Arten u. Varietäten in allen warmen Küstenmeeren vor; bekannteste Art: S. officinalis (Badeschwamm); von verschiedener Form, mit schwarzer, aber auch grauer bis weißl. Oberfläche, je nach Sonneneinstrahlung am Standort; weitere Arten u. wirtschaftl. Verwendung ↗Badeschwämme.

Spongiidae [Mz.; v. *spongi-], Fam. der ⁊Hornschwämme mit ca. 10 Gatt. (vgl. Tab.); Kennzeichen: kleine Geißelkammern mit 25–40 μm ⌀.

Spongillidae [Mz; v. *spongi-], mit etwa 120 Arten in 18 Gatt. (vgl. Tab.) artenreichste Fam. der Süßwasserschwämme (Kl. ⁊ Demospongiae); Kieselsäuresklerite, in den Gemmulae-Hüllen als ⁊Amphidisken od. Microoxen. Namengebende Gatt. *Spongilla*; *S. lacustris* baumartig verzweigt u. häufig durch symbiont. Algen grün gefärbt; in eur. Gewässern.

Spongin s [v. *spongi-], ein bei ⁊Hornschwämmen das gesamte Skelett bildendes, bei den übrigen *Demospongiae* als Kittsubstanz für die Skleren dienendes Sklero-(Gerüst-)protein (Kollagen). ⁊Badeschwämme, ⁊Schwämme (B).

Spongioblasten [Mz.; v. *spongi-, gr. blastos = Keim] ⁊Schwämme.

Spongiolith m [v. *spongi-, gr. lithos = Stein], (O. F. Geyer 1962), Schwammgesteine, die in fossilen – in der Ggw. unbekannten – Schwammriffen gebildet wurden (z.B. Schwammriffe des Oberjura von S-Dtl.).

Spongiologie w [v. *spongi-, gr. logos = Kunde (spoggiologein = Schwämme sammeln)], Wiss. von den tier. Schwämmen.

Spongiosa w [lat., = schwammig, porös], in den Hauptbelastungslinien (Trajektorien) ausgerichtetes „schwammiges" Bälkchenwerk aus Knochensubstanz im Innern v. Röhren-⁊Knochen (☐, B), das das Gewicht des Knochens gegenüber einem massiven Knochen bei erhaltener Biege- u. Bruchfestigkeit auf ein Minimum verringert (⁊Biomechanik). Die S.lücken sind gewöhnlich v. ⁊Knochenmark erfüllt.

Spongocoel s [v. *spongi-, gr. koilos = hohl], ⁊Schwämme.

Spongomorpha w [v. *spongi-, gr. morphē = Gestalt], Gatt. der ⁊Acrosiphonales.

Spongonema s [v. *spongi-, gr. nēma = Faden], Gatt. der ⁊Ectocarpales.

Spongospora w [v. *spongi-, gr. spora = Same], Gatt. der ⁊Plasmodiophoromycetes (Schleimpilze). *S. subterranea* ist Erreger des ⁊Pulverschorfs an Kartoffeln; gelegentl. befällt er auch Tomatenwurzeln; außerdem ist er Vektor für das Kartoffelbüscheltriebkrankheit-Virus, das in den Pilzsporen überwintern kann.

Spontaneität w [v. lat. spontaneus = freiwillig], *Spontanität*, ugs. Merkmal eines nicht zwingend v. Partnern ausgelösten *spontanen Verhaltens*, in der Ethologie i. e. S. ein Verhalten, das endogen aufgrund innerer Bedingungen entsteht u. nicht v. Außenreizen abhängt. In der Praxis ist meist schwer sicherzustellen, daß kein Außenreiz einwirkte u. nur innere Rezeptoren, innere Rhythmen o. ä. auslösend waren. So läßt sich nicht beweisen, daß die sog. spontanen Bewegungen v. Embryonen in der Gebärmutter nicht doch v. Eingängen

Spongiidae
Wichtige Gattungen:
⁊ *Cacospongia*
Fasciospongia
⁊ *Hipposponga*
⁊ *Ircina*
⁊ *Spongia*

Spongillidae
Wichtige Gattungen:
⁊ *Drulia*
⁊ *Ephydatia*
⁊ *Eunapius*
⁊ *Heteromeyenia*
Spongilla
⁊ *Trochospongilla*

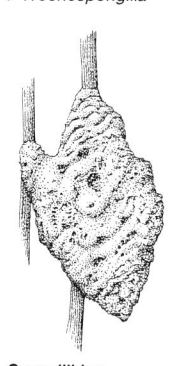

Spongillidae
Spongilla an Grashalmen

spondyl- [v. gr. spondylos, sphondylos = Wirbel(-knochen), Scharnier].

spongi [v. gr. spoggia = Schwamm].

sporang- [v. gr. spora, sporos = Same, Keim; aggeion = Gefäß], in Zss.: Sporenbehälter-.

spor-, sporo- [v. gr. spora, sporos = Same, Keim].

v. Exterorezeptoren abhängen. Über längere Zeit betrachtet, gibt es kein Verhalten, das nicht v. Außeneinflüssen mitbestimmt würde, da diese langfristig immer auch die inneren Bedingungen des Verhaltens beeinflussen. Der Begriff der S. war wesentl. im Disput zw. ⁊Ethologie u. ⁊Behaviorismus, da er die Rolle innerer Faktoren hervorhob, die der Behaviorismus übersah. Er hat heute keine entspr. Bedeutung mehr. Ein Sonderfall eines spontanen Verhaltens ist die ⁊Leerlaufhandlung, die entsteht, wenn ein ansonsten v. Außenreizen abhängiges Verhalten durch eine starke Erhöhung der ⁊Bereitschaft quasi „spontan" abläuft.

Sporangien [Ez. *Sporangium*; v. *sporang-*], *Sporenbehälter,* Bez. für die Bildungsstätten der ⁊Sporen, die bei den pflanzl. Organismen außerordentl. verschiedenartig sind. So können S. einzellig, z. B. bei vielen Algen- u. Pilzarten (B asexuelle Fortpflanzung I, B Algen V, B Pilze I–II), od. mehrzellig sein, so z. B. stets bei den Moosen, Farn- u. Samenpflanzen (B Moose I–II, B Farnpflanzen II, III). Die meist einzelligen S., in denen begeißelte Schwärmsporen (Zoosporen) entstehen, wie bei vielen Algen u. einer Reihe v. Pilzen, heißen *Zoo-S.* Bei Vorliegen v. ⁊Heterosporie werden die Mikro- u. Megasporen häufig in bes., gestaltlich verschiedenen *Mikro-* u. *Mega-S.* gebildet. Bei den Samenpflanzen sind der ⁊ *Nucellus* der Samenanlage einem Megasporangium u. jeder *Pollensack* der Staubblätter einem Mikrosporangium homolog. Die S. werden bei den Kormophyten an Blättern ausgebildet. Überwiegt diese Funktion des Blattes, werden diese Blätter als ⁊Sporophylle bezeichnet.

Sporangienträger [v. *sporang-], *Sporangiophor,* eine i. d. R. aufrecht stehende Pilzhyphe, die endständig einen Sporenbehälter (Sporangium) trägt, z. B. bei den ⁊ *Mucorales.*

Sporangiole w [v. *sporang-* (Diminutiv)], Bez. für ein kleines Sporangium bei der Pilz-Ord. ⁊ *Mucorales* (☐) mit wenigen bis einer Spore, das als Ganzes als eigene Verbreitungseinheit abfällt.

Sporangiophor m [v. *sporang-, gr. -phoros = -tragend], der ⁊Sporangienträger.

Sporangiosporen [Mz.; v. *sporang-, *spor-], Bez. für die ⁊Sporen, die im Innern v. ein- od. mehrzelligen ⁊Sporangien gebildet werden u. erst nach Öffnung der reifen Sporenbehälter frei werden.

Sporen [Mz.; v. *spor-], Bez. für einzellige Fortpflanzungs- u. Verbreitungseinheiten bei den Pflanzen. Hinter dieser Sammelbez. verbergen sich eine Reihe in ihrer Biol. recht verschiedene u. ungleichwertige Zellen. So werden die derbwand. Überdauerungszellen von Schleimpilzen, aber auch der prokaryotischen Bakterien unglücklicherweise auch S. genannt (⁊En-

Sporen

dosporen). Dann können S. einmal auf dem Weg normaler Mitosen, u. zwar sowohl in der Haplophase wie in der Diplophase, zum anderen als Produkte einer Meiose entstehen. Hier unterscheidet man dann ↗ Mito-S. und Meio-S. (↗ Gono-S.). Die Mito-S. können exogen als ↗ Exo-S. oder Konidio-S. (↗ Konidien) abgetrennt od. – das ist der häufigere Fall – endogen in Mitosporangien als ↗ Endo-S. gebildet werden. Die Exo-S. sind stets derbwandig u. damit unbeweglich. Die Endo-S. besitzen bei im Wasser lebenden Pflanzenorganismen i. d. R. Wimpern od. Geißeln u. werden dann Zoo-S. oder ↗ Plano-S. genannt. Bei den an das Landleben angepaßten Arten sind sie meist v. einer derben Zellwand umgeben u. dadurch vielfach bes. widerstandsfähig gg. Austrocknung. Sie dienen auf diese Weise der Überdauerung widriger Lebensumstände (↗ Dauer-S.) sowie der Verbreitung durch Wind u. Tiere (z. B. viele Pilzarten). Da unbewimpert u. unbegeißelt, werden sie als ↗ Aplano-S. beschrieben. Die häufig gleichfalls in großer Anzahl gebildeten Meio-S. lassen sich oft nur schwer v. den Mito-S. unterscheiden, zumal sie vielfach in genau der gleichen Weise der Vermehrung, Verbreitung u. auch der Überdauerung widriger Umstände dienen. In vielen Fällen kann aber die Entscheidung ohne langwierige cytolog. Untersuchungen getroffen werden, nämlich dann, wenn die Meio-S. in Tetraden auftreten (Tetrameio-S.) u. auf diese Weise ihre Entstehung aus der Meiose bekunden. Als solche vermitteln sie den Übergang zw. der diploiden u. der haploiden Generation im Generationswechsel der Pflanzen. Die Meio-S. werden normalerweise in bes. Sporangien (Meiosporangien) gebildet. Sie können wie die Mito-S. bei im Wasser lebenden Arten begeißelt u. daher frei beweglich sein (Plano- od. Zoomeio-S.). Bei den Schlauchpilzen (Ascomyceten) teilen sie sich im Anschluß an die Meiose noch einmal mitotisch, so daß im sog. ↗ Ascus 8 Meio-S. liegen. Bei den Ständerpilzen (Basidiomyceten) werden die im Innern des Meiosporangiums (der Basidie) gebildeten 4 haploiden Kerne in sackförmige Ausstülpungen verlegt, die dann als ↗ Basidio-S. exogen abgeschnürt werden. Während die Moose u. viele Farne gleichgestaltige ↗ Iso-S. ausbilden, entstehen bei den heterosporen Farnen u. bei den Samenpflanzen 2 Sorten von Meio-S. (↗ Heterosporie) in 2 Typen v. Sporangien: große ↗ Mega-S. (Makro-S.) in sog. ↗ Megasporangien u. kleine ↗ Mikro-S. in ↗ Mikrosporangien. Bei den Samenpflanzen gehen schließlich 3 der 4 Mega-S. zugrunde, so daß ihr Megasporangium bei der Reife nur mehr eine einzige, bes. große Meio-S. enthält. Das Megasporangium heißt bei den Samenpflanzen aus hist. Gründen auch ↗ Nucellus. Bei den Moosen, Farn- u. Sa-

Sporenverbreitung
Sporen werden durch Wasserströmungen, Wind u. Tiere verbreitet. Im Wasser lebende niedere Pflanzen (Algen, Pilze) besitzen oft Sporen mit Geißeln od. Wimpern (Zoosporen, ☐ Begeißelung), die aktiv schwimmend selber zur Verbreitung beitragen. Die Sporangien einer Reihe v. Farnpflanzen verfügen über einen ↗ Kohäsionsmechanismus (☐), der die Sporen aktiv freisetzt u. die Windverbreitung unterstützt. Einige Pilze schleudern ihre Sporen durch ↗ Spritzbewegungen (↗ Explosionsmechanismen) aus.

Acker-Spörgel
(Spergula arvensis)

menpflanzen besitzen die Meio-S. eine zweischichtige Wandung (Sporoderm). Diese beiden Schichten werden bei den Moosen u. Farnpflanzen Endospor u. Exospor, bei den Samenpflanzen ↗ Intine u. ↗ Exine genannt. Doch dürften sie nicht nur topographische Entsprechungen darstellen. Endospor u. Intine sind dünnwandige Gebilde aus Cellulosefibrillen u. Pektinen u. werden zuletzt vom Cytoplasma der S.zelle angelegt. Das Exospor u. auch z. T. die Exine werden zunächst v. der jungen S.zelle gebildet. Sie bestehen aus schwer abbaubaren ↗ Sporopolleninen, deren Carotinoidgehalt auch als UV-Schutz dient, später dann ein primäres Signal für die blütenbesuchenden Insekten wurde. Bei Farn- u. Samenpflanzen können dann vom Tapetum noch Schichten, das ↗ Peri- od. Ektospor, aufgelagert werden. Bei den Samenpflanzen ist die Exine im Zshg. mit den Bestäubungsformen sehr differenziert ausgebildet, so daß fossil erhaltene ↗ Pollen oft bis zur Artzugehörigkeit angesprochen werden können (↗ Pollenanalyse). Die Exine besitzt Keimporen, durch die der wachsende Pollenschlauch auskeimen kann, an dessen Vergrößerung aber nur die Intine teilnimmt. *H. L.*

sporenbildende Bakterien, allg. übliche Benennung der Bakterien, die ↗ Endosporen als Überdauerungsform ausbilden (↗ endosporenbildende Stäbchen und Kokken); die einzelligen s. n B. werden in der Fam. ↗ Bacillaceae zusammengefaßt bzw. angegliedert; s. B. mit fädigem Wachstum ↗ Thermoactinomyces.

Sporenblätter, die ↗ Sporophylle.

Sporenkapsel, Mooskapsel, Sporogon, Bez. für den Sporenbehälter (Sporangium) der ↗ Moose (B I–II), der oft recht komplex gebaut ist u. daher für die Systematik der Moose wichtige Merkmale trägt.

Sporenlager, das ↗ Hymenium.

Sporenmutterzelle, Sporocyt, Bez. für die diploide Zelle, aus der unter meiotischer Teilung im Sporangium die Meio-↗ Sporen (↗ Gonosporen) hervorgehen.

Sporenschlauch, der ↗ Ascus.

Sporentierchen, die ↗ Sporozoa.

Sporenträger, 1) Sporophor, sporenbildende Hyphe bei Pilzen od. sporenbildender Mycelteil bei fädigen Bakterien (Actinomycetales). 2) der ↗ Konidienträger.

Spörgel m [v. mlat. spergula =], Spark, Sperk, Spergula, Gatt. der ↗ Nelkengewächse, mit 5 Arten im gemäßigten Europa u. im Mittelmeergebiet heimisch; 1–2jähr. Kräuter mit linealischen Blättern, die in Scheinquirlen stehen (Achseltriebe); Blüten in Dichasien. Der einheim. Acker-S. (S. arvensis), z. T. in einer Kulturform als Futterpflanze angebaut als heute weltweit als Unkraut verschleppt (v. a. auf Sandböden).

Sporidien [Mz.; v. *spor-], die Sproßzellen der Basidien v. ↗ Brandpilzen; sie können als Basidiosporen angesehen werden.

Sporn, 1) Bot.: Bez. für einen hohlen, mehr od. weniger kegelförm., am Grunde eines Kron- od. auch Kelchblattes befindl. Fortsatz, der i. d. R. als Nektarbehälter dient; ↗Achsensporn, ↗Blütensporn. **2)** Zool.: *Calcar,* abstehendes, meist spitzes Gebilde an verschiedenen Körperteilen mancher Tiere. **a)** Bei Wirbeltieren ist das bekannteste Beispiel der S. der Hühnervögel, der v. der Rückseite des Laufes als hornüberzogenes Gebilde absteht. Bei Gänsevögeln sitzt ein großer S. am Flügelbug. Bei Schnabeltieren weist die Hinterextremität der Männchen einen Gift-S. auf. S.e bei Wirbeltieren bestehen aus Knorpel od. Knochen. **b)** Bei Insekten werden bes. dicke Chitinborsten an den Schienen (Tibien) der Beine als S.e bezeichnet. Sie dienen als Putz-S.e od. als Sprunghilfen.

Spornblume, *Centranthus,* Gatt. der ↗Baldriangewächse.

Sporobiont *m* [v. *sporo-, gr. bioōn = lebend], der ↗Sporophyt.

Sporoblasten [Mz.; v. *sporo-, gr. blastos = Keim], sporenbildende Zellen bei den ↗*Cnidosporidia* u. ↗*Sporozoa;* B Malaria.

Sporobolomycetaceae [Mz.; v. *sporo-, gr. -bolos = -werfer, mykētes = Pilze], Fam. der ↗imperfekten Hefen; die Vermehrung der Arten erfolgt durch Knospung u. Ballistosporen; weitverbreitete Saprobien auf Blättern; *Sporobolomyces salmonicolor* (perfekte Form = *Aessosporon s.*) kann bei Menschen Allergien auslösen.

Sporochnales [Mz.; v. *sporo-, gr. ochnē = Birnbaum], Ord. der ↗Braunalgen, Algen mit heteromorphem Generationswechsel; dominierender fädiger Sporophyt, mit eigentüml. meristemat. Wachstum: eine Meristemzellschicht vergrößert basalwärts den Thallus u. gliedert in entgegengesetzter Richtung Zellfäden ab, z. B. bei *Nereia filiformis.*

Sporocyste *w* [v. *sporo-, gr. kystis = Blase], **1)** Entwicklungsstadium innerhalb der ↗Sporogonie der ↗*Sporozoa,* besteht aus einer Hülle, welche in reifem Zustand 8 aus der Zygote durch die Reduktionsteilung und 2 mitotische Teilungen hervorgegangene haploide Sporen (Sporozoiten, Sichelkeime) umschließt. **2)** aus dem ↗Miracidium od. einer Muttersporocyste hervorgehendes Entwicklungsstadium der ↗*Digenea,* stellt einen wenig bewegl., sackart. Keimschlauch dar, der im Ggs. zur ↗Redie weder Pharynx noch Darm hat u. von wahrscheinl. parthenogenetisch entstandenen Tochterstadien erfüllt ist. □ Fasciolasis, □ Leucochloridium; B Plattwürmer.

Sporocyt *m* [v. *sporo-, gr. kytos = Höhlung (heute: Zelle)], die ↗Sporenmutterzelle.

Sporocytophaga [Mz.; v. *sporo-, gr. kytos = Höhlung (heute: Zelle), phagos = Fresser], Gatt. der ↗*Cytophagales* (gleitende Bakterien); flexible, durch Gleiten bewegl. Stäbchen (0,3–0,5 × 5–8 µm); als Ruhestadium werden Mikrocysten gebildet; im chemotrophen Atmungsstoffwechsel werden u. a. Cellulose, Cellobiose u. Glucose abgebaut; sie wachsen aber nicht auf Pepton als einziger Substratquelle. S.-Arten kommen weit verbreitet im Boden vor u. gehören zu den wichtigsten bakteriellen Cellulosezersetzern unter aeroben Bedingungen.

sporogen [v. *sporo-, gr. gennan = erzeugen], sporenbildend.

Sporogon *s* [v. *sporo-, gr. gonē = Nachkommenschaft], *Mooskapsel,* die ↗Sporenkapsel der ↗Moose.

Sporogonie *w* [v. *sporo-, gr. gonē = Nachkommenschaft], ungeschlechtl. Fortpflanzung der Sporentierchen (↗*Sporozoa);* B Malaria.

Sporokarpien [Mz.; v. *sporo-, gr. karpos = Frucht], „Sporenfrüchte", Bez. für die bes. gestalteten Sporophylle bei den ↗Kleefarn- u. ↗Pillenfarngewächsen (□). Durch starkes Wachstum der Blattunterseite werden die Sorus-Anlagen umwachsen. Die Außenschicht des Blattes wird steinhart, die innere Auskleidung quillt bei Wasserzutritt sehr stark auf, sprengt dann als Gallertstrang die Wandung auf u. zieht die Sori mit den ebenfalls verquellenden Indusien u. Sporangienwänden heraus.

Sporolactobacillus *m* [v. *sporo-, lat. lac = Milch], Gattung der ↗*Bacillaceae,* grampositive, durch peritriche Geißeln bewegl., gerade Stäbchen-Bakterien (0,7–0,8 × 3–5 µm), die ↗Endosporen bilden; treten einzeln, paarweise, selten in Ketten auf. Sie wachsen mikroaerophil u. besitzen keine Häminverbindungen (wie Katalase, Cytochrome). Im Gärungsstoffwechsel werden Zucker *homofermentativ* zu Milchsäure abgebaut, so daß die S.-Arten nach ihrem Stoffwechsel zu der physiolog. Bakteriengruppe der ↗Milchsäurebakterien (T) gehören.

Sporophor *m* [v. *sporo-, gr. -phoros = -tragend], der ↗Sporenträger.

Sporophylle [Mz.; v. *sporo-, gr. phyllon = Blatt], *Sporenblätter,* Bez. für die ↗Sporangien tragenden Blätter bei Farn- u. Samenpflanzen. Sie können entweder den assimilierenden Blättern *(Trophophylle)* gleichen u. zusätzlich assimilieren *(Tropho-S.),* od. sie sind in ihrer Gestalt stark abgewandelt u. erfüllen nur noch die sporenbildende Funktion. Erzeugt die Pflanzenart 2 verschiedene Sorten v. ↗Sporen in verschiedenen Sporangien, so bilden i. d. R. auch verschiedene Blätter die unterschiedl. Sporangien aus. Sie werden dann in *Mega-* (auch *Makro-*) u. in *Mikro-S.* unterschieden. Bes. abweichend sind sie bei den Samenpflanzen. Sie werden hier auch *Staubblatt* u. *Fruchtblatt (Samenschuppe* bei den Nacktsamern) gen. Häufig stehen die S. in bes. Ständen vereinigt. Diese *Sporophyllstände* heißen ↗Blüten.

Sporobolomycetaceae
Wichtige Gattungen:
Bullera
Sporidiobolus
Sporobolomyces

---

spor-, sporo- [v. gr. spora, sporos = Same, Keim].

Sporophyllzapfen [v. *sporo-, gr. phyllon = Blatt], Bez. für einen Sporophyllstand, bei dem die ↗Sporophylle dicht beisammen schraubig an einer längeren Achse angeordnet sind; Beispiele: Sporophyllstände bei den *Cycadales,* Staubblattblüten der Nadelhölzer, Fruchtblattanordnung in der Blüte der *Magnoliaceae.* Dagegen sind die Samenzapfen der Nadelhölzer *Blütenstandszapfen,* da jede Samenschuppe einem reduzierten Sporophyllstand (= Blüte) entspricht, die entspr. in einem Tragblatt (= Deckschuppe) steht.

Sporophyt *m* [v. *sporo-, gr. phyton = Gewächs], *Sporobiont,* Bez. für die diploide Generation der Algen, Moose u. Kormophyten, die in den ↗Sporangien unter Meioseteilung die Meio-↗Sporen erzeugt, aus denen der haploide ↗Gametophyt erwächst. ↗Generationswechsel; B Algen V, B Moose II.

Sporopollenine [Mz.; v. *sporo-, lat. pollen = Staub], *Pollenine,* Bez. für Polymerisate aus Carotinoiden u. Carotinoidestern, die das Exospor bzw. die Exine v. ↗Sporen u. ↗Pollen aufbauen. Da sie sehr widerstandsfähig u. nur oxidativ abbaufähig sind, erhalten sich Exospor bzw. Exine bei Sauerstoffabschluß über Jahrmillionen in Torf u. in Kohle (↗Pollenanalyse).

Sporosarcina *w* [v. *sporo-, lat. sarcina = Bündel, Paket], Gatt. der ↗*Bacillaceae,* grampositive, kugelförm. Bakterien, die in Tetraden *(Sarcina)* od. Paketen zusammenbleiben u. ↗Endosporen bilden; sie wachsen strikt aerob mit chemoorganotrophem Atmungsstoffwechsel; im Boden weit verbreitet kommt *S. urea* vor, die Harnstoff zu Ammoniak und CO_2 spaltet.

Sporothrix *w* [v. *sporo-, gr. thrix = Haar], fr. *Sporotrichum,* Formgatt. der ↗*Moniliales* (Fadenpilze); *S. schenckii* ist Nebenfruchtform v. ↗*Ceratocystis stenoceras,* einem Mykoseerreger (Sporotrichose).

Sporotrichum *s* [v. *sporo-, gr. triches = Haare], Formgatt. der ↗*Moniliales;* ↗*Sporothrix,* ↗*Phanerochaete.*

Sporozoa [Mz.; v. *sporo-, gr. zōa = Tiere], *Telosporidia,* ↗*Apicomplexa, Sporentierchen,* Kl. der ↗Einzeller. Alle *S.* leben als Parasiten extrazellulär in Körperhöhlen (z.B. Darm, Leibeshöhle) od. intrazellulär (z.B. in roten Blutkörperchen); ihre Körpergestalt ist oval od. rundlich. Die Nahrung wird durch Mikroporen über die gesamte Oberfläche aufgenommen. Die Zellhülle ist meist sehr kompliziert gebaut. Einzige Stadien, die Bewegungsorganelle ausbilden können, sind die Mikrogameten (Geißeln). Stadien, die in Wirtszellen eindringen müssen, tragen am Vorderpol komplexe Strukturen (Conoid, Rhoptrien, Micronemen), die als Penetrationsorganell gedeutet werden. *S.* haben einen haplohomophasischen Generationswechsel. Geschlechtl. Fortpflanzung *(Gamogonie)* u. ungeschlechtl. Fortpflanzung *(Sporogonie)* wechseln ab. Die Sporogonie ist eine Vielfachteilung, die zu sichelförm. *Sporozoiten* (infektiöse Stadien) führt. Häufig sind diese zu mehreren in dickschaligen, widerstandsfähigen Cysten (Sporocysten, Sporen) eingeschlossen, die v. den Zygoten gebildet werden. Die Sporocysten ihrerseits sind bei manchen Arten (z. B. *Monocystis*) noch in die bei der Gamogonie v. den Gamonten gebildete Hülle eingeschlossen (Sporocystencyste). Die Sporen sind die Übertragungsstadien. Zusätzl. zu Gamogonie u. Sporogonie machen viele *S.* eine weitere Vielfachteilung *(Schizogonie),* die vom Sporozoit über den *Schizonten* zu *Merozoiten* führt, die erneut Schizogonie machen können. Nach mehreren Schizogonien erfolgt die Gamogonie u. dann die Sporogonie. Dieser Entwicklungsgang bildet ein enormes Vermehrungspotential. Bei der Ord. ↗*Gregarinida* führen die ↗Gamonten beider Geschlechter eine Vielfachteilung durch, bei der Ord. ↗*Coccidia* ist die Vermehrung auf den Mikrogamonten beschränkt. Früher ordnete man auch die ↗*Cnidosporidia* hier ein u. stellte sie den „*Telosporidia"* gegenüber. Verwandtschaftl. Beziehungen der beiden Gruppen ließen sich nicht bestätigen. Die Gatt. *Toxoplasma* u. die *Sarcosporidia* dagegen werden heute den *S.,* u. zwar den *Coccidia,* zugerechnet. Zu den *S.* gehören viele Parasiten v. Articulaten, Mollusken u. Wirbeltieren, darunter auch bedeutende Krankheitserreger (↗Malaria, ↗*Plasmodium*). B Malaria.

Sporozoit *m* [v. *sporo-, gr. zōon = Tier], infektiöses Stadium der ↗*Sporozoa;* B Malaria.

Sports [Mz.; engl.] ↗Sproßmutation.

Sporulation *w* [v. *spor-], Bildung v. Sporen.

Spot-Test *m* [engl., = Fleck], Test zur Bestimmung der ↗Mutagenität (Karzinogenität) chem. Verbindungen (↗Mutagenitätsprüfung). Dabei wird die zu testende Substanz in die Mitte einer ↗Petri-Schale mit Minimalmedium (↗Nährboden) u. auxotrophen Bakterien (↗Auxotrophie) gegeben. Prototrophe Revertanten, die unter dem Einfluß v. ↗Mutagenen entstehen können, bilden dann Kolonien rund um den „Spot" mit dem potentiellen Mutagen. ↗Ames-Test.

Spottdrosseln, *Mimidae,* amerikan. Singvogel-Fam. mit 31 Arten; langschwänzig, drosselähnl., jedoch wohl mit Zaunkönigen verwandt; besiedeln v.a. mit Kakteen u. Dornsträuchern bewachsene Halbwüsten; bauen Napfnester mit 2–5 Eiern; hervorragende Sänger; Gesang besteht aus Strophen, die mehrmals wiederholt werden u. imitieren Stimmen anderer Vogelarten enthalten. Bekannteste Art ist die 24 cm große Spottdrossel *(Mimus polyglottus,* B Nordamerika V), ein beliebter ↗Käfigvogel.

spotten, Übernahme v. Lauten, Rufen od.

---

spor-, sporo- [v. gr. spora, sporos = Same, Keim].

Sporophyllzapfen
S. werden in *Mikro-* und *Mega-S.* unterteilt, je nachdem, ob ihre Sporophylle Mikro- oder Megasporen erzeugen.

Sporozoa
Ordnungen bzw. Gruppen:
↗ *Coccidia*
↗ *Gregarinida*
↗ *Sarcosporidia*

Gesang einer Vogelart in das Repertoire einer anderen Art, i.w.S. auch die Übernahme techn. Laute, z.B. das Hupen v. Autos beim einheim. Star. Das „Sprechen" v. Papageien, Beos usw. gehört ebenfalls zum S.; in diesem Fall wird menschl. Sprache übernommen. Die Funktion des S.s ist unklar, da die imitierten Arten auf die (häufig stark verzerrten) Laute ihres Repertoires kaum od. nicht reagieren, so daß sie nicht der interspezif. Revierabgrenzung dienl. sind. Es wird vermutet, das S. täusche generell fremden od. eigenen Artgenossen eine höhere Besiedlungsdichte vor u. vermindere so die Konkurrenz, oder es diene ledigl. der Vergrößerung des eigenen Lautrepertoires ohne allzu großen Aufwand an Informationsverarbeitung. Letztere Annahme scheint z.Z. am wahrscheinlichsten zu sein, aber angesichts der differenzierten Imitationsleistung v. Papageien od. Beos erscheint die Erklärung noch nicht befriedigend. Die ökolog. bzw. soziolbiol. Rolle des S.s muß daher als bisher ungeklärt gelten.

Spötter, *Hippolaïs,* Gatt. der ⁊ Grasmükken, unscheinbar gelbl. oder graubraun gefärbte, um 13 cm große Vögel dichter Vegetation, ähnl. ungestreiften Rohrsängern; mit sehr variationsreichem Gesangsvermögen; beziehen Laute anderer Vogelarten in den Gesang mit ein (Name!). Die einzige in Dtl. regelmäßig vorkommende Art, der Gelb-S. *(H. icterina),* bewohnt Obstpflanzungen, Parks u. Gärten u. ist stellenweise bereits selten geworden, Zugvogel. Der in S-, SW-Europa und N-Afrika heim. Orpheus-S. *(H. polyglotta)* ähnelt in Aussehen u. Gesang dem Gelb-S. sehr; dehnt sein Areal nach N aus. In offenem Gelände des Mittelmeerraums lebt der Blaß-S. *(H. pallida),* dem die gelbe Farbe im Gefieder fehlt.

spp. [Mz. von ⁊ sp.], Abk. für Spezies (Mz.) = die Arten; Beispiel: „*Rosa spp.*" bedeutet „mehrere Arten der Gatt. *Rosa*".

Sprache, 1) Der Begriff S. wird in der Biol. oft in einem sehr weiten Sinne angewendet. Man versteht dann allg. unter „*Tier-S.*" jede Form der Informationsübermittlung (⁊ Information u. Instruktion) v. einem Individuum zum anderen, also der ⁊ Kommunikation. Die dabei eingesetzten ⁊ Signale können Laute (z.B. Droh-, Lock-, Bettellaute), aber auch Düfte (z.B. Sexuallockdüfte, ⁊ Pheromone) od. visuelle Signale sein, wenn ein ⁊ Ausdrucksverhalten gezeigt wird, wie z.B. ⁊ Bettelverhalten, ⁊ Drohverhalten, ⁊ Imponierverhalten od. ⁊ Demutsgebärden. Typisch für diese Signale der sog. Tier-S. ist, daß sie angeborenermaßen geäußert u. angeborenermaßen verstanden werden. Die in der Tier-S. verwendeten Signale sind auf eine momentane Situation (z.B. Warnlaut bei Gefahr) bezogen, affektiv u. werden ohne ⁊ „Einsicht" in ihre Verständigungsfunktion „instinktiv" geäußert, auch wenn ein Adressat nicht vorhanden ist. In den Sozialverbänden der Affen (Primaten) spielen opt. und akust. Signale zur Verständigung eine große Rolle. Vom Totenkopfäffchen *(Saimiri)* sind z.B. ca. 30 angeborene Lautäußerungen bekannt, die jeweils bestimmte Stimmungs-, Erregungs- u. Motivationszustände od. Handlungsbereitschaften an die Gruppenmitglieder signalisieren. Auch der ⁊ Mensch verfügt über angeborene Affektlaute u. Ausdrucksgesten (vgl. Spaltentext), die daher völlig unabhängig v. der sprachl. Kommunikation „international" verstanden werden. – 2) In einem engeren Sinne versteht man unter S. nur diejenige Form der nicht objektgebundenen Informationsübermittlung, die *Symbole* verwendet. Wir finden eine solche *Symbol-S.* als angeborene Fähigkeit im Tierreich nur als *Tanz-S. der Bienen,* durch die den Stockgenossen durch bestimmte „Tänze" (als ⁊ Symbol) Information über Entfernung u. Flugrichtung zur Futterquelle vermittelt wird (⁊ Bienen-S.). Durch Dressur ist es gelungen, ⁊ Menschenaffen (v.a. Schimpansen, aber auch Gorillas) bestimmte Handzeichen beizubringen, die jeweils Symbole für bestimmte Gegenstände (z.B. Banane) od. Verhaltensweisen (z.B. Trinken) darstellen. ⁊ Schimpansen konnten lernen, über 160 dieser Handzeichen anzuwenden u. zu verstehen u. so mit dem Versuchsleiter zu kommunizieren. Gegenstände, für die sie noch keine Zeichen gelernt hatten, „benannten" die Schimpansen selbst durch Neukombination bereits bekannter Zeichen, so z.B. eine Wassermelone als „Trink-Frucht". Auch Figurensymbole, die die Schimpansen an einer Magnettafel anheften konnten, wurden in ihrer Bedeutung erlernt u. als „Wortsymbole" zu kleinen Sätzen zusammengestellt. – 3) Im strengen Sinne wird unter S. nur die *verbale* Kommunikation, also die *Wort-S.,* verstanden, die ausschl. dem ⁊ *Menschen* eigen ist und wesentl. seine „Sonderstellung" im Reich der Lebewesen bedingt. Im Unterschied zu den affektiven, emotionalen ⁊ Lautäußerungen der Tiere ist die Wort-S. des Menschen intentional, d.h. auf einen „Sinn hin" gerichtet. Sie ist eine *Symbol-S.,* die Gegenstände, Tätigkeiten, Eigenschaften, Personen, Empfindungen u. anderes mehr mit *Wörtern* als Symbolen belegt u. dem Menschen damit erlaubt, in ⁊ *Begriffen* zu denken (⁊ Denken). Im Ggs. zum ⁊ *Lernen durch Nachahmung* (Imitation), bei der eine Information dadurch weitergegeben wird, daß das lernende Lebewesen einen erfahrenen Artgenossen an einem Demonstrationsobjekt handeln sieht, erlaubt die Symbol-S. eine vom Objekt u. auch v. der Zeit unabhängige Information. Es kann über Dinge gesprochen werden, die nicht vorhanden sind u. die der Vergan-

Sprache

Angeborene Ausdrucksgesten u. Affektlaute des Menschen, die auch angeborenermaßen verstanden werden, finden sich v.a. für standardisierte Situationen des Sozialkontaktes. Hierher gehört der Ausdruck des freundl. Kontaktes im ⁊ *Lächeln* (mit hochgezogenen Mundwinkeln) u. der ⁊ *Augengruß* (durch rasches Hochziehen der Augenbrauen), ferner der „*Augenflirt*" zw. den Geschlechtern (kurzer Blickkontakt u. anschließendes Wegsehen). Aggressive Stimmung wird durch das „*Drohgesicht*" (mit heruntergezogenen Mundwinkeln u. Entblößung der Zähne), Aufstampfen mit dem Fuß, Ballen der Faust, od. durch Imponiergesten, wie Aufrichten (sich „empören"), Einrollen der Arme u. Anheben der Schultern angezeigt (⁊ Mimik, ☐). Geste der Verlegenheit ist teilweises od. völliges Verdecken des Gesichtes durch die Hände. – *Angeborene Affektlaute des Menschen* sind z.B. Weinen (auch Säugen), Angstschrei in Panik, Schmerzwimmern, Freudenjauchzer u.a. Sie können, wie tier. Affektlaute, auch geäußert werden, wenn kein Adressat zugegen ist.

Lit.: Eibl-Eibesfeldt, I.: Der vorprogrammierte Mensch. Wien 1973

Sprache

Morphologische Anpassungen an das Sprechvermögen beim Menschen finden sich v. a. im Bereich des Mund- u. Rachenraums u. erlauben ihm die bes. Formen der Lautbildung u. der Modulation v. Lauten, die für eine differenzierte S. nötig sind u. die den Menschenaffen fehlen. So hat der Mensch im Ggs. zum Affen einen „geschlossenen Zahnbogen" ohne die für Affen typischen Zahnlücken u. mit gleich hohen *Zähnen* u. senkrecht stehenden Schneidezähnen, was für die Bildung sog. „Zahnlaute" (d, t, s, f) erforderlich ist. Wichtig für die Bildung stimmloser Konsonanten u. für die Modulation v. Tönen ist das sog. „Ansatzrohr" des Rachens, das dadurch zustande kommt, daß der ↗ Kehlkopf (☐) beim Menschen abgesenkt ist u. etwa 1,5 cm vom Gaumensegel entfernt liegt, während er bei den Affen unmittelbar an die inneren Nasenöffnungen anschließt. Schließl. verfügt der Mensch über einen hochgewölbten *Gaumen* (im Ggs. zum flachen der Affen), wodurch die Zunge Spielraum zur Bildung der sog. Gaumenlaute (g, k, ch) bekommt. –
Da sich die morpholog. Anpassungen im Zahn- u. Gaumenbereich auch an fossilen Schädeln nachweisen lassen, hat man sie mehrfach dazu benutzt, um Aussagen über die Sprechfähigkeit fossiler Menschen zu gewinnen, jedoch bewegt man sich hier auf schwankendem Boden. Daß aber der Mensch der Altsteinzeit, der Bestattung der Toten u. Tieropfergaben nachgewiesen sind (vor ca. 70000 Jahren), bereits über eine differenzierte S. verfügt hat, dürfen wir mit einiger Sicherheit annehmen.

genheit od. Zukunft angehören, wodurch auch „Voraussicht" mögl. wird. Da auch Nichtgegenständliches in Worte gefaßt werden kann, entsteht die für den Menschen typische Welt des ↗ Geistes mit Ethik, Moral, Kunst, Wissenschaft usw. (↗ kulturelle Evolution). Im Ggs. zur angeborenen Symbol-S. der Bienen ist die Wort-S. des Menschen jedoch eine *Lern-S.*, wobei die durch Übereinkunft in ihrer Bedeutung festgelegten Wortsymbole u. der Großteil der Grammatik v. jeder Generation neu gelernt werden müssen (↗ Tradition). Die Entwicklung einer Wort-S. mit einer im Laufe der Evolution zunehmenden Zahl v. Wortsymbolen setzt daher ein wohlentwickeltes Lernvermögen u. eine entspr. Speicherkapazität des ↗ Gehirns voraus, das beim Menschen wesentl. stärker entwickelt ist als bei den Menschenaffen (↗ Hominisation; ⊤ Mensch). Dadurch, daß die Wort-S. individuell erlernt werden muß, erhält sie den hohen Grad an Anpassungsfähigkeit an den rasch anwachsenden „Kenntnisstand" u. die Kreativität u. Produktivität, die ihr eigen sind. Da die sprachl. Kommunikation des Menschen nicht affektiv, sondern beabsichtigt ist, setzt sie ein altruist. Gruppenverhalten voraus (↗ Altruismus) – die Bereitschaft, mit dem Gruppengenossen Information zu teilen, ihm etwas „mit-teilen" zu wollen. Umgekehrt kommt es in geogr. getrennten Populationen rasch zu einer Differenzierung in verschiedene S.n, die die Verständigung erschwert, ja unmögl. macht. Dadurch kann S. auch zum Kommunikationshindernis werden u. wie ein ↗ „Isolationsmechanismus" wirken, der auch eine entspr. Differenzierung in unterschiedl. Kulturen zur Folge hat (↗ kulturelle Evolution). – Obgleich die menschl. S. eine Lern-S. ist, finden sich doch erbliche Grundlagen. So gibt es einige morpholog. Anpassungen für die Bildung modulationsfähiger Laute (vgl. Spaltentext) u. im Großhirn bestimmte Regionen, die als motorisches *S.zentrum* (↗ Broca-Zentrum) u. als sensibles akustisches (für das Wortverständnis entscheidendes) Wernicke-Zentrum entwickelt sind (↗ Sprachzentren; ↗ Gehirn, ⊞). Nach Chomsky (1970) haben alle S.n gewisse Prinzipien einer universalen Grammatik gemeinsam, was ebenfalls auf eine genet. Grundlage hinweist. Auch die Schnelligkeit, mit der das heranwachsende ↗ Kind seine S. lernt (auch die schwierigen formalen Operationen einer Syntax), läßt auf eine angeborene ↗ Lerndisposition schließen. Wesentl. Voraussetzung für die *Evolution* der menschl. Symbol-S. war die Fähigkeit zur ↗ Abstraktion, zur ↗ Generalisierung als Grundlage für begriffl. Denken (↗ Begriff), denn es kann nur mit Wortsymbolen belegt werden, was vorher sensorisch abstrahiert wurde. Diese Voraussetzungen sind als sog. „vor-

sprachliches Denken" (O. Koehler) bei höheren Wirbeltieren (Vögeln u. Säugetieren) bereits gegeben. In den hochorganisierten Sozialverbänden v. Affen findet sich bereits eine komplexe soziale Kommunikation, in der ein Individuum unter vorausschauender Einschätzung der Reaktion des Gruppengenossen, seiner sozialen Stellung u. der momentanen Situation sein eigenes Handeln „geplant" u. „gezielt" ausrichtet. – 4) Zu Unrecht als S. bezeichnet werden Lautäußerungen sog. *sprechender Vögel* (Papagei, Beo, Rabenvögel u. a.), die in der Lage sind, menschl. Wörter u. Laute oft täuschend „nachzusprechen", ohne daß dadurch Information übermittelt wird. Hier liegt reine ↗ Nachahmung vor, die bei Vögeln, die Gesänge od. Rufe v. anderen Vogelarten nachahmen, als ↗ Spotten bezeichnet wird.

Lit.: Chomsky, N.: Sprache u. Geist. Frankfurt a. M. 1970. *Lenneberg, E. H.:* Biol. Grundlagen der Sprache. Frankfurt a. M. 1967. *Sitzmann, G. H.* (Schriftltg.): Die Evolution der Sprache. Acta Teilhardiana XII. München 1975. *G. O.*

Sprachzentren, in der (bei Rechtshändern) linken bzw. (bei Linkshändern) rechten Hemisphäre der Großhirnrinde gelegene Areale, die für die ↗ Sprache u. das Sprachverständnis verantwortl. sind. Das *motorische Sprachzentrum* oder ↗ *Broca-Zentrum (frontales Sprachzentrum)* ist für das Satz- u. Wortsprechen u. für die Satzmelodie zuständig. Störungen dieses Zentrums bewirken schwerfälliges u. mühevolles Sprechen, während das Sprachverständnis erhalten bleibt, das im *sensorischen Sprachzentrum (Wernicke-Zentrum)* lokalisiert ist. In diesem *hinteren Sprachzentrum* werden auch die akust. Erinnerungsbilder der Worte gespeichert; daher wird dieses Zentrum auch *akustisches Sprachzentrum* od. *Spracherinnerungszentrum* gen. Im *optischen Sprachzentrum* werden die visuell u. akustisch aufgenommenen Informationen miteinander verknüpft. Die einzelnen S. stehen eng miteinander in Verbindung, aber auch mit anderen Gehirnarealen. Um Gehörtes od. Geschriebenes zu verstehen, nachsprechen od. beantworten zu können, müssen Informationen vom primären Hörzentrum od. Sehzentrum zu den S. gelangen, verarbeitet u. umgesetzt werden. ↗ Rindenfelder, ↗ Telencephalon; ⊞ Gehirn.

Sprattus *m* [v. engl. sprat = Sprotte], die ↗ Sprotten.

Spreite *w* [v. ahd. spreiten = ausbreiten], **1)** Bot.: Blatt-S., ↗ Blatt (☐). **2)** Zool.: S.nbauten, als Wohn- u. Freßbauten von aquat. Sedimentfressern gedeutete Spurenfossilien vom Aussehen eines Entenfußes mit Schwimmhaut (z. B. ↗ *Rhizocorallium*); bei rezenten Formen meist nicht beobachtbar, deshalb Deutung der Genese recht umstritten.

Spreizklimmer ↗ Lianen.

Sprekelia w [ben. nach dem dt. Botaniker J. H. v. Sprekelsen, † 1764], Gattung der ↗Amaryllisgewächse.

Sprengel, *Christian Konrad,* dt. Botaniker, * 1750 Brandenburg/Havel, † 7. 4. 1816 Berlin; 1780–94 Schul-Dir. in Spandau bei Berlin; Begr. der Blütenökologie (↗Bestäubungsökologie); betonte die Nützlichkeit der Bienen u. die Notwendigkeit der ↗Bienenzucht. B Biologie I, III.

Spreublätter, die ↗Schuppenblätter.

Spreuschuppen, 1) *Schuppenhaare,* Bez. für die flächenhaft verbreiterten Epidermisauswüchse (Haare) bei den ↗Farnen, die oft an der Basis der Blattstiele stehen od. die jungen Blätter u. Stammteile vollkommen einhüllen. 2) ungenaue Bez. für ↗Spelzen.

Spriggina floundersi w, (Glaessner 1958), 3,5 cm langer Abdruck eines Polychaeten aus der präkambr. ↗Ediacara-Fauna von S-Australien.

Springaffen, *Titis, Callicebus,* Gatt. besonders sprungbegabter ↗Kapuzineraffen i.w.S. *(Cebidae)* des dichten südam. Urwalds; Kopfrumpf- u. Schwanzlänge je 40–50 cm; Finger- u. Zehennägel krallenartig verlängert; 4 Arten (vgl. Tab.) mit 24 U.-Arten. Die tagaktiven S. ernähren sich hpts. von Wirbellosen u. kleineren Wirbeltieren, daneben auch v. Pflanzenkost; noch wenig erforschte Gruppe.

Springantilopen, *Gazellenartige, Antilopinae,* U.-Fam. der ↗Hornträger mit 7 Gatt.; ↗Gazellen i.w. S.

Springbeutler, die ↗Känguruhs.

Springbock, *Antidorcas marsupialis,* zu den ↗Gazellen i.w. S. rechnende mittelgroße Antilope S- und SW-Afrikas (3 U.-Arten); Kopfrumpflänge 120–150 cm, Schulterhöhe 75–85 cm; Oberseite rötl. gelbbraun, dunkelbrauner Flankenstreifen, Unterseite u. Kopf weiß; Hörner (bei ♂♂ und ♀♀) stark geringelt. Bei Erregung führen S.e Luftsprünge aus (Name!), wobei durch Rückenwölbung ein in einer Hautfalte verborgener weißer Haarfächer als Signal „aufblitzt". Noch im letzten Jh. zogen große Herden v. vielen 1000 S.en durch S-Afrika („Treckbokken" = Wanderböcke der Buren); 2 U. Arten sind heute nahezu ausgerottet. B Antilopen, B Afrika VII.

Springbohne, die ↗Hupfbohne.

springende Gene, die in der DNA von ↗transponierbaren Elementen enthaltenen u. daher häufig ihre Lage auf einem Genom wechselnden Gene.

Springfrosch, *Rana dalmatina,* ↗Braunfrösche.

Springfrüchte, die ↗Öffnungsfrüchte.

Springhasen, *Pedetidae,* Fam. etwa hasengroßer, sprunggewandter Nagetiere der afr. Steppen u. Trockensavannen. Die nachtaktiven S. graben ausgedehnte Gangsysteme u. ernähren sich v. Pflanzenkost. 2 Arten: Südafr. S. *(Pedetes cafer),* Ostafr. S. *(P. surdaster).*

Springaffen
Arten:
Witwenaffe
(Callicebus torquatus)
Grauer Springaffe
(C. moloch)
Roter Springaffe
(C. cupreus)
Schwarzköpfiger
Springaffe
(C. personatus)

Springkrautgewächse
Echtes Springkraut, Rührmichnichtan *(Impatiens noli-tangere)*; rechts oben Blüte, unten aufgesprungene Samenkapsel

Springmäuse
Gattungen:
Dickschwanz-S.
(Stylodipus)
Erdhase
(Alactagulus)
Fettschwanz-S.
(Pygeretmus)
Fünfzehen-Zwerg-S.
(Cardiocranius)
Kammzehen-S.
(Paradipus)
Koslows Zwerg-S.
(Salpingotus)
Lichtensteins S.
(Fremodipus)
↗Pferdespringer
(Allactaga)
Rauhfuß-S.
(Dipus)
Riesenohr-S.
(Euchoreutes)
Salpingotulus
Wüsten-S.
(Jaculus)

Wüsten-Springmaus
(Jaculus jaculus)

Springkrautgewächse, *Balsaminengewächse, Balsaminaceae,* Fam. der Storchschnabelartigen mit 4 Gatt. und 500–600 Arten. Kräuter mit durchscheinendem Stengel u. zygomorphen, 5zähligen Blüten; hinteres Kelchblatt kronblattartig, häufig gespornt; Kapselfrucht mit Schleudermechanismus, der bei Explosion (↗Explosionsmechanismen) schwarze Samen auswirft. Die weitaus artenreichste Gatt. ist *Impatiens* (Springkraut); Kräuter mit gespornten, gelben, roten od. weißen Blüten. Eine bis 1 m hohe eurasiat. Art ist das Echte Springkraut od. Rührmichnichtan *(I. noli-tangere)* mit goldgelben, hängenden Blüten; Hummelblume, auch Selbstbestäubung; kommt in feuchten Wäldern vor. Aus NO-Asien stammend, etwa seit 1840 eingebürgert ist das Kleinblütige Springkraut *(I. parviflora);* blaßgelbe, kleine Blüten mit geradem Sporn, bis 60 cm hoch; in Wäldern, Gärten u. auf Schutt. Ebenfalls ein Neophyt ist das rötlich od. violett blühende Indische oder Drüsige Springkraut *(I. glandulifera);* bis zu 15 Blüten in lang gestielten Trauben; Heimat Himalaya, O-Indien; urspr. Gartenpflanze, seit etwa 1920 jedoch eingebürgert; kommt wild an Ufern u. in Auenwäldern vor. Zahlr., meist einjährige Formen für Garten u. Zimmer stammen v. den Arten *I. balsamina* (Balsamine) und *I. walleriana* (↗Fleißiges Lieschen). Je 1 Art umfassen die Gatt. *Hydrocera* (Indomalesien), *Impatientella* (Madagaskar) u. *Semeiocardium* (Indomalesien).

Springkrebse, *Springkrabben, Galatheidae,* die ↗Furchenkrebse.

Springläuse, die ↗Psyllina.

Springmäuse, *Springnager, Dipodidae,* Nagetier-Familie aus der U.-Ord. Mäuseverwandte; Kopfrumpflänge 4–15 cm, Schwanzlänge 7–25 cm. Das Sprungvermögen der S. beruht auf dem stark verlängerten Mittelfußknochen der Hinterextremitäten; der relativ lange Schwanz wird zum Abstützen eingesetzt. Die S. sind Charaktertiere der Wüsten u. Steppen Afrikas (N-Afrika, Arabien) u. Vorder- u. Innerasiens, die sich vor extremen Hitze- u. Kältegraden durch Eingraben in Sand u. durch Winterschlaf schützen. Der nächtl. Orientierung u. dem Auffinden v. Nahrung (Pflanzenteile, Insekten) dienen die hervorragenden Sinnesleistungen (Gesichts-, Gehör- u. Geruchssinn). 12 Gatt. (vgl. Tab.) mit 29 Arten, darunter die bekannte Wüsten-S. *(Jaculus jaculus;* Afrika, Vorderasien). B Mediterranregion IV.

Springrüßler, *Rhynchaenus* Gatt. der ↗Rüsselkäfer mit verdickten Hinterbeinen als ↗Sprungbeine; bei uns 31 Arten zw. 1,3 und 3,5 mm Körpergröße. Käfer u. Larven leben an verschiedenen Sträuchern u. Laubbäumen u. befressen die Blätter, gelegentl. Skelettierfraß. Die Arten sind relativ mono-/oligophag an bestimmten Pflanzen-Gatt. So lebt an jungen Eichen der

Springschrecken

ockerfarbene Eichen-S. (*R. quercus*), überwiegend an Rotbuche der sehr häufige, schwarze Buchen-S. (*R. fagi*); das Weibchen legt Eier in Blattrippen; die Larven erzeugen Blattminen (☐ Minen), die später als braun gefärbte Platzminen ausgebildet sind; bei starkem Befall kann eine Buche geschädigt werden. Andere Arten leben an Weiden od. Pappeln.

Springschrecken, die ↗Heuschrecken.

Springschwänze, *Collembola*, Ord. der entognathen ↗Urinsekten (*Apterygota*), mit teilweise sehr hohen Individuenzahlen (bis 2000 Tiere pro dm^3 Waldboden) wohl die häufigsten ↗Insekten (☐T☐) des Bodens (↗Bodenorganismen). Kleine u. kleinste Insekten (0,2–10 mm); Hinterleib aus nur 6 Ringen bestehend mit charakterist., Extremitäten-homologen Anhängen: 1. Ring mit ausstülpbarem Ventraltubus (Haft- u. Putzorgan, zur Ionenregulation, z.T. auch für die Atmung, homolog den ↗Coxalbläschen); 4. Ring mit ↗Sprunggabel, die in der Ruhelage in einer Halterung (↗Retinaculum) des 3. Ringes nach vorne geklappt befestigt ist. Bei Gefahr wird diese blitzartig nach unten auf den Boden geschlagen, wodurch sich das Tier in die Luft katapultiert. Vermehrung über indirekte Spermatophorenübertragung: ♂♂ setzen wahllos gestielte Spermatropfenpakete ab, die vom arteigenen ♀ erkannt u. mit der Geschlechtsöffnung aufgenommen werden. Innerhalb der höher entwickelten Gruppen Tendenz zu kompliziertem Paarungszeremoniell für eine gezielte Spermaaufnahme (z.B. bei Kugelspringern od. bei *Podura*). S. sind Allesfresser (v.a. organisches, sich zersetzendes Material, z.B. Fallaub) u. sind wesentl. an der Humusbildung des Bodens beteiligt. Einige Vertreter sind Nahrungsspezialisten: Pilzhyphensauger (v.a. Fam. *Neanuridae*), Pflanzenfresser (z.B. Luzernefloh, *Sminthurus viridis*). Es werden alle Schichten des Bodens bewohnt: je tiefer, um so kleiner u. länglicher sind die Vertreter (z.B. ↗Blindspringer), häufig unpigmentiert. Spezialisiert auf ein Leben auf der Wasseroberfläche sind der

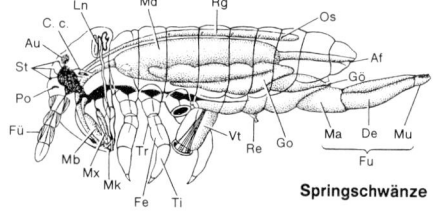

Springschwänze
Bauplanschema eines arthropleonen Springschwanzes (*Podura*).
Af After, Au rudimentäres Komplexauge, C.c. Corpora cardiaca, De Dens, Fe Femur, Fu Furca (Sprunggabel), Fü Fühler, Go Gonade, Gö Geschlechtsöffnung, Ln Labialniere, Ma Manubrium, Mb Mandibel, Md Mitteldarm, Mk Mundkegel, Mu Mucro, Mx Maxille, Os Ostium, Po Postantennalorgan, Re Retinaculum, Rg Rückengefäß, St Stirnaugen, Ti Tibiotarsus, Tr Trochanter, Vt Ventraltubus

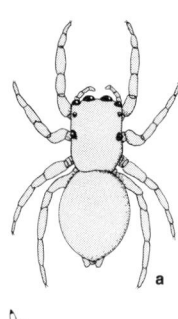

Springspinnen
a Habitus einer Springspinne, **b** balzendes Männchen von *Saitis barbipes*
Einige häufige mitteleuropäische Arten und Gattungen:
↗Harlekinspinne (*Salticus scenicus*)
Myrmarachne formicaria (↗Ameisenspinnen)
Evarcha arcuata: 6–7 mm groß, Vegetationsbewohner, v.a. Wiesen; ♂ schwarz mit weißen Querbinden in der „Gesichtsregion"; ♀ braun mit schwarzer Fleckenzeichnung auf dem Opisthosoma; Gespinst mit Eikokon in welkem Blatt, das vom ♀ bewacht wird.
Heliophanus: Gatt. mit mehreren Arten; schwarzer metallisch glänzender Körper mit wenigen weißen Haaren, Beine u. Taster oft auffallend hell; Vegetationsbewohner, einige Arten auch auf offenen Flächen.
Euophrys: mit mehreren Arten in Mitteleuropa vertreten; kleine bis mittelgroße S. der offenen Flächen, seltener der Streu; meist grau od. braun mit helleren u. dunkleren Musterungen; die ♂♂ von *E. frontalis* sind schwarz, weiß u. rot gemustert u. führen auffallende Balztänze auf.

Schwarze Wasserspringer (*Podura aquatica*, Fam. ↗*Poduridae*) u. der Wasserkugelspringer (*Sminthurides aquaticus*). 2 U.-Ord.: 1. *Arthropleona*, Körper gestreckt, Hinterleib deutl. geringelt; hierher die Mehrzahl der Fam. (↗*Poduridae*, *Hypogastruridae*, *Onychiuridae* [↗Blindspringer], *Isotomidae* [↗Gleichringler], *Entomobryidae* [↗Laufspringer], *Tomoceridae* [↗Ringelhörnler] u.a.) und auch das älteste fossil bekannte Insekt (↗*Rhyniella*). 2. *Symphypleona* (↗Kugelspringer). ☐B☐ Insekten I.

Springspinnen, *Salticidae*, *Attidae*, mit ca. 4000 Arten die umfangreichste Fam. der ↗Webspinnen, weltweit verbreitet mit Schwerpunkt in den Tropen. S. sind tagaktiv u. vagant, d.h., sie bauen zum Beutefang keine Netze, sondern suchen ihre Beute aktiv u. überwältigen sie im Sprung. Das Spinnvermögen wird nur eingesetzt, um Wohn-, Häutungs- u. Überwinterungsgespinste bzw. einen Kokon u./od. ein Einest zu fertigen. Die meisten Arten sind klein (3–12 mm Länge), der Körper ist gedrungen, mit kurzen, kräftigen Beinen. Die vorderen Mittelaugen sind scheinwerferartig vergrößert u. sitzen frontal an der Stirnfläche. Der Gesichtssinn ist sehr gut entwickelt (präzise Entfernungsmessung, Akkommodation durch Verschieben der Retina, Farbensehen, UV-Rezeptor) u. wird bei Beutefang u. Balz eingesetzt. Der Sprung auf Beute erfolgt nach Anschleichen bis auf wenige cm, nur Fluchtsprünge sind länger (bis zum 25fachen der Körperlänge). Spezielle Sprungbeine sind nicht ausgebildet. Der Sprung wird mit dem 3. u./od. 4. Beinpaar ausgeführt, indem die Spinne die Beine dicht an den Körper heranzieht u. dann durch plötzl. Erhöhung des Hämolymphdrucks streckt. Während des Sprungs hängt die Spinne an einem Sicherheitsfaden. S. leben sowohl in der Vegetation als auch auf dem Boden. Sie können sich dank gut ausgebildeter Hafthaare (Scopulae) an den Tarsen gewandt auf glatten Flächen fortbewegen. Adulte S.-Männchen zeigen häufig eine auffallend bunte Färbung. Diese wirkt, oft zus. mit artspezif. Tänzen u. Bewegungen, als Signal für das Weibchen. Bei manchen S.-Arten tritt auch ein ritualisierter Kampf der Männchen auf (z.B. ↗Harlekinspinne, ☐). Einige S. zeigen Ameisen-↗Mimikry (↗Ameisenspinnen).

Springtamarins [Mz.; indianisch, über frz. tamarin = Pinseläffchen], *Callimiconidae*, Fam. der ↗Breitnasen-Affen mit nur 1 Art, dem etwa eichhörnchengroßen (nach seinem Entdecker benannten) Goeldi-Tamarin (*Callimico goeldii*), der nur in geringer Anzahl im Urwald der oberen Amazonas vorkommt. S. ähneln im Körperbau den ↗Tamarins, in Schädelbau u. Gebiß den ↗Springaffen (Name!); sie stellen damit u. auch aufgrund anderer Eigenschaften ein

Bindeglied zw. den beiden neuweltl. Affen-Fam., ↗Kapuzineraffen i. w. S. *(Cebidae)* u. ↗Krallenaffen *(Callithricidae),* dar.

Springwanzen, *Uferwanzen, Saldidae,* Fam. der ↗Wanzen (Landwanzen) mit ca. 150, in Mitteleuropa ca. 30 Arten. Die ovalen, 2–6 mm großen, dunkel gefärbten, oft hell gezeichneten S. leben in der Nähe v. Gewässern u. anderen feuchten Orten, wo sie räuberisch nach Beute suchen. Obwohl sie keine bes. dazu ausgebildeten Beine haben, besitzen sie ein erhebl. Sprungvermögen. Häufig sind bei uns *Saldula saltatoria* u. die bis 5 mm große *S. pallipes.*

Springwurm, Larve des ↗Wicklers *Sparganthis pilleriana.*

Spritzbewegungen, Bez. für die bes. Form v. Bewegungen bei Pflanzen, die auf einen Turgorspritzmechanismus zurückgehen u. zur Sporen- u. Samenverbreitung dienen. So werden die Sporen der Ascomyceten aus dem reifen Ascus herausgespritzt, da der unter hohem Turgordruck (ca. 10 bar) stehende Ascus an der Spitze aufreißt u. unter Kontraktion der Ascuswandung auf das halbe Volumen die Sporen wenige Millimeter bis maximal 60 cm weit herausschleudert. Auf einem gleichen Vorgang beruht der Sporangienabschuß beim Pilz ↗*Pilobolus* (↗Phototropismus). Bei der Spritzgurke *(Ecballium elaterium,* ↗Kürbisgewächse) steht das Fruchtfleisch unter einem hohen Turgordruck v. rund 15 bar. Dabei spannt es die als Widerstandsgewebe fungierenden äußeren Fruchtwandschichten sehr stark. Der bei Fruchtreife mit einem Trenngewebe ansetzende Fruchtstiel wird nach Aufreißen des Trenngewebes gleichsam wie ein Sektkorken fortgeschossen; die sich zusammenziehende Fruchtwand schleudert den flüssigen Inhalt mitsamt den Samen aus u. beschleunigt sich nach dem Rückstoßprinzip in die entgegengesetzte Richtung. Die abgeschossenen Samen fliegen bis zu 12 m weit. ↗Explosionsmechanismen.

Spritzen, das Ausbringen v. Schädlingsbekämpfungsmitteln in wäßriger Lösung, Emulsion od. Suspension. Tröpfchengröße nach Verlassen der Austrittsdüse größer als 150 μm; dadurch gute Benetzung u. Haftung, aber höherer Wasserverbrauch als beim *Sprühen* (Tröpfchengröße 50–150 μm).

Spritzgurke, *Ecballium elaterium,* ↗Kürbisgewächse.

Spritzloch, *Spiraculum,* stark verkleinerte vorderste Kiemenspalte bei Knorpelfischen, zw. Mandibular- u. Hyoidbogen gelegen. Die im S. vorhandene Kieme *(S.kieme, Spiracularkieme)* ist anatom. eine Halbkieme (Hemibranchie), da nur der Vorderrand der Kiemenspalte mit Kiemenlamellen besetzt ist. Sie wird auch als *Pseudobranchie* bezeichnet, da die Blutversorgung v. der nächstliegenden Vollkieme (Holobranchie) aus erfolgt. – Bei Engelhaien u. Rochen ist das S. sehr groß. Es liegt dicht hinter dem Auge auf der Oberseite des Kopfes u. dient als Einströmöffnung für das Atemwasser, da der Mund meist dem Boden aufliegt. Bei Knochenfischen ist kein S. vorhanden. Die entspr. Kiemenspalte ist verschlossen. Bei Tetrapoden ist die Verbindung Mittelohr–Rachen (↗Eustachi-Röhre) ein Derivat des Spritzloches.

Spritzwürmer, die ↗Sipunculida.

Spritzzone, *Spritzwasserzone, Supralitoral,* nur vom Spritzwasser der Wellen erreichter Uferbereich. ↗Litoral; □ Meeresbiologie.

Sprödblättler, *Russulaceae,* Fam. der ↗Blätterpilze, deren Vertreter einen hartfleischigen od. brüchigen Fruchtkörper besitzen, bedingt durch bes. Hyphenstrukturen mit eingelagerten Sphärocystennestern. Meist in Hut u. Stiel gegliedert; das Hymenium ist lamellig od. kammerig, die Huthaut oft lebhaft gefärbt, das Sporenpulver weiß bis ockergelb; die Sporen besitzen eine Oberflächenstruktur. Es werden 2 Fam. unterschieden, die ↗Täublinge (ohne Milchsaft) u. die ↗Milchlinge (mit Milchsaft). Früher als Fam. den *Agaricales* zugeordnet, heute meist in eigene Ord. *Russulales* gestellt.

Sproß, eine in der bot. Literatur nicht einheitlich verwendete Bez. a) für das Grundorgan ↗*S.achse,* b) für den aus den Grundorganen *S.achse* und *Blätter* (↗Blatt) bestehenden u. meist oberird. wachsenden Teil (↗Luft-S.) der S.pflanzen (↗Kormophyten). Neben den assimilierenden Luftsprossen kommen bei sehr vielen ausdauernden kraut. Pflanzen farblose, mit reduzierten Blättern u. sproßbürtigen Wurzeln besetzte unterird. *Erdsprosse* od. ↗*Rhizome* (□) vor, die als Dauer- u. ↗Speicherorgane ungünst. Vegetationsperioden überwinden helfen. Die erstere, auf die S.achse beschränkte Bedeutung tritt bes. häufig bei Wortzusammensetzungen hervor, z. B.: S.scheitel, S.ranken, S.dornen, S.metamorphosen. □ 18 10.

Sproßachse, *Achsenkörper,* der in typ. Ausbildung zylindr., stabförmige Teil des ↗*Kormus,* der die sich seitl. aus ihm ausgliedernden *Blätter* trägt u. diese in eine für die Photosynthese günst. Position zum Licht bringt. Neben dieser Stützfunktion führt die S. umfangreiche Aufgaben der Stoffleitung aus. Die in den Blättern gebildeten Assimilate werden zu den Orten des Verbrauchs (wachsende Blätter, S.nabschnitte u. Wurzelteile, Blüten, Samen u. Früchte) od. über den Umweg der Speicherung (Parenchymzellen der S. und Wurzel, Speicherblätter) zu diesen transportiert, u. das Wasser wird v. der ↗Wurzel zu den Blättern geleitet. Entspr. zu diesen beiden Hauptfunktionen sind ↗Leitungs- u. ↗Festigungsgewebe v. großer Bedeutung beim Aufbau der S. – *Primärer Bau der S.:*

SPROSS UND WURZEL I–II

Der *Sproß* wächst durch Teilungen der meristematischen Vegetationskegelzellen. Unmittelbar darunter erfolgt die Ausbildung von Leit- und Festigungselementen.
Bei krautigen Pflanzen sind diese zu *Leitbündeln (Faszikel)* zusammengefaßt, die zu mehreren in den äußeren Sproßregionen kreisförmig angeordnet liegen. Jedes Leitbündel besteht aus einem *Holzteil*, dessen abgestorbene Zellen durch Ligineinlagerung in die Zellwände versteift sind. Sie haben eine Festigungsfunktion, gleichzeitig erfolgt in ihnen der Wassertransport. Nach außen liegt der *Siebteil*; dessen lebende Zellen sind dünnwandig (vgl. Photo unten). In ihnen werden Reserve- oder Speicherstoffe geleitet. Bei den zweikeimblättrigen Pflanzen liegt zwischen Sieb- und Holzteil eine Schicht meristematischer Zellen, das *faszikuläre Kambium*. Die Zellen des Mark- und Rindengewebes sind parenchymatisch.
Bei Holzgewächsen, die ein *sekundäres Dickenwachstum* aufweisen, werden keine isolierten Leitbündel angelegt. Sie haben ein ringförmig geschlossenes Kambium, das sich zwischen Rinde und Markregion ausbildet. Dieses Kambium gibt nach innen nur Holzzellen, nach außen Siebteilzellen und Rindenparenchym ab.

Das Wachstum der Wurzel und die Ausdifferenzierung der Zellen erfolgt ähnlich wie im Sproß. Die zarten meristematischen Zellen des Wurzelvegetationspunktes werden durch eine *Wurzelhaube* geschützt. Die Wurzelhaubenzellen werden von den Wurzelmeristemzellen nach vorn abgegliedert. Die Ausdifferenzierung der Leitelemente beginnt mit der Anlage der *Ursiebröhren*, deren benachbarte Zellen zu den eigentlichen Siebröhren werden. Die Anlage des Holzteiles erfolgt danach. Er geht aus lebenden Zellen hervor, die aber sehr bald absterben und verholzen.

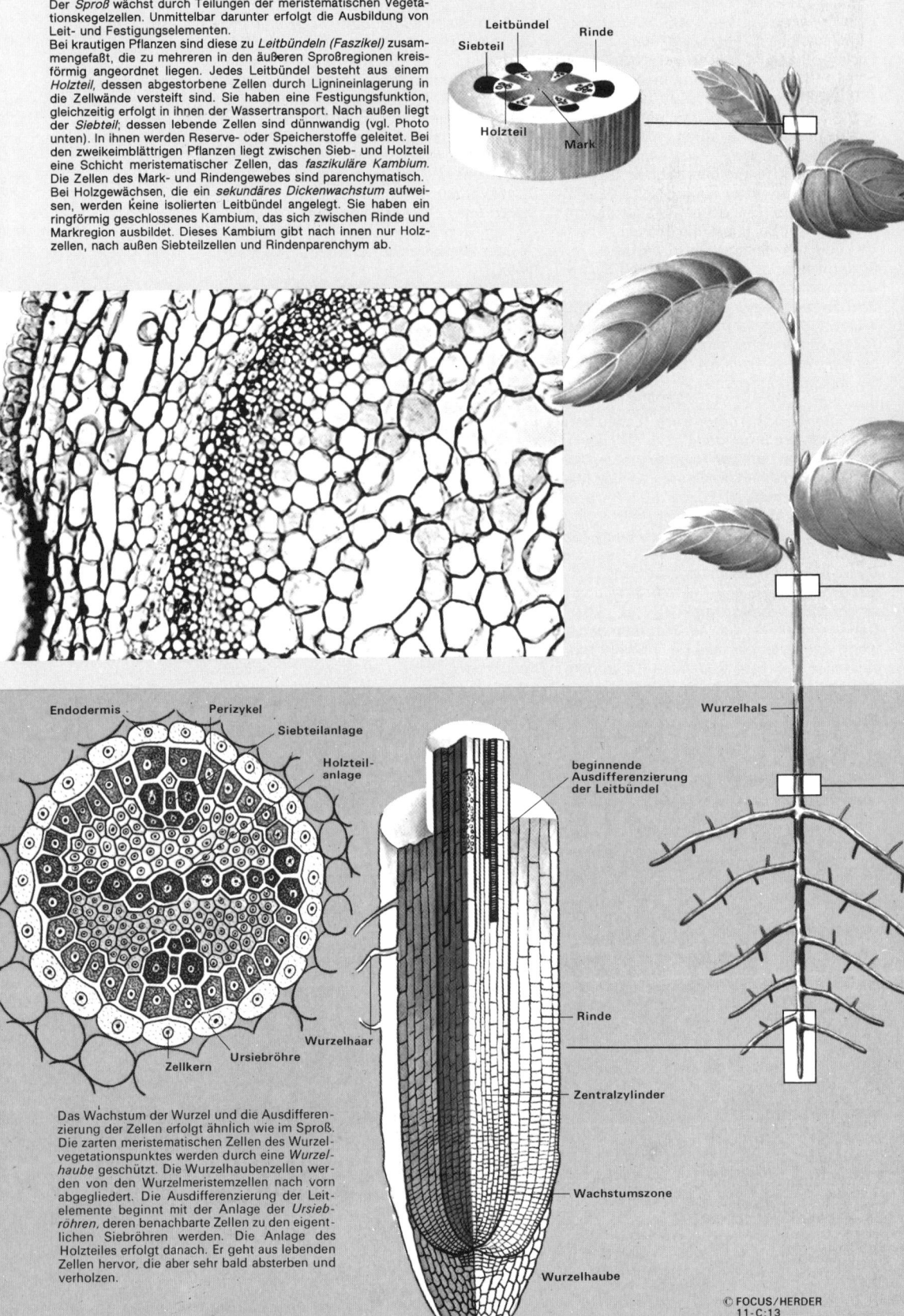

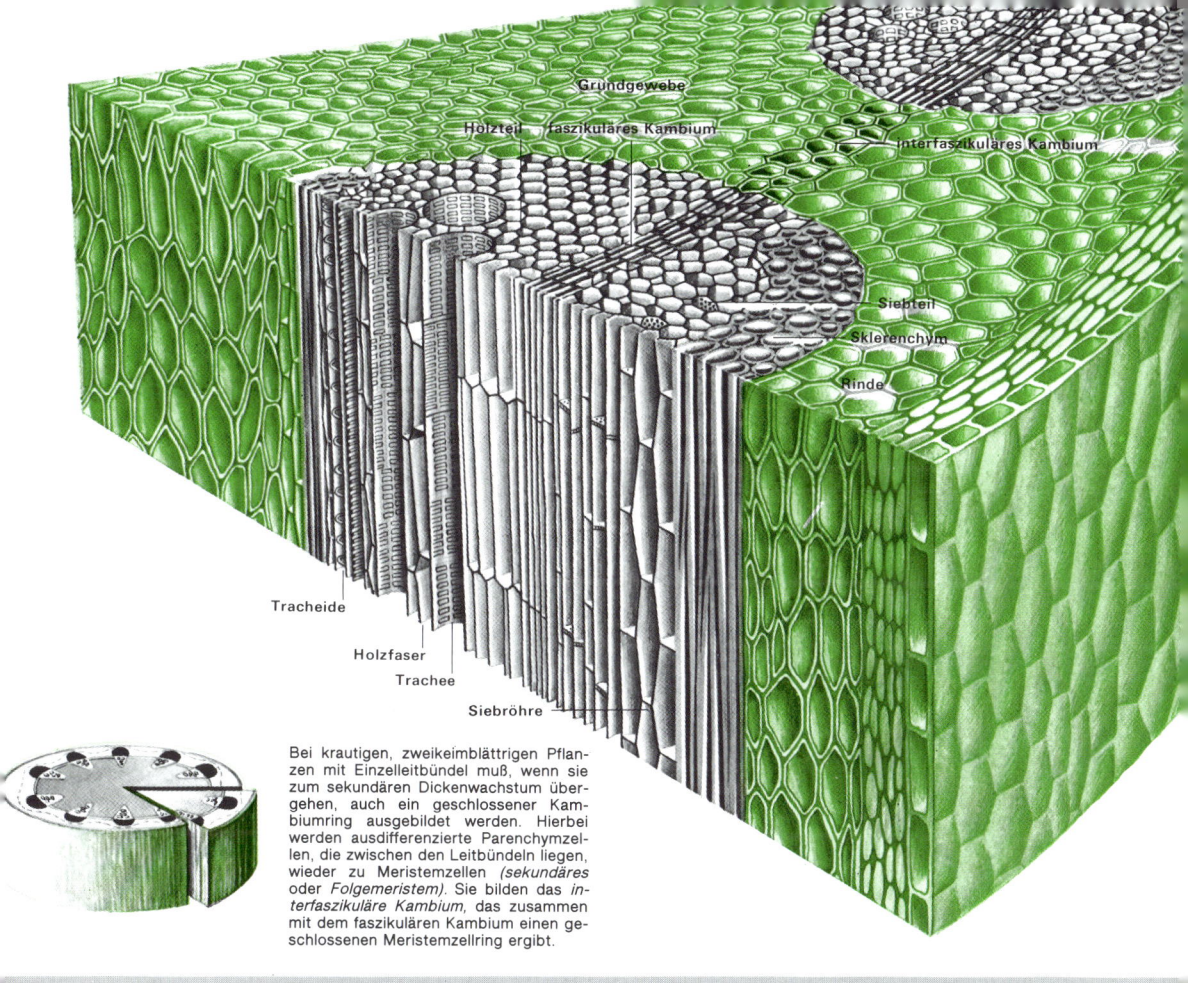

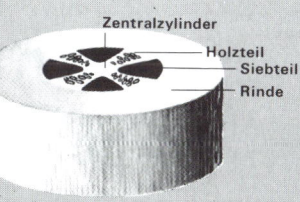

Labels (upper figure): Gründgewebe, Holzteil, faszikuläres Kambium, interfaszikuläres Kambium, Siebteil, Sklerenchym, Rinde, Tracheide, Holzfaser, Trachee, Siebröhre

Bei krautigen, zweikeimblättrigen Pflanzen mit Einzelleitbündel muß, wenn sie zum sekundären Dickenwachstum übergehen, auch ein geschlossener Kambiumring ausgebildet werden. Hierbei werden ausdifferenzierte Parenchymzellen, die zwischen den Leitbündeln liegen, wieder zu Meristemzellen *(sekundäres oder Folgemeristem).* Sie bilden das *interfaszikuläre Kambium,* das zusammen mit dem faszikulären Kambium einen geschlossenen Meristemzellring ergibt.

Labels (lower left figure): Zentralzylinder, Holzteil, Siebteil, Rinde

In der *Wurzel* liegen die Leit- und Festigungselemente im Zentralzylinder. Die zentral gelegenen Festigungselemente geben der Wurzel die notwendige Stabilität für die Zugbelastung, der sie ausgesetzt ist. Dagegen entspricht die periphere Lage der Leitbündel im Sproß der Biegungsbelastung. Die Holzteile sind in zwei oder mehreren Komplexen radial angeordnet. Dazwischen liegen jeweils die Siebteile. Umschlossen wird das ganze von der äußersten Schicht des *Zentralzylinders,* dem *Perizykel* oder *Perikambium.* Die Umorientierung der radial angeordneten Leitelemente der Wurzel in die Sproßleitbündel erfolgt in der *Wurzelhalsregion,* in der Übergangszone zwischen Wurzel und Sproß. Das Photo rechts zeigt einen Schnitt durch die Wurzel von *Vicia faba.*

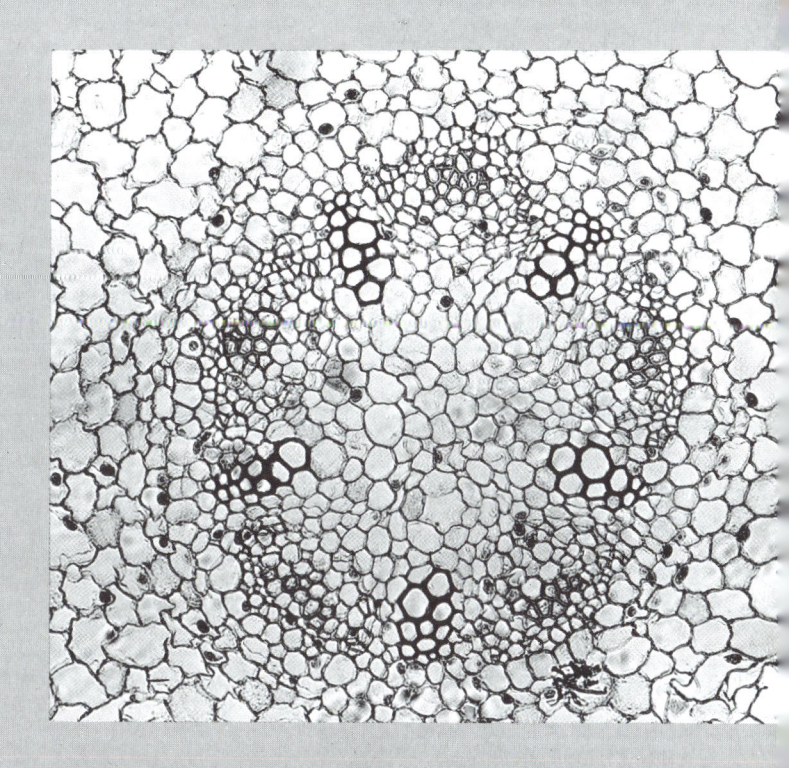

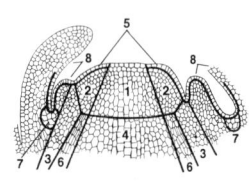

Sproßachse

Die S.n der ↗Farn- u. ↗Samenpflanzen unterscheiden sich in ihrem primären Bau beträchtl. voneinander. Doch erfolgt bei allen gen. Gruppen die Stoffleitung durch ↗Leitbündel (☐), die im Sproßquerschnitt häufig schon mit bloßem Auge zu erkennen sind. Diese Leitbündel erfüllen zudem aufgrund ihrer mechan. Eigenschaften u. oft auch aufgrund ihrer Anordnung in der S. Festigungsaufgaben (☐ Biegefestigkeit). Darüber hinaus werden aber zusätzlich spezif. Festigungsgewebe ausgebildet. Leitbündel, Festigungsgewebe u. die abschließende Epidermis werden durch ein parenchymat. ↗Grundgewebe miteinander verbunden. Dabei kann man, soweit die Leitbündel auf einem Zylindermantel angeordnet sind (Nacktsamer u. dikotyle Bedecktsamer) u. ein Bündelrohr bilden, die S. in das zentral gelegene ↗Mark, den Leitbündelzylinder, die daran nach außen anschließende parenchymat. ↗Rinde u. die abschließende ↗Epidermis untergliedern (B 18–19). Das Wachstum der S. und die Entwicklung der die S. aufbauenden Gewebe nehmen ihren Ausgang v. einem an der S.nspitze gelegenen embryonalen Gewebe (Scheitel- od. ↗Apikalmeristem, Sproßscheitel), das nur v. den jungen ↗Blattanlagen schützend umgeben ist. Bei den Farnpflanzen besteht es aus einer ↗Scheitelzelle (☐) od. einer kleinen Gruppe v. ↗Initialzellen u. deren ersten Deszendenten (↗Initialschicht). Bei den Samenpflanzen (↗Bedecktsamer, ↗Nacktsamer) ist der Sproßscheitel ein vielzelliger Meristemkomplex (↗Bildungsgewebe), der sich aufgrund unterschiedl. Funktionen in Zonen aufteilen läßt. Dabei sind die Grenzen zw. diesen Zonen fließend. Zonierung des Sproßscheitels: Die Initialzone liegt zentral im Sproßscheitel. Ihre Zellen (Zentralmutterzellen) sind relativ wenig teilungsaktiv, ergänzen aber beständig die Zellen der anliegenden Meristemzonen. Das Flankenmeristem umgibt ringförmig diese Initialzone. Von ihm aus erfolgt die Ausgliederung der Blattanlagen, die Bereitstellung der in den Achseln dieser Blattanlagen liegenden Meristeme für die Seitensproßentwicklung u. mittels eines seitlich anschließenden Rindenmeristems die Bildung des Rindengewebes. Nach unten schließt sich an das Flankenmeristem das die Leitbündel liefernde Prokambium an, das häufig nicht in einem durchgehenden Zylinder, sondern in Strängen angelegt ist. In einer kontinuierl. Entwicklung leitet das Markmeristem v. der Initialzone über zum Mark. – Die den gesamten Sproß (Achse u. Blätter) nach außen abschließende Epidermis geht aus dem ↗Dermatogen hervor. Zur Beschreibung der Entwicklung der primären S. hat man den Scheitelbereich in Längsrichtung eingeteilt a) in die Initialzone (0,01–0,05 mm Länge) mit dünnwandigen Urmeristemzellen, b) in die daran anschließende Determinationszone (0,02–0,08 mm), in der das spätere Differenzierungsschicksal der jungen Zellen festgelegt wird, und c) in die ↗Differenzierungszone, in der die anatom. Differenzierung in die verschiedenen Zell- u. Gewebetypen erkennbar wird. Doch muß diese Beschreibung nun auf die oben geschilderte Zonierung in komplizierter Weise „umgedacht" werden. Mit der Ausdifferenzierung in die verschiedenen Zell- u. Gewebetypen macht die junge Anlage der S. meist durch eine erhöhte Teilungsaktivität vom Markmeristem, seltener vom Rindenmeristem, ein primäres ↗Erstarkungswachstum (= primäres ↗Dickenwachstum) durch. I. d. R. erfolgt gleichzeitig das Hauptstreckungswachstum der S., so daß Differenzierungszone u. Hauptstreckungszone des jungen Stengels meistens weitgehend zusammenfallen. – Sekundärer Bau der S.: Nach der fertigen Ausbildung des primären Baues der S. setzt bei den meisten Nacktsamern u. dikotylen Bedecktsamern ein weiteres Erstarkungswachstum ein, das zu einer Vermehrung der Leit- u. Festigungselemente führt, so daß das sich verlängernde u. weiter verzweigende S.nsystem die zunehmende Anzahl an Blättern versorgen u. tragen kann. Dieses sog. ↗sekundäre Dickenwachstum (☐) geht v. embryonalen Gewebestreifen aus, die bei der Ausdifferenzierung der Leitbündel nicht aufgebraucht wurden u. sich vom Sproßscheitel herleiten, den faszikulären Kambien (↗Leitbündel), die nach innen ↗Holz (☐), nach außen sekundäre Rinde (= ↗Bast, ☐) liefern. Der zunehmenden Umfangserweiterung kann die Epidermis nicht lange folgen, u. es werden ↗Kork od. sogar ↗Borke (☐) als neue abschließende Gewebekomplexe gebildet. Im sekundären Zustand besteht die S. daher aus einem mächtigen, häufig in ↗Jahresringe untergliederten zentralen Holzkörper, einer dünnen sekundären Rinde (=Bast), einer nach außen abschließenden Borke u. dem zw. Holz u. Bast gelegenen ↗Kambium. Pflanzen mit geschlossenen Leitbündeln (rezente Farne, die meisten monokotylen Bedecktsamer) zeigen kein sekundäres Dickenwachstum. Nur wenige Monokotylen haben ein anomales sekundäres Dickenwachstum. Bei den ↗Farnpflanzen zeigen nur fossile Gruppen ein kambiales sekundäres Dickenwachstum, ferner in sehr geringem Umfang die rezenten Gatt. Isoëtes (↗Brachsenkraut, Gatt. der Bärlappe) u. Botrychium (↗Mondraute, Gatt. der Farne i. e. S.). ↗Sproß. *H. L.*

sproßbürtige Wurzeln, Bez. für Wurzeln, die wiederum meist endogen an der ↗Sproßachse od. an Blättern gebildet werden. Man unterscheidet je nach Ort ihrer Bildung stengel- od. blattbürtige Wurzeln. Gehört die Ausbildung solcher s.r W. zur

---

Sproßachse

Zonierung des Sproßscheitels. (Längsschnitt)

1 Initialzone, 2 Flankenmeristem, 3 Rindenmeristem, 4 Markmeristem, 5 Dermatogen, 6 Prokambiumstränge, 7 axial angelegte Meristeme für die Entwicklung der Seitensprosse, 8 Blattanlagen

sproßbürtige Wurzeln

Nebenwurzeln bei der Monokotyle *Tinantia fugax*

normalen Entwicklung, so spricht man v. Neben- od. ↗Beiwurzeln. Als *Adventivwurzeln* (↗Adventivbildung, ☐) sollten nur die Wurzeln bezeichnet werden, die an ungewöhnl. Stellen zu ungewöhnl. Zeiten gebildet werden, z. B. nach Verletzungen od. Hormonbehandlungen. ↗Homorrhizie, ☐ Allorrhizie, ☐ Rüben, B Bedecktsamer II.

sprossende Bakterien, *knospende Bakterien,* Bakterien, die sich durch eine inäquale Zellteilung vermehren u. nicht durch eine binäre Spaltung teilen, wie die meisten Bakterien-Arten. Die Tochterzelle entsteht durch lokales Wachstum, oft auch an langen Hyphen; i. d. R. ist sie kleiner als die Mutterzelle u. erreicht die normale Größe erst nach dem Ablösen v. der Mutterzelle. Viele s. B. werden taxonomisch in der Gruppe der „Knospenden Bakterien u./od. Bakterien mit Anhängseln" zusammengefaßt (T Bakterien).

Sprosser *m* [v. dt. Sprosse = Hautfleck], *Luscinia luscinia,* ↗Nachtigallen.

Sproßknolle, *Tuber,* Bez. für fleischig verdickte, mehr od. weniger rundl. Abschnitte der ↗Sproßachse, die der Reservestoffspeicherung (↗Speicherorgane) dienen. Dazu zählt auch eine entspr. Auftreibung des Hypokotyls (= ↗Hypokotylknolle). Ggs.: Wurzelknolle. ↗Knolle, ↗Sproßrübe; ☐ Rüben, B asexuelle Fortpflanzung I.

Sproßknospe, die ↗Plumula.

Sproßkonidie *w* [v. gr. kõnos = Kegel], die ↗Blastokonidie.

Sproßmetamorphosen, Bez. für die mit einem Funktionswechsel verbundenen Gestaltabwandlungen (↗Metamorphose) der ↗Sproßachse v. der Normalform. Beispiele sind: die durch Streckung u. Änderung der Wachstumsrichtung ausgezeichneten ↗Ausläufer (☐; B asexuelle Fortpflanzung II), die durch Verdickung entstehenden Speicherorgane der ↗Knollen (☐; ↗Rüben) die spitzen, an Festigungsgeweben reichen *Sproß-*↗*Dornen,* die grünen *Flachsprosse* od. *Platykladien* (↗Platykladium, ☐), die sogar recht blattähnl. sein können *(Phyllokladien),* die zu Dauer- u. Speicherorganen umgewandelten ↗Rhizome (☐).

Sproßmutation *w* [v. lat. mutatio = Wandlung], *Knospenmutation,* somat. ↗Mutation in einer einzelnen Zelle im meristemat. Gewebe eines Vegetationskegels, die zur Entstehung einer Mutations-↗Chimäre führt. S.en sind als sog. *Sports* od. *Knospenvariationen* erkennbar und werden züchter. genutzt, z. B. bei Obstbäumen, wo sie direkt zu neuen Sorten führen können. Bei S.en in einer Gewebeschicht, aus der Keimzellen hervorgehen, wird die entspr. Merkmalsänderung auch bei generativer Vermehrung weitergegeben.

Sproßmycel *s* [v. gr. mykēs = Pilz], ↗Sproßzellen.

Sproßpflanzen, die ↗Kormophyten.

Sproßpilze, die ↗Hefen.

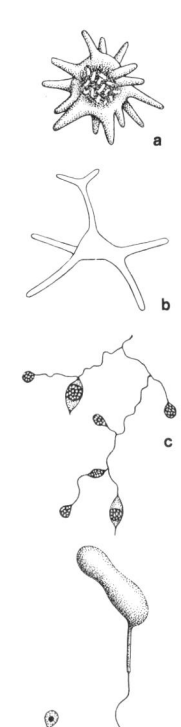

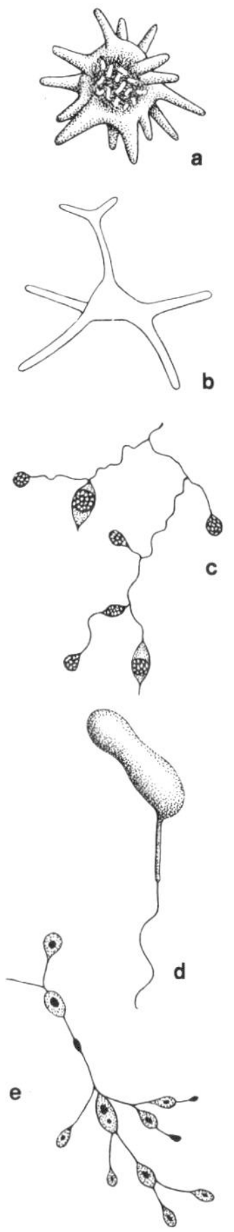

sprossende Bakterien
Einige Typen:
a *Prosthecomicrobium pneumaticum,*
b *Ancalomicrobium adetum,*
c *Pedomicrobium ferrugineum,*
d *Asticcacaulis excentricus,* eine Form mit Geißel u. Zellfortsatz,
e *Rhodomicrobium vannielii,* ein schwefelfreies Purpurbakterium

Sprossung
S.s-Typen bei Hefen
multilaterale S.: die Tochterzellen werden an der gesamten Oberfläche der Mutterzelle gebildet
polare S.: Tochterzellen entstehen nur an den Zellpolen

Sproßpol, Bez. für das Ende der bipolaren Keimlingsachse bei den Samenpflanzen, das zur Entwicklung der ↗Sproßachse mit den Blättern führt. Häufig wird der Begriff auch gleichbedeutend mit ↗Sproßscheitel verwendet. Ggs.: Wurzelpol.

Sproßrübe, eine unrichtige Bez. für *Sproßknolle.* Als Rübe (↗Rüben, ☐) werden nur verdickte Pflanzenabschnitte bezeichnet, an denen die Hauptwurzel zu einem wesentl. Teil beteiligt ist. [↗Sproßachse.

Sproßscheitel, das ↗Apikalmeristem der

Sproßsystem, Bez. für die Gesamtheit der Haupt- u. Seitensprosse einer Pflanze.

Sprossung, 1) Bez. für die ↗Sproß-Bildung bei Pflanzen. **2)** *Knospung,* **a)** Form der ungeschlechtl. Fortpflanzung bei mehrzelligen Organismen (↗Knospung). **b)** engl.: *budding,* characterist. Vermehrungsweise v. ↗Echten Hefen (☐), hefeähnl. Pilzen (↗Hefen) u. einer Reihe v. Bakterien (↗sprossende Bakterien u. Bakterien mit Anhängseln). – Bei Hefen bildet die Mutterzelle anfangs eine kleine blasige Ausstülpung *(Knospe, Sproßzelle),* in die ein durch mitotische Teilung entstandener Tochterkern einwandert; meist wird die Knospe abgeschnürt, ehe sie die Größe der Mutterzelle erreicht hat. Die Sproßzellen können auch zusammenbleiben u. einen *Sproßverband* bilden. Langgestreckte Zellverbände, die einem Mycel ähnl. sehen, aber nachträglich keine Querwände (Septen) anlegen, nennt man ↗*Pseudomycel.* – Bei Bakterien kann die S. als eine einfache inäquale Zellteilung auftreten, od. die Vermehrungsknospen bilden sich an kurzen bis sehr langen Hyphenfortsätzen der Mutterzelle (z. B. ↗*Hyphomicrobium,* ☐). **3)** Virologie: das ↗budding.

Sproßvegetationspunkt, das ↗Apikalmeristem der ↗Sproßachse, gleichbedeutend mit *Sproßscheitel.*

Sproßzellen, Bez. für die Zellen der Hefepilze, die durch ↗Sprossung entstehen u. in mehr od. weniger langen u. verzweigten Zellketten verbunden bleiben. Ihre Gesamtheit bildet das *Sproßmycel (Sproßverband).* Dagegen ist das Mycel der meisten anderen Pilzgruppen aus septierten Hyphen aufgebaut, die durch Querteilung der Zellen entstehen. ↗Hyphen.

Sprotten [Mz.; wohl v. engl. sprat = Sprotte], *Sprattus,* Gatt. der ↗Heringe mit 6 Arten; schwarmbildende, bis 20 cm lange Meeresfische v. a. der S-Halbkugel, einzige nördl. Art ist die meist um 12 cm lange Sprotte, Brisling od. Breitling *(S. sprattus,* B Fische III), die an eur. Küsten von N-Norwegen bis zu denen des Mittelmeeres u. des Schwarzen Meeres vorkommt u. wirtschaftl. genutzt wird. – Die Sand-S. *(Hyperlophus)* sind eine weitere Gatt. der Heringe; sie leben u. a. im Süßwasser v. Flußmündungen in Australien.

Sprühfleckenkrankheit, 1) S. an Sauer- und Süßkirsche, verursacht durch den

Sprungbeine

Schlauchpilz *Blumeriella jaapii* (= *Phloesporella padii);* bei Befall entstehen blattoberseits zahlr. kleine, violette bis dunkelbraune Flecken, an deren Unterseite sich gelbl.-weiße Sporenlager entwickeln; die Blätter vergilben u. fallen vorzeitig ab; die Knospenentwicklung wird geschädigt; es können hohe Ernteverluste eintreten. 2) S. der Bohne, Braunfleckenkrankheit der Bohne, verursacht durch den Schlauchpilz ↗ *Ascochyta boltshauseri;* an Hülse, Samen u. Blättern entstehen kleine rotbraune Flecken, in denen z.T. Pyknidien-Fruchtkörper zu erkennen sind.

Sprungbeine, 1) bei Insekten zum Springen modifizierte ↗ Extremitäten. Meist sind die Hinterbeine durch Verlängerung u./od. Verdickung des Schenkels zu S.n umgebildet: bei Heuschrecken, Grillen, Erdflöhen, Springrüßlern, Gatt. *Scirtes* der Sumpfkäfer. Bei letzteren befindet sich im Femur ein kleines Gebilde *(Maulikscher Apparat),* das vermutl. der speziellen Spannung der Sprungmuskulatur u. Speicherung mechan. Energie dient. Bei den Spinnen haben v. a. die Springspinnen S., die jedoch durch Hämolymphdrucksteigerung eingesetzt werden. Diese Druckänderung erfolgt durch Kontraktion der Prosoma-Endosternit-Muskulatur. ↗ Flöhe springen zwar ebenfalls mit Hilfe der Hinterbeine, doch wird als Energiespeicher ein ↗ Resilin-Polster oberhalb der Coxa eingesetzt. Die Sprungkraft wird durch die Kontraktion eines dorsoventral verlaufenden Muskels geliefert, der am Trochanter angreift. Beim Sprung wird eine Beschleunigung von 1330 m/s^2 erreicht! Andere Sprungmechanismen stellen die ↗ Sprunggabel der ↗ Springschwänze od. der Schnellmechanismus der ↗ Schnellkäfer dar. 2) Bei Säugern: ↗ Talus.

Sprunggabel, *Springgabel, Furca, Furcula,* bei ↗ Springschwänzen gegabelter Anhang ventral am 4. Abdominalsegment, gelegentl. zum 5. hin verschoben; ableitbar v. echten ↗ Extremitäten. Die S. besteht aus dem basalen, unpaaren *Manubrium* u. den paarigen Anhängen *Dens* u. *Mucro.* Die S. wird in der Ruhe nach vorn geklappt u. in das ebenfalls v. abdominalen Extremitäten ableitbare *Retinaculum (Hamulus, Tenaculum)* des 3. Abdominalsegments eingehakt. Durch kräftigen Muskeleinsatz wird die S. nach unten gepreßt u. schleudert das Tier in die Luft. Tief im Boden lebende Springschwänze haben die S. reduziert.

Sprungschicht, das ↗ Metalimnion.

Spülsaum, bei höchstem Wasserstand an Fluß- und Seeufern oder Meeresstrand (Strandsaum) angeschwemmte Ablagerungen aus Pflanzen- u. Tierresten (auf Tangwällen ↗ *Cakiletea maritimae);* bewirken hohe natürl. Düngung des Standorts.

Spulwurm, *Ascaris,* Gatt. der ↗ Fadenwürmer, namengebend für die Fam. *Ascarididae* und Überfam. *Ascaridoidea* innerhalb

Spulwurm

Der S. ist nicht der gefährlichste (↗ Schistosomiasis), aber der größte u. zugleich häufigste Wurmparasit des Menschen (ca. 700 Mill. sind befallen; in Teilen der Mittelmeerländer 90%, u. selbst in den USA in manchen ländlichen Bezirken über 50%, v.a. Kinder). Die ♀♀ geben täglich 200 000 Eier ab (ca. 70 Mill. bei einem Jahr Lebensdauer). Die Eier müssen sich im Freien entwickeln (10–50 Tage, je nach Temp.), deshalb ist eine sofortige „Ansteckung" od. Selbstinfektion nicht möglich (Ggs.: ↗ Madenwurm; ↗ Enterobiasis). Die Eier bleiben jahrelang infektiös u. sind resistent gg. Austrocknung, Temp.-Schwankungen u. sogar verschiedene Desinfektionsmittel. – Der S. frißt im Ggs. zum ↗ Hakenwurm keine Darmzotten; trotzdem schädigt er den Menschen, u. a. durch seine Stoffwechselprodukte, bei starkem Befall durch Darmverschluß, seltener auch durch Eindringen in Gallengänge u. Blinddarm. Die Larven verursachen während ihrer Herz-Lungen-Passage nur geringere Beschwerden (Bronchitis); gefährl. sind aber „Irrläufer", die in verschiedenste Organe, sogar bis ins Auge, einwandern können.

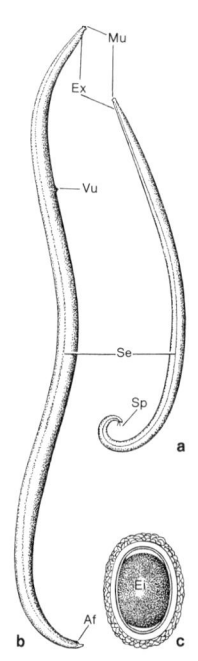

Spulwurm

a Männchen, b Weibchen und c Ei.
Af After, Ei Ei (opt. Schnitt), ca. 60 µm lang, mit artspezif. Runzelung der äußeren Hülle, Ex Exkretionsporus (ventral), Mu Mund, umgeben von 3 Kopflappen („Lippen": 1 dorsal, 2 subventral = schräg nach unten), Se Seitenlinie (durchscheinende laterale Hypodermisleiste), Sp die aus der Kloake herausragenden Spiculae am eingekrümmten Schwanz des ♂, Vu Vulva

der Ord. ↗ *Ascaridida.* Der S. des Menschen *(Ascaris lumbricoides)* ist 15–25 cm (♂, ⌀ 3 mm) bzw. 20–40 cm (♀, ⌀ 5 mm) groß. Wohl dieselbe Art kommt auch bei anderen Primaten vor (hinsichtl. Speziation anders als beim ↗ Madenwurm). Für die Spulwürmer im Schwein *(Ascaris suum = A. lumbricoides suum),* Schaf *(A. ovis)* u. Biber *(A. castoris)* ist noch nicht endgültig geklärt, ob es eigene Arten od. nur „Rassen" sind. – Die erwachsenen Tiere leben im Dünndarm. Die Eier haben eine mehrschichtige Hülle (□); sie gelangen mit dem Kot nach draußen. Dort wirkt der Luftsauerstoff als Stimulus für die Entwicklung, die innerhalb der Eischale bis zur L2 (Larve 2, umhüllt von L1-Hülle) führt; erst dann ist das Ei infektiös. Wird es mit verunreinigter Nahrung aufgenommen, so schlüpft im Darm die L2, bohrt sich durch die Darmwand hindurch u. erreicht über die Mesenterialvenen die Leber (dort Häutung zur L3) u. später über das rechte Herz die Lungen (dort Häutung zur L4); schließl. wird wieder der Darm erreicht (↗ Herz-Lungen-Passage), wo die letzte (4.) Häutung stattfindet u. die Würmer geschlechtsreif werden (vgl. Kleindruck, ↗ Spulwurmkrankheit); Geschlechtsreife 1½ bis 2 Monate nach der Infektion (↗ Präpatenz ≙ Erscheinen der ersten Eier im Kot). – Der Schweine-S. (vgl. oben) u. der Pferde-S. („*Ascaris megalocephala*" = *Parascaris equorum*) waren etwa 1870 bis 1920 wichtige Standardobjekte der biol. Forschung, z. B. von O. ↗ Hertwig; ↗ Chromosomendiminution, ↗ Sammelchromosomen. – Weitere ca. 40 Gatt. der Überfam. *Ascaridoidea* kommen in verschiedenen Wirbeltier-Klassen vor (T 23). Meist läuft die Entwicklung über 1 oder 2 Zwischenwirte. Beim menschl. S. ist die Herz-Lungen-Passage ein Ersatz für die Entwicklung in einem früher in der Stammesgeschichte wohl vorhandenen Zwischenwirt. Der Mensch ist für manche S.-Verwandte ↗ Fehlwirt, z.B. nach Essen v. ungekochtem Fisch: so können im „grünen Hering" Larven v. *Anisakis* eine Woche in Salzlake überleben! ↗ *Toxocara.* – In dieselbe Ord. gestellt wird der Hühner-S., *Ascaridia galli* (↗ *Heterakis*).

Spulwurmkrankheit, *Ascaridose, Ascariasis, Ascaridiasis,* durch den ↗Spulwurm hervorgerufene, weltweit verbreitete Parasitose. Beim Menschen werden larvenhaltige Eier v. *Ascaris lumbricoides* mit verunreinigten Lebensmitteln (z. B. rohem Gemüse, Salaten nach Kopfdüngung) in den Darm aufgenommen u. setzen junge Würmer frei, die über Pfortader, Leber, Herz, Lungen, Bronchien u. Schlund in den Darm gelangen. Dort setzen sich die Würmer fest u. reifen in ca. 1½ Monaten aus. Ein weibl. Wurm kann bis zu 200 000 Eier pro Tag ausscheiden. Bei starkem Befall kommt es zu Leibschmerzen, Übelkeit u. Erbrechen, in seltenen Fällen durch Wurmkonglomerate zu Darmverschluß. Während des Durchwanderns der Lunge lokale Infiltrate, Husten u. Fieber. – Andere S.en bei Schwein *(Ascaris suum),* Pferd *(Parascaris),* Hund *(Toxocara)* u. Geflügel *(Ascaridia,* ↗ *Heterakis).*

Spumaviren [Mz.; v. lat. spuma = Schaum], U.-Fam. *Spumavirinae* der ↗Retroviren.

Spumellaria [Mz.; v. lat. spuma = Schaum], die ↗Peripylea.

Spuren, S.fossilien, Ichnofossilien, ↗Lebensspuren, ↗Fossilien. ↗*Nereites,* ↗*Rhizocorallium,* ↗ *Tomaculum,* ↗ *Vertebrichnia.*

Spurenelemente ↗Bioelemente, ↗Mikronährstoffe, ↗essentielle Nahrungsbestandteile; ↗Ernährung.

Spürhaare, die ↗Sinushaare.

Spurilla *w* [v. lat. spurius = Bastard], Gatt. der ↗Fadenschnecken mit lamellären Rhinophoren, Körper bis 5 cm lang. *S. neapolitana* lebt im Mittelmeer an Seerosen, v. denen sie sich ernährt u. deren Färbung die ihrer Mitteldarmdrüse bestimmt, während der Fuß gelb ist.

Spurre *w* [v. gr. asparagos = Spargel], *Holosteum,* Gatt. der ↗Nelkengewächse, mit 6 einjähr. Arten v. a. im Mittelmeergebiet u. in Vorderasien verbreitet. Die blaugrünen Pflanzen sind durch in Scheindolden angeordnete Blüten gekennzeichnet. Einheimisch ist die Dolden-S. *(H. umbellatum),* die in Mitteleuropa v. a. in ↗Sedo-Scleranthetea-Gesellschaften vorkommt.

Spy [ʃpi], Ort in Belgien (Prov. Namur), 1886 wurden hier vor einer Höhle Neandertalerschädel u. Skelettreste (Spy I–III) entdeckt; Alter: Beginn der Würm-Eiszeit (Würm I).

Squalen *s* [v. *squal-], Spinacen,* sechsfach ungesättigter aliphat. Kohlenwasserstoff (6 ↗Isopren-Reste) mit der relativen Molekülmasse 408; bildet eine Zwischenstufe bei der Biosynthese aller zykl. ↗Triterpene u. ↗Steroide (☐ Isoprenoide); die Ringbildung verläuft dabei unter Beteiligung einer mischfunktionellen Oxygenase (↗Hydroxylasen). S. ist eine farblose, ölige Flüssigkeit, die bei Luftzufuhr leicht Polymerisate bildet; es wurde erstmalig aus Haifischleber (Name!) isoliert, findet sich

Spulwurm
Auswahl aus den insgesamt ca. 40 Gattungen der Überfam. *Ascaridoidea:*
in Haien:
Acanthocheilus
in Knochenfischen:
Goezia
in Walen, Robben od. fischfressenden Vögeln:
Anisakis
Contracaecum
Phocanema
in Reptilien:
Multicaecum
Polydelphis
(Besonderheit:
4 Uteri)
in Landsäugetieren:
Ascaris
Parascaris
↗ *Toxocara*
Crossophorus
Heterocheilus

Spy
Neandertalerschädel von Spy

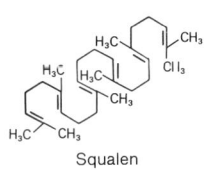

Squalen

squal- [v. lat. squalus = schmutzig; Meersaufisch (Haifischart)].

squam- [v. lat. squama, Mz. squamae = Schuppe; squamatus = geschuppt; squamosus = schuppig].

jedoch in geringen Mengen auch in zahlr. pflanzl. und tier. Lipiden. ☐ Cholesterin.

Squalidae [Mz.; v. *squal-], die ↗Dornhaie.

Squaliolus *m* [v. *squal-], Gatt. der Unechten ↗Dornhaie. [↗Haie.

Squaloidei [Mz.; v. *squal-], U.-Ord. der

Squama *w* [Mz. *Squamae;* lat. = Schuppe], 1) die Schuppe (↗Schuppen). 2) *Squamula,* das ↗Schüppchen. 3) dorsolateraler Lappen an der Phallobasis (↗Aedeagus) des männl. Genitalapparates vieler Hautflügler. [↗Lecanoraceae.

Squamarina *w* [v. *squam-], Gatt. der

Squamata [Mz.; v. *squam-], die Eigentlichen ↗Schuppenkriechtiere.

Squamosum *s* [v. *squam-], das ↗Schuppenbein.

Squamula *w* [lat., = kleine Schuppe], *Squama,* das ↗Schüppchen.

square bacteria [Mz.; skwäer bäkti̱erie; engl., = viereckige Bakterien], schachtelförmige Bakterien aus Salzseen; die Zellen (1–7 µm Seitenlänge, 0,5–1,0 µm dick) enthalten ↗Gasvakuolen.

Squatinoidei [Mz.; v. lat. squatina = Engelfisch], die ↗Engelhaie.

Squawfische [skwå-; indian., = Frau], *Ptychocheilus,* Gatt. der ↗Weißfische.

Squilla *w* [lat., = kleiner Seekrebs], Gatt. der ↗Fangschreckenkrebse.

ssp., *subsp.,* Abk. für Subspezies (Unterart, ↗Rasse).

S-Stämme [Abk. v. engl. smooth = glatt], Bakterienstämme, deren Einzelzellen v. einer ↗Kapsel umgeben sind u. deren Kolonien dadurch eine glatte Oberfläche aufweisen. *R-Stämme* (der gleichen Art) sind Mutanten ohne Kapsel; die Kolonien besitzen dadurch eine rauhe Oberfläche (R = Abk. v. engl. rough = rauh). R-Stämme können durch Transformation wieder in S-Stämme umgewandelt werden. ↗Lipopolysaccharid (☐).

staatenbildende Insekten, *soziale Insekten,* solche ↗Insekten, die sich zum Zweck der ↗Brutfürsorge zusammentun, deren Nachkommen Verbände *(Staaten)* bilden u. weiterhin für eine Nachkommenaufzucht zusammenbleiben. Bei den eigentlichen s.n I. *(eusozialen Insekten)* finden sich stets drei Tierformen: ein od. wenige geschlechtsreife Weibchen *(Königin),* Weibchen mit zurückgebildeten Gonaden *(Arbeiterinnen)* u. geschlechtsreife Männchen (bei den Honigbienen ↗Drohne gen.). Bei Ameisen können zusätzl. spezielle Arbeiterinnen als ↗*Soldaten* ausgebildet sein. Sie haben dann oft größere Köpfe mit kräftigeren Mandibeln. Bei Termiten treten noch ein *König* und männl. *Arbeiter* auf. Ein spezieller Soldatentyp sind hier die *Nasuti* (↗Nasenträger). Der Staat kann für nur eine Brutperiode od. für viele Jahre ausgebildet sein. I. d. R. legt zunächst nur ein ♀ *(Monogynie,* ↗Haplometrose) od. wenige ♀♀ *(Polygynie,* ↗Pleometrose) allein Eier, während die übrigen Individuen aufgrund

staatenbildende Insekten

der Wirkung eines v. der Königin im Stock verbreiteten ↗Pheromons ihre Gonaden zurückbilden (↗Königinsubstanz). – Bekannte Beispiele für s. I. sind die ↗Termiten, ↗Ameisen, ↗Hummeln, sozialen Faltenwespen (↗*Vespidae*), ↗Honigbienen u. Stachellosen Bienen (↗*Meliponinae*). Während bei Hummeln u. sozialen Faltenwespen die Staaten nur eine Brutperiode aufrechterhalten werden, sind die der Termiten, Ameisen, Stachellosen Bienen u. Honigbienen i. d. R. vieljährig. Bei *Hummeln u. sozialen Faltenwespen* überwintern die im Herbst begatteten Weibchen u. gründen im nächsten Frühjahr einen neuen Staat. Dieser baut sich im Laufe des Sommers auf, indem zunächst nur unfruchtbare Weibchen (Arbeiterinnen) entstehen. Erst später legt die Königin auch solche Eier, aus denen aus unbefruchteten Eiern Männchen, aus befruchteten durch entspr. Fütterung (bei der Honigbiene das sog. ↗*Gelée royale*) fruchtbare Weibchen, die zukünftigen neuen Königinnen, entstehen. Der Staat stirbt im Herbst ab. Bei *Ameisen* können die Nestgründungen z. T. sehr komplex sein. Die häufigste Form ist die sog. *unabhängige Nestgründung*, bei der ein ♀ oder mehrere ♀♀ nach der Begattung (Hochzeitsflug) einen Schlupfwinkel aufsuchen u. die ersten Eier legen. Die schlüpfenden Larven werden bis zu den ersten Arbeiterinnen gefüttert. Danach beschränken sich das ♀ oder die ♀♀ (Königinnen) allein auf das Eierlegen. Bei der *abhängigen Nestgründung* benötigt die begattete neue Ameisenkönigin bei der Aufzucht ihrer ersten Nachkommen Hilfe. Dies sind entweder Königinnen derselben Art, die bereits ein Nest besitzen *(Adoption)*, od. das abhängige ♀ schließt sich einer anderen Art an u. läßt sich v. deren Arbeiterinnen ihre Jungen füttern, od. die neue Königin dringt in ein Nest ein, das keine eigene Königin mehr hat (weisellos ist) bzw. bringt deren Königin um. Es gibt noch weitere Fälle eines solchen ↗Sozialparasitismus (↗Ameisen). Ein anderer Modus ist die Bildung v. Tochterkolonien, der bes. bei volkreichen polygynen Arten, z. B. der ↗Roten Waldameise, verbreitet ist. – Ein wesentl. Vorteil der Staatenbildung ist die ↗Arbeitsteilung (↗Polyethismus). Damit ist verknüpft, daß es neben den eigentl. Geschlechtstieren (Königin, Drohne, bei Termiten König) auch geschlechtslose Arbeiterinnen (bei Termiten auch Arbeiter) gibt. Die eigentl. Stocktätigkeiten u. Nahrungsbeschaffung wird überwiegend oder ausschl. von den Arbeiterinnen vorgenommen. Hierbei kann die Arbeitsteilung in Altersabhängigkeit eines Individuums ablaufen (Alterspolyethismus) od. auf diskrete ↗Morphen (↗Kasten) verteilt sein. ↗*Honigbienen* haben im allg. einen festgelegten Lebensplan (vgl. Kleindruck), der sich durch vielerlei Umstände im Stock allerdings bei Bedarf auch stark ändern kann. Viele Arbeiterinnen unternehmen bereits vom 3. Lebenstag an gelegentl. Orientierungsflüge. Bei Hummelarbeiterinnen ist der Lebenslauf nicht so streng festgelegt.

staatenbildende Insekten

Organisation des Bienenstaats

Bei der ↗*Honigbiene* (Apis mellifera), meist nur *Biene* genannt, umfaßt ein gut entwickeltes *Bienenvolk* 40000–70000 Einzelbienen mit 3 Tierformen (☐ Honigbienen): die *Arbeiterinnen*, 12 mm große Weibchen mit unvollkommen entwickelten Geschlechtsorganen; sie verrichten alle Arbeiten im Stock, tragen die Nahrung ein u. bilden die große Masse des Volkes; die 15 bis 17 mm große *Königin (Weisel)*, das einzig vollentwickelte Weibchen, mit langem, schlankem Hinterleib, wie die Arbeiterinnen stachelbewehrt; u. zu bestimmten Zeiten des Jahres einige Hundert, 15–16 mm große *Männchen* od. ↗*Drohnen*, mit stachellosem, plumpem Körper u. großen Augen. – Das Innere des ↗*Bienenstocks* ist mit senkrechtstehenden, aus ↗*Bienenwachs* gefertigten *Bienenwaben* (☐ Bienenzucht) ausgefüllt, die aus zweiseitig angeordneten sechseckigen Zellen bestehen. Das Wachs schwitzen die B. an der Bauchseite in Gestalt kleiner Schüppchen aus. Die Zellen sind Honig- u. Pollenbehälter; in ihnen entwickeln sich auch die Arbeiterinnen aus befruchteten Eiern; aus unbefruchteten in etwas größeren Zellen die Drohnen. Die nach 3 Tagen aus den Eiern schlüpfenden Maden werden v. Arbeiterinnen 2 Tage mit Futtersaft, dann bis zum 6. Lebenstag mit Pollen (↗„Bienenbrot") u. Honig gefüttert; dabei nimmt das Gewicht um das 500fache zu. Während der sich anschließenden Puppenruhe verwandeln sie sich in den mit Wachsdeckeln verschlossenen ↗*Brutzellen* zu den fertigen, geflügelten Bienen. Die Gesamtentwicklung dauert bei der Arbeiterin 21, der Drohne 24 u. der Königin 15–17 Tage. Die Königin entsteht aus einer weibl. Bienenlarve, die in einer größeren, krugförmigen *Weiselzelle* zur Entwicklung kommt u. während ihres ganzen Larvenlebens Königinfuttersaft (↗*Gelée royale*) erhält. Die Tätigkeit der Arbeiterin wechselt mit der unterschiedl. Ausbildung der Drüsen in verschiedenen Lebensabschnitten. Haupttätigkeiten in den ersten 10 Lebenstagen sind: Zellenputzen, Brutpflege (z. B. Temperaturregulation im Brutnest auf 35 °C), Ammendienst (↗*Ammenbienen*); vom 10.–20. Tag: Wachserzeugung u. Wabenbau *(Baubiene)*, Versorgen der Futtervorräte, Wächterdienst *(Wächterbiene)*; dann sammelt sie als *Trachtbiene* bis zum Tode im Alter von ca. 5 Wochen Nektar u. Blütenstaub. Formen u. Farben v. Blüten (↗*Bienenfarben*, B Farbensehen der Honigbiene) können unterschieden werden. Über Nahrungsquellen verständigen sich die Bienen durch ihre ↗*Bienensprache* (☐). Der ↗*Nektar* wird in der ↗*Honigblase*, dem Ende der erweiterten Speiseröhre, gesammelt u. nach Hause getragen. 3 Pfund Nektar ergeben ca. 1 Pfund ↗*Honig*. Dafür müßte un cinmal eine Biene ca. 120000 Flug-km zurücklegen. Der ↗*Pollen*, reich an Protein, ist für die aufwachsenden Larven unentbehrlich. Er wird v. der Ammenbiene gefressen, verarbeitet, als Futtersaft durch die Speicheldrüsen ausgeschieden u. so den Maden gegeben. *Pollen-Sammelbienen* (↗Pollensammelapparate, ☐) fegen den Blütenstaub mit Bürstchen an den Hinterbeinen zusammen u. kehren mit dicken Klumpen *(Pollenhöschen;* ↗*hoseln)* zurück. Der eingetragene Nektar wird z. T. eingedickt u. als Honig für den Winter gespeichert, ebenso ein Teil der Pollen. Im Winter heizen die Bienen ihren Stock mit der eigenen Körperwärme (10 bis 30 °C). Vermehrt sich ein Volk sehr stark, schwärmt eine Hälfte des Volkes mit der alten Königin aus, nachdem vorher eine junge Königin herangezogen wurde. Diese schlüpft erst aus, wenn die alte Königin bereits den Stock verlassen hat. *Spurbienen* haben für den ausziehenden Schwarm *(Vorschwarm)* eine neue Unterkunft gesucht. Diese wird bezogen, wenn der Imker nicht vorher den Schwarm eingefangen hat (↗*Bienenzucht*). In starken Völkern kann sich das Schwärmen wiederholen *(Nachschwarm)*. Nach 3 Tagen fliegt die junge Königin, begleitet v. den Drohnen (↗Königinsubstanz), zum ↗*Hochzeitsflug* aus u. wird dort v. einer od. meist mehreren Drohnen begattet. Die übertragenen Samenzellen werden in einer Samentasche gespeichert u. reichen für die Legetätigkeit der Königin aus. Hört die Nachzucht v. Königinnen auf od. herrscht Futterknappheit, werden die Drohnen, die im allg. 3 Monate alt werden, aus dem Stock vertrieben u. bei erneutem Eindringen getötet *(Drohnenschlacht;* ↗*Drohne)*.

Hier hängen die Nest- u. Sammeltätigkeiten sehr stark vom Bedarf ab. Streng festgelegt sind die arbeitsteiligen Tätigkeiten bei den Ameisen u. Termitenhelfern, die stark ausgeprägte morphol. Kasten haben (Sozial-↗Polymorphismus). – *Staatenbildung* ist innerhalb der Insekten mindestens 5mal unabhängig entstanden: Termiten, Ameisen, soziale Faltenwespen, innerhalb der ↗ *Apoidea* bei der Gatt. *Halictus* (Furchenbienen; ↗Schmalbienen) u. nur einmal innerhalb der eigentl. ↗ *Apidae* (U.-Fam. *Bombinae, Meliponinae* u. *Apinae*). Bes. bei den *Apoidea* können viele Stufen der Sozialbildung v. rein *solitärer* (Solitärbienen) bis zur eusozialen Lebensweise aufgezeigt werden (vgl. Tab.). Die Gatt. *Halictus* weist Arten auf v. kommunaler, quasisozialer, semisozialer bis hin zu eusozialer Gruppenbildung. *Kommunal* sind außer den Bienen auch einige trop. ↗Grabwespen (z. B. Gatt. *Trigonopsis, Microstigmus* od. *Crossocerus*). *Quasisozial* sind solche *Halictus*-Arten, die am Nesteingang lediglich einen Wächter haben, der v. a. Parasiten v. der Brut fernhalten soll. *Semisozial* sind wohl die meisten Arten der Gatt. *Lasioglossum* u. bei uns auch *Halictus maculatus, H. rubicundus* oder *H. sexcinctus*. Die meisten Wespen u. die Hummeln sind, da ihre Nester nur eine Brutperiode existieren, primitiv *eusozial;* der Übergang zur Eusozialität ist jedoch fließend. Gelegentl. wird erst bei der Nestgründung zw. gemeinschaftlich überwinternden fertilen Geschwisterweibchen entschieden, wer im künftigen Nest die Rolle der Königin übernimmt. Die anderen Individuen bilden dann ihre Gonaden zurück (so bei *Polistes-* od. einigen *Halictus*-Arten) und treten als Helferinnen auf. Die Entscheidung, wer Königin wird, wird über Streßfaktoren u. Dominanzverhalten bestimmt. Dies wird über Fühlerbetrillern u. Abgeben v. „Königinduftstoffen" (↗Königinsubstanz, Soziohormon) erreicht. Eine andere Erklärung zum Zustandekommen v. Sozialstaaten liefert die ↗Soziobiologie mit ihrem Ansatz der ↗inclusive fitness. Danach sollten sich Individuen derselben Art um so eher fördern, je näher sie miteinander verwandt sind. Für Hautflügler ergeben sich wegen der Besonderheit, daß Männchen aus unbesamten Eiern entstehen, besondere Verwandtschaftsgrade: Bei ihnen erhalten weibl. Nachkommen v. ihrer Mutter im Schnitt ½, vom Vater dagegen nur ¼ des Erbgutes. Nach dieser Wahrscheinlichkeitsbetrachtung weisen die Schwestern untereinander zu ¾ ein gemeinsames, ident. Erbgut auf. Männl. Nachkommen erhalten v. der Mutter ihr ganzes Erbgut. Danach weist der Bruder zu seiner Schwester die Verwandtschaft ½ auf; die Schwester ist mit ihrem Bruder nur zu ¼ verwandt. Dies bedeutet, daß der Bruder mit seiner Schwester näher verwandt ist als sie mit ihm! Wenn Individuen für soziale Hilfeleistungen jeweils die ihnen nächstverwandten Individuen bevorzugen (so der Ansatz der Soziobiologie), dann müßten Weibchen bevorzugt für Schwestern sorgen anstatt für eigene Junge, da die Schwestern untereinander näher verwandt sind (nämlich ¾) als mit ihren eigenen Jungen (nämlich ½). Dies würde erklären, warum es gerade bei Hautflüglern mehrfach zur Sozialstaaten-Bildung gekommen ist u. warum an der Brutpflege keine Männchen beteiligt sind. Nicht erklären kann diese Hypothese die Staatenbildung der Termiten, die sowohl im männl. Geschlecht diploid sind als auch Männchen (Arbeiter) besitzen, die an der Brutpflege beteiligt sind. ↗Tierstaaten.

Lit.: Hermann, H. R. (Hg.): Social Insects. 4 Bde. New York 1979–1982. Schmidt, G. H. (Hg.): Sozialpolymorphismus bei Insekten. Stuttgart 1974. *H. P.*

Staatsquallen, *Siphonophora,* Ord. der ↗ *Hydrozoa* (☐) mit ca. 150 marinen Arten; der Körper der größten Arten erreicht 2,2 m ⌀, bei manchen sind die Fangfäden bis 50 m lang. Alle S. sind freischwimmende Hydrozoenstöcke mit vielen verschiedensten Polypen u. Medusen (↗Personen). Innerhalb der Kolonie ist eine Spezialisierung der Personen auf bestimmte Funktionen die Regel (↗Arbeitsteilung, ☐). Man unterscheidet 2 U.-Ord., die ↗ *Siphonanthae* (☐) mit schlauchförmiger gestreckter Achse (Primärpolyp) u. vielen ↗Nährpolypen u. die ↗ *Disconanthae,* die scheibenförmig sind u. nur einen zentralen Nährpolypen haben. Die S. stammen mit großer Wahrscheinlichkeit v. athecaten Hydropolypen (↗ *Athecatae*) ab (ihre freien Medusen sind Anthomedusen; ↗ *Anthomedusae*). Als Modell können z. B. die frei schwimmenden Polypen dienen, wie sie bei den ↗ *Margelopsidae* vorkommen. B Hohltiere I, III.

Stäbchen, Seh-S., stellen zus. mit den *Zapfen* die Lichtsinneszellen (↗Photorezeptoren) in der ↗Netzhaut (☐, B) der Wirbeltieraugen dar (↗Auge, ↗Linsenauge). Aufgrund ihrer hohen Lichtempfindlichkeit (1 Lichtquant genügt zu ihrer Erregung; ↗Photorezeption; T Reiz) dienen sie v. a. dem Hell-Dunkel-Sehen. Bei einigen Fröschen wurden jedoch auch S. gefunden, die auf rotes u. grünes Licht reagieren (↗Sehfarbstoffe, ↗Farbensehen). ↗Retinomotorik (☐).

Stäbchenkugler, *Gervaisiidae,* Fam. der ↗Doppelfüßer (T) aus der Verwandtschaft der ↗Saftkugler; kleine (2,5–5 mm), mit Kugelvermögen ausgestattete Arten, die mit kleinen Pflanzensamen verwechselt werden können; die Seiten des Brustschildes sind grubig vertieft; hintere Hälfte der Rückenplatten mit querliegenden Erhebungen od. Längskielen. Bei uns lebt nur die kalkliebende, in den östl. Mittelgebirgen verbreitete Art *Gervaisia costata*.

Stäbchensaum, der ↗Mikrovillisaum.

Stäbchensaum

staatenbildende Insekten

Formen der Lebensweise:

solitär:
jedes Weibchen hat sein eigenes Nest u. versorgt nur seine Brut

kommunal:
Tiere einer Generation bewohnen ein gemeinsames Nest; es findet aber keine Kooperation statt. Alle Weibchen sind fruchtbar

quasisozial:
wie kommunal; es findet jedoch eine Kooperation bei der Brutpflege statt

semisozial:
wie quasisozial; es findet aber eine Teilung in Fortpflanzungs- u. Arbeitstiere statt

eusozial:
wie semisozial; es leben zusätzlich mehrere Generationen im selben Nest zusammen.

Stabilimente

Stabilimente [v. lat. stabilimentes = Befestigungen], auffallende, verschieden gestaltete u. angeordnete Gespinste innerhalb der Radnetze mancher ⌕Radnetzspinnen (fr. als netzstabilisierende Strukturen angesehen). Mit großer Wahrscheinlichkeit dienen sie der Tarnung der Spinne. S. treten häufig bei Arten der Gatt. ⌕*Argiope* auf, auch bei der einheimischen *A. bruennichi*.

stabilisierende Selektion w [v. lat. stabilire = befestigen, selectio = Auslese], eine ⌕Selektion, die unter langfristig konstanten Umweltbedingungen die am häufigsten vorhandene Merkmalsausprägung begünstigt. Dadurch wird der Mittelwert einer Variationskurve stabilisiert u. die Variationsbreite gleichzeitig verringert.

Stabilität w [Bw. *stabil;* v. lat. stabilitas = Stetigkeit, Festigkeit], **1)** allg.: Beständigkeit, Standhaftigkeit. **2)** Ökologie: Fähigkeit eines Ökosystems od. einer Population, nach Störungen zum ursprünglichen ⌕Gleichgewicht zurückzukehren. Von *Empfindlichkeit* (Anfälligkeit) wird gesprochen, wenn das System mit nicht kompensierbaren Änderungen reagiert; *Elastizität* ist vorhanden, wenn das System zwar im Prinzip empfindl. ist, aber doch nicht in einen anderen Ökosystemtyp umschlägt. ⌕Massenwechsel; ⌕biozönot. Gleichgewicht, ⌕ökolog. Gleichgewicht.

Stabschrecken, *Stabheuschrecken,* die ⌕Gespenstschrecken.

Stabwanzen, 1) *Ranatra,* Gatt. der ⌕Skorpionswanzen. **2)** *Stelzenwanzen, Berytidae, Neididae,* Fam. der ⌕Wanzen (Landwanzen) mit ca. 100 meist holarktisch verbreiteten Arten, in Mitteleuropa ca. 15 Arten. Die mittelgroßen, schlanken, mückenähnlichen S. mit langen, dünnen Beinen u. geknieten Fühlern ernähren sich räuberisch v. kleinen Insekten. Häufig an trockenen, sonnigen Stellen ist die ca. 10 mm große Schnakenwanze *(Neides tipularius)*.

Stachel, 1) Bot.: *Aculeus,* Bez. für kräftige, spitze ⌕Emergenzen, d. h. Auswüchse der Epidermis u. der unter ihr liegenden Rindenzellen. Die S.n der Roßkastanienfrüchte bergen sogar Gefäßbündel. S.n dienen überwiegend als ⌕Haftorgane, weniger als ⌕Schutzanpassungen. ⌕Dornen. **2)** Zool.: mehr od. weniger nadelförm. Anhänge verschiedenen Ursprungs, z. B. Haare beim Igel und Stachelschwein, ⌕Schuppen bei bestimmten Fischen (⌕Igelfische), die Hautzähne (Plakoid-⌕Schuppen) der ⌕Rochen, Anhänge des Außenskeletts der meisten ⌕Stachelhäuter. S. bei Insekten ⌕Stechapparat, ⌕Giftstachel.

Stachelaale, *Pfeilschnäbler, Mastocembeliformes,* Ord. der Knochenfische mit 1 Fam. u. ca. 50 Arten, aalart. Süßwasserfische im trop. Afrika u. Asien sowie im Stromgebiet des Euphrat mit langgestrecktem, beschupptem Körper, rüsselartig ausgezogener Schnauze u. zahlr. freistehenden Stacheln vor der Rückenflosse; leben meist in dicht bewachsenen od. schlamm. Gewässern. Hierzu gehören der bis 75 cm lange, südostasiat., als Speisefisch wicht. Waffenstachel(aal) *(Mastocembelus armatus,* B Fische IX) u. der bei Aquarianern beliebte, meist nur bis 30 cm lange, thailänd. Schecken-S. od. Feueraal *(M. erythrotaenia)* mit auffälliger, roter Zeichnung.

Stachelameisen, die ⌕Knotenameisen.

Stachelaustern, die ⌕Klappermuscheln.

Stachelbart, Bez. für eine Reihe v. ⌕Stachelpilzen, z. B. aus der Gatt. *Dryodon (Creolophus)* u. *Hericium* (vgl. Tab.).

Stachelbeerbaum, *Phyllanthus acidus,* ⌕Wolfsmilchgewächse.

Stachelbeere, *Ribes uva-crispa,* ⌕Ribes.

Stachelbeermehltau, amerikanischer S., Echter Mehltau *(Sphaerotheca mors uvae;* ⌕Echte Mehltaupilze) der Stachelbeeren u. Schwarzen Johannisbeeren; an Triebspitzen, Blättern u. Früchten bilden sich dichte, filzartige Überzüge, anfangs weißl., später bräunl. gefärbt. Die Triebspitzen verkrüppeln, die Früchte kümmern; es kann zu großen Ertragsausfällen kommen. Die Überwinterung erfolgt als Fruchtkörper od. Mycel auf jungen Trieben, die Ausbreitung im Frühjahr durch Ascosporen od. Konidien; feucht-schwüles Wetter fördert die Verbreitung. Bekämpfung: kräftiger Winterschnitt u. Spritzungen mit Schwefelpräparaten oder organ. Fungiziden. B Pflanzenkrankheiten II.

Stachelbeermilbe, *Bryobia praetiosa,* ⌕Spinnmilben.

Stachelbeerrost, *Stachelbeerbecherrost,* ⌕Rostkrankheit der Stachelbeeren u. a. *Ribes*-Arten, verursacht durch den wirtswechselnden ⌕Rostpilz *Puccinia ribesiicaricis* (Heteroeuform). Auf Blättern (Ober- u. Unterseite) entwickeln sich die Spermogonien; die Aecidien sind als lebhaft gelb od. rot gefärbte Flecken auf Blättern u. Früchten zu erkennen. Das diploide Mycel mit Uredo- u. Teleutosporen entwickelt sich auf *Carex*-Arten.

Stachelbeerspanner, *Harlekin, Abraxas grossulariata,* auffällig bunter Vertreter der Schmetterlings-Fam. ⌕Spanner; Spannweite um 40 mm, Flügel weiß mit schwarzen Fleckenreihen, die gelbe Querbänder umgrenzen; Körper gelb-schwarz, Larve ebenfalls weiß mit gelb-schwarzer Zeichnung (Warnfärbung?); lebt an Stachelbeeren, Johannisbeeren, Schlehe u. a. Gehölzen, früher schädl., heute selten geworden (nach der ⌕Roten Liste „potentiell gefährdet"). Falter fliegt nachts in einer Generation im Sommer in Gärten, Parks u. Wäldern.

Stachelbilche, *Platacanthomyidae,* Fam. der ⌕Nagetiere; hierzu die mausgroßen Pinselschwanzbilche (Gatt. *Typhlomys*) S-Chinas u. die rötl.-braunen S. (Gatt. *Plat-*

Stabilimente
Radnetz mit Stabiliment

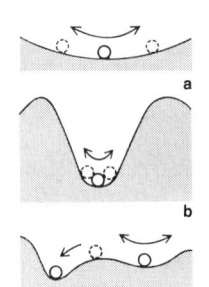

Stabilität
Modellvorstellungen zur S. (**a** langsam, **b** schnell wiederhergestelltes Gleichgewicht) und zur Empfindlichkeit (**c** links) und Elastizität (**c** rechts) eines Ökosystems

Stachelbart
Einige bekannte Arten:

Korallen-(Tannen-)S. *(Hericium coralloides* Pers.); an Laubbäumen, seltener Nadelholz

Igel-S. *(H. erinaceum* Pers.); an älteren Laubbäumen, v. a. Buchen, Eichen, Wundparasit

Ästiger S. *(H. clathroides* S. F. Gray); an morschen, stehenden od. liegenden Laubholzstämmen, hpts. Buche u. Eiche

acanthomys) Indiens mit buschigem Schwanz, stacheligem Rückenhaar u. 15 cm Körperlänge.

Stachelbürzler, *Campephagidae,* altweltl. Singvogel-Fam. mit 70 Arten, sperlings- bis drosselgroße Baumbewohner v. a. in trop. Gebieten Australiens, Asiens u. Afrikas; Bürzel- u. Hinterrückenfedern mit zugespitzten Schäften. Im Ggs. zu den unscheinbar gefärbten Raupenfressern (*Campephaga* u. a. Gatt.) tragen die Mennigvögel *(Pericrocotus)* ein leuchtend rotes (Männchen) bzw. gelbes (Weibchen) Gefieder. Ernähren sich überwiegend v. Raupen, die sie mit dem breiten Schnabel fassen, der oberseits oft noch eine zahnart. Spitze besitzt.

Stachelechsen, *Egernia,* Gatt. der ↗Riesenskinkverwandten; bis 55 cm lang; ausschl. in Austr. beheimatet; in den unterschiedlichsten Biotopen lebend (Eucalyptuswälder, Feuchtgebiete, in felsigem, hügeligem Gelände od. in Wüsten); kräft. Körperbau; Schuppen oft gekielt, meist in kleine Stacheln auslaufend, tagaktiv; v. a. tier. (kleine Echsen), seltener pflanzl. Nahrung; flink. – Die Gestreifte S. *(E. striata)* mit senkrechter Pupille; Körper dunkel-, rot- od. gelbbraun; oft mit 2 Rückenstreifen. In W-Austr. sind die Dornschwanzskinke *(E. stokesii* bzw. *E. depressa;* Gesamtlänge 15–24 cm; Schuppen am abgeflachten Schwanz stark stachelig) beheimatet; benutzen Schwanz zur Verankerung in Felsspalten u. zur Verteidigung.

Stachelfisch, der Dreistachlige ↗Stichling.

Stachelhafte, *Siphlonuridae,* Fam. der ↗Eintagsfliegen; Imagines mittelgroß mit nur 2 Schwanzborsten u. Stacheln an den letzten 2 Hinterleibssegmenten (Name). Die Larven leben in Fließgewässern zw. Pflanzen. Die Larven der Gatt. *Isonychia (= Chirotonetes)* ernähren sich mittels eines Reusenapparates v. Kleinstlebewesen im Wasser.

Stachelhäuter, *Echinodermata,* ein Tierstamm, der in 6 rezenten Kl. ca. 6500 ausschl. marine Arten umfaßt (daneben noch weit über 10 000 fossile Arten ab Unterkambrium, z. T. aus vollständig ausgestorbenen Kl., vgl. Tab.). Im Adultzustand fünfstrahlig radiärsymmetrisch gebaut (↗pentamer), zeigen ihre Larvenstadien Bilateralsymmetrie u. weisen die S. als ↗Bilateria u. ↗Deuterostomier aus. Da die Larval- u. Imaginal-Achsen nicht übereinstimmen, vermeidet man bei den erwachsenen S.n die Termini ventral u. dorsal u. spricht v. *oral* (≙ Mundseite) u. *aboral* (oft = apikal). – Die für den ganzen S. namengebenden *Stacheln* kommen noch nicht bei den *Crinoidea* vor u. fehlen sekundär auch bei den meisten Seewalzen; sie bestehen ebenso wie das Skelett aus $CaCO_3$ (Calcit) u. werden v. Mesenchym-Zellen gebildet. Weitere stachel- od. zangenförmige Strukturen sind die ↗Paxillen, ↗Sphäridien u. ↗Pedicellarien. Alle über die Körperoberfläche hervorragenden Anhänge sind v. lebendem Gewebe (bewimperte einschichtige Epidermis u. lockeres Bindegewebe) überzogen u. meist durch winzige Muskeln bewegl. Das *Skelett* besteht aus vielen Einzelstücken; diese können relativ groß u. miteinander gelenkig verbunden sein (in den Armen der Seelilien, bei Schlangensternen sogar als „Wirbel" bezeichnet) od. ein lockeres Netzwerk aus Balken (Aboral- = Oberseite der Seesterne) od. einen starren Panzer (Seeigel) bilden (B Skelett), od. es sind nur winzige Sklerite (im Hautmuskelschlauch der Seewalzen). – Das wohl wichtigste, alle S. kennzeichnende Merkmal ist das ↗*Ambulacralgefäßsystem* (↗*Hydrocoel*). Es entsteht während der Larvalentwicklung aus dem linken Meso- = Hydrocoel u. hat durch den ↗*Hydroporus* (↗*Madreporenplatte*) des ↗*Protocoels* (= Axocoel) Verbindung mit dem Meerwasser. Es bildet im erwachsenen Tier den ↗*Steinkanal.* Vor allem aber bildet es die ↗*Radiärkanäle* (bei Vertretern mit mehr als 5 Armen entspr. mehr). Von diesen Radiärkanälen gehen Verzweigungen zu den *Ambulacralfüßchen,* die bei den *Crinoidea* der Atmung u. Nahrungsgewinnung dienen, bei den meisten anderen S.n jedoch der Fortbewegung (dann meist als ↗*Saugfüßchen* ausgebildet). Die v. außen gut erkennbaren 5 Richtachsen mit Ambulacralfüßchen heißen ↗ *Radien* (= Ambulacren), die 5 dazwischen liegenden sind die ↗*Interradien* (= Interambulacren) (☐ Seeigel). Die Vertiefung der Körperoberfläche im Bereich des Radius heißt *Ambulacralfurche* (fungiert bei *Crinoidea* als Nahrungsrinne, ist bei ↗Schlangensternen (☐), Seeigeln u. Seewalzen versenkt. Die *Atmung* erfolgt über das Ambulacralgefäßsystem u./od. über andere zarthäutige Fortsätze (Kiemenbläschen, ↗*Papula*), selten über Wasserlungen (B Atmungsorgane II). – Die meisten S. sind mikrophag (*Crinoidea,* Seeigel, Seewalzen) u. haben dementsprechend einen langen, gewundenen Darm; bes. komplex ist der Kauapparat der ↗Seeigel (☐). Die überwiegend räuberischen See- u. Schlangensterne haben einen sackförm. (bei manchen Seesternen ausstülpbaren) Magen mit kurzem Vorder- u. Enddarm; bei Schlangensternen fehlt der After. – Die *Gonaden* sind ebenfalls pentaradial angeordnet (einzeln od. paarig, meist 5 Gonoporen; ☐ Seeigel, bei Seewalzen nur 1). Die Gameten werden v. den Tieren (meist getrenntgeschlechtl.) ins Meerwasser ausgestoßen, wo die kleinen dotterarmen Eier besamt werden (ihre leichte Gewinnung u. Durchsichtigkeit war der Grund dafür, daß O. ↗Hertwig 1875 an ihnen die ↗*Karyogamie* entdecken konnte). Die ↗*Larven* (T) haben z. T. kompliziert angeordnete Wimpernkränze für

Stachelhäuter

Stachelhäuter
Unterstämme, Überklassen und Klassen:

↗Pelmatozoa (Gestielte S.)
  ↗Homalozoa †
  ↗Homostela †
  Stylophora †
  ↗Homoiostela †
  vgl. auch:
  ↗Carpoidea † u.
  ↗Calcichordata †
  Blastozoa †
  ↗Eocrinoidea †
  ↗Cystoidea †
  (Beutelstrahler, Seeäpfel)
  ↗Blastoidea †
  (Knospenstrahler)
  Crinozoa
  ↗Paracrinoidea †
  ↗Crinoidea
  (↗Seelilien u.
  ↗Haarsterne)

↗Eleutherozoa
  ↗Asterozoa
  Somatasteroidea †
  (neuerdings U.-Kl. zur folgenden)
  Asteroidea
  (↗Seesterne)
  Ophiuroidea
  (↗Schlangensterne)
  Concentricycloidea (erst 1986 beschrieben, ↗Xyloplax)
  Echinozoa
  Echinoidea
  (↗Seeigel)
  Holothuroidea
  (↗Seewalzen)
  fossile Kl. (z. T. zu Pelmatozoa gestellt):
  ↗Edrioasteroidea †
  ↗Helicoplacoidea †
  ↗Ophiocistioidea †
  Cyclocystoidea †

STACHELHÄUTER I

Die marinen Stachelhäuter (Echinodermata) sind im erwachsenen Zustand überwiegend fünfstrahlig-symmetrisch. Ein unter der Haut gelegenes, vom Mesenchym ausgeschiedenes Innenskelett aus Kalk stützt den stern-, kugel- oder walzenförmigen Körper. Die Organe liegen in einer großen, vom Coelom gebildeten Leibeshöhle. Ein ebenfalls vom Coelom geformtes, kompliziertes Kanalsystem, das Wassergefäßsystem, dient vor allem der Fortbewegung. Besondere Exkretionsorgane und ein an die Blutbahnen angeschlossenes Herz fehlen. Sinnesorgane sind nur schwach entwickelt.

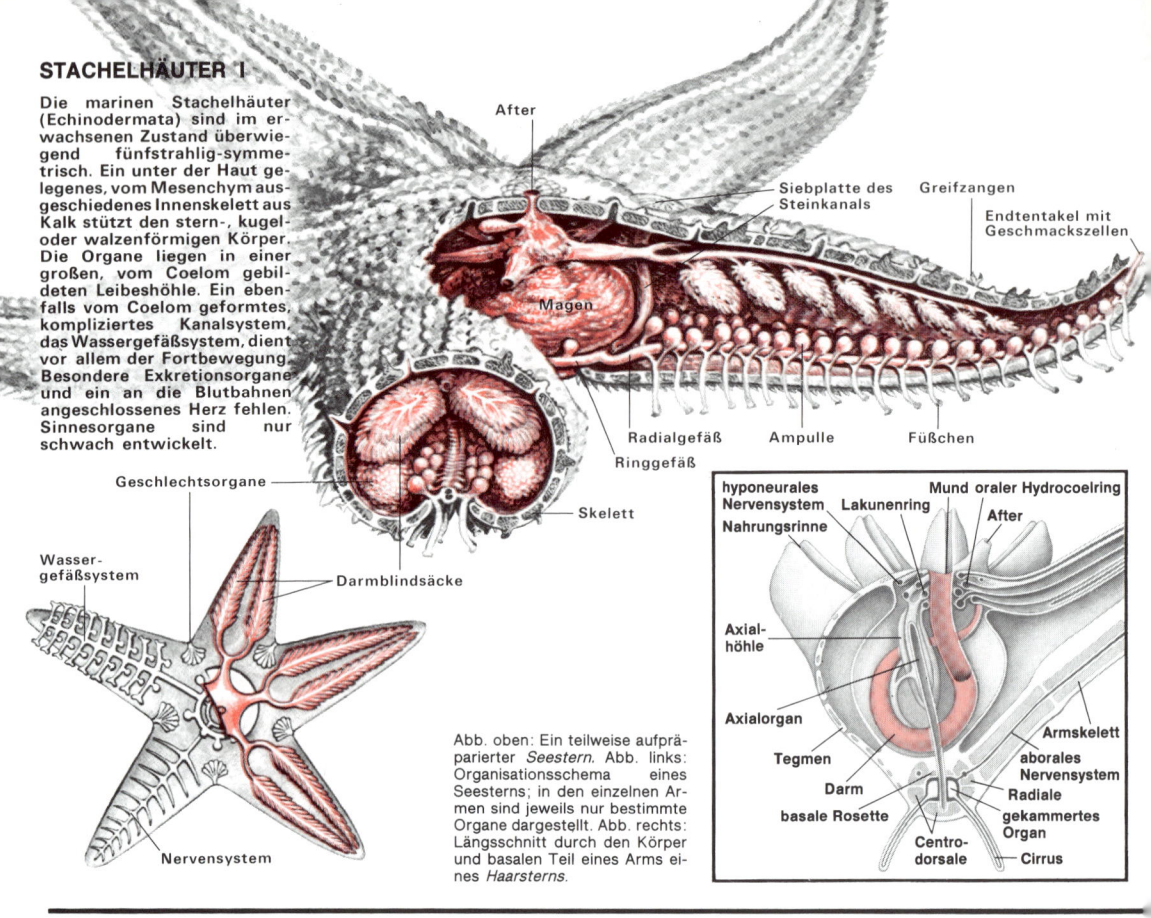

Abb. oben: Ein teilweise aufpräparierter *Seestern*. Abb. links: Organisationsschema eines Seesterns; in den einzelnen Armen sind jeweils nur bestimmte Organe dargestellt. Abb. rechts: Längsschnitt durch den Körper und basalen Teil eines Arms eines *Haarsterns*.

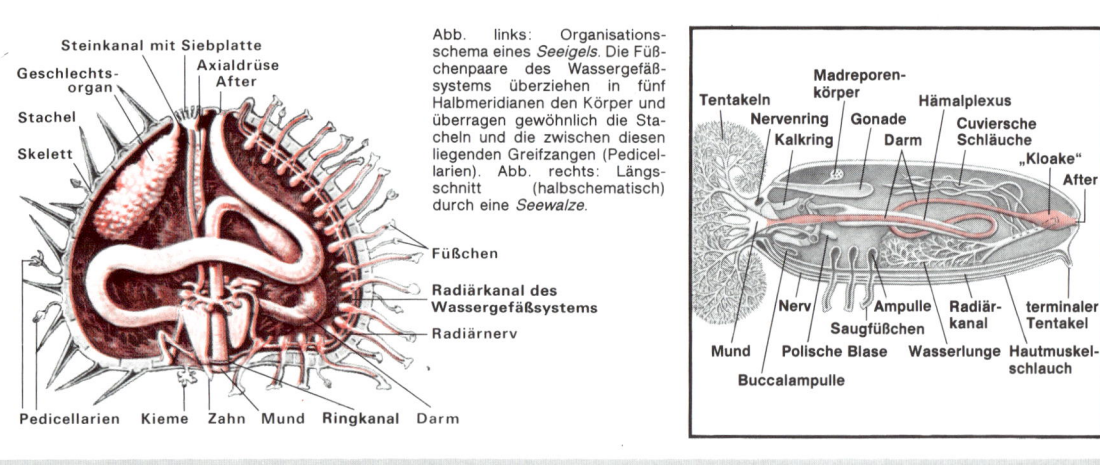

Abb. links: Organisationsschema eines *Seeigels*. Die Füßchenpaare des Wassergefäßsystems überziehen in fünf Halbmeridianen den Körper und überragen gewöhnlich die Stacheln und die zwischen diesen liegenden Greifzangen (Pedicellarien). Abb. rechts: Längsschnitt (halbschematisch) durch eine *Seewalze*.

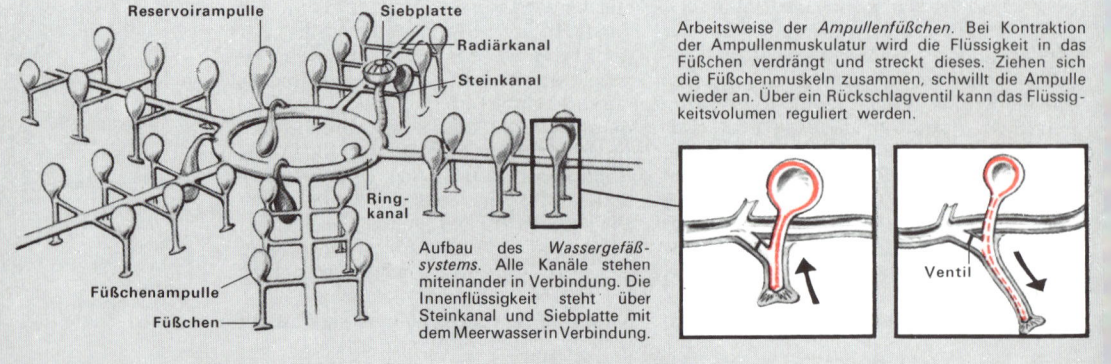

Arbeitsweise der *Ampullenfüßchen*. Bei Kontraktion der Ampullenmuskulatur wird die Flüssigkeit in das Füßchen verdrängt und streckt dieses. Ziehen sich die Füßchenmuskeln zusammen, schwillt die Ampulle wieder an. Über ein Rückschlagventil kann das Flüssigkeitsvolumen reguliert werden.

Aufbau des *Wassergefäßsystems*. Alle Kanäle stehen miteinander in Verbindung. Die Innenflüssigkeit steht über Steinkanal und Siebplatte mit dem Meerwasser in Verbindung.

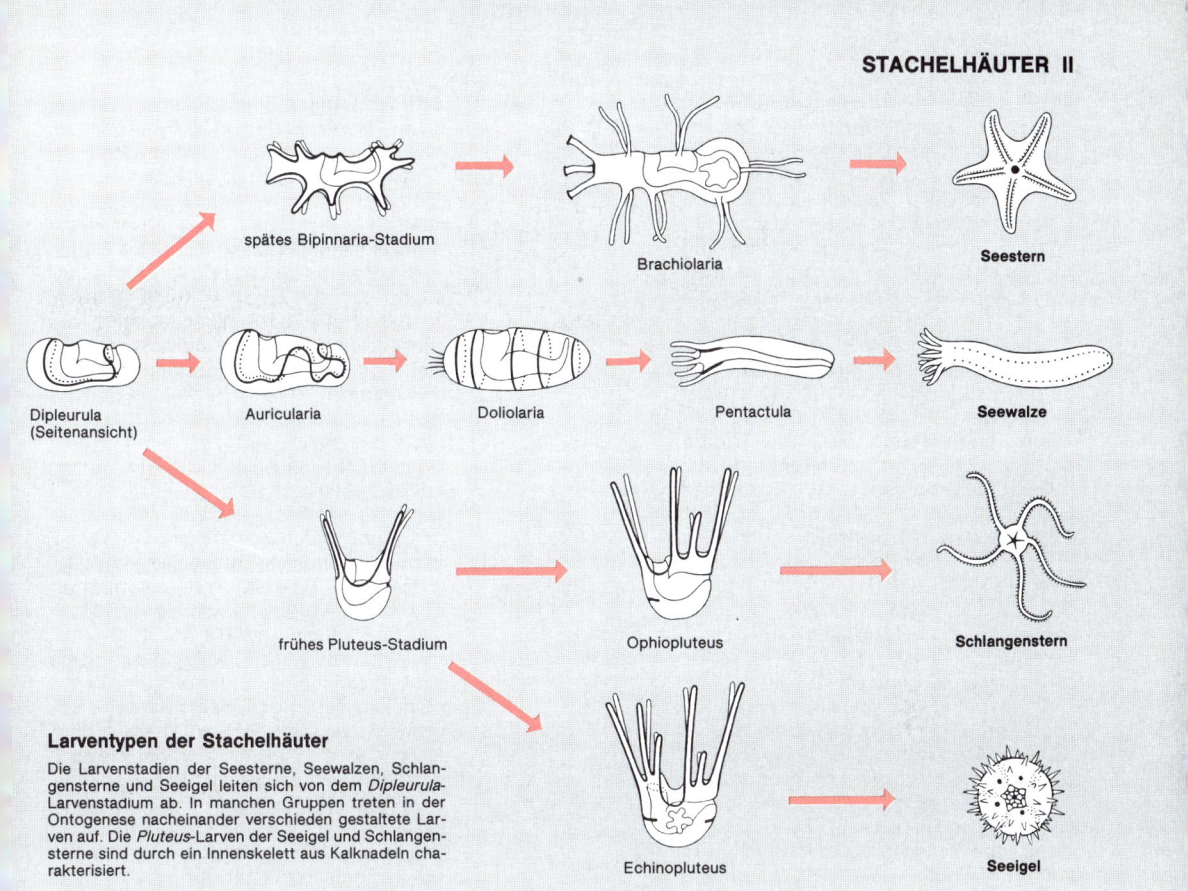

STACHELHÄUTER II

Larventypen der Stachelhäuter

Die Larvenstadien der Seesterne, Seewalzen, Schlangensterne und Seeigel leiten sich von dem *Dipleurula*-Larvenstadium ab. In manchen Gruppen treten in der Ontogenese nacheinander verschieden gestaltete Larven auf. Die *Pluteus*-Larven der Seeigel und Schlangensterne sind durch ein Innenskelett aus Kalknadeln charakterisiert.

Fortbewegung u. Nahrungsgewinnung während der pelagischen Larvalzeit (einige Wochen); die ↗ Pluteus-Larven (☐ Metamorphose, B Larven I) besitzen zusätzlich 4–8 durch Skelett-Stäbe stabilisierte Fortsätze. Die verschiedenen Larven-Typen können v. der ↗ Dipleurula hergeleitet werden. Vielfach konvergent, v. a. in kalten Meeren, ist die freilebende Larvenphase unterdrückt; statt dessen entwickeln sich Larven bzw. Jungtiere auf der Körperoberfläche der Mutter (bei manchen Seeigeln geschützt durch bes. Stacheln über Einduellungen der Körperoberfläche) od. in den Bursen der Schlangensterne. – *Wirtschaftl. Bedeutung:* In vielen Ländern werden die Gonaden der Seeigel u. der Hautmuskelschlauch der Seewalzen (als ↗ Trepang) gegessen. Ansonsten haben der ↗ Dornenkronen-Seestern als ↗ Riff-Zerstörer u. litorale Seeigel ganz allg. als „Störfaktor" an Badestränden Bedeutung für den Menschen. – *System u. Evolution:* Die Einteilung des Stammes in zwei Unterstämme ist weiterhin üblich, auch wenn die Gestielten S. (↗ Pelmatozoa) als paraphyletische Gruppe gelten u. sich unter ihnen auch (wohl primär) bilateralsymmetrische Vertreter (↗ Carpoidea) befinden, v. denen manchen (↗ Calcichordata) sogar Kiemenspalten zugeschrieben werden. (Bezügl. der 1986 neu beschriebenen Kl. *Concentricycloidea:* ↗ *Xyloplax.*) Der Übergang v. der Bilateral- zur Radiärsymmetrie kann funktionell erklärt werden mit der Sessilität der Stammart der S. (vgl. das Abweichen v. der Bilateralsymmetrie bei anderen sessilen Bilateriern: ↗ Moostierchen, ↗ Kamptozoa, ↗ Seescheiden). Die Beschränkung der S. aufs Meer wird meist mit dem Fehlen v. Nephridien erklärt; auch das Ambulacralgefäßsystem mit seiner außer bei Seewalzen offenen Verbindung zum Außenmedium erschwerte die Einwanderung ins Süßwasser. ▣ 28, 29.

Lit.: *Cuénot, L. et al.:* Échinodermes; in Grassé, P.-P.: Traité de Zoologie XI. Paris 1948. *Fechter, H.:* Stachelhäuter; in Grzimek, B.: Grzimeks Tierleben 3. Zürich 1970. *Kaestner, A.:* Lehrbuch der Speziellen Zoologie I, 2 (5. Lief.). Jena 1963. *Nichols, D.:* Echinoderms, London ³1967. *U. W.*

Stachelheringe, *Denticipitoidei,* U.-Ord. der ↗ Heringsfische.
Stachelhummer, die ↗ Langusten.
Stachelinge, *Sarcodon,* Gatt. der ↗ Stachelpilze.
Stachelkäfer, *Purzelkäfer, Mordellidae,* Fam. der polyphagen ↗ Käfer (T) aus der Gruppe der *Heteromera;* weltweit über 1600, bei uns etwa 120 Arten, die überwiegend in den südl. Regionen in sog. Steppenheiden u. auf südl. exponierten Hängen verbreitet sind. Längl., meist schwarze Käfer mit einem lang ausgezogenen Pygidium

Stachelleguane

(7. Abdominaltergit), das bei der Flucht heftig auf u. ab geschlagen wird. Dadurch machen die Käfer purzelnde Bewegungen. Die S. fressen oft auf Blüten Pollen. Ihre Larvalentwicklung verläuft in verpilztem Holz od. in Stengeln krautiger Pflanzen. Bei uns v. a. *Tomoxia biguttata* (5,5–8,5 mm), die Gatt. *Variimorda, Mordella, Mordellistena* (mit über 60 Arten) u. *Anaspis* (30 Arten).

Stachelleguane, *Sceloporus,* Gatt. der ↗Leguane mit ca. 100 Arten; in Mexiko u. den USA im Grasland, Gebüsch, in Wüsten od. Wäldern bis 4000 m Höhe vorkommend; Gesamtlänge 5–12 cm; Rücken meist grünl.-grau bis braun, längsgestreift od. quergefleckt, gelegentl. mit dunklem Halsband; beim ♂ Kehle u. Bauchseiten oft kobaltblau; mit gekielten, in eine Stachelspitze auslaufenden Rückenschuppen; ernähren sich v. a. von Insekten u. Spinnen; sehr wärmebedürftig. Der Zaunleguan (*S. undulatus*), einer der wenigen Vertreter der S. aus dem O der USA, verdankt seinen Namen dem Verhalten, daß er bes. gern auf Zaunpfähle steigt u. sich hier ausdauernd sonnt bzw. von dort Ausschau hält. Bei den erwachsenen Männchen der S. besteht wahrscheinl. eine Rangordnung bei der Revierverteidigung; das ♀ legt im allg. in ein Bodenloch 4–17 Eier u. bedeckt diese – sich selbst überlassend – mit Erde; nach 6–9 Wochen schlüpfen die Jungen; die in kalten Bergregionen lebende Art *S. scalaris* ist lebendgebärend.

Stachellose Bienen, die ↗Meliponinae.

Stachelmakrelen, *Carangidae,* Fam. der ↗Barschfische mit ca. 30 Gatt. und 200 Arten. Oft schlanke, spindelförm., aber auch hoch gebaute und tellerförm. Raubfische mit meist großen, gekielten Schuppen an der Seite, 2 Rückenflossen, deren erste manchmal nur aus kurzen, in einer Rinne versenkbaren Stachelstrahlen besteht, tiefgegabelter Schwanzflosse, 2 kurzen Dornen vor der Afterflosse u. stets einer Schwimmblase. Leben in allen trop. und gemäßigten Meeren, dringen gelegentl. in Flüsse vor; viele Arten sind wertvolle Speisefische. Hierzu gehören: die meist ca. 30 cm lange Bastardmakrele od. der Stökker (*Trachurus trachurus,* B Fische VI), die v. a. in Küstenbereichen des östl. Atlantik u. seiner Nebenmeere einschl. der westl. Ostsee u. des Schwarzen Meeres in Schwärmen vorkommt; ihre Jungfische leben gewöhnl. mit großen Nesselquallen vergesellschaftet. In S-Afrika wirtschaftl. bedeutsam; die bis 1,2 m lange Regenbogenmakrele (*Elagatis bipinnulata,* B Fische VI), die vorzugsweise im Oberflächenwasser trop. Meere verbreitet ist; die bis 1,5 m lange ostpazif. Kalifornische Gelbschwanzmakrele (*Seriola dorsalis,* B Fische VI), die v. a. an der kaliforn. und mexikan. Küste gefangen wird; u. der bis 70 cm lange, in nahezu allen Meeren in klei-

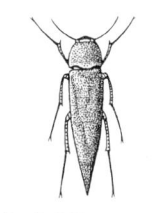

Stachelkäfer *(Mordella aculeata)*

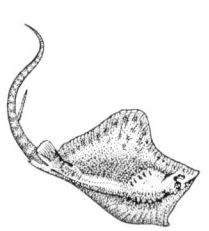

Stachelrochen

Gewöhnlicher Stechrochen *(Dasyatis pastinaca)*

Stachelpilze

Familien u. Gattungen, in denen Arten mit stacheligem Hymenophor eingeordnet werden (Auswahl):

Hydnaceae (S. i. e. S., Stoppelpilzartige)
 Hydnum (Stachelinge, Stoppelpilze)
Thelephoraceae
 Sarcodon (fleischiger Stachelpilz, Rehpilz, Habichtspilz)
 Hydnellum [= *Calodon*]
 Phellodon (Korkstachelinge)
Heriaceae
 Hericium = *Dryodon* (Korallenstachelinge, Stachelbärte, Stachelkeulen, Bartkoralle)
Auriscalpiaceae
 Auriscalpium = *Pleurodon* (Stachelseitlinge, Ohrlöffelstachelinge)
Corticiaceae (i. w. S.)
 Irpex (Eggenpilz)
 Sistotrema (Zahnlinge, Reibeisenpilze)

nen Schwärmen vorkommende Lotsenfisch (*Naucrates ductor,* B Fische V), der sich bevorzugt in der Nähe großer Haie, Schildkröten u. auch v. Segelschiffen aufhält u. vermutlich von Nahrungsresten profitiert.

Stachelmäuse, *Acomys,* Gatt. der Echten ↗Mäuse mit 5 od. 6 Arten in Afrika u. Asien, auf Kreta u. Zypern; Kopfrumpflänge 7–12 cm; leben in Trockengebieten; ihre Jungen werden in weit entwickeltem Zustand („Nestflüchter") geboren.

Stachelpilze, frühere, künstl. Pilzgruppe (Ord. *Hydnales*), in der alle ↗Ständerpilze zusammengefaßt wurden, deren Hymenium (Fruchtschicht) auf Stacheln, Warzen od. Zähnchen liegt. Anfangs (Fries) nur in 1 Gatt. (*Hydnum*) eingeordnet, obwohl unterschiedl. Fruchtkörperformen ausgebildet werden können: resupinat, konsolenförmig od. gestielt, von unterschiedl. Konsistenz (fleischig bis holzig) und unterschiedl. Färbung (gelb bis violett). S. leben meist saprophytisch, einige sind starke Bauholzzerstörer. In gemäßigten Zonen wachsen 60–80 Arten. Heute werden die S. bei den ↗Nichtblätterpilzen (*Aphyllophorales*) in mehrere Fam. eingeordnet, die auch Vertreter ohne Stacheln enthalten können. – Die Fam. *Hydnaceae* (S. i. e. S., Stoppelpilzartige) besitzen weißes Sporenpulver u. sind in Hut u. Stiel gegliedert. Der fleischige Fruchtkörper ist weiß, gelb od. ziegelrot gefärbt. Nur 1 Gatt. (*Hydnum*), deren Arten im Wald, meist am Boden, selten auf moderndem Holz leben. Bekannteste Arten sind: Der eßbare Rotgelbe Semmelstoppelpilz (*H. rufescens* Fr.), ein Doppelgänger des Pfifferlings, aber mit (rostroten) Stacheln an der Hutunterseite. Der Semmelstoppelpilz (*H. repandum* L.) ist blasser in den Farben, gelb bis ockerfarben. Die Vertreter der Fam. *Hericiaceae* (Bartkorallen) entwickeln konsolenförmige Fruchtkörper, meist dachziegelartig übereinander angeordnet (z. B. bei *Dryodon* [*Creolophus*] *cirrhatus* Quél.), od. die Fruchtkörper sind verzwegt od. knollig, z. B. beim Korallenstachelbart od. Tannenstachelbart (*Hericium* [*Dryodon*] *coralloides* Pers.) od. beim Igelstachelbart (*Hericium erinaceus* Pers.). Das Sporenpulver ist farblos-gelblich. – Die Arten der *Thelephoraceae,* die ein stacheliges Hymenophor ausbilden, besitzen ein bräunl. Sporenpulver. Der Fruchtkörper der *Hydnellum*-Arten ist in Hut u. Stiel gegliedert; das Fleisch ist faserig weich bis korkartig od. holzig. Weit verbreitet ist z. B. der Orangegelbe Korkstacheling, *Hydnellum* (*Calodon*) *aurantiacum* Karst. Die Fruchtkörper der *Sarcodon*-Arten sind nicht korkig, mit weich-festem, brüchigem Fleisch. Der Rehpilz od. Habichtspilz (*S. imbricatum* Karst.) besitzt auf dem Hut große, dunkle Schuppen; in Nadelwäldern in fast ganz Europa verbreitet.

Stachelratten, *Echimyidae,* artenreiche Fam. südamerikan. Nagetiere von rattenähnl. Gestalt; Kopfrumpflänge 8–48 cm, Schwanzlänge 4,5–43 cm. Die S. i. e. S. (U.-Fam. *Echimyinae*) mit insgesamt 11 Gatt., darunter die Igelratten *(Proëchimys)* u. die Lanzenratten *(Hoplomys),* kennzeichnet ein borstiges Haarkleid. Weit verbreitet ist die bodenlebende Cayenneratte *(Proëchimys guyannensis).* Die Kamm-S. (Gatt. *Echimys*) u. a. sind Baumbewohner. Ein weiches Fell, ohne Stacheln, haben die Fingerratten (U.-Fam. *Dactylomyinae;* 3 Gatt.). Manche S. sind zur ↗Autotomie ihres Schwanzes befähigt.

Stachelrochen, *Dasyatidae,* Fam. der ↗Rochen mit 5 Gatt. und über 80 Arten. S. haben meist einen rautenförm. Körperumriß, einen langen, peitschenart., flossenlosen Schwanz mit einem od. mehreren langen, beidseitig gezähnten Giftstacheln auf dem vorderen Schwanzende (↗Giftige Fische) u. pflastersteinart. Kieferzähne. Sie leben vorwiegend am Boden flacher Küstenzonen in warmen Meeren. An eur. Küsten v. den brit. Inseln bis ins Mittelmeer kommt der bis 2,5 m lange Gewöhnl. Stechrochen *(Dasyatis pastinaca)* vor, dessen Giftstachel bis 35 cm lang sein kann; er gebiert wie seine Verwandten jeweils 6–9 voll entwickelte Junge, die sich vor der Geburt v. Eileiter-Sekreten ernährt haben. ☐ 30.

Stachelrochenartige, *Myliobatoidei,* U.-Ord. der ↗Rochen (T).

Stachelschnecken, 1) die Gatt. ↗*Acanthinula.* 2) *Muricoidea,* Überfamilie der ↗Schmalzüngler, Meeresschnecken mit meist dickwandigem, mit Knoten od. Stacheln besetztem Gehäuse v. verschiedener Form, oft mit coaxialen Wülsten, mit deutl., oft langem Siphonalkanal; getrenntgeschlechtl., carnivore Tiere. Zu den S. gehören die ↗Korallen-, ↗Purpur- u. ↗Taubenschnecken.

Stachelschweine, Altwelt-S., *Hystricidae,* Fam. der ↗Nagetiere mit 5 Gatt. (vgl. Tab.) und 11 bis 21 Arten (je nach Autor); Kopfrumpflänge 35–85 cm. Kennzeichnend sind die aufrichtbaren Stacheln od. Borsten, je nach Art u. Körperregion von unterschiedl. Ausprägung. S. sind bodenbewohnende, dämmerungsaktive Pflanzenfresser lichter Wälder u. Steppen, die tagsüber in Erdhöhlen ruhen. Einzige heute in Europa (Italien; Balkan?) vorkommende Art ist *Hystrix cristata* (B Mediterranregion I), vermutlich v. den Römern aus N-Afrika eingeführt. Fossil sind S. in Europa vom mittleren Miozän bis Pleistozän bekannt. – Neuweltl. oder Amerikan. S. ↗Baumstachler.

Stachelschweinholz, Porcupineholz, das harte, schwarzgemaserte Holz der ↗Kokospalme.

Stachelschweinverwandte, *Hystricomorpha,* U.-Ord. der ↗Nagetiere mit der Überfam. Stachelschweinartige *(Hystricoidea),*

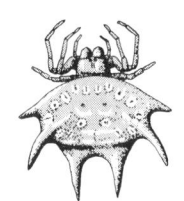

Stachelspinnen
Gasteracantha, ♀

Stachelschweine
Gattungen:
Pinselstachler *(Trichys),* Gatt. recht ursprüngl. S. mit nur kurzen Stacheln u. „Pinsel" aus pergamentart. Streifen am Schwanzende; Malaiische Halbinsel, Borneo, Sumatra
Quastenstachler *(Atherurus),* Gatt. mit am Rücken besonders langen Stacheln u. Stachelquaste am Schwanzende; Afrika, SO-Asien
Insel-Stachelschweine *(Thecurus),* Gatt. kurzschwänziger S.; gestielte hohle Hornbecher („Rasselbecher"); südostasiat. Inseln
Kurzschwanz-Stachelschweine *(Acanthion),* Gatt. mit langen Stacheln v. a. an der hinteren Körperhälfte; China, Nepal, südostasiat. Inseln
Eigentliche Stachelschweine *(Hystrix),* Gatt. mit stark entwickeltem Stachelkleid mit „Rasselbecher" u. mit Nackenmähne aus langen Borsten; v. Afrika bis Mittelasien, S-Europa

Stachelschwein
(Hystrix cristata)

die nur aus der Fam. ↗Stachelschweine *(Hystricidae)* besteht. Ob auch die Überfam. Sandgräberartige *(Bathyergoidea;* ↗Sandgräber)* u. Felsenrattenartige *(Petromuroidea;* ↗Felsenratten) zu den S.n gerechnet werden können, ist systematisch noch ungeklärt.

Stachelspinnen, ↗Radnetzspinnen, deren bunt gefärbter, hart chitinisierter Körper mit langen Stacheln versehen ist; wird als mechan. Schutz gg. Raubfeinde gedeutet. Die meisten Arten sind tropisch; häufig zeigen sie einen auffallenden ↗Sexualdimorphismus (☐) in der Größe (Männchen bei manchen Arten nur 2 mm). Die bekanntesten Gatt. sind *Gasteracantha* u. *Micrathena.* [marestiales.

Stacheltang, *Desmarestia aculeata,* ↗Des-

Stachelweichtiere, die ↗Aculifera.

Stachelwelse, *Bagridae,* Fam. der Welse mit ca. 15 Gatt. Schuppenlose, meist schlanke, kleinäugige Bodenfische mit oft langen Mundbarteln, kräft., spitzen, oft gesägten Stacheln in den Brustflossen u. der Rückenflosse, gegabelter Schwanz- u. auffällig großer Fettflosse; leben vorwiegend nachtaktiv im Süßwasser des trop. Afrika sowie S- und O-Asiens. Hierzu gehören: der bis 60 cm lange, südostasiat. und indoaustr. Rotflossen-S. *(Mystus nemurus);* der bis 20 cm lange, als Aquarienfisch bekannte Indische Streifenwels *(M. vittatus)* mit hellen braunen u. blauen Längsstreifen u. langen, bis zur Schwanzflosse reichenden Oberkieferbarteln u. die ca. 20 cm langen, auffällig gefärbten südostasiat. Ringelwelse *(Leiocassis),* deren Barteln nur kurz sind.

Stachyose w [v. gr. stachys = Ähre], ein Tetrasaccharid der Sequenz D-Gal-D-Gal-D-Glc-D-Fru, das im Siebröhrensaft zahlr. Pflanzen-Fam., z. B. bei *Stachys tubifera,* als Transportkohlenhydrat auftritt.

Stachys m [gr., = Ähre], der ↗Ziest.

Stachysporie w [v. gr. stachys = Ähre, sporos = Same], Bez. für die Ausbildung der Samenanlagen direkt u. terminal an der Blütenachse; z. B. bei Vertretern der ↗Coniferophytina.

Stadtökologie, Urbanökologie, i. e. S. Erfassung der Wechselbeziehungen v. Organismen, Populationen u. Biozönosen mit der Umwelt in den vom Menschen errichteten unnatürl. Lebensbedingungen der Städte. Das ↗Klima der Stadt stellt das eindrucksvollste Beispiel einer anthropogenen Klimaänderung dar mit sowohl positiven wie auch negativen Auswirkungen auf Pflanzen, Tiere u. Menschen (z. B. geringerer Wärmeentzug im Winter, aber erhöhte Wärmebelastung im Sommer sowie generell geringere Durchlüftung bei erhöhter Emission v. Luftschadstoffen). Die Durchschnitts-Temp. sind in den Städten höher, Sonnenstrahlung (insbes. UV) und Windgeschwindigkeit geringer, Bewölkung, Niederschlag und Nebel häufiger, und die

Stagnation

Organismen haben höhere Resistenz gg. Umweltverschmutzung (trotzdem Zahl menschl. Lungenaffektionen höher). I. w. S. meint S. auch die psycholog., kulturellen u. sozialen Implikationen des Stadtlebens (Sozialökologie), d. h. Fragen der Stadtplanung, Kommunikationsforschung, Slum-Problematik usw. ↗Industriemelanismus.

Stagnation w [v. *stagn-], stabiler Zustand eines ↗Sees (↗Seetypen), in dem Wassermassen unterschiedl. Temperatur übereinandergeschichtet sind. Im ↗dimiktischen See liegt im Sommer – durch eine Temp.-Sprungschicht (↗Metalimnion) getrennt (☐ See) – wärmeres Wasser über kaltem, im Winter kaltes ($<4\,°C$) über wärmerem ($4\,°C$ = größte Dichte des Wassers). Die S. wird aufgehoben, wenn Abkühlung des Oberflächenwassers im Herbst od. Erwärmung desselben im Frühjahr die Temp.-Gegensätze ausgleichen u. der Wind das Wasser bis zur Tiefe umwälzen kann (Herbst- und Frühjahrs-Vollzirkulation). ↗monomiktisch, ↗polymiktisch; ↗Frühjahrszirkulation.

stagnicol [v. *stagn-, lat. colere = bewohnen], Bez. für Organismen, die in ruhigen bzw. stillstehenden Süßgewässern leben. Ggs.: torrenticol.

Stagnicola w [v. *stagn-, lat. -cola = -bewohner], die ↗Sumpfschlammschnecke.

Stagnogley m [v. *stagn-, russ. glei = schwerer Boden], *Molkenboden, Molkenpodsol, Missenboden*, Staunässeboden in feucht-kühlem (Gebirgs-)Klima mit A_{he}-S-C-Profil (T) Bodenhorizonte). Das ↗Bodenwasser staut über einer ton- oder schluffhaltigen, wasserundurchlässigen geolog. Schicht. Im Ggs. zum ↗Gley bleibt die Vernässung oberflächennah u. ohne größeren jahreszeitl. Schwankungen erhalten. Unter den sauerstoffarmen, reduzierenden Verhältnissen werden Al, Fe und Mn als metallorgan. Verbindungen gelöst u. häufig seitl. mit abfließendem Wasser wegtransportiert; der Oberboden wird dadurch z. T. gebleicht. Pflanzl. Streu wird nur verzögert abgebaut u. liegt dem Boden als Rohhumus, Torf od. andere Humusform

Stallhase, das Haus-↗Kaninchen. [auf.

Stallmist, *Mist, Stalldünger, Stalldung, Dung*, im Stall anfallendes Gemisch v. Kot, Harn u. Einstreu, seit alters wicht. organischer ↗Dünger in der ↗Landwirtschaft (↗alternativer Landbau); fungiert als Nährstofflieferant für den Boden u. als Humusdünger. Die chem. Zusammensetzung des S.es ist abhängig v. der Tierart, dem Futter u. der Lagerung. Durchschnittl. enthält er 70–75% Wasser, 5% Mineralstoffe, darunter 0,5% Stickstoff, 0,3% Phosphat, 0,6% Kalium und 0,3% Calcium, sowie ca. 25% organ. Substanz. Bei der Lagerung von S. nimmt der Gehalt an organ. Substanz u. Stickstoff ab, der v. Phosphat u. Kalium hingegen nicht. Der S. kann in hohen Stapeln gelagert werden *(Stapelmist)*, wobei

stagn- [v. lat. stagnum = stehendes Wasser].

Stamm

Mikrobiologie:
In der ↗Biotechnologie werden spezielle, z. T. patentierte Stämme eingesetzt (durch Mutation u. Auslese od. gentechnologisch gewonnen; ↗Gentechnologie, ↗Genmanipulation), die sich gegenüber dem urspr. (Wild-)Stamm durch bes. hohe Syntheseleistungen, z. B. bei der ↗Antibiotika-Produktion, od. andere bes. Leistungen auszeichnen. Ein S. wird oft mit einer Nummer u. der Abk. der ↗Kulturensammlung, in der er aufbewahrt wird, gekennzeichnet.

Stammart

Bisweilen wird auch in der Pflanzen- u. Tierzüchtung von S. gesprochen („Wolf ist Stammart des Haushundes"). Da aber Ausgangsform u. Haustier bzw. Wildpflanze u. Kulturpflanze meist kreuzbar sind, gehören sie gemäß Biospezies-Begriff zur selben ↗Art; deshalb spricht man hier richtiger von Stamm- od. Wild*form*.

hpts. anaerobe Vorgänge (↗Gärung) ablaufen. Bei lockerer Lagerung strohreichen (↗Stroh) S.es *(Heißmist)* od. Mischungen u. a. mit Erde *(Mistkompost)* treten hpts. aerobe Verrottungsprozesse (↗Rotte) auf (bes. hoher Stickstoffverlust). Gelagerter S., v. a. Stallmist, wird v. einer reichhaltigen Mistfauna (↗Bodenorganismen) besiedelt (z. B. ↗*Eisenia foetida*). ↗Biogas, ↗Humus, ↗Mineralisation, ↗Selbsterhitzung.

Stamen s [lat., = Faden], das ↗Staubblatt.

staminat [v. lat. stamen = Faden], Bez. für ↗Blüten, die nur Staubblätter ausbilden. Ggs.: karpellat.

Staminodium s [v. lat. stamen = Faden], Bez. für ein ↗Staubblatt, das durch Reduktion steril geworden ist, also keine Pollen (Mikrosporen) od. sogar keine Anthere mehr ausbildet. Als solches kann es durch weitere Reduktion völlig ausfallen od. andere Funktionen übernehmen, z. B. als Nektarblatt die ↗Nektar-Bildung od. als kronblattartige Struktur die optische Anlockung.

Stamm, 1) Bot.: a) *Truncus*, Bez. für die Hauptachse der ↗Kormophyten, bes. speziell für die durch ↗sekundäres Dickenwachstum verholzende Hauptachse der Bäume u. Sträucher. Den S. der nur primär erstarkten Hauptachse der Palmen u. Farne nennt man zur Unterscheidung auch *Caudex*. b) Pflanzenzüchtung: ↗Linie. **2)** Mikrobiologie: engl. *strain*, systemat. Untereinheit einer Art (Spezies), die sich in einigen Merkmalen v. der (typischen) Art unterscheidet, z. B. in physiolog., biochem. oder patholog. Eigenschaften. – Allg. versteht man unter S. auch eine noch nicht (ausreichend) charakterisierte und nicht benannte Population von Zellen. **3)** Zool.: a) Tierzucht: kleinste zuchtfähige Einheit, umfaßt je nach Art und Rasse unterschiedlich große Gruppe derselben Rasse bzw. desselben Schlages. b) Systematik: *Phylum*, die zweithöchste Hauptrangstufe (↗Kategorie) der zool. ↗Klassifikation (entspr. in der Bot.: ↗Abteilung) zw. ↗Reich u. ↗Klasse; wie alle supraspezif. Kategorien nicht einheitl. verwendet.

Stammart, allg.: Vorläufer anderer Arten bei Artumwandlung (S. → Folgeart), bei Artaufspaltung (S. → 2 Tochterarten) und beim seltenen Fall der ↗Artbildung durch Bastardierung (2 S.en → 1 neue Art, fast nur bei Pflanzen möglich, z. B. beim ↗Weizen; B Mutation). Bisweilen wird auch bei Artaufspaltung einer der beiden Tochterarten als S. bezeichnet, wenn sie unverändert geblieben ist („überlebende S."). – Speziell in der phylogenet. Systematik (↗Hennigsche Systematik) ist die S. (bisweilen auch „Stammform") der letzte (d. h. erdgeschichtlich späteste) gemeinsame (d. h. für alle Subtaxa) Vorfahre eines ↗monophyletischen (☐) Taxons. ↗Klassifikation, ↗Systematik.

Stammbaum, 1) Genealogie: durch einen Baum dargestellte ↗Nachkommenschaft einer Person (*Deszendenz*tafel: alle Nachkommen; *Stamm*tafel: alle männl. Nachkommen, vgl. „Stammhalter") im Ggs. zur Ahnentafel (Vorfahren einer bestimmten Person ≙ *Aszendenz*). ↗Verwandtschaft. **2)** Biol.: a) *S. i. w. S.*: jede Darstellung der Verwandtschaft mit Hilfe von Verbindungslinien, also einschließlich von Netz-Schemata. – b) *S. i. e. S., Dendrogramm*: Darstellung der *phylogenetischen* Beziehungen zwischen Arten u. supraspezifischen Taxa (↗Klassifikation ↗Systematik) als Aufspaltungs-Schemata; im letzten Jh. (z. B. bei ↗Haeckel) in Baumgestalt mit Ästen u. Zweigen, heute mehr in abstrakter Form. Der S. ist als „phylogenetisches Verwandtschaftsdiagramm" (Ax) die „klarste u. letzte Form des natürl. Systems, das höchste Arbeitsziel der Systematik" (Remane), „die anschaulichste Darstellung der Ergebnisse der phylogenet. Systematik" (Hennig). Früher wurden rezente Gruppen v. anderen rezenten hergeleitet (z. B. Fische → Amphibien → Reptilien → Aufspaltung zu Vögeln u. Säugetieren). Rezente Gruppen enthalten aber nicht die ↗Stammart (z. B. ist unter den heutigen Menschenaffen nicht der Ahne des Menschen zu suchen), u. deshalb werden heute die rezenten Taxa stets als (vorläufige) Endglieder (= terminale Taxa) angeordnet. Die Ordinate dient meist als Zeitachse (Abb. 1, 2, 5: ohne Skala, Abb. 3: geolog. Zeitskala), seltener als Maß für die Organisationshöhe (Abb. 4). Die Abszisse zeigt grob (u. oft sehr subjektiv) die Divergenz (≙ Auseinanderentwicklung) an. – Ein *Kladogramm* ist ein S. der ↗Kladistik (↗Hennigsche Systematik); es zeigt die Aufspaltungen (≙ ↗Cladogenese) bes. deutlich (☐ Archicoelomatentheorie, ☐ Chelicerata, ☐ Insekten) u. kann durch Angabe der Synapomorphien auch die wesentl. Argumente vorstellen (Abb. 1). Es wird keine Angabe über den absoluten Zeitpunkt der Aufspaltungen gemacht, jedoch über deren relative Abfolge. Da die Abszisse dimensionslos ist, können die S.-„Gabeln" um die Verzweigungspunkte gedreht werden: Abb. 1 und 2 sind in ihrer kladistischen Aussage identisch! – Genau so wie Kladogramme sehen *Phänogramme* aus (☐ Archaebakterien, ☐ Purpurbakterien), die der ↗numerischen Taxonomie entstammen u. auf Gesamtähnlichkeit beruhen, also auch Symplesiomorphien berücksichtigen. Phänogramme sind daher nicht immer ein Abbild der Cladogenese. – In der *Paläontologie* zeigen unterschiedlich dicke S.-Linien (Abb. 3) den jeweiligen Umfang als Zahl der fossilen Taxa je Zeiteinheit an. Die Organisationshöhe (≙ ↗Anagenese) wird meist ziemlich subjektiv unter Berücksichtigung einiger weniger wesentl. Merkmals-Komplexe gezeigt

Stammbaum
1–4 Kladogramme u. ä. Stammbäume der Gliedertiere *(Articulata)*:
1 Kladogramm mit Angabe einiger wicht. Synapomorphien (schwarze Kästchen; größere Kästchen symbolisieren „verläßlichere" Synapomorphien); **a** viele Segmente aus Sprossungszone, **b** Mixocoel, Perikardialsinus, **c** hartes Exoskelett, **d** Fehlen somatischer Cilien, **e** Medianaugen, **f** Komplexaugen, **g** spezif. Feinstruktur (Komplexauge), **h** Mandibel. **2** andere Darstellungsform nach Drehung um die Aufspaltungspunkte. **3** S. mit Berücksichtigung der Fossilien. **4** S., der auch die Anagenese zeigt. **5** Phylogramm der *Hominoidea*

(Abb. 4), seltener objektiviert z. B. durch Angabe der Zahl der verschiedenen Zellsorten. – Ein *Phylogramm* zeigt zusätzlich zur Cladogenese durch die unterschiedl. Abstände der Taxa voneinander auch deren *Divergenz* u. kann so anschaulicher sein als ein Kladogramm. Bei der Umsetzung vom Phylogramm zur evolutionären Klassifikation geht die Information über die Cladogenese verloren (umgekehrt fehlt bei der kladistischen Klassifikation die Divergenz völlig) (Abb. 5). – Zusätzl. Information liefert eine Darstellung als *Szenario*, das ökolog., funktionsmorpholog., geograph. u. a. Faktoren mit darstellt, z. B., wenn, wie im S. der ↗Pferde (☐), geograph. Verbreitung u. Nahrungspflanzen verzeichnet sind. ↗Abstammung. *U. W.*

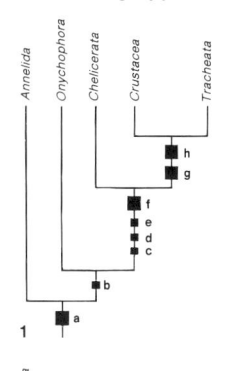

Stammbaumzüchtung, ↗Kreuzungszüchtung.
Stammblütigkeit, die ↗Cauliflorie.
Stammbuch, das ↗Herdbuch.
Stammesentwicklung, auch *Stammesgeschichte*, die ↗Phylogenie.
Stammfäule, *Innenfäule, Kernfäule*, Holzschaden im Innern lebender Bäume, verursacht durch holzzerstörende Pilze (Innenpilze, Kernfäule-, Kernholz-, Kernpilze). Beim Eindringen der Erreger im Wurzelreich spricht man auch v. *Wurzelfäule*, beim Befall durch Wunden v. *Wundfäule*.
Stammganglien, Nervenzentren des ↗Hirnstamms.
Stammgarbe, in der Pflanzenzüchtung die auf eine Mutterpflanze zurückgehende Nachkommenschaftsgruppe.
Stammgruppe, 1) selten benutzte ↗Kategorie der Biol. ↗Klassifikation als Zusammenfassung mehrerer Stämme (≙ *Überstamm*, z. B. *Articulata = Annelida + Arthropoda*). **2) a)** *Basisgruppe, Primitivgruppe*: Eine Zusammenfassung aufgrund ursprünglicher („primitiver") Merkmale, v. a. für Fossilien verwendet: z. B. Crossopterygier u. Labyrinthodontier als S. der Tetrapoden, die Cotylosaurier als „Stamm-Reptilien", die Thecodontier als S. der Archosaurier u. die Psilophyten als „Urfarne" u. zugleich S. aller Kormophyten (i. e. S.). – **b)** In der phylogenet. Systematik gehören zur S. alle Fossilien, die durch mindestens eine Synapomorphie schon mit der jeweiligen rezenten Gruppe übereinstimmen, aber noch nicht alle Synapo-

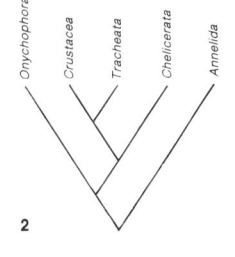

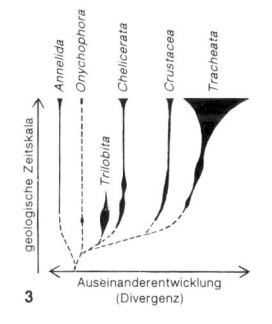

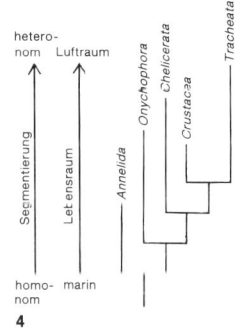

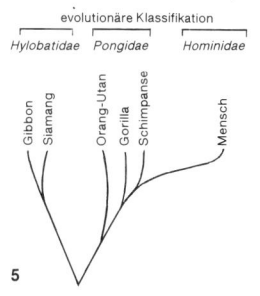

Stammhirn

morphien besitzen. Beispielsweise gehört ↗ *Archaeopteryx* zur S. der Vögel (↗ additive Typogenese): er hat schon Federn, seine Claviculae sind zu einer Furcula umgestaltet, usw., u. er ist dadurch eindeutig v. den Krokodilen (= ↗ Schwestergruppen der Vögel) unterschieden; andererseits fehlen ihm wichtige Merkmale, die für die Gesamtheit der rezenten Vögel charakterist. sind (Versteifungsfortsätze der Rippen, zahnloser Schnabel usw.). Während eine ↗ Stammart meist nur hypothet. ist, enthält eine S. real vorhandene Fossilien.

Stammhirn, der ↗ Hirnstamm. [lung.
Stammsammlung, die ↗ Kultursamm-
Stammsukkulenten [v. lat. suculentus = saftvoll], Bez. für bestimmte Arten der ↗ Wolfsmilch *(Euphorbia)* u. der ↗ Schwalbenwurzgewächse *(Asclepiadaceae)* des trop. Afrika sowie die ↗ Kakteengewächse Amerikas, die konvergent fleischige Stämme mit kräftigen Rippen u. zu Dornenpolstern reduzierten Seitensprossen entwickelt haben als Anpassung an trockene Klimate mit regelmäßigen, aber nur kurzen Niederschlägen (sog. *„Cactus-Form"*). Diese verdickten Stämme übernehmen Blattfunktion u. in ihren inneren parenchymatischen Geweben Wasserspeicherfunktion für die Zeit der ↗ Dürre. Der große Wasservorrat dient aber auch als Hitzeschutz. ↗ Sukkulenten.

Stammzellen ↗ Blutbildung.
Standardbedingungen, die bei Versuchsanordnungen od. Meßmethoden meist willkürl., häufig aber auch in Anlehnung an die natürl. Verhältnisse der betreffenden Systeme gewählten, konstant gehaltenen äußeren Bedingungen, wie u. a. pH-Wert, Temperatur, Zeitdauer, Konzentrationen reagierender Stoffe, Belichtungsstärke, Luftfeuchtigkeit, Reizstärke. Bei enzymkatalysierten Reaktionen u. bei der Messung biochem. Reaktions-↗ Enthalpien oder v. ↗ Redoxpotentialen ($\boxed{T}$) gelten pH = 7, Temp. = 25°C, Druck = 1 bar und Konzentrationen der Reaktionspartner von 1 M (= 1 Mol/l) als Standardbedingungen.

Standardbicarbonat *s* [v. *standard-,* lat. bis = zweimal, carbo = Kohle], *Alkalireserve,* Bicarbonat-Konzentration (↗ Hydrogencarbonate) des Blutplasmas nach Einstellung eines CO_2-Partialdrucks von 40 mm Hg und vollständiger O_2-Sättigung des ↗ Hämoglobins. Im gesunden Organismus liegt der Normwert bei 24 mmol/l. Die Größe ist von klin. Bedeutung bei der Beurteilung einer nicht-respiratorischen Störung des Atemgasaustauschs. ↗ Blutgase.

Standardnährboden, ein ↗ Nährboden, der für viele chemoorganotrophe Mikroorganismen geeignet ist und vielseitige Verwendung findet, z. B. Keimnachweis, Züchtung, Vermehrung, Sensibilitäts- u. Resistenztest sowie als Grundlage zur Herstellung vieler Spezialnährböden.

Standardtyp, Genotyp, der die Bezugsba-

standard- [v. altfrz. estandart = Fahne, Banner, über engl. standard = Norm, Regel].

Standardnährboden
Zusammensetzung fester S. für viele heterotrophe Mikroorganismen (g/l)

Für *Bakterien:*

Pepton	15,6
Hefeextrakt	2,8
NaCl	5,6
D(+)Glucose	1,0
Agar	18,0
1 l destilliertes Wasser	
pH-Wert 7,5	

Für *Pilze:*

Malzextrakt (Sirup)	40,0
Hefeextrakt	4,0
Glucose	20,0
$(NH_4)_2HPO_4$	1,0
Agar	18,0
1 l destilliertes Wasser	
pH-Wert 5,6	

sis für genet. Analysen darstellt; entspr. häufig dem ↗ Wildtyp.

Ständerpilze, 1) die ↗ *Basidiomycota (Basidiomycotina),* alle ↗ Echten Pilze, die bei der geschlechtl. Fortpflanzung ↗ *Basidien* (Ständer) als Sporangium ausbilden; keine Bildung v. geschlechtl. Fortpflanzungszellen. 2) *Basidiomycetes, S. i. e. S.,* Klasse der ↗ *Basidiomycota;* höchstentwickelte Gruppe der ↗ Pilze. Die vegetative Wachstumsphase ist ein verzweigtes ↗ Mycel aus septierten Hyphen, deren Zellen zweikernig (↗ dikaryotisch) sind. Das dikaryotische Mycel ernährt sich selbständig u. kann unbegrenzt weiterwachsen (Ggs. zu ↗ Schlauchpilzen). In Kultur lassen sich die S. jahrzehntelang erhalten. Durch äußere Faktoren, die noch nicht völlig bekannt sind, wird die Bildung der Fruchtkörper ausgelöst, in od. an denen die Basidien mit den haploiden Basidiosporen sich entwickeln. Die Haplophase (↗ Haploidie) der S. ist meist nur sehr kurz; es können bereits die keimenden ↗ Basidiosporen zu dikaryotischen Zellen fusionieren od. kompatible (haploide) primäre Mycelien. Am dikaryotischen Mycel können jahrelang immer wieder Fruchtkörper entstehen (Ggs. zu Schlauchpilzen). Neben dieser sexuellen Fortpflanzung kann eine asexuelle Vermehrung am haploiden u. häufiger am dikaryotischen Mycel auftreten (Konidien, Oidien, Chlamydosporen). Die Zellwände enthalten Chitin u. Glucane. Es fehlen fast ausnahmslos differenzierte Geschlechtszellen (Ausnahme: ↗ Rostpilze). Die Septen der Hyphen sind typischerweise tonnenförmige Doliporen, die beiderseits v. einer Porenkappe bedeckt sind u. an denen das netzartige, endoplasmat. Reticulum angrenzt. Charakterist. Merkmal vieler S. ist auch die Schnallbildung (Schnallenmycel) bei der konjugierten Zellteilung. – Es gibt etwa 30 000 S.-Arten. Sie leben fast ausschl. terrestrisch als Saprophyten, Parasiten od. Symbionten u. spielen neben den anderen Pilzen u. Bakterien eine bedeutende Rolle bei der ↗ Mineralisation organ. Stoffe. Das Mycel wächst i. d. R. unauffällig im Substrat (z. B. Erdboden, Fallaub, Holz, Dung u. a. organischen Substraten). Von großer Vielfalt u. oft sehr auf-

---

Entwicklungsgang der Ständerpilze (vgl. auch Abb. rechts)

1. *Basidiospore* (Meiospore) bildet ein haploides Mycel aus einkernigen Zellen ($\boxed{B}$ Pilze II).
2. Eine Zelle dieses Mycels kopuliert mit der Zelle eines konträgeschlechtl. Mycels *(Somatogamie),* Geschlechtsorgane werden also nicht gebildet.
3. Die dikaryotisch bleibenden Hyphen (noch keine Karyogamie) vermehren sich stark u. entwickeln ein ausgedehntes Mycel.
4. Das dikaryotische Mycel bildet bei

geeigneten Umweltbedingungen *Fruchtkörper.*
5. Die basidienbildenden Hyphen des Fruchtkörpers treten zu einem *Hymenium* zus. In den angeschwollenen Endzellen dieser Hyphen *(Basidien)* findet die Karyogamie statt.
6. Nach der Karyogamie erfolgt die *Meiose:* es werden 4 haploide Basidiosporen gebildet.

Es liegt somit ein *↗ diphasischer Generationswechsel* vor: haploides Mycel = *Gametophyt;* dikaryotisches Mycel mit Fruchtkörper und Basidien = dikaryotische bzw. diploide Generation *(Sporophyt).*

Staphylinidae

Ständerpilze

Klassifikation der S. *(Basidiomycotina, Basidiomycetes)* nach Ainsworth, James u. Hawksworth, 1971:
Kl. *Teliomycetes*
Ord. *Uredinales*
Ustilaginales
Kl. *Hymenomycetes*
U.-Kl. *Holobasidiomycetidae*
Ord. *Agaricales*
(↗Blätterpilze)
Aphyllophorales
(↗Nichtblätterpilze)
↗*Dacrymycetales*
U.-Kl. *Phragmobasidiomycetidae*
Ord. *Tremellales*
Auriculariales
Kl. *Gasteromycetes*
(↗Bauchpilze)

Klassifikation der S. i.w.S. nach Müller u. Loeffler, 1982
↗*Basidiomycota*
Ustomycetes
Ustilaginales
(↗Brandpilze)
Rhodosporidiaceae
Basidiomycetes
S. (i.e.S.)
Aphyllophorales
(↗Nichtblätterpilze, a)
Agaricales
(↗Blätterpilze)
Lycoperdales[1]
Sclerodermatales[1]
Nidulariales[1]
Phallales[1]
↗*Exobasidiales*[2]
↗*Dacrymycetales*[2]
Tulasnellales[2]
↗*Tilletiales*
↗*Tremellales*[3]
↗*Auriculariales*[3]
↗*Septobasidiales*[3]
Uredinales
(↗Rostpilze)

1 = ↗Bauchpilze
2 = ↗Nichtblätterpilze, b), *Holobasidiomycetes, Heterobasidiomycetes*
3 = Gallert- u. ↗Zitterpilze, *Phragmobasidiomycetes, Heterobasidiomycetes*

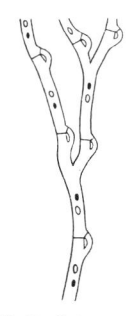

Ständerpilze

Schnallenmycel:
Für die dikaryotische Phase vieler S. *(Holobasidiomycetidae)* ist ein eigenartig differenzierter Myceltyp, das *Schnallenmycel*, charakteristisch. Die Schnallenbildung ist der Hakenbildung bei der Ascusentwicklung (☐ Ascus) der ↗Schlauchpilze homolog, läuft bei den S.n jedoch bei *jeder* Teilung der dikaryotischen Zellen bzw. deren Kerne ab.

fällig sind ihre Fruchtkörper (Basidiokarpe), die bis zu mehrere Kilogramm schwer werden können. Sehr viele S. sind typische ↗Hutpilze. Unter den S.n findet man ↗Speisepilze, ↗Giftpilze, ↗Rauschpilze, zahlr. Mykorrhizapilze (↗Mykorrhiza) u. wirtschaftl. bedeutende Erreger v. ↗Pflanzenkrankheiten (↗Pilzkrankheiten). – Die Unterteilung der S. kann nach der Basidienform erfolgen: 1. U.-Kl. *Holobasidiomycetidae*, deren Vertreter unseptierte Basidien (↗Holobasidie) entwickeln; 2. U.-Kl. ↗*Phragmobasidiomycetidae*, bei denen die Basidien durch Längs- od. Querwände unterteilt sind. In anderen Systemen erfolgt eine Unterteilung nach der Form der Sporenkeimung. 1. *Homobasidiomycetidae*, bei denen Hyphen aus den Sporen herauswachsen, u. 2. *Heterobasidiomycetidae*, bei denen die Keimung durch Sprossung erfolgt. Beide Einteilungen sind nicht befriedigend, da sie die verwandtschaftl. Beziehungen nur z.T. berücksichtigen. ⃞B⃞ Pilze I–IV. G. S.

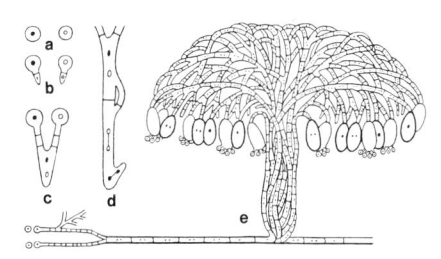

Ständerpilze

Entwicklungsschema:
a geschlechtsverschiedene Sporen keimen (**b**) und verschmelzen mit den Keimschläuchen (**c**) zum paarkernigen Mycel, an dem sich Schnallen bilden (**d**) (vgl. auch Abb. oben); **e** Fruchtkörper, an dem sich unterseits Basidien vor der Sporenbildung (dick ausgezogen) und nach der Sporenbildung (dünn) befinden

W. M. Stanley

Ständersporen, die ↗Basidiosporen.
standing crop [ständing kropp; engl., = stehende Ernte], i.e.S. der Teil der ↗Biomasse eines Ökosystems, der geerntet werden kann, also zu einem bestimmten Zeitpunkt vorhanden ist.
Standort, zusammenfassende Bez. für die Gesamtheit der auf einen Organismus einwirkenden Umweltfaktoren *(S.faktoren)*. Im Ggs. zum ↗*Fundort* (Wuchsort) bezeichnet der S. die ökologische Geländesituation, nicht die geographische. Häufig wird der Begriff aber auch unabhängig v. der augenblickl. Lebensgemeinschaft u. ihrem spezif. Einfluß auf die Umweltfaktoren (Windbremsung, Strahlungsabschirmung, Verdunstungsdämpfung) zur Kennzeichnung der grundsätzl. Geländequalität bzw. des Geländepotentials verwendet. Die Bedeutung der einzelnen S.faktoren ist sehr unterschiedl.; im allg. dominieren an Extremstandorten ↗abiotische Faktoren (Trockenheit, Kälte, Wind), während auf sog. mittleren S.en häufig ↗biotische Faktoren (Licht- u. Wurzelkonkurrenz, Fraß usw.) begrenzend wirken.
Standvögel, Vögel, die während des ganzen Jahres im Brutgebiet bleiben u. keine größeren Wanderbewegungen durchführen. Dies setzt voraus, daß auch im Winterhalbjahr ein ausreichendes Nahrungsangebot besteht. Vielfach sind nördl. Populationen einer Art ↗Zugvögel, die südl. zunehmend S. (z.B. Star); oder einheim. Vögel ziehen fort u. werden durch Individuen aus nördl. Breiten ersetzt, was den Status eines Standvogels vortäuscht (z.B. Mäusebussard). ↗Vogelzug.
Stangenholz, in der Forstwirtschaft Bez. für die beim Hochwald auf den Jungbestand (Aufwuchs – Jungwuchs – Dickung) folgende Entwicklungsphase. Die mittelalten, 10–20 m hohen Bäume haben in Brusthöhe einen Stammdurchmesser von ca. 7–20 cm.
Stangeria w [ben. nach dem engl. Botaniker W. Stanger, 1812–54], Gatt. der ↗Cycadales (⃞T⃞).
Stanley [ßtänli], *Wendell Meredith,* am. Virologe, * 16.8. 1904 Ridgeville (Ind.), † 15.6. 1971 Salamanca (Span.); ab 1948 Prof. in Berkeley; vermutete, daß Viren auch bei der Entstehung des menschl. Krebses mitwirken; isolierte u. kristallisierte 1935 als erster das Tabakmosaikvirus u. analysierte dessen molekulare Struktur; erhielt 1946 zus. mit J. H. Northrop u. J. B. Sumner den Nobelpreis für Chemie.
Stapelia w [ben. nach dem niederländ. Botaniker J. Bode van Stapel, † 1636], Gatt. der ↗Schwalbenwurzgewächse.
Stapes m [mlat., =], der ↗Steigbügel.
Staphyleaceae [Mz.; v. gr. staphylē = Traube], die ↗Pimpernußgewächse.
Staphylinidae [Mz.; v. gr. staphylinos = ein Insekt], die ↗Kurzflügler.

Staphylococcus

Staphylococcus *m* [v. gr. staphylē = Traube, kokkos = Beere], *Staphylokokken,* Gatt. der ↗ *Micrococcaceae,* grampositive, unbewegl., sporenlose, kugelige Bakterien (0,5–1,5 µm), die in unregelmäßigen Haufen od. traubenförmig zusammenbleiben (☐ Bakterien). Die ↗ Basenzusammensetzung (T) der DNA (Mol% G + C) ist 30–38%, das ↗ Murein enthält mehr als 2 Mol Glycin pro Mol Lysin, Teichonsäuren sind vorhanden, das Wachstum ist fakultativ anaerob (alles Unterschiede zur Gatt. *Micrococcus*). *S.*-Arten lassen sich auf relativ einfachen Nährböden kultivieren; auf Agarplatten entstehen kleine, glatte, flache, runde Kolonien, weiß, gelb od. orange gefärbt. Auf Blutagar können einige Stämme klare Hämolysehöfe bilden. *S.*-Arten wurden von unterschiedl. Habitaten isoliert. In höheren Populationen treten sie auf der Haut des Menschen (↗ Hautflora, T) u. im vorderen Nasen-Rachen-Raum (↗ Mundflora) auf. Hauptarten, die auf der Haut vorkommen, sind: *S. epidermidis, S. hominis, S. haemolyticus* u. in geringerer Zahl *S. aureus* u. a. *S.*-Arten. In Krankenhäusern, bei Pflegepersonal u. Patienten sind bes. hohe Keimgehalte festzustellen (↗ Hospitalismus, T), oft auch Antibiotikaresistente Stämme. *S.* konnte auch v. vielen Tieren, in geringer Konzentration aus Meer- u. Süßwasser, Erdboden, Pflanzenoberflächen und -produkten, Fleisch- u. a. Nahrungsmitteln isoliert werden. Wichtigste Art ist *S. aureus* (= *S. pyogenes*), bereits 1881 von Ogston aus Abszessen u. Wundinfektionen isoliert u. beschrieben. Im Unterschied zu den anderen *S.*-Arten besitzt *S. aureus* eine Koagulase (Enzym), die im Citratplasma vieler Tierarten das Prothrombin in seine aktive Form überführt, so daß eine Fibringerinnung eintritt, die der natürl. Gerinnung sehr ähnl. ist. In der Zelloberfläche von *S.* sind besondere immunolog. wichtige Komponenten eingelagert, außerdem können eine Reihe v. Toxinen u. Enzymen abgegeben werden. *S. aureus* kann als harmloser Hautbewohner leben, aber auch unangenehme bis tödl. Erkrankungen hervorrufen. Voraussetzung für eine Erkrankung ist die Invasion des Erregers in das Gewebe, was nur bei einer lokalen oder allg. Abwehrschwäche möglich ist. Einige typ. Erkrankungen sind: Hauterkrankungen mit Infektionen der Talg- u. Schweißdrüsenausgänge (Abszeß, Furunkel, Karbunkel), Wundinfektionen; bei Eindringen der Erreger in die Blutbahn *S.*-Sepsis und *S.*-Endocarditis (mit rascher Herzklappenzerstörung), *S.*-Pneumonie; *S.*-Angina, häufig als Hospitalinfektion; *S.*-Scharlach (scharlachähnl. Erkrankung). – Häufig sind Vergiftungen durch hitzeresistente ↗ Enterotoxine (bei 30minütigem Erhitzen auf 100 °C nicht inaktiviert) von *S. aureus,* die mit der Nahrung (↗ Nahrungsmittelvergiftungen, T) aufgenommen werden (Intoxikation, keine Infektion). Die Keime müssen sich vorher in den Nahrungsmitteln vermehren u. Toxine ausscheiden, meist in Milch u. Milchprodukten, Eiprodukten u. Fleischwaren. Die Infektion kann durch eitrige Wunden od. symptomlose Keimträger erfolgen. Die *S.*-Nahrungsmittelvergiftung ruft Übelkeit, Erbrechen, Leibschmerzen, Diarrhöe und z. T. auch Kreislaufstörungen hervor. – Eine bes. Form einer *S.*-Vergiftung ist das „toxic-shock-syndrome" (1978 zum ersten Mal in den USA beschrieben): meist bei jungen Frauen, die während der Menstruation Tampons benutzten, tritt Fieber auf, Blutdruckabfall, Hautexanthem (scharlachähnlich), Erbrechen, Diarrhöe, oft auch Bewußtseinstrübung; in fast allen Fällen konnte aus der Vagina *S. aureus* isoliert werden. – Auch Koagulase-negative *S.*-Arten können Erkrankungen hervorrufen: *S. epidermidis* ist ein Haut- u. Schleimhautparasit, der auch eine Endocarditis u. tödliche Septikämie verursachen kann. *S. saprophyticus* wurde aus infizierten Harnwegen junger Frauen isoliert. G. S.

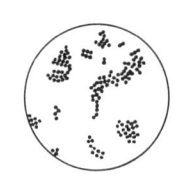

Staphylococcus
S. pyogenes (aus einer Bouillonkultur)

Stare, *Sturnidae,* Fam. mittelgroßer, kräftig gebauter Singvögel mit spitzem Schnabel, kurzem Schwanz u. meist schwarzer od. brauner Grundfärbung, Geschlechter gleich; die Verbreitung der 111 Arten war urspr. auf die Alte Welt beschränkt, einige wurden jedoch in Amerika und Austr. eingebürgert u. haben sich dort z. T. beträchtlich vermehrt. Als Gemischtköstler ernähren sich die *S.* von Insekten u. deren Larven, v. Würmern, Weichtieren, gelegentl. Wirbeltieren sowie Früchten u. Samen verschiedenster Pflanzen. *S.* sind v. a. außerhalb der Brutzeit sehr gesellig; wenn sie im Herbst mancherorts scharenweise in Obstplantagen u. Weinbergen auftreten, versucht man sie v. dort mit unterschiedl. Methoden zu vertreiben, am wirkungsvollsten noch durch Klangattrappen mit arteigenen Angst- u. Warnrufen. Der 22 cm große Star *(Sturnus vulgaris,* B Europa XVII) wurde v. Menschen aus seinem euras. Brutgebiet nach N-Amerika, Austr., Neuseeland und S-Afrika eingebürgert; er bewohnt baumbestandenes Gelände jeder Art. Die Gefiederfärbung verändert sich im Lauf des Jahres: Nach der ↗ Mauser im Anschluß an die Brutzeit geben ihm die hellen Spitzen der sonst dunklen Federn ein punktiertes Aussehen („Perlstar"); bis zum Frühjahr nutzen sich die Spitzen ab, das Gefieder ist dann schwarz mit grünem u. purpurnem Schillerglanz. Zur Nahrungssuche kommt der Star oft auf den Boden u. bewegt sich dort watschelnd fort, nicht hüpfend wie die ebenfalls schwarze Amsel. Der abwechslungsreiche Gesang ist gekennzeichnet durch quietschende u. pfeifende Laute u. enthält oft imitierte Stimmen anderer Vögel. Nistet in Baumhöhlen, Nistkästen u. Höhlungen v. Gebäuden; meist

Star *(Sturnus vulgaris)*

5–6 bläul. Eier; die Jungen verlassen nach 3 Wochen das Nest u. schließen sich im Sommer zu umherstreifenden Jugendtrupps zus. Im Herbst versammeln sich riesige Schwärme zu Schlafgemeinschaften u. nächtigen in Schilfflächen od. auch in Parkbäumen mitten in Großstädten. In wärmeren Gegenden überwintern die S., sonst halten sie sich in Dtl. von Febr. bis Okt. auf. Der gleich große Rosenstar (*S. roseus*, B Mediterranregion IV) besitzt eine Federhaube u. eine Rosafärbung an Brust u. Rücken, bewohnt Grassteppen u. felsiges Gelände in SO-Europa und SW-Asien; richtet Aufenthaltsort u. Brutzeit nach dem Massenauftreten der Wanderheuschrecken, die seine Hauptnahrung darstellen. Die in S-Asien verbreiteten Mainas (*Acridotheres*) sind vielfach Kulturfolger, sind stimmbegabt u. werden gern als ⟶Käfigvögel gehalten. Viele S. bevorzugen bei der Nahrungssuche die Nähe v. Vieh – teils, um im Fell nach Freßbarem zu suchen, teils, um aufgescheuchte Insekten zu fangen. Bes. ausgeprägt ist dies bei den ⟶Madenhacker-S.n (*Buphagus*; B Afrika IV, B Symbiose), die ebenso wie der ⟶Beo zu der Gruppe der Atzeln gehören. Die afr. ⟶Glanz-S. (*Lamprotornis*) zeichnen sich durch metall. glänzende Gefiederfarben aus. ☐ Flugbild, B Chronobiologie II. *M. N.*

Stärke, *Amylum*, ein aus ⟶Glucose-Einheiten aufgebautes pflanzl. ⟶Polysaccharid der Bruttoformel $(C_6H_{10}O_5)_n$ mit einer relativen Molekülmasse bis zu 10^6. Die beiden Hauptbestandteile der S. sind die linear aufgebaute ⟶*Amylose* (☐) u. das auch Verzweigungen enthaltende ⟶*Amylopektin* (☐). S. entsteht als Endprodukt der ⟶Kohlendioxidassimilation (⟶Calvin-Zyklus) in den ⟶Chloroplasten der grünen Pflanzen in Form kleiner Körnchen *(S.körner)*, die sich durch Zusammenlagerung vieler S.moleküle bilden. Diese werden nach ihrer Entstehung wieder zu niedermolekularen

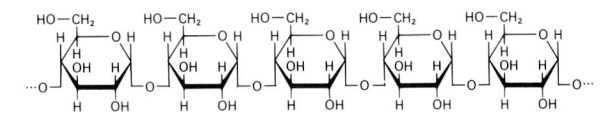

Stärke
Ausschnitt aus der chem. Struktur v. Stärkemolekülketten

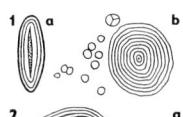

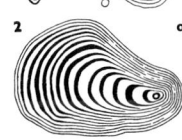

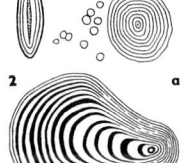

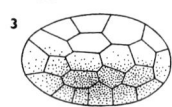

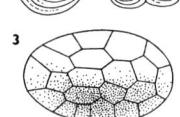

Stärke
Stärkekörner:
1 Weizen, **a** von der Kante, **b** von der Fläche gesehen; 2 Kartoffel, **a** großes Einzelkorn, **b** halb zusammengesetztes Korn, **c** ganz zusammengesetzte Körner; 3 zusammengesetztes Haferkorn

Zuckern abgebaut, um in dieser Form zu den ⟶Amyloplasten transportiert zu werden, wo sie erneut zu S.körnern (Reserve-S.) aufgebaut werden (☐ Plastiden). Bei der S.-Synthese ist Adenosindiphosphatglucose (⟶Nucleosiddiphosphat-Zucker) Ausgangsprodukt für den schrittweisen Einbau v. Glucose-Einheiten in die wachsenden Polysaccharid-Ketten. S. ist für die Pflanze eine physiolog. inaktivierte Kohlenhydratreserve, die bei der ⟶Keimung, beim Austreiben usw. wieder in niedermolekulare u. metabolisierbare Zucker verwandelt werden kann. Der S.-Abbau erfolgt entweder durch ⟶Phosphorolyse zu Glucose-1-phosphat od. durch ⟶Hydrolyse (⟶Amylasen, ☐) zu Glucose. – In reiner Form ist S. ein weißes bis gelbl.-weißes hygroskop. Pulver. In kaltem Wasser ist S. unlöslich; in heißem Wasser (95 °C) löst sich S. teilweise unter Bildung von sog. *S.kleister*. Für die menschl. Ernährung ist S. von großer Bedeutung, da die ca. 500 g tägl. von jedem Menschen verbrauchten Kohlenhydrate vorwiegend in Form von S. aus Kartoffeln u. Getreide (aber auch aus Früchten, wie z.B. Bananen) aufgenommen werden. Darüber hinaus gewinnt S. als regenerierbarer und biol. abbaubarer Rohstoff zunehmend auch an techn. Bedeutung, wie z.B. als Ausgangsprodukt zur Glucose- (und Glucose-Derivate-)Gewinnung (Sucrochemie) u. zur Erzeugung chem. modifizierter S., die in der Verpackungs-, Textil- u. Waschmittel-Ind. und als Zusatz synthet. Polymere Verwendung findet. In Dtl. wird S. bes. aus Mais (71%), Kartoffeln (18%) u. Weizen (11%) gewonnen (vgl. Kleindruck), wobei jährl. 1,5 Mill. t S.rohstoffe zu 650 000 t S. verarbeitet werden. – Leber-S. ⟶Glykogen. ⟶Verzuckerung. B Kohlenhydrate II. *H. K.*

Stärke-Phosphorylase ⟶Phosphorolyse.
Stärkescheide, Bez. für die stärkereiche ⟶Leitbündel-Scheide vieler Monokotyledonen und für die stärkereiche innerste Zellschicht der Rinde bei vielen Dikotyledonen, die den Leitbündelzylinder umgibt.

Starklichtpflanzen, die ⟶Heliophyten.

Starling, *Ernest Henry*, brit. Physiologe, * 17. 4. 1866 Bombay, † 3. 5. 1927 bei Kingston (Jamaika); 1899–1923 Prof. in London; Arbeiten über Lymphbildung, Gesetze der Herzarbeit und zus. mit W. M. Bayliss (1860–1924) über Darmperistaltik, die zur Entdeckung (1902) des Sekretins führten; prägte (1905) die Bez. „Hormon".

Stärlinge, *Icteridae*, Fam. amerikan., finken- bis krähengroßer Singvögel mit 94 Arten; Gefieder schwarz, gelb od. rot, Geschlechter oft unterschiedl. groß, jedoch ähnl. gefärbt. Zu den bes. farben-

---

Stärke

Wichtige *S.sorten* für die menschl. Ernährung und S.erzeugnisse.

Die grobkörnige *Kartoffel-S.*, im Handel als Kartoffelmehl, dient als Zusatz od. Quellmittel für Brot usw.; Wassergehalt darf 20% nicht übersteigen; daraus S.sirup, S.zucker, Dextrin u. Kartoffelsprit.

Die *Mais-S.*, aus Mais unter Zusatz chem. Mittel (¼% schweflige Säure) gewonnen, meist als Puder im Handel, dient zur Herstellung v. Pudding, Suppen, Traubenzucker; Kleber dient als Viehfutter.

Die *Weizen-S.*, als Puder od. in Stücken (Strahlen-S.), ist Ausgangsprodukt für Glanz-S. (zum Stärken u. Glanzgeben der Wäsche); der anfallende Kleber wird Nährmitteln (Diabetikerbrot, Suppenwürze, Glutamat) zugesetzt.

Reis-S., pulverförmig od. in Stücken (Strahlon od. Brookon S.) im Handel, wie Mais-S. verwendet, ist auch Unterlage kosmet. Puder.

S.zucker wird durch Hydrolyse od. beim Erhitzen mit verdünnten Säuren gewonnen; es bildet sich zuerst Dextrin, dann Trauben- u. Malzzucker.

S.erzeugnisse sind S.sirup (bes. aus Kartoffel- u. Mais-S.) mit ca. 34 bis 40% Traubenzucker. Durch Hydrolyse des S.sirups entsteht S.zucker (bis 20% Dextrine u. 8% Malzzucker), hat die Hälfte der Süßkraft des Rohrzuckers. Reiner S.zucker (Dextrose) besteht aus 98% Glucose. Traubenzucker besteht fast ganz aus Glucose (Kräftigungsmittel, für Diätspeisen geeignet). Sehr leicht verdaulich. – Kartoffel- u. Reis-S. dienen in der Textil-Ind. als Appreturen. S.kleister ist Tapeten- u. Buchbinderklebstoff.

prächtigen Gatt. gehören die Stirnvögel (*Cacius, Quiscalus* u. a.), die Trupiale *(Icterus)* u. die Soldaten-S. (*Pezites*, B Südamerika IV). Gesellig; verschiedene Arten haben sich in N-Amerika der Kulturlandschaft angepaßt; überwiegend baumlebende Pflanzenfresser, überwintern in südl. Breiten. Die Kuh-S. *(Molothrus)* suchen weidendem Vieh Zecken u. Bremsen ab (↗ Putzsymbiose); bei ihnen lassen sich außerdem unterschiedl. Ausprägungen des ↗ Brutparasitismus beobachten; einige Arten legen Eier sowohl in fremde wie auch in selbstgebaute Nester, andere sind vollständige Brutparasiten, v. a. an Freibrütern als Wirtsvogelarten; als Anpassung hieran ist die Nestlingsentwicklung sehr beschleunigt, z. T. dauert sie nur 11 Tage. Viele S. bauen kunstvoll geflochtene Grasnester; in Gebieten mit gemäßigtem Klima beträgt die Gelegegröße 4–8 Eier, in den Tropen nur 2.

Starrbrustfrösche ↗ Froschlurche.

Starre, Zustand eines Organismus, in dem die Beweglichkeit, ggf. auch die Stoffwechselaktivität u. die Erregbarkeit stark eingeschränkt sind od. sogar fehlen; verursacht durch Umwelteinflüsse wie Kälte (↗ Kälte-S.), Gifte, Hunger u. a., aber z. B. auch – reflexbedingt – durch Gefahr (*Schreck-S.*, ↗ Schrecklähmung; ↗ Akinese). Die pathol. *Muskel-S.* äußert sich in der Erhöhung des Muskeltonus u. dem Verlust der Dehnbarkeit infolge einer ATP-Abnahme (↗ Muskelkontraktion). ↗ Tetanie, ↗ Leichenstarre, ↗ Anabiose.

Starrkrampf, der ↗ Wundstarrkrampf.

Start, die ↗ Initiation.

Startcodonen, *Initiationscodonen*, ↗ Codon, ↗ genetischer Code.

Starter-DNA, der ↗ primer.

Startermoleküle, die zum Start der Synthese v. ↗ Biopolymeren erforderl. Moleküle, wie z. B. ↗ primer zur DNA-Synthese od. ↗ N-Formyl-Methionyl-t-RNA zur Proteinsynthese.

Starter-t-RNA, die ↗ Initiator-t-RNA.

Startsignale, die den Start der Synthese v. ↗ Biopolymeren signalisierenden Strukturen, wie z. B. der ↗ Replikations-Ursprung bei der Replikation, ↗ Promotoren bei der Transkription u. die Cap-Struktur (↗ Capping) u. die Initiationscodonen (↗ Codon, ↗ genetischer Code) bei der Translation.

Stasigenese *w* [v. gr. stasis = Stand, Zustand, genesis = Entstehung], von J. S. ↗ Huxley (1957) eingeführte Bez. für das Phänomen einer langfrist. Konstanz v. Einzelmerkmalen u. Merkmalskomplexen im Verlauf der ↗ Phylogenie. Die S. wird durch langfristige ↗ stabilisierende Selektion verursacht. ↗ Saltation.

Statice *w* [v. gr. statikē = zusammenziehende Pfl.], ↗ Strandnelke.

stationär [v. lat. stationarius = zum Standort gehörig], gleichbleibend, stillstehend, ortsfest; *s.er Zustand:* der Zustand eines

stat-, stato- [v. gr. statos = stehend, (ein-)gestellt; statikos = stellend, zum Stillstand bringend].

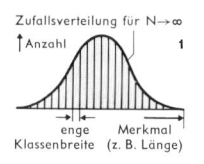

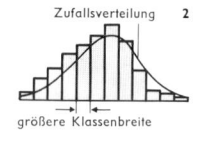

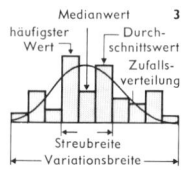

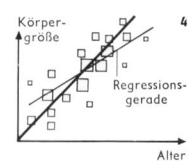

Statistik

1 bis 3 Merkmalsverteilung mit verschiedener Klassenbreite, 4 Korrelation zweier Merkmale

offenen Systems (↗ Entropie und ihre Rolle in der Biologie) bei Vorliegen eines ↗ dynamischen Gleichgewichts.

Stationärkern ↗ Konjugation 2).

statische Kultur [v. *stat-], *Batch-Kultur*, ↗ mikrobielles Wachstum (☐).

statische Organe, die ↗ Gleichgewichtsorgane; ↗ Mechanorezeptoren, ↗ mechanische Sinne (B II).

statischer Sinn, der ↗ Gleichgewichtssinn; ↗ mechanische Sinne (B II).

Statistik *w* [v. gr. statikos = wägend], angewandt Wahrscheinlichkeitsrechnung, die Aussagen über die Resultate v. Handlungsabläufen in den empirischen Wiss. macht, die gewissen Grundgesetzen gehorchen, daneben aber auch noch durch unbekannte Faktoren (↗ „Zufall") modifiziert werden. Statist. Methoden gestatten die Beurteilung v. experimentellen Beobachtungen (Messungen od. Zählungen). Trotz der den Beobachtungen eigenen Variabilität sind Aussagen über die den Beobachtungen zugrundeliegenden Strukturen u. deren Parameter möglich. Die *mathematische S.* stellt die Methoden bereit zur Erkennung der Verteilung v. *Merkmalen* über eine möglichst große Zahl v. Merkmalsträgern. Diese statist. Gesamtheit wird in Klassen od. Gruppen eingeteilt, deren Besetzung mit aus der Wahrscheinlichkeitsrechnung gewonnenen *Verteilungen* verglichen wird. Kenngrößen solcher Verteilungen sind: Durchschnitt, häufigster Wert, Zentralwert, Variationsbreite, mittlere quadrat. Abweichung vom Mittelwert, Streuung. Den Zshg. mehrerer Merkmale untereinander klärt die *Korrelationsrechnung* (z. B. Körpergewicht–Alter), die Stärke des Zshg. drückt ein *Korrelationskoeffizient* (↗ Korrelation) aus. Aus dieser statist. Beschreibung können folgende allgemeine Schlüsse gezogen werden: a) *Inklusion:* aus der Kenntnis einer Gesamtheit Vermutungen über den Ausfall einer Stichprobe, b) *Repräsentationsschluß:* aus einer Stichprobe Vermutungen über die Gesamtheit, c) *Transposition:* v. einer Stichprobe auf den Ausfall einer anderen. Eine statist. Voraussage gibt einen *Erwartungswert* zus. mit einem *Streubereich* an. – In der Biol. dient die S. sowohl zur Charakterisierung v. Stichproben (Daten-Reduktion) als auch zur Modellierung zufallsabhängiger Erscheinungen (stochastische Simulation). ↗ Biometrie.

Statoacusticus *m* [v. *stato-*, gr. akoustikos = Gehör-], *Acusticus, Gehörnerv, Hörnerv*, Abk. für *Nervus (stato)acusticus*, auch *Nervus vestibulo-cochlearis*, der VIII. ↗ Hirnnerv (☐), eigtl. aus 2 einzelnen Nerven bestehend, die nur stückweise in ein gemeinsames Bindegewebe gehüllt sind: der an Sinnesepithelien der Bogengänge endende *Nervus vestibularis* (Gleichgewichtsnerv) und der die Sinneszellen der ↗ Cochlea (Schnecke) versorgende *Nervus*

Stauden

cochlearis (Hörnerv i. e. S.). ⁊Ohr, B Gehörorgane.

statoakustisches Organ [v. *stato-, gr. akoustikos = Gehör-], Sammelbez. für die im Schädel der Wirbeltiere u. des Menschen gelegenen paarigen ⁊Gehör- u. ⁊Gleichgewichtsorgane.

Statoblasten [Mz.; v. *stato-, gr. blastos = Keim], vielzellige Dauerknospen (⁊polycytogene Fortpflanzung) bei limnischen ⁊Moostierchen (☐), mit fester Hülle und z. T. Schwimmeinrichtungen u. Widerhaken; werden v. a. im Herbst am Funiculus gebildet („Winterknospen"); sie können auch zur Überdauerung v. Trockenzeiten dienen. – S. gibt es nur bei den eigtl. Süßwasser-Moostierchen *(Phylactolaemata)*; bei manchen ebenfalls limnischen Gatt. der anderen U.-Kl. *(Gymnolaemata)*, z. B. bei ⁊ *Paludicella,* finden sich analoge, anders gebildete Winterknospen, die sog. *Hibernacula.*

Statoconien [Mz.; v. *stato-, gr. kōnion = Kegel, Zapfen], ⁊Gleichgewichtsorgane, ⁊mechanische Sinne, ⁊Statolithen.

Statocyste *w* [v. *stato-, gr. kystis = Blase], **1)** Bot.: ⁊Statolithen. **2)** Zool.: ⁊Gleichgewichtsorgane (☐), ⁊mechanische Sinne (B II).

Statolithen [Mz.; v. *stato-, gr. lithos = Stein], **1)** Bot.: spezifisch schwere Partikel (Einschlüsse) in pflanzl. Zellen (Statocysten), die sich unter dem Einfluß der Schwerkraft verlagern u. auf diese Weise zu einem differentiellen Druck führen, der die Graviperzeption (⁊Geotropismus, ⁊Tropismus) ermöglicht (⁊S.hypothese). Statocysten können Gewebe bilden *(Statenchym)*, z. B. in der Wurzelhaube od. als Stärkescheide v. Sproßachsen. S. sind meist ⁊Amyloplasten *(S.stärke)*. In den Rhizoiden der Armleuchteralge *Chara* bestehen die als S. fungierenden „Glanzkörper" im wesentl. aus Bariumsulfat. **2)** Zool.: in den ⁊Gleichgewichtsorganen (☐) vieler Wirbelloser fest od. frei bewegl. eingelagerte, spezifisch schwere Körperchen („Schweresteine") aus Calciumcarbonat od. mehreren kleineren Steinchen, die dann als *Statoconien* bezeichnet werden. Die S. werden oft den ⁊ *Otolithen* (Hörsteinen, Ohrsteinchen, Gehörsteinchen) bzw. *Otoconien* in den Gleichgewichtsorganen der Wirbeltiere gleichgesetzt, wobei diese Übereinstimmung jedoch nur eine funktionelle ist. ⁊Mechanorezeptoren, ⁊mechanische Sinne (B II).

Statolithenhypothese *w* [v. *stato-, gr. lithos = Stein, hypothesis = Grundlage], Hypothese zur Erklärung der Suszeption des Schwerereizes (Graviperzeption) bei Pflanzen; nimmt an, daß bestimmte Zelleinschlüsse als ⁊Statolithen 1) fungieren u. unter dem Einfluß der Schwerkraft differentiellen Druck auf Gravisensoren ausüben. Änderung der Druckwirkung führt zur Graviperzeption. Eine andere Erklärungsmöglichkeit liefert der ⁊geoelektrische Effekt. ⁊Tropismus.

Status-Signal, Merkmal, das den Sozialpartnern eines Tieres für das soziale Verhalten wesentl. Informationen liefert (⁊Signal, B) u. zu diesem Zweck stammesgeschichtl. entstand bzw. individuell erworben wurde. Häufig zeigt ein S. die Stellung in der ⁊Rangordnung an, z. B. milde ⁊Demutsgebärde (☐) bzw. ⁊Drohverhalten (☐) (Schwanzstellung bei Wölfen, ☐ Rangordnung) od. die Färbung (Silberrücken bei erwachsenen Berggorilla-Männchen). Auch die soziale Erfahrung kann durch ein S. angezeigt werden; z. B. haben ältere, erfolgreich brütende Singvogel-Männchen manchmal ein größeres Gesangsrepertoire (⁊Gesang). Die Paarungs-⁊Bereitschaft wird regelmäßig durch körperl. und Verhaltensmerkmale angezeigt, z. B. durch Brunst-Schwellungen bei Affenweibchen.

Staubbeutel, die ⁊Anthere; ⁊Blüte.

Staubblatt, *Stamen,* veraltete Bez. *Staubgefäß,* das den Blütenstaub (⁊Pollen = ⁊Mikrosporen) erzeugende Blattorgan der Blüte der Samenpflanzen. Bei den Bedecktsamern ist es in eine Stielzone *(Filament, Staubfaden)* u. in die ⁊Anthere *(Staubbeutel)* gegliedert. Letztere Struktur besteht aus den beiden *Theken* u. dem sterilen Mittelabschnitt *(Konnektiv).* ⁊Blüte (☐, B); B Bedecktsamer I–II.

Staubblattblüten, *staminate Blüten,* ⁊staminat, ⁊Blüte.

Staubblattfruchtblattblüten, *zwittrige Blüten, staminokarpellate Blüten,* Bez. für ⁊Blüten, die sowohl Staubblätter wie Fruchtblätter ausbilden.

Staubfaden ⁊Staubblatt, ⁊Blüte.

staubfrüchtige Flechten, die ⁊coniokarpen Flechten.

Staubgefäß, veraltete Bez. für ⁊Staubblatt, die sich dem Wortsinn nach zudem eigtl. nur auf den Pollensack bezieht.

Staubhafte, *Coniopterygidae,* Fam. der ⁊Netzflügler mit ca. 100, in Mitteleuropa ca. 10 Arten. Die trägen, selten fliegenden S. gehören mit ca. 7 mm Körperlänge zu den kleinsten Netzflüglern; die Flügel sind v. weißen, v. Hautdrüsen produzierten u. mit den Hinterbeinen verteilten Wachsplättchen (Name) bedeckt. Die ca. 5 mm großen, abgeplatteten, roten u. blauschwarz gezeichneten Larven halten sich auf Baumrinde u. Blättern auf. Häufig ist bei uns *Conwentzia psociformis.*

Staubhefe ⁊Bierhefe.

Staubläuse, die ⁊Psocoptera.

Stäublinge, die ⁊Weichboviste.

Stauchsproß, der ⁊Kurztrieb.

Stauden, Bez. für mehrjährige, krautige Pflanzen (⁊mehrjährig, ⁊Kräuter), die zur Überdauerung ungünstiger Perioden (Winter, Trockenzeiten) die höher in den Luftraum ragenden Teile der Laubsprosse opfern, also mit den unterirdisch bleiben-

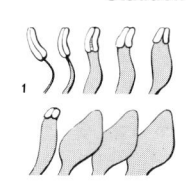

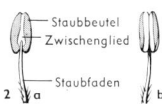

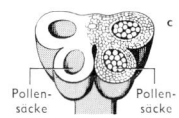

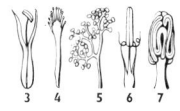

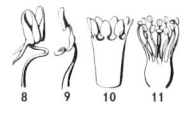

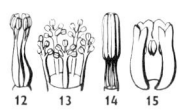

Staubblatt

1 S. der Weißen Seerose *(Nymphaea alba)* u. Übergang von Blütenblättern. **2** S. der Blütenpflanzen, **a** von hinten, **b** von vorn, **c** quer durchschnitten.

Formen der Staubblätter: **3** gespalten, **4** gefiedert, **5** verzweigt, **6** mit nebenblattähnl. Anhängseln, **7** gewunden, **8** mit Spornen, **9** in Hufeisenform; **10** u. **11** S. in einer, **12** in zwei, **13** in mehreren Röhren vereint; **14** Staubbeutel verwachsen, **15** die ganzen Staubgefäße verwachsen.

stat-, stato- [v. gr. statos = stehend, (ein-)gestellt; statikos = stellend, zum Stillstand bringend].

den u. nur wenig über den Boden sich erhebenden Organen überdauern. Dabei können die ↗Erneuerungsknospen dicht über od. an der Bodenoberfläche liegen od. aber auch bei nur überdauerndem Erdsproß (↗Rhizom) rein unterirdisch angelegt sein. ↗Lebensformen.

Staugley *m* [v. russ. glei = schwerer Boden], *Staunässegley,* der ↗Pseudogley.

Staunässe, über einer undurchlässigen Schicht stauendes ↗Bodenwasser. ↗Pseudogley, ↗Stagnogley; ↗Dränung.

Staupe, a) *Hunde-S.,* gefährl. Viruskrankheit (↗Paramyxoviren, [T]) der Hunde (auch bei Füchsen, Wölfen), die oft zum Tod führt; bes. bei jungen und schwächl. Tieren; Symptome: Freßunlust, Fieber, schleimiger Nasen- u. Augenausfluß, Husten, Durchfall, Erbrechen, Krämpfe, Hornhautverdickungen an der Nase u. den Ballen. b) *Influenza,* ↗Pferde-S.; c) ↗Katzenpest.

Staurastrum *s* [v. *stauro-, gr. astron = Stern], Gatt. der ↗Desmidiaceae.

Staurocephalus *m* [v. *stauro-, gr. kephalē = Kopf], ältere Gatt.-Bez. für ↗Dorvillea.

Staurois *w* [v. *stauro-], Gatt. der ↗Ranidae (U.-Fam. *Raninae*), fr. mit *Amolops* (↗Kaskadenfrösche) synonymisiert; 3 Arten auf Borneo u. den Philippinen.

Stauromedusae [Mz.; v. *stauro-, gr. Medousa = schlangenhaarige Gorgone], *Becherquallen, Stielquallen,* Ord. der ↗Scyphozoa mit ca. 30 marinen Arten. *S.* sind festsitzend u. stellen einen Polypen mit langem Rumpf dar, dessen Mundscheibe trichterartig auswächst ($\varnothing$ bis 8,5 cm). Dieser Schirm trägt 8 Tentakelbüschel. Der Gastralraum ist in 4 große Gastraltaschen geteilt, die bis in den Stiel hineinragen; in den Septen liegen im Trichterbereich die Gonaden. Befruchtete Eier entwickeln sich zu einem Polypen, der nach u. nach die Gestalt einer Becherqualle annimmt. Es ist nicht geklärt, ob die polypenförm. Gestalt u. die sessile Lebensweise ein primärer od. ein sekundärer Zustand sind. *S.* sitzen meist mundabwärts an Algen. Sie ernähren sich v. kleinen Schnecken, Krebschen usw., die mit Hilfe der Tentakelbüschel aufgetupft werden. Eine Fortbewegung ist sowohl spannerraupenartig (Mundscheibe/Fuß) als auch auf den Tentakeln stelzend möglich. *S.* sind i. d. R. Flachwasserbewohner. In der Nordsee leben auf Algen die Arten *Craterolophus tethys, Haliclystus octoradiatus* u. *Lucernaria quadricornis.* Interessant ist, daß manche Arten mit der Fußscheibe das Gewebe der Alge auflösen u. die Pigmente in die eigene Epidermis einlagern. So erhalten die Tiere die Farbe des Untergrunds (Mimese).

Stauroneis *w* [v. *stauro-, gr. nēios = Schiffs-], Gatt. der ↗Naviculaceae.

Stauropteris *w* [v. *stauro-, gr. pteris = Farn], Gatt. der ↗Coenopteridales.

Stauropus *m* [v. *stauro-, gr. pous = Fuß], Gatt. der ↗Zahnspinner.

stauro- [v. gr. stauros = Pfahl, Kreuz].

stear-, steat- [v. gr. stear, Gen. steatos = Fett, Talg, Tran].

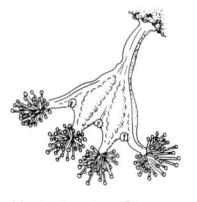

Vertreter der *Stauromedusae*

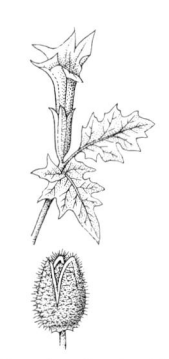

Gemeiner Stechapfel (*Datura stramonium*)

Staurothele *w* [v. *stauro-, gr. thēlē = Brustwarze], Gatt. der ↗Verrucariales.

Staurotypus *m* [v. gr. staurotypos = mit dem Zeichen des Kreuzes], Gatt. der ↗Schlammschildkröten.

St-Césaire, *Saint-Césaire* [bän-ßesär], Ort in S-Fkr. (Dépt. Charente); hier wurde 1979 zus. mit Steinwerkzeugen des Châtelperronien das Skelett des bislang jüngsten Neandertalers gefunden; erster Beweis für gleichzeitiges Auftreten mit frühem *Homo sapiens sapiens* in W-Europa. Alter: ca. 30 000–35 000 Jahre.

Stearate [Mz.], die Salze od. Ester der ↗Stearinsäure.

Stearinsäure, *Talgsäure, Bassiasäure,* eine höhere ↗Fettsäure ([T]), chem. Formel $C_{17}H_{35}COOH$; weiße, blättrige, geschmack- u. geruchlose, schwach fettige Masse; kommt in großen Mengen als Glycerinester in den tier. und pflanzl. ↗Fetten vor. Verwendung als Handelsprodukt *Stearin* (ein Gemisch aus ↗Palmitinsäure und S.) in der Kerzenfabrikation u. Arzneimittelbereitung.

Stearopten *s* [v. *stear-, gr. ptēnos = flüchtig], das ↗Menthol.

Steatocranus *m* [v. *steat-, gr. kranos = Helm], Gatt. der ↗Buntbarsche.

Steatoda *w* [v. *steat-], ↗Fettspinne.

Steatopygie *w* [v. *steat-, gr. pygē = Steiß], der ↗Fettsteiß.

Steatornithidae [Mz.; v. *steat-, gr. ornithes = Vögel], die ↗Fettschwalme.

Stechameisen, *Poneridae,* Fam. der ↗Ameisen mit ca. 1000, in Mitteleuropa 2 Arten. Die meist schlanken, mit kräftigem Stachel (Name) u. großen Kiefern ausgestatteten S. werden zw. 3 und 30 mm groß. Der Staat der S. gehört zu dem ursprünglicheren Typ der Ameisenstaaten: Die Gründung des unterirdisch angelegten, individuenarmen Nestes erfolgt stets unabhängig durch einzelne Königinnen; die Larven leben v. den zerlegten Beutetieren der räuberisch lebenden S. Die stellenweise auftretende einheim., meist gelb gefärbte Art *Ponera coarctata* wird ca. 3 mm groß.

Stechapfel, *Datura,* Gatt. der ↗Nachtschattengewächse mit über 20 Arten in den gemäßigten, subtrop. und trop. Zonen der Erde. Kräuter, Sträucher od. kleine Bäume mit ungeteilten, oft buchtig gezähnten Blättern u. großen, meist weißen Blüten, deren trichterförm. Krone in einem 5zipfl. Saum endet. Die Frucht ist eine Kapsel od. Beere mit stachl. Samen. In Mitteleuropa zu finden ist der Gemeine S., *D. stramonium* ([B] Kulturpflanzen X), eine urspr. in N-Amerika heim., heute in der warm-gemäßigten Zone weltweit verbreitete Pflanze, die wahrscheinl. im 16. Jh. nach Europa gelangte. Standorte des zieml. seltenen, 1jährigen u. bis 1 m hohen Gemeinen S.s sind sonnige Schuttunkrautfluren; characterist. sind die eiförm., stacheligen Fruchtkapseln (Name!). Verschiedene Arten werden bei uns ihrer schönen Blüten wegen kultiviert. Bes. beliebt sind aus dem (sub-)trop. Amerika stammende, bei uns als strauchförm. Kübelpflanzen gehaltene Pflanzen mit großen hängenden Blüten in Weiß, Gelb, Rosa od. Orangerot. Bekannteste hiervon ist die aus Mexiko stammende Engelstrompete *(D. suaveolens)* mit großen, weich behaarten Blättern u. duftenden, bis 30 cm langen, weiß- od. cremefarbenen Blüten, die auch gefüllt sein können. Der S. ist wegen des Alkaloidgehalts seiner Blätter u. Samen in hohem Maße giftig (T Giftpflanzen). Seine zugleich betäubende (schmerzstillende u. krampflösende) wie auch berauschende (halluzinogene) Wirkung wurde bzw. wird in den verschiedensten Kulturkreisen sowohl med. (T Heilpflanzen) als auch zu religiösen bzw. kultischen Zwecken genutzt (vgl. Spaltentext).

Stechapparat, *Stachelapparat,* bei aculeaten Hautflüglern („Stechimmen") der zum *Giftstachel (Wehrstachel)* umgebildete orthopteroide ↗ Eilegeapparat (☐). Hier ist der gesamte Apparat zus. mit dem 8. und 9. Tergit in den Hinterleib invaginiert. Der eigtl. Giftstachel besteht aus den verschmolzenen 2. Valvulae, auf denen wie auf einer Gleitschiene rechts u. links jeweils die 1. Valvula aufliegt. Durch entspr. Bewegungen v. Promotor- u. Retraktormuskeln zw. den 1. Valviferen u. dem 9. Tergit werden die beiden 1. Valvulae schnell vor- u. zurückgeschoben. Gleichzeitig wird durch Abdomendruck der gesamte Stachel in das Opfer gebohrt. An seiner Basis mündet ein großes Giftreservoir, an dem eine kleine ↗ Giftdrüse hängt. Ausschl. bei der ↗ Honigbiene sind die Spitzen der 1. Valvulae mit Widerhaken versehen, so daß sich diese immer tiefer in die Haut einbohren; darüber hinaus reißt der gesamte S. einschl. Giftreservoir u. einem den Stechvorgang steuernden Ganglion ab; der Stachel arbeitet sich dann selbsttätig immer tiefer in die Haut u. injiziert Gift. Bei allen anderen Hautflüglern wird der Stachel wieder herausgezogen. Ein ganz andersartiger S. findet sich bei den Männchen der Dolchwespen. Sie haben den Hinterrand des 11. Sternits zu 3 langen scharfen Spitzen verlängert, die durch Stechbewegung ebenfalls in die Haut eingebohrt werden können. ↗ Giftstachel; ↗ *Vespidae,* ↗ Hautflügler, ↗ Hummeln.

Stechborsten, die im stechend-saugenden Rüssel der Insekten umgewandelten Teile der ↗ Mundwerkzeuge.

Stecher, Gruppe v. ↗ Rüsselkäfern, bei denen in der Brutfürsorge das Substrat für das Ei mit dem Rüssel angenagt („angestochen") wird. Man unterscheidet zwei Gruppen: Blüten-S. und Frucht- od. Trieb-S. Erstere stellt v. a. die artenreiche Gatt. *Anthonomus,* letztere die Gattungen um *Rhynchites.* – *Frucht- u. Trieb-S.:* 1) Ei-

Stechapfel

Als Rauschmittel dienten z. B. *Datura sanguinea* im Inkareich und *D. metel* sowie *D. fastuosa* im alten Indien. In Europa war der in erster Linie ↗ L-Hyoscyamin sowie, in geringeren Mengen, ↗ Atropin u. ↗ L-Scopolamin enthaltende Gemeine S. *(D. stramonium)* wegen seiner halluzinogenen wie auch aphrodisischen Wirkung neben dem ↗ Bilsenkraut u. der ↗ Alraune ein wicht. Bestandteil von sog. Hexensalben sowie Zauber- u. Liebestränken. Seiner starken Giftigkeit zufolge (Vergiftungserscheinungen wie beim Verzehr der ↗ Tollkirsche) hatte er zunächst nur geringe med. Bedeutung, wurde aber später v. a. als krampflösendes Mittel bei Asthma u. Keuchhusten angewendet.

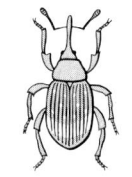

Apfelblüten-Stecher *(Anthonomus pomorum)*

chenknospen-S., Eichentrieb-S., *Coenorhinus aeneovirens,* 2,3–3,8 mm, metallisch dunkelblau, erzgrün od. bronzefarbig; das Weibchen nagt im Frühjahr Eichenknospen an der Basis an u. legt ein Ei hinein; die Larve entwickelt sich in dieser Knospe. 2) Obstbaumtrieb-S., Obstbaumzweigabstecher, *Rhynchites coeruleus,* 2,8–3,9 mm, Kopf u. Halsschild blau od. blaugrünl., Elytren leuchtend dunkelblau; die Art wird in wärmeren Gegenden an Obstbäumen schädl.; das Weibchen nagt nach der Überwinterung mehrere Löcher für je ein Ei in sehr junge Triebe u. schneidet dann den Trieb darunter fast ganz ab. 3) Pflaumen-S., Frucht-S., *R. cupreus,* 3,5 bis 4,5 mm, einfarbig bronze- bis dunkel kupferfarbig; überall an strauch- u. baumartigen Rosengewächsen; Entwicklung der Larven in Triebspitzen od. Früchten, die später abfallen. 4) Kirschfrucht-S., *R. auratus,* 5,5–9 mm, Oberseite purpurn od. grün mit rötl. Goldglanz; Larvenentwicklung v. a. in den Früchten v. *Prunus-*Arten (Kirsche, Pflaume) od. Weißdorn. 5) Purpurroter Apfelfrucht-S., Apfel-S., *R. bacchus,* 4,2–6,8 mm, Oberseite purpurn od. grün mit Goldglanz; Käfer- u. Larvalentwicklung v. a. an Obstgehölzen; Eiablage in den Früchten, die durch Anschneiden der Stiele zum Faulen gebracht werden; hierbei wird gelegentl. die sog. ↗ *Monilia*-Fäule übertragen. Als Kommensale betätigt sich der Kuckucksrüßler *(Lasiorhynchites sericeus),* der sich in den Blattrollen (↗ Blattroller) des Eichen-Blattrollers *(Attelabus nitens)* einnistet u. gemeinsam mit dessen Larven seine Entwicklung durchmacht. *Blüten-S.:* Tribus *Anthonomini:* kleine, schlanke, zieml. langrüsselige Käfer, deren Oberseite mehr od. weniger dicht behaart od. beschuppt ist u. oft mit Schuppenhaarflecken od. -binden versehen ist. Hierher die Gatt. *Anthonomus* (in Mitteleuropa etwa 20 Arten) u. *Furcipus.* 1) Apfelblüten-S., Brenner, *A. pomorum,* 3,4 bis 4,3 mm; überwinterndes Weibchen frißt zunächst an Knospen v. Apfel od. seltener Birne; nach der Begattung bringt es je ein Ei in einer Blütenknospe unter; die Larve (Kaiwurm) frißt dort große Teile der späteren Blüte, so daß sie bräunl. wird („verbrannt" aussieht); Verpuppung in dieser Knospe. 2) Birnenknospen- oder Birnenblüten-S., *A. piri* (= *A. cinctus),* 2,8–4,5 mm; Winterbrüter, der gelegentl. an Birnen schädl. wird; Paarung im Nov.; Eiablage bis in den Dez. hinein in Blüten-, seltener auch Blattknospen; Ei überwintert. 3) Erdbeer- od. Himbeerblüten-S., *A. rubi,* 2,0–2,5 mm, schwarz; die Art kann das ganze Jahr an Erdbeeren od. Himbeeren gefunden werden; das Weibchen legt im Frühjahr je ein Ei in eine Blütenknospe u. nagt den Knospenstiel an. 4) Kirschkern-S., *Furcipus rectirostris,* 3,7–4,5 mm, einfarbig hell rostbraun mit schwärzl. längl.

Stechfliegen

Flecken; Eiablage in kleinere Kirschfrüchte, wo die Larve im Kern frißt. H. P.

Stechfliegen, ugs. Bezeichnung für mehrere Arten der ↗*Muscidae*.

Stechginster, *Ulex,* Gatt. der ↗Hülsenfrüchtler; in atlant. beeinflußten Klimazonen; Zweigenden in Dornen auslaufend, Blätter pfrieml., stechend. *U. europaeus* wird in Mitteleuropa gepflanzt u. verwildert gelegentl., dann Pionier auf Brachen, Schlägen u. ä.

Stechimmen, die ↗*Aculeata*.

Stechmücken, *Schnaken, Moskitos, Gelsen, Culicidae,* Fam. der ↗Mücken mit ca. 2500 weltweit verbreiteten Arten, in Mitteleuropa ca. 100. Die oft ugs. als „Mücken" i. e. S. bezeichneten S. sind typ. mückenartig gestaltet: Der zart gebaute, schlanke, ca. 10 mm große Körper ist deutl. in Kopf, Brustabschnitt u. Hinterleib gegliedert. Die Weibchen der meisten Arten saugen mit den stechend-saugenden ↗Mundwerkzeugen (☐) das Blut hpts. von Säugetieren u. von Menschen: Beim Stechvorgang wird die Haut zuerst v. dem aus den paarigen Mandibeln (Oberkiefern) u. Laciniae sowie dem Labrum (Oberlippe) u. dem Hypopharynx gebildeten Stechborstenbündel durchstoßen. Durch alternierende Bewegungen der rechten u. linken Lacinia wird der ↗*Stechrüssel* tiefer durch die Haut getrieben, bis eine Blutkapillare erreicht ist. Das in der Ruhe als Scheide der eigtl. Stechborsten wirkende Labium (Unterlippe) bleibt außerhalb der Haut. Durch den innerhalb des Hypopharynx liegenden Speichelkanal wird eine hpts. aus ↗Antikoagulantien u. ↗Histamin bestehende Flüssigkeit injiziert, welche die Blutgerinnung hemmt u. an der Einstichstelle Schwellung u. Juckreiz verursacht. Das Labrum umschließt den Nahrungskanal im Rüssel, durch den das Blut des Wirtes mit im Kopf gelegenen Pumpen in einen Teil des Mitteldarms befördert u. dort gespeichert wird. Viele S. können das 2–3fache ihres Körpergewichts an Blut im dann stark verdickten, rot durchscheinenden Hinterleib transportieren. Die Männchen aller S. stechen nicht; sie saugen mit den entspr. kürzeren Mundwerkzeugen Flüssigkeiten, z. B. Nektar. – Zw. den Mundwerkzeugen u. den Komplexaugen sind die langen Fühler eingelenkt, die bei den Männchen dichter behaart sind. Sie enthalten im 2. Fühlerglied das ↗*Johnstonsche Organ* (☐ Gehörorgane), mit dem das Männchen den Flugton des Weibchens wahrnimmt. Die ebenfalls paarigen Kiefertaster sind bei den Männchen i. d. R. erhebl. länger, gefiedert u. tragen Sinnesorgane. – Der häufig gewölbte Brustabschnitt trägt 2 Paar Flügel sowie 3 Paar lange, dünne, nur zum Festhalten geeignete Beine, v. denen die beiden Hinterbeine in der Ruhehaltung häufig v. der Unterlage abgehoben sind. An der Ruhehaltung lassen sich zwei ähnli-

Blühender Stechginster *(Ulex europaeus)*

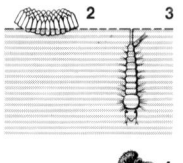

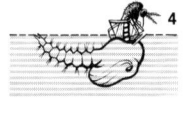

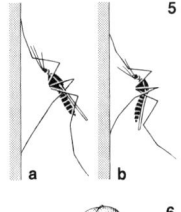

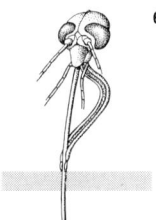

Stechmücken
1 eierlegendes Weibchen; **2** Eipaket; **3** Larve, an der Wasseroberfläche hängend; **4** aus der Puppe ausschlüpfende S. **5** Sitzhaltung **a** von *Anopheles,* **b** von *Culex.* **6** Mundteile von *Culex* beim Einstechen; nur das Stechborstenbündel dringt ein, hingegen nicht das Labium

che einheim. Gatt. (*Culex* u. *Anopheles,* Fiebermücken) leicht unterscheiden (vgl. Abb.). – Die meisten Weibchen der S. benötigen zur Eiablage mindestens eine Blutmahlzeit. Die je nach Art unterschiedl. geformten Eier werden in od. in der Nähe v. Gewässern abgelegt. Die Eier vieler Arten schwimmen in artspezif. Anordnungen auf dem Wasser: So bilden die Gelege der Gatt. *Culex* dicht gepackte „Eischiffchen", die der Gatt. *Anopheles* ornamentart. Figuren. – In Gestalt u. Lebensweise der ausschl. wasserbewohnenden Larven der S. lassen sich auch die Gatt. gut auseinanderhalten: Die Larven der Gatt. *Aëdes* u. *Culex* hängen mit Hilfe fächerartig am Hinterleib ausgespreizter Haare schräg mit dem Kopf nach unten unter der Wasseroberfläche, während sich die Larven v. *Anopheles* waagerecht zur Wasseroberfläche aufhalten. Sie ernähren sich durch verschieden ausgebildete Strudelapparate von kleinen Schwebstoffen im Wasser; die Atmung erfolgt durch ein Atemrohr od. über die gesamte Körperoberfläche. – Die Puppen schwimmen mittels eines Luftpolsters zw. den Flügelanlagen an der Wasseroberfläche; charakterist. ist der äußerl. verschmolzene Kopf- u. Brustabschnitt. – In vielen, hpts. feuchten Gebieten der Erde können die S. durch Massenvermehrung außerordentl. lästig, durch die Übertragung v. Krankheiten auch sehr gefährl. werden. An der Wirtsfindung sind mehrere Faktoren beteiligt, die bei verschiedenen Arten unterschiedl. gewichtet werden. Neben Temp.-↗Gradienten u. optischen Reizen können Duftstoffe aus der Haut des Wirtes, aus dem Schweiß u. dem Harn wahrgenommen werden. Zum Stechen führt schließl. der direkte Kontakt der Rüsselspitze mit der Haut, zum Blutsaugen regen Reize in der Haut an. Die unterschiedl. Konzentration u. Lokalisation der auslösenden Stoffe (CO_2, Fettsäuren, Milchsäure, Glucose, weibl. Geschlechtshormone u. v. a.) erklären auch, warum einige Tiere u. Menschen sowie verschiedene Geschlechter unterschiedl. häufig gestochen werden. – Die S. kommen außer in Island weltweit vor, ca. 85% der S.-Arten sind in den Tropen beheimatet. Arten der Fiebermücken (Malariamücken, Gabelmücken, Gatt. ↗*Anopheles*) sind als Überträger der ↗*Malaria* (B) gefürchtet; die heim. Arten (*A. maculipennis, A. messeae* u. a.) sind jedoch nicht mehr mit dem Erreger (↗*Plasmodium*) infiziert. Unter den als Hausmücken bezeichneten Arten ist die Gemeine Stechmücke *(Culex pipiens)* die häufigste. Sie kommt oft in ungeheuren Anzahlen in der Nähe v. Feuchtgebieten vor u. geht ebenso wie die Ringelschnake *(Theobaldia annulata)* vorwiegend nachts auf Nahrungssuche. Die bes. stechlustigen Vertreter der Gatt. *Aëdes* kommen bei uns auch massenhaft in Wiesen u. Wäldern vor,

Stechmücken	Gemeine Stech-
Wichtige Arten:	mücke
Büschelmücken	*(Culex pipiens)*
(Chaoborus spec.)	Hausmücken
Fiebermücken	*(Culex spec.)*
(Malariamücken, Ga-	Rheinschnake
belmücken, ↗ An-	*(Aëdes vexans)*
opheles spec.)	Ringelschnake
Gelbfiebermücke	*(Theobaldia annu-*
(Denguefieber-	*lata)*
mücke, *Aëdes*	Tastermücken *(Dixa*
aegypti)	*spec.)*

wie z. B. die Rheinschnake *(A. vexans)* in Auwäldern. Die auf der Brust weiß gezeichnete Gelbfiebermücke *(A. aegypti)* überträgt neben dem ↗ Gelbfieber auch das ↗ Denguefieber (Denguefiebermücke); sie hat sich, v. Afrika ausgehend, über den Tropen- u. Subtropengürtel der Erde ausgebreitet. – *Culex fatigans* u. *Aëdes scutellaris* sind in trop. Ländern Überträger der ↗ Elephantiasis. – Früher wurden auch die Gatt. der Tastermücken *(Dixidae)* u. Büschelmücken *(Chaoboridae)* zu den S. gestellt. Sie gelten heute jeweils als eigene Familien. Tastermücken (Gatt. *Dixa*) u. Büschelmücken (Gatt. *Chaoborus, Mochlonyx*) sind als ♂♂ und ♀♀ Blütenbesucher. Die aquatilen Larven leben carnivor. *Chaoborus*-Larven haben ihre Antennen zu Fangklappen umgebildet, um damit S.larven od. kleine Krebstiere zu fangen. □ Mücken; B Insekten II, B Homologie. G. L.

Stechpalme, *Ilex,* Gatt. der ↗ Stechpalmengewächse mit ca. 440 Arten in gemäßigten und subtrop. Gebieten; immergrüne od. laubabwerfende Sträucher od. Bäume; meist weiße, dikline Blüten, zweihäusig verteilt; rote od. schwarze Steinfrüchte mit 2–8 Samen. Von Persien, N-Afrika über S-Europa bis in die atlantisch beeinflußten, wintermilden Gebiete Mitteleuropas ist die S. i. e. S. oder Stecheiche *(I. aquifolium,* B Europa XIV) verbreitet; immergrüner Strauch od. Baum mit glänzenden, derben, meist lang gezähnten Blättern; karpellate Blüten zu 1–3, staminate zu mehreren stehend; leuchtend rote, runde Steinfrüchte, geschützt; Ziergehölz in ca. 120 Sorten; in Blumengestecken, bes. zur Weihnachtszeit, viel verwendet; aus der Rinde kann (zus. mit Mistelbeeren) ein Vogelleim hergestellt werden. Eine südam. Art ist der Matebaum *(I. paraguensis),* urspr. heimisch in Brasilien u. Paraguay, heute in allen trop.-subtrop. Gebieten S-Amerikas angebaut; aus den über Feuer u. anschließend in einer Darre getrockneten, zerkleinerten Blättern bereitet man einen coffeinhalt. Tee *(Mate-Tee);* trockene Blätter enthalten bis 1,73% Coffein und ca. 0,06% Theobromin. □ Areal.

Stechpalmengewächse, *Aquifoliaceae,* Fam. der Spindelbaumartigen mit 3 Gatt. (vgl. Tab.) und ca. 450 Arten; laubabwerfende od. immergrüne Holzgewächse in trop. und gemäßigten Zonen. Blätter ledrig, meist spiralig angeordnet; hinfällige Nebenblätter; radiäre, unscheinbare Blüten, 4- oder 5zählig, zwittrig oder diklin; meist in achselständ. Blütenständen; episepaler Staubblattkreis, häufig mit Kronblättern verwachsen; oberständ. Fruchtknoten aus 4–6 Fruchtblättern; Steinfrucht; Insektenbestäubung. [chelrochen.

Stechpalme

1 Stechpalme *(Ilex aquifolium),* 2 Matebaum *(I. paraguensis)*

Stechpalmengewächse

Gattungen:
Nemopanthus (2 Arten, N-Amerika)
Pheline (10 Arten, Neukaledonien)
↗ Stechpalme *(Ilex)*

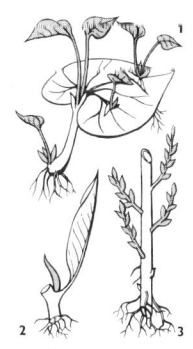

Stechrochen, *Dasyatis pastinaca,* ↗ Sta-
Stechrüssel, stechend-saugende ↗ Mundwerkzeuge (□) bei Insekten. Stechrüsselartige Mundwerkzeuge finden sich auch bei einigen ↗ Milben (z. B. ↗ Spinnmilben). ↗ Stechmücken (□), B Verdauung II.

Stechsauger, Insekten u. Milben mit stechend-saugenden ↗ Mundwerkzeugen.

Stechwinde, *Smilax,* Gatt. der ↗ Liliengewächse (U.-Fam. *Smilacoideae*), z.T. auch in eine eigene Fam. S.ngewächse *(Smilacaceae)* gestellt; mit ca. 350 Arten u. Verbreitungsschwerpunkt in Mittel- und S-Amerika. Die aufrechten od. kletternden Halbsträucher u. Sträucher besitzen zweireihig angeordnete ledrige und – für Monokotylen atypisch – netzadrige Blätter; am Blattgrund befinden sich zwei einfache Ranken. Meist sind die radiären Blüten diözisch monoklin. Die getrockneten Rhizome verschiedener S.-Arten sind als Sarsaparillen im Handel. *S. china* liefert die China-Wurzel. Die Rhizome haben anregende Wirkung u. werden als Rheumamittel verwendet. Die S. der Mittelmeerländer ist *S. aspera,* eine sommergrüne Liane der Macchie mit herzförm., stacheligen Blättern u. roten Beeren.

Stecklinge, 1) *Schnittlinge,* im Obst- u. Gartenbau Bez. für abgeschnittene Sproßachsenstücke, Wurzelstücke u. Blätter, die, in die Erde gesteckt, durch Bildung v. Adventivknospen u./od. Adventivwurzeln (↗ Adventivbildung, □) zu neuen selbständigen Pflanzen regenerieren (↗ Regeneration); S. werden zur vegetativen u. damit erbstabilen Vermehrung vieler Sorten benutzt. ↗ Ableger (□). 2) in der Landw. Bez. tur ↗ Rüben zweijähriger Pflanzen im 1. Jahr, die nicht vereinzelt werden u. im 2. Jahr Samen bilden sollen.

Steckmuscheln, Fächermuscheln, Pinnidae, Fam. der ↗ Pterioidea, Meeresmuscheln mit großen, dünnen, zerbrechl., vorn zugespitzten Klappen, die hinten klaffen u. eine perlmutter. Innenschicht haben; Scharnier am Vorderende u. zahnlos; vorderer Schließmuskel klein, hinterer groß. Der Mantelrand trägt Papillen u. Pigmentflecken. Einzigartig ist ein als „Tentakel" bezeichnetes, fingerförm. Organ im Analbereich der Mantelhöhle, das wahrscheinl. beim Ausstoßen der Exkremente hilft. Die S. stecken mit dem Vorderende im schlicksandigen Sediment, mit dem großen Byssus festgeheftet. Zu den S. gehören ca. 20 Arten in 3 Gatt. Die Schinkenmuschel, *Pinna nobilis* (Mittelmeer), ist mit etwa 80

Stecklinge

1 Blatt-S. der Begonie, 2 Augen-S. vom Gummibaum, 3 Sproß-S. einer Weide

Steckrübe

cm Länge die größte Muschel der eur. Meere; in ihrer Mantelhöhle leben oft ↗ Muschelwächter. ☐ Synökie, B Muscheln.

Steckrübe ↗ Kohl.

Steenstrupia w [ben. nach dem dän. Zoologen J. J. S. Steenstrup, 1813–97], Gatt. der ↗ Tubulariidae.

Stefania w, Gatt. der ↗ Beutelfrösche (T).

Steganura w [v. *stego-, gr. oura = Schwanz], Gatt. der ↗ Witwenvögel.

Stegocephalen [Mz.; v. *stego-, gr. kephalē = Kopf], die ↗ Stegocephalia.

Stegocephalia [Mz.; v. *stego-, gr. kephalē = Kopf], (v. Huene 1956), *Stegocephalen, Dachschädler*, Gruppe ausschl. † „Amphibien" mit geschlossenem (stegalem) Schädeldach, die taxonom. weitgehend den ↗ Labyrinthodontia entsprechen. ↗ Quastenflosser, ↗ Embolomeri, ↗ Phyllospondyli, ↗ Loxembolomeri.

Stegodon m [v. *steg-, gr. odōn = Zahn], (Falconer 1857), † Gatt. der nachkommenlos erloschenen Fam. *Stegodontidae* mit gut entwickeltem Rüssel u. leicht nach oben-außen gekrümmten, sehr kräft. Stoßzähnen im Oberkiefer; Unterkiefer relativ kurz, Molaren brachyodont bis subhypsodont mit zygolophodonten Kronen, deren Höcker bei zunehmender Abkauung – wie bei den *Elephantidae* – zu bandart. Figuren (Lamellen) verschmelzen; Lamellenzahl am M3 9–15; echte Praemolaren unbekannt. Stegodonten des Festlandes ca. 3 m hoch, auf Inseln (Celebes, Flores, Mindanao, Luzon, Java) unter 1,20 m. – Verbreitung: Unterpliozän bis Pleistozän v. Asien, Pleistozän v. Afrika und N-Amerika. – Vermutl. sind die Stegodonten aus südasiat. zygolophodonten Mastodonten hervorgegangen. [↗ Röhrenspinnen.

Stegodyphus m [v. *stego-], Gatt. der

Stegomastodon s [v. *stego-, gr. mastos = Zitze, odōn = Zahn], Gatt. der ↗ Mastodonten (☐).

Stegosauria [Mz.; v. *stego-, gr. saura = Eidechse], (Marsh 1877), sekundär 4füßige, zu den ↗ Ornithischia gehörende pflanzenfressende ↗ Dinosaurier (T, B), deren Hautpanzer i. d. R. aus 2 Reihen großer, eckiger, beiderseits der Wirbelsäule senkrecht u. alternierend angeordneter Knochenplatten od. -stacheln besteht, die urspr. von Horn überzogen waren; Schwanz hinten mit Stachelpaar(en) besetzt; Körperlänge bis 9 m, Schädel bes. klein, Hand 5fingerig, Fuß 3zehig u. plantigrad. Verbreitung: Obertrias bis Unterkreide, meist Malm; 13 Gatt. (u. a. *Stegosaurus*) in N-Amerika, O-Afrika, Europa und O-Asien.

Stegostoma w [v. *stego-, gr. stoma = Mund, Rachen], Gatt. der ↗ Ammenhaie.

Steigbügel, *Stapes*, eines der drei ↗ Gehörknöchelchen (☐) im Mittelohr der Säuger. ↗ Columella, ↗ Ohr.

Stein [βtaɪn], *William Howard*, am. Biochemiker, * 25. 6. 1911 New York, † 2. 2. 1980

steg-, stego- [v. gr. stegē = Decke; stegein = bedecken].

Stegodon

Stegosauria
Stegosaurus

W. H. Stein

Steinbock
Einige Unterarten des S.s *(Capra ibex):*
Alpen-Steinbock *(C. i. ibex)*
Nubischer S. *(C. i. nubiana)*
Abessinischer S. *(C. i. walie)*
Westkaukasischer S. *(C. i. severtzowi)*
Ostkaukasischer S. *(C. i. cylindricornis)*
Sibirischer S. *(C. i. sibirica)*

Steinböckchen
Arten:
Greisböckchen *(Nototragus melanotis)*
Steinböckchen *(Raphicerus campestris)*
Bleichböckchen, Oribi *(Ourebia ourebi)*

ebd.; seit 1938 am Rockefeller Inst. in New York; erhielt 1972 zus. mit C. B. Anfinsen und S. Moore den Nobelpreis für Chemie für die gemeinsame Entwicklung v. Methoden zur Bestimmung v. Aminosäuren aus Proteinen u. Peptiden, v. a. für die Strukturaufklärung des Enzyms Ribonuclease.

Stein, Bez. für den inneren, harten Kern der *S.früchte* (T Fruchtformen) od. für Samen mit hartem Endosperm (z. B. Dattelkerne).

Steinadler, *Aquila chrysaëtos,* sehr großer Greifvogel in Gebirgen u. abgelegenen Gebieten in Europa bis O-Asien, N-Afrika und N-Amerika; wie die anderen ↗ Adler mit langen, brettart. Flügeln, die eine Spannweite von 2 m erreichen. Dunkelbraun; Jungvögel mit weißer Schwanzwurzel. Jagt Hasen, Murmeltiere, junge Gemsen u. a. Der Horst wird in unzugängl. Felsnischen bzw. im Tiefland auf hohen Bäumen angelegt; 1–3, meist 2 Eier, Brutdauer 6 Wochen; die Jungen bleiben 10–11 Wochen im Nest. In Dtl. nach der ↗ Roten Liste „vom Aussterben bedroht". Freilebend wurden S. feststellbar bis 25 Jahre alt, in Gefangenschaft über 40 Jahre. B Europa IV, V.

Steinbeere, *Rubus saxatilis*, ↗ Rubus.

Steinbeißer, *Cobitis taenia*, ↗ Schmerlen.

Steinbock, *Steinwild, Capra ibex,* in zahlr. U.-Arten (vgl. Tab.) über Eurasien und N-Afrika verbreitete Wildziege; Kopfrumpflänge 105–150 cm; Hornform, je nach U.-Art, rückwärtsgebogen od. gedreht. Der kälteunempfindl. und tagaktive Alpen-S. *(C. i. ibex;* B Europa XX) lebt in Rudeln oberhalb der Waldgrenze, bis in 3500 m Höhe. Sein Bestand war durch die Volksmedizin (z. B. ↗ Bezoarsteine) Anfang des 19. Jh.s stark gefährdet; Zuchtmaßnahmen anhand einer im it. Nationalpark Gran Paradiso (B National- u. Naturparke I) erhaltenen Restpopulation u. Wiederaussetzungen waren, u. a. in den schweizer. Alpen, erfolgreich. Der Alpen-S. läßt sich mit der Hausziege fruchtbar kreuzen. – Als eigene Art gilt der noch stark gefährdete Iberien- oder Span. S. *(Capra pyrenaica)*.

Steinböckchen, *Steinantilopen, Raphicerini*, Gatt.-Gruppe der ↗ Böckchen, bes. rehgroße Kleinantilopen der afr. Busch- u. Grassteppen; nur ♂♂ mit Hörnern; 3 Arten (vgl. Tab.) mit insgesamt 24 U.-Arten.

Steinbrand, *Stinkbrand, Schmierbrand,* weltweit verbreitete ↗ Brand-Krankheit des Weizens *(Triticum).* Vor Einführung der Saatgutbeizung (↗ Beize) wichtigste Getreidekrankheit (Verluste 50% und mehr), auch heute örtl. größere Verluste. Erreger sind *Tilletia caries* (= *T. tritici*) und *T. foetida* (= *T. laevis*) (↗ Tilletiales). In N- und Mitteleuropa ist fast ausschl. *T. caries,* im südl. Italien u. den Balkanländern *T. foetida* vorherrschend. Es werden hpts. *Triticum*-Arten, daneben zahlr. andere Kultur- u. Wildgräser befallen. Bei Befall ist der Pflanzenwuchs leicht reduziert, die Ähren sind locker, gestreckt u. blaugrün verfärbt; anstelle der Körner entwickeln sich die kornähnl. Brandsporenlager („Brandbutten") mit den ↗ Brandsporen. Unreife Lager u. zerdrückte Brandbutten sind schmierig u. riechen unangenehm nach Heringslake (Methylamin). Die Infektion der Keimlinge erfolgt durch Brandsporen v. kontaminiertem Saatgut (Entwicklung: ↗ *Tilletiales*). Universalmittel zur Bekämpfung des S.s waren quecksilberorgan. Verbindungen (1913–1982); wegen der hohen Giftigkeit heute durch quecksilberfreie Verbindungen ersetzt. – Die pilzliche Natur des S.s wurde von Prevost 1887 erkannt; M. Tillet erbrachte bereits 1755 den Beweis, daß der S. durch Infektion verbreitet wird. B Pflanzenkrankheiten I.

Steinbrech, *Saxifraga,* Gatt. der ↗ Steinbrechgewächse mit ca. 350 Arten; krautige Pflanzen, auch Polster u. Rosetten bildend; dringen bis in arkt.-alpine Zonen vor, viele Hochgebirgsarten. Der Name rührt wahrscheinl. daher, daß man fr. glaubte, die Pflanzen würden sich die Ritzen im Fels selbst brechen. Der Blaugrüne S. *(S. caesia)* bildet dichte Kugelpolster, deren Blätter zurückgebogen u. oberseits oft mit Kalk inkrustiert sind. 2–6 weiße Blüten an langem Stengel; in Gebirgen Mittel- und S-Europas bis 3000 m; auf Kalkfelsen, in Steinrasen; Alpenschwemmling; geschützt. Eine Pflanze der Ebene bis mittleren Gebirgslagen v. fast ganz Europa ist der Dreifinger-S. *(S. tridactylites);* 3lappige, spatelförm. Blätter, 1jährig, weiße Blüte; in Trockenrasen, Sandfeldern, an Wegen; v.a. in Frühlingspionier-Ges. von Wärmegebieten. Weichfleischige, längl., am Rande bewimperte Blätter hat der Fetthennen-S. *(S. aizoides);* Blüten gelb, oft orange punktiert, zu 5–12 an reich beblättertem Stengel; steht lockerrasig in Quellfluren, an Bachrändern u. überrieseltem Fels; in den Alpen bis 3000 m; arkt.-alpin, circumpolar. Gleiche Verbreitung hat der Gegenblättrige, Rote S. *(S. oppositifolia);* bildet flache Polster; blaugrüne, am Rande bewimperte, 2–5 mm lange Blätter mit Kalkgrübchen; Blüten stehen einzeln, weinrot; Staubblätter grauviolett, mehrere U.-Arten; auf Kalkschutt, in Felsspalten. Der Knöllchen-S. *(S. granulata,* B Europa IX) hat langgestielte, nierenförm., gekerbte Grundblätter, wenigblättr. Stengel; weiße Blüten in Trugdolden; unterird. Knöllchen am Stengelgrund; 1jährig; in Halbtrockenrasen, lichten Wäldern, bevorzugt Lehmböden; Ebene bis mittlere Gebirgslagen, fast ganz Europa. In Schneetälchen u. auf Schneeböden der alpinen Stufe v. Mittel- und O-Europa findet man den Mannsschild-S. *(S. androsacea);* steht einzeln od. bildet lockere Rasen; Blätter spatelig-lanzettlich, hellgrün; weiße Blüten zu 1–3 an langem Stengel. Sehr formenreich ist der Moschus-S. *(S. moschata),* eine drüsig behaarte Pflanze mit spaltigen Blättern; in lückigen Steinrasen der alpinen Stufe v. mittel- und osteur. Gebirgen; Rosette geschützt. Bis 50 cm hoch wird der Rundblättrige S. *(S. rotundifolia);* Blätter lang gestielt, hellgrün, grob gezähnt; Kronblätter weiß, am Grund rot gepunktet, in lockeren Rispen; in Bergmischwäldern, Hochstaudenfluren (Alpen bis 2200 m) der Gebirge Mittel- und S-Europas. Der Stern-S. *(S. stellaris)* bildet einzelne Rosetten mit Ausläufern; verkehrt eiförmige, vorne gezähnte Blätter; 5 weiße Kronblätter mit je 2 gelben Punkten, Kelchblätter umgeklappt; in Quellfluren, auf überrieseltem Fels; Kaltwasserspezialist; arkt.-alpin, in Alpen bis 3000 m; Rosette geschützt. Sehr selten u. geschützt ist der Trauben-S. *(S. paniculata, S. aizoon);* bildet mit fleischigen, harten Blättern Polster mit deutl. Einzelrosetten; Kalkgrübchen am gezähnten Rand; reichblütige, oben verzweigte Rispe mit weißen, oft rot gepunkteten Blütenblättern; wärmeliebend; in Felsspalten v. Kalkgebieten der montanen bis alpinen Höhenlagen; circumpolar. Als Bepflanzung für Blumenampeln eignet sich seiner langen Ausläufer wegen der Judenbart *(S. sarmentosa,* China u. Japan). Der Pracht-S. *(S. cotyledon)* ist eine Pflanze der skandinavischen Gebirge. B Europa II, B Asien IV.

Steinbrechgewächse, *Saxifragaceae,* Familie der ↗ Rosenartigen mit 80 Gatt. (vgl. Tab.) und 1250 Arten. Sehr schwierig zu umgrenzende Fam. ohne besonders typ. Merkmale; v. a. Kräuter u. Sträucher. ↗ Blütenformel C5, K5, A2+5, G2; der Fruchtknoten kann ober-, mittel- od. unterständig sein. Die Frucht ist eine Kapsel od. Beere, Samen mit viel Endosperm. Als Gartenpflanze bekannt ist *Bergenia crassifolia* (Sibirien), eine Art der 8 Arten umfassenden Gatt. Bergenie *(Bergenia)* mit Vorkommen in Mittel- und O-Asien (B Asien II); grobe Staude mit breiten, fleischigen, glänzenden Blättern; rosafarbene Blüten in Trugdolden auf kurzen Stengeln; Vermehrung durch Teilen im Frühjahr. Aus der Gatt. Deutzie *(Deutzia,* 60 Arten in O-Asien bis Himalaya, 2 in Mittelamerika) stammen mehrere sommergrüne Ziergehölze mit im Frühjahr erscheinenden, zierl., weißen od. rosa Blüten, die am vorjähr. Holz gebildet werden. Beet- u. Steingartenpflanzen stellt die Gatt. *Heuchera* (60 Arten, N-Amerika bis Mexiko). Der Pfeifenstrauch oder Falsche Jasmin *(Philadelphus coronarius)* stammt wahrscheinl. aus dem Kaukasus; gelb-weiße Blüten in endständ. Trauben, die stark duften; mehrere Gartenformen.

Steinbutt, *Scophthalmus maximus,* bis 1 m langer, schuppenloser, küstenbewohnender, wirtschaftl. bedeutender, eur. Plattfisch (↗ Butte) mit Augen auf der linken Körperseite, die sich in ihrer Färbung dem Untergrund anpassen kann u. große, zer-

Blühender Steinbrech
(Saxifraga spec.)

Steinbrechgewächse

Wichtige Gattungen:
↗ *Astilbe*
Bergenie *(Bergenia)*
Deutzie *(Deutzia)*
↗ Herzblatt *(Parnassia)*
Heuchera
↗ Hortensie *(Hydrangea)*
↗ Milzkraut *(Chrysosplenium)*
Philadelphus
↗ *Ribes*
↗ Steinbrech *(Saxifraga)*

Steinbrechgewächse

1 Bergenie *(Bergenia spec.),* **2** Deutzie *(Deutzia spec.)*

Steindattel

streut liegende Knochenwarzen hat. Etwa gleiche Verbreitung hat der ihm ähnl., etwas kleinere Kleist, Tar- od. Glattbutt *(S. rhombus)*, der jedoch kleine Schuppen u. eine fast glatte Haut besitzt. B Fische I.

Steindattel, *Meerdattel, Seedattel, Steinesser, Lithophaga,* Gatt. der ↗Miesmuscheln mit zigarrenförm. Gehäuse, dessen Wirbel dicht am Vorderende liegen; Oberfläche fast glatt u. braun. Metamorphosierende Larven setzen sich mit dem Byssus an Kalkgestein, das durch saures Sekret aufgelöst wird, so daß die wachsende Muschel sich „einbohrt"; der Byssus wird dann reduziert. Die Mittelmeer-S. *(L. lithophaga)*, bis 5 cm lang, ist an Felsküsten häufig; bekannt wurden ihre heute bis 6 m hoch gelegenen Bohrlöcher in den Säulen des „Serapistempels" in Pozzuoli. Die S. wird im Mittelmeergebiet gegessen. B Muscheln. [carpaceae.]

Steineibe, *Podocarpus,* Gatt. der ↗Podo-

Steinella *w* [ben. nach dem dt. Zoologen F. Stein, 1818–85], Gatt. der ↗Astomata.

Steinernema *w* [ben. nach dem schweiz.-amerikan. Nematodologen Gotthold Steiner, v. gr. nēma = Faden], Gatt. der Fadenwurm-Ord. ↗*Rhabditida* mit einigen für die biol. Bekämpfung v. Schadinsekten wichtigen Arten, z. B. ↗*Neoaplectana carpocapsae* (neuer Name: *S. feltiae*).

Steinesser, die ↗Steindattel.

Steinfische, *Synancejidae,* Fam. der ↗Panzerwangen i. e. S. Bizarre, schuppenlose, sehr gift. Bodenfische des Indopazifik, die, wie Steine aussehend, getarnt v. a. in Korallengebieten leben. Weit verbreitet ist der bis 30 cm lange Lebende Stein *(Synanceja verrucosa);* seine Giftdrüsen an der Basis der harten Rückenflossenstacheln erzeugen ein für Menschen sehr gefährl. Nervengift; Stich kann unbehandelt tödl. sein.

Steinfliegen, *Wasserfrühlingsfliegen, Afterfrühlingsfliegen, Uferbolde, Uferfliegen, Wasserhafte, Wassermotten, Perlariae, Plecoptera,* Ord. der ↗Insekten mit über 2000 Arten in 16 Fam.; in Mitteleuropa ca. 100. Der je nach Art 3 mm bis 5 cm große, schlanke, meist dunkel gefärbte, unbehaarte Körper der Imagines weist die typ. Dreigliederung der Insekten auf: Der meist dreieckige, abgeplattete Kopf ist gut bewegl. am Brustabschnitt eingelenkt. Zw. den seitl. stehenden, großen Komplexaugen sind 3 Punktaugen im Dreieck angeordnet. Die langen, fadenförm. Fühler bestehen aus 50 bis 100 Gliedern. Der aus 3 fast gleichartig gebauten Segmenten bestehende Brustabschnitt trägt 3 Paar Laufbeine, die meist dem Grundtyp des Insektenbeins (↗Extremitäten) entspr. Die an Mittel- u. Hinterbrust eingelenkten, meist urspr. geäderten, 2 Paar Flügel werden in der Ruhe flach über den Hinterleib gelegt u. überragen ihn. Die entfalteten Vorderflügel sind längl., die Hinterflügel haben einen meist dreieckigen Umriß. Die un-

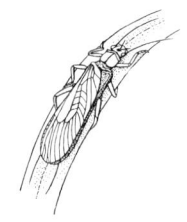

Steinfliege (Perla marginata)

Steinfliegen
Eine der häufigsten Arten ist bei uns die ca. 8 mm große *Nemoura cinerea* (Fam. *Nemouridae*), die auch in stehenden Gewässern vorkommt. An ihrer gelbl. Zeichnung sind die bis 3 cm großen Imagines der Art *Perla marginata* (Fam. *Perlidae*) zu erkennen; sie kommen v. a. an Flußoberläufen des Mittelgebirge vor (☐ Bergbach). – Viele in den großen Flüssen vorkommende Arten der S. sind nach der ↗Roten Liste durch menschl. Eingriffe bereits „ausgestorben oder verschollen", die in den Flußoberläufen lebenden Arten z. T. „gefährdet" od. „vom Aussterben bedroht".

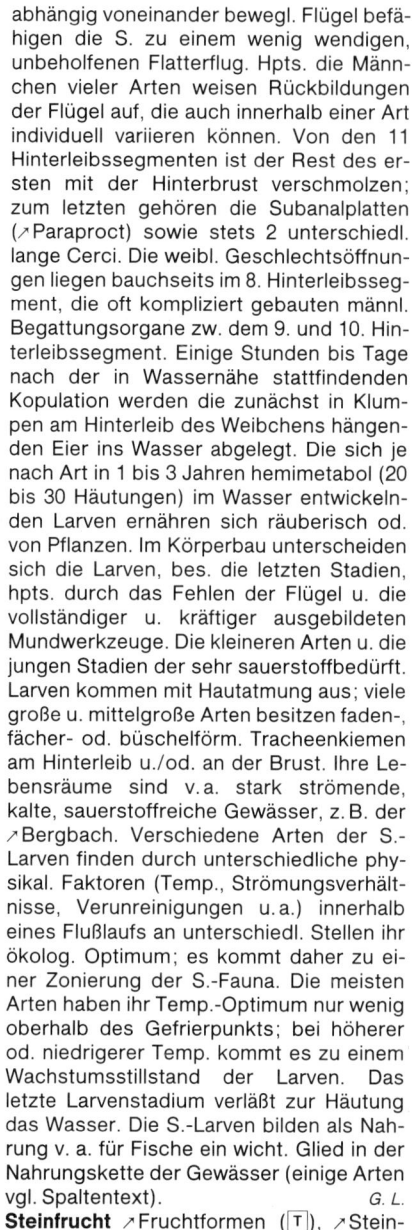

abhängig voneinander bewegl. Flügel befähigen die S. zu einem wenig wendigen, unbeholfenen Flatterflug. Hpts. die Männchen vieler Arten weisen Rückbildungen der Flügel auf, die auch innerhalb einer Art individuell variieren können. Von den 11 Hinterleibssegmenten ist der Rest des ersten mit der Hinterbrust verschmolzen; zum letzten gehören die Subanalplatten (↗Paraproct) sowie stets 2 unterschiedl. lange Cerci. Die weibl. Geschlechtsöffnungen liegen bauchseits im 8. Hinterleibssegment, die oft kompliziert gebauten männl. Begattungsorgane zw. dem 9. und 10. Hinterleibssegment. Einige Stunden bis Tage nach der in Wassernähe stattfindenden Kopulation werden die zunächst in Klumpen am Hinterleib des Weibchens hängenden Eier ins Wasser abgelegt. Die sich je nach Art in 1 bis 3 Jahren hemimetabol (20 bis 30 Häutungen) im Wasser entwickelnden Larven ernähren sich räuberisch od. von Pflanzen. Im Körperbau unterscheiden sich die Larven, bes. die letzten Stadien, hpts. durch das Fehlen der Flügel u. die vollständiger u. kräftiger ausgebildeten Mundwerkzeuge. Die kleineren Arten u. die jungen Stadien der sehr sauerstoffbedürft. Larven kommen mit Hautatmung aus; viele große u. mittelgroße Arten besitzen faden-, fächer- od. büschelförm. Tracheenkiemen am Hinterleib u./od. an der Brust. Ihre Lebensräume sind v. a. stark strömende, kalte, sauerstoffreiche Gewässer, z. B. der ↗Bergbach. Verschiedene Arten der S.-Larven finden durch unterschiedliche physikal. Faktoren (Temp., Strömungsverhältnisse, Verunreinigungen u. a.) innerhalb eines Flußlaufs an unterschiedl. Stellen ihr ökolog. Optimum; es kommt daher zu einer Zonierung der S.-Fauna. Die meisten Arten haben ihr Temp.-Optimum nur wenig oberhalb des Gefrierpunkts; bei höherer od. niedrigerer Temp. kommt es zu einem Wachstumsstillstand der Larven. Das letzte Larvenstadium verläßt zur Häutung das Wasser. Die S.-Larven bilden als Nahrung v. a. für Fische ein wicht. Glied in der Nahrungskette der Gewässer (einige Arten vgl. Spaltentext). *G. L.*

Steinfrucht ↗Fruchtformen (T), ↗Steinobst. [der ↗Gründlinge.]

Steingreßling, *Gobio uranoscopus,* Art

Steinheimer, *Steinheim-Mensch,* der ↗Homo steinheimensis.

Steinhühner, *Alectoris,* Gatt. gedrungener, rebhuhngroßer ↗Fasanenvögel an steinigen Berghängen; graubraun mit schwarzweißer Kehl- u. Flankenfärbung. Das Rothuhn *(A. rufa)* kommt in S-Fkr. und Spanien vor, in England wurde es eingebürgert. Das Steinhuhn *(A. graeca)* besiedelt felsige S-Hänge der Alpen, die mediterrane Macchie u. Weingärten der Schweiz, in Italien u. Griechenland. Die Nahrung der S. besteht aus Pflanzensamen, Blättern u. Früchten.

Steinhuhn (Alectoris graeca)

Steinhund, *Lutreola lutreola,* die eur. Art der ↗Nerze.

Steinkanal, ein Teil des ↗Ambulacralgefäßsystems der ↗Stachelhäuter. Der S. verbindet den ↗Ringkanal mit der ↗Madreporenplatte (B Stachelhäuter I, ☐ Schlangensterne) u. ermöglicht so einen Flüssigkeitsaustausch zw. Hydrocoel (≙ Mesocoel) u. Meerwasser.

Steinkern, im Zuge der ↗Fossilisation entstandene Ausfüllung u. Verhärtung v. ↗Sediment, das in einen organogen umgrenzten Hohlraum (z.B. Ammonitengehäuse, doppelklappige Muschelschale usw.) eingedrungen ist. ↗Fossilien.

Steinkleber, *Lithoglyphus naticoides,* Süßwasser-Vorderkiemer (Fam. *Hydrobiidae*) mit kugel.-kegel. Gehäuse (7 mm hoch), mit 5 stark gewölbten Umgängen; Tier mit langen, pfriemenförm. Fühlern. Der S. stammt wahrschl. aus pont. Flüssen; heute lebt er auch in langsam strömenden Flüssen Mitteleuropas; nach der ↗Roten Liste „gefährdet".

Steinklee, Honigklee, *Melilotus,* eurasiat. Gatt. der ↗Hülsenfrüchtler. Hierzu der bis 90 cm hohe Gelbe S. *(M. officinalis)* mit 3zähl. Blättern, aus deren Achseln langgestielte Trauben aus kleinen gelben Schmetterlingsblüten wachsen; Blätter enthalten bis 0,2% Cumarin, das in großen Mengen giftig ist; Verwendung des Gelben S.s in Kräuterkissen (Mottenkraut, Mittel gg. Migräne u. Rheuma) u. zur Gründüngung. Der Weiße S., Bokhara- od. Bucharaklee *(M. alba)* ist dem Gelben S. ähnlich, hat aber weiße Blüten; ebenfalls zur Gründüngung angepflanzt; cumarinfreie Form als proteinreiche Futterpflanze. Beide Arten sind gute Bienenweiden; wild in Pionier-Ges. und als Kulturbegleiter.

Steinkohle, ↗fossiler Brennstoff, tiefschwarz, matt oder fettglänzend; besteht aus hochmolekularen substituierten Körpern und zahlr. ungesättigten Verbindungen; unterscheidet sich v. der ↗Braunkohle durch höheren Heizwert (↗Brennwert); entstand vorwiegend im Ober-↗Karbon durch ↗Inkohlung (T) u.a. aus Schachtelhalmen, Bärlappen u. Farnen; unter dem Druck der später abgelagerten Schichten wurden die Flöze (meist stark gefaltet) zusammengepreßt. Wichtiger Brennstoff u. Rohstoff für die chem. Industrie. ↗Kohle.

Steinkorallen, *Riffkorallen, Madreporaria, Scleractinia,* Ord. der ↗Hexacorallia mit über 2500 marinen Arten, die meist festsitzend u. stockbildend sind. Die größten Einzelpolypen finden sich unter den ↗Pilzkorallen (⌀ bis 25 cm). Der Körperbau eines S.polypen entspr. weitgehend dem einer Aktinie (↗Seerose), jedoch ist der Körper meist kleiner u. zarter u. bildet ein äußeres Skelett aus ↗Kalk (als Aragonit kristallisiert). Die Fußscheibe eines jungen Polypen scheidet zunächst zur Unterlage hin eine Kalkscheibe ab, die an 6 radiären Streifen erhaben ist. Diese Streifen wachsen durch ständige Kalkbildung in die Höhe u. schieben die Fußscheibe vor sich her bis in die Gastralsepten (= Mesenterien) hinein. Gemeinsam mit ihnen wächst am Rand der Kalkscheibe angelegter Ringwulst *(Theka).* Mit dem Einziehen neuer Mesenterien wächst auch die Zahl der Kalksepten *(Sklerosepten).* Im Zentrum der Scheibe bildet sich manchmal noch eine senkrechte Säule *(Columella).* So entsteht ein stabiles *Skelett,* auf dem der Weichkörper aufsitzt (wie eine Zitrone auf der Zitronenpresse). Der hochgewachsene Ringwulst bildet einen Kelch, der den Gastralraum des Polypen in einen innerhalb (intrathekal) u. einen außerhalb (extrathekal) dieses Kelches liegenden Bereich trennt. Über den extrathekalen Entodermbereich sind die Polypen der stockbildenden Arten miteinander verbunden. Der ektodermale Bereich kann auch dort Kalk ablagern, so daß eine Kolonie auch zw. den Einzelpolypen „wachsen" kann. Stets bleibt das gesamte Skelett aber v. einer Schicht lebenden Materials überzogen. Neben diesen Grundskeletteilen gibt es weitere Kalkelemente, die den Bau noch komplizierter machen; z.B. kann der Polyp v. Zeit zu Zeit Quersepten (↗*Dissepi-*

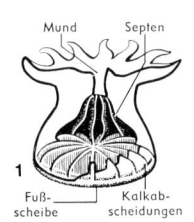

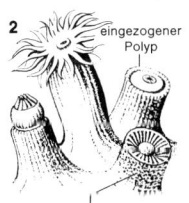

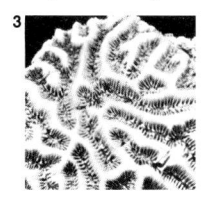

Gelber Steinklee (Melilotus officinalis)

Steinkorallen

1 junger Polyp einer S.; **2** Stockabschnitt des sich aus einem solchen Polypen bildenden K.stocks, **3** Kalkskelett einer Steinkoralle

Steinkohle	
Gliederung nach Arten (f = flüchtige Bestandteile, H = Heizwert)	H: bis 33,5 MJ/kg (= 8000 kcal/kg)
	Fettkohle f: 20–33% H: 35 MJ/kg (= 8400 kcal/kg)
Flamm- und *Gasflammkohle* f: 35–45% H: bis 33,5 MJ/kg (= 8000 kcal/kg)	*Magerkohle* f: 10–18% H: über 36,5 MJ/kg (= 8700 kcal/kg)
	Anthrazit f: 5–10% H: über 36,5 MJ/kg (= 8700 kcal/kg)
Gaskohle f: 33–35%	

Steinkorallen	
Wichtige Gruppen u. Gattungen:	*Astrangia* (krustenförmige Kolonie) ↗*Cladocora* ↗*Dendrophyllia* ↗*Lophelia*
Einzelkorallen: ↗*Balanophyllia* ↗*Caryophyllia* ↗Fächerkorallen *(Flabellum)* ↗*Leptopsammia* (manchmal auch Kolonie) ↗Pilzkorallen *(Fungia)*	massive Stöcke (Einzelkelche nur durch geringe Zwischenräume getrennt): 1. mit extratentakulärer Knospung ↗*Astroides Galaxea* ↗*Porites Siderastraea (Siderastrea)*
stockbildende Korallen (verzweigte Stöcke, deren Einzelkelche durch Zwischenräume getrennt sind): ↗*Acropora* (Baumkorallen)	2. mit intratentakulärer Knospung ↗*Favia* ↗*Gonastrea* ↗Mäanderkorallen (Hirnkorallen)

Steinkorallen

Steinkrabben
Lithodes maia, Carapax 16 cm lang

Felsen-Steinkraut
(Alyssum saxatile)

Steinmarder
(Martes foina)

mente, Tabulae) einziehen, wenn der Kalkkelch zu tief wird. Dieses Querseptum dient als neue Grundplatte für die Bildung v. Septen, Theka usw. Alle Polypen geben während ihres gesamten Lebens Kalk ab, so daß riesige *Stöcke* entstehen, welche *Korallen-Riffe* aufbauen können. Das unterhalb liegende Gewebe stirbt langsam ab. Die Produktion so großer Kalkmengen ist nur dank einer Symbiose mit ↗ Zooxanthellen mögl., die in den Entodermzellen liegen (↗ Endosymbiose). Die Wachstumsgeschwindigkeit einer Koralle beträgt pro Jahr im Mittel 0,5–3 cm. Korallenarten ohne Zooxanthellen wachsen bedeutend langsamer. S. können Zwitter od. getrenntgeschlechtlich sein. Stets erfolgt die Besamung im Gastralraum, aus dem sehr viele ↗ Planula-Larven schlüpfen. Hat sich eine Planula festgesetzt, entwickelt sie sich zu einem Polypen, der zu einer Einzelkoralle heranwächst od. nach kurzer Zeit beginnt, eine Korallenkolonie zu bilden. Dies erfolgt auf ungeschlechtl. Weg durch *Knospung.* Man unterscheidet 2 Knospungstypen, die das Erscheinungsbild der Kolonie maßgebl. bestimmen: Bei der *extratentakulären Knospung* bilden sich außerhalb der Tentakelkrone an der Basis der Mutterpolypen mehrere Tochterpolypen 1. Ord., die selbst wieder auf dieselbe Weise Tochterpolypen 2. Ord. knospen usw. Es entstehen krustenförmige od. baumartig verzweigte Kolonien. Bei *intratentakulärer Knospung* entstehen eine Knospe u. der neue Mund innerhalb des Tentakelkranzes. Die Mundscheiben der beiden entstehenden Polypen können sich trennen. Das Skelett wiederholt dann i.d.R. diese Teilung. Bei manchen Gatt. unterbleibt jedoch die Trennung v. Mundscheiben u. Skelett, so daß nach mehreren intratentakulären Knospungen bandartige Gebilde entstehen (↗ Mäanderkorallen). Korallenskelette, die durch intratentakuläre Knospung entstanden sind, zeigen kein normales Skleroseptensystem mehr u. sind dadurch leicht zu erkennen. Die Nahrung der Korallen besteht aus Kleinstpartikeln, die v. Wimpern an der Oberfläche herbeigestrudelt werden. Ihre Schlagrichtung kann auch umgekehrt werden, was der Koralle erlaubt, sich v. Sinkstoffen zu befreien. S. besitzen nur wenige ↗ Cniden-Typen, die kaum nesseln. Fast alle S. sind auf Meere beschränkt, deren Temp. nie unter 20 °C sinkt (daher nur wenige Arten im Mittelmeer). Auch auf Änderungen des Salzgehalts und hohen Schwebstoffanteil des Wassers reagieren sie empfindl. (Absterben an Flußmündungen). Außerdem sind Zooxanthellen-haltige Korallen auf die obersten durchlichteten Wasserschichten beschränkt. Neben den rezenten kennt man etwa 5000 fossile Arten. Ihre Vorfahren sind die bereits im Ordovizium vorhandenen ↗ *Rugosa.* Die *Hexacorallia* entstanden zu Beginn des Mesozoikums. Die Systematik der S. ist bis heute verworren, so daß eine Einteilung nur nach äußerl. Gesichtspunkten (vornehml. Skelett) erfolgen kann. T 47, B Hohltiere II.
C. G.

Steinkrabben, *Lithodidae,* Fam. der ↗ *Anomura* (Überfam. ↗ *Paguroidea*); Mittelkrebse, die, obwohl sie mit den ↗ Einsiedlerkrebsen verwandt sind, den Echten Krabben (↗ *Brachyura*) u. hier v.a. den ↗ Seespinnen weitgehend gleichen. Stark mineralisierte Krabben mit dreieckigem Carapax mit vielen Stacheln. Das Pleon ist fest unter den Cephalothorax geschlagen u. besitzt, wie bei den Krabben, keine Uropoden; im Unterschied zu diesen hat es jedoch kleine, asymmetr. Sklerite. Wie bei anderen *Anomura* ist das 5. Pereiopoden-Paar verkleinert u. als Putzbein meist in der Kiemenhöhle verborgen, von oben also nicht sichtbar. Die U.-Fam. *Hapalogastrinae* enthält ursprünglichere Gatt., wie *Oedignathus* u. *Hapalogaster,* die den Einsiedlerkrebsen noch in vielen Merkmalen gleichen. Die U.-Fam. *Lithodinae* stellt die eigentlichen S. Ihr Verbreitungsschwerpunkt liegt im N-Pazifik, doch haben einzelne Linien über verschiedene Wege auch den Atlantik besiedelt. Die bekannteste Gatt. ist *Lithodes.* Einige ihrer Arten sind als Speisekrebse von wirtschaftl. Bedeutung. Das gilt im bes. Maße für die größte Steinkrabbe, die ↗ Königskrabbe *(Paralithodes camtschatica).*

Steinkraut, *Alyssum,* mit über 100 Arten vorwiegend im Mittelmeerraum beheimatete Gatt. der ↗ Kreuzblütler; Kräuter od. Halbsträucher mit einfachen, behaarten Blättern u. gelben, in dichten, einfachen od. verzweigten Trauben stehenden Blüten. Bekannteste Art ist das oft als Steingartenpflanze kultivierte, nach der ↗ Roten Liste „potentiell gefährdete" Felsen-S., *A. saxatile* (in sonnigen Felsband-Ges.). Die im Frühsommer blühende, ca. 20 cm hohe Pflanze besitzt spatelförm., graufilzig behaarte Blätter und zahlr. kleine, goldgelbe Blüten. Oft wird auch das ebenfalls in Steingärten wachsende ↗ Silberkraut *(Lobularia maritima)* zur Gatt. gezählt *(A. maritimum).* [krebse (T)]

Steinkrebs, *Astacus torrentium,* ↗ Fluß-

Steinläufer, *Steinkriecher, Lithobius,* Gatt. der ↗ Hundertfüßer.

Steinlinde, *Phillyrea,* Gatt. der ↗ Ölbaumgewächse. [ball.]

Steinlorbeer, *Viburnum tinus,* ↗ Schnee-

Steinmarder, *Hausmarder, Martes foina,* über Europa (außer N-Europa und Brit. Inseln) u. Asien verbreitete Art der Eigentl. ↗ Marder; Kopfrumpflänge 42–49 cm, Schwanzlänge 23–26 cm; weißer Kehlfleck (im S und O klein od. fehlend). Der S. ist weniger an Wald gebunden als der nahe verwandte ↗ Baummarder; er bevorzugt versteckreiches Gelände (Waldränder, Steinbrüche, menschl. Siedlungen) u. lebt mehr am Boden. Noch nicht geklärt ist, was den nachtaktiven S. neuerdings dazu bewegt, Schläuche u. Kabel an Autos durchzunagen.

Steinobst, Sammelbez. für einsamige saftige Früchte, die einen harten Kern (Steinfrüchte, ⊤ Fruchtformen) od. einen Samen mit hartem Endosperm besitzen (↗Stein). Diese Bez. nimmt keine Rücksicht auf systemat. Gruppierungen. Beispiele sind: Datteln, Oliven, Kirsche, Pflaumenarten, Pfirsich, Aprikosen u. als Wildfrüchte Schlehe u. Kornelkirsche.

Steinpflanzen ↗Rhizolithen.

Steinpicker, 1) *Agonus cataphractus*, ↗Groppen. 2) *Helicigona lapicida*, Landlungenschnecken (Fam. *Helicidae*) mit abgeflachtem, peripher gekieltem Gehäuse (2 cm ⌀); Mündung mit dünner, weißer Lippe. Der S. lebt an Felsen u. Mauern, in Wäldern u. Hecken W- und Mitteleuropas.

Steinpilze, Röhrenpilze der Gatt. *Boletus* (↗Dickfußröhrlinge) mit jung weißen u. im Alter gelb-grünl. Poren (= Sektion *Boletus*); größere Pilze mit dickfleischigem Hut u. derbem Stiel, oft bauchig, meist mit Adernetz. Alle Arten (vgl. Tab.) sehr gute ↗Speisepilze; bereits v. den Römern geschätzt, die getrockneten S. auch äußerl. bei Hautausschlägen u. innerlich bei Unterleibsschmerzen anwandten. B Pilze III.

Steinquendel ↗Bergminze.

Steinringboden ↗Frostböden.

Steinrötel, *Monticola saxatilis*, ↗Merlen.

Steinsame, *Lithospermum*, mit etwa 50 Arten in Eurasien (v. a. im Mittelmeerraum) sowie N- und S-Amerika beheimatete Gatt. der ↗Rauhblattgewächse; Kräuter, Stauden od. (Halb-)Sträucher mit einfachen Blättern u. in beblätterten Wickeln stehenden Blüten; Blütenkrone mit gerader Röhre u. flachem bis trichterförm., 5zipfl. Saum; die aus der Frucht hervorgehenden Teilfrüchte (Klausen) sind oft sehr hart (Name!). Wichtigste einheim. Arten sind der in Getreidefeldern wachsende, weiß blühende Acker-S. *(L. arvense)* u. der in lichten, warmen Wäldern zu findende, gelbl.-grün blühende Echte S. *(L. officinale).* Die Samen der letztgenannten Art wurden fr. in der Volksmedizin gg. Nieren- u. Blasensteinleiden verwendet. Verschiedene Arten der Gatt. enthalten in ihren Wurzeln den roten Farbstoff *Alkannin (Lithospermin).* Manche Arten weisen auch antikonzeptionell wirkende Substanzen auf *(L. ruderale* wurde von nordamerikan. Indianern als Verhütungsmittel verwendet).

Steinschmätzer, *Oenanthe,* Gatt. um 15 cm großer Vögel der Fam. ↗Drosseln i. w. S., Bodenbewohner in offenem trockenem Gelände bis in Wüsten hinein; jagen Insekten, auch fliegende; Färbung z. T. sehr ähnl., Artunterscheidung anhand unterschiedl. Verteilung der Farben Schwarz, Weiß, Beige u. Grau; knicksen häufig; bei fliegenden Vögeln fällt meist der weiße Bürzel auf. Der auch in Dtl. vorkommende S. *(O. oenanthe,* B Europa V) bewohnt Ödland u. ist nach der ↗Roten Liste „gefährdet". [folii.

Steinschuttfluren ↗Thlaspietea rotundi-

Steinschwämme, die ↗Lithistida.

Steinseeigel, *Paracentrotus lividus,* häufigster regulärer ↗Seeigel (Ord. *Echinoida*) der Mittelmeerküste u. des östl. Atlantik; bis 7 cm große Schale, Stachellänge: halber Schalendurchmesser, Schale grünl. od. schwarz, Stacheln olivgrün, dunkelviolett od. bräunl.; bewohnt in großer Zahl Felsriffe u. Seegraswiesen (bis in 30 m Tiefe), nagt in Fels Höhlungen, in denen er sehr festsitzen kann.

Steinwälzer, *Arenaria interpres,* 23 cm großer, auffallend schwarz-weiß-braun gefärbter ↗Schnepfenvogel (engl. „harlekin"), brütet circumpolar in der küstennahen Tundra, während des Zuges v. a. an Fels- u. Kiesküsten, im Binnenland nur selten; dreht bei der Nahrungssuche mit dem etwas aufgeworfenen Schnabel kleine Muscheln u. Steine um.

Steinweichsel, *Prunus mahaleb,* ↗Prunus.

Steinwild ↗Steinbock.

Steinzeit, Zeitbegriff der menschl. Vorgeschichte, gekennzeichnet durch Verfertigung u. Gebrauch v. Werkzeugen aus Stein (↗Abschlaggeräte, ↗Faustkeil, ↗Geröllgeräte), gegliedert in ↗Alt-, ↗Mittel- u. ↗Jungsteinzeit.

Steinzellen ↗Festigungsgewebe.

Steißbein, *Os coccygis,* das ↗Schwanz-Rudiment des Menschen, bestehend aus 3–5 (meist 4) verkümmerten u. miteinander verwachsenen ↗Schwanzwirbeln. Die Verbindung ↗Kreuzbein–S. ist schwach beweglich, so daß das zur Bauchseite hin gebogene S. bei der ↗Geburt (☐) ausweichen kann. Im 4. Lebensjahrzehnt verknöchert diese Verbindung, weshalb es dann zu Komplikationen bei der Geburt kommen kann. Bei Frauen, die schon geboren haben, verzögert sich die Verknöcherung. ☐ Wirbelsäule.

Steißfleck, der ↗Mongolenfleck.

Steißhühner, *Tinamiformes,* altertüml. Vogel-Ord. mit der einzigen Fam. *Tinamidae,* äußerl. an ↗Perlhühner erinnernd, stehen sie jedoch den Laufvögeln nahe; 42 bodenbewohnende Arten in S-Amerika im trop. Regenwald sowie in Steppengebieten; die gestutzten Flügel eignen sich nur für kurze Flüge. Ernähren sich wie Hühner v. Pflanzenfrüchten, Knospen u. Insekten u. schlucken auch kleine Steinchen als Verdauungshilfe. Über die Lebensweise weiß man relativ wenig, da die S. sehr scheu sind. Bei der Balz lockt das Männchen arteigene Weibchen mit melod. Rufen; es paart sich mit mehreren Weibchen, die ihre Eier in ein gemeinsames „Sammelnest" legen. Bebrütung der leuchtend gefärbten, glänzenden Eier u. Jungenaufzucht werden v. Männchen besorgt; die Jungen sind

Steinpilze
Wichtige Arten:
Schwarzer S. (*Boletus aereus* Bull.); bes. unter Eichen u. Edelkastanien
Kiefern-S. (*B. pinicola* Vitl.); Nadelwald, bes. Kiefern
Herrenpilz, Edelpilz, Steinpilz (*B. edulis* Bull.); Laub- u. Nadelwald
Sommer-S. (*B. aestivalis* Paulet. = *B. reticulatus* Boud.); Laubwald

Acker-Steinsame *(Lithospermum arvense)*

Steißhühner
Straußhuhn *(Rhynchotus rufescens)*

Stelärtheorie

bald selbständig u. schon im Alter v. 20 Tagen ausgewachsen.

Stelärtheorie [v. gr. stēlē = Pfeiler, Säule], Bez. für das in der Botanik entwickelte Gedankengebäude, bei dem das Konzept der ↗ Stele als zweckmäßige Einheit für den Vergleich der primären Achsenanatomie v. ↗ Wurzel u. ↗ Sproßachse bei den verschiedenen ↗ Kormophyten-Gruppen entwickelt wurde. Urspr. von der ↗ idealistischen Morphologie des 19. Jh. geprägt, umfaßte die Bez. Stele das Gesamtleitbündelsystem, das Mark, die primären Markstrahlen u. ein Grenzgewebe zur Rinde, den Perizykel. Entspr. bestanden die pflanzl. Achsenorgane – Wurzel u. Sproßachse – in der primären Ausfertigung aus einer zentralen Säule (= Zentralzylinder-Stele), die v. einer Rinde u. der abschließenden Epidermis umgeben wird. Diese Sichtweise erwies sich zunächst für die Homologienforschung als sehr fruchtbar. Die bei den verschiedenen Kormophyten-Gruppen unterschiedl. Anordnung der Leitgewebe in der Stele konnten durch Benutzung entspr. beschreibender Vorsilben geschickt systematisiert werden. Man unterscheidet die Ur- oder Protostele, Aktinostele, Plektostele, Polystele, Siphonostele, Eustele u. Ataktostele. Doch zwangen viele weitere vergleichende Untersuchungen u. die phylogenet. Deutung der Befunde der idealist. Morphologie zu einer Änderung des Stele-Konzepts u. damit zu einer Änderung der S. Viele Vertreter der Samenpflanzen zeigen nämlich in der primären Sproßachse kein erkennbares Grenzgewebe zur Rinde, keinen ↗ Perizykel. So beschreibt man heute mit Stele nur noch das Gesamtsystem der ↗ Leitbündel in Wurzel u. Sproßachse in der primären Ausfertigung. Die Vorstellungen der S. zur phylogenet. Entwicklung der verschiedenen Stelentypen aus der Urstele mußten häufiger geändert werden u. mündeten in die umfassendere Hypothese der ↗ Telomtheorie, welche die Entwicklung des gesamten ↗ Kormus aus dem Telomstand der Urlandpflanzen (↗ Urfarne) zu erklären versucht. ☐ Stele.

Stele w [v. gr. stēlē = Pfeiler, Säule], Bez. für das gesamte ↗ Leitbündel-System in ↗ Wurzel u. ↗ Sproßachse in der primären Ausfertigung (vgl. Abb.). ↗ Stelärtheorie.

Stele
Die wichtigsten S.ntypen mit ihrer unterschiedl. Anordnung der Leitgewebe im Querschnitt (schwarze Punkte: Protoxylem, dunkler Bereich: Xylem, heller Bereich: Phloëm). Ausgehend vom zuerst angelegten ↗ Protoxylem, werden noch im primären Differenzierungszustand zusätzliche Leit- u. Festigungselemente (= ↗ Metaxylem) ausgebildet. Für die vergleichende Betrachtung ist dabei die Richtung der Metaxylembildung v. Bedeutung. So kann sie, ausgehend vom Protoxylem, ringsum (mesarches Protoxylem: Proto- u. Polystele), überwiegend nach außen (endarches Protoxylem: Eustele, Ataktostele) od. überwiegend nach innen (exarches Protoxylem: Aktino-, Plekto- u. Siphonostele) erfolgen. Die in der Abb. wiedergegebenen S.nformen stehen als Typen stellvertretend für eine Reihe v. mehr od. weniger abweichenden Formen. So können z. B. bei der Siphonostele auf dem Querschnitt keine, nur eine od. mehrere Blattlücken auftreten – je nachdem, wie die Blattspuren aus dem Leitbündel abzweigen. Man unterscheidet daher entspr. die Siphonostele i. e. S., die Solenostele u. die Dictyostele.

Stelechopodidae [Mz.; v. gr. stelechos = Stumpf, podes = Füße], Ringelwurm-Fam. der Kl. ↗ Myzostomida mit nur 1 Art Stelechopus hypocrini, die ektokommensalisch auf Haarsternen lebt; Körper langgestreckt, ohne Cirren, Epidermis mit Cuticula, wenigstens 2 Paar Lateralorgane; Rüssel gut entwickelt; simultaner Hermaphrodit.

Stelis w, Gatt. der ↗ Megachilidae.

Stella w [lat., = Stern], Gatt. der gramnegativen, knospenden Bakterien, deren Zellen flach sternförmig aussehen (⌀ 0,7 bis 2,0 μm); aus Boden u. Gewässer isoliert; aerobes Wachstum, chemoorganotroph, S. humosa auf Fleisch-Pepton-Nährboden.

Stellarganglien, die ↗ Sternganglien.

Stellaria w [v. *stellar-], **1)** die ↗ Sternmiere. **2)** Gatt. der ↗ Trägerschnecken.

Stellarietea mediae [Mz.; v. *stellar-, lat. medius = mittlerer], Ackerunkrautgesellschaften, Kl. der Pflanzenges. Seit ↗ Ackerbau betrieben wird, haben sich neben den Nutzpflanzen auch Pflanzen eingefunden, die an die häufigen menschl. Eingriffe, wie Hacken od. Pflügen, angepaßt sind: ↗ Ackerunkräuter. Ihre Ges. werden zu den S. m. zusammengefaßt. Heute wird die Artenzahl dieser Ges. durch Herbizideinsatz u. starke Düngung eingeschränkt. – Die Ord. der S. m. (T 51) unterscheiden sich in der Art der Bodenbearbeitung (Hackfrüchte od. Getreide) u. dem Basengehalt des Bodens. Ob die einjährigen Ruderalges. (↗ Sisymbrietalia) endgültig in diese Kl. zu stellen sind, ist noch unklar. Von manchen Autoren werden die Ges. der Hackfruchtäcker u. die mehr mediterran u. kontinental geprägten Getreideackerfluren in verschiedene Kl. gestellt, die der Chenopodietea bzw. Secalietea.

Stellario-Alnetum glutinosae s [von *stellar-, lat. alnus = Erle, glutinosus = klebrig], Schwarzerlen-Galeriewald, auch Eschen-Schwarzerlenwald, Bach-Eschen-Erlenwald, Assoz. des ↗ Alno-Padion; schmale, bachbegleitende Auenwaldstreifen mit gut wüchsiger Schwarzerle (Alnus glutinosa), Esche (Fraxinus excelsior) u. vereinzelt Bruchweide (Salix fragilis); in der Krautschicht ist die Wald-Sternmiere (Stellaria nemorum) charakterist., daneben Feuchtwiesen- u. Hochstaudenarten.

Stellenäquivalenz w [v. lat. aequus = gleich, valere = wert sein], die Erscheinung, daß verschiedene (meist nicht näher verwandte) Arten in verschiedenen (meist geogr. weit getrennten) Ökosystemen die gleiche ökologische ↗ Planstelle einnehmen (ökolog. Stellvertreter, biozönot. Ähnlichkeit) bzw. eine weitgehend gleiche ↗ ökologische Nische bilden. Stellenäquivalente Arten schließen sich daher in ihrer Verbreitung aus (Konkurrenzausschlußprinzip), sie vikariieren (↗ Vikarianz); sie

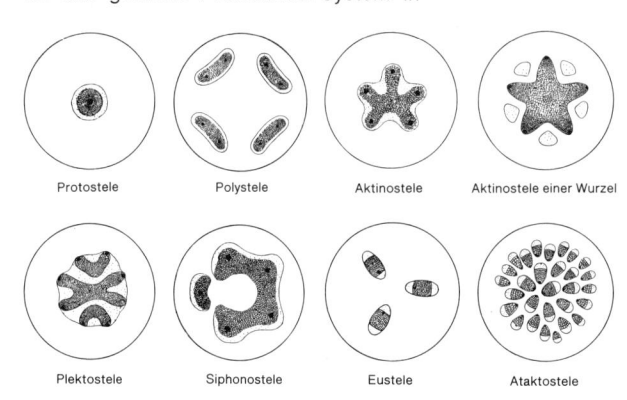

Protostele Polystele Aktinostele Aktinostele einer Wurzel

Plektostele Siphonostele Eustele Ataktostele

gehören i. d. R. dem gleichen ↗Lebensformtypus an. Beispiele: ↗Ameisenfresser, ↗Beuteltiere. B adaptive Radiation.

Steller, *Georg Wilhelm,* deutscher Naturforscher, * 10. 3. 1709 Windsheim (Franken), † 12. 11. 1746 Tjumen (Sibirien); nahm 1737 an einer Expedition nach Sibirien u. Kamtschatka teil u. begleitete 1741–42 Bering zur amerikan. NW-Küste. Beschrieb in seinem Werk „De bestiis marinis" (Petersburg, 1751) die auf der Bering-Insel (250 km östl. von Kamtschatka) entdeckte u. später nach ihm ben. Seekuh (↗Stellersche Seekuh).

Stelleroidea [Mz.; v. *stellar-, gr. -oeidēs = artig], *Stellerida,* die ↗*Asterozoa.* ↗Seesterne.

Stellersche Seekuh, *Rhytina gigas,* ausgerottete Art der ↗Seekühe; wurde 1741 von Schiffbrüchigen der Bering-Exkursion auf einer der vier Kommandeur-Inseln im Bering-Meer entdeckt u. von dem Expeditionsarzt G. W. ↗Steller hernach beschrieben. Die Bez. „Borkentier" rührt v. der 6–7 cm dicken, derben Haut her, deren Oberfläche i. d. R. von dem Befall mit Walläusen *(Cyamus rhytinae)* u. Seepocken strukturiert war. Neben dem Fleisch der S. nutzten Seeotter- u. Robbenjäger, die in den Folgejahren Zwischenstation auf den Kommandeur-Inseln machten, diese Haut u. a. zum Bau v. Schiffsplanken. 1768 wurde dort das letzte Tier v. einem Pelzjäger getötet – nur 27 Jahre nach dem ersten Betreten der Inseln!

Stellettidae [Mz.; v. it. stelletta = Sternchen], Schwamm-Fam. der Kl. ↗*Demospongiae* mit 11 Gatt. (vgl. Tab.); massige Form; Mikroklerite als Euaster, Spiraster, Mikrorhabde, nie jedoch als Sterraster; Megasklerite als Rhabde u. Triänen. Namengebende Gatt. *Stelletta. S. grubii* kugelförmig, ⌀ bis 18 cm, dunkelblau od. violett; in 20–80 m Tiefe der Küstengewässer Englands, Frankreichs, Spaniens sowie im Mittelmeer.

Stellhefe, die ↗Anstellhefe.

Stellknorpel, *Gießbeckenknorpel, Arytknorpel, Cartilago arytaenoidea,* kleiner paariger Knorpel des Kehlkopf-Skeletts (☐) der Säuger. Beim Menschen sitzen die dreikantig-pyramidenförmigen S. gelenkig auf der Ringknorpelplatte. Jeder S. besitzt einen Stimmfortsatz (Processus vocalis), an dem das Stimmband entspringt u. der dessen Stellung u. Spannung verändert.

Stelmatopoda [Mz.; v. gr. stelma = Gürtel, podes = Füße], U.-Kl. der ↗Moostierchen (T).

Stelzen, *Motacillidae,* Singvogel-Fam., zu der auch die ↗Pieper zählen u. die insgesamt etwa 50 weltweit verbreitete Arten umfaßt. Die eigtl. S. sind langschwänzig u. kontrastreich schwarz, weiß, gelb, grau u. olivgrün gefärbt; wippen häufig mit dem Schwanz auf und ab; der Flug ist stark wellenförmig; Feuchtgebiete u. Wiesen sind

stellar- [v. lat. stellaris = Stern-].

Stellarietea mediae
Ordnungen:
↗ *Aperetalia spicae-venti* (acidophytische Getreideackerfluren, Windhalm-Fluren)
↗ *Polygono-Chenopodietalia* (Hackfrucht-Unkrautges., Ackermelde-Fluren)
↗ *Secalietalia* (basiphytische Getreideackerfluren)
↗ *Sisymbrietalia* (annuelle Ruderalges.)

Stellettidae
Wichtige Gattungen:
↗ *Ancorina*
Disyringa
Kapnesolenia
↗ *Penares*
Stelletta
Tethyopsis
Tribrachion

Stelzmücke *(Limnobia tripunctata)*

der bevorzugte Lebensraum. Die schwarzweiße, 18 cm große Bachstelze *(Motacilla alba,* B Europa XVI) nistet in Halbhöhlen u. Nischen, oft im Bereich v. Ortschaften; versammelt sich im Herbst zu größeren Schlafgemeinschaften. Stärker ans Fließgewässer gebunden ist die unterseits dottergelbe, auf dem Rücken graue Gebirgsstelze *(M. cinerea);* ihr Ruf ist ein hartes „zizick", schärfer als bei der Bachstelze; sie baut ihr Nest in Steinspalten unter Brücken oder zw. überhängende Wurzeln an Bachufern. Sie bleibt auch im Winter im Brutgebiet, während die ähnl. gefärbte Schafstelze *(M. flava)* nur im Sommer in Dtl. bleibt u. den Winter im trop. Afrika verbringt; ihr Schwanz ist kürzer u. der Rücken olivgrün; in Eurasien haben sich zahlr. Rassen ausgebildet, die sich v. a. in der Kopffärbung unterscheiden u. teilweise auch in Dtl. während der Zugzeiten erscheinen; sie bewohnt Wiesen u. die Tundra u. brütet am Boden, hält sich gern in der Nähe v. Weidetieren auf („Viehstelze"). Eine gewisse Zwischenstellung zw. den Piepern und eigtl. S. nehmen die ostasiat. Baumstelzen *(Dendronanthus)* ein; sie nisten auf waagerechten Ästen in mehreren Metern Höhe.

Stelzengazelle, die ↗Lamagazelle.

Stelzenkrähen, *Picathartes,* Gatt. der ↗Timalien. [↗Säbelschnäbler.

Stelzenläufer, *Himantopus himantopus,*

Stelzenrallen, *Mesitornithidae,* auf Madagaskar endem. Fam. der ↗Kranichvögel mit 3 etwa drosselgroßen Arten; leben versteckt am Boden in Waldgebieten; das Flugvermögen ist stark zurückgebildet; so befindet sich auch das Nest mit 1, seltener 2 oder 3 Eiern in einer Astgabel in Bodennähe; die Jungen sind Nestflüchter u. ernähren sich wie die Altvögel v. Insekten, Früchten u. Körnern.

Stelzenwanzen, die ↗Stabwanzen.

Stelzfliegen, *Micropezidae, Tylidae,* Fam. der ↗Fliegen mit in Mitteleuropa ca. 12 Arten; ca. 5 mm große, schlanke, stabförm. Insekten mit langen Beinen; auffallend ist der eigenartige, gravitatisch wirkende Gang (Name). Die Larven leben v. sich zersetzenden pflanzl. Stoffen, die Imagines erbeuten kleine Insekten. Bei uns kommt die Art *Micropeza corrigiolata* vor.

Stelzmücken, *Sumpfmücken, Limnobiidae, Limoniidae,* eine der artenreichsten (ca. 5000) Fam. der ↗Mücken; in Mitteleuropa ca. 200 Arten. Die mit den ↗*Tipulidae* eng verwandten u. in der Gestalt ähnlichen S. sind 10 bis 30 mm groß, es fehlen ihnen jedoch die peitschenförm. verlängerten Kieferntaster. Auffallend sind die oft stark verlängerten Beine; die beiden Flügel werden in der Ruhe scherenartig über dem Hinterleib übereinandergelegt. – Die S.-Larven unterscheiden sich in Gestalt u. Lebensweise stark voneinander: neben rein wasserlebenden Arten gibt es

Stelzvögel

S.-Larven, die sich v. zersetzenden Pflanzenstoffen in der Laubstreu od. von Wurzeln ernähren. Ein Beispiel für ↗Kryobionten (↗Schneeinsekten) ist die Schneefliege (Schneemücke, *Chionea spec.*): die ca. 4 mm großen, stets ungeflügelten Imagines laufen mit langen, kräft. Beinen im Winter auf der Erdoberfläche u. auch auf Schnee. Ihr Temp.-Optimum liegt nahe beim Gefrierpunkt, sie sind aber auch noch unter $-5\,°C$ aktiv. Mit ca. 30 mm größte Art ist die Bachstelzschnake *(Pedicia rivulosa).*

Stelzvögel, *Ciconiiformes,* Ord. langbeiniger Vögel mit 7 Fam. (vgl. Tab.), die langsam schreitend im Wasser od. am Boden tier. Nahrung jagen; fliegen ausgezeichnet, bauen umfangreiche Pflanzennester; die Jungen sind Nesthocker.

Stelzwurzeln, *Stützwurzeln,* Bez. für die am unteren Stammteil entspringenden, sproßbürtigen u. kräftigen Wurzeln der Mangrovengehölze (↗Mangrove) u. der ↗Schraubenbaumgewächse, die den Stamm u. die Krone seitwärts abstützen, insbesondere gg. die Wirkungen des Gezeitenhubs. ↗Luftwurzeln.

Stemmata [Ez. *Stemma;* gr., = Kränze], lateral am Kopf v. Insektenlarven gelegene ↗Einzelaugen (↗Ocellen); es sind modifizierte u. auf maximal 7 reduzierte Linsenaugen eines urspr. ↗Komplexauges. Da auch die Lateralaugen der ↗Tausendfüßer modifizierte Komplexaugen sind, werden auch sie gelegentl. als S. bezeichnet.

Stemonitaceae [Mz.; v. gr. stēmōn = Kette am Webstuhl], *Fadenstäublinge,* Fam. der ↗*Stemonitales,* Echte Schleimpilze, deren Sporangien eine zarte, vergängliche Membran (Peridie) u. eine Columella besitzen, v. der die verzweigten Fäden des gewöhnlich dunklen Capillitiums ausgehen. Peridie u. Capillitium enthalten keine Kalkablagerungen; bei Arten der Gatt. *Diachea* sind ausnahmsweise Stiel u. Columella mit granuliertem Kalk gefüllt. Zu den häufigsten Schleimpilzen in Laub- u. Nadelwald gehören die Arten der Gatt. *Stemonitis,* deren gestielte fädig dünne Sporangien (2–20 mm hoch) büschelig zusammenstehen; in den letzten Verzweigungen bildet das Capillitium ein charakterist. Oberflächennetz. *Lamproderma*-Arten entwickeln rundl. Sporangien mit relativ beständiger u. in verschiedenen Farben schillernder Peridie. Die Arten der Gatt. *Comatricha* ähneln *Stemonitis,* aber das Capillitium besitzt kein Oberflächennetz. Die Vertreter der Gatt. *Brefeldia* u. *Amaurochaete* besitzen Fruchtkörper (Sporokarpien), die in Äthalien zusammenstehen; sie werden daher in einigen taxonom. Einteilungen einer eigenen Fam. (*Amaurochaetaceae*) zugeordnet.

Stemonitales [Mz.; v. gr. stēmōn = Kette am Webstuhl], Ord. der Echten Schleimpilze; die Fruchtkörper sind Sporangien od. Äthalien; sie enthalten immer ein (i. d. R. dunkelfädiges) Capillitium. Nur ausnahmsweise werden Kalkkrusten im unteren Teil des Sporangiums abgelagert. Der Sporenstaub ist dunkel, von Rotbraun bis Schwarzbraun. S. können in 2 oder mehrere Fam. unterteilt werden. Wichtige Fam. sind die ↗*Stemonitaceae,* deren gestielte Sporangien einzeln stehen, u. die *Amaurochaetaceae,* deren Sporangien in Äthalien zusammenfließen. Die Vertreter der *Amaurochaetaceae* (z. B. *Brefeldia*- u. *Amaurochaete*-Arten) werden in einigen Systemen der Fam. *Stemonitaceae* zugeordnet.

Stempel, *Pistill,* ↗Blüte (□, B).

Stempelblüten, *karpellate Blüten, pistillate Blüten,* ↗karpellat, ↗pistillat. ↗Blüte.

Stempelträger, der ↗Fruchtträger 2).

Stempelwirkung, ein morpholog. Effekt, der entstehen kann, wenn sich bei einem Schalenfossil (z. B. Muschelschale, Ammonitengehäuse) nach Verfestigung des Einbettungssediments u. Auflösung der Schale durch Auflastdruck der zum „Stempel" gewordene obere bzw. äußere Abguß dem unteren Abguß bzw. einem ↗Steinkern aufprägt. ↗Skultursteinkern.

Stenactis *w* [v. gr. stenos = schmal, aktis = Strahl], ↗Berufkraut.

Stendelwurz, *Sumpfwurz, Sitter, Epipactis,* Gatt. der ↗Orchideen mit ca. 20 Arten; anstelle von Knollen sind Rhizome u. fleischige Wurzeln ausgebildet. Ein gedrehter Stiel trägt die oft nickenden, meist trübgrünen bis rötl. Blüten; die spornlose Lippe ist durch eine Einschnürung zweigeteilt. In Dtl. sind 5 Vertreter heimisch. Die Breitblättrige S. (*E. helleborine*), die häufigste Art, kommt als Kennart der Fagetalia sylvaticae in verschiedenen Laubmischwäldern vor. Die Sumpf-S. (*E. palustris*), mit weißen bis rötl. Blüten, ist eine Charakterart der Kalkquellmoore u. -sümpfe. Sie ist, wie auch die Kleinblättrige S. (*E. microphylla*), nach der ↗Roten Liste „gefährdet".

Steneofiber *m* [v. lat. fiber = Biber], (Geoffroy 1833), *Monosaulax, Palaeomys, Chalicomys,* älteste ↗Biber-Gatt. des eur. Tertiärs; Molaren mit 5 Antiklinalen, bei den oberen Molaren am Außenrand, bei den unteren am Innenrand. Leitform des Aquitans ist *S. eseri,* ab Burdigal *S. jaegeri.* Innerhalb der Gatt. vollzieht sich die Umwandlung zu *Castor* (↗*Castoridae*), die sich im Gebiß in zunehmender Hypsodontie bis zur Wurzellosigkeit äußert.

Stengel, *Caulis,* Bez. für krautig bleibende ↗Sproßachsen od. auch für später verholzende Sproßachsen im krautigen, primären Zustand. ↗Stamm.

Stengelälchen, *Stockälchen, Ditylenchus dipsaci,* Art der Fadenwürmer (Ord. ↗*Tylenchida*) mit verschiedenen Rassen; 0,9 bis 1,8 mm lang, dringt in die Interzellularräume v. Stengeln, Blättern, Knollen od. Zwiebeln vieler Kulturpflanzen ein (z. B. Roggen, Hafer, Raps, Klee, Luzerne u. a.)

Stelzvögel
Familien:
↗Ibisvögel (*Threskiornithidae*)
↗Kahnschnäbel (*Cochleariidae*)
↗Neuweltgeier (*Cathartidae*)
↗Reiher (*Ardeidae*)
↗Schattenvögel (*Scopidae*)
↗Schuhschnäbel (*Balaenicipitidae*)
↗Störche (*Ciconiidae*)

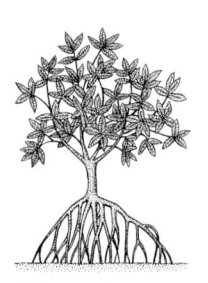

Stelzwurzeln (Mangrove)

Stemonitaceae
Stemonitis hyperopta:
a 4 Sporangien (×2),
b sich öffnendes Sporangium mit Capillitium (×10), c Capillitium-Netz mit Sporen (×500),
d Spore (×1000)

u. verursacht z. B. die ↗Stockkrankheit (u. a. bei Getreide), die Älchenkrätze (bei Kartoffeln) od. die Rübenfäule (bei Runkelrüben). Die Blätter der Pflanzen werden runzelig, das Längenwachstum wird gehemmt, reiche Bestockung; bei der Rübenfäule dunkle, schwammige Substanz an der Rübe (Trockenfäule). Die aus den in der Pflanze abgelegten Eiern schlüpfenden Larven wandern nach einiger Zeit in die Erde, wo sie u. U. jahrelang als Dauerlarve verweilen, um irgendwann wieder neue Pflanzen zu befallen.

Stengelbrand, der ↗Roggenstengelbrand.
Stengelbrenner, ↗Brennfleckenkrankheit (↗Anthraknose) an Luzerne, Vogelfuß u. Klee; Erreger sind ↗Colletotrichum-Arten. An den Stengeln entstehen dunkelbraune Läsionen; die Pflanzen welken u. vergilben; oberhalb der Befallsstelle können sie abknicken.
Stengeleulen, die ↗Schilfeulen.
Stengelfasern, ↗Bastfasern (↗Pflanzenfasern) der Sproßachse; werden zur Herstellung v. textilen Geweben (feinen Spinnfasern, ligninfrei z. B. ↗Lein, ↗Ramie, Große und Kleine ↗Brennessel) od. groben Garnen, Seilen u. Matten (grobe Spinnfasern z. B. Jute [↗Corchorus], ↗Hanf, Kenaf [↗Roseneibisch] u. a.) genutzt. ↗Faserpflanzen (T).
Stengelfäule, Erkrankung der Stengel verschiedener Pflanzen; es entstehen Läsionen von unterschiedl. Aussehen; Erreger sind hpts. Pilze (vgl. Tab.); die Pflanzen kümmern od. welken; die Stengel vermorschen u. können abknicken.
Stengelglied, das ↗Internodium.
Stengelgrundfäule, die ↗Schwarzbeinigkeit.   [beldelphine.
Stenidae [Mz.; v. *sten-], die ↗Langschna-
Steno, Nicolaus, ↗Stensen.
Stenodactylus m [v. *steno-, gr. daktylos = Finger], Gatt. der ↗Geckos.
Stenodelphis m [v. *steno-, gr. delphis = Delphin], Gatt. der ↗Flußdelphine.
Stenoglossa [Mz.; v. *steno-, gr. glõssa = Zunge], die ↗Schmalzüngler.
stenohalin [v. *steno-, gr. halinos = salzig], Bez. für Organismen, die keine großen Schwankungen im Salzgehalt (↗Salinität) des Wassers ertragen. Ggs.: euryhalin.
stenohydre **Pflanzen** [Mz.; v. *steno-, gr. hydõr = Wasser], stenohydrische Pflanzen, Pflanzen, die nur kleine Schwankungen des Wassergehalts im Gewebe ertragen; stenohygre Pflanzen ertragen Feuchtigkeitsschwankungen in der Umgebung nicht od. nur eingeschränkt; ↗hydrostabile Pflanzen. Ggs.: euryhydre Pflanzen.
stenök [v. *sten-, gr. oikos = Hauswesen], stenözisch, Bez. für Organismen, die große Schwankungen der Umweltbedingungen nicht tolerieren, d. h. eine geringe ↗ökologische Potenz aufweisen.
Stenokardie w [v. *steno-, gr. kardia = Herz], die ↗Angina pectoris.

sten-, steno- [v. gr. stenos = eng, schmal].

Stengelfäule
Wichtige S.n und Erreger:
S. der Tomate (Sclerotium rolfsii [Agonomycetales])
S. der Melone (Macrophomina phaseoli [Sphaeropsidales])
S. des Maises (Fusarium-Arten)
S. an Raps u. Sonnenblumen (Sclerotinia sclerotiorum)
↗Halmbruchkrankheit v. Winterweizen u. Wintergerste (Pseudocercosporella herpetrichoides, Fusarium-Arten)
bakterielle S. an Luzerne (Pseudomonas syringae = P. medicaginis)

Stenostomidae
Gattungen:
Mayostenostomum
Rhynchoscolex
Stenostomum

N. Stensen

stenooxybiont [v. *steno-, gr. oxys = sauer, bioõn = lebend], Bez. für Organismen, die nur sehr geringe Sauerstoffschwankungen tolerieren. Ggs.: euryoxybiont.
stenophag [v. *steno-, gr. phagos = Fresser], Bez. für Organismen, die auf eine bestimmte Nahrung spezialisiert sind (↗Nahrungsspezialisten). Ggs.: euryphag.
stenophot [v. *steno-, gr. phõs, Gen. phõtos = Licht], Bez. für Organismen, die nur in engen Bereichen der Lichtintensität leben können. Ggs.: euryphot.
Stenopterie w [v. *steno-, gr. pteron = Flügel], ↗Apterie; ↗Flügelreduktion.
Stenopterygius m [v. *steno-, gr. pterygion = Flosse], (Jaekel 1904), eine der bekanntesten Fischsaurier-(↗Ichthyosaurier-)Gatt. aus dem Lias v. Mittel- und W-Europa (v. a. Holzmaden); Zähne gekrümmt, 1. und 2. Halswirbel mehr od. weniger verwachsen, Wirbelsäule hinten abgeknickt u. bei S. quadriscissus mit 46 Praesacral- und (bis zum Knick) 33 Schwanzwirbeln; räuberische (teuthophage) Ernährungsweise.
Stenosiphonata [Mz.; v. *steno-, gr. siphõn = Röhre], (Teichert 1933), Taxon, das alle Kopffüßer mit engem Sipho (↗Ammonoidea, ↗Coleoidea, ↗Nautiloidea) vereinigt. Ggs.: ↗Eurysiphonata.
Stenostomata [Mz.; v. gr. stenostomos = mit engem Munde], Überord. (oder U.-Kl.) der ↗Moostierchen (T).
Stenostomidae [Mz.; v. *steno-, gr. stoma = Mund], Strudelwurm-Fam. der ↗Catenulida mit 3 Gatt. (vgl. Tab.) und etwa 40–45 Arten; namengebende Gatt. Stenostomum sowohl Strudler (Bakterien, Geißeltierchen) als auch Schlinger (große Wimpertierchen, Rädertiere u. Jungtiere der eigenen Art). Bekannte Art S. leucops, 3 6 mm lang, in stehenden u. fließenden Gewässern, auch häufig in Aquarien.
Stenoteuthis w [v. *steno-, gr. teuthis = Tintenfisch], meist als U.-Gatt. zu ↗Ommastrephes gerechnet; ↗Fliegender Kalmar.
stenotherm [v. *steno-, gr. thermos = warm], Bez. für Organismen, die nur in einem engen Temp.-Bereich leben können; man unterscheidet ↗kaltstenotherme u. ↗warmstenotherme Formen. Ggs.: eurytherm.
stenotop [v. *steno-, gr. topos = Ort], Bez. für Organismen, die eine enge Verbreitung haben, d. h. in nur wenigen, sehr ähnl. Biotopen vorkommen. Ggs.: eurytop.
stenözisch [v. *sten-, gr. oikos = Hauswesen] ↗stenök.
Stensen (Stenson), Nils, lat. Nicolaus Steno, dän. Naturforscher, Anatom und Geologe, * 11. 1. 1638 Kopenhagen, † 5. 12. 1686 Schwerin; ab 1672 Prof. in Kopenhagen, seit 1675 kath. Priester, 1677 Bischof. Grundlegende Arbeiten zur vergleichenden Anatomie, entdeckte (1664) den Ausführungsgang der Ohrspeichel-

drüse (Ductus stenonianus) u. erkannte das Herz als Muskel („De musculis et glandulis observationum specimen", 1664). Später befaßte er sich mit geol. Fragen u. gilt durch seine Untersuchungen über die Entstehung v. Sedimentgesteinen u. den biol. Ursprung der Fossilien als Mit-Begr. der wiss. Geologie u. Paläontologie. [B] Biologie I, II.

Stensonscher Gang [ben. nach N. ↗Stensen] ↗Jacobsonsches Organ.

Stentor *m* [ben. nach dem durch seine laute Stimme berühmten gr. Helden Stentōr], das ↗Trompetentierchen. [ler.

Stenus *m* [v. *sten-], Gatt. der ↗Kurzflüg-

Stephaniella *w* [v. *stephano-], Gatt. der ↗Gymnomitriaceae.

Stephanoberycoidei [Mz.; v. *stephano-], U.-Ord. der ↗Schleimkopfartigen Fische.

Stephanocemas *w* [v. *stephano-, gr. kemas = Hirschkalb, Antilope], (Colbert 1936), primitive † Gatt. der ↗Muntjakhirsche mit verzweigtem, auf kurzem Stiel ruhendem Geweih. Verbreitung: mittleres Miozän v. Europa, Unterpliozän v. Asien.

Stephanoceras *s* [v. *stephano-, gr. keras = Horn], (Waagen 1869), Ammonit der † Fam. *Stephanoceratidae* mit evolutem, planulatem, beripptem Gehäuse; die Rippen gabeln sich in einem schwachen Knoten auf den Flanken u. ziehen kontinuierl. über den Rücken hinweg. Verbreitung: Dogger (mittleres Bajocium bis ? Callovium) v. Europa, N-Afrika, Arabien, Iran, Indonesien, Kanada, S-Amerika. ☐ Ammonoidea.

Stephanoceros *s* [v. *stephano-, gr. keras = Horn], Gatt. der ↗Rädertiere (Fam. *Collothecidae*, Ord. *Monogononta*) mit einer in sauberen, stehenden Süßgewässern verbreiteten Art *S. fimbriatus* (☐ Rädertiere), die, mit ihrem Hinterkörper in einem Gallertgehäuse verankert, sessil auf Blättern u. Stengeln v. Wasserpflanzen lebt. Ihr Räderorgan ist zu einer kronenart. Wimpernreuse aus 5 starren, langbewimperten Fangarmen umgewandelt.

Stephanodiscus *m* [v. *stephano-, gr. diskos = Scheibe], Gatt. der ↗Coscinodiscaceae (☐).

Stephanomia *w* [v. gr. stephanōma = Kranz], Gatt. der ↗Physophorae

Stephanophyes *m* [v. *stephano-, gr. phyē = Wuchs], Gatt. der ↗Calycophorae (☐).

Stephanopogon *m* [v. *stephano-, gr. pōgōn = Bart], Gatt. der ↗Protociliata.

Stephanosphaera *w* [v. *stephano-, gr. sphaira = Kugel], Gatt. der ↗Haematococcaceae.

Steppe [v. russ. step], natürliche, durch Winterkälte u. Sommertrockenheit geprägte Grasformation der gemäßigten Zone. Die Bez. ist urspr. für die großen eurasiatischen S.n geprägt worden (↗Asien, ↗Europa). Die entspr. Formation wird in ↗Nordamerika als ↗Prärie, in Argentinien als ↗Pampa (↗Südamerika) bezeichnet. ↗Kultursteppe; vgl. Spaltentext.

stephano- [v. gr. stephanos = Kranz, Krone].

sten-, steno- [v. gr. stenos = eng, schmal].

Steppe

Waldsteppe Baumbestand mit Grasflächen gemischt, Übergangsgebiet zur Waldzone

Strauch- oder *Buschsteppe* Übergangsgebiet zw. Wald- u. Grassteppe

Grassteppe heute überwiegend Ackerland, z.T. mit Schwarzerde; häufig sehr trocken

Wüstensteppe Übergangsgebiet zur Wüste; spärl. Vegetation, mehr als 50% nackter Boden; meist Weidewirtschaft

Salzsteppe auf salzhaltigen Böden; wenige period. Gewässer

Sonderformen:
Kältesteppe (Tundra) in subpolaren Gebieten
↗ Kultursteppe

Sterculiaceae

Wichtige Gattungen:
Brachychiton
↗ *Cola*
Heritiera
↗ *Kakao* (*Theobroma*)
Mansonia
Sterculia

Steppenantilopen, die ↗Saigaantilopen.

Steppenbleicherde, Solod, ↗Salzböden.

Steppenboden, *Steppenschwarzerde*, das ↗Tschernosem.

Steppenfuchs, *Korsak, Alopex corsac*, systemat. dem ↗Eisfuchs nahestehender, in den Steppen v. der Wolga bis zur Mongolei u. Mandschurei tagaktiv lebender, umherwandernder Fuchs, der sich keine eigene Höhle gräbt; Fellfarbe im Sommer sandfarben, im Winter weißl. grau u. dicht (zu Pelz verarbeitet). Im 18. Jh. war der S. in Rußland als Haustier begehrt.

Steppenheidewald ↗Lithospermo-Quercetum. [↗Flughühner.

Steppenhühner, *Syrrhaptes*, Gattung der

Steppenhund, der ↗Hyänenhund.

Steppenkatze, der ↗Manul.

Steppenkerze, *Eremurus*, Gatt. der ↗Liliengewächse.

Steppenläufer, *Pedionomidae*, Fam. der ↗Kranichvögel mit einer einzigen Art in Austr. (*Pedionomus torquatus*), die auch als U.-Fam. der Kampfwachteln aufgefaßt wird; Männchen 17 cm, Weibchen knapp 20 cm groß, braun u. schwarz gefleckt mit rostbraunem Brustring; lebt im Grasland u. fliegt nur in kurzen Strecken mit schwirrendem Flug.

Steppenpaviane, *Babuine*, die zur Gatt. *Papio* gehörenden ↗Paviane mit Ausnahme des Mantelpavians (*P. hamadryas*); mitunter auch als Vertreter einer einzigen formenreichen Art aufgefaßt.

Steppenrasen, *Festucetalia valesiacae*, Ord. der ↗Festuco-Brometea.

Steppenschwarzerde, *Steppenboden*, das ↗Tschernosem.

Steppenwolf, der ↗Kojote.

Strukturformel von *Stercobilin*

Stercobilin *s* [v. lat. stercus = Mist, Kot, bilis = Galle], goldgelbes Abbauprodukt der ↗Gallenfarbstoffe, das an der Färbung der Fäkalien beteiligt ist. Farblose Vorstufe des S.s ist das *Stercobilinogen*.

Stercorariidae [Mz.; v. lat. stercorarius = Mist-], die ↗Raubmöwen.

Sterculiaceae [Mz.; ben. nach der röm. Düngergottheit Sterculius], *Sterculien-* od. *Kakaogewächse*, Fam. der ↗Malvenartigen mit rund 700 Arten in etwa 60 Gatt. (vgl. Tab.). Über die gesamten Tropen (Subtropen) verbreitete Bäume od. Sträucher, seltener Kräuter, mit ganzrand. oder gelappten, oft dicht behaarten Blättern sowie radiären Blüten. Diese zwittrig od. monözisch, mit 3–5 verwachsenen Kelch- u. 5 freien oder z.T. verwachsenen, gelegentl. auch fehlenden Kronblättern. Die in ihrer Anzahl unterschiedl. Staubblätter sind oftmals zu einer Staubblattsäule vereint. Aus dem oberständ. Fruchtknoten entsteht eine meist trockene Frucht, die häufig in Teilfrüchte zerfällt. Charakterist. für die Fam. ist das Vorhandensein v. Schleimzellen od. -gängen. Wirtschaftl. wichtigste Gatt. sind ↗ *Cola* u. *Theobroma*, der ↗ Kakao. Die mit rund 200 Arten v. a. im trop. Afrika u. Asien heim. Gatt. *Sterculia* (Stinkbaum) enthält einige Faserpflanzen, deren Bastfasern zur Herstellung v. Bindematerial u. Papier verwendet werden; *S. tragacantha* liefert den afr. *Tragantgummi*, der als Klebstoff und Zusatz zur Druckerschwärze benutzt wird; *S. foetida* (Japanische Olive) besitzt proteinreiche, nach Kakao schmeckende Samen. Aus der Gatt. *Mansonia* stammt das angenehm süßl. riechende Kalanutholz *(M. gangei)*, das wie Sandelholz Verwendung findet. Das Holz von *M. altissima* ist ein vielseitig verwertbares Werkholz, während seine Borke ein in der Medizin genutztes Herzglykosid enthält. In einigen Gatt. sind bes. Anpassungen an den Standort zu beobachten. Während die in Trockengebieten wachsenden Arten der austr. Gatt. *Brachychiton* stark verdickte, wasserspeichernde Stämme entwickelt haben (☐ Flaschenbaum), weist eine Art der in den Mangroven des Indopazifik heim. Gatt. *Heritiera (H. littoralis)* aus dem Brackwasser senkrecht emporstrebende ↗ „Atemwurzeln" zur Belüftung des Wurzelsystems auf.

Stereaceae [Mz.; v. *stereo-], die ↗ Rindenschichtpilze.

Stereocaulaceae [Mz.; v. *stereo-, gr. kaulos = Stengel], Fam. der ↗ *Lecanorales* (T) mit 4 Gatt. und 137 Arten, aufrecht wachsende Strauchflechten mit soliden Pseudopodetien (↗ Podetium) u. grundständigem, schuppigem, mitunter auch undeutl. Lager, meist mit ↗ Cephalodien, auf saurem Substrat (Gestein u. Erdboden), wichtige Gatt. *Stereocaulon* (125 Arten), weißl. bis graue Flechten mit beschupptem Stämmchen von gewöhnl. 1–10 cm Höhe, kosmopolit. verbreitet, oft Pioniere auf Silicatgestein (z. B. *S. vesuvianum* auf Lava) u. nacktem Erdboden (*S. ramulosum*, in den Tropen weit verbreitet).

Stereochemie *w* [v. *stereo-], *Raumchemie*, Teilgebiet der ↗ Chemie, in dem die räuml. Anordnung der Atome u. Atomgruppen in den Molekülen erforscht wird. Aufgabenbereiche der S. sind Konformationsanalyse (↗ Konformation), stereospezif. ↗ Katalyse, Ermittlung der absoluten ↗ Konfiguration opt. aktiver Verbindungen (☐ Isomerie; B Kohlenstoff, Bindungsarten) und v. a. der Sekundär- u. Tertiärstrukturen der biol. bedeutsamen Makromoleküle DNA, RNA, Proteine, Polysaccharide.

Stereochilus *m* [v. *stereo-, gr. cheilos = Lippe], der ↗ Streifensalamander.

Stereocilien [Mz.; v. *stereo-, lat. cilia = Wimpern], *Sterrocilien*, urspr. in der Histologie gebräuchliche, irreführende Bez. für die ungewöhnlich großen Mikrovilli mancher sekretorischer Epithelien (z. B. in den Nebenhodengängen der Wirbeltiere) od. Mechanorezeptorzellen (z. B. Innenohr der Säuger u. Nesselzellen der Hohltiere); heute zutreffender auch gebräuchl. für jede Art immotiler ↗ Cilien. B mechanische Sinne II.

Stereoisomerie *w* [v. *stereo-, gr. isomerēs = aus gleichen Teilen], ↗ Isomerie.

Stereolepis *w* [v. *stereo-, gr. lepis = Schuppe], ↗ Judenfisch.

Stereom *s* [v. gr. stereōma = feste Masse], das ↗ Festigungsgewebe.

stereoskopisches Sehen [v. *stereo-, gr. skopein = schauen], *räumliches Sehen*, ↗ binokulares Sehen, ↗ Auge.

stereospezifische Synthese, die ↗ asymmetrische Synthese.

Stereospezifität *w* [v. *stereo-, lat. species = Art, -ficus = -machend], die Eigenschaft v. Enzymen, v. zwei od. mehreren mögl. stereoisomeren Verbindungen (↗ Isomerie, ☐) spezif. nur eine im ↗ aktiven Zentrum (☐) zu binden u. dadurch umzusetzen. Umgekehrt bedingt die S. von Enzymen auch, daß bei Reaktionen, die zu stereoisomeren Verbindungen führen, immer nur eine der mögl. Produkt-↗ Konfigurationen entsteht (↗ asymmetr. Synthese; ↗ Aconitase, ☐). Auch Wechselwirkungen zw. Makromolekülen (z. B. zw. Einzelsträngen doppelsträngiger DNA, zw. Nucleinsäuren u. Proteinen oder zw. Protein-Untereinheiten) erfolgen nach dem ↗ „Schlüssel-Schloß"-Prinzip u. sind daher stereospezifisch.

Stereospondyli [Mz.; v. *stereo-, gr. spondyloi = Wirbel], (v. Zittel 1887–90), überwiegend triad. ↗ *Labyrinthodontia* mit stereospondylem Wirbelbau. Bei ihnen ist das Pleurozentrum bis zum völligen Verlust reduziert u. das Interzentrum praktisch allein zum Wirbelkörper geworden; systemat. (sensu Zittel 1889) oft als U.-Ord. der ↗ *Temnospondyli* bewertet.

Stereotheka *w* [v. *stereo-, gr. thēkē = Behältnis], (Grabau 1922), durch örtl. Verdickung der Septen bei ↗ *Rugosa* entstandene Innenwand; bei *Scleractinia* (↗ *Hexacorallia*) synonym der durch ähnl. Septalbildung entstehenden Pseudotheka.

Stereotypie *w* [Bw. *stereotyp*; v. *stereo-, gr. typos = Typ], verhaltenswiss. die ständige, gleichförmige Wiederholung v. Verhaltensweisen. Für einfache ↗ Erbkoordinationen ist eine gewisse S. typisch u. dient der Funktion des Verhaltens (↗ Formkonstanz). Beispiele sind die rhythmischen Grabbewegungen v. Insekten, die monotonen Zirplaute v. Heuschrecken, Grillen usw. Auch erlerntes Verhalten kann einen hohen Grad an S. erreichen, bes. bei einfachen Bewegungsabläufen (motorisches ↗ Lernen). I. e. S. spricht man nur dann von S., wenn ein dysfunktionales, patholog. Verhalten ständig wiederholt wird. In der

stereo- [v. gr. stereos = starr, hart, spröde; körperlich].

stereo- [v. gr. stereos = starr, hart, spröde; körperlich].

steril- [v. lat. sterilis = unfruchtbar; sterilitas = Unfruchtbarkeit].

Psychopathologie des Menschen gehören solche S.n in den Bereich der Zwangssymptome (↗Deprivationssyndrom). Bekannt sind die haltungsbedingten *Bewegungs-S.n* bei Zootieren, die dadurch zustande kommen, daß die Tiere ihre auf einem artgemäßen Antrieb beruhenden Bewegungen (Klettern bei Affen, Laufen bei Wölfen usw.) unter immer denselben Bedingungen ausführen müssen. Dadurch schleift sich die Orientierung der Bewegungen so starr ein, daß das Muster sich später nur schwer verändern läßt. Manchmal besteht eine S. aus ständig wiederholten ↗Intentionsbewegungen. Z. B. wird das „Nicken" v. Käfigvögeln als stereotype Abflugintention gedeutet. Allg. können Formen des ↗Konfliktverhaltens in einem chronischen Konflikt stereotyp werden.

Stereozone *w* [v. *stereo-, gr. zōnē = Gürtel], (Lang u. Smith 1927), urspr. ein verdickter Bereich des Skeletts v. ↗*Rugosa,* der sich intern unmittelbar der Außenwand (Epithek) anlagert; später z. T. auch übertragen auf andere verdickte Zonen des Polypars.

Stereum *s* [v. *stereo-], Gatt. der ↗Rindenschichtpilze (T). [↗Basidie (☐).

Sterigma *s* [v. gr. stērigma = Stütze], **steril** [*steril-], a) unfruchtbar; ↗Sterilität, ↗Sterilisation. b) keimfrei *(aseptisch);* ↗Sterilisation.

Sterilantien [Mz.; v. *steril-], Substanzen, die in der ↗biologischen Schädlingsbekämpfung eingesetzt werden, um eine Vermehrung der Schadorganismen durch Sterilisation (Unfruchtbarmachung) mittels energiereicher Strahlung oder chem. Substanzen (↗*Chemo-S.)* zu verhindern. ↗Autizidverfahren.

Sterilfiltration *w* [v. *steril-, mlat. filtrum = Durchseihgerät aus Filz], Entkeimung v. Flüssigkeiten od. Gasen durch bakteriendichte Filter (↗Sterilisation, ↗Bakterienfilter, ↗Entkeimungsfilter); durch S. werden hitzeempfindl. Lösungen (z. B. Vitamine) und Lösungen, die keine Keime enthalten dürfen (z. B. Impflösungen, Seren, aber auch Wein u. Bier), v. Mikroorganismen befreit. – S. ist das wichtigste Sterilisationsverfahren für Gase (Luft) in aeroben biotechnolog. Fermentationsprozessen; dafür werden Bakterienfilter, Wattefilter u. Schlackewollefilter verwendet.

Sterilisation *w* [Ztw. *sterilisieren;* v. *steril-], 1)* Medizin: künstl. Unfruchtbarmachung durch operative Durchtrennung der Samenstränge bzw. der Eileiter zur Verhütung erbkranken Nachwuchses od. als Maßnahme der ↗Empfängnisverhütung (bzw. bei Haustieren zur Verhütung unerwünschter Trächtigkeit); die Keimdrüsen u. ihre Funktion bleiben im Ggs. zur ↗*Kastration* erhalten. ↗Sterilität. **2)** Mikrobiologie: Abtötung aller ↗Mikroorganismen (pathogener u. nicht-pathogener, einschl. der Sporen; ↗Bakterien) u. Inaktivierung aller ↗Viren, die sich in od. an einem Produkt od. Gegenstand befinden. Eine *Entkeimung* durch *Filtration,* bei der die Mikroorganismenzellen (auch tote Zellen) u. Viren vollständig abgetrennt werden, ist ebenfalls eine S.; doch werden durch normale ↗Entkeimungsfilter (↗Bakterienfilter) besonders kleine Bakterienformen u. Viren nicht od. nicht vollständig zurückgehalten, so daß i. d. R. nur eine partielle S. erreicht wird. Die Bedeutung von „steril" oder „Sterilität" ist umstritten, da bei einer Prüfung auf *Sterilität* (Keimfreiheit) nur festgestellt werden kann, ob die Produkte „frei v. vermehrungsfähigen ↗Keimen" auf *bestimmten* ↗Nährböden sind; das schließt nicht völlig aus, daß noch lebende Keime vorhanden sind, die sich unter anderen, nicht geprüften Wachstumsbedingungen vermehren können (↗Keimzahl, ↗mikrobielles Wachstum, ↗Kochsches Plattengußverfahren). – Zur S. werden physikal. und chem. Methoden angewandt. Vegetative Zellen werden durch Hitze u. a. S.methoden i. d. R. relativ schnell abgetötet; die hohen Temp. bzw. langen Einwirkungszeiten sind wegen der hitzeresistenten ↗Endosporen (↗Hitzeresistenz) der Bakterien notwendig. Die sicherste Methode ist die Behandlung mit feuchter Hitze (gespanntem Dampf) im ↗*Autoklaven* (☐) bei 115 °C (35 min) oder 120 °C (20 min), in dem hitzeunempfindl. Produkte u. viele ↗Nährlösungen sterilisiert werden können. Die Abtötung der Mikroorganismen während der S. verläuft logarithmisch u. ist v. mehreren Faktoren abhängig. In trockener Hitze sind Temp. von 160 °C (1,5 h) oder 180 °C (0,5 h) notwendig, um eine vollständige Abtötung der Mikroorganismen u. Sporen zu erhalten. Diese Methode ist bes. für Glasgeräte (Anzuchtskolben, Pipetten) geeignet. Hitzeempfindl. Kunststoffmaterial (z. B. ↗Petri-Schalen) läßt sich mit ↗Äthylenoxid (☐) sterilisieren; da dieses Gas aber außerordentl. giftig u. möglicherweise auch ↗cancerogen ist (T Krebs), wird es zunehmend weniger angewandt u. an seiner Stelle ionisierende Strahlung (↗Ionisation) eingesetzt. Besonders ↗Gammastrahlen eignen sich für Materialien, die für Hitze u. Äthylenoxid empfindlich sind (z. B. Katheter, Verbandsstoffe); auch ↗Betastrahlen *(Elektronen-S.)* u. UV-Strahlung (↗Ultraviolett) lassen sich zur S. einsetzen. Im Unterschied zur S. wird bei der *partiellen S.* (= Teilentkeimung) nur eine teilweise Abtötung u./od. eine Inaktivierung bzw. Entwicklungshemmung erreicht, z. B. bei verschiedenen Verfahren der ↗Konservierung (T) u. ↗Desinfektion sowie bei der ↗Pasteurisierung.

Lit.: *Wallhäußer, K. H.:* Sterilisation, Desinfektion, Konservierung. Stuttgart ²1978.

Sterilität *w* [Bw. *steril;* v. *steril-], 1) Unfruchtbarkeit, Infertilität,* die Unfähigkeit zur ↗Fortpflanzung über eine ↗Befruchtung. Ursachen: Unfähigkeit, befruchtungsfähige Keimzellen (↗Gameten) zu bilden (z. B. durch Störungen des Hormonhaushalts), Unverträglichkeit (↗Inkompatibilität) der Gameten (↗Kreuzungs-S.), ↗Bastard-S., Mißbildungen der Geschlechtsorgane, ↗Mutationen, ↗Impotenz. S. kann auch künstl. herbeigeführt werden (↗Sterilisation, ↗Kastration). Ggs.: ↗Fruchtbarkeit. **2)** *Keimfreiheit,* ↗Sterilisation.

Sterilmännchenmethode, das ↗Autizidverfahren; ↗Chemosterilantien.

Sterine [Mz.; v. gr. stēr = Fett], *Sterole,* Gruppe der ↗Steroide mit einer -OH-Gruppe am C-Atom 3 des Gonanrings (☐ Steroide) – daher als Alkohole mit der entspr. chem. Reaktionsmöglichkeiten (Esterbildung, Glykosidbildung) zu betrachten – und einer verzweigten aliphatischen Kette mit 8 oder mehr C-Atomen am C-Atom 17. Das bekannteste *Zoosterin* ist das ↗Cholesterin (☐) mit seinen zahlr. Derivaten; aus Hefen stammen die ↗Mykosterine, z. B. Ergosterin (☐ Calciferol), das durch Sonnenlichteinfluß unter Ringaufspaltung in Vitamin D_2 (Ergocalciferol) überführt wird (entspr. einer Reaktion vom 7-Dehydrocholesterin zum Vitamin D_3: Cholecalciferol). Wichtige *Phytosterine* sind ↗Stigmasterin (☐) u. ↗Sitosterin (☐).

Sterkfontein, nordwestl. von Johannesburg (Südafrika), 1936 Höhlenfundort graziler ↗Australopithecinen *(„Plesianthropus transvaalensis"* = *Australopithecus africanus);* Alter: Pliozän, ca. 2,5–3 Mill. Jahre. In jüngeren Schichten fragmentarischer Schädel v. *Homo habilis* zus. mit einfachen Steinwerkzeugen; Alter: ca. 1,5–2 Mill. Jahre. [B] Paläanthropologie.

Sterlet *m* [v. russ. sterljad = Stör], *Acipenser ruthenus,* ↗Störe.

Sterna *w* [v. *stern-], Gatt. der ↗Seeschwalben.

Sternalgrat *m* [v. *stern-], ↗Kryptosternie.

Sternanis *m* [v. gr. anēson = Dill], *Illicium,* Gatt. der ↗Illiciaceae. [taceae.

Sternapfel, *Chrysophyllum cainito,* ↗Sapo-

Sternarchorhynchus *m* [v. *stern-, gr. archos = Spitze, rhygchos = Schnauze], Gatt. der ↗Messeraale.

Sternascidie *w* [v. gr. askidion = Beutel], *Botryllus schlosseri,* ↗Botryllus.

Sternaspida [Mz.; v. *stern-, gr. aspis = Schild], Ringelwurm-(Polychaeten-)Ord. mit nur 1 Fam. *(Sternaspidae)* u. nur 1 Gatt. sowie ca. 10 Arten; Körper in Regionen unterteilt, Prostomium reduziert, ohne Anhänge, Hinterkörper ventral mit hornigem Schild. Bekannte Art *Sternaspis scuta,* bis zu 22 Segmente, 3 cm lang, Substratfresser.

Sternberg, Reichsgraf *Kaspar Maria v.,* böhm. Paläobotaniker, * 6. 1. 1761 Prag, † 20. 12. 1838 Schloß Březina; studierte die fossile Pflanzenwelt Böhmens u. versuchte sie taxonomisch mit den rezenten

stern-, sterno- [v. gr. sternon = Brust].

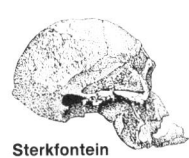

Sterkfontein

Australopithecus africanus von Sterkfontein

Zweiblättrige Sternhyazinthe *(Scilla bifolia)*

Formen zu vereinigen. Legte mit seinen umfangreichen Sammlungen den Grundstock des Prager Nationalmuseums, dessen Präsident er war.

Sterndolde, *Astrantia,* Gatt. der ↗Doldenblütler mit 9 Arten; Blüten in einfachen Köpfchen, weiße oder rötl. Hüllblätter mit Schaufunktion. In mitteleur. Hochgebirgen häufig ist die bis 90 cm hohe, kalkliebende Große S. *(A. major);* auch Zierpflanze.

Sternellum *s* [v. *stern- (Diminutiv)], *Furcasternum,* der hintere Abschnitt eines unterteilten Sternits, an dem nach innen die ↗Furca-Äste im Thoraxbereich bei höheren Insekten inserieren. ↗Insektenflügel, ↗Flugmuskeln. [↗Großmünder.

Sternenfresser, *Astronesthidae,* Fam. der

Sternganglien, *Stellarganglien,* an den Pallialnerven gelegene, periphere Ganglien des Mantelbereichs der höheren Kopffüßer; sie sind über sich kreuzende Riesenfasern mit dem Gehirn verbunden; von ihnen strahlen sternförm. (Name!) Riesenfasern (↗Nervensystem) nach allen Seiten in die Mantelmuskulatur aus, die auf diesem Wege schnell gesteuert wird.

Sternhausen, *Acipenser stellatus,* ↗Störe.

Sternhyazinthe *w* [v. gr. hyakinthos = blaue Blume], *Scilla,* Gatt. der ↗Liliengewächse mit ca. 100 Arten, hpts. in den subtrop. Regionen der Alten Welt. Aus der Zwiebel entspringen schmal-lanzettl. bis ovale Blätter. Der traubige Blütenstand trägt stern- oder glockenförm. blaue, rote od. weiße Blüten; diese haben 6 freie od. nur wenig verwachsene Perigonblätter, 6 Staubblätter u. einen dreifächrigen Fruchtknoten. Der einheimische Frühjahrsblüher *S. bifolia* (Zweiblättrige S., Blaustern) wächst in grund- od. sickerfeuchten Eichen-, Buchen- od. Auenwäldern. Die Herbst-S. *(S. autumnalis)* blüht von Aug. bis Okt. blau-violett; ihre Blätter sind zur Blütezeit bereits abgestorben; sie gedeiht auf humosen Kies-, Lehm- u. Steinböden v. a. in ↗Sedo-Scleranthetea-Gesellschaften. Häufig verwilderte Zierpflanzen sind u. a. die Liebliche S. *(S. amoena,* Heimat unbekannt), die Nickende S. *(S. iberica,* W-Asien) u. die Italienische S. *(S. italica,* S-Europa). [schwalben.

Sternidae [Mz.; v. *stern-], die ↗See-

Sternit *s* [v. gr. sternitēs = Brust-], vom ↗Sternum der ↗Gliederfüßer bzw. ↗Insekten abgegliedertes ↗Sklerit. ☐ Insektenflügel.

Sternkorallen, Bez. für ↗Steinkorallen, bei denen die strahlig angeordneten Sklerosepten bes. gut zu sehen sind; wird u. a. für die Gatt. ↗*Astroides,* ↗*Favia* u. *Astrangia* verwendet.

Sternmiere, *Stellaria,* Gatt. der ↗Nelkengewächse, mit über 100 Arten fast weltweit verbreitet; besitzt nur 3 Narben im Ggs. zu dem verwandten ↗Hornkraut (meist 5), dieses aber auch mit länglicherer Fruchtkapsel. Die Vogelmiere od. der Hühner-

Sternmoose

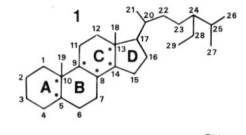

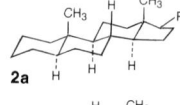

Sternmull
(Condylura cristata)

Steroide

1 Gonan-Ringsystem mit Substituenten, Bezeichnung der Ringe, Numerierung der Kohlenstoffatome u. Markierung (*) der Asymmetriezentren.
2 Raumformeln; **a** 5α-Steroid (A/B-trans), **b** 5β-Steroid (A/B-cis)

Sternschnecken

Warzige Sternschnecke (Archidoris pseudoargus)

stern-, sterno- [v. gr. sternon = Brust].

darm (*S. media*, B Europa XVIII) ist eine wichtige kosmopolit. Pflanze der Hackunkrautfluren, z. T. beliebtes Ziervogelfutter. Weitere einheim. Arten sind u. a.: Die große S. (*S. holostea*) in frischen Laubmischwäldern, die Wald-S. (*S. nemorum*) u. a. in bachbegleitenden Erlenwäldern u. die Gras-S. (*S. graminea*) u. a. in Magerrasen.

Sternmoose, die ↗Mniaceae. [sen.

Sternmull, *Condylura cristata*, im Osten N-Amerikas beheimatete Art der ↗Maulwürfe; Kopfrumpflänge 10–12 cm; Vorderpfoten nach außen gedreht („Grabhände"). Die Nasenspitze des S.s ist von 22 nackten fingerförm. Fortsätzen (Tentakeln) umgeben, die während der Nahrungssuche ständig in Bewegung sind; sie tragen vermutl. Tast- (und chem. ?) Sinnesorgane.

Sternoptychidae [Mz.; v. *sterno-, gr. ptyches = Falten], Fam. der ↗Großmäuler.

Sternorientierung ↗Astrotaxis, ↗Kompaßorientierung.

Sternorrhyncha [Mz.; v. *sterno-, gr. rhygchos = Rüssel], die ↗Pflanzenläuse.

Sternotherus *m* [v. *sterno-, gr. thairos = (Tür-)Zapfen], Gatt. der ↗Schlammschildkröten.

Sternoxia [Mz.; v. *stern-, gr. oxys = spitz], ältere Bez. der Käfer-Gruppe *Elateroidea* mit Einschluß verwandter Käfer-Fam. mit einem ausgeprägten Prosternalfortsatz, wie u. a. der ↗Prachtkäfer.

Sternrußtau, weit verbreitete Pilzkrankheit der Rosen, verursacht durch *Diplocarpon rosae* (= ↗*Marssonina r.*). Auf der Blattoberseite erscheinen unregelmäßig rundliche, dunkel-schwarzbraune Flecken (= ↗Schwarzfleckigkeit), meist sternförmig mit ausgezacktem Rand; entweder treten viele kleine (⌀ wenige mm) oder wenige große (⌀ bis 1 cm) Blattflecken auf. Die Blätter fallen ab; dadurch werden die Pflanzen stark geschwächt. Regnerisches, kühles Wetter begünstigt die Ausbreitung der Pilze (durch Konidien). Apothecien entwickeln sich auf überwinternden Blättern im Frühjahr.

Sternschnecken, mehrere, nicht verwandte Gruppen v. Schnecken. 1) ↗Turbanschnecken, insbes. ↗*Astraea* (wegen der Gehäuseform). 2) ↗*Doridacea*, Nacktkiemer mit sternförmig um den After geordneten Kiemen, insbes. die Gatt. *Archidoris*, mit der 12 cm langen, in der Gezeitenzone der eur. Atlantik- u. Nordseeküsten häufigen *A. pseudoargus;* ihr knötchenbesetzter Rücken ist sehr verschieden gefärbt, meist grün u. braun; ernährt sich v. ↗*Halichondria panicea;* die Eikapseln werden im Frühjahr in spiral. Gallertmassen abgelegt.

Sternum *s* [v. *stern-], 1) das ↗Brustbein. 2) sklerotisierter Bereich der Ventralseite eines Segments der ↗Gliederfüßer bzw. ↗Insekten. ☐ Flugmuskeln. ↗Thorax.

Sternwürmer, die ↗Echiurida.

Sternzellen, 1) die sternförm. ↗Astrocyten; 2) die ↗Kupfferschen Sternzellen.

Steroide [Mz.; v. gr. stēr = Fett], umfangreiche Klasse v. ↗Naturstoffen, die mit den ↗Terpenen verwandt sind (↗Isoprenoide, ☐) u. sowohl im Pflanzen- als auch im Tierreich ubiquitär verbreitet sind (↗Mykosterine, Phyto-↗Sterine, Zoo-↗Sterine, ↗Steroidhormone, ↗Gallensäuren, ↗Saponine, Glykosid-S., Alkaloid-S. [↗Alkaloide] u. Vitamin-D-Derivate [↗Calciferol]). Synthetische S. sind pharmakolog. als ↗Ovulationshemmer u. Anabolika (↗anabole Wirkung) wichtig. Die Vielfalt der S. leitet sich aus der *Gonan-* (frühere Bez. *Steran-*) Ringkonfiguration mit 6 Asymmetriezentren ab (Grundgerüst des *Cyclopentanoperhydrophenanthrens*). Die 4 aliphatischen Ringe, deren Biosynthese über ↗Squalen (☐) u. ↗Lanosterin (☐) verläuft, werden mit den Buchstaben A–D bezeichnet u. die Position der einzelnen C-Atome durch Zahlen eindeutig festgelegt. Mit dem Ringsystem können zahlr. Substituenten verknüpft werden, deren Stellung als α-ständig (unterhalb der starren Molekülebene des Gonanrings) oder β-ständig (oberhalb der Ringebene) fixiert ist (sofern sie nicht als Seitenketten am C-Atom 17 verbunden sind) u. die damit jeweils eine Stammform sich davon ableitender S. (α- oder β-S.) bilden.

Steroidhormone [Mz.; v. gr. stēr = Fett, hormōn = antreibend], C_{21}-Steroide (↗Pregnan-Derivate, ☐) mit einer typischen Gerüststruktur aus vollständig hydrogenisiertem ↗Phenanthren (Ringe A, B, C), die mit einem Cyclopentan-Ring (Ring D; ☐ Ringsysteme) fusioniert sind (*Gonan*-Ringsystem; ↗Steroide, ☐). Gemeinsam sind ihnen eine β-ständige Ketalseitenkette am C_{12}-Atom sowie ein α–β ungesättigtes Keton am Ring A. Bei ↗*Glucocorticoiden* (☐) tritt zusätzl. eine 17α-Hydroxylgruppe auf. Charakterist. Substitutionen, die für die biol. Wirksamkeit v. Bedeutung sind, erfolgen an den Positionen 10, 13 und 17. Hauptbildungsorte der S. bei Wirbeltieren u. Mensch sind: die Nebennierenrinde (☐ Nebenniere) für ↗*Mineralocorticoide*, die den Elektrolythaushalt regulieren, u. für ↗*Corticosteroide*, welche die Gluconeogenese stimulieren; in ↗Hoden u. Nebennierenrinde werden die männl. Geschlechtshormone *(↗Androgene)* gebildet, in den Ovarien (↗Ovar) die das Wachstum u. die Ausbildung primärer u. sekundärer Geschlechtsmerkmale fördernde ↗Östrogene, ferner in Ovar u. Placenta das die Uterusfunktion beeinflussende ↗*Progesteron* (*Gestagene*, ↗Gelbkörperhormone). Synthese u. Ausschüttung der S. aus den verschiedenen endokrinen Organen werden durch vorgeschaltete trope Hormone gesteuert, die ihrerseits meist wiederum der regulatorischen Kontrolle hypothalamischer Hormone (↗Releasing-Hormone) unterstehen. Die Biosynthese beginnt mit der Oxidation v. ↗Cholesterin über ↗Pregnenolon zu Progesteron u. erfolgt weiterhin durch Hydroxylierung u. unter Abspaltung eines Isocapronsäurealdehyds (ein C_6-Körper) aus der Cholesterin-Seitenkette. Diese Reaktionen sind in den Mitochondrien u. dem glatten endoplasmatischen Reticulum lokalisiert. Wirbellose, insbes. Insekten, sind mangels eigener Biosynthese auf die Zufuhr des Steroidgerüsts mit der Nahrung angewiesen. Phylogenetisch handelt es sich bei den S.n um eine urspr. Molekülspezies, die im Stammbaum der Wirbeltiere bereits bei Cyclostomen (Rundmäulern) auftaucht. ↗Hormone (☐, T).

Sterole [Mz.; v. gr. stēr = Fett, lat. oleum = Öl], die ↗Sterine.

Sterroblastula w [v. gr. sterros = fest, blastos = Keim], massive ↗Blastula ohne ↗Blastocoel, z. B. bei Bärtierchen u. vielen Mollusken.

Sterrocilien [Mz.; v. gr. sterros = fest, lat. cilia = Wimpern], die ↗Stereocilien.

sterzeln [v. Sterz = Schwanz], Verhalten v. ↗Honigbienen bei der Abgabe v. Signalstoffen über die Duftfalten, die aus dem Hinterleib ausgestülpt werden. Vor dem Flugloch wird der Hinterleib hochgereckt, u. die Duftstoffe werden durch Flügelschwirren verteilt.

Steuerfedern, *Rectrices*, ↗Schwanzfedern, ↗Vogelfeder.

Steuerung, quantitative Beeinflussung der Intensität od. Richtung v. Vorgängen. Beispiele aus der Biologie: Auslösen der Kontraktion (↗Muskelkontraktion) u. Bestimmen des Kontraktionszustands v. Muskeln (↗Muskelspindeln) durch die Frequenz der eintreffenden Nervenimpulse; S. physiologischer Vorgänge durch ↗Hormone (B); S. der Entwicklung (Ontogenie) der Lebewesen durch ihre ↗Gene. Das Ändern, mitunter auch das Aufrechterhalten v. Steuereinstellungen, erfordert den Aufwand v. Energie; doch liefert der steuernde Einfluß dem gesteuerten Vorgang i. d. R. keine Energie u. entnimmt ihm auch keine. Wirkungszusammenhänge der S. sind daher zur Energieübertragung unfähig, können aber ↗Signale (Information, ↗Information u. Instruktion) übertragen. Schließt sich eine Wirkungskette v. Steuervorgängen zu einem Kreisprozeß, so resultiert daraus je nach den Übertragungsfunktionen ein positiver Rückwirkungskreis od. ein stabiler od. instabiler Regelkreis (↗Regelung, B).

Stevia w [ben. nach dem span. Arzt P. J. E. Esteve (Stevius), † 1556], Gatt. der ↗Korbblütler.

STH, Abk. für ↗Somatotropin.

Sthenelais w [v. gr. sthenos = Kraft, elais = Ölbaum], Gatt. der Ringelwurm-(Polychaeten-)Fam. ↗*Sigalionidae*. *S. emertoni* an der Küste Neu-Englands; *S. limicola* an der Atlantikküste der nördl. USA bis Kanada u. an der norweg. u. engl. Küste.

Stichaeidae [Mz.; v. gr. stichos = Zeile], Fam. der ↗Schleimfische.

Stichkultur, ↗Kultur v. Mikroorganismen in Kulturröhrchen, die fast vollständig mit festem ↗Nährboden (z. B. Nähragar) gefüllt sind (= Hochschichtkultur). Die Beimpfung erfolgt durch senkrechtes Einstechen des Impfdrahtes. An der Oberfläche des Nährbodens herrschen aerobe Bedingungen; zum Boden nimmt die Sauerstoffkonzentration ab. Dadurch läßt sich in der S. die Sauerstoffbedürftigkeit v. Mikroorganismen feststellen. S.en dienen auch zum Aufbewahren anaerober (aber nicht O_2-empfindlicher) Mikroorganismen u. zur Prüfung des Proteinabbaus durch Gelatineverflüssigung.

Stichlinge, *Gasterosteidae*, Fam. der Stichlingsfische mit 5 artenarmen Gatt. S. sind in kalten u. gemäßigten Gebieten der N-Hemisphäre im Meer-, Brack- u. Süßwasser vorkommende kleine, langgestreckte Fische mit einer Reihe einzeln stehender, scharfer, bewegl., mit einem Sperrgelenk versehener Stacheln vor der weichstrahl. Rückenflosse, einem kräft. Bauchflossenstachel, an Stelle v. Schuppen senkrecht stehenden Knochenplatten an den Seiten u. mit kleinen Zähnen im vorstreckbaren Maul; fressen in großen Mengen Kleintiere; bei allen Arten bauen die Männchen Nester (☐ Nest) u. pflegen die Brut. Bekannteste Art ist der in Küstenbereichen u. in Süßgewässern Eurasiens u. N-Amerikas (v. a. in westl. und östl. Gebieten) häufige, bis 10 cm lange Dreistachlige S. oder Stachelfisch (*Gasterosteus aculeatus*, B Fische I), dessen ausgeprägtes Fortpflanzungsverhalten mit Nestbau, Hinführen des laichbereiten Weibchens durch das dann rotbäuchige Männchen zum Nest, Eiablage (B Signal) u. Jungenaufzucht durch das Männchen in Pionierarbeiten der Verhaltensforschung sehr genau untersucht worden ist; die im Meer lebenden Formen wandern im Frühjahr zum Laichen ins Süßwasser. Der ebenfalls nordamerikan. und eurasiat., meist nur um 5 cm lange Neunstachlige S. (*Pungitius pungitius*, B Fische I) lebt nur in nördl. Verbreitungsgebieten im Meer, sonst ausschl. im Süßwasser, v. a. in stark verkrauteten Teichen u. Gräben. In östl. Küstengebieten N-Amerikas kommt der olivbraune, bis 6 cm lange Vierstachlige S. (*Apeltes quadracus*) vor, der zum Laichen in Brack- u. Süßwasser zieht. An eur. Küsten v. der Biscaya bis zum Nordkap ist der ca. 15 cm lange See-S. (*Spinachia spinachia*, B Fische I), der 15 Rückenstacheln besitzt, verbreitet; er lebt meist einzeln in Seegras- u. Blasentanggebieten.

Stichlingsartige, *Gasterosteiformes*, Ord. der ↗Knochenfische (T) mit 3 U-Ord.: Stichlingsfische *(Gasterosteoidei)* mit der Haupt-Fam. ↗Stichlinge, ↗Trompetenfische *(Aulostomoidei)* u. ↗Seenadelähnli-

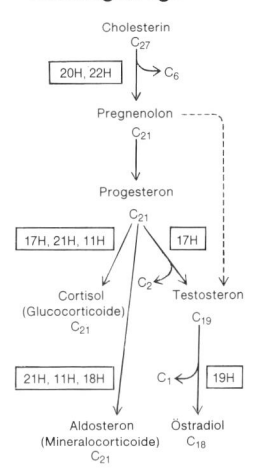

Steroidhormone
Schema der *Biosynthese* v. Steroidhormonen

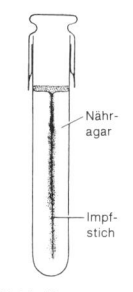

Stichkultur
S. im Hochschicht-Agar

che *(Syngnathoidei)*. Haben oft Knochenplatten in der Haut, ein extrem vorstreckbares oder röhrenförm. Maul, z.T. reduzierte Kiemenzahl u. eine geschlossene ↗Schwimmblase (↗Physoklisten).

Stichopus *m* [v. gr. stichos = Zeile, pous = Fuß], Gatt. der ↗Seewalzen, enthält u.a. die ↗Königsholothurie.

Stichostemma *s* [v. gr. stichos = Zeile, stemma = Kranz], ↗Prostoma.

Stickland-Reaktion [stickländ-], von Stickland (1934) entdeckte Stoffwechselreaktion der meisten proteolytischen *Clostridium*-Arten (↗Clostridien); in ihrem Energiestoffwechsel werden Aminosäuren paarweise vergärt; eine Aminosäure dient dabei als H-Donor, die andere als H-Akzeptor. Die Stoffwechselenergie wird durch diese gekoppelten Oxidations-Reduktionsreaktionen gewonnen. Viele Aminosäuren können nur in der S. und nicht allein verwertet werden. Bei der gemeinsamen Vergärung v. Alanin u. Glycin (z.B. bei Fäulnisvorgängen) entsteht Acetat (Essigsäure) als einziges organ. Endprodukt (= echte ↗Essigsäuregärung).

Stickoxide, seltenere, aber exaktere Bez. *Stickstoffoxide,* Bez. für die ↗Oxide des ↗Stickstoffs. Man unterscheidet 5 Verbindungen: a) *Stickstoffmonoxid* (NO): farbloses, nicht brennbares Gas, das mit Sauerstoff zu braunrotem Stickstoffdioxid reagiert ($2\,NO + O_2 \rightarrow 2\,NO_2$). b) *Stickstoffdioxid* (NO_2): braunrotes, gift. Gas, das bei Zimmer-Temp. überwiegend dimer (↗Dimerisation), d.h. als *Distickstofftetroxid* (N_2O_4), vorliegt. NO_2 ist (neben anderen S.n, insbesondere NO) der Hauptbestandteil der stark gift., gelben bis braunroten *nitrosen Gase,* die – eingeatmet – Hämiglobin-Bildung (↗Hämiglobine) u. Gefäßdilatation mit Hypotonie bewirken u. bei längerem Anhalten zum Tode führen können (MAK-Wert für NO_2: 5 ppm; T MAK-Wert). c) *Distickstoffoxid* (N_2O): farbloses, schwach süßl. riechendes Gas, das – eingeatmet – zu narkoseartigen Zuständen führt u. daher als Narkosemittel (↗Narkotika) verwendet wird (Lachgas). d) *Distickstofftrioxid* (N_2O_3): bei $-21\,°C$ tief-dunkelblaue Flüssigkeit, die oberhalb $0\,°C$ allmählich zu NO, NO_2 und N_2O_4 zerfällt. e) *Distickstoffpentoxid* (N_2O_5): farblose, harte, an der Luft zerfließende, unbeständige, rhomb. Prismen, die in unberechenbarer Weise explodieren können; man erhält N_2O_5, wenn man 100% ↗Salpetersäure mit Phosphorpentoxid behandelt, wobei durch Wasserentzug N_2O_5 entsteht *(Salpetersäureanhydrid).* – Die Sauerstoffverbindungen des Stickstoffs tragen erhebl. zur allg. ↗Luftverschmutzung bei (↗Schadstoffe). Nach Angaben des Umweltbundesamtes (UBA) ist die NO_x-(NO- und NO_2-)Emission (↗Emissionen) von 1966 bis 1982 von 2 auf 3,1 Mill. Tonnen/Jahr angestiegen. Etwa 99% gehen dabei auf das Konto der Energieumwandlung einschl. des Kraftfahrzeugbereichs (↗Abgase). Im einzelnen rechnete das UBA für 1966 (1982): Kraftwerke/Fernheizwerke 23,6% (27,7%), Industrie 30,6% (14,0%), Haushalte/Kleinverbraucher 5,8% (3,7%), Verkehr 40% (54,6%). Die Zunahme der S.-Emissionen in den letzten Jahrzehnten ist wesentl. auf folgende Entwicklung zurückzuführen: a) Zunahme des Kfz-Verkehrs, verbunden mit höheren spezif. Emissionen der Fahrzeuge durch erhöhte Verdichtung (erhöhte Verbrennungs-Temp.) der Motoren; b) vermehrte Verbrennung ↗fossiler Brennstoffe (↗Erdgas T, ↗Erdöl T, ↗Kohle) in größeren Feuerungen, verbunden mit einer Erhöhung der Verbrennungs-Temp., insbesondere durch Verbreitung der Schmelzkammerfeuerungen. – Die Luftchemie v. Stickstoffverbindungen ist, bedingt durch die Vielzahl der beteiligten chem. Verbindungen sowie durch deren mannigfaltige chem. und photochem. Reaktionen, sehr komplex. Herausragende Bedeutung besitzen die monomeren Oxide des Stickstoffs (NO, NO_2), die ein ungepaartes ↗Elektron (↗chemische Bindung) besitzen, das ihnen Radikalcharakter verleiht (↗freie Radikale). Das erklärt ihr außerordentl. vielseitiges reaktionskinet. Verhalten in der ↗Atmosphäre, in der die S. je nach Situation – als Radikalbildner, reversible Radikalspeicher od. irreversible Radikalsenken – reaktionsbeschleunigend bis reaktionshemmend wirken können. So tragen die S. auch in komplizierter Weise zur Entstehung des *photochem.* ↗Smogs bei (↗Photooxidantien). Die Hauptreaktion ist die ↗Photolyse des NO_2, bei der (radikal.) NO und O-Atome entstehen. NO reagiert mit ↗Ozon (O_3) zu NO_2 und O_2 [$NO_2 \xrightarrow[290-430\,nm]{\lambda =} O\cdot(^3P) + NO$; $O\cdot(^3P) + O_2 + (M = \text{Stoßpartner}) \rightarrow O_3 + (M)$; $O_3 + NO \rightarrow NO_2 + O_2$)]. – Die Konzentration der S. ist allg. so gering, daß eine direkte Schädigung der Pflanzen durch NO_x kaum ins Gewicht fällt (↗Rauchgasschäden). Größere Bedeutung für das ↗Waldsterben (↗saurer Regen) haben die S. wahrscheinlich in ihrer Beteiligung an der ↗Ozon-Entstehung. T Luftverschmutzung.

Lit.: *Becker, K. H., Löbel, L.* (Hg.): Atmosphärische Spurenstoffe und ihr physikalisch-chemisches Verhalten. Berlin – Heidelberg – New York – Tokyo 1985. *W. H. M.*

Stickstoff, *Nitrogenium,* chem. Zeichen N, ein nichtmetall. chem. Element (T Bioelemente), das als Bestandteil der ↗Atmosphäre als molekularer S. (N_2) und zahlreicher am Stoffwechsel der Zellen u. Organismen beteiligter organ. ↗chem. Verbindungen (↗organisch, T), bes. der Aminosäuren, Nucleotide, Nucleinsäuren, Proteine u. der Tetrapyrrole, v. zentraler biol. Bedeutung ist. Ausgangsprodukte für den S.-Metabolismus der Zelle sind ↗Ammo-

---

Stickland-Reaktion

S-R. z.B. bei *Clostridium sporogenes, C. sticklandii, C. histolyticum, C. botulinum*

$CH_3\text{-}CH(NH_2)\text{-}COOH$
Alanin
+
$2\,CH_2(NH_2)\text{-}COOH$
Glycin
+
$2\,H_2O$
↓
$3\,CH_3\text{-}COOH$
Acetat
+
$3\,NH_3$
+
CO_2

niak, ↗Nitrate u. ↗Nitrite, die aus diesem Grunde vielfach Bestandteile der ↗S.dünger (T Dünger) sind (↗Makronährstoffe). Reiner molekularer S. ist ein farb-, geruch- u. geschmackloses Gas, unter $-196\,°C$ eine farblose Flüssigkeit; unter $-210\,°C$ bildet er farblose Kristalle. S. besteht aus den stabilen (d. h. nicht radioaktiven) ↗Isotopen (T) ^{14}N und ^{15}N mit den relativen natürl. Häufigkeiten 99,63% und 0,37%. Molekularer S. ist chem. wenig reaktiv, weshalb zu seiner Einschleusung in den ↗S.kreislauf hohe Energiebeträge erforderl. sind (↗S.assimilation). Durch Funkenentladung (Blitze) bilden sich aus dem S. der Luft ↗Stickoxide (NO, N_2O_3, NO_2). Da diese heute auch als Nebenprodukte bei der Verbrennung ↗fossiler Brennstoffe in großen Mengen entstehen, zählen sie zu den umweltbelastenden Stoffen (↗Schadstoffe), die als mitverursachend für das ↗Waldsterben angenommen werden. B chemische und präbiologische Evolution.

Stickstoffassimilation, die Aufnahme von anorgan. Stickstoffverbindungen durch Mikroorganismen u. Pflanzen für Wachstumsvorgänge (↗Assimilation). Vor einem Einbau in organ. Verbindungen müssen die oxidierten anorgan. Verbindungen v. den Zellen erst assimilatorisch zu ↗Ammonium reduziert werden (↗Ammoniumassimilation, ☐). B Stickstoffkreislauf.

Stickstoffauswaschung, liegt vor, wenn gelöste ↗Stickstoff-Verbindungen mit dem ↗Bodenwasser den v. den Pflanzen nutzbaren Bodenraum verlassen u. dieses Wasser bis zum ↗Grundwasser versickert. Die S. aus dem Boden ist neben der Wasserbewegung im Boden auch abhängig v. der Mobilität der Stickstoff-Verbindungen (v. a. ↗Nitrat u. ↗Ammonium). Dieses wird durch die physikal., chem. und biol. ↗Bodeneigenschaften entscheidend beeinflußt u. ist somit standortspezifisch. Die Auswaschung v. Stickstoff (und allg. von Nährstoffen) aus Naturböden mit naturnaher Vegetation ist äußerst gering, da bei der dauernden Bodenbedeckung durch die Pflanzen die v. den ↗Bodenorganismen mineralisierten Nährstoffe (↗Mineralisation) sofort wieder v. den Pflanzen aufgenommen werden. Durch die übermäßige ↗Düngung (↗Dünger) im land- u. forstwirtschaftl. Bereich werden größere Mengen an Stickstoff aus dem Boden ausgewaschen und belasten somit das Grund- u. Oberflächenwasser. Nach einer Schätzung v. Buchner (1975) werden in der BR Dtl. etwa 400 000 t N/Jahr aus dem Boden ausgewaschen, davon ca. 260 000 t aus landw. Nutzflächen (40% durch Düngung, 60% durch natürl. Mineralisation), 80 000 t aus Dauergrünland u. 60 000 t aus Waldflächen. Die Stickstoffbelastung der Gewässer durch häusl. ↗Abwasser wird auf 120 000 t N/Jahr geschätzt. ↗Eutrophierung, ↗Kläranlage, ↗Selbstreinigung.

Stickstoffbakterien, *stickstoffbindende Bakterien,* die ↗stickstoffixierenden Bakterien.

Stickstoffdünger, *N-Dünger,* Gruppe v. ↗Düngern (T), die das Nährelement ↗Stickstoff in aufnehmbarer Form, v. a. als ↗Ammonium- od. Nitrat-Ionen (↗Nitrate), enthalten und diese nach Umsetzung liefern. Der überwiegende Teil der S. wird synthet. gewonnen. Anwendung finden ↗*Ammoniumdünger* (z. B. Ammoniakgas, Ammoniakwasser u. ↗Ammoniumsulfat), *Nitratdünger* (z. B. ↗Kalksalpeter u. ↗Natriumnitrat bzw. ↗Chilesalpeter), *Ammonnitratdünger* (z. B. ↗Ammoniumnitrat, ↗Kalkammonsalpeter u. Ammonsulfatsalpeter), *Amiddünger* (z. B. ↗Harnstoff u. ↗Kalkstickstoff) sowie *N-Depotdünger,* langsamwirkende S., durch die eine bessere Anpassung des N-Angebots an den N-Bedarf der Pflanzen erreicht wird. ↗Knöllchenbakterien. ↗Stickstoffauswaschung.

stickstoffixierende Bakterien, *stickstoffbindende Bakterien, Stickstoffbakterien,* Bakterien, die bei Mangel an gebundenem ↗Stickstoff (z. B. NH_4^+, NO_3^-) mit dem Enzymsystem ↗Nitrogenase (☐ Knöllchenbakterien, ☐ Heterocysten) molekularen Stickstoff (Luftstickstoff, N_2) zu ↗Ammonium (NH_4^+) reduzieren können. N_2 kann im phototrophen od. chemotrophen Stoffwechsel, unter aeroben od. anaeroben Bedingungen, von freilebenden od. in Symbiose lebenden Bakterien fixiert werden (vgl. Tab.). ↗Stickstoffixierung.

Stickstoffixierung, *Stickstoffbindung,* Aufnahme u. Reduktion des molekularen ↗Stickstoffs (Luftstickstoff, N_2) zu ↗Ammonium (NH_4^+) durch Prokaryoten (↗stickstoffixierende Bakterien). Es ist der einzige biol. Prozeß, bei dem N_2 in eine für Organismen verwertbare Form umgewan- u. der Stickstoffverlust durch ↗Denitrifikation (N_2, N_2O) ausgeglichen wird. Die S. kann unter aeroben od. anaeroben Bedingungen stattfinden, in Symbiose od. durch freilebende Bakterien. Es wird angenommen, daß pro Jahr ca. 200 Mill. t Stickstoff fixiert werden, davon etwa ein Viertel in den Ozeanen. Die chem. Fixierung (Haber-Bosch-Verfahren) beträgt weniger als 20%. Der größte Anteil der S. erfolgt symbiontisch. Man schätzt, daß die symbiont. ↗*Knöllchenbakterien* 100–300 kg Stickstoff, die freilebenden Bakterien 1–3 kg Stickstoff pro Hektar u. Jahr fixieren. Die meisten fädigen ↗Cyanobakterien bilden spezialisierte Zellen, die ↗*Heterocysten* (☐), aus, in denen N_2 gebunden wird. – Die Reduktion von N_2 verläuft stufenweise. Erstes faßbares Produkt ist Ammonium. Das verantwortl. Enzymsystem, die ↗*Nitrogenase* (☐), ist sehr sauerstoffempfindl., so daß bei aeroben Bakterien besondere Schutzmechanismen ausgebildet werden. Zur Fixierung werden viel Energie (ATP) u.

Stickstoffixierung

stickstoffixierende Bakterien

Wichtige Gattungen:

chemotroph, freilebend, aerob:
↗ *Azotobacter*
↗ *Beijerinckia*
↗ *Derxia*
↗ methanoxidierende Bakterien
Mycobacterium
(↗ *Mycobacteriaceae*)

chemotroph, freilebend, fakultativ anaerob, anaerob:
↗ *Bacillus*
Clostridium
(↗ *Clostridien*)
↗ *Desulfotomaculum*
Desulfovibrio
(↗ *Sulfatreduzierer*)
↗ *Klebsiella*
Methanosarcina
(↗ methanbildende Bakterien)

chemotroph, symbiontisch (od. in engem Wurzelkontakt), aerob:
↗ *Azospirillum*
Bradyrhizobium
(↗ Knöllchenbakterien)
Rhizobium
(↗ Knöllchenbakterien)
Frankia
(↗ *Frankiaceae*)

phototroph, aerob, freilebend u. in Symbiose:
↗ Cyanobakterien
↗ *Anabaena*
↗ *Nostoc* u. a.

phototroph, anaerob:
↗ Cyanobakterien
↗ phototrophe Bakterien
Chlorobium
(↗ grüne Schwefelbakterien)
Chromatium
(↗ Schwefelpurpurbakterien)
Rhodospirillum
(↗ schwefelfreie Purpurbakterien) u. a.

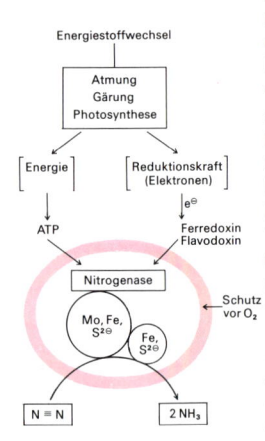

Stickstoffkreislauf

Stickstofffixierung

Bilanz:
$N_2 + [6H] + (6-15) ATP$
$\rightarrow 2 NH_3 + (6-15) ADP$
$+ (6-15) PO_4^{3-}$

Stielaugenfliege
(*Diopsis lunaris*)

Stielbovistartige Pilze

Zitzen-Stielbovist
(*Tulostoma brumale* Pers.)

Reduktionsäquivalente benötigt, die aus verschiedenen Stoffwechselwegen stammen können (vgl. Abb.). Die Synthese der Nitrogenase wird auf Gen-Ebene vom ↗ *nif*-Operon (☐) reguliert. Die meisten Bakterien besitzen neben der Nitrogenase noch eine Hydrogenase, die wahrscheinl. dazu dient, den v. der Nitrogenase in einer Nebenreaktion freigesetzten Wasserstoff wieder nutzbar zu machen (↗Heterocysten). Meist ist in den Zellen die Nitrogenase nur vorhanden, wenn kein gebundener Stickstoff zur Verfügung steht. Zur Bindung des Ammoniums an organ. Verbindungen dienen die ↗Glutamin-Synthetase (1) und die Glutamat-Synthase (2) (= Glutamin-α-Oxoglutarataminotransferase): im 1. Schritt wird Ammonium auf Glutamat (↗Glutaminsäure) übertragen (1), und das entstandene ↗Glutamin gibt die Aminogruppe an α-Oxoglutarat ab (2) oder auch auf Aspartat (↗Asparaginsäure; Glutamin: Aspartat-Aminotransferase); es entstehen Glutamat bzw. ↗Asparagin, aus denen die anderen Aminosäuren gebildet werden können.

Stickstoffkreislauf, einer der großen ↗Stoffkreisläufe in der belebten Natur. Wichtigste Stickstoffverbindung für die Organismen ist das ↗Ammonium (NH_4^+) bzw. ↗Ammoniak (NH_3); es kann v. den meisten Bakterien u. den grünen Pflanzen als ↗Stickstoff-Quelle genutzt werden, um Proteine, Nucleinsäuren u. a. stickstoffhaltige Zellsubstanzen aufzubauen. Tiere vermögen nur organisch gebundenen Stickstoff zu verwerten. Als Ausscheidungsprodukte (↗Exkretion) entstehen hpts. Ammoniak, ↗Harnsäure u. ↗Harnstoff; die beiden letzten Verbindungen werden v. Bakterien schnell zu Ammoniak u. Kohlendioxid zersetzt. Die organ. Stickstoffverbindungen toter Pflanzen u. Tiere werden v. Bakterien mineralisiert u. der Stickstoff als Ammonium freigesetzt (↗Mineralisation). In gut durchlüfteten Böden u. sauerstoffhaltigen Gewässern wird Ammonium v. ↗nitrifizierenden Bakterien zu ↗Nitrit u. ↗Nitrat oxidiert (↗Nitrifikation). Nitrat kann v. grünen Pflanzen u. den meisten Bakterien als Stickstoffquelle genutzt werden (↗assimilatorische Nitratreduktion). – Unter Sauerstoffabschluß (anaerob) dient Nitrat anstelle v. Sauerstoff als Wasserstoffakzeptor bei der Oxidation v. organ. Substraten od. Wasserstoff durch fakultativ anaerobe denitrifizierende Bakterien (dissimilatorische Nitratreduktion). Bei dieser ↗Nitratatmung kann Nitrat bis zum molekularen Stickstoff reduziert werden u. somit zu Stickstoffverlusten im Boden führen. Der molekulare Stickstoff (Luftstickstoff) wird wieder v. stickstoffixierenden Bakterien – freilebend oder in Symbiose – in eine gebundene Form (Ammonium) überführt, so daß der Stickstoffverlust etwa ausgeglichen u. der Kreislauf geschlossen wird (↗Stickstoffixierung, ↗stickstoffixierende Bakterien). Durch Gewitter kann Luftstickstoff in geringer Menge oxidiert u. in den Boden geschwemmt werden. – Ein Teil des Stickstoffs ist im Boden in ↗Humus-Bestandteilen (Huminsäuren, ↗Huminstoffe) festgelegt, die nur extrem langsam mikrobiell abgebaut werden können. ☐ 63.

Stickstoffstoffwechsel ↗Exkretion.

sticky ends [Mz.; engl., =], *klebrige Enden,* die bei der Spaltung von DNA mit bestimmten ↗Restriktionsenzymen entstehenden einzelsträngigen Enden v. sonst doppelsträngiger DNA. ↗Lambda-Phage, ☐ Gentechnologie.

Sticta *w* [v. gr. stiktos = punktiert, bunt], Gatt. der ↗Lobariaceae.

Stiefmütterchen, *Viola tricolor,* ↗Veilchen.

Stieglitz *m* [v. tschech. stehlik = Distelfink], *Carduelis carduelis,* ↗Finken.

Stiel, 1) bei ↗*Pelmatozoa* (↗Seelilien, ☐) ähnl. wie bei Pflanzen (↗Stengel) zw. Wurzel u. Krone eingeschalteter röhrenförm. Stab *(Columna),* der v. einem Achsenkanal durchzogen, aus S.gliedern *(Columnalia)* zusammengesetzt u. oft in Cirren verzweigt ist. 2) bei Brachiopoden eine stielart. Ausstülpung des Eingeweidesacks (↗*Inarticulata*) od. muskulöse Wucherung *(Articulata,* ↗Brachiopoden), die der Befestigung des Tieres dient.

Stielaugen, 1) bei ↗Krebstieren verbreitete, bewegl. Form v. ↗Komplexaugen, die stielartig verlängert über das Niveau des Carapax hinausragen können; in diesem Stiel befinden sich neben dem ↗Lobus opticus oft neurosekretorische Drüsen (↗Sinusdrüse, ↗X-Organ). ↗Augenstiel, ↗Augenstielhormone. 2) bei ↗Stielaugenfliegen seitl. stark verlängerte Kopfpartien, an deren Spitze die Komplexaugen sitzen; diese v. a. bei Männchen auftretenden S. können fast Körperlänge erreichen u. werden als Imponierorgan bei der Weibchenwahl eingesetzt.

Stielaugenfliegen, *Diopsidae,* hpts. in den Tropen verbreitete Fam. der ↗Fliegen; nahe verwandt mit den ↗Nacktfliegen. Die Komplexaugen der S. sitzen durch oft bizarr verlängerte seitl. Fortsätze der Kopfkapsel auf langen Stielen.

Stielbovistartige Pilze [v. spätmhd. vöhenvist = Fähenfurz (zu mhd. vöhe = Füchsin, vist = Bauchwind)], *Stielboviste, Stielstäublinge, Tulostomataceae,* Fam. der ↗Bauchpilze. Der jung fast kugelige Fruchtkörper wächst anfangs unterirdisch; seine äußere Peridie zerfällt; der fertile, rundl., v. der häutigen Innenperidie umschlossene Kopfteil wird v. einem langen Stiel über den Erdboden emporgehoben. In der nicht-gekammerten Gleba liegen die Basidien regellos verstreut. Die Sporen werden meist bei der Reife durch eine Mündung am Scheitel freigesetzt. – In lichten, sandigen Kiefernwäldern wächst der

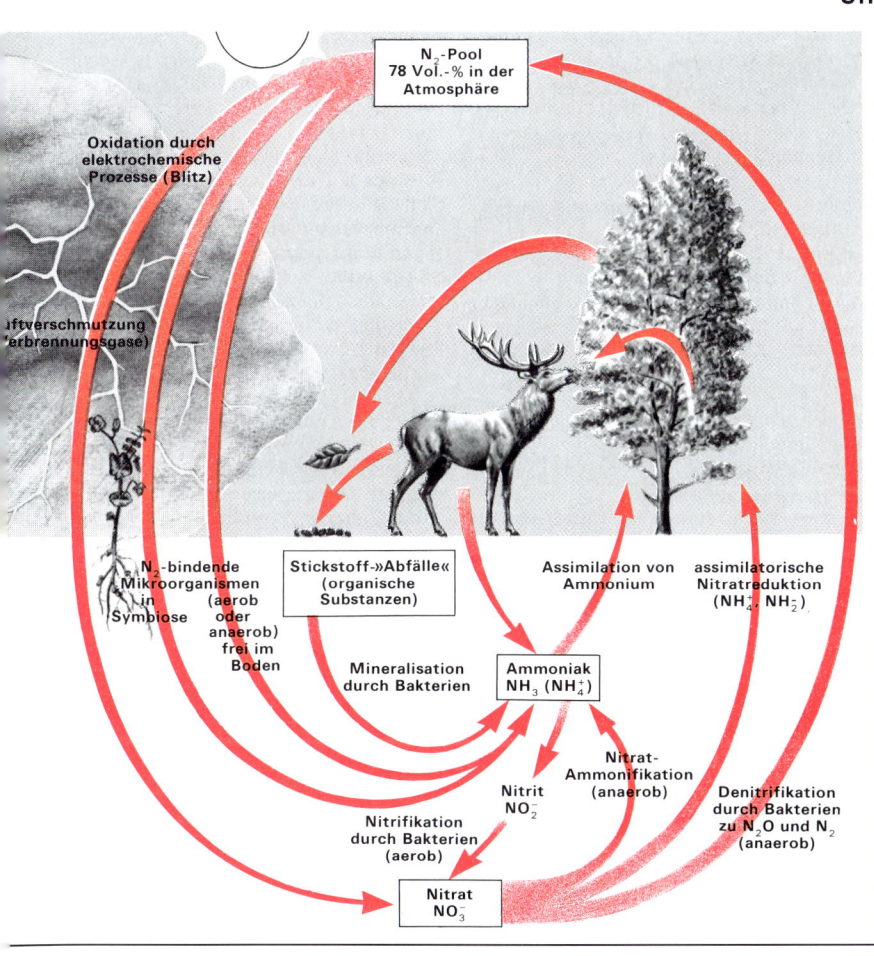

STICKSTOFFKREISLAUF

N₂-Pool 78 Vol.-% in der Atmosphäre

Oxidation durch elektrochemische Prozesse (Blitz)

(Luftverschmutzung, Verbrennungsgase)

N₂-bindende Mikroorganismen in Symbiose (aerob oder anaerob) frei im Boden

Stickstoff-»Abfälle« (organische Substanzen)

Assimilation von Ammonium

assimilatorische Nitratreduktion (NH_4^+, NH_2^-)

Mineralisation durch Bakterien

Ammoniak NH_3 (NH_4^+)

Nitrit NO_2^-

Nitrat-Ammonifikation (anaerob)

Denitrifikation durch Bakterien zu N_2O und N_2 (anaerob)

Nitrifikation durch Bakterien (aerob)

Nitrat NO_3^-

Der atmosphärische *Stickstoff* (78 Vol.-% der Luft) ist der Pflanze nicht unmittelbar zugänglich. Manche Mikroorganismen (*Azotobacter* u. a.) vermögen molekularen Stickstoff zu assimilieren, in ihren Zellen zu binden und bei ihrem Tod letztlich als Ammoniak (NH_3) dem Boden zuzuführen. Auch symbiontisch in Pflanzenwurzeln lebende *Mikroorganismen* (z. B. Knöllchenbakterien) binden Luft-Stickstoff.
In den Organismen liegt Stickstoff in großer Menge gebunden vor. Im tierischen Stoffwechsel werden Stickstoff-Verbindungen mit den Exkreten ausgeschieden und ebenso wie bei der Zersetzung toter organischer Substanz (Leichen, Fallaub usw.) durch Bakterien (*Destruenten*) letztlich zu Ammoniak (NH_3) abgebaut (mineralisiert). NH_3 wird von *nitrifizierenden Bakterien* (Nitrosomonas – Nitrobacter) zur Energiegewinnung stufenweise zu Nitrit (NO_2^-) und Nitrat (NO_3^-) oxidiert und vor allem in dieser Form (z. B. als Natriumnitrat, $NaNO_3$), aber auch als Ammoniumsalz ($-NH_4^+$) von der Pflanze als Nährstoff aufgenommen.
In schlecht durchlüfteten Böden finden sich *denitrifizierende Bakterien*, die in einer anaeroben Atmung Nitrat (anstelle von molekularem Sauerstoff) als Wasserstoffakzeptor nutzen und dadurch zu Stickoxiden und molekularen Stickstoff (N_2) reduzieren, der in die Atmosphäre entweicht.

Gewimperte Stielbovist *(Tulostoma fimbriatum).* Der aus der südl. Sowjetunion eingeschleppte Korkstäubling, *Phellorinia herculeana* (in Europa einzige Art der Gatt.), hat keulenförm. Fruchtkörper ohne vorgeformte Öffnung, so daß die Sporen durch Zerfall der Peridie freigesetzt werden; er wächst an sandigen, trockenen Standorten.
Stieleibengewächse, die ↗Podocarpaceae.
Stielklappe, bei ↗Brachiopoden die größere der beiden Schalenklappen, die i. d. R. auch die Stielöffnung enthält; die kleinere, dorsale Klappe heißt *Armklappe*.
Stielporlinge, Porlinge (i. e. S.), *Polyporus*, Gatt. der ↗Polyporales; Ständerpilze mit röhrigem Hymenophor an einjährigem, fleischigem bis fast zähem, im Alter trockenem (fast holzigem) Fruchtkörper, dessen Stiel zentral, exzentrisch od. seitlich ansetzt. Der Hut ist rundlich, aber auch spatel-, fächer- bis nierenförmig. Das Fleisch ist weiß, die Röhren sind dünnwandig kurz, die Porenmündungen rundlich, eckig od. langgestreckt; die Sporen sind farblos, die Trama dimitisch. Die ca. 15 Arten (vgl. Tab.) leben saprophytisch od. parasitisch; einige sind jung eßbar. Unter ihnen gibt es starke Holzzerstörer (Weißfäuleerreger), z. B. der Schuppige Porling (*P. squamosus* Fr.), der als Wundparasit an verschiedenen lebenden Laubhölzern lebt u. das Kernholz schädigt. Unter Stämmen mit direktem Bodenkontakt bildet der Klumpen-Porling, *P. tuberaster* Fr. (bisher meist als *P. lentus* Berk. bekannt), im Boden ein kopfgroßes, fest mit Erde verklumptes Mycel (Sklerotium), aus dem sich die Fruchtkörper entwickeln; dieser „Pilzstein" wurde fr. in Italien verkauft (= pietra fungaia); er kann zur Zucht verwandt werden: im Keller od. Garten in feuchter Erde eingebettet, können mehrmals neue, eßbare Fruchtkörper gebildet werden.
Stielquallen, die ↗Stauromedusae.
Stielzelle, der ↗Dislokator.
Stier, männl., geschlechtsreifes Rind; ↗Bulle. [fer.
Stierkäfer, *Typhoeus typhoeus*, ↗Mistkä-
Stiftsinnesorgane, stiftführende Sinnesorgane, die ↗Scolopidialorgane; ↗Scolopidium.
Stigeoclonium *s* [v. gr. stigeus = Stecher, klonion = kleiner Zweig], Gatt. der ↗Chaetophoraceae.

Stielporlinge

Einige Arten:

Schuppiger Porling (*Polyporus squamosus* Fr.)
Schwarzfüßiger P. (*P. melanopus* Fr.)
Winter-P. (*P. brumalis* Fr.)
Weitlöcheriger P. (*P. arcularius* Fr.)
Klumpen-P. (*P. tuberaster* Fr. = *P. lentus* Berk. = *P. forquignoni* Quel.)

Stigma

Stigma s [Mz. *Stigmen;* *stigm-], **1)** Bot.: die ↗Narbe. **2)** Zool.: a) der ↗Augenfleck (↗Auge); b) *Ptero-S.,* das ↗Flügelmal; c) *Spiraculum,* Öffnung des ↗Tracheen-Systems („Atemöffnung") der Stummelfüßer, Insekten, Tausendfüßer u. einiger Spinnentiere. B Gliederfüßer II.

Stigmarien [Mz.; v. *stigm-], Bez. für die flachstreichenden, rhizomartigen, wiederholt gabelig verzweigten Wurzelträger der ↗Schuppenbaumartigen (☐ Schuppenbaumgewächse) mit sekundärem Dickenwachstum. Diesen Wurzelträgern entsprangen exogen sehr viele schwache Wurzeln, die später abbrachen und zahlr. Narben *(Stigmen)* hinterließen.

Stigmasterin s [v. *stigm-, gr. stēr = Fett], *Stigmasterol,* ein erstmals aus der Kalabarbohne *(Physostigma venenosum)* isoliertes Phytosterin (↗Sterine), das auch in Mohrrüben, Kokosfett, Wachs, Zuckerrohr

Stigmasterin

usw. vorkommt. Als Hauptsterin tritt S. nur bei bestimmten Arten, z.B. Efeu u. Sojabohne, auf. S. dient als Ausgangssubstanz für synthet. Steroide.

Stigmatella w [v. *stigm-], Gatt. der ↗Myxobakterien (Fam. ↗*Cystobacteraceae*); die Fruchtkörper bestehen aus dunkelbraunen, ovoiden Sporangiolen, entweder viele an einem Stiel od. auf Einzelstielen; Entwicklung vgl. Abb.

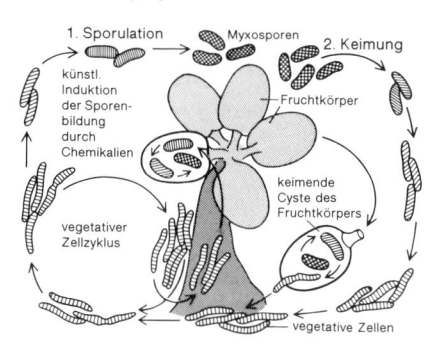

Stigmatella
Zelluläre Morphogenese von *S. auriantaca* (nach H. Reichenbach); Fruchtkörperbildung mit Cysten (= Sporangiolen) u. Myxosporen; künstl. Sporeninduktion durch Chemikalien u. Keimung der Myxosporen zu vegetativen Zellen

Stigmatomyces m [v. *stigm-, gr. mykēs = Pilz], Gatt. der ↗Laboulbeniales.

Stigmellidae [Mz.; v. *stigm-], die ↗Zwergmotten.

Stigonematales [Mz.; v. gr. stigōn = Flekken, nēma = Faden], Ord. der ↗Cyanobakterien (U.-Kl. *Hormogoneae;* Gruppe V), deren Vertreter gekrümmte, feine, echt verzweigte, aus Zellreihen bestehende Fäden ausbilden, mit ↗Hormogonien u. oft mit ↗Heterocysten. Früher als Fam. *Stigonemataceae* bei den ↗*Oscillatoriales* eingeordnet. Weltweit verbreitet, bevorzu-

stigm- [v. gr. stigma, Mz. stigmata = Stich, Punkt, Fleck].

stil- [v. lat. stilus = Griffel, Stichel; Dolch].

gen sie saure Moorgewässer, feuchte Silicat- u. Kalkgesteine sowie Thermen u. wachsen rasenartig od. in filzig-schwammigen Lagern. – Die Gatt. *Stigonema* wächst meist an Fels u. Mauern, z.B. *S. mamillosum;* im Hochmoor auf Torf- u. Heideboden lebt *S. ocellatum.* Einige Arten der S. sind Flechtenpartner (bei Haarflechten). Im Thermalwasser lebt ↗*Fischerella.* B Bakterien und Cyanobakterien.

Stilett s [v. *stil-], stachel- od. borstenförm. Struktur bei verschiedensten Tiergruppen, z.T. mit sehr unterschiedl. Funktion. Einige Beispiele: 1) subzellulär: abstehende Fortsätze am Hals entladener ↗Cniden (Typ „S.kapsel"). 2) Giftstachel im Mundbereich räuber. Tiere, z.B. bei ↗Schnurwürmern; auch die Kanülen-artigen Zähne der extrem modifizierten Radula der ↗Giftzüngler. 3) Stechborsten bei blutsaugenden Wanzen, Fliegen u. Tierläusen. 4) Mundstachel der ↗Bärtierchen (☐) u. bestimmter phytophager Fadenwürmer (konvergent bei ↗*Dorylaimus* u. ↗*Tylenchida*). 5) Fortsätze am Penis, z.B. bei manchen Turbellarien u. Süßwasserschnecken. 6) Der ↗Liebespfeil der *Helicidae.*

Stilettfliegen [v. *stil-], die ↗Luchsfliegen.

Stiliferidae [Mz.; v. *stil-, lat. -fer = -tragend], Fam. der Zungenlosen, Meeresschnecken, die als Kommensalen od. Parasiten an Stachelhäutern leben; ihr kugel. Gehäuse ist dünn u. durchscheinend; der Fuß ist reduziert, ebenso die Fühler, an deren Basis Augen liegen. Die S. sind getrenntgeschlechtl., oft mit Sexualdimorphismus (Zwerg-♂♂), u. entwickeln sich über Veliger; in trop. und subtrop. Meeren.

Stiliger m [v. *stil-, lat. -ger = -tragend], Gatt. der ↗Schlundsackschnecken mit längs eingerollten oder stabförm. Rhinophoren u. mit Fortsätzen v. Mitteldarm- u. Eiweißdrüse in den Cerata; bis 1 cm lang, Farbe variabel; im nördl. Atlantik.

Stillwasserröhrichte ↗Phragmition.

Stimmbänder, *Stimmlippen,* Ligamenta vocalia, ↗Kehlkopf.

Stimmbruch, *Stimmwechsel,* Senkung der Stimmlage beim männl. Geschlecht in der Pubertät (um ca. 1 Oktave), bedingt durch das rasche Wachstum des ↗Kehlkopfs u. die Verlängerung der Stimmbänder. ↗Jugendentwicklung: Tier-Mensch-Vergleich, ↗Kastration.

Stimme, i.e.S. das Produkt des menschl. *Stimmapparats* (Lunge, ↗Kehlkopf mit Stimmbändern, die darüber liegenden Räume der Luftröhre, der Kehle, des Mundes u. der Nase) mit für jeden Menschen charakterist. Eigenschaften, die vom Hörer erkannt u. bewertet werden können. Die individuelle S. ist ein wichtiges Merkmal der Person. Wie das äußerst feine Erkennen v. Unterschieden vor sich geht, ist weitgehend unerforscht. Außerdem übermittelt die S. wesentl. soziale ↗Signale nicht nur durch verbale Information (↗Sprache), sondern auch durch nonverbale Merkmale (Anspannung, Konflikt usw.). Die Erforschung dieser Informationsbeziehung steht ebenfalls noch aus. I.w.S. spricht man auch von Tier-S.n, sofern sie durch einen dem menschl. ähnl. Apparat erzeugt werden (bei Säugern u. bei Vögeln; ↗Syrinx). Die Tier-S.n haben sehr unterschiedl. Funktionen, die vom menschl. Hörer meist nicht intuitiv erkannt werden. Es gibt jedoch auch bei Tieren die Funktionen der Partnererkennung u. die der Übertragung sozialer Signale. ↗Bioakustik, ↗Lautäußerung, ↗Duettgesang, ↗Gesang, ↗Ruf, ↗Sonagramm, ↗Stridulation.

Stimmfühlungslaut, zur Aufrechterhaltung des sozialen Kontakts dienender ↗Ruf, der bes. in unübersichtl. Lebensräumen dazu dient, den Partner od. die Gruppenmitglieder über den eigenen Aufenthalt zu informieren. S.e werden manchmal fast ununterbrochen geäußert (im Vogelschwarm), manchmal auch in gewissen Abständen (Gibbons). Bei Paaren u. Kleingruppen wird der S. oft individuell erkannt, z. B. bei afr. Hornraben, die paarweise im hohen Savannengras jagen u. sich zeitweise nicht sehen können. Man sagt, die Tiere hätten *Stimmfühlung* miteinander. B Motivationsanalyse.

Stimmung, umgangssprachl. Bez. für den ↗Motivations-Zustand eines Tieres. ↗Bereitschaft; ↗Stimmungsübertragung.

Stimmungsübertragung, Übertragung einer ↗Motivation od. einer ↗Bereitschaft v. einem Sozialpartner auf den anderen, die dazu führt, daß die Mitgl. einer Tiergruppe od. eines Schwarms sich gegenseitig „anstecken" u. zur selben Zeit dasselbe tun. Durch S. wird das Verhalten im sozialen Verband synchronisiert – mit mindestens zwei Nutzeffekten: Zum einen kommen wichtige Informationen über die Umwelt, die ein Tier gewinnt, den anderen zugute: eine synchronisierte Flucht (ein Vogel-↗Schwarm fliegt gemeinsam auf) rettet auch die Tiere, die den Raubfeind nicht selbst gesehen haben; die Futtersuche an bestimmten Stellen (z. B. durch Umdrehen v. Steinen bei Bären) informiert Tiere über eine z. Z. ertragreiche Futterquelle, auch wenn sie nicht hungrig genug wären, um ohne die S. zu suchen. In einem solchen Fall kann die S. einen Lernprozeß anregen, der die Verhaltensmöglichkeiten aller Tiere erweitert (↗Lernen). Zum anderen werden durch S. die Bedürfnisse der Tiere synchronisiert, so daß der Zusammenhalt des Verbandes nicht durch widerstreitende Motivationen gefährdet wird: die Tiere sind in etwa zur selben Zeit hungrig, durstig, müde usw. u. neigen von daher zu gemeinsamem Verhalten. Die S. darf nicht mit ↗Nachahmung verwechselt werden, da es sich nicht um die Übernahme eines wahrgenommenen Verhaltens handelt, sondern

Stimmungsübertragung
K. ↗Lorenz schreibt in „Der Kumpan in der Umwelt des Vogels" (↗Kumpan, Spaltentext) zur S.: „Es wird hier bezeichnenderweise eine Triebhandlung des einen Tieres durch die *gleiche* Triebhandlung des Kumpans ausgelöst. Bei Beobachtung dieses Verhaltens müssen wir eingedenk bleiben, daß dies *keine Nachahmung* ist. Zur Nachahmung einer zweckmäßigen Verhaltensweise ist kein Vogel befähigt ... Diese Art von scheinbarer Nachahmung beruht auf der bei Vögeln sehr weit verbreiteten Erscheinung, daß der Anblick des Artgenossen in bestimmten Stimmungen, die sich durch Ausdrucksbewegungen und -laute äußern können, im Vogel selbst eine ähnliche Stimmung hervorruft. Dazu sind die Ausdrucksbewegungen ja eben da. Wenn man schon durchaus eine Analogie mit menschlichem Verhalten heranziehen will, so kann man sagen, die betreffende Reaktion ‚wirke ansteckend' wie bei uns das Gähnen."

ledigl. um die Anregung eines anders entstandenen (angeborenen od. individuell erlernten) Verhaltensmusters. Man benutzt daher auch die Begriffe *soziale Anregung, soziale Stimulation, soziale Verstärkung* oder „*soziale Erleichterung*" (vom engl. social facilitation). Der Begriff der S. wurde von K. ↗Lorenz bereits in seinem Frühwerk in allen Grundzügen erfaßt.

Stinkdrüsen, bei verschiedenen Tiergruppen (z. B. ↗Wanzen, ↗Skunks, ↗Iltisse, ↗Zorilla, Stink-↗Dachse) verbreitete Drüsen (meist ↗Analdrüsen), die v. a. zur Verteidigung u. Abschreckung, z. T. aber auch zur innerartl. Verständigung stark riechende Sekrete (↗Wehrsekrete) abgeben.

Stinkfliegen, 1) die ↗Florfliegen; 2) *Coenomyia ferruginea,* ↗Holzfliegen.

Stinkholz, das im frischen Zustand unangenehm riechende, harte Holz des südafr. Lorbeergewächses *Ocotea bullata* (Kaplorbeer od. Kapwalnuß); grau, gelb, braun bis schwarz gefärbt; dient zur Möbelherstellung u. für Drechslerarbeiten.

Stinkmorchel, *Phallus impudicus,* ↗Stinkmorchelartige Pilze.

Stinkmorchelartige Pilze, *Rutenpilze, Phallaceae,* Familie der ↗Bauchpilze. Junge Fruchtkörper sind geschlossene, rundliche, bovistähnl. „Hexeneier" mit basalem Mycelstrang; anfangs im Erdboden, dann an die Oberfläche kommend. Im Unterschied zu dem homogenen Innern der Boviste (↗Weichboviste) ist im ↗Hexenei die zusammengestauchte Form des gesamten Pilzes (mit Stiel u. Hut) zu erkennen. Im reifen Zustand besitzen die S.n P. einen gut entwickelten, oberird., gestielten Fruchtkörper. Bekannteste Art ist die Stinkmorchel *(Phallus impudicus),* die häufig in Laub- u. Nadelwäldern wächst; auf dem hutartigen, oberen Fruchtkörperteil (↗Receptaculum) liegt die äußere, dunkelviolette, stinkende, schleimige ↗Gleba mit den Sporen frei; sie tropft langsam ab od. wird v. (Aas-)Fliegen verbreitet. Der hohe Stiel (bis 20 cm) aus schwammigem, porösem Hyphengeflecht (Pseudoparenchym)

Stinkmorchelartige Pilze
Stinkmorchel:
a Längsschnitt durch jungen, noch geschlossenen Fruchtkörper *(Hexenei);*
b reifer Fruchtkörper mit aufgerissener Peridie u. gestrecktem Receptaculum.
aGl abtropfende Gleba, En Endoperidie, Ex Exoperidie, Gl Gleba, My Mycelstrang, Re Receptaculum, St zum Stiel umgewandeltes, gestrecktes Receptaculum, Vg Volvagallerte (Mesoperidie)

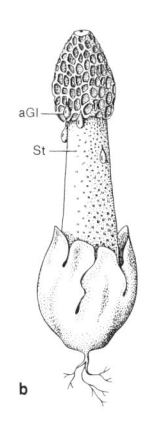

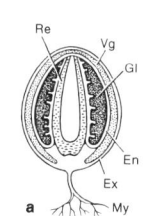

Gattungen:
Dictyophora (↗Schleierdame)
Mutinus (↗Hundsrute)
Phallus (Stinkmorchel)

Stinktiere

Stoffwechsel

Wichtige Stoffwechselwege

↗ *Kohlenhydratstoffwechsel*

Synthesen:
↗ Photosynthese (B I–II), ↗ Calvin-Zyklus (☐)
↗ Glykogen-Synthese (☐)
↗ Gluconeogenese (B)
C_4-Säurezyklus (↗ Hatch-Slack-Zyklus, ☐)

Abbau:
Hydrolytische Spaltung der ↗ Polysaccharide (B Kohlenhydrate II)
↗ Glykolyse (B) Glykogenolyse (Phosphorylase-System; ↗ Glykogen, ☐)
Phosphogluconat-Weg (↗ Pentosephosphatzyklus, ☐)

↗ *Fettstoffwechsel*

Synthesen:
Lipidsynthese (↗ Lipide; ↗ Fette; ↗ Acylglycerine (↗ Phospholipide, ↗ Glykolipide, ↗ Carotinoide, ↗ Sterine)
↗ Fettsäure-Synthetase-System

Abbau:
Hydrolytische Spaltung der ↗ Fette
↗ Beta-Oxidation der ↗ Fettsäuren

↗ *Proteinstoffwechsel*

Synthesen:
Biosynthese der ↗ Aminosäuren (☐) u. ↗ Proteine (↗ Translation)

Abbau:
Hydrolytische Spaltung der ↗ Proteine
Abbau u. Umbau der ↗ Aminosäuren durch ↗ Decarboxylierung, ↗ Desaminierung, ↗ Transaminierung

↗ *Acetyl-Coenzym A* als „Drehscheibe" des Stoffwechsels

Synthesen:
↗ Kohlenhydrate
↗ Fettsäuren
↗ Aminosäuren
↗ Ketogenese
↗ Steroide
↗ Terpene

ist sehr zerbrechl. Im jungen Zustand kann die Stinkmorchel gegessen werden. Fr. wurden ihr verschiedene Wirkungen gg. Rheuma u. Gicht zugeschrieben; sie wurde auch zur Herstellung v. Liebestränken u. Zaubermitteln genutzt. Auf Dünen findet sich die kleinere Dünen-Stinkmorchel *(Phallus hadriani)*.

Stinktiere, die ↗ Skunks. [wanzen.
Stinkwanze, *Palomena prasina,* ↗ Schild-
Stinte, *Osmeridae,* Fam. der ↗ Lachsähnlichen mit 4 Gatt. und 10 Arten; meist kleine, silbr., in riesigen Schwärmen auftretende Fische der N-Hemisphäre v. a. im N-Pazifik u. in den einmündenden Flüssen; haben kleine Fettflosse, dünne, leicht abreibbare Schuppen u. einen blindsackart. Magen. An eur. Küsten v. der Biscaya bis zum Weißen Meer u. in der Ostsee verbreitet ist der meist um 20 cm lange Europäische S. *(Osmerus eperlanus,* B Fische III), der im Frühjahr zum Laichen in den Unterlauf der Flüsse aufsteigt; er wird wirtschaftl. für Fischmehl genutzt; meist nur bis 10 cm lang werden Formen, die dauernd in küstennahen größeren Binnenseen leben. Die sehr ähnl., aber etwas kleinere Lodde *(Mallotus villosus)* lebt vorwiegend in der Nähe der arkt. Meere u. ist hier wicht. Glied in der Nahrungskette größerer Meerestiere; sie hat als Speisefisch u. Tierfutter wirtschaftl. Bedeutung. [gras.
Stipa *w* [lat., = Stützstab], das ↗ Feder-
Stipeln [Mz.; v. lat. stipulae = Halme, Stoppeln], die ↗ Nebenblätter; ↗ Blatt.
Stipes *m* [lat., = Stamm], *Stammstück, Haftglied,* basaler Abschnitt der Maxille; ↗ Mundwerkzeuge.
Stipetum capillatae *s* [v. lat. stipa = Stützstab, capillatus = behaart], *Federgras-Flur,* Sammel-Assoz. des ↗ Festucion valesiacae (↗ Festuco-Brometea) mit ostmitteleur. Verbreitung u. schon hohem Anteil kontinentaler Steppenarten.
Stipulae [Mz.; lat., = Halme, Stoppeln], die ↗ Nebenblätter; ↗ Blatt.
Stirn, *Frons,* 1) der nach vorn weisende, oberhalb der Augenhöhlen gelegene Bereich des ↗ Kopfes bei Wirbeltieren u. Mensch; i. e. S. nur der relativ steil von Schädeldach zu den Augenhöhlen abfallende vordere obere Schädelbereich der Primaten, insbes. der Hominiden. ↗ Schädel (☐). 2) Vorderer medianer Teil der Kopfkapsel der ↗ Insekten, der meist v. ↗ Frontalnähten (Sutura frontalis, ↗ Häutungsnähte) seitlich u. von der ↗ Epistomalnaht nach vorn vom Clypeus (↗ Mundwerkzeuge) abgegrenzt ist. ☐ Insekten.
Stirnaugen, *Stirnocellen,* Medianaugen (↗ Einzelaugen, ↗ Ocellen, ↗ Komplexauge) der ↗ Insekten (☐).
Stirnbein, *Frontale, Os frontale,* unpaarer Deckknochen am Schädeldach der Wirbeltiere. Das S. liegt vor dem ↗ Scheitelbein, oberhalb v. Jochbein (↗ Jugale) u. Nasenbein (↗ Nasale). Es bildet das Dach der Au

genhöhle sowie den oberen Teil der Orbitalspange (seitl. Augenhöhlenbegrenzung). Bei Primaten hat das S. annähernd eine vertikale Stellung. Bei Huftieren trägt das S. im männl. Geschlecht die Stirnwaffen (↗ Geweih, ↗ Gehörn); sie entstehen aus einem paarigen Auswuchs des S.s, dem *Os cornu* (wörtl.: Hornknochen; „Rosenstock" bei Hirschartigen). Beim Menschen liegen im S. die zu den ↗ Nebenhöhlen gehörenden *Stirnhöhlen* (S.höhlen, *Sinus frontales*). ☐ Nase, ☐ Schädel.
Stirndrüse, die ↗ Frontaldrüse.
Stirnhirn, ↗ Telencephalon.
Stirnlappen, 1) *Kopflappen,* ↗ Prostomium; 2) ↗ Hirnlappen, ↗ Telencephalon.
Stirnrind, *Gayal,* ↗ Gaur.
Stirnwaffenträger, *Pecora,* v. den stirnwaffenlosen Zwerghirschen (↗ Hirschferkel) systemat. abgetrennte Teil-Ord. der Wiederkäuer mit 4 Fam.: Als Stirnwaffen tragen die ↗ Hirsche *(Cervidae)* ein ↗ Geweih, das jährl. abgeworfen u. neu gebildet wird, die ↗ Giraffen *(Giraffidae)* fellüberwachsene ↗ Stirnzapfen, die ↗ Gabelhorntiere *(Antilocapridae;* ↗ Gabelbock) gegabelte Hornscheiden, die sie jährl. wechseln, u. die ↗ Hornträger *(Bovidae)* einspitzige Hornscheiden (↗ Gehörn), die nicht od. nur einmal in der Jugend gewechselt werden.
Stirnzapfen, ein Knochenfortsatz des Stirnbeins, der bei den ↗ Hornträgern mit einer Hornscheide bedeckt ist (↗ Gehörn, ☐); bei ↗ Hirschen, ↗ Giraffen mit Haut überzogen.
Stizostedion *m* [v. gr. stizein = stechen, stēthion = Brüstchen], die ↗ Zander.
Stock, 1) Bot.: *Stubben,* das im Boden verbleibende Ende gefällter Baumstämme. 2) Zool.: a) der ↗ Bienenstock; ↗ staatenbildende Insekten. b) der ↗ Tierstock.
Stockausschlag, Bez. für die Ausbildung v. neuen, zusätzl. Seitensprossen an den Stümpfen gefällter Bäume od. Sträucher od. an ↗ Stecklingen. Diese Seitensprosse erwachsen aus Adventivknospen (↗ Adventivbildung) od. alten ↗ schlafenden Augen. Treten die Neubildungen an flachliegenden Wurzeln aus, so spricht man v. *Wurzelausschlag* od. ↗ *Wurzelbrut.* Nicht alle Bäume u. Sträucher sind zum S. befähigt. ↗ Niederwald, ↗ Mittelwald.
Stockente, *Anas platyrhynchos,* Art der ↗ Schwimmenten. [makrelen.
Stöcker, *Trachurus trachurus,* ↗ Stachel-
Stockfäule, eine ↗ Rotfäule des Holzes, die auf den unteren Teil des befallenen Stammes beschränkt bleibt.
Stockkrankheit, Erkrankung v. vielen Kulturpflanzen; Symptome: Stengelverdikkungen, Kümmerwuchs, starke Bestokkung, verdrehte u. verfärbte Blätter, verkümmerte Körner; verursacht durch die Larven der Stengel-Älchen (↗ Tylenchida), die vom Boden in den Stengel eindringen.
Stockmalve, der ↗ Eibisch.
Stockrose, *Althaea rosea,* ↗ Eibisch.

Stockschwämmchen, *Stockschüppling, Kuehneromyces mutabilis* Sing. u. Smith, eßbarer Blätterpilz der Fam. ⇗Träuschlingsartige Pilze an Laubholz-, seltener an Nadelholz-Stubben. Meist büschelig; Stielbasis mit der anderer Fruchtkörper verwachsen, Hut kahl, honig-ockergelb, feucht wäßrig-zimtbraun, hygrophan mit mehr od. weniger breiter, dunkler Randzone. Lamellen angewachsen, herablaufend; Stiel mit kleinen, sparrigen Schüppchen unterhalb des abstehenden Rings, auf dem sich die rostbraunen Sporen deutl. ablagern. Geruch nach frisch gesägtem Holz. Das S. läßt sich leicht auf Laubholz in Gärten züchten. Ähnl. wie das S. sieht der stark giftige Nadelholz-Häubling (*Galerina marginata*) aus, dessen Stengel aber nie schuppig u. dessen Geruch mehlartig ist; er wächst hpts. auf Nadelholz-Stubben. ⇗Häublinge. B Pilze III.

Stockwerkprofil, Horizontierung eines Bodens, bei dem nach (oft wiederholter) Auflagerung v. Fremdmaterial über einem alten Boden erneut eine Profildifferenzierung einsetzte (bei ⇗Auenböden).

Stoecharthrum s [v. gr. stoichos = Reihe, arthron = Gelenk], Gatt. der ⇗*Mesozoa* (Kl. *Orthonectida*), mit 1 Art, *S. giardi*, die parasit. im Borstenwurm *Scoloplos* lebt.

Stoffkreisläufe, regelmäßig wiederkehrende Folge v. Derivaten bestimmter chem. Elemente (z. B. C, N, P) in Organismen od. Ökosystemen, die auf dem Wege über Aufbau- u. Abbauprozesse od. verschiedene Aggregatzustände (⇗Wasserkreislauf) wieder zum Ausgangspunkt zurückkehrt; die betreffenden Stoffe bleiben auf diese Weise dem System erhalten. S. in Ökosystemen können eine biotische u. eine abiotische Phase umfassen ("biogeochemische S."); sie können einen Speicher haben, der sich beim ⇗Stickstoffkreislauf im Luftraum, beim Phosphorkreislauf im Gestein befindet. Eine der negativen ökolog. Wirkungen des Menschen ist das Aufbrechen natürl. S., dem die Rezyklierung v. Materialien entgegenwirkt. ⇗Humanökologie.

Stoffwechsel, *Metabolismus,* übergeordnete Bez. für alle im Organismus v. Pflanzen, Tieren u. Mensch sowie in Mikroorganismen ablaufenden chem. Reaktionen (⇗Leben). Sie dienen entweder dem Aufbau u. der Speicherung v. Körper- bzw. Zellsubstanz (⇗*Anabolismus,* ⇗*Assimilation,* "Bau-S.") od. ihrem Abbau (*Katabolismus,* ⇗*Dissimilation,* "Betriebs-S."). Katabolismus u. Anabolismus sind eng miteinander verknüpft u. werden hpts. über den aktuellen Vorrat u. Bedarf der Zellen an ATP (⇗*Adenosintriphosphat,* ☐) geregelt (⇗Energieladung, ☐). Generell fördert ein hoher ATP-Spiegel in der Zelle anabole Reaktionen u. umgekehrt. Charakterist. für den Auf- u. Abbau v. Substanzen (⇗Baustoffe; ⇗Bioelemente, T) im S. ist, daß diese Prozesse über viele Zwischenstufen erfolgen, wobei lange *Reaktionsketten* durchlaufen werden od. die Reaktionen in Form eines *S.zyklus,* bei dem Anfangs- u. Endsubstanz ident. sind, ablaufen. Der biol. Sinn dieser vielfältigen Teilschritte u. chemischen Umwege, um eine Substanz A in eine Substanz B umzuwandeln, liegt in der Möglichkeit zur Vernetzung der Wege im S. und der Verknüpfung v. Anabolismus u. Katabolismus durch gemeinsame Zwischenprodukte. Substanzen (*Metaboliten;* ⇗Antimetaboliten), die vielen *S.wegen* gemeinsam sind u. deren momentane (stationäre) Konzentrationen in der Zelle v. entscheidender Bedeutung für den jeweiligen S.zustand des Organismus sind, bilden ein *S.reservoir* ("metabolic pool"). So ist z. B. das ⇗*Acetyl-Coenzym A* (☐) gemeinsames Zwischenprodukt des Katabolismus der ⇗Fette, ⇗Kohlenhydrate u. ⇗Proteine u. kann entweder weiter zum Energiegewinn abgebaut werden od. als Substrat für Synthesen Verwendung finden. Dennoch besteht der Anabolismus nicht einfach in einer Umkehrung der katabolen Reaktionen – wenn auch Teilstücke der S.ketten bzw. -zyklen rückwärts durchlaufen werden. Vielmehr sind an verschiedenen Stellen "Umwege" od. andere Reaktionen eingebaut, die dann zu denselben Metaboliten führen. Dies hat zum einen energet. Gründe (Umgehung thermodynamisch [⇗Thermodynamik] ungünstiger Reaktionen; ⇗chemisches Gleichgewicht, ⇗Entropie, ⇗Enthalpie), zum anderen besteht hierdurch die Möglichkeit einer getrennten ⇗Regulation v. Synthese u. Abbau. Dieser *S.regulation* dient auch der Umstand, daß beide Prozesse – obwohl gleichzeitig – oft in verschiedenen Zellkompartimenten (⇗Kompartimentierung) ablaufen. Auch unter energet. Gesichtspunkten sind lange Reaktionsfolgen im S. notwendig: Da die im S. gewonnene od. verbrauchte ⇗chemische Energie (⇗Energieumsatz) nicht kontinuierl., sondern wegen der definierten Menge an freier Energie (⇗Enthalpie) der ⇗Hydrolyse energiereicher Phosphate (insbesondere ATP; ⇗energiereiche Verbindungen, ☐) "portionsweise" zur Verfügung steht, müssen die Teilschritte des S.s auf diese "Energiewährung" abgestimmt sein. Die einzelnen Reaktionen des S.s sind enzymkatalysiert (⇗Katalyse, ☐) u. damit den vielfältigsten ⇗Regelungen zugängl. Elemente dieses Regelsystems sind die aktuellen Enzymkonzentrationen, die Neusynthese v. Enzymen durch Aktivierung der entspr. Gene (⇗Ein-Gen-ein-Enzym-Hypothese, ⇗Genwirkketten), stationäre Konzentrationen der Metaboliten, An- oder Abwesenheit v. metabolischen ⇗Effektoren (⇗Aktivatoren, ⇗Inhibitoren) u. die hormonelle Konstitution des Organismus (⇗Allosterie, ⇗Enzyme, ⇗Isoenzyme, ⇗Hormone). Auch

Fortsetzung von S. 66

Abbau:
⇗Citratzyklus
⇗Atmungskette
⇗Glyoxylatzyklus

⇗Nucleinsäurestoffwechsel

Synthesen: Biosynthese v. ⇗Ribonucleinsäuren (RNA), ⇗Replikation v. ⇗Desoxyribonucleinsäuren (DNA)

Abbau: DNA- und RNA-Spaltung, ⇗Harnsäure-Bildung

Exkretstoffwechsel (⇗Exkretion)
⇗Harnstoffzyklus (☐)
⇗Harnsäure-Biosynthese

Mineralstoffwechsel (⇗Mineralstoffe)

Umsetzung anorgan. Ionen u. Metallkomplexe, insbes. ⇗Natrium (Na^+), ⇗Kalium (K^+), ⇗Calcium (Ca^{2+})

Stoffwechsel-Homologie

Der ⇗Homologie-Begriff kann auch auf den Stoffwechsel v. Pflanzen u. Tieren übertragen werden u. besagt, daß die großen Wege der Assimilation u. Dissimilation zu den frühesten Gemeinsamkeiten aller Zellen gehören. Innerhalb verschiedener Organismengruppen haben sie mit deren Evolution Abwandlungen erfahren (z. B. sekundärer Verlust v. Stoffwechselwegen: ⇗Harnstoffzyklus).

Stoffwechsel

hierbei ist charakterist., daß Hin- u. Rückreaktionen, obwohl im Prinzip umkehrbar, dennoch häufig v. verschiedenen Enzymen katalysiert werden. Aus dem Zusammenspiel der den S. regelnden Größen ergibt sich die jeweilige S.lage, die aber nicht als stabiles, sondern als ↗ *dynamisches* od. *Fließgleichgewicht* („steady state") aufzufassen ist. Anabole u. katabole Stoffumwandlungen sind untrennbar mit der Aufnahme od. Abgabe v. ↗ Energie verbunden; dem S. läuft daher ein Energiewechsel parallel (↗ Energie-S., ↗ Energieumsatz). Der komplizierte Verlauf anaboler u. kataboler S.wege kann gedanklich auf verschiedene Ebenen verteilt u. damit geordnet werden. Auf der ersten Ebene stehen die großen Moleküle (↗ *Kohlenhydrate*, ↗ *Nucleinsäuren*, ↗ *Proteine*), weiterhin die ↗ *Fette* (mit mittlerer Molekülgröße), die entweder aus ↗ Biosynthesen (↗ Biosynthesewege) hervorgegangen sind od. dem Organismus als Nahrung (↗ Ernährung, ↗ Nahrungsmittel) dienen u. zu diesem Zweck in kleinere Bruchstücke (↗ Monosaccharide, ↗ Mononucleotide, ↗ Aminosäuren, Diglyceride, Monoglyceride [↗ Acylglycerine], freie ↗ Fettsäuren) zerlegt werden (↗ Verdauung). Im weiteren Verlauf werden die Bruchstücke entweder direkt wiederverwendet (z.B. zum Wiederaufbau v. Makromolekülen) od. durch weiteren Abbau derart umgewandelt u. „vereinheitlicht", daß sie bei Bedarf in wenige „Grund"-Substanzen, wie z.B. die aktivierte Essigsäure (= ↗ Acetyl-Coenzym A), einmünden. Die auf diesen S.wegen erzeugten zahlr. Zwischenprodukte *(Intermediärprodukte)* können wiederum zu Synthesen herangezogen werden. Von der aktivierten Essigsäure schließl. führt im Katabolismus ein Weg (gemeinsame Endstrecke) zur Bildung phosphatgebundener chem. Energie (oxidative Phosphorylierung; ↗ Atmungskettenphosphorylierung, ↗ Atmungskette) in Form von ATP. Im Anabolismus werden auf dieser dritten Ebene die Grundbausteine für die Synthese der Makromoleküle (↗ Biopolymere) bereitgehalten (speziell Intermediärprodukte des ↗ Citratzyklus). Auf dieser Ebene gibt es auch Verknüpfungen zu speziellen S.wegen, die der Synthese zur Ausscheidung (↗ Exkretion, ↗ Entgiftung, ↗ Biotransformation) oder Speicherung vorgesehener Schlackenstoffe (stickstoffhaltige Endprodukte) dienen *(Exkretions-S.)*. Die Gesamtheit der zw. dem Umbau der gespaltenen Makromoleküle u. der Ausscheidung unbrauchbarer Schlackenstoffe liegenden Reaktionen bezeichnet man auch als *Intermediär-S.* – Der bisher beschriebene, bei Mensch, Tieren u. Pflanzen im wesentl. gleich verlaufende *Primär-* od. *Grund-S.* wird durch eine Fülle v. speziellen Syntheseleistungen der Pflanzen *(Sekundär-S.)*, die zu zahlr., z.T. hochkomplexen u. oft pharmakologisch wirksamen Substanzen führen *(sekundäre ↗ Pflanzenstoffe)*, erweitert. Der biol. Sinn dieser Syntheseleistungen ist nicht sicher zu erfassen. Die oft in Pflanzenteilen abgelagerten – sekundären Pflanzenstoffe als ↗ „Exkrete" (↗ Absonderungsgewebe) zu bezeichnen, ist sicher vereinfacht. Möglicherweise spielen sie eine Rolle in der Abwehr v. Phytophagen. ↗ Kohlenhydrat-S., ↗ Fett-S., ↗ Protein-S., ↗ Nucleinsäuren-S., ↗ Natrium-S., ↗ Kalium, ↗ Calcium, ↗ Eisen-S.; ↗ Hunger-S.; ↗ Informations-S.; ↗ S.physiologie. ☐ Aminosäuren, B Dissimilation I–II. *K.-G. C.*

Stoffwechselintensität, *Stoffwechselrate*, mittels ↗ Respirometrie (☐) od. ↗ Kalorimetrie (☐) bestimmbare Größe des ↗ Energieumsatzes. Sie ist v. einer Reihe biotischer u. abiotischer Faktoren abhängig u. kennzeichnet die Lebensweise der Organismen. Während des Lebens eines Individuums führen die verschiedensten biol. Aktivitäten (Arbeitsleistungen zur Konstanthaltung des ↗ inneren Milieus, Bewegungen, Wachstum, Reparatur, Schwangerschaft, Kommunikation u.v.a.) zu einer Erhöhung der S., so daß vergleichende Messungen nur unter streng standardisierten Bedingungen mögl. sind. Die Umgebungs-↗ Temperatur ist neben dem ↗ Licht ein wichtiger abiotischer Faktor, der die S. beeinflußt. Zahlr. Kompensationsmechanismen poikilothermer (↗ Poikilothermie) und Regulationsvorgänge homoiothermer (↗ Homoiothermie) Tiere bzw. des Menschen führen zu einer Erhöhung od. Erniedrigung der S. (↗ Temperaturanpassung, ↗ Temperaturregulation, ↗ Körpertemperatur; ↗ Lichtfaktor). Die Abhängigkeit der S. v. der Umgebungstemperatur folgt der ↗ RGT-Regel, wobei die Q_{10}-Werte bei verschiedenen Tieren durchaus unterschiedl. sein können u. ihrerseits temperaturabhängig sind. Enge Beziehungen bestehen auch zw. ↗ Ernährung und S. Generell erhöht sich die S. nach der Nahrungsaufnahme, jedoch unterschiedl. nach der Art der Nahrung (spezifisch dynamische Wirkung, ↗ Rubner). Die ↗ Verdauung

Stoffwechselintensität

Einfluß von Körpergröße und -gewicht auf die S.:

Die Oberflächen ähnl. Körper wachsen mit der 2/3-Potenz ihres Volumens und bei gleicher Dichte mit der 2/3-Potenz ihres Gewichts. Damit haben größere Körper (↗ Körpergröße) im Verhältnis zu ihrem Volumen od. Gewicht (↗ Körpergewicht) eine kleinere Oberfläche. Wird diese Abhängigkeit logarithmisch aufgetragen, so ergibt sich der Exponent (2/3) als Steigung der Geraden. Bei direkter Proportionalität zw. Oberfläche und S. müßte die Steigung demnach 0,67 sein; bei direkter Proportionalität zw. Gewicht und S. ergäbe sich die Steigung 1. Der experimentell gefundene Wert aus einer großen Anzahl von Messungen liegt mit 0,75 dazwischen.

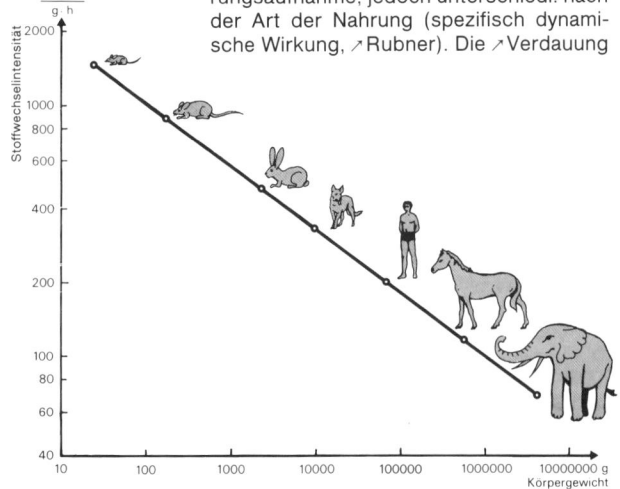

STOFFWECHSEL

Das Schema zeigt einige wichtige Beziehungen und Verknüpfungen des *Intermediärstoffwechsels*. An verschiedenen Stellen ist auf die Bildung von ATP hingewiesen. Die Verhältnisse bei Mikroorganismen (speziell Stickstoff-Fixierung) wurden nicht berücksichtigt. Die Pfeile deuten an, daß *Abbau* und *Synthese* oftmals (zumindest streckenweise) über die gleichen Stoffwechselwege verlaufen.

In der *Photosynthese* als wichtigstem biosynthetischem Prozeß wird die Energie der Lichtquanten (Sonnenenergie) zur Wasserspaltung benutzt und Sauerstoff gebildet (Lichtreaktion). Der aktive Wasserstoff dient zusammen mit CO_2 dem Aufbau von Kohlenhydraten (Hexosen; Dunkelreaktionen des *Calvin-Zyklus*). Hexosen fungieren als Grundbausteine für die Synthese von Polysacchariden (pflanzlicher Stärke und tierischem Glykogen) und als Ausgangssubstanzen für die Umwandlung verschiedener Zucker ineinander im Rahmen des *Pentosephosphatzyklus*. Von den so synthetisierten Zuckern spielt insbesondere die Ribose eine wichtige Rolle als Bestandteil der Coenzyme, Nucleotide und Nucleinsäuren. Sie kann andererseits auch wieder in den „pool" der Hexosen eingeschleust werden. Des weiteren dient der Pentosephosphatzyklus als Quelle für Reduktionsäquivalente ($NADPH+H^\oplus$) für Syntheseprozesse. Schließlich können die gebildeten C_4–C_7-Zucker der Aminosäuresynthese dienen, wobei – wie das Schema andeutet – dies nicht die einzigen Intermediärprodukte zum Aminosäureaufbau sind. – Im katabolen Stoffwechsel wird mit Hexosen in Form von Glucose die Glykolyse gestartet, die unter anaeroben Bedingungen zu Lactat oder Äthanol (alkoholische Gärung) führt, unter aeroben Bedingungen dagegen über Acetyl-CoA mit dem Citratzyklus und über diesen mit der Atmungskette verbunden ist.

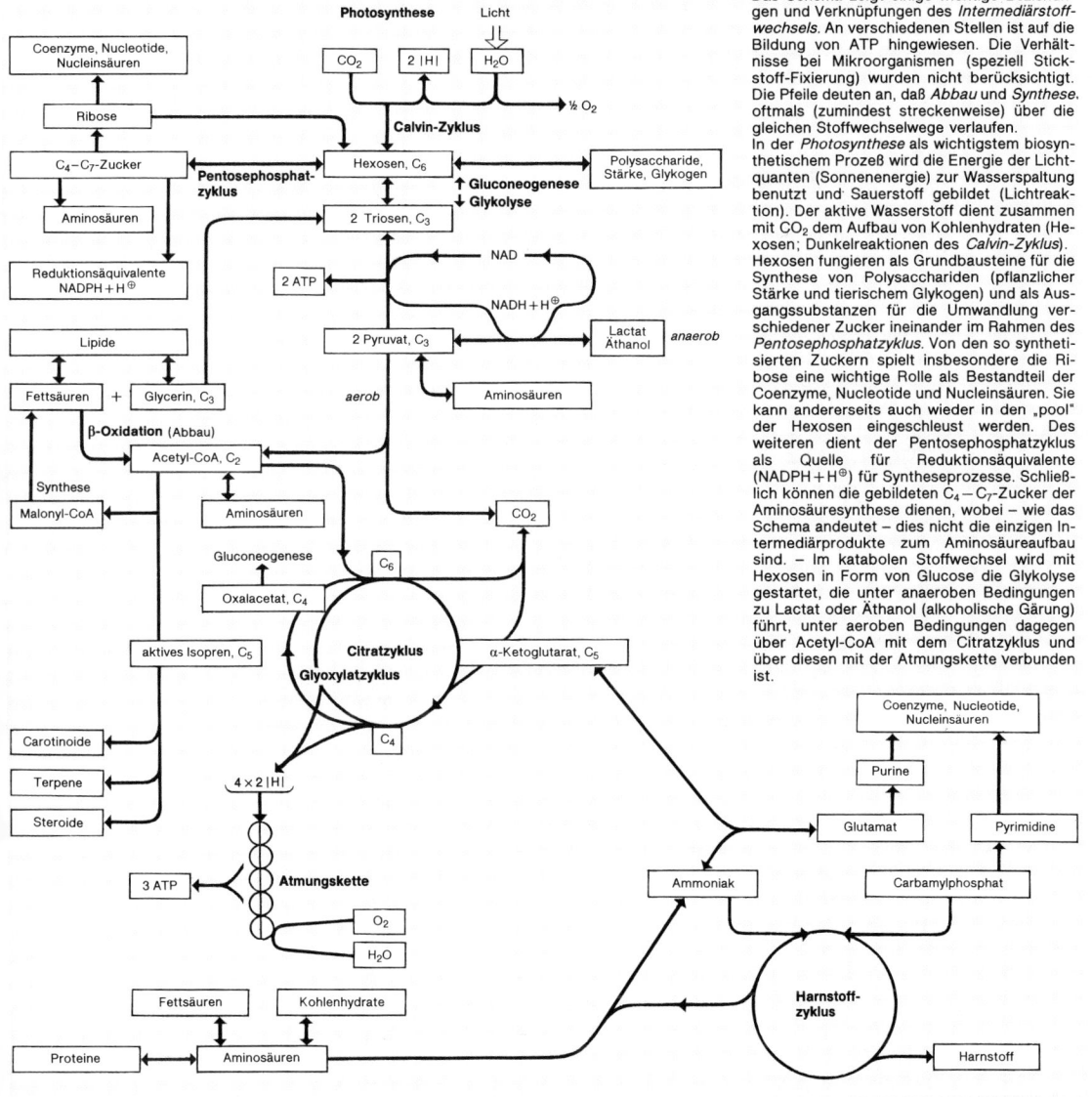

Die *Glykolyse* führt zunächst über die Spaltung der Hexosen in 2 Triosen zum Pyruvat, das die Verzweigungsstelle für die Bildung der Gärungsprodukte (Lactat, Äthanol) bzw. (nach Decarboxylierung) des Acetyl-CoA darstellt. Des weiteren können auch von diesem Metaboliten ausgehend Aminosäuren synthetisiert werden. Die Synthese der angegebenen wie auch anderer Gärungsprodukte (Anaerobiose) ist an die Bereitstellung von oxidierten wasserstoffübertragenden Coenzymen gebunden, weswegen dem NAD-($NADH+H^\oplus$)-Zyklus eine besondere Bedeutung zukommt.

Bei Verfolgung des aeroben Katabolismus wird deutlich, daß man zu Recht vom *Acetyl-CoA* („aktivierte Essigsäure") als einer „Drehscheibe des Stoffwechsels" sprechen kann. Seine Bildung wird nicht nur aus der Glykolyse gefördert, sondern auch durch Aminosäureabbau und über den Abbau der Fettsäuren auf dem Wege der β-Oxidation. Die Fettsäuren selbst werden durch hydrolytische Spaltung aus den Lipiden freigesetzt; das dabei entstehende zweite Spaltprodukt Glycerin kann in den glykolytischen Abbau eingeschleust werden. Umgekehrt dient Acetyl-CoA zur Synthese von Fettsäuren (über den „Umweg" des Malonyl-CoA) und damit auch der Lipide. Weitere Synthesewege, die Acetyl-CoA benötigen, führen zu Aminosäuren und über das wichtige Zwischenprodukt „aktives Isopren" zu Carotinoiden, Terpenen und Steroiden. Die aus verschiedenen Quellen stammende aktivierte Essigsäure wird auf einem gemeinsamen Stoffwechselweg weiter zum Energiegewinn abgebaut. Hierzu wird das Acetyl-CoA auf Oxalacetat (C_4) übertragen (Synthese von Citrat [C_6]) und damit in den *Citratzyklus* eingeschleust. Durch die Reaktionen des Citratzyklus wird das Acetyl-CoA letztlich in CO_2 und Wasserstoffatome zerlegt (4×2 |H|), von denen 3 über NAD und 1 über FAD in die *Atmungskette* geschleust werden, wo Elektronentransport und oxidative Phosphorylierung zur Bildung von ATP (an 3 Stellen) und Wasser führen. Der nahezu ausschließlich bei Pflanzen und Mikroorganismen ablaufende *Glyoxylatzyklus* ist eine abgewandelte Form des Citratzyklus. Er ermöglicht die Umwandlung des aus dem Fettsäureabbau (oder direkt aus dem Acetat) stammenden Acetyl-CoA zu Kohlenhydraten. Dabei werden die Decarboxylierungsschritte des Citratzyklus umgangen und Oxalacetat gebildet, das über Phosphoenolpyruvat in den *Gluconeogenese*-Weg (rückwärts durchlaufene Glykolyse) eingespeist wird. Der Citratzyklus ist über sein Zwischenprodukt α-Ketoglutarat mit dem Abbau von stickstoffhaltigen Endprodukten sowie der Synthese von Purinen und Pyrimidinen, die wiederum wesentliche Bestandteile der Nucleotide, Nucleinsäuren und vieler Coenzyme sind, verknüpft. Ammoniak (NH_3) als primäres Abbauprodukt der Aminosäuren wird auf α-Ketoglutarat übertragen und als Glutamat vorübergehend gespeichert. Sofern Ammoniak nicht direkt ausgeschieden wird, durchläuft es zusammen mit Carbamylphosphat im *Harnstoffzyklus* einen Syntheseweg, der einerseits (insbesondere bei niederen Organismen) zur Bildung von Aminosäuren, andererseits zur Synthese von Harnstoff führt. Vom Carbamylphosphat führt (zusammen mit Asparaginsäure) ein Weg zu den Pyrimidinen und vom Glutamat ein solcher zu den Purinen. Neben ihrer Bedeutung für die Nucleotid-, Nucleinsäure- und Coenzymsynthese sind die Purine in Form der Harnsäure Exkretionsprodukte vieler Tiere.

Wie erwähnt, gibt es innerhalb des Kohlenhydrat- und Fettstoffwechsels zahlreiche Verknüpfungen zur Synthese und zum Ab- und Umbau von Aminosäuren, sofern sie nicht direkt hydrolytisch aus Proteinen abgespalten werden. Außer zur Neusynthese von Proteinen können sie auch direkt in den katabolen Stoffwechsel zur Energiegewinnung eingespeist werden.

Stoffwechselkrankheiten

der Proteine erfordert in diesem Zshg. die meiste Stoffwechselarbeit; ganz wesentl. an der Erhöhung der S. sind aber sicher auch die energieaufwendigen Umbauprozesse in den Zentralorganen (↗Leber) beteiligt. ↗Hunger führt nach einer Zeit der Anpassung (↗Adaptation) an diese Stoffwechselsituation zu einer Erniedrigung der S. (↗Hungerstoffwechsel). Am eindrucksvollsten u. in ihrer Ursache bis heute nicht genau verstanden ist die Beziehung zwischen S. und ↗Körpergröße. Kleine Tiere haben, bezogen auf die Gewichtseinheit, eine höhere S. als große; dabei hängt der Logarithmus der S. [z. B. gemessen in O_2-Verbrauch/(g · h)] linear vom Logarithmus des ↗Körpergewichtes (G) ab. In einem Diagramm aufgetragen als S. = a · G^b, ergibt dies die sog. „Maus-Elefanten-Kurve", mit der dieser Zshg. oft beschrieben wurde. Der Proportionalitätsfaktor a ist eine tierspezif. Größe, der Exponent b dagegen hat bei Einzellern, Poikilothermen u. Homoiothermen einen Wert von etwa 0,75. Er wurde (unter alleiniger Berücksichtigung der Homoiothermen) auf die relative Größe der wärmeabgebenden Fläche („Oberflächengesetz") bezogen, die bei Säugern u. Vögeln mit etwa diesem Exponenten mit dem Gewicht korreliert ist; zudem findet sich auch eine entspr. Beziehung zw. Körpergewicht u. Wärmeproduktion. Wegen der Universalität des Exponenten kann diese Erklärung aber zumindest nicht für Poikilotherme gelten. Immerhin begrenzt die relativ hohe S. der kleinen Säuger deren Körpergröße nach unten. Die ↗Etruskerspitzmaus *(Suncus etruscus)*, die mit 3,5–5 cm Kopfrumpflänge zu den kleinsten Säugetieren der Welt zählt (nur eine Fledermaus, *Craseonycteris thonglongyai* [↗Craseonycteridae], über deren Physiologie nichts bekannt ist, ist mit 2,9–3,3 cm Länge noch kleiner) hat pro g Körpergewicht eine bis zu 175mal höhere S. als der Elefant. Ihre Nahrungsaufnahme pro Tag entspr. etwa ihrem doppelten Körpergewicht. K.-G. C.

Stoffwechselkrankheiten, Bez. für Krankheiten, die mit Stoffwechselstörungen einhergehen bzw. durch solche bedingt sind (z. B. Fettsucht, Magersucht, Gicht, Diabetes mellitus); z. T. erblich bedingt. ↗Speicherkrankheiten.

Stoffwechselphysiologie, Teilgebiet der ↗Physiologie, das sich mit der Stoffaufnahme, -umwandlung, -speicherung u. -ausscheidung von organ. und anorgan. Stoffen im pflanzl. (↗Pflanzenphysiologie), tier. (↗Tierphysiologie) und menschl. Organismus befaßt. In der Tierphysiologie wird die S. auch als vegetative Physiologie v. der sog. animalischen Physiologie (↗Sinnes- und Nervenphysiologie; ↗Hirnforschung) abgetrennt. I. w. S. gehören zur S. die Bereiche ↗Ernährung, ↗Atmung, Stofftransport, ↗Verdauung, ↗Exkretion sowie

stolo- [v. lat. stolo, Gen. stolonis = Wurzelausläufer an Pflanzen, Wurzelsproß].

Stoffwechselintensität

Nach einer alten Theorie, die neuerdings durch zahlr. Versuche wieder an Wahrscheinlichkeit gewonnen hat, wird die S. als wichtige Determinante der ↗Lebensdauer gesehen („Metabolic-rate-theory"). Demnach existiert bei Tieren einer Verwandtschaftsgruppe ein einheitl. metabolisches Potential (Energievorrat), dessen Verbrauchsgeschwindigkeit umgekehrt proportional zur Lebensdauer ist. Eine hohe S. führt u. a. zur raschen Anhäufung v. zellschädigenden ↗freien Radikalen u. damit zu schnellerem ↗Altern u. ↗Tod.

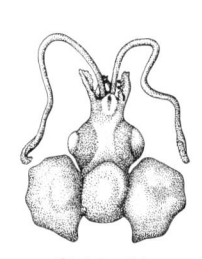

Stoloteuthis leucoptera

der Zellstoffwechsel (Intermediärstoffwechsel; ↗Stoffwechsel); die S. i. e. S. beschäftigt sich nur mit dem letzteren Teilgebiet.

Stoichactis w [v. gr. stoichos = Reihe, aktis = Strahl], *Riesenaktinien*, Gatt. der ↗*Endomyaria*, deren Vertreter meist große Mundscheiben ausbilden (bis 1,5 m ⌀). Sie leben in Stillwasserbereichen trop. Korallenriffe u. sind oft bunt gefärbt. Junge Tiere können gut schwimmen. Die Seeanemonen leben in Symbiose mit Fischen *(Premnas* u. *Amphiprion)*, die paarweise (manchmal mit Jungfischen) zw. den Tentakeln der S. leben (↗Anemonenfische). Die Haut der Fische ist mit Sekreten imprägniert, die sie vor den Nesselgiften schützen.

Stoliczkaia w [ben. nach dem mähr.-östr. Paläontologen F. Stoliczka, 1838–74], Gatt. der ↗*Höckernattern*.

Stolo m [Mz. *Stolone(n)*; lat., = Wurzelsproß], *Stolon*, **1)** Bot.: a) der ↗Ausläufer. b) *Laufhyphe*, spezialisierte ↗Hyphe eines Pilz-↗Mycels, die sich eine gewisse Strecke über das Substrat erhebt u. zur schnellen Ausbreitung des Pilzes führt; an der Stelle mit Substratkontakt dringen Rhizoide in das Substrat ein, u. es werden Sporangien über dem Substrat gebildet; v. a. bei ↗*Mucorales* (Jochpilze), z. B. ↗*Rhizopus* (□). **2)** Zool.: der asexuellen Fortpflanzung dienende Ausläufer, an denen neue Tiere ausknospen (↗Knospung); S.nen finden sich u. a. bei ↗Moostierchen, einigen Nesseltierpolypen (↗*Hydrozoa* u. ↗*Scyphozoa*) sowie manchen ↗Manteltieren (↗Feuerwalzen, ↗Salpen, ↗Seescheiden). □ Cyclomyaria.

Stolonata [Mz.; v. *stolo-], U.-Ord. der ↗*Kamptozoa* (T), die bis auf eine Ausnahme alle koloniebildenden Formen dieses Tierstammes umfaßt.

Stolonen ↗Stolo.

Stolonisation w [v. *stolo-], ↗Fragmentation, ↗Knospung.

Stolonoidea [Mz.; v. *stolo-], (Kozłowski 1938), Ord. der ↗Graptolithen v. geringem Umfang u. in fragmentärer Dokumentation; bezügl. ihrer extremen Irregularität der Stolonen, die stärker entwickelt sind als die Autotheken, weicht sie v. allen anderen Graptolithen ab; ↗Rhabdosome verzweigt u. inkrustierend. Verbreitung: unteres Ordovizium (nur oberes Tremadoc).

Stoloteuthis w [v. *stolo-, gr. teuthis = Tintenfisch], *Schmetterlingstintenfisch*, Gatt. der *Sepiolidae* mit großen Flossen u. farbenprächtig; im W-Atlantik.

Stolotheka w [v. *stolo-, gr. thēkē = Behältnis], *Stolonotheka*, die jeweils den inneren Chitinfaden (Stolon) enthaltenden sklerotisierten Röhren (↗Theka) dendroider ↗Graptolithen; gelten als unreife Autotheken.

Stolzer Heinrich, *Echium vulgare*, ↗Natternkopf.

Stoma s [gr., = Mund], 1) Zool., Med.: der ↗Mund; 2) Bot.: die ↗Spaltöffnung.

Stomachus m [v. gr. stomachos = Schlund, Magen(-mund)], der ↗Magen.

Stomatellidae [Mz.; v. *stomato-], die ↗Weitmundschnecken.

stomatogastrisches Nervensystem [v. *stomato-, gr. gastēr = Magen], v. a. bei ↗Insekten Teil des Visceral-↗Nervensystems, das hpts. mit dem ↗Oberschlundganglion (☐) in mehrfacher Verbindung steht. Ein Zentrum stellt das unpaare ↗Frontalganglion im Vorderkopfbereich dar, das eine unpaare Verbindung (Nervus connectivus) zum Proto- u. eine paarige Verbindung (Frontalkonnektive) zum Tritocerebrum aufweist. Nach vorne zieht der unpaare N. procurrens u. versorgt Sinnesorgane u. Drüsen im Mundvorraum/Oberlippenbereich. Schließlich reicht nach hinten der wichtigste Nerv, der unpaare N. recurrens (rückläufiger Nerv), der unter dem Deutocerebrum auf dem Oesophagus entlang zum Hypocerebralganglion zieht. Von hier gibt es eine Verbindung zu den darüber liegenden ↗Corpora cardiaca, die sich ontogenetisch v. diesem ableiten. Aus der ↗Pars intercerebralis des Protocerebrums erhalten die Corpora cardiaca schließl. über 2 Nervenbündel (N. corporis cardiaci I und II) ↗Neurohormone. Diese werden zunächst dort gesammelt (↗Neurohämalorgane) u. an die ↗Hämolymphe abgegeben. Daneben produzieren die Corpora cardiaca ein ↗adipokinetisches Hormon (☐T) Insektenhormone). Auch zu den ↗Corpora allata besteht ein Kontakt (retrocerebrales System). Die Bedeutung des s. N.s ist sehr vielfältig. Das Frontalganglion ist bei vielen Formen das Zentrum des Schluckaktes. Auf die Verbindung zum endokrinen System weist eine Bedeutung im Häutungsgeschehen (↗Häutung) hin: eine Entfernung des Frontalganglions führt zum Stillstand v. Häutungen, Wachstum u. sogar der Gonadenreifung. ↗Gehirn.

Stomatopoda [Mz.; v. *stomato-, gr. podes = Füße], die ↗Fangschreckenkrebse.

Stomatopora w [v. *stomato-, gr. poros = Pore], Gatt. der U.-Ord. *Tubuliporina* (↗Moostierchen), Ordovizium bis rezent u. somit eine extrem „langlebige" Gatt. (über 400 Mill. Jahre; ↗lebende Fossilien).

Stomatostyl s [v. *stomato-, gr. stylos = Säule], der Mundstachel (↗Stilett) bei ↗Fadenwürmern der Ord. ↗Tylenchida.

Stombus m [v. gr. stombos = mit lauter Stimme], ↗Hornfrösche.

Stomiatidae [Mz.; v. gr. stomias = hartmäulig], Fam. der ↗Drachenfische 2).

Stomiatoidei [Mz.], die ↗Großmünder.

Stomium s [v. gr. stomion = kleine Öffnung], Bez. für die vorgebildete Aufreißstelle in der Sporangienwand der Farnsporangien (↗Anulus) u. für die Öffnung der Moossporenkapseln, die durch Abtrennen eines Deckels entsteht.

stoma-, stomato- [v. stoma, Mz. stomata = Mund, Öffnung].

Störche
Weißstörche *(Ciconia ciconia)* beim Paarungsverhalten

Stomochordata [Mz.; v. *stoma-, gr. chordē = Saite], Tiere, die ein *Stomochord* (↗Enteropneusten) besitzen; veraltete Bez. für die ↗Hemichordata (= Branchiotremata = Cephalochordata = Prochordata = Coelomopora).

Stomodaeum s [v. *stoma-, gr. hodaios = Weg-], die ↗Mondbucht.

Stomoxys m [v. *stoma-, gr. oxys = spitz], Gatt. der ↗Muscidae.

Stomphia w [v. gr. stomphos = Großmaul], Gatt. der ↗Mesomyaria.

Stopcodonen, *Terminationscodonen,* ↗Codon, ↗genetischer Code, ↗Termination. [pilze.

Stoppelpilz, *Hydnum,* Gatt. der ↗Stachel-

Stoppelrübe ↗Kohl.

Stopsignale, die ↗Stopcodonen.

Storax m [gr., = Storaxbaum], *Styrax,* 1) aus der Rinde v. *Liquidambar orientalis* (↗Zaubernußgewächse) gewinnbares gelbes od. braunes, klebriges, bienenwachsähnl. Harz, das u. a. Zimtsäure u. Vanillin enthält. S. wird gg. Krätze, bei Tieren gg. Räude sowie für Puder u. Seifen, zur Aromatisierung, als antisept. Expectorans u. zur Gewinnung v. Zimtalkohol verwendet. 2) früher aus dem S.baum (↗*Styracaceae*) gewonnenes Balsamharz.

Storaxgewächse, die ↗Styracaceae.

Störche, *Ciconiidae,* Fam. der ↗Stelzvögel mit langem, gerade getragenem Hals, der auch im Flug ausgestreckt wird (im Ggs. zu den ↗Reihern, ☐ Flugbild); 17 Arten, die meisten in der Alten Welt, 1 Art in N-Amerika, 3 in S-Amerika; gute Segelflieger mit breiten Flügeln; Weiß u. Schwarz herrschen in der Färbung vor; starker, spitzer Schnabel. Leben vorwiegend in Feuchtgebieten, suchen die Nahrung im Seichtgewässer (Amphibien, Fische) u. auf Wiesen (Mäuse, Reptilien, Großinsekten, Würmer); unverdaul. Nahrungsbestandteile (Knochen, Haare, Gräten, Insektenflügel u. a.) werden als ↗Gewölle ausgespien. Klaffschnäbel *(Anastomus)* können mit ihrem speziell angepaßten Schnabel pinzettenartig die Weichkörper v. Schnecken u. Muscheln aus den Gehäusen ziehen. Aasfressende S. sind die ↗Marabus *(Leptoptilos);* diese Eigenschaft teilen sie mit den ↗Geiern, v. denen die ↗Neuweltgeier (darunter auch der ↗Kondor) neuerdings nicht mehr zu den Greifvögeln, sondern zur Verwandtschaft der S. gerechnet werden. Zu den bes. großen S.n gehören der Afrika-Sattelstorch *(Ephippiorhynchus senegalensis,* ☐B Afrika V) u. der südamerikan. Jabiru *(Jabiru mycteria,* ☐B Südamerika III). Viele S. sind Koloniebrüter; am ausgeprägtesten ist dies bei den Marabus u. den ↗Nimmersatten *(Ibis);* sie bauen große Horste, die jahrelang hintereinander benutzt werden. In Dtl. kommen 2 Arten vor; der bekannte ↗Weißstorch *(Ciconia ciconia)* u. der seltene Schwarzstorch *(C. nigra,* ☐B Europa XV), der oberseits schwarz

Storchschnabel

Störche und Storchverwandte

1 Weißstorch *(Ciconia ciconia)*, **2** Afrika-Nimmersatt *(Ibis ibis)*, **3** Afrika-Marabu *(Leptoptilos crumeniferus)*, **4** Afrika-Sattelstorch *(Ephippiorhynchus senegalensis;* größter Storch: Höhe ca. 1,3 m, Spannweite etwa 2,4 m), **5** Schuhschnabel *(Balaeniceps rex)*

Wald-Storchschnabel *(Geranium sylvaticum)*

Storchschnabelartige

Familien:
↗ Erythroxylaceae
Humiriaceae
↗ Kapuzinerkressengewächse *(Tropaeolaceae)*
↗ Leingewächse *(Linaceae)*
Limnanthaceae
↗ Sauerkleegewächse *(Oxalidaceae)*
↗ Springkrautgewächse *(Balsaminaceae)*
↗ Storchschnabelgewächse *(Geraniaceae)*

Storchschnabelgewächse

Wichtige Gattungen:
Monsonia
↗ *Pelargonium*
↗ Reiherschnabel *(Erodium)*
Sarcocaulon
↗ Storchschnabel *(Geranium)*

mit grünem Schillerglanz gefärbt ist u. noch an wenigen Stellen in einsamen Wäldern mit geeigneten Nahrungsgewässern lebt. Wenngleich sich der Bestand in Dtl. in den letzten Jahren dank strenger Schutzmaßnahmen etwas erholt hat, ist die Art dennoch nach der ↗ Roten Liste „vom Aussterben bedroht".

Storchschnabel, *Geranium,* Gattung der ↗ Storchschnabelgewächse mit 375 Arten, hpts. in O-Asien, N-Amerika, subtrop. S-Amerika. Ausdauernde Pflanzen mit dikkem Wurzelstock. Name rührt v. der Spaltfrucht mit geschnäbelter Granne her. Behaarte Blätter, fingerartig geteilt. Ein Unkraut in Äckern, Weinbergen u. an Wegen ist der Kleine S. *(G. pusillum)* mit schmutzig violetten Blüten. In staudenreichen Unkrautfluren der Ebene bis mittleren Gebirgslagen häufig ist der Pyrenäen-S. *(G. pyrenaicum)* mit violettroten, tief ausgerandeten Kronblättern und rundl., gelappten Blättern. Das Ruprechtskraut od. der Stinkende S. *(G. robertianum)* ist ein weitverbreitetes, unangenehm riechendes Kraut mit zu zweit stehenden rosa Blüten, rötl., drüsig behaarter Stengel. In subalpinen Hochstaudenfluren u. Fettwiesen der Gebirge kommt häufig der Wald-S. *(G. sylvaticum,* B Europa V) vor; 7teilige Blätter u. blauviolette Blüten, auch nach dem Abblühen aufrechte Blütenstiele. Balkonpflanze „Geranie" ↗ Pelargonium.

Storchschnabelartige, *Geraniales, Gruinales,* Ord. der ↗ *Rosidae* (Fam. vgl. Tab.). Blüte meist zygomorph, aber auch radiär; oberständ. Fruchtknoten, aus dem sich häufig Schleuderfrüchte entwickeln. Typ. ↗ Blütenformel: ↓K5, C5, A5+5, G($\underline{5}$).

Storchschnabelgewächse, *Geraniaceae,* Fam. der ↗ Storchschnabelartigen mit 11 Gatt. (vgl. Tab.) und 750 Arten, hpts. in gemäßigten und subtrop. Gebieten. Kräuter u. kleine Sträucher; wechselständ. Blätter, oft mit Drüsenhaaren; Blüten radiär, 5zählig; Spaltfrucht, die in 5 schnabelartig verlängerte, einsam. Teilfrüchte zerfällt. Vertreter der Gatt. *Sarcocaulon* (6 strauch. Arten in Wüstengebieten S- und SW-Afrikas) sind bes. bekannt, weil ein Korkmantel mit hohem Harz- u. Wachsgehalt auch die nicht getrocknete Pflanze brennbar macht (Candle Bush). Mit 30 Arten besiedelt die Gatt. *Monsonia* aride Zonen v. Afrika bis Indien.

Störe [Mz.; v. ahd. stur(i)o], *Eigentliche S., Rüssel-S., Acipenseridae,* Fam. der Ord. S. i. w. S. *(Acipenseriformes)* mit 4 Gatt. und ca. 25 Arten. Primitive, z. T. riesige ↗ Knochenfische der N-Hemisphäre v. a. im mittleren Eurasien; mehrere Arten leben nur im Süßwasser, andere vorwiegend im Meer, die aber zum Laichen in die Flüsse aufsteigen. S. haben einen spindelförm. Körper mit 5 Längsreihen stark entwickelter, oft gekielter Knochenplatten, vorgezogene Schnauze, unterständ. Maul mit fleischigen Lippen u. Bartfäden, asymmetr., heterozerke Schwanzflosse (☐ Flossen), vorwiegend knorpel. Skelett mit voll erhaltener ↗ Chorda dorsalis. – In der Adria, im Schwarzen und Kasp. Meer kommt der bis 5 m lange, großmäulige Hausen od. Beluga *(Huso huso)* vor, der zum Laichen im Winter od. Frühjahr in die Flüsse aufsteigt; er war fr. auch im Donaugebiet häufig; wegen Überfischung v. a. der laichreifen Weibchen als Lieferanten des hochbezahlten Beluga-Kaviars u. wegen der Gewässerverschmutzungen ist er heute selten. Ein reiner Süßwasserfisch ist im Gebiet des Amur der verwandte, bis 5,5 m lange Sibir. Hausen od. Kaluga *(H. dauricus).* Die Gatt. Echte S. *(Acipenser)* umfaßt 17 Arten. Hierzu gehören: Der bis ca. 3 m lange, an eur. Küsten weit verbreitete, heute seltene Atlantische od. Gemeine S. *(A. sturio,* B Fische II), der seinen Laich in Flüssen ablegt; er war fr. ein wirtschaftlich wicht. Speisefisch. Der bis 80 cm lange Sterlet *(A. ruthenus)* mit spitzer, leicht nach oben gebogener Schnauze lebt überwiegend in Strömen, die zum Schwarzen und Kasp. Meer ziehen; in der Donau ist er heute sehr selten. Der bis 2 m lange Sternhausen *(A. stellatus)* kommt vorwiegend im Schwarzen und Kasp. Meer, aber auch in den östl. Adria vor. Der bis 2,4 m lange Waxdick *(A. gueldenstaedti)* mit breiter Schnauze, der in den großen südruss. Binnenmeeren u.

den einmündenden Strömen heimisch ist, ist in der UdSSR wirtschaftl. bedeutsam; er wird in großem Umfang in Fischzuchtanstalten vermehrt. Der bis 2 m lange Glattdick *(A. nudiventris)* mit gefiederten Barteln kommt u. a. bes. häufig im Aralsee vor; er steigt ebenfalls zum Laichen in die Flüsse auf, während die Donaupopulation ständig im Süßwasser bleibt. Der bis 2,7 m lange nordamerikan. Felsen-S. *(A. fulvescens)* bewohnt ausschl. Süßwasserseen v. a. im östl. N-Amerika. Eine breite, abgeplattete Schnauze mit langen Barteln haben die in Flüssen lebenden Schaufel-S.; hierzu gehören 3 Arten der Nordamerikan. Schaufel-S. *(Scaphirhynchus)* und 3 Arten der Asiat. Schaufel-S. *(Pseudoscaphirhynchus),* die im Einzugsgebiet des Aralsees leben. Eine eigene Fam. der S. i. w. S. bilden die Löffel-S. *(Polyodontidae)* mit nur 2 Arten; sie haben eine vorgezogene, löffelart. Schnauze, ein großes Maul, kleine Augen u. eine nahezu nackte Haut. Der bis 1,8 m lange Amerikan. Löffel-S. (*Polyodon spathula,* B Fische XII) lebt im Einzugsgebiet des Mississippi u. der riesige, bis 7 m lange, als Speisefisch geschätzte Chines. Schwert-S. *(Psephurus gladius)* mit schwertförm. Schnauze im Jangtsekiang.

T. J.

Störungsentwicklung, die ↗Caenogenese.

Stoßtaucher, Vögel, die bei der Beutejagd aus der Luft die Wasserfläche durchstoßen; bei ↗Eisvögeln geschieht dies v. einer Sitzwarte aus od. aus dem Rüttelflug heraus wie bei den ↗Seeschwalben; letztere erreichen hierbei eine Tauchtiefe von 1 m, ↗Tropikvögel bis 4 m und ↗Tölpel (☐) sogar bis 25 m, wobei schon Fluggeschwindigkeiten bis 110 km/h gemessen wurden. Anpassungen an den Wasseraufprall sind torpedoförm. Gestalt, Verstärkungen des Schädelskeletts u. Luftsäcke unter der Haut.

Stoßwasserläufer, die ↗Bachläufer.

Stoßzähne, *Defensen,* stark verlängerte ↗Frontzähne ohne Schmelzbezug mit Dauerwachstum, die der Verteidigung u. mehr od. weniger auch der Nahrungsaufnahme dienen. Bei rezenten ↗Elefanten sind die 2. oberen Schneidezähne (I²) zu S.n entwickelt; von ihnen stammt in der Hauptsache das begehrte ↗Elfenbein. B Rüsseltiere.

Strahlen, 1) strahlig ausgebildete Stützelemente der ↗Vogelfeder u. ↗Flossen; ↗Radien. 2) Hornstrahl, ↗Huf. 3) ↗Strahlung.

Strahlenbelastung, Gesamtheit der Einwirkungen natürl. und künstl. ionisierender Strahlen (u. a. ↗Alpha-, ↗Beta-, ↗Gamma-, ↗Röntgenstrahlen, Neutronen; ↗Ionisation) auf Organismen, die somatische u. genetische Schäden verursachen können (↗Strahlenschäden). Die *natürliche S.* setzt sich aus der *kosmischen,* der *terrestrischen* u. der *inneren Strahlung* (durch Aufnahme natürl. Radionuklide) zus. Sie ist starken Schwankungen unterworfen (u. a. durch die Sonnenfleckenperiodik) u. vom geogr. Standort abhängig (Höhe über dem Meeresspiegel: Zunahme der Strahlung mit der Höhe [↗kosmische Strahlung, ☐]; Breitengrad: im allg. leichte Zunahme vom Äquator zu den Polen; Gesteine: z. B. Granit mit Kalium-40 u. a. radioaktiven ↗Isotopen). Jeder Mensch in der BR Dtl. ist einer natürlichen S. von durchschnittl. ca. 1 bis 1,2 mSv/Jahr (1 mSv = 10^{-3} ↗Sievert) ausgesetzt (↗Strahlendosis, T), wovon die kosmische und die terrestrische je ca. 0,5 mSv ausmachen; der Rest beruht auf der inneren Strahlung. Wegen der ↗Akkumulierung im Körper (↗Radiotoxizität) ist die zunächst relativ gering erscheinende S. durch inkorporierte Radionuklide v. Bedeutung. (Häufig handelt es sich dabei um Radionuklide, die v. künstl. Strahlenquellen stammen.) So reichern sich z. B. Strontium-90 und Blei-210 in Knochen an u. können Knochenschäden sowie ↗Leukämie verursachen (↗Krebs). Die S. durch künstl. bzw. zivilisatorische Strahlenquellen beträgt durchschnittl. für jeden heute in der BR Dtl. lebenden Menschen ca. 0,6 mSv/Jahr. Zu den *künstlichen S.en* gehören u. a.: Fallout („radioaktiver Niederschlag") infolge v. Kernwaffenversuchen (vgl. Abb.) u. Reaktorunfällen, Strahlen-↗Exposition durch kerntechn. Anlagen und v. a. durch med. Strahlenanwendung (↗Strahlentherapie, Röntgendiagnostik, ↗Röntgenstrahlen, ☐); durch letztere wird – statist. gesehen – jeder Mensch in der BR Dtl. mit ca. 0,5 mSv/Jahr belastet. Die Verwendung radioaktiver Stoffe u. ionisierender Strahlen in Technik, Forschung, Landw. und Haushalt belastet den Menschen durchschnittl. mit ca. 0,02 mSv/Jahr. Da manche Baumaterialien (z. B. Bimsbaustoffe, Fliesen u. a.) radioaktive Substanzen (u. a. Radon) enthalten, ist man u. U. im Haus einer relativ hohen S. (etwa 0,05–0,2 mSv/Jahr) ausgesetzt (↗Baubiologie). Gelangen Radionuklide auf bzw. in den Boden, so können sie v.

Strahlenbelastung

Die Kurve gibt den zeitl. Verlauf der kumulierten Aktivität der Beta-Strahlung (≙ ca. 30% der Gesamtaktivität) in den letzten 30 Jahren an (Meßreihe der Univ. München, Meßort: München). Die Spitzenwerte (Peaks) in den Jahren 1957 und 1963 beruhen auf der großen Zahl oberirdischer *Kernwaffentests* (vgl. Zahlen über der Kurve), die in der Mitte der 60er Jahre stark abnahm. Der deutl. Abfall der Kurve hängt auch damit zus., daß viele Radionuklide mit einer relativ kleinen Halbwertszeit vorhanden waren. Der sprunghafte Kurvenanstieg im Jahre 1986 beruht auf der *Tschernobyl Reaktorkatastrophe.* Hier ist eine weniger rasche Abnahme der Aktivität zu erwarten, da überwiegend Cäsium-137 mit einer Halbwertszeit von 30 Jahren vorliegt.

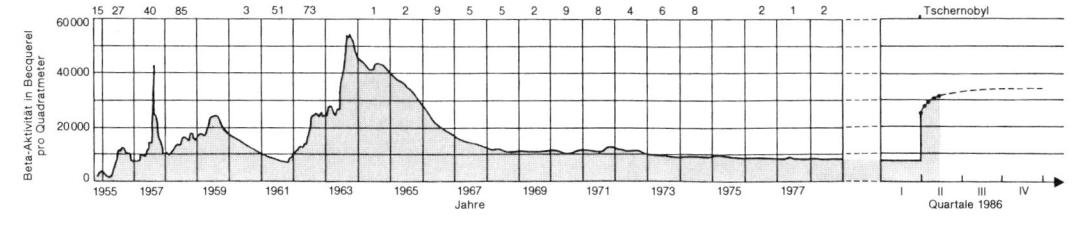

Strahlenbiologie

den Pflanzen über die Wurzeln bzw. Blätter aufgenommen werden. Der häufige Genuß solcher Pflanzen bzw. Pflanzenteile (Gemüse, Obst) bzw. von Fleisch solcher Tiere, die sich von strahlenbelasteten Pflanzen ernährt haben, kann zu einer ständigen S. führen, wenn es sich bei den aufgenommenen Radionukliden um solche mit einer mehrjährigen ↗Halbwertszeit (z. B. Cäsium-137) handelt (↗Radioaktivität, ⊤). Das Problem der S. ist durch die Reaktorkatastrophe am 26. 4. 1986 in *Tschernobyl*, bei der nahezu ganz Europa u. auch andere Teile der nördl. Hemisphäre von radioaktivem Niederschlag (Fallout) betroffen wurden, der breiten Öffentlichkeit eindringl. bewußt geworden u. hat zu einer Neubewertung der Risiken der Kernenergietechnik geführt. ↗Strahlenbiologie, ↗Strahlenschäden, ↗Strahlenschutz, ↗Strahlendosis, ↗relative biologische Wirksamkeit. *Ch. G.*

Strahlenbiologie, *Radiobiologie,* Teilgebiet der ↗Biophysik bzw. ↗Radiologie, das sich mit der Untersuchung der Wirkungen ionisierender Strahlen (↗Strahlenbelastung) auf Zellen, Gewebe, Organe, Organismen u. Ökosysteme befaßt. Man kann die S. einteilen in die Strahlencytologie, ↗Strahlengenetik, molekulare S., Strahlenökologie (Radioökologie) und S. der Mikroorganismen, wobei der Übergang zw. diesen Teildisziplinen oft fließend ist. Speziell die Wirkungen, die bei der Anwendung ionisierender Strahlen in der Med. (↗Strahlentherapie) auftreten, untersucht die klinische od. medizinische S. ↗Strahlenschäden, ↗Strahlenschutz; ↗Photobiologie.

Strahlenblüten, *Strahlblüten,* Bez. für die vergrößerten ↗Zungenblüten (Randblüten) der ↗Korbblütler, aber auch für die vergrößerten ↗Randblüten bei den ↗Kardengewächsen.

Strahlendosis, Maß für die Strahlungsmenge (Energiemenge einer [ionisierenden] Strahlung), die einem Körper (od. Medium) zugeführt wird. Die absorbierte Dosis *(Energiedosis D)* ist definiert als der Quotient aus der Energie *(W)*, die v. der Strahlung auf den Körper übertragen wird, u. der Masse *(m)* des Körpers *(D = W/m)*. Einheit ist das ↗Gray (Gy) bzw. das ↗Rad (rd). Der Quotient aus der v. der Strahlung erzeugten Ionenladung *Q* u. der Körpermasse *m*, in der die Ladung entsteht, ist die *Ionendosis I (I = Q/m)*. Einheit ist das Coulomb/kg (od. ↗Röntgen). Die *Äquivalentdosis D_q* ist das Produkt aus der Energiedosis *D* u. einem v. der Strahlenart („Strahlenqualität") abhängigen biol. Bewertungsfaktor *q*, der ↗relativen biol. Wirksamkeit *($D_q = q \cdot D$)*. Einheit ist das ↗Sievert (Sv) bzw. das ↗Rem (rem). In der Med. spricht man v. der *Bestrahlungsdosis* (= Strahlenmenge, die bei einer Strahlenbehandlung zugeführt wird). – Die im ↗Strahlenschutz verwendete *Tole-*

Strahlendosis

Einige Begriffe aus der *Dosimetrie:*

Aktivität

Zerfallsgeschwindigkeit eines radioaktiven Materials (↗Radioaktivität). Maßeinheit ist das ↗*Becquerel* (Bq): 1 Bq = 1 Zerfall pro Sekunde. Nicht mehr zulässig ist das ↗*Curie* (Ci); 1 Ci = $3,7 \cdot 10^{10}$ Bq

Energiedosis

Die v. einem bestrahlten Medium (z.B. Gewebe) pro Masseneinheit absorbierte Energie. Maßeinheiten sind das ↗*Rad* (rd, nicht mehr zulässig) bzw. das ↗*Gray* (Gy); 1 Gy = 1 J/kg; 1 rd = 10^{-2} Gy

Ionendosis

Die in einem bestrahlten Medium (z.B. Gewebe) pro Masseneinheit erzeugte Ionenladung eines Vorzeichens. Maßeinheit ist C/kg (C = Coulomb). Nicht mehr zulässig ist das ↗*Röntgen* (R); 1 R = $2,58 \cdot 10^{-4}$ C/kg

Äquivalentdosis

Energie- u. Ionendosis geben keine Auskunft über die biol. Wirkungen der Strahlung. So können zwei Strahlenarten gleicher Energiedosis durchaus unterschiedliche biol. Wirkungen im Gewebe hervorrufen. Z.B. sind ↗Alphastrahlen im Energiebereich 0,2–10 MeV wegen ihrer höheren ↗Ionisation pro Wegeinheit um etwa einen Faktor 10 wirksamer als die Bezugs-↗Gammastrahlung (s. u.). Die Äquivalentdosis gibt die Energiedosis der Bezugs-Gammastrahlung (0,2–3 MeV) an, welche die gleiche biol. Wirkung erzielen würde wie die Energiedosis einer beliebigen anderen Strahlung. Zur Berechnung der Äquivalentdosis einer Strahlungsart benötigt man deren *biol. Bewertungsfaktor q.* Der Bewertungsfaktor ist ein reiner Zahlenwert und gibt an, um wieviel mal mehr Gammastrahlungsenergie absorbiert werden müßte, um die gleiche biol. Wirkung hervorzurufen wie die Energie der tatsächl. Strahlungsart (↗relative biologische Wirksamkeit). Maßeinheiten der Äquivalentdosis sind das ↗*Rem* (rem, nicht mehr zulässig) bzw. das ↗*Sievert* (Sv); 1 Sv = 1 J/kg; 1 rem = 10^{-2} Sv. Handelt es sich bei der ionisierenden Strahlung um Röntgen- od. Gammastrahlung, so entspricht ein Gray einem Sievert bzw. ein Rad einem Rem.

Im folgenden sind die Energiedosen von Strahlenarten angegeben, welche für eine Äquivalentdosis von 1 Sv notwendig sind:

	Energiedosis (Bewertungsfaktor)
γ-Strahlen	≈ 1 Gy ($q \approx 1$)
α-Strahlen	≈ 0,1 Gy ($q \approx 10$)
Röntgen-Strahlen	≈ 1 Gy ($q \approx 1$)
β-Strahlen	≈ 0,5–1 Gy ($q \approx 1$–2)
Neutronen	≈ 0,1–0,5 Gy ($q \approx 2$–10)

ranzdosis gibt die höchstzulässige Dosis an (bes. bei Personen, die berufl. strahlenexponiert sind). – Wichtiger als die S. selbst ist in der Praxis die *Dosisleistung,* d. h. die S., die pro Zeiteinheit zugeführt wird *(Energiedosisleistung* Gy/s, *Ionendosisleistung* C/(kg · s), *Äquivalentdosisleistung* Sv/s). Die Messung der S. bzw. der Dosisleistung ist Aufgabenfeld der *Dosimetrie.* ↗Dosis, ↗Strahlenbelastung, ↗Strahlenschäden.

Strahlenflosser, *Actinopterygii, Acanthopterygii,* U.-Kl. der ↗Knochenfische (⊤).

Strahlenfüßer, *Actinopoda,* Bez. für die ↗Sonnentierchen u. ↗*Radiolaria;* die Vertreter beider Ord. haben strahlig angeordnete ↗Pseudopodien.

Strahlengenetik, Teilgebiet der ↗Strahlenbiologie, das sich mit den Veränderungen (↗Mutation), die ionisierende Strahlen (↗Strahlenbelastung, ↗Mutagene) am Erbgut (bzw. an der DNA) verursachen, befaßt. ↗Strahlenschäden, ↗Strahlenschutz; ↗DNA-Reparatur (☐).

Strahlengriffel, *Actinidia,* ca. 40 Arten umfassende Gatt. der Strahlengriffelgewächse (Kiwistrauchgewächse, *Actinidiaceae*), einer den Teestrauchgewächsen nahe verwandten Fam. der *Theales*. In O- und SO-Asien heim. Klettersträucher mit

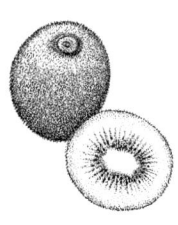

Strahlengriffel
Kiwifrüchte

ungeteilten Blättern u. radiären, weiß oder rötl. gefärbten, mon- od. diözischen Blüten mit zahlr. Griffeln. Die Frucht ist eine vielsamige Beere. Bekannteste Art ist *A. chinensis,* die aus China stammende, heute in großem Umfang auf Neuseeland angebaute Chinesische Stachelbeere. Ihre kugelige bis ovale, bei einigen Zuchtsorten bis über 8 cm lange und 5 cm dicke Frucht *(Kiwifrucht)* ist außen bräunl. behaart u. besitzt ein glasiggrünes Fruchtfleisch, in das eine Vielzahl kleiner schwarzer Samen eingebettet ist. Sie enthält viel Vitamin C und erfreut sich wegen ihres saftig-aromat., süß-säuerl. Geschmacks auch in Europa zunehmender Beliebtheit. *A. arguta,* die Japanische Stachelbeere, hat nur 2–3 cm lange Früchte u. wird v. a. in O-Asien u. der UdSSR kultiviert. Wie die ebenfalls bes. in der UdSSR angebaute Art *A. kolomikta* zeichnet sie sich gegenüber *A. chinensis* durch höhere Frostresistenz aus.

Strahlenkörbchen, *Mactra corallina cinerea,* ↗Mactra.

Strahlenkörper, der ↗Ciliarkörper.

Strahlenpilze, 1) *S. i. w. S.,* die ↗*Actinomycetales* (Bakterien); 2) *S. i. e. S.,* nur die mycelartig wachsenden *Actinomycetales,* z. B. die Vertreter der ↗*Actinomycetaceae* u. ↗*Streptomycetaceae.* [kose.

Strahlenpilzkrankheit, die ↗Aktinomy-

Strahlenschäden, Schäden, die ionisierende Strahlen (↗Strahlenbelastung, ↗Ionisation) an Organismen verursachen. Ionisierende Strahlen zerstören chem. Verbindungen – wobei die durch Aufbrechen der chem. Bindungen entstandenen Bruchstücke sich zu neuen, ggf. cytotoxischen Substanzen verbinden können –, schädigen dadurch Zellen (bis zum Zelltod) u. können zum Verlust der Wachstumskontrolle der Zellen (↗Krebs) führen. S. wurden u. werden an Tieren untersucht sowie an Opfern der Atombombenabwürfe über *Hiroshima* (6. 8. 1945) u. *Nagasaki* (9. 8. 1945), an Geschädigten v. Atombombenversuchen in den 50er Jahren u. an Menschen, die infolge v. Reaktorunfällen erkrankten. Man unterscheidet akute somatische, nicht akute somatische u. genetische S. – 1) *Akute somatische S.:* Sie können nach ↗Bestrahlung einzelner Körperteile od. nach *Ganzkörperbestrahlung* auftreten. Es werden so viele Zellen zerstört, daß nach Stunden od. Tagen mehr od. weniger große Schäden (bis zum Tod des Individuums) auftreten. – Bes. strahlenempfindlich sind sich schnell teilende Zellen (wie z. B. die blutbildenden Zellen des Knochenmarks, die Darmepithelzellen u. die Zellen der Haarwurzeln) – was in der Tumortherapie (↗Krebs) ausgenutzt wird. Auch Embryonen mit ihrer hohen Zellvermehrung sind bes. strahlensensibel. – Das strahlenbiol. bestuntersuchte Organ ist die Haut: Eine *Radiodermatitis* (strahlenbedingte Hautschädigungen, die ab einer

↗Strahlendosis von ca. 0,3 Sv [↗Sievert] auftreten) entsteht infolge v. Gefäßveränderungen u. Veränderungen in der Epidermis u. äußert sich zunächst in einer trockenen Schuppung; später stellen Talgu. Schweißdrüsen ihre Funktion ein; höhere Dosen führen u. a. zu Ödemen in der Epidermis, Zerstörung der Epidermis u. zu Nekrosen. – Beim Menschen führt eine kurzzeitige Ganzkörperbestrahlung mit einer Äquivalentdosis v. mindestens 0,5 Sv zu der *Strahlenkrankheit.* Sie wird nach den klin. Symptomen in verschiedene, dosisabhängige Formen unterteilt. 1. *hämatologische Form* (1–10 Sv): Leuko-, Thrombo-, Lympho- u. (im oberen Dosisbereich) Erythrocyten werden zerstört; 2. *intestinale Form* (10–50 Sv): Darmepithel wird zerstört, Bakteriämie, Geschwüre, Tod nach wenigen Tagen; 3. *toxische Form* (50–100 Sv): Kreislaufversagen u. Tod durch Toxine, die infolge der Zerstörung von biol. Material entstanden sind; 4. *cerebrale Form* (über 100 Sv): Tod nach Minuten bis Stunden durch sofort entstehende Nekrosen des gesamten Nervensystems u. durch ein Hirn-Ödem. – Nach dem zeitl. Verlauf läßt sich eine Strahlenkrankheit in 4 Stadien einteilen, deren Dauer dosisabhängig ist. 1. *Primärperiode:* mit Appetitlosigkeit, Nervosität, Mattigkeit, Kopfschmerzen, Übelkeit, Erbrechen; 2. *Latenzperiode* (fällt bei hohen Dosen weg): ernste Veränderungen des Blutbildes; in diesem Stadium fühlt sich der Patient wohl; kann bis zu zwei Wochen andauern; 3. *Gipfelperiode:* Durchfälle, bakterielle Infektionen, Fieber, Geschwüre im Mund u. Rachenbereich, Haarausfall, innere Blutungen; 4. *prämortale Phase* (bei letalen Dosen): alle Effekte verstärken sich bis zum Eintritt des Todes; od. *„Genesungsphase"* (bei subletalen Dosen), kann Jahre andauern, führt in dieser Zeit zu Spätschäden, wie Linsenschädigung, Anämien, Leukämien, Karzinomen u. a. Diese Spätschäden sind schon den 2) *nicht akuten somatischen Schäden* zuzurechnen, Schäden, die am bestrahlten Individuum erst nach einiger Zeit (u. U. nach Jahren) auftreten. Für diese Schäden läßt sich kein Schwellenwert der Strahlendosis angeben. Auch eine noch so geringe Strahlendosis kann prinzipiell zu einem Schaden führen. Jedoch können kleine Schäden (infolge niedriger Dosen) mit Hilfe v. Mechanismen, welche die Zellen des Organismus besitzen, um strahleninduzierte molekulare Veränderungen z. T. rückgängig zu machen, eher repariert werden als große (↗DNA-Reparatur, ☐). Die wichtigsten nicht akuten somatischen Schäden sind verschiedene Krebsarten, wie ↗Leukämie, Lungen-, Brust-, Schilddrüsenkrebs u. a. Weitere Spätschäden sind Wachstumsstörungen, vorzeitiges Altern, Immunsystemschwächung, Unfruchtbarkeit. Inwiefern

Strahlenschäden

Strahlenschäden

Nicht nur verschiedene Tierarten sind unterschiedl. strahlensensibel bzw. -resistent, sondern auch verschiedene Pflanzenarten. So haben z. B. Algen eine hohe Resistenz: selbst in völlig radioaktiv verseuchten Gebieten des Bikini-Atolls (nach den Atombombenversuchen in den 50er Jahren) erlitt die Algenflora keine erkennbare Schädigung. Höhere Pflanzen sind hingegen eher strahlensensibel; z. B. wird die Entwicklung der Königslilie *(Lilium regale)* bei einer Bestrahlung mit 20 Gy (Gray) gehemmt; Zellkerne von Kohl-Arten u. Rettich vertrugen in Versuchen dagegen noch eine Bestrahlung mit 64 Gy.

Strahlenschäden

sehr niedrige Dosen somat. Schäden verursachen (Reparatur!), ist nicht eindeutig nachgewiesen u. hängt mit Sicherheit v. vielen Faktoren, wie Gesundheitszustand, Lebensgewohnheit, Alter u. a. des Bestrahlten ab (z. B. sind Kinder strahlensensibler als Erwachsene; Umweltgifte können synergistisch wirken). Natürlich müssen auch die Strahlenart (↗ relative biologische Wirksamkeit) u. die unterschiedl. Strahlensensibilität verschiedener Organe berücksichtigt werden (z. B. Nervensystem u. Leber relativ strahlenresistent, Keimzellen u. Blutbildungszellen strahlensensibel). Radionuklide (↗ Radioaktivität, ↗ Isotope) können sich in manchen Organen akkumulieren (↗ Akkumulierung), so daß es innerhalb v. Jahren zu einer erhöhten Belastung kommen kann u. damit evtl. zu Schäden, wenn es sich um Radionuklide mit einer mehrjähr. ↗ Halbwertszeit (T Radioaktivität, T Isotope) handelt (wie z. B. Cäsium-137 mit einer Halbwertszeit von ca. 30 Jahren). – 3) *Genetische S.:* die Veränderungen des Erbguts (↗ Mutation) durch ionisierende Strahlen (↗ Mutagene) sind v. weitreichender Bedeutung, weil sie noch spätere, unbestrahlte Generationen betreffen. Durch Veränderungen an der DNA kann es – außer zu ↗ somat. Mutationen, die aber mit dem Tod des Trägers ausgelöscht sind – zu Mutationen in der Keimbahn u. damit zu ↗ Erbkrankheiten (z. B. ↗ Down-Syndrom, erbl. bedingte ↗ Leukämie u. v. a.) u. anderen erbl. bedingten Anomalien kommen (↗ Chromosomenanomalien, ↗ Chromosomenaberrationen). – Bei allen Organismen treten spontane od. natürl. Mutationen auf, ausgelöst durch viele mutagene Agenzien (auch durch natürl. ionisierende Strahlen, z. B. ↗ kosmische Strahlung, ☐). Um die Mutationsrate (↗ Mutation) durch Einwirkung künstl. Strahlung beurteilen zu können, muß die natürl. Mutationsrate berücksichtigt werden. Deshalb wurde der Begriff *Mutationsverdopplungsdosis* eingeführt, d. i. diejenige Strahlendosis (aus künstl. Quellen), bei der ebenso viele Mutationen entstehen wie durch natürl. Agenzien. Die Gesamtmutationsrate wird also auf das Doppelte erhöht. Für die Mutationsverdopplungsdosis beim Menschen gibt es nur Schätzwerte, die zw. ca. 0,1 und 1 Sv liegen. Würden alle Menschen einer Generation mit der Mutationsverdopplungsdosis bestrahlt, würde das zu verheerenden Folgen für die Menschheit führen – wahrscheinl. zu deren Untergang in mehreren Generationen. – Die jährl. ↗ Strahlenbelastung eines Menschen beträgt z. Z. durchschnittl. ca. 1,8 mSv (Millisievert) – das sind in einer Generationszeit von 30 Jahren über 50 mSv *(Generationsdosis).* Dieser Grenzwert sollte auch weiterhin nicht überschritten werden, um die Folgen für spätere Generationen möglichst gering zu halten.

Strahlenschutz

Berufl. strahlenexponierte Personen müssen zur Kontrolle spezielle Strahlungsüberwachungsgeräte (z. B. Dosimeter) tragen. Im berufl. Bereich sind S.beauftragte für den S. der Beschäftigten verantwortl. Laut der S.verordnung in der BR Dtl. liegt die maximal zulässige Ganzkörperdosis (Äquivalentdosis, ↗ Strahlendosis) von berufl. strahlenexponierten Personen bei 0,05 Sv/Jahr (↗ Sievert). Manche Wissenschaftler halten sie für zu hoch u. befürworten eine Reduzierung auf ein Zehntel. (Die Dosis von 0,05 Sv/Jahr wird allerdings im Normalfall nicht erreicht.) Für die Bevölkerung der BR Dtl. ist eine maximale Ganzkörperbestrahlung (zusätzl. zur natürl. Strahlung) von 0,6 mSv/Jahr erlaubt (0,3 mSv über die Luft u. 0,3 mSv über das Wasser; ↗ Strahlenbelastung). Außer für den gesamten Körper wurden auch maximale Dosiswerte für einzelne Organe festgesetzt *(Organdosis;* z. B. erlaubte Belastung der Schilddrüse für die Bevölkerung: 0,9 mSv/Jahr, der Keimdrüsen: 0,3 mSv/Jahr).

Strahlenschutzstoffe

Ein bekannter S. ist das ↗ Iod. Die Aufnahme von (z. B. bei Reaktorunfällen) freigesetztem radioaktivem Iod in die ↗ Schilddrüse (↗ Thyroxin) kann deutl. verringert werden, wenn bei od. nach der Bestrahlung rechtzeitig Ioditabletten verabreicht werden („Verdrängungs-" od. „Verdünnungs-Reaktion").

Lit.: *Hermann, T.:* Klinische Strahlenbiologie. Darmstadt 1978. *Kiefer, J.:* Biologische Strahlenwirkung. Berlin, Heidelberg, New York 1981. *Krebs, A.:* Strahlenbiologie. Berlin, Heidelberg, New York 1968. *Schmitt, M., Teufel, D., Höpfner, U.:* Die Folgen von Tschernobyl. Eine allg. Einführung in die Problematik der Radioaktivität. Heidelberg 1986. *Várterész, V.:* Strahlenbiologie. Budapest 1966. Ch. G.

Strahlenschildkröte, *Testudo radiata,* ↗ Landschildkröten.

Strahlenschutz, Maßnahmen zum Schutz v. Einzelpersonen u. der Bevölkerung vor ↗ Strahlenschäden durch ionisierende Strahlen. Die maximal zulässige ↗ Strahlenbelastung für berufl. strahlenexponierte Personen u. die Bevölkerung ist in der BR Dtl. in der S.verordnung (vom 13. 10. 1976; nach Vorarbeiten der 1974 gegr. S.kommission) geregelt (vgl. Spaltentext). Allg. gilt zum Schutz vor ionisierender Strahlung: möglichst *großer Abstand* v. der Strahlenquelle, möglichst *geringe Aufenthaltsdauer* im Bereich der Strahlenquelle, möglichst *gute Abschirmung* (z. B. durch Bleiplatten, -schürzen, -handschuhe u. a.).

Strahlenschutzstoffe, chem. Verbindungen, die eine Schädigung durch ionisierende Strahlen im Körper verhindern bzw. verringern sollen (↗ Strahlenbelastung, ↗ Strahlenschäden). Bisher sind nur S. bekannt, die *vor* der Bestrahlung verabreicht werden müssen. Es handelt sich im allg. um organ. schwefelhalt. Verbindungen (mit ↗ SH-Gruppen) wie Cystein, Cysteamin (↗ Cystein) oder β-Aminoäthylisothiouronium (AET). Die bei der Bestrahlung entstehenden stark oxidierenden Radikale (↗ freie Radikale) werden v. den genannten Verbindungen abgefangen (schematisch: $2\,SH\text{-}R + 2\,OH^{\cdot} \rightarrow RS\text{-}SR + 2\,H_2O$; R = organ. Rest) u. gelangen so nicht an die potentielle Stelle ihrer biol. Wirkung – können also nicht schädigen. Die Wirksamkeit dieser S. (u. vieler anderer erprobter Stoffe) ist aber bei verschiedenen Tieren unterschiedl. u. für den Menschen auch nicht eindeutig festgestellt, so daß sie bis heute nicht von großer prakt. Bedeutung sind.

Strahlentherapie, *Radiotherapie, Strahlenbehandlung,* i. w. S. die ↗ Bestrahlung des Körpers (od. einzelner Teile) für therapeut. Zwecke mit Licht, Infrarot- u. Ultraviolettstrahlung, Mikro- u. Kurzwellen (☐ elektromagnetisches Spektrum), i. e. S. die Behandlung mit ionisierenden Strahlen (↗ Ionisation), wie ↗ Alpha-, ↗ Beta-, ↗ Gamma- u. ↗ Röntgenstrahlen, ↗ Strahlenbelastung, ↗ Strahlenschäden, ↗ Krebs.

Strahlentierchen, die ↗ Radiolaria.

Strahlung, die räuml. Ausbreitung v. ↗ Energie. Man unterscheidet Wellen-S. (elektromagnetische S., wie z. B. ↗ Licht-, Radio-, Röntgen-S. [↗ Röntgenstrahlen], Gamma-S. [↗ Gammastrahlen], und akustische S., wie ↗ Schall-S.) und Korpuskel- (Teilchen-)S. (z. B. Alpha- u. Beta-S. [↗ Alphastrahlen, ↗ Betastrahlen]). Durch den sog. Dualismus v. Welle u. Korpuskel

sind beide S.s-Arten miteinander verknüpft. ☐ elektromagnetisches Spektrum.
Strahlungsbilanz, Differenz zw. Einstrahlung auf eine Fläche u. Abstrahlung v. dieser, z. B. die Differenz der Sonneneinstrahlung auf die Erde u. der Abstrahlung. ↗Albedo, ↗Energieflußdiagramm.
Strandanwurf ↗Spülsaum.
Strandassel, *Ligia oceanica,* ↗Landasseln.
Strandauster, die Gatt. ↗Mya.
Stranddistel, *Eryngium maritimum,* ↗Mannstreu.
Strandflöhe, *Talitridae,* Fam. der ↗Flohkrebse. Diese Fam. stellt neben den *Gammaridae* die wichtigsten Süßwasserbewohner unter den Flohkrebsen u. die einzigen Landbewohner. Der Übergang vom Wasser zum Land läßt sich an verschiedenen Gatt. demonstrieren: In der Gezeitenzone felsiger Küsten lebt im Pflanzenbewuchs *Hyale nilssoni;* sie versteckt sich bei Niedrigwasser zw. Algen. Weiter oben, an der äußersten Hochwasserlinie, lebt *Orchestia gammarellus.* Oberhalb der Hochwasserlinie, aber auf Sandstrand, findet man *Talitrus saltator,* den eigentl. S., Strandhüpfer od. Sandhüpfer; er verbirgt sich tagsüber unter Treibholz u. angeschwemmten Algen od. gräbt sich in den Sand ein; seine Nahrung besteht aus angespülten Pflanzen u. kleinen Tierleichen. In S-Europa, aber auch an einigen Stellen in Mitteleuropa besiedelt *Orchestia cavimana* die Spülsäume v. Binnengewässern. In S-Amerika sind die S. mit vielen Arten die eigentl. Süßwasser-Flohkrebse. Die Gatt. *Talitroides* schließl. besiedelt in vielen Teilen der Tropen die Laubstreu v. Regenwäldern; sie sind stark an feuchte Luft gebunden. Manche nach Dtl. eingeschleppte Arten haben in Gewächshäusern stabile Populationen entwickelt.
Strandgräber, *Bathyergus,* Gattung der ↗Sandgräber.
Strandhafer, Sandrohr, *Ammophila,* Gatt. der Süßgräser (U.-Fam. *Pooideae*) mit 3 Arten. Die wichtigste Art ist der an der eur. Atlantikküste bis N-Spanien verbreitete Gemeine S. *(A. arenaria),* ein 0,6–1 m hohes ↗Ährenrispengras mit Rhizomen, das als Dünenfestiger auf Flugsanddünen (Weißdünen) vorkommt u. auch gepflanzt wird.   [mophiletea.
Strandhafer-Dünengesellschaften ↗Ammophiletea.
Strandkrabbe, *Carcinus maenas,* häufigste Krabbe (↗Brachyura) an den dt. Nord- u. Ostseeküsten. Ihr Verbreitungsareal erstreckt sich von N-Norwegen bis nach NW-Afrika u. von Neuschottland bis nach Virginia. Die S. gehört zu den ↗Schwimmkrabben, kann aber kaum schwimmen, weil der Dactylus ihrer 5. Pereiopoden nicht verbreitert ist. Als euryhalines Tier dringt sie weit in die Ostsee ein u. pflanzt sich dort auch fort. In der Nordsee macht sie mit den Gezeiten ausgedehnte Wanderungen, dabei schnell seitwärts laufend (platt-

deutscher Name: Dwarslöper), bei Ebbe wandert sie seewärts zurück od. gräbt sich im Sand ein. Nahrung wird v. a. nachts u. bei Hochwasser gesucht; sie besteht aus Mollusken, Ringelwürmern u. a. Krebstieren. Auch schwimmende Beute kann in schnellem Sprung gefangen werden. Der mit den Gezeiten synchronisierte Aktivitätsrhythmus wird im Laboratorium auch unter konstanten Bedingungen beibehalten. Die Fortpflanzung findet im Sommer statt. Die ♂♂ erreichen 6 cm, die ♀♀ 5 cm Körperlänge. Vor der Paarung trägt das ♂ ein ♀, indem es dieses mit 2 bis 3 Pereiopoden unter dem Bauch hält, tagelang herum (Präkopula), bis dieses sich häutet. Dabei hilft das ♂ dem ♀, dann dreht es das ♀ auf den Rücken; dieses entfaltet sein Pleon u. gibt die Geschlechtsöffnungen frei, in die das ♂ seine Gonopoden einführt. Die Paarung dauert viele Stunden. Die Eier werden später an den weibl. Pleopoden getragen. Es gibt 4 planktische Zoëa-Stadien u. eine Megalopa (☐ Brachyura). Ihre endgültige Größe erreichen die S.n nach ca. 3 Jahren. Die S. ist oft mit *Sacculina* (↗*Rhizocephala,* ☐) infiziert. In manchen Ländern wird sie gegessen.
Strandläufer, *Calidris,* Gatt. vorwiegend kleiner (13–25 cm) ↗Schnepfenvögel mit geradem od. gebogenem Schnabel; Gefieder braun, grau und rötl., während der Brutzeit oft kontrastreicher (↗Sommerkleid); Stimme gedämpft pfeifend od. zwitschernd; brüten circumpolar in der Tundra u. in Mooren u. überwintern hpts. an den Meeresküsten; zur Zugzeit versammeln sich hier riesige Scharen, die ihre Tagesrhythmik an den Gezeiten orientieren (↗Chronobiologie); vollführen auch im Schwarm erstaunl. exakt koordinierte Flugmanöver. Die häufigste Art an unseren Küsten ist der Alpen-S. *(C. alpina),* der im Sommerhalbjahr einen schwarzen Bauchfleck besitzt; wenige Brutpaare kommen noch in Dtl. vor; als Folge v. Biotopzerstörungen nach der ↗Roten Liste „vom Aussterben bedroht". Auch der Knutt *(C. canutus),* dessen Name auf die Stimme zurückgeht, erscheint in großer Anzahl in der Küste; mit 25 cm Länge ist er der größte S.; im Sommer rotbraun, im Winter grau. Der Sanderling *(C. alba)* ist im Schlichtkleid durch ein sehr helles Gefieder mit schwarzen Schulterflecken gekennzeichnet; folgt bei Nahrungssuche im Trippelschritt den Wellenbewegungen.
Strandling, *Litorella,* Gatt. der ↗Wegerichgewächse.
Strandlings-Gesellschaften ↗Litorelletea.
Strandnelke, *Limonium,* Gatt. der ↗Bleiwurzartigen, mit über 150 Arten v. a. in asiat. Trockengebieten, aber auch an manchen Küsten des Atlantik u. Pazifik sowie des Mittelmeeres verbreitet. Rosettenpflanzen mit frühzeitig absterbenden Grundblättern; Sprosse übernehmen die

Strandnelke

Strandkrabbe
(Carcinus maenas)

Alpen-Strandläufer
(Calidris alpina)

Strandnelke

Strandflieder *(Limonium vulgare)*

Strandschnecken

Wichtige Gattungen:
- ↗ Cremnoconchus
- ↗ Littorina
- ↗ Tectarius

Hauptassimilation. Wegen der trockenhäut., gefärbten Vor-, Kelch- u. Kronblätter werden S.n als Trockenblumen genutzt („Statice"). Eine einheimische S. ist der an der Nord- u. Ostseeküste vorkommende Strandflieder *(L. vulgare).*

Strandroggen, *Elymus arenarius,* ↗ Haargerste.

Strandroggen-Gesellschaften ↗ Honkenyo-Elymetea.

Strandsaum ↗ Spülsaum.

Strandschnecken, Littorinidae, Fam. der ↗ Mittelschnecken (Überfam. ↗ *Littorinoidea*) mit meist unter 4 cm hohem, kugel. bis kegelförm. Gehäuse ohne Nabel, glatter, spiralgestreifter od. mit Knötchenreihen besetzter Oberfläche u. verdicktem Spindelrand, während der äußere Mündungsrand einfach u. dünn ist; der Dauerdeckel ist conchinös, die Augen liegen auf kleinen Erhöhungen neben den Basen der pfriemförm. Fühler. Der Fuß ist median längsgefurcht, rechte u. linke Hälfte werden alternierend vorbewegt. Die Mantelhöhle enthält eine einseitig gefiederte Kieme, die bei amphib. lebenden Arten reduziert u. funktionell durch die blutbahnreiche Wand der Höhle unterstützt werden kann. Der Mund liegt am Ende einer kurzen, breiten Schnauze. S. sind getrenntgeschlechtl., oft mit Sexualdimorphismus; innere Befruchtung, Entwicklung meist über plankt. Veliger. S. sind kosmopolit. mit Schwerpunkt in trop. Meeren; etwa 100 Arten in ca. 12 Gatt. (vgl. Tab.); kommen oft in Massen u. jeweils in bestimmten Zonen der Küsten vor, wo sie Algen v. Felsen, Korallen, Tangen od. Mangrove abweiden. An dt. Küsten ist nur die Gatt. ↗ *Littorina* (☐) mit 4 Arten vertreten.

Strandseeigel, Strandigel, *Psammechinus miliaris,* bis ca. 5 cm großer olivgrüner bis bräunl. regulärer ↗ Seeigel (Ord. *Echinoida*); Stacheln violett, Schale annähernd fünfeckig; bewohnt im nördl. Atlantik, in der Nordsee u. der westl. Ostsee die Gezeitenzonen.

Strandsimse ↗ Simse.

Strandwolf, *Hyaena brunnea,* ↗ Hyänen.

Strangalia *w* [v. gr. straggalia = Fallstrick], Gatt. der ↗ Blütenböcke.

Stranvaesia *w* [ben. nach dem engl. Botaniker W. Fox Stranvais, 1795–1865(?)], Gatt. der ↗ Rosengewächse.

Strasburger, *Eduard Adolf,* dt. Botaniker, * 1. 2. 1844 Warschau, † 19. 5. 1912 Bonn; seit 1869 Prof. in Jena und Dir. des bot. Gartens, 1881 Prof. in Bonn. Zahlr. histolog.-cytolog. Arbeiten über die Befruchtungsvorgänge bei Pflanzen und physiolog. Untersuchungen zu den Mechanismen (Kapillarkräfte) des Flüssigkeitstransportes (1891) in Pflanzenstengeln. Erkannte (parallel zu den Untersuchungen O. ↗ Hertwigs am Seeigelei) die Vereinigung der Kerne pflanzl. Keimzellen als eigtl. Befruchtungsvorgang u. beschrieb die Rolle der vegetativen u. der beiden generativen Kerne im Pollenschlauch der Angiospermen; wies die Kernteilung als Voraussetzung für die Zellteilung nach (1879); ferner Arbeiten über pflanzl. Chromosomenzahlen. Sein „Kleines bot. Praktikum für Anfänger" u. das „Lehrbuch der Bot. für Hochschulen" galten lange als Standardwerke für den wiss. Unterricht. ⓑ Biologie II.

Strategie *w* [v. gr. stratēgia = Feldherrenkunst]; Organismen haben im Verlauf ihrer ↗ Evolution Anpassungen (↗ Adaptation, ↗ Anpassung) erworben, die es ihnen gestatten, aus ihrer arttypischen ↗ Umwelt die für ein Individuum nötigen ↗ Ressourcen (Nahrung, Nistplatz, Geschlechtspartner u. a.) zu gewinnen. Die so entwickelten, genetisch festgelegten (also erblichen) „Lösungen" von „Anpassungsproblemen" werden (im Ggs. zu erlernten Lösungen) als S.n bezeichnet, v. a., wenn es sich bei den Anpassungen um Verhaltensmuster handelt. Der Begriff S. ist aus der Spieltheorie entlehnt u. impliziert kein bewußtes, sondern genetisch „vorprogrammiertes" Handeln. Da die Umweltbedingungen für die Individuen einer Art unterschiedl. sein können, können verschiedene Individuen derselben Art zur Lösung eines „ökologischen Problems" verschiedene, alternative S.n einsetzen. Es hängt v. den jeweiligen Selektionsbedingungen ab (↗ Selektion), ob und welche S. sich in der weiteren Evolution durchsetzt. Von einer *„evolutionsstabilen S."* (Abk. *ESS*) spricht man, wenn sich eine bestimmte S. durchsetzt, sobald sie v. einer großen Mehrzahl der Individuen verfolgt wird, weil Individuen mit davon abweichenden (alternativen) „Mutanten-S.n" eine geringere Fitness haben. In bestimmten Fällen können sich aber auch verschiedene S.n innerhalb einer Art entwickeln – sei es, daß ein u. dasselbe Individuum je nach Situation unterschiedliche S.n anwendet, sei es, daß die Population aus Individuen besteht, die jeweils verschiedene S.n einsetzen. Wenn jede der verschiedenen S.n unter bestimmten Umständen zum Erfolg führt, kann sich eine *„evolutionsstabile Misch-S."* entwickeln u. in der Population halten. – Der Begriff S. wird z.T. noch in unterschiedl. Weise verwendet. Manche Autoren beziehen ihn nur auf alternative *Verhaltens-S.n* (z. B. beim Erwerb v. Nahrung od. Geschlechtspartner) der Individuen *innerhalb* einer Population, andere auf Unterschiede zw. Arten (z. B. *r*-Strategie, *K*-Strategie, ↗ Selektion). Wenn neben Verhaltensmustern auch unterschiedliche morpholog. und physiolog. Anpassungen einbezogen werden, ergeben sich enge Beziehungen zum ↗ Polymorphismus. Der ↗ balancierte Polymorphismus wäre dann eine „evolutionsstabile Misch-S."

Lit.: *Krebs, J. R., Davies, N. B.:* Öko-Ethologie. Berlin, Hamburg 1981.

Stratifikation w [v. *strati-, lat. -ficare = bilden], *Stratifizierung,* **1)** Geologie: Die Einordnung oberflächennaher Gesteine in das ↗stratigraphische System. **2)** Bot.: Bez. für das Brechen der ↗Samenruhe durch die Einwirkung einer Periode niedriger Temp. Nur gequollener Samen kann stratifiziert werden. Wirksam sind i. d. R. Temp. knapp über dem Gefrierpunkt. Nur einige Hochgebirgspflanzen benötigen Frost-Temp. In der Landw. umgeht man die oft lästige Samenruhe stratifizierbarer Samen dadurch, daß Samen od. Früchte schichtweise in feuchtem Sand od. Torf in Kisten eingelagert werden u. bei niedrigen Temp. gehalten werden. Diese Behandlung erfolgt im Freiland od. in Räumen mit gesteuerten Temp. Die notwendige Dauer der Kälteperiode ist artspezif., ebenso der günstige Zeitpunkt der Behandlung. **3)** Ökologie: Bez. für die vertikale Schichtung eines Lebensraums in physiognomisch deutlich unterscheidbare Unterräume *(Schichten, Strata).* So ist auf dem Festland durch den Pflanzenwuchs u. im Meer od. tieferen Süßgewässern durch die Eindringtiefe des Lichtes eine vertikale Schichtung vorgegeben. Im 1. Fall unterscheidet man eine *Bodenschicht* (bodennahe Zone bis 0,15 m), eine *Krautschicht* (Zone der nicht verholzten, an den Boden gebundenen Vegetation von 0,15–1,8 m), eine *Strauchschicht* (Zone der verholzten Sträucher von 1,8–4,5 m) und eine *Baumschicht* (Zone ab 4,5 m aufwärts); die Baumschicht wird häufig noch in eine *Stamm-* u. eine *Kronenregion* differenziert. Im 2. Fall unterscheidet man ein *Pleustal,* ein *Epipelagial,* ein *Meso-* u. ein *Bathypelagial* u. ein *Hadal* (☐ Meeresbiologie). In jedem dieser Strata leben etliche Arten, die auf eine solche Schicht beschränkt sind. Andere Arten bewohnen mehrere Schichten, wieder andere führen je nach Tages- od. Jahreslauf Wanderungen zw. den Schichten durch.

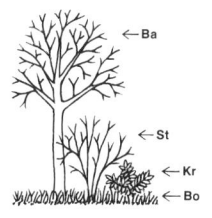

Stratigraphie w [v. *stratigraph-], (wahrscheinl. W. Smith 1017), nach O. H. Schindewolf (1964) „die Wiss. von all jenen Gesteinen, die an der Erdoberfläche gebildet worden sind, ihre Lithologie, Abfolge u. geolog. Verbreitung u. ihre Interpretation in Termini der Erdgeschichte". Andere Definitionen fassen den Aufgabenbereich der S. entweder weiter (S. = Historische Geologie) od. enger (S. = Beschäftigung nur mit Sedimentgesteinen; S. = Teildisziplin der Geochronologie). Solche Inhalte werden der stratigraph. Praxis nicht gerecht. — Bereits die int. Geologenkongresse zu Bologna (1881) u. Paris (1900) trugen der Notwendigkeit Rechnung, die zeitliche Ord. der Gesteine (↗Geochronologie) in 2 hierarchischen stratigraph. Systemen auszudrücken (jeweils in absteigender Reihe): 1. *Konkrete Gesteine:* System (Formation), Serie (Abteilung), Stufe (Etage), Zone (As-

sise). 2. *Abstrakte chronolog. Zeiteinheiten:* Ära, Periode, Epoche, Alter, Phase (Moment). Bis 1940 folgte man dieser Gliederung allgemein. Spätere Änderungen ergaben sich vorwiegend aus nationalen Erfordernissen: 1. aus der Errichtung nationaler stratigraph. Kommissionen, 2. aus dem Zwang großräumiger Länder (v. a. USA, Kanada, UdSSR, Südafrika) zu rascher geolog. Kartierung um der wirtschaftl. Nutzung willen (↗Formation). Ein weithin beachtetes, überaus sachgerechtes, bisher jedoch unverbindl. gebliebenes System schlugen schweizer. Geologen (1973) vor. Es unterscheidet 4 Skalen (vgl. Tab.).

Stratigraphie

Litho-stratigraphie	Biostratigraphie	Chrono-stratigraphie	Geochrono-logie
Gruppe	–	Ärathem	Ära
Formation	–	System	Periode
Glied (Form.-G.)	–	Serie	Epoche
Bank	–	Stufe	Alter
Schicht	Zone (Biozone)	Chronozone	Zeit (Chron)

In den beiden rechten Skalen ist das alte zweigliedr. System praktisch erhalten geblieben. Dabei bezeichnet „*Chronostratigraphie*" die Ord. der Gesteine nach ihrer chronolog. Bildungsfolge als Ergebnis biostratigraph. Durchdringung der *Lithostratigraphie*. Anders konzipierte Systeme übersehen oft, daß sich allein die ↗Zone biostratigraphisch definieren läßt. Sog. „Gattungszonen" im Sinne v. Stufen (z. B. *Neoschwagerina-*Zone) ändern daran nichts. Um die strengen Anforderungen an das Zonen-Konzept der *Biostratigraphie* zu unterstreichen, grenzte Schindewolf diesen Idealfall als „*Orthostratigraphie*" ab gg. solche Einstufungen, die — faziesbedingt — mit anderen als Zonenleitfossilien gewonnen werden müssen: *Parastratigraphie*. *Lithostratigraphie* galt ihm als stratigraph. Vorstufe, die er *Prostratigraphie* nannte. Um der neu hinzutretenden absoluten Geochronologie den gebührenden Platz in der S. zuzuweisen, vereinigte er sie mit der Orthostratigraphie zur *Eustratigraphie*. Für die Einteilung nach Jahren wurde neuerdings der Begr. „chronometrische Skala" eingeführt u. dem Ärathem ein Äonothem vorangestellt. — Chronostratigraph. Grenzen sollten nach älterer Auffassung „natürlich", d. h. durch auffällige Markierungen (z. B. Fazieswechsel, Winkeldiskordanzen) gekennzeichnet sein. Inzwischen weiß man, daß solche Grenzen Zeitausfälle belegen u. demnach nicht zweckdienl. sind. Deshalb werden stratigraph. Grenzen heute in int. Absprache festgelegt. Man sucht weltweit nach den günstigsten, d. h. umfassendsten u. kontinuierlichsten Profilen mariner Sedimente, wählt sie zum „Stratotypus" u. zieht die Grenzen zw. ↗Biozonen. Derzeit wird in int. Kommissionen daran gearbeitet, Stra-

Stratifikation
Schichtung der Vegetation im Wald:
Ba Baumschicht,
Bo Bodenschicht,
Kr Krautschicht,
St Strauchschicht

strati- [v. lat. stratus = ausgebreitet, geschichtet; stratum = Decke, Lager].

stratigraph- [v. lat. stratus = ausgebreitet, geschichtet; gr. graphein = beschreiben].

totypen u. Grenzen verbindl. festzulegen; wenige Fälle sind jedoch schon entschieden (z. B. ↗Silur-↗Devon-Grenze). Vom Stratotypus aus wird durch Parallelisierung zeitgleicher Strata (Korrelation) die weltweite Abfolge der Gesteine ermittelt. *S. K.*

stratigraphisches System [v. *stratigraph-*], 1) das Ordnungsprinzip in der ↗Stratigraphie, ausgedrückt in Termini der ↗Erdgeschichte. 2) chronostratigraphische Einheit zw. Ärathem u. Serie (z. B. Kambrium), früher in Dtl. als Formation (↗geologische Formation) bezeichnet.

stratigraphische Stufe ↗Stratigraphie.

stratigraphische Zone ↗Zone.

Stratiodrilus *m* [v. gr. stratios = kriegerisch, drilos = Regenwurm], Ringelwurm-(Polychaeten-)Gatt. der ↗Histriobdellidae mit 4 Arten; bekannte Art *S. tasmanicus* in Süßgewässern Tasmaniens in den Kiemenhöhlen eines Flußkrebses.

Stratiomyidae [Mz.; v. gr. stratios = kriegerisch, myia = Fliege], die ↗Waffenfliegen.

Stratiotes *m* [v. gr. stratiōtēs = Soldat], die ↗Krebsschere.

Stratozönose *w* [v. *strati-*, gr. koinonein = gemeinsam leben], Bez. für die Lebensgemeinschaft einer einzelnen Schicht in einem vertikal geschichteten Lebensraum; im Wald z. B. weisen Moos-, Kraut- und Kronenschicht (↗Stratifikation) jeweils eine spezif. S. auf. ↗Synusien.

Stratum *s* [Mz. Strata; lat., =], *Schicht,* 1) anatom. Bez. für Zellschicht, flache Zelllage; ↗Epithel, ↗Haut. 2) in der Geologie ein aus Ablagerungen hervorgegangener, flächenhafter Gesteinskörper geringer Mächtigkeit, der unten (Sohle) u. oben (Dach) v. Schichtfugen begrenzt ist. Das S. repräsentiert einen Zeitraum gleichbleibender ↗Sedimentation, die (an den Schichtfugen) auf unbestimmte Zeit unterbrochen war. 3) Ökologie: ↗Stratifikation.

Strauch, *Busch, Frutex,* Bez. für ↗Holzgewächse, die nicht mit einem Hauptstamm wachsen, sondern durch Förderung der basalen Seitentriebe (↗Basitonie, ☐ Akrotonie) aus vielen kräftigen, seitl. Trieben bestehen, wobei die Hauptachse meist verkümmert. Sträucher unter 50 cm Höhe nennt man ↗Zwergsträucher (↗Chamaephyten; ↗Lebensformen, [T], ☐). Ggs.: ↗Baum, ↗Halbsträucher, ↗Stauden.

Straucherbse, *Cajanus,* Gatt. der ↗Hülsenfrüchtler.

Strauchflechten, ↗Flechten mit strauchartig aufrechtem bzw. abstehendem bis bartartig hängendem Lager, meist stark verzweigt, aber auch einfach stiftförmig. ↗Bartflechten, ↗Bandflechten.

Strauchformation, *Gebüschformation,* Bez. für eine v. Sträuchern dominierte ↗Formation. S.en finden sich an den klimat., edaphischen u. anthropogenen Waldgrenzen, in gewachsenen Kulturlandschaften (↗Hecke) od. stellen Degradationsstu-

Strauchschnecken
Wichtige Gattungen:
↗ *Bradybaena*
↗ *Cochlostyla*
↗ *Helicostyla*

Sträuße
S. (Struthio camelus), Hahn u. Henne

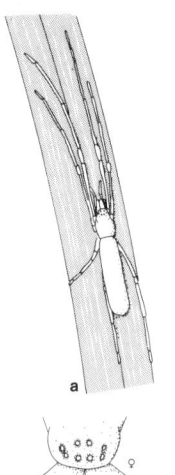

Streckerspinnen
a Weibchen in Ruhestellung (Tarnhaltung); **b** Stellung der Cheliceren bei der Paarung

fen ehemaliger Wälder dar (↗Garigue). Beispiele für S.en: ↗Salicetea purpureae, ↗Rhamno-Prunetea, ↗Macchie, ↗Chaparral, ↗Caatinga.

Strauchpappel, *Lavatera,* Gatt. der ↗Malvengewächse.

Strauchschicht ↗Stratifikation.

Strauchschnecken, *Bradybaenidae* (fr. *Eulotidae*), Landlungenschnecken mit rundl., einfarbigem od. gebändertem Gehäuse; Tier ☿, oft mit Pfeilsack u. Liebespfeil. eierlegend, wenige ovovivipar *(Euhadra).* Etwa 40 Gatt. (vgl. Tab.), überwiegend in Asien; in Europa nur ↗ *Bradybaena.*

Strauchwicke, *Coronilla emerus,* ↗Kronwicke.

Strauße, *Struthioniformes,* Vogel-Ord. mit 1 Fam. *(Struthionidae)* u. heute nur noch 1 Art, dem Strauß *(Struthio camelus,* [B] Afrika II); flugunfähig, stammt v. flugfähigen Vorfahren ab, ebenso wie die übrigen Laufvögel (↗Nandus, ↗Kasuarvögel u. ↗Kiwivögel). Mit einer Gesamthöhe bis 3 m und einem Gewicht v. 150 kg ist der (männl.) Strauß der größte heute lebende Vogel. Er bewohnt weitläufige, steppenartige Ebenen hpts. in SW-Afrika, meist in denselben Gebieten wie Zebras u. Antilopen. Das Gefieder des Männchens ist schwarz u. weiß, das des Weibchens braun u. weiß gefärbt; die Flügel sind zwar normal ausgebildet, sie können den Vogel aber seines Gewichtes wegen nicht tragen. Dagegen ist die Beinmuskulatur ausgesprochen kräftig entwickelt; beim Laufen erreichen die Vögel sehr hohe Geschwindigkeiten (bis 70 km/h). Die Nahrung besteht aus Insekten, kleinen Wirbeltieren u. Körnern. S. leben meist polygam; mehrere Weibchen legen jeweils 6–8 cremeweiße, sehr hartschalige Eier in die gemeinsame, v. Männchen ausgescharrte Nestmulde. Diese Rieseneier (Gewicht 1,4 kg) werden v. beiden Geschlechtern 6 Wochen lang bebrütet; die frischgeschlüpften Jungen tragen einen hellbraunen Flaum u. sind Nestflüchter; sie werden vom Hahn u. der Haupthenne mehrere Monate in Obhut genommen, danach schließen sich verschiedene Fam. zusammen. So entstehen Herden, die aus mehreren Hundert Vögeln bestehen können; der familieninterne Kontakt bleibt jedoch nach wie vor bestehen.

Straußenschnecken, *Straußenfußschnecken, Struthiolariidae,* Fam. der ↗Flügelschnecken (Überfam. *Stromboidea),* marine ↗Mittelschnecken mit eikegelförm., ungenabeltem Gehäuse, Oberfläche mit Spiralstreifen, oft mit Knoten, Mündungsrand verdickt. Die große Kieme ist stark bewimpert; sie filtriert mit Hilfe v. Schleim die Nahrung aus dem Wasser. Der Magen enthält einen Kristallstiel u. bewimperte Sortierfelder. Die S. sind getrenntgeschlechtl.; bei einigen bilden die ♀♀ Bruttaschen im Mantel; sie graben sich flach in Sand u. Schlick ein u. bauen mit dem Rüssel Ein- u.

Ausströmröhren für das Wasser. Etwa 7 Arten bei Austr., Neuseeland u. in der Antarktis.

Straußfarn, *Mattëuccia,* Gatt. der ↗ Frauenfarngewächse mit 2–4 Arten. In Mitteleuropa nur *M. struthiopteris;* die zweifach gefiederten Blätter stehen trichterförmig an kurzem aufrechtem Rhizom; Sporophylle u. Trophophylle unterschiedl. gestaltet (Heterophyllie); die Sporophylle befinden sich innerhalb des Trophophyll-Trichters, besitzen eine stark reduzierte Lamina u. bleiben bis ins nächste Frühjahr stehen. *M. struthiopteris* benötigt ständig durchfeuchtete, nährstoffreiche Böden u. kommt gesellig (Vermehrung durch Stolonen!) in Auenwäldern, an Bächen u. Flüssen vor (in der BR Dtl. geschützt u. nach der ↗ Roten Liste „gefährdet").

Straußgras, *Agrostis,* Gatt. der Süßgräser (U.-Fam. *Pooideae*) mit ca. 200 Arten in der gemäßigten Zone der N-Halbkugel u. in den trop. Gebirgen. Rispengräser mit unbegrannten, ca. 2–3 mm großen Ährchen mit 2 gekielten Hüllspelzen, welche die kahle Deckspelze überragen, u. oberseits gerieften kahlen Blättern. Mit grannenlosen Deckspelzen ist das Weiße S. *(A. stolonifera)* eine formenreiche Sammelart bes. in Pionierrasen. Das Rote S. *(A. tenuis)* mit nur 1 mm langem Blatthäutchen ist ein gutes Futtergras u. tritt bes. in silicatischen Magerwiesen des Gebirges bestandsbildend auf. Mit 2–5 mm langem Blatthäutchen steht das bis 1,5 m hohe Riesen-S. oder Fioringras *(A. gigantea)* häufig im Uferröhricht od. auf Naßwiesen.

Streber, *Zingel streber,* ↗ Barsche.

Streblidae [Mz.; v. gr. streblos = gedreht], ↗ Fledermausfliegen.

Streblotrichum s [v. gr. streblos = gedreht, triches = Haare], Gatt. der ↗ Pottiaceae.

Streckerspinnen, Kieferspinnen, *Tetragnathidae,* Fam. der ↗ Webspinnen mit ca. 500 Arten, über alle Erdteile verbreitet; charakterist. für die 0,5–1,5 cm großen Spinnen mit oft langgestrecktem Körper sind bes. lange, bezahnte Cheliceren u. große Gnathocoxen an den Pedipalpen. Der Name S. rührt v. einer typischen Körperstellung her: zur Tarnung werden jeweils die beiden vorderen u. hinteren Beinpaare aneinandergelegt u. in der Körperachse gestreckt. Diese mimetische Stellung wird im Netz od. in der nahen Vegetation eingenommen. Die meisten S. bauen ein Radnetz. Ausnahme sind adulte Tiere an den Boden lebenden Gatt. *Pachygnatha,* bei der nur die Jungtiere kleine Netze bauen. Bei der Paarung verhaken sich die S. mit den Cheliceren. Artenreichste Gatt. ist *Tetragnatha;* in den Tropen ist die Gatt. *Leucauge* mit vielen Arten vertreten. Manche Autoren zählen auch die Vertreter der Gatt. *Meta* (↗ Herbstspinne, ↗ Höhlenspinnen) zu den Streckerspinnen. ☐ 80.

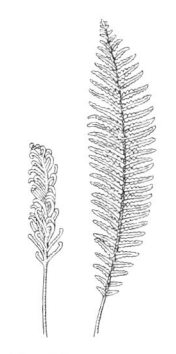

Straußfarn
Der S. *Mattëuccia struthiopteris* kann mit seinen trichterförmig angeordneten Wedelblättern bis 1,5 m hoch werden; links fertiler, rechts steriler Wedel

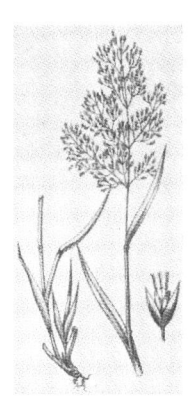

Straußgras
Fioringras *(Agrostis gigantea)*

strati- [v. lat. stratus = ausgebreitet, geschichtet; stratum = Decke, Lager].

stratigraph- [v. lat. stratus = ausgebreitet, geschichtet; gr. graphein = beschreiben].

Streckhornfliegen, die ↗ Hornfliegen.

Streckmuskeln, *Extensoren,* ↗ Beugemuskeln.

Streckrezeptoren ↗ Mechanorezeptoren, ↗ Dehnungsrezeptoren. ☐ mechanische Sinne I–II.

Streckungswachstum, das *Längenwachstum* v. ↗ Sproßachse u. ↗ Wurzel, das nicht auf Zellvermehrung beruht, sondern durch eine kräftige Streckung der Zellen durch Vergrößerung des Zellsaftraums unter Wasseraufnahme u. plastische Dehnung der Zellwand im Bereich der Vegetationspunkte v. Sproßachse u. Wurzel zustande kommt (↗ Streckungszone, ↗ Scheitel). Die Achsenorgane Sproßachse u. Wurzel erhalten dadurch ihre endgültige Länge. Das S. wird durch Licht u. Phytohormone (↗ Gibberelline, ↗ Auxine) gesteuert. ↗ Dickenwachstum.

Streckungszone, Bez. für den bis nur wenige mm langen, hinter der Differenzierungszone im ↗ Scheitel v. ↗ Sproßachse u. ↗ Wurzel gelegenen Bereich, dessen Zellen durch starke Verlängerung das ↗ Streckungswachstum der Achsenorgane ausführen.

Streifenantilope, der ↗ Buschbock.

Streifenbackenhörnchen, *Tamias striatus,* ↗ Chipmunks.

Streifenboden ↗ Frostböden.

Streifenbrand, seltene Brandkrankheit (↗ Brand, ☐) des Weizens u. der Gerste in wärmeren Klimazonen. Erreger ist der ↗ Brandpilz *Urocystis agropyri* (= *U. tritici,* Ord. ↗ *Tilletiales);* in den Weizenblättern sind die dunklen Brandlager in Längsreihen, parallel zu den Blattnerven, angeordnet. – S. an Gräsern wird durch den gleichen Erreger od. durch *Ustilago striiformis* verursacht.

Streifenfarn, Strichfarn, *Asplenium,* Gatt. der ↗ Streifenfarngewächse mit über 700 trop. bis gemäßigt verbreiteten Arten; Rhizom mit netzartig versteiften Schuppen, streifenförm. Sori mit seitl. Indusium. Von den 15 in Zentraleuropa heimischen Arten ist die Mauerraute *(A. ruta-muraria)* eine der häufigsten; dieser kleine Farn mit rautenförm. Fiederchen kommt in basenreichen Felsspalten-Ges. bis hoch in die alpine Stufe hinauf vor, besiedelt heute aber v.a. analoge anthropogene Standorte, wie Mörtelfugen v. Steinmauern. Der Grüne S. *(A. viride)* u. der Schwarzstielige S. *(A. trichomanes;* ☐ Farnpflanzen I) sind kleine, einfach gefiederte Farne mit grüner bzw. schwarzer Blattspindel. Beide besiedeln beschattete, oft feuchte Mauern u. Felsen; der Grüne S. wächst v.a. auf Kalk und charakterisiert zus. mit dem ↗ Blasenfarn das Asplenio-Cystopteridetum; der Schwarzstielige S. ist eine Charakterart der ↗ Asplenietea rupestria. Recht häufig tritt an kalkarmen silicatischen Gesteinen, Felsen od. Mauern der durch seine linealischen, gabelteiligen Fiederblättchen gut

Streifenfarngewächse

kenntliche Nördliche S. *(A. septentrionale)* auf. Der Schwarze S. *(A. adiantum-nigrum)* gedeiht ebenfalls auf kalkarmen Gesteinen od. Steinböden, erfordert aber wintermilde Standortlagen. Von den trop. Arten ist der epiphytische Nestfarn (Vogelnestfarn, *A. nidus*) bemerkenswert, der in einem Blatttrichter, in den auch Adventivwurzeln einwachsen, Wasser u. Humus ansammelt.

Streifenfarngewächse, *Aspleniaceae,* Fam. der leptosporangiaten Farne *(↗Leptosporangiatae, ↗Filicales),* charakterisiert durch streifenförmige (Name!), den Seitenadern folgende Sori mit seitlichem, z. T. rudimentärem Indusium. Wichtigste der 9 Gatt. ist der ↗Streifenfarn *(Asplenium);* in Mitteleuropa heimisch sind ferner die ↗Hirschzunge *(Phyllitis, Scolopendrium)* u. der ↗Milzfarn *(Ceterach).* [fische.

Streifenfisch, *Atherina presbyter,* ↗Ährenfische.

Streifenhörnchen, *Eutamias,* Gatt. der ↗Erdhörnchen mit insgesamt 16 Arten, darunter das Sibir. S. oder der Burunduk *(E. sibiricus;* Kopfrumpflänge 13–15 cm, Schwanzlänge 8–10 cm; Rücken grau mit 5 schwarzbraunen Längsstreifen). Das Sibir. S. lebt in den nördl. Waldgebieten der Alten Welt, im O bis N-Japan, nach W neuerdings auch diesseits der Wolga u. in Finnland. In Dtl. wildlebende S. sind Nachkommen entwichener Zuchttiere.

Streifenkrankheit, 1) wichtige ↗Pilzkrankheit an Gerste, verursacht durch *Pyrenophora graminea* (Fam. ↗*Pleosporaceae*, T) [Konidienstadium: *Drechslera g.* = *Helminthosporium gramineum*; ☐ Helminthosporium]. Seit über 100 Jahren in Dtl. bekannt. In N- und NO-Europa ohne Saatgutbeizung (↗Beize) Ertragsausfälle v. über 50% möglich. Die Infektion erfolgt vom Ruhemycel am Korn während der Keimung. Das Mycel parasitiert im Innern; auf den Blättern entstehen gelbe bis braune, oft aufgerissene Längsstreifen, in denen die Konidien zu erkennen sind, durch welche die Verbreitung im Bestand während der Blühphase erfolgt. Das Gesamtwachstum der Pflanze ist gehemmt; die Ähren bleiben in den Blattscheiden; die Kornausbildung ist mangelhaft; es treten „Schrumpfkörner" (↗Schrumpfkorn) ohne Keimfähigkeit auf. Das Mycel überwintert zw. Spelze u. Korn od. an der Karyopse. Zur Bekämpfung der S. wird das Saatgut gebeizt. B Pflanzenkrankheiten I. 2) S. an Hafer, verursacht durch *Pyrenophora avenae* (Konidienform: *Drechslera a.*); in den Merkmalen ähnlich 1).

Streifenrost, der ↗Gelbrost.

Streifensalamander, *Stereochilus,* Gatt. der ↗*Plethodontidae* mit 1 Art *(S. marginatus)* im atlant. Küstenbereich N-Amerikas; meist in stehenden Gewässern.

Streifenschildkröten, Chinesische S., *Ocadia,* ↗Sumpfschildkröten.

Streifenwanze, *Graphosoma lineatum,* ↗Schildwanzen.

Streifenfarn
Mauerraute *(Asplenium ruta-muraria)*

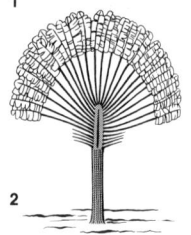

1

2

Strelitziaceae
1 Blüten v. *Strelitzia;*
2 Baum der Reisenden *(Ravenala madagascariensis)*

Strelitziaceae
Gattungen:
Heliconia
(ca. 50 Arten; trop. Amerika)
Phenakospermum
(1 Art; Guayana)
Ravenala
(1 Art; Madagaskar)
Strelitzia
(4 Arten; trop. Amerika)

strept-, strepto- [v. gr. streptos = gedreht].

Streifenzikade, *Deltocephalus striatus,* ↗Zwergzikaden.

Strelitziaceae [Mz.; ben. nach Charlotte v. Mecklenburg-Strelitz, 1744–1818, Gattin Kg. Georgs III. v. England], Fam. der ↗Blumenrohrartigen mit 4 Gatt. und ca. 60 Arten mit disjunkter Verbreitung (vgl. Tab.); z. T. auch als U.-Fam. der ↗Bananengewächse geführt, v. denen sie sich aber durch monokline Blüten u. zweireihig angeordnete Blätter unterscheiden. Die Blüten stehen in Wickeln u. werden v. einem großen, oft bunten Hochblatt überragt. 2 der 6 Perigonblätter umschließen pfeilförmig den Griffel u. die 5 Staubblätter. Oft vorhandene Scheinstämme werden v. den Blattscheiden gebildet u. können verholzen. Die *Strelitzia*-Arten (Paradiesvogelblumen) – v. a. *S. reginae* mit großen, orangefarbenen Blüten – sind sehr geschätzte Zierpflanzen. Aus den hohlen Blattscheiden des auf Madagaskar heim. Baumes der Reisenden *(Ravenala madagascariensis,* B Afrika VIII) können nach Anstechen bis zu 1,5 l Wasser gewonnen werden (Name!); eine wicht. Art in den Sekundärwäldern Madagaskars, ist er sonst als Zierbaum in den Tropen u. Subtropen verbreitet.

Strepsiptera [Mz.; v. gr. strepsis = Drehen, pteron = Flügel], die ↗Fächerflügler.

Streptaxidae [Mz.; v. *strept-, gr. axōn = Achse], Fam. der ↗Landlungenschnecken (U.-Ord. *Sigmurethra*) mit meist farblostransparentem Gehäuse v. verschiedener Form (unter 5 cm hoch), oft unregelmäßig gewunden; der Mantel ist gelb bis rot. Carnivore Tiere in der Laubschicht u. unter Steinen. ☿ mit vereinfachtem Genitalsystem; legen wenige, große Eier, manche sind ovovivipar. Etwa 500 Arten in 90 Gatt., v. a. in den Tropen der S-Hemisphäre, bes. Afrikas.

Streptobacillus *m* [v. *strepto-, lat. bacillum = Stäbchen], Gatt. der fakultativ anaeroben, gramnegativen Stäbchenbakterien (0,1–0,7 × 1,5 μm), pleomorph, gelegentlich Ketten oder Filamente (100–150 μm lang) wechselnder Länge bildend. Nur 1 beschriebene Art, *S. moniliformis;* normalerweise Bewohner des Nasen-Rachen-Raumes v. Ratten u. anderen Nagern. Verursacht beim Menschen eine (seltene) „Rattenbißkrankheit", die ohne med. Behandlung tödl. verlaufen kann; die Übertragung erfolgt durch den Biß v. Tieren, durch mit Kot verunreinigte Nahrungsmittel (z. B. Milch) od. Wasser. Auch Tiere können erkranken (z. B. Truthähne, Meerschweinchen). *S.* läßt sich auf bluthaltigen, nährstoffreichen Nährböden züchten; im Gärungsstoffwechsel (aerob u. anaerob) werden Kohlenhydrate verwertet. *S.* neigt zur Ausbildung v. ↗L-Formen.

Streptobakterien [v. *strepto-], *Streptobacterium,* U.-Gatt. von *Lactobacillus* (↗Lactobacillaceae, T).

Streptocarpus *m* [v. *strepto-, gr. karpos = Frucht], Gatt. der ↗Gesneriaceae.

Streptococcaceae [Mz.; v. *strepto-, gr. kokkos = Beere], Fam. der grampositiven Kokken (Bakterien), in die 5 Gatt. *(Aerococcus,* ↗ *Gemella, Leuconostoc,* ↗ *Pediococcus,* ↗ *Streptococcus)* eingeordnet werden. Die kugeligen oder ovoiden, unbewegl. Zellen der Arten bleiben paarweise od. in Ketten wechselnder Länge od. in Tetraden zus. (☐ Bakterien) u. besitzen keine Katalase (Ggs. zu ↗*Micrococcaceae).* Sie wachsen anaerob, mikroaerophil u. aerob u. bauen die organ. Substrate im Gärungsstoffwechsel ab. Aus Kohlenhydraten entstehen Milch-, Essig- u. Ameisensäure sowie Äthanol. Die meisten Arten scheiden hpts. ↗Milchsäure als Endprodukt aus u. gehören dadurch zur physiolog. Bakteriengruppe der ↗Milchsäurebakterien. – Die *Aerococcus*-Arten besitzen rundl. Zellen, meist in Tetraden zusammengelagert, wachsen mikroaerophil (↗mikroaerophile Bakterien) u. können häufig aus der Luft, gepökeltem Fleisch (↗Pökeln) u. Gemüse isoliert werden. Wirtschaftl. wichtig sind die heterofermentativen *Leuconostoc*-Arten; sie sind bei der ↗Säuerung kohlenhydrathalt. Nahrungsmittel (↗Silage, ↗Sauerkraut) beteiligt, werden als Starterkulturen bei der Herstellung v. ↗Milch-Produkten (Sauerrahmbutter, Buttermilch, Quark u. verschiedene ↗Käse; ↗Milchsäurebakterien, ↗Sauermilchprodukte) u. bei der ↗Wein-Herstellung zum Säureabbau (↗Malo-Lactat-Gärung) eingesetzt. Durch die hohe Zuckertoleranz v. *Leuconostoc mesenteroides* (bei 60%) entstanden fr. in Zuckerfabriken hohe Verluste (↗Froschlaichgärung). In der Natur läßt sich *Leuconostoc* v. Pflanzen u. Früchten isolieren. – Die ↗*Streptococcus*-Arten haben große Bedeutung in der biologischen Grundlagenforschung, in der Milchwirtschaft und als Krankheitserreger.

Streptococcus *m* [v. *strepto-, gr. kokkos = Beere], Gatt. der ↗*Streptococcaceae;* grampositive, sporenlose, kokkoide bis eiförmige ↗Bakterien (☐, B), die meist in Ketten unterschiedl. Länge zusammenbleiben, teilweise mit ↗Kapseln. Meist mit fakultativ anaerobem, selten nur anaerobem Wachstum; Energiegewinn nur im Gärungsstoffwechsel; Glucose wird homofermentativ hpts. zu (rechtsdrehender) ↗Milchsäure abgebaut. Zur Kultur sind komplexe Nährmedien notwendig (z. B. mit Blut- od. Serumzusatz). Optimale Wachstums-Temp. ist meist 37 °C. Einige Vertreter setzen aerob H_2O_2 frei. Man unterscheidet über 30 Arten. Viele gehören zur normalen Bakterienflora im Mund u. Rachen, Darm u. auf der Haut (↗Mundflora, ↗Darmflora, ↗Hautflora). Einige sind wichtige Krankheitserreger, andere werden zur Herstellung v. ↗Milch-Produkten (Sauermilchprodukte) od. zur ↗Konservierung (↗Säuerung) eingesetzt (↗Milchsäurebakterien). Die med. wichtigen Streptokokken werden nach ihrem ↗Hämolyse-Vermögen (α-, γ-Hämolyse, ↗hämolysierende Bakterien) u. ihrem Gruppenpolysaccharid eingeteilt (vgl. Tab.). – Die meisten *S.*-Infektionen erfolgen durch *S. pyogenes* (serolog. Gruppe A); er verursacht eine Vielzahl eitriger Krankheitsbilder; zusätzl. können nicht-eitrige Folgeerkrankungen auftreten. Die Erreger haben die Tendenz, sich im Gewebe auszubreiten. Wichtige Erkrankungen sind: akute eitrige Rachenschleimhautentzündungen (Pharyngitis), Mandelentzündungen (Tonsillitis, Angina), ↗Scharlach, Wundrose (Erysipel). Bei nicht rechtzeitiger Behandlung v. Wund- od. Racheninfektionen kann es zur Sepsis (Blutvergiftung) kommen od. zu gefährl. Spätfolgen, wie „akutem Rheumatischem Fieber" (↗Rheumatismus) mit Gelenkschwellungen u. Karditis, v. a. im Bereich des Endokards u. der Herzklappen. Nach Racheninfektionen können auch Nierenschädigungen auftreten, bes. bei Kindern. – *S. agalactiae* (serolog. Gruppe B) ist Erreger des gelben ↗Galtes, einer der häufigsten Mastitisformen der Rinder. Bei Säuglingen kann eine Infektion zu ↗Meningitis mit hoher Letalität führen; die Infektion erfolgt bei der Geburt v. der Vagina. – *S. faecalis* (serolog. Gruppe D) lebt normalerweise im (Dünn-)Darm v. Mensch u. Tier *(= Enterokokken),* in Harnwegen verursacht er Entzündungen; kann auch bei bakterieller Endokarditis und gelegentl. auch an eitrigen Wundinfektionen (in Mischinfektion) mitbeteiligt sein. *S. pneumoniae (= Pneumococcus = Diplococcus pneumoniae)* zeigt eine starke Kapselbildung, die für die Virulenzeigenschaften wichtig ist. Nur bekapselte Stämme (aus dem Atmungstrakt) können Mensch u. Tier infizieren u. eine Lungenentzündung verursachen – meist erst nach einer Virusinfektion im Rachenraum od. bei einer allg. Abwehrschwäche. Weitere typ. Erkrankungen sind Nebenhöhlenentzündungen (Sinusitis) u. Mittelohrentzündungen (Otitis media). Eine Pneumokokken-↗Meningitis ist die häufigste Form einer bakteriellen Meningitis bei Menschen über 40 Jahre. – Vergrünende Streptokokken (α-Hämolyse, *Viridans-*Gruppe) und nicht-hämolysierende Formen, die in Darm u. Mundhöhle vorkommen, spielen eine wichtige Rolle bei der ↗Zahnkaries. – Viele Streptokokken können H_2O_2 und ↗Bakteriocine bilden; möglicherweise sind sie dadurch an der Abwehr pathogener Bakterien mitbeteiligt. – Die typischen *S.*-Ketten sind bereits von A. van ↗Leeuwenhoek mikroskop. im Zahnbelag beobachtet worden. *S. lactis (Bacterium l.)* war wahrscheinl. das erste Bakterium, das (zufällig) in Reinkultur erhalten wurde. G. S.

Streptococcus

Unterteilung nach physiolog. Eigenschaften u. Vorkommen (Auswahl):

1. Milch-Streptokokken
  (↗Milchsäurebakterien)
  S. lactis
  S. lactis subsp. *diacetylactis*
  S. cremoris
  S. thermophilus

2. Fäkale Streptokokken
  (z. T. Enterokokken = E)
  S. faecalis (E)
  S. faecium (E)
  S. bovis
  S. equinus

3. Pyogene Streptokokken
  (Eitererreger)
  S. pyogenes
  S. agalactiae
  S. equi

4. Pneumokokken
  S. pneumoniae

5. Mund-Streptokokken
  S. salivarius
  S. mutans
  S. sanguis
  S. milleri

6. Anaerobe Streptokokken
  S. intermedius
  S. hansenii

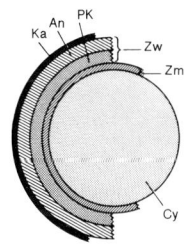

Streptococcus

Wichtige Oberflächenstrukturen (= Oberflächenantigene). Für einige Arten sind die Zellwandpolysaccharide spezifisch (= Gruppenpolysaccharide A-S). An Proteinantigene der Zellwand (M-Protein, T-Protein), Cy Cytoplasma, Ka Kapsel (Kapselpolysaccharide; einige Stämme), PK Polysaccharid-Peptidoglykan-Teichonsäure-Komplex (Zellwandpolysaccharide = C-Substanz), Zm Zellmembran (Cytoplasma), Zw Zellwand

Streptognathie

Streptomycetaceae

Wirtschaftlich wichtige u. pathogene *Streptomyces*-Arten (Auswahl)

Erreger v. Pflanzenkrankheiten:
S. scabies (Kartoffelschorf)
S. ipomoeae (Weichfäule an Süßkartoffeln, *Ipomoea*)
Erreger v. Aktinomykosen (Haut- u. Bindegewebe-Infektion) beim Menschen:
S. somaliensis
S. paraguayensis

Antibiotika-Bildner (kleine Auswahl):
S. floridae (Viomycin u. a.)
S. antibioticus (Actinomycine u. a.)
S. aureofaciens (Aureomycin, Tetracyclin)
S. erythreus (Erythromycine)
S. fradiae (Neomycin B)
S. garyphalus (D-Cycloserin)
S. griseoflavus (Novobiocin = Griseoflavin)
S. griseus (Actinomycin, Novobiocin, Streptomycin)
S. kanamyceticus (Kanamycetine)
S. venezuelae (Chloramphenicol)

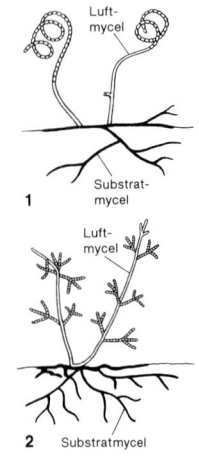

Streptomycetaceae

1 *Streptomyces*: Luftmycel mit Sporenketten. 2 *Streptoverticillium*: Luftmycel mit wirtelig angeordneten Sporenketten

Streptognathie w [v. *strepto-, gr. gnathos = Kiefer], Ausbildung eines Sekundärgelenks in der Mitte jedes Kieferastes zur Erleichterung der Nahrungsaufnahme bei † ↗Mosasauriern u. *Caprimulgus* (↗Ziegenmelker).

Streptokinase w [v. *strepto-, gr. kinein = bewegen], ein v. ↗Streptokokken produziertes Enzym, das die Umwandlung v. Plasminogen zu ↗Plasmin aktiviert u. daher die Auflösung v. Blutgerinnseln fördert; therapeut. Anwendung u. a. bei ↗Herzinfarkt.

Streptokokken [Mz.; v. *strepto-, gr. kokkos = Beere], kugelförm. ↗Bakterien (☐), die perlenkettenartig zusammenbleiben; med. wichtige S. sind Arten der Gatt. ↗*Streptococcus*.

Streptolysine [Mz.; v. *strepto-, gr. lysis = Auflösung], von *Streptococcus*-Arten gebildete hämolysierende Exotoxine, die als Antigene wirken u. dadurch eine Antikörperbildung *(Antistreptolysin)* auslösen; med. wichtig ist das *Streptolysin O*, dessen Antikörper im Serum v. Patienten zum Nachweis einer rezenten Infektion mit Streptokokken dient.

Streptomyces m [v. *strepto-, gr. mykēs = Pilz], Gatt. der ↗Streptomycetaceae.

Streptomycetaceae [Mz.; v. *strepto-, gr. mykētes = Pilze], Fam. der ↗*Actinomycetales*; grampositive Bakterien ("Strahlenpilze" i. e. S.), die ein Substrat- u. Luftmycel (⌀ 0,5–2,0 μm) bilden, das Ketten v. nichthitzeresistenten Sporen trägt; auch das Substratmycel kann manchmal Sporen ausbilden. *S.* sind im Boden weit verbreitet (↗Bodenorganismen). Der typische, etwas dumpfe Erdgeruch frisch umgebrochener Böden geht hpts. auf sie zurück (↗Geosmin). Die Streptomyceten-Anzahl beträgt 1–20% der gesamten lebenden Boden-Mikroorganismen (10 000 bis 1 Mill., gelegentl. bis 1 Mrd. Zellen pro g Erde). Im Boden haben *S.* wahrscheinlich eine antagonist. Wirkung auf Bodenpilze (Wurzelparasiten) durch Ausscheidung v. Enzymen (z. B. ↗Chitinasen), Toxinen u. pilzwirksamen Antibiotika. *S.* haben einen aeroben Stoffwechsel. Aus Kohlenhydraten entstehen normalerweise neben Säuren als Endprodukt. Sie bauen polymere Naturstoffe ab, z. B. Stärke, Pektin, Chitin, Keratin, Elastin und aromat. Verbindungen, Cellulose nur begrenzt. In Kultur sind keine Wachstumsfaktoren notwendig. Die langsam wachsenden Kolonien (⌀ 1–10 mm) sind hart, kompakt, alt meist mit mehliger Oberfläche (Luftsporen). Sie bilden eine Vielzahl von (wasserlösl.) Farbstoffen. – Die wichtigste u. umfangreichste Gatt. ist *Streptomyces* mit über 40 Arten; sie bevorzugen neutrale bis alkalische Böden. Bestimmungsmerkmale sind die Form der Sporenketten, Pigmentierung, Aufbau der Sporenzellwand u. Zusammensetzung der Zellwand. Streptomyceten gehören zu den wichtigsten ↗Antibiotika-Bildnern (über 50% der bekannten Antibiotika). Biotechnologisch (↗Biotechnologie) werden sie außer zur Antibiotikaherstellung zur Produktion v. Aminosäuren (z. B. L(+)-Ornithin), Enzymen (z. B. Glucose-Isomerase) u. Vitaminen (B_{12}) sowie in ↗Biotransformationen eingesetzt. Einige Streptomyceten sind Krankheitserreger bei Pflanze, Tier u. Mensch (vgl. Tab.).

Streptomycin s [v. *strepto-, gr. mykēs = Pilz], v. *Streptomyces*-Arten, z. B. *Streptomyces griseus*, gebildetes Aminoglucosid-Antibiotikum (↗Antibiotika), das aus den drei glykosidisch miteinander verknüpften Zuckern *Streptidin, Streptose* und *N-Methylglucosamin* aufgebaut ist. S. wirkt bakterizid u. tuberkulostatisch u. ist v. a. gegen gramnegative Bakterien sowie Kokken u. Mykobakterien gerichtet (B Antibiotika). Der molekulare Wirkungsmechanismus des S.s beruht auf einer Bindung des S.s an das Protein S12 der 30S-Untereinheit der prokaryot. ↗Ribosomen, wodurch ein fehlerhaftes Ablesen der m-RNA während der bakteriellen Proteinbiosynthese verursacht wird. Die therapeut. Anwendung von S. ist aufgrund erhebl. Nebenwirkungen sowie der hohen Zahl resistenter Stämme stark eingeschränkt. S. wird hpts. gegen Tuberkulose verwendet.

Streptoneura [Mz.; v. *strepto-, gr. neura = Nerven], die U.-Kl. ↗Vorderkiemer (Schnecken), deren Angehörige gekreuzte Pleurointestinalkonnektive haben; ↗Chiastoneurie (B Nervensystem I).

Streptoneurie w [v. *strepto-, gr. neura = Nerven], die ↗Chiastoneurie; ↗Nervensystem (B I).

Streptopelia w [v. *strepto-, gr. pelis = Becken], Gatt. der ↗Tauben.

Streptopus m [v. *strepto-, gr. pous = Fuß], der ↗Knotenfuß.

Streptosporangium s [v. *strepto-, gr. sporos = Same, aggeion = Gefäß], Gatt. der ↗Actinoplanaceae (T).

Streptothrix w [v. *strepto-, gr. thrix = Haar], Gatt. der ↗Scheidenbakterien; die Arten werden heute meist in anderen Gatt. eingeordnet (z. B. ↗*Leptothrix,* ↗*Sphaerotilus).*

Streptoverticillium s [v. *strepto-, lat. verticillus = Wirtel], Gatt. der ↗Streptomycetaceae (☐).

Stresemann, *Erwin,* dt. Ornithologe, * 22. 11. 1889 Dresden, † 20. 11. 1972 Berlin; Prof. in Berlin; arbeitete bes. über Zoogeographie, Systematik, Biologie u. Ökologie der Vögel.

Streß m [v. engl. stress = Druck, Beanspruchung], ein v. ↗Selye entdecktes u. (1936) mit diesem Namen bezeichnetes Syndrom vielfältiger physiolog. Anpassungen (↗Adaptation) an unspezif. innere u. äußere Reize *(Stressoren* oder *S.faktoren),* das im Anfangsstadium als „körperl. Ausdruck einer allg. Mobilmachung der

Verteidigungskräfte im Organismus" (Selye) verstanden wird. S. ist ein Phänomen, das sowohl im Tier- als auch im Pflanzenreich anzutreffen ist; die S.faktoren sind häufig die gleichen. a) Biogene S.faktoren für *Pflanzen* sind ↗Parasiten (z. B. ↗Blattläuse, ↗Heuschrecken) u. um Licht u. Nährstoffe konkurrierende Nachbarpflanzen. Von den abiogenen S.faktoren sind zu nennen: Temperaturextreme (Hitze, Kälte, Frost), Wassermangel (↗Wasser-S.), hohe Salzkonzentration im Boden (↗Halophyten, ↗Halotoleranz, ↗Streusalzschäden), ↗Schwermetalle, ↗Luftverschmutzung, Lichtmangel (↗Lichtfaktor), ↗Sauerstoff-Mangel (z. B. in verdichteten u. vernäßten Böden), Nährstoffmangel, aber auch Überangebot an bestimmten Nährelementen (z. B. Stickstoff). Hinzu kommen mechan. Beanspruchungen u. a. durch Wind- u. Eisgebläse, Rutschungen, Tritt (↗Trittpflanzen). Temperatur- u. Wasser-S. sind oft miteinander gekoppelt. Ebenso wie beim Salz-S. tritt hier eine Absenkung des Wasserpotentials im pflanzl. Gewebe auf. Als Schutzmaßnahmen werden u. a. sog. *kompatible Substanzen,* z. B. Prolin, gebildet u. im Cytoplasma akkumuliert (Osmoregulation). Morpholog. Anpassungen im Sinne v. ↗avoidance sind ↗Sukkulenz u. die Ausbildung bestimmter ↗Morphosen. Die ↗Austrocknungsfähigkeit (↗Trockenresistenz) der ↗Flechten, die wie Birken u. Weiden auch eine hohe ↗Frostresistenz aufweisen, ist ein Beispiel für Toleranz. ↗Hitzeresistenz i. e. S. kommt nur einigen thermophilen Bakterien u. Cyanobakterien zu. Eine bedeutende Rolle bei der Ausbildung v. Resistenz spielt allg. die ↗Abscisinsäure (↗Antitranspirantien). S. führt bei Pflanzen allg. zur Verminderung des Wachstums, Erniedrigung der Photosynthese, Anstieg der Atmung u. vorzeitiger Seneszenz u. Abwurf der Blätter. – b) Beim S. der *Tiere* u. des *Menschen,* der bes. gut an Säugern untersucht ist (↗Schwanzsträubwert), lösen Infektionen, Verletzungen, Operationen, emotionale Belastungen (die sowohl positiv als auch negativ betont sein können, z. B. ↗Angst), Krankheiten aller Art u. v. a. eine S.-Reaktionskette aus, innerhalb deren 3 Phasen unterscheidbar sind u. die mit einer tiefgreifenden Umstellung im Hormonsystem (↗Hormone) einhergehen. Für die 3 Phasen – 1. *Alarmreaktion,* 2. *Widerstandsstadium,* 3. *Erschöpfungsstadium* – prägte Selye den Begriff: *Allgemeines Anpassungssyndrom* od. *Adaptationssyndrom.* Während der Alarmreaktion veranlassen Stressoren über das ↗limbische System (☐ hypothalamisch-hypophysäres System) od. in direkter Wirkung auf den ↗Hypothalamus die Ausschüttung v. Corticotropin Releasing-Hormon (↗Releasing-Hormone, [T] Hypothalamus), das seinerseits bei der ↗Hypophyse die Abgabe v. ↗adrenocorticotropem Hormon (ACTH) auslöst. Unter der Wirkung des ACTH produziert die gleichzeitig vergrößerte ↗Nebenniere ↗Glucocorticoide (v. a. ↗Cortisol), die kurzfristig die ↗Gluconeogenese stimulieren u. damit (auf Kosten v. Proteinen u. Aminosäuren) die schnell verfügbaren Kohlenhydrat-Reserven erhöhen (Anstieg des ↗Blutzucker-Spiegels; ☐ Glykogen). Glucocorticoide werden daher auch als *S.hormone* bezeichnet. Zus. mit einer Erhöhung des ↗Adrenalin-Spiegels, einer Steigerung des ↗Blutdrucks u. Erhöhung der Blutzirkulation ("Herzklopfen") sowie einer Kompartimentierung des Blutflusses mit vermehrter Versorgung des Muskels auf Kosten der Eingeweide und der Haut ("blaß vor Schreck") stellt dieses Stadium eine Anpassung an Gefahren mit der Möglichkeit zu schneller Reaktion dar. Selbst die Gerinnungsfähigkeit des Blutes wird erhöht, was als Anpassung an einen etwaigen Blutverlust nach Verletzungen gedeutet wird. Zugleich ist aber die Gefahr einer Thrombose (↗Blutgerinnung) od. gar eines ↗Herzinfarkts vergrößert. Unter der Einwirkung v. Cortisol wird die zellgebundene Immun-↗Abwehr (↗Immunsystem) geschwächt u. damit die Gefahr v. ↗Infektionen erhöht; entzündl. Abwehrmechanismen werden zunächst unterdrückt. Noch Wochen nach einem S.-Ereignis ist (nach Untersuchungen an Menschen) die Proliferationsrate der T-↗Lymphocyten vermindert. Aus solchen Befunden resultiert auch die Vorstellung vom Zshg. zwischen S. (hier verminderte Tumorabwehr) u. ↗Krebs. Im Stadium der Widerstandsreaktion kommt es zu einer Vermehrung der ↗Mineralocorticoide, die normalerweise durch das ↗Renin-Angiotensin-Aldosteron-System veranlaßt wird, aber auch eine Spätwirkung ständiger ACTH-Ausschüttung ist. Die Glucocorticoidbildung wird unterdrückt, so daß jetzt ↗Entzündungs-Prozesse auftreten. Solche *Anpassungskrankheiten* äußern sich als Magen- od. Darmgeschwüre ("S.-Ulcus") und werden dem psychosomat. Bereich zugeordnet (Morbus Crohn = Enteritis regionalis); ihre eigtl. Ursachen sind wegen der Vielfalt der Stressoren oft unklar. Schließl. kommt es bei Persistenz des 2. Stadiums zum Erschöpfungsstadium, in dem die hormonelle Steuerung zusammenbricht u. die Nebennierenrinde atrophiert. Der streßbedingte Tod des Organismus kann dann wiederum im einzelnen vielfältige Ursachen haben. Generell hängt es v. Intensität u. Dauer der Einwirkung der Stressoren ab, wie weit diese 3 Stadien auftreten, auch sind zahlr. Einzelheiten dieser meist an Tieren untersuchten Reaktionen noch nicht uneingeschränkt auf den Menschen zu übertragen. Es wird z. B. darüber spekuliert, ob Intensität u. Häufigkeit von S. die ↗Lebensdauer bestimmen; ein streßarmes

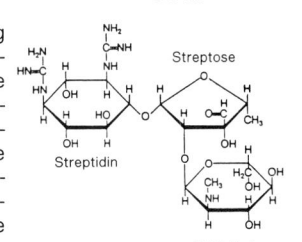

Streß

Streptomycin

Streptose
Streptidin
N-Methylglucosamin

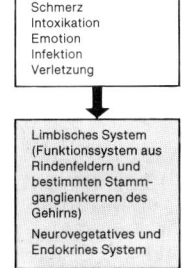

Stressor
Schmerz
Intoxikation
Emotion
Infektion
Verletzung

↓

Limbisches System
(Funktionssystem aus Rindenfeldern und bestimmten Stammganglienkernen des Gehirns)
Neurovegetatives und Endokrines System

↓

Zielorgan	
Symptom, Krankheit	
Magen	Magen- und Zwölffingerdarmgeschwür
Herz	Funktionelle Herzbeschwerden, Angina pectoris, als Spätfolge Herzinfarkt
Darm	Colitis
Kreislauf	Änderungen des Blutdrucks
Zentralnervensystem	Schlaflosigkeit Depression
Lunge	Hyperventilation, Funktionelle Atemstörungen
Muskel	Spasmus
Haut	Ekzem, Neurodermitis

Streß

Stressoren im Selyeschen Sinne u. die Wirkungen auf die Zielorgane

strept-, strepto- [v. gr. streptos = gedreht].

Streu

Leben würde demnach die Lebensdauer heraufsetzen. Möglicherweise verbirgt sich dahinter aber nur der in der „Metabolic rate theory" postulierte Zshg. zwischen ↗Stoffwechselintensität u. Lebensdauer. Schließl. ist zu betonen, daß S.faktoren und S. in mäßiger Intensität eine wichtige biol. Funktion haben, indem sie die Anpassungsfähigkeit u. Widerstandskraft des Organismus erhöhen (Trainingseffekt). ↗Aggression. [B] Hormone, [B] Bereitschaft II.

Ch. H./K.-G. C.

Streu, 1) der im Wald anfallende ↗Bestandsabfall; ↗Laubstreu, ↗Nadelstreu; ↗Bodenentwicklung, ↗S.horizont; ↗S.abbau, ↗S.nutzung. 2) *Einstreu,* getrocknetes Pflanzenmaterial (bes. Stroh) als Lager für das Stallvieh.

Streuabbau, *Streuzersetzung,* durch Tätigkeit der ↗Mikroorganismen u. Tiere des Bodens (↗Bodenorganismen) verursachter Zerfall der toten, als ↗Bestandsabfall vorliegenden organ. Substanz. Die Geschwindigkeit des ↗Abbaus hängt ab von der Temp., der Durchlüftung des Bodens u. der Angreifbarkeit des organ. Materials. Bes. wichtig ist das Kohlenstoff-Stickstoff-Verhältnis (↗C/N-Verhältnis) in der abzubauenden ↗Streu, weil davon die Entwicklungsmöglichkeit der Mikroorganismen in starkem Maße beeinflußt wird. (Als optimal gilt ein Verhältnis zwischen 20:1 und 10:1.) Rasch zersetzbar sind die durch ein enges C/N-Verhältnis ausgezeichneten Blätter v. Erle, Robinie, Esche usw., während die wachsüberzogenen u. deshalb relativ kohlenstoffreichen Nadeln der Nadelhölzer nur recht langsam abgebaut werden. Dies gilt v. a. für das kühle Klima der Hochgebirge u. der borealen Nadelwaldzone, so daß es hier zur Anhäufung mächtiger, nur schwach zersetzter Rohhumusschichten kommen kann (↗Humus). Der weitaus überwiegende Teil der anfallenden Substanz besteht aus ↗Cellulose (40–60%) und ↗Lignin (20–30%). Der Abbau dieser Verbindungen geschieht fast ausschl. durch Pilze u. Bakterien (↗celluloseabbauende Mikroorganismen), wobei die Fähigkeit zum vollständigen Ligninabbau anscheinend auf wenige Pilzgruppen beschränkt ist. Die Rolle der Mikrofauna des Bodens erschöpft sich im wesentl. auf den mechan. Aufschluß der Streu u. die intensive Durchmischung des Substrats. Die Fähigkeit zum eigenen (nicht v. Symbionten abhängigen) Celluloseabbau ist innerhalb des Tierreichs recht selten. Die Aufarbeitung fördert die Besiedlung durch streuzersetzende Mikroorganismen (v. a. Pilze) und beschleunigt den Abbau sehr wesentlich. Der Teilabbau des schwer angreifbaren Lignins führt zu Verbindungen, aus denen schließl. die äußerst komplexen, hochmolekularen ↗Huminstoffe entstehen. Sie sind sehr resistent gg. den weiteren mikrobiellen Angriff, v. a., wenn sie in Form der stabilen ↗Ton-Humus-Komplexe vorliegen. Sie stellen ein langlebiges Nährstoffreservoir des Bodens dar. ↗Mineralisation, ↗Bodenbildung, ☐ Bodenorganismen, [B] Kohlenstoffkreislauf.

Streufrüchte, die ↗Öffnungsfrüchte.

Streuhorizont, *L-Horizont* ([T] Bodenhorizonte), dem mineral. Boden aufliegende, wenig zersetzte pflanzl. oder tier. Überreste.

Streunutzung, das Einsammeln v. Teilen des ↗Bestandsabfalls aus Wäldern u. Heiden, um diese als Einstreu (↗Streu) für Viehställe u., nach Anreicherung mit Viehexkrementen (↗Stallmist), zur Düngung der Äcker zu nutzen. Durch die nachweisl. bis in die Eisenzeit zurückreichende und v. a. in S-Dtl. noch im 20. Jh. betriebene S. werden den natürl. Kreisläufen ↗Mineralstoffe, v. a. Stickstoff u. Phosphor, entzogen, eine Entbasung des Bodens eingeleitet u. ein Großteil der ↗Bodenorganismen entfernt. Bei regelmäßiger u. intensiver S. nimmt deshalb die Wuchsleistung der Wälder stark ab.

Streusalzschäden, durch ↗Auftausalze verursachte Schäden an Pflanzenbeständen bzw. Ökosystemen. Neben der Versalzung des Grundwassers ist hier die Schädigung der Straßenbäume zu nennen, die sich in verzögertem Austrieb, Blattrandnekrosen, verfrühtem Blattwurf u. weiteren Symptomen manifestieren kann. Die Schädigung ist i. d. R. auf die spezif. Wirkung der beteiligten Ionen (insbes. von Chlorid) zurückzuführen, während osmot. Effekte v. untergeordneter Bedeutung sind. Die Schäden können wegen der begrenzten Wanderungsgeschwindigkeit v. Auftausalzen im Boden u. der Möglichkeit zeitweiliger Deposition im Holz- u. Rindenparenchym mit starker zeitl. Verzögerung auftreten.

Streutextur *w* [v. lat. *textura* = Gewebe], ↗Zellwand. [*cion.*

Streuwiesen ↗Molinietalia, ↗Magnocari-

Strichelkrankheit, zu starken Ernteverlusten führende Virose bei Tomaten u. Kartoffeln; bei der Tomate hervorgerufen durch das ↗Tabakmosaikvirus, zus. mit dem Kartoffel-X-Virus (↗Kartoffel-X-Virus-Gruppe), bei der Kartoffel durch das Kartoffel-Y-Virus (↗Kartoffel-Y-Virus-Gruppe). Blätter beider Pflanzen mit fleckigen Nekrosen; Tomatenstengel mit strichförm. Nekrosen, Pflanze gestaucht; Kartoffelblätter kräuseln u. vertrocknen.

Strichfarn, der ↗Streifenfarn.

strichfrüchtige Flechten, Bez. für Flechten mit linienförm. bis schriftart. Ascokarpien, i. w. S. für die Arten der ↗Arthoniaceae, ↗Opegraphaceae u. ↗Graphidaceae.

Strichtest, Test zum Erfassen des Wirkungsspektrums eines Antibiotikums ([B] Antibiotika) oder v. anderen Hemmstoffen. Zur qualitativen Prüfung wird in die Mitte einer Nähragarplatte (↗Nährboden, ↗Agar)

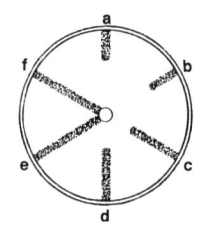

Strichtest

S. zur Prüfung des Wirkungsspektrums eines Antibiotikums auf 6 Mikroorganismen:

Auf die Mitte des Nähragars in einer Petri-Schale wurde ein Filterpapierscheibchen, das mit Tetracyclin (10 µg) getränkt wurde, aufgelegt. Dann wurden die Testorganismen (a–f, aus einer Suspension) radial aufgestrichen. Nach einer Bebrütung sind einige Testkeime im Diffusionshof nicht gewachsen.
a: *Staphylococcus aureus*
b: *Streptococcus pyogenes*
c: *Escherichia coli*
d: *Pseudomonas aeruginosa*
e: *Candida albicans*
f: *Trichophyton rubrum*

Das Antibiotikum hemmt grampositive (a, b) und gramnegative (c, d) Bakterien, aber keine Pilze (e, f).

der Antibiotikabildner aufgeimpft od. die Antibiotikalösung (z. B. in einem Loch oder auf einem Plättchen) aufgebracht. Die Testkeime werden radial, strichförmig ausgestrichen u. bebrütet. Das Antibiotikum diffundiert in den Agar; nach der unterschiedl. Empfindlichkeit wachsen die Bakterienstriche mehr od. weniger nahe bis zum Mittelpunkt. ↗Agardiffusionstest 2).

Strichvögel, Vögel, die keine ausgeprägten Wanderungen in ein Winterquartier durchführen, sondern in Abhängigkeit vom vorhandenen Nahrungsangebot winters ohne Vorzugsrichtung umherstreifen; z. B. viele Finkenvögel, Meisen u. Spechte.

Strickleiternervensystem, ventral im Körper der ↗Ringelwürmer, ↗Krebstiere, ↗Spinnentiere, ↗Tausendfüßer u. ↗Insekten gelegenes Nervensystem. Besteht aus 2 Längssträngen, die über die ganze Länge des Tieres verlaufen u. in jedem Segment je ein Ganglion bilden (↗Bauchganglion). Durch ↗Konnektive in der Längsrichtung u. ↗Kommissuren innerhalb eines Segments sind die Ganglien miteinander verbunden. Hierdurch erhält das Nervensystem eine Form, die an eine Strickleiter erinnert. Aufgrund seiner ventralen Lage im Organismus wird das S. gelegentlich auch als *Bauchmark* bezeichnet. Diese einfache Form des S.s ist in vielen Tiergruppen durch Verschmelzung v. Ganglien od. Zusammenfassung v. Nervensträngen abgewandelt, so daß die einfache Form des S.s verlorengeht. ↗Nervensystem (B I), ☐ ↗Insekten, B ↗Gliederfüßer I.

Stridulation w [Ztw. *stridulieren;* v. lat. *stridulus* = schwirrend, knarrend], *Strigilation,* bei Gliederfüßern, insbes. bei Insekten, weit verbreitete Art der Lauterzeugung (↗Lautäußerung), indem zwei gegeneinander bewegl. Cuticulapartien gerieben werden. Diese Abschnitte sind dann entspr. differenziert in eine *Pars stridens (Feile, Schrilleiste, Schrillfläche)* u. ein *Plectrum (Schrillkante).* Erstere ist meist der komplexere Teil u. besteht aus einer Fläche mit feinen Rillen, Rippen, Zähnchen u. a., die meist hochgeordnet u. in definierten Abständen verteilt sind. In vielen Fällen ist sie der Ort der Lautentstehung. Das Plectrum besteht oft aus einer Kante, Reihen v. Chitinborsten, Zähnchen u. ä. Die Laute werden erzeugt, indem das Plectrum über die Pars stridens gerieben wird; gelegentl. ist es auch umgekehrt. Solche *S.sorgane* können an den verschiedensten Teilen des Körpers vorkommen, soweit gegeneinander bewegl. Organe vorhanden sind. Zur Beschreibung u. Benennung wird der Körperteil, der die Pars stridens trägt, demjenigen mit dem Plectrum vorangestellt. So spricht man v. einem *abdominoelytralen S.sorgan,* wenn die Pars stridens auf dem Abdomen, das Plectrum auf der Innenseite der Elytren (z. B. bei Käfern) liegt. Bei den Insekten gibt es zahlr. solcher Typen, die z. T. gruppenspezifisch sind. So haben ↗Grillen u. Laub-↗Heuschrecken ihr S.organ an der Basis der Vorderflügel. Hier befindet sich die Pars stridens auf der Innenseite des linken Vorderflügels. Symmetrisch dazu, aber funktionslos, liegt dasselbe Organ auch im rechten Flügel. Das Plectrum befindet sich auf der Außenkante des rechten Flügels. Einige Gruppen der ↗Feldheuschrecken haben das Plectrum auf der Innenseite der Hinterschenkel, während die Pars stridens die Vena radialis media auf dem Vorderflügel darstellt. Die größte Fülle an S.sorgan-Typen findet sich bei ↗Käfern. Hier gibt es Arten mit Organen im Kopfbereich (Reibung v. Maxille gg. Mandibel, bei Larven v. Blatthornkäfern), Gula des Kopfes gg. Innenkante des Prosternums (bei einigen Schwarzkäfern), Hinterkopf gg. Innenkante des Pronotums (bei Schwarzkäfern). Sehr verbreitet ist das *mesonoto-pronotale S.sorgan* (viele Bockkäfer, einige Blattkäfer) od. der abdomino-elytrale Apparat (Totengräber, Hähnchen unter den Blattkäfern, einige Laufkäfer u.a.). Die Pars stridens kann sehr unterschiedl. ausgedehnt u. mit Rippen- od. Zähnchenreihen versehen sein. So hat bei den Feldheuschrecken *Chortippus brunneus* 63 Zähnchen, *Stenobothrus lineatus* dagegen 388 Zähnchen entlang der Hinterschenkel, der Mistkäfer *Geotrupes stercorarius* 84, der Große Eichenbock 238 Rippen auf der Pars stridens. S.organe finden sich auch bei Spinnen: Reibung v. Cheliceren gg. Pedipalpen od. Coxa der Hinterbeine gg. seitl. Bauchseite des Hinterleibs. Bei Krebstieren haben v. a. viele *Decapoda* S.sorgane. Hier wird die Seite des Cephalothorax-Hinterrands gg. die Innenkante des 1. Abdominalsegments gerieben. Manche Krabben reiben die Basis der großen Scherenbeins (Thorakopode 4) gg. die Innenkante des vorderen Carapax. – S. steht im Dienste der ↗Kommunikation. Bei Grillen u. Heuschrecken dient sie im Paarungsverhalten der Partnerfindung u. -erkennung. Hier können bes. bei Feldheuschrecken sehr komplexe Gesänge (↗Gesang) ausgebildet sein (spontane Rufgesänge, Werbe-, Abwehrgesänge), die mit ihren Lauten v. a. im Bereich v. auch für den Menschen hörbaren Frequenzen liegen. Laubheuschrecken rufen z. T. auch weit im Ultraschallbereich (z. B. Warzenbeißer *Decticus* 5000–100 000 Hz), was eine genaue Ortung durch ihre Feinde erschwert. Bei den Käfern dient die S., von wenigen Ausnahmen abgesehen, sicher nicht der Partnererkennung, sondern der Abwehr. Nur in wenigen Fällen ist eine intraspezif. Kommunikation nachgewiesen (so bei Borkenkäfern, einigen Wasserkäfern, Totengräbern, Larven v. Zuckerkäfern). *H. P.*

Stridulationsorgane ↗Stridulation.

Strigidae [Mz.; v. *strig-], die ↗Eulen.

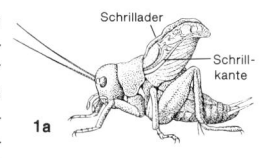

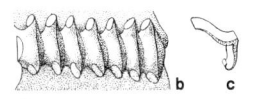

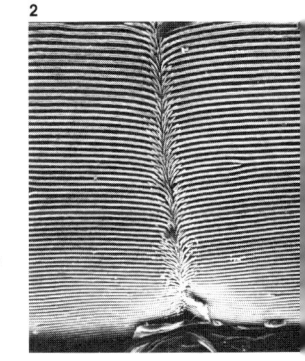

Strigidae

Stridulation

1 a Feldgrille (*Gryllus campestris,* ♂) in S.sstellung; **b** Ausschnitt aus der Schrillader (stark vergrößert); **c** Querschnitt der Schrillkante. **2** Rasterelektronenmikroskop. Aufnahme eines Ausschnitts aus dem S.organ des Spargelhähnchens (*Crioceris*); die Pars stridens besteht aus exakt parallel verlaufenden Cuticula-Rippen, die einen Abstand von ca. 1,8 μm haben; sie liegt auf dem 7. Hinterleibstergit.

strig- [v. lat. *strix,* Gen. *strigis* = Ohreule].

Strigiformes

Strigiformes [Mz.; v. *strig-, lat. forma = Gestalt], die ↗Eulenvögel.

Stringocephalus burtini Defrance m [v. gr. strigx = Ohreule, kephalē = Kopf], bis faustgroßer articulater ↗Brachiopode, in Profilansicht einem Eulenkopf ähnl. (Name!); Leitfossil für oberes Mitteldevon (Givet).

striopallidäres System [v. lat. stria = Streifen, pallidus = bleich], das ↗extrapyramidale System.

Strix w [lat., = Ohreule], Gatt. der ↗Eulen.

Strobe w [v. gr. strobos = Wirbel], *Pinus strobus*, ↗Kiefer.

Strobenblasenrost m [v. gr. strobos = Wirbel], *Strobenrost*, der ↗Weymouthskiefernblasenrost.

Strobilanthes m [v. *strobil-, gr. anthos = Blüte], Gatt. der ↗Acanthaceae.

Strobilation w [v. *strobil-], vegetative Vermehrung bei den ↗Scyphozoa (eine vielfache Querteilung des Polypen); unterhalb der Mundscheibe schnürt sich ringförmig eine Scheibe ab, die frei wird (*Ephyra*-Larve) u. zur Meduse heranwächst; meist werden gleichzeitig mehrere Teilungen angelegt (*Strobila*). B Hohltiere II.

Strobilocercus m [v. *strobilo-, gr. kerkos = Schwanz], 2. Larvenstadium bei bestimmten ↗Bandwürmern, z.B. *Hydatigera taenioformis* (↗Taeniidae), besteht aus Skolex, kurzer Strobila u. Endblase.

Strobilomycetaceae [Mz.; v. *strobilo-, gr. mykētes = Pilze], *Düsterröhrlinge*, Fam. der ↗Boletales mit fleischigem Fruchtkörper u. trockenem Hut, der matt u. kahl bis filzig-schuppig sein kann. Die Poren des röhrigen Hymenophors sind weiß, graubraun od. gelb, oft auf Druck rötend od. blauend; das Sporenpulver ist dunkelbraun. In Dtl. 2 Gatt. mit 3 Arten. Der Strubbelkopfröhrling (*Strobilomyces floccopus* Karst.) ist graubraun-grauschwarz gefärbt, der Hut (⌀ 4–10 cm) besitzt dachziegelartige, filzige Schuppen. Die Porphyrröhrlinge (*Porphyrellus*) haben gleichfalls düster-dunkel gefärbte Fruchtkörper, aber keine schuppigen Hüte.

Strobilus m [v. *strobilo-], der ↗Zapfen.

Stroh, trockene Halme, Ähren u. Blattreste v. gedroschenem Getreide u. a. Feldfrüchten; dient als Einstreu (↗Streu) u. teilweise als Futterzugabe.

Strohblume, *Helichrysum*, mit ca. 500 Arten weltweit verbreitete, insbes. in S-Afrika reich vertretene Gatt. der ↗Korbblütler (T); Kräuter od. (Halb-)Sträucher mit ungeteilten, oftmals filzig behaarten Blättern u. einzeln od. in Doldentrauben stehenden Blütenköpfen; diese vielblütig, von zahlr., trockenhäutigen Hüllschuppen umgeben. In Mitteleuropa zu finden ist die nach der ↗Roten Liste „stark gefährdete", in Sandrasen u. lichten Kiefernwäldern sowie Dünen wachsende Sand-S. (*H. arenarium*) mit kleinen gelben Blütenköpfen. Bekannteste Art der Gatt. ist die aus Austr. stammende, bei uns als 1jähr. Zierpflanze kultivierte Garten-S., *H. bracteatum* (B Australien III). Sie besitzt bis 8 cm breite Blütenköpfe mit weißen od. gelben, rosa, rot od. violett gefärbten Hüllblättern u. wird wegen ihrer langen Haltbarkeit („Immortelle") v. a. für Trockensträuße verwendet.

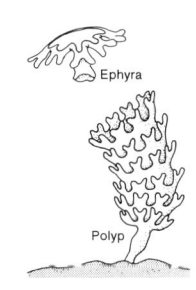

Stroma s [Mz. *Stromata*; gr., = Lager, Decke], **1)** Bot.: a) verdichtetes, festes Pilz-↗Mycel, das vegetativ entsteht; in od. auf dem S. werden später Fruktifikationsorgane (↗Ascoma) gebildet. Vorkommen bei zahlr. ↗Schlauchpilzen (z. B. ↗Mutterkornpilzen), ↗Fungi imperfecti (z. B. ↗*Sclerotium*) u. einigen anderen Pilzen. Echte Stromata (*Eustromata*) bestehen nur aus Pilzmycel, unechte Stromata (*Pseudostromata*) schließen noch Wirtsgewebe ein. b) Plasma der ↗Plastiden (↗Chloroplasten) der Pflanzenzelle. **2)** Zool.: lockeres, gefäßreiches und i. d. R. formgebendes Bindegewebsgerüst mancher, v. a. bindegewebsreicher Organe der Wirbeltiere, in welches das organspezifisch differenzierte Organ-↗Parenchym (z. B. volumenveränderl. Drüsenkörper der Brustdrüse) oder organspezif. Zellen (Oogenesestadien im Ovarial-S.) eingebettet sind.

Stromateoidei [Mz.; v. *stromat-], die ↗Erntefische.

Stromatinia w [v. *stromat-], Gatt. der ↗*Sclerotiniaceae;* parasit. Schlauchpilze mit sklerotisiertem Stroma, v. dem die Apothecien entspringen. *S. paridis* wächst im Rhizom der Einbeere (*Paris quadrifolia*), *S. rapulum* im Rhizom v. Salomonsiegel-Arten (*Polygonatum*); die Pflanzen werden v. den Pilzen abgetötet. *S. gladioli* verursacht eine Fäule an Gladiolen, *S. narcissi* an Narzissen.

Stromatolithen [Mz.; v. *stromato-, gr. lithoi = Steine], (Kalkowsky 1908), „*Algenkalke"*, biosedimentäre Strukturen, die aus Lebensprozessen primitiver Algen u./od. Bakterien hervorgegangen sind; sie stellen keine Skelettreste dar. Deshalb sind sie im strengen Sinne eher Spurenfossilien als fossile Organismen. Sie gehören zu den häufigsten u. ältesten Fossilien überhaupt; ihre Lebensdauer umfaßt ca. 3 Mrd. Jahre. Morpholog. variiert ihre Gestalt in weiten Grenzen zw. flach-lagerartig bis gewölbtdomartig od. säulig. Hauptmerkmal ist ihre innere Laminierung als Folge rhythm. Wachstums. Die Laminae können einige mm Dicke u. mehr erreichen; ihre Anordnung (flach, konkav, konvex usw.) ist für ihre Identität v. fundamentaler Bedeutung. Rezente S. werden beschrieben als Millimeter- bis Dekameter-große biosedimentäre Strukturen mit im Querschnitt erkennbarer konzentr. Lamination. Grundeinheit rezenter S. ist ein Algenfilm aus mono- od. polyspezif. Gesellschaften blaugrüner Algen (Cyanobakterien) u./od. Bakterien. Letztere spielen für den Aufbau mancher S. eine bes. Rolle. Es ist erwiesen, daß S. –

Strobilation

Der Polyp bildet vegetativ viele Ephyra-Stadien.

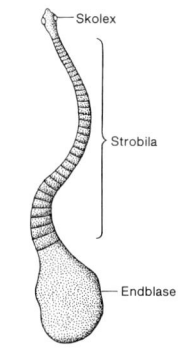

Strobilocercus

Strobilomycetaceae

Arten:
Strobilomyces floccopus Karst. (Strubbelkopfröhrling)
Porphyrellus porphyrosporus Gilb. (Düsterer Röhrling, Porphyr)
Porphyrellus pseudoscaber Sing.

strig- [v. lat. strix, Gen. strigis = Ohreule].

strobil-, strobilo- [v. gr. strobilos = Kreisel, Wirbel].

stromat-, stromato- [v. gr. strōma, Gen. strōmatos = Lager, Decke, Teppich].

sowohl rezente wie fossile – nicht auf den intertidalen Bereich beschränkt sind; vielmehr reicht ihre Verbreitung vom Süßwasser bis zur Tiefsee. Zeitl. erfolgte ihre Blütezeit bereits im Präkambrium. In ihm bildeten sie mächtige Ablagerungen v. Kalk u. Dolomit auf der ganzen Erde. Verkieselte S. des mittleren Präkambriums (ca. 2 Mrd. Jahre vor heute) werden weltweit begleitet v. Bändereisenerzen, die später – wohl infolge zunehmenden Sauerstoffs in der Atmosphäre – nicht mehr vorkommen. – Sporenart. Reste von S. sind aus dem Jungpräkambrium bekannt geworden u. haben die stratigraphische Bedeutung der S. verstärkt. ↗Leben.

Stromatopora w [v. *stromato-, gr. poros = Pore], (Goldfuß 1826), Nominat-Gatt. der ↗Stromatoporoidea. Verbreitung: Ordovizium bis Karbon, ? Jura, ? Kreide.

Stromatoporen [Mz.; v. *stromato-, gr. poros = Pore], die ↗Stromatoporoidea.

Stromatoporoidea [Mz.; v. *stromato-, gr. poros = Pore], (Nicholson u. Murie 1878), *Stromatoporen,* Ord. von Koloniebildnern, die meist den ↗Hydrozoa angeschlossen werden. Ihr kalkiges Skelett (Coenosteum) besteht aus horizontalen Lamellen (↗Laminae, Latilaminae) u. vertikalen Pfeilern (↗Pilae); es bildet knollige, kugelige, ästige od. inkrustierende Stöcke zw. 1 cm und 10 m ⌀; als charakterist. gelten oberflächl. Knoten (↗Mamelonen) und sternförm. Verzweigungen (↗Astrorrhizae). Als verbreitete Riffbildner – mit Blütezeit im Silur/Devon – kommt ihnen in Verbindung mit Erdöllagerstätten hohe wirtschaftl. Bedeutung zu. Hartman u. Goreau (1970) haben auf verwandtschaftl. Beziehungen zw. *S.* und ↗*Sclerospongiae* (obere Trias bis rezent) hingewiesen; Zhuravleva u. Miagkova (1974) hielten aber auch Verwandtschaft zu den ↗Archaeocyathiden für möglich. Verbreitung: ? mittleres Kambrium, Ordovizium bis Oberkreide.   [↗Oligotricha.

Strombidilidium s [v. *stromb-], Gatt. der

Strombidinopsis w [v. *stromb-, gr. dinein = drehen, opsis = Aussehen], Gatt. der ↗Oligotricha.   [↗Oligotricha (⌷).

Strombidium s [v. *stromb-], Gatt. der

Stromboidea [Mz.; v. *stromb-] ↗Flügelschnecken.

Strombus m [v. *stromb-], bekannteste Gatt. der ↗Fechterschnecken.

Strömchentheorie ↗Nervenzelle (B I–II).

Strömer m [v. mhd. strom = Streifen], *Leuciscus souffia,* ↗Weißfische.

Strömling m [v. mhd. strom = Streifen], ↗Heringe.

Strömungssinn, die Fähigkeit v. Organismen, strömende Gase bzw. Flüssigkeiten wahrzunehmen u. sich in ihnen zu orientieren. *S.esorgane* finden sich z.B. bei Fischen od. im Wasser lebenden Amphibien (↗Seitenlinienorgane), einigen Schnecken (↗Rhinophoren), Insekten (drucksensible Haare) u. manchen Strudelwürmern, die sich gerichtet gg. die Strömung bewegen (↗Rheotaxis). ↗mechanische Sinne (B I).

Strongylida [Mz.; v. *strong-], Ord. der ↗Fadenwürmer mit zahlreichen, 5 bis 55 mm langen Arten (vgl. Tab.); meist ohne Lippen, mit cuticularem Zahnsaum am Rand der Mundkapsel; Endoparasiten in Wirbeltieren, hpts. in Säugetieren u. Vögeln. Arten der Gatt. *Strongylus* sind gefährl. Parasiten der Pferde; die Larven werden mit dem Trinkwasser und Futter aufgenommen u. entwickeln sich in Arterien, Leber, Pankreas u. Darmschleimhaut; verursachen Koliken; Todesrate der Pferde ca. 30%. In der Dauerkopula lebenden Männchen u. Weibchen der Luftröhrenwürmer (*Syngamus*-Arten, z.B. *S. trachea*) kommen in der Luftröhre v. Säugern u. Vögeln vor u. rufen starke Katarrhe hervor, die zum Erstickungstod führen können.

Strongylocentrotus m [v. *strong-, gr. kentrōtos = gestachelt], artenreiche Gatt. von Seeigeln, insbes. in nördl. Meeren, z.B. *S. purpuratus* (↗Purpurseeigel) und *S. droebachiensis* (⌀ bis 8 cm, mehr od. weniger grün, Nordpazifik, Nordatlantik, auch in der Kieler Bucht). Namengebend für die Fam. Strongylocentrotidae.

Strongyloides m [v. *strong-], ↗Zwergfadenwurm.

Strophanthine [Mz.; v. *stroph-, gr. anthos = Blüte], *Strophanthoside, Strophanthus-Glykoside,* in den Samen v. ↗*Strophanthus*-Arten (↗Hundsgiftgewächse) vorkommende herzwirksame ↗Glykoside (↗Herzglykoside), die zur Gruppe der ↗Cardenolide zählen. *g-Strophanthin* (= *Ouabain*), erstmals isoliert aus *Acokanthera ouabaio,* ist das Hauptglykosid der Samen v. *Strophanthus gratus* u. wirkt als spezif. Inhibitor der Na^+/K^+-ATPase. Als *k-Strophanthin* bezeichnet man ein Glykosidgemisch aus *k-Strophanthosid, k-Strophanthin-β* und *Cymarin* (= *k-Strophanthin-α*) aus den Samen v. *Strophanthus kombe.* Ihr gemeinsames Aglykon, das *k-Strophanthidin,* tritt in der Natur auch als Aglykon anderer Glykoside auf, z.B. im ↗Convallatoxin des Maiglöckchens. S. sind in hohen Dosen toxisch, da sie die Permeabilität v. Zellen verändern u. ähnlich, aber wesentl. rascher wirken als ↗Digitalisglykoside (↗Herzglykoside). Extrakte aus *Strophanthus*-Samen wurden fr. in Afrika als ↗Pfeilgifte verwendet. Thera-

Strophanthine

Strongylida

Wichtige Vertreter:

↗Hakenwurm (*Ancylostoma duodenale*)
↗Luftröhrenwurm (*Syngamus trachea*)
↗Lungenwürmer (↗Metastrongylidae, ↗*Dictyocaulus;*
↗Lungenwurmseuche)
↗Magenwürmer (u.a. *Trichostrongylidae,* z.B. *Haemonchus;* ↗Magenwurmkrankheit)
↗*Nematodirus*
↗*Oesophagostomum*
Strongylus

Strophanthine

1 Strukturformel von *g-Strophanthin* (= *Ouabaïn*)

2 Strukturformel von *k-Strophanthin,* einem Glykosidgemisch, bestehend aus

k-Strophanthosid:
R = -Cymarose-Glucose-Glucose

k-Strophanthin-β:
R = -Cymarose-Glucose

Cymarin:
R = -Cymarose

stromb- [v. gr. strombos = Kreisel, Schneckengehäuse].

strong- [v. gr. stroggylos = abgerundet, rund, bauchig; stroggyloeidēs = rundlich].

stroph- [v. gr. strophē = Drehung, Wendung].

Strophanthus

Strophanthus

peut. Bedeutung haben S. in niedrigen Dosen als herzstärkende Mittel.

Strophanthus *m* [v. *stroph-, gr. anthos = Blüte], Gatt. der ↗Hundsgiftgewächse mit ca. 50 in den trop. Wäldern Afrikas u. Asiens verbreiteten Arten. Kletterstäucher od. Lianen mit ovalen Blättern u. meist gelben, in reichblütigen Scheindolden angeordneten Blüten; diese trichterförmig mit langer Röhre und z. T. sehr langen (bis 20 cm), fadenförm. Kronblattzipfeln. Die Frucht besteht aus zwei langen Balgkapseln, die eine Vielzahl spindelförm., an der Spitze der Granne mit einem Haarbüschel (Flugapparat) versehene Samen enthalten. Diese wurden v. den Eingeborenen zur Herstellung v. ↗Pfeilgift benutzt, was Mitte des 19. Jh. zur Entdeckung der heute unter dem Sammelbegriff ↗*Strophanthine* bekannten, sehr bitter schmeckenden ↗Herzglykoside führte. Zur Gewinnung des durch seine rasche Wirksamkeit als Herzstärkungsmittel pharmazeut. bes. wertvollen g-Strophanthins wird heute v. a. *S. gratus* (W-Afrika) angebaut. Auch die ebenfalls westafr. Art *S. kombe* enthält in Wurzeln u. Samen reichlich Strophanthin.

Stropharia *w* [v. *stroph-], die ↗Träuschlinge.

Strophariaceae [Mz.; v. *stroph-], die ↗Träuschlingsartigen Pilze.

Strophe [v. *stroph-] ↗Gesang.

Stropheodonta [Mz.], die ↗Strophodonta.

Strophiolum *s* [v. gr. strophion = Binde], *Strophiole*, Bez. für eine am ↗Funiculus der ↗Samenanlage (☐) entstehende, der ↗Samenverbreitung dienende fett-, protein- od. zuckerreiche Gewebewucherung. ↗Elaiosomen.

Strophocheilus *m* [v. *stroph-, gr. cheilos = Lippe], Gatt. der *Strophocheilidae* (U.-Ord. ↗*Mesurethra*), ↗Landlungenschnecken mit eiförm., festschaligem, bis 16 cm hohem Gehäuse, dessen Oberfläche glatt, gekörnelt od. gehämmert ist, mit Spiralstreifen; ☿, die große Eier mit Kalkschale legen. Unter den rund 30 Arten finden sich einige der größten u. schwersten Landschnecken; sie leben in S-Amerika, Trinidad u. Tobago.

Strophodonta *w* [v. *stroph-, gr. odontes = Zähne], (Hall 1850), *Stropheodonta*, † Gatt. articulater ↗Brachiopoden (Ord. ↗*Strophomenida*) mit konkav-konvexer, radial berippter od. gestreifter Schale, kein funktionierender Stiel. Verbreitung: oberes Ordovizium bis oberes Devon.

Strophomenida [Mz.; v. *stroph-, gr. mēne = Mond], (Öpik 1934), † Ord. articulater ↗Brachiopoden mit pseudopunctater (↗*Pseudopunctata*), oberflächl. meist berippter u. plankonvexer Schale; Schloßrand gerade (orthokraspedont); Pseudodeltidium u. ein Schloßfortsatz i. d. R. vorhanden. Verbreitung: Ordovizium bis Lias, ca. 375 Gatt. [cetaceae.

Strubbelkopfröhrlinge, die ↗Strobilomy-

Strudelwürmer, *Turbellaria,* bisher als Kl. der ↗Plattwürmer betrachtet, neuerdings jedoch von Ax (1984) u. Ehlers (1985) als Monophylum (↗monophyletisch, ↗Klassifikation) im Sinne der ↗Hennigschen Systematik nicht anerkannt u. folglich in die systemat. unterschiedlich subordinierten, jedoch als Monophyla gedeuteten ↗*Catenulida,* ↗*Nemertodermatida,* ↗*Acoela,* ↗*Macrostomida,* ↗*Polycladida,* ↗*Lecithoepitheliata,* ↗*Prolecithophora,* ↗*Proseriata* u. ↗*Tricladida* sowie die vermutl. nicht monophyletischen ↗*Typhloplanoidea* und ↗*Dalyellioida* aufgelöst. Die S. im herkömml. Sinn werden somit als paraphyletische Gruppierungen angesehen. Bei konsequenter Handhabung der Hennigschen Systematisierung der Plattwürmer müßte nach Ax (1985) der Name S. bzw. *Turbellaria* ersatzlos gestrichen werden. – Dessenungeachtet umfassen die bisher als S. zusammengefaßten Einheiten etwa 3400 Arten, die v. a. im Meer, aber auch im Brack- u. Süßwasser leben u. mit einigen Formen feuchte Landbiotope besiedeln (↗Landplanarien). Die meisten leben frei, einige ekto- (z. B. *Udonella* an Ruderfußkrebsen) od. endoparasitisch (z. B. *Kronborgia amphipodicola* an Flohkrebsen = *Amphipoda*) u. nicht wenige kommensalisch (z. B. *Temnocephala caeca* auf Asseln). Ihr im Querschnitt runder, ovaler od. abgeflachter Körper ist im allg. tropfen-, spindel- od. band- bis blattförmig. Bei den meisten Formen schwankt die Länge zw. 0,4 und 5 mm, bei den *Polycladida* u. *Tricladida* u. unter letzteren bes. bei den Landplanarien erreichen einige mehr als 10 cm; als längste Art gilt *Bipalium javanum*. – Die bei der Lokomotion vorangehende Körperregion kann mehr od. auch weniger auffällig vom übrigen Körper abgesetzt u. durch bes. Differenzierungen (Augen, Wimpergruben, Tentakeln) als Kopf gekennzeichnet sein. Die kleineren Formen sind meist weißl., die *Tricladida* v. a. dorsal dunkel u. die *Polycladida* nicht selten bunt gefärbt. Die Färbung ist auf Pigmenteinlagerung in Zellen v. Epidermis u./od. Parenchym zurückzuführen. Grüne u. braune Farben (*Acoela, Dalyellioida*) werden durch Symbionten (Zoochlorellen, Zooxanthellen) im Parenchym hervorgerufen. – Das Integument ist eine einschichtige, zelluläre, nur in Ausnahmen syncytiale Epidermis, deren jede Zelle im allg. mehrere bis viele Cilien u. Mikrovilli trägt. Mit der ihr unterlagerten Ring-, Diagonal- u. Längsmuskulatur bildet die Epidermis den für Plattwürmer typischen ↗Hautmuskelschlauch, dessen Rücken- u. Bauchseite über Dorsoventralmuskeln miteinander verbunden sind. Die Epidermis dient als Deck- wie auch als Drüsenepithel. Modifizierte Epidermiszellen können Schleim liefernde Kleb- (z. B. *Polycladida, Tricladida*) od. Frontalorgane (z. B. *Acoela, Nemertodermata*) bilden

stroph- [v. gr. strophē = Drehung, Wendung].

Strudelwürmer

und/oder v. a. geformte Sekrete aufbauen, die, meist als Stäbchen nach außen abgegeben, sofort zu Schleim verquellen. Die 7–8 μm langen und 1–2 μm breiten, folglich lichtmikroskop. gut erkennbaren Sekretkörperchen sind allg. als *Rhabditen* bekannt. Es werden aber auch Namen wie *Rhabdoide, Rhammiten, Rhamniten, Lamellenrhabditen, Chondrocysten* u. *Sagittocysten* verwendet. Von ihnen werden die nur elektronenmikroskop. nachzuweisenden Sekretvesikel (∅ 0,4 bis 0,8 μm) als *Ultrarhabditen* od. *Epitheliosome* abgetrennt. Bei einigen Formen (z. B. unter den *Acoela* die Gatt. *Prorhynchus*), die offensichtl. weder Rhabditen noch Ultrarhabditen bilden, wurden ca. 3 μm lange birnenförm. Strukturen als multigranuläre Körperchen beschrieben. Die Funktion der Rhabditen, Ultrarhabditen u. multigranulären Körperchen ist unklar, zumal die ausgeschleuderten Sekretgranulen auf der Körperoberfläche rasch zerfallen u. dann nicht mehr v. dem aus anderen Drüsenzellen abgegebenen Schleim zu unterscheiden sind. Doch läßt sich allg. sagen, daß der Schleimüberzug als Schutz gg. Austrocknung (↗Encystierung) und mechan. Einwirkungen, zur Hygiene gg. Bakterien u. Pilze sowie zur Abschreckung v. Feinden dient. Ferner spielt er eine wesentl. Rolle bei der Fortbewegung, indem die Tiere ihre gleitend-kriechende Bewegung durch metachronen Cilienschlag in einem auf die Unterlage abgegebenen Schleimband bewirken. Auch werden Schleimfäden zum Beutefang od. zum Abseilen im Wasser wie auch bei den Landplanarien durch die Luft verwendet. – Die Leibeshöhle ist v. einem mesodermalen zelligen Parenchym mit flüssigkeitshaltigen Spalträumen (↗Schizocoel) erfüllt. Als eine bes. Form v. Flüssigkeitskissen fungiert es als Skelett. – Das *Verdauungssystem* (B Darm) beginnt mit der stets ventral in der Mittellinie des Körpers u. meist auch zur Körpermitte hin verschobenen Mundöffnung. Sie führt in den ektodermalen, muskulösen u. bewimperten Pharynx. Es schließt sich der ein-, drei- od. vielästige, entodermale Mitteldarm an, der blind, nie mit einem After, endet. Bei einigen Formen treten als Gewebeverbindungen zw. Darm- u. Körperwand temporär *(Tabaota confusa)* od. permanent offene Analporen *(Haplopharynx rostratus)* auf. Ob sie als Trend zur Afterbildung od. als Rudimente eines Enddarms zu werten sind, ist unklar. Den *Acoela* u. *Nemertodermatida* fehlt ein Darmlumen, an seine Stelle ist ein Darmparenchym getreten. Die kleinen, bis ca. 3 mm großen S. sind Mikrophagen u. leben v. a. von Bakterien, Kieselalgen u. Protozoen; alle anderen sind Fleischfresser mit einem Nahrungsspektrum, das v. den Hohl- bis zu den Manteltieren reicht. Atmungsorgane u. ein Blutgefäßsystem fehlen. Transportfunktion übernimmt die Schizocoelflüssigkeit sowie bei den größeren Formen der vielästige, als ↗Gastrovaskularsystem angelegte ↗Darm. Der Gasaustausch erfolgt über die Haut. Exkretion u. Osmoregulation werden v. einem aus 2 oder 4 Paar Haupt- u. vielen Seitenkanälen bestehenden Protonephridialsystem besorgt (B Exkretionsorgane). Das zentrale ↗Nervensystem (B I) besteht aus 1–6 Paar längsverlaufenden u. durch ↗Kommissuren zu einem ↗Orthogon verbundenen ↗Marksträngen, die sich im Kopfbereich zu einem Cerebralganglion vereinigen; das periphere Nervensystem aus einem unter der Basallamelle der Epidermis sich verästelnden Plexus. Die Augen sind Pigmentbecherocellen. Statocysten finden sich bei *Nemertodermatida, Acoela, Catenulida* u. *Proseriata*. Viele Planarien sind an ihrer Ventralseite positiv, an der Dorsalseite negativ thigmotaktisch, die Bachplanarien zudem positiv rheotaktisch. Entspr. ihrer Zugehörigkeit zu den Plattwürmern sind fast alle S. Zwitter mit ausschl. innerer Besamung u. meist wechselseit. Befruchtung. Die ↗Geschlechtsorgane (☐) sind umfangreich, kompliziert u. vielfältig in Form u. Größe, Lage u. Art der Ausmündung. Das Ovar bildet je nach Ordnung ento- od. ektolecithale Eier. Entolecithale Eier bauen sowohl den Dotter als auch die Substanzen für die Eischale selbst auf, wenn auch gelegentl. durch Aufnahme v. Nährstoffen aus anderen Ovarialzellen, in denen keine Reifeteilungen erfolgen. Ektolecithale od. zusammengesetzte Eier erhalten die Speicherstoffe, indem der Eizelle mehrere ↗Nährzellen beigegeben u. alle zus. in einer gemeinsamen Eischale eingeschlossen werden. Alle Ord. mit entolecithalen Eiern wurden bisher als ↗*Archoophora*, alle mit ektolecithalen als ↗*Neoophora* zusammengefaßt. Ax und Ehlers scheint jedoch das supraspezif. Taxon *Neoophora* z. Z. „noch nicht befriedigend belegt". Die den *Archoophora* gemeinsamen Merkmale, darunter auch die Eigenschaft, entolecithale Eier aufzubauen, halten sie für Symplesiomorphien u. deuten folgl. die *Archoophora* als paraphyletische Gruppe. Einige S., z. B. ↗*Mesostoma*, bilden dünnschalige u. dotterarme Sommer- od. Subitaneier u. hartschalige, dotterreiche Winter- od. Dauereier. Die entolecithalen Eier entwickeln sich nach dem Typ der ↗Spiralfurchung, wobei als frühe Furchungstadien die übliche Quartettbildung *(Polycladida)* od. eine Duettbildung *(Acoela)* durchlaufen wird. Bei den ektolecithalen Eiern gehen aus der Furchung Blastomeren hervor, die sich voneinander ablösen u. sich völlig neu um das Dottermaterial ordnen, bevor dann die Entwicklung normal weiterläuft (Blastomeren-Anarchie). – Die freischwimmenden Larven einiger *Polycladida* tragen 4 (↗Goettesche Larve) oder 8 (↗Müllersche Larve)

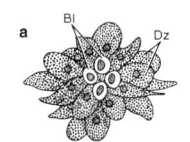

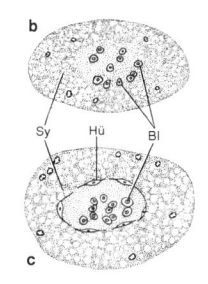

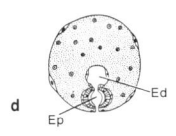

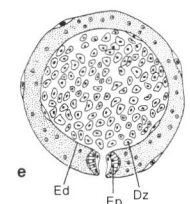

Strudelwürmer

Blastomeren-Anarchie bei *Dendrocoelum lacteum* (Tricladida).

a Dotterzellen (Dz) umschließen die Blastomeren (Bl); **b** die Blastomeren sind in ein Syncytium (Sy) v. Dotterzellen eingeschlossen; **c** einige Blastomeren bilden eine Hülle (Hü) aus Epithelzellen u. trennen so die restl. Blastomeren vom Dotter-Syncytium ab; **d** die in der Hülle verbliebenen Blastomeren bilden den Embryo, Embryonalpharynx (Ep) u. -darm (Ed) sind bereits angelegt; **e** älterer Embryo, der durch seinen Pharynx Dotterzellen in den Embryonaldarm aufgenommen hat; aus den zw. Hüllepithel u. Embryonaldarm verbliebenen Blastomeren geht der größte Teil des späteren Adultus hervor.

bewimperte Fortsätze. *Graffizoon lobatum (Polycladida)* bildet Müllersche Larven u. wird als solche geschlechtsreif (↗Neotenie). Ungeschlechtl. Fortpflanzung ist auf wenige Süßwasserformen (z. B. *Microstomum rubromaculatum*) u. wenige Landplanarien (z. B. *Bipalium javanum*) beschränkt u. vollzieht sich als ↗Architomie, ↗Paratomie od. Fragmentation, bei der der Körper in eine Anzahl Stücke zerfällt, die sich anschließend encystieren (z. B. ↗*Phagocata*). Die Fähigkeit, sich ungeschlechtl. fortzupflanzen, ist auf die hohe Regenerationsfähigkeit (☐ Regeneration) zurückzuführen, die ja bei Planarien geradezu sprichwörtl. ist: sie seien, so schrieb 1814 Dalyell, auch unter dem Messer unsterblich. [B] Plattwürmer, [B] Temperatur (als Umweltfaktor).
Lit.: *Ax, P.:* Das Phylogenetische System. Stuttgart 1984. *Ehlers, U.:* Das Phylogenetische System der Plathelminthes. Stuttgart 1985. *D. Z.*

struggle for life [straggl for laif; engl., = Kampf ums Dasein], der ↗Daseinskampf; ↗Darwin.

Struktur *w* [Bw. *strukturell*, Ztw. *strukturieren*; *struktur-], **1)** allg.: (innerer) Aufbau, Gefüge, Gliederung. **2)** Bez. für geolog. Bauformen, z. B. Falten, Bruchzonen. **3)** Boden-S., das ↗Bodengefüge; ↗Gefügeformen (☐, [T]).

Strukturboden ↗Frostböden.

Strukturformel ↗chemische Formeln (☐).

Strukturgene [Mz.], **1)** Gene, die für t-RNA-Spezies, r-RNA-Spezies oder (über m-RNA) für Proteinketten codieren, die als strukturelle Bausteine komplexer Strukturen (z. B. Ribosomen, Membranen) in den Zellen wirken. **2)** bei den aus mehreren Genen aufgebauten ↗Operonen diejenigen Teilbereiche, die für reife Endprodukte (prozessierte r-RNA, t-RNA, Proteine) codieren, im Ggs. zu den Kontrollregionen (↗Kontrollgene 2), den als Signalen zur Transkription, Prozessierung u. Translation erforderl. Strukturen, wie Promotoren, Operatoren, Spleißsignale, Terminatoren.

Strukturpolysaccharide [Mz.], ↗Polysaccharide wie Cellulose, Hemicellulosen, Pektin, Chitin, Agar, Alginsäure u. a., deren Funktion im Aufbau bestimmter zellulärer Strukturen (z. B. der Zellwände) besteht.

Strukturproteine, die ↗Skleroproteine.

Strumpfbandnattern, *Thamnophis,* Gatt. der ↗Wassernattern.

Struthanthus *m* [v. gr. *strouthos* = Sperling, *anthos* = Blume], Gatt. der ↗Mistelgewächse.

Struthiolaria *w* [v. *struth-], Gatt. der Straußenschnecken mit kegelförm., dickwandigem Gehäuse mit großer Mündung u. kleinem Deckel; in Sedimentböden bei Austr. und Neuseeland; *S. papulosa* wird 8 cm hoch.

Struthioniformes [Mz.; v. *struth-, lat. *forma* = Gestalt], die ↗Strauße.

Strychnin *s* [v. gr. *strychnos* = giftiger Nachtschatten], ↗Indol-Alkaloid (↗Alkalo-

struktur- [v. lat. *structura* = Zusammenfügung; Bau, Ordnung].

struth- [v. lat. *struthio*, Mz. *struthiones* = Strauß].

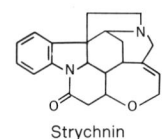

Strychnin

Stummelaffen
Arten:
Grüner Stummelaffe
(*Colobus verus*)
Roter Stummelaffe
(*C. badius*)
Nördl. Guereza
(*C. abyssinicus*)
Südl. Guereza
(*C. polykomos*)

Stummelfüßer
Familien u. wichtige Gattungen:
Peripatopsidae
Chile:
   Metaperipatus
   Paropisthopatus
S-Afrika:
   Peripatopsis
   Opisthopatus
Neuguinea:
   Paraperipatus
Australien:
   Ooperipatus
   Ooperipatellus
   Austroperipatus
   Mantonipatus
   Occiperipatoides
   Euperipatoides
Neuseeland:
   Ooperipatellus
   Peripatoides

Peripatidae
O-Himalaya:
   Typhloperipatus
Indomalayische Region:
   Eoperipatus
W-Afrika (Kongo):
   Mesoperipatus
Mittel- u. S-Amerika:
   Peripatus
   Macroperipatus
   Epiperipatus
   Oroperipatus
   Speleoperipatus

ide, [T]) aus den Samen v. *Strychnos*-Arten (↗Brechnußgewächse, ↗Brechnußbaum), das auf Rückenmark u. Zentralnervensystem reflexsteigernd wirkt u. in hohen Dosen zu Krämpfen der Muskulatur führt. Für den erwachsenen Menschen sind 60–90 mg S. tödlich. Eine S.-Vergiftung beginnt mit einer Übererregung der Reflexe u. Sinnesorgane, gefolgt v. Steifheit der Kau- u. Nackenmuskeln; schließl. treten Starrkrämpfe auf, die zum Tod durch Atemlähmung (Zwerchfellkrampf) führen. S. wird zur Nagetierbekämpfung eingesetzt (↗Rodentizide); therapeut. wird es nur noch selten bei Lähmung u. Kreislaufschwäche angewandt.

Strychnos *m* [gr., = giftiger Nachtschatten], Gatt. der ↗Brechnußgewächse; ↗Brechnußbaum.

Strymonidia *w* [ben. nach dem mazedon. Fluß Strymōn (heute Struma)], Gatt. der ↗Zipfelfalter.

Stubben, der ↗Stock 1).

Stubenfliegen, ugs. Bezeichnung für viele in Häusern vorkommende Arten der ↗Fleischfliegen u. der ↗*Muscidae* (Echte Fliegen); i. e. S. nur die S. (*Musca domestica,* ↗Muscidae) u. die Kleine S. (*Fannia canicularis,* ↗Blumenfliegen).

Stubenvögel, die ↗Käfigvögel.

Studentenblume, die ↗Samtblume.

stumme Gene, die ↗Pseudogene.

Stummelaffen, *Colobus,* Gatt. der altweltl. ↗Schlankaffen, die sich v. a. durch den in Zshg. mit dem Hangelklettern zurückgebildeten Daumen (Stummeldaumen) u. durch oft auffällige Haartrachten v. den asiat. Schlankaffen (z. B. ↗Languren) unterscheiden. Die S. – 4 Arten (vgl. Tab.) und zahlr. U.-Arten; Kopfrumpflänge 50–80 cm, Schwanzlänge 60–100 cm – leben gesellig im afr. Tropen- u. Bergwald v. Senegal bis Äthiopien und südl. bis Angola.

Stummeldaumen, 1) *Furipteridae,* Fam. der ↗Fledermäuse ([T]) mit 2 im südl. Zentralamerika und trop. S-Amerika vorkommenden Arten (*Furipterus horrens, Amorphochilus schnablii*); ihr Daumen ist reduziert. **2)** der zurückgebildete Daumen der ↗Stummelaffen.

Stummelfüßchen, *Crepidotus,* Gatt. der ↗Krüppelfußartigen Pilze (*Crepidotaceae*); meist kleine Blätterpilze, die seitlich gestielte od. ungestielte Fruchtkörper ausbilden; weiß, gelbl. oder braun, selten rötl. gefärbt; die Sporenfarbe ist rosa-tonbraun. In Mitteleuropa ca. 25 Arten, die auf Holz, Moosen, Pflanzenresten, seltener auf Erde wachsen.

Stummelfüße, Stummelbeine, *Oncopodien,* ungegliederte ↗Extremitäten u. a. bei ↗*Proarthropoda* (↗Bärtierchen, ↗Pentastomiden, ↗Stummelfüßer), die mit chitinigen Klauen versehen sind. ↗Afterfuß.

Stummelfüßer, *Onychophora,* Stamm der Gliedertiere, als ↗*Proarthropoda* zus. mit den ↗*Euarthropoda* als *Arthropoda* (↗Gliederfüßer) zusammengefaßte, sehr urtüml. Gruppe. S. sind wurmförm. Tiere mit einem nicht deutlich abgesetzten Kopf, einem Paar Fühler, an deren Basis ein Paar Blasenaugen sitzt, einem Paar krallenförm. Mundhaken als einzige Mundwerkzeuge (monognath) u. einem Paar neben dem Mundfeld gelegenen Oralpapillen, die Mündungsort mächtig entwickelter, sich über ¾ der Rumpflänge erstreckender Wehrdrüsen sind. Auffällig sind, je nach Art, 13–43 ungegliederte Stummelbein-Paare (Stummelfüße, Oncopodien, ↗Extremitäten), die an der Spitze paarige Krallen tragen. Diese erst 1826 entdeckten u. zunächst den Nacktschnecken zugeordneten Tiere sind eine terrestrisch lebende Reliktgruppe, deren Körperbau zw. ↗Ringelwürmern u. ↗Gliederfüßern vermittelt, indem sie eine rezent noch lebende 1. Etappe der Arthropodisation repräsentieren. Als Arthropodenmerkmale gelten: 1) Komplexgehirn: Dieses besteht aus mindestens 3 Rumpfganglien, die mit dem Archicerebrum verschmolzen sind. Dieses enthält als Verschaltungszentren u. a. Zentralkörper u. Protocerebralbrücke; es innerviert die Blasenaugen. Die eversen Retinazellen gehören zu den Rhabdomeren tragenden ciliären Typ, wie er auch bei Ringelwürmern verbreitet ist. Das mächtigere Deutocerebrum innerviert das Paar großer Antennen als mögliche Extremitäten des 1. oder 2. Segments. Ein kleines Tritocerebrum mit anhängenden Hypocerebralorganen schließt die Komplexgehirn ab. Noch nicht geklärt ist, ob die Mundhaken diesem Gehirnteil od. einem folgenden zugeordnet werden können. Die Oralpapillen sind Extremitätenhomologa des 4. oder 5. Kopfsegments. Ihre hier mündende Wehrdrüse ist vermutl. ein Abkömmling v. Coxaldrüsen. 2) Cuticula aus α-Chitin. Das Integument ist ein hochentwickelter Hautmuskelschlauch. Die Epidermiszellen bilden zapfenartige Papillen, die an der Spitze eine Sinnesborste tragen können. 3) Herzschlauch mit Ostien in einem Perikardialsinus. 4) Leibeshöhle als Mixocoel (Hämocoel). 5) Nephridialorgane mit Sacculus u. Podocyten in der Beinbasis in jedem Segment. Darüber hinaus haben die S. zahlreiche Eigenerwerbungen: Segmentierung durch sekundäre Ringelung kaum noch erkennbar. Atmung über nicht verschließbare Tracheenbüschel, die in einen durch Epidermiseinsenkung entstandenen Atemvorhof münden. Pro Segment können bis 75 solcher Öffnungen auftreten. Das Nervensystem besteht aus Marksträngen u. weist pro Segment 9–10 dünne Kommissuren auf. S. besitzen zur Fortpflanzung hochspezialisierte, flagelliforme Spermien. Diese werden meist als Spermatophoren abgegeben. Dies geschieht entweder in Form einer inneren Besamung od. durch indirekte Übertragung. Hierzu werden Spermatophoren an beliebigen Stellen des Rückens od. der Flanken eines Weibchens abgesetzt. Im weibl. Körper wandern dann zahlr. Leukocyten unter solche Anheftungsstellen u. brechen innerhalb von 7–10 Tagen eine Öffnung in die Cuticula. Die Spermien wandern dann bündelweise in den weibl. Körper u. schwimmen in der Hämolymphe zu den Ovarien zur Befruchtung u. Ernährung der Eier. Die Entwicklung ist meist ovovivipar od. vivipar, seltener ovipar. – Die S. sind Räuber, die ihre Beute mit den Mundhaken aufschlitzen. Zur Verteidigung können sie ihr sehr klebriges Wehrsekret blitzartig bis 50 cm weit spritzen. Sie leben verborgen in morschem Holz u. Laubstreu u. sind auf hohe Luftfeuchte angewiesen. Durch Pigmenteinlagerung in der Epidermis sind viele Arten ausgesprochen bunt: blaugrau od. rötlichbraun (Fam. *Peripatidae*) od. Kombinationen aus Schwarz, Blau, Grün, Gelb, Orange, Rot u. Braun. Die S. sind reliktär ausschl. in den Tropen und südl. gemäßigten Klimazonen der großen Kontinente S-Amerika, S-Afrika, S-Asien u. Australien-Neuseeland verbreitet. Der Stamm S. gliedert sich in 2 Fam. (vgl. Tab.): *Peripatopsidae* mit 36 Arten in 12 Gatt., die in S-Afrika, Neuseeland, Chile und S-Australien bis Neuguinea verbreitet sind; bei ihnen liegt die Geschlechtsöffnung zw. oder hinter dem letzten Beinpaar; sie haben 13–29 Beinpaare. *Peripatidae* mit etwa 60 Arten in 2 U.-Fam., die v. Mittelamerika bis ins trop. S-Amerika *(Peripatinae)*, W-Afrika (isoliertes Vorkommen im Kongo), indomalayischen Raum und O-Himalaya *(Eoperipatinae)* verbreitet sind. Gliederfüßer. H. P.

Stummelfußfrösche, *Atelopus,* Gatt. der ↗Kröten mit über 40 kleinen, oft bunten u. giftigen (z. T. mit ↗Tetrodotoxin) Arten, von Costa Rica bis Bolivien verbreitet. Schlanke, z. T. bizarr wirkende Frösche mit kurzen, wie verkümmert aussehenden Fingern u. Zehen; leben am Boden trop. Regenwälder, meist im Bergland, u. laichen in Bergbächen, nach oft wochen- od. monatelangen Wanderungen in Amplexus (↗Klammerreflex). Larven mit großen Saugnäpfen. Dazu gehört auch der durch das Artenschutzabkommen geschützte panamaische Goldfrosch, *A. varius zeteki* (od. *A. zeteki*), aus El Valle, der Vorbild für viele Gold- u. Stein-Nachbildungen ist. Manche Arten sind beliebte Terrarientiere, aber wegen ihrer spezialisierten Lebensweise kaum züchtbar.

Stummelschwanzhörnchen, *Aplodontidae,* Fam. der ↗Nagetiere mit nur 1 Art, dem S. oder Biberhörnchen *(Aplodontia rufa)*, das als das ursprünglichste heute lebende Nagetier gilt. S. sind v. gedrungener, biberähnl. Gestalt (Kopfrumpflänge 30–45 cm, Schwanzlänge 2–3 cm), haben einfache, wurzellose Backenzähne u. kei-

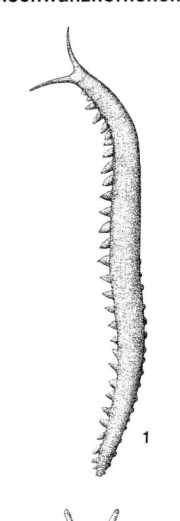

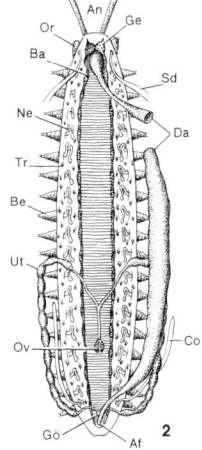

Stummelfüßer

1 *Macroperipatus.*
2 Bauplan v. *Peripatus.* Af After, An Antennen, Ba Bauchmark, Be Beine, Co Coxaldrüsen, Da Darm, Ge Gehirn, Gö Geschlechtsöffnung, Ne Nephridien, Or Oralpapillen, Ov Ovar, Sd Schleimdrüsen, Tr Tracheen, Ut Uterus

nen Knochenfortsatz am hinteren Augenhöhlenrand. Sie leben in den westl. USA, dämmerungsaktiv u. gesellig in wassernahen Erdbauen.

Stummelschwanzpaviane, *Backenfurchenpaviane, Mandrillus,* Gatt. der ↗Meerkatzenartigen mit 2 Arten: ↗Drill, ↗Mandrill.

stumme Mutationen, Mutationen, die ohne Auswirkung auf die entspr. Genprodukte bleiben; z. B. bewirken Mutationen, die zum Austausch der 3. Position v. Codon-Tripletts führen, wegen der Degeneration des ↗genet. Codes häufig keine Änderung der entspr. Aminosäuresequenz.

Stumpfmuscheln, die Fam. ↗Sägezahnmuscheln. [mina.

Stumpfschnecke, *Rumina decollata,* ↗Rustur *m* [v. ahd. stur(i)o = Stör], *Gymnocephalus cernua,* ↗Barsche.

Sturmhaube, die Gatt. ↗Cassis.

Sturmhut, der ↗Eisenhut.

Sturmschwalben, *Hydrobatidae,* Fam. kleiner, etwa stargroßer ↗Sturmvögel mit 20 Arten; schwarze, weißbürzelige Vögel des offenen Meeres, die unstet über den Wellen flattern u. dabei oft auch Schiffen folgen; durch die Flugweise u. den bei einigen Arten gegabelten Schwanz erinnern sie an Schwalben; werden durch Stürme an die Küste u. selten auch ins Binnenland verschlagen; nisten in Höhlen an Felsküsten u. sind dort nachtaktiv. Mit einer Länge von 15 cm ist die Sturmschwalbe (*Hydrobates pelagicus,* B Mediterranregion II) der kleinste eur. Seevogel; sie brütet im Mittelmeerraum u. an Küsten des N-Atlantik. Der etwas größere Wellenläufer (*Oceanodroma leucorhoa*) unterscheidet sich v. a. durch einen hüpfenden Zickzackflug über dem Wasser; seine Verbreitung erstreckt sich auf Inseln u. Küsten des N-Pazifik und N-Atlantik.

Sturmtaucher, *Procellariidae,* Fam. möwenähnl. ↗Sturmvögel mit 63 Arten, die auf sämtl. eisfreien Meeren der Erde leben; gesellig, folgen in oft riesigen Schwärmen Meeresströmungen mit Planktonnahrung; tauchen nicht selten u. benutzen unter Wasser die Flügel als Ruder; brüten in unterird. Höhlen, die teilweise verzweigt sind; in den Brutkolonien herrscht nur nachts Aktivität; dies schützt die Vögel vor Beutefeinden wie Groß- u. Raubmöwen. Die im eur. Raum häufigste Art ist der 35 cm große Schwarzschnabel-S. (*Puffinus puffinus*), der kontrastreich oberseits schwarz, unterseits weiß gefärbt ist. Seltener, mit 46 cm Länge größer u. blasser befiedert ist der Gelbschnabel-S. (*Calonectris diomedea*). Beide Arten kann man auch im Mittelmeerraum vom Schiff aus u. an Meerengen beobachten. Ebenfalls zu den S.n gehören die ↗Eissturmvögel.

Sturmvögel, *Röhrennasen, Procellariiformes, Tubinares,* Vogel-Ord. mit 4 Fam. (vgl. Tab.) und 101 Arten; Hochseevögel von

Sturmvögel
Familien:
↗Albatrosse (*Diomedeidae*)
↗Sturmschwalben (*Hydrobatidae*)
↗Sturmtaucher (*Procellariidae*)
↗Tauchsturmvögel (*Pelecanoididae*)

Stutzkäfer (*Hister quadrimaculatus*)

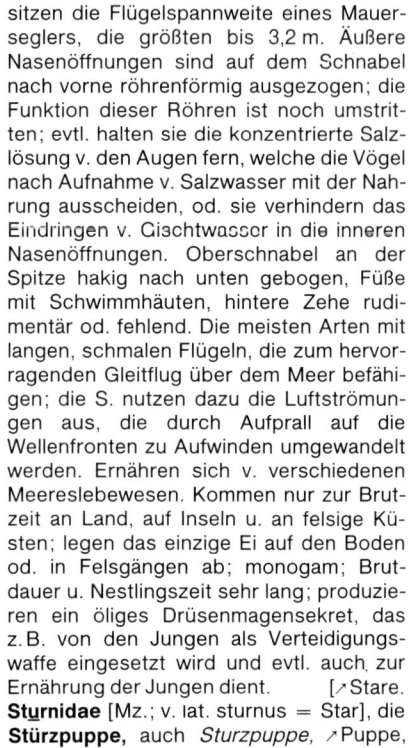

sehr unterschiedl. Größe; die kleinsten besitzen die Flügelspannweite eines Mauerseglers, die größten bis 3,2 m. Äußere Nasenöffnungen sind auf dem Schnabel nach vorne röhrenförmig ausgezogen; die Funktion dieser Röhren ist noch umstritten; evtl. halten sie die konzentrierte Salzlösung v. den Augen fern, welche die Vögel nach Aufnahme v. Salzwasser mit der Nahrung ausscheiden, od. sie verhindern das Eindringen v. Gischtwasser in die inneren Nasenöffnungen. Oberschnabel an der Spitze hakig nach unten gebogen, Füße mit Schwimmhäuten, hintere Zehe rudimentär od. fehlend. Die meisten Arten mit langen, schmalen Flügeln, die zum hervorragenden Gleitflug über dem Meer befähigen; die S. nutzen dazu die Luftströmungen aus, die durch Aufprall auf die Wellenfronten zu Aufwinden umgewandelt werden. Ernähren sich v. verschiedenen Meereslebewesen. Kommen nur zur Brutzeit an Land, auf Inseln u. an felsige Küsten; legen das einzige Ei auf den Boden od. in Felsgängen ab; monogam; Brutdauer u. Nestlingszeit sehr lang; produzieren ein öliges Drüsenmagensekret, das z. B. von den Jungen als Verteidigungswaffe eingesetzt wird und evtl. auch zur Ernährung der Jungen dient. [↗Stare.

Sturnidae [Mz.; v. lat. sturnus = Star], die

Stürzpuppe, auch *Sturzpuppe,* ↗Puppe, ↗Schmetterlinge.

Stute, das weibl. Pferd u. Kamel.

Stuttgarter Hundeseuche, das ↗Canicolafieber.

Stützblatt, die ↗Braktee.

Stutzechse, *Tiliqua rugosa,* ↗Blauzungen.

Stützfedern, *Rectrices,* ↗Schwanzfedern.

Stützgewebe, 1) Bot.: das ↗Festigungsgewebe; **2)** Zool.: ↗Bindegewebe.

Stutzkäfer, *Histeridae,* Fam. der polyphagen ↗Käfer (T) aus der Großgruppe der *Staphyliniformia,* in der sie jedoch eine eigene Überfam. *Histeroidea* (zus. mit den *Sphaeritidae*) bilden. Kleine bis große (1–15 mm), ovale, meist lackschwarz glänzende, etwas abgeflachte Käfer mit oft kräftigen, spitzen, prognathen Mandibeln. Fühler nach dem 1. stark verlängerten Glied gekniet u. mit rundl. Keule. Kopf u. Beine können stark eingezogen werden, so daß eine Trutzform entsteht. Flügeldecken sind hinten gerade abgestutzt u. verkürzt. Sie lassen den 6. und 7. Tergit (Propygidium und Pygidium) frei. Die Schienen der Beine sind meist verbreitet u. außen gezähnt. Man findet die Tiere an Aas, verrottendem pflanzl. Material, Exkrementen, in faulenden Pilzen u. a. Einige Arten leben unter der Rinde v. Bäumen, wo sie Insektenlarven nachstellen (u. a. Borkenkäfer). Dazu sind sie z. T. stark abgeplattet, wie bei uns der 8–9 mm große *Hololepta plana,* der bevorzugt unter Pappelrinde sitzt. Ähnliches gilt für die Arten der Gatt. *Paromalus* (1,5–2,5 mm, Borkenkäferjäger) od. *Cylister* (2,5–4 mm, unter Nadelholzrinde). Weltweit enthält die Fam. ca. 4000, in Dtl. etwa 100 Arten in zahlr. Gatt. Bei uns finden sich v. a. Vertreter der Gatt. *Saprinus* (15 Arten), *Hister* (14 Arten) u. *Paralister* (7 Arten). Einige Arten sind Bewohner v. Vogelnestern (*Dendrophilus punctatus, Gnathoncus*-Arten), Säugernestern *(Onthophilus)* oder sind mit Ameisen vergesellschaftet *(Dendrophilus pygmaeus* bei der Roten Waldameise, *Myrmetes, Hetaerius ferrugineus).*

Stützlamelle, bei kleinen Hohltieren (bes. Hydropolypen) die beiden zusammenstoßenden Basallamina der Epidermis u. der Gastrodermis; kann durch gallertige, zellfreie Absonderungen verstärkt od. ersetzt werden. B Hohltiere I.

Stutzschnecken, *Truncatellidae,* Fam. der ↗Kleinschnecken mit hochgetürmtem od. eikegelförm. Gehäuse unter 1 cm Höhe, dessen Apex bei einigen Arten abgestoßen u. durch ein Septum ersetzt wird; Oberfläche glatt od. axialrippig; getrenntgeschlechtl., ovipare Tiere. *Truncatella* lebt im Strandanwurf trop. Küsten, *Geomelania* terrestr. auf Inseln der Karibik.

Stützwurzeln, die ↗Stelzwurzeln.

Stygal *s* [v. *styg-], Biotop des ↗Grundwassers; ↗Stygobionten.

Stygichthys *m* [v. *styg-, gr. ichthys = Fisch], Gatt. der Salmler; ↗Höhlenfische.

Stygiomedusa *w* [v. *styg-, gr. Medousa = schlangenhaarige Gorgone], Gatt. der ↗Fahnenquallen.

Stygobionten [Mz.; v. *stygo-, gr. bioōn = lebend], *Stygalfauna, Grundwasserfauna,* Tierwelt des ↗Grundwassers, das als zusammenhängender Wasserkörper die Klüfte, Spalten u. Porenräume v. Fest- u. Lockergesteinen erfüllt. Übergangsbereiche zu oberird., marinen bzw. limnischen Lebensräumen sind Küstengrundwasser bzw. ↗See-Grund u. ↗Quelle. Wegen der Lichtlosigkeit fehlen Primärproduzenten weitgehend (Ausnahme: chemotrophe Bakterien), sind Augen u. Pigmente bei zahlr. Arten reduziert (z. B. ↗Grottenolm), Tast- u. Geruchssinnesorgane gut ausgebildet; Temp.-Konstanz sowie relative Nahrungs- und O_2-Armut sind kennzeichnend. Während die Kleinformen des Lückensystems (z. B. ↗Brunnenkrebs) z. T. weit verbreitet vorkommen, sind die Areale der größeren Höhlenbewohner (z. B. Grottenolm) meist klein u. stark disjungiert. Für einige Formen wurde das Grundwasser zum Refugium vor der nacheiszeitl. Erwärmung (z. B. Blinder Höhlen-↗Salmler). Auffallend ist der hohe Anteil phylogenet. alter Gruppen (z. B. Krebs-Ord. ↗ *Bathynellacea,* ↗ *Thermosbaenacea)* an der Grundwasserfauna. ↗Höhlentiere, ↗Sandlückensystem.

Stygocaridacea [Mz.; v. *stygo-, gr. karides = kleine Seekrebse], Ord. der ↗ *Malacostraca* (Überord. ↗ *Syncarida)* mit nur 4 kleinen (bis 4,2 mm) Arten, die erst 1963

Stygocaridacea
Parastygocaris,
4 mm lang

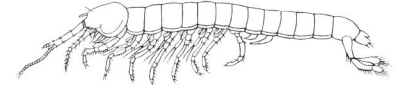

beschrieben wurden. Merkwürdige, fast wurmartige Krebstiere, deren 1. Thorakomer an den Kopf angeschmolzen ist u. Maxillipeden trägt; 2. bis 6. Thorakopoden mit Exopoditen, Pleon ohne Pleopoden, aber mit Uropoden u. beim ♂ mit Petasma. Alle Arten leben im Sandlückensystem der Küsten von S-Amerika (südl. des 30. Breitengrades) u. Neuseeland.

Stygon *s* [v. *styg-], Lebensgemeinschaft des ↗Grundwassers; ↗Stygobionten.

Stylaria *w* [v. *styl-], Ringelwurm-(Oligochaeten-)Gatt. der ↗ *Naididae. S. lacustris,* 3–10 mm lang, durchsichtig, Prostomium mit langem, höchst bewegl. Tastfortsatz, Kettenbildung bis 18 mm Länge; stehende Gewässer, v. a. in Teichen mit Wasserlinsen.

Stylasteridae [Mz.; v. *styl-, gr. astēr = Stern], Fam. der ↗ *Athecatae* (Anthomedusae), die v. den Tropen bis nach Island verbreitet ist. *S.* bilden ein vertikal wachsendes Stolonennetz, das verkalkt u. steinkorallenartig aussieht. (*S.* und die ähnl. ↗Feuerkorallen wurden fr. zu den *Hydrocorallidae* zusammengefaßt.) Die Kolonien werden bis 25 cm hoch. Die Röhren der kreisförmig an den Nährpolypen sitzenden Wehrpolypen sind so angeordnet, daß sie wie die Sklerosepten einer Steinkoralle wirken. Die bekanntesten Gatt. sind *Stylaster* u. *Allopora.*

Stylephoroidei [Mz.; v. *styl-, gr. -phoros = -tragend], die ↗Fadenschwänze.

Styli [Ez. *Stylus;* v. *styl-] ↗Griffel, ↗Hüftgriffel.

Stylidiaceae [Mz.; v. *styl-], *Säulenblumengewächse,* rund 150 Arten in 6 Gatt. umfassende Fam. der ↗ Glockenblumenartigen. Vorwiegend in Austr. heimische, meist an trockene Standorte angepaßte Kräuter od., seltener, Halbsträucher mit ungeteilten, oft grasartigen, in einer Rosette angeordneten Blättern sowie zygomorphen Blüten. Diese i. d. R. mit verwachsenblättriger, 5zipfl. Krone, deren einer Zipfel zu einer Lippe umgeformt ist, u. meist 2, im allg. mit dem Griffel zu einem Gynostemium verwachsenen Staubblättern. Der unterständ. Fruchtknoten besteht aus 2 verwachsenen Fruchtblättern u. wird zu einer 2klappigen Kapsel. Bei einigen Arten der Fam. sind mit dem Bestäubungsvorgang in Zshg. stehende Reizbewegungen der Blütenorgane zu beobachten. *Stylidium,* die Säulenblume, ist mit über 100 Arten größte Gatt. der Fam. Einige ihrer Arten werden als Zierpflanzen gezogen.

Stylites *m* [v. *styl-], erst 1954 durch den dt. Botaniker W. Rauh in den peruan. Anden entdeckte Gatt. der ↗Brachsenkrautartigen mit 2 Arten. *S.* bildet polsterart.

styg-, stygo- [v. gr. Styx = Fluß der Unterwelt; stygios = unterirdisch].

styl-, stylo- [v. gr. stylos = Säule, Pfeiler, Stütze; Griffel].

Stylocalamites

Bestände u. besitzt bis 15 cm lange und 3 cm dicke, z.T. gegabelte Stämmchen mit (allerdings anormalem) sekundärem Dickenwachstum; die Wurzeln entspringen meist nur 1 Wurzelfurche u. sind ungegabelt. In den übrigen Merkmalen stimmt S. weitgehend mit dem ↗Brachsenkraut überein u. nimmt damit zumindest morpholog.-anatom. eine Mittelstellung zw. der fossilen Gatt. *Nathorstiana* u. dem rezenten Brachsenkraut ein (↗ *Pleuromeiales*).

Stylocalamites *m* [v. *stylo-, gr. kalamos = Halm], Gruppe der ↗ *Calamitaceae* mit nur spärlicher Verzweigung in den oberen Stammteilen.

Stylochiton *m* [v. *stylo-, gr. chitōn = Kleid], Gatt. der ↗ Aronstabgewächse.

Stylochus *m* [v. *styl-, gr. ochos = Halter], Strudelwurm-Gatt. der Fam. *Stylochidae* (Ord. ↗ *Polycladida*). *S. zebra*, Kommensale bei Einsiedlerkrebsen; *S. pilidium* (Mittelmeer) und *S. frontalis* (Florida) befallen Austern u. fressen sie auf.

Stylommatophora [Mz.; v. *styl-, gr. ommata = Augen, -phoros = -tragend], die ↗Landlungenschnecken.

Stylonychia *w* [v. *styl-, gr. onyches = Nägel], Gatt. der ↗ *Hypotricha* (Ord. ↗ *Spirotricha*); häufige Wimpertierchen in allen Gewässertypen u. Heuaufgüssen. Bekannteste Art ist *S. mytilus*, das Muschel- od. Waffentierchen, einer der wenigen Einzeller, für die komplexes Verhalten nachgewiesen ist. Der Konjugation geht ein „Paarungsspiel" voraus, bei dem die Partner mehrfach Kreisbewegungen ausführen, sich dann aneinander aufrichten u. die Mundfelder aneinanderlegen.

Stylopage *w* [v. *stylo-, gr. pagē = Schlinge], Gatt. der ↗ *Zoopagales* (Pilze); tierparasit. Vertreter leben in Amöben (z.B. *S. cephalote*).

Stylophora [Mz.; v. *stylo-, gr. -phoros = -tragend], Kl. der ↗ *Homalozoa*; Verbreitung: mittl. Kambrium bis unteres Devon.

Stylopidae [Mz.; v. *styl-, gr. ōpē = Aussehen], Fam. der ↗ Fächerflügler.

stylopisiert [v. *styl-, gr. ōpē = Aussehen], Bez. für eine Deformierung des Hinterleibs verschiedener Insekten, hervorgerufen durch einen Befall durch endoparasit. lebende Larven v. ↗ Fächerflüglern.

Stylopodium *s* [v. *stylo-, lat. podium = Gestell, Untersatz], **1)** Bot.: das ↗ Griffelpolster. **2)** Zool.: *Oberarm, Oberschenkel*, körpernächster der 3 Hebel einer Tetrapodenextremität. Das Skelett des S.s besteht jeweils nur aus 1 Element: im Oberarm ist es der ↗ *Humerus*, im Oberschenkel das ↗ *Femur*. Das S. ist gelenkig verbunden mit dem distal folgenden ↗ Zeugopodium (Unterarm, Unterschenkel) und dem jeweiligen Extremitätengürtel (↗ Beckengürtel, ↗ Schultergürtel). ↗ Extremitäten. ☐ Organsystem, B Skelett.

Stylostom *s* [v. *stylo-, gr. stoma = Mund], Saugkanal der ↗ Erntemilbe (☐).

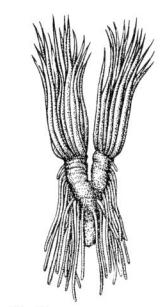

Stylites spec.

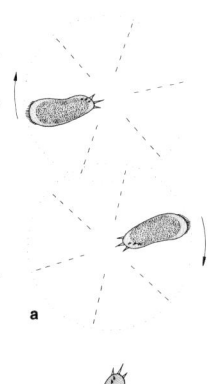

Stylonychia
„Paarungstanz" von *S. mytilus* (nach Grell): **a** ruckartige Kreisbewegungen der Partner; **b** Berührung der Mundfelder, Aufrichten; **c** Konjugation. – ☐ Aufgußtierchen.

Styracosaurus, Länge ca. 6 m

Stylus *m* [v. *styl-], **1)** Bot.: der ↗ Griffel; **2)** Zool.: der ↗ Hüftgriffel.

Styracaceae [Mz.; v. gr. styrax = Storaxbaum, Storaxharz], *Storax(baum)gewächse*, Fam. der ↗ Ebenholzartigen mit 180 Arten in 12 Gatt. Vor allem in O- und SO-Asien sowie vom südl. und östl. N-Amerika bis nach S-Amerika verbreitete Bäume u. Sträucher mit einfachen Blättern u. kleinen bis mittelgroßen Blüten. Diese uberwiegend in Trauben od. Rispen angeordnet, oft duftend, meist weiß u. fast stets zwittrig. Die radiäre Krone ist 5(4–7)zählig u. besitzt nur wenig miteinander verwachsene Kronblätter; i.d.R. 10 (8–14) Staubblätter. Der 3–5blättrige Fruchtknoten wird zu einer fleischigen od. trockenen Steinfrucht od. Kapsel. Charakterist. für die S. sind die oft auf den Blättern u. Kelchen anzutreffenden Stern- od. Schildhaare. Größte Gatt. der Fam. ist mit ca. 130 Arten *Styrax*, der Storaxbaum. Der im Mittelmeergebiet heim. Echte Storaxbaum (*S. officinalis*) ist die einzige eur. Art der Fam. Durch Ritzen seiner Rinde erhält man *Storax* (Styrax), ein schon in der Antike als Weihrauch dienendes, med. als Antiseptikum u. Inhalationsmittel benutztes, wohlriechendes Harz. Wirtschaftl. wesentlich bedeutender ist das nach Vanille duftende ↗ Benzoeharz. Es wird v.a. aus den in SO-Asien heim. Arten *S. benzoin*, Benzoebaum (Sumatra-Benzoe), u. *S. tonkinensis* (Siam-Benzoe) gewonnen u. wird in größerem Umfang auch in der Parfüm-Ind. verwendet. Einige S. werden ihrer schönen Blüten wegen als Zierpflanzen kultiviert. Bekannteste Art ist der auch bei uns in Gärten u. Parks angepflanzte, nordamerikan. Schneeglöckchenbaum (*Halesia carolina*) mit glockenförm., hängenden, weißen Blüten. ☐ 97.

Styracosaurus *m* [v. gr. styrax = Lanze, sauros = Eidechse], (Lambe 1913), Gatt. der † ↗ *Ceratopsia* mit langem, steil aufragendem Nasenhorn und höckerart. Verdickungen auf den Postfrontalia; am Nackenschildaußenrand 6 rückwärts gerichtete, stachelform. Hörner. Verbreitung: Oberkreide von N-Amerika.

Styrax [gr., = Storaxbaum], **1)** *m*, ↗ Storax; **2)** *w*, Gatt. der ↗ Styracaceae.

Suaeda *w* [v. arab. suwwād = Pfl., aus deren Asche man Soda herstellt], die ↗ Sode.

Subalare *s* [v. *sub-, lat. alaris = Flügel], Gelenkstück am ↗ Insektenflügel.

subalpin [v. *sub-, lat. Alpinus = Alpen-], *subalpine Stufe*, ↗ Höhengliederung.

subandrözisch [v. *sub-, gr. andres = Männer, oikia = Haus], Bez. für andrözische Pflanzen (mit ♂ = mikrosporophyllaten = staminaten Blüten) mit *wenigen* zusätzlich ⚥ (zwittrigen = mixosporophyllaten) oder ♀ (makrosporophyllaten = karpellaten) Blüten. ↗ Andromonözie. Ggs.: ↗ subgynözisch.

Subassoziation *w*, ↗ Assoziation.

Subatlantikum s [v. *sub-, lat. Atlanticus = atlantisch], (A. Blytt, ca. 1876), *Buchenzeit, Nachwärmezeit,* durch das Vordringen der Buche charakterisierter Zeitabschnitt des ↗Holozäns (☐) etwa zw. 500 v. Chr. bis heute mit relativ kühl-feuchtem Klima. [Iuno-Ulicetalia.

subatlantische Sandginsterheide ↗Cal-

Subboreal s [v. *sub-, lat. borealis = nördlich], *späte Wärmezeit,* (A. Blytt, ca. 1876), durch Vorherrschen v. Eichenmischwald mit Buchen gekennzeichneter Zeitabschnitt des ↗Holozäns (☐) zw. ↗Atlantikum u. ↗Subatlantikum (ca. 2500 bis 500 v. Chr.).

Subcosta w [v. *sub-, lat. costa = Rippe], *Subcostalader,* ↗Insektenflügel (☐).

Subcoxa w [v. *sub-, lat. coxa = Hüfte], *Unterhüfte,* angenommener basaler Abschnitt der ↗Extremitäten der ↗Insekten.

Subcutis w [v. *sub-, lat. cutis = Haut], die Unter-↗Haut.

subdominant [v. *sub-, lat. dominans = herrschend] ↗Dominanz, ↗Rangordnung.

Suberin s [v. *suber-], *Korkstoff,* durch Veresterung langkettiger gesättigter u. ungesättigter Fett- u. Oxyfettsäuren, z. B. *Suberinsäure* (↗Korksäure), Phellonsäure u. a., gebildetes hochmolekulares Polymerisat, das den Hauptanteil des ↗Korks ausmacht. S. macht als hydrophobe Zellwandauflagerung die Korkzellen wasserundurchlässig. Es zählt zu den dauerhaftesten aller bekannten organ. Substanzen. ↗Verkorkung.

Suberites m [v. *suber-], namengebende Gatt. der Fam. *Suberitidae* (↗Korkschwämme). *S. domuncula,* v. massiger Gestalt mit glatter Oberfläche, orangerot, seltener blau od. violett; Atlantik, Indik in geringen Tiefen, im Mittelmeer häufig auf Schneckenschalen, die v. dem Einsiedlerkrebs *Paguristes oculatus* besiedelt sind.

Suberitidae [Mz.; v. *suber-], die ↗Korkschwämme.

subfossil [v. *sub-, lat. fossilis = ausgegraben], Bez. für den chronolog. Grenzbereich zw. ↗Erd- u. Menschheitsgeschichte in der Anwendung auf postmortale Erhaltung v. Lebewesen. Im Gqs. zu „subrezent" sollten Spuren v. ↗Fossilisation erkennbar sein.

Subgenitalplatte [v. *sub-, lat. genitalis = Geschlechts-], an der Einlenkung des Genitalapparats der ↗Insekten auftretender, ventraler Sklerit. ↗Eilegeapparat (☐).

Subgenualorgane [v. *sub-, lat. genuale = Knieband], bei vielen Insekten dicht unter dem Gelenk der Tibia gelegenes, der Registrierung v. Erschütterungen (↗Vibrationssinn) dienendes Sinnesorgan, bestehend aus einer Gruppe v. Scolopidien (↗Scolopidium). Bei Laubheuschrecken sind daraus die tibialen ↗Tympanalorgane entstanden. ↗Chordotonalorgane, ↗mechan. Sinne (☐ II), ↗Mechanorezeptoren.

Subgerminalhöhle [v. *sub-, lat. germen

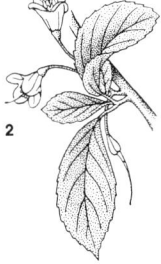

Styracaceae
1 Echter Storaxbaum *(Styrax officinalis);* 2 Schneeglöckchenbaum *(Halesia carolina)*

styl-, stylo- [v. gr. stylos = Säule, Pfeiler, Stütze; Griffel]

sub- [v. lat. sub = unter, unterhalb, während, gleich nach].

suber- [v. lat. suber = Kork; suberineus = aus Kork].

= Keim], beim sich entwickelnden Reptilien- u. Vogelei der flüssigkeitserfüllte Raum zw. ↗Keimscheibe u. ↗Dotter; Sonderbildung, nicht vergleichbar dem ↗Blastocoel, da sämtl. ↗Keimblätter noch in der Keimscheibe enthalten sind.

subgynözisch [v. *sub-, gr. gynē = Weib, oikia = Haus], Bez. für Pflanzen, deren ↗Gynözie nicht ganz rein ausgebildet ist: es kommen neben den ♀ (makrosporophyllaten = karpellaten) Blüten auch wenige ⚥ oder ♂ Blüten vor. ↗Gynomonözie. Ggs.: ↗subandrözisch.

Subholostei [Mz.; v. *sub-, gr. holosteos = ganz aus Knochen], Bez. für eine Anzahl heterogener palaeoniscider (↗*Palaeonisciformes*) Strahlenflosser (Fam. *Actinopterygii*) mit fortschrittl. Merkmalen (z. B. Reduktion v. Flossenstrahlen, Umbau der heterozerken zur hemiheterozerken Schwanzflosse, Verlust der mittleren Cosminschicht in den Schuppen) in unterschiedl. Kombination (↗Mosaikevolution) während der Trias.

subhydrische Böden [v. *sub-, gr. hydōr = Wasser], *Unterwasserböden,* ↗Sapropel, ↗Dy, ↗Gyttja. ☐ Bodentypen.

Subimago w [v. *sub-, lat. imago = Bild, Ebenbild], letztes Larvenstadium (Subimaginalstadium) vor der ↗Imago, schon flugfähig; nur bei den ↗Eintagsfliegen. ↗Metamorphose.

Subitaneier [v. lat. subitaneus = plötzlich], *Sommereier,* Eier, die ohne Befruchtung (↗Parthenogenese) sofort mit der Embryonalentwicklung beginnen; z. B. bei Saugwürmern, Rädertieren, Blattläusen, Wasserflöhen; meist in Zshg. mit hoher Vermehrungsrate unter guten Lebensbedingungen gebildet. Ggs.: ↗Dauereier.

Subklimax w [v. *sub-, gr. klimax = Leiter, Treppe], *Disklimax,* ↗Klimaxvegetation.

Subkultur, *Nachkultur,* Mikroorganismenkultur, die v. einer bereits vorhandenen ↗Kultur abstammt; durch Überimpfen (↗Impfung) in regelmäßigen Abständen auf neue Nährmedien u. Bebrüten können Kulturen lange Zeit erhalten bleiben.

Subletalfaktor m [v. *sub-, lat. letalis = tödlich], *Semiletalfaktor,* ↗Letalfaktoren.

Sublitoral s [v. *sub-, lat. litoralis = Ufer-], der ständig unter Wasser liegende Teil des ↗Litorals; reicht v. der unteren Grenze des Pflanzengürtels bis zum Beginn der Sedimentationszone. ↗See.

submarin [v. *sub-, lat. marinus = Meeres-], unter dem Meeresspiegel lebend, befindlich od. entstanden.

submediterran [v. *sub-, lat. Mediterraneus = Mittelmeer-], Bez. für die Übergangszone zw. der *mediterranen* u. *nemoralen* Zone (↗Mediterranregion, ↗Laubwaldzone). In der s.en Zone herrschen noch Winterregen vor, aber die Sommerdürre ist nicht mehr so ausgeprägt. Fröste treten in allen Wintermonaten regelmäßig auf.

sub- [v. lat. sub = unter, unterhalb, während, gleich nach].

substrat- [v. lat. substratus = unterlegt, unterbreitet; substratum = Unterlage].

Substratstufenphosphorylierung

Wichtige Zwischenverbindungen des Substratabbaus (u. Enzyme) im Gärungsstoffwechsel, die zur ATP-Bildung führen:

1,3-Diphosphoglycerat
(3-Phosphoglycerat-Kinase)
Phosphoenolpyruvat
(Pyruvat-Kinase)
Acetyl-Phosphat
(Acetat-Kinase)

Submentum s [lat., = Unterkinn], ↗Mundwerkzeuge, ↗Postmentum.

submers [v. lat. submersus =], untergetaucht; unter der Wasseroberfläche liegend od. lebend; ↗Wasserpflanzen.

Submerskultur w [v. lat. submersus = untergetaucht], *Submersverfahren,* ↗Kultur v. Mikroorganismen, bei der die Zellen in der ganzen ↗Nährlösung verteilt wachsen. Um eine gleichmäßige Verteilung zu erhalten, muß die Nährlösung im Kulturgefäß (z. B. ↗Fermenter) bewegt werden, z. B. durch Schütteln, Rührwerke, Umpumpsysteme. S.en verdrängen zunehmend ↗Oberflächenkulturen *(Emerskulturen),* da die Anzucht der Mikroorganismen besser steuerbar u. die Ausbeute an den erwünschten Produkten meist höher ist. Industrielle Anwendung in vielen biotechnolog. Verfahren, z. B. bei der Antibiotika-Produktion, Essigsäure-, Citronensäure-Herstellung.

Suboesophagealganglion s [v. *sub-, gr. oisophagos = Speiseröhre], das ↗Unterschlundganglion.

Suboxidanten [Mz.; v. *sub-, gr. oxys = sauer] ↗Essigsäurebakterien.

Subregion w [v. *sub-, lat. regio = Gebiet], Teilgebiet v. ↗tiergeographischen Regionen. [↗subfossil.

subrezent [v. *sub-, lat. recens = frisch]
Subspezies w [v. *sub-, lat. species = Art], *Subspecies,* die Unterart (↗Rasse).

Substanz P, zu den ↗Neuropeptiden gehörendes basisches Polypeptid aus 11 Aminosäuren mit im Detail nicht genau bekannter biol. Funktion, das auf die hypophysiotrope Zone des ↗hypothalamisch-hypophysären Systems wirkt u. damit zus. mit Enkephalinen, ↗Endorphinen u. ↗Neurotensin den ↗Releasing-Hormonen verwandt ist; daneben wird ihr Transmitter-Wirkung an afferenten Fasern des Rückenmarks zugeschrieben.

Substitution w [Ztw. substituieren; v. lat. substituere = an die Stelle setzen], **1)** *Austauschreaktion,* chem. Reaktion, bei der ein Atom od. eine Atomgruppe einer chem. Verbindung durch ein anderes Atom od. eine andere Atomgruppe ersetzt wird. **2)** in der Tiefenpsychologie das Ersetzen eines sog. „Triebobjekts" durch ein anderes als Abwehrmechanismus gg. unbewußte Triebkonflikte. In der ↗Ethologie werden entspr. Beobachtungen ohne eine spekulative Theorie des Unbewußten als ↗Konfliktverhalten (Umorientierung zu einem ↗Ersatzobjekt) gedeutet.

Substrat s [v. *substrat-], **1)** Material, auf od. in dem Tiere bzw. Mikroorganismen (Nähr-S.) leben u. sich entwickeln, bzw. Stoffe (z. B. Zucker), die sie im Stoffwechsel abbauen. Neben künstl. ↗Nährböden können z. B. Früchte, Aas od. Exkremente als S. benutzt werden. ↗ephemere Substrate. **2)** die durch die katalyt. Wirkung eines ↗Enzyms (☐, B) umzusetzende Verbindung (☐ aktives Zentrum); z. B. ist Lactat das S. für das Enzym Lactat-Dehydrogenase.

Substratfresser [v. *substrat-] ↗Ernährung (T).

Substrathyphen [Mz.; v. *substrat-, gr. hyphē = Gewebe] ↗Substratmycel, ↗Hyphen.

Substratinduktion w [v. *substrat-, lat. inductio = Einführung], ↗Genregulation (B).

Substratkettenphosphorylierung, veraltete Bez. für die ↗Substratstufenphosphorylierung.

Substratmycel s [v. *substrat-, gr. mykēs = Pilz], Pilzrasen od. mycelartige Bakterienkolonien, die unmittelbar auf dem Substrat wachsen; sie dienen vorwiegend der Nahrungsaufnahme u. der Anheftung; Ggs.: ↗Luftmycel. Bei parasit. Pilzen kann das S. differenziert sein, z. B. Haustorien u. Rhizoide. Die einzelnen Pilzfäden des S.s werden *Substrathyphen* gen. Im Boden od. Nährboden wachsende vegetative Mycelien nennt man auch *Bodenmycel* – im Ggs. zu dem auf der Oberfläche wachsenden *Oberflächenmycel.* ↗Substratpilze.

Substratpilze [v. *substrat-], Pilze, deren ↗Mycel mehr od. weniger tief im ↗Substrat (z. B. Nährboden, Erdboden, Holz, Laub) wächst. Ggs.: *Oberflächenpilze,* die auf der Oberfläche des Substrats leben.

Substratspezifität w [v. *substrat-, lat. species = Art], ↗Enzyme, ↗aktives Zentrum.

Substratstufenphosphorylierung w [v. *substrat-], *Substratphosphorylierung,* Form des ATP-Gewinns bei ↗Gärungen: ATP (↗Adenosintriphosphat) wird direkt an energiereichen Zwischenverbindungen (mit energiereicher Phosphat-Bindung; ↗energiereiche Verbindungen) beim Abbau organ. Substrate gebildet, z. B. bei der Übertragung v. Phosphat von 1,3-Diphosphoglycerat auf ADP in der ↗Glykolyse. Andere energiereiche phosphorylierte Verbindungen vgl. Tabelle. Ggs.: ↗Elektronentransport-Phosphorylierung (oxidative Phosphorylierung, ↗Atmungskettenphosphorylierung) im Atmungsstoffwechsel (↗Atmungskette).

subterran [v. lat. subterraneus =], unterirdisch; unter der Erdoberfläche entstanden bzw. befindlich.

Subtilin s [v. lat. subtilis = fein, dünn], v. *Bacillus subtilis* gebildetes Peptid-Antibiotikum (↗Peptid-Antibiotika), das gg. in Teilung befindl. Bakterien u. keimende Sporen wirkt.

Subtilisin s [v. lat. subtilis = fein, dünn], v. *Bacillus subtilis* gebildetes extrazelluläres proteolyt. Enzym. S. ist eine einkettige alkal. Protease, die einen Serin-Rest im aktiven Zentrum enthält u. spezif. die Peptidbindungen aromat. und aliphat. Aminosäurereste spaltet. S. wird in der Biochemie bei der Sequenzermittlung (↗Sequenzie-

SÜDAMERIKA I

Immergrüne Regenwälder
Heiße Halbwüsten und Wüsten
Gebirge
Savannen, Grasland
Regengrüne Wälder
Feuchte, warmtemperierte Wälder
Hartlaubgehölze
Steppen
Winterkalte Halbwüsten und Wüsten
Sommergrüne Wälder

Mittel- und Südamerika mit den Westindischen Inseln haben eine sehr reiche und eigenständige Tierwelt mit einigen altertümlichen, auf einen ehemaligen Zusammenhang mit Afrika und Australien hinweisenden Tiergruppen.

Jaguar (*Panthera onca*)

Echter Mahagonibaum (*Swietenia mahagoni*)

Schopfkolibri (*Lophornis spec.*)

Weihnachtsstern (*Euphorbia pulcherrima*)

Tigerblume, Pfauenblume (*Tigridia pavonia*)

Zebrina pendula

Quetzal (*Pharomachrus mocino*)

Fensterblatt (*Monstera deliciosa*)

Kleine Samtblume (*Tagetes patula*)

Königin der Nacht (*Selenicereus grandiflorus*)

Fettschwalm, Guacharo (*Steatornis caripensis*)

Balsabaum (*Ochroma pyramidale*)

Epidendrum cochleatum

Tapir (*Tapirus terrestris*)

Pekari (*Tayassu spec.*)

Opossum (*Didelphis spec.*)

© FOCUS

sub- [v. lat. sub = unter, unterhalb, während, gleich nach].

succin- [v. lat. sucinum, succinum = Bernstein].

Subulina octona

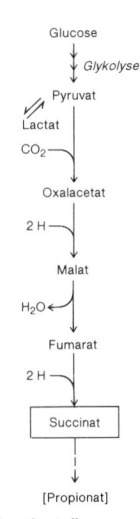

Glucose
↓ *Glykolyse*
Pyruvat
↙
Lactat
CO₂
↓
Oxalacetat
2 H ↘
↓
Malat
H₂O ↙
↓
Fumarat
2 H ↘
↓
Succinat
↓
[Propionat]

Succinatgärung

rung) v. Peptiden u. in der Industrie als Zusatz zu Waschmitteln verwendet.

subtraktive Farbmischung [v. lat. subtractus = abgezogen] ↗additive Farbmischung (B Farbensehen).

Subtropen [Mz.; Bw. *subtropisch;* v. *sub-, gr. tropē = Wendekreis], Übergangszone zw. den ↗Tropen u. der gemäßigten Zone (↗Klima) der mittleren Breiten. Die subtrop. Klimate sind an die jahreszeitl. Verschiebung der Strahlungsgürtel u. der atmosphärischen Zirkulation gebunden, wodurch sie in der einen Jahreszeit mehr tropischen, in der anderen mehr außertropischen Charakter haben. Man unterscheidet: a) *subtropisch-ozeanisches Klima (Etesienklima)* an der W-Seite der Kontinente: da die Passate bzw. die passatartigen Winde im Sommer ungefähr 10 Breitengrade weiter polwärts greifen als im Winter, kommt es zu einem charakterist. jahreszeitl. Wechsel zw. Trockenheit im Sommer und außertrop. Luftbewegungen mit Niederschlag im Winter (z. B. Mittelmeerklima, ↗Mediterranregion). b) *subtropisches Trockenklima:* polwärts vom 30. Breitengrad im Bereich absinkender Luftmassen, die sich erwärmen u. sehr trocken werden. Zus. mit dem Passatklima bilden sie einen Wüstengürtel der Kontinentalmassen (z. B. Sahara, Arabien, Namib-Kalahari). c) *subtropisches Monsunklima* an der O-Seite der Kontinente: unterscheidet sich vom trop. Monsunklima im wesentl. durch den größeren Ggs. der Jahreszeiten, v. a. durch die größere Winterkälte.

Subulina w [v. lat. subula = Ahle], Gatt. der Großen ↗Achatschnecken mit turmförm., opak-durchscheinendem Gehäuse; ☿ Tiere mit Eiern in Kalkschalen. *S. octona,* bis 2 cm hoch, lebt in der feuchten Bodenstreu der trop. Amerika u. wurde in Gewächshäuser Mittel- und W-Europas eingeschleppt.

Subulura w [v. lat. subula = Ahle, gr. oura = Schwanz], Gatt. der ↗Fadenwürmer, namengebend für die Überfam. *Subuluroidea* (T *Ascaridida,* bisweilen auch zu den ↗Oxyurida gestellt); ca. 1 cm lange Darmparasiten bei Vögeln u. Säugetieren.

Subumbrella w [v. *sub-, lat. umbrella = Schattendach], Schirmunterseite der Scypho- u. Hydromedusen; ↗Nesseltiere.

Subunguis m [v. *sub-, lat. unguis = Huf], die Hornsohle des ↗Hufs (☐) bzw. Krallensohle der ↗Kralle (☐).

Subungulata [Mz.; v. *sub-, lat. ungulatus = mit Hufen versehen], *Hufpfötler,* künstliches, heute ungebräuchl. Taxon, in dem Cope – als Ggs. zu den *Ungulata* (↗Huftiere) – *Hyrax,* Elefanten und zahlr. fossile Säuger (z. B. *Dinoceras, Coryphodon, Toxodon*) vereinigte, weil bei ihnen die Knochen der beiden Reihen des Carpus ihre urspr. Position bewahrt haben. Später wurden auch manche Gatt. von Nagetieren mit kurzen, breiten, fast hufart. Nägeln als S. zusammengefaßt, z. B. *Cavia, Hydrochoerus, Dasyprocta.*

Subzone [v. *sub-, gr. zōnē = Gürtel], Teilglied der ↗Zone, fakultativ kleinste biostratigraph. Einheit, charakterisiert durch die Lebensdauer einer Subspezies od. durch das zeitl. Überschneiden von 2 Arten.

Succinat-Dehydrogenase w [v. *succin-, lat. de- = ent-, gr. hydōr = Wasser], Enzym des ↗Citratzyklus (☐), das Wasserstoff v. Bernsteinsäure (Succinat) auf FAD⁺ überträgt, wobei Fumarsäure u. FADH₂ entstehen.

Succinate [Mz.; v. *succin-], die Salze u. Ester der ↗Bernsteinsäure.

Succinatgärung w [v. *succin-], anaerober Energiestoffwechsel vieler obligat u. fakultativ anaerober Bakterien (↗ *succinogene Bakterien),* in dem als Hauptendprodukt Succinat (↗Bernsteinsäure) beim Abbau v. Kohlenhydraten od. Säuren gebildet wird. Es entsteht meist eine Reihe weiterer Endprodukte (= ↗ *gemischte Säuregärung).* Die Reduktion v. Fumarat (↗Fumarsäure) zu Succinat im Abbauweg kann mit einer ↗Elektronentransport-Phosphorylierung verbunden sein, so daß diese Teilreaktion des Stoffwechsels auch als ↗anaerobe Atmung (als ↗ *Fumaratatmung*) bezeichnet werden kann. Man vermutet, daß die meisten Gärwege, in denen Succinat gebildet wird, mit diesem zusätzl. Energiegewinn verbunden sind. Aus Succinat entsteht oft durch eine De- oder Transcarboxylierung Propionat (↗Propionsäure). Die S. spielt im ↗Pansen beim Cellulose- u. Stärkeabbau eine große Rolle (↗Pansensymbiose, ☐).

Succinea w [v. *succin-], Gatt. der ↗Bernsteinschnecken.

succinogene Bakterien [Mz.; v. *succin-], Bakterien, die im anaeroben Stoffwechsel (↗Succinatgärung) größere Mengen an Succinat (↗Bernsteinsäure) als Endprodukt bilden. Meist obligat anaerobe Bakterien, z. B. die im Pansen lebende, gramnegative, stäbchenförm. *Succinomonas amylolytica* od. der gekrümmte *Succinovibrio dextrinosolvens.* Auch fakultativ anaerobe Bakterien können Succinat als Hauptendprodukt im Energiestoffwechsel ausscheiden.

Succinomonas w [v. *succin-, gr. monas = Einheit], ↗succinogene Bakterien.

Succinovibrio m [v. *succin-, lat. vibrare = zittern], ↗succinogene Bakterien.

Succinyl-Coenzym A s [v. *succin-], Abk. *Succinyl-CoA,* an Coenzym A gebundene ↗Bernsteinsäure (analog ↗Acetyl-Coenzym A, ☐); tritt als Zwischenprodukt im Citratzyklus, beim Abbau der ↗Aminosäuren Isoleucin, Methionin u. Valin u. beim Abbau ungeradzahliger ↗Fettsäuren auf. ↗Methylmalonyl-Coenzym A.

Succisa w [v. lat. succisus = unten abgeschnitten], der ↗Teufelsabbiß.

Succus m [v. lat. sucus, succus = Saft],

Sucus, aus pflanzl. od. tierischen Stoffen gepreßter u. eingedickter Saft, z. B. *S. Fraxini* (Manna), *S. Liquiritiae* (Lakritzensaft); auch Magensaft (S. gastricus), Darmsaft (S. entericus) u. a.

Suchbewegungen, kreisende Wachstumsbewegungen (↗Nutationsbewegungen) v. Ranken od. Sproßachsen windender Pflanzen; dienen der Auffindung der Stütze od. bei parasitären Pflanzen (z. B. ↗Teufelszwirn) der Auffindung der Wirtspflanze.

Suchbild, durch Erfahrung vorübergehend gesteigerte Empfindlichkeit bzw. Aufmerksamkeit eines Tieres für ein bestimmtes opt. Reizmuster, das gezielt aufgesucht wird. Meist wird im Funktionskreis des *Nahrungserwerbs* von S. gesprochen, z. B., wenn Vögel eine Raupenart, die gerade häufig ist, bevorzugt jagen u. seltenere Arten nicht beachten. Auch die Sammelbienen entwickeln beim Blütenbesuch ein S. der z. Z. nach ihrer Erfahrung ertragreichsten Blütensorte. Das S. bleibt nur durch ständige positive Verstärkung bestehen; man könnte daher v. einer bedingt gesteigerten, aber labilen ↗Appetenz sprechen. ↗Lernen.

Suchia [Mz.; v. gr. souchos = Nilkrokodil], von B. Krebs (1974) vorgeschlagenes Taxon (Ord.): die *Pseudosuchia* (↗Scheinechsen) u. *Crocodylia* (↗Krokodile) werden aufgrund gemeinschaftl. Merkmale im Bau des Tarsus zusammengefaßt und gg. die übrigen ↗Archosauria abgegrenzt.

Sucht, Form der *Arzneimittelabhängigkeit,* die nicht immer streng v. anderen Formen des *Arzneimittelmißbrauchs,* wie Gewohnheitsbildung u. Gewöhnung, zu trennen ist. S. und als Überbegriff Arzneimittelabhängigkeit sind v. der Weltgesundheitsorganisation (WHO) 1964 verbindlich definiert worden (vgl. Spaltentext). Die mildeste Form der Arzneimittelabhängigkeit wird als *Gewohnheitsbildung* bezeichnet u. besteht im Verlangen nach der regelmäßigen Einnahme eines Pharmakons, ohne daß *Entzugserscheinungen* auftreten (keine physische Abhängigkeit), wenn auf die Einnahme verzichtet wird. *Gewöhnung* ist dagegen immer an die Entwicklung einer *Toleranz* gegenüber dem Pharmakon gebunden, was zum Zwang einer Dosiserhöhung führt, um den gleichen Effekt zu erzielen. Physiolog. beruht die Erscheinung der Toleranz auf der ↗Induktion v. Enzymen für die ↗Biotransformation (*pharmakokinet. Toleranzentwicklung,* typisch für Barbiturate) od. der Beeinflussung v. Rezeptoren, deren Anzahl erhöht u./od. Empfindlichkeit erniedrigt werden kann (*pharmakodynam. Toleranzentwicklung,* typisch für Morphine). ↗Drogen und das Drogenproblem.

Suchverhalten, erste, ungerichtete Phase des ↗Appetenzverhaltens.

Sucrose *w* [v. frz. sucre = Zucker], veraltete Bez. für ↗Saccharose.

Sucht

Nach der Definition (1964) der WHO ist die *Sucht* „ein Zustand period. od. chron. Vergiftung, schädl. für den einzelnen u./u. der Gesellschaft, der durch den wiederholten Genuß eines natürl. oder synthet. Arzneimittels hervorgerufen wird. Zur S. gehören 1. ein dringendes Verlangen od. ein echtes Bedürfnis (Zwang), die Einnahme des Mittels fortzusetzen u. es unter allen Umständen in die Hand zu bekommen; 2. die Tendenz, die Dosis zu steigern; 3. die psych. u. meist auch phys. Abhängigkeit v. der Wirkung des Mittels".

„*Abhängigkeit* ist ein Zustand (psychisch od. auch physisch), der aus der Wechselwirkung eines Pharmakons mit dem lebenden Organismus entsteht u. durch Verhaltens- u. andere Reaktionen charakterisiert ist, zu denen immer der Drang gehört, das Pharmakon period. od. wiederholt einzunehmen, um dessen psych. Effekt zu erleben, u. in manchen Fällen auch, um die unangenehmen Effekte seines Fehlens zu vermeiden."

Sucht

Wichtige Substanzen, die zur *Abhängigkeit* führen

Alkohol (↗Äthanol)
↗Nicotin (↗Tabak)
↗Morphin (↗Opiate)
Barbiturate
↗Weckamine
↗Cocain
↗Meskalin
LSD (↗Lysergsäurediäthylamid)
Cannabis (↗Hanf; ↗Cannabinoide, ↗Haschisch, ↗Marihuana)

Südamerika

Suctoria [Mz., v. lat. suctus = Saugen], 1) die ↗Flöhe. 2) *Sauginfusorien,* Ord. der ↗Wimpertierchen, die sessil sind u. als erwachsene Tiere keine Wimpern mehr haben. Vom Zellkörper gehen zahlr., oft in Büscheln stehende Tentakel aus, die dem Aussaugen v. Beute (meist andere Einzeller) dienen. Am stecknadelförmig erweiterten Ende der Tentakel befinden sich Haptocysten, die mechan. den Kontakt zur Beute herstellen. Das Plasma der Beute wird durch eine eingestülpte Röhre im Tentakel bis in den Zellkörper des Räubers gesaugt u. dort in Nahrungsvakuolen eingeschlossen. Viele *S.* leben an Substrat angeheftet, einige sind Symphorionten, wenige Parasiten. Viele Arten bilden Stiele u. Gehäuse. Die geschlechtl. Fortpflanzung ist eine Konjugation, die bei wenigen Arten zur einseit. Befruchtung abgewandelt ist: ein Partner wird dabei vom anderen vom Stiel gerissen u. resorbiert. Ungeschlechtl. Fortpflanzung erfolgt durch einfache od. multiple Teilung. Es entstehen bewimperte Schwärmer, die sich auf Substrat festsetzen u. eine Metamorphose durchmachen. Die ↗*Exogenea* haben eine äußere, die ↗*Endogenea* eine innere Knospung.

Südafrikanische Unterregion, *Kapunterregion,* biogeographisch eine Unterregion der äthiopischen Region (↗Äthiopis, ↗Afrika). Während die Pflanzenwelt der S.n U. durch große Eigenständigkeit ausgezeichnet ist (↗Capensis), gilt das für die Tierwelt in weit geringerem Maße. Die Säugetiere z. B. haben enge Beziehung zu denen O-Afrikas. Auf die S. U. beschränkt sind jedoch u. a. einige Arten der ↗Goldmulle (maulwurfähnliche Gräber), das Bergzebra *(Hippotigris zebra)* u. unter den Vögeln der Kaphonigfresser *(Promerops cafer)* u. a. Auch unter den Wirbellosen kommen einige Arten (z. B. die Stummelfüßer = *Onychophora*) nur in der S.n U. vor.

Südamerika, der südl. Teil des Doppelkontinents Amerika, umfaßt eine Fläche von 17,79 Mill. km^2. Die N-S-Erstreckung beträgt ca. 7500 km, die W-O-Erstreckung über 5000 km.

Biogeographisch gehört S. zur ↗*Neotropis,* v. der es den Großteil stellt. Die Grenze der Neotropis gegenüber der ↗*Nearktis* ist unscharf u. verläuft durch Mexiko, dessen kühles Hochplateau bereits zur Nearktis zählt. Außer S. gehören zur Neotropis Mittelamerika, der südl. Teil Mexikos sowie Westindien (Antillen). Vielfach werden auch die ↗Galapagosinseln dazugezählt.

Pflanzenwelt

Die überwiegende Zahl der Pflanzen-Arten bzw. -Gattungen auf der Südspitze des Kontinents ist nicht mehr der Neotropis, sondern bereits dem *antarktischen Florenreich* zuzurechnen (*Nothofagus, Azorella* usw.; ↗Polarregion). Ihre circumpolare

SÜDAMERIKA II–III

Abgottschlange, Königsschlange (*Boa constrictor*)

Weißbüschel-äffchen (*Callithrix jacchus*)

Spinnenaffe (*Brachyteles arachnoides*)

Dreifinger-Faultier (*Bradypus tridactylus*)

Anakonda (*Eunectes murinus*)

Paka (*Cuniculus paca*)

Kapuzineraffe (*Cebus spec.*)

Cattleya (*Cattleya labiata*)

Billbergia nutans

Goldgelbe Schmetterlings-orchidee (*Oncidium varicosum*)

Pfeilwurz (*Maranta arundinacea*)

Zwergpfeffer, Peperomie (*Peperomia arifolia*)

Passionsblume (*Passiflora umbilicata*)

Geonoma gracilis

Manati (*Trichechus spec.*)

© FOCUS

Immergrüne Regenwälder

Savannen, Grassland

Jakaranda
(Jacaranda obtusifolia)

Steinnußpalme
(Phytelephas macrocarpa)

Der Norden Südamerikas wird vom tropischen Amazonas-Becken beherrscht. Vor Beginn der großflächigen Waldzerstörung beherbergte das Amazonas-Becken das größte geschlossene Regenwaldgebiet der Erde. Sein Reichtum an Tier- und Pflanzenarten scheint unerschöpflich – so gibt es z. B. allein in Kolumbien ca. 1500 Vogelarten.

„Königliche Seerose"
(Victoria amazonica)

Jabiru
(Jabiru mycteria)

Sonnenralle
(Eurypyga helias)

Krokodilkaiman
(Caiman crocodilus)

Wasserhyazinthe
(Eichhornia crassipes)

Pfauenelfe
(Lophornis pavoninus)

Goldsaphir
(Hylocharis chrysura)

Ararauna
(Ara ararauna)

Harpyie
(Harpia harpyja)

Riesentukan
(Ramphastos toco)

Schirmvogel
(Cephalopterus ornatus)

Hoatzin, Schopfhuhn
(Opisthocomus hoatzin)

Schwarzkehlkotinga
(Phoenicircus nigricollis)

©FOCUS

Südamerika

Südamerika

Oberfläche: Morpholog. beherrschend ist das Faltengebirge der Kordilleren (Anden) im W, das aus einer schmalen Küstenebene steil aufsteigt u. im Aconcagua (Chile) 6958 m erreicht. Im O des Kontinents erheben sich die Bergländer v. Guayana u. Brasilien, die Mittelgebirgscharakter haben; aufgebaut aus kristallinen Gesteinen, über denen Devon- u. Kreideschichten, z.T. auch jüngere vulkan. Deckenergüsse, lagern. Im S des Brasilian. Berglandes erhebt sich die Serra do Mar; zw. den Anden u. den Bergländern erstreckt sich eine breite Tieflandzone, die durch niedrige Schwellen in das Orinocobecken, das Amazonastiefland (Selvas), den Gran Chaco u. die Pampas gegliedert wird. S. hat ein gut ausgebildetes Gewässernetz mit den Strömen Amazonas, La Plata, Orinoco u. Magdalena, dagegen nur 2 bedeutende Binnenseen, den Titicacau. Poopó-See.

Klima: S. hat Anteil an allen Klimabereichen, vom trop. Regenwald bis zur subantarkt. Tundrenzone in Feuerland.

Verbreitung v. S. über die zahlr. subarkt. Inseln bis zur Südspitze v. Neuseeland deutet auf ehemalige, heute nicht mehr bestehende Wanderwege in diesem Gebiet hin. Die Eigenständigkeit der südamerikan. Flora beruht auf der Tatsache, daß dieser Teilkontinent in der ↗ Kreide-Zeit v. den übrigen Landmassen getrennt wurde (vgl. S. 109). Die heute bestehende Landverbindung zu ↗ Nordamerika ist verhältnismäßig jung (2–3 Mill. Jahre), u. überdies haben vermutl. von Anfang an die vegetationsfeindl. Wüstengebiete N-Amerikas den Florentausch über diese ↗ Landbrücke stark behindert, obwohl im Prinzip durch die in N-S-Richtung verlaufenden Andenketten günstige Wanderwege für holarktische Florenelemente (↗ Holarktis) bestehen. – Der überaus reichen Flora u. den frühen Hochkulturen S- und Mittelamerikas verdankt die Menschheit eine lange Reihe wertvoller ↗ Kulturpflanzen (Kautschuk, Mais, Tomate, Kartoffel, Bohnen usw.), deren Bedeutung für die landw. Produktion, v.a. in den gemäßigten Zonen, kaum zu überschätzen ist. Vieles schlummert wahrscheinl. außerdem noch unentdeckt in der kaum überschaubaren Artenfülle. – Eigenständigkeit u. Artenreichtum der südamerikan. Flora u. Fauna haben schon früh zahlr. namhafte Naturforscher in ihren Bann gezogen. Klassische Schilderungen haben uns Ch. ↗ Darwin, A. von ↗ Humboldt, E. ↗ Geoffroy Saint-Hilaire u. viele ihrer Nachfolger hinterlassen. Trotzdem ist bis heute die Tier- und Pflanzenwelt S.s allenfalls in ihren Grundzügen bekannt. Schneller als die wiss. Aufarbeitung eines viele Mill. Jahre alten Erbes verläuft jedoch heutzutage dessen fortschreitende Dezimierung zugunsten ehrgeiziger Erschließungs- und Entwicklungsprogramme.

Tropischer Regenwald: Das größte geschlossene ↗ Regenwald-Gebiet der Erde liegt im Amazonasbecken u. seinen Randbereichen. Allerdings verbirgt sich unter der Bez. „Regenwald" eine Vielzahl physiognomisch-ökologisch deutl. unterscheidbarer Waldtypen, denen ledigl. das Vorherrschen immergrüner Laubbäume u. das Fehlen eines jahreszeitl. Aspektwechsels gemeinsam ist. Die stärkste Wuchskraft besitzt der dauerfeuchte, durch hohe u. gleichmäßige Temp. (25–27 °C) gekennzeichnete *Tiefland-Regenwald*. Er bildet den Kern der ↗ *Hyläa,* die Bez., die von A. von Humboldt für den trop. Regenwald des Amazonasbeckens geprägt wurde. Die Wälder bestehen aus glattrindigen, schlankschäftigen und hochwüchsigen Baumarten (durchschnittl. Bestandshöhe ca. 40 m, einzelne Baumriesen bis 50 m), die dicht geschlossene, meist in mehrere Kronenstockwerke gegliederte Bestände aufbauen. Durch den dichten Kronenschluß ist die Lichtintensität am Waldboden so gering, daß sich hier nur wenige Sträucher u. Kräuter zu halten vermögen. Palmen sind in nennenswertem Umfang nur an bes. feuchten od. auf grundwassernahen Standorten am Aufbau der Baumschicht beteiligt. Sie können in den häufig überschwemmten Sumpfwäldern entlang der großen Ströme *(Igapó-Wälder)* sogar zur Vorherrschaft gelangen. Auf den trockneren, höher gelegenen u. überschwemmungssicheren Flächen der „terrae firmae" sind sie dagegen den raschwüchsigen Laubbäumen unterlegen. Auch Lianen sind im urspr. Zustand des Tiefland-Regenwaldes selten. Sie werden aber häufiger nach hiebsbedingten Auflichtungen od. im Sekundärwald auf ehemaligen Kahlflächen, der allerdings insgesamt als einförmiger u. weniger wuchskräftig geschildert wird. – Das Klima des Kronenraums ist geprägt vom Wechsel zw. heftigen, aber meist kurzen Niederschlägen u. Stunden stärkster Einstrahlung. Dieses „Tageszeitenklima" führt zu einer period. Anspannung des Wasserhaushalts und macht es verständlich, daß Bäume mit schwach xeromorph gebauten Blättern deutl. vorherrschen u. Bäume mit weichen, lappigen (hygromorphen) Blättern sowie größerer Epiphytenreichtum ledigl. in wolken- u. nebelreichen Gebieten anzutreffen sind. – Der trop. Regenwald ist reich an Nutz- u. Sammelpflanzen (Guttapercha, Kautschuk, Paranüsse usw.), v.a. aber enthält er zahlr. Baumarten, deren Stämme als (export)fähiges Nutzholz Verwendung finden. Aus diesem Grund hat sich Belem an der Mündung des Río Tocantins schon früh zu einem der bedeutendsten Holzumschlagplätze der Erde entwickelt. Von hier aus wurden Exploration u. Ausbeutung der Regenwälder v.a. entlang der großen Ströme immer tiefer in abgelegene u. bisher unerschlossene Waldgebiete vorgetrieben. Zu wirklich großflächigen *Waldzerstörungen* ist es jedoch erst in den letzten Jahrzehnten durch den Bau der großen Straßen (Trans Amazonica, Pan American Highway) gekommen, in deren Gefolge Brandrodung, Kleinbauern u. rücksichtslose, großflächige Ausbeutung eines scheinbar unerschöpfl. Angebots in zunehmendem Maße zur Zerstörung der Regenwälder beitragen.

Gebirgsregenwald: Mit dem Anstieg ins Gebirge u. der abnehmenden Durchschnitts-Temp. wird der durch die starke Einstrahlung bedingte Tagesgang der relativen Luftfeuchte allmählich geringer. Dadurch nimmt die Anzahl der im Kronenraum lebenden Epiphyten u. die Bedeutung zartblättriger (hygromorpher) Arten immer mehr zu. Sie erreichen ihre reichste Entfaltung in der kühlen, v. häufigen Nebeln u. Wolken geprägten, aber immer noch frostfreien hochmontanen Stufe. Aufgrund der geringeren Temp. ist hier das Wachstum der Bäume bereits gehemmt, so daß zunehmend auch die langsamwüchsigen Baumfarne mitzuhalten vermögen. Mit der weiteren Höhenzunahme werden die Bestände immer niederwüchsiger, bis sie schließl. in den krummholzähnl. farn- u. moosreichen *subalpinen Krüppelwald* übergehen. Dieser zuletzt sehr niedrige u. artenarme Krüppelwald wird schließl. in 4000 bis 4500 m Höhe von der Páramo-Vegetation abgelöst, womit die alpine Höhenstufe erreicht ist.

Páramo und Puna: Die Höhenstufe oberhalb der alpinen Waldgrenze wird in den feuchten Tropen als ↗ *Páramo* bezeichnet. Kennzeichnend für das Klima dieser Hochgebirgsstufe sind geringe Durchschnitts-Temp. und scharfer tageszeitl. Temp.-Wechsel, die nur bes. frostwechseltoleranten u. widerstandsfähigen Pflanzen ein Überleben ermöglichen. Neben flach wurzelnden, dem Boden angepaßten Polster- u. Rosettenpflanzen sind hier v.a. die eigentüml., kerzenartigen Schopfbäume der Gatt. *Espeletia, Puja* und *Lupinus* zu nennen. Diese eigentüml. Wuchsform ist wohl als Anpassung an das ausgeprägte Tageszeitenklima der trop. Hochgebirgsstufe aufzufassen; ähnl. (konvergent entstandene) Formen gibt es auch in ↗ Afrika u. auf Hawaii. – Die als ↗ *Puna* bezeichnete, steppenähnl. Horstgras-Formation in den Hochtälern der Anden (zw. 15. und 20. Grad s. Br.) ist dagegen als eine durch Holznutzung u. Beweidung (Lamas, Alpakas) entstandene ↗ *Ersatzgesellschaft* des einst in diesem Gebiet vorhandenen *Gebirgs-Hartlaubwaldes* aufzufassen, wie er in wenigen, kümmerl. Resten bis maximal 4900 m Höhe auch heute noch anzutreffen ist. Je nach Niederschlägen u. Höhenstufe herrschen in der Puna hartblättrige, xeromorphe Horstgräser, niedere Polsterpflanzen od. sukkulentenreiche Dornstrauchbestände vor.

Laubwerfende Wälder und Trockengehölze der Tieflagen: Auf das niederschlagsreiche und gleichmäßig feuchte Gebiet des Regenwaldes folgt nach S und N ohne scharfe Grenze die Zone der laubwerfenden Tropenwälder. Sie sind durch insgesamt geringere Niederschläge u. eine mehr od. weniger ausgeprägte Trockenzeit gekennzeichnet. Dauert die Trockenperiode nicht allzu lange (2–5 Monate), so ist gewöhnl. ein sog. *halbimmergrüner Tropenwald* anzutreffen, bei dem nur die Baumarten der oberen Kronenstockwerke ihr Laub abwerfen, während die Bäume u. Sträucher des Unterwuchses dauernd belaubt bleiben. Das Kronendach ist weniger dicht geschlossen als im Regenwald, so daß sich hier zahlr. Sträucher u. krautige Arten auf dem Waldboden zu halten vermögen. Auffallend ist in diesen verhältnismäßig lichten Wäldern auch der Reichtum an krautigen Kletterpflanzen, die sich v.a. in niederschlagsreichen Jahren üppig entwickeln. Manche der am Bestandsaufbau beteiligten Baumarten lassen bereits Anpassungen an die zeitweilige Trockenheit erkennen, z. B. die wasserspeichernden ↗ Flaschenbäume. Viele Arten haben große u. auffällige Blüten; sie öffnen sich normalerweise kurz vor der Regenzeit u. überziehen den um diese Zeit noch trockenkahlen Wald mit einem ungeahnten Blütenreichtum. Dauert die Trockenzeit länger als 4–5 Monate, dann verschwinden auch im Unterwuchs die immergrünen Arten fast vollständig; wir sind nun im Bereich des *trockenkahlen Tiefland-Tropenwaldes*. Knospenschutz u. dicke, rissige Borken erinnern hier durchaus an die Verhältnisse in den sommergrünen Laubwäldern der gemäßigten Zone, allerdings bestehen die krautigen Arten des Waldbodens vorwiegend aus einjährigen Pflanzen. Dieser Waldtyp vermittelt ökologisch u. physiognomisch zum *xeromorphen Tiefland-Tropenwald*, mit einer Trockenzeit v. mehr als 6 Monaten und vielen deutl. xerophytischen Holzgewächsen. Diese Trockengehölze sind v. Natur aus niedrig u. sehr lückig, u. viele der Baueigentümlichkeiten der beteiligten Arten lassen sich auch als Anpassung an die häufigen Brände auffassen. Der weitaus überwiegende Teil der laubwerfenden Wälder ist durch Holznutzung, Brand u. Beweidung stark verändert worden. Das Ergebnis sind je nach Ausgangssituation u. Intensität des Eingriffs offene Trockengehölze, gehölzdurchsetzte Savannen od. degradiertes, v. Überweidung zeugendes Dorngebüsch. Ob u. in welchem Umfang dies auch für die Cerradãos, Cerrados u. die Caatinga zutrifft, ist umstritten. Viele Autoren neigen zur Ansicht, daß diese Vegetationstypen bereits v. Natur aus offene Savannenlandschaften darstellen, wobei hpts. die Häufigkeit natürl. Brände u. die extreme Nährstoffarmut der Böden als Erklärungsmöglichkeit herangezogen werden. Bei den *Cerradãos* handelt es sich um einigermaßen hohe (bis 9 m) und auch noch halbwegs geschlossene (Kronenschluß ca. 30–40%) Trockengehölze; dagegen bestehen die *Cerrados* (od. *Campos cerrados*) aus Grasfluren mit niedrigen, gewöhnlich 4 bis 6 m hohen, krüppelwüchsigen Gehölzen, deren dicke Borke einen guten Schutz gg. die wiederkehrenden Brände darstellt. Eingesprengt in diese Savannenlandschaft gibt es auch reine Grasfluren; diese *Campo limpo* gen. Flächen sind i.d.R. zu bestimmten Jahreszeiten überschwemmt u. deshalb baumfrei. – Die eben geschilderte Vegetation bedeckt die riesigen Flächen des Mato Grosso und des Gran Chaco; dagegen beherrscht die ↗ *Caatinga* den trockenen Teil NO-Brasiliens. Dieses Gebiet erhält nur geringe u. überdies sehr unregelmäßige Niederschläge, wobei Dür-

Silberreiher
(Casmerodius albus)

Schwarzhalsschwan
(Cygnus melanocoryphus)

Soldatenstärling
(Pezites militaris)

Amerika-Nimmersatt
(Mycteria americana)

Nandu
(Rhea americana)

1 Mähnenwolf
  (Chrysocyon brachyurus)
2 Viscacha
  (Lagostomus maximus)
3 Wasserschwein
  (Hydrochoerus hydrochaeris)

Grindelia chiloensis

Begonie
(Begonia semperflorens)

Feuer-Salbei
(Salvia splendens)

4 Carnaubapalme
  (Copernicia cerifera)
5 Araukarie
  (Araucaria spec.)

Petunie
(Petunia spec.)

©FOCUS

SÜDAMERIKA IV–V

Viele Tiere und Pflanzen der Grassteppen und Trockenwälder haben durch die fortschreitende Kultivierung des Landes starke Einbußen erlitten.

Steppen
Winterkalte Halbwüsten und Wüsten

Pampashirsch
(*Odocoileus bezoarticus*)

Großer Ameisenbär
(*Myrmecophaga tridactyla*)

Nutria
(*Myocastor coypus*)

Pampasgras
(*Cortaderia argentea*)

Mara
(*Dolichotis spec.*)

Calliandra maeratona

Borstengürteltier (*Euphractus spec.*)

Aechmea fulgens

Scharlach-Fuchsie
(*Fuchsia magellanica*)

Gloxinie (*Sinningia speciosa*)

Korallenschlange
(*Micrurus frontalis*)

Bougainvillea, Wunderblume
(*Bougainvillea spectabilis*)

© FOCUS

Südamerika

Einige Vertreter der südamerikanischen Fauna

Meerschweinchenverwandte

Die Meerschweinchenverwandten (Caviomorpha) der Neotropis:

↗ Baumstachler (Erethizontidae):
11 Arten, Baumbewohner

↗ Meerschweinchen (Caviidae):
15 Arten, hierher u. a. die Eigentl. ↗ Meerschweinchen (Cavia) u. die ↗ Maras (Dolichotinae) der baumlosen Trockensteppen (Pampas)

↗ Riesennager (Hydrochoeridae):
Mit 2 Arten in Panama und S., die größten Nagetiere der Welt

↗ Pakaranas (Dinomyidae):
Nur 1 Art in den Urwäldern der Andenvorberge v. Kolumbien bis Bolivien

↗ Agutis u. Pakas (Dasyproctidae):
11 Arten; die Agutis gleichen kurzohrigen Hasen (die in S. erst der Mensch eingeführt hat)

↗ Chinchillas (Chinchillidae):
6 Arten in den Pampas u. den Anden, darunter die begehrten Pelztiere (Chinchilla laniger):

Ferkelratten (↗ Capromyidae):
11 Arten, von denen 5 ausschl. auf den Westind. Inseln leben; bekanntes Pelztier ist die Biberratte od. ↗ Nutria (Myocastor), die an den Gewässern im gemäßigten S. bis nach Patagonien vorkommt

↗ Trugratten (Octodontidae):
mit 8 Arten auf S. beschränkt

↗ Kammratten (Ctenomyidae):
mit 27 Arten ganz auf S. beschränkt, unterird. lebend, wie Maulwürfe, die in der Neotropis fehlen

↗ Chinchillaratten (Abrocomidae):
2 Arten in den weiten Tälern Boliviens

reperioden bis zu 20 Monaten auftreten können. Hier wachsen bedornte, laubwerfende u. oft monatelang blattlos stehende Holzgewächse, daneben aber (v. a. auf steinigen Böden) auch viele z.T. auffallend große Säulenkakteen.

Die Pampas: Die ostargentin. ↗ Pampa stellt das größte geschlossene Steppengebiet auf der S-Halbkugel dar. Sie erstreckt sich vom 32. bis zum 38. Breitengrad u. umfaßt eine Fläche v. etwa 500 000 km². Verglichen mit den Steppen der N-Halbkugel, liegen die Niederschläge mit 500–1000 mm zwar relativ hoch, dennoch handelt es sich um reines, bereits v. Natur aus gehölzfreies Grasland. Allerdings ist v. der urspr. Grasvegetation heute fast nichts mehr erhalten. Ackerbau u. Viehhaltung, v. a. aber die Einsaat der v. den Rindern bevorzugten weichblättrigen eur. Grasarten haben dazu geführt, daß heute die einstige Steppenvegetation bis auf wenige inselförm. Reste verschwunden ist. Die Vegetation dieser Restflächen zeigt, daß fr. die Hauptgräser der feuchteren Pampa-Gebiete wohl Stipa- und Bothriochloa-Arten gewesen sind, während andere, in hohen, büschelförm. Horsten wachsende Stipa-Arten einst die trockeneren Teile der Pampa beherrscht haben. Sie bildeten das charakterist., von hohen, halbkugeligen, harten Büscheln übersäte Tussock-Grasland, das heute fast vollständig in intensives Weideland umgewandelt ist. Im S des Pampas-Gebietes wird das Klima allmählich kühler u. gleichzeitig trockener. Während sich am Ostfuß der Anden ein Ausläufer der Steppenvegetation bis weit nach S hinzieht, sind die Niederschläge in einiger Entfernung v. den als Barriere für die regenbringenden Westwinde wirkenden Andenketten bereits so gering, daß hier die Vegetation allmählich den Charakter einer von xerophyt. Kugelpolsterpflanzen beherrschten Halbwüste annimmt.

Die peruanisch-chilenische Wüste: Das relativ kühle, durch die abschirmende Wirkung der Andenkette u. den Einfluß des kalten Humboldt-Stroms jedoch praktisch regenlose Wüstengebiet zieht sich als schmaler Streifen über mehr als 25 Breitengrade der Pazifikküste entlang. Dieses Gebiet gehört in seinen trockensten Teilen (Atacama) zu den extremsten Wüsten der Erde. Sie sind normalerweise fast vollständig vegetationslos u. überziehen sich nur nach säkularen Niederschlagsereignissen mit einer Flut v. kurzlebigen (ephemeren) Pflanzen. In der peruan. Wüste werden die extremen Verhältnisse durch die regelmäßigen Küstennebel stark abgemildert. Diese als „Garua" bezeichneten Nebel bilden sich über der kalten, aufquellenden Meeresströmung u. schlagen sich dann im Küstenbereich nieder. Während ihr Einfluß direkt an der Küste relativ gering bleibt und ledigl. einigen hoch spezialisierten Tillandsia-Arten das Überleben ermöglicht, wird die Vegetation in der Höhenlage zw. 200 m und 600 m allnächtlich so stark benetzt, daß es hier zur Ausbildung einer dichten Vegetationsdecke aus Annuellen, Geophyten u. vereinzelten Holzgewächsen kommt. Diese sog. ↗ Lomavegetation wird in Tälern mit trockenen, vom Gebirge abfließenden Talwinden durch eine Kakteen-Dornstrauch-Halbwüste („Kakteen-Loma") ersetzt. Hinter der ca. 1000 m hohen Küstenkordillere beginnt dann wieder eine extreme, vegetationslose Wüste, da die Garua-Nebel diese Barriere nur sehr selten überwinden können.

Das Chilenische Hartlaubgebiet: Diese v. Winterniederschlägen u. Sommertrockenheit geprägte Zone reicht etwa vom 30. bis zum 37. Breitengrad u. ist im N durch eine breite Übergangszone mit dem nordchilen. Wüstengebiet verbunden. Heute existieren allerdings nur noch wenige Reste der hier ehemals verbreiteten Hartlaubwälder. Die wenigen Überbleibsel zeigen, daß die Wälder dieses Gebiets 10–15 m Höhe erreicht haben dürften u. sich florist. von den Hartlaubbeständen der N-Halbkugel grundsätzl. unterscheiden.

Die Laubwälder in S-Chile: Diese Zone bildet ein schmales, langgezogenes Band in Küstenstreifen zw. dem 40. und 50. Breitengrad. Sie gehört bereits zum Herrschaftsgebiet der Südbuchen (Gatt. Nothofagus), ein antarkt. Florenelement. Der nördl., an das Hartlaubgebiet anschließende Teil weist immer noch eine recht ausgeprägte Sommertrockenheit auf u. wird v. laubwerfenden Südbuchen beherrscht. Sie werden weiter im S, bei nunmehr ziemlich gleichmäßig über das Jahr verteilten Niederschlägen u. einem insgesamt kühleren Klima, durch immergrüne Südbuchen ersetzt. Diese Wälder beherbergen eine Reihe v. eigenartigen, z.T. altertümlich gebauten Nadelhölzern (Fitzroya patagonica, Araucaria araucana, Austrocedrus chilinensis). Noch weiter im S werden diese Arten dann erneut v. laubwerfenden Südbuchen abgelöst, die schließl. im äußersten S nur noch ein niedriges, farn- u. moosreiches, v. Sümpfen durchsetztes Gebüsch bilden.

Tierwelt

Die Fauna von S. zeichnet sich durch ihre Eigenständigkeit u. den Reichtum an Arten aus. Ein hoher Prozentsatz an systemat. Gruppen (Taxa) ist in seiner Verbreitung auf S. bzw. die Neotropis beschränkt, endemisch (↗ Endemiten). Dies beruht v. a. darauf, daß S. über die großen Zeiträume des Tertiär, vom Paleozän bis zum Pliozän (mit einer kurzzeitigen Unterbrechung im Eozän), völlig bzw. weitgehend v. den anderen Kontinenten (auch der Nearktis) isoliert war. Die Evolution der Tiergruppen konnte daher auf dem damaligen Inselkontinent (↗ Inselbiogeographie) eigene Wege einschlagen, vergleichbar der Situation in ↗ Australien. In erdgeschichtl. früheren Zeiten war S. Teil eines großen „Südkontinents" (↗ Gondwanaland), die Trennung von ↗ Afrika erfolgte erst in der Kreide-Zeit (↗ Kontinentaldrifttheorie, ☐). Ein Zshg. über die Antarktis nach Austr. bestand wohl noch bis zum Ende des Tertiär (↗ Polarregion, Antarktis). – Entspr. der langen Isolierung im Tertiär lassen sich bei den *Säugetieren* 3 Gruppen unterscheiden: 1. Die *alte Säugetierfauna* von S., hervorgegangen aus Arten, die vor od. zu Beginn des Tertiär, als noch Landverbindungen zu N-Amerika u. über die Antarktis zu Austr. bestanden, eingewandert sind: Hierzu gehören: a. ↗ Beuteltiere *(Marsupialia):* Unter diesen sind v.a. die ↗ Beutelratten mit 76 Arten in 12 Gatt. in S. reich vertreten. Neben dem ↗ Opossum, das sich auch nach N-Amerika ausgebreitet hat, gehört hierher auch der otterähnl. ↗ Schwimmbeutler, das einzige aquatil lebende Beuteltier, verbreitet in den Gebirgsflüssen v. Guatemala bis S-Brasilien. Die ↗ Opossummäuse sind ebenfalls urspr. Beutler u. mit 7 Arten in 3 Gatt. auf die Andenregion v. Venezuela bis Chile beschränkt. b. ↗ Zahnarme *(Edentata):* Diese altertüml. Säugetier-Gruppe umfaßt die ↗ Ameisenbären, ↗ Faultiere u. ↗ Gürteltiere, die heute (mit Ausnahme des Dreibinden-Gürteltieres, das in N-Amerika eingewandert ist) ganz auf S. beschränkt sind. Der Zwerg-Ameisenbär kommt als Baumbewohner auch auf Trinidad vor. Gürteltiere u. Faultiere waren im Tertiär in S. reicher u. auch mit Riesenformen vertreten (↗ *Glyptodon* u. ↗ *Megatheriidae*). c. Urtüml. ↗ Huftiere *(Ungulata)* waren während des Paleozän u. des größten Teils des Eozän v.a. durch die Gruppen der ↗ *Notoungulata* (23 Gatt. in 7 Fam.) und ↗ *Litopterna* reich vertreten. Sie sind alle bis zum Pleistozän ausgestorben. – 2. *Säugetiere der 1. Einwanderungswelle* im frühen Tertiär: Im späten Eozän od. frühen Oligozän stieg der Antillenbogen zw. S- und N-Amerika auf, Inseln, die zwar noch keine durchgehende Landverbindung herstellten, jedoch eine Einwanderung nordamerikan. Arten („Inselhüpfer") ermöglichten (↗ Inselbrücke). Hierher gehören: a. Die Neuweltaffen (↗ Breitnasen, *Ceboidea*) sind ausnahmslos Baumbewohner u. mit 69 Arten in 16 Gatt. auf die Neotropis beschränkt. Viele besitzen einen ↗ Greifschwanz (der Altweltaffen fehlt), wie die ↗ Brüllaffen und die ↗ Klammerschwanzaffen. Unter 32 Arten der ↗ Krallenaffen finden sich die kleinsten Vertreter der Primaten. Zu den Kapuzinerartigen gehört der ↗ Nachtaffe, der einzige nachtaktive Vertreter der echten Affen. b. ↗ Meerschweinchenverwandte *(Caviomorpha)* sind als eigene U.-Ord. eine für S. typische

„alte Gruppe" der Nagetiere. Mit wenigen, später sekundär nach N-Amerika vorgedrungenen Arten (z.B. ↗ Urson), sind sie mit über 150 Arten ganz auf die Neotropis beschränkt (vgl. Tab.). – 3. *Säugetiere der 2. Einwanderungswelle* im späten Tertiär: Nach der 1. Einwanderungswelle war S. wieder für 30 bis 35 Mill. Jahre völlig isoliert, bis sich im späten Pliozän die Mittelamerikan. Landbrücke erhob u. die Verbindung nach N-Amerika herstellte. Damit war ein Austausch v. Tierarten beider Teile v. Amerika möglich (↗ N-Amerika), wobei v.a. das Vordringen höher evolvierter nordamerikan. Säugetiere nach S. überwog u. dort zum Aussterben vieler Vertreter der alten Säugerfauna führte. Auch ein Teil der im Pliozän nach S. eingewanderten Säugetiergruppen ist wieder ausgestorben, so die ↗ Mastodonten u. ↗ Pferde, andere sind nur dort erhalten geblieben u. in N-Amerika später ausgestorben, wie die ↗ Lamas. Mit Ausnahme der ↗ Fledermäuse, die als flugfähige Tiere auch isolierte Gebiete leichter besiedeln können, gehören alle im folgenden aufgeführten Säugetier-Gruppen der 2. Einwanderungswelle an.
Säugetiere: 82% der heute in S. lebenden Säugetierarten kommen nur dort vor (sind endemisch), haben also nach den Einwanderungen im Kontinent eine Eigenentwicklung erfahren od. sind nur dort erhalten geblieben. Unter den ↗ Insektenfressern *(Insectivora)* ist die urtüml. Fam. ↗ Schlitzrüßler mit je 1 Art ganz auf Kuba u. Haiti beschränkt. Die ↗ Spitzmäuse sind in S. nur schwach vertreten, ↗ Maulwürfe u. ↗ Igel fehlen völlig. Die ↗ Fledermäuse haben mit 65 Gatt. in der Neotropis einen Verbreitungsschwerpunkt. Zwar fehlen ↗ Flughunde u. ↗ Hufeisennasen völlig, dafür sind andere (z.B. endemische) Gruppen reich entwickelt. Viele Arten, v.a. aus der Gruppe der ↗ Blattnasen, fressen Pollen u. Nektar u. spielen als Bestäuber eine große Rolle (↗ Chiropterogamie). 4 Fam. sind ganz auf die Neotropis beschränkt (vgl. Tab.). Unter den ↗ Nagetieren *(Rodentia)* fehlen die echten ↗ Mäuse, soweit sie nicht durch den Menschen eingeschleppt sind. Sie werden durch die im Pliozän eingewanderten Wühlmäuse (↗ Wühler) ersetzt, die in über 50 Gatt. vertreten sind, darunter auch Baumkletterer. Typisch für S. sind v.a. seine „alten Nager" aus der Gruppe der ↗ Meerschweinchenverwandten (vgl. Tab.). Von den ↗ Raubtieren *(Carnivora)* fehlen ↗ Schleichkatzen u. ↗ Hyänen in der gesamten Neuen Welt. Alle Vertreter der Raubtiere in der Neotropis sind erst im Pliozän eingewandert. Unter den Hundeartigen (↗ Hunde) sind ganz auf S. beschränkt die ↗ Kampfüchse, zu denen auch der ↗ Mähnenwolf gehört, und die ↗ Waldfüchse mit den kurzbein. Waldhund. Die ↗ Bären kommen in S. nur mit 1 Art, dem ↗ Brillenbär, vor, der heute auf Höhenlagen

Südamerika

↗ Stachelratten *(Echimyidae):* 43 Arten rattenähnl. Nager v.a. im nördl. S., einige Arten in Mittelamerika u. auf den Antillen

Fledermäuse

Auf die Neotropis beschränkte (endemische) Familien von Fledermäusen *(Microchiroptera):*

↗ Hasenmäuler *(Noctilionidae):* 2 Arten, die mit den Hinterextremitäten Fische u. Krebse fangen, davon 1 auch auf den Antillen

↗ Vampire *(Desmodontidae):* Darunter die blutsaugenden Echten Vampire *(Desmodus),* v. Mittelchile u. Argentinien bis nach Mexiko verbreitet; als Tollwutüberträger gefürchtet

↗ Trichterohren *(Natalidae):* 8 Arten v.a. in Mittelamerika

↗ Stummeldaumen *(Furipteridae):* 2 Arten im tropischen S.

Vögel

Auf die Neotropis beschränkte (endemische) Gruppen der Vögel *(Aves):*

Ordnungen:

↗ Nandus *(Rheiformes):* 2 Arten

↗ Steißhühner *(Tinamiformes):* 45 Arten

Familien:

↗ Hokkos *(Cracidae):* 44 Arten, bis Putergröße

↗ Schopfhühner *(Opisthocomidae):* Nur 1 Art in den Sumpfwäldern des Amazonas; Junge klettern mit Krallen an den Fingern

↗ Sonnenrallen *(Eurypygidae):* Nur 1 Art von Guatemala bis S-Brasilien

Fortsetzung S. 112

SÜDAMERIKA VI–VII

Lama
(*Lama guanicoë glama*)

Alpaka
(*Lama guanicoë pacos*)

1 Heiße Halbwüsten und Wüsten
2 Hartlaubgehölze
3 Feuchte, warmtemperierte Wälder
4 Sommergrüne Wälder
5 Gebirge

Vikunja
(*Lama vicugna*)

Wickelbär
(*Potos flavus*)

Meerschweinchen
(*Cavia aperea*)

Browallia speciosa

Chinchilla
(*Chinchilla spec.*)

Brillenbär
(*Tremarctos ornatus*)

Lapageria rosea

Chinarindenbaum
(*Cinchona calisaya*)

Alstroemeria aurantiaca

Trompetenzunge
(*Salpiglossis sinuata*)

© FOCUS

In den höheren Lagen der Anden und auf den Hochebenen zeigen Tier- und Pflanzenwelt zunehmend alpinen Charakter.

Anden-Kondor
(*Vultur gryphus*)

Tuberkelhokko
(*Crax rubra*)

Anden-Felsenhahn
(*Rupicola peruviana*)

Türkishäher
(*Cyanolyca viridicyana*)

Tukan-Bartvogel
(*Semnornis ramphastinus*)

Grünschopf-Stirnvogel
(*Psarocolius viridis*)

Sonnenwende
(*Heliotropium peruvianum*)

Große Kapuzinerkresse
(*Tropaeolum majus*)

Gefiederte Spaltblume
(*Schizanthus pinnatus*)

Pantoffelblume
(*Calceolaria integrifolia*)

Zahnwurz
(*Odontoglossum crispum*)

Flamingoblume
(*Anthurium andreanum*)

Cocastrauch
(*Erythroxylum coca*)

© FOCUS

Südamerika

Fortsetzung von S. 109

↗Trompetervögel *(Psophiidae)*: 3 Arten, Bodenbewohner der Urwälder

↗Seriemas *(Cariamidae)*: 2 Arten; flugfähige Laufvögel der Savannen

↗Wehrvögel *(Anhimidae)*: 3 Arten, gänseähnlich, mit Sporn am Flügelbug als Waffe

↗Neuweltgeier *(Cathartidae)*: 7 Arten, darunter der Anden-↗Kondor *(Vultur gryphus)*. Neuweltgeier sind mit den Geiern der Alten Welt (↗Altweltgeier), die in S. fehlen, nicht näher verwandt (↗Stellenäquivalenz).

↗Fettschwalme *(Steatornithidae)*: 1 Art, der Guacharo *(Steatornis caripensis)*; nächtl. Fruchtfresser, tagsüber zu Tausenden in Höhlen v. Trinidad u. Guayana bis Peru

Todis *(Todidae)*: 5 Arten auf den Großen Antillen, jeweils 1 Art auf einer Insel, nur Haiti beherbergt 2 Arten, meisengroß, wie Fliegenschnäpper an Waldrändern

↗Tukane *(Ramphastidae)*: 37 Arten, v. Brasilien bis Mexiko; Höhlenbrüter mit riesigen bunten Schnäbeln

↗Glanzvögel *(Galbulidae)*: 15 Arten; Höhlenbrüter im Urwald

↗Faulvögel *(Bucconidae)*: 30 Arten; Urwaldbewohner

↗Töpfervögel *(Furnariidae)*: 270 Arten

↗Ameisenvögel *(Formicariidae)*: 224 Arten, Waldbodenbewohner, folgen den Zügen der Wanderameisen

↗Bürzelstelzer *(Rhinocryptidae)*: 29 Arten; ähneln dem Zaunkönig; v. a. in Chile u. Patagonien, auch auf den Falklandinseln

↗Schmuckvögel *(Cotingidae)*: 91 Arten, meist Wald-

zw. 1500 und 2000 m in den nordwestl. Anden beschränkt ist, im Pleistozän jedoch in der Neuen Welt noch weit verbreitet war. Unter den ↗Kleinbären sind Berg-Nasenbär, Wickelbär u. Schlankbär auf die Neotropis beschränkt, andere, so der Nasenbär u. der Waschbär, strahlen nach N-Amerika aus. Aus der Gruppe der ↗Marder ist die auch in Eurasien verbreitete Gatt. ↗Fischotter in S. mit 5 endemischen Arten vertreten. Von den ↗Katzen ist der auch in N-Amerika vorkommende ↗Puma in S. noch relativ häufig u. von den Flächen der Hochgebirge bis in die offenen Mangrovenvegetation u. in die offenen Pampas verbreitet. Auch der ↗Jaguar kommt als guter Kletterer sowohl in den Wäldern von Mittel- und S-Amerika als auch in den Steppen u. Halbwüsten S-Argentiniens vor. Die ↗Kleinkatzen sind durch 8 Arten vertreten, darunter der ↗Ozelot, der auch im S der USA vorkommt, während Ozelotkatze *(Leopardus tigrinus)* u. Wieselkatze *(Herpailurus yagouaroundi)* auf S. und Mittelamerika beschränkt sind. Die ↗Huftiere *(Ungulata)* sind in S. heute nur wenig vertreten. Die für ↗Afrika typ. Huftierherden v. Antilopen, Büffeln u. Zebras fehlen völlig. Ganz auf S. beschränkt sind die ↗Lamas, die mit ↗Guanako u. ↗Vikunja das Hochland der Anden bewohnen, wobei ersteres die Stammform der als Lasttiere und Wolllieferanten verbreiteten Haustierformen Lama und Alpaka ist. Von den 4 ↗Tapir-Arten der Welt leben 3 in der Neotropis, darunter der Flachlandtapir *(Tapirus terrestris)* u. der Bergtapir *(Tapirus roulini)* in S., *Tapirus bairdi,* mit 120 cm Schulterhöhe der größte, in Mittelamerika. Die ↗Schweineartigen sind nur durch die ↗Pekaris vertreten, v. denen das Weißbartpekari auf die Neotropis beschränkt, das Halsbandpekari in die SW der USA vorgedrungen ist (↗Nordamerika). Von den ↗Hirschen kommen in der Neotropis nur die ↗Trughirsche vor, darunter große Arten, wie der Sumpfhirsch *(Odocoileus dichotomus)* in den feuchten Niederungswäldern v. Kolumbien bis Paraguay, und kleine, wie die ↗Spießhirsche, die in 4 Arten von S-Mexiko bis Paraguay leben, sowie die ↗Pudus, die mit 2 Arten auf S. beschränkt u. mit maximal 35 cm Körperhöhe die kleinsten Hirsche sind. Von den rein aquatilen Säugetieren sind die ↗Seekühe *(Sirenia)* durch den Nagel-Manati vertreten, der vom Golf v. Mexiko bis zu der Atlantikküste des nördl. S. verbreitet ist, während der Fluß-Manati im Süßwasser lebt u. auf die Ober- u. Mittelläufe des Orinoco- u. Amazonassystems beschränkt ist. Von den ↗Walen *(Cetacea)* kommt als Vertreter der ↗Flußdelphine der ↗Amazonasdelphin, der bis 2,1 m lang wird, nur im Amazonas, der La-Plata-Delphin nur in den küstennahen Gewässern des La-Plata-Systems vor.

Vögel: Mit ca. 3000 Arten ist S. der vogelreichste Kontinent der Erde. Allein aus Kolumbien sind 1500 Brutvogel-Arten bekannt (zum Vergleich: die Nearktis hat ca. 800, Austr. 464, Europa 452 Vogel-Arten!). Ein Teil der Vogelgruppen gehört zur „alten Fauna" von S., 85–90% aller Arten sind auf die Neotropis beschränkt (endemisch), andere, sonst weit verbreitete Gruppen, fehlen, wie z. B. ↗Würger, ↗Nashornvögel, ↗Kraniche, ↗Trappen, ↗Hopfe – eine Folge der langen Isolation. Beschränkt auf die Neotropis sind sogar 2 Ord.: 1. ↗Nandus *(Rheiformes)* mit nur 2 Arten, den Straußen Afrikas entspr. Laufvögel, v. denen von Nandu in den Steppen u. Savannen von NO-Brasilien und O-Bolivien bis nach Argentinien vorkommt, der Darwin-Nandu dagegen in den Pampas Patagoniens südl. des Río Negro u. auf den Andenhochflächen von N-Chile bis S-Peru. 2. ↗Steißhühner *(Tinamiformes)* mit 45 Arten, die z. T. im offenen Gelände, z. T. im Wald leben. Von den 93 Vogel-Fam. der Neotropis sind 25 endemisch (vgl. Tab.). Wenn auch nicht ganz auf S. beschränkt, so doch mit dem Großteil ihrer Arten dort verbreitet sind die ↗Kolibris, v. deren ca. 320 Arten nur 15 in die Nearktis ausstrahlen (↗Nordamerika); ferner die ↗Tyrannen, die mit 365 Arten in S. vertreten sind, u. die ↗Tangaren, von denen 222 Arten hier leben. Von den 5 Arten der ↗Flamingos kommen 3 nur in der Neotropis vor. Ein bes. prächtiger Vertreter der auch in der Alten Welt verbreiteten ↗Trogons ist der Quetzal, der Wappenvogel Guatemalas. Bes. große Vertreter ihrer Gruppe stellen die Adler mit der ↗Harpyie, die in den Wäldern v. Mittel- und S. bis Paraguay lebt u. häufig Affen erbeutet, u. die ↗Störche mit dem Jabiru (von Mexiko bis Argentinien), mit 1,4 m der größte Vertreter seiner Familie. Die ↗Schwäne sind in S. durch den auf Chile u. Argentinien beschränkten Schwarzhalsschwan vertreten. Aus der auch in der Alten Welt verbreiteten Gruppe der ↗Papageien sind für S. besonders die Amazonen *(Amazona)* typisch, die mit 26 Arten in Mittelamerika und S. vorkommen (auf den Antillen hat jede Insel ihre eigene Art), sowie die farbenprächt. Aras *(Anadorhynchus* u. *Ara)* mit gleicher Verbreitung zu nennen.

Reptilien: Sie sind v. a. im trop. S. artenreich vertreten; man kennt aus der Neotropis 635 Arten v. Echsen und 694 Schlangenarten. Unter den ↗Echsen fehlen in der gesamten Neuen Welt die ↗Agamen, ↗Warane, ↗Chamäleons u. Halsband-↗Eidechsen. Typisch für die Neue Welt sind die ↗Leguane, die dort die altweltl. Agamen vertreten. Zwar nicht auf S. beschränkt, leben dort die meisten Arten, darunter als größte Art der Grüne ↗Leguan mit über 2 m Länge. Kleinere Baumbewohner sind die ↗Anolis, die auch die Antillen mit v. Insel zu Insel jeweils verschiedenen Arten besiedelt haben. Unter den Echsen

Südamerika

werden die in der Neuen Welt fehlenden Echten ↗Eidechsen durch die ↗Schienenechsen *(Tejus)* vertreten, von deren ca. 200 Arten nur 9 in N-Amerika vorkommen, alle anderen in der Neotropis, allein in Brasilien 23 verschiedene Gatt. Der Krokodilteju aus dem N von S. wird 1,25 m lang. Unter den ↗Riesenschlangen spielen in S. die ↗Boaschlangen dieselbe Rolle wie die ↗Pythonschlangen in der Alten Welt. Ein wahrer Riese ist die bis 9 m lang werdende ↗Anakonda, die sich viel im Wasser aufhält und vom nördl. S. über das Orinoco- und Amazonasbecken bis nach Guayana verbreitet ist. Auf den Antillen u. Bahamas leben relativ kleine Boaschlangen aus der Gatt. ↗ *Tropidophis.* Von den gefährl. ↗Giftnattern, die den Schwerpunkt ihrer Verbreitung in der Alten Welt haben, sind auf S. beschränkt: die bunten ↗Korallenschlangen, mit 40 Arten von S-Mexiko bis Paraguay und N-Argentinien verbreitet. Zu den ↗Grubenottern gehören die auch in N-Amerika vorkommenden ↗Klapperschlangen, von denen der sehr gift. Cascaval fast in ganz S. vorkommt, sowie die auf die Neotropis beschränkte Gewöhnl. ↗Lanzenotter u. der ↗Buschmeister, der, v.a. in Mittelamerika verbreitet, mit bis 3,75 m Länge eine der gefährlichsten ↗Giftschlangen ist. Unter den ↗Schildkröten verdienen die Vertreter der ↗Pelomedusen-Schildkröten bes. Erwähnung, weil Arten dieser Fam. außer in S. auch in Afrika und Austr. vorkommen, während die Fam. ↗Tabasco-Schildkröten mit nur 1 Art auf die küstennahen Flüsse v. Mexiko bis zum nordöstl. Guatemala beschränkt ist. Von den ↗Krokodilen, die v.a. am Amazonas u. Orinoco noch häufiger sind, haben die Kaimane ihren Verbreitungsschwerpunkt in den Tropen von S. Der Mohrenkaiman (↗Alligatoren) des Amazonasgebietes kann bis 4,6 m lang werden. Von den Echten ↗Krokodilen leben in S.: das Amerikanische Spitzkrokodil *(Crocodylus acutus),* das auch ins Meer geht u. daher v. Mittelamerika südwärts entlang der Atlantikküste bis nach Ecuador u. über die Flüsse nach Kolumbien vorgedrungen ist u. auch die Antillen und S Florida besiedelt hat, das Orinocokrokodil *(C. intermedius)* ist mit über 7 m eines der größten Krokodile, das Kuba-Krokodil *(C. rhombifer)* ist auf den Zapata-See an der S-Küste Kubas beschränkt.

Amphibien: Die auf den Südkontinenten weithin fehlenden ↗Schwanzlurche *(Urodela)* dringen mit den lungenlosen Salamandern (↗Plethodontidae) mit 12 Arten (davon 11 in Kolumbien) vom N nach S bis etwa zu einer Linie v. der Amazonasmündung nach N-Venezuela vor, südl. davon gibt es keine Schwanzlurche. ↗Scheibenzüngler fehlen in S. völlig. Die Zungenlosen (*Pipidae*; ↗Froschlurche) haben Vertreter sowohl im trop. Afrika (die ↗Krallenfrösche) als auch in S. mit 3 Arten der Gatt. *Pipa,* von denen die ↗Wabenkröte *(P. pipa)* im Amazonas- u. Orinocogebiet verbreitet ist. Die ↗Südfrösche sind mit manchen Arten zwar auch im SO der USA verbreitet, treten mit der Masse ihrer Arten jedoch auf den Antillen u. im trop. S. auf; allein aus Kolumbien sind über 30 Arten beschrieben. Hierher gehört auch der Brasilianische ↗Hornfrosch *(Ceratophrys cornuta),* der ca. 20 cm lang wird. Ganz auf S. beschränkt ist die Fam. Nasenfrösche *(Rhinodermatidae),* die mit nur 1 Art, dem ↗Darwinfrosch, in den Anden Chiles und Argentiniens vorkommt. Nur in S. und Mittelamerika verbreitet sind die ↗Farbfrösche, zu denen die Pfeilgiftfrösche i.e.S. *(Dendrobates)* u. Blattsteiger *(Phyllobates)* gehören, welche die Baumkronen der Urwälder besiedeln. Ganz auf die Neotropis beschränkt sind die 34 Arten der ↗Stummelfußfrösche, die ↗Glasfrösche (30 Arten) u. die 5 Arten der ↗Harlekinfrösche, die nur vom Amazonasbecken bis Argentinien gefunden werden. Die außer Afrika weltweit verbreiteten ↗Laubfrösche haben ein Verbreitungszentrum in S., wo sie mit ca. 300 Arten in 4 U.-Fam. vertreten sind, darunter Riesenformen, wie der Riesenlaubfrosch *(Hyla maxima)* mit 11 cm und der Kuba-Laubfrosch *(H. septentrionalis)* mit 14 cm Länge. Die ↗Kröten, nahezu weltweit verbreitet (außer Austr.), dürften auf dem Gondwanakontinent entstanden sein und haben ihre beiden Ausbreitungszentren in Afrika und in S. Größte Art in S. ist die Kolumbian. Riesenkröte *(Bufo blombergi),* die bis zu 23 cm Länge erreicht u. erst 1951 entdeckt wurde. Auf Mittelamerika beschränkt ist die Gatt. *Crepidophryne.*

Fische: Mit über 2500 Arten ist die Neotropis die fischreichste Region der Erde. Allein aus dem Amazonas sind über 1000 Arten bekannt (zum Vergleich: in Mitteleuropa ca. 50 Flußfischarten). Westl. der Anden (in Chile) leben jedoch nur ca. 30 Arten v. Süßwasserfischen. Viele ↗Aquarienfische stammen aus den Flüssen von S. Ein altertüml. Vertreter ist der Südamerikan. ↗Lungenfisch aus den Sümpfen des Gran Chaco, bekannt der Zitteraal (↗Messeraale) und unter den ↗Knochenzünglern der Arapaima, ein bis 4 m lang werdender Riese des Amazonas. Die Beziehung zw. Afrika und S. (↗Kontinentaldrifttheorie) zeigt sich deutl. bei 2 auf diesen beiden Kontinenten verbreiteten typischen Fam., den ↗Salmlern i.e.S., zu denen in S. die gefürchteten ↗Pirayas mit mehreren Arten gehören, und den ↗Buntbarschen, die in Mittelamerika und S. mit ca. 260 Arten reich vertreten sind u. auch auf den Antillen vorkommen. Unter den in S. artenreich vertretenen ↗Welsen sind die Schmarotzerwelse u. ↗Panzerwelse mit 94 Arten auf S. beschränkt, die ↗Harnischwelse kom-

bewohner, von Mexiko bis N-Argentinien; hierher die stimmstarken Glockenvögel *(Procnias)* u. grellfarbenen Felshähne *(Rupicola)*

↗Schnurrvögel *(Pipridae):* 57 Arten v. Mexiko bis Argentinien

↗Baumsteiger *(Dendrocolaptidae):* 47 Arten in Mittel- und S.; nicht auf den Antillen; erinnern im Habitus an die eur. ↗Baumläufer (Stellenäquivalenz)

SÜDAMERIKA VIII

Meerechse
(Amblyrhynchus cristatus)

Galapagos-Riesenschildkröte
(Testudo elephantopus)

Galapagosinseln

Die vor Ecuador liegenden Galapagosinseln haben eine sehr eigenartige Tierwelt mit vielen ursprünglichen Formen und erstaunlichen Endemismen.

Drusenkopf
(Conolophus cristatus)

Stummelkormoran
(Nannopterum harrisi)

Galapagos-Taube
(Nesopelia spec.)

Rubinköpfchen
(Pyrocephalus rubinus)

Gabelschwanzmöwe
(Creagrus furcatus)

Blaufußtölpel
(Sula nebouxii)

Spechtfink
(Cactospiza pallida)

Großer Grundfink
(Geospiza magnirostris)

1 Galapagos-Pinguin
  (Spheniscus mendiculus)
2 Guanokormoran
  (Phalacrocorax bougainvillei)
3 Galapagos-Seelöwe
  (Zalophus wollebaeki)

© FOCUS

men mit 50 Gatt. außer in S. auch noch in Mittelamerika vor.

Aus dem Heer der *Wirbellosen* seien nur ganz wenige typ. Vertreter gen., so die ↗Vogelspinnen, die mit 500 Arten in S. ihren Schwerpunkt haben, die ↗Stummelfüßer, die wie auf allen S-Kontinenten, auch in S. vertreten sind. Unter den Insekten seien nur die typ. ↗Blattschneiderameisen u. von den Schmetterlingen die ↗Morphofalter mit Spannweiten bis 20 cm erwähnt, die beide nur in S. vorkommen. Unter den Käfern finden sich die größten Vertreter der Ord. im Amazonasgebiet: der ↗Riesenbock (☐), der bis 21 cm groß wird, u. der ↗Herkuleskäfer. Durch jeweils nahe verwandte Vertreter sowohl im trop. Afrika als auch im trop. S. weisen unter den Tausendfüßlern die *Spirostreptidae* u. unter den Krebsen die ↗*Bathynellacea* des Grundwassers sowie manche ↗Muschelkrebse auf alte Kontakte zw. diesen Kontinenten hin.

Bezügl. der *Fauna der Meeresküsten* sollen nur die Scharen v. Seevögeln erwähnt werden, die den durch den kalten Humboldt-Strom u. das Aufquellwasser des Pazifik bedingten Fischreichtum entlang der W-Küste v. a. Chiles u. Perus nutzen. Dort fischen die Inka-↗Seeschwalbe, ↗Tölpel, ↗Pelikane und v. a. der Guano-↗Kormoran, der allein 85% des als Dünger wertvollen ↗Guanos in seinen Kolonien auf den vorgelagerten Inseln produziert. Feuerland u. die Falklandinseln sind bereits der Antarktis nahe (↗Polarregion). Hier leben ↗Albatrosse, ↗Pinguine u. die mächtigen Mähnenrobben (↗Seelöwen). Eine Pinguinart ist mit dem Humboldtstrom sogar bis zu den ↗Galapagosinseln gelangt.

Lit.: Ellenberg, H.: Vegetationsstufen in perhumiden bis periariden Bereichen der tropischen Anden. In: Phytocoenologia 2, 1975. *Hueck, K.*: Die Wälder Südamerikas. Stuttgart – Jena 1966. *Hueck, K., Seibert, P.*: Vegetationskarte von Südamerika (mit kurzen Erläuterungen). Stuttgart 1972. *Walter, H.*: Vegetation und Klimazonen. Stuttgart ^{5}1984. *Fittkau, E. J., Illies, J., Klinge, H., Schwabe, G. H., Sioli, H.*: Biogeography and ecology in South America. Den Haag 1968/69. *Sedlag, U.*: Die Tierwelt der Erde. Leipzig – Jena – Berlin 1978. *Simpson, G. G.*: Splendid Isolation, the curious History of South American Mammals. New Haven and London 1980. *Thenius, E.*: Grundzüge der Faunen- und Verbreitungsgeschichte der Säugetiere. Stuttgart ^{2}1980.

A. B./G. O.

Südbuche, die Gatt. ↗Nothofagus.

Südfrösche, *Pfeiffrösche, Leptodactylidae,* umfangreiche (über 700 Arten), auf die Südkontinente beschränkte Fam. der ↗Froschlurche. Die S. i. w. S. umfassen auch die heute abgetrennten Afrikanischen S. (↗Gespenstfrösche) u. die Australischen S. (↗*Myobatrachidae*). Die S. i. e. S. sind die herrschende Froschgruppe S-Amerikas. Sie sind eine sehr artenreiche, wahrscheinl. paraphyletische Fam. mit 51 Gatt. (vgl. Tab.) und über 700 Arten, die in der Neotropis ähnl. ökologische Nischen bilden wie die ↗*Ranidae* in der Holarktis u.

Südfrösche
Unterfamilien, Tribus u. einige Gattungen (Artenzahlen in Klammern):
Ceratophryinae (↗Hornfrösche)
   Ceratophrys (6)
   Lepidobatrachus (3)
Telmatobiinae
 Telmatobiini
 (↗Andenfrösche)
   Caudiverbera (1)
   Telmatobufo (3)
   Telmatobius (29)
   Batrachophrynus (1)
 Alsodini
   ↗*Alsodes* (10)
   Eupsophus (5) (Lärmfrosch)
   Hylorina (1)
   ↗*Batrachyla* (3)
   ↗*Thoropa* (3)
 Odontophrynini
   ↗*Odontophrynus* (6)
   Proceratophrys (12)
   (↗Hornfrösche)
   ↗*Macrogenioglottus* (1)
 Grypiscini
   ↗*Crossodactylodes* (3)
   Cyclorhamphus (22)
   Zachaenus (3)
   (↗*Craspedoglossa*)
 Eleutherodactylini
   ↗*Amblyphrynus* (1)
   Eleutherodactylus (ca. 400) (↗Antillenfrösche)
   Euparkerella (1)
   Niceforonia (8)
   Sminthillus (1)
   Syrrhophus (15)
   Scythrophrys (1)
↗*Elosiinae* (= Hylodinae)
   Hylodes (13)
   Crossodactylus (5)
   Megaëlosia (1)
Leptodactylinae
   ↗*Pleurodema* (10)
   Limnomedusa (1)
   Edalorhina (2)
   ↗*Lithodytes* (1)
   ↗*Physalaemus* (34)
   (= *Eupemphix*, Lidblasenfrösche)
   ↗*Paratelmatobius* (2)
   Leptodactylus (50)
   ↗*Adenomera* (3)
   Barycholos (2)

Paläotropis. Zu ihnen gehören so unterschiedl. Formen wie die ↗Andenfrösche, ↗Antillenfrösche, ↗Hornfrösche, Hylodinae (↗*Elosiinae*) u. a. Manche sind krötenähnlich (↗*Odontophrynus, Cyclorhamphus,* Hornfrösche), andere ähneln typischen Fröschen (die meisten Leptodactylinae). Neben Riesenformen (*Ceratophrys,* über 200 mm) gibt es Zwerge (↗*Crossodactylodes,* 12 mm). Die S. besiedeln alle v. Fröschen bewohnbaren Lebensräume, v. den amazon. Tiefebenen bis zu den Hochanden in 4500 m Höhe, v. Regen- u. Nebelwäldern bis zu Steppen u. Halbwüsten. Viele leben am Boden u. sind gute Springer. Andere leben fast unterirdisch, grabend (*Cyclorhamphus, Odontophrynus*), wieder andere kletternd auf Bäumen od. Felsen (manche Antillenfrösche), einige Andenfrösche sind permanent aquatisch, u. die *Crossodactylodes*-Arten verbringen ihren gesamten Lebenszyklus in Blattachseln v. Ananasgewächsen (↗Phytotelmen). Viele Arten legen ihre Eier im od. am Wasser ab. Die Leptodactylinae produzieren während der Paarungszeit laut pfeifende Rufe, u. viele Arten fertigen ↗Schaumnester (↗Schaumnestfrösche), entweder am Wasser od. auf dem Land. Die Larven v. *Thoropa* leben auf feuchten Felsen, Antillenfrösche legen terrestrische Eier, denen terrestrische Larven od. fertige Jungfrösche entschlüpfen. Bei ihnen gibt es auch Brutpflege: Die Eier werden bewacht u. befeuchtet, meist vom ♂, das mehrere Gelege versorgen kann. Die namengebende Gatt., *Leptodactylus,* enthält zahlr. Arten, die in ihren Größen zw. 20 und 200 mm Länge variieren und unseren ↗*Rana*-Arten ähneln. Die meisten leben am Waldboden, manche dringen auch in Drainage- u. Abwasserkanäle ein, und ihre laut pfeifenden Rufe kann man mitten in menschl. Ansiedlungen hören. Der Südamerikan. Ochsenfrosch (*Leptodactylus pentadactylus*) u. a. große Arten sowie einige Andenfrösche werden v. der Landbevölkerung gegessen.

Südhecht, *Boulengerella lucius,* ↗Salmler.

Südkaper *m* [ben. nach dem Südkap = Kap der Guten Hoffnung], *Südwal, Eubalaena australis,* ↗Glattwale.

Südliches-Bohnenmosaik-Virusgruppe, *Sobemovirus-Gruppe* (v. engl. *so*uthern *be*an *mo*saic), ↗Pflanzenviren ([T]) mit einzelsträngigem RNA-Genom (relative Molekülmasse ca. $1{,}4 \cdot 10^6$, entspr. ca. 4600 Basen). Die Viruspartikel (⌀ ca. 30 nm) sind aus 180 Protein-Untereinheiten aufgebaut. In infizierten Pflanzenzellen sind die Virionen in Kern u. Cytoplasma zu finden; im Cytoplasma bilden sie gelegentlich kristalline Aggregate. Der Wirtsbereich der einzelnen Viren ist relativ eng. Die Übertragung erfolgt durch Samen u. Käfer; mechan. Übertragung ist möglich.

Sudor *m* [lat., =], der ↗Schweiß.

Südrobben, *Lobodontinae,* U.-Fam. der

sulf- [v. lat. sulfur, sulphur, sulpur = Schwefel].

Südrobben

Arten:

↗ Krabbenfresser *(Lobodon carcinophagus)*

Ross-Robbe *(Ommatophoca rossi)*, ca. 2 m lange Robbe der inneren Treibeiszone rund um die Antarktis

↗ Seeleopard *(Hydrurga leptonyx)*

Weddell-Robbe *(Leptonychotes weddelli)*, bis 3 m lange, häufige Südrobbe des antarktischen Packeises (B Polarregion IV)

Lactat
↓ 2 [H⊕ + e⊖]
Pyruvat
↓ 2 [H⊕ + e⊖]
CO_2 ←
Acetyl-CoA
↓
Acetylphosphat
↓ → ATP
Acetat
↓
anaerobe Atmungskette
Cytochrom c → ATP
ATP $SO_4^{2\ominus}$
AMP + P~P   APS*
↓ 2e⊖
(3)$SO_3^{2\ominus}$
↓ 2e⊖
$S_3O_6^{2\ominus}$
↓ 2e⊖
$S_2O_3^{2\ominus}$
↓ 2e⊖
H_2S

*APS = Adenosinphosphosulfat

Sulfatatmung

Lactatabbau und Elektronentransport in der dissimilatorischen Sulfatreduktion (Sulfatatmung) von *Desulfovibrio*

↗ Hundsrobben mit 4 Arten (vgl. Tab.), die im südl. Pazifik u. in den südpolaren Meeren leben.

Südseeboas, *Candoia,* Gatt. der ↗ Boaschlangen; bis über 2 m lang; vorwiegend Bodenbewohner auf dem Bismarckarchipel u. den umliegenden Südseeinseln; viperähnl. (Kopf dreieckig, Pupillen senkrecht, untersetzter Körperbau).

Suidae [Mz.; v. lat. sues =], die ↗ Schweine. [↗ Schmierröhrlinge.

Suillus *m* [v. lat. suillus = Schweine-], die

Suipoxviren [v. lat. sus = Schwein, engl. pocks = Pocken], Gatt. *Suipoxvirus* der ↗ Pockenviren (T).

Sukkulenten [Mz.; v. lat. suculentus = saftvoll], *Saftpflanzen, „Fettpflanzen",* Bez. für Pflanzen, die neben einem ↗ xeromorphen Bau über größere Wasserspeichergewebe in den Blättern, in der Sproßachse od. in der Wurzel verfügen. Man unterscheidet daher je nach Lage dieses wasserspeichernden Gewebes *Blatt-S., Stamm-S.* und *Wurzel-S.* Die xeromorphen Anpassungen zeigen sich in der Reduktion der Blattflächen bis zu dorn. Gebilden oder schuppenförm. Resten, der Reduktion der Seitensprosse zu ↗ Areolen u. der starken Verminderung der Anzahl der ↗ Spaltöffnungen. Blattsukkulente Formen (↗ Blattsukkulenz,) finden sich häufig bei ↗ Aloe, ↗ Dickblatt-, ↗ Agaven- u. ↗ Mittagsblumengewächsen. Kennzeichnend ist eine meist beträchtl. Verdickung der Blätter, die auch häufig walzenförmig sind. Stammsukkulente Formen finden sich bei den ↗ Kakteen-, ↗ Wolfsmilch-, ↗ Schwalbenwurzgewächsen u. einigen ↗ Korbblütlern. Durch den Wegfall der Blattflächen wird der Wasserverlust stark eingeschränkt. Die kugelige bis säulenförmige Wuchsform („Kaktusform") wurde in ganz verschiedenen Verwandtschaftskreisen in Anpassung an Trockenklimate mit regelmäßigen, aber kurzfrist. Niederschlägen hervorgebracht u. ist eines der eindrucksvollsten bot. Beispiele für ↗ *Konvergenz.* Wurzelsukkulente Formen stellen einige Vertreter der ↗ Doldenblütler, ↗ Kürbis-, Schwalbenwurzgewächse u. Korbblütler, ferner einige Arten der Gatt. *Oxalis* (↗ Sauerklee) u. ↗ *Pelargonium;* insgesamt sind sie seltener. Das Wasserspeichergewebe bei Blatt- u. Stammsukkulenz dient aufgrund der hohen Wärmekapazität des Wassers auch als Schutz vor Überhitzung. Die sukkulente Form vieler Salzpflanzen (↗ Halophyten) ist in ihrer Deutung noch umstritten, scheint aber eher eine Strategie gg. eine Überhöhung des Salzgehalts in den Zellen zu sein.

Sukkulenz *w* [v. lat. suculentus = saftvoll], Bez. für das Auftreten einer sukkulenten Wuchsform; ↗ Sukkulenten.

Sukzession *w* [v. lat. successio = Nachfolge], die gesetzmäßige zeitl. Abfolge verschiedener Pflanzen- od./u. Tiergesellschaften bzw. Lebensgemeinschaften am selben Ort nach Änderung wichtiger Standortsfaktoren od. nach tiefgreifenden Störungen des Lebensraums. Beginnt die S. (z. B. als Folge v. Vulkantätigkeit, Erdbewegungen, Kahlhieben, Waldbränden usw.) auf weitgehend vegetationsfreien Flächen (↗ Erstbesiedlung; ↗ Krakatau, ↗ Surtsey), so durchläuft die Vegetation eine Entwicklung, die v. den zuerst auftretenden *Pioniergesellschaften* über verschiedene *Folgegesellschaften* schließl. zur *Schlußgesellschaft* (↗ Klimaxvegetation) führt, sofern die S.reihe nicht durch erneute Eingriffe (Mahd, Beweidung, Holznutzung usw.) unterbrochen wird. In diesem Fall wird die natürliche, im Gleichgewicht mit den klimat. und edaphischen Faktoren stehende Schlußgesellschaft durch anthropogene ↗ *Ersatzgesellschaften* (Wiesen, Weiden, Forsten) vertreten; sie kann deshalb lediql. (z. B. durch Vergleiche) erschlossen werden *(potentielle ↗ natürliche Vegetation).* – Der Begriff S. wird (irreführend) auch zur Kennzeichnung der Aufeinanderfolge verschiedener Stufen des Abbaus organ. Materials (Kot, Aas, Fallholz usw.) verwendet. ↗ *Mitteleuropäische Grundsukzession.*

Sula *w* [v. Altnordisch súla = Tölpel], Gatt. der ↗ Tölpel.

Sulculeolaria *w* [v. lat. sulcus = Furche], Gatt. der ↗ Calycophorae (T).

Sulcus *m* [Mz. *Sulci;* lat., = Furche], in der Anatomie Bez. für eine Furche od. Rinne auf der Oberfläche v. Organen od. auf der Haut; z. B. *Sulci cerebri,* die Hirnfurchen.

Sulfatasen [Mz.; v. *sulf-]*, zur Gruppe der Esterasen (↗ Ester) bzw. ↗ Hydrolasen gehörende Enzyme, durch die Schwefelsäureester hydrolytisch zu Alkoholen u. Sulfaten gespalten werden. S. sind in tier. Geweben, bes. in der Niere, verbreitet.

Sulfatassimilation *w* [v. *sulf-,* lat. assimilatio = Angleichung], Aufnahme u. Reduktion v. Sulfat (↗ Schwefelsäure) zur Synthese schwefelhaltiger Aminosäuren bei den meisten Bakterien, Pilzen u. grünen Pflanzen. ↗ assimilatorische Sulfatreduktion; ↗ Schwefelkreislauf.

Sulfatatmer, die ↗ Sulfatreduzierer.

Sulfatatmung [v. *sulf-], Desulfurikation, dissimilatorische Sulfatreduktion,* bakterieller anaerober Energiestoffwechsel, in dem organ. Substrate od. Wasserstoff oxidiert u. Sulfat (SO_4^{2-}) zu ↗ Schwefelwasserstoff (H_2S) reduziert werden. Sulfat u. a. oxidierte Schwefelverbindungen dienen an Stelle v. molekularem Sauerstoff als Elektronenakzeptoren. Die *Sulfatreduktion* ist ein sehr komplexer Vorgang, bei dem anfangs sogar Energie (ATP) zur Aktivierung v. Sulfat verbraucht wird. Der Energiegewinn erfolgt an einer Elektronentransportkette (oxidative Phosphorylierung), die ↗ Cytochrome (c und b) als Komponenten enthält. Da dieser Stoffwechselweg unter anaeroben Bedingungen abläuft, kann er auch als „Schwefelwasserstoffgärung" bezeichnet werden. Bakterien mit einer S. werden ↗ Sulfatreduzierer (Desulfurikanten) gen. – S. findet in anaeroben Habitaten statt, wo organ. Material zersetzt wird u. Sulfat vorliegt, z.B. Faulschlamm u. Meeressedimente. Die schwarze Färbung des Faulschlamms (↗ Sapropel) entsteht durch Ausfällung v. Eisen od. anderen Schwermetallen mit H$_2$S zu den entspr. Sulfiden. Die Hauptmenge des H$_2$S in der Natur stammt aus der S. Die meisten Schwefelablagerungen an der Golfküste v. Texas u. Louisiana sind biol. Ursprungs u. unter Beteiligung v. Sulfatreduzierern entstanden.

Sulfate [Mz.; v. *sulf-], die Salze u. Ester der ↗ Schwefelsäure.

Sulfatreduzierer [Mz.; v. *sulf-, lat. reducere = zurückführen], *sulfatreduzierende Bakterien, Sulfatatmer, Desulfurikanten,* gramnegative, obligat anaerobe Bakterien, die im Energiestoffwechsel organ. Substrate (z.T. auch Wasserstoff) mit Sulfat (↗ Schwefelsäure) als Elektronenakzeptor oxidieren können (↗ Sulfatatmung). Die Zellen enthalten Cytochrom c und/ oder Cytochrom b. Einige können molekularen Stickstoff fixieren (↗ Stickstoffixierung). Liegt im Medium kein Sulfat vor, gewinnen sie ihre Stoffwechselenergie durch ↗ Gärung, z.B. von Lactat u. Pyruvat, die unter H$_2$-Entwicklung abgebaut werden. Normalerweise ist der Stoffwechsel chemoorganotroph; unter bes. Bedingungen können einige S. auch chemolithoautotroph wachsen, mit H$_2$ als Elektronendonor, H$_2$SO$_4$ als Elektronenakzeptor und CO$_2$ als Kohlenstoffquelle (die CO$_2$-Reduktion erfolgt in einem ↗ reduktiven Citratzyklus, ähnl. wie bei einigen phototrophen Bakterien). S. kommen vorwiegend im Faulschlamm (↗ Sapropel) vor, wo organ. Substrate zersetzt werden u. Fettsäuren, Alkohole u.a. niedermolekulare Zwischenverbindungen anfallen, die sie verwerten. Der größte Anteil des in der Natur anfallenden ↗ Schwefelwasserstoffs wird von S. n ausgeschieden. Verunreinigte Gewässer enthalten 10^4–10^6, Faulschlamm 10^7 S.-Zellen pro ml. Von großer wirtschaftl. Bedeutung ist die durch S. bewirkte indirekte „anaerobe Korrosion" des Eisens, durch die große Schäden an Eisenleitungen (Pipelines) erfolgen. S. waren in geolog. alter Zeit an der Ablagerung v. ↗ Schwefel beteiligt (↗ Sulfatatmung). – Einige S. scheiden Acetat (Essigsäure) als Endprodukt aus (z.B. *Desulfovibrio* u. *Desulfomonas* = anaerobe Essigsäurebildner); andere können organ. Substrate vollständig bis zum CO$_2$ oxidieren (z.B. *Desulfococcus, Desulfobacter*). ↗ *Desulfotomaculum*-Arten bilden Endosporen. Neuerdings werden die schwefel- (↗ Schwefelreduzierer) u. sulfatreduzierenden Eubakterien in der Gruppe (Sektion) 7, „dissimilatorische Sulfat- oder Schwefelreduzierende Bakterien", zusammengefaßt (Bergey's Manual of Systematic Bacteriology, Bd. 1, 1984).

Sulfhydrylgruppe [v. *sulf-, gr. hydōr = Wasser], die ↗ SH-Gruppe.

Sulfide [Mz.; v. *sulf-], Salze des ↗ Schwefelwasserstoffs, ↗ Schwefel.

Sulfite [Mz.; v. *sulf-], Salze der *schwefligen Säure* (H$_2$SO$_3$); techn. Verwendung findet bes. das Calciumhydrogensulfit bei der Zellstoffgewinnung aus Holz.

Sulfolobales [Mz.; v. *sulf-, gr. lobos = Lappen], Ord. der ↗ Archaebakterien mit 4 Fam. (vgl. Tab.); die Arten sind meist extrem thermophil (↗ thermophile Bakterien), z.T. gleichzeitig säureliebend (↗ thermoacidophile Bakterien). Im Energiestoffwechsel sind sie meist v. Schwefelverbindungen abhängig; es gibt aerobe Arten, die ↗ Schwefel oxidieren (↗ schwefeloxidierende Bakterien), u. anaerobe Arten, die organ. Substrate od. Wasserstoff oxidieren u. dabei Schwefel bis zum ↗ Schwefelwasserstoff reduzieren (↗ Schwefelreduzierer). Die anaeroben, lithoautotrophen S. (z.B. *Pyrodictium occultum, Thermoproteus neutrophilus, Acidothermus infernus*) benötigen zum Leben nur vulkan. Gase (Wasserstoff u. Schwefel) u. Wasser; sie sind damit die einzigen Organismen, die weder direkt v. der Sonne (Licht) noch indirekt (von Sauerstoff oder organ. Substraten) abhängig sind. Überraschenderweise wurde kürzlich (1985) ein fakultativ anaerobes Archaebakterium (*Acidothermus infernus*) gefunden, das bei Temp. bis 95 °C und pH-Werten bis 1,0 anaerob seine Energie durch Schwefelatmung u. aerob durch Schwefeloxidation gewinnt. Die Zellform der S. ist sehr unterschiedl.: Kokken, Stäbchen, unregelmäßige Platten, Platten durch Netzwerk verbunden. S. leben in kontinentalen Solfatarenfeldern (heiße, saure Quellen) u. submarinen Hydrothermalgebieten. Typische Biotope sind z.B. der Yellowstone National-Park in den USA, Island, Neuseeland, Gebiete um Vulcano (Italien) u. an den „black smokers" auf dem ostpazif. Rücken (↗ schwefeloxidierende Bakterien, Spaltentext). ↗ Sulfolobus.

Sulfolobus *m* [v. *sulf-, gr. lobos = Lappen], Gatt. der *Sulfolobaceae* (↗ *Sulfolobales*, ⊤); thermophile u. acidophile ↗ Archaebakterien; die Zellen sind unregelmäßig kokkenförmig (⌀ 0,8–2,0 μm). Energie wird chemolithotroph durch Oxidation v. Schwefel mit Sauerstoff zu Sulfat (↗ schwefeloxidierende Bakterien) od. chemoorganotroph durch Oxidation von organ. Substraten (Hefeextrakt, Kohlenhydrate) mit Sauerstoff gewonnen. Die ↗ Kohlendioxidfixierung bei autotrophem Wachstum erfolgt wahrscheinl. durch einen ↗ reduktiven Citratzyklus. *S. acidocaldarius* wurde zuerst aus sauren, heißen Quellen des Yellowstone National-Parks

---

Sulfatreduzierer

Wichtige Gattungen:

Desulfovibrio
Desulfococcus
Desulfobacter
↗ *Desulfotomaculum*
Desulfosarcina
Desulfonema
Desulfomonas

Sulfolobales

Familien und einige Gattungen (vorläufige Einteilung u. Einordnung):

Sulfolobaceae
 ↗ *Sulfolobus*
 Acidothermus
Staphylothermaceae
 Staphylothermus
Thermodiscaceae
 Thermodiscus
Pyrodictiaceae
 Pyrodictium
(↗ thermophile Bakterien)

---

sulf- [v. lat. sulfur, sulphur, sulpur = Schwefel].

Sulfonamide

sulf- [v. lat. sulfur, sulphur, sulpur = Schwefel].

Sulfonamide
Wirkungsmechanismus:

S. werden v. den meisten Bakterien anstelle von ↗p-Aminobenzoesäure in ein Coenzym (↗Tetrahydrofolsäure) eingebaut. Dadurch wird ein nicht-funktionsfähiges Coenzym gebildet, das zum Wachstumsstillstand führt. Der tierische Organismus kann das Coenzym nicht selbst aufbauen, sondern nimmt es mit der Nahrung auf und wird somit nicht geschädigt.

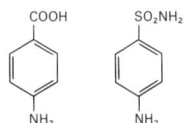

COOH SO_2NH_2

[benzene ring]   [benzene ring]

NH_2 NH_2

p-Amino-   Sulfanilamid
benzoesäure

Gift-Sumach
(Rhus toxicodendron)

Sumachgewächse
Wichtige Gattungen:

Anacardium
Cotinus
Lannea
↗Mangobaum (Mangifera)
↗Pistazie (Pistacia)
Schinopsis
Schinus
Semecarpus
Spondias
↗Sumach (Rhus)

---

isoliert; sein Temp.-Optimum liegt zw. 70 und 75 °C, das Maximum bei 85 °C, das Minimum bei 55 °C; das pH-Optimum bei 2–3 (Maximum bei 5,8, Minimum bei 0,9).

Sulfonamide [Mz.; v. *sulf-], eine vom *Sulfanilamid* abgeleitete Gruppe chem. Arzneimittel (↗Chemotherapeutika) zur Bekämpfung bakterieller Infektionen. Die ersten S. wurden von G. ↗Domagk (1935 Prontosil) entdeckt; ihr Einsatz war durch Nebenwirkungen u. häufigere Resistenzentwicklung v. Bakterien noch eingeschränkt. Die *langwirkenden S.* dringen schnell in das Gewebe ein, erfordern eine viel geringere Dosierung u. wirken damit sicherer als die älteren S. ↗p-Aminobenzoesäure.

Sulidae [Mz.; v. Altnordisch sūla = Tölpel], die ↗Tölpel.

Sultana w [v. türk. soltān = Sultan], Gatt. der ↗*Bulimulidae*, Landlungenschnecken mit eikegelförm. Gehäuse u. großer Endwindung; ungenabelt; bis 10 cm hoch. Oft bunte, baumbewohnende Arten des nördl. S-Amerika. [↗Weinrebe.

Sultaninen [Mz.; v. türk. soltān = Sultan], **Sultanshühnchen**, *Porphyrula*, Gatt. der ↗Teichhühner.

Sumach m [v. arab. summāq = S.], *Rhus*, Gatt. der ↗Sumachgewächse, 150 Arten in Subtropen u. gemäßigten Gebieten. Meist immergrüne od. laubabwerfende Sträucher; Blätter wechselständig, unpaar gefiedert; Blüten zwittrig oder diözisch, dann ein- oder zweihäusig verteilt, in auffälligen Rispen; einsamige Steinfrucht; führt harzigen Saft in schizogenen Gängen. In eur. Gärten häufig gepflanzt wird der Essigbaum od. Hirschkolben-S. (*R. typhina*), der bes. durch seine prächtige Herbstfärbung auffällt; Heimat N-Amerika. Der Glänzende S. (*R. copallina*, N-Amerika) mit ganzrand. Fiederblättern enthält bis zu 36% Tannin. Beide Arten werden in der Gerberei für hellfarbenes Leder genutzt. Den höchsten Tanningehalt (über 70%) findet man in Blattgallen, die v. einer Blattlaus an den ostasiat. Arten *R. semialata* und *R. javanica* (*R. chinensis*) verursacht werden. Alle Organe des Gift-S.s (*R. toxicodendron, R. toxicodendrum*; bis 1,5 m hoher Strauch, langgestielte 3zählige Blätter u. unscheinbare, weißl. grüne Blüten in losen, seitl. Rispen) enthalten einen gerbstoffreichen Milchsaft; Bestandteil ist auch ein gift. Derivat des ↗Brenzcatechins. Bei Berührung des Gift-S.s können schwere Hautausschläge hervorgerufen werden; noch giftiger ist *R. radicans*. Der Milchsaft des Lack-S.s (*R. verniciflua*, Heimat Himalaya bis China, in Kultur) dient zur Herstellung des hochgeschätzten schwarzen Japanlacks. B Nordamerika V.

Sumachgewächse, *Anacardiaceae*, Fam. der ↗Seifenbaumartigen mit 77 Gatt. und ca. 600 Arten; überwiegend Holzgewächse u. Kletterpflanzen in Tropen u. Subtropen. Blätter einfach od. gefiedert, meist wech-

selständig; radiäre, 5zählige Zwitterblüten; häufig Steinfrucht; viele Arten führen im Gewebe Harz, das giftig sein kann. Der Acajoubaum (*Anacardium occidentale*, B Kulturpflanzen VI), urspr. Brasilien, wird heute in den gesamten Tropen angebaut. Nach der Blüte schwillt der rote od. gelbe Fruchtstiel mächtig an u. wird in Form v. Frischobst, Marmelade, Saft u. Wein genutzt. Diesem *Kaschuapfel* hängt die eigtl. Frucht *(Elefantenlaus, Kaschunuß, Cashewnuß)* mit nierenförm. weißem Samenkern (45% Öl, 20% Protein) an (☐ 119). Die Schale ist giftig (daher nur geschält im Handel); Giftstoff ist das Cashewschalenöl, das zu einem Gummi v. großer Hitzebeständigkeit polymerisiert werden kann; Acajougummi wird aus den Stämmen älterer Bäume gewonnen u. dient als Buchbinderleim. Die Gatt. *Spondias* liefert eine Reihe v. Obstsorten, so die ovale, 2,5 cm große Mombinpflaume von *S. mombin* (trop. Amerika) u. den süß bis säuerl. schmeckenden, bis 7 cm großen Tahitiapfel (Goldpflaume) von *S. cytherea* (*S. dulcis*). In Indien beheimatet ist *Lannea coromandelica*, deren Holz sehr vielfältig für Gebrauchsgegenstände u. als Baumaterial verwendet wird; die tanninhalt. Rinde eignet sich zum Gerben u. zur Textilfärbung, auch wird aus der Pflanze ein wasserlösl. Leim (Jhingan Gummi) gewonnen. Zur Gatt. *Schinus* zählt der Pfefferbaum (*S. molle*), beheimatet in Peru, häufig kultiviert; unscheinbare Blüten an langen Rispen; aus den erbsengroßen, roten Früchten gewinnt man durch Gärung Essig od. ein alkohol. Getränk, aus den langen, schmalen Fiederblättern einen gelben Farbstoff; das Harz des Baums wird als Amerikan. Mastix bezeichnet. Zur südamerikan. Gatt. *Schinopsis* gehört *S. quebracho-colorado;* der Baum (bis 1 m ⌀) liefert das Rote ↗Quebracho-Holz, dessen wirtschaftl. Bedeutung auf seiner großen Härte u. der Haltbarkeit, die aus seinem bis 40%igen Tanningehalt resultiert, beruht; Verwendung für Telegraphenmasten, Eisenbahnschwellen, Brennholz; wird hpts. im Gran Chaco geschlagen; Vorkommen stark zurückgehend. Das Holz des Perükkenstrauchs (*Cotinus coggygria*, Mittelmeergebiet bis China) dient zur Lederfärbung und ist als Ungar. ↗Gelbholz (Fisetholz) im Handel. Arten der Gatt. *C.* werden, auch wegen ihrer prächt. Herbstfärbung, in Gärten gepflanzt. Aus den Früchten des Ostindischen Tintenbaums *(Semecarpus anacardium)* werden Firnis u. Tinte gewonnen; sie enthalten auch psychotrop wirkende Stoffe.

Summation w [v. lat. summa = Gesamtheit], 1) S. von Einzelzuckungen des Muskels, ↗Muskelzuckung. 2) *Reiz-S.,* ↗Reizsummenregel. 3) Addition v. unterschwelligen Impulsen (↗Reiz) an ↗postsynaptischen Membranen (↗Synapsen) erregbarer Zellen, als deren Folge an der Generatorregion fortgeleitete ↗Aktionspotentiale entstehen können. Man unterscheidet *zeitliche S.*, die durch die Addition von zeitl. kurz aufeinanderfolgenden Potentialen gekennzeichnet ist, und *räumliche S.*, bei der an verschiedenen Orten einer Zelle ausgelöste Potentiale (↗Rezeptorpotential) addiert werden. B Synapsen.

Summenformel, die ↗Bruttoformel.

Sumner [ßamn^{er}], *James Batcheller*, am. Biochemiker, * 19. 11. 1887 Canton (Mass.), † 12. 8. 1955 Buffalo (N.Y.); seit 1929 Prof. an der Cornell-Univ.; arbeitete bes. über Enzyme; kristallisierte 1926 als erster ein Enzym, die Urease (gleichzeitig Nachweis der Proteinnatur der Enzyme), 1937 das Enzym Katalase; erhielt 1946 zus. mit J. H. Northrop u. W. M. Stanley den Nobelpreis für Chemie.

Sumpf, ständig v. Grund-, Quell- od. Sickerwasser durchtränktes, zeitweilig überschwemmtes, höchstens oberflächl. abtrocknendes Gelände mit reichem Pflanzenwuchs (*S.pflanzen*, ↗Helophyten). Im Ggs. zum ↗Moor ist die Streuzersetzung nicht gehemmt; es bildet sich u.a. *S.humus*, jedoch keine Torfauflage. Sümpfe sind mit Niedermooren floristisch nahe verwandt. In der gemäßigten Zone bildet sich ein S. während der ↗Verlandung eines Sees, in Senken über undurchlässigem Untergrund od. an Quellen (↗Helokrenen, *Quell-S.*). In der arktischen Zone finden sich ausgedehnte S.gebiete über ↗Permafrostböden. Die größten S.gebiete liegen in den Tropen an Flachküsten u. entlang großer Flußsysteme (z.B. Sudd am Weißen Nil). In ariden Gebieten gibt es *Salzsümpfe*. Weite S.flächen wurden u. werden trockengelegt, um Epidemien einzudämmen (z.B. ↗Malaria), und v.a., um Kulturland zu gewinnen. [asseln.

Sumpfassel, *Ligidium hypnorum,* ↗Land-

Sumpfbärlapp, *Lycopodiella inundata,* ↗Bärlappartige.

Sumpfbiber, die ↗Nutria.

Sumpfbinse, *Sumpfried, Eleocharis, Heleocharis,* Gatt. der ↗Sauergräser, mit ca. 150 Arten weltweit verbreitet. Die Arten tragen eine einzelne, endständ. Blütenähre, die nie v. einem Hochblatt überragt wird. Je nach Art ist die Ähre aus 3 bis 30 monoklinen Blüten zusammengesetzt. Der Stengel ist meist rund, die Blattscheiden sind spreitenlos. In Dtl. kommen 8 Arten vor; die häufigste ist die Gewöhnliche S. (*E. palustris s. str.*), die als Charakterart der ↗Phragmitetea v.a. im Röhricht od. in Großseggen-Beständen auftritt. Manche der anderen, kleineren Arten finden sich ebenfalls in Phragmitetea-Ges., z.T. aber auch in Nieder- bis Zwischenmooren od. in Zwergbinsen-Ges. 4 der Arten sind nach der ↗Roten Liste „gefährdet" bzw. „stark gefährdet".

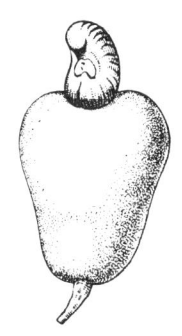

Sumachgewächse
Kaschunuß, die nierenförm. Frucht des Acajoubaums (*Anacardium occidentale*) über dem apfelförmig angeschwollenen Fruchtstiel (*Kaschuapfel*)

J. B. Sumner

Spitze Sumpfdeckelschnecke (*Viviparus contectus*)

Sumpfdotterblume (*Caltha palustris*)

Sumpfdeckelschnecken, *Flußkiemenschnecken, Viviparidae,* Familie der ↗Mittelschnecken (Überfam. *Viviparoidea*) mit getürmt-kugeligem Gehäuse, dessen Anfangswindungen spiralig gestreift, oft mit Schalenhautborsten besetzt sind, während die Oberfläche der Endwindungen glatt, seltener skulptiert ist; conchinöser Dauerdeckel. Nackenregion mit 2 Lappen; der rechte wird zu einem Sipho zusammengerollt. In der Mantelhöhle liegen eine einseit. gefiederte Kieme u. ein Osphradium. Getrenntgeschlechtl. Tiere; der rechte Fühler ist beim ♂ zu einem Begattungsorgan abgewandelt; die ♀♀ sind ovovivipar u. haben eine Bruttasche. Die S. leben im Süßwasser; sie sind Weidegänger, zusätzl. filtern sie Nahrung aus dem Atemwasser, schleimen sie ein u. transportieren sie in einer Rinne in Mundnähe. S. kommen weltweit vor (außer S-Amerika). In Dtl. sind 2 Arten verbreitet, die beide nach der ↗Roten Liste „gefährdet" sind: die Spitzen S. (*Viviparus contectus*), 32 mm Gehäusehöhe, sind in stehenden, pflanzenreichen Gewässern zu finden; dagegen bevorzugen die Stumpfen S. (*V. viviparus*) mäßig bewegtes Wasser v. Flüssen u. Seen. ☐ Artbildung.

Sumpfdotterblume, *Dotterblume, Caltha,* Gatt. der ↗Hahnenfußgewächse, umfaßt 28 Arten auf der N- und 12 Arten auf der S-Halbkugel in den gemäßigten Klimazonen. Der einfach aufgebauten Blüte fehlt der Kelch; sie besteht aus 5 gelben Blütenblättern, zahlr. spiralig angeordneten Staubblättern u. mehreren freien Fruchtblättern; die Frucht ist eine Balgfrucht (B Früchte). Die bis 30 cm hohe *C. palustris* (Eurosibirien und N-Amerika) übersät im Frühjahr feuchte Wirtschaftswiesen, Seggenwiesen u. Bachränder mit dottergelben Blüten. Die Blätter sind nierenförmig am Rande gekerbt u. glänzen. Vergiftungen treten gelegentlich auf nach Verzehr der Blätter als Salat od. bei Verwendung der grünen Blütenknospen, in Essig eingelegt, als Kapernersatz. In Gärten wird z.T. eine gefüllte, etwas früher blühende Form kultiviert. B Europa VI.

Sumpffieber, die ↗Malaria.

Sumpffliegen, *Salzfliegen, Salzseefliegen, Uferfliegen, Weitmaulfliegen, Ephydridae,* Fam. der ↗Fliegen mit ca. 1000 bekannten, meist trop. und nordamerikan. Arten, in Europa ca. 200. Die kleinen, unscheinbar gefärbten, feuchtigkeitsliebenden S. ernähren sich v. Plankton, das sie mit dem Rüssel aufnehmen. Die Larven verschiedener S.-Arten weisen mannigfaltige Gestalten u. Lebensformen auf: viele räuberisch od. von Algen lebende aquatische Formen können mittels spezieller Stigmen-Ausbildungen Luft aus Wasserpflanzen entnehmen. Oft massenhaft kommen andere Larven in Abwässern, faulenden Stoffen u. Kadavern vor. Die Larven der Petroleum-

Sumpfgas

fliege *(Psilopa petrolei)* leben in Petroleum-(Erdöl-)tümpeln N-Amerikas u. fressen kleine Insekten v. der Oberfläche. Das in den Darm gelangte Erdöl wird durch die peritrophische Membran v. der resorbierenden Oberfläche ferngehalten.

Sumpfgas, das ↗Biogas, ↗Methan.

Sumpfhirsch, *Odocoileus dichotomus,* 2 m langer, großhufiger ↗Trughirsch der südamerikan. Sumpfwälder.

Sumpfhühner, den Verlandungsbereich v. Gewässern und feuchte Wiesen bewohnende Vögel aus der Fam. der ↗Rallen; ihr schmaler, biegsamer Körper erleichtert das Schlüpfen durch dichte Bodenvegetation; leben sehr versteckt u. sind deshalb nicht leicht zu beobachten; um so auffälliger sind ihre Lautäußerungen. Alle in Dtl. vorkommenden Arten leiden unter dem Verschwinden v. Feuchtgebieten. Die noch häufigste Art, die 28 cm große Wasserralle *(Rallus aquaticus),* ist nach der ↗Roten Liste „gefährdet"; gekennzeichnet durch langen roten Schnabel, braunen Rücken, graue Unterseite mit gebänderten Flanken u. hellgraue Unterschwanzdecken; Rufe „gip gip gip" sowie schweineartig quiekend u. grunzend; lebt im dichten Röhricht. Den Übergangsbereich zw. Schilf- u. Riedflächen bewohnt das seltenere, 23 cm große, graubraun gefleckte Tüpfelsumpfhuhn *(Porzana porzana,* „stark gefährdet"), dämmerungsaktiv; ruft peitschend „quitt quitt". Das Kleine Sumpfhuhn *(P. parva,* „potentiell gefährdet") u. das Zwergsumpfhuhn *(P. pusilla,* mit 18 cm Länge die kleinste Art) brüten gelegentl. in Dtl.; beide Arten ähneln sich; das Zwergsumpfhuhn hat jedoch gebänderte Flanken. Feuchte Wiesen sind der Lebensraum des 27 cm großen Wachtelkönigs *(Crex crex,* „stark gefährdet"; B Europa XVIII); braun mit dunkler Fleckung u. Streifung sowie rotbraunen Vorderflügeln; der wiss. Name kennzeichnet die Stimme: ein hölzern knarrendes „krex krex". Außer der Wasserralle ziehen die S. im Herbst südwärts u. überwintern in N-Afrika.

Sumpfkäfer, Jochkäfer, *Helodidae,* Fam. der polyphagen Käfer aus der Verwandtschaft der *Dascilloidea/Eucinetoidea;* weltweit etwa 1000, bei uns ca. 24 Arten in 6 Gatt. Kleine (2–6 mm), wenig sklerotisierte, rundl. Käfer mit fadenförm. Fühlern; sitzen in der Vegetation in der Nähe v. Gewässern, in denen die Larven ihre Entwicklung durchmachen. Die Larven sind abgeplattet, asselförmig u. haben sehr lange vielgliedr. Fühler; Mundteile mit einem hochkomplizierten Filterapparat, bestehend aus Teilen des Hypo- u. Epipharynx. S. leben in Fließgewässern (Gatt. *Helodes*), in stehenden Gewässern (v. a. *Cyphon*) u. sogar in ↗Phytotelmen *(Prionocyphon* u. *Flavohelodes).*

Sumpfkrebs, *Astacus leptodactylus,* ↗Flußkrebse ([T]).

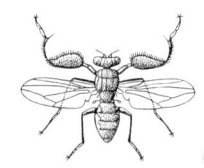

Sumpffliege *(Ochthera mantis)*

Sumpfhühner
Wasserralle *(Rallus aquaticus)*

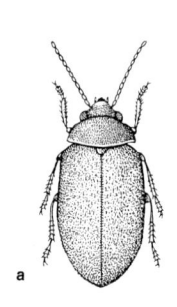

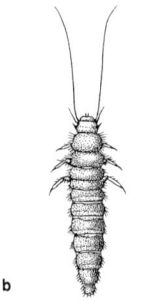

Sumpfkäfer
a Sumpfkäfer *(Cyphon variabilis),* b Larve

Sumpfkresse, *Rorippa,* mit ca. 90 Arten über die nördl. gemäßigte Zone verbreitete Gatt. der ↗Kreuzblütler; vorwiegend an den Ufern v. Flüssen, Seen, Tümpeln u. Altwässern od. in Verlandungsbeständen anzutreffende Kräuter od. Stauden mit meist fiederteil. Blättern u. traubig angeordneten, kleinen gelben Blüten. In Mitteleuropa heimisch sind etwa 6, häufig miteinander bastardierende Arten. Zu ihnen gehören die Wildkresse *(R. silvestris)* u. die Gewöhnliche S. *(R. islandica).*

Sumpfmaus, *Microtus oeconomus,* ↗Feldmäuse.

Sumpfmücken, die ↗Stelzmücken.

Sumpfotter, *Mustela lutreola,* ↗Nerze.

Sumpfpflanzen, die ↗Helophyten.

Sumpfquendel, *Peplis,* Gatt. der ↗Weiderichgewächse mit 3 Arten in den gemäßigten Bereichen der N-Hemisphäre; in Dtl. der Gewöhnliche S. *(P. portula),* seltenes Kraut mit niederliegendem Stengel, an den Knoten wurzelnd; Blumenkronblätter fehlen; in Zwergbinsen-Ges. *(*↗Isoëto-Nanojuncetea).

Sumpfried, die ↗Sumpfbinse.

Sumpfschildkröten, *Emydidae,* formenreichste Fam. der ↗Halsberger-Schildkröten mit ca. 80 Arten (sowie zahlr. U.-Arten bzw. geogr. Rassen) in rund 25 Gatt. (vgl. Tab.). Vorwiegend Süß- od. Brackwasserbewohner; weit verbreitet (Ausnahme: Mittel- und S-Afrika, Austr., Ozeanien), v. a. aber in den wärmeren Gebieten auf der nördl. Erdhalbkugel; unterschiedl. enge Bindung an das Wasser (zahlr. Arten kommen nur zur Eiablage an Land, andere halten sich hier bevorzugt auf). Meist mit flachem, ovalem Rückenpanzer (grenzt unmittelbar an Bauchpanzer) u. Schwimmhäuten zw. den Zehen; vorwiegend Fleischfresser (u. a. Würmer, Schnecken, Insekten, Fischbrut), z. T. auch Verzehrer v. Pflanzenstoffen. Paarung ab April; ♀ legt im Mai–Juli 3–16 weiße, längl. Eier; Reifungsdauer 2–11 Monate. – Einzige, auch im mitteleur. Binnenland heim. Schildkrötenart (in SO-Bayern, der Mark Brandenburg, im Oder-Weichsel-Gebiet, in Nieder-Östr.; ferner in W-Europa, NW-Afrika, W-Asien; nach der ↗Roten Liste „vom Aussterben bedroht") ist die Europäische S. *(Emys orbicularis);* in Mitteleuropa bis 26 cm, südl. Exemplare bis 36 cm lang; lebt bis 1700 m Höhe in Tümpeln, Seen u. Gräben mit reichem Pflanzenbewuchs, sonnt sich gern am Ufer. Kopf, Hals u. Beine graubraun bis schwarz, gelb gesprenkelt; Rückenpanzer (dunkelbraun bis schwarz, meist mit gelben Punkten od. strahlenförm. Linien) u. Bauchpanzer (mit Quergelenk; gelbl. mit dunklen Flecken) aus großen, mit Hornschildern bedeckten Knochenplatten bestehend; Schwanz verhältnismäßig lang; ♂ mit 6–12, ♀ mit ca. 16 Jahren fortpflanzungsfähig; ♀ legt Eier in ca. 8 cm tiefe, selbstgegrabene Löcher;

die Jungen schlüpfen nach 6–8 Wochen od. oft erst im nachfolgenden Frühjahr. Sehr scheu, schwimmt schnell, taucht gut; überwintert im Bodenschlamm der Gewässer; soll im Aquaterrarium bis 120 Jahre alt werden. – Von den zahlr. Arten der nordamerikan. Schmuckschildkröten (Gatt. *Pseudemys*) kommen wegen ihrer meist auffälligen u. schönen Färbung des Rückenpanzers u. (je nach Art leuchtend gelbe od. rote Längsstreifen od. Flecken) am Kopf u. Hals viele über den Tierhandel nach Europa; sie sterben leider sehr oft u. bald durch unsachgemäße Pflege (benötigen zum Panzeraufbau eine bes. kalk- u. vitaminreiche Fleischnahrung). Höchstens 18 cm lang wird die Schwarze Dickkopfod. Dickhalsschildkröte (*Siebenrockiella crassicollis*) aus Hinterindien und v. den Sundainseln; mit grauer Kopfzeichnung; Kopf u. Hals massig (Name!); schwarzer Rückenpanzer gewölbt, glatt, Hinterrand deutl. gezähnt. Das Verbreitungsgebiet der beiden mehr od. weniger aquat. Arten der Dornschildkröten (Gatt. *Cyclemys*; Panzerlänge bis 25 cm; Hinterrand des Rückenpanzers gesägt) ist das südl. Asien, während den Vertretern der Erdschildkröten (Gatt. *Geoemyda* mit 15 Arten; Panzerlänge 15–40 cm; in Asien oder N- und S-Amerika beheimatet) die meisten z. T. oder ausschl. Landbewohner sind u. auch bezügl. der Lebensweise (verzehren teils Fleisch, teils Wasserpflanzen) Unterschiede bestehen. Ausschl. vegetarisch ernährt sich die Diademschildkröte (*Hardella thurjii*; lebt v. a. in stehendem od. langsam fließendem Wasser der Flußsysteme v. Ganges u. Brahmaputra; Panzerlänge des ♀ über 50 cm, ♂ kleiner; mit leuchtend orangefarbenem Stirnband auf dunkler Kopfoberseite – Name!). Ihr äußerl. sehr ähnl. ist die Tempelschildkröte (*Hieremys annandalii*; Panzerlänge bis 25 cm; lebt ebenfalls v. a. vegetarisch u. bevorzugt ruhige Gewässer; in südostasiat., bes. thailänd. Tempelteichen); wie bei der vorigen Art liegen auch ihre Lungen in knöchernen Kapseln, die v. Vorsprüngen des Panzers gebildet werden. Von Vorderindien bis Burma ist die Gatt. *Kachuga* verbreitet; ihr 4. Rückenschild zeigt eine auffallende Verlängerung; die dt. Bez. Dachschildkröten trifft bes. für die prächtig gefärbte, bis 25 cm lange, zutraul. Indische Dachschildkröte (*K. tecta*) zu, deren hoher, in der Mitte v. einem höckerigen Längskiel durchzogener Rückenpanzer seitl. steil abfällt. In ihrem Verbreitungsgebiet häufig ist die Chinesische Streifenschildkröte (*Ocadia sinensis*; Panzerlänge bis 25 cm; Kopf u. Hals mit dünnen, aber kontrastreichen Längsstreifen). Als Vertreter einer eigenen Gatt. bewohnt die ruhige Gewässer liebende u. weite Wanderungen über Land unternehmende Langhals-Schmuckschildkröte (*Deirochelys reticula-*

Sumpfschildkröten
Wichtige Gattungen:
↗ Callagur-Schildkröten (*Callagur*)
Chinesische Streifenschildkröten (*Ocadia*)
Dachschildkröten (*Kachuga*)
Diademschildkröten (*Hardella*)
↗ Diamantschildkröten (*Malaclemys*)
Dornschildkröten (*Cyclemys*)
↗ Dosenschildkröten (*Terrapene*)
Eigentliche Sumpfschildkröten (*Emys*)
Erdschildkröten (*Geoemyda*)
Eurasiatische Wasserschildkröten (*Mauremys*)
Langhals-Schmuckschildkröten (*Deirochelys*)
↗ Scharnierschildkröten (*Cuora*)
Schmuckschildkröten (*Pseudemys*)
Schwarze Dickkopfschildkröten (*Siebenrockiella*)
Tempelschildkröten (*Hieremys*)
↗ Wasserschildkröten (*Clemmys*)
↗ Zierschildkröten (*Chrysemys*)

ria; Panzerlänge bis 25 cm) das Gebiet zw. Arkansas u. Texas; sie hat einen langen, längsgestreiften Hals u. olivbraunen Rückenpanzer mit einem Netzwerk feiner, heller Linien; der Bauchpanzer ist gelbl. In mehrere Gatt. werden heute oft die ↗ Wasserschildkröten (*Clemmys*) aufgeteilt, so die Eurasiatischen Wasserschildkröten (*Mauremys*); die Kaspische Wasserschildkröte (*M. caspica*; Panzerlänge bis 20 cm; stellt nur wenig Ansprüche an die Sauberkeit des Wassers u. Nahrung) kommt als Angehörige einer regs. Gatt. auch in Europa (südl. Balkanhalbinsel) vor. ☐ Schildkröten, [B] Mediterranregion III, [B] Reptilien I, II. *H. S.*

Sumpfschlammschnecken, *Stagnicola,* Gatt. der ↗ Schlammschnecken mit turmförm., schlankem Gehäuse, ungenabelt. In Dtl. 3 Arten in pflanzenreichen, wenig bewegten Gewässern: 1) die Länglichen S. (*S. glabra*), mit dünnwand., sehr schlankem, 12 mm hohem Gehäuse, nördl. des Mains; 2) die Großen S. (*S. corvus*), mit 22 mm hohem, festwand. Gehäuse u. stark erweiterter Endwindung, in ganz Dtl.; 3) die Schlanken S. (*S. turricula*), mit 21 mm hohem, sehr schlankem Gehäuse mit wenig erweiterter Endwindung, in ganz Dtl.

Sumpfschnepfen, die ↗ Bekassinen.

Sumpfschrecke, *Mecostethus grossus,* ↗ Feldheuschrecken.

Sumpfstern ↗ Tarant.

Sumpfwälder, Wälder, die auf Böden mit hoch anstehendem, langsam abfließendem Grundwasser stocken u. kurzzeitig od. für längere Zeit (bis zu einigen Jahren) überschwemmt werden. Das nachfolgende oberfläch. Abtrocknen des Bodens ist wichtig für die Sauerstoffversorgung, Stickstoffmineralisation u. Samenkeimung. Beispiele: Erlenbruchwälder, trop. Sumpfregenwälder. ↗ Braunkohle.

Sumpfwurz, die ↗ Stendelwurz.

Sumpfzypresse, *Taxodium,* Gatt. der ↗ Sumpfzypressengewächse mit 3 in N-Amerika beheimateten rezenten Arten; sommergrüne (!) od. halbimmergrüne, hohe Bäume mit nadelförm. Blättern, die im Herbst zus. mit den ca. 10 cm langen Kurztrieben abfallen. *T. distichum* ([B] Nordamerika VII) ist im südöstl. N-Amerika ein charakterist. Element der Sümpfe u. Flußniederungen. Die Art bildet auffallende „Wurzel-" oder „Atemknie" (über die Oberfläche ragende, höckerförm. Auswüchse der waagrecht verlaufenden Wurzeln), welche die Wurzeln in den schlecht durchlüfteten Böden mit Sauerstoff versorgen; sie wird auch in Mitteleuropa in Parks kultiviert, u. das dauerhafte Holz wird z. T. als Bauholz verwendet. *T. ascendens* besitzt ein ähnl. Areal wie *T. distichum*, während *T. mucronatum*, das keine Atemknie ausbildet, in Mexiko im Hochland zwischen 1400 und 2300 m vorkommt. – Fossil war die Gatt. im ↗ Tertiär in N-Amerika, Europa u.

Sumpfzypressengewächse

Gattungen:
Athrotaxis
(Schuppenfichte)
⤻ *Cryptomeria*
(Sicheltanne)
⤻ *Cunninghamia*
(Spießtanne)
⤻ *Glyptostrobus*
(Wasserfichte)
⤻ *Metasequoia*
⤻ *Sciadopitys*
(Schirmtanne)
⤻ *Sequoia*
(Immergrüner Mammutbaum)
⤻ *Sequoiadendron*
(Riesenmammutbaum)
Taxodium
(⤻ Sumpfzypresse)
Taiwania

super- [v. lat. super = über, über ... hinaus].

Asien weit verbreitet. Eine mit *T. mucronatum* weitgehend übereinstimmende Art bildete ein wicht. Element in den tertiären Braunkohlenmooren; allerdings gehören die meisten *Taxodiaceae*-Hölzer der tertiären Braunkohle zu ⤻ *Sequoia*.

Sumpfzypressengewächse, *Taxodiaceae,* Fam. der ⤻ Nadelhölzer (U.-Kl. *Pinidae*) mit 10 rezenten Gatt. (vgl. Tab.); hohe Bäume od. Sträucher mit (außer bei ⤻ *Metasequoia*) schraubig gestellten, schuppen- oder nadelförm. Blättern; Staubblätter mit 2–9 Pollensäcken, Pollenkörner ohne Luftsäcke; ♀ Zapfen bestehend aus derart., schraubig stehenden (Ggs. zu ⤻ Zypressengewächsen), meist verholzten Zapfenschuppen (entstanden aus der Verwachsung v. Deckschuppe u. Samenschuppe bzw. Samenwulst). Die S. sind eine erdgeschichtl. sehr alte Fam., die bereits im mittleren Jura mit ⤻ *Cunninghamia*-ähnlichen Formen (Gatt. *Elatides*) auftritt.

Suncus *m*, ⤻ Etruskerspitzmaus.

Sunda-Gaviale [Mz.; ben. nach den Sunda-Inseln (Indonesien), v. hindi ghar-viyal = Krokodil], *Tomistoma,* Gatt. der ⤻ Krokodile.

Suoidea [Mz.; v. lat. sus = Schwein], die ⤻ Schweineartigen.

supercoil [v. *super-, engl. coil = Windung], s.-DNA, die durch Verdrillung (engl. twist) entstehenden Verknäuelungsstrukturen doppelsträngiger DNA (⤻ Doppelstrang, ⤻ Desoxyribonucleinsäuren). Die Verknäuelungsstrukturen sind – ähnl. verdrillten ringförmigen Gummibändern od. -schläuchen – ganz od. teilweise helikal (Superhelix) aufgebaut (☐ DNA-Topoisomerasen) u. bewirken insgesamt eine Verdichtung der DNA-Ketten (☐ ringförmige DNA). Obwohl supercoil-Strukturen bes. gut an kleinerer, ringförmiger, doppelsträngiger DNA nachgewiesen werden konnten, da hier freibewegl. Enden fehlen u. so die jeweiligen Verdrillungszustände stabilisiert sind, zeigt auch die langkettige DNA v. ⤻ Chromosomen trotz Linearität (freibewegl. Enden) supercoil-Strukturen, die hier durch die Windungen um die ⤻ Nucleosomen bedingt sind (☐ Chromatin). Eine rechtsgängige Verdrillung von DNA-Enden kann ein je nach Verdrillungsgrad mehr od. weniger starkes Aufbrechen v. ⤻ Basenpaaren (lokale Lösung der Doppelhelix zu Einzelsträngen), bes. in Bereichen v. hohem ⤻ AT-Gehalt (schwache Basenpaarungskräfte), bewirken, weshalb eine rechtsgängige Verdrillung als *negativer Supertwist* bezeichnet wird. Die Verdrillung kann jedoch alternativ zu der der DNA-Doppelhelix überlagerten Spiralisierung des supercoils und damit zur DNA-Verknäuelung führen. Da die aus Zellen isolierte DNA immer negativen Supertwist aufweist, wird angenommen, daß das durch diesen bedingte Gleichgewicht zw. lokalen Einzelstrangbereichen und super-

coil von physiolog. Bedeutung für die Aktivierung v. Genen bzw. für die Kondensation von DNA zu den Chromosomen ist. Ein *positiver Supertwist* entspr. einer linksgängigen Verdrillung von DNA-Enden u. damit einer Überspiralisierung der DNA-Doppelhelix. Bei der DNA-⤻ Replikation (☐) bildet sich ein positiver Supertwist vorübergehend u. lokal oberhalb der Replikationsgabel, der jedoch durch die Wirkung v. Topoisomerasen laufend ausgeglichen wird. Positiver Supertwist u. die damit einhergehenden supercoil-Strukturen können aber auch künstl. unter der Wirkung v. Topoisomerasen II od. durch interkalierende Agenzien erzeugt werden.

Superdominanz *w* [v. *super-, lat. dominans = herrschend], *Überdominanz,* ⤻ Heterosis (Spaltentext).

Superfekundation *w* [v. *super-, lat. fecundare = befruchten], Befruchtung von 2 Eiern derselben Ovulationsperiode mit Spermien aus verschiedenen Begattungsakten; beobachtet bei manchen Säugetieren (z. B. Pferd, Hund). Beim Menschen sehr selten; führt ggf. zu zweieiigen Zwillingen mit verschiedenen Vätern.

superfemale [ßjupᵉrfiːmeɪl; engl. =], das ⤻ Überweibchen.

Superfetation *w* [v. lat. superfetare = überfruchtet werden], *Nachempfängnis,* Beginn einer zweiten während einer noch bestehenden Schwangerschaft (bzw. Trächtigkeit), durch Befruchtung v. Eiern aus verschiedenen Ovulationsperioden; kommt bei einigen Tieren regelmäßig vor (z. B. Feldhase).

superfizielle Furchung [v. *super-, lat. -ficare = machen], Typ der ⤻ Furchung (B), bei dem sich das periphere Eiplasma (fast) gleichzeitig in vielen Zellen zerteilt u. so ein ⤻ Blastoderm bildet, z. B. bei pterygoten Insekten; B Larven I.

Superhelix *w* [v. *super-, gr. helix = Windung], ⤻ supercoil, ⤻ DNA-Topoisomerasen.

Superinfektion *w* [v. *super-, lat. infectus = vergiftet, angesteckt], Zweitinfektion *(Sekundärinfektion)* mit dem gleichen Erreger, wenn aufgrund der ersten noch keine Immunität entwickelt ist.

Superlinguae [Mz.; v. *super-, lat. lingua = Zunge], am Hypopharynx (⤻ Mundwerkzeuge) befindl. Anhänge bei ⤻ Urinsekten.

supermale [ßjupᵉrmeɪl; engl. =], das ⤻ Übermännchen.

Superovulation *w* [v. *super-, lat. ovum = Ei], ⤻ Ovulation einer abnorm großen Anzahl v. Follikeln infolge Hormongabe.

Superoxid-Dismutase *w* [v. *super-, gr. oxys = sauer, dis = doppelt, lat. mutare = verändern], *Hyperoxid-Dismutase, Erythrocuprein,* ein bes. in Erythrocyten, aber auch in den oxidativ wirkenden Geweben v. Leber u. Hirn vorkommendes Enzym, das die Umsetzung (Entgiftung) des hochreaktiven u. für viele Zellkomponenten

schädl. Superoxidradikals O_2^- nach folgender Gleichung katalysiert:
$2 O_2^- + 2 H^+ \rightarrow H_2O_2 + O_2$.

Superparasitierung [v. *super-, gr. parasitos = Schmarotzer], ↗Parasitismus (T̄).

Superphosphat s [v. *super-], aus einem Gemisch v. primärem ↗Calciumphosphat u. Gips bestehendes, techn. hergestelltes Düngemittel (↗Phosphatdünger); zählt zu den wichtigsten ↗Düngern (T̄).

Superpositionsauge s [v. lat. superponere = übereinanderlegen], spezieller Bau- und Funktionstyp des ↗Komplexauges der Insekten u. Krebse; ↗Retinomotorik.

Superspezies w [v. *super-, lat. species = Art], ↗Rasse.

Superstiten [Mz.; v. lat. superstites = überlebende Zeugen], die letzten Überlebenden; überlebende Arten und Gatt., deren Formkreise zuvor in der Überzahl ausstarben.

Supertwist m [v. *super-, engl. twist = Verdrillung], ↗supercoil.

Supination w [v. lat. supinatio = Zurückbeugung], Auswärtsdrehung der ↗Extremitäten, nichtüberkreuzte Stellung v. ↗Elle u. ↗Speiche (↗Ellenbogengelenk). Die beiden Unterarmknochen liegen dabei parallel zueinander, die Handfläche weist nach oben, der Daumen nach außen. Ggs.: ↗Pronation.

Suppenschildkröten, *Chelonia*, Gatt. der ↗Meeresschildkröten.

Suppline [Mz.; v. lat. supplere = ergänzen], die ↗Ergänzungsstoffe.

Suppression w [v. lat. suppressio = Unterdrückung], 1) die Unterdrückung des Phänotyps einer ↗Mutation durch eine zweite Mutation, die – im Ggs. zu einer ↗Rückmutation – an einer anderen Stelle des Genoms lokalisiert ist. Aus dieser Definition erklären sich die Synonyme ↗„kompensierende Mutation", „phänotypische Reversion" u. „second site reversion" (engl.). Der molekulare Mechanismus von S. beruht auf der Wirkung v. ↗*Suppressor-Genen* od. bei Protein-codierenden Genen auch auf der Wiederherstellung des durch eine erste Mutation veränderten Lese-Rasters durch eine zweite Mutation, die in der Nähe der ersten lokalisiert ist. Ein Spezialfall der S. ist die ↗*Restaurierung.* 2) ↗Immunsuppression.

Suppressor-Felder [v. *suppressor-], bestimmte, in der Großhirnrinde (↗Telencephalon) umschriebene Regionen, deren Reizung die Aktivität anderer Hirnregionen herabsetzt.

Suppressor-Gene [v. *suppressor-], *Suppressoren*, Gene, durch deren Anwesenheit die Auswirkungen mutierter anderer Gene auf der Ebene der Translation rückgängig gemacht werden. Im Ggs. zu echten Reversionen (↗Rückmutationen v. Mutanten zu Wildtypen) bewirken S. lediglich die Aufhebung (↗Suppression, daher der Name S.) bestimmter durch Mutation eingeführter Defekte (z. B. des vorzeitigen Kettenabbruchs bei der Translation oder des Einbaus anderer Aminosäuren) durch Veränderungen v. zur Proteinsynthese erforderl. Komponenten (t-RNA, Ribosomen). Sog. *Nonsense-S.* (↗Nonsense-Mutation) codieren für mutierte t-RNA-Spezies *(Suppressor-t-RNAs),* deren Anticodonen mit einem der drei Terminations-Codonen UAA, UAG oder UGA paaren können, so daß diese Codonen bei der Proteinsynthese nicht mehr als Signale für den Kettenabbruch (Termination), sondern als Signale für den Einbau bestimmter Aminosäuren fungieren. Auf diese Weise können Mutationen v. Protein-codierenden Genen, die durch Einführung eines Terminator-Codons eigentl. zum vorzeit. Kettenabbruch bei der Synthese des betreffenden Proteins führen würden, phänotyp. rückgängig gemacht werden, indem statt der inaktiven Proteinfragmente wieder vollständige, d. h. funktionsfähige Proteinketten synthetisiert werden. *Missense-S.* (↗Missense-Mutation) codieren spezielle t-RNA-Spezies od. verändern ribosomale Proteine. In beiden Fällen ergibt sich als Folge, daß die Codonen von m-RNA nicht mehr ganz exakt (d. h. dem genet. Code genau entsprechend) in Aminosäuren übersetzt werden, wodurch andererseits mit bestimmter Rate fehlerhafte Positionen ausgeglichen werden.

Suppressor-Mutanten [v. *suppressor-, lat. mutans = verändernd], Mutantenstämme, die ein (oder mehrere) ↗Suppressor-Gene enthalten.

Suppressor-Mutation w [v. *suppressor-, lat. mutatio = Veränderung], ↗Mutation, durch die ein ↗Suppressor-Gen eingeführt wird u. wodurch bestimmte Mutationen an anderen Stellen des Genoms ausgeglichen werden.

Supralitoral s [v. *supra-, lat. litoralis = Ufer-], die ↗Spritzzone; ↗Litoral. ☐ See.

Supraoesophagealganglion s [v. *supra-, gr. oisophagos = Speiseröhre], das ↗Oberschlundganglion.

Suprarenin s [v. *supra-, lat. ren = Niere], das ↗Adrenalin.

supraspezifisch [v. *supra-, lat. species = Art], „oberhalb der Art", v. a. angewendet auf ↗Kategorien der biol. ↗Klassifikation; bisweilen auch auf ↗Evolution bezogen, dann aber meist *transspezifisch* (= Makroevolution) genannt. Ggs.: *infraspezifisch.*

Suricata w [v. südafr. Namen über frz. surikate], *Surikate,* ↗Erdmännchen.

Surirellaceae [Mz.], Fam. der ↗Pennales (T̄), Kieselalgen mit echten Raphen. Die Gatt. *Surirella* ist mit ca. 200 Arten im Süß- u. Meerwasser verbreitet; ihre Valvarseiten sind linear-ellipt. oder oval.

Surnia w, Gatt. der ↗Eulen.

Surra w [v. Marathi (ind. Sprache) sūra = Keuchen], durch das Geißeltierchen *Try-*

Surra

super- [v. lat. super = über, über ... hinaus].

suppressor- [v. lat. suppressor = Zurückhalter, Unterdrücker].

supra- [v. lat. supra = oberhalb, über].

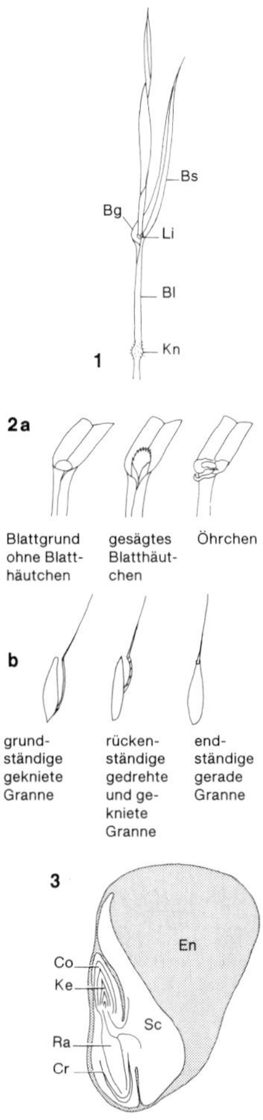

Surtsey

panosoma evansi hervorgerufene, meist tödl. verlaufende Krankheit bei Säugetieren in Afrika, Asien u. Australien.

Surtsey, vom 14. Nov. 1963 bis 1966 durch einen untermeer. Vulkanausbruch entstandene 2,8 km² große Insel; 33 km südl. v. Island. Die Untersuchung der Besiedlungsgeschichte gibt Einblick in den Ablauf einer primären ↗Sukzession. ↗Inselbiogeographie, ↗Erstbesiedlung.

Lit.: Fridriksson, S.: Surtsey, evolution of life on a volcanic island. London 1975.

Sus *m* [lat., = Schwein], die ↗Wildschweine.

Suspension *w* [Ztw. *suspendieren;* v. lat. suspendere = schweben lassen], *Aufschlämmung, Aufschwemmung,* die Verteilung fester Körper mit ⌀ unter 10^{-5} cm in Flüssigkeiten. Die Trennung einer S. in Flüssigkeit u. Festkörper erfolgt durch ↗Sedimentation od. Zentrifugation. ↗Dispersion, ↗kolloid, ↗Ultrazentrifuge.

Suspensor *m* [v. lat. suspendere = schweben lassen], der ↗Embryoträger.

Suspensorium *s* [v. lat. suspendere = aufhängen], 1) *Genitalleiste,* mesodermales Band bei Säugern, an dem jede der beiden embryonalen Keimdrüsen dorsal an der Wand der Leibeshöhle aufgehängt ist. 2) Sklerit am ↗Hypopharynx der Insekten (↗Mundwerkzeuge). [ler.

Süßdolde, *Myrrhis,* Gatt. der ↗Doldenblüt-

Süßgräser, *Gramineae, Poaceae,* einzige Fam. der *Poales (Graminales)* mit ca. 700 Gatt. u. 8000 einjährigen u. ausdauernden Arten. Sie sind weltweit verbreitet u. durch ihre bes. *Morphologie* gut charakterisiert (vgl. Abb.). Der Stengel (Halm) ist rund, hohl (Ausnahme ↗Mais mit Mark) u. an den sog. Knoten verdickt. Die meist zweizeilig angeordneten, schmalen Blätter gliedern sich in stengelumfassende Blattscheide u. abstehende Blattspreite. Am Ansatzpunkt der Blattspreite liegt der Blattgrund, der oft ein Blatthäutchen (↗Ligula), einen Haarkranz od. ein Öhrchen trägt. Nach der Wuchsform unterscheidet man Horstgräser, Gräser mit oberird. Ausläufern (Stolonen) u. Gräser mit unterird. Ausläufern (Rhizomen). Die Grundeinheit des Blütenstands der S. ist das ein- od. mehrblütige ↗Ährchen (☐). Es besteht meist aus zwei sterilen Hüllspelzen u. zweizeilig angeordneten, oft begrannten Deckspelzen, in deren Achseln die Blüten stehen. Die anemogame, meist zwittrige Blüte (↗Grasblüte, ☐) besteht aus einer zweikieligen Vorspelze, 2 Schwellkörpern (↗Lodiculae), 3 Staubblättern u. einem Fruchtknoten mit zwei langen fedrigen Narben. Die Schwellkörper öffnen durch Anschwellen die Blüte. Die ↗Blütenformel P[2]+2 A3+0 G(2) läßt sich durch Reduktion der Blütenformel der ↗Lilienartigen *P3+3 A3+3 G(3) und Ausfall eines Staubblattkreises deuten. So haben z. B. ↗Reis u. Bambus (↗Bambusgewächse) noch 6 Staubblätter (A3+3), u. beim ↗Federgras findet man noch 3 Lodiculae. Der Pollen der S. ist dreikernig u. hat einen Keimporus. Er kann bei empfindl. Personen ↗Heuschnupfen (↗Allergie) hervorrufen. – Die *Blütenstandsformen* der S. sind wicht. Einteilungskriterium der S. Die ↗Ähre (☐ Blütenstand, B Blüte) hat sitzende ein- od. zweiseitswendige Ährchen im Ggs. zur Scheinähre (Ährenrispe; ↗Ährenrispengräser) mit kurzgestielten (evtl. verzweigten) mehr- od. allseitswendigen Ährchen. Bei der Traube stehen mehrere langgestielte Ährchen auf einer Stufe der Spindelachse des Blütenstands. Rispen haben mehrfach verzweigte Stiele der Ährchen. Seltener sind Fingerähren mit mehreren Ähren, die v. einem Punkt ausgehen, od. ein Kolben (Mais). – Die einsamige Frucht der S. ist eine ↗*Karyopse,* bei der Fruchtschale (Perikarp) u. Samenschale (Testa) miteinander verwachsen sind. Unterhalb der rudimentären Samenschale beginnt direkt die ↗Aleuron- od. Kleber-Schicht (Proteine; ↗Gluten), die sehr unterschiedl. ausgebildet sein kann u. beim ↗Getreide die Backfähigkeit des Mehls bestimmt (↗Brotgetreide). Seitl. gegenüber dem Nabel (↗Hilum) liegt der Embryo. Sproß- u. Wurzelanlage sind v. geschlossenen Scheiden, ↗Coleoptile (Sproß) u. ↗Coleorrhiza, umgeben. Das einzige Keimblatt ist zu einem schildförm. Saugorgan, dem (Haustorial-) Scutellum, umgebildet. Es beutet bei der Keimung das stärkehalt. Endosperm aus. Nur bei den Bambusgewächsen kommen auch Steinfrüchte od. beerenartige Früchte vor. – Die S. kommen in allen Erdteilen in Wäldern, Wüsten und auch im Hochgebirge bis ca. 3500 m Höhe vor. Sie treten vegetationsprägend in Savannen, Steppen, Wiesen u. auf Dünen auf. Von großer Bedeutung sind die Getreide als Nahrungsmittel, die Wiesen- u. Futtergräser für die Tierernährung. Aus S.n werden u. a. Stärke, Zucker, Papier, Alkohol, Parfüme u. auch Bau- u. Isolationsmaterial gewonnen. S. sind außerdem zur Stabilisierung von Sanddünen, Böschungen u. Rohboden wichtige Hilfsmittel. – Die wichtigsten U.-Fam. der S. sind die ↗ *Pooideae,* ↗ *Eragrostoideae,* ↗ *Oryzoideae,* ↗ *Panicoideae,* ↗ *Andropogonoideae* u. die ↗Bambusgewächse *(Bambusoideae),* die gelegentl. als eine eigene Fam. betrachtet werden.

Lit.: Klapp, E.: Taschenbuch der Gräser. Berlin 1974. A. S.

Süßholz, *Glycyrrhiza,* Gatt. der ↗Hülsenfrüchtler.

Süßkartoffel, die ↗Batate.

Süßkirsche, *Prunus avium,* ↗Prunus.

Süßklee, *Hedysarum,* Gatt. der ↗Hülsenfrüchtler mit ca. 160 Arten in d. innerasiat. Trockengebiete. Der Alpen-S. (*H. hedysaroides;* Alpen, Holarktis) ist ein ausdauerndes Kraut der alpinen Stufe mit hän-

Süßgräser

1 Morphologie eines „Grashalms". 2 Verschiedene Ausbildungsformen **a** des Blattgrundes und **b** der Deckspelzen. 3 Aufbau der Karyopse vom Mais (*Zea mays*). Bg Blattgrund, Bl Blattscheide, Bs Blattspreite, Co Coleoptile, Cr Coleorrhiza, En Endosperm, Ke Blattanlagen des Keimlings, Kn Knoten, Li Ligula (Blatthäutchen), Ra Radicula (Keimlingswurzel), Sc Scutellum

genden roten Blüten u. eingeschnürter Fruchthülse; in Wildheuplanken, lückigen Steinrasen; gute Futterpflanze.

Süßlippen, Grunzer, *Pomadasyidae,* Fam. der ↗Barschfische mit ca. 20 Gatt.; marine, meist mittelschlanke, dicklippige Raubfische, die überwiegend in trop. Meeren leben; sie können i. d. R. durch Aneinanderreiben der Schlundzähne laute, durch Resonanzschwingungen der Schwimmblase verstärkte Grunzgeräusche erzeugen; viele S. sind gute Speisefische. Hierzu gehören der bis ca. 30 cm lange Weiße Grunzer (*Haemulon plumieri,* B Fische VIII) u. der bis 45 cm lange Blaustreifengrunzer *(H. sciurus),* die beide v. a. in westatlant. Korallenriffen häufig vorkommen; wie bei den Küssenden ↗Guramis schieben sich oft 2 Artgenossen mit geöffnetem Maul voreinanderstehend hin u. her.

Süßstoffe, synthet. gewonnene Süßungsmittel, die eine höhere Süßkraft als ↗Saccharose, aber nicht den entspr. Nährwert besitzen, z. B. ↗Cyclamate u. ↗Saccharin (□). S. finden vielseitige Anwendung in Lebensmitteln, Arzneimitteln, Zahnpasta usw. Von den S.n zu unterscheiden sind die *Zuckeraustauschstoffe* (z. B. Fructose, Sorbit, Xylit u. Mannit) sowie pflanzl. Süßmittel (z. B. ↗Glycyrrhizinsäure, ↗Monellin u. ↗Miraculin).

Süßwasser, Wasser mit weniger als 0,5‰ Salzgehalt (↗Salinität) bzw. weniger als 1 g Abdampfungsrückstand pro Liter; auf der Erde sind nur 0,032% der vorhandenen Wassermenge Süßwasser. ↗Wasser

Süßwasserdelphine, die ↗Flußdelphine.

Süßwassergarnelen, 1) *S. i. e. S.,* die ↗*Atyidae.* 2) *S. i. w. S.,* verschiedene Arten der Gatt. *Leander, Macrobrachium* u. a. (↗*Natantia*), die ebenfalls im Süßwasser vorkommen.

Süßwasserhaie, ↗Xenacanthidae.

Süßwasserkrabben, *Potamidae, Potamonidae,* Fam. der ↗*Brachyura,* heute meist aufgespalten in 3 Fam.: *Potamidae, Pseudothelphusidae* u. *Trichodactylidae.* Mehr als 500 Arten weltweit in den Tropen u. Subtropen, wo Flußkrebse fehlen. Sie haben, wie die Flußkrebse, eine direkte Entwicklung ohne freischwimmendes Larvenstadium. Die meisten Vertreter leben in Flüssen u. Bächen. Das gilt auch für die bis 5 cm breite Art *Potamon fluviatile* aus den Mittelmeerländern, die stellenweise auch gegessen wird. Sie sind Allesfresser, die neben tierischem auch viel pflanzl. Material, auch in Zersetzung befindl. Fall-Laub, fressen. Andere Arten dieser Gatt. leben im Kaukasus terrestrisch in feuchten Wäldern. Das gilt auch für manche *Pseudothelphusa-* u. *Valdivia-*Arten in S-Amerika.

Süßwassermeduse, die ↗Süßwasserqualle.

Süßwassermilben, *Hydrachnellae* (U.-Ord. ↗*Trombidiformes*), aquatische, im Süßwasser lebende Milben (1 Art marin), eine

Süßwasserkrabben
Potamonautes johnstoni (Fam. *Potamidae*), 4 cm lang

Süßwassermuscheln
Überfamilien u. wichtige Familien:
Unionoidea („Najaden")
 ↗Flußperlmuscheln *(Margaritiferidae)*
 ↗Flußmuscheln *(Unionidae)*
Muteloidea
 ↗Flußaustern *(Aetheriidae)*
 ↗*Mutelidae*

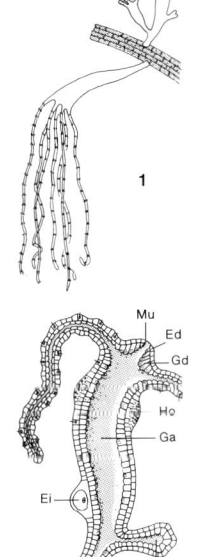

Süßwasserpolypen
1 Zwei an einem Ästchen festsitzende Vertreter der Gatt. *Hydra.* **2** Schnitt durch einen Süßwasserpolypen.
Ed Epidermis, Ei Ei, Ga Gastralraum, Gd Gastrodermis, Ho Hoden, Kn Knospe, Mu Mund

polyphyletische Gruppe. Sie tragen keine Borsten auf der Cuticula, u. einige ihrer Beine sind zu Schwimmbeinen umgewandelt; oft bunt gefärbt. Die Larvenstadien leben parasit. an wasser- u. landlebenden Insekten u. Muscheln; die Adulten sind räuberisch. Wichtige Gatt. sind *Unionicola, Hydrachna, Arrenurus.*

Süßwassermuscheln, *Unionoida,* Ord. der Spaltzähner; meist mittelgroße, ausnahmsweise bis 30 cm lange, gleichklappige Muscheln mit Perlmutter in der Schale; Scharnier auch ohne Zähne. Meist getrenntgeschlechtl.; ♀♀ mit Brutraum an den Kiemen; die Larven leben parasit. meist an Fischen. Etwa 1200 Arten in 2 Überfam. (vgl. Tab.); weltweit in Flüssen u. Seen. Im Süßwasser leben auch die ↗Erbsen- u. ↗Kugelmuscheln sowie die ↗Wandermuschel.

Süßwasserökologie, die ↗Limnologie.

Süßwasserplanarien, Strudelwürmer der *Tricladida,* die im Ggs. zu den Meer- (↗*Maricola*) u. ↗Landplanarien *(Terricola)* fließende u. stehende Gewässer, Quellen u. Seen der gemäßigten Breiten bewohnen. Wurden u. werden z. T. auch noch als U.-Ord. bzw. Infra-Ord. *Paludicola* geführt, werden neuerdings aber vielfach lediglich als ökolog. Einheit betrachtet. Zu ihnen gehören Arten der ↗*Planariidae* u. *Dendrocoelidae* (↗*Dendrocoelum*).

Süßwasserpolypen, verschiedene Gatt. der ↗*Hydrariae;* Hydropolypen (solitär) mit sicher sekundär vereinfachtem Bau, ohne Periderm, bei denen die freischwimmende Medusengeneration vollkommen reduziert ist. Eier u. Spermien werden in der Leibeswand der Polypen gebildet. Ungeschlechtl. Fortpflanzung durch Knospung ist häufig. S. haben eine hohe Regenerationsfähigkeit (↗Regeneration). Ein Teil v. 0,2 mm Größe kann einen vollständ. Polypen regenerieren, wenn er Zellen des ektodermalen u. entodermalen Typs u. einige omnipotente Zellen enthält. S. sind gefräßige Räuber. Die Beute, meist kleine Krebschen, Insektenlarven u. sogar Jungfische, deren Größe die des Räubers weit übertreffen kann, wird mit den Tentakeln gefangen u. verschlungen. Die Lebensdauer beträgt ca. 2 Jahre. In Mitteleuropa leben mehrere Gatt. und Arten. Vertreter der Gatt. *Hydra* kommen in sauberen, pflanzenreichen, stehenden od. langsam fließenden Gewässern vor, wo sie auf Wasserpflanzen sitzen. *Chlorohydra viridissima,* deren Rumpf bis 1,5 cm lang wird, enthält symbiont. Grünalgen (B Endosymbiose). *Hydra* (= *Pelmatohydra*) *oligactis* kann ihre Tentakel bis auf 25 cm (Körper bis 3 cm) strecken. Im Brackwasser der Nord- u. Ostsee lebt die tentakellose, 1–2 mm hohe *Protohydra leuckarti* auf Sandboden. B Hohltiere I, B Nervensystem I.

Süßwasserqualle, Süßwassermeduse, *Craspedacusta sowerbi,* Vertreter der

Süßwasserröhrichte

⟶ *Limnohydroidae* (*Limnomedusae*), der ca. 20 mm ⌀ erreicht und etwa 600 Tentakel ausbilden kann. Der zugehörige Polyp (*Microhydra ryderi*) ist tentakellos, 2 mm lang u. flaschenförmig. Er kann sich ungeschlechtl. fortpflanzen (Teilung, Knospung, Frusteln) od. Medusen abgeben. Sie trat in Europa erstmals 1880 im Seerosenbecken des bot. Gartens von Kew (London) auf. Sie war mit Pflanzen aus brasilian. Gewässern eingeschleppt worden. Von dieser Zeit an treten die Quallen immer wieder in den verschiedensten Gewässern auf u. verschwinden nach kurzer Zeit wieder (1929 u. 1932–34 in einem Nebenfluß der Garonne, in den Wasserbecken der bot. Gärten v. Lyon u. Frankfurt a. M., in den 70er Jahren im Elsaß u. den Baggerseen des Oberrheingebietes). Sie scheinen künstl. angelegte Becken, alte Gräben u. gestaute Flußbereiche zu bevorzugen.

Süßwasserröhrichte ⟶ Phragmitetea.

Süßwasserschnecken, Sammelbez. für nichtverwandte Gruppen in Süßgewässern lebender Schnecken: 1) verschiedene Vorderkiemer, z. B. ⟶ Apfel-, ⟶ Brunnen-, ⟶ Federkiemen-, ⟶ Höhlen- u. ⟶ Sumpfdeckelschnecken, ⟶ *Bythinella* u. ⟶ Steinkleber. 2) ⟶ Wasserlungenschnecken.

Suszeptibilität *w* [v. lat. susceptio = Aufnahme], die ⟶ Empfänglichkeit.

Suszeption *w* [v. lat. susceptio = Aufnahme], die Reizaufnahme; ⟶ Reiz.

Sutherland [ßaßerländ], *Earl Wilbur*, am. Physiologe, * 29. 11. 1915 Burlingame, † 9. 3. 1974 Miami; Prof. in Cleveland u. Nashville; Arbeiten über Hormone; entdeckte 1957 das zykl. ⟶ Adenosinmonophosphat; erhielt 1971 den Nobelpreis für Medizin.

Sutneria *w*, (Zittel 1884), Gatt. der ⟶ *Ammonoidea* (Fam. *Perisphinctidae*) mit entsprechend engständigen Gabelrippen, die auf der mehr od. weniger abgeknickten, einen halben Umgang großen Wohnkammer rasch in Einzelrippen übergehen. Verbreitung: Malm v. Europa, Iran, Mexiko; Zonenleitfossil des unteren Kimmeridge: *S. platynota* (Rein.).

Sutur *w* [v. lat. sutura = Naht], *Sutura, Naht*, anatomische Bez. für naht- od. furchenartige Strukturen an der Oberfläche v. Körperteilen od. Organen. a) bei Gliederfüßern: ⟶ Häutungsnähte, ⟶ Frontalnaht (☐ Insekten); b) bei Weichtieren: ⟶ Naht, ⟶ Lobenlinie; c) bei Wirbeltieren und Mensch: Knochennaht, z. B. Schädelnähte (☐ Schädel), ⟶ Fontanelle.

Svedberg [ßwedbärj], *The (Theodor)*, schwed. Chemiker, * 30. 8. 1884 Valbo, † 26. 2. 1971 Kopparberg; seit 1918 Prof. in Uppsala; konstruierte Ultrazentrifugen u. führte mit diesen Untersuchungen über Kolloide durch; bestimmte die relative Molekülmasse („Molekulargewicht") zahlr. makromolekularer Verbindungen u. entwickelte elektrophoret. Methoden u. a. zur Trennung v. Proteingemischen; erhielt 1926 den Nobelpreis für Chemie.

Svedberg-Einheit [ben. nach T. ⟶ Svedberg], ⟶ Sedimentation.

SV40-Virus ⟶ Polyomaviren.

Swamba, Gatt. der ⟶ Bärblinge.

Swammerdam, *Jan*, niederländ. Arzt u. Naturforscher; * 12. 2. 1637 Amsterdam, † 15. 2. 1680 ebd.; neben ⟶ Leeuwenhoek u. ⟶ Malpighi einer der großen Mikroskopiker des 17. Jh.; studierte insbes. Bau u. Entwicklung v. Insekten u. verfaßte zahlr. Monographien, die in dem nach seinem Tode von ⟶ Boerhaave herausgegebenen Werk „Biblia naturae" (1737–1738, 2 Bde., Folio) vereinigt sind; schuf das erste System der Insekten nach Kriterien der Metamorphose; entdeckte 1658 die roten Blutkörperchen und begr. die Methode der Injektion v. gefärbtem flüssigem Wachs in die Gefäße, um diese sichtbar zu machen; erkannte die Funktion des tier. Samens u. damit die Gleichartigkeit der sexuellen Fortpflanzung im Tierreich.

Swanscombe [ßwånskem; S-England, Prov. Kent], Fundort v. Hinterhauptsfragmenten eines frühen *Homo sapiens*, entdeckt 1935–36 und 1955 in mittelpleistozänen Terrassenschottern ca. 30 km südl. von London; entspr. morpholog. und zeitl. dem ⟶ *Homo steinheimensis*. B Paläanthropologie.

Swartkrans [nordwestl. von Johannesburg (Südafrika)], 1948 entdeckte Höhlenfundstelle robuster ⟶ Australopithecinen („*Paranthropus crassidens*" = *Australopithecus robustus*) u. des frühen *Homo erectus* (⟶ *Telanthropus*); Alter: Altpleistozän, ca. 1,6–1,8 Mill. Jahre. B Paläanthropologie.

Swertia *w* [ben. nach dem niederländ. Naturforscher E. Sweerts, 1572–1602], der ⟶ Tarant.

Swietenia *w* [ben. nach dem niederländ.-östr. Arzt G. van Swieten, 1700–72], Gatt. der ⟶ Meliaceae.

Sycettidae [Mz.; v. gr. sykon = Feige], Fam. der ⟶ Kalkschwämme (T); bedeutendste Gatt. ⟶ *Sycon*.

Sycon *s* [v. gr. sykon = Feige], Gatt. der Schwamm-Familie ⟶ *Sycettidae*, besteht meist aus einzelnen krugförm. Körpern von 2–3 cm Höhe, in Ausnahmefällen bis zu 10 cm; können durch basale Knospung zu einer Art Kolonie heranwachsen (vgl. Abb.); nach ihr ist der Sycontyp (⟶ Schwämme, B) ben. Bekannte Arten: *S. raphanus, S. ciliatum*.

Sycontyp *m* [v. gr. sykon = Feige], ⟶ Schwämme (B).

Sykomore *w* [v. gr. sykomoros = Maulbeerfeigenbaum], *Ficus sycomorus*, ⟶ Ficus.

Syllestium *s* [v. gr. syllēsteuein = gemeinsam rauben], die ⟶ Synechthrie.

Syllidae [Mz.; ben. nach der Nymphe Syllis], Ringelwurm-(Polychaeten-)Fam. der ⟶ *Phyllodocida* mit 55 Gatt. (vgl. Tab.); Kör-

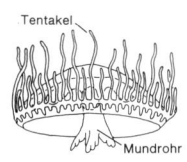

Süßwasserqualle (Craspedacusta sowerbi)

E. W. Sutherland

T. Svedberg

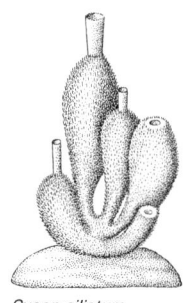

Sycon ciliatum

SYMBIOSE

Ektosymbiose

Unter Symbiosen versteht man die Partnerschaften zwischen Individuen verschiedener Organismenarten. Bei der Ektosymbiose lebt der Symbiont außerhalb des Wirtskörpers.

Die beiden Photos links und unten zeigen Ektosymbiosen zwischen Organismen, bei denen eine Art der anderen Nahrung liefert. Höhere Pflanzen bieten ihren Bestäubern als „Entgelt" für den Bestäubungsdienst Nahrung in Form von Nektar, Pollen oder Öltröpfchen. Die Honigbiene (Photo links) sammelt den Pollen in Klumpen an den Hinterbeinen und trägt ihn so in den Stock.
Die *Blattläuse* sondern als Pflanzensaftsauger einen zuckerhaltigen flüssigen Kot *(Honigtau)* ab, der von zahlreichen Ameisenarten genutzt wird. Die *Ameisen* „betrillern" die Blattläuse mit ihren Fühlern (Photo unten), woraufhin diese einen Kottropfen austreten lassen, der von der Ameise aufgenommen wird *(Trophobiose)*.

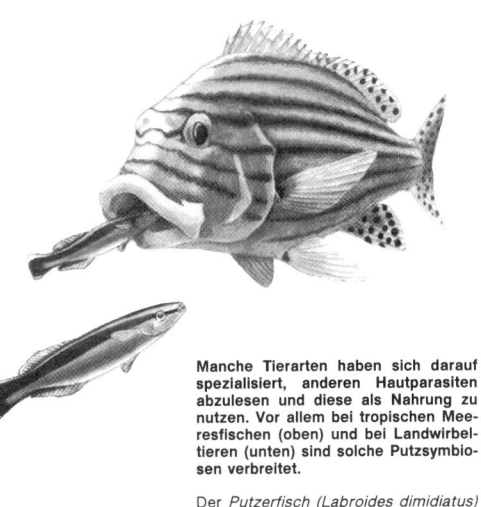

Manche Tierarten haben sich darauf spezialisiert, anderen Hautparasiten abzulesen und diese als Nahrung zu nutzen. Vor allem bei tropischen Meeresfischen (oben) und bei Landwirbeltieren (unten) sind solche Putzsymbiosen verbreitet.

Der *Putzerfisch (Labroides dimidiatus)* schwimmt einem Dicklippenfisch ins geöffnete Maul, um nach Parasiten und Nahrungsresten zu suchen.

Symbiose mit Nesseltieren

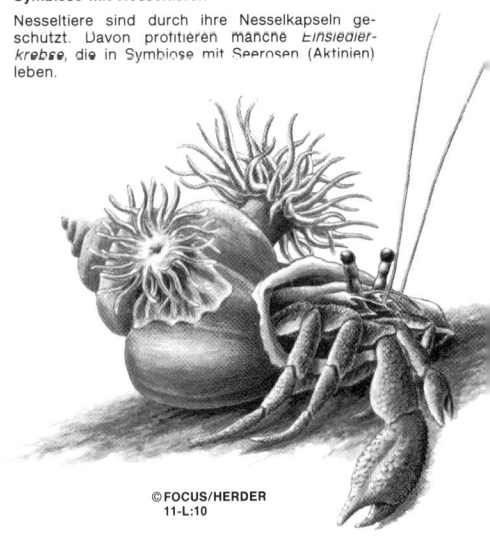

Nesseltiere sind durch ihre Nesselkapseln geschützt. Davon profitieren manche *Einsiedlerkrebse*, die in Symbiose mit Seerosen (Aktinien) leben.

Beim *Kaffernbüffel* betätigen sich *Madenhacker* als Putzer beim Ablesen von Zecken und Dasselfliegen-Maden.

© FOCUS/HERDER
11-L:10

Sylviidae

Syllidae

Wichtige Gattungen:
Amblyosyllis
↗ *Autolytus*
Branchiosyllis
Brania (= *Grubea*)
Ehlersia
Eusyllis
↗ *Exogone*
Haplosyllis
Myrianida
↗ *Odontosyllis*
Opisthosyllis
Parapionosyllis
Pionosyllis
Proceraea
Sphaerosyllis
Streptosyllis
Syllides
Syllis
Trypanosyllis
Typosyllis

symbio- [v. gr. symbioōn = zusammenlebend; symbiōsis = Zusammenleben; symbiōtēs = Partner].

per langgestreckt, aber klein; Prostomium mit meist 2 lateralen und 1 medianen Antenne sowie 2 Palpen; Parapodien einästig; Fortpflanzung mittels Metagenese; Brutpflege, indem Eier u. junge Embryonalstadien am Körper des Weibchens getragen werden. Namengebende Gatt. *Syllis* mit 45 Arten. [↗ Grasmücken].

Sylviidae [Mz.; v. lat. silva = Wald], die

Sylvilagus *m* [v. lat. silva = Wald, gr. lagōs = Hase], Gatt. der ↗ Kaninchen.

Symbionten [Mz.; v. *symbio-], Tier- od. Pflanzenarten, die in einer symbiontischen Wechselbeziehung zueinander stehen (↗ Symbiose); häufig wird nur der kleinere Symbiose-Partner als *Symbiont*, der größere als *Wirt* bezeichnet. Endo-S. sind solche, die (entweder extra- od. intrazellulär) im Innern ihres Wirtes (z. B. Darm, Leibeshöhle) leben u. auf unterschiedl. Weise auf die nächste Wirtsgeneration übertragen werden (↗ Endosymbiose, [B]).

Symbiontenhypothese *w* [v. *symbio-, gr. hypothesis = Annahme], die ↗ Endosymbiontenhypothese.

Symbiose *w* [v. *symbio-], Form der Vergesellschaftung zw. Organismen. H. A. de ↗ Bary prägte im Rahmen der Biologie den S.-Begriff 1879 für jegliches Zusammenleben von artverschiedenen Organismen, einschl. des Parasitismus. In dieser weitgefaßten Form wird der Begriff noch heute in den USA angewandt (S. i. w. S.). Im Ggs. dazu versteht man in Europa unter S. eine gesetzmäßige Vergesellschaftung artverschiedener Organismen, die für beide S.-Partner v. Vorteil ist (auch als ↗ *Mutualismus* oder S. i. e. S. bezeichnet), u. grenzt damit die S. gegen den ↗ Parasitismus u. die ↗ Karpose ab. Meist wird der größere S.-Partner als *Wirt*, der kleinere als *Symbiont* bezeichnet. Lebt der Symbiont außerhalb des Wirtskörpers, so spricht man von ↗ *Ekto-S.*, lebt er in dessen Innern (z. B. Darm od. Leibeshöhle), von ↗ *Endo-S*. Je nach Anzahl der Symbiontenarten (v. a. bei Insekten-Endo-S.n) wird auch zw. *Mono-, Di-* und *Poly-S.n* unterschieden. Im Hinblick auf die systemat. Zugehörigkeit der S.-Partner lassen sich S.n auch in *Phyto-, Zoo-* u. *Zoophyto-S.n* unterteilen. Die Mehrzahl der S.n steht in unterschiedl. Weise in Zshg. mit der Ernährung (z. B. Nahrungserwerb, Aufschließen od. Komplettieren v. Nahrung, Austausch v. Stoffwechselprodukten), andere dienen der Fortpflanzung (z. B. Bestäubung) od. dem Schutz vor Feinden (Tarnung, Nesselschutz). Vielen S.n ist ein hoher Grad wechselseitiger Anpassung gemeinsam (↗ Coevolution). [B] Endosymbiose, [B] 127.

Symbiotes *m* [v. *symbio-], Gatt. der ↗ Rikkettsien ([T]); die Bakterien sind pleomorph u. leben als Symbionten, hpts. intrazellulär in ↗ Mycetomen der Plattwanze *Cimex*; intrazellulär: kokkoid, $0,2 \times 0,4$–$0,5$ μm, extrazellulär: länglich, $0,25$–$0,3 \times 3,0$–$8,0$ μm; Typart ist *S. lectularis*.

Symbol *s* [v. gr. symbolon = Kennzeichen, Merkmal], i. e. S. Merkzeichen, Erkennungszeichen, i. w. S. Sinnbild, das zur begriffl. Vergegenwärtigung eines konkreten Objekts od. Sachverhalts dient, indem es im menschl. Denken für dieses bzw. diesen steht. In diesem Sinn sind alle sprachl. Begriffe u. alle geschriebenen Worte S.e, d. h., die menschl. ↗ Sprache ist *S. sprache* (↗ Kultur, ↗ kulturelle Evolution). In der tierischen ↗ Kommunikation spielen S.e im eigtl. Sinn eine geringe Rolle (z. B. in der ↗ Bienensprache). In ihr fehlt eine „Meta-Ebene" der inneren Repräsentation der Umwelt, auf die Objekte u. Sachverhalte abgebildet werden könnten. Daher sollte man auch bei eigens entwickelten ↗ Signalen ([B]) u. bei deutl. ↗ Ritualisierung nicht v. einer „*Symbolik*" od. von „*Symbolisierung*" sprechen, wie es fr. in der ↗ Ethologie übl. war. ↗ Symbolhandlung.

Symbolhandlung, *Symbolbewegung,* urspr. von K. ↗ Lorenz benutzte Bez. für ↗ Intentionsbewegungen, die durch ↗ Ritualisierung so deutl. ↗ Signal-Funktion erhalten, daß sie quasi „für" eine komplexe Information stehen. In diesem Sinn steht das ruckartige, langsame Schwimmen, mit dem das Weibchen des Zwergbuntbarschs *Nannacara* die Jungen zum Nachfolgen bringt ([B] Auslöser), „für" die Information „ich schwimme jetzt weg". Später wurde jedes deutl. ritualisierte ↗ Ausdrucksverhalten als S. bezeichnet, so daß *Symbolisierung* mit dem heute benutzten Begriff *Ritualisierung* gleichbedeutend wurde. S. und Symbolisierung sind nicht mehr gebräuchl., da sie in bezug auf den Menschen irreführend sind. ↗ Symbol.

Symmetrie

Der Symmetriebegriff

Symmetrie ist die geordnete Wiederholung gleicher Strukturelemente. Sie wird überall dort beobachtet, wo es einander zugeordnete, aufeinander bezogene Ähnlichkeiten gibt. Symmetrie äußert sich im Auftreten regelmäßiger Muster. Die Musterelemente können gedanklich durch sog. Deckoperationen aufeinander abgebildet werden. So wird auf einer mit lauter E gleichmäßig bedruckten Seite ein willkürlich herausgegriffenes E bei Verschiebung in Zeilenrichtung oder senkrecht dazu immer wieder mit anderen E zusammentreffen und diese „decken".

Die meisten Organismen lassen auffällige Symmetrien erkennen. Eine mathematische Behandlung von *Biosymmetrien* ist allerdings weniger sinnvoll als bei Kristallgittern, und die Symmetrie-Kriterien müs-

Als symmetrische Körper sind insbesondere die *Kristalle* bekannt

sen in der Biologie weiter gefaßt werden als in der Kristallographie. Wesentlich ist aber auch in der biologischen Symmetrielehre das Aufeinanderbezogensein, die gegenseitige Abhängigkeit der Musterelemente, in der sich der *Systemcharakter* aller Organismen widerspiegelt.

Der Gegensatz zum Kosmos symmetrischer Strukturen ist das Chaos. Hier sind gleich- oder verschiedenartige Elemente, die der Zufall zusammengeführt hat, ohne erkennbare Regelmäßigkeiten im Raum verteilt. Ein ideales Gas, das verschiedene Atome/Moleküle enthält, ist ein perfektes Beispiel für eine solche chaotische Nicht-Struktur.

Die klassischen Symmetrieformen

Die ursprünglich im Bereich der Mineralogie entwickelte Symmetrielehre sah drei Grundformen der Symmetrie vor: Metamerie, Radiär- und Spiegelsymmetrie.

Bei der *Metamerie (Longitudinalsymmetrie)* sind identische/ähnliche Strukturelemente entlang einer Linie in immer gleicher Orientierung und gleichen Abständen aufgereiht. Ihre Deckoperation ist die Translation, die Verschiebung von Elementen entlang der Metamerie-Linie. Im einfachsten Fall ist diese Linie eine Gerade, und alle Strukturelemente sind nicht nur gleich gestaltet, sondern auch gleich groß *(homonome Segmentierung)*. Stetige Vergrößerung oder Verkleinerung der Metameren und/oder ihrer Abstände sowie ihre Differenzierung führen zu *heteronomer Segmentierung;* sie läßt die Verschiebungslinie als strukturbestimmenden Vektor (morphogenetischen Gradienten) erkennen. Bei den Zweigen von Sträuchern und Bäumen ist die sonst meist homonome Metamerie der Sproßachsen (Knoten/Internodien) durch unterschiedlich kräftiges Austreiben von Achselknospen gewöhnlich in heteronome Metamerie verwandelt. Man unterscheidet je nach der Förderung älterer oder jüngerer Achselknospen basi- bzw. akrotone Verzweigungssysteme. Sie entscheiden wesentlich über Wuchsformen und Habitus der Holzgewächse.

Auch bei homonomer Segmentierung kann die Verschiebungslinie als Vektor definiert werden, wenn die Metameren selbst unsymmetrisch sind. Beispiele dafür gibt es vor allem bei Bio-Makromolekülen mit ihren unsymmetrischen Monomeren (z.B. L-Aminosäuren, D-Glucose). Polynucleotidstränge besitzen nach der gleichartigen Orientierung der unsymmetrischen (Desoxy-)Ribosylreste ein 3'- und ein 5'-Ende; jede Polypeptidkette besitzt ein Amino- und ein Carboxylende. In beiden Fällen folgt die Syntheserichtung dem Metamerie-Vektor: DNA- und RNA-Polymerasen verlängern stets nur das 3'-Ende (OH-Ende) von Nucleinsäuresträngen, und der Translationsprozeß am Ribosom läuft vom Amino- zum Carboxylterminus durch. Infolge der nicht-periodischen Sequenz von natürlichen Polypeptiden sind auch globuläre Proteinmoleküle grundsätzlich unsymmetrisch. Durch metamere Aneinanderreihung globulärer Proteineinheiten entstehende Protofilamente (F-Actin, Protofilamente der Mikrotubuli usw.) besitzen daher ebenfalls eine vorgegebene Richtung: Am Plus-Ende ist die Einfügung zusätzlicher Protomeren gegenüber dem Minus-Ende bevorzugt.

Krümmung der Metamerie-Linie in einer Ebene führt zusammen mit heteronomer Segmentierung zu spiraligen Mustern, wie sie auch bei Organismen (z.B. bei den Schalen von Weichtieren) gelegentlich beobachtet werden können (☐ 130).

Radiär- oder *Rotationssymmetrie* (Strahlensymmetrie, Aktinomorphie) ist gegeben, wenn Symmetrieelemente durch Drehung um eine Symmetrieachse zur Deckung gebracht werden können. Deckoperation dieser Symmetrie ist die Rotation. Die Zahl der Symmetrieelemente ist hier – im Gegensatz zu homonomer Metamerie – grundsätzlich begrenzt, die Symmetrieachse ist durch eine definierte „Zähligkeit" ausgezeichnet. Bei regelmäßigen Vielflächnern (Polyedern), die im Organismenreich vor allem durch Virus-Capside und andere Quartärstrukturen von Proteinen exemplifiziert werden, sind in unterschiedlichen Richtungen verlaufende Symmetrieachsen gewöhnlich auch durch verschiedene Zähligkeit ausgezeichnet. Die geläufigsten Beispiele radiärsymmetrischer Biostrukturen werden von Blattwirteln und Blüten geliefert. Auch die Fruchtkörper und Mycelien vieler Pilze sind radiärsymmetrisch. Im Tierreich ist diese Symmetrieform selten; sie beschränkt sich hier vor allem auf sessile oder nur langsam sich bewegende Formen (z.B. Korallen; Thekamöben; Seeigel und Seesterne; ☐ 130) oder auf planktontisch lebende Arten (z.B. Radiolarien, Heliozoen; Quallen).

Die dritte der klassischen Symmetrieformen ist die *Bilateral-* oder *Spiegelsymmetrie*. Deckoperation der Bilateralsymmetrie ist die Spiegelung, die Zahl der Symmetrieelemente ist 2. Bilateralsymmetrie ist im Tierreich vorherrschend; mehr als 95% der Tierarten zählen zu den *Bilateria*. Fast stets ist die Spiegelsymmetrie gepaart mit Dorsoventralität, d.h. unterschiedlicher Formung einer Ober- und Unterseite. Dieser komplexen Symmetrie liegen zwei Vektoren zugrunde, die senkrecht aufeinander stehen: Schwerkraft und Bewegungs-(bzw. Wachstums-)Richtung. Spiegelsymmetrie bestimmt auch die Körpergestalt des Menschen sehr weitgehend (☐ 130). Für viele Pflanzen-Familien sind „zygomorphe" Blüten typisch (Orchideen; Veilchen, Lippen- und Rachenblütler usw.). Blattorgane sind fast immer bilateralsymmetrisch.

In der modernen Physik hat sich eine abweichende Nomenklatur durchgesetzt. „Ordnung" und „Symmetrie" gelten dort als antithetische Begriffe. Höchste Symmetrie ist in diesem Begriffsschema dann gegeben, wenn alle Richtungen gleichberechtigt sind – Isotropie –, während Richtungsungleichheit – Anisotropie – zwar höhere Ordnung, aber geringere Symmetrie bedeutet. Aus Gründen, die hier bald einsichtig werden, wäre eine Übernahme des physikalischen Symmetriebegriffs in die Biologie unzweckmäßig.

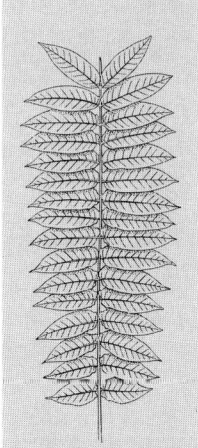

Longitudinalsymmetrie (Metamerie): Laubblatt des Götterbaums (Ailanthus altissima)

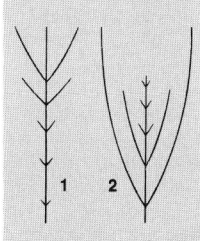

akrotone (1) und basitone (2) Verzweigung

Symmetrie

Von vielen Biomolekülen gibt es enantiomorphe (stereo-isomere) Formen, von denen im Stoffwechsel gewöhnlich nur eine verwertet wird (z. B. L-Aminosäuren, D-Glucose).

Häufig gibt es bei Organismen *Symmetrie-Kombinationen.* Beispielsweise sind bei der dispersen (zerstreuten) Blattstellung und in vielen Blütenständen (Ähre, Traube) Translation und Rotation kombiniert (Schraubung), bei distich beblätterten Sprossen mit unsymmetrischen Blättern Translation und Spiegelung (Gleitspiegelung: Ulme, Begonie).

Zeitliche Symmetrie, Rhythmen

Wiederholungen von Abläufen entlang der Zeitachse sind als *Rhythmen* bekannt. Als Symmetrieelement tritt hier eine bestimmte Konstellation in einem System auf, die durch konstante Zeitverschiebung mit der vorangehenden/nachfolgenden zur Deckung gebracht werden kann. Solche zeitliche Metamerien können ohne weiteres als räumliche dargestellt werden (Tierfährten; Spinnennetze; Segmentierung als Folge von Entwicklungsrhythmen). Etwa die Hälfte wissenschaftlicher Diagramme haben als Abszisse die Zeitachse; Rhythmen erscheinen dabei als Sinusschwingungen oder Überlagerungen von solchen. Viele biologische Vorgänge sind rhythmisch, zugleich auf Rhythmen der Umwelt (Tages- und Jahreszeiten, Mondphasen und Gezeiten) abgestimmt oder durch sie einreguliert (Chronobiologie).

Eine zeitliche Metamerie von grundlegender Bedeutung für alle Lebewesen ist die *Generationenfolge.* Die zyklische, in jeder Generation erneut herbeigeführte Rückkehr zu einer einfachsten Ausgangssituation (befruchtete Eizelle, Spore, Brutknospe usw.) führt dazu, daß jedes Entwicklungsstadium im Fortpflanzungs-(Lebens-)Zyklus zugleich Folge und wieder Ursache der Ausgangskonstellation ist. Darauf beruht die (Quasi-)Gleichberechtigung kausaler (warum?) und finaler (wozu?) Betrachtungsweisen in der Biologie (Teleonomie biologischer Systeme).

Sonderformen der Biosymmetrie

Die Besonderheiten lebender Systeme bringen es mit sich, daß es bei ihnen Symmetrie- und Musterformen gibt, die der Mineralogie/Kristallographie fehlen. Wichtig sind Ergänzungssymmetrie sowie stochastische, funktionale und dynamische Symmetrie. Bei diesen Symmetrieformen wird die Bedingung der Ähnlichkeit von Musterelementen bzw. der Gleichheit ihrer Anordnung teilweise oder ganz aufgegeben. Die Symmetrie äußert sich hier immerhin darin, daß aus dem Vorhandensein von Musterelementen die Existenz und die Orientierung eines oder mehrerer weiterer Elemente postuliert werden können. Dadurch wird der Systemcharakter der Organismen unterstrichen.

Unter *Ergänzungssymmetrie („Antisymmetrie")* ist das gesetzmäßige Zugeordnetsein von unähnlichen, aber komplementären Einheiten zu verstehen. Diese Form gegenseitiger Zuordnung, die ausnahmslos im Dienste bestimmter Funktionen steht, ist aus der Technik vertraut (Schlüssel/Schloß; Stecker/Dose; Prägestock/Münze; photographisches Positiv/Negativ usw.). Auch bei Organismen stehen antisymmetrische Strukturen häufig im Dienste von Erkennung und/oder Fortpflanzung (Enzym/Substrat; Translokator/Permeand; Rezeptor/Ligand; Antigen/Antikörper). Ergänzungssymmetrisch sind auch die basenkomplementären Polynucleotidstränge der DNA-Doppelhelix sowie Codon und Anticodon bei der Translation. Selbstorganisation übermolekularer Aggregate, wie die Bildung von Protein-Quartärstrukturen oder die Formierung von Lipid-Doppelschichten in Biomembranen, beruht ausnahmslos auf Komplementärsymmetrien der molekularen Bausteine. Aus dem makroskopischen Bereich sind der Bau der bei männlichen und weibl. Tieren korrespondierenden Begattungsorgane (Schlüssel-Schloß-Prinzip) oder die Gelenke der Wirbeltiere zu nennen.

Übermolekulare Biostrukturen werden im allgemeinen zwar ähnlich, aber nicht identisch ausgebildet – man denke an die Blätter eines Baumes, an die Schuppen eines Fisches, die Zellen eines Flimmerepithels oder die Mitochondrien einer einzelnen Zelle. Die Schwankungen und Ungleichheiten ergeben sich daraus, daß die Neubildung solcher Musterelemente nicht einem starren Organisationsschema folgt, sondern aus dem Ineinandergreifen von Regulationsprozessen mit entsprechenden statistischen Fluktuationen resultiert. Die fertigen Musterelemente sind in Grenzen variabel: *stochastische (statistische) Symmetrie.* An die Stelle echter Kongruenz tritt hier die Gleichartigkeit und die morphologische/physiologische Gleichwertigkeit der Musterelemente. Entsprechende Probleme ergeben sich bei der Bildung von Biomustern häufig dadurch, daß Art und Orientierung von Musterelementen nicht genau, sondern nur innerhalb mehr oder weniger großer Streubereiche festgelegt sind. Bekannte Beispiele sind Blattmuster an überwachsenen Mauern, Spaltöffnungsmuster in der unteren Epidermis von Dikotylenblättern, Glomeruli in der Niere oder auch Einzelindividuen in einem Vogel- oder Fischschwarm. Solche Muster sind von präziser Regelmäßigkeit weit entfernt, aber sie sind auch keine Zufallsmuster, schon weil der Abstand zum nächstliegenden Musterelement nicht beliebig variabel ist. Oft kann man alle Übergänge zwischen

gekrümmte Metamerie-Achse: Schnitt durch ein *Nautilus*-Gehäuse

Radiärsymmetrie: Seestern

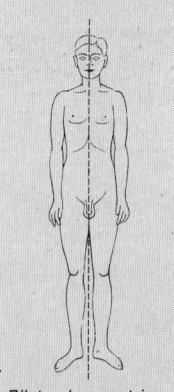

Bilateralsymmetrie: Mensch

Mustern von hohem und sehr niederem Ordnungsgrad finden. Umgekehrt ist auch das Erscheinen symmetrischer Muster in vorher ungeordneten Bereichen, d. h. die Entstehung von Ordnung aus Chaos, nicht selten (Beispiele: Entstehung von Blattstellungsmustern an neugebildeten Vegetationspunkten; Bildung von Fruchtkörpern auf einem Pilzmycel; Leitbündelnetze in Blättern, entsprechend Adernnetze in Gliedmaßen). Durch Computersimulation läßt sich zeigen, daß unter einfachen Voraussetzungen (homogene Produktion morphogenetischer Aktivatoren und Inhibitoren mit unterschiedlicher Lebensdauer und Diffusionsrate) regelmäßige Muster entstehen, die an bekannte Biomuster erinnern.

In funktionalen Systemen – alle Organismen sind solche – gibt es eine weitere Form der Symmetrie, die sich überhaupt nicht mehr in Ähnlichkeit oder antisymmetrischer Entsprechung der Systemelemente ausdrückt, sondern in funktionalen Verzahnungen. Solches gilt beispielsweise für die einzelnen Glieder eines Regelkreises, die strukturell ganz unähnlich sind, sich aber in ihren Leistungen ergänzen; sie sind kooperativ und wirken synergetisch. Diese *funktionale Symmetrie* ist morphologisch nicht faßbar; sie ist eine unanschauliche, aber für lebende (und technische) Systeme besonders typische Form der Symmetrie, die auf Ketten und Netzen funktionaler Antisymmetrien beruht. Je mehr Elemente involviert sind, desto komplexer können die Leistungen eines Systems sein, desto niedriger wird aber zugleich die morphologische Symmetrie. Damit hängt der im allgemeinen niedrige Symmetriegrad von Zellstrukturen zusammen, die jedoch gleichzeitig höchste funktionale Symmetrie aufweisen. Amöben markieren in dieser Hinsicht einen beachtenswerten Extremfall. Daß es nur sehr wenige derart unsymmetrische Organismen gibt, zeigt andererseits, daß die Selektion in Richtung symmetrischer Systeme drückt. Ihre Bildung und ihr Funktionieren erfordert weniger Information als Formierung und Erhaltung unsymmetrischer Individuen.

Lebewesen sind als offene Systeme zwangsläufig auch dynamische Systeme, sie können ohne Gestaltveränderungen (Bewegung, Teilung, Wachstum; Evolution) nicht existieren. Diese Grundfunktionen setzen die Möglichkeit von Strukturänderungen voraus, die oft mit Symmetriebrechungen verbunden sind *(dynamische Symmetrie)*. Der Mensch vermag sich trotz der Bilateralsymmetrie seines Körpers ganz anders als nur nach Art eines Hampelmanns zu bewegen. Und ein so hochsymmetrisches Muster wie jenes der Myofilamente in den Sarkomeren quergestreifter Muskeln verändert seine Dimensionen drastisch während der Kontraktion, allerdings unter Beibehaltung seiner Symmetrien, was mit der Reversibilität dieser Bewegung zusammenhängt. Sind umgekehrt Veränderungen einer hochsymmetrischen Struktur nicht möglich, dann sind auch Lebensvorgänge ausgeschlossen – Virus-Capside belegen dies. Totale Ordnung ist dem Leben sowenig gemäß wie totales Chaos.

Symmetrie und Ästhetik

Durch die Symmetrien der Organismen und auch des menschlichen Körpers, zumal des Gesichtes, wird der Säugling, der bereits in besonderem Maß zur Gestaltwahrnehmung befähigt ist, in vielfältiger Weise geprägt. Das ermöglicht ihm das frühzeitige Erkennen einer Bezugsperson. Zugleich werden bestimmte Muster und Proportionen gespeichert, die – zusammen mit Variationen im Detail – zeitlebens als schön empfunden werden und schließlich auch zu dem Begriff des „Naturschönen" hingeleitet haben. Und obwohl Kunstwerke sicher nicht nur dem Kult des Schönen dienen, sind sie doch häufig (wenn auch unbewußt) so gestaltet, daß sie Symmetrien lebender Systeme widerspiegeln.

Symmetrische Strukturen haben oft ausgesprochenen Signalcharakter. Symmetrische Signale (z. B. Augen, Zähne; Buchstaben u. a. Symbole) können durch Kontrastwirkung vor dem chaotischen Hintergrundrauschen einer offenbar überwiegend aus Zufallsmustern aufgebauten Umwelt besonders leicht wahrgenommen werden.

Asymmetrie: Amöbe

Lit.: *Brandmüller, J., Claus, R.:* Symmetry. Its significance in science and art. In: Interdiscipl. Sci. Rev. 7 (1982), 296. *Sitte, P.:* Symmetrien bei Organismen. Biol. in unserer Zeit 14 (1984), 161. *Steiner, G.:* Spiegelsymmetrie der Tierkörper. In: Naturwiss. Rundschau 32 (1979), 481. *Wolf, K. L., Wolff, R.:* Symmetrie. Münster 1956. *Peter Sitte*

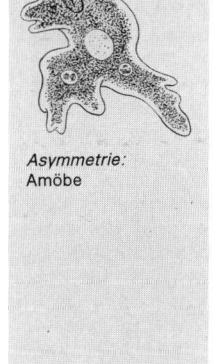

Symmetrodonta [Mz.; v. gr. symmetros = gleichmäßig, odontes = Zähne], (Simpson 1925), zu den ältesten Säugetieren gehörende † Ord., gekennzeichnet durch symmetr. gebaute Backenzähne in Ober- u. Unterkiefer v. schneidend-scherendem Biß bei Okklusion. Manche Autoren sehen in ihnen die Ahnformen u. eine Ord. der ↗ Pantotheria. Bekannteste eur. Gatt.: Spalacotherium (↗ Spalacotheriidae). Verbreitung: obere Trias (Rhät) bis Unterkreide v. N-Amerika, Europa, O-Asien.

Sympathikolytika (Mz.; v. gr. sympathein = gleiche Empfindungen haben, lytikos = lösend], *Sympatholytika, Antiadrenergika, adrenerge Rezeptoren-Blocker,* Wirk-

Sympathikomimetika

sym-, syn- [gr., = zusammen, gemeinsam, gleichzeitig mit, gleichartig].

stoffe, die an den ↗Rezeptoren des Sympathikus (↗Nervensystem) angreifen u. dort (v. a. aufgrund ihrer chem. Ähnlichkeit mit den ↗Neurotransmittern ↗Adrenalin u. ↗Noradrenalin; ↗Catecholamine) eine dauernde od. kompetitive Hemmung hervorrufen. Man unterscheidet: 1. *Alpha-S. (Alpha-Rezeptoren-Blocker,* ↗*Alpha-Blocker),* die an den sympathischen Rezeptoren antagonistisch wirken. Dazu gehören die in der Natur vorkommenden ↗Mutterkornalkaloide mit den pharmakolog. wirksamen ↗Lysergsäure-Derivaten (LSD, ↗Lysergsäurediäthylamid) u. den Ergotaminen u. Dihydroergotoxinen (durch geringfügige Molekülveränderungen werden entweder sympathikomimetische od. sympathikolytische Wirkungen erzielt), weiterhin synthet. Substanzen, wie Phentolamin (Imidazolinderivat), Prazosin, Phenoxybenzamin, die bei unterschiedlich langer Wirkungsdauer bei peripheren Durchblutungsstörungen, Herzinsuffizienz u. neurogenen Blasenstörungen eingesetzt werden. 2. *Beta-S. (Beta-Rezeptoren-Blocker,* ↗*Beta-Blocker),* Substanzen, die eine kompetitive Wirkung auf die Beta-Rezeptoren hervorrufen, wobei der Einfluß der Catecholamine an Herz u. glatter Muskulatur aufgehoben u. im Stoffwechsel Glykogenolyse u. Lipolyse gehemmt werden. Beta-S. sind im allg. aromat. oder heteroaromat. Verbindungen mit basischer Seitenkette; Beispiele sind Dichlorisoproterenol, Nethalid u. Propranolol. Sie werden bei koronaren Herzkrankheiten, Herz-Kreislauf- u. Rhythmusstörungen, Hypertonie u. neuerdings bei psychiatrischen u. neurologischen Krankheitsbildern (Angst, Schizophrenie) eingesetzt. Ihre Plasma-Halbwertszeit beträgt 2–24 Stunden. Bei längerdauernder Therapie nimmt die Zahl der Beta-Rezeptoren zu, so daß zur Vermeidung v. Nebenwirkungen, wie Herzinfarkt u. Angina-pectoris-Anfällen als Folge nunmehr überschießender Catecholaminproduktion nach Absetzen der S. (Rebound-Effekt), eine langsame Dosisreduzierung erforderl. ist.

Sympathikomimetika [Mz.; v. gr. sympathein = gleiche Empfindungen haben, mimētikos = nachahmend], *Sympathomimetika,* synthet. Substanzen, die eine Stimulation sympathischer Nerven bzw. eine ↗Adrenalin- oder ↗Noradrenalin-gleiche Wirkung hervorrufen. Sie besitzen oft den für die ↗Catecholamine typischen Phenolring, der aber auch durch heterocyclische Ringe ersetzt werden kann. Direkte S. (Octopamin u. v. a.) treten selbst mit den postsynaptischen Rezeptoren (☐ Synapsen) in Wechselwirkung, indirekte S. (↗Amphetamine, ↗Ephedrin) erhöhen durch präsynaptischen Angriff die Noradrenalin-Konzentration an den Rezeptoren. Unterschieden werden *Alpha-S.,* die zur systemischen od. lokalen Vasokonstriktion eingesetzt werden, v. solchen mit vorwiegend β-sympathikomimetischer Wirkung *(Beta-S.),* die über den intrazellulären ↗sekundären Boten cyclo-AMP zu einer Steigerung der Herzfrequenz, der Kontraktionskraft des Herzens u. der Erregungsleitungsgeschwindigkeit führen.

Sympathikus *m* [v. gr. sympathein = gleiche Empfindungen haben], *sympathisches System,* besteht aus dem ↗Grenzstrang und 3 vor der Wirbelsäule liegenden Ganglienzellknoten; bildet zus. mit dem *Parasympathikus* (Vagus) das vegetative od. autonome ↗Nervensystem (B II).

Sympatrie *w* [v. *sym-, gr. patria = Abkunft], *sympatrisches Vorkommen,* das Nebeneinander-Vorkommen zweier Arten im gleichen geogr. Gebiet. Wenn sie sogar im gleichen Lebensraum (↗Biotop) vorkommen, spricht man v. *Syntopie.* Ggs.: *Allopatrie* = völlige Trennung der Verbreitungsgebiete (↗Areale) zweier Arten od. ↗Rassen (geogr. Rassen) (allopatrische ↗Artbildung). Von *Parapatrie (parapatrischer Verbreitung)* spricht man, wenn die Verbreitungsgebiete nahe verwandter Arten (der gleichen Gatt.) an manchen Stellen unmittelbar aneinandergrenzen, ohne daß es zur ↗Bastardierung kommt.

sympatrische Artbildung ↗Artbildung.

Sympetalae [Mz.; v. *sym-, gr. petalon = Blatt], Bez. für die fr. zu einer U.-Klasse zusammengefaßten Pflanzen-Ord., bei denen die Kronblätter zumindest im basalen Bereich zu einer geschlossenen Röhre verwachsen sind (↗Sympetalie). Doch zeigen viele weitere vergleichende Untersuchungen, daß dieses für die S. bezeichnende Merkmal eine Entwicklungsstufe darstellt, die v. verschiedenen, untereinander nicht verwandten Entwicklungsreihen in einer spezialisierenden Anpassung an die Blütenbesucher u. an einen besseren Schutz des Andrözeums u. Gynözeums erreicht wurde, also polyphyletisch (↗monophyletisch) ist. Damit erwies sich die Bildung dieser U.-Klasse als eine künstl. Einteilung.

Sympetalie *w* [v. *sym-, gr. petalon = Blatt], Bez. für die Verwachsung der Kronblätter bei vielen dikotylen Angiospermen. Diese Verwachsung erfolgt i. d. R. kongenital (↗kongenitale Verwachsung), also mit der Heranbildung der Kronblätter. Die S. ist ein wichtiges systemat., abgeleitetes ↗Merkmal u. hat sich in Anpassung an bestimmte Blütenbesucher (↗Bestäubung) u. zum besseren Schutz der inneren Blütenorgane allerdings konvergent in mehreren Entwicklungsreihen herausgebildet. ↗Sympetalae.

Sympetrum *s* [v. *sym-, gr. petros = Stein], Gatt. der ↗Segellibellen.

Symphilen [Mz.; v. *sym-, gr. philē = Freundin], echte ↗Ameisengäste.

Symphilie *w* [v. *sym-, gr. philia = Freundschaft], Form des ↗Brutparasitismus bei ↗staatenbildenden Insekten (↗Sozialparasitismus): zahlr. Insekten (u. a. Hautflügler,

Zweiflügler, Käfer, Urinsekten) nutzen, als sog. *Symphilen*, über das Anbieten beschwichtigend wirkender Sekrete die Brutpflegeleistungen v. Ameisen u. Termiten (↗Ameisengäste, ↗Termitengäste).

Symphoricarpus *m* [v. gr. symphoros = vereinigt, karpos = Frucht], Gatt. der ↗Geißblattgewächse.

Symphorismus *m* [v. gr. sympherein = zusammentragen], *Symphorie,* Form einer ↗Karpose, wobei eine Tierart eine andere als ständigen Transporteur nutzt. S. kann fakultativ od. obligat sein. Der *Symphoriont* kann auf seinem Träger freibeweglich *(vagiler S.)* od. festgeheftet *(sessiler S.)* sein. Beispiele: Im Haar- od. Federkleid v. Säugetieren u. Vögeln leben Insekten (z. B. ↗Haarlinge, ☐) u. Milben, die sich v. Keratin u. Hautsekreten ernähren. Manche sessile Einzeller (z. B. peritriche Wimpertierchen, Suktorien) kommen nur auf Wasserinsekten vor. Im Meer leben einige Seepocken auf Schildkröten, Haien od. Walen. Die auf Haarsternen vorkommenden ↗*Myzostomida* beteiligen sich an der Nahrung ihrer Träger (↗Kommensalismus). Von S. gibt es Übergänge zu ↗Parasitismus. ↗Phoresie.

Symphyla [Mz.; v. gr. symphylos = verwandt], *Zwergfüßer,* Gruppe der ↗Tausendfüßer; kleine (bis 8 mm), weiße, blinde Tiere, die zus. mit den ↗*Dignatha* (↗Doppelfüßer u. ↗Wenigfüßer) zu den ↗*Progoneata* vereint werden. Da bei ihnen die 2. Maxille erhalten ist u. das 1. Rumpfsegment ein Extremitätenpaar aufweist, sind sie ursprünglicher als die *Dignatha.* Mit ihnen haben sie gemein, daß die Geschlechtsöffnung nach vorne verlagert ist (zw. 3. und 4. Segment, unpaar). Die *S.* haben 12 Laufbeinpaare und sog. Spinngriffel als 13. Paar; die Coxen tragen Styli u. Coxalbläschen; das 1. Beinpaar ist verkürzt. Die Anzahl der Tergite ist höher (15–24) als die der dazugehörigen Sternite. Sie ist unabhängig v. der Zahl der Segmente. Der Kopf trägt 1 Paar Gliederantennen, den 2. Maxillen (Labium) fehlen die Kauladen u. die Taster. Augen fehlend, aber mit einem neben den Antennen sitzenden Tömösvary Organ (↗Feuchterezeptor). Tracheensystem weitgehend reduziert. Als Neubildung kann eine Tracheenöffnung neben der Mandibel angesehen werden. Ein solches Kopfstigma (das auch die ↗Springschwänze haben können), das Vorhandensein v. Styli, die fixierte Zahl von 13 Rumpfsegmenten mit Cerci-ähnlichen Spinngriffeln haben fr. zur Ansicht geführt, daß die *S.* die Stadiengruppe zu den Insekten darstellt *(Symphylentheorie).* Fortpflanzung erfolgt über indirekte Spermatophorenübertragung. Hierzu wird vom ♂ eine gestielte Spermatophore abgesetzt, die vom ♀ mit dem Mund aufgenommen wird. Die Spermien werden im Praeoralraum aufbewahrt. Die Eier werden aus der progoneaten Geschlechtsöffnung mit den Mundteilen herausgenommen, dann erst besamt und schließl. abgesetzt. Die später schlüpfenden Jungtiere haben zunächst nur 7 Laufbeinpaare. Die *S.* sind Bodenbewohner u. finden sich unter feuchtem Laub, in Baumstümpfen od. unter Steinen. Weltweit enthält die Gruppe ca. 120, bei uns nur 4–10 Arten in den Gatt. *Scutigerella* u. *Symphylella.*

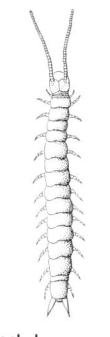

Symphyogyna *w* [v. *symphy-, gr. gynē = Frau], Gatt. der ↗*Pelliaceae.*

Symphypleona [Mz.; v. *symphy-, gr. pleōn = schwimmend], ↗Kugelspringer.

Symphyse *w* [v. *symphy-], anatom. Bez. für faserig-knorpelige Verbindungen v. Knochenstücken, z. B. die ↗Becken-S. (↗Beckengürtel).

Symphysodon *m* [v. *symphy-, gr. odōn = Zahn], Gatt. der ↗Buntbarsche.

Symphyta [Mz.; v. *symphy-], *Chalastogastra,* Pflanzenwespen, U.-Ord. der ↗Hautflügler; umfaßt diejenigen Fam., bei denen das 1. Hinterleibssegment im Ggs. zu der „Wespentaille" der ↗*Apocrita* breit an der Brust ansetzt. [↗Beinwell.

Symphytum *s* [v. gr. symphyton =].

Symplast *m* [v. *sym-, gr. plastos = gebildet], Bez. für die Gesamtheit der über die plasmat. Brücken in den Zellwänden (= ↗Plasmodesmen) miteinander verbundenen ↗Protoplasten der Einzelzellen echter vielzelliger Pflanzen. Diesem lebenden S. en stellt man die Gesamtheit der Zellwände als unbelebten ↗Apoplasten (☐) gegenüber.

symplastischer Transport [v. *sym-, gr. plastos = gebildet], *symplasmatischer Transport,* Bez. für Stofftransportvorgänge mittlerer Entfernung, die sich im Cytoplasma u. den ↗Plasmodesmen der über diese Plasmabrücken miteinander verbundenen Zellen, also im ↗Symplasten, abspielen. Dabei gilt als gesichert, daß die Vakuolen nicht in den s. T. einbezogen sind. Hier ist der ↗Tonoplast eine wesentl. Schranke.

Symplesiomorphie *w* [v. gr. symplēsiazein = sich nähern, morphē = Gestalt], ↗Plesiomorphie, ↗monophyletisch.

Symploca *w* [v. gr. symplokē = Verflechtung], Gatt. der ↗*Oscillatoriaceae,* fädige Cyanobakterien, einzeln in farbloser Scheide; anfangs niederliegend, später meist zu aufrechten Bündeln miteinander vereinigt. *S. muscorum* lebt in stehenden Gewässern und zw. Moosen. *S. thermalis* wächst in Thermen, *S. parietina* an feuchten Mauern, auch in Warmhäusern. *S.*-Arten werden auch bei ↗*Lyngbya* eingeordnet.

Symplocarpus *m* [v. gr. symplokos = verflochten, karpos = Frucht], Gatt. der ↗Aronstabgewächse.

sympodiale Verzweigung [v. gr. sympodein = Füße zusammenbinden] ↗Verzweigung.

Symphyla
Scutigerella immaculata

symphy- [v. gr. symphyein = zusammenwachsen; symphytos, symphyēs = zusammengewachsen; symphysis = Zusammenwachsen].

sym-, syn- [gr., = zusammen-, gemeinsam, gleichzeitig mit, gleichartig].

SYNAPSEN

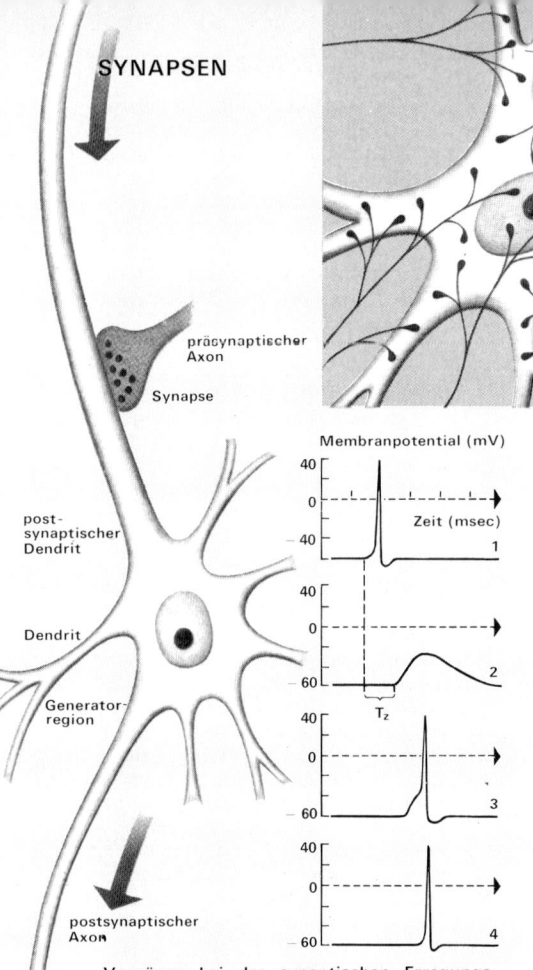

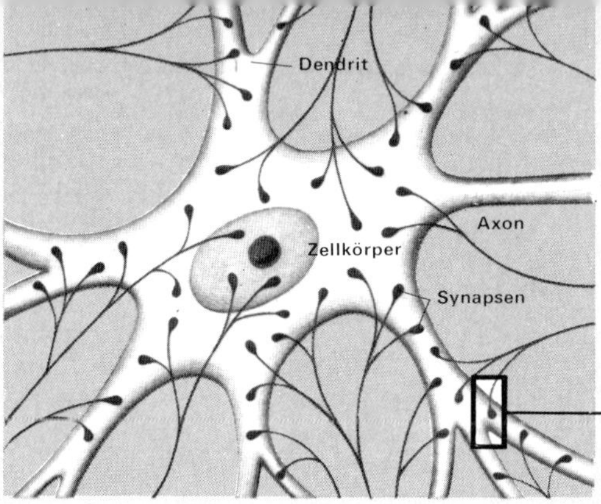

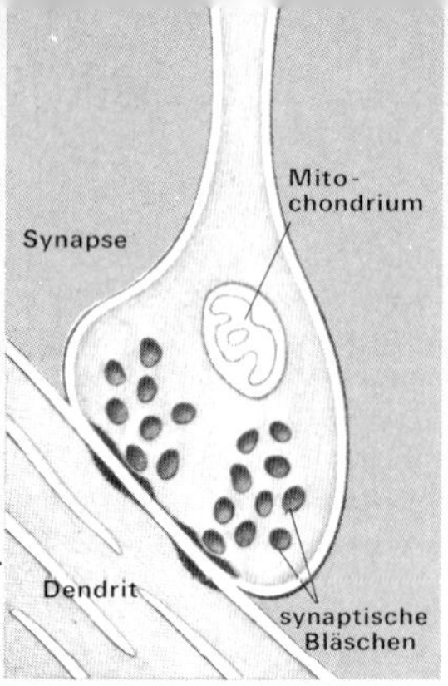

Synapsen sind spezielle Kontaktelemente im Nervensystem, durch welche die Nervenzellen untereinander bzw. mit ihrem Erfolgsorgan (z. B. Muskelzellen) verschaltet sind.

Die Erregungsübertragung erfolgt bei diesen Strukturen überwiegend auf chemischem Wege durch einen *Transmitterstoff*, der bei Erregung der Synapse durch einen präsynaptischen Impuls an der Synapsenmembran freigesetzt wird, zur benachbarten Nervenzellmembran diffundiert und an dieser ein postsynaptisches Potential (PSP) hervorruft. Wichtige Eigenschaften der Synapsen sind ihre Gleichrichterwirkung, die eine gerichtete Erregungsübertragung in den Leitungsbahnen ermöglicht, ferner die Beeinflußbarkeit ihrer erregungsübertragenden Funktion durch bestimmte chemische Substanzen *(Synapsenblocker)* und damit die Möglichkeit der Leitungsunterbrechung sowie die mit zeitlicher Verzögerung (T_Z) behaftete Erregungsübertragung.

Vorgänge bei der synaptischen Erregungsübertragung
Die Umformung und zeitliche Verzögerung der Aktionspotentiale bei der synaptischen Übertragung sind in Abb. oben dargestellt. Ein über den präsynaptischen Axon einer (nicht gezeichneten) Nervenzelle an der Synapse eintreffender AoN-Impuls (1) löst bei der synaptischen Übertragung mit zeitlicher Verzögerung am postsynaptischen Dendriten ein postsynaptisches Potential aus (2). Gelangt dieses in überschwelliger Höhe in die Generatorregion (3), so löst es dort einen AoN-Impuls aus, der über den (postsynaptischen) Axon läuft (4). Photo rechts: Zwei präsynaptische Faserenden (A 1, A 2) mit Transmitterbläschen, über Synapsen (erweiterter dunkler Spalt) mit einem postsynaptischen Element (Mitte) verbunden.

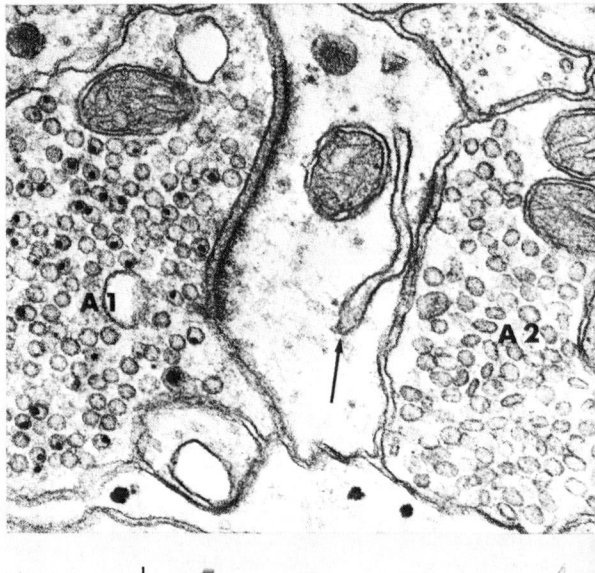

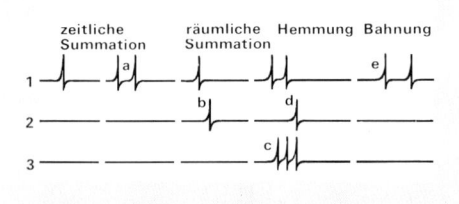

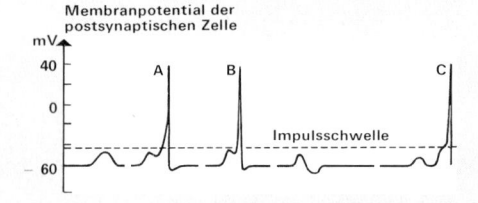

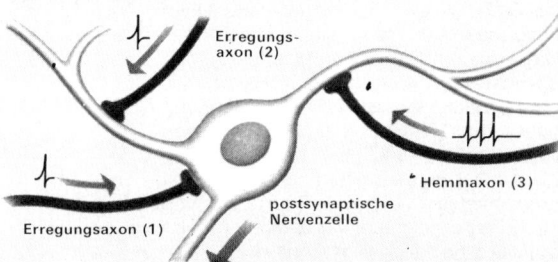

Summation, Hemmung und Bahnung. An verschiedenen Synapsen einer Nervenzelle eintreffende Impulse können sich in unterschiedlicher Weise in ihrer Wirkung beeinflussen. So können über einen Erregungsaxon (1) kurz hintereinander eintreffende, »unterschwellige« Impulse (a) summiert werden *(zeitliche Summation)* und an der Nervenzelle ein Aktionspotential (A) auslösen. Laufen die Impulse (b) über verschiedene Erregungsaxone (1, 2), so entsteht ein Aktionspotential (B) durch *räumliche Summation*. Impulse (c) vom Hemmaxon (3) können die Wirkung erregender Impulse (d) blockieren *(Hemmung)*. Von *Bahnung* spricht man, wenn ein Impuls (e) das Ansprechen (C) der Nervenzelle auf einen etwas später eintreffenden Impuls ermöglicht.

Sympodit *m* [v. *sym-, gr. pous = Fuß], der ↗Protopodit; ☐ Krebstiere.

Sympodium *s* [v. *sym-, gr. podion = Füßchen], *Scheinachse,* Bezeichnung für Stämme, Äste u. Zweige, die nicht durch ein gefördertes Wachstum der jeweiligen Mutterachse entstehen, sondern dadurch, daß jeweils ein Seitenzweig das Wachstum verstärkt fortsetzt u. die ↗Abstammungsachse übergipfelt, die Abstammungsachse ihrerseits im Wachstum zurückbleibt. Das dadurch entstehende Verzweigungssystem nennt man ↗*Monochasium*. Solche Sympodien können einer echten Hauptachse sehr ähnl. sehen, v.a., wenn die Scheinachse das Achsenwachstum gerade fortsetzt u. die unterdrückte Abstammungsachse seitl. abgedrängt wird. Hasel, Birke, Linde u. Ulme bilden solche Scheinachsen aus, deren eigtl. Bauart sich nur an den jungen Zweigabschnitten ablesen läßt. ↗Verzweigung.

Symport *m* [v. *sym-, lat. portare = tragen], ↗Membrantransport (☐), ↗Cotransport, ↗aktiver Transport.

Symptom *s* [Bw. *symptomatisch;* v. gr. symptōma = Lage], 1) allg.: Anzeichen, Kennzeichen; 2) Medizin, ein typ. Krankheitszeichen; S.e weisen auf die ↗Krankheit hin, ihre Deutung führt zur ↗Diagnose.

Synaema *w* [v. gr. synaimos = blutsverwandt], Gatt. der ↗Krabbenspinnen.

Synancejidae [Mz.; v. gr. synagkeia = Bergschlucht], die ↗Steinfische.

Synandrie *w* [v. *syn-, gr. andres = Männer], Bez. für abnormale Verwachsung der Staubblätter, z.B. zu mehreren Bündeln. ↗Synantherie.

Synangium *s* [Mz. *Synangien;* v. *syn-, gr. aggeion = Gefäß], Bez. für zu Gruppen miteinander verwachsene Sporangien bei den verschiedenen Kl. der ↗Farnpflanzen.

Synantherie *w* [v. *syn-, gr. antherós = blühend], Bez. für die postgenitale Verwachsung (↗kongenitale Verwachsung) der Staubblätter an den Antheren (Staubbeuteln). Diese Art der Verwachsung der Staubblätter liegt bei den *Synandrae* (= ↗Glockenblumenartige) vor.

Synanthropie *w* [Bw. *synanthrop;* v. gr. synanthrōpein = mit den Menschen leben], mehr od. weniger fest an den engeren Siedlungsbereich des Menschen gebundenes Auftreten v. Organismen (↗Kulturfolger; ↗hemerophil). Die Bindungen werden verursacht durch v. Menschen direkt od. indirekt geschaffene günstige Ernährungsbedingungen, Mikroklimate u. vielfältige Strukturen (z.B. Nistgelegenheiten). S. zeigt sich im Bereich v. Häusern, Gärten, Parks, aber auch Müllhalden, Kiesgruben, Wirtschaftsgrünland usw. Ist die Bindung obligatorisch (z.B. Stubenfliege in Mitteleuropa), spricht man von *Eu-S.;* bei fakultativer od. *Hemi-S.* kommen die entspr. Arten auch außerhalb v. Siedlungsräumen vor (z.B. Wanderratte). Die S. ei-

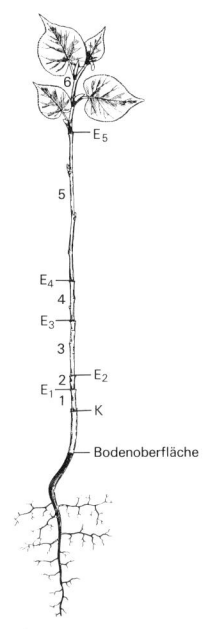

Sympodium

Die Entstehung des S.s läßt sich bes. an jungen Sprossen bzw. Zweigen rekonstruieren. Die Endknospe eines jeden Jahrestriebes stirbt ab (E_1–E_5). Beim Austrieb im Frühjahr bildet die oberste Seitenknospe den Fortsetzungstrieb, der sich genau in die Richtung des früheren Hauptsprosses einstellt. Dies wiederholt sich immer wieder, so daß die scheinbare Hauptachse, das S., in Wirklichkeit aus jährlich aufeinanderfolgenden Seitenachsen (2–6) besteht. Diese Verzweigungsart gilt auch für die aus tieferliegenden Achselknospen entstehenden Seitenzweige. (K = Keimblattnarben).

synaps-, synapt- [v. gr. synapsis = Verbindung; synaptos = verbunden; synaptikos = verbindend].

ner Art kann zeitl. und räuml. variieren. Bei vielen Arten kann man eine vom Optimalbereich zu den randl. Zonen ihres Areals zunehmende S. beobachten. ↗Hausfauna.

Synaphobranchidae [Mz.; v. gr. synaphēs = verbunden, bragchia = Kiemen], Fam. der ↗Aale 1).

Synapomorphie *w* [v. gr. synapo- = zugleich-, morphē = Gestalt], ↗monophyletisch, ↗Klassifikation, ↗Systematik.

Synapsen [Mz.; v. *synaps-], v. ↗Sherrington geprägte Bez. für verdickte Endigungen v. ↗Nervenzellen (☐, ⬛ I), die den Kontakt zu anderen Nerven-, Muskel- od. Drüsenzellen herstellen. Dabei sind die S. nicht mit diesen verwachsen, sondern durch den *synaptischen Spalt,* der mit ↗Mucopolysacchariden gefüllt ist, getrennt. Innerhalb der S. befinden sich neben ↗Mitochondrien einige hundert bis mehrere tausend *synaptische Bläschen* od. *Vesikel,* in denen die *Übertragerstoff-* od. *Transmitter-*Moleküle (↗*Neurotransmitter,* ⊤), deren Anzahl zw. 10000 und 50000 betragen kann, gespeichert sind. Hinsichtl. ihrer Arbeitsweise unterscheidet man *elektrische* u. *chemische* S. Bei der elektr. Erregungs-Übertragung fließt der Aktionsstrom (↗Aktionspotential) direkt in die nachgeschaltete Struktur, ohne daß eine Transmitter-Freisetzung erforderl. ist. Demgemäß ist der synapt. Spalt sehr eng, u. zwischen *präsynaptischer* u. ↗*postsynaptischer Membran* befinden sich stromleitende Strukturen, sog. ↗*gap-junctions,* ☐. Die Übertragung eines ↗Aktionspotentials unterscheidet sich demnach kaum v. der Fortleitung entlang einer ↗Membran (↗Erregungsleitung, ↗Nervenzelle). An vielen elektrischen S. ist eine Erregungsübertragung in beiden Richtungen mögl., wenngleich der Stromfluß i.d.R. nur in einer Richtung erfolgt. Somit zeigt auch dieser S.-Typ den für die chemischen S. typischen „Einbahnstraßencharakter". Da die synapt. Verzögerung bei der elektr. Übertragung im Vergleich zur chemischen kürzer ist, findet man diesen Typ häufig in den sog. „Schnelleitungssystemen", z.B. den Riesenfasern (↗Nervensystem) des Regenwurms, od. wenn es auf die Synchronisation der Aktivität ganzer Zellgruppen ankommt, z.B. beim ↗Myokard des Wirbeltier-↗Herzens (↗Herzmuskulatur) od. den ↗elektr. Organen v. Fischen. – Bei der chem. Erregungsübertragung führen an den S. ankommende Aktionspotentiale zu einer Öffnung v. ↗Calcium-Kanälen, durch die extrazelluläre Ca^{2+}-Ionen in die S. strömen. Diese binden dort an ein Protein (diskutiert wird z.Z. ↗Calmodulin, ☐), das die Wanderung der Vesikel zur präsynapt. Membran, deren Anheftung dortselbst sowie deren Öffnung zum synapt. Spalt hin bewirken soll, wobei Transmittermoleküle in diesen entlassen werden. Letztere diffundieren zur postsynapt. Membran u. bin-

Synapsen

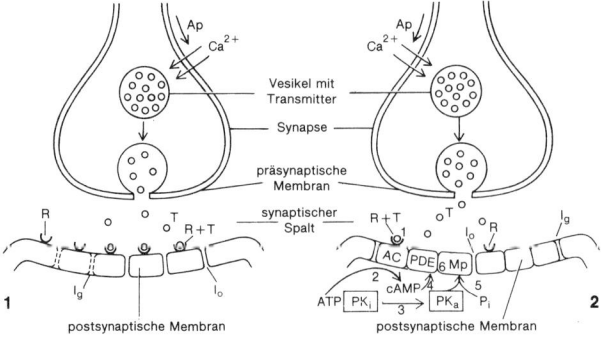

Synapsen

1 Schemat. Darstellung des Wirkungsmechanismus bei *direkt wirkenden* Neurotransmittern: Transmitter binden an den Rezeptoren der postsynaptischen Membran u. bewirken die Öffnung v. Ionenkanälen, die den Einstrom u. a. von Na$^+$-, K$^+$- und Cl$^-$-Ionen aus dem extrazellulären Raum in die nachgeschaltete Zelle (z. B. Nerven-, Drüsen-, Muskelzelle) ermöglichen.
2 Stark vereinfachte Darstellung des Wirkungsmechanismus bei *indirekt wirkenden* Neurotransmittern: 1) Transmitter bindet an Rezeptor; 2) Adenylat-Cyclase synthetisiert aus ATP cyclo-AMP; 3) cyclo-AMP aktiviert Proteinkinase; 4) Phosphodiesterase baut cyclo-AMP wieder ab; 5) aktive Proteinkinase phosphoryliert Membranprotein; 6) phosphoryliertes Membranprotein öffnet Ionenkanäle.
AC Adenylat-Cyclase, Ap Aktionspotential, ATP Adenosintriphosphat, Ca^{2+} Calciumionen, cAMP cyclo-AMP (zyklisches Adenosinmonophosphat), I$_g$ Ionenkanäle geschlossen, I$_o$ Ionenkanäle offen, Mp Membranprotein, PDE Phosphodiesterase, PK$_a$ Proteinkinase aktiv, PK$_i$ Proteinkinase inaktiv, R Rezeptor, T Transmitter
3 Transmittervorgänge an einer *cholinergen Synapse:* der präsynaptisch freigesetzte Transmitter ↗ *Acetylcholin* (ACh) wird v. einem an der Oberfläche der postsynaptischen Membran gelegenen Enzym, der ↗ *Acetylcholin-Esterase* (AChE), durch Hydrolyse in Essigsäure u. Cholin (Ch) gespalten. Das Cholin wird v. der präsynaptischen Endigung wieder aufgenommen und zus. mit Acetyl-CoA durch das Enzym Cholinacetyl-Transferase wieder zu Acetylcholin reacetyliert (↗ *Acetylcholinrezeptor,* □).
4 Transmittervorgänge an einer *adrenergen Synapse:* der Transmitter ↗ *Noradrenalin* (NA) wird aus der Aminosäure ↗ *Phenylalanin* über die Zwischenstufen ↗ *Tyrosin,* 3,4-↗ *Dihydroxyphenylalanin* (DOPA) und ↗ *Dopamin* synthetisiert und in synaptischen Vesikeln gespeichert. Nach Freisetzung wird ein Teil des NA von der präsynaptischen Endigung wieder aufgenommen; der Rest wird methyliert, dadurch inaktiviert u. mit dem Blut abtransportiert. Im Cytoplasma befindliches NA wird entweder in synaptische Vesikel aufgenommen od. von dem mitochondrialen Enzym ↗ *Monoamin-Oxidase* (MAO) inaktiviert.

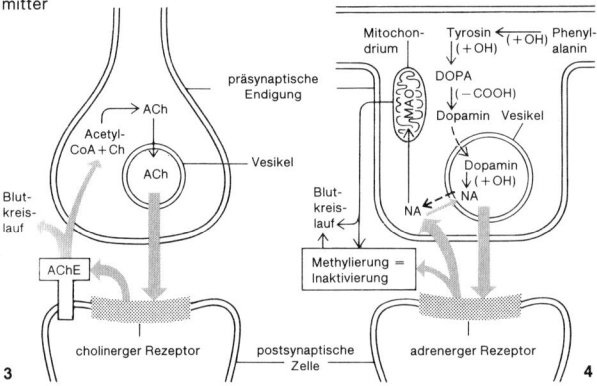

den dort an ↗ Rezeptoren, wodurch bestimmte Ionenkanäle (Na$^+$, K$^+$, Cl$^-$) geöffnet werden. Der nachfolgende Ionen-Einstrom führt zur ↗ Depolarisation (↗ Membranpotential) der postsynapt. Membran u. damit zur Entstehung des *postsynaptischen Potentials* (PSP). Es hat den Charakter eines ↗ Generatorpotentials, das bei ausreichender Stärke an der Generatorregion der nachfolgenden Zelle ein fortgeleitetes Aktionspotential auslöst. Durch die Freisetzung des Transmitters an der präsynapt. Membran u. dessen Bindung an die Rezeptoren der postsynapt. Membran ist die Erregungsleitung in nur eine Richtung gewährleistet. Die postsynapt. Potentiale können auf die nachgeschalteten Zellen aktivierend od. hemmend wirken. Im ersten Fall werden diese als *excitatorische* od. *erregende postsynapt. Potentiale* (EPSP), im zweiten als *inhibitorische* od. *hemmende postsynapt. Potentiale* (IPSP) bezeichnet (↗ Nervensystem, Funktionsweise). Eine Sonderform der S. stellen die ↗ *Endplatten* dar, die den Kontakt zu den ↗ Erfolgsorganen der Nerven, den Muskelzellen, herstellen (B Nervenzelle I, B Regelung). Der Transmitter dieser S. ist das ↗ *Acetylcholin,* das, wie ↗ *Adrenalin,* ↗ *Noradrenalin,* ↗ *Dopamin* u. ↗ *Serotonin,* zur Stoffklasse der Monoamine (↗ biogene Amine) zählt. Eine 2. Stoffklasse der Transmitter bilden die Aminosäuren ↗γ-*Aminobuttersäure,* ↗ *Glutaminsäure* und ↗ *Glycin.* Auch an einer „ruhenden" Endplatte werden in kurzen unregelmäßigen Zeitabständen Membran-Depolarisationen registriert. Diese zeigen einen dem normalen *Endplattenpotential* ähnl. Verlauf mit jedoch sehr viel kleineren Amplituden u. werden daher als *Miniatur-Endplattenpotentiale* (MEPP) bezeichnet. Aufgrund dieser Eigenschaft sowie zusätzl. Messungen u. Versuche folgerte man, daß diese durch immer gleichgroße Mengen v. Transmittern ausgelöst werden, wobei man diese Mengen als Quanten (analog den Licht-↗ Quanten) definierte. Durch Versuche an Nerv-Muskel-Präparaten konnte nachgewiesen werden, daß normale Endplattenpotentiale mit hoher Wahrscheinlichkeit immer aus ganzzahligen Vielfachen der Miniatur-Endplattenpotentiale zusammengesetzt sind, also durch die gleichzeitige Freisetzung einer großen Zahl v. Quanten – nach Schätzungen zw. 200 und 2000 – verursacht werden *(Quantenhypothese der Transmitterfreisetzung).* – Hinsichtl. ihrer Funktionsweise unterscheidet man bei Transmittern direkt wirkende (z. B. Acetylcholin) u. indirekt wirkende (z. B. Adrenalin, Noradrenalin, Dopamin). Bei *direkt wirkenden Transmittern* führt die Bindung des Transmitters an den Rezeptoren der postsynapt. Membran direkt zur Depolarisation u. damit zur Entstehung des postsynapt. Potentials. Die Freisetzung *indirekt wirkender Transmitter* hat zunächst die Synthese eines second messengers (↗ sekundäre Boten) zur Folge, der ein in der postsynapt. Membran lokalisiertes Protein aktiviert, das nun die Öffnung der Porenkanäle u. damit die Depolarisation der Membran bewirkt. Die

Transmitter werden nach Ablösen v. den Rezeptoren entweder gespalten (↗Acetylcholin-Esterase) od. inaktiviert, wobei die Produkte z. T. wieder in die S. aufgenommen werden, z. T. aber auch über den Kreislauf abgeführt werden. – Im ↗Nervensystem kommt den S. aus mehreren Gründen eine zentrale Bedeutung zu. Ohne deren gerichtete Erregungsübertragung wäre eine geordnete Tätigkeit des Nervensystems nicht denkbar. Weiterhin sind S. in ihrer Effizienz modifizierbar, d. h., bei hoher neuronaler Aktivität funktioniert die Übertragung besser als bei geringer od. seltener Aktivität. Sie zeigen somit eine gewisse Plastizität u. besitzen Lernfunktionen (↗Lernen, Spaltentext) u. Gedächtnisfunktionen (↗Gedächtnis). Zudem sind sie Angriffsort vieler Gifte (↗Neurotoxine) u. Pharmaka (u. a. ↗Psychopharmaka, ↗Drogen). ↗Neurosekrete, ↗Neuropeptide, ↗Neuromodulatoren; ☐ Acetylcholinrezeptor, ☐ Muskelzuckung, B Sinneszellen, B 134. *H. W.*

Synapsida [Mz.; v. *synaps-], (Osborn 1903 em. Williston 1917), *Theromorpha* Cope 1878, † U.-Kl. der ↗Reptilien mit einer unteren Schläfenöffnung, die oben primär begrenzt wird v. Postorbitale u. Squamosum (synapsider Schädeltyp, ↗Schläfenfenster; Beispiel: ↗*Dimetrodon*). S. werden v. den ↗Cotylosauriern abgeleitet u. umfassen alle säugetierähnl. Reptilien *("Theromorpha")* in 3 Ord.: ↗*Pelycosauria*, ↗*Mesosauria* u. ↗*Therapsida*.

synapsider Schädeltyp [v. *synaps-] ↗Schläfenfenster, ↗Synapsida.

Synapsis *w* [gr., = Verbindung], *Chromosomen-S.*, die ↗Chromosomenpaarung.

Synaptidae [Mz.; v. *synapt-], Fam. der ↗Seewalzen, mit 130 Arten in 12 Gatt. Die umfangreichste der 3 Fam. der Ord. *Apodida*. Namengebend ist die Gatt. *Synapta*; *S. maculata* (Indopazifik, 15 gefiederte Tentakel) ist mit 2 m Länge die größte Seewalze. Weitere Gatt.: ↗*Labidoplax* (12 gefingerte Tentakel) beherbergt die endoparasit. Schnecke ↗*Entoconcha*; *Leptosynapta* (↗Wurmholothurie, 12 gefiederte Tentakel); *Rhabdomolgus* ist mit 5 mm die kleinste ↗Seewalze (☐, 10 einfache Tentakel).

Synaptikel [Mz.; v. *synapt-], (Edwards u. Haime 1850), der Verstärkung des Septalapparates dienende kleine Querbälkchen, die bei vielen *Scleractinia* (↗*Hexacorallia*) – bes. den ↗Pilzkorallen – nebeneinander liegende Septen verbinden.

Synaptinemal-Komplex [v. *synapt-, gr. nēma = Faden], *synaptischer Komplex*, Bez. für die Doppelstruktur sich paarender Chromosomen bei der ↗Meiose (B).

synaptische Potentiale [v. *synapt-, lat. potentia = Fähigkeit] ↗Synapsen.

Synaptosomen [Mz.; v. *synapt-, gr. sōma = Körper], Bez. für bei der Homogenisa-

Synapsen
Sowohl cholinerge als auch adrenerge Rezeptoren werden nicht nur v. den ↗Neurotransmittern selbst, sondern auch v. anderen Wirkstoffen besetzt. Diese haben Funktionsstörungen des Nervensystems zur Folge, die bis zum Tod des Organismus führen können. An Nerv-Muskel-Präparaten eingesetzt, haben sie wesentl. zur Erforschung synaptischer Übertragungsmechanismen beigetragen.

Beispiele:
Tubocurarin
(↗Curare)
α-Bungarotoxin
(↗Bungarotoxine)
↗Physostigmin
(Eserin)
↗Botulinustoxin
↗Muscarin
↗Pilocarpin
↗Nicotin
↗Lobelin
↗Atropin
↗Tetrodotoxin
↗Reserpin
↗Meskalin
↗Amphetamine
↗Cocain
↗Coffein

syn- [gr., = zusammen-, gemeinsam, gleichzeitig mit, gleichartig].

synaps-, synapt- [v. gr. synapsis = Verbindung; synaptos = verbunden; synaptikos = verbindend].

tion (↗Homogenat) v. ↗Nervengewebe abgebrochene Nervenendigungen mit hohen ↗Acetylcholin-Konzentrationen.

Synascidien [Mz.; v. *syn-, gr. askidion = Säckchen], im Ggs. zu den ↗Monascidien als Kolonie lebende ↗Seescheiden. Die Tiere treiben Ausläufer (Stolonen), an denen sich Knospen bilden, die sich nicht ablösen; so entstehen Kolonien, deren Einzeltiere über Stolonen zusammenhängen (soziale Ascidien), od. Kolonien mit gemeinsamem Mantel (S. i. e. S.); keine systemat. Gruppe; Koloniebildung ist in verschiedenen Verwandtschaftskreisen entstanden. Hierher z. B. ↗*Clavelina*, ↗*Amaroucium* u. die Sternascidie ↗*Botryllus (schlosseri)*.

Synästhesie *w* [Bw. *synästhetisch*; v. gr. synaisthēsis = Mitempfindung], gleichzeitige (Mit-)Erregung v. ↗Sinnesorganen durch (für diese inadäquater Reize (↗adäquater Reiz), z. B. subjektive Wahrnehmung von opt. Erscheinungen (Farbe) bei akust. oder mechan. ↗Reiz-Einwirkung.

Synbranchiformes [Mz.; v. *syn-, gr. bragchia = Kiemen, lat. forma = Gestalt], die ↗Kiemenschlitzaale.

Syncarida [Mz.; v. *syn-, gr. karides = kleine Krebse], Überord. der ↗*Malacostraca* mit den 3 Ord. ↗*Anaspidacea*, ↗*Stygocaridacea* u. ↗*Bathynellacea*; recht urtüml. Krebstiere, bei denen 7 oder sogar alle 8 Thorakomere frei sind u. denen, wahrscheinl. sekundär, ein Carapax fehlt. Die rezenten Arten sind Relikte; die meisten leben im Grundwasser od. in Höhlen.

Syncerebrum *s* [v. *syn-, lat. cerebrum = Gehirn], das in der Phylogenie der ↗Gliederfüßer aus den einzelnen Kopfganglien (↗Kopf) zu einem komplexen ↗Gehirn (☐) verschmolzene ↗Oberschlundganglion; *primäres S.*: die bereits embryonal erfolgte Verschmelzung v. ↗Proto- u. ↗Deutocerebrum; *sekundäres S.*: die spätere Angliederung auch des ↗Tritocerebrums.

Syncerus *m* [v. *syn-, gr. keras = Horn], Gatt. der ↗Rinder; ↗Kaffernbüffel.

Synchaeta *w* [v. *syn-, gr. chaite = Borste], Gatt. der ↗Rädertiere (Ord. *Monogononta*) mit mehreren marinen planktont. Arten, die einen Großteil der marinen Rädertierfauna bilden. Als Planktonorganismen besitzen die meist glockenförm. Arten zahlr. aus verklebten langen Borsten (Cilien) bestehende Sinnesorgane am Vorderende, ein medianes Pigmentbecherauge u., als Rest des Räderorgans, seitl. abstehende Wimpernohren zur Fortbewegung.

Synchore *w* [v. gr. sygchōros = angrenzend], ↗Rassenkreis.

Synchorologie *w* [v. gr. sygchōros = angrenzend, logos = Kunde], *Gesellschaftsverbreitung*, Teildisziplin der Geobotanik, befaßt sich im Ggs. zur ↗Arealkunde (Chorologie) mit der Beschreibung u. kausalen Analyse des Verbreitungsgebiets von Pflanzen-*Gesellschaften*.

Synchronisation

syn- [gr., = zusammen-, gemeinsam, gleichzeitig mit, gleichartig].

Synchytrium

Wichtige Arten:
S. endobioticum
(↗Kartoffelkrebs)
S. anemones
(Blattgallen, Blütenflecken, Stengelflecke an Anemonen)
S. aureum
S. macrosporum
(Blattgallen an vielen Pflanzen)
S. vaccinii
(Blatt- u. Blütengallen an Heidekrautgewächsen)
S. taraxaci
(Blattgallen an *Taraxacum*-Arten)

→ Zoosporen (1n, Planosporen)
↓
Keimung u. Infektion
↓
Prosorus
↓
Prosoruskeimung u. Kernteilung
↓
Zoosporangien-Sorus
↓
← Zoosporen
↓
Isogametenbildung
↓
Gametenkopulation
↓
Zygote (2n, 2geißelig)
↓
Keimung u. Infektion
↓
Dauerspore
↓
Zoosporangium
↓
← Zoosporen (1n)

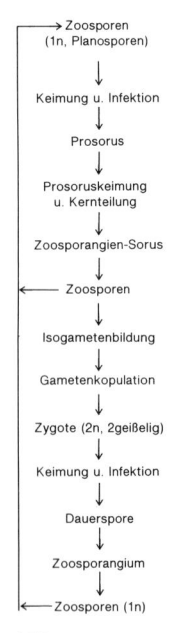

Synchronisation *w* [Ztw. *synchronisieren*; v. gr. synchronizein = gleichzeitig sein], allg.: Gleichschaltung des Beginns od. Ablaufs v. Vorgängen. In biol. Systemen können Vorgänge 1. in einem Organismus, 2. zw. mehreren Organismen und 3. zw. Organismen u. Umweltfaktoren synchronisiert werden. So ist z. B. die ↗Fortbewegung (↗Bewegung) v. Tieren u. Mensch ohne S. der Muskeltätigkeit (↗Muskelkontraktion, ↗Muskelkoordination) nicht vorstellbar (↗Flugmuskeln v. Vögeln u. Insekten, Ring- u. Längsmuskulatur vieler Wirbelloser, Extremitäten-↗Muskulatur). Gleiches gilt für die Tätigkeit vieler Organe (z. B. Herz [↗Herzautomatismus], Magen, Harnblase), bei denen die Kontraktionen der einzelnen Muskelzellen synchronisiert werden müssen (↗Peristaltik). Die S. zw. Organismen bezieht sich meist auf Verhaltensweisen einzelner od. aller Individuen (↗Kommunikation, ↗anonymer Verband, ↗Schwarm) einer Population (z. B. Wechsel-↗Gesang bei Heuschrecken u. Vögeln [↗Duettgesang], gleichzeit. Aufbrechen v. Vögeln zum ↗Vogelzug [↗Stimmungsübertragung], bei Wasserbewohnern gleichzeit. Ei- u. Spermienabgabe auf engem Raum). Durch auslösende abiot. Faktoren, wie z. B. Licht, Temp., Tageslänge, werden Entwicklungsstadien v. Organismen od. ganzen Populationen mit den für sie günstigsten Umweltbedingungen synchronisiert. ↗Chronobiologie.

Synchytrium *s* [v. *syn-, gr. chytrion = Töpfchen], Gatt. der ↗Chytridiales (od. ↗Myxochytridiales, Fam. *Synchytriaceae*); die Pilze sind intrazelluläre Pflanzenparasiten, die Gallen verursachen. Der Thallus ist ein nackter (zellwandloser) Protoplast, ohne bestimmte Form, ohne Rhizoide. Die Vermehrung u. Verbreitung erfolgen durch eingeißelige Zoosporen, die in inoperculaten Sporangien gebildet werden (Entwicklungszyklus vgl. Kleindruck). Früher wurden *S.*-Arten wegen des zeitweise nackten Thallus als „Archimyceten" bezeichnet. [B] Pflanzenkrankheiten I.

Synchytrium

Entwicklungszyklus von *S. endobioticum* (↗Kartoffelkrebs):

Zoosporen aus Zoosporangien od. Dauersporen befallen vom Boden aus Epidermiszellen an jungen Kartoffelknollen (Augen) od. der Sproßbasis. Auf der Wirtsoberfläche werden die Geißeln abgeworfen u. eine dünne Membran ausgebildet. Der Parasit durchbohrt die Pflanzenzellwand, u. sein Protoplast dringt in die Wirtszelle ein; die leere Membranhülle bleibt draußen zurück. Der anfangs nackte *S.*-Thallus vergrößert sich, bildet eine Zellwand aus u. wird zum Prosorus. Die Wirtszellen werden durch die Entwicklung des Parasiten zu starken Zellteilungen angeregt (Zellrosettenbildung). Der Erreger tritt aus dem Prosorus aus u. bildet einen mehrkernigen Protoplasten, der sich durch dünne Wände in 4–9 Teile gliedert, die sich jeweils zu Zoosporangien (Zoosporangien-Sorus) mit 200–300 Zoosporen entwickeln. Bei der Reife wird der Sorus aufgesprengt, u. die Zoosporen gelangen ins Bodenwas-

Syncytiotrophoblast *m* [v. *syn-, gr. kytos = Höhlung (heute Zelle), trophē = Ernährung, blastos = Keim], Teil des ↗Trophoblasten, mit syncytialer Struktur (↗Syncytium).

Syncytium *s* [v. *syn-, gr. kytos = Höhlung (heute: Zelle)], durch Verschmelzen ursprünglich einkerniger Zellen entstandener, zelläquivalenter, vielkerniger (polyenergider) Plasmakörper. Syncytien trifft man ebenso auf der Organisationsstufe der Einzeller an, so bei den „Schleimpilzen" (↗Fusionsplasmodium), wie in den Geweben der Metazoen, etwa in Form *syncytialer Körpergewebe* vieler ↗Nemathelminthes, als Muskelfasern der ↗quergestreiften Muskulatur der Wirbeltiere, im ↗Syncytiotrophoblasten der Embryonalhüllen der Säuger und evtl. in den Chondro- und Osteoklasten der Wirbeltiere, die, nach allerdings nicht ganz gesicherten Beobachtungen, ein Verschmelzungsprodukt phagocytotischer Mesenchymzellen darstellen.

Syndese *w* [v. gr. syndesis = Verbindung], **1)** die ↗Chromosomenpaarung. **2)** straff gespannte Gelenkmembran zw. zwei Skleritflächen, v. a. bei Insekten.

Syndrom *s* [v. gr. syndromōs = zusammenlaufend], *Symptomenkomplex,* eine Gruppe v. ↗Symptomen, die zus. ein charakterist. Krankheitsbild ergeben.

Syndynamik *w* [v. *syn-, gr. dynamikos = kräftig], Teildisziplin der Geobotanik, befaßt sich mit der relativ kurzfrist. Änderungen von Pflanzen-Ges. aufgrund v. Immissionen, Schädlingskalamitäten usw. Langfristige Änderungen in den Zeiträumen der Evolution sollten begriffl. von diesen kurzfrist. Änderungen abgetrennt werden (*Synevolution*).

Synechococcus *m* [v. gr. synechēs = zusammenhängend, kokkos = Beere], Gatt. der ↗Chroococcales (☐), einzellige, stäbchenförmige ↗Cyanobakterien, mit abgerundeten Ecken, ohne Scheide; sie vermehren sich durch Zellteilung (Spaltung) in nur einer Richtung. Meist auf feuchter

ser od. sofort zu benachbarten Zellen, die bei feuchter Witterung infiziert werden. Dadurch wird das Wirtsgewebe zu weiteren Teilungen angeregt, so daß es schließl. zu krebsart. Wucherungen (Gallen) kommt. Der asexuelle Zyklus kann sich während der Vegetationsperiode mehrmals wiederholen.

Unter ungünstigen Bedingungen, z. B. bei Trockenheit, verhalten sich die Zoosporen, wenn sie den Sorus verlassen haben, wie Isogameten, verschmelzen miteinander u. bilden eine Zygote. Die zweigeißelige Zygote infiziert ungeschützte Epidermiszellen, die sich daraufhin mehrmals teilen. Der Erreger-Protoplast gelangt in etwas tiefere Gewebeschichten, wo er sich zu einer Dauerspore mit dicker, doppelter Wand umwandelt. Die Dauersporen werden mit Pflanzen- u. Bodenteilen verbreitet. Im Boden können sie mehrere Jahre überleben. Werden geeignete Wirtspflanzen angebaut, keimen im Frühjahr die Dauersporen unter Reduktionsteilung. Es entsteht ein Zoosporangium, in dem eingeißelige Zoosporen gebildet werden.

Erde, auch in Saftflüssen v. Bäumen *(S. elongatus)*, in Hochmooren *(S. aeruginosus)* u. in stehenden Gewässern in der Gallerte v. anderen Cyanobakterien.

Synechocystis *w* [v. gr. synechēs = zusammenhängend, kystis = Blase], Gatt. der ↗ *Chroococcales* (☐), einzellige, kugelige ↗ Cyanobakterien, ohne Scheide, die sich durch Spaltung in zwei od. drei Richtungen teilen. Neuerdings werden auch Arten der früheren Gatt. ↗ *Merismopedia* u. ↗ *Microcystis* in dieser Gatt. eingeordnet.

Synechthrie *w* [v. *syn-, gr. echthria = Haß, Feindschaft], *Syllestium, Raubgastgesellschaft,* Form des Zusammenlebens v. Insekten, bei der feindl. verfolgte Einmieter (↗ Synöken) im Nest v. ↗ staatenbildenden Insekten (v. a. Ameisen u. Termiten) leben. *Synechthren* sind meist Räuber (z. B. ↗ Kurzflügler), die den Wirten od. ihrer Brut nachstellen. ↗ Synökie, ↗ Ameisengäste, ↗ Termitengäste.

Synedra *w* [v. gr. synedros = zusammensitzend], Gatt. der ↗ *Fragilariaceae.*

Synergetik *w* [v. gr. synergētikos = mitarbeitend], interdisziplinäres Forschungsgebiet, stellt hpts. die Verbindung her zw. der Theorie dynam. Systeme u. der statist. Physik; führt auch zur mathemat. Behandlung chem. und biol. Fragen (z. B. Fragen der Ökologie, Populationsdynamik, Symbiose, Räuber-Beute-System, Morphogenese usw.). Befaßt sich i. w. S. auch mit Fragen der Ökonomie u. Soziologie. ↗ Chaos-Theorie.
Lit.: Haken, H.: Synergetik. Berlin – Heidelberg – New York 1982.

Synergiden [Mz.; v. *synerg-], Zellen des ↗ Embryosacks; ↗ Blüte, ↗ Filiformapparat, ↗ Befruchtung (☐). [B] Bedecktsamer I.

Synergismus *m* [Bw. synergistisch; v. *synerg-], *Synergie,* das Zusammenwirken u. die gegenseit. Förderung verschiedener Faktoren od. Substanzen; die Gesamtwirkung ist größer als die Summe der Einzelwirkungen. S. spielt u. a. eine Rolle in der Pharmakologie, Physiologie, Chemie – aber auch in der Ökologie. ↗ Synergist.

Synergist *m* [v. *synerg-], 1) allg.: der ↗ Agonist. 2) Ökologie: Organismus, der mit einem anderen in seinen Lebensfunktionen zusammenarbeitet, ihm also nützlich ist, z. B. ↗ Symbiont. Ggs.: Antagonist.

Synfloreszenz *w* [v. *syn-, lat. florescere = erblühen], Bez. für ein System aus ↗ Floreszenzen. Dabei baut sich der Blütenbereich folgendermaßen auf: Die Hauptachse endet in einem Blütenstand, der *Haupt-Floreszenz.* Die Seitensprosse wiederholen nun diesen Blütenstand, ebenfalls mit diesem endend; sie stellen also *Co-Floreszenzen* dar. Da sie mit ihren Blütenständen die Blütenregion bereichern, heißen sie auch *Bereicherungstriebe.* ↗ Blütenstand.

syngam [v. *syn-, gr. gamos = Hochzeit], zus. mit der Befruchtung, z. B. syngame ↗ Geschlechtsbestimmung.

Syngamie *w* [v. *syn-, gr. gamos = Hochzeit], die Vereinigung zweier Geschlechtszellen (↗ Gameten) bei der ↗ sexuellen Fortpflanzung.

Syngamus *m* [v. gr. syggamos = verheiratet], Gatt. der ↗ Strongylida.

Synge [ßing], *Richard Laurence Millington,* brit. Biochemiker, * 28. 10. 1914 Liverpool; zuletzt am Inst. für Ernährungsforschung in Norwich; erhielt 1952 zus. mit A. J. P. Martin den Nobelpreis für Chemie für die gemeinsame Entwicklung der Papier- u. Verteilungschromatographie; klärte mit dieser Methode die Struktur des Gramicidins S auf.

Syngnathoidei [Mz.; v. *syn-, gr. gnathos = Kiefer], die ↗ Seenadelähnlichen.

synkarp [v. *syn-, gr. karpos = Frucht], Bez. für coenokarpe Gynözeen (↗ Blüte, ☐), deren Fruchtblätter über größere Bereiche miteinander verwachsen sind, so daß diese Verwachsungsbereiche Septen bilden, die den Hohlraum des Fruchtknotens völlig unterteilen. ↗ holocoenokarp.

Synkaryon *s* [v. *syn-, gr. karyon = Kern], der durch Vereinigung der beiden haploiden Vorkerne (♂ und ♀ ↗ Pronuclei) entstandene diploide Zygotenkern. ↗ Karyogamie.

Synkotylie *w* [v. *syn-, gr. kotylē = Höhlung, Napf], ↗ Heterokotylie.

Synodontidae [Mz.; v. gr. synodontis = Nilfisch], die ↗ Eidechsenfische.

Synodontis *w* [gr., = Nilfisch (mit zusammenhängenden Zähnen)], Gatt. der ↗ Fiederbartwelse.

Synöken [Mz.; v. gr. synoikos = Mitbewohner], *Einmieter, Inquilinen,* Bez. für Tiere, welche die „Wohnung" einer anderen Tierart mitbewohnen (↗ Synökie).

Synökie *w* [v. gr. synoikia = Wohngemeinschaft], *Inquilinismus,* Form einer Karpose: das harmlose Mitbewohnen der Wohnung (z. B. Wohnröhre, Gehäuse, Nest, Bau) einer Tierart durch eine andere. Manche Vogelarten (z. B. Kanincheneule, Brandente) hausen in den Erdhöhlen v. Nagetieren. In den Nestern v. Vögeln u. Säugetieren leben zahlr. Gliedertußer (z. B. Käfer, Pseudoskorpione, Milben) als sog. ↗ Nidikole. Aus der S. der ↗ Ameisen- u. ↗ Termitengäste ist wahrscheinl. die ↗ Symphilie entstanden. – Begehrte Aufenthaltsorte für *Synöken* sind die Wohnröhren mariner Wirbelloser (z. B. sedentärer Polychaeten, Igelwürmer, Maulwurfskrebse), die ständig v. Frischwasser u. Nahrung durchströmt werden; hier leben gut angepaßt v. a. Krebse (Copepoden, kleine Krabben- u. Garnelen-Arten) u. errante Polychaeten. Im Schneckengehäuse des Bernhardkrebses (↗ Einsiedlerkrebse) findet man nicht selten den Polychaeten *Nereis fucata,* der an der Nahrung des Krebses teilhat (↗ Kommensalismus). ↗ Parökie.

Synökologie *w* [v. gr. synoikos = Mitbewohner], Teilgebiet der ↗ Ökologie, unter-

---

syn- [gr., = zusammen-, gemeinsam, gleichzeitig mit, gleichartig].

synerg- [v. gr. synergos = behilflich, förderlich; Mitarbeiter].

Synökie
Der Muschelwächter *Pinnotheres pisum* (eine Krabbe) in einer Miesmuschel *(Mytilus edulis)*

Synonyme

sucht ↗Biozönosen u. ↗Ökosysteme, z. B. deren Struktur, die vielfältigen Wechselbeziehungen der Organismen untereinander, die im System wirksamen Regelprozesse (↗ökologische Regelung) od. die ↗Produktion des Systems (↗Systemanalyse). Von einzelnen Autoren wird die ebenfalls an Organismenkollektiven arbeitende Populationsökologie (↗Demökologie) in die S. einbezogen. Ggs.: ↗Autökologie.

Synonyme [Mz.; v. gr. synonymos = gleichnamig], verschiedene Namen für dasselbe ↗Taxon (Ggs.: ↗Homonym). Bei Arten (u. auch Rassen), Gatt. und Fam. ist gemäß der ↗Prioritätsregel im allg. der bei der Erstbeschreibung verwendete Name gültig, es sei denn, er war schon präokkupiert od. jahrzehntelang nicht mehr in Gebrauch. *Objektive S.* beruhen auf demselben nomenklator. ↗Typus; z. B. ist der Gatt.-Name *Amphioxus* für das Lanzettfischchen ein jüngeres objektives Synonym für *Branchiostoma*. Viel häufiger sind *subjektive S.*, wenn bei einer taxonom. Revision viele „Arten" als Populationen u. Rassen ein u. derselben weit verbreiteten Art erkannt werden. ↗Nomenklatur.

Synorganisation *w* [v. *syn-], von Remane (1952) eingeführte Bez. für die *Coadaptation* einzelner Körperteile eines Individuums zu einer Funktionseinheit (z. B. Kopplungsmechanismen der Schmetterlingsflügel) od. die ↗ *Coevolution* aufeinander abgestimmter Anpassungen verschiedener Individuen bzw. Organismen (z. B. Blütenbau und Bestäuberorganisation). ↗Schlüssel-Schloß-Prinzip.

Synovialflüssigkeit [v. *syn-, lat. ovum = Ei], *Synovia, Gelenkschmiere, Gelenkflüssigkeit*, zäh-viskose fadenziehende Flüssigkeit, die alle ↗Gelenk-Höhlen der Wirbeltiere u. des Menschen erfüllt u. die knorpeligen Gelenkflächen gleitfähig erhält. Die S. stellt im wesentl. ein Dialysat aus dem Blutplasma dar, enthält aber zusätzlich 1–2% ↗Hyaluronsäuren (Schleimsubstanzen), ebenso Fetttröpfchen, abgeschilferte Zellen der Gelenkflächen u. freie amöboide ↗Phagocyten in großer Zahl. Sie wird v. den endothelialen Deckzellen der *Synovialmembran* (Synovialhaut, Synovialis, Membrana synovialis, Stratum synoviale) abgeschieden, einer gefäß- u. nervenreichen Schicht lockeren Bindegewebes, welche die Gelenkhöhlen manschettenartig umhüllt. □ Sehnenscheiden.

Synözie *w* [v. *syn-, gr. oikia = Haus], **1)** die ↗Synökie; **2)** die Einhäusigkeit, ↗Monözie.

Synsacrum *s* [v. *syn-, nlat. os sacrum = Kreuzbein], ↗Kreuzwirbel.

Synsepalum *s* [v. *syn-, nlat. sepalum = Kelchblatt], Gatt. der ↗Sapotaceae.

Synsoziologie, die ↗Sigmasoziologie.

Synthasen [Mz.; v. *synthes-], Sammelbez. für ↗Enzyme, die eine lytische Reaktion (↗Lyse) katalysieren (= ↗Lyasen,

---

syn- [gr., = zusammen-, gemeinsam, gleichzeitig mit, gleichartig].

Synonyme

S. gibt es immer dann, wenn bei der Erstbeschreibung noch nicht bekannt war, daß die vorliegenden Individuen trotz unterschiedl. Aussehens zur selben Art gehören: z. B. bei extremem ↗Sexualdimorphismus, bei ↗Polymorphismus u. ↗Polyphänismus, bei ↗Generationswechsel (z. B. wenn bei ↗Nesseltieren Polyp u. Meduse der gleichen Art mit verschiedenen Namen belegt sind).

---

synthes-, synthet- [v. gr. synthesis = Zusammensetzung; synthetos = zusammengesetzt].

Reaktion AB→A+B), wobei aber das Gleichgewicht der chem. Reaktion weitgehend auf der Seite der Synthese $(A+B \underset{\text{Lyse}}{\overset{\text{Synthese}}{\rightleftarrows}} AB)$ liegt.

Synthese *w* [Ztw. synthetisieren; v. *synthes-], Aufbau von chem. Verbindungen aus Atomen verschiedener Elemente od. aus verschiedenen Molekülen, indem Atomgruppen derselben zu neuen Verbindungen zusammentreten. Ggs.: ↗Analyse.

Synthetasen [Mz.; v. *synthet-], Sammelbez. für ↗Enzyme, die eine Verknüpfung v. zwei Molekülen durch Vermittlung von ATP (oder anderen energiereichen Phosphaten) katalysieren. ↗Ligasen.

synthetische Biologie [v. *synthet-], aufgrund der Möglichkeit zur in vitro-Rekombination bzw. Abwandlung v. Genen im Rahmen gentechnolog. Methoden (↗Gentechnologie, **B**) geprägter Begriff, der die Synthese neuer Organismen mittels Neukombination (↗chimäre DNA) bzw. gezielter Abwandlung v. isolierten Genen u. deren Wiedereinschleusung in Organismen beinhaltet. Die Bez. wurde in Analogie zum Begriff „synthetische Chemie" geprägt, der die künstl. ↗Synthese neuer (hier aber auch natürl. vorkommender) chem. Stoffe beinhaltet.

Syntomidae [Mz.; v. gr. syntomos = beschnitten, kurz], die ↗Widderbären.

Syntrophismus *m* [Bw. syntroph; v. gr. syntrophia = gemeinsame Ernährung], *Syntrophie, syntrophe Assoziation*, gegenseitige positive Beeinflussung des Wachstums v. (Mikro-)Organismen durch den Austausch v. Substraten od. Wachstumsfaktoren: so wachsen viele Bakterien in ↗Mischkultur besser als in ↗Reinkultur. Ein sehr enger S. ist das ↗Consortium.

Syntypus *m* [v. *syn-], jedes Exemplar einer Typus-Serie, wenn der Erstbeschreiber keinen ↗Holotypus festgelegt hat u. wenn bisher kein ↗Lectotypus ausgewählt worden ist.

Synuraceae [Mz.; v. *syn-, gr. oura = Schwanz], Fam. der ↗ *Chrysomonadales;* einzeln od. in Kolonien lebende Flagellaten (Goldalgen), auf deren pektinhalt. Hülle zahlr. verkieselte Schuppen aufgelagert sind. Hierzu gehört die Gatt. *Synura* mit ca. 10 Arten, deren Zellen durch Gallerte zu kugelförm. Kolonien vereint sind und charakterist. dachziegelartig angeordnete Kieselschuppen tragen. Eine häufige Planktonart ist *S. petersenii* u. in Torfgewässern *S. sphagnicola*. Weitere Gatt. sind: *Chrysosphaerella*, deren 5 Arten *Synura* ähneln, aber freiliegende Kieselschuppen tragen; im Plankton kleinerer Teiche *C. longispina*. Die ca. 60 Arten der Gatt. *Mallomonas* leben einzeln in Plankton v. Seen; Kieselschuppen dachziegelartig angeordnet; viele tragen gelenkig ansitzende Borsten.

Synusien [Mz.; v. gr. synousia = Zusammenleben], *Vereine*, **1)** Bot.: wiederkehrende Gruppen v. Pflanzenarten, die ökologisch (standörtlich od. phänologisch) weitgehend übereinstimmen u. innerhalb der Biozönose entweder zu einzelnen Schichten (Baumschicht, Krautschicht usw.) od. zu Gemeinschaften bestimmter Teillebensräume (moderndes Holz, Borke der Stammbasis usw.) zusammentreten. Bei selbständ. Vorkommen solcher Artengruppen (z.B. Flechtenges. xerothermer Felskuppen) sind sie syntaxonomisch auch als eigene Assoziation, Verband usw. klassifizierbar. 2) Zool.: Artengruppen v. Tieren, die sich ökolog. und morpholog. ähneln (gleicher ↗Lebensformtypus) u. unter nahezu gleichen Umweltbedingungen leben.

Syphilis w [ben. nach dem Hirten Syphilus (= Schweinefreund) in dem Lehrgedicht „Syphilis sive morbus Gallicus" von G. Fracastoro di Verona, 1478–1553], ↗Geschlechtskrankheiten.

Syracosphaera w [v. gr. Syrakousai = Syrakus, sphaira = Kugel], Gatt. der ↗Kalkflagellaten (T).

Syringa w [v. gr. syrigx = Rohrflöte, über vulgär-lat. syringa], der ↗Flieder.

Syrinx [v. gr. syrigx = Rohrflöte], 1) m, Gatt. der ↗Kronenschnecken. 2) w, Organ der Stimmbildung (↗Lautäußerung) bei Vögeln; befindet sich an der Gabelungsstelle der Trachea in die Stammbronchien (B Atmungsorgane III). Der eigtl. ↗Kehlkopf (Larynx), mit dem im Ggs. hierzu die Säuger die Stimme erzeugen, ist reduziert u. dient lediglich noch der Sicherung des Atemvorgangs. Die S. besteht aus verknöcherten Tracheal- u. Bronchialringen unterschiedl. Anzahl, aus schwingfähigen Membranen zw. Innen- u. Außenseite der Bronchien (innere u. äußere Paukenhaut) sowie aus einem komplexen Muskelsystem, das die Bewegungen u. Spannungen für die Lauterzeugung ermöglicht. Die Luftröhre kann stark verlängert sein u. liegt dann in Schlingen, wie bei Schwänen, Kranichen u. Paradiesvögeln; als Resonanzräume fungieren außerdem Erweiterungen der Speiseröhre, Luftsäcke od. Knochenblasen. Relativ kompliziert gebaut ist die S. der Singvögel. Sie ermöglicht eine sehr variable Stimmbildung; unterschiedl. Geometrie u. Einspannung der Paukenhäute, die in tonfrequente Schwingungen gebracht werden, tragen zur stimmlichen Vielfalt bei. Stimmlippen im Bereich der Membranen verengen unter Muskeleinwirkung den Querschnitt der Luftwege. Die S. ist unmittelbar v. einem Luftsack umgeben, durch dessen Überdruck die Paukenhäute elast. gehalten u. in die Lage versetzt werden, Schwingungen in Töne umzuwandeln.

Syritta w [v. gr. syrittein = pfeifen], Gatt. der ↗Schwebfliegen.

Syrosem m und s [russ.], *Syrosjom, Rohboden* des gemäßigten Klimas mit A–C-Profil (☐ Bodenprofil). Die Herkunft, Zusammensetzung u. Entwicklung dieses Bodentyps kann sehr unterschiedl. sein. Beispiele: *Gesteinsrohboden* in steiler Hanglage, wo Erosion eine Bodenentwicklung verhindert, *Schutt-, Skelett-* od. *Geröllböden* am Hangfuß auf Granit, Kalk-, Sandstein, *Locker-S.* auf Löß oder Dünensand. T Bodentypen.

Syrphidae [Mz.; v. gr. syrphos = kleines Insekt], die ↗Schwebfliegen.

Syrrhaptes m [v. gr. syrrhaptein = zusammennähen], Gatt. der ↗Flughühner.

Syrrhophus m, Gatt. der ↗Südfrösche.

Syssphingidae [Mz.; v. gr. sys = Schwein, sphiggein = zwängen], ↗Nagelfleck.

System s [v. gr. systēma = Zusammenstellung, Gesamtheit], 1) allg.: Zusammenstellung, Aufbau, Ordnung v. mehreren Einzeldingen, Begriffen, Erkenntnissen zu einem einheitl. Ganzen aufgrund weniger Prinzipien (z.B. mechan., kosm., staatl., wiss. S.). 2) Chemie: Bez. für mehrere Stoffe, die miteinander im physikal. ↗Gleichgewicht und ↗chem. Gleichgewicht stehen (z.B. homogene, heterogene, instabile, kolloiddisperse S.e). ↗Thermodynamik. 3) Biol.: a) in der biol. ↗Systematik (↗Taxonomie) ein Ordnungssystem für die ↗Mannigfaltigkeit der Organismen; ↗Klassifikation, ↗Nomenklatur. b) Paläontologie: die in einem bestimmten Zeitabschnitt gebildeten Ablagerungen (= ↗geolog. Formation), also das materielle Äquivalent einer geolog. Periode (B Erdgeschichte). ↗Öko-S., ↗S.analyse, ↗Stabilität.

Systemanalyse, befaßt sich allg. mit der Untersuchung v. Struktur, Funktion und zeitl. Verhalten kybernet. Systeme (↗Kybernetik, ↗System). Speziell in der Ökologie Bez. für übergeordnete („ganzheitliche") Analyse biotischer Systeme (z.B. Populationen, Feind-Beute-Systeme, Ökosysteme). Grundlegend ist die genaue Kenntnis der Einzelkomponenten des Systems, das Erkennen gesetzmäßiger Zusammenhänge durch statist. Sicherung (↗Statistik) u. die Kenntnis der Wechselbeziehungen zw. den Komponenten, die oft den Charakter kybernet. Prozesse haben (↗ökologische Regelung, ☐). Die deskriptiven Ergebnisse können durch Experimente im Freiland u. Labor ergänzt werden, die zum kausalen Verständnis einzelner Prozesse beitragen. In dem für die S. entscheidenden „synthetischen" Teil der Untersuchungen werden ↗Modelle (↗Weltmodelle) entwickelt, meist mit dem Computer durchgerechnet sowie ständig mit der Wirklichkeit verglichen („Validisierung" od. „Verifikation") und dementsprechend korrigiert. Eine gute S. führt nicht nur zum Verständnis des Systems, sondern erlaubt Prognosen für seine weitere Entwicklung u. Therapiemaßnahmen für fehlentwickelte Systeme (z.B. nach menschl. Manipulation, ↗Humanökologie). ↗Systemtheorie, ↗Stabilität.

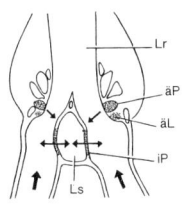

Syrinx

S. eines Singvogels im Längsschnitt. äL äußere Lippe, äP äußere Paukenhaut, iP innere Paukenhaut, Lr Luftröhre, Ls Luftsack.
Dicke Pfeile = Luftstrom, dünne Pfeile = schwingende Membranen

Systematik w [v. gr. systēmatikos = geordnet], Fachgebiet (Disziplin) der ↗Biologie (↗Botanik, ↗Zoologie), das die ↗Mannigfaltigkeit der Organismen gegeneinander abgrenzt, beschreibt u. die so gewonnenen Gruppen (↗Taxon) in einem hierarchischen ↗System ordnet (↗Klassifikation). Als Begr. der biol. Klassifikation gilt ↗Aristoteles, der erkannte, daß „Tiere nach ihrer Beschaffenheit u. nach ihren Körperteilen gekennzeichnet werden" können, u. bereits bestimmte Einheiten voneinander abgrenzte, für die er heute noch gültige Bez. (z. B. *Coleoptera, Diptera*) einführte. Er ordnete seine Gruppen nach dem Grad ihrer „Perfektion" in einem *Stufenleitersystem (Scala naturae)* an, das v. den „niederen Tieren" zu den „höheren" führte. Einen wesentl. Fortschritt brachte erst ↗Linné, der die ↗binäre Nomenklatur einführte und ein *„Systema Naturae"* (1735, für die ↗Nomenklatur maßgebende 10. Aufl. 1757–59) für Pflanzen u. Tiere schuf. Hauptaufgabe dieses Systems war eine rasche u. eindeutige Identifikation (Bestimmung) eines gefundenen Individuums, wobei man sich auf möglichst leicht zu erkennende Einzelmerkmale *(Schlüssel-↗Merkmale)* bezog (↗Bestimmungsschlüssel). Die so gewonnene Gruppierung führte daher zu einem ↗*künstlichen System*. Spätere Systematiker grenzten die Taxa anhand mehrerer Merkmale ab; sie erkannten die ↗Homologie v. Merkmalen u. kamen so zu einem sog. *↗natürlichen System*. Vor dem Aufkommen der ↗Evolutionstheorie war dies ein *„typologisches System"*, das die Organismen nach ihrer Zugehörigkeit zum gleichen ↗*„Typus"* einer Gruppe zuordnete (↗idealistische Morphologie). Eine völlig neue theoret. Grundlage bekam die S. durch die Evolutionstheorie von ↗Darwin, welche die mehr od. weniger großen Übereinstimmungen von Merkmalen bei verschiedenen Taxa durch deren weitere od. engere stammesgeschichtl. und damit genealog. Verwandtschaft (↗Phylogenetik) erklärte. Damit fiel der S. die Aufgabe zu, die in der Natur als Produkt der Evolution (↗Phylogenie) „vorgegebene" Ordnung zu erfassen u. somit ein *phylogenetisches System* zu errichten, das die stammesgeschichtl. Verwandtschaftsbeziehungen der Arten u. höheren Taxa zueinander zum Ausdruck bringt. Ein phylogenetisches System ist also eine nach dem derzeitigen Stand der Kenntnisse über die stammesgeschichtl. Verwandtschaft errichtete Gruppierung v. Taxa (als Grundeinheit die ↗Art), wobei jeweils ↗*Schwestergruppen* (Adelphotaxa) zu einem nächst höheren Taxon zusammengefaßt werden (↗monophyletisch, ↗Klassifikation). Solche phylogenet. Systeme haben über die prakt. Bedeutung (der Bestimmung der Arten) hinaus auch große theoret. Bedeutung, geben sie doch den jeweiligen Gültigkeitsbereich verallgemeinernder Aussagen (partikulärer Allsätze) in der Biologie an (↗Klassifikation, ↗Erklärung in der Biologie). – Während manche Wissenschaftler (z. B. Ax) die Begriffe Systematik u. Taxonomie gleichsetzen, unterscheiden andere (z. B. Mayr) die *Systematik,* als Wiss. von der Vielgestaltigkeit der Organismen, v. der ↗*Taxonomie,* als der Theorie u. Praxis der Klassifikation. Die theoret. Ansätze zur Errichtung eines Systems sind auch heute noch nicht einheitlich. Dementsprechend gibt es 1. eine ↗*„numerische Taxonomie",* 2. eine *„konsequent phylogenetische S."* (↗Hennigsche S., ↗Kladistik) und 3. eine *„evolutionäre Klassifikation"* (Mayr). Die Hennigsche S. läßt nur *monophyletische* Taxa zu, d. h. solche, deren Arten eine geschlossene Abstammungsgemeinschaft bilden. Solche monophyletischen Taxa sind durch abgeleitete *(apomorphe)* Merkmale gekennzeichnet *(Apomorphie).* Die v. einer ↗Stammart in der ↗Evolution neu erworbene Eigenschaft nennt man *Autapomorphie.* Sie wird an die durch (fortgesetzte) ↗Artbildung aus der Stammart hervorgehenden Arten vererbt u. zu deren gemeinsamem abgeleitetem Merkmal, ihrer *Synapomorphie.* Monophyletische Taxa (Monophyla) fassen daher Arten zus., die durch Synapomorphien charakterisiert sind (↗Klassifikation, ↗monophyletisch). Die „evolutionäre Klassifikation" berücksichtigt dagegen auch den Grad der genet. Übereinstimmung u. das Ausmaß des phylogenet. Wandels zw. verschiedenen Artengruppen bei deren Zuordnung zu übergeordneten Taxa. Sie akzeptiert daher auch *paraphyletische* Taxa (↗monophyletisch). Entspr. werden v. ihr die Krokodile der paraphyletischen „Klasse" *Reptilia* zugeordnet u. die Vögel als eigene Klasse *(Aves)* abgetrennt, obwohl sie die Schwestergruppe der Krokodile sind (↗Wirbeltiere).

Lit.: *Ax, P.:* Das phylogenetische System. Stuttgart, New York 1984. *Hennig, W.:* Phylogenetische Systematik. Berlin, Hamburg 1982. *Mayr, E.:* Grundlagen der zoologischen Systematik. Berlin, Hamburg 1975. G. O.

systemische Mittel [v. gr. systēma = Gesamtheit], Pflanzenschutzmittel, die zur Vernichtung saugender u. fressender Schädlinge sowie v. Milben, Pilzen u. Bakterien dienen u. über Blätter, Stengel od. Wurzeln im Gefäßsystem der Pflanze transportiert werden und v. Zelle zu Zelle diffundieren, ohne die Pflanze selbst zu schädigen. Nichtsaugende Insekten sind kaum gefährdet.

Systemtheorie, in der *Systemforschung* der Versuch, formale Übereinstimmungen v. Struktur und Verhaltensweisen unterschiedl. komplexer Systeme zu beschreiben (↗Systemanalyse), um daraus generelle *Systemgesetze* mit interdisziplinärem

Anspruch auf Allgemeingültigkeit (z. B. durch das v. ↗Bertalanffy diskutierte ↗dynamische Gleichgewicht od. Fließgleichgewicht, bes. in biol. Systemen) abzuleiten. Die S. versucht Prinzipien der Modelltheorie, Regelungstheorie, der Informations- u. Kommunikationstheorie sowie der Entscheidungs- u. Spieltheorie zu integrieren.

Systole *w* [v. gr. systolē = Zusammenziehung], ↗Herzmechanik; ↗Blutdruck.

Systrophiidae [Mz.; v. gr. systrophē = Zusammendrängen], Fam. der *Sigmurethra*, Landlungenschnecken mit dünnem, durchscheinendem, oft scheibenförm. Gehäuse (meist unter 2 cm ⌀); Oberfläche glatt od. radial gestreift; ☿, einige Gatt. ovovivipar. Etwa 6 Gatt. in S-Amerika, mit Konvergenzen zu den altweltl. Glanzschnecken.

Syzygium *s* [v. gr. syzygios = zusammengejocht], Gatt. der ↗Myrtengewächse.

Szent-Györgyi [ßänt djördji], *Albert S.-G. von Nagyrapolt*, ungar.-amerikan. Biochemiker, * 16. 9. 1893 Budapest, † 22. 10. 1986 Woods Hole (Mass.); Prof. in Szeged u. Budapest, zuletzt Prof. in Waltham (Mass.); isolierte 1928 die Ascorbinsäure (Vitamin C, von ihm zunächst Hexuronsäure gen.) u. postulierte 1936 die Existenz des für die Blutkapillaren wichtigen Vitamins P; legte durch die Entdeckung v. einigen Reaktionsschritten im intermediären Stoffwechsel 1935 den Grundstein für die Aufklärung des Citrat-Zyklus durch H. A. ↗Krebs; untersuchte die chem. Mechanismen der Muskelkontraktion; erhielt 1937 den Nobelpreis für Medizin.

T, 1) chem. Zeichen für ↗Tritium; 2) Abk. für ↗Thymidin (seltener auch für ↗Thymin) u. ↗Threonin.

Tabak *m*, *Nicotiana*, insbes. im trop. und subtrop. Amerika heim. Gatt. der ↗Nachtschattengewächse mit über 70 Arten. Einjährige Kräuter, seltener (Halb-)Sträucher mit einfachen, häufig drüsig behaarten Blättern sowie in endständ. Rispen od. Trauben stehenden, oft stark duftenden Blüten. Diese weißl., gelbl.-grün, rosa od. karminrot gefärbt mit trichter- oder stiellerförm. Krone, deren 5lappiger Saum je nach Art unterschiedl. groß ausgebildet sein kann. Der meist 2fächerige Fruchtknoten wird zu einer 2klappigen, zahlr. sehr kleine Samen enthaltenden Kapsel. Charakterist. für die Gatt. sind die ↗Nicotianaalkaloide, v. denen dem ↗Nicotin die größte Bedeutung zukommt. Es wirkt anregend auf das Nervensystem u. macht den T. zu einer der heute bedeutendsten Genußpflanzen. Bei weitem wichtigste Art der Gatt. ist der 1jährige Virginische T., *N. tabacum* ([B] Kulturpflanzen IX), eine bis 3 m hohe, i. d. R. unverzweigte Pflanze mit längl.-ellipt. bis lanzettl. Blättern sowie rötl. Blüten. Als alte, wahrscheinl. u. a. von *N. sylvestris* abstammende, wild nicht bekannte Kulturpflanze mit schwer bestimmbarem Ursprungsgebiet (vermutl. NW-Argentinien u. Bolivien) besitzt *N. tabacum* eine Vielzahl v. Varietäten und zahlr., oft lokal begrenzte Zuchtsorten. Zweitwichtigste T.-Art ist der heute wesentl. bedeutungslosere, noch in der UdSSR u. Polen angebaute Bauern- oder Veilchen-T., *N. rustica* ([B] Kulturpflanzen IX). Ebenfalls einjährig, erreicht er nur eine Höhe v. etwa 1 m, ist relativ stark verzweigt u. besitzt rundl.-eiförm. Blätter sowie grünl.-gelbe Blüten. *N. rustica* dient heute weniger zur Herstellung von T.waren als zur Gewinnung v. Nicotin, das wegen seiner hochgiftigen Wirkung auf niedere Tiere, wie Insekten u. Würmer usw., v. a. als Schädlingsbekämpfungsmittel (z. B. im Pflanzenschutz) eingesetzt wird. Einige T.-Arten werden auch wegen ihrer reichen, oft lang andauernden Blütenpracht als einjährige Gartenzierpflanzen kultiviert. Hierzu gehört insbes. *N. alata*, aber auch *N. glauca*, *N. suaveolens*, *N. longiflora* u. a. – Der v. den Indianern N-, Mittel- und S-Amerikas zu kultischen Zwecken od. als Genußmittel gerauchte, gekaute od. auch geschnupfte T. wurde Ende des 15. Jh. von den span. Eroberern Amerikas entdeckt u. gelangte Anfang des 16. Jh. zunächst nach Spanien, wo er als Zierpflanze gezogen wurde. Sein lat. Name *(Nicotiana)* geht auf den frz. Gesandten in Portugal, Jean Nicot de Villemain, zurück, der Mitte des 16. Jh. den T. in Fkr. bekannt machte u. ihm heilende Eigenschaften zuschrieb. In der Folgezeit galt T., unterschiedl. dargereicht, als Medizin gg. Parasiten sowie eine Vielzahl anderer Leiden. Die Verwendung des T.s als Genußmittel verbreitete sich gg. Ende des 16. Jh. zunächst unter Seeleuten, die ihn in der Pfeife rauchten u. diese Sitte in ganz Europa bekannt machten. Im 17. und 18. Jh. erfreute sich das T.schnupfen bes. in Adelskreisen großer Beliebtheit. *Zigarren* sind in Mitteleuropa erst seit Beginn, *Zigaretten* sogar erst seit Mitte des vergangenen Jh.s bekannt. Letztere beherrschen heute weltweit den T.waren-Markt. Seit Ende des 17. Jh. gibt es T.anbau auch in Mitteleuropa. Der in seiner Qualität v. den Standortfaktoren sehr abhängige T. wird heute weltweit, v. den Tropen bis in die gemäßigte Zone, in großem Umfang kultiviert. Er ist frostempfindl. und benötigt zum Gedeihen neben relativ hohen Temp. reichlich Niederschläge sowie einen sandigen, gut durchlüfteten Boden. Angebaut werden zahlr., nach Klima- u. Bodenansprüchen sehr unterschiedl. Sorten, wie etwa Virginia-, Orient-, Burley-, Kentucky-, Havanna-, Sumatra- oder Brasil-T. Um die Entwicklung der Blätter zu

Tabak

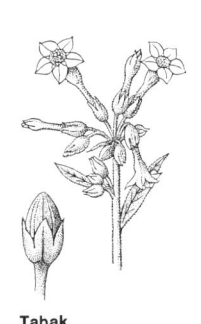

Virginischer T. *(Nicotiana tabacum)*, links Kapsel

Tabak

Tabak

Gesundheitliche Bedeutung des Rauchens

T. wird heute hauptsächlich in Form v. *Zigaretten* konsumiert. Der beim Schwelvorgang des *Rauchens* entstehende *T.rauch* enthält eine Vielzahl organ. und anorgan. Verbindungen, die in vielfältiger Weise auf den Organismus des Rauchers einwirken. Dabei ist das Ausmaß der Wirkung stark abhängig v. den individuellen Rauchgewohnheiten (Art u. Menge des gerauchten T.s, Inhalationstiefe sowie die Länge, auf die die einzelne Zigarette heruntergeraucht wird). Auch das Alter, in dem das Rauchen begonnen wurde, u. die Dauer des Rauchens sind v. Bedeutung. Pharmakolog. wirksamster Bestandteil des T.rauchs ist das ↗ *Nicotin*, das beim Rauchen sehr rasch v. a. von den Schleimhäuten der Mundhöhle u. der Atemwege aufgenommen wird. Es wirkt in erster Linie auf das zentrale u. periphere Nervensystem. Die Folgen sind: eine rasch auftretende Verengung der Blutgefäße mit Erhöhung der Herzfrequenz (Puls) u. des Blutdrucks. Bei Gewohnheitsrauchern kann die chron. Verengung der Blutgefäße zu deren Verkalkung u. Entzündung führen. Die damit verbundene mangelnde Durchblutung des Körpers hat eine verminderte Sauerstoffversorgung aller Organe zur Folge. Diese wird noch verschlechtert durch das ebenfalls im T.rauch enthaltene ↗ Kohlenmonoxid, dessen Bindung an ↗ Hämoglobin den Sauerstofftransport im Blut zusätzl. hemmt. Mögl. Folgen: Stark verminderte körperl. Leistungsfähigkeit, schwere Durchblutungsstörungen bis hin zum Gewebszerfall bes. in den Beinen („Raucherbein") sowie chron. Herzleiden bis hin zum Herzinfarkt. T.rauch enthält zudem eine große Anzahl verschiedener Kohlenwasserstoffe, die z. T. in Form v. Teerstoffen *(Kondensat)* in die Atemwege des Rauchers gelangen u. dort zus. mit Nicotin allmählich die Selbstreinigungskräfte zerstören. In den Bronchien u. Lungenbläschen sammeln sich in zunehmendem Maße Schmutzpartikel an, u. die Schleimproduktion steigt („Raucherhusten"). Oft zu beobachtende chron. Bronchitis kann zu schweren Lungenschäden (Lungenemphysem) führen, in deren Folge Atembeschwerden bis hin zum Herzversagen auftreten. Bes. hervorzuheben ist die Tatsache, daß Krebsgeschwülste der Lippen, der Mundhöhle u. Speiseröhre, des Kehlkopfes u. v. a. der Lunge, aber auch der Bauchspeicheldrüse, der Blase u. der Niere bei starken Rauchern bei weitem häufiger auftreten als bei Nichtrauchern. (Von den etwa 25 000 Menschen, die jährl. in der BR Dtl. an Lungenkrebs sterben, sind ca. 90% Raucher!) Weitere bei Rauchern gehäuft auftretende Leiden sind Magen- u. Zwölffingerdarmgeschwüre sowie Magenschleimhautentzündungen. Zudem wird sowohl das Sehvermögen als auch der Geschmacks- u. Geruchssinn durch Rauchen beeinträchtigt. Beim Mann wie bei der Frau vermindert Rauchen die Fruchtbarkeit. Während einer Schwangerschaft beeinträchtigt es die Entwicklung des Kindes. Vermehrtes Auftreten v. Früh- u. Totgeburten sowie ein geringeres Geburtsgewicht sind die Folge. – Auch Nichtraucher können bei Aufenthalt in stark verräucherten Räumen (z. B. am Arbeitsplatz) durch *passives Rauchen* gesundheitl. geschädigt werden.

fördern, werden die Blütenstände frühzeitig entfernt; dasselbe gilt für die daraufhin erscheinenden Seitentriebe (Geize). Die T.-Ernte erfolgt, wenn die Blätter die in Hinsicht auf ihre spätere Verwendung besten Qualitätsmerkmale aufweisen. Zeitl. gestaffelt werden zuerst die größten Blätter (Sandblätter), dann die bereits vertrockneten untersten Blätter (Grumpen) und schließl. die nacheinander reifenden, in Mittel-, Haupt- u. Obergut eingeteilten oberen Blätter geerntet. Vielerorts wird heute auch die ganze T.-Pflanze zu einem Zeitpunkt, an dem die meisten Blätter reif sind, maschinell geerntet. Nach der Ernte wird der T. auf künstl. oder natürl. Wege getrocknet u. dann, in großen Ballen zusammengepreßt, als *Roh-T.* einer wochenlangen Fermentierung unterworfen. Hierbei entstehen bei Temp. von bis zu 60 °C Aromastoffe u. die für T.waren charakterist. braunen Farbstoffe. Vor der weiteren Verarbeitung wird der T. nach seiner Eignung sortiert. Bei der Ernte bereits reife, gelbe Blätter werden z. B. für die Herstellung v. Zigaretten, noch nicht ganz reife, hellgrüne Blätter für die Anfertigung v. Zigarren verwendet. Bei seiner Verarbeitung zu *Rauch-T.* (für Zigarren, Zigaretten u. Pfeifen) sowie *Schnupf-* oder *Kau-T.* wird der T. unterschiedlich zerkleinert u. gemischt sowie, wenn erforderl., aromatisiert od. mit bes. Zusätzen vermengt. Das Aromatisieren („Soßen") v. a. von Pfeifen-T. geschieht durch die Behandlung des T.s u. a. mit Zuckerlösung, Fruchtextrakten od. Gewürzessenzen. □ Blütenbildung, [B] Tabakmosaikvirus. *N. D.*

Tabakalkaloide, die ↗ Nicotianaalkaloide.

Tabakkäfer, *Lasioderma serricorne*, Art der ↗ Klopfkäfer.

Tabakmauche-Virusgruppe, *Tobra-Virusgruppe* (v. engl. *tob*acco *ra*ttle), ↗ Pflanzenviren ([T]) mit einzelsträngigem RNA-Genom, das aus 2 Komponenten besteht: RNA-1 (relative Molekülmasse $2{,}4 \cdot 10^6$, entspr. ca. 8000 Basen, infektiös) u. RNA-2 (relative Molekülmasse $0{,}6 – 1{,}4 \cdot 10^6$, entspr. ca. 2000–4600 Basen; nicht infektiös). Beide RNAs werden zur Bildung neuer Viren benötigt. Die Viruspartikel sind fadenförmig mit helikaler Symmetrie ($\varnothing$ ca. 22 nm, Länge 180–215 nm [L-Partikel] und 46–114 nm [S-Partikel]). Die Viren erzeugen nekrotische Symptome (↗ Nekrose); großer Wirtsbereich. Die Übertragung erfolgt hpts. durch Fadenwürmer, in denen die Viren persistieren, aber keine Virusvermehrung stattfindet.

Tabakmosaik, durch das ↗ *Tabakmosaikvirus* hervorgerufene ↗ Mosaikkrankheit bei Tabakpflanzen; Symptome: u. a. deformierte Blätter, Blattspreiten hell u. dunkel gefleckt, Blattnerven aufgehellt.

Tabakmosaikvirus s, Abk. *TMV*, von W. M. ↗ Stanley isolierter, bestuntersuchter Vertreter der ↗ Tabakmosaik-Virusgruppe.

Tabakmosaik-Virusgruppe, *Tobamo-Virusgruppe* (v. engl. *toba*cco *mo*saic), ↗ Pflanzenviren ([T]) mit einzelsträngigem RNA-Genom (relative Molekülmasse $2 \cdot 10^6$, entspr. ca. 6500 Basen). Bes. intensiv wurde das *Tabakmosaikvirus* (TMV) untersucht ([B] 145). Die Viruspartikel sind fadenförmig mit helikaler Symmetrie ($\varnothing$ 18 nm, Länge 300 nm). Die Virusreplikation erfolgt im Cytoplasma; oft lagern sich die Viruspartikel zu kristallinen Aggregaten zus., die im Lichtmikroskop sichtbar sind. Die Symptome der Virusinfektion sind Mosaike od. Scheckung (↗ Tabakmosaik); die Virusübertragung erfolgt mechanisch.

Tabaknekrose-Virusgruppe, monotypische Gruppe der ↗ Pflanzenviren ([T]) mit einzelsträngigem RNA-Genom (relative Molekülmasse $1{,}3 – 1{,}6 \cdot 10^6$, entspr. ca. 4300–5300 Basen) u. isometrischen Partikeln ($\varnothing$ ca. 28 nm). Eine virusinduzierte RNA-abhängige Polymerase tritt in infizierten Pflanzen auf. Die Viruspartikel bilden oft kristalline Aggregate. Symptome der Virusinfektion sind ↗ Nekrosen. Pilze der Gatt. ↗ *Olpidium* dienen als Überträger.

Tabak

Erntemenge (in 1000 t) der wichtigsten Erzeugerländer 1984

Welt	6183
VR China	1526
USA	783
Indien	497
Brasilien	415
UdSSR	371
Türkei	194
Italien	153
Griechenland	137
Japan	136
Bulgarien	125
Indonesien	118
Simbabwe	118
Polen	100

---

tabak- [wahrsch. v. Arawak (Haïti) tzibatl = eine Art Zigarre, über span. tabaco].

TABAKMOSAIKVIRUS

Das am genauesten erforschte Pflanzenvirus ist das Tabakmosaikvirus (TMV). Es wurde nicht nur von Phytopathologen, Biochemikern und Biophysikern eingehend untersucht, sondern war auch eines der Objekte, an dem Genetiker die Klärung des genetischen Codes vorantrieben.

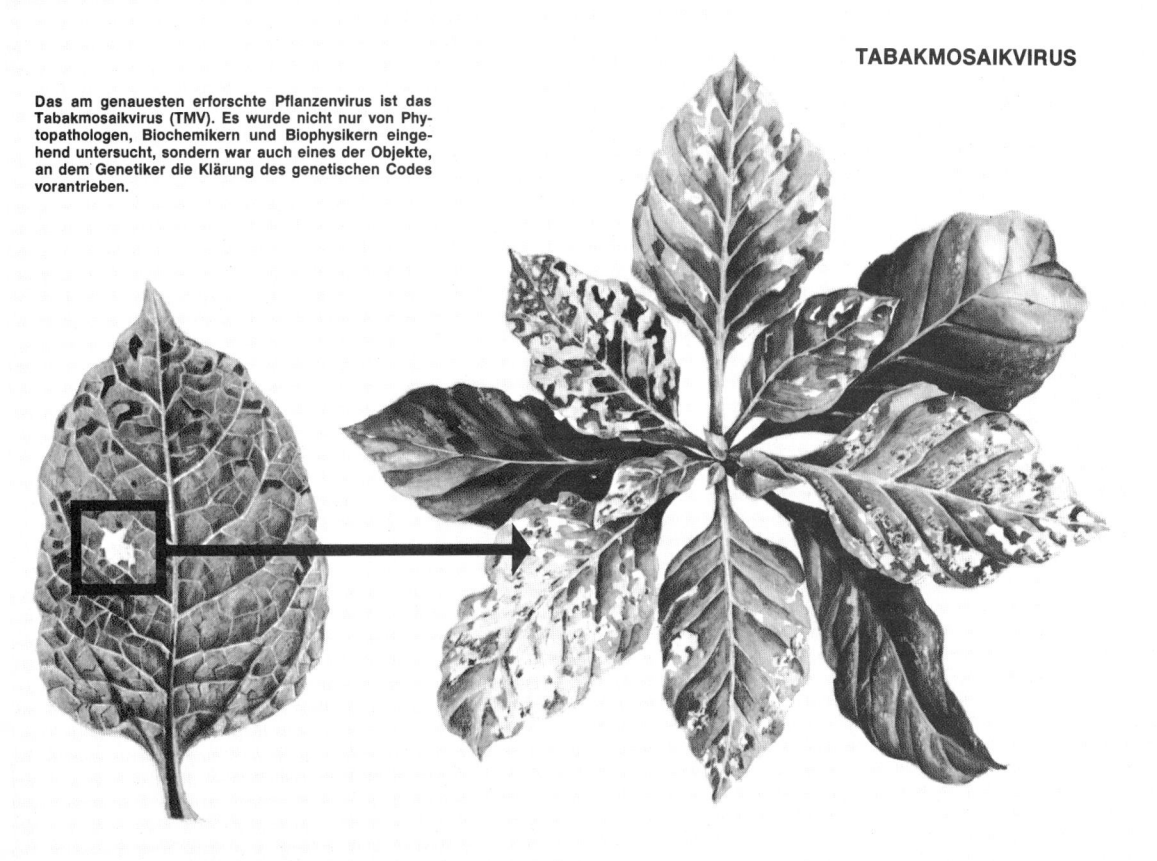

Symptome der TMV-Infektion. Abb. oben zeigt ein Tabakblatt mit dem dunkelhellgrünen Mosaik einer normalen *TMV*-Infektion. An einer Stelle ist eine *Mutation* des *TMV* zum Stamm *flavum* eingetreten: die betreffende Fläche wird gelb. Überimpft man aus diesem Areal auf eine andere Tabakpflanze, so entwickelt sich dort das für die Mutante charakteristische grüngelbe Mosaik.

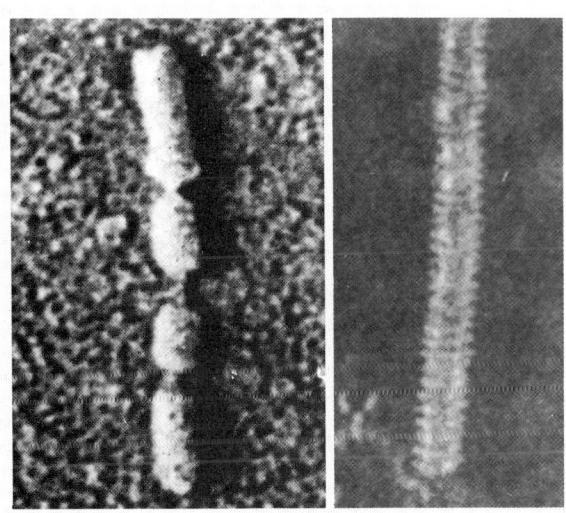

Die elektronenmikroskopische Aufnahme (ganz links) zeigt das *Tabakmosaikvirus* mit unversehrter und mit teilweise entfernter Proteinhülle. Im letzten Fall wird die RNA sichtbar.

Abb. oben rechts: Elektronenmikroskopische Aufnahme des *TMV* bei stärkerer Vergrößerung. Die Proteinhülle besteht aus 2130 gleichen Capsomeren. Jedes dieser Proteinpakete besteht aus 158 Aminosäuren.

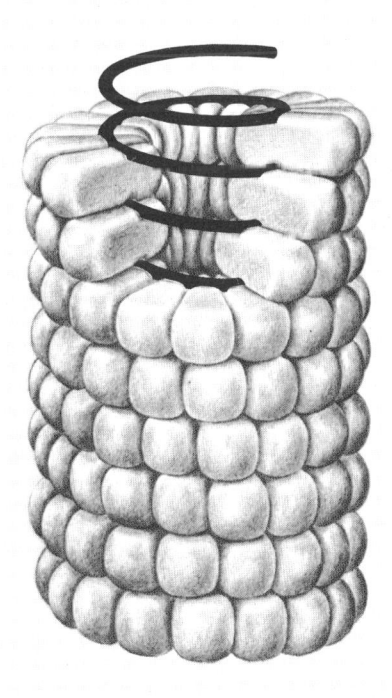

Modell des TMV (Abb. rechts). Die Capsomeren sind schraubig um einen zentralen Hohlraum angeordnet. Die RNA liegt jedoch nicht in diesem Hohlraum, sondern bildet ebenfalls eine eng mit den Capsomeren verbundene Schraube.

tachy- [v. gr. tachys = rasch, schnell].

taen-, taenio- [v. gr. tainia = Band, Bandwurm; tainidion = Bändchen].

Tabakringflecken-Virusgruppe, *Nepo-Virusgruppe* (abgeleitet von *Ne*matode = Virusvektor und *Po*lyeder = Form der Viruspartikel), ↗Pflanzenviren (T) mit segmentiertem, einzelsträngigem RNA-Genom (RNA-1: relative Molekülmasse $2,8 \cdot 10^6$, entspr. ca. 9300 Basen; RNA-2: relative Molekülmasse $1,3–2,4 \cdot 10^6$, entspr. ca. 4300–8000 Basen) und isometrischen Viruspartikeln ($\varnothing$ ca. 28 nm). RNA-2 codiert für das Hüllprotein, RNA-1 wahrscheinlich für eine Polymerase. Im Cytoplasma der infizierten Pflanzenzellen kommt es zur Bildung charakterist. Einschlußkörper, meist in der Nähe des Zellkerns. Einige Viren der T.-V. sind mit ↗Satelliten-RNAs assoziiert. Die Wirtsbereiche sind groß. Als Symptome treten Ringflecken u. Scheckung auf; symptomlose Infektionen sind jedoch auch häufig. Die Übertragung der Viren erfolgt durch Samen u. Nematoden; letztere behalten für Wochen od. Monate die Fähigkeit zur Virusübertragung, es findet jedoch keine Virusvermehrung statt.

Tabakspfeife, *Fistularia tabacaria,* ↗Flötenmäuler.

Tabakstrichel-Virusgruppe, *Ilar-Virusgruppe* (von engl. *i*sometric *l*abile *r*ingspot), ↗Pflanzenviren (T) mit segmentiertem, einzelsträngigem RNA-Genom (RNA-1: relative Molekülmasse $1,1 \cdot 10^6$, entspr. ca. 3600 Basen; RNA-2: relative Molekülmasse $0,9 \cdot 10^6$, entspr. ca. 3000 Basen; RNA-3: relative Molekülmasse $0,7 \cdot 10^6$, entspr. ca. 2300 Basen). Die für das Hüllprotein codierende m-RNA (RNA-4) wird ebenfalls in Viruspartikel verpackt. Die Partikel besitzen eine quasi-isometrische oder gelegentlich stäbchenförm. Gestalt ($\varnothing$ 26–35 nm). Die Wirtsbereiche sind groß; einige Viren werden durch Samen od. Pollen übertragen. Symptome sind Mosaike u. Ringflecken.

Tabanidae [Mz.; v. lat. tabanus = Bremse], die ↗Bremsen.

Tabaschir *s* [v. arab. tabaschīr = Zucker aus Bambussaft], ↗Bambusgewächse.

Tabasco-Schildkröten [ben. nach dem mexikan. Staat Tabasco], *Dermatemydidae,* Fam. der ↗Halsberger-Schildkröten mit nur 1 Art *(Dermatemys mawii);* Panzerlänge bis 35 cm; von O-Mexiko bis Honduras meist am Grunde größerer Flüsse lebend, zum Atmen nur selten auftauchend; abgeflachter, bräunl., stark verknöcherter Rückenpanzer auf der Brücke zw. diesem u. dem Bauchpanzer mit einer Reihe kleiner Zwischenschilder (Inframarginalia). Nahrung ausschl. vegetarisch; ♀ legt ca. 20 Eier auf dem Land in Wassernähe ab; Fleisch sehr wohlschmeckend. T. waren fr. auch in Eurasien und N-Amerika heimisch.

Tabebuia *w* [v. Tupí tabebuya], Gatt. der ↗Bignoniaceae.

Tabellaria *w* [v. lat. tabella = Brettchen], Gatt. der ↗Fragilariaceae.

Tabula *w* [Mz. *Tabulae;* lat., = Brett, Tafel], bei ↗Steinkorallen, ↗*Tabulata* u. ↗Archaeocyathiden auftretende horizontale Plättchen aus Skelettsubstanz, die entweder den gesamten Innenraum eines Polypars od. nur seinen zentralen Teil einnehmen. ↗Tabularium.

Tabularium *s* [lat., = Tafel-Slg.], (Lang u. Smith 1935), *Schlotzone,* der v. Böden (↗Tabula) eingenommene (zentrale) Raum im Skelett mancher ↗Anthozoa, oft v. einem ↗Dissepimentarium umgeben.

Tabulata [Mz.; v. lat. tabulatus = getäfelt], (Edwards u. Haime 1850), *Bödenkorallen,* meist als natürl. † Ord. der ↗Anthozoa bewertet; ausschl. kolonial lebend, Polypare meist schlank u. durch horizontale Böden (↗Tabula) gekammert; Septen rudimentär, z.T. in Gestalt v. Septalleisten od. -dornen erhalten; Wände meist perforiert. Verbreitung: ? ↗Kambrium, unteres Silur bis oberes Devon, ? Trias bis ? Eozän.

Tabun, T. am Berg ↗Karmel [arab. Mugharet et-Tabun = Backofenhöhle], Fundort neandertalerähnl. Skelettreste zus. mit Steinwerkzeugen des Levalloiso-Moustérien; heute zus. mit dem ↗Skuhl-Menschen als früher Vertreter des anatom. modernen Menschen angesehen.

Tacaribe-Virus, zum Tacaribe-Komplex gehörendes Virus der ↗Arenaviren (T).

Taccaceae [Mz.; v. Malaiisch takah = gekerbt], tropische Fam. der ↗Lilienartigen mit ca. 30 Arten und 2 Gatt. *(Tacca* u. *Schizocapsa).* Aus unterird. Knollen wachsen grundständige Blätter, die bei *Tacca* ganzrandig od. stark zerteilt, bei *Schizocapsa* immer ganzrandig sind. Aus der Rosette erhebt sich ein Schaft mit grünl. oder braunen Blüten, deren Hochblätter zu langen Fäden ausgezogen sein können; die ↗Blütenformel ist P(3+3), A3+3 (G(♂). Die Frucht entwickelt sich bei *T.* zu einer Beere mit zahlr. Samen, die einen kleinen Embryo und reichl. Endosperm besitzen; bei *S.* ist die Frucht eine Kapsel. Die Knollen von *T. pinnatifida* liefern nach Auswaschen eines Bitterstoffes eine als ostind. *Arrowroot* bekannte Stärke, die für die Brotherstellung u. als Wäschestärke im Erzeugerland Verwendung findet.

Tachinidae [Mz.; v. gr. tachinos = schnellfüßig], die ↗Raupenfliegen.

tachiniert [v. gr. tachinos = schnellfüßig], Bez. für ein durch Larven der ↗Raupenfliegen *(Tachinidae)* parasitiertes Larvenstadium.

Tachinose *w,* ↗Raupenfliegen.

Tachycines *m* [v. *tachy-*, gr. kinein = bewegen], eine Gattung der ↗Buckelschrecken.

Tachyglossidae [Mz.; v. gr. tachyglōssos = schnellzüngig], die ↗Ameisenigel.

Tachykardie *w* [v. *tachy-*, gr. kardia = Herz], *Herzjagen, Herzbeschleunigung,* physiologische (z.B. bei körperl. Belastung) oder krankhafte Zunahme der

↗Herzfrequenz auf Werte v. über 100 Schlägen/Min. Ggs.: ↗Bradykardie.

tachylasmoid, (Hudson 1936), nach der ↗*Rugosa*-Gatt. *Tachylasma* ben. Ausbildung der Septen: einige im Querschnitt keulenförmig (↗rhopaloide Septen), die anderen normal.

Tachypleus *m* [v. *tachy-, gr. plein = segeln], Gatt. der ↗Xiphosura.

Tachyspermum *s* [v. gr. tachyspermos = schnell Samen habend], Gatt. der ↗Doldenblütler.

Tachysuridae [Mz.; v. *tachy-, gr. oura = Schwanz], die ↗Maulbrüterwelse.

tachytelische Evolution *w* [v. *tachy-, gr. telos = Ziel, Vollendung], ↗Saltation.

tachytrophe Gewebe [v. *tachy-, gr. trophē = Ernährung], durch hohen Stoffwechsel u. rasche Stoffaustauschvorgänge gekennzeichnetes, reich mit Blutgefäßen versorgtes Gewebe (z. B. Muskulatur), das schnell wächst u. ein hohes Regenerationsvermögen besitzt. Ggs.: bradytrophe Gewebe.

Tadorna *w,* ↗Brandgans.

Taenia *w* [v. *taen-], **1)** Gatt. der ↗Taeniidae. **2)** unregelmäßig gestaltetes Plättchen im ↗Intervallum v. ↗Archaeocyathiden.

Taeniarhynchus *m* [v. *taen-, gr. rhygchos = Rüssel], Bandwurm-Gatt. der *Taeniidae*. *T. saginatus,* der Rinder(finnen)bandwurm, bis 10 m lang, ohne Rostellum, Kosmopolit; Endwirt Mensch, Zwischenwirt Rind, Schwein, selten Mensch od. andere.

Taenidium *s* [v. *taen-], *Tänidie, Spiralfaden,* Versteifungssystem in den Tracheen (↗Tracheensystem) der Gliederfüßer.

Taenien [Mz.; v. *taen-] ↗Darm.

Taeniidae [Mz.; v. *taen-], Bandwurm-Fam. der ↗*Cyclophyllidea* mit 11 Gatt. (vgl. Tab.) und ca. 130 Arten; Skolex im allg. mit Rostellum mit 2 Hakenkränzen; leben in Säugern, selten in Vögeln. Namengebende Gatt. *Taenia. T. solium* (Schweinebandwurm), bis 8 m lang, Endwirt Mensch, Zwischenwirte Schwein u. Mensch; Kosmopolit. *T. saginata* (Rinderbandwurm), 9–15 m lang, Endwirt Mensch, Zwischenwirt Rind. *T. taeniaeformis* (Katzenbandwurm), 0,6 m lang, Endwirte Katze, Hund, Zwischenwirte Ratte, Maus. *T. hydatigena,* 1 m lang, Endwirt Hund, Zwischenwirte Wiederkäuer. *T. ovis,* 1 m lang, Endwirte Hund, Fuchs, Zwischenwirte Schaf. *T. pisiformis,* 0,5–2 m lang, Endwirte Hund, Katze, Zwischenwirte Nager. ↗Bandwürmer, B Plattwürmer.

Taeniodonta [Mz.; v. *taen-, gr. odontes = Zähne], (Cope 1876), aberrante † Gruppe frühtertiärer Säugetiere in Asien und N-Amerika mit bemerkenswert rascher Evolution.

Taenioglossa [Mz.; v. *taenio-, gr. glōssa = Zunge], die ↗Bandzüngler.

Taeniopygia *w* [v. *taenio-, gr. pygē = Steiß], Gatt. der ↗Prachtfinken (T).

Tagblüher, Bez. für am Tag blühende, Nektar u. Duftstoffe abgebende Pflanzenarten; ihre Blüten sind i. d. R. bunt gefärbt. Ggs.: ↗Nachtblüher.

Tagesrhythmik, die ↗diurnale Rhythmik.

Tagetes *m* [ben. nach dem schönen myth. Jüngling Tages], die ↗Samtblume.

Tageulen, Bez. für einige tagaktive ↗Eulenfalter, z. B. die Braune Tageule od. Klee-Bunteule, *Ectypa (Euclidia) glyphica;* fliegt in 2 Generationen zahlr. auf Wiesen, Halbtrockenrasen u. Kleefeldern; Spannweite um 30 mm, Vorderflügel braun, Hinterflügel gelb mit dunkler Basis u. Querlinien; der Falter ist ein eifriger Blütenbesucher an Skabiosen, Dost, Hornklee u. a.; Larve mit nur 3 Bauchfüßen, ähnelt einer Spannerraupe, frißt an verschiedenen Schmetterlingsblütlern. Auch die Vertreter der Spanner-Gatt. *Brephos* (↗Jungfernkind) wurden früher T. genannt.

Tagfalter, uneinheitl. benutzter Begriff zur Klassifizierung v. tagaktiven Schmetterlingen. Die Echten T. *(Papilionoidea, Rhopalocera)* bilden eine im Ggs. zu den ↗Nachtfaltern durch Verwandtschaft gekennzeichnete Überfam., deren Vertreter am Fühler eine knopf- od. keulenförmige Verdickung tragen; weitere charakterist. Merkmale sind die schlanken Körper im Verhältnis zu den breitflächigen, oberseits meist bunt gefärbten Flügeln, die in Ruhe über dem Leib zusammengeklappt werden; die Vorderbeine können in einigen Fam. mehr od. weniger verkümmert sein. Die Falter fliegen bei uns tags v. a. im Sonnenschein u. sind eifrige Blütenbesucher; Ausnahmen bilden die dämmerungs- bis nachtaktiven trop. ↗*Amathusiidae* und ↗*Brassolidae*. Verpuppung als Gürtel- od. Stürzpuppe (☐ Schmetterlinge), seltener in einem losen Gespinst. Zu den Echten T.n gehören weltweit über 13 000 Arten; in Mitteleuropa fliegen etwa 200 Arten der Fam. ↗Ritter-, ↗Flecken-, ↗Augenfalter, ↗Weißlinge u. ↗Bläulinge. Unter T.n i. w. S. *(Diurna)* faßt man die Echten T. und die nicht näher verwandten Unechten T. *(Grypocera)* zus., wozu die ebenfalls tagaktiven ↗Dickkopffalter gehören. Bis auf einige Weißlinge stehen bei uns alle T. unter Naturschutz. ↗Schmetterlinge (System).

Taghafte, *Hemerobiidae, Baetidae,* mit den ↗Florfliegen verwandte Fam. der ↗Netzflügler mit ca. 800, in Mitteleuropa etwa 70 Arten. Die ca. 10 mm großen Imagines der T. haben gelbl., gefleckte Flügel; Vorder- u. Hinterflügel bilden durch eine Bindevorrichtung beim Flug eine Fläche (funktionelle Zweiflügeligkeit). Die Eier sind im Ggs. zu denen der Florfliegen nur selten gestielt; die lebhaften Larven (↗Blattlauslöwen) ernähren sich räuberisch v. Blattläusen. Bei uns kommt die Art *Hemerobius nitidulus* vor.

Taglilie, *Hemerocallis,* Gatt. der ↗Liliengewächse, mit ca. 16 Arten in SO-Asien beheimatet. Aus einem kurzen Rhizom

Taeniidae
Wichtige Gattungen:
Alveococcus
↗*Echinococcus*
Hydatigera
↗*Multiceps*
Taenia
↗*Taeniarhynchus*

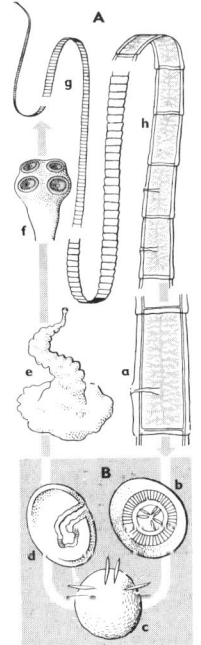

Taeniidae

Entwicklungszyklus des Rinderbandwurms *(Taenia saginata):* **A** Endwirt (Mensch), **B** Zwischenwirt (Rind);
a reife Proglottide,
b Embryo in Embryonal- und Eischale,
c freie Hakenlarve,
d Muskelfinne,
e Finne mit ausgestülptem Kopf,
f Kopf, **g** Vorderteil des Bandwurms,
h reifende Glieder

entspringt eine Rosette schmaler, langer Blätter; über diese ragt je nach Art im Frühjahr od. Sommer ein bis 1 m hoher Schaft mit mehreren, etwa 10 cm großen, trichterförm., gelb- bis dunkelbraunen Blüten (B Blütenstände). Die ostasiat. Gelbe T. *(H. flava)* ist mit ihren angenehm duftenden Blüten bereits seit dem 16. Jh. in Kultur u. die Stammart zahlr. Gartenformen.

Tagmata [Ez. *Tagma;* gr. = Anordnungen], morphologisch abgegrenzte Abschnitte eines primär homonom gegliederten Körpers (↗Homonomie, ↗Metamerie). T. finden sich v. a. bei ↗Ringelwürmern u. ↗Gliederfüßern. Bei letzteren führte die Entstehung der Gruppe in ihrer frühen Evolution zunächst über die T.bildung ↗Kopf (Verschmelzung von 6 Segmenten) u. verbleibendem ↗Rumpf (↗Cephalisation). Bei ↗Insekten wurden 3 T. gebildet: ↗Kopf, ↗Thorax u. ↗Abdomen.

tagneutrale Pflanzen, Bez. für die Pflanzenarten, bei denen die ↗Photoperiode (Kurztag, Langtag) keinen Einfluß auf die ↗Blütenbildung (☐) hat; z. B. Hirtentäschel, Sonnenblume. ↗Photoperiodismus.

Tagpfauenauge, *Inachis (Vanessa) io,* bekannter u. häufiger ↗Fleckenfalter mit auffälligen, bunten ↗Augenflecken auf den Flügeln; unterseits tarnfarben dunkel graubraun, Spannweite über 50 mm; fliegt in 2 Generationen; Falter überwintert in Höhlen, Scheunen, Kellern, auf Dachböden u. dgl.; erscheint daher schon im zeitigen Frühjahr als einer der ersten Schmetterlinge. Kulturfolger, der durch sein Flugvermögen u. seine infolge Überdüngung weit verbreitete Raupenfutterpflanze Brennessel auch in intensiv genutztem Gelände noch angetroffen werden kann; häufig in Gärten an Sommerflieder u. a. Blüten saugend zu beobachten. Dornraupe schwarz mit weißen Pünktchen; lebt anfangs gesellig in gemeinsamem Gespinst, später einzeln. B Insekten IV.

Tagschläfer, *Nyctibiidae,* Familie der ↗Schwalmvögel mit 5 sehr ähnl. aussehenden Arten (Gatt. *Nyctibius*) in Mittel- u. S-Amerika. 24–55 cm lang, wobei die Männchen etwas größer als die Weibchen sind. Nachtaktiv, sitzen tagsüber aufrecht quer auf einem Ast u. sind dank ihrer Borkenfärbung kaum zu erkennen; in dieser Haltung bebrüten sie auch das einzige, in eine Astmulde abgelegte Ei. Mit Einbruch der Dunkelheit verlassen sie ihr Tagesversteck u. suchen eine Sitzwarte auf, v. wo aus sie in Fangflügen Jagd auf Insekten machen.

Taguan *m* [philippin. Name], *Petaurista petaurista,* ↗Gleithörnchen (☐).

Tahr *m* [v. Nepali thär], *Thar, Hemitragus jemlahicus,* systematisch zw. Schafen u. Ziegen stehende Art der ↗Böcke (*Hemitragus* = Halbziege); Kopfrumpflänge 90 bis 140 cm. 4 U.-Arten: Himalaya-T. *(H. j. jemlahicus)* u. Sikkim-T. *(H. j. schaeferi)* im Himalaya, Nilgiri-T. *(H. j. hylocrius)* in S-Indien und Arab. T. *(H. j. jayakiri)* in O-Arabien. Anfang dieses Jh.s wurden Himalaya-T.e in Neuseeland eingebürgert.

Taiga *w* [russ.], circumpolare boreale Nadelwaldzone in N-Europa, Sibirien und N-Amerika (z. T. wird die Bez. T. nur für den sibir. Teil verwendet). Die T. grenzt im N an die ↗Tundra, im S an kontinentale Baumsteppen, Halbwüsten. Laubmischwälder (Asien) bzw. an Sommergrüne Laubwälder (Europa, N-Amerika). Das Klima ist geprägt durch lange, kalte Winter und kurze, kühle Sommer. Ein Großteil der T. stockt auf ↗Permafrostböden. Weite Teile sind von Sümpfen und Mooren bedeckt *(Sumpf-T.).* Neben den dominierenden Nadelbäumen (↗borealer Nadelwald) treten vereinzelt kleinblättrige Laubbäume auf (Erlen, Weiden, Pappeln). Der Unterwuchs besteht v. a. aus Heidekrautgewächsen, Flechten u. Moosen. Die Fauna ist relativ artenreich. Schwankungen der Populationsdichten sind häufig. ↗Asien, ↗Europa, ↗Nordamerika; ↗Mandschurisches Refugium, ↗Mongolisches Refugium.

Taimen *m* [russ.], *Hucho taimen,* ↗Huchen.

Taipans [Mz.; austral. Eingeborenenname], *Oxyuranus,* Gatt. der ↗Giftnattern mit den wegen seiner Giftigkeit (↗Taipoxin) bes. gefürchteten, allerdings seltenen, braun bis schwarz gefärbten Taipan *(O. scutellatus;* 3–4 m lang; armdick; lebt im trop. Queensland u. in O-Neuguinea); mit den langen Giftzähnen beißt er beim Beutefang (Hauptnahrung: Ratten) mehrmals zu; Gift greift neben dem Nervensystem die roten Blutkörperchen an (ca. 80% der Bisse sollen – ohne sofort. Serumbehandlung – auch für den Menschen tödl. verlaufen); eierlegend (ca. 15 Stück); meist sehr scheu u. schnell flüchtend.

Taipoxin *s,* neurotoxisch u. cardiotoxisch wirkendes Gift des ↗Taipans *(Oxyuranus scutellatus),* das stärkste ↗Schlangengift (LD_{50} = 2 µg pro kg Maus); verursacht Erbrechen, peripheres Kreislaufversagen, Lähmung u. Herzversagen.

Takakiaceae [Mz.], Fam. der ↗*Calobryales* mit nur 1 Gatt. *Takakia,* von der bisher 2 Arten bekannt sind: *T. lepidozioides* aus den Gebirgen Japans, der Aleuten u. Nepals und *T. ceratophylla* aus dem Himalaya, Nepal u. von den Aleuten; gelten als bes. primitive Lebermoose.

Takamine [täk^{e}main], *Jokichi,* jap.-amerikan. Chemiker, * 3. 11.1854 Takaoka, † 22. 7. 1922 New York; seit 1890 in den USA, Privatgelehrter; isolierte 1901 aus den Nebennieren das Adrenalin u. entdeckte damit – ohne sich dessen bewußt zu sein – das erste Hormon.

Takin *m* [tibet.], *Budorcas taxicolor,* ↗Rindergemsen. [sinn betreffend.

taktil [v. lat. tactus = Tastsinn], den Tast-

Takydromus *m* [v. gr. tachydromos = schnellaufend], Gatt. der ↗Eidechsen.

Takyre [Mz.; turkmen.], *Salztonebenen,* völlig kahle, gelegentl. von Hochwasser überflutete Lehmflächen in der Karakum-Wüste (südl. UdSSR).

Talaromyces *m* [v. gr. talaros = Korb, mykēs = Pilz], Gattung der ↗ Eurotiales (Schlauchpilze); ihre Konidienform entspr. ↗ *Penicillium;* wichtige Arten vgl. Tab.

Talegalla *w,* Gatt. der ↗ Großfußhühner.

Talg *m,* **1)** *Unschlitt,* Tierfett, bes. v. Rind od. Hammel („Hirsch-T."); v. spröder, fester Beschaffenheit; durch Ausschmelzung bei ca. 65°C gereinigt u. dann ausgepreßt; Fein-T. zu Kochzwecken, Margarine, Salben (pharmazeut. Bez. von T. = *Sebum*), Preßrückstand zu Kerzen, Seifen; enthält v. a. Triglyceride der Stearin-, Öl- u. Palmitinsäure. **2)** talgähnl. Pflanzenfett. **3)** fettiges Sekret der ↗ T.drüsen.

Talgdrüsen, *Glandulae sebaceae,* ausschl. bei Säugern vorkommende holokrine ↗ Hautdrüsen, Derivate des mehrschichtigen verhornten Epithels (↗ Drüsen), mit schmierig-fettigem Sekret (*Talg,* Hauttalg, Sebum cutaneum; besteht u. a. aus Cholesterin), das die Oberhaut fettet u. geschmeidig erhält. Meist treten die T. als Anhänge von Haarbälgen (Balgdrüsen, ↗ Haare) auf. Sie entwickeln sich dann aus einer seitl. Knospe der jungen Haaranlage unmittelbar unterhalb des Ansatzes der Haarbalgmuskeln u. wachsen in der Folge zu ästig verzweigten Epithelzapfen (Talgkolben) aus. In manchen Körperregionen, so an der Grenze v. verhorntem Epithel zu Schleimhäuten, wie im Lippenrot, um den After, an den kleinen Schamlippen sowie der Glans penis und dem Praeputium, ebenso rund um die Brustwarzen u. in den Gehörgängen (Ohrenschmalz), finden sich freie, unmittelbar aus der Epitheloberfläche eingesenkte T. Besonders große derartige Drüsen sind die T. der Nasenhöhlen u. der riesigen Meibomschen Drüsenplatte (↗ Meibom-Drüsen) im oberen Augenlid. – Im Zuge der Sekretbildung füllt sich das Zellplasma der Drüsenzellen mit Fetttröpfchen als Produkten des ↗ Golgi-Apparates, bis die Zellen schließl. absterben. Zwischen den sekretor. Zellen bleibt ein Gerüst nicht an der Sekretion beteiligter Epithelzellen erhalten, das der Drüse die Form gibt u. gleichzeitig den Zellnachschub sichert. Die Talgbildung wird durch androgene Hormone (Testosteron) stimuliert. Die Sekretausschüttung erfolgt bereits aus den lebenden Zellen – entgegen früheren Annahmen, daß die sekretgefüllten Zellen als ganzes abgestoßen u. durch die Haarbalgmuskeln ausgepreßt würden. Mit dem flüssig-öligen Sekret werden die Zelltrümmer der oberflächlichen abgestorbenen Zellen ausgeschwemmt. Verklumpende Zellreste u. abgeschilferte Haarbalgzellen können als talgiger Pfropf den Sekretabfluß stauen und sog. Mitesser (Komedonen) bilden, die in den T. der Au-

Talaromyces
Einige bekannte Arten:
T. avellaneus = *Penicillium chrysogenum* (Penicillinproduktion)
T. helicus (saprophytisch, Erdboden)
T. emersonii (Wachstum bei 33°C bis 55°C, obligat thermophil)

genlider besonders groß sind u. als Hagelkorn (Chalazion) bezeichnet werden. Den T. ähnliche und ihnen wahrscheinl. homologe holokrine Drüsen kennt man bei manchen Reptilien, so die Moschusdrüsen der Krokodile u. Schenkeldrüsen der Eidechsen, ebenso bei Vögeln als Gehörgangdrüsen v. Tauben u. Hühnervögeln. ☐ Drüsen, ☐ Haare, ☐ Haut. B Wirbeltiere II. *P. E.*

Talipotpalme [v. Bengali tālipōt = Palmenblatt], *Corypha umbraculifera,* eine in S-Asien häufige Palmenart, die v. a. auf Sri Lanka angebaut wird. Durch Abschneiden der einzigen Inflorescenz (hapaxanth) gewinnt man einen zuckerhalt. Saft, der zu einem alkohol. Getränk vergoren wird.

Talitrus *m* [v. lat. talitrum = Fingerschnippen], Gatt. der ↗ Strandflöhe.

Talpidae [Mz.; v. lat. talpa = Maulwurf], die ↗ Maulwürfe.

Talus *m* [lat., = Knöchel], *Sprungbein,* proximaler Fußwurzelknochen (↗ Fuß, ↗ Autopodium) der Säuger, beim Menschen am oberen u. unteren *Sprunggelenk* beteiligt. Das obere Sprunggelenk erlaubt Kippbewegungen des Fußes. Das Schienbein (↗ Tibia) setzt am walzenförm. Oberende (Sprungbeinrolle) des T. an, während das Wadenbein (↗ Fibula) an einer kleineren, nach hinten außen weisenden Gelenkfläche inseriert. Das untere Sprunggelenk ist zweigeteilt. Der hinten außen liegende Anteil wird von T. und Calcaneus (↗ Fersenbein) gebildet, während der vorne innen liegende Anteil aus T., Calcaneus u. Naviculare (↗ Kahnbein) besteht. Das untere Sprunggelenk ermöglicht leichte seitl. Fußbewegungen. Wird der Fuß in hochgekippter Stellung seitlich verdreht (Skifahren!), so wird der T. zwischen die Unterschenkelknochen gedrückt, was häufig zu Knochenbrüchen führt. B Skelett.

Tamandua *w* [v. Tupí taixi = Ameise, mondê = fangen, über port. tamanduá], *Tamandua tetradactyla,* Art der ↗ Ameisenbären.

Tamanovalva *w,* frühere Bez. der Gatt. ↗ Berthelinia.

Tamaricaceae [Mz.; v. lat. tamarix = Tamariske], die ↗ Tamariskengewächse.

Tamarinde *w* [v. arab. tamār hindī = indische Dattel], *Tamarindus,* Gatt. der ↗ Hülsenfrüchtler.

Tamarins [Mz.; aus einer Indianerspr. Brasiliens, über frz. tamarin], artenreiche u. vielgestaltige Großgruppe der im südam. Regenwald lebenden ↗ Krallenaffen, mit längeren Beinen u. besserem Sprungvermögen als die ↗ Marmosetten; Kopfrumpflänge 20–30 cm, Schwanzlänge 30–40 cm; 3 Gatt. Durch ihre goldgelbe Mähne bestechen die Löwenäffchen (*Leontideus;* 3 Arten). Auch die Eigentl. T. (*Saguinus;* etwa 12 Arten) werden nach auffälligen äußeren Merkmalen bezeichnet (z. B. Schwarzgesichts- od. Mohren-T., Schnurrbart-T.).

Tamariske

Einzige Krallenaffen westl. der Anden sind die Pinché- od. Perückenäffchen (*Oedipomidas;* 3 Arten).

Tamariske *w* [v. lat. tamarix = T.], Gatt. der ↗Tamariskengewächse.

Tamariskenflur ↗Salicetea purpureae, ↗Epilobietalia fleischeri.

Tamariskengewächse, *Tamaricaceae,* Fam. der Veilchenartigen mit etwa 120 Arten in 4 Gatt. Vom Mittelmeergebiet bis nach Indien u. China sowie in SW-Afrika verbreitete Stauden, Sträucher od. kleine Bäume mit überwiegend sehr kleinen, oft schuppenförm. Blättern und i. d. R. ebenfalls sehr kleinen, einzeln od. in Ähren stehenden Blüten. Diese radiär, meist zwittrig, 4–5zählig, mit meist freien Kelch- u. Kronblättern. Die Früchte sind Kapseln mit oft lang behaarten Samen. Charakterist. für die insbes. in Steppen- u. Wüstengebieten anzutreffenden T. sind Anpassungen an Trockenheit (↗Xerophyten) sowie stark salzhaltige Böden (↗Halophyten). Stark verkleinerte Blätter mit dicker Cuticula verringern die Verdunstung, während über die Salzdrüsen der Blätter Kochsalz ausgeschieden wird. Die Tamariske *(Tamarix)* ist mit ca. 80 Arten die größte Gatt. der Fam.; einige ihrer Arten werden wegen ihrer dekorativen, blaßrosafarbenen Blütenstände bei uns als Ziersträucher kultiviert. Hierzu gehören u. a. die aus SO-Europa stammenden Arten *T. tetrandra* und *T. pentandra.* Durch Insekten hervorgerufene Gallen von *T. articulata* werden sowohl zum Gerben u. Färben (schwarz) als auch zum Heilen verwendet. Die gerbstoffreiche Rinde dient ebenfalls zum Gerben u. als Heilmittel. Das sehr harte Holz vieler Tamarisken, wie etwa *T. articulata,* wird als Bauholz od. zur Herstellung v. Geräten bzw. Holzkohle verwendet. Der weiße oder gelbl., sehr zuckerhaltige Honigtau der auf verschiedenen T.-Arten (z. B. *T. mannifera*) lebenden Mannaschildlaus (*Trabutina mannipara;* ↗Schmierläuse) wird als ↗Manna gesammelt u. verzehrt. Die Zwerg- u. Halbsträucher umfassende Gatt. *Reaumuria* zeichnet sich aus durch relativ große, einzeln stehende Blüten u. bes. starke Ausscheidung v. Kochsalz auf den Blättern. Einziges auch in Mitteleuropa heim. Tamariskengewächs ist der nach der ↗Roten Liste „vom Aussterben bedrohte" Deutsche Rispelstrauch *(Myricaria germanica).* Er wird bis 2 m hoch, besitzt rutenförm. Zweige sowie blaßrote Blüten u. wächst in lückigen Pioniergesellschaften auf dem Schotter v. Alpenflüssen. [B] Mediterranregion III.

Tamarix *w* [lat., = Tamariske], Gatt. der ↗Tamariskengewächse.

Tamiami-Virus, zum Tacaribe-Komplex gehörendes Virus der ↗Arenaviren ([T]).

Tamias *m* [gr., = Verwalter, Schatzmeister], die ↗Chipmunks.

Tanaceto-Artemisietum *s* [v. spätlat. tanacetum = Rainfarn, gr. artemisia = Beifuß], Assoz. der ↗Artemisietalia.

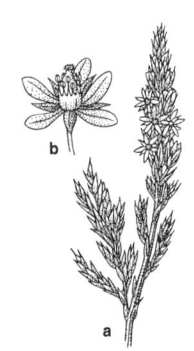

Tanacetum *s* [spätlat., = Rainfarn], ↗Wucherblume.

Tanaidacea [Mz.; v. gr. Tanaïs = der Don], die ↗Scherenasseln.

Tangaren [Mz.; v. Tupi-Guarani tangara], *Thraupidae,* Fam. farbenprächtiger Singvögel Amerikas mit 235 Arten, einige auf Hawaii u. den Bermudas eingeführt; mit den ↗Ammern verwandt. 9–25 cm groß; kurzer kräft. Schnabel, zum Körnerknacken geeignet, fressen außerdem Insekten u. verschiedene Früchte; sind wegen ihres bunten Aussehens beliebte ↗Käfigvögel ([ ]); der Gesang ist weniger eindrucksvoll. Wärmeliebend; bewohnen bevorzugt feuchte Niederungswälder; klettern u. flattern in den Zweigen umher; bauen überdachte Nester u. legen meist 3–4 Eier. Einigermaßen stimmbegabt sind die Organisten (Gatt. *Euphonia*); im Unterschied zu vielen anderen T. sind hier die Männchen mit leuchtend blauen u. gelben Farben prächtiger gefärbt als die Weibchen. Nördlicher vorkommende Arten ziehen teilweise in südl. gelegene Winterquartiere, wie z. B. die Scharlach-T. (*Piranga olivacea,* [B] Nordamerika V). In Erdhöhlen od. Gebäudenischen brütet die türkisblaue Schwalbentangare *(Tersina viridis);* bei der Schaubalz vollführen die Männchen Hüpf- u. Knicksbewegungen od. sitzen sich in starrer Haltung gegenüber.

Tangbeere, *Dendrodoa grossularia,* ↗Monascidien.

Tange [Mz.; altnord.], Bez. für große ↗Algen, insbes. ↗Braunalgen aus den Ord. ↗*Fucales* u. ↗*Laminariales.*

Tangelhumus *m* [wohl v. fries. tangeln = schwanken], saure, bis 1 m mächtige Rohhumusauflage im Bereich der alpinen Zwergstrauchregion (↗Krummholzgürtel) u. der subalpinen Wälder. Unter den kühlfeuchten Klimabedingungen an der Waldgrenze reichert sich insbes. die schwerzersetzliche Nadelstreu an.

Tangerinen [Mz.; ben. nach dem marokkan. Hafen Tanger], Sorte v. *Citrus reticulata,* ↗Citrus.

Tangfliegen, *Coelopidae,* Fam. der ↗Fliegen mit ca. 10 Arten; kommen in Algenmassen (v. a. Tang) in der Anwurfzone der Meeresküsten Europas vor. Bei Störung fliegen die T. oft massenhaft v. den Algen auf u. lassen sich nicht weit entfernt wieder nieder. Häufig an Nord- u. Ostsee ist die ca. 5 mm große, dunkel gefärbte *Coelopa pilipes.* [ceaceae.

Tanggrasgewächse, die Fam. ↗Cymodo-

Tangorezeptoren [v. lat. tangere = berühren, receptor = Empfänger], die Tastsinnesorgane; ↗Tastsinn. [aria.

Tangrose, *Sagartia elegans,* ↗Mesomy-

Tanichthys *m* [v. gr. tanaos = gestreckt, lang, ichthys = Fisch], Gatt. der ↗Bärblinge ([T]).

Tamariskengewächse
a Blütenzweig des Deutschen Rispelstrauchs *(Myricaria germanica),* b Einzelblüte

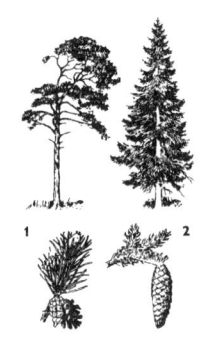

Tanne
Wuchsformen und ♀ Zapfen einiger Kieferngewächse im Vergleich: 1 Waldkiefer *(Pinus sylvestris),* 2 Gemeine Fichte *(Picea abies),* 3 Weißtanne *(Abies alba),* 4 Europäische Lärche *(Larix decidua).* [B] Waldsterben II.

Tänidie w [v. gr. tainidion = Bändchen], das ↗Taenidium.

Tanne, *Abies,* Gatt. der ↗Kieferngewächse (U.-Fam. ↗Abietoideae) mit rund 50 Arten in den Gebirgen der N-Hemisphäre; immergrüne, hohe Bäume mit abgeflachten, oft zweireihig ausgebreiteten Nadeln; diese am Grunde stielartig verschmälert u. in einer tellerförmig verbreiterten Basis endend, die nach dem Nadelfall eine runde Narbe hinterläßt; ♀ Zapfen aufrecht an den Zweigen u. bei Reife zerfallend; Deckschuppen nach der Blüte meist etwas über Samenschuppen hinausragend. – Die Weiß-T. (*A. alba,* B Europa XX), die einzige in Mitteleuropa heimische Art, ist im Alter durch die weißl. Borke (Name!) und die „Storchennestbildung" (nestart. Wipfel durch Aufhebung der Apikaldominanz) meist auch v. weitem gut erkennbar. Sie erreicht ein Alter von 500 Jahren u. eine Höhe bis 65 m. Ihre Hauptverbreitung liegt in der montanen bis subalpinen Zone der mittel- und südeur. Gebirge (in der BR Dtl. z. B. im Schwarzwald u. in Bayern), wo sie in feucht-sommerwarmer Klimalage, auf frischen, mittelgründigen Böden, allein od. mit der Buche, Fichte od. Kiefer gedeiht. In der Jugend ist sie frostempfindlich u. wächst recht langsam: forstl. wird die Weiß-T. daher weniger kultiviert als die Gemeine ↗Fichte. Das wertvolle, weiche *Holz* (Dichte = 0,45 g/cm^3) ist weiß, harzfrei u. findet als Möbel-, Bau- u. Werkholz u. für die Papierherstellung Verwendung; z.T. werden auch Resonanzböden aus T.nholz gefertigt. Das in der Rinde oft in Beulen angereicherte Harz liefert das „Straßburger Terpentin". Im Kaukasus u. bis nach Kleinasien kommt die Nordmanns-T. (*A. nordmanniana*) z.T. waldbildend vor. *A. grandis* mit ihren über 3 cm langen Nadeln ist im pazif. N-Amerika heimisch, während die sehr kälteharte Balsam-T. (*A. balsamea,* B Nordamerika I) im nördl. N-Amerika in den Bergen u. in der Taiga, meist auf steinigen od. sumpfigen Böden, wächst. Beide Arten werden forstl. kultiviert, das Harz der Rinde der Balsam-T. liefert ↗Kanadabalsam. Weitere Arten der T.: *A. cephalonica* (Griechenland), *A. homolepis* (Japan), *A. nephrolepis* (O-Sibirien, N-China), *A. numidica* (westl. N-Afrika), *A. pinsapo* (S-Spanien), *A. sibirica* (N-Sowjetunion bis O-Asien). – Die T. ist fossil im Alt-Tertiär nachgewiesen, kommt aber vermutl. bereits in der Kreide vor; die Weiß-T. tritt u. a. in der ↗„Frankfurter Klärbeckenflora" (Unterpliozän) auf. ☐ 150, B Asien I.

Tannenbärlapp, *Huperzia selago,* ↗Bärlappartige.

Tannengalläuse, die ↗Tannenläuse.

Tannenkrebs, *Tannenhexenbesen,* weit verbreitete ↗Rostkrankheit v. Tannen-Arten (v. a. *Abies alba*), verursacht durch den ↗Rostpilz *Melampsorella caryophyllacearum.* An Ästen u. Stamm bilden sich bei Befall ↗Hexenbesen, an deren Basis Anschwellungen auftreten, die sich zu krebsartigen Wucherungen entwickeln können. Umschließen die Deformationen den ganzen Stamm, nennt man den T. auch „Rädertanne". Auf der Tanne lebt der Haplont des Pilzes, der auf der Unterseite der Nadeln die Aecidien ausbildet. Der Dikaryont befällt verschiedene Nelkengewächse (z. B. Hornkraut od. Miere), auf denen Uredo- u. Teleutosporenlager ausgebildet werden. Von wirtschaftl. Bedeutung ist der T. in feuchten, hochmontanen Weißtannenwäldern des Alpenraums.

Tannenläuse, *Fichtenläuse, Gallenläuse, Tannengall(en)läuse, Chermesidae, Adelgidae,* Fam. der ↗Blattläuse mit in Mitteleuropa ca. 20 Arten. Die T. sind kleine Läuse ohne Rückenröhren u. mit kurzen Fühlern; sie leben vom Saftsaugen an Nadelbäumen. Die Entwicklung der T. folgt dem typ. Generationswechsel der Blattläuse; je nach Art kommen verschiedene Abwandlungen u. Vereinfachungen vor. Hauptwirt sind stets Arten der Fichte (*Picea spec.*); die dort überwinternden Stammütter (↗Fundatrigenien, ↗Hiemales) induzieren durch die Saugtätigkeit dort immer Sproßgallen (↗Ananasgallen, ☐ Gallen), die in ihrer Form an winzige Ananasfrüchte erinnern u. in denen die Nachkommen der Stammutter, die Wanderformen, heranwachsen. Diese fliegen zum Nebenwirt, ein je nach Art anderer Nadelbaum (vgl. Tab.). Die dort entstehenden geschlechtl. Generationen bringen im Herbst neue Stammütter hervor, die wieder auf der Fichte überwintern. Die T. können bei Massenauftreten in der Forstwirtschaft Schäden anrichten. Die Rote Fichtengalllaus (*Adelges laricis*) kommt in Mischwäldern ganz Europas u. Kanadas vor, die haselnußgroße Galle ist grün bis braun gefärbt. Am Grund der neuen Triebe des Hauptwirtes sitzen die Gallen der Gelben u. der Grünen Fichtengalllaus (*Sacchiphantes abietis* und *S. viridis*). Einen unvollständigen, rein parthenogenet. Generationswechsel führt bei uns die amerikan. Douglasienwollaus (*Gilletteella cooleyi*) an ihrem Nebenwirt Douglasie durch; ihr Hauptwirt, eine amerikan. Fichtenart, wird bei uns nicht gepflanzt. Ebenso wie bei dieser Art fallen auch bei der Zirbelkiefern-Wollaus (*Pineus cembrae*) weiße Wachsausscheidungen auf. Ein gefürchteter Forstschädling ist die Gefährliche Weißtannenlaus (Tannentrieblaus, *Dreyfusia nordmannianae*).

Tannenpfeil, der ↗Kiefernschwärmer.

Tannensterben ↗Waldsterben.

Tannenwedelgewächse, *Hippuridaceae,* Fam. der ↗Haloragales mit der einzigen Art Tannenwedel (*Hippuris vulgaris*); Vorkommen in gemäßigten bis kalten, klaren Gewässern der gesamten N-Hemisphäre; ausdauerndes, unverzweigtes Kraut mit

---

Tannenläuse

1 offene, vertrocknete Ananasgalle der Gelben Fichtengalllaus (*Sacchiphantes abietis*); 2 Gefährliche Weißtannenlaus (*Dreyfusia nordmannianae*), Sexupara

Wichtige Arten mit Nebenwirten:
Douglasienwollaus (*Gilletteella cooleyi*)
 Douglasie
Gefährliche Weißtannenlaus (Tannentrieblaus, *Dreyfusia nordmannianae*)
 Weißtanne
Gelbe Fichtengalllaus (*Sacchiphantes abietis*)
 Fichte
Grüne Fichtengalllaus (*Sacchiphantes viridis*)
 Lärche
Rote Fichtengalllaus (*Adelges laricis*)
 Lärche
Zirbelkiefern-Wollaus (*Pineus cembrae*)
 Zirbelkiefer

Tannenwedelgewächse

Sproß des Tannenwedels (*Hippuris vulgaris*)

Tannenzapfenechse

quirlständ., nadelförm. Blättern, das in 0,5 bis 2 m Tiefe wächst; über Wasser blühend; mehrere ökologisch spezialisierte Rassen; stark vereinfachter Blütenbau, systemat. Stellung noch umstritten; häufige Aquariumpflanze. [der ↗Blauzungen.]

Tannenzapfenechse, *Tiliqua rugosa,* Art
Tannenzapfenfische, *Monocentridae,* Familie der ↗Schleimköpfe mit nur 2, ca. 20 cm langen, indopazif. Arten; haben große, plattenförm., bedornte Schuppen u. Leuchtorgane am Unterkiefer; leben in Schwärmen in Tiefen bis 200 m vorwiegend am Boden.

Tannenzapfentiere, die ↗Schuppentiere.

Tannin *s* [v. frz. tan = Gerbstoff], *Gallusgerbsäure,* Bez. für alle pflanzl. ↗Gerbstoffe. T.e sind Gemische v. Glucosederivaten, deren Hydroxylgruppen mit ↗Gallus-, m-Digallus- u. Trigallussäureresten verestert sind. T. wird, meist aus ↗Galläpfeln gewonnen, u. a. zum Gerben v. Häuten, bei Durchfällen u. zum Blutstillen, zur Tintenherstellung u. als Beizmittel für Teerfarbstoffe verwendet.

Tanreks [Mz.; madagass.], *Tenreks, Madagaskarigel, Tenrecidae,* Fam. der ↗Insektenfresser, eine der ursprünglichsten Säugetiergruppen. Rezent kommen T. natürlicherweise nur auf Madagaskar, v. Menschen angesiedelt inzwischen auch auf einigen benachbarten Inseln vor; fossil kennt man T. auch aus dem Oligozän v. Kenia. Die Aktivität der T. ist stark v. der Umgebungs-Temp. abhängig. Die Anzahl der Zitzen weibl. T. (bis 12 Paar) verrät die für Säugetiere erstaunl. Wurfgröße (12–15; extrem bis 30). Eine kloakenartige Hautfalte umschließt After-, Harn- u. Geschlechtsöffnung. 2 U.-Fam. (vgl. Tab.): Von igelartigem Aussehen sind die Borstenigel (*Tenrecinae;* 6 Arten; Kopfrumpflänge 9,5–39 cm); sie bewohnen Wälder, Busch- u. Steppenlandschaften. Spitzmausartig sehen die Reistanreks (*Oryzorictinae;* 24 Arten; Kopfrumpflänge 4–13 cm) aus; sie bevorzugen feuchte Wälder, Sümpfe, Ufergebiete u. Reisfelder (!) als Lebensraum; an das Wasserleben angepaßt (Schwimmhäute, abgeplatteter Schwanz) ist der Wassertanrek (*Limnogale mergulus*).

T-Antigen, frühes Genprodukt bei ↗Polyomaviren (☐).

Tanymastix *w* [v. gr. tany = lang, mastix = Geißel], Gatt. der ↗Anostraca.

Tanystropheus *m* [v. gr. tanystrophos = langgestreckt], (H. v. Meyer 1855), † Gatt. 5 m Länge erreichender, überaus schlanker ↗Schuppenkriechtiere, deren Hals etwa die Hälfte, der Rumpf jedoch nur ⅙ des Körpers einnahm; man schließt daraus auf räuber. Ernährungsweise, bei der Fische vom Ufer aus bejagt wurden. Verbreitung: oberer Buntsandstein bis oberer Muschelkalk des mittleren Europa; zahlr. im anisischen Grenzbitumenhorizont v. Monte San Giorgio (Schweiz).

Tanreks
Unterfamilien u. Gattungen:
Borstenigel
(Tenrecinae)
Tanrek
(Tenrec)
Halbborstenigel
(Hemicentetes)
Igeltanreks
(Setifer, Echinops, Dasogale)
Reistanreks
(Oryzorictinae)
Reiswühler
(Oryzorictes)
Kleintanreks
(Microgale)
Wassertanrek
(Limnogale)
Erdtanrek
(Geogale)

Tanrek
(*Tenrec spec.*)

Tanzfliegen

1 Gewürfelte Tanzfliege (*Empis tesselata*); **2** ♂ einer nordamerikan. Tanzfliege (*Empimorpha geneatis*) mit v. einem „Gespinstballon" umgebenem „Hochzeitsgeschenk" für das ♀

Tanz, in der ↗Ethologie Bezeichnung für Bewegungsweisen verschiedenster Funktion, die an menschl. Tanzen erinnern, z. B. der *Rund-T.* und *Schwänzel-T.* (☐ mechanische Sinne I) der Honigbiene (↗Bienensprache, ☐) od. der *Hochzeits-T.* von Kranichen (↗Arenabalz, ↗Balz).

Tanzfliegen, *Rennfliegen, Empididae,* Fam. der ↗Fliegen mit ca. 3000, in Europa einigen hundert Arten. Die T. sind 1 bis 15 mm große Insekten mit einem kugeligen Kopf, oft langen, dünnen Hals u. einem Saugrüssel, mit dem sie Pflanzensäfte od. andere Insekten aussaugen. Sie bilden oft Tanzschwärme, die auch aus weibl. T. bestehen können. Die Männchen locken die Weibchen mit einem gefangenen Insekt als „Hochzeitsgeschenk" an, das bei manchen Arten v. Spinnfäden (Gatt. *Hilara*) od. einer Art Gespinstballon (*Empis aerobatica*) umgeben ist. Der Kopulation geht ein „Balztanz" voraus, bei dem das Beutetier dem Weibchen übergeben wird. Bei einigen Arten saugt das Weibchen während der Kopulation das Beutetier aus. Bei anderen Arten lösen die schleier- (z. B. *Hilara sartor*) od. kugeligen Gespinste der Männchen allein (ohne Beutetiere) die Paarungsbereitschaft des Weibchens aus.

Tanzmaus, rezessive Mutante der Chines. ↗Hausmaus (*Mus wagneri*) mit Mißbildungen des Labyrinths, infolge derer sie Zwangsbewegungen (im Kreis laufen, auf der Stelle drehen: „tanzen") ausführt.

Tanzmücken, die ↗Zuckmücken.

Tapes *m* [v. gr. tapēs = Teppich, Decke], Gatt. der Venusmuscheln mit lang-eiförm. Klappen, Wirbel dem Vorderende genähert; wenige Arten im Indopazifik.

Tapetenmotte, Art der ↗Tineidae.

Tapetum *s* [lat., = Teppich, Decke], **1)** Bot.: Bez. für das ein- bis mehrschichtige Gewebe in den Sporangien bzw. Pollensäcken der Farn- (☐ Farne) und Samenpflanzen, das als Nährgewebe für die Meiosporen dient. Es leitet sich v. Archesporzellen (↗Archespor) ab, die nicht mehr zu Sporenmutterzellen und damit zu Sporen werden. Die T.-Zellen können ihren Inhalt an die im Sporangium v. ihnen umgebenen u. im Zentrum gelegenen Archesporzellen sezernieren (Sekretions-T.), oder sie lösen ihre Zellwände auf u. vereinigen sich zu einem die Sporenmutterzellen umgebenden Periplasmodium (*Plasmodial-T.*). **2)** Zool.: *T. lucidum,* im Auge u. a. vieler Plattwürmer, Gliederfüßer und einiger Wirbeltiere gelegene reflektierende Schicht, die meist aus Guaninkristallen besteht u. beim ↗Dämmerungssehen die Lichtausbeute erhöht. Bei den Wirbeltieren liegt sie hinter den lichtempfindl. Strukturen fast immer in der Aderhaut. Das einfallende Licht erregt die Rezeptoren, wird anschließend am T. reflektiert u. erregt, da es senkrecht auf das T. fällt, erneut dieselben Rezeptoren. Die Helligkeit u. der Kontrast zw. den stärker u. schwächer beleuchteten Retinapartien werden so erhöht (der Zuwachs an Licht ist bei hellen Regionen bedeutend größer). Bei den ↗Komplexaugen der Gliederfüßer liegt das T. zwischen den Ommatidien u. kommt erst zur Geltung, wenn sich die Pigmente im dunkel adaptierten Auge in den Augenhintergrund zurückgezogen haben. Schräg auftreffende Strahlen können dann mehrfach reflektiert werden. Bei Insekten wird das T. i.d.R. durch dicht gelagerte Tracheen gebildet. – Eine auffällige Nebenwirkung des T.s ist das ↗Augenleuchten bei vielen Nachtfaltern u. nachtaktiven Wirbeltieren (z.B. ↗Katzen). ↗Augenpigmente, ↗Netzhaut.

Tapezierspinnen, *Atypidae,* Fam. der ↗Webspinnen mit ca. 20 Arten, Verbreitungsschwerpunkt in den Tropen u. Subtropen (nicht in S-Amerika und Austr.); 3 Arten (Gatt. ↗*Atypus,* ☐) in Mitteleuropa. Körperlänge bis 3 cm, mit komplizierten Gnathocoxen; Wohnröhren im Boden, mit dichtem Gespinst ausgekleidet (Name!); Stellung der Cheliceren orthognath.

Taphonomie *w* [v. gr. taphos = Bestattung, nomē = Verteilung], (J. A. Efremov 1940), Lehre v. der ↗Fossilisation.

Taphozönose *w* [v. gr. taphos = Grab, koinoein = teilnehmen], (W. Quenstedt 1927), die ↗Grabgemeinschaft. ↗Liptozönose, ↗Oryktozönose.

Taphridium *s*, Gatt. der ↗Protomycetales.

Taphrinales [Mz.; v. gr. taphros = Graben], Ord. der ↗Schlauchpilze (U.-Kl. Taphrinomycetidae); neuerdings nur mit 1 Gatt. *(Taphrina);* etwa 100 parasit. Arten mit hoher Wirtsspezifität. Bei der Keimung der Sporen werden Sproßzellen gebildet, die saprobisch wachsen; durch mitotische Kernteilung entsteht ein Paarkernmycel, das nun parasit. in der Wirtspflanze lebt, somit im Unterschied zu den Echten Schlauchpilzen (U.-Kl. ↗Ascomycetidae) ernährungsphysiolog. selbständig ist (ähnl. Basidiomyceten). Die Asci entwickeln sich in einer mehr od. weniger geschlossenen Schicht, nicht in Fruchtkörpern (Ascomata) über dem myceldurchwachsenen Wirtsgewebe. Im Ggs. zu den Asci der anderen Schlauchpilze werden die Ascosporen durch einen Schlitz am Scheitel freigesetzt (Lebenszyklus: ☐ Kräuselkrankheit).

Tapioka *w* [v. Tupí typyóca über port./span.], ↗Maniok.

Tapire [Mz.; v. Tupí tapiíra], *Tapiridae,* den ↗Ceratomorpha zugerechnete, ursprünglichste Fam. der ↗Unpaarhufer, deren Blütezeit im Tertiär lag. Heute gibt es noch 4 Arten der Gatt. *Tapirus,* oft als „lebende Fossilien" bezeichnet: In den Tiefebenen S-Amerikas lebt der Flachlandtapir *(T. terrestris,* B Südamerika II), in Mittelamerika u. Mexiko der bedrohte Mittelamerikanische Tapir *(T. bairdi)* u. in 2000 bis 4000 m Höhe der Anden der Berg- od. Andentapir *(T. pinchaque).* Einzige altweltl. Art ist der vorn u. hinten schwarze u. in der Rumpfmitte hellgraue Schabrackentapir *(T. indicus,* B Asien VII) SO-Asiens. T. sind plump aussehende Waldtiere, die mit ihrer rüsselartig verlängerten Oberlippe (↗Lippen) pflanzl. Nahrung abpflücken (Kopfrumpflänge 180–250 cm, Schulterhöhe 75–120 cm); sie sind hpts. dämmerungs- u. nachtaktiv. Unterarm- u. Unterschenkelknochen der T. sind nicht miteinander verwachsen. Ihre Vorderextremitäten haben 4, die Hinterextremitäten 3 hufbewehrte Zehen. – Die ältesten echten T. (Gatt. *Protapirus*) stammen aus dem Oligozän Europas und N-Amerikas. Ihre Aufspaltung in 2 Äste (Amerika/Asien) erfolgte im Miozän. Zu Beginn des Pleistozäns gelangten T. aus N-Amerika über die mittelamerikan. Landbrücke nach S-Amerika; in Europa starben sie aus. B Pferde II.

Tapiridae, die ↗Tapire. [↗Nilhechte.

Tapirrüsselfisch, *Mormyrus kannume,*

Tapirus *m* [v. Tupí], Gatt. der ↗Tapire.

Tarakan *m*, *Ectobius lapponicus,* ↗Waldschaben.

Tarant, *Swertia,* mit ca. 90 Arten v. a. in den Gebirgen Eurasiens, Afrikas u. Amerikas verbreitete Gatt. der ↗Enziangewächse. Kräuter od. Stauden mit rispig od. traubig angeordneten, meist blauen (weißl. oder gelben) Blüten, deren Krone aus einer kurzen Röhre u. einem 4–5zipfligen, radförmig ausgebreiteten Saum besteht. Die 4–5 Staubblätter sind der Kronröhre eingefügt. Einzige einheim. Art ist der in der nördl. gemäßigten Zone weit verbreitete, in Mitteleuropa jedoch seltenere u. nach der ↗Roten Liste „stark gefährdete" Blaue Sumpfstern (Ausdauernder Tarant, Sumpfenzian), *S. perennis.* Die in Flach- u. Quellmooren wachsende Staude besitzt eiförm. bis lanzettl. Blätter u. blau bis schmutzigviolett gefärbte Blüten. Die in den nördl. Gebirgen Indiens heimische Art *S. chirata* u. einige weitere Arten der Gatt. enthalten das sehr bittere Glykosid *Chiratin.* Sie liefern das in Indien seit alters her v.a. gegen Fieber, Würmer sowie Magenbeschwerden verwendete *Chirettakraut.*

Taranteln [Mz.; v. it. tarantola = Tarantel], im Mittelmeergebiet verbreitete, große ↗Wolfsspinnen der Gatt. *Lycosa;* erreichen eine Körperlänge von fast 3 cm u. zeigen eine Musterung mit den Farben Braun, Beige u. Schwarz. *L. narbonensis* ist auf der Ventralseite des Hinterleibs auffallend gelb/schwarz gefärbt. T. leben in Erdröhren; am Eingang befinden sich meist trockene Pflanzenteile, die wie ein Schornstein angeordnet sind. Nachts verlassen sie die Wohnröhre u. gehen auf Beutefang. Der schmerzhafte Biß der „Tarantel" gilt seit dem Altertum zu Unrecht als bes. gefährlich (↗Giftspinnen). Ihren Namen haben die T. von der südit. Stadt Tarent (Taranto;

Taphrinales
Wichtige Arten der Gatt. *Taphrina:*
T. epiphylla (↗Hexenbesen an Grauerlen)
T. pruni (Narrentaschen der Pflaume; ↗Narrenkrankheit)
T. cerasi (Hexenbesen der Kirsche)
T. insititiae (Hexenbesen der Pflaume)
T. betulina (Hexenbesen der Birke)
T. populina (Hexenbesen der Pappel)
T. deformans (↗Kräuselkrankheit des Pfirsichs)

Tapir
(Tapirus spec.)

Tarantula

tars- [v. gr. tarsos = ebene Fläche; Fußsohle].

Apulien). Dort trat im MA der sog. Tarantismus auf: angeblich Gebissene (meist fahrende Leute) tanzten „zur Heilung" bis zum Zusammenbruch („Tarantella"). Dieses Verhalten war wahrscheinl. an die mitleidige Landbevölkerung gerichtet, welche die „Kranken" danach für eine Weile aufnahm u. verköstigte.

Tarantula w [v. it. tarantola = Tarantel], Gatt. der ↗ Geißelspinnen.

Taraxacum s [v. arab. tarakhshaqūn = wilde Zichorie, über mlat.], ↗ Löwenzahn.

Taraxerol s [v. bot.-lat. taraxum = Löwenzahn, lat. oleum = Öl], *Alnulin,* ein bei vielen Korbblütlern, z. B. ↗ Löwenzahn *(Taraxacum officinale),* vorkommender, einfach ungesättigter Alkohol aus der Gruppe der pentacycl. Triterpene.   [der ↗ Butte.

Tarbutt m, *Scophthalmus rhombus,* Art

Tardigrada [Mz.; v. lat. tardigradus = langsam gehend], die ↗ Bärtierchen.

Tarentola w [v. (dialekt-)it. tarantola = Eidechse, über altfrz. tarentule], Gatt. der ↗ Geckos; ↗ Mauergecko.

Targioniaceae [Mz.], Fam. der ↗ *Marchantiales* mit 2 Gatt.; Lebermoose mit bandart., gegabeltem Thallus, der bis 3 cm lang und 3 mm breit wird. Sie gedeihen bevorzugt in Trockengebieten, z. B. in Europa *Targionia hypophylla* an extrem xerophyt. Standorten. Von der nur in den Tropen vorkommenden Gatt. *Cyathodium* besitzen einige Arten im Thallus linsenförm. Zellen, die Licht reflektieren können *(↗ Schistostegales).*

Taricha w [v. gr. tarichos = Mumie; Salzfisch], *Kalifornische Wassermolche, Rotbauchmolche,* Gatt. der ↗ Molche (Fam. *Salamandridae*) mit 3 Arten im W N-Amerikas. Robuste, bis 20 cm lange, unscheinbar gefärbte, rauhhäutige Molche mit gelben bis roten Bauchseiten; laichen in Bergbächen u. Schmelzwassertümpeln in bis zu 1200 m Höhe u. suchen immer wieder, auch nach weiter Verfrachtung, die gleichen Stellen auf. Die ♂♂ legen, im Ggs. zu den eur. Molchen, kein farbenprächt. Paarungskleid an. Stark giftig, die Hautsekrete enthalten ↗ Tetrodotoxin (Tarichatoxin, ↗ Amphibiengifte).

Tarnung w [v. ahd. tarni = verborgen], eine ↗ Schutzanpassung (↗ Schutztracht), die im Ggs. zur ↗ *Mimese* dazu dient, nicht gesehen zu werden. Mittel der T. sind, im Zusammenspiel mit bes. Verhaltensweisen (z. B. Einnahme einer Ruhestellung): ↗ Farbanpassung an die Umgebung (↗ Farbwechsel), Gestaltauflösung (↗ Somatolyse) durch Zeichnung, Vermeidung v. Schattenwurf u./od. ↗ Gegenschattierung sowie Maskierung unter Verwendung v. Teilen aus der Umgebung (↗ Seespinnen). T. dient der ↗ Abwehr, wird aber auch v. Lauerräubern eingesetzt. ↗ Augentarnung. ☐ Schutzanpassungen.

Taro m [Maori], *Colocasia esculenta,* in S-Asien beheimatete Art der ↗ Aronstabgewächse; eine der ältesten Kulturpflanzen Chinas, die schon um die Zeitenwende auch im Mittelmeerraum angebaut wurde u. heute in den Tropen der ganzen Welt verbreitet ist. Den maximal 4 kg schweren Sproßknollen entspringen mächtige, bis 2 m lang gestielte, breit pfeilförm. Blätter. Die rundl., bis 25% Stärke enthaltenden Sproßknollen zeigen ringförm. Blattnarben; an Ausläufern bilden sie Tochterknollen, die als Pflanzgut dienen. Die Knollen werden gekocht od. geröstet gegessen – Oxalatkristalle verhindern einen Rohgenuß. Aus den Knollen wird auch Mehl hergestellt bzw. Stärke gewonnen. Daneben werden Blätter u. Blütenstände als Gemüse verzehrt. Als Sumpfpflanze gedeiht der T. nur in feuchtwarmem Klima auf humosen Böden. ▣ Kulturpflanzen I.

Tarpan m [v. kirgis. über russ.], ↗ Pferde.

Tarpunähnliche Fische, *Elopiformes,* ursprünglichste Ord. der Echten ↗ Knochenfische *(Teleostei)* mit zahlr. primitiven Merkmalen, wie einer knöchernen Kehlplatte, massiv verknöcherte Kiemendeckel u. Neuralbögen im Schwanzskelett. Sie umfaßt 4 Fam.: ↗ Frauenfische *(Elopidae),* ↗ Tarpune *(Megalopidae),* ↗ Grätenfische *(Albulidae)* u. Großflossen-↗ Grätenfische *(Pterothrissidae).* Die in trop. und subtrop. Meeren lebenden T.n F. haben Cycloidschuppen, eine Schwimmblase mit offenem Verbindungsgang zum Darm u. aallarvenähnl. Weidenblattlarven, die aber eine gabelige Schwanzflosse besitzen.

Tarpune, *Megalopidae,* Fam. der ↗ Tarpunähnlichen Fische mit nur 2 Arten; trop., wie große Heringe aussehende Meeresfische mit knöcherner Kehlplatte, vielen kleinen Kieferzähnen u. stark verlängertem letztem Rückenflossenstrahl; dringen gelegentl. auch in Flüsse ein. Hierzu der bis 2,4 m lange, großschuppige, als Sportfisch gut bekannte Atlantische T. *(Megalops atlanticus,* ▣ Fische VI) u. der bis 1 m lange Indopazifische T. oder das Ochsenauge *(M. cyprinoides).* Die Jungfische besiedeln auch sauerstoffarme Mangrovesümpfe, wobei sie mit ihrer Schwimmblase zusätzl. Luftsauerstoff veratmen können.

Tarsalia [Mz.; v. *tars-], bei ↗ Insekten die Tarsenglieder (Fußglieder) der ↗ Extremitäten.

Tarsalreflex [v. *tars-] ↗ mechanische Sinne.   [kis.

Tarsiidae [Mz.; v. *tars-], die ↗ Koboldma-

Tarsipes m [v. *tars-, lat. pes = Fuß], Gatt. der Rüsselbeutler; ↗ Honigbeutler.

Tarsius m [v. *tars-], einzige Gatt. der ↗ Koboldmakis.

Tarsus m [v. *tars-], 1) der Fuß der Gliederfüßer, ↗ Extremitäten; 2) die Fußwurzel (↗ Fuß, ↗ Extremitäten) v. Wirbeltieren u. Mensch.

Tartrate [Mz.; v. mlat. tartarum = Weinstein], Salze u. Ester der ↗ Weinsäure.

Taschenboden ↗ Frostböden.

Taschenklappen ↗Herz (B).
Taschenkrankheit, die ↗Narrenkrankheit.
Taschenkrebse, große, schwere Krabben (↗Brachyura), die als Speisekrebse von wirtschaftl. Bedeutung sind. In Dtl. *Cancer pagurus* (Fam. *Cancridae*), erreicht 30 cm Carapaxbreite; besiedelt felsige Küsten der Nordsee u. des Atlantik u. ernährt sich räuberisch v. Fischen, Krebstieren, Weichtieren u. a. Die Paarung erfolgt ähnl. wie bei der ↗Strandkrabbe; die Eier werden 12 bis 14 Monate später gelegt; ♀♀ sind mit 11 bis 13 cm Breite geschlechtsreif. Andere T. bleiben kleiner, so die amerikanische Art *C. magister*, die bis 20 cm breit wird; sie wird, als beliebter Speisekrebs, stark überfischt. Der italienische T., *Eriphia spinifrons*, gehört der Fam. ↗*Xanthidae* an.

Taschenmäuse, *Heteromyidae,* neuweltl. Fam. der ↗Nagetiere mit 5 Gatt. (vgl. Tab.), die trotz ihres springmausähnl. Aussehens u. Verhaltens den Hörnchenverwandten (U.-Ord. *Sciuromorpha*) zugeordnet wird (↗Lebensformtypus). Die maus- bis rattengroßen T. bewohnen Gras- u. Ödländer vom westl. N-Amerika (hpts. Kalifornien) über Mittel- bis S-Amerika; sie legen kleine Erdbaue mit Nest- u. Vorratskammern an, sind nachtaktiv u. ernähren sich v. Pflanzensamen u. grünen Pflanzenteilen; ihre Backentaschen (Name!) sind behaart u. münden direkt nach außen. Durch W. Disneys Film „Die Wüste lebt" wurden v. a. die T. der Gatt. *Dipodomys* (Känguruhratten) weltweit bekannt. Vermutl. stammen alle T. von Arten der aus dem Oligozän N-Amerikas bekannten † Gatt. *Heliscomys* ab.

Taschenratten, *Geomyidae,* ebenso wie die ihnen nahestehenden ↗Taschenmäuse den Hörnchenverwandten (U.-Ord. *Sciuromorpha*) zugerechnete neuweltl. Nagetier-Fam. mit insgesamt 9 Gatt. im südl. N-Amerika, in Mittel- u. S-Amerika. Die stark an das unterird. Lebensweise angepaßten T. sind kurzbeinig u. plump (Kopfrumpflänge 12–23 cm) mit kräftigen Krallen u. Nagezähnen zum Graben sowie kleinen Augen u. Ohrmuscheln. T. sind Pflanzenfresser mit seitl. vom Mund ausmündenden, fellausgekleideten Backentaschen (Name!); sie legen umfangreiche Nahrungsvorräte an. Durch die Wühltätigkeit u. Abnagen v. Wurzeln können T. in Kaffee- u. Bananenplantagen schädlich werden.

Taster, die ↗Palpen.
Tasterläufer, die ↗Palpigradi.
Tastermotten, die ↗Palpenmotten.
Tastermücken, *Dixa,* Gatt. der ↗Stechmücken.
Tastfedern, ↗Vogelfedern, die als ↗Mechanorezeptoren der Nahorientierung dienen u., wie z. B. bei den ↗Kiwivögeln, am Schnabelgrund lokalisiert sind u. das Aufspüren v. Beute bei der Nahrungssuche in der Dämmerung erleichtern.
Tasthaare, 1) Bot.: *Fühlhaare,* auf die Registrierung v. Berührungsreizen spezialisierte haarart. Bildungen bei einigen Pflanzen (z. B. *Dionaea,* ↗Venusfliegenfalle). 2) Zool.: a) bestimmte ↗Sensillen (T) bei Gliederfüßern u. a. Wirbellosen; b) die ↗Sinushaare bei Säugern. ↗Haare, ↗Mechanorezeptoren.

Tastkörperchen, in der ↗Haut (☐) höherer Wirbeltiere u. des Menschen gelegene Tastsinnesorgane (↗Tastsinn); ↗Mechanorezeptoren (☐). B mechan. Sinne I.
Tastleisten, die ↗Hautleisten.
Tastsinn, *Fühlsinn,* ↗mechanischer Sinn (↗Sinne), der bei Tieren u. Mensch zur aktiven od. passiven ↗Orientierung in der Umwelt u. dem Erkennen v. Oberflächenstrukturen od. speziellen Objekten dient. Die die Berührungsreize vermittelnden *Tastsinnesorgane (Tastorgane, Fühlorgane, Tangorezeptoren)* sind im allg. über den ganzen Körper verteilt, liegen aber in bestimmten Körperregionen bes. konzentriert, z. B. an den Fingerspitzen beim Menschen, an der Schnauze bei den Boden durchwühlenden Tieren (z. B. Schweinen u. Maulwurf) od. an den ↗Antennen bei Gliederfüßern. Sie können bei Wirbeltieren ↗freie Nervenendigungen (B Sinneszellen) od. spezialisierte Organe sein, wie die Meißnerschen Körperchen od. die Pacinischen Körperchen (↗Mechanorezeptoren, ☐; B mechanische Sinne I). Bei Gliederfüßern treten v. a. cuticuläre Haarsensillen u. campaniforme ↗Sensillen (☐) als Tastsinnesorgane auf. Sie finden sich oft in Kombination mit Geschmacksorganen, z. B. an den ↗Mundwerkzeugen. ↗Drucksinn. – Bei den auf Berührungsreize erfolgenden Reaktionen bei Pflanzen unterscheidet man Hapto-↗Nastie, Hapto-↗Tropismus u. ↗Seismonastie. [sinn.
Tastsinnesorgane, *Organa tactus,* ↗Tast-
Tatum [te¹tm], *Edward Lawrie,* amerikan. Genetiker, * 14. 12. 1909 Boulder (Col.), † 5. 11. 1975 New York; zuletzt Prof. in New York; zeigte zus. mit Beadle durch Forschungen (seit 1941) an dem Schimmelpilz *Neurospora crassa* (Erzeugung v. Mutanten u. a. durch Röntgenbestrahlung), daß jede biochem. Reaktion bzw. jedes Enzym durch ein Gen kontrolliert wird; erhielt 1958 zus. mit G. W. Beadle und J. Lederberg den Nobelpreis für Medizin.
Tau, ↗Niederschlag (T), der durch Kondensation v. Wasserdampf an Oberflächen entsteht, wenn deren Temp. unter den T.punkt der umgebenden Luft absinkt. T. bildet sich v. a. in klaren Ausstrahlungsnächten. Die T.menge (gemessen mit T.platten) beträgt i. d. R. 0,1 bis 0,7 mm, in den Tropen bis zu 2 mm pro Nacht. In Trockengebieten kann T. wesentl. Wasserquelle für die Vegetation darstellen.
Taubach, Ort bei Weimar (Thüringen), Fundstelle eines Dauer- u. eines Milchbackenzahns, die dem frühen Neandertaler (↗Präneandertaler) zugeordnet werden; Alter: letztes Interglazial.

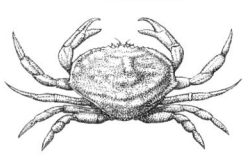

Taschenkrebs
(*Cancer magister*)

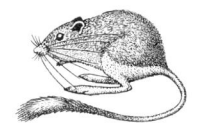

Taschenmäuse
Känguruhratte
(*Dipodomys spec.*)

Taschenmäuse
Gattungen:
Eigentl. Taschenmäuse
(*Perognathus*)
Känguruhmäuse
(*Microdipodops*)
Känguruhratten
od. Taschenspringer
(*Dipodomys*)
Stacheltaschenmäuse
(*Heteromys, Liomys*)

Täubchenschnecken

Tauben

1 Felsentaube *(Columba livia)*, 2 Ringeltaube *(C. palumbus)*. 3 Zuchtformen: **a** Nürnberger Bagdette, **b** Kropftaube, **c** Pfautaube, **d** Perückentaube

Täubchenschnecken, *Birnenschnecken, Columbellidae* (fr. *Pyrenidae*), Fam. der ↗Stachelschnecken mit spindel- bis doppelkegelförm., meist kleinem Gehäuse, Oberfläche oft sehr bunt; die langgestreckte Mündung hat einen kurzen Siphonalkanal, ihre Innenränder sind oft gezähnelt; mit od. ohne Dauerdeckel. Die T. sind getrenntgeschlechtl.; die Eier werden in halbkugel. Kapseln an Hartsubstrat geheftet, aus ihnen entwickeln sich pelag. Veliger. Weltweit, v. a. in warmen Meeren v. der Gezeitenzone bis in 200 m Tiefe verbreitet, carni- od. herbivor. Über 50 Gatt., darunter im Mittelmeer ↗*Columbella*, in den Tropen *Anachis*, ↗*Pterygia* u. ↗*Pyrene*.

Tauben [Mz.; v. ahd. tūba], *Columbidae*, weltweit verbreitete Fam. der ↗Taubenvögel mit 303 Arten; lerchen- bis gänsegroß, mit kleinem Kopf, kurzem Hals, geradem, meist dünnem Schnabel u. gutem Flugvermögen. Die Speiseröhre bildet einen zu 2 Seitentaschen ausgebuchteten ↗Kropf (B Darm). T. leben v. Sämereien od. Früchten. Stimme gurrend, heulend od. kichernd. Nest locker gebaut aus Reisern, Stroh- u. Grashalmen, auf Bäumen, seltener in Höhlen. Legen 1–2 weiße Eier, die v. beiden Eltern in 15–19 Tagen ausgebrütet werden. Die Jungen sind Nesthocker u. werden in den ersten 6–7 Tagen mit der ↗Kropfmilch, einem käsigen Sekret der Kropfepithelien, v. beiden Eltern gefüttert, dann erhalten sie zusätzl. im Kropf erweichte Körner. T. trinken anders als die übrigen Vögel: sie stecken den Schnabel ins Wasser u. saugen dieses ein, ohne den Kopf zu erheben. Die größte Artenvielfalt herrscht in den Tropen. Die endemisch auf Neuguinea vorkommende Kronen-T. *(Goura cristata,* B Australien I) ist mit 80 cm Länge und 1,5 kg Gewicht die größte heute noch lebende Art; sie besitzt ein schieferblaues Gefieder u. trägt einen Federfächer auf dem Kopf. Die nordamerikan. Wander-T. *(Ectopistes migratorius,* B Nordamerika V) gelangte zu einer traurigen Berühmtheit: dieser farbenprächtige Vogel kam noch bis Mitte des 19. Jh.s in riesigen Schwärmen vor u. wurde dann innerhalb weniger Jahre völlig ausgerottet; die letzte Wander-T. starb 1914 in einem Zoo. Die weltweit in Städten scharenweise vorkommenden Straßen-T. sind Nachkommen verwilderter Haus-T., die ihrerseits auf die Felsen-T. *(Columba livia,* B Mediterranregion II) zurückgehen; diese lebt kolonieweise an Felsen u. in Höhlen, bevorzugt an der Meeresküste; sie hat zwei schwarze Flügelstreifen u. einen weißen Bürzel. Letzterer fehlt der mit 33 cm Länge gleich großen Hohl-T. *(C. oenas,* B Europa XV), die zum Brüten auf Baumhöhlen angewiesen u. in weiten Gebieten von Dtl. selten geworden ist. Mit 41 cm Länge ist die Ringel-T. *(C. palumbus,* B Europa XV) die größte einheim. Art; sie ist leicht an den weißen Hals- u. Flügelflecken zu erkennen; fliegt mit laut klatschendem Flügelschlag ab; ihr charakterist. Balzflug führt steil aufwärts u. nach einem Flügelklatschen allmählich schräg abwärts. Offene baumbestandene Landschaft, oft Auwälder, bevorzugt die 27 cm große Turtel-T. *(Streptopelia turtur,* B Europa XV); sie besitzt eine weiße Schwanzendbinde, eine rötl. Unterseite u. beidseitig einen schwarz-weißen Halsfleck; Zugvogel; der Gesang ist ein schnurrendes „turr turr". Kommt zur Nahrungssuche oft auf den Boden, ebenso die 32 cm große, hellere Türken-T. *(S. decaocto),* die durch einen schwarzen Nackenring gekennzeichnet ist; die Türken-T. breitete sich von SO kommend seit Anfang der dreißiger Jahre in stürmischer Entwicklung nach Mitteleuropa aus u. besiedelt inzwischen S-Skandinavien u. sogar Island; stellenweise ist sie recht häufig u. auch stimml. sehr auffallend durch den dreisilbigen, auf der 2. Silbe betonten Ruf „gu gu gu". Als ↗Käfigvogel wird u. a. das südafr. Kaptäubchen *(Oena capensis)* gehalten. – Zusätzl. zu den wild vorkommenden T. sind etwa 200 T.rassen bekannt, die in verschiedensten Formen als Ziergeflügel u. als ↗Brief-T. gezüchtet wurden (B Selektion II). □ Generalisierung, B Lernen. M. N.

Taubenerbse, *Cajanus,* Gatt. der ↗Hülsenfrüchtler.

Taubenkropf, *Silene vulgaris,* ↗Leimkraut.

Taubenschnecken, *Columbarium,* Gatt. der ↗Pagodenschnecken mit langspindelförm. Gehäuse u. gekielten Umgängen; der vordere Siphonalkanal ist länger als das Gewinde. *C. pagoda,* 10 cm hoch, Umgänge mit flachen, dreieckigen, schräg aufwärts gerichteten Stacheln, ist bei Japan häufig auf schlammig-sandigem Grund.

Taubenschwänzchen, *Karpfenschwänzchen, Macroglossum stellatarum,* kleiner, tagaktiver Vertreter der ↗Schwärmer; wandert vom Mittelmeerraum jahrweise nördl. der Alpen ein; hier Vermehrung u. teilweiser Rückflug im Herbst; nur selten gelingt in günstigen Jahren auch bei uns eine Überwinterung als Puppe od. Falter. Das T. ist braun mit kleinen gelborangenen Hinterflügeln; Hinterleibsende mit schwarzen, gelb u. schwarz gefärbten, seitl. Schöpfen u. Afterbusch. Die Falter sind im Sommer u. Herbst nicht selten bei der Nahrungsaufnahme zu beobachten, wobei sie „kolibriartig" im Schwirrflug vor Blüten ihren 25 mm langen Rüssel entrollen u. hastig Nektar aufsaugen (□ Schwärmer). Die grüne Raupe trägt einen hellen Seitenstreifen u. frißt an Labkraut; Verpuppung im Boden.

Taubenvögel, *Columbiformes,* Ord. der Vögel, zu der außer den ↗Tauben *(Columbidae)* vermutl. auch die ausgestorbenen ↗Drontevögel *(Raphidae)* gehören.

Taubenwanze, *Cimex columbarius,* ↗Plattwanzen.

Taubenzecke, *Argas reflexus,* Vertreter der ↗Lederzecken (☐); die ca. 4 mm große Milbe (vollgesogene Weibchen 9 mm) lebt in allen Stadien parasit. an Tauben, Hühnern, Enten, Gänsen u. Singvögeln. Sie vermehrt sich stark u. kann ihre Wirte empfindl. schädigen. Die Milbe verbringt den Tag in Spalten u. Ritzen der Ställe u. wird nachts aktiv. Sie befällt auch Menschen, stirbt aber einige Tage nach Genuß v. Menschenblut ab. Stiche können im Extremfall zu Hautentzündungen, Fieber, Nesselsucht u. Atemnot führen.

Taubfrösche, *Dyscophinae,* U.-Fam. der ↗Engmaulfrösche (T).

Täublinge, *Russula,* Gatt. der ↗Sprödblättler *(Russulales),* Blätterpilze mit breiten, kahlen, trockenen oder klebrigen bis schmierigen, ungezonten Hüten u. kurzen, ringlosen Stielen; typisch ist das blasigkörnige, spröde Fleisch ohne Milch; auch die Lamellen sind sehr brüchig, beim Darüberstreichen splitternd (Ausnahme *R. cyanoxantha),* verursacht durch Nester v. Sphärocysten (∅ 20–50 μm). Das Sporenpulver ist weiß bis satt ocker; die Sporen weisen Wärzchen od. Leisten auf. Die meist lebhaft gefärbte Huthaut ist teilweise od. ganz abziehbar; die Färbung reicht v. Weiß, über Gelb, Rot, Grün, Blau bis Violett u. Braun. Der Geschmack der T. ist mild, schärflich bis unerträgl. scharf. Alle milden u. schwach scharfen Arten (z.T. nach bes. Vorbehandlung) sind eßbar, z.T. hervorragende ↗Speisepilze (vgl. Tab.), die meisten scharfen Arten giftig; giftig ist wahrscheinl. nur eine jap. Art *(R. subnigricans);* es dürfen jedoch keine rohen T. gegessen werden. – T. sind Mykorrhizapilze u. wachsen daher nur in Wäldern, Mooren, Zwergstrauchtundren u. Parkanlagen. Manche Arten sind an bestimmte Baumgattungen gebunden (z.B. Birke, Erle, Rotbuche, Hainbuche, Eiche, Kiefer, Fichte), andere sind nicht wirtspezifisch. Einige lieben Kalk, andere saure Böden. Sie leben vorwiegend in gemäßigten Zonen; doch sind T. auf allen Kontinenten nachgewiesen; in Europa ca. 170, insgesamt etwa 275 Arten; im trop. Afrika auch Formen mit beringtem Stiel. Die Bestimmung der T. erfolgt nach der Farbe des Sporenstaubs, der Schärfe des Fleisches, Größe u. Ornamentierung der Sporen, Glanz u. Farbe der Huthaut sowie Härte u. Verfärbung des Fleisches. Nach diesen Merkmalen werden 2 U.-Gatt. und z.T. bis 18 Sektionen unterschieden (vgl. Tab.).

Taubnessel, *Bienensaug, Lamium,* Gatt. der ↗Lippenblütler mit ca. 40 Arten in Europa, N-Afrika u. dem nicht-trop. Asien. Mehr od. minder behaarte, z.T. charakteristisch riechende Kräuter od. Stauden mit runzeligen, rundl.-ei- bis herzförmigen, am Rande gekerbt-sägten Blättern sowie in blattachselständ. Scheinquirlen stehenden, purpuroten, gelben od. weißen Blü-

Täublinge
Untergattungen der T. *(Russula)* u. einige bekannte Arten:
U.-Gatt. *Lactarelis*
Weiß- u. Schwarztäublinge (mittelgroße bis sehr große T. mit weißem, ockerfarbenem od. braunem bis schwärzl. Hut; Fleisch hart u. brüchig, bei einigen Arten schwärzend u. meist vorher rötend)

1. Schwarztäublinge
   R. nigricans Fr.
   (Dickblättriger T.; Laub- u. Nadelwald)
2. Weißtäublinge
   R. delica Fr.
   (Blaublättriger T.; Laub- u. Nadelwald)

U.-Gatt. *Russula*
Bunttäublinge

1. Milde Weißsporer
   R. cyanoxantha Fr. (Frauen-T.; Laub- u. Nadelwald)
   R. vesca Fr. (Speise-T.; Laub- u. Nadelwald)
2. Scharfe Weißsporer
   R. fellea Fr. (Gallen-T., Buchenwald)
3. Milde Cremesporer
   R. amoenicolor Romagn (Brätlings-T., Laub- u. Nadelwald)
4. Scharfe Cremesporer
   R. foetens Fr. (Stink-T., Laub- u. Nadelwald)
5. Milde Hellockersporer
   R. xerampelina Fr. (Roter Herings-T., Nadelwald, Kiefer, Fichte)
6. Scharfe Hellockersporer
   R. queletii Fr. (Stachelbeer-T., Fichte, Tanne)
7. Milde Ocker- u. Dottersporer
   R. integra Fr. (Brauner Leder-T., Nadelbäume)
8. Scharfe Ocker- u. Dottersporer
   R. lundellii Sing. (Pracht-T., unter Birke)

ten. Diese mit einer vorn bauchig erweiterten Röhre, einer helmförm. Ober- sowie 3zipfl. Unterlippe und 4 unter der Oberlippe aufsteigenden, ungleich langen Staubblättern. Bekannteste, bei uns einheim. Arten sind die in Unkraut-Ges. (auf Schutt, an Wegen, Hecken, Mauern u. Gräben) wachsende, weiß blühende Weiße T. *(L. album,* B Europa XVI) sowie die purpurrot blühende Rote T. *(L. purpureum)* u. die ebenfalls rot blühende Gefleckte T. *(L. maculatum).* Die in krautreichen Laub- u. Nadelmischwäldern anzutreffende Goldnessel *(L. galeobdolon)* hat gelbe Blüten.

Taubwarane, *Lanthanotidae,* Fam. der Waranartigen mit nur 1 Art, dem erdbraunen, seltenen Borneo-T. *(Lanthanotus borneensis);* Gesamtlänge bis 42 cm; Schwanz fast körperlang; lebt verborgen in unterird. Gängen, unter Pflanzenresten u. vorwiegend aquatisch in der Provinz Sarawak (NW-Borneo). Flacher Kopf verhältnismäßig breit; feste, knöcherne Gehirnkapsel; unteres, bewegl. Augenlid mit durchsicht. Fenster; ohne äußere Ohröffnung; Zunge weit vorstreckbar; Nasenlöcher fast auf der Schnauzenoberseite liegend; Körper langgestreckt; kleine Schuppen, dazwischen bis zu 10 Längsreihen vergrößerter, gekielter Rückenhöckerschuppen; Beine kurz, Fortbewegung schlängelnd; wahrscheinl. v.a. Fleischfresser; scheu, helles Tageslicht meidend. Erstmalig 1878 beschrieben; vermutl. stammesgeschichtl. Nachfahren der Schlangen.

Tauchenten, Vertreter der ↗Enten (☐), die ihre Nahrung durch mehr od. weniger tiefes Tauchen erbeuten – im Ggs. zu den ↗Schwimmenten; kompakter u. kurzhalsiger als diese, liegen beim Schwimmen tiefer im Wasser, die Beine sind weit hinten eingelenkt. Männchen weit auffälliger gefärbt als die Weibchen, die das Brutgeschäft allein übernehmen. Außer der Gatt. *Aythya* gehört hierzu die Gatt. *Netta,* die mit der farbenprächt. Kolbenente *(N. rufina)* in Dtl. vorkommt, v.a. am Bodensee u. in brackigen Küstengewässern; Männchen mit leuchtend orangerotem Kopf; nach der ↗Roten Liste „potentiell gefährdet"; ihr Bestand nimmt jedoch derzeit zu (evtl. auch deshalb, weil Gefangenschaftsflüchtlinge verwildern). Ebenfalls zunehmende Bestände weist die schwarz-weiß gefärbte Reiherente *(A. fuligula,* B Europa VII) auf, die am Hinterkopf einen Federschopf trägt, der beim braunen Weibchen nur angedeutet ist; sie brütet an stehenden u. langsam fließenden Gewässern mit dichter Ufervegetation; überwintert auf eisfreien Gewässern zw. S-Skandinavien und N-Afrika, in großer Zahl auch auf Stauseen; erbeutet beim Tauchen überwiegend tier. Nahrung, wobei die Wandermuschel *(Dreissena)* einen großen Anteil ausmachen kann. Sie rastet oft gemeinsam mit der Tafelente *(A. ferina),* die zur Brutzeit allerdings flachere

Taucher

u. eutrophere Gewässer bevorzugt; das Männchen besitzt einen kastanienbraunen Kopf, ein schwarzes Vorder- u. Hinterende u. eine graue Oberseite, das Weibchen ist insgesamt blasser gefärbt. Die kleinere Moorente *(A. nyroca)* ist in Dtl. nach der ↗Roten Liste „ausgestorben"; ihre Verbreitung erstreckt sich auf den Mittelmeer- u. westasiat. Raum, wo sie an vegetationsreichen stehenden Gewässern nistet; als seltener Durchzügler erscheint sie meist mit anderen T., wo sie – v. a. zwischen Reiherenten – leicht übersehen werden kann; sie ist durch eine rotbraune Grundfärbung u. eine weiße Schwanzunterseite gekennzeichnet.

Taucher, Wasservögel, die ihre Nahrung durch Tauchen erbeuten. ↗Lappentaucher, ↗Seetaucher.

Taucherkrankheit, die ↗Caissonkrankheit.

Tauchsturmvögel, *Pelecanoididae,* Fam. hochseebewohnender ↗Sturmvögel mit 5 Arten der Gatt. *Pelecanoides* (B Polarregion IV), deren Aussehen u. Verhalten ungewöhnlich sind; Länge um 20 cm, gedrungen, dunkle Oberseite u. weiße Unterseite; leben auf den Meeren zw. 60° und 35° s. Br.; konvergente Merkmale zu den ↗Alken der nördl. Hemisphäre; fliegen wie diese mit schwirrendem Flügelschlag u. tauchen nach Fischen u. Krebsen unter Zuhilfenahme der kurzen Flügel. Die Nester der koloniebrütenden T. befinden sich in Felsspalten od. Höhlen; 1 Ei, das v. beiden Eltern bebrütet wird; der Jungvogel verläßt das Nest nach 6–8 Wochen. Da die Tragfähigkeit der Flügel gering bzw. die Flächenbelastung hoch ist u. die ↗Mauser einzelner Federn das Flugvermögen beeinträchtigen würde, mausert der Vogel alle Schwingen gleichzeitig u. kann dann 4 Wochen lang nicht fliegen. Dieses Prinzip ist zwar bei Tauchern u. Enten verbreitet, unter den Sturmvögeln jedoch einzigartig.

Taufliegen, die ↗Drosophilidae.

Taumelkäfer, *Kreiselkäfer, Gyrinidae,* Fam. der adephagen ↗Käfer (T) aus der Gruppe der *Hydradephaga.* Kleine bis mittelgroße (3,5–8 mm), oft lackschwarz glänzende, räuberisch lebende Wasserkäfer mit kurzen, gedrungenen Fühlern, langen Vorder- u. kurzen, verbreiterten, zu Schaufelrudern umgestalteten Mittel- u. Hinterbeinen (↗Ruderbeine). Die Käfer sind speziell an ein Leben an der Wasseroberfläche angepaßt: lang-ovaler, glatter Körper, der zur Hälfte im Wasser ist, zur anderen Hälfte dorsal aus dem Wasser ragt. Dazu ist das Komplexauge vollständig in zwei Hälften getrennt: in ein oberes Luftauge u. ein unteres Wasserauge (↗Doppelauge). Mit kräftigen, schnellen Ruderschlägen der Mittel- u. Hinterbeine kreiseln die Käfer auf der glatten Wasseroberfläche in schnellen Bogenkurven, oft viele Käfer gleichzeitig. Dabei liegen die Vorderbeine u. der schiffchenförmige Scapus der An-

Taumelkäfer
Taumelkäfer (Unterseite); deutl. sichtbar das Doppelauge (vorne) u. die als Ruderbeine ausgebildeten Mittel- u. Hinterbeine

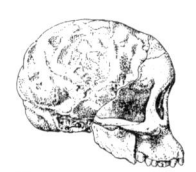

Taung
Erster Fund eines Australopithecinen: der Kinderschädel von Taung (Südafrika) in Seitenansicht

taur- [v. gr. tauros (lat. taurus) = Stier; lat. taurinus = zum Stier gehörig; taurulus = kleiner Stier].

tennen auf der Wasseroberfläche. Durch die Schwimmbewegung treibt der Käfer eine Wasserbugwelle vor sich her, die sich konzentrisch ausbreitet. Die an im Wasser schwimmenden Objekten reflektierte Welle wird mit Hilfe des ↗Johnstonschen Organs im 2. Fühlerglied und vermutl. auch durch die Auslenkung der Vorderbeine (pedales ↗Chordotonalorgan) wahrgenommen. Aus der Art der reflektierten Wellen entnimmt der Käfer Informationen über Art u. Größe der im Wasser schwimmenden Objekte, z. B., ob diese Hindernisse od. Artgenossen sind. Mit Hilfe dieser Kreisel-Schwimmbewegung machen die Käfer im Prinzip etwas Vergleichbares wie Fledermäuse mit der ↗Echoorientierung. Bei Gefahr tauchen sie blitzartig ab u. schwimmen unter Wasser. Die räuberischen Larven besitzen abdominale Tracheenkiemen, die sie befähigen, permanent unter Wasser zu bleiben. T. sind weltweit mit über 800, bei uns mit 13 Arten in 3 Gatt. vertreten. Bei uns v. a. die Gatt. *Gyrinus,* deren 11 Arten tagaktiv auf langsam fließenden Bächen od. Teichen leben. *Orectochilus villosus,* 5–6,5 mm, mit fein behaarter Oberseite, kreiselt v. a. nachts auf stärker fließenden Gewässern, an Stauwehren u. ä. ☐ Antenne, B Insekten III, B Käfer I. *H. P.*

Taung, *Kind von T.,* 1924 von Dart bei Taung, ca. 130 km nördl. von Kimberley (Südafrika) entdeckter Schädel eines etwa 3jährigen Kindes; erster Fund eines ↗Australopithecinen überhaupt. Typus des *Australopithecus africanus;* Datierung sehr umstritten: Altpleistozän bis Jungpliozän; 1,0–2,3 Mill. Jahre. B Paläanthropologie.

Tauraco *m,* Gatt. der ↗Turakos.

Taurin *s* [v. *taur-], ↗Cystein.

Taurocholsäure [v. *taur-, gr. cholos = Galle] ↗Gallensäuren (☐).

taurodont [v. *taur-, gr. odontes = Zähne], Form menschl. Backenzähne mit breiter prismat. Wurzel u. weiter Pulpa; bes. häufig beim Neandertaler.

Taurotragus *m* [v. *taur-, gr. tragos = Bock], die ↗Elenantilope. [pen.

Taurulus *m* [lat., *taur-], Gatt. der ↗Grop-

Täuschblumen, Blüten od. Blütenstände, die ↗Bestäuber anlocken, ihnen aber beim Besuch keine Belohnung (↗Blütennahrung) bieten. Bei in hohem Maß lernfähigen Bestäubern (z. B. Bienen) können die meisten Individuen nur wenige Male getäuscht werden; dies genügt aber, um die Pflanzen erfolgreich zu bestäuben. Bes. viele T. kommen bei den ↗Orchideen (z. B. ↗Ragwurz) vor. Man unterscheidet generell Futter-T. (↗Pollen-T., Nektar-T., ↗Scheinnektarien), ↗Sexual-T. und solche T., die den Bestäubern ein Eiablegesubstrat vortäuschen (z. B. ↗Pilzmückenblumen). B Zoogamie.

Tausendblatt, *Myriophyllum,* nahezu kosmopolit. verbreitete Gatt. der ↗Haloragaceae, u. a. mit den Arten: Ähriges T. *(M. spicatum)*, eine untergetaucht od. flutend lebende Pflanze in langsam fließenden od. stehenden Gewässern, bis 6 m Tiefe; Fiederblätter mit 13–35 gegenständ., borstl. Fiedern in meist 4zähl. Quirlen, kleine rosa Blüten in aufrechten, verlängerten Ähren. Das Quirlblütige T. *(M. verticillatum)* ist ähnl., die Blattquirle sind aber 5- bis 6zählig, u. das Tragblatt der Blüte ist fiederteilig; kommt v. a. in Altwässern u. anderen ruhigen Gewässern vor. Eine heim. Art in nährstoffarmen Gewässern ist das nach der ↗ Roten Liste „stark gefährdete" Wechselblütige T. *(M. alterniflorum)*.

Tausendfüßer, *Myriapoda*, fr. auch *Myriopoda*, mehr od. weniger homonom (↗ Homonomie) gegliederte, vielbeinige, langgestreckte ↗ Gliederfüßer, deren Körper sich lediglich in Kopf u. Rumpf gliedert. Als Teilgruppe der ↗ *Mandibulata* haben sie Mandibeln und urspr. je 1 Paar einer 1. und 2. Maxille als ↗ Mundwerkzeuge. Als Teilgruppe der *Tracheata* besitzen sie nur 1 Paar Antennen, die 2. Antennen sind reduziert, das dazugehörige Gehirnganglion (Tritocerebrum) ist wie bei den ↗ Insekten ausgebildet. Die Mandibeln sind monocondyl, stets ohne Taster u. meist in 2 oder 3 Teile gegliedert. Nach der Hypothese der Entstehung der T. aus ↗ Stummelfüßer-Vorfahren *(Uniramia)* soll es sich um eine sog. ↗ Ganzbeinmandibel handeln. Wenn dies zuträfe, wären die Mandibeln der Krebstiere u. der *Tracheata* nicht homolog. Es ließ sich aber zeigen, daß diese gegliederte Mandibel eine sekundäre Anpassung an den Nahrungserwerb ist. Sie ist wie die Mandibel der Krebstiere u. Insekten lediglich aus der Beinbasis durch Reduktion des Telopoditen entstanden. 2. Maxillen sind an ihrer Basis verwachsen u. zeigen damit bereits die Tendenz zur Bildung eines Labiums. Den T.n fehlen typ. Komplexaugen. Sie haben auf jeder Kopfseite lediglich eine Ansammlung isoliert stehender Linsen, die keine Ommatidien, sondern modifizierte Reste eines ehemaligen Komplexauges darstellen. Das Komplexauge der Gatt. ↗ *Scutigera* stellt ein sekundär aus diesen modifizierten ↗ Ocellen (Stemmata) aggregiertes Pseudofacettenauge dar. Außer den Zwergformen kommt allen T.n ein Tracheensystem zu. Dieses ist jedoch bei den einzelnen Gruppen sehr unterschiedl. ausgeprägt. So haben die ↗ Hundertfüßer wohl primär pleurale Tracheenöffnungen mit nicht untereinander in Verbindung stehenden Tracheenästen. Bei den *Scutigeromorpha* (T Hundertfüßer) sind diese Öffnungen als unpaare Öffnungen auf den Rücken verlagert *(Notostigmophora)*. Bei den ↗ Doppelfüßern liegen die Stigmen primär neben der Beinbasis im Bereich der sichtbaren Sternite (so bei den ↗ Saftkuglern). Bei den meisten anderen Vertretern sind sie tief zw. die Beinansätze nach innen verlagert, da auch der Sternit als Kryptosternum nach innen verlagert ist. Verbreitet sind sog. Schläfenorgane (Tömösvary-Organe, ↗ Feuchterezeptor) neben der Fühlerbasis. – Alle T. leben terrestrisch u. sind weltweit mit ca. 11 000 Arten vertreten. Traditionell gliedert man die T. in 2 Gruppen: ↗ *Opisthogoneata*: unpaare Geschlechtsöffnung am Hinterleibsende; hierher gehören die ↗ Hundertfüßer *(Chilopoda)*. ↗ *Progoneata*: Geschlechtsöffnung nach vorn verlagert, paarig od. unpaar; hierher gehören die ↗ Wenigfüßer *(Pauropoda)*, Zwergfüßer (↗ *Symphyla*) u. die ↗ Doppelfüßer *(Diplopoda)*. So leicht es ist, die T. als Gruppe zu charakterisieren, so schwierig ist es, ihre mono- od. polyphyletische Entstehung in der Stammesgeschichte zu zeigen. Als mögliche Synapomorphien der T. lassen sich auch nur Reduktionsmerkmale anführen: Reduktion der Medianaugen, Fehlen von typ. Scolopidien. Als mögl. positive Merkmale können gelten: Umbau der Komplexaugen in Stemmata, Gliederung der Mandibel. Andererseits wird angenommen, daß nur die *Progoneata* die Schwestergruppe der Insekten darstellen. Dann wären die T. eine paraphyletische (↗monophyletisch, ☐) Gruppierung. – Fossil belegt sind die T. seit dem unteren Silur. B Doppelfüßer, B Gliederfüßer II. *H. P.*

Tausendgüldenkraut, *Centaurium*, *Erythraea*, in der nördl. gemäßigten Zone, S-Amerika u. Australien heim. Gatt. der ↗ Enziangewächse mit etwa 50 schwer unterscheidbaren Arten. Kräuter od. Stauden mit einfachen, ganzrand. Blättern sowie meist in Trugdolden stehenden Blüten. Diese 5zählig, mit rosa, gelb od. weiß gefärbter, trichter- od. stieltellerförm. Krone. Bekannteste einheim. Art ist das in sonnigen Waldschlägen u. -lichtungen, an Waldwegen sowie in Halbtrockenrasen anzutreffende, rosa blühende Echte T., *C. minus* (= *C. umbellatum* oder *E. centaurium*). Es enthält in allen Organen Bitterstoffe (Erythrocentaurin u. Erythramin) bzw. Bitterstoffglykosid (Erytaurin) u. wird in der Volksheilkunde v. a. als Magenstärkungsmittel verwendet. B Europa I.

Tausendkorngewicht, Abk. *TKG*, das Gewicht von 1000 (getrockneten) Samenkörnern; ist v. der Größe u. dem spezif. Gewicht des Samens abhängig u. dient bes. für den Züchter zur Wertbestimmung des Saatguts.

Tautavel, *Mensch von T.*, Arago (Dépt. Hérault, S-Fkr.), zahlr. Skelettreste mittelpleistozäner Urmenschen, ausgegraben seit 1964 zus. mit Fauna u. Steinwerkzeugen des ↗ Tayacien. Ein 1971 entdeckter Gesichtsschädel ähnelt demjenigen v. ↗ Petralona (☐). Alter: ca. 450 000 Jahre. Vermittelt zeitl. und morpholog. zw. ↗ *Homo erectus* u. ↗ Neandertaler.

Tautoga *m*, Gatt. der ↗ Lippfische.

Tausendfüßer
System:
↗ *Opisthogoneata*
  ↗ Hundertfüßer *(Chilopoda)*
↗ *Progoneata*
  Zwergfüßer (↗ *Symphyla*)
  ↗ *Dignatha*
    ↗ Wenigfüßer *(Pauropoda)*
    ↗ Doppelfüßer *(Diplopoda)*

Echtes Tausendgüldenkraut *(Centaurium umbellatum)*

Tausendkorngewicht
Einige Beispiele:

Weizen	32 g
Roggen	25 g
Rispenhirse	5–8 g
Mohrenhirse	15–00 g
Sojabohne	80–500 g

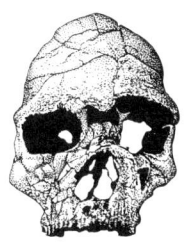

Tautavel
Schädel von Tautavel (Arago XXI)

Tautomerie *w* [v. gr. tauto = dasselbe, meros = Teil], *Desmotropie*, bei chem. Verbindungen die Möglichkeit zur raschen Umlagerung zw. zwei verschiedenen isomeren Molekülsorten (↗Isomerie, ☐). T. basiert meist auf der sehr rasch erfolgenden Umlagerung eines Protons u. einer Doppelbindung (wie z. B. bei der ↗Keto-Enol-T., ☐).

Tautonymie *w* [v. gr. tautónymos = gleichnamig], ↗Nomenklatur.

Taxaceae [Mz.; v. lat. taxus = Eibe], die ↗Eibengewächse.

Taxien [Ez. *Taxis, Taxie;* v. *tax-*], Bez. für ↗Orientierungsbewegungen frei bewegl. Organismen, die v. der Richtung eines als Reiz auf den Organismus wirkenden Außenfaktors abhängen. Ist die Bewegung zur Reizquelle hin gerichtet, spricht man v. *positiver Taxis,* bei entgegengesetzter Richtung v. *negativer Taxis,* bei quer zur Reizrichtung orientierter Bewegung v. *Dia-* od. *transversaler Taxis.* Nach der Art des Reizes u. der Reizeinwirkung unterscheidet man eine Vielzahl verschiedener T. (vgl. Tab.). ↗Nastie, ↗Tropismus.

Taxin *s* [v. lat. taxus =], ↗Eibe.

Taxis *w* [gr., = Anordnung], ↗Taxien.

Taxodiaceae [Mz.; v. lat. taxus = Eibe], die ↗Sumpfzypressengewächse.

Taxodium *s* [v. lat. taxus = Eibe], die ↗Sumpfzypresse. [↗Scharnier.

taxodont [v. *tax-*, gr. odontes = Zähne]

Taxodonta [Mz.], die ↗Reihenzähner.

Taxon *s* [Mz. *Taxa;* v. *tax-*], eine systemat. (taxonomische) Gruppe, d. h. eine Einheit des biol. Systems (↗Systematik, ↗Taxonomie, ↗Klassifikation, ↗Nomenklatur), z. B. „(die Art) *Homo sapiens*", „(die Gatt.) *Leo*", „(der Stamm) *Arthropoda*"; dabei sind „Art", „Gatt.", „Fam." usw. keine Taxa, sondern deren jeweilige ↗Kategorie.

Taxonomie *w* [Bw. *taxonomisch;* v. *tax-*, gr. nomē = Einteilung], Theorie u. Praxis der biol. ↗Klassifikation ([T]), meist gleichbedeutend mit ↗Systematik verwendet. Als taxonom. ↗Merkmale können morphologische, ethologische (Verhalten) u. chemische dienen. Eine taxonom. Einteilung nach chem. Merkmalen nimmt die *Chemo-T.* vor. Dabei werden v. a. Makromoleküle verglichen, oft Proteine, deren Verwandtschaft durch biol. Methoden (↗Serologie), durch Vergleich ihrer Zusammensetzung mittels Papier-↗Chromatographie, ↗Elektrophorese (↗Gelelektrophorese) od., am exaktesten, durch Ermittlung ihrer ↗Aminosäuresequenz (↗Sequenzhomologie; ↗Sequenzierung) festgestellt wird. Die dabei gefundene Anzahl der (mutativen) Austausche (der Substitutionen) v. Aminosäuren in homologen Proteinen (↗Homologie), z. B. beim ↗Cytochrom c ([T]), wird als Maß des Verwandtschaftsgrades benutzt. Entspr. läßt sich auch die ↗Nucleotidsequenz von DNA ermitteln od. durch DNA-↗Hybridisierung vergleichen (↗S_{AB}-Wert). Außer Makromolekülen können auch andere Übereinstimmungen im Stoffbestand v. Organismen taxonom. ausgewertet werden. In der botanischen Chemo-T. sind zur Charakterisierung bestimmter Taxa z. B. ↗Flavonoide (bei Farnen), ↗Terpene (bei *Pinus* u. *Citrus*), ↗Alkaloide (bei *Papaverales*) u. a. eingesetzt worden. – Schwierigkeiten für die T. ergeben sich, wenn, wie bei Fossilien, nur Teile v. Organismen vorliegen (↗Parataxonomie). ↗Nomenklatur.

Taxus *w* [lat., =], die ↗Eibe.

Tayacien *s* [tajasjẽn; ben. nach dem Fundort Tayac (heute zu Eyzies-de-Tayac-Sireuil), Dépt. Dordogne, S-Fkr.], *Tayackultur,* ↗Abschlaggeräte-Industrie (Kulturstufe), vermittelnd zw. ↗Clactonien u. ↗Moustérien; Schaber, Spitzen, Kratzer u. a. Geräte meist dicker, ungeschickter Gestaltung. ☐ 161. [taiaçu], die ↗Pekaris.

Tayassuidae [Mz.; v. Tupí über port.

Tayloria *w,* Gatt. der ↗Splachnaceae.

Tayra *w* [v. Tupí über span./port. taira], *Hyrare, Eira barbata,* marderartiges, systemat. den Eigentl. Mardern (Gatt. *Martes*) nahestehendes Raubtier S-Amerikas; Kopfrumpflänge 60–68 cm; lebt in Wäldern u. Feldern mit dichtem Pflanzenwuchs.

TCDD, Abk. für *2,3,7,8-Tetrachlordibenzo-para-dioxin,* Trivialname *Dioxin* (eigtl. Sammel-Bez. für eine Gruppe von über 75 verschiedenen polychlorierten Dioxinen, zu denen auch TCDD gehört), ugs. auch „*Seveso-Gift"* genannt. Dioxine zählen zu den halogenierten aromat. Kohlenwasserstoffen (↗Halogenkohlenwasserstoffe, ↗Chlorkohlenwasserstoffe) u. sind sehr toxisch. TCDD ist das giftigste Dioxin u. die giftigste Substanz, die bisher synthetisiert wurde (bereits 1 μg/kg Körpergewicht kann ein Meerschweinchen töten). Das inzwischen weit verbreitete TCDD fällt an als Nebenprodukt bei der Herstellung von Trichlorphenol u. seinen Derivaten 2,4,5-T (Unkrautvernichtungsmittel) u. von Hexachlorophen (Desinfektionsmittel), bei der Herstellung v. Pentachlorphenol (↗Holzschutzmittel), ↗polychlorierten Biphenylen (PCB) u. polychlorierten Naphthalinen sowie bei der Synthese v. chlorierten Benzolen u. Phenolen. Überdies entsteht TCDD bei verschiedenen Verbrennungsvorgängen in Anwesenheit v. Chlor (bzw. Chlorid). Das chem. äußerst stabile TCDD hält sich bes. lang im Boden; bei Lichteinwirkung wird es relativ schnell durch Abspaltung von Cl-Atomen zerstört. Im Boden wird es sehr langsam (mit Hilfe des Pilzes *Phanerochaete chrysosporium*) abgebaut. TCDD, das mit der Atemluft, durch die Haut und bes. mit der Nahrung aufgenommen wird, ist krebserzeugend (1986 in der ↗MAK-Wert-Liste [T] Krebs] als krebserregende Substanz eingestuft), fördert Mißbildungen, beeinträchtigt (bei Tieren) die Fortpflanzung u. kann zu Fehl-

---

Taxien

Nach der Reizquelle unterscheidet man u. a.:

↗ Phototaxis
(Licht)

↗ Thermotaxis
(Wärme)

↗ Chemotaxis
(chem. Substanzen)

↗ Osmotaxis
(osmot. Druck)

↗ Galvanotaxis
(elektr. Strom)

Magnetotaxis
(Magnetfeld, ↗magnetischer Sinn)

↗ Geotaxis
(Erdschwerkraft)

Thigmotaxis
(Berührung)

Hygrotaxis,
Hydrotaxis
(Feuchtigkeit, Wasser)

↗ Rheotaxis
(Wasserströmung)

↗ Aerotaxis
(Luft, Sauerstoff)

Phonotaxis
(Schallwellen, z. B. ↗Echoorientierung)

↗ Astrotaxis
(Gestirne)

Nach der Art der Reizeinwirkung:

↗ Phobotaxis
(Schreckreaktionen, die zunächst ungerichtet sind u. deren Auslösung nur v. der Reizstärke abhängt)

↗ Topotaxis
(Einstellreaktionen, bei denen die Bewegung in direkter räuml. Beziehung zur Reizquelle steht), letztere als

↗ Tropotaxis,
bei der die beiderseitigen Sinnesflächen des Körpers, z. B. Augen, gleich stark vom Reiz getroffen werden, oder als

↗ Menotaxis,
wobei die beiderseitigen Sinnesflächen verschieden stark gereizt werden, oder als

Telotaxis,
wo der Körper so gedreht wird, daß die Projektion der Reizquelle auf eine bestimmte Sinnesfläche fällt

geburten führen; außerdem kann es akut u. a. Chlorakne, Verdauungsstörungen, Störungen v. Enzym- u. Nervenfunktionen, Gelenk- u. Muskelschmerzen sowie psych. Störungen verursachen. Über Langzeitwirkungen sehr geringer TCDD-Mengen auf den Organismus ist noch wenig bekannt.

Tchadanthropus m [tschad-], nicht mehr gebräuchl. Gatt.-Bez. für ein urmenschl. Gesichtsschädelfragment, gefunden 1961 bei Yayo, ca. 200 km nordwestl. von Koro Toro (Rep. Tschad). Vermittelt morpholog. zw. ↗ Australopithecinen u. ↗ Homo erectus. Alter: Alt- bis Mittelpleistozän.

t-DNA, die für ↗ transfer-RNA (od. Teilbereiche derselben) codierende DNA; synonym mit den Genen (od. deren Teilbereichen) für transfer-RNA.

Teakholz [tik-; v. Malaiisch tēkka, über port.], ↗ Eisenkrautgewächse.

Tealia w, Gatt. der ↗ Endomyaria.

Technotelmen [Mz.; v. gr. technē = Kunst, telma = Pfütze], künstl. angelegte Mikrogewässer (Kleinwasserbehälter) für wiss. Untersuchungen v. Organismen. ↗ Lithotelmen, ↗ Phytotelmen.

Tectarius m [v. *tect-], Gatt. der Strandschnecken mit kegelförm. Gehäuse, dessen Oberfläche Knoten od. Stacheln trägt. Wenige, trop. Arten, die an Felsen der Gezeitenzone od. in Korallenriffen leben.

Tectibranchia [Mz.; v. *tect-, gr. bragchia = Kiemen], die ↗ Bedecktkiemer.

Tectona w [v. Malaiisch tēkka = Teakholz, unter Anlehnung an gr. tektōn = Zimmermann], Gatt. der ↗ Eisenkrautgewächse.

Tectorium s [lat., = Übertünchung], am Aufbau der Wand beteiligte Schicht(en) mancher ↗ Fusulinen mit kompliziertem (diaphanothekalem) Gehäuse; ein „äußeres T." u. ein „inneres T." schließen ↗ Tectum u. ↗ Diaphanothek ein [dern.

Tectrices [Mz.; v. *tect-], die ↗ Deckfe-
Tectum s [lat., = Dach], 1) *Mittelhirndach,* übergeordnetes Zentrum im Wirbeltiergehirn, in dem v. den Augen kommende Nervenimpulse verarbeitet werden. Bei allen Nichtsäugern besteht es aus 2 kleinen Hügeln *(Lamina bigemina)* am Dach des ↗ Rautenhirns an der Grenze zum ↗ Zwischenhirn. Bei Säugern hat sich durch Anlagerung seitl. Rautenhirnkerne eine Vierhügelplatte *(Lamina quadrigemina)* gebildet. Entspr. seiner Bedeutung als primäres Sehzentrum (↗ Sehrinde, ↗ Rindenfelder) kann das T. bei überwiegend optisch orientierten Tieren, wie z. B. den Vögeln, beachtl. Größe besitzen. Es zeigt einen komplizierten Aufbau aus bis zu 14 Zellschichten. Das T. der Säugetiere ist zu einem untergeordneten Zentrum für opt. und akust. Reflexe geworden. Von den Augen kommende Nervenimpulse werden im ↗ Corpus geniculatum laterale umgeschaltet u. direkt dem Occipitalpol der Großhirnrinde zugeleitet (↗ Telencephalon). Gegenüber den anderen Wirbeltierklassen ist das T. der Säuger cytoarchitektonisch vereinfacht. ↗ Mittelhirn, ↗ Gehirn (☐). 2) Schicht in der Wand v. ↗ Fusulinen; bei Formen mit ↗ Keriothek bildet es die Außenschicht, bei Vorhandensein einer ↗ Diaphanothek die Schicht zw. ihr u. dem äußeren ↗ Tectorium.

Tectus m [lat., *tect-], Gatt. der Kreiselschnecken mit hochkegelförm. Gehäuse, das oft v. Kalkalgen überwachsen ist; zahlr. Arten im stark umströmten Bereich v. Korallenriffen des Indopazifik.

Tedania w, Gatt. der ↗ Myxillidae.

Tee ↗ Teestrauchgewächse.

Teepilz, symbiont. Mischkultur v. Essigsäurebakterien (*Acetobacter aceti* subspec. *xylinum*) u. Hefen (z. B. *Saccharomyces cerevisiae* und *S. uvarum*), die vorwiegend in asiat. Ländern und O-Europa zur Gewinnung eines säuerl.-aromat. Getränks genutzt werden (Kombucha, Hongo, Haipao, Kocha Kinoko, red tea fungus). Zur Herstellung wird erkalteter, gezuckerter Schwarztee mit dem T. versetzt und 1 bis 12 Tage fermentiert. Durch Bildung antibiotischer u. a. Stoffe (durch den T.) soll das Getränk heilende Wirkung auf verschiedene Krankheiten besitzen (z. B. Diabetes, Bluthochdruck, Krebs, Herzkrankheiten).

Teesdalia w [ben. nach dem engl. Botaniker R. Teesdale, † 1804], ↗ Bauernsenf.

Teestrauchgewächse, *Theaceae,* insbes. in SO-Asien sowie in Mittel- und S-Amerika (nördl. Teil) heimische Fam. der ↗ Theales mit rund 1100 Arten in ca. 30 Gatt. Überwiegend im Unterholz trop. oder subtrop. Gebirgswälder anzutreffende Bäume od. Sträucher mit wechselständ., einfachen, oft immergrünen, ledrigen Blättern sowie radiären, in den Blattachseln stehenden Blüten. Diese sind weiß, gelbl. oder rötl. gefärbt u. haben 5 (4–7) bleibende Kelch- u. Kronblätter sowie 4 bis zahlr. Staubblätter. Der aus 2–5 verwachsenen Fruchtblättern bestehende Fruchtknoten wird zu einer Kapsel, Steinfrucht od. Beere. Charakterist. für die T. sind die im Mesophyll der Blätter anzutreffenden Steinzellen (Sklereiden, ↗ Festigungsgewebe). Wichtigste Gatt. der T. ist *Camellia* mit ca. 80 Arten in S- und O-Asien. Zu ihr gehören u. a. auch verschiedene Zierpflanzen, v. denen die aus den Gebirgen SW-Chinas stammende Kamelie (Kamellie) od. Chinarose (*C. japonica,* ⬚ Asien V) die bekannteste ist. Wegen ihrer schönen großen Blüten wird sie in China u. Japan schon seit langem kultiviert, gelangte aber erst im 18. Jh. nach Europa. Heute gibt es zahlr. weiß, creme- od. rosafarbig sowie rot blühende Zuchtsorten mit einfachen od. gefüllten, z. T. auch gemusterten Blüten. Wirtschaftl. wichtigste Art der Gatt. (vgl. Kleindruck) ist der vermutl. aus Assam (NO-Indien) stammende, über 6 m hoch wachsende Teestrauch, *C. sinensis (Thea sinensis),* mit lanzettl., 4–10 cm langen, am Rande

---

TCDD
Strukturformel von 2,3,7,8-Tetrachlordibenzo-para-dioxin („Dioxin")
Am 10. Juli 1976 ereignete sich in einer chem. Fabrik in *Seveso* (nördl. von Mailand) ein schweres Unglück. Dadurch wurden 1800 ha Land mit Dioxin verseucht; mehr als 400 Kinder erkrankten an z. T. schwerer Chlorakne, ca. 75 000 Tiere wurden vergiftet u. starben bzw. mußten getötet werden.

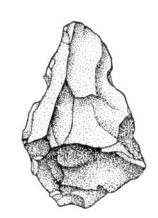

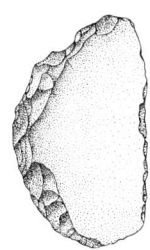

Tayacien
Abschlaggeräte des Tayacien

tax- [v. gr. taxis = Ordnung, Anordnung, Stellung, Reihe].

tect- [v. lat. tegere = bedecken, verdecken, verbergen; tectus = bedeckt; tectum = Dach; tectorius = zum Bedecken dienend].

Teewanzen

Teestrauchgewächse

Der urspr. wohl in Assam und N-Birma heimische Teestrauch (Camellia sinensis) kam angeblich schon um 2700 v.Chr. nach China, wo er zunächst vermutl. als Heilpflanze verwendet wurde. Nach Entdeckung seiner anregenden Eigenschaften wurde der Aufguß aus getrockneten Teeblättern (Tee) hier um 1000 n.Chr. zum Nationalgetränk. Um die gleiche Zeit erfreute sich Tee auch in Japan schon großer Beliebtheit. Nach Europa gelangte er vermutl. erst im 16. Jh. durch handeltreibende Araber. Im 17. Jh. kam chin. Tee bereits sowohl auf dem Landweg (über Rußland) als auch auf dem Seeweg nach Europa, wo das Teetrinken, zunächst bes. in England, immer mehr Anhänger fand. In Mitteleuropa wurde der Teegenuß erst im 19. Jh. populär. Infolge zunehmenden Teekonsums entstanden ab dem 19. Jh. Teeplantagen auch außerhalb v. China u. Japan, nämlich auf Ceylon (Sri Lanka), in Indien, Indonesien, S-Rußland, O-Afrika u. anderen klimat. dafür geeigneten Regionen, wie etwa Argentinien. Teesträucher benötigen zum Gedeihen ein mildes Klima sowie regelmäßige, hohe Niederschläge. Die besten Produkte werden in Höhen um 2000 m gewonnen (Darjeeling u. Ceylon). Die meist aus Stecklingen gezogenen, reich verzweigten Sträucher werden durch häufigen Schnitt auf einer Höhe von 1–1,5 m gehalten u. liefern den besten Ertrag zw. dem 4. und 12. Jahr. Geerntet werden nur die jungen Triebe. Dies geschieht – je nach Anbaugebiet 3–5mal (z.B. in China) od. bis zu 30mal im Jahr (indisches Tiefland) – mit der Hand od. maschinell. Das Pflückgut wird zum Welken gebracht u. dann gerollt, wobei die Zellen der Blätter teilweise zerstört werden. Die dabei austretenden Enzyme sind wichtig für die nun folgende, etwa 4stündige ⁊ Fermentation. Bei einer Temp. von ca. 40 °C bewirken sie durch Oxidation sowohl das Erscheinen der für den Schwarzen Tee charakterist. rotbraunen bis schwarzen Farbe als auch das Freiwerden von äther. Öl (Aroma) u. Alkaloiden. Die wichtigsten hiervon sind ⁊ Coffein (Gehalt je nach Herkunft u. Qualität des Tees ca. 2–5%), ⁊ Theobromin u. ⁊ Theophyllin. Nach der Fermentation wird der Tee bei 80–110 °C getrocknet u. sortiert. Hierbei wird unterschieden zw. den bezügl. ihrer Inhaltsstoffe bes. wertvollen Blattknospen (Flowery Orange Pekoe) bzw. Blattknospen u. oberstem Blatt (Orange Pekoe) u. den minderwertigeren folgenden Blättern (Pekoe, Pekoe Souchong u. Souchong). Blätter, die beim Rollen gebrochen wurden, teilt man je nach Qualität in Broken Orange, Broken Pekoe usw. ein. Der minderwertige Rest (Blattbruch, Stiele u. Staub) wird hpts. zur Füllung v. Teebeuteln verwendet. Bei dem in China u. Japan bes. beliebten Grünen Tee unterbleibt die Fermentierung. Zur Erhaltung der grünen Farbe werden die Blätter vor dem Rollen u. Trocknen über offenem Feuer erhitzt od. über siedendem Wasser gedämpft (zur Enzyminaktivierung). Halbfermentierter gelber Tee kommt unter der Bez. Oolong in den Handel. Zur Steigerung des Aromas wird Tee auch aromatisiert. Dies geschieht durch Beimengung v. getrockneten, an äther. Ölen reichen Blüten (z.B. Jasmin-Tee), Früchten od. Gewürzen bzw. durch Behandlung mit äther. Ölen (Beispiele: Earl Grey, Orangen-, Zitronen-, Mango- od. Zimttee usw.). – Beim Aufbrühen des Tees mit kochendem Wasser werden zuerst die Aromastoffe u. ca. 10 min danach die herben, den Tee färbenden ⁊ Gerbstoffe freigesetzt. Daher wirkt ein „3-Minuten-Tee" anregend, während Tee nach längerem Ziehen, vermutl. durch teilweise Adsorption des Coffeins an Gerbstoffe, eine weniger anregende Wirkung hat. Außer zur Erzeugung v. Tee werden Teeblätter auch zur Gewinnung v. Coffein für Medikamente u. coffeinhaltige Limonaden genutzt.

schwach gezähnten Blättern (B Kulturpflanzen IX). Seine duftenden, weißen Blüten sind ca. 3 cm breit u. stehen einzeln od. zu mehreren in den Blattachseln. In ihren rundl. Fruchtkapseln befinden sich 1–3 runde, braune, ca. 20% Öl enthaltende Samen. Man unterscheidet 2 in ihrer Erscheinungsform unterschiedl. Varietäten des Teestrauchs: den Assam-T. (C. sinensis var. assamica) u. den Chinesischen T. (C. sinensis var. sinensis). N. D.

Teewanzen, Helopeltis, Gatt. der ⁊ Weichwanzen. [⁊ Liebesgras.

Tef m [v. Amharisch těf], Eragrostis tef,
Tegelenwarmzeit [ben. nach dem niederländ. Ort Tegelen (Prov. Limburg)], „argile de Tégelen" E. Dubous 1905), Tiglien, Tiglium, älteste eur. Warmzeit (Interglazial) des ⁊ Pleistozäns (☐), charakterisiert durch den „Klei van Tegelen" (Tegelenton) mit wärmeliebender Flora u. Fauna. Die vorausgegangene Brüggenkaltzeit wird auch als „Praetiglien" bezeichnet (⁊ Biberkaltzeit). Der T. entspricht in S-Dtl. die Biber-Donauwarmzeit. [⁊ Winkelspinnen.

Tegenaria w [v. gr. tegos = Dach], die
Tegmente, [Mz.; v. lat. tegmentum = Bedeckung], die ⁊ Knospenschuppen.

Tegmentum s [lat., = Bedeckung], T. rhombencephali, Seitenwand des vorderen ⁊ Rautenhirns. In einem System netzartig miteinander verschalteter Neurone (Substantia reticularis rhombencephali, reticuläre Formation, ⁊ Formatio reticularis) werden v. a. motorische Impulse zw. Basalganglien, Zwischenhirn u. Kleinhirn koordiniert u. zum motorischen Endapparat geleitet (⁊ extrapyramidales System). ⁊ Gehirn (☐), ⁊ Mittelhirn, ⁊ Nervensystem.

Tegmina [Ez. Tegmen; lat., = Decken], die ⁊ Deckflügel.

Tegula w [lat., = Ziegel], **1)** Gatt. der Kreiselschnecken mit kugel- bis kegelförm., dickwandigem Gehäuse mit glatter od. gerippter Oberfläche; zahlr. Arten, meist in der Gezeitenzone trop. Meere. **2)** membranöse Deckschuppe am basalen Vorderrand der Flügel proximal vom Humeralsklerit. ⁊ Insektenflügel.

Teich, künstl. Wasserbecken ähnl. einem ⁊ Weiher mit Regulation von Zu- u. Abfluß. ⁊ Teichwirtschaft, ⁊ Schönungsteiche.

Teichbinse, Schoenoplectus, weltweit verbreitete Gatt. der ⁊ Sauergräser – häufig auch in die Gatt. ⁊ Simse einbezogen; bis über 2 m hohe Pflanzen; die blattlosen Stengel tragen eine lockere, scheinbar seitenständ. Spirre; ein Tragblatt bildet die Fortsetzung des Stengels. Von den in Dtl. vorkommenden 7 Arten ist die häufigste die Seebinse (S. lacustris, B Europa VI), als Charakterart des Scirpetum lacustris ein Verlandungspionier. Die meisten anderen Arten finden sich vorwiegend an salzhalt. Standorten in Küstennähe. 3 Arten sind nach der ⁊ Roten Liste „vom Aussterben bedroht" bzw. „stark gefährdet".

Teichfadengewächse, Zannichelliaceae, Fam. der ⁊ Najadales mit 4 Gatt. und ca. 7 Arten untergetaucht wachsender Wasserpflanzen des Süß- u. Brackwassers; obere Teile des Stengels schwimmen, untere kriechen als Rhizom; die Blätter sind linealisch, z.T. auf eine häut. Scheide reduziert; Blüten gleichfalls stark reduziert; Hydrogamie. Einheimische T.: Zannichellia palustris, mit kosmopolit. Verbreitung. Die T. sind den ⁊ Cymodoceaceae nah verwandt.

Teichfledermaus, Myotis dasycneme, Art der ⁊ Glattnasen; Kopfrumpflänge 5,7 bis 6,1 cm; bevorzugt (ebenso wie die etwas kleinere Wasserfledermaus, M. daubentoni) gewässerreiche Waldgegenden, wo sie über Wasseroberflächen nach Insekten jagt. Verbreitung: v. Mitteleuropa bis östl. Zentralasien.

Teestrauchgewächse

Erntemenge von Teeblättern (in 1000 t) der wichtigsten Erzeugerländer 1984

Welt	2183
Indien	645
VR China	435
Sri Lanka (Ceylon)	208
UdSSR	155
Türkei	119
Kenia	116
Indonesien	115
Japan	93

Teichfrosch, *Rana esculenta,* ↗Grünfrösche.

Teichhühner, die Uferzone u. Verlandungsgürtel stehender u. langsam fließender Gewässer bewohnende ↗Rallen mit auffälligen weißen Unterschwanzdecken u. roter Schnabelzeichnung, die z. T. bis in die Stirn hinaufreicht. Weit verbreitet in Mitteleuropa ist das 33 cm große Teichhuhn *(Gallinula chloropus);* es kommt selbst an kleinsten Tümpeln u. fast zugewachsenen Wasserlöchern vor, auch mitten in städt. Bereichen, wo es auf Parkwiesen in Wassernähe Nahrung sucht; grüne Füße; auffällig ist das Zucken des gestelzten Schwanzes; beim Schwimmen Kopfnikken; ruft durchdringend „kürrk"; klettert gern im Gebüsch; das Männchen baut vor dem eigtl. Nest mehrere „Spielnester"; 5–11 Eier, manchmal deutl. mehr, die dann allerdings v. mehreren Weibchen stammen; die Jungen der 1. Brut füttern nicht selten die Küken der 2. Brut mit. In Sümpfen u. Schilfdickichten des Mittelmeerraums lebt das 48 cm große Purpurhuhn *(Porphyrio porphyrio);* es besitzt ein purpurblaues Gefieder u. einen kräftigeren Schnabel als das Teichhuhn. Das mit 24 cm Länge relativ kleine, bläul.-grüne Afrikan. Sultanshuhn *(Porphyrula alleni),* das in S-Afrika lebt, erscheint sehr selten als Irrgast in Europa.

Teichjungfern, *Lestidae,* Fam. der ↗Libellen (U.-Ord. Kleinlibellen) mit in Mitteleuropa 8 Arten in 2 Gatt.: Die Binsenlibellen (Gatt. *Lestes*) haben einen metallisch grünen Körper; bei den als Imago überwinternden, schon im Frühjahr auftretenden Winterlibellen (Gatt. *Sympecma*) herrschen braune Töne vor. Die Weidenlibelle *(Lestes viridis)* legt ihre Eier an die Rinde v. Weiden; erst die schlüpfenden Larven gelangen ins Gewässer.

Teichläufer, *Hydrometridae,* Fam. der ↗Wanzen (Landwanzen) mit ca. 50 meist trop. Arten, in Mitteleuropa 2; sehr schlanke, ca. 10 mm lange, oft kurzflügelige Insekten mit dünnen, langen Beinen. Die T. laufen nur zum Nahrungserwerb (kleine Insekten) mit allen 6 Beinen (↗Wasserläufer mit 4) auf der Wasseroberfläche; zum Beutefang werden im Ggs. zu den Wasserläufern nie die Vorderbeine benutzt. Die langen, spindelförm. Eier werden an Landpflanzen geklebt, die Entwicklung zur Imago erfolgt hemimetabol in 5 Larvenstadien. Häufig ist bei uns in der Nähe stehender od. langsam fließender Gewässer der Teichwasserläufer *(Hydrometra stagnorum).* [linsengewächse.

Teichlinse, *Spirodela,* Gatt. der ↗Wasser-

Teichmannsche Kristalle [ben. nach dem poln. Anatomen L. C. Teichmann-Stawiarski, 1823–95] ↗Hämoglobine.

Teichmuscheln, die Gatt. *Anodonta* u. *Pseudanodonta* der Fam. ↗Flußmuscheln, mit bis 20 cm langen, dünnwand. Schalen

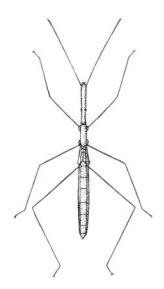

Teichläufer
Teichwasserläufer
(Hydrometra stagnorum)

Gemeine Teichmuschel *(Anodonta cygnea)*

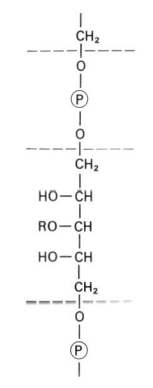

Teichonsäuren
Ausschnitt aus der Kette einer Ribit-Teichonsäure (Ⓟ = PO₂)

Große Teichrose *(Nuphar lutea)*

ohne Scharnierzähne, mit flachem Wirbel u. schwachen Schließmuskelansätzen; die Schalenoberseite hinter den Wirbeln (Area = Schild) ist seitl. zusammengedrückt u. flächig erhoben; Brutpflege in den äußeren Kiemen, in denen sich ↗Glochidien entwikkeln. Die Gemeinen T. *(A. cygnea),* bis 20 cm lang, sind mit 3 ökolog. Rassen im Schlamm v. Teichen u. Seen Mitteleuropas verbreitet. Die Enten-T. *(A. anatina),* 9,5 cm lang, bilden ebenfalls Formen, deren Gestalt v. der Strömung beeinflußt wird; sie leben auch im schwach strömenden Süßwasser Mitteleuropas. Die Abgeplatteten T. *(P. complanata),* bis 8 cm lang, mit seitl. abgeflachter Schale, bevorzugen Sand- u. Schlammgrund mit ruhigem Wasser; sie sind in Mitteleuropa verbreitet, aber selten (nach der ↗Roten Liste „vom Aussterben bedroht"). Alle einheim. T. sind durch die Bundesartenschutzverordnung, Anl. 1, besonders geschützt. [schnecken 2).

Teichnapfschnecken, die ↗Flußmützen-

Teichonsäuren [v. gr. teichos = Mauer], charakterist. Zellwandbestandteile grampositiver Bakterien; setzen sich meist aus Ketten von 8–50 Glycerin- od. Ribitmolekülen zus., die über Phosphatbrücken untereinander verestert und wahrscheinl. auch über Phosphat am Murein gebunden sind. Einige T. enthalten auch andere Alkohole, z. B. Erythrit od. Mannit.

Teichrose, *Mummel, Nuphar,* Gatt. der ↗Seerosengewächse mit ca. 25 Arten. Große od. Gelbe T. *(N. lutea)* mit gelben Blüten, in stehenden od. träge fließenden Gewässern; Blätter mit 25–30 vorne verzweigten, nicht untereinander verbundenen Nerven (☐ Seerose). Kleine T. *(N. pumila),* sehr selten, in oligotrophen Moor- u. Gebirgsseen; Glazialrelikt.

Teichwasserläufer, *Hydrometra stagnorum,* ↗Teichläufer.

Teichwirtschaft, Bewirtschaftung künstlich angelegter Teiche zur Zucht u. Produktion v. Speisefischen od. Fischen, die für die Sportfischerei in Gewässer ausgesetzt werden sollen. Für Karpfen können die Teiche flach u. warm (> 20° C) sein (nur Überwinterungsteiche tiefer), für Forellen sind sie bis ca 1,5–2 m tief und kühl. Der Abfluß wird durch Teich„mönche" (Holz- od. Betonkästen mit Sieb u. Schieber) geregelt. Die T. erfordert Entfernung zu starken Pflanzenbewuchses, Kontrolle von pH-Wert u. anderen chem. Daten, Vermeidung seuchenart. Fischkrankheiten (z. B. ↗Drehkrankheit), evtl. (in Karpfenteichen) auch Düngung. In der sog. *Feld-Teich-Wechselwirtschaft* werden Böden abwechselnd als Acker oder – flach überflutet – für die T. genutzt. Begleitfische sind in der Karpfen-T. Graskarpfen und Schleien. ↗Fischzucht. [echsen.

Tejidae (Mz.; v. ↗Tejus], die ↗Schienen-

Teilfrucht, 1) das ↗Karpidium; 2) das Merikarpium (↗Merikarpien).

M.-J. P. Teilhard de Chardin

Teilhard de Chardin [täjar dö schardãn], *Marie-Joseph Pierre,* frz. Paläontologe, Anthropologe, Theologe u. Philosoph, * 1. 5. 1881 Sarcenat (Dépt. Puy-de-Dôme), † 10. 4. 1955 New York; ab 1899 Jesuit, seit 1922 Prof. am Institut Catholique (Paris), seit 1951 in den USA; mehrere Forschungsreisen nach China (Mitentdeckung des Sinanthropus, ↗ *Homo erectus pekinensis*), Afrika u. Indien (bes. Studium der Sedimentgesteine u. Fossilien); versuchte, in einem umfänglichen philosoph. Gebäude naturwiss. verstandene ↗ Evolution (↗ Abstammung) und christl. ↗ Schöpfungs-Glauben zu vereinigen, was ihm sowohl von kirchl. als auch naturwiss. Seite zahlr. Kritik einbrachte. WW: „Le phénomène humain" (1955, dt.: „Der Mensch im Kosmos", 1959).

Teilungsgewebe, das ↗ Bildungsgewebe.
Teilungsgifte, die ↗ Mitosegifte; ↗ Spindelapparat.
Teilungskern, der ↗ Mitosekern.
Teilungsspindel, der ↗ Spindelapparat.
Teilzieher, Vögel, bei denen ein Teil der Individuen im Winter die nördl. Bereiche des Brutgebiets verläßt; hierbei gibt es auch geschlechtsspezif. Unterschiede, wie z. B. beim ↗ Buchfinken, dessen Weibchen überwiegend abziehen, während die Männchen großteils zurückbleiben.
Teilzone, regional nicht vollständig ausgebildete biostratigraphische ↗ Zone.
Teïn *s* [v. chin. t'e, tay = Tee], *Thein,* das ↗ Coffein. [↗ Schienenechsen.]
Tejus [Mz.; v. Tupí tejú über port.], die
Tela *w* [lat., = Gewebe], Gewebe, Gewebsschicht; z. B. T. connectiva (Bindegewebe); heute gewöhnl. nur noch in der anatom. Nomenklatur gebraucht für die gefäßreichen, aufgefalteten Teile (Telae chorioideae) der Aderhaut (Pia mater) des Säugergehirns. ↗ Telencephalon.
Telamonia *w* [v. gr. telamōnios = Binden-], die ↗ Gürtelfüße u. ↗ Wasserköpfe.
Telanthropus *m* [v. gr. telos = Ziel, anthrōpos = Mensch], nicht mehr gebräuchl. Gatt.-Bez. für einen urmenschl. Unterkiefer von ↗ Swartkrans; heute als früher ↗ *Homo erectus* angesehen.
Teledu *m* [v. Malaiisch teledu], *Mydaus javanensis,* ↗ Dachse.
Telegraphenpflanze, *Desmodium gyrans,* ↗ Hülsenfrüchtler.
Telemetrie *w* [v. gr. tēle = fern, metran = messen], ↗ Biotelemetrie.
Telencephalon *s* [v. gr. telos = Ende, egkephalon = Gehirn], *Endhirn, Großhirn,* der am weitesten rostral gelegene Abschnitt des Wirbeltier- ↗ Gehirns (B). Das T. gliedert sich in die paarigen ↗ *Hemisphären,* die rostral u. lateral am ↗ Hirnstamm auswachsen, u. in einen kleinen unpaaren Anteil *(T. impar),* der es gg. das ↗ Zwischenhirn abgrenzt u. wichtige Faserverbindungen (↗ Kommissuren) zw. den Hemisphären enthält. Der Vorderpol der Hemisphären ist als *Riechlappen* (Lobus olfactorius, ↗ Riechhirn) meist klar abgesetzt u. nimmt die primären, vom Riechepithel kommenden Fasern auf. Obgleich das T. primär enge Beziehungen zum Geruchsorgan besitzt, ist es doch nicht, wie häufig behauptet wird, ursprünglich ausschl. Riechhirn, sondern enthält schon bei sehr einfach organisierten Wirbeltieren einen großen Anteil integrativer Bereiche, in denen Nervenerregungen aus verschiedenen peripheren Bezirken verarbeitet werden. Ausbau und (Um-)Organisation dieser integrativen Areale bestimmen die Evolution u. Weiterentwicklung des T.s in den einzelnen Wirbeltierklassen. In der Stammesgeschichte der Wirbeltiere ist das T. der Gehirnabschnitt, der die stärksten Veränderungen erfahren hat. Während z. B. das T. der ursprünglichen Lungenfische im Vergleich zur Masse des Hirnstamms einen nur geringen Teil einnimmt, ist es bei höher differenzierten Formen, wie den Säugern, bei weitem der größte Hirnabschnitt (Großhirn), dessen mächtig aufgewölbte Hemisphären auch die äußere Form des Gehirns bestimmen. Dennoch läßt sich für alle Wirbeltierklassen schematisch ein gemeinsames *Grundbauprinzip* des T.s beschreiben: Die Hemisphären sind dickwandige Röhren, die im T. impar miteinander verbunden sind. Das Lumen der beiden Röhren bildet den rechten u. linken Anteil des IV. ↗ *Hirnventrikels,* die im Foramen interventriculare in den unpaaren III. Ventrikel des Zwischenhirns übergehen. Nach diesem Grundschema läßt sich das T. in 4 Längszonen einteilen, wovon der Riechlappen als selbständiger Abschnitt aber ausgenommen ist. Im Querschnittsbild stellen sich die 4 Zonen als Quadranten dar. Die beiden dorsalen Quadranten werden gemeinsam als Mantel (↗ *Pallium*) bezeichnet, zur Mitte hin das *Archipallium* und seitl. das ↗ *Palaeopallium.* Basal medial liegt das *Septum,* die seitl. basalen Abschnitte bilden die ↗ *Basalganglien*. In der urspr. Form liegen die Perikaryen der Neurone um den Ventrikel herum, während die äußeren Bereiche der Hemisphärenwandung v. auf- u. absteigenden Faserbahnen eingenommen werden. – Das T. der *Lungenfische* u. der *Amphibien* ist weitgehend nach diesem Grundschema gebaut. – Vom Grundbauplan weicht hingegen das T. der *Knochenfische* ab. Durch starke Massenzunahme u. Vermehrung der Neuronenzahl sind die dorsalen Anteile der Hemisphären (Pallium) vergrößert. Die Hemisphären sind dabei nach außen umgekrempelt, wodurch sie seitl. neben die Basalganglien zu liegen kommen. Die solcherart aufgeklappten Hemisphären sind dorsal nur v. einer zarten epithelialen Membran (Tela epithelialis telencephali) überdeckt. Die Ventrikel sind in Form eines unpaaren medialen Ventrikelspaltes u. des Raumes direkt unter der

TELENCEPHALON

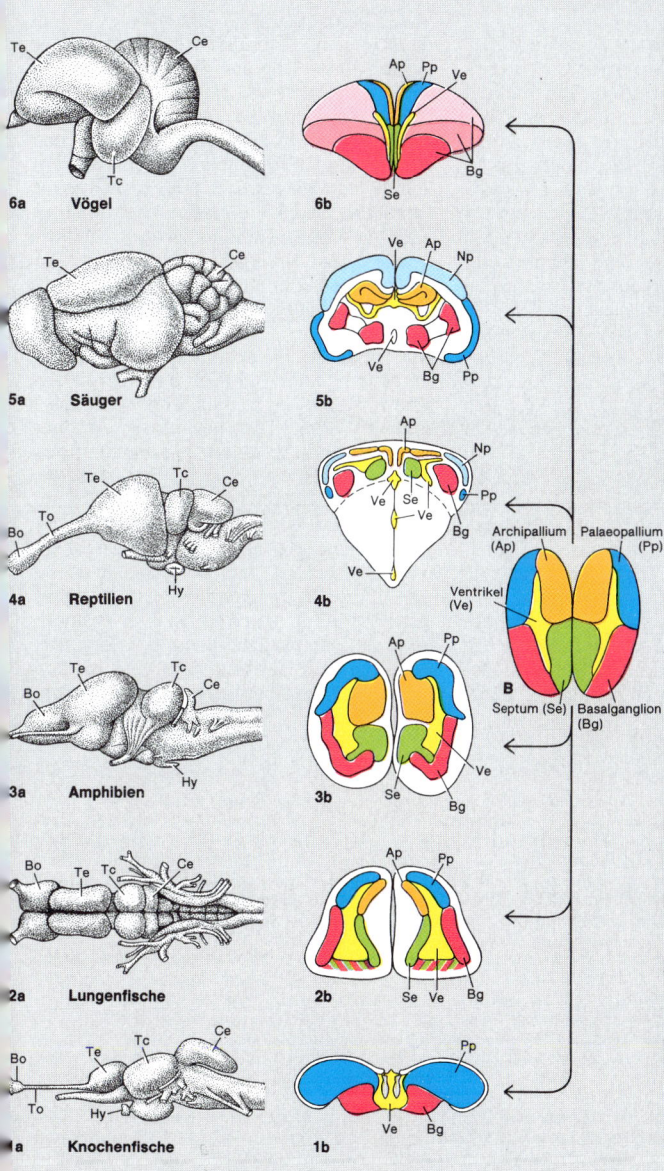

Den Gehirnen aller Wirbeltiere liegt trotz vieler äußerlich erkennbarer Unterschiede der gleiche Grundbauplan zugrunde (A, B), von den sich durch Proportionsveränderungen, quantitative Abwandlungen und Knüpfung neuer neuronaler Verbindungen die Gehirne aller Wirbeltierklassen in einer schematischen Evolutionsreihe ableiten lassen. Leistungssteigerung und die Entwicklung neuer Funktionssysteme im Gehirn sind auch ohne Einführung neuer Strukturen möglich, indem durch quantitative Änderungen einzelner Hirnabschnitte und Neuzuordnung bereits vorhandener Teile diese in neue, bisher nicht bestehende Beziehungen treten und so ganz neue Systemeigenschaften begründen. – Das Querschnittsbild des Telencephalons (B) zeigt in allen Klässen den Grundaufbau aus paarigen dickwandigen Röhren, die in 4 Quadranten gegliedert sind: *Archipallium* (Ap), dorsal-medial (orange); *Palaeopallium* (Pp), dorsal-lateral (blau); *Basalganglien* (Bg), basal-lateral (rot); *Septum* (Se), basal-medial (grün). – *Knochenfische* (1a, b) besitzen mächtig entwickelte dorsale Quadranten (Pallium), die durch die Massenentfaltung zur Seite verlagert werden und so neben die Telencephalon-Basis zu liegen kommen; ein unpaariger medialer *Ventrikel*-Spalt (Ve) (gelb) ist vorhanden. Das Telencephalon (Te) der *Lungenfische* (2a, b) und der *Amphibien* (3a, b) zeigt die größten schematischen Übereinstimmungen mit dem Grundbauplan. Bei den *Reptilien* (4a, b) kommt es zu einer Umstrukturierung von Archipallium und Palaeopallium, indem die ursprünglich ventrikelnah liegenden Perikaryen der Neurone in eine oberflächennahe Position verlagert werden und Schichtenstrukturen bilden. Die laminäre Anordnung der Perikaryen erlaubt Verschaltungsprinzipien, die bei einer periventrikulären Lage konstruktiv nicht möglich sind. Als neue Struktur in der Entwicklungsgeschichte des Wirbeltiergehirns ist bei Reptilien das *Neopallium* (Np) entwickelt, dessen Schichten sich zwischen Archipallium und Palaeopallium einschieben. Das Telencephalon der *Säuger* (5a, b) ist vor allem durch die starke Entwicklung und Auffaltung des Neopalliums ausgezeichnet. Die Grenze zwischen Palaeo- und Neopallium ist auch äußerlich deutlich an der sog. Fissura palaeo-neocorticalis erkennbar. Das Telencephalon der *Vögel* (6a, b) zeigt eine sehr starke Vergrößerung der Basalganglien. Die pallialen Telencephalon-Anteile und die Schichtenstruktur besitzen bei Vögeln nur geringe Bedeutung und sind durch die kompakten Neuronenmassen der Basalganglien funktionell vertreten.

Die Abb. unten zeigen Karten der cytoarchitektonischen Feldergliederung der menschlichen Großhirnrinde in Seiten- und Medianansicht. Es können etwa 50 verschiedene *Rindenfelder* beschrieben werden (durch verschiedene Schraffur, Symbole und Numerierung unterschieden), die sich mit denjenigen Arealen decken, denen aufgrund physiologischer Untersuchungen bestimmte Funktionen zugeordnet werden können.

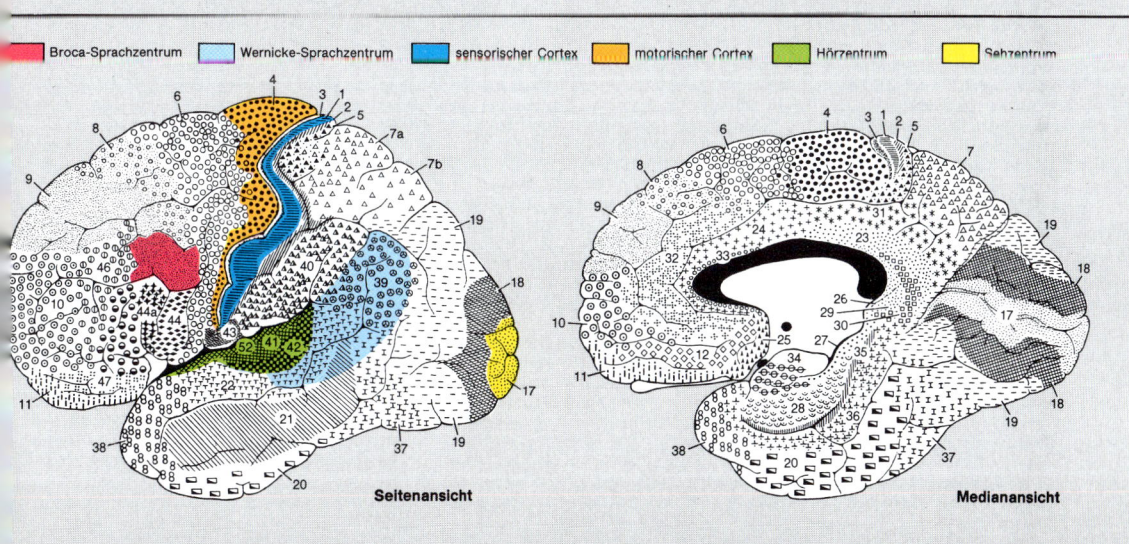

Telencephalon

Tela epithelialis erhalten. – Das T. der *Amphibien* entspr. weitgehend dem oben beschriebenen generalisierten Schema mit zwei dickwandigen Röhren als Hemisphären, einer periventrikulären Lage der Zellkörper der Neurone u. einer klaren Untergliederung des T.s in 4 Quadranten. Dennoch kann das Amphibien-T. nicht als phylogenet. Ausgangszustand angesehen werden, da schon auf dem stammesgeschichtl. früheren Niveau der Knochenfische eine starke Spezialisierung u. Abwandlung stattgefunden hat. – Die wesentl. Differenzierungen des *Reptilien*-T.s gegenüber dem Amphibiengehirn bestehen in der Massenentfaltung u. strukturellen Untergliederung der Basalganglien sowie der Rindenbildung im Pallium (Archi-, Palaeocortex). Weiter ist das T. der Reptilien durch die Entwicklung eines neuen Rindengebietes, des *Neocortex* (↗Neopallium), ausgezeichnet, der sich als zunächst noch kleiner Rindenbereich zw. Archicortex und Palaeocortex einschiebt. Zur Rindenbildung kommt es durch Auswanderung der Nervenzellkörper aus der ventrikelnahen Lage in oberflächliche T.-Gebiete. Morphologisch ergibt sich das Bild einer außen (oberflächlich) gelegenen grauen Rinde (↗ *graue Substanz*) u. einer innen (um die Ventrikel herum) gelegenen weißen Fasermasse *(weiße Substanz)*. Durch die Rindenbildung im T. und die damit verbundenen (neuen) Schaltmöglichkeiten der Neurone unterscheiden sich Reptilien, Säuger u. mit Einschränkung auch die Vögel v. den anderen Wirbeltierklassen. Der Neocortex der Reptilien ist stets 2–4schichtig u. unterscheidet sich cytoarchitektonisch nicht von Archi- und Palaeocortex. – Bei *Säugern* ist der Neocortex der Abschnitt des T.s, der im Vergleich zu den Reptilien die größte Massenentfaltung u. weitestgehende cytoarchitektonische Differenzierung erfahren hat u. dadurch zu einer Umgestaltung des gesamten Gehirns beitrug. Das Maß der Zunahme neopallialer Elemente im T. der Säuger kann durch die Lage der Fissura palaeo-neocorticalis, die Palaeopallium gg. Neopallium (am T. schon äußerlich sichtbar) abgrenzt, bestimmt werden. Je weiter das Neopallium entfaltet ist, um so mehr wird die Fissura nach basal u. lateral verschoben. Auf der anderen Seite werden die Anteile des Archipalliums und des Sep-

Telencephalon von Säugetieren und Mensch

Die *Großhirnrinde* (Cortex cerebri) der Säugetiere u. des Menschen ist eine dünne, bei einigen Formen vielfach gefaltete Schicht neuronalen Gewebes (↗Gyrifikation). Ihre Dicke beträgt zwischen 1,3 und 4,5 mm. In der Rinde wechseln sich Schichten, die hpts. Zellkörper enthalten, mit solchen ab, in denen überwiegend Nervenzellausläufer (Axone) verlaufen. Dadurch erhält sie ein im Querschnitt streifiges, geschichtetes Aussehen. Die phylogenetisch älteren Rindengebiete von *Archipallium* (↗ Gehirn) und ↗ *Palaeopallium* (↗Pallium) lassen sich durch ihren 2–4schichtigen Bau *(Allocortex)* von dem zumindest in der Anlage immer 6schichtigen *Neocortex (Isocortex)* unterscheiden (↗*Neopallium)*. Allg. sind 3 Klassen v. Neuronen zu unterscheiden: ↗ *Pyramidenzellen, Sternzellen* u. *Spindelzellen*, die jeweils noch weiter unterteilt werden können. Trotz der 6schichtigen Anlage des Isocortex lassen sich anhand cytolog. Differenzierungen u. des Ausfalls od. der Verdoppelung einzelner Schichten mindestens 5 Typen des Isocortex unterscheiden. 6schichtige Rindengebiete werden als *homotoper Isocortex* gegenüber *heterotopem Isocortex* mit veränderter Schichtenzahl abgegrenzt. An der menschl. Großhirnrinde wurden v. Brodmann etwa 50 cytoarchitekton. ↗*Rindenfelder* beschrieben. Diese histologisch bestimmten Felder decken sich in gewissen Maßen mit jenen Arealen, denen aufgrund physiolog. Untersuchungen u. Befunde bestimmte Funktionen zugeordnet werden konnten (B Gehirn). So werden das *Brocasche Sprachzentrum* im seitl. Stirn- od. *Frontallappen* (bzw. -hirn) u. das *Wernickesche Sprachzentrum* im *Schläfen-* od. *Temporallappen* unterschieden (↗Sprach-

zentren). Direkt benachbart dem Wernikkeschen Sprachzentrum liegt das *Hörzentrum* an der Fissura lateralis am Vorderrand des Schläfenlappens. In der vorderen Zentralwindung des *Scheitel-* od. *Parietallappens* befindet sich das primäre motorische Rindenfeld *(motorischer Cortex, MI)*, das für Willkürbewegungen des Körpers verantwortl. ist. Direkt benachbart hierzu liegt am Hinterrand der Zentralfurche das primäre Zentrum für Tast-, Schmerz- u. Temperatursinn *(sensorischer Cortex, SI)*. Das *optische Primärzentrum* od. *primäre Sehzentrum* liegt an der Medialseite des *Hinterhaupts-* od. *Occipitallappens*. Wegen seines bes. cytoarchitektonischen Aufbaus, der ihm ein gestreiftes Aussehen verleiht (Verdoppelung der Schicht IV), wird es auch als *Area striata* bezeichnet (↗Sehrinde). Großen Gebieten der menschl. Großhirnrinde lassen sich keine speziellen Funktionen zuordnen. Sie werden generalisierend als *Assoziationscortex* zusammengefaßt. Diese „stummen Areale" müssen als morphol. Grundlage komplexerer geist. und psych. Funktionen angesehen werden. Bei einer vergleichenden Betrachtung der Neocortex-Areale verschiedener Säuger werden diese Assoziationsgebiete v. einer nur geringen Ausdehnung bei ursprünglich organisierten Formen, wie den Insektivoren, zu höher organisierten Formen, wie den Primaten, kontinuierlich größer u. nehmen beim Menschen schließl. den weitaus größten Flächenanteil der Großhirnrinde ein.

Motorischer Cortex: Im motorischen Cortex (MI) findet eine genaue räuml., aber nichtlineare Zuordnung peripherer Körpergebiete der Körpergegenseite zu neuronalen Strukturen statt (somatotope Organisation). Die nichtlineare Projektion ist dadurch bedingt, daß jene Bereiche der Peripherie bes. große Anteile des MI einnehmen, an die bes. Anforderungen der Feinmotorik gestellt werden, so z. B. mimische Gesichtsmuskulatur u. die Muskulatur der Hand. Neben der Projektion in MI ist die Körperperipherie in einem zweiten, sekundären motorischen Cortexareal (MII) in der Tiefe des Interhemisphärenspaltes somatotop repräsentiert. Auch im sensorischen Cortex (s. u.) lassen sich motorische Anteile feststellen, so daß neben der somatotopen Organisation auch v. einer multiplen motorischen Repräsentation der Körperperipherie gesprochen werden muß. Die Neurone des MI sind säulenförmig angeordnet, d. h., die in Schichten übereinanderliegenden Neurone sind einander zugeordnet. Die Säulenanordnung wurde auch experimentell durch Reizversuche bestätigt, indem bei Reizung in den verschiedenen Rindenschichten gleiche motorische Aktivität in peripheren Muskelgruppen beobachtet wurde. Benachbarte funktionelle motorische Säulen überlappen etwas. In den motorischen Säulen sind nicht nur Neurone zu finden, die ausschl. einen Muskel versorgen, sondern vielmehr eine ganze Reihe v. Muskeln, die an einem Gelenk angreifen. Im MI sind also nicht Einzelmuskeln, sondern Bewegungen zusammengehöriger Muskelgruppen repräsentiert.

Im *sensorischen Cortex* (SI) findet vergleichbar dem motorischen Cortex eine somatotope Projektion der sensorischen Sinne der Körpergegenseite statt. Die somatotope Zuordnung erfolgt nichtlinear u. läßt ein geometrisch verzerrtes Abbild der Peripherie entstehen, wobei jene peripheren Gebiete, die eine große sensorische Sensibilität u. ein hohes räuml. Auflösungsvermögen besitzen, bes. große corticale Bereiche einnehmen, z. B. Finger u. Lippen (☐ Rindenfelder). Die Neurone des SI sind wiederum in funktionellen Säulen senkrecht zur Cortexoberfläche angeordnet. Dabei scheinen die Säulen v. a. rezeptor-

Telencephalon

tums regelrecht zusammengefaltet und bilden den ↗ *Hippocampus.* Oberflächlich überwächst das T. mit 4 ↗ *Hirnlappen,* dem *Frontal-* (Stirn-), *Parietal-* (Scheitel-), *Temporal-* (Schläfen-) u. *Occipital-* (Hinterhaupts-)*lappen,* häufig auch andere Abschnitte des Gehirns, so daß bei einer äußerl. Betrachtung des Säugergehirns zunächst hpts. Neocortex gesehen wird. Der Neocortex ist im T. der Säuger übergeordnetes Integrations- u. Assoziationszentrum, das z.T. auch Funktionen anderer Gehirnabschnitte übernimmt. So werden z. B. die v. den Augen kommenden Nervenimpulse nicht mehr im ↗ Tectum des Zwischenhirns verarbeitet, sondern in der Area 17 des Occipitalpols des Neocortex. Das Tectum, bei Reptilien noch beherrschendes optisches Zentrum, wird zur untergeordneten Umschaltstation für opt. und akust. Reize. Auch Sinnesreize somatischer Rezeptoren gelangen über eine Umschaltung im ↗ Thalamus zum Neocortex. Vom Neocortex ausgehend, verlaufen direkte Nervenfasern v. a. der Willkürmotorik ohne Umschaltung bis zu den motorischen Kernen des ↗ Rückenmarks (↗ Pyramidenbahn). Auf- und absteigende neocorticale Fasern durchdringen die stammesgeschichtlich älteren Anteile des Gehirns. Als innere Kapsel (Capsula interna) trennen sie die ursprünglich einheitl. Kerngebiete der Basalganglien in 2 Anteile, *Caudatum* u. *Putamen.* Ebenfalls mit der Entfaltung des Neocortex geht die Entwicklung neuer, v.a. den motorischen Arealen des Neocortex zugeordneter Kleinhirnabschnitte ("Neocerebellum") parallel (↗ Kleinhirn). Vom Neocortex kommende Faserzüge werden auf dem Weg zum Kleinhirn in der ↗ *Brücke* (Pons) umgeschaltet (cortico-ponto-cerebellare Fasern). Auch hier handelt es sich um säugertypische Strukturen, die mit der Entfaltung des ↗ Neopalliums in Zshg. stehen. Gleiches gilt für den ↗ *Balken* (Corpus callosum), der als großes Kommissurensystem die Neocortexareale der beiden Hemisphären miteinander verbindet. Der Schichtenbau der *Großhirnrinde* der Säuger gleicht in Archi- u. Palaeocortex mit 2–4 Zellschichten noch weit den Reptilien. Im Neocortex sind hingegen zumindest in der Anlage immer 6 Zellschichten ausgebildet. Dieser Rindenbau wird immer beibehalten u. kann nicht ohne Verlust der spezifisch zu sein u. Informationen über Lokalisation u. Beschaffenheit des mechan. Reizes zu verarbeiten. – Die ↗ *Sprache* (des Menschen) steht unter der Kontrolle mehrerer corticaler Felder. Neben der Beteiligung des MI, der für die Kontrolle u. die Koordination der bei der Wortbildung betätigten Muskelgruppen v. Lippen u. Kehlkopf verantwortl. ist (Artikulation), sind die Brocasche Sprachregion als *motorisches Sprachzentrum* u. die Wernickesche Sprachregion als *sensorisches Sprachzentrum* beteiligt. Erkenntnisse über die Bedeutung der einzelnen Sprachregionen gehen im wesentlichen auf med.-patholog. Befunde zurück. So führt der Ausfall der motorischen Sprachregion zur Unfähigkeit zum Sprechen, obgleich die speziellen, für die Muskeltätigkeit verantwortl. Gebiete des MI nicht gestört sind u. zudem das Sprachverständnis nicht beeinträchtigt ist. Das motorische Sprachzentrum ist v.a. für Wort- und Satzbildung verantwortl. Bei einer Schädigung der sensorischen Sprachregion ist das Sprachverständnis extrem gestört, ein Wiedererkennen v. Worten u. Begriffen grammatikal. Zusammenhänge behindert. Das Sprechvermögen ist bei dieser Form der Schädigung nicht behindert, es werden jedoch zusammenhanglos Silben u. Sätze durcheinandergewürfelt, so daß die geordnete Wiedererkennen der Sprachbestandteile gestört ist. Die Sprachregionen sind einseitig auf der rechten Hemisphäre des Großhirns ausgebildet. Ausfälle dieser Regionen können nicht v. der linken Hemisphäre übernommen werden. Nur eine Schädigung der beim Sprechen beteiligten Bereiche des motorischen Cortex des Gyrus praecentralis kann v. dem gegenseitigen MI kompensiert werden.

Der *visuelle Cortex* liegt an den medialen Flächen des Hinterhauptspols der Hemisphären. Von der Retina (↗ Netzhaut, B) kommende Nervenfasern führen in der *Sehnervenkreuzung* (Chiasma nervi optici; ↗ Chiasma opticum, □) teilweise zu Schaltzentren der Gegenseite, und zwar derart, daß nur die Sehnervenfasern der nasalen Retinahälfte zur Gegenseite kreuzen, während die aus der seitl. Retinahälfte kommenden Fasern zu Schaltzentren der gleichen Gesichtshälfte führen. Eine erste Umschaltung u. Verarbeitung nach Hell-Dunkel, Kontrast- u. Farbreizen findet (nach der Retina) im seitl. Kniehöcker (↗ *Corpus geniculatum laterale*) des ↗ Zwischenhirns statt. Von dort ziehen Fasern auf der Sehstrahlung *(Radiatio optici)* zum primären visuellen Cortex (Area 17) der Sehrinde u. von dort weiter zum sekundären (Area 18) und tertiären (Area 19) visuellen Cortex. Auf einer parallelen Bahn verlaufen Fasern v. den seitl. Kniehöckern zu den vorderen Hügeln der Vierhügelplatte *(Corpora quadrigemina)*, einem stammesgeschichtl. alten, primären Sehzentrum (Amphibien, Reptilien, Vögel), das bei Säugern an Bedeutung verloren hat u. bei diesen v.a. blickmotorische Funktionen (Hinwendung der Stelle des schärfsten Sehens auf einen bewegten opt. Reiz hin) übernommen hat. Die Projektion der Sehfasern in den primären visuellen Cortex führt zunächst zu einer ortsgenauen Wiedergabe des retinalen Erregungsmusters in der Schicht IV. In den sich anschließenden Verarbeitungsschritten in den anderen Zellschichten des primären, sekundären u. tertiären visuellen Cortex wird dieses vollständige Erregungsmuster entspr. der Erregungsspezifität der speziellen Neurone aufgelöst u. nach Einzelmerkmalen analysiert. So gibt es Neurone, die nur noch auf Konturen bestimmter Orientierung, auf Konturunterbrechungen, Winkelstrukturen od. verschiedene Bewegungsrichtungen ansprechen. Trotz teilweise weitreichender Detailkenntnisse über die neuronale Verarbeitung der Sinneseindrücke beim Sehen ist über die Vorgänge des (Wieder-)Erkennens v. Bildern wenig bekannt. Die im visuellen Cortex aufgeschlüsselten Wahrnehmungen werden über Assoziationsbahnen in den seitl. Hinterhauptslappen projiziert, wo sie zu opt. Erinnerungsbildern zusammengesetzt werden. Bei Verletzungen dieser "optischen Erinnerungszentren" ist zwar die Gestaltwahrnehmung ungestört, doch werden die gesehenen Bilder nicht verstanden (Seelenblindheit).

Das ↗ *Riechhirn (Rhinencephalon)* wird vom Bulbus olfactorius (Riechkolben) u. Anteilen des ↗ Palaeopalliums (Tuberculum olfactorium, Lobus piriformis) an der Basis des T.s gebildet. Je nach Ausprägung des Geruchssinns ist es verschieden Säugern unterschiedl. mächtig entwickelt. Bei Säugern mit gut entwickeltem Geruchssinn (↗ Makrosmaten) ist es ebenfalls stark entwickelt u. kann große Teile der Endhirnbasis einnehmen.

Das *Archipallium* ist bei Säugern hoch entwickelt u. bildet die ↗ *Hippocampus*-Formation. Gemeinsam mit dem Septum ist es zentraler Bestandteil des ↗ limbischen Systems, das, morpholog. nur schwer abgrenzbar, bei der Steuerung emotionaler, vegetativer u. lokomotorischer Verhaltensweisen eine bedeutende Rolle spielt.

Die ↗ *Basalganglien* sind ein wicht. Bindeglied zw. der assoziativen Großhirnrinde u. dem motorischen Cortex und wesentl. an der Steuerung v. Muskeltonus, Körperhaltung u. Bewegungsablauf beteiligt. Sie sind ein dem ↗ Kleinhirn gleichwertiges Zentrum für die Steuerung der im motorischen Cortex induzierten Bewegungsmuster. Die Schwere der Schädigung des (extrapyramidalen) motorischen Systems (↗ extrapyramidales System) bei Ausfall der Basalganglien wird an den Symptomen der ↗ Parkinsonschen Krankheit deutlich. ↗ Gehirn (B), ↗ Nervensystem (B II).

Teleologie – Teleonomie

Funktionsfähigkeit durchbrochen werden. Eine Zunahme der Zellzahl (Erhöhung der integrativen Leistungsfähigkeit) ist daher nur über eine Flächenvergrößerung möglich. So kommt es bei höher organisierten Säugern zu einer Faltung der Großhirnrinde. Die entstehenden *Hirnfurchen* u. *Hirnwindungen* (*Sulci* u. *Gyri*, ↗ Gyrifikation) geben mit ihrem Anordnungsmuster jedoch keine funktionelle Untergliederung der Großhirnrinde wieder. – Im T. der *Vögel* sind die Basalganglien sehr mächtig entfaltet, während das Pallium nur gering entwickelt ist. Die Basalganglien sind die dominierenden integrativen Abschnitte des T.s der Vögel. *Hyperstriatum, Ektostriatum* u. ↗ *Neostriatum* lassen sich gegenüber den Reptilien als neue Kerngebiete abgrenzen. Cytoarchitektonisch stellen sie sich als kompakte Zellmassen dar, deren Verschaltungsprinzipien bisher ungeklärt sind. Rindenstrukturen, die im T. der Säuger so große Bedeutung besitzen, fehlen weitgehend. Den Rindengebieten der Säuger u. Reptilien homologe Bereiche des Vogel-T.s sind cytologisch den Basalganglien angeglichen. Das Homologon des Neopalliums hat unter Aufgabe der Rindenstruktur als Wulst eine eigene Differenzierung durchlaufen. Die hohe cerebrale Leistungsfähigkeit der Vögel ist nicht nur an ganz andere Bereiche des T.s gebunden (Basalganglien) als bei Säugern (Neocortex), sondern beruht offensichtl. auch auf anderen neuronalen Schaltprinzipien. ↗ Nervensystem. M. St.

Teleologie – Teleonomie

Teleologie ist die Lehre von der Zielgerichtetheit oder Zweckbestimmtheit einiger oder sogar aller Systeme und Vorgänge in der Natur. Das Wort „Teleologie" wurde zwar erst 1728 von Chr. Wolff (1679–1754) geprägt; das Problem ist jedoch wesentlich älter. Man könnte es in die Fragen kleiden: „Was bedeuten Wozu-Fragen? Wann und in welchem Sinne sind sie berechtigt? Wie kann man sie beantworten?"

Nach Aristoteles ist ein Vorgang erst dann vollständig erklärt, wenn seine vier „Ursachen" – Stoff, Form, Wirkursache und Zweck – bekannt sind. Dabei nimmt der Zweck sogar den höchsten Rang ein. Er liegt – anders als bei Platon – in den Dingen selbst. Für diesen Sachverhalt prägt Aristoteles das Wort „*Entelechie*". Nach dieser Auffassung dient jeder Gegenstand einem bestimmten Zweck.

Diese Vorstellung war lange Zeit vorherrschend. Häufig wurde sie auch religiös motiviert. Noch W. Paley (1743–1805) sieht – wie viele vor ihm – in der Zweckmäßigkeit organismischer Strukturen den besten Beweis für die Existenz eines intelligenten Schöpfers *(argument from design, teleologischer Gottesbeweis).*

Von solchen Überzeugungen ist die neuzeitliche Wissenschaft jedoch mehr und mehr abgerückt. Schon B. Spinoza (1632–77) erklärt teleologisches Denken für anthropomorph, weil es Prinzipien auf die Natur übertrage, die eigentlich nur im Bereich menschlicher Handlungen anwendbar seien. Leibniz, Wolff oder Kant versuchen denn auch, zwischen *Kausalität* und *Finalität* zu vermitteln, erklären sie für vereinbar oder für gleichberechtigt oder wollen sie nur für gewisse Bereiche gelten lassen. Diese Versuche waren legitim, aber erfolglos. Teleologische Argumente haben sich regelmäßig als vorläufig, als übersetzbar oder als verfehlt erwiesen.

Aus der Physik sind sie seit mehr als zwei Jahrhunderten verschwunden. Allerdings soll nicht unerwähnt bleiben, daß in der jüngst entstandenen Diskussion um das ↗ *anthropische Prinzip* (um die verblüffend lebens- und menschengerechte Ausstattung des Universums) mehrfach wieder teleologische Argumente zum Tragen gekommen sind.

In der Biologie ist das Problem komplizierter. Keine Naturbetrachtung, und erst recht keine Wissenschaft vom Leben, ist vollständig, die nicht auch die unverkennbare Zweckmäßigkeit organismischer Systeme beschreibend und erklärend in ihre Überlegungen einbezieht. I. Kant (1724 bis 1804) hat ganz richtig gesehen, daß die kausal-mechanistische Denkweise der Newtonschen Physik diese Forderung nicht erfüllt. Er hat daraus allerdings geschlossen, daß eine kausale Erklärung zweckmäßiger Erscheinungen dem menschlichen Erkenntnisvermögen grundsätzlich versagt bleiben müsse und daß wir deshalb – auch und vor allem in der Biologie – auf finale oder teleologische Erklärungen unabdingbar angewiesen seien. Einen „Newton des Grashalms" könne und werde es nicht geben.

Tatsächlich stellt auch die moderne Biologie – im Gegensatz zur Physik – noch regelmäßig und mit Erfolg die Frage „Wozu?" und sucht sie zu beantworten. Gleichzeitig wird jedoch auch betont, daß Frage wie Antwort nur scheinbar teleologisch, in Wahrheit nämlich nur *Kurzfassungen kausaler Formulierungen* seien: Welche *Funktion* ist es, deren arterhaltender Wert evolutiv zur Ausbildung dieser Struktur geführt hat? Antwort: Solche Individuen, deren Genom (zunächst zufällig) die Information zu dieser funktionellen Struktur enthielt, waren (notwendig) erfolgreicher und konnten diese genetische Information an mehr Nachkommen weitergeben. Frage und Antwort betreffen also den *Selektionswert* der betreffenden Struktur.

Teleologie ohne Telos. Es handelt sich hier

Anthropisches Prinzip: Das Universum ist überraschenderweise gerade so beschaffen, daß Lebewesen und Menschen darin entstehen und bestehen können (als ob es eben dafür zurechtgeschneidert worden wäre).

Entelechie: das Innehaben eines Ziels

Frage: Wozu trug der Stegosaurus Knochenplatten auf dem Rücken? Zur Temperaturregelung (oder zum Schutz oder als Erkennungszeichen). Genauer: *Weil* seine Vorfahren dadurch ihre Körpertemperatur besser regulieren konnten.

– wie man gerne paradox formuliert – um eine Teleologie ohne Telos, um Zweckmäßigkeit ohne Zweck und erst recht ohne Zwecksetzer, also um Funktionalität, um selektive Systemerhaltung, und damit um eine Eigenschaft, die überhaupt erst bei replikativen Systemen, also (fast) ausschließlich bei Organismen, zum Tragen kommt. Diese Eigenschaft wird vor allem durch das genet. Programm und systemstabilisierende Regelkreise gesichert.

Tatsächlich macht die Evolutionstheorie finalistische, teleologische, vitalistische Hypothesen *entbehrlich* (Vitalismus-Mechanismus-Diskussion). Gegen die vielfach spekulativ eingeführten „Lebensfaktoren" (Archeus, vis vitalis, nisus formativus, Entelechie, Zellbewußtsein, élan vital, Telefinalität, Aristogenesis, Dominanten, demiurgische Intelligenz) spricht also nicht, daß sie nachweislich nicht existierten. Wie der Wissenschaftstheoretiker weiß, lassen sich Existenzbehauptungen dieser Art ja grundsätzlich nicht widerlegen. Gegen sie spricht vielmehr ihr ad-hoc-Charakter, die Tatsache, daß sie nicht unabhängig von den Fakten überprüfbar sind, zu deren Erklärung sie eingeführt wurden.

Die Evolutionstheorie zeigt nun aber auch, inwieweit eine teleologische *Sprechweise* („wozu?", „um zu", „damit") auch in der Biologie legitim ist: Sie ist sachlich zulässig, soweit sie in eine kausale Formulierung übersetzbar ist; didaktisch unbedenklich ist sie allerdings nur dann, wenn sie nicht eine psychologisch-intentionale *Fehl*interpretation nahelegt, die Pflanzen und Tieren *Absichten* zuschreibt.

Natürlich *gibt es* Absichten, Zwecke, Pläne, Ziele, und zwar vor allem im Bereich menschlicher Handlungen (und in beschränktem Umfange wohl auch bei höheren Tieren). Dort sind teleologische Fragestellungen (Wozu-Fragen im intentionalen Sinne) durchaus sinnvoll. Allerdings braucht man sich auch hier nicht auf teleologisch-finale Zusammenhänge zu beschränken. Die Zielvorstellungen selbst lassen sich nämlich durchaus noch kausal als *Ursache* für eigene und fremde Handlungen deuten. Eine faktische Rückwirkung der Zukunft auf die Vergangenheit wird also auch hier weder vorausgesetzt noch gefolgert.

Um den biologischen Fragestellungen (und Antworten) jeden metaphysischen Beigeschmack zu ersparen, prägte C. S. Pittendrigh 1956 das Neuwort „*Teleonomie*". Es sollte gerade den wissenschaftlich vertretbaren Kern von Zweckmäßigkeitsbetrachtungen ausgrenzen. Teleonomie sollte sich zur Teleologie etwa so verhalten wie die Astronomie zur Astrologie oder die Chemie zur Alchimie. Das war ein erlösender Vorschlag, und so wurde der Begriff von Biologen wie Simpson, Lorenz, Monod, Mayr, Osche oder Hassenstein bereitwillig übernommen. In der Diskussion zeigte er allerdings noch Unschärfen, die auch heute nicht ganz ausgeräumt sind.

Am besten definiert man Teleonomie als „programmgesteuerte, arterhaltende Zweckmäßigkeit als Ergebnis eines evolutiven Prozesses (und nicht als Werk eines planenden, zwecksetzenden Wesens)". Die hier angesprochene Programmsteuerung erstreckt sich natürlich nur auf die Individualentwicklung oder Ontogenese, nicht auf die Stammesgeschichte oder Phylogenese. Zudem muß betont werden, daß diese Art der programmierten Zweckmäßigkeit *kein Bewußtsein* voraussetzt. Danach ist es wohl sinnvoll, von der Teleonomie einer angeborenen Verhaltensweise, nicht jedoch von der „Teleonomie einer Uhr" (Lorenz, Mayr) zu sprechen. In der letzten Bedeutung wäre der Begriff nämlich völlig überflüssig.

Teleonomie ist keine Lehre (wie Teleologie oder auch Astronomie), sondern eine Eigenschaft (wie Autonomie). Die Zweckmäßigkeit einer Struktur liefert allerdings noch keine Erklärung; sie legt nur die Annahme nahe, daß eine evolutionsbiologische Erklärung möglich sein sollte.

Lit.: *Barrow, J. D., Tipler, F. J.:* The anthropic cosmological principle. Oxford 1986. *Engels, E.-M.:* Die Teleologie des Lebendigen. Berlin 1982. *Hassenstein, B.:* Biologische Teleonomie. In: Neue Hefte für Philosophie 20 (1981), 60–71. *Mayr, E.:* Teleologisch und teleonomisch: eine neue Analyse (1974). In: Evolution und die Vielfalt des Lebens. Berlin 1979, 198–229. *Poser, H.* (Hg.): Formen teleologischen Denkens. Berlin 1981 (vor allem Rapp, Krafft, Hünemörder). *Gerhard Vollmer*

Teleomorph *s* [v. *teleo-, gr. morphē = Gestalt], die Hauptfruchtform bei Pilzen (↗ Nebenfruchtformen).

Teleosteï [Mz.; v. *teleo-, gr. osteon = Knochen], die Eigentlichen ↗ Knochenfische.

Telescopus *m* [v. gr. tēleskopos = weitsehend], ↗ Katzennatter.

Teleskopaugen, aus dem Kopf herausragende bis röhrenartig ausgeformte Augen bei insbes. in der Tiefsee lebenden Fischen (z. B. ↗ Teleskopfischen) u. Kopffüßern. T. findet man auch bei einigen Schlammbewohnern flacher Gewässer.

Teleskopfische, *Giganturoidei*, U.-Ord. der Walköpfigen Fische; 6–11 cm lange, in Tiefen von 450–1800 m gefangene Fische mit nach vorn gerichteten Stielaugen, großem Maul, fehlenden Bauchflossen u. gegabelter Schwanzflosse mit peitschenartig verlängertem unterem Flossenteil.

Teleutosporen [Mz.; v. gr. teleutē = Vollendung, spora = Same], *Wintersporen*, eine Sporenform der ↗ Rostpilze (☐); sie

teleo- [v. gr. teleos = vollkommen, vollendet].

Telfairia

sind paarkernig u. entstehen auf od. in der Wirtspflanze in eigenen T.lagern od. in den gleichen Lagern wie die Uredosporen. In den T. findet die Kernverschmelzung statt, so daß sie als „Probasidien" bezeichnet werden können. Die diploide Phase der Rostpilze ist auf die T. beschränkt; nach einer (winterlichen) Ruheperiode keimt die T., der diploide Kern teilt sich durch Reduktionsteilung in der noch einzelligen, schlauchförm. Basidienanlage, die i. d. R. anschließend durch 3 Querwände unterteilt wird, so daß eine vierzellige (Phragmo-)Basidie entsteht. Von jeder Basidienzelle schnürt sich eine Basidiospore ab. T. sind vielgestaltig, ein-, oft zwei- od. mehrzellig, einzeln od. in Ketten; sie sind wichtiges Bestimmungsmerkmal.

Telfairia w [ben. nach dem irischen Botaniker C. Telfair, um 1778–1833], Gatt. der ↗ Kürbisgewächse.

Teliomycetes [Mz.; v. gr. télia = Sieb, mykētes = Pilze], frühere Kl. der ↗ Ständerpilze *(Basidiomycotina)*, in der Ständerpilze eingeordnet wurden, die keine Fruchtkörper bilden *(Hemibasidiomycetes)*. Die den Basidien entspr. Strukturen, dickwandige ↗ Teleutosporen od. ↗ Brandsporen (= Probasidien), entstehen in Lagern (Sori) od. verstreut innerhalb des Wirtsgewebes; es sind meist Dauersporen (↗ Brandpilze, ↗ Rostpilze). Den T. werden 2 Ord. zugeordnet (vgl. Tab.), mit 174 Gatt. und ca. 6000 Arten, alles Parasiten auf Höheren Pflanzen. Die Vertreter der beiden Ord. sind nicht näher miteinander verwandt.

Tellerschnecken, *Planorbidae*, Fam. der Wasserlungenschnecken mit zahlr. Gatt. (vgl. Tab.), mit linksgewundenem, planspiralem od. längl.-ovalem, dünnwand. Gehäuse; die Fühler sind lang-fadenförmig, an ihrer Basis liegen die Augen. ☿; die Genitalöffnung liegt im Nacken, die ♂ hinter dem linken Fühler; die Eier werden in einer Gallertmasse abgelegt. Das Blut enthält Hämoglobin, wodurch das Tier rot aussieht, da Pigmente weitgehend fehlen. T. sind Kosmopoliten u. in den Tropen als Überträger der ↗ Schistosomiasis gefürchtet; sie können in stark verschmutztem und O_2-armem Wasser leben, bilden polyploide Formen, die sich z. T. durch Selbstbefruchtung fortpflanzen. In Mitteleuropa leben 17 Arten, darunter die T. i. e. S. *(Planorbis)* mit 2 Arten: den Gemeinen T. *(P. planorbis)*, bis 14 mm ⌀, und den selteneren Gekielten T. *(P. carinatus)*, die beide in stehenden u. langsam fließenden Gewässern Dtl.s vorkommen. Die Posthörnchen *(Gyraulus)* sind hier mit 6 Arten vertreten: die Gegitterten P. *(G. albus)*, 6 mm ⌀, sind häufig, 3 andere nach der „Roten Liste „vom Aussterben bedroht".

Tellina w [v. gr. tellínē = Art Muschel], Gatt. der ↗ Plattmuscheln mit meist längl.,

Teliomycetes

Ordnungen und Familien:
Uredinales
(↗ Rostpilze)
Ustilaginales
(↗ Brandpilze)
  Ustilaginaceae
  Tilletiaceae

Tellerschnecken

Wichtige Gattungen:
↗ Anisus
↗ Armiger
↗ Bathyomphalus
↗ Biomphalaria
Gyraulus
↗ Helisoma
↗ Hippeutis
↗ Indoplanorbis
Planorbarius (↗ Posthornschnecke)
Planorbis
↗ Segmentina

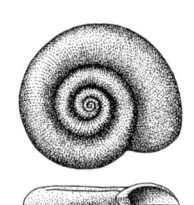

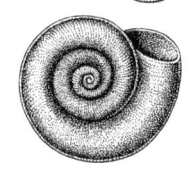

Gemeine Tellerschnecke
(Planorbis planorbis)

Tellinoidea

Familien:
↗ Pfeffermuscheln
(Scrobiculariidae)
↗ Plattmuscheln
(Tellinidae)
↗ Sägezahnmuscheln
(Donacidae)
↗ Sandmuscheln
(Psammobiidae)
↗ Scheidenmuscheln
(Solecurtidae)
Semelidae
(↗ Semele)

telo- [v. gr. telos = Ziel, Ende, Vollendung].

ungleichen Klappen (linke bauchiger), hinten oft seitl. gebogen u. mit Furche od. Kiel; Oberfläche konzentr. gerillt u. farbig, vorwiegend gelb u. rot; die Tiere graben sich ein u. liegen im allg. auf der linken Klappe; die Verbindung zur Sedimentoberfläche wird durch bewegl. Siphonen hergestellt; mit dem Einströmsipho wird Nahrung aufpipettiert. Die systemat. Abgrenzung ist umstritten; der Schwerpunkt der Verbreitung liegt in warmen Meeren. Im NO-Atlantik u. in der Nordsee lebt T. *pygmaea*, bis 10 mm lang, weiß mit strahlenförm., rötl. Zeichnung. ↗ *Angulus*.

Tellinoidea [Mz.; v. gr. tellínē = Art Muschel], Überfam. der Verschiedenzähner mit oft ungleichklappiger, seitl. zusammengedrückter Schale; Mantellinie mit Bucht (sinupalliat); Tiere mit langen, getrennten Siphonen; Fuß der Erwachsenen ohne Byssus. Die *T.* sind v. a. in warmen Meeren verbreitet; 6 Fam. (vgl. Tab.) mit weniger als 600 Arten.

Tellmuscheln [Mz.; v. gr. tellínē = Art Muschel], die ↗ Plattmuscheln.

Telmatherina w [v. gr. telma = Sumpf, Pfütze, thēr = Tier], Gatt. der ↗ Ährenfische.

Telmatobius m [v. gr. telma = Sumpf, Pfütze, bios = Leben], Gatt. der ↗ Andenfrösche.

Telmatobufo m [v. gr. telma = Sumpf, Pfütze, lat. bufo = Kröte], Gatt. der ↗ Andenfrösche.

Teloblasten [Mz.; v. *telo-, gr. blastos = Keim], Bildungszellen, die durch ↗ inäquale Teilungen ↗ Blasteme entstehen lassen, ohne selbst in deren Differenzierung einbezogen zu werden. T. sind in der Phase der inäqualen Teilungen meist größer als ihre abgeschnürten Tochterzellen; sie bleiben als Folge der konstanten Lage der Teilungsebene an dem aus ihnen entstandenen Zellreihen liegen (Name!). T. kommen bei Gliedertieren vor u. können Ektoderm *(Ekto-T.)* u. Mesoderm *(Meso-T.)* bilden. ↗ Trochophora-Larve.

Teloblastie [v. *telo-, gr. blastos = Keim], bei Gliedertieren die Entwicklung v. Geweben aus ↗ Teloblasten.

Teloconch m [v. *telo-, gr. kogchē = Muschelschale], *Teloconcha*, ↗ Schale; ↗ Protoconch.

Telodendrium s [v. *telo-, gr. dendron = Baum], das ↗ Neurodendrium.

telolecithale Eier [v. *telo-, gr. lekithos = Dotter], ↗ Eitypen; B Furchung.

Telome [Mz.; v. *telo-], Bez. für die Urorgane der Urlandpflanzen (↗ Urfarne), deren Vegetationskörper sich ja erst in Anpassung an das Landleben (↗ Landpflanzen) in einen ↗ Kormus umwandeln mußte. T. sind ungegliederte, zylindrische, stengelförm. Gebilde, die einen konstanten zentralen Leitgewebsstrang (Urstele, ↗ Stele, ↗ Stelärtheorie), einen Rindenmantel aus Grundgewebe u. eine cutinisierte Epidermis mit einfachen Stomata besitzen. Die Verzweigung erfolgt zunächst dichotom (↗dichotome Verzweigung, ▫), u. das Wachstum der T. geht v. einem mehrzelligen Scheitelmeristem aus. Am Ende der äußersten Verzweigungen werden die Sporangien mit Isosporen gebildet. Man nennt das gesamte Verzweigungssystem einen *Telomstand,* die äußersten Zweigenden Telome i.e.S. und die mittleren Abschnitte zw. den Verzweigungsstellen *Mesome.* ↗Telomtheorie. ⃞B⃞ Farnpflanzen III–IV.

Telomere [Mz.; v. *telo-, gr. meros = Teil, Glied], Bez. für die Endabschnitte v. ↗Chromosomen.

Telomtheorie *w* [v. *telo-], Bez. für die von W. Zimmermann zu einer gewissen Geschlossenheit ausgebaute phylogenet. Theorie, welche die Phylogenese des in die 3 Grundorgansysteme ↗Wurzel, ↗Sproßachse u. ↗Blatt gegliederten Vegetationskörpers (↗Kormus) der höheren ↗Landpflanzen (↗Kormophyten) aus noch sehr einfach organisierten u. dem Landleben noch nicht gut angepaßten Vorformen beschreibt. Diese Vorformen wurden zunächst noch recht spekulativ postuliert, später aber fossil in den Formen der ↗Urlandpflanzen bzw. ↗Urfarne aufgefunden. Diese Urlandpflanzen bestehen in ihrer Organisation aus gabelig (= dichotom, ↗dichotome Verzweigung) in alle Raumrichtungen verzweigten *Telomständen* (Telomsysteme; ↗Telome). Die T. deckt viele vergleichende Beobachtungen, ontogenet. Vorgänge und viele paläontolog. Befunde ab u. wurde auch durch neue Fossilfunde bes. in Amerika gestützt. In vielen Einzelfragen bestehen aber noch Unklarheiten. Wie jede stammesgeschichtl. Überlegung hat auch die T. notwendigerweise großenteils hypothet Charakter. Die T. beschreibt mit relativ wenigen, aber überall sich zeigenden u. unabhängig voneinander auftretenden Differenzierungsprozessen, den sog. *Elementarprozessen,* die Entwicklung v. Sproßachse, Blatt u Fortpflanzungsorganen bei den sich in der Erdgeschichte parallel entwickelnden Pflanzengruppen der ↗Bärlappe, ↗Schachtelhalme, ↗Farne und der ↗Samenpflanzen. Weniger gut gelingt z.Z. noch die Ableitung der Wurzel. Die T. wird heute durch eine Reihe v. sie unterstützenden Beobachtungen gesichert. So nimmt beispielsweise die Häufigkeit der nach dieser Theorie urspr. Telomsysteme im Verlauf der Erdgeschichte ab (Unterperm: ca. 80% urspr. Systeme, Oberkarbon ca. 30%, heute ca. 1%). Ferner zeigen viele devonischen Pflanzen eine Organisationsstufe ihres Vegetationskörpers, bei der die Elementarprozesse nur unvollständig od. nur teilweise durchgeführt sind. Sie sind gleichsam Momentaufnahmen v. Einzelstadien der nach der T. zu fordernden Entwicklungsabläufe. Solche Zwischenformen kennt man zu jeder der oben gen. Pflanzengruppen: bei den Bärlappen sind es die ↗*Protolepidodendrales,* bei den Schachtelhalmen evtl. die *Hyeniales,* bei den Farnen die ↗*Primofilices* u. bei den Samenpflanzen die ↗*Progymnospermen,* die sich schon bald in die Entwicklungslinien zu den nadelholzartigen Gymnospermen (↗*Coniferophytina*) u. über die ↗*Lyginopteridales* zu den palmfarnartigen Gymnospermen (↗*Cycadophytina*) u. den daraus sich entwickelnden ↗Bedecktsamern aufspalteten. Die T. übergreift auch die ↗*Stelärtheorie* u. erklärt den Fossilfunden entsprechend etwas abgewandelt die Entwicklung der verschiedenen *Stelen-*Typen aus der Urstele (= Protostele) der Urlandpflanzen (↗Stele, ▫). Die 5 wichtigsten Elementarprozesse, die zur parallelen Entwicklung des in den oben gen. Pflanzengruppen verschieden organisierten Kormus geführt haben, sind: 1. Übergipfelung, 2. Planation, 3. kongenitale Verwachsung, 4. Reduktion, 5. Einkrümmung (Inkurvation). Bei der *Übergipfelung* erhält im dichotomen System die eine der beiden urspr. durchweg gleichwertigen (gleich langen, gleich dicken) Achsen einen größeren Wachstumsimpuls, so daß sie die Führung übernimmt, zur Hauptachse wird u. die Schwesterachse übergipfelt. Die übergipfelte Achse wird zu einem seitl. gestellten Anhang. Dieser Vorgang der Übergipfelung kann sich nun auch auf der Ebene v. Strukturen abspielen, die aus den Telomständen durch die Elementarprozesse entstanden sind. Beispiele für den Elementarprozeß der Übergipfelung geben die Leitbündelanordnung im Wedelblatt (= Megaphyll) u. die Differenzierung der Telomstände in ein tragendes Achsensystem u. in scitlich mehr der Assimilation dienende Seitensysteme, die erst später zu Blättern werden. Bei der ↗*Planation* rücken die ursprünglich in alle Raumrichtungen gestellten Telome in eine Ebene, das Telomsystem wird zweidimensional. Das gilt nicht nur für die Blattentwicklung, sondern auch für die Zylinderebene vieler späteren Sproßachsen (Stelen). Der Prozeß der ↗*kongenitalen Verwachsung* verbindet die Telomsysteme mit parenchymatischem Gewebe. Diese kongenitale Verwachsung kann sowohl zw. den durch Planation zweidimensional angeordneten wie auch zw. den in der Zylinderebene od. sonst dreidimensional angeordneten Telomsystemen erfolgen. Es entstehen die flächigen Blätter od. dreidimensionale Sproßachsenformen. Der Prozeß der *Reduktion* spielt v.a. für die Vorstellung der Nadelblattentstehung eine Rolle. Durch Reduktion gabeliger Seitentelome (nach Übergipfelung) auf Resttelome kann die Entstehung der 2- bzw. 1nervigen Mikrophylle erklärt werden. Aber auch für die Ausbildung der achsel-

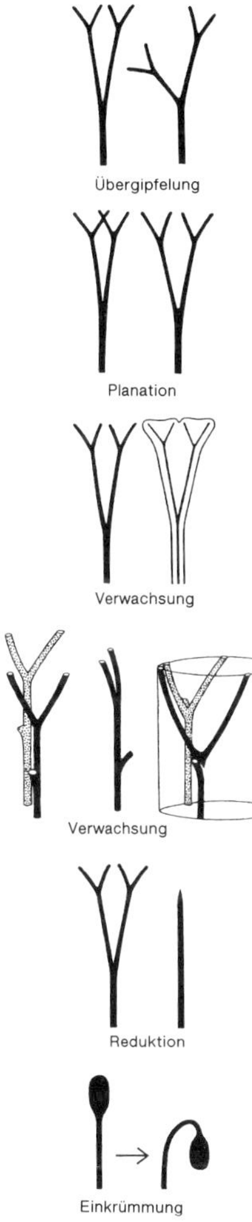

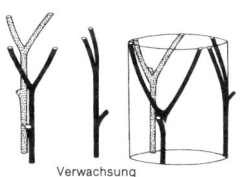

Telomtheorie

Übergipfelung

Planation

Verwachsung

Verwachsung

Reduktion

Einkrümmung

Telomtheorie

Die fünf *Elementarprozesse* der T. (schemat. Darstellung), die zur Bildung des Kormus geführt haben. Einzelbeispiele: ⃞B⃞ Farnpflanzen III–IV.

telo- [v. gr. telos = Ziel, Ende, Vollendung].

Telophase

telo- [v. gr. telos = Ziel, Ende, Vollendung].

temno- [v. gr. temnein = (ab)schneiden].

temper- [v. lat. temperans, Gen. temperantis = maßhaltend; temperatus = gemäßigt; temperatura = Mischungsverhältnis, Beschaffenheit].

ständigen Sporangienanordnung bei den Bärlappen ist die Reduktion wichtig. Der Vorgang der *Einkrümmung (Inkurvation)* erklärt im Zusammenspiel mit anderen Elementarprozessen die Entstehung vieler Sporophylle mit randständiger od. unter- u. flächenständiger Sporangienanordnung; so z. B. die Sporophylle der Schachtelhalme u. Farne, das Fruchtblatt der Bedecktsamer. Alle gen. Elementarprozesse vollzogen sich nach der T. im Verlauf der Stammesgeschichte mehrfach u. unabhängig voneinander u. in wechselnder Kombination miteinander u. bauten in den verschiedenen Stammeslinien der verschiedenen pflanzl. Großgruppen unterschiedl. Kormussysteme auf. ⓑ Farnpflanzen III–IV.
Lit.: Strasburger, E.: Lehrbuch der Botanik. Stuttgart ²1983. H. L.

Telophase w [v. *telo-, gr. phasis = Erscheinung], Phase von ↗Mitose (ⓑ) und ↗Meiose (ⓑ).

Telopodit m [v. *telo-, gr. podes = Füße], Schreitast der urspr. ↗Extremität (☐) der ↗Gliederfüßer; ↗Krebstiere.

Teloschistaceae [Mz.; v. *telo-, gr. schistos = gespalten], Fam. der ↗*Teloschistales* mit 10 Gatt. und ca. 600 Arten; Krusten-, Laub- u. Strauchflechten. Apothecien u. oft auch der Thallus enthalten ↗Anthrachinone. Aufgrund des Anthrachinon-Gehalts sind Apothecien u. Thallus oft gelb bis rotorange gefärbt u. reagieren mit Kalilauge blutrot, so bei der Laubflechten-Gatt. ↗*Xanthoria* u. einem großen Teil der Krustenflechten-Gatt. ↗*Caloplaca.* Sporen gewöhnl. polar-zweizellig, selten einzellig, farblos; die Asci besitzen eine äußere Apikalkappe. *Teloschistes* (30 Arten) ist durch graue, gelbe bis rote, strauchige bis bärtige Lager gekennzeichnet und hpts. in warmen Regionen der Erde verbreitet (Rinde, Gestein, Erdboden). *Fulgensia* (ca. 12 Arten) umfaßt gelbe bis rotorange gefärbte Laub- u. Krustenflechten (Kalkfels, kalkhaltiger Boden; ↗Bunte Erdflechtengesellschaft).

Teloschistales [Mz.; v. *telo-, gr. schistos = gespalten], Ord. lichenisierter Ascomyceten mit 2 Fam., 11 Gatt. und 600 Arten, fr. bei den ↗*Lecanorales* eingeordnet; Flechten mit Grünalgensymbionten u. ↗Anthrachinonen als Inhaltsstoffen. Wichtige Fam. ↗*Teloschistaceae.*

Teloschistes w [v. *telo-, gr. schistos = gespalten], Gatt. der ↗Teloschistaceae.

Telosporidia [Mz.; v. *telo-, gr. sporos = Same], die ↗Sporozoa.

Telotaxis w [v. *telo-], ↗Taxien.

Telotremata [Mz.; v. *telo-, gr. tremata = Löcher], (Beecher 1891), † Ord. articulater ↗Brachiopoden mit dem am stärksten modifizierten (Name!) Stielloch; es ist begrenzt durch ↗Deltidialplatten; als Taxon heute fast nicht mehr verwendet.

telozentrisch [v. *telo-, gr. kentron = Mit-

telpunkt], Bez. für ↗Chromosomen (☐) mit endständig lokalisiertem ↗Centromer, die folgl. nur über einen Chromosomenarm verfügen, d. h. *monobrachial* sind.

Telson s [gr., = Grenze, abgegrenztes Land], letzter, postsegmentaler Körperabschnitt bei ↗Gliederfüßern, homolog dem ↗*Pygidium* der ↗Ringelwürmer. Tritt bei ↗Krebstieren in zwei unterschiedl. Formen auf: Bei Nicht-*Malacostraca* u. wenigen urspr. ↗*Malacostraca* als gabelartige ↗*Furca*, bei den meisten *Malacostraca* als „Schwanzplatte", die zus. mit den Uropoden einen ↗Schwanzfächer bildet. Bei den ↗*Chelicerata* fehlt das T. wahrscheinlich. Der Schwanzstachel ursprünglicher Formen (↗*Limulus),* fr. dem T. homologisiert, ist möglicherweise der Tergaldorn des reduzierten 13. Segments.

Teltower Rübchen [teltoër-; ben. nach der brandenburg. Stadt Teltow] ↗Kohl.

Telum s [lat., = Wurfspieß], dem Rostrum der ↗Belemniten vermutl. homologes Skelettelement der dibranchiaten † *Aulacocerida* Stolley 1919 (? mittleres Devon, Oberkarbon bis Malm).

Temin, *Howard Martin,* amerikan. Biologe, * 10. 12. 1934 Philadelphia; seit 1964 Prof. in Madison; klärte durch Untersuchungen der v. Tumorviren befallenen Zellen den chem. Mechanismus der Virusreplikation auf u. erkannte die Funktion des an diesem Prozeß beteiligten Enzyms reverse Transkriptase; erhielt 1975 mit D. Baltimore u. R. Dulbecco den Nobelpreis für Medizin.

Temnocephalida [Mz.; v. *temno-, gr. kephalē = Kopf], Ord. der ↗Strudelwürmer mit (im allg.) den beiden Fam. *Temnocephalidae* u. ↗*Scutariellidae,* doch werden in verschiedenen Systemen noch weitere Fam. genannt. Epidermis ohne od. fast ohne Cilien; Vorderende in 2–12 fingerförmige, bewegl. Fortsätze ausgezogen, Hinterende mit Haftscheibe. Kommensalen, Epöken od. Parasiten auf dem Körper od. in der Kiemenhöhle v. Süßwasserkrebsen, aber auch in der Mantelhöhle v. Mollusken u. auf Süßwasserschildkröten. Die *Temnocephalidae* mit der namengebenden Gatt. *Temnocephala* und 29 Arten leben in den Tropen u. Subtropen.

Temnochilidae [Mz.; v. *temno-, gr. cheilos = Lippe], die ↗Flachkäfer.

Temnospondyli [Mz.; v. *temno-, gr. spondylos = Wirbel], (Romer 1947), *Schnittwirbler,* Zusammenfassung v. Niederen Tetrapoden nach dem Wirbelbau, die sich weitgehend mit den Taxa ↗*Labyrinthodontia* u. ↗*Stegocephalia* deckt; oft auch nur als Teilglied (z. B. Ord.) der *Labyrinthodontia* (sensu Zittel 1889) gewertet. ↗*Stereospondyli.* [↗Sumpfschildkröten.

Tempelschildkröten, *Hieremys,* Gatt. der **Temperatur** w [v. *temper-], Basisgröße der Wärmelehre, eine den Wärmezustand v. Körpern charakterisierende Zustandsgröße. Da die T. sich in der Geschwindigkeit der Molekülbewegung ausdrückt, ist sie bestimmend für sämtliche chem. Reaktionen (↗Reaktionsgeschwindigkeit, ↗Reaktionskinetik), mithin v. zentraler Bedeutung für den organism. Stoffwechsel u. damit für alle Lebenserscheinungen. ↗T.faktor, ↗T.anpassung, ↗T.regulation, ↗RGT-Regel, ↗Enthalpie, ↗Entropie.

Temperaturanpassung, umfaßt morpholog. Besonderheiten, Verhaltenseigentümlichkeiten oder physiolog. Prozesse, die lang- od. kurzfristig als Antwort des Organismus auf das Einwirken des ↗abiot. Faktors ↗ *Temperatur* gegeben werden u. ihn entweder zus. mit der od. ohne die Möglichkeit zur ↗ *Temperaturregulation* mehr oder weniger effektiv kompensieren (↗Adaptation). Die ↗Körpertemperatur nahezu aller Organismen, bei der aktives Leben möglich ist, liegt in einem relativ engen Temp.-Bereich zw. etwa 0°C und ca. 50°C, was einerseits mit der Gefahr der ↗Denaturierung v. Proteinen bei hohen Temp. und andererseits mit der Eisbildung des zellulären u. extrazellulären Körperwassers bei zu niedrigen Temp. erklärt wird. Immerhin leben verschiedene Organismen, die – soweit bekannt – durch spezif. Proteinstrukturen charakterisiert sind, bei Temp. oberhalb 50°C (↗Cyanobakterien, ↗Fadenwürmer, ↗Zuckmücken, ↗Muschelkrebse; ↗Hitzeresistenz), extrem niedrige Temp. können durch Ausbildung v. ↗Dauerstadien (↗Anabiose) überstanden werden (↗Frostresistenz). Nach der Breite des Temp.-Bereichs, der v. Organismen ertragen werden kann u. innerhalb dessen sie vorkommen, unterscheidet man ↗ *eurytherme* (mit weitem Temp.-Bereich) u. ↗ *stenotherme* (↗kalt- bzw. warmstenotherme) Formen mit engem Temp.-Bereich. Das v. einem *poikilothermen* Tier (↗Poikilothermie) bevorzugte *Temp.-Optimum* (↗Präferendum, ☐ ökologische Potenz) innerhalb dieser Bereiche kann experimentell mittels einer sog. ↗ *Temp.-Orgel* (ein Gerät, mit dem ein Temp.-↗Gradient erzeugt werden kann, über den sich die Tiere verteilen), geprüft werden (↗Faktorengefälle). Bei *homoiothermen* Tieren (↗Homoiothermie) ist dies die *thermoneutrale Zone*, innerhalb deren keine Stoffwechselenergie zur Temp.-Regulation aufgewandt werden muß. Bereits die Körpergestalt v. Homoiothermen zeigt phylogenetisch erworbene Anpassungen an verschiedene Temp.-Zonen (Klimabereiche), die im Zshg. mit der Optimierung der Temp.-Regulation stehen (↗Allensche Proportionsregel, ↗Bergmannsche Regel; ↗Clines), ferner kann die Fortpflanzungszeit an saisonale Temp.-Schwankungen angepaßt sein, wobei die Regelung derartiger Fortpflanzungszyklen im wesentl. durch den ↗Lichtfaktor geschieht. – Die Lebensräume Wasser u. Luft zwingen zu unterschiedlichen T.en: Im Wasser besteht seltener die Notwendigkeit zu kurzfristigen Anpassungen, da dieses – abgesehen v. der oberen ↗Grenzschicht – als eine Art „Wärmepuffer" wirkt. Temp.-Schwankungen übertragen sich daher nur langsam u. stetig auf diesen Lebensbereich. Andererseits ist die Wärmeleitfähigkeit des Wassers wesentl. höher als die der Luft, so daß die Isolationswirkung gegenüber einem darin wohnenden Organismus klein ist. Die ↗Körper-Temp. der meisten Poikilothermen entspr. daher der des sie umgebenden Wassers – es sei denn, besondere Körperstrukturen (↗Rete mirabile) erlauben die partielle Konservierung v. Stoffwechselwärme, wie z.B. beim Thunfisch (↗Temp.-Regulation). Im terrestrischen Lebensbereich sind die Temp.-Schwankungen abrupter u. weniger vorhersehbar, die Anpassungsmechanismen dementsprechend vielfältiger. In den meisten Fällen hängen hier T.en u. Anpassungen im ↗Wasserhaushalt eng zus. (Verdunstung bei hohen Temp., Wärmeverlust durch Verdunstung; ↗Dromedar). In bes. Maße gilt dies für ↗Amphibien, die dem unkontrollierten temperaturabhängigen Wasserverlust (im Ggs. zum kontrollierten Wasserverlust beim ↗Schwitzen) nur durch ihre Anbindung an feuchte Habitate entgehen können. Sowohl zahlr. Wirbellose (Insekten) als auch Wirbeltiere (bes. ↗Reptilien) sind durch sehr differenzierte Verhaltensweisen (Stellung zur Sonne, Exposition einzelner Körperteile, Tag-Nacht-Aktivität) an Temp.-Schwankungen angepaßt, ferner haben verschiedene ↗Eidechsen die Möglichkeit, ihre metabolische Wärmeproduktion zu variieren u. damit einen gewissen Homoiothermiegrad erreicht. Bei zahlr. Poikilothermen besteht die T. in einer metabolischen Umstellung, die zu einer Kompensation des Temp.-Effekts führt. Im Gesamtstoffwechsel macht sich dies dadurch bemerkbar, daß der Sauerstoffverbrauch (↗Stoffwechselintensität), der nach Temp.-Erhöhung gemäß der ↗RGT-Regel steigt, infolge der T. (nach einigen Tagen od. Wochen) wieder sinkt u. im Idealfall den Wert annimmt, den er v. Beginn der Temp.-Erhöhung hatte. Solche T.en im Stoffwechsel bestehen in der temperaturabhängigen Induktion v. ↗Isoenzymen od. allosterisch wirkenden Metaboliten (↗Allosterie), aber auch (im Falle saisonaler T.en) in der Speicherung bzw. dem Abbau v. ↗Reservestoffen (☐) od. der Synthese v. „Frostschutzsubstanzen", deren osmot. Aktivität (↗Osmose) ein Gefrieren bei niedrigen Temp. verhindert (↗Gefrierschutzproteine). Besonders differenzierte, hormonell geregelte u. prospektive Formen der T. bilden ↗Diapause u. ↗Winterschlaf (↗Dormanz). – T. (z.B. Abhärtung) wird auch bei Pflanzen beobachtet (↗Frostresistenz, ↗Hitzeresistenz). *K.-G. C.*

Temperaturfaktor, neben dem ↗Lichtfak-

temper- [v. lat. temperans, Gen. temperantis = maßhaltend; temperatus = gemäßigt; temperatura = Mischungsverhältnis, Beschaffenheit].

Temperaturkoeffizient

Temperaturregulation

⇗Staatenbildende Insekten u. insbes. Bienen (⇗Honigbienen) sind erstaunl. Beispiele für eine verhaltensbedingte „soziale T.", die bei den Bienen zu einer nahezu perfekten Homoiothermie im Stock führt: Einzelne Bienen verfügen nur über eine beschränkte Möglichkeit zur T., indem sie bei zu starker Erwärmung des Kopfes (offenbar nervös gesteuert) einen Tropfen Flüssigkeit aus dem Honigmagen (⇗Honigblase) auswürgen u. ihn durch Bewegung der Mundwerkzeuge über den Kopf verteilen, sich so die Verdunstungskälte zunutze machend. Im Bienenstock dagegen kann sich die bei Kälteeinfluß über Kontraktionen der Thoraxmuskulatur erzeugte Stoffwechselwärme zu hohen Werten addieren. Ein Zusammendrängen auf den Waben fördert noch die Wärmekonservierung. Bei zu hohen Temp. verteilen sich die Bienen locker über die Waben, tragen Wasser in den Stock ein u. erzeugen durch Flügelschwirren einen Ventilationsstrom zum Stockausgang hin. Auf diese Weise wird die Temp. im Stock nahezu konstant auf 35 °C gehalten.

temper- [v. lat. temperans, Gen. temperantis = maßhaltend; temperatus = gemäßigt; temperatura = Mischungsverhältnis, Beschaffenheit].

tor einer der zentralen ⇗abiot. Faktoren (⇗Temperatur), welche die Lebensprozesse entscheidend beeinflussen u. zur Evolution zahlr. Anpassungs- u. Regulationsmechanismen geführt haben. ⇗Temperaturanpassung, ⇗Temperaturregulation. [B] 175.

Temperaturkoeffizient, *Temperaturquotient,* Q_{10}*-Wert,* ⇗RGT-Regel.

Temperaturorgel, Gerät zur Feststellung des Temp.-⇗Präferendums einer Tierart; im Prinzip der ⇗Lichtorgel entsprechend. ⇗Faktorengefälle, ⇗Gradient.

Temperatur-Regel, die ⇗RGT-Regel.

Temperaturregulation, *Thermoregulation, Wärmeregulation,* innerhalb der Organismen unterschiedlich gut ausgebildete Fähigkeit, ein therm. Gleichgewicht mit der Umgebung, d. h. eine ausgeglichene Bilanz zw. Wärmeaufnahme, -abgabe u. -produktion, zu erreichen. Auf der „Einnahmeseite" stehen dabei v. außen herangeführte Wärmestrahlung (Sonnenstrahlung, ☐ Energieflußdiagramm), deren ⇗Absorption durch entspr. gefärbte ⇗Pigmente an der Körperoberfläche gefördert od. abgeschwächt werden kann (dunkle Pigmente in ⇗Chromatophoren, deren Ausdehnung variiert werden kann [☐ Farbwechsel], Schutzpigmente in tier. und pflanzl. Zellen); ferner die im Zellstoffwechsel produzierte Wärme, die je nach Art der energieliefernden Prozesse (unterschiedl. Wirkungsgrad) zw. 40% und 80% der gesamten freien Energie (⇗Enthalpie, ⇗Entropie) der metabolisierten Stoffe betragen kann. Durch bes. Mechanismen (Entkopplung der ⇗Atmungskette) gelingt es sogar, die gesamte Stoffwechselenergie als Wärme freizusetzen, was zu einer raschen Erwärmung des Organismus führt (⇗Winterschlaf). (Die ⇗Atmungswärme des ⇗Aronstabs, die durch einen forcierten Stärkeabbau – ohne chem. Energiespeicherung – zustandekommt, ist an spezielle Stoffwechselwege gebunden.) Auf der „Ausgabenseite" sind Wärmeverluste durch ⇗Transpiration oder allg. entlang einem Temp.-Gradienten (⇗Faktorengefälle) zu berücksichtigen. Zwischen beiden Seiten vermitteln Wärmetransportprozesse wie Konduktion (Wärmeübertragung durch Molekülbewegung) u. ⇗Konvektion (Wärmetransport durch Strömung eines Mediums). Bei den meisten Organismen ist die Fähigkeit zur T. gar nicht od. nur partiell ausgebildet (Pflanzen, alle Tiere mit Ausnahme der Vögel u. Säuger; ⇗Poikilothermie); nur die letzteren beiden Tiergruppen verfügen über ein T.szentrum im Gehirn, das die ⇗Körpertemperatur auf einen bestimmten Sollwert (⇗Regelung) einregelt u. konstant hält (⇗Homoiothermie). Auch ohne der Vorhandensein eines T.szentrums gibt es durch spezielle Verhalten od. morpholog. Anpassungen (⇗Adaptation, ⇗Temperaturanpassung) die Möglichkeit zur T.: die sog. ⇗Kompaßpflanzen vermögen den Strahlungseinfall durch Profilstellung ihrer Blätter zu vermindern; Wüsteneidechsen besitzen eine Art „zentralnervösen Temp.-Fühler", der das Verhalten dahingehend steuert, daß durch Aufsuchen kälterer od. wärmerer Plätze die Körper-Temp. auf etwa 35 °C konstant gehalten wird; eine ⇗Pythonschlange kann durch Aktivierung ihres Stoffwechsels ihre Körper-Temp. beim Ausbrüten der Eier um bis zu 7 °C über die Umgebungs-Temp. ansteigen lassen. Viele – insbes. große – Insekten (Hummeln, Schwärmer, Libellen, Käfer) erzeugen durch schnelle Kontraktionen der Thoraxmuskulatur *(„Pumpen")* u. Flügelschwirren Stoffwechselwärme u. heizen so den Flugapparat (⇗Flugmuskeln) auf (vgl. auch Spaltentext). Sie können damit auch bei niedrigen Umgebungs-Temp. (nachtaktive Schwärmer) fliegen u. erreichen Thorax-Temp. bis zu 42 °C, die nur wenige Grad unter der Letal-Temp. (46–47 °C liegen). Da es sich bei dieser Wärmeproduktion um einen Vorgang mit positiver Rückkopplung (⇗Feedback) handelt, der leicht zu einer Überhitzung führen kann, muß auch für eine Abfuhr der überschüssigen Wärme gesorgt werden. Dies geschieht durch eine Steigerung des Hämolymphstroms vom gut isolierten Thorax zu dem nur mit einer dünnen Cuticula bedeckten Abdomen, über das die Wärme abgegeben werden kann. Für die Wärmeabgabe bzw. -aufnahme ist generell das Oberflächen-Volumen-Verhältnis des Körpers eine bestimmende Größe (⇗Bergmannsche Regel). Bei poikilothermen Tieren wird daher die Aktivität bei kleinen Formen (mit relativ großer Oberfläche) hpts. von der eingestrahlten Wärme bestimmt, bei größeren Formen geht die Stoffwechselwärme als wichtiger Aktivitätsfaktor ein – insbes. dann, wenn sie durch morpholog. Strukturen konserviert werden kann. Solche Strukturen sind neben den erwähnten Isolationsschichten Vorrichtungen zum *Gegenstromaustausch* (⇗Gegenstromprinzip), die in ihrer perfektesten Ausgestaltung als ⇗*Rete mirabile* arbeiten. Gegenstromaustauscher u. Rete sind auch bei Homoiothermen weit verbreitet (Rete des Thunfischs, Gegenstromaustauscher in den Beinen v. Stelzvögeln, Rete im Gehirn verschiedener Säuger u. v. a.). – Homoiotherme Tiere besitzen 2 Zentren der T. im Hypothalamus, ein wärmeaktivierbares im vorderen Teil u. ein kälteaktivierbares im hinteren Teil (⇗Kühlzentrum). Beide sind reziprok über hemmende Interneurone (⇗Nervensystem, ☐) verschaltet. Periphere *Wärme-* u. *Kälterezeptoren* (Wärmepunkte u. Kältepunkte, ⇗Temperatursinn) in der ⇗Haut ([T]) melden über afferente Bahnen (⇗Afferenz) Temp.-Veränderungen an die entspr. Zentren, die ihrerseits über ⇗Efferenzen eine

TEMPERATUR (ALS UMWELTFAKTOR)

Abhängigkeit der Lebenserscheinungen eines Organismus von der Umgebungstemperatur. Aktives Leben ist nur innerhalb bestimmter Temperaturgrenzen möglich; zwischen dem Minimum (2) und dem Maximum (4) des von einem Organismus tolerierbaren Temperaturbereichs liegt das Temperaturoptimum (3); der Temperaturbereich, der ein aktives Leben eines Organismus erlaubt, liegt zwischen ca. 0 und 50° C; je weiter sich die Temperatur vom Temperaturoptimum entfernt, um so geringer wird die Intensität der Lebensvorgänge. An das Temperaturminimum (2) schließt sich der Bereich der *Kältestarre* an, der schließlich bei einer bestimmten Temperatur zum *Kältetod* (1) führt; entsprechend sind bei höheren Temperaturen *Wärmestarre* und *Wärmetod* (5) zu beobachten.

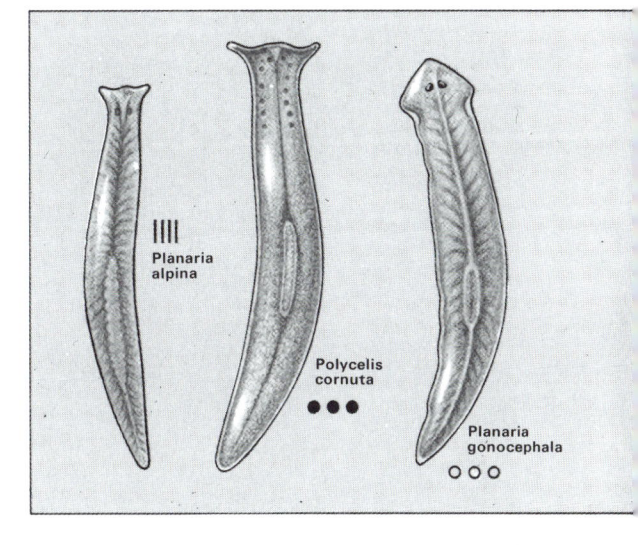

Einfluß der zunehmenden Wassertemperatur auf Kopflänge und Schalenfortsätze beim *Helmwasserfloh (Daphnia cucullata)* im Laufe eines Halbjahres (Januar bis Juli) bei verschiedenen Generationen.

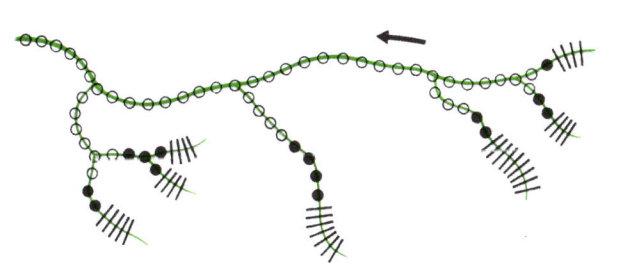

Die Verteilung der *Strudelwürmer (Planarien)* im Bachsystem in Abhängigkeit von der Wassertemperatur.

Drei typische Strudelwürmer der Bäche: *Planaria alpina* ist *kaltstenotherm* und lebt daher in Quellnähe. *Polycelis cornuta* kommt etwas weiter bachabwärts vor. *Planaria gonocephala* ist *eurytherm* und kommt daher in den Unterläufen der Bäche mit schon stärker erwärmtem Wasser vor.

Bachsystem und die Verbreitung der drei Strudelwurmarten (Abb. links).

Das Vorkommen von *Korallenriffen* in den Meeren wird nach Norden und Süden durch die 20°-C-Isotherme des kältesten Monats im Jahr bestimmt, da unter dieser Temperatur die Riffbildung unterbleibt. *Riffkorallen* sind also *warmstenotherme* Tiere. Außerdem benötigen sie gut durchlichtetes Wasser, weshalb sich *lebende* Riffe bis zu höchstens 50 m Wassertiefe finden. Schließlich sind Riffkorallen *stenohalin*, sie brauchen ca. 35‰ Salzgehalt.
Sardinenfische dagegen sind *kaltstenotherm* und gehen daher in ihrer Verbreitung nicht über die 20°-C-Isotherme äquatorwärts. Ihre polare Grenze wird weitgehend durch die 10°-C-Isotherme festgelegt. Sardinenfische leben demnach in Wasser zwischen 10° und 20° C Temperatur.

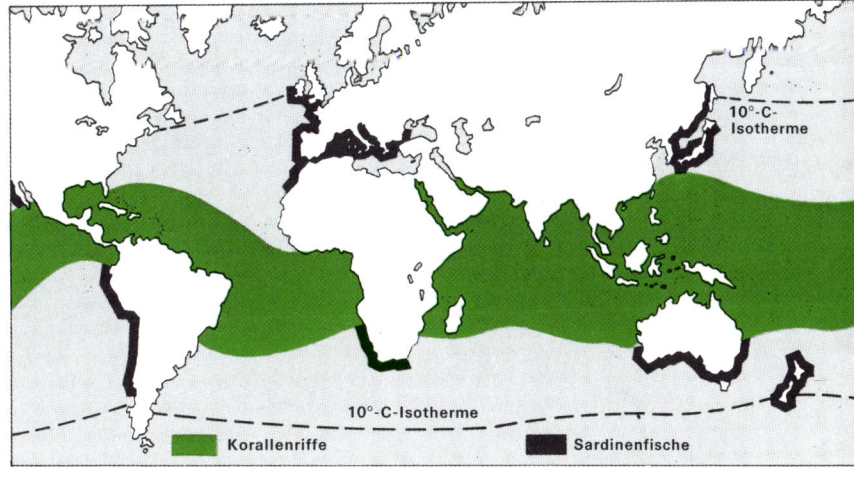

Temperaturregulation

Temperaturregulation

Die *Regelung der ⟋ Körpertemperatur* läßt sich mit einem einfachen Schaltbild beschreiben. Dabei ist bes. deutlich die Auswirkung einer *Sollwertverstellung* (⟋ Regelung) zu sehen. Beim gesunden Menschen beträgt die Körpertemperatur etwa 37 °C. Bei fiebrigen Krankheiten jedoch wird der Sollwert durch das hypothalamische Regulationszentrum erhöht und als Folge davon die Körpertemperatur heraufgesetzt. Schon bei ca. 37 °C Körper-Kerntemperatur antwortet der Fiebernde mit Erwärmungsprozessen *(Schüttelfrost)*. Abklingen des ⟋ *Fiebers* bedeutet, daß der Sollwert wieder auf den normalen Wert von 37 °C erniedrigt wird. Auch durch verschiedene ⟋ Narkotika (Opiate, Morphine) wird der Sollwert der Kerntemperatur verändert, in diesem Fall gesenkt. Während des ⟋ Schlafs ist die Fähigkeit zur T. stark eingeschränkt od. nicht vorhanden.

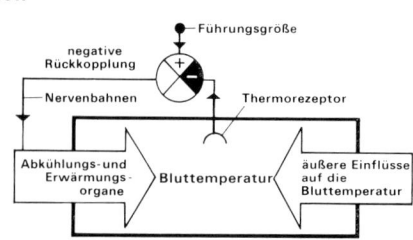

Reihe von thermoregulator. Reaktionen veranlassen. Neben den Hautrezeptoren sind Kerntemperaturrezeptoren im Bereich des Hypothalamus selbst gefunden worden, die auf Erwärmung ansprechen u. dabei synergistisch mit den cutanen Rezeptoren wirken. Bei Ansteigen der Körper-Kerntemperatur (⟋ Körpertemperatur), wie z. B. unmittelbar nach Beginn schwerer körperl. Arbeit, können sofort Abkühlungsmechanismen in Gang gesetzt werden, noch bevor die Körperschale erwärmt wird. Bei den peripheren thermoregulator. Mechanismen selbst kann zw. Wärmeproduktion u. Steuerung der Wärmeabgabe unterschieden werden. Wärme wird entweder über aktive Muskelarbeit (sog. ⟋ *Kältezittern*, bei starkem Frieren) produziert – ausgelöst durch vom hinteren Hypothalamus caudalwärts ziehende somatomotorische Nerven (sog. *zentrale Zitterbahnen*) – od. durch Aktivierung des Fettabbaues im ⟋ braunen Fett *(zitterfreie Thermogenese)* über die Ausschüttung v. ⟋ Noradrenalin aus sympathischen Endigungen autonomer Nerven. Diese Art der Wärmeerzeugung spielt insbes. bei neugeborenen Tieren (einschl. des Menschen) sowie beim Aufwachen aus dem ⟋ Winterschlaf eine Rolle. Schließl. wird über das Thyreotropin-Releasing-Hormon (⟋ Releasing-Hormone, [T] Hypothalamus) aus dem Hypothalamus die ⟋ Hypophyse zur Ausschüttung des ⟋ Thyreotropins u. damit zur Stimulation der ⟋ Schilddrüse veranlaßt (⟋ Hormone), was eine generelle Stoffwechselaktivierung zur Folge hat. Zur Steuerung der Wärmeabgabe wird die Durchblutung insbes. der „Akren" (Finger, Hand, Ohren, Lippen, Nase), des Kopfes u. der Extremitäten über noradrenerge sympathische Nerven variiert, wobei Kältebelastung zur Vasokonstriktion u. Wärmebelastung zur Vasodilatation u. damit zur Durchblutungssteigerung führen. Speziell über arteriovenöse ⟋ Anastomosen kann Wärme abgegeben werden (konvektiver Wärmetransport). Über cholinerge sympathische Nerven (⟋ cholinerge Fasern) wird ferner die *Schweißsekretion* reguliert (⟋ schwitzen); das mit dem ⟋ Schweiß ausgeschiedene ⟋ Gewebshormon ⟋ Bradykinin fördert ebenfalls die Vasodilatation. Tiere ohne od. mit nur wenigen, auf bestimmte Areale verteilten ⟋ Schweißdrüsen erzeugen zur Wärmeabgabe einen Luftstrom über die Mundschleimhaut u. den oberen respiratorischen Trakt *(⟋ Hecheln)*, wobei meist auch die Speichelabsonderung erhöht wird. Bei verschiedenen Vögeln (Tauben) wird die Hechel-Wärmeabgabe durch Anpressen der Trachea an ein oesophageales ⟋ Rete noch verbessert. In manchen Fällen (Känguruh) wird der Speichel über den ganzen Körper verteilt u. so die Erzeugung v. Verdunstungskälte gefördert. Schließl. kann – ebenfalls über sympathische Nerven – die Stellung v. Federn od. (Fell-)Haaren (aufgerichtet od. angelegt, „Aufplustern") u. damit die Größe des isolierenden eingeschlossenen Luftpolsters kontrolliert werden (⟋ Gänsehaut). – Bei *neugeborenen* Säugern ist die Fähigkeit zur T. noch unvollständig ausgeprägt, z. T. (junge Mäuse) verhalten sie sich Änderungen der Umgebungs-Temp. gegenüber wie Poikilotherme. Der menschl. *Säugling* hat nach der Geburt ein Oberflächen-Volumen-Verhältnis, das etwa 3mal so groß wie das des Erwachsenen ist (☐ Kind). Zus. mit einem nur dünnen ⟋ Fettpolster zwingt dies zu einem hohen ⟋ Energieumsatz. Die Temp.-Neutralzone (thermoneutrale Zone, ⟋ Temperaturanpassung) liegt beim Neugeborenen bei 32–34 °C; schon bei 23 °C ist die untere Grenze des Regelbereiches erreicht (beim Erwachsenen erst bei 0–5 °C). Das Neugeborene zeigt zwar ansteigende Aktivität, wenn es Kälte- od. Wärmebelastung ausgesetzt wird, kann aber nur über zitterfreie Thermogenese (kein Kältezittern) Wärme produzieren. Die so erzeugte Stoffwechselwärme beträgt nur etwa die Hälfte der v. Erwachsenen. Die Gefahr einer Unterkühlung (⟋ Hypothermie) ist daher für das Neugeborene bes. groß. Auch das Vermögen, zu schwitzen, ist erst unzureichend vorhanden u. bei Frühgeburten überhaupt noch nicht ausgebildet. Babies besitzen mit etwa 415 Schweißdrüsen/cm² etwa 6,5mal soviel wie Erwachsene, produzieren aber nur ⅓ soviel Schweiß. Im Alter vermindert sich die Fähigkeit zur T. wieder, so daß auch bei Körper-Kerntemperaturen von 35 °C oder weniger noch kein Kältezittern einsetzt (obwohl subjektiv die niedrigere Temp. wahrgenommen wird). ⟋ Atmungsregulation, ⟋ Temperatursinn. K.-G. C.

Temperaturschichtung, Limnologie: Bez. für die stabile therm. Schichtung des Wasserkörpers eines ⟋ Sees während der ⟋ Stagnation.

Temperatursinn, *Wärmesinn, Thermorezeption,* die Fähigkeit von Tieren und Mensch, Unterschiede bzw. Änderungen der Umgebungs-⟋ Temperatur wahrzunehmen. Der T. ist für die Organismen v. großer Bedeutung, da das Temp.-Intervall, in dem tier. und menschl. Leben mögl. ist, relativ klein ist (⟋ Temperaturanpassung). Abgesehen v. wenigen Ausnahmen, können insbes. wechselwarme Tiere (⟋ Poikilothermie) nur in einem Bereich von ca. 0 °C

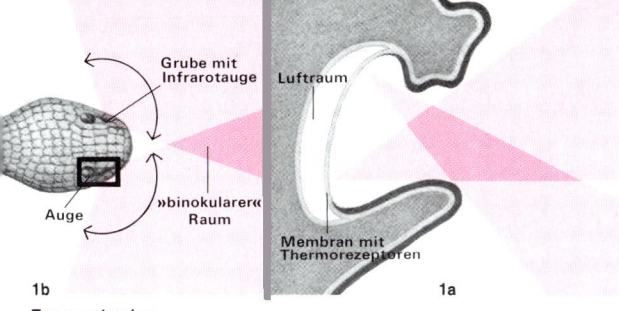

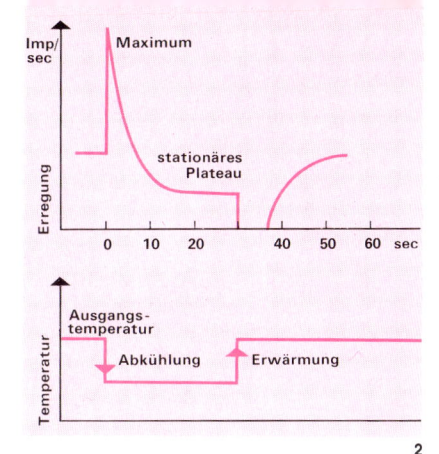

Temperatursinn

1a Infrarotauge (*Grubenorgan*, Querschnitt) einer Klapperschlange mit Strahlengang, **1b** die „Gesichtsfelder" beider Organe. **2** Erregungsverlauf eines *Kälterezeptors* bei sprunghafter Abkühlung und Erwärmung (kurzzeitiges Aussetzen der Erregung). Analog verhält sich ein *Wärmerezeptor* bei Erwärmung.

bis etwa 50 °C aktiv sein. Bei Temp. unter 0 °C fallen die Tiere in eine ↗Kältestarre, aus der sie wieder erwachen können, wenn die Temp. nicht zu stark absinkt, d. h. den ↗Kältetod zur Folge hat. Der Hitzetod tritt i. d. R. bei Temp. oberhalb 50 °C ein (↗Hitzeresistenz). Für gleichwarme Tiere (↗Homoiothermie) liegen die Verhältnisse anders, da diese sich durch ↗Temperaturregulation v. der Außen-Temp. weitgehend unabhängig gemacht haben. Vermutl. verfügen alle Tiere über *Temperatur*- od. *Thermorezeptoren*, wenngleich diese nur in wenigen Fällen bekannt sind. In der menschl. ↗Haut (T) gibt es kleinflächige Regionen, deren Rezeptoren entweder auf Kälte *(Kälterezeptoren, Kältepunkte, Kaltpunkte)* od. auf Hitze *(Wärmerezeptoren, Wärmepunkte, Warmpunkte, Hitzepunkte)* bes. sensibel reagieren, wobei deren Verteilung auf die Körperoberfläche unterschiedl. ist. So besitzt der Mensch auf der Zunge 16–19 Kältepunkte/cm², auf der Handfläche aber nur 1–5. Die Wärmepunkte sind meist seltener u. fehlen in vielen Regionen. Temp. über 45–50 °C werden nicht als Hitze, sondern als ↗Schmerz ( ) empfunden. Über das Vorkommen von Temp.-Punkten bei anderen homoiothermen Organismen weiß man sehr wenig, wie auch die genauere Morphologie der Temp.-Rezeptoren – abgesehen davon, daß es sich meist um Sinnesnervenzellen handelt – weitgehend unbekannt ist. Als *Wärmerezeptoren* werden die ↗Krauseschen Endkolben angesprochen, wohingegen die Ruffinischen Körperchen (↗Mechanorezeptoren,) auf Kälte reagieren *(Kälterezeptoren)*. Weiterhin spielen ↗freie Nervenendigungen (; B Sinneszellen) eine Rolle bei der Temp.-Perzeption: so fehlen z. B. in der sehr temperaturempfindl. Zunge der Katze sowohl Krausesche Endkolben als auch Ruffinische Körperchen. Fische, Amphibien u. Reptilien verfügen ebenfalls über auf der ganzen Körperoberfläche verteilte Kalt- u. Warmpunkte, wobei die Areale um Mund bzw. Kiemen bes. empfindlich sind. Als Rezeptoren fungieren ebenfalls freie Nervenendigungen. Besondere T.esorgane stellen die paarigen, zw. Augen- u. Nasenöffnung gelegenen Grubenorgane der ↗Grubenottern (insbes. ↗Klapperschlangen,) u. die *Lippenorgane* der ↗Riesenschlangen dar. In den Grubenorganen befindet sich eine stark durchblutete u. vom Nervus trigeminus reichlich innervierte Membran, die in den Lippenorganen fehlt. Hier ist der Grubengrund stark innerviert u. durchblutet. Der adäquate Reiz für diese Organe stellt die v. einem Objekt ausgehende Wärmestrahlung dar, wobei Wellenlängen zw. 1 und 3 µm bis hin zum ↗Infrarot perzipiert werden können (Infrarotsehen). Dabei arbeiten die Organe nicht wie ↗Photorezeptoren (↗Photorezeption), da die Thermorezeptoren *(Infrarotrezeptoren)* auf die durch Wärmestrahlung hervorgerufenen Temp.-Änderungen in den Organen reagieren, wobei noch Temp.-Unterschiede von $^3/_{1000}$ °C wahrgenommen werden können. Durch diese enorme Empfindlichkeit, die paarige Anordnung der Organe u. die Verteilung der Rezeptoren in den Organen ist eine genaue Richtungslokalisation möglich, welche die Schlangen auch bei vollständiger Dunkelheit zum Beutefang befähigt. Über ebenso leistungsfähige T.esorgane verfügen die austr. ↗Großfußhühner: sie legen ihre Eier in Hügel aus Sand und organ. Material. Die Brutwärme wird durch Sonneneinstrahlung u. Gärprozesse erzeugt. Durch Einführen des Schnabels wird die Wärmeentwicklung gemessen („Thermometerhuhn") u. durch Abtragen od. Vergrößern des Hügels od. durch Erzeugen u. Verschließen v. Öffnungen auf 33 ± 1 °C konstant gehalten, obwohl die Außen-Temp. zw. −8 °C und +44 °C schwanken können! Arthropoden verfügen über Thermorezeptoren an den Körperanhängen (Antennen, Mundwerkzeugen, Cerci, Legeröhren, Tarsen). *H. W.*

Temperatursprungschicht, Limnologie: das ↗Metalimnion. ↗Stagnation; See.

temperente Phagen [v. *temper-, gr. phagos = Fresser] ↗Bakteriophagen (B II).

temperierte Zone [v. *temper-], *temperate Zone, die gemäßigte Zone;* ↗Klima.

template *s* [templit; engl., = Schablone], die ↗Matrize.

Temporale *s* [v. lat. *temporalis* = Schläfen-], das ↗Schläfenbein.

temper- [v. lat. temperans, Gen. temperantis = maßhaltend; temperatus = gemäßigt; temperatura = Mischungsverhältnis, Beschaffenheit].

Temporallappen [v. lat. temporalis = Schläfen-], *Schläfenlappen,* ↗Hirnlappen, ↗Telencephalon.

Temporalvariation [v. lat. temporalis = zeitlich, variatio = Veränderung], die ↗Cyclomorphose.

temporäre Gewässer [v. lat. temporarius = zeitweilig], *periodische Gewässer,* Gewässer, die zeitweise austrocknen; entstehen nach der Schneeschmelze, nach Überschwemmungen, heftigen Gewittern u. lang anhaltenden Regenfällen. Organismen, die solche Gewässer bewohnen, können die trockene Periode mit Hilfe v. ↗Dauerstadien od. in der Trockenstarre (↗Anabiose) überleben.

Temulin *s* [v. lat. temulentus = berauscht], ↗Lolch.

Tenaculum *s* [mlat., = Halter], das ↗Retinaculum.

Tendines [Mz.; nlat., =], die ↗Sehnen.

Tendipedidae [Mz.; v. lat. tendere = ausstrecken, pedes = Füße], die ↗Zuckmücken.

Tenebrio *m* [lat., = Lichtscheuer], ↗Mehlkäfer.

Tenebrionidae [Mz.; v. lat. tenebriones = Lichtscheue], die ↗Schwarzkäfer.

Tenericutes [Mz.; v. lat. tener = zart, cutis = Haut], Gruppe (Division) III der Bakterien, in der zellwandlose Bakterien unterschiedl. Abstammung zusammengefaßt werden; früher Division ↗*Mollicutes.* ⊤ Gram-Färbung.

Tenrecidae [Mz.; v. madagass. tàndraka über frz. tenrec], die ↗Tanreks.

Tenside [Mz.; v. lat. tensio = Spannung], ↗grenzflächenaktive Stoffe (z. B. ↗Seifen, ↗Waschmittel) mit langgestreckter unsymmetr. polarer Struktur u. mit einem ↗hydrophoben u. einem ↗hydrophilen Molekülteil (wasserlöslichmachend z. B. Sulfat, Sulfonat-Gruppe). In Abwasser- bzw. ↗Kläranlagen werden biol. abbaubare T. einem biol. ↗Abbau unterworfen u. verlieren dadurch ihre Grenzflächenaktivität (↗Grenzflächen). Biol. harte T. unterliegen nur in unzureichenden Maße einem biol. Abbau. Die Wirkung der T., nämlich Benetzen (↗Benetzbarkeit, ↗Adhäsion, ↗Kapillarität), Emulgieren (↗Emulgatoren) u. Waschen, beruht auf der vorzugsweise orientierten ↗Adsorption an Grenzflächen, wobei die hydrophobe Gruppe des T.moleküls (meist Kohlenwasserstoffkette) bestrebt ist, aus der wäßrigen Phase herauszuragen. ↗Detergentien (☐ Membranproteine).

Tentaculata [Mz.; v. *tentac-], *Lophophorata, Tentakelträger, Armfühler, Kranzfühler,* Stamm trimerer (↗Trimerie) wirbelloser Tiere, der die Kl. ↗*Phoronida* (Hufeisenwürmer), *Bryozoa* (↗Moostierchen) u. ↗*Brachiopoden* (Armfüßer) umfaßt. Alle T. besitzen als Planktonfiltrierer eine gewöhnlich hufeisenförm. Krone v. Flimmertentakeln (↗Lophophor) u. durchlaufen in ihrer Entwicklung eine typische od. leicht abgewandelte Radiärfurchung sowie ein mehr od. weniger ↗Trochophora-ähnliches Larvenstadium. Aufgrund dieser Merkmale u. der archimeren Körper- u. Coelomgliederung werden die T. vielfach als unmittelbare Abkömmlinge der Urcoelomaten (↗*Archicoelomata*) angesehen, die systemat. nahe der Gabelung der zu den *Spiralia* (↗Spiralier) einerseits u. zu den *Chordata* (↗Chordatiere) andererseits führenden Entwicklungslinien einzuordnen sind. Unter den T. stellen die *Phoronida* den ursprünglichsten, die *Brachiopoda* den am weitesten abgeleiteten Organisationstyp dar.

Tentaculifera [Mz.; v. *tentac-, lat. -fer = -tragend], U.-Kl. der ↗Rippenquallen; zeichnen sich durch einen rohrförm. Pharynx u. ein Paar Tentakel aus, die mit Klebzellen besetzt sind u. zum Beutefang eingesetzt werden. Zu den T. gehören 5 Ord. (⊤ Rippenquallen), deren Vertreter ganz verschieden aussehen, z. B. die ↗Seestachelbeere u. der ↗Venusgürtel.

Tentaculita, die ↗Tentakuliten.

Tentakel *m* und *s* [v. *tentak-], *Fangarm,* **1)** Bot.: Bez. für die v. einem Tracheidenstrang durchzogenen ↗Emergenzen (↗Emergenztheorie) auf den Blättern der ↗Sonnentaugewächse (↗Sonnentau), die an ihren köpfchenartig verdickten Enden Drüsenzellen besitzen. Diese scheiden einen klaren, fadenziehenden u. Protein verdauenden Fangschleim aus. ↗carnivore Pflanzen (☐). **2)** Zool.: längl., meist bewegl. Organ am Körper verschiedener Tiere, das häufig in Mehrzahl auftritt u. dem Fang v. Nahrung dient, seltener der Kontaktaufnahme mit Artgenossen od. mit dem Substrat. T. finden sich bei zahlr. Tiergruppen, u. a. bei ↗*Tentaculata* (↗*Phoronida,* ↗Moostierchen, ↗Brachiopoden), ↗*Pogonophora,* ↗*Pterobranchia,* ↗Seewalzen, ↗Kopffüßern u. ↗Hohltieren. Bei *Hohltieren* ist die Mundöffnung mit einem od. mehreren T.kränzen umstellt; die T. können hohl od. massiv sein u. dienen dem Fangen u. Festhalten der Nahrung (↗Cniden, ↗Nesseltiere). ↗Rippenquallen haben 2 lange, gegenständige, oft verzweigte T., die in T.taschen zurückgezogen werden können; sie sind mit Klebzellen (Colloblasten) besetzt u. dienen ebenfalls dem Beutefang. Die ↗*Suctoria* (Wimpertiere) besitzen T., mit deren Hilfe sie Beute fangen u. aussaugen. Die T. bestimmter *Kopffüßer* (Tintenschnecken i. e. S. u. Kalmare) bestehen meist aus einem langen Stiel u. einer saugnapfbesetzten Endkeule. Entwicklungsgeschichtl. sind sie, wie die anderen Arme auch, aus Teilen des Fußes hervorgegangen u. werden v. den Pedalganglien innerviert.

Tentakuliten [Mz.; v. *tentak-], Ord. *Tentaculitida* Lyashenko 1955, Kl. *Tentaculitoidea* Lyashenko 1958, Kl. *Tentaculita* Bouček 1964; orthocone, spitzkegelförm. Gehäuse unbekannter, marin lebender Tiere, die meist wenige mm groß (0,8 bis

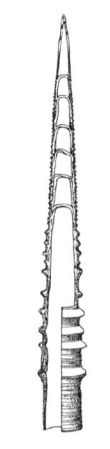

tentac-, tentak- [v. lat. tentaculum = Fühler, Taster, Fangarm (v. tentare = betasten, berühren, versuchen)].

Tentakuliten
Tentakulit im Längsschnitt; unten rechts Andeutung der Skulptur

30 mm) sind u. aus mehreren Kalklagen bestehen: zw. 2 Prismenschichten eine dünne Perlmutterschicht; Embryonalkammer tropfenförmig od. mit spitzem Apex; hinterer Abschnitt des Gehäuses oftmals gekammert, jedoch ohne Verbindung der Kammern untereinander; ringförmig. Verdikkungen bilden die charakterist. Außenskulptur. Erwiesen ist der Besitz von tentakelart. Weichteilstrukturen. T. finden sich meist in feinkörn. Sedimenten, stellenweise sogar gesteinsbildend. Ihre systemat. Stellung ist umstritten; Eigenständigkeit in einer besonderen Kl. wurde ebenso vertreten wie Beziehungen zu Mollusken – insbes. zu „Pteropoden" u. Cephalopoden – od. Brachiopoden u. Anneliden. Verbreitung: mittleres Kambrium bis Oberdevon, Hauptverbreitung im Silur/Devon, in dieser Zeit wichtige Leitfossilien; ca. 14 Gatt. in 5 Fam.

Tenthredinidae [Mz.; v. gr. tenthrēdōn = Biene, Wespe], *Echte Blattwespen*, Fam. der ↗Hautflügler (Pflanzenwespen) mit ca. 4000 Arten, in Europa etwa 800. Der 2,5 bis 14 mm große, langgestreckte Körper ist je nach Art unterschiedl. gefärbt; die Larve ist eine ↗Afterraupe. Viele T. richten bei Massenauftreten durch Larvenfraß in der Landw. Schäden an. Die ähnl., ca. 5 mm großen, Gelben u. Schwarzen Pflaumensägewespen *(Hoplocampa flava* und *H. minuta)* findet man im Frühjahr in Pflaumenblüten, wo sie ihre Eier an die Kelchblätter legen. Die Larve befällt nacheinander mehrere Früchte u. verpuppt sich im Boden. Die Larven der Apfelsägewespe *(H. testudinea)* befallen, oft zu mehreren in einer Frucht, Äpfel, die dann nicht zur Reife kommen. Ähnl. wie diese lebt die Birnensägewespe *(H. brevis);* die Fortpflanzung erfolgt vermutl. rein parthenogenetisch. Die mit Schleim bedeckten, kleinen Nacktschnecken ähnelnden Larven der schwarzen, unscheinbaren Kirschblattwespe *(Caliroa cerasi)* ernähren sich v. Kirschblättern. Häufig zu Kahlfraß kommt es an Stachel- u. Johannisbeeren durch die Larven der glänzenden, gelb-schwarz gefärbten Gelben Stachelbeerblattwespe *(Nematus ribesii)*. Fast weltweit verbreitet ist die ca. 7 mm große Kohlrübenblattwespe *(Athalia rosae)*, die durch Fraß an Senf, Raps u. verschiedenen Kohlarten erhebl. Schaden anrichten kann. Räuberisch v. anderen Insekten lebt die häufige Grüne Blattwespe *(Rhogaster viridis)*.

Tentorium *s* [lat., = Zelt], chitiniges Innenskelett im Kopf der ↗Insekten (□), das der Stütze der Kopfkapsel und v.a. als Muskelansatz für Mundwerkzeugmuskeln (↗Mundwerkzeuge) dient. Es entsteht durch Einstülpung von seitl. Entapophysen. Die in der Mitte zusammenstoßen u. verwachsen *(Corpotentorium)*. Nach oben u. hinten wachsen weitere Tentorialarme aus.

terat-, terato- [v. gr. teras, Mz. terata = Zeichen, Wunderzeichen; Ungeheuer, Monstrum; Mißbildung].

Tenthredinidae
Kirschblattwespe
(Caliroa cerasi)

Teonanacatl
Rauschpilze, die in Mittelamerika (Mexiko) v. den Indianern bei rituellen Handlungen genutzt wurden (Auswahl):
Psilocybe mexicana
P. hoogshagenii
P. acutissima
P. aztecorum
P. caerulescens
P. caerulipes
P. semperviva u.a.
Psilocybe-Arten
Conocybe siliginoides
Panaeolus sphinctrinus
Stropharia cubensis

Teonanacatl *m* [aztekisch], *Fleisch der Götter, göttl. Pilz, mexikan. Zauberpilz*, aztek. Name für ↗*Psilocybe mexicana, P. hoogshagenii* u.a. ↗Rauschpilze (vgl. Tab.), die v. Indianern Mittelamerikas in mythischen u. rituellen Handlungen genutzt wurden; auch heute noch bei vielen Stämmen verwendet. Pilzförm. Steinfiguren, die meisten aus der Zeit zw. 1000 vor bis 500 n. Chr., u. viele andere Keramikfiguren u. Pilzdarstellungen sprechen für eine uralte Tradition des zeremoniellen Gebrauchs halluzinogener Pilze. Hauptinhaltsstoffe der Pilze, die Halluzinationen im Gehör- u. Gesichtssinn erzeugen, sind ↗Psilocybin (□) u. Psilocin.

Teosinte *w* [v. aztek. teocentli (teotl = Gott, centli = Kornähre)], *Zea mexicana*, vermutl. die Stammpflanze vom ↗Mais.

Tepalen [Mz.; Anagramm aus Petalen, v. gr. petalon = Blatt] ↗Perigon, ↗Blüte (B).

Teppichhai, *Crossorhinus tentacularis*, ↗Ammenhaie. [↗Speckkäfer.

Teppichkäfer, *Anthrenus scrophulariae*,

Teppichmuscheln, *Venerupis*, Gatt. der Venusmuscheln mit gestreckt-ovalen Klappen, die unregelmäßig radiär und konzentr. gerippt sind, innen mit Mantelbucht; leben in Sand- u. Schlammböden, einige in Felsspalten, u. diese haben oft unregelmäßig geformte Schalen. Die Gemeinen T. *(V. pullastra)*, bis 65 mm lang, kommen in NO-Atlantik u. Nordsee auf grobsand. Boden vor. [adler.

Terathopius *m*, Gatt. der ↗Schlangen-

Teratogene [Mz.; v. *terato-, gr. gennan = erzeugen], Substanzen verschiedenster Herkunft (vgl. Tab.), darunter auch zahlr. Arzneimittel, welche die Entwicklung des ↗Fetus stören u. zu Mißbildungen (↗Embryopathie; ↗Fehlbildung, T) führen können. Pharmaka, insbesondere neu eingeführte m. mit ungesicherter teratogener Wirkung, dürfen daher während der ↗Schwangerschaft nur sehr kontrolliert u.

Teratogene Bekannte T. und ihre Wirkung:

↗Androgene
  Maskulinisierung bei weibl. Feten, bes. im Bereich der Genitalien

↗Cytostatika
  Skelettmißbildungen, Störungen im Zentralnervensystem u.a.

↗Antibiotika
  Gehörschäden, Zahnstörungen, Skelettmißbildungen

Barbiturate
  unspezif. Mißbildungen

↗Thalidomid
  Extremitätenmißbildungen, Störungen der Herz- u. Verdauungstrakt-Entwicklung

↗Östrogene (hoch dosiert)
  Wasserkopf u. a. Mißbildungen

Synthetische Östrogenderivate (Diäthylstilbestrol)
  bei einer Latenzzeit von bis zu 17 Jahren: Vaginalkrebs

Alkohol
  prä- u. postnatale Wachstumsstörungen, geistige Retardiertheit, Mißbildungen

Antiepileptika
  Hasenscharte, offene Gaumenspalte u. a. Mißbildungen

Schilddrüsenpräparate (auch Kaliumiodid im Hustensaft)
  Kropfbildung

Infektionserreger
  (Röteln, Herpes simplex, Herpes zoster, Toxoplasmose)
  zahlr. verschiedene Mißbildungen

ionisierende Strahlen
  meist Skelett- u. Kopfmißbildungen

Nicht aufgeführt sind die zahlr. Industriechemikalien od. Lebensmittelzusätze, deren teratogene Wirkung im einzelnen schwer zu beurteilen u. nicht einwandfrei nachzuweisen ist.

Teratologie

terat-, terato- [v. gr. teras, Mz. terata = Zeichen, Wunderzeichen; Ungeheuer, Monstrum; Mißbildung].

terebell- [v. lat. terebellum = kleiner Bohrer].

Terebellida
Familien:
↗ Ampharetidae
Boguedae
↗ Pectinariidae
↗ Terebellidae
Trichobranchidae

Terebellidae
Wichtige Gattungen:
↗ Amphitrite
Artacama
Axionice
Eupistella
Eupolymnia
Euthelepus
Lanassa
Lanice
Lanicides
Leaena
Loimia
Lysilla
↗ Neoamphitrite
↗ Nicolea
Pista
↗ Polycirrus
Scionella
Streblosoma
Terebella
Thelepus

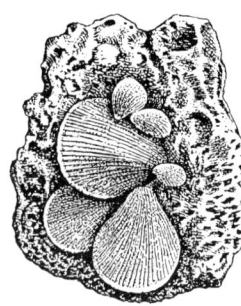

Terebratulina
T. septentrionalis auf einem Stein

unter genauer Abwägung der Vor- u. Nachteile verabreicht werden. Die Art der durch T. ausgelösten Störungen ist einerseits vom Typ des Teratogens selbst, andererseits vom Entwicklungsstadium des Fetus (↗ Embryonalentwicklung, ▣ III–IV) abhängig (↗ Fehlbildungskalender, ▢). Bei der experimentellen Prüfung der *Teratogenität* versagen ↗ Tierversuche häufig, da die Ansprechbarkeit auf T. offenbar interspezif. sehr unterschiedl. ist (Coffein, Penicillin u. Tetracycline wirken auf den Menschen nicht *teratogen,* wohl aber auf verschiedene Versuchstiere). Andererseits werden teratogene Substanzen im Tierversuch oft in extrem hohen Dosen eingesetzt, so daß über die auf den Menschen im allg. wesentlich niedriger wirkenden Dosen nichts ausgesagt werden kann. ↗ Teratom.

Teratologie *w* [v. *terato-, gr. logos = Kunde], Lehre v. den Mißbildungen.

Teratom *s* [v. *terato-, gr. tomē = Schnitt], durch ↗ Teratogene od. sonstige Störungen der Embryonalentwicklung (▢ Fehlbildungskalender) ausgelöste fetale Geschwulst, die mehrere Keimblätter umfaßt (Mischgeschwulst) u. zu bösart. Tumorbildung (↗ Krebs) neigt *(Teratokarzinom).* Außer dem Fetus selbst (aus nicht rückgebildeten Resten des ↗ Primitivstreifens entstandenes Steißatherom, ferner Hoden- od. Eierstockkarzinom, Kiefer-T. u.a.) können auch Placenta u. Nabelschnur betroffen sein. T.e des Erwachsenen lassen sich immer auf entartete embryonale Zellen zurückführen.

Teratornis *m* [v. *terat-, gr. ornis = Vogel], ↗ Riesengeier.

Terebellida [Mz.; v. *terebell-], Ord. der Ringelwürmer (Kl. *Polychaeta*) mit 5 Fam. (vgl. Tab.); Körper in 2 oder 3 Abschnitte unterteilt; Prostomium mit zahlr. Tentakeln; Notopodien mit Borsten, Neuropodien mit Haken, kein vorstülpbarer Rüssel.

Terebellidae [Mz.; v. *terebell-], Ringelwurm-(Polychaeten-)Fam. der ↗ *Terebellida* mit 46 Gatt. (vgl. Tab.); Körper lang, in 2 Abschnitte unterteilt; Vorderkörper mit dorsalen Borsten u. ventralen Haken; Hinterkörper nur mit ventralen Haken; Prostomium mehr od. weniger mit dem Peristomium verwachsen u. mit einem Tentakellappen mit zahlr. fadenförmigen Tentakeln versehen; entweder keine oder 3 Paar faden- od. baumförmiger Kiemen dorsal auf dem 2.–4. Metamer. Bewohnen Röhren, deren Fremdkörper auf- u. eingelagert sind; Ernährung: Taster. Namengebende Gatt. *Terebella* mit 28 Arten. Bekannteste Art der Nordsee: *Lanice conchilega,* der Bäumchenröhrenwurm.

Terebellides *m* [v. *terebell-], Ringelwurm-(Polychaeten-)Gattung der ↗ *Trichobranchidae.* T. *stroemi,* 3–6 cm lang, vorn rot bis orange, hinten gelbl.; auf Schlamm, feinem Sandboden und zw. Seegras; Nordsee, Ostsee.

Terebellomorpha [Mz.; v. *terebell-, gr. morphē = Gestalt], früher U.-Ord. der *Polychaeta* innerhalb der Ord. ↗ *Sedentaria*. Beide Einheiten sind nicht mehr gebräuchlich; die T. sind heute durch die ↗ *Terebellida* ersetzt.

Terebra *w* [lat., = Bohrer], 1) Gatt. der ↗ Schraubenschnecken. 2) ältere Bez. für den ↗ Eilegeapparat der Insekten, der z. Einschieben der Eier in ein festeres Substrat geeignet ist. Danach ben. sind die *Terebrantes* unter den ↗ *Apocrita.*

Terebralia *w,* Gatt. der ↗ Brackwasser-Schlammschnecken.

Terebrantes [Mz.; v. lat. terebrans = bohrend], nicht mehr gebräuchl. Bez. für parasit. ↗ Hautflügler. ↗ Terebra.

Terebratella *w* [v. *terebrat-], Gatt. der *Testicardines;* ↗ Brachiopoden mit stark gerippter Schale; namengebend für die Fam. *Terebratellidae,* deren 9 rezente Gatt. (u. a. ↗ *Magellania*) v. a. im S-Pazifik v. der Gezeitenzone bis in über 4000 m Tiefe vorkommen.

Terebratula [Mz.; v. *terebrat-], (Müller 1776), alter Sammelname für articulate ↗ Brachiopoden mit kurzem ↗ terebratulidem Armgerüst, einem Medianseptum auf der Armklappe u. ohne Zahnstützen, mit glatter, höchstens v. Zuwachslinien bedeckter Schale. Heute wird die Gatt. beschränkt auf tertiäre Vertreter (Miozän bis Pliozän) mit deutl. Sinus u. Wulst, großem Stielloch, geteilten Schloßplatten u. langgestreckten Muskeleindrücken.

terebratulid [v. *terebrat-], *terebratuloid,* bei ↗ Brachiopoden Bez. für a) eine spezielle Form des ↗ ancylopegmaten ↗ Armgerüstes, b) einen stark gebogenen Schloßrand, der bedeutend kürzer ist als die größte Gehäusebreite, z. B. bei ↗ *Terebratula*.

Terebratulina *w* [v. *terebrat-], Gatt. der ↗ Brachiopoden, Kreide bis rezent; u. a. 2 Arten (bis 2 bzw. 4 cm groß) in nördl. Meeren (auch brit. und norweg. Küste, Gezeitenzone bis über 3000 m Tiefe).

Teredo *w* [lat., = Holzwurm], Gatt. der ↗ Schiffsbohrer.

Terfeziaceae [Mz.; v. Tuareg tarfest = Trüffel], die ↗ Mittelmeertrüffel.

Tergalarm *w* [v. lat. tergum = Rücken], Teil im Bereich des Gelenks beim ↗ Insektenflügel.

Tergit *s* [v. lat. tergum = Rücken], bei ↗ Gliederfüßern vom ↗ Tergum abgegliedertes ↗ Sklerit.

Tergum *s* [lat., = Rücken], *Notum, Rückenschild,* bei ↗ Gliederfüßern der sklerotisierte Bereich des Rückenteils *(Dorsum)* eines Segments; bes. bei ↗ Insekten kann das T. in *Tergite* unterteilt sein. ↗ Thorax, ↗ Insektenflügel.

Terminalfilum *s* [v. *terminal-, lat. filum = Faden], *Terminalfaden,* 1) der ↗ Endfaden; 2) ↗ Ovariolen.   [↗ Combretaceae.

Terminalia *w* [v. *terminal-], Gatt. der

Terminalisation w [v. *terminal-], die Verlagerung v. Chiasmata (↗Chiasma) an die Chromosomenenden unter gleichzeitigem Auseinanderweichen der gepaarten Chromosomen gg. Ende von Prophase I der ↗Meiose ([B]).

Terminalknospe, die ↗Endknospe.

Terminalzellen, die ↗Cyrtocyten; ↗Exkretionsorgane, ↗Nephridien (☐).

Termination w [v. lat. terminatio = Begrenzung], *Kettenabbruch, Kettenabschluß,* die abschließende(n) Reaktion(sfolgen) bei der Synthese v. Kettenmolekülen (↗Biopolymere) wie DNA, RNA u. Proteinen. Die ↗Signalstrukturen, durch welche die T. bei der DNA-Synthese ausgelöst wird, sind noch unbekannt. Bei der bakteriellen RNA-Synthese wird die T. durch *Terminatoren* (vgl. Abb.), die aus invertierten Sequenzwiederholungen u. 3'-terminal angrenzenden A/T-reichen Bereichen bestehen, bzw. durch spezielle Proteine *(transkriptionale T.sfaktoren),* wie z.B. den rho-Faktor, signalisiert. Eine Sonderform der T. der bakteriellen RNA-Synthese ist die ↗Attenuatorregulation. Die Identifizierung von T.ssignalen (Stopsignalen) für die eukaryot. RNA-Synthese ist bislang nur für ↗RNA-Polymerase III eindeutig; hier genügt die einfache Sequenz TTTT (z.B. am 3'-Ende v. 5S-r-RNA-Genen). Sie ist zur Ausbildung einer Sekundärstruktur zu kurz, so daß diese hier – im Ggs. zur bakteriellen RNA-T. – ohne Bedeutung ist. Die T. bei der Proteinsynthese wird durch die T.scodonen UAA, UAG und UGA in Zusammenwirken mit speziellen Proteinen *(translationale T.sfaktoren)* signalisiert ↗genetischer Code. ↗Elongation, ↗Antitermination.

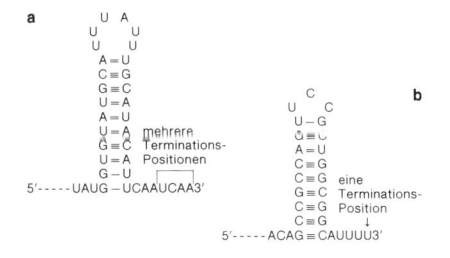

Terminator m [lat., = Abgrenzer], ↗Termination.

Terminatormutation w, eine Punktmutation, durch die in einem Protein-codierenden Gen ein Terminationscodon (↗Termination) anstelle eines Aminosäurecodons eingeführt wird. T.en sind die ↗Amber-Mutation, die Ochre-Mutation (↗Ochre-Codon) u. die Opal-Mutation (↗Opal-Codon). Als T.en werden darüber hinaus auch Mutationen bezeichnet, welche die Struktur u. Funktion eines Terminators der Transkription (hier auch bei r-RNA- und t-RNA-codierenden Genen) verändern.

Terminologie w [v. lat. terminus = Abgrenzung, Definition, gr. logos = Kunde], *Fachsprache,* Gesamtheit der *Termini* (Fachausdrücke) u. auch die Lehre davon. Die Termini sind *deskriptiv* (beschreibend), wie z.B. für Körperabschnitte (↗Abdomen, ↗Sproßachse) u. Phänomene (z.B. ↗Anemogamie), od. sie stehen für *Hypothesen,* z.B. ↗Charakter-Displacement, ↗Orthoevolution. Die Bedeutung der Termini ist durch *Definition* festgelegt od. durch ↗Injunktion (dann kann es unterschiedl. Abgrenzungen geben, z.B. bei ↗Coelom). ↗Nomenklatur.

Termiten [Mz.; v. lat. tarmites = Holzwürmer], *Isoptera,* Ord. der ↗Insekten mit ca. 2000 meist trop. Arten in 6 Fam.; nur 2 Arten im S Europas. Die T. sind ↗staatenbildende Insekten; sie sind nicht mit den ↗Ameisen (falscher Name: „Weiße Ameisen"), sondern mit den ↗Schaben verwandt. Der *Körperbau* der T. variiert je nach Art u. Kaste erhebl.; die Größe reicht von ca. 10 mm bis zu 12 cm (Königin der Art *Odontotermes fidens).* Der meist schlanke, blaß gefärbte, schwach sklerotisierte Körper ist immer deutl. in Kopf, Brustabschnitt u. Hinterleib gegliedert. Der überwiegend frei bewegl., rund bis oval gebaute u. flach gewölbte Kopf trägt 1 Paar Komplexaugen, die nur bei den Geschlechtstieren vollständig ausgebildet sind; die Arbeiter sind häufig blind. Die 14- bis 34gliedrigen, perlschnurart. Fühler stellen die wichtigsten Orientierungs- u. Kommunikationshilfen dar. Die schon bei den Arbeiterinnen u. Geschlechtstieren kräftig gebauten, beißend-kauenden Mundwerkzeuge sind bei der ↗Kaste der großköpfigen ↗Soldaten erhebl. vergrößert u. stellen gg. Angreifer des Nestes eine gefährl. Waffe dar. Je nach Art kommen verschiedene Morphen dieser Soldaten vor: Bei den ↗Kiefersoldaten sind die häufig unsymmetr. Oberkiefer (Mandibeln) vergrößert u. mit kräft. Muskulatur ausgestattet; die Soldaten der Nasentermiten (Fam. *Rhinotermitidae)* werden wegen eines aus den Unterlippen gebildeten gegabelten Fortsatzes Gabelnasuti gen. Alle Soldaten können sich zudem mit dem klebrigen, oft gift. Sekret einer Stirndrüse (Wehrdrüse, ↗Frontaldrüse) verteidigen, die bei den Nasensoldaten (Nasuti) der Gatt. *Nasutitermes* (Fam. *Termitidae)* bes. gut ausgebildet ist. Von den 3 etwa gleich großen Brustabschnitten ist bei den T. meist der vordere gut bewegl.; jedes Segment trägt je 1 Beinpaar; Flügel haben nur die Geschlechtstiere in der Schwärmphase. Deutl. sind die 10 Segmente des breit am Brustabschnitt ansetzenden Hinterleibs unterscheidbar. Das 10. Segment trägt 1 Paar Cerci; die Geschlechtsöffnungen befinden sich zw. dem 9. und 10. (Männchen) bzw. 7. und 8. (Weibchen) Hinterleibssegment. – Die Zugehörigkeit zu den verschiedenen *Kasten* wird bei den T. wahrschein-

---

Terminologie

Die meisten *Termini* sind Fremdwörter u. erleichtern so die int. Verständigung (z.B. dorsal, ventral, proximal usw.; ☐ Achse). Manche Termini werden jedoch von verschiedenen „Schulen" bzw. Lehrbuchautoren mit unterschiedl. Bedeutung verwendet (z.B. Analogie/Konvergenz/Parallelismus, Auto-/Pädogamie, Isolation/Separation, monophyletisch, Fertilität/Fekundität, Neotenie/Fetalisation, Symbiose, Coevolution), im Extremfall sogar im entgegengesetzten Sinn (Syncytium/Plasmodium).

Termination

Sekundärstrukturen v. bakteriellen *Terminatoren* der Transkription: **a** Terminator t_{R1} des ↗Lambda-Phagen, **b** Terminator des Tryptophan-Operons von ↗*Escherichia coli.* Ähnl. Strukturen findet man bei anderen bakteriellen Terminatoren. Die Synthese von RNAs beginnt an den weit links liegenden, nicht in Form v. Sequenzen gezeigten 5'-Enden, um an den hier gezeigten 3'-Enden abzubrechen. Die Terminationspositionen sind meist exakt (wie bei **b** mit dem U am 3'-Ende), können aber auch einen kleineren Sequenzbereich umfassen (wie bei **a**); im letzteren Fall sind die 3'-Enden heterogen.

---

terebrat- [v. lat. terebratus = durchbohrt].

terminal- [v. lat. terminalis = Grenz-, End-].

```
a              U  A
            U     U
          U     U
         A = U
         C ≡ G
         G ≡ C
         U = A
         A = U
         U = A     mehrere
         G ≡ C     Terminations-
         U = A     Positionen
         G – U
5'-----UAUG – UCAAUCAA3'

                              C        b
                           U     C
                         U = G
                         Ŭ = G
                         A = U
                         C ≡ G
                         C ≡ G      eine
                         G ≡ C      Terminations-
                         C ≡ G      Position
                         C ≡ G         ↓
                    5'-----ACAG ≡ CAUUUU3'
```

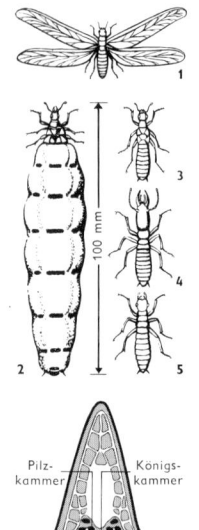

Termiten

Termiten
1 geflügeltes Geschlechtstier, 2 Königin, 3 König, 4 Soldat, 5 Arbeiter; 6 Schnitt durch ein Hügelnest

Termiten
Wichtige Familien:
Erntetermiten *(Hodotermitidae)*
Nasentermiten *(Rhinotermitidae)*
Riesentermiten *(Mastotermitidae)*
Termitidae
Trockenholztermiten *(Kalotermitidae)*

lich nicht genet. bestimmt, sondern zumindest z. T. durch Pheromone. Die meist blaß gefärbten Arbeiter können sowohl männl. als auch weibl. Geschlechts sein, stets sind die Geschlechtsorgane verkümmert. Ihnen obliegen im T.-Staat alle Arbeiten außer der Verteidigung u. der Fortpflanzung, so auch die Ernährung der übrigen Kasten u. der Brut. Bei manchen Arten fehlen die Arbeiter, ihre Aufgaben werden dann v. Altlarven verrichtet, die das Imaginalstadium nicht erreichen (Scheinarbeiter, *Pseudergaten*). Die *Nahrung* der T. besteht meist aus cellulosehaltigen pflanzl., auch sich zersetzenden Stoffen, bei primitiveren Arten ausschl. aus Holz; die Arten der Fam. *Termitidae* sind Allesfresser. Die Cellulose wird mit Hilfe von endosymbiont. Flagellaten u. Bakterien (B Endosymbiose) in einem Teil des Darms aufgeschlossen. Einige Arten der T. züchten in speziellen Kammern ihrer Nester Pilze als Nahrung (↗Pilzgärten). Die in Form u. Größe sehr verschiedenartig gebauten *Nester* werden je nach Art in Bäumen, in Holz od. im Boden angelegt; Baumaterialien sind Erde, zerkleinerters pflanzl. Material, Papier u. ä., auch in Kombination, häufig mit Speichel od. Kot verstärkt. Fast das gesamte Leben der feuchtigkeitsliebenden T. spielt sich innerhalb des meist kompliziert gekammerten, auch unterird. mit Gängen u. Galerien versehenen Nestes ab, das durch Luftschächte, Isolierungen u. ä. perfekt klimatisiert ist. Im Ggs. zu den sog. nicht konzentrierten Nestern der primitiveren Fam. der T. ist der Aufbau der sog. konzentrierten Nester höher organisiert: In einer zentral gelegenen Kammer ist die Königin eingemauert, in daran anschließenden Schichten folgen die Kammern für Eier u. junge Larven (Brutschicht), darauf nach außen die Wohnschicht mit Kammern für die älteren Larven u. die Geschlechtstiere. Die Nester erreichen Höhen v. mehreren Metern. Die Kompaßtermite *(Amitermes meridionalis)* legt die Giebelseiten ihres schmalen, hausähnl., bis zu 5 m hohen Bauwerks stets in Nord-Süd-Richtung an, um eine starke Aufheizung durch die Sonne zu vermeiden. Die Kommunikation u. Erkennung zw. Mitgliedern eines Staates erfolgt durch taktile Reize u. durch Duftstoffe; z. B. wirkt ↗Limonen als ↗Alarmstoff. Der Gründung eines neuen T.-Staates geht die Schwärmphase der Geschlechtstiere (↗Hochzeitsflug) aus dem alten Nest voraus. Erst wenn ein Paar einen geeigneten Platz für ein Nest gefunden hat, erfolgt die Begattung. Innerhalb ihres bis zu 10 Jahren dauernden Lebens kann eine Königin, das fertile Weibchen, mehrere Mill. Eier ablegen; sie wird dabei mehrmals vom König, dem einzigen fertilen Männchen, begattet. Die Larven entwickeln sich hemimetabol in 200 bis 400 Tagen zu den Imagines. – Die Bedeutung der T. konzentriert sich auf die Schadwirkung durch die Zerstörung v. Holz an Bauwerken u. den Fraßschaden an vielen Kulturpflanzen, wie Citrus-Pflanzungen, Weizen, Gummibäumen u. v. a. Daneben sind die T. als bodenauflockernde u. -bildende Tiere u. als Nahrungsmittel nützlich. Natürl. Feinde der T. sind unter den Säugetieren die ↗Ameisenfresser. Regelrechte Raubzüge zu T.nestern führen viele Ameisenarten aus; in der Schwärmphase werden die Geschlechtstiere leichte Beute von räuber. Insekten, wie z. B. Grabwespen, Laufkäfer sowie v. Spinnen. – Die Verwandtschaft zu den Schaben ist bei der primitiven Fam. der T., den austr., im Holz lebenden Riesen-T. *(Mastotermitidae)*, noch deutl. erkennbar. Bedeutende Holzschädlinge gibt es unter den primitiveren Trockenholz-T. (Fam. *Kalotermitidae*), wie viele Arten der Gatt. *Cryptotermes*. Die Gelbhals-T. *(Kalotermes flavicollis, Calotermes f.)* kommt auch in S-Europa vor. Die in Afrika u. SO-Asien verbreiteten Ernte-T. (Fam. *Hodotermitidae)* ernähren sich v. Gräsern, die sie in ihren Bau eintragen. Arten der weit verbreiteten Nasen-T. (Fam. *Rhinotermitidae),* bes. die Gelbfuß-T. *(Reticulitermes flavipes),* werden zuweilen in Hafenstädten Mitteleuropas eingeschleppt u. können dort in Lagerhäusern durch Zerfressen der Balken schädl. werden. Mehr als drei Viertel aller Arten gehören zur höchstentwickelten Fam. der T., den *Termitidae.* B Afrika IV, B Insekten I.

Lit.: Schmidt, H.: Die Termiten. Leipzig 1955.   G. L.

Termitengäste, *Termitophilen;* ebenso wie in Ameisennestern die ↗Ameisengäste, leben auch in Termitenbauten zahlr. Tierarten (v. a. Insekten u. Milben), welche die gleichmäßige Temp. und Luftfeuchtigkeit u. z. T. auch das Nahrungsangebot (↗Kommensalismus) nutzen. Allein v. den Kurzflüglern *(Staphylinidae)* leben etwa 300 Arten als T. Aussehen u. Lebensweise der T. sind an das Zusammenleben mit den ↗Termiten oft hochgradig angepaßt. Mit ihren Wirten können T. auf unterschiedl. Weise in Beziehung treten. Manche Springschwänze, Kurzflügler, Buckelfliegen u. Milben leben als harmlose ↗Synöken (↗Synökie) im Termitenbau. In enge, symbiontische Wechselbeziehung (↗Symbiose) treten zahlreiche T., indem sie ihren Wohnraumgebern Drüsensekrete als Nahrung anbieten; ihr Hinterleib ist z. T. stark vergrößert (↗Physogastrie), wie bei manchen Kurzflüglern (z. B. *Spirachta, Spirachthodes, Coatonachthodes*) u. bei den flugunfähigen Termitenmücken *(Termitomastidae).* Schädigen T. ihren Wirt, wie z. B. die ebenfalls flugunfähigen u. physogastrischen Termitenfliegen *(Termitoxeniidae;* Afrika, Indien) durch Anstechen u. Aussaugen der Termiten od. ihrer Larven, so liegt ↗Symphilie vor.

Termitidae [Mz.], Fam. der ↗Termiten.

Termitophilen [Mz.], die ↗Termitengäste.
Termone [Mz.; v. lat. terminare = begrenzen, gr. hormōn = antreibend], geschlechtsbestimmende Substanzen bei gewissen Protozoen, Algen u. Pilzen.
ternäre Nomenklatur w [v. lat. ternarius = drei-, nomenclatura = Namenverzeichnis], die ↗trinäre Nomenklatur.
Ternifine, *Tirennifine*, ca. 20 km östl. von Mascara (N-Algerien) gelegener Fundort des ↗*Homo erectus mauretanicus*. B Paläanthropologie.
Terpene [Mz.; v. *terp-], *Terpenoide*, umfangreiche Gruppe v. ↗Naturstoffen, die sich – wie auch die ↗Steroide – biogenet. vom Isopren ableiten (↗Isoprenoide, ☐). Nach der Anzahl der zum Aufbau verwendeten Terpen-Einheiten unterscheidet man ↗Mono-T., ↗Sesqui-T., ↗Di-T., ↗Tri-T., Tetra-T. (↗Carotinoide) u. Poly-T. (↗Balata, ↗Guttapercha, ↗Kautschuk). T. können als Kohlenwasserstoffe, Alkohole, Äther, Aldehyde od. Ketone u. in acyclischer, monocyclischer od. bicyclischer Form auftreten. Sie sind im Tier- u. Pflanzenreich weit verbreitet. Ihre gesamte Vielfalt findet sich jedoch nur in Höheren Pflanzen, z. B. in ↗äther. Ölen, ↗Harzen u. ↗Balsamen. Einige besitzen wichtige biol. Funktionen als ↗Pigmente (↗Carotinoide), ↗Pheromone, ↗Phytohormone (↗Gibberelline, ↗Abscisinsäure) od. natürl. ↗Insektizide (↗Pyrethrine u. Cinerine). T. finden u. a. Verwendung als Riechstoffe, Arzneimittel u. Rohstoffe für die Industrie.

terp- [v. gr. terebinthos = Terpentinbaum].

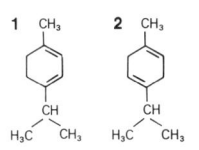

Terpinen
1 α-*Terpinen* (z. B. in Majoranöl u. Korianderöl);
2 γ-*Terpinen* (z. B. in Korianderöl u. Citronenöl)

α-Terpineol

Klassifizierung der Terpene

Zahl der C-Atome	Zahl der Isopren-Einheiten	Zahl der Terpen-Einheiten	Name	vorherrschend in
10	2	1	Monoterpene	äther. Ölen
15	3	1½	Sesquiterpene	äther. Ölen, Balsamen
20	4	2	Diterpene	Harzen, Balsamen
30	6	3	Triterpene	Harzen
40	8	4	Tetraterpene	Pigmenten
>40	>8	>4	Polyterpene	Milchsäften (Latex)

Verteilung der Terpene in Pflanzen

	Monoterpene	Sesquiterpene	Diterpene	Triterpene	Tetraterpene (Carotinoide)
Bakterien				(+)	+
Cyanobakterien				(+)	+
Rotalgen	(+)	(+)			+
Braunalgen		(+)			+
Grünalgen	(+)				+
Pilze	(+)	(+)	+	+	+
Moose		+	+	+	+
Gefäßpflanzen	+	+	+	+	+

Terpenoide [Mz.; v. *terp-], die ↗Terpene.
Terpentin s [v. *terp-], *Terebinthinae Balsamum*, aus verschiedenen *Pinus*-Arten (↗Kiefer) gewonnener ↗Balsam. Die Gewinnung von T. erfolgt durch V-förmige Einschnitte an den Stämmen u. Sammeln des aus den schizogenen Exkretgängen des Holzes ausfließenden Rohbalsams. Dieser enthält 74–77% ↗Kolophonium (Harz), 16–21% ↗T.öl, 4–8% Wasser und 0,2–0,5% Verunreinigungen. Ein Baum liefert pro Jahr 1,5–4 kg T., aus dem man nach Destillation T.öl (wasserdampfflüchtiger Anteil) u. Kolophonium (fester Destillationsrückstand) erhält.
Terpentinöl [v. *terp-], *Oleum Terebinthinae*, durch Wasserdampfdestillation aus ↗Terpentin (↗Balsame) gewonnenes ↗ätherisches Öl verschiedener *Pinus*-Arten (↗Kiefer). Hauptinhaltsstoff ist ↗Pinen (60–90%). T. findet Verwendung als Lösungsmittel, in der Kautschuk-Industrie, bei der Herstellung v. Insektiziden u. Fungiziden, zur Campher-Synthese u. zu Riechstoffsynthesen sowie äußerl. in Form v. Pflastern, Salben u. Linimenten als hautreizendes, hyperämisierendes Mittel bei rheumat. Beschwerden, Neuralgien. Arthritis u. als Bestandteil v. Furunkelsalben.
Terpinen s [v. *terp-], in äther. Ölen vorkommendes monocycl. ↗Monoterpen.
Terpineol s [v. *terp-], monocyclischer Monoterpenalkohol aus äther. Ölen (z. B. Cardamomenöl u. Majoranöl) mit fliederartigem Duft.
Terpios m, Gatt. der Schwamm-Fam. *Suberitidae*. *T. fugax*, kleine Krusten bildend, durch symbiont. Algen blau, grün od. rot gefärbt; Nordsee. *T. zeteki*, bis 50 cm hoch, mit fingerförm. Fortsätzen; Karibik, trop. Pazifik, Indik.
Terpsiphone w [v. gr. terpsis = Vergnügung, phōnē = Stimme], Gatt. der ↗Fliegenschnäpper.
Terrae calcis [Mz.; lat., Kalkorden], Sammelbez. für ↗Terra fusca u. ↗Terra rossa. T. c. sind alte Böden, die aus Kalkgestein, Dolomit od. Mergel hervorgegangen sind.
Terra fusca w [lat., = dunkelbraune Erde], *Kalksteinbraunlehm*, gelb- bis rotbraun gefärbter Boden, der vereinzelt in Mitteleuropa als Relikt auf alten, erosionsschwachen Landflächen vorkommt. Die T. f. ähnelt der ↗Braunerde (Profil A_h–B_v–C). Sie entsteht, wenn weiches, ton- u. eisenhaltiges Kalkgestein, Dolomit od. Mergel ungestört über Jahrtausende verwittert. Als Lösungsrückstände reichern sich dicht gelagerter, schwer zu bearbeitender, im feuchten Zustand plastischer Ton u. Eisenverbindungen an, die durch Oxidation verbraunen.
Terramycin s [v. lat. terra = Erde, gr. mykēs = Pilz], *Oxytetracyclin*, ↗Tetracykline.
Terrapene w [v. Delawar. torope = Schildkröte, über engl. terrapin], die ↗Dosenschildkröten.
Terrarium s [v. lat. terra = Erde], Behälter zur Haltung und Beobachtung von hpts. Reptilien u. Amphibien (auch kleineren Säugetieren), meist aus Glas od. Drahtgeflecht mit einem Metallrahmen. Es gibt Zimmer- und Freiland-Terrarien. Die Einrichtung eines T.s sollte, soweit möglich,

Die Lebewelt des Tertiärs

Diese Periode der Erdgeschichte hat erstmals auch den landbewohnenden Teil der Lebewelt nahezu lückenlos überliefert. Entscheidende Gründe dafür dürften in der topograph. Fastidentität der Kontinente u. in der alpidischen Gebirgsbildung zu finden sein. Abtragungsprodukte der aufsteigenden Gebirge lieferten die Decksedimente zur Erhaltung organ. Reste. Anders als bei früheren Orogenesen blieb die nachfolgende Einebnung u. Zerstörung der Fossilien (noch) aus. Hinzu kommt die klimat. Begünstigung dieser Periode, die wohl als die Zeit der zahlreichsten u. schönsten Lebewelt in kaum vorstellbar schöner Topographie anzusehen ist.

Pflanzen

Bedecktsamer (Angiospermen), die das Bild einer Naturlandschaft prägen, erfuhren am Beginn des T.s eine geradezu explosive Entwicklung. Insekten u. Vögel mögen durch ihre Mitwirkung bei Fremdbestäubung u. Verbreitung der Samen wesentl. Anteil daran haben. Bekannt sind über 225 000 Arten. Man unterscheidet 1. eine arktotertiäre Primärflora (↗ arktotertiäre Formen), die, aus Asien kommend, noch heute den Grundstock der eur. Flora darstellt; sie bestand überwiegend aus sommergrünen Gehölzen u. wurde in der Eiszeit stark dezimiert; 2. eine immergrüne (laurophylle) Flora subtrop. Charakters, die bes. im Alt-T. verbreitet und v. Bedeutung für die Braunkohlenbildung war; Relikte finden sich heute noch in SO-Asien, Mittelamerika, Florida u. auf den Kanaren; 3. eine trocken-atlantische Flora; auf sie gehen große Teile der heutigen Mittelmeerflora zurück. – Neben den Angiospermen sind auch andere Pflanzengruppen umfangreich belegt; Koniferen waren z. B. an der Kohlebildung stark beteiligt. Marine Floren finden sich v. a. in Gestalt v. Algen (z. B. *Coccolithales*, *Diatomeae*), deren Hartteile sind v. hohem stratigraph. Nutzen. Im limnischen Bereich spielen Oogonien v. *Charales* die gleiche Rolle.

Tiere

Der sog. „Faunenschnitt" an der Kreide/T.-Grenze bewirkte einen tiefgreifenden Umbruch. Er drückt sich am einprägsamsten aus im plötzl. Hervortreten der Säugetiere („Zeitalter der Säugetiere"). Nur 2 Gruppen mesozoischer Säuger vermochten in wenigen Arten die Zeitgrenze zu überschreiten: *Multituberculata* (in Europa *Neoplagiaulax*, *Liotomus*) u. Beutelrattenartige (*Didelphoidea*). Darüber hinaus erscheint die Säugetierfauna des Paleozäns, die im Ggs. zu N-Amerika in Europa bislang nur v. wenigen Fundstellen (Walbeck, Cernay-les-Reims, Menat, Hainin) bekannt ist, artenarm u. auf das obere Paleozän beschränkt: 5 Fam. von *Insectivora*, 2 von Urhuftieren (*Condylarthra*), 2 von Raubtieren (*Carnivora*) u. 3 von Herrentieren (Primaten). In *Arctocyon* erreichten die noch altertümlichen, den *Creodonta* zugerechneten Raubtiere bereits Wolfsgröße. Das Eozän, in dem die *Multituberculata* endgültig verschwanden, begann in Europa wiederum mit einem faunist. Einschnitt, der aber durch Kenntnislücken bedingt sein könnte. N-Amerika u. Europa standen im Alt-T. durch Landverbindungen in stetem Faunenaustausch. Unpaarhufer mit *Ceratomorpha* u. *Hippomorpha* traten erstmals im Eozän auf, ebenso die Paarhufer mit den *Suiformes* (ohne *Suina*), *Tylopoda* u. *Ruminantia*, die Carnivoren mit Caniden, Feliden u. Machairodontiden, ferner Coryphodonten, Elefantengröße erreichende Uintatherien, *Rodentia* u. *Lagomorpha*, Halbaffen (Lemuren u. *Tarsiiformes*), Insektenfresser u. a. Nach Trennung N-Amerikas v. Europa im Eozän begann eine eigenständige Entwicklung mit Palaeotherien, Lophiodonten, Xiphodonten, Cebochoeriden u. Caenotherien. Auch Tapire, Nabelschweine, Pfeifhasen, Schuppentiere, Flughunde u. Halbpanzernashörner gehören in das Bild der alttertiären Säugerfauna. Im jüngsten Paläogen entstand eine dauerhafte Verbindung zw. Europa u. Asien. Die faunist. Umwälzung zw. Alt- u. Jung-T. („grande coupure"), dem viele paläogene Elemente zum Opfer fielen, liegt im Burdigalium. Zahlreiche Einwanderer aus Afrika nahmen deren Platz ein. Dazu gehören die Proboscidier mit Mastodonten u. Dinotherien, Hylobatiden (*Pliopithecus*), Pongiden (*Dryopithecus*), Cercopitheciden (*Mesopithecus*), Schliefer (*Pliohyrax*), Erdferkel (*Orycteropus*), Steppennashorn (*Diceros*) und evtl. auch Flußpferde (*Hexaprotodon*) u. Antilopen. Manche dieser Gruppen starben während des Jung-T.s wieder aus. Außer einer Anzahl „moderner" Formen wie *Martes*,

---

tertiär- [v. lat. tertiarius = Drittel].

Terra rossa w [it., = rote Erde], *Kalksteinrotlehm*, *mediterrane Roterde*, leuchtend rot gefärbter plastischer Boden, verbreitet im Mittelmeerraum, in Vorderasien u. Mexiko (B Bodenzonen Europas). Der Profilaufbau (A–B–C) gleicht dem der ↗ Braunerden. Ausgangsmaterial ist hartes, tonarmes, stark eisenhaltiges Kalkgestein, von dem sich nach jahrtausendelanger Lösungsverwitterung unter subtropisch-wechselfeuchten Klimabedingungen Ton u. verschiedene Eisenoxide bzw. -hydroxide (insbes. ziegelroter Goethit, FeOOH) anreichern. T Bodentypen.

terrestrisch [v. lat. terrestris = Erd-], 1) irdisch, die Erde betreffend; Ggs.: extraterrestrisch (z. B. ↗ extraterrestrisches Leben). 2) (C. Prévost 1838), landbürtig, dem (Fest-)Land zugehörig; Ggs.: z. B. ↗ marin, ↗ lakustrisch. [↗ Landplanarien].

Terricola [Mz.; lat., = Erdbewohner],
terrikol [v. lat. terricola = Erdbewohner], *terricol*, auf od. in dem Boden lebend, z. B. terrikole Fauna. [↗ Revier].

Territorialverhalten, das Revierverhalten,
Territorium s [lat., = Stadtgebiet], das ↗ Revier.

Tersina w, Gatt. der ↗ Tangaren.

Tertiär s [v. lat. tertiarius = Drittel], (G. Arduino 1759 für Lockergesteine am Fuße der oberit. Alpen: „Montes tertiarii"), *T. system*, *T. formation*, *Braunkohlenzeit*, ältere Periode der Erdneuzeit (↗ Känozoikum; ↗ Erdgeschichte, B) von ca. 63 Mill. Jahre Dauer. Die Grundzüge der T.-Gliederung gehen v. a. auf C. ↗ Lyell (1832) zurück. Nach dem Anteil heute lebender Arten an der Gesamtfauna unterschied er: ↗ Eozän = 3,5%, ↗ Miozän = 17% und ↗ Pliozän = 35%. Später fügten andere Bearbeiter ↗ Oligozän (1854) u. Paläozän (= ↗ Paleozän; 1874, 1885) hinzu. Die Zweiteilung des T.s in ↗ Paläogen (Alt-T.) u. ↗ Neogen (Jung-T.) ergab sich aus der geländemäßigen Signifikanz der hellen mio-pliozänen Kalke gegenüber den andersfarbigen älteren Ablagerungen im Bereich der Tethys. Hauptverbreitungsgebiete des T.s in Europa sind der Nordseeraum (N-Dtl., Niederlande, Belgien, S-England, Dänemark), Hessen, Oberrheingraben u. Voralpengebiet, Pariser, Aquitanisches u. Wiener Becken, Mittelmeerländer. – Die *stratigraphischen Grenzen* liegen derzeit oberhalb des Daniums (↗ Kreide, T) u. unterhalb des Calabriums (↗ Pleistozän, T); beide sind wenig markant. Für die Kreide/T.-Grenze, die zugleich ↗ Meso- u. Känozoikum trennt, ist deshalb jenes katastrophische Ereignis im Gespräch, das u. a. auch zum Aussterben der ↗ Dinosaurier geführt haben könnte. – *Leitfossilien* im marinen Bereich: vorwiegend Nanoplankton, (Groß-)Foraminiferen, Schnecken, Muscheln u. Seeigel;

Mustela, Crocuta, Hyaena, Erinaceus, Sorex, Rhinolophus u.a., die schon im T. entstanden, überschritten nur wenige Supersiten die Grenze zum Pleistozän (Mastodonten, Machairodonten, Flußpferde, Nashörner, Hipparionen u.a.). – Unter den Wirbellosen kommt den Foraminiferen bes. Bedeutung als Leitfossilien zu; Großformen (Nummuliten, Alveolinen u.a.) waren Bewohner der ↗Tethys u. charakteristisch für das Paläogen. Während die Brachiopoden verarmten, bildeten Bryozoen wieder Riffe aus wie im Silur u. Perm. Unter den Mollusken entfalteten Schnecken u. Muscheln ungeheure Vielfalt an Formen u. (manchmal erhaltenen) Farben; sie eignen sich bes. für die zeitl. Einstufung regional begrenzter Faziesgebiete (z.B. „Lymnaenmergel", „Cerithien-, Hydrobienschichten"). Belemniten dauerten aus bis ins Eozän. Unter den Stachelhäutern traten die Irregulären Seeigel in den Vordergrund (Clypeaster, Scutella, Echinolampas). Crinoiden fehlen in T.-Sedimenten fast gänzl., da sie sich – wie auch Kieselschwämme u. viele Krebstiere – in tiefere Meeresbereiche zurückgezogen hatten. In der Fülle tertiärer Fische fallen Häufigkeit u. imponierende Größe v. Haifischzähnen auf (Lamna, Carcharodon). In der Überlieferung gehören Amphibien zu den Raritäten (Andrias, Frösche); Schildkröten (Trionyx, Clemmys, Ptychogaster) u. Krokodile sind die häufigeren Repräsentanten unter den Reptilien. Aber auch die nur dürftig belegten Tiergruppen waren im T. zumeist häufiger als heute.

Tertiär
Das tertiäre System

Mill. Jahre vor heute		Epochen		Tethys	Kontinental
		Pleistozän			
5	Jungtertiär = Neogen	Pliozän	Ob.	Piacentium/Astium	Czarnotium
			Unt.	Zanclium/Tabanium	Ruscinium
10		Miozän	Ob.	Messinium	Turolium
				Tortonium	Vallesium
15			Mittl.	Serravallium	Astaracium
				Langhium	
20			Unt.	Burdigalium	Orleanium
				Aquitanium	Agenium
25	Alttertiär = Paläogen	Oligozän	Ob.	Chattium	Arvernium
30					
35			Mittl.	Rupelium	Suevium
			Unt.	Latdorfium	Headonium
40		Eozän	Ob.	Priabonium	
				Bartonium	
45			Mittl.	Lutetium	Rhenanium
50			Unt.	Ypresium	
55		Paleozän	Ob.	Thanetium	
60			Mittl.		Neustrium
			Unt.	Danium	
65		Kreide			

im terrestrisch-limnischen Bereich: Pflanzenpollen, Blätter u. Hölzer, Mollusken, Säugetiere. – *Gesteine:* Tone, Mergel, Sande u. Sandsteine, Schotter u. Konglomerate, Kalke, Evaporite, Flysche, Molassen u. Nagelfluhen, Braunkohle, Bohnerz, Kaolin, Vulkanite (Basalt, „Trapp", Phonolith, Limburgit, Tephrit u.a.). – *Paläogeographie:* Im Laufe des T.s zog sich das Meer schrittweise auf seine heutigen Grenzen zurück. Mit Ausnahme der Tethys-Region (☐ Kontinentaldrifttheorie) finden sich deshalb tertiäre Meeresablagerungen vorwiegend in der Nähe heutiger Meeresküsten; Landablagerungen sind beträchtl. weiträumiger überliefert als aus älteren erdgeschichtl. Systemen. Nach Regression in der Oberkreide setzte im Paleozän eine nachfolgende Transgression, die im Eozän ihren Höhepunkt erreichte, Teile von N-Dtl. und Dänemark unter Wasser. Dort kann das T. Schichtmächtigkeiten bis zu 3,5 km erreichen. Auf dem südl. anschließenden Mitteleuropäischen Festland entstanden weite Verebnungsflächen mit rötl. (Laterit) od. weißl. (Kaolin) Verwitterungsdecken. Karstspalten füllten sich neben Bohnerzen u. Roterden mit Säugetierresten, die – weil oftmals verkieselt – meist in vorzügl. Erhaltung überliefert sind. Nach vorübergehendem Rückzug drang das Meer unter Ablagerung v. Evaporiten (Salz, Kalisalz u.a.) im Oligozän erneut gg. das Festland vor u. stellte im Rupelium (vgl. Tab.) über Oberrheingraben und Hessische Senke eine Verbindungsstraße zw. Tethys im S und dem Nordmeer her. Im Mio- u. Pliozän griff das Meer nur noch kurzfristig auf die Küsten Mittel- und W-Europas über. – Durch Ausweitung des Ozeanbodens (Sea-floor-spreading) gewannen die Weltmeere große Flächen hinzu. – *Krustenbewegungen:* Die schon in der Kreidezeit in Gang gekommene alpidische Gebirgsbildung ergriff im T. auch die W- und O-Alpen, darüber hinaus die Geosynklinalräume der übrigen alpidischen Gebirge (z.B. Pyrenäen, Apennin, Dinariden, Helleniden, Himalaya, Anden). Vorgelagerte Flysch- u. Molasse-Tröge wurden weitgehend v. der Faltung erfaßt. Deren Intensität steigerte sich vielerorts bis zum Zerreißen v. Faltenschenkeln u. zu weiträumigen Deckenüberschiebungen (Deckengebirge). Etwa im mittleren T. brachte Krustendehnung gewaltige Grabensysteme hervor, zu denen neben Rotem Meer u. Jordangraben u.a. auch der Oberrheingraben gehört. Tiefe Zerspaltung der Erdkruste eröffnete dem Magma neue Wege zu ausgedehntem Vulkanismus – vorwiegend im Eozän u. Miozän –, der seit dem Ende des Paläozoikums fast zur Ruhe gekommen war. – *Klima:* Pole u. Kontinente näherten sich im T. ihren heutigen Positionen. Die mesozoische Wärmezeit der Erde erreichte im Eozän einen neuen Höhepunkt. Von hier

Tertiärkonsumenten

ab bis ins Miozän fanden üppige Braunkohlenwälder (↗Braunkohle) hervorragende Standortbedingungen. Bis zum Pleistozän folgte jedoch beständige Abkühlung. Nahe dem Tiefseeboden sanken die Temp. von 10°C im Oligozän auf 7°C im Miozän und 1,5°C in der Gegenwart. Die wärmeliebenden ↗Korallenriffe (↗Riff) – im Eozän noch in S-England u. im Miozän im Wiener Becken heimisch – zogen sich auf die Äquatorialregion zurück. Ersatz trop. Wälder durch gemäßigte Grassteppen hatte auch intensivere Veränderungen in der Tierwelt zur Folge (z.B. Umstellung v. Laub- auf Grasnahrung). Das Herannahen phasenhafter Abkühlungen, wie sie für das ↗Pleistozän charakterist. sind, kündigte sich bereits im Spätmiozän an. S.K.

Tertiärkonsumenten [Mz.; v. *tertiär-, lat. consumere = verbrauchen], Organismen, die auf der 4. Stufe der ↗Nahrungspyramide (☐) eines Ökosystems heterotroph v. ↗Sekundärkonsumenten leben, z.B. Raubfische. ↗Konsumenten.

Tertiärrelikte, a) Bot.: Arten, die in bestimmten Refugien (v.a. in SO-Europa) die ↗Eiszeiten (↗Pleistozän) überdauert u. sich seither nicht wieder ausgebreitet haben. Reich an bot. T.n ist das Gebiet der Kolchis im westl. Transkaukasien *(Pterocarya, Celtis, Epimedium, Zelkowa)*. b) Zool.: Arten, die seit dem Tertiär (mindestens seit dem Pliozän) weitgehend unverändert bis heute in ihrem alten Areal od. in Teilen desselben überlebt haben. In der ↗Holarktis mußten die wärmeliebenden Arten aus dem Tertiär diese Konstanz über die pleistozänen Eiszeiten bewahren, was nur in sog. *Tertiärrefugien* möglich war – in Biotopen, die v. den Klimaschwankungen weniger berührt waren. Solche Refugien sind v.a. Thermalgewässer, tiefe Höhlen, das Grundwasser u. einige alte Seen, die während der Eiszeiten erhalten blieben. Dazu gehören u.a. der ↗Ochridasee u. der ↗Baikalsee, in deren Tiefen zahlreiche T. erhalten geblieben sind, die heute als *Reliktendemiten* (↗Endemiten) nur noch dort vorkommen. ↗Lebende Fossilien, ↗Eiszeitrelikte, ↗ Paläarktis.

Tertiärstruktur w [v. *tertiär-, lat. structura = Aufbau], die spezif. dreidimensionale Faltung linear aufgebauter Makromoleküle (↗Biopolymere) zu übergeordneten, räuml. Strukturen, wobei die ↗Primär- u. ↗Sekundärstrukturen erhalten bleiben (↗Konformation). Bes. gut sind die T.en einzelner ↗Proteine, wie u.a. des ↗Chymotrypsins (☐), ↗Lysozyms (☐), ↗Hämoglobins (B) u. ↗Myoglobins (☐), aber auch einzelner ↗transfer-RNAs (☐), bekannt. Auch bei ribosomalen RNAs (☐ Ribosomen) werden T.en angenommen, die aber noch weitgehend ungeklärt sind. Wichtigste Methode zur Ermittlung von T.en ist die ↗Röntgenstrukturanalyse (☐). Die Ausbildung von T.en erfolgt spontan (↗Selbstorganisation)

tertiär- [v. lat. tertiarius = Drittel].

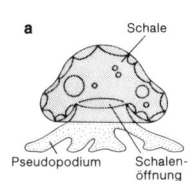

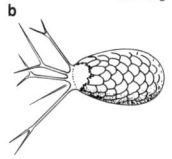

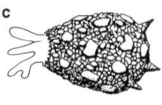

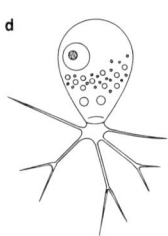

a Schale
Pseudopodium Schalenöffnung
b
c
d
e

Testacea
a *Arcella*, b *Euglypha*, c *Difflugia*, d *Pamphagus*, e *Centropyxis*

aufgrund zahlr. intramolekularer schwacher Wechselwirkungen (Wasserstoffbrücken, hydrophobe Wechselwirkungen); bei Proteinen können auch ionische u. kovalente Bindungen, wie z.B. S-S-Brücken (☐ Cystin), am Aufbau von T.en beteiligt sein. B Proteine.

Tertiärwand [v. *tertiär-] ↗Zellwand.

Teschen-Virus [ben. nach der östr. Stadt Teschen, heute geteilt in Cieszyn (Polen) u. Český Těšín (ČSSR)], Erreger der Teschener ↗Schweinelähme, Enterovirus der Schweine, gehört zur Fam. ↗Picornaviren.

Tesserae [Ez. *Tessera;* lat., = Würfel], polygonale Knochenplättchen von unterschiedl. Größe im Kopfpanzer v. ↗Kieferlosen *(↗Osteostraci, ↗Heterostraci)* mit meist radialstrahliger Anordnung der Gefäßkanäle; seitl. Verschmelzung der T. findet i.d.R. erst nach Erreichen der definitiven Größe statt.

Testa w [lat., = Schale], die *Samenschale;* ↗Samen, ↗Samenentwicklung.

Testacea [Mz.; v. lat. testaceus = Schalen-], *beschalte Amöben, Schalenamöben,* oft auch *Thekamöben* gen., Ord. der ↗Wurzelfüßer; einzellige Organismen mit ungekammerter Schale; diese besteht aus einer organ. Matrix, die bei den meisten Arten mit Fremdpartikeln (Diatomeenschalen, Sandkörner) od. selbstgebildeten, regelmäßig angeordneten Hartteilen (Kieselplättchen) verstärkt wird; häufig werden Stacheln gebildet. Der Zellkörper füllt die Schale u. entsendet ↗Pseudopodien (Lobopodien) durch eine große Öffnung u./od. durch wenige feine Poren (Filopodien). Die Fortpflanzung ist eine ungeschlechtl. Zweiteilung; bei weicher Schale wird diese durchgeschnürt, bei harter Schale tritt aus der Öffnung Plasma aus, um das eine neue Schale angelegt wird; erst danach erfolgt die Teilung. Die T. sind artenreiche u. vielgestaltige Bewohner des Süßwassers bes. der Moosrasen u. Moore. Bekannt sind die Uhrglasamöben der Gatt. ↗ *Arcella*. Weitere häufige Gatt. sind *Euglypha* mit schindelförmig angeordneten Kieselplättchen, *Difflugia* mit Fremdkörperschale, *Pamphagus* mit hyalinem, organ. Gehäuse, *Amphitrema* (Moortönnchen) mit faßartiger Gestalt, *Nebela,* die räuberisch lebt, u. *Centropyxis* mit exzentrischer Öffnung.

Testacella w [lat., = kleine Schale], einzige Gatt. der ↗Rucksackschnecken.

Testicardines [Mz.; v. lat. testa = Schale, cardines = Türangeln], (Bronn 1862), *Apygier,* heute meist durch den Namen *Articulata* (Huxley 1869) verdrängte Bez. für die Kl. der schloßtragenden ↗Brachiopoden.

Testis m [Mz. *Testes;* lat., = Hode], bisweilen auch *Testikel,* der ↗Hoden.

Testosteron s [v. lat. testis = Hode, gr. stear = Fett], Δ^4-*Androsten-17 β-01-3-on,* wichtigstes C_{18}-↗Steroid, das als männl. ↗Sexualhormon (↗Androgene) in den interstitiellen Zellen (↗Leydig-Zwischenzel-

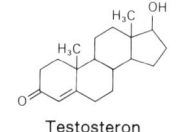

Testosteron

len) des ↗Hodens aus der Vorstufe ↗Cholesterin (□) gebildet wird. Am Wirkort wird es zu seiner eigentl. Wirkform, dem 5 α-*Androstan*-17 β-*01-3-on* (↗*Androstan*), reduziert. Angriffsort ist wie bei allen ↗Steroidhormonen der Zellkern (□ Hormone), wo T. die RNA-Synthese stimuliert. Neben seinem Einfluß auf die ↗Spermatogenese ist es für die Ausprägung primärer u. sekundärer ↗Geschlechtsmerkmale erforderl. und löst das ↗Brunst-Verhalten aus. Infolge einer ↗anabolen Wirkung vermag das Hormon die Proteinsynthese zu steigern u. damit u. a. ein Muskelwachstum hervorzurufen (↗Doping). ↗Dehydroepiandrosteron.

Testudinella *w* [v. *testud-], Gatt. der ↗Rädertiere (Ord. *Monogononta*) mit mehreren planktont. Süßwasserarten, die v. a. in stehenden sauberen Gewässern überaus verbreitet sind; zeichnen sich durch den Besitz eines derben, an eine Schildkröte erinnernden, flach rundl. Panzers aus, dem an den Körperenden Räderorgan u. Fuß hervorgestreckt werden können.

Testudines [Mz.; lat., =], die ↗Schildkröten.   [schildkröten.

Testudinidae [Mz.; v. *testud-], die ↗Land-

Testudinoidea [Mz.; v. *testud-], Familiengruppe der Mehrzahl der rezenten Süßwasser- u. ↗Landschildkröten mit wenig modifizierten od. ohne Extremitäten; artenreichste Gruppe der ↗Halsberger-Schildkröten, die sich v. a. in den Gebieten der nördl. Erdhalbkugel befinden; fehlen in Australien.

Testudo *w* [lat., = Schildkröte], Gatt. der ↗Landschildkröten.

Tetanie *w* [v. *tetan-], durch zu geringe ↗Calcium-Konzentration im Blut *(Hypocalcämie)* hervorgerufene Übererregbarkeit des Nervensystems, die neben anderen Symptomen zu Muskelkrämpfen mit typischen tonischen Kontraktionen der Extremitäten („Pfötchenstellung") u. im Gesicht führt; meist durch Störung der ↗Parathormon-Ausschüttung in der ↗Nebenschilddrüse, aber auch z. B. durch Niereninsuffizienz od. ↗Rachitis entstanden. T. tritt auch bei Haustieren auf (Rinder, Schweine, Hunde); eine bes. Form ist die u. a. durch Magnesiummangel verursachte *Weide-T.* (↗*Gras-T.*) der Rinder. ↗Muskelkontraktion, ↗Muskelzuckung.

Tetanoceridae [Mz.; v. *tetan-, gr. keras = Horn], die ↗Hornfliegen.

Tetanus *m* [v. *tetan-], 1) ↗Muskelzuckung, ↗Muskelkontraktion; 2) der ↗Wundstarrkrampf.

Tetanustoxine [Mz.; v. *tetan-, gr. toxikon = Gift], thermolabile ↗Exotoxine (□), die durch *Clostridium tetani* (Tetanuserreger, ↗Clostridien) bei anaeroben Wundinfektionen (Tetanus, ↗Wundstarrkrampf) gebildet werden. *Tetanolysin* wirkt hämolytisch. *Tetanospasmin* (das eigentl. T.) ausschl. auf Nervenzellen (↗Neurotoxine). Tetano-

Tetanustoxin
Toxinwirkung:
Vom Infektionsherd (Wunde) wandert das Toxin entlang der motorischen, sensiblen u. auch vegetativen Nervenbahnen zu den Vorderhörnern des Rückenmarks; dort u. im Hirnstamm kann eine Anreicherung stattfinden. Sobald das T. an die Nervenzellen gebunden ist, kann es nicht mehr mit Antitoxin neutralisiert werden; die Antitoxine gelangen auch kaum ins Zentralnervensystem; zu spät verabreichtes Tetanus-Antitoxin ist daher wirkungslos. Die Beeinflussung des motorischen Systems u. der vegetativen Reflexbahnen durch das T. führt zu einem erhöhten Tonus der Muskulatur; Kau-, Nacken- u. Rückenmuskulatur werden v. Steifheit befallen (Starrkrampf). In schweren Fällen tritt durch Lähmung der Schlundmuskulatur, des Zwerchfells u. der Glottis der Erstickungstod ein.

---

testud- [v. lat. testudo, Mz. testudines = Schildkröte; Diminutivform: testudinella].

---

totan [v. gr. totanoo = Spannung, Erstarrung: Starrkrampf].

---

tethy- [ben. nach der gr. Meeresgöttin Tēthys, Gemahlin des Okeanos sowie Allmutter; auch Name verschiedener weicher Seetiere].

---

tetra- [gr., = vier-].

Tetrabranchiata

spasmin hat eine relative Molekülmasse von 150 000 u. ist nach dem ↗Botulinustoxin (↗Botulismus) das zweitstärkste ↗Bakterientoxin (10^{-4} µg töten eine weiße Maus innerhalb von 2 Tagen); durch Formalin kann es in ein ungiftiges Toxoid überführt werden, das zur Herstellung v. Impfstoffen dient. Das Toxin wird in der Bakterienzelle gebildet u. teils durch Sekretion, teils bei der Autolyse der Zelle freigesetzt (Toxinwirkung vgl. Spaltentext). Eine orale Aufnahme des T.s oder ein Wachstum des Erregers im Darm v. Mensch u. Tier wird ohne Schaden ertragen.

Tethyidae [Mz.; v. *tethy-], Schwamm-Fam. der Kl. ↗*Demospongiae*. Bedeutendste Art *Tethya aurantium*, kugelförmig, nicht selten mit Wurzelfortsätzen, orangefarben; kosmopolitisch v. der Niedrigwasserlinie bis 400 m Tiefe; sehr häufig im Mittelmeer.

Tethyopsis *w* [v. *tethy-, gr. opsis = Aussehen], Gatt. der ↗*Stellettidae*.

Tethys *w* [v. *tethy-], 1) die ↗Schleierschnecke. 2) (E. Sueß 1901), das O-W-gerichtete, erdumspannende zentrale Gürtelmeer (Geosynklinale) der ↗Erdgeschichte. Anfangs durchschnitt es den Urkontinent Pangaea nur an der O-Flanke, später zerlegte es ihn in einen N- (Laurasia) u. einen S-Kontinent (↗Gondwanaland, □ Kontinentaldrifttheorie, Abb. 1). Die T. bestand vermutl. vom Präkambrium bis zur Wende Paläo-/Neogen (Tertiär). Manche Autoren unterscheiden zw. *Pro-T.* (Präkambrium), *Paläo-T.* (Paläozoikum bis Trias), *T.* (ab Durchbruch in den entstehenden Atlantik im W, Lias) und *Neo-T.* (jüngste Phasen im Tertiär). Nach fortgeschrittener Ausfaltung der T. (ab mittlerer ↗Kreide) entstand nördl. von ihr im Oligozän ein paralleler Meeresarm, die *Para-T.*, der sich nördl. der Alpen vom Rhônetal über die Schweiz u. S-Dtl. bis ins Gebiet v. Schwarzmeer, Kaspi- u. Aralsee mit Fortsetzung nach Innerasien erstreckte. Im Oligozän bestand über den Oberrheingraben u. die Hessische Senke vorübergehend (Rupel) Verbindung zum Nordmeer. Nach Trennung v. der T. wurde die Para-T. Binnenmeer, das im Pliozän in 3 Becken zerfiel: das Wiener (pannonische), das Schwarzmeer- (pontische od. euxinische) u. das Aralo-kaspische Becken. Reste der beiden letzteren überdauerten bis heute.   [cidien.

Tethyum *s* [v. *tethy-], Gatt. der ↗Monas-

Tetillidae [Mz.; v. *tethy-], Schwamm-Fam. der Kl. ↗*Demospongiae*; bekannte Art *Tetilla cranium*.

Tetmemorus *m*, Gatt. der ↗*Desmidiaceae*.

Tetrabranchiata [Mz.; v. *tetra-, gr. bragchia = Kiemen], (Owen 1832), Zusammenfassung v. ↗*Nautiloidea* u. ↗*Ammonoidea* aufgrund der erweislichen Vierkiemigkeit des rezenten ↗*Nautilus* u. der Vermutung, daß die fossilen *Nautiloidea* u. *Ammonoidea* ebenfalls 4 Kiemen besaßen. Neuer-

Tetrachlorkohlenstoff

tetra- [gr., = vier-].

tetragon- [v. gr. tetragōnos = vierekkig].

Tetractinomorpha
Ordnungen:
↗ Astrophorida
↗ Axinellida
↗ Desmophorida
↗ Hadromerida

Tetracycline
Tetracyclin:
$R_1 = R_3 = -H$,
$R_2 = -CH_3$
Chlortetracyclin:
$R_1 = -Cl, R_2 = -CH_3, R_3 = -H$
Oxytetracyclin:
$R_1 = -H, R_2 = -CH_3, R_3 = -OH$
Demethylchlortetracyclin:
$R_1 = -Cl, R_2 = R_3 = -H$

dings bestehen starke Zweifel daran, obwohl beide Gruppen auch der gemeinsame Besitz v. Außenschalen (↗ Ectocochlia, Schwarz 1894) verbindet. Ggs.: ↗ Dibranchiata.

Tetrachlorkohlenstoff [v. *tetra-], Kohlenstofftetrachlorid, Tetrachlormethan, Abk. Tetra, CCl_4, ein ↗ Halogenkohlenwasserstoff; eines der wichtigsten Lösungsmittel; ↗ Chlorkohlenwasserstoffe.

Tetraclinis m [v. *tetra-, gr. klinē = Lager], Gatt. der ↗ Zypressengewächse mit T. articulata (Atlas-Zypresse, Sandarakbaum) als einziger rezenter Art. Die immergrünen, bis 15 m hohen Bäume wachsen in SO-Spanien, Marokko, Algerien, Tunesien u. Malta; ihre Rinde liefert ↗ Sandarakharz.

Tetracorallia [Mz.; v. *tetra-, gr. korallion = Koralle], (E. Haeckel 1870), jüngeres, nicht vollständig deckendes Synonym v. ↗ Rugosa.

Tetractinomorpha [Mz.; v. *tetra-, gr. aktines = Strahlen, morphē = Gestalt], Tetraxonida, Schwamm-U.-Kl. der ↗ Demospongiae, deren Ord. (vgl. Tab.) neben den tetractinen Megaskleriten nur wenige gemeinsame Merkmale haben; Mikrosklerite kommen als Aster od. abgeleitete Formen vor. Mehrzahl der Arten zwischen 2 und 15 cm groß, einige allerdings 30–50 cm hoch od. im Durchmesser.

Tetracycline [Mz.; v. gr. tetrakyklos = vierrädrig], v. verschiedenen Streptomyces-Arten gebildete Breitband-↗ Antibiotika mit dem Grundgerüst des Naphthacens, eines polycycl. Kohlenwasserstoffs. T. wirken bakteriostatisch (↗ Bakteriostatika) gg. eine Vielzahl grampositiver u. gramnegativer Keime, Spirochäten u. Rikkettsien (B Antibiotika). Sie zeigen keine Wirkung bei Hefen. Der Mechanismus beruht auf der Hemmung der Proteinbiosynthese durch Blockierung der Bindung v. ↗ Aminoacyl-t-RNA an die ↗ Ribosomen. 70S-Ribosomen sind gegenüber T.n empfindlicher als 80S-Ribosomen. Einzelne Vertreter der T. sind z.B. Tetracyclin, ↗ Chlortetracyclin (= Aureomycin), Oxytetracyclin (= Terramycin) u. Demethylchlortetracyclin, die fermentativ gewonnen werden, sowie die halbsynthetischen T. Rolitetracyclin, Methacyclin, Doxycyclin u. Minocyclin. Therapeut. werden T. bevorzugt oral angewandt gg. Rickettsiosen, Psittakose, Mycoplasma-Pneumonie, Trachom, Rückfallfieber, Cholera, Pasteurellosen (z.B. Pest) usw. Ihre Toxizität ist im therapeut. Dosisbereich gering. Zu den wichtigsten Nebenwirkungen der T. zählen u.a. Schleimhautreizungen, Schädigung der physiolog. Keimflora, Beeinflussung der Leberfunktion, Einlagerung von T. in calciumreiche Gewebe u. Photosensibilisierung.

tetracyclisch [v. gr. tetrakyklos = vierrädrig], vierwirtelig, Bez. für Zwitterblüten, die aus 4 Organwirteln = 2 Kreisen an Pe-

rianth-, 1 Kreis an Staub- und 1 Kreis an Fruchtblättern bestehen. Ggs.: ↗ pentacyclisch.

Tetracymbaliella w [v. *tetra-, gr. kymbalon = Becken], Gatt. der ↗ Lophocoleaceae.

Tetradactylus m [v. gr. tetradaktylos = vierfingerig], Gatt. der ↗ Schildechsen.

Tetrade w [v. gr. tetras = Vierzahl], 1) Bez. für die Vierergruppe, in der die 4 haploiden Zellen (= ↗ Gonen) einer meiot. Teilung einer Sporenmutterzelle häufig verbleiben (Meiosporen-T.). 2) Bez. für die Vierergruppen zusammenliegender ↗ Chromatiden der zu Paaren sich zusammenlagernden homologen Chromosomen bei der Prophase der ↗ Meiose (B). Da die Chromosomen zu diesem Zeitpunkt bereits jeweils in 2 Chromatiden verdoppelt vorliegen, entstehen im Zygotän die Chromatiden-T.n.

Tetraedron s [v. *tetra-, gr. hedra = Sitz, Platz], Gatt. der ↗ Oocystaceae.

Tetraen-Antibiotika [v. *tetra-, gr. antibios = bekämpfend] ↗ Polyenantibiotika.

Tetragnathidae [Mz.; v. *tetra-, gr. gnathos = Kiefer], die ↗ Streckerspinnen.

Tetragonia w [v. gr. *tetragon-], Gatt. der Mittagsblumengewächse mit dem Neuseeländ. ↗ Spinat.

Tetragonitinae [Mz.; v. *tetragon-], (Hyatt 1900), nach der Gatt. Tetragonites Kossmat 1895 benannte U.-Fam. kreidezeitl. spezialisierter ↗ Ammonoidea, zum Teil mit 6lobiger Primärsutur.

Tetragonolobus m [v. *tetragon-, gr. lobos = Lappen], die ↗ Spargelschote.

Tetrahydrofolsäure [v. *tetra-, gr. hydōr = Wasser, lat. folium = Blatt], Salzform Folat H_4, Abk. FH_4, wichtiges ↗ Coenzym (T), das sich durch Hydrierung v. ↗ Folsäure (über Dihydrofolsäure als Zwischenstufe) ableitet u. an zahlr. C_1-Gruppen-Übertragungen (Methyl-, Methylen-, Methenyl-, Formyl- bzw. Formimino-Gruppen) beteiligt ist. Als Zwischenprodukte treten dabei Methyl-T., Methylen-T., Methenyl-T. und

Tetrahydrofolsäure (Tetrahydrofolat)

Durch Substitution der an den Positionen N^5 u./od. N^{10} gebundenen H-Atome durch die Reste H_3C- (Methyl), $-CH_2-$ (Methylen), $O=CH-$ (Formyl), $HN=CH-$ (Formimino) bzw. $-CH=$ (Methenyl) bilden sich die C_1-Derivate N^5-Methyl-T. („aktive Methylgruppe"), N^5,N^{10}-Methylen-T. („aktiver Formaldehyd"), N^5- oder N^{10}-Formyl-T., N^5-Formimino-T. bzw. N^5,N^{10}-Methenyl-T. („aktives Formiat")

Formimino-T. auf, die durch Redoxreaktionen (bzw. Aminierung bei Formimino-T.) wechselseitig ineinander umwandelbar sind. Formyl-T. kann sich auch direkt aus Ameisensäure und T. unter ATP-Verbrauch bilden, weshalb Formyl-T. als aktivierte ↗ Ameisensäure (entspr. Methylen-T. als aktivierter Formaldehyd) bezeichnet wird. Andererseits bilden sich die C_1-Derivate der T. vielfach durch C_1-Übertragungen, wie z. B. die Methylen-T. bei der Spaltung v. ↗ Serin zu Glycin. Die Salze der T. sind die *Tetrahydrofolate*.

Tetrahymena *w* [v. *tetra-, gr. hymēn = Haut], Gatt. der ↗ Hymenostomata.

tetramer [v. *tetra-, gr. meros = Teil], in 4 Abschnitte gegliedert; meist Bez. für einen Fuß (↗ Extremitäten) der Insekten mit 4 Tarsalgliedern.

Tetramorium *s* [v. gr. tetramoros = vierteilig], Gatt. der ↗ Knotenameisen.

Tetranychidae [Mz.; v. *tetra-, gr. onyches = Nägel, Krallen], die ↗ Spinnmilben.

Tetrao *m* [lat., = Auerhahn], Gatt. der ↗ Rauhfußhühner; ↗ Auerhuhn.

Tetraodontiformes [Mz.; v. *tetra-, gr. odontes = Zähne, lat. forma = Gestalt], die ↗ Kugelfischverwandten.

Tetraonidae [Mz.; v. gr. tetraōn = Auerhahn], die ↗ Rauhfußhühner.

Tetrapanax *m* [v. *tetra-, gr. panax = Allheilmittel], Gatt. der ↗ Efeugewächse.

Tetraphidales [Mz.], Ord. der ↗ Laubmoose (U.-Kl. ↗ *Bryidae*), umfaßt nur 1 Fam. *(Tetraphidaceae)* mit den beiden artenarmen Gatt. *Tetraphis* u. *Tetrodontium*; kommen auf sauren Böden der N-Halbkugel vor, z. B. *Tetraphis pellucida* auf feuchtem Silicatgestein od. sich zersetzendem Holz; bilden schüsselförm. Brutbecher mit linsenförm., gestielten Brutkörpern.

Tetraphyllidea [Mz.; v. *tetra-, gr. phyllon = Blatt], Ord. der ↗ Bandwürmer ([T]) mit 35 Gatt. und 204 Arten; Skolex mit 4 löffelart. Bothridien, die gelegentl. von Haken gesäumt sind; Körperlänge selten mehr als 10 cm. Bei einigen Arten lösen sich die Proglottiden schon v. der Strobila, obgleich noch keine Geschlechtsorgane ausgebildet sind, u. wachsen dann selbständig heran. Als Adulte in Haien und Rochen, als Larven in Knochenfischen, Walen, Tintenfischen, Krebsen u. Rippenquallen. Bekannte Arten: *Phyllobothrium dohrnii*, in Rochen; *Calliobothrium verticillatum*, in Glatthaien.

Tetraplodon *m* [v. gr. tetraplous = vierfach, odōn = Zahn], Gatt. der ↗ Splachnaceae.

Tetraploidie *w* [v. *tetra-, gr. tetraplous = vierfach], Form der ↗ Polyploidie, bei der Zellen, Gewebe od. Individuen 4 vollständige Chromosomensätze aufweisen.

Tetrapoda [Mz.; v. *tetra-, gr. podes = Füße], die ↗ Vierfüßer.

Tetrapodili [Mz.; v. gr. tetrapous = vierfüßig], die ↗ Gallmilben.

Tetraporella *w* [v. gr. tetraporos = mit 4 Löchern], Gatt. der ↗ Dasycladales.

Tetrapturus *m* [v. *tetra-, gr. pteron = Flügel], die ↗ Speerfische 2).

Tetrapyrrole [Mz.; v. *tetra-, gr. pyrrhos = feuerrot, lat. oleum = Öl], die aus 4 ↗ Pyrrol-Ringen (☐) aufgebauten Naturfarbstoffe, wie die ↗ Chlorophylle (☐), ↗ Cytochrome (☐), das ↗ Häm (☐ Hämoglobine) u. die ↗ Gallenfarbstoffe.

tetrarch [v. *tetra-, gr. archē = Anfang], *vierstrahlig,* Bez. für ein radiales ↗ Leitbündel mit 4 Xylemstrahlen u. 4 dazwischenliegenden Phloëmstrahlen. Ggs.: pentarch, triarch.

Tetrarhynchidea [Mz.; v. *tetra-, gr. rhygchos = Rüssel], in neueren Systemen *Trypanorhyncha,* Ord. der ↗ Bandwürmer ([T]) mit 37 Gatt. und 267 Arten; Skolex mit 2 oder 3 Bothrien und 4 einziehbaren, mit Haken besetzten, rüsselart. Tentakeln; Cercoide in Copepoden, Adulte in Haien u. Rochen. Bekannte Art: *Grillotia erinaceus,* in Rochen.

Tetraroge *w* [v. *tetra-, gr. rhōgē = Riß, Spalt], Gatt. der ↗ Drachenköpfe.

Tetras [Mz.; v. *tetra-], *Tetragonopterinae,* U.-Fam. der ↗ Salmler.

Tetrasomie *w* [v. *tetra-, gr. sōma = Körper], Form der ↗ Hyperploidie, bei der 1 Chromosom eines diploiden Chromosomensatzes nicht 2fach, sondern 4fach vorliegt. ↗ Aneuploidie, ↗ Chromosomenanomalien.

Tetrasporaceae [Mz.; v. *tetra-, gr. spora = Same], Grünalgen-Fam. der ↗ *Tetrasporales*; die *Chlamydomonas*-artigen Zellen der Leit-Gatt. *Tetraspora* bilden meist vierzellige Kolonien, da gebildete Sporen vielfach aus der Gallerthülle nicht freikommen; können bis zu mehrere Dezimeter große Gallertlager bilden, z. B. *T. lubrica* in stehenden Gewässern. Weitere Gatt. sind *Characiochloris* u. *Chaetopeltis*.

Tetrasporales [Mz.; v. *tetra-, gr. spora = Same], Ord. der ↗ Grünalgen mit 7 Fam. (vgl. Tab.), nehmen Zwischenstellung zw. den ↗ *Volvocales* u. ↗ *Chlorococcales* ein; in Gallerthülle eingelagerte Geißel der *Chlamydomonas*-artigen Zellen ist bewegl. oder bis zur Starrheit gehemmt (kapsale Organisationsstufe?); bilden vielfach Kolonien. Eine genaue systemat. Abgrenzung ist schwierig.

Tetrasporophyt *m* [v. *tetra-, gr. sporos = Same, phyton = Pflanze], Bez. für die bei der überwiegenden Mehrzahl der ↗ Rotalgen aus der Karpospore erwachsende diploide 3. Generation, an der unter Reduktionsteilung (Meiose) aus je 1 Sporenmutterzelle 4 haploide *Tetrameiosporen* entstehen. [B] Algen V.

Tetrastemma *s* [v. *tetra-, gr. stemma = Kranz], Schnurwurm-Gatt. der ↗ *Hoplonemertea* (U.-Ord. *Monostilifera*). *T. melanocephalum,* häufig auf Tangen in geringer Tiefe, Mittelmeer.

---

tetra- [gr., = vier-].

Tetrasporales
Familien:
↗ Asterococcaceae
↗ Chaetochloridaceae
↗ Chlorangiellaceae
↗ Gloeococcaceae
↗ Nautococcaceae
↗ Prasinocladaceae
↗ Tetrasporaceae

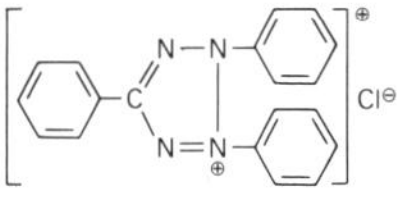

Tetrastes

Tetrazoliumsalze

Triphenyltetrazoliumchlorid (TTC) bildet farblose Kristalle, die durch Reduktionsmittel in das rote Triphenylformazan übergehen; es ist ein wicht. Reagens zum Nachweis reduzierender Stellen in lebenden Organteilen, zum Nachweis der Keimfähigkeit v. Pflanzensamen u. ä.

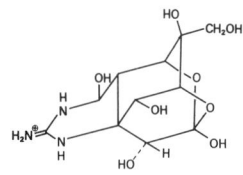

Tetrodotoxin

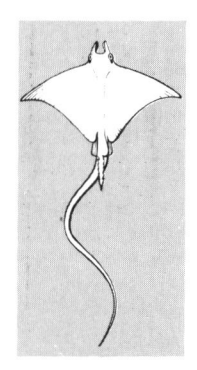

Teufelsrochen

Kleiner T., Meeresteufel (Mobula mobular)

tetra- [gr., = vier-].

thalass- [v. gr. thalassa = Meer; thalassios = zum Meer gehörig, Meeres-].

Tetrastes m [v. gr. tetrax = Auerhahn], Gatt. der ↗Rauhfußhühner.
Tetrastrum s [v. *tetra-, gr. astron = Gestirn], Gatt. der ↗Scenedesmaceae.
Tetrax m [gr., = Auerhahn], Gatt. der ↗Trappen.
Tetraxonida [Mz.; v. *tetra-, gr. axōn = Achse], die ↗Tetractinomorpha.
Tetraxylopteris w [v. *tetra-, gr. xylon = Holz, pteris = Farn], Gatt. der ↗Progymnospermen.
Tetrazoliumsalze, farblose bis gelbe Verbindungen, die durch Einwirkung reduzierender Gruppen in blaue, rote od. violette wasserunlösl. Formazane übergehen. Einzelne Vertreter sind Triphenyltetrazoliumchlorid (TTC), Tetrazolblau u. Tetrazolpurpur. T. eignen sich als Reduktionsindikatoren, zum cytochem. Nachweis u. zur Aktivitätsmessung v. Dehydrogenasen, zur Messung der Keimfähigkeit v. Saatgut, zur Anfärbung v. Mikroorganismen und pflanzl. Objekten usw.
Tetrigidae [Mz.; v. gr. tettix = Grille, Zikade], die ↗Dornschrecken.
Tetrodontium s, Gatt. der ↗Tetraphidales.
Tetrodotoxin s [v. *tetra-, gr. hodos = Weg, toxikon = Gift], Tetraodontoxin, Spheroidin, Fugutoxin, ein über eine weite Spanne von Tierklassen vorkommendes ↗Neurotoxin. T. ist bes. bei Igelfischen, Sonnenfischen u. ↗Kugelfischen (↗Fischgifte, Spaltentext) verbreitet, wurde aber auch beim kaliforn. Molch (Taricha torosa; T. identisch mit Tarichatoxin), bei ↗Stummelfröschchen, in der Speicheldrüse des austr. Kraken Hapalochlaena maculosa (T. ident. mit Maculotoxin), in Seesternen u. in den Verdauungsdrüsen mariner Schnecken gefunden. Letztere nehmen das Gift vermutl. mit der Nahrung auf. T. zählt zu den stärksten Nicht-Protein-Giften ($LD_{50} = 8$ μg/kg Körpergewicht s.c.). Die neurotox. Wirkung beruht auf einer Blockierung der offenen Natriumkanäle, so daß der Natriumionen-Transport durch die Zellmembran verhindert wird. Bei Vergiftungen durch T. treten Lähmungen u. Krämpfe auf und schließl. nach 6–24 Stunden der Tod durch Atemlähmung ein. Spezif. Gegenmittel sind nicht bekannt.
Tetropium s [v. *tetra-, gr. ōps = Auge], Gatt. der ↗Bockkäfer.
Tetrosen [Mz.; v. *tetra-], die aus 4 Kohlenstoffatomen aufgebauten Einfachzucker (↗Monosaccharide, T) mit der Bruttoformel $C_4H_8O_4$, z. B. ↗Erythrose (☐) und ↗Threose (☐).
Tettigometridae [Mz.; v. gr. tettigomḗtra = Zikadenlarve], Fam. der ↗Zikaden.
Tettigoniidae [Mz.; v. gr. tettigonia = kleine Zikadenart], die ↗Heupferde.
Tettigonioidea, die ↗Laubheuschrecken.
Teucrium s [v. gr. teukrion =], der ↗Gamander.
Teuerlinge, Cyathus, Gatt. der ↗Nestpilze.
Teufelsabbiß, Abbiß, Succisa, Gatt. der

↗Kardengewächse mit der einzigen, über Eurasien und N-Afrika verbreiteten Art Gemeiner T. (S. pratensis). Die in Moorwiesen u. Magerrasen anzutreffende Staude besitzt einen wie abgebissen wirkenden, schwärzl. Wurzelstock, lanzettl. Blätter sowie kleine, überwiegend dunkelblaue, in kugeligen Köpfchen stehenden Blüten mit 4spaltiger Krone.
Teufelsblume, Idolum diabolicum, afr. Art der ↗Fangschrecken; ca. 9 cm lang; besitzt stark verbreiterte, grell gefärbte Vorderbeine (Fangbeine) u. Vorderbrust, die in ausgebreitetem Zustand einer Blüte ähneln (↗Mimese). Anfliegende Insekten werden gefangen u. gefressen.
Teufelsbohne, die ↗Hupfbohne.
Teufelsklaue, Huperzia, Gatt. der ↗Bärlappartigen.
Teufelskrabbe, Maja squinado, ↗Seespinnen.
Teufelskralle, Rapunzel, Phyteuma, Gatt. der ↗Glockenblumengewächse mit ca. 30, besonders in den mittel- und südeur. Gebirgen heim. Arten. Stauden mit oft rübenförm. Wurzel, ungeteilten Blättern u. in Ähren od. Köpfchen stehenden Blüten; diese weiß, gelb od. blau mit röhriger, tief 5spaltiger Krone, deren Zipfel zunächst miteinander verbunden bleiben. Häufigste der bei uns anzutreffenden Arten sind: die gelbl.-weiß blühende Ährige T. (P. spicatum) und die schwarz-violett blühende Schwarze T. (P. nigrum). Beide wachsen in krautreichen Laub- bzw. Nadelmischwäldern sowie in Bergwiesen.
Teufelsnadeln, Anisoptera, U.-Ord. der ↗Libellen.
Teufelsrochen, Mantarochen, Mobulidae, artenarme Fam. der ↗Rochen; leben im Ggs. zu anderen Rochen im freien Wasser trop. und subtrop. Meere und ernähren sich v. Plankton u. Schwarmfischen. Haben ein sehr breites, mit mehreren Reihen kleiner, spitzer Zähne bewehrtes Maul, zwei vor den Kopf ragende, lappenart. Fortsätze („Teufelshörner") der Brustflossen, eine kleine Rückenflosse, meist einen kleinen, gesägten Schwanzstachel und keine Schwanzflosse. Sie sind lebendgebärend; die späten Embryonen werden teilweise v. Sekreten der Uteruswand ernährt. T. schwimmen durch flügelart. Schläge der Brustflossen; einige Arten schnellen gelegentl. über die Wasseroberfläche. Hierzu gehört der größte Rochen, der bis ca. 7 m breite u. über 2 t schwere, friedl. Riesenmanta od. Große T. (Manta birostris) aus trop. und subtrop. Meeren; er seiht mit seinem großen, fast endständ., nur im Unterkiefer bezahnten Maul u. dem vor den Kiemen liegenden Filtrierapparat aus Fischschwärmen u. Plankton seine Nahrung aus. Im warmen u. gemäßigten O-Atlantik u. im westl. Mittelmeer kommt der bis 5 m breite Kleine T. od. Meeresteufel (Mobula mobular) vor; er hat ein unterständ. Maul mit zahlreichen spitzen Zäh-

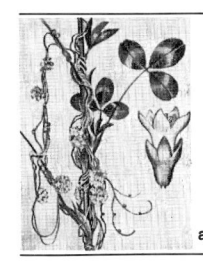

Teufelszwirn

a Kleeseide *(Cuscuta epithymum* ssp. *trifolii)*, rechts Einzelblüte;

b Ausschnitt aus einer v. der Kleeseide umwundenen Wirtspflanze

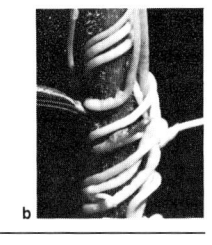

nen an beiden Kiefern u. einen gesägten Schwanzstachel.

Teufelszwirn, 1) der ↗Bocksdorn *(Lycium).* 2) *Cuscuta,* Gatt. der Windengewächse mit ca. 170, in den gemäßigten u. warmen Zonen verbreiteten Arten. Meist 1jährige, auf Kräutern, Sträuchern od. Bäumen lebende, wurzellose u. nahezu chlorophyllfreie Vollparasiten, deren dünne und z. T. sehr lange, nur mit schuppenförm. Blättern besetzte Triebe die Wirtspflanze umschlingen (B Parasitismus I). Ihre in Büscheln od. Köpfchen angeordneten, kleinen Blüten sind weiß, rosa od. gelblich gefärbt u. besitzen eine eiförm. bis glokkige Krone. Häufigste Art in Mitteleuropa ist die über weite Teile Eurasiens verbreitete, rötl.-weißl. blühende Quendel- od. Thymian-Seide, *C. epithymum* (v. a. auf *Thymus, Sarothamnus, Calluna* u. *Genista*). Ihre wahrscheinl. aus dem Mittelmeerraum stammende U.-Art *C. epithymum* ssp. *trifolii*, die Kleeseide, ist mit Saatgut fast weltweit verbreitet worden u. richtet, bei massenhaftem Auftreten, v. a. in Kleefeldern (insbes. auf *Trifolium pratense* und *T. repens*) großen Schaden an.

Teuthoidea [Mz.; v. gr. teuthṓdēs = tintenfischartig], die ↗Kalmare.

Texasfieber [ben. nach dem USA-Staat], eine durch ↗Piroplasmen (↗Babeş) hervorgerufene, v. Rinderzecken übertragene Hämoglobinurie (↗Babesiosen, ↗Piroplasmosen) bei Rindern in trop. Ländern.

Textor *m* [lat., = Weber], Gatt. der ↗Webervögel. [Gatt. der ↗Foraminifera.

Textularia *w* [v. lat. textus = Geflecht],

Textur *w* [v. lat. textura = Gewebe], 1) Bot.: Bez. für die Anordnungsweise der ↗Cellulose-Mikrofibrillen (↗Elementarfibrillen) in den verschiedenen Schichten der pflanzl. ↗Zellwand. 2) Geologie: a) Bez. für die räuml. Anordnung u. Verteilung der Gemengeteile in einem Gestein; b) die ↗Boden-T.; ↗Bodenarten ( ), ↗Gefügeformen ( ).

Thaer, Albrecht Daniel, dt. Landwirt, * 14. 5. 1752 Celle, † 26. 10. 1828 Gut Möglin bei Wriezen (nordöstl. v. Berlin); urspr. Arzt, gründete 1802 eine landw. Lehranstalt in Celle, 1806 auf Gut Möglin die 1. höhere landw. Lehranstalt in Dtl., 1810–19 Prof. in Berlin; übertrug naturwiss. Erkenntnisse in die prakt. Landwirtschaft. T.s Lehren über Fruchtwechselwirtschaft, Feldfutterbau, Sommerstallfütterung, Humus u. Arbeitswirtschaft wirkten richtungsweisend für die Entwicklung der mittel- u. nordeur. Landwirtschaft.

Teufelszwirn

Entwicklungsablauf des T.s *(Cuscuta):* Der aus dem Samen keimende, reichl. mit Nährstoff versehene Keimling ist fadenförmig u. besitzt keine Keimblätter. Bei seiner Suche nach einer geeigneten Wirtspflanze führt er kreisende ↗Nutationsbewegungen aus u. erreicht oft eine beachtl. Länge (bisweilen über 30 cm). Ist ein Wirt gefunden, so wird dieser mit dicht aufeinanderfolgenden Windungen umschlungen. Aus den Windungen hervorgehende ↗Haustorien dringen in das Wirtsgewebe ein u. bilden feste Verbindungen zu dessen Gefäßen. Über diese bezieht der Parasit sowohl Wasser u. Nährsalze als auch die für ihn notwendigen organ. Verbindungen. Die nun überflüssige Primärwurzel stirbt ab, u. es entfällt somit die Verbindung zur Erde. Einige Arten des T.s sind relativ wirtsspezifisch, während andere ein breites Spektrum an Wirtspflanzen befallen.

A. D. Thaer

Thalictrum

mus u. Arbeitswirtschaft wirkten richtungsweisend für die Entwicklung der mittel- u. nordeur. Landwirtschaft.

Thais *w* [ben. nach der berühmten gr. Hetäre Thaïs], Gatt. der ↗Purpurschnecken mit festwandigem, getürmtem Gehäuse u. breiter Spindel; Oberfläche spiralgerippt, oft mit Knoten oder schuppenartigen Stacheln; weitverbreitet mit zahlr., marinen Arten im Flachwasser u. der Gezeitenzone. *T. haemastoma,* bis 10 cm hoch, lebt in der Karibik u. vor der brasilian. sowie westafr. und portugies. Küste; ihre Mündung ist intensiv orange; Nahrung sind Seepocken, Schnecken u. Muscheln.

Thalamus *m* [v. gr. thalamos = Bett, Lager], ugs. Bez. *Sehhügel,* zusammenfassende Bez. für die Seitenwände des ↗Zwischenhirns (T. i. w. S.), wobei wiederum ↗*Epithalamus,* T. (i. e. S.) und ↗*Hypothalamus* ( ) unterschieden werden. Der T. ist ein wichtiges Schaltzentrum für Impulse, die v. und zu den Endhirnhemisphären (↗Telencephalon) verlaufen. Der Hypothalamus ist ein übergeordnetes Steuerungszentrum vegetativer u. hormoneller Funktionen. Über das ↗Infundibulum ist er mit der ↗Hypophyse ( ) verbunden, mit der zus. er die Funktionseinheit des ↗*hypothalamisch-hypophysären Systems* ( ) bildet. ↗Gehirn (, B).

Thalarctos *m* [v. *thalass-,* gr. arktos = Bär], *Thalassarctos,* U.-Gatt. der Großbären; ↗Eisbär.

Thalassämie *w* [v. *thalass-,* gr. haima = Blut], *Mittelmeeranämie,* im Mittelmeerraum u. Vorderasien bes. verbreitete, erbl. Blutkrankheit (Genausfall), die durch eine Verminderung der Synthese von α- oder β-Ketten des ↗Hämoglobins (↗Hämoglobinopathien) hervorgerufen wird. Die Erythrocyten weisen eine verkümmerte Gestalt auf u. unterliegen einem beschleunigten Zerfall (↗Hämolyse). Bei homozygoter Vererbung *(Thalassaemia major)* endet die T. meist schon früh tödl., bei heterozygoter Vererbung *(Thalassaemia minor)* ist sie dagegen nicht weiter behandlungsbedürftig.

Thalassema *s* [v. *thalass-,* gr. sēma = Zeichen], Gatt. der ↗Echiurida (Igelwürmer) mit 14 Arten, die vorzugsweise an den atlant. und pazif. Küsten, häufig in leeren Seeigelpanzern, leben.

Thalassicola *m* [v. *thalass-,* lat. -cola = -bewohner], Gatt. der ↗Peripylea.

Thalassinoidea [Mz.; v. *thalass-*], die ↗Maulwurfskrebse.

Thalassiosira *w* [v. *thalass-,* gr. seira = Seil, Strick], Gatt. der ↗Coscinodiscaceae (T). [↗Raubspinnen.

Thalassius *m* [v. *thalass-*], Gatt. der

Thalassophryne *w* [v. *thalass-,* gr. phrynē = Kröte], Gatt. der ↗Froschfische.

Thaliaceae [Mz.; ben. nach der Meernymphe Thaleia], die ↗Salpen.

Thalictrum *s* [v. gr. thaliktron = Raute], die ↗Wiesenraute.

Thalidomid

Thalidomid s, *3-Phthalimido-piperidin-2,6-dion*, unter der Waren-Bez. *Contergan* bekannt geworden; mit der auch in der Natur vorkommenden Aminosäure Glutaminsäure u. mit den Barbituraten chem. verwandter ↗Piperidin-Abkömmling. Fand als Schlaf- u. Beruhigungsmittel breite Anwendung u. wurde als harmlos angesehen, da auch bei hoher Dosierung keine Nebenwirkungen festgestellt wurden, bis es (1957–61) zu einem plötzl. Anstieg des ↗*Dysmeliesyndroms* (↗Dysmelie) kam (↗Teratogene). Später sind auch zahlr. irreversible Nervenschädigungen bei Erwachsenen nach längerer Einnahme des Medikaments bekannt geworden, so daß es aus dem Handel gezogen wurde. Die Zahl der durch T. mißgebildeten Personen in der BR Dtl. wird auf 4000–5000 geschätzt. ↗Embryopathie, ↗Fehlbildung, ☐ Fehlbildungskalender.

Thallobacteria [Mz.; v. *thallo-], 2. Klasse der grampositiven Bakterien (Division *Firmicutes*, T Gramfärbung), in der die Formen (Ord.) zusammengefaßt werden, die zu Verzweigungen neigen; entspr. den ↗„Actinomyceten u. verwandte Organismen". Die 1. Klasse, *Firmibacteria*, enthält die einfachen grampositiven Bakterien (Bacillen).

Thallocoralla [Mz.; v. *thallo-, gr. korallion = Koralle], (Okulitch 1936), ↗Schizocoralla.

Thallokonidien [Mz.; v. *thallo-, gr. kónion = kleiner Kegel], *thallische Konidien*, Pilz-↗Konidien, die durch nachträgl. Septierung u. Zergliederung vorher gebildeter Hyphen entstehen; auch als ↗*Arthrokonidien (Arthrosporen, Oidien)* u. ↗*Aleurosporen* (bei ↗Dermatophyten) bezeichnet.

Thallophyten [Mz.; v. *thallo-, gr. phyton = Gewächs], *Thallophyta, Lagerpflanzen*, Sammelbez. für vielzellige Pflanzen, deren Vegetationskörper als ↗*Thallus* beschrieben wird u. noch nicht in die hochentwickelten Organsysteme v. ↗Wurzel, ↗Sproßachse u. ↗Blatt des ↗Kormus (↗Kormophyten) gegliedert ist. Dazu gehören alle vielzelligen ↗Algen, ↗Flechten u. die ↗Moose. Die systemat. Stellung der ↗Pilze ist heute umstritten (↗Pflanzen). Die prokaryotischen ↗Bakterien u. ↗Cyanobakterien (↗Prokaryoten) haben es nur bis zur Zellkolonie gebracht. Entsprechend der noch geringen Differenzierung des Vegetationskörpers gehören die landbewohnenden T. (↗Landpflanzen) zu den poikilohydren Pflanzen (↗homoiohydre Pflanzen). B Pflanzen.

Thallus m [Mz. *Thalli*; v. *thallo-], *Lager*, Bez. für den vielzelligen Vegetationskörper der Niederen Pflanzen (↗*Thallophyten*), der im Ggs. zum ↗*Kormus* der Höheren ↗Landpflanzen (↗Kormophyten) noch nicht in die echten Organsysteme untergliedert ist. Die Ausgestaltung des T. reicht v. einfachen Zellfäden über verzweigte u. flächige,

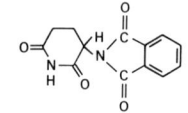

Thalidomid

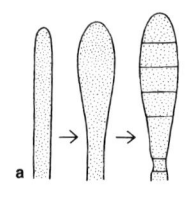

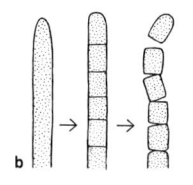

Thallokonidien
a holothallische Konidienbildung bei *Microsporum canis* (an einer Seitenhyphe eines Konidienträgers);
b Zergliederung einer Substrathyphe von *Geotrichum candidum* in Thallokonidien

Theales
Wichtige Familien:
↗*Dipterocarpaceae*
↗Hartheugewächse *(Guttiferae)*
↗*Ochnaceae*
↗Teestrauchgewächse *(Theaceae)*

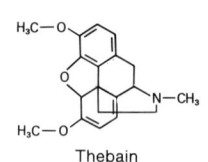

Thebain

thanato- [v. gr. thanatos = Tod].

thallo- [v. gr. thallos = belaubter od. sprossender Zweig, Sproß, Sprößling].

jeweils mit einer ↗Scheitelzelle (☐) wachsende Formen bis zu den aus Geweben bestehenden T. der ↗Braunalgen u. ↗Moose. Bei den sehr hoch entwickelten ↗Algen u. den Moosen führt die Arbeitsteilung zw. den verschiedenen Abschnitten des Vegetationskörpers zu den den Organsystemen der Kormophyten analogen Bildungen wie ↗*Rhizoide*, ↗*Cauloide* u. ↗*Phylloide* (B Algen III).

Thamnolia w [v. gr. thamnos = Busch, Strauch], Gatt. der ↗Siphulaceae.

Thamnophis m [v. gr. thamnos = Busch, Strauch, ophis = Schlange], Gatt. der ↗Wassernattern.

Thanasimus m [v. gr. thanasimos = tödlich], Gatt. der ↗Buntkäfer.

Thanatologie w [v. *thanato-, gr. logos = Kunde], *Sterbensforschung*, Forschungsgebiet, das sich mit dem ↗Tod u. dem Sterben befaßt.

Thanatose w [v. *thanato-], das Sichtotstellen einiger Gliederfüßer bei Gefahr (z. B. bei Pillenkäfern u. Schnellkäfern). ↗Akinese, ↗Schutzanpassungen, ↗Totstellverhalten.

Thanatotop m [v. *thanato-, gr. topos = Ort], (Wasmund 1927), der Einbettungsraum einer Thanatozönose (↗Grabgemeinschaft).

Thanatozönose w [v. *thanato-, gr. koinos = gemeinschaftlich], die ↗Grabgemeinschaft.

Thar m [nepales. Name], der ↗Tahr.

Thatcheria w, Gattung der ↗Schlitzturmschnecken.

Thaumaleidae [Mz.; v. gr. thauma = Bewunderung], die ↗Dunkelmücken.

Thaumastus m [v. gr. thaumastos = wunderbar], Gatt. der ↗*Bulimulidae*, Landlungenschnecken mit eikegelförm., festwandigem Gehäuse (bis 10 cm hoch), axial, manchmal auch spiralig gestreift; Spindelrand nach außen umgeschlagen; einige Arten in nördl. S-Amerika, oft auf Bäumen lebend.

Thaumetopoeidae [Mz.; v. gr. thaumatopoiia = Zauberei], die ↗Prozessionsspinner. [tierung.

Thayer-Prinzip [ßeer-], die ↗Gegenschat-

Theaceae [Mz.; v. chin. t'e, tay = Tee], die ↗Teestrauchgewächse.

Theales [Mz.; v. chin. t'e, tay = Tee], *Teestrauchartige*, Ord. der ↗*Dilleniidae* mit 7 Fam. (vgl. Tab.), die etwa 130 Gatt. mit rund 3000 Arten umfassen.

Theba w, Gatt. der ↗*Helicidae*, ↗Mittelmeersandschnecke.

Thebain s [ben. nach der ägypt. Stadt Thēbai (= Theben)], ein strukturell zum Morphin-Typ zählendes ↗Opiumalkaloid mit krampferregender u. damit zu ↗Morphin antagonist. Wirkung; es zeigt keine narkot. Eigenschaften. T. tritt als Hauptalkaloid in *Papaver orientale* auf.

Thecamoeba w [v. *theca-, gr. amoibē = Wechselhafte], ↗Thekamöben.

Thecanephria [Mz.; v. *theca-, gr. nephros = Niere], Gruppe der ↗*Pogonophora* i. e. S., deren Exkretionskanäle unmittelbar dem Ventralgefäß anliegen. Je nach systemat. Ansatz werden die *T.* als U.-Ord. der Ord. *Perviata* oder als eigene Ord. geführt.

Thecaphorae [Mz.], die ↗*Thekaphorae*.

Thecata [Mz.; v. *theca-], die ↗*Thekaphorae*. [Gatt. der ↗*Zipfelfalter*.

Thecla s [ben. nach dem Frauennamen],

Thecocaulus m [v. *theco-, gr. kaulos = Stengel], Gatt. der ↗*Plumulariidae*.

Thecodontia [Mz.; v. *theco-, gr. odontes = Zähne], (Owen 1859), v. den ↗*Eosuchia* abstammende † Ord. carnivorer u. insectivorer Reptilien v. großem Formenreichtum (U.-Kl. ↗*Archosauria*). U.-Ord.: *Proterosuchia* (Wende Perm/Trias), *Pseudosuchia* (↗Scheinechsen) u. *Phytosauria* (Trias); ca. 242 Gattungen. ↗*Sauromorpha*.

Thecorhiza w [v. *theco-, gr. rhiza = Wurzel], *Thecorrhiza*, die inkrustierende Basalscheibe tuboider ↗Graptolithen; setzt sich aus Stolotheken zus., v. denen Auto- u. Bitheken entspringen.

Thecosomata [Mz.; v. *theco-, gr. sōmata = Körper], die ↗*Seeschmetterlinge*.

Theiler [Bailer], *Max,* südafr.-amerikan. Mikrobiologe, * 30. 1. 1899 Pretoria (Südafrika), † 11. 8. 1972 New Haven (Conn.); seit 1922 in den USA, zuletzt Prof. in New York; Arbeiten über die Erreger v. Infektionskrankheiten, bes. über das Gelbfiebervirus; entwickelte 1939 einen Impfstoff gg. Gelbfieber; erhielt 1951 den Nobelpreis für Medizin. [plasmen.

Theileria w [ben. nach M. ↗Theiler], ↗Piro-

Theileriosen [Mz.; ben. nach M. ↗Theiler], *Küstenfieber,* Erkrankungen v. Huftieren durch Einzeller der Gatt. *Theileria* (↗Piroplasmen, ↗Apicomplexa). Am wichtigsten die Erreger *T. parva* (Ostküstenfieber, Ost- u. Zentralafrika) u. *T. annulata* (Mittelmeer-Fieber, Mittelmeerraum u. UdSSR). Symptome: Hyperplasie des lymphat. Systems (Parasit lebt in Lymphocyten), Fieber bei 41 °C, Auszehrung; bei Erstinfektion *(T. parva)* meist tödlich. Übertrager Zecken *(Rhipicephalus, Hyalomma).* Therapiemöglichkeiten gering; Prophylaxe durch Zeckenbekämpfung. ↗Babesiosen, ↗Piroplasmosen. [↗Coffein.

Thein s [v. chin. t'e, tay = Tee], *Teïn,* das

Theißblüte [ben. nach dem Donau-Nebenfluß Theiß], *Palingenia longicauda,* ↗Eintagsfliegen.

Theka w [Mz. *Theken;* v. *theka-], *Theca,* **1)** Bot.: Bez. für die Antherenhälften, die je aus 2 Pollensäcken bestehen u. über das Konnektiv zum Staubbeutel (↗Anthere) verbunden sind (↗Blüte). **2)** Zool.: a) Bez. für bindegewebige Hülle eines Organs, z. B. die Follikelhülle, *Theca folliculi* (↗Oogenese); b) Knochenpanzer der ↗Schildkröten; c) Teil des Kalkskeletts der ↗Steinkorallen; d) der Kelch der ↗Seelilien; e) bei ↗Graptolithen eine chitinige, becher- od. röhrenförmige Kammer, in der ein Einzeltier der Kolonie lebte.

Thekamöben [Mz.; v. *theka-, gr. amoibē = Wechselhafte], häufig als Synonym für die ↗*Testacea* gebrauchte Bez.; korrekt aber nur für Amöben der Gatt. *Thecamoeba* (= *Amoebina,* ↗Nacktamöben), die eine stark verdichtete zähe Zellhülle, aber niemals eine abgesonderte Schale haben.

Thekaphorae [Mz.; v. *theka-, gr. -phoros = -tragend], *Thecaphorae, Thecata,* artenreiche U.-Ord. der ↗*Hydroidea* (vgl. Tab.); die *T.* sind die Polypengeneration der ↗*Leptomedusae*. Sie zeichnen sich dadurch aus, daß um die Polypen eine abstehende Hülle aus Periderm gebildet wird *(Hydrothek).* Die Systematik der *T.* ist verworren, da – hist. bedingt – die Polypen manchmal in andere Fam. gestellt werden als die Medusen.

thekodont [v. *theka-, gr. odontes = Zähne], *thecodont,* Art der Befestigung v. Zähnen im ↗Kiefer v. Säugern u. säugetierähnl. Reptilien mittels 1 bis (seltener) 2 in Höhlen (Alveolen) steckenden Wurzeln. Die feste Verbindung erfolgt nur über das Zahnperiost.

Thelastoma s [v. *thel-, gr. stoma = Mund], Gatt. der Fadenwurm-Ord. ↗*Oxyurida;* lebt im Enddarm v. Schaben, Tausendfüßern u. a. Boden-Arthropoden in trop. und gemäßigten Regionen; namengebend für die Fam. *Thelastomatidae*.

Thelaxidae [Mz.; v. gr. thēlazein = saugen], Fam. der ↗Blattläuse.

Thelephoraceae [Mz.; v. *thel-, gr. phoros = -tragend], die ↗Erdwarzenpilze.

Thelepus m [v. *thel-, gr. pous = Fuß], Ringelwurm-(Polychaeten-)Gatt. der ↗*Terebellidae* mit 32 Arten. Bekannte Art *T. plagiostoma.* [riales.

Thelidium s [v. *thel-], Gatt. der ↗*Verruca-*

Theligonaceae [Mz.; v. *thel-, gr. thēlygonon = Name v. Pflanzen mit nur weibl. Nachkommen], Fam. der ↗*Haloragales*.

Thelodontida [Mz.; v. *thel-, gr. odontes = Zähne], † Überord. der *Agnatha* (↗Kieferlose) mit nur 5 ungenügend bekannten Gatt. (*Thelodus, Lanarkia* u. a.); Tiere selten über 20 cm lang, dorsoventral abgeplattet, Körper m. plakoidart. Zähnchen bedeckt, Mundöffnung terminal-ventral gelegen, 8 Kiemenkammern; 1 Paar „Seitenflossen", Rücken- u. Afterflosse, Schwanzflosse hypozerk; Lebensweise benthonisch. Verbreitung: Obersilur bis Devon v. Europa u. N.-Amerika. ↗*Coelolepida*.

Thelotornis m, Gatt. der ↗Trugnattern.

Thelotremataceae [Mz.; v. *thel-, gr. trēmata = Löcher], Fam. der ↗*Ostropales* bzw. nach neuer Auffassung der ↗*Graphidales,* 5 Gatt. mit ca. 550 Arten; Krustenflechten mit rundl. Apothecien, deren ↗Excipulum häufig vom Lagerrand getrennt ist; Scheibe oft eingesenkt; Sporen farblos bis braun, querseptiert od. mauer-

---

Thekaphorae (Leptomedusae)

Wichtige Familien:
↗ *Aequoreidae*
↗ *Campanulariidae*
↗ *Campanulinidae*
↗ *Eucopidae*
↗ *Haleciidae*
↗ *Lafoeidae*
↗ *Melicertidae*
↗ *Plumulariidae*
↗ *Sertulariidae*

---

theca-, theco-, theka-, theko- [v. gr. thēkē = Behältnis, Kiste, Kapsel, Sarg].

---

thel- [v. gr. thēlē = Mutterbrust, Brustwarze, Warze].

Thelygenie

artig geteilt; Photobiont fast stets *Trentepohlia*. *Thelotrema:* ca. 100 Arten, hpts. Rindenbewohner der Tropen, in Mitteleuropa *T. lepadinum; Diplochistes:* ca. 30 Arten, kosmopolitisch, auf Gestein, Moosen, Pflanzenresten, Erdboden, in Mitteleuropa verbreitet die silicole *D. scruposus*.

Thelygenie *w* [v. gr. thēlygenēs = weibl. Geschlechts], die Entstehung ausschließlich ♀ Nachkommen. Ggs.: ↗Arrhenogenie. ↗Monogenie.

Thelypteris *w* [v. gr. thēlys = weiblich, pteris = Farn], der ↗Lappenfarn.

Thelytokie *w* [v. gr. thēlytokia = Gebären weibl. Kinder], ↗Parthenogenese.

Theneidae [Mz.], Schwamm-Fam. der Kl. ↗Demospongiae. Bekannte Art *Thenea muricata*, ballen- od. pilzförmig, häufig mit wurzelart. Fortsätzen, blaßgelb; von 30 bis 3000 m Tiefe in Mittelmeer, Arktis und N-Atlantik.

Theobroma *s* [v. gr. theos = Gott, brōma = Speise], der ↗Kakao.

Theobromin *s* [v. gr. theos = Gott, brōma = Speise], *3,7-Dimethylxanthin*, ein in zahlr. Pflanzenarten vorkommendes ↗Alkaloid (T) aus der Gruppe der methylierten Xanthine. T. ist bes. in ↗Kakao-Bohnen (1–2,5%), aber auch in ↗Cola-Nuß (0,1%) u. Teeblättern (0,05%; ↗Teestrauchgewächse) enthalten. In der Pflanze ist es zum größten Teil an ↗Gerbstoffe od. ↗Chlorogensäure gebunden u. wird erst durch Fermentation bzw. Röstprozesse freigesetzt. Seine anregende Wirkung ist ähnl., jedoch weniger stark als die des ↗Coffeins.

Theodoxus *m* [v. gr. theos = Gott, doxa = Meinung], die ↗Flußnixenschnecken.

Theophrastus Bombastus von Hohenheim ↗Paracelsus.

Theophyllin *s* [v. ↗Theobromin, gr. phyllon = Blatt], *1,3-Dimethylxanthin*, ein bes. in Teeblättern (0,02–0,04%; ↗Teestrauchgewächse) enthaltenes ↗Alkaloid (T), das wie ↗Coffein als Inhibitor des Enzyms Phosphodiesterase (↗Nucleasen) wirkt. Aufgrund seiner zentral erregenden, broncholytischen, antiasthmatischen u. harntreibenden Eigenschaften finden T. und seine Derivate therapeut. Anwendung.

Theorell, *Hugo Axel Theodor*, schwed. Biochemiker, * 6. 7. 1903 Linköping, † 15. 8. 1982 Stockholm; Prof. in Uppsala u. Stockholm; entdeckte 1953 ein Antibiotikum zur Tuberkulosebekämpfung; grundlegende Arbeiten über Elektrophorese u. Enzyme, bes. Katalasen, Cytochrom c und Riboflavin („gelbes Ferment", 1934 Reindarstellung); erhielt 1955 den Nobelpreis für Medizin.

Theraphosidae [Mz.; v. gr. thēraphion = kleines wildes Tier], die ↗Vogelspinnen.

Theraponidae [Mz.; v. gr. therapōn = Gefährte], die ↗Tigerbarsche.

therapsid [v. *ther-, gr. apsis = Bogen], nannte Versluys (1936) den Schädeltyp v. *Theromorpha* (↗Synapsida) u. Säugetieren mit nur 1 ↗Schläfenfenster u. von Jugale u. Squamosum gebildetem Jochbogen.

Therapsida [Mz.; v. *ther-, gr. apsis = Bogen], (Broom 1905), *Therosuchia* (Seeley 1895), † Ord. fortschrittl., Säugetier-ähnl. Reptilien mit engen verwandtschaftl. beziehungen zu ↗Pelycosauria u. Säugern. ↗Schädel-Bau synapsid (↗Schläfenfenster), Ausbildung eines sekundären Gaumens, Verstärkung des Dentale auf Kosten der anderen Unterkieferknochen, Gebiß heterodont u. in einer ↗Zahnformel ausdrückbar, z. B. $\frac{? \; 4 \cdot 1 \cdot 3 \cdot 5}{3 \cdot 1 \cdot 4 \cdot 5}$ für *Baurocynodon*. (Die Backenzähne hinter C [Canini = Eckzähne] heißen PCA = Postcanini anteriores und PCP = Postcanini posteriores, letztere bereits mehrspitzig u. querverlängert.) Extremitäten mit Tendenz zur Aufrichtung; Warmblütigkeit wahrscheinl. weitgehend entwickelt. Einige Gruppen herbivor, andere carnivor. Stammformen der T. unbekannt. 3 U.-Ord.: ↗*Theriodontia, Dinocephalia* u. *Anomodontia*. Verbreitung: mittleres Perm bis mittlerer Dogger, um 300 Gatt., überwiegend in S-Afrika und UdSSR. ↗*Moschops*.

Therevidae [Mz.; v. gr. thēreuein = jagen], die ↗Luchsfliegen.

Theria [Mz.; v. *ther-], (Parker u. Haswell 1897), nach der Gliederung v. Simpson (1945) eine U.-Kl. der Säugetiere *(Mammalia)* mit den Infra-Kl. † ↗*Pantotheria* Simpson 1929, *Metatheria* Huxley 1880 (↗Beutelsäuger) u. ↗*Eutheria* Gill 1872.

Theriak *m* [v. gr. thēriakē = Gegengift gg. den Biß wilder Tiere], urspr. aus Griechenland, angebl. von Asklepiades erfundene Panazee (Allheilmittel), die aus 54 Einzelbestandteilen zusammengesetzt war (darunter einige Heilpflanzen, aber auch Schlangen u. als zu Asche verbranntes Gemisch verabreicht wurde. Die Popularität des immens teuer (u. a. als Geriatrikum) gehandelten u. daher nur der Oberschicht zugängl. mystischen T. geht auf ↗Galen zurück, hielt sich bis ins 18. Jh. und erlebte in den Apotheken der barokken Fürstenhäuser eine letzte Blüte.

Theridiidae [Mz.; v. *therid-], *Theridionidae*, die ↗Kugelspinnen.

Theriodontia [Mz.; v. *ther-, gr. odontes = Zähne], (Owen 1875), U.-Ord. meist carnivorer Säugetier-ähnl. Reptilien (Ord. ↗*Therapsida*), deren fortschrittlichste Gruppe *(Cynodontia)* Ende der Trias zu den Säugetieren hinführte. Schädel bei einigen mit hoher Sagittalcrista u. vergrößerter Hirnkapsel, im Unterkiefer mit hohem Coronoidfortsatz, Kaumuskulatur kräftig, Backenzähne z. T. mit Höckern besetzt, diese manchmal in Reihen; ein großes ↗Diastema hinter C (Canini = Eckzähne) kann ausgebildet sein; Extremitäten deutlich ventral (nicht lateral); meist klein u. langschwänzig, manche bis

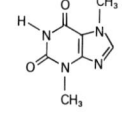

Theobromin

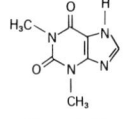

Theophyllin

H. A. T. Theorell

ther-, therid- [v. gr. thēr, thērion = (wildes) Tier; thēridion = Tierchen].

3 m lang. *Tritylodontia* (↗ *Tritylodon*) früher schon den Säugetieren zugerechnet. Verbreitung: mittleres Perm bis Dogger, meist Trias bis Lias der Alten Welt u. von S-Afrika, neuerlich auch von S-Amerika u. Antarktika bekannt; ca. 200 Gatt.

Thermalalgen [v. *therm-], in warmen Thermalquellen lebende Algen; diese Quellen sind meist vulkan. Ursprungs u. zeichnen sich durch einen hohen Mineralgehalt aus. Bei Temp. zwischen 50 °C und 85 °C (Akro- u. Hyperthermen) treten nur Blaualgen (Cyanobakterien) auf, z. B. *Synechococcus elongatus* f. *thermalis* od. *Phormidium laminosum*, bei Temp. bis 50 °C daneben noch Kieselalgen aus den Gatt. *Nitzschia, Achnanthes, Denticulata* u. a.; unter 40 °C können auch Grünalgen der Gatt. *Stigeoclonium, Ulothrix, Cladophora, Rhizoclonium* sowie einige Jochalgen vorkommen. Bis 40 °C ist die Artenmannigfaltigkeit noch groß; bei höheren Temp. nimmt sie rasch ab. Aufgrund der gleichbleibenden Lebensbedingungen ändert sich die Organismengesellschaft in Thermen oft jahrelang nicht. Viele T. sind Kosmopoliten. Auf welche Weise diese Algen höhere Temp. (über 50 °C) überleben können, ist noch weitgehend unbekannt.

thermoacidophile Bakterien [Mz.; v. *therm-, lat. acidus = sauer, gr. philos = Freund], 1) allg.: alle hitze- u. säureliebenden Bakterien (vgl. Tab.). 2) Gruppe der ↗ Archaebakterien, in der die Ord. zusammengefaßt werden, deren Vertreter nicht Methan bilden u. bei denen Arten vorkommen, die säure- u. hitzeliebend sind.

Thermoactinomyces *m* [v. *therm-, gr. aktines = Strahlen, mykēs = Pilz], grampositive, aerobe Bakterien, die stark verzweigte Hyphen bilden; die kompakten Kolonien bestehen aus einem Substrat- u. Luftmycel; an beiden Mycelformen entstehen hitzeresistente, endogen gebildete Einzelsporen, die den Endosporen der Bacillen entsprechen; auch molekular-biochem. Untersuchungen zeigen, daß *T.*-Arten größere Ähnlichkeit mit Vertretern der ↗ *Bacillaceae* (⊤) aufweisen als mit denen der Fam. ↗ *Micromonosporaceae* (Ord. ↗ *Actinomycetales*), wo sie (noch) eingeordnet werden. *T.*-Arten sind thermophil (Wachstum zw. 30 und 70° C) u. sind überall in natürl. Habitaten zu finden, wo organ. Material sich unter Erhitzung zersetzt, z. B. feucht gestapeltes Heu, Laub, Bagasse, Kompost. ↗ Selbsterhitzung (⊤).

Thermobakterien [v. *therm-, gr. baktērion = Stäbchen], *Thermobacterium*, U.-Gatt. von *Lactobacillus* (↗ Lactobacillaceae).

Thermobia *w* [v. *therm-, gr. bios = Leben], Gatt. der ↗ Silberfischchen.

Thermodynamik *w* [v. *therm-, gr. dynamikos = kräftig], *Wärmelehre*, die Lehre v. den durch Zufuhr u. Abfuhr v. Wärme-↗ Energie verursachten Zustandsänderungen (*Prozessen*) sowie v. Systemgleichge-

therm- [v. gr. thermē = Wärme, Hitze; thermos = warm, heiß; lat. thermae = warme Quellen].

thermoacidophile Bakterien

Einige Vertreter:
↗ *Thermoplasma acidophilum*
↗ *Sulfolobus acidocaldarius*
↗ *Bacillus acidocaldarius*

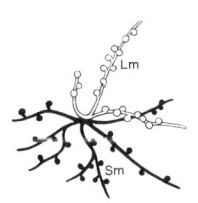

Thermoactinomyces
Lm Luftmycel,
Sm Substratmycel

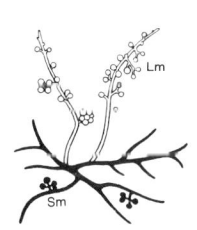

Thermomonospora
Lm Luftmycel,
Sm Substratmycel

thermophile Bakterien

wichten innerhalb definierter Stoffmengen (↗ chem. Gleichgewicht). Mit *System* wird in der T. die Gesamtheit der beteiligten Vorrichtungen u. Stoffe bezeichnet. Die T. gibt Auskunft über die Änderungen v. Druck, Volumen, Temp. sowie über die bei einem Prozeß verbrauchte od. aufgenommene *Arbeit* u. die in einem System enthaltene *innere Energie*, über die ↗ Entropie u. ↗ Enthalpie. Die *statist. T.* deutet die Wärme als ungeordnete Molekülbewegung (↗ Brownsche Molekularbewegung, ☐; ↗ Diffusion, ☐) u. die Entropie als das Maß der Wahrscheinlichkeit eines Zustandes. ↗ Entropie und ihre Rolle in der Biologie, ↗ Information und Instruktion.

thermohalin [v. *therm-, gr. halinos = aus Salz], Temp. und Salzgehalt des Meerwassers betreffend.

Thermoinduktion *w* [v. *therm-, lat. inductio = Einführen], die Auslösung der ↗ Blütenbildung od. Samen-↗ Keimung durch Phasen niedriger Temperaturen. ↗ Stratifikation, ↗ Vernalisation, ↗ Frostkeimer.

Thermomonospora *w* [v. *therm-, gr. monos = einzeln, spora = Same], Gatt. der ↗ *Actinomycetales*, grampositive, aerobe Bakterien, typischerweise mit verzweigtem Substrat- u. Luftmycel, an denen nichthitzeresistente Sporen gebildet werden. Einige *T.*-Arten sind thermophil. Sie spielen eine wichtige Rolle beim Abbau v. Pflanzenmaterial in überhitzten Substraten (z. B. Kompost; ⊤ Selbsterhitzung); neben Cellulose (thermostabile ↗ Cellulasen) können sie auch Pektin, Xylan u. Stärke abbauen (↗ celluloseabbauende Mikroorganismen). Möglicherweise zur Herstellung v. ↗ Einzellerprotein aus Cellulose zu verwenden.

Thermonastie *w* [v. *therm-, gr. nastos = festgedrückt], durch Temp.-Reize ausgelöste Bewegungen v. Organen festgewachsener Pflanzen; z. B. Bewegungen v. Blüten, Blättern, Spaltöffnungen. ⊤ Nastie.

Thermoperiodismus *m* [v. *therm-, gr. periodos = Umlauf], Steuerung v. Wachstums- u. Entwicklungsprozessen bei Pflanzen durch den regelmäßigen Wechsel der Tages- u. Nacht-Temp., u. U. in Wechselwirkung mit einer endogenen ↗ circadianen Rhythmik (↗ Chronobiologie). Der Jahresrhythmus der ↗ Temperatur kann Knospenruhe u. Blühverhalten regeln. ↗ Vernalisation, ↗ Thermoinduktion.

thermophile Bakterien [v. *therm-, gr. philos = Freund], Bakterien, die bei hohen Temp. (über ca. 50° C) wachsen. Man unterscheidet *gemäßigt (moderat) t. B.* (optimales Wachstum: 45–75° C), z. B. Stämme v. ↗ *Bacillus*, ↗ Clostridien, ↗ Cyanobakterien, und *extrem t. B.* (Optimum um 80° C und höher). Die meisten extrem t.n B. wachsen zw. 60 und 98° C. Der autotrophe ↗ Schwefelreduzierer *Pyrodictium occultum* („Verborgenes Feuernetz") hat sogar ein Temp.-Optimum von 105° C (Verdopp-

thermophile Organismen

lungszeit 110 min) u. ein -Maximum von 110° C; unter 82° C ist kein Wachstum zu beobachten. Obwohl extrem t. B. bei „normalen" Temp. sich nicht vermehren, überleben sie bei niedrigen Temp. (z. B. 4° C) jahrelang. T. B. gibt es nur bei bestimmten Bakteriengruppen; oft sind nur einige Stämme thermophil. Die meisten Bakterien, die noch in der Nähe des Siedepunkts wachsen, gehören zu den ↗Archaebakterien, überwiegend mit streng anaerobem, oft autotrophem Stoffwechsel (↗Thermoproteales, ↗Schwefelreduzierer). Von den Eukaryoten können nur wenige, einige Protozoen u. Pilze, über 50° C leben; „Rekordhalter" bei den eukaryot. Organismen ist der Pilz Thermoascus aurantiacum, der gerade noch 62° C erträgt. – T. B. leben in sonnendurchglühten Moorböden, Salzlaken v. Wüsten, sich selbst erhitzendem Pflanzenmaterial (z. B. feuchtem Heu; ↗Selbsterhitzung). Die meisten extrem t.n B. wurden aus vulkan. Quellen u. Schlammlöchern des Festlands u. submarinen heißen Quellen isoliert, bes. aus Solfataren, wo vulkan. Exhalationen v. Schwefelverbindungen stattfinden; auch auf glühenden Kohleabraumhalden leben t. B. Die ersten Berichte über thermophile Mikroorganismen stammen von F. J. ↗Cohn (1862, über Cyanobakterien in Thermalwasser der Carlsberger Sprudelquellen). – Die obere Grenze der Wachstums-Temp. hängt v. der Stabilität der Zellstrukturen, Makromoleküle, aber auch v. kleinen organ. Verbindungen (z. B. ATP) u. der Geschwindigkeit ihrer Resynthese ab; schon bei 110° C wird ATP schnell hydrolysiert, so daß bei einem Zellwachstum schnelle Resynthesen gefordert werden müssen. Nach Berechnungen der Thermostabilität organ. Verbindungen scheint das Maximum für ↗Wachstum u. ↗Leben zw. 110 und 150° C zu liegen. Experimentelle Befunde für ein Wachstum von t.n B. aus heißen, schwefelhalt. Tiefseequellen (↗schwefeloxidierende Bakterien – Tiefseeökosystem) im Pazifik („black smokers") bei 250° C (unter Druck) werden stark angezweifelt u. konnten nicht bestätigt werden; möglicherweise täuschten nicht-biol., chemisch-thermische Reaktionen eine biol. Massenzunahme vor. – T. B. könnten in Zukunft große wirtschaftl. Bedeutung in der ↗Biotechnologie erlangen. Schon heute werden in großem Umfang thermostabile Enzyme aus Bacillen gewonnen, die als Waschmittelzusatz (Thermolysin = Proteasen) u. zum Aufschließen v. Stärke (α-Amylase) für Zucker- u. Alkoholherstellung genutzt werden. ↗Bakterien, ↗thermoacidophile Bakterien, ↗mikrobielles Wachstum, ↗Hitzeresistenz. G.S.

thermophile Organismen [v. *therm-, gr. philos = Freund], Organismen, die warme Lebensräume bevorzugen od. zum Wachstum benötigen, z. B. ↗ thermophile Bakte-

thermophile Bakterien
Einige Vertreter mit extremen Temperaturansprüchen:
Sulfolobus-Arten
Wachstum 55–90° C,
Optimum 70–85° C
(pH 1–4)
↗ *Thermoproteales*
Wachstum 70 bis 103° C
Optimum 85–100° C
Methanothermus fervidus
Wachstum 70–95° C
Optimum 85° C
Pyrodictium occultum
Wachstum 85–110° C,
Optimum 105° C

Thermoproteales
Familien, Gattungen u. Arten (Auswahl):
Thermoproteaceae
  Thermoproteus tenax
  (stäbchenförmig, fadenbildend, 1–100 μm lang; ⌀ 0,4–0,5 μm; Knospung)
  Thermofilum pendens
  (stäbchenförmig, fadenbildend, 1–100 μm lang; ⌀ 0,12–0,2 μm; Knospung)
Desulfurococcaceae
  Desulfurococcus mobilis
  (kokkenförmig, ⌀ 0,5–1,0 μm; begeißelt)
Thermococcaceae
  Thermococcus celer
  (kokkenförmig, ⌀ 1 μm; bewegl. mit Geißelschopf)

therm- [v. gr. thermē = Wärme, Hitze; thermos = warm, heiß; lat. thermae = warme Quellen].

rien mit einem Temp.-Optimum über 50° C. ↗mikrobielles Wachstum, ↗Selbsterhitzung.

Thermoplasma s [v. *therm-, gr. plasma = Gebilde], Gatt. der ↗ *Thermoplasmales* (↗Archaebakterien); meist noch bei den ↗Mycoplasmen (T) eingeordnet, aber Zellmembran mit Ätherlipiden (↗Archaebakterien). Die zellwandlosen Bakterien sind rundl. bis fadenförmig, mit gramnegativem Färbeverhalten; normalerweise nicht bewegl., obligat thermoacidophil; optimales Wachstum erfolgt bei 55–59° C und einem pH von 1–2; das Temp.-Maximum liegt bei ca. 62° C, das -Minimum bei etwa 40° C. Der pH-Bereich, bei dem ein Wachstum möglich ist, liegt zw. 1 und 4; bei neutralem pH erfolgt Zell-Lyse. Der Stoffwechsel ist chemoorganotroph; Hefeextrakt ist für eine Kultur unbedingt notwendig. *T. acidophilum*, einzige bekannte Art, wurde v. selbsterhitzenden Kohleabraumhalden u. aus heißen Quellen isoliert.

Thermoplasmales [Mz.; v. *therm-, gr. plasma = Gebilde], Ord. der ↗Archaebakterien mit der Gatt. ↗*Thermoplasma*; die Bakterien besitzen keine Zellwand u. werden meist (noch) bei den ↗Mycoplasmen (T) eingeordnet.

Thermoproteales [Mz.; v. *therm-, gr. prōtos = erster, frühester], Ord. der ↗Archaebakterien (T) mit (vorerst) 3 Fam. (vgl. Tab.); meist extrem thermophile, anaerobe Bakterien mit Temp.-Optima zw. 85 und 100° C; sie wurden aus submarinen u. kontinentalen Vulkangebieten isoliert. Die meisten Arten sind ↗Schwefelreduzierer (z. B. *Thermoproteus tenax*) u. oxidieren organ. Substrate (z. B. Formiat, Fumarat) mit Schwefel (an Stelle von O_2); dadurch entsteht ↗Schwefelwasserstoff (Schwefelatmung); einige vergären organische Substrate.

Thermoregulation w [v. *therm-, lat. regulare = regeln], die ↗Temperaturregulation.
Thermorezeptoren [Mz.; v. *therm-, lat. receptor = Empfänger] ↗Temperatursinn.
Thermosbaenacea [Mz.; v. *therm-, gr. bainein = schreiten, gehen], einzige Ord. der *Pancarida* (Überord. der ↗ *Malacostraca*); 6 kleine, bis 4 mm lange Krebs-Arten mit folgenden Merkmalen: Körper zieml. gleichförmig segmentiert, ohne Einschnürung zw. Thorax u. Pleon; der Carapax ist mit dem 1. Thorakomer verwachsen u. überdeckt das 2. und 3.; beim ♀ ist er dorsal erweitert u. bildet einen Brutraum, der seitl. mit den Kiemenräumen kommuniziert; der 1. Thorakopode ist ein Maxilliped, die folgenden sind zweiästig; winzige, einästige Pleopoden gibt es nur an den beiden ersten u. Uropoden am letzten Pleonsegment; die Mandibel trägt, wie bei ↗ *Peracarida*, eine Lacinia mobilis. Alle Arten sind augenlos. Über die Paarung ist nichts bekannt; Entwicklung direkt im dorsalen, vom Carapax gebildeten Brutraum.

Thermosbaenacea
Thermosbaena mirabilis, ♀

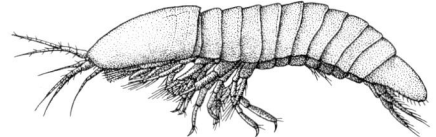

Thermosbaena mirabilis lebt im heißen Grundwasser u. der davon gespeisten Quelle u. Badeanstalt 33 km westl. der Stadt Gabès in Tunesien bei 48 °C. Die Arten der Gatt. *Monodella* sind aus verschiedenen Höhlen in S-Europa, N-Afrika u. Texas bekannt.

Thermotaxis *w* [v. *therm-, gr. taxis = Anordnung], bei frei bewegl. Organismen ↗Orientierungsbewegung, die durch Temp.-Differenzen ausgelöst wird. ↗Taxien.

Thermotropismus *m* [v. *therm-, gr. tropē = Wendung], durch Temp.-Differenzen induzierte tropistische Krümmungs-↗Bewegung pflanzl. Organe. ↗Tropismus.

Thermozodium *s* [v. *therm-, gr. zōdion = Tierchen], einzige ↗Bärtierchen-Gatt. der Ord. *Mesotardigrada* mit 1 Art *(T. esakii)*, die als Bewohner eines Extrembiotops in Cyanobakterien-(Blaualgen-)rasen am Rande einer 65 °C heißen, schwefelhalt. Thermalquelle bei Nagasaki (Japan) gefunden wurde. Innerhalb des Cyanobakterien-Bewuchses scheint jedoch nach neueren Messungen eine Durchschnitts-Temp. von 40 bis 42 °C. zu herrschen.

Thermus *m* [v. *therm-], Gatt. der gramnegativen aeroben Stäbchen u. Kokken (Sekt. 4); die Bakterien sind thermophil, sporenlos, stäbchenförmig (0,5–0,8 μm × 5,0–10,0 μm) u. können in Filamenten zusammenbleiben (bis über 200 μm). Die Kolonien sind meist durch Carotinoide gelb bis rötl. gefärbt. Obligate Aerobier mit Atmungsstoffwechsel, in dem organ. Substrate (z.B. Glucose) abgebaut werden. Optimales Wachstum bei 70–75° C und etwa neutralem pH-Wert; Temp.-Maximum 79° C, -Minimum ca. 40° C. Vorkommen in heißen Quellen, Warmwasserbereitern u. thermisch belasteten, natürl. Gewässern.

Thero-Airetalia [Mz.; v. gr. theros = Sommer, aira = Lolch], *Kleinschmielen-Rasen*, Ord. der ↗*Sedo-Scleranthetea* (T); ihre kleinflächigen, meist artenreichen, lückigen Rasen, die v. a. aus konkurrenzschwachen Annuellen, wie *Aira praecox, Ornithopus perpusillus* u. *Filago*-Arten, aufgebaut sind, besiedeln verdichtete, humusarme Sandböden od. sandiggrusige Felsoberflächen.

Theromorpha [Mz.; v. gr. thēromorphia = Tiergestalt], (Cope 1878), ↗Synapsida.

Theromyzon *m* [v. *ther-, gr. myzōn = saugend], Gatt. der Blutegel-Fam. ↗ *Glossiphoniidae*, mit *T. tessulatum*, dem ↗Entenegel.

Therophyten [Mz.; v. gr. theros = Sommer, phytōn = Gewächs], Bez. für Pflanzen, welche die ungünst. Jahreszeiten

ther-, therid- [v. gr. thēr, thērion = (wildes) Tier; thēridion = Tierchen].

therm- [v. gr. thermē = Wärme, Hitze; thermos = warm, heiß; lat. thermae = warme Quellen].

(Kälte, Trockenheit) im Stadium v. widerstandsfähigen Samen überdauern, den Entwicklungszyklus also innerhalb der z. T. recht kurzen Vegetationsperiode durchlaufen. ↗Lebensformen ( ), ↗Lebensformspektren ( ).

Theropoda [Mz.; v. *ther-, gr. podes = Füße], (Marsh 1881), † U.-Ord. terrestr., meist carnivorer u. bipeder *Saurischia*, die im Mesozoikum die Rolle der späteren *Carnivora* spielten (z.B. *Ceratosaurus, Tyrannosaurus*). Verbreitung: untere Trias bis Oberkreide; ca. 100 Gatt.; damit waren die *T.* die am längsten ausdauernde ↗Dinosaurier-Gruppe (T) überhaupt.

Theropsida [Mz.; v. *ther-, gr. opsis = Aussehen], in der Gliederung v. Goodrich (1916) das „Säugetier-ähnl. Segment" der Reptilien mit Synapsiden, Euryapsiden u. den problemat. *Mesosauria*. Dem „Reptilart. Segment" *(Sauropsida)* ordnete er alle lebenden Reptilien, ihre † Verwandten, *Eosuchia, Thecodontia, Saurischia, Ornithischia* u. *Pterosauria* zu.

Thero-Salicornietea [Mz.; v. gr. theros = Sommer, arab. salkorān = Queller], *Einjährige Quellerwatten*, Kl. der Pflanzenges. Als einzige höhere Pflanzen können an mitteleur. Küsten Kleinarten des halophilen ↗Quellers *(Salicornia europaea* agg.) die extremen Bedingungen im Watt – die längere Überflutung mit Salzwasser, periodisch wechselnd mit Abtrocknung – ertragen. – Das Echte Quellerwatt, das *Salicornietum strictae*, findet man etwa zw. −40 und 0 cm unter der Mittleren Tidehochwasserlinie; es ist als Schlickfänger wichtig. Oberhalb schließen Salzwiesen der ↗ *Asteretea tripolii* an.

Therydomys *w* [v. *therid-, gr. mys = Maus], (Jourdan 1837), † Gatt. kleiner simplicidentater Nager mit pentalophodonten Molaren ähnl. dem ↗ *Steneofiber;* manche Autoren leiten deshalb die ↗Biber v. Theridomyiden ab. Verbreitung: oberes Eozän bis Oligozän v. Europa.

Thesaurismosen [Mz.; v. gr. thēsaurisma = Vorrat], die ↗Speicherkrankheiten.

Thesium *s* [v. gr. thēseion = Flachsblättriges Leinkraut], *Leinblatt*, Gatt. der Sandelholzgewächse. Das Alpen-Leinblatt od. der Bergflachs *(T. alpinum)* ist ein bis 30 cm hohes, formenreiches, ausdauerndes Kraut in Magerrasen der subalpinen u. alpinen Lagen; meist 4zählige, weiße Blüten, jede mit 3 Tragblättern; Blätter 1nervig, schmallanzettlich; eur. Gebirge, v.a. Alpen. Das Pyrenäen- od. Wiesen-Leinblatt *(T. pyrenaicum)* ist dem Alpen-Leinblatt ähnlich, aber Blätter nur 3nervig und 5zählige Blüten in Doppeltrauben; in sauren Mager- u. Halbtrockenrasen der Ebene bis mittleren Gebirgslagen Mittel- und S-Europas; selten.

Thevetia *w* [ben. nach dem frz. Forschungsreisenden A. Thévet, 1502–90], Gatt. der ↗Hundsgiftgewächse.

Thiabendazol

Thiabendazol s, *2-(4-Thiazolyl)-benzimidazol*, gg. *Cercospora-, Fusarium-* u. *Sclerotinia*-Arten wirkendes synthet. Blatt- u. Boden-↗Fungizid, das z. B. als Beizmittel bei Zierpflanzen, als Blatt-Fungizid bei Zuckerrüben u. nach dem Ernten bei Citrus Anwendung findet. LD_{50} = 3330 mg/kg Ratte per os akut.

Thiamin s, *Aneurin, Vitamin B_1, Antiberiberivitamin, Antiberiberifaktor*, ein in der belebten Natur weitverbreitetes, bes. in Getreidekeimlingen u. Hefe vorkommendes, wasserlösl., schwefelhaltiges ↗Vitamin (T), das aus 2 Ringsystemen (Pyrimidin u. Thiazol) aufgebaut ist. Der menschl. Organismus kann T. nicht aufbauen, weshalb er auf die Zufuhr von 1,0 bis 1,5 mg pro Tag durch die Nahrung angewiesen ist (Vitamincharakter des T.s). Bei ungenügender Zufuhr zeigen sich Mangelsymptome (↗Avitaminose), wozu bes. die ↗Beriberi u. das Wernicke-Korsakoff-Syndrom zählen. In phosphorylierter Form, als ↗*T.pyrophosphat* ($\square$), ist T. ↗prosthet. Gruppe mehrerer Enzyme des Zuckerstoffwechsels, worauf die Wirkung als Vitamin zurückzuführen ist. Medizinisch wird T. bei Herzinfarkten u. anderen Herzfunktionsstörungen sowie bei diabetischer ↗Acidose und gg. Sekundärsymptome des Alkoholismus eingesetzt. In techn. Maßstab wird T. chem. synthetisiert.

Thiaminpyrophosphat s, Abk. *TPP*, die mit ↗Pyrophosphat veresterte Form des ↗Thiamins. T. ist die ↗prosthet. Gruppe der Enzyme ↗Pyruvat-Decarboxylase, ↗Pyruvat-Dehydrogenase, α-Ketoglutarat-Dehydrogenase u. ↗Transketolase. T. ist daher essentiell für den Ablauf oxidativer ↗Decarboxylierungs-Reaktionen ($\square$) im Rahmen der ↗Glykolyse u. des ↗Citrat-Zyklus sowie für die wechselseitige Umwandlung v. Zuckern innerhalb des ↗Calvin-Zyklus u. des ↗Pentosephosphatzyklus. B Enzyme, T Coenzyme.

Thiaridae [Mz.; v. gr. tiara = oriental. Kopfbedeckung], *Melaniidae*, Fam. der ↗Nadelschnecken mit hochgetürmtem bis eikegelförm. Gehäuse (meist unter 4 cm hoch), dessen Apex oft korrodiert od. abgestutzt ist; Oberfläche gelb bis rotbraun, geflammt od. spiralgebändert; das Nervensystem ist konzentriert. Getrenntgeschlechtl., ovovivipare Schnecken in Flüssen u. Seen von Mittel- u. S-Amerika, Afrika, Asien, der karib. und pazif. Inseln. Etwa 15 Gatt., darunter ↗*Melanoides*.

Thielaviopsis m [ben. nach dem dt. Botaniker F. v. Thielaw, 19. Jh.], Formgatt. der ↗*Fungi imperfecti* (*Moniliales*, Formfam. Dematiaceae), Bodenpilze, die dunkle Konidien (Arthrokonidien) in Ketten bilden. *T. basicola* verursacht Wurzelfäule an zahlr. Pflanzen, z. B. Tabak, Alpenveilchen, Primeln; oft in Gewächshauskulturen.

Thienemann, 1) *August Friedrich*, dt. Zoologe, Vetter von 2), * 7. 9. 1882 Gotha, † 22. 4. 1960 Plön; Schüler v. ↗Bütschli, seit 1915 Prof. in Kiel u. 1917 Dir. der Hydrobiolog. Anstalt in Plön; zahlr. Arbeiten über ökolog. Verhältnisse in Binnengewässern („Seetypen"), die zur Begr. der Limnologie als Teilgebiet der Ökologie führten. **2)** *Johannes*, dt. Zoologe, * 12. 11. 1863 Gangloffsömmern (Thür.), † 12. 4. 1938 Rossitten (Ostpr.); 1901 Gründer u. Dir. der Vogelwarte Rossitten (B Biologie III); untersuchte den Vogelzug u. führte hierfür die Beringungsmethode ein.

Thienemannsche Regeln [ben. nach A. F. ↗Thienemann], die ↗biozönotischen Grundprinzipien.

Thigmomorphose w [v. *thigmo-, gr. morphē = Gestalt], ↗Morphosen ($\square$).

Thigmonastie w [v. *thigmo-, gr. nastos = gepreßt], *Haptonastie*, ↗Nastie (T).

Thigmotaxis w [v. *thigmo-, gr. taxis = Anordnung], bei frei bewegl. Organismen Orientierungsbewegung, die durch Berührung ausgelöst wird. ↗Taxien.

Thigmotricha [Mz.; v. *thigmo-, gr. triches = Haare], U.-Ord. der ↗*Holotricha*, Wimpertierchen, deren Zellkörper durch parasit. Lebensweise stark abgewandelt ist; außer Wimperreihen, die mehr od. weniger reduziert sein können, haben sie ein Feld thigmotaktischer Wimpern, die der Verankerung am Epithel des Wirts dienen; ein Zellmund kann völlig fehlen. T. leben meist in der Mantelhöhle u. den Kiemen v. Muscheln des Meeres u. Süßwassers, z. B. die Gatt. *Ancistrum* u. *Gargarius*.

Thigmotropismus m [v. *thigmo-, gr. tropē = Wendung], ↗Tropismus.

Thinocoridae [Mz.; v. gr. this, Mz. thines = Haufen, korax = Rabe], die ↗Höhenläufer. [captane.

Thioalkohole [v. *thio-], *Thiole*, die ↗Mer-

Thiobacillus m [v. *thio-, lat. bacillum = Stäbchen], *Thiobacillen*, Gatt. der gramnegativen, chemolithotrophen Bakterien, die kleinen stäbchenförm. Zellen sind durch polare Geißeln bewegl. oder unbewegl.; Energie wird durch Oxidation von anorgan. Schwefelverbindungen gewonnen u. ↗Schwefelsäure (Sulfat) als Endprodukt ausgeschieden (↗schwefeloxidierende Bakterien). Meist aerobes Wachstum, wenige Nitratatmer *(T. denitrificans)*. Einige Formen *(T. ferrooxidans = Ferrobacillus f.)* können auch Eisen(II)-Verbindungen zu Eisen(III)-Verbindungen oxidieren u. dadurch Energie gewinnen (↗eisenoxidierende Bakterien). Die Fähigkeit, organ. Substrate als Energie- u./od. Kohlenstoffquelle zu nutzen, ist sehr unterschiedlich

---

thigmo- [v. gr. thigma = Berührung].

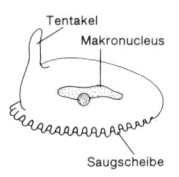

Tentakel
Makronucleus
Saugscheibe

Thigmotricha
Gargarius

Thiaminpyrophosphat

Das grau hervorgehobene H-Atom kann im Verlauf enzymat. Reaktionen durch die betreffenden Substrat-Gruppen vorübergehend ersetzt werden. Bei der Bildung des aktiven Acetaldehyds aus Pyruvat sind es die Gruppen

$$\begin{array}{c} COO^\ominus \\ | \\ HO-C- \\ | \\ CH_3 \end{array}$$

(Lactat-Rest, durch Anlagerung von T. an die C=O-Doppelbindung v. Pyruvat entstehend) bzw. nach Decarboxylierung

$$HO-\overset{\ominus}{C} \\ | \\ CH_3$$

(Hydroxyäthyl-Rest = aktiver Acetaldehyd)

Bei den Transketolase-katalysierten Reaktionen wird die Gruppe

$$HO-\overset{\ominus}{C} \\ | \\ CH_2OH$$

(Dihydroxyäthyl-Rest = aktiver Glykolaldehyd) gebunden bzw. übertragen.

(vgl. Tab.). Stoffwechsel, Vorkommen u. Bedeutung: ↗schwefeloxidierende Bakterien.

Thiobacterium s [v. *thio-, gr. baktērion = Stäbchen], Gatt. der ↗schwefeloxidierenden Bakterien; die gramnegativen, stäbchenförm. Zellen (mit Schwefeleinschlüssen) sind in einer gelatinösen Masse eingeschlossen.

Thioctansäure [v. *thio-, gr. oktō = 8], die ↗Liponsäure.

Thiocyansäure [v. *thio-, gr. kyanos = blaue Farbe], *Rhodanwasserstoffsäure*, H-S-C≡N bzw. H-N=C=S (tautomere Form, *Iso-T.*), Säurekomponente der ↗Senföle, die sich durch Veresterung der Iso-T. mit verschiedenen Alkoholen ableiten (R-N=C=S; R = organ. Rest). ↗Allylsenföl, ↗Phenylisothiocyanat. Die Salze u. Ester der T. sind die *(Iso-)Thiocyanate*.

Thioester [v. *thio-], ↗Ester; ▢ funktionelle Gruppen.

thioklastische Spaltung [v. *thio-, gr. klaein = zerbrechen], *Thiolase-Reaktion*, die beim Abbau der ↗Fettsäuren (▢) zykl. wiederholte Spaltung *(Thiolyse)* v. β-Ketoacyl-CoA durch die SH-Gruppe v. Coenzym A unter der katalyt. Wirkung des Enzyms ↗β-Ketothiolase. ▢ Acetyl-Coenzym A.

Thiolase w [v. *thio-], die ↗β-Ketothiolase.

Thiolgruppe [v. *thio-], die ↗SH-Gruppe.

Thiolyse w [v. *thio-, gr. lysis = Lösung], ↗β-Ketothiolase; ▢ Fettsäuren.

Thiomicrospira w [v. *thio-, gr. mikros = klein, speira = Windung], Gatt. der ↗schwefeloxidierenden Bakterien; die spiralförm. Zellen sind bewegl. oder unbewegl.; enthalten Schwefeleinschlüsse.

Thioploca w [v. *thio-, gr. plokē = Geflecht], Gatt. der *Beggiatoaceae* (↗*Beggiatoales*), gleitende, aerobe, ↗schwefeloxidierende Bakterien, die flexible Filamente bilden, welche (in unterschiedl. Anzahl) von einer Scheide umgeben sind. Die Zellen enthalten normalerweise Schwefeleinschlüsse. T.-Arten wachsen mixotroph od. chemo-organotroph u. kommen auf Schlamm in Süß u. Salzwasser vor.

Thioredoxin s [v. *thio-], ein metallfreies Protein (relative Molekülmasse 12 000), das aufgrund zweier nahe benachbarter ↗Cystein-Reste, deren ↗SH-Gruppen in reduziertem bzw. oxidiertem Zustand (S-S-Brücken, ▢ Cystin) vorliegen können (ähnl. wie bei ↗Liponsäure), als Substrat für Dehydrierungsreaktionen fungieren kann. Mit Hilfe des Enzyms *T.-Reductase* werden die Redoxäquivalente des T.s bei der Reduktion v. Ribonucleosiddiphosphaten zu Desoxyribonucleosiddiphosphaten übertragen (Synthese der Vorläufer zur DNA-Synthese, ↗Desoxyribonucleoside).

Thiorhodaceae [Mz.; v. *thio-, gr. rhodon = Rose], die ↗Schwefelpurpurbakterien.

Thiospira w [v. *thio-, gr. speira = Windung], Gatt. der ↗schwefeloxidierenden Bakterien; die spiralförm. Zellen sind polar

Thiobacillus
Stoffwechseltypen:
1. obligat chemolithoautotroph
   aerob:
   T. thiooxidans
   T. ferrooxidans
   fakultativ anaerob:
   T. denitrificans
2. fakultativ chemolithoautotroph
   T. novellus
   T. intermedius
3. chemolithoheterotroph
   T. perometabolis

Thiouridin

Thlaspietea rotundifolii
Ordnungen:
↗Androsacetalia alpinae (Silicatschuttfluren)
↗Drabetalia hoppeanae (Kalkschieferschuttgesellschaften)
↗Epilobietalia fleischeri (Flußkies- u. Feuchtschuttfluren)
↗Thlaspietalia rotundifolii (Kalkschuttgesellschaften) u. a.

thio- [v. gr. theion = Schwefel].

thlaspiet. rotundifolii [v. gr. thlaspi = eine Art Kresse, lat. rotundifolius = rundblättrig].

begeißelt und enthalten Schwefeleinschlüsse.

Thiospirillopsis w [v. *thio-, gr. speira = Windung, opsis = Aussehen], Gatt. der ↗schwefeloxidierenden Bakterien.

Thiospirillum s [v. *thio-, gr. speira = Windung], Gatt. der ↗Schwefelpurpurbakterien.

Thiothrix w [v. *thio-, gr. thrix = Haar], Gatt. der gleitenden, fädigen, ↗schwefeloxidierenden Bakterien (↗Schwefelorganismen, ↗*Beggiatoales*); ca. 10 Arten; die stäbchenförm. Zellen enthalten Schwefeleinschlüsse u. bleiben in unverzweigten, deutl. segmentierten, polaren Trichomen zus., die büschelweise mit der Basis an der Unterseite festsitzen. Vorkommen in Süß- u. Meerwasser, Schwefelquellen, Kläranlagen, verrottenden Seepflanzen – überall, wo organ. Material unter Schwefelwasserstoffbildung fault. Möglicherweise obligat chemolithoautotropher Stoffwechsel, in dem Energie durch Oxidation v. ↗Schwefelwasserstoff gewonnen wird.

Thiouracil s [v. *thio-, gr. ouron = Harn], ↗Thiouridin, ↗Kropfnoxen.

Thiouridin s [v. *thio-, gr. ouron = Harn], in t-RNA vorkommendes, sog. ↗seltenes Nucleosid, das die schwefelhaltige Base *Thiouracil* enthält.

Thiovolum s [v. *thio-], Gatt. der ↗schwefeloxidierenden Bakterien; die gramnegativen, ovoiden Zellen sind peritrich begeißelt u. enthalten Schwefeleinschlüsse.

Thlaspi s [gr., = Art Kresse], das ↗Hellerkraut.

Thlaspietalia rotundifolii [Mz.], *Kalkschuttgesellschaften*, Ord. der ↗*Thlaspietea rotundifolii*. Wichtige Assoz. sind das *Thlaspietum rotundifolii* (alpine Täschelkrauthalde), das auf den feinerdearmen alpinen Grobschutthalden der nördl. Kalkalpen vorkommt, u. das hochmontan-subalpine *Petasitetum paradoxi* (Schneepestwurz-Ges.), das tonigeren Kalkschutt bevorzugt.

Thlaspietea rotundifolii [Mz.], *Steinschuttfluren*, Kl. der Pflanzenges. Sie besiedeln Extremstandorte der Gebirge, die noch bewegten, feinerdearmen Gesteinsschutthalden u. Flußschotter. Ihre charakterist. Arten sind an die starke mechan. Beanspruchung angepaßt (↗*Schuttpflanzen)*. Die Ord. der T. (vgl. Tab.) unterscheiden sich nach Basengehalt u. Herkunft des Substrats u. nach Höhenstufen.

Thlaspietum rotundifolii s, Assoz. der ↗*Thlaspietalia rotundifolii*.

Thomasiniana w, Gatt. der ↗Gallmücken.

Thomisidae [Mz.; v. gr. thōmizein = peitschen], die ↗Krabbenspinnen.

Thomsongazelle [tåmsn-; ben. nach dem schott. Forschungsreisenden J. Thomson, 1858–95], *Gazella thomsoni*, häufigste Gazelle O-Afrikas; mehrere U.-Arten; klein u. grazil (Schulterhöhe 65 cm). Ein schwarzer Flankenstreifen trennt die gelbbraune

Thoosa

Ober- v. der weißen Bauchseite. T.n sind nahezu reine Grasfresser u. leben in Herden von 5–60 Tieren, geführt von 1 älteren ♀, in Grasland u. offenen Steppen. Bei Erregung vollführen T.n den charakterist. steifbeinigen „Prellsprung". Bei jahreszeitl. Wanderungen schließen sich Tausende v. T.n (auch mit anderen Gazellen) zus.

Thoosa w, Gatt. der ↗Bohrschwämme.

Thorakalbeine [v. *thorak-], bei ↗Insekten die ↗Extremitäten des ↗Thorax, bei ↗Krebstieren (☐) sind es die *Thorakopoden*.

Thorakalwirbel [v. *thorak-], die ↗Brustwirbel.

Thorakomeren [Mz.; v. *thorak-, gr. meros = Teil, Glied], Thorakal-(Brust-)segmente bei ↗Gliederfüßern.

Thorakopoden [Mz.; v. *thorak-, gr. podes = Füße], *Thorakopodien*, bei ↗Krebstieren (☐) die ↗Extremitäten des ↗Thorax.

Thorax m [gr., *thorak-], *Brust*, 1) bei Wirbeltieren u. Mensch: ↗Brust. 2) bei ↗Insekten (☐): *Bruststück*, besteht aus den drei, dem ↗Kopf folgenden Segmenten ↗*Pro-*, ↗*Meso-* u. ↗*Meta-T*. Die entspr. Rückenteile (↗*Tergite*) werden als *Pro-* (↗Halsschild), ↗*Meso-* und ↗*Metanotum*, die Seitenteile als *Pro-*, ↗*Meso-* u. ↗*Metapleurum* (↗Pleura, ☐) und die Bauchteile (↗Sternum) als ↗*Pro-*, ↗*Meso-* u. ↗*Metasternum* bezeichnet. Bei geflügelten Insekten tragen Meso- u. Meta-T. die Flügel (↗*Ptero-T.*). Manche Vertreter haben ein großes ↗Halsschild (Pronotum), z. B. Käfer. Mit den Flügeln sind sowohl die Meso- u. Metapleuren als auch das Meso- u. Metanotum der ↗Flugmechanik (↗Flugmuskeln, ☐) angepaßt und ggf. in weitere Abschnitte unterteilt (↗Insektenflügel, ☐). Bei ↗Käfern bedecken die Elytren (↗Deckflügel) den Hinterleib (↗Abdomen) u. weitgehend den Ptero-T. Vom Mesonotum ist oft nur ein kleines ↗Scutellum sichtbar. 3) bei urspr. ↗Krebstieren (sog. *Entomostraca*) ist der T. (☐ Krebstiere) der allein ↗Extremitäten tragende ↗Rumpf (↗Thorakomeren mit ↗Thorakopoden), dessen Segmentzahl bei den einzelnen Gruppen schwankt. Bei den ↗*Malacostraca* besteht der T. konstant aus 8 Segmenten. Die vordersten Extremitäten können zu Maxillipeden modifiziert sein. Die Thorakopoden sind stets anders geformt als die Extremitäten des Abdomens. Vordere T.segmente können in unterschiedl. Zahl (gelegentl. auch alle, z. B. bei ↗*Eucarida*) mit dem Kopf zum ↗*Cephalo-T*. verwachsen. Der restliche T. wird dann ↗Pereion, seine Extremitäten Pereiopoden genannt. ↗Carapax. 4) bei ↗Spinnentieren bezeichnet man gelegentl. das Prosoma als Cephalo-T., da auch hier der primär getrennte Kopf mit folgenden „Thorax"segmenten verschmolzen ist. [B] Gliederfüßer I.

Thorius m, Gatt. der ↗Schleuderzungensalamander ([T]).

T-Horizont ↗Bodenhorizonte ([T]).

thorak- [v. gr. thōrax, Gen. thōrakos = Brustpanzer, Brust].

$$^{\oplus}H_3N-\underset{\underset{CH_3}{|}}{\overset{\overset{COO^{\ominus}}{|}}{C}}-H$$
$$H-C-OH$$

Threonin (zwitterionische Form)

Thoropa w [v. gr. thoros = Sperma, ōpē = Aussehen], Gatt. der ↗Südfrösche mit 3 Arten im SO Brasiliens. Mittelgroße Frösche, die auf Felsen leben, auch z. B. auf so kahlen wie dem Zuckerhut in Rio de Janeiro, u. in der Farbe dem Untergrund hervorragend angepaßt sind. Wenige große Eier werden nach heftigen Regenfällen an feuchte Felsen geheftet, über die, oft nur für wenige Tage, ein dünner Wasserfilm fließt. Bei *T. miliaris* werden die Eier vom ♂ bewacht. Daraus schlüpfen terrestr. Larven mit fast drehrunden Schwänzen, die die nassen Felsen abweiden u. bei Gefahr springen können; entwickeln sich innerhalb weniger Tage zu winzigen Fröschen.

Thorshühnchen, *Phalaropus fulicarius*, ↗Wassertreter.

Thr, Abk. für ↗Threonin.

Thracia w [v. gr. Thrakios = thrakisch], Gatt. der *Thraciidae* (U.-Ord. ↗*Anomalodesmacea*), Meeresmuscheln mit längl.-gerundeten Schalen u. zahnlosem Scharnier; Oberfläche glatt od. konzentrisch gestreift; Siphonen lang u. getrennt; mehrere Arten in kühlen Meeren.

Thraupidae [Mz.; v. gr. thraupis = ein kleiner Vogel], die ↗Tangaren.

Threonin s, *2-Amino-3-hydroxybuttersäure*, Abk. *Thr*, *T*, in fast allen Proteinen enthaltene ↗Aminosäure (☐, [B]), die zu den essentiellen Aminosäuren zählt. Der Aufbau von T. geht v. ↗Asparaginsäure aus, wobei ↗Homoserin als Zwischenstufe durchlaufen wird. Der Abbau von T. erfolgt entweder durch Spaltung zu Acetaldehyd u. Glycin (katalysiert durch das Enzym *T.-Aldolase*) od. durch Desaminierung (katalysiert durch das Enzym *T.-Desaminase*) zu α-Ketobuttersäure. Diese kann entweder in mehreren Stufen zu Isoleucin umgewandelt werden (↗*T.-Desaminase*) od. durch oxidative Decarboxylierung zu Propionyl-CoA in den Abbauweg der ungeradzahligen Fettsäuren eingeschleust werden (↗Propionyl-Carboxylase).

Threonin-Desaminase w, ein allosterisch regulierbares Enzym, das die Wasserabspaltung v. ↗Threonin katalysiert (daher die eigtl. korrektere Bez. *Threonin-Dehydratase*); der Wasserabspaltung folgt eine spontane (d. h. nicht enzymkatalysierte) Abspaltung der Aminogruppe, wodurch α-Ketobuttersäure entsteht. T.-D. lagert sich in Ggw. von Isoleucin in eine enzymatisch nicht aktive Form um (↗Allosterie). Die Desaminierung v. Threonin zu α-Ketobuttersäure stellt den ersten Schritt zur Umwandlung v. Threonin in Isoleucin dar, so daß die Blockierung dieses Schritts durch das Endprodukt Isoleucin sinnvoll erscheint.

Threonin-Synthase w, Enzym, das den letzten Schritt der ↗Threonin-Synthese, die Umwandlung v. Homoserin-Phosphorsäure zu Threonin u. Phosphorsäure, katalysiert.

Threose w, aus vier C-Atomen aufgebauter Zucker (Aldo-Tetrose).
Threskiornithidae [Mz.; v. gr. thrēskeia = Gottesdienst, ornithes = Vögel], Fam. der Stelzvögel. ↗Ibisse, ↗Löffler.
Thripidae [Mz.; v. gr. thrips, Mz. thripes = Holzwurm], Fam. der ↗Blasenfüße.
Thripse [Mz.], die ↗Blasenfüße.
Thrombin s [v. *thromb-], durch Aktivierung des in der Leber unter der Wirkung v. ↗Phyllochinon (Vitamin K) gebildeten *Prothrombins* (relative Molekülmasse 68 000) entstandenes Enzym im Blutplasma, das die Umwandlung v. Fibrinogen in ↗Fibrin katalysiert. ↗Blutgerinnung (☐, T).
Thrombocyten [Mz.; v. *thromb-], *Blutplättchen,* durch Abschnürung aus ↗Megakaryocyten entstandene Blutkörperchen (keine echten Zellen, ↗Blutzellen), die eine wichtige Rolle bei der ↗Blutgerinnung (☐) spielen, indem sie zunächst durch Verklumpen eine Wunde verschließen, ferner die Vasokonstriktion mittels ausgeschütteter ↗Mediatoren im Wundbereich hervorrufen und schließl. die Gerinnung auslösen. Durch ihre (unspezifische) phagocytotische Aktivität unterstützen sie zudem die Immunabwehr. Die T. des Menschen haben ca. 1,2–4 μm ⌀, ihre Lebensdauer beträgt nur etwa 2–10 Tage. ↗Blut (T), ↗Blutbildung (☐), ☐ Blutzellen.
Thrombokinase w [v. *thromb-, gr. kinein = bewegen], *Thromboplastin, Faktor III,* ↗Blutgerinnung (T, ☐).
Thrombose w [v. *thromb-], Bildung eines haftenden Gerinnsels (*Thrombus,* ↗Blutgerinnung) im Blutgefäßsystem infolge Gefäßwandveränderung, verlangsamter Blutzirkulation od. erhöhter Gerinnungsneigung; häufig nach Operationen u. Geburten; bevorzugter Sitz: Becken- u. Beinvenen. Größte Gefahr bei der T. ist die ↗Embolie (Spaltentext). ↗Infarkt, ↗Herzinfarkt (☐), ↗Antikoagulantien.
Thromboxane [Mz.; v. *thromb-] ↗Prostaglandine (☐).
Throscidae [Mz.; v. gr. thrōskein = hüpfen], die ↗Hüpfkäfer.
Thryonomyidae [Mz.; v. gr. thryon = Binse, mys = Maus], die ↗Rohrratten
Thuidiaceae [Mz.; v. gr. thyeidion = kleiner Mörser], artenreiche Fam. der ↗*Hypnobryales,* Laubmoose, bei denen die Blättchen des Haupttriebes v. denen der Seitentriebe verschieden sind. Von den ca. 160 Arten der Gatt. *Thuidium* kann man die eur. Formen an ihren gefiederten Trieben unterscheiden; sie werden z. T. zu Dekorationszwecken verwendet, z. B. *T. regonitum; T. tamariscinum* ist Standortanzeiger für mineralkräft. Böden mit geringer Humusauflage. *Abietinella abietina* kommt auf Trockenrasen od. in lichten Karstwäldern vor; sie vermehrt sich fast ausschl. durch Ausläufer u. regenerierende Thallusstücke. An feuchten Standorten N-Europas ist *Helodium blandowii* verbreitet.

D-Threose

Thujon

thromb- [v. gr. thrombos = Klumpen, geronnenes Blut; thrombōsis = Gerinnung].

Thuja w [v. gr. thya = Zedernwacholder], der ↗Lebensbaum.
Thujaria w [v. gr. thyios = vom Lebensbaum], Gatt. der ↗Sertulariidae.
Thujon s [v. gr. thyios = vom Lebensbaum], *Absinthol, Tanaceton,* in äther. Ölen, z. B. Dalmat. ↗Salbeiöl u. Wermutöl, vorkommendes bicycl. Monoterpen-Keton mit neurotoxischen Eigenschaften.
Thunbergia w [ben. nach dem schwed. Botaniker C. P. Thunberg, 1743–1822], *Thunbergie,* Gatt. der ↗*Acanthaceae* (Akanthusgewächse) mit etwa 150, im trop. und subtrop. Afrika u. Asien heim. Arten. Oft windende Kräuter, Stauden od. Sträucher mit einfachen Blättern und trichter- bzw. stieltellerförm. Blüten. Bekannteste der vielen, als Zierpflanzen kultivierten Arten ist die aus dem trop. Afrika stammende „Schwarze Susanne" (*T. alata*). Sie besitzt ei- bis herzförm. Blätter u. bis 5 cm breite, orangefarbene Blüten mit 5lappigem Kronsaum u. meist schwarzem Schlund. In Mitteleuropa wird *T. alata* als 1jährige, sommerblühende Schlingpflanze gezogen.
Thunfische [v. gr. thynnos = Thunfisch], *Thunnus,* Gatt. der Fam. ↗Makrelen; große, torpedoförm., schnell u. ausdauernd schwimmende Meeresfische mit stark durchbluteten, rötl. gefärbten Muskeln; ohne Schwimmblase; ihre Körper-Temp. kann bis ca. 10° C über der Temp. des umgebenden Wassers liegen. Größte Art u. gleichzeitig größter Knochenfisch ist der bis 4,3 m lange Gewöhnl. oder Rote T. (*T. thynnus,* D Fische IV), der im Atlantik weit verbreitet ist u. im Mittel- u. Schwarzen Meer, aber auch in der Nordsee vorkommt. Zum Laichen sucht er meist Küstengebiete auf, während er sonst v. a. im offenen Meer Fischschwärmen nachstellt u. dabei riesige Wanderungen unternimmt; so wurden vor der amerikan. O-Küste markierte Tiere in der Biskaya wiedergefangen; im Mittelmeer wird er bes. zur Laichzeit in großen Mengen gefangen. Weltweite Verbreitung in trop. und subtrop. Meeren hat der bis 2,3 m lange Gelbflossen-T. (*T. albacares,* B Fische IV), der im Aussehen stark variiert; bei großen Tieren sind die 2. Rücken- u. die Afterflosse lang u. gebogen. Ähnl. Verbreitung haben der bis 1,3 m lange Weiße T. (*T. alalunga,* B Fische IV), der sehr lange Brustflossen besitzt, der bis 2,4 m lange Großaugen-T. (*T. obesus*), der tiefere Wasserschichten bevorzugt, u. der zur nahverwandten Gatt. *Katsuwonus* zählende, bis 1 m lange Gestreifte T. oder Echte Bonito (*K. pelamis,* B Fische IV), der v. a. in der Karibik u. an der nordostaustr. Küste sehr häufig vorkommt.
Thunnus m [lat. (v. gr. thynnos), = Thunfisch], die ↗Thunfische.
Thuridilla w [v. gr. thouris = anstürmend], Gatt. der *Elysiidae,* Hinterkiemer mit fla-

Thy

chen, über dem Rücken gefalteten Parapodien. *T. hopei,* 25 mm lang, hat einen tiefblauen bis violetten Körper, der Parapodienrand ist orangegelb; sie lebt im Mittelmeer.

Thy, Abk. für ↗Thymin.

Thyatiridae [Mz.; ben. nach der Stadt Thyateira in Lydien], die ↗Eulenspinner.

Thylacininae [Mz.; v. gr. thylakos = Sack, Beutel], U.-Fam. der ↗Raubbeutler, einzige Art der ↗Beutelwolf.

Thylakoide [Mz.; v. gr. thylakoeidēs = sackartig], internes Membransystem der ↗Chloroplasten (☐, B), ↗Plastiden (☐), ↗Photosynthese (B I); ↗Cyanobakterien (☐). ↗Thylakoidmembran.

Thylakoidmembran w [v. gr. thylakoeidēs = sackartig, lat. membrana = dünne Haut], die intraplastidären (↗Plastiden, ☐) ↗Membranen der ↗Chloroplasten, in denen die photosynthet. ↗Lichtreaktionen u. der damit verbundene ↗Elektronentransport sowie Protonentransport (↗Protonenpumpe, ↗protonenmotorische Kraft, ☐) u. ATP-Bildung ablaufen (↗Photosynthese). Auch die ↗intracytoplasmatischen Membranen der ↗Cyanobakterien (☐) u. ↗phototrophen Bakterien werden als T.en bezeichnet. In den Chloroplasten bilden die T.en ein umfassendes System v. geschlossenen, abgeflachten Membransäcken *(Thylakoide).* Die Thylakoide liegen entweder einzeln als sog. *Stromathylakoide* (↗Stroma) od. in ausgeprägten Membranstapeln (↗Grana) vor. Die grünen Pflanzen haben offenbar die Möglichkeit, das Verhältnis v. Grana- u. Stroma-T.en zu regulieren. So besitzen ↗Schattenblätter viel ausgeprägtere Grana-Bereiche als ↗Lichtblätter (☐). Die unterschiedl. Photosynthese-Verhältnisse, die sich dadurch ergeben, haben sicherlich regulatorische Bedeutung. – In den T.en wurden bisher etwa 50 verschiedene Polypeptide nachgewiesen. Die wichtigsten Lipide der Membran sind Galactolipide, ↗Phospholipide, ↗Chlorophylle u. ↗Carotinoide. Die Galactolipide enthalten als Fettsäurereste v. a. die dreifach ungesättigte ↗Linolensäure (C 18:3), weshalb die Fluidität dieser ↗Membran außerordentl. hoch ist. Bei Belichtung werden $NADPH_2$ und ATP an der zum Stroma orientierten Seite der T. produziert, während im Thylakoidinnern die Protonenkonzentration infolge der Wasserspaltung u. der Oxidation v. Plastohydrochinon ansteigt. Der ebenfalls gebildete Sauerstoff entweicht ungehindert. – Die eingehende Untersuchung der T. mit Hilfe der Gefrierbruch- u. Gefrierätz-Elektronenmikroskopie (↗Gefrierätztechnik, ☐) hat ergeben, daß die an der Photosynthese beteiligten funktionellen Komplexe der T. sehr ungleich auf die freien Stromathylakoide bzw. die gestapelten Granathylakoide verteilt sind. Letztere enthalten demnach nur Komponenten des Photosystems II (↗Photosysteme), während die CF_0/CF_1-ATP-Synthase (↗mitochondrialer Kopplungsfaktor) u. die Komponenten des Photosystems I auf die Stromathylakoide beschränkt sind. Den Cytochrom-b_6-f-Komplex (↗Cytochrome) findet man in den Randbereichen der Grana sowie in den Stromathylakoiden. Diese hohe laterale Asymmetrie der T. würde bedeuten, daß eine strukturell zusammenhängende Elektronentransportkette in den Membranen gar nicht existiert. Neue Messungen haben ergeben, daß zw. den Photosystemen tatsächl. keine konstanten stöchiometrischen Verhältnisse bestehen. Zur Beantwortung der Frage, wie die Elektronen zw. den räuml. getrennten Photosystemen vermittelt werden, diskutiert man in der T. lateral diffusible Komponenten, wie ↗Plastochinon, ↗Plastocyanin u. den Cytochrom-b_6-f-Komplex. Die Lokalisation der ATP-Synthase nur in den Stroma-T.en ist Ausdruck der räuml. Trennung der Produktion u. Nutzung der Protonen: da Grana- u. Stromathylakoide ein Kontinuum bilden, können die Protonen an beliebiger Stelle zur ATP-Synthese verwendet werden. ↗Chloroplasten (☐, B), ↗Photosynthese (B I–II), ↗phototrophe Bakterien (☐). *B. L.*

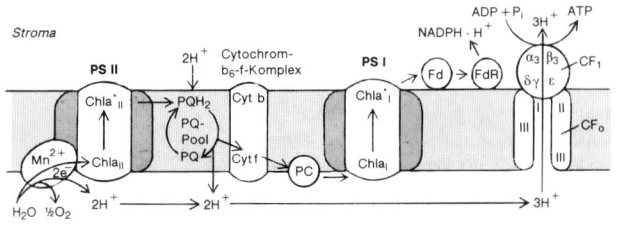

Thylakoidmembran

Schema der T., das die Anordnung der membranständigen Konstituenten u. Komplexe der ↗Photosynthese wiedergibt. Das *Photosystem II* (PS II) enthält neben ↗Chlorophyllen mehrere Polypeptide, darunter ein verschiedene Herbizide bindendes Protein, das auf der Plastiden-DNA (↗Plastom) codiert ist. Auf der Thylakoidinnenseite ist dann PS II das H_2O-spaltende und O_2-produzierende System, dem ein manganhaltiges (Mn^{2+}) Enzym angehört (OEC = oxygen evolving complex), angelagert. Die Elektronen für das durch die Lichtreaktion oxidierte Chlorophyll a_{II} stammen aus der Wasserspaltung. Die Elektronen gelangen über den sog. Plastochinon-Pool (↗Plastochinon = PQ) zum Cytochrom-b_6-f-Komplex u. anschließend zum ↗Plastocyanin (PC), einem kupferhaltigen peripheren Protein auf der E-Seite (☐ Membran) der T. Von dort gelangen die Elektronen zum *Photosystem I* (PS I), das neben Chlorophyll ebenfalls mehrere Polypeptide enthält, und weiter über ↗Ferredoxin (Fd) u. die Ferredoxin-$NADP^+$-Oxidoreductase (FdR) (periphere Proteine auf der Stroma-Seite der T.) auf den terminalen Akzeptor $NADP^+$. Ein elektrochem. Protonengradient (↗Protonenpumpe; ↗protonenmotorische Kraft, ☐) über der T. entsteht zum einen beim Prozeß der Wasserspaltung; außerdem schafft auch ein Chinon-Hydrochinon-Zyklus (Plastochinon-Pool) Wasserstoff durch die Membran, wodurch weitere Protonen in den Thylakoid-Innenraum gelangen. Diese Protonen fließen durch den Protonenkanal des CF_0-Teils der CF_0/CF_1-ATP-Synthase (↗mitochondrialer Kopplungsfaktor, ☐) in das Stroma zurück, wobei im CF_1-Bereich ADP zu ATP phosphoryliert wird.

Garten-Thymian *(Thymus vulgaris)*

thym- [v. gr. thymos = Brustdrüse (neugeborener Kälber); Lebenskraft, Trieb, Mut; Thymian].

Thyllen [Mz.; v. gr. thyllis = Sack], *Füllzellen,* Bez. für die blasenart. Ausstülpungen v. Holzparenchymzellen, die sich bei verschiedenen Laubbäumen im reifen ↗Kernholz in den Hohlraum der benachbarten, funktionslos gewordenen Tracheen vorwölben u. diese z.T. verstopfen. Dieser Vorgang beginnt damit, daß die Holzparenchymzellen durch Vakuolenvergrößerung an Volumen zunehmen u. so die Schließhäute ihrer Tüpfel zur Trachee vorwölben. Sekundäre Verholzung der T.-Wand ist möglich u. führt zu Steinthyllen.

Thylogale [v. gr. thylakos = Beutel, galē = Wiesel], die ↗Pademelons. [↗Äsche.

Thymallus m [v. gr. thymallos = ein Fisch],

Thymelaea w [v. gr. thymelaia = Art Kellerhals], die ↗Spatzenzunge. [wächse.

Thymelaeaceae [Mz.], die ↗Seidelbastgewächse.

Thymian m [v. gr. thymiama = Räucherwerk], Quendel, Thymus, über Eurasien und N-Afrika verbreitete Gatt. der ↗Lippenblütler mit weit über 30, z.T. sehr vielgestalt. Arten, die sich jeweils in zahlr. oft miteinander bastardierende U.-Arten aufteilen lassen. Niedrige, aromat. duftende (Halb-)Sträucher mit kleinen, eiförm. bis linealen, am Rande oft eingerollten Blättern sowie kleinen, in blattachsel- oder endständ. Scheinquirlen angeordneten Blüten. Bekannteste Art ist der aus der Mittelmeerregion stammende, rosafarbig blühende Garten-T., T. vulgaris (B Kulturpflanzen XI), der bereits in der Antike als Gewürz- u. Heilpflanze geschätzt wurde. Er enthält in allen Organen äther. Öl (↗T.öl). In der Volksheilkunde gilt T. als Mittel gg. Husten u. Halsschmerzen sowie Magen- u. Darmbeschwerden. Einheim. Arten des T. sind u.a. der Gewöhnliche T., T. pulegioides (in Magerrasen u. -weiden, an Wegen, Böschungen u. Felsen) sowie der nach der ↗Roten Liste „stark gefährdete" Sand-T., T. serpyllum (in Sandrasen, auf Dünen u. in lichten, trockenen Kiefernwäldern; B Europa XIX). ☐ 202.

Thymianöl, aus ↗Thymian gewonnenes äther. Öl, dessen Hauptbestandteile die monocycl. Monoterpene Thymol u. das isomere Carvacrol sind (40–50%). T. wirkt aufgrund seiner Inhaltsstoffe auch in starker Verdünnung noch hemmend auf die meisten Wundbakterien u. dient daher zur Herstellung v. Salben u. Hustenmitteln.

Thymidin s [v. *thym-], T bzw. T_d oder dT, das v. ↗2'-Desoxythymidin, ein in DNA enthaltenes ↗Desoxyribonucleosid (☐); kommt als ↗Ribo-T. auch in t-RNA vor.

Thymidin-5'-monophosphat s, Abk. TMP, das v. ↗Thymidin durch Phosphorylierung der 5'-Hydroxylgruppe abgeleitete ↗2'-Desoxyribonucleosidmonophosphat.

Thymidin-5'-triphosphat s, Abk. TTP, das v. ↗Thymidin abgeleitete ↗2'-Desoxyribonucleosid-5'-triphosphat.

Thymidylsäure, die Säureform v. Thymidin-5'- (od. 3'-)monophosphat; ↗2'-Desoxyribonucleosidmonophosphate.

Thymin s [v. *thym-], 5-Methyluracil, Abk. Thy od. T, vom ↗Pyrimidin-Gerüst abgeleitete organ. Base (↗Pyrimidinbasen), die als Baustein der ↗Desoxyribonucleinsäuren (☐; B I, III) weit verbreitet ist (↗Thymidin), seltener auch als ↗modifizierte Base in ↗Ribonucleinsäuren vorkommt. ☐ Basenpaarung, T Basenzusammensetzung, ☐ Basenanaloga.

Thymin-Dimere [Mz.; v. *thym-, gr. dimerēs = zweiteilig], unter der Wirkung von UV-Licht auf DNA entstehende direkte kovalente Verknüpfung (↗Dimerisation) zweier benachbarter ↗Thymin-Reste; die in DNA enthaltenen T.-D. blockieren die DNA-Replikation. T.-D. können jedoch in der Zelle durch Photoreaktivierung od. Exzisionsreparatur (↗DNA-Reparatur) zu normalen Thymin-Resten zurückverwandelt werden.

Thymocyten [Mz.; v. *thym-], T-Lymphocyten, ↗Thymus, ↗Lymphocyten (☐).

Thymol s [v. *thym-, lat. oleum = Öl], Thymiancampher, Thymiansäure, ↗Thymianöl.

Thymonucleinsäure, veraltete Bez. für ↗Desoxyribonucleinsäure.

Thymosin s [v. *thym-], neben dem Thymopoietin bekanntestes einer Reihe v. aus dem ↗Thymus isolierten Peptidhormonen (relative Molekülmasse 12000–14000), deren Wirkung speziell im menschl. Organismus noch nicht vollständig abgeklärt ist. Sie fördern die Bildung der T Lymphocyten u. die Regeneration sowie Proliferation des peripheren lymphat. Gewebes (↗lymphatische Organe); ferner können sie ↗Autoimmunkrankheiten unterdrücken u. spielen eine Rolle bei der Transplantatabstoßung (↗Transplantation).

Thymus m [v. *thym-], 1) Bot.: der ↗Thymian. 2) Zool.: T.drüse, Brustdrüse, Bries, früher irrtüml. als endokrine Drüse angesehenes, bes. bei Säugern stark ausgebildetes ↗lymphatisches Organ, das sich in 2 langgestreckten Lappen, eingebettet in das lockere Bindegewebe des vorderen Mediastinums, hinter dem Brustbein vom Schlüsselbeinansatz bis etwa zum Ansatz des 4. Rippenpaares erstreckt. Größe u. Struktur des T. sind altersabhängig; während der Zeit seiner stärksten Ausbildung in der Jugendphase erreicht er beim Menschen ein Gewicht von etwa 30–40 g, degeneriert aber nach Eintritt der Geschlechtsreife unter dem Einfluß v. Sexualhormonen zu einem Fettgewebskörper mit vereinzelten eingestreuten Inseln restl. T.zellen (T.involution). Bindegewebssepten untergliedern die T.lappen in einzelne T.läppchen, deren jedes im histolog. Schnitt eine lymphocytenreiche Rindenregion u. eine zellärmere Markregion aus reticulärem ↗Bindegewebe zeigt, in deren

Thymin-Dimere

Bildung v. Thymin-Dimeren aus benachbarten Thymin-Basen des gleichen DNA-Strangs. In geringerem Ausmaß können auch die Doppelbindungen v. Cytosin-Basen von DNA durch UV-Wirkung zu Pyrimidin-Dimeren (T = C-Dimer oder C = C-Dimer) umgewandelt werden.

Thymidin

Thymidin-5'-triphosphat

Thymol Carvacrol

Thymianöl

Haupt-Inhaltsstoffe des T.s

Thymin

letzterer sich, abhängig v. der Aktivität des T., sog. *Hassalsche Körperchen* bilden – Nester konzentrisch geschichteter, degenerierender Markzellen (differentialdiagnostisches Kriterium). Aufgabe des T. ist die Vermehrung und immunspezif. Prägung einwandernder undeterminierter ↗Lymphocyten (☐) zu immunologisch kompetenten sog. *T-Lymphocyten (T-Zellen, Thymocyten)*, den Trägern membrangebundener ↗Antikörper (↗Immunzellen), die den Großteil der Lymphocyten des zirkulierenden Blutes ausmachen. Umstritten ist die Bildung eines die Lymphocytenvermehrung stimulierenden hormonartigen Blutfaktors im Thymus. T.tumoren od. -Hyperplasien können aus bis jetzt unbekannten Gründen zu Störungen der muskulären Erregbarkeit (Myasthenia gravis, ↗Myasthenie) führen, während eine T.unterfunktion od. -Hypoplasie in der Jugend zu verringerter Infektabwehr-Bereitschaft u. infolgedessen zu Entwicklungsstörungen bis hin zum Tode führen kann. – Ontogenet. geht T. aus mehreren Epithelknospen im ventrocaudalen Bereich der 3. und 4. Kiementasche hervor u. kann daher später oft Anteile der aus dem gleichen Ursprungsgewebe entstehenden ↗Nebenschilddrüse (Epithelkörperchen) umschließen. Stammesgeschichtl. finden sich bereits bei Knorpel- u. Knochenfischen, ebenso bei Amphibien, Reptilien u. Vögeln im Dorsalbereich aller Kiementaschen Inseln lymphat. Gewebes vergleichbarer Funktion, die aber i.d.R. als disseminierte T.anlagen persistieren u. sich nicht zu einem Organ zusammenschließen. ☐ Hormone. *P. E.*

Thyone *w* [ben. nach Thyōnē, der myth. Mutter des Bakchos], Gatt. der ↗Seewalzen-Ordnung *Dendrochirotida; T. fusus* 10–20 cm lang, weißgrau, in Atlantik, Nordsee u. Mittelmeer.

Thyreoglobulin *s* [v. *thyreo-, lat. globulus = Kügelchen], in der ↗Schilddrüse (☐) als Kolloid gelöstes globuläres Glykoprotein (relative Molekülmasse ca. 650000), das die Schilddrüsenhormone (↗Thyroxin, ↗Triiodthyronin, ↗Thyreotropin) gebunden enthält. Durch sein vermehrtes Auftreten im Blutserum im Zusammenhang mit dem Fortschreiten eines Schilddrüsenkarzinoms ist es als Tumormarker (↗Krebs) v. Bedeutung.

Thyreoidea *w* [v. gr. thyreoeidēs = schildförmig], *Glandula thyreoidea*, die ↗Schilddrüse.

Thyreostatika [Mz.; v. *thyreo-, gr. statikos = zum Stehen bringend], Substanzen, die in die Synthese od. Ausschüttung der ↗Schilddrüsen-Hormone (T Hormone) eingreifen u. bei der Therapie v. Schilddrüsenüberfunktion (↗Hyperthyreose) Anwendung finden. Der Angriffspunkt der T. kann verschieden sein: die Iodidaufnahme in die Schilddrüse wird gehemmt (Perchlo-

thyreo-, thyro- [v. gr. thyra = Tür, über thyreos = Türstein, Schild], in Zss.: Schilddrüsen-.

rat, kompetitive Wirkung); der ↗Iod-Einbau in die Schilddrüsenhormone wird blockiert (Thiouracile u. Mercaptoimidazol-Derivate); die Ausschüttung v. Schilddrüsenhormonen wird verhindert (Iodid-Ionen, elementares Iod, kurzfristige Verringerung der aus ↗Thyreoglobulin Schilddrüsenhormone abspaltenden Protease); das Drüsengewebe wird zerstört (Radioiod, ^{131}I).

Thyreotropin *s* [v. *thyreo-, gr. tropē = Wendung], *Thyrotrophin, thyreotropes Hormon, Thyreoidea-stimulierendes Hormon,* Abk. *TSH,* glandotropes Glykopoteid-Hormon (↗glandotrope Hormone) der ↗Adenohypophyse (T) mit einer relativen Molekülmasse von ca. 30000, das durch Einwirkung eines „T.-stimulierenden" Faktors aus neurosekretor. Zellen des Hypothalamus freigesetzt wird. Es kontrolliert die ↗Schilddrüsen-Funktion sowie die Freisetzung v. Lipiden im Fettgewebe. Im Sinne einer negativen Rückkoppelung inhibiert im Körper kreisendes T. die Freisetzung in der ↗Hypophyse. T Hormone.

Thyria *w* [v. gr. thyra = Tür, Öffnung], Gatt. der ↗Bärenspinner, ↗Jakobskrautbär.

Thyrididae [Mz.; v. gr. thyris = Fenster], die ↗Fensterfleckchen.

Thyronin *s* [v. *thyro-], iodfreie Grundsubstanz der ↗Schilddrüsen-Hormone (T Hormone) ↗Thyroxin u. ↗Triiodthyronin.

Thyrophorella *w* [v. gr. thyra = Tür, -phoros = -tragend], einzige Gatt. der Fam. *Thyrophorellidae,* Wegschnecken oder Schnegel, mit nur 1 Art: *T. thomensis* v. der Insel São Thomé; die transparente, dünne Schale (20 mm ⌀) ist linksgewunden; von ihr ist ein lappenart., unverkalkter Teil als Mündungsdeckel abgegliedert.

Thyroxin *s* [v. *thyreo-, gr. oxys = sauer], *3,3',5,5'-Tetraiodthyronin,* aus 2 ↗Tyrosin-Resten (↗3,5-Diiodtyrosin, ☐) zusammengesetztes Hormon der ↗Schilddrüse, das, an ↗Thyreoglobulin gebunden, in deren Follikeln lokalisiert ist u. unter dem Einfluß v. ↗Thyreotropin nach Proteolyse an das Blut abgegeben wird, wo es erneut proteingebunden transportiert wird. Die Wirkung des T.s (wobei die aktivere Form die des um 1 ↗Iod-Atom ärmeren ↗Triiodthyronins ist) ist außerordentl. vielseitig u. besteht in einer generellen Aktivierung des ↗Kohlenhydrat-, ↗Fett- u. ↗Proteinstoffwechsels u. damit Stimulation des Sauerstoffverbrauchs (Erhöhung des ↗Grundumsatzes; ↗Stoffwechselintensität). Über die Stimulierung des Proteinstoffwechsels fördert es Wachstums- u. Entwicklungsprozesse (anaboles Hormon), sein Fehlen während der Embryogenese führt zu Idiotie u. ↗Kretinismus, vermehrte Produktion im erwachsenen Körper zur Basedowschen Krankheit (↗Hyperthyreose). Der molekulare Wirkmechanismus ist noch nicht eindeutig gesichert. Wahrscheinl. besteht er, ähnl. dem der ↗Steroidhormone (↗Hormone, ☐), in einer Enzym-↗Induk-

Thyroxin

tion. T.-Rezeptorproteine im Cytosol konnten nachgewiesen werden, daneben unterstützt T. wohl die Wirkung der ↗Catecholamine u. des ↗Somatotropins auf die ↗Lipolyse (permissive Wirkung). – Nach Desaminierung, Decarboxylierung u. Deiodierung wird T. hpts. mit dem Kot ausgeschieden (Plasmahalbwertszeit etwa 7 Tage). Über die Galle ausgeschiedene Glucuronsäurekonjugate können im Darm wieder gespalten u. über einen enterohepatischen Kreislauf (↗Gallensäuren) zurückgewonnen werden.

Thyrsites *m* [v. *thyrs-], Gatt. der ↗Schlangenmakrelen.

Thyrsoidea *w* [v. *thyrs-, gr. -eidēs = -ähnlich], Gatt. der ↗Muränen.

Thyrsus *m* [v. *thyrs-], ↗Blütenstand (☐).

Thysanoptera [Mz.; v. gr. thysanos = Troddel, Quaste, pteron = Flügel], die ↗Blasenfüße.

Thysanozoon *s* [v. gr. thysanos = Troddel, Quaste, zōon = Lebewesen], Gatt. der Strudelwurm-Fam. *Pseudoceridae* (Ord. ↗*Polycladida*); 85 Arten, mit vielen Zotten auf dem Rücken, in die sich Darmdivertikel hineinschieben. Bekannte Art *T. brocchii*, Mittelmeer, bis 80 m Tiefe.

Thysanura [Mz.; v. gr. thysanouros = mit zott. Schwanz], die ↗Borstenschwänze.

Tiaridae [Mz.; v. gr. tiara = oriental. Kopfbedeckung], Fam. der ↗Athecatae (Anthomedusae); ↗Pandeidae.

Tibetbär, 1) *Ursus arctos pruinosus*, U.-Art des ↗Braunbären; 2) *Ursus thibetanus*, der ↗Kragenbär.

Tibia *w* [lat., = Pfeife, Schienbein], **1)** Gatt. der ↗Fechterschnecken mit hoch-turmförm. Gehäuse mit langem Siphonalkanal; an der Außenlippe der längl.-ovalen Mündung stehen 5–6 fingerart. Fortsätze. Etwa 6 Arten auf Weichböden des Indopazifik. *T. fusus*, mit lang-spindelförm. Gehäuse (bis 30 cm hoch) hat einen Siphonalkanal, der fast so lang wie das Gehäuse ist; vor den Küsten von SO-Asien bis Taiwan. **2)** *Schiene*, Abschnitt der ↗Extremitäten (☐) bei Gliederfüßern, insbes. ↗Insekten (☐). **3)** *Schienbein*, Ersatzknochen des Unterschenkels (Zeugopodium) der tetrapoden Wirbeltiere. Die T. des Menschen ist im Querschnitt dreieckig, eine Kante weist nach vorn. Das obere Ende der T. ist in 2 ausgekehlte Gelenkhöcker (Condyli) geteilt, die mit den Gelenkrollen des Oberschenkelknochens (↗Femur) das ↗Kniegelenk (☐) bilden. – Dicht am Oberrand der T. befindet sich eine kleine, nach hinten unten weisende Gelenkfläche, an die die ↗Fibula (Wadenbein) ansetzt. Das untere Ende der T. weist an der Innenseite (medial) einen Vorsprung auf, in dessen Wölbung der ↗Talus, ein Fußwurzelknochen, ansetzt (oberes Sprunggelenk). An ihrer Außenseite (lateral) ist die T. syndesmotisch mit der Fibula verbunden. ☐ Organsystem, B Skelett.

Tibicen *m* [lat., = Flötenspieler], Gatt. der ↗Singzikaden.

Tibiotarsus *m* [v. lat. tibia = Schienbein, gr. tarsos = Fußsohle], Verschmelzung v. Tibia (↗Extremitäten, ☐) u. ↗Tarsus zu einem einzigen Beinglied, das dann bei ↗Insekten stets eine unpaare ↗Klaue (Praetarsus) trägt; so bei Springschwänzen und vielen Larven der holometabolen Insekten.

Tichodroma *w* [v. gr. teichos = Mauer, dromas = laufend], Gattung der ↗Kleiber; ↗Mauerläufer.

Tiedemannsche Körperchen [benannt nach dem dt. Anatomen F. Tiedemann, 1781–1861], kleine Anhangsdrüsen an der Innenseite des Ringkanals des ↗Ambulacralgefäßsystems (B Stachelhäuter I) der ↗Seesterne; wahrscheinl. entstehen in ihnen ↗Amoebocyten.

Tiefensehen, das ↗Entfernungssehen; ↗binokulares Sehen.

Tiefsee ↗Tiefseefauna.

Tiefseeangler, *Eigentliche Anglerfische, Ceratioidei*, U.-Ord. der ↗Armflosser mit 10 Fam. und ca. 120 Arten; meist gedrungene Tiefseefische, die vorwiegend in warmen Meeren in Tiefen von 300–4000 m leben; die stets größeren Weibchen haben am Kopf eine Angel (Illicium, ↗Armflosser), an deren verdickter Spitze sich ein Leuchtorgan befindet, z.B. beim 11 cm langen Weibchen des schwarzen T.s (*Melanocetus murrayi*, B Fische V), der weltweit in Tiefen zw. 1000 und 2000 m vorkommt, od. beim 7 cm langen, in Tiefen zw. 100 und 3000 m gefangenen Laternenangler *(Linophryne arborifera)*, der zusätzlich lange, büschelig verzweigte, ebenfalls leuchtende Kinnbartfäden besitzt (☐ Leuchtorganismen). Bei Arten der Eigtl. T. *(Ceratiidae)* und von 2 weiteren Fam. heften sich die jungen Männchen mit der Schnauze am Bauch eines Weibchens fest und verwachsen in der Folge mit dem Weibchen (z. B. *Edriolychnus schmidti*: ☐ Parabiose), das sie dann durch seinen Blutkreislauf miternährt; die parasitierenden Zwergmännchen behalten funktionierende Kiemen, doch bilden sie Zähne u. Darmkanal zurück (Sexualdimorphismus). So hat man an einem 7 cm langen Weibchen zwei 1,8 cm lange Männchen u. bei einem 1 m langen, weibl. Riesen- od. Grönlandangler *(Ceratias hollbolli)* zwei ca. 8,5 cm lange Männchen gefunden. Die übrigen Arten haben stets frei schwimmende, kleinere, meist schlanke, angellose Männchen, die sich v. Kleintieren ernähren.

Tiefseebartelfische ↗Großmünder.

Tiefseebeilfische, *Sternoptychidae*, Fam. der ↗Großmünder. [↗Großmünder.

Tiefsee-Elritzen, *Cyclothone*, Gattung der

Tiefseefauna, trotz im letzten Jahrzehnt verbesserter Methoden (Tauchboot Alvin mit maximaler Tauchtiefe von 4000 m, Tiefseekameras u.a.) weiterhin nur lückenhaft bekannte Tierwelt (der erste Netzzug aus

thyrs- [v. gr. thyrsos = Thyrsosstab (leichter Stab, mit Efeu u. Weinranken umwunden, oft mit Pinienzapfen verziert)].

Tiefseefauna

Tiefseefauna
„Rekorde" in der Tiefenverbreitung (größte gemessene Tiefe in m)

Foraminiferen *Sorosphaera abyssorum*	10687
Schwämme *Asbestopluma occidentalis*	8840
Anthozoen *Galatheanthemum spec.*	10710
Schlauchwürmer unbestimmte Art	10687
Igelwürmer *Vitjazema spec.*	10687
Vielborster *Macellicephaloides spec.*	10710
Krebstiere *Macrostylis spec.*	10710
Weichtiere *Phaseolus spec.* (?)	10687
Stachelhäuter *Myriotrochus bruuni*	10710
Seescheiden *Situla pelliculosa*	8430
Knochenfische *Bassogigas spec.*	7965

dem Hadal gelang 1948) des Bereichs der Weltmeere, der im Ggs. zur kontinentalen Flach- u. zur ozean. Hochsee den Freiwasserraum (Meso-, Bathy-, Abysso-Pelagial) und den in rinnenartige Einsenkungen (Tiefseegräben), steile Erhebungen (mittelozean. Rücken) u. Tiefsee-Ebenen gegliederten Meeresboden (Bathyal, Abyssal, Hadal) unterhalb 200 m Tiefe umfaßt (☐ Meeresbiologie). Der *Tiefseeboden* nimmt mit 318 Mill. km^2 80% der Grundfläche der Weltmeere ein, das sind 62% der Erdoberfläche. Die größte bisher gelotete Tiefe weist das Witjastief im Marianengraben östl. der Philippinen mit 11 033 m auf. – Aus nahezu allen Tierstämmen haben sich Vertreter an den mit zunehmender Tiefe immer eintöniger werdenden Lebensraum mit seiner nur in engen Grenzen um den Wert von 3,5‰ schwankenden ↗Salinität, seinen auch jahreszeitl. gleichbleibenden niedrigen Temp. (selbst in den trop. Meeren beträgt die Temp. in einer Tiefe von 1000 m nur ca. 5° C und fällt mit wachsender Tiefe bis auf 1–2° C am Meeresboden), der infolge dieser geringen Temp. starken Viskosität des Wassers (bei 0° C ist das Wasser am Meeresboden doppelt so viskös wie an der Oberfläche bei 25° C), dem hohen Druck, dem Lichtmangel, der Unbewegtheit des Wassers sowie der Nahrungsarmut angepaßt. Dabei sind ebenso eigenartige bis bizarre Formen (bes. unter den Fischen, B Fische IV–V) entstanden, wie andererseits Tiefseearten (z. B. bei den Muscheln u. Krebsen) findet, die sich in ihrer Gestalt nur wenig v. verwandten Arten aus der Flachsee unterscheiden. Da Licht- u. Temp.-Wechsel fehlen, fallen beide auch als tages- u./od. jahreszeitl. Zeitgeber (↗Chronobiologie) zur Steuerung vieler Lebensvorgänge, z. B. der Fortpflanzung, weg. Dagegen dürfte die über Jahrmillionen konstante Gleichmäßigkeit der Bedingungen den hohen Anteil archaischer Tierformen (↗lebende Fossilien) in der Tiefsee erklären („konservierendes Milieu der Tiefsee" nach Agassiz u. Pérèz). Ein Rückzugsgebiet für altertüml. und in anderen Biotopen ausgestorbene Arten ist die Tiefsee allerdings nicht; in manchen Fam., z. B. bei den Krebsen u. Fischen, sind die Tiefseebewohner die höchstentwickelten Arten. Als Folgeerscheinung der niedrigen Temp. verläuft der Stoffwechsel der Tiefseetiere im allg. sehr langsam, was offensichtl. genetisch fixiert ist u. beachtlich lange Entwicklungszyklen u. ein langsames Wachstum bedingt. – In od. auf der Sediment- od. Schlammschicht des Tiefseebodens (↗Globigerinen-, ↗Pteropoden-, ↗Radiolarienschlamm, Roter Ton) od. auf den spärlichen festen Unterlagen (Steine, Weichtierschalen, Manganknollen) und dann eben sehr gedrängt leben v. a. Schwämme, stockbildende Polypen, Seeanemonen, Steinkorallen, Seefedern, Igel-, Bart- u. Ringelwürmer, Rankenfuß-, Einsiedler- u. Zehnfußkrebse, Asselspinnen, Muscheln, Moostierchen, Armfüßer, Haar-, Schlangen- u. Seesterne, Seelilien, Seeigel u. Seegurken, Seescheiden, achtarmige Tintenfische u. bodenbewohnende Fische. Im Pelagial treibt ein weniger arten- als individuenarmes ↗Plankton, in dem die Ruderfußkrebse überwiegen, sich aber auch Radiolarien u. Foraminiferen, Muschel-, Leucht- u. Spaltfußkrebse, Pfeil- u. Schnurwürmer sowie Flügelschnecken u. Mantelfische finden. Zu den auffälligsten Planktonorganismen, die in Tiefen von 2000–3000 m gefangen wurden, zählen auch Quallen (↗Tiefseequallen), darunter *Periphylla periphylla* mit einem Glockendurchmesser von 25 cm und mehr, u. Staatsquallen wie *Stephanomia* u. *Diphyes*. Zur Schwebfauna der Tiefsee gehören einige Formen v. sonst ausnahmslos bodenlebenden Gruppen, wie die Schwimmseegurke ↗*Pelagothuria* u. der *Amphioxus*-Verwandte *Amphioxides*. Eigenständig schwimmend wird das Tiefseepelagial v. Tiefseegarnelen, von v. a. zehnarmigen Tintenfischen u. Fischen besiedelt. – Im allg. lassen sich für Vertreter jeweils bestimmter Gruppen maximale Wassertiefen angeben; z. B. trifft man Fische bis etwa 8000 m, Schwämme bis über 8000 m und Seegurken bis über 10 000 m Tiefe. Einige „Rekorde" zeigt die Tabelle. Aufschluß über die Artenzahl der wichtigsten Tiergruppen in der Tiefsee gibt die Zusammenstellung (T 207) in den Tiefseegräben unterhalb von 6000 m nachgewiesenen Bewohner. An Biomasse bilden die Seegurken den größten Anteil des Tiefseebenthos. Während einige Formen, wie z. B. der Langschwanzfisch *Macrurus sclerorhynchus*, sich fast gleichmäßig zw. 500 und 3500 m Tiefe finden, halten andere relativ enge Grenzen der Tiefenverbreitung ein. Immerhin gibt es nicht wenige Arten, die v. der Strandregion bis hinunter in Tiefen von 5000 m vorkommen, wie der Schlangenstern *Ophiocten sericeum* od. der Seeigel *Echinocardium australe*. Beispiele bieten aber auch die Rankenfußkrebse, Schnecken u. Muscheln. – Über Anpassungen an die *tiefen Temperaturen* ist noch wenig bekannt. Sie dürften aber zumindest in Form v. ↗Gefrierschutzproteinen vorliegen, wie sie für Antarktisdorsche (↗Antarktisfische) als Glykoproteide nachgewiesen sind. Viele Tiere haben sich aufgrund ihrer Stenothermie in die kalte Tiefsee zurückgezogen; in Polnähe kommen sie auch in den oberen Schichten vor. In Anpassung an den *Wasserdruck* sind keine Sondereinrichtungen entwickelt worden; die Tiere gleichen durch ihren Binnendruck den Außendruck aus. Unter den Bewohnern des Pelagials sind daher vertikale Wanderungen nicht allzu häufig; doch können beträchtl. Druckunterschiede überwunden werden, wenn der Übergang allmählich erfolgt. *Tiefseefische,* die bei solchen Wanderungen Höhenunterschiede bis zu 1500 m überwinden, entlassen beim Hochsteigen Gas aus der ↗Schwimmblase od. sind solche, die keine Schwimmblase besitzen; denn die meisten Tiefseefische haben sie völlig reduziert od. zu einem Fettspeicher umgebildet. Tiefseefische sind in der Lage, Druckänderungen von nur 1 bar wahrzunehmen. Offensichtl. verfügen sie über empfindl. Druckrezeptoren. Die ↗Seitenlinienorgane als Organe des Ferntastsinns sitzen bei manchen Tiefseefischen (z. B. den Tiefseeaalen) auf Stielen, was vermutl. ihre Empfindsamkeit erhöht. Bei anderen sind sie insofern vermehrt, als der Körper der Tiere beachtl. in die Länge gestreckt ist. Vielfach werden durch körperlange Anhänge, fühlerartige Flossenenden (*Bathypterois,* Gatt. der ↗Laternenfische) od. bes. lang auslaufende Schwanzenden (*Stylophorus*) od. büschel- bis baumartige Tentakel (*Linophryne,* ↗Tiefseeangler) als Sinneszellträger geradezu grotesk erscheinende Formen ausgebildet. – Anpassungen an den *Lichtmangel* bestehen darin, daß einige Tiefseetiere (z. B. viele Fische, aber auch der Tintenfisch *Cirrothauma murrayi*) blind sind, andere dagegen große Augen, nicht selten auch Teleskopaugen (z. B. Schwimmkrabbe *Amphitretus pelagicus;* Beilfisch *Argyropelecus affinis,* ↗Großmünder) entwickelt haben. Das *Leuchtvermögen* vieler Tiefseebewohner wird ebenso zum Verbergen wie zum Erkennen u. Erkennenlassen eingesetzt (↗Biolumineszenz, ↗Leuchtorganismen, ↗Leuchtsymbiose). Als Schutz- u. Tarntrachten werden im allg. die Färbungen gedeutet. Während in den oberen Schichten der Tiefsee transparente Formen vorherrschen, findet man bei den Bewohnern bis 500 m Tiefe v. a. silbrig-graue (z. B. Beilfische) bzw. rote (z. B. Garnelen) und darunter schwarze Farbtöne. An den Grenzen des Lichteinfalls bei 500 m Tiefe soll Rot die Komplementärfarbe zu der dort herrschenden grünblauen bis violetten Strahlung sein und folgl. seine Träger nahezu unsichtbar machen. Die Färbung mancher Tiefseetiere könnte aber auch dazu dienen, die Reflexion des v. Räubern ausgesandten Lichts zu verhindern. Es ist auch denkbar, daß einige Farbpigmente weniger etholog. als physiolog. Aufgaben erfüllen, etwa als Vitaminspeicher, od. Zwischenprodukte des Stoffwechsels darstellen. – Die *Unbewegtheit des Wassers* begünstigt zarte Entwicklungen aller Hart- u. Skelettsubstanzen, wie z. B. der Schalen der Foraminiferen u. Mollusken, der Panzer der Krebse u. der Knochen der Fische, was Materialersparnis in der zudem kalkarmen Tiefsee bedeutet. Sie begünstigt ferner gallertige u. stark wasserhaltige Körpergewebe bei Bewohnern des Pelagials, was für diese zur Herabsetzung des spezif. Gewichts u. zur Oberflächenvergrößerung ohne Massenzunahme, folgl. zur Erhöhung des Reibungswiderstands führt. Beispiele finden sich v. a. bei den Tintenfischen *(Amphitretus, Bathothauma)* u. Fischen (Maulstachler, Schopffische). – Nicht selten ist die Ausbildung von *Riesenformen,* und zwar sowohl bei sessilen (z. B. ↗*Monoraphis* unter den Schwämmen; *Branchiocerianthus* unter den Hohltieren, ↗*Branchiocerianthidae*) als auch vagilen u. planktonischen Tiefseebewohnern. Die größten Arten der Muschelkrebse (*Gigantocypris*), der Krabben (*Macrocheira*), der Asselspinnen (*Colossendeis*), der Seeigel (*Sperosoma, Hydrosoma*) u. der Manteltiere (*Culeolus, Bathochordaeus*) leben in der Tiefsee. – Da aufgrund des Lichtmangels autotrophe Organismen fehlen (Braun- u. Rotalgen kommen nur bis ca. 200 m Tiefe vor), sind die Tiefseetiere *Räuber* od. *Plankton-, Detritus-, Aas-* od. *Substratfresser.* Am Anfang der *Nahrungskette* der Tiefsee stehen Bakterien – einerseits solche, die im Schlamm abgesunkenes u. sich zersetzendes Material aufarbeiten; von ihnen leben Substratfresser, wie z. B. die Seegurken, die ihrerseits v. Krebsen u. diese wiederum v. Fischen gefressen werden. Andererseits hat man 1977 in 2000–3000 m Tiefe am Rande plattentektonisch bedingter Thermalquellen ↗schwefeloxidierende Bakterien gefunden, die – als erster Fall einer komplexen Lebensgemeinschaft *(Tiefseeökosystem),* die nicht auf Sonnenenergie beruht – durch CO_2-Assimilation mit Hilfe geotherm. Energie Biomasse bilden. Mit ihnen leben in Exo- u. Endosymbiose v. a. Muscheln aus der Fam. *Mytilidae,* und die hier neu entdeckte *Calyptogena magnifica* sowie Eichel- u. Bartwürmer, von denen die darmlosen Bartwürmer (↗*Pogonophora*) höchst ungewöhnl. sind. – Als bes. Anpassung der räuberischen Tiefseefische sei noch deren extrem große Mundöffnung, die riesigen Packzähne u. die Erweiterungsfähigkeit der Mägen gen., die z. T. eine im Wirbeltierreich einzigartige Schlingfähigkeit ermöglichen. Die Pelikanaale od. Sackmaulfische der Gatt. *Eupharynx,* die als Lauerer ihre Nahrung nach dem „Stülpsackverfahren" (K. Günther) erwerben, bestehen im Prinzip nur noch aus Maul, dessen dehnbare Wand einen riesigen Sack bildet, an dem der übrige Körper wie ein dünner Faden hängt. – Was die *Fortpflanzung* betrifft, so mögen in der Weite der dunklen Tiefsee Arten, die in Verbänden leben, od. auch einige Schwimmer weniger Schwierigkeiten haben, einen Geschlechtspartner zu finden, als lauernde Angler, die als Einzelgänger leben. Hierüber ist noch wenig bekannt. Eine schier optimale Methode, die Fortpflanzung zu sichern, findet sich – einmalig im ges.

Tiefseefauna

Artenzahlen einiger Tiergruppen aus Tiefseegräben unterhalb 6000 m

Schwämme	8–10
Seewalzen	25–35
Seesterne	8–10
Anthozoen	18–23
Vielborster	50–55
Spritzwürmer	4–5
Weichtiere	45–55
Krebstiere	58–65

Tiefseegarnelen

Stamm der Wirbeltiere – bei einigen Gruppen der ↗Tiefseeangler *(Ceratioidei),* bei denen die Männchen als ↗Zwergmännchen mit den Weibchen zu einer „Zwangsehe auf Lebenszeit" verwachsen (☐ Parabiose, B Parasitismus II).

Lit.: *Günther, K., Deckert, K.:* Wunderwelt der Tiefsee. Berlin 1950. *Jannasch, H. W.:* Tiefsee auf chemosynthetischer Basis. Naturwiss. 72, 285–290, 1985. *Marshall, N. B.:* Tiefseebiologie. Jena 1957. *Petterson, H.:* Rätsel der Tiefsee. Bern 1948. *Wägele, J. W., Schminke, H. K.:* Leben in eisigen Tiefen: Benthosforschung in der Antarktis. Natur u. Museum 116, 184–193, 1986.   D. Z.

Tiefseegarnelen
Periphylla

Tiefseegarnelen, Oplophoridae, Fam. der ↗Natantia (T). [↗Eidechsenfische.
Tiefseehecht, *Bathysaurus mollis,* Art der
Tiefseeheringe, *Bathyclupeidae,* artenarme Fam. der ↗Barschfische; etwa 20 cm lange Fische mit heringsart. Körperbau, großen Augen, großen, zerbrechl. Schuppen u. dem für Barschfische typ. Stachelstrahl in Bauch- u. Afterflosse; leben in Tiefen v. 250–750 m in Karibik u. Indik.

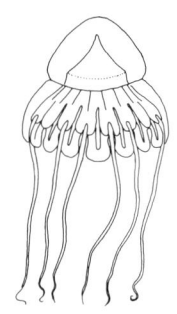

Tiefseequallen, Kronenquallen, Coronata, Ord. der ↗ Scyphozoa mit ca. 30, oft kräftig gefärbten Arten, die vorwiegend in größeren Tiefen der trop. Meere leben. Charakterist. ist, daß der Schirm der Qualle (∅ ca. 40 cm) eine tief einschneidende Ringfurche hat, die ihn in eine zentrale Kappe u. einen peripheren Ring mit Randlappen u. Tentakeln teilt. Wie für *Scyphozoa* typisch, sind 4 Gastraltaschen ausgebildet. Die T. gelten nach neuester Auffassung als die ursprünglichste Gruppe innerhalb der *Scyphozoa.* Strobilation ist nur von der Gatt. *Nausithoë* bekannt, deren koloniebildende Polypen bis in ca. 8000 m Tiefe leben. Sie stecken bis zur Tentakelkrone in Schwämmen. *N. punctata* ist eine weit verbreitete Art, grün bis hellbraun mit roten Flecken, die gelegentl. sogar im Mittelmeer gefunden wird. Die Vertreter der Gatt. *Periphylla* haben einen hochgewölbten, oft spitz auslaufenden Schirm (25 cm ∅). Oft zeigen T. eine Abhängigkeit der Färbung v. der Wassertiefe. Je tiefer sie leben, desto dunkler u. undurchsichtiger werden sie. Bes. ausgeprägt ist dies bei der Gatt. *Atolla* zu beobachten, die in 250–5000 m Tiefe vorkommt.

Tiefseesalme, *Bathylaconoidei,* U.-Ord. der ↗Lachsfische.

Tiefseevampir, *Vampyroteuthis infernalis,* ↗Vampirtintenschnecken.

Tiefwurzler, Bez. für Pflanzen, deren Wurzelsystem meist mit einer ↗Pfahlwurzel sehr tief in den Boden reicht. Ggs.: ↗Flachwurzler.

Tieghemella w, Gatt. der ↗Sapotaceae.

Tieraffen, i.w.S. alle nicht den ↗Menschenaffen zugerechneten Affen; i.e.S. nur die altweltl. ↗Hundsaffen od. innerhalb dieser Überfam. nur die ↗Meerkatzenartigen.

Tierbauten, *Tierbaue,* Einrichtungen, die v. Tieren als Wohnung, als Ort der Brutpflege od. für den Nahrungserwerb hergestellt werden. Bei den T. einiger Tiere handelt es sich nicht um aktiv hergestellte T., sondern um artspezif., körperbedingte Entwicklungen, die zu einem Tierbau führen. So nimmt z. B. die Amöbe *Difflugia* (☐ Testacea) mit der Nahrung unverdaul. Sandkörnchen auf, die wieder nach außen abgegeben werden u. mit Hilfe einer Kittsubstanz untereinander verbunden werden; auf diese Weise wird um das Tier ein urnenförm. Gehäuse gebildet. Weitere Beispiele ↗ Foraminifera u. ↗ Radiolaria. Riesige Bauwerke (ohne aktive Herstellung) sind die Korallen-↗ Riffe (B Hohltiere II) in warmen Meeren, die aus den Außenskeletten der einzelnen Polypen bestehen. – Viele Ringelwürmer bauen Wohnröhren, in denen sie nicht nur leben, sondern auch ihrem Nahrungserwerb nachgehen (↗Nest). Regelrechte Fallen – nämlich Fangtrichter im Boden – bauen manche Ameisenlöwen (↗Ameisenjungfern). Einige ↗Köcherfliegen-Larven (☐) stellen im Wasser (☐ Bergbach) ein Fangreusen-Gespinst her, in dessen Ende sie auf die eingeschwemmte Beute warten. Die meisten Köcherfliegenlarven bauen für sich ein Gehäuse aus Steinchen, Holzstückchen u. a. Beeindruckend ist auch die Fangröhre (mit Verschluß) der ↗Falltürspinnen (☐). Gänge in den Boden, um dort ihre Eier abzulegen, bauen z. B. ↗Mistkäfer, ↗Grabwespen, die austr. Ameise *Myrmecia dispar,* die keine Hügel baut, u.a. Neben den Erdnestern vieler Insekten gibt es z. B. auch Lehmnester – das topfförm. Nest der Pillenwespe *Eumenes* od., an einer steilen Böschung befestigt, das röhrenförmige von *Oplomerus (Odynerus,* ☐ Eumenidae). Viele Insekten benutzen für ihre Baue auch Blätter od. Blatteile, wie die Blattschneiderbienen *(↗ Megachilidae);* manche Ameisen (↗Weberameisen) weben mehrere Blätter zu einem Nest zus. Bekannt sind die Wabennester der Wespen (↗ Vespidae) und v. a. die Stöcke der ↗Honigbienen; letztere bestehen aus Waben mit einer großen Zahl v. sechseckigen Wachszellen, deren Wanddicke genau $73/1000$ mm beträgt (bei Drohnenzellen $94/1000$ mm). Trotzdem kann eine Bienenwabe etwa das 50fache ihres Eigengewichts an Honig beinhalten (↗Bienenstock, ↗Bienenzucht, ↗staatenbildende Insekten). Mit die eindrucksvollsten Bauten v. Insekten sind die Ameisenhügel (↗Ameisen, B I) und v.a. die bis zu mehrere Meter hohen Termitenbaue (↗Termiten, ☐), die manchmal zusätzl. „Regendächer" besitzen (wie die einiger Arten der Gatt. *Cubitermes*) u. ein bemerkenswertes Luftzirkulationssystem aufweisen. Sowohl unter den Ameisenhügeln als auch unter den sehr festen Termitenbauen können noch Gänge u. Kammern weit in den Boden hineinreichen. – Bei den Wirbeltieren sind die bekanntesten Bauten die Vogelnester (↗Nest, ☐).

Eines der eindrucksvollsten Vogelnester ist das der ↗Webervögel, die wahre Flechtkünstler sind u. mehr od. weniger kugelförm. Nester bauen. Auch einige Fische bauen Nester (z. B. die ↗Schaumnester der ↗Labyrinthfische). Das Stichling-♂ fertigt ein Nest aus Pflanzenmaterial, das es mit Hilfe einer Absonderung aus den Nieren zusammenklebt; es entsteht eine Art Röhre, in die die Eier abgelegt werden. Bei Amphibien u. Reptilien gibt es nur wenige „Baumeister". Erwähnt sei neben den ↗Schaumnestfröschen der südam. Laubfrosch *Hyla faber,* der in Gewässern einen Lehmtrichter für seine Brut baut (↗Laubfrösche). Leistenkrokodile errichten u. U. meterhohe Nester aus Schilf, Zweigen u. faulenden Pflanzenteilen, die sie ab u. zu mit Wasser befeuchten, was die Gärung fördert u. damit die gleichmäßige Temp. garantiert. Viele Säugetiere bauen im Boden Gänge u. kleine Höhlen. Der ↗Maulwurf mit ein ausgedehntes Gangsystem, das er u. a. als Jagdrevier benutzt. Das Gang- u. Kammersystem der ↗Dachse kann bis zu 5 m tief in den Boden reichen. Auch unter den Nagetieren gibt es viele Gängebauer: ↗Murmeltiere, ↗Ziesel, ↗Streifenhörnchen u. v. a. Die wohl bekanntesten der bekanntlichsten Säugetierbaue sind die Baue der ↗Biber („Biberburgen", ☐ Biber). Kugelnester aus Reisig, Zweigen u. Ästen bauen z. B. die ↗Zwergmaus, die ↗Haselmaus od. das ↗Eichhörnchen (Kobel). Von vielen ↗Schimpansen ist bekannt, daß sie sich jede Nacht innerhalb v. wenigen Minuten ein neues Schlafnest in Bäumen bauen.

Lit.: *Frisch, K. v.:* Tiere als Baumeister. Frankfurt, Berlin, Wien 1974.   *Ch. G.*

Tierblumen, *Zoogamen, Zoophilen,* Blüten od. Blütenstände, die v. Tieren bestäubt werden (u. a. ↗Pollenblumen, ↗Nektarblumen, ↗Ölblumen). ↗Zoogamie.

Tierblütigkeit, die ↗Zoogamie.

Tiere, *Animalia,* die zum *Tierreich* („regnum animalium") gehörigen Organismen. Alle T. sind, wie die Pflanzen, ↗Eukaryoten; die Zellen, die in Ein- od. Vielzahl ihren Körper aufbauen, sind daher ↗Eucyten. T. und Pflanzen gehen stammesgeschichtl. auf gemeinsame einzellige Ahnenformen zurück, die zu den Flagellaten gehörten. Innerhalb dieses Stammes finden sich autotrophe (mit ↗Chloroplasten) u. daher pflanzliche neben heterotrophen (ohne Chloroplasten) u. demnach tierischen Vertretern (↗Geißeltierchen). Damit ist der wesentlichste Unterschied zw. Pflanze u. Tier angesprochen: ↗Pflanzen sind in der Lage, durch ↗Photosynthese aus ausschl. anorgan. Stoffen organ. Verbindungen herzustellen. Sie sind daher autotroph (↗Autotrophie) u. die Primär-↗Produzenten, welche die Urnahrung (↗Primärproduktion) für die heterotrophen T. (↗Heterotrophie) als ↗Konsumenten abgeben. T. sind

Die Stämme des Tierreichs
In Klammern die ungefähre Anzahl der beschriebenen rezenten Arten

Verbreitung:
a = alle Arten aquatil (Süß- oder Meerwasser)
m = alle Arten marin
p = alle Arten Parasiten
t = alle Arten terrestrisch

I. Unterreich:
Protozoa (Einzellige Tiere) (27 100)
1. Stamm: *Flagellata* (Geißeltierchen, sofern sie heterotroph sind) *a*
2. Stamm: *Rhizopoda* (Wurzelfüßer) *a*
3. Stamm: *Sporozoa* (= *Apicomplexa*) (Sporentierchen) *p*
4. Stamm: *Cnidosporidia p*
5. Stamm: *Ciliata* (Wimperntierchen) *a*

II. Unterreich:
Metazoa (Vielzellige Tiere)
6. Stamm: *Placozoa* (2) *m*
7. Stamm: *Porifera* (Schwämme) (5000) *a*
8. Stamm: *Cnidaria* (Nesseltiere) (10000) *a*
9. Stamm: *Ctenophora* (Kamm- od. Rippenquallen) (80) *m*
10. Stamm: *Mesozoa* (50) *p*

Gruppe der *Bilateria:*
11. Stamm: *Plathelminthes* (Plattwürmer) (16 100)
12. Stamm: *Gnathostomulida* (Kiefermündchen) (100) *m*
13. Stamm: *Nemertini* (Schnurwürmer) (900)
14. Stamm: *Nemathelminthes* (= *Aschelminthes*) (Rundwürmer) (12 480)
15. Stamm: *Priapulida* (Rüsselwürmer) (8) *m*
16. Stamm: *Kamptozoa* (= *Entoprocta*) (Kelchwürmer) (150) *a*
17. Stamm: *Mollusca* (Weichtiere) (130 000)
18. Stamm: *Sipunculida* (Spritzwürmer) (200) *m*
19. Stamm: *Echiurida* (= *Echiuroidea*) (Igelwürmer) (140) *m*
20. Stamm: *Annelida* (Ringelwürmer) (17 000)
21. Stamm: *Pogonophora* (Bartträger) (120) *m*
22. Stamm: *Onychophora* (Stummelfüßer) (100) *t*
23. Stamm: *Tardigrada* (Bärtierchen) (300)
24. Stamm: *Pentastomida* = *Linguatulida* (Zungenwürmer) (100) *p*
25. Stamm: *Arthropoda* (Gliederfüßer) (über 1 Mill.)
26. Stamm: *Tentaculata* (Kranzfühler) (4300) *a*
27. Stamm: *Chaetognatha* (Pfeilwürmer) (70) *m*
28. Stamm: *Echinodermata* (Stachelhäuter) (6500) *m*
29. Stamm: *Hemichordata* (= *Branchiotremata*) (80) *m*
30. Stamm: *Chordata* (Chordatiere) (48 600)

für ihren ↗Stoffwechsel auf das v. den Pflanzen produzierte Material angewiesen. Während die ↗Pflanzenzelle i. d. R. v. einer ↗Zellwand aus Cellulose umgeben ist, fehlt den tierischen ↗Zellen eine solche (eine Cellulose-ähnliche Substanz kommt als Cuticula bei den Seescheiden vor). Deutlicher sind die Unterschiede zw. Pflanze u. Tier unter den vielzelligen Vertretern. Während die Stabilität vielzelliger Pflanzen primär durch den Turgor der Zellen bedingt ist (Zelle mit Vakuole u. Zellwand), wird diese beim tierischen Mehrzeller durch ↗Bindegewebe mit mehr od. weniger gallertiger Grundsubstanz (↗Interzellularsubstanz) erreicht u./od. durch ↗kollagene u. ↗elastische Fasern. Grundsubstanzreiches Bindegewebe kann (v. a. bei ↗Chorda-T.n) auch als ↗Knorpel- bzw. ↗Knochen entwickelt sein u. ein Innenskelett (↗Endoskelett; ⬛ Skelett) bilden. Manche Stämme entwickeln ein Außenskelett (↗Exoskelett) in Form einer ↗Cuticula, in die ↗Chitin eingelagert sein kann (wie bei den Gliederfüßern) od. aber auch ↗Kalk (wie z. B. bei den Schalen der Weichtiere). Während bei den Pflanzen der Stoffaustausch an der Oberfläche erfolgt u. diese daher im Verhältnis zur Körpermasse relativ groß ist, findet der Stoffaustausch bei vielzelligen T.n im Innern des Körpers statt, weshalb T. eine reichere innere Gliederung aufweisen (↗Darm, ↗Lungen, ↗Tracheen). In der Individual-↗Entwicklung ist das ↗Wachstum der T. nach Ende einer Wachstumsphase stark eingeschränkt (z. B. bei Weichtieren) od. abgeschlossen, die T. sind dann „ausgewachsen". Dieser Abschluß des Wachstums tritt häufig mit dem Erreichen der ↗Geschlechtsreife (Adultphase) ein. Vielzellige Pflanzen haben dagegen i. d. R. ein fortgesetztes (ununterbrochenes) Wachstum, das bis zum Tod anhält, wobei Wachstumszonen, wie Vegetationspunkt od. Kambium mit „embryonal" bleibenden Zellen, erhalten bleiben. Solche aktiv bleibende Wachstumszonen fehlen den vielzelligen T.n. Die Fortpflanzungsorgane (Gonaden, ↗Geschlechtsorgane) werden bei T.n in der Regel im Körperinnern geborgen, bei Pflanzen dagegen liegen sie an der Oberfläche. Die ↗Fortpflanzung kann sowohl geschlechtlich (↗sexuelle Fortpflanzung) als auch ungeschlechtlich (↗asexuelle Fortpflanzung) erfolgen; auch können beide in einem als ↗Metagenese bezeichneten ↗Generationswechsel verbunden sein. Während bei vielzelligen Pflanzen asexuelle Fortpflanzung auch über somatische Einzelzellen (↗Somazellen) (↗monocytogene Fortpflanzung) erfolgen kann (z. B. ↗Sporen), geht die ungeschlechtliche Fortpflanzung der vielzelligen T. stets v. einem Zellverband aus. Einzige Ausnahme könnte die ungeschlechtl. Fortpflanzung der „Larvenstadien" (Sporocysten, Redien) der ↗Saugwürmer sein. Vielzellige Pflanzen sind i. d. R. ortsfest „verwurzelt", vielzellige T. dagegen primär freibeweglich (↗Fortbewegung), können jedoch sekundär zu einer festsitzenden (↗sessilen) Lebensweise übergehen. Diese ist jedoch nur aquatilen Formen möglich, da nur dort entweder eine ↗äußere Besamung der in das Wasser abgegebenen Eier od. ein Herbeistrudeln der ↗Spermien möglich ist. Auch planktont. Nahrung kann im Wasser herbeigestrudelt werden; viele *sessile T.* sind daher *Strudler* (z. B. Schwämme, *Kamptozoa, Tentaculata*). Im Zshg. mit der (zumindest primären) freien Beweglichkeit der T. steht, daß diese im Ggs. zu den Pflanzen Muskelzellen besitzen, die sich zu Muskelgewebe verbinden können (↗Muskulatur) u. eine rasche Kontraktion (↗Muskelkontraktion) ermöglichen. Auch die ↗Erregungsleitung erfolgt bei T.n über spezialisierte ↗Nervenzellen (schon bei ↗Schwämmen kommen sie in primitiver Form vor), die zu einem ↗Nervensystem verbunden u. zu ↗Sinnesorganen differenziert sein können u. so den T.n eine rasche u. bei höherer Organisation auch komplexe Reaktion (ein Verhalten) ermöglichen. Im Zshg. mit den aus Beweglichkeit u. komplexer Nervenleitung sich bei T.n ergebenden höheren Anforderungen an den Stoffwechsel steht bei vielzelligen T.n das verbreitete Vorkommen eines Kreislauf- (↗Blutkreislauf) u. eines Exkretionssystems (↗Exkretionsorgane), die in dieser Form den Pflanzen fehlen. Wegen dieser Unterschiede v. Pflanze u. Tier ist die Wiss. Biologie in die beiden Disziplinen ↗Botanik u. ↗Zoologie geteilt, die jedoch enge u. zahllose Verbindungen miteinander haben. – Systematisch gliedert man das Tierreich in die beiden Unterreiche *Protozoa* (einzellige T., ↗Einzeller) u. ↗*Metazoa* (mehrzellige od. vielzellige T.) und insgesamt in 30 Stämme ([T] 209), wobei jedoch bezügl. dieser Einteilung unter den Wissenschaftlern keine völlige Übereinstimmung herrscht. – Für den Menschen ist das Tier in vielfacher Hinsicht v. großer Bedeutung. Vor allem in höher organisierten T.n (Wirbel-T.n) erkennt der ↗Mensch verwandte Geschöpfe, denen gegenüber er eine „Tierliebe" empfinden kann. Viele ↗Haus-T. werden aus diesem Grund gehalten u. gezüchtet. Daneben hat das Tier dem Menschen v. Beginn stammesgeschichtl. Entwicklung an Nahrung, Kleidung u. Werkzeuge (aus Knochen u. Zähnen) geliefert. Mit der Übernahme v. Wild-T.n in den Hausstand (↗Haustierwerdung) begann die Viehzucht, die den Menschen (ähnl. wie der ↗Ackerbau) im Hinblick auf seine Ernährung unabhängiger gemacht hat. T. können auch Arzneimittel (z. B. ↗Schlangengifte; ↗Tiergifte, ↗Gifte) liefern, aber auch als Produzenten v. ↗Immunserum dienen. ↗Leben. *G. O.*

Tierfrüchtigkeit ↗Zoochorie.

Tiergartenbiologie, befaßt sich „... mit den Phänomenen, welche in den Zool. Gärten auftreten u. im weitesten Sinne von biol. Bedeutung sind" (H. Hediger). Sie untersucht den Zoo als Lebensraum für Mensch u. Tier u. liefert die wiss. Grundlagen für die optimale Haltung v. Wildtieren im Zoo. In der T. werden Erkenntnisse u. Methoden verschiedener Disziplinen zusammengefaßt, in erster Linie solche aus der Zool. (z. B. Systematik, Verhaltensforschung, Ökologie, Tiergeographie), der Veterinärmedizin u. Pathologie, aber auch des Gartenbaus u. der Architektur (Bau v. Tierhäusern). Ein wichtiger Aspekt ist die Frage nach der Wirkung des Tieres auf den Menschen (Humanpsychologie) u. die pädagog. Bedeutung der ↗Zool. Gärten. Diese stellen zunehmend wichtige Stätten für die biol. Forschung u. den ↗Artenschutz dar, in denen vom ↗Aussterben bedrohte Tiere durch Zucht erhalten u. vermehrt sowie ihre Biol. studiert werden können, was der Erhaltung u. U. Wiederausbürgerung) bedrohter Arten in freier Wildbahn dient.

Lit.: *Hediger, H.:* Mensch u. Tier im Zoo: Tiergartenbiologie. Zürich – Stuttgart – Wien 1965.

Tiergeographie, *Zoogeographie, Geozoologie,* Teilgebiet der Biogeographie, Wiss. v. der ↗Verbreitung (Verteilung) der Tierarten auf der Erde u. deren histor. und ökolog. Ursachen. Zur Erklärung des oft sehr komplizierten Verbreitungsbildes einer Art werden daher auch Erkenntnisse aus der ↗Paläontologie u. ↗Geologie (z. B. ↗Kontinentaldrifttheorie; ↗Eiszeitrelikte) herangezogen. Da (allopatrische) ↗Artbildung oft mit einer geogr. Trennung (↗Separation) v. Populationen beginnt, spielt die T. auch eine große Rolle für die ↗Evolutionstheorie. ↗Biogeographie, ↗tiergeographische Regionen.

Lit.: *de Lattin, G.:* Grundriß der Zoogeographie. Jena 1967. *Sedlag, U.:* Die Tierwelt der Erde. Leipzig – Jena – Berlin 1978. *Illies, J.:* Einführung in die Tiergeographie. Stuttgart 1971.

tiergeographische Regionen, *zoogeographische Regionen, Faunenregionen;* a) *Festland:* Einteilung der Erde nach dem Grad der regionalen Unterschiede in der Besiedlung mit einer charakterist. Tierwelt in 5 (oder 6) Regionen (↗Biogeographie, ↗Tiergeographie). Bes. Gewicht haben dabei *endemische* Taxa (↗Endemiten), neben Gatt., vor allem U.-Fam., Fam. und Ord., die in ihrer Verbreitung jeweils auf eine t. R. beschränkt sind. I.d.R. ist zur Definition einer eigenen t. R. erforderlich, daß mindestens 50% der dort lebenden Arten endemisch sind, wobei v.a. Wirbeltiere u. Insekten berücksichtigt werden, deren wesentl. evolutive Entfaltung zu den heutigen Gruppen großenteils erst im ↗Tertiär erfolgte, zu dessen Beginn auch die heutige Verteilung der Kontinente erreicht war (↗Kontinentaldrifttheorie, ☐). Zur zusätzl. Charakterisierung einer t. R. geeignet ist auch der Hinweis auf *ekdemische* Gruppen, d. h. Tiergruppen, die in anderen t.n R. verbreitet sind, der betrachteten Region jedoch fehlen. Die noch heute gültige Gliederung der Erde in t. R. geht auf P. L. Sclater (1858) und A. R. ↗Wallace (1876) zurück. Aufgrund bestimmter faunistischer Beziehungen lassen sich bestimmte t. R. jeweils einem ↗Faunenreich zuordnen.

Daraus ergibt sich folgende Einteilung (vgl. Abb.):
1. *Megagäa (= ↗Arktogaea)* mit den t.n R.:
a.) *holarktische Region = ↗Holarktis,* mit den Unterregionen ↗Paläarktis (↗Asien, ↗Europa, ↗Mediterranregion) u. ↗*Nearktis* (↗Nordamerika)
b.) *orientalische Region = indische Region = ↗Orientalis* (↗Asien), mit einem indoaustralischen Zwischengebiet (*Wallacea,* ☐ Orientalis)
c.) *äthiopische Region = ↗Äthiopis,* mit den Unterregionen *Afrikanische Subregion* (↗Afrika) u. *↗ Madagassische Subregion*

Orientalische u. äthiopische Region werden als ↗*Paläotropis* zusammengefaßt.

2. ↗*Neogäa* mit der d.) *neotropischen Region = ↗Neotropis* (↗Südamerika)

3. ↗*Notogäa* mit der e.) ↗*australischen Region* (↗*Australis*); deren Unterregionen sind: *kontinentalaustralische Subregion* (↗Australien), ↗*Neuseeländische Subregion,* ↗*Polynesische Subregion*

4. *Antarktis* mit der f.) *antarktischen Region* (↗Polarregion). Diese wird vielfach nicht als eigene Region (und Reich) anerkannt, da sie keine endemischen Wirbeltiere besitzt.

Die genannten t.n R. decken sich im wesentl. mit den ↗Florenreichen der ↗Pflanzengeographie. Dort wird lediglich eine *südafrikanische Region* (↗*Capensis*) als eigenes Florenreich abgetrennt, während in der Fauna keine solche Sonderstellung erkennbar ist. Die Grenzen der t.n R. decken sich z.T. mit denen der Kontinente, z.T. mit großräumigen geogr. und ökolog. ↗Verbreitungsschranken (z.B. Himalaya, Sahara), sind jedoch nicht immer scharf. So finden sich Übergangsgebiete zu be-

tiergeographische Regionen

Die Karte zeigt die *tiergeographischen Regionen* (Grenzen farbig) u. die *Florenreiche* (Grenzen schwarz) auf der Erde. Die Grenzen der tiergeographischen Regionen sind mit ausgezogenen, die der Unterregionen *(Subregionen)* mit gestrichelten Linien gekennzeichnet. Übergänge zw. benachbarten Regionen (in Mittelamerika, der Sahara u. an der Grenze Paläarktis-Orientalis) sind schraffiert. Die Wallacea stellt in ihrer Gesamtheit ein Übergangsgebiet zw. Orientalis u. Australis dar.

Tiergesellschaft

Tiergesellschaft

Die *individualisierte Gruppe* ist die höchstentwickelte u. anpassungsfähigste T. unter den Sozietäten der Säugetiere. In ihrer Komplexität kann sie nur mit den völlig anders organisierten Insekten-*Staaten* (↗staatenbildende Insekten) verglichen werden. Während diese aber das Individuum dem „Staatsorganismus" anpassen u. durch stereotype (wenn auch arbeitsteilige) Verhaltensweisen funktionieren, funktioniert ein *Hirsch-* od. ein *Löwenrudel* durch die Anpassungsfähigkeit der Individuen selbst, die ihr sehr umfangreiches Repertoire an sozialen Verhaltensweisen der jeweiligen äußeren u. inneren Situation anpassen können. Man kann ohne Übertreibung sagen, daß die Individuen je nach Alter, Geschlecht, Rang u. anderen Umständen verschiedene „Rollen" übernehmen, deren Zusammenspiel die Gruppe funktionsfähig macht. Dabei hängen die Strukturen v. den zu erfüllenden Aufgaben ab: Bei den Löwen verteidigen v. a. die Männchen das große Territorium (↗Revier) gg. benachbarte Gruppen und gg. wandernde fremde Männchen, die Weibchen vertreiben nur fremde Weibchen, aber sie leisten die Hauptarbeit bei der Jagd. Sie sind untereinander verwandt, während die Männchen zwar miteinander, aber nicht mit den Weibchen verwandt sind u. auch wieder von stärkeren anderen Männchen verdrängt werden können. Bei den Hirschen leben die (relativ beständigen) Weibchenrudel u. die (eher lockeren) Männchengruppen meist getrennt. Die Mitgl. der Gruppen profitieren voneinan-

nachbarten Regionen z. B. in der Sahara, im östl. Grenzbereich v. Orientalis u. Paläarktis u. in Mexiko. Eine besonders eigenständ. und in mancher Beziehung altertüml. Fauna haben aufgrund langer ↗Isolation die Neotropis (↗Südamerika), die Australis (↗Australien) u. die ↗Madagassische Subregion. Manche faunist. Beziehungen zw. heute z.T. weit getrennten t.n R. gehen auf ehemalige Landverbindungen (z.B. Beringbrücke zw. Paläarktis u. Nearktis; ↗Europa, ↗Nordamerika) od. einen ehemaligen Zshg. (z.B. ↗Südamerika u. ↗Afrika bis zur ↗Kreide-Zeit; ↗Kontinentaldrifttheorie) zurück (↗Brückentheorie).
b) *Meer:* Eine regionale Gliederung der Meeresfauna ist schwieriger und v.a. für die Küstenfauna (↗Litoral) durchgeführt, da die Litoralgebiete z.T. stark voneinander isoliert sind. Man unterscheidet 3 Regionen:

a) die *boreale Region,* welche die Küsten der Kontinente nördl. der Tropen umfaßt;
b) die *tropische Region* der Tropenländer (↗tropisches Reich);
c) die *antiboreale Region,* für die Küsten südl. der Tropen.

Die Gliederung richtet sich im allg. mehr nach ökolog. Faktoren, v.a. der Wasser-Temp. Man kann daher eine nördl. und südl. Kaltwasserfauna v. einer trop.-subtrop. Warmwasserfauna unterscheiden. Ein Beispiel für die Fauna einer zur borealen Region gehörigen Subregion ist die ↗Mittelmeerfauna. G. O.

Tiergesellschaft, *Tiersozietät,* sozialer Verband v. Tieren, die durch spezif. Reaktionen auf ihre Artgenossen bzw. auf einige Artgenossen in Raum u. Zeit zusammengehalten werden. Je nach der Art u. der Komplexität der verbindenden Reaktionen lassen sich ganz verschiedene Gesellschaftstypen unterscheiden: Nicht mehr eigtl. zur T. zählt die bloße ↗*Aggregation*, die Versammlung v. Tieren aufgrund anziehender Umweltfaktoren nichtsozialer Art *(subsozialer Verband).* Eine Aggregation bilden z.B. Aaskäfer an einer Tierleiche, Schmetterlinge an einer Tränke, Laufkäfer in einem v. Raupen stark befallenen Baum. Im Unterschied zu solchen Ansammlungen werden die eigtl. Verbände von einer *sozialen* Anziehung (↗sozial) zusammengehalten. Man unterscheidet *anonyme* u. *individualisierte Verbände* danach, ob sich die Mitgl. individuell kennen u. je nach Individuum unterschiedl. reagieren od. nicht. Ein ↗*anonymer Verband* kann *offen* od. *geschlossen* sein (↗individualisierte Verbände sind immer geschlossen), d.h., fremde Tiere können sich entweder ohne weiteres anschließen od. werden abgelehnt. Ein typischer *offener anonymer Verband* ist ein Vogel-↗*Schwarm,* dem sich alle Artgenossen u. manchmal sogar verwandte Arten an-

schließen können (Winterschwarm verschiedener Finkenarten, gemischte Schwärme aus Saatkrähen u. Dohlen usw.). Ähnl. strukturiert sind viele Fischschwärme u. Huftier-↗*Herden,* die lediglich durch die Attraktivität vieler, sich koordiniert bewegender Artgenossen zusammengehalten werden. Die gegenseitige Abstimmung des Verhaltens kann trotzdem sehr hoch sein; z.B. schließen sich Starenschwärme (↗Stare) beim Auftauchen v. Greifvögeln eng zus. und führen streng synchronisierte Flugmanöver aus. In Antilopen-Herden halten immer einige Tiere Ausschau, u. andere äsen am Boden; nie äsen alle gleichzeitig. Ein *geschlossener anonymer Verband* muß zusätzl. über ein Erkennungsmerkmal (↗Kommunikation; ↗Signal, B) für die zugehörigen Individuen verfügen; häufig spielt der Geruch (↗chemische Sinne, ↗Duftorgane) diese Rolle (↗Pheromone, ↗Sexuallockstoffe; ↗Alarmstoffe). Geschlossen sind z.B. die Verbände v. Wanderratten, die Verbände v. Wüstenasseln, die gemeinsam ein Erdloch bewohnen, u. alle Insekten-*Staaten* (Wespen, Bienen, Ameisen, Termiten). Diese Staaten stellen den höchstentwickelten Typus eines geschlossenen anonymen Verbands dar u. bilden vermutl. die komplexeste T., die auf der Organisationsebene der Arthropoden erreichbar ist (↗staatenbildende Insekten). In der Evolution leiten sich geschlossene anonyme Verbände (auch die Insektenstaaten) v. Verbänden verwandter Tiere ab, die gegenseitige Hilfsverhalten zeigen, nichtverwandte Individuen aber ablehnen (↗Soziobiologie). Durch die Erhöhung der ↗inclusive fitness kann sich auf diesem Weg ein effektives Netz sozialer Verhaltensweisen herausbilden, bis hin zu einer differenzierten ↗*Arbeitsteilung.* Im Ggs. dazu ist die geschlossene, *individualisierte* ↗*Gruppe* die höchstentwickelte Gesellschaftsform der Wirbeltiere (nur bei Vögeln u. Säugern nachgewiesen). In einem solchen Verband kennen sich alle Mitgl. gegenseitig; jedes Individuum verfügt über ein spezif. (allerdings sich mit der Zeit änderndes) soziales Verhaltensrepertoire, auf das die anderen Mitgl. eingestellt sind. Bes. deutlich wird dies am Beispiel der ↗*Rangordnung* ( ), die sehr stark das soziale Verhalten in der individualisierten Gruppe bestimmt. Beispiele sind das Wolfs-↗*Rudel* u. alle anderen Verbände v. Raubtieren (sofern diese überhaupt sozial sind), die Primatenhorden, Elefantenherden u. die Rudel weibl. Hirsche. Bei Vögeln sind solche Gruppen seltener; sie leben meist paarweise (viele Singvögel während der Brut) od. in anonymen Verbänden (Möwen-↗*Kolonien,* Papageienschwärme). Ein Beispiel für eine individualisierte Gruppe sind aber die Großfamilien *(↗Familienverband)* der Baum-↗Hopfe in O-Afrika. – Individualisierte Gruppen beruhen stammesgeschichtl. ebenso wie geschlossene anonyme Verbände darauf, daß verwandte Tiere (oft eine Fam. oder eine Mutter mit Jungen) zusammenbleiben. Auch bei Säugetiergruppen mit komplexer Organisation sind entweder die Weibchen (Hirsche, Elefanten, Löwen) od. die Männchen (Schimpansen) od. alle Tiere miteinander verwandt. Der genet. Austausch erfolgt, indem z. B. Gruppen verwandter Weibchen v. mit ihnen nicht verwandten Männchen gg. andere Männchen verteidigt werden (↗ Harem). In diesen Fällen wechseln die Männchen den Verband bzw. erzwingen Wechsel, z. B. bei Löwen, bei Languren, bei Hirschen (in der Brunft) usw. In anderen Fällen bleiben die Männchen im Verband, während brünstige Weibchen wechseln können (Schimpansen, Paviane, manche Raubtiere). – Die individualisierte Gruppe ist v. besonderer Bedeutung für die ↗ Humanethologie, da auch das menschl. Sozialverhalten von seinen stammesgeschichtl. Wurzeln her an eine solche Gesellschaftsform angepaßt ist. In der Humanpsychologie werden nur solche Verbände als „Gruppen" bezeichnet, in denen individualisierte Verhaltensrepertoires (Rollen) klar entwickelt sind. In der ↗ Ethologie wird „Gruppe" dagegen i. w. S. oft synonym mit Verband gebraucht, was besser vermieden werden sollte. *H. H.*

Tiergifte, Zootoxine, v. ↗ Gifttieren meist in speziellen ↗ Giftdrüsen gebildete Sekrete mit wichtigen biol. Funktionen beim Nahrungserwerb (Beutefang) u. zum Schutz vor Feinden (↗ Wehrsekrete). T. sind im Tierreich weit verbreitet u. von sehr unterschiedl. chem. Struktur bzw. Wirkungsweise. Man findet sie z. B. bei ↗ Nesseltieren, bei Muscheln (↗ Muschelgifte), bei ↗ Octopus, bei Skorpionen (↗ Skorpiongifte) u. Spinnen (↗ Giftspinnen, ↗ Spinnengifte), bei ↗ Hundertfüßern, bei ↗ Käfern, bei Bienen (↗ Bienengift), Wespen u. Hornissen, Ameisen, Stachelhäutern (↗ Holothurine), Fischen (↗ Fischgifte), Kröten (↗ Krötengifte), Fröschen (↗ Batrachotoxine), Schwanzlurchen (↗ Salamanderalkaloide) u. Schlangen (↗ Schlangengifte). Einige T. sind auch für Menschen gefährl. Als tox. Inhaltsstoffe der T. treten vorwiegend Proteine (darunter auch Enzyme) auf, z. B. in den Giften der Nesseltiere, in Skorpion-, Spinnen-, Bienen- u. Schlangengiften. Als weitere Verbindungsklassen finden sich Alkaloide (z. B. das ↗ Glomerin des ↗ Saftkuglers, Coccinellin der ↗ Marienkäfer, die ↗ Batrachotoxine der ↗ Farbfrösche u. die ↗ Salamanderalkaloide), Steroide u. Steroidglykoside (z. B. ↗ Bufadienolide in ↗ Krötengift), Heterocyclen (z. B. ↗ Saxitoxin u. ↗ Tetrodotoxin), Terpene (z. B. ↗ Cantharidin im Gift der ↗ Ölkäfer), Saponine (z. B. ↗ Holothurine), ↗ biogene Amine (z. B. in Schlangengiften u. Bienengift) usw. Aufgrund ihrer Wirkungen unterscheidet man Nerven-, Herz-, Muskel- u. Blutgifte usw. Sogar ein Halluzinogen (O-Methylbufotenin, ↗ Bufotenine) wurde gefunden. Manche T. (z. B. Schlangengifte, Bienengift u. Krötengift) werden in entspr. niedriger Dosierung therapeut. genutzt. Einzelne T. werden seit Jtt. von Menschen verwendet: Getrocknete u. gepulverte Krötenhäute sind seit rund 4000 Jahren in China u. Japan als herzaktive Substanzen im Gebrauch (↗ Krötengifte), Inhaltsstoffe der Spanischen Fliege wurden im Mittelalter als sexuelle Anregungsmittel benutzt (↗ Ölkäfer), Mithridates (123–63 v. Chr., König v. Pontus) hoffte, sich durch Trinken v. Schlangenblut gg. Schlangenbisse zu immunisieren, u. das Sekret der Baumsteigerfrösche (↗ Farbfrösche) wird v. Indios im N S-Amerikas als Pfeilgift (↗ Batrachotoxine) verwendet. ↗ Gifte.

Tierheilkunde, die ↗ Veterinärmedizin.

Tierläuse, *Phthiraptera,* Ord. der ↗ Insekten (T) mit ca. 4000 Arten in den U.-Ord. ↗ Anoplura (Echte Läuse), ↗ Haarlinge (Federlinge, *Mallophaga*) u. ↗ Elefantenläuse (*Rhynchophthirina*). Die ausschl. parasitisch an Säugetieren u. Vögeln lebenden T. haben einen abgeplatteten, meist stark sklerotisierten Körper. Zum Festhalten im Gefieder bzw. in den Haaren des Wirtes sind an den Beinen Haft- u. Klammerapparate ausgebildet; Flügel fehlen; die Augen sind fast vollständig rückgebildet. Die Larven entwickeln sich hemimetabol aus Eiern, die ins Gefieder bzw. in die Haare des Wirtes gelegt werden, u. ernähren sich wie die Imagines von Abschürfungen der Körperoberfläche od. vom Blut ihrer Wirte.

Tiermedizin, die ↗ Veterinärmedizin.

Tier-Mensch-Übergangsfeld, Abk. *TMÜ,* von G. ↗ Heberer 1958 geprägter Begriff für den Zeitabschnitt, in dem sich der Mensch aus tier. Vorfahren entwickelt hat (↗ Paläanthropologie); wird gewöhnl. gleichgesetzt mit der Entstehung des ↗ aufrechten Ganges; entspr. etwa der Zeit vor 10–2 Mill. Jahren (Obermiozän – Oberpliozän). □ Präbrachiatorenhypothese.

Tierphysiologie, Teilgebiet der ↗ Physiologie, das sich in exemplarischer od. vergleichender Weise mit den vegetativen Funktionen sowie den Nerven- u. Sinnesleistungen der Tiere befaßt (Physiologie des Menschen: *Humanphysiologie*). Je nach Forschungsrichtung werden dabei die physiol. Prozesse eines Tieres innerhalb seines Lebensablaufs (bei zumindest angenommenen konstanten Umweltbedingungen) untersucht (↗ Entwicklungsphysiologie, Fortpflanzungsphysiologie, Altersphysiologie), od. es wird das Augenmerk auf die Auseinandersetzung mit einer sich wandelnden Umwelt gerichtet (Anpassungsphysiologie, Ökophysiologie, lang- oder kurzfristige physiol. Antworten auf

der, da erfahrene Tiere die anderen zur Nahrung, zu Deckung u. anderen Ressourcen führen, u. bei der Feindvermeidung. Die Zusammenarbeit ist jedoch weit weniger differenziert als in einem Löwenrudel. Die Männchen versuchen nur in der Brunftzeit ein Rudel Weibchen zu verteidigen u. bewachen diese nicht nur gg. andere Männchen, sondern hindern sie auch am Sich-Entfernen. Die grundsätzl. Strukturen v. Löwen- u. Hirschgruppen sind also nicht unähnl., aber sie sind den jeweiligen Lebensnotwendigkeiten angepaßt.

Tierpsychologie

Tierphysiologie

Im einzelnen gehören zur T. die Gebiete: ↗Ernährung (Herkunft der Nahrung [↗Nahrungsmittel, ↗Nahrungsstoffe], Kohlenstoff- u. Stickstoffbedarf, ↗essentielle Nahrungsbestandteile), ↗Verdauung (Mechanismen der ↗Nahrungsaufnahme, ↗Sekretion u. Wirkung v. Verdauungs- ↗Enzymen, ↗Resorption, biochem. Anpassungen an die Nahrung), ↗Atmung (Verfügbarkeit v. Sauerstoff, Anpassung an verschiedene Atemmedien), Stofftransport (respiratorische Funktionen des ↗Blutes, Atmungspigmente, Chemismus des ↗Atemgastransports [↗Blutgase], Transport v. Wirkstoffen u. Nahrungsbestandteilen), Herz- u. Kreislaufphysiologie (↗Herz, ↗Blutkreislauf), Intermediär- ↗Stoffwechsel, ↗Exkretion (Synthese stickstoffhaltiger Endprodukte, ↗Entgiftungs-Prozesse), ↗Osmoregulation u. Ionenregulation (↗Elektrolyte), ↗Temperaturanpassungen u. ↗Temperaturregulation, Physiologie der ↗Sinnesorgane (↗Gehörorgane, ↗Lichtsinnesorgane, ↗Geruchsorgane, ↗Geschmacksorgane – mit den Gebieten Mechanorezeption [↗Mechanorezeptoren, ↗mechanische Sinne], ↗Photorezeption, Chemorezeption [↗chemische Sinne]), Nervenphysiologie (↗Reizbarkeit, ↗Erregung, Neurochemie u. Neuropharmakologie), tierische ↗Pigmente, ↗Farbwechsel u. ↗Chromatophoren, ↗Biolumineszenz (↗Leuchtorganismen), endokrine Koordination (↗Hormone).

abiotische Faktoren). Teilgebiete der T. vgl. Spaltentext.

Tierpsychologie, frühere Bez. der ↗Ethologie (vgl. die „Zeitschrift für T."), heute ungebräuchl. In einem anderen Sinn spricht man gelegentl. v. der „Psychologie" eines einzelnen Tieres, d. h. von seinen bes. Reaktionen u. Verhaltensweisen.

Tierreich ↗Tiere.

Tierschutz, 1) Maßnahme zur Erhaltung aller Tierarten; Teil des ↗Naturschutzes. 2) Bekämpfung jeglicher Quälerei u. Mißhandlung v. Tieren. Die T.-Bewegung fordert außerdem artgemäße Haltung u. Pflege u. wendet sich u. a. gegen ↗Massentierhaltung. Grundlage für die Tätigkeit der dt. T.vereine (in der BR Dtl. z. Z. etwa 300) ist das T.gesetz vom 24. 11. 1933 bzw. in der BR Dtl. das T.gesetz vom 24. 7. 1972 in der Neufassung vom 18. 8. 1986 (T 215). – Die T.organisationen erstreben verschärfte Bestimmungen für wiss. Tierversuche; manche Tierschützer lehnen solche Versuche prinzipiell ab. Allg. wird für eine erhebl. Senkung der Anzahl der ↗Tierversuche (T Versuchstiere) u. eine Intensivierung v. alternativen Versuchen plädiert. ↗Ethik in der Biologie; ↗Artenschutz, ↗Rote Liste, ↗wildlife management.

Tierseuchen, schnell auf den ganzen Bestand übergreifende, gefährl. Erkrankungen v. Tieren (insbes. Vieh, *Viehseuchen*) durch Pathogene od. Parasiten. Auftreten von T. ist in der BR Dtl. nach dem T.gesetz anzeige- bzw. meldepflichtig. ↗Epidemie, ↗Enzootie, ↗Epizootie, ↗Panzootie.

Tiersoziät, die ↗Tiergesellschaft.

Tiersoziologie, *Zoosoziologie, Zoozönologie,* Teilgebiet der ↗Ethologie, das sich mit dem ↗Sozialverhalten der Tiere u. mit der Struktur ihrer Beziehungen zu Artgenossen befaßt (↗Soziologie). Dabei steht nicht die ökol. und stammesgeschichtl. Funktion des Sozialverhaltens im Vordergrund wie bei der ↗Soziobiologie, sondern die ↗Kommunikations-Mechanismen, mit denen Sozialstrukturen geschaffen, erhalten od. verändert werden. In diesem Sinne untersucht die T. die *proximalen,* die Soziobiologie die *ultimalen* Ursachen des Sozialverhaltens, wobei die beiden Gebiete aber stark ineinander übergehen. ↗Tiergesellschaft, ↗Tierstaaten.

Tiersprache ↗Sprache, ↗Bienensprache.

Tierstaaten, *T. i. e. S.,* ↗staatenbildende Insekten. Von T. kann man auch bei stockbildenden marinen Tierarten sprechen (↗Hohltiere, ↗Moostierchen u. a.). Ein den sozialen Insekten vergleichbares Gruppenverhalten mit Kastenbildung findet sich auch bei dem afr. ↗Nacktmull *(Heterocephalus glaber),* als einzigem Vertreter innerhalb der Säugetiere. Der unterirdisch lebende ↗Familienverband dieser Art besteht aus einem einzigen fertilen Weibchen (Königin), vielen sterilen Weibchen (Arbeiterinnen) u. vielen fertilen Männchen, die aber sowohl Arbeiter als auch besamungsfähige Geschlechtstiere im Staat darstellen. Bei Ausfall der Königin kommen alle Weibchen in Östrus, u. über heftige Kämpfe wird die neue Königin ermittelt. Durch im Urin enthaltene Hormone werden die Gonaden der übrigen Weibchen u. auch aller Jungweibchen klein gehalten.

Tierstöcke, aufgrund vegetativer Vermehrung (↗Knospung ohne Trennung der entstehenden Individuen) entstandene Tiergemeinschaften aus genetisch ident. Einzelindividuen, die gleich gestaltet od. differenziert sein können (↗Arbeitsteilung). Häufig tritt eine Synorganisation der T. auf, und es entstehen Individuen „höherer Ordnung" (z. B. bei ↗Staatsquallen). T. finden sich in verschiedenster Ausprägung u. a. bei Hohltieren (bes. *Hydrozoa* u. *Anthozoa*), bei Einzellern (z. B. *Peritricha*), Schwämmen, Moostierchen, Kamptozoen und bei Niederen Chordaten (Manteltiere, Synascidien). ↗Kolonie.

Tierversuche, allg. alle wiss. Experimente, die mit Tieren der verschiedensten Stammeszugehörigkeit angestellt werden, um aus ihnen biol. Grundlagenwissen od. anwendungsbezogene Ergebnisse zu erhalten. In der Debatte, die sich bes. in den letzten Jahren vermehrt um die Problematik der T. entzündet hat, werden T. ungerechtfertigt in eingeschränktem Sinn als Eingriffe in die Unversehrtheit des tierischen Organismus verstanden (wobei, ohne daß dies extra betont wird, nahezu immer v. Wirbeltieren die Rede ist) und oft – aber unzutreffend – mit ↗Vivisektion gleichgesetzt. Vom Wert od. Unwert derzeitiger T. abgesehen, steht völlig außer Frage, daß das gesamte biol. Wissen über die Funktion v. Zellen, Geweben u. Organen u. ihr Zusammenspiel im menschl. Körper ein Resultat v. T.n insbes. seit dem Beginn des 19. Jh.s ist. Die Entwicklung einer Pathophysiologie u. daraus resultierender therapeut. Maßnahmen wäre ohne T. undenkbar gewesen. Gegner der T. stellen generell die Übertragbarkeit v. Ergebnissen aus T.n auf den Menschen in Frage. Sie übersehen dabei die generellen Übereinstimmungen (Homologien) von Vererbung, Zellstoffwechsel u. physiologischen Vorgängen, die sich aus phylogenet. Verwandtschaftsbeziehungen ergeben. Allerdings dürfen an Tieren gewonnene Ergebnisse nicht kritiklos interpretiert u. übernommen werden u. müssen – wenn immer möglich – am Menschen selbst überprüft werden. Übertragung bedeutet nicht, daß man gravierende Unterschiede in den Körperfunktionen v. ↗Versuchstier u. Mensch verkennen würde. Allerdings sind solche Unterschiede in aller Regel nicht zufälliger Art u. können daher berücksichtigt werden. Insbes. bei pharmakolog. Experimenten (vgl. Tab.), die sich mit Dosierungen u. Ausscheidungsraten v. Substanzen befassen, ist die Kenntnis der gesetzmäßigen allometrischen (↗Allometrie) Abhängigkeiten v. Körpergrößen u. -funktionen unabdingbar (z. B. ↗Stoffwechselintensität u. ↗Körpergröße). Daneben ist die individuelle genet. Variabilität innerhalb v. Form u. Funktion zu beachten, deren Größe aber bestimmbar ist. Insgesamt ist aus naturwiss. Sicht die völlige Abschaffung der T. nicht zu vertreten – es sei denn, man würde sich entschließen, einen Stillstand der med. Forschung (neben der Grundlagenforschung) bewußt in Kauf zu nehmen. Auf der anderen Seite werden derzeit zahlr. wiss. Projekte staatl. gefördert, die sich mit Alternativen zu T.n befassen (z. B. Zellkulturen), um den Anteil der T. an der experimentellen Forschung zu senken. Kritik an T.n ist dort angebracht, wo diese ohne konkrete Vorstellungen ihres Ziels u. oft nur zur Bestätigung vorhandenen Wissens durchgeführt werden, wobei insbes. die ethische Vertretbarkeit v. T.n zu militär. und allein der Luxusgüterindustrie dienenden Zwecken höchst kontrovers diskutiert wird. ↗Ethik in der Biologie. K.-G. C.

Tierviren, *tierische Viren, animale Viren,* Viren, denen Tiere u. der Mensch als Wirtsorganismen zur Infektion u. Vermehrung dienen. ↗Viren, [T] Viruskrankheiten.

Tierwanderungen, i. w. S. gleichbedeutend mit ↗ Migration od. ↗ Mobilität (alle Ortsveränderungen v. Individuen od. Populationen), i. e. S. aktive, gerichtete, meist period. Ortsveränderungen (↗Bewegung, ↗Fortbewegung) von (manchmal sehr großen) Populationen zwischen verschiedenen Habitaten (*Translokationen* im Sinne Schwerdtfegers). Die Anteile aktiver Bewegung u. passiven Transports an den T. sind allerdings nicht immer eindeutig (Heuschrecken, Vögel). T. sind v. a. bei Insekten u. Wirbeltieren zu finden; sie sind in Regionen mit starkem u. regelmäßigen Wechsel der ökol. Bedingungen häufiger als bei langzeitiger ökol. Konstanz (z. B. in trop. Biotopen). Nicht alle Populationen einer Art mussen wandern: Rotkehlchen in Skandinavien fliegen z. B. im Winter südwärts, die der Kanarischen Inseln bleiben am Ort. T. haben in bezug auf Raum, Zeit u. Lebenszyklus bestimmte *Muster:* Bei manchen T. erlebt z. B. jedes Individuum nur eine Wanderung, erst seine Nachkommen wandern zurück (Apollofalter); in anderen Fällen wandern die Individuen als Jungtiere in die zum Aufwachsen günstigen Biotope, als Adulttiere zurück in die Brutgebiete (Aal aus Süßgewässern in die ↗Sargassosee, Lachs aus dem Meer in Süßgewässer); in den übrigen Fällen erfolgt Wanderung jedes Individuums mehrfach zu bestimmten Zeiten des Tages, Monats od. Jahres (↗Migration). Der *biol. Sinn* der T. ist, soweit ersichtlich, vielfältig: 1. Aufsuchen günstiger, im bisherigen Wohngebiet nicht gegebener Möglichkeiten für Nah-

Tierversuche
Nach der Neufassung (vom 18. 8. 1986) des *Tierschutzgesetzes* der BR Dtl. in der ab 1. 1. 87 geltenden Fassung (§ 7–9) dürfen T. nur durchgeführt werden, wenn sie unerläßl. sind (insbes. ist zu prüfen, ob der verfolgte Zweck nicht durch andere Methoden erreicht werden kann) für die Grundlagenforschung, zum Vorbeugen, Erkennen od. Behandeln v. Krankheiten, Körperschäden, zum Vorbeugen v. Umweltgefährdungen bzw. zur Beeinflussung physiolog. Zustände. u. Funktionen sowie zur Prüfung v. Stoffen od. Produkten auf ihre Unbedenklichkeit für die Gesundheit v. Mensch od. Tier bzw. auf ihre Wirksamkeit gg. tier. Schädlinge. T. bedürfen der Genehmigung durch die zuständige Behörde u. eine jeweils hierfür berufene Kommission (§ 15) u. sind u. a. zur Entwicklung von Waschmitteln, „dekorativer" Kosmetika u. Tabakerzeugnissen grundsätzlich verboten.

Lit.: Creutzfeld, O. D., Ullrich, K. J. (Hg.): Gesundheit u. Tierschutz, Wissenschaftler melden sich zu Wort. Düsseldorf 1985. Deutscher Bundestag (Hg.): Gesetzentwurf der Bundesregierung. Entwurf eines ersten Gesetzes zur Änderung des Tierschutzgesetzes. Broschüre (Drucksache 10/3158). 1985. Hardegg, W., Preiser, G. (Hg.): Tierversuche u. medizinische Ethik. Beiträge zu einem Heidelberger Symposium. Hildesheim 1986.

rungsgewinnung (z. B. Wal-Wanderungen aus trop.-subtrop. Bereich in zeitweise nahrungsreiche antarkt. Gewässer), für Brutaufzucht (viele Vögel; ↗Vogelzug) od. für Schutz u. Ruhe (tageszeitl. Schneckenwanderung); 2. Ausweichen vor ungünstigen ökolog. Bedingungen, die sich im Wohngebiet einstellen (gezeitenabhängige Krabbenwanderung, Wanderung von Karibu od. Hirschen vom Hoch- ins Tiefland); 3. Kolonisation (↗Kolonisierung) bis dahin v. der Art nicht besiedelter Gebiete (↗Ausbreitung, ☐), entweder unter dem Zwang zu hoher ↗Populationsdichte (↗dichteabhängige Faktoren, Beispiel Lemming) od. ohne dies aus schwer definierbaren Gründen („exploration"). Die vertikale Wanderung des Zooplanktons in Gewässern (☐ Plankton) wird mit Nahrungsgewinnung tags an der Oberfläche u. Feindvermeidung nachts in der Tiefe, aber auch energieökonom. begründet. T. werden im allg. durch physiologische, photoperiodisch od. endogen (↗Chronobiologie, [B] I–II) bedingte Änderungen *vorbereitet:* Speicherung v. Stoffreserven, Mauser, hormonale Änderungen, Gonadenwachstum. Nach *Auslösung* der T., z. B. durch Temp., Feuchtigkeit oder Anblick wandernder Artgenossen, sind die Probleme der ↗Orientierung (Richtungsfindung) u. ↗Navigation (Zielfindung) zu bewältigen (↗Vogelzug). In manchen Fällen (Fische) wird der Biotop, in dem das Individuum aufgewachsen ist, gezielt wiedergefunden (↗Ortsprägung). Bei oft riesigen Wanderstrecken ist eine erstaunl. Energieökonomie nötig. Den T. vergleichbar sind die vom Menschen gesteuerten Biotopwechsel des Nutzviehs (Alpauf- und -abtrieb, Viehtrieb afr. Nomaden). Bedrohlich für den Menschen sind v. a. die ↗ *Massenwanderungen* gefräßiger Heuschrecken (↗Wanderheuschrecken). ↗Emigration; ↗Immigration; ↗Fischwanderungen, ↗Drift, ↗Populationszyklen; ☐ Vogelzug. W. W.

Tierzüchtung, *Tierzucht,* Maßnahmen zur Verbesserung u. Erhaltung der genet. fixierten Eigenschaften v. Nutztieren (↗Haustiere, ↗Haustierwerdung). Die T. bedient sich grundsätzl. der gleichen ↗Züchtungs-Methoden wie die ↗Pflanzenzüchtung, allerdings sind ↗Kreuzungs- u. ↗Mutationszüchtung wegen langer Generationsdauer bzw. häufiger Letalität v. Mutationen erschwert. ↗Erhaltungszüchtung, ↗Hybridzüchtung, ↗künstliche Besamung. [B] Selektion II.

Tiger *m* [v. gr. *tigris* = T.], *Panthera tigris,* größte aller heute lebenden ↗Großkatzen (Kopfrumpflänge des Sibirischen T.s: 1,4–2,8 m); v. kräftig muskulösem Körperbau u. mit bes. starken Pranken u. Krallen; Fellfärbung oberseits ocker- bis rötl.-gelb, Bauchseite weiß, schwarze Querstreifung. Der T. war einst über weite Teile Asiens verbreitet; heute sind alle 8 U.-Arten (vgl.

Tigerbarsche

Tab.) bestandsgefährdet. Wenig Ansprüche stellen T. an Lebensraum u. Klima, sofern ausreichende Deckungsmöglichkeiten, Wasser u. genügend Beutetiere vorhanden sind. So ist zu verstehen, daß T. in Regenwäldern, Savannen, Mangrovesümpfen u. im Bergland (z. B. im Himalaya bis in 4000 m Höhe) vorkommen können. Dem Menschen gefährl. werden T. bei zu geringem Beuteangebot sowie durch Alter od. Krankheit geschwächte Tiere (sog. „man eater"). B Asien VI.

Tigerbarsche, *Theraponidae,* Fam. der ↗Barschfische; schlanke, zackenbarschähnliche Fische mit dreispitzigen od. gesägten, in Reihen angeordneten Zähnen; leben v.a. im Indopazifik, doch dringen einige Arten auch in Flußläufe ein.

Tigerblume, *Tigridia,* Gatt. der ↗Schwertliliengewächse mit ca. 15 Arten im westl. Mittel- und S-Amerika, hpts. in Mexiko. Die Arten besitzen Zwiebeln, aus denen wenige grundständige Blätter treiben. Die T. oder Pfauenblume (*T. pavonia,* B Südamerika I) hat 10–15 cm breite Blüten, v. denen bis zu 4 an einem Blütenschaft auftreten können. Die Blüten besitzen 6 Perigonblätter, v. denen die inneren 3 deutlich kleiner sind u. sich glockenförmig zusammenneigen. Bereits seit dem 16. Jh. ist die T. in Europa in Kultur; dies ermöglichte viele Zuchtformen u. Farbvarietäten.

Tigerfink, *Amandava amandava,* ↗Prachtfinken (T); ☐ Käfigvögel. [↗Salmler.

Tigerfische, *Hydrocinae,* U.-Fam. der

Tigerhai, 1) *Galeocerdo cuvieri,* ↗Blauhaie; 2) *Carcharias taurus,* ↗Sandhaie.

Tigerkäfer, die ↗Sandlaufkäfer.

Tigerkatzen, 1) asiat. ↗Kleinkatzen der Gatt. *Prionailurus,* z.B. ↗Bengalkatze, ↗Rostkatze; 2) *Leopardus tigrinus,* die Ozelotkatze (T Ozelotverwandte); 3) ugs. Bez. für Haus-↗Katzen mit „getigertem" Fellmuster, d.h. senkrecht verlaufenden dunklen Streifen.

Tigermotte ↗Bärenspinner.

Tigerrachen, die Gatt. ↗Faucaria.

Tigersalamander, *Ambystoma tigrinum,* ↗Querzahnmolche.

Tigerschnecke, *Cypraea tigris,* ↗Porzellanschnecken.

tight-junctions [taitdschanktschns; Mz.; engl., = dichte Verbindungen], charakterist. Zell-Zell-Verbindungen (cell-↗junctions) zw. benachbarten Epithelzellen (↗Epithel), in deren Bereich die Plasma-↗Membranen unmittelbar aneinanderliegen. T.-j. gewährleisten, daß das interne interzelluläre Milieu eines Organs vom externen abgeschlossen ist u. die interzelluläre ↗Diffusion v. Substanzen zw. beiden Bereichen unterbunden wird. T.-j. umgeben diese Zellen lückenlos. Sog. *Desmosomen* (Zonulae adhaerentes) treten häufig in enger Nachbarschaft zu den t.-j. auf, um den interzellulären Zusammenhalt mechanisch zu verstärken. Durch t.-j. wird

Tiger
Unterarten des T.s
(Panthera tigris):
Sibirischer Tiger
(P. t. altaica): größte rezente Katze; urspr. vom Baikalsee bis zur Pazifikküste u. Korea; heute in der Mandschurei u. in Korea sehr selten; im Ussuri-Gebiet dank Schutzmaßnahmen 1980 wieder ca. 200 Tiere

Chinesischer Tiger
(P. t. amoyensis):
urspr. über ganz O-China verbreitet; heute nur noch im S, südwestl. des Jangtsekiang, nahezu ausgerottet

Indochina-Tiger *(P. t. corbetti):* vom östl. Burma bis Vietnam u. Malaiische Halbinsel; bedroht

Königstiger, Bengaltiger *(P. t. tigris):* urspr. v. Pakistan bis westl. Burma verbreitet; in Pakistan 1906 ausgerottet; in Vorder- u. Hinterindien noch etwa 2500 Tiere

Sumatra-Tiger *(P. t. sumatrae):* noch einige 100 Tiere auf Sumatra, ständiger Rückgang

Java-Tiger *(P. t. sondaica):* Lebensraum zerstört; unter 10 Individuen od. bereits ausgerottet

Bali-Tiger *(P. t. balica):* kleinste U.-Art; seit 1937 ausgerottet

Kaspi-Tiger *(P. t. virgata):* früher v. der östl. Türkei u. dem Kaukasus bis zum sowjet. zentralasiat. Bergland u. Afghanistan; heute nur noch wenige Tiere in N-Iran und N-Afghanistan; kurz vor Ausrottung

Tigerblume
(Tigridia pavonia)

z. B. erreicht, daß der Primärharn nicht durch das Nierenepithel in das Nierengewebe, der Harn nicht durch das Harnblasenepithel in den Bauchraum, der Darminhalt nicht durch das Darmepithel in das Blutgefäßsystem, der Inhalt der Gallenkanälchen nicht in das Lebergewebe u. damit ebenfalls in das Blutsystem gelangen. Auch die ↗Blut-Hirn-Schranke findet ihre strukturelle Grundlage in den t.-j. zwischen den Endothelzellen der Blutgefäße im Gehirn. ↗Schlußleisten, ↗gap-junctions.

Tiglibaum, *Croton tiglium,* ↗Croton.

Tigridia *w* [v. gr. tigris = Tiger], die ↗Tigerblume.

Tigroid-Schollen [v. gr. tigroeidēs = tigerartig], *Tigroid-Substanz, Nissl-Schollen,* ↗Nissl-Färbung, ↗Nervenzelle.

Tilapia *w,* Gatt. der ↗Buntbarsche.

Tilia *w* [lat., =], die ↗Linde.

Tiliaceae [Mz.; v. lat. tiliaceus = Linden-], die ↗Lindengewächse.

Tilio-Acerion *s* [v. lat. tilia = Linde, acer = Ahorn], *Ahorn-Linden-Mischwälder,* Verb. der *Fagetalia* (↗ *Querco-Fagetea,* T). Diese Mischwälder steiniger u. trockener Hänge, in denen zur vorherrschenden Winterlinde weitere Edellaubhölzer, wie Spitzahorn, Sommerlinde u. Esche, treten, sind bes. gut in den Föhngebieten nördl. der Alpen ausgebildet. – Eine auch in Dtl. vorkommende Assoz. des *T.* ist das *Aceri-Tilietum,* der Spitzahorn-Lindenwald, der zwar warme, aber noch etwas luftfeuchte Schutthänge besiedelt. Florist. Verwandtschaft besteht zu den Schluchtwäldern des ↗ *Lunario-Acerion,* die v. manchen Autoren zum *T.* gerechnet werden.

Tiliqua *w,* die ↗Blauzungen.

Tiliquinae [Mz.], die ↗Riesenskinkverwandten.

Tillandsia *w* [ben. nach dem schwed. Botaniker E. Tillands, 1640–93], Gatt. der ↗Ananasgewächse.

Tilletiales [Mz.; ben. nach dem Botaniker Tillet, † 1791], Ord. der ↗Ständerpilze *(Basidiomycetes),* fr. als Fam. *Tilletiaceae* bei den ↗Brandpilzen *(Ustilaginales)* eingeordnet wegen der gleich aussehenden Sporenmassen (= Brandlager) an (in) befallenen Pflanzen; in der Praxis auch weiterhin als Brandpilze u. die Krankheiten als Brandkrankheiten (↗Brand) bezeichnet (vgl. Tab.). Alle Arten sind Parasiten an Höheren Pflanzen. Das im Gewebe des Wirts wachsende, dikaryotische Mycel (z. B. beim ↗Steinbrand) bildet im Fruchtknoten des Weizens Brandlager mit anfangs dikaryotischen ↗Brandsporen, die bei der Reife durch Kernverschmelzung diploid werden u. eine dicke, i.d.R. dunkle, oft netzartig skulptierte Zellwand ausbilden (die Brandsporen werden auch *Teleuto-,* ↗ *Chlamydo-, Melano-* od. *Ustosporen* gen.). Die Verbreitung erfolgt beim Dreschen durch Aufschlagen der Brandkörner (od. durch Wind). Bei der Keimung der

Brandspore (zus. mit dem Weizenkorn) entsteht eine ungeteilte ↗Holobasidie (Ggs. zu „echten" Brandpilzen; aber auch *Promycel* gen.). Die Kernverschmelzung u. Meiose erfolgt aber im Unterschied zu „echten" ↗Basidien bereits in der Brandspore (= *Probasidie*). Es schließen sich ein od. mehrere mitotische Kernteilungen an, so daß 4, 8 oder mehr Kerne entstehen, die zur Basidienspitze wandern, wo sich „kranzförmig" einkernige, fädige ↗Basidiosporen *(primäre Sporidien)* entwickeln. Die Basidiosporen (meist noch angeheftet) fusionieren paarweise miteinander, u. es entstehen dikaryotische Konidien *(sekundäre Sporidien, sekundäre Konidien)*, die aktiv weggeschleudert werden. Das sich aus ihnen entwickelnde dikaryotische Mycel infiziert wieder Weizenkeimlinge.

Tillodontia [Mz.; v. gr. tillein = rupfen, odontes = Zähne], (Marsh 1875), *Tillodonta,* † Ord. der Säugetiere des frühen Tertiärs v. unbekannter Herkunft; wegen nagerähnl. Vorderzähne v. Cope (1876) den Insektivoren, v. Simpson (1945) den ↗*Unguiculata* zugerechnet. Verbreitung: oberes Paleozän bis mittleres od. oberes (?) Eozän, zeitweise in N-Amerika, Europa, O-Asien.

Tilopteridales [Mz.; v. gr. tilos = Flocke, Faser, pteris = Farn], Ord. der ↗Braunalgen, zierl., etwa 7 cm große Algen, Haupttrieb dicht mit gegenständ. Kurztrieben besetzt. Häufige Art: *Tilopteris mertensii.*

Tima w, Gatt. der ↗*Eucopidae;* die in der Nordsee u. westl. Ostsee vorkommende Meduse *T. bairdi* (⌀ 6 cm), deren Polyp unbekannt ist, hat 7 Monate Entwicklungszeit; sie kann grünl. leuchten.

Timalien, *Timaliidae,* heterogene Singvogel-Fam. mit ca. 250 Arten, deren Vorkommen auf die Alte Welt beschränkt ist; 9–40 cm groß, Schnabel kräftig u. leicht abwärts gebogen; als ausgesprochene Bewohner der Buschzone besitzen sie kurze, runde Flügel, fliegen schlecht u. bewegen sich meist hüpfend u. flatternd fort; ernähren sich v. Insekten u. Früchten. Das Gefieder ist oft graubraun, wie bei den Drößlingen *(Turdoides),* die v. a. in S-Asien beheimatet sind; gesellig, ständig in Bewegung u. mehr od. weniger laut rufend (deshalb die engl. Bez. „babbler"). Pfeifende Rufe geben die austr. Laufflöter (z. B. Gatt. *Orthonyx)* von sich, sie sind lebhaft bunt gefärbt; ebenso tragen die südasiat. Sonnenvögel *(Leiothrix)* ein farbenpracht. Gefieder, weshalb sie gern auch als ↗Käfigvögel (☐) gehalten werden; die als Chines. Nachtigall bezeichnete Art *L. lutea* zeichnet sich zudem durch einen klangschönen Gesang aus. Stimmbegabt u. buntgefärbt sind auch die relativ großen Häherlinge *(Garrulax),* die Gebirgswälder S-Asiens bewohnen. Die T. bauen kugelige od. überdachte Nester in bodennaher Vegetation; eine Ausnahme hiervon machen die auch

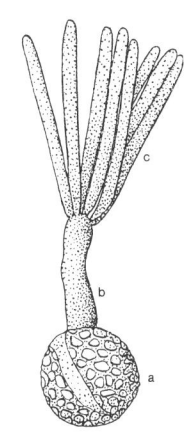

Tilletiales
Gekeimte Brandspore; a Brandspore (Probasidie), b Basidie (Promycel), c Basidiosporen (primäre Sporidien)

Gattungen u. wichtige Arten der *Tilletiaceae:*
Tilletia
 T. caries, T. foetida
 (↗Steinbrand)
 T. controversa
 (Zwergsteinbrand)
Urocystis
 U. occulta
 (↗Roggenstengelbrand)
 U. cepulae
 (↗Zwiebelbrand)
 U. violae
 (Veilchenschwielenbrand)
 U. anemones
 (Anemonenbrand)
 U. agropyri
 (= *U. tritici*)
 (Streifenbrand des Weizens)
Entyloma
 E. dahliae
 (↗Blattfleckenkrankheit [T] an Dahlien)
Thecaphora
 T. solani
 (Kartoffelbrand)
Tolyposporium
 T. ehrenbergii
 (Langbrand der Mohrenhirse)

N. Tinbergen

vom Typ her abweichenden, langbeinigen Stelzenkrähen *(Picathartes,* B Afrika V), die unter einem vorspringenden Fels od. in Baumhöhlen ein Schlammnest anlegen.

Timaliidae [Mz.], die ↗Timalien.

Timeidae [Mz.], Schwamm-Fam. der ↗*Demospongiae;* krustenbildend, mit Tylostylen u. Euastern. *Timea unistellata,* zarte flache Krusten, rötl., in Höhlen u. unter Steinen, Mittelmeer.

Timmiaceae [Mz.], Laubmoos-Fam. der ↗*Bryales,* mit nur 1 kalkholden, holarktisch verbreiteten Gatt. *Timmia.*

Timofejew-Ressowski, *Nikolai Wladimirowitsch,* sowjet. Zoologe u. Biophysiker, * 20. 9. 1900 Moskau, † 28. 3. 1981 Obninsk (UdSSR); zuletzt am Gesundheitsministerium der UdSSR; Gegner der Lehre v. ↗Lyssenko; bedeutender Strahlengenetiker, Mutations- u. Evolutionsforscher.

Timotheusgras, auch *Wiesenlieschgras, Phleum pratense,* ↗Lieschgras.

Tinamiformes [Mz.; v. karib. tinamu über frz. tinamou, lat. forma = Gestalt], die ↗Steißhühner.

Tinbergen, *Nikolaas (Niko),* niederländ.-brit. Zoologe, * 15. 4. 1907 Den Haag; seit 1947 Prof. in Leiden, 1949 Oxford; 1932 Teilnahme an einer Grönlandexpedition; zahlr. Untersuchungen zum tier. und menschl. ↗Verhalten, Mitbegr. der modernen Verhaltensforschung (↗Ethologie). Schuf mit seinem Werk „The Study of Instinct" (1950) das erste zusammenfassende Lehrbuch der vergleichenden Verhaltensforschung; weitere bekannte Werke: „The Herring Gull's World" (1953), „The Animal in its World" (2 Bde. 1972/73), „Social Behaviour in Animals" (1973). Für die Humanpsychologie bes. wichtig sind die zus. mit seiner Frau Elizabeth T. durchgeführten Untersuchungen zur verhaltensbiol. Analyse des kindl. ↗Autismus, deren Ergebnisse in dem Werk „Early Childhood Autism" (1972) niedergelegt wurden. Erhielt 1973 zus. mit K. v. Frisch und K. Lorenz den Nobelpreis für Medizin.

Tinca *w* [lat., = Schleie], Gatt. der Weißfische; ↗Schleie.

Tineidae [Mz.; v. lat. tinea = Motte], *Echte Motten,* Schmetterlings-Fam. mit ca. 2400 v. a. in wärmeren Zonen verbreiteten Arten; bei uns über 60 Vertreter, darunter viele z. T. weltweit verschleppte Vorrats- u. Materialschädlinge. Falter klein bis mittelgroß, Kopf dicht beschuppt, Mundwerkzeuge schwach entwickelt, Flügel schmal lanzettlich, befranst, oft bunt; Larven mit Kranzfüßen, leben in Gespinströhren oder in z. T. transportablen Köchern; natürl. Lebensräume an u. in Pilzen, Flechten, modrigem Holz, Gewöllen, Kot, Nestern, Haaren u. a., Entwicklungsdauer u. Generationenzahl stark temperaturabhängig, in Häusern z. T. ganzjährige Aktivität. Einige wichtige Vertreter: Kleidermotte *(Tineola bisellialla),* gefährl. Textilschädling; Falter mit stroh-

Tineola

gelben Vorderflügeln, Spannweite bis 15 mm, in trockenen u. warmen Wohnungen; Raupe weißl., in beidseitig offener Gespinströhre, die an der Unterlage festgesponnen ist; Larve häutet sich bis zu 12mal; schädl. durch Lochfraß an Stoffen aus tier. Material wie Wolle, Pelze, Teppiche u. ä., auch an Federn, Haaren; Verpuppung in festem Kokon; alle Stadien sind lichtempfindlich. Ähnl. ist die Pelzmotte *(Tinea pellionella),* Falter bis 17 mm spannend, Flügel glänzend lehmgelb mit 3 dunklen Flecken, lebt mehr in feuchten, wenig beheizten Wohnungen; Larven an Fellen, Pelzen, Wolle, Federn, Teppichen u. a., in transportabler weißl. Gespinströhre. Die Kornmotte, Weißer Kornwurm *(Tinea granella = Nemapogon granellus),* lebt im Raupenstadium im Freien an Baumschwämmen u. faulem Holz, in Lagern als gefürchteter Schädling an Getreide, Sämereien, Hülsenfrüchten, Trockenobst u. a.; Falter 10–15 mm Spannweite, Vorderflügel cremefarben mit dunklen Flecken. Die Kork- od. Schleusenmotte *(Tinea cloacella)* fliegt meist in nur einer Generation im Sommer; Larven an Vorräten, wie Trockenpilzen, Trockenfrüchten, in Weinkellern auch an Korken. Die Raupen der Tapetenmotte, *Trichophaga tapetiella (= tapetzella),* fressen an Stofftapeten, Pelzwerk, Polstern, Wolle, Teppichen u. a., im Freiland an Eulengewöllen u. Hornabfällen; die milchweißen bis gelbl. Vorderflügel sind an der Basis u. der Spitze verdunkelt. Nahe Verwandte der *T.* sind die ↗Holzmotten.

Tineola *w* [lat., = Würmchen], Gatt. der ↗Tineidae.

Tinerfe, Gatt. der ↗Cydippea.

Tingidae [Mz.; v. lat. tingere = benetzen, färben], die ↗Gitterwanzen.

Tinktur *w* [v. lat. tinctura = Färbung], *Tinctura,* Abk. *Tct.,* flüssiger, überwiegend alkoholischer ↗Extrakt aus Drogen. ↗Perkolation (□).

Tintendrüse, eine in den Enddarm mündende Drüse der ↗Kopffüßer, die ein tiefdunkelbraunes Sekret (↗Sepia, Tinte) erzeugt; dieses enthält in einer farblosen Flüssigkeit dunkelbraune od. schwarze Melaninkörnchen u. wird meist in einem *Tintenbeutel* (B Kopffüßer) gespeichert. Bei einem Angriff wird das Sekret über Mantelhöhle u. Trichter ausgestoßen; in einigen Fällen lähmt es den Geruchssinn des Feindes od. gaukelt ihm ein „Phantom" vor, das ihn v. der Beute ablenkt. Vergleichbare T.n gibt es bei einigen Hinterkiemern (z. B. Seehasen).

Tintenfische, verbreitete, aber irreführende Bez. für die ↗Kopffüßer, i. e. S. die ↗Tintenschnecken. [menpilze.

Tintenfischpilz, *Anthurus archeri,* ↗Blu-

Tintenkrankheit, Pilzkrankheit der Eßkastanie u. a. Laubbäume, verursacht durch den Falschen Mehltaupilz *Phytophthora cambivora.*

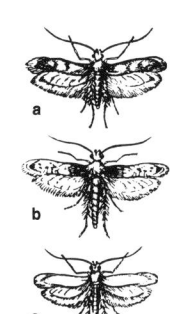

Tineidae
a Pelzmotte *(Tinea pellionella),* b Tapetenmotte *(Trichophaga tapetiella),* c Kleidermotte *(Tineola biselliella)*

Tintenschnecken
Familien:
Idiosepiidae (↗Idiosepius)
↗Posthörnchen *(Spirulidae)*
Sepiadariidae
Sepiolidae (↗Sepiola)
Tintenschnecken i. e. S. *(↗Sepiidae)*

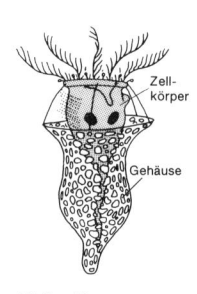

Tintinnida
Tintinnopsis campanula

Tintling *(Coprinus)*

Tintenschnecken, *„Tintenfische",* volkstüml. Bez. für ↗Kopffüßer allgemein, spezieller für die Ord. *Sepioidea* der U.-Kl. ↗*Coleoidea.* Diese Eigentlichen T. haben einen gedrungenen Körper mit 10 Armen, von denen 2 als Fangarme (↗Tentakel) ausgebildet sind; an ihnen sitzen gestielte ↗Saugnäpfe ohne Haken. Die Schale bzw. ihr Rest ist fast od. völlig in eine Tasche des Weichkörpers verlagert, bei den ↗Posthörnchen spiralig gewunden, bei den anderen Vertretern gestreckt. Der Rumpf trägt seitl. Flossensäume. Die T. sind getrenntgeschlechtl., die ♀♀ haben nur einen Eileiter. Alle haben einen Tintenbeutel (↗Tintendrüse), einige auch Leuchtorgane (↗Leuchtorganismen, □); sie leben meist in Bodennähe, nur die Posthörnchen sind pelagisch. Die etwa 150 Arten werden auf ca. 18 Gatt. und 5 Fam. verteilt (vgl. Tab.). B Kopffüßer, B Weichtiere.

Tintenstriche, warzige, violette bis schwärzl. Krusten v. Cyanobakterien (z. B. ↗*Gloeocapsa*-Arten) an Felsen.

Tintinnida [Mz.; v. lat. tintinnum = Schelle], pelagische, v. a. marine Wimpertierchen der U.-Ord. ↗ *Oligotricha* (↗ *Spirotricha);* sie sezernieren ein organ. Gehäuse, in das Fremdkörper eingebaut werden; die Körperbewimperung ist stark reduziert; aktives Schwimmen wird durch Vergrößerung der adoralen Membranellen mögl., die aus dem Gehäuse herausgestreckt werden. Häufige Süßwasserarten stehender Gewässer sind *Tintinnidium fluviatile* mit zylindr. Gehäuse (bis 300 µm groß) u. *Tintinnopsis lacustris* mit hinten zugespitztem Gehäuse (40–140 µm).

Tintlinge, *Coprinus,* Gatt. der ↗Tintlingsartigen Pilze. Die Arten haben einen faltig gefurchten Hut u. braunes bis schwarzes Sporenpulver. Im Alter zerfließen (bis auf wenige Ausnahmen) die Lamellen, oft auch der Hut vom unteren Rand, u. bilden eine durch die Sporen schwarzgefärbte, tintenartige Flüssigkeit (Name!), die vom Fruchtkörper abtropft; Stiele unberingt od. mit Ring (Velum partiale; □ Blätterpilze). T. kommen auf nährstoffreichen Böden, Dunghaufen, Pflanzenresten, bisweilen auch auf Humus vor. In Europa ca. 100 Arten, in 6 Sektionen gegliedert. Einige sind jung eßbar.

Tintlingsartige Pilze, *Coprinaceae,* Fam. der ↗Blätterpilze *(Agaricales),* deren Arten in Stiel u. Hut gegliederte Fruchtkörper besitzen; das lamellige ↗Hymenophor zerfließt bisweilen (↗Tintlinge); das Sporenpulver ist schwarz od. fast schwarz (= ↗Schwarzsporer); 7 Gatt., davon 3 artenreich (vgl. Tab.); Vorkommen auf Erde, Mist, totem Holz u. Pflanzenresten. – Die Vertreter der Gatt. Düngerlinge *(Panaeolus,* Europa ca. 14 Arten) besitzen einen glockig-fingerförm. Hut mit grau-schwarzfleckigen Lamellen zu Beginn der Sporenreife; das fleckige Aussehen beruht auf der ungleichmäßigen Reife der im Alter schwarzen Sporen. Düngerlinge sind klein bis mittelgroß, wertlos, z.T. giftig u. wachsen bes. an gedüngten Orten, z.B. Viehweiden, Dunghaufen. *P. sphinctrinus* Quélet gehört zu den ↗Rauschpilzen, die in Mittelamerika verwendet werden (↗Teonanacatl).

Tiphiidae [Mz.; v. gr. tiphios = Sumpf-], Fam. der ↗Hautflügler.

T₁-Plasmid, *Ti-Plasmid,* ↗Agrobacterium.

Tipulidae [Mz.; v. lat. tippula = Wasserspinne], *Erdschnaken, Kohlschnaken, Schnauzenmücken,* ugs. *Schnaken,* Fam. der ↗Mücken mit ca. 2000, in Mitteleuropa etwa 180 Arten. Mit bis zu 4 cm Körperlänge und 5 cm Flügelspannweite sind die *T.* die größten Mücken. Die meist unscheinbar grau bis braun gefärbten Imagines fallen durch einen langen, schlanken Körper u. sehr lange, gewinkelte, im Brustabschnitt eingelenkte, leicht abbrechende Beine auf. Der kleine Kopf trägt häufig nach unten geneigte, schnauzenförm. (Name!) Mundwerkzeuge, mit denen – wenn überhaupt – nur flüssige Nahrung, wie z.B. Blütennektar, aufgenommen werden kann; die *T.* stechen nicht. Die 11- bis 19gliedrigen Fühler sind bei den Männchen vieler Arten mit verschiedenart. Fortsätzen versehen, wie z.B. bei den Kammschnaken der Gatt. *Ctenophora* (bekannte Art: Kammmücke, *C. atrata*). Die 2 langen, häufig gefleckten, stark geäderten Flügel befähigen die *T.* zu einem nur trägen Flug. Der lange Hinterleib ist bei den Männchen am Ende durch die Kopulationsorgane verdickt u. endet bei den Weibchen in einer pfriemförm. Legeröhre. Damit werden die meist dunklen, längl. Eier in die Erde od. in Gewässer abgelegt. Die bis zu 5 cm langen Larven unterscheiden sich je nach Art in Lebensweise, Körperbau u. Färbung. Während bei den wasserlebenden Arten Hautatmung vorherrscht, beziehen die meisten terrestr. Larven ihre Atemluft durch 2 an der Hinterleibsspitze gelegene Stigmenöffnungen. Zusammen mit Fortsätzen und muldenart. Vertiefungen werden diese Hinterleibsenden als „Teufelsfratzen" bezeichnet. Die Larven der *T.* ernähren sich je nach Art räuberisch, meist jedoch v. faulenden Stoffen; manche Arten werden bei Massenauftreten durch Fraß an Kulturpflanzen schädlich. Die Imagines schlüpfen bei uns im April bis Juli. Häufig sind in Dtl. die gelbl., ca. 25 mm große Wiesenschnake *(Tipula paludosa)* und bes. die etwa gleich große Graue Kohlschnake *(T. oleracea).* Die Krähenschnaken *(Pales spec.)* werden zuweilen an Jungpflanzen im Wald schädlich. [B] Insekten II.

Tirolites *m* [ben. nach der östr. Land Tirol], (Mojsisovics 1879), ↗Ceratit der ↗alpinen Trias (oberes Skyth) mit goniatitisch anmutender ↗Lobenlinie.

Tintlingsartige Pilze
Artenreiche Gattungen:
↗Tintlinge *(Coprinus)*
Düngerlinge *(Panaeolus)*
↗Zärtlinge *(Psathyrella)*

Tipulidae
Kohlschnake *(Tipula spec.)*

A. W. K. Tiselius

Tjalfiellidea
Tjalfiella tristoma

Tirs [Mz. Tirse] ↗Vertisol.

Tischeriidae [Mz.; ben. nach dem dt. Offizier C. F. A. v. Tischer, † 1849], die ↗Schopfstirnmotten.

Tiselius, *Arne Wilhelm Kaurin,* schwed. Biochemiker, * 10. 8. 1902 Stockholm, † 29. 10. 1971 Uppsala; seit 1930 Prof. in Uppsala; entwickelte Methoden der Elektrophorese u. Adsorptionschromatographie zur Analyse u. Trennung v. Proteinen, bes. v. Serumproteinen; erhielt 1948 den Nobelpreis für Chemie.

Tissotia *w,* (H. Douvillé 1878), Ammonit (↗Ammonoidea) der Oberkreide mit pseudoceratitischer ↗Lobenlinie.

Titanotheria [Mz.; v. gr. Titan = Riese, thēria = Tiere], die ↗Brontotheria.

Titanus *m* [v. gr. Titan = Riese], Gatt. der ↗Bockkäfer; ↗Riesenbock.

Titillatoren [Mz.; v. lat. titillare = kitzeln], zwei kleine, bewegl., haken- oder dornenförm. Anhänge seitl. am Ende des Penis (↗Aedeagus) der Insekten; falls zangenförmig, werden sie *Forcipes* (↗Forceps) gen. Sie dienen ebenso wie die Parameren (□ Geschlechtsorgane) als Klammerorgane bei der Kopulation.

Titis, die ↗Springaffen.

Titiscania *w,* einzige Gatt. der Fam. *Titiscaniidae* (Überfam. ↗Nixenschnecken) mit der einzigen Art *T. limacina,* Altschnecke ohne Gehäuse, nacktschneckenartig langgestreckt, v. gelber od. weißer Körperfarbe mit 12 weißen Papillen auf dem Rücken; Reibzunge ähnl. der v. Nixenschnecken, zu deren Verwandtschaft *T.* gerechnet wird; getrenntgeschlechtl. Tiere im Flachwasser des Indopazifik.

Titrimetrie *w* [v. frz. titre = Feingehalt, gr. metran = messen], *Titrationsanalyse,* die ↗Maßanalyse.

Tjalfiellidea [Mz.], Ord. der ↗Rippenquallen mit einer einzigen Art *(Tjalfiella tristoma),* aus einem grönländ. Fjord beschrieben. Man fand sie auf Seefedern *(Umbellula),* die aus 500 m Tiefe stammten. *T.* sieht als Larve wie eine „normale" Rippenqualle aus (z.B. wie eine ↗Seestachelbeere), setzt sich dann mit dem Mund fest u. verliert die Wimperplättchen. Die Mundwinkel werden im Verlauf der Entwicklung nach oben gezogen u. verwachsen zu Röhren, aus denen die Tentakel herausragen. Die Eier entwickeln sich in bes. Bruträumen, die Aussackungen des Darmsystems darstellen.

T-Lymphocyten ↗Lymphocyten.

T-lymphotrope Viren, Viren, die T-Lymphocyten (↗Lymphocyten) infizieren; das sind v. a. die menschlichen T-lymphotropen Viren (engl. *human T-lymphotropic viruses,* Abk. *HTLV*), die zu den ↗Retroviren gehören u. deren medizinisch bedeutsamster Vertreter der Erreger der erworbenen Immunschwäche *AIDS* (↗Immundefektsyndrom) ist. Im Jahre 1980 wurde *HTLV-I* als erstes humanes Retrovirus isoliert. HTLV-I

T-lymphotrope Viren

T-lymphotrope Viren

Genomaufbau von HIV

Das HIV-Genom enthält mindestens 7 Gene:
gag: Proteine des Virus-Core
pol: reverse Transkriptase
env: Glykoproteine der Virushülle
sor: (*s*hort *o*pen *r*eading *f*rame), Funktion unbekannt
3' orf: (*o*pen *r*eading *f*rame), Funktion unbekannt, jedoch wurden in Seren von AIDS-Patienten Antikörper gegen 3'orf-codierte Peptide nachgewiesen
tatIII (schwarze Kästchen) und *art* (graue Kästchen): trans-aktivierende Proteine

Die für das tatIII- bzw. art-Protein codierenden Sequenzen werden durch ↗Spleißen der RNAs zusammengefügt.

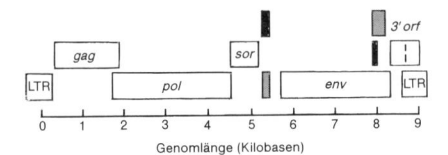

ist das ätiologische Agens einer bei Erwachsenen auftretenden Form von T-Zell-Leukämie (adulte T-Zell-Leukämie, Abk. ATL), die v. a. in bestimmten Gegenden Japans und Afrikas vorkommt. *HTLV-II* wurde aus Patienten mit Haarzell-↗Leukämie isoliert; ein ursächlicher Zshg. zwischen Virusinfektion u. Erkrankung ist jedoch nicht gesichert. Der Erreger von AIDS (u. des *Lymphadenopathie-Syndroms*, auch „AIDS-related complex", Abk. ARC, genannt, einer frühen Verlaufsform von AIDS) wurde 1983/84 von verschiedenen Arbeitsgruppen isoliert u. erhielt die Bezeichnung *HTLV-III, LAV* (*L*ymphadenopathie-*a*ssoziiertes *V*irus) bzw. *ARV* (*A*IDS-assoziiertes *R*etrovirus). Nach einem neueren Nomenklaturvorschlag soll das AIDS-Virus jetzt einheitlich als *HIV* (*h*uman *i*mmunodeficiency *v*irus) bezeichnet werden. HIV wird durch sexuellen Kontakt, kontaminierte Nadeln u. Spritzen (bei Drogenabhängigen), perinatal (bei HIV-positiven Müttern) sowie iatrogen (kontaminiertes Blut bzw. Blutprodukte) übertragen. Weltweit sind derzeit einige Millionen Menschen mit HIV infiziert; in Europa sind z. Z. ca. 2000, in den USA etwa 18000 AIDS-Erkrankte gemeldet. Das Risiko, nach einer HIV-Infektion an AIDS zu erkranken, ist z. Z. nicht genau bekannt, da die Inkubationszeiten sehr lang (mehrere Jahre) sein können. Schätzungen besagen, daß in einem Zeitraum von 5–10 Jahren nach dem Auftreten von Anti-HIV-Antikörpern im Blut ca. 25–50% der HIV-Infizierten an AIDS erkranken. Für die tödl. verlaufende AIDS-Erkrankung steht derzeit weder eine kausale Therapie noch eine Immunprophylaxe zur Verfügung. Klinische Studien ergaben, daß therapeut. Erfolge möglicherweise mit bestimmten Inhibitoren der ↗reversen Transkriptase (z. B. Acidothymidin) erzielt werden können. An der Entwicklung v. Impfstoffen, hpts. aus Virus-Hüllproteinen, wird intensiv gearbeitet. Die humanen T-lymphotropen Viren infizieren Zellen, die an der Oberfläche ein als *T4-Rezeptor* bezeichnetes Glykoprotein tragen, v. a. T4-Helferzellen (↗Lymphocyten, □), aber auch eine Reihe anderer Zellen, u. a. ↗Makrophagen. Es konnte direkt gezeigt werden, daß das T4-Molekül als Virusrezeptor zur Bindung u. anschließenden endocytotischen Aufnahme von HIV-Partikeln in die Zellen dient. Während HTLV-I/-II die infizierten T-Zellen transformieren, führt eine HIV-Infektion u. Virusreplikation zur Zerstörung der Zellen. Virusreplikation erfolgt jedoch nur in Antigenstimulierten, sich teilenden Lymphocyten. In ruhenden Zellen findet keine Expression viraler Gene statt; sie können deshalb vom Immunsystem nicht erkannt u. eliminiert werden. HIV kann außerdem durch direkten Zell-Zell-Kontakt weitergegeben werden. Viele AIDS-Patienten zeigen od. entwickeln neurolog. Symptome bis hin zu schwerer Demenz; übereinstimmend damit ließ sich die Infektion von Hirnzellen mit HIV nachweisen. – Aufgrund der Morphologie der Viruspartikel u. der Genomstruktur wird HTLV-I/-II der U.-Fam. *Oncovirinae* (↗Retroviren) zugerechnet; besondere Ähnlichkeit besteht mit dem Rinder-Leukämievirus BLV (T RNA-Tumorviren). HIV hingegen besitzt ausgeprägte strukturelle u. biol. Ähnlichkeiten mit den Lentiviren (↗Retroviren). Aufbau u. Nucleotidsequenzen (ca. 9000 Basen) der Genome von HTLV-I, -II und HIV (vgl. Abb.) sind bekannt. HIV zeichnet sich durch eine starke Heterogenität in den Sequenzen des env-Gens aus u. besitzt damit eine ausgeprägte Antigenvariabilität. Neben den bei allen Retroviren vorhandenen Genen *gag, pol* und *env* (↗RNA-Tumorviren, □) besitzen die humanen T-lymphotropen Viren Gene, die für trans-aktivierende Proteine codieren. Diese stimulieren die Expression viraler u. zellulärer Gene u. sind damit entscheidend an der Regulation der Virusreplikation, Viruspersistenz u. der Zelltransformation beteiligt. Das regulatorisch wirksame Gen *tatI* von HTLV-I (v. engl. *t*rans*a*ctivating *t*ranscriptional *r*egulation) liegt in einer früher als *x-lor* (*l*ong *o*pen *r*eading *f*rame) bezeichneten Region zwischen env-Gen und 3'-LTR-Element; das tatI-Protein führt durch Interaktion mit einem in der LTR-Region lokalisierten Regulationselement *TAR* (*t*rans-*a*cting *r*esponsive) zu einer Verstärkung der Transkription viraler Gene. Beim *tatIII*-Gen von HIV liegt ein völlig anderer Aktivierungsmechanismus zugrunde, bei dem die Translation von m-RNAs (u. nicht deren Transkription) erhöht wird; die TAR-Sequenz liegt hier am 5'-Ende der m-RNAs. Zusätzlich enthält das HIV-Genom das regulatorisch wirksame Gen *art* (*a*nti-*r*epressor *t*ranslation), dessen Genprodukt spezifisch die Translation der für die gag- u. env-Proteine codierenden m-RNAs aktiviert.　*E. S.*

Tmesipteris *w* [v. gr. *tmēsis* = Schnitt, Trennung, *pteris* = Farn], Gatt. der ↗Psilotales.　[phat.

TMP, Abk. für ↗Thymidin-5'-monophos-

TMV, Abk. für ↗Tabakmosaikvirus.

Tobamovirus-Gruppe, die ↗Tabakmosaik-Virusgruppe.

Tobiasfische [ben. nach dem bibl. Tobias, dessen Blindheit durch die Galle des Fisches geheilt wurde], die ↗Sandaale.

Tobravirus-Gruppe, die ↗Tabakmauche-Virusgruppe.

Tochterchromosomen, Bezeichnung für

die ↗Chromatiden eines ↗Chromosoms nach ihrer Trennung in der Metaphase der ↗Mitose (B) bzw. 2. meiotischen Teilung (↗Meiose, B).

Tochtergeneration, die ↗Filialgeneration.

Tochterzellen, die aus einer Zelle durch Kern- u. Zellteilung hervorgehenden Zellen. B Mitose. [keule (T)]

Tochukaso, To-Chu-Ka-So, eßbare ↗Kern-

Tocopherol s [v. gr. tokos = Geburt, pherein = tragen, lat. oleum = Öl], *Tokopherol, Vitamin E, Antisterilitätsvitamin, Fertilitätsvitamin,* eine Gruppe strukturell nahe verwandter, fettlösl. Vitamine (α-, β- und γ-T., wovon α-T. biol. am wichtigsten ist), die bes. in Weizenkeim- u. Baumwollsamenöl, ferner in anderen Pflanzen- u. Tierfetten sowie in Gemüsen enthalten sind. Die Wirkung von T. als Vitamin ist nur im Tierexperiment gesichert (Ratte, Meerschweinchen); T.-Mangel führt hier zu Infertilität, zur Degeneration v. Niere u. Muskeln, zu Lebernekrose u. zur Ablagerung brauner Pigmente in Depot-Fett. Beim Menschen sind bisher keine Mangelerscheinungen bekannt geworden, was wahrscheinl. darauf zurückzuführen ist, daß die menschl. Nahrung reich an T. ist. T. verhindert aufgrund seines Redoxsystems die Oxidation ungesättigter Fettsäuren durch Luftsauerstoff; durch diese Funktion als Antioxidans trägt T. wahrscheinl. zur Stabilisierung biol. ↗Membranen bei, da durch den Schutz der ungesättigten Fettsäuren der Membranlipide die Membran-Fluidität aufrechterhalten wird. Die techn. Gewinnung von T. erfolgt durch chem. Synthese. T Vitamine.

Tod, *Exitus,* allg.: Zustand eines Organismus nach Erlöschen aller Lebensfunktionen (↗Leben); charakterisiert durch einen mehr od. weniger schnellen Zerfall des ↗dynamischen Gleichgewichts durch die Ausschaltung jener dem lebenden Organismus innewohnenden Systemeigenschaften, welche die Aufrechterhaltung eines thermodynam. Zustands: $\Delta G \neq 0$ ermöglichen (↗Enthalpie, ↗Entropie). Bei höheren Tieren: irreversible Schädigung v. Atmungs-, Kreislauf- od. Zentralnervensystem. Unter phylogenet. Gesichtspunkten ist der T. nach erfolgter ↗Fortpflanzung eine unabdingbare Voraussetzung für die Abfolge v. ↗Generationen u. damit für die ↗Evolution der Metazoenformen-↗Mannigfaltigkeit u. das Einwirken der ↗Selektion. Die durch den T. bedingten Generationenfolgen sind bei Metazoen immer durch Alterungsprozesse bestimmt (↗Altern), bei Protozoen hingegen auch allein durch zuverlässig eintreffende Umwelteinflüsse (Katastrophen). Die sog. „*potentielle Unsterblichkeit*" (↗Weismann) einzelner Protozoen (*Amoeba, Tetrahymena,* reproduktive Zellen v. Flagellatenkolonien) ist allerdings ein höchst instabiler Zustand, der durch abiotische (z. B. veränderte Diät) od. biotische (z. B. Inzucht) Faktoren leicht in eine endl. Lebensspanne, die dann auch durch Alterungsprozesse charakterisiert ist, überführt werden kann. Auch ein Wechsel v. ↗asexueller zu ↗sexueller Fortpflanzung vermag (speziell bei Ciliaten) den Übergang v. einer scheinbar unbegrenzten ↗Lebensdauer mit fortgesetzten Teilungen, ohne irgendwelche Alterungserscheinungen, zu typischen Alterungsprozessen und T. herbeizuführen. – T. des Menschen: Für med. Belange (z. B. Organentnahmen zu Transplantationszwecken) ist es notwendig, den genauen Zeitpunkt des Eintritts des T.es *(T.esmerkmale, T.eszeichen)* zu kennen u. zu definieren. Man unterscheidet den *biologischen* T. (Zeitpunkt, in dem die Gehirnfunktion erlischt *[Hirn-T.],* meßbar über das ↗Elektroencephalogramm) vom *klinischen T.* (Zeitpunkt, in dem Atmung u. Herzschlag aussetzen). Zwischen biologischem u. klinischem T. kann, insbes. künstlich unterstützt, eine gewisse Zeitspanne vergehen, die für Organentnahmen nutzbar ist. Später eintretende T.esmerkmale sind *Totenod. Leichenflecken* (0,5–1 Std. nach Eintritt des T.es), hervorgerufen durch ein Abfließen des Blutes in tief gelegene Körperbereiche, u. *Totenstarre* (↗Leichenstarre). ↗Scheintod, ↗Zelle. K.-G. C.

Todd, Sir *Alexander Robertus,* Baron of Trumpington, brit. Biochemiker, * 2. 10. 1907 Glasgow; Prof. in Manchester u. Cambridge; Arbeiten über Pflanzenfarbstoffe, Sterine, Alkaloide, Vitamine u. Bausteine v. Nucleinsäuren; synthetisierte 1949 Adenosintriphosphat u. Flavinadenindinucleotid, 1954 Uridintriphosphat; ermittelte die Struktur der Vitamine B_1, B_{12} und E.; erhielt 1957 den Nobelpreis für Chemie.

Todesottern, die Gatt. ↗Acanthophis.

Todidae [Mz.; wohl aus dem Arawak Haitis], die ↗Todis.

Todis [Mz.; wohl aus dem Arawak Haitis], *Todidae,* kleine Fam. der ↗Rackenvögel mit 5 Arten (Gatt. *Todus*) auf den Karib. Inseln, erinnern an Eisvögel; Gefieder oberseits grün, unterseits weißl., Schnabel lang u. abgeplattet, im Sitzen schrag autwarts gerichtet; fangen nach Fliegenschnäpperart vorbeifliegende Insekten; brüten in Erdröhren.

Tofieldia w [ben. nach dem engl. Botaniker Th. Tofield, 1730–93], die ↗Simsenlilie.

Tofieldietalia calyculatae [Mz.; ben. nach dem engl. Botaniker Th. Tofield, 1730–93, v. lat. *calyculus* = kleiner Blumenkelch], *Kalk-Kleinseggenrieder, Kalkflachmoore u. Rieselfluren,* Ord. der ↗*Scheuchzerio-Caricetea nigrae.* Ihr Areal, urspr. v. a. Sumpfquellen der subalpinen Stufe, wurde v. Menschen zur Gewinnung v. Streuflächen ausgedehnt. Heute sind sie durch Melioration u. den Einfluß benachbarten Intensivgrünlands gefährdet. Florist. interessant sind z. B. Eiszeitrelikte wie Eis-Segge u. Dorniger Moosfarn.

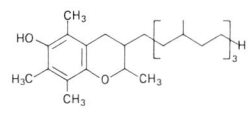

a Tocopherol (Vitamin E)

b Tocopherol-Hydrochinon

c Tocochinon

Tocopherol

α-Tocopherol (**a**), Tocopherol-Hydrochinon (**b**) und Tocochinon (**c**) sind durch Gleichgewichtsreaktionen ineinander überführbar. Durch das Redoxsystem T./Hydrochinon/Tocochinon wirkt T. als Antioxidans.

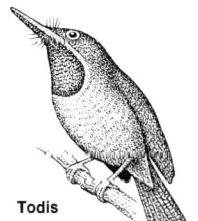

Todis

Todus viridis

Togaviren

Togaviren

Gatt. *Alphavirus*
Aura
Barmah Forest
Bebaru
Cabassou
Chikungunya
östliche Pferde-
encephalitis
Everglades
Fort Morgan
Getah
Highlands J
Kyzylagach
Mayaro
Middelburg
Mucambo
Ndumu
O'nyong-nyong
Pixuna
Ross River
Sagiyama
Semliki Forest
Sindbis
Tonate
Una
Venezuela-Pferde-
encephalitis
westliche Pferde-
encephalitis
Whataroa

Gatt. *Rubivirus*
Rubella (Röteln-
virus)

Gatt. *Pestivirus*
Mucosal disease
virus (Virus der
Rinder-Virusdiar-
rhöe)
Schweinepestvirus
(Hog cholera, Eu-
ropean swine fe-
ver), ↗Schweine-
pest
Border disease
virus

Gatt. *Arterivirus*
Equine arteritis vi-
rus (Pferde-Arter-
iitisvirus)

Mögliche Togaviren
Lactatdehydroge-
nase-Virus
Möhrenschek-
kungsvirus (Pflan-
zenvirus)

Tokee
(Gekko gecko)

Togaviren [Mz.; v. lat. toga = Gewand], *Togaviridae,* Fam. von tier- u. humanpathogenen ↗RNA-Viren, die nach neuerer Taxonomie in die 4 Gatt. *Alphavirus* (Arbovirus-Gruppe A; 26 Virusarten), *Rubivirus* (1 Art), *Pestivirus* (3 Arten) u. *Arterivirus* (1 Art) eingeteilt werden (vgl. Tab.). *Togavirus*-Arten innerhalb einer Gatt. sind serolog. miteinander verwandt; es besteht jedoch keine Verwandtschaft zw. den verschiedenen Gatt. Die fr. als Gatt. *Flavivirus* (Arbovirus-Gruppe B) bei den T. eingeordneten Flaviviren (v. lat. flavus = gelb; Prototyp ist das ↗Gelbfieber-Virus) werden seit 1984 als eigenständige Fam. *Flaviviridae* geführt; es sind 65 Flavivirus-Arten bekannt. Die meisten Alpha- u. Flaviviren vermehren sich in Insekten u. Wirbeltieren; sie werden durch den Biß od. Stich infizierter Insekten (Stechmücken, Zecken) auf die Wirbeltiere (wildlebende u. domestizierte Arten; Vögel, Nagetiere, Affen, Pferde) u. den Menschen übertragen (↗Arboviren). Die geogr. Verbreitung dieser Viren u. der durch sie hervorgerufenen Erkrankungen wird durch die am natürl. Übertragungszyklus beteiligten Wirtsarten bestimmt; der Mensch ist oft nur zufälliger Wirt. Infizierte Insekten erkranken nie; bei Mensch u. Wirbeltier verlaufen Togavirus- u. Flavivirus-Infektionen häufig inapparent. Durch Alphaviren hervorgerufene Erkrankungen des Menschen sind Fieber mit Hautausschlägen und Arthritis (Chikungunya-, O'nyong-nyong-, Sindbis-, Ross River-, Mayaro-Virus) od. Encephalitis (westliche, östliche u. Venezuela-Pferdeencephalitis-Viren; auch bei Pferden [Name!] u. Fasanen); die Übertragung erfolgt durch Stechmücken. Flavivirus-Infektionen können sich als Encephalitis, Fieber-Arthralgie-Hautausschlag (↗Denguefieber, West-Nil-Fieber) oder hämorrhagisches Fieber (↗Gelbfieber) manifestieren; die Übertragung erfolgt durch Stechmücken od. Zecken (T 223). Die T. der Gatt. Rubi-, Pesti- u. Arterivirus werden nicht durch Insekten übertragen, sondern innerhalb der Wirtsspezies (Mensch; Schweine u. Wiederkäuer; Pferde) horizontal u. vertikal (transplacentar). Das Rubella- od. Rötelnvirus, der Erreger der ↗Röteln, vermehrt sich nur im Menschen. – Die Togaviruspartikel sind rund (⌀ 50–70 nm). Das Nucleocapsid (⌀ 30–35 nm, ikosaederförmig) ist von einer eng anliegenden Lipoproteinhülle umgeben, die 6–10 nm lange, aus 2 oder 3 meist glykosylierten Virusproteinen (E1, E2, E3) aufgebaute Oberflächenfortsätze (Spikes) trägt. Eine einzelsträngige RNA u. das Coreprotein C bilden die Komponenten des Nucleocapsids. Die Genom-RNA (relative Molekülmasse ca. $4 \cdot 10^6$, entspr. ca. 13 000 Basen) besitzt Plusstrang-(m-RNA-)Polarität, ist infektiös u. trägt am 5'-Ende eine 7-Methylguanosin-Kappe sowie am 3'-Ende eine poly(A)-Sequenz. Die Nucleotidsequenz des Sindbis-Virus wurde vollständig bestimmt (11703 Basen ausschl. der poly(A)-Sequenz). Im Genom sind die Nicht-Strukturprotein-Gene (nsP; Komponenten der viralen RNA-Polymerase) im 5'-Bereich, die Strukturprotein-Gene im 3'-Bereich angeordnet; Reihenfolge: 5'-nsP1-nsP2-nsP3-nsP4-C-E3-E2-E1-3'. Der Vermehrungszyklus der T. wurde hpts. am Semliki-Forest- u. Sindbis-Virus untersucht. Die Virusreplikation findet im Cytoplasma statt. Die Genom-RNA dient als m-RNA zur Translation der Nicht-Strukturproteine bzw. als Matrize zur Synthese v. komplementären Minusstrang-RNA-Molekülen. Diese erfüllen 2 verschiedene Matrizen-Funktionen: 1) zur Transkription einer subgenomischen m-RNA, die dem 3'-Bereich des Genoms entspricht u. die Strukturprotein-Gene enthält; durch Translation eines Polyprotein-Vorläufermoleküls u. proteolytische Spaltung entstehen die Core- und Spikeproteine; 2) zur Synthese neuer Genom-RNAs. Nach Zusammenbau der Nucleocapside u. Einlagerung der Spikeproteine in die Zellmembran kommt es durch Knospung (↗budding) zur Bildung u. Freisetzung neuer Viruspartikel. Das E1-Spikeprotein besitzt hämagglutinierende Aktivität (↗Hämagglutination), neutralisierende Antikörper sind gg. das E2-Protein gerichtet. – *Flaviviren* unterscheiden sich in Virionstruktur, Replikation, Genomaufbau u. Morphogenese von den T.: die Viruspartikel sind kleiner (⌀ 40–50 nm; Core ⌀ 20–30 nm); die Spikes der Virushülle werden v. nur einem Glykoprotein E1 gebildet, das mit einem das Nucleocapsid umgebenden Protein M (*m*embrane-like) assoziiert ist; die Genom-RNA (relative Molekülmasse $4 \cdot 10^6$, Plusstrang-Polarität) trägt keine poly(A)-Sequenz am 3'-Ende; die Strukturprotein-Gene sind am 5'-Ende des Genoms lokalisiert (Reihenfolge 5'-C-M-E...); es werden keine subgenomischen m-RNAs gebildet; Translation der Strukturproteine erfolgt von Genom-RNA-Molekülen, in infizierten Zellen sind keine Polyproteine nachweisbar, ebenfalls keine intrazellulären Nucleocapside; die Virusreifung erfolgt nicht durch Budding, sondern durch einen bislang nicht definierten Prozeß (möglicherweise eine Kondensation), wobei es zur Ansammlung der Viruspartikel in Zisternen des endoplasmatischen Reticulums kommt. *E. S.*

Tokee *m* [v. malaiisch toke], *Tokeh, Gekko gecko,* bekanntester Vertreter der Fam. ↗Geckos. Bis 40 cm lang; lebt im trop. SO-Asien (in feuchtwarmen Urwäldern, oft als Kulturfolger in Häusern). Grau gefärbt mit orangeroten Punkten; Körperbau gedrungen; kräft. Beine; Unterseite der Finger u. Zehen auf der gesamten Fläche mit Haftlamellen besetzt (ca. 1 Million „Pinsel", diese

Togaviren

Flaviviren u. die durch sie hervorgerufenen Erkrankungen (Auswahl)

Virus/Krankheit	Vorkommen
a) *durch Stechmücken übertragen*	
St. Louis Encephalitis	Nordamerika
Japanese Encephalitis	Asien
Murray Valley Encephalitis	Australien
West-Nil-Fieber	Mittelmeerraum, Afrika, Asien
Denguevirus (Typ 1–4)	Tropen, Subtropen
↗Denguefieber	
Dengue-hämorrhagisches Fieber	
Gelbfiebervirus	
↗Gelbfieber	
b) *durch Zecken übertragen*	
Zecken-Encephalitis	Sowjetunion, Europa
(engl. tick-borne encephalitis)	
Subtypen:	
Russische Frühjahrs-Sommer-Encephalitis	
Frühsommer-Meningoencephalitis (FSME),	
↗Meningitis	
Omsk-hämorrhagisches Fieber	
Kyasanur Forest Disease	Indien
hämorrhagisches Fieber	
↗Louping-ill	Schottland
Encephalitis (hpts. bei Schafen)	
Powassan	Nordamerika, Kanada
Encephalitis	
c) *kein bzw. unbekannter Vektor*	
Rocio	
Encephalitis	Brasilien
Israel-Truthahn-Meningoencephalitis	

mit je 100–1000 Einzelborsten); Schwanz relativ kurz. Characterist. sind die lauten, bellenden Rufe („to-keh" od. „geck-ooh") des ♂ (♀ nur fauchend) bes. von Dez. bis Mai (wahrscheinl. zur Markierung des Territoriums u. Teil des Fortpflanzungsverhaltens). Ernährt sich v.a. von Mäusen, kleinen Echsen u. größeren Insekten. Einzelgänger; nachtaktiv; ungiftig; wehrt sich kräft. zubeißend; gilt in seiner Heimat als nützl. (Insektenvernichter) u. wird teilweise als Glücksbringer verehrt; beliebtes Terrarientier.

Tokogenie *w* [v. gr. tokos = Geburt, gennan = erzeugen], *Tokogonie, Elternzeugung*, die Erzeugung neuer Individuen durch geschlechtliche od. ungeschlechtliche ↗Fortpflanzung v. bereits vorhandenen Organismen, also v. ↗„Eltern" (bei ungeschlechtl. Fortpflanzung u. Jungfernzeugung entspr. von nur einem Elter). Ggs.: ↗Urzeugung.

Tokophrya *w* [v. gr. tokos = Geburt, ophryē = Hügel], Gatt. der ↗Endogenea.

Tokos *m* [v. port. toco], *Tockos, Tockus*, Gatt. der ↗Nashornvögel.

Toleranz *w* [v. lat. tolerantia = Erduldung], a) Ökologie: Fähigkeit, bestimmte Umweltfaktoren (auch Gifte u. ionisierende Strahlen; ↗Strahlendosis) in einem bestimmten Bereich längerfristig zu ertragen (↗ökologische Potenz, ☐). Das *T.gesetz* von V. E. Shelford (1913) besagt in Erweiterung des ↗Minimumgesetzes, daß nicht nur das Minimum, sondern auch das Maximum ökolog. Faktoren über die Existenz einer Art

Schwarze Tollkirsche
(Atropa belladonna)

Tollkirsche

Hauptwirkstoffe der Schwarzen T. *(Atropa belladonna)* sind ↗*Hyoscyamin* u. das qualitativ gleichartige ↗*Atropin*. Sie wirken sowohl zentral erregend als auch peripher lähmend. In Abhängigkeit v. der aufgenommenen Dosis sind zu beobachten: allg. Erregung, psychomotor. Unruhe, Rededrang, Euphorie bis hin zu Verwirrungszuständen mit Sinnestäuschungen sowie Tobsuchtsanfälle u. Krämpfe; danach Lähmungen u. narkoseähnl. Schlaf, der zum Tod durch Atemlähmung führen kann. Mit diesen Symptomen einher geht eine starke u. lang anhaltende Pupillenerweiterung mit Sehstörungen, eine Beschleunigung u. Verstärkung der Herztätigkeit (Blutdrucksteigerung) u. der Atmung sowie eine starke Temp.-Erhöhung. Die Tätigkeit innerer u. äußerer sekretor. Drüsen (z.B.

entscheiden kann. b) Parasitologie: Parasiten-Befall ohne ersichtl. Schädigung des Wirtes; Ggs.: Sensibilität (Empfindlichkeit). c) Immunologie: die ↗Immun-T.

Toleranzdosis *w*, ↗Strahlendosis.

Toleration *w* [v. lat. toleratio = das Ertragen], (D. V. Ager 1963), die paläoökolog. Toleranzbeziehung zw. verschiedenen Arten od. innerhalb einer Art.

Tollkirsche, *Atropa*, vom südl. Europa bis zum Himalaya verbreitete Gatt. der ↗Nachtschattengewächse mit 5 Arten. Bekannteste Art ist die in Laubwäldern (in Schlagfluren, Lichtungen od. an Waldwegen) wachsende Schwarze T. *(A. belladonna*, B Kulturpflanzen X). Die sparrig verzweigte Staude wird bis 150 cm hoch u. besitzt einen dicken Wurzelstock, große, eiförm., drüsig behaarte Blätter sowie einzeln blattachselständ. Blüten. Diese außen rotbraun, innen mattgelb mit rötl. Adern; die Krone ist glockenförmig u. hat einen 5lappigen Saum. Die Frucht ist eine schwarz glänzende, fast kirschgroße, vielsamige Beere. Sie enthält, wie auch die Blätter u. das Rhizom der Pflanze, reichlich ↗Alkaloide (↗Tropanalkaloide). Die wichtigsten sind ↗Hyoscyamin, ↗Atropin (☐) u. ↗Scopolamin (☐). Während in der Frucht das Atropin vorherrscht, überwiegt in den Blättern das Hyoscyamin (pharmakolog. Wirkung: vgl. Spaltentext).

Tollkirschen-Schläge, *Atropion belladonnii*, Verb. der ↗Epilobietea angustifolii.

Tollkraut, *Scopolia*, überwiegend in gemäßigten Asien beheimatete Gatt. der ↗Nachtschattengewächse mit 4 Arten. In Mitteleuropa wächst verwildert das aus den montanen Laubwäldern O- und SO-Europas eingeschleppte Krainer T. *(S. carniolica)*. Die Staude besitzt eiförm. Blätter u. einzeln stehende, außen bräunl., innen matt olivgrün gefärbte Blüten mit glockiger, 5lappiger Krone u. enthält in allen Organen Alkaloide. Bes. ihr v.a. ↗L-Hyoscyamin, daneben aber auch ↗Atropin u.

Speichel- od. Schweißdrüsen), des Magen-Darm-Kanals, der Gallenwege sowie der Blase wird lahmgelegt. Schon der Genuß von 2 Früchten kann zu schweren Vergiftungserscheinungen führen. In früheren Zeiten träufelten sich Frauen den Saft der Beeren in die Augen, um diese groß u. glänzend erscheinen zu lassen („bella donna" = schöne Frau). Ihre erregende, berauschende Wirkung machte die T. zudem zu einem der wichtigsten Bestandteile mittelalterl. Hexensalben. Ärzte verwendeten die T. als Betäubungsmittel. Heute wird die T. für pharmazeut. Zwecke feldmäßig angebaut. Aus ihr werden u. a. Pupillen u. (Herzkranz-)Gefäß erweiternde sowie krampflösende Medikamente u. Mittel zur Narkosevorbereitung hergestellt. Atropin ist auch ein wichtiges Gegengift bei einer Reihe verschiedener Vergiftungen.

Tollwut

↗ L-Scopolamin enthaltendes Rhizom wurde im MA wie Teile der ↗ Tollkirsche, des ↗ Bilsenkrauts u. der ↗ Alraune wegen seiner halluzinogenen, erotisierenden Wirkung für die Zubereitung v. Liebestränken u. sog. Hexensalben verwendet.

Tollwut, Lyssa, Rabies, Hundswut, Hydrophobie, eine durch das zu den ↗ Rhabdoviren gehörende T.virus (Rabiesvirus) ausgelöste, meldepflichtige Infektionskrankheit, die hpts. wildlebende Carnivoren (Füchse, Wölfe, Fledermäuse, Ratten, Katzen u.a.) und Haustiere (auch Geflügel) des Menschen befällt u. – durch Biß übertragen – für ihn selbst gefährlich werden kann. Die lange Inkubationszeit von mindestens 2 Wochen bis etwa 6 Monaten (manchmal bis zu einem Jahr) ermöglicht auch noch nach der Infektion eine ↗ aktive Immunisierung. Ohne eine T.schutzimpfung (v. ↗ Pasteur eingeführt) endet die Krankheit nahezu immer tödlich. Die T.-Symptome, Kopfschmerzen, Schlaflosigkeit, Angstgefühl, erhöhte Speichelsekretion (mit massenhaft im Speichel vorhandenen Viren), Muskelkrämpfe – insbesondere der Schlund- u. Atemmuskulatur –, später Wahnvorstellungen (beim Menschen), aggressive Anfälle u. Herzlähmung werden durch die Ausbreitung des T.virus entlang der Nerven zum Zentralnervensystem verständlich. Die schweren Krämpfe, die eine Flüssigkeitsaufnahme qualvoll machen u. schon beim Anblick des Wassers ausgelöst werden können, haben der T. auch den Namen „Hydrophobie" eingebracht. Die Bekämpfung der Wild-T. erfolgte früher ausschl. durch Begasen v. Fuchs- u. Dachsbauten u. Abschuß v. tollwütigen oder tollwutverdächtigen Tieren. Heute werden zunehmend vorbeugende Maßnahmen mit dem Auslegen T.vakzinehaltiger Köder angewandt.

Tölpel, Sulidae, Fam. der ↗ Ruderfüßer mit 9 Arten; gewandt fliegende, gänsegroße Meeresvögel mit langen, schmalen Flügeln u. starkem, geradem Schnabel; aerodynam. günstige Körperform; tauchen aus dem Flug nach Fischen (↗ Stoßtaucher); trop. Arten fangen auch fliegende Fische; leben in Kolonien u. nisten an steilen Felsküsten od. auf Bäumen. An westeur. Meeresküsten brütet der ↗ Baß-T. (Sula bassana; B Europa I). Die Vögel sind ungewöhnl. zutraulich, woher der dt. Name rührt; ausgeprägte Schaubalz am Boden, manche Arten mit auffälliger Beinfärbung, wie der Blaufuß-T. (S. nebouxii, B Südamerika VIII) u. der Rotfuß-T. (S. sula), die kleinste Art. Der in den riesigen Kolonien anfallende Kot wird als ↗ Guano gesammelt; die größte Bedeutung hat hierbei der Guano-T. (S. variegata) im Bereich des Humboldtstroms. Nach der Brutzeit unternehmen v. a. die in gemäßigten Breiten lebenden T. ausgedehnte Wanderungen übers Meer.

Tolypothrix
Einige Arten:
T. tenuis
(an Wasserpflanzen in Süß- u. Meerwasser)
T. byssoidea
(an feuchten Felsen)
T. lanata
(in stehenden Gewässern, festsitzend u. freischwimmend)
T. conglutinata
(an feuchten Felsen)

Tölpel
T., zum Stoßtauchen ansetzend

Tomate
Erntemenge (Mill. t) der wichtigsten Erzeugerländer 1985 (meist Schätzung)

Welt	60,1
USA	8,2
UdSSR	7,7
Italien	6,8
VR China	5,3
Türkei	3,9
Ägypten	2,7
Spanien	2,4
Griechenland	2,2
Rumänien	1,9
Brasilien	1,7
Mexiko	1,3

Tolstoloben [Mz.; v. russ. tolsty = dick, gr. lobos = Lappen], Hypophthalmichthyinae, U.-Fam. der Weißfische; große, hochrückige, südostasiat. Karpfenfische mit verwachsenem Kiemenrechen als wirksamem Planktonsieb, oberständ. Maul u. kleinen Schuppen. Hierzu der bis 1 m lange Gewöhnl. Tolstolob od. Silberkarpfen (Hypophthalmichthys molitrix), der in Flüssen u. Seen Chinas lebt u. ein wicht., sehr schmackhafter Nutzfisch ist; wird auch in O-Europa in Fischteichen gehalten.

Tolu-Balsam m [ben. nach der kolumbian. Stadt Tolú], ↗ Hülsenfrüchtler.

Tolypella w [v. gr. tolypē = Knäuel], Gatt. der ↗ Characeae.

Tolypophagie w [v. gr. tolypē = Knäuel, phagein = essen], Knäuelverdauung (nach Burgeff, 1924), eine bes. Form des Nährstoffaustauschs bei der endotrophen ↗ Mykorrhiza; characterist. für die T. ist die Verdauung knäueliger Pilzhyphen in den Rindengewebe der Wirtspflanze; nur unverdauliche Reste bleiben als Klumpen übrig. Ggs.: ↗ Ptyophagie.

Tolypothrix w [v. gr. tolypē = Knäuel, thrix = Haar], Knäuelfaden, Gatt. der ↗ Scytonemataceae (od. Gruppe IV, ↗ Cyanobakterien); die ca. 20 Arten (vgl. Tab.) bilden gewundene, scheinverzweigte Fäden mit fester Scheide, z.T. mit Hormogonien u. Heterocysten; Wachstum im Wasser u. an Steinen in olivgrünen bis schwärzl. Lagern, meist in Polstern od. Büscheln.

Tomaculum s [lat., = Würstchen], (Groom 1902), T. problematicum, Spurenfossil in Gestalt v. Kotpillen-Schnüren auf Schichtflächen, bis 10 cm lang und 2 cm breit; aus dem Ordovizium Europas.

Tomate w [von aztek. tomatl = T.], Liebesapfel, Paradiesapfel, Solanum lycopersicum, Lycopersicon esculentum, 1jähriges, bis ca. 150 cm hohes, drüsig behaartes u. durch äther. Öl charakterist. riechendes Nachtschattengewächs (↗ Nachtschatten) mit großen, unterbrochen gefiederten Blättern sowie in Wickeln stehenden gelben Blüten mit 5- oder mehrzipfliger Krone. Der Fruchtknoten ist oberständig u. besteht aus 2 oder mehr Fruchtblättern. Die aus ihm hervorgehende Frucht (Tomate; B Früchte) ist eine meist rote, vielsamige Beere. Sie ist, entspr. der Anzahl ihrer Fruchtblätter, gefächert u. enthält in ihrem Innern markreiche Placenten, an denen die kleinen, sehr ölreichen, flach nierenförm. Samen sitzen. In reifem Zustand sind sowohl die Placenten als auch die Samen von gallert. Gewebe umgeben. T.n enthalten nur 5–8% Trockensubstanz, sind jedoch reich an Mineralstoffen, Vitaminen (u. a. Vitamine C, B_1, B_2), Carotinoiden (insbes. ↗ Lycopin) sowie organ. Säuren, die den Geschmack entscheidend mitbestimmen. Das in unreifen Früchten vorhandene Alkaloid ↗ Solanin verschwindet während des Reifungsprozesses. – Die T. ist eine alte

↗Kulturpflanze, die v. den Indianern Mittel- und S-Amerikas schon lange vor der Entdeckung Amerikas durch die Spanier angebaut wurde. Sie gelangte im 16. Jh. nach Europa, wo sie jedoch nur im S verzehrt wurde; im übrigen Gebiet galt sie lange als giftig u. diente ledigl. als Zierpflanze. Erst zu Beginn des 20. Jh. wurde die T. zu einer allg. geschätzten Gemüsepflanze, deren Anbau sich rasch ausdehnte. – Entstanden ist die heutige Kultur-T. wahrscheinl. im Gebiet zw. Ecuador u. Peru, wo sehr nahe verwandte Wildformen zu finden sind. Es sind dies v. a. die Johannisbeer-T. *(L. pimpinellifolium)* u. die Kirsch-T. *(L. esculentum* var. *cerasiforme)* mit sehr zahlr., johannisbeer- bzw. kirschgroßen Früchten. Heute gibt es unzählige, in Farbe (rot, rosa, orange oder gelb), Form (kugelig, abgeflacht, birnen- oder eiförmig) u. Größe (⌀ 3–10 cm und Gewicht 5–250 g) sowie Oberfläche (glatt od. wulstig gerippt) der Früchte unterschiedl. Zuchtsorten (B Selektion II). Auch unterscheidet man zw. niedrigen, buschig wachsenden Arten u. Arten mit langen Trieben, die an Stangen befestigt werden müssen. T.n werden heute weltweit in allen Klimazonen angebaut. Ist die Temp. zu niedrig, werden die sehr frostempfindl. Pflanzen in Glashäusern kultiviert. In Mitteleuropa werden unter Glas aus Samen herangezogene Jungpflanzen nach den letzten Frösten im Frühjahr ins Freiland gepflanzt. T.n werden sowohl roh (z. B. als Salat) als auch gekocht verzehrt od. zu Konserven, T.-Mark, T.-Ketchup, T.-Suppe od. Saft verarbeitet. B Kulturpflanzen V. N. D.

Tomatenbronzeflecken-Virusgruppe, Gruppe der ↗Pflanzenviren (T) mit dem Tomatenbronzefleckenvirus (engl. tomato spotted wilt virus) als einzigem Vertreter. Das Genom besteht aus 4 verschiedenen Molekülen einzelsträngiger RNA (relative Molekülmassen ca. 2,6, 1,9, 1,7 und $1{,}3 \cdot 10^6$, entspr. ca. 8600, 6300, 5600 und 4300 Nucleotiden). Die isometr. Viruspartikel (⌀ ca. 82 nm) sind aus dem Ribonucleoprotein sowie einer aus Lipiddoppelschicht u. elektronendichter äußerer Schicht bestehenden Hülle aufgebaut. Die Übertragung erfolgt persistent durch Thripse; sehr großer Wirtsbereich. Symptome: Ringflecken u. Nekrosen.

Tomatenfrosch, *Dyscophus antongilli,* ↗Engmaulfrösche (T).

Tomatenzwergbusch-Virusgruppe, Tombusvirus-Gruppe [v. engl. *tomato bushy stunt virus* = Tomatenzwergbusch-Virus], Gruppe v. ↗Pflanzenviren (T) mit einteiligem, einzelsträngigem RNA-Genom (Plusstrang-Polarität; relative Molekülmasse ca. $1{,}5 \cdot 10^6$, entspr. ca. 5000 Nucleotiden) u. isometrischen Partikeln (⌀ 30 nm). In infizierten Zellen treten cytoplasmat. Einschlußkörper auf; Viruspartikel sind in Cytoplasma u. Kern lokalisiert. Symptome

tom- [v. gr. tomē = Schneiden, Schnitt; tomos = schneidend, scharf; abgeschnittenes Stück].

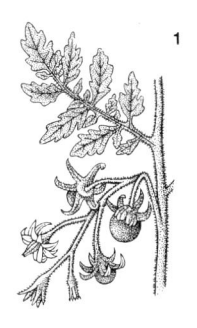

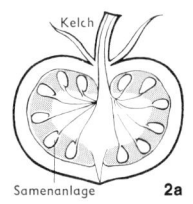

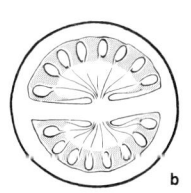

Tomate
1 Tomate *(Solanum lycopersicum)*;
2a Längs-, b Querschnitt durch die Beerenfrucht

sind Scheckungen u. Deformationen; große Wirtsbereiche.

Tomatin *s* [v. aztek. tomatl = Tomate], ein bes. in Tomatenpflanzen, aber auch in anderen Nachtschattengewächsen vorkommendes Glykoalkaloid (↗Solanaceenalkaloide, ↗Saponine). Aglykon ist das Steroid-Alkaloid *Tomatidin.* T. besitzt fungizide Aktivität gg. pathogene Pilze u. Flechten (z. B. gg. Erreger der Tomatenwelke) u. wirkt fraßvergällend auf Kartoffelkäferlarven.

Tomatin
Strukturformel von *Tomatidin*

Tombusvirus-Gruppe ↗Tomatenzwergbusch-Virusgruppe.

Tomentum *s* [lat., = Polsterung], 1) Bot.: dichter, kurzer, samtart. Haarbesatz der Lageroberfläche v. Flechten, z. B. an der Unterseite v. *Nephroma-* u. *Sticta-*Arten. 2) Zool.: *Toment,* feine, filzige Behaarung bei Insekten.

Tomeurus *m* [v. *tom-, gr. oura = Schwanz], Gatt. der ↗Kärpflinge.

Tomistoma *s* [v. gr. tomis = Zange, stoma = Mund], Gatt. der ↗Krokodile.

Tomoceridae [Mz.; v. *tom-, gr. keras = Horn], die ↗Ringelhörnler.

Tomopteridae [Mz.; v. *tom-, gr. pteron = Flosse], Ringelwurm-(Polychaeten-)Fam. der ↗*Phyllodocida* mit den beiden Gatt. *Enapteris* (nur 1 Art *E. euchaeta*) u. *Tomopteris* (40 Arten). Körper ohne äußere Gliederung, transparent; Prostomium u. Peristomium miteinander verwachsen, 1 Paar Antennen, 1 bis 2 Paar Tentakelcirren; keine Palpen. Pelagisch-neritisch: *T. helgolandica,* 8,7 cm lang; pelagisch-ozeanisch: *T. septentrionalis,* bis 2,2 cm lang.

Tömösvary-Organ ↗Feuchterezeptor, ↗Doppelfüßer, ↗Hundertfüßer.

Ton, mineralische Partikel des Bodens mit dem geringsten Korngrößendurchmesser. ↗Bodenarten (T, □), ↗Fingerprobe (□), ↗T.minerale.

Tonböden, Böden mit einem ↗Ton-Anteil über 65%; bei geringerem Tongehalt ergeben sich Übergangsformen zu Lehm-, Schluff- od. Sandböden (□ Bodenarten). T. haben im Vergleich zu anderen Böden das größte ↗Porenvolumen u. den höchsten Anteil an Fein- u. Feinstporen (↗Porung, T). Folglich ist die Feldkapazität (↗Bodenwasser) groß, die für die Pflanze nutzbare Feldkapazität allerdings gering, da die Kräfte, mit der das Wasser in den Feinporen u. an der Oberfläche der ↗Tonminerale gebunden ist (Haftwasser), von der Wurzel nicht überwunden werden können (Totwasser). T. sind schlecht durchlüftet, sie neigen zu Verdichtung u. Verschlämmung, sind trittempfindlich u. schwer zu bearbeiten. Im feuchten Zustand quillt der Ton u. wird plastisch, beim

Ton-Humus-Komplexe

Trocknen schrumpft er u. verhärtet (Trockenrisse). Unter wechselfeucht-warmen Klimabedingungen setzt eine intensive Selbstdurchmischung (↗Hydroturbation) ein. Die Nährstoffspeicherfähigkeit (↗Austauschkapazität) ist sehr groß. Beispiele für T.: ↗Auenböden, ↗Marschböden, ↗Pelosol, ↗Plastosol, ↗Vertisol.

Ton-Humus-Komplexe, organo-mineralische Verbindungen aus ↗Huminstoffen u. ↗Tonmineralen. Sie entstehen bei der zersetzenden u. mischenden Tätigkeit der ↗Bodenorganismen (z. B. im Regenwurmdarm; ↗Regenwürmer). Als ↗Bodenkolloide begünstigen sie viele ↗Bodeneigenschaften, wie Sorptions- u. Austauschkapazität, Krümelbildung, Durchlüftung, Bodenleben usw. ↗Humus.

Tonicella w [Anagramm aus Chitonia], Gatt. der ↗Ischnochitonidae, ↗Käferschnecken mit oft auffälliger Färbung u. Musterung der Schalenplatten; Gürtel meist ohne Schuppen; 12 Arten, die v. der Gezeitenzone bis 60 m Tiefe im Pazifik u. N-Atlantik vorkommen.

Tonicia w [Anagramm aus Chitonia], Gatt. der *Chitonidae,* ↗Käferschnecken mit Schalenaugen auf den Endplatten u. den Seitenfeldern der Platten II–VII; Gürtel meist ohne Schuppen; 28 Arten an der W-Küste S-Amerikas. *T. elegans,* 5 cm lang, ist braun mit gelbl. Streifen; ihre Schalenaugen sind zu keilförm. Streifen geordnet; in ihrem Verbreitungsgebiet v. Peru bis Feuerland bildet sie mehrere U.-Arten; sie lebt als Weidegänger v. der Gezeitenzone bis 5 m Tiefe.

Toninia w, Gattung der ↗*Lecideaceae;* ↗Bunte Erdflechtengesellschaft.

Tonkabohnen [v. Tupí] ↗Hülsenfrüchtler.

Tonminerale, mikroskop. kleine, plättchenförm. Schichtkristalle (∅ <0,002 mm, Dicke <0,02 μm) in der ↗Ton-Fraktion des Bodens (↗Bodenarten, [T], □). Sie entstehen bei der Verwitterung direkt aus Schichtsilicaten (Glimmern; ↗Kieselsäuren, □), od. sie bilden sich neu aus Zerfalls- u. Lösungsprodukten verschiedener Silicate (z. B. Feldspäte). Die Tonplättchen tragen wegen ihres kristallinen Aufbaus außen überwiegend negative Ladungen. An ihrer Oberfläche kann, ggf. unter Aufweitung der aneinanderhaftenden Plättchen, reversibel Wasser gebunden werden, d.h., sie können quellen u. schrumpfen. Ebenso wie Wasser werden positiv geladene Ionen der Bodenlösung sorbiert. T. zählen mit den ↗Huminstoffen zu den ↗Bodenkolloiden (↗Humus). Wie diese sind sie für die Nährstoffsorption u. den Ionenaustausch im Boden verantwortlich. Huminstoffe und T. verbinden sich unter geeigneten Bedingungen zu organo-mineralischen ↗Ton-Humus-Komplexen. T. unterscheiden sich in ihrer Kristallstruktur. Die wichtigsten sind: *Kaolinit,* ein *Zweischichtmineral:* Das Kristallplättchen besteht aus zwei miteinander verbundenen Elementarschichten, einer tetraedrischen Silicatschicht u. einer oktaedrischen Aluminiumhydroxidschicht. Solche zweischichtige Plättchen haften über Wasserstoffbrücken fest aneinander. Einlagerung v. Wasser u. Ionen ist nicht möglich, wohl aber bieten die äußeren Bruchkanten Sorptionsmöglichkeiten. Diese Plättchen können also nicht quellen, ihre ↗Austauschkapazität ist gering. *Montmorillionit, Illit* u. *Vermiculit; Dreischichtminerale:* Eine innere oktaedrische Aluminiumhydroxidschicht wird v. zwei äußeren tetraedrischen Silicatschichten umgeben. Hier sind Si^{4+}-Ionen unregelmäßig durch Al^{3+}-Ionen ersetzt (↗Alumosilicate), aber auch andere niederwertige Metallkationen kommen für diesen isomorphen Ersatz in Frage (Fe^{3+}, Fe^{2+}, Mg^{2+}). Die Plättchen sind aufgrund der Ladungsdifferenz nach außen hin negativ geladen. Zwischen den Plättchen wirken eher Abstoßungskräfte; sie können Wasser u. Ionen sorbieren, sind also quellfähig u. haben hohe Austauschkapazität.

Tonna w [*tonn-], fr. *Dolium,* Gatt. der ↗Tonnenschnecken mit großem, ei-kugelförm. Gehäuse mit kurzem Gewinde, ohne Deckel; die Gehäusewand ist dünn, so daß die spiralige Außenskulptur innen sichtbar ist. Die etwa 25 Arten leben grabend, meist in Sandböden, im Indopazifik. Sie sind carnivor; die Mundöffnung liegt am Ende eines weit ausstreckbaren Rüssels, der Speichel ist säurehaltig (bis 4% H_2SO_4). *T. galea* (Gehäuse bis 25 cm hoch) ist im Indopazifik u. Atlantik zieml. häufig; sie kommt auch im westl. Mittelmeer vor u. ist, wie die anderen Arten auch, durch Sammler gefährdet; sie ernährt sich v. großen Muscheln u. Stachelhäutern.

Tönnchen, 1) die ↗T.puppe; **2)** Trockenstadium der ↗Bärtierchen (□).

Tönnchenpuppe, *Tönnchen, Pupa coarctata,* ↗Puppe (□) der cyclorrhaphen ↗Fliegen (□), die in einem *Puparium,* der stark sklerotisierten Exuvie des vorletzten Larvenstadiums, liegt.

Tönnchenwickler, *Attelabus nitens,* Art der ↗Blattroller.

Tonnensalpen, die ↗Cyclomyaria.

Tonnenschnecken, *Faßschnecken, Tonnidae* (fr. *Doliidae*), Fam. der ↗*Tonnoidea* mit bauchigem, dünnwand. Gehäuse, dessen letzter Umgang bes. groß ist; der Deckel wird beim Heranwachsen meist abgestoßen. ♂♂ mit großem Penis auf der rechten Seite; die ♀♀ legen die Eier in langen Gallertbändern ab, die Veliger können 6–8 Monate plankt. leben. Die knapp 50 Arten kommen v. a. in warmen Meeren vor, einige unter 5000 m tief, u. ernähren sich v. Seewalzen, Muscheln, Krebsen od. Fischen. Die bekannteste Gatt. ist ↗*Tonna.*

Tonnidae [Mz.; v. *tonn-], die ↗Tonnenschnecken.

Tonnoidea [Mz.; v. *tonn-], Überfam. der

---

tonn- [v. mlat. tunna, tonna = Weinfaß, Kufe, Tonne; Schlauch].

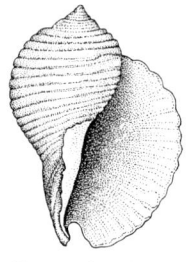

Tonnenschnecke
(*Tonna galea*)

↗Mittelschnecken mit mittlerem bis großem Gehäuse (bis 50 cm hoch), dessen letzter Umgang sehr weit ist; meist mit Deckel; am Mantelrand ist ein Sipho ausgebildet, die Mantelhöhle enthält eine einseit. gefiederte Kieme u. ein zweiseit. gefiedertes Osphradium; der Fuß ist groß u. kräftig. Die T. sind Bandzüngler, deren Mund am Ende eines vorstreckbaren Rüssels liegt, mit dem sie ihre Beute packen. Etwa 270 Arten in 5 Fam. (vgl. Tab.).

Tonofibrillen [v. gr. tonos = Spannung, lat. fibrillum = Fäserchen], *Tonusfibrillen*, v. a. in zugbelasteten ↗Epithel-Zellen z. B. der Oberhaut v. Vögeln u. Säugern ausgebildete, lichtmikroskopisch sichtbare Bündel aus Proteinfilamenten *(Tonofilamente, Tonusfilamente)*, die als Zugtrajektorien der mechan. Verfestigung der Zellen (↗Zellskelett) dienen. Die T. setzen sich aus zahllosen Einzelfilamenten v. je etwa 8 nm ⌀ zus. und bestehen gewöhnl. aus *Cytokeratinen,* einer Gruppe v. Proteinen mit einer relativen Molekülmasse von 40 000 bis 60 000, die als Vorstufen der Hornbildung in der Zelle entstehen. ↗Schlußleisten.

Tonoplast *m* [v. gr. tonos = Spannung, plastos = geformt], Bez. für die Membran der ↗Pflanzenzelle, die das Cytoplasma vom Zellsaftraum (↗Vakuole) trennt. Der T. ist wie alle ↗Membranen gebaut, hat aber andere Barriereeigenschaften als z. B. die die Zelle nach außen abschließende Zellmembran *(Plasmalemma)*, wie folgender Versuch zeigt: Mit einer Mikropipette gewinnt man den Vakuoleninhalt u. gibt ihn v. außen in eine gleiche Zelle; dabei kann – je nach Zellart – die Zelle vergiftet werden. ☐ Apoplast, ☐ Zelle.

Tonsillen [Mz.; v. lat. tonsillae = Mandeln], *Tonsillae,* die ↗Mandeln.

Tonus *m* [v. gr. tonos = Spannung], **1)** Pflanzenphysiologie: Grad der Bereitschaft, auf ↗Reize anzusprechen bzw. eine Reizantwort zu zeigen. Der T. bestimmt die Höhe des Schwellenwertes, den Umschlagpunkt u. den Richtungssinn einer Reaktion. Er wird sowohl durch Umweltfaktoren (Licht, Temp.) als auch durch innere Bedingungen, z. B. die Phasenlage der endogenen Rhythmik (↗Chronobiologie), moduliert. Tonisch wirksame Außenfaktoren haben keinen orientierenden Effekt; wirken tonische Außenfaktoren auch orientierend, so kann Adaptation eintreten (↗Phototropismus – Phototonus). **2)** Tierphysiologie: der ↗Muskeltonus.

Tonverlagerung, *Lessivierung,* ein Prozeß der ↗Bodenentwicklung.

Topcrossmethode [v. engl. top = Spitze, cross = kreuzen], pflanzenzüchterisches Kreuzungstestverfahren, mit dem die allg. ↗Kombinationseignung verschiedener Kreuzungspartner ermittelt wird. Dabei werden die zu testenden Linien mit jeweils dem gleichen Testpartner gekreuzt u. aus

Tonnoidea
Familien:
↗Feigenschnecken *(Ficidae)*
↗Froschschnecken *(Bursidae)*
↗Helmschnecken *(Cassidae)*
↗Tonnenschnecken *(Tonnidae)*
↗Tritonshörner *(Cymatiidae)*

Töpfervogel *(Furnarius rufus)*

topo- [v. gr. topos = Ort, Platz, Gegend, Gebiet].

den Nachkommenschaften die für weitere Züchtungsmaßnahmen geeigneten ausgewählt. Durch die T. wird die Zahl der Testkreuzungen eingeschränkt, die durchgeführt werden müßten, wenn bei einer Vielzahl v. Linien jede mit jeder gekreuzt würde.

Töpfervögel, *Furnariidae,* zu den ↗Schreivögeln gehörende Fam. der ↗Sperlingsvögel mit 219 Arten v. a. in S-Amerika, einige Arten auch in Mittelamerika. Bewohner sehr unterschiedl. Lebensräume: Wälder, Steppengebiete, Meeresküsten u. trockene Hochflächen der Anden. 15–25 cm groß; das Gefieder variiert zw. dunkelbraun u. olivfarben; meist sind die Geschlechter gleich gefärbt, unterscheiden sich jedoch manchmal in der Stimmlage. Die Nahrung besteht aus Insekten u. Samen. Die T. brüten in Erd- u. Baumhöhlen, bauen kugelige Pflanzennester od. errichten auf einem waagrechten Ast ein backofenförm. Lehmnest (☐ Nest) mit seitl. Eingang. Der eigtl. Töpfervogel *(Furnarius rufus)*, ein ruffreudiger Baumbewohner der La-Plata-Region, fertigt dieses melonengroße Gebilde, das 5 kg wiegen kann, aus kleinen Schlammklümpchen, wobei sich beide Partner beteiligen; das eigtl. Nest in einer abgetrennten Kammer wird mit Wurzeln, Federn u. a. Material ausgepolstert; beide Partner bebrüten abwechselnd die 2–5 weißen Eier.

Topi [einheim. Name aus Niger-Kongo-Raum] ↗Leierantilopen.

Topinambur *w* [ben. nach dem brasil. Volk der Tupinamba], *Helianthus tuberosus,* ↗Sonnenblume.

Topoisomerasen [Mz.; v. *topo-, gr. isomerēs = aus gleichen Teilen bestehend], die ↗DNA-Topoisomerasen.

Topotaxis *w* [v. *topo-, gr. taxis = Anordnung], gerichtete Orientierungsbewegung v. freibewegl. Organismen, bei der die Körperlängsachse zur Reizquelle (z. B. Licht, ↗Phototaxis) hin *(positive T.)* bzw. von ihr weg *(negative T.)* eingestellt wird. ↗Taxien.

Topozone [v. *topo-, gr. zōnē = Gürtel], (Moore 1957), nur an einer einzigen Lokalität erkennbare stratigraphische Zone.

Tor, Gatt. der ↗Barben.

Tora [v. Amharisch (Äthiopien) tōrā], *Alcelaphus buselaphus tora,* ↗Kuhantilopen.

Tordalk *m, Alca torda,* ↗Alken.

Tordylium *s* [v. gr. tordylion = eine Doldenpflanze], Gatt. der ↗Doldenblütler.

Torf *m* [v. mittelniederdt. torf = Rasenstück], ↗Humus-Form der ↗Moore (☐), Bodenauflage aus wenig zersetzten, konservierten Pflanzenresten. Voraussetzung für die T.- bzw. Moorbildung sind feuchtkühle Klimaverhältnisse u. bodenüberstauendes, nährstoffarmes Grundwasser (Verlandungszone flacher Seen). Luft- u. Mineralstoffmangel, niedrige Temp. und saures Milieu hemmen den mikrobiellen Abbau der Streu. Zusammensetzung u.

Verwesungsgrad des T.s variieren mit dem Entwicklungsstand des Moores. *Niedermoor-T.:* T. aus Schilf, Rohrkolben, Seggen oder sonst. Niedermoorpflanzen, T.mudde (organogenes Sediment aus Wasserpflanzenresten). *Hochmoor-T.:* extrem saure (pH 2,5–3,5), sehr nährstoffarme Reste von ↗T.moosen (Sphagnen), Wollgras, Sauergräsern, Zwergsträuchern (Heidekrautgewächse) u.a. typischen Hochmoorpflanzen. *Schwarz-T. (Brenn-T.):* älterer, stärker zersetzter Hochmoor-T.; *Weiß-T. (Streu-T.):* jüngerer, wenig zersetzter Hochmoor-T. T. von Übergangsmooren *(Bruchwald-T.)* enthält Blatt- u. Nadelstreureste v. Birken, Buchen, Erlen od. Kiefern. T.e, durch Stich gewonnen, werden als Brenn- u. Baumaterial, als Stalleinstreu u. Bodenverbesserer im Garten- u. Zierpflanzenbau eingesetzt. T.e spielen eine wichtige Rolle bei der Kultivierung u. Nutzung der Moore (↗Moorkultur). ↗Dünge-T., ⊤ Inkohlung.

Torfhund, *Torfspitz, Pfahlbauspitz, Canis familiaris palustris,* ein im Gefolge des Menschen der mittleren Steinzeit auftretender Hund, v. dem wahrscheinl. die Rassen der Terrier, Spitze u. Schnauzer abstammen.

Torfmoose, *Sphagnidae,* U.-Kl. der ↗Laubmoose mit 1 Ord. *Sphagnales* u. 1 Fam. *Sphagnaceae;* die einzige Gatt. *Sphagnum* umfaßt ca. 300 Arten. T. sind meist kalkfeindl. Moose; sie bilden an sumpfigen Stellen dichte Polster, die v. der Basis her absterben. Die stengelart., aufrechten Thalli tragen einschichtige blattähnliche Auswüchse, die aus rhombisch angeordneten, langgestreckten Assimilationszellen (Chlorocyten) bestehen, die große, tote, mit spangenart. Zellwandleisten verstärkte Wasserspeicherzellen (Hyalocyten) umschließen. Letztere besitzen zur Wasseraufnahme noch Poren. Die T. können das 20–40fache ihres Gewichts an Wasser aufnehmen, haben aber auch eine hohe Verdunstungsrate (bis zum 5fachen einer freien Wasserfläche). Sie können mittels unveresterter Polyuronsäuren in den Zellwänden Wasserstoffionen gg. Alkaliod. Erdalkaliionen austauschen, was mit zur Ansäuerung der Hochmoore führt. Die Wölbungen der Torfmoos-Polster in den nährstoffarmen Hochmooren ist darauf zurückzuführen, daß die T. unter den sauren, anaeroben Bedingungen kaum durch Bakterien od. Pilze zersetzt werden. Die abgestorbenen Pflanzenteile vertorfen. Fossile T. sind schon aus der oberen Kreide bekannt. B Moose I. [↗Dy.

Torfmudde w [v. ndt. *mud* = Schlamm],

Torgos m [gr., = Geier], Gatt. der ↗Altweltgeier.

Torilis w, der ↗Klettenkerbel.

Tormahseer [-mäsi^er; v. Hindi *mahāsir*], *Tor tor,* ↗Barben.

Tormentill m [v. lat. *tormenta* = Bauchgrimmen], *Potentilla erecta,* ↗Fingerkraut.

tormogene Zelle [v. gr. *tormos* = Loch, *gennan* = erzeugen], die ↗Balgzelle; ↗Sensillen (☐).

Tornaria w [v. lat. *tornare* = drehen], *T.larve,* plankton. Schwimmlarve der ↗Enteropneusten; besitzt mehrere verschlungene Wimpernbänder, die den Körper umziehen u. als Fortbewegungsorgan dienen; darin ähnelt sie auffällig den Larven der ↗Stachelhäuter. ☐ Rastermikroskop.

Torpedinidae [Mz.; v. lat. *torpedo* = Zitterrochen], die ↗Zitterrochen.

Torpedinoidei [Mz.; v. lat. *torpedo* = Zitterrochen], U.-Ord. der ↗Rochen.

Torpedo m [lat., = Zitterrochen], Gatt. der ↗Zitterrochen.

Torpor m [lat., = Erstarrung, Betäubung], *Torpidität,* bei Landvögeln u. kleinen Säugern ausgeprägter inaktiver ↗Starre-Zustand als Antwort auf Temperatur- u. Trocken-Streß (↗Trockenstarre), in dem die ↗Stoffwechselintensität u. damit die Körpertemperatur stark absinken – eine physiolog. Anpassung an das ungünstige Oberflächen-Volumen-Verhältnis der kleinen Homoiothermen (↗Homoiothermie), das zu einer häufigen Nahrungszufuhr zwingt, die (insbesondere in der Nacht) nicht immer gewährleistet ist. Demgemäß ist die Häufigkeit, mit der der T. bei einer Tierart eintritt, abhängig v. den im Tier vorhandenen Energiereserven u. reicht von tägl. T.zyklen bis zu gelegentl. Starrezuständen. Die physiolog. Prozesse während des T.s ähneln denen im ↗Winterschlaf, der als lang anhaltende T.periode aufgefaßt werden kann. ↗Trockenschlaf, ↗Sommerschlaf, ↗Dormanz, ↗Quieszenz, ↗Ästivation, ↗Temperaturregulation.

torrentikoler Bezirk [v. lat. *torrens* = Sturzbach, *colere* = bewohnen], der ↗lotische Bezirk.

Torreya w [ben. nach dem am. Botaniker J. Torrey, 1796–1873], *Nußeibe,* Gatt. der ↗Eibengewächse mit 5–6 rezenten Arten in O-Asien und N-Amerika (nordamerikan.-ostasiat. Großdisjunktion!); der Arillus dieser immergrünen Bäume umschließt den Samen vollständig u. verwächst mit der Samenschale. Wichtige (vielfach auch in Mitteleuropa kultivierte) ostasiat. Formen sind *T. grandis* (Heimat: SO- u. Zentralchina) und *T. nucifera* (Heimat: Japan). *T. californica* ist in Kalifornien heimisch. Fossil ist die Gatt. sicher aus dem Tertiär, u. hier auch aus Europa, bekannt.

Torsion w [v. spätlat. *torsio* = Drehung], die Drehung des Eingeweidekomplexes gegen die Körperlängsachse bei den ↗Schnecken.

torticon [v. lat. *tortus* = gedreht, gr. *kōnos* = Kegel], völlig unregelmäßiger Aufrollungsmodus v. ↗Heteromorphen-Gehäusen (Ammoniten).

Tortilla w [-tilja; span., = flacher Kuchen], ↗Mais.   [die ↗Wickler.

Tortricidae [Mz.; v. lat. *tortor* = Dreher],

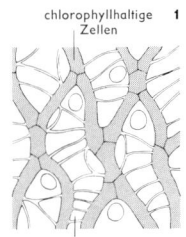

Torfmoose

1 Torfmoos *(Sphagnum squarrosum);*
2 Blätter eines Torfmooses

chlorophyllhaltige Zellen 1

tote Zellen im trockenen Zustand mit Luft, im feuchten Zustand mit Wasser gefüllt

2

Tortula w [lat., = kleine Brezel], Gatt. der ↗Pottiaceae.

Torulahefen [v. lat. torulus = kleiner Wulst], Bez. für ↗imperfekte Hefen der Gatt. ↗*Candida* u. ↗*Torulopsis*.

Torulopsis w [v. lat. torulus = kleiner Wulst, gr. opsis = Aussehen], Gatt. der ↗imperfekten Hefen (Formfam. ↗*Cryptococcaceae*); sprossende Zellen, ähnl. den ↗Echten Hefen; selten Pseudohyphen. Es gibt gärende u. nicht-gärende Arten; sie kommen an Weintrauben, in Most u. ↗Wein, ↗Sauermilchprodukten u. an der Oberfläche verschiedener ↗Käse (dadurch Entsäuerung) vor. *T.* wird auch im Intestinaltrakt verschiedener Warmblüter gefunden. *T.*-Arten werden in der ↗Biotechnologie und Nahrungsmittel-Ind. eingesetzt: Citronensäure-Herstellung, Fermentation, Soja-Sauce, ↗Sauerteig (teilweise), ↗Einzellerprotein; sie können auch als Weinschädlinge (Schleimbildung) auftreten. Neuerdings werden einige *T.*-Arten in der Gatt. ↗*Candida* eingeordnet.

Torus m [lat. = Wulst], **1)** Bot.: scheibenförm. Verdickung in der Mitte der Schließhaut bei den *Hof-*↗*Tüpfeln* der meisten Nadelhölzer. **2)** Anatomie: Haut-, Schleimhaut- od. Knochenwulst, z. B. der ↗Torus supraorbitalis.

Torus occipitalis m [v. lat. torus = Wulst, occiput = Hinterkopf], *Hinterhauptswulst,* etwa horizontal in der Mitte des ↗Hinterhauptsbeins verlaufender Knochenwulst bei Urmenschenschädeln.

Torus supraorbitalis m [v. lat. torus = Wulst, supra = oberhalb, spätlat. orbita = Augenhöhle], *Überaugenwulst,* oberhalb v. Augenhöhlen u. Nasenwurzel durchgehender Knochenwulst bei Schädeln v. Urmenschen (bes. ↗Neandertaler u. ↗*Homo erectus*) u. Menschenaffen (bes. Gorilla u. Schimpanse). ↗Augenbrauenbogen.

Torymidae [Mz.], *Callimomidae,* Fam. der ↗Hautflügler (U.-Ord. *Apocrita*); kleine, metall. grünblau-golden gefärbte Insekten. Die *T.* stechen mit ihrem weit hervorstehenden Legebohrer die Eier od. Larven anderer Insekten an; die Larven parasitieren im Wirtsgewebe, z. B. *Torymus bedeguaris* bei der Rosengallwespe. Andere rein pflanzenfressende Arten leben in Pflanzensamen, z. B. die Fichtensamenwespe *(Megastigmus strobilobius)*.

totale Furchung ↗Furchung (B).

Tote Mannshand, *Seemannshand, Korkpolyp, Meerhand, Alcyonium digitatum,* eine häufige ↗Weichkoralle der eur. Meere mit ca. 20 cm hoher, klumpiger Kolonie, die meist fingerförmig gelappt und weiß, fleischfarben od. rot gefärbt ist. Sie siedelt u. a. auf Steinen u. Muschelschalen. Die Kolonie schwillt täglich 2mal für mehrere Stunden an. In dieser Zeit sind die Polypen aktiv. Danach werden sie eingezogen, u. der Stock fällt in sich zus. Da die T. M. sehr häufig ist, wird sie z. T. zu Dünger verarbeitet. Bis in die neueste Zeit wurde sie geröstet gegessen u. als Heilmittel gg. Kropf verwendet (hoher Iodgehalt!).

Totengräber, *Necrophorus* (wegen eines Druckfehlers in der Originalbeschreibung auch *Nicrophorus*), Gatt. der ↗Aaskäfer. Mittelgroße bis große (10–30 mm), längl. Käfer, völlig schwarz od. meist rotgelbe Elytren mit schwarz gezackten Querbändern; Fühler mit knopfförmiger 4gliedriger Keule, Schienen verbreitert, letzte 3 Tergite des Hinterleibs frei sichtbar. Die Arten sind v. a. wegen ihrer bemerkenswerten Brutpflege bekannt. Sie leben an kleinerem u. mittelgroßem Aas, das sie mit Hilfe vieler empfindl. Geruchsrezeptoren auf der Fühlerkeule über größere Entfernungen wahrnehmen. An einem Aas finden sich meist mehrere Käfer ein. Es wird dann oft so lange gekämpft, bis ein Pärchen od. nur ein begattetes Weibchen übrigbleibt. Dieses beginnt, das Aas durch charakterist. Grabbewegungen langsam in den Boden zu versenken u. zu einer Kugel zu formen. Dabei werden meist die Haare od. Federn abgebissen. Diese Kugel wird immer wieder eingespeichelt und schließl. am oberen Pol mit einem Krater versehen. Dann werden etwas abseits entlang eines Seitengangs 8–12 Eier gelegt. Die nach 3–5 Tagen geschlüpften Junglarven wandern in den Krater der Nahrungskugel, in dem sie in nur 7 Tagen ihre Entwicklung bis zur Puppe durchmachen. Dabei werden sie – zumindest am Anfang – vom Muttertier intensiv gefüttert. Die Puppenruhe dauert 2 Wochen. Die dann schlüpfenden Käfer sind nach weiteren 2 Wochen Reifungsfraß, den sie wiederum an Aas durchführen, geschlechtsreif u. brüten i. d. R. sofort wieder. Auch die Muttertiere suchen sich nach Beendigung ein neues Aas, um mindestens noch eine weitere Brut großzuziehen. Die Käfer können mit Hilfe eines abdomino-elytralen Stridulationsapparats laut zirpen (↗Stridulationsorgane). Die Laute sollen den Larven das Vorhandensein des Muttertieres signalisieren. Vergesellschaftet mit den T.n ist die Milbe *Poecilochirus necrophori* (↗Parasitiformes), die sich vom Käfer zu einem Aas transportieren läßt (↗Phoresie). Sie fressen am Aas v. a. Dipteren-Eier u. -Junglarven u. ermöglichen dadurch dem *T.* überhaupt erst, seine Larven durchzubringen. – Bei uns kommen 10 Arten vor, die sich in ihrem jahreszeitl. Auftreten u. in der räuml. Verteilung mehr od. weniger unterscheiden. Die größte Art ist *N. germanicus* (20–30 mm); ganz schwarz; lebt hpts. an größerem Aas. Sein kleinerer Verwandter, *N. humator* (18–26 mm), ist mehr ein Waldtier. Bei uns häufig sind die rotgelben Arten *N. vespillo* (B Insekten III) und *N. fossor* (12–22 mm), die im Frühjahr u. Frühsommer an toten Vögeln u. Kleinsäugern zu finden sind. Die Käfer selbst leben

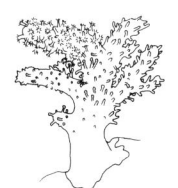

Totengräber

Tote Mannshand *(Alcyonium digitatum)*

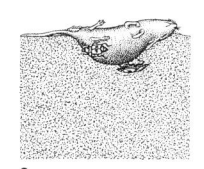

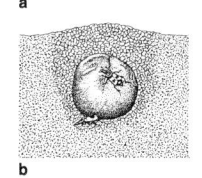

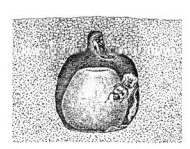

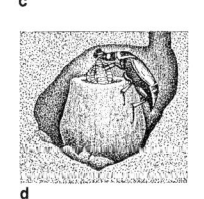

Totengräber

a Zwei T. *(Necrophorus vespillo)* versenken langsam ein Aas in die Erde; **b** dann formen sie aus dem Aas eine Kugel, indem sie dieses einspeicheln u. die Haare abbeißen; **c** anschließend wird eine Krypta um die Nahrungskugel gepreßt u. im Aas ein Trichter angelegt, in den später die 8–12 Larven hineinwandern; **d** das Muttertier füttert die im Krater sitzenden Larven vielfach räuberisch v. Fliegenlarven oder v. anderen Käfern, denen sie außer in Aas auch in faulenden Pilzen nachstellen. *H. P.*

Totenkäfer, *Blaps,* Gatt. der ↗Schwarzkäfer.

Totenkopfäffchen, *Saimiri,* Gatt. der ↗Kapuzineraffen.

Totenkopfschwärmer, *Totenkopf, Acherontia atropos,* in Afrika u. in der Paläarktis weit verbreiteter, bekannter u. großer Vertreter der ↗Schwärmer, der bei uns aber nur als ↗Wanderfalter alljährlich zufliegt u. nicht häufig ist; der Name rührt v. der Zeichnung auf der Rückseite des sehr kräftigen Thorax. Hinterleib u. Hinterflügel schreckfarben gelb mit dunklen Linien, Vorderflügel unscheinbar graubraun mit gelbl. Querlinien, Spannweite um 120 mm. Falter geben bei Beunruhigung einen sehr hohen fiependen Warnlaut von sich, der durch Ein- u. Auspumpen v. Luft im Pharynx erzeugt wird, wobei der Epipharynx in Schwingung gerät. Mit dem kurzen, aber sehr kräftigen Rüssel, der auch zum Stechen geeignet ist, saugen die Falter an Baumsäften u. ä.; gelegentl. dringen sie auch in Bienenstöcke ein, um aus den Waben Honig zu trinken. Im Mai – Juli erreichen einfliegende Falter aus Afrika u. dem Mittelmeerraum das Gebiet nördl. der Alpen bis Skandinavien; hier Eiablage an Nachtschattengewächse wie Kartoffeln, Bocksdorn u. Tollkirsche. Die grünen od. gelben Raupen werden bis 130 mm lang u. tragen eine dunkle Schrägstreifung; Afterhorn mit hellen, körnigen Warzen; die Larven können mit den Mandibeln knirschende Laute erzeugen. Verpuppung tief im Boden in einer mit Speichelsekreten ausgehärteten, kleinen Erdhöhle. Die Falter der Herbstgeneration überleben bei uns den Winter nicht. B Insekten IV.

Totentrompete, *Craterellus cornucopioides,* ↗Trompeten.

Totenuhr, 1) *Trogium pulsatorium,* ↗Psocoptera; 2) *Anobium punctatum,* ↗Klopfkäfer.

Totipotenz *w* [Bw. totipotent; v. lat. totum = alles, potentia = Fähigkeit], die ↗Omnipotenz; B Kerntransplantation, B Regeneration.

Totreife ↗Getreide.

Totstellverhalten, ugs. Beschreibung eines bei vielen Tierarten vorkommenden Verhaltens der Feindvermeidung: In einer Situation, in der die ↗Flucht nicht mögl. ist, od. bei einem Tier, das nicht flüchten kann od. dem die Flucht nur Gefahr bringen würde, verfällt es in bewegungslose Starre (↗Akinese) od. bleibt mit völlig erschlaffter Muskulatur liegen (Totstellreflex). Z. B. lassen sich viele Käfer bei Berührung v. ihrem Sitzplatz fallen u. bleiben dann regungslos mit angezogenen Beinen liegen. Sie erschweren damit ihren Hauptfeinden (Vögeln) die Jagd, während jedes Bewegen diese nur aufmerksam ma-

toxi-, toxo- [v. gr. toxikon = (Pfeil-)Gift].

chen würde. Auch v. Säugetieren wurden ähnl. Reaktionen berichtet; ob sie aber angeboren sind od. nur auf einen Schock zurückgehen, ist unbekannt.

Tötungshemmung, soziales ↗Signal, welches das aggressive Verhalten (↗Aggression) eines Artgenossen hemmt (↗Demutsgebärde). Der Begriff wurde für das Unterwerfungsverhalten v. Wölfen geprägt, die den ranghöheren Sieger durch ihre Körperhaltung am Zubeißen hindern. Die T. wirkt jedoch nicht (wie man urspr. annahm) automat. wie ein ↗Reflex, sondern hängt v. den sozialen Rollen der beteiligten Tiere, dem aggressiven Niveau u. a. Umständen ab. Der Begriff wird daher heute vermieden; man spricht allgemeiner v. *sozialen Hemmungen.* Die Entdeckung der T. führte jedoch zu der heute noch wichtigen Einsicht, daß auch beim Menschen elementare soziale Verhaltensweisen (wie die Hemmung v. Aggressionen) vom direkten Kontakt der Partner abhängen u. daß z. B. in neuzeitl. Kriegen die Tötung v. Gegnern dadurch ohne emotionale Erregung (ohne starke Aggressionsbereitschaft) mögl. wird, daß die Distanzwaffen direkte Kontakte verhindern. ↗Aggressionshemmung.

Totwasser, 1) Kontaktbereich zw. dem festen Substrat der Stromsohle u. dem freiströmenden Wasser. In diesem Bereich suchen die meisten ↗Fließwasserorganismen (↗Bergbach) Schutz vor der Strömung. Die Höhe der T.schicht ist v. der Rauhigkeit der Stromsohle abhängig u. um so größer, je grobkörniger das Substrat ist. ↗Grenzschicht. 2) ↗Bodenwasser.

Tournefort [turnfor], *Joseph Pitton* de, frz. Botaniker u. Mediziner, * 5. 6. 1656 Aix-en-Provence, † 28. 11. 1708 Paris; seit 1683 Prof. am Jardin des Plantes in Paris, 1702 Prof. für Medizin am Collège de France; zahlr. bot. Sammelreisen in W-Europa, Griechenland u. Kleinasien, deren Ausbeute sich in seinem Werk „Institutiones rei herbariae" (Paris 1700, 3 Bde.) mit der Beschreibung v. über 1300 neuen Pflanzenarten niederschlug; erarbeitete (vor ↗Linné) ein System der Pflanzen mit genauen Gatt.-Definitionen, das sich im wesentl. auf den Bau der Blüten gründeten.

Toxämie *w* [v. *toxi-, gr. haima = Blut], *Toxikämie, Toxhämie,* 1) *Toxinämie,* Überschwemmung des Blutes mit Bakterientoxinen; 2) *Toxanämie,* durch Giftstoffe hervorgerufene ↗Anämie; 3) Schädigung des Blutes durch Giftstoffe.

Toxicodendron *s* [v. *toxi-, gr. dendron = Baum], Gatt. der ↗Wolfsmilchgewächse.

Toxiferin *s* [v. *toxi-, lat. ferre = tragen], ein ↗Curare-Alkaloid; ☐ Curare.

Toxikologie *w* [v. *toxi-, gr. logos = Kunde], Lehre v. den ↗Giften (↗Pflanzengifte, ↗Tiergifte, ↗Bakterientoxine, ↗Toxine) u. ihren Wirkungen auf den Organismus, Teilgebiet der ↗Pharmakologie; eingeteilt in chem., med. und forensische T. (gerichtliche T.). Neben den akuten ↗Vergiftungen spielen in der T. Gesundheitsschäden infolge einer langzeitl. Aufnahme körperfremder Stoffe (auch in geringen Mengen; ↗Akkumulierung; ↗MAK-Wert, T) u. speziell genet. Schäden (↗Mutagene, T) durch Chemikalien eine immer größer werdende Rolle. ↗Radiotoxizität, ↗Schadstoffe, ↗Entgiftung, ↗Biotransformation.

Toxikose w [v. *toxi-], *Toxonose,* durch körpereigene u. (seltener) körperfremde Giftstoffe bewirkter Vergiftungszustand, u.a. die *Säuglings-T.* bei Flüssigkeits- u. Mineralverlust durch häufiges Erbrechen. ↗Vergiftung.

Toxine [Mz.; v. *toxi-], organ. Substanzen (od. Produkte) v. Organismen (z.B. ↗Bakterien, ↗Giftpflanzen, ↗Giftpilzen, ↗Gifttieren), die schädl. oder tödl. für Zellen, Zellkulturen od. Organismen sind (natürliche ↗Gifte); meist immunogen wirkend (↗Immunogene), wasserlösl. mit bestimmter Inkubationszeit und spezif. Wirkung (Unterschied zu chem. Giftstoffen). Nachweis biologisch im Tierversuch od. serologisch mittels Präzipitation. ↗Vergiftung; ↗Bakterien-T., ↗Endo-T., ↗Exo-T., ↗Myko-T., ↗Pflanzengifte, ↗Tiergifte.

toxisch [v. *toxi-], giftig, auf Giftwirkung beruhend.

Toxocara w [v. toxon = Bogen, kara = Kopf], Gatt. der ↗Fadenwürmer aus der Überfam. *Ascaridoidea* (↗Spulwurm), parasit. im Dünndarm v. Landraubtieren, Fledermäusen od. Elefanten; in Mitteleuropa *T. canis* (Hunde-Spulwurm) (♂ 3–12, ♀ 4–19 cm lang) und *T. cati* (Katzen-Spulwurm). Die Invasion beim Hund erfolgt wohl hpts. intrauterin (vom Blut der Mutter über die Placenta zum Embryo); ansonsten wie beim ↗Spulwurm, od. wohl auch mit Zwischenwirt (Nagetiere, auch Regenwürmer u. Schaben?); evtl. kann sogar dieselbe Raubtierart End- *und* Zwischenwirt sein. Mensch als Fehlwirt; vgl. Spaltentext.

toxocon [v. gr. toxon = Bogen, kōnos = Kegel], einfacher bogenförm. Windungsmodus v. ↗Heteromorphen-Gehäusen (Ammoniten).

Toxoglossa [Mz.; v. *toxo-, gr. glōssa = Zunge], die ↗Giftzüngler.

Toxoide [Mz.; v. *toxo-], von P. Ehrlich geprägte Bez. für durch Formol u. Erwärmen (39–41 °C für 3–4 Wochen) entgiftete ↗Toxine (fr. auch als *Anatoxin* bezeichnet); die spezif. immunisierende Wirkung (Antigeneigenschaft) bleibt erhalten, so daß T. eine Antikörperbildung auch gg. die entspr. Toxine auslösen; Anwendung bei der ↗aktiven Immunisierung gg. ↗Diphtherie u. ↗Wundstarrkrampf.

Toxophor s [v. *toxo-, gr. -phoros = -tragend], das ↗Brennhaar 2).

Toxoplasma s [v. gr. toxon- = Bogen, plasma = Gebilde], Gatt. der ↗*Coccidia;* ↗*Sporozoa* (Sporentierchen) mit 1 Art, *T.*

toxi-, toxo- [v. gr. toxikon = (Pfeil-)Gift].

Toxocara
Auch der *Mensch* kann befallen werden, wenn Eier aus Hunde- od. Katzenkot in den Mund gelangen, v.a., wenn Kinder mit schmutzigen Händen essen. Die im menschl. Darm geschlüpften Larven durchbohren die Darmwand u. halten sich im Körperinnern als ↗*Larva migrans* auf (bisweilen für den Menschen tödlich). Sie gelangen aber nicht wieder ins Darmlumen, d.h., sie werden nicht geschlechtsreif; der Mensch ist also nur ↗Fehlwirt.

gondii, ca. 7 μm lang, bogenförmig; parasit. Einzeller, der weltweit verbreitet ist u. Vögel u. Säuger (einschl. Mensch) befallen kann. Die Parasiten leben in Zellen (Gehirn, reticulo-endotheliales System, Darmepithel), als Oocyste auch im Darmlumen des Endwirts, u. werden auf verschiedenen Wegen (Carnivorie, Exkremente) übertragen. Vermehrung durch ↗Schizogonie, ↗Endodyogenie od. ↗Endopolygenie. Das Krankheitsbild ist die ↗Toxoplasmose.

Toxoplasmose w [v. ↗Toxoplasma], Erkrankung durch den einzelligen Parasiten ↗*Toxoplasma gondii.* Der Parasit besitzt einen fakultativen Wirtswechsel: unspezifische Zwischenwirte sind Pflanzen-, Fleisch- und Allesfresser (Vögel, viele Säuger, wie Maus, Schaf, Rind, Mensch), in denen ungeschlechtl. Teilungen des Parasiten zu Cystenbildung im ganzen Körper (v.a. Gehirn, Herz) führen; spezifische Endwirte sind Katzen (vorwiegend Hauskatze), in denen neben ungeschlechtl. Entwicklung (Gewebe) geschlechtl. Entwicklung (Darm) stattfindet. Dementsprechend kann die Infektion durch cystenhaltiges rohes Fleisch („beefsteak tartar") od. kontaminativ durch Katzenkot erfolgen, der sporulierte Oocysten enthält. Symptome im erwachsenen Zwischenwirt u. Endwirt unspezifisch (Lymphknotenschwellung, Ödeme, Fieber, Leber- u. Milzschwellung, beim Menschen Gedächtnisstörungen, Unwohlsein, Gelenkschmerzen). Bei den meisten Befallenen bleiben aber Krankheitssymptome aus. Gefährl. wird der Parasit, wenn er durch die Placenta den Fetus erreicht (*kongenitale T.,* bes. bei Erstinfektion im letzten Schwangerschaftsdrittel): Wasserkopfbildung, Augenentzündung u. Gehirnverkalkung beim Fetus, cerebrale Schäden des Säuglings, auch Tot- od. Frühgeburten sind die Folgen. Immunolog. Tests beweisen, daß bis zu etwa 50% der Bevölkerung Antikörper gegen T. haben können (Wahrscheinlichkeit mit Alter zunehmend), also gegen spätere Infektionen immun sind.

Toxopneustes m [v. *toxo-, gr. pneuma = Atemhauch], Gatt. der ↗Seeigel Ord. *Tomnopleuroida.* Die bis 15 cm große Art *T. pileolus* (Indopazifik) hat viele dreiklappige, 4 mm weit klaffende Pedicellarien; ihr Gift ist auch für den Menschen gefährl. (Erschlaffen der Körpermuskulatur, Atemnot). Namengebend für die Fam. *Toxopneustidae:* 35 Arten in 10 Gatt., z.B. *Sphaerechinus* (Violetter ↗Seeigel), *Lytechinus, Tripneustes,* v.a. im trop. Litoralbereich des Indopazifik.

Toxotidae [Mz.; v. gr. toxotēs = Bogenschütze], die ↗Schützenfische.

Tozzia w [ben. nach dem it. Botaniker L. Tozzi, 1633–1717], der ↗Alpenrachen.

T-Phagen, zusammenfassende Bez. für insgesamt 7 virulente Coliphagen (↗Bakteriophagen) (T = Typ), die durch ihre Ver-

trache- [v. lat. trachia (v. gr. trachys = rauh) = Luftröhre; trachēlos = Hals].

wendung als Modellsysteme zur Analyse der Vermehrung u. Genetik v. Viren (durchgeführt v. a. von ↗Delbrück, ↗Luria u. ↗Hershey) große Bedeutung für die Molekularbiologie erhalten haben. Der Replikationszyklus virulenter Bakteriophagen wurde am Beispiel der T-Phagen in exemplarischer Weise entschlüsselt (↗Bakteriophagen). Die geradzahligen T-Phagen (*T2, T4, T6*; engl. T-even) unterscheiden sich in einer Reihe v. Merkmalen v. den ungeradzahligen T-Phagen (*T1, T3, T5, T7*; engl. T-odd). Taxonomisch werden die T-Phagen in 3 Fam. eingeordnet (T1, T5: *Syphoviridae*; T3, T7: *Podoviridae*; T2, T4, T6: *Myoviridae*). Der z. T. äußerst komplexe Aufbau der T-Phagen ([B] Bakteriophagen I) u. die in mehreren Schritten verlaufende Morphogenese der Phagenpartikel ([B] Genwirkketten I) sind genau bekannt. Das Genom besteht aus einer linearen, doppelsträngigen DNA ([T] Desoxyribonucleinsäuren) unterschiedl. Länge (T7: relative Molekülmasse $24 \cdot 10^6$, entspr. 39 936 Basenpaaren bekannter Sequenz; T4: $130 \cdot 10^6$, entspr. ca. 180 000 Basenpaaren) u. ist terminal redundant, d. h., identische Nucleotidsequenzen liegen am rechten u. am linken Genomende vor (bei T7 160 Basenpaare, bei T4 einige tausend Basenpaare, entspr. ca. 3% des Genoms). Das T7-Genom enthält ca. 50 Gene, bei T4 sind über 100 Gene bekannt, die für Virion-Strukturproteine, regulatorische Proteine sowie für eine Vielzahl v. Enzymen codieren. Die DNA der geradzahligen T-Phagen enthält anstelle von Cytosin die ↗modifizierte Base ↗5-Hydroxymethyl-Cytosin, meist zusätzlich in glucolysierter Form; dadurch wird die Phagen-DNA vor Abbau durch bakterielle Restriktionsenzyme geschützt. Außerdem zeigt die DNA der geradzahligen T-Phagen das Phänomen der zirkulären Permutation: aus verschiedenen Phagenpartikeln isolierte DNA-Moleküle enthalten die Gesamtheit der viralen genet. Information jeweils mit einem anderen Genomabschnitt beginnend (schematisch: A–B–C–D–E–A' bzw. B–C–D–E–A–B' usw., wobei A, A' und B, B' die terminale ↗Redundanz anzeigt); die Genkarte ist deshalb zirkulär. ☐ Desoxyribonucleinsäuren, ☐ Mutationsspektrum.

TPP, Abk. für ↗Thiaminpyrophosphat.

Trab, ↗Gangart v. Tetrapoden (i. e. S. bei Pferden), bei der das sich diagonal gegenüberstehende Fußpaar gleichzeitig den Boden berührt, während das andere Paar vorgreift. Dadurch sind beim Pferd im Ggs. zum ↗Galopp (☐) nur zwei Hufschläge zu hören. Der T. ist für die meisten Pferderassen die förderlichste (energetisch günstigste) Gangart. ↗Kreuzgang, ↗Paßgang.

Trabant *m, Satellit,* durch Sekundäreinschnürung abgeschnürter Teil eines ↗Chromosoms.

Trabekeln [Mz.; v. lat. trabecula = kleiner Balken], *Bälkchen, Trabeculae,* allg. anatom. Begriff für cuticuläre, bindegewebige od. muskuläre, bzw. bei Pflanzen aus Festigungsgewebe bestehende Stützstrukturen in tier. bzw. pflanzl. Organen. **1)** Bot.: Stützpfeiler aus sterilem Gewebe in den Riesensporangien der ↗Brachsenkrautartigen. **2)** Zool.: a) leistenförmig über die Epitheloberfläche vorspringende Blutbahnen in der Mantelhöhle der ↗Lungenschnecken. b) in Reihen angeordnete Kalkfaserbündel (Sklerodermiten) in den Septen der meisten ↗*Hexacorallia* u. vieler ↗*Rugosa* (↗holacanthin). c) cuticuläre Stützleisten (Abstandhalter) zw. den Gasaustauschlamellen in den Fächerlungen vieler ↗Spinnentiere. d) balkenförmige, senkrechte Chitin-Stützen in den ↗Schuppen der Insekten. e) Spongiosa-Bälkchen in den ↗Knochen der Wirbeltiere. f) knorpelig vorgebildete Anlagen der Hirnschädelbasis der Wirbeltiere *(Trabeculae cranii),* bei Amphibien u. Reptilien in Form paariger Knorpelspangen, bei Säugern als unpaarer Knorpelstab, jeweils vor dem Vorderende der Chorda dorsalis gelegen. g) *Trabeculae carneae,* namentl. in der rechten Kammer des Säugerherzens leistenförmig aus der inneren Kammerwand vorspringende, das Kammerlumen frei durchziehende (Septomarginal-T.) oder zapfenartig in das Kammerlumen ragende (Papillarmuskel) muskuläre Protuberanzen der inneren Herzwand, deren letztere über kurze Sehnen (Chordae tendineae) an den Rändern der 3 Klappensegel (Tricuspidalklappe) zw. Vorhof u. Kammer angreifen. h) in ↗Lymphknoten u. ↗Milz der Wirbeltiere ein formstabilisierendes bindegewebiges, in Speichermilzen (Hund, Pferd) auch v. Muskulatur durchflochtenes Bälkchengerüst, das reich verzweigt vom Organhilus (Gefäßpol) aus radial das Schwammwerk lymphoreticulären Markgewebes durchzieht u. außen in die bindegewebige Organkapsel einstrahlt. i) im Penis der Säuger zugstabilisierende Bindegewebsbälkchen, welche die schwammig gefäßreichen Penis-↗Schwellkörper radial durchziehen.

Traberkrankheit, *Gnubberkrankheit, Scrapie,* tödl. verlaufende Viruserkrankung (↗slow-Viren) des Zentralnervensystems von (v. a. überzüchteten) Schafen; Symptome: Schreckhaftigkeit, schwankender, trabender Gang, Hinterbeinschwäche, Abmagerung, stierer Blick.

Tracer *m* [treiˈßer; engl., = Spürer], radioaktives ↗Isotop *(Leitisotop),* das an eine Substanz gekoppelt wird, um deren Position im Organismus od. deren Weg im Verlauf der Stoffwechselvorgänge (anhand der ausgesandten radioaktiven Strahlung) untersuchen zu können. ↗Indikator 2).

Trachea *w* [v. *trache-], die ↗Luftröhre.

Tracheata [Mz.; v. *trache-], *Eutracheata, Tracheentiere, Röhrenatmer, Monantennata, *Antennata,* Taxon innerhalb der ↗ *Mandibulata,* das die ↗ Tausendfüßer u. ↗ Insekten umfaßt. Als gemeinsame Merkmale gelten: 1) Verlust der 2. Antennen, 2) Mandibel stets ohne Palpus, 3) 2. Maxillen zu einem Labium verschmolzen, 4) Maxillen mit Kauladen, 5) ektodermale Malpighi-Gefäße, 6) Besitz eines Tracheensystems, das unabhängig v. dem der ↗ Spinnentiere entstanden ist, 7) alle Extremitäten sind einästig, evtl. ist der Stylus homolog dem Exopodit. Die *T.* sind primär terrestrisch. ↗ Tracheensystem, ☐ Gliederfüßer.

Tracheen [Mz.; v. *trache-], **1)** Bot.: *Gefäße,* Bez. für die Längsreihen der abgestorbenen, nur aus den Zellwänden bestehenden u. häufig nur wenig gestreckten, tonnenförm. Einzelzellen od. Gefäßglieder bei Pflanzen, die durch vorherige weitgehende bis vollständige Auflösung der Querwände (= Zellfusion) zu Röhren vt. ca. ht beträchtl. Länge vereinigt sind. Im Ggs. zu den oft schlanken ↗ *Tracheiden* wachsen die Gefäßglieder der *T.* nach Polyploidisierung (8–16n) vor dem endgültigen Zelltod beträchtl. in die Breite. Da nach dem Abschneiden sehr schnell Luft in die *T.* eindringt, wurden sie bei ihrer Entdeckung fälschl. zunächst als Durchlüftungs- u. Atmungssystem angesehen u. daher auch falsch ben. (Trachea = Luftröhre). *T.* kommen bei den Bedecktsamern u. einigen wenigen Farnpflanzen vor. Sie stellen das phylogenetisch fortgeschrittenere Wasserleitsystem dar, kommen aber nur immer zus. mit dem phylogenet. älteren Tracheidensystem vor. *T.* und Tracheiden sind die häufigsten und wesentl. Elemente des ↗ *Xylems* (↗ Leitbündel) bzw. des ↗ *Holzes.* Sie besitzen charakterist. Wandverdickungen, die dem Unterdruck (Transpirationssog) in ihrem Lumen standhalten u. ein Zusammenfallen verhindern. Je nach Ausbildung dieser Versteifungen unterscheidet man *Ring-, Schrauben-* u. *Netz-T.* bzw. *-tracheiden.* Sind die Zellwände einheitl. verholzt u. werden sie nur v. Tüpfelfeldern durchbrochen, spricht man v. *Tüpfel-T.*n bzw. *-tracheiden.* Elemente mit ring- u. schraubenförm. Verdickungsleisten können sich noch strecken u. werden daher im Primärxylem angelegt. *T.* und Tracheiden üben durch die stark verholzten Zellwände auch Stützfunktion aus. ↗ Leitungsgewebe (☐), ↗ Zellwand, ☐ Holz, **B** Sproß und Wurzel II. **2)** Zool.: ↗ Tracheensystem.

Tracheenblase [v. *trache-], mit Luft od. anderem Gas gefüllte Erweiterung des ↗ *Tracheensystems,* v.a. bei im Wasser lebenden Insektenlarven, deren Stigmen weitgehend verschlossen sind.

Tracheenkapillaren [v. *trache-, lat. capillaris = Haar-], *Tracheolen,* ↗ Tracheensystem, ↗ Atmungsorgane.

Tracheenkiemen [v. *trache-], *Pseudobranchien,* bei im Wasser lebenden Insektenlarven od. -puppen mit geschlossenem ↗ Tracheensystem dem Gasaustausch dienende, dünnwandige, mit feinen Tracheenzweigen versehene Anhängsel, die fadenförmig, büschelig od. blattförmig sein können. Sie sind entweder Extremitäten homolog (bei abdominalen Kiemen der Eintagsfliegenlarven, Schlammfliegen- u. Netzflügler-Larven *[Sisyra])* od. umgebildete ↗ *Paraprocte* des 11. Abdominalsegments (Libellenlarven), einfache Hautausstülpungen am Thorax (Larven v. Steinfliegen) od. Abdomen (Larven der Köcherfliegen). ↗ Darmkiemen, ↗ Darmatmung. ↗ Atmungsorgane (**B** II).

Tracheenlungen [v. *trache-], gebräuchliche, aber sprachlich nicht korrekte Bez. (↗ Fächertracheen) für die ↗ *Fächerlungen.* **B** Atmungsorgane II.

Tracheensystem [v. *trache-], Röhrensystem im Körper verschiedener ↗ Gliederfüßer, das der ↗ Atmung dient (↗ Atmungsorgane). Es besteht aus röhrenförm. Einstülpungen des Integuments, den *Tracheen,* durch deren Wandungen der Gasaustausch erfolgt. Eine Trachee setzt sich aus einer einschicht. Matrix *(Tracheenepithel, Exotrachea)* zus., der außen eine Grundmembran anliegt. Ins Lumen wird eine ↗ *Cuticula* abgeschieden. Sie besteht aus Pro- u. Epicuticula u. wird meist als ↗ *Intima (Endotrachea)* bezeichnet. Um ein Kollabieren der Tracheenröhre zu verhindern, sind innen *Spiralfäden* od. *Taenidien* ausgebildet – sklerotisierte exocuticulare Leisten. Diese können auch gegabelt, einfach ringförmig od. gitterartig angeordnet sein. Bei höher entwickelten Formen (↗ Insekten, ☐) verzweigt sich eine Trachee in immer feinere Äste u. endet schließl. in einer *Tracheenendzelle (Transitionszelle),* die eine differenzierte Matrixzelle ist. Diese dringt mit fingerförm. Fortsätzen an oder zw. das Gewebe, um über weniger als 1 µm im ⌀ betragende *Tracheenkapillaren (Tracheolen)* den Sauerstoff per ↗ *Diffusion* abzuliefern. Die Öffnungen der Tracheen nach außen sind die Stigmen. Das *Stigma (Atemloch, Trema, Peritrema, Spiraculum)* ist primär eine einfache Öffnung, die vielfach komplexe Schutzvorrichtungen u. Verschlußmechanismen entwickelt hat. Bei Insekten werden primär 10 Stigmenpaare angelegt. Diese befinden sich in den Pleuren. Kopf u. Prothorax tragen nie Stigmen. (Sekundär am Kopf allerdings gibt es Stigmen bei manchen Springschwänzen u. Wenigfüßern.) Diese Teile werden v. Tracheenästen anderer Segmente versorgt. Der Hinterleib trägt urspr. 8 Stigmenpaare. Bei wenigen Vertretern gibt es auch zusätzl. Stigmen *(Japyx,* ↗ Doppelschwänze), die dann als ↗ *Hyperpneustia* bezeichnet werden. Viele Insektengruppen verschließen od. reduzieren Stigmen, bes., wenn sie wasserlebend od. sehr klein sind. ↗ *Hemipneustia* sind solche Insekten, die zwar zunächst alle Stigmen anlegen, später aber

Tracheensystem

trache- [v. lat. trachia (v. gr. trachys = rauh) = Luftröhre; trachêlos = Hals].

Tracheensystem

Klassifizierung v. Insektengruppen nach ihrer Stigmenverteilung:

↗ *Holopneustia:* komplett mit 10 Stigmen
↗ *Hyperpneustia:* zusätzl. Stigmen
↗ *Hemipneustia:* einige Stigmen verschlossen
  Peripneustia (↗ peripneustisch)
  Amphipneustia (↗ amphipneustisch)
  Propneustia (↗ propneustisch)
  Metapneustia (↗ metapneustisch)
  Branchiopneustia (↗ branchiopneustisch)
↗ *Hypopneustia:* einige Stigmen reduziert
Apneustia: alle Stigmen reduziert (↗ apneustisch)

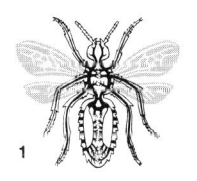

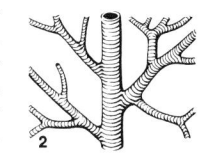

Tracheensystem

1 T. im Insektenkörper; **2** Tracheenstamm mit Abzweigungen; **3** Stigma

Tracheiden

wieder verschließen. Je nachdem, welche Stigmen verschlossen werden, gibt es eine Reihe v. Gruppenbildungen (⊤ 233). Sonderbildungen des T.s finden sich bei Wasserinsekten. Ein reiches T. im Enddarm befähigt zum Gasaustausch unter Wasser (Libellenlarven); viele Larven haben ↗ Tracheenkiemen. – Tracheen sind innerhalb der Gliederfüßer mehrfach unabhängig „erfunden" worden. Bei den ↗ Stummelfüßern gibt es pro Segment bis zu 70 Stigmen, v. denen jeweils dichte Büschel ist. nicht anastomosierender Tracheenästchen ausgehen. Bei ↗ Tausendfüßern als Teilgruppe der ↗ Tracheata sind möglicherweise Tracheen ebenfalls unabhängig v. denen der Insekten evolviert (Gruppen Notostigmophora u. Pleurostigmophora der ↗ Hundertfüßer). Bei ↗ Spinnentieren finden sich als Atmungsorgane neben sog. ↗ Fächerlungen (fälschl. oft auch Fächertracheen gen.) auch Röhrentracheen. Diese treten in Form v. Siebtracheen (bei einigen Webspinnen, bei Pseudoskorpionen u. Kapuzenspinnen) od. einfachen, unverzweigten Luftröhren auf (einige Webspinnen, Milben). Bei den Siebtracheen handelt es sich sozusagen um Fächerlungen mit röhrenförm. Atemtaschen. Bei Weberknechten u. Walzenspinnen sind schließl. den Insekten vergleichbare T.e ausgebildet, indem alle Tracheenäste anastomosieren. Meist gehen hier die Röhrentracheen vom Hinterkörper aus, wo ihre Stigmen (1–3 Paare) in der ↗ Intersegmentalhaut der Sternite liegen. Selten gibt es auch Stigmen am Vorderkörper (alle Walzenspinnen, Kapuzenspinnen u. viele Milben) od. gar auf Laufbeinen (Weberknechte). □ Insekten, B Atmungsorgane I–II, B Gliederfüßer II. *H. P.*

Tracheiden [Mz.; v. *trache-], Bez. für die abgestorbenen, nur aus den Zellwänden bestehenden, langgestreckten Pflanzenzellen, die mit schräg gestellten, reich getüpfelten, aber niemals aufgelösten Querwänden in Längsreihen zu Wasserleitbahnen verbunden sind. T. bilden das Wasserleitsystem bei den Nacktsamern u. bis auf wenige Ausnahmen bei den Farnen. Sie stellen das phylogenetisch ältere Wasserleitsystem dar. In Abwandlung ihrer Primärfunktion werden T. zu Faserelementen (Faser-T.) verlängert u. dienen dann im ↗ Holz-Körper als zugstabilisierende Elemente. ↗ Tracheen, ↗ Leitungsgewebe (□), ↗ Zellwand, B Sproß und Wurzel II.

Trachelius m [v. *trache-], Gattung der ↗ Gymnostomata, Wimpertierchen mit eiförm. Körper u. kurzem, derbem Rüssel, an dessen Basis der Zellmund liegt. T. ovum ist eine häufige, bis 400 µm große Art eutropher Gewässer mit großen Vakuolen.

Trachelomonas w [v. *trache-, gr. monas = Einheit], Gatt. der ↗ Euglenales.

Trachelopytchus m [v. *trache-, gr. ptychē = Falte], Gatt. der ↗ Schildechsen.

trache- [v. lat. trachia (v. gr. trachys = rauh) = Luftröhre; trachēlos = Hals].

trachi-, trachy- [v. gr. trachys = rauh].

Trächtigkeit

Durchschnittliche Tragzeit verschiedener Tiere in Tagen:

Elefant	650
Wal	360
Esel	350
Pferd, Kamel	340
Rind	285
Hirsch, Reh	280
Schimpanse	260
Rentier	210
Schaf, Ziege	147
Schwein	115
Hund	63
Katze	56
Kaninchen	30
Meerschweinchen	28
Maus	22
Goldhamster	16

Trachymedusae

Einige Gattungen u. Arten:

↗ Aglaura

↗ Rüsselqualle (Geryonia = Carmarina)

Aglantha digitalis: häufig in den nördl. Meeren; in der Nordsee 2 Formen: Kaltwasserform (40 mm hoch), Küstenform (unter 18 mm hoch)

Liriope tetraphylla: an der Oberfläche warmer Meere (auch Mittelmeer), mit langem Rüssel

Rhopalonema velatum: ∅ 15 mm, sehr häufig im Mittelmeer, besitzt zu Stummeln reduzierte Randtentakel

Pantachogon rubrum, Haliscera papillosum, H. conica: reine Tiefseearten trop. Meere mit stark reduziertem Magenstiel

Tracheolen [Mz.; v. *trache-], Tracheenkapillaren, ↗ Tracheensystem, ↗ Atmungsorgane.

Tracheopulmonata [Mz.; v. *trache-, lat. pulmones = Lungen], Athoracophoroidea, Überfam. nacktschneckenart. Landlungenschnecken (U.-Ord. ↗ Heterurethra) mit 1 Fam. (Athoracophoridae) und 4 Gatt., die in Austr., Neuguinea u. Neuseeland leben; am bekanntesten ↗ Athoracophorus.

Trachinoidei [Mz.; v. *trachi-], die ↗ Drachenfische.

Trachipteroidei [Mz.; v. *trachi-, gr. pteron = Flosse], die ↗ Bandfische.

Trachodon m [v. *trachy-, gr. odōn = Zahn], (Leidy 1856), in der Lit. oft erwähnter, zu den Ornithischia gezählter ↗ Dinosaurier aus der Oberkreide v. N-Amerika; die Gatt. basiert auf nur 1 Zahn.

Tracht, 1) Einheit aus Färbung, Zeichnung u. Körperform bei Tieren; besitzt ↗ Signal-Charakter; gewinnt ihre Bedeutung als ↗ Schutz-T. oder in der ↗ Balz (Balzkleid) oft erst im Zusammenspiel mit bestimmten Verhaltensweisen (↗ Augenfleck). 2) die v. ↗ Honigbienen genutzte Nahrungsquelle (↗ Bienenweide); i. e. S. der mit dem Waagstock meßbare Eintrag in den Bienenstock (↗ Bienenzucht).

Trächtigkeit w, Gravidität, Gestation, ↗ Schwangerschaft (Tragdauer zw. Befruchtung des Eies u. Geburt) des weibl. Säugetieres. T. ist mit der Ablehnung v. Männchen und i. d. R. mit dem Abstillen evtl. vorhandener Jungtiere verbunden. Durch Hormonstörungen kann (bes. bei Hündinnen) ein Verhalten ausgelöst werden, das eine T. und Vorbereitungen zur Geburt vortäuscht u. das daher als Schein-T. bezeichnet wird. Die T.sdauer (vgl. Tab.) ist weitgehend genet. festgelegt – mit individuellen Schwankungen – u. um so kürzer, je mehr Junge geboren werden. ↗ Leibeshöhlenträchtigkeit.

Trachurus m [v. *trachy-, gr. oura = Schwanz], Gatt. der ↗ Stachelmakrelen.

Trachycephalus m [v. *trachy-, gr. kephalē = Kopf], Gatt. der ↗ Laubfrösche (⊤).

Trachyceras s [v. *trachy-, gr. keras = Horn], (Laube 1869), weltweit verbreiteter ↗ Ceratit der ↗ Trias (Anis bis Karn); T. aon und T. aonoides sind Leitfossilien des alpinen Unterkarn (Jul).

Trachydemus m [v. *trachy-, gr. demas = Gestalt], Kinorhynchus, Gatt. der ↗ Kinorhyncha (Ord. Homalorhagida) mit 8 weltweit in marinen Mudd-Böden verbreiteten Arten.

Trachylina [Mz.; v. *trachy-], Ord. der ↗ Hydrozoa (□) mit 114 Arten, ohne Polypengeneration; Medusen entstehen aus freischwimmenden, Actinula-ähnlichen Stadien. Meist Hochseetiere; 6 Arten sind Grundbewohner. Typisch für alle T. sind Schweresinnesorgane, die aus Tentakeln entstehen. Man unterscheidet die U.-Ord. ↗ Trachymedusae u. ↗ Narcomedusae.

Trachymedusae [Mz.; v. *trachy-, gr. Medousa = schlangenhaarige Gorgone], U.-Ord. der ↗*Trachylina* mit ca. 50 Arten (meist Hochseetiere von 1–100 mm ⌀; T 234). T. haben einen ungelappten Schirmrand u. viele Radiärkanäle, an denen die Gonaden liegen.

Tradescantia w [ben. nach dem engl. Gärtner J. Tradescant d. Ä., um 1656], Gatt. der ↗Commelinaceae.

Tradition w [v. lat. traditio = Überlieferung], die Weitergabe erlernter Verhaltensweisen (↗Lernen) innerhalb einer Gruppe v. Individuum zu Individuum über die Generationen hinweg. Man unterscheidet eine *direkte T.enbildung,* wenn der unerfahrene Partner durch ↗Nachahmung eines erfahrenen Vorbildes lernt, von einer *indirekten T.enbildung,* wozu kein Individualkontakt nötig ist, so z. B., wenn etwa durch die Eiablage eines phytophagen od. entomophagen Insektenweibchen auf eine bestimmte Pflanze od. einen bestimmten Wirt die dort aufwachsenden Larven darauf geprägt werden (↗Prägung), als Imagines dieselben Objekte als Eiablagesubstrat aufzusuchen. Bei der *objektgebundenen T.enbildung* muß der lernende Partner den erfahrenen Artgenossen an einem (Demonstrations-)Objekt in Aktion beobachten (z. B. bei der Gewinnung od. Bearbeitung v. Nahrung), um sein Verhalten dann nachzuahmen. *Nicht objektgebundene T.enbildung* erlaubt eine Informationsübertragung auch in Abwesenheit des Objekts. Dies geht nur durch Verwendung v. Symbolen, wie sie in angeborener Weise in der Tanzsprache der Bienen (↗Bienensprache), in erlernter Form in der ↗Sprache des Menschen vorliegt. T.en treten v. a. bei Vögeln u. Affen verbreitet auf. Gesangs- ↗Dialekte, bestimmte Winterquartiere u. Brutplätze bei Vögeln sowie bestimmte Techniken des Nahrungserwerbs (z. B. das Angeln v. Termiten bei Schimpansen; ↗Werkzeuggebrauch, ☐) beruhen auf T. T.enbildung erlaubt eine rasche Weitergabe v. ↗Information v. jedem Mitglied einer Sozialgruppe zu jedem anderen u. ist bezügl. dieses Tempos des Informationsflusses der genet. Informationsweitergabe (Vererbung), die nur v. den Eltern auf ihre Kinder mögl. ist, überlegen. T. ist die Voraussetzung für die ↗kulturelle Evolution des Menschen. ↗Kultur (Spaltentext).

Tragant m [v. gr. tragakanthos = Bocksdorn], *Astragalus,* Gatt. der ↗Hülsenfrüchtler mit über 1600 (!) Arten, davon etwa die Hälfte in Zentral- u. Mittelasien; riesige ökolog. Spanne und vielfältige Wuchsformen (Kräuter, Stauden, Holz- u. Rosettenpflanzen, Dornkugelpolster). Zu den miteleur. Arten (ausdauernde Kräuter) zählen Bärenschote (*A. glycyphyllos*) mit unpaar gefiederten Blättern aus 8–15 Fiederblättern, helle, gelbl.-grünl. Schmetterlingsblüten in Trauben;

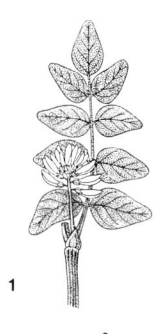

Tragant
1 Bärenschote (*Astragalus glycyphyllos*), 2 Gletscher-T. (*A. frigidus*)

Tragelaphus
Arten:
Großer ↗Kudu (*T. strepsiceros*)
Kleiner ↗Kudu (*T. imberbis*)
Berg-↗Nyala (*T. buxtoni*)
↗Nyala (*T. angasi*)
↗Sitatunga (*T. spekei*)
↗Buschbock (*T. scriptus*)

Trägerschnecke (*Xenophora conchyliophora*)

der Alpen-T. (*A. alpinus*) mit weiß-blau-violetter Blüte, der v. a. in alpinen Steinrasen u. dort in Gratlage vorkommt, und der häufige Gletscher-T. (*A. frigidus*), gelbl.-weiß blühend, Blätter 4–5paarig gefiedert; arktisch-alpine Verbreitung. In Vorderasien heimisch sind Dornkugelpolster bildende Arten (*A. gummifer, A. adscendens*). Bei Verletzung der Rinde tritt ein erhärtender, zäher, wasserlösl. Saft, das *T.gummi* (↗Gummi), aus, das in der pharmazeut., Farb- u. Textil-Ind. genutzt wird.

Tragantgummi, 1) ↗Tragant; 2) ↗Sterculiaceae.

Tragblatt ↗Braktee.

Tragelaphinae [Mz.], die ↗Waldböcke.

Tragelaphus m [v. gr. tragelaphos = Bockshirsch], *Drehhörner i. e. S.,* Gatt. der ↗Waldböcke mit 6 Arten (vgl. Tab.); ♂♂ mit gedrehten Hörnern und deutl. größer als die hornlosen ♀♀.

Trägerschnecken, *Xenophoridae,* Fam. der *Calyptraeoidea* (↗Pantoffelschnecken 1), ↗Mittelschnecken mit niedrig-kegelförm., basal abgeflachtem Gehäuse mit gekielten Umgängen, oft mit langen Fortsätzen; das Gehäuse wird bei vielen Arten mit Fremdkörpern „getarnt" (Schalen, Steinchen, Korallen, Sand), die an die Oberfläche fest angebaut werden. Die Kriechsohle des Fußes ist reduziert; getrenntgeschlechtl. Bandzüngler mit wohlentwickeltem Kristallstiel im Magen u. einer auf das Abfangen v. Detritus spezialisierten Mantelhöhle. Die T. leben in gemäßigten bis trop. Meeren in flachen Wasser auf Sand- u. Weichböden; die 12 Arten werden 3 Gatt. zugeordnet. *Xenophora conchyliophora* lebt auf Sand und zw. Seegras im warmen W-Atlantik; der Körper der Schnecke ist rot, das Gehäuse (5 cm ⌀) bräunl.-gelb. Das Gehäuse von *Tugurium* ist flacher u. weitgenabelt u. wird kaum getarnt; *T. exutum* ist im Indopazifik in 20–100 m Tiefe häufig. *Stellaria* tarnt ihr Gehäuse gar nicht, die Umgänge tragen peripher speichenart. Stacheln; *S. solaris* (9 cm ⌀) lebt im Indik bis 1500 m tief.

Trägerstoffe, 1) die ↗Carrier; ↗Membranproteine, ↗Membrantransport. 2) ↗Chromatographie (☐).

Tragling, dritte, eigenständige Form der Jugendentwicklung von placentalen Säugetieren neben dem Nesthocker u. dem ↗Nestflüchter. Der T. ist bei baumbewohnenden Säugetieren (Faultier, Koala) verbreitet u. stellt der grundlegenden ↗Kind-Typus der höheren Primaten dar. Verhaltenskennzeichen des T.s sind das Bedürfnis nach ständigem Körperkontakt mit dem Elterntier u. die Fähigkeit zum Festhalten an dessen Körper (Anklammern, ↗Klammerreflex). Auch die biol. Grundlagen des Verhaltens des menschl. Säuglings gehen auf das Verhalten des T. zurück. ↗Jugendentwicklung: Tier-Mensch-Vergleich, ↗Mutter-Kind-Bindung.

Tragocerus m [v. gr. tragokerōs = bocks-

Tragopan

hörnig], (Gaudry 1861), † Gatt. mittelgroßer bis großer Hornträger *(Bovidae)* mit mäßig langen, an der Basis häufig abgeflachten, im Alter mit scharfem Kiel versehenen Stirnzapfen; Backenzähne mäßig hypsodont. Verbreitung: Unterpliozän v. Europa u. Asien.

Tragopan *m* [v. lat. tragopan = Fabel-Vogel], Gatt. der ⟋Fasanenvögel.

Tragopogon *m* [v. gr. tragopōgōn =], der ⟋Bocksbart.

Trägspinner, *Schadspinner, Wollspinner, Lymantriidae,* v.a. paläotropisch verbreitete Schmetterlings-Fam. mit ca. 3000 Arten; bei uns 17 Vertreter, den ⟋Bärenspinnern u. ⟋Eulenfaltern verwandt. Falter klein bis groß, stark beschuppt, Rüssel reduziert; in Färbung u. Größe oft stark sexualdimorph, Zeichnung überwiegend unscheinbar weiß, grau u. braun; Fühler beim Männchen stärker gekämmt; die plumpen (Name!) Weibchen bei einigen Arten mit verkümmerten Flügeln, bedecken die Eigelege mit Afterwolle; Gehörorgane am Metathorax; Falter überwiegend nachtaktiv. Larven anfangs oft gesellig; stark behaart, meist mit Borstenbüscheln u. Haarpinseln („Bürstenraupen"); häufig bunt gefärbt; Brennhaare einiger Vertreter, wie vom ⟋Goldafter, können Hautentzündungen hervorrufen; manche Arten haben zw. dem 6. und 7. Hinterleibssegment ein ausstülpbares Organ, das ein Sekret abgibt, welches u.a. der Versteifung der Haare dient. Die Raupen fressen überwiegend an Gehölzen, manche Arten sind gefürchtete Forstschädlinge, so z.B. der Goldafter, die ⟋Nonne ([B] Schädlinge) u. der ⟋Schwammspinner. Verpuppung in losem Gespinst mit Raupenhaaren, Puppe oft behaart. Weitere heimische Vertreter: Der gelegentl. in Obstkulturen Schäden anrichtende Schwan *(Porthesia similis),* ähnelt dem ebenfalls glänzend weißen Goldafter; Hinterleib schmal, am Ende mit rostbraunem Afterbusch; Spannweite bis 40 mm, fliegt in einer Generation im Sommer; Raupe schwarz mit roter u. weißer Längszeichnung, frißt an Laubbäumen. Weiß ist auch der 50 mm spannende Pappel- od. Weidenspinner, *Leucoma (Stipnotia) salicis;* Beine schwarz geringelt; eine Generation im Sommer; Raupe wie vorige Art ohne Bürsten od. Pinsel, mitunter an Pappeln od. Weiden schädlich. Der Streckfuß od. Rotschwanz *(Dasychira pudibunda)* ist ein häufiger Vertreter im Frühjahr in Laubmischwäldern; Falter 40–50 mm Spannweite, grauschwarz gefärbt; Zunahme der melanistischen Tiere ähnl. wie beim ⟋Birkenspanner; Vorderbeine stark behaart, in Ruhe weit nach vorne gestreckt; Raupe an Buche, Eiche od. Birke. Gelegentl. schädlich an Laub- u. Nadelhölzern zur Schlehen- od. Bürstenspinner, *Orgyia recens (= antiqua);* das braune, gut flugfähige Männchen spannt etwa 30 mm; beim grau-

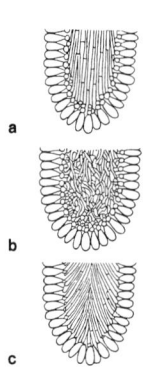

Haupttypen der Lamellen-Trama

a *reguläre T.* (trama regularis; Hyphen verlaufen mehr od. weniger parallel);
b *unregelmäßige T.* (trama irregularis; Hyphen verlaufen mehr od. weniger unregelmäßig u. sind auch unregelmäßig verflochten);
c *zweiseitige T.* (trama bilateralis; im mittleren, dünnen Teil verlaufen die Hyphen parallel; von dieser Mittelschicht verlaufen die weiteren Hyphen zu beiden Seiten *vorwärts);*
d *inverse T.* (trama inversa; von der mittleren parallelen Hyphenschicht verlaufen die Seitenhyphen *rückwärts* in einem Bogen gg. die Oberfläche der Lamellen)

Trametes

Bekannte Arten:
Fenchel-Tramete (*T. suaveolens* Fr.)
Schmetterlingsporling (*T. versicolor* Pil.)
Vielfarbige Tramete (*T. multicolor* Jülich)
Zonen-Tramete (*T. zonata* Pil.)

Trametes quercina

braunen, plumpen und sackförm. Weibchen sind die Flügel zu kleinen Lappen verkümmert; es lockt Männchen noch auf dem Puppengespinst sitzend mit Pheromonen an; dort auch Paarung u. Eiablage; Raupen werden jung mit dem Wind ausgebreitet; ausgewachsen bunt mit deutl. Haarbürsten u. dunklen Pinseln; fressen an verschiedenen Gehölzen. H. St.

Tragulidae [Mz.; v. gr. tragos = Bock], die ⟋Hirschferkel.

Tragulina *w* [v. lat. tragulus = kleiner Bock], die ⟋Zwerghirsche.

Tragus *m* [v. gr. tragos = Bock], Fortsatz an der Innenrandbasis der Ohrmuschel vieler ⟋Fledermäuse.

Tragzeit ⟋Trächtigkeit ([T]).

Trama *w* [lat., = Gewebe], 1) *T. i. w. S.,* das Fleisch v. Pilz-Fruchtkörpern; besteht aus verflochtenen, aber nicht verwachsenen Hyphen (= Hyphengeflecht); wenn es sehr dicht verflochten ist, sieht es parenchymähnlich aus (= Pseudoparenchym). 2) *T. i. e. S.,* bei Röhren- u. Blätterpilzen: Hut-, Lamellen-, Röhren- u. Stiel-T. unter Ausschluß der Oberflächengewebe (z. B. Subcutis, Hypoderm, Cortex, Subhymenium); der T.-Aufbau ist wichtiges taxonom. Merkmal. Haupttypen der Lamellen-T. vgl. Abbildung.

Trametes *m* [wohl v. lat. trama = Gewebe], *Tramete,* Gatt. der ⟋ *Poriales* (Fam. *Poriaceae* i.w. S.); die Fruchtkörper dieser ⟋Nichtblätterpilze sind ein- bis mehrjährig, in den meisten Fällen relativ dünnfleischig od. ledrig biegsam. Die etwa 7 Arten wachsen konsolenförmig, ungestielt, mit breiter Basis ansitzend, an Holz, oft an Stubben od. toten Stämmen; das Hymenophor ist röhrig, nicht geschichtet, die Poren weißl. bis graubräunl., das Sporenpulver cremefarbig. Die dünnfleischigen *T.*-Arten wurden fr. in die Gatt. *Coriolus* eingeordnet u. Arten der Gatt. ⟋ *Daedalia* in diese Gatt. *T.*-Arten gehören zu den wichtigsten Weißfäule-Erregern, auch Wundparasiten.

Traminer *m* [ben. nach der Südtiroler Stadt Tramin (it. Termeno)], ⟋Weinrebe.

Trampeltier, das zweihöckrige ⟋Kamel.

Tran *m,* öliges Fett aus ungesättigten Fettsäuren u. Glycerin; wird gewonnen aus dem Speck v. Meeressäugetieren (Walroß, Wal, Seehund) u. aus der Leber v. Dorscharten; wichtigste T.art ist der *Wal-T.* Verwendung in der Leder- u. Seifen-Ind.; ferner Verarbeitung zu Margarine. ⟋Lebertran.

Tränenbein, *Lakrimale, Os lacrimale,* Deckknochen des ⟋Schädel-Daches ([ ]) der Wirbeltiere u. des Menschen, liegt i. d. R. zw. Maxillare, Nasale, Jugale u. Frontale (od. Präfrontale). Sein Hinterrand bildet einen Teil der Augenhöhle. Im T. befindet sich die hintere äußere ⟋Nasen-Öffnung (⟋Choanen), die die Tränenflüssigkeit des Auges aufnimmt u. durch den Tränen-Nasen-Gang zur Nasenhöhle leitet.

Tränendes Herz, *Dicentra,* Gatt. der ↗ Erdrauchgewächse.

Tränendrüse, *Glandula lacrimalis,* bei Mensch u. Säugern sowie den Vögeln u. den meisten Reptilien vorhandene mandelförmige gelappte Drüse in der Tiefe des äußeren Oberlides; gibt durch 6–14 feine Ausführgänge *Tränenflüssigkeit* in die obere Umschlagsfalte der Bindehaut auf den Augapfel ab. ↗ Linsenauge (B); ↗ Tränen-Nasen-Gang, ↗ Tränenbein.

Tränengras, die Gatt. ↗ Coix.

Tränen-Nasen-Gang, *Ductus naso-lacrimalis,* bei Tetrapoden vorhandene Rudiment des Kanals zw. Riechhöhle u. hinterer äußerer Nasenöffnung. Diese Verbindung war bei stammesgesch. älteren Gruppen *(Rhipidistia)* deutl. ausgeprägt, wurde in der Tetrapodenlinie zurückgebildet u. verlagert. Seine hintere Öffnung liegt nun im ↗ Tränenbein (Lacrimale). Der T. dient der Ableitung v. *Tränenflüssigkeit* (↗ Tränendrüse) vom Auge in die Nasenhöhle, die auf diese Weise befeuchtet wird. An jedem Augenlid ist im inneren Augenwinkel die Öffnung eines kleinen *Tränenröhrchens* od. *-kanälchens* zu sehen, das die Tränenflüssigkeit aufnimmt u. in einen hinter dem Tränenbein liegenden *Tränensack* (Saccus lacrimalis) leitet, von wo ein Kanälchen in die vordere Hälfte des unteren Nasenganges (unter der unteren ↗ Nasenmuschel) führt (B Linsenauge). ↗ Nase.

Tränenpilze, *Dacrymyces,* Gatt. der ↗ Dacrymycetales. [sen.

Transacylasen [Mz.], die ↗ Acyl-Transfera-

Transaldolase *w,* ein Enzym (↗ Transferasen) des ↗ Pentosephosphatzyklus (☐).

Transamidierung *w,* die ATP-abhängige Übertragung der Amidstickstoffgruppe (↗ Amide) des ↗ Glutamins bei synthet. Reaktionen des Stickstoff-Stoffwechsels unter der katalyt. Wirkung v. *Transamidasen.*

Transaminasen [Mz.], *Aminotransferasen,* Enzyme, die bei der ↗ Transaminierung ↗ Aminogruppen von α-Aminosäuren auf α-Ketosäuren übertragen; eine Untergruppe der ↗ Transferasen (T Enzyme). Die ↗ prosthetische Gruppe der T. ist ↗ Pyridoxalphosphat (☐).

Transaminierung *w,* die Übertragung der ↗ Aminogruppe von α-Aminosäuren (☐ Aminosäuren) auf die α-Position einer α-Ketosäure (z. B. α-Ketoglutarsäure, Oxalessigsäure) unter der katalyt. Wirkung v. ↗ Transaminasen. Die T.s-Reaktion kann in beiden Richtungen ablaufen; sie ist daher sowohl für den Abbau der Aminosäuren als auch für deren Aufbau aus den entspr. α-Ketosäuren von großer Bedeutung. Fast alle Aminosäuren können durch T. umgesetzt werden. In Leber u. Herzmuskel sind jedoch die Transaminasen für Asparagin- u. Glutamat-T. am aktivsten (↗ Glutamat-Oxalacetat-Transaminase, ↗ Glutamat-Pyruvat-Transaminase). Im Normalserum ist ihre Aktivität dagegen gering. Bei bestimmten Krankheiten, die mit Zellschädigungen einhergehen (↗ Hepatitis, ↗ Herzinfarkt), ist die Aktivität dieser Enzyme im Blutplasma erhöht, was zur Diagnose u. Verlaufskontrolle dieser Krankheiten v. Bedeutung ist.

Transcarbamylierung *w,* die Übertragung des Carbamylrests von ↗ Carbamylphosphat (☐).

Transcytose *w,* ↗ Endocytose.

Transdetermination *w* [v. lat. determinatio = Abgrenzung], sprunghafte Veränderung des ↗ Determinations-Zustands einer Zelle bzw. Zellgruppe; i. d. R. Übergang aus einem definierten Entwicklungsprogramm in ein anderes u. daher aufschlußreich für die genet. Entwicklungssteuerung (↗ Heteromorphose, ↗ Selektorgene). Beispiel: transplantierte ↗ Imaginalscheiben (☐ Metamorphose) v. *Drosophila.*

trans- [v. lat. trans = hindurch, über ... hinaus, jenseits von].

Tränendrüse

Die Absonderung der *Tränenflüssigkeit* wird nerval gesteuert (Förderung durch den Parasympathikus, Hemmung durch den Sympathikus). Eine verstärkte Absonderung tritt nicht nur unter psych. Einfluß (bei Trauer, Freude, Schmerz) auf – äußerlich sichtbar *(Weinen)* in Form der über die Lidränder ablaufenden *Tränen* –, sondern auch durch Einwirkung verschiedener chem. Substanzen (*Tränenreizstoffe,* z. B. von Propanethialsulfoxid bei der frisch angeschnittenen Küchenzwiebel) oder mechan. Reizung. – Beim Menschen werden tägl. etwa 1–3 ml Tränenflüssigkeit abgesondert. Sie ist schwach salzig (ca. 650 mg NaCl pro 100 ml) u. etwas proteinhaltig (schwache bakteriolytische Wirkung durch ↗ Lysozym-Gehalt).

Transaminierung

1 Transaminierung v. *Alanin* mit Hilfe von α-Ketoglutarsäure.

2 Mechanismus einer Halbreaktion durch Pyridoxalphosphat, der prosthetischen Gruppe v. Transaminasen. Die durch T. katalysierten Reaktionen sind sog. Bi-substratreaktionen, bei denen das zweite Substrat erst während der zweiten Hälfte der Reaktionsfolge (zweite Halbreaktion) eintritt, nachdem das Produkt des ersten Substrats (gebildet während der ersten Halbreaktion) das Enzym bereits verlassen hat. In der aus *Pyridoxalphosphat* und einer Aminosäure mit der Seitengruppe R_1 gebildeten Schiff-Base a wird die Doppelbindung verlagert (Schiff-Base b) und dann durch Hydrolyse daraus die α-Ketosäure mit der Seitengruppe R_1 freigesetzt. Die Aminogruppe verbleibt am Coenzym, jetzt *Pyridoxaminphosphat* genannt.

Die zweite Halbreaktion (nicht dargestellt) beginnt mit einer α-Ketosäure mit der Seitengruppe R_2 und führt zum Ausgangspunkt zurück, bildet dabei aber die Aminosäure mit der Seitengruppe R_2.

Transdifferenzierung

trans- [v. lat. trans = hindurch, über ... hinaus, jenseits von].

transfer- [v. lat. transferre = hinübertragen, hinüberbringen, übertragen].

Transdifferenzierung w [v. lat. differentia = Verschiedenheit], die ↗Metaplasie.

Trans-Dominanz w [v. lat. dominare = herrschen], ↗Cis-Dominanz.

Transduktion w [v. lat. traductio = Hinüberführung], **1)** Molekulargenetik: die ↗Genübertragung mit Hilfe v. Bakteriophagen od. anderen Viren als Vehikel. Die T. an Bakterien mit Hilfe v. temperenten ↗Bakteriophagen (in diesem Zshg. auch *transduzierende Phagen* gen.) wurde schon in den 50er Jahren beobachtet. Beim Übergang vom lysogenen in den lytischen Vermehrungszyklus (B Bakteriophagen II) wird in einem ersten Schritt Phagen-DNA aus dem Bakteriengenom (↗Bakterienchromosom) freigesetzt. Bei der kurz darauf einsetzenden Bildung v. Phagenpartikeln können neben der freigesetzten Phagen-DNA auch mehr od. weniger große Segmente v. Bakterien-DNA in Phagenhüllen verpackt werden. Nach Auflösung der Bakterien (↗Bakteriolyse) unter Freisetzung v. Phagenpartikeln können letztere erneut Bakterienzellen infizieren u. dabei die DNA-Segmente bzw. die darin enthaltenen Gene der ursprüngl. Wirtszelle (↗Donorzelle) in die neue Wirtszelle (Rezeptorzelle) einschleusen. Durch ↗Rekombination können schließl. die übertragenen Gene in das Genom des neuen Wirts integriert werden. Wegen der räuml. Begrenzung der Phagenhüllen eignet sich T. nur zur Übertragung relativ kleiner DNA-Segmente. Erfolgt im lysogenen Vermehrungszyklus die ↗Integration des transduzierenden Phagen immer an derselben Stelle des Bakteriengenoms, wie z. B. beim ↗Lambda-Phagen (☐), so können nur die der Integrationsstelle unmittelbar angrenzenden Gene durch T. übertragen werden *(spezielle T.)*. Dagegen kann die Integration anderer temperenter Phagen, z. B. des ↗Mu-Phagen, an beliebigen Stellen des Wirtsgenoms erfolgen, weshalb diese Phagen beliebige bakterielle Gene durch T. übertragen können *(allgemeine T.)*. Die in die Rezeptorzellen gelangenden DNA-Fragmente werden nur zum kleinen Teil (etwa 10%) stabil in das Bakteriengenom eingebaut u. an Folgegenerationen weitervererbt. Meist bleiben die Fragmente ohne Vermehrung in den jeweiligen Zellen liegen, so daß auch nach vielen Zellteilungen jeweils nur eine einzige Zelle des Klons das betreffende DNA-Fragment besitzt. Diese Situation, die letztl. durch „Ausdünnung" in den Folgegenerationen zum Verlust des übertragenen DNA-Fragments – bzw. der in ihm codierten genet. Information – führt, wird *abortive T.* genannt. Auch tier. und menschl. Viren können als Vehikel zur T. von Genen wirken. Von bes. Interesse ist die T. von ↗Onkogenen durch ↗RNA-Tumorviren. ↗Parasexualität. **2)** Sinnesphysiologie: die Umwandlung eines aufgenommenen ↗Reizes in eine ↗Erregung (Bildung des ↗Generator- od. ↗Aktionspotentials).

trans-Enoyl-CoA s, ein Zwischenprodukt beim Fettsäureabbau (☐ Fettsäuren).

Transfektion w [Kw. aus Transformation u. Infektion], die ↗Infektion v. Zellen od. Organismen durch freie, v. Proteinen u.a. Komponenten abgetrennte DNA oder RNA (bei RNA-Viren) v. Bakteriophagen od. anderen Viren. ↗Virusinfektion.

Transfer m [v. *transfer-], **1)** allg.: Überführung, Übertragung, z. B. Gen-T. **2)** in der Lernpsychologie allg. Bez. für den Einfluß eines Lernvorgangs auf einen späteren Lernschritt. Man unterscheidet generellen u. speziellen T. Ein *genereller T.* liegt vor, wenn eine bereits fr. erfolgreiche Lösungsmethode bei einem neuen Problem versucht wird u. so zu einer schnellen Lösung beiträgt: Ein Schimpanse, der mit Hilfe eines Stockes eine Banane heranziehen konnte, wird evtl. auch zu einem Stock greifen, um ein Klappfenster aufzustoßen. Von einem *negativen T.* spricht man, wenn ein einmal erworbenes Reaktionsmuster die Entwicklung neuer, besserer Lösungen blockiert. Beim *speziellen T.* wird ein bereits erlerntes Verhalten durch ↗Generalisierung auf eine ähnl. Aufgabe übertragen u. durch anschließende Lernschritte festgelegt. ↗Lernen.

Transferasen [Mz.; v. *transfer-], die 2. Hauptgruppe der ↗Enzyme (T), durch deren Wirkung Molekülgruppen übertragen werden. Zu den Transferasen gehören u. a. die ↗Acyl-T., ↗Glykosyl-T., ↗Peptidyl-T., ↗Transaldolase, ↗Transketolase, ↗Transaminasen, Transglykosidasen (↗Transglykosylierung) u. Phospho-T. (↗Phosphotransferasesystem).

Transferrin s [v. *trans-, lat. ferrum = Eisen], *Eisen-T., Siderophilin, Eisen-Siderophilin*, β-Globulin (T Globuline; relative Molekülmasse 88000) im Blut der Säuger, das 2 Fe^{3+}-Ionen komplex bindet u. im Ggs. zum Eisenspeicherprotein ↗Ferritin als Transportprotein des ↗Eisens im Blut dient. ↗Eisenstoffwechsel.

transfer-RNA w [v. *transfer-], *transfer-RNS, transfer-Ribonucleinsäure*, Abk. *t-RNA, t-RNS, tRNA, tRNS*, eine Gruppe v. relativ kurzkettigen (zw. 73 und 93 Nucleotidresten) RNA-Molekülen (↗Ribonucleinsäuren), durch die bei der *Proteinsynthese* (↗Proteine) die einzelnen ↗Aminosäuren gebunden (u. gleichzeitig aktiviert; ↗Aminosäureaktivierung) u. an den m-RNA-Ribosomen-Komplex herangeführt werden, um anschließend auf die wachsenden Peptidketten (↗Peptide, ☐ Peptidbindung) transferiert (Bez.!) zu werden (↗Ribosomen, ↗Translation). Zwischenprodukte sind dabei ↗Aminoacyl-t-RNA (☐) und ↗Peptidyl-t-RNA (☐ Peptidyl-Transferase), für die jeweils eigene ↗Bindestellen (↗Bindereaktion) am Ribosom existieren (↗A-Bindungsstelle, ↗P-Bindungsstelle).

Für jede der 20 proteinogenen ↗Aminosäuren (B) existiert mindestens eine, i. d. R. jedoch mehrere t-RNA-Spezies (↗Isoakzeptoren), die sich sowohl durch die ↗Primärstrukturen als auch die Modifikationen (↗Basenmodifikation, ↗modifizierte Basen) einzelner ↗Nucleinsäurebasen voneinander unterscheiden. Die Kopplung der einzelnen Aminosäuren an ihre jeweiligen t-RNA-Spezies vollzieht sich unter Energieverbrauch (ATP-Spaltung) unter der katalyt. Wirkung der ↗Aminoacyl-t-RNA-Synthetasen. – Die Synthese von t-RNAs erfolgt durch ↗Transkription von t-RNA-codierenden Genen *(t-RNA-Gene, t-DNA),* wobei zunächst längerkettige Vorläufer-t-RNAs entstehen (↗Primärtranskript). Durch ↗Prozessierungs-Reaktionen werden diese zu den Kettenlängen der reifen t-RNAs verkürzt, wobei sowohl an den beiden Enden überschüssige Kettenabschnitte entfernt werden als auch im Falle gespaltener t-RNA-Gene ein ↗Spleißen im Innern der Kette erfolgen kann. Gleichzeitig od. sofort anschließend erfahren zahlr. Basen spezif. Modifikationsreaktionen, die wie bei t-RNA aus Hefe bis zu 20% der in t-RNA enthaltenen Basen betreffen können (☐ Alanin-t-RNA). In geringerem Umfang werden auch einzelne Ribosereste durch 2′-O-Methylierung modifiziert. Die am 3′-Ende jeder t-RNA vorkommende, zur Aminosäure-Kopplung essentielle Sequenz *CCA* (☐ Aminoacyl-t-RNA) ist vielfach nicht in den jeweiligen t-RNA-Genen codiert. Sie wird in diesen Fällen im Zuge v. Reifungsprozessen durch ein spezielles Enzym *(t-RNA-CCA-Pyrophosphorylase)* nachträgl. angehängt. Schließl. werden die durch Gene des Zellkerns codierten reifen t-RNAs in das Cytosol transportiert, wo sie als Komponenten der Proteinsynthese wirken. Die genetisch semiautonomen Organellen, ↗Mitochondrien u. ↗Chloroplasten, besitzen jeweils einen eigenen, vollständigen Satz von t-RNAs, der sich v. den cytosolischen t-RNAs unterscheidet u. der in mitochondrialer bzw. plastidärer DNA codiert wird. – Die Faltung der t-RNA-*Primärstrukturen* zu den *Sekundär- (= Kleeblatt-)* u. *Tertiärstrukturen* (vgl. Abb.) erfolgt sowohl durch intramolekulare ↗Basenpaarungen (☐) als auch durch zusätzl. ↗Wasserstoffbrücken-Bindungen u. durch Aneinanderstapeln gepaarter Bereiche. – Die aus 3 benachbarten ↗Nucleotiden bestehenden ↗Anticodonen jeder t-RNA paaren am Ribosom (vgl. Abb.) während der Translation mit den entspr. ↗Codonen von ↗messenger-RNA (sog. *Codon-Anticodon-Paarung).* Diese Wechselwirkung ist essentiell für die korrekte Übersetzung der ↗Nucleotidsequenz von m-RNA in die Aminosäuresequenz der Proteine. Die Codon-Anticodon-Paarung erfolgt nur für die Positionen 1 und 2 des Anticodons nach den klass. Basenpaarungsregeln (☐ Basenpaarung). In der 3. Position sind nach der von F. ↗Crick 1965 aufgestellten, sog. *Wobble-Hypothese* auch nicht-klass. Basenpaarungen (G-U, U-G, Inosin-U, Inosin-C, Inosin-A) zulässig, wodurch einzelne t-RNAs in der Lage sind, mit mehr als nur 1 Codon zu paaren. So kann das in einer Phenylalanin-spezifischen t-RNA enthaltene Anticodon AAG (G in der 3. Position) nicht nur mit dem Codon UUC (klass. Paarung), sondern auch mit dem Codon UUU (G-U-Paar in der 3. Position) paaren, weshalb die beiden für Phenylalanin codierenden ↗Basentripletts (UUU und UUC) allein v. dieser t-RNA translatiert werden können. Aufgrund dieses Einsparungsprinzips braucht die Zelle nicht für alle 61 Aminosäure-Codonen (↗genetischer Code, ☐) eine eigene t-RNA-Spezies, so daß je nach Art des Wobble-Musters u. der Codonhäufigkeiten 30–40 t-RNA-Spezies ausreichen. Zur Kennzeichnung einzelner t-RNA-Spezies werden die Aminosäuren u. Anticodonen als Indizes angegeben; z. B. ist eine t-RNA$_{UAC}^{Val}$ eine Va-

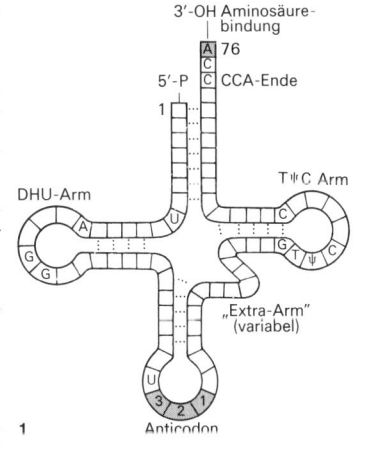

1 *Sekundärstruktur* („Kleeblattstruktur") von t-RNA. Durch intramolekulare Basenpaarungen (Pünktelung) falten sich die t-RNA-Ketten zur Kleeblattstruktur, wobei in Einzelfällen auch nicht-klassische ↗Basenpaare (z. B. G-U-Paare) auftreten (☐ Basenpaarung). Die den beiden Enden benachbarten Bereiche vereinigen sich zu einem aus 7 Basenpaaren bestehenden „Stamm" (im Bild oben), der wegen des angrenzenden 3′-Endes, an dem die jeweilige Aminosäure gebunden wird, als *Akzeptor-Stamm (A-Stamm)* bezeichnet wird. Die übrigen 3 durch Basenpaarungen charakterisierten Bereiche („Blätter" des Kleeblatts) werden als *DHU-Arm (D-Arm,* bestehend aus DHU-Schleife u. -Stamm), *Anticodon-Arm (AC-Arm,* bestehend aus Anticodon-Schleife u. -Stamm) und *TΨC-Arm (T-Arm,* bestehend aus TΨC-Schleife u. -Stamm) bezeichnet. Der sog. *Extra-Arm* ist in seiner Länge variabel (bis zu 19 Nucleotide) u. wird daher auch als *V-Arm* bezeichnet. Die Bezeichnungen DHU-Arm u. TΨC-Arm leiten sich v. den in diesen Armen vorkommenden modifizierten Nucleosiden (↗Basenmodifikation, ↗modifizierte Basen; DHU = ↗Dihydrouridin, T = ↗Ribothymidin, Ψ = ↗Pseudouridin) ab. 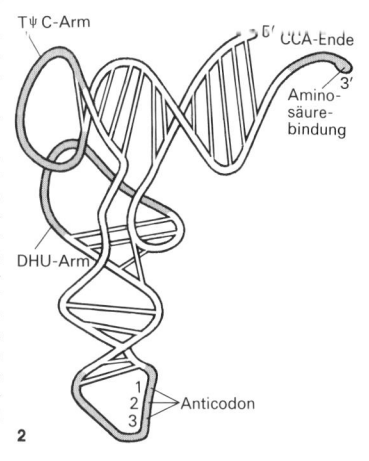
2 *Tertiärstruktur* („L"-Form) von t-RNA. Je 2 der gepaarten Bereiche der Kleeblattstruktur sind zu nahezu durchgehenden ↗Helixstrukturen aufeinander „gesteckt": der Akzeptor-Stamm u. der TΨC-Stamm bilden die aus insgesamt 12 Basenpaaren aufgebaute obere Querleiste, während der Anticodon-Stamm zus. mit dem DHU-Stamm die im Bild senkrecht stehende Helix bilden. Die Gesamtstruktur ist durch zahlr., im Bild nicht gezeigte Wasserstoffbrückenbindungen stabilisiert. Der Abstand zw. Anticodon und 3′-Ende beträgt etwa 8 nm.

Transferzellen

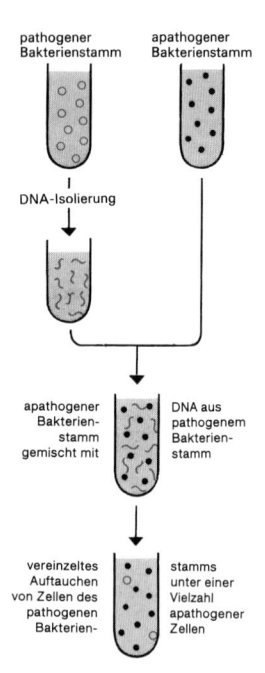

Transformation

Die T. von apathogenen Bakterien durch die isolierte DNA aus pathogenen Bakterien. Der v. ↗Avery et al. 1944 beschriebene Versuch wurde an Pneumokokken durchgeführt, nachdem Griffith schon 1928 gezeigt hatte, daß apathogene Pneumokokken durch hitzegetötete pathogene Pneumokokken wieder pathogen werden können. Die pathogenen Pneumokokken-Stämme sind v. ↗Kapseln umgeben (S-Stämme), während die apathogenen Stämme (R-Stämme) durch Mutation die Fähigkeit zur Kapselbildung verloren haben. Nach demselben Prinzip, jedoch mit Hilfe anderer (nichtpathogener) genet. ↗Marker, meist Antibiotikaresistenz-Marker, die i. d. R. auf Plasmid-od. Phagen-DNAs lokalisiert sind, werden heute Zellen zur Einschleusung rekombinierter DNA im Rahmen gentechnolog. Verfahren (↗Gentechnologie) transformiert (↗Vektoren).

lin-bindende t-RNA mit dem Anticodon UAC (hier U in der 3. Position), die entspr. der Wobble-Hypothese mit den beiden Valin-Codonen GUA und GUG paaren kann. ↗Adaptorhypothese, ↗Cysteinyl-t-RNA. [B] Translation. *H. K.*

Transferzellen [v. *transfer-*], Pflanzenzellen mit (nur elektronenmikroskop. sichtbaren) Ausstülpungen der Zellwand. Diese stark oberflächenvergrößernden Zellwände kommen in Bereichen intensiver Stoffaustauschvorgänge vor (z. B. in Drüsen, Wurzelknöllchen u. a.); dicht dabei oft viele energieliefernde Mitochondrien, die vermutl. in Zshg. mit dem aktiven Transport stehen.

Transformation *w* [Ztw. *transformieren;* v. lat. *transformatio* = Umwandlung], 1) ein parasexueller Prozeß (↗Parasexualität), bei dem die Übertragung v. Genen (↗Genübertragung) zw. Zellen mit Hilfe *isolierter DNA* erfolgt, im Ggs. zu ↗Konjugation (☐) u. ↗Transduktion, wo Gene direkt zw. Zellen bzw. durch Phagenpartikel als Vermittler übertragen werden. Durch T.s-Experimente an Pneumokokken (↗Kapsel) konnte 1944 erstmals (↗Avery, MacLeod u. McCarty) der exakte Beweis für DNA (↗Desoxyribonucleinsäuren) als Träger der ↗genet. Information erbracht werden, nachdem bis zu diesem Zeitpunkt ↗Proteine als genet. Informationsträger favorisiert worden waren. Die T. von Bakterien- u. Hefezellen, zunehmend aber auch v. Zellen höherer Organismen, ist heute eine der wichtigsten methodischen Grundlagen der ↗Gentechnologie ([B]) zur Einschleusung v. in vitro rekombinierter (↗Rekombination) DNA (↗Genmanipulation). Zur T. von Bakterienzellen müssen diese vorher in den für die T. kompetenten Zustand überführt werden (↗Kompetenz). Als spezielle T. mit isolierter DNA v. Viren ist die ↗Transfektion zu nennen. 2) die Umwandlung normaler Zellen zu Tumorzellen (auch *neoplastische* od. *onkogene T.* genannt) durch Infektion mit ↗Tumorviren; ↗Zell-T. 3) ↗Transformationsserie.

Transformationsserie, ↗Serie v. in zeitl. Folge fossil erhaltenen Organismen (einer Art od. auseinander hervorgegangener Arten), deren Eigenschaften eine kontinuierl. Abwandlung *(Transformation)* zeigen. Da diese Abwandlungen i. d. R. (durch Selektion) gerichtet erfolgen, lassen sich *chronologische Transformationsstufen* in einer morpholog. Reihe (als „Serie") anordnen. Bezugnehmend auf die zeitl. Folge, hat man solche *Merkmalsgradienten* auch als ↗*Chronoclines* bezeichnet (↗Clines). Die ↗Leserichtung der Abwandlungsreihe ergibt sich aus der zeitl. Folge der Fossilien (↗Vervollkommnungsregeln). Beispiele für Transformationsserien: ☐ Artbildung, [B] Pferde I–II.

Lit.: *Willmann, R.:* Die Art in Raum und Zeit. Berlin u. Hamburg 1985.

Transfusion *w* [v. lat. *transfusio* = Umgießung], 1) die ↗Bluttransfusion; 2) Gas-↗Diffusion durch eine poröse Wand (Membran).

Transglykosylierung *w,* die Übertragung v. glykosidisch gebundenen Zuckerresten auf Hydroxylgruppen anderer Moleküle (bes. andere Zucker) unter der katalyt. Wirkung v. *Transglykosidasen.* Zwischenprodukt ist dabei eine ähnl. wie bei der ↗Lysozym-Katalyse kovalent an das Enzym gebundene Glykosylgruppe *(Glykosyl-Enzym).* Transglykosidasen sind eine Untergruppe der ↗Transferasen. ↗Glykosidasen, ↗Glykosylierung.

Transgressionszüchtung [v. lat. *transgressio* = Überschreitung], ↗Kreuzungszüchtung.

Trans-Heterozygote ↗Cis-Heterozygote, ↗Cis-Trans-Test (☐).

Transhydrogenasen [Mz.; v. gr. *hydōr* = Wasser, *gennan* = erzeugen], in ↗Mitochondrien vorkommende Enzyme, die den Austausch v. Wasserstoff u. Elektronen zw. NADH und NAD⁺ *(Transhydrogenierung)* katalysieren.

Transinformation ↗Information und Instruktion.

Transition *w* [v. lat. *transitio* = Übergang], ↗Punktmutation (↗Mutation), bei der in DNA eine Purinbase gg. eine andere Purinbase (A→G oder G→A) oder eine Pyrimidinbase gg. eine andere (T→C oder C→T) ausgetauscht wird. Ggs.: ↗Transversion. ↗Basenaustauschmutationen (☐).

Transitionszelle [v. lat. *transitio* = Übergang, Durchgang], *Tracheenendzelle,* ↗Tracheensystem.

Transketolase *w,* ein Enzym des ↗Calvin-Zyklus (☐) u. des ↗Pentosephosphatzyklus (☐).

Transkriptasen [Mz.; v. lat. *transcriptio* = Umschrift], Enzyme, welche die ↗Transkription (hier jedoch Bez. T. kaum gebräuchl. zugunsten v. ↗RNA-Polymerase) od. reverse Transkription (↗reverse T.) katalysieren.

Transkription *w* [Ztw. *transkribieren;* v. lat. *transcriptio* = Umschrift], *RNA-Synthese, RNS-Synthese,* die Synthese von RNA (↗Ribonucleinsäuren) an DNA (↗Desoxyribonucleinsäuren) als ↗Matrize, katalysiert durch das Enzym DNA-abhängige ↗*RNA-Polymerase* (☐). Dabei werden als energiereiche Vorstufen bzw. Substrate die 4 ↗Ribonucleosid-5'-triphosphate (ATP, CTP, GTP und UTP) umgesetzt, wobei in sukzessiven Reaktionsschritten die Nucleosid-5'-monophosphatreste (↗Ribonucleosidmonophosphate) dieser Vorstufen in die vom 5'- zum 3'-Ende hin schrittweise wachsenden RNA-Ketten eingebaut werden. Durch T. werden die ↗Nucleotidsequenzen der Gene (DNA) in Form einzelner RNA-Ketten kopiert (d. h. von DNA zu RNA „umgeschrieben", daher die Bez. Transkription), weshalb die T. den er-

Translation

sten Teilschritt bei der Ausprägung der in DNA verschlüsselten ⊅ genet. Information (⊅ Genexpression, ☐) darstellt. Die T. vollzieht sich in den 3 Phasen ⊅ *Initiation* (Kettenstart), ⊅ *Elongation* (Kettenverlängerung) u. ⊅ *Termination* (Kettenabbruch od. -abschluß). Für Initiation u. Termination sind neben RNA-Polymerase meist zusätzl. Proteine erforderl., wie z. B. bei Bakterien das ⊅ *cAMP bindende Protein* u. der *Sigma-Faktor* (⊅ RNA-Polymerase) zur Initiation u. der *Rho-Faktor* zur Termination. Die den Kettenstart auslösenden Signalsequenzen (⊅ Signalstrukturen) sind die ⊅ *Promotoren* (☐). Die Häufigkeit des Kettenstarts kann außerdem durch sog. *enhancer* (engl., = Verstärker) verstärkt werden – DNA-Abschnitte, die an nahezu beliebigen Positionen (bis zu mehreren kb [= Kilobasen] vor, aber auch innerhalb od. hinter der codierenden DNA-Region) u. in beliebiger Orientierung bzgl. des betreffenden Gens vorkommen können. Ihre Wirkungsweise ist noch weitgehend unverstanden. Die den Kettenabschluß auslösenden Signalstrukturen sind die *Terminatoren* (☐ Termination). – Produkte der T. sind einzelsträngige RNA-Ketten, die zum codogenen Strang der DNA-Matrize komplementär sind bzw. in der Nucleotidsequenz mit dem nichtcodogenen DNA-Strang ident. sind (außer, daß Uracil an Stelle v. Thymin u. Ribose an Stelle v. Desoxyribose steht). Durch ⊅ Prozessierung (☐) werden die primär entstehenden RNA-Ketten (⊅ Primärtranskript) zu den reifen, meist kürzerkettigen RNAs (m-RNAs, r-RNAs oder t-RNAs) umgewandelt (⊅ spleißen). In Bakterien erfolgt die T. benachbarter Gene häufig in Form einer einzigen RNA-Kette (⊅ polycistronische m-RNA), wie z.B. bei den Genen des ⊅ *Arabinose-Operons* (☐), des ⊅ *Galactose-Operons* (☐) u. des ⊅ *Lactose-Operons* (☐). Die Häufigkeit der T. einzelner Gene bzw. Gengruppen kann durch eine Vielfalt v. Signalstrukturen reguliert werden (B Genregulation, ☐ Attenuatorregulation, ⊅ differentielle Genexpression, ⊅ Antitermination). Ggs.: *reverse Transkription* (⊅ reverse Transkriptase). ⊅ Translation; ☐ Genexpression, ☐ Lambda-Phage. B 243.

H. K.

Translation w [v. lat. *translatio* = Übersetzung], *Proteinsynthese, Proteinbiosynthese,* ein in mehreren Teilschritten ablaufender, zykl. Prozeß, durch den unter Energieverbrauch (ATP- u. GTP-Spaltung) die 20 verschiedenen proteinogenen ⊅ Aminosäuren (B) an den durch m-RNA (⊅ messenger-RNA, ⊅ Ribonucleinsäuren) programmierten ⊅ Ribosomen (☐) mit Hilfe v. ⊅ transfer-RNA (☐) peptidartig (⊅ Peptide; ⊅ Peptidbindung, ☐) zu den hochmolekularen, linearen ⊅ Kettenmolekülen der ⊅ Proteine (B) verbunden werden. Durch die T. werden die in Form von m-RNA kopierten ⊅ Nucleotidsequenzen der Gene in die ⊅ Aminosäuresequenzen der Proteine „übersetzt" (daher die Bez. Translation), weshalb die T. einen essentiellen Teilprozeß der ⊅ Genexpression (☐) darstellt. Teilschritte des T.sprozesses sind: Aminosäure-Aktivierung, Initiation, Elongation u. Termination.

1. *Aminosäure-Aktivierung:* In einem vorbereitenden, ersten, noch ohne m-RNA u. Ribosomen ablaufenden Teilschritt werden die Aminosäuren an t-RNA gekoppelt (⊅ Aminoacyl-t-RNA, ☐). Diese, 1 Mol ATP pro gekoppelte Aminosäure verbrauchende Reaktion dient einerseits der Überführung der einzelnen Aminosäuren in den aktivierten Zustand, gleichzeitig aber auch der Verankerung an die jeweiligen t-RNA-Spezies, was in den folgenden Teilschritten für das Abtasten der in m-RNA enthaltenen ⊅ genet. Information v. entscheidender Bedeutung ist (⊅ Adaptorhypothese). Die Fehlerrate durch Falschbeladung von t-RNA liegt selbst für sehr ähnl. Aminosäuren, wie z. B. Valin/Isoleucin, niedriger als 1:10 000, was auf der hohen Substratspezifität der die Kopplung v. Aminosäuren und t-RNA katalysierenden ⊅ Enzyme, der ⊅ *Aminoacyl-t-RNA-Synthetasen,* beruht. Die nun folgenden 3 Teilschritte laufen am m-RNA-Ribosomen-Komplex ab.

2. *Initiation* (Einleitungsphase): Während der Initiationsphase vereinigen sich ⊅ *Initiator-t-RNA* (⊅ N-Formyl-Methionyl-t-RNA bei Bakterien, eine spezielle ⊅ Methionyl-t-RNA bei Eukaryoten), m-RNA und die kleine ribosomale Untereinheit (30S-Untereinheit bei Bakterien, 40S-Untereinheit bei Eukaryoten, T Ribosomen) unter GTP-Spaltung zu einem ⊅ *Initiationskomplex,* wobei mehrere spezielle Proteine (⊅ *Initiationsfaktoren*) katalytisch wirken. Die Bindung von m-RNA erfolgt an dem meist in der Nähe des 5'-Endes liegenden *Initiationscodon* (⊅ Codon), wobei bei Bakterien zusätzliche Sequenzen (*Shine-Dalgarno-Sequenzen,* B 243) als Signale wirken. Bei eukaryotischer m-RNA wirkt dagegen die am 5'-Ende von m-RNA stehende *Cap-Struktur* (⊅ Capping) als „Einfädelungs"-Signal für die 40S-ribosomale Untereinheit, die sich anschließend zus. mit bereits gebundener Initiator-t-RNA der m-RNA-Kette entlang bis zum ersten AUG-Codon bewegt (sog. *Scanning-Modell*). Erst in einem abschließenden Teilschritt wird die große ribosomale Untereinheit (50S-Untereinheit bei Bakterien, 60S-Untereinheit bei Eukaryoten) angelagert, wodurch ein aus 70S- (bzw. 80S-)Ribosom, m-RNA und Initiator-t-RNA bestehender Komplex entsteht, in dem die Initiator-t-RNA in der ⊅ *P-Bindungsstelle* gebunden ist u. so zur Bildung der ersten Peptidbindung vorbereitet ist. Die Häufigkeit der Initiation ist zw. einzelnen m-RNAs verschieden. Sie kann

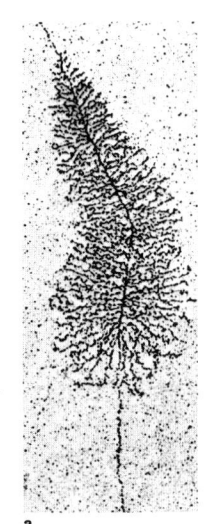

Transkription

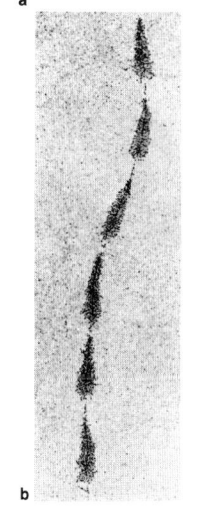

Die elektronenmikroskop. Aufnahmen zeigen einen T.svorgang: die Synthese v. ribosomaler RNA (r-RNA) entlang einem Gen für ribosomale DNA. Viele RNA-Polymerasen hintereinander synthetisieren die r-RNA entlang der zentralen DNA vom Startsignal (in Abb. **a** oben) bis zum Stopsignal (in Abb. **a** unten), wo die RNA-Moleküle ihre volle Länge erreichen u. freigesetzt werden (**a**, stärkere Vergrößerung). Bei vielen Organismen enthält die DNA gleich eine ganze Serie v. Genen für die r-RNA (**b**, geringere Vergrößerung).

Translation

aber auch für ein u. dieselbe m-RNA aufgrund verschiedener Regelmechanismen variieren, wodurch sich Möglichkeiten zur Regulation der Genexpression auf der Ebene der T. (= *differentielle T.*) abzeichnen. Bei Bakterien spielt für die Häufigkeit der m-RNA-Bindung neben der Qualität der Shine-Dalgarno-Sequenzen auch die Zugänglichkeit der Initiatorregionen eine entscheidende Rolle: durch Sekundärstrukturen „versteckte" Initiatorregionen sind weniger wirksam als solche ohne Sekundärstruktur bzw. mit entfalteter Sekundärstruktur. Auch durch Bindung v. Proteinen können Initiatorregionen blockiert werden, wie es bes. für die m-RNAs, die für ribosomale Proteine codieren, gut dokumentiert ist, wobei letztere als translationale ↗Repressoren für ihre eigene Synthese wirken. Darüber hinaus kann die Verfügbarkeit spezif. Initiationsfaktoren für die Selektivität der m-RNA-Ribosom-Bindung ausschlaggebend sein: z. B. kann ein für die T. von Globin-m-RNA erforderl. Initiationsfaktor durch Phosphorylierung blockiert werden, wodurch die Synthese v. Globin zum Erliegen kommt.

3. *Elongation* (Verlängerungsphase): Während der Elongationsphase wiederholen sich die 3 Teilschritte *Aminoacyl-t-RNA-Bindung, Peptidyl-Transfer* u. *Translokation* (s. u.) zyklisch, wobei in jedem Zyklus eine Aminosäure auf die wachsende Peptidkette transferiert wird. Die *Bindung v. Aminoacyl-t-RNA* in der ↗*A-Bindungsstelle* erfolgt unter Energieverbrauch (GTP-Spaltung) durch die katalyt. Wirkung bestimmter Proteine (↗*Elongationsfaktoren*). Die Auswahl unter den zahlr. Aminoacyl-t-RNAs wird aufgrund der *Codon-Anticodon-Paarung* (Codon von m-RNA, Anticodon von t-RNA) getroffen, wodurch die Sequenz der zu verbindenden Aminosäuren durch die Nucleotidsequenz von m-RNA dem ↗*genetischen Code* (T) entsprechend determiniert wird. Da die ↗Nucleotidsequenzen von m-RNA Kopien der Nucleotidsequenz der entspr. Gene sind (↗*Transkription*), sind die ↗Aminosäuresequenzen letztlich durch diese determiniert (↗Ein-Gen-ein-Enzym-Hypothese, B). Das Ergebnis der ↗*Bindereaktion* ist ein m-RNA-Ribosomen-Komplex, in dem in der P-Bindungsstelle eine ↗*Peptidyl-t-RNA* (bzw. Initiator-t-RNA unmittelbar vor der Initiationsphase) u. in der A-Bindungsstelle eine ↗*Aminoacyl-t-RNA* gebunden ist. In dem nun erfolgenden *Peptidyl-Transfer* wird der Peptidyl-Rest v. Peptidyl-t-RNA (bzw. der (N-Formyl-)Methionin-Rest v. Initiator-t-RNA) auf den in unmittelbarer räuml. Nachbarschaft stehenden Aminosäurerest v. Aminoacyl-t-RNA übertragen, wodurch die Peptidkette um 1 Aminosäure verlängert wird. Dieser Schritt vollzieht sich ohne zusätzl. Proteinfaktoren u. ohne Energieverbrauch allein aufgrund der katalyt. wirkenden Oberfläche (*Peptidyl-Transferase-Zentrum;* ↗Peptidyl-Transferase, ☐) der großen ribosomalen Untereinheit. Das Ergebnis des Peptidyl-Transfers ist eine „entladene" t-RNA in der P-Bindungsstelle, die anschließend „geräumt" wird, u. eine vorübergehend in der A-Bindungsstelle gebundene, verlängerte Peptidyl-t-RNA. In der nun folgenden *Translokation* rückt Peptidyl-t-RNA zus. mit m-RNA zurück in die P-Bindungsstelle. Dieser Teilschritt erfordert Energie (GTP-Spaltung) u. die katalyt. Wirkung eines weiteren Elongationsfaktors (*G-Faktor*). Die durch die Translokationsreaktion freigewordene A-Bindungsstelle kann nun erneut im Rahmen einer Aminoacyl-t-RNA-Bindereaktion besetzt werden, wodurch ein weiterer Elongationszyklus eingeleitet wird. Nach jedem Zyklus ist die Peptidkette an dem jeweils gerade erreichten ↗*Carboxylterminus* um 1 Aminosäurerest verlängert, so daß insgesamt eine Richtung des Kettenwachstums der T. vom ↗*Aminoterminus* zum Carboxylterminus hin resultiert. Jede einzelne Peptidbindung kostet die Zelle mindestens die in 3 energiereichen (↗energiereiche Verbindungen) Phosphaten (eine ATP-Spaltung bei der Aminosäurereaktivierung, je eine GTP-Spaltung bei Aminoacyl-t-RNA-Bindung u. Translokation) enthaltene Energie. Die Synthesegeschwindigkeit liegt zw. 10 und 20 eingebauten Aminosäureresten pro Sekunde u. Ribosom, was einer „Gleit"geschwindigkeit jedes Ribosoms an m-RNA von 30–60 Nucleotiden pro Sekunde entspricht. Das in Richtung vom 5'- zum 3'-Ende von m-RNA erfolgende Gleiten der Ribosomen ist allerdings nicht gleichförmig, sondern vollzieht sich in Portionen v. jeweils 3 Nucleotiden pro Synthese-Zyklus entspr. dem Triplett-↗Raster des genet. Codes.

4. *Termination* (Abschlußphase): Beim Auftreffen eines in der Elongationsphase befindl. Ribosoms auf eines der 3 Terminationscodonen (UAA, UAG oder UGA) bricht die Proteinsynthese ab. Die fertige Peptidkette löst sich von t-RNA durch hydrolyt. Spaltung u. verliert damit ihre Verankerung am Ribosomen-m-RNA-Komplex. Anschließend zerfällt auch dieser, wobei sich freie ribosomale Untereinheiten bilden, die – mit anderer m-RNA – erneut in die Initiationsphase eintreten können (Zyklus der ribosomalen Untereinheiten). Bei den ↗polycistronisch aufgebauten m-RNAs der Bakterien u. Bakteriophagen ist häufig das Initiationscodon des folgenden Leserasters dem Terminationscodon des vorhergehenden Leserasters sehr nahe benachbart od. überlappt sogar in Form der Sequenz AUGA (AUG = Start; UGA = Stop), was einen Neustart ohne Ablösung des Ribosoms begünstigt. Zur Termination sind bestimmte Proteine (*Terminationsfaktoren*) erforderl., jedoch, wie bei

TRANSKRIPTION – TRANSLATION

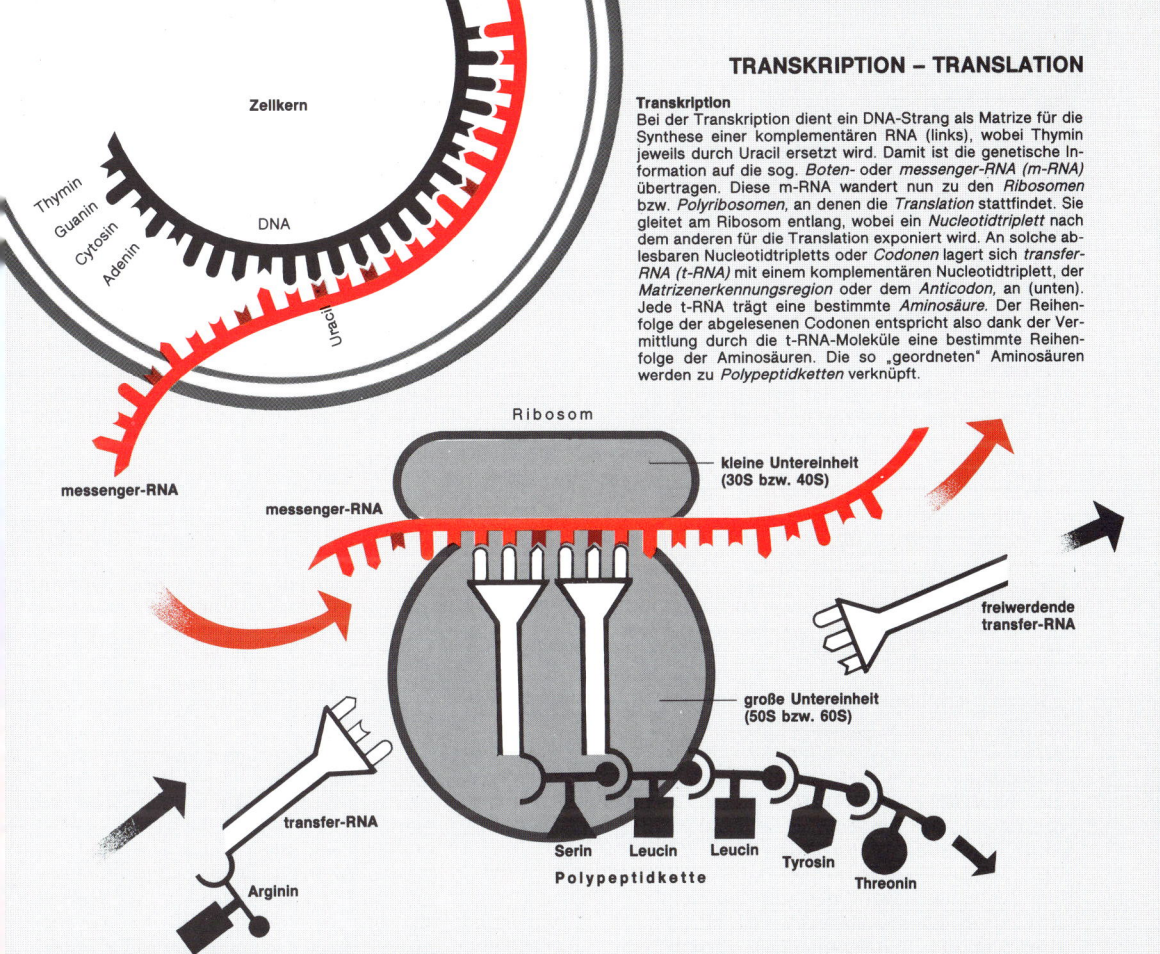

Transkription
Bei der Transkription dient ein DNA-Strang als Matrize für die Synthese einer komplementären RNA (links), wobei Thymin jeweils durch Uracil ersetzt wird. Damit ist die genetische Information auf die sog. *Boten*- oder *messenger-RNA (m-RNA)* übertragen. Diese m-RNA wandert nun zu den *Ribosomen* bzw. *Polyribosomen*, an denen die *Translation* stattfindet. Sie gleitet am Ribosom entlang, wobei ein *Nucleotidtriplett* nach dem anderen für die Translation exponiert wird. An solche ablesbaren Nucleotidtripletts oder *Codonen* lagert sich *transfer-RNA (t-RNA)* mit einem komplementären Nucleotidtriplett, der *Matrizenerkennungsregion* oder dem *Anticodon*, an (unten). Jede t-RNA trägt eine bestimmte *Aminosäure*. Der Reihenfolge der abgelesenen Codonen entspricht also dank der Vermittlung durch die t-RNA-Moleküle eine bestimmte Reihenfolge der Aminosäuren. Die so „geordneten" Aminosäuren werden zu *Polypeptidketten* verknüpft.

Die Verwertung der genetischen Information bei der Merkmalsbildung beginnt mit einem Informationsfluß von DNA über m-RNA in Protein. Die Übertragung der genetischen Information von DNA auf m-RNA nennt man Transkription. Sie findet bei kernhaltigen Organismen überwiegend im Zellkern statt. Die Verwertung der nun in der m-RNA gespeicherten genetischen Information zur Proteinsynthese erfolgt im Prozeß der Translation. Sie findet an den Ribosomen bzw. Polyribosomen des Cytoplasmas statt. Bei kernlosen Organismen (Prokaryoten = Bakterien) finden Transkription und Translation nicht in verschiedenen Kompartimenten statt, weshalb beide Prozesse gekoppelt ablaufen, d. h., noch während m-RNA 3′-terminal im Aufbau begriffen ist, binden Ribosomen 5′-terminal und beginnen mit der Translation.

Translation
Die Translation findet gewöhnlich an *Polyribosomen* statt. Es handelt sich um mehrere *Ribosomen*, die auf einem Strang m-RNA aufgereiht sind. In jedem dieser Ribosomen wird die genetische Information der m-RNA abgelesen. Da die m-RNA an den Ribosomen entlanggleitet, sind die einzelnen Ribosomen in einem bestimmten Zeitpunkt mit dem Ablesen jeweils verschieden weit gekommen. Ein Ribosom am Anfang des m-RNA-Strangs hat mit der Translation eben erst begonnen und trägt nur eine kurze Proteinkette; ein Ribosom am Ende des Strangs hat die Proteinkette dagegen schon fast fertiggestellt. Werden die Ribosomen schließlich nach dem Ablesen von der m-RNA freigesetzt, so zerfallen sie in ihre beiden Untereinheiten. Erst beim Start einer neuen Ablesung bilden sich in einem komplizierten Prozeß aus diesen Untereinheiten wieder funktionsfähige Ribosomen (Abb. unten).

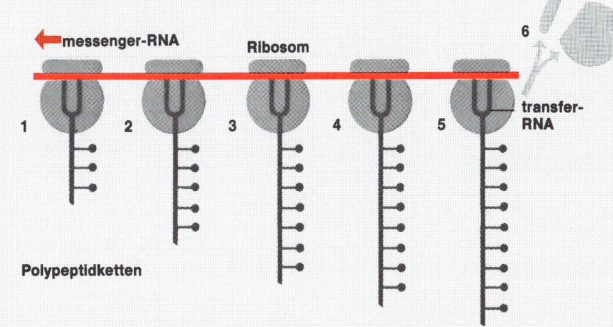

Sequenz	Herkunft
GCACCACGGGAAAAUCUGAUGGAAC	*E. coli*, trpA-m-RNA
UUGGAUGGAGUGAAACGAUGGCGA	*E. coli*, araB-m-RNA
GUAACCAGGUAACAACCAUGCGAG	*E. coli*, thrA-m-RNA
AAUUCAGGUGGUGAAUGUGAAAC	*E. coli*, lacI-m-RNA
AUCUUGGAGGCUUUUUUAUGGUUC	Phage ΦX174, A-Protein-m-RNA
AACUAAGGAUGAAAUGCAUGUCUA	Phage Qβ, Replikase-m-RNA
CCUAGGAGGUUUGACCUAUGCGAG	Phage R17, A-Protein-m-RNA
UGUACUAAGGAGGUUGUAUGGAAC	Phage λ, cro-Protein-m-RNA

Shine-Dalgarno-Sequenz   Startcodon

Startsignale der Translation bei Bakterien
Die oben aufgeführten Sequenzen stellen die Startregionen einzelner m-RNAs aus Bakterien bzw. Bakteriophagen dar. Der Translationsstart erfolgt nicht exakt an den 5′-Enden der m-RNAs, sondern je nach Lage der Startcodonen (meist AUG, seltener auch GUG, vgl. 4. Beispiel von oben) an Positionen, die mehr oder weniger weit vom 5′-Ende entfernt im Innern der m-RNA-Ketten liegen. Bei den polycistronisch aufgebauten m-RNAs der Bakterien können die verschiedenen Startstellen sogar weit im Innern vom m-RNA positioniert sein. Hier sind zur Unterscheidung nicht-initiierender AUG- (bzw. GUG-)Codonen von den eigentlichen AUG- (bzw. GUG-)Start-Codonen weitere Signalsequenzen erforderlich, die nur wenige Positionen vor diesen in Richtung des 5′-Endes liegen und die durch Basenpaarung mit dem 3′-Ende von ribosomaler 16S-RNA den Initiationsprozeß auslösen. Die Komplementarität dieser Sequenzen (sog. *Shine-Dalgarno-Sequenzen*) zum 3′-Ende ribosomaler 16S-RNA und ihre Funktion als Signale der Initiation wurden 1974 von den australischen Forschern J. Shine und L. Dalgarno gefunden. Die Komplementarität zum 3′-Ende von 16S-r-RNA ist von Fall zu Fall unterschiedlich stark (z. B. nur 5 Positionen im oberen Beispiel, dagegen 9 Positionen im untersten Beispiel), was unterschiedliche Signalstärken für den Translationsstart bedingt.

Translokation

der Peptidyl-Transfer-Reaktion, keine Energie. Die Ablösung der Peptidketten v. Peptidyl-t-RNA durch Hydrolyse kann daher auch als Peptidyl-Transfer-Reaktion mit einem Wassermolekül als Akzeptor (statt – wie bei der Elongation – einem weiteren Aminosäurerest) aufgefaßt werden. Eine vorzeitige Termination u. damit unvollständige Synthese v. Proteinen wird durch ↗Terminatormutationen verursacht; sie kann jedoch durch ↗Suppressor-Gene kompensiert werden.

Schon vor Beendigung der Synthese beginnen sich die Peptidketten zu den ↗Sekundär- u. ↗Tertiärstrukturen zu falten (↗Proteine). Die Synthese v. Exportproteinen erfolgt an den Ribosomen des rauhen ↗endoplasmatischen Reticulums (ER), wobei der Transport durch die ER-Membran durch das meist N-terminale Signalpeptid noch während der Synthese, d. h. *cotranslational*, eingeleitet wird (↗Prä-Proteine). Demgegenüber geschieht der Transport v. mitochondrialen bzw. plastidären Proteinen, soweit sie an den freien Ribosomen des Cytoplasmas synthetisiert werden, erst nach Beendigung der Synthese, d. h. *posttranslational*. Ein Teil der Organellenproteine wird v. mitochondrialer bzw. plastidärer DNA codiert u. an den organelleneigenen Ribosomen synthetisiert (↗Mitochondrien, ↗Chloroplasten). Durch Prozessierungsreaktionen werden die primär synthetisierten Peptidketten vielfach (co- oder posttranslational) verändert. Häufig werden die Ketten durch Einwirkung spezif. Proteasen zu kürzeren Längen od. zu mehreren Teilpeptiden gespalten (↗Prä-Pro-Proteine). Bakterielle Proteine verlieren meist ihren primären N-Terminus, den N-Formylmethionin-Rest, häufig zus. mit den unmittelbar benachbarten Aminosäure-Resten. – Eine Reihe v. Antibiotika, wie z. B. ↗Chloramphenicol (☐), ↗Cycloheximid (☐), ↗Puromycin (☐) u. ↗Streptomycin (☐), sind Hemmstoffe einzelner Teilschritte der T. ↗Colicine. B 243.

H. K.

Translokation w [v. *trans-*, lat. *locus* = Ort], **1)** eine Chromosomen-↗Mutation (B; ↗Chromosomenaberrationen, ☐); **2)** ein Teilschritt bei der Proteinsynthese (↗Translation). **3)** Ökologie: ↗Mobilität.

Translokator m [v. *trans-*, lat. *locus* = Ort], der ↗Carrier; ↗Membran, ↗Membranproteine, ↗Membrantransport.

Transmethylierung w, die Übertragung v. ↗Methylgruppen v. Methylgruppendonoren, wie ↗S-Adenosylmethionin od. Methyl-↗Tetrahydrofolsäure, auf C-, O- oder N-Atome v. Biomolekülen unter der katalyt. Wirkung v. *Transmethylasen*.

Transmission w [v. lat. *transmittere* = hinüberschicken, überbringen], ↗Luftverschmutzung.

Transmitter m [v. lat. *transmittere* = übertragen], **1)** allg.: Übertrager, Übertragungsmittel; **2)** die ↗Neurotransmitter; ↗Nervensystem, ↗Synapsen.

Transphosphatasen [Mz.], die ↗Kinasen.

Transpiration w [Ztw. *transpirieren;* v. *trans-*, lat. *spiratio* = Atmung], **1)** Bot.: regulationsfähige Abgabe von gasförm. Wasser (Wasserdampf) durch die Pflanze an die Umgebung (↗Wasserhaushalt). Während viele landbewohnende ↗Thallophyten noch keine Regulationsfähigkeit bezügl. der Wasserdampfabgabe (↗*Evaporation*) besitzen, zeigen einige Moosgruppen (↗Moose) u. die ↗Kormophyten in ihrer Organisation des Vegetationskörpers ↗Schutzanpassungen gg. einen zu schnellen Wasserverlust. Zu nennen sind hier die wachsartige ↗Cuticula, ↗Cutin-Einlagerungen in die Außenwände der Epidermis, die Entwicklung v. ↗Kork-Gewebe (↗Suberin) u. ↗Borken-Bildung, die Verlagerung der wasserverdunstenden (= Umwandlung v. flüssigem in gasförm. Wasser) Grenzflächen in den Vegetationskörper hinein (↗Interzellularen). Da aber eine Abdichtung gg. den Verlust gasförm. Wassers gleichzeitig eine Abdichtung gg. den Austausch v. anderen gasförm. Stoffen (O_2, CO_2) bedeutet, mußten die ↗Landpflanzen entsprechende regelbare Poren (↗*Spaltöffnungen;* ↗*Lentizellen,* ↗Kork) entwickeln. Da die Abdichtung nie vollständig sein kann u. entsprechend der Trockenheit des Lebensraums angepaßt ist, beobachtet man eine cuticuläre u. Borken-T. (s. u.) von 2% (Kiefer) bis zu 30% (Springkraut) der Gesamt-T., aber stets eine kleinere als 10% der Evaporation einer entsprechend gleichgroßen Wasserfläche. Somit kann man eine *cuticuläre* und *Borken-T.* und eine *stomatäre T.* unterscheiden. Die treibende Kraft der T. ist der Unterschied des Dampfdrucks (g H_2O/m^3) im Organinnern (= C_i) und in der Atmosphäre (= C_a; ↗Feuchtigkeit, ↗Hydratur). Sie wird vermindert durch die Summe der T.swiderstände (= $\sum R$). Da auch hierbei Diffusionsvorgänge zugrundeliegen, gilt entspr. dem Fickschen Gesetz der ↗Diffusion: T. = $(C_i - C_a)/\sum R$. Der Kormophyt ist somit zw. dem hohen ↗Wasserpotential des Bodens u. dem niedrigen der Luft eingespannt, so daß der Kormus ohne eigenen Energieaufwand dieses Potentialgefälle ausnutzen kann, um Wasser durch den Vegetationskörper hindurch bis zu 120 m Höhe in die Atmosphäre transportieren zu lassen (↗T.sstrom) u. mit diesem Wasserstrom Ionen u. einige organ. Stoffe. – Die Haupt-T.sorgane der Kormophyten sind die *Blätter* (↗Blatt). Die ↗Wasserabgabe kann wegen der großen Oberflächen beträchtl. Ausmaße erreichen. So verdunstet eine Birke mit etwa 200 000 Blättern an heißen Tagen bis zu 400 l Wasser. Voll geöffnete Spaltöffnungen verringern drastisch den Diffusionswiderstand der T. gegenüber den Werten der cuticulären Wasser-

trans- [v. lat. *trans* = hindurch, über ... hinaus, jenseits von].

dampfabgabe. Die Anordnung, Dichte (⊤ Blatt) und Baueigentümlichkeiten der ↗Spaltöffnungen (☐) bedingen sehr stark die stomatäre T. Viele Pflanzenarten geben aber bei voll geöffneten Spaltöffnungen ca. 50–70% derjenigen Wasserdampfmenge ab, die eine der Blattfläche entspr. Wasserfläche evaporiert, obwohl die Spaltöffnungsfläche nur 2% der Blattfläche ausmacht. Man führt dieses Phänomen aufgrund von entspr. Experimenten auf den sog. Randeffekt zurück (vgl. Spaltentext). Da die stomatäre T. 98–70% der Gesamt-T. ausmacht, regulieren die Faktoren, welche die Spaltöffnungsweite beeinflussen, sehr stark den Wasserdampfverlust der Kormophyten. Hierbei sind zu nennen: Wasserdampfsättigung der Atmosphäre (abhängig v. der Sonneneinstrahlung), Wasserversorgung des Vegetationskörpers, Photosynthese-Aktivität u. damit Lichtintensität und CO_2-Konzentration innen u. außen, Tagesrhythmik. Es ist nicht verwunderlich, daß diese Faktoren ein nur schwer entwirrbares Wechselverhältnis zueinander haben, aber in der Steuerung des stomatären Gasaustausches eine stets für die Pflanze optimale Spaltöffnung einregulieren. Einen großen Einfluß auf die T.srate hat die Luftströmung. Denn der Wind verkleinert die höher wasserdampfgesättigten Luftschichten (= ↗Grenzschicht) in der Nähe der Spaltöffnungen u. macht damit das Wasserdampfpotentialgefälle zw. Blatt u. Luft steiler. In Lebensräumen mit häufig wasserdampfgesättigter Luft (Krautschicht) ist eine T. oft nicht mehr möglich. In diesem Fall muß die Pflanze selber Wasser aktiv ausscheiden, u. zwar in flüssiger Form (↗Guttation; ↗Hydathoden, ⃞B Blatt I–II). ↗Verdunstung, ↗Wasseraufnahme, ↗Wasserbilanz, ↗Wasserkreislauf (☐), ↗Wassertransport; ⃞B Wasserhaushalt. 2) Zool.: vermehrte ↗Schweiß-Absonderung (↗Schweißdrüsen, ↗schwitzen) bei drohender Wärmestauung. ↗Perspiration, ↗Temperaturregulation H.L.

Transpirationskoeffizient, in der Landw. Bez. für das Verhältnis v. Wasserverbrauch (in l) zur erzeugten Trockensubstanz der Erntemasse (in kg) einer Pflanze. Der T. ist hoch bei Hafer u. niedrig bei Mais u. Zuckerrübe. In gemäßigten Klimazonen beträgt der T. bei den Kulturpflanzen etwa 300–800 l Wasser pro kg geernteter Trockensubstanz.

Transpirationsstrom, Bez. für den durch die ↗Transpiration erzeugten Wasserstrom vom Boden durch den Pflanzenkörper hindurch bis zu den Blättern. ↗Leitungsgewebe, ↗Wassertransport.

Transplantation w [Ztw. transplantieren; v. lat. transplantare = verpflanzen], 1) Bot.: ↗Veredelung. 2) Zool., Medizin: Gewebsbzw. Organverpflanzung, (operative) Übertragung v. Geweben (z.B. Hornhaut), Organen (z.B. Herz, Niere), aber auch v.

Transpiration
Der sog. Randeffekt beruht darauf, daß die aus dem Spalt austretenden Wassermoleküle einen nach der Seite hin vergrößerten Diffusionsraum besitzen, aus dem sie kaum mehr in den Spalt (aufgrund ihrer zufälligen Diffusionsbewegung) zurückfallen, während über einer freien Wasserfläche die Wassermoleküle sich gegenseitig behindern u. mit größerer Wahrscheinlichkeit u. in Abhängigkeit v. der Konzentration auch wieder ins Wasser zurückstürzen.

Transplantation
Hauptprobleme der Homo- und der (heute kaum noch üblichen) Hetero-T. in der Medizin sind die immunologischen Abwehrreaktionen des Organismus gg. Fremdprotein, die oft zur Abstoßung od. Auflösung der Transplantate führen. Auto-T. findet z.B. Anwendung bei der Übertragung v. Haut, Knochen(spänen), Gefäßen, Faszien; Homo-T. z.B. bei der Übertragung v. Blutkonserven (↗Bluttransfusion), Hornhaut, Knochen, konservierten Blutgefäßen, Herz, Niere, Bauchspeicheldrüse, Leber, Lunge u.a. Durch Einsatz moderner Immunsuppressiva (↗Immunsuppression), z.B. von Cyclosporin A, konnten die T.sresultate in den letzten Jahren erhebl. verbessert werden. Die Einjahresüberlebensrate beträgt z.Z. für Leber-T.en etwa 60%, für Herz-T.en (weltweit pro Jahr über 200) ca. 80%, für Nieren-T.en (in der BR Dtl. pro Jahr über 1000) über 90%. Die erste Herz-T. wurde am 3. 12. 1967 von Ch. Barnard durchgeführt; der Patient, L. Washkansky (55 Jahre), überlebte die Operation um 18 Tage.

Transposonen

Zellen od. Zellteilen (z.B. Kern, Teile des Cytoplasmas). Nach dem Verwandtschaftsgrad v. Spender u. Empfänger unterscheidet man: Auto-T. (Übertragung auf einen anderen Körperteil des gleichen Individuums); Iso-T. (Übertragung auf ein anderes, genetisch gleiches Individuum, d.h. zw. eineiigen Mehrlingen); allogene T., Homo-T., homospezifische T., homoplastische T. (Übertragung auf ein anderes Individuum der gleichen Art); xenogene T., Hetero-T., heterospezifische T., heteroplastische T. (Übertragung auf ein Individuum einer anderen Art). Nach Herkunfts- u. T.sort unterscheidet man: homotope T. (Übertragung auf den gleichen Ort), heterotope T. (Übertragung auf einen anderen Ort). – Mit Hilfe von T. können z.B. Eigenschaften u. Wechselwirkungen zw. Zellteilen, Zellen u. Geweben unterschiedl. Alters und unterschiedl. Körperregionen untersucht werden (↗Zellkommunikation; ⃞B Kern-T., ⃞B Induktion). – Eine bedeutende Rolle spielt die T. heute in der Medizin (vgl. Spaltentext). Mangelnde Gewebsverträglichkeit od. Histokompatibilität (↗HLA-System) führt i.d.R. zu Abwehrreaktionen des ↗Immunsystems (↗Antigene, ↗Immunsuppression, ↗Immungenetik) im Empfänger u. damit zur Abstoßung des Transplantats.

transponierbare Elemente [Mz.; v. lat. transponere = versetzen], Bereiche von DNA, die mit relativ hoher Frequenz ihre Position innerhalb des Genoms einer Spezies ändern können (Transposition) u. die daher keine fixierte Position auf dem jeweiligen Genom einnehmen. Die einfachsten t.n E. sind die bakteriellen ↗Insertionselemente u. ↗Transposonen. Auch in Genomen höherer Organismen gibt es t. E., wie z.B. das Ty-Element bei Hefen, das ↗P-Element u. das copia-Element bei der Taufliege (Drosophila) u. die controlling elements bei Mais (↗McClintock). In der Regel sind t. E. im Genom einer Spezies in mehreren Kopien enthalten. Die in t.n E.n enthaltenen Gene können mit diesen ihre Position auf dem Genom verändern u. werden daher als springende od. bewegliche Gene bezeichnet.

Transportproteine [v. lat. transportare = hinübertragen], die ↗Carrier; ↗Membran, ↗Membranproteine, ↗Membrantransport.

Transportwirt, Wirtsart im Falle v. ↗Symphorismus, ↗Phoresie od. ↗Entökie.

Transposasen [Mz.] ↗Insertionselemente, ↗Transposonen.

Transposition w [Ztw. transponieren; v. lat. transponere = versetzen], ↗transponierbare Elemente.

Transposonen [Mz.; v. lat. transponere = versetzen], eine Gruppe v. ↗transponierbaren Elementen aus Bakterien. Im Ggs. zu den meist kleineren ↗Insertionselementen enthalten T. neben den zur Transposition erforderl. Genen, die für die Enzyme

245

transspezifische Evolution

Einteilung und Eigenschaften einiger Transposonen

Bezeichnung	ungefähre Größe (Basenpaare)	Endstruktur	Resistenz gegen
Klasse I			
Tn 5	5700	IS 50	Kanamycin
Tn 9	2650	IS 1	Chloramphenicol
Tn 10	9300	IS 10	Tetracyclin
Klasse II			
Tn 3	5000	38	Ampicillin
Tn 501	8200	38	Quecksilbersalze
Tn 4	20500	140	Ampicillin, Streptomycin, Sulfonamide, Quecksilbersalze

Die Einteilung des großen Transposons Tn 4 ist noch nicht gesichert; es kann auch als Vertreter einer III. Klasse von T. angesehen werden.

Transposase u. *Resolvase* codieren, auch Gene für Antibiotika-Resistenzen (↗Resistenzfaktoren). Aufgrund struktureller Eigenschaften sind mindestens 2 Klassen von T. unterscheidbar (vgl. Tab.): T. der Klasse I werden beidseitig v. Insertionselementen flankiert, die zueinander in umgekehrter Orientierung liegen u. die für die Transposition erforderl. Gene u. Signalstrukturen enthalten. Die T. der Klasse II enthalten in ihren Enden statt dessen nur kurze invertierte Sequenzwiederholungen, u. die Transpositionsenzyme werden v. anderen Transposon-Bereichen codiert. Die Transposition von T. erfolgt ähnl. wie bei Insertionselementen durch Replikation u. anschließende Übertragung eines der beiden Replikationsprodukte, wodurch eine Kopie am urspr. Ort des Genoms verbleibt. Die Häufigkeit der Transposition liegt im Bereich von 10^{-3}–10^{-6} pro Kopie u. Generationszeit.

transspezifische Evolution w, ↗additive Typogenese, ↗Evolution.

Transsudation w [v. *trans-, lat. sudare = schwitzen], ↗Sekretion.

Transversion w [v. lat. transvertere = umwenden], ↗Punktmutation (↗Mutation), durch die in DNA eine Purinbase gg. eine Pyrimidinbase oder umgekehrt ausgetauscht wird, also die Übergänge A⇌T, A⇌C, G⇌T und G⇌C. Ggs.: ↗Transition. ↗Basenaustauschmutationen.

Tranzschelia, Gatt. der ↗Rostpilze (T); *T. pruni-spinosae* (var. *pruni-spinosae* und var. *discolor*) ist Erreger des weit verbreiteten Zwetschgenrostes; die Uredo- u. Teleutosporen entwickeln sich auf Zwetschgen u. a. *Prunus*-Arten, die Aecidien auf verschiedenen Anemonen-Arten.

Trapaceae [Mz.; v. fränk. trappa = Falle], die ↗Wassernußgewächse.

Trapeliaceae [Mz.; v. gr. trapelos = drehbar], Fam. der ↗*Lecanorales*, Flechten mit rein krustigem bis plakoidem, weißl. bis graubraunem Lager, biatorinen od. lecanorinen Apothecien, einzelligen, farblosen Sporen u. nicht-amyloidem Ascus. Etwa 3 Gatt. und 50 Arten, v. a. in gemäßigten u. kühlen Regionen, so *Placopsis* (ca. 34 Arten mit plakoidem Thallus u. Cephalodien auf der Oberseite).

Trapezmuscheln [v. gr. trapeza = Tafel], *Kleine Herzmuscheln, Carditidae,* Fam. der ↗Dickmuscheln mit starkwand., rundl. bis trapezförm. Klappen, deren Wirbel oft weit vorn liegen, erhoben u. zugespitzt sind; Oberfläche radial gerippt. Der kräftige Fuß enthält wohlentwickelte Byssusdrüsen. Getrenntgeschlechtl., ♀♀ mit Brutpflege in den inneren Kiemenblättern, manche haben einen Brutraum an der Schale (z. B. *Thecalia*). Die T. sind weltweit (außer Polargebiete) verbreitet u. graben sich flach in Sandboden ein od. heften sich an Hartsubstrat fest. Etwa 50 Arten in 14 Gatt., die bekannteste ist ↗*Cardita*.

Trapezmuskel [v. gr. trapeza = Tafel], der ↗Kapuzenmuskel.

Trappen [v. tschech.-poln. drop = Trappe], *Otididae,* Fam. der ↗Kranichvögel mit 22 Arten v. a. in Afrika; große, kräftige Bodenvögel offener, trockener Landschaften, wie Grassteppen u. Kulturflächen mit wechselnder Nutzung. Fuß mit 3 dicken Zehen, Hals lang, Männchen meist erhebl. größer als Weibchen, mit Schmuckfedern an Kopf u. Hals; sehr scheu; bei Gefahr drücken sie sich nieder u. rennen weg, strecken im Flug den Hals aus, fressen Samen, Feldfrüchte, Insekten u. Mäuse. Die Großtrappe (*Otis tarda,* B Europa XIX) kam fr. auch in Dtl. vor („ausgestorben" nach der ↗Roten Liste); mit einem Gewicht bis zu 18 kg der schwerste eur. Vogel; die Männchen besitzen einen weißen Borstenbart u. ein rostbraunes Brustband, beides ausgeprägter mit zunehmendem Alter der Männchen, die erst nach 5–6 Jahren geschlechtsreif werden, die Weibchen nach 4 Jahren. Es besteht wahrscheinl. ↗Polygenie. Bei der Balz verändert das Männchen auffällig sein Aussehen: Hals u. Kehle werden aufgeblasen, verschiedene Federpartien aufgerichtet u. verdreht, so daß viel Weiß zum Vorschein kommt. Weibchen legt flache Nestmulde an; 1–3 braungrüne Eier; die das Nest nach 1 Tag verlassenden Jungen sind nach 5 Wochen flügge; leben außerhalb der Brutzeit in kleinen Gruppen; wurden in Gefangenschaft bis 50 Jahre alt. Die im südl. Europa vorkommende, wesentl. kleinere Zwergtrappe *(Tetrax tetrax)* wirkt wie ein langbeiniger Hühnervogel; flugfreudiger als andere T., mit pfeifendem Flügelgeräusch; der Balzruf ist ein schnaubendes „ptrrr".

Traube, 1) ein ↗Blütenstand (☐, B), ↗Dolden-T. 2) ugs. Bez. für den Fruchtstand der ↗Weinrebe (morphologisch eine Rispe).

Traube, 1) *Isidor,* dt. Physikochemiker, * 31. 3. 1860 Hildesheim, † 27. 10. 1943 Edinburgh; Prof. in Berlin u. Edinburgh; Arbeiten über Osmose, Kapillarwirkung u. Oberflächenspannung; physikal.-chem. Untersuchungen der Körperflüssigkeiten.

Trappen
Großtrappe *(Otis tarda),* oben Henne, unten Hahn während der Balz

trans- [v. lat. trans = hindurch, über ... hinaus, jenseits von].

2) *Ludwig,* Bruder v. 3), dt. Physiologe, * 12. 1. 1818 Ratibor, † 11. 4. 1876 Berlin; seit 1857 Prof. in Berlin; Mit-Begr. der experimentellen Pathologie; hervorragend in der physikal. Diagnostik. 3) *Moritz,* dt. Chemiker, * 12. 2. 1826 Ratibor, † 28. 6. 1894 Berlin; Weinhändler, Privatgelehrter; Arbeiten über Enzyme u. Gärung; entwickelte semipermeable Membranen u. schuf 1867 mit der T.schen Zelle einen Vorläufer der Pfefferschen Zelle für osmot. Untersuchungen.

Träubelhyazinthe *w* [v. dt. Traube, gr. hyakinthos = violett- od. stahlblaue Blume], Traubenhyazinthe, *Muscari,* Gatt. der ↗Liliengewächse mit etwa 55 Arten hpts. im Mittelmeergebiet. Aus der unterird. Zwiebel entspringen grasähnl., fleischige Blätter. Der Blütenstand ist eine allseitswendige, meist dunkelblaue Traube, an deren Spitze einzelne bis viele sterile Blüten ausgebildet sind. Aus dem Griffel entwickelt sich eine dreifächrige Kapsel mit 3 Flügeln u. je 2 Samenanlagen. In Weinbergen (Geranio-Allietum) u. Trockenrasen (Mesobrometum) wächst die Weinberg-T. *(M. racemosum);* ihre Blüten sind 4–6 mm lang, die Früchte an der Spitze eingesenkt. Sehr selten findet man in krautreichen Eichenwäldern, in Bergwiesen u. Magerrasen die nach der ↗Roten Liste „gefährdete" Kleine T. *(M. botryoides);* ihre Blätter sind zur Spitze hin verbreitert, die Blüten 3–4 mm lang u. fast kugelig; die Früchte sind an der Spitze nicht eingesenkt. In Gärten werden zahlr. Zuchtformen kultiviert.

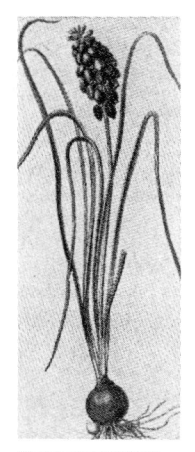

Weinberg-Träubelhyazinthe *(Muscari racemosum)*

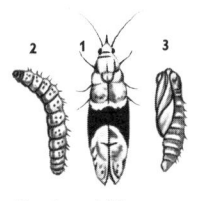

Traubenkirsche, *Prunus padus,* ↗Prunus.

Traubenwickler, *Heuwurm, Sauerwurm,* Name für 2 Wickler-Arten (Schmetterlinge), die beide oft zus. an der Weinrebe schädl. werden können. Der Einbindige T., *Eupoecilia (Cochylis, Clysia) ambiguella,* gehört zur Fam. ↗Blütenwickler; Falter glänzend strohgelb mit dunkelbrauner Querbinde, 12–15 mm Spannweite; Eiablage an Knospen, Raupe fleischfarben mit schwarzem Kopf u. Nacken, frißt zur Zeit der Heuernte *(„Heuwurm")* an Blüten u. Knospen; Falter der folgenden Sommergeneration legen Eier an die Beeren ab; die schlüpfenden Räupchen fressen die noch unreifen Trauben; diese schrumpfen u. werden durch Bakterien u. Pilzinfektionen sauer *(„Sauerwurm")*. Die Lebensweise des Bekreuzten T.s, *Lobesia (Polychrosis) botrana,* ist ähnlich; diese Art gehört zu den ↗Wicklern; Raupen der 1. und 2. Generation heißen ebenfalls Heu- und Sauerwurm; Larven aber mit hellem Kopf u. Nacken; Falter olivbraun u. grünl. grau mit gelbl. Färbung; Querbinde stark geschwungen, Spannweite 12 mm; bevorzugt mehr warme u. trockene Lagen. Beide Arten leben auch an der Waldrebe.

Traubenwickler
1 Einbindiger T. *(Eupoecilia ambiguella),* 2 Raupe, 3 Puppe

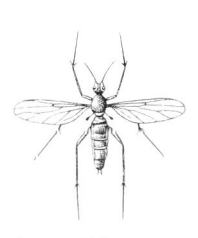

Traubenzucker, die ↗Glucose.

Trauerbienen, *Melecta,* Gatt. der ↗Apidae.

Trauermantel, *Nymphalis (Vanessa) antiopa,* bekannter, prächtiger Vertreter der ↗Fleckenfalter; holarktisch verbreitet, bei uns seltener werdend (nach der ↗Roten Liste „gefährdet"); Falter um 70 mm spannend, charakterist. gefärbt, oberseits schokoladebraun mit samtart. Glanz u. schwefelgelbem Saum, vor dem kleine, keilförmige, blaue Flecken stehen; Unterseite schwarzbraun mit hellem Saum; fliegt in nur einer Generation; Falter überwintert u. erscheint im zeitigen Frühjahr; bevorzugt Waldränder u. Schläge der montanen Stufe; die schwarzen Dornraupen mit roten Rückenflecken leben gesellig im Sommer an Laubhölzern, wie Weiden u. Birken. B Insekten IV, B Schmetterlinge.

Trauermücken, *Sciaridae, Lycoriidae,* Fam. der ↗Mücken mit ca. 500, in Mitteleuropa etwa 100 Arten. Die kleinen, düster gefärbten Imagines der T. haben schwärzl. durchscheinende Flügel (Name), die bei manchen Arten rückgebildet sind. Die Larven der T. *Sciara (= Lycoria) militaris* ziehen zuweilen in riesigen Wandergesellschaften von bis zu 10 m Länge und 15 cm Breite wahrscheinl. zu einem geeigneten Verpuppungsplatz. Das Auftreten dieses „Heerwurm" gen. bleichen Bandes wurde in früheren Zeiten als Anzeichen eines kommenden Krieges gedeutet.

Trauerschnäpper, *Ficedula hypoleuca,* ↗Fliegenschnäpper.

Trauerschweber, die ↗Wollschweber.

Trauermücken *Sciara spec.,* ♀

Träufelspitze, Bez. für die lang ausgezogene Blattspitze, wie sie bes. bei Pflanzen der trop. Regenwälder ausgebildet ist; dient der raschen Ableitung des Regenwassers. Beispiele aus der mitteleur. Flora sind das Blatt der Haselnuß od. der Schmerwurz *(Tamus).*

Traumatonastie *w* [v. gr. trauma = Wunde, nastos = festgedrückt], durch Verletzung hervorgerufene, nicht gerichtete Bewegung (↗Nastie) pflanzl. Organe; z. B. durch Schnittverletzung ausgelöste ↗Blattbewegungen bei der Mimose.

Traumatotropismus *m* [v. gr. trauma = Wunde, tropē = Wendung], Wachstumskrümmung v. Pflanzenorganen (Wurzel, Sproß) als Folge eines Verletzungsreizes ↗Tropismus.

Traunsteinera *w* [ben. nach dem östr. Pharmazeuten J. Traunsteiner, 1798 bis 1850], die ↗Kugelorchis.

Träuschlinge, *Stropharia,* Gattung der ↗Träuschlingsartigen Pilze *(Strophariaceae);* mittelgroße bis große, fleischige ↗Blätterpilze mit schleimigem bis trockenem Hut u. beringtem Stiel; die Lamellen sind breit angewachsen, olivbraun, grauviolett, schwarzviolett od. dunkelbraun gefärbt; das Sporenpulver ist violettschwarz, violettgrau od. braunfarbig (bis schwarzbraun); auf Erde, Mist od. Holz wachsend. In Europa ca. 17 Arten. Auffällig ist der eßbare Grünspanträuschling *(S. aeruginosa* Quél.), der eine schmierige, grünspanfar-

Träuschlingsartige Pilze

Träuschlingsartige Pilze

Wichtige Gattungen:
↗ Träuschlinge (*Stropharia*)
↗ Schwefelköpfe (*Hypholoma*)
↗ Kahlköpfe (*Psilocybe*)
Flämmlinge, Schüpplinge (↗ *Pholiota*)
↗ Stockschwämmchen (*Kuehneromyces*)

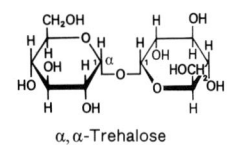

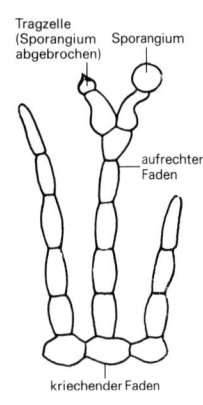

α,α-Trehalose

Trentepohlia
Die Grünalge *T.* differenziert kriechende u. aufrechte Fäden. An der Spitze aufrechter Fäden werden v. eigens ausgebildeten Tragzellen die Sporangien entwickelt, die meist abbrechen u. durch den Wind verbreitet werden. Erst bei Benetzung werden die Zoosporen frei. Die zumindest fakultative Verbreitung des gesamten Sporangiums ist eine Anpassung an das Landleben.

Tragzelle (Sporangium abgebrochen), Sporangium, aufrechter Faden, kriechender Faden

trema-, tremat- [v. gr. trēma, Mz. trēmata = Loch, Öffnung].

bige Huthaut mit eingelagerten Schuppen besitzt. Der Riesenträuschling (Braunkappe, *S. rugoso-annulata* Farlow) läßt sich leicht auf feuchtem Stroh im Freien kultivieren (↗ Speisepilze, T).

Träuschlingsartige Pilze, *Strophariaceae,* Fam. der ↗ Blätterpilze (Gatt. vgl. Tab.) mit kleinen, mittelgroßen, vereinzelt auch sehr großen Fruchtkörpern, in Hut u. Stiel gegliedert, z.T. mit Velum (Ring od. Faserreste an Hutrand u. Stiel). Sporenfarbe: lila-, purpur- bis schwärzl.-braun (= ↗ Schwarzsporer) od. bräunliche Sporen mit Keimporus; auf Holz od. Erdboden wachsend.

Travisia *w,* Ringelwurm-(Polychaeten-)Gatt. der ↗ *Opheliidae* mit 20 Arten. *T. forbesii,* bis 45 mm lang, rötl. oder weißl., auf Schlamm, Sand im flachen u. tiefen Wasser; Nordsee, westl. Ostsee.

Trebouxia *w,* Gatt. der ↗ Chlorococcaceae.

Treffertheorie, Vorstellung der ↗ Quantenbiologie, wonach viele Vorgänge, die als Wirkung durchdringender Strahlen auftreten, durch *einzelne* mikrophysikal. Akte eingeleitet werden. Solche z.B. in einer Zelle stattfindenden auslösenden Akte, wie die Absorption *eines* Lichtquants (z.B. bei der ↗ Photosynthese), werden *Treffer* genannt.

Trehalose *w* [v. türk. tıgala über frz. tréhala], *Mutterkornzucker,* ein aus 2 Glucose-Resten aufgebautes ↗ Disaccharid, das bes. in Bakterien, Hefen, Pilzen, Algen u. als „Blut"zucker der Insekten vorkommt. Aufgrund der 1,1-Verknüpfung der beiden Glucose-Reste ist T. ein nichtreduzierender Zucker. T. wird für Bakterien-Nährböden verwendet.

treiben, wirtschaftl. wichtiges gartenbauliches Verfahren zur Anregung des vegetativen Wachstums bzw. der Knospenentfaltung bei Gewächshaus- u. Frühbeetpflanzen durch Wärme (z.B. im *Treibhaus*), Feuchtigkeit od. Zusatzlicht, in seltenen Fällen durch gezielte Veränderung der Tageslänge od. Einsatz v. Phytohormonen.

Treiberameisen, *Wanderameisen, Dorylidae,* Fam. der ↗ Ameisen (B II) mit ca. 200, meist trop. Arten, die in riesigen wandernden Ansammlungen auf Beutefang gehen. Die T. sind typ. ameisenartig gebaut u. in 3 Kasten gegliedert: Den Hauptanteil des bis zu 2 Mill. Individuen zählenden Volkes bilden die oft fast blinden, flügellosen, bis zu 15 mm großen, vielgestaltigen Arbeiterinnen, die mit ihren großen säbelart. Kiefern auf Beutefang gehen u. den Wanderzug flankieren. Alle Arbeiterinnen stammen v. der bis zu 4 cm großen Königin ab, dem einzig fertilen Weibchen. Einmal im Jahr werden Geschlechtstiere in großer Anzahl erzeugt; nur die Männchen sind geflügelt. Die Völker der T. haben kein festes Nest; während der Wanderung wird der Standort der Königin u. der Brut tägl. um einige hundert Meter verlegt; von dort aus werden die Raubzüge unternommen. Das „Nest" besteht z.B. bei der Gatt. *Eciton* aus einem kompliziert geschichteten Knäuel aus lebenden, zusammenhängenden Arbeiterinnen, in dessen Innerem sich die Königin u. die Larven befinden. Mit der Verpuppung der Larven sinkt der Nahrungsbedarf des Volkes, u. es verbleibt für ca. 20 Tage am selben Platz. – Die T. sind durch ihre alles Lebendige vernichtenden Raubzüge sehr gefürchtet; den Beutezug kann fast kein Hindernis aufhalten; kleinere Wasserläufe werden durch „lebende Brücken" aus T.-Arbeiterinnen überwunden. Während die süd- und mittelamerikan. Gatt. *Eciton* hpts. Spinnen u. andere Insekten erbeutet, töten u. zerschneiden die Arbeiterinnen der afrikan. Gatt. *Anomma* auch größere Tiere, wie Mäuse, Schlangen u. Vieh. Da sie dabei in menschl. Behausungen auch jedes Ungeziefer vernichten u. Vorräte meist unbehelligt lassen, werden den T. Häuser zuweilen für einige Stunden „zur Reinigung" überlassen. In Asien sind T. der Gatt. *Dorylus* verbreitet.

Trema *s* [v. *trema-], Stigma des ↗ Tracheensystems.

Tremarctos *m* [v. *trema-, gr. arktos = Bär], Gattung der Kurzschnauzenbären (*Tremarctinae*); ↗ Brillenbär.

Trematoda [Mz.; v. *tremat-], die ↗ Saugwürmer.

Trematops *w* [v. *tremat-, gr. ōps = Auge], (Williston 1909), umfangreich dokumentierte Gatt. der ↗ *Labyrinthodontia* des nordamerikan. Unterperms; Schädel gerundet-dreieckig und bis 15 cm lang; schmale bis zu den Orbiten reichende Ohrschlitze, Condylus occipitalis dreiteilig; Körper ungepanzert.

Trematosaurus *m* [v. *tremat-, gr. sauros = Eidechse], (Braun 1842), eine der bekanntesten Gatt. der ↗ *Labyrinthodontia* der Buntsandsteinzeit. *T. brauni* mit 30 cm, *T. fuchsi* mit 60 cm maximaler Schädellänge; Schädeldach flach u. gestreckt mit Lyra-förmigen Seitenlinien („Schleimkanäle") u. in der Mitte liegenden Orbitalöffnungen; 2 Hinterhauptshöcker. Die ausgeprägten Seitenlinien gelten als Zeichen für marine Lebensweise erwachsener Tiere, die nur zur Eiablage ins Süßwasser zurückkehrten. Verbreitung: untere Trias v. Europa und S-Afrika; verwandte Gatt. auch in N-Amerika u. Australien.

Tremellales [Mz.; v. lat. tremere = zittern], die ↗ Zitterpilze, eine Ord. der ↗ *Phragmobasidiomycetidae,* deren Vertreter Basidien entwickeln, die durch Längswände viergeteilt sind (↗ Ständerpilze).

Tremoctopus *m* [v. *trema-, gr. oktōpous = achtfüßig], *Löcherkrake,* einzige Gatt. der Fam. *Tremoctopodidae* (U.-Ord. ↗ *Incirrata*) mit wahrscheinl. nur 1 Art: *T. violaceus,* ♀ bis 15 cm lang; schwarmbildende, pelag. Kraken mit weltweiter Verbreitung, die als Jungtiere Nesselkapseln ihrer Beute zur Verteidigung nutzen; der Mantel ist oben durch eine löchrige Haut mit dem Kopf verbunden (Name!); die Schale ist auf 2 dünne Knorpelstäbe rückgebildet. Ausgeprägter Sexualdimorphismus: u. a. sind die oberen Arme des ♀ lang (bis 60 cm) u. stark verbreitert; sie brechen in der Brutzeit an vorgeprägten Stellen ab, wo dann die zahlr. kleinen Eier befestigt werden.

Tremor *m* [lat., =], *Zittern,* 1) *Ruhe-T.:* Zittern v. a. der Extremitäten bei Läsionen der Basalganglien (Parkinson-Syndrom; ↗Parkinsonsche Krankheit). 2) *Intentions-T.:* durch Störungen der Kleinhirnfunktion hervorgerufenes „Wackeln", das nicht in Ruhe, aber bei zielgerichteten Bewegungen auftritt; der T. kann so stark sein, daß das Ziel nicht erreicht wird. 3) *physiologischer T.:* die Überlagerung des stationären Zustands einer Regelgröße (↗Regelung) durch kleine Oszillationen. ↗Kältezittern, ↗Muskelkoordination (Spaltentext).

Trennart, *Differentialart,* ↗Assoziation 1).

Trenomyces *m* [v. gr. mykēs = Pilz], Gatt. der ↗Laboulbeniales.

Trentepohlia *w* [ben. nach dem dt. Botaniker J. F. Trentepohl, 1748–1806], mit ca. 60 Arten überwiegend in den Tropen u. Subtropen verbreitete Gatt. der ↗Trentepohliaceae (Grünalgen); häufigste einheim. Art ist *T. aurea;* sie bildet orangegelbe, filzige Überzüge an Felsen, Baumstümpfen u. ä. *T.* bildet die Zoosporen in spezialisierten Sporangien aus, die auf einer Stielzelle sitzen u. als Ganzes abgeworfen werden. Das gleiche gilt für die Gatt. *Cephaleuros,* deren Arten in den Tropen u. Subtropen häufig parasit. auf den Blättern v. *Camelia, Piper* u. *Citrus* leben; sie verursachen den gefährl. „red rust" auf Teepflanzen. *T. iolithus* ↗Veilchenmoos. ☐ 248.

Trentepohliaceae [Mz.], Fam. der ↗*Chaetophorales;* Grünalgen mit Thallus aus kriechenden u. aufrechten Zellfäden (heterotrich), allg. unbehaart; häufig durch in Öltropfen gelöste Carotinoide gelb bis rot gefärbt; duften im feuchten Zustand („Veilchensteine"); viele Arten sind ↗Luftalgen (Aerophyten). Namengebende Gatt. ist ↗*Trentepohlia.* Die Gatt. *Phycopeltis* kommt mit ca. 13 Arten v. a. in Tropen u. Subtropen vor; *P. epiphyton* bildet in Europa auf Tannen, Efeu u. a. grüne bis orangegelbe Flecken. Die ca. 20 Arten der Gatt. *Gongrosira* bilden im Süß- u. Meerwasser an Steinen, Pfählen u. Muscheln kleine grüne Thalluspolster. *Gomontia* ist eine künstl. Sammel-Gatt.; Thalli mit kriechende Fäden u. a. auf Muscheln, Kalkstein u. Holz. Gatt. *Cephaleuros:* ↗*Trentepohlia.*

Trepang *m* [v. malaiisch těripang], ein hochwertiges, leicht verdauliches Nahrungsmittel (50% Protein, 1% Fett), gewonnen aus dem Hautmuskelschlauch v. ↗Seewalzen. Insbes. im indopazif. Raum gibt es T.-Fischerei (geringere Nutzung in den Mittelmeerländern, in Rovinj/Istrien sogar versuchsweise Herstellung v. Konserven). Der Hautmuskelschlauch wird durch Kochen in Süßwasser entsalzt u. dann in der Sonne getrocknet u./od. geräuchert; schließl. wird noch die äußere Hautschicht wegen ihrer Sklerite (kleine Kalkkörperchen) durch Abreiben mit Korallenstücken entfernt.

Treponema
Arten, Krankheiten, Vorkommen (Auswahl):
T. pallidum Unterart *pallidum** (Erreger v. Syphilis [↗Geschlechtskrankheiten] beim Menschen)
T. pallidum Unterart *pertenue** [= *T. pertenue*] (Erreger der ↗Frambösie)
T. pallidum Unterart *endemicum** (Erreger einer Syphilis-Form)
T. carateum* (Erreger der Pinta, einer endemisch in Mexiko und S-Amerika auftretenden Hauterkrankung mit charakterist. Fleckenbildung)
T. paraluiscuniculi* (Syphilis-ähnliche Erkrankung bei Kaninchen)
T. denticola (Mundraum)
T. vincentii (Mundraum)
T. minutum (Genitalien v. Mann u. Frau)
T. phagedenis [ein Biotyp = *Reiter-Stamm*] (Genitalien v. Mensch u. Schimpansen)
T. bryantii (Rinder-Pansen)

* Kultur dieser Arten in Nährlösungen (in vitro) noch nicht gelungen

Treponema *s* [v. gr. trepein = drehen, nēma = Faden], Gatt. der Spirochäten (Familie *Spirochaetaceae*); einzellige, schraubenförm. Stäbchen (⌀ 0,1–0,4 μm, Länge 5–20 μm) mit engen, steilen Windungen u. Axialfilament, bewegl. durch Vor- u. Rückwärtsgleiten, Rotation u. Knickbewegung der Zellen; gramnegatives Färbeverhalten. Wegen des geringen Durchmessers mikroskop. Beobachtung am günstigsten im Dunkelfeld, Phasenkontrast od. nach Imprägnierung mit Silber. T.-Arten sind wichtige Krankheitserreger (vgl. Tab.) od. gehören zur normalen Flora v. Mensch u. Tier in Mundraum ([T] Mundflora), Intestinaltrakt (Pansen) u. an Genitalien. Die humanpathogenen Arten können nicht außerhalb v. Organismen kultiviert werden (Züchtung in Laboratorien, z. B. in Kaninchen-Hoden). Kulturtreponemen für Nachweisreaktionen sind der *Nichols-Stamm*, der seit 1913 in Kaninchen gezüchtet wird, und *Reiter-Stämme* (ab 1928 eingeführt), die mit *T. pallidum* serolog. nahe verwandt sind (ähnl. Antikörperbildung). Die humanpathogenen Formen sind wahrscheinl. mikroaerophil. Die übrigen, kultivierbaren Formen wachsen strikt anaerob u. verwerten Kohlenhydrate od. Aminosäuren als Kohlenstoff- u. Energiequelle; als Endprodukte entstehen verschiedene Säuren (Essig- u. Bernsteinsäure, nur Essigsäure oder Essig- u. Buttersäure). Zum Wachstum werden langkettige Fettsäuren (Serumbestandteile) od. kurzkettige Fettsäuren benötigt. Der Nachweis von T. kann mikroskopisch (Dunkelfeld) od. indirekt über verschiedene serolog. Reaktionen erfolgen. Es sind ca. 15 Arten (vgl. Tab.) beschrieben; weitere *T.*-ähnliche Formen konnten beobachtet, doch noch nicht isoliert werden.

Trepostomata [Mz ; v gr trepein = drehen, stomata = Münder], Ord. paläozoischer ↗Moostierchen. Die Zoarien (Kolonien) sind meist massiv u. groß (z. T. über 50 cm). Die Zooecien (Gehäuse der Einzeltiere) sind lange verkalkte Röhren; die v. den Tieren verlassenen unteren Röhrenabschnitte sind durch Querböden (Diaphragmen bzw. Cystiphragmen) abgetrennt; dadurch Ähnlichkeit (u. bisweilen Verwechslung) mit tabulaten Korallen (↗*Tabulata* †). Etwa 100 Gatt., Ordovizium – Perm, u. a. *Amplexopora, Constellaria, Hallopora, Leioclema, Prasopora.* ↗Monticuli 3).

Treppennatter, *Elaphe scalaris,* Art der ↗Kletternattern; Länge 1–1,6 m. Bevorzugt trockenes, sonniges Gelände (verträgt Temp. um +40 °C) mit Hecken od. Sträu-

Treppenschnecken

chern auf der Iber. Halbinsel, den Inseln Menorca u. Iles d'Hyères sowie an der frz. Mittelmeerküste. Großes Schnauzenschild schiebt sich weit bis zw. die beiden Zwischennasenschilder; Oberseite gelbl.- bis bräunlichgrau gefärbt mit 2 dunklen Längsreihen v. Flecken (Jungtiere mit treppenart. Rückenzeichnung); Unterseite hellgelb einfarbig od. mit unregelmäßigen Flecken. Ernährt sich v. a. von Feldmäusen, Eidechsen u. Jungvögeln; ♀ legt im Juni in lockere Erde od. Felsspalten etwa 10–20 Eier; die Jungtiere schlüpfen nach 2–3 Monaten; Bodenbewohner, tagaktiv; sehr flink; beißfreudig; klettert gewandt; Winterruhe Okt.–März.

Treppenschnecken, einige Gatt. der ↗Schlitzturmschnecken. 1) *Cythara,* mit turmförm., glattem, geripptem od. spiralgestreiftem Gehäuse, dessen Umgänge treppenart. abgestuft sind; zahlr., weitverbreitete Arten, die oft auf mehrere Gatt. verteilt werden, z. B. auch auf ↗*Mangelia*. 2) *Kleine T.,* ↗*Lora*.

Treptoplax w, Gatt. der ↗Placozoa.

Trespe w, *Bromus,* Gatt. der Süßgräser (U.-Fam. ↗*Pooideae*) mit ca. 100 Arten in den gemäßigten Zonen der N- und S-Halbkugel u. einem Schwerpunkt im Mittelmeerraum; Rispengräser mit zweiseitswendigen Rispenästen mit 1–4 cm langen Ährchen u. meist geschlossenen Blattscheiden. Eine wichtige Art mit am Rande abstehend bewimperten Blättern ist die Aufrechte T. *(B. erectus),* die als Magerkeitszeiger oft bestandsbildend in Kalk-Magerrasen u. Halbtrockenrasen (↗Mesobromion) auftritt. Die Weiche T. *(B. mollis* oder *B. hordeaceus)* u. die Taube T. *(B. sterilis)* sind verbreitete Gräser in Unkraut-Ges. und an Böschungen. Ein fr. wichtiges ↗Brotgetreide war die in Chile kultivierte Art *B. mango*.

Trespenmosaik-Virusgruppe, *Bromovirus-*Gruppe (v. engl. *brome mosaic virus*), Gruppe v. ↗Pflanzenviren (Trespenmosaikvirus, Ackerbohnenscheckungsvirus, Chlorotisches Kundebohnenmosaikvirus) mit dreiteiligem, einzelsträngigem RNA-Genom (relative Molekülmassen 1,1 · 10⁶ ≙ ca. 3600 Basen [RNA-1], 1,0 · 10⁶ ≙ ca. 3300 Basen [RNA-2], 0,7 · 10⁶ ≙ ca. 2300 Basen [RNA-3]). Die für das Capsidprotein codierende m-RNA (RNA-4) wird ebenfalls in Partikel verpackt. Die Viruspartikel (isometrisch, ⌀ ca. 26 nm) enthalten entweder ein Molekül RNA-1 oder RNA-2 oder je ein Molekül RNA-3 und RNA-4. Scheckungssymptome; enge Wirtsbereiche.

Trespenrasen ↗Festuco-Brometea.

Tretomphalus *m* [v. gr. trētos = durchlöchert, omphalos = Nabel], Gatt. der ↗*Foraminifera;* bei *T. bulloides* bildet der Gamont nach einer Wachstumsphase eine Gaskammer u. steigt an die Oberfläche, wo er Gameten abgibt; leere Gamontenscha-

tri- [v. gr. treis, tria = drei; trias, Gen. triados = Dreizahl; lat. tres, tria = drei].

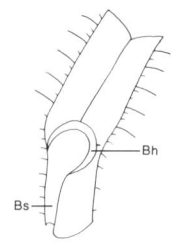

Trespe
Blattgrund der Aufrechten T. *(Bromus erectus),* gekennzeichnet durch kurzes Blatthäutchen (Bh), offene Blattscheide (Bs), regelmäßige lange Randbewimperung der Blätter

len treiben oft in großer Menge an der küstennahen Meeresoberfläche u. bilden Spülsäume.

Treviranus, 1) *Gottfried Reinhold,* dt. Arzt u. Naturphilosoph, * 4. 2. 1776 Bremen, † 16. 2. 1837 ebd.: seit 1797 Prof. ebd.; arbeitete über vergleichende Anatomie (bes. der Wirbellosen, Mundwerkzeuge v. Insekten, Organisation der Spinnentiere), Physiologie, Nervensystem u. Sinnesorgane; prägte den Begriff „Biologie" (↗Biologie) unabhängig v. ↗Burdach u. ↗Lamarck. **2)** *Ludolph Christian,* dt. Botaniker, Bruder v. 1), * 18. 9. 1779 Bremen, † 6. 5. 1864 Bonn; seit 1812 Prof. in Rostock, 1816 Breslau, 1830 Bonn; Arbeiten zur vergleichenden Pflanzenanatomie; entdeckte die Interzellularräume im pflanzl. Gewebe.

Triacanthidae [Mz.; v. *tri-, gr. akantha = Stachel], die ↗Dreistachler.

Triacylglycerine [Mz.; v. *tri-], die ↗Fette; ↗Acylglycerine.

Triaenophorus *m* [v. gr. triaina = Dreizack, -phoros = -tragend], Bandwurm-Gatt. der ↗*Pseudophyllidea*. *T. nodulosus, T. crassus,* adult im Hecht, als Plerocercoid in anderen Fischen.

Triakidae [Mz.; v. *tri-, gr. akides = Stacheln], die ↗Marderhaie.

Triangulare *s* [v. lat. triangulum = Dreieck], das ↗Dreiecksbein.

triarch [v. *tri-, gr. archē = Beginn], *dreistrahlig,* Bez. für ein radiales ↗Leitbündel mit 3 Xylemstrahlen und 3 dazwischenliegenden Phloemstrahlen.

Trias *w* [gr., = Dreizahl; ben. nach ihrer Dreigliedrigkeit in der mitteleur. ↗Fazies], (F. v. Alberti 1834), älteste Periode des ↗Mesozoikums von ca. 40 Mill. Jahre Dauer zw. ↗Perm und ↗Jura (↗Erdge-

---

Die Lebewelt der Trias

Pflanzen

Kalkabscheidende Algen spielten im marinen Bereich eine wesentl. Rolle als Gesteinsbildner. Auf dem Festland verschwanden die baumhohen Lycophyten (Sigillarien, Lepidodendren) u. Articulaten (Calamiten); niedrigere Formen *(Equisetites, Pleuromeia)* traten an ihre Stelle. Neue Gruppen v. Gymnospermen *(Lepidopteris, Sagenopteris)* u. Farnen (Marattiaceen, Osmundaceen, Dipteridaceen, Matoniaceen) entwickelten sich. Ginkgo-Gewächse nahmen an Häufigkeit u. Formenreichtum zu. Die als ↗„lebende Fossilien" bekannten Cycadeen hatten in der T. ihren Beginn.

Tiere

↗Hexacorallia übernahmen die Rolle der ↗Rugosa. Muscheln überflügelten die Brachiopoden u. stellten die häufigsten Fossilien der Periode; Aviculiden, Limiden, Trigoniiden, Megalodonten u. Cardiiden kommt stratigraphische Bedeutung zu. Unter den Schnecken starben die im Perm verbreiteten Bellerophonten aus; Littorinaceen, Naticaceen u.a. erschienen neu. Nautiloideen erfuhren einen letzten Entwicklungshöhepunkt, Orthoceraten starben in der oberen T. völlig aus. Beherrschende Gruppe der Ende Perm fast gänzl. untergegangen u. in der T. wieder auf 400 Gatt. angewachsenen ↗Ammonoidea wurden die ↗Ceratiten. Dibranchiata (Aulacoceras) nahmen an Häufigkeit weiter zu. Dominierende Gruppen unter den Fischen waren Actinopterygier (neu: Teleostei) u. unter den Amphibien die ↗Labyrinthodontia (↗*Mastodonsaurus,* ↗*Trematosaurus*). Bei den Reptilien entfalteten sich ↗Thecodontia, Saurischia u. ↗Ornithischia (↗Dinosaurier), manche erreichten schon Körperlängen bis zu 10 m. ↗Ichthyopterygia (Mixosaurus), ↗Sauropterygia (↗Nothosauria) u. ↗Placodontia (↗*Placodus gigas*) kehrten zur marinen Lebensweise zurück. ↗Therapsida (↗*Oligokyphus*) erreichten bereits Säuger-Ähnlichkeit. Ablagerungen des Rhät u.a. in Dtl. lieferten erste Reste kleiner, triconodonter Säugetiere (↗*Morganucodon*). Gg. Ende der T. verschwanden die ↗Conodonten.

schichte, B). Typus-Gebiet ist Dtl. Hier gliedert sich die T. in den vorwiegend terrestr. geprägten *Buntsandstein,* den marinen *Muschelkalk* u. den hangenden ↗ *Keuper* in wechselnder terrestr.-mariner Fazies. Untersuchungen im Alpenbereich („Alpenkalk") zeigten, daß die mitteleur. T. lediglich. eine Randfazies der ↗Tethys mit überwiegend mariner Gesteinsfolge darstellt, die nunmehr als ↗ „alpine T." der „german. T." gegenübersteht. Anfang u. Ende beider Folgen ähneln sich faziell u. waren deshalb leicht zu korrelieren; die Zwischenbereiche bereiten stratigraphisch immer noch beträchtl. Schwierigkeiten (vgl. Tab.). Ein kompiliertes T.-Profil in vollmariner Gliederung mit 31 Ammoniten-Zonen ist in N-Amerika erarbeitet worden. – In german. Fazies liegt die Unter-*Grenze* zw. Zechstein u. Buntsandstein; außerhalb des Zechsteinbeckens fließen Rotliegendes u. Buntsandstein zus.; in alpiner Fazies beginnt die T. mit Einsetzen der Muschel *Claraia clarai* od. des Ceratiten *Otoceras*. Das Verschwinden der norisch-rhätischen Muschel *Pteria* (= *Rhaetavicula*) *contorta* u. Einsetzen des Ammoniten *Psiloceras planorbe* bezeichnen gemeinsam die Obergrenze. *Leitfossilien:* Conodonten, Ceratiten, Muscheln, Schnecken; untergeordnet Pflanzen, Brachiopoden, Crinoiden, Reptilien, Spurenfossilien u. a. – *Gesteine:* Sand- u. Kalksteine, Dolomite, Tone u. Mergel, Gips, Salz, Schiefer, Kohlen (im Rhät), Vulkanite (Amerika). – *Paläogeographie:* An der Verteilung v. Land u. Meer hat sich seit dem jüngeren Paläozoikum wenig geändert: Der Kontinentalblock Pangaea beginnt erst an der Wende T./Jura zu zerfallen (↗Kontinentaldrifttheorie, Abb. 1); der N-Pol verbleibt im Gebiet v. Kamtschatka, der S-Pol rückt an den Rand v. Antarktika, der Äquator quert N-Afrika u. das südl. N-Amerika. Das German. Becken, im Perm angelegt u. mit dem N-Meer in Verbindung, wurde umrandet vom Gallischen Land im W, dem Vindelizischen Land im S und der Böhmischen Masse im SO. 2 Senkungszonen in NW- (baltisch) und NS-Richtung (rheinisch) kreuzten sich in NW-Dtl. im Beckentiefsten. Hier entstanden die größten Schichtmächtigkeiten (z. B. 1500 m Buntsandstein im Solling). Gg. Ende der Buntsandsteinzeit wurde die Nordseestraße geschlossen; eine Verbindung über die Schlesisch-Mährische Pforte zur Tethys hin ermöglichte das Vordringen des Muschelkalkmeeres nach W. In der jüngeren Muschelkalkzeit öffnete sich im S eine weitere Verbindungsstraße zur Tethys, zunächst über die Burgundische Pforte, dann auch über die Lothringische Straße. – *Krustenbewegungen:* Die T. war eine Zeit orogenet. Ruhe; topograph. Veränderungen waren die Folge epigenet. Bewegungen. In einigen Geosynklinalen setzte basischer Vulkanismus ein. – *Klima:* Mit der T. begann eine Zeit ausgeglichenen ↗Klimas, die bis ins ↗Tertiär andauerte. Hölzer mit Jahresringen weisen regional jahreszeitl. Schwankungen aus. Die Pole waren frei v. Eiskappen. Das arkt.-nordpazif. Meer galt als Region kühlen Wassers. Kontinentalen Ablagerungen wird überwiegend semiarides Klima zugeschrieben. Der Wärmehöhepunkt fällt in die mittlere Trias. *S. K.*

Triatoma *m* [v. *tri-, gr. tomos = schneidend], Gatt. der ↗Raubwanzen.

Tribolium *s* [v. gr. tribolos = dreizackig], Gatt. der ↗Schwarzkäfer.

Tribolonotus *m* [v. gr. tribolos = dreizackig, nōtos = Rücken], Gattung der ↗Schlankskinkverwandten.

Tribonema *s* [v. gr. tribein = reiben, nēma = Faden], Gatt. der ↗Heterotrichales.

Tribrachidium *s* [v. *tri-, gr. brachiōn = Arm], (Glaessner 1959), fast runde, bis 26 mm im ⌀ große Abdrücke v. Tieren unbekannter systemat. Stellung; zentral regelmäßig mit einer triradiaten, kleeblattartigen Figur; manchmal als Schwämme od. primitive Stachelhäuter gedeutet. Herkunft: Präkambr. ↗Ediacara-Fauna v. Australien (*T. heraldicum* Glaessner).

Tribrachion *s* [v. *tri-, gr. brachiōn = Arm], Gatt. der ↗Stellettidae.

Tribulus *m* [lat., = Burzeldorn], Gatt. der ↗Jochblattgewächse.

Tribus *w* [lat., = Stamm], *Gattungsgruppe,* Hilfs-Kategorie der biol. ↗Klassifikation zur Zusammenfassung mehrerer ↗Gattungen unterhalb der Kategorie (Unter-)Familie. Gemäß Standardisierung enden in der Bot. die T.-Namen auf *-eae,* in der Zool. auf *-ini.* T Nomenklatur.

TRIC, Abk. für engl. *T*rachoma *I*nclusion *C*onjunctivitis, Trachom- u. Einschluß-Conjunctivitis-Gruppe der ↗Chlamydien.

Tricarbonsäurezyklus, der ↗Citratzyklus.

tricarinat [v. *tri-, lat. carinatus = kielförmig], Bez. für Gehäuse v. Ammoniten (↗Ammonoidea) mit 3 Kielen.

Triceratium *s* [v. *tri-, gr. keration = Hörnchen], Gatt. der ↗Biddulphiaceae.

Triceratops *m* [v. *tri-, gr. keratōpis = mit gehörntem Gesicht], (Marsh 1889), ca. 6 m Länge und 2,60 m Höhe erreichende ↗Dinosaurier (Ord. ↗*Ornithischia*), deren 3 Hörner auf Nase u. Postfrontalia ihnen ein Nashorn-artiges Aussehen verliehen (U.-Ord. „*Ceratopsia*"); Parietalia u. Squamosa bildeten einen verlängerten, halbrunden Nackenschild, dadurch kamen Schädellängen bis über 2 m zustande; Extremitäten plump. Verbreitung: obere Kreide von N-Amerika. B Dinosaurier.

Trichaster *m* [v. *trich-, gr. astēr = Stern], die ↗Haarsterne 1).

Trichechus *m* [v. *trich-, gr. echein = haben], Gatt. der ↗Seekühe.

Trichia *w* [v. *trich-], ↗Haarschnecken 1).

Trichiaceae [Mz.; v. gr. trichion = Här-

Trichiaceae

Trias

Das triassische System (? = Korrelation ungewiß)

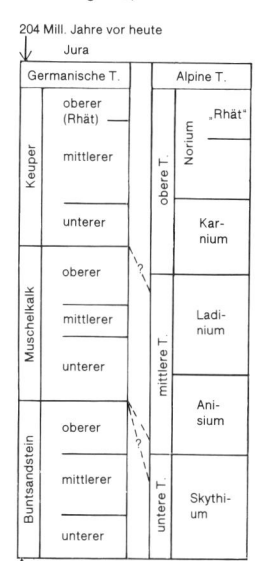

204 Mill. Jahre vor heute
Jura

Germanische T.		Alpine T.	
Keuper	oberer (Rhät)	obere T.	„Rhät"
	mittlerer		Norium
	unterer		Karnium
Muschelkalk	oberer	mittlere T.	Ladinium
	mittlerer		
	unterer		Anisium
Buntsandstein	oberer	untere T.	Skythium
	mittlerer		
	unterer		

Perm
245 Mill. Jahre vor heute

Triceratops

tri- [v. gr. treis, tria = drei; trias, Gen. triados = Dreizahl; lat. tres, tria = drei].

trich-, tricho- [v. gr. thrix, Mz. triches = Haar].

Trichiales

chen], *Haarstäublinge,* Fam. der *Trichiales,* ↗ Echte Schleimpilze mit einzeln stehenden Fruchtkörpern (Sporangien), wenige Millimeter hoch, in denen das ↗ Capillitium aus freien od. netzartig verbundenen Fäden besteht; an den Fäden treten spiral- od. ringartige Verdickungen auf. Die Sporen sind hellfarbig. Die Fruchtkörper der *T.* können v.a. auf moderndem Holz beobachtet werden. – In der Gatt. *Trichia* sind die gestielten od. sitzenden Fruchtkörper kugelig od. zylindrisch; die freien Capillitiumfasern sind braun od. gelb, an beiden Enden zugespitzt u. mit 2–5 Spiralbändern versehen. In der Gatt. *Hemitrichia* ist (im Ggs. zu *Trichia*) das Capillitium ein Netzwerk v. verzweigten Fäden mit 2–6 Spiralleisten. Die Fruchtkörper der Gatt. *Arcyria* (Kelchstäublinge) besitzen runde bis eiförmige Fruchtkörper, die meist in Gruppen zusammensitzen; bei der Sporenreife reißt die Peridie vom größten Teil kreisrund ab, so daß ein Kelch entsteht, aus dem das Capillitiumnetz herausquillt; das Capillitium ist mit Ringen, Halbringen, Stacheln od. Warzen besetzt.

Trichiales [Mz.; v. gr. trichion = Härchen], Ord. der Echten Schleimpilze (U.-Kl. ↗ *Myxomycetidae*) mit den beiden Fam. ↗ *Dianemaceae* u. ↗ *Trichiaceae;* die kalkfreien Fruchtkörper der Arten enthalten alle ein ↗ Capillitium; rauh, skulpturiert, selten glatt, solide od. röhrig; sie liegen isoliert vor od. bilden Netze; die Fruchtkörper sind meist gelb gefärbt, selten dunkel.

Trichine w [v. *trichin-], *Trichinella spiralis,* zu den ↗ Fadenwürmern (☐) gehörender Parasit. Weibchen ca. 4 mm, Männchen 1,5 mm lang; lebt im Dünndarm fleischfressender Tiere u. des Menschen. Infektion erfolgt durch rohes Fleisch mit eingekapselten Larvenstadien (Muskel-T., s.u.); die Larven entwickeln sich nach mehrmaliger Häutung im Darm zum Adulttier *(Darm-T.);* die viviparen Weibchen bohren sich in die Darmwand u. bringen bis zu 1000 u. mehr 0,1 mm lange Larven hervor, die über Blutstrom u. Lymphe zu den Muskeln (hpts. Zwerchfell, Rippenmuskeln u. Kehlkopf) gelangen. Im Muskel werden sie in Bindegewebskapseln eingeschlossen u. entwickeln sich zur *Muskel-T.* So können sie bis zu 30 Jahre leben, bis sie wieder durch Verzehr in den Darm eines Tieres gelangen. ↗ Trichinose; ↗ Peitschenwurm.

Trichinella w [v. *trichin-], Gatt. der ↗ Fadenwürmer (☐); ↗ Trichine.

Trichinose w [v. gr. trichin-], *Trichinellose, Trichinenkrankheit,* Erkrankung des Menschen u. vieler Säugetiere (z.B. Schwein, Wildschwein, Bär, Ratte, Hund, Fuchs, arkt. Meeressäuger) durch den Fadenwurm *Trichinella spiralis* (↗Trichine); weltweit. Infektion durch Aufnahme trichinenhalt. Fleisches (vermeidbar durch Fleischbeschau od. religiöses Verbot des Fleischgenusses); bereits 3000 Larven sind für den Menschen gefährlich. Während der ersten 7 Wochen Darmbeschwerden (Duodenum, Jejunum), Schwäche, Gesichtsödeme, Fieber, Muskelschmerzen, im Extremfall Tod durch Myokarditis u. Lungenkomplikationen; später (Parasit in Muskel eingekapselt u. bis 30 Jahre lebensfähig) geringe Symptome. Therapie schwierig (Thiabendazol, Mebendazol).

Trichiuridae [Mz.; v. *trich-, gr. oura = Schwanz], die ↗ Haarschwänze.

Trichius m [v. gr. trichion = haardünn], Gatt. der ↗ Blatthornkäfer.

Trichobatrachus m [v. *tricho-, gr. batrachos = Frosch], ↗ Haarfrosch.

Trichobezoare [Mz.; v. *tricho-, pers. pādzehr = Gegengift, über port. bezuar], die ↗ Haarsteine.

Trichobilharzia w [v. *tricho-, ben. nach dem dt. Arzt Th. Bilharz, 1825–62], Saugwurm-Gatt. der *Schistosomatidae;* ↗ Schistosomiasis.

Trichoblasten [Mz.; v. *tricho-, gr. blastos = Keim], heute nur noch verwendete Bez. für die Zellen der ↗ Rhizodermis, die zu Wurzelhaaren auswachsen; entstehen aus einer inäqualen Teilung der Rhizodermiszellen u. fallen durch ihren lichtmikroskopisch dichteren Plasmagehalt auf.

Trichobothrium s [v. *tricho-, gr. bothrion = Grübchen], das ↗ Becherhaar; ↗ Mechanorezeptoren, ↗ Sensillen.

Trichobranchidae [Mz.; v. *tricho-, gr. bragchia = Kiemen], Ringelwurm-(Polychaeten-)Fam. der ↗ *Terebellida* mit 7 Gatt. (vgl. Tab.); Körper lang u. in 2 Abschnitte unterteilt: Vorderkörper mit dorsalen Borsten u. ventralen Haken, Hinterkörper nur mit ventralen Haken; Prostomium mehr od. weniger mit dem Peristomium verschmolzen u. mit einem Tentakellappen mit zahlr. fadenförm. Tentakeln versehen; Röhrenbewohner; Ernährung: Taster.

Trichocerca w [v. *tricho-, gr. kerkos = Schwanz], *Rattulus,* Gatt. der ↗ Rädertiere (Ord. *Monogononta*) mit mehreren Arten, die sich durch den Besitz z.T. asymmetrischer, körperlanger Schwanzborsten auszeichnen und typ. Planktonorganismen huminsäurereicher Torfmoorseen sind.

Trichoceridae [Mz.; v. *tricho-, gr. keras = Horn], die ↗ Wintermücken.

Trichocysten [Mz.; v. *tricho-, gr. kystis = Blase], *Spindel-T.,* spindelförmige, membranumgebene Körper mit parakristalliner Feinstruktur, oft mit einer Spitze versehen, im corticalen Plasma mancher Einzeller (am bekanntesten vom Pantoffeltierchen), die bei mechan., chem. oder elektr. Reizung blitzschnell ausgestoßen werden. Nach Abschuß sind sie ca. 8mal länger als vorher. Ihre Funktion ist nicht geklärt; diskutiert werden Feindabwehr, Osmoregulation, Festhaltevorrichtung.

Trichoderma s [v. *tricho-, gr. derma = Haut], Formgatt. der ↗ *Moniliales,* imperfekte Bodenhefen, starke Celluloseerset-

---

Trichiaceae

Wichtige Gattungen:
Trichia
Hemitrichia
Arcyria
Perichaena
(↗ Deckelstäublinge)

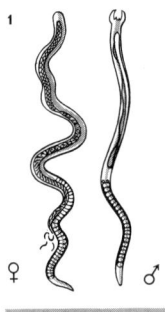

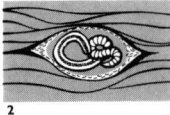

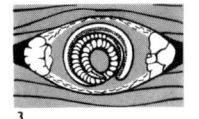

Trichine
1 Darm-T., **2** Muskel-T. eingekapselt und **3** beginnende Verkalkung

Trichobranchidae

Gattungen:
Ampharetides
Filibranchus
Novobranchus
Octobranchus
Terebellides
Trichobranchus
Unobranchus

---

trichin- [v. gr. trichinos = aus Haaren, haardünn].

zer u. Antagonisten zu verschiedenen parasit. Pilzen. In der ↗Biotechnologie zum Abbau (Recycling) v. cellulose- u. pentosehaltigen Roh- od. Abfallstoffen verwendet sowie zur Gewinnung v. Cellulasen *(T. reesii); T. polysporum* bildet Cyclosporin (Polypeptid-Antibiotikum).

Trichodes *m* [v. gr. trichōdēs = haarig], der ↗Bienenwolf.

Trichodesmium *s* [v. gr. trichodesmos = Haarband], Gatt. der ↗*Oscillatoriaceae,* fädige Cyanobakterien mit ↗Gasvakuolen in den Zellen, massenhaftes Auftreten in trop. Meeren. *T. erythraeum* bildet rot gefärbte Trichombündel; kann auch N_2 fixieren (besitzt aber keine ↗Heterocysten).

Trichodina *w* [v. *tricho-, gr. dinē = Wirbel], Gatt. der ↗*Peritricha* mit der ↗Polypenlaus.

Trichodontidae [Mz.; v. *trich-, gr. odontes = Zähne], Fam. der ↗Drachenfische.

Trichodorus *m* [v. *tricho-, gr. doros = Schlauch], zur Ord. *Dorylaimida* (T *Dorylaimus*) gehörende pflanzenparasit. Gatt. der ↗Fadenwürmer; relativ plumpe Form mit lose ansitzender Cuticula u. etwas gebogenem Stilett; schädigt viele Pflanzenarten wie Sellerie, Tomaten, Zwiebeln, Mais, Obstbäume u. a., kann Viruskrankheiten v. Pflanzen übertragen.

Trichogaster *w* [v. *tricho-, gr. gastēr = Magen, Bauch], die ↗Fadenfische 1).

trichogene Zelle [v. *tricho-, gr. gennan = erzeugen], die ↗Schaftzelle; ↗Sensillen.

Trichoglossum *s* [v. *tricho-, gr. glōssa = Zunge], *Haarzungen, Rauhzungen,* Gatt. der ↗Erdzungen mit 4 Arten in Dtl.; Schlauchpilze mit langgestieltem, zungenförm. Fruchtkörper, an den Enden zugespitzt, mit zahlr. Borsten (Setae) im Hymenium. Nur 1 Art relativ häufig, die ungenießbare Haarige Erdzunge (*T. hirsutum* Bond); Vorkommen: feuchte Wiesen, Waldränder, Sümpfe, Torfmoore.

Trichogrammatidae [Mz.; v. *tricho-, gr. grammata = Zeichen], Fam. der ↗Hautflügler (U.-Ord. *Apocrita*) mit ca. 400 weltweit verbreiteten Arten. Die *T.* sind ca. 0,1–0,9 mm große Insekten mit plumpen Körpern u. breiten Flügeln. Die Larven leben wenig wirtsspezifisch parasit. in den Eiern verschiedener Insektengruppen. Bes. Arten der Gatt. *Trichogramma* werden in den USA in großem Maßstab zur ↗biologischen Schädlingsbekämpfung gezüchtet. Bei uns kommt *T. evanescens* vor, die bei über 150 verschiedenen Insektenarten parasitieren kann.

Trichogyn *s* [v. *tricho-, gr. gynē = Weib], *Trichogyne,* die ↗Empfängnishyphe.

Tricholoma *s* [v. *tricho-, gr. lōma = Saum], die ↗Ritterlinge.

Tricholomataceae [Mz.], die ↗Ritterlingsartigen Pilze.

Tricholomopsis *w* [v. *tricho-, gr. lōma = Saum, opsis = Aussehen], die ↗Holzritterlinge.

trich-, tricho- [v. gr. thrix, Mz. triches = Haar].

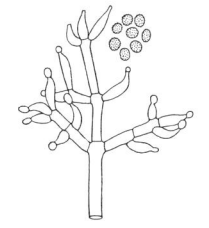

Trichoderma
Konidienträger von *T. viride* mit Konidien

Trichomycetes
Ordnungen u. Arten:
Eccrinales
  Enterobryus borariae (an Chitinpanzer v. Wirtsdärmen)
Amoebidiales
  Amoebidium parasiticum (auf Wasserinsekten od. Krebstieren)

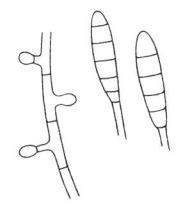

Trichophyton
Mycel von *T.* mit Mikro- u. Makrokonidien

Trichomanes *s* [gr., = eine Art Haarfarn], Gatt. der ↗Hautfarne.

Trichome [Mz.; v. gr. trichōma = Behaarung], 1) Bot.: die Pflanzen-↗Haare. 2) Zool.: a) *unechte Haare, Microtrichia,* haarförmige, massive Cuticulaskulpturen bei Gliederfüßern, die nicht gelenkig mit der Cuticula verbunden sind. b) Ansammlung vieler Haare od. Microtrichiae zu einem Büschel; finden sich oft an der Mündung v. Drüsen.

Trichomonadida [Mz.; v. *tricho-, gr. monades = Einheiten], *Trichomonaden,* U.-Ord. der ↗*Polymastigina;* ↗Geißeltierchen mit nur 1 Zellkern und 4–6 Geißeln, v. denen 1 stets als ↗Schleppgeißel nach hinten gerichtet ist; ↗Axostyl u. ↗Parabasalkörper sind vorhanden. *T.* sind weitverbreitete Darmbewohner. Bekannt ist v.a. die Gatt. *Trichomonas* (B Endosymbiose); bei dieser bildet die Schleppgeißel eine undulierende Membran. Sie lebt mit mehreren Arten im Menschen; harmlos sind einige ↗Darmflagellaten (T) und *T. tenax* in der Mundhöhle; andere Arten wiederum rufen die ↗Trichomonose bzw. Trichomonadenseuche bei Wirbeltieren u. Mensch hervor.

Trichomonas *w* [v. *tricho-, gr. monas = Einheit], Gatt. der ↗Trichomonadida.

Trichomonose *w* [v. *tricho-, gr. monas = Einheit], *Trichomon(i)ase, Trichomoniasis,* Erkrankung verschiedener Wirbeltiere durch Flagellaten aus der U.-Ord. ↗*Trichomonadida.* Beim Menschen Befall der Genitalschleimhäute (bes. der Frau) durch *Trichomonas vaginalis;* Entzündungen u. Ausfluß; bei Übergreifen auf Eileiter u. U. Sterilität; Übertragung durch Geschlechtsverkehr. Ähnliche Symptome bei der *Trichomonadenseuche* (Deckinfektion) der Rinder durch *Trichomonas foetus.* Bei Jungvögeln führen Wucherungen der Rachenschleimhaut nach Befall mit *Trichomonas gallinae* zu hohen Todesraten.

Trichomycetes [Mz.; v. *tricho-, gr. mykētes = Pilze], (Form-)Klasse der ↗*Zygomycota;* isoliert stehende Pilzgruppe mit 2 Ord. (vgl. Tab.), die weder untereinander noch mit anderen Pilzen näher verwandt sind. Sexualstadien sind unbekannt; die asexuelle Fortpflanzung ist ähnl. der v. Jochpilzen; Zellwände aber unterschiedlich (kein Chitin). Die vorwiegend querwandlosen Zellfäden leben im Darm od. auf dem Chitinpanzer v. Gliederfüßern.

Trichomycteridae [Mz.; v. *tricho-, gr. myktēr = Nüster], die ↗Parasitenwelse.

Trichonympha *w* [v. *tricho-, gr. nymphē = junges Weib], Gatt. der ↗Hypermastigida ( ).

Trichophorum *s* [v. *tricho-, gr. -phoros = -tragend], die ↗Haarbinse.

Trichophytie *w* [v. *tricho-, gr. phyton = Gewächs], die ↗Borkenflechte.

Trichophyton *s* [v. *tricho-, gr. phyton = Gewächs], Formgatt. der ↗*Fungi imperfecti* (Formord. ↗*Moniliales*); Bodenpilze,

Trichopitys

die verschiedene Haut-, Nagel- u. Haarerkrankungen verursachen (Dermatophytosen; ↗Favus, ↗Fußpilzerkrankung, ↗Borkenflechte); die Hyphen können in Arthrokonidien zerfallen; von einer Reihe T.-Arten sind sexuelle Vermehrungsformen gefunden worden (↗Dermatophyten, T).

Trichopitys w [v. *tricho-, gr. pitys = Föhre], fossile Gatt. der ↗Ginkgoartigen.

Trichoplax w [v. *tricho-, gr. plax = Scheibe], Gatt. der ↗Placozoa.

Trichopsis w [v. *trich-, gr. opsis = Aussehen], die ↗Guramis.

Trichoptera [Mz.; v. *tricho-, gr. pteron = Flügel], die ↗Köcherfliegen.

Trichosanthes w [v. *tricho-, gr. anthes = Blume], Gatt. der ↗Kürbisgewächse.

Trichoscyphella w [v. *tricho-, gr. skyphos = Becher], Gatt. der ↗Hyaloscyphaceae; ↗Lärchenkrebs.

Trichosporon s [v. *tricho-, gr. sporos = Same], Formgatt. der ↗imperfekten Hefen (Formfam. ↗Cryptococcaceae); die Arten bilden Sproßzellen, Pseudohyphen u. ein echtes Mycel (mit Arthrokonidien), daher auch ↗Schimmelhefen gen.; sie wurden v. Insekten, Holz, Pulpa u. Sputum isoliert. Einige Arten sind Erreger v. Haarerkrankungen *(Piedra alba)* u. tiefen ↗Mykosen (vgl. Tab.).

Trichostomata [Mz.; v. *tricho-, gr. stomata = Münder], U.-Ord. der ↗Holotricha, Wimpertierchen mit versenktem Zellmund, zu dem spezialisierte Wimperreihen führen. Bekannte Gatt. sind ↗*Colpoda* (mit dem Heutierchen, □ Aufgußtierchen), ↗*Balantidium* u. ↗*Isotricha*.

Trichostrongylidae [Mz.; v. *tricho-, gr. stroggylos = rund], Fam. der ↗Strongylida (T); ↗Magenwürmer, ↗Magenwurmkrankheit.

Trichotropidae [Mz.; v. *tricho-, gr. tropis = Kiel], Fam. der ↗Pantoffelschnecken *(Calyptraeoidea)* mit meist kreiselförm. Gehäuse mit geschulterten, gekielten od. spiralgereiften Umgängen; Schalenhaut dick u. borstig. Bandzüngler mit Kristallstiel, die Detritus vom Substrat od. von Schleimsträngen in der Mantelhöhle abnehmen. Protandrische ☿, bei denen auch Selbstbefruchtung vorkommt; die Eikapseln werden auf Hartsubstrat geklebt. 12 Gatt. mit Verbreitungsschwerpunkt in kalten Meeren; dort lebt u. a. die Gatt. *Trichotropis* auf Sand- u. Weichböden bis in 100 m Tiefe.

Trichromasie w [v. *tri-, gr. chrōma = Farbe], ↗Farbenfehlsichtigkeit, ↗Farbensehen.

trichromatisches Sehen [v. gr. trichromatos = dreifarbig] ↗Farbensehen (B).

Trichter, 1) das ↗Infundibulum. **2)** *Chonium*, ein röhrenförmig umgestalteter Teil des Fußes der ↗Kopffüßer, bei den ↗Perlbooten aus 2 aneinandergelegten Gewebslappen bestehend, die bei den höheren Kopffüßern zu einem Rohr ver-

---

trich-, tricho- [v. gr. thrix, Mz. triches = Haar].

Trichosporon

Wichtige Arten u. Krankheiten *(Trichosporosen):*

T. beigelii (Weiße Haarknötchenkrankheit [Piedra alba], Darm- u. Lungenmykosen)

T. capitatum (Haut-, Magen-, Darm- u. Lungenmykosen)

T. cutaneum (Haarmykose [Piedra alba], Magen-, Darm-, Lungenmykosen)

Trichterlinge

Wichtige Arten:

Anis-T. *(Clitocybe odora* Kumm., Anisgeruch; Laub-, Nadelwald)

Keulenfuß-T. *(C. clavipes* Kumm., eßbar; Nadelwald)

Laubfreud-T. *(C. phyllophila* Quél., giftig; Nadel-, Laubwald)

Nebelkappe, Graukopf *(C. nebularis* Kumm. [= *Lepista nebularis],* bedingt eßbar; Wälder u. Gebüsche)

Mönchskopf *(C. geotropa* Quél., eßbar; oft in Hexenringen, Waldwiesen, Waldweiden)

Rinnigbereifter T. *(C. rivulosa* Kumm.)

Feld-T. *(C. dealbata* Kumm.), *C. cerussata* Kumm., *C. candicans*; alle 3 giftig

Trichterling *(Clitocybe spec.)*

---

wachsen. Dieses liegt unter (vergleichend-morphologisch hinter) dem Kopf u. ermöglicht den gerichteten Ausstoß des Wassers aus der Mantelhöhle, so daß die Kopffüßer nach dem Rückstoßprinzip und z. T. sehr schnell schwimmen können. Der T. kann bei leistungsfähigen Schwimmern gekrümmt werden u. erlaubt dadurch hohe Manövrierleistungen. B Kopffüßer, B Weichtiere.

Trichterbucht, schwache ventrale Einbuchtung des Mundsaums bei ↗*Nautilus* u. älteren Ceratiten; dient der Beweglichkeit des ↗Trichters.

Trichterlinge, *Clitocybe,* Gatt. der ↗Ritterlingsartigen Pilze, Blätterpilze mit dünnfleischigem bis fleischigem, konvexem Hut, alt im typischen Fall trichterförmig eingesenkt. Die weißen bis graubraunen Lamellen sind breit angewachsen bis mehr od. weniger herablaufend; die Sporenfarbe ist weiß, cremefarbig od. rosa. In Europa über 100 Arten (in 6 Sektionen unterteilt), davon mindestens 10 giftig (durch ↗Muscarin oder ähnl. Verbindungen). Stiel ohne Velum od. Ring, aber oft berindet. T. sind Streuzersetzer (↗Streuabbau) u. wachsen auf dem Erdboden; einige bekannte Arten vgl. Tab.

Trichtermundlarven, Kaulquappen mit meist nach oben verlagertem, von großen Lippen umgebenem Mund, mit dem die Wasseroberfläche abgeseiht wird, wobei die Lippen einen breiten, flachen Trichter bilden. T. sind konvergent bei Zipfelfröschen der Gatt. *Megophrys* (Fam. ↗Krötenfrösche) in SO-Asien, bei einem Farbfrosch der Gatt. *Colostethus* in Mittelamerika u. bei ↗Makifröschen aus der *Phyllomedusa-guttata*-Gruppe in S-Amerika entstanden. Sie alle sind spezialisierte Oberflächenfresser, die am Boden liegende od. im Wasser verteilte Nahrung nicht aufnehmen können.

Trichterohren, *Natalidae,* Fledermaus-Fam. S- und Mittelamerikas mit 1 Gatt. *(Natalus)* u. etwa 8 Arten, die sich ausschl. von Insekten ernähren. Die T. sind nahe verwandt mit den ↗Stummeldaumen *(Furipteridae),* die ebenfalls trichterförmige Ohren haben.

Trichterroller, Gruppe der ↗Blattroller.

Trichterspinnen, *Agelenidae,* Fam. der ↗Webspinnen, mit ca. 500 Arten weltweit verbreitet; meist langbeinige, stark behaarte, große Spinnen mit langen Spinnwarzen (bes. die hinteren) mit horizontalen Deckennetzen, die in der Mitte od. an der Seite in eine beidseits offene Röhre übergehen *(Trichternetze).* Die Spinne lebt in der Röhre, die sie nur verläßt, um Beute v. der Netzdecke zu holen. Sie orientiert sich dabei optisch, kinästhetisch sowie nach der Netzneigung u. der Netzspannung (Vertreter der Gatt. *Agelena* sind beliebte Objekte der Sinnesphysiologie). *Agelena consociata* gehört zu den ↗sozialen Spinnen. In Mitteleuropa leben ca. 25 Arten. Bekannt sind die ↗Winkelspinnen, die ↗Labyrinthspinne, die ↗Wasserspinne u. die Vertreter der Gatt. ↗ *Coelotes. Cicurina cicur* u. *Histopona torpida* sind Bewohner der Streuschicht. An Küsten der trop. Meere (Riffe, Trottoirs) leben die Arten der Gatt. *Desis,* welche die Flut in Gespinsten überdauern.

Trichterwickler, *Deporaus,* Gattung der ↗Blattroller. [dengewächse.

Trichterwinde, *Ipomoea,* Gatt. der ↗Win-
Trichuriasis w, Krankheitsbild bei Massenbefall mit *Trichuris trichiura,* dem ↗Peitschenwurm.

Trichuris w [v. gr. triches = Haare, oura = Schwanz], Gatt. der Fadenwürmer, ↗Peitschenwurm.

Tricladida [Mz.; v. *tri-, gr. klados = Zweig], je nach systemat. Auffassung als Ord. oder U.-Ord. der Strudelwürmer mit 9 Fam. (vgl. Tab.) geführtes Taxon, umfaßt die heute nicht mehr als systemat., sondern ökolog. Einheiten betrachteten *Maricola* (Meerplanarien), *Paludicola* (Süßwasserplanarien) und *Terricola* (↗Landplanarien).

Tricoccae [Mz.; v. gr. trikokkon = Art Heliotrop], nicht mehr gebräuchl. Name für die ↗Wolfsmilchgewächse.

Tricolia w [v. gr. trikôlos = dreigliedrig], Gatt. der ↗Fasanenschnecken mit turmförm. bis rundl.-erhobenem Gehäuse, Oberfläche glatt, selten spiralgereift, u. bunt; meist als Algen im Flachwasser. *T. kochii,* 13 mm hoch, ist vor der südafr. Küste häufig; im Mittelmeer kommt *T. speciosa,* 13 mm hoch, vor; dort u. an den ostatlant. Küsten auch *T. pulla* (9 mm).

triconodont [v. *tri-, gr. kônos = Kegel, odontes = Zähne], bezeichnet einen Zahntyp mit aus 3 Höckern ("Kegeln") bestehender Krone; vor u. hinter dem Haupthöcker je 1 Nebenhöcker; bei Okklusion mit schneidender Funktion.

Triconodonta [Mz.; v. *tri-, kônos = Kegel, odontes = Zähne], (Osborn 1888), † Ord. kleiner mesozoischer *Prototheria* (Eierlegende Säugetiere); ihre Größe schwankt zw. der v. Spitzmaus u. Hauskatze, 3 Fam. Die Fam. *Morganucodontidae* (↗ *Morganucodon*) enthält die ältesten u. primitivsten Säugetiere, die bekannt sind. Die Fam. *Triconodontidae* umfaßt die sog. „typischen" *T.:* Incisiven meist klein, Caninen robust, Praemolaren relativ einfach mit 1zähliger Spitze, Molaren 3hügelig (↗triconodont), Zahnkronen niedrig, Zahnformel mit nur geringen Abweichungen; Schädel sehr fragment. belegt. Die Zuordnung der überaus dürftig dokumentierten Fam. *Amphilestidae* zu den *T.* ist umstritten. – Verbreitung: obere Trias (Rhät) bis Oberkreide v. Europa, O-Asien und N-Amerika.

Tridacna w [v. *tri-, gr. daknein = beißen], Gatt. der ↗Riesenmuscheln.

Tricladida
Familien u. wichtige Gattungen:
Bdellouridae
  Bdelloura
  Syncoelidium
Bipaliidae
  Bipalium
Dendrocoelidae
  ↗ *Dendrocoelum*
  Bdellocephala
Dugesiidae
  ↗ *Dugesia*
Geoplanidae
  ↗ *Geoplana*
Planariidae
  Planaria
  ↗ *Crenobia*
  ↗ *Polycelis*
  ↗ *Procotyla*
Procerodidae
  ↗ *Procerodes*
  Micropharynx
Rhynchodemidae
  ↗ *Rhynchodemus*
Uteriporidae
  Uteriporus
  Foviella

Triel *(Burhinus oedicnemus)*

tri- [v. gr. treis, tria = drei; trias, Gen. triados = Dreizahl; lat. tres, tria = drei].

trifol- [v. lat. trifolium = Klee (wörtl.: Dreiblatt)].

Tridactylidae [Mz.; v. gr. tridaktylos = dreifingerig], die ↗Dreizehenschrecken.

Trieb, 1) Bot.: der junge ↗Sproß. 2) Zool.: ↗Bereitschaft; ↗Antrieb, ↗Bedürfnis, ↗Motivation, ↗Instinkt.

Triebhandlung, ältere Bez. für eine ↗Aktion, durch die ein „Trieb" (↗Antrieb) vermindert wird (↗Bereitschaft). Bei K. ↗Lorenz praktisch synonym mit dem ebenfalls unübl. gewordenen Begriff *Instinkthandlung;* er spricht vom „System arteigener Triebhandlungen" (1931) in dem Sinn, in dem heute von „angeborenen Verhaltensrepertoire" einer Tierart gesprochen wird. ↗Instinkt, ↗Erbkoordination.

Triebstecher, *Rhynchites coeruleus,* ↗Stecher.

Triele [Mz.; ben. nach ihrem Ruf], *Burhinidae,* Fam. der ↗Watvögel mit dickem Kopf, großen gelben Augen, kräft. Beinen u. bodenfarbigem Gefieder; 7 Arten in wärmeren Trockengebieten aller Kontinente, dämmerungs- u. nachtaktiv; ernähren sich v. landlebenden Wirbellosen u. kleinen Wirbeltieren. In Halbwüsten u. sand. Ödländern Mittel- und S-Europas und N-Afrikas lebt der 41 cm große Triel *(Burhinus oedicnemus);* in Dtl. nach der ↗Roten Liste „ausgestorben"; rennt geduckt, ruft klagend „ku-ri"; die 1–3 (meist 2) nestflüchtenden Jungen werden in einer flachen Nestmulde v. beiden Eltern erbrütet.

Trientalis m [v. lat. triens = Drittel], der ↗Siebenstern.

Trifolio-Cynosuretalia [Mz.; v. *trifol-, gr. kynosoura = Hundeschwanz], *Fettweiden,* Ord. der ↗ *Molinio-Arrhenatheretea* Entscheidende Faktoren der Vegetation sind Tritt u. Verbiß durch das Weidevieh, dem nur Arten mit guter Regenerationsfähigkeit, dem Boden anliegender Blattrosette, Kriechtrieb im Boden (z.B. Herbst-Löwenzahn bzw. Kriechklee) u. einige Süßgräser standhalten können. Vom Tiefland bis zur montanen Stufe findet man Fettweiden des Verb. *Cynosurion* (Stand- u. Mähweiden); im Hochgebirge werden sie durch Alpen-Fettweiden des Verb. *Poion alpinae* ersetzt, der sowohl anthropogene Weiden in der Umgebung von Almhütten als auch leguminosenreiche Urviehweiden umfaßt, die wahrscheinl. seit jeher u. a. von Gemsen beweidet wurden.

Trifolio-Geranietea [Mz.; v. *trifol-, gr. geranion = Storchschnabel], T.-G. sanguinei, *Saumgesellschaften u. Staudenhalden trockener Standorte,* Kl. der Pflanzenges. mit 1 Ord. *(Origanetalia vulgaris,* Wirbeldost-Ges.) und 2 Verb., dem wärmebedürftigen *Geranion sanguinei* (Blutstorchschnabel-Säume, Trockenwald-Saum-Ges.) u. dem mesophilen *Trifolion medii* (Zickzackklee-Säume). Erstere finden sich an südexponierten, trocken-warmen Hecken- u. Waldrändern, auch außerhalb der eigtl. Kulturlandschaft, wo auf flachgründ., kalkhalt. Fels- u. Geröllböden die Trockengrenze des Waldes erreicht ist. Physiognomisch fallen die Säume im Hochsommer mit einer Vielzahl prächtig blühender, oft herdenbildender Hochstauden auf; sie bergen florist. Kostbarkeiten wie Diptam u. Wildanemone. Am weitesten verbreitet ist der Hirschwurz-Saum *(Geranio-Peucedanetum cervariae)*, der im Kontakt zu Flaumeichenwäldern u. Berberitzen-Gebüschen steht. Zum *Trifolion medii* gehören weniger blumenbunte Assoz., wie das *Trifolio-Agrimonietum*, der Zickzackklee-Odermennig-Saum. Im Ggs. zum *Geranion sanguinei* enthalten sie bereits Fettwiesenarten. ↗ Saum. [heit.]

Trifoliose w [v. *trifol-], die ↗ Kleekrankh.
Trifolium s [lat., =], der ↗ Klee.
Trift w [v. dt. treiben], die ↗ Drift.
Triften, *Triftweiden, Huten*, nicht eingezäunte, unregelmäßig beweidete Flächen, meist Allmenden. Ein Beispiel für T. sind ↗ *Nardetalia*, aber auch Halbtrockenrasen (↗ *Mesobromion*) u. lichte Wälder wurden in T. übergeführt. Durch das selektive Freßverhalten der Tiere werden gute Futterpflanzen dezimiert, während Weideunkräuter überhandnehmen, z. B. der Wacholder. Durch Düngung u. ↗ Umtriebsweide lassen sich T. in Intensivweiden überführen. ↗ Weide.
Triftweiden ↗ Triften.
Trigeminus m [lat., = dreifach], *Drillingsnerv*, Abk. für *Nervus trigeminus*, den V. ↗ Hirnnerv (☐), der sich, vom verlängerten Mark ausgehend, in 3 paarige Äste (Augenhöhlennerv = Nervus ophthalmicus, Oberkiefernerv = N. maxillaris u. Unterkiefernerv = N. mandibularis) gliedert; versorgt u. a. die Gesichts- u. Augen-Bindehaut, Tränendrüsen, Mund-, Nasen- u. Stirnhöhlen-Schleimhaut, einen Teil der Hirnhäute u. die Kaumuskulatur (vgl. Abb.).
Trigger m [Ztw. *triggern;* engl., = Drücker, Auslöser], in der Elektrophysiologie meist ein elektr. Schaltkreis zw. zwei od. mehr Meßgeräten. Durch ein *T.signal*, i. d. R. einen elektr. ↗ Impuls, werden alle über die T.leitung verbundenen Geräte gleichzeitig in Betrieb gesetzt („angestoßen"), so daß der zu messende Vorgang v. allen Geräten ohne Zeitverzögerung aufgezeichnet wird. Solche Meßanordnungen dienen z. B. zur Bestimmung der Leitungsgeschwindigkeit v. Nervenfasern (B Nervenzelle I–II) od. der ↗ Latenz-Zeit v. Rezeptoren.
Triglidae [Mz.; v. gr. trigla = Seebarbe], die ↗ Knurrhähne.
Triglochin s [v. gr. triglōchin = dreizackig], Gatt. der ↗ Dreizackgewächse.
Triglyceride [Mz.; v. *tri-, gr. glykeros = süß], die ↗ Fette; ↗ Acylglycerine.
Trigona w [v. *trigon-], Gatt. der ↗ Meliponinae. [klee.
Trigonella w [v. *trigon-], der ↗ Bockshorn-
Trigonellin s [v. *trigon-], *N-Methylnicotinsäurebetain*, in Samen, Früchten, Blättern u. Wurzeln zahlr. Pflanzen vorkommendes

tri- [v. gr. treis, tria = drei; trias, Gen. triados = Dreizahl; lat. tres, tria = drei].

trifol- [v. lat. trifolium = Klee (wörtl.: Dreiblatt)].

trigon- [v. gr. trigōnon = Dreieck].

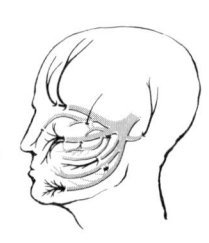

Trigeminus
Verlauf des T. Die T.neuralgie (Gesichtsschmerz) manifestiert sich in anfallsweise auftretenden, sehr heftigen Schmerzattacken im Bereich des T. infolge Zahn- u. Nasennebenhöhlenerkrankungen, Nervengeschwülsten u. a.; oft ohne feststellbare Ursache.

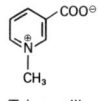

Trigonellin

Betain der ↗ Nicotinsäure (↗ Betaine). T. wurde z. B. in Kaffeebohnen, Kartoffelknollen, Baumwolle, Hanf u. Hafer gefunden, tritt als Abbauprodukt des ↗ Nicotinamids aber auch im Harn der Wirbeltiere auf.
Trigonia w [v. *trigon-], Gatt. der ↗ *Trigonioidea*, zu der jetzt nur noch die fossilen Arten gerechnet werden.
Trigonioidea [Mz.; v. gr. trigōnoeidēs = dreieckig], *Dreiecksmuscheln*, Überfam. der Blattkiemer (U.-Ord. ↗ Spaltzähner), Muscheln mit noch unvollständig verwachsenen Kiemenfäden. Zur einzigen Fam. *Trigoniidae* gehört rezent nur *Neotrigonia* mit ca. 5 Arten, die vor den Küsten Australiens leben. *N. lamarcki*, bis 3 cm breit, hat eine herzmuschelähnl., braune Schale mit Radiärrippen, die mit weißen Querlamellen besetzt sind; innen ist die Schale perlmuttrig; der Fuß ist kräftig, seine Byssusdrüse wird beim Heranwachsen rückgebildet; die Tiere graben sich in Sand- u. Schlammböden ein. – Fossil seit der mittleren Trias mit Höhepunkt im Jura (zahlr. Leitfossilien).
trigonodont [v. *trigon-, gr. odontes = Zähne], (Rütimeyer), *trigonal* (Döderlein), *trituberkular*, heißen Backenzähne v. primitiven Säugern, deren Krone mit 3 im Dreieck angeordneten u. durch quer-V-förmige Schneiden *(Trigon, Trigonid)* verbunden sind.
Triiodthyronin s [v. *tri-, gr. iōdēs = violett, thyreos = Schild], *Liothyronin*, Hormon der ↗ Schilddrüse, das wesentl. wirksamer ist als das in größeren Mengen gebildete ↗ Thyroxin *(Tetraiodthyronin)* u. möglicherweise erst am Wirkort (z. B. Leber, Niere) aus diesem durch Abspaltung eines Iodrestes (unter Katalyse mittels einer De-Iodinase) gebildet wird. [T] Hormone.
Trilobita [Mz.; v. gr. trilobos = dreilappig], (Walch 1771), † Kl. der ↗ *Trilobitomorpha*, ugs. als ↗ Trilobiten bezeichnet.
Trilobiten [Mz.; v. gr. trilobos = dreilappig], *Dreilapper*, „Dreilapp(er)krebse", ugs. Bez. für eine † Gruppe (meist als Kl. *Trilobita* eingestuft, über 1500 „Gatt.") ausschl. mariner paläozoischer ↗ Gliederfüßer von bilateralsymmetr. Bau. Ihr Name bezieht sich auf eine doppelte Dreigliederung: längs in Cephalon, Thorax u. Pygidium; quer in eine zentrale Achse (↗ Rhachis, Spindel) u. beiderseits anschließende Seitenteile (Pleuren). Ein Dorsalpanzer aus mineralisiertem Chitin schützte Rücken u. randl. Teile einschl. dem ↗ Umschlag; die Ventralseite hingegen war weich und ist deshalb selten überliefert. Das *Cephalon* (Kopfschild) besitzt i. d. R. etwa halbkreisförm. Umriß. Es ist ein Verschmelzungsprodukt aus 7 Segmenten. Die 3 vorderen (Akron, Praeantennal- u. Antennalsegment) sind im proximalen Glabella-Lobus vereint; die 4 hinteren (Glabella + ↗ Nackenring) tragen ventral Laufbeinpaare. ↗ *Glabella* (Glatze) wird eine mediane Auf-

wölbung in proximaler Verlängerung der Spindel gen.; sie überragt die flacheren Seitenteile (*Wangen,* Genae). Diese teilen sich an den beiden der Häutung dienenden *Gesichtsnähten* (↗ Häutungsnähte) in ↗ feste (innen) u. ↗ freie (außen) Wangen; hinten-außen enden sie oft jederseits in einem Wangenstachel, zu dem median ein Nackenstachel hinzutreten kann. Auf den Wangen liegen die nach außen gerichteten ↗ Komplexaugen auf erhöhten Augenhügeln (↗ Palpebrallobus); sie können durch eine ↗ Augenleiste mit der Glabella verbunden sein. Im Prinzip ähneln die Augen denjenigen anderer Gliederfüßer, jedoch leisten die aus einem orientierten Kalkspatkristall bestehenden Linsen (zw. 2000 und 15 000) eine viel bessere Abbildung der Umwelt. ↗ *Holochroal* heißen Komplexaugen, deren Ommatidien wabenförmig eng aneinandergrenzen u. von einer gemeinsamen Hornhaut (Cornea) überdeckt sind; ↗ *schizochroale* Augen haben getrennte Linsen. Manche T. waren augenlos. – Die Zahl der gelenkig verbundenen Thorax-Segmente schwankt zw. 2 und über 40; ihr axialer Teil heißt *Spindelring,* ihre Seitenteile werden *Pleuren* gen. Die auf ihnen schräg verlaufenden Furchen (↗ Pleuralfurche) deuten auf eine Verschmelzung von je 2 Sterniten hin. Ebenfalls gelenkig verbunden u. oft bestachelt ist das ↗ *Pygidium* (Schwanzschild), das ein Verschmelzungsprodukt aus bis über 40 Segmenten darstellt und randl. manchmal v. einem glatten Saum (Randsaum) umgeben wird. *Triarthrus* besaß darüber hinaus ein sog. *Postpygidium.* – Mit Hilfe v. Röntgenstrahlen konnte der Verlauf des Darmtraktes ermittelt werden. Danach lag die *Mund*-Öffnung unter dem Hinterabschnitt des ventralen *Hypostoms,* dem postoral ein *Metastom* folgen kann; der *Oesophagus* war vorwärts gerichtet u. führte in den *Magen* (Proventriculus), von dem bei einigen T. die „Leberanhänge" (Hepatopankreas) abzweigten, die den Genal Caeca der Panzerunterseite entsprachen. Wesentl. Teile des Verdauungstrakts waren also auf das Cephalon konzentriert. Der undifferenzierte *Darmkanal* endete im letzten Pygidialsegment. – Die *Körperanhänge* der Ventralseite bestanden im Bereich des Cephalons aus 1 Paar Antennen und 4 bis 3 Laufbeinpaaren. Die Coxen (Hüften) der beiden hinteren Paare waren medial gezackt und dienten als *Kauwerkzeuge.* Thorax u. Pygidium besaßen pro Segment – außer dem letzten – je 1 Paar „Spaltfüße", die aus einem innen gelegenen siebengliedrigen *Telopoditen* (Laufbein) mit Trochanter, Praefemur, Femur, Patella, Tibia, Tarsus u. borstenbesetztem Praetarsus sowie einem außen gelegenen „Kiemenast" (Praeepipodit) bestanden. Dem Praeepipoditen wird neuerdings eher Schwimm- u. Filterfunktion zugeschrieben

als Kiemenfunktion. Telo- u. Praeepipodit haben in Praecoxa u. Coxa *(= Sympodit)* eine gemeinsame Basis. T. besaßen z. T. die Fähigkeit, sich einzurollen, um dadurch die weiche Unterseite zu schützen. Verschiedene *Einrollungs*-Typen werden – jedoch nicht einheitl. – unterschieden. – Die *ontogenet. Entwicklung* ist von manchen T. gut bekannt. Je nach Entwicklungsfortschritt v. Thorax u. Pygidium untergliedert man in ein ↗ *Protaspis-, Meraspis-* u. *Holaspis*-Stadium. T.-Eier sind ebenfalls beschrieben worden. – Über die Ausprägung eines (Sexual-)*Dimorphismus* bestehen keine gesicherten Erkenntnisse. – Häufigstes Fundgut sind ↗ Exuvien, nicht echte Leichen. – Die meisten T. dürften als Nahrungsfiltrierer dem vagilen Benthos zuzurechnen sein; manche lebten auf Riffen, anderen wird pelagische, wühlende, räuberische od. gar parasitische *Lebensweise* zugeschrieben. 20 vermutl. von T. herrührende Spurentypen sind bekannt u. zu deuten als Grab-, Kriech-, Ruhe- od. Freßspuren (z. B. ↗ *Cruziana,* ↗ *Rusophycus*). – Bereits im unteren ↗ Kambrium (↗ Erdgeschichte, B) weist die Verbreitung der T. Faunen- u. Klimaprovinzen aus. – Über die *systematische Einteilung* der T. bestehen nach wie vor stark abweichende Ansichten. Als taxonom. Merkmale 1. Ord. gelten der Verlauf der Gesichtsnähte u. die Gestalt des Hypostoms. ↗ Gliedertiere, ↗ Gliederfüßer (☐). S. K.

Trilobitenlarve [v. gr. trilobos = dreilappig], 1) die ↗ Protaspis. 2) erstes freilebendes Jugendstadium der ↗ *Xiphosura* mit zwar allen Segmenten, aber nur 9 Extremitätenpaaren u. ohne Schwanzstachel. 3) falsche Bez. für Larven od. larviforme Weibchen der ↗ Rotdeckenkäfer-Gatt. *Duliticola* od. *Demosis* aus SO-Asien.

Trilobitomorpha [Mz.; v. gr. trilobos = dreilappig, morphē = Gestalt], (Störmer 1944), Proarthropoda Vandel 1949, † U.-Stamm altertüml., meist mariner ↗ Gliederfüßer mit präoralen Antennen u. Spaltbeinen v. Trilobiten-Typus, die weder *Chelicerata* noch *Diantennata* sind. 4 Kl., v. denen allein die *Trilobita* (↗ Trilobiten) größeren Umfang haben. Verbreitung: unteres Kambrium bis oberes Perm, die meisten Gatt. zw. Mittel- u. Oberkambrium.

Trimeresurus *m* [v. gr. trimerēs = dreiteilig, oura = Schwanz], ↗ Lanzenottern.

Trimerie *w* [v. gr. trimerēs = dreiteilig], *Oligomerie,* ↗ *Archimetamerie,* heute meist durch *Archimerie* ersetzt; Körpergliederung in 3 Abschnitte: Pro- od. Protosoma, Mesosoma, Metasoma. Der Dreigliederung des Körpers liegt eine Dreigliederung des ↗ Coeloms zugrunde. Das *Prosoma* enthält das unpaare ↗ *Proto-* od. ↗ *Axocoel,* das *Mesosoma* das paarige *Meso-* od. ↗ *Hydrocoel,* das *Metasoma* das ebenfalls paarige ↗ *Meta-* od. *Somatocoel* (↗ Enterocoeltheorie, ☐). T. liegt vor bei *Tentaculata, He-*

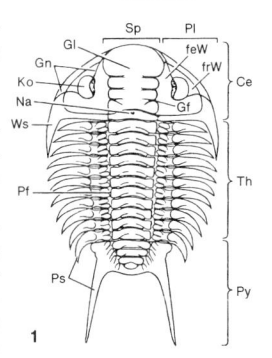

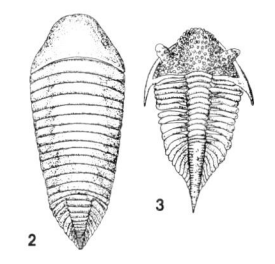

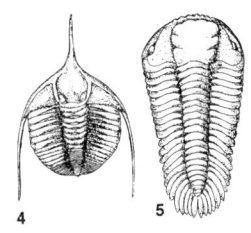

Trimerie

Trilobiten

1 Körpergliederung eines T. (*Ceraurinella intermedia* aus dem obersten Ordovizium von W-Europa); Ce Cephalon, feW feste Wange, frW freie Wange, Gf Glabellarfurche, Gl Glabella, Gn Gesichtsnaht, Ko Komplexauge, Na Nackenring, Pf Pleuralfurche, Pl Pleuralregion, Ps Pleuralstacheln, Py Pygidium, Sp Spindel, Th Thorax, Ws Wangenstachel.
2 *Trimerus* (mittleres Silur bis Mitteldevon), 3 *Encrinurus* (mittleres Ordovizium bis Silur), 4 *Ampyx* (unteres bis mittleres Ordovizium), 5 *Pliomera* (mittleres Ordovizium)

michordata u. *Echinodermata,* die folgl. als ↗ *Archicoelomata* zusammengefaßt werden.
Trimethylglycin s, ↗ Betaine.
Trimusculus m [v. *tri-, lat. musculus = Mäuschen, Muskel], einzige Gatt. der *Trimusculidae,* Wasserlungenschnecken mit stabilem, napfförm. Gehäuse mit nach hinten gerichtetem, oft abgeschliffenem Apex; Oberfläche radial gestreift u. mit konzentr. Zuwachslinien; kein Deckel, keine Fühler; große Lungenhöhle, aber weder Kieme noch Osphradium; der Schalenmuskel ist hufeisenförmig (Öffnung vorn); ♀ mit getrennten ♂ und ♀ Genitalöffnungen rechts am Kopf. Etwa 7 Arten in der Gezeitenzone u. in lufterfüllten Deckenspalten v. unterseeischen Höhlen trop. und subtrop. Meere. Im Mittelmeer lebt der kreisrunde *T. garnoti* (1 cm ⌀).
trinäre Nomenklatur w [v. gr. trinarius = dreiteilig, nomenclatura = Namenverzeichnis], *ternäre N., trinomi(n)ale N.,* die Benennung einer infraspezifischen (= im Rang unterhalb der ↗ Art stehenden) systemat. (taxonom.) Einheit durch einen aus 3 Teilen bestehenden Namen, das sog. *Trinomen.* In der Zool. nur für Unterarten (↗ Rassen) verwendbar, z. B. *Cervus elaphus hippelaphus* (= Mitteleur. Rothirsch). In der Bot. auch für andere infraspezif. Einheiten üblich; deshalb muß stets die *Kategorie* mit angegeben werden: z. B. *Silene dioica* subsp. *zetlandica, Salix repens* var. *fusca, Saxifraga aizoon* subforma *surculosa.* ↗ Nomenklatur.
Trinchesia w [v. gr. thrigkos, trigchos = Zinne], Gatt. der *Tergipedidae,* jetzt zu ↗ *Cuthona* gerechnet, ↗ Fadenschnecken mit stabförm. Rhinophoren; mit mehreren Arten in Atlantik u. Mittelmeer verbreitet.
Trinectes m [v. *tri-, gr. nēktēs = Schwimmer], Gatt. der ↗ Zungen.
Tringa w [v. gr. tryggas = ein Vogel, über it. tringa], die ↗ Wasserläufer.
Trinia w [ben. nach dem dt. Botaniker K. B. v. Trinius, 1778–1844], Gatt. der Doldenblütler, ↗ Faserschirm.
Trinil, Ort im Inneren v. O-Java, Fundort des ↗ *Pithecanthropus (erectus).* [B] Paläanthropologie.
Trinilfauna [ben. nach ↗ Trinil], v. ↗ Koenigswald geprägter Begriff für die mittelpleistozäne Säugetierfauna v. Java. Gegenüber der altpleistozänen ↗ Djetisfauna gekennzeichnet durch modernere Elefanten u. Stegodonten sowie den Axishirsch *Axis lydekkeri* und die kleine Antilope *Duboisia kroeseni.* Begleitfauna des klassischen ↗ *Pithecanthropus.*
Trinkerin, *Philudoria potatoria,* ↗ Glucken.
Trinkwasser ↗ Wasseraufbereitung.
Trinucleotide [Mz.; v. *tri-, lat. nucleus = Kern], aus 3 ↗ Mononucleotiden aufgebaute ↗ Oligonucleotide. Die 64 ↗ Codonen des ↗ genet. Codes ([T]) sind ident. mit den 64 möglichen T.n der Riboreihe (Tripletts). T. bewirken als „mini-m-RNA" die Bindung

tri- [v. gr. treis, tria = drei; trias, Gen. triados = Dreizahl; lat. tres, tria = drei].

trit- [v. gr. tritos = dritter].

von ↗ Aminoacyl-t-RNA an ↗ Ribosomen (↗ Bindereaktion).
Trionychidae [Mz.; v. *tri-, gr. onyches = Klauen], die Echten ↗ Weichschildkröten.
Triops w [v. *tri-, gr. ōps = Auge], Gatt. der ↗ Notostraca.
Triosen [Mz.; v. *tri-], die aus 3 Kohlenstoffatomen aufgebauten ↗ Monosaccharide der Bruttoformel $C_3H_6O_3$, wovon ↗ Glycerinaldehyd (☐) u. ↗ Dihydroxyaceton die einzigen Vertreter sind. Die phosphorylierten Formen der T. sind die *Triosephosphate* ↗ Glycerinaldehyd-2- od. -3-phosphat und Dihydroxyacetonphosphat.
Triosephosphat-Dehydrogenase, ein Enzym der ↗ Glykolyse ([B]) u. der ↗ Gluconeogenese.
Triosephosphat-Isomerase, ein Enzym der ↗ Glykolyse ([B]) u. der ↗ Gluconeogenese. [↗ Dreihäusigkeit.
Triözie w [v. *tri-, gr. oikia = Haus], die
Tripelhelix w [v. lat. triplus = dreifach, gr. helix = Windung], bei Tropokollagen (☐ Kollagen) vorkommende ↗ Sekundärstrukturen, die aus 3 umeinander gewundenen Peptidketten besteht.
Tripeptide [Mz.; v. *tri-, gr. peptos = verdaut], die aus 3 Aminosäuren aufgebauten ↗ Peptide. [liumsalze.
Triphenyltetrazoliumchlorid s, ↗ Tetrazo-
Triphora w [v. gr. triphoros = dreimal tragend], Gatt. der *Triphoridae,* ↗ Mittelschnecken unsicherer systemat. Stellung; T. hat ein turmförm., linksgewundenes Gehäuse. Die Verkehrtschnecke *(T. perversa),* 8 mm hoch, mit knotiger Gitterskulptur u. kleiner Mündung, lebt auf Algen an den eur. Atlantik-Küsten bis 200 m Tiefe, in Mittelmeer u. Nordsee.
Triphosphate, die ↗ 2'-Desoxyribonucleosid-5'-triphosphate u. die ↗ Ribonucleosid-5'-triphosphate.
Triphosphopyridinnucleotid, Abk. TPN^+, veraltete Bez. für ↗ Nicotinamidadenindinucleotidphosphat.
Triploidie w [v. gr. triploos = dreifach], Form der ↗ Polyploidie, bei der Zellen, Gewebe od. Individuen 3 vollständige Chromosomensätze (↗ Chromosomen) aufweisen.
Triploporella w [v. gr. triploos = dreifach, poros = Pore], Gatt. der ↗ Dasycladales.
Tripmadam w [v. frz. trique-madame, tripemadame = Mauerpfeffer], *Sedum reflexum,* ↗ Fetthenne.
Tripper m [v. niederdt. trippen = tröpfeln], ↗ Geschlechtskrankheiten.
Triprion m [v. *tri-, gr. priōn = Säge], Gatt. der ↗ Panzerkopffrösche.
Tripton s [v. gr. triptos = zerrieben], das ↗ Abioseston.
Tripyla w [v. *tri-, gr. pylē = Öffnung], Gatt. der ↗ Fadenwürmer (Ord. *Enoplida*) mit terrestrischen u. limnischen Arten (0,5 bis 4 mm lang); namengebend für die Überfam. *Tripyloidea* (3 Fam.) bzw. U.-Ord.

Tripyloidina (6 Fam.), zu der die limnische Gatt. *Tobrilus* u. über 20 weitere, auch marine Gatt. gehören.

Tripylea [Mz.; v. *tri-, gr. pylē = Öffnung], *Phaeodaria,* U.-Ord. der ⁊ *Radiolaria;* die Vertreter sind durch 3 Öffnungen in der Zentralkapsel gekennzeichnet; über der mit einem Deckel verschlossenen Hauptöffnung erhebt sich eine Röhre, daneben liegt eine Pigmentmasse *(Phaeodium).* Eine bekannte Gatt. ist *Aulacantha,* deren Skelett aus radiär angeordneten, hohlen Stacheln u. feinen, tangentialen Nadeln besteht.

Triquetrum *s* [v. lat. triquetrus = dreieckig], das ⁊ Dreiecksbein.

Trisaccharide [Mz.; v. *tri-, gr. sakcharon = Zucker], die aus 3 Einfachzuckern aufgebauten ⁊ Oligosaccharide (⁊ Kohlenhydrate).

Trisetion *s* [v. *tri-, lat. seta = Borste], Verb. der ⁊ Arrhenatheretalia.

Trisetum *s* [v. *tri-, lat. seta = Borste], der ⁊ Goldhafer.

Trisomie *w* [v. *tri-, gr. sōma = Körper], ⁊ Chromosomenanomalien.

Trisopterus *m* [v. gr. trissos = dreifach, pteron = Flosse], Gatt. der ⁊ Dorsche.

Trisporsäuren, durch Spaltung v. Tetraterpenen (Carotinoiden) gebildete C_{18}-Terpensäuren, die von ♀ Pilzen der Ord. *Mucorales* (z. B. *Blakeslea trispora* u. *Mucor mucedo*) als Sexuallockstoffe (Gamone, ⁊ Befruchtungsstoffe) produziert werden. Wichtigster Vertreter ist die Trisporsäure C.

Tritanomalie *w* [v. *trit-, gr anōmalia = Ungleichheit], ⁊ Farbenfehlsichtigkeit.

Tritanopie *w* [v. *trit-, gr. an- = nicht-, ōpē = Blick], ⁊ Farbenfehlsichtigkeit.

Triterpene [Mz.; v. *tri-, gr. terebinthos = Terpentinbaum], *Squalenoide,* im Tier- u. Pflanzenreich verbreitete, umfangreiche Gruppe v. ⁊ Naturstoffen, die sich biogenet. vom ⁊ Isopren ableiten u. aus 6 Isopren-Einheiten bzw. 3 Terpen-Einheiten aufgebaut sind (⁊ Isoprenoide, ⁊ Terpene). Offenkettiger Vertreter der T. ist der Kohlenwasserstoff ⁊ *Squalen* ($C_{30}H_{50}$; ☐ Cholesterin), während sich die überwiegende Zahl der T. aus tetra- und pentacyclischen Verbindungen zusammensetzt, die durch Abspaltung u. Anheftung von C-Atomen, Einbau v. Heteroatomen (z. B. Stickstoff) usw. verändert sein können. Zu den tetracyclischen T.n (Lanosteran-Typ) zählen die wichtige Gruppe der ⁊ Steroide u. die ⁊ Cucurbitacine. Bei den pentacycl. Verbindungen unterscheidet man sich nach Grundgerüst T. vom Oleanan-, Ursan- bzw. Lupan-Typ. Diese findet man z. B. als T.-Alkohole u. T.-Säuren in ⁊ Harzen (⁊ Resinsäuren u. ⁊ Resinole) od. als T.-Sapogenine (⁊ Saponine). Viele T. besitzen wichtige biol. Funktionen, z. B. als Hormone. ☐ Isoprenoide, T Resinosäuren.

Triticale *s* [Kw. v. lat. triticum = Weizen,

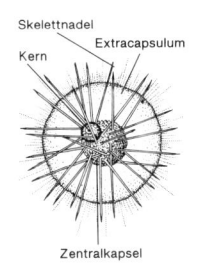

Tripylea
Aulacantha

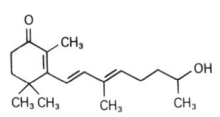

Trisporsäure C

Tritium
Das Wasserstoffisotop T. enthält im Kern *(Triton)* 1 Proton u. 2 Neutronen. Es kommt in verschwindend geringer Menge in der Natur vor: auf etwa 10^{18} gewöhnl. Wasserstoffatome entfällt 1 T.-atom. Verwendung als Radioindikator in der chem., biolog. und med. Forschung. T Isotope.

Tritoniidae
Tritonia manicata

triton- [ben. nach dem gr. Meergott Triton, der auf einer Muschel blasend dargestellt wird].

secale = Roggen], der Gattungsbastard v. ⁊ Weizen u. ⁊ Roggen.

Triticella *w* [v. lat. triticum = Weizen], Gatt. der ⁊ Moostierchen (Ord. ⁊ Ctenostomata), deren Zoide einzeln auf langen Stielen (≙ Stolone) sitzen u. auf Krebs-Panzern u. Mollusken-Schalen pelzartig wirkende Kolonien bilden.

Triticum *s* [lat., =], der ⁊ Weizen.

Tritium *s* [v. *trit-], *Triterium, überschwerer Wasserstoff,* Symbol ³H oder T, ein radioaktives Wasserstoff-⁊ Isotop (T).

Tritocephalon *s* [v. *trit-, gr. kephalē = Kopf], das ⁊ Kopf-Segment der ⁊ Gliederfüßer, welches das Tritocerebrum (⁊ Oberschlundganglion) als Gehirnteil enthält u. bei Krebstieren die 2. Antennen, bei Spinnentieren die Cheliceren innerviert. Bei *Tracheata* trägt es keine Extremität u. wird oft als ⁊ Interkalar- od. *Prämandibelsegment* bezeichnet.

Tritocerebrum *s* [v. *trit-, lat. cerebrum = Hirn], *Hinterhirn,* Teil des ⁊ Oberschlundganglions der ⁊ Gliederfüßer (T); ⁊ Gehirn (☐), ⁊ Tritocephalon.

Tritometameren [Mz.; v. *trit-, gr. meta = nach, meros = Teil], Coelomsäckchen, die durch seriale Sprossung vom Hinterrand des sich selbst in Deutometameren (⁊ Deutometamerie) untergliedernden Mesodermstreifens abgegeben werden. T. sind bei ⁊ Ringelwürmern vorhanden; bei ⁊ Gliederfüßern sind sie ins Mixocoel eingegangen. Das Auftreten von T. wird als *Tritometamerie* bezeichnet. ⁊ Enterocoeltheorie (☐).

Tritonalia *w* [v. *triton-], ⁊ Ocenebra.

Tritonen, die ⁊ Tritonshörner.

Tritoniidae [Mz.; v. *triton-], Fam. der ⁊ Nacktkiemer, langgestreckte, gehäuselose Meeresschnecken mit im Querschnitt vierkant. Körper, mit zusätzl. Kiemen an den Seiten des Rückens; die Rhinophoren enden mit fingerart. oder verzweigten Fortsätzen; Anus rechts. Die T. sind Kosmopoliten, die sich vorwiegend v. Alcyonarien ernähren. Es werden bis 12 Gatt. unterschieden. *Tritonia gigantea* wird 30 cm lang, die anderen Arten sind wesentl. kleiner; *T. manicata* u. a. aus dem Mittelmeer, ca. 15 mm. [hörner.

Tritonium *s* [v. *triton-], Gatt. der ⁊ Tritons-

Tritonshörner [v. *triton-], *Tritonen, Cymatiidae,* Fam. der *Tonnoidea,* Meeresschnecken mit bauchig-spindelförm., hochgewundenem, festem Gehäuse, bei einigen Arten seitl. abgeflacht, mit deutl. Siphonalkanal u. verdickter Außenlippe; Oberfläche mit coaxialen Wülsten (Varizen) sowie mit spiraligen u. axialen Reifen, die eine knotige Gitterskulptur erzeugen können; Schalenhaut oft dick u. borstig. Der Fuß ist kurz u. hinten abgestutzt; Mantelhöhle mit einseitig gefiederter Kieme, zweiseitig gefiedertem Osphradium u. mit Hypobranchialdrüse; Mantelrand zu Ein- u. Ausströmsiphonen ausgezogen u. manchmal mit Papillen besetzt. Bandzüngler mit ausstülpbarem Rüssel, die ihre Beute (Schnecken, Muscheln, Seesterne, Seeigel) unter Verwendung von schwefl. Säure überwältigen. Getrenntgeschlechtl.; die ♀♀ heften die großen Eikapseln an das Substrat; die Veliger haben lange Segellappen u. leben bis zu 1 Jahr planktisch. Die meisten der ca. 130 Arten (5 Gatt., vgl. Tab.) leben auf Sand- u. Felsböden warmer Meere. Die Echten T. *(Charonia*, früher: *Tritonium)* umfassen 14 Arten, die sich überwiegend v. Seesternen ernähren; *C. tritonis*, bis 45 cm hohes Gehäuse, ist der wichtigste natürl. Feind des ↗Dornenkronen-Seesterns; die Gehäuse dieser u. verwandter Arten wurden als Signalhörner benutzt u. gehören zu den Insignien v. Meeresgöttern; eine U.-Art, *C. t. variegata*, lebt auch im Mittelmeer. Im westl. Teil des Mittelmeeres kommt die Trompetenschnecke (Kinkhorn, *C. rubicunda* = *nodifera* = *lampas*) vor, Gehäuse 35 cm hoch, Außenlippe der Mündung dunkelbraunweiß gestreift; seit der Römerzeit mit apikalem Blasloch zur Lauterzeugung benutzt. Die Gehäuse v. *Cymatium* werden bis 20 cm hoch u. haben einen gedrehten od. zurückgebogenen Siphonalkanal; die Gatt. ist weitverbreitet u. umfaßt 48 Arten. Falsche T. ↗Zwergtritonshörner.

Tritonymphe *w* [v. *trit-, gr. nymphē = junges Weib], Larvenstadium der ↗Pseudoskorpione u. der ↗Milben.

Trittpflanzen, Pflanzen, die mechan. Verletzung der oberird. Teile u. Verdichtung des Bodens (u. damit Wasserstau u. Sauerstoffarmut) durch Tritt ertragen. An Trittstellen finden T. dafür günstige Lichtverhältnisse, außerdem fällt die Konkurrenz raschwüchsiger Wiesenarten weg. Anpassungen sind Kleinwüchsigkeit, Rosettenbildung, Regenerationsfähigkeit sowie vegetative Vermehrung, Bildung zahlr., harter Samen u. kurze Entwicklungszeit. Beispiele: Einjähriges Rispengras, Vogel-Knöterich, Großer Wegerich. ↗Polygono-Poetea annuae.

Trituberkulartheorie [v. *tri-, lat. tuberculum = kleiner Höcker], (Cope 1884, Osborn 1888), *Cope-Osbornsche Theorie*, Versuch, die stammesgeschichtl. Entstehung mehrhöckeriger Theria-Zähne auf der Grundlage paläontolog. Funde zu deuten. Folgende Entwicklungsstadien wurden unterschieden: 1. *Reptilstadium* mit haplodonten Zähnen: Krone einspitzig mit ↗Cingulum u. einfacher Wurzel. 2. *Protodontes Stadium:* Zum Haupthügel (in der Terminologie v. Osborn = Protoconus im Oberkiefer, Protoconid im Unterkiefer) gesellen sich 2 akzessor. Spitzchen, Wurzel erhält Längsfurche (*Dromotherium*, obere Trias). 3. *Triconodontes Stadium*: Krone mit 3 deutl. Spitzen; zum Protoconus tritt vorn der Para-, hinten der Metaconus bzw. -conid, Wurzel mehr od. weniger gespalten

Tritonshörner
Gattungen:
↗ Apollon
(= *Gyrineum*)
↗ Argobuccinum
Charonia
Cymatium
↗ Distorsio

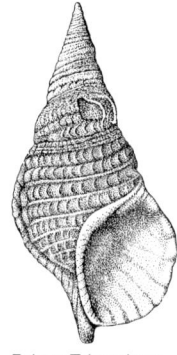

Echtes Tritonshorn
(Charonia spec.)

tri- [v. gr. treis, tria = drei; trias, Gen. triados = Dreizahl; lat. tres, tria = drei].

trit- [v. gr. tritos = dritter].

triton- [ben. nach dem gr. Meergott Tritōn, der auf einer Muschel blasend dargestellt wird].

(*Amphilestes*, Stadium bis Oberjura). 4. *Trituberkuläres* (tribosphenisches, Simpson 1937) *Stadium*: Para- u. Metaconus rücken durch Rotation nach außen, Para- u. Metaconid entspr. nach innen (*Spalacotherium*, oberer Malm). 5. *Trigonodontes Stadium:* Ausbildung v. Schneiden zw. Protoconus (-conid) u. jedem Nebenhügel zu einem queren V (*Amphitherium*, mittlerer Dogger). Danach verläuft die Entwicklung oben u. unten verschieden. 6. *Tuberkulo-sektoriales Stadium:* Weitere Hügel treten hinzu. Bei unteren Zähnen zunächst ein einzelner Tuberkel (Hypoconid) am hinteren Basalwulst, dann Ausbildung eines Talonides, das sich zu einem 3hügeligen Gebilde entwickelt mit Hypoconid, Hypoconulid u. Ektoconulid. Im Oberkiefer schalten sich zw. Proto- u. Paraconus der Paraconulus und zw. Proto- u. Metaconus der Metaconulus ein; hinzu tritt ein kleiner Talon mit dem Hypoconus. So ist aus dem trituberkulären ein quadri- und schließl. ein hexatuberkulärer Zahn entstanden. – Die T. wird heute – insbes. hinsichtl. der Homologisierung einzelner Hügel – weitgehend in Frage gestellt; ihre prakt. Bedeutung für die Terminologie der Kronenelemente hat sich jedoch erhalten, weil anderen Theorien überzeugendere Ergebnisse ebenfalls versagt blieben.

Trituration *w* [v. lat. trituratio = Dreschvorgang], die Zerreibung, Abkauung v. Zähnen.

Triturus *m* [v. *triton-, gr. oura = Schwanz], Gatt. der ↗Molche.

Tritylodon *m* [v. *tri-, gr. tylos = Wulst, odōn = Zahn], (Owen 1884), Typus-Gatt. der Infra-Ord. *Tritylodontia* Kühne 1943 (Ord. ↗ *Therapsida*) mit zahlr. an Säuger erinnernden Merkmalen: differenziertes Gebiß mit diphyodontem Zahnwechsel, hauerart. großen „Incisiven", rechteckigen Backenzähnen, von denen die oberen je 10 Höcker aufweisen, doppeltem Condylus occipitalis, fehlendem Foramen parietale, sekundärem knöchernem Gaumen, fehlenden Prae- u. Postorbitalia usw.; deshalb fr. schon den Säugern zugerechnet. Verbreitung: obere Trias von S-Afrika, Rhät-Lias v. Württemberg.

Triungulinus *m* [v. *tri-, lat. ungula = Klaue], T.larve, ↗Dreiklauer, ↗Ölkäfer.

Triuridales [Mz.; v. *tri-, gr. ouros = Schwanz], Ord. der ↗ *Alismatidae* mit 1 Fam. *(Triuridaceae)*, 7 Gatt. und 80 Arten. Die in den Tropen verbreiteten Pflanzen wachsen mit Mykorrhiza als blattgrünlose Saprophyten. An der Spitze der aus einem unterird. Rhizom entspringenden Sprosse sitzt der traub. Blütenstand aus 3zähligen Blüten. Umfangreichste Gatt. ist *Sciaphila* (50 Arten).

Trivalent *s* [v. *tri-, lat. valere = wert sein], ↗Multivalent aus 3 Chromosomen.

Trivia *w* [v. *tri-, lat. via = Weg, Bahn], Gatt. der ↗Kerfenschnecken (☐).

Trivialname [v. lat. trivialis = gewöhnlich], ein Begriff der biol. ↗Nomenklatur mit zwei unterschiedl. Bedeutungen: 1) bei Linné der eigtl. Artname (↗Epitheton), der als *praenomen triviale* hinter dem *cognomen gentilitium* (Gatt.-Name) steht (Binomen). 2) der landessprachl. Name (↗Nomina vernacularia).

Trixagidae [Mz.; v. gr. trixos = dreifach, agē = Bruch], die ↗Hüpfkäfer.

Trizeps *m* [v. lat. triceps = dreiköpfig], *Drillingsmuskel, Dreiecksmuskel, Musculus triceps,* ↗Beugemuskeln.

t-RNA, *t-RNS*, Abk. für ↗transfer-RNA.

Trochanter *m* [v. *trocho-], 1) *Rollhügel*, zwei höckerartige Knochenvorsprünge (*T. major* und *T. minor*) am oberen Ende des ↗Femurs der Tetrapoden, an denen die meisten Hüftmuskeln bzw. der Lendenmuskel ansetzen. 2) zweites Beinglied der ↗Extremitäten (☐) der Insekten u.a. Gliederfüßer.

Trochantinus *m* [v. *trocho-], *Trochantinopleurit*, vom Pleurit (↗Pleura) der ↗Insekten abgegliedertes Gelenkstück zur Coxa der Extremität. ☐ Pleura, ☐ Insektenflügel.

Trocharion *s* [v. gr. trōchein = laufen], † Gatt. der ↗Dachse.

Trocheta *w* [v. *trocho-], Ringelwurm-(Egel-)Gatt. der ↗Erpobdellidae; in schnell fließenden Gewässern, jagt aber auch an Land nach Regenwürmern.

Trochilidae [Mz.; v. gr. trochilos = ein schnell laufender Vogel], die ↗Kolibris.

Trochiten [Mz.; v. *trocho-], fossile Stielglieder v. *Crinoidea* (↗Seelilien) im Muschelkalk meist v. ↗*Encrinus liliiformis* v. Schloth. stammend; gesteinsbildend im ↗T.kalk. ↗Bonifatiuspfennige.

Trochitenkalk, die liegende Abfolge (mo₁) des oberen Muschelkalks (↗Trias), die durch Anhäufung v. ↗Trochiten charakterisiert ist.

Trochlearis *m* [v. lat. trochlea = Flaschenzug, Winde], *Rollnerv*, Abk. für *Nervus trochlearis*, den IV. ↗Hirnnerv (☐); ein Augenmuskelnerv, der den Musculus obliquus superior (B Linsenauge) innerviert.

Trochodendron *s* [v. *trocho-, gr. dendron = Baum], einzige Gatt. der Ord. *Trochodendrales* (U.-Kl. ↗Hamamelididae) mit nur 1 Art (*T. aralioides*) in Japan und auf Taiwan. Baum bis 5 m Stammdurchmesser mit immergrünen, ledrigen, wechselständ. Blättern; grüne, zwittrige Blüten ohne Blütenhüllblätter in endständ. Trauben; gefäßloses Holz ähnl. dem der *Winteraceae*. Die monotypische Gatt. *Tetracentron* wird manchmal ebenfalls zu den *Trochodendrales* gestellt.

Trochoidea [v. gr. trochōdēs = radförmig], 1) [Mz.], Überfam. der ↗Altschnecken mit kreiselförm. oder fast kugeligem Gehäuse mit innerer Perlmutterschicht; in der Mantelhöhle ist nur eine (die urspr. linke) Kieme ausgebildet, doch hat das

trocho- [v. gr. trochos = Rad, Reif, Scheibe, Kreisel].

Trochoidea
Wichtige Familien:
↗Delphinschnecken (*Angariidae*)
↗Fasanenschnecken (*Phasianellidae*)
↗Kreiselschnecken (*Trochidae*)
↗Turbanschnecken (*Turbinidae*)
↗Weitmundschnecken (*Stomatellidae*)

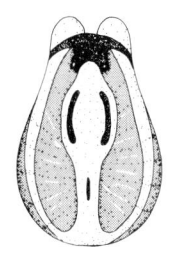

Trochosa: typische Prosomazeichnung

Herz 2 Vorkammern. Getrenntgeschlechtl. Tiere; die Keimzellen werden über die rechte Niere ausgeleitet; Befruchtung im Wasser. 8 Fam., v.a. in wärmeren Meeren (vgl. Tab.). 2) *w*, Gatt. der ↗Heideschnecken mit gedrückt-kegelförm., weißl., oft gebändertem Gehäuse; mit mehreren Pfeilsäcken, aber ohne Liebespfeil. Die nach der ↗Roten Liste „stark gefährdete" Zwergheideschnecke, *T. geyeri* (Gehäuse 8 mm ⌀), kommt im südl. Dtl. an trockenen, offenen Kalkstandorten vor; sie hat 2 reduzierte Pfeilsäcke. Andere Arten sind im Mittelmeergebiet häufig.

Trochophora *w* [v. *trocho-, gr. -phoros = -tragend], *T.-Larve,* ↗*Trochosphaera, Cephalotrocha, Lovénsche Larve,* von B. Hatschek (1878) eingeführte Bez. für die aus einer Spiralquartett-4d-Furchung hervorgegangene Larve der ↗Ringelwürmer u. ↗*Echiurida*. Ein der Fortbewegung dienender präoraler Wimperkranz (*Prototroch*) teilt die annähernd kugelförm. Körper in eine vordere Epi- u. eine hintere Hyposphäre. Hinzu kommen können ein postoraler Wimperkranz (*Metatroch*) u. ein Wimperschopf am Hinterende (*Telotroch*). Auch die Episphäre (↗Akron) trägt ein Wimperbüschel, das sich v. einer ein Sinnesorgan bildenden Scheitelplatte erhebt. Unter der Epidermis liegt ein Nervennetz u. unter dem Prototroch ein Nervenfaserring. Der Darm ist durchgehend. Die Exkretionsorgane sind Protonephridien. Zw. Integument u. Darm liegt die primäre Leibeshöhle; sie ist v. Flüssigkeit erfüllt u. wird v. Parenchymsträngen durchzogen. Die beiden aus der 4d-Zelle hervorgegangenen Urmesodermzellen liegen rechts u. links vom Enddarm. Durch Teilung wachsen sie zu den zunächst soliden Mesodermstreifen heran, aus denen sich dann die Coelomsäcke differenzieren. Hat dieser Prozeß begonnen, spricht man von einer ↗*Meta-T.*, sind ferner auch bereits Borsten, Parapodien u. Kopfanhänge ausgebildet, v. einer ↗*Nectochaeta*. Zahlr. Larven anderer Tierstämme lassen sich auf die T. zurückführen, so die ↗Müllersche u. die ↗Goettesche Larve der *Polycladida* (↗Strudelwürmer), die ↗Pilidium-Larve der ↗Schnurwürmer, die ↗Pelagosphaera-Larve der ↗*Sipunculida,* die ↗Veliger-Larve der ↗Weichtiere, wie auch die Larve der ↗*Kamptozoa*. Ob das auch für die Actinotrocha-Larve der ↗*Phoronida* gilt, ist noch unklar. B Larven I.

Trochosa *w* [v. *trocho-], Gatt. der ↗Wolfspinnen mit 4 heimischen Arten von 12–20 mm Länge, die leicht an der charakterist. Prosoma-Zeichnung zu erkennen sind; sie sind nachtaktiv u. leben auf dem Boden. Ihren an den Spinnwarzen festgesponnenen Kokon bewachen sie in einer selbstgegrabenen u. ausgesponnenen Höhle unter Steinen, zw. Wurzeln u.a.

Trochosphaera *w* [v. *trocho-, gr. sphaira

Trochospongilla

= Kugel], **1)** *Trochosphära, Kugelrädertier,* in Süßgewässern der Philippinen gefundene Gatt. der ↗Rädertiere mit 2 Arten v. kugeliger Körperform, die, statt eines Räderorgans am Vorderpol, einen äquatorialen Wimperngürtel besitzen – wie eine ↗Trochophora-Larve – und anfangs deshalb wohl fälschl. als phylogenetisch urspr. Rotatorienform angesehen wurden. **2)** älterer, heute nicht mehr gebrauchter Name für die ↗Trochophora-Larve vieler Spiralier. Der Name T. wurde von E. Ray Lankester (1877) für diesen vordem bereits von S. L. Lovén als Cephalotrocha bezeichneten Larventyp vorgeschlagen, konnte sich aber später gegenüber dem 1878 von B. Hatschek geprägten Begriff Trochophora nicht durchsetzen.

Trochospongilla *w* [v. *trocho-, gr. spoggia = Schwamm], Gatt. der Schwamm-Fam. *Spongillidae;* garnrollenartige Amphidisken. *T. horrida,* in ruhigen Gewässern an Holz u. Pflanzen, selten.

Trochus *m* [v. *trocho-], **1)** Gatt. der ↗Kreiselschnecken mit fast geraden Gehäuse-Außenwänden, die peripher gekielt sein können; Gehäusebasis um die Spindel tief eingesenkt; zahlr. Arten im flachen Wasser warmer Meere auf Hartböden. *T. erythraeus,* 3,5 cm hoch, ist aus dem Indopazifik über den Suezkanal ins östl. Mittelmeer eingewandert. **2)** in der vergleichenden Morphologie allg. Begriff für einen Wimpernkranz, speziell für den präoralen Ciliensaum (Prototroch), i. w. S. auch für den postoralen Metatroch u. den circumanalen Telotroch der ↗Trochophora-Larve vieler Spiralier gebräuchlich.

Trockenbeere, 1) Bez. für Beerenfrüchte, deren Fruchtwand mit der Reife eintrocknet, z. B. „Paprikaschote". 2) im Weinbau Bez. für die durch ↗Edelfäule rosinenartig eingetrockneten Weinbeeren.

Trockenfarmerei, das ↗Dry-Farming.

Trockenfäule, 1) pflanzl. Krankheitsbild, bei dem durch Pilzbefall die Wirtszellen zersetzt werden, absterben u. dadurch Früchte od. andere Organe ein trockenmorsches Aussehen erhalten (Mumifizierung, Beispiele vgl. Tab.). Der Pilzbefall tritt meist vor od. während der Ernte ein; erst nach längerer Lagerzeit, wenn die Widerstandskraft der Wirtszellen verringert ist, beginnt die Zellzerstörung (↗Lagerfäule). 2) Eine Fäule (Zersetzung) v. völlig trockenem Holz, z. B. durch den ↗Hausschwamm.

Trockengrenze, *Ariditätsgrenze,* durch Trockenheit bedingte Verbreitungsgrenze v. Pflanzen. Je nach ↗Lebensform u. morpholog./physiolog. Konstitution (↗Xerophyten) vermögen die Pflanzen unterschiedl. Grade der Trockenheit zu ertragen (↗arid). Neben klimat. Faktoren (geringe ↗Niederschläge, hohe ↗Evaporation) hängt die Trockenheit eines Standorts auch v. edaphischen Besonderheiten ab.

trocho- [v. gr. trochos = Rad, Reif, Scheibe, Kreisel].

troglo- [v. gr. trōglē = Höhle, Loch].

Trockenfäule
Beispiele u. Erreger:
Kernobst-T. (*Sclerotinia fructigena,* anfangs ↗Schwarzfäule, die in T. übergeht)
Kartoffel-↗Knollenfäulen:
  Phoma-T.,
  Schwarzpustelkrankheit
  (↗*Phoma exigua* var. *foveata*)
  Fusarium-T. und -Weißfäule
  (↗*Fusarium solani* var. *coeruleum*)
Lederbeerfäule an Weintrauben
(↗*Plasmopara viticola;* B Pflanzenkrankheiten II)
T. an Citrus, Bohnen, Tomaten, Haselnüssen, Sojabohnen
(↗*Nematospora coryli*)
T. an Kaffeekirschen
(*Nematospora gossypii*)

So kommen selbst in dem humiden Klima Mitteleuropas T.n des Waldes dadurch zustande, daß bei flachgründ. Standorten die Feinerde zu wenig Wasservorräte zu halten vermag, mit denen die Bäume während gelegentl. vorkommender Trockenperioden überleben könnten. ↗Trockenresistenz.

Trockenhefe, *Trockenbackhefe,* ↗Backhefe.

Trockennährboden, industriell hergestellter ↗Nährboden in trockener, pulverisierter Form, der i. d. R. zum Gebrauch nur mit Wasser versetzt u. sterilisiert werden muß. Der Vorteil der T. ist die standardisierte Zusammensetzung u. nahezu unbegrenzte Haltbarkeit.

Trockenrasen, gehölzarme Rasen- u. Halbstrauchformation trockener Standorte mit flachgründigen, mageren Böden. Unter den höheren Pflanzen herrschen langsam wachsende ↗Hemikryptophyten u. ↗Chamaephyten mit xeromorphen Merkmalen vor (↗xeromorph). Wegen des unterird. Wettbewerbs erscheinen auf extremeren Standorten die Bestände „offen" u. lassen viel Licht u. Wärme auf den Boden dringen. In Mitteleuropa lassen sich 2 pflanzensoziolog. Ord. mit verschiedenen Arealen beschreiben; der *subkontinentale* (Voll-)T. *(Festucetalia valesiacae)* und der *submediterrane* Trespen-T. *(Brometalia erecti).* ↗*Festuco-Brometea,* ↗*Sedo-Scleranthetea.*

Trockenresistenz, *Dürreresistenz,* Eigenschaft v. Pflanzen, Trockenperioden zu überstehen. Es gibt ganz verschiedene, zwei Grundtypen zuzuordnende „Strategien", den xerischen (trockenen), meist sogar xerothermen (trockenheißen) Standort zu meistern: 1. den Typ der ↗Thallophyten, welche mit ihrer „Quellkörperorganisation" keine Möglichkeit haben, aktiv ihre ↗Wasserbilanz zu regeln; ihr Wasserzustand (↗Wasserhaushalt, ↗Wasserpotential) folgt daher nur mit knappen Verzögerungen jenem der angrenzenden Atmosphäre (*poikilohydre* Pflanzen); sie können xerische Standorte nur dann besiedeln, wenn ihre plasmat. Resistenz hoch ist. 2. den Typ der ↗Kormophyten, die durch ihre „Spaltöffnungsorganisation" (Regulation der Wasserabgabe durch Stomata) homoiohydrer sind (*homoiohydre* Pflanzen). Unter günst. Wasserhaushaltsbedingungen unterscheiden sich Xero-, Meso- und Hygrophyten nicht prinzipiell in der Wasserabgabe pro Trockengewicht; entscheidend sind vielmehr die ↗Streß-Bedingungen. Bei den xerophytischen Kormophyten ist die *plasmatische Resistenz* (↗*hardiness*) gg. Austrocknung i. d. R. weit geringer als bei den Thallophyten. Sie vermögen vielmehr durch bes. Eigenschaften morpholog. (sog. Xeromorphien) oder physiolog. Art eine derartige Austrocknung zu verhindern (*konstitutionelle Resistenz,* ↗*avoidance*). ↗Xerophyten.

Trockensavanne, natürliches, meist v. niederwüchsigen Bäumen locker durchsetztes Grasland (↗Savanne) des trop.-subtrop. Bereichs. ↗Afrika (Pflanzenwelt).

Trockenschlaf, Trockenruhe, ↗Torpor-Zustand u. Form des ↗Sommerschlafs kleiner Vögel u. Säuger, der durch große Trockenheit, i. d. R. bei extremen Wärmesituationen, ausgelöst wird. Man spricht auch bei Wirbellosen von T., z. B., wenn landlebende Schnecken in Trockenzeiten ein Operculum (↗Deckel) sezernieren u. sich damit vor Verdunstung schützen; die physiolog. Prozesse sind hierbei natürl. andere als beim echten T. von Wirbeltieren. Extreme Formen des T.s wirbelloser Tiere sind ↗Trockenstarre u. ↗Anabiose.

Trockenstarre, Starrezustand, der bei manchen Tieren (z. B. ↗Bärtierchen, ☐) während großer Trockenheit eintritt; ↗Anabiose.

Trockenwald, offene, v. Grasunterwuchs durchsetzte Gehölzformation trop. Gebiete mit ausgeprägten Trockenzeiten. ↗Afrika (Pflanzenwelt).

Troctidae [Mz.; v. gr. trōktēs = Nager], Fam. der ↗Psocoptera.

Troddelblume, Alpenglöckchen, Soldanella, Gatt. der ↗Primelgewächse mit etwa 7, in den höheren Gebirgslagen des mittleren Europa heim. Arten. Kleine Stauden mit einer grundständ. Rosette aus langgestielten, rundl. Blättern sowie einzeln od. zu mehreren an langen Stielen sitzenden Blüten. Diese nickend mit glockig bis trichterförm., am Rande gefranster Krone. Die Frucht ist eine längl. Kapsel mit zahlr., kleinen Samen. Bekannteste Arten: die rötl.-violett blühende Zwerg-T., *S. pusilla* (in Schneetälchen u. schneefeuchten Magerrasen der alpinen Stufe), u. die blauviolett blühende Alpen-T., *S. alpina* (in subalpinen Rieselfluren, auf Schneeboden u. a.). ⬚ Alpenpflanzen.

Trogiidae [Mz.; v. gr. trōgein = nagen], Fam. der ↗Psocoptera.

Troglobionten [Mz.; v. *troglo-, gr. bioōn = lebend], die ↗Höhlentiere.

Troglochaetus *m* [v. *troglo-, gr. chaitē = Borste], Ringelwurm-(Polychaeten-)Gatt der ↗Nerillidae. *T. beranecki* im Grundwasser des Balkan u. der eur. Mittelgebirge.

Troglodytidae [Mz.; v. gr. trōglodytēs = Zaunkönig], die ↗Zaunkönige.

Troglon *s* [v. *troglo-], Troglobios, Lebensgemeinschaft in Höhlen; ↗Höhlentiere.

Troglostygal *s* [v. *troglo-, Styx, Gen. Stygos = Unterweltfluß], der Biotop der Höhlengewässer.

Trogmuscheln, Mactroidea, Überfam. der ↗Adapedonta mit dreieck. bis längl.-ovalen Schalen, glatt oder konzentr. gestreift; beide Schließmuskeln fast gleichgroß, Schließknorpel in einer tiefen Grube unter dem Wirbel; Ein- u. Ausströmsipho sind oft verschmolzen; der Fuß ist groß, bei den Erwachsenen ohne Byssus. Die T. sind über-

trogo- [v. gr. trōgein = nagen, benagen, abfressen; trōgōn = nagend].

Trogmuscheln
Wichtige Gattungen:
↗ *Lutraria*
↗ *Mactra*
↗ *Mesodesma*
↗ *Spisula*

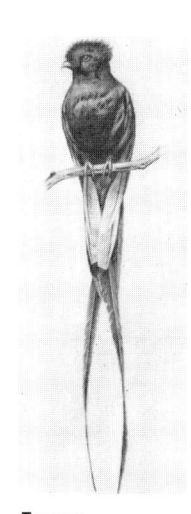

Trogons
Quetzal (*Pharomachrus mocinno*)

C. Troll

Europäische Trollblume (*Trollius europaeus*)

wiegend marin u. graben sich ein. Etwa 200 Arten, die auf 4 Fam. und 30 Gatt. (vgl. Tab.) verteilt werden.

Trogoderma *s* [v. *trogo-, gr. derma = Haut], Gatt. der ↗Speckkäfer.

Trogoniformes [Mz.; v. *trogo-, lat. forma = Gestalt], die ↗Trogons.

Trogonophidae [Mz.; v. *trogo-, gr. ophis = Schlange], ↗Doppelschleichen.

Trogons [Mz.; v. *trogo-], *Trogoniformes*, Vogel-Ord. amsel- bis taubengroßer breitschnäbl. Frucht- u. Insektenfresser; 1 Fam. (*Trogonidae*) mit 34 Arten in den trop. Regen- u. Bergwäldern Amerikas, Afrikas u. Asiens. Als einziger Fall unter den Vögeln sind die 1. und 2. Zehe der kurzen Sitzbeine nach hinten gerichtet. T. sitzen oft stundenlang träge auf einem Ast, den langen Schwanz leicht nach vorne geschlagen; mit dem kurzen, aber kräft. Schnabel, dessen Schneiden bei manchen Arten gezähnelt sind, graben sie Nisthöhlen in morsche Bäume od. erweitern schon vorhandene Höhlungen u. schrecken dabei auch vor Nestern v. Wespen u. Bautermiten nicht zurück. Insbes. die Männchen vieler Arten besitzen ein buntes Prachtkleid mit grünen, roten u. blauen Farben und metall. Glanz. Der Quetzal od. Quesal (*Pharomachrus mocin(n)o*, ⬚ Südamerika I) ist der Wappenvogel v. Guatemala u. gilt in der Mythologie der Indios als Sinnbild der Freiheit, da er in Gefangenschaft stirbt; auch in Zoos ist eine Haltung fast nie gelungen, da die Atemwege leicht von tödl. Pilzerkrankungen befallen werden. Die bis 1 m langen Schwanzfedern („Schleppe") durften bei den Indios nur einmal im Jahr am lebenden Vogel entnommen werden; eine Tötung wurde hart bestraft. Heute droht der Quetzal auszusterben, da sein Lebensraum, die trop. Bergwälder mit hoher Luftfeuchtigkeit, abgeholzt wird. Die Bebrütung der 2 hellblauen Eier u. die Jungenaufzucht werden v. beiden Eltern übernommen.

Trogositidae [Mz.; v. *trogo-, gr. sitos = Korn], die ↗Flachkäfer. [kankor.

Trogulidae [Mz.; v. *trogo-], die ↗Brettkanker.

Troides *m* [v. gr. Trōiades = Trojaner], Gatt. der ↗Ritterfalter.

Troll, 1) *Carl,* dt. Geograph, * 24. 12. 1899 Gabersee bei Wasserburg a. Inn (Obb.), † 21. 7. 1975 Bonn; zuletzt (seit 1938) Prof. in Bonn; bereiste die Anden, O- und S-Afrika; 1937 Teilnahme an der dt. Nanga-Parbat-Expedition; Arbeiten zur Quartärgeologie; Kartographie, Hochgebirgsforschung, Pflanzengeographie, Klimatologie u. a. **2)** *Wilhelm,* dt. Botaniker, Bruder v. 1), * 3. 11. 1897 München, † 28. 12. 1978 Mainz; Prof. in München, Halle u. Mainz; bedeutende Beiträge zur Morphologie u. Systematik der Pflanzen.

Trollblume [v. schwed. troll = Unhold], *Trollius,* Gatt. der ↗Hahnenfußgewächse mit 29 Arten in eurasiat. und nordamerikan.

Trollinger

Verbreitung. Die ausdauernden Pflanzen besitzen meist handförmig zerteilte Blätter u. radiäre Blüten mit 5–15 Perigonblättern; zw. Blütenhülle u. den zahlr. Staubblättern finden sich kleine spatelförm. Honigblätter. Die vielen mehrsamigen Fruchtknoten sind meist drüsenhaarig. In Europa ist die einzige Art der Gatt. die Europäische T., *T. europaeus* (B Europa III); sie ist gesetzl. geschützt u. nach der ↗Roten Liste „gefährdet". Die im Frühsommer goldgelb blühende T. bevorzugt moorige od. quellige Wiesen in montaner u. subalpiner Stufe (Ord.-Charakterart der ↗*Molinietalia*). Als Zierpflanzen in Gärten dienen neben *T. asiaticus* und *T. chinensis* Kulturabkömmlinge derselben u. die einheimische T.

Trollinger *m* [v. Namen Tirol], ↗Weinrebe.

Trollius *m* [v. schwed. troll = Unhold], die ↗Trollblume.

Trombicula *w* [v. gr. thrombos = Blutpfropf], Gatt. der ↗Laufmilben mit der ↗Erntemilbe.

Trombidiformes [Mz.; v. gr. thrombos = Blutpfropf, lat. forma = Gestalt], U.-Ord. der ↗Milben (T); wie alle *Actinotrichida* besitzen die Vertreter (vgl. Tab.) weder Herz noch typ. Malpighi-Gefäße; sind Tracheen vorhanden, liegen sie im Bereich des Gnathosomas; der Mitteldarm endet blind in einem massiven Zellstrang; ein großes Exkretionsorgan (vielleicht dem Enddarm homolog) mündet durch einen Uroporus (After?) nach außen.

Trombidiidae [Mz.; v. gr. thrombos = Blutpfropf], die ↗Laufmilben.

Trommelfell, 1) *Tympanum,* die schwingende Membran in den ↗Tympanalorganen der Insekten (↗Gehörorgane). 2) *Membrana tympani,* häutige Membran des Säuger-↗Ohres (☐), die den Gehörgang zum ↗Mittelohr hin abschließt; beim Menschen ca. 0,08 mm – 0,1 mm dick, Fläche etwa 55 mm². ↗Gehörorgane (B), ↗Gehörknöchelchen.

Trommelfisch ↗Umberfische.

Trommelorgan, Organ der Lauterzeugung bei Zikaden, bes. ↗Singzikaden.

Trompeten, *Kraterellen, Craterellus,* Gatt. der ↗Leistenpilze, in Europa mit 2 Arten. Häufig, oft massenhaft auftretend, findet man die Herbst- od. Totentrompete (*C. cornucopioides* Pers.) auf guten, nährstoffreichen Böden im Laubwald, bes. bei Buche, Eiche u. im Mischwald. Der Fruchtkörper ist lang trichterförmig, oben umgeschlagen (Höhe: 5–12[15] cm), innen feinschuppig braunschwarz, außen aschgrau. Das Hymenophor an der Unterseite (= Außenseite) ist glatt od. schwach runzelig. Sehr guter Speisepilz, bes. zum Trocknen geeignet. [niaceae.

Trompetenbaumgewächse, die ↗Bigno-

Trompetenfische, *Aulostomoidei,* U.-Ord. der Stichlingsartigen mit 4 Fam.; vorwiegend in Riffgebieten (↗Korallenfische) und Seegrasbeständen lebende, langge-

Trombidiformes
Wichtige Vertreter:
↗Bienenmilbe
(*Acarapis woodi*)
↗Haarbalgmilben
(*Demodicidae*)
↗Kugelbauchmilben
(*Pyemotes*)
↗Laufmilben
(*Trombidiidae*)
↗Meeresmilben
(*Halacaridae*)
↗Muschelmilben
(*Unionicola*)
↗Raubmilben
(*Cheyletidae*)
↗Schnabelmilben
(*Bdellidae*)
↗Spinnmilben
(*Tetranychidae*)
↗Süßwassermilben
(*Hydrachnellae*)

Trompeten
Totentrompete (*Craterellus cornucopioides* Pers.)

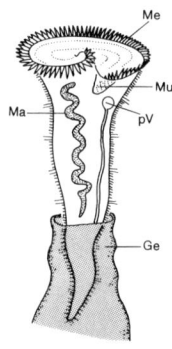

Trompetentierchen
Stentor roeseli
Ge Gehäuse, Ma Makronucleus, Me Membranellenband, Mu Mundbereich, pV pulsierende Vakuole

Trompetervogel
(*Psophia crepitans*)

streckte Fische mit zahlr. anatom. Sonderbildungen, wie eine röhrenförm., als Saugpumpe wirkende Schnauze, fehlende Rippen u. mit Knochenplatten in der Haut. Hierzu gehören u. a. die ↗Flötenmäuler (*Fistulariidae*), ↗Schnepfenmesserfische (*Macrorhamphosidae*) u. die T. i. e. S. (*Aulostomidae*) mit dem ostatlant., bis 75 cm langen Gefleckten T. (*Aulostomus maculatus*), der trotz träger Schwimmweise erfolgreich kleine Fische jagt.

Trompetenschnecke ↗Tritonshörner.

Trompetentierchen, *Stentor,* Gatt. der ↗*Heterotricha;* Wimpertierchen mit trompetenartig erweitertem Mundfeld und schlankem, am Substrat verankertem Hinterkörper; können sich loslösen u. mit abgekugeltem Körper herumschwimmen. Im Süßwasser leben mehrere häufige Arten. *S. roeseli* (bis 1 mm) hat ein stielförm. Hinterende, das in einem Gallertgehäuse sitzt. *S. polymorphus* (1–2 mm) lebt in nährstoffreichen Gewässern u. ist durch Zoochlorellen grün gefärbt. *S. coeruleus* (1–2 mm) kommt oft massenhaft in organ. verschmutzten Gewässern vor; im Plasma liegen Pigmentkörnchen, die dem Tier die blaugrüne Färbung verleihen. ☐ Aufgußtierchen.

Trompetenzellen, Bez. für die der Assimilatleitung dienenden Zellen bei den ↗*Laminariales* (Braunalgen). Die T. bilden lange Zellreihen im Markbereich der hochdifferenzierten Gewebethalli u. sind durch Längsdehnung im mittleren Bereich verengt, an ihren Querwänden zu den Nachbarzellen aber trompetenartig erweitert. Die Querwände selbst sind durch Felder v. Tüpfeln mit Plasmodesmen durchbrochen. Die Zellreihen der T. ähneln somit den Siebröhren der Höheren Landpflanzen. Die schon um 1900 vermutete Funktion der Assimilatleitung konnte 1965 durch Einsatz radioaktiven Kohlenstoffs (^{14}C) bestätigt werden, wobei Transportgeschwindigkeiten von 65–75 cm/h bei *Macrocystis* und 5 cm/h bei *Laminaria* gemessen wurden. B Algen III.

Trompetervögel, *Psophiidae,* Fam. der ↗Kranichvögel, mit 3 bodenlebenden Arten der Gatt. *Psophia* auf die Wälder des mittleren S-Amerika beschränkt, wo sie zu den Charaktervögeln des Amazonasgebiets gehören; ca. 48 cm groß; schwarzes od. schwarz-weißes weiches Gefieder, Schnabel kurz u. stark gebogen; die Stimme ist mehr ein Brummen od. Trommeln als ein Trompeten. Die Nahrung besteht aus Pflanzen u. Tieren, bes. Termiten. Obwohl T. von den Indianern gerne als Haustiere gehalten werden, ist über ihre Biologie relativ wenig bekannt; die 6–10 weißen Eier werden in einem Bodennest od. evtl. in einer Baumhöhle abgelegt.

Tropaeolaceae [Mz.; v. gr. tropaion = Siegeszeichen], die ↗Kapuzinerkressengewächse.

Tropanalkaloide, *Tropaalkaloide, Tropeine,* veraltete Bez. *Tropinalkaloide,* Ester der Aminoalkohole *Tropin, Pseudotropin, Scopin* u. ⁊ *Ecgonin,* die sich strukturell vom basischen Grundgerüst des bicycl. *Tropans* ableiten, mit verschiedenen aliphat. und aromat. Säuren, z. B. Tropasäure, Atropasäure, Benzoesäure, Tiglinsäure, Isobuttersäure u. a. Nach ihrem Vorkommen unterscheidet man ⁊ *Belladonnaalkaloide* od. *Daturaalkaloide,* die auch bei anderen ⁊ Nachtschattengewächsen (z. B. im ⁊ Bilsenkraut) vorkommen, mit den Vertretern ⁊ *Atropin,* ⁊ *Hyoscyamin,* ⁊ *Scopolamin* u. a., u. die ⁊ *Cocaalkaloide* des Cocastrauches mit dem Hauptvertreter ⁊ *Cocain.* ⁊ Alkaloide ([T]).

Tropasäure, Baustein einiger ⁊ Tropanalkaloide.

Tropasäure

Tropen [*Tropen-], Zone zw. etwa 20° nördl. und 25° südl. des Äquators mit geringen od. fehlenden jahreszeitl. Temp.-Unterschieden. (Als *mathematische* od. *solare* T. ist der Bereich zw. den beiden Wendekreisen definiert; ⁊ Klima.) Man unterteilt nach ⁊ Niederschlags-Mengen und deren jahreszeitl. Verteilung in: 1) *äquatoriale Regenzone:* umfaßt im wesentl. die Zone 0–10° nördl. und 0–5° südl. Breite; die Tagesschwankung der Temp. ist größer als die Jahresschwankung der Tagesmittel-Temp. („*Tageszeitenklima*"); Regenmaxima zur Zeit der Tagundnachtgleiche. 2) *außeräquatoriales tropisches Kontinentalklima:* ist auf den Ozeanen u. an den W-Küsten der Kontinente nur in schmalen Bändern zw. der äquatorialen Regenzone u. dem Passatklima ausgebildet u. hat größere Ausdehnungen nur im Innern u. an den O-Seiten der Kontinente. 3) *tropisches Monsunklima:* tritt als Abart des kontinentalen T.klimas dort auf, wo der Ozean auf der Äquatorialseite des Kontinents liegt, wie z. B. der Indische Ozean südl. von Indien und andererseits nördl. von Australien. 4) *Passatklima:* das ganze Jahr über wehen der Passat od. zumindest passatartige, nur wenig abgelenkte Winde, u. mit ihnen herrscht Trockenheit („*tropisches Trockenklima*"). ⁊ Subtropen, ☐ Klima.

Tropenböden ⁊ Latosole, ⁊ Plastosol.

Tropenkrankheiten, i. e. S. Erkrankungen durch Parasiten od. Pathogene, die ausschl. unter trop. oder subtrop. Bedingungen entstehen können, z. B., weil die Überträger, Zwischenwirte od. die freilebenden Stadien des Parasiten selbst nur unter dortigen Klimabedingungen lebensfähig sind. Beispiele: ⁊ Gelbfieber, ⁊ Malaria, ⁊ Trypanosomiasis, ⁊ Leishmaniose, ⁊ Amöbenruhr, ⁊ Filariasis, ⁊ Schistosomiasis. I. w. S. Krankheiten, die auch außerhalb der Tropen auftreten können (od. früher aufgetreten sind), aber dort durch hygienische, soziale od. ökonomische Faktoren bedeutungslos geworden sind, z. B. ⁊ Pokken, ⁊ Cholera, ⁊ Pest, ⁊ Lepra. Manchmal werden auch Krankheiten durch ⁊ Gifttiere (Spinnen, Skorpione, Schlangen) und für die Tropen typische Ernährungsschäden (z. B. Kwashiorkor; ⁊ Eiweißmangelkrankheit) zu den T. gerechnet. Durch den zunehmenden Tourismus müssen T. heute oft auch in gemäßigten Breiten diagnostiziert u. behandelt werden.

Tropensalamander, *Oedipina,* Gatt. der ⁊ Schleuderzungensalamander ([T]).

Tröpfchenkultur, *Federstrichkultur* (nach Lindner), eine Hängetropfkultur: von einer stark verdünnten Mikroorganismenkultur wird unter sterilen Bedingungen ein Tropfen (fr. mit einer Zeichenfeder) auf ein Deckgläschen aufgetragen; im Tropfen soll nur eine Zelle od. Spore vorhanden sein (⁊ Einzellkultur); das Deckgläschen wird auf einen Hohlschliffobjektträger gelegt (Tropfen nach unten) u. bebrütet. Anordnung u. Bedeutung ⁊ Hängetropfenkultur.

Trophamnion *s* [v. *troph-, gr. amnion = Embryonalhülle], bei einigen kleinen Insekten auftretende Eihülle mit Nährfunktion. Sie entstammt entweder den Dotterzellen (bei Fächerflüglern) od. einigen Energiden der ersten Furchungsteilungen (bei Zehrwespen, Gatt. *Platygaster* od. *Synopeas*). Bei der Erzwespe *Encyrtus fuscicollis* beteiligen sich die 3 haploiden Richtungskerne am Aufbau des T.s. Sie verschmelzen zu einem einzigen triploiden T.kern (Paranucleus), dem etwa die Hälfte des gesamten Eiplasmas zufließt. Teilungsprodukte dieser stark heranwachsenden Paranucleuszelle bilden die Nährhülle um das Ei. Mit einer T.bildung ist oft bei parasit. Hautflüglern ⁊ Polyembryonie verknüpft.

Trophie *w* [v. *troph-], Limnologie: Umfang u. Umsatz photoautotroph entstandener ⁊ Biomasse. Als ⁊ Seetypen werden Gewässer verschiedenen T.grades der *Oligo-T., Eu-T.* oder *Dys-T.* zugeordnet. Organismen der gleichen Position in der Weitergabe der ⁊ Primärproduktion an ⁊ Primärkonsumenten, ⁊ Sekundärkonsumenten usw. werden in der ⁊ Nahrungspyramide ([ ]) in T.ebenen od. *trophischen Ebenen* zusammengefaßt. ⁊ Energiepyramide, ⁊ Nahrungskette, ⁊ ökologische Effizienz. Ggs.: Saprobie.

trophisch [v. *troph-], die Ernährung (v. a. des Gewebes) bzw. die Nahrung (Biomasse, ⁊ Trophie) betreffend.

Trophobiose *w* [v. *tropho-, gr. biōsis = Leben], nach Wasmann (1901/02): Form der ⁊ Symbiose, bei der nahrhafte Ausscheidungen des einen Partners den anderen als Nahrung dienen. T.-Beziehungen unterhalten v. a. ⁊ Ameisen (der Fam. *Myrmicidae, Dolichoderidae* und *Formicidae;* ⁊ Knotenameisen, ⁊ Drüsenameisen, ⁊ Schuppenameisen) zu zuckerhaltigen Kot (⁊ Honigtau) ausscheidenden ⁊ Pflanzensaftsaugern, in Europa hpts. ⁊ Blattläuse, Mottenläuse (⁊ *Aleurodina*) u. Blattflöhe (⁊ *Psyllina*), in trop. und subtrop.

Tropen- [Bw. *tropisch;* v. gr. tropē = (Sonnen-)Wende; tropikos = Wendekreis-].

troph-, tropho- [v. gr. trophē = Ernährung].

troph-, tropho- [v. gr. trophē = Ernährung].

tropid-, tropido- [v. gr. tropis, Gen. tropidos = (Schiffs-)Kiel].

Weißschwanz-Tropikvogel
(Phaëthon lepturus)

Ländern vorwiegend Schildläuse u. ↗Zikaden, welche sich v. Phloemsaft ernähren. Manche Ameisen lösen die Kotabgabe der Blattläuse durch „Betrillern" mit Hilfe ihrer Fühler aus (B Ameisen II, B Symbiose); der langsam austretende Honigtautropfen wird in einem perianalen Borstenkranz festgehalten u. dargeboten. Die Ameisen gelangen durch T. an eine sehr energiereiche Nahrung. Die Honigtaulieferanten (oft flügellos u. während des Saugens lange Zeit ortsgebunden) genießen wehrhaften Schutz vor Freßfeinden. ↗Mutualismus.

Trophoblast *m* [v. *tropho-, gr. blastos = Keim], Nährblatt, Nährschicht,* beim Säugerkeim der äußere Teil der ↗Blastocyste, der den innenliegenden Embryoblasten (↗Embryonalknoten) u. später den ↗Embryo ernährt. Der T. nimmt bei der ↗Nidation (B Menstruationszyklus) zuerst Kontakt mit der mütterl. Uterusschleimhaut (↗Endometrium) auf, löst das Schleimhautgewebe enzymat. auf u. nimmt die Abbauprodukte als Nahrung für den Keim auf (↗Embryotrophe). Später bildet der T. 2 Zellschichten: der innere ↗*Cyto-T.* liefert die abbauenden Enzyme, der äußere ↗*Syncytio-T.* (ohne Zellgrenzen) dringt tiefer in die Uterusschleimhaut ein u. bildet (zus. mit dem extraembryonalen Mesoderm) das ↗*Chorion,* das in die Zotten auswächst (↗Placenta, ☐). [len

Trophocyten [v. *tropho-], die ↗Nährzellen.

trophogene Schicht [v. *tropho-, gr. gennan = erzeugen], *trophogene Region,* der durchlichtete Teil eines Gewässers, in dem pflanzl. Produktion möglich ist (zw. wenigen cm und 30 m), abhängig v. Schwebstoffen u. Eigenbeschattung des Phytoplanktons. ↗See (☐).

tropholytische Schicht [v. *tropho-, gr. lytikos = auflösend], *tropholytische Region,* der lichtlose Tiefenwasserbereich, in dem keine photoautotrophe Produktion möglich ist. ↗See (☐).

Trophon *m* [v. *tropho-], Gatt. der ↗Purpurschnecken mit dünnwand. Gehäuse, dessen Oberfläche Spiralreifen u. coaxiale Lamellen trägt; weißlich. Zahlr. Arten, meist im tieferen Wasser der südl. Meere.

Trophophylle [Mz.; v. *tropho-, gr. phyllon = Blatt], Bez. für Blätter, die nur als Organe der Photosynthese und des Gas- und Wasserdampfaustausches dienen und nichts mit der Sporenbildung zu tun haben. Ggs.: Sporophylle. ↗Blatt.

trophotrop [v. *tropho-, gr. tropē = Wendung], auf die Ernährung (Trophik) gerichtet, der „Erholung" des Organismus dienend.

Trophozoide [Mz.; v. *tropho-, gr. zōidion = kleines Tier], die ↗Nährzoide; ↗Nährpolypen, ↗Arbeitsteilung (☐).

tropibasischer Schädel [v. gr. tropis = Kiel, basis = Grundlage], *kielbasischer Schädel,* schmaler, seitl. abgeflachter ↗Schädel, mit aufgewölbtem Neurocranium u. dicht nebeneinanderliegenden Augenhöhlen; typischer Schädel der Eigentl. Knochenfische u. Amnioten. Ggs.: ↗platybasischer Schädel.

Tropidophis *m* [v. *tropid-, gr. ophis = Schlange], Gatt. der ↗Boaschlangen mit ziemlich urtüml. Merkmalen; die bekanntesten Vertreter *T. pardalis* (bis 30 cm lang) und *T. melanurus* (bis 95 cm lang) leben auf Kuba unter Steinen od. Gebüsch verborgen u. ernähren sich v. Echsen, Fröschen od. kleinen Säugetieren.

Tropidophorus *m* [v. *tropido-, gr. -phoros = -tragend], Gatt. der ↗Schlankskinkverwandten.

Tropidurus *m* [v. *tropid-, gr. oura = Schwanz], Gatt. der ↗Leguane.

Tropikvögel [v. gr. tropikos = Wendekreis-], *Phaëthontidae,* Fam. der ↗Ruderfüßer; elegante, schwarz-weiße Meeresvögel der Tropen mit langen mittleren Schwanzfedern; jagen im Sturzflug Fische, Schnecken u. Tintenfische. Die kurzen Beine eignen sich kaum zum Laufen, jedoch zum Scharren eines Nistplatzes; nisten an Klippen, in Höhlen u. mancherorts auch auf Bäumen; das einzige Junge wächst sehr langsam u. wird erst nach 11–15 Wochen flügge. Die Verbreitungsgebiete der 3 Arten überschneiden sich: der Rotschnabel-Tropikvogel *(Phaëthon aethereus)* ist Brutvogel im Indopazifik u. Atlantik, der Rotschwanz-Tropikvogel *(P. rubricauda)* bewohnt den Indopazifik, während der Weißschwanz-Tropikvogel *(P. lepturus,* B Nordamerika VI) in allen trop. Meeren beheimatet ist.

Tropine [Mz.; v. gr. tropē = Wendung], die ↗glandotropen Hormone.

Tropinota *w* [v. gr. tropis = Kiel, nōtos = Rücken], Gatt. der ↗Rosenkäfer.

tropisches Reich, *tropische Region,* eine der ↗tiergeographischen Regionen (od. Reiche) der Meeresküsten (↗Litoral); umfaßt die Küsten der trop. Meere. Typisch für das t. R. sind den Küsten vorgelagerte Korallen-↗Riffe mit ihrer typischen Fauna (z. B. ↗Korallenfischen) und der v. a. an Flußmündungen ausgeprägten ↗Mangrove. Weit v. den Kontinenten entfernte Inseln im t. R. haben oft eine sehr eigenständige Fauna mit vielen ↗Endemiten. Dies gilt für den *Hawaiischen Bezirk,* in dem 20% der Weichtiere und 45% der Krebsgruppe der ↗*Crangonidae* aus endemischen Arten bestehen. Die ↗*Galapagosinseln* (B Südamerika VIII) zeigen viele faunist. Beziehungen zur Küste v. Panama, jedoch sind 15% der Krabbenarten, ca. 28% der Weichtiere und 23% der Litoralfische endemisch. ↗*Australien* (B I) zeigt auch bezügl. der Meeresfauna des t. R.s an seiner NW-Küste eine Sonderstellung – mit ca. 40% endemischen Arten unter den Schwämmen, Schnecken u. Stachelhäutern. Da die mittelamerikan. Landbrücke erst im Pliozän (wieder) auftauchte, Pazifik

u. Atlantik daher während des Großteils des ↗Tertiärs in offener Verbindung standen (↗Südamerika), finden sich an den O- bzw. W-Küsten v. Mexiko u. Panama zahlr. nächstverwandte ↗Zwillingsarten v. Meerestieren, die erst nach der Trennung der Populationen im Pliozän durch allopatrische ↗Artbildung entstanden sind.

Tropismus *m* [v. *tropo-], durch verschiedene äußere Reize hervorgerufene ↗Orientierungs- od. Einstellbewegung v. Teilen festgewachsener Pflanzen bzw. bei einigen sessilen Tieren (z. B. ↗Moostierchen). Die Änderung der Wachstumsrichtung einer Pflanze durch T. erfolgt aufgrund ungleich starken Wachstums gegenüberliegender Organflanken als Folge einer Asymmetrie der Verteilung v. ↗Phytohormonen (Auxin im Sproß, Abscisin in Wurzeln; Cholodny-Went-Theorie). Im Ggs. zu ↗Nastien sind die Krümmungsbewegungen (↗Bewegung) abhängig v. der *Richtung* des auslösenden Reizes. Ein Wachstum parallel zur Reizrichtung heißt ↗*orthotrop (Ortho-T.)*, eine Ausrichtung des Wachstums schräg zur Reizrichtung *plagiotrop (↗Plagio-T.)*, im Winkel von 90° zur Reizrichtung *transversal* od. *diatrop (Transversal-* od. *Dia-T.)*. Hinwendung zur

Tropismus

Wichtige Formen des Tropismus:
↗ Aerotropismus
↗ Autotropismus

Chemotropismus:
Durch chem. Reize (Konzentrationsgradienten) verursachte Bewegung v. Pflanzen (z. B. Wachstumsbewegungen v. Wurzeln, Auswachsen des Pollenschlauchs) u. sessilen Tieren bzw. tier. Organen (z. B. Tentakeln)

Hydrotropismus:
Durch Konzentrationsgradienten des Wasserdampfs bedingte Sonderform des Chemotropismus bei Pflanzen; Wurzeln erreichen Orte höherer Feuchtigkeit durch positiven H.; negativer H. findet sich u.a. bei den Sporangienträgern einiger Schimmelpilze.

Haptotropismus oder *Thigmotropismus:*
Durch Berührungsreize bedingter T. pflanzl. Organe, v.a. bei Rankenpflanzen (↗Lianen, ↗Rankenbewegungen, ↗Nutationsbewegungen)

Geotropismus, Gravitropismus, Erdwendigkeit:
Durch Schwerkraft-Reize bedingte Bewegung festgewachsener Pflanzenteile (vgl. Abb.). Bei Dia-G. erfolgen die Wachstumsbewegungen exakt horizontal. Eine bes. Form ist der Lateral-G. bei ↗Lianen: bei nahezu horizontaler Lage der Sproßachse wächst die eine Flanke schneller als die gegenüberliegende, was zu einer Krümmungsbewegung in der Horizontalebene führt; deren Überlagerung mit einer gegen negativ geotropischen Vertikalbewegung hat eine schräg aufwärts gerichtete Bewegung zur Folge.

Elektrotropismus oder ↗*Galvanotropismus:*
Durch elektr. Felder bedingte Krümmungsbewegung bei Pflanzen; Krümmung der Wurzel meist in Feldrichtung (zum Minuspol hin), Sproß-Organe in entgegengesetzter Richtung

↗ *Phototropismus (Heliotropismus)*
↗ *Thermotropismus*
↗ *Traumatotropismus*

Reizquelle wird *positiver T.*, Abwendung *negativer T.* genannt. Nach der Art des Reizes werden mehrere Arten von T. unterschieden (vgl. Tab.).

Tropokollagen *s* [v. *tropo-, gr. kolla = Leim, gennan = erzeugen], ↗Kollagen.

Tropomyosin *s* [v. *tropo-, gr. mys = Muskel], ↗Muskelprotein mit der relativen Molekülmasse 66 000, das – assoziiert einerseits mit (☐) Actinfilamenten und andererseits mit ↗Troponin – eine wichtige Rolle bei der Regulation der Kontraktions-

tropo- [v. gr. tropē = Wendung, Drehung, Umkehrung].

Tropismus

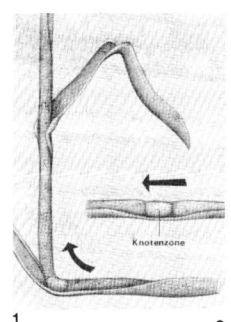

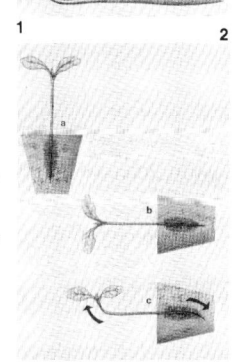

1 *Geotropische Wachstumsreaktion bei Gräsern:* Ein horizontal liegender Grashalm richtet sich nach einiger Zeit wieder auf. Dies wird bewirkt durch ein Wachstum auf der Halmunterseite an einer Knotenzone. Auch ältere Knoten sind hierzu noch fähig. **2** *Schematische Darstellung der geotropischen Reaktionen einer Keimpflanze:* **a** Normallage, **b** Horizontallage, **c** eintretende geotropische Krümmung in der Horizontallage. Das Aufkrümmen erfolgt durch ein verstärktes Wachstum der Sproßunterseite. Gleichzeitig krümmt sich die ebenfalls horizontal gelegene Wurzel nach unten.

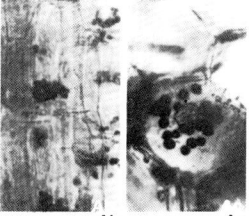

Beim *Geo-* oder *Gravitropismus* ist die Kausalanalyse bes. weit fortgeschritten. Graviperzeption erfolgt nach der sog. ↗*Statolithenhypothese* durch ↗*Statolithen* – spezifisch schwere Partikel (meist Amyloplasten = Stärke-Statolithen) in pflanzl. Zellen (Statocysten), die sich unter Schwerkraft-Einfluß verlagern u. so zu einem differentiellen Druck auf Membranstapel des endoplasmatischen Reticulums führen. Es folgen Änderungen v. Ionenströmen an Membranen, die mit Veränderungen in den elektr. Eigenschaften des gravistimulierten Organs (sekundärer ↗geoelektrischer Effekt) u. einer Querverschiebung des polaren Transports v. ↗Auxin (= Wuchsstoff) verbunden sind u. dadurch zu differentiellem Flankenwachstum führen (Cholodny-Went-Theorie): Folge ist eine Krümmungsbewegung des Organs. – Die Abb. zeigen die Vorgänge am Beispiel des negativen Geotropismus von *Zebrina* (Zebra-Ampelkraut). **Aa** normal orientierter Sproß, **Ba** Sproß horizontal gelegt, **Ca** Wiederaufrichten des Sprosses durch negativ geotropisches Krümmungswachstum in einem Sproßknoten. **Ab** Längsschnitt und **Ac** Querschnitt durch Stärkescheide bei normaler Orientierung des Sprosses (Aa); schwarz die Stärke-Statolithen. **Bb** Längsschnitt und **Bc** Querschnitt durch die Stärkescheide nach horizontaler Lagerung des Sprosses (Ba). Die Verlagerung der Stärke-Statolithen unter Schwerkrafteinfluß läßt sich deutlich erkennen.

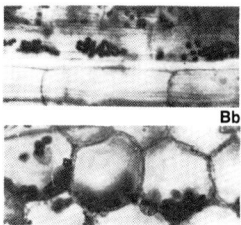

Aa Ab Ac Ba Bb Bc Ca

Troponin zyklen des quergestreiften Muskels (↗quergestreifte Muskulatur, ☐) spielt (↗Muskelkontraktion, B II). T. ist ein Heterodimer aus 2 umeinandergewundenen, selbst helikalen, fibrillären Untereinheiten von etwa 40 nm Länge u. einem Gesamtdurchmesser von 2 nm, und es kann sowohl ↗Actin als auch Troponin binden.

Troponin s [v. *tropo-], ein am Kontraktionsmechanismus der ↗quergestreiften Muskulatur (↗Muskelkontraktion, B II) beteiligtes globuläres, allosterisches Regulationsprotein (↗Muskelproteine) mit der relativen Molekülmasse $M_r = 80\,000$, das sich in 3 Monomere mit unterschiedlichen charakterist. Eigenschaften zerlegen läßt: das an basischen Aminosäuren reiche *Troponin T* (M_r = ca. 30 500) hat eine große Bindungsaffinität zu ↗Tropomyosin und ebenso zu dem zweiten T.-Monomer, dem *Troponin C*. Dieses an sauren Aminosäuren reiche u. dem ↗Calmodulin ähnl. Protein ($M_r = 18\,000$) vermag neben den beiden anderen T.-Monomeren vier Ca^{2+}-Ionen zu binden und, wahrscheinl. über eine sterische Wechselwirkung mit den beiden andern T.-Monomeren, je nach Ca^{2+}-Sättigung die Bindung zwischen Troponin T und Tropomyosin zu verstärken, die Bindung des dritten T.-Monomers, des *Troponin I*, an F-↗Actin (↗Actinfilament, ☐) dagegen zu lösen. Auf diesem Wege kommt es bei Anwesenheit von Ca^{2+}-Ionen über eine Formveränderung u. Verlagerung des T.-Komplexes auf dem Actinfilament zu einer mechan. Verschiebung des Tropomyosins, das zuvor die ↗Myosin-Bindungsstelle verdeckt hatte. Die Freigabe der Myosin-Bindungsstelle am Actin aktiviert die ↗Actomyosin-ATPase und löst einen Muskelkontraktionszyklus aus.

Tropophyten [Mz.; v. *tropo-, gr. phyton = Gewächs], *wandlungsfähige Pflanzen*, Pflanzen, deren äußeres Erscheinungsbild u. endogener physiol. Rhythmus dem jahresperiod. wechselnden Klimarhythmus (v. a. Wechsel der Temp.- und/oder Feuchtigkeitsverhältnisse) des Lebensraums optimal angepaßt sind. Während der ungünstigen Jahreszeit wird der Entwicklungsgang der Pflanze unterbrochen; z. B. durch Laubwurf (v. a. Laubbäume, Laubsträucher), durch Absterben bis auf die ↗Erneuerungsknospen (↗Hemikryptophyten, ↗Kryptophyten) od. Samenbildung (↗Therophyten). Pflanzen, die während der ungünstigen Jahreszeit ihren Entwicklungsgang nicht unterbrechen, sind i. d. R. xeromorph gebaut (z. B. Nadelbäume, Polsterpflanzen). ↗Lebensformen.

Tropotaxis w [v. gr. tropē = Wendung, taxis = Anordnung], bei freibewegl., bilateralsymmetrischen Tieren eine Form der ↗Orientierungsbewegung, die durch einseitig einwirkende äußere Reize hervorgerufen wird. ↗Taxien (T).

Trottellumme w [v. dt. Trottel = unbehol-

tropo- [v. gr. tropē = Wendung, Drehung, Umkehrung].

Trüffel
Schlauch- u. Ständerpilze mit „trüffelartigem" Fruchtkörper:
↗Echte Trüffel *(Tuberales)*
↗Hirschtrüffel *(Elaphomyces)*
Schleimtrüffel *(Melanogaster,* ↗Schleimtrüffelartige Pilze)
Schwanztrüffel *(Hysterangium,* ↗Schwanztrüffelartige Pilze)
Böhmische Trüffel (Kartoffelbovist, ↗Hartboviste)

fener Mensch, dän. loom = Polarente], *Uria aalge*, ca. 42 cm großer ↗Alken-Vogel der mittel- und nordeur. Atlantik- u. Ostseeküsten; häufigste Art; schwarz-weiß, langer gerader Schnabel. Eine im N häufige Variante, die „Ringellumme", hat einen weißen Augenring u. eine vom Auge nach hinten verlaufende weiße Linie. Die T. brütet an steilen Felsklippen mit Vorsprüngen u. schmalen Felsbändern; das Ei ist dank seiner stark konischen Form weitgehend gg. das Herunterrollen geschützt. Die Jungen sind extreme Platzhocker; beim „Lummensprung" stürzen sie sich – noch nicht flugfähig – v. den Klippen ins Wasser; dort werden sie v. den jeweiligen Eltern in Empfang genommen u. aufs freie Meer geführt. Alt- u. Jungvögel erkennen sich an den Rufen. Auch in Dtl. brüten T.n; auf Helgoland lebt eine Kolonie. Nach der ↗Roten Liste „potentiell gefährdet". B Europa I.

Trp, Abk. für ↗Tryptophan.

Trüffel [v. frz. truffe = Trüffel], allg. Bez. für geschlossene, meist unterird. wachsende, knollenförm. Fruchtkörper v. Pilzen aus verschiedenen Pilzgruppen (vgl. Tab.). T. i. e. S., die ↗Echten T., sind Schlauchpilze der Ord. *Tuberales*. ↗Speise-T. (☐).

Trüffelkäfer, *Liodidae*, (fr. *Leiodidae*), *Anisotomidae*, Fam. der polyphagen Käfer aus der Gruppe der *Staphylinoidea*. Kleine u. sehr kleine (1,2–7 mm), kugelige od. schwach längl. Käfer, braun od. schwarz; Beine stark bedornt (Grabbeine; bei den eigtl. T.n) od. fein bedornt (bei den Kugelkäfern), mit unterschiedl. Tarsenformeln; Fühler mit einer 3- bis 5gliedrigen Keule. Alle Arten fressen am Mycel od. am Fruchtkörper v. Pilzen. Die eigtl. T. *(Liodinae)* leben an unterird. Pilzen, z. B. *Liodes cinnamomea* bes. an Schwarzen Trüffeln, die Agathidiinae (Kugelkäfer) an oberird. Pilzen. Bei uns über 80 Arten in den Gatt. *Liodes*, *Anisotoma* u. *Agathidium* (Kugel- od. Schlammkugelkäfer).

Trugbienen, *Panurgus*, Gatt. der ↗Andrenidae. [sium; ↗Blütenstand (B)].

Trugdolde, *Scheindolde,* das ↗Pleiocha-

Trughirsche, *Odocoileinae*, U.-Fam. der ↗Hirsche mit den 2 Gatt.-Gruppen Rehe (einzige Art: das ↗Reh) u. Eigentl. T. od. ↗Amerikahirsche. Alle männl. T. sind geweihtragend; Stirnzapfen („Rosenstöcke") kurz. Die oberen Eckzähne der T. sind rückgebildet od. fehlen.

Trugkärpflinge, *Blindfische*, *Amblyopsoidei*, U.-Fam. der ↗Barschlachse.

Trugkoralle, *Parerythropodium coralloides,* Art der ↗Hornkorallen, die regellose, membranöse Kolonien bildet, welche oft die Ästchen anderer Hornkorallen überziehen. Kleine rote Stücke können der ↗Edelkoralle sehr ähnl. sehen. Lebt auch im Mittelmeer, bes. an der Gatt. ↗*Eunicella*.

Trugmotten, *Eriocraniidae*, urtümliche Schmetterlings-Fam. mit etwa 20, v. a. holarktisch verbreiteten, kleinen Arten;

Spannweite der Falter 8–15 mm, Mundwerkzeug-Typus zw. dem kauenden Typ der ⁊ Urmotten u. dem normal entwickelten Saugrüssel: Mandibeln noch rudimentär vorhanden, Rüssel nur kurz (☐ Schmetterlinge); Weibchen mit zum Legebohrer ausgezogenem Hinterleibsende, Falter dämmerungsaktiv; die fußlosen Larven minieren in Blättern v.a. von Buchen u. Birkengewächsen; Verpuppung in der Mine; Puppe mit frei bewegl. Extremitäten u. funktionsfähigen Mandibeln zum Öffnen des Kokons.

Trugnattern, *Boiginae*, U.-Fam. der ⁊ Nattern; in den Subtropen u. Tropen beheimatet. Vorwiegend nachtaktiv auf der Erde, in Gebüsch od. auf Bäumen lebend; Nasenlöcher seitl. an der Schnauze; hintere Oberkieferzähne (⁊ opisthoglyph) besitzen im Ggs. zu den eigtl. Nattern auf der Vorderseite eine längsverlaufende Furche, in die das v. umgewandelten Speicheldrüsen abgesonderte, z.T. zieml. schwache Gift (⁊ Schlangengifte) in die Bißwunde des Beutetieres fließt; allerdings kann das Gift mancher T. auch für den Menschen tödl. sein, z. B. v. der afr. ⁊ Boomslang *(Dispholidus typus)*. Schwere Vergiftungen ruft ferner gelegentl. ein Biß der Mangroven-Nachtbaumnatter *(Boiga dendrophila)* hervor; bis 2,5 m lang; in den Wäldern Malaysias u. Indonesiens beheimatet; blauschwarz gefärbt mit schmalen seitl. gelben Querbinden od. -ringen; ernährt sich v. a. von Vögeln; Gatt. *Boiga* mit ca. 30 Arten. In diesem Raum leben auch die grünen Peitschennattern (Gatt. *Ahaetulla*; bringen lebende Junge zur Welt) mit dem Baumschnüffler (*A. mycterizans*; bis über 1,5 m lang; Augen groß, Pupille waagerecht; lange Schnauze mit kurzem bewegl. Rüssel; Körper peitschenartig dünn; nur auf der Malaiischen Halbinsel vorkommend). Zur Gruppe der Baumnattern (Kopf stark verlängert) gehört auch die trop.-afr. Graue Baumnatter (*Thelotornis kirtlandii*; Biß kann für den Menschen sehr gefährl. sein) u. die trop.-amerikan. Spitznattern (Gatt. *Oxybelis*; Schnauze spitz; Färbung leuchtend grün mit je einem weißen Längsstreifen od. braun). Typ. Bodenbewohner dagegen sind die schönen u. schnellen afr. und westasiat. Sandrennattern (Gatt. *Psammophis*); sandfarben mit Längsstreifen; schlanker Rumpf u. Schwanz verlängert; neben den kräft. Oberkieferzähnen in der Kiefermitte mit einer weiteren Gruppe verlängerter Zähne; Giftwirkung zieml. stark. Im nördl. S-Amerika verbreitet ist die Riemennatter (*Imantodes cenchoa*; Kopf breit u. dick, vom stark abgeflachten Körper deutl. abgesetzt; Pupillen senkrecht) u. bis in die S-Staaten der USA die Katzenaugennatter (*Leptodeira annulata*; wenig beißfreudig; kommt gelegentl. mit Bananenlieferungen nach Europa). Bekannteste neuweltl. T. ist die große ⁊ Mussurana *(Cle-*

Trugnattern
Wichtige Gattungen:
Clelia
(⁊ Mussurana)
Dispholidus
(⁊ Boomslang)
Imantodes
Leptodeira
Macroprotodon
(⁊ Kapuzennatter)
Malpolon
(⁊ Eidechsennatter)
Nachtbaumnattern
(Boiga)
Peitschennattern
(Ahaetulla)
Sandrennattern
(Psammophis)
⁊ Schmuckbaumnattern
(Chrysopelea)
Spitznattern
(Oxybelis)
Telescopus
(⁊ Katzennatter)
Thelotornis

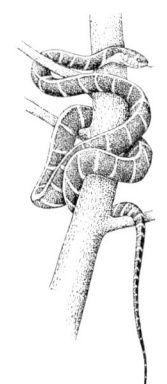

Trugnattern
Mangroven-Nachtbaumnatter *(Boiga dendrophila)*

Trugratten
Gattungen:
Strauchratten
(Octodon)
Pinselschwanzratten
(Octodontomys)
Spalacopus
(Cururo, *S. cyanus*)
Aconaemys
(Südamerikan. Felsenratte, *A. fuscus*)
Octomys
(Viscacharatte, *O. mimax*)
Tympanoctomys
(T. barrerae)

lia clelia), während als Vertreter der Gatt. *Telescopus* die ⁊ Katzennatter *(T. fallax)*, der Gatt. *Macroprotodon* die ⁊ Kapuzennatter *(M. cucullatus)* u. der Gatt. *Malpolon* die ⁊ Eidechsennatter *(M. monspessulanus)* gen. seien, da sie auch in S-Europa beheimatet sind. Ferner den T. zugehörend die Gatt. ⁊ Schmuckbaumnattern *(Chrysopelea)*. – Eine eigene U.-Fam. bilden die ⁊ Wasser-T. *(Homalopsinae)*.

Trugratten, *Octodontidae*, in S-Amerika beheimatete Fam. der ⁊ Meerschweinchenverwandten mit 6 Gatt. (vgl. Tab.) und insgesamt 8 Arten; Kopfrumpflänge 12–19 cm, Schwanzlänge 4–18 cm; dichtes, weiches Haarkleid. Die Backenzahn-Schmelzfalten ähneln einer 8 (vgl. lat. Bez.!). Die Lebensweise der T. ist noch wenig erforscht. Von dem in Chile unter Büschen u. Hecken zahlr. vorkommenden Degu *(Octodon degus)* weiß man, daß die Jungen voll behaart zur Welt kommen; Degus legen weitverzweigte Erdbaue an u. sammeln Nahrungsvorräte.

Truncatella w [v. lat. truncatus = gestutzt], Gatt. der ⁊ Stutzschnecken.

Truncatellina w [Diminutiv v. ⁊ Truncatella], die ⁊ Zylinderwindelschnecken.

Truncula̲riopsis w [v. lat. truncus = gestutzt, gr. opsis = Aussehen], Gatt. oder U.-Gatt. der ⁊ Purpurschnecken.

Tru̲ncus m [lat., = (Baum-)Stamm, Rumpf], 1) Bot.: der ⁊ Stamm. 2) Zool.: anatom. Bez. für den Hauptteil (Stamm) von z. B. Blutgefäßen, Nerven (z. B. *T. sympathicus*, ⁊ Grenzstrang) od. des Körpers (⁊ Rumpf). [⁊ Vaccinium.]

Tru̲nkelbeere, *Vaccinium uliginosum*,

Trupetostroma w [v. gr. trypētēs = Bohrer, strōma = Lager, Schicht], (Parks 1936), Stromatoporen-Gatt. des Devons von N-Amerika und W-Europa.

Trupi̲al m, *Icterus*, Gatt. der ⁊ Stärlinge.

Trüsche ⁊ Quappen.

Truthühner [v. mittelniederdt. droten = drohen, angelsächs. drutian = vor Zorn schwellen], *Meleagrididae*, Fam. schwerer, hochbeiniger ⁊ Hühnervögel mit 2 Arten in nord- u. mittelamerikan. Wäldern. Aus dem Wildtruthuhn (*Meleagris gallopavo*, [B] Nordamerika III) wurde schon früh das bereits bei den Azteken als Haustier gehaltene Truthuhn, Pute (männl.: Truthahn, Puter), mit nacktem, warzigem, blaurotem Kopf u. Hals, dehnbarem Stirnzapfen, fleischigen Kehlanhängen u. langen, radförmig aufrichtbaren Schwanzfedern, gezüchtet. Die Stammform lebt als geselliger Waldvogel v. Früchten, Blättern, Insekten und Schnecken. Das Pfauen-Truthuhn *(Agriocharis ocellata)* besitzt ein glänzend blaugrünes Gefieder u. Warzen auf dem nackten, veilchenfarbenen Kopf. ☐ Demutsgebärde.

Trybli̲diacea [Mz.; v. gr. tryblion = Schale], (Pilsbry 1899), Superfam. der ⁊ *Monoplacophora* (Urmützenschnecken)

Tryblidium

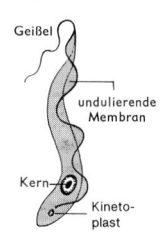

Trypanosoma

Die wichtigsten pathogenen Arten:

T. gambiense und *T. rhodesiense*
Erreger der ⊿ Schlafkrankheit des Menschen; Überträger: Tsetsefliegen (⊿ *Muscidae*)

T. cruzi
Erreger der ⊿ Chagas-Krankheit des Menschen; Überträger: blutsaugende Raubwanzen (*Triatoma*)

T. brucei und *T. congolense*
Erreger der ⊿ Naganaseuche bei afr. Haus- u. Wildtieren; Überträger: Tsetsefliege *Glossina* (⊿ *Muscidae*)

T. equiperdum
Erreger der ⊿ Beschälseuche bei Pferden, Übertragung durch Deckakt; im Mittelmeergebiet weit verbreitet

T. evansi
Erreger der ⊿ Surra-Seuche bei Pferden, Kamelen, Indischen Elefanten u. a.; Überträger: Bremsen

T. equinum
Erreger der ⊿ Kreuzlähme bei Pferden; Überträger: Bremsen

trypanosom- [v. gr. trypanon = Bohrer; sōma = Körper].

Trypanosomidae

Nomenklatur der Morphen (alte Bez. in Klammern):
a amastigot bzw. mikromastigot (Leishmania-Form),
b promastigot (Leptomonas-Form),
c epimastigot (Crithidia-Form),
d trypomastigot (Trypanosoma-Form),
e opisthomastigot,
f sphaeromastigot,
g choanomastigot

mit Gehäusen v. mützen- oder löffelförm. Gestalt, auf der Innenseite 5–8 symmetr. Paare v. Dorsalmuskeleindrücken. Von Lemche (1957) in der Ord. *Tryblidioidea* zusammengefaßt. Verbreitung: Unterkambrium bis rezent. ⊿ *Tryblidium*, ⊿ *Neopilina*.

Tryblidium s [v. gr. tryblion = Schale], (Lindström 1880), † Gatt. der ⊿ *Monoplacophora* (Urmützenschnecken) mit 6 Paar getrennten Haftmuskeleindrücken im Gehäuseinnern; namengebend für die ⊿ *Tryblidiacea*. Verbreitung: oberes Ordovizium bis mittleres Silurium v. Europa und N-Amerika.

Trypanosoma s [v. *trypanosom-*], Gatt. der ⊿ *Trypanosomidae;* einzellige ⊿ Geißeltierchen, die immer in Wirbeltieren parasitieren. Sie vermehren sich dort intrazellulär als amastigote od. in Körperflüssigkeiten als trypomastigote Morphe u. werden v. blutsaugenden Insekten od. Egeln übertragen. Hierher gehören bedeutende Krankheitserreger (vgl. Tab.). ☐ Trypanosomidae, B asexuelle Fortpflanzung II.

Trypanosomiase ⊿ Trypanosomiasis.

Trypanosomiasis w [v. *trypanosom-*], *Trypanosomose, Trypanosomiase,* Überbegriff für Krankheiten, die durch parasit. Geißeltierchen der Gatt. ⊿ *Trypanosoma* hervorgerufen werden (T Trypanosoma).

Trypanosomidae [Mz.; v. *trypanosom-*], *Trypanosomatidae,* Fam. der ⊿ *Kinetoplastida* (Ordnung ⊿ *Protomonadina*), mit den wichtigen Gattungen ⊿ *Trypanosoma* u. ⊿ *Leishmania;* für diese Geißeltierchen ist ein ⊿ Polyphänismus u. ein stets gut ausgebildeter ⊿ Kinetoplast typisch. Je nach Wirtsmilieu, in dem sie lebt, kann dieselbe Art verschiedene, gattungsspezif. ⊿ Morphen ausbilden. Die Nomenklatur dieser Morphen wurde vor einiger Zeit stark verändert (vgl. Abb.).

Trypethelium s [v. gr. trypan = bohren, thēlē = Warze], Gatt. der Fam. *Trypetheliaceae,* ⊿ *Pyrenulales.*

Trypetidae [Mz.; v. gr. trypētēs = bohrend], die ⊿ Bohrfliegen.

Trypsin s [v. gr. thrypsis = Zerreibung], ein zu den Serin-Enzymen (⊿ Serin) gehörendes proteinspaltendes Verdauungs-Enzym (⊿ Proteasen), das v. der Bauchspeicheldrüse (⊿ Pankreas) aus in Form der inaktiven Vorstufe *Trypsinogen* in den Dünndarm gelangt u. dort durch Abspaltung eines Hexapeptids in die aktive Form übergeführt wird. T. spaltet als ⊿ Endopeptidase bevorzugt denaturierte Proteine an den Positionen der basischen Aminosäuren Arginin u. Lysin. Aufgrund dieser Spezifität ist T. ein wertvolles Hilfsmittel zur Sequenzanalyse (⊿ Sequenzierung) v. Proteinen. Die Aminosäuresequenz (223 Aminosäuren bei Rinder-T.) u. Kettenkonformation des T.s zeigt Homologie zu anderen Proteasen, wie ⊿ Chymotrypsin u. ⊿ Elastase, die im ☐ aktiven Zentrum (☐) bes. ausgeprägt ist. T.ähnliche Enzyme finden sich auch bei zahlr. Wirbellosen, wie Krebsen u. Insekten.

Trypsinogen s [v. gr. thrypsis = Zerreibung, gennan = erzeugen], ⊿ Trypsin.

Tryptamin s, ein durch Decarboxylierung der Aminosäure ⊿ Tryptophan gebildetes ⊿ biogenes Amin. ☐ 271.

Tryptophan s [v. gr. thryptein = zerreiben, phaneros = klar], Abk. *Trp* od. *W,* eine der 20 proteinogenen ⊿ Aminosäuren (B). Aufgrund der β-Indolyl-Seitenkette zählt T. zu den aromat. Aminosäuren. Der menschl. Organismus kann T. nicht selbst aufbauen, weshalb es zu den essentiellen Aminosäuren gerechnet wird. Vorstufen zur Biosynthese des T.s sind Erythrose-4-phosphat u. Phosphoenolpyruvat, die in mehreren Stufen über ⊿ Shikimisäure u. ⊿ Chorisminsäure zu ⊿ Anthranilsäure umgewandelt werden; diese reagiert mit Phosphoribosylpyrophosphat zu ⊿ Indolglycerin-3-phosphat, das im letzten Schritt, katalysiert durch das Enzym *T.-Synthetase,* mit Serin zu T. umgesetzt wird. Durch Abbau von T. entstehen mehrere stoffwechselphysiologisch wichtige Metaboliten. Eingeleitet wird der Abbau durch die T.-Pyrrolase-katalysierte, oxidative Spaltung zu Formyl-Kynurenin, das über Kynurenin, Hydroxykynurenin, 3-Hydroxyanthranilsäure u. Chinolinsäure zu Nicotinsäure und NAD bzw. zu den ⊿ Ommochromen umgewandelt werden kann. Ferner können sich aus T. das ⊿ Tryptamin durch Decarboxylierung, das pflanzl. Hormon ⊿ Indol-3-essigsäure (⊿ Auxine, ☐), ⊿ Serotonin u. ⊿ Melatonin (☐ Chronobiologie) bilden. ☐ Allosterie; B Ein-Gen-ein-Enzym-Hypothese, B Genwirkketten I–II. ☐ 271.

Tschadanthropus ⊿ Tchadanthropus.

Tschermak (Czermak), **1)** *Armin,* Edler von *Seysenegg,* östr. Physiologe, * 21. 9. 1870 Wien, † 9. 10. 1952 Bad Wiessee; zuletzt Prof. in Prag; Arbeiten zur allg. Physiologie u. zur Physiologie des Auges. **2)** *Erich,* Edler von *Seysenegg,* östr. Botaniker, Bruder v. 1), * 15. 11. 1871 Wien, † 11. 10. 1962 ebd.; seit 1903 Prof. ebd.; gehört mit C. E. Correns und H. de Vries zu den Wiederentdeckern der Mendelschen Vererbungsgesetze (1900); Züchter zahlr.

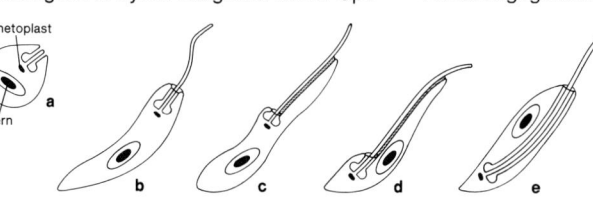

Getreide-, Primel- u.a. landwirtschaftl. u. gärtnerisch wichtiger Bastarde.

Tschernitza w [v. russ. tschernit = schwarz machen], ↗Auenböden (T).

Tschernobyl, ukrain. Stadt an der Pripjat, ca. 100 km nördlich Kiew, ↗Strahlenbelastung (□).

Tschernosem s [v. russisch tschernosjom = Schwarzerdeboden], *Chernozem, Schwarzerde, Steppenboden, Steppenschwarzerde*, lockerer, bis 80 cm tiefer, dunkelgrau bis schwarz gefärbter humusreicher Boden der kontinentalen Steppen u. Waldsteppen; Profilaufbau A_h-C. Faktoren, welche die Entstehung von T. begünstigen, sind: ein lockeres, poröses, kalkhalt. Ausgangsgestein (Mergel, Löß), ein Klima mit trocken-heißen Sommern u. kontinental-kalten Wintern, eine grasreiche Steppenvegetation, eine artenreiche, aktive Bodenfauna mit wühlenden u. grabenden Bodentieren (Ziesel u.ä.), die den Boden tiefgründig durchmischen (↗Bioturbation). Sommerl. Trockenheit u. Winterkälte hemmen den Abbau organ. Substanz, Humus reichert sich an (bis 10%). T.e besitzen außerordentl. günstige Bodeneigenschaften: hohe ↗Austauschkapazität (bis 300 mval/100 g), günstiges ↗C/N-Verhältnis (ca. 10), großes ↗Porenvolumen (ca. 50%) mit hohem Anteil an Mittel- u. Grobporen u. folglich guter Belüftung, schwammig-krümeliges Aggregatgefüge (□ Gefügeformen), hohe Feldkapazität (↗Bodenwasser). T.e gelten als fruchtbarste Ackerböden; sie degradieren jedoch bei längerer Nutzung (z.B. durch Humusabbau). Verbreitung: Steppen der UdSSR und USA, in Mitteleuropa und Dtl. (Raum Erfurt-Halle-Magdeburg) als Reliktböden. T Bodentypen, B Bodenzonen.

Tschiru [tibet. Name], *Chiru, Tibetantilope, Pantholops hodgsoni*, nahe verwandt den ↗Saigaantilopen.

Tschita m [v. Hindi cītā = Panther], *Cheetah*, asiatische U.-Art des ↗Gepards.

Tsetsefliegen [aus einer Bantusprache], *Glossina*, Gatt. der ↗Muscidae.

Tsetsekrankheit, die ↗Naganaseuche.

TSH, Abk. für *T*hyreoidea-*s*timulierendes *H*ormon (↗Thyreotropin).

Tsuga w [v. jap. tsuga = Lärche], *Hemlocktanne, Schierlingstanne*, Gatt. der ↗Kieferngewächse *(Pinaceae; U.-Fam. ↗Abietoideae)* mit 14 Arten in N-Amerika u. in O-Asien bis zum Himalaya; immergrüne Bäume mit hängenden, als ganzes abfallenden ♀ Zapfen, deren Deckschuppen kleiner als die Samenschuppen sind; Nadelblätter mit deutlicher, am Ast herablaufender Blattbasis. Einige Formen (z.B. *T. canadensis* im atlant. N-Amerika) werden forstl. angebaut, ihr weiches Holz wird für die Papier-Ind. genutzt; die Rinde von *T. canadensis* („Hemlockrinde") wird zum Gerben verwendet. In Mitteleuropa werden neben *T. canadensis* auch viele andere Ar-

Tryptamin

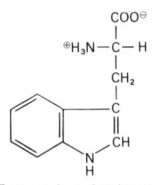

Tryptophan (zwitterionische Form)

E. von Tschermak

tuber- [v. lat. tuber = Trüffel].

ten (z.B. *T. diversifolia, T. sieboldii;* Heimat: Japan) als Zierbäume kultiviert. Die Gatt. tritt im Jungtertiär auch in Europa auf (z.B. pliozäne ↗Frankfurter Klärbeckenflora).

Tsutsugamushi-Fieber [-muschi; v. jap. = ein gefährl. Insekt], *Japanisches Sommer-* od. *Flußfieber, Buschtyphus*, fieberhafte Erkrankung des Menschen durch *Rickettsia akamushi* (*R. tsutsugamushi, R. orientalis*) in SO-Asien, N-Australien u. Inseln des Indopazifik; Letalität unbehandelt bis 50–60%. Überträger sind Larven der Milbe *Trombicula akamushi*, Reservoirtiere Nager.

Tswett (Zwet), *Michail Semjonowitsch*, russ. Botaniker, * 19. 5. 1872 Asti, † 26. 6. 1919 Woronesch; seit 1908 Prof. in Warschau; wandte 1906 erstmals die Chromatographie zur Trennung v. Substanzgemischen an; prägte die Bez. Chromatographie u. gilt als deren Begründer.

TTP, Abk. für ↗Thymidin-5'-triphosphat.

Tuatara w [Maori-Name], die ↗Brückenechse.

Tube w [v. lat. tuba = Röhre, Trompete], *Tuba*, Anatomie: 1) *T. uterina*, der Eileiter (↗Ovidukt); 2) *T. eustachii*, die ↗Eustachi-Röhre.

Tuberaceae [Mz.; v. *tuber-], die ↗Speisetrüffel.

Tuberales [Mz.; v. *tuber-], die ↗Echten Trüffel.

Tuberin s [v. *tuber-], ein in der Kartoffel enthaltenes, biol. hochwertiges ↗Globulin.

Tuberkulose w [v. lat. tuberculum = kleine Geschwulst], Abk. *Tb* oder *Tbc*, „*Schwindsucht*", chron. Infektionskrankheit, hervorgerufen durch den 1882 von R. ↗Koch entdeckten Tuberkelbacillus (*Mycobacterium tuberculosis,* ↗Mykobakterien). Die Ansteckung mit T. erfolgt meist über die Atemwege durch Tröpfcheninfektion, seltener über den Verdauungstrakt durch Schmierinfektion od. Trinken roher Milch tuberkulöser Rinder (in Dtl. sind die Rinderbestände heute tuberkulosefrei; ↗Rinder-T.). Den Ausbruch begünstigen schlechte hygien., Wohn- u. Ernährungsverhältnisse, weswegen die T. im 19. und 20. Jh. in Europa u. N-Amerika zu den am weitesten verbreiteten Krankheiten gehörte u. eine typische „Arme-Leute-Krankheit" war. Die *Alters-T.* ab 60. Lebensjahr hat relativ stark u. unabhängig v. einer sozialen Schicht zugenommen, verläuft meist gutartig und symptomlos u. wird oft nur zufällig bei Röntgenreihenuntersuchungen erkannt; sie führt zu starker Gefährdung der Umgebung. *Lungen-T.* ist ca. 8mal so häufig wie die übrigen Formen der T. zusammen. Die eingedrungenen Bakterien bilden zunächst in der Lunge einen Primärherd (Frühinfiltrat) in Form v. in Entzündungsgewebe eingeschlossenen Bakterien, sog. *Tuberkeln*, der meist ohne Folgen abheilt u. verkalkt. Es kann aber

Tuberkulosebakterien

auch vom Primärherd aus zur Ausbreitung der T. in andere Lungenabschnitte und über Lymphbahn u. Blutwege in andere Organe kommen. Nach Lungen u. Kehlkopf werden am häufigsten der Darm, die Nieren, Knochen, Gelenke u. Haut befallen. Eingeschmolzenes Lungengewebe wird ausgehustet, es entstehen in der Lunge Hohlräume *(Kavernen).* Wird ein Blutgefäß zerstört, kommt es zur gefürchteten Lungenblutung *(Bluthusten, Blutsturz).* Wird der Prozeß eingekapselt u. ist kein ansteckender Auswurf mehr vorhanden, ist die T. „geschlossen". Eine überstandene Primär-T. führt i. d. R. zu lebenslanger Immunität; sie kann allerdings auch erneut aufflammen u. wird dann zur chronischen T. Erste Symptome der T. sind allg. Müdigkeit, Blässe, Appetitlosigkeit, Gewichtsabnahme, Nachtschweiß, leichte Temp.-Erhöhungen. Die Diagnose erfolgt mittels Röntgendurchleuchtung. Kranke mit offener Lungen-T. werden in Lungenheilstätten behandelt. Chirurg. Maßnahmen u. insbesondere medikamentöse Therapie *(Tuberkulostatika)* haben die Heilungsaussichten der T. erhebl. verbessert. Vorbeugung der T. durch Verabreichung von ↗ *BCG-Impfstoff.*

Tuberkulosebakterien ↗ Mykobakterien.

Tubiclava w [v. *tubi-, lat. clava = Keule], Gatt. der ↗ Clavidae.

Tubifera w [v. *tubi-, lat. -fer = -tragend], die ↗ Röhrenstäublinge.

Tubificidae [Mz.; v. *tubi-, lat. -ficare = machen], *Schlammröhrenwürmer,* Fam. der ↗ Ringelwürmer (U.-Kl. ↗ Oligochaeta) mit 18 Gatt. (vgl. Tab.). Klein, im Höchstfall 20 cm lang; meist durch Hämoglobin rötl. gefärbt; ab dem 2. Segment Borsten; Gonaden meist im 10. und 11. Segment; Receptacula seminis im 10. Segment od. fehlend. Bewohner der obersten Schlammschichten der Gewässer, meist limnisch, seltener marin; bauen Röhren aus Hautschleim u. Schlamm, leben von organ. Zersetzungsstoffen im Schlamm. Bekannteste Art *Tubifex tubifex,* der Schlammröhrenwurm, 2,5–8,5 mm lang, weltweit verbreitet u. euryök, bes. auch in stark verschmutzten Gewässern; vermag auch unter extrem schlechten Sauerstoffbedingungen zu atmen. Sauerstoffaufnahme erfolgt über den Enddarm, weshalb die Tiere ihr Hinterende aus der Röhre herausstrecken u. mit schlängelnden Bewegungen Wasser heranpumpen; können auch ohne Sauerstoff bis zu 48 Std. auskommen, wobei sie die Energie durch Glykolyse gewinnen. *Tubifex tubifex* ist als käufl. Lebendfutter bei Aquarianern beliebt.

Tubinares [Mz.; v. *tubi-, lat. nares = Nüstern], die ↗ Sturmvögel.

Tubiporidae [Mz.; v. *tubi-, gr. poros = Pore], die ↗ Orgelkorallen.

Tubocurarin s [v. *tubi-, karib. kurari = Pfeilgift], ein Curarealkaloid; ↗ Curare.

tubi- [v. lat. tubus = Röhre; tuba = Röhre, Trompete].

Tubificidae
Wichtige Gattungen
Adelodrilus
Bothrioneurum
↗ *Branchiura*
↗ *Clitellio*
Epirodrilus
Limnodriloides
↗ *Limnodrilus*
↗ *Peloscolex*
Phallodrilus
Potamothrix
Psammoryctides
↗ *Rhizodrilus*
↗ *Rhyacodrilus*
Spiridion
Thalassodrilus

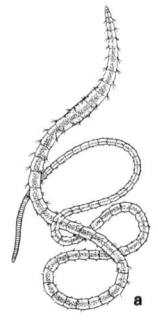

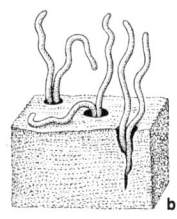

Tubificidae
a Schlammröhrenwurm *(Tubifex tubifex),* b Schlammröhrenwürmer, mit dem Vorderende in Schlammröhre steckend

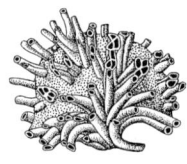

Tubulipora
T. flabellaris, ⌀ der Kolonie bis 2,5 cm

Tuboidea [Mz.; v. *tubi-], (Kosłowski 1938), † Ord. sessiler ↗ Graptolithen mit stark variierenden Stolonen; Sicula u. Ontogenie unbekannt. Verbreitung: ? oberes Kambrium, Ordovizium bis Silurium.

Tubulanidae [Mz.; v. *tubul-, lat. anus = After], Schnurwurm-Fam. der ↗ *Palaeonemertea.* Namen gebende Gatt. *Tubulanus,* kann über 50 cm lang werden; *T. annulatus,* auf schlammigen, Sand- u. mit Algen bewachsenen Böden in 20–60 m Tiefe; Mittelmeer. Weitere Gatt. *Carinina.*

Tubulariidae [Mz.; v. *tubul-], Fam. der ↗ *Athecatae* (↗ *Anthomedusae),* deren Polypen 2 Tentakelkränze aufweisen u. auf Schlamm- u. Sandgrund, oft auch in Häfen vorkommen. Manche Arten bilden freie Medusen mit 1–4 Tentakeln u. ohne Ocellen. Die Gatt. *Tubularia* kommt mit mehreren Arten häufig an den eur. Küsten vor. Die Einzelpolypen der koloniebildenden *T. indivisa* werden 20 cm lang; *T. larynx*-Kolonien erreichen nur 7 cm Höhe. Beide Arten bilden keine freien Medusen; aus den Gonophoren schlüpfen Actinula-Larven, die sich zu Polypen entwickeln. Der Gastralraum der *T.*-Arten weist Längsrinnen an den Seitenwänden auf. Bei der Gatt. *Corymorpha* sind diese zu anastomosierenden Röhren verwachsen, deren Lumen sich in den Polypenköpfchen wieder verbinden. Im Zentralteil des Gastralraums befinden sich vakuolenreiche Entodermzellen, die mit ihrem Turgor den Polypen stützen. *C. nutans* hat einzeln lebende Polypen (10 cm hoch) mit wurzelart. Fortsätzen zur Verankerung im Substrat; kommt in der Nordsee u. im Mittelmeer vor; bildet freie Medusen *(Steenstrupia).* Andere häufige Medusen-Gatt. sind: ↗ *Ectopleura* u. *Euphysa* mit hochglockigen Schirmen sowie *Hybocodon* (fast kugelig, ⌀ 4 mm). Viele dieser Medusen bilden große Schwärme. ☐ 273.

Tubulidentata [Mz.; v. *tubul-, lat. dentatus = gezähnt], (Huxley 1872), ↗ *Röhrenzähner,* Ord. der Säugetiere ungewisser stammesgeschichtl. Herkunft, deren einzig überlebender Vertreter u. Repräsentant der Urhuftiere das ↗ Erdferkel ist. Verbreitung: unteres Eozän bis Pleistozän v. Europa, Pliozän v. Asien, Mio- bis Holozän v. Afrika.

Tubulin s [v. *tubul-], Grundbaustein der ↗ Mikrotubuli.

Tubulinaceae [Mz.; v. *tubul-], *Tubiferaceae,* Fam. der ↗ *Liceales* (Echte Schleimpilze) mit 1 Gatt. *Tubifera* (= *Tubulina,* ↗ Röhrenstäublinge); charakterist. ist das Fehlen eines Capillitiums u. von Kalkablagerungen.

Tubulipora w [v. *tubuli-, gr. poros = Pore], Gatt. der ↗ Moostierchen (Ord. ↗ *Cyclostomata),* deren röhrenförmige Autozoide relativ groß sind (bis 1 cm lang). *T. flabellaris* mit fächerförmig angeordneten Zoiden (vgl. Abb.); in Atlantik, Nordsee u. Mittelmeer.

Tubuliporina [Mz.; v. *tubuli-, gr. poros = Pore], U.-Ord. der *Stenostomata*, ↗ Moostierchen (T).

tubulös [v. *tubul-], *tubulär*, schlauch- od. röhrenförmig, z. B. tubulöse ↗ Drüsen.

Tubulus *m* [Mz. *Tubuli*; lat., = kleine Röhre], anatom. Bez. für einen röhrenförm. Kanal, z. B. proximaler u. distaler T. bei der ↗ Niere.

Tugun *m*, *Coregonus tugun*, ↗ Renken.

Tugurium *s* [lat., = Hütte, Schuppen], Gatt. der ↗ Trägerschnecken.

Tukane [Mz.; v. Tupi-Guarani], *Pfefferfresser*, *Ramphastidae*, farbenprächt. Vogel-Fam. der ↗ Spechtartigen mit 40 Arten, ausschl. in den Urwäldern Mittel- und S-Amerikas. 30–60 cm groß, gewaltiger ↗ Schnabel (☐), dessen Volumen fast die übrige Körpergröße erreichen kann; ein Netzwerk aus Knochenspangen sorgt für ein Höchstmaß an Festigkeit bei dennoch geringem Gewicht; Schnabel zahnrandig u. auffallend bunt gezeichnet, wird beim Schlafen im Gefieder versteckt. Schmale, hornige, am Rande gefaserte Zunge. T. ernähren sich v. Früchten u. kleinen Wirbeltieren; die fr. gebräuchliche Bez. Pfefferfresser ist keineswegs kennzeichnend. Die funktionelle Bedeutung der ungewöhnl. Schnabelform ist im wesentl. noch unklar; außer für die Nahrungssuche spielt der Schnabel offenbar eine Rolle als artkennzeichnendes Signal. T. brüten in vorgefundenen Baumhöhlen; 2–4 weiße Eier; die Jungen schlüpfen ohne Dunen u. sitzen durch hornige Fersenschwielen gg. Wundscheuern auf den Höhlenboden geschützt. Die größte Art ist der Riesentukan (*Ramphastus toco*, B Südamerika III) mit einer Länge von 60 cm, wovon allein 23 cm auf den Schnabel entfallen.

Tularämie *w* [ben. nach der Landschaft Tulare in Kalifornien, v. gr. haima = Blut], *Hasenpest*, *Lemmingfieber*, durch das Bakterium ↗ *Francisella tularensis* hervorgerufene, pestähnl. Seuche hpts. bei wildlebenden Nagetieren u. Hasen, kann durch blutsaugende Insekten auch auf andere Tiere (Haustiere) u. den Menschen übertragen werden. Symptome bei Wildtieren: Schwellungen der Milz u. Lymphknoten, allmähl. Abmagerung; Symptome beim Menschen: hohes Fieber, Schüttelfrost, Kopfschmerzen, Geschwüre an der Infektionsstelle, Schwellungen u. Entzündungen der Lymphknoten; Inkubationszeit 24 Std. bis 10 Tage. Bei Wildtieren oft, beim Menschen selten zum Tode führend. Die T. tritt in N-Amerika, Japan u. der UdSSR endemisch auf; in der BR Dtl. besteht Meldepflicht.

Tulasnellales [Mz.; ben. nach dem frz. Botaniker L. R. Tulasne, 1815–85], Ord. der Ständerpilze; die Vertreter haben unauffällige Fruchtkörper, krustig, trocken-pulvrig bis wachsartig; im offenen Hymenium werden unseptierte Basidien mit bauchigen Sterigmen ausgebildet; die Keimung der Basidiosporen erfolgt durch Sprossung (Heterobasidiomyceten). T. wachsen auf totem Holz u. alten Pilzen, einige sind Pflanzenparasiten (vgl. Tab.).

Tulipa *w* [v. türk. tuliband =], die ↗ Tulpe.

Tulostomataceae [Mz.; v. gr. tylos = Wulst, stomata = Öffnungen], die ↗ Stielbovistartigen Pilze.

Tulpe *w* [v. türk. tuliband = Turban, Tulpe], *Tulipa*, Gatt. der ↗ Liliengewächse mit etwa 100 Wildarten in O- und Mittelasien. Die Zwiebelpflanze mit meist einblütigem Stengel, wenigen Laubblättern u. glockenförmigem, 6blättrigem Perigon hat einen 3fächrigen Fruchtknoten u. eine Kapselfrucht. Die einzige in Dtl. wild wachsende, nach der ↗ Roten Liste „gefährdete" Art, die ca. 20–40 cm hohe Wilde T. oder Wald-T. (*T. sylvestris*), mit spitzen, gelben, ca. 6 cm langen Blütenblättern, wächst in Weinbergen (Charakterart des Geranio-Allietum). Die Stammform unserer heutigen Garten-T.n, *T. gesneriana* (Sammelbezeichnung), ist vermutl. die aus Vorderasien stammende, rotblühende *T. suaveolens*. Bereits kultivierte Formen der T. sind zus. mit *T. suaveolens* zunächst als Samen, dann auch als Zwiebel v. Konstantinopel (Gärten des Sultanpalastes) um 1560 nach Augsburg u. Wien gelangt. ↗ Clusius brachte die Zwiebeln 1593 nach Holland, wo sie die Grundlage der T.nzucht bildeten. Die urspr. Gartenformen hatten spitze Blütenblätter u. einen kurzen Blütenschaft. Die Zahl der T.nvarietäten stieg sehr schnell mit der Einführung v. weiteren Wildarten, so z. B. um 1600 *T. praecox* aus Italien. 1634–37 kam es zu einer T.nspekulation, bei der für die Sorte „Semper Augustus" mit durch eine Virusinfektion geflammten Blütenblättern bis zu 30000 Gulden (Gegenwert: ein Bauernhof!) für nur 3 Zwiebeln bezahlt wurden. Ein T.nkatalog von 1730 bot 2500 T.nsorten an. Ende des 19. Jh.s wurden weitere Wildarten, z. B. *T. eichleri* aus Transkaukasien, die südrussische *T. biflora* mit mehrblütigen Stengeln u. mehrere zentralasiat. Arten, eingeführt.

Tulpenbaum, *Liriodendron tulipifera*, ↗ Magnoliengewächse.

Tulpenfeuer, Erkrankung der Tulpen, verursacht durch den Pilz ↗ *Botrytis tulipae*; im Frühjahr erscheinende Faulstellen u. ein

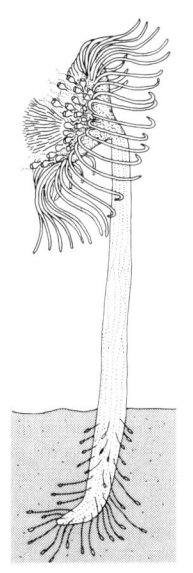

Tubulariidae
Corymorpha

Tulasnellales
Wichtige phytopathogene Arten:

Thanatephorus cucumeris (= ↗ *Rhizoctonia solani*), Erreger v. ↗ Umfallkrankheiten bei zahlr. Kulturpflanzen; an Kartoffel, Wurzel- u. Triebfäule, Pockenkrankheit

Ceratobasidium cerealis (= ↗ *Rhizoctonia cerealis*), Scharte u. Spitze Augenflekkenkrankheit an Getreide, Fäule an Rasengräsern

tubul-, tubuli- [v. lat. tubulus = kleine Röhre].

Tulpe a Wilde T., b Triumph-T., c Papageien-T.

Tulpenschnecken

Tulpenschnecken
Wichtige Gattungen:
Fasciolaria
↗ *Fusinus*
↗ *Latirus*
Leucozonia

Tummelfliege
(*Clythia fasciata*), ♂

Großer Tümmler
(*Tursiops truncatus*)

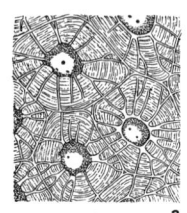

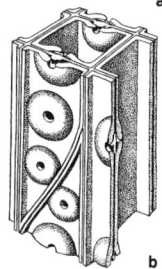

Tüpfel
Die großen T.kanäle in den Steinzellen (a) aus dem Fruchtfleisch der Birne u. die Hof-T. der Tracheiden v. Fichtenholz (b)

grauer Pilzrasen auf verkrüppelten Blättern erkrankter Zwiebeln; neu infizierte Pflanzen sehen versengt aus.

Tulpenschnecken, *Bandschnecken, Spindelschnecken, Fasciolariidae,* Fam. der Stachelschnecken od. der Wellhornartigen mit spindelförm., hochgewundenem Gehäuse, das oft intensiv gefärbt ist; Siphonalkanal wohlentwickelt; Oberfläche meist axial u. spiralig skulpturiert. Der Kopf ist klein, der Fuß breit u. kurz; das Sekret der Hypobranchialdrüse ist farblos. Schmalzüngler mit langem Rüssel, die sich v. Ringelwürmern u. Muscheln ernähren. Getrenntgeschlechtl.; ♂♂ mit langem Penis rechts; die Eier werden in Kapseln abgesetzt, aus denen Veliger od. Kriechstadien schlüpfen. Die T. sind Kosmopoliten, die tieferes Wasser warmer Meere bevorzugen. Bekannteste der Gatt. (vgl. Tab.) ist *Fasciolaria: F. tulipa,* Gehäuse bis 23 cm hoch, lebt unterhalb der Gezeitenzone auf Sandböden der Karibik, wo sie Olivenschnecken erbeutet.

Tummelfliegen, *Plattfüßer, Rollfliegen, Sohlenfliegen, Platypezidae, Clythiidae,* Fam. der ↗Fliegen mit ca. 130 Arten, in Mitteleuropa etwa 40. Die T. sind ca. 3 mm groß, bes. die Männchen meist dunkel gefärbt; die Fußglieder der Hinterbeine sind häufig eigenartig verbreitert (Namen). Die bis 4 mm großen, asselähnl. Larven fressen an Pilzen. Bei uns kommen u.a. Arten der Gatt. *Clythia* (= *Platypeza*) u. *Calomyia* vor.

Tümmler, *Großer T., Tursiops truncatus,* in allen Ozeanen vorkommende u. auch in den eur. Meeren (Atlantik, Mittelmeer, Schwarzes Meer, selten: Ostsee) häufigste Art der ↗Delphine; Gesamtlänge 2,5–4 m; Oberseite graubraun bis schwarzviolett, Unterseite hellgrau bis weiß; Unterkiefer der schnabelförm. Schnauze überragt Oberkiefer; 20–26 gleichförm. Zähne pro Kieferhälfte. T. leben in Gruppen ("Schulen") v. meist 5–10 (auch über 100) Tieren. Der T. wird oft in Delphinarien gehalten. – Nahe verwandt sind der Rotmeer-T. (*T. aduncus*) u. der Gill-T. (*T. gillii*), nicht aber der sog. Kleine T. (↗Schweinswal).

Tumor *m* [lat., = Geschwulst], 1) krankhafte Schwellung eines Organs. 2) Gewebswucherung (Geschwulst) infolge krankhafter übermäßiger Zellvermehrung. Handelt es sich dabei um dem Muttergewebe homologe Zellen, so ist der T. i.d.R. gutartig (*benigner T.*), sind die Zellen heterolog (weniger differenziert als die Zellen des Muttergewebes bzw. entartet) u. neigen sie zu Metastasen, ist der T. bösartig (*maligner T.*). ↗Krebs (☐, Ⓑ), ↗Pflanzentumoren, Ⓑ Pflanzenkrankheiten I.

Tumorantigene, *tumorspezifische Antigene,* auf der Oberfläche v. Tumorzellen (↗Krebs) vorhandene ↗Antigene. Da T. auf der Oberfläche v. Normalzellen nicht ausgeprägt sind, können sie eine ↗Immunreaktion gg. die Tumorzellen auslösen. Im Tiermodell (Inzuchtmäuse) führt dies zur Abstoßung v. Tumorzelltransplantaten; derartige T. werden deshalb auch als *tumorspezifische Transplantationsantigene* bezeichnet. Tumorzellen können außerdem Antigene tragen, die sonst nur bei Embryonalzellen, nicht aber bei Zellen des erwachsenen Organismus ausgeprägt sind (*onkofetale Antigene*). Chemisch induzierte Tumoren tragen T., die für den jeweiligen Tumor spezifisch sind, d. h. durch das gleiche Cancerogen (↗cancerogen) ausgelöste Tumoren unterscheiden sich in ihren T.n. Im Ggs. dazu tragen alle durch ein bestimmtes Tumorvirus induzierte Tumoren die gleichen virusspezifischen T. auf der Zelloberfläche. Andere virusspezifische T. sind im Kern der Tumorzellen lokalisiert, z. B. T-Antigen v. ↗Polyomaviren.

Tumorgene, die ↗Onkogene.
Tumormarker ↗Krebs.
Tumorpromotoren [Mz.; v. lat. tumor = Geschwulst, promotor = Vermehrer], selbst nicht ↗cancerogene Substanzen, die in einem experimentellen Ansatz zur Erforschung der zellulären und molekularen Mechanismen der Carcinogenese (↗Krebs) die sog. *Tumorpromotion* bewirken. Das zugehörige Modell umfaßt die 3 Stufen Initiation, Promotion, Progression u. wird v.a. an Mäusehaut als Testsystem erforscht. Die subcancerogene Einzeldosis einer cancerogenen Substanz (verwendet werden z.B. polycyclische aromat. Kohlenwasserstoffe) transformiert normale Zellen in potentielle Tumorzellen (*Initiation*), nach Mehrfachdosis eines T. treten gutartige ↗Tumoren auf (*Promotion*), die erneute subcancerogene Einzeldosis einer cancerogenen Substanz bewirkt das Auftreten v. bösartigen Tumoren (*Progression*). Als T. werden z.B. hautreizende Diterpenester verwendet, wie Phorbol-12,13-diester, die an zellmembranassoziierte Proteinkinase C binden und mit dem Inositol-phospholipid/Diacylglycerol-abhängigen second-messenger-System in Verbindung treten.

Tumorviren, Viren, die im natürl. Wirt od. unter experimentellen Bedingungen in geeigneten Wirtstieren ↗Tumoren erzeugen (sog. *onkogene Viren;* ↗DNA-Tumorviren, ↗RNA-Tumorviren) u./od. Zellen in vitro transformieren können (↗Zelltransformation). Von Bedeutung für die Humanmedizin sind die hpts. in den letzten Jahren erhaltenen Ergebnisse, die für eine ursächl. Beteiligung v. Viren an der Entstehung menschl. Tumoren sprechen. Z. Z. lassen sich etwa 20% aller ↗Krebs-Erkrankungen bei Frauen (v. a. Gebärmutterhalskrebs) und ca. 10% der malignen Tumoren bei Männern (v. a. Leberkrebs) mit bestimmten Virusinfektionen in Verbindung bringen.

Tümpel, meist nur wenige Dezimeter tiefe, stets *periodische Gewässer* (↗temporäre Gewässer), die nur beschränkte Zeit im Jahr Wasser führen, die übrige Zeit jedoch austrocknen. Deshalb fehlen im T. typische ↗Wasserpflanzen; sein Grund ist mit Landpflanzen bedeckt, die längere Überschwemmung vertragen. Wegen der im Verhältnis zur Wassermenge großen Oberfläche ist der Sauerstoffgehalt des T.-Wassers relativ hoch, die tägl. Temperaturschwankungen sind groß. Im Winter kann der T. bis zum Grund durchfrieren. Typische T.-Bewohner (vgl. Spaltentext) können sich trotz der zeitl. beschränkten Wasserführung im T. fortpflanzen, weil sie eine kurze Entwicklungszeit, z.T. auch eine rasche Generationenfolge haben, v.a. aber, weil sie über ↗Dauerstadien verfügen, mit denen sie die Zeit der Austrocknung überstehen u. in dieser Zeit auch durch Wind (mit Staub) verbreitet werden können. Das gilt für pflanzl. und tier. Einzeller, wie ↗Wimper- u. Geißeltierchen.

Tundra w [v. finn. tunturi über russ.], circumpolare Vegetationszone nördl. der polaren Waldgrenze u. damit Teil der ↗arktischen Zone. Eine ähnl. Vegetation findet sich in nördl. Gebirgen oberhalb der Waldstufe *(„Gebirgs-T.")*. Die *Wald-T.* vermittelt als breite Übergangszone zur ↗Taiga. Die artenarme Vegetation ist recht einheitl. Man unterscheidet *Zwergstrauch-T., Flechten-T.* und *Moos-T.* Dominierende Lebensformen sind ↗Chamaephyten u. ↗Hemikryptophyten. Auch die Fauna ist relativ artenarm. Nur wenige Arten sind auf die T. beschränkt (z.B. Moschusochse). Typisch für die T. sind häufige Schwankungen der Populationsdichten.

Tundrenzeit, die ↗Dryaszeit.

Tunga w [v. Tupí], Gatt. der ↗Flöhe.

Tungide [Mz.; ben. nach den Tungusen (Volk in O-Asien)], menschl. Rasse der ↗Mongoliden, gekennzeichnet durch kurzen niedrigen Kopf, eine zurückweichende Stirn, betontes Flachgesicht u. ↗Mongolenfalte; verbreitet im nördl. Zentralasien (z.B. Burjaten, Kalmücken, Tungusen).

Tungöl [v. chin. tung = Tungbaum], *chines. Holzöl,* Samenfett aus den ölreichen (40–50%) Samen des Tungölbaums *(↗Aleurites),* das durch den hohen Gehalt (69%) an Eläostearinsäure, einer ungewöhnl. Fettsäure, charakterisiert ist. T. findet vielseitige Verwendung: in der Lack- u. Farben-Ind., zum Imprägnieren v. Papier, Stoff u. Leder, zur Linoleumherstellung.

Tunica w [lat., = Untergewand, Hülle], 1) Bot.: Bez. für die äußeren Zellschichten des ↗Bildungsgewebes im Vegetationskegel, deren Zellen sich nur antiklin teilen u. die das ↗Corpus mantelartig umschließen. Die Anzahl der Zellschichten variiert nicht nur v. Art zu Art, sondern auch innerhalb derselben Art. Auch ändert sich die Schichtzahl innerhalb der Ontogonie ei-

Tümpel
Beispiele für T.-Bewohner:
Zu den Geißeltierchen gehört in Gebirgs-T.n *Euglena sanguinea,* die bei Massenauftreten das Wasser rot färbt (↗Blutregen, ↗Wasserblüte). Allg. in T.n verbreitet sind bestimmte Arten v. ↗Fadenwürmern, ↗Rädertieren und ↗Strudelwürmern, die entspr. Dauerstadien besitzen (↗Dauerlarve), u. bestimmte Kleinkrebse, v.a. aus den Gruppen ↗Notostraca (typ. Gatt. *Triops*), ↗Anostraca (typ. Gatt. *Chirocephalus, Branchipus*), ↗Muschelkrebse (typ. Gatt. *Cypris*) u. ↗Muschelschaler (typ. Gatt. *Limnadia*). Bei den Vertretern dieser Krebsgruppen können die Eier Trockenheit über viele Jahre überdauern (↗Dauereier); bei manchen Arten müssen sie sogar eintrocknen bzw. einfrieren, um sich nach erneuter Wasserfüllung des T.s entwickeln zu können. Auch einige Arten v. ↗Wasserflöhen *(Daphnia pulex, D. magna)* u. ↗Copepoda *(Diaptomus castor, Cyclops strenuus)* haben Dauerstadien u. gehören zur T.-Fauna. Auch die Larven mancher Mückenarten entwickeln sich im T.; für viele reicht jedoch die Dauer der Wasserführung nicht aus, um die Entwicklung abzuschließen. Die als Imagines im T. lebenden Wasser- ↗Wanzen u. ↗Wasserkäfer suchen ihn nur kurzzeitig auf u. können ihn bei Austrocknung wieder verlassen, um fliegend andere Gewässer zu erreichen.
↗Teich, ↗Weiher.

Tüpfelfarngewächse

nes Pflanzenindividuums, so z.B. beim Übergang zur Blütenbildung. Definitionsgemäß kommt dem Begriff der T. und dem des Corpus nur beschreibende Bedeutung zu. Beide sagen nichts über die spätere Ausdifferenzierung der Gewebe aus – sieht man v. der äußersten T.-Schicht ab, aus der sich die Epidermis bildet. **2)** Zool.: der *Mantel* der ↗Manteltiere. **3)** Anatomie: meist bindegewebige u./od. muskuläre Hüllschicht v. Organen, bei Hohlorganen auch die innere Auskleidung (meist in Form v. ↗Schleimhaut = T. mucosa).

Tunicata [Mz.; v. lat. tunicatus = bekleidet], die ↗Manteltiere.

Tunicin s [v. lat. tunica = Untergewand, Hülle], eine celluloseähnl. Substanz, Hauptbestandteil des Mantels (Tunica) der ↗Manteltiere. [↗Rastermikroskop.

Tunnelelektronenmikroskop, *Raster-T.,*

Tupaias [Mz.; v. malaiisch tupai = Eichhörnchen], *Tupajas, Tupaiidae,* die ↗Spitzhörnchen.

Tupelo m [v. indian. (Creek) ito opilwa], *Nyssa,* Gatt. der ↗Nyssaceae.

Tüpfel, Bez. für die Aussparungen in den sekundären u. tertiären Wandschichten (↗Zellwand) pflanzl. Vielzeller. Sie entstehen dadurch, daß einzelne Stellen in der Sekundärschicht von der zentripetalen Wandverdickung durch Apposition ausgespart bleiben u. im weiteren Verlauf der Wandverdickung röhrenförmige Kanäle *(T.kanäle)* entstehen. Die T. benachbarter Zellen beginnen dabei auf beiden Seiten der Mittellamelle an genau gegenüberliegenden Stellen. Eine sog. *Schließhaut* schließt die T.kanäle gg. die Nachbarzelle ab. Sie besteht aus Mittellamelle u. den beidseitig aufgelagerten Primärwänden u. ist ihrerseits siebartig durchbrochen u. von feinen ↗Plasmodesmen durchsetzt. In den toten Wasserleitbahnen (↗Leitungsgewebe) der Höheren Pflanzen sind die T. bei der Schließhaut breiter angelegt u. verschmälern sich zentripetal, so daß sie in der Aufsicht in Form zweier konzentrischer Kreise erscheinen. Sie werden *Hof-T.* genannt. Bei den Nadelhölzern ist ihre Schließhaut in der Mitte verdickt zu dem sog. *Torus,* am Rande aber durchlöchert. Bei den Angiospermen besitzt sie aber keine mikroskop. nachweisbaren Lücken, so daß sie hier dem Wassertransport über die T. einen wesentl. erhöhten Widerstand entgegensetzt. □ Holz. □ 274.

Tüpfelfarngewächse, *Polypodiaceae,* entwicklungsgeschichtl. junge u. in ihrer Systematik sehr umstrittene Fam. der ↗Filicales (leptosporangiate Farne); in enger Umgrenzung umfaßt sie 50–60 Gatt. mit rund 1200 überwiegend epiphytisch in den Tropen u. Subtropen lebenden Arten. Die im allg. wenig gefiederten Wedelblätter mit (meist runden) Sori ohne Indusium stehen einzeln an kriechenden, mit Spreuschuppen besetzten Rhizomen; Wedel bei eini-

Tüpfelstern

gen Gatt. (z.B. *Microgramma*) in (sterile) Trophophylle u. (fertile) Sporophylle differenziert. In Europa kommt nur die Gatt. Tüpfelfarn *(Polypodium)* mit 3 ihrer insgesamt ca. 75 Arten vor. Der Gewöhnliche T. (Engelsüß, *P. vulgare*; ☐ Kohäsionsmechanismen) ist in der gemäßigten Zone der N-Hemisphäre (aber auch auf Hawaii) weit verbreitet u. hat in S-Afrika u. auf den Kerguelen kleine südhemisphärische Reliktareale. Er besitzt einfach gefiederte Wedel mit großen, tüpfelartigen Sori u. wächst in humoser Auflage v. a. an kalkarmen, schattigen Felsen, in sehr luftfeuchter Klimalage auch als Epiphyt auf Bäumen. Die süßl. schmeckenden Rhizome (daher „Engelsüß") fanden in der Volksmedizin Verwendung. Sehr nahe verwandt mit dem Gewöhnlichen T. und schwer zu bestimmen sind der Gesägte T. *(P. interjectum*; Verbreitung: Schottland bis N-Spanien u. Italien) und der Südliche T. (*P. australe*; Verbreitung: subatlantisch-mediterran, v. Schottland bis Kreta). Ein wichtiger, auch in Gewächshäusern oft kultivierter trop. Vertreter der T. ist die epiphytische Gatt. *Drynaria* (20 Arten in Afrika, S-Asien, Australien); sie besitzt neben den normalen Laubblättern auch nischenartig nach oben gerichtete, chlorophyllose Nischenblätter, die als Humussammler dienen. Ähnl. Verhältnisse findet man bei dem ebenfalls epiphytisch in den Tropen lebenden Geweihfarn *(Platycerium*; 17 Arten in SO-Asien, Afrika, Amerika); die Gatt. bildet neben den geweihartig dichotom verzweigten Laubblättern rundliche, alsbald absterbende „Mantelnischenblätter" (☐ Nischenblätter), die zunächst dem Substrat anliegen u. sich dann nischenartig aufrichten u. ebenfalls als Humussammler u. Wasserspeicher dienen. Der Elchfarn, *Platycerium alcicorne* (Heimat: Australien), ist als beliebte Zierpflanze im Handel. Zu den T.n wird heute meist auch die seltsame Gatt. ↗ *Platyzoma* gestellt. [weiderich.

Tüpfelstern, *Lysimachia punctata,* ↗ Gelb-

Tupinambis *m* [ben. nach dem Indianerstamm der Tupinamba in Brasilien], Gatt. der ↗ Schienenechsen.

Tur *m* [vgl. gr. tauros = Stier], Bez. für 2 asiat. U.-Arten des ↗ Steinbocks, den Kuban-T. oder Westkaukasischen Steinbock *(Capra ibex severtzovi)* u. den Dagestanischen T. od. Ostkaukasischen Steinbock *(C.i. cylindricornis)*.

Turakos [Mz.; westafrik. Name], *Musophagidae,* Fam. 35–75 cm großer, baumbewohnender ↗ Kuckucksvögel; etwa 20 Arten in afr. Wald- u. Savannengebieten südl. der Sahara. T. besitzen im Unterschied zu den ↗ Kuckucken u.a. keinen Gaumenknochen u. keinen Blinddarm; der Oberschnabelrand ist gezähnt; mit auffallend bunter, teilweise glänzender Färbung, wobei ein grüner *(Turacoverdin)* u. ein roter Farbstoff *(Turacin)* nur bei den T. vor-

Tüpfelfarngewächse
1 Gewöhnlicher Tüpfelfarn *(Polypodium vulgare),* 2 Geweihfarn *(Platycerium)* mit „Mantelnischenblättern"

Turbanschnecken

Wichtige Gattungen:
↗ *Astraea*
↗ *Guildfordia*
Turbo

Grüne Turbanschnecke *(Turbo marmoratus)*

turb- [v. lat. turbo = Wirbel, Windung, Kreisel; Wirbelwind].

kommt. Ernähren sich v. Früchten, Beeren, Samen u. Blattknospen. In den Baumkronen oft schwer zu entdecken, machen sich aber durch laute Rufe bemerkbar. Errichten Reisignester, ähnl. wie Tauben, u. legen 2–3 weiße od. bläul. Eier. Die Lärmvögel (Gatt. *Crinifer*) bewohnen buschreiche Steppen u. zeichnen sich durch eine beträchtl. Lauterzeugung u. einen auffallenden Balzflug aus. Die Helm-T. (Gatt. *Tauraco,* B Afrika VI) verdanken ihren Namen einer buntgezeichneten Federhaube u. besiedeln die Waldgebiete v. der Ebene bis ins Gebirge. Die Schild-T. (Gatt. *Musophaga*) tragen ein Hornschild vom Oberschnabel bis zur Stirn; fälschl. auch Bananenfresser gen., obwohl Bananen für ihre Ernährung keine Rolle spielen.

Turbanauge, der dorsal gelegene, turbanförmige Teil eines Doppel-Komplexauges (↗ Doppelauge) mancher Eintagsfliegen-Männchen *(Baetis, Cloeon)*. Bei diesen beiden völlig getrennten Teilaugen handelt es sich bei dem T. um ein Superpositions-, bei dem ventralen Auge um ein Appositionsauge (↗ Komplexauge).

Turbanella *w* [v. *turb-], marine Gatt. der ↗ *Gastrotricha* (T) mit etwa 20 Arten, die weltweit verbreitet in marinen Küstensanden des Litorals u. Sublitorals leben. *T.* diente v.a. bei neueren Untersuchungen zur Anatomie u. Ultrastruktur der *Gastrotricha* als gut züchtbares Untersuchungsobjekt.

Turbanschnecken, *Rundmundschnecken, Turbinidae,* Fam. der ↗ Altschnecken mit dickwand., kreisel- bis scheibenförm., innen perlmuttrigem Gehäuse; Deckel der meist runden Mündung kalkig, dick u. schwer. Der Kopf trägt lange Fühler und 1 Paar lappenart. Anhänge, weitere Anhänge an den Seiten des großen Fußes. Fächerzüngler, die sich v. Algen ernähren. Getrenntgeschlechtl. mit äußerer Befruchtung. Etwa 20 Gatt. in warmen Meeren (vgl. Tab.). Große Arten, wie *Turbo cornutus,* werden gegessen (1981 in Japan u. Korea 14 000 t); sein Gehäuse, 10 cm hoch, trägt in Lebensräumen mit starker Wasserbewegung kurze, schuppige Stacheln, in ruhigen Zonen ist es nur spiralgereift; die rötl. oder grünl. Färbung ist der Umgebung angepaßt. Aus Gehäusen der Grünen T. *(Turbo marmoratus),* mit 28 cm Höhe die größte T.-Art, wurden u. werden Perlmutterartikel (u. a. Knöpfe) hergestellt; im Indopazifik fr. häufig, sind sie inzwischen selten geworden u. unterliegen Fangbeschränkungen.

Turbation [v. *turb-], ↗ Bodenentwicklung; ↗ Bioturbation, ↗ Hydroturbation, ↗ Kryoturbation.

Turbatrix *w* [lat., = Störerin], ↗ Essigälchen. [würmer.

Turbellaria [Mz.; v. *turb-], die ↗ Strudel-

Turbidostat *m* [v. *turb-, gr. statos = stehend], ↗ kontinuierliche Kultur (☐).

Turbinalia [Mz.; v. *turb-], 3 Paar aufgerollte, knöcherne od. knorpelige Lamellen, die v. den Seiten der Riechhöhle in deren Lumen hineinragen. Die T. vergrößern die v. Riechschleimhaut überzogene innere Nasenoberfläche. Sie setzen an den Knochen Maxillare, Nasale u. Ethmoidale an u. werden entspr. als *Maxillo-T.* (Endo-T.), *Naso-T.* (Ekto-T.) u. *Ethmo-T.* bezeichnet. ↗Nase, ↗Nasenmuscheln.

Turbinella w [v. *turb-], fr. *Xancus*, Gatt. der Fam. *Turbinellidae*, mit den Vasenschnecken verwandte Meeresschnecken mit großem, dickwand., schwerem, spindelförm. Gehäuse; Spindel mit 3–4 Falten. 3 Arten im Indik u. in der Karibik, am bekanntesten die ↗Heilige Schnecke.

Turbinidae [Mz.; v. *turb-], die ↗Turbanschnecken.

Turdidae [Mz.; v. lat. turdus = Drossel], die ↗Drosseln. [Gatt. der ↗Timalien.

Turdoides m [v. lat. turdus = Drossel],

Turdus m [lat., = Drossel], Gatt. der ↗Drosseln.

turgeszent [v. *turg-], Bez. für mit Flüssigkeit prall gefüllte u. dadurch „gespannte" (unter Druck stehende) Zellen u. Gewebe. ↗Gewebespannung, ↗Turgor.

Turgor m [v. *turg-], *T.druck, Turgeszenz, (Zell-)Saftdruck*, von innen auf die pflanzl. ↗Zellwand ausgeübter Druck. Im Pflanzen-Zellsaft gelöste Stoffe bedingen ↗Wasseraufnahme über die selektiv permeablen Plasmagrenzschichten, wenn sich die Zelle in einem Medium befindet, dessen osmotischer Wert (↗Osmose, ↗osmotischer Druck) geringer als der des Zellsaftes ist. Der dadurch entstehende Innendruck (Turgor) der Zelle preßt den Protoplasmaschlauch gg. die sich elastisch dehnende Zellwand. Die Wasseraufnahme hört auf, sobald der T. gleich dem Wanddruck ist. Der T. trägt wesentlich zur Festigkeit krautiger Pflanzen bei. ↗Erklärung in der Biologie, ↗Hydratur, ↗Wasserpotential, ↗Saugspannung, ↗Gewebespannung, ↗Quellung, ↗Vakuole.

Turgorbewegungen [Mz.; v. *turg-], auf der Veränderung der Permeabilität v. Plasmagrenzschichten (↗Turgor) beruhende ↗Bewegungen v. Pflanzen (↗Nastie), z. B. Schleuderbewegungen (↗Explosionsmechanismen, ↗Schleuderfrüchte), ↗Spritzbewegungen u. ↗Variationsbewegungen.

Turgorextremitäten [Mz.; v. *turg-, lat. extremitas = äußeres Ende], ↗Extremitäten.

Turionen [Mz.; v. lat. turiones = Triebe], die ↗Hibernakeln.

Türkenbund m [v. türk. tuliband = Turban, Tulpe], *Lilium martagon,* ↗Lilie.

Türkensattel, *Sella turcica*, etwa in der Mitte des Keilbeins gelegene, sattelförm. Struktur, in deren Vertiefung (Hypophysengrube = Fossa hypophysialis) vom Zwischenhirnboden her die ↗Hypophyse hineinragt.

Turmdeckelschnecken, volkstüml. Bez. für nichtverwandte Schnecken mit turmförm. Gehäuse u. Deckel (= Vorderkiemer): 1) ↗*Cochlostoma;* 2) ↗*Melanoides;* 3) ↗*Cyclophoroidea.*

Turmfalke, *Falco tinnunculus*, in Mitteleuropa häufigste ↗Falken-Art; ca. 34 cm groß, rotbraun mit dunkler Fleckung, Männchen mit grauem Kopf u. Schwanz; kennzeichnend ist das Rütteln (↗Greifvögel; ↗Flugmechanik, ☐) bei der Mäusejagd („*Rüttelfalke"*). Bewohnt offenes Gelände aller Art; Nistweise sehr flexibel; brütet sowohl in verlassenen Krähennestern als auch an Felsen u. Gebäuden u. in Höhlen, auch künstl. Nisthöhlen. Die nördl. Populationen ziehen in ein Winterquartier, während die südl. (von S-Schweden an) im Brutgebiet überwintern. Bei Schneelage stellt sich der T. auch auf Singvogel-Jagd um. ☐ Falken, [B] Europa XVIII.

Turmkraut, *Turritis*, Gatt. der ↗Kreuzblütler mit 3–6 in Eurasien heim. Arten; in Mitteleuropa nur das 2jährige, im Saum lichter, trockener Gebüsche, an Wegrändern u. Böschungen wachsende Kahle T. *(T. glabra),* mit grob gezähnten unteren sowie pfeilförmigen, stengelumfassenden oberen Blättern u. kleinen gelbl.-weißen Blüten.

Turmschnecken, volkstüml. Bez. für nichtverwandte Schnecken mit turmförm. Gehäuse. 1) *Turritellidae*, Fam. der ↗Nadelschnecken mit schlankem, bei einigen Arten unregelmäßig gewundenem Gehäuse, das weiß bis cremefarben u. oft geflammt ist; ungenabelt, mit enger Mündung u. dünnem Deckel; Oberfläche mit gebogenen Zuwachslinien. Der große Kopf trägt lange Fühler, der Fuß ist kurz. Bandzüngler mit oft modifizierter Reibzunge, die sich vorwiegend filtrierend ernähren. Getrenntgeschlechtlich; ♂♂ ohne Kopulationsorgan; einige Arten sind ovovivipar. Die T. leben unterhalb der Gezeitenzone; zu ihnen gehören ca. 40 Gatt., darunter die ↗Schlangenschnecken, ↗*Turritella* u. ↗*Vermicularia*. 2) Kleine Süßwasser-T. ↗*Potamopyrgus*. 3) ↗Schlitz-T. 4) ↗*Enidae*.

Turmschwalbe, volkstüml. Bez. für den Mauersegler *(Apus apus),* ↗Segler.

Turneraceae [Mz.; ben. nach dem engl. Botaniker W. Turner (tör^{n}er), 1515–68], *Safranmalvengewächse*, über die trop. und subtrop. Gebiete Amerikas u. Afrikas verbreitete Fam. der Veilchenartigen mit rund 100 Arten in 8 Gatt. Kräuter, Sträucher od. kleine Bäume mit wechselständ., am Rand gezähnten bis fiederteiligen Blättern u. meist relativ großen, einzeln od. zu mehreren in den Blattachseln stehenden Blüten. Diese zwittrig, 5zählig mit radiärer, weiß, blau, rot od. gelb gefärbter Krone, die mit den Kelch- u. Staubblättern zu einer den Fruchtknoten umgebenden Röhre bzw. einem Becher verwachsen ist. Die Frucht ist eine 3klappige Kapsel. Wichtigste Gatt. ist *Turnera* mit ca. 70 Arten. *T. ulmifolia* (Mit-

turb- [v. lat. turbo = Wirbel, Windung, Kreisel; Wirbelwind].

turg- [v. lat. turgere = strotzen, aufgeschwollen sein; turgescere = aufschwellen].

Turner-Syndrom

telamerika) wird der großen gelben Blüten wegen als Zierstrauch gezogen (bei uns in Warmhäusern), während man aus den Blättern von *T. diffusa* var. *aphrodisiaca* (Mexiko) die als Herztonikum u. Aphrodisiakum geschätzte Droge *Damiana* gewinnt.

Turner-Syndrom [tö̱rⁿᵉʳ-; ben. nach dem am. Arzt J. W. Turner, 20. Jh.], durch eine ↗Chromosomenanomalie (Monosomie der Geschlechtschromosomen: X0) hervorgerufenes Krankheitsbild; tritt mit einer Wahrscheinlichkeit von 1:25 000 bei weibl. Neugeborenen auf. Die betroffenen Individuen sind u.a. minderwüchsig u. durch Fehlbildung der Keimdrüsen steril. Auch X0/XX-Mosaike sind bekannt.

Turnicidae [Mz.; gekürzt v. lat. *coturnices* = Wachteln], die Kampfwachteln, ↗Kranichvögel.

Turnierkampf [v. frz. *tournoi* → ma. Kampfspiel], der ↗Kommentkampf.

turn over *s* [tö̱rnoᵘveʳ; engl., = Umsatz], der in einem ↗dynam. Gleichgewicht in einer bestimmten Zeiteinheit erfolgende ↗Umsatz einer chem. Verbindung, einer zellulären Partikels od. eines Gewebes. Hohes t.o. liegt vor, wenn eine Verbindung gleichzeitig rasch auf- u. abgebaut wird, wie z.B. m-RNA (im Ggs. zu den stabilen RNAs, r-RNA und t-RNA) in Bakterienzellen. [schnecken.

Turridae [Mz.; v. *turri-], die ↗Schlitzturm-

Turrilites *m* [v. *turri-], (Lamarck 1801), ↗turriliticon gewundener heteromorpher Ammonit (↗*Ammonoidea*) der oberen Kreide v. Europa, Afrika, Indien u. USA.

turriliticon [v. *turri-], Windungsmodus heteromorpher (↗Heteromorphe) Ammoniten (↗*Ammonoidea*), deren Gehäuse turmförmig in lockerer od. geschlossener Spirale aufgewunden ist. ↗*Turrilites*.

Turritella *w* [v. *turrit-], Gatt. der ↗Turmschnecken (*Turritellidae*) mit schlanken, hochturmförm. Gehäuse mit Spiralskulptur; graben sich in Weichböden ein u. filtrieren mit den Borsten am Deckelrand u. Fransen am Eingang zur Mantelhöhle ihre Nahrung (Detritus, Plankter) aus dem Atemwasser, durch das auch die Spermien zu den ♀♀ transportiert werden; die Eier werden in ballonförm. Kapseln auf die Schlammoberfläche gelegt. Zahlr. Arten in gemäßigten u. warmen Meeren. *T. terebra*, Gehäuse 18 cm hoch, indopazif. verbreitet, ist die größte Art. In der Nordsee kommt *T. communis*, 6 cm, vor. [schnecken 1).

Turritellidae [Mz.; v. *turrit-], die ↗Turm-
Turritis *w* [v. *turrit-], das ↗Turmkraut.
Turritopsis *w* [v. *turrit-, gr. *opsis* = Aussehen], Gatt. der ↗Clavidae.
Tursiops *w* [v. lat. *tursio* = Meerschwein, gr. *ōps* = Aussehen], Gatt. der ↗Delphine, ↗Tümmler. [ner, ↗Eiche.
Tussahseide [v. Hindi *tasar*] ↗Pfauenspin-
Tussilago *w* [lat., =], der ↗Huflattich.
Tussockgras [v. engl. *tussock* = Büschel], *Poa flabellata*, ↗Rispengras.

turri-, turrit- [v. lat. *turris* = Turm, Burg; *turritus* = mit Türmen versehen, getürmt, turmhoch].

tylo- [v. gr. *tylos* = Wulst, Schwiele, Höcker, Nagel].

Turritella
T. communis, im Schlamm eingegraben

Tylenchida
Einige Vertreter:
Blattälchen (*Aphelenchoides*)
↗Kartoffelälchen (*Heterodera rostochiensis*)
↗Rübenälchen (*H. schachtii*)
Wurzelälchen (*H. marioni* [= *radicicola*])
↗Kokospalmenälchen (*Rhadinaphelenchus cocophilus*)
↗Stengelälchen (*Ditylenchus dipsaci*)
↗Weizenälchen (*Anguina tritici*)
↗Wurzelgallenälchen (*Meloidogyne*)

Tylodina
Verkehrte Schirmschnecke (*T. perversa*)

Twist *m* [engl., = Verdrillung], ↗supercoil.
Tylenchida [Mz.; v. *tylo-, gr. *echos* = Lanze], Ord. der ↗Fadenwürmer mit Vertretern unterschiedl. Größe: meist zw. 0,5 und 1,5 mm, größte Formen (bis 5 mm) unter den *Anguininae*, kleinste (200–300 µm) einige *Criconematidae;* wichtige Pflanzenparasiten (vgl. Tab.) u. Verursacher vieler Pflanzenkrankheiten; besitzen ein vorstreckbares Stilett (Stomatostyl), mit dem sie Pflanzenzellen anstechen, um sie auszusaugen.

Tylidae [Mz.; v. *tylo-], die ↗Stelzfliegen.
Tylocidaris *w* [v. *tylo-, gr. *kidaris* = Turban], † Gatt. der ↗Lanzenseeigel aus der Kreide; die auffällig großen u. am Ende keulenförmig verdickten (wiss. Name!) Stacheln der verschiedenen Arten u. „Unterarten" sind wichtig für die Biostratigraphie.

Tylodina *w* [v. *tylo-, gr. *dinē* = Drehung], Gatt. der Fam. *Tylodinidae*, ↗Flankenkiemer mit napfförmig-flachem, äußerem Gehäuse, dessen Rand nicht verkalkt u. in das der Weichkörper rückgezogen werden kann. Die Verkehrte Schirmschnecke (*T. perversa*), 3,5 cm lang, lebt im Mittelmeer u. an der benachbarten Atlantik-Küste unter 10 m Tiefe auf Schwämmen (*Verongia*), von denen sie sich ernährt u. deren braungelbe Farbe sie annimmt.

Tylopilus *m* [v. *tylo-, gr. *pilos* = Filz], Gatt. der ↗Röhrlinge (Fam. *Boletaceae*); in Europa 1 Art, *T. felleus* P. Karst., der bittere Gallenröhrling.

Tylopoda [Mz.; v. *tylo-, gr. *podes* = Füße], *Schwielensohler*, U.-Ord. der Paarhufer; einzige rezente Fam. die ↗Kamele. ↗Paarhufer.

Tylos *m* [gr., = Wulst], Gatt. der ↗Landasseln (T).

Tylosaurus *m* [v. *tylo-, gr. *sauros* = Eidechse], (Marsh 1872), Gatt. der ↗Mosasaurier (□), Körperlänge bis 8 m, mit kurzem Rumpf u. langem Schwanz, vordere u. hintere Extremitäten 5strahlig mit starker Hyperphalangie. Verbreitung: obere Kreide von N-Amerika u. Afrika.

Tylototriton *m* [v. gr. *tylōtos* = schwielig, ben. nach dem Meergott Tritōn], Gatt. der ↗Salamandridae.

Tymovirus-Gruppe ↗Wasserrübengelbmosaik-Virusgruppe.

Tympanalorgane [v. *tymp-], *tympanale Scolop(idi)alorgane*, *Trommelfellorgane*, Gehörorgane bei Insekten mit einem ↗Trommelfell u. diesem anliegenden Scolopidien (↗Scolopidium, □), häufig auch mit benachbarten ↗Chordotonalorganen aus ganzen Batterien v. ↗Scolopidialorganen. Sie finden sich v. a. bei solchen Arten, die selbst Laute erzeugen, bei Schmetterlingen u. Florfliegen auch lediglich zur Wahrnehmung der Ultraschallaute der Fledermäuse (↗Echoorientierung, □). ↗Gehörorgane (□). [bein.

Tympanicum *s* [v. *tymp-], das ↗Pauken-

Tympanocryptis w [v. *tymp-, gr. kryptos = verborgen], Gatt. der ⇗Agamen.
Tympanuchus m [v. *tymp-, gr. ochos = haltend], Gatt. der ⇗Präriehühner.
Tympanum s [v. *tymp-], 1) die Paukenhöhle (⇗Ohr); 2) das ⇗Trommelfell 1).
Tyndall [tindl], *John,* ir. Physiker, * 2. 8. 1820 Leighlin Bridge bei Carlow, † 4. 12. 1893 Hindhead (Surrey); seit 1853 Prof. in London; neben seinen physikal. Arbeiten (1868 *T.-Effekt:* Sichtbarwerden eines Lichtbündels in trüben Medien, beruht auf der Streuung des Lichts; ⇗Sol, ⇗Farbe) mikrobiol. Untersuchungen, die im Anschluß an L. ⇗Pasteur die ⇗Urzeugungs-Theorie (Abiogenesis) endgültig widerlegten; erkannte die Bedeutung hitzeresistenter Sporen v. Mikroorganismen noch vor den Arbeiten von R. ⇗Koch, erforschte antibiotische Effekte v. Pilzkulturen.
Typ m [v. gr. typos = Typ], der ⇗Typus.
Typenlehre, die ⇗Typologie; ⇗Konstitutionstyp, ⇗Kretschmer.
Typensprung, die ⇗Saltation.
Typha w [v. gr. typhē = Pfl. zum Polstern], der ⇗Rohrkolben.
Typhales [Mz.], die ⇗Rohrkolbenartigen.
Typhleotris m [v. *typhlo-], Gatt. der ⇗Grundeln.
Typhlobagrus m [v. *typhlo-, span. bagre = Welsart], Gatt. der ⇗Antennenwelse.
Typhlogarra w [v. *typhlo-, lat. garrire = schwätzen], ⇗Höhlenfische.
Typhlogobius m [v. *typhlo-, gr. kōbios = eine Fischart], Gatt. der Grundeln, ⇗Höhlenfische.
Typhlohepatitis w [v. *typhlo-, gr. hēpar = Leber], die ⇗Schwarzkopfkrankheit.
Typhlomolge w [v. *typhlo-, dt. Molch], die ⇗Brunnenmolche.
Typhlonectidae [Mz.; v. *typhlo-, gr. nēktēs = Schwimmer], Fam. der ⇗Blindwühlen (□). [schlangen.
Typhlopidae [Mz.; v. *typhlo-], die ⇗Blind-
Typhloplanoidea [Mz.; v. *typhlo-, gr. planēs = umherschweifend], U.-Ord. der Strudelwürmer (Ord. ⇗*Neorhabdocoela*); Mund in hinterer Körperhälfte, Pharynx nicht ausstülpbar; marin, limnisch u. terrestrisch. Bekannte Gatt. ⇗*Mesostoma*
Typhlosolis w [v. *typhlo-, gr. sōlēn = Rinne], zu einer Rinne od. Röhre eingefaltetes Mitteldarmdach bei terrestrischen ⇗*Oligochaeta;* dient der Vergrößerung der verdauenden u. resorbierenden Oberfläche des Darms. Bei ⇗*Megascolecidae* u. ⇗*Glossoscolecidae* ist ledigl. das Darmepithel eingefaltet, bei den ⇗*Lumbricidae* jedoch alle Schichten der Darmwand, so daß im ersten Fall die T. nur vom Blutsinus, im zweiten zudem von Coelom u. Chloragogewebe erfüllt ist.
Typhlotriton m [v. *typhlo-, ben. nach dem gr. Meergott Tritōn], ⇗Grottensalamander.
Typhoeus m [ben. nach Typhōeus, einem myth. Giganten], Gatt. der ⇗Mistkäfer.
Typhula-Fäule w [v. *typh-], Pilzkrankheit

tymp- [v. gr. tympanon (lat. tympanum) = Handpauke, Handtrommel].

J. Tyndall

typh [v. gr. typhoo = Rauch, Dampf, Qualm; Umneblung der Sinne].

typhlo- [v. gr. typhlos = blind].

typo- [v. gr. typos = Stoß, Schlag, Gepräge, Spur, Gestalt, Charakter].

Typologie

an Getreide u. anderen Pflanzen; verursacht durch verschiedene *Typhula*-Arten (Schlauchpilze, Nichtblätterpilze, Fam. *Clavariaceae* [⇗Korallenpilze]). In kühl-feuchten u. gemäßigten Klimazonen treten an Getreide *Typhula incarnata* (= *T. graminum*), *T. idahoensis* und *T. ishikariensis* auf. Die Infektion erfolgt im Herbst od. Winter durch das Pilzmycel aus Sklerotien im Boden; Wurzel u. Blätter werden zerstört; an den zersetzten Pflanzenteilen entwikkeln sich im Frühjahr am Mycel linsenförmige, braune bis schwarze Sklerotien (1–2 mm groß). Nach der Sommerruhe wachsen aus den Sklerotien am Boden gestielte, keulige Fruchtkörper mit Basidiosporen; die Keimhyphen aus den Basidiosporen verschmelzen zu dem dikaryotischen, infektiösen Mycel. Befallen werden viele Süßgräser (z. B. Gerste, Weizen, Roggen), nur Jungpflanzen; die Ertragsausfälle sind relativ gering (unter 10%).
Typhus m [v. *typh-], *Entero-T., T. abdominalis,* durch das Bakterium *Salmonella typhi* (⇗Salmonellen, ⇗*Salmonella*) meist mit verunreinigten Nahrungsmitteln od. Getränken übertragene bakterielle, meldepflichtige ⇗Infektionskrankheit, die primär auf den Darm beschränkt ist und fr. nicht selten tödl. verlief, heute jedoch wegen der Möglichkeit zum Einsatz v. Antibiotika nur noch in ca. 1% der Fälle zum Tode führt. Nach einer Inkubationszeit von 1–3 Wochen auftretende Krankheitssymptome, die v. einem Befall des lymphat. Apparats des Dünndarms ausgehen, sind langsam ansteigendes u. schließl. hohes ⇗Fieber (□), Kopfschmerzen u. zunehmende Benommenheit sowie Durchfälle („Erbsbreistühle", verursacht durch massive Einlagerung v. Leukocytentrümmern) mit Darmblutungen u. der typische T.-Ausschlag mit hellroten Flecken am Rumpf. Gallenblase u. Lunge können ebenfalls sekundär durch im Blut verschleppte Bakterientoxine befallen werden. Die Krankheitssymptome verschwinden nach etwa 4 Wochen. T. ist eine typische Krankheit in Gebieten mit mangelnder Hygiene, weswegen sie fr. in Europa immer während Kriegs- u. Hungerzeiten auftrat u. epidemischen Verlauf nahm; heute ist sie in den Tropen u. Subtropen immer noch häufig.
Typhusfliege [v. *typh-], *Musca domestica,* ⇗Muscidae.
Typogenese w [v. *typo-, gr. genesis = Entstehung], die ⇗Anastrophe; ⇗explosive Formbildung, ⇗Typostrophentheorie.
Typoid s, die ⇗Hyle; ⇗Typus.
Typologie w [v. *typo-, gr. logos = Kunde], *Typenlehre,* vor dem Aufkommen der ⇗Evolutionstheorie verbreitete Vorstellung, daß die ⇗Mannigfaltigkeit der Gestalten der Organismen (⇗Gestalt) auf einen („unité de plan" nach ⇗Geoffroy Saint-Hilaire) morpholog. ⇗Typus (⇗Archetypus) od. einige wenige Typen zurückgeführt

werden kann. Die T. ist Grundlage der ↗idealistischen Morphologie.

Typolyse w [v. *typo-, gr. lysis = Lösung], ↗Typostrophentheorie.

Typostase w [v. *typo-, gr. stasis = Stillstand], ↗Typostrophentheorie.

Typostrophentheorie w [v. *typo-, gr. strophē = Wendung], (Schindewolf 1950), beschreibt die durch unterschiedl. Evolutionsgeschwindigkeiten ausgezeichneten Phasen der Phylogenese einer Großgruppe (z. B. Arthropoden, Landwirbeltiere, Säugetiere). Dabei werden 3 Phasen unterschieden: 1) *Typogenese* ist die Entwicklung einer neuen Organisationsform (↗Stammart), die durch ein neues Merkmalsgefüge (Merkmalsgrundmuster) gekennzeichnet ist. 2) *Typostase* ist die Phase, in der das Merkmalsgefüge konstant bleibt (↗Akme) u. 3) *Typolyse* die Phase, in der es zu einer „schnellen" Formaufsplitterung (Formauflösung) und sog. „Überspezialisierung" kommt (Perakme). ↗additive Typogenese, ↗Anastrophe, ↗explosive Formbildung.

Typotheria [Mz.; v. *typo-, gr. thēria = Tiere], (v. Zittel 1892), auf das Tertiär von S-Amerika beschränkte † U.-Ord. der ↗Notoungulata.

Typus m [v. gr. typos = Prägung, Typ], *Typ*, **1)** allg.: Muster, Urbild, Beispiel. **2)** *morphologischer T.*, in der ↗idealistischen Morphologie die „Urform" bzw. das „Urbild", das der ↗Gestalt der Organismen zugrundeliegt (↗Arche-T.), vielfach auch als der ↗Bauplan einer bestimmten Organismengruppe verstanden. Remane (1952) unterscheidet: a) *diagrammatischer T.*: „Strukturformel", die alle für eine bestimmte Gruppe v. Organismen homologen Merkmale (↗Homologie) in Form eines Diagramms darstellt (z.B. ↗Blütendiagramm). b) *generalisierter T.*: anschauliche Darstellung des einer bestimmten Organismengruppe gemeinsamen Merkmalsgefüges, also unter Vernachlässigung der jeweils speziellen ↗Anpassungen. Da ein Lebewesen ohne solche nicht lebensfähig ist, entspr. der generalisierte T. keineswegs einer realen Stammform. c) *Zentral-T.*: auf einzelne homologe Organe einer Gruppe bezogene, jeweils „typische" Ausbildung derselben, die dadurch ermittelt wird, daß die in verschiedene „Richtungen" führenden Abwandlungsreihen (↗Formenreihen) dieser Organe zu dem Punkt zurückverfolgt werden, wo sie sich am meisten annähern (od. treffen); ↗Leserichtung. d) *systematischer T.*: Das *reale* Merkmalsgefüge, das der ↗Stammart einer systemat. Gruppe (eines ↗Taxons oberhalb der ↗Art) zukommt. In der phylogenet. Systematik (↗Hennigsche Systematik) entspr. dem systemat. T. der sog. *Grundplan* (Hennig) = das *Grundmuster* (nach Ax), ein Merkmalsgefüge, das sowohl die ursprüngl. (plesiomorphen, ↗Plesiomor-

typo- [v. gr. typos = Stoß, Schlag, Gepräge, Spur, Gestalt, Charakter].

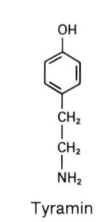

Tyramin

Tyrannen
Königstyrann
(Onychorhynchus)

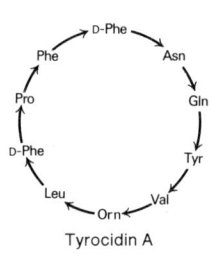

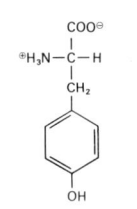

Tyrocidin A

Tyrosin
(zwitterionische Form)

tyro- [v. gr. tyros = Käse].

phie) als auch die abgeleiteten (apomorphen) Merkmale der Stammart eines Monophylums (↗monophyletisch) umfaßt (↗Systematik, ↗Klassifikation). – Während für die unter a) bis d) aufgeführten T.-Darstellungen die Homologie entscheidend ist, die Funktion jedoch keine Rolle spielt, stellt der ↗Lebensform-T. gerade die durch Funktionsgleichheit ähnl. gewordene, konvergente Gestalt (↗Konvergenz, B) von nicht näher verwandten Arten dar, deren Übereinstimmungen also wesentl. auf ↗Analogie beruhen. **3)** *nomenklatorischer T.*, in der biol. Nomenklatur diejenigen Individuen, die als Bezugsgrundlage für die Anwendung des wiss. Namens (↗Nomenklatur) einer Art od. U.-Art gelten. Am wichtigsten, weil in Zweifelsfällen der allein entscheidende, ist der ↗Holo-T. (bzw. der ↗Lecto-T. oder ersatzweise der ↗Neo-T.). Alle anderen T.-Exemplare, z. B. ↗Allotypen u. ↗Paratypen, haben eine geringere Bedeutung u. werden deshalb oft nur *Typoide* genannt.

Tyr, Abk. für ↗Tyrosin.

Tyramin s [v. *tyro-], ein ↗biogenes Amin, das durch Decarboxylierung der Aminosäure ↗Tyrosin im Säuger-Organismus entsteht; besitzt blutdrucksteigernde u. uteruskontrahierende Wirkung. Physiolog. bedeutsamer ist das *Hydroxy-T.* (↗Dopamin).

Tyrannen [Mz.; v. gr. tyrannos = Herrscher], *Tyrannidae*, amerikan. Fam. der ↗Schreivögel, mit 365 Arten zw. Feuerland u. Alaska die artenreichste Vogel-Fam. Amerikas; ökolog. repräsentieren sie den Würger- und v.a. Fliegenschnäppertyp; 8–40 cm groß – die meisten 15–20 cm –, viele düster gefärbt, einige auch sehr bunt, v. a. die Männchen, wie beim Rubinköpfchen (*Pyrocephalus rubinus*, B Südamerika VIII); die Königs-T. (*Onychorhynchus*) tragen einen Federschopf. Die T. besitzen lange, spitze Flügel u. Borsten am Grunde des Schnabels, der oft in einem großen Haken endet. Viele Arten sind reine Insektenfresser, andere nehmen auch kleine Wirbellose u. Wirbeltiere, u. wieder andere sind überwiegend Fruchtfresser. Ihr Name geht auf die Vertreter der Gatt. *Tyrannus* zurück, die ein ausgeprägtes Territorialverhalten an den Tag legen; selbst gg. andere (auch wesentl. größere) Vogelarten wird das Revier heftig verteidigt. Die Brutgewohnheiten sind recht verschieden; es gibt offene Napfnester u. überdachte Nester mit Seiteneingang, manche sind Höhlenbrüter. Viele trop. T. legen 2 Eier, die nördl. und südl. Vertreter 2–6; es brütet ausschl. das Weibchen (12–23 Tage lang); die Fütterung der Jungen erfolgt dagegen meist durch beide Eltern.

Tyrannidae [Mz.; v. gr. tyrannos = Herrscher], die ↗Tyrannen.

Tyrannosaurus m [v. gr. tyrannos = Herrscher, sauros = Eidechse], (Osborn

1905), maximal 15 m langer u. 6 m hoher Raubsaurier (Ord. *Saurischia*), von dem mehrere vollständige Exemplare vorliegen; Schädel bis 1,5 m, Zähne evtl. über 15 cm lang, Vorderextremitäten weitgehend verkümmert u. kurz, Hinterextremitäten kräftig (Bipedie), 3 Zehen mit kräftigen Krallen, 1. Zehe rückwärts gerichtet. Maße der Fußspuren 76 × 79 cm, gemessene Schrittlänge 3,73 m. T. gehört zu den größten landbewohnenden Räubern aller Zeiten. Verbreitung: Oberkreide von N-Amerika und O-Asien. Bekannteste Art: *T. rex* Osborn. ⒷDinosaurier.

Tyrocidine [Mz.; v. *tyro-, lat. -cida = -töter], als Hauptbestandteile des ↗ *Tyrothricins* v. *Bacillus brevis* zus. mit den ↗ Gramicidinen produzierte Peptidantibiotika. T. sind cycl. Dekapeptide (☐ 280) mit antibiot. Wirkung gg. grampositive Bakterien.

Tyroglyphus *m* [v. *tyro-, gr. glyphein = aushöhlen], Gatt. der ↗ Vorratsmilben.

Tyrophagus *m* [v. *tyro-, gr. phagos = Fresser], Gatt. der ↗ Vorratsmilben.

Tyrosin *s* [v. *tyro-], *Parahydroxy-phenylalanin*, Abk. *Tyr* oder *Y*, eine der 20 die Proteine aufbauenden ↗ Aminosäuren (Ⓑ), gehört zu den aromat. Aminosäuren. T. zählt nicht zu den essentiellen Aminosäuren, da seine Bildung aus dem essentiellen ↗ Phenylalanin durch Hydroxylierung erfolgen kann (☐ Phenylbrenztraubensäure); die genet. bedingte Störung dieser Umwandlung führt zu ↗ Phenylketonurie. T. ist Ausgangsprodukt bei der Bildung der ↗ Melanine u. der Hormone ↗ Adrenalin u. ↗ Thyroxin (↗ Dihydroxyphenylalanin, ↗ Phenol-Oxidase). Der Abbau von T. beginnt mit der durch *T.-Transaminase* katalysierten Umwandlung zu Parahydroxyphenyl-Brenztraubensäure, die über ↗ Homogentisinsäure weiter zu Acetessigsäure u. Fumarsäure abgebaut wird. In Pflanzen kann T. durch das Enzym *T.-Ammonium-Lyase* (Abk. *TAL*) zu ↗ p-Cumarsäure umgewandelt u. so in den Syntheseweg des ↗ Lignins (☐) eingeschleust werden. ☐ Allosterie. ☐ 280.

Tyrosin-Ammonium-Lyase, Abk. *TAL*, ein Enzym (↗ Lyasen); ↗ Tyrosin, ☐ Lignin.

Tyrosinase *w* [v. *tyro-], veraltete Bez. für die ↗ Phenol-Oxidase.

Tyrothricin *s* [v. *tyro-, gr. thrix = Haar], v. *Bacillus brevis* gebildetes, antibiot. wirksames Polypeptidgemisch aus 80% basischen ↗ Tyrocidinen u. 20% neutralen ↗ Gramicidinen. T. wirkt durch Angriff an der Cytoplasmamembran bakterizid gg. grampositive Erreger und gg. Protozoen (Ⓑ Antibiotika). Es findet Anwendung als Lokalantibiotikum v.a. bei Wundinfektionen u. Infektionen des Rachenraums.

tyrphobiont, Bez. für Organismen, die nur im Hochmoor vorkommen.

Tytonidae [Mz.; v. gr. tytō = Eule], die ↗ Schleiereulen.

U, Abk. für ↗ Uridin oder (seltener) für ↗ Uracil.

Überaugenwulst ↗ Torus supraorbitalis.

Überbevölkerung, *Übervölkerung*, ↗ Übervermehrung.

Überblume, das ↗ Pseudanthium.

Überdominanz ↗ Heterosis.

Überdüngung ↗ Düngung; ↗ Nitrate, ↗ Stickstoffauswaschung.

Überfamilie, *Superfamilia*, Hilfs-Kategorie der zool. ↗ Klassifikation zw. Familie u. Ordnung (bzw. Unterordnung). Die wiss. Namen für die Ü. enden meist mit *-oidea* (z. B. *Hominoidea*) [↗ Marschböden.

überflutete Böden ↗ Auenböden (Ⓣ).

Überfrucht, die ↗ Deckfrucht.

Übergangsformen, *connecting links*, ↗ Watsonsche Regel, ↗ additive Typogenese.

Übergangsrassen ↗ Landrassen.

Übergipfelung, einer der Elementarprozesse der ↗ Telomtheorie.

Überklasse, *Superclassis*, Hilfs-Kategorie der zool. ↗ Klassifikation zw. Stamm (bzw. Unterstamm) u. Klasse; z. B. die ↗ Asterozoa u. ↗ Echinozoa innerhalb der *Eleutherozoa* (↗ Stachelhäuter).

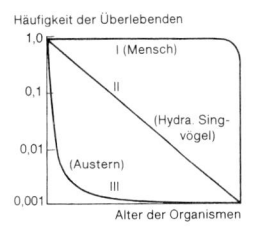

Überlebenskurve, gibt für bestimmte Altersgruppen die Anzahl der überlebenden Individuen an. Es gibt 3 Grundformen von Ü.n (vgl. Abb.): Kurventyp I kennzeichnet eine Situation, in der Sterblichkeit (↗ Mortalität) durch Zufallsereignisse auf ein Minimum reduziert ist. Altersschwäche ist die überwiegende Todesursache. Kurventyp II beschreibt eine zu jedem Lebenszeitpunkt gleiche Wahrscheinlichkeit des Todes. Überlebenstyp III ist in der Natur die Regel: Nachdem ein gewisses Lebensalter erreicht ist, hat jedes Individuum eine relativ hohe Überlebenswahrscheinlichkeit; die meisten Individuen sterben im Jugendstadium. [tion.

Überlebensstrategie ↗ Strategie, ↗ Selek-

Übermännchen, engl. *supermale*, abnorme *Drosophila*-Männchen, die 1 X-Chromosom, aber 3 ↗ Autosomen-Sätze besitzen (normal 2 Autosomen-Sätze). ↗ Geschlechtsbestimmung.

übernormaler Schlüsselreiz, ein veränderter ↗ Schlüsselreiz, der auf seinen ↗ angeborenen auslösenden Mechanismus (AAM) besser wirkt als die natürlicherweise vorkommende Reizkonfiguration. Die Tatsache, daß das natürl. Reizmuster nicht immer die stärkste Reaktion auslöst, wurde durch ↗ Attrappenversuche (Ⓑ) entdeckt, in denen ↗ Attrappen mit übertriebenen Merkmalen (urspr. unlogischerweise als „überoptimale Attrappen" bezeichnet) besser wirkten als normale Reize. Die ↗ Einrollbewegung vieler Vögel wird z. B. durch viel zu große Eiattrappen stärker ausgelöst als durch die eigenen Eier. Übertreibungen, durch die das Reizmuster dem normalen Muster unähnl. werden, wirken nur bei echten Schlüsselreizen, die v. einem AAM erkannt werden.

Überlebenskurve

Die 3 Grundformen von Überlebenskurven

Durch ↗Lernen mit einer Reaktion verknüpfte Reizmuster können zwar ebenfalls übertrieben werden u. wirken dann evtl. in übernormaler Stärke, sie müssen dem urspr. gelernten Muster aber ähnl. bleiben.

Überordnung, *Superordo,* eine Zwischen-(Hilfs-)Kategorie der biol. ↗Klassifikation zw. Ordnung u. Klasse, z. B. bei Insekten die *Coleopteroidea, Hemipteroidea, Mecopteroidea, Neuropteroidea* (die Endung *-oidea* ist in der Zool. eigtl. für Überfamilien vorgesehen). Die Namen der bot. Ü.en enden mit *-anae,* z. B. *Rosanae* als Zusammenfassung der 3 Ordnungen *Saxifragales, Gunnerales* u. *Rosales.*

Überreich, *Superregnum,* oberste Hilfs-Kategorie der biol. ↗Klassifikation, benutzt für die Einteilung der Organismen in *Prokaryota* u. *Eukaryota.* ↗Reich.

Überschichtungskultur, Methode zur Kultur sauerstoffempfindl. Bakterien: das beimpfte Nährmedium wird mit Paraffin od. einer anderen sauerstoffundurchlässigen Flüssigkeit überschichtet, um eine Sauerstoffdiffusion in das Nährmedium zu verhindern; nicht für strikt anaerobe Bakterien geeignet.

Überschichtungstest, Test zum Nachweis v. ↗Antibiotika bildenden Mikroorganismen: eine Kulturplatte (Petri-Schale) mit einigen Kolonien möglicher Antibiotikabildner (z. B. Streptomyceten) wird mit neuem Nähragar überschichtet, in den der Testorganismus (z. B. Bakterien, Pilze) eingemischt wurde. Nach dem Festwerden des Agars wird die Platte bebrütet. Haben die zu prüfenden Kolonien wasserlösl. Antibiotika gebildet, diffundieren sie in den überschichteten Agar. Sind die Testkeime gg. dieses Antibiotikum empfindl., so wird ihr Wachstum gehemmt, u. es bleiben klare ↗Hemmhöfe über den antibiotikabildenden Kolonien.

überschießende Erregung ↗Hyperpolarisation.

Überschwemmungssavanne, *Termitensavanne,* parkähnl. Landschaft mit inselartigen Baumbeständen (laubabwerfender Trockenwald) auf zeitweise überschwemmtem Grasland. Trotz nur minimaler Reliefunterschiede stehen die Bäume auch während der Regenzeit relativ trokken, da sie auf verlassenen Termitenhügeln mit ihren gut drainierten Böden wachsen. ↗Dammuferwald.

Übersichtigkeit, *Hypermetropie, Hyperopie,* die Weitsichtigkeit; ↗Brechungsfehler (☐).

Übersommerung, die ↗Ästivation 2).

Überspezialisierungen, die ↗atelischen Bildungen; ↗Typostrophentheorie.

Übersprungverhalten, *Übersprungbewegung,* ein Verhalten od. Verhaltenselement, das plötzl. eine Handlungskette aus einem anderen ↗Funktionskreis unterbricht u. das an diesem „unpassenden" Ort seine eigentliche biol. Funktion nicht erfüllt. Das Ü. bildet eine Form des ↗Konfliktverhaltens (B); sein Name rührt daher, daß man urspr. annahm, bei gegenseitiger Hemmung zweier starker Verhaltenstendenzen springe die „Triebenergie" auf eine dritte Tendenz über. Z. B. beginnen kämpfende Hähne, die aggressiv motiviert sind u. gleichzeitig den Gegner fürchten, plötzl. auf dem Boden nach Futter zu picken. Heute nimmt man eher an, daß zwei sich hemmende Verhaltenstendenzen im Sinn eines *Höchstwertdurchlasses* eine dritte, schwächere Tendenz zur Wirkung kommen lassen *(Enthemmungshypothese).* Durch ↗Ritualisierung sind aus Ü. häufig soziale ↗Signale entstanden, z. B. die (urspr. dem Wegschwimmen dienenden) Flossenbewegungen balzender Stichlinge (Übersprungfächeln).

Überträgerstoffe, die ↗Neurotransmitter; ↗Synapsen.

Übertragung, Parasitologie: Weitergabe eines Parasiten v. einem Wirtsorganismus in od. auf den anderen, auf verschiedenen Wegen u. entweder aktiv *(direkte Ü.)* od. passiv *(indirekte Ü.,* durch Vektoren od. Transportmedien). Möglichkeiten der Ü.: z. B. percutan (durch die Haut), diaplacentar od. intrauterin (durch die Placenta), galactogen (über die Muttermilch), transovarial (über das Ovar), oral (über den Mund), inokulativ (durch Stich eines Vektors), kontaminativ (durch Verunreinigungen).

Übervermehrung, Vermehrung einer Population, die über die durch Raum u. Nahrung gesetzten Grenzen hinausgeht (↗Massenvermehrung, ☐). Beim Menschen als *Überbevölkerung* (↗Bevölkerungsentwicklung, ☐) bezeichnet. ↗Populationswachstum (☐).

Überwallung, bei Holzgewächsen die Vernarbung v. Wunden, bei denen die Rinde u. Teile des Holzkörpers verletzt sind. Nach Lufteinbruch u. nach Unterbrechung der Wasserleitung kommt es im Holz zu Reaktionen, die denen der patholog. ↗Verkernung u. ganz allg. der Kernbildung entsprechen. Dieses *Schutzholz* hat in erster Linie die Aufgabe, Infektionen durch Mikroorganismen u. Insekten in dem bloßliegenden Holzkörper zu verhindern. Außerdem versucht der Baum, seine Wundstellen zu überwallen. Das an die Wundstelle angrenzende gesunde Kambium bildet in verstärktem Maße Holz *(Wundholz),* das sich wulstartig über die Wundstelle schiebt *(Überwallung).* Das Wundholz kann sich anatom. von normalem Holz stark unterscheiden. Sobald die U.swülste über der Wundstelle zusammengestoßen sind, beginnt wieder die Produktion normaler Gewebe. Die abgestorbenen Rindenteile werden v. den Ü.swülsten entweder nach außen getragen oder – wenigstens z. T. – in der Ü.szone eingeschlossen. ↗Kallus, ↗Wundheilung.

Überweibchen, engl. *superfemale,* abnorme *Drosophila*-Weibchen mit 2 Autosomen-Sätzen und 3 (statt normal 2) X-Chromosomen. ↗ Geschlechtsbestimmung.

Überweidung, intensiver Weidebetrieb mit zu hohem Viehbesatz. Infolge der andauernden starken Belastung der Pflanzendecke durch selektiven Fraß, stellenweise Überdüngung u. Tritt kommt es zu tiefgreifenden Veränderungen der Vegetation (z. B. Zunahme von sog. Weide-↗Unkräutern u. dornenbewehrten Gehölzen) u. damit der Kleintierwelt sowie einer Zunahme v. Kahlstellen (↗Bodenerosion). V. a. in semiariden u. ariden Gebieten wirkt sich Ü. im Zshg. mit starker Brennholznutzung verheerend aus (Entstehung anthropogener Wüsten; ↗Desertifikation, [T]).

Überwinterung, *Hibernation,* physiolog. Zustand v. Pflanzen u. Tieren in Wechselklimaten mit mehr od. weniger gut ausgeprägten Anpassungsmechanismen (im einfachsten Fall in Form der ↗Kältestarre), der es gestattet, ungünstige, tiefe Temp. zu überdauern. **1)** *Bot.: Pflanzen* überwintern i. d. R. im Zustand stark erniedrigter physiolog. Aktivität mit eingestelltem Wachstum (↗Dormanz, ↗Knospenruhe), was sich u. a. in Einstellung der Photosynthese u. Einschränkung der Atmung äußert. Ausnahmen sind viele Flechten, die bis weit unter den Gefrierpunkt Photosynthese betreiben können. Bei vielen Pflanzen sterben gg. Ende der Vegetationsperiode die oberird. Pflanzenteile ab, wobei sie im Frühjahr aus unterird. Speicherorganen (z. B. ↗Rhizomen, ↗Knollen) austreiben od. als Samen überdauern. Bei Gehölzen u. einigen krautigen Pflanzen bleiben die oberird. Organe ganz od. teilweise erhalten. Laubabwerfende Bäume u. Sträucher leiten im Ggs. zu immergrünen Pflanzen die Ü.sphase mit dem ↗Blattfall ein. In beiden Fällen erfolgt der Neuaustrieb aus oberird. Knospen. Nach der Lage der ↗Erneuerungsknospen teilt man die Pflanzen in ↗Lebensformen ([ ]) ein. Die hormonale Umsteuerung auf die Knospen- od. Winterruhe erfolgt entweder autonom od. durch Kälte u./od. Kurztagbedingungen, während umgekehrt die Winterruhe durch Wärme u. Langtag beendet wird. Dem Eintritt in die Winterruhe geht bei den letztgenannten Gruppen eine Abhärtungsphase voraus, während der die ↗Frostresistenz entscheidend erhöht wird. In wintermilden Gebieten zeigen einige Arten keine od. nur eine unvollständige Winterruhe, so daß bei einem Temp.-Anstieg die Stoffwechselaktivität sofort erhöht werden kann. Niedere Pflanzen überwintern, wenn nicht als ganzer Thallus, als Sporen od. Zygoten (wie auch viele Pilze). – Im *Pflanzenbau* bezeichnet man mit Ü. Maßnahmen zum Schutz v. Pflanzen od. Pflanzenteilen vor Frost (z. B. ↗Miete). **2)** *Zool.:* Zahlreiche *Vögel,* aber auch *Insekten* führen jahresperiod. Wanderungen durch (↗Tierwanderungen) u. entgehen so der kalten Jahreszeit. Ü. i. e. S. ist bei Insekten ein Zustand verzögerten bzw. gehemmten Wachstums (↗Dormanz) auf dem Stadium v. Eiern, Larven u. Puppen subadulter od. adulter Tiere, der als ↗Quieszenz, ↗Oligopause u. ↗Diapause erlebt werden kann u. mit der Möglichkeit zur ↗Frostresistenz verknüpft ist. Unter den *Säugetieren* gibt es bes. Formen der Ü. als ↗Winterschlaf (bei kleinen Formen) u. Winterruhe (bei großen Tieren). ↗Torpor.

Überwinterungsknospen, *Winterknospen,* die ↗Erneuerungsknospen.

Überzüchtung, züchterische Übersteigerung eines od. mehrerer Leistungsmerkmale bei Pflanzen (↗Pflanzenzüchtung, ↗Kulturpflanzen) u. ↗(Haus-)Tieren (↗Tierzüchtung), z. B. der Milchleistung bei Kühen od. bestimmter Eigenschaften des Haushunds (↗Hunde, [B] Hunderassen I–IV); meist auf Kosten der Widerstandskraft, Fruchtbarkeit u. des Wohlbefindens. ↗Haustierwerdung. [B] Selektion II.

Ubichinone

Oxidierte und reduzierte Form von Ubichinon (Coenzym Q)

In den meisten Fällen wird der lange hydrophobe Kohlenwasserstoffrest aus 10 Isopren-Einheiten gebildet, „CoQ$_{10}$". Dieser Kohlenwasserstoffrest hat in der Kette mit 10 x 4 C-Atomen etwa die doppelte Länge der hydrophoben Fettsäurereste $C_{17}CO-$ in den Phospholipiden und kann deshalb durch beide Lamellen einer Membran hindurchreichen.

Ubichinone [Mz.; v. lat. ubique = überall, Quechua quina quina = Rinde der Rinden], *Coenzym Q,* Abk. Q bzw. QH$_2$ (reduzierte Form), Chinonderivate mit einer längeren isoprenoiden Seitenkette, deren Name aufgrund ihres weit verbreiteten (= ubiquitären) Vorkommens in der Lebewelt geprägt wurde. Aufgrund der isoprenoiden Seitenketten, die je nach Spezies verschieden lang sein können (z. B. bei dem am häufigsten vorkommenden Coenzym Q$_{10}$ aus 10 Isopren-Einheiten), sind U. in der hydrophoben Innenschicht der inneren ↗Mitochondrien-Membran gut lösl., wo sie zus. mit ihren hydrierten Formen Redoxpaare der ↗Atmungskette ([ ]) bilden. U. bilden die einzigen Elektronenüberträger der Atmungskette, die nicht fest an Protein gebunden sind, so daß sie als lateral frei bewegl. Überträger v. Redoxäquivalenten ([T] Redoxpotentiale) innerhalb der Mitochondrienmembran die Elektronenübertragung zw. den Flavoproteinen (↗Flavinenzyme) u. den ↗Cytochromen vermitteln. [T] Coenzyme.

Ubiquisten [Mz.; v. lat. ubique = überall], *acoene Arten,* Tier- u. Pflanzenarten, die in

Uca

sehr vielen verschiedenen Biotopen *(ubiquitär)* vorkommen können (sie sind ⁄euryöke Arten), also eine große Anpassungsbreite (⁄ökologische Potenz, ☐) besitzen. Ggs.: ⁄Coenobionten.

Uca w [v. Tupí uça], die ⁄Winkerkrabben.
Udotea, Gatt. der ⁄Codiaceae.
UDP, Abk. für ⁄Uridin-5′-diphosphat.
UDP-N-Acetylglucosamin s, ein ⁄Nucleosiddiphosphat-Zucker (☐), der die aktivierte Form von ⁄N-Acetylglucosamin (analog aufgebaut wie ⁄UDP-Glucose) bildet. Dadurch ist es Vorstufe der Gerüstsubstanzen ⁄Hyaluronsäure (☐), ⁄Chitin (☐) u. ⁄Murein (☐), in denen N-Acetylglucosamin als Baustein enthalten ist.
UDP-N-Acetylmuraminsäure, ein ⁄Nucleosiddiphosphat-Zucker, der die aktivierte Form der ⁄N-Acetylmuraminsäure darstellt. UDP-N-A. entsteht aus ⁄UDP-N-Acetylglucosamin durch Reaktion mit Phosphoenolpyruvat. UDP-N-A. bildet das Ausgangsprodukt für den Einbau von N-Acetylmuraminsäure in das ⁄Murein (☐).
UDPG, Abk. für ⁄UDP-Glucose.
UDP-Galactose w, *Uridindiphosphat-Galactose,* ein ⁄Nucleosiddiphosphat-Zucker (☐), der als Zwischenprodukt bei Stoffwechselreaktionen der Galactose (Umwandlung v. Galactose in Glucose u. umgekehrt, Einbau v. Galactose in Milchzucker) durchlaufen wird. UDP-G. ist analog aufgebaut wie ⁄UDP-Glucose.
UDP-Glucose w, *Uridindiphosphat-Glucose,* Abk. *UDPG,* aktivierte ⁄Glucose; ein ⁄Nucleosiddiphosphat-Zucker (☐), der als Zwischenprodukt bei vielen Stoffwechselreaktionen der Glucose gebildet wird, wie z. B. bei der Umwandlung v. Glucose in Galactose u. beim Einbau v. Glucose in Saccharose, Glykogen und Cellulose. UDP-G. entsteht aus Glucose-1-phosphat und UTP unter Freisetzung v. Pyrophosphat.

UDP-Glucose

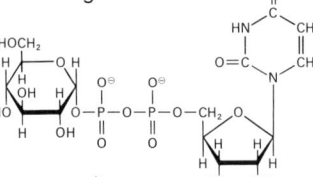

Uexküll [ü-], *Jakob Johann* Baron von, dt.-lett. Zoologe, * 8. 9. 1864 Keblas (Estland), † 25. 7. 1944 Capri; zuerst Privatgelehrter, ab 1925 Prof. in Hamburg; forschte über Muskel- u. Nervenphysiologie, bes. wirbelloser Tiere; Begr. der Umweltlehre (⁄Umwelt).
Uferaas, ugs. Bezeichnung für die Arten *Palingenia longicauda* und *Polymitarcis spec.* der ⁄Eintagsfliegen.
Uferfliegen, 1) *Uferbolde,* die ⁄Steinfliegen; 2) die ⁄Sumpffliegen.
Uferregion, *Uferzone,* das ⁄Litoral.
Uferschnecken, die ⁄Littorinoidea.
Uferwanzen, die ⁄Springwanzen.
Ufer-Weidengebüsche ⁄Salicetea purpureae.

J. J. von Uexküll

P. Uhlenhuth

Uhu *(Bubo bubo)*

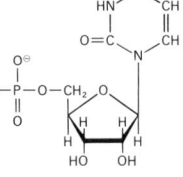

Uintatherium

Uhlenhuth, *Paul,* dt. Bakteriologe u. Hygieniker, * 7. 1. 1870 Hannover, † 13. 12. 1957 Freiburg i. Br.; Prof. in Straßburg, Marburg u. Freiburg i. Br.; entdeckte die gerichtsmedizin. wichtige Methode zur Unterscheidung v. Menschen- u. Tierblut *(U.sche Probe),* entwickelte Schutz- u. Heilserens gg. Schweinepest u. Maul- u. Klauenseuche u. entdeckte 1915 den Erreger der ⁄Weilschen Krankheit.
Uhrglasamöbe, *Arcella vulgaris,* ⁄Arcella; ☐ Testacea.
Uhus [ben. nach ihrem Ruf], *Bubo,* Gatt. der ⁄Eulen mit den größten Vertretern dieser Fam., tragen Ohrbüschel; 5 Arten. Der mit einer Länge bis 73 cm fast adlergroße euras. Uhu *(B. bubo,* B Europa XIII) bewohnt bes. Schluchten mit felsigen Steilwänden, aber auch dichte Laub- u. Nadelwälder sowie Wüsten, v. der Ebene bis ins Hochgebirge; jagt in der Dämmerung Säugetiere bis Hasen-, ausnahmsweise Rehgröße, Vögel bis Auerhahngröße sowie Reptilien, Frösche u. Insekten. Mit Beginn der Brutperiode im Febr. intensive Balzrufe: Männchen dumpf „wuoh", Weibchen höher „huhuh"; horstet meist in Felsnischen u. -höhlen, gelegentl. in verlassenen Nestern anderer Vögel od. auch am Boden; 2–3 Eier (B Vogeleier I). Wurde in weiten Gebieten Mitteleuropas ausgerottet (in Dtl. nach der ⁄Roten Liste „stark gefährdet"); an verschiedenen Stellen wurden erfolgreich Wiedereinbürgerungen durchgeführt; die Nachzucht in Zoos gelingt relativ leicht. In Abwehrstellung kann sich der Uhu durch Ausbreiten der Flügel u. Spreizen des Gefieders zu einer enormen Größe aufplustern. Südl. der Sahara vertritt in Afrika der gleichgroße Blaßuhu *(B. lacteus)* unseren Uhu. In Amerika zw. Alaska und S-Argentinien lebt der kleinere Amerika-Uhu *(B. virginianus);* der Zwerguhu *(B. poensis)* ist nur waldohreulengroß u. im trop. Afrika zu Hause.
Uintacrinida [juint-; Mz.; ben. nach den Uinta Mountains (NO-Utah/USA), v. gr. krinon = Lilie], (Broili 1921), † Ord. articulater *Crinoidea* (Seelilien u. Haarsterne) der Oberkreide mit weltweiter Verbreitung.
Uintatherium s [juint-; ben. nach den Uinta Mountains (NO-Utah/USA), v. gr. therion = Tier], (Leidy 1872), am besten bekannte, fast Elefanten-Größe erreichende Gatt. der ⁄Dinocerata mit 3 Paaren v. Knochenprotuberanzen auf dem Gesichtsschädel, ♂♂ mit extrem langen, säbelart. Hauern, Backenzähne gejocht. Verbreitung: mittleres Eozän von N-Amerika.
Ukelei m [v. kaschub.-poln. ukleja =], *Laube, Alburnus alburnus,* meist um 14 cm langer, eur. Weißfisch mit seitl. abgeflachtem Körper und oberständ. Maul; in Seen u. Flüssen häufig, bildet oft Schwärme an der Oberfläche. B Fische XI.
Uleomyces m [v. gr. oulē = Narbe, mykēs = Pilz], Gatt. der ⁄Myriangiaceae (☐).

Ulex *m* [lat., = rosmarinartiger Strauch], der ↗Stechginster.

Ullmannia *w*, Gatt. der ↗Voltziales.

Ullucus *m* [v. Quechua ullucu], Gatt. der ↗Basellaceae.

Ulmaceae [Mz.; v. lat. ulmus = Ulme], die ↗Ulmengewächse.

Ulme, *Rüster, Ulmus,* Gatt. der ↗Ulmengewächse mit über 30 in der nördl. gemäßigten Zone heim. Arten. Sträucher od. Bäume mit eiförm., an der Basis asymmetrischen u. am Rande gesägten Blättern sowie meist vor den Blättern erscheinenden Blüten. Diese unscheinbar, oft büschelig od. köpfchenförmig gehäuft auftretend u. vom Wind bestäubt. Die Frucht ist eine einsamige, v. einem breiten Flügelrand umgebene Nuß. Wichtigste einheim. Arten sind: die in Schlucht- u. Hangwäldern anzutreffende Berg-U. od. Weißrüster, *U. glabra* (= *U. montana, U. scabra,* B Europa XI), die in Auenwäldern wachsende Feld-U. od. Rotrüster, *U. minor* (= *U. campestris, U. carpinifolia*), sowie die ebenfalls in Auenwäldern zu findende Flatter-U., *U. laevis* (= *U. effusa*), die Brettwurzeln ausbilden kann. Alle 3 Arten sind über die gemäßigten Gebiete Europas u. Asiens verbreitet. Es sind laubwerfende, bis über 30 m hohe Bäume mit ausladenden Kronen, die wegen ihrer Anspruchslosigkeit u. Raschwüchsigkeit gern als Allee- u. Straßenbäume gepflanzt werden. Das gelbl., im Kern bräunliche *Holz* ist hart (Dichte ca. 0,7 g/cm³), grobfaserig, schwer spaltbar, zäh elastisch u. sehr dauerhaft; es weist zudem einen nur geringen Schwund auf. Bes. wertvoll ist das schön gemaserte u. gut polierbare Holz der Feld-U., das, wie auch das Holz der Berg-U., zu Möbeln verarbeitet, aber auch als Bau-, Werk- u. Drechslerholz verwendet wird (B Holzarten). U.nbestände leiden oft unter dem ↗U.nsterben.

Ulmengewächse, *Ulmaceae,* über die Tropen, Subtropen u. gemäßigte Zone verbreitete Fam. der ↗Brennesselartigen mit über 150 Arten in 16 Gatt. Sträucher od. Bäume mit einfachen, i. d. R. herz- bis eiförm., oft asymmetrischen, am Rande meist gesägten Blättern, hinfälligen Nebenblättern u. meist unscheinbaren, oft büschelig in den Blattachseln angeordneten Blüten. Diese zwittrig od. eingeschlechtig, bestehend aus 3–8, häufig grünl. Perigonblättern u. gleich vielen, vor den Perigonblättern stehenden Staubblättern. Der meist einfächrige, oberständ. Fruchtknoten besteht aus 2 Fruchtblättern u. wird zu einer (Flügel-) Nuß od. Steinfrucht. Die Bestäubung der Blüten erfolgt trotz des Besuchs pollensammelnder Insekten im allg. durch den Wind. Verschiedene U., darunter bes. Arten der Gatt. ↗Ulme *(Ulmus),* liefern ein wertvolles, charakterist. gemasertes Nutzholz. Eine weitere wichtige Gatt. ist der ↗Zürgelbaum *(Celtis).*

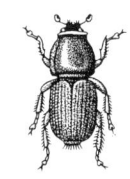

Großer Ulmensplintkäfer *(Scolytus scolytus)*

Ulme
Wuchsformen u. Fruchtzweige **1** der Feld-U. *(Ulmus minor)* und **2** der Flatter-U. oder Iffe *(U. laevis)*

ulo- [v. gr. oulos = kraus, wollig].

Ulmensplintkäfer, Artengruppe der Gatt. *Scolytus* der ↗Borkenkäfer (↗Splintkäfer), die überwiegend Bewohner v. Ulmen sind; die Brutgänge werden zw. Rinde u. Splint angelegt; rotbraune bis schwarz glänzende, kleine (1,5–5,5 mm) Arten. Bei uns finden sich: Mittlerer U. *(S. laevis),* 3,5 bis 4,5 mm, in Ästen u. schwächeren Stämmen; Zwerg-U. *(S. pygmaeus),* 1,5 bis 2,5 mm, in Zweigen u. schwächeren Ästen; Großer U. *(S. scolytus),* 3,2–5,5 mm, in Ästen u. Stämmen. Letztere Art ist der wichtigste Übertrager v. Pilzsporen (↗*Ceratocystis ulmi),* die das ↗Ulmensterben hervorrufen.

Ulmensterben, *Ulmenkrankheit,* stark schädigende, weit verbreitete Welkekrankheit der ↗Ulme mit chron. Verlauf; an den Bäumen treten plötzl. starke Welkeerscheinungen auf mit Blattfall, Absterben einzelner Zweige u. dann ganzer Bäume; die Gefäßbahnen sind verbräunt. Erreger des U.s ist der Pilz ↗*Ceratocystis ulmi* (Konidienform: *Graphium ulmi),* der v. Asien nach Europa (1919 in Holland entdeckt) u. dann v. England nach N-Amerika verschleppt wurde. Führte örtl. zum völligen Aussterben der Ulmen. Die Wasserleitungsbahnen werden durch das Pilzmycel u. die Abwehrreaktionen des Wirtes (Thyllen- u. Gummibildung) verstopft. Die Verbreitung des Pilzes innerhalb der Bäume erfolgt durch das Mycelwachstum u. den Konidientransport im Wasserstrom des Xylems. An der Übertragung der Pilzsporen im Bestand sind ↗Ulmensplintkäfer beteiligt. Ein verstärktes Absterben v. Ulmen in England zw. 1965 und 1967 war auf eine aggressivere, schneller wachsende Varietät v. *Ceratocystis ulmi* zurückzuführen, die mit Holzeinfuhren aus N-Amerika eingeschleppt wurde u. sich in Europa weiter ausbreitet. Eine wirksame Bekämpfung des U.s ist noch nicht gelungen.

Ulmus *w* [lat., =], die ↗Ulme.

Ulna *w* [lat., =], die ↗Elle; ↗Extremitäten.

Ulnare *s* [v. lat. ulna = Elle], das ↗Dreiecksbein.

Uloboridae [Mz.; v. *ulo-], die ↗Kräuselradnetzspinnen. [ceae.

Ulota *w* [v. *ulo-], Gatt. der ↗Orthotricha-

Ulothrix *w* [v. *ulo-, gr. thrix = Haar], Gatt. der ↗*Ulotrichaceae,* deren Zellen im Bau denen der ↗*Percursariaceae* ähneln.

Ulotrichaceae [Mz.; v. *ulo-, gr. triches = Haare], *Kraushaaralgen,* Fam. der ↗*Ulotrichales;* Grünalgen mit trichalem, unverzweigtem Fadenthallus und 1 manschetten- od. plattenförm. Chloroplasten pro Zelle; basale Haftzelle abgestorben, sonst alle Zellen physiolog. gleichwertig. Die 25 Arten der Gatt. *Ulothrix* (B Algen II, IV; B asexuelle Fortpflanzung I) bevorzugen meist kühlere, saubere Fließgewässer; *U. zonata* bildet bei Schneeschmelze auf Steinen grüne, dichte, fädige Überzüge. *Chlorhormidium* kommt mit ca. 9 Arten auf feuchten Felsen u. Böden vor; Fäden zerfallen leicht. In dystrophen Torfgewässern ist *Binuclearia tectorum* weltweit verbreitet; besitzt auffallend verdickte Zellwände.

Ulotrichales [Mz.; v. *ulo-, gr. triches = Haare], Ord. der ↗Grünalgen mit 8 Fam. (vgl. Tab.); artenreiche Gruppe, deren einkernige Zellen in einreihigen, unverzweigten Fäden (trichale Organisationsstufe, B Algen I) angeordnet sind od. parenchymat., blattartige Thalli bilden.

ultimate factors [altimit fäkt^ers; Mz.; engl., = letztlich bestimmende Faktoren] ↗Habitatselektion.

Ultimobranchialkörper [v. lat. ultimus = letzter, gr. bragchia = Kiemen], verstreut im Kiemendarm- bzw. Halsbereich bei Fischen, Amphibien u. Reptilien auftretende kleine Hormondrüsen, deren Inkret (↗Parathormon) den ↗Calcium-Stoffwechsel reguliert. Ontogenetisch entstehen die U. aus dem Grund der 5 embryonal angelegten Kiementaschen u. sind den Epithelkörperchen der Vögel u. Säugetiere homolog. ↗Nebenschilddrüse, ↗Schilddrüse.

Ultrafiltertheorie, veraltete Theorie zur Permeation hydrophiler Moleküle durch Bio-↗Membranen mit fixen Poren von ca. 0,4 nm ∅. ↗Membrantransport.

Ultrafiltration *w* [v. *ultra-, mlat. filtrum = Seiher aus Filz], Verfahren zur Trennung ↗kolloider Teilchen (z. B. Ribosomen, Proteine) od. Mikroorganismen (↗Membranfiltration) v. Wasser u. niedermolekularen Bestandteilen (z. B. Salze) durch Filtration mit Hilfe feinporiger Membranen (z. B. Cellulosehydrat od. Nitrocellulose). ↗Bakterienfilter, ↗Entkeimungsfilter. – Der Beginn der Harnbereitung in Nierenorganen (↗Niere, ☐) besteht ebenfalls in einer U. (↗Exkretionsorgane, B).

Ultramikrotom *s* [v. *ultra-, gr. mikros = klein, tomē = Schnitt], Gerät zur Herstellung extrem dünner Schnittpräparate

ulo- [v. gr. oulos = kraus, wollig].

ultra- [v. lat. ultra = jenseits, über ... hinaus].

Ulotrichales
Familien:
↗ Codiolaceae
↗ Cylindrocapsaceae
↗ Microsporaceae
↗ Monostromataceae
↗ Percursariaceae
↗ Prasiolaceae
↗ Ulotrichaceae
↗ Ulvaceae

Ultramikrotom
Objekt-Messer-Bereich eines Ultramikrotoms

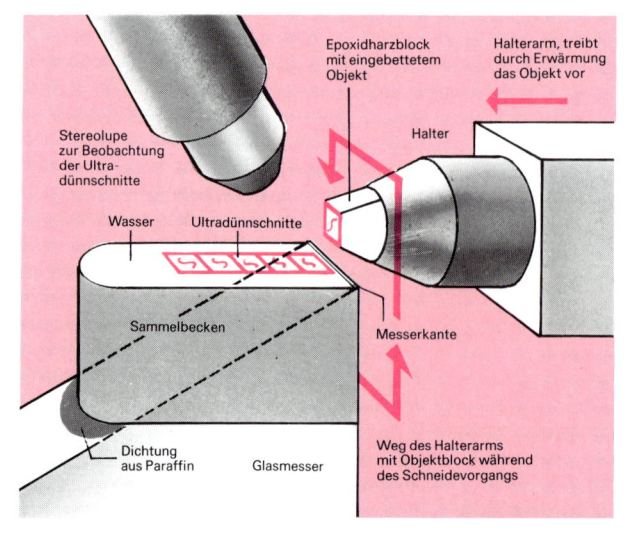

(↗Schnittmethoden) vornehml. für die elektronenmikroskop. Untersuchung. Anders als beim normalen ↗Mikrotom wird beim U. der die Schnittdicke bestimmende Präparatevorschub durch steuerbare Wärmeausdehnung eines Metallstabs erreicht, an dessen einem Ende der Präparatehalter befestigt ist. Als Messer dienen die scharfen Bruchkanten in definiertem Winkel gebrochener Glasblöckchen aus abgelagertem Glas od. speziell geschliffene Diamantmesser. Das zu schneidende Material muß in kleinen Blöckchen von i. d. R. unter 1 mm Kantenlänge entweder tiefgefroren od. in Kunstharze (Epon, Araldit) eingebettet werden. Auf diese Weise lassen sich *Ultradünnschnitte* von bis hinab zu 10 nm Dicke herstellen, die in einem an das Messer angeklebten Wassertrog aufgefangen u. mit dem Objektträger (↗Elektronenmikroskop) v. der Wasseroberfläche abgetupft werden. ↗mikroskopische Präparationstechniken.

Ultraschall, Schallwellen (↗Schall) im ↗Frequenz-Bereich von $2 \cdot 10^4 - 5 \cdot 10^8$ Hz, die vom Menschen nicht mehr, im unteren Frequenzbereich aber v. einigen Tieren wahrgenommen werden können (↗Gehörorgane, T; ↗Echoorientierung, B). U. kann in Abhängigkeit v. seiner Intensität (↗Gehörsinn, Spaltentext) auf biol. Material aktivierend wie auch zerstörend wirken (Enzymaktivitäten u. Proteinsynthese). Tierisches Gewebe wird ab einer Schallintensität von etwa 1 W/cm^2 lysiert (Anwendung z. B. zur Sterilisierung der Milch durch Abtötung v. Protozoen durch Beschallung). In der Medizin dient U. zur Diagnose (*U.diagnostik*; z. B. Schwangerschaftsdiagnostik mit Schallstärken von ca. 100 mW/cm^2), Therapie *(U.therapie)* u. zur Abtötung v. schwer zugängl. Gewebe. ↗U.mikroskop.

Ultraschallmikroskop, *Akustomikroskop, Scanning-Acousto-Microscope* (SAM), nach dem Rasterprinzip (↗Rastermikroskop) arbeitendes, in neuester Zeit entwickeltes Mikroskop mit einem Auflösungsvermögen v. etwa 0,7 µm, das ↗Ultraschall-Impulse von ca. 1 GHz zur Abb. benutzt. Eine Vorbehandlung der Präparate ist nicht erforderl., da der Bildkontrast v. der lokal unterschiedl. Schallreflexion im Präparat bestimmt wird u. zur Schallübertragung Präparat u. Schallquelle nur in Wasser immergiert werden müssen. Die Schallimpulse, mit denen das Objekt zeilenweise abgetastet wird, werden durch eine 40 µm weite Hohlkalotte in einer Saphirlinse auf das Objekt fokussiert, u. diese dient zugleich dazu, das rücklaufende Echo in den Impulspausen wieder zu empfangen u. zur Rückwandlung in elektr. Impulse auf einen piezoelektr. Energiewandler zu leiten. Elektron. verstärkt, werden die Einzelimpulse auf dem Bildschirm zu einem Zeilenbild zusammengefügt. Mit dem U. lassen sich, anders als in einem

Auflicht-↗Mikroskop (↗Auflichtmikroskopie), auch unter der Oberfläche undurchsichtiger Objekte liegende Strukturen bis zu einer Eindringtiefe v. mehreren mm sichtbar machen, was das U. einstweilen v. a. für die Werkstoffprüfung, etwa zur Kontrolle integrierter Mikroschaltelemente, nutzbar macht, weniger für biol. Fragestellungen. [↗Echoorientierung.
Ultraschallpeilung, *Ultraschallortung,*
Ultraviolett [v. *ultra-, frz. violette = Veilchen], *U.strahlung,* Abk. *UV,* elektromagnet. Strahlung mit Wellenlängen zw. ca. 400 nm und etwa 30 nm (☐ elektromagnetisches Spektrum); schließt sich an den kurzwelligen Anteil des sichtbaren Spektrums (↗Licht, B Farbensehen I) an u. geht ab ca. 30 nm in den Bereich der ↗Röntgenstrahlen über. Der UV-Bereich wird in mehrere UV-Gebiete (vgl. Tab.) unterteilt. – U. ist der energiereiche Teil der Glühstrahlung (z. B. der Sonne), für das menschl. Auge unsichtbar, stark ionisierend (↗Ionisation), ↗Fluoreszenz erregend u. zeigt (bes. im UV-B-Gebiet) vielfältige biol. Wirkungen: Geringe Strahlendosis wirkt sich im allg. günstig auf den Allgemeinzustand (Stoffwechsel, Atmung, Kreislauf u. a.) des Menschen aus (bei einigen Krankheiten allerdings schädl. Wirkung), führt zu einer Bräunung der Haut (↗Hautfarbe, ↗Melanine, ↗Lichttoleranz) u. zur Bildung v. Vitamin D (↗Calciferol, ☐) aus ↗Ergosterin. Hohe Dosierung kann eine Schädigung des Organismus (z. B. Sonnenbrand, zunehmende Gefahr v. Haut-↗Krebs) zur Folge haben. Die zellzerstörende Wirkung von U.strahlung wird therapeutisch zur Abtötung v. Bakterien u. Viren, technisch zur Strahlungs-↗Konservierung (↗Sterilisation) u. Luft-Entkeimung genutzt. ↗Bienenfarben, ↗Blütenmale, ↗Komplexauge, B Farbensehen der Honigbiene; ↗DNA-Reparatur (☐), ↗Thymin-Dimere (☐); T chemische Evolution, B chemische u. präbiologische Evolution.
Ultraviolettmikroskopie, *UV-Mikroskopie,* lichtmikroskop. Verfahren, bei dem statt des sichtbaren Spektrums (↗Licht) kürzerwelliges ↗Ultraviolett-„Licht" zur Bilderzeugung benutzt wird. Wegen der Wellenlängenabhängigkeit des mikroskop. Auflösungsvermögens (↗Mikroskop) erreicht man mit diesem Verfahren ein gegenüber der normalen Lichtmikroskopie auf etwa das Doppelte erhöhtes Auflösungsvermögen. Zudem wird UV-Licht bestimmter Wellenlängen v. vielen Stoffen, wie DNA, an aromat. Aminosäuren reichen Proteinen u. manchen Pigmenten, stärker absorbiert u. erlaubt so eine gegenüber dem sichtbaren Licht kontrastreichere Darstellung ungefärbter lebender Zellen bzw. mancher ihrer Inhaltsstoffe. Dieser Gewinn mußte jedoch mit einem unverhältnismäßig hohen Aufwand erkauft werden, da einerseits die mikroskopische Abb. nur

ultra- [v. lat. ultra = jenseits, über … hinaus].

Ultraviolett
Unterteilung des UV-Spektralbereichs (Angabe der Wellenlänge in nm; 1 nm = 10^{-9} m):
UV-A-Gebiet
400 nm – 315 nm
UV-B-Gebiet
315 nm – 280 nm
UV-C-Gebiet
280 nm – 100 nm

Vakuum-Ultraviolett
< 180 nm
Quarz-Ultraviolett
ca. 300 nm – 180 nm
Schumann-Ultraviolett
ca. 185 nm – 125 nm

umbell- [v. lat. umbella = Schatten, Schirm].

über einen Fluoreszenzschirm od. die photographische Aufnahme zugängl. war u. zudem wegen der Undurchlässigkeit normaler Glasoptiken für Wellenlängen unter 300 nm teure Quarzoptiken verwendet werden mußten. Aus diesen Gründen hat das UV-Mikroskop in der biol. Forschung nur vorübergehend und im wesentl. zur Darstellung UV-absorbierender Zellinhaltsstoffe eine gewisse Bedeutung erlangt, wurde aber rasch durch leistungsfähigere od. weniger aufwendige Mikroskoptypen ersetzt, so durch das hinsichtl. der erreichbaren Auflösung ihm weit überlegene ↗Elektronenmikroskop, das Fluoreszenzmikroskop (↗Fluoreszenzmikroskopie) und das Phasen- u. Interferenzkontrastmikroskop (↗Phasenkontrastmikroskopie, ↗Interferenzmikroskopie). ↗Mikroskop.
Ultrazentrifuge *w* [v. *ultra-, gr. kentron = Mittelpunkt, lat. fugere = fliehen], Abk. *UZ,* von T. ↗Svedberg entwickelte Zentrifuge, die aufgrund bes. hoher Umdrehungszahlen (heute bis 70000 Umdrehungen/min) ermöglicht, Fliehkräfte bis zum 500000fachen der natürl. Schwerkraft zu erzeugen u. dadurch Moleküle mit relativen ↗Molekülmassen um 10000 u. darüber zu sedimentieren (↗Sedimentation). Die enorme Vervielfachung des Gewichts durch die in der U. herrschende Fliehkraft (Materie der Masse 1 g übt im 500000fachen Schwerefeld eine „Gewichtskraft" von 500 kg aus) zwingt höhermolekulare Teilchen zur Sedimentation, da die so erreichbaren Sedimentationsgeschwindigkeiten nicht durch ↗Diffusion (☐; ↗Brownsche Molekularbewegung, ☐) kompensiert werden können, wie es bei normaler Schwerkraft der Fall wäre. Die Zentrifugation in der U. *(Ultrazentrifugation)* ist in der Biochemie, Molekularbiologie u. Zellbiologie ein wichtiges Hilfsmittel zur Fraktionierung v. Zellbestandteilen. ↗fraktionierte Zentrifugation (☐).
Ulvaceae [Mz.; v. lat. ulva = Sumpfgras], Fam. der ↗*Ulotrichales,* Grünalgen mit blattartigem, über 20 cm großem, zweischicht. Thallus, festsitzend in der Gezeitenzone der Meere, mit isomorphem Generationswechsel. Eine häufige Art ist *Ulva lactuca,* der „Meer(es)salat" (B Algen III), in Ostindien u. Japan Nahrungsmittel. Der „Darmtang" *(Enteromorpha)* findet sich mit 40 Arten im gleichen Biotop wie *U. lactuca;* Thallus sack- od. röhrenförmig mit unterschiedl. Durchmesser.
Umbellales [Mz.; v. *umbell-], *Apiales, Araliales, Umbelliflorae, Doldenartige,* Ord. der ↗*Rosidae* mit den Fam. ↗Efeugewächse u. ↗Doldenblütler; charakterisiert durch gelappte od. zusammengesetzte Blätter, unterständ. Fruchtknoten, schizogene Harzgänge mit äther. Ölen, Petroselinsäure, Gummiharzen.
Umbelliferae [Mz.; v. *umbell-, lat. -fer = -tragend], die ↗Doldenblütler.

Umbelliferon s [v. *umbell-, lat. -fer = -tragend], *Hydrangin, 7-Hydroxycumarin*, im Pflanzenreich weit verbreitetes Cumarin-Derivat, das v. a. bei Doldenblütlern *(Umbelliferae)*, aber auch in der Rinde v. Seidelbast, in den Früchten v. Koriander, den Wurzeln der Tollkirsche, in Kamillenöl, Hortensien, Möhren usw. gefunden wird. U. absorbiert UV-Strahlung u. wird daher äußerl. als Sonnenschutzmittel sowie als Fluoreszenzindikator verwendet.

Umbelliflorae [Mz.; v. *umbell-, lat. flores = Blumen, Blüten], die ↗ Umbellales.

Umbellula w [v. *umbell-], Gatt. der ↗ Seefedern, die ausschl. Tiefseearten umfaßt; charakterist. ist die wirtelige Anordnung der Sekundärpolypen. *U. antarctica* lebt in der Antarktis bis 5000 m Tiefe; die roten Polypen sitzen nur am freien Ende der ca. 2,3 m langen Kolonie.

Umberfische [v. lat. umbra = Äsche (Fisch)], *Sciaenidae*, Fam. der ↗ Barschfische mit ca. 30 Gatt. und 200 Arten; haben meist seitl. zusammengedrückten Körper mit dünnen Kammschuppen, tief eingeschnittene Rückenflosse, am Kinn große Schleimporen u. oft Barteln, große Gehörsteine (↗ Otolithen) u. eine große, mit Anhängen versehene Schwimmblase. U. können durch bes., die Schwimmblase in Schwingungen versetzende Muskeln laute, trommelnde, quakende, knarrende od. grunzende Laute erzeugen, die bes. intensiv zur Balzzeit während der 1. Nachthälfte zu hören sind. Sie leben überwiegend im Küstenbereich trop. und gemäßigter Meere, wenige Arten auch im Süßwasser; die meisten sind gute Speisefische. – Im Mittelmeer und O-Atlantik kommen über sand. oder schlamm. Grund der ca. 40 cm lange U. oder Schattenfisch *(Sciaena cirrhosa)*, über Felsgrund der über 40 cm lange Seerabe *(Corvina nigra)* u. über sand.-fels. Grund der meist um 70 cm, doch bis 1,8 m lange Adlerfisch *(Johnius hololepidotus,* B Fische VI) vor; eine westatlant. Art ist der bis 3 m lange, gedrungene, muschelfressende Trommelfisch *(Pogonias chromis)*. Der bis 1,2 m lange Süßwassertrommelfisch *(Aplodinotus grunniens,* B Fische XII) lebt nur in Flüssen u. Seen Mittel- und N-Amerikas. Keine Schwimmblase besitzen die an beiden amerikan. Küsten heimischen Stummen U. (Gatt. *Menticirrhus*). – Große u. muschelfressende Arten gibt es auch bei den nah verwandten Meerbrassen, z. B. der bis 1,3 m lange, vor der afr. Küste lebende Muschelknacker *(Cymatoceps nasutus)*.

umbilical [v. *umbilic-], *umbilikal*, Bez. für die bei Ammoniten (↗ *Ammonoidea)* dem Nabel zugewandte Seite eines Umgangs.

Umbilicalgefäße [v. *umbilic-] ↗ Nabelschnur. [lantoiskreislauf.]

Umbilicalkreislauf [v. *umbilic-], der ↗ Al-

Umbilicallobus m [v. *umbilic-, gr. lobos = Lappen], *Umschlaglobus*, heißen jene

umbell- [v. lat. umbella = Schatten, Schirm].

umbilic- [v. lat. umbilicus = Nabel; umbilicaris = zum Nabel gehörend, Nabel-].

Umfallkrankheiten
Erreger (Auswahl):
Pythium-Arten
(an Nutz- u. Zierpflanzen u. Getreide)
↗ *Phytophthora*-Arten
(z. B. *P. nicotianae* var. *parasitica;* an Tabak, Tomate, Avocado, Ananas, Baumwolle)
Aphanomyces cochlioides
(an Zuckerrübe)
↗ *Olpidium brassicae*
(an Kohl u. a. Kreuzblütlern)
↗ *Rhizoctonia solani*
(an Kohl u. a. Kreuzblütlern)
↗ *Phoma betae*
(an *Beta-*Rüben)

Teile der ↗ Lobenlinie (☐) v. Ammoniten (↗ *Ammonoidea),* die aus dem ↗ Internsattel hervorgegangen sind u. in der Nähe des ↗ Umbilicus liegen.

Umbilicaria w [v. *umbilic-], *Kreisflechte,* Gatt. der ↗ Umbilicariaceae, ↗ Nabelflechten.

Umbilicariaceae [Mz.; v. *umbilic-], Fam. der ↗ Lecanorales mit 2 Gatt., weißgraue bis schwarze od. braune Laubflechten, mit einem Nabel am Substrat festgewachsen (↗ Nabelflechten); Apothecien schwarz, lecidein, mit einzelligen, quersepierten od. mauerartig vielzelligen, farblosen bis braunen Sporen; Lagerunterseite mit Rhizinen bedeckt od. kahl. Silicatbewohner, meist an licht- u. windoffenen Felsen höherer Lagen, kosmopolitisch, v. a. in kalten u. gemäßigten Zonen. Gatt. *Umbilicaria* (Kreisflechte, 45 Arten), in Mitteleuropa verbreitet z. B. *U. cylindrica, U. polyphylla*. Eine weitere bekannte Gatt. ist *Lasallia*, die ↗ Pustelflechte.

Umbilicariineae [Mz.; v. *umbilic-], U.-Ord. der ↗ Lecanorales mit der einzigen Fam. ↗ *Umbilicariaceae.*

umbilicat [v. lat. umbilicatus = nabelförmig], *genabelt*, z. B. Flechtenlager der Gatt. *Umbilicaria* mit nabelartiger Befestigung am Substrat (↗ Nabelflechten).

Umbilicus m [lat., = Nabel], 1) der ↗ Nabel bei Säugern. 2) der Nabel des Schneckengehäuses (☐ Schnecken), stellt die Öffnung der hohlen ↗ Spindel an der Gehäusebasis dar.

Umbo m [Mz. *Umbonen;* lat., = Schildbuckel, Knauf], der Wirbel der Muschel-↗ Schale (↗ Muscheln); während der Larvalentwicklung wird zunächst eine einheitl., später median abknickende Schale angelegt, die den ältesten Teil des U. bildet u. sich durch konzentrisches u. Dickenwachstum vergrößert u. verstärkt.

umbonal [v. lat. umbo = Schildbuckel], v. Wedekind eingeführter falscher Terminus, recte: ↗ umbilical.

Umbonium s [v. lat. umbo = Schildbuckel], Gatt. der ↗ Kreiselschnecken mit kreisel- bis linsenförm., glänzend-glattem Gehäuse, Nabel v. einer Schwiele bedeckt; einige sich strudelnd ernährende Arten auf Sandböden des Indopazifik. *U. giganteum* erreicht 4,5 cm Gehäuse-∅ und ist bei Japan in 5–30 m Tiefe häufig.

Umbraculum s [lat., = Schattendach], Gatt. der ↗ Schirmschnecken.

Umbridae [Mz.; v. lat. umbra = Äsche], die ↗ Hundsfische.

Umdifferenzierung, die ↗ Metaplasie.

Umfallkrankheiten, häufigste u. typische ↗ Keimlingskrankheiten v. Pflanzen. Erreger sind verschiedene Bodenpilze (vgl. Tab.). Angegriffen wird ausschl. das Hypokotyl in der Nähe der Bodenoberfläche; durch hydrolysierende Enzyme wird das Gewebe zerstört; es wird zuerst glasigwäßrig u. vertrocknet dann unter braun-

schwarzer Verfärbung. Der Keimling knickt dadurch an der Infektionsstelle um. Ältere Pflanzen sind gg. den Pilzbefall resistent.
Umkippen eines Gewässers ↗Eutrophierung, ↗Selbstreinigung.
umorientiertes Verhalten, *umorientierte Bewegung,* Wahl eines eigtl. inadäquaten, aber keine Hemmung verursachenden Verhaltensobjekts im Konfliktfall, z. B. der Angriff auf ein unbeteiligtes drittes Tier, wenn der eigtl. Gegner zu viel Angst verursacht. Das u. V. muß von der *Ersatzhandlung* unterschieden werden, die durch das Fehlen adäquater Verhaltensobjekte zustandekommt. ↗Ersatzobjekt, ↗Konfliktverhalten.
UMP, Abk. für ↗Uridinmonophosphat.
Umsatz, allg. Bez. für die Dynamik biol. Vorgänge auf dem Niveau der Zelle, des gesamten Organismus od. ganzer Populationen (vgl. Spaltentext). Quantitativ wird der U. über die Bestimmung von *U.raten* (Masse pro Zeit) und *U.zeiten* (gesamte Zeit für den U.) ermittelt. [men.
Umsatzzahl, die Wechselzahl v. ↗Enzy-
Umschlag, 1) bei Ammoniten *(↗Ammonoidea)* der v. Naht zu Naht reichende „umgeschlagene" Teil der Gehäusespirale, an dem sich die Windungen berühren. 2) bei Arthropoden der nach ventral umgebogene Teil des Dorsalschildes.
Umschlaglobus *m,* der ↗Umbilicallobus.
Umstimmung, 1) Beeinflussung des vegetativen Nervensystems durch äußere Mittel (Bäder) od. Medikamente in der Medizin. **2)** Veränderung der das Verhalten bestimmenden ↗Bereitschaft durch äußere od. innere Einflüsse in der ↗Ethologie. Bes. klar wurde die U. experimentell bei Hirnreizversuchen (u.a. von W. R. ↗Hess und E. v. ↗Holst) demonstriert, in denen durch elektr. Reizung verschiedener Zwischenhirnregionen (Katze, Huhn) willkürl. von der ↗Aggressions-Bereitschaft zur Futtersuche usw. gewechselt werden konnte.
Umtrieb, 1) Forstwirtschaft: Bez. für die als wirtschaftl. vorteilhaft erachtete Zeitspanne *(U.szeit)* zw. der Begründung eines ↗Bestands u. der Ernte bzw. bis zum Abholzen des Unterholzes im ↗Mittelwald. Der U. richtet sich nach dem natürl. erreichbaren Lebensalter der jeweiligen Baumart, dem Standort und betriebswirtschaftl. Gesichtspunkten (z. B. höchster jährl. Reinertrag, höchste Bodenrendite); er beträgt z. B. bei der Pappel 40–60 Jahre, bei Fichte/Tanne 80–100, bei Ahorn/Buche/Lärche/Kiefer 120–140, bei Eiche 180–300 Jahre. Die U.szeit im ↗Niederwald beträgt 5–30, für das Unterholz im Mittelwald 15–30 Jahre. **2)** Landw.: Bez. für die „Nutzungsdauer" von Pflanzen- od. Viehbeständen; beträgt z. B. für Erdbeeranlagen 2 Jahre, Rebanlagen 30–50, Kaffeeplantagen 20–30, Teeplantagen 10–15, Milchviehherde 5–6 Jahre, Hühner in „Legebatterien" 1–2 Jahre. **3)** Nutzungsperiode einer ↗Umtriebsweide.

Umsatz
Beispiele sind die U.raten v. Stoffen *(Stoff-U.)* im Zustand des ↗dynamischen Gleichgewichts od. Fließgleichgewichts (↗„turnover-Raten"), bestimmbar über deren Halbwertszeiten (nach Markierung mit Radioisotopen; ↗biologische Halbwertszeit, ↗Indikator, ↗Isotope), der ↗Energie-U. in Abhängigkeit v. verschiedenen biotischen u. abiotischen Faktoren u. die U.raten v. Populationen (massenspezif. ↗Produktivität), bestimmbar als Anteil der bestehenden ↗Biomasse, die pro Jahr umgesetzt werden muß, damit sich eine Population im Gleichgewicht hält. U.bestimmungen sind somit v. großer Bedeutung in der ↗Stoffwechselphysiologie, ↗Ernährungsphysiologie u. ↗Ökologie. ↗chemisches Gleichgewicht, ↗Massenwirkungsgesetz; ↗Energieflußdiagramm (|_|), ↗Energiepyramide, ↗Nahrungspyramide (□), ↗ökologische Effizienz (T).

Umtriebsweide, *Koppelweide,* Weidenutzungssystem, bei dem durch Unterteilung der Weidefläche in ca. 6–12 umzäunte Felder *(Koppeln)* und umschichtiges Beweiden eine rationale Bestandesausnutzung u. Wuchserneuerung erzielt wird. Durch die kurzfristig höhere Nutzungsintensität der Teilfläche wird der selektive Fraß des Weideviehs durch den höheren Beweidungsdruck eingeschränkt. Nach Abschluß der Beweidung werden die Weideunkräuter in Nachmahd beseitigt; es tritt dann eine Ruhepause ein, in der sich wertvolle Futterpflanzen bis zum nächsten Auftrieb erholen können. ↗Weide.
Umwelt, *Milieu,* erstmals von J. v. ↗Uexküll 1921 gebrauchter Begriff der ↗Ökologie. Eine allg., für jeden biol. Zusammenhang gültige Definition von U. kann es kaum geben (Friederichs), weil der Terminus in verschiedener Dimension gebraucht wird. 1. *psychologische U.* (Merkwelt im Sinne Uexkülls): die vom Organismus durch seine Sinnesorgane wahrgenommene U. 2. *minimale U.:* die für die Existenz des Organismus lebensnotwendigen Faktoren. 3. *physiologische U.:* Komplex der direkt auf den Organismus wirkenden Faktoren (ähnl. die „Wirkwelt" v. Uexkülls = Umgebungskomponenten, mit denen ein Lebewesen aktiv in Beziehung tritt). 4. *ökologische U.:* Summe der direkt und indirekt wirkenden Faktoren. 5. *kosmische U.:* alle Faktoren des Weltzusammenhanges, die – wenn auch auf vielen Umwegen – auf Organismen wirken. Die U. kann weiterhin nicht nur auf Individuen, sondern auch auf Populationen u. Biozönosen bezogen sein.
Umweltbelastung, negativer Einfluß (↗Belastung) menschl. Aktionen auf Biozönosen u. Biosphäre, nicht zuletzt mit Rückwirkung auf den Menschen selbst (↗Holozän, ↗Umweltkrankheiten). Bes. gravierend sind im Luftraum (↗Luftverschmutzung) Ansammlungen von ↗Kohlendioxid mit der Konsequenz der Temp.-Steigerung (↗Glashauseffekt, ↗Klima), auf dem Lande die Ansammlung nicht recyclierter (↗Abfallverwertung) od. nicht recyclierbarer Abfälle (↗Abbau, ↗abbauresistente Stoffe, ↗Abfall), im Meer die Belastung durch Öl (↗Ölpest), im Süßwasser die ↗Eutrophierung (↗Selbstreinigung) infolge ↗Düngung u. ↗Abwässer (↗Wasserverschmutzung). ↗Umweltgifte, ↗Schadstoffe, ↗Kontamination, ↗Strahlenbelastung, ↗Waldsterben, ↗Bioindikatoren, ↗ökolog. Gleichgewicht, ↗Stabilität; ↗Umweltschutz, ↗Naturschutz.
Umweltbiologie, die ↗Ökologie.
Umweltfaktoren, die ↗ökologischen Faktoren.
Umweltgifte, *Umweltnoxen,* ↗Gifte, die im allg. durch menschl. Tätigkeit in die Umwelt gelangen u. pflanzl. sowie tier. Organismen u. den Menschen schädigen können (↗Umweltbelastung). ↗Schadstoffe.

Umweltkrankheiten, Krankheiten, die durch mittelbare od. unmittelbare Einwirkungen v. Noxen in der Umwelt (↗Umweltgifte) auf den menschl. Organismus hervorgerufen werden; z. B. ↗Itai-Itai-Krankheit, ↗Minamata-Krankheit. ↗MAK-Wert (T).

Umweltmedizin, neuerer Teilbereich der Medizin, befaßt sich mit den Auswirkungen der ↗Umweltbelastungen auf den menschl. Organismus. ↗Umweltkrankheiten, ↗MAK-Wert (T).

Umweltschutz, umfaßt alle Maßnahmen, die nötig sind, um einen dauernden u. natürl. Fortbestand aller Lebewesen zu garantieren u. die den Menschen ein gesundes, menschenwürdiges Dasein sichern. Aufgabe des U.es ist es u. a. auch, Schäden, die bereits durch unbedachte oder ausbeuterische Eingriffe in die Natur entstanden sind, zu beheben u. zukünftig rechtzeitig zu verhindern. ↗Umweltbelastung, ↗Naturschutz.

Umweltverschmutzung ↗Umweltbelastung. [sche Regel.

Unabhängigkeitsregel, die 3. ↗Mendel-

Unau [v. Tupí], *Choloepus didactylus*, ↗Faultiere (T).

unbedingte Reaktion, auf einer ↗angeborenen Verknüpfung v. Reizen mit Handlungen beruhende, nicht v. individueller Erfahrung abhängige Reaktion eines Tieres. ↗Lernen, ↗bedingte Aktion.

unbedingter Reflex, auf einer ↗angeborenen neuronalen Schaltung beruhender, nicht durch ↗Lernen entstandener ↗Reflex. ↗Konditionierung, ↗bedingter Reflex.

unbedingter Reiz, ein angeborenermaßen mit einer bestimmten Reaktion verknüpfter Reiz (↗Schlüsselreiz), ohne daß individuelle Erfahrung nötig wäre. Der Begriff stammt aus der klassischen ↗Konditionierung (↗Behaviorismus). ↗bedingter Reiz, ↗Lernen (B).

Uncaria *w* [v. lat. uncus = Haken], Gatt. der ↗Krappgewächse.

Uncia *w* [lat., = Unze], Gatt. der Großkatzen; ↗Schneeleopard.

Uncinais *w* [v. lat. uncus = Haken, gr. Naïs = Najade], Ringelwurm-(Oligochaeten-)Gattung der ↗*Naididae*. *U. uncinata*, 5–18 mm lang, Vorderkörper mit gelbbraunen Flecken od. Querstreifen; im Grundschlamm, an Wasserpflanzen u. frei schwimmend; Süß-, Brack- u. Meerwasser.

Uncinula *w* [v. lat. uncinus = Widerhaken], Gatt. der ↗Echten Mehltaupilze (T); ↗Rebenmehltau.

Uncites *m* [v. lat. uncus = Haken], (Defrance 1825), † Gatt. articulater ↗Brachiopoden mit rostrumartig verlängertem Wirbel der Stielklappe. Verbreitung: mittleres Devon v. Europa u. Asien.

uncoating *s* [ankoʊtɪŋ; engl., = Entkleidung], Freisetzen der Virusnucleinsäure nach Infektion einer Zelle. ↗Virusinfektion.

uni- [v. lat. unus = ein].

Undaria *w* [v. lat. unda = Welle], Gatt. der ↗Laminariales.

undulierende Membran *w* [v. lat. undula = kleine Welle, membrana = Häutchen], wellenförmig bewegl. Band auf der Oberfläche mancher Einzeller (Flagellaten, Ciliaten); bei Flagellaten wird sie v. der am Zellkörper entlangziehenden Geißel od. von einer Pelliculafalte, in der die Geißel schlägt, gebildet u. steht im Dienst der Fortbewegung; bei vielen Ciliaten besteht sie aus sehr dicht stehenden Cilien u. dient dem Herbeistrudeln v. Nahrung. ☐ Hymenostomata, ☐ Trypanosoma.

Undulipodien [Mz.; v. lat. undula = kleine Welle, gr. podion = Füßchen] ↗Cilien.

Unfruchtbarkeit, *Infertilität*, ↗Impotenz, ↗Sterilität.

Ungarkappe, *Capulus hungaricus*, ↗Capulus.

ungesättigte Fettsäuren ↗Fettsäuren.

ungesättigte Kohlenwasserstoffe ↗Kohlenwasserstoffe, ↗Doppelbindung.

ungeschlechtliche Fortpflanzung, die ↗asexuelle Fortpflanzung; ↗Fortpflanzung.

Ungka, *Hylobates agilis*, ↗Gibbons (T).

Ungleichflügler, *Anisoptera*, U.-Ord. der ↗Libellen (T).

Ungleichmuskler, die ↗Anisomyaria.

Ungräser ↗Unkräuter.

Unguiculata [Mz.; v. lat. unguiculus = kleine Kralle], (Linnaeus 1766), v. Simpson (1945) wieder eingeführtes, jedoch umstrittenes Taxon („cohort"), in dem die Ord. *Insectivora, Dermoptera, Chiroptera, Primates, Tillodontia, Taeniodonta, Edentata* u. *Pholidota* zusammengefaßt werden.

Unguis *m* [lat., = Nagel, Kralle], 1) der ↗Nagel (↗Fingernagel); 2) die ↗Klaue 2), ↗Extremitäten (☐).

Ungula *w* [lat., =], der ↗Huf.

Ungulata [Mz.; v. lat. ungulatus = mit Hufen ausgestattet], die ↗Huftiere.

Unguligrada [Mz.; v. lat. ungula = Klaue, Huf, gradi = schreiten], *Zehenspitzengänger, Spitzengänger*, Sammelbez. für Säuger, die sich bei der Fortbewegung nur mit den Spitzen der vordersten Phalangen (Finger-, Zehenknochen) aufstützen. Diese sind v. einem Hornschuh (↗Huf) umgeben. Zu den U. gehören die als ↗Huftiere zusammengefaßten Paarzeher (↗Paarhufer) u. Unpaarzeher (↗Unpaarhufer). ↗Digitigrada, ↗Plantigrada.

Unicornis *m* [lat., =], das ↗Einhorn.

unifazial [v. *uni-, lat. facies = Gesicht], heißt der Bau v. Blättern, deren Blattspreite nur aus der Unterseite der Blattanlage entsteht. Beispiele: Iris, Allium-Arten, Binsen-Arten. Ggs.: bifazial, äquifazial. ↗Blatt.

Uniformitarianismus *m* [v. lat. uniformitas = Einförmigkeit], (Ager 1963), das Prinzip, geolog. und biolog. Abläufe in der Ggw. mit denen der Vergangenheit gleichzusetzen. ↗Aktualitätsprinzip, ↗Aktuopaläontologie.

UNKRÄUTER

1 Acker-Rittersporn *(Consolida regalis)*; **2** Rauhhaarige Wicke *(Vicia hirsuta)*; **3** Klebkraut *(Galium aparine)*; **4** Weißer Gänsefuß *(Chenopodium album)*; **5** Klatsch-Mohn *(Papaver rhoeas)*; **6** Hederich *(Raphanus raphanistrum)*; **7** Behaartes Franzosenkraut *(Galinsoga ciliata)*; **8** Winden-Knöterich *(Polygonum convolvulus)*; **9** Acker-Senf *(Sinapis arvensis)*; **10** Acker-Winde *(Convolvulus arvensis)*; **11** Acker-Hellerkraut *(Thlaspi arvense)*; **12** Floh-Knöterich *(Polygonum persicaria)*; **13** Acker-Stiefmütterchen *(Viola arvensis)*; **14** Gemeiner Hohlzahn *(Galeopsis tetrahit)*; **15** Acker-Kratzdistel *(Cirsium arvense)*

Uniformitätsregel

Uniformitätsregel [v. lat. uniformitas = Einförmigkeit], die 1. ↗Mendelsche Regel.
Unio *m* [lat., = große Perle], Gatt. der ↗Flußmuscheln.
Unionicola *w* [v. *unio-, lat. -cola = Bewohner], die ↗Muschelmilben.
Unionidae [Mz.; v. *unio-], die ↗Flußmuscheln.
Unionoidea [Mz.; v. *unio-], *Najaden*, Überfam. der U.-Ord. ↗Spaltzähner, Blattkiemenmuscheln v. mittlerer bis beträchtl. Größe (bis 30 cm); Schalen innen perlmuttrig; 2 Schließmuskeln u. Mantellinie ohne Bucht; Brutraume an den Kiemen; getrenntgeschlechtl., ovovivipare Tiere, die ↗Glochidien freisetzen. Zu den *U.* gehören 4 Fam. mit ca. 1000 Arten, v. a. die ↗Fluß- u. ↗Flußperlmuscheln.
Uniport *m* [v. *uni-, lat. portare = tragen], eine Form des spezif. ↗Membrantransports (☐), bei der nur ein Molekül (Ion) allein durch eine ↗Membran (☐) transportiert wird (z. B. der Transport v. Glucose in Erythrocyten). Diese katalysierte od. erleichterte ↗Diffusion kann nur zu einem Konzentrationsausgleich zw. den beiden durch die Membran getrennten Kompartimenten führen.
unit membrane [junit membräⁱn; engl., =], *Einheitsmembran*, die ↗Membran 2).
Unitunicatae [Mz.; v. *uni-, lat. tunicatus = bekleidet], Ordnungsgruppe der eutunicaten Schlauchpilze (↗*Eutunicatae*), deren Ascuswand homogen erscheint. Nach dem Öffnungsmechanismus der Asci werden 2 Typen unterschieden: beim operculaten Ascus (= *U.-Operculatae*) entwickelt sich am Ascusscheitel ein Deckel (Operculum), der sich beim Ausschleudern der Ascosporen öffnet; beim inoperculaten Ascus (= *U.-Inoperculatae*) wird am Scheitel ein bes. „Apikalapparat" ausgebildet, am reifen Ascus reißt mit Zunahme des Innendrucks das „Scheitelkissen" (kein Deckel) ab, od. der Ascus öffnet sich durch Lyse. – Flechtenpilze haben meist unitunicate Asci.
Unitunicatae-Operculatae [Mz.; v. *uni-, lat. tunicatus = bekleidet, operculatus = mit einem Deckel verschlossen], ↗Unitunicatae, ↗Operculatae.
Univalent *s* [v. *uni-, lat. valere = wert sein], Chromosom, das in der Prophase der ↗Meiose (B) z. B. aufgrund v. ↗Asynapsis od. Monosomie (↗Aneuploidie) ungepaart bleibt, im Ggs. zu den Paarungsverbänden (↗Chromosomenpaarung) der ↗Bi- od. ↗Multivalente.
univoltin [v. *uni-, it. volta = Mal] ↗monovoltin.
univor [v. *uni-, lat. vorare = fressen] ↗monophag.
Unken [Mz.; v. ahd. unc = Schlange], *Feuerbauchkröten*, *Bombina*, *Bombinator*, Gatt. der ↗Scheibenzüngler; 6 Arten mit krötenähnl. Habitus. Der Rücken ist meist unscheinbar grau-braun od. grünlich mit körnig-warziger Haut, die Ventralseite leuchtend gelb bis rot gemustert. Diese Warnfarben werden in der als ↗*U.reflex* bezeichneten Schreckhaltung einem mögl. Räuber präsentiert. Die Hautsekrete der U. enthalten eine Reihe verschiedener Gifte (↗Krötengifte); dennoch werden U. gelegentlich die Beute v. Schlangen od. gr. Wasserfröschen. U. leben vorwiegend aquatisch u. tagaktiv. Balzende ♂♂ treiben an der Wasseroberfläche u. lassen ihre dumpf glockenart. Rufe hören. Als wärmeliebende Tiere besiedeln sie nur gut besonnte Gewässer. Bei der Paarung wird das ♀ in der Lendenregion geklammert (↗Klammerreflex; ☐ Froschlurche), u. die Eier werden in kleinen Portionen an Wasserpflanzen od., bei *B. orientalis* (s. u.), an die Unterseite „hohl liegender" Steine in Bergbächen geheftet. Die kalte Jahreszeit verbringen die U. außerhalb des Wassers verborgen in gut drainierten, lockeren Böden. Die eur. U. sind die nach der ↗Roten Liste „vom Aussterben bedrohte" Rotbauch- od. Tiefland-U. *(B. bombina)* u. die „gefährdete" Gelbbauch- od. Berg-U. (*B. variegata*; B Amphibien II). Die Rotbauch-U. ist die östl. Art; sie bevorzugt größere, pflanzenreiche Teiche u. Seen. Die Berg-U. ist die westl. Art; sie bevorzugt gut besonnte, pflanzenarme Gewässer u. laicht selbst in kleinsten Pfützen auf Waldwegen u. ä. Die Verbreitungsgrenze beider Arten ist in N-Dtl. die Elbe. Im S von Polen u. in Östr. gibt es Mischpopulationen u. stellenweise kleine Hybridzonen. Von den oriental. Arten werden zuweilen die chin. Riesen-U. *(B. maxima)* u. die oriental. Rotbauch-U. *(B. orientalis),* eine bes. hübsche Art mit smaragdgrün u. schwarz gemusterter Rückenseite u. leuchtend rot gemustertem Bauch, als leicht zu haltende u. nachzuzüchtende Terrarientiere eingeführt. Im Terrarium aufgezogene U. entwickeln meist nur gelbe Bäuche, wenn man dem Futter nicht bestimmte Carotinoide, z. B. ↗Canthaxanthin, beimischt.
Unkenfrosch, *Adelotus brevis*, ↗Adelotus.
Unkenreflex, charakterist. Schutzstellung mancher Frosch- (nicht nur der ↗Unken) und einzelner Schwanzlurche, bei der das Kreuz krampfartig hohl gehalten u. die farbige Bauchseite präsentiert wird.
Unkrautbekämpfungsmittel, die ↗Herbizide.
Unkräuter, anthropozentrisch-wirtschaftsorientierte Bez. für Pflanzen, die „unerwünscht" sind. Als U. bezeichnete Wildkräuter sind nicht auf Landbau (z. B. ↗Getreide-U.) u. Gartenbau (↗Garten-U.) beschränkt; auch in der Forstwirtschaft gibt es „unliebsame" Pflanzen, z. B. die verjüngungshemmenden, dichten Rasen der Seegras-↗Segge. Von weltweiter Bedeutung aber sind die U. dort, wo sie mit ↗Kulturpflanzen in Konkurrenz treten u. von deren optimaler Nährstoffversorgung

---

uni- [v. lat. unus = ein].

unio- [v. lat. unio, Mz. uniones = große Perle].

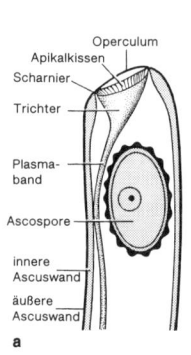

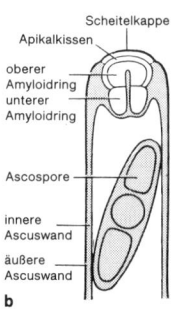

Unitunicatae
Scheitelregion **a** eines operculaten Ascus *(Lachnea hemisphaerica),* **b** eines inoperculaten Ascus *(Microglossum lutescens)*
(nach Chadefaud)

Labels (a): Operculum, Apikalkissen, Scharnier, Trichter, Plasmaband, Ascospore, innere Ascuswand, äußere Ascuswand

Labels (b): Scheitelkappe, Apikalkissen, oberer Amyloidring, unterer Amyloidring, Ascospore, innere Ascuswand, äußere Ascuswand

profitieren. Seit Jhh. bekämpft der Mensch sie mechan. durch Jäten, Hacken od. Pflügen; die chem. Bekämpfung begann 1900 mit ätzenden Düngesalzen u. wurde erst nach dem Zweiten Weltkrieg infolge der Entdeckung der Wuchsstoff-↗Herbizide intensiviert. So wurden u. werden durch Vernichtung der Platzräuber immer wieder kurzfristig Stellen geschaffen, die für ↗Therophyten siedlungsgünstig waren u. sind; dieser ↗Lebensform gehört denn auch die überwiegende Mehrzahl unserer ↗Acker-U. an. Trotz dieser ausgeprägten Anthropogenität spiegeln die Unkrautgesellschaften (↗Stellarietea mediae) in den meisten Gegenden noch sehr klar die standörtl. Differenzierung wider. In einigen Gebieten sind sie jedoch stark nivelliert und auf wenige "zähe", d. h. den verwendeten Herbiziden widerstehende Arten geschrumpft. – Man rechnet in Europa mit etwa 650 Arten von Acker-U.n (einschl. "Ungräsern"). Rund die Hälfte gehört zu den ohnehin sehr artenreichen Fam. der ↗Korbblütler, ↗Kreuzblütler, ↗Süßgräser u. ↗Nelkengewächse; interessant ist jedoch der überproportionale Anteil der ↗Gänsefußgewächse, ↗Fuchsschwanzgewächse u. Knöterichgewächse (↗Knöterichartige), Glieder der U.-Kl. *Caryophyllidae*, denn in dieser ist die Tendenz zur Salzfestigkeit (↗Halotoleranz) entwickelt – sicher eine gute ↗Präadaptation für stark gedüngte Standorte. – Bei den Unkrautarten sind 2 Strategien entwickelt. Die meisten sind sog. *Samen-U.,* Therophyten mit kurzer Generationsdauer und bis zu 3 Generationen pro Jahr. Ihre Samenproduktion ist außerordentl. hoch, eine kräftige Pflanze des Weißen ↗Gänsefußes kann 30 000 Samen produzieren. Dazu ist Langlebigkeit der Samen unter keimungshemmenden Bedingungen die Regel – 20 bis 40 Jahre sind keine Ausnahme, so daß im Boden stets ein Vorrat an ruhenden Diasporen vorhanden ist *("Samenbank", seed-bank).* Die andere Möglichkeit haben die sog. *Dauer-U.* entwickelt: Sie behaupten sich als ausdauernde Pflanzen dank stark u. rasch regenerierender unterird. Organe (als Rhizom- bzw. Wurzel-U.). Beispiele sind Kriechende ↗Quecke, Acker-Winde (↗Windengewächse) u. Acker-↗Kratzdistel. Da auch Rhizomfragmente mit Knoten austreiben können, werden solche Pflanzen durch schneidende u. rotierende Ackergeräte bei gelegentl. Einsatz relativ gefördert; bei häufigem Einsatz führen die Stoffverluste schließl. zum Tod der Pflanze. Sie sind v. den Witterungsbedingungen unabhängiger als die Therophyten, da sie bis zu 3 m tief wurzeln. Der Samenbank (seed-bank) entspr. hier eine *"Knospenbank" (bud-bank).* – Vom wirtschaftl. Standpunkt aus sind als *Nachteile* der U. alle Wirkungen des Wettbewerbs mit den Kulturpflanzen zu sehen: Entzug v. Nährstoffen, Licht u. Wasser. Schließl. sind manche U. Wirtspflanzen v. Kulturpflanzenschädlingen (z. B. wird Acker-↗Senf von *Plasmodiophora brassicae,* dem Erreger der ↗Kohlhernie, befallen). Die *Vorteile* lassen sich weniger quantitativ erfassen als etwa eine Ertragsdepression: U. durchwurzeln u. beschatten den Boden zw. den Zeilen u. fördern Mikroorganismen u. Tiere (↗Bodenorganismen) u. die durch diese bewirkte Krümelstruktur; sie bewirken Erosionsschutz bei lange Zeit "offenen" Kulturen (wie Mais) u. bei Hangneigung. Grundsätzlich gilt: Wildpflanzen sind wichtige *Gen-Reservoire,* die in Hinblick auf zukünftige Nutzungsmöglichkeiten erhalten bleiben müssen. Eine ganze Reihe von U.n sind z. B. ↗Heilpflanzen (wie Echte ↗Kamille, ↗Huflattich, Acker-↗Schachtelhalm). Unser Kultur-↗Roggen ist als Unkraut aus dem Orient nach Mitteleuropa vorgedrungen u. hier erst unbewußt, dann bewußt gezüchtet worden (ähnl. der ↗Hafer). Durch ↗Saatgutreinigung u. zunehmend durch Herbizide sind eine Reihe von U.n heute zur bot. Seltenheit geworden. In der ↗Roten Liste ([T]) von Baden-Württemberg sind von den "ausgestorbenen" oder "vom Aussterben bedrohten" Arten ca. 25% "Unkräuter". Der Einsatz v. Herbiziden muß heute diskutiert werden, denn weder das ökolog. noch das wirtschaftl. Optimum sind bisher verwirklicht. ↗Adventivpflanzen, ↗Kulturfolger. [B] 291.

Unland ↗Ödland.

Unpaarhufer, *Unpaarzeher, Perissodactyla, Mesaxonia,* früher mit den ↗Paarhufern u. weiteren Ord. zu den ↗Huftieren gestellte Ord. der ↗Säugetiere, deren Vertreter sich parallel zu den Paarhufern zu reinen Pflanzenfressern entwickelt haben. Relativ große Tiere, die in Wald (Tapire) u. Savanne (Nashörner, Pferde) leben u. zu rascher Flucht fähig sind. In Anpassung daran sind Hand- u. Fußskelett verlängert, nur die Endglieder der Phalangen berühren den Boden (Zehenspitzengänger, unguligrade Fortbewegung; ↗Unguligrada) u. tragen ↗Hufe. Schlüsselbeine (Clavicula) fehlen, die Extremitäten bewegen sich nur in der Sagittalebene (☐ Achse). Typ. für die U. ist, daß die Achse des Hand- u. Fußskeletts durch den mittleren Strahl (3. Mittelhand- bzw. Mittelfußknochen u. 3. Finger bzw. Zehe) verläuft (daher der Name ↗*Mesaxonia* = Mittelachsentiere), der die Hauptlast des Körpers zu tragen hat und entspr. stark entwickelt ist. Die seitl. Strahlen sind mehr od. weniger stark zurückgebildet. Bei den Tapiren sind an der Vorderextremität 4 (2. bis 5. Finger, letzterer berührt den Boden nicht), an der Hinterextremität 3 (2. bis 4. Zehe) Strahlen erhalten, bei den Nashörnern an Vorder- u. Hinterextremität je 3, und bei den Pferdeartigen ist nur noch 1 Strahl (der 3.) erhalten *(Monodaktylie).* Zum Abrupfen der

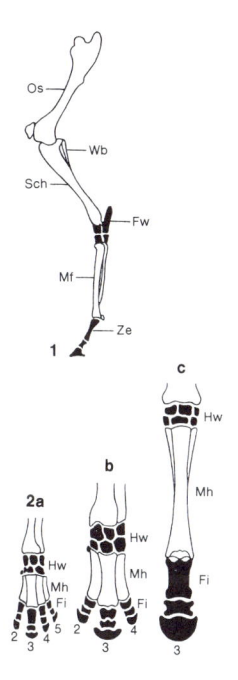

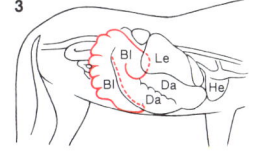

Unpaarhufer

1 Hinterextremität des Pferdes. Man beachte die Verlängerung des Fußes (mit Fußwurzelknochen, Mittelfußknochen u. Zehe) im Verhältnis zu Oberschenkel u. Unterschenkel (mit Schienbein u. Wadenbein).
2 linke Vorderextremität (Hand) von **a** Tapir, **b** Nashorn, **c** Pferd. Fi Finger (Phalangen), Fw Fußwurzelknochen (Tarsalia), Hw Handwurzelknochen (Carpalia), Mf Mittelfußknochen (Metatarsalia), Mh Mittelhandknochen (Metacarpalia), Os Oberschenkel (Femur), Sch Schienbein (Tibia), Wb Wadenbein (Fibula), Ze Zehen (Phalangen).
3 Eingeweide des Pferdes. Bl Blinddarm (farbig), Da aufsteigender u. absteigender Ast des Dickdarms (Colon), He Herz, Le Leber

Unterabteilung

Pflanzennahrung sind die ↗Lippen muskulös und bewegl., bei Tapiren ist die Oberlippe zu einem kurzen Rüssel entwickelt. Anpassungen an die Pflanzennahrung zeigen Gebiß u. Darmtrakt. Die Zähne sind wurzellos u. wachsen dauernd nach (↗hypsodont), so die Abnutzung durch die teils harte (silicathaltige) Grasnahrung ausgleichend. Vorbacken- u. Backenzähne sind gleichgestaltet (↗*Molarisierung* der Praemolaren), stehen in geschlossenen Reihen u. haben quadrat. Umriß. Bei den Tapiren mit Höckern (↗bunodont) versehen, entwickelt sich bei den Pferdeartigen ein typisches Leistenmuster auf den Backenzähnen (↗lophodont). Zwischen Backenzähnen u. Eckzähnen ist eine große Lücke (↗Diastema) ausgebildet, die Eckzähne sind nicht größer als die Schneidezähne, letztere sind kegel- od. meißelförmig u. fallen bei Nashörnern früh aus. Da Säugetiere keine ↗Cellulose-spaltenden Enzyme besitzen, erfolgt die Celluloseverdauung durch symbiontische Bakterien (↗celluloseabbauende Mikroorganismen, ↗Pansenbakterien, ↗Pansensymbiose) im ↗Blinddarm u. ↗Dickdarm; ersterer ist (bes. stark bei den Pferden) als große Fermentationskammer (↗Gärkammern) entwickelt. Eine Gallenblase fehlt. U. haben einen Uterus bicornis (↗Gebärmutter) u. bringen meist nur 1 Junges als ↗Nestflüchter zur Welt. Die ↗Milchdrüsen münden in 1 Paar ↗Zitzen im hinteren Bauchbereich. – Erste U. traten im Eozän in N-Amerika auf, drangen jedoch bald nach Eurasien u. Afrika vor. Im frühen Tertiär die dominierende Gruppe der „Huftiere", wurden die U. seit dem mittleren Oligozän durch die starke Entfaltung der Paarhufer zurückgedrängt. Von ehemals 15 Fam. von U.n sind heute nur noch folgende 3 Fam. erhalten: ↗Tapire (*Tapiridae*), ↗Nashörner (*Rhinocerotidae*) und ↗Pferde (*Equidae*) mit insgesamt nur 17 Arten in 9 Gatt., die sich auf Mittel- und S-Amerika, Asien u. Afrika (Nashörner) verteilen. [B] Pferde (Evolution) I–II, [B] Säugetiere.

Unterabteilung, *Subdivisio*, Zwischen-(Hilfs-)Kategorie der biol. ↗Klassifikation. In der Bot. [T] Nomenklatur) sind die Namen der U.en standardisiert durch die Endung -*phytina* (bzw. bei Pilzen -*mycotina*), z.B. bei den 3 U.en der *Spermatophyta* (↗Samenpflanzen): *Coniferophytina, Cycadophytina* u. *Magnoliophytina* (= *Angiospermae*). In der Zool. gilt als Äquivalent meist der ↗Unterstamm.

Unterarm ↗Zeugopodium; ↗Extremitäten.

Unterart, *Subspezies*, die ↗Rasse; ↗trinäre Nomenklatur.

Unterblatt, Bez. für den proximalen Teil der beiden Untergliederungen, in die sich die junge ↗Blattanlage schon früh differenziert. ↗Blatt (☐). Ggs.: Oberblatt.

Unterboden, der ↗B-Horizont; ↗Bodenhorizonte ([T]), ☐ Bodenprofil, [B] Bodentypen.

Unterernährung, *Mangelernährung, Denutrition, Hypotrophie, Hypoalimentation*, Gesundheitsstörung, die durch fehlende od. unzureichende ↗Ernährung, aber auch durch „zehrende Krankheiten" (Neoplasmen, Magengeschwüre, Tuberkulose), Resorptionsstörungen, endokrine Erkrankungen u. bakterielle Infekte (Ruhr, Cholera) hervorgerufen wird; tritt in ihrer akuten Form als ↗*Hunger* auf, während chronische U. (*Marasmus*) in großem Umfang in Katastrophengebieten u. unterentwickelten Ländern beobachtet wird. Zu U. führt auch die psychisch bedingte Nahrungsverweigerung (*Magersucht,* Anorexia nervosa). Bei längerem Ausbleiben einer tägl. *Vollwertkost* (bezogen auf den Menschen) von 2100–2800 kcal (8800–11700 kJ) (↗Energieumsatz, [T]) mit 4–6 g/kg Kohlenhydraten, 1–2,5 g/kg Protein (davon ⅔ Fleisch- und Milch-, ⅓ Pflanzenprotein), 1 g/kg Fett (vorwiegend ungesättigte pflanzl. Fette) u. Vitaminen kommt es zur U. Folge des anhaltenden Mangels an den Grundnahrungsmitteln ↗Kohlenhydrate, ↗Proteine (Eiweiße), ↗Fette (↗Nahrungsmittel, ☐) u. der damit verbundenen ungenügenden Zufuhr der für den ↗Stoffwechsel des Körpers nötigen „Kalorien" (↗Nährwert, ↗Brennwert) ist eine unausgeglichene Energiebilanz. Muskelprotein u. Fettgewebe werden eingeschmolzen, es kommt zu Wachstumsstillstand, Gewichtsabnahme (Hypotrophie), Einschränkung der körperl. Leistungsfähigkeit u. bei Frauen zum Ausbleiben der Menstruation (Amenorrhoe); ferner gehen Wasser u. Mineralstoffe verloren, die Glucosetoleranz ist herabgesetzt, das endokrine System ist gestört, u. es werden zu wenig Verdauungsenzyme produziert; Immunglobulinmangel erhöht allg. die Anfälligkeit für Infekte. Häufigste Form der U. in Entwicklungsländern ist Proteinmangel (↗Eiweißmangelkrankheit). Ausgedehnte Hungerödeme (abnorme Durchtränkung des Haut- u. Unterhautgewebes mit seröser Flüssigkeit) überdecken häufig die Gewichtsabnahme v. der Norm. Unzureichende Zufuhr v. Vitaminen führt zu Vitamin-↗Mangelkrankheiten (Avitaminosen, ↗Vitamine). Klinisch relevante Ursachen sind Resorptionsstörungen, Schädigung der Darmflora od. therapeutisch eingesetzte Vitamin-Antagonisten. Zur Zeit leiden etwa ⅔ der Menschheit an U. ↗Nahrungsmangel.

Unterfamilie, *Subfamilia*, wichtige Zwischen-Kategorie der biol. ↗Klassifikation, die v. a. bei Fam. mit vielen Gatt. zur Unterteilung verwendet wird. In der Bot. ([T] Nomenklatur) haben die Namen der U.en das Suffix (Endung) -*oideae* (z.B. *Mimosoideae* als U. der ↗Hülsenfrüchtler), in der Zool. -*inae* (z.B. *Felinae* = Echte ↗Katzen als U. der *Felidae* = Katzen). Zwischen U.

und Gatt. kann noch die Hilfs-Kategorie ↗Tribus eingeschoben werden.
untergärige Hefen, Unterhefen, ↗Bierhefe.
Untergattung, *Subgenus,* Zwischen-Kategorie der biol. ↗Klassifikation, v.a. zur Unterteilung artenreicher ↗Gattungen. Der Name der U. kann zw. runden Klammern mit im wiss. Namen einer Art stehen: ↗Sikahirsch = *Cervus (Sika) nippon.* (*Sika* ist eine der 5 U.en der Gatt. *Cervus* = Edelhirsche.)
Untergräser, niedrige, relativ halmarme, aber bodenblattreiche Gräser. Sie sind gg. häufige Mahd u. Beweidung unempfindl., da bei ihnen infolge der zahlr. Bodenblätter auch nach der Nutzung genügend Assimilationsfläche erhalten bleibt. Hierher gehören die Mehrzahl der Weidegräser sowie die den Narbenschluß bedingenden ausläufertreibenden Wiesen-U.; z.B. Wiesenrispengras, Ausläufer-Rotschwingel, Ausdauernder Lolch. ↗Obergräser.
Untergrund, *C-Horizont,* Bez. für das Grundgestein bzw. das Ausgangsmaterial, aus dem sich durch Verwitterung der Boden bildet. ↗Bodenhorizonte (T), □ Bodenprofil, B Bodentypen.
Unterhaar ↗Deckhaar.
Unterkiefer, 1) bei Gliederfüßern, die ↗Maxille. 2) unterer der beiden im ↗Kiefergelenk der Wirbeltiere u. des Menschen verbundenen Hebel. Der U. besteht entweder aus einem knorpeligen od. aus mehreren knöchernen Skelettelementen (↗Kiefer). Die Wirbeltieranatomie bezeichnet den (einzigen) U.knochen aller Säuger als ↗Dentale, in der Humananatomie heißt der U.knochen des Menschen ↗Mandibel. □ Schädel, B Skelett.
Unterkieferdrüsen, *Glandulae submandibulares, G. submaxillares,* paarige ↗Speicheldrüsen bei Säugern, von Größe u. Form einer Roßkastanie. Die U. liegen beidseits mit ihren Außenflächen etwa dem Hinterende der Unterkieferschenkel an u. sind zw. diese u. die Mundbodenmuskulatur eingebettet, nur durch den breiten Mundbodenmuskel (Musculus mylohyoideus) von der unpaaren Unterzungenspeicheldrüse (↗Unterzungendrüse) getrennt. Die etwa streichholzdicken langen Ausführgänge ziehen v. der Oberseite der Drüsenkörper unmittelbar unter der Mundbodenschleimhaut nach vorn u. münden, meist gemeinsam mit dem Hauptausführgang der Unterzungendrüse, auf einer Papille (Papilla salivaria sublingualis) unter der Zunge vor dem Zungenbändchen in die Mundhöhle. Die U. setzt sich mosaikartig etwa zu gleichen Teilen aus serösen u. mucösen Anteilen zus., deren erstere einen dünnflüssigen, enzymreichen Speichel erzeugen (↗Ohrspeicheldrüse), während die letzteren einen zäh-schleimigen, mucinreichen Speichel absondern. ↗Drüsen.
Unterkiefergesetz, (J. Weigelt 1927), bezeichnet die statist. Erfahrung, daß sich v.

Untergattung
Jeweils *eine* der U.en muß *denselben* Namen tragen wie die unterteilte Gatt., und zwar diejenige U., zu der die für die gesamte Gatt. typische Art gehört: z.B. die Weinbergschnecke *Helix (Helix) pomatia.*

im Wasser driftenden Wirbeltierleichen – mit Ausnahme der Vögel – zuerst der Unterkiefer ablöst; im fossilen Fundgut steht er in der Häufigkeit v. Skelettresten nach Einzelzähnen an 2. Stelle.
Unterkinn, *Submentum,* ↗Mundwerkzeuge, ↗Postmentum.
Unterklasse, *Subclassis,* Zwischen-Kategorie der biol. ↗Klassifikation zw. Ordnung (bzw. Überordnung) u. Klasse, z.B. in der Bot. die *Rosidae* innerhalb der Kl. *Dicotyledonae.* T Nomenklatur.
Unterkühlung, Absinken der ↗Körpertemperatur unter den normalen Wert. ↗Hypothermie (Spaltentext), ↗Temperaturregulation, ↗Winterschlaf.
Unterlage, Bez. für die gutwüchsige, häufig auch resistentere Pflanze, auf die bei der ↗Pfropfung (□) das ↗Edelreis transplantiert wird. ↗Veredelung.
Unterleib, das ↗Abdomen 2).
Unterlippe, 1) *Labium inferius,* ↗Lippen; 2) das ↗Labium 2), ↗Mundwerkzeuge.
Unterordnung, *Subordo,* Zwischen-Kategorie der biol. ↗Klassifikation zw. Familie (bzw. Überfamilie) u. Ordnung. In der Bot. enden die Namen standardisiert auf *-ineae.* In der Zool. handelt es sich wie bei der ↗Unterklasse meist um eine „praktische" Zweiteilung, z.B. der Ord. *Primates* = ↗Herrentiere in die beiden U.en *Prosimiae* (↗Halbaffen) u. *Simiae* (= *Anthropoidea* = ↗Affen). Oft ist eine der beiden U.en paraphyletisch.
Unterreich, *Subregnum,* eine bes. hochrangige Zwischen-Kategorie der biol. ↗Klassifikation zw. Reich u. Stamm, z.B. die Einteilung der Tiere in *Protozoa* u. *Metazoa.* [mitäten.
Unterschenkel ↗Zeugopodium; ↗Extre-
Unterschiedsschwelle, der individuell gerade noch merkbare Unterschied zw. zwei ↗Reizen derselben Sinnes-↗Modalität. ↗Weber-Fechnersches Gesetz.
Unterschlundganglion, *Suboesophagealganglion,* der die ↗Mundwerkzeuge innervierende ↗Gehirn-Teil bei Gliedertieren, bestehend aus den Ganglien des Mandibel-, 1. Maxillen- u. Labialsegments (bei Insekten u. Tausendfüßern). Bei Spinnentieren ist dieses die unter dem Oesophagus liegende Unterschlundmasse, die mit dem Pedipalpenganglion insgesamt die Neuromeren 2–8 beinhaltet, d.h. auch die Ganglien aller Laufbeine. ↗Oberschlundganglion, ↗Insekten (□).
Unterstamm, *Subphylum,* Zwischen-Kategorie der zool. ↗Klassifikation zur Untergliederung v. Stämmen, z.B. der *Arthropoda* (Gliederfüßer) in *Amandibulata* u. *Mandibulata.*
Unterwasserblätter, *Wasserblätter,* Bez. für die untergetauchten Blätter bestimmter Wasserpflanzen, die sich in ihrer Form u. Ausbildung v. den ↗Schwimm- u. Luftblättern unterscheiden. Beispiel: Wasserhahnenfuß. ↗Heterophyllie, ↗Wasserpflanzen.

Unterwasserböden, *subhydrische Böden*, ↗ Sapropel, ↗ Dy, ↗ Gyttja; ⊤ Bodentypen.

Unterwasservegetation, Pflanzengesellschaften, bei denen die Pflanzen ständig od. die überwiegende Zeit im Wasser untergetaucht sind. Hierzu gehören die ↗ Potamogetonetea, ↗ Charetea, ↗ Utricularietea intermedio-minoris, ↗ Ruppietea maritimae, ↗ Zosteretea und z.T. auch die ↗ Litorelletea. ↗ Wasserpflanzen.

Unterwerfungsgebärde, *Unterlegenheitsgeste,* die ↗ Demutsgebärde.

Unterzungendrüse, *Glandula sublingualis,* unpaare, unmittelbar unter der Schleimhaut des Mundbodens gelegene ↗ Speicheldrüse bei Säugern, die kleinste der 5 in den Mundraum mündenden Speicheldrüsen. Die Außenkanten der flachen, etwa mandelförm. Drüse liegen beidseits den vorderen Innenflächen des Unterkiefers an. Der vordere Drüsenabschnitt mündet über einen kurzen, etwa stricknadeldicken Ausführgang, meist zus. mit den ↗ Unterkieferdrüsen auf der Papilla salivaria sublingualis vor dem Zungenbändchen in die Mundhöhle, während die hinteren Drüsenläppchen sich je für sich in 6–12 medianen Einzelporen in die Mundhöhle öffnen. Wie die Unterkieferdrüsen ist die U. eine gemischt muco-seröse Drüse (↗ Drüsen), wobei die mucösen, Schleim sezernierenden Anteile aber bei weitem überwiegen.

Unverträglichkeit, 1) Medizin: Überempfindlichkeit des Organismus gg. bestimmte Substanzen (z.B. Arzneimittel); u.a. infolge angeborener Enzymdefekte od. durch Bildung spezif. Antikörper. ↗ Idiosynkrasie, ↗ Allergie, ↗ Immunantwort, ↗ anaphylaktischer Schock, ↗ Inkompatibilität 2). **2)** Botanik: Erscheinung, daß manche Kulturpflanzen bei zu kurz hintereinander erfolgendem Anbau auf dem gleichen Feld nur schlecht gedeihen (z.B. Weizen/Gerste od. Rotklee/Erbse). *Selbst-U.* bei unmittelbar hintereinander folgendem Anbau findet sich z.B. bei Weizen, Erbsen, Zuckerrüben. Ursachen der U. sind u.a.: einseitiger Nährstoffentzug, Akkumulierung schädl. Wurzelausscheidungen, übermäßiger Schädlingsbefall. **3)** Genetik: ↗ Inkompatibilität 3). Ggs.: ↗ Verträglichkeit.

unvollkommene Pilze, die ↗ Fungi imperfecti.

unvollständige Oxidation, aerober Energiestoffwechsel v. Mikroorganismen, bei dem organ. Substrate in der Atmung nicht vollständig zu Kohlendioxid (u. Wasser) abgebaut werden. So scheiden verschiedene ↗ Essigsäurebakterien Essigsäure od. andere Säuren bei der Oxidation v. Alkoholen aus, od. beim Abbau v. Kohlenhydraten durch Bacillen werden ↗ Acetoin und ↗ 2,3-Butandiol ins Medium abgegeben; im Unterschied zu den Essigsäurebakterien können diese ausgeschiedene Substrate wieder aufgenommen u. vollständig oxidiert werden. In beiden Beispielen sind die abgegebenen organ. Verbindungen keine Gärungs(end)produkte.

unwillkürliche Muskulatur, im wesentl. bei Wirbeltieren u. Mensch der dem Willen nicht unterworfene, vom ↗ vegetativen Nervensystem innervierte Teil der Muskulatur, der die vegetativen Bewegungs-↗ Automatismen, wie etwa die Darm-↗ Peristaltik od. Gefäß- u. Uteruskontraktionen, ausführt. Neben der gesamten ↗ glatten Muskulatur (↗ Muskulatur) gehört hierzu auch die quergestreifte ↗ Herzmuskulatur, die wegen ihres bes. Erregungsmodus (↗ Herzautomatismus) eine Sonderstellung einnimmt. ↗ willkürliche Muskulatur.

Unzertrennliche, *Agapornis,* Gatt. der ↗ Papageien.

Uperisation w [Kw. aus *U*ltra*pasteurisation*], *Ultrahocherhitzung, Ultrakurzzeiterhitzung, Ultrahochtemperatur-Verfahren, UHT-Verfahren,* ↗ Sterilisations-Verfahren (↗ Konservierung), bei dem unverpacktes, homogenes Gut (z.B. Lebensmittel) mit niedriger od. mittlerer Viskosität im Durchlauf für wenige Sekunden (4–8) auf Temp. von 135–150°C gebracht wird. Vor der U. erfolgt eine Vorwärmung (auf 70–80°C) u. Homogenisierung, ehe die plötzl. Hocherhitzung stattfindet (i.d.R. durch Dampfinjektion direkt in das Sterilisationsgut). Anschließend wird durch Einspritzen des Gutes in Unterdruckkammern der Wasserdampf wieder entzogen, womit zugleich eine Abkühlung erfolgt. Wichtige durch U. hergestellte Produkte sind *H-Milch* u.a. H-Milch-Produkte.

Uperoleia w, Gatt. der ↗ Myobatrachidae.

Upupidae [Mz.; v. lat. upupa = Wiedehopf], die ↗ Hopfe.

Ur, der ↗ Auerochse.

Ura, Abk. für ↗ Uracil.

Urachus *m* [v. gr. ourachos = Harnleiter im Nabel des Neugeborenen], im Säugerembryo fibröser Strang, der die ↗ Harnblase mit dem ↗ Nabel verbindet; geht auf eine rückgebildete Verbindung der Blase mit der ↗ Allantois zurück.

Uracil *s* [v. gr. ouron = Harn, lat. acidus = sauer], Abk. *Ura,* (selten) *U,* in ↗ Uridin (□), UMP, UDP-Glucose, UTP u. ↗ Ribonucleinsäuren (□) gebunden vorkommende ↗ Nucleinsäurebase, die sich vom Pyrimidingerüst (daher ↗ Pyrimidinbase) ableitet. □ Basenaustauschmutationen.

Uraniafalter, die ↗ Uraniidae.

Uraniidae [Mz.; ben. nach der gr. Astronomie-Muse Ourania], *Uraniafalter,* mit den ↗ Spannern nahverwandte Schmetterlingsfam. mit etwa 100 tropisch verbreiteten, tag- u. nachtaktiven Arten; Falter bis 130 mm spannend, oft aber klein u. unscheinbar gefärbt; einige Gatt., wie die südamerikan. *Urania*-Arten od. die afrikan. Gatt. *Chrysiridia,* stehen an Schönheit keinem Tagfalter nach; die prachtvoll in allen denkbaren Farben schillernden u. gebänderten Flügel tragen am Hinterrand einen od. meh-

---

Uperisation
Die U. hat gegenüber anderen Sterilisationsverfahren den Vorteil, daß bei relativ geringer Geschmacksveränderung alle vegetativen Keime abgetötet u. die Zahl der Bakteriensporen stark reduziert werden. Dadurch wird die Lagerfähigkeit der Fertigprodukte, auch bei Zimmer-Temp., auf mehrere Wochen (mindestens 6) ausgedehnt.

Uracil

rere schwanzartige Fortsätze. *Chrysiridia madagascariensis* gilt als einer der schönsten Schmetterlinge der Erde; lebt als Falter in den Baumwipfeln; ruht kopfabwärts auf Blättern; die 60 mm lange, schwarz behaarte Raupe trägt gelbe u. schwarze Tupfer u. hat normale Beinzahl; sie verpuppt sich in lockerem Gespinst am Boden.

Uranoscopidae [Mz.; v. gr. ouranos = Himmel, skopos = Späher], die ↗Himmelsgucker.

Urate [Mz.; v. gr. ouron = Harn] ↗Harnsäure.

Uratmosphäre w [v. gr. atmos = Dunst, sphaira = Kugel], die Atmosphäre der ↗Urerde während der ↗chem. Evolution. Es wird angenommen, daß die U. aufgrund ihrer Zusammensetzung aus Wasserstoff, Methan, Ammoniak, Kohlenmonoxid u. Kohlendioxid reduzierend war – im Ggs. zur heutigen ↗Atmosphäre, die durch den Gehalt an Sauerstoff oxidierend ist. ↗abiotische Synthese, ↗Miller-Experiment (☐); B chemische und präbiologische Evolution.

Uratzellen, Exkretstoffe speichernde Zellen im ↗Fettkörper der Insekten.

Uräusschlange [v. gr. oura = Schwanz-], *Ägyptische Kobra, Naja haje,* bekannteste afr. Art der Echten ↗Kobras; lebt in den Trockengebieten nördl. und südl. der Sahara, in O-Afrika bis zum Vaal-Fluß sowie im W und S der Arab. Halbinsel. Etwa 2 m lang; meist schwarzbraun gefärbt mit helleren Flecken (gelegentl. auch gelb od. dunkel u. hellgebändert); massiger Körperbau, gespreizte Halsschilder v. längsovalem Umriß, ohne Brillenzeichnung; Gift v. a. nervenschädigend, Biß u. seine Folgen wenig schmerzhaft, Tod tritt hpts. durch rasche Atemlähmung ein; nachtaktiv, schwimmt gut. Im alten Ägypten Sinnbild der Erhabenheit; Kleopatras Selbstmord erfolgte durch den Biß einer U.; „Schlangenbeschwörer" arbeiten mit der U. bes. häufig. B Mediterranregion IV.

Urbanisierung w [v. lat. urbanus = städtisch], *Urbanisation, Verstadterung,* Bildung v. Großsiedlungen des Menschen mit eigenen, vom natürl. Zustand abweichenden Lebensbedingungen (↗Stadtökologie). Mit ↗Ackerbau u. Viehzucht in der Jungsteinzeit wurden erstmals gemeinsame Siedlungen für Speicherung v. Vorräten, Schutz u. Arbeitsteilung sinnvoll (erste Zeugnisse 4000–3000 v. Chr., Mesopotamien). Intensivierung der Nahrungsproduktion machte Arbeitskräfte zu vielfältiger techn. Spezialisierung (Nutzung des Feuers, Bau fester Häuser, Handel) frei. Negative Auswirkungen der U. lagen in Konkurrenz u. Machtstreben der Städte untereinander (Befestigung, Waffenproduktion), Ausbeutung ländl. Regionen u. Kastenbildung innerhalb der Stadt. Auch heute bieten Städte Kooperation, Vielfalt an Arbeitsmöglichkeiten u. mehr Schutz vor Naturkräften u. -schwankungen, kommen aber mit Problemen der Nahrungs- und Energieversorgung, Verkehrsballung, ↗Smog u. sozialen Unterschieden der Bewohner („Ghetto-Ökologie") an ihre Grenzen. In den USA lebten 1800 6% der Bevölkerung in den Städten, heute sind es 75%; Städte der Entwicklungsländer wachsen bis zu 14% jährlich.

Urbienen, *Hylaeus, Prosopis,* Gatt. der ↗Seidenbienen.

Urbild ↗Urform.

Urceolaria w [v. lat. urceolus = kleiner Krug], Gatt. der ↗Peritricha, sekundär freilebende Wimpertierchen (↗Mobilia); *U. mitra* lebt auf Süßwasserplanarien, *U. serpularum* auf Serpuliden und *U. korschelti* in der Kiemenhöhle v. Käferschnecken.

Urdarm, *Archenteron, Progaster,* in der ↗Gastrula (↗Gastrulation) die ins ↗Blastocoel eingestülpte innere Gewebeschicht; umschließt die U.höhle, stellt die Anlagen für ↗Entoderm u. ↗Mesoderm. Die *Gastralhöhle (Gastrocoel, Gastralraum)* der Nesseltiere (B Hohltiere I, ☐ Süßwasserpolypen) entsteht dagegen durch polare od. multipolare Einwanderung od. durch ↗Delamination. ↗Darm, ↗Keimblätter (☐), B Embryonalentwicklung I.

Urea w [v. gr. ouron = Harn], der ↗Harnstoff.

Urease w [v. gr. ouron = Harn], ein bes. in Pflanzen, wirbellosen Tieren, Bakterien u. Pilzen verbreitetes Enzym, das die Spaltung v. ↗Harnstoff durch Wasser in Kohlendioxid und Ammoniak ($H_2N-CO-NH_2 + H_2O \rightarrow CO_2 + 2\ NH_3$) katalysiert und damit ein wichtiges Enzym für den ↗Stickstoffkreislauf der Natur darstellt. U. aus Sojabohnen war hist. das erste Enzym, das (1926 durch ↗Sumner) in kristalliner Form isoliert werden konnte. – Aus Pflanzenresten u. Mikroorganismen gelangt U. in den Ackerboden u. erwirkt dort die Umwandlung des synthetischen od. Jauche-Harnstoffes in ↗Ammoniak, das – direkt od. nach Oxidation zu Nitraten durch Nitratbakterien (↗nitrifizierende Bakterien) – den Pflanzen als Aufbaustoff dient.

Urechis w [v. gr. oura = Schwanz, echinos = Igel], Gatt. der ↗Echiurida (T) mit 4 Arten, die sich durch einen rückgebildeten Rüssel, ein offenes Blutgefäßsystem u. einen zum Atemorgan umgewandelten Darm auszeichnen. Der an der kaliforn. Küste verbreitete *U. caupo* erreicht eine Größe von 50 cm und ist zu einer bei den Echiuriden einzigart. Ernährungsweise übergegangen: Mit einem Drüsengürtel am Vorderkörper sezerniert er einen feinen Schleimfilm, den er am Eingang seiner U-förmigen Wohnröhre festklebt u. trichterartig tief in seine Röhre hineinzieht. Durch peristalt. Körperbewegungen erzeugt er einen Wasserstrom durch seine Wohnröhre, aus dem das Schleimfilter selbst feinste Schwebepartikel abseiht. In kurzen

Uredinales

Abständen wird das Schleimnetz mit den daran haftenden Nahrungspartikeln gefressen u. durch ein neues ersetzt.

Uredinales [Mz.; v. lat. (Mz.) uredines = Getreidebrand], die ↗Rostpilze.

Uredosporen [Mz.; v. lat. uredo = Getreidebrand], *Protosporen*, ovale bis kugelförm., i. d. R. einzellige, dikaryotische ↗Sommersporen der ↗Rostpilze (☐). U. werden in Lagern (Uredosori) gebildet. Sie sind meist deutl. gestielt, mit Stacheln, Warzen od. Ornamenten auf der Oberfläche u. auffällig gelb od. braun gefärbt, so daß die ↗Rostkrankheiten danach ben. werden (z. B. Gelbrost, Braunrost). U. werden in der Vegetationsperiode in Massen gebildet u. dienen i. d. R. der Verbreitung.

Ureizellen ↗Urkeimzellen, ↗Oogenese.

Ureoplasma *s* [v. gr. ouron = Harn, plasma = Gebilde], Gatt. der zellwandlosen ↗Mycoplasmen (Fam. *Mycoplasmataceae*); ähnl. der Gatt. *Mycoplasma*, aber im Unterschied zu dieser u. den anderen Mycoplasmen können die *U.*-Arten Harnstoff abbauen. Neuerdings 2 beschriebene Arten mit vielen Serotypen: *U. urealyticum* wurde aus dem Urogenitaltrakt, Oropharynx u. Analtrakt des Menschen isoliert (alte Bez.: T-Stämme; T = *t*iny colony size); *U. diversi* aus dem Respirations- u. Genitaltrakt sowie den Augen v. Schweinen. *U.* kann auch in weiteren Säugetieren (z. B. Rind, Schaf, Ziege) nachgewiesen werden.

ureotelische Tiere [v. gr. ouron = Harn, telos = Ziel, Ende], *Harnstoffausscheider*, Tiere, die das aus dem ↗Proteinstoffwechsel anfallende primäre Endprodukt ↗Ammoniak unter Energieaufwand zu ↗Harnstoff synthetisieren (↗Harnstoffzyklus, ☐) u. in dieser Form ausscheiden. ↗Exkretion.

Urerde, Bez. für die Erde während der ↗chemischen u. frühen ↗biologischen Evolution, also vor ca. 3–4,6 Mrd. Jahren. ↗Uratmosphäre, ↗Urozean; B chemische und präbiologische Evolution.

Ureter *m* [v. gr. ourētēr = Harnweg], der *Harnleiter*; ↗Harnblase, ↗Urogenitalsystem (☐), ↗Niere (B), ↗Nierenentwicklung (☐).

Urethra *w* [v. gr. ourēthra =], die *Harnröhre*; ↗Harnblase, ↗Urogenitalsystem, ↗Geschlechtsorgane (☐).

Ureuropa ↗Archäeuropa.

Urey [juˈeri], *Harold Clayton*, am. Chemiker, * 29. 4. 1893 Walkerton (Ind.), † 6. 1. 1981 La Jolla (Calif.); Prof. in New York, Chicago u. La Jolla; Entdecker des schweren Wasserstoffs (↗Deuterium, 1932); Arbeiten zur Isotopentrennung; fand eine Methode zur Bestimmung (mit ^{18}O-Isotop) der Meeres-Temp. in der vergangenen geolog. Zeiträumen u. untersuchte die Möglichkeit der Entstehung des Lebens in der Frühzeit der Erde; erhielt 1934 den Nobelpreis für Chemie.

Urfarne

Phylogenetisch müssen die U. als Basisgruppe aller Kormophyten betrachtet werden, wobei die *Rhyniales* die ursprünglichste Ord. darstellen, v. denen sich die *Zosterophyllales* u. die *Trimerophytales* ableiten. Aus den *Zosterophyllales* haben dann vermutl. die ↗Bärlappe u. aus den *Trimerophytales* die ↗Farne entwickelt. Unklar bleibt die Herkunft der ↗Schachtelhalme, doch sind sie, wie auch die ↗Progymnospermen, vielleicht ebenfalls auf die *Trimerophytales* zurückzuführen. Von Bedeutung sind die U. auch, weil sie alle v. der ↗Telomtheorie geforderten Elementarprozesse erkennen lassen. – Die Ahnen der U. sind unbekannt, doch haben sie sich offenbar aus dem Bereich der ↗Grünalgen entwickelt, wie v. a. biochem. Übereinstimmungen nahelegen (Chlorophyll a und b; Stärke, Cellulose). Nach der klass. Hypothese lebten die Vorfahren der U. im Meer, doch wird neuerdings auch eine Entstehung aus terrestrisch lebenden Grünalgen diskutiert.

Urfarne, *Nacktfarne, Psilophyten, Psilophyta, Psilophytopsida, Psilopsida, Psilophytatae*, ursprünglichste, auf das Obersilur bis Oberdevon beschränkte Kl. der ↗Farnpflanzen; primär einfach gebaute Pflanzen mit dichotom od. pseudomonopodial verzweigten, fast ausschl. blattlosen Zweigsystemen mit endständ. od. lateralen Eusporangien. Die U. sind v. großer phylogenet. Bedeutung, da hierzu die ältesten ↗Landpflanzen (↗Urlandpflanzen) gehören u. sie damit an der Basis aller ↗Kormophyten stehen. Die U. umfassen 3 Ord. (z. T. auch als eigene Abt. gefaßt), v. denen die *Rhyniales* (Obersilur bis etwa Mitteldevon) den einfachsten Bau zeigen. Zu dieser Ord. gehören meist wurzellose Formen mit dichotom verzweigten, „blattlosen Sprossen" (↗Telomen, B Farnpflanzen III) u. endständigen Sporangien ohne Dehiszenzmarke (präformierte Öffnungsstelle), wie z. B. die Gatt. ↗*Cooksonia*, ↗*Horneophyton* u. ↗*Rhynia* (☐). Die im Unterdevon oft massenhaft auftretende, wohl submers im marinen Litoralbereich lebende Gatt. *Taeniocrada* besitzt dagegen bereits Wurzeln und z. T. laterale Sporangien. Sie leitet damit, wie auch die unterdevonische Gatt. *Renalia* mit endständ., aber nierenförm. Sporangien mit terminaler Dehiszenz, zu den *Zosterophyllales* (Unterdevon – unteres Oberdevon) über. Bei dieser Ord. sind die Zweigsysteme dichotom od. pseudomonopodial verzweigt; sie sind nackt od. tragen Emergenzen od. selbst Mikrophylle, das Leitbündel ist exarch (↗Protoxylem); die Sporangien sitzen lateral an den Achsen u. zeigen terminale Dehiszenz. *Zosterophyllum* ist eine überwiegend im Verlandungsbereich wattähnl. Küsten vorkommende Gatt. mit dichotom verzweigten, nackten Achsen, die lateral die zu zapfenähnl. Ständen zusammengefaßten Sporangien tragen. *Sawdonia* besitzt pseudomonopodialen Bau u. Emergenzen ohne jede Leitbündelversorgung. Teilweise werden auch ↗*Asteroxylon* u. ↗*Drepanophycus* als hochentwickelte Vertreter der *Zosterophyllales* betrachtet. Die *Trimerophytales* (Unter- bis Mitteldevon) sind morpholog. komplexer gebaut mit pseudomonopodialer Hauptachse u. dichotom od. trifurcat verzweigten Seitenachsen; die Leitbündel sind mesarch, die Sporangien sitzen endständig in dichten Clustern u. öffnen sich an einer seitl. Dehiszenznaht. Bei ↗*Psilophyton* (☐) sind die Seitenachsen dichotom, bei *Trimerophyton* trifurcat verzweigt. – Über den Generationswechsel der U. war lange Zeit nichts Genaueres bekannt. Erst neuerdings wurde ein als *Lyonophyton* bezeichneter Gametophyt beschrieben, der vielleicht zu ↗*Rhynia* gehört, u. die sehr ähnliche, seit langem bekannte Gatt. *Sciadophyton* mit sternförm. Prothallien erwies sich als Gametophyt v. *Taeniocrada*- u. *Zosterophyllum*-Arten. Zur Phylogenie der U. vgl. Spaltentext S. 298. *V. M.*

Urfische, ugs. Bezeichnung für niedere Wirbeltiere von fischähnl. Gestalt, unter der meist die stammesgeschichtl. heterogenen Gruppen der ↗Kieferlosen u. Panzerfische *(↗Placodermi)* vereinigt werden; i. w. S. auch übertragen auf Frühformen der Knorpelfische (= Urknorpelfische, ↗*Cladoselachii*) und Knochenfische (= Urknochenfische, ↗*Palaeonisciformes*).

Urflosse, *Archipterygium,* ↗Flossen, ↗Seitenfaltentheorie.

Urform, *Urbild, Urtypus,* ↗Archetypus, ↗Typus; ↗idealistische Morphologie, ↗Goethe.

Urfrösche, zusammenfassende Bez. für die ↗*Ascaphidae* u. ↗*Leiopelmatidae*.

Urgeschlechtszellen, die ↗Urkeimzellen.

Urginea *w* [ben. nach dem alger. arab. Stamm Ben Urgin], Gatt. der ↗Liliengewächse.

Urhirn, das ↗Archencephalon.

Uria *w* [v. gr. ouria = ein Wasservogel], die ↗Trottellumme.

Uricase *w* [v. *uri-], *Urat-Oxidase,* ↗Allantoin, ↗Uricosomen.

Uricosomen [Mz.; v. *uri-, gr. sõma = Körper], Leber-↗Peroxisomen, in denen das dort vorkommende Enzym Urat-Oxidase (Uricase) auf elektronenmikroskop. Dünnschnitten als kristalline Struktur sichtbar wird; z. B. besitzt die Ratte eine solche Urat-Oxidase in den Leber-Peroxisomen, nicht aber der Mensch.

uricotelische Tiere [v. *uri-, gr. telos = Ziel, Ende], *Harnsäureausscheider,* Tiere, häufig trockener Habitate, deren stickstoffhaltige Exkretionsprodukte (des ↗Proteinstoffwechsels) hpts. aus ↗Harnsäure bestehen. ↗Exkretion ($\boxed{T}$).

Uridin *s* [v. *uri-], *Ribouridin,* Abk. *U,* in UMP, UDP-Glucose, UTP u. in ↗Ribonucleinsäuren gebunden vorkommendes ↗Ribonucleosid, das als Base ↗Uracil enthält.

Uridin-5'-diphosphat, Abk. *UDP,* das v. ↗Uridin abgeleitete ↗Nucleosid-5'-diphosphat; Komponente aktivierter Zucker, wie u. a. ↗UDP-Glucose, ↗UDP-Galactose.

Uridinmonophosphat, *Uridin-5'-* (bzw. *3'-* od. *2'-)monophosphat,* Abk. *UMP,* die von ↗Uridin abgeleiteten ↗Ribonucleosidmonophosphate ($\square$).

Uridin-5'-triphosphat, Abk. *UTP,* das v. ↗Uridin abgeleitete ↗Ribonucleosid-5'-triphosphat ($\square$), das sich aus UMP in zwei Phosphorylierungsschritten über UDP bildet. Außer zur RNA-Synthese dient UTP auch als Substrat zur Bildung v. ↗Nucleosiddiphosphat-Zuckern, wie UDP-Glucose und UDP-Galactose.

Uridylsäure [v. *uri-], Säureform v. Uridin-5'-monophosphat (5'-U.) oder v. Uridin-3'-monophosphat (3'-U.).

Urin *m* [v. lat. urina =], der ↗Harn.

Urinsekten, 1) Gruppe der bodenlebenden, primär noch ungeflügelten ↗Insekten ($\boxed{T}$). Sie enthalten die ↗*Entognatha*-Ord. ↗Doppelschwänze *(Diplura),* ↗Beintastler *(Protura)* u. ↗Springschwänze *(Collembola)* sowie die ↗*Ectognatha*-Ord. ↗Felsenspringer *(Archaeognatha)* u. ↗Silberfischchen *(Zygentoma).* Sie wurden fr. als *Apterygota* od. *Apterygogenea* zusammengefaßt. Urspr. Merkmale der *Entognatha* sind die ↗Gliederantenne, monocondyle Mandibeln (↗*Monocondylia*), ↗Styli am Abdomen u. ↗Coxalbläschen ($\square$). Abgeleitet sind reduzierte ↗Komplexaugen (Springschwänze haben nur noch 8 Ommatidien, Doppelschwänze u. Beintastler sind blind). Die Arten sind kleine u. kleinste Bodenbewohner (↗Bodenorganismen). Nur die Springschwänze haben eine gewisse Artenvielfalt als wichtige Humusbereiter entwickelt. Für die *Ectognatha* gilt als abgeleitetes Merkmal der Besitz der Geißel-↗Antenne. Nur die Felsenspringer haben wohl entwickelte Komplexaugen; sie besitzen aber noch eine monocondyle Mandibel. Eine dicondyle Mandibel (↗*Dicondylia*) haben die Silberfischchen mit den geflügelten Insekten (↗Fluginsekten) gemeinsam. Urspr. ist der Besitz v. Styli an fast allen Abdominalsegmenten u. sogar an den Mittel- u./od. Hinterbeinen des Thorax (bei Felsenspringern). Silberfischchen u. Felsenspringer sind eine artenarme Reliktgruppe Detritus fressender Vertreter, die sich durch den Besitz eines Terminalfilums (↗Endfaden) auszeichnen. U. sind Reliktgruppen aus der Frühzeit der Insekten-Evolution, in der diese aus Tausendfüßer-ähnlichen Vorfahren mindestens im frühen Devon entstanden sind. Die ältesten, fossil überlieferten Vertreter sind Springschwänze der Gatt. ↗*Rhyniella* u. *Rhyniognatha* aus dem unteren Devon v. Schottland. Aus der Gruppe der ectognathen U. sind nur Stammgruppenvertreter der Felsenspringer (Gatt. *Dasyleptus*) aus dem Oberkarbon/Unterperm bekannt. 2) Zu den U. werden gelegentl. auch fossile Vertreter der in den ↗*Palaeodictyoptera* zusammengefaßten Stammgruppen verschiedener geflügelter Insekten-Ord. gezählt. Das bislang älteste Fossil, *Eopterum devonicum* aus dem Oberdevon, bislang als Flügel gedeutet, hat sich inzwischen als Krebstier-Teil identifizieren lassen. Ansonsten gehören hierher Formen, die einer-

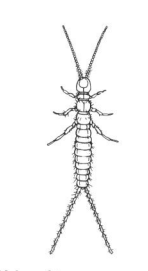

Urinsekten
Doppelschwanz
(Campodea)

Urinsekten
Ordnungen:
Entognatha
↗Beintastler
(Protura)
↗Doppelschwänze
(Diplura)
↗Springschwänze
(Collembola)
Ectognatha
↗Felsenspringer
(Archaeognatha)
↗Silberfischchen
(Zygentoma)

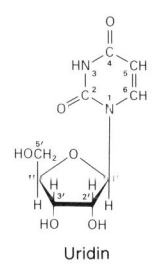

Uridin

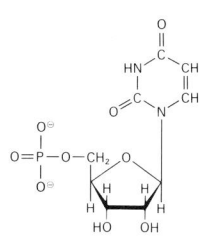

Uridin-5'-monophosphat (UMP)

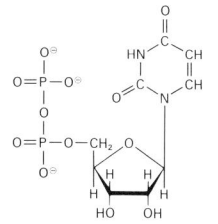

Uridin-5'-diphosphat (UDP)

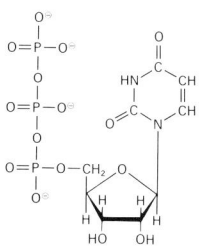

Uridin-5'-triphosphat (UTP)

Urkäfer

seits als *Protodonata* (↗ Urlibellen), *Protoplecoptera* od. gar als Stammgruppenvertreter der ↗ Schnabelkerfe *(Rhynchota)* (↗ *Megasecoptera*) aufzufassen sind. [B] Insekten I.

Urkäfer, *Archostemata,* urspr. U.-Ord. der ↗ Käfer mit 3–4 rezenten Fam.: *Ommadidae, Cupedidae, Tetraphaleridae* u. eventuell ↗ *Micromalthidae* (☐). In Europa lebt nur die erst kürzl. entdeckte Art *Crowsoniella relicta* (Monti Lepini bei Rom, Italien) aus der Fam. *Tetraphaleridae.* Fossil sind die U. seit dem Perm belegt.

Urkaryoten [v. gr. karyon = Kern] ↗ Endosymbiontenhypothese.

Urkeimzellen, *Urgeschlechtszellen,* diejenigen Zellen *(Ursamenzellen, Ureizellen)* im tier. und menschl. Organismus, deren Abkömmlinge ↗ Keimzellen (↗ Gameten) bilden können. ↗ Keimbahn (☐), ↗ Gametogenese (☐), ↗ Oogenese (☐), ↗ Spermatogenese.

Urlandpflanzen, die ersten „echten", d.h. kormophytischen (↗ Kormophyten) ↗ Landpflanzen. Sie sind vermutl. im Silur u. systematisch innerhalb der *Rhyniales* (↗ Urfarne) zu suchen, doch wurden auch aus dem Kambrium mögl. Landpflanzen berichtet u. fanden sich farnähnl. Sporen auch im Ordovizium. Habituell unterschieden sich die U. wahrscheinlich nicht grundsätzl. von der obersilurischen Gatt. ↗ *Cooksonia,* der bisher ältesten sicheren Landpflanze.

Urlibellen, 1) *Anisozygoptera,* U.-Ord. der Libellen, rezent mit 2 Arten der Gatt. *Epiophlebia* aus Japan u. dem Himalaya bekannt; fossil seit der Trias belegt. 2) *Protodonata,* fossile Vertreter aus der Stammgruppe der ↗ Libellen, meist als eigene Ord. betrachtet. Sie sind in der Grundorganisation den echten Libellen bereits ähnl.; Abweichungen finden sich im Flügelgeäder. Die Flügelhaltung entspr. vielen Vertretern der ↗ *Palaeodictyoptera,* die jedoch nur eine Sammelgruppe verschiedenster fossiler ↗ *Palaeoptera* darstellen. Eindeutig bereits in die Stammgruppe der Libellen gehören die durch Riesenwuchs ausgezeichneten Gatt. *Megatypus, Meganeuropsis* od. *Meganeura* (Riesenlibellen) mit Flügelspannweiten bis 75 cm. Verbreitung: Oberkarbon bis Trias.

Urmenschen, vorgeschichtl. Menschen; ↗ Australopithecinen, ↗ *Homo habilis,* ↗ *Homo erectus,* ↗ Neandertaler, ↗ *Homo sapiens fossilis.* ↗ Paläanthropologie ([B]).

Urmeristem s [v. gr. meristos = geteilt], ↗ Bildungsgewebe.

Urmesodermzelle [v. gr. mesos = mittlerer, derma = Haut], *Urmesoblast, zweiter Somatoblast,* bei Tieren mit festgelegtem Furchungsmuster (↗ Furchung) diejenige(n) Zelle(n), welche das ↗ Mesoderm bilden, z.B. die 4d-Zelle bei den meisten ↗ Spiraliern (↗ Spiralfurchung, ↗ Somatoblast).

Urmia-Molch [ben. nach dem Urmiasee (heute Resaijesee), NW-Iran], *Neurergus crocatus,* ↗ Neurergus.

Urmollusken [Mz.; v. lat. molluscus = weich], *Urweichtiere,* früher *Amphineura,* jetzt meist als ↗ *Aculifera* bezeichnet, stammesgeschichtl. nicht begr. Zusammenfassung der ↗ Käferschnecken, ↗ Furchen- u. ↗ Schildfüßer.

Urmoose, die ↗ Archidiales.

Urmotten, *Kaufalter, Micropterygidae,* primitivste Fam. der Schmetterlinge in eigener U.-Ord. *Zeugloptera,* manchmal auch als eigene Insekten-Ord. abgetrennt; viele Ähnlichkeiten mit ↗ Köcherfliegen; weltweit mit ca. 80 Arten, bei uns 7 Vertreter. Falter klein, Spannweite bis 16 mm, Flügel schmal zugespitzt, oft mit metall. Glanz u. goldfarbener Zeichnung, Flügelkopplung jugofrenat, Flügelgeäder vom homoneuren Typus (↗ Schmetterlinge); Kopf wollig behaart, mit noch funktionsfähigen Mandibeln zum Zerkauen v. Pollen u. Pflanzensporen; Maxillen befördern Blütenstaub in Mundhöhle, kein Saugrüssel vorhanden; Geschlechtsöffnung des Weibchens monotrysisch. Beispiel: *Micropteryx calthella,* Falter grün-golden, 8 mm spannend; fliegt im Frühjahr im Sonnenschein auf Feucht- u. Waldwiesen; oft gesellig auf Blüten v. Hahnenfuß u. Sumpfdotterblumen; Eiablage am Boden, Larven mit noch 8 Paar Afterfüßen mit je einer Endkralle; Kopfkapsel mit kleinen Komplexaugen, Fühler relativ lang; fressen an Detritus u. Moosen; Überwinterung als Larve in Erdkokon; Puppe mit Mandibeln u. frei bewegl. Gliedmaßen. ↗ Trugmotten.

Urmotte *(Micropteryx spec.)*

Urmund, *Blastoporus,* Öffnung des ↗ Urdarms am Ort der Einstülpung des vegetativen ↗ Blastula-Bereiches ins ↗ Blastocoel; bildet bei den ↗ *Protostomiern* (☐) die Anlage des Mundes u. Afters, bei den ↗ *Deuterostomiern* nur die Anlage des ↗ Darms. ↗ Gastrulation, ↗ Keimblätter (☐).

Urmünder, die ↗ Protostomier.

Urmundlippe, im frühen Entwicklungsstadium vieler Tiere der Rand der Einstülpungsöffnung, durch die das Material des ↗ Urdarms in das Innere der ↗ Gastrula gelangt (↗ Gastrulation); dynamische Struktur, deren dorsale Anteile bei Wirbeltieren als ↗ Organisator (↗ Organisatoreffekt) wirken. ↗ Induktion ([B]). [phora.]

Urmützenschnecken, die ↗ Monoplaco-

Urnatella w [v. lat. urna = Krug, Urne], Gatt. der ↗ *Kamptozoa* (Fam. *Barentsiidae,* früher Fam. *Urnatellidae*); einzige süßwasserlebende Kamptozoen-Gatt. mit 1 Art, *U. gracilis,* die zahlr. morpholog. Anpassungen an das Leben im Süßwasser zeigt und, vermutl. von N-Amerika ausgehend, durch den Schiffsverkehr in die großen Stromsysteme aller Erdteile gelangte, durch Boote wohl auch in die Havel in Berlin eingeschleppt wurde, wo sie in warmen Sommern moosartige dichte Überzüge auf Kaimauern u. Steinen bilden kann.

Urniere, *Primordialniere, Germinalniere, Mesonephros,* bei der Entwicklung der höheren Wirbeltiere die räuml. und zeitl. nach der ↗Vorniere (Pronephros) angelegte Nierenanlage. ↗Nierenentwicklung (☐).

Urobilin *s* [v. *uro- 1), lat. bilis = Galle], *Mesobilin,* zu den ↗Gallenfarbstoffen zählendes orangegelbes Abbauprodukt des ↗Bilirubins (☐), das an der Färbung der Fäkalien (↗Koprochrome) beteiligt ist. Farblose Vorstufe des U.s ist das *Urobilinogen (Mesobilirubinogen).*

Urobilin

Urobilinogen *s* [v. *uro- 1), lat. bilis = Galle, gr. gennan = erzeugen], ↗Urobilin.

Urocaninsäure [v. *uro- 1), lat. caninus = Hunde-], im Harn v. Hunden zuerst gefundenes Abbauprodukt v. ↗Histidin, das sich aus diesem durch Abspaltung v. Ammoniak bildet u. durch mehrere Folgereaktionen in Glutaminsäure umgewandelt wird.

Urocentron *s* [v. *uro- 2), gr. kentron = Stachel], die ↗Dornschwanzleguane.

Urocerus *m* [v. *uro- 2), gr. keras = Horn], Gatt. der ↗Holzwespen.

Urochordata [Mz.; v. *uro- 2), gr. chordē = Saite], die ↗Manteltiere.

Urocoptidae [Mz.; v. *uro- 2), gr. koptein = schlagen], Fam. der U.-Ord. ↗*Sigmurethra,* Landlungenschnecken mit zylindr., spindel- od. hochkegelförm. Gehäuse mit zahlr. Umgängen, die ältesten oft abgestoßen. Die Atemhöhle ist lang u. schmal, der Fuß kurz. ♂, einige ovovivipar, die meisten legen Eier mit kalkig verstärkter Schale. Die *U.* leben in Mittelamerika, im südl. N-Amerika u. auf Inseln der Karibik.

Urocteidae [Mz.; v. *uro- 2), gr. kteis = Kamm], Fam. der ↗Webspinnen mit der einzigen Gatt. *Uroctea* (12 Arten); Verbreitung in ganz S-Europa nach O bis China u. Japan, fast ganz Afrika; die Vertreter sind nachtaktiv, leben (manchmal in Kolonien) unter Steinen trockener Gebiete u. bauen komplizierte Wohngespinste; die Beute wird mit einem breiten Spinnfadenband beworfen u. eingewickelt. Häufigste Art ist *U. durandi,* die ein unter einem Stein hängendes, zeltartiges Wohngespinst anlegt.

Urocyon *m* [v. *uro- 2), gr. kyōn = Hund], die ↗Graufüchse.

Urocystis *w* [v. *uro- 2), gr. kystis = Blase], Gatt. der ↗Tilletiales.

Urodasys *m* [v. *uro- 2), gr. dasys = dichtbewachsen, behaart], Gatt. der ↗*Gastrotricha* (Ord. *Macrodasyida*) mit 8 ausschl. marinen, im Lückensystem sublitoraler Feinsandböden aller circumatlant. Küsten regelmäßig vorkommenden Arten. Als typ.

uro- 1) [v. gr. ouron = Harn].
uro- 2) [v. gr. oura = Schwanz].

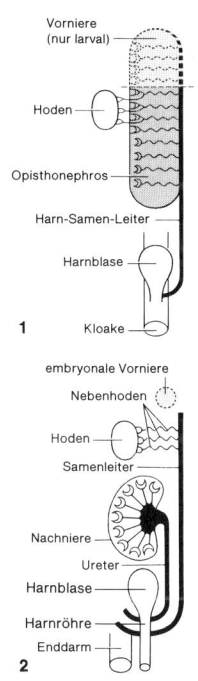

Vorniere (nur larval)
Hoden
Opisthonephros
Harn-Samen-Leiter
Harnblase
1 Kloake

embryonale Vorniere
Nebenhoden
Hoden
Samenleiter
Nachniere
Ureter
Harnblase
Harnröhre
Enddarm
2

Urogenitalsystem bei Wirbeltieren

1 Bei *Amphibien* ist der ↗Hoden an den vorderen (in der Abb. oberen) Teil des ↗Opisthonephros angeschlossen; der *(primäre) Harnleiter* fungiert hier als *Harn-Samen-Leiter.*
2 Bei *Säugern* bleibt diese Verbindung erhalten. Der primäre Harnleiter ist hier jedoch ausschl. *Samenleiter,* da der hintere (in der Abb. untere) Teil des Opisthonephros zur Nachniere (☐ Nierenentwicklung) differenziert u. einen eigenen Ausführgang erhält *(sekundärer Harnleiter = Ureter).* Ein bis mehrere Kanäle des vorderen Opisthonephros bleiben als Neben-↗Hoden (Epididymis) erhalten.

Psammonorganismen besitzen die U.-Arten einen langgestreckt bandförm. Körper, der in einen dicht mit Klebröhrchen besetzten, haarig erscheinenden (Name!) Schwanzfaden v. gewöhnlich weit mehr als Rumpflänge ausläuft. Alle Arten sind afterlos; ihr rudimentärer Darm bildet einen blindgeschlossenen Sack.

Urodela [Mz.; v. *uro- 2), gr. dēlos = sichtbar], die ↗Schwanzlurche.

Urodelidia [Mz.; v. *uro- 2), gr. dēlos = sichtbar], (v. Huene 1956), *Urodelomorpha,* Synonym (partim) für die Ord. *Caudata* (↗Schwanzlurche).

Urogenitalsinus *m* [v. *uro- 1), lat. genitalis = Zeugungs-, sinus = Bucht], *Sinus urogenitalis,* bei Säugern der Raum, in den Harnröhre (Urethra) u. Geschlechtswege münden; im ♀ Geschlecht v. den Geschlechtsfalten umgeben u. als Scheidenvorhof bezeichnet (↗Vagina); im ♂ Geschlecht verwachsen die ↗Geschlechtsfalten während der Embryogenese, so daß der U. im ↗Penis eine Röhre (Harn-Samen-Röhre) bildet. ↗Geschlechtsorgane (☐).

Urogenitalsystem *s* [v. *uro- 1), lat. genitalis = Zeugungs-], *Urogenitaltrakt, Harn-Geschlechts-Apparat;* werden bei Tieren ↗Geschlechtsprodukte u. ↗Exkrete ganz od. teilweise über gemeinsame Ausführgänge (urspr. ↗Nephridien) ausgeleitet, spricht man von einem U. Ein U. findet sich bei Ringelwürmern und urspr. bei allen Wirbeltieren im ♂ Geschlecht (außer bei Rundmäulern und – sekundär – Knochenfischen). Bei Säugern münden die sekundär getrennten Ausführwege des ↗Hodens (über den primären Harnleiter) und der ↗Niere (über den sekundären Harnleiter = Ureter, ↗Harnblase u. Urethra = Harnröhre) im ↗Penis in einer gemeinsamen Harn-Samen-Röhre. ↗Urogenitalsinus, ↗Nierenentwicklung (☐), ↗Geschlechtsorgane, ☐ Organsystem, |B| Wirbeltiere.

Uroglena *w* [v. *uro- 2), gr. glēnē = Augapfel], Gatt. der ↗Ochromonadaceae.

Urogomphi [Mz.; v. *uro- 2), gr. gomphos = Nagel, Pflock], *Corniculi,* Pseudocerci der Käferlarven; ↗Käfer, ↗Cerci.

Uromastyx *w* [v. *uro- 2), gr. mastix = Peitsche], die ↗Dornschwänze.

Uromyces *m* [v. lat. urere = brennen, gr. mykēs = Pilz], Gatt. der ↗Rostpilze (|T|).

Uronsäuren [Mz.; v. *uro- 1)], v. Einfachzuckern des Aldosetyps durch Oxidation endständiger CH_2OH-Gruppen zu Carboxylgruppen abgeleitete Carbonsäuren. Als Bestandteile v. Glykosiden, Polysacchariden u. Mucopolysacchariden sind U. in der belebten Natur weit verbreitet. Wichtigste Vertreter sind die ↗Galacturonsäure u. die ↗Glucuronsäure.

Uropeltidae [Mz.; v. *uro- 2), gr. peltē = leichter Schild], die ↗Schildschwänze.

Urophycis *w* [v. *uro- 2), gr. phykis = Fischweibchen], Gatt. der ↗Dorsche.

Uropoden [Mz.; v. *uro- 2), gr. podes =

Uropodidae

uro- 1) [v. gr. ouron = Harn].
uro- 2) [v. gr. oura = Schwanz].

Ursolsäure

urtic- [v. lat. urtica = Brennessel].

Füße], 1) bei ↗*Malacostraca* (☐ Krebstiere, ☐ Landasseln) die abgewandelten Extremitäten des 6. Pleomers (↗Pleon), bilden meist zus. mit dem Telson den ↗Schwanzfächer. 2) Derivate abdominaler ↗Extremitäten bei Insekten, meist die des 11. Segments (Cerci).
Uropodidae [Mz.; v. *uro- 2), gr. podes = Füße], Fam. der ↗Parasitiformes.
Uropoese w [v. *uro- 1), gr. poiēsis = Herstellung], die Harnbereitung; ↗Niere.
Uroporus m [v. *uro- 1), gr. poros = Pore], der ↗Nephroporus, ↗Nephridien.
Uropygi [Mz.; v. *uro- 2), gr. pygē = Steiß], die ↗Geißelskorpione.
Urosalpinx w [v. *uro- 2), gr. salpigx = Trompete], Gatt. der ↗Purpurschnecken mit spindelförm. Gehäuse mit bauchigen Umgängen, Oberfläche mit Spiralreifen u. Rippen; Siphonalkanal kurz. Der Amerikanische Austernbohrer *(U. cinerea)*, Gehäuse 26 mm hoch, ist an der Atlantikküste N-Amerikas verbreitet u. wurde mit Austern nach Großbritannien eingeschleppt (vor 1920); er durchbohrt mechanisch und chemisch Muschelschalen, v. a. Jungaustern (↗Austernbohrer).
Urospora w [v. *uro- 2), gr. spora = Same], Gatt. der ↗Acrosiphonales.
Urostyl s [v. *uro- 2), gr. stylos = Säule], 1) das ↗Pygostyl. 2) *Coccyx*, terminales, stabförm. Element der Wirbelsäule von ↗Froschlurchen, entstanden aus miteinander verwachsenen Schwanzwirbeln.
Urozean, 1) ↗Kontinentaldrifttheorie (☐). **2)** der ganze Früherde (↗Urerde) mit Ausnahme vulkan. Inseln bedeckende, etwa 2 km tiefe Ozean, dessen Existenz für die Zeit von 4 bis 2,5 Mrd. Jahre vor heute angenommen wird u. der als Medium *(Ursuppe)* für die präbiotische u. später auch die ↗biolog. Synthese, ↗chem. Evolution; ↗Miller-Experiment, ☐). Die Hypothese eines U.s ist nicht allg. akzeptiert, bes., da die Oberfläche der Früherde nach anderen Vermutungen nur 10% der heutigen Wassermenge enthielt, die erst allmählich durch die in Vulkangasen enthaltenen Wassermengen anwachsen konnte, wodurch aus ursprünglich getrennten Becken erst später mehr u. mehr zusammenhängende Ozeane entstanden. ↗Uratmosphäre. B chemische und präbiologische Evolution.
Urpflanze, von ↗Goethe geprägter Begriff, der einen durch Abstraktion gebildeten, gedankl. „Typus" der Samenpflanzen bezeichnet u. der in der ↗idealist. Morphologie eine wichtige Rolle spielt. Bekannt ist v.a. die durch W. ↗Troll gegebene Abb. der U. (☐ Goethe).
Urpilze, die ↗Archimycetes.
Urproduktion, die ↗Primärproduktion.
Urraubtiere, die ↗Creodonta.
Ursamenzellen ↗Urkeimzellen, ↗Spermatogenese.

Ursavus m [v. lat. ursus = Bär, avus = Vorfahr], (Schlosser 1899), † älteste Vertreter der Großbären (Fam. *Ursidae*) v. Fuchs- bis Doggengröße, Schädel kurzschnauzig, Molaren vergrößern mit zunehmender Omnivorie auch ihre relative Größe; als direkter Vorläufer v. *Ursus* umstritten. Verbreitung: Miozän (Orleanium) bis Unterpliozän v. Europa; mehrere Arten.
Urschnecken, die Gatt. ↗Bellerophon.
Ursegmente [v. lat. segmentum = Abschnitt], die ↗Somiten.
Ursegmentstiel, im Wirbeltierembryo mesodermales Gewebe, das die frühe Anlage von Vor- u. Urniere mit dem ↗Wolffschen Gang bildet. ↗Nierenentwicklung, ↗Somiten (☐).
Ursidae [Mz.; v. lat. ursus = Bär], Fam. der ↗Bären.
Ursinae [Mz.; v. lat. ursus = Bär], *Bären i. e. S.*, U.-Fam. der Groß-↗Bären (*Ursidae*); hierzu gehören alle rezenten Großbären mit Ausnahme des ↗Brillenbären.
Ursolsäure, im Pflanzenreich verbreitete, antibiot. wirksame Triterpencarbonsäure; tritt frei, verestert od. als Aglykon v. Triterpensaponinen auf u. ist z. B. in den Blättern der Bärentraube, im Wachsüberzug v. Äpfeln, Birnen u. Kirschen, in der Fruchtschale v. Heidel- u. Preiselbeeren sowie in den Blättern vieler Rosengewächse, Ölbaumgewächse u. Lippenblütler enthalten.
Urson m [v. frz. ourson = junger Bär], *Nordamerikanischer Baumstachler, Erethizon dorsatum*, einziger nach N-Amerika gelangter Vertreter der ↗Meerschweinchenverwandten (↗Baumstachler); Kopfrumpflänge 60–80 cm; Körperoberseite mit kräftigen u. spitzen Stacheln mit Widerhaken. Der U. lebt in mehreren U.-Arten in den Wäldern der gemäßigten Zone, ist nachtaktiv u. ernährt sich v. Blättern, Zweigen u. Baumrinde. „Porcupine" heißt der U. in N-Amerika wegen seiner Ähnlichkeit mit den altweltl. ↗Stachelschweinen. B Nordamerika I.
Urstele w [v. gr. stēlē = Säule], *Protostele*, ↗Stele (☐), ↗Stelärtheorie.
Ursuppe ↗Urozean.
Ursus m [lat., = Bär], Gatt. der ↗Bären.
Urtica w [lat., =], die ↗Brennessel.
Urticaceae [Mz.; v. *urtic-], die ↗Brennesselgewächse.
Urticales [Mz.; v. *urtic-], die ↗Brennesselartigen.
Urticaria w [v. *urtic-], die ↗Nesselkrankheit 1).
Urtico-Aegopodietum s [v. *urtic-, gr. aix = Ziege, podion = Füßchen], Assoz. der ↗Glechometalia.
Urtierchen, die ↗Einzeller.
Urtypus ↗Urform.
Urvogel ↗Archaeopteryx, B Dinosaurier.
Urwald, der vom Menschen gar nicht od. nur sehr wenig beeinflußte ↗Wald mit urspr. Artenzusammensetzung. Die Größe der als U. zu bezeichnenden Bestände ist

in den einzelnen Erdteilen sehr unterschiedl.; sie nimmt in vielen Ländern durch ↗Rodungen, Papier- u. Stammholzgewinnung usw. ständig weiter ab. Wegen der wiss. Bedeutung v. Urwäldern (z. B. für die Rekonstruktion der urspr. ↗Vegetation in heute besiedelten Gebieten) u. wegen ihrer Funktion als Refugialräume für seltene u. gefährdete Tier- u. Pflanzenarten hat man in jüngerer Zeit begonnen, verbliebene Restflächen als Waldreservate (↗Waldschutzgebiete) bzw. Bannwälder (↗Bannwald) auszuweisen. Angesichts des alarmierenden Schwunds großer, zusammenhängender U.gebiete wäre dies auch für möglichst große Gebiete des trop. ↗Regenwaldes u. des ↗borealen Nadelwaldes unbedingt zu wünschen. ↗Dschungel.

Urwiesen, ursprüngliche, bereits vor dem Beginn der Rodetätigkeit (↗Rodung) des Menschen bestehende ↗Rasengesellschaften der Hochgebirgsstufe, der Meeresküste, der extremen Trockenhänge usw. Sie sind zwar großenteils nicht mähbar (od. nicht mähwürdig), jedoch stammt v. ihnen ein Teil der Arten des Wirtschaftsgrünlandes u. der anthropogenen Weiden.

Urwirbel, frühere, fälschl. Bez. für die *Ursegmente* (↗Somiten).

Urzeugung, *Archigonie, Archigenese, Autogonie, Abiogenesis, Generatio primaria, G. spontanea, G. aequivoca,* Entstehung v. Lebewesen aus unbelebter Materie (Ggs.: ↗Tokogenie); für Metazoen widerlegt im 17./18. Jh., für Einzeller erst durch L. ↗Pasteur (erste Ansätze durch L. ↗Spallanzani); heute anerkannt für den Beginn des ↗Lebens im Archaikum. – Moderne Hypothesen gehen v. der Annahme aus, daß vor der U. in der ↗Uratmosphäre während der ↗chemischen Evolution organ. Substanzen entstanden (↗abiotische Synthese). Die *Koazervat-Hypothese* (↗Koazervate, ↗Mikrosphären) von A. ↗Oparin beinhaltet die Zusammenlagerung vieler organ. Moleküle zu wasserarmen Tröpfchen; die *Membranhypothese* nimmt als ersten Schritt die Zusammenlagerung verschiedener Moleküle u. deren gemeinsame Begrenzung durch eine Membran zu sog. ↗*Protobionten* an (↗Präzellen).

Usambaraveilchen [ben. nach der Landschaft in Tansania], *Saintpaulia,* Gatt. der ↗Gesneriaceae.

Usnea *w* [v. arab.-pers. ušna = Moos], Gatt. der ↗*Parmeliaceae,* blaß grau- bis gelbgrünl., selten graue *Bartflechten* (↗Flechten, ☐, B I), mit meist reich verzweigtem, buschig abstehendem bis lang hängendem, an einer Stelle festgewachsenem Lager, im Querschnitt radial aufgebaut, in der Mitte – die Lagerabschnitte längs durchziehend – ein dehnbarer, die Zugfestigkeit erhöhender *Zentralstrang* aus dicht verklebten Hyphen. Apothecien schildförmig, dünn, mit meist hellen Scheiben. Viele Arten bleiben steril u. pflanzen sich mit Soredien od. Isidien fort. Färbung des Lagers durch ↗*Usninsäure* (☐ Flechtenstoffe) bedingt. Etwa 400 (bis 600) Arten, oft schwierig unterscheidbar, kosmopolitisch, an nebelreichen Standorten auf Bäumen, selten Silicatfels, in Mitteleuropa durch Einwirkung saurer Luftverunreinigungen (↗saurer Regen, ↗Bioindikatoren) stark zurückgehend, so *U. filipendula* (mit hängendem Lager, häufigste heimische Art; nach der ↗Roten Liste „gefährdet"), *U. florida* (mit kurzem, buschig abstehendem Lager u. großen bewimperten Fruchtscheiben; „stark gefährdet"), *U. longissima* (mit nahezu unverzweigten, mehrere Meter langen Thallusfäden, in ungestörten Gebirgswäldern; in Mitteleuropa nahezu ausgestorben).

Usninsäure [v. arab.-pers. ušna = Moos], ein ↗Flechtenstoff (☐), verursacht die grünl. bis hell gelbl. Färbung zahlr. Flechten (z. B. Gatt. *Usnea, Ramalina, Evernia*); v. starker antibiot. Wirkung (gg. grampositive Bakterien); auch pharmazeut. genutzt; kann allerg. Kontaktdermatitis hervorrufen (z. B. bei kanadischen Holzfällern beobachtet).

Ustilaginales [Mz.; v. lat. ustulare = verbrennen], die ↗Brandpilze.

Ustilago *w* [v. lat. ustulare = verbrennen], Gatt. der ↗Brandpilze.

Ustulina *w* [v. lat. ustulare = verbrennen], Gatt. der ↗Xylariales.

Uta *w* [peruan. Name], der ↗Orientbeule ähnl. Erkrankung des Menschen durch Flagellaten der Gatt. ↗*Leishmania (L. peruviana, L. mexicana);* Vorkommen Peru, Reservoirwirt Hund.

Uterinmilch [v. lat. uterinus = leiblich], die ↗Embryotrophe.

Uterus *m* [lat., =], die ↗Gebärmutter.

Utetheisa *w,* Gatt. der ↗Bärenspinner.

UTP, Abk. für ↗Urldin-5'-triphosphat.

Utricularia *w* [v. lat. utriculus = kleiner Schlauch], der ↗Wasserschlauch.

Utricularietea intermedio-minoris [Mz.; v. lat. utriculus = kleiner Schlauch, intermedius = mittelständig, minor = kleiner], *Kleinwasserschlauch-Gesellschaften,* Kl. der Pflanzenges. mit Vorkommen in der Flachwasserzone v. Seen, in Schlenken v. Flach- u. Übergangsmooren, in wassergefüllten Torfstichen u. ä. Hier begünstigt der Minimumfaktor Stickstoff die fleischfressenden Wasserschlaucharten, die je nach Basengehalt des Wassers mit Bleich- od. Braunmoosen vergesellschaftet sind.

Utriculus *m* [lat., = kleiner Schlauch], **1)** Bot.: *Schlauch,* Bez. für das zu einer schlauchförm. Hülle verwachsene Tragblatt der nur aus einem Fruchtknoten bestehenden, karpellaten Blüte bei der ↗Segge (☐). **2)** Zool.: ↗Gleichgewichtsorgane, ↗mechanische Sinne (B II).

UV, Abk. für ↗Ultraviolett.

Uva *w* [lat., = Traube], Gatt. der ↗Spondylomoraceae.

Urzeugung

Den Nachweis der *Entstehungsmöglichkeit* organ. Substanz in der Frühzeit der Erde lieferte erstmals S. Miller (1953). ↗Miller-Experiment (☐, T), B chemische u. präbiologische Evolution. ↗Panspermielehre, ↗Hyperzyklus.

V

V, Abk. für ⌐Valin.

v., Abk. für *varietas* (⌐Varietät).

Vacciniavirus [v. frz. vacciner = impfen] ⌐Pockenviren (T).

Vaccinio-Piceetea [Mz.; v. lat. vaccinium = Hyazinthe, picea = Kiefer], *Fichtenwälder u. kontinentale Kiefernwälder,* Kl. der Pflanzenges. Hierher gehören die borealen Nadelwälder Europas, Sibiriens, Japans und N-Amerikas, die Fichtenwälder der alpiden u. der Mittelgebirge. Die Ges. der verschiedenen Kontinente werden in unterschiedl. vikariierenden Ord. zusammengefaßt. Unter den hier herrschenden niedrigen Temp. sind die Baumarten der nemoralen Zone, wie Rot- u. Hainbuche, Eichen u. Tanne, nicht mehr konkurrenzfähig. Ähnliches gilt für die edaphisch ungünst. Moorränder. Durch niedrige Temp. ist die Zersetzungsgeschwindigkeit der ohnehin schwer abbaubaren Nadelstreu u. der Blattstreu der für die Feldschicht typ. Heidekrautgewächse gering, so daß sich Rohhumus ansammelt, der sogar anstehendes Carbonatgestein „maskieren" kann. In Mitteleuropa wichtig ist die Ord. *Vaccinio-Piceetalia* (Fichtenwälder u. verwandte Ges.), die durch Arten wie Eur. Lärche u. Heidelbeere charakterisiert ist, mit den Verb. ⌐*Dicrano-Pinion* (subkontinentale Sand-Kiefernwälder) u. *Vaccinio-Piceion* (mitteleur. Fichten- u. Lärchenwälder); letzterer wird je nach edaphischen und klimat. gegliedert (vgl. Tab.). – Gesellschaften einer weiteren Ord., der borealkontinentalen Kiefern-Steppenwälder *(Pulsatillo-Pinetalia),* lockere Waldbestände mit Winterlieb, Wintergrün u.a., sind in Mitteleuropa nur selten u. fragmentarisch entwickelt. Manche Autoren fassen diese Ord. als eigene Klasse.

Vaccinium *s* [lat., = Hyazinthe], *Heidelbeere,* v.a. in den höheren Gebirgslagen SO-Asiens sowie N-, S- und Mittelamerikas heimische Gatt. der ⌐Heidekrautgewächse mit über 200 Arten. Immer- od. sommergrüne (Halb-)Sträucher mit einfachen Blättern u. einzeln od. in Trauben stehenden Blüten. Diese mit kugeliger oder krugförm. bis glockiger, am Rande 4–5zipfliger Krone u. 8–10 Staubblättern. Die sich aus dem unterständ. Fruchtknoten entwickelnde Frucht ist eine saftige bis mehlige, i.d.R. 4–5fächerige, vielsamige Beere. In Mitteleuropa zu finden sind nur 3, circumpolar verbreitete Arten. Bekannteste hiervon ist die Blaubeere od. Heidelbeere i.e.S. (*V. myrtillus;* B Europa IV), ein buschiger Zwergstrauch mit grünen, scharfkantigen Zweigen, rundl.-eiförm. Blättern u. einzeln blattachselständ., grünl.-rötl. Blüten. Seine zw. Juli und Sept. erscheinenden, etwa 1 cm großen, blauschwarzen, bereiften Beeren sind wegen ihres aromat., süß-säuerl. Geschmacks ein begehrtes Wildobst, das entweder roh verzehrt od. zu Kompott, Konfitüre, Saft, Wein, Likör u.a. verarbeitet wird. Auch die glänzend roten Früchte von *V. vitis-idaea,* der Preiselbeere (B Europa IV), einem immergrünen Zwergstrauch mit weißl.-rötl., in Trauben stehenden Blüten, werden als Wildobst gesammelt. Roh ist ihr Geschmack etwas mehlig u. herb, zu Konfitüre verarbeitet sind sie jedoch eine beliebte Beilage zu Wild. *V. uliginosum* (B Europa VIII), die Rausch-, Moor- od. Trunkelbeere, ein bis 90 cm hoher, sommergrüner Strauch, besitzt kugelige bis birnenförm., außen blaubereifte, innen weiße Früchte, nach deren Verzehr es bisweilen zu Vergiftungserscheinungen (u.a. Erbrechen, Rauschzustände, Schwindel, Sehstörungen) kommt. Möglicherweise sind diese auf den häufigen Pilzbefall der Beeren zurückzuführen. Alle gen. Arten wachsen gesellig im Unterwuchs lichter (trockener) Wälder, in Zwergstrauchheiden höherer Gebirgslagen sowie in Mooren, auf sauren, humusreichen Böden. Wegen der großen Beliebtheit der Heidelbeere werden auch Kultursorten gezüchtet u. angebaut. Es handelt sich dabei um Abkömmlinge der Amerikan. Blaubeere *(V. corymbosum)* mit in Trauben stehenden, bes. großen Beeren.

Vacuolaria *w* [v. lat. vacuus = leer], Gatt. der ⌐Chloromonadophyceae.

vagil [Hw. *Vagilität;* v. lat. vagare = umherschweifen], allg.: beweglich, umherschweifend; Bez. für Lebewesen, die zu aktiver Fortbewegung befähigt sind. Ggs.: ⌐sessil. ⌐Ausbreitung, ⌐Verbreitung.

Vagina *w* [lat., = Scheide], **1)** Bot.: die ⌐Scheide 1). **2)** Zool.: a) Gewebsscheide od. -hülle, bindegewebige Hülle v. Organteilen, z.B. *V. synovialis,* die ⌐Sehnenscheide. b) *Scheide,* der letzte Abschnitt der ausführenden Gänge der weibl. ⌐Geschlechtsorgane (□), der bei der Begat-

---

Vaccinio-Piceetea

Ordnungen, Verbände u. Unterverbände:

Pulsatillo-Pinetalia (borealkontinentale Kiefern-Steppenwälder)

Vaccinio-Piceetalia (Fichtenwälder, subkontinentale u. Sand-Kiefernwälder)

⌐*Dicrano-Pinion* (subkontinentale Sand-Kiefernwälder)

Vaccinio-Piceion (mitteleur. Fichten- u. Lärchenwälder)

⌐ *Betulion pubescentis* (Birken-Bruch- u. -Moor-Wälder)

⌐ *Ledo-Pinion* (Kiefern-Bruchwälder)

⌐ *Piceion* (Fichtenwälder)

⌐ *Rhododendro-Vaccinion* (subalpine Lärchen-Arvenwälder u. Alpenrosen-Ges.)

---

vagin- [v. lat. vagina = Scheide].

Vagina

Die V. (Scheide) der Frau – ein 8–11 cm langer muskulöser, elast. Gang, der v. Schleimhaut *(Vaginalschleimhaut)* ausgekleidet ist – liegt zw. Harnblase u. Mastdarm (□ Geschlechtsorgane) u. erstreckt sich vom Gebärmutterhals (□ Gebärmutter) bis zum *Scheidenvorhof* (Vestibulum vaginae), der v. den *kleinen Schamlippen* (Labia minora) begrenzt wird. Die *Scheidenöffnung* (Introitus vaginae, Ostium vaginae) wird vom *Scheiden-*schließmuskel umgeben u. ist bei Jungfrauen teilweise durch den ⌐*Hymen* (Jungfernhäutchen) verschlossen. Die überwiegend drüsenlose Vaginalschleimhaut ist ein mehrschicht. Plattenepithel mit Querfalten, das vom ⌐Menstruationszyklus abhängige Veränderungen erfährt *(Vaginalzyklus).* Unter der Vaginalschleimhaut liegt die aus Längs- u. Ringmuskeln bestehende *Scheidenmuskulatur.* ⌐Geburt (□), ⌐Bartholinsche Drüsen, ⌐Clitoris, ⌐Vaginalflora (T).

tung das männl. Glied (↗Penis), ↗Genitalfüße o. ä. ↗Begattungsorgane aufnimmt. Bei Arthropoden ist die V. ektodermalen Ursprungs u. dementsprechend mit Cuticula ausgekleidet. Bei Wirbeltieren u. Mensch (vgl. Spaltentext) beginnt die V. an der ↗Kloake bzw. am Scheidenvorhof (↗Vulva) u. führt zum Uterus (↗Gebärmutter, ☐); sie wird während der Ontogenese vom Endabschnitt der Müllerschen Gänge (↗Oviduct, ☐ Nierenentwicklung) gebildet. – Das Vorhandensein v. Penis u. Vulva stellt ein intraspezif., intersexuelles Syndrom (Funktionskomplex) dar, also einen Grenzfall zw. ↗Coevolution (interspezifisch) u. ↗Synorganisation (intraindividuell), das im Zshg. mit der inneren ↗Besamung vielfach konvergent evolvierte. ↗Schlüssel-Schloß-Prinzip.

Vaginalflora w [v. *vagin-], *Scheidenflora*, die normale ↗Bakterienflora der inneren Scheide (↗Vagina). Die Bakterienzahl in der Scheide ist aufgrund des feuchtwarmen Milieus sehr hoch (10^7–10^8 Keime/g Vaginalmaterial); Anaerobier sind in 10fach höherer Konzentration vorhanden als Aerobier. Abhängig v. der hormonalen Situation, der Entwicklungsstufe der Vaginalschleimhaut, ändert sich die Bakterienzusammensetzung. Die V. vor, während u. nach der Geschlechtsreife sowie während der Schwangerschaft u. im Wochenbett ist daher unterschiedl. Häufigste Bakterien (vgl. Tab.) sind *Lactobacillus*-Arten (↗Döderleinsche Scheidenbakterien) u. andere ↗Milchsäurebakterien, die durch Bildung v. Milchsäure aus Scheidenglykogen einen sauren pH-Wert einstellen (pH 3,5–4,2), der die Zusammensetzung der übrigen Flora beeinflußt.

Vaginati [Mz.; v. *vagin-], benannte F. A. Quenstedt (1836) eine Gruppe v. Kopffüßern, die Teichert 1933 in der Ordnung *Endoceratida* zusammenfaßte. ↗Endoceratoidea.

Vaginicola [v. *vagin-, lat. -cola = -bewohner], Gatt. der ↗Peritricha, Wimpertierchen mit einem festen, ungestielten Gehäuse, in das sie sich zurückziehen können; leben an Wasserpflanzen in Tümpeln u. Teichen, *V. terricola* im feuchten Moos.

Vaginulus m [v. *vagin-], Gatt. der *Veronicellidae*, nachtaktive, herbivore Hinteratmer (Schnecken), die mit ca. 30 Arten in S-Amerika u. auf Inseln der Karibik vorkommen.

Vagus m [lat., = umherschweifend, unstet], *Eingeweidenerv*, Abk. für *Nervus vagus*, den X. ↗Hirnnerv (☐), der nicht nur Bezirke im Kopf- (Teile der harten Hirnhaut u. der Haut des äußeren Gehörgangs) u. Halsbereich versorgt (Rachenraum, Kehlkopf, Schlund), sondern auch als geflechtartiger Eingeweidenerv Lunge, Darm u. Herz. Damit stellt er den stärksten parasympathischen Nerv des vegetativen ↗Nervensystems dar.

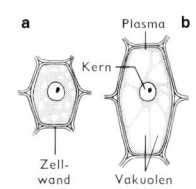

Vakuole
a jugendliche, b ältere Pflanzenzelle mit V.

Vaginalflora
V. gesunder Frauen im gebärfähigen Alter (Gattungen u. einige Arten):
Lactobacillus
 L. acidophilus
 L. casei
 L. fermentum
 L. cellobiosus u. a.
Peptococcus
Streptococcus
(fäkale Arten)
Corynebacterium
Eubacterium
Veillonella
Bacteroides
 B. bivius
 B. disiens u. a.
Staphylococcus
 epidermidis
Mycoplasmen
Escherichia coli
(u. a. *Enterobacteriaceae*)
Gardnerella
 G. vaginalis
 (= *Corynebacterium vaginale*)
Bifidobacterium-
Arten
Hefen
(z. B. *Candida*-Arten)

Valin (zwitterionische Form)

valerian- [v. mlat. valeriana = Baldrian; ben. nach der röm. Prov. Valeria in Pannonien (= Ungarn)].

Vahlkampfia ↗Geißelamöben.

Vakuole w [v. lat. vacuus = leer], *Zell-V.*, Bez. für einen flüssigkeitsgefüllten (bei Wasserbakterien auch gasgefüllten) Hohlraum in pflanzl. und tier. Zellen. **1)** Bot.: der mit *Zellsaft* erfüllte, vom ↗Cytoplasma umgebene Innenraum der ↗Pflanzenzelle. Das ↗Streckungswachstum pflanzl. Zellen am Ende der meristemat. Phase geht einher mit der Bildung des *Vakuoms* (Gesamtheit der V.n der Zelle). Einzelne membranumschlossene V.n fusionieren schließl. zur zentralen Zellsaft-V., die fast den gesamten Raum der Zelle einnimmt u. den ↗Protoplasten auf einen dünnen Wandbelag zurückdrängt. Die die V. umgebende Membran ist der ↗Tonoplast. In der V. liegen zahlr. gelöste Stoffe vor, deren ↗osmotischer Druck den sog. ↗Turgor aufbaut. Dem Turgor entgegen wirkt der durch die ↗Zellwand ausgeübte Wanddruck. Der osmot. Wert der V. läßt sich durch ↗Plasmolyse-Versuche bestimmen (↗Erklärung in der Biologie). Die V. dient den Pflanzenzellen als vorübergehender Speicher für Saccharose u. als Deponie für im Cytoplasma toxisch wirkende sekundäre ↗Pflanzenstoffe. V.n können auch lytische Enzyme (Hydrolasen, Proteinasen) enthalten; auch mit ihrem niedrigen („sauren") pH-Wert im Innern erweisen sie sich als den ↗Lysosomen tier. Zellen analoge Kompartimente. – V.n bei Wasserbakterien: ↗Gas-V.n (☐). **2)** Zool.: Bei tier. Zellen (z. B. ↗Phagocyten) u. ↗Einzellern dienen V.n hpts. zur Nahrungsaufnahme (*Nahrungs-V.* = *Gastriole*) und ↗Verdauung (*Verdauungs-V.*), z. T. (als *kontraktile* od. *pulsierende V.*) auch der ↗Osmoregulation u. ↗Exkretion. ☐ Apoplast, ☐ Zelle, B Photosynthese I, B Wasserhaushalt (der Pflanze); ☐ Endocytose, ☐ Pantoffeltierchen.

Vakuom s [v. lat. vacuus = leer], die Gesamtheit der ↗Vakuolen einer Pflanzenzelle.

Vakzine w [v. lat. vacca = Kuh, über frz vacciner = impfen], urspr. nur der Pocken-Impfstoff, heute Bez. für jeden aus abgetöteten od. abgeschwächten Erregern hergestellten Impfstoff (↗aktive Immunisierung).

Val, Abk. für ↗Valin.

Valenz w [v. lat. valere = wert sein], Wertigkeit, z. B. eines chem. Elements (↗chem. Bindung); ↗ökologische Valenz.

Valeriana w [mlat., =], der ↗Baldrian.

Valerianaceae [Mz.; v. *valerian-], die ↗Baldriangewächse.

Valerianella w [v. *valerian-], der ↗Feldsalat.

Valeriansäure [v. *valerian-] ↗Isovaleriansäure.

Valin s [v. *valerian-], α-*Aminoisovaleriansäure*, Abk. *Val* oder *V*, eine der 20 die Proteine aufbauenden ↗Aminosäuren (B); wegen der aliphat. Seitenkette gehört V. zu

Valinomycin

den unpolaren, aliphat. Aminosäuren. Für den Menschen ist V. ein ↗essentieller Nahrungsbestandteil.

Valinomycīn s [v. *valerian-, gr. mykēs = Pilz], cyclo-(D-Val-L-Milchsäure-Val-D-α-Hydroxyisovaleriansäure-)₃, von *Streptomyces fulvissimus* gebildetes Antibiotikum, das selektiv K^+-Ionen durch ↗Membranen transportiert (ionophore Wirkung; ↗Membrantransport, □) u. als Entkoppler (↗Atmungskette) der oxidativen u. Photophosphorylierung wirkt. V. ist ein cycl. ↗Depsipeptid mit hohem Gehalt der Aminosäure Valin.

Vallisnēria w [ben. nach dem it. Botaniker A. Vallisneri, 1661–1730], die ↗Wasserschraube.

Vallois [wallºa], *Henri Victor*, frz. Anthropologe u. Paläontologe, * 11. 4. 1889 Nancy, † 27. 8. 1981 Paris; seit 1922 Prof. in Toulouse, ab 1941 in Paris; bedeutende Arbeiten zur Paläanthropologie u. Rassengeschichte des Menschen.

Vallonīidae [Mz.; v. lat. vallum = Pfahlwerk], die ↗Grasschnecken.

Vallōta w [ben. nach dem frz. Botaniker A. Vallot, † 1671], Gatt. der ↗Amaryllisgewächse.

Valoniāceae [Mz.], Fam. der ↗Cladophorales; Grünalgen mit blasenförm., vielkernigem Thallus u. terminalen, ästigen Auswüchsen. In wärmeren Meeren ist der „Blasenschlauch" *(Valonia utricularis)* weit verbreitet; er besteht aus einer einige cm großen, keulenförm. Zelle, die laterale Zellfortsätze tragen kann. Eine weitere bekannte Gatt. ist ↗*Dictyosphaeria*.

Valsakrankheit, Pflanzenkrankheit, verursacht durch Arten (vgl. Tab.) der Pilz-Gatt. *Valsa* (Fam. *Diaporthaceae*). Wirtschaftl. wichtig sind ↗Rindenbrand u. Zweigsterben (Triebsterben) an der Kirsche: Rindenpartien u. Zweige sterben ab, es tritt ↗Gummifluß auf; an der Rinde brechen punktartig die Fruchtkörper durch (Krötenhautkrankheit). Befallen werden bes. durch Umwelt u. Wetter geschädigte Bäume.

Valva w [Mz. *Valvae;* *valv-], **1)** Bot.: Boden- bzw. Deckelfläche der Zellwände v. ↗Kieselalgen. **2)** anatom. Bez. für klappenförm. Schleimhautfalten, z. B. zur Blutstromregulierung (*V. aortae* = Aortenklappe). **3)** ↗Valven.

Valvāta [v. lat. valvatus = mit einer Klapptür versehen], 1) w, die ↗Federkiemenschnecken. 2) [Mz.], *Valvatida*, Ord. der ↗Seesterne (T).

Valven [Mz.; v. *valv-], *Valvae, Valvulae,* Teile des ↗Eilegeapparats (□) der ↗Insekten (□).

Valvifer m [v. *valv-, lat. -fer = -tragend], Teil des ↗Eilegeapparats (□) der Insekten.

Valvīfera [v. *valv-, lat. -fer = -tragend], *Klappenasseln,* U.-Ord. der ↗Asseln mit den Fam. *Idoteidae (Idotheidae)* u. ↗*Arcturidae.* Charakterist. und namengeb-

valerian- [v. mlat. valeriana = Baldrian; ben. nach der röm. Prov. Valeria in Pannonien (= Ungarn)].

Valsakrankheit
Erreger (Auswahl): Rindenbrand an Kirsche, Birne, Quitte, Aprikose (*Valsa leucostoma* = *Leucostoma personii* [Konidienform: *Cytospora leucostoma*]) Pappelkrebs (*Valsa sordida* [*Cytospora chrysosperma*])

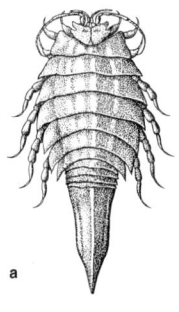

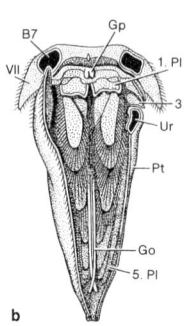

a

b

Valvifera
a *Saduria entomon* (4 cm lang). b Ventralansicht des Pleons von *S. entomon*; rechts ist der Uropode abgeschnitten, links geöffnet. Go Gonopode, Gp Genitalpapille, Pl Pleopode, Pt Pleotelson, Ur Gelenkungsstelle des abgeschnittenen Uropoden; B7 abgeschnittener 7. Pereiopode, VII Epimer des 7. Pereiomers, 3 Epimer des 3. Pleonsegments

bendes Merkmal sind die klappenartig nach unten u. vorn verlagerten ↗Uropoden, die sich wie 2 Flügeltüren über den Pleopoden öffnen u. schließen können. Die bekanntesten Vertreter sind die *Idotea*-Arten, die in großer Zahl die Seegraswiesen unserer Küsten besiedeln u. weit ins Brackwasser eindringen. *I. baltica* erreicht 3 cm Länge u. tritt in verschiedenen Farbmustervarietäten auf. Die *Idotea*-Arten sind Allesfresser. Sie sind nicht breiter als die Seegrasblätter, ihnen in der Farbe gut angepaßt u. darum, wenn sie still sitzen, schwer zu finden. Sie können jedoch auch gut schwimmen. Dazu klappen sie die flügeltürart. Uropoden auf u. schlagen mit den Pleopoden; die Uropoden wirken dann wie 2 Kiele stabilisierend. Zu den *Idoteidae* gehört auch die Gatt. ↗*Saduria*.

Valvula w [Mz. *Valvulae;* v. *valv-], **1)** anatom. Bez. für kleine falten- bzw. klappenförm. Strukturen z. B. in der Darmschleimhaut bzw. in Blutgefäßen (*Valvulae cordis* = ↗Herzklappen). **2)** ↗Valven.

Valvula cardīaca w [v. *valv-, gr. kardiakos = Herz-], schlauchartige Einstülpung od. klöppelartige Fortsätze des Vorderdarms der Insekten in den Mitteldarm; fungieren als Rückflußventil für den Mageninhalt; sie bilden oft auch die ↗peritrophische Membran um den Nahrungsbrei. Bei Formen mit extraintestinaler Verdauung fehlen die V. c., damit Mitteldarmsaft überhaupt bis zur Mundöffnung gelangen kann. ↗Insekten (□).

Vampīramöben [Mz.; v. gr. amoibē = Wechselhafte], die Gatt. ↗*Vampyrella*.

Vampīre [Mz.; *vampir-], *Echte V., Vampir-Fledermäuse, Desmodontidae,* systemat. den ↗Blattnasen nahestehende Fledermaus-Fam. des trop. und subtrop. Mittel- und S-Amerika mit insgesamt 3 Arten (T 307). V. sind nachtaktive Nahrungsspezialisten, die mit messerscharfen Schneidezähnen die Haut schlafender warmblütiger Wirbeltiere (i. d. R. unbemerkt) anritzen u. das ausfließende Blut mit der Zunge auflecken; V. sind keine Blutsauger! Das Aufsuchen eines Opfers und einer geeigneten Bißstelle geschieht u. a. durch Wahrnehmung v. Infrarotstrahlen mit Hilfe des Nasenaufsatzes. Während der Nahrungsaufnahme registrieren ↗Sinushaare u. Mechanorezeptoren im Nasenaufsatz (□ 307) die Bewegungen des Opfers, um ggf. eine rasche Flucht zu ermöglichen. Die Gefährlichkeit des Bisses für das Opfer liegt in mögl. Wundinfektionen u. Übertragung v. Krankheiten (z. B. Pferdeseuche, Tollwut). Da oft Haus- od. Weidetiere die „Blutspender" sind, werden V. bekämpft. – Fälschlich als V. bezeichnet werden die Falsche Vampir-Fledermaus *(Vampyrum spectrum),* die Blüten-V. (U.-Fam. *Phyllonycterinae*) u. die Frucht-V. (U.-Fam. *Stenoderminae*). Sie alle ernähren sich nicht v. Blut u. gehören zu den ↗Blattnasen.

Vampirtintenschnecken, *Vampyromorpha,* Ord. der Kopffüßer (U.-Kl. ↗ *Coleoidea*) mit 1 Fam. *(Vampyroteuthidae)* und 1 Art, dem Tiefseevampir *(Vampyroteuthis infernalis).* Die V. haben einen plumpen Körper (mit Armen knapp 30 cm lang) u. einen unten weit offenen Mantel; die 8 langen Arme tragen distal 1 Reihe ungestielter Saugnäpfe ohne Ringe; zw. dem 1. und 2. Paar liegt jederseits ein in eine Tasche rückziehbares „Filament", das als Rest eines weiteren Armpaares gedeutet wird. Der Name ist auf die große, zw. den Armen ausgespannte Haut zurückzuführen. Der Schalenrest (↗ *Gladius*) im Innern ist dünn u. blattförmig. Die großen, tiefroten Augen heben sich vom purpurschwarzen Körper ab, der hochdifferenzierte Leuchtorgane trägt. ♂♂ ohne Hectocotylus; die ♀♀, größer als die ♂♂, legen die kugel. Eier wahrscheinl. ins Wasser. Die V. leben in den kalten Tiefen (300–3000 m) der Weltmeere zwischen 40°n.Br. und 40°s.Br. B Kopffüßer.

Vampyrella *w* [v. *vampyr-], Vampiramöben,* Gatt. der ↗ Nacktamöben, Wurzelfüßer, die Löcher in Zellen v. Fadenalgen bohren u. deren Inhalt aussaugen; leben marin u. limnisch. Häufigste Süßwasserart ist *V. lateritia* mit Lobo- u. Filopodien; das Endoplasma ist oft durch eingelagerte Carotine rot gefärbt; sie lebt in allen Gewässern mit Fadenalgen.

Vampyromorpha [Mz.; v. *vampyr-, gr. morphē = Gestalt], die ↗ Vampirtintenschnecken.

Vampyroteuthis *w* [v. *vampyr-, gr. teuthis = Tintenfisch], Gatt. der ↗ Vampirtintenschnecken.

Vampyrum *s* [*vampyr-], Gatt. der ↗ Blattnasen.

Vanadis *w* [ben. nach Vanadis, die germ. Göttin Freia], Gatt. der ↗ Alclopidae.

Vancomycin *s* [v. gr. mykēs = Pilz], v. *Streptomyces orientalis* produziertes, chlorhaltiges Peptid-Antibiotikum (↗ Peptid-Antibiotika) mit bakterizider Wirkung gg. grampositive Erreger durch Angriff an Zellwand u. Cytoplasmamembran (B Antibiotika). V. wird nur noch bei lebensbedrohl. Staphylokokken-Infektionen eingesetzt.

Vandellia *w*, Gatt. der ↗ Parasitenwelse.

van der Waalssche Bindung [ben. nach dem niederländ. Physiker J. D. van der Waals, 1837–1923], ↗ chemische Bindung.

Vane [we¹n], *John Robert,* engl. Pharmakologe, * 29. 3. 1927 Tardebigg (England); seit 1973 Dir. der Wellcome Foundation (Beckenham, Kent; England); entdeckte die blutgefäßerweiternde u. blutgerinnselverhindernde Wirkung der Prostacycline (Abkömmlinge der ↗ Prostaglandine); zeigte, daß die Synthese der Prostaglandine (u. damit deren entzündungsfördernde Wirkung) v. Aspirin (u.a. entzündungshemmenden Pharmaka) durch Hemmung v. Prostaglandin-Synthase inhibiert wird, was zu einer neuen Hypothese über den Wirkungsmechanismus entzündungshemmender Pharmaka geführt hat; erhielt 1982 zus. mit S. K. Bergström und B. Samuelsson den Nobelpreis für Medizin.

Vanellus *m* [v. frz. vanneau = Kiebitz], Gatt. der ↗ Kiebitze.

Vanessa *w* [v. gr. phanos = Leuchte], Gatt. der ↗ Fleckenfalter; ↗ Admiral, ↗ Distelfalter.

Vangidae [Mz.], die ↗ Blauwürger.

van-Gieson-Färbung [ben. nach dem am. Pathologen I. T. van Gieson, 1866–1913], v. a. in der med. Histologie fr. viel angewandtes Färbeverfahren (↗ mikroskopische Präparationstechniken) zur differenzierten Darstellung verschiedener Gewebetypen (hpts. Bindegewebe) in histolog. Schnittpräparaten. Durch Anfärbung des in Eisenalaun (↗ Eisenhämatoxylinfärbung) vorgebeizten Gewebes mit ↗ Hämatoxylin werden Zellkerne durch Bildung eines Eisen-Hämatein-Farblacks tiefschwarzbraun dargestellt. Eine nachfolgende Färbung in einem Pikrinsäure-Fuchsin-Gemisch stellt kollagene Bindegewebe leuchtend rot dar, Muskulatur dagegen kräftig gelb. Nachteil dieser Vielfachfärbung ist ihre geringe Haltbarkeit wegen raschen Verblassens der Gelb-Rot-Töne unter Lichteinfluß, weswegen sie durch die heute mehr gebräuchl. ↗ Azanfärbung (*Az*okarmin-*An*ilinblau) abgelöst wurde.

Vanille *w* [wanilje; v. span. vainilla = Schötchen], *Vanilla,* trop. Gatt. der ↗ Orchideen mit ca. 100 Arten; v. großer wirtschaftl. Bedeutung ist *V. planifolia* (B Kulturpflanzen IX); daneben werden v.a. auf den Westind. Inseln *V. pompona* angebaut, auf Tahiti u. Hawaii *V. tahitensis.* – *V. planifolia,* die Gewürz-V. oder Echte V., stammt aus Mexiko; ihre Früchte wurden schon bei den Azteken als Gewürz geschätzt. Heute wird sie weltweit in den Tropen angebaut. Es ist eine Liane, deren Sprosse, sich mit sproßbürtigen Rankenwurzeln an Bäumen od. Sträuchern verankernd, bis 10 m Höhe erreichen können. Die Blätter sind eiförmig u. dickfleischig, in den Blattachseln stehen dichte Trauben gelbl.-grüner Blüten. Natürl. Bestäuber sind Kolibris u. spezielle Insekten. Der Anbau der durch Stecklinge vermehrten V. erfolgt in Plantagen, wo der Kletterpflanze Lichtholzarten zum Emporranken zur Verfügung gestellt werden. Außerhalb v. Mittelamerika werden die nur wenige Stunden geöffneten Blüten mit der Hand bestäubt (Selbstbestäubung, indem das Pollinium auf die Narbe gedrückt wird), da die spezif. Bestäuber fehlen. Die Früchte erreichen eine Länge bis 20 cm; es sind sich zweispaltig öffnende Kapseln (oft fälschl. als Schoten bezeichnet). Jede Pflanze trägt ca. 60 Früchte. Die unreif geernteten Früchte werden einer Fermentation unter-

---

valv- [v. lat. valvae = Flügeltür, Klapptür].

vampir-, vampyr- [v. slaw. upir = blutsaugendes Gespenst, über it. vampiro].

Vampire
Arten:
Desmodus rotundus (Gemeiner Vampir)
Diphylla ecaudata (Kleiner Blutsauger)
Diaemus youngi

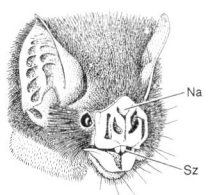

Vampire
Gemeiner Vampir *(Desmodus rotundus);* Na Nasenaufsatz, Sz Schneidezähne

Blüte der Vanille *(Vanilla planifolia)*

Vanillin

Vanillin

worfen, wodurch sie ihre braune Farbe gewinnen; gleichzeitig wird das *Vanillinglykosid* der Fruchtschale in ↗Vanillin u. Glucose gespalten. Da zum spezif. Aroma der V. rund 35 weitere Substanzen beitragen, kann synthetisch (meist aus Lignin) hergestelltes Vanillin kein gleichwertiger Ersatz sein. – V. ist ein wicht. Ingredienz in Kakao, Schokolade, Eis, Pudding, in Backwaren wie auch in Parfüms.

Vanillin *s* [v. span. vainilla = Schötchen], *Vanillaldehyd, 3-Methoxy-4-hydroxy-benzaldehyd,* im Pflanzenreich verbreiteter, meist in glykosid. Form auftretender aromat. Aldehyd. V. ist als *Gluco-V.* bes. in ↗Vanille-Früchten enthalten. Weiter findet man V. bzw. V.-Glykoside in Benzoeharz, Styrax, Nelkenöl, rohem Rübenzucker, Spargelsprossen, Orchideen, in der Samenschale v. Hafer u. in den Blüten v. Kartoffeln, Schwarzwurzel u. des Spierstrauches. V. entsteht auch beim Abbau v. ↗Lignin u. ist an der Geruchsbildung v. altem, in Eichenfässern gelagertem Cognac beteiligt. Verwendung findet V. (häufig auch synthet. hergestellt) als Speisearoma u. zur Herstellung v. Riechstoffen. ⊤ chemische Sinne.

Vanillinsäure, *3-Methoxy-4-hydroxy-benzoesäure,* Oxidationsprodukt des ↗Vanillins, das in der Natur z. B. als Säurekomponente der Veratrumalkaloide u. als Abbauprodukt v. Adrenalin u. Noradrenalin im Urin auftritt.

Vannus *m, Analfeld,* unterster Abschnitt des ↗Insektenflügels.

van't Hoff, *Jacobus Henricus,* ↗Hoff.

van't Hoffsche Regel, die ↗RGT-Regel.

var., Abk. für *varietas,* ↗Varietät.

Varanidae [Mz.; v. arab. ouarān = Eidechse], die ↗Warane.

Varanomorpha [Mz.; v. arab. ouarān = Eidechse, gr. morphē = Gestalt], *Waranartige,* Zwischen-Ord. der ↗Echsen mit 3 rezenten neben 3 ausgestorbenen Fam. (vgl. Tab.); lebende Vertreter v. stämmigem Körperbau, Extremitäten voll ausgebildet.

Varanus *m* [v. arab. ouarān = Eidechse], Gatt. der ↗Warane.

Vari *m* [v. Madagass. varika], *Lemur variegatus,* ↗Lemuren.

Variabilität *w* [v. lat. variabilis = veränderlich], die mehr od. minder große Verschiedenheit in der Ausprägung der Eigenschaften (↗Phänotyp) bei den Individuen einer ↗Art (↗Population): ↗Variation. Eine bestimmte Ausprägung einer Eigenschaft bei einem Individuum wird als *Variante* bezeichnet. Da die Mehrzahl der Eigenschaften eines Individuums durch Umwelteinflüsse u. Erbe gemeinsam bedingt wird, kann man die *Gesamt-V.* einer Eigenschaft (eines ↗Merkmals) unterteilen in: a) *genetische V.* = erblich bedingte V. und b) *modifikatorische V.* = durch (unterschiedliche) Umweltbedingungen hervorgerufene, nicht erbliche V. (↗Modifikation, ☐). Auch hier ist eine bestimmte ↗*Reaktionsnorm* genet. vorgegeben – als Fähigkeit eines Organismus, auf eine bestimmte Konstellation der äußeren u. inneren Entwicklungsbedingungen (also auch solcher, die im mütterl. Organismus auf den Embryo wirken) in einem gewissen Rahmen durch Ausbildung bestimmter Varianten zu reagieren. Bezüglich der wirksamen Umweltfaktoren ↗Variation. Der genet. bedingte Anteil an der Gesamt-V. wird als ↗*Erblichkeit (Heredität),* der Erblichkeitsgrad als *Heretabilität* bezeichnet. Die genetische V. (↗genetische Flexibilität) beruht auf ↗Mutationen u. bei sich zweigeschlechtl. fortpflanzenden Organismen auf der ↗Rekombination v. Allelen in der ↗sexuellen Fortpflanzung. Das Ausmaß der genetischen V. in natürl. Populationen ist groß. Es wird heute v. a. durch Erfassung der unterschiedl. Isoenzymmuster (↗Isoenzyme, ☐, B) der Individuen mittels ↗Elektrophorese (☐) gemessen. Dabei zeigt sich, daß bei Vielzellern im allg. zu ca. 40% der Strukturgene ein od. mehrere (multiple) Allele existieren (↗Allel) u. daß ca. 12% der Genloci eines Individuums heterozygot vorliegen (↗Heterozygotie). Bei der großen Anzahl v. Genen im ↗Genotyp u. der Fülle v. Allelen sorgt die ständige Rekombination bei zweigeschlechtl. Organismen dafür, daß kein Individuum einer Art einem anderen völlig gleicht. Jedes Individuum ist daher ein Unikat. Diese enorme genetische V. liefert eine wesentl. Grundlage für die ↗Evolution durch ↗Selektion u. ermöglicht so die genet. ↗Anpassung (Adaptation) v. Populationen an ihre Umweltbedingungen. *Modifikationen* erlauben dagegen nur eine kurzzeitige Anpassung (modifikatorische Adaptation) einzelner Individuen an ihre lokalen Umweltbedingungen (vgl. jedoch ↗Dauermodifikation). Modifikationen sind ohne Bedeutung für die Evolution, da es keine „Vererbung erworbener Eigenschaften" gibt, wie sie der ↗Lamarckismus angenommen hat. Der Anteil der nichterbl. Modifikation an der Gesamt-V. läßt sich an erbgleichen Individuen (z. B. eineiigen ↗Zwillingen, ↗Klon), die unter verschiedenen Umweltbedingungen aufwachsen, ermitteln (↗Zwillingsforschung). – Nach der Form der V. einer Eigenschaft kann man unterscheiden: a) *kontinuierliche (= fluktuierende) V.:* liegt v. a. bei vielen quantitativen Merkmalen (Länge, Gewicht u. ä.) vor und b) *diskontinuierliche (= alternative) V.:* hier fehlen fluktuierende Übergänge zw. den verschiedenen Merkmalsausprägungen, z. B. bei Individuen mit ↗Pelorien bei Arten mit zygomorphen Blüten. – I. d. R. zeigt sich V. bei verschiedenen Individuen (*interindividuelle V.*), dagegen liegt *intraindividuelle V.* vor, wenn mehrfach auftretende Eigenschaften an einem Individuum unterschiedl. ausgebildet sind, z. B. Blüten

Varanomorpha

Familien:
Aigialosauridae †
Dolichosauridae †
↗Krustenechsen *(Helodermatidae)*
↗Mosasaurier † *(Mosasauridae)*
↗Taubwarane *(Lanthanotidae)*
↗Warane *(Varanidae)*

unterschiedl. Farbe od. Kronblattzahl an der gleichen Pflanze. Da hier die genet. Grundlage (in aller Regel; jedoch nicht bei ↗ somatischen Mutationen) gleich ist, handelt es sich in diesen Fällen um modifikatorische V. ↗ Variation, ↗ Polymorphismus, ↗ Polyphänismus. ☐ Abart, ⬛ Selektion I.

G. O.

Variation w [v. lat. variatio = Verschiedenheit], die ↗ Mannigfaltigkeit unterschiedl. Ausbildung eines ↗ Merkmals bei einer ↗ Art (einer ↗ Population). Sie ist das Ergebnis der ↗ *Variabilität* der einzelnen Eigenschaften, die sich im ↗ Phänotyp manifestieren. Ein Individuum zeigt jeweils als *Variante* eine bestimmte Eigenschaftsausprägung in der V. aller Eigenschaftsausprägungen der Art. Die *Variationsbreite* (☐ Statistik) gibt das Ausmaß der Variabilität einer Eigenschaft an. Wie bei der Variabilität kann man unterscheiden: a) *modifikative (modifikatorisch bedingte) V.,* wenn die V. durch Außeneinflüsse bedingt ist (↗ Modifikation, ↗ Variabilität). Als modifizierende Außeneinflüsse wirken dabei besonders Ernährungsbedingungen, Temperatur, Licht, Tageslänge (Photo-↗ Morphose). Solche V.en sind häufig kontinuierlich. b) *genetisch bedingte V.,* die auf Erbunterschieden beruht. Sie kann kontinuierlich u. diskontinuierlich sein. c) *ontogenetische V.,* wenn unterschiedl. Merkmalsausprägungen zu verschiedenen Zeiten der Individualentwicklung (Ontogenese) auftreten. ↗ Phänokopie.

Variationsbewegungen [v. lat. variatio = Veränderung], Bez. für autonome (endogen gesteuerte) od. induzierte (v. äußeren Einflüssen – z. B. Licht, Temp., Berührungsreizen – abhängige) reversible Bewegungen (meist ↗ Nastien) pflanzl. Organe, die auf ↗ Turgor-Änderungen (↗ Turgorbewegungen) beruhen. Beispiele für *autonome V.* sind die ↗ Blattbewegungen der Telegraphenpflanze (↗ Hülsenfrüchtler), für *induzierte V.* die Bewegungen der Schließzellen (↗ Spaltöffnungen) od. der Fiederblätter der ↗ Mimose (☐ Seismonastie).

Varicella-Zoster-Virus s [v. lat. varius = scheckig (nlat. Fehlbildung), gr. zōstēr = Gürtel], das ↗ Varizellen-Zoster-Virus.

Variegation w [v. lat. variegatus = buntschillernd], Bez. für Mosaikfleckung (↗ Mosaikbastard), d.h. durch somatische Inkonstanz v. Genen (z. B. ↗ Positionseffekt nach Translokation od. ↗ somatischem Crossing over) bedingtes Muster v. Zellarealen mit unterschiedl. Geno- u. Phänotyp.

Varietät w [v. lat. varietas = Verschiedenheit], *varietas,* Abk. *var.* oder *v.,* die einzige urspr. von ↗ Linné anerkannte taxonom. Untereinheit der ↗ Art (Spezies). Der Begriff V. wurde auf sehr verschiedene Phänomene bezogen u. bezeichnete jegl. Abweichung vom „idealen" Arttypus, bezogen sowohl auf einzelne Individuen (z. B.

Variabilität
Die quantitative Erfassung der V. mit mathemat. (vor allem statist.) Methoden (↗ Statistik, ☐) obliegt der ↗ Biometrie. Eine kontinuierliche V. stellt sich dabei als *Normalverteilung (Gauss-Verteilungskurve)* dar, mit einem Mittelwert (der am häufigsten vorkommenden Variante) u. der Varianz der Verteilung, die ein Maß für die Stärke der V. (dargestellt durch die Breite der Verteilungskurve) einer Eigenschaft ist.

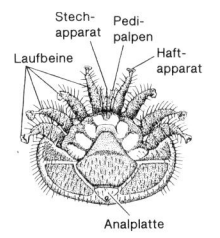

Stech- Pedi-
apparat palpen
Laufbeine Haft-
apparat

Analplatte

Varroamilbe
Die V. (*Varroa jacobsoni*) ist ein Parasit der östl. Honigbiene *Apis cerana* (Vorkommen östl. des Ural) u. an diesen Wirt so gut angepaßt, daß sie keine nennenswerten Schäden hervorruft. Mitte dieses Jh.s bekamen *A. cerana* und die eigtl. Honigbiene, *A. mellifera,* Kontakt, u. der Parasit wechselte auf den neuen Wirt über. Seither ist die *Varroatose* (*Milbenseuche*) v. a. durch die Wanderbienenhaltung das größte Problem der ↗ Bienenzucht u. inzwischen (außer Australien) weltweit verbreitet. 1971 trat die Seuche erstmals in der BR Dtl. auf; z. Z. gehen hier jedes Jahr schätzungsweise mindestens 10% aller Bienenvölker (ca. 2 Mrd. Bienen) an Varroatose ein. Diagnose im frühen Stadium des Befalls sowie Behandlung sind zur Zeit noch problematisch.

Schwärzlinge; ↗ Melanismus, ↗ Industriemelanismus) als auch auf ↗ Populationen, die man heute als U.-Arten (Subspezies, ↗ Rasse) abtrennt. Auch wurden sowohl erbl. als auch nicht erbl. (modifikatorische) Abweichungen (die man heute als ↗ Aberration bezeichnet) darunter verstanden. Wegen dieser Heterogenität wird der Begriff V. in der Taxonomie heute nur noch selten zur Kennzeichnung v. Phänotypen unterhalb der Subspezies verwendet. In der zool. ↗ Nomenklatur sind eigene Namen für eine V. (Abk. var.) heute ohne Bedeutung, in der bot. Nomenklatur finden sie noch Verwendung. Bei Kulturpflanzen entspricht der V. die Einheit ↗ *Sorte* (= ↗ *Cultivar,* Abk. cv.). ↗ Abart, ↗ Morphen, ↗ Variabilität, ↗ Variation, ↗ trinäre Nomenklatur, ↗ Klassifikation.

variocostat [v. lat. varius = verschieden, costatus = gerippt], (Arkell 1935), heißen Ammoniten (↗ Ammonoidea) mit deutl. abweichender Berippung auf dem letzten Umgang. Ggs.: äquicostat.

Variola w [v. lat. varius = scheckig], die ↗ Pocken.

Variolavirus s, ↗ Pockenviren.

Varizellen [Mz.; v. lat. varius = scheckig (nlat. Fehlbildung), die ↗ Windpocken.

Varizellen-Zoster-Virus s [v. lat. varius = scheckig (nlat. Fehlbildung), gr. zōstēr = Gürtel], *Varicella-Zoster-Virus,* Abk. *VZV,* zu den ↗ Herpesviren gehörendes, humanpathogenes Virus (offizieller Name: humanes Herpesvirus 3), Erreger der ↗ Windpocken (Varizellen, Varicella) u. der Gürtelrose (Zoster, ↗ Herpes zoster). Windpocken treten nach Erstinfektion mit dem Varizellen-Zoster-Virus auf, das eine latente Infektion erzeugt u. in Nervenzellen persistiert. Reaktivierung des Virus führt zur Zoster-Erkrankung. Windpockeninfektion während der ersten 3 Schwangerschaftsmonate kann zu Embryopathien führen. Die Übertragung des Virus erfolgt durch Tröpfchen- u. Kontaktinfektion.

Varroamilbe, *Varroa jacobsoni,* Vertreter der Ord. ↗ Parasitiformes (Fam. *Dermanyssidae*), Erreger der ↗ Milbenseuche *(Varroatose)* der Honigbiene. Die Weibchen sind ca. 1 mm lang und 1,5 mm breit, was ihnen das charakterist. queroval Aussehen verleiht; die Männchen sind nur 0,8 mm lang. Mit dem flachen Körper u. spezialisierten Haftapparaten an den Tarsen findet der Parasit leicht Halt am Körper der Bienen, Puppen u. Larven. Bei adulten Tieren sitzt er meist ventral zw. den ersten Abdominalskleriten. Die Milbe durchsticht die Intersegmentalhaut u. saugt Hämolymphe. An den Stichstellen treten oft Sekundärinfektionen auf. Bes. häufig parasitiert die Milbe an der älteren Bienenbrut (bes. Drohnenbrut); die Weibchen dringen dazu kurz vor dem Verdeckeln der Zelle ein, saugen Blut aus der Larve u. legen je 2–6 Eier ab. Die sich schnell entwickelnden Nym-

Varroatose

phen saugen ebenfalls (Gesamtentwicklung: Weibchen 8–10, Männchen 6–7 Tage). Die Paarung findet in der noch verdeckelten Zelle mit der Mutter bzw. den Geschwistern statt. Weibchen u. Nymphen verlassen die Zelle mit der durch den Befall verkrüppelten Biene; die Nymphen suchen neue, noch offene Zellen, die Männchen sterben ab. Während des Winters enthält der Bienenstock keine Brut; die Milben saugen in dieser Zeit ausschl. an den adulten Bienen.

Varroatose w, ↗Milbenseuche, ↗Varroamilbe.

Várzea w, flußbegleitende Überschwemmungsaue der ↗Weißwasser-Flüsse des Amazonasbeckens.

Vas s [Mz. Vasa; lat., = Gefäß], anatom. Bez. für Gefäße bzw. röhrenartige Gänge (u. a. bestimmte Lymph- u. Blutgefäße); z. B. V. deferens, der ↗Samenleiter.

vasal [v. lat. vas = Gefäß], die Blutgefäße betreffend.

Vas deferens s [lat., = ableitendes Gefäß], der ↗Samenleiter.

Vasenschnecken, Vasidae, Fam. der Walzenschnecken mit schwerem, dickwand., spindel- bis doppelkegelförm. Gehäuse; Mündung mit Siphonalkanal; Spindelwand meist mit 3–5 Falten; Oberfläche mit Spiralreifen u. Knoten od. kurzen Stacheln. Der Fuß ist breit u. bei manchen V. vorn gespalten. Schmalzüngler mit langem Rüssel, die Ringelwürmer u. Muscheln überwältigen. Getrenntgeschlechtl.; die Eier werden in Kapselschnüren abgelegt. Die ca. 20 Arten sind in warmen Meeren im Flachwasser u. in Korallenriffen verbreitet. Vasum muricatum, Gehäuse 11 cm hoch, mit knotigen Stacheln auf der Schulter u. in Basisnähe; hat 5 Spindelfalten u. lebt in der Karibik. Längere, von offene Schulterstacheln hat das gleichgroße, indopazif. V. tubiferum. Afer cumingii, mit 7 cm hohem, spindelförm. Gehäuse, kommt in chines. Meeren auf Feinsand in 20–30 m Tiefe vor.

Vasicola m [v. lat. vas = Gefäß, -cola = -bewohner], Gatt. der ↗Gymnostomata, eiförm. Wimpertierchen mit flaschenart., deutl. geringelten Gehäusen. Häufigste Art ist V. ciliata (ca. 100 μm), lebt in stark verschmutzten Gewässern u. frißt violette Schwefelbakterien (deshalb oft violette Vakuolen).

vaskulär [v. lat. vasculum = kleines Gefäß], 1) die Körpergefäße betreffend. 2) Bez. für den Wassertransport in Tracheiden u. Gefäßen v. Pflanzen.

vasomotorisch [v. *vaso-, lat. motorius = voller Bewegung], durch Gefäßnerven gesteuert; v.e Nerven regulieren die Blutversorgung der Organe, indem sie die Gefäße verengen (Vasokonstriktion) od. erweitern (Vasodilatation).

Vasopressin s [v. *vaso-, lat. pressus = gedrückt], das ↗Adiuretin.

Vasotocin s [v. *vaso-, gr. tokos = Ge-

vaso- [v. lat. vas = Gefäß].

vegetat- [v. lat. vegetare = beleben; vegetatio = Belebung; nlat. vegetabilis = pflanzlich].

Vegetation
Der Begriff der potentiellen natürl. V. spielt in der V.skunde (↗Botanik), zunehmend aber auch in der land- und forstwirtschaftl. Praxis eine wichtige Rolle. So gestattet z. B. eine mit entspr. Kenntnis u. Erfahrung konstruierte Karte der potentiellen natürlichen V. ein fundiertes Urteil über das standörtl. Potential bestimmter Flächen, unabhängig v. der aktuellen u. vielfach wechselnden wirtschaftl. Maßnahmen unterworfenen Vegetation.

burt], [8-Arginin-]Oxytocin, ↗Neurohormon des Hypophysenhinterlappens (HHL, ↗Neurohypophyse) aller Wirbeltiere außer den Säugern mit 9 Aminosäuren (Nonapeptid), deren erste sechs durch eine Disulfidbrücke ringförmig geschlossen sind; chemisch dem ↗Oxytocin u. ↗Adiuretin sehr nahe verwandt. V. gilt als ursprünglichstes der HHL-Hormone, die sich alle nur in den Aminosäuren der Positionen 3, 4 und 8 unterscheiden u. erwartungsgemäß ähnl. Funktionen ausüben. V. senkt den Blutdruck u. verringert den Harnfluß.

Vasotonin s [v. *vaso-, gr. tonos = Spannung], das ↗Adrenalin.

Vasum s [vulgärlat., = Gefäß], Gatt. der ↗Vasenschnecken.

Vater-Pacinische-Körperchen [-patschi-; ben. nach dem dt. Anatomen A. Vater, 1684–1751, und F. ↗Pacini], Pacinische Körperchen, ↗Mechanorezeptoren (☐); B mechanische Sinne I, B Wirbeltiere II.

Vaucheria w [ben. nach dem schweiz. Botaniker E. Vaucher (voschē), † 1841], Gatt. der ↗Botrydiales.

Vega w [span., = (Fluß-)Aue], ↗Auenböden (T).

vegetabilisch [v. lat. vegetabilis = belebend], pflanzlich.

vegetabilische Seide ↗Asclepias.

Vegetabilisches Elfenbein ↗Phytelephas.

Vegetation w [v. *vegetat-], Pflanzendecke, Pflanzenkleid, zusammenfassende Bez. für die Gesamtheit der ↗Pflanzengesellschaften (Phytozönosen) eines bestimmten Gebiets. Als ↗natürliche V. bezeichnet man die vom Menschen unbeeinflußte, im Gleichgewicht mit den klimat. und edaphischen Faktoren des ↗Standorts stehende V. Sie ist allerdings in der Kulturlandschaft meist nur in recht wenigen Ausnahmefällen erhalten geblieben (so z. B. einige Wasserpflanzen- und Röhrichtgesellschaften, Salzwiesen, Moor- und Dünen-V. usw.) und wird heute in der sog. ↗aktuellen V. durch anthropogene ↗Ersatzgesellschaften vertreten (Wiesen, Weiden, Ackerfluren, Wirtschaftswälder). In diesem Fall ist die natürliche V. nur indirekt od. durch Vergleiche zu erschließen. Das hypothetische, ohne Fortdauer der menschl. Einwirkung entstehende Gesellschaftsmosaik wird als potentielle natürliche V. bezeichnet. Sie ist wegen inzwischen vielfach eingetretener irreversibler Standortsveränderungen (Bodenabtrag, Nährstoffauswaschung usw.) nicht in jedem Fall mit der ursprünglichen V. gleichzusetzen, wie sie vor dem Beginn der menschl. Einflußnahme vorhanden war. Außerdem ist zu berücksichtigen, daß der Beginn dieser Entwicklung in vielen Fällen zeitl. so weit in die Vergangenheit reicht (in Mitteleuropa etwa bis ins Neolithikum), daß inzwischen auch klimat. Veränderungen eingetreten sind. Neben den immer noch zunehmenden direkten menschl. Eingriffen in die V. sind heute auch die indirekten Einwirkungen durch ↗Luftverschmutzung, übermäßigen Wildbesatz, Ausrottung v. Raubtieren usw. nicht mehr zu vernachlässigen. Von einer natürlichen V. kann deshalb im strengen Sinn auch bei ↗Urwäldern, selbst in weitgehend menschenleeren Gegenden, eigtl. nicht mehr gesprochen werden. Immerhin kommen weite Bereiche des ↗borealen Nadelwaldes, des trop. ↗Regenwaldes u. der Hochgebirgs-V. diesem Begriff noch sehr nahe. ↗V.szonen (B). *A. B.*

Vegetationsaufnahme, in der Vegetationskunde (↗Botanik) die Auflistung aller makroskopisch sichtbaren Pflanzenarten einer Probefläche mit der Angabe ihrer Menge *(↗Artmächtigkeit)* u. Häufigsweise *(↗Soziabilität)*. Bei der heute int. weitgehend verwendeten Methode nach J. ↗Braun-Blanquet werden für beide Größen Schätz-Skalen verwendet, die bei hinreichender Genauigkeit ein relativ rasches Arbeiten gestatten. Üblich sind weiterhin Angaben zur Lokalität, Geländesituation, Bodenbeschaffenheit, Geologie, Vitalität der Arten, Bestandesschichtung und wirtschaftl. Nutzung. V.n sind das Basismaterial für die Ausarbeitung v. Vegetationseinheiten bzw. Vegetationssystemen. ↗Bestandsaufnahme, ↗Deckungsgrad; T Artmächtigkeit.

Vegetationsgeographie, Arbeitsrichtung der geogr. Forschung, befaßt sich mit der Darstellung u. Erklärung der ↗Vegetation in den verschiedenen Gebieten der Erde, ihrer Einwirkung auf Landschaft, ↗Bodenentwicklung, Wirtschaftsverhältnisse usw. Im Ggs. zur Geobotanik (↗Botanik) liegt ihr Hauptgewicht weniger bei den einzelnen ↗Pflanzengesellschaften u. den beteiligten Pflanzenarten, sondern eher bei der großräuml. Erfassung der Struktur u. Abwandlung v. ↗Formationen. Der großräumige Vergleich führte u.a. zur Abgrenzung bestimmter ↗Vegetationszonen der Erde, die jeweils durch ein charakterist. Spektrum v. Formationen gekennzeichnet sind. Ein wicht. Schwerpunkt der V. ist außerdem der großflächige Wandel der Vegetation im Laufe der menschl. Siedlungsgeschichte u. dessen Rückwirkung auf die Landschaft u. ihr wirtschaftl. Potential (↗Bodenerosion, ↗Bodenentwicklung, ↗Desertifikation). ↗Pflanzengeographie, ↗Biogeographie. [schichte.

Vegetationsgeschichte, die ↗Florenge-
Vegetationskegel, *„Vegetationspunkt",* Bez. für die bei mikroskop. Betrachtung mehr od. weniger kegelförmig bis abgeflacht erscheinenden ↗Apikalmeristeme v. ↗Sproßachse u. ↗Wurzel. ↗Scheitel. □ Blattanlage.

Vegetationskunde ↗Botanik, ↗Vegetation.
Vegetationsorgane, Bez. für jene Organe einer Pflanze, die im Ggs. zu den Reproduktionsorganen (= ↗Fortpflanzungsorganen) das bereits vorhandene individuelle Leben erhalten u. seinen Umweltbezug gewährleisten, also bei den höheren Pflanzen alle Organe bis auf die Blüte.

Vegetationsperiode, 1) *Vegetationszeit,* Bez. für den Zeitabschnitt im Jahreszeitenklima, während dem die Pflanzen wachsen, blühen u. fruchten; festgelegt als die Zeit mit Tagesmittel-Temp. von $>10\,°C$. Ggs.: ↗Vegetationsruhe. 2) gelegentl. Bez. der einzelnen Vegetationsabschnitte bzw. Waldperioden in der nacheiszeitl. Rückwanderung der vegetationsbestimmenden Bäume, die ihrer unterschiedl. Ökologie entsprechend nacheinander erfolgte.

Vegetationspunkt, veraltete Bez. für den ↗Vegetationskegel.

Vegetationsruhe, Bez. für den Zeitabschnitt im Jahreszeitenklima, während dem die Pflanzenvegetation stillsteht od. kaum merkl. weitergeht; festgelegt als die Zeit mit Tagesmittel-Temp. von $\leq 10\,°C$. Ggs.: ↗Vegetationsperiode.

Vegetationsstufe, *Höhenstufe,* ↗Höhengliederung.

Vegetationszonen, *Vegetationsgebiete, Vegetationsgürtel,* durch charakterist. Spektren v. Pflanzen-↗Formationen gekennzeichnete Gebiete der Erde. Ihre weitgehend breitenparallel verlaufende Zonierung ist in erster Linie großklimatisch (↗Klima) bestimmt; sie ist in wenig durch den Menschen veränderten Gebieten durch die Abfolge der zugehörigen ↗*zonalen Vegetation* (Ggs.: ↗*extrazonale Vegetation*) leicht erkennbar (trop. ↗Regenwälder, ↗Regengrüne Wälder, ↗Savannen, Hartlaubgehölze [↗Hartlaubvegetation] der mediterranen Winterregengebiete, laubwerfende Wälder der gemäßigten Zone usw.). Diese klare Abfolge ist allerdings heute durch anthropogene Vegetationsveränderungen (↗Vegetation) in vielen Gebieten sehr verwischt. Außer der kennzeichnenden zonalen Vegetation gedeiht in allen V. in der Gebirgs- u. Hochgebirgsstufe (↗Höhengliederung) eine abweichende Vegetation, die v. den Klimabedingungen der Tieflagen unabhängig ist (↗*azonale Vegetation*). Zur Gliederung der V. in den einzelnen Erdteilen vergleiche man die Kartenskizzen auf den Farbtafeln zu den einzelnen Kontinenten (B Afrika, B Asien, B Australien, B Europa, B Mediterranregion, B Nordamerika, B Südamerika). B 313.

vegetative Fortpflanzung, die ↗asexuelle Fortpflanzung; ↗Fortpflanzung. [latur.
vegetative Muskulatur, die ↗glatte Muskuvegetative Phase, Bez. für den Entwicklungsabschnitt der Pflanze, in dem nur ↗Vegetationsorgane gebildet werden u. der der ↗reproduktiven Phase im allg. vorausgeht.

vegetativer Pol, der dem ↗animalen Pol gegenüberliegende Eipol; bei telolecithalen Eiern (↗Eitypen) ist der v. P. dotterreich

vegetat- [v. lat. vegetare = beleben; vegetatio = Belebung; nlat. vegetabilis = pflanzlich].

vegetatives Nervensystem

u. liefert u. a. Material für die Darmanlage. ⌕ Furchung.

vegetatives Nervensystem, *autonomes Nervensystem, Eingeweidenervensystem,* Teil des Nervensystems bei Wirbeltieren u. Mensch, der sowohl sensibel die Eingeweide (Rezeption des Blutdrucks im Herzen u. den Gefäßen, Füllung v. Magen u. Darm, Lungenausdehnung usw.) als auch effektorisch das Herz, die Drüsen u. die glatte Muskulatur (z. B. die des Darms u. des Harnapparats) versorgt. Somit regelt das v. N. das ⌕ innere Milieu des Organismus, ist aber nicht völlig autonom, sondern zentral mit dem ⌕ animalen Nervensystem verknüpft. Daher können Reize v. außen auch vegetative Reaktionen hervorrufen. Morpholog. sind beide Systeme im Zentralnervenbereich nicht zu trennen. In der Peripherie *(⌕ peripheres Nervensystem)* unterscheidet man beim v. n N. zwei Teilstrukturen: ⌕ *Sympathikus* u. ⌕ *Parasympathikus,* die meist antagonistisch ([T] Nervensystem) wirken. – V. N. bei Gliedertieren: ⌕ stomatogastrisches Nervensystem. ⌕ Nervensystem ([B] II).

vegetative Vermehrung, 1) die ⌕ asexuelle Fortpflanzung. **2)** künstl. herbeigeführte, wirtschaftl. wichtige Vermehrung v. Kulturpflanzen u. a. durch ⌕ Veredelung, ⌕ Stecklinge u. ⌕ Ableger.

vegetative Zellen, Bez. für Zellen v. einzelligen u. vielzelligen Organismen, die sich über die Mitose vermehren u. nicht in den Vorgang der Sexualität (= Gametenvereinigung u. meiotische Zellteilung) eingebunden sind. Ggs.: generative Zellen.

Vegetativisierung, experimentelle Abänderung des Entwicklungsschicksals embryonaler Zellen od. Zellverbände in Richtung auf Entwicklungsleistungen, die normalerweise v. Zellen am ⌕ vegetativen Pol erbracht werden. Beispiel: nach Behandlung mit Lithiumchlorid entwickelt sich das ganze Seeigel-Ei wie sonst die isolierte vegetative Hälfte; kann zur ⌕ Exogastrulation führen.

Veilchen *s* [v. lat. viola = V.], *Viola,* hpts. über die Gebirge S-Amerikas u. die nördl. gemäßigte Zone verbreitete Gatt. der ⌕ Veilchengewächse mit annähernd 500 Arten, die z. T. in zahlr. U.-Arten gegliedert werden. Meist Stauden, seltener Halbsträucher mit i. d. R. lang gestielten, oft herz- bis eiförm. Blättern sowie z. T. laubblattartigen Nebenblättern. Die nickenden, meist blattachselständ., mehr od. weniger lang gestielten Blüten sind überwiegend blau bis violett od. gelb (weißlich) gefärbt u. haben eine dorsiventrale Krone. Das unterste der 5 Kronblätter ist oft größer als die anderen u. besitzt zudem einen sog. *Honigsporn,* in den v. den beiden unteren Staubblättern ausgehende Fortsätze Nektar absondern. Der Weg hierhin wird nektarsuchenden Insekten durch auffällige violette od. schwarze Linien sowie gelbe od. weiße Saftmale (⌕ Blütenmale) gewiesen. Bisweilen kann bei V.blüten auch ⌕ Kleistogamie beobachtet werden, d. h., die Blüten bleiben geschlossen u. bestäuben sich selbst. Die Frucht des V.s ist eine 3klappig aufspringende Kapsel mit zahlr. rundlichen bis eiförm. Samen, die oft mit einem ⌕ Elaiosom ausgestattet sind (⌕ Myrmekochorie). – Die häufigsten der etwa 20 in Mitteleuropa zu findenden V.-Arten sind: das violett blühende Wald-V., *V. silvestris* (in krautreichen Laub- u. Nadelmischwäldern), das hell bläul.-violett blühende Hunds-V., *V. canina* (in Silicatmagerrasen u. -weiden, in Heiden u. lichten Wäldern sowie an Waldrändern; [B] Europa IX), das dunkelviolett blühende, duftende Wohlriechende V. oder Märzen-V., *V. odorata* (in feuchtem Gebüsch, an Waldrändern u. schattigen Wegrändern) sowie das gelb oder gelbl.-weiß blühende Acker-Stiefmütterchen, *V. arvensis* (in Ackerunkrautfluren, an Wegen u. Schuttplätzen). Zahlreiche V.-Arten werden als Zierpflanzen kultiviert. Bes. beliebt hiervon sind das im Frühjahr blühende Wohlriechende V. *(V. odorata)* u. das Gartenstiefmütterchen *(V. × wittrockiana).* Letzteres ist durch Auslese u. Kreuzung aus verschiedenen Wildarten, wie etwa dem Wilden Stiefmütterchen *(V. tricolor;* [B] Europa XVI), dem Gelben V. *(V. lutea)* sowie *V. altaica* und *V. olympica,* hervorgegangen. Seine zahlreichen, bes. als Rabattenpflanzen geschätzten Gartenformen besitzen bis ca. 10 cm große, samtig schimmernde, sehr verschieden gemusterte Blüten in weißen, gelben, blauen, violetten, rostroten und bräunl. Farbtönen. Das Wohlriechende V. enthält in allen Organen ⌕ Saponine sowie, in unterschiedl. Mengen, überwiegend aus Salicylsäuremethylester (⌕ Salicylsäure) bestehendes ätherw. Öl. Das v. der Parfüm-Ind. so begehrte V.blütenöl erhält seinen charakterist. Duft durch die heute auch synthet. gewinnbaren, ebenfalls in Iriswurzeln enthaltenen Ketone α- und β-Iron (⌕ Irone, ☐) sowie α- und β-Jonon (⌕ Jonone, ☐). Ihretwegen werden bes. in S-Fkr. (bei Grasse) V. in größerem Umfang angebaut. Kandierte V. dienen bisweilen zur Dekoration v. Konfekt. *N. D.*

Veilchenartige, *Violales,* 19 Fam. (vgl. Tab.) umfassende Ord. der ⌕ *Dilleniidae* mit über 5200 Arten in 285 Gatt. Kräuter, Sträucher od. Bäume mit zwittrigen, 5zähligen, meist radiären, aber auch zygomorphen Blüten, deren Achse häufig röhrig verlängert ist. Der Fruchtknoten ist oft ober-, aber auch mittel- u. unterständig. Vielfach beobachtet werden zahlr. Staubblätter und wandständ. Placenten.

Veilchengewächse, *Violaceae,* Fam. der ⌕ Veilchenartigen mit 22 Gatt. und rund 900, von den Tropen u. Subtropen über die gemäßigte Zone bis zur Arktis verbreiteten Arten (bes. Artenvielfalt in den Hochgebir-

---

vegetat- [v. lat. vegetare = beleben; vegetatio = Belebung; nlat. vegetabilis = pflanzlich].

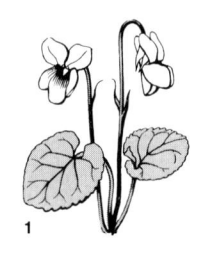

Veilchen
1 Wohlriechendes V. *(Viola odorata);* 2 Garten-Stiefmütterchen *(Viola × wittrockiana)*

Veilchenartige

Wichtige Familien:
- ⌕ Begoniaceae
- ⌕ Bixaceae
- ⌕ Cistrosengewächse (Cistaceae)
- ⌕ Cochlospermaceae
- ⌕ Flacourtiaceae
- ⌕ Frankeniaceae
- ⌕ Kürbisgewächse (Cucurbitaceae)
- ⌕ Loasaceae
- ⌕ Melonenbaumgewächse (Caricaceae)
- ⌕ Passionsblumengewächse (Passifloraceae)
- ⌕ Tamariskengewächse (Tamaricaceae)
- ⌕ Turneraceae
- ⌕ Veilchengewächse (Violaceae)

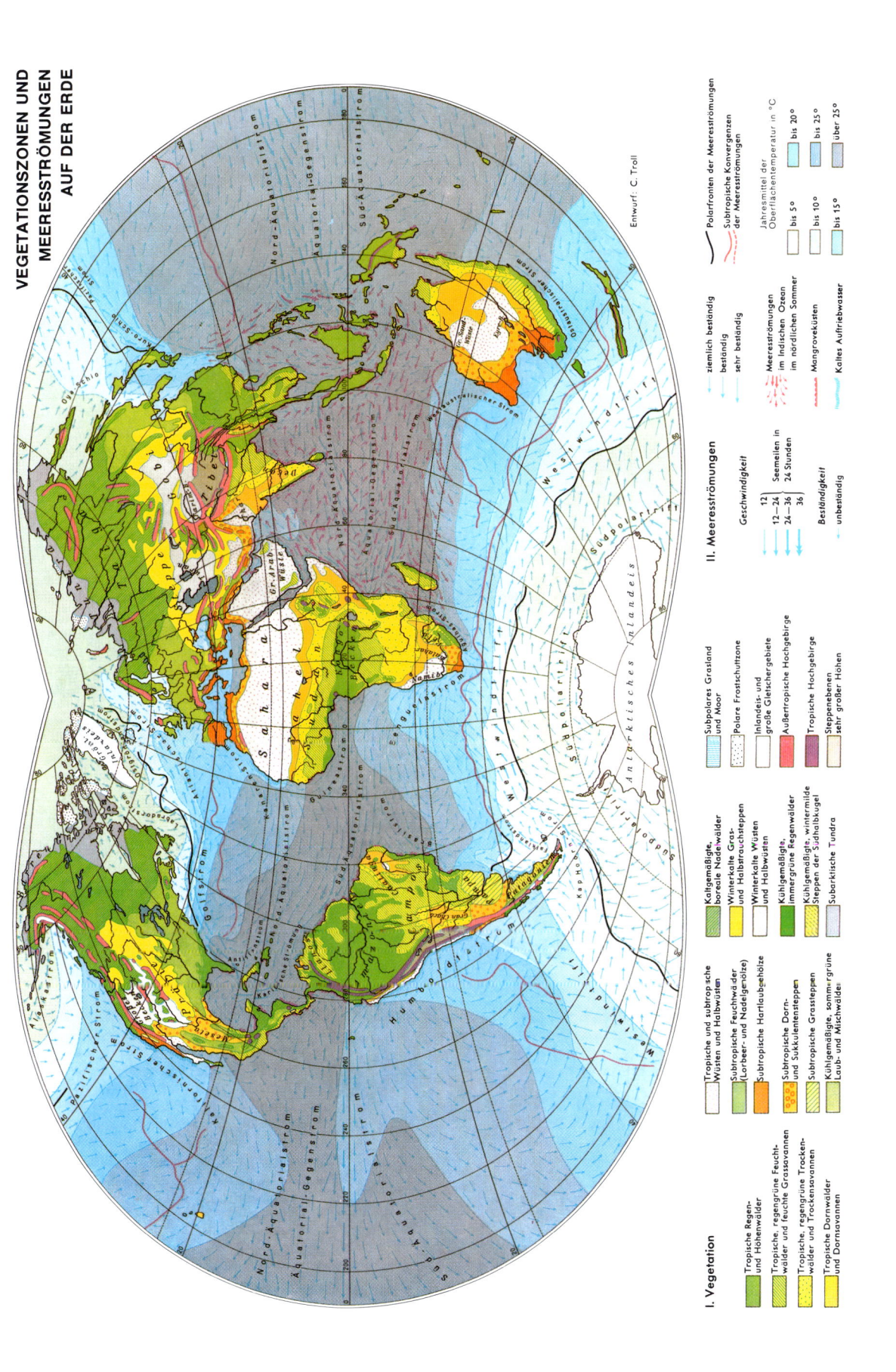

VEGETATIONSZONEN UND MEERESSTRÖMUNGEN AUF DER ERDE

Entwurf: C. Troll

I. Vegetation

- Tropische Regen- und Höhenwälder
- Tropische, regengrüne Feuchtwälder und feuchte Grassavannen
- Tropische, regengrüne Trockenwälder und Trockensavannen
- Tropische Dornwälder und Dornsavannen
- Tropische und subtropische Wüsten und Halbwüsten
- Subtropische Feuchtwälder (Lorbeer- und Nadelgehölze)
- Subtropische Hartlaubgehölze
- Subtropische Dorn- und Sukkulentensteppen
- Subtropische Grassteppen
- Kühlgemäßigte, sommergrüne Laub- und Mischwälder
- Subpolares Grasland und Moor
- Polare Frostschuttzone
- Inlandeis und große Gletschergebiete
- Außertropische Hochgebirge
- Tropische Hochgebirge
- Steppenebenen sehr großer Höhen
- Kaltgemäßigte, boreale Nadelwälder
- Winterkalte Gras- und Halbstrauchsteppen
- Winterkalte Wüsten und Halbwüsten
- Kühlgemäßigte, immergrüne Regenwälder
- Kühlgemäßigte, wintermilde Steppen der Südhalbkugel
- Subarktische Tundra

II. Meeresströmungen

Geschwindigkeit
Seemeilen in 24 Stunden
- 12
- 12–24
- 24–36
- 36

Beständigkeit
- unbeständig
- ziemlich beständig
- beständig
- sehr beständig

- Meeresströmungen im Indischen Ozean im nördlichen Sommer
- Mangrovenküsten
- Kaltes Auftriebwasser

- Polarfronten der Meeresströmungen
- Subtropische Konvergenzen der Meeresströmungen

Jahresmittel der Oberflächentemperatur in °C
- bis 5°
- bis 10°
- bis 15°
- bis 20°
- bis 25°
- über 25°

Veilchenmoos

gen S-Amerikas). Kräuter, (Halb-)Sträucher od. auch kleine Bäume mit meist ungeteilten, z.T. recht unterschiedl. gestalteten Blättern, Nebenblättern sowie zwittrigen, 5zähligen Blüten mit radiärer od. zygomorpher Krone. Der einfächerige Fruchtknoten besteht i.d.R. aus 3 miteinander verwachsenen Fruchtblättern u. entwickelt sich meist zu einer zahlr. Samen enthaltenden Kapsel, seltener zu einer Beere. Die Samen sind oft mit einem ↗Elaiosom ausgestattet (↗Myrmekochorie). Neben der über die Hälfte aller V. umfassenden Gatt. *Viola* (↗Veilchen) ist auch die trop. und subtrop. Kräuter, Sträucher u. kleine Bäume beinhaltende Gatt. *Hybanthus* v. Interesse; zu ihr gehört die Weiße Brechwurzel *(H. ipecacuanha),* deren Wurzeln in S-Amerika als Brechmittel verwendet werden. Gleiche Verwendung finden auch die Wurzeln der ebenfalls südamerikan. Art *Anchietea salutaris.*

Veilchenmoos, volkstüml. Bez. für die aerophytische Grünalge ↗*Trentepohlia iolithus* (Fam. ↗*Trentepohliaceae*); die durch hohen β-Carotingehalt gelb gefärbte, kurzfädige Alge wächst bei ständig hoher Luftfeuchtigkeit u.a. an Mauern u. Felsen *(Veilchensteine);* aus den Carotinmolekülen kann durch Abspaltung eines endständigen Teils ein nach Veilchen duftender Stoff, das β-Jonon (↗Jonone), entstehen.

Veilchenschnecken, die ↗Floßschnecken.
Veilchensteine ↗Veilchenmoos.

Veillonellaceae [Mz.; ben. nach dem frz. Bakteriologen A. Veillon, 1864–1931], Fam. der ↗gramnegativen anaeroben Kokken.

Vejdovskyella *w* [ben. nach tschech. Zoologen F. Vejdovský, 1849–1939], Gatt. der Ringelwurm-Fam. ↗*Naididae.* V. *comata* ist ca. 4 mm lang, farblos od. gelblich. Die relativ trägen Tiere bewegen sich kriechend, nie schwimmend fort u. rollen sich bei Störungen spiralig ein. Sie leben in Moortümpeln. Fortpflanzung u. Vermehrung vollziehen sich meist durch Kettenbildung u. Abschnürung v. Tochtertieren.

Vektoren [Mz.; v. lat. vector = Fahrer], **1)** Genetik: *Klonierungs-V., genetische V., Vektor-DNA,* die in der ↗Gentechnologie (↗Genmanipulation) zur Einschleusung u. Vermehrung v. in vitro rekombinierter DNA (↗Rekombination) verwendete kurzkettige (4000–40 000 Basenpaare) zirkuläre DNA (↗ringförmige DNA). V. enthalten folgende Elemente: a) einen *Replikationsursprung,* der als ↗Signalstruktur zur Replikation v. Vektor-DNA im Wirtsorganismus erforderl. ist; V. mit mehr als einem Replikationsursprung sind die *shuttle-V.* (↗shuttle-Transfer); b) mindestens ein, häufig jedoch zwei od. mehrere *Markergene* (↗Marker), deren Anwesenheit in transformierten Zellen (↗Transformation) phänotyp. leicht erkennbar ist. Als Markergene haben sich bes. Gene für Antibiotika-Resistenzen (↗Resistenzfaktoren, ☐) bewährt. Sie er-

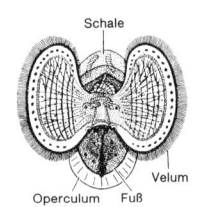

möglichen es, die transformierten Wirtszellen, d.h. diejenigen Wirtszellen, in denen die betreffenden V. eingedrungen sind u. sich vermehren, an der Antibiotika-Resistenz zu erkennen u. von den nichttransformierten u. daher Antibiotika-sensitiven (d.h. auf dem betreffenden, Antibiotikum enthaltenden Selektionsmedium nicht wachsenden) Wirtszellen abzutrennen. Häufig verwendete Resistenzgene codieren für ↗Ampicillin- (↗Penicillinase), ↗Tetracyclin- u. ↗Chloramphenicol-Resistenz. Anstelle v. Resistenzgenen können auch andere Markergene, wie z.B. die Gene für ↗β-Galactosidase od. ↗Phosphatase, eingesetzt werden, da die Anwesenheit dieser Gene durch Farbreaktionen leicht nachgewiesen werden kann. c) Schnittstellen für ↗*Restriktionsenzyme* (☐), die jeden Vektor nur einmal schneiden u. dadurch die Ringstrukturen der V. in die linearen Formen überführen. In die so „geöffneten" Schnittstellen können anschließend Segmente v. Fremd-DNA durch in-vitro-Rekombination eingeführt werden u. durch Transformation in die Wirtszellen eingeschleust werden (☐ Gentechnologie). Die Restriktionsschnittstellen müssen innerhalb der Antibiotika-Resistenzgene (od. anderer Markergene) liegen, da nur dann durch die Einfügung v. Fremd-DNA – was einer Insertionsmutation (↗Insertion) entspricht – die betreffende Resistenz (bzw. der Markerphänotyp) verlorengeht. Anhand dieser Eigenschaft (wobei gleichzeitig aber andere Resistenzen bzw. Markerphänotypen erhalten bleiben) können gezielt diejenigen transformierten Wirtszellen erkannt werden, die Vektor-DNA *mit* einklonierter Fremd-DNA enthalten. – Bakterielle V. sind vielfach abgewandelte ↗Plasmide mit Antibiotika-Resistenzen und DNAs von ↗Bakteriophagen (↗Lambda-Phage, ↗Cosmide). V. für Hefe sind v. der in Hefe vorkommenden 2 μm langen, zirkulären Plasmid-DNA abgeleitet. V. zur Transformation v. Säugerzellen (einschl. menschl. Zellkulturen), *Drosophila* bzw. Pflanzen sind v. Viren (z.B. SV40-Virus) abgeleitete DNAs, das ↗P-Element bzw. das T$_i$-Plasmid (↗Agrobacterium). Zur Bearbeitung spezieller gentechnolog. Fragestellungen od. als Hilfsmittel bestimmter Techniken werden zunehmend speziell konstruierte V. eingesetzt, so z.B. sog. *Expressions-V.,* die mit bes. starken bzw. regulierbaren Promotoren ausgestattet u. daher zur verstärkten Expression klonierter Gene geeignet sind, und *Sequenzierungs-V.,* wie die v. ↗einzelsträngigen DNA-Phagen M13 abgeleiteten V., die sich speziell zur DNA-Sequenzanalyse (↗Sequenzierung) nach der von F. Sanger entwickelten Methode eignen. **2)** Parasitologie: Organismen, die bestimmte Parasiten von Wirt zu Wirt übertragen, z.B. Stechmücken, Mottenmücken, Stechflie-

Veliger
V. einer Vorderkiemerschnecke in Aufsicht
(Schale, Velum, Operculum, Fuß)

gen, Läuse, Zecken. ↗Malaria, ↗Trypanosomiasis, ↗Elephantiasis.   *H. K./W. W.*

Velamen *s* [lat., = Hülle], *V. radicum*, Bez. für das spezielle Wasser-↗Absorptionsgewebe v. ↗Luftwurzeln epiphytischer Monokotyledonen (insbesondere ↗Orchideen u. ↗Aronstabgewächse). Dieses Gewebe geht durch mehrfache perikline Teilungen des Protoderms (↗Dermatogen) hervor. Die Zellen sterben früh ab, besitzen aber zahlr. große Poren in den Zellwänden. Niederschläge werden dadurch schwammartig aufgesogen u. allmählich durch die mit Durchlaßzellen ausgestattete ↗Exodermis in die Wurzelrinde aufgenommen.

Velamen triplex *s* [lat., = dreifache Hülle], (Müller-Stoll 1936), Skelettelement der ↗Belemniten im Bereich v. Proostrakum u. Conothek, bestehend aus 3 Schichten: 1. Stratum callosum (= ↗Architheca), älteste Schicht, 2. Stratum profundum (äußere ↗Endotheca), 3. Stratum album.

Velella *w* [v. lat. velum = Segel], ↗Segelqualle.   [↗Bachläufer.

Velia *w* [v. lat. velum = Segel], Gatt. der

Veliferoidei [Mz.; v. lat. velifer = Segel tragend], U.-Ord. der ↗Glanzfische.

Veliger *m* [lat., = Segel tragend], *V.-Larve, Segellarve,* Schwimmlarve der ↗Weichtiere mit 1–3 Wimpernkränzen mit ellipsoiden Körper; sie entsteht nach der Spiralfurchung u. ist durch lappenart., bewimperte Fortsätze gekennzeichnet (Segellappen = Velarlappen), mit denen sie schwimmt u. Nahrung heranstrudelt. Als plankt. Larve ist sie für die Verbreitung der Arten verantwortl., da sie mit Hilfe der Wasserströmungen weitaus größere Entfernungen zurücklegen kann als die Erwachsenen (↗Muscheln, ↗Schnecken). Äußere Ähnlichkeiten u. konstruktive Übereinstimmungen mit der ↗Trochophora-Larve werden oft als Argument für stammesgeschichtl. Verwandtschaft v. Ringelwürmern u. Weichtieren gewertet, könnten jedoch auch konvergent entstanden sein. B Larven II.

Veliidae [Mz.; v. lat. velum = Segel], die ↗Bachläufer.

Velum *s* [lat., = Segel], **1)** Bot.: ↗Blätterpilze. **2)** Zool.: Bez. für segelförmige Strukturen bei Organismen, z. B. den Schwebefortsatz bei einigen Larven (↗Veliger-Larve) v. marinen Weichtieren od. das ↗Gaumensegel (V. palatinum) bei Säugern. Bei Hydromedusen (↗Hydrozoa, ↗Nesseltiere) ist das V. *(Craspedon)* ein vom Schirmrand zum Zentrum vorspringender ektodermaler Saum, der eine kräft. Ringmuskulatur enthält; beim Rückstoßschwimmen wird die Öffnung dieser Blende verringert u. der „Rückstoß" dadurch gesteigert.

Velutina *w* [v. frz. velouté = samtig], Gatt. der ↗Blättchenschnecken.

Vendium *s, Wendium, Ediacarium,* ↗Ediacara-Fauna.

Venen [Mz.; v. lat. venae = Blutadern], *„Blutadern", Venae,* ↗Blutgefäße der Wirbeltiere u. des Menschen, die, aus Kapillarnetzen hervorgehend, im ↗Blutkreislauf das Blut zum ↗Herzen (B) zurückführen. Ontogenet. aus einem diffusen Gefäßnetzwerk entstanden, ist ihre Wand wie die der ↗Arterien dreischichtig angelegt u. besteht aus 1. der inneren Tunica intima od. ↗Intima, einer dünnschicht. ↗Endothel-Auskleidung, 2. der Tunica media od. ↗Media mit zwei bis mehreren ringförm. Lagen glatter Muskelzellen, die v. Lagen kollagenen Bindegewebes mit vereinzelten elast. Fasern voneinander getrennt sind, und 3. der *Tunica externa* od. ↗Adventitia als dickster Schicht der V.wand mit kräftigen, längsverlaufenden Kollagenfasern, die sich mit dem umgebenden Bindegewebe verbinden. Im Ggs. zu Arterien verfügen V. über ein schwach entwickeltes elast. Netz subendothelialen Gewebes u. weniger Muskelzellen; die Wand ist im Verhältnis zur lichten Weite des Gefäßes dünn u. leicht dehnbar. Der ↗Blutdruck ist daher in den V. niedriger als in den Arterien; die Strömungsrichtung wird durch *V.klappen* (vgl. Spaltentext) gesteuert. Im Ruhezustand befinden sich 85% des gesamten Blutvolumens im V.system. Mit Ausnahme der Lungen-V. enthalten sie kohlensäurereicheres (venöses) Blut als die Arterien; Lungen-V. dagegen führen arterielles Blut. ☐ Blutgefäße, ☐ Blutkreislauf.

Venenum *s* [lat., =], das Gift, ↗Gifte.

Veneridae [Mz.; v. *vener-*], die ↗Venusmuscheln.

Veneroidea [Mz.; v. *vener-*], Überfam. der U.-Ord. Verschiedenzähner, Blattkiemenmuscheln mit gleichklappiger Schale und 2 Schließmuskeln; Mantellinie meist mit Bucht, Mantelrand mit 4 Falten; Ein- u. Ausströmsipho oft verwachsen. Der kräftige Fuß kann nur während der Larvalstadien Byssus produzieren. Getrenntgeschlechtl., meist larvipare Muscheln, seltener protandrische ☿ oder mit Brutpflege. Die V. sind marin, graben sich ein u. ernähren sich filtrierend. Über 500 Arten, die 4–5 Fam. zugeordnet werden, v. denen die ↗Venusmuscheln am bekanntesten sind.

Venerupis *w* [v. *vener-*, lat. rupes = Felsen], die ↗Teppichmuscheln.

Ventilago *w* [v. lat. ventilare = in die Luft schwenken], Gatt. der ↗Kreuzdorngewächse.

Ventilation *w* [Ztw. *ventilieren;* v. lat. ventilatio = Belüftung], bei Tieren die Bewegung eines Atemmediums (Wasser, Luft) entlang der Außenseite respirator. Oberflächen (↗Atmung, ↗Atmungsorgane). Der V. steht die Strömung der Körperflüssigkeit auf der Innenseite des dem Gasaustausch (↗Blutgase, B Atmungsorgane I) dienenden Epithels gegenüber. Beide Prozesse wirken gegensinnig, um eine maximale Differenz zw. dem äußeren u. inneren ↗Partialdruck des Atemgases zu gewähr-

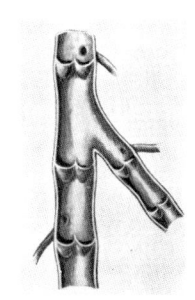

Venen

Die sog. V.klappen (Valvulae venosae) sind in den oberen u. unteren Extremitäten lokalisiert u. werden aus taschenförm. Einfaltungen des Endothels u. darunter liegenden Bindegewebes gebildet. Sie gliedern die V. damit in einzelne Segmente. Der Vorteil dieser Einrichtungen besteht zum einen in der Unterteilung der hydrostat. Drucksäule des Blutes u. damit Schutz vor Überdehnung der relativ dünnen V.wände, zum anderen reduzieren sie das „Absacken" des Blutes infolge Erhöhung des hydrostat. Drucks beim Aufrichten aus dem Liegen zum Stand. Auf die gleiche Weise fördern die V.klappen den Blutrückstrom, der durch die sog. *arteriovenöse Kopplung* der Gefäße in den Extremitäten ausgelöst wird, indem der Arterienpuls auf die unmittelbar anliegenden V. übertragen wird u. dort einen entgegengerichteten Blutstrom erzeugt. – Die Abb. zeigt die V.klappen in einer Beinvene; das v. unten nach oben strömende Blut wird am Rückstrom gehindert.

vener- [v. lat. venus, Gen. veneris = Anmut, Liebreiz; Liebesgenuß; Venus = Göttin der Schönheit u. der Liebe].

Ventiltrichter

leisten. Die V. erfolgt bei wasserlebenden Tieren durch Flimmerepithelien (Muscheln), spezialisierte Extremitäten (Scaphognathiten der decapoden Krebse; B Atmungsorgane II) od. alle Formen der Bewegung des Körpers, um einen Wasserstrom zu erzeugen. Die V. kann dabei gleichzeitig in den Dienst der ↗Nahrungsaufnahme treten. Landwirbeltiere ventilieren die Atemluft durch period. Füllen u. Leeren der ↗Lungen. Bei aktiveren Tracheenatmern (↗Tracheensystem) kann der Gasaustausch in den luftgefüllten Röhren durch rhythmisches Kontrahieren des Abdomens od. des Thorax während des Flugs beschleunigt werden.

Ventiltrichter, der in den Kropf der Honigbiene vorgestülpte Vormagen (↗Proventriculus).

ventrad [v. *ventr-, lat. ad = zu], ☐ Achse.

ventral [*ventral-], in der Bauchregion gelegen; ☐ Achse.

Ventraldrüsen [v. *ventral-], 1) *Cervikaldrüsen,* ventrale ↗Kopfdrüsen bei hemimetabolen Insekten ohne ↗Prothoraxdrüsen; diese bilden ↗Ecdyson in Hormondrüsen des Labialsegments. 2) Teil der Exkretionsorgane bei ↗Fadenwürmern.

ventrales Diaphragma s [v. *ventral-, gr. diaphragma = Scheidewand], das ↗Perineuralseptum.

Ventralkörper [v. *ventral-], *Corpus ventrale,* Verschaltungszentrum im ↗Oberschlundganglion (☐) vieler Gliederfüßer.

Ventrallobus m [v. *ventral-, gr. lobos = Lappen], *Externlobus,* in der äußeren Mittellinie eines Ammonitengehäuses (↗Ammonoidea) liegender Lobus einer ↗Lobenlinie.

Ventralmeristem s [v. *ventral-, gr. meristos = geteilt], Bez. für das Meristemgewebe (↗Bildungsgewebe), das in dem jungen Blattstiel über den Leitbündeln auf der Stieloberseite (= Ventralseite) liegt u. dort einen parenchymat. Gewebekörper aufbaut. So kommt es im Blattstiel zu einem primären ↗Dickenwachstum, das der Blattspreite fehlt. ↗Blatt, ↗Randmeristem.

Ventralschuppen [v. *ventral-], die ↗Bauchschuppen.

Ventralseite [v. *ventral-] ↗Dorsalseite.

Ventralsinus m [v. *ventral-, lat. sinus = Bucht], der ↗Perineuralsinus.

Ventraltubus m [v. *ventral-, lat. tubus = Röhre], *Collophor,* unpaarer, ventraler, v. paarigen ↗Extremitäten ableitbarer Anhang am 1. Abdominalsegment der ↗Springschwänze.

ventran [v. *ventr-], ☐ Achse.

Ventriculus m [lat., = kleiner Bauch, Magen], 1) der ↗Ventrikel; 2) der ↗Magen.

Ventrikel m [v. *ventr-], *Ventriculus,* 1) Hohlraum od. Kammer v. Organen, z.B. ↗Herz- u. ↗Hirn-V.; 2) bauchartige Ausstülpung od. Verdickung v. Körperteilen od. Organen; 3) der ↗Magen.

ventrizid [v. *ventr-, lat. caedere = (Holz)

ventr- [v. lat. venter, Gen. ventris = Bauch; ventriculus = kleiner Bauch, Magen].

ventral- [v. lat. ventralis = Bauch-].

Venturia

Arten u. Krankheiten (in Klammern Konidienform):

V. inaequalis (Spilocaea pomi = Fusicladium dendriticum)
  Apfelschorf, ↗Kernobstschorf

V. pirina (Fusicladium pirinum)
  Birnenschorf (↗Kernobstschorf)

V. cerasi (Fusicladium cerasi)
  Kirschschorf

V. carpophila (Cladosporium carpophilum)
  Blatt- u. Fruchtflecken an Aprikose, Pflaume, Pfirsich, Mandel

V. macularis (Pollaccia radiosa)
  Blattschorf an Pappeln

Venusfächer
(Rhipidogorgia flabellum)

fällen], *bauchspaltig,* heißt eine Spaltfrucht, die entlang der Bauchnaht aufspaltet.

Ventromma s [v. *ventr-, gr. omma = Auge], Gatt. der ↗Plumulariidae.

Ventroplicida [Mz.; v. *ventr-, lat. plicare = falten], die ↗Furchenfüßer.

Venturia w [ben. nach dem it. Botaniker A. Venturi, 19. Jh.], Gatt. der ↗Venturiaceae (Schlauchpilze); Pflanzenparasiten (vgl. Tab.), die auf Blättern dunkle Flecken, an Früchten schorfige Läsionen u. Deformationen (↗Schorf) hervorrufen. B Pflanzenkrankheiten II.

Venturiaceae [Mz.; ben. nach dem it. Botaniker A. Venturi, 19. Jh.], Fam. der ↗Dothideales (i.w.S.) od. *Pleosporales* (↗Pleosporaceae); Schlauchpilze mit perithecienartigem Fruchtkörper; klein bis mittelgroß, im Substrat eingesenkt od. an der Oberfläche. Die Fruchtkörperwand besteht aus dunkelbraunen, rundl. bis eckigen Zellen; an der Mündung stehen dunkle Borsten (Setae); die zweizelligen Ascosporen sind grünl.-grau bis gelb gefärbt; einige Arten sind wirtschaftl. wichtige Pflanzenparasiten in der Gatt. ↗Venturia (↗Schorf-Erreger, ↗Kernobstschorf). In einigen Systemen wird auch die Gatt. ↗Didymella (T Mycosphaerellaceae) bei den V. eingeordnet. [Gatt. der ↗Venusmuscheln.

Venus w [ben. nach der röm. Göttin V.],

Venusfächer, *Rhipidogorgia flabellum,* Art der ↗Hornkorallen mit streng in einer Ebene verzweigten Ästchen, die anastomosieren. Der V. wird 1,5–1,8 m hoch u. ist gelb od. violett gefärbt; die Farbe ist an die Sklerite im Coenosark gebunden u. ist dauerhaft, auch wenn die Kolonie tot ist. Die Art lebt in subtrop. Gewässern bes. in geringer Tiefe mit leichter Strömung, wo sich viele Nahrungspartikel an der Kolonie fangen. Zuweilen werden die Vertreter der Gatt. *Eugorgia* V. genannt.

Venusfliegenfalle, *Dionaea muscipula,* monotypische Gatt. der ↗Sonnentauewächse, ein Vertreter der ↗carnivoren Pflanzen; auf feuchten, sandigen Grasplätzen des östl. Nordamerika. Blattrosetten aus Blättern mit flach verbreitertem Stiel u. auf Erbeuten v. kleinen Tieren (meist Insekten) spezialisierten, fast kreisrunden Blattspreiten. Auf jeder Blatthälfte stehen 3 Berührungsborsten. Bei Reizung kann das Blatt innerhalb v. etwa 1/100 s nach oben zusammenschnappen (↗Turgorbewegungen; ↗Seismoreaktionen). Das Beutetier wird durch die am Blattrand ausgebildeten borstenart. Auswüchse am Entkommen gehindert, die reißverschlußartig das geklappte Blatt verschließen. Die Blatthälften werden anschließend mittels langsamer Wachstumsbewegungen enger zusammengefügt. Drüsen auf der Blattinnenseite scheiden proteolytische Enzyme aus, welche die Beute in für die Pflanze resorbierbare Verbindungen zerlegen. Dieser

Klappfallenmechanismus mit anschließender Verdauung ist zweimal wiederholbar. ☐ carnivore Pflanzen, B Nordamerika VII.

Venusgürtel, *V. i. w. S., Cestidea,* Ord. der ↗Rippenquallen mit wenigen Arten, die im Bau alle dem V. i. e. S., dem Meerschwert *(Cestus veneris),* gleichen. Die Art ist bandförmig (1,5 m lang, 8 cm hoch) u. kommt in allen warmen Meeren (auch Mittelmeer) vor. Jugendformen gleichen einer „normalen" Rippenqualle (z. B. einer ↗Seestachelbeere). In der Postembryonalentwicklung wächst der Körper stark in der Schlundebene auseinander, in der Tentakelebene wird er stark zusammengepreßt. Oral verläuft über die gesamte Länge eine Mundrinne, in der v. den Enden her durch wellenförm. Bewegungen kleine Beutetiere zum in der Mitte liegenden Mund gebracht werden. Auf der Aboralseite liegt zentral die Statocyste, u. nach beiden Enden verlaufen je 2 Wimperplättchenstraßen, die v. den entspr. 4 Kanälen des Gastralsystems begleitet werden. Die 4 anderen Plättchenreihen sind kurz. Die sie begleitenden Kanäle verlaufen in der Mittellinie des Körpers. V. „stehen" meist unbeweglich, senkrecht im Meer, können aber auch schlängelnd schwimmen, wobei ihr Körper bläulich schimmert. Entlang der Gastralkanäle können sie grünblau leuchten.

Venuskamm, *Scandix,* mediterrane Gatt. der ↗Doldenblütler mit ca. 15 Arten. In Mitteleuropa kommt nur der bis 30 cm hohe, nach der ↗Roten Liste „stark gefährdete" V. oder Nadelkerbel *(S. pecten-veneris)* mit 3fach gefiederten Blättern, weißen Doldenblüten u. bis 8 cm langen geschnäbelten Früchten vor; Getreide- (v. a. Weizen) u. Weinbergunkraut; wärme- u. kalkliebend.

Venusmuscheln, *Veneridae,* Fam. der Venusoidea, Meeresmuscheln mit dicker u. schwerer Schale, die glatt, radial od. konzentr. skulpturiert sein kann. Getrennte od. verschmolzene Siphonen, an deren Basis die Pseudofaeces zunächst gesammelt werden; zw. den inneren u. äußeren Kiemenblättern u. an deren ventralem Rand verlaufen Nahrungsrinnen (Transport zum Mund). Der Fuß ist groß; mit seiner Hilfe graben sich die V. flach ein. Die knapp 500 Arten sind in gemäßigten u. warmen Meeren verbreitet; viele werden v. der Küstenbevölkerung gegessen (1981 weltweit ca. 329 000 t). Die V. i. e. S. gehören zur Gatt. *Venus:* bauchige Schale mit ausgeprägter, konzentr. Skulptur. *V. gallina,* 3,5 cm lang, mattglänzend weiß mit unregelmäßiger Zeichnung, ostatlant. verbreitet, ist in der Nordsee Leitform auf Sandböden von 15–100 m Tiefe. *V. verrucosa,* bis 7 cm, ebenfalls ostatlant., ist im Mittelmeer stellenweise häufig.

Venusstatuetten, älteste Selbstdarstellungen des Menschen in Gestalt kleiner vollplast. Figürchen aus Elfenbein od. Knochen, meistens Frauen. Vorkommen im ↗Solutréen Nordeurasiens, vor etwa 20 000–25 000 Jahren.

Veratrum *s* [lat., = Nieswurz], der ↗Germer.

Veratrumalkaloide [Mz.; v. lat. veratrum = Nieswurz], in Germer *(Veratrum),* Sabadillsamen u. Schachblumen vorkommende giftige Steroid-↗Alkaloide. *Jerveratrumalkaloide* (z. B. das *Veratramin*) treten frei od. als Glykoside, *Ceveratrumalkaloide* (z. B. ↗*Germin*) meist in veresterter Form auf. V. wirken blutdrucksenkend u. digitalisähnlich auf das Herz, finden aber kaum therapeut. Anwendung. Gesamtextrakte werden seit alters als Antirheumatika, Insektizide u. Tierheilmittel genutzt.

Verband, 1) Bot.: ↗Assoziation. 2) Zool.: *sozialer V.,* ↗Tiergesellschaft.

Verbänderung, die ↗Fasziation.

Verbascum *s* [lat., =], die ↗Königskerze.

Verbenaceae [Mz.; v. lat. verbenaca = Eisenkraut], die ↗Eisenkrautgewächse.

Verbindung ↗chemische Verbindungen.

Verbraunung ↗Bodenentwicklung.

Verbreitung, 1) das Gebiet des aktuellen Auftretens einer ↗Art od. einer höheren systemat. Gruppe. Bei Tieren kann dabei i. w. S. das Gesamtgebiet gemeint sein, in dem eine bestimmte Art angetroffen wird. I. e. S. bezieht sich die Bez. auf das ↗Areal einer Tier- od. Pflanzenart, also auf das Wohngebiet, in dem sie sich fortpflanzt od. ständig vertreten ist (im Ggs. zum ↗Durchzugsgebiet, dem Überwinterungsquartier v. Zugvögeln usw.). Mit der V. der Taxa beschäftigt sich die ↗Arealkunde (Chorologie). Die V. der verschiedenen Arten ist höchst unterschiedl. Nur wenige sind nahezu über die ganze Erde *(kosmopolitisch;* ↗*Kosmopoliten)* od. im gesamten Tropengürtel *(↗pantropisch)* verbreitet; etwas zahlreicher sind dagegen (in der gemäßigten bis zur arkt. Zone der N-Halbkugel) die Vertreter mit *circumpolarer* V. Extrem kleine Areale haben manche Inselbewohner (↗Inselbiogeographie, ↗Inselendemismus), die z. B. nur auf den ↗Galapagosinseln od. in alten Seen vorkommen (↗Baikalsee, ↗Ochridasee), aber auch manche ↗Höhlentiere u. andere ↗*Endemiten.* Die V. (Arealgröße) einer Art wird v. deren ↗ökologischer Potenz, ihrer Ausbreitungsfähigkeit *(Vagilität,* ↗Ausbreitung) u. dem Ort u. Alter ihrer Entstehung (↗Artbildung) bestimmt. Je älter eine Art, um so größer (potentiell) ist ihr *V.sgebiet* (↗age-and-area-Regel, ↗Kontinentaldrifttheorie); allerdings gibt es auch junge Taxa, die sich (z. T. vom Menschen verschleppt, s. u.) über große Gebiete ausgebreitet haben. Man unterscheidet *kontinuierliche V.,* wenn ein zusammenhängendes, einheitl. (geschlossenes) Areal vorliegt, von *disjunkter V.,* wenn mehrere getrennte Teilareale existieren (↗Arealaufspaltung ↗arktisch-alpin; ↗Europa). Von

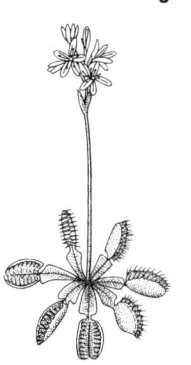

Verbreitung

Venusfliegenfalle
(Dionaea muscipula)

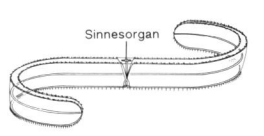

Sinnesorgan

Venusgürtel
(Cestus veneris)

Venusmuscheln

Wichtige Gattungen:
↗ Dosinia
↗ Mercenaria
↗ Meretrix
↗ Pitar
↗ Tapes
↗ Teppichmuscheln
 (Venerupis)
 Venus

Venusstatuetten

Frauenstatuette
(„Venus") v. Willendorf (Niederösterreich)

Speicheldrüsen sezernieren bei *Wirbeltieren* Gleitstoffe, Gifte, Enzyme, Speichel (Glykoproteide, Mucus); Toxine: *Schlangen*; Amylasen: *Mensch* u. a. *Primaten, Nagetiere, Hasenartige*

Speicheldrüsen sezernieren bei *Wirbellosen* Gifte, Enzyme, Säuren; Toxine: *Tintenfische, Hundertfüßer*; Carbohydrasen, Proteasen, Lipasen: *Schnecken, Seidenspinner, Heuschrecken, Wanzen, Schaben*; Asparaginsäure und 1n-H_2SO_4 bei *fleischfressenden Schnecken*

Zerkleinerungsvorrichtungen sind bei *Rädertierchen, Ringelwürmern, Krebsen, Schnecken* und *Insekten* ektodermale chitinige Anhänge und Auskleidungen des Magens

Zerkleinerungsvorrichtungen sind bei *Vögeln, Krokodilen* und verschiedenen *Fischen* in den Magen aufgenommene Steine

Viele *Gliedertiere* und *Weichtiere* haben **Mitteldarmdrüsen** als Speicher- und Zentralorgane. Sie sezernieren und resorbieren und vereinigen Leber- und Pankreasfunktion (Hepatopankreas)

Vögel

KROPF SPEISERÖHRE — **MAGEN** — **MITTELDARM**

MUND

Vögel und einige *Insekten* haben einen **Kropf** (Speicherkammer)

Einige *Schnecken* und die *Muscheln* besitzen einen rotierenden **Kristallstiel**, der Verdauungsenzyme enthält

Gliedertiere erzeugen eine **peritrophische Membran**

Viele *Amphibien* sezernieren Proteasevorstufen "Pepsinogen" bereits in der **Speiseröhre**

Bei *Reptilien, Vögeln* und *Säugern* sezerniert die **Magenschleimhaut** HCl (pH 1–2) und Proteasevorstufen "Pepsinogen"

Wirbellose und *Rundmäuler* sezernieren aktivierbare **Verdauungsenzyme** (Zymogengranula)

Nahrungsaufnahme Zerkleinerung, Verdauung | Speicherung Verdauung | Zerkleinerung Verdauung | Verdauung

---

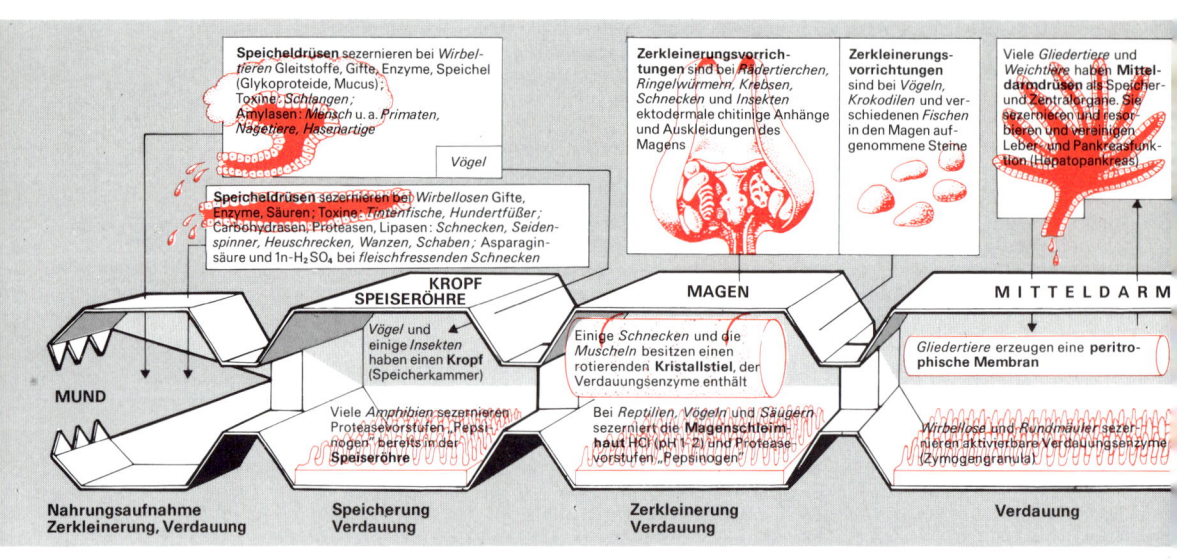

Reliktarealen spricht man, wenn ein urspr. größeres Areal sekundär in mehrere kleine Areale zerlegt worden ist (↗Eiszeitrelikte). 2) Sprachl. inkorrekt wird V. häufig auch im Sinne v. *Ausbreitung* verwendet, entweder im Hinblick auf ↗Arealausweitung oder allg. bezüglich der Freisetzung v. Diasporen, Brutkörpern, Thallusfragmenten usw. Sie kann aktiv durch aktive ↗Fortbewegung, aber auch passiv (z. B. durch Wind od. Wasser; ↗Drift, ↗Verdriftung) erfolgen, ferner durch ↗Phoresie, bei Parasiten auch durch ↗Zwischenwirte od. ↗Transportwirte. Viele ↗Kulturfolger hat der Mensch unbeabsichtigt ausgebreitet *(Verschleppung)* u. selbst in abgelegene Gebiete eingebracht (Hausmaus, Ratten, Vogel-Knöterich, viele Bakterien- u. Virus-Krankheiten), andere Arten (z. B. Jagdtiere, Nutzpflanzen) hat er bewußt in fremde Gebiete eingebürgert (↗*Einbürgerung;* ↗Neuseeländische Subregion, ↗Europa). ↗Verbreitungsschranken. A. B./G. O.

Verbreitungsschranken, sprachl. korrektere Bez. *Ausbreitungsschranken,* geogr., klimat. oder ökolog. Gegebenheiten, die eine Art mit den ihr eigenen Verbreitungsmitteln (↗Verbreitung, ↗Ausbreitung) nicht überwinden kann u. die daher ihr ↗Areal begrenzen. Zu den ökolog. Faktoren zählen dabei auch Konkurrenten, bei Pflanzen das Fehlen bestimmter Bestäuber u. bei monophagen Pflanzenfressern u. Parasiten das Fehlen der Futterpflanze bzw. der Wirte. Je nach den verschiedenen Ausbreitungsmöglichkeiten (Vagilität, ↗Verbreitung) kann z. B. ein Fluß als V. wirken (z. B. für eine Schnecke od. für eine v. Ameisen verbreitete Pflanzenart [↗Myrmekochorie]) od. nicht (z. B. für einen Schmetterling od. Vogel). Bes. wirksame V. für ganze Tiergruppen sind Meere, Hochgebirge u. Wüsten. Sie stellen daher auch die Umgrenzungen für die ↗tiergeographischen Regionen bzw. ↗Florenreiche dar. ↗Biogeographie, ☐ tiergeographische Regionen.

Verdauung, *Digestion,* enzymatische Spaltung v. ↗Kohlenhydraten, ↗Fetten, ↗Proteinen (Eiweißen) (↗Nahrungsmittel), z. T. auch ↗Nucleinsäuren, innerhalb od. außerhalb der Zelle in resorbierbare bzw. in der Zelle in deren Intermediär-↗Stoffwechsel eingehende Bruchstücke. Alle ↗Enzyme *(V.senzyme),* die diese Nahrungsaufbereitung katalysieren, zählen zur Gruppe der ↗Hydrolasen ([T]). Sie sind verschiedenen ↗Darmparasiten, die in einem V.smilieu leben und i. d. R. sekundär darmlos sind, verlorengegangen. Die entsprechenden V.senzyme werden auch v. "fleischfressenden Pflanzen" (↗Venusfliegenfalle, ↗Sonnentau u. a. ↗carnivore Pflanzen) produziert. Zur V. der wasserunlösl. Fette u. deren Resorption werden ↗Emulgatoren (☐) als ↗Emulsionen u. ↗Micellen bildende Hilfsstoffe benötigt. – Die phylogenetisch älteste Form der V. ist die *intrazelluläre V.* in *Nahrungsvakuolen* (↗Endocytose, ☐; [B] Endosymbiose, ☐ Pantoffeltierchen), wie sie ausschl. bei Protozoen (↗Einzeller) u. ↗Schwämmen vorkommt. Die in den entspr. Zellen vorhandenen ↗Lysosomen erfüllen hier ihre urspr. Rolle als V.sorganelle, indem sie mit der Nahrungsvakuole zu *V.svakuolen* verschmelzen u. einen Satz v. spezifischen, im sauren pH-Optimum arbeitenden Hydrolasen entlassen. Bereits bei ↗Hohltieren wird ihre alleinige V.sfunktion durch die Sekretion v. Enzymen in Hohlräume ergänzt. Mit der Ausbildung v. Darmrohren (↗Darm) wird eine spezialisierte Form der V. – außerhalb der Zelle: *extrazelluläre V.* – erreicht. Die einzelnen V.sschritte werden auf diese Weise zeitl. geordnet u. sind an bestimmte Darmschnitte gebunden, in welche die Produkte v. "Hilfsorganen" der V. (Leber, Pankreas,

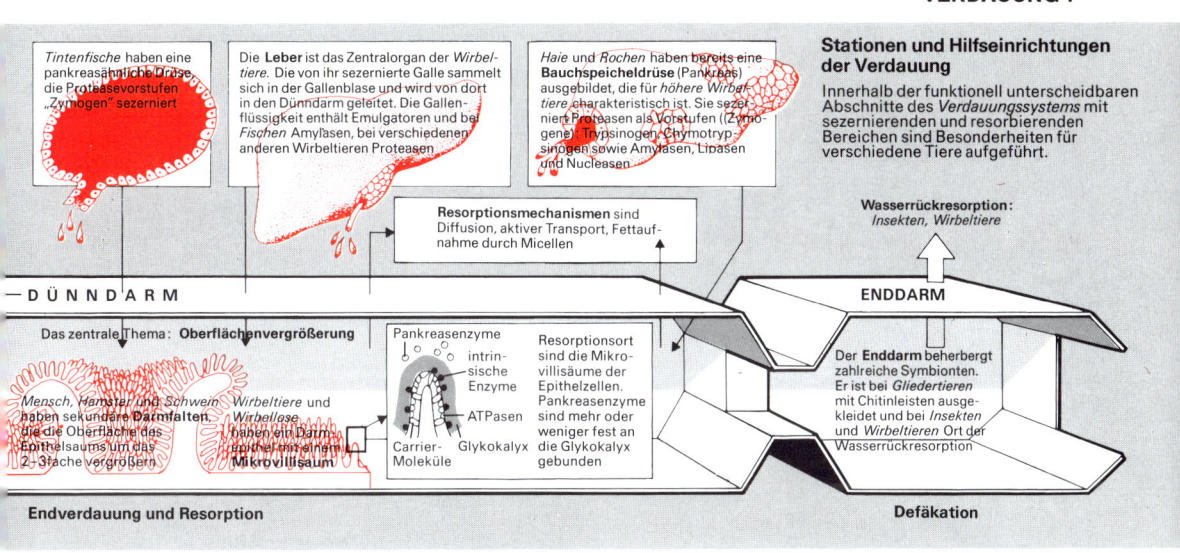

VERDAUUNG I

Stationen und Hilfseinrichtungen der Verdauung

Innerhalb der funktionell unterscheidbaren Abschnitte des *Verdauungssystems* mit sezernierenden und resorbierenden Bereichen sind Besonderheiten für verschiedene Tiere aufgeführt.

Tintenfische haben eine pankreasähnliche Drüse, die Proteasevorstufen „Zymogen" sezerniert

Die **Leber** ist das Zentralorgan der *Wirbeltiere*. Die von ihr sezernierte Galle sammelt sich in der Gallenblase und wird von dort in den Dünndarm geleitet. Die Gallenflüssigkeit enthält Emulgatoren und bei *Fischen* Amylasen, bei verschiedenen anderen Wirbeltieren Proteasen.

Haie und *Rochen* haben bereits eine **Bauchspeicheldrüse** (Pankreas), die für höhere *Wirbeltiere* charakteristisch ist. Sie sezerniert Proteasen als Vorstufen (Zymogene): Trypsinogen, Chymotrypsinogen sowie Amylasen, Lipasen und Nucleasen

Resorptionsmechanismen sind Diffusion, aktiver Transport, Fettaufnahme durch Micellen

Wasserrückresorption: *Insekten, Wirbeltiere*

— DÜNNDARM — ENDDARM

Das zentrale Thema: **Oberflächenvergrößerung**

Mensch, Hamster und *Schwein* haben sekundäre **Darmfalten**, die die Oberfläche des Epithelsaums um das 2–3fache vergrößern

Wirbeltiere und *Wirbellose* haben ein Darmepithel mit einem **Mikrovillisaum**

Pankreasenzyme: intrinsische Enzyme, ATPasen, Carrier-Moleküle, Glykokalyx

Resorptionsort sind die Mikrovillisäume der Epithelzellen. Pankreasenzyme sind mehr oder weniger fest an die Glykokalyx gebunden

Der **Enddarm** beherbergt zahlreiche Symbionten. Er ist bei *Gliedertieren* mit Chitinleisten ausgekleidet und bei *Insekten* und *Wirbeltieren* Ort der Wasserrückresorption

Endverdauung und Resorption **Defäkation**

Mitteldarmdrüsen) sezerniert werden können. Neben der extrazellulären V. wird bei vielen Tieren die ursprüngliche intrazelluläre V. beibehalten (viele ↗Plattwürmer) od. sekundär neu erworben (z. B. ↗Lanzettfischchen; ☐ Schädellose). Eine bes. Form der extrazellulären V. ist die bei ↗Spinnentieren u. verschiedenen ↗Insektenlarven vorkommende ↗ *extraintestinale V.*, bei der über die Beute ergossene od. in sie hinein injizierte V.ssäfte die Nahrung verflüssigen u. in dieser vorverdauten Form zur Aufnahme bereit machen. Die End-V. erfolgt dann *intraintestinal* (extraod./u. intrazellulär). Die Enzyme der extrazellulären V. arbeiten – was die späteren V.sschritte betrifft – generell im alkalischen Milieu (u. unterscheiden sich damit v. den lysosomalen Enzymen); bei Wirbeltieren ist – im Ggs. zu den Wirbellosen – eine Anfangs-V. im sauren Milieu die Regel. Verschiedene ↗Stachelhäuter u. ↗Weichtiere scheiden allerdings z. T. starke Säuren aus, um damit die Kalkschalen ihrer Opfer aufzulösen. Innerhalb der einzelnen *Etappen der V.* gibt es zahlr. morphologische und physiologische Anpassungen. Am Ort der ↗Nahrungsaufnahme dienen oft spezifisch ausgebildete ↗ *Mundwerkzeuge* (↗Mund) zum Zerkleinern (↗Kauapparat) od. Aufsaugen der Nahrung. In den Mundraum sezernierter ↗Speichel (↗Speicheldrüsen) macht zerkleinerte Nahrung gleitfähig, enthält aber auch z. T. V.senzyme (↗Amylase) u. Gifte. Der sich anschließende ↗ *Oesophagus* („Speiseröhre") kann zu einem ↗ *Kropf* differenziert sein od. als riesige ↗ *Gärkammer* symbiont. Mikroorganismen beherbergen (↗Pansensymbiose, ☐). ↗Vögel sezernieren Amylasen in den Kropf, ↗Amphibien Protease-↗Zymogene, die im sauren Milieu des Magens aktiviert werden. Im ↗ *Magen* (☐) selbst trifft man bei verschiedenen ↗Glie-

Verdauung

Bei verschiedenen Korallen (z. B. *Scolymia cubensis*) ist die extraintestinale V. in den Dienst der intraspezif. Konkurrenzvermeidung getreten. Sie geben (nach neueren Erkenntnissen) V.senzyme an das umgebende Meerwasser ab u. verdauen Teile des „gegnerischen" Korallenstocks, so daß ein gewisser Mindestabstand zw. zwei Korallenstöcken gewahrt bleibt.

derfüßern komplizierte sklerotisierte u. chitinhaltige Zähne an (↗Kaumagen; ↗Proventriculus, ☐ Insekten); wegen ihrer ektodermalen Herkunft werden sie bei allfälligen Häutungen mitgehäutet. Entsprechende Zerkleinerungseinrichtungen schaffen sich Vögel, verschiedene Fische u. Krokodile über die Aufnahme v. Sand od. Steinchen (↗Muskelmagen). Der Mageninhalt v. Wirbeltieren u. Mensch ist stark salzsauer, was zum einen der Sterilisierung des Nahrungsbreies, zum anderen der Aktivierung der entweder am Ort od. schon vorher sezernierten Zymogene dient. Nahrungsproteine, die bei diesen sauren pH-Werten denaturiert (↗Denaturierung) werden, sind leichter verdaulich als in nativem Zustand. Die ↗Salzsäure-Produktion wird v. den Hormonen ↗Gastrin u. ↗Sekretin geregelt, des weiteren spielen ↗Serotonin u. eine Reihe v. ↗Neuropeptiden eine Rolle, die über Vagusreize zentralnervös die ↗Magensäure-Sekretion beeinflussen und wahrscheinl. eine Schutzfunktion bei ↗Streß-induziertem Ulcus (Magengeschwür) besitzen. Die bekannte Tatsache, daß die Magensaftsekretion wie auch die Sekretion v. Pankreasenzymen von psych. Faktoren mit abhängt, erfährt über die erst jüngst entdeckten Neuropeptide eine physiolog. Erklärung. Darüber hinaus sind in den letzten Jahren mindestens 19 verschiedene endokrine Zelltypen im V.sapparat der Wirbeltiere entdeckt worden, die eine Fülle v. verschiedenen Neuropeptiden sezernieren u. bei zahlr. Krankheitsbildern verändert erscheinen. Diese „gastro-entero-pankreatischen" endokrinen Zellen werden auch als „*diffuses endokrines epitheliales Organ*" bezeichnet u. gehören zus. mit Zellen des Hypothalamus, der Hypophyse, Pinealdrüse, Nebenschilddrüse, Placentazellen, Pankreas-Inselzellen, Zellen der Lunge, des Nebennie-

VERDAUUNG II

Mundbewehrung und Darmtrakt

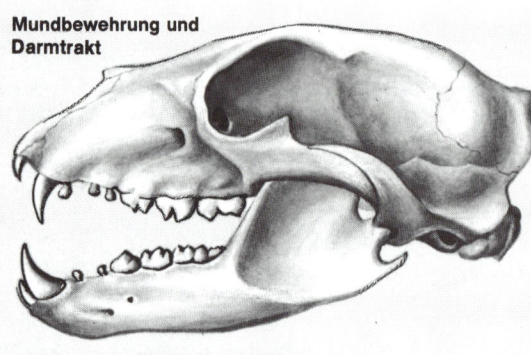

Die Ausbildung des Gebisses und der Kiefermechanik verrät die Art der Nahrungsaufnahme und Nahrungszerkleinerung.

Schädel eines *Bären*, der als *Allesfresser* eine gleichmäßige Zahnabfolge unterschiedlicher funktioneller Zahntypen ausbildet.

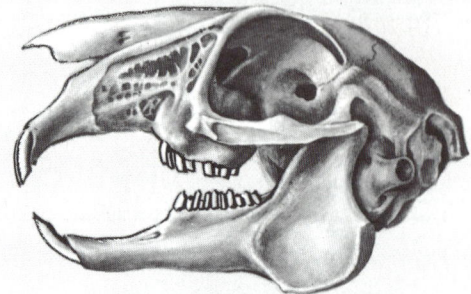

Schädel eines *Kaninchens*, das als *Pflanzenfresser* seine Nahrung mit den Backenzähnen fein zerreibt.

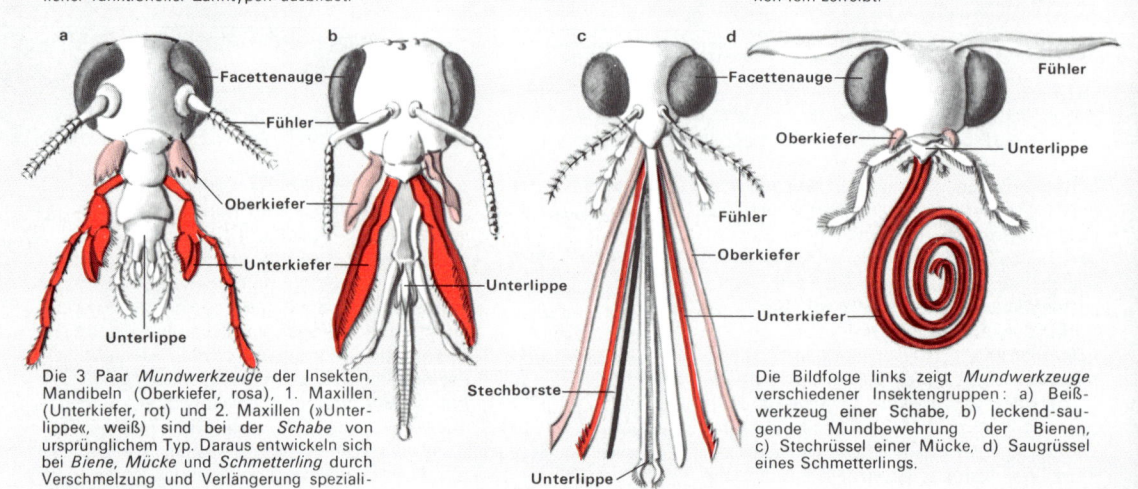

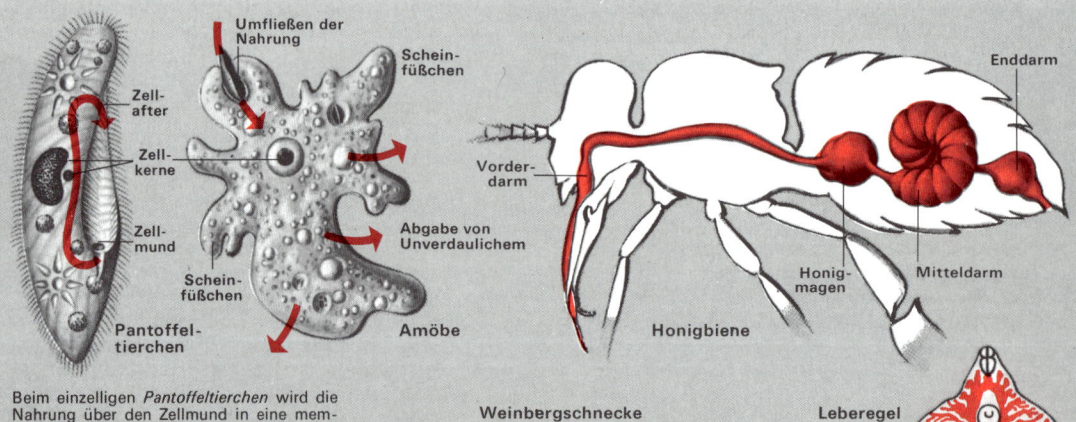

Die 3 Paar *Mundwerkzeuge* der Insekten, Mandibeln (Oberkiefer, rosa), 1. Maxillen (Unterkiefer, rot) und 2. Maxillen (»Unterlippe«, weiß) sind bei der *Schabe* von ursprünglichem Typ. Daraus entwickeln sich bei *Biene, Mücke* und *Schmetterling* durch Verschmelzung und Verlängerung spezialisierte Saugorgane.

Die Bildfolge links zeigt *Mundwerkzeuge* verschiedener Insektengruppen: a) Beißwerkzeug einer Schabe, b) leckend-saugende Mundbewehrung der Bienen, c) Stechrüssel einer Mücke, d) Saugrüssel eines Schmetterlings.

Beim einzelligen *Pantoffeltierchen* wird die Nahrung über den Zellmund in eine membranbegrenzte Vakuole (Phagocytose) aufgenommen, in der zunächst Enzyme des sauren, später des alkalischen Milieus den schrittweisen Abbau bewirken.
Die *Amöbe* kann praktisch an jeder Stelle ihres Körpers die Nahrung aufnehmen, indem die Scheinfüßchen die Teilchen umfließen.
Die Unterteilung der Därme von *Biene* und *Weinbergschnecke* in funktionell verschiedene Abschnitte, die mit besonderen Hilfseinrichtungen (Speicheldrüsen, Mitteldarmdrüse) ausgerüstet sind, ist morphologischer Ausdruck der zeitlichen Abfolge des Verdauungsvorgangs.
Beim *Großen Leberegel (Fasciola hepatica)*, dem ein Blutgefäßsystem fehlt, übernimmt der Darm neben der Verdauung und Resorption auch die Nährstoffverteilung (Gastrovaskularsystem).

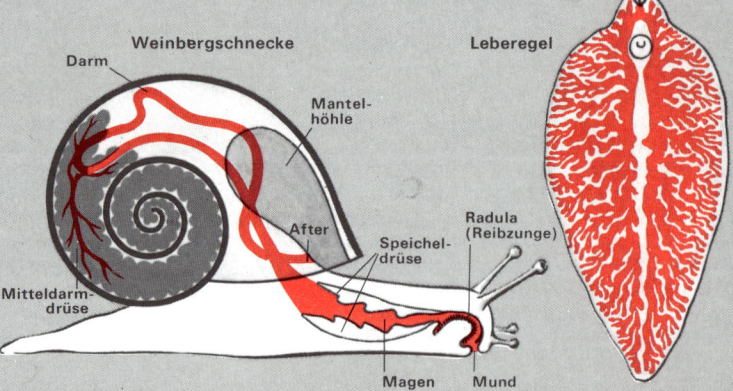

VERDAUUNG III
Mundbewehrung und Darmtrakt

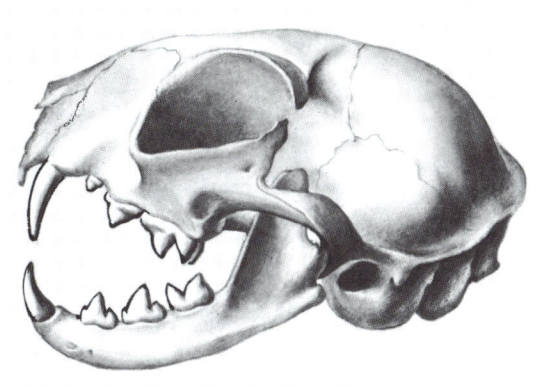

Schädel einer *Katze*. Das *Raubtier* reißt große Stücke aus seiner Beute, die es unzerkleinert schluckt.

Schädel einer *Otter*. Das durch das Gift der beweglichen Giftzähne gelähmte Beutetier wird als Ganzes durch Schlingbewegungen in den Darm gewürgt.

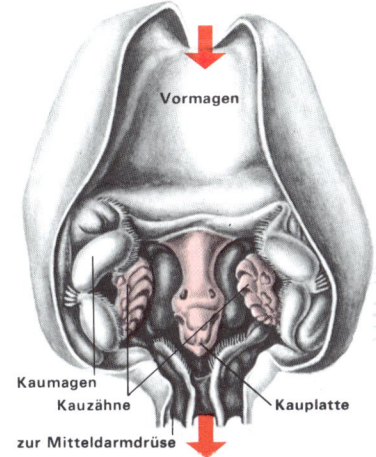

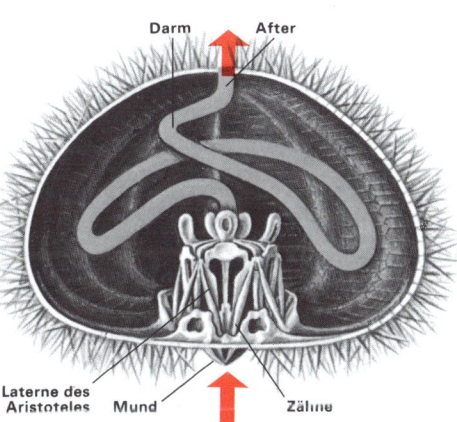

Im *Kaumagen* eines *Flußkrebses* (ganz links) wird die vorzerkleinerte Nahrung zerrieben und nach feineren und gröberen Teilchen sortiert. Die feineren Partikel werden Kanälen der *Mitteldarmdrüse* zugeführt. Dort findet der größte Teil der Resorption und eine umfangreiche intrazelluläre Verdauung statt.

Ein aus komplizierten Skeletteilen konstruierter *Raspelapparat* gestattet den *Seeigeln* (links), von unterseeischen Felsen Algen abzukratzen. Die Naturforscher der Renaissance nannten diese Mundbewehrung die *Laterne des Aristoteles*.

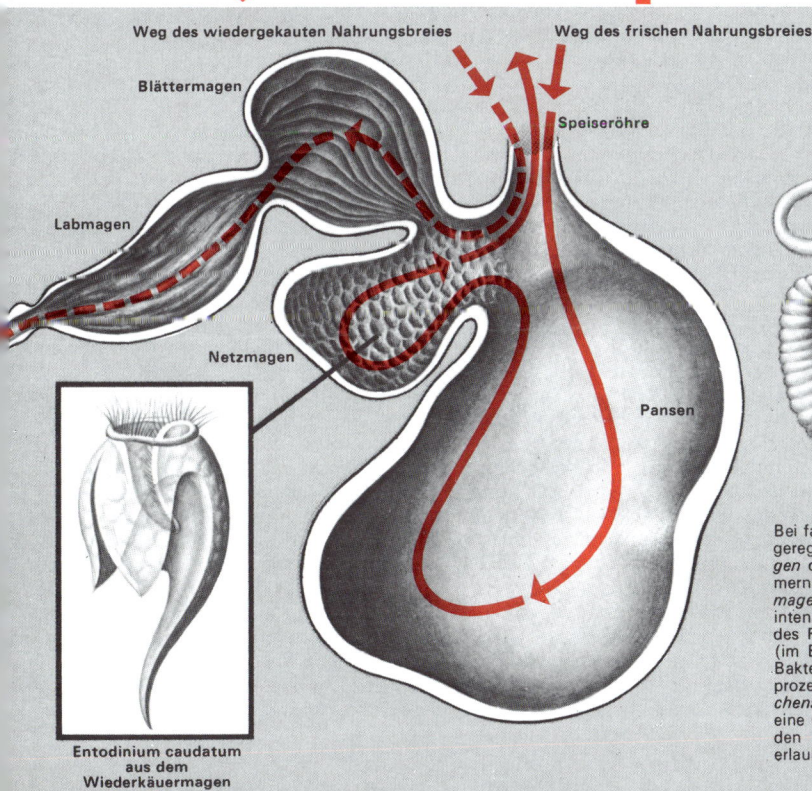

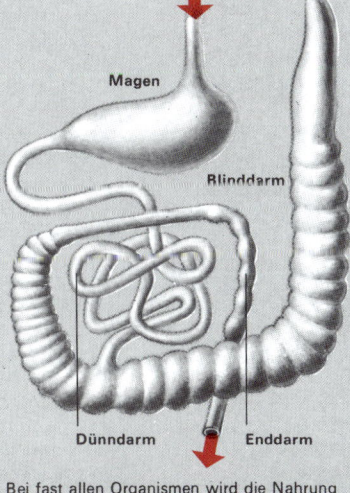

Bei fast allen Organismen wird die Nahrung geregelt transportiert und verdaut. Der *Magen* der *Wiederkäuer* enthält mehrere Kammern. Über *Pansen*, *Netzmagen*, *Blättermagen* und *Labmagen* gelangt die sehr intensiv aufbereitete Nahrung in den Darm des Rindes. Symbiontische *Wimpertierchen* (im Bild links: *Entodinium caudatum*) und Bakterien unterstützen den Verdauungsprozeß. Auffällig am Darmtrakt des *Kaninchens* (oben) ist der riesige Blinddarm, eine Gärkammer, die diesem Pflanzenfresser den bakteriellen Aufschluß von Cellulose erlaubt.

renmarks, des Sympathikus u. der Melanoblasten zum sog. *Apud-System* (*A*min *p*recursor *u*ptake and *d*ecarboxylation-system). Als Schutz vor Selbstverdauung (↗Autolyse) des Magens dient eine ↗Glykokalyx, die u. a. oberflächenaktive Phospholipide enthält. Deren Bildung wird durch ↗Prostaglandine angeregt. ↗Muscheln u. einige ↗Schnecken besitzen in ihrem Magen mit dem ↗*Kristallstiel* eine sehr eigentüml. Einrichtung der Enzymproduktion (bes. Amylasen u. Lipasen; neuerdings sind auch Chitinasen in dem gallertigen Enzymträger nachgewiesen worden). Ein kompliziertes Kanalsystem ist an den rotierenden Kristallstiel angeschlossen u. sorgt mittels Flimmerhaarbewegung für An- u. Abtransport der Nahrungspartikel. Der nächste Abschnitt des V.ssystems – je nach Vorkommen als ↗*Mittel-* od. ↗*Dünndarm* bezeichnet – ist funktionell dadurch gekennzeichnet, daß *Hilfsorgane der V.* hier ihre Sekrete entleeren und z. T. auch schon resorbiertes Material aufnehmen. Derartige Hilfsorgane sind ↗*Mitteldarmdrüsen,* ↗*Leber* (↗Galle) u. ↗*Pankreas*. Bes. gut untersucht ist die V.stätigkeit des Pankreas, dessen azinöse Zellen etwa 20 Enzyme, größtenteils in Form v. Zymogenen, produzieren. Ihre Ausschüttung wird durch ↗Acetylcholin (Parasympathikus) od. ↗Cholecystokinin stimuliert; daneben sind mindestens 6 Klassen v. Zellmembran-Rezeptortypen an den azinösen Zellen vorhanden, die im wesentl. auf Neuropeptide (↗Substanz P, VIP u. a.; T Neuropeptide) ansprechen. Die Retention der Zymogengranula steht ferner unter der Kontrolle v. ↗Steroidhormonen (↗Glucocorticoide, ↗Östrogene), die zus. mit ↗Somatostatin eine im einzelnen noch nicht genau bekannte Hemmung auf die Sekretion ausüben. Eine weitere Eigentümlichkeit des Mitteldarms ist schließl. die ↗*peritrophische Membran,* wie sie bei zahlr. Gliedertieren u. anderen Wirbellosen vorkommt. Im hinteren Bereich des Mitteldarm-Dünndarm-Komplexes (Intestinum der Wirbeltiere) liegt der Ort der *End-V.* und ↗*Resorption;* demgemäß imponiert er insbesondere bei Wirbeltieren durch eine starke Oberflächenvergrößerung (↗Darm, ☐). In die im wesentl. aus ↗Mucopolysacchariden bestehende Glykokalyx sind sog. *intrinsische V.senzyme* geordnet eingelagert (unter ihnen die Trypsinogen aktivierende ↗Enteropeptidase, früher fälschl. als Enterokinase bezeichnet). Auch die pankreatischen Zymogene werden locker auf der Oberfläche der Glykokalyx gebunden. End-V. und Resorption liegen daher räuml. direkt nebeneinander. Für die *Resorption der wasserlöslichen Endprodukte der V.* (Kohlenhydrate u. Proteine) sorgen aktive u. passive Transportprozesse (↗aktiver Transport, ↗passiver Transport, ↗Diffusion, ↗Membrantransport), wobei erstere bei Wirbeltieren größere Bedeutung erlangen als bei Wirbellosen. ↗*Kohlenhydrate* werden nahezu ausschl. als ↗*Monosaccharide* resorbiert, entweder über einen Na$^+$-abhängigen ↗Carrier-Transport (u. a. Glucose u. Galactose) od. durch Diffusion (Mannose, Pentose) bzw. erleichterte Diffusion (Fructose). ↗*Proteine* werden fast vollständig zu ↗*Aminosäuren* gespalten resorbiert. Bei Wirbeltieren sind dabei 4 stereospezifische, Na$^+$-abhängige aktive Transportsysteme nachgewiesen worden (1. neutrale Aminosäuren: Val, Phe, Ala; 2. basische Aminosäuren: Arg, Cys, Lys, Ornithin; 3. Iminosäuren u. Glycin: Pro, Hyp, Gly; 4. Aminodicarbonsäuren: Glu, Asp). Bei der Resorption spielen kompetitive Effekte (Hemmung u. Förderung) eine Rolle. Bei Neugeborenen werden auch ungespaltene Proteine resorbiert u. finden sich als mütterl. Globuline im Blutplasma, was mit einer Unterstützung des noch nicht voll funktionsfähigen Immunsystems zu erklären ist. Die *Resorption der* ↗*Fette* erfordert einen bes. Modus: Nur kurz- u. mittelkettige ↗*Fettsäuren* können direkt über Diffusionsprozesse resorbiert werden. Die übrigen ↗*Lipide* werden nach ihrer Spaltung als einfache od. gemischte ↗Micellen (☐ Membranproteine) je nach Art des ↗Emulgators u. der zu resorbierenden Lipidbruchstücke am ↗Mikrovillisaum des Darmepithels in noch nicht eindeutig geklärter Weise in die Zelle aufgenommen, anschließend zu körpereigenen Lipiden resynthetisiert (wobei zumindest die ↗Gallensäuren u. deren Derivate einem enterohepatischen Kreislauf unterliegen; ↗Leber), durch Bindung an Proteine in die Transportform der ↗Lipoproteine (↗Chylomikronen und VLDL; T Lipoproteine) gebracht und über das ↗Lymphgefäßsystem u. den Ductus thoracicus (↗Brustlymphgang) ins Blut transportiert. Das vermehrte Auftreten v. Lipoproteinen im Blut nach einer fetthaltigen Kost macht sich durch eine Trübung des Plasmas bemerkbar und wird als *V.shyperlipämie* bezeichnet. Mit der Resorption der Lipide werden auch die fettlösl. ↗Vitamine (T) in den Körper aufgenommen; z. T. werden sie mit den Chylomikronen transportiert. Für das Vitamin B$_{12}$ (↗Cobalamin, ☐) aus der Gruppe der wasserlösl. Vitamine, die im übrigen durch Diffusion resorbiert werden, bedarf es der Anwesenheit des sog. ↗Intrinsic factors. Wasser u. Salze werden gemäß der im Darmlumen u. im Gewebe herrschenden osmot. Verhältnisse in beiden Richtungen transportiert (bes. im ↗Dünndarm u. anschließenden ↗Dickdarm-Bereich), so daß der Darminhalt plasmaisoton gehalten werden kann. Im ↗*Enddarm* werden die unverdaulichen Nahrungsreste für die *Ausscheidung* vorbereitet (↗Defäkation). Neben den Wirbeltieren – und in noch stärkerem Ausmaß als diese – gewinnen Insekten an dieser Stelle den größten Teil des Wassers aus dem bisher dünnflüssigen Verdauungsbrei zurück (↗Exkretionsorgane). Bei ihnen, wie auch bei anderen Wirbellosen, ist der Enddarm ektodermaler Herkunft u. somit v. einer Cuticula ausgekleidet. Auf diese Weise wird verhindert, daß zur Ausscheidung bestimmte Stoffe (auch Gifte), die sich durch die Eindickung des Kotes in u. U. hohen Konzentrationen hier anreichern, wieder in die den Darm umspülende Hämolymphe u. damit zurück in den Körper gelangen können. Ohne verschiedene *symbiontische Mikroorganismen* (↗Darmflora) könnte das große Angebot an pflanzl. Nahrung mit der β-glykosidischen Struktur der ↗Cellulose (B Kohlenhydrate II) nur höchst unzureichend genutzt werden, da das Celluloseverdauende System (↗Cellulase, ↗Cellobiase) bei Wirbeltieren überhaupt nicht, bei Wirbellosen selten komplett vorhanden ist. Fast immer wirken bei Pflanzenfressern Endosymbionten (↗Endosymbiose, B, □) an der V. mit, die entweder eine Nahrungsfermentierung vor der End-V. (↗Pansensymbiose, ↗Termiten) od. nach der Haupt-V. (↗Blinddarm, ↗Blinddarmkot) bewerkstelligen. Ferner werden v. Mikroorganismen sezernierte Enzyme zur Cellulosespaltung als „Hilfsenzyme" in Anspruch genommen. Auch die Kultivierung verschiedener cellulolytischer Pilze v. Termiten u. Holzwespen dient neben der Proteinversorgung diesem Zweck (↗Pilzgärten). ↗Darm (B), ↗Exkretion, □ Organsystem, B Wirbeltiere I; B 318 bis 321. K.-G. C.

Verdrängungszüchtung ↗Kreuzungszüchtung.

Verdriftung, passive Ausbreitung v. Organismen, Sporen, Samen u. Früchten durch den Wind (↗Anemochorie) od. das Wasser (↗Hydrochorie). ↗Bewegung, ↗Drift.

Verdunstung, allg. der Übergang einer Flüssigkeit in den gasförm. Zustand bei Temp. unterhalb des Siedepunkts. Für die Biosphäre (□ Energieflußdiagramm) u. das ↗Klima der Erde ist hierbei der Übergang v. ↗Wasser in Wasserdampf v. großer Bedeutung (↗Hydratur, ↗Wasserpotential). Die bei dieser *Wasser-V.* verbrauchte Wärmeenergie *(V.swärme)* ist sehr hoch (2442 kJ/kg H$_2$O bei 25 °C) und führt zur starken Abkühlung des Wassers od. der benetzten Oberflächen. Diese *V.skälte* kann bis zu einem Drittel des gesamten Wärmeumsatzes ausmachen. Sowohl freie Wasserflächen wie feuchter Boden u. die Pflanzendecke verdunsten Wasser. Bei Pflanzen spricht man dabei v. ↗*Evaporation,* wenn die Wasserdampfabgabe unkontrolliert erfolgt (z. B. bei den Thallophyten), und v. ↗*Transpiration* bei kontrollierter Abgabe durch die ↗Spaltöffnungen. Bei Tieren u. beim Menschen findet Wasser-V. bei der ↗Atmung u. ↗Schweiß-Sekretion

Verdunstung

Verdunstungsschutz:
Einrichtungen der *Pflanzen* gg. eine zu starke Wasserdampfabgabe sind z. B.: Verstärkung der Außenwände der Blattepidermiszellen (Hartlaubigkeit) mit Verstärkung der Cuticula, Schaffen v. windstillen Räumen durch dichte Behaarung u./od. Einsenken der Spaltöffnungen in grubenförm. Vertiefungen, eingerollte Blattspreiten, Reduktion der Blattflächen bis zur Verdornung, Blattfall in der ungünstigen Jahreszeit, starke Korkbildung. Dabei können die verschiedenen Einrichtungen miteinander kombiniert ausgeführt sein. Bei *Tieren* bilden verhornte Epithelien und insbes. die Ausbildung einer ↗Cuticula mit abschließender Epicuticula einen Verdunstungsschutz. Daneben spielen Verhaltensweisen (Aufsuchen v. kühlen u. feuchten Orten) eine Rolle bei der Vermeidung hoher Verdunstungsraten. ↗Temperaturregulation.

(↗schwitzen) statt. *Verdunstungsschutz* vgl. Spaltentext. ↗Feuchtigkeit, ↗Evapotranspiration, ↗Niederschlag, ↗Wasserkreislauf (□).

Veredelung, 1) in der Landw. die Weiterverwertung v. primären pflanzl. Produkten über die Nutztierhaltung u. deren Umwandlung in für den Menschen geeignetere ↗Nahrungsmittel (Fleisch, Milcherzeugnisse, Eier). **2)** in der Ernährungs-Ind. die Aufarbeitung primärer landw. Erzeugnisse in qualitativ wertvollere Nahrung od. auch in genießbarere Formen. **3)** in Obst-, Wein- u. Gartenbau die ↗*Pfropfung* v. Edelaugen (↗*Auge*) od. ↗*Edelreisern* förderungswürdiger Pflanzensorten auf geeignete, weniger edle Unterlagen. Hier dient die V. der vegetativen Vermehrung hochqualitativer Sorten bzw. der Qualitätssteigerung. Man unterscheidet Augen-V. und Reis-V. Bei der *Augen-V.* (↗*Okulation*) trennt man v. einem einjährigen sommerl. Trieb ein Rindenstück *(Rindenschild)* mit einem ↗schlafenden Auge *(Edelauge)* ab. Dabei wird das Tragblatt, in dessen Achsel die Knospe gelegt ist, bis auf ein 1 cm langes Blattstielstück abgeschnitten. Dieser Rindenschild wird nun unter die gelösten Eckteile des T-förmigen Einschnitts in der Rinde der *Unterlage* geschoben u. die V.stelle mit ↗Baumwachs u. Bindematerial umwickelt. Als Unterlage dient dabei meist ein aus Samen bestimmter Sorten bis zur Okulationsreife (meist im 2. Jahr) herangezogener ↗Sämling (= *Sämlingsunterlage),* dem das Edelauge 12–25 cm über dem Erdboden übertragen wird. Bei der *Reis-V.* wird ein einjähriger, schon verholzter Trieb mit 3–5 Knospen als Edelreis genommen. Die Tragblätter der Knospen werden auch hierbei bis auf 1 cm lange Blattstielstücke entfernt. Die Übertragung erfolgt nun so, daß die Kambien v. Edelreis u. Unterlage in Berührung kommen. Bei gleicher Dicke v. Edelreis u. Unterlage erfolgt dies durch ↗*Kopulation;* die schräg geschnittenen, zueinander passenden Querschnittsflächen werden aufeinandergelegt u. mit Bast u. Baumwachs fest vereinigt. Die Verbindungsflächen können aber auch durch entspr. Kerbschnitte vergrößert u. die Schnittflächen dadurch miteinander verzapft werden *(Kopulation mit Gegenzungen).* Ist die Unterlage bedeutend dicker, wird das Edelreis mit dem abgeschrägten Unterteil unter die etwas gelösten Eckteile der längs eingeschnittenen Unterlagenrinde am Kopf der kupierten Unterlage eingeschoben u. mit Bast befestigt. Die offenen Stellen werden mit Baumwachs abgedichtet. Bei der *Geißfuß-V. (Triangulation)* wird das Edelreis unten keilförmig zugeschnitten u. in die entsprechende bis in den Holzteil ragende Kerbe der Unterlage eingepaßt. Auf diese Weise erhält man eine gute mechan. Verbindung. Den Hauptstamm der Misch-

Vereine

pflanze kann einmal das Edelreis, zum anderen die Unterlage *(= Kronen-V.)* liefern, aber auch nach Doppel-V. ein anderes Transplantat mit den erwünschten Eigenschaften. ☐ Pfropfung.

Vereine, die ↗Synusien.

Vererbung, die Weitergabe von ↗*genet. Information,* die das spezif. Zellgeschehen u. damit die Ausbildung bestimmter ↗*Merkmale* steuert, v. einer ↗Generation auf die nächste. Die Gesamtheit der genet. Information eines Individuums wird als ↗*Genotyp* bezeichnet, die Gesamtheit der vom jeweiligen Genotyp abhängigen Merkmale als ↗*Phänotyp.* Die genet. Information ist in der ↗Nucleotidsequenz von ↗*Desoxyribonucleinsäuren = DNA* (bei einigen Viren auch ↗*Ribonucleinsäuren = RNA*) verschlüsselt, die bei ↗Eukaryoten in den ↗Chromosomen des Zellkerns *(chromosomale V.)* u. in ↗Plastiden u. ↗Mitochondrien *(↗cytoplasmatische V.),* bei Bakterien u. einigen Hefen zusätzl. in ↗Plasmiden lokalisiert sein kann. Die DNA ist dabei in *Gene (↗*Gen) unterteilt. Ein *Genlocus* (↗Genort) kann durch ↗Mutationen in seiner Nucleotidsequenz verändert werden. So entstehende verschiedene ↗*Allele* eines Gens bedingen dann die unterschiedl. Ausprägungen eines Merkmals bei verschiedenen Individuen. Bei diploiden Organismen (↗Diploidie) liegen jeweils 2 Kopien eines Gens vor, die gleich *(↗*Homozygotie) oder verschieden *(↗*Heterozygotie) sein können. Bei Heterozygotie wird die Ausprägung des entspr. Merkmals entweder v. beiden Allelen (intermediäre Merkmalsausprägung, ↗intermediärer Erbgang) od. vom dominanten Allel (↗Dominanz) bestimmt. – Die chromosomale V. folgt weitgehend den ↗*Mendelschen Regeln* (B I–II) u. beruht auf der Tatsache, daß die Gene der Chromosomen des Zellkerns durch ↗Befruchtung paarweise zusammenkommen, dagegen bei der Bildung v. ↗Gameten durch die ↗Meiose (B) wieder getrennt u. einzeln auf die Gameten verteilt werden, so daß – wenn die Gene auf verschiedenen Chromosomen lokalisiert sind – neue Allelkombinationen auftreten können. – Mit den Mechanismen der V. beschäftigt sich die V.slehre od. ↗*Genetik,* wobei in den letzten Jahrzehnten im Rahmen der biochem. Genetik v. a. die molekularen Grundlagen der Weitergabe u. Verwirklichung der genet. Information erforscht werden.

Lit.: ↗Genetik.

Vererbung erworbener Eigenschaften ↗Lamarckismus.

Vererbungslehre, die ↗Genetik.

Veresterung, *Esterbildung,* die Umwandlung v. Hydroxylgruppen bzw. Säuregruppen zu Estern (↗Ester).

Veretịllum *s* [v. lat. veretilla = Geschlechtsorgan], Gatt. der ↗Seefedern, bei denen die Sekundärpolypen nach allen Seiten aus dem Primärpolyp sprossen (bei fixierter Strömungsrichtung können sich auch bilaterale Stöcke bilden); sie haben nur einen winzigen Achsenstab. Im Mittelmeer u. Atlantik kommt zw. 30 und 200 m Tiefe auf weichen Böden *V. cynomorium* vor, eine durchsichtige, fleischfarbene Kolonie mit ca. 2 cm großen Sekundärpolypen; erreicht – mit Wasser vollgesogen – 50 cm Länge u. zieht sich in Ruhe auf 5 cm zusammen.

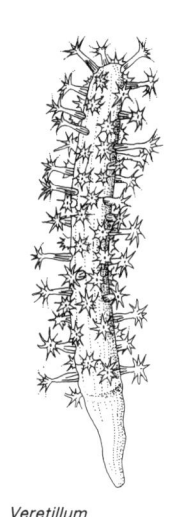

Veretillum cynomorium

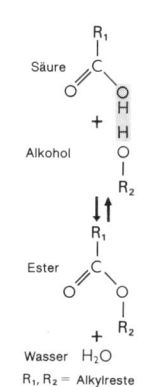

Vergärung, anaerober Abbau von organ. Naturstoffen (vorwiegend Kohlenhydraten) durch Mikroorganismen in verschiedenen Gärungen (↗Gärung). Die unterschiedl. Endprodukte beim Zuckerabbau sind wicht. Bestimmungsmerkmal bei Bakterien u. Pilzen.

Vergeilung, das ↗Etiolement.

Vergesellschaftung, das Zusammentreffen verschiedener Individuen einer Art od. auch unterschiedl. Arten, z. B. Schlafgesellschaften, Überwinterungsgesellschaften u. a. Bei der V. verschiedener Arten kann es zu interspezif. Beziehungen kommen. ↗Biozönose, ↗Tiergesellschaft.

Vergiftung, *Intoxikation, Toxikose,* durch Aufnahme v. ↗Giften über die Atemwege, den Magen-Darm-Trakt od. über die Haut (Kontaktgifte) hervorgerufene, mehr od. weniger schwere Funktionsstörung des Organismus. Treten V.serscheinungen nach einmaliger Applikation auf, spricht man v. *akuter V.* Kleinere Dosen v. Giften über längere Zeit zugeführt, können sich akkumulieren (↗Akkumulierung) und führen dann zur *chronischen V.;* diese Gefahr besteht bes. bei Umweltgiften (↗Schadstoffe). Die körpereigene Abwehr gegen V.en besteht in zahlr. Reaktionen der ↗Entgiftung u. ↗Biotransformation; äußerliche Hilfe kann durch Abwaschen der (Kontakt-)Gifte, Magenspülungen, Abführmittel, Auslösen eines Brechreizes od. durch *Antidote* (↗*Gegengifte,* die chem. mit dem Gift reagieren) gegeben werden. Die Verabreichung v. Milch (früher häufig geübt) ist wegen der damit verursachten erhöhten Fettlöslichkeit mancher Gifte nicht immer sinnvoll. ↗Nahrungsmittelvergiftungen.

Vergilbungskrankheit, Viruserkrankung vieler Gänsefußgewächse (Spinat, Zuckerrübe, Rote Rübe), Pfirsiche, Sauerkirschen u. a., bei der sich die Blätter gelb verfärben u. absterben; Überträger: Grüne Pfirsichblattlaus *(Myzus persicae)* u. Schwarze Bohnenblattlaus *(Aphis fabae).* Ertragsverluste bei der Sauerkirsche bis zu 90%, bei der Zuckerrübe bis zu 60%.

Vergißmeinnicht, *Myosotis,* Gatt. der ↗Rauhblattgewächse mit etwa 80 Arten v. a. im gemäßigten Eurasien und N-Amerika. Ein- bis mehrjährige, mehr od. weniger behaarte Kräuter mit ovalen, spatelförmigen od. linearen Blättern u. in Wickeln stehenden Blüten, mit anfangs meist rosafarbener, später i. d. R. blauer (seltener weißer oder rötl.) Krone. Letztere mit kur-

Veresterung

Veresterung einer Carbonsäure mit einem Alkohol (Reaktion von oben nach unten) bzw. Verseifung als Umkehrreaktion (Reaktion v. unten nach oben)

R_1, R_2 = Alkylreste

zer Röhre, meist gelben Schlundschuppen u. flachem od. trichterförm., 5lappigem Saum. Die Frucht ist ein (bei einigen Arten mit einem ↗Elaiosom ausgestattetes) glattes, eiförm. Nüßchen. Wichtigste der über 10 in Mitteleuropa heim. Arten sind: das Acker-V., *M. arvensis* (auf Äckern, in Getreidefeldern, Waldschlägen u. an Schuttplätzen), das Sumpf-V., *M. palustris* (an Gräben u. Ufern, in Naßwiesen, Verlandungsgesellschaften od. Bruchwäldern; B Europa VI) sowie das Wald-V., *M. silvatica* (u. a. in staudenreichen Wiesen des Gebirges, im Hochstaudengebüsch, an Wald- u. Wegrändern). Vor allem v. dem im Frühjahr blühenden Wald-V. leiten sich zahlreiche, 2jähr. gezogene Gartenformen mit leuchtend blauen Blüten ab.

Vergleyung [v. russ. glei = Lehm] ↗Bodenentwicklung.

Vergrünung ↗Verlaubung.

Verhalten in der *V.sforschung* (↗Ethologie) die Gesamtheit der ↗Aktionen u. ↗Reaktionen eines Tieres od. Menschen, alle beobachtbaren Bewegungen, Stellungen od. Zustände u. deren Veränderung, die im Zshg. mit den koordinierten u. funktionalen Leistungen der zentralen Informationsverarbeitung eines Lebewesens (meist des Zentral-↗Nervensystems) entstehen. Als *V.sstörungen* zählen auch dysfunktionale, fehlkoordinierte Aktionen u. Reaktionen zum V. In diesem umfassenden Sinn spiegelt das V. die gesamte Fähigkeit eines Tieres wider, auf Umwelt- bzw. innere Situationen in ganzheitl. koordinierter Form zu reagieren, u. in diesem Sinne gibt es für das lebende, nicht narkotisierte Tier auch kein Gegenteil von V.: es kann sich nicht „nicht verhalten". (Auch Schlaf, regungsloses Abwarten usw. sind gut definierte und spezif. V.sweisen.) Dieser Wortgebrauch wird in den anderen *V swissenschaften* vom Tier (vergleichende Psychologie, ↗Behaviorismus) u. vom Menschen (↗Humanethologie, ↗Soziologie, Ethnologie usw.) nicht ganz geteilt. Beim Menschen, bei dem (im Ggs. zum Tier) dem Forscher auch Introspektion mögl. ist, wird gerne zwischen äußerl. beobachtbarem V. u. inneren, seelischen Prozessen unterschieden, die aus der Sicht der Ethologie nur als innere Bedingungen des V.s faßbar sind. Diese Unterschiede verlieren durch die Fortschritte der ↗Neurobiologie, der empirischen Psychologie u. der ↗Hirnforschung aber an grundsätzl. Bedeutung. – Die Erforschung des V.s wurde auf der Grundlage der Untersuchungen von O. A. ↗Heinroth an Vögeln v. a. von K. ↗Lorenz und N. ↗Tinbergen zu einem eigenständ. Zweig der ↗Biologie gemacht. Das urspr. Interesse der *vergleichenden V.sforschung* v. Lorenz u. Tinbergen war *taxonomisch*, d. h., es wurden ↗angeborene Verhaltensmerkmale, u. a. ↗angeborene auslösende Mechanismen, als Artmerk-

Wald-Vergißmeinnicht (Myosotis silvatica)

Verhalten

Vier eur. Wissenschaftler wurden für die biol. Erforschung des V.s mit dem Nobelpreis für Medizin ausgezeichnet. Ihre Arbeiten bilden Meilensteine auf dem Weg der vergleichenden Verhaltensforschung u. der Ethologie:

W. R. ↗ Hess
„Das Zwischenhirn als Koordinationsorgan".
Helvetica Physiologica Acta I, 1943

K. v. ↗ Frisch
„Der Farbensinn und Formensinn der Biene".
Zoologische Jahrbücher: Allgemeine Zoologie und Physiologie 35, 1914

K. ↗ Lorenz
„Der Kumpan in der Umwelt des Vogels".
Journal für Ornithologie 83, 1935

N. ↗ Tinbergen
„Die Übersprungbewegung".
Zeitschrift für Tierpsychologie 4, 1940

male analog zu morpholog. ↗Merkmalen vergleichend untersucht *(V.smorphologie)*. Im Zuge dieser Forschungen wurde jedoch auch eine Reihe v. Grundbegriffen der Ethologie geklärt, z. B. der der ↗Erbkoordination, des ↗Antriebs od. Triebs (↗Bereitschaft), der hierarchisch organisierten Wechselwirkung v. Außenreizen u. angeborenen Handlungen (↗Schlüsselreiz) u. der sozialen ↗Rangordnung. Mit der Untersuchung der ↗Prägung machte Lorenz auch das ↗Lernen (zuerst in einer stark angeborenermaßen vorstrukturierten Form) der Ethologie zugängl. Höchstleistungen an Lernen und vorsprachl. „Begriffsbildung" bis hin zum „Zählen" untersuchte O. ↗Koehler – ein Ansatz, der letztl. in der Synthese etholog. u. *lerntheoretischer* Erkenntnisse fruchtbar wurde. Eine Sonderstellung nehmen die Forschungen von K. von ↗Frisch zum Lernen der Honigbiene (↗Bienensprache) u. a. Problemen im Grenzbereich v. Ethologie u. ↗*Sinnesphysiologie* ein. Direkt auf die zentralnervösen Ursachen des V.s zielten die Experimente von W. R. ↗Hess und E. von ↗Holst, die mit ihrer Methode der lokalen elektr. Gehirnreizung V. direkt auslösten u. damit die moderne *V.sphysiologie* begr. sowie die experimentelle ↗Hirnforschung befruchteten. In jüngerer Zeit stand v. a. die Integration *evolutionsbiologischer* und etholog. Theorien im Mittelpunkt der Erforschung des V.s (↗Soziobiologie, ↗kulturelle Evolution); ebenso die Untersuchung sozialer Strukturen (↗Tiergesellschaft). – Tinbergen faßte die Schwerpunkte heutiger Forschung in 4 Fragen zus.: Die Fragen gelten den *physiolog. Ursachen*, der *individuellen Entwicklung* (Ontogenese), der *stammesgeschichtl. Entwicklung* (Phylogenese) u. dem *Anpassungswert* eines V.s. Das menschl. Gehen kommt z. B. durch Muskelbewegungen zustande, die durch Umweltreize über eine hochautomatisierte Informationsverarbeitung im Zentralnervensystem gesteuert werden (physiolog. Ursachen). Es wird in einer Abfolge über eine Rutsch- u. Krabbelphase erworben (Ontogenese). Der stammesgeschichtl. Übergang vom hangelnden Menschenaffen zum hominiden Gehen (☐ Pongidenhypothese) ist im Einzelnen ungeklärt (Phylogenese). Die Funktion des Gehens in offenem Gelände u. für ein werkzeugebrauchendes Lebewesen (↗Werkzeugebrauch) ist dagegen leicht einsichtig (Anpassung). Sehr unterschiedl. Disziplinen der Biologie arbeiten heute bei der Beantwortung dieser Fragen zusammen.

Lit.: ↗Ethologie. *H. H.*

Verhaltensforschung, *vergleichende V.*, die ↗Ethologie.

Verhaltenshomologie [v. gr. homologos = übereinstimmend]; komplexere Verhaltensweisen, so v. a. Handlungsketten, die aus mehreren Verhaltenskomponenten zu-

Verhaltensinventar

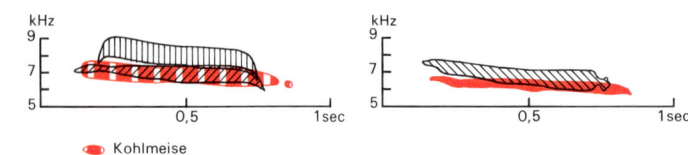

kHz
9
7
5
0,5   1sec

kHz
9
7
5
0,5   1sec

● Kohlmeise
⊕ Blaumeise
⬙ Buchfink
◡ Rohrammer
● Amsel

Verhaltenshomologie
Konvergente Warnlaute:
Klangspektrogramme der Warnrufe von 5 Vogelarten; die Warnrufe sind konvergent ähnlich „strukturiert".

sammengesetzt sind, wie z. B. bei der ↗Balz (☐) oder beim ritualisierten ↗Kommentkampf (☐), lassen sich nach den ↗Homologie-Kriterien ebenso homologisieren wie morpholog. Strukturen. In bes. Fällen kann eine Verhaltensweise direkt zu materiellen Strukturen führen, die homologisierbar sind, so beispielsweise beim Nestbau von Vögeln oder beim Netzbau von Spinnen. Auch *Lautäußerungen* von Tieren, wie z. B. der ↗Gesang (☐) von Insekten (z. B. Heuschrecken), Amphibien, Vögeln u. Säugetieren, lassen sich in Klangspektrogrammen (↗Sonagramm, ☐) graphisch darstellen u. bei verschiedenen Arten vergleichen. Je nachdem, ob die homologisierten Verhaltensweisen ererbt od. erlernt sind, unterscheidet man *Erbhomologien* und *Traditionshomologien* (↗Homologie). Nur aus Erbhomologien kann auf gemeinsame Ahnen in der Stammesgeschichte geschlossen werden. Die ererbte ↗Mimik (☐) des Menschen beim ↗Lächeln und beim Drohen (↗Drohverhalten) weist V.n mit entsprechenden mimischen Verhaltensweisen des Schimpansen (und anderer Primaten) auf. Ähnlichkeiten im Verhalten zweier Arten können auch auf ↗Analogie beruhen od./u. durch ↗Konvergenz entstanden sein, wie z. B. das *Saugtrinken*, das unabhängig bei verschiedenen Vogel-Ord. (Tauben, Steppenflughühner, Zebrafinken) entwickelt wurde, od. konvergente *Warnlaute* bei Vögeln (vgl. Abb.), zeitl. gedehnte Laute mit hoher Frequenz, aber schmalem Frequenzspektrum, die daher weit zu hören, aber für den Raubfeind schwer zu orten sind. ☐ Ritualisierung.
Verhaltensinventar, das ↗Ethogramm.
Verhaltensökologie, die ↗Ethoökologie.
Verholzung, Bez. für die ↗Lignin-Einlagerung in die an Dicke zunehmenden ↗Zellwände entsprechender Gewebe (↗Leitungs- u. Festigungsgewebe) in ↗Sproßachse u. ↗Wurzel.
Verhornung ↗Haut.
Verjüngung, 1) Forstwirtschaft: *Bestands-V.,* Ablösung einer älteren Baumgeneration durch eine junge. Je nach Betriebsform (↗Betriebsart) geschieht dieser Vorgang anders. Bei *Kahlschlag* wird meist mit Jungpflanzen aufgeforstet, beim ↗*Femelschlag* werden nur gruppenweise Bäume gefällt, u. der Nachwuchs erfolgt durch natürl. Nachwuchs, wobei sowohl Schatten- wie Lichtformen gefördert werden. ☐ Schlagformen. 2) *V.sschnitt,* der ↗Erneuerungsschnitt.
Verjüngungsschnitt, der ↗Erneuerungsschnitt.
Verkehrtschnecke ↗Triphora.

Verkernung, Verschließen der Gefäße im inneren Teil des ↗Holzes durch eindringende Parenchymzellen u. Einlagerung v. antibiotischen Substanzen (Harze, Gummi, Gerbstoffe, Kieselsäure), die das ↗Kernholz weitgehend vor Zersetzung schützen. Durch ↗Phlobaphene ist das Kernholz oft dunkel gefärbt.
Verkieselung, *Silifizierung,* a) sekundäres Eindringen v. ↗Kieselsäure (SiO_2) in Gesteinshohlräume (auch metasomat. Verdrängung v. Gefügebestandteilen); bes. bei Sand- u. Kalksteinen; b) Ersetzung v. Substanzen in Fossilien durch SiO_2; c) Einlagerung (↗Inkrustierung) von SiO_2 in organ. Material. ↗Kernholz, ↗Verkernung, ↗Kieselhölzer, ↗Kieselpflanzen.
Verknöcherung, *Ossifikation,* ↗Knochen.
Verkorkung, die Auflagerung von zahlr. dünnen Lamellen aus Korkstoff (↗*Suberin,* ↗*Kork*) auf die ↗Primärwand verkorkender Zellen. Dabei können Suberinlamellen mit dünnen Wachsschichten abwechseln. Die V. ist i. d. R. auf die sekundären Verdikkungsschichten einer ↗Zellwand beschränkt. Solange die V. andauert, bleiben Poren in den Korklamellen ausgespart, durch die über ↗Plasmodesmen der erforderl. Stoffaustausch stattfinden kann. Mit Abschluß des V.sprozesses werden auch sie durch Ablagerungen von Suberin verschlossen, und der Protoplast stirbt ab.
Verlandung, das Zuwachsen v. stehenden (↗See) od. langsam fließenden Gewässern vom Ufer her. Durch Sedimentation von hpts. organogenem Material, das sich als Schlamm (↗Mudde) od. ↗Torf absetzt, verringert sich die Wassertiefe zusehends, wodurch die an bestimmte Wassertiefen bzw. Wasserstandsschwankungen gebundenen Ufer- u. Wasserpflanzen-Ges. zur Mitte des Gewässers hin verschoben werden, bis die offene Wasserfläche verschwunden ist. Je nach Gewässertyp und v. a. Nährstoffgehalt des Wassers treten unterschiedl. Abfolgen v. Pflanzen-Ges. *(V.sserien)* in dem als *V.szone* bezeichneten Uferbereich auf. Bei der typischen V. eines eutrophen Sees erscheinen zunächst Armleuchteralgen, Laichkrautarten, Schwimmblattpflanzen u. landwärts anschließend Röhrichte u. Großseggenrieder (↗Magnocaricion). Die Endstufe dieser ↗Sukzession bilden oft Erlen-Bruchwälder (↗Alnetea glutinosae). Die V. stark saurer Gewässer wird meist v. Torfmoosen eingeleitet. Als Endstadien bilden sich hierbei Niedermoore od. seltener auch Hochmoore (↗Moor).
verlängertes Mark, *Medulla oblongata, Myelencephalon,* bezeichnet in der deskriptiven, typolog. Anatomie den hinteren Abschnitt des ↗Rautenhirns der Wirbeltiere u. des Menschen. Das v. M. wird nach vorne vom ↗Kleinhirn u. nach hinten durch das beginnende ↗Rückenmark begrenzt;

es umschließt den IV. Ventrikel. Das Dach des v. M.s ist außerordentl. dünn u. bildet den Plexus chorioideus ventriculi IV, der den Liquor (↗Cerebrospinalflüssigkeit) absondert u. den Stoffaustausch zw. Blut u. Cerebrospinalflüssigkeit durchführt. – Die Untergliederung des Rautenhirns in ↗Mittelhirn, ↗Nachhirn u. v. M. entspringt einer rein deskriptiven Betrachtung des Gehirns, die funktionelle u. strukturelle Zusammengehörigkeiten außer acht läßt. ↗Gehirn ([B]), [B] Nervensystem II.

Verlaubung, *Gynophyllie,* Bez. für die teilweise od. vollständige *Vergrünung* (= ↗Chloranthie) v. Blüten od. einzelnen Blütenteilen bzw. deren Umbildung in laubblattart. Strukturen (= *Frondeszenz*). Diese Entwicklungsstörungen können durch hormonelle Fehlsteuerung (eigen-) bedingt sein od. aber durch äußere Schädigungen u./od. Virus- u. Pilzbefall ausgelöst werden.

Verlegenheitsgeste ↗Konfliktverhalten.
Verlehmung ↗Bodenentwicklung.
Verleiten, Verhaltensweise vieler bodenbrütender Vögel, durch die Bodenfeinde vom Nest abgelenkt werden sollen: Das Elterntier täuscht entweder eine Verletzung vor od. imitiert es ein anderes Beutetier (Mausrennen). Der Handlungsablauf ist komplex u. umfaßt z. B. einseitiges Flügelschlagen u. Flügelschlagen mit geöffneten Schwungfedern, wodurch Flugunfähigkeit vorgetäuscht wird. Der Vogel bleibt dabei knapp außer Reichweite des Verfolgers, wodurch viele Anteile des ↗Konfliktverhaltens auftreten. Das V. ist vermutl. stammesgeschichtl. durch einen Funktionswechsel aus Anteilen des normalen Fluchtverhaltens u. aus aggressivem Verhalten (Aggression) entstanden.

Vermehrung, 1) die ↗vegetative Vermehrung. 2) Begriff, der im allg. mit ↗Fortpflanzung gleichgesetzt wird, auch wenn nicht jeder *einzelne* Fortpflanzungsvorgang eine V. bedeutet, z. B. wenn ein Paar nur 1 Nachkommenindividuum erzeugt. Auf die gesamte Population bezogen, wird jedoch bei allen Arten (Species) pro Individuum vor dessen Tod mehr als ein Nachkomme erzeugt (findet also V. statt), da nur so der Fortpflanzung eintretende Todesfälle kompensiert u. damit ein Aussterben der ↗Population verhindert werden kann (↗Fruchtbarkeit). Bei dem ↗Populationswachstum (☐) wird die *spezif. Wachstumsrate* auch als ↗V.srate oder V.spotenz bezeichnet. Bei hoher V.spotenz u. günst. Umweltbedingungen (Klima, wenig Feinde od. Parasiten, günstige Nahrungsgrundlage u. a.) kommt es zu *Über-V.* (Egression) od. gar ↗*Massen-V.* (Gradation). ↗Populationszyklen, ↗Massenwechsel (☐); ↗mikrobielles Wachstum (☐), ↗Wachstum.

Vermehrungspotential, das ↗biotische Potential.

Vermehrungsrate, *spezifische Wachstumsrate,* die Geburtenrate (*Natalität,* ↗Fruchtbarkeit) einer Population, vermindert um die Sterberate (↗*Mortalität*). ↗Populationswachstum, ↗Bevölkerungsentwicklung, ↗Vermehrung.

Vermeidungsverhalten, *Meideverhalten,* Überbegriff für alle Verhaltensweisen, durch die ein Tier Artgenossen bzw. Feinde vermeiden kann, v. a. die ↗Tarnung, die ↗Flucht und i. w. S. auch die defensiv motivierte ↗Aggression, durch die der Gegner vertrieben werden soll. Der Bereich der Vermeidung u. des Abbruchs sozialer und intraspezif. Kontakte steht den großen Bereichen des ↗Appetenzverhaltens u. des ↗Kontaktverhaltens gegenüber. ↗Aversion, ↗bedingte Aversion.

Vermes [Mz.; lat., = Würmer], *Würmer i. w. S.,* Sammel-Bez. für wurmförmige Tiere (↗*Helminthen*) u. ä. Wirbellose, die nicht näher verwandt sind, also kein ↗monophyletisches Taxon (↗Systematik). Bei ↗Linné waren die V. die letzte (6.) „Klasse" des Tierreichs u. enthielten auch die Protozoen, Weichtiere, Hohltiere u. Stachelhäuter. Auch nach Herausnahme dieser Gruppen in eigene Stämme bleiben die V. eine „Rumpelkammer der Systematik" (Hennig) u. sind daher heute in verschiedene Gruppen aufgelöst (vgl. Tab.). Aus prakt. Gründen spricht man aber bisweilen weiterhin v. „Würmern", z. B. auch in der ↗Helminthologie (Teildisziplin der ↗Parasitologie).

Vermetus *m* [v. lat. vermis = Wurm], Gatt. der ↗Wurmschnecken.

Vermicularia *w* [v. lat. vermiculus = Würmchen], Gatt. der ↗Turmschnecken *(Turritellidae)* mit dünnschaligem Gehäuse, dessen ältester Teil turmförmig ist, während sich die röhrenförm., jüngeren Windungen nicht mehr berühren u. unregelmäßig gewunden sind. Wenige Arten in warmen Meeren, die sich strudelnd ernähren; manche leben in Schwämmen.

Vermileo *m* [v. lat. vermis = Wurm, leo = Löwe], Gatt. der ↗Schnepfenfliegen.

Vermis *m* [lat., = Wurm], *Kleinhirnwurm,* ↗Kleinhirn.

Vermoderung, die ↗Humifizierung.

Vermullung [v. mittelniederdt. mül = lokkere Erde, Staub], Verlust der Benetzbarkeit von organ. Material (Torf) nach Austrocknung.

Vernalisation *w* [v. lat. vernalis = Frühlings-], *Jarowisation,* Erlangen der Blühreife durch Kälteeinwirkung. Als weiterer auslösender Faktor für die ↗Blütenbildung ist die spezif. Tageslichtlänge (↗Photoperiodismus) nötig. Kältebedürftige Pflanzen (v. a. Winterannuelle u. Zweijährige) kommen ohne Kältebehandlung nicht od. nur verzögert zur Blüte. Die V. verläuft in mehreren Stufen. Vor Erreichen der Stabilisierungsphase kann sie durch höhere Temp. rückgängig gemacht werden *(Devernalisa-*

Vermes
(W. = Würmer)
Innerhalb der *Protostomia:*
1) *Scolecida* („Niedere W.")
  Plathelminthes (Platt-W.: Strudel-W., Saug-W., Band-W.)
  Gnathostomulida
  Nemertinea (Schnur-W.)
  Kamptozoa (Kelch-W.)
  Aschelminthes = *Nemathelminthes* (Schlauch-W.: Faden-W., Priaps-W., Saiten-W. u. a.)
2) *Annelida* (Ringel-W.: Borsten-W. u. a.)
3) *Pogonophora* (Bart-W.)
4) *Echiurida* (Igel-W.)
5) *Sipunculida* (Spritz-W.)
6) *Pentastomida* (Zungen-W.) (innerhalb der *Arthropoda*)
7) *Phoronida* (Hufeisen-W.) (innerhalb der *Tentaculata*)

Innerhalb der *Deuterostomia:*
1) *Chaetognatha* (Pfeil-W.)
2) *Enteropneusta* (Eichel-W.)

Vernation

tion). Nach nochmaligem Kälteeinfluß ist eine erneute V. möglich *(Revernalisation)*. Eine V. erfordert i. d. R. Temp. zwischen 0 und +10°C. Der Kältereiz wird im allg. nur in zellteilungsfähigen Geweben perzipiert. Mit V. bezeichnet man gelegentl. auch die Blühinduktion durch höhere Temp. bei einigen subtrop. Pflanzen.

Vernation w [v. lat. vernare = sich verjüngen], die ↗Knospenlage.

Vernonia w [ben. nach dem engl. Botaniker W. Vernon, 17. Jh.], Gatt. der ↗Korbblütler.

Vernunft, *Verstand*, umgangssprachl. Bez. für die Fähigkeit des Menschen zum Erkennen seiner Umwelt u. der eigenen Person (↗Bewußtsein) u. zur bewußten Nutzung dieser Erkenntnisse für das eigene Handeln; eng verbunden mit den Begriffen ↗Denken u. ↗Intelligenz, in der ↗Ethologie als ↗Einsicht bei Tieren untersucht. ↗Jugendentwicklung: Tier-Mensch-Vergleich, ↗Mensch und Menschenbild.

Verongiidae [Mz.], Schwamm-Fam. der ↗Demospongiae. Verongia aerophoba, bildet 3–8 cm lange u. 1–2 cm dicke Schlote, die, oben abgeflacht u. vertieft, je ein Osculum tragen; gelb, wird an der Luft schwarzgrün; in 2–10 m Tiefe im Mittelmeer, v. a. in den Zostera-Wiesen.

Veronica w, der ↗Ehrenpreis.

Veronicella w [nach dem Namen Veronica], Gatt. der Fam. *Veronicellidae*, Hinteratmer (Schnecken), die unter Steinen u. Holz im trop. S-Amerika u. auf den Antillen leben u. nachtaktiv sind; ca. 30 Arten.

Verpa w [lat., = männl. Glied], *Verpeln*, Gatt. der Morchelart. Pilze (↗Morcheln).

Verpuppung, bei holometabolen Insekten (↗Holometabola) der Vorgang der ↗Häutung (□) zur ↗Puppe u. die vorangehenden Organänderungen. ↗Metamorphose (B), ↗Larven, ↗Larvalentwicklung.

Verrieselung ↗Rieselfelder.

Verrucaria w [lat., = Warzenkraut], Gatt. der ↗*Verrucariales* mit ca. 300 Arten, Krustenflechten mit endo- od. epilithischem Lager u. einzelligen, farblosen Sporen; auf Silicat- und hpts. auf Kalkgestein, wo sie in Kalkflechten-Ges. in vielen Arten auftreten u. eine bedeutende Rolle spielen. Durch Lösung des Gesteins tragen bes. die endolithischen Arten zur Verwitterung bei. Zahlr. Arten leben amphibisch od. submers in Bächen u. Gebirgsseen, v. a. auf Silicatgestein.

Verrucariaceae [Mz.; ↗Verrucaria], Fam. der ↗*Verrucariales*, v. einigen Autoren auch in die Ord. ↗*Dothideales* gestellt.

Verrucariales [Mz.; ↗Verrucaria], Ord. überwiegend lichenisierter Ascomyceten, mit 1 Fam. *(Verrucariaceae)* und ca. 25 Gatt., die noch teilweise rein künstl. definiert sind, wobei als Kriterien hpts. Sporenseptierung u. -färbung dienen; 700 Arten. Die *V.* sind Krustenflechten mit endolithischem, firnisartigem, areoliertem od.

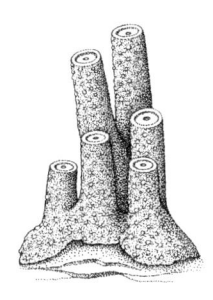

Verongiidae
Verongia aerophoba, ca. 12 cm hoch

Verschiedenzähner
Wichtige Gruppen u. Gattungen:
↗ *Congeria*
↗ *Coralliophaga*
↗ *Corbicula*
↗ Dickmuscheln *(Crassatelloidea)*
↗ *Entovalva*
↗ Erbsenmuscheln *(Pisidium)*
↗ *Fimbria*
↗ *Gaimardia*
↗ Gienmuscheln *(Chamidae)*
↗ Herzmuscheln *(Cardiidae)*
↗ Islandmuschel *(Arctica islandica)*
↗ Kugelmuscheln *(Sphaeriidae)*
↗ *Lucina*
↗ *Montacuta*
↗ *Mysella*
↗ Ochsenherz *(Glossus humanus)*
↗ Riesenmuscheln *(Tridacnidae)*
↗ Scheidenmuscheln *(Solenoidea)*
↗ Tellinoidea
↗ Trapezmuscheln *(Carditidae)*
↗ Trogmuscheln *(Mactroidea)*
↗ Venusmuscheln *(Veneridae)*
↗ Wandermuschel *(Dreissena polymorpha)*

schuppigem Lager, selten Laubflechten *(Dermatocarpon),* mit schwärzl. Perithecien, bleibenden Periphysen an der Innenseite des Ostiolums, verschleimenden Paraphysen u. ein- bis vielzelligen Sporen. Algen protococcoid. Ganz überwiegend auf Gestein (hpts. Kalkgestein) lebend mit Schwerpunkt in gemäßigten bis kalten Regionen. Wichtige Gatt. ↗*Verrucaria, Dermatocarpon* (20 Arten, ↗Nabelflechten mit kleinen einzelligen Sporen, z. B. auf Kalk *D. miniatum), Thelidium* (ca. 100 Arten, mit 2- bis 4zelligen Sporen), *Staurothele* (40 Arten, mit mauerartig vielzelligen, meist gefärbten Sporen u. Hymenialalgen).

Versalzung, *Boden-V.,* ↗Bodenentwicklung, ↗Salzböden, ↗Streusalzschäden.

Versauerung, *Boden-V.,* ↗Bodenreaktion, ↗saurer Regen. [zie.

Verschiedenwurzeligkeit, die ↗Heterorhi-

Verschiedenzähner, *Wechselzähner, Heterodonta,* U.-Ord. der ↗Blattkiemer mit heterodontem ↗Scharnier (↗heterodont), ohne Perlmutterschichten in der Schale; Mantel mit getrennten Ein- u. Ausströmöffnungen bzw. -siphonen; Adulte meist ohne Byssus. Zu den V.n gehören fast 4000 Arten, also die meisten Muscheln (vgl. Tab.).

Verschleppung, passive ↗Verbreitung v. Organismen bzw. Diasporen durch Wasser (↗Hydrochorie), Wind (↗Anemochorie; ↗Verdriftung), Tiere (↗Zoochorie) od. den Menschen (↗Anthropochorie).

Verseifung, *Ester-Hydrolyse,* die hydrolyt. Spaltung v. Carbonsäure-↗Estern; i. e. S. die Spaltung v. ↗Fetten zu ↗Fettsäuren (bzw. deren Alkalisalzen, den ↗Seifen, Bez.!) u. ↗Glycerin durch Wasser. □ Veresterung.

Versickerung, *Wasser-V., Perkolation,* ↗Bodenwasser.

Versilberungsfärbung, in der Cytologie u. Histologie, v. a. der Neurohistologie, häufig angewandte Färbemethode zur lichtmikroskop. Darstellung zellulärer Membran- u. Fibrillenstrukturen an der Grenze der lichtmikroskop. Sichtbarkeit (Zellmembran, Golgi-Apparat, Mitochondrien, Tono- und Neurofibrillen, Geißeln, Cilien u. Bakteriengeißeln), ebenso auch extrazellulärer Faserstrukturen, wie kollagener Fibrillen u. reticulärer (= argyrophiler!) Fasern, wie auch v. Nerven- u. Gliazellen u. ihrer Fortsätze mit all ihren Verzweigungen. Hierzu werden entweder die zuvor fixierten (↗mikroskopische Präparationstechniken) Gewebeproben od. die fertigen Mikrotomschnitte nach unterschiedl. Vorbehandlung – je nach gewünschtem Ergebnis – in Silbernitrat-, Silber-Diamminkomplex- oder Silberproteinat-Lösungen inkubiert. Das Resultat sind schwarze bis schwarzbraune Niederschläge metallischer Silbergranula an den zu färbenden Strukturen infolge einer Reduktion der Silberverbindungen vornehml. durch reaktionsfähige Aldehydgruppen v. Kohlenhydraten oder SH-Grup-

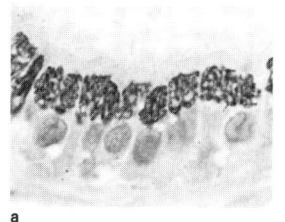

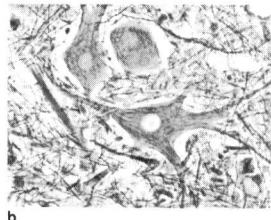

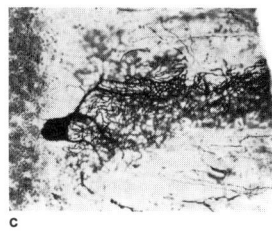

Versilberungsfärbung

a Epithelzellen aus dem Nebenhoden, Golgi-Apparat versilbert; b Nervenzelle, Neurofibrillen versilbert; c Purkinje-Zellen (aus dem Kleinhirn) mit Ausläufern, versilbert

pen in Proteinen. Durch Vorbehandlung des Materials mit starken Oxidantien, wie Periodaten, kann die Anzahl solcher Gruppen v. a. in Kohlenhydraten noch erhöht werden (KH-Nachweis durch Versilberung). Prinzipiell sind alle Zellstrukturen auf diese Weise mehr od. weniger stark versilberbar; durch die Wahl der Inkubationsdauer, der Materialvorbehandlung, der Inkubations-Temp. und des pH-Wertes lassen sich selektive Anfärbungen bestimmter Strukturen erzielen. – V.en wurden erstmals 1873 von C. ↗Golgi rein empirisch entwickelt (Entdeckung des ↗Golgi-Apparats). ↗Golgi-Färbung.

Verson-Drüsen, 1) bei vielen Schmetterlingsraupen segmental angeordnete kleine Drüsen. 2) gelegentl. Bez. für die zu Drüsen zusammengelagerten ↗Nephrocyten (↗Perikardialzellen) entlang des Herzschlauchs der Insekten.

Verstädterung ↗Urbanisierung, ↗Stadtökologie.

Verständigung ↗Kommunikation, ↗Lautäußerung, ↗Signal (B), ↗Sprache; ↗Information u. Instruktion.

Verstärkung, 1) Ethologie: *Bekräftigung*, Vertestigung einer bedingten Verknüpfung durch ↗Lernen in der psycholog. Lerntheorie (↗Konditionierung). **2)** ↗Regelung.

Vesrtecktzähner, *Cryptodonta*, Muscheln, deren zahlr. fossile Vertreter auch als *Palaeoconcha* bezeichnet werden; sie haben eine dünne, gleichklappige Schale ohne od. mit schwachen Zähnen am Scharnier u. waren wohl Fiederkiemer wie die einzige rezente Fam., die ↗Schotenmuscheln.

versteinertes Holz ↗Kieselhölzer.

Versteinerungen, die ↗Fossilien.

Versteppung, schlagwortartige Bez. für starke anthropogene Vegetationsveränderungen (↗Vegetation) durch Grundwasserabsenkung, Immissionen, Raubbau an Wäldern usw. Da in den wenigsten Fällen offene Grasvegetation im Sinne einer ↗Steppe das bleibende Ergebnis derartiger Eingriffe sein dürfte, sollte der Begriff mit Zurückhaltung gebraucht werden.

Versuchstiere, Tiere, die zu biol. bzw. med. Experimenten dienen und i. d. R. nur hierfür gezüchtet werden (vgl. Tab.). Je nach Erfordernissen werden Inzucht- od. Hybridstämme bevorzugt; für die Auf- u. Erhaltungszucht werden standardisierte Futtermittel angeboten. Häufig verwendete V. sind Säuger (Maus, Ratte, Meerschweinchen, Goldhamster, Katze, Hund, Kaninchen, Schaf, Zwergschwein, Affe), Vögel (Huhn, Wachtel), Amphibien (Krallenfrosch, Axolotl), Insekten [Taufliege *(Drosophila)*, Schmeißfliegen *(Calliphora, Phormia)*, Stubenfliege *(Musca)*, Wanderheuschrecken *(Locusta, Schistocerca)*, Wanzen *(Rhodnius, Oncopeltus)*, Schaben *(Periplaneta)*, Stabheuschrecken *(Carausius)*, Schmetterlinge *(Hyalophora)*], Weichtiere *(Helix, Aplysia)*. ↗Tierversuche.

Vertebra *w* [lat., = Gelenk, Wirbelbein], der ↗Wirbel.

Vertebrata [Mz.; v. lat. vertebratus = gelenkig], die ↗Wirbeltiere.

Vertebrichnia [Mz.], (O. S. Vialov 1963), die ↗Lebensspuren (Fährten) v. Wirbeltieren *(Vertebrata)*.

Verteilung, *Dispersion*, Muster des Vorkommens einer Organismenart in einem bestimmten Raum. Man kann unterscheiden: *zufallsmäßige V.*, *äquale V.* (gleicher Abstand der Individuen voneinander, z. B. durch ↗Revier-Bildung), *geklumpte V.* und *insuläre V.* (z. B. nach dem Schlüpfen aus Laichballen od. bei ungleicher V. der Nahrung). Änderungen der V. werden als *Dispersionsdynamik* bezeichnet.

Vértesszőlős [Ort bei Tata, ca. 50 km nordwestl. v. Budapest], *Mensch von V.*, *Homo erectus palaeohungaricus*, Hinterhauptsbein eines jungen Mannes und 4 Milchzähne eines etwa 7jährigen Kindes, 1964/65 bei Ausgrabungen in Travertinab-

Versuchstiere

Einsatz von Versuchstieren in der Pharmazeutischen Industrie der BRD zwischen 1977 und 1984 (nach einer Erhebung des Bundesverbandes der Pharmazeutischen Industrie)

Jahr	Tiere insgesamt	Abnahme in % im Vergleich zu 1977	Mäuse	Ratten	Kaninchen	Katzen	Hunde	Affen	Pferde
1977	4 165 983		2 378 495	1 331 338	139 172	18 113	15 800	1 291	124
1978	3 814 210	− 8,4	2 141 633	1 248 429	121 107	15 304	15 041	1 659	99
1979	3 529 029	− 15,3	1 969 103	1 150 596	110 567	13 109	12 167	1 818	159
1980	3 132 140	− 24,8	1 911 177	946 051	66 926	9 433	10 552	599	—
1981	2 729 006	− 34,5	1 624 662	832 436	61 838	8 474	8 981	483	—
1982	2 670 884	− 35,9	1 562 502	846 970	62 174	7 318	9 242	549	12
1983	2 604 103	− 37,5	1 538 853	815 205	58 815	6 745	8 978	577	12
1984	2 444 761	− 41,3	1 371 707	824 560	56 964	5 225	8 191	592	2

lagerungen des Holstein-Interglazials entdeckt. Alter ca. 350 000 Jahre; auch als archaischer *Homo sapiens* angesehen. [B] Paläanthropologie.

Vertex *m* [lat., =], der ↗Scheitel 2).

Verticillium *s* [v. lat. verticillus = Wirtel], Formgatt. der ↗*Fungi imperfecti* (Fam. *Moniliaceae*). Die Pilze wachsen als watteartige Kolonien mit hohem Luftmycel, weiß, gelbl., rötl. oder grün gefärbt; die Konidienträger sind mehrfach verzweigt, zumindest an den Enden wirtelig (vgl. Abb.); an den Zweigenden entstehen zahlr. ein- od. zweizellige, oft lebhaft gefärbte Konidien in Schleimtröpfchen (= Wasserkugeln). Die meisten Arten sind saprob lebende Bodenpilze, einige Pflanzenparasiten (Welke-Erreger; ↗Welkekrankheiten, ↗Pilzringfäule), auch Hyperparasiten auf anderen Pilzen. *V. lecanii* dient zur ↗biologischen Schädlingsbekämpfung v. Rostpilzen, in deren Sporenlager es parasitiert.

Vertigo *w* [lat. = Drehung], Gatt. der ↗Windelschnecken.

Vertikalwanderung [v. lat. verticalis = senkrecht] ↗Tierwanderungen.

Vertisol *m* [v. lat. vertere = wenden, solum = Boden], tiefgründiger, humoser Boden mit A-C-Profil ([T] Bodenhorizonte) auf tonreichem Ausgangsmaterial. Charakterist. ist der hohe Gehalt an quellfähigen Dreischicht-↗Tonmineralen (Montmorillonit). V.e unterliegen einer intensiven Selbstdurchmischung aufgrund ihres Wasserhaushalts (↗Hydroturbation). Sie schrumpfen stark in Trockenzeiten u. quellen in Regenzeiten. In die Trockenrisse (mehrere cm breit, bis 1,5 m tief) fällt Oberbodenmaterial hinein, das beim Befeuchten einen hohen Quellungsdruck verursacht. Preßdruck-Bewegungen erkennt man im Untergrund an glänzenden Ton-Scherflächen (Stresscutanen, ↗slickensides), an der Bodenoberfläche ordnet sich herausgedrücktes Bodenmaterial zu einem netzartigen Muster. (Gilgai-Relief). V.e werden in SO-Europa *Smonitzen*, in USA *Grumusol*, in Afrika *Tirse*, in Indien *Regur* od. *Black cotton soils* genannt.

Verträglichkeit, 1) Medizin: ↗Kompatibilität 2). **2)** Botanik: Tatsache, daß man die gleichen *(Selbst-V.)* oder verschiedene Arten *(Fremd-V.)* v. Kulturpflanzen kurz nacheinander auf dem gleichen Feld anbauen kann, ohne daß es zu Ertragsverlusten kommt. Arten mit Selbst-V. sind z. B. Roggen, Mais u. Reis, solche mit Fremd-V. sind Kartoffeln/Winterroggen oder Hülsenfrüchte/Winterweizen. Ggs.: ↗Unverträglichkeit.

Vervollkommnungsregeln, *Progressionsregeln, anagenetische Reihen,* bei der Erforschung der Stammesgeschichte (↗Phylogenetik) anwendbare Regeln, die einen Hinweis darauf geben, welche der innerhalb einer Verwandtschaftsgruppe (↗Verwandtschaft) auftretenden Ausbildungen

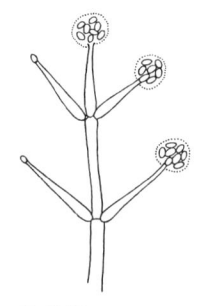

Verticillium
Konidienträger, wirtelig verzweigt, mit Konidien in Schleimtröpfchen

Verticillium
Krankheitserreger (Auswahl):
V. albo-atrum und *V. dahliae*
(↗Pilzringfäule = Vertizilliose)
V. fungicola
(= *V. malthousei*)
(Trockene Knolle des Champignons, deformierte, keulige Fruchtkörper)
V. lecanii
(Insektenparasit, Hyperparasit auf Rostpilzen)

einer Struktur (Organ) als ursprünglich (plesiomorph), welche als abgeleitet (apomorph) betrachtet werden können (↗Plesiomorphie). Die V. tragen dazu bei, in einer morpholog. Abwandlungsreihe die ↗Leserichtung festzulegen. Im Ggs. zu *Anpassungsreihen,* die das Ergebnis einer zunehmenden Spezialisierung auf bestimmte (spezielle) Lebensweisen sind (z. B. der Bewegung: Springen, Klettern; oder des Nahrungserwerbs: Strudler, Filtrierer) und selbst innerhalb einer Verwandtschaftsgruppe in verschiedene Richtungen verlaufen (↗adaptive Radiation), handelt es sich bei den „*Vervollkommnungsreihen*" um phylogenet. Abwandlungen, die bei Arten mit unterschiedl. Lebensweise u. aus verschiedenen Verwandtschaftsgruppen in der Regel (!) *gleichgerichtet* verlaufen, wohl weil sie einen allgemeinen (!) Selektionsvorteil (eine zunehmende *Ökonomisierung*, ↗Anpassung) bringen. Vervollkommnung wird daher auch als *Höherentwicklung* (↗Anagenese) bezeichnet. Die (regelhafte) Bevorzugung bestimmter (gleichartiger) Entwicklungen in der Phylogenese verschiedener Gruppen kann als (Parallel-)Trend aufgefaßt werden, der zu Analogien (↗Analogie) u. ↗Konvergenzen (↗Konvergenz) führt. Eine Umkehr der in den V. aufgezeichneten Entwicklungsrichtung ist nur sehr selten zu beobachten (Irreversibilität der Evolution, ↗Dollosche Regel), kommt jedoch vor (Beispiele vgl. Kleindruck). Die V. sind stets nur auf einzelne Organe bzw. Organsysteme bezogen, nicht auf die gesamte Organisation. Folgende V. (früher auch – trotz mancher Ausnahmen – als *Vervollkommnungsgesetze* bezeichnet) lassen sich formulieren: 1. *Zahlenreduktions-* bzw. *Fixierungsregel:* in urspr. Ausbildung sind vielzählige gleichartige (homonome) Organe in großer u. wechselnder Anzahl vorhanden, im abgeleiteten Zustand kommt es zu einer Verringerung (Reduktion) u. oft auch zu einer Fixierung (Normierung) der Anzahl (↗Zufallsfixierung). 2. *Differenzierungsregel:* vielzählige u. gleichartige Organe sind urspr. gleich gestaltet (homomorph); im abgeleiteten Zustand erfahren sie, oft im Zshg. mit einer ↗Arbeitsteilung, eine Differenzierung zu unterschiedl. (heteromorpher) Gestaltung. 3. *Internationsregel:* Organe, die in der urspr. Ausbildung frei an der Oberfläche (z. B. in Grenzepithelien) liegen, sind im abgeleiteten Zustand in das (geschützte) Körperinnere versenkt (interniert; ↗Internation). 4. *Konzentrationsregel:* die getrennte (verstreute) Lage gleichartiger Teile (Organe) stellt den urspr. Zustand dar; im abgeleiteten Zustand kommt es zu einem Zusammenrücken der Teile (↗Konzentration, Zentralisation), die bis zu ihrer Verwachsung („Verschmelzung") führen kann. 5. *Synorganisationsregel:* Teile eines

Vervollkommnungsregeln
Beispiele:
1. *Zahlenreduktion:*
Die Anzahl der ⁊Schädel-Knochen der Wirbeltiere ist bei urspr. Gruppen am höchsten u. wird in abgeleiteten verringert *(Willistonsche Regel):* allg. nimmt sie v. den Fischen über die Reptilien zu den Säugetieren stark ab. Bei Blütenpflanzen haben urspr. Gruppen (⁊Magnoliengewächse, ⁊Hahnenfußartige) eine hohe u. wechselnde Anzahl v. Blüten-, Staub-, u. Fruchtblättern, abgeleitete (z. B. ⁊Kreuzblütler, ⁊Liliengewächse) eine geringere u. fixierte. Ähnliches gilt für die Anzahl der Segmente bei den Gliedertieren (z. B. Tausendfüßer zu Insekten, Oligochaeten zu Egeln; ⁊Zufallsfixierung).

2. *Differenzierung:*
Wirbeltiere haben urspr. gleichartige Zähne im ⁊Gebiß (homodont) – abgeleitet sind differenzierte Zähne (heterodont). Gliedertiere besitzen urspr. gleichartige Segmente (homonome Segmentierung; ⁊Homonomie) – abgeleitet sind differenzierte (⁊heteronome) Segmentierung u. Tagmata-Bildung (z. B. Tausendfüßer zu Insekten, ⁊Metamerie). Bei Blütenpflanzen ist die Blütenhülle urspr. aus gleichartigen, im abgeleiteten Zustand aus unterschiedl. Hüllblättern zusammengesetzt (⁊Blüte).

3. *Internation:*
Urspr. ist ein oberflächliches, epitheliales Nervensystem – abgeleitet die Versenkung desselben z. B. durch ⁊Neurulation bei den ⁊Chordatieren. Lichtsinnesorgane sind urspr. flächige Sinnesepithelien – abgeleitet ist die zunehmende Einsenkung zu Becher-, Gruben-, Blasenaugen (z. B. bei ⁊Weichtieren; ⁊Auge). Samenanlagen bei ⁊Nacktsamern sind oberflächlich, bei ⁊Bedecktsamern vom Fruchtblatt eingehüllt. ⁊Internation.

4. *Konzentration:*
Zusammenrücken, auch Verschmelzung von urspr. getrennten Ganglien zu Komplexen, z. B. Unterschlundganglion bei Insekten, Komplexgehirn bei Tintenschnecken. Bei Blütenpflanzen urspr. getrennte Blüten- u. Fruchtblätter (apokarpes Gynözeum), abgeleitet deren Verwachsung zu sympetalen Blüten bzw. zum coenokarpen Gynözeum mit Fruchtknoten (⁊Blüte). ⁊Konzentration.

5. *Synorganisation:*
Bei Insekten die Ausbildung v. ⁊Stridulationsorganen mit den einander zugeordneten Teilen od. die an Vorder- u. Hinterflügel entwickelten Bindevorrichtungen (⁊Insektenflügel). Durch Zusammenwirken mehrerer Segmente entstehen „zusammengesetzte" Saugnäpfe, z. B. bei ⁊Hirudinea.

Es gibt „Ausnahmen" von den V. So sind z. B. entgegen der 1. und 2. Regel bei den ⁊Zahnwalen die Zähne im Gebiß sekundär wieder gleichartig (homodont) und über die bei Säugetieren ansonsten anzutreffende Maximalzahl hinaus stark vermehrt. Ebenso ist bei Schlangen im Zshg. mit der Reduktion der Extremitäten die Differenzierung der ⁊Wirbelsäule wieder rückgängig gemacht.

Organismus, die im urspr. Zustand ohne Beziehung zueinander benachbart liegen, können im abgeleiteten Zustand zu einem funktionellen System (Komplexorgan, Apparat) zusammengefügt (synorganisiert) werden.
Lit.: *Remane, A.:* Die Grundlagen des natürl. Systems der vergleichenden Anatomie u. der Phylogenetik. Leipzig 1952. *G. O.*

Verwachsenkiemer, *Soptibranchia,* Ord. der ⁊Muscheln mit 3 Fam. (vgl. Tab.), ohne echte Kiemen; die Mantelhöhle ist jederseits durch eine horizontale Querwand unterteilt, die durchlöchert ist u. der Atmung dient, aber auch durch zwerchfellart. Bewegung Wasser u. mit diesem kleine Krebse u. Ringelwürmer schnell einsaugen kann: die V. sind carnivor. Das Scharnier ist fast völlig zahnlos, das Scharnierband ist durch eine Kalkeinlagerung (Lithodesma) verstärkt. Die V. sind ☿, die meist in der Tiefsee leben.

Verwachsung ⁊Telomtheorie, ⁊kongenitale Verwachsung.

Verwandlung, die ⁊Metabolie; ⁊Metamorphose 2). [tion.

Verwandtenselektion, die ⁊Sippenselek-
Verwandtschaft, 1) allg.: die genealogischen Beziehungen *(Bluts-V.)* zw. Indivi-

Verwachsenkiemer
Familien:
Cuspidariidae
(⁊ *Cuspidaria*)
Poromyidae
(⁊ *Poromya*)
Verticordiidae

Verzuckerung von Stärke
Bei der ⁊Bier-Herstellung wird die gersteneigene ⁊Amylase zum Aufschließen der ⁊Stärke genutzt. Beim jap. „Reiswein" Sake, einem bierähnl. Getränk, wird dagegen Pilz-Amylase verwendet. – Zur V. von *Reisstärke* setzt man gedämpften Reiskörnern Sporen v. ⁊*Aspergillus oryzae* zu, die sich auf dem Reis entwickeln u. ein Mycel ausbilden. Weiterer gedämpfter Reis (mit Wasser verrührt) wird mit diesem Material *(Koji)* versetzt. Die Amylasen des Pilzes hydrolysieren die Stärke weiter. Da Hefen u. Milchsäurebakterien in dem Gemisch vorliegen, beginnt spontan eine Alkoholgärung und zusätzl. eine Milchsäurebildung. – Eine der ältesten Methoden, Stärke aufzuschließen, die noch von am. Indianern genutzt wird, ist das Durchkauen des Getreides im Mund. Die durch den Speichel hydrolysierte Stärke wird in Gefäße gespuckt, wo dann eine spontane alkohol. Gärung einsetzt.

duen in aufsteigender Linie (Vorfahrenreihe → Eltern → Großeltern usw.: Ahnentafel ≙ *Aszendenz*) u. absteigender Linie (⁊Nachkommenschaft: Stammtafel u. ä. ≙ *Deszendenz*). 2) Systematik: Die phylogenet. Beziehungen zw. *Arten* und supraspezif. Taxa (⁊Phylogenie). Diese stammesgeschichtl. V. ist bes. klar in ⁊Stammbäumen, im wesentl. aber auch im ⁊natürl. System erkennbar (⁊Systematik). ⁊Abstammung.

Verwesung, die Zersetzung organ. Substanzen (z. B. tote Tiere u. Pflanzenreste) unter *aeroben* Bedingungen im (Atmungs-)Stoffwechsel von Mikroorganismen; die organ. Substanz wird dabei vollständig oxidiert (⁊Mineralisation). Ggs.: ⁊Fäulnis. Im allg. Sprachgebrauch werden auch anaerobe Zersetzungen (Fäulnis, Gärung) als V. bezeichnet. ⁊Humifizierung.

Verwilderung, durch Zurückversetzen v. ⁊Haustieren in natürl. Bedingungen ausgelöster Prozeß. Mit wachsender Anzahl der Generationen nehmen die Domestikationsmerkmale wieder ab; z. B. kann die im Zuge der ⁊Haustierwerdung verringerte Gehirnmasse durch V. allmählich wieder zunehmen. Dennoch entsteht niemals wieder die urspr. Wildform! Schon vor langer Zeit verwilderte Haustiere sind z. B. die ⁊Dingos (Australien) u. die ⁊Mustangs (N-Amerika). In Europa neigen v. a. Hauskatzen zur V. Von V. i. w. S. spricht man auch, wenn vom Menschen in Zucht gehaltene, damit aber nicht zu Haustieren i. e. S. gewordene Tiere wieder ins Freie gelangen, wie z. B. Waschbär (Dtl.; ⁊Kleinbären), ⁊Nutria (S-Fkr.), Mink (Island; ⁊Nerze).

Verwitterung ⁊Bodenentwicklung.

Verzuckerung, a) die Spaltung v. ⁊Polysacchariden (⁊Cellulose aus Holz od. ⁊Stärke, zu Mono- od. Oligosacchariden; ⁊Cellulase, ⁊Holz-V.) b) künstl. Zusatz v. Rohrzucker (⁊Saccharose) zum Süßen v. Lebensmitteln.

Verzweigung, *Ramifikation,* die Ausbildung neuer u. gleicher Glieder des Vegetationskörpers bei den vielzelligen Pflanzen, also sowohl bei den ⁊Thallophyten (⁊Thallus) wie bei den ⁊Kormophyten (⁊Kor-

Verzweigung

mus). Diese räuml. Aufgliederung des Vegetationskörpers kann auf zweierlei Weise zustande kommen: einmal durch Gabelung einer Mutterachse in 2 Tochterachsen durch Längsteilung der ↗Scheitelzelle bzw. des Scheitelmeristems (↗Apikalmeristem), zum anderen durch seitl. Neubildungen v. Tochterachsen aus v. der Scheitelzelle seitl. ausgegliederten Deszendenten od. sich erneut teilenden Thalluszellen od. sich vom Sproßscheitel ableitende Meristeme (z. B. Blattachselmeristeme der meisten Kormophyten) od. durch sekundär entstehende Meristeme (so bei den Seiten-↗Wurzeln). Bei der V. werden v. den einzelnen Pflanzenarten u./od. -gruppen bestimmte Regelmäßigkeiten eingehalten. Während *Gabelteilung* (*Dichotomie,* ↗dichotome V.) bei den Thallophyten verbreitet ist, zeigen bei den Kormophyten nur die Bärlappe diese V.sform. Der Sproßscheitel (↗Sproßachse) teilt sich dabei ohne jede Beziehung zur Beblätterung entweder in gleichwertige (↗*Isotomie*) od. in einen größeren u. in einen kleineren (*Anisotomie*) neuen ↗Scheitel. Bei den Schachtelhalmen werden die seitl. neuen Scheitel zw. den Blattanlagen, bei den Farnpflanzen meist an der Basis der Blattanlage auf der sproßabgewandten Seite angelegt. Bei den Farnen mit kriechenden, dorsiventralen Stengeln werden die Seitenachsen-Meristeme unabhängig v. der Blattanlage gebildet. Bei den Samenpflanzen erfolgt die seitliche V. durch Anlage der Seiten-↗Knospe in den Achseln der Blätter (↗Achselknospe, ☐). Jedes *V.ssystem* erhält sein Aussehen von 1. der Anzahl der Ordnungen an ↗Seitenachsen, 2. durch deren Anordnungen an ihren ↗Abstammungsachsen, 3. durch den Grad an Entwicklungsförderung und 4. durch die Orientierung der Seitenachsen verschiedener Ordnungen im Verhältnis zu ihresgleichen u. zu ihren Abstammungsachsen. So kann die Hauptachse gefördert bleiben gegenüber den Seitenachsen. Letztere bleiben in ihrem Wachstum gegenüber ihrer Abstammungsachse zurück. Dies gilt auch bezügl. der Seitenachsen unterschiedl. Ordnung. In diesem Fall nennt man das V.ssystem *monopodial* (↗monopodiales Wachstum, ↗Monopodium), im Blütenstandsbereich *racemös* (↗racemöse Blütenstände). Übernehmen dagegen immer wieder spitzennahe Seitenachsen das terminale Wachstum, während die Abstammungsachsen ihre Weiterentwicklung einstellen od. in Blütenbildung übergehen, spricht man v. *sympodialen*, im Blütenstandsbereich v. *zymösen* V.ssystemen. Je nach Anzahl der Fortsetzungsachsen unterscheidet man ein ↗*Monochasium*, bei dem eine Seitenachse das V.ssystem fortsetzt, ein ↗*Dichasium* (☐), wenn 2 einander mehr od. weniger gegenständige Seitenachsen gleicher Ordnung das Hauptwachstum fortsetzen, und ein ↗*Pleiochasium,* wenn eine höhere Anzahl v. Seitenachsen in ihrem Wachstum gegenüber der Abstammungsachse (nur in ↗Blütenständen) gefördert ist. Bei den Samenpflanzen kann in der monochasialen V. der fortsetzende Seitenzweig mit den vorhergehenden Abstammungsachsen einen einheitlich erscheinenden Stamm, ein ↗*Sympodium,* aufbauen. *H. L.*

Verzwergung, *Nanismus,* Bez. für den Kümmerwuchs bei Pflanzen, der in Anpassung an schlechte Standortbedingungen ursprünglich, gezüchtet od. durch Manipulation (↗Bonsai-Technik) erzwungen sein kann. ↗Zwergwuchs.

Vesalius (*Vesal*), *Andreas*, belg. Anatom, * 31. 12. 1514 Brüssel, † 5. 10. 1564 auf der griech. Insel Zakynthos; Prof. in Padua, Bologna u. Pisa, Leibarzt Karls V. (1544) u. Philipps II. von Spanien (1556); wurde durch systemat. Sektionen des menschl. Körpers u. Aufstellung einer wahren Zergliederungsmethodik auch auf den schwierigsten Gebieten, wie z. B. der Anatomie des Gehirns, zum Schöpfer der modernen Human-Anatomie. WW: „De humani corporis fabrica" (Basel 1543). B Biologie I, III.

A. Vesalius

Vesica *w* [lat., = (Harn-)Blase], anatom. Bez. für Blase; *V. urinaria* = ↗Harnblase, *V. fellea* = ↗Gallenblase, *V. natatoria* = ↗Schwimmblase.

Vesicula *w* [lat., = Bläschen], 1) anatom. Bez. für bläschenförm. Organe od. Organteile; *V. seminalis* = ↗Samenblase. 2) Zellbiologie: die ↗Vesikel.

Vesiculovirus *s* [v. lat. vesicula = Bläschen], Gatt. der ↗Rhabdoviren.

Vesikel *w* [v. lat. vesicula = Bläschen], *Vesicula,* 1) Zellbiologie: nur elektronenmikroskop. sichtbare, bläschenförm., membranumschlossene Strukturen im Cytoplasma, z. B. die *Golgi-V.* (↗Golgi-Apparat, ☐) und *synaptische V.* (↗Synapsen, ☐); ↗Endocytose. 2) Anatomie: die ↗Vesicula.

Vesikuläres Stomatitis-Virus *s* [v. lat. vesicula = Bläschen, gr. stoma = Mund], Abk. *VSV,* ↗Rhabdoviren.

Vespa *w* [lat., = Wespe], Gatt. der ↗Vespidae.

Vespertilionidae [Mz.; v. lat. vespertiliones = Fledermäuse], die ↗Glattnasen.

Vespidae [Mz.; v. lat. vespa = Wespe], *Papierwespen, soziale Faltenwespen,* Fam. der ↗Hautflügler mit ca. 3000 bekannten Arten, in Mitteleuropa etwa 60. Zu den *V.* gehören die ugs. als „Wespen" bezeichneten, typ. schwarz-gelb od. schwarzbraun gefärbten, bis 35 mm großen (↗Hornisse) ↗staatenbildenden Insekten. Der längl. Kopf mit typ. nierenförm., großen Augen trägt 12- bzw. 13gliedrige (Männchen) Fühler u. kräftige, beißend-kauende Mundwerkzeuge. Die 2 Paar Flügel an den hinteren Brustsegmenten sind durch Häkchenreihen miteinander verbunden u. werden in der Ruhe durch je eine Längsfalte (Name!)

in den Vorderflügeln schmal zusammengelegt. Der Hinterleib setzt an dem Brustabschnitt mit einer tiefen Einschnürung („Wespentaille"; ↗Apocrita) an, durch die ledigl. die Speiseröhre, einige Nervenstränge u. Sehnen passen. Der gut bewegl. Hinterleib endet in einem Wehrstachel, dessen Giftdrüsen ein Gemisch v. Proteinen, Aminosäuren sowie Histamin, Serotonin u. Acetylcholin enthalten. Der Stich der V. ist durch die lokale Giftwirkung (Schwellung, Rötung) schmerzhaft, aber außer bei allerg. Personen od. Stich in den Mund-Rachen-Raum für den Menschen nicht gefährlich. Der Stachel bleibt durch den Aufbau der Widerhaken im Ggs. zu dem der ↗Honigbiene nicht in der menschl. Haut stecken. – Wie bei der Honigbiene, den Ameisen od. den Hummeln kommen die V.-Arten in 3 ↗Kasten vor: Die Königin des Staates u. die Arbeiterinnen entstehen aus befruchteten Eiern; die Arbeiterinnen haben unvollständig ausgebildete Eierstöcke u. sind steril. Die Männchen entstehen aus unbefruchteten Eiern der Königin, sind also haploid. Die befruchtete, überwinternde Königin gründet im Frühjahr alleine den neuen Wespenstaat; bis zum Schlüpfen der ersten, aus ihren Eiern entstehenden Brut muß sie allein für den Nestbau u. die Ernährung sorgen. Die dann schlüpfenden V. sind Arbeiterinnen; sie übernehmen alle Arbeiten im u. außerhalb des immer individuenreicher werdenden Nestes; die Königin verbleibt nun im Staat. Die Brut u. auch die Imagines sind Allesfresser; die Nahrung wird v. den Arbeiterinnen in Stücke zerschnitten od. zerkaut herbeigebracht u./od. erbeutet u. im Nest an die Larven u. andere Mitgl. des Staates verfüttert. Die Larven geben ihrerseits ein Sekret ab, das v. den Imagines aufgeleckt wird. Im Spätsommer entwickeln sich aus den Larven auch Männchen u. Weibchen; in unseren Breiten stirbt der Staat im Spätherbst mit Ausnahme der begatteten jungen Königinnen ab; sie überwintern in Schlupfwinkeln u. gründen im nächsten Frühjahr neue Staaten. Das ↗Nest (□) der V. wird aus Papier (Papierwespen; ↗Papiernester) gebaut, das die Arbeiterinnen aus zerkautem Pflanzenmaterial herstellen, welches mit Speichel u. oft mit Holzstückchen od. Erde vermischt ist. Die Farbe variiert je nach Herkunft des Baustoffes v. Grau bis Braun (Holz). Mehrere Stockwerke v. waagerecht angeordneten Waben, deren Zellen bei einheim. Arten nach unten geöffnet sind, werden entweder mit Säulchen untereinander gehängt (stelocyttarer Nesttyp einheim. V.) od. an der Außenwand befestigt (phragmocyttarer Nesttyp vieler trop. V.). Die Waben werden nach außen od. unten für neue Brutzellen erweitert. Das ganze Nest wird zur Isolierung mit mehreren Schichten Papier nach außen umschlossen. Für den Ort, an dem ein

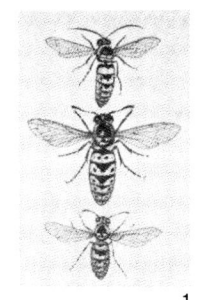

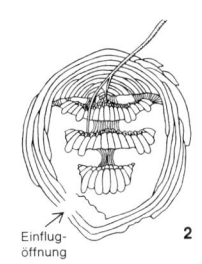

Vespidae

1 Deutsche Wespe (Paravespula germanica), Männchen (oben), Königin (Mitte) u. Arbeiterin (unten). **2** Stelocyttares Nest (Medianschnitt) einheimischer Vespidae

Nest angelegt wird, sind artspezif. Vorliebe für Licht, Wärme u. Feuchtigkeit ausschlaggebend; es gibt Nester in der Erde, in Bäumen u. in Mauerritzen u. anderen Hohlräumen. Trotz ihrer Warnfärbung (↗Mimikry) werden die V. und ihre Nester von zahlr. Feinden heimgesucht: Vögel, wie z. B. Wespenbussard, Neuntöter od. Bienenfresser, beißen den Hinterleib mit dem Stachel vor dem Fressen ab; auch Raubfliegen u. Spinnen erbeuten V. Neben Fächerflüglern, Dickkopffliegen, Schlupfwespen u. a. Insekten parasitieren auch die zu den V. gehörenden Kuckucksfaltenwespen (Gatt. Pseudovespula u. Vespula), die keine Arbeiterinnen-Kaste ausbilden, in den Staaten anderer Arten. Die einheim. Gatt. der V. unterscheiden sich u. a. durch die Länge des Kopfes voneinander. Recht große Arten gehören zu den Langkopfwespen (Gatt. Dolichovespula). Wegen ihrer leicht rötl. Zeichnung auf der Brust werden die Königinnen von D. media (ca. 25 mm) häufig mit den Arbeiterinnen der Hornisse verwechselt. Das ca. kokosnußgroße, oft frei in Bäumen hängende Nest besteht aus nur ca. 130 Individuen. Zu den häufigsten V. gehören die Kurzkopfwespen (Gatt. Paravespula, B Insekten II), deren Staaten bis zu 10000 Individuen groß werden können. Eine sehr häufige Art, die ihre Nahrung auch in u. bei menschl. Behausungen sucht, ist die Deutsche Wespe (P. germanica). Die Feldwespen (Gatt. Polistes) bauen sehr kleine Nester ohne Hülle, die oft nur aus einer Wabe bestehen u. höchstens 150 Individuen enthalten, wie z. B. die ca. 13 mm große P. gallicus. Einzige Art der Gatt. Vespa ist die ↗Hornisse. G. L.

Vespula w [v. lat. vespa = Wespe], Gatt. der ↗Vespidae.

Vestia w [v. lat. vestis = Kleid], Gatt. der ↗Schließmundschnecken mit bauchigspindelförm. Gehäuse u. etwas eingesenkter Naht; coaxial fein gestreift. 4 Arten in den Karpaten, davon V. turgida, Gehäuse 15 mm hoch, auch im Bayer. Wald.

Vestibularorgane [v. lat. vestibulum = Vorhof], die ↗Gleichgewichtsorgane.

Vestibularreflexe [v. lat. vestibulum = Vorhof], die zur Erhaltung des Gleichgewichts (↗Gleichgewichtsorgane) dienenden Reflexe. Die bei ruhiger Körperhaltung auftretenden statischen Reflexe werden v. den Rezeptoren im Utriculus u. Sacculus ausgelöst, reagieren also auf Linearbeschleunigung (↗mechanische Sinne, B II) u. wirken auf die Muskelgruppen, die das Gleichgewicht aufrechterhalten können, wobei die Stellung v. Kopf zu Körper mittels der Halsrezeptoren wahrgenommen u. mit verrechnet wird. Ein statischer Reflex, der mit der Lageänderung des Kopfes einhergeht, ist das „Gegenrollen" der Augen, wodurch die Umwelt stets in derselben Orientierung auf der Retina abgebildet werden kann (senkrechte Linien bleiben auch bei seitl. Neigen des Kopfes senkrecht auf der Retina abgebildet, da die Lage der Augen bezügl. der Umwelt nicht verändert wird). Die bei Bewegung auftretenden *statokinetischen Reflexe* können v. den Rezeptoren des Utriculus bzw. Sacculus verursacht werden, aber auch v. denen der drei ↗Bogengänge, also aufgrund v. Winkelbeschleunigung (Drehbeschleunigung). Zu den statokinet. Reflexen zählt auch der vestibuläre ↗Nystagmus.

Vestibulum s [lat., =], *Vorhof,* anatom. Bez. für die Eingangs-Erweiterung zu einem Organ-Hohlraum, z. B. der Scheiden-Vorhof *(V. vaginae)* od. der Vorhof im Innenohr (Teil des knöchernen Labyrinths, der vorn mit der Schnecke, hinten mit den Bogengängen in Verbindung steht u. in dem Utriculus u. Sacculus liegen).

Vestimentifera [Mz.; v. lat. vestimentum = Kleidung, -fer = -tragend], umstrittene Ord. der ↗*Pogonophora* ([T]); besitzen zwei seitl. Hautfalten, die den Vorderkörper mantelartig umhüllen.

Veterinärmedizin w [v. lat. veterinaria (ars) = Tierheilkunde], *Tiermedizin, Tierheilkunde,* befaßt sich mit Ursachen, Erscheinungsformen, Prophylaxe u. Behandlung der Krankheiten v. Haus-, Nutz-, Labor-, Versuchs- u. Zootieren. ↗Medizin.

Vetiveria w [v. Tamil. veṭṭivēru = Vetiver], Gatt. der Süßgräser (U.-Fam. ↗*Andropogonoideae*) mit 10 paläotrop. Arten. Das Vetivergras *(V. zizanioides)* enthält das äther. *Vetiveröl* in den Wurzelstöcken. Es ist in Sri Lanka u. Indien heimatet, wird aber heute für Parfümerie u. Räucherwerk überall in den Tropen kultiviert. Wurzeln sind auch Bestandteil mancher Curry-Sorten.

Vexillum s [lat., = Standarte], **1)** Bot.: die ↗Fahne. **2)** Zool.: a) die Federfahne, ↗Vogelfeder. b) Gatt. der ↗Bischofsmützen, Schnecken mit spindelförm., kräftig coaxial gerippten Gehäuse, manchmal auch spiralstreifig; Spindelwand mit 3–5 Falten; Außenwand der Mündung glatt, aber verdickt; zahlr. Arten im Indopazifik.

Vi-Antigen, Abk. für Virulenz-Antigen, ein thermolabiles Kapsel-(K-)Antigen (= Poly-N-Acetyl-D-Galactosamin-uronsäure), das bei einigen Arten der Gatt. ↗*Salmonella* (z. B. *S. typhi*) u. einigen anderen ↗*Enterobacteriaceae* vorkommt. ↗K-Antigene ([T]).

Vibracularien [Mz.; v. *vibr-], spezielle ↗Heterozoide bei ↗Moostierchen; ↗Arbeitsteilung.

Vibrationssinn [v. *vibr-], *Erschütterungssinn,* einer der ↗Tastsinne, dessen adäquater Reiz die mechan. Schwingungsenergie (↗Schwingung) mit einem periodischen (↗Periode) Zeitverlauf ist. Fast alle Insekten bis auf die Dipteren (Zweiflügler) u. Käfer haben als Rezeptororgane (*Vibrorezeptoren*) ↗Subgenualorgane in den Tibien der Beine, Käfer u. Zweiflügle

Vibrationssinn
Blindwühlen u. Schwanzlurche haben eine bes. Methode entwickelt, Bodenerschütterungen zu registrieren: z. B. nehmen landbewohnende Schwanzlurche mit ihren kräftig entwickelten Vorderbeinen die Erschütterungen auf, leiten sie über deren Knochen u. das Schulterblatt zum Opercularmuskel, der mit dem Operculum (einer Knorpelplatte, die das ovale Fenster verschließt) in Verbindung steht, u. übertragen die Reize auf diese Weise auf das Labyrinth.

vibr- [v. lat. vibrare = schwenken, schwingen; zittern, zucken].

dagegen ↗*Chordotonalorgane* in den Tarsen bzw. zwischen Tibia u. Tarsus od. cuticuläre *Borsten* in den Beingelenken (↗Haare, ↗Sensillen, ↗Scolopidialorgane, ↗Scolopidium). Vielfach fungiert auch in den ↗Antennen das ↗Johnstonsche Organ als Vibrationsorgan zum Hören od. bei manchen Schlupfwespen zum Orten der Fraßgeräusche ihrer im Holz fressenden Käferlarvenwirte. Spinnentiere besitzen über den ganzen Körper verteilt od. nur an den Beinen *Trichobothrien* (↗Becherhaar) u. ↗Spaltsinnesorgane. Bei den Wirbeltieren sind wahrscheinl. alle ↗Mechanorezeptoren ([]) der Haut beteiligt, v. a. aber *Pacinischen Körperchen* ([B] mechanische Sinne I), bei Katzen zusätzl. die *Vibrissen* od. Schnurrhaare (↗Sinushaare). Der Mensch registriert eine Vibration am besten bei 200 Hz (↗Frequenz). Um eine Empfindung auszulösen, muß die Schwingungs-↗Amplitude ([] Schwingung) (bei optimalem Frequenzbereich) aber wesentl. höher sein als bei den Subgenualorganen ([T] Reiz) der Insekten. ↗mechanische Sinne, ↗Gehörorgane ([]).

Vibrio *m* [v. *vibr-], Gatt. der ↗*Vibrionaceae,* gramnegative, fakultativ anaerobe, sporenlose, gerade od. leicht gekrümmte ([]) *Bakterien,* stäbchenförm. Bakterien (0,5–0,8 × 1,4–2,8 μm), i. d. R. beweglich durch eine od. mehrere polare Geißeln (mit Scheide); auf festen Medien können z. T. auch laterale Geißeln auftreten. Im Atmungsstoffwechsel (mit O_2) od. im Gärungsstoffwechsel werden organ. Substrate verwertet; meist ist nur eine mineralische Nährlösung mit D-Glucose u. Ammoniumchlorid zum Wachstum notwendig. Bei der Vergärung v. Glucose entstehen Säuren, i. d. R. kein Gas. Die Vermehrung kann zw. 5 °C und 40 °C (pH 6,0–9,0) erfolgen; Kochsalz (1–3%) fördert das Wachstum u. ist für die meisten Arten unbedingt notwendig; von halophilen Vibrionen wird auch 10% Kochsalz ertragen. Vibrionen kommen weit verbreitet im Wasser mit unterschiedl. Salzgehalt vor; bes. häufig in marinen Habitaten u. auf der Oberfläche u. im Intestinaltrakt v. Meerestieren (↗Leuchtbakterien). – Wichtigster Krankheitserreger des Menschen ist der ↗Cholera-Erreger, *V. cholerae.* Die Cholera-Erreger sind nicht einheitlich: aufgrund ihrer ↗O-Antigene lassen sie sich in mehr als 70 Serovars unterteilen. Nach physiolog. Unterschieden wird *V. cholerae* in 2 Biovars (Biotypen) unterteilt: *V. c.* Biovar *cholerae* (= Cholera asiatica, *V. comma,* Kommabacillus [Koch, 1883]) und *V. c.* Biovar *eltor* (El-Tor-Vibrio), der zuerst in El-Tor, einem Quarantänelager für Mekkapilger am Roten Meer, gefunden wurde. Einziges natürl. Reservoir der typ. Cholera-Erreger ist der Mensch. In der Medizin werden alle Vertreter von *V. cholerae,* die sich nicht mit Antikörpern gg. das charakteristische O-1-Gruppenantigen der „typischen" Cholera-Erreger agglutinieren lassen, als *NAG*-Vibrionen (= *n*ot-*a*gglutinable *g*enus) oder *NC*-Vibrionen (= *n*on-*c*holera) bezeichnet. Diese Formen können gelegentl. auch choleraartige Durchfallerkrankungen hervorrufen. Größere med. Bedeutung hat auch das halophile Bakterium *V. parahaemolyticus,* Erreger schwerster Brechdurchfall-Erkrankungen, bes. in Japan; die Übertragung auf den Menschen erfolgt mit rohen od. kontaminierten Fischen od. Meeresfrüchten (Nahrungsmittelvergiftung). – Der Name Vibrionen („Zittertierchen") wurde von O. F. Müller (1773) geprägt, der im Oberflächenwasser diese lebhaft beweglichen Organismen (= „Animalcula") beobachtete.

Vibrionaceae [Mz.; v. *vibr-], Fam. der gramnegativen, fakultativ anaeroben Bakterien; die Vertreter haben stäbchen- od. kommaförmigen Zellen, die normalerweise polar begeißelt sind; einige Formen können zusätzl. laterale Geißeln ausbilden. Im Atmungs- u. Gärungsstoffwechsel werden organ. Substrate verwertet; einige zersetzen auch Proteine. Sie leben saprob in Küstengewässern od. Süßwasser. Vertreter der Gatt. *Photobacterium* u. *Vibrio (Lucibacterium)* sind ↗Leuchtbakterien; einige Vibrionen sind gefährl. Krankheitserreger (↗*Vibrio*).

Vibrionen [Mz.; v. *vibr-], Bez. für kommaförmig gekrümmte ↗Bakterien, z. B. die Arten der Gatt. ↗*Vibrio*.

Vibrissaphora *w* [v. lat. vibrissae = Haare in der Nase, gr. -phoros = -tragend], Gatt. der ↗Krötenfrösche ([T]) mit 2 Arten (heute in die weiter verbreitete Gatt. *Leptobrachium* gestellt) im Himalaya, die durch stachelartige Bildungen an der Oberlippe auffallen.

Vibrissen [Mz.; v. lat. vibrissae = Haare in der Nase], die ↗Sinushaare; ↗Haare.

Vibrorezeptoren [v. *vibr-, lat. receptor = Aufnehmer], *Vibrationsrezeptoren,* ↗Vibrationssinn.

Viburnum *s* [lat., = Mehlbeerbaum], der ↗Schneeball.

Vicia *w* [lat., =], die ↗Wicke.

Vicini [Mz.; lat., = Nachbarn] ↗Alieni.

Victorella *w,* Gatt. der U.-Ordnung. *Paludicellea* (↗Moostierchen). *V. pavida* lebt im Brackwasser (Ostsee, Nord-Ostsee-Kanal, Themse-Mündung) u. bildet Rasen auf Holz, Steinen u. Seepocken. Gehört zus. mit ↗*Nolella* zur Fam. *Nolellidae.*

Victoria *w* [ben. nach der brit. Königin Victoria, 1819–1901], Gatt. der ↗Seerosengewächse mit 2 Arten im trop. S-Amerika; bekannteste Art ist *V. amazonica* (*V. regia*). Sie besitzt Schwimmblätter, deren ⌀ über 2 m betragen kann. Der Rand der Blätter ist etwa 10 cm hochgeschlagen. Aufgrund ihrer kräftigen, bis 5 cm breiten und 6 cm hohen Blattnerven kann die Tragkraft eines Blattes bis 75 kg erreichen.

Vibrionaceae
Gattungen:
↗*Vibrio*
↗*Aeromonas*
Plesiomonas
Photobacterium
(↗Leuchtbakterien)
Lucibacterium
(↗Leuchtbakterien)

Victoria
V. amazonica, in der Mitte links die Blüte

Vielfraß *(Gulo gulo)*

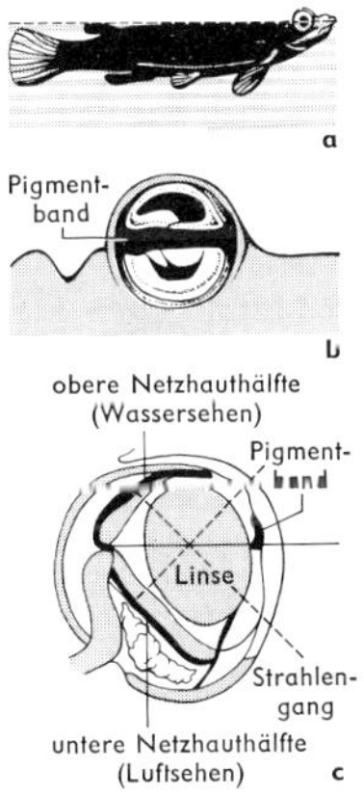

Vieraugen
a Vierauge *(Anableps spec.)* in normaler Stellung an der Wasseroberfläche, b vergrößertes Auge mit dem auch äußerlich durch ein schwarzes Pigmentband geteilten Auge, c Schnitt durch das doppelsichtige Auge

Pigmentband
obere Netzhauthälfte (Wassersehen)
Pigmentband
Linse
Strahlengang
untere Netzhauthälfte (Luftsehen)

Dünne, dem Wasserabfluß dienende Kanäle (Stomatoden) durchziehen das gesamte Blatt v. der Ober- bis zur Unterseite. Die Blüte ist bis 40 cm breit, taucht am Nachmittag aus dem Wasser auf u. schließt sich mit den bestäubenden Insekten am nächsten Morgen. Nach erneuter Entfaltung der Blüte u. Freilassung der Insekten am Abend färbt sich die weiße Blüte rosa. Die Früchte können zu wohlschmeckendem Mehl zermahlen werden.

Vieh, Bez. für ↗Haustiere, die zur Erzielung wirtschaftl. Leistungen gehalten werden. Man unterscheidet *Arbeits*-V. (Zug- u. Tragtiere) u. *Nutz*-V. (zur Erzeugung v. Milch, Fleisch, Eiern, Wolle usw.). Die *V.haltung* ist neben der pflanzl. Erzeugung (Feldwirtschaft) der wichtigste Betriebszweig der ↗Landwirtschaft, z. T. auch selbständiges Gewerbe.

Viehfliegen, die ↗Bremsen.

Vielborster, die ↗Polychaeta.

Vielfachteilung, die ↗multiple Teilung.

Vielfraß *m* [v. norw. fjellfross = Bergkater, über mittelniederdt. velevras], *Bärenmarder, Järv, Gulo gulo,* zu den ↗Mardern (*Mustelidae*) gerechnetes Raubtier in N-Europa (Skandinavien), N-Asien und N-Amerika; größer u. hochbeiniger als die Eigentlichen Marder (*Martes*); Kopfrumpflänge 65–80 cm. Der V. bevorzugt ausgedehnte Wälder u. bewaldete Gebirge als Lebensraum. Breite Fußsohlen mindern sein Einsinken im Schnee. V.e setzen ausgiebig Duftmarken im Gelände (Markieren) mit dem Sekret v. Prägenitaldrüsen, mit Harn u. Kot. Gegen Feinde verteidigt sich der V. mit dem stinkenden Sekret seiner ↗Analdrüsen. [B] Europa II.

Vielfraßschnecken, die ↗Enidae.

Vielgestaltigkeit, 1) der ↗Polymorphismus; 2) *Pleomorphismus,* ↗pleomorph.

Vielzeller, die ↗Metazoa.

Vieraugen, *Anablepidae,* Fam. der Zahn-↗Kärpflinge *(Cyprinodontoidei)* mit nur 2 Arten; schlanke, 15–20 cm lange, lebendgebärende Oberflächenfische im mittleren Amerika; bei ihnen sind die aus dem Wasser ragenden Augen jeweils durch ein Hautband in eine obere, zum Sehen in der Luft u. eine untere, zum Unterwassersehen geeignete Hälfte unterteilt (↗Doppelauge). Hierzu gehört das bereits im Aquarium gezüchtete V. *(Anableps anableps).*

Vierfelderwirtschaft, extensive Bewirtschaftungsweise, bei der in drei aufeinanderfolgenden Jahren Getreide u. danach einmal Hack-, Öl- od. Hülsenfrüchte angebaut werden. Das Getreide wird meist als Viehfutter verwendet.

Vierfingerfurche, die ↗Affenspalte.

Vierfleck, *Libellula quadrimaculata,* ↗Segellibellen.

Vierfüßer, *Landwirbeltiere, Tetrapoda,* ↗monophyletische Gruppe der Wirbeltiere mit knapp 22 000 Arten (u. damit weniger als die rund 24 000 Arten der Strahlenflos-

Vierfüßigkeit

ser-Fische). V. sind im Adultzustand landbewohnende Tiere, v. denen einige Gruppen sekundär völlig zum Wasserleben übergegangen sind (z. B. ↗Ichthyosaurier, ↗Wale, ↗Seekühe). Die typ. Merkmale der V. stehen im Zshg. mit ↗Anpassungen an das Landleben: Lungen-↗Atmung (nur die wasserlebenden Larven der Lurche u. einige ↗Amphibien mit ↗Neotenie atmen durch ↗Kiemen); völlige Teilung der Herzvorkammer, bei Vögeln u. Säugern auch der Herzkammer durch eine Scheidewand (↗Blutkreislauf, ☐; ☐ Arterienbogen, ↗Herz); Verhornung der obersten Schichten der Epidermis der ↗Haut (Verdunstungsschutz). Die typischen 4 „Laufextremitäten" der V. stützen den Körper (↗Biomechanik). Sie sind bzgl. ihres ↗Skeletts (B) gleichartig gebaut (↗Extremitäten) u. enden in einem ursprünglich 5strahligen ↗Autopodium (pentadaktyle Extremität). Das Becken (↗Beckengürtel, ☐) gewinnt mit dem ↗Darmbein (Ilium) über ↗Rippen (Sakralrippen) Anschluß an einen od. mehrere Wirbel (Sakralwirbel, ↗Kreuzwirbel) der ↗Wirbelsäule, mit der es eine gelenkige Verbindung herstellt u. so zur Stütze für die Hinterextremität wird. Durch Verwachsung auf der Ventralseite in einer Symphyse (↗Beckensymphyse) wird der Beckengürtel (zus. mit der Sakralregion der Wirbelsäule) zu einem knöchernen Ring. Die bei den ↗Fischen noch starre Wirbelsäule ist bei den V.n aus ↗Wirbeln zusammengesetzt, die über Prae- u. Post-↗Zygapophysen gelenkig miteinander verbunden sind. Durch die Ausbildung eines ↗Hals-Abschnitts wird der ↗Kopf gegenüber dem ↗Rumpf beweglich. Die bei den Fischen vorhandene Verbindung des ↗Schultergürtels mit dem Kiemenskelett (↗Branchialskelett) od. dem ↗Schädel ist aufgegeben. Aus einer embryonal angelegten vorderen Kiementasche (dem ↗Spritzloch der ↗Haie homolog) geht das Mittelohr hervor, das mit einem Trommelfell verschlossen ist, welches durch den Luft-↗Schall in Schwingungen versetzt werden kann, die durch 1 oder 3 ↗Gehörknöchelchen auf das Innenohr übertragen werden (↗Gehörsinn, ↗Gehörorgane, ↗Ohr). Der ↗Kiefer-Apparat ist direkt am Schädel (↗Neurocranium) befestigt (↗Autostylie), wodurch das bei den Fischen als „Kieferstiel" dienende ↗Hyomandibulare frei wird u. zum ersten Gehörknöchelchen (↗Columella der Amphibien) werden kann. – Weiteres zur Evolution und systemat. Gliederung der V. ↗Wirbeltiere. *G. O.*

Vierfüßigkeit, die ↗Quadrupedie.

Vierhornantilope, *Chousingha, Tetracerus quadricornis,* fahlbraune, bis 1 m lange u. 60 cm hohe, zierl., scheue Antilope (U.-Fam. ↗Waldböcke) wald-, busch- u. hügelreicher Gegenden Vorderindiens; die Männchen haben neben den knapp 10 cm langen geraden Hörnern meist noch ein kleines, aufrechtes, nur 3 cm langes Hornpaar auf der Stirnmitte.

Vierhügel, *V.platte,* die ↗Corpora quadrigemina, ↗Gehirn.

Vierstrangaustausch, reziproker Segmentaustausch zw. den in der ↗Meiose gepaarten Chromosomen (↗Chromosomenpaarung) mit zwei ↗Crossing-over-Ereignissen zw. jeweils verschiedenen Chromatiden.

Vierstrangstadium, Stadium im Diplotän der ↗Meiose (B), während dessen aufgrund der ↗Chromosomenpaarung 4 Chromatiden parallel gelagert sind.

Vierstreifennatter, *Elaphe quatuorlineata,* Art der ↗Kletternattern; bis 2,3 m lange, in S- und SO-Europa sowie in W-Asien verbreitete, oberseits braungelbl. bis hellgraue Schlange, oft mit 4 dunklen Längsstreifen (Name!) od. Fleckenreihen; unterseits gelbl., meist mit einigen dunkleren Flecken; zieml. breiter, langer Kopf mit dunklem Band v. Mundwinkel zum Kopf; Pupille rund. Bevorzugt trockenes, steiniges, mit Gebüsch bewachsenes Gelände u. lichte Wälder bis 1300 m Höhe; auch an Bächen (schwimmt gut); ernährt sich v. kleinen Nagetieren, Eidechsen, Jungvögeln u. Eiern; Beute wird umschlungen. ♀ legt im Sommer 3–18 Eier unter Steine od. in Erdspalten; Jungtiere (25–40 cm lang) schlüpfen nach ca. 2 Monaten; nicht angriffslustig; meidet große Wärme.

Viertagefieber, *Malaria quartana,* ↗Malaria.

Vierzahnturmschnecke, *Jaminia quadridens,* ↗Jaminia.

Vierzehensalamander, 1) *Hemidactylium,* Gatt. der ↗Plethodontidae mit 1 kleinen (5–9 cm) Art: *H. scutatum,* im östl. N-Amerika in Wäldern mit Torfmoosen u. Sumpfgelände. Die Eier werden im Wasser abgelegt, u. das ♀ bleibt bis zum Schlüpfen in deren Nähe. 2) ↗Wassersalamander.

Vigna w [ben. nach dem it. Botaniker D. Vigna, † 1647], Gatt. der ↗Hülsenfrüchtler.

Vigneaud [winjoᵘ], Vincent du, amerikan. Biochemjker, * 18. 5. 1901 Chicago, † 11. 12. 1978 White Plains (N. Y.); zuletzt Prof. in New York; Forschungen u. a. über Penicillin, Insulin u. Aminosäuren; klärte die Struktur v. Biotin (Vitamin H, 1942) u. die Aminosäuresequenz der Hormone ↗Adiuretin u. ↗Oxytocin (1953) auf; synthetisierte 1954 als erster ein Hormon (Oxytocin); erhielt 1955 den Nobelpreis für Chemie.

V. du Vigneaud

Vikarianz w [v. lat. vicarius = Stellvertreter], bezeichnet die Erscheinung, daß sich nahe verwandte Arten in unterschiedl. Gebieten gegenseitig vertreten *(vikariierende Arten).* Die Gründe dafür können räuml. *(geographische V.)* od. standörtl. Natur *(ökologische V.)* sein. Der Begriff ist sinngemäß auch in die Pflanzensoziologie übernommen worden u. bezieht sich hier auf Pflanzen*gesellschaften,* die sich durch geogr. Differentialarten (↗Assoziation) voneinander unterscheiden; sie werden als *Vikarianten* od. *Rassen* bezeichnet. Bekanntestes Beispiel eines vikariierenden Artenpaars stellen *Rhododendron hirsutum* und *R. ferrugineum* dar (↗Alpenrose), v. denen die Behaarte Alpenrose *(R. hirsutum)* ausschl. auf Kalk vorkommt, während die Rostrote Alpenrose *(R. ferrugineum)* auf saures Substrat (Tangelhumus, Urgesteinsböden usw.) beschränkt bleibt.

Vikunja s [aus einer südam. Sprache über span. vicuña = eine Art Lama], *Vicuña, Lama vicugna,* neben dem ↗Guanako die 2. wildlebende, etwas kleinere Art der südam. Kleinkamele od. ↗Lamas; Kopfrumpflänge 125–190 cm, Körperhöhe 70–110 cm. Das heutige Vorkommen des V. ist auf das Andenhochland, zw. 3800 und 5500 m Höhe, beschränkt, wo das Angebot an Nahrung (niedere Gräser) u. Wasser knapp ist. Aus den tiefer gelegenen Pampasgebieten, in denen das V. früher nachweisl. vorkam, wurde es offensichtl. in die höheren Gebiete verdrängt. Da Wolle u. Fleisch des V. stets sehr begehrt waren, verdankt das V. seinen Fortbestand bereits zu den Zeiten der Inkas eingeführten strengen Schutzmaßnahmen. Früher hielt man das V. für die Stammform des ↗Alpaka. ⓑ Südamerika VI.

Villi, die ↗Zotten.

Villikinin s [v. lat. villus = Zotte, gr. kinein = bewegen], ein ↗Gewebshormon (Polypeptid) der Dünndarmschleimhaut höherer Wirbeltiere u. des Menschen, dessen Ausschüttung durch den sauren Speisebrei hervorgerufen wird; bewirkt zus. mit ↗Cholecystokinin u. anderen gastrointestinalen Hormonen bzw. ↗Neuropeptiden (↗Gastrin, ↗Sekretin, ↗Motilin, Enteroglucagon, ↗Serotonin, Bulbogastrone, vasoaktives intestinales Polypeptid [VIP] u. a.) die Zottenbewegung u. Gallenblasenentleerung u. fördert somit die Nahrungsaufnahme über das Darmepithel. ↗Verdauung.

Vimba w, Gatt. der Weißfische, ↗Zährten.

Vinblastin s, *Vincaloukoblastin,* ↗Vincaalkaloide.

Vinca w [gekürzt aus lat. vincapervinca = Bärwurz, Sinngrün], das ↗Immergrün.

Vincaalkaloide [v. bot.-lat. vinca = Immergrün], *Catharanthusalkaloide,* Gruppe v. etwa 60 Indol- u. Indolin-↗Alkaloiden aus *Vinca*- u. *Catharanthus*-Arten (Immergrün). Zu ihnen zählt das *Vincamin,* das Hauptalkaloid v. *Vinca minor* (Kleines Immergrün) mit blutdrucksenkenden u. sedierenden Eigenschaften; es bewirkt eine erhöhte cerebrale Sauerstoffaufnahme u. wird bei Gehirn-Mangeldurchblutung sowie in der Geriatrie verwendet. Von bes. therapeut. Bedeutung sind die dimeren V. *Vinblastin* (= *Vincaleukoblastin*) u. *Vincristin* (= *Leurocristin*) aus der in Madagaskar beheimateten Art *Catharanthus roseus* (= *Vinca roseus*); sie wirken als Mitosehemmer u. werden als ↗Cytostatika bei ↗Leukämie u. malignen Lymphomen eingesetzt.

Vincetoxicum s [v. lat. vince = besiege!, gr. toxikon = Gift], Gatt. der ↗Schwalbenwurzgewächse.

Vincristin s, *Leurocristin,* ↗Vincaalkaloide.

Viola w [lat., =], das ↗Veilchen.

Violaceae [Mz.; v. *viol-], die ↗Veilchengewächse.

Violales [Mz.; v. *viol-], die ↗Veilchenartigen.

Violanin s [v. *viol-], ↗Delphinidin.

Violaxanthin s [v. *viol-, gr. xanthos = gelb], im Pflanzenreich weit verbreitetes, orangegelbes Xanthophyll (↗Carotinoide), das z. B. in den ↗Chloroplasten der grünen Laubblätter u. den gelben ↗Chromoplasten v. Stiefmütterchen-, Löwenzahn-, Goldregen-, Arnika- u. Narzissenblüten vorkommt. V. kann als Vorstufe für die Bildung des Phytohormons ↗Abscisinsäure dienen.

Viole w [v. *viol-], *Nelke, Veilchendrüse,* Drüsenfeld auf der Schwanzoberseite des Fuchses. Die nahe der Schwanzwurzel befindliche V. (dort: schwarzgefärbte Haare) ist beiden Geschlechtern eigen. Ihr stark duftendes Sekret (Name!) dient während der Ranzzeit der Wahrnehmung der Artgenossen.

Violetea calaminariae [Mz.; v. *viol-, lat. calamus = Halm], *Galmei-Gesellschaften, Schwermetallrasen,* Kl. der Pflanzenges.; urspr. an Stellen, wo schwermetallreiche Gesteine anstehen (↗Schwermetallböden), sekundär auf aufgelassenen Bergwerkshalden. Die Pflanzen *(Chalkophyten)* bilden wegen der Toxizität der Schwermetalle nur schüttere, artenarme Magerrasen. ↗Galmeipflanzen, ↗Schwermetallresistenz.

Violion caninae s [v. *viol-, lat. caninus = Hunds-], Verb. der ↗Nardetalia.

Viperfische [v. *vip-], *Chauliodontidae,* artenarme Fam. der ↗Großmünder; bis etwa 25 cm lange, weit verbreitete Tiefseefische mit sehr langen Fangzähnen, einem nach oben bewegl. Kopf u. mit zahlr. Leuchtorganen. V. leben tagsüber v. a. in Tiefen zw. 500 und 3500 m, doch kommen sie nachts oft zur Oberfläche. Bei der auch im Mittelmeer heimischen Art *Chauliodus sloani* hat die weit vorn stehende Rückenflosse einen langen, mit einem Leuchtorgan ausgerüsteten, angelartigen ersten Strahl.

Viperidae [Mz.; v. *vip-], die ↗Vipern.

Vipern [Mz.; v. *vip-], *Ottern, Viperidae,* Fam. der ↗Schlangen mit 10 Gatt. (vgl. Tab.) und ca. 60 Arten; Gesamtlänge 0,3 (Zwergpuffotter) bis 1,8 m (Gabun-V.); nur in der Alten Welt (Europa, Afrika, Asien) beheimatet. Gedrungener Körperbau mit flachem, hinten verbreitertem Kopf, der meist von zahlr. kleinen Schuppen bedeckt ist; Pupillen senkrecht (Ausnahmen: die ↗Kröten- u. Erdottern mit großen symmetr. Kopfschildern u. runden Pupillen). Giftap-

---

viol- [v. lat. viola = Veilchen; violaceus = violett].

vip- [v. lat. vipera = Viper, Giftnatter, Schlange].

Vipern

Gattungen:
Baumvipern *(Atheris)*
Echte Ottern *(Vipera)*
Erdottern *(Atractaspis)*
Eristicophis
Fea-Vipern *(Azemiops)*
↗Hornvipern *(Cerastes)*
↗Krötenottern *(Causus)*
Pseudocerastes
↗Puffottern *(Bitis)*
↗Sandrasselottern *(Echis)*

Vipernatter

parat meist hochentwickelt (↗Giftschlangen, ↗Schlangengifte); die beiden langen (solenoglyphen) ↗Giftzähne (daneben 4–8 nachwachsende Ersatzgiftzähne) in den verkürzten Oberkieferknochen (Maxillare) haben einen seitl. geschlossenen Giftkanal u. liegen in Ruhe um 90° nach hinten geklappt in einer Schleimhautfalte; nach schnellem Biß u. der Giftinjektion ziehen sich die V. meist zurück, die Wirkung abwartend. V. ernähren sich v.a. von Kleinsäugern od. Echsen, seltener v. Fröschen bzw. Vögeln. Sie sind vorwiegend ovovivipar (eine Ausnahme bilden die eierlegenden Erd- u. ↗Krötenottern sowie in ihrem eur. Verbreitungsgebiet die Levanteotter). In Europa leben nur Vertreter der kurzschwänzigen Gatt. *Vipera* (Echte Ottern); u.a. die ↗Aspis-V. *(V. aspis)*, ↗Kreuzotter *(V. berus)*, ↗Sandotter *(V. ammodytes)*, Stülpnasenotter *(V. latastei;* 60 cm lang; Iberische Halbinsel, NW-Afrika; Schnauzenspitze stark aufgebogen; grau gefärbt mit bräunl. Zickzackband auf dem Rükken), ↗Wiesenotter *(V. ursinii)* u. die Levanteotter *(V. lebetina;* bis 2 m lang; größte Giftschlange Europas; in Felsgebieten od. Wäldern im südl. Mittelmeerraum, N-Afrika u. Asien). Ein abweichendes Verbreitungsgebiet hat als Art der Gatt. *Vipera* die auffällig gefärbte u. gezeichnete (hellbraun mit 3 Längsreihen rotbrauner, schwarzgerandeter Ringflecken) Kettennatter *(V. russellii);* sie lebt im trop. Asien bis 2300 m Höhe; wird bis 1,6 m lang u. hat über 1,5 cm lange Giftzähne; sehr gefürchtet, auch wenn wenig beißlustig, jedoch beängstigend laut zischend. Während die afr. Erdottern (Gatt. *Atractaspis;* bis 80 cm lang; einfarbig schwarzbraun; schmaler Kopf schaufelförmig; auffallend große Giftzähne u. -drüsen; schlank; leicht erregbar) im Erdreich leben, sind die Baum-V. (Gatt. *Atheris;* 7 Arten in Afrika; bekanntester Vertreter die Grüne Baum-V., *A. chloroechis;* bis 75 cm lang) mit Hilfe eines Greifschwanzes gute Kletterer. Vorwiegend handelt es sich bei den V. jedoch um Bodenbewohner. Zu den typ. dämmerungs- bzw. nachtaktiven Arten gehören die McMahon-V. *(Eristicophis macmahoni;* 60 cm lang; lebt im Grenzgebiet zw. Pakistan u. Afghanistan; braungefleckt) u. die gelbbraune, dunkel quergebänderte Westasiatische Horn-V. *(Pseudocerastes persicus;* Länge bis 1 m). Über die Lebensweise der Fea-V. (Gatt. *Azemiops;* Elapiden-ähnlich; Kopf gelb mit 2 gelben Querstreifen; Giftzähne verhältnismäßig kurz; dunkler Rücken mit ca. 15 hellen Querbinden) u. die Wirkung ihres Giftes ist nur wenig bekannt. H. S.

Vipernatter *w* [v. *vip-], *Natrix maura*, ↗Wassernattern.

Viperqueise *w* [v. *vip-], *Trachinus vipera*, ↗Drachenfische.

Virämie *w* [v. *Virus, gr. haima = Blut],

vip- [v. lat. vipera = Viper, Giftnatter, Schlange].

Virus, Viren [v. lat. virus = zähe Feuchtigkeit, Schleim, Gift].

R. Virchow

Erste Spuren von Viren

Im Jahre 1892 zeigte D. J. Iwanowsky, daß ein Extrakt aus Tabakblättern mosaikkranker Pflanzen seine Infektionsfähigkeit nicht verlor, wenn er einen bakteriendichten Chamberland-Filter passierte.
1898 wiesen F. Loeffler und P. Frosch nach, daß der Erreger der Maul- und Klauenseuche bei Rindern ein filtrierbares Virus ist, das sich im Tier vermehrt.

Vorkommen v. Viren im Blut nach od. im Frühstadium v. Virusinfektionen.

Virchow [-cho], *Rudolf*, dt. Pathologe, Anthropologe u. Sozialpolitiker, * 13. 10. 1821 Schivelbein (Pommern), † 5. 9. 1902 Berlin; einer der bedeutendsten Mediziner des 19. Jh.s; durch Begr. der ↗Zellularpathologie v. entscheidendem Einfluß auf die Gestaltung der gesamten neueren Medizin; hervorragend tätig auf dem Gebiet der öffentl. Gesundheitspflege, der Anthropologie, Ethnographie u. Archäologie; Meilensteine seiner Forschung sind Arbeiten über Entzündungen, Tumoren, Metastasen, Embolien, Tuberkulose, Leukämien, Diphtherie u.v.a.; 1846 Prosektor an der Charité in Berlin, gründete 1847 die Zeitschrift „Archiv der patholog. Anatomie, Physiologie u. klinischen Medizin" (später „Virchows Archiv") u. 1848 die Zeitschrift „Die med. Reform". Erkannte 1848, daß der „Hungertyphus" in Schlesien kein med., sondern ein soziales Problem darstellte; wurde wegen heftiger Angriffe gg. die Regierung 1849 amtsenthoben. 1849 Berufung nach Würzburg (Lehrer v. E. ↗Haeckel), wo er 1855 seine neue Krankheitslehre vorlegte. 1856 nach Berlin zurückgerufen, wurde er für ein halbes Jh. die einflußreichste Autorität der dt. Medizin.

Viren [Ez. *Virus*], urspr. allgemeine Bez. für die (unbekannten) Erreger verschiedener Krankheiten, seit etwa 1900 Bez. für infektiöse Agentien, die durch ↗Bakterienfilter hindurchgehen, sich nicht auf Bakterien-↗Nährböden entwickeln u. im normalen Licht-↗Mikroskop nicht sichtbar sind. Von den echten ↗Mikroorganismen u. Organismen (↗Leben) unterscheiden sich V. grundlegend durch ihre Zusammensetzung (Fehlen einer zellulären Organisation) u. Vermehrungsweise. Da V. keinen eigenen ↗Stoffwechsel besitzen, sind sie als bes. Form obligat intrazellulärer Parasiten zur Vermehrung auf die Zellen echter Organismen angewiesen. Die *Virusvermeh-*

Viren

Zur Kurzbeschreibung von V. wurden fr. auch sog. Kryptogramme verwendet, die aus vier Sätzen von Symbolen zusammengesetzt waren:

1. Nucleinsäure: R = RNA oder D = DNA / ss = einzelsträngig oder ds = doppelsträngig.
2. relative Molekülmasse der Nucleinsäure in 10^6 / C = zirkulär oder L = linear mit hochgestelltem (+)- oder (−)-Zeichen für Plusstrang- bzw. Minusstrang-Polarität. Bei Viren mit segmentiertem Genom ist nach dem Symbol Σ die Anzahl und die gesamte relative Molekülmasse der Segmente angegeben.
3. Form des Virions / Form des Nucleocapsids: S = sphärisch, E = elongiert mit flachen Enden oder U = elongiert mit abgerundeten Enden oder X = andere Form; e = enveloped, d.h. mit Lipoproteinhülle.
4. Wirtsspezies / Übertragungsweise / Vektor. I = Invertebrat, V = Vertebrat, A = Actinomycet, B = Bakterium, F = Fungus, S = Samenpflanze / Übertragung: C = congenital, R = Respiration, O = Kontakt, I = Ingestion, Ve = Vektor / Ac = Acarina, Di = Diptera, Si = Siphonaptera.

Beispiele:
Papoviren	D/ds: 3–5/C:S/S:V/O
Herpesviren	D/ds: 100–150/L:Se/S:V/C,O
Influenzaviren	R/ss: $\Sigma_{7-8}5/L^-$:Se/E:V/R
Picornaviren	R/ss: 2,5/L^+:S/S:V/I,O,R
Reoviren	R/ds: Σ_{10-12}11–15/L:S/S:I,V/R,O,I,Ve(C)/Ac,Di

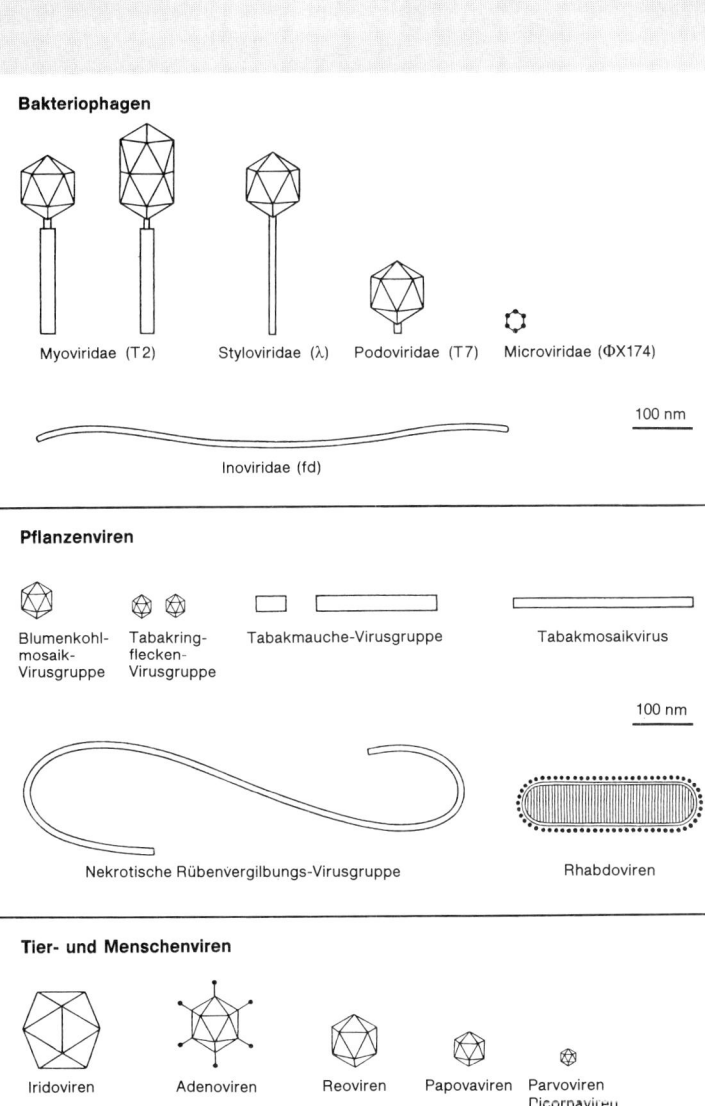

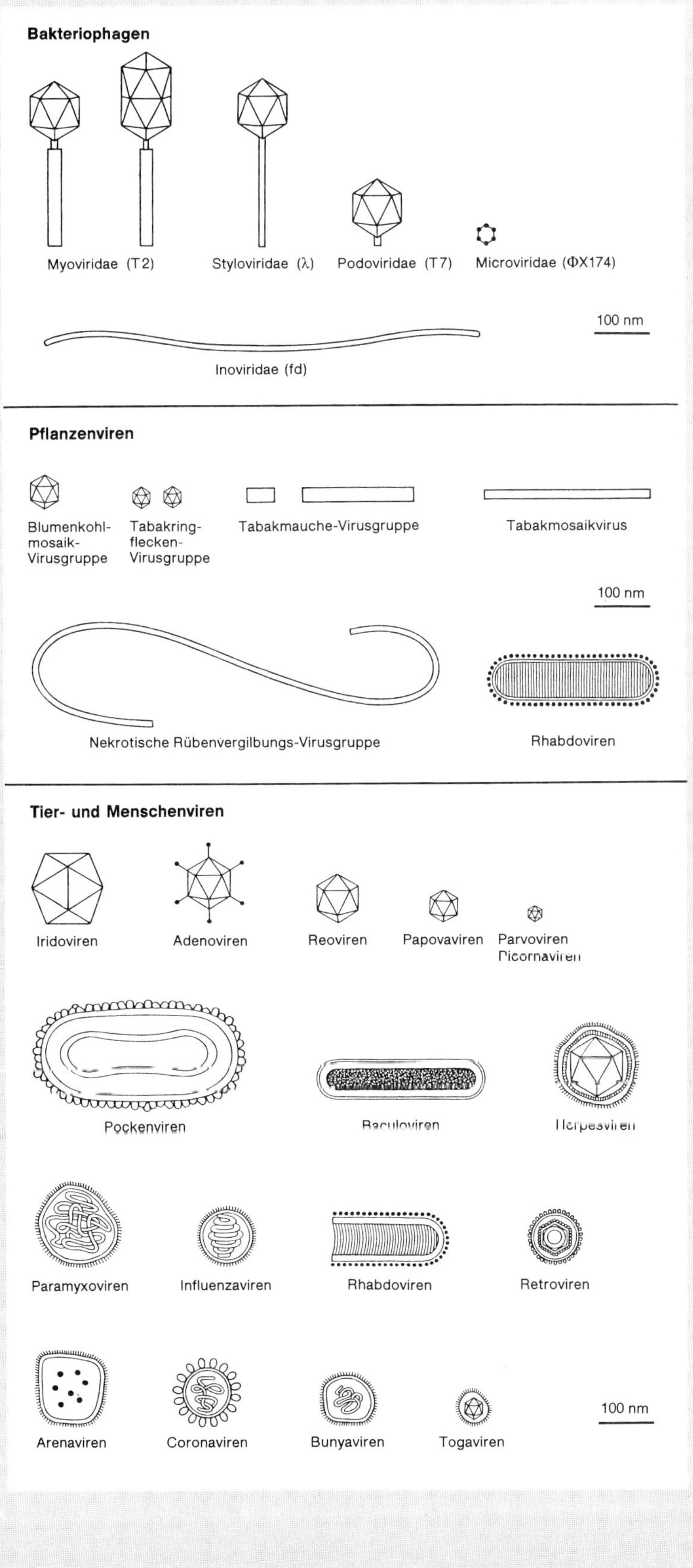

VIREN

Viren sind meist nur im Elektronenmikroskop sichtbare, vorwiegend stäbchen- oder kugelförmige Gebilde, deren Nucleinsäure (entweder DNA oder RNA) von einer aus mehreren, häufig identischen Untereinheiten (Capsomeren) aufgebauten Proteinhülle (Capsid) umgeben ist. Viren können eine Vielzahl von Organismen (Bakterien, Pilze, Pflanzen, Tiere, Mensch) befallen und sind die Erreger zahlreicher Krankheiten.

Im Vergleich mit echten Organismen sind Viren sehr einfach aufgebaut. Einige typische Merkmale von Lebewesen, wie eine zelluläre Organisation, eigener Energiestoffwechsel und eigener Proteinsyntheseapparat, fehlen ihnen, jedoch besitzen sie die Fähigkeit zur Vermehrung sowie zur Mutation und genetischen Rekombination. Die *Virusvermehrung* kann nur in geeigneten Wirtszellen stattfinden. Die Virusnucleinsäure steuert die Syntheseeinrichtungen der Zelle um, so daß anstelle zelleigener Makromoleküle Bausteine für die Bildung neuer Viruspartikel hergestellt werden. Die Freisetzung der Nachkommenviren erfolgt meist unter Zerstörung der Wirtszelle. Die Wechselwirkungen zwischen Viren und Wirtszellen sind jedoch vielgestaltig und führen nicht immer zur Produktion neuer, infektiöser Viren. Einige Viren können durch Integration der Virus-DNA (oder einer DNA-Kopie des RNA-Genoms) in das Zellgenom in den Wirtszellen persistieren. Die Infektion mit onkogenen Viren kann zur Umwandlung von normal regulierten Zellen in ungehemmt sich vermehrende Zellen (Tumorzellen) führen.

Größe und *Form* der reifen Viruspartikel *(Virionen)* sind bei den einzelnen Viren verschieden. Die Proteinhülle des *Capsids* dient dem Schutz der Nucleinsäure und zur Anheftung der Viruspartikel an die Wirtszellen. Bei vielen Tierviren ist das Capsid zusätzlich von einer aus virusspezifischen Glykoproteinen und zellulären Lipiden bestehenden Hülle *(Envelope)* umgeben (z. B. Herpes-, Influenzaviren). Da Virusgenome nur begrenzte Möglichkeiten zur Speicherung genetischer Information besitzen, sind die Capside aus sich wiederholenden Einheiten eines oder einer geringen Anzahl von Proteinen zusammengesetzt. Viele Viren besitzen eine kugelige Gestalt, die nach dem Symmetrieprinzip des Ikosaeders (mit 20 Dreiecksflächen und 12 Ecken) aufgebaut ist (z. B. Reoviren). Bei den faden- oder stäbchenförmigen Viren, die eine Länge bis 2000 nm erreichen können, sind die *Capsomeren* spiralförmig (helikal) angeordnet. Komplexere Virionstrukturen zeigen einige Bakteriophagen (polyederartiger Kopfteil und helikaler Schwanzteil) und die Pockenviren. Bei Pflanzenviren, die ein aus mehreren Teilen bestehendes Genom besitzen, liegen die einzelnen Genomsegmente in verschiedene Partikel verpackt vor (z. B. Tabakmauche-Virusgruppe).

Bakteriophagen

Myoviridae (T2) Styloviridae (λ) Podoviridae (T7) Microviridae (ΦX174)

100 nm

Inoviridae (fd)

Pflanzenviren

Blumenkohlmosaik-Virusgruppe Tabakringflecken-Virusgruppe Tabakmauche-Virusgruppe Tabakmosaikvirus

100 nm

Nekrotische Rübenvergilbungs-Virusgruppe Rhabdoviren

Tier- und Menschenviren

Iridoviren Adenoviren Reoviren Papovaviren Parvoviren Picornaviren

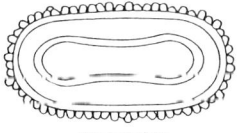

Pockenviren Baculoviren Herpesviren

Paramyxoviren Influenzaviren Rhabdoviren Retroviren

Arenaviren Coronaviren Bunyaviren Togaviren

100 nm

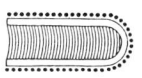

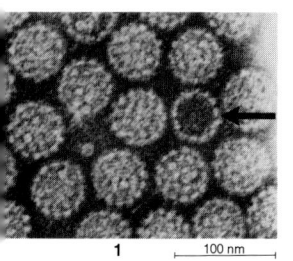

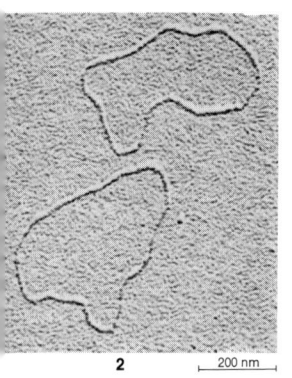

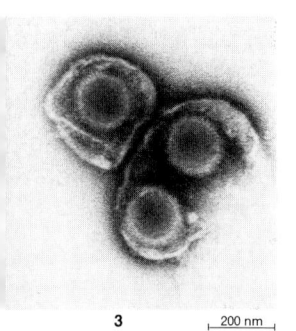

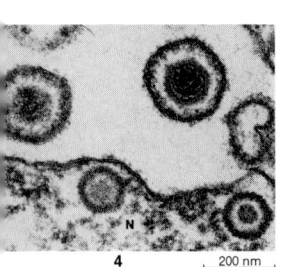

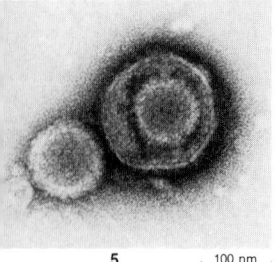

Viren

rung erfolgt nicht durch Wachstum u. Teilung, sondern durch ↗Replikation der Virusnucleinsäure u. Synthese der virusspezif. Proteine u. deren anschließende Zusammensetzung zu reifen, infektiösen Viruspartikeln (↗Virusinfektion). V. enthalten nur eine Art v. Nucleinsäure, entweder DNA (↗ *DNA-Viren*) oder RNA (↗ *RNA-Viren*), die innerhalb der Wirtszelle die Virusvermehrung steuert u. außerhalb der Wirtszelle, im freigesetzten Viruspartikel *(Virion)*, immer v. einer Proteinhülle umgeben ist (im Ggs. zu V. sind ↗ *Viroide* nackte RNA-Moleküle ohne Proteinhülle. Das Virion stellt die extrazelluläre Transportform zur Weitergabe der Virusnucleinsäure v. einer Zelle zur anderen dar. – Die *Einteilung* der V. erfolgt nach ihrer Wirtsspezifität, der Morphologie der Virionen, Art u. Replikationsmodus der Nucleinsäure sowie den immunol. Eigenschaften u. dem Verhalten gegenüber inaktivierenden Stoffen. Nomenklatur u. Klassifikation der V. werden durch das „International Committee on Taxonomy of Viruses" (Abk. *ICTV*) geregelt. Nach ihrer *Wirtsspezifität* werden die V. in *Bakterien-V.* (↗Bakteriophagen), *Pflanzen-V., Tier-V.* (vgl. Tab.) u. ↗ *Pilz-V.* eingeteilt. Die weitere Unterteilung erfolgt bei Pflanzen-V. in V.gruppen, bei den anderen V. in Familien (Namensendung *-viridae*), U.-Fam. (Endung *-virinae*), Gatt. (Endung *-virus*) u. Virusarten. Eine binäre lat. Nomenklatur hat sich bei V. noch nicht durchgesetzt. *Morphologie* der Virionen: ein Virion besteht aus der Nucleinsäure (assoziiert mit Proteinen = ↗ *Core*), die v.

Viren

Elektronenmikroskopische Aufnahmen von Viren:

1 Virionen des *Rinderpapillomvirus BPV* (↗ Papillomviren); die Viruspartikel besitzen keine Lipoproteinhülle, der Aufbau des ikosaederförm. Capsids aus Capsomeren (insgesamt 72) ist deutl. zu erkennen; der Pfeil kennzeichnet ein leeres Capsid (Negativkontrastierung mit Phosphorwolframsäure; Vergrößerung 148 500)
2 Ringförmige DNA (5243 Basenpaare) von *SV40* (↗Polyomaviren) (DNA-Spreitung mit Cytochrom c; Vergrößerung 50 000).
3 Virionen des zu den ↗Herpesviren gehörenden ↗ *Cytomegalievirus*; die ikosaederförm. Capside sind v. einer Lipoproteinhülle umgeben; eines der beiden Viruspartikel enthält zwei Capside (Negativkontrastierung mit Uranylacetat; Vergrößerung 71 000).
4–7 ↗ *Herpes simplex-Virus*
4 Nucleocapside (mit innerem Core) im Kern (N) einer infizierten Affennierenzelle sowie komplette Viruspartikel mit Nucleocapsid u. Lipoproteinhülle (Ultradünnschnitt; Vergrößerung 57 000).
5 Komplettes Viruspartikel mit Lipoproteinhülle (rechts) u. Capsid (links); die Capsomeren sind zu erkennen (Negativkontrastierung mit Uranylacetat; Vergrößerung 100 000).
6 Isolierte Capside (Negativkontrastierung mit Uranylacetat; Vergrößerung 142 000).
7 Durch Lyse des Viruspartikels freigesetzte DNA; ein Ende der linearen, doppelsträngigen DNA (ca. 150 000 Basenpaare) ist sichtbar (Pfeil) (DNA-Spreitung mit Cytochrom c; Vergrößerung 10 000).
Fotos: Dr. H. W. Zentgraf (Heidelberg)

Viren

Tierviren
(ds = doppelsträngig, es = einzelsträngig; + = Virion mit Lipoproteinhülle, – = ohne Lipoproteinhülle)

↗ Adenoviren DNA (ds) –	↗ Nodaviren RNA (es) –
↗ Arenaviren RNA (es) +	Orthomyxoviren (↗ Influenzaviren) RNA (es) +
↗ Baculoviren DNA (ds) +	↗ Paramyxoviren RNA (es) +
↗ Bunyaviren RNA (es) +	↗ Parvoviren DNA (es) –
↗ Caliciviren RNA (es) –	↗ Papovaviren DNA (ds) –
↗ Coronaviren RNA (es) +	↗ Picornaviren RNA (es) –
↗ Herpesviren DNA (ds) +	↗ Pockenviren DNA (ds) +
↗ Iridoviren DNA (ds)	↗ Reoviren RNA (ds) –
	↗ Retroviren RNA (es) +
	↗ Rhabdoviren RNA (es) +
	↗ Togaviren RNA (es) +

einer aus Proteinuntereinheiten *(Capsomeren)* gebildeten Proteinhülle (↗ *Capsid*, ☐) umgeben ist. Bei vielen Tier-V., jedoch nur bei wenigen Pflanzen-V. u. Bakteriophagen, ist das ↗ *Nucleocapsid* (= Core + Capsid) v. einer äußeren Lipoproteinhülle (engl. *envelope*, ↗Virushülle) umgeben (↗budding, ↗Virusinfektion). Elektronenmikroskop. Untersuchungen zeigten, daß sich V. in Form u. Größe erhebl. voneinander unterscheiden (B 339). Viele V. besitzen ein kugeliges Capsid mit Ikosaeder-Symmetrie. Bei den stäbchenförmigen V. ist die Nucleinsäure v. einem zylindr. Capsid mit helikaler ↗Symmetrie umgeben (z. B. ↗Tabakmosaikvirus, B). Sehr komplexe Strukturen zeigen einige ↗Bakteriophagen (z. B. der Phage T4, B Bakteriophagen I) u. die ↗Pocken-V. Das Vorhandensein einer meist dem Capsid nicht eng anliegenden Lipoproteinhülle kann ein mehr od. weniger variables (pleomorphes) Aussehen der Virionen bedingen (vgl. Abb.). *Nucleinsäure:* V. enthalten entweder DNA oder RNA als genet. Material. Die Nucleinsäure kann einzelsträngig od. doppelsträngig (vgl. Tab.), ringförmig od. linear vorliegen (vgl. Abb.). An den Enden linearer Genome können Sequenzwiederholungen od. komplementäre Sequenzen auftreten (z. B. bei ↗Adeno-, ↗Parvo-, ↗Paramyxo-, ↗Retro-V., ↗T-Phagen); bei einigen V. (z. B. Adeno-V.) sind Proteine kovalent mit den Genom-Enden verknüpft. Bei RNA-Viren kann die Genom-RNA in mehreren Stücken vorliegen (segmentiertes Genom); einzelsträngige RNA besitzt entweder Plusstrang- (= m-RNA-) od. Minusstrang-Polarität. Die Genomgröße der V. ist sehr unterschiedlich; bei DNA-Viren liegt sie zw. ca. 5000 Basen (↗Parvo-V., ↗einzelsträngige DNA-Phagen) und ca. 170 000–380 000 Basenpaaren (↗Herpes-V., ↗Pocken-V.), bei RNA-Viren zw. ca. 4000 Basen (↗einzelsträngige RNA-Phagen) und ca. 15000–22000 Basen (↗Paramyxo-V.). Dementsprechend unterschiedl. ist auch die Anzahl der im Genom vorhandenen Gene (zw. 4 und mehr als 100). Die isolierte Nucleinsäure kann infektiös (DNA-Viren, RNA-Viren mit Plusstrang-RNA) oder nicht-infektiös (RNA-Viren mit Minusstrang-RNA, ↗Reo-V., ↗Retro-V.) sein; im letzteren Fall sind die zur Virusreplikation notwendigen Enzyme im Virion enthalten. – V. sind die Erreger zahlr. Krankheiten bei Mensch, Tier u. Pflanze. Sie können nur bestimmte Wirtsorganismen u. Wirtszellen infizieren u. sich in ihnen vermehren. Der ↗Wirtsbereich (engl. host range) eines Virus kann sehr eng (nur eine Wirtsspezies, ein Zelltyp) oder weit sein; ↗Arbo-V. und verschiedene ↗Pflanzen-V. vermehren sich sowohl in Insekten, die als ↗Vektoren dienen, als auch in Wirbeltier- bzw. Pflanzenarten. Die Wechselbeziehungen zw. Virus u. Wirtszelle bestimmen den Verlauf einer Virusinfektion, die damit verbundenen Veränderungen der infizierten Zelle und die Krankheitsentstehung (Pathogenese) im Wirtsorganismus (↗Virusinfektion, ↗Viruskrankheiten, ↗Bakteriophagen). Für die Untersuchung, Kultivierung u. Quantifizierung von V., zur Virusisolierung aus klin. Material sowie zur Herstellung v. Impfstoffen werden Zellkulturen, embryonierte Hühnereier u. geeignete Versuchstiere bzw. Indikatorpflanzen verwendet. B 339; ☐ Mikroorganismen, B Bakteriophagen I–II, B Genwirkketten I, B Desoxyribonucleinsäuren II.

Lit.: *Luria, S. E., Darnell Jr., J. E., Baltimore, D., Campbell, A.:* General Virology. New York ³1978. *Dulbecco, R., Ginsberg, H. S.:* Virology. Hagerstown 1980. *Fields, B. N.* (Hg.): Virology. New York 1985. E. S.

Virenzperiode *w* [v. lat. virens = grünend, blühend], die ↗Anastrophe; ↗explosive Formbildung, ↗Typostrophentheorie.
Vireolaniidae [Mz.; v. lat. virere = grünen, lanius = Schlächter], die ↗Laubwürger.
Vireonidae [Mz.; v. lat. virere = grünen], die ↗Vireos.
Vireos [Mz.; v. lat. virere = grünen], *Vireonidae,* Fam. der ↗Singvögel mit knapp 40 Arten in Mittel- und N-Amerika; 10–17 cm groß, Gefieder unscheinbar grün od. grau. Waldbewohner mit artspezif. unterschiedl. Bevorzugung des Strauch- u. Kronenraums; ernähren sich v. Insekten, die sie v. den Blättern aufsammeln; die nordamerikan. V. überwintern deshalb in Mexiko u. Mittelamerika. Während der Brutzeit stark territorial; das napfförmige, in einer Astgabel befestigte Nest enthält 2–5 gesprenkelte Eier.
virgatipartit [v. lat. virgatus = gestreift, partiri = verteilen], Form der Rippenteilung auf Ammoniten-Gehäusen (↗*Ammonoidea),* bei der mehrere Spaltrippen einseitig v. einer Hauptrippe abzweigen.
Virgella *w* (Elles u. Wood 1901–1918), ein über die ventrale Seite der ↗Sicula-Mündung hinausragender Dorn; entsteht während des Wachstums der Metasicula v. ↗Graptolithen u. bildet eine Verlängerung der Virgula (↗Nema).
Virgellarium *s* (Urbanek 1963), eine schirmart. Verbreiterung an der Spitze der ↗Virgella silurischer Linograptiden (↗Graptolithen); von A. H. Müller (1975) übertragen auf die Gesamtheit unterschiedl. Ausbildungen der Virgella.
Virginiahirsch [ben. nach dem US-Staat Virginia] ↗Weißwedelhirsch.
Virgo *w* [Mz. *Virgines;* lat., = Jungfrau], ↗Fundatrigenien.
Virgula *w* [lat., = kleine Rute], ↗Nema.
Virgularia *w,* Gattung der ↗Seefedern.
Viridansgruppe [v. lat. viridans = grünend], veraltete Bez. für die Gruppe der Streptokokken, die keiner serolog. ↗*Streptococcus*-Gruppe angehören u. auf Blutagar einen vergrünenden Hof bilden (= α-Hämolyse, ↗hämolysierende Bakterien) od. die Erythrocyten im Nähragar nicht verändern (= γ-Hämolyse); hpts. Vertreter der normalen ↗Bakterienflora (z. B. *Streptococcus acidominimus, S. salivarius, S. mitis, S. uberis, S. sanguis, S. mutans),* die aber auch unter bestimmten Bedingungen Krankheiten verursachen können.
viril [v. lat. virilis = männlich], das männl. Geschlecht bzw. männl. Eigenschaften betreffend.
Virilisierung *w* [v. lat. virilis = männlich], *Maskulinisierung,* beim weibl. Geschlecht das Auftreten von männl. ↗Geschlechts-

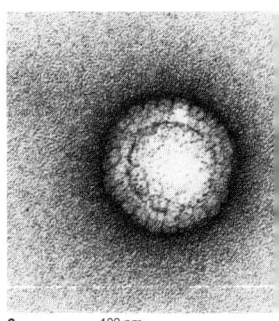

Viren Virion-Morphologie und Nucleinsäure-Typ von Viren

Virion-Morphologie	Nucleinsäure	Viren
1. ikosaederförmiges Capsid		
nackt (ohne Lipoproteinhülle)	DNA	Adenoviren
		Papillomviren
		Parvoviren
		Blumenkohlmosaik-Virusgruppe
		einzelsträngige DNA-Phagen (z. B. ΦX174)
	RNA	Picornaviren
		Reoviren
		viele Pflanzenviren
		einzelsträngige RNA-Phagen (z. B. F2)
mit Lipoproteinhülle (Envelope)	DNA	Herpesviren
	RNA	Togaviren
2. helikales Capsid		
nackt	DNA	einzelsträngige DNA-Phagen (z. B. fd)
	RNA	viele Pflanzenviren (z. B. Tabakmosaikvirus)
mit Lipoproteinhülle	RNA	Orthomyxoviren
		Paramyxoviren
		Rhabdoviren
3. Capsid mit helikaler u. Ikosaeder-Symmetrie	DNA	geradzahlige T-Phagen
4. komplexes Virion	DNA	Baculoviren
		Pockenviren

Virilismus

Viroide

Potato spindle tuber *(PSTV)*
Spindelknollenkrankheit der Kartoffel, 1967 als erstes Viroid charakterisiert, RNA 359 Basen

Citrus exocortis *(CEV)*
RNA 371 Basen

Chrysanthemum stunt *(CSV)*
Chrysanthemenstauche, RNA 354 Basen

Chrysanthemum chlorotic mottle *(CCMV)*
chlorotische Scheckung der Chrysantheme

Cucumber pale fruit *(CPFV)*
Bleichfärbung der Früchte u. a. Symptome bei Gurken u. a. Kürbisgewächsen, RNA 303 Basen

Coconut cadang-cadang *(CCCV)*
RNA 246 Basen, größere Varianten mit Sequenzduplikationen 287–301 Basen

Hop stunt *(HSV)*
RNA 297 Basen

Avocado sun blotch *(ASBV)*
RNA 247 Basen

Tomato apical stunt *(TASV)*
RNA 360 Basen

Tomato planta macho *(TPMV)*
RNA 360 Basen

Burdock stunt *(BSV)*

Anhand von RNA-Sequenzhomologien lassen sich die bisher bekannten V. in 3 Gruppen einteilen:

a) *PSTV-Gruppe* (mehr als 60% Sequenzhomologie): PSTV, TPMV, TASV, CEV, CSV, HSV, CPFV
b) *ASBV*
c) *CCCV*

Eine hochkonservierte, partiell doppelsträngige Region befindet sich in der Mitte der stäbchenförm. Viroid-Strukturen; Position 85–104 (Sequenz: AGGGAUCCCCGG-GGAAACCU) u. Position 254–277 (Sequenz: GGCUACU-ACCCGGUGGAAA-CAACU) bei PSTV.

merkmalen (beim Menschen *Virilismus, Maskulinismus* od. *Vermännlichung* genannt), evtl. bei gleichzeitiger Rückbildung der primären u. sekundären weibl. Geschlechtsmerkmale. Bei der Frau z. B. das Auftreten der für den Mann typ. Körperbehaarung, verursacht z. B. durch Gaben von männl. Sexualhormonen (z. B. ↗Androgene) od. durch Wegfallen der weibl. Sexualhormone (z. B. in höherem Alter). Ein Tier-Beispiel ist die bei alten Hühnern erfolgende Umbildung des bis dahin inaktiven rechten Ovars in einen Hoden. V. ist ein normales Ereignis bei Tieren mit ↗Geschlechtsumwandlung.

Virilismus *m* [v. lat. virilis = männlich], **1)** ↗Virilisierung; **2)** *Pubertas praecox*, vorzeitige Pubertät (↗Geschlechtsreife) bei Knaben.

Virion *s* [v. *viro-], das komplette, infektiöse Viruspartikel. ↗Viren (☐).

Virizide [Mz.; v. *viro-, lat. -cida = -töter], Viren abtötende Mittel.

Viroide [Mz.; v. *viro-], kleinste bisher bekannte, nur bei Pflanzen nachgewiesene Krankheitserreger. V. bestehen aus einer einzelsträngigen, ringförmigen RNA (Länge ca. 270–380 Basen), die nicht v. einer Proteinhülle umgeben ist (im Ggs. zu ↗Pflanzenviren u. ↗Satelliten) u. eine stäbchenförmige Gestalt mit zahlr. intramolekularen Doppelstrangbereichen aufweist. V. sind zur autonomen Replikation befähigt (im Ggs. zu den obligatorisch mit einem ↗Helfervirus assoziierten *Virusoiden*, ↗Satelliten). Bisher sind ca. 10 V. beschrieben worden (vgl. Tab.). Sie erzeugen systemische Infektionen; Krankheitssymptome (Nekrosen, Stauchungen, Verfärbungen u. a.) treten meist nur bei Kulturpflanzen, nicht bei Wildpflanzen auf. *Viroidinfektionen* können zu beträchtlichen wirtschaftl. Schäden führen. Der Wirtsbereich der meisten V. ist recht groß; Ausnahme ist *CCCV*, das bisher nur in Kokosnußpalmen gefunden wurde. Die Diagnose einer Viroidinfektion erfolgt meist durch direkten Nachweis der Viroid-RNA in Nucleinsäureextrakten infizierter Pflanzen (Gelelektrophorese, Nucleinsäure-Hybridisierung). Die Nucleotidsequenzen der meisten Viroid-RNAs sind bekannt. Daraus u. aus der fehlenden in vitro m-RNA-Aktivität läßt sich schließen, daß Viroid-RNAs nicht für eigene Proteine codieren. Die Replikation der V. verläuft über oligomere Minusstrang- u. Plusstrang-Zwischenprodukte u. wird durch Enzyme der Wirtszelle (DNA-abhängige RNA-Polymerase II) katalysiert. Eine infizierte Pflanzenzelle enthält ca. 200–10 000 Moleküle Viroid-RNA, hpts. im Kern in Assoziation mit den Nucleoli. Pathogenesemechanismen sowie Ursprung der V. sind nicht geklärt. Sequenzhomologien in konservierten Bereichen verweisen auf eine evolutionäre Verwandtschaft mit Intronen der Gruppe I, die u. a. in ribosomalen RNA-Genen vorkommen u. die z. T. die Fähigkeit zum Selbst-↗Spleißen (engl. self-splicing; d. i. Herausschneiden der Intronsequenzen in Abwesenheit v. Enzymen u. Freisetzung einer kleinen, zirkulären Intron-RNA) besitzen.

Virologie *w* [v. *viro-, gr. logos = Kunde], Lehre und Wiss. von den ↗Viren.

Viropexis, phagocytotischer Prozeß zur Aufnahme v. Viruspartikeln in die Zelle.

Viroplasma, *Virusfabrik* (engl. virus factory), *Einschlußkörper, X-Körper,* veränderter, meist elektronenoptisch dichter Bereich im Cytoplasma virusinfizierter Zellen, in denen die Virusvermehrung stattfindet od. stattfinden soll u. in dem sich Viruspartikel in kristalliner Anordnung anhäufen können, z. B. bei ↗Reoviren, ↗Blumenkohlmosaik-Virusgruppe.

Virosen [Mz.; v. *viro-], die ↗Viruskrankheiten.

Virostatika [Mz.; v. *viro-, gr. statikos = zum Stehen bringend], chem. Verbindungen mit antiviraler Wirkung, die durch Hemmung der Virusvermehrung *(Virostase)* hervorgerufen wird (↗Viren). Klinische Anwendung haben Nucleosidanaloge (z. B. Acycloguanosin = Acyclovir, Adeninarabinosid = Vidarabin, Ribavirin = Virazol) sowie Trinatriumphosphonoessigsäure (Foscarnet), Aminoadamantan (Amantadin), Rimantadin u. ↗Interferone bei Infektionen mit Herpes-simplex-Virus, Varizellen-Zoster-Virus, Hepatitis-B-Virus, Influenza-A-Viren, Respiratory-syncytial-Virus und Papillomviren gefunden.

Virtanen, *Artturi Ilmari*, finn. Agrikulturchemiker, * 15. 1. 1895 Helsinki, † 11. 11. 1973 ebd.; seit 1931 Prof. und Dir. des Biochem. Inst. ebd.; Forschungen zur Konservierung v. Grünfutter; erkannte 1929, daß die Fäulnisprozesse im Futter durch Ansäuerung gestoppt werden können; auch Arbeiten über Knöllchenbakterien; erhielt 1945 den Nobelpreis für Chemie.

virulente Phagen [v. lat. virulentus = giftig, gr. phagos = Fresser] ↗Bakteriophagen ([B] II).

Virulenz *w* [Bw. *virulent*; v. lat. virulentus = giftig], die Fähigkeit v. Krankheitserregern (Viren, Bakterien, Protozoen, Pilze), eine Erkrankung im befallenen Organismus hervorzurufen. Die V. ist Ausdruck der Wechselbeziehungen zw. Erreger u. Wirtsorganismus. Sie wird bestimmt durch die Fähigkeit des Erregers, sich in Geweben des Wirts zu vermehren u. auszubreiten sowie durch die Fähigkeit zur Bildung toxischer Substanzen. Die V. eines Erregers kann sich ändern, z. B. im Laufe einer Epidemie zu- od. abnehmen od. durch Tier- od. Zellkulturpassage abgeschwächt werden (ausgenutzt zur Herstellung v. Lebendimpfstoffen; ↗aktive Immunisierung, ↗attenuierte Viren).

Virus *s*, ugs. auch *m*, ↗Viren.
Virusdiagnostik ↗Viruskrankheiten.

Virus fixe s [v. *Virus, frz. fixe = fest], durch fortlaufende Hirn-zu-Hirn-Passage im Kaninchen modifiziertes Rabiesvirus (↗Rhabdoviren), das sich nicht mehr in extraneuralem Gewebe vermehren kann.

Virushülle, *Envelope,* bei einigen ↗Viren (☐) die äußere, das ↗Nucleocapsid (☐ Capsid) umgebende Hülle des ↗Virions, die aus Lipiden der Wirtszelle und virusspezif. Glykoproteinen (*Peplomeren,* v. gr. peplos = Hülle) zusammengesetzt ist (Lipoproteinhülle). Die Glykoproteine sind im elektronenmikroskop. Bild als Oberflächenfortsätze (Stacheln, ↗Spikes) zu erkennen; sie dienen u. a. der Anheftung der Virionen an Rezeptoren der Wirtszelle. Die Innenseite der V. ist meist mit einem formstabilisierenden Matrixprotein ausgekleidet, das bei einigen Viren (↗Arena-, ↗Bunyaviren) fehlt. Die V. lagert sich bei der als ↗budding (Knospung) bezeichneten Virusreifung um das Nucleocapsid (↗Virusinfektion). Die komplex aufgebauten Virionen der ↗Pockenviren besitzen eine äußere Lipoproteinmembran, die de novo synthetisiert wird, sowie eine durch budding gebildete V. Da die V. für die Infektiosität der Viren notwendig ist, sind die meisten der mit einer V. versehenen Viren durch Lösungsmittel, wie Äther od. Chloroform, inaktivierbar (Ausnahme: einige Pockenviren).

Virusinfektion, Befall einer Zelle bzw. eines Organismus (↗Infektion) mit einem Virus (↗Viren). Der Verlauf einer V. ist abhängig v. den Eigenschaften des Virus u. der Wirtszelle u. den Wechselbeziehungen zw. beiden. Verlauf u. Pathogenese einer V. im Organismus hängen außerdem ab v. der Ausbreitung der Viren im Körper, der ↗Immunantwort u. v. nicht-immunologischen Faktoren. – Bei V. einer Zelle kann es zur Virusvermehrung *(produktive Infektion)* u. Zerstörung der Wirtszelle *(lytischer Infektionszyklus)* kommen od. zu einer mehr od. weniger dauerhaften Assoziation zw. Virus u. Zelle: a) Lysogenisierung v. Bakterien bei temperenten ↗Bakteriophagen (z. B. ↗Lambda-Phage, ↗Mu-Phage); b) Immortalisierung u. Transformation v. Zellen durch ↗DNA- und ↗RNA-Tumorviren, meist verbunden mit Integration eines Teils od. des gesamten Virusgenoms in das Wirtszellgenom; c) Virusvermehrung ohne Zerstörung der Wirtszelle *(persistente* oder *„steady state"-Infektion,* ↗Persistenz); diese Art der V. findet man häufig bei ↗RNA-Viren, deren ↗Virionen eine äußere Lipoproteinhülle (Envelope, ↗Virushülle) tragen u. durch ↗budding freigesetzt werden. ↗DNA-Viren u. andere RNA-Viren (z. B. ↗Picorna-, ↗Toga-, ↗Influenzaviren) sind meist cytozid u. zerstören die Zellen, in denen sie sich vermehren. Kommt es nicht zur Produktion infektiöser Virionen (z. B. in nicht-permissiven Zellen, denen für die Virusvermehrung wichtige Funktionen

viro- [v. lat. virus = zähe Feuchtigkeit, Schleim; Gift], in Zss.: Viren-.

Virus, Viren [v. lat. virus = zähe Feuchtigkeit, Schleim, Gift].

Virushülle

Aktivität von virusspezif. Glykoproteinen der V. (Envelope) bei verschiedenen Viren
Hämagglutinin:
Bindung v. Erythrocyten (↗Hämagglutination)
  Orthomyxoviren
  (↗Influenzaviren)
  ↗Paramyxoviren
  ↗Bunyaviren
  ↗Togaviren
  Flaviviren
  ↗Rhabdoviren
  ↗Pockenviren
↗ *Neuraminidase*
  Orthomyxoviren
  Paramyxoviren
F-Protein:
Fusionierung von Zellen
  Paramyxoviren
Fc-Rezeptor:
Bindung von IgG-Molekülen
  ↗Herpesviren

fehlen, od. wegen genet. Defekte des Virus), spricht man v. *abortiver Infektion.* Der Verlauf einer produktiven V. wurde bes. intensiv bei ↗Bakteriophagen untersucht u. bei verschiedenen Tierviren unter Verwendung v. ↗Zellkulturen. Es lassen sich folgende Stadien unterscheiden: 1) ↗*Adsorption* (engl. *attachment*) der Viruspartikel an die Wirtszelle durch spezif. Wechselwirkung zw. Proteinen des Virus-↗Capsids od. der Lipoproteinhülle u. Rezeptoren (↗Virusrezeptoren) auf der Zelloberfläche; bestimmt hpts. den Wirtsbereich eines Virus u. Resistenz bzw. Suszeptibilität einer Zelle gegenüber einer V. 2) Aufnahme (↗*Penetration,* engl. *entry*) der Virionen in die Zelle u. Freisetzung (engl. ↗*uncoating*) der Virus-Nucleinsäure. Bei Bakteriophagen wird die DNA in die Zelle injiziert, das Capsid verbleibt außerhalb ([B] Bakteriophagen I–II). Bei Tierviren existieren verschiedene Mechanismen der Penetration, die meist im Detail noch nicht entschlüsselt sind: ↗Endocytose u. Aufnahme in ↗coated vesicles, nach Bildung v. sekundären ↗Lysosomen Fusionierung des Virus-Envelope mit der Lysosomenmembran u. Freisetzung des Nucleocapsids ins Cytoplasma (Beispiel: ↗Togaviren); Fusion des Virus-Envelope mit der Zellmembran (Beispiel: ↗Paramyxoviren). Während od. nach der Penetration erfolgen die Auflösung der Virionstruktur u. das „uncoating" zur anschließenden Expression der viralen Gene (↗Genexpression); infektiöse Viruspartikel sind nicht mehr nachweisbar (↗ *Eklipse*). Das „uncoating" erfolgt u. a. durch Konformationsänderungen des Capsids u. Verlust bestimmter Capsidproteine, proteolyt. Spaltung, Synthese viruscodierter Uncoating-Proteine in

---

Virusinfektion

Bei *Doppelinfektion* einer Zelle mit zwei verschiedenen Viren kann es zu einer Vielzahl genetischer u. nichtgenet. Wechselwirkungen kommen.
1. *Rekombination* (hpts. bei ↗DNA-Viren). Rekombination nicht miteinander verwandter Viren wurde zw. ↗Adenoviren und SV40 (↗Polyomaviren) beobachtet (↗Adenovirus-SV40-Hybride). – Rekombination zw. viraler u. zellulärer DNA und Integration der Virus-DNA in das Zellgenom ist Teil des Vermehrungszyklus v. ↗Retroviren u. spielt eine Rolle bei der ↗Zelltransformation durch verschiedene ↗DNA-Tumorviren.
2. Austausch v. Genomsegmenten (engl. *reassortment*) bei Viren mit segmentiertem Genom (↗Influenzaviren, ↗Reoviren).
3. *Reaktivierung.* Bei der sog. *Multiplizitätsreaktivierung* (engl. *multiplicity reactivation*) kommt es nach Infektion einer Zelle mit zwei inaktiven Viren zur Produktion vermehrungsfähiger Viruspartikel. Bei Doppelinfektion mit einem aktiven u. einem inaktiven Virus, das einen ge-

net. ↗Marker trägt, kommt es zur Bildung vermehrungsfähiger Viren, die das mutierte Gen tragen (*Kreuzreaktivierung,* engl. *cross-reactivation* od. *marker rescue* = „Genrettung")
4. ↗ *Komplementation*
5. ↗ *phänotypische Mischung*
6. ↗ *Interferenz*

Veränderungen v. Wirtszellen infolge einer V.:
– ↗cytopathogene Effekte bei Kulturzellen, Zelltod
– Einschlußkörperchen (engl. inclusion bodies) im Kern od. Cytoplasma; z. B.: Negri-Körper in Rabiesvirus-infizierten Zellen; Guarneri-Körper in Vacciniavirus-infizierten Zellen; Aggregation v. Virusproteinen od. Virionen
– ↗Zellfusion, Syncytien
– ↗Zelltransformation
– Chromosomenbrüche
– Abschaltung der Synthese zellulärer Proteine, RNA und DNA
– Veränderungen der Plasmamembran durch Einlagerung v. Virusproteinen, ↗Hämadsorption

Virusinfektion

$$(+)\text{RNA} \xrightarrow{\text{Retroviren}} (-)\text{DNA} \xrightarrow{} (\pm)\text{DNA}$$

```
              (-)DNA
                │ Parvoviren
                ▼
             (±)DNA
            Adenoviren
            Herpesviren
            Papovaviren
            Pockenviren
                │
   Caliciviren  ▼
   Coronaviren ┌──────┐
   Flaviviren  │(+)RNA│ ←── (±)RNA
   Picornaviren│  =   │     Reoviren
   Togaviren   │m-RNA │
               └──────┘
                ▲
            Arenaviren
            Bunyaviren
            Orthomyxoviren
            Paramyxoviren
            Rhabdoviren
                │
             (-)RNA
```

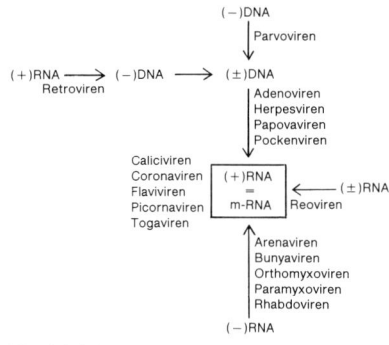

Virusinfektion

Genexpression bei Tierviren: Beziehungen zw. Virusgenom u. messenger-RNA (m-RNA):

Bei ↗RNA-Viren mit segmentiertem Genom entspricht meist jedes Segment einem Gen (↗Orthomyxoviren, ↗Reoviren). Bei RNA-Viren mit einteiligem Genom werden entweder verschiedene subgenomische m-RNAs transkribiert, die jeweils für ein Protein codieren (↗Paramyxoviren, ↗Rhabdoviren), od. ein Polyprotein wird durch proteolytische Spaltung in die endgültigen Proteine zerlegt (↗Picornaviren, ↗Togaviren). Die reifen m-RNAs bei den meisten ↗DNA-Viren u. ↗Retroviren werden durch ↗Spleißen erzeugt. Bei DNA-Viren mit doppelsträngigem (±) Genom werden m-RNAs entweder v. beiden DNA-Strängen (↗Adeno-, ↗Polyomaviren) od. nur v. einem DNA-Strang (↗Papillomviren) transkribiert. Gene, deren Expression vor Beginn der viralen DNA-Replikation erfolgt, werden als ↗frühe Gene bezeichnet; sie wirken hpts. als Replikationsenzyme, regulatorisch wirksame u. transformierende Proteine. Späte Gene, deren Transkription nach Beginn der DNA-Replikation einsetzt, codieren meist für Virion-Strukturproteine.

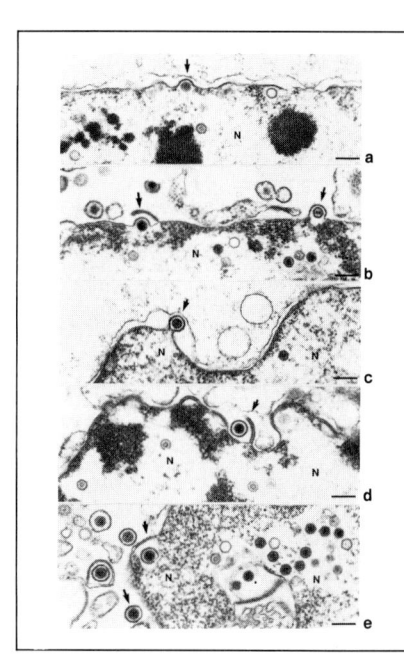

Reifung v. Virionen des ↗Herpes-simplex-Virus Typ 1 durch ↗budding an der inneren Kernmembran. Die Nucleocapside wandern an Stellen der Kernmembran, in die virusspezif. Glykoproteine eingelagert sind **(a)**. Unter Ausstülpung **(b)** und Abschnürung **(c)** von der zellulären Membran kommt es zur Bildung reifer, aus Nucleocapsid u. Lipoproteinhülle zusammengesetzter Virionen **(d, e)**, die über das endoplasmat. Reticulum nach außen transportiert werden. Im Zellkern (N) sind neben kompletten Nucleocapsiden auch leere Capside zu erkennen.

einem zweistufigen Uncoating-Prozeß (bei ↗Pockenviren). Häufig bleibt die Nucleinsäure mit Virusproteinen assoziiert; bei RNA-Viren mit Virion-assoziierter Transkriptase (RNA-Viren mit Minusstrang-RNA, Reoviren, RNA-Tumorviren) kommt es zur Aktivierung dieses Enzyms. 3) *Replikation* des Virusgenoms u. *virale Genexpression.* Hierbei sind vielfältige Strategien, abhängig v. Art u. Organisation des Virusgenoms, bei den verschiedenen Viren verwirklicht (vgl. Tab.). Die Nucleinsäure-Replikation findet entweder im Kern (DNA-Viren mit Ausnahme der Pockenviren, Orthomyxo- u. ↗Retroviren) od. im Cytoplasma (alle sonstigen tierischen RNA-Viren) statt. 4) *Morphogenese* (Zusammenbau, engl. ↗*assembly*) und *Freisetzung* (engl. *release*) der Virionen. Die Zusammenlagerung der Strukturproteine zu Capsomeren u. Capsiden erfolgt häufig spontan (self assembly, ↗Selbstorganisation), in mehreren Teilschritten (Beispiel: Phage T4, B Genwirkketten I) u. unter proteolyt. Spaltung v. Vorläuferproteinen (z.B. ↗Picornaviren, ↗Pockenviren). Die Virusnucleinsäure wird in die vorgeformten Capside aufgenommen. Die Freisetzung der neugebildeten Virionen erfolgt bei „nackten" Viren (d.h. ohne äußere Lipoproteinhülle) meist durch Zerstörung der Wirtszelle, bei Viren mit Envelope durch einen Knospungsprozeß (engl. ↗*budding*) an zellulären Membranen, meist der Plasmamembran, jedoch auch am rauhen endoplasmatischen Reticulum, Golgi-Apparat (↗Bunyaviren, ↗Coronaviren) od. an der

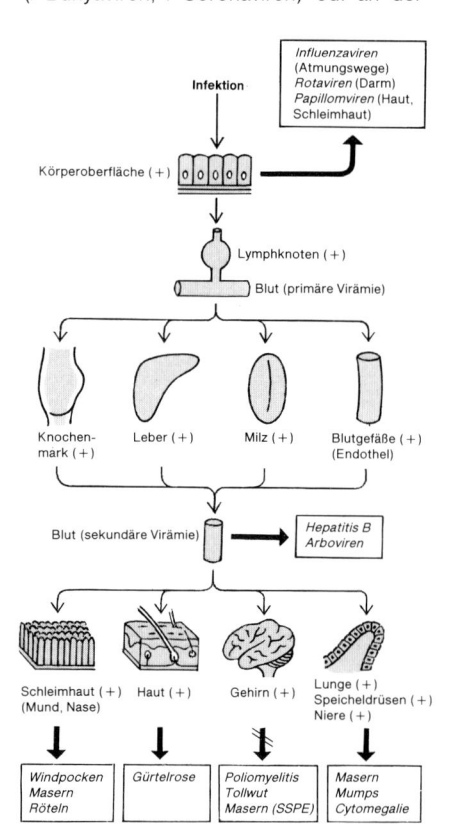

Virusinfektion

Ausbreitungs- und Transportwege v. Virionen im menschlichen Körper bei V.en. An den mit (+) gekennzeichneten Stellen kann eine Virusreplikation stattfinden. Wesentl. Ausscheidungs- u. Übertragungswege infektiöser Virionen (breite Pfeile) sind für einige Viruskrankheiten angegeben; Infektion des Gehirns führt nicht zu einer weiteren Virusübertragung (durchgestrichener Pfeil).

```
                          Infektion
                              │
                              ▼
Körperoberfläche (+) ──────────────► Influenzaviren (Atmungswege)
                              │      Rotaviren (Darm)
                              │      Papillomviren (Haut, Schleimhaut)
                              ▼
                     Lymphknoten (+)
                              │
                     Blut (primäre Virämie)
          ┌──────────┬────────┼─────────┐
          ▼          ▼        ▼         ▼
     Knochen-     Leber(+)  Milz(+)  Blutgefäße(+)
     mark(+)                          (Endothel)
          └──────────┴────────┼─────────┘
                              ▼
                  Blut (sekundäre Virämie) ──► Hepatitis B, Arboviren
          ┌──────────┬────────┼─────────┐
          ▼          ▼        ▼         ▼
     Schleimhaut   Haut(+)  Gehirn(+)  Lunge(+)
     (+)(Mund,                         Speicheldrüsen(+)
     Nase)                              Niere(+)
          ▼          ▼        ▼         ▼
     Windpocken  Gürtelrose Poliomyelitis Masern
     Masern                 Tollwut      Mumps
     Röteln                 Masern(SSPE) Cytomegalie
```

Viruskrankheiten

Virusinfektion

a *Akute Infektion:* nach einer ↗ Inkubationszeit v. wenigen Tagen bis Wochen kommt es zum Auftreten v. Krankheitssymptomen. Infektiöse Viren sind meist nur kurz vor bis nach der Krankheitsperiode (senkrechter Balken) im Blut, in Sekreten od. Exkreten vorhanden u. werden vom Körper innerhalb weniger Wochen eliminiert (Beispiele: ↗ Pocken, ↗ Masern, ↗ Grippe, ↗ Poliomyelitis).
b–f *Persistente Virusinfektionen:*
b *Akute Infektion* mit anschließender Viruspersistenz, die nach Jahren zu einer tödl. verlaufenden Erkrankung führt. Beispiel Masernvirus: Masern u. subakut sklerosierende Panencephalitis (SSPE).
c *Latente Infektion:* nach einer akuten Infektion persistiert das Virus im Körper; Reaktivierung des Virus führt zum Auftreten erneuter akuter Infektionen. In den symptomfreien Perioden sind infektiöse Viren nicht nachweisbar (gestrichelte Linie). Beispiele: ↗ Varizellen-Zoster-Virus, ↗ Herpes-simplex-Viren.
d, e *Chronische Infektion:* im Ggs. zur latenten Infektion werden bei chron. Infektion infektiöse Viren über einen längeren Zeitraum produziert u. ausgeschieden; es besteht eine fortdauernde Virämie. Es kann nach Jahren zum Auftreten v. Immunkomplexkrankheiten od. Tumoren kommen. Beispiele: ↗ Hepatitisviren, Leukämieviren (↗ RNA-Tumorviren), Aleutenkrankheit der Nerze (↗ Parvoviren).
f *slow-Virus-Infektion:* persistente V., die nach sehr langer Inkubationszeit zu einer progressiven, letalen Erkrankung führt (↗ slow-Viren)

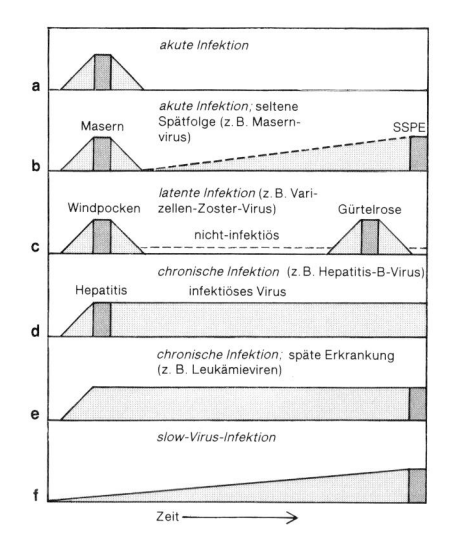

Kernmembran (Herpesviren, □ 344). – Im Organismus verlaufen viele V.en, auch v. virulenten Viren (↗Virulenz), häufig ohne Krankheitserscheinungen *(inapparente Infektion)*. V.en mit klin. Symptomen (↗Viruskrankheiten) lassen sich nach Dauer der ↗Inkubationszeit (T), Anwesenheitsdauer des Virus im Körper u.a. in verschiedene Kategorien einteilen (vgl. Abb.). Das Eindringen der Viren in den Körper v. Mensch u. Tier erfolgt hpts. durch Infektion v. Zellen der Haut, des Verdauungs-, Atmungs- u. Genitaltrakts. Die Infektion kann lokalisiert bleiben od. sich im Körper ausbreiten *(generalisierte Infektion)*. Die Virusausbreitung erfolgt durch Infektion der regionalen Lymphknoten, Transport der Virionen über den Blutweg (↗Virämie) u. über die peripheren Nerven u. Infektion zusätzl. Zielorgane (□ 344). Reaktionen des menschl. und tier. Organismus auf eine V. sind hpts. die humorale u. zellvermittelte Immunantwort (u.a. Bildung v. ↗Antikörpern [↗Immunglobuline], die zu einer Neutralisierung der Virion-Infektiosität führen, Aktivierung von T-Zellen [↗Lymphocyten], ↗Makrophagen u.a. ↗Immunzellen, Aktivierung v. ↗Komplement, Immuncytolyse infizierter Zellen), die Produktion v. ↗Interferon u. ein Anstieg der Körpertemperatur (↗Fieber), die insgesamt eine Eliminierung des infektiösen Agens u. eine Beendigung der V. herbeiführen können; die Immunantwort kann jedoch auch kausal zur Erkrankung beitragen (↗Immunopathien). ↗Resistenz bzw. Empfindlichkeit eines Individuums gegenüber einer V. und der Schweregrad der Erkrankung hängen außerdem ab v. der genet. Konstitution, Alter, Ernährung u. sozio-ökonom. Verhältnissen, Hormonstatus (z.B. kommt es bei Schwangerschaften häufiger zur Reaktivierung persistenter Viren) u. dem ↗Immunsystem (so ist beim Vorliegen einer ↗Immunsuppression infolge einer Immundefizienz-Erkrankung [z.B. ↗Immundefektsyndrom] od. klinischen Behandlung die Empfindlichkeit gegenüber vielen V.en erhöht; es kommt zu schwereren Verlaufsformen u. zur Reaktivierung persistenter Viren). Eine V. hinterläßt meist eine zeitweilige od. dauerhafte ↗Immunität u. damit einen Schutz gg. nochmalige Infektion mit dem gleichen Virus. Die Verfügbarkeit geeigneter Impfstoffe ermöglicht eine ↗Schutzimpfung gg. bestimmte V.en (beim Menschen z.B. ↗Masern, ↗Röteln, ↗Grippe, ↗Poliomyelitis, ↗Gelbfieber, ↗Hepatitis B, ↗Tollwut). Die *Virusübertragung* v. einem Organismus auf den anderen erfolgt auf verschiedenen Wegen, u.a. durch Kontakt mit kontaminierten Gegenständen (↗Kontamination, ↗Sterilisation) u. Nahrungsmitteln (z.B. ↗Enteroviren), durch kontaminiertes Blut (bei ↗Bluttransfusionen) u. Blutpräparate sowie durch kontaminierte Nadeln u. Spritzen (z.B. ↗Hepatitisvirus B, AIDS-Virus; ↗T-lymphotrope Viren), durch direkten Haut- bzw. Schleimhautkontakt (z.B. ↗Papillom-, ↗Herpesviren, AIDS-Virus), Tröpfcheninfektion (z.B. Influenza-, Masern-, Rhinoviren), durch Biß v. Wirbeltieren (Rabiesvirus, ↗Rhabdoviren) od. durch als ↗Vektoren dienende, beißende od. stechende Insekten (↗Arthropodenviren, ↗Arboviren), während der Schwangerschaft v. der Mutter auf den Embryo od. Fetus (z.B. Rötelnvirus [↗Togaviren], ↗Embryopathie). *E. S.*

Viruskrankheiten, *Virosen,* durch ↗Viren hervorgerufene Erkrankungen (↗Infektionskrankheiten, ↗Virusinfektion) v. Mensch (vgl. Tab.), Tier (T 346) und Pflanze (T Pflanzenviren). Häufig kann eine Virusart mehrere Krankheitsbilder hervorrufen, od. ein klin. Syndrom kann durch verschiedene Virusinfektionen verursacht werden. Die Diagnose von V. *(Virusdiagnostik)* erfolgt entweder 1) direkt durch Nachweis v. Virus od. Virusantigen im Untersuchungsmaterial (Faeces, Liquor, Abstrichen, Biopsiematerial, u.a.)

Viruskrankheiten

Einige wichtige V. des Menschen:

AIDS (↗ Immundefektsyndrom):
  HIV (↗ T-lymphotrope Viren)
↗ Denguefieber: Denguevirus (↗ Togaviren)
↗ Gelbfieber: Gelbfiebervirus (↗ Togaviren)
↗ Grippe: ↗ Influenzaviren
↗ Hepatitis: ↗ Hepatitisviren
↗ Herpes labialis, H. genitalis:
  ↗ Herpes simplex-Viren
↗ Lassa-Fieber: Lassavirus (↗ Arenaviren)
↗ Masern: Masernvirus (↗ Paramyxoviren)
↗ Mumps: Mumpsvirus (↗ Paramyxoviren)
↗ Pocken: Variolavirus (↗ Pockenviren)
↗ Poliomyelitis: Poliovirus (↗ Picornaviren)
↗ Röteln: Rötelnvirus (↗ Togaviren)
Warzen: ↗ Papillomviren
↗ Windpocken u. Gürtelrose
  (↗ Herpes zoster):
  ↗ Varizellen-Zoster-Virus

Virusneutralisierung

od. nach Virusvermehrung (in Zellkulturen, Organkulturen, Hühnerembryonen, Versuchstieren) oder 2) indirekt durch Nachweis der gg. ein Virus gerichteten Antikörper im Serum oder 3) durch histolog. Untersuchung des infizierten Gewebes. Die Wahl der labordiagnost. Methoden (vgl. Tab.) richtet sich v. a. nach der Verdachtsdiagnose. Die Möglichkeiten für eine gezielte antivirale Chemotherapie sind z. Z. noch begrenzt (↗Virostatika). Verhütung (Prophylaxe) u. Bekämpfung von V. ist bei einer Reihe v. Virusinfektionen v. Mensch u. Tier durch die Anwendung v. Impfstoffen zur ↗aktiven od. ↗passiven Immunisierung möglich.

Virusneutralisierung, Hemmung der Infektiosität eines Virus durch spezif. neutralisierende Antikörper; kann gemessen werden durch ↗Inokulation des Virus-Antikörper-Gemisches in geeignete Zellkulturen od. Versuchstiere. Der auf der V. basierende Neutralisationstest ist eine in der Virusdiagnostik (↗Viruskrankheiten) vielfach verwendete Methode zur Identifizierung v. ↗Viren in klin. Material od. zum Nachweis neutralisierender Antikörper im Serum.

Virusoide ↗Satelliten, ↗Viroide.

Virusrezeptoren [v. lat. recipere = aufnehmen], Anheftungsstellen für Viren an der Zellwand (↗Bakterienzellwand) bzw. Plasma-↗Membran der Wirtszellen (↗Adsorption, ↗Virusinfektion). Als V. bei Bakterien dienen meist ↗Lipopolysaccharide (☐), Proteine od. ↗Lipoproteine (z. B. ↗O-Antigene v. Salmonellen als Rezeptoren für Salmonella-Phagen; Mannose-Transportprotein als Rezeptor für den ↗Lambda-Phagen), bei eukaroyten Zellen ↗Glykoproteine u. ↗Glykolipide (z. B. mit ↗N-Acetylneuraminsäure als Rezeptoren für Ortho- u. Paramyxoviren).

Viscacha w [wißkatscha; v. Quechua wiskácha über span. vizcacha], *Lagostomus maximus,* ↗Chinchillas.

Viscaria w [v. spätlat. viscarius = klebrig], die ↗Pechnelke.

Viscera [Mz.; lat., =], die ↗Eingeweide.

Visceralbogen [v. *viscer-], *Kiemenbogen,* ↗Branchialskelett.

Visceralganglion s [v. *viscer-], *Eingewedeganglion, Ganglion viscerale,* hinterstes, ventral unter dem Darm lokalisiertes ↗Ganglion (Nervenknoten) bei ↗Weichtieren (☐). ↗Nervensystem (☐ I), ☐ Gehirn, ☐ Muscheln.

Visceralskelett [v. *viscer-, gr. skeletos = ausgetrocknet], *Viszeralskelett, Branchialskelett, Kiemen(bogen)skelett,* die Skelettelemente des Kiemenapparats bzw. deren Derivate. Bei Fischen besteht das V. aus paarigen Skelettspangen, welche die Kiemenbögen stützen. Bei Tetrapoden sind verschiedene Anteile des Schädels Derivate des V.s. Man faßt diese als *Viscerocranium* od. *Splanchnocranium* zus. Meist wird unter diesen Begriffen nur der ↗Kieferschädel (Ober- u. Unterkiefer) verstanden, jedoch gehören aufgrund ihrer Ableitung v. Kieferelementen – letztl. also v. Kiemenbogenelementen – auch die ↗Gehörknöchelchen dazu. – Den *visceralen Ersatzknochen* u. Knorpeln werden die *somatischen Ersatzknochen* (Wirbelsäule, Extremitäten, Schulter, Becken, Rippen) gegenübergestellt. ↗Kiefer.

Viscerocranium s [v. *viscer-, gr. kranion = Schädel], der ↗Kieferschädel; ↗Fische (☐, Bauplan).

α-Viscol s, ↗Amyrin.

Viscum s [lat., =], die ↗Mistel.

Visna, meist tödl. verlaufende, meldepflichtige slow-Virus-Infektion (↗Retroviren, ☐ slow-Viren) der Schafe, die mit einer Demyelinisierung (Entmarkung der Nervenfortsätze) und Hirn-Rückenmarks-Entzündung einhergeht; Symptome: u. a. Bewegungsstörungen, Tremor, Lähmungen.

Vison s [v. dt. Wiesel, über frz. vison = Nerz], *Mustela vison,* ↗Nerze.

vis plastica w [v. lat., =], *Bildungskraft,*

Virus, Viren [v. lat. virus = zähe Feuchtigkeit, Schleim, Gift].

Viruskrankheiten

Methoden der *Virusdiagnostik:*
Immundiffusion (↗Agardiffusionstest)
↗Immunfluoreszenz
↗Komplementbindungsreaktion (KBR)
↗Hämagglutinationshemmungstest
enzyme-linked immunosorbent assay (ELISA)
↗Radioimmunassay
Neutralisationstest (↗Virusneutralisierung)
Elektronenmikroskopie (↗Elektronenmikroskop)
Nucleinsäure-↗Hybridisierung

---

viscer- [v. lat. viscera = Eingeweide; visceralis = zu den Eingeweiden gehörend, innerlich].

Viruskrankheiten

Wichtige Viruskrankheiten bei Tieren (Auswahl, nach Virusfamilien geordnet):

↗Adenoviren: Hepatitis contagiosa canis (Hund, Fuchs)
↗Arenaviren: Lymphocytäre Choriomeningitis (Maus)
↗Bunyaviren: Rift-Valley-Fieber (Schaf, Ziege, Rind); Nairobi-Schafkrankheit
↗Coronaviren: Infektiöse Bronchitis des Huhns; übertragbare Gastroenteritis der Schweine
↗Herpesviren: Infektiöse bovine Rhinotracheitis/infektiöse pustulöse Vulvovaginitis, IBR/IPV (Rind); Pseudowut, -rabies, ↗Aujeszky-Krankheit (u. a. Schwein); Rhinopneumonitis (Pferd); Mareksche Krankheit, ↗Marek-Lähme (Huhn)
↗Iridoviren: Afrikanische ↗Schweinepest
Orthomyxoviren: Klassische Geflügelpest; Influenza (Schwein, Pferd u. a.)
↗Paramyxoviren: ↗Newcastle-disease, atypische Geflügelpest (Huhn); ↗Rinderpest; ↗Staupe des Hundes
↗Parvoviren: Panleukopenie der Katze; Aleutenkrankheit der Nerze
↗Papillomviren: Papillomatosen bei Rind, Schaf, Ziege u. a.
↗Picornaviren: ↗Maul- und Klauenseuche (Wiederkäuer, Schweine); Ansteckende ↗Schweinelähme (Teschener Krankheit); Vesikuläre Schweinekrankheit
↗Pockenviren: Pockenerkrankungen (↗Pockenseuche) bei Rind, Schaf, Ziege, Schwein; ↗Myxomatose (Kaninchen); ↗Mäusepocken, Ektromelie; Geflügelpocken
↗Reoviren: Bluetongue (Schaf); Afrikanische Pferdepest
↗Retroviren: Leukosen/Sarkome bei Rind, Katze, Maus, Huhn; Infektiöse Anämie (Pferd); Visna-↗Maedi-Erkrankungen (Schaf)
↗Rhabdoviren: ↗Tollwut
↗Togaviren: Louping ill (Schaf); Pferdeencephalitis; Bovine Virusdiarrhöe (Rind); ↗Schweinepest
↗slow-Viren: Scrapie, ↗Traberkrankheit (Schaf)
nicht-klassifizierte Viren: ↗Bornasche Krankheit

in den Vorstellungen aus vorwiss. Zeit (Theophrast 372–287 v.Chr., Avicenna 980–1037) eine geheimnisvolle Kraft, welche die Fossilien erzeugt hat; bei ↗Albertus Magnus „virtus formativa" u. bei A. ↗Kircher „spiritus plasticus" genannt.

Visus *m* [lat., = Sicht], 1) der ↗Gesichtssinn; 2) die Sehschärfe; ↗Auflösungsvermögen, ↗Auge, ↗Netzhaut.

vis vitalis *w* [lat., =], die ↗Lebenskraft; ↗Vitalismus – Mechanismus.

Viszeralskelett ↗Visceralskelett.

Vitaceae [Mz.; v. lat. vitis = Rebe], die ↗Weinrebengewächse.

Vitalfärbung *w* [v. lat. vitalis = Lebens-], Anfärbung lebender Organismen od. Zellen für lichtmikroskop. Untersuchungen mit nichttoxischen Farbstoffen *(Vitalfarbstoffe),* die in bestimmten Organen (z.B. Speicherung v. Trypanblau in Nierenkanälchen) od. Zellorganellen (etwa Farbstoffspeicherung in Endocytosevakuolen) angereichert werden u. diese selektiv darstellen. ↗mikroskop. Präparationstechniken.

Vitalismus – Mechanismus

Durch die Geschichte der Wissenschaften vom Leben zieht sich gleichsam wie ein roter Faden die Frage, ob Leben allein durch physikalisch-chemische Prinzipien hinreichend charakterisiert werden kann oder ob dafür Prämissen erforderlich sind, die über die in den Wissenschaften vom Anorganischen ergründeten Gesetzlichkeiten hinausgehen. Diese Frage hat heute nach wie vor ihre hervorragende Bedeutung: Ist Leben bloß eine Wechselwirkung von Molekülen? Oder müssen wir zu seiner Bestimmung auf besondere Prämissen, vielleicht gar „geistige Prinzipien" zurückgreifen?

Aristoteles (384–322 v.Chr.) hatte die Eigengesetzlichkeit lebender Systeme erkannt und postulierte hierfür das Wirken einer spezifischen Kraft; er nannte diese *Entelechie.* Aber schon sein Schüler Theophrast (372–287 v.Chr.) behauptete, Leben sei mechanisch determiniert, und man müsse bei der Beschreibung und Erklärung der Lebewesen daher so vorgehen wie in den „mechanischen Künsten". So entstand die *Vitalismus-Mechanismus-Kontroverse.* Die Geschichte philosophischer Fragen in der Biologie kann als ein Wechselspiel von vitalistischen und mechanistischen Konzepten dargestellt werden.

In der vitalistischen Denktradition wird Leben sozusagen von oben bestimmt; mitunter wird Leben dabei buchstäblich als eine Entäußerung des *Geistes* betrachtet. Der Mechanismus hingegen postuliert, Leben sei nichts anderes als *Mechanik,* wobei Lebewesen häufig als Maschinen beschrieben, ja mit Maschinen identifiziert werden. Während Aristoteles kein Vitalist im strengen Wortsinn war, da er lediglich die Besonderheiten lebender Systeme gegenüber dem Unbelebten betonte, vertraten andere Autoren die These von der Abhängigkeit aller Lebensvorgänge von geistigen Prinzipien und bezeichneten diese Prinzipien – wie etwa Galen (129–199 n.Chr.) – mit *spiritus* und *pneuma* oder – wie G.E. Stahl (1694–1734) – mit *anima*. Diese Formen des Vitalismus, wo also der Lebensfaktor als ein immaterieller Faktor gefaßt

Animismus – Lebenskraftlehren

Das Postulat der Entelechie

nisus formativus – vis mortua

spiritus – pneuma – anima

wird, können wir als *Animismus* (auch Seelenmetaphysik oder Psychovitalismus) bezeichnen, wodurch die Annahme einer „Beseeltheit" alles Lebenden zum Ausdruck kommt.

Vom Animismus zu unterscheiden sind die *Lebenskraftlehren.* Auch dabei wird zwar ein spezifischer Lebensfaktor, eine Vitalkraft angenommen, doch nicht als spirituelles Prinzip, sondern als durchaus *natürlicher* Faktor, der aber nicht bloß mechanisch erklärbar sein soll. Die Lebenskraftlehren wurden im 18. und 19. Jahrhundert auf breiter Basis entwickelt und von vielen Biologen vertreten. Sie dienten gewissermaßen als „Lückenparadigmen" (E.-M. Engels): Einerseits konnte man verschiedene Lebenserscheinungen nicht physikalisch (mechanisch) erklären, andererseits aber war man abgekommen von animistischen Interpretationen des Lebens. So sprach beispielsweise J.F. Blumenbach (1752 bis 1840) von einem *nisus formativus* oder „Bildungstrieb", um damit das Vermögen der Lebewesen zu charakterisieren, sich zu bestimmten Gestalten zu entwickeln. Nach A. v. Haller (1708–77) sollte die Kontraktilität der Muskeln durch eine mit *vis mortua* bezeichnete (Lebens-)Kraft zustande kommen.

Die Lebenskraftlehren lassen sich aus der Opposition zum mit der neuzeitlichen Naturwissenschaft aufblühenden Mechanismus verstehen. Wenn auch die mechanistische Interpretation des Lebens in der Antike wurzelt, so bekam sie doch erst mit der Etablierung der Physik zu Beginn der Neuzeit ein breites Fundament.

Die Biologie selbst erlebte seit dem 16. Jahrhundert eine stürmische Entwicklung. Man begann, die Lebewesen empirisch zu untersuchen und stützte sich nicht mehr allein auf die über das Mittelalter überlieferten antiken Autoren. Der Anatom Vesalius (1514–1564) war um eine Darstellung der funktionellen Beziehungen im menschlichen Körper bemüht und vermittelte detaillierte und lebendige Bilder vom Organismus und seiner Organsysteme. Die analytische und funktionelle Betrachtung der Lebewesen stand ganz in der Tra-

Vitalismus – Mechanismus

dition einer „Mechanisierung" der Natur bzw. des Naturbildes. Es profilierte sich die Schule der *Iatromechanik,* deren Vertreter – vor allem G. A. Borelli (1608–1679) – biologische (physiologische) Leistungen/Funktionen auf mechanische Funktionen zurückzuführen suchten. Borelli interpretierte die Konstruktion des Menschen als eine Arbeit leistende Skelett-Muskel-Maschine.

So hatte sich allmählich eine *Maschinentheorie* des Lebens abgezeichnet: Man war bestrebt, die Lebensfunktionen auf allgemeine (mechanische) Gesetze zurückzuführen, umgekehrt aber auch Lebewesen in Maschinen, Automaten nachzubilden. Der französische Ingenieur J. de Vaucanson (1709–1782) konstruierte eine „mechanische Ente", ein technisches Gebilde, das Bewegungen einer Ente (Paddeln, Kopf-Recken usw.) ausführen konnte. Wenn also die Lebensfunktionen in Maschinen nachzubilden sind, dann – so folgerte man – sind Lebewesen nichts anderes als Maschinen. Diese Auffassung gipfelt in dem umstrittenen Werk des französischen Arztes J. O. de Lamettrie (1709–1751), „L'homme machine", „Der Mensch eine Maschine" (1747).

Während somit die mechanistische Tradition alles Leben auf physikalische Gesetze reduziert hat, versuchten die Lebenskraftlehren die Eigenständigkeit des Lebenden herauszustreichen. Im 19. Jahrhundert erhielt die mechanistische Betrachtungsweise allerdings wieder neue Nahrung: Zum einen durch die Harnstoffsynthese durch F. Wöhler (1800–1882), zum anderen durch die Selektionstheorie Darwins. Indem Darwin die Evolution der Lebewesen auf die natürliche Auslese zurückführte, ließ er nur ein mechanisch wirkendes Prinzip gelten. Erschüttert wurde damit insbesondere der Gedanke, daß alle Lebewesen letztlich einer universellen Zweckmäßigkeit (Teleologie) untergeordnet sind und durch innere Kräfte zu einem bestimmten (End-)Ziel determiniert sein könnten. Darwins *Naturalismus* sollte denn auch maßgeblich werden für die Biologie des 20. Jahrhunderts.

Aber kaum war die Selektionstheorie und der an sie geknüpfte Mechanismus verlautet, gab es abermals heftigen Widerstand und den Rückgriff auf Vitalkräfte. Um die Wende zum 20. Jahrhundert wurde der *Neovitalismus* etabliert, nicht zuletzt unter dem Eindruck, daß verschiedene Probleme der Entwicklungsbiologie, Genetik und Evolutionsforschung durch den mechanistischen Ansatz nicht befriedigend erklärt waren. Daher erneuerte H. Driesch (1867–1941) den Gedanken an die Entelechie, H. Bergson (1859–1941) sprach vom *élan vital* (einem Lebensimpuls, einer Lebensschwungkraft) und J. Reinke (1849–1931) von *Dominanten* und *System-*

Die Entwicklung der Maschinentheorie

kräften. Im ersten Drittel des 20. Jahrhunderts erfreute sich der Neovitalismus vieler Anhänger, und sogar der Animismus wurde damit – insbesondere im Werk von Driesch – wiederbelebt. Driesch meinte: „Entelechie wird von räumlicher Kausalität affiziert und wirkt auf räumliche Kausalität, als wenn sie jenseits des Raumes herkäme: sie wirkt nicht im Raum, sie wirkt in den Raum hinein; sie ist nicht im Raum, im Raum hat sie nur Manifestationsorte." Das ist Seelenmetaphysik!

Das Pendel schlug aber ins andere Extrem, als mit der Begründung der Molekularbiologie – und allem voran mit der Entzifferung des genetischen Codes – das Geheimnis der Reproduktion und Vererbung im Bereich des Lebenden gelüftet wurde. Fortan, also etwa seit den frühen fünfziger Jahren, deklarierten sich viele Biologen als Vertreter eines „Molekularmechanismus". Demnach wäre Leben doch nur eine Sache der Chemie und in der weiteren Reduktion wieder der Physik. Eine Definition des Lebens liest sich dann folgendermaßen: „Leben bedeutet partielle, kontinuierliche, progressive, vielgestaltige und den Gegebenheiten nach wechselwirksame Selbstrealisation der Potenzen von Elektronenzuständen des Atoms" (J. D. Bernal). Einer solchen oder einer ähnlich lautenden Definition von Leben würden sich heute wohl wesentlich mehr Biologen anschließen als einer vitalistisch (oder neovitalistisch) geprägten Lebensbestimmung. In der Tat vermag der von den Vitalisten geprägte Begriff *élan vital* die Lebensfunktionen nicht besser zu erklären, als ein, nach J. Huxley gesagt, *élan locomotif* die Fortbewegung eines Eisenbahnzugs erklären könnte. Dies bedeutet, daß von den Vitalisten gerade das zu Erklärende vielfach in den Bereich des Obskuren projiziert wird, so daß die Kritik am Vitalismus durchaus verständlich ist.

Die fortdauernde Vitalismus-Mechanismus-Debatte hat tiefe Gräben aufgerissen und scheinbar unüberwindliche Gegensätze aufgetürmt. Eine moderne *systemtheoretische* Betrachtungsweise – wie sie vor allem von L. v. Bertalanffy angesetzt wurde – vermag aber zu zeigen, daß ein befriedigendes Verständnis von Leben nur jenseits des vitalistisch-mechanistischen Gegensatzes erzielt werden kann. Der systemtheoretische Lebensbegriff beruht auf zwei Prämissen:

Die Rolle der systemtheoretischen Betrachtungsweise

– Im Bereich des Lebenden gelten zwar physikalisch-chemische Gesetzlichkeiten, Leben kann ohne Rückgriff auf diese Gesetzlichkeiten nicht erklärt werden; durch die spezifischen Verknüpfungen von Elementen in Lebewesen gewinnen diese aber eine spezifische Struktur und Funktion.

– Durch Wechselwirkungen auf allen Ebenen des hierarchisch organisierten le-

benden Systems werden Gesetzlichkeiten erkennbar, die nicht restlos auf Physik und Chemie reduziert werden können, so daß das Leben, trotz seiner physikalisch-chemischen Grundlagen, seine relative Eigenständigkeit und Eigengesetzlichkeit bewahrt.
Damit wird, in der Überwindung der Dualität „Vitalismus – Mechanismus", ein neuer Lebensbegriff sichtbar und eine Philosophie des Lebendigen möglich, die die alten Gegensätze überwunden hat.
Der Vitalismus-Mechanismus-Streit hat aber zweifelsohne dazu beigetragen, daß in der Biologie die Frage „Was ist Leben?" fortgesetzt diskutiert und reflektiert wurde. Ohne Zweifel gehört diese Frage zu den faszinierendsten Fragen der Naturwissenschaften und der Philosophie. Sie ist nach wie vor aktuell, und von ihrer Beantwortung hängt auch ab, welche Position der Mensch in der Natur einnimmt. In der Überwindung des Vitalismus und des Mechanismus können wir nämlich erkennen, daß wir weder bloße Maschinen sind noch von Geisterhand beflügelte Wesen, sondern daß wir uns in der Dynamik der Natur, des Lebens auf dem Planeten Erde begreifen können.

„Was ist Leben?" – die Dauerfrage in der Biologie

Lit.: Bergson, H.: Schöpferische Entwicklung. Jena 1921. Bernal, J. D.: Der Ursprung des Lebens. Lausanne 1972. Bertalanffy, L. v.: General System Theory. New York 1968. Driesch, H.: Philosophie des Organischen. Leipzig 1928. Driesch, H.: Die nicht-mechanistische Biologie und ihre Vertreter. Nova Acta Leopoldina, N.F. 1, 282–287, 1933. Engels, E.-M.: Die Teleologie des Lebendigen. Eine historisch-systematische Untersuchung. Berlin 1982. Grmek, M.: A Survey of the Mechanical Interpretations of Life from Greek Atomists to the Followers of Descartes. In: Breck, A. D. and Yourgrau, W. (eds.): Biology, History, and Natural Philosophy. New York 1972. Jacob, F.: Die Logik des Lebenden. Von der Urzeugung zum genetischen Code. Frankfurt/M. 1972. Lenoir, T.: The Strategy of Life. Teleology and Mechanics in Nineteenth Century German Biology. Dordrecht – Boston 1981. Wuketits, F. M.: Biologische Erkenntnis: Grundlagen und Probleme. Stuttgart 1983. Wuketits, F. M.: Zustand und Bewußtsein. Leben als biophilosophische Synthese. Hamburg 1985.
Franz M. Wuketits

Vitalisten [Mz.; v. lat. vitalis = Leben enthaltend], die Vertreter des Vitalismus; ↗ Vitalismus – Mechanismus.

Vitalität *w* [v. lat. vitalitas = Lebenskraft], die erblich (genetisch) bedingte u. durch Umwelteinflüsse modifizierte „Lebensfähigkeit" eines Individuums od. einer Population im Vergleich zu einem (einer) anderen. Als *V.skriterien* können dienen: ↗ Lebensdauer, Überlebensrate, Zahl der Nachkommen, ↗ Fruchtbarkeit (Fertilität), ↗ Konkurrenz-Stärke, Widerstandskraft (↗ Resistenz) gg. ungünstige Umweltbedingungen (auch Krankheiten), Anpassungsfähigkeit (↗ Anpassung) an wechselnde Umweltbedingungen. Unterschiedliche V. bestimmt die *Fitness* (↗ inclusive fitness) eines Individuums u. damit seinen *Anpassungswert* (Adaptationswert) unter dem Einfluß der ↗ Selektion. Die oft stark verringerte V. von Artbastarden (z. B. ↗ Bastardsterilität) wirkt als motagamer ↗ Isolationsmechanismus. Im Falle der ↗ Heterosis ist die V. der Bastarde dagegen erhöht.

Vitamine [Mz.; Kw. v. lat. vita = Leben, ↗ Amine], Gruppe von chem. sehr unterschiedl., niedermolekularen Stoffen, die der menschl. bzw. tier. Organismus in kleinen Mengen zu normalem Wachstum u. Erhaltung braucht, die aber vom menschl. bzw. tier. Körper nicht selbst aufgebaut werden können, so daß sie mit der Nahrung od. durch ↗ Symbiose (↗ Endosymbiose) mit den ↗ Darmbakterien zugeführt werden müssen. Manche V. können auch in Form ihrer Vorstufen, der ↗ Pro-V., zugeführt werden. Die biolog. Wirksamkeit der V. liegt v. a. in ihrer Beteiligung am Aufbau v. ↗ Coenzymen (↗ Enzyme), zu denen bes. die V. der Gruppe B (T 351) unmittelbare Vorstufen sind. Jedoch auch an anderen Funktionen des Zell-↗ Stoffwechsels u. des Zell- u. Gewebeaufbaus sind V. beteiligt. Der Mangel an V.n führt je nach Ausmaß entweder nur zu leichteren u. dann meist unspezif. Ausfallserscheinungen (↗ Hypovitaminosen) od. zu schweren Erkrankungen (↗ Avitaminosen, Vitaminmangelkrankheiten, T 351). Mangelkrankheiten können aber auch trotz ausreichender Zufuhr auftreten, wenn das betreffende V. im Körper nicht verwertet wird, wie z. B. bei defekter Resorption v. ↗ Cobalamin in Abwesenheit des ↗ Intrinsic factor. Andererseits können bei bestimmten V.n, wie ↗ Retinol u. ↗ Calciferol, Störungen auch durch Überdosis (↗ Hypervitaminose) auftreten. – Die Biosynthese der V. erfolgt vorwiegend in Pflanzen u. Mikroorganismen, weshalb die Hauptmenge des menschl. und tier. Bedarfs durch pflanzl. Nahrung bzw. durch die Symbiose mit der ↗ Darmflora (Vitamin K [↗ Phyllochinon] und ↗ Folsäure) gedeckt wird. Andererseits gelangen viele V. über die Nahrungskette auch in die meisten tier. Nahrungsprodukte (T 351). Daher sind V., wenngleich in z. T. recht unterschiedl. Konzentrationen, in den meisten Nahrungsmitteln in so reichl. Menge enthalten, daß bei ausgewogener ↗ Ernährung Vitaminmangelkrankheiten nicht auftreten. Allerdings können unsachgemäße Lagerung v. ↗ Lebensmitteln (↗ Nahrungsmittel) u./od. das Erhitzen bei der Nahrungszubereitung u. ↗ Konservierung zu erhebl. Verlusten der oft auch sauerstoffempfindl. V. (Vitamin C [↗ Ascorbinsäure] und Folsäure) führen. Ein erhöhter Vitaminbedarf tritt im Wachstumsalter, bei Schwangerschaft u. Stillphase, Krankheit u. Rekonvaleszenz auf. Anzahl u. Menge benötigter V. können zw. einzelnen

Vitaminmangelkrankheiten

Spezies variieren: z. B. ist Vitamin C außer für den Menschen auch für Affen u. Meerschweinchen essentiell, kann dagegen v. Ratten selbst aufgebaut werden. – Nach ihrer Löslichkeit werden V. in *fettlösliche V.* und *wasserlösliche V.* eingeteilt. Die urspr. von den jeweiligen Vitaminmangelkrankheiten abgeleiteten Bez. (z. B. Antiberiberifaktor) u. die Bez. mit Großbuchstaben u. Zahlenindex wird heute mehr u. mehr zugunsten der chem. Trivialnamen (Retinol, Thiamin usw.) aufgegeben. Damit entfällt gleichzeitig die Problematik der Zuordnung anderer ↗essentieller Nahrungsbestandteile (T), wie z. B. der Wuchsstoffe ↗Liponsäure, myo-↗Inosit, ↗Rutin (Vitamin P) od. der oft auch als Vitamin F zusammengefaßten ungesättigten ↗Fettsäuren zu den V.n. – Die meisten V. können heute durch chem. Synthese od. durch ↗Biosynthese (↗Biotechnologie) in Mikroorganismen (☐ Ascorbinsäure) in techn. Maßstab hergestellt werden u. finden Verwendung als Pharmapräparate in der Medizin sowie als Futtermittelzusätze in der Landwirtschaft.
Lit.: Günther, W.: Das Buch der Vitamine. Südergellersen 1984. Isler, O., Brubacher, G.: Vitamine. Bd. 1: Fettlösliche Vitamine. Stuttgart – New York 1982. Lang, K.: Biochemie der Ernährung. Darmstadt ⁴1979. H. K.

Vitaminmangelkrankheiten ↗Vitamine, ↗Vitaminosen.

Vitaminosen, die durch Mangel (↗*Hypovitaminose*), Fehlen (↗*Avitaminose*), Störung in der Verwertung od. durch Überschuß (↗*Hypervitaminose*) einzelner od. mehrerer ↗Vitamine bedingten Krankheiten.

Vitellarium s [v. *vitell-], 1) der ↗Dotterstock; 2) der die ↗Nährzellen enthaltende Abschnitt in den ↗Ovariolen der Insekten.

Vitellin s [v. *vitell-], *Ovovitellin*, ein Lipophosphoprotein aus Eidotter mit hohem Gehalt an der Aminosäure Serin.

Vitellinmembran w [v. *vitell-, lat. membrana = Häutchen], die ↗Dotterhaut.

Vitellogenin s [v. *vitell-, gr. gennan = erzeugen], Weibchen-spezifisches Protein der Insekten, das nach Synthese im ↗Fettkörper in die Hämolymphe abgegeben wird u. im Prozeß der *Vitellogenese* zus. mit Kohlenhydraten u. Fetten in die Oocyte als Dotterprotein (↗*Vitellin*) eingebaut wird. Ausschüttung u. Einbau des V.s sind streng an den Reproduktionszyklus gebunden u. stehen unter hormonaler Kontrolle (↗T Insektenhormone), wobei die Regulationsmechanismen sich bei den untersuchten Arten stark unterscheiden.

Vitellophagen [Mz.; v. *vitell-, gr. phagos = Fresser], spezialisierte Zellen, die während der ↗Embryonalentwicklung das Dottermaterial für den Keim aufschließen; z. B. spezialisierte Zellen des Entoderms bei Sauropsiden (Reptilien u. Vögeln) und nicht membranumgebene Zellen (Energidien) im Dottersystem der Insekten.

Vitamine
Erste Hinweise darauf, daß durch einseitige Ernährung bedingte Krankheiten durch bestimmte, in kleinen Mengen erforderl. „Faktoren" geheilt werden können, waren schon Ende des 19. Jh. bekannt. 1897 wurde als erstes Vitamin (damals noch Antiberiberifaktor genannt) das ↗Thiamin entdeckt. F. G. Hopkins konnte 1912 durch Tierversuche zeigen, daß eine aus reinen Proteinen, Fetten, Kohlenhydraten u. Mineralstoffen zusammengesetzte Diät zu Mangelerscheinungen führt u. daß in vollwertiger Nahrung „akzessorische Ernährungsfaktoren" in kleinen Mengen enthalten sein müssen. Im gleichen Jahr wurde von C. ↗Funk aufgrund der basischen Eigenschaft v. Thiamin die Bez. „Vit-amine", d. h. „zum Leben notwendige Amine", eingeführt. Diese Bez. wurde beibehalten, obwohl sich später zeigte, daß zu den V.n auch neutrale (z. B. Calciferol u. Phyllochinon) u. saure (Ascorbinsäure) Verbindungen zählen. In den 30er Jahren, als die Entdeckungsphase für die meisten V. abgeschlossen war (Ausnahme ist das erst 1948 entdeckte Cobalamin), wurde der Zusammenhang zwischen V.n und Coenzymen erkannt.

---

vitell- [v. lat. vitellus = Kälbchen, Eigelb, Dotter].

---

vitr- [v. lat. vitrum = Kristall, Glas; vitreus = gläsern, kristallrein, glänzend].

Vitellus m [lat., *vitell-], *Vitellum*, der ↗Dotter.

Viteus m [lat., = Reb-], Gatt. der Zwergläuse, ↗Reblaus.

Vitex w [lat., = Keuschlamm], Gatt. der ↗Eisenkrautgewächse.

Vitis w [lat., =], die ↗Weinrebe.

Vitrea w [v. *vitr-], die ↗Kristallschnecken.

Vitrella w [v. *vitr-], jetzt *Akera*, die ↗Kugelschnecken.

Vitrina w [v. *vitr-], *Helicolimax*, Gatt. der ↗Glasschnecken mit nahezu kugeligem Gehäuse, das v. dem kleinen Mantellappen kaum bedeckt wird; in Mitteleuropa 2 Arten an feuchten Standorten: die Kugeligen ↗Glasschnecken (*V. pellucida*, 6 mm Gehäuse-⌀) sind häufig u. holarktisch verbreitet, während *V. carniolica* vom östl. Östr. bis zum Balkan vorkommt; ihr Gehäuse (7,3 mm ⌀) ist gedrückt-kugelig.

Vitrinidae [Mz.; v. *vitr-], die ↗Glasschnecken.

Viverridae [Mz.; v. lat. viverra = Frettchen], die ↗Schleichkatzen.

Viverrinae [Mz.; v. lat. viverra = Frettchen], die ↗Zibetkatzen.

Viviparie w [Bw. *vivipar*; v. lat. viviparus = lebendgebärend], **1)** Bot.: a) gleichbedeutend mit dem Lebendgebären in der Zoologie (s. u.): die junge Samenpflanze wächst schon aus dem Samen hervor, wenn dieser über die Frucht noch mit der Mutterpflanze verbunden ist (bei ↗Mangrove-Pflanzen); b) Bez. für das Umsteuern des Vegetationskegels bei der Blütenbildung u. sein Auswachsen (über Mitosen) zu erbgleichen jungen Tochterpflänzchen, z. B. bei Süßgräsern der arktisch-alpinen Regionen (= *falsche V.*). **2)** Zool.: das Gebären v. Jungtieren, die während ihrer Entwicklung fortlaufend im Mutterleib ernährt werden (Ggs.: ↗Oviparie); fließende Übergänge zur ↗Ovo-V. Alle ↗Säugetiere (außer ↗Kloakentiere) sind vivipar. V. kommt aber auch bei einigen Reptilien (z. B. ↗Boaschlangen), Amphibien (z. B. ↗Alpensalamander), Fischen (z. B. Lebendgebärende Zahn-↗Kärpflinge, ↗Lebendgebärer) u. auch bei einigen Wirbellosen vor (z. B. manche ↗Fadenwürmer, ↗Stummelfüßer, ↗Skorpione u. ↗Insekten). Während der Entwicklung im Mutterkörper kann der Embryo sich nicht entwickelnde Nähreier als Nahrung aufnehmen (einige Haie, Alpensalamander) od. auch Organe zum Stoffaustausch mit mütterl. Gewebe ausbilden (z. B. vergrößerte, stark durchblutete Kiemen beim Alpensalamander). Alle Säuger (außer Kloakentiere) u. einige andere Tiere bilden über eine ↗Placenta (☐) eine enge gewebl. Verbindung zum Muttertier (z. B. einige Haie u. Reptilien, aber u. a. auch Skorpione); engste u. früheste Verbindung zw. Mutter- u. Jungtier findet sich bei Säugetieren. – Vorteil der V.: Schutz gg. äußere Einflüsse; durch Verlängerung der Embryonalzeit können relativ weit entwik-

VITAMINE

Buchstabe	Name (Synonyme)	Funktion	Vorkommen	Vitaminmangelkrankheiten	Tagesbedarf des Erwachsenen
Fettlösliche Vitamine					
A-Gruppe					
A_1	↗Retinol (Axerophthol, antixerophthalmisches Vitamin, Epithelschutzvitamin)	Schutz und Regeneration von Epithelgewebe (nach Oxidation zu Retinal); Aufbau des Rhodopsins	Lebertran, Leber, Niere, Eidotter, Milch, Butter; Provitamin Carotin in Karotten und Tomaten	Nachtblindheit, Epithelschädigungen von Auge und Schleimhaut	1,5–2,7 mg (5000–9000 I.E.*) (Retinol)
A_2	Dehydroretinol				
D-Gruppe (↗Calciferol)					
D_2	Ergocalciferol (antirachitisches Vitamin)	Regulation des Calcium- und Phosphatstoffwechsels	Lebertran, v.a. von Thunfisch, Heilbutt, Dorsch; Eidotter, Milch, Butter	Rachitis, Knochenerweichung	0,010–0,025 mg (400–1000 I.E.*) (Ergocalciferol)
D_3	Cholecalciferol				
E-Gruppe					
E	↗Tocopherol (Fertilitätsvitamin, Fruchtbarkeitsvitamin)	antioxidativer Effekt (u.a. in Gonadenepithel, Skelett- und Herzmuskel)	Weizenkeimöl, Baumwollsamenöl, Palmkernöl	Mangelsymptome beim Menschen nicht sicher nachgewiesen; bei einigen Tierarten Fertilitätsstörungen	5–30 mg (5–30 I.E.*) (α-Tocopherol)
K-Gruppe					
K_1	↗Phyllochinon (Phytomenadion)	Bildung von Blutgerinnungsfaktoren; v.a. von Prothrombin	grüne Pflanzen (u.a. Kohl, Spinat), Darmbakterien	Blutungen, Blutgerinnungsstörungen	1–4 mg
K_2	Menachinone (Farnochinon, antihämorrhagisches Vitamin)				
Wasserlösliche Vitamine					
B-Gruppe					
B_1	↗Thiamin (Aneurin, Antiberiberivitamin)	Regulation des Kohlenhydratstoffwechsels; als Pyrophosphat Coenzym der Carboxylase	Hefe, Weizenkeimlinge, Schweinefleisch, Nüsse	Beriberi; Störungen der Funktionen von Zentralnervensystem und Herzmuskel	1,0–1,5 mg (400–500 I.E.*)
B_2	(B_2-Gruppe, B_2-Komplex) ↗Riboflavin (Lactoflavin, Vitamin B_2)	Regulation von Atmungsvorgängen; Wasserstoffübertragung; Coenzym der Flavinenzyme	Hefe, Leber, Fleischextrakt, Niere	Haut- und Schleimhauterkrankungen	1,4–2 mg
	↗Folsäure (Vitamin B_C, Vitamin M)	Übertragung von Einkohlenstoffkörpern im Stoffwechsel; Vorstufe des Coenzyms Tetrahydrofolsäure	Leber, Niere, Hefe, Darmbakterien	Blutarmut	0,5 mg
	↗Pantothensäure (Bios IIa, Antigrauhaarfaktor)	Übertragung von Säureresten im Stoffwechsel; Baustein des Coenzyms A	Hefe, Früchte	unbekannt	10 mg
	↗Nicotinsäure, Nicotin(säure)amid (Niacin, Niacinamid, PP-Faktor)	Regulation von Atmungsvorgängen; Wasserstoffübertragung; Bestandteil der Coenzyme NAD und NADP	Hefe, Leber, Reiskleie	Pellagra	10–25 mg
	↗Biotin (Vitamin H, Bios II, Bios IIb)	Coenzym von an Carboxylierungsreaktionen beteiligten Enzymen	Hefe, Erdnüsse, Schokolade, Eidotter	Hautveränderungen, Haarausfall, Appetitlosigkeit, Nervosität	0,25 mg
B_6	(Pyridoxol-Gruppe) ↗Pyridoxin (Pyridoxol), ↗Pyridoxal, ↗Pyridoxamin (Adermin)	Übertragung von Aminogruppen im Aminosäurestoffwechsel; als Phosphat Coenzym u.a. von Transaminasen	Hefe, Getreidekeimlinge, Kartoffeln	Hautveränderungen	2–4 mg
B_{12}	(↗Cobalamin) v.a. Cyanocobalamin (Antiperniziosafaktor, Extrinsic factor, Animal protein factor [APF])	Reifungsfaktor der Erythrocyten	Leber, Rindfleisch, Austern, Eidotter	perniziöse Anämie	1–3 µg
C	↗Ascorbinsäure	Redoxsubstanz des Zellstoffwechsels	Citrusfrüchte, Johannisbeeren, Paprika, Sanddorn	Skorbut, Moeller-Barlow-Krankheit	75–100 mg (1500–2000 I.E.*)

* I.E. = ↗Internationale Einheit

Viviparus

kelte Junge geboren werden. Die Anzahl der Jungen ist deshalb (und wegen des Aufwandes!) meist geringer als bei vergleichbaren oviparen Formen. ☐ Embryonalentwicklung.

Viviparus *m* [lat., = lebendgebärend], Gatt. der ↗Sumpfdeckelschnecken.

Vivisektion *w* [v. lat. vivus = lebend, sectio = Schneiden], Eingriff am lebenden, betäubten Tier zu wiss. (bes. medizin.) Versuchszwecken, wobei die Vorschriften des ↗Tierschutz-Gesetzes (schwere Strafen bei Tierquälerei) beachtet werden müssen. In den Zeiten der Etablierung einer experimentellen Tierphysiologie (insbes. durch die frz. Schule der empir. Physiologie zu Beginn des 19. Jh. – ↗Flourens, ↗Magendie u. a. – u. später in Dtl.) war die echte V. als systemat. experimenteller Eingriff am unbetäubten lebenden Tier nicht wegzudenken. Allerdings wird schon v. dem gr. Arzt Herophilus (300 v. Chr.) berichtet, daß er V.en an zum Tode verurteilten Verbrechern vorgenommen hat. ↗Tierversuche, ↗Versuchstiere.

VLDL, Abk. für *very low density lipoproteins,* ↗Lipoproteine (☐T).

Vochysiaceae [Mz.; v. Karib. vochy], *Ritterspornbäume,* Fam. der ↗Kreuzblumenartigen *(Polygalales)* mit 6 Gatt. und 200 Arten; Holzgewächse u. Kletterpflanzen in S- und Mittelamerika sowie W-Afrika; zygomorphe Blüten in Trauben, oft nur 1 Blütenblatt und 1 Staubblatt. Die Gatt. *Vochysia,* mit 105 Arten, darunter einige wertvolle Nutzholzlieferanten, hat noch 3 Blütenblätter. Eine weitere Gatt. ist *Erisma* mit 20 Arten; die Samen von *E. calcaratum* liefern die „Jaboty-Butter", ein Fett, das zur Seifen- u. Kerzenherstellung verwendet wird.

Vögel, *Aves,* Kl. warmblütiger ↗Wirbeltiere, die den Luftraum erobert hat, entwicklungsgeschichtl. den ↗Reptilien nahesteht u. sich v. allen anderen Tier-Kl. durch den Besitz v. *Federn* (↗Vogelfeder) unterscheidet. Die Befähigung zum ↗*Flug* (☐ Flugmechanik) bedingte tiefgreifende evolutive Anpassungen in der Anatomie, der Physiologie u. dem Verhalten. *System:* Den fossilen Urvögeln *(↗Archaeornithes)* stehen die ↗ *Neornithes* gegenüber, zu denen die ebenfalls fossilen Zahnvögel *(↗ Odontognathae)* sowie alle übrigen rezenten V.-Ord. gehören (vgl. Tab.). Bedingt durch den relativ einheitl. Typus, ist eine befriedigende Systematik bislang nicht erreicht. Obwohl heute kaum noch mit der Entdeckung neuer V.-Arten zu rechnen ist, schwankt die Zahl der klassifizierten Arten zw. 8600 und 9000 (↗Rasse), je nach systemat. Kategorisierung. *Morphologie* u. *Physiologie:* Vorder-↗Extremitäten zu Flügeln (↗Vogelflügel, ☐ Flugbild) umgewandelt (☐B Homologie), teilweise sekundärer Verlust des Flugvermögens (bei den ↗Pinguinen, ↗Straußen, ↗Nandus, ↗Kasuaren, ↗Emus und ↗Kiwis); horniger ↗*Schnabel* (☐); mit ↗Krallen und teilweise mit ↗Schwimmhäuten versehene Beine, die je nach Lebensweise zum Laufen, Schwimmen od. Klettern eingesetzt werden und zusätzl. Funktionen der Hand übernehmen können (z. B. bei der Nahrungssuche u. Gefiederpflege). Rumpf-↗Skelett (☐B) durch das lange Darmbein (Rückenteil des Beckens; ↗Beckengürtel), durch Hakenfortsätze der Rippen u. durch das große ↗Brustbein, an dessen kielförm. Kamm die kräft. Flugmuskulatur (↗Flugmuskeln) ansetzt, relativ starr. Viele Knochen pneumatisiert (↗pneumatische Knochen), Körper mit ausgedehntem Luftsacksystem (Verringerung des spezif. Körpergewichts). Die aus Reptilien-↗Schuppen abgeleiteten Federn bilden das ↗Gefieder; dieses wird – durch Abnutzung bedingt – nach fixierten Schemata gewechselt (↗Mauser). Haut meist ohne Schweißdrüsen u. mit einer meist großen ↗*Bürzeldrüse* zur Einfettung des Gefieders. Erhöhte Kreislauf-Effizienz, Herz relativ groß, Lungen- u. Körperkreislauf wie bei den Säugetieren getrennt (↗Atmungsorgane, ↗Herz; ☐ Arterienbogen, ☐ Blutkreislauf). Blutdruck, Erythrocytenzahl, Puls- u. Atmungsfrequenz sind höher als bei diesen, Blut-Temp. 41–43 °C (bei Kiwis u. Pinguinen 38 °C). Die Körpergröße der heute lebenden V. reicht von 5 cm mit einem Gewicht von 2 g bei den kleinsten ↗Kolibris bis zu einer Höhe von 3 m mit einem Gewicht von 150 kg beim männl. ↗Strauß; die ausgestorbenen ↗Moas (☐) waren noch deutl. größer. Die größte Flügelspannweite erreichen ↗Albatrosse (bis 3,2 m) und ↗Neuweltgeier (↗Kondor, 3 m). *Verbreitung:* Als bewegl. und homoiotherme Tiere besiedeln die V. sämtliche Biotope der Erde. Die größte Artenvielfalt herrscht in den Tropen. Auf klimat. Änderungen reagieren sie durch Anpassung der Ernährung od. saisonale Wanderungen (↗Tierwanderungen, ↗Vogelzug). In Dtl. gibt es 255 Brutvogelarten, 50 regelmäßig erscheinende, hier nicht brütende Gastvogelarten und ca. 150 mehr od. weniger sporad. Gäste. *Ernährung:* Pflanzen-, Fleisch- u. Allesfresser (mit entspr. Adaptationen des Schnabels, der Füße u. des ↗Darms). Unverdaul. Nahrungsreste werden in verschiedenen Vogelgruppen als ↗ *Gewölle* wieder ausgespien (↗Reiher, ↗Störche, ↗Greifvögel, ↗Möwen, ↗Eulen, ↗Eisvögel, ↗Bienenfresser, verschiedene ↗Singvögel). ↗Exkretion (☐B Exkretionsorgane) erfolgt durch die ↗Kloake, eine Harnblase fehlt, es wird Harnsäure ausgeschieden. Meeresvögel sondern konzentrierte Salzlösungen über spezielle ↗ *Salzdrüsen* (☐) ab. *Sinnesleistungen:* Gegenüber den Reptilien ist das ↗Zentralnervensystem (☐B Telencephalon) beträchtlich höher entwickelt – eine Folge der durch den Flug viel komplizierteren Moto-

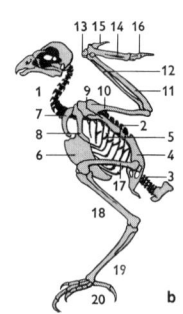

Vögel

a Vogelkörper: 1 Stirn; 2 Scheitel; 3 Zügel-, 4 Schläfen-, 5 Ohrengegend; 6 Nacken; 7 Rücken; 8 Bürzel; 9 Steuer-(Schwanz-)Federn; 10 Kehle; 11 Brust; 12 Bauch; 13 Schulter; 14 Flügeldeckfedern; 15 Flügelfedern; 16 Bugfedern; 17 Achsel-, 18 Arm-, 19 Handschwingen **b** Skelett: 1 Hals-, 2 Brust-, 3 Schwanzwirbel; 4 Becken; 5 Rippen mit Hakenfortsatz; 6 Brust-, 7 Gabel-, 8 Rabenbein; 9 Schulterblatt; 10 Oberarm, 11 Elle, 12 Speiche; 13 Handwurzel; 14 Mittelhand; 15 Daumen; 16 II. und III. Finger; 17 Ober-, 18 Unterschenkel; 19 Lauf; 20 Zehen

rik u. einer erhöhten Reaktionsgeschwindigkeit. So ist das zeitl. ↗Auflösungsvermögen v. Bewegungsvorgängen im Vogel-Auge sehr hoch: bis zu 150 Bilder/s können getrennt verarbeitet werden. Gesichts- u. Gehörsinn stehen im Vordergrund, der Geruchssinn ist im Ggs. zu den Säugetieren schwach entwickelt (Ausnahmen, soweit bekannt: Kiwis, Neuweltgeier, ↗Tauben [↗Brieftaube], vielleicht ↗Entenvögel). Mit Hilfe einer Sonderbildung des Auges, dem Fächer (↗Pecten), können wahrscheinl. kleine bewegte Objekte am hellen Himmel besser erkannt werden. Verglichen mit dem Menschen z.T. höhere Sinnesleistungen: Gesichtsfeld (Singvögel, ↗Schnepfenvögel), Sehschärfe (verschiedene Greifvögel), Hörvermögen (Eulen), Wahrnehmung v. Magnetfeldlinien (↗Vogelzug, ↗magnetischer Sinn). Die *Lauterzeugung* erfolgt meist durch einen bes. ↗Kehlkopf *(↗ Syrinx),* außerdem mit bestimmten Gefiederpartien (z.B. „Flügelklatschen" v. Tauben, „Meckern" mit Schwanzfedern bei ↗Bekassinen), mit dem Schnabel (Trommeln der ↗Spechte) usw. Ein vielfach hoch entwickeltes Kommunikationsverhalten wird durch funktionell stark differenzierte ↗Rufe u. ↗Gesänge (□) gestützt (↗Duettgesang, □ Sonagramm, ↗Bioakustik, ↗Voguhr). *Fortpflanzung:* Beim Eintritt der Brutzeit vergrößern sich die männl. Keimdrüsen beträchtl. Der Begattung geht meist eine Einzel- od. Gruppen-/ Balz voraus (↗Arenabalz, ↗Gruppenbalz). Die Eier werden innerhalb des unpaaren Eileiters befruchtet (□ Hühnerei, □ Oviduktu) u. ausnahmslos mit harter u. sehr unterschiedl. gefärbter Kalkschale (↗Vogelei, ↗Oologie) in ein ↗Nest (□) od. auf den Untergrund (Boden, ↗Nisthöhle) abgelegt. Die Anzahl der Eier im Nest variiert artspezif. und abhängig von zahlr. Faktoren ([T] Gelege). Im Ggs. zu den Reptilien erzeugen die V. eine konstant hohe Ei-Temp. durch eigene *Bebrütung,* die einige Tage bis Wochen v. Weibchen u./od. Männchen übernommen wird (↗brüten, ↗Bruttleck); in Ausnahmefällen werden hierfür externe Wärmequellen genutzt (↗Großfußhühner). Die geschlüpften Jungen (unbefiedert od. mit ↗Nestdunen bedeckt; □ Embryonalentwicklung) erhalten eine eingehende ↗Brutfürsorge durch einen od. beide Eltern, wobei Nesthocker u. ↗Nestflüchter unterschiedl. weit entwickelt u. selbständig sind. Viele V. brüten sehr gesellig (↗Koloniebrüter), einige gruppieren sich nur außerhalb der Brutzeit zu größeren Verbänden (Enten, Schnepfenvögel, Finken, Stare, Krähen). Viele Arten (↗Zugvögel) unternehmen jährl. imponierende Wanderungen in ihr Winterquartier (↗Vogelzug), andere streifen weniger weit umher (↗Strichvögel, ↗Teilzieher) od. überwintern im Brutgebiet (↗Standvögel).

Vogel u. *Mensch:* Wirtschaftl. Bedeutung besitzen V. einmal dadurch, daß sie als ↗Geflügel in Gefangenschaft der Fleisch-, Eier- u. Federgewinnung dienen (↗Massentierhaltung), zum anderen werden auch wildlebende V. genutzt (↗Guano als Düngemittel, Federn zur Dekoration u. als Polstermaterial, Sammeln v. Eiern u. Jagd zu Ernährungszwecken). Mehr sportl. Aspekten dient in Mitteleuropa die Vogeljagd, soweit sie nicht verboten ist, und fr. die ↗Falknerei. Wirtschaftl. Schäden durch Vogelfraß können lokal auftreten, umgekehrt besitzen V. eine erhebl. Bedeutung für die ↗biologische Schädlingsbekämpfung (↗Nisthilfen). Als ästhetisch ansprechende Tiere werden V. in großem Umfang als ↗Käfigvögel (□) gehalten. Die wiss. Erforschung der Vogelwelt *(Ornithologie)* erfolgt durch professionelle Ornithologen (z.B. in ↗Vogelwarten) u. in einem Ausmaß wie in keiner anderen biol. Disziplin auch v. Amateuren. Deren Ergebnisse liefern wesentl. Grundlagen für den ↗Vogelschutz. Die Bewirtschaftungs- u. Bebauungsformen des Menschen haben in weiten Bereichen einschneidende Veränderungen in der Landschaft u. dem ökolog. Gefüge verursacht. Als hochentwickelte u. sensible ↗Bioindikatoren reagieren V. empfindlich auf Umweltbeeinträchtigungen. Von den 255 Brutvogelarten in Dtl. sind nach der ↗Roten Liste ([T]) mehr als 50% im Bestand bedroht. Da die Gefährdung nahezu ausschl. anthropogen bedingt ist, besteht die zwangsläufige Pflicht zu biotop- u. damit bestandssichernden ↗Naturschutz-Maßnahmen (↗Artenschutz). [B] 354–355, [B] 358–359; [B] Biogenetische Grundregel, [B] Embryonalentwicklung I, [B] Darm, [B] Verdauung I, [B] Wirbeltiere I–III.

Lit.: *Berndt, R., Meise, W.:* Naturgeschichte der V. 3 Bde. Stuttgart 1959–66. *Bezzel, E.:* Kompendium der V. Mitteleuropas: Nonpasseriformes = Nichtsingvögel. Wiesbaden 1985. *Glutz v. Blotzheim, U. N.,* u.a.: Handbuch der Vögel Mitteleuropas. Wiesbaden 1966ff. *Grzimeks Tierleben.* Bd. 7–9. Zürich 1968–70. *Heinroth, O., Heinroth, M.:* Die V. Mitteleuropas. 4 Bde. 1925–00. Nachdr. Berlin u. Zürich 1966–68. *Niethammer, G.:* Handbuch der dt. Vogelkunde. 3 Bde. Leipzig 1937–42. *Wolters, H. E.:* Die Vogelarten der Erde. Hamburg u. Berlin 1975–82. *M. N.*

Vogelbeere, die Gatt. ↗Sorbus.
Vogelbestäubung, die ↗Ornithogamie.
Vogelblumen, Blüten, die v. Vögeln bestäubt werden; ↗Ornithogamie.
Vogelei, System aus ↗Eizelle (Eigelb, ↗Dotter) u. ↗Eihülle(n) bei Vögeln. Die v. einer Dottermembran (↗Dotterhaut) umhüllte Dotterkugel ist v. Eiklar (Eiweiß) umgeben u. stellt zus. mit diesem die Nahrungsreserven für die Embryonalentwicklung dar. Zwei *Hagelschnüre* (Chalazen) – bei der Drehbewegung des Eis im Eileiter entstehende gedrehte Eiweißfasern – fixieren den *Dotter* in seiner Lage u. puffern das Ei gg. Stöße ab (□ Ei, □ Hühnerei). Die Proteinzusammensetzung des *Eiklars*

Vogelei

Vögel
Ordnungen:

Sphenisciformes
(↗Pinguinvögel)
Struthioniformes
(↗Strauße)
Rheiformes
(↗Nandus)
Casuariiformes
(↗Kasuarvögel)
Apterygiformes
(↗Kiwivögel)
Tinamiformes
(↗Steißhühner)
Gaviiformes
(↗Seetaucher)
Podicipediformes
(↗Lappentaucher)
Procellariiformes
(↗Sturmvögel)
Pelecaniformes
(↗Ruderfüßer)
Ciconiiformes
(↗Stelzvögel)
Phoenicopteriformes
(↗Flamingos)
Anseriformes
(↗Gänsevögel)
Falconiformes
(↗Greifvögel)
Galliformes
(↗Hühnervögel)
Gruiformes
(↗Kranichvögel)
Charadriiformes
(↗Wat- und Möwenvögel)
Columbiformes
(↗Taubenvögel)
Psittaciformes
(↗Papageivögel)
Cuculiformes
(↗Kuckucksvögel)
Strigiformes
(↗Eulenvögel)
Caprimulgiformes
(↗Schwalmvögel)
Apodiformes
(↗Seglerartige)
Trogoniformes
(↗Trogons)
Coliiformes
(↗Mausvögel)
Coraciiformes
(↗Rackenvögel)
Piciformes
(↗Spechtartige)
Passeriformes
(↗Sperlingsvögel)

Die Fam. der Singvögel (U.-Ord. *Oscines* der Sperlingsvögel) sind in [T] 354–355 aufgeführt.

VÖGEL I

Singvögel

Familien der Singvögel (U.-Ord. *Oscines* der Sperlingsvögel) mit Angabe der Artenzahl:

Alaudidae
(↗Lerchen: 75)
Hirundinidae
(↗Schwalben: 75)
Motacillidae
(↗Stelzen u. ↗Pieper: 50)
Campephagidae
(↗Stachelbürzler: 70)
Pycnonotidae
(↗Haarvögel: 120)
Irenidae
(↗Blattvögel: 14)
Laniidae
(↗Würger: 62)
Prionopidae
(↗Brillenwürger: 9)
Vangidae
(↗Blauwürger: 14)
Ptilognathidae
(↗Seidenschnäpper: 4)
Bombycillidae
(↗Seidenschwänze: 4)
Dulidae
(↗Palmschmätzer: 1)
Cinclidae
(↗Wasseramseln: 5)
Troglodytidae
(↗Zaunkönige: 62)
Mimidae
(↗Spottdrosseln: 31)
Prunellidae
(↗Braunellen: 12)
Muscicapidae
(↗Fliegenschnäpper: 400)
Turdidae
(↗Drosseln: 300)
Sylviidae
(↗Grasmücken: 400)
Timaliidae
(↗Timalien: 250)
Paradoxornithidae
(↗Papageischnabelmeisen: 10)
Aegithalidae
(↗Schwanzmeisen: 8)
Remizidae
(↗Beutelmeisen: 11)
Paridae
(↗Meisen: 50)
Sittidae
(↗Kleiber: 27)
Hypositthidae
(↗Madagaskarkleiber: 1)

Fortsetzung S. 355

1 Kleiber *(Sitta europaea)*, **2** Hänfling *(Carduelis cannabina)*, **3** Kernbeißer *(Coccothraustes coccothraustes)*, **4** Gartenbaumläufer *(Certhia brachydactyla)*, **5** Klappergrasmücke *(Sylvia curruca)*, **6** Gelbspötter *(Hippolais icterina)*, **7** Gartengrasmücke *(Sylvia borin)*, **8** Mönchsgrasmücke *(Sylvia atricapilla)*, **9** Nachtigall *(Luscinia megarhynchos)*, **10** Zaunkönig *(Troglodytes troglodytes)*, **11** Grünling *(Carduelis chloris)*, **12** Gebirgsstelze *(Motacilla cinerea)*, **13** Gartenrotschwanz *(Phoenicurus phoenicurus)*, **14** Hausrotschwanz *(Phoenicurus ochruros)*, **15** Goldammer *(Emberiza citrinella)*, **16** Stieglitz *(Carduelis carduelis)*, **17** Zeisig *(Carduelis spinus)*, **18** Sumpfmeise *(Parus palustris)*, **19** Fichtenkreuzschnabel *(Loxia curvirostra)*, **20** Gimpel *(Pyrrhula pyrrhula)*, **21** Sommergoldhähnchen *(Regulus ignicapillus)*, **22** Turmfalke *(Falco tinnunculus)*, **23** Neuntöter *(Lanius collurio)*, **24** Singdrossel *(Turdus philomelos)*, **25** Buntspecht *(Dendrocopos major)*, **26** Wiedehopf *(Upupa epops)*, **27** Pirol *(Oriolus oriolus)*

VÖGEL II

Fortsetzung von S. 354

Chamaeidae
(↗Zaunkönigmeisen: 3)
Certhiidae
(↗Baumläufer: 6)
Dicaeidae
(↗Blütenpicker: 55)
Nectariniidae
(↗Nektarvögel: 108)
Zosteropidae
(↗Brillenvögel: ca. 90)
Meliphagidae
(↗Honigfresser: 170)
Emberizidae
(↗Ammern: 197)
Thraupidae
(↗Tangaren: 235)
Catamblyrhynchidae
(↗Samtkappenfinken: 1)
Parulidae
(↗Waldsänger: 125)
Zeledoniidae
(↗Zaunkönigdrosseln: 1)
Drepanididae
(↗Kleidervögel: 21)
Vireonidae
(↗Vireos: 40)
Vireolaniidae
(↗Laubwürger: 3)
Cyclarhidae
(↗Papageiwürger: 2)
Icteridae
(↗Stärlinge: 94)
Corebidae
(↗Zuckervögel: 26)
Fringillidae
(↗Finken: 430)
Ploceidae
(↗Webervögel: 145)
Estrildidae
(↗Prachtfinken: 125)
Sturnidae
(↗Stare: 111)
Oriolidae
(↗Pirole: 26)
Dicruridae
(↗Drongos: 19)
Callaeidae
(↗Lappenkrähen: 3)
Grallinidae
(↗Schlammnestkrähen: 4)
Artamidae
(↗Schwalbenstare: 10)
Cracticidae
(↗Flötenwürger: 10)
Paradisaeidae
(↗Paradiesvögel: 43)
Ptilonorhynchidae
(↗Laubenvögel: 17)
Corvidae
(↗Rabenvögel: 100)

1 Diamantfink *(Stagonopleura guttata)*, 2 Schmetterlingsfink *(Uraeginthus bengalus)*, 3 Gouldamadine *(Chloebia gouldiae)*, 4 Kapuzenzeisig *(Carduelis cucculata)*, 5 Goldstirnblattvogel *(Chloropsis aurifrons)*, 6 Papstfink *(Passerina ciris)*, 7 Napoleonweber *(Taha afra)*, 8 Scharlach-Mennigvogel *(Pericrocotus flammeus)*, 9 Prachttangare *(Tangara seledon)*, 10 Kolibri *(Lophornis spec.)*, 11 Zebrafink *(Taeniopygia guttata)*, 12 Rotbauchfliegenschnäpper *(Muscicapa sundara)*, 13 Kranich *(Grus grus)*, 14 Höckerschwan *(Cygnus olor)*, 15 Kormoran *(Phalacrocorax carbo)*, 16 Rostgans *(Tadorna ferruginea)*, 17 Afrika-Marabu *(Leptoptilos crumeniferus)*, 18 Rosapelikan *(Pelecanus onocrotalus)*, 19 Sichler *(Plegadis falcinellus)*, 20 Graureiher *(Ardea cinerea)*, 21 Flamingo *(Phoenicopterus ruber)*, 22 Großer Paradiesvogel *(Paradisaea apoda)*, 23 Regenbogentukan *(Ramphastus sulfuratus)*, 24 Inkakakadu *(Kakatoe leadbeateri)*, 25 Bienenfresser *(Merops apiaster)*, 26 Hellroter Ara *(Ara macao)*, 27 Gebirgslori *(Trichoglossus haematodus)*, 28 Himalaya-Glanzfasan *(Lophophorus impejanus)*

Vogelfeder

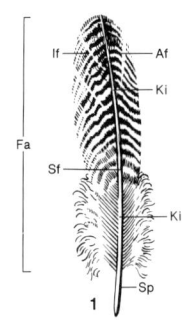

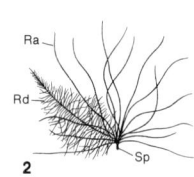

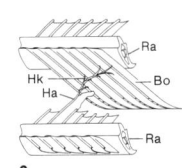

Vogelfeder

1 Aufbau einer *Konturfeder* (Armschwinge); **2** *Dune;* **3** Ausschnitte von 2 Rami mit übereinandergreifenden Haken- u. Bogenstrahlen in einer Konturfeder (halbschematisch, vereinfacht). Af Außenfahne, Bo Bogenstrahl mit umgebogener Krempe, Fa Fahne (Vexillum), Ha Hakenstrahl, Hk Häkchen (Radioli), If Innenfahne, Ki Kiel (Scapus), Ra Ramus (Ast), Rd Radien (Strahlen), Sf Schaft (Rhachis), Sp Spule (Calamus)

unterscheidet sich art- u. gruppenspezifisch u. eignet sich als taxonom. Klassifizierungsmerkmal. Am stumpfen Pol befindet sich zw. den beiden Keratinhäuten der Schalenmembran eine Luftkammer. Die harte *Eischale* besteht zum größten Teil aus Calciumcarbonat; sie ist meist durch ein dünnes Eiweißhäutchen (Cuticula) nach außen abgeschlossen. Der Eileiter des Vogelweibchens (☐ Ovidukt, ☐ Hühnerei) enthält gleichzeitig immer nur 1 Ei; die Eiablage – meist in ein ↗ Nest (☐) – verläuft deshalb i.d.R. in tägl. Abstand. Das ↗ *Gelege* (T) umfaßt 1 oder mehrere Eier u. wird entweder vom Weibchen, von beiden Eltern od. in seltenen Fällen nur vom Männchen ausgebrütet (↗ brüten, T). Die Eier unterscheiden sich in Größe, Form u. Färbung beträchtlich. Die kleinsten sind unter 1 cm groß (verschiedene ↗ Kolibris), die größten 35 cm (↗ Madagaskarstrauße). Die relativen Eigewichte betragen 2–27% des Körpergewichts; i.d.R. sind die Eier bei Nestflüchtern größer als bei Nesthokkern. Eine konische Eiform ermöglicht einen kleinen Rollradius u. tritt deshalb bei Vögeln auf, die auf schmalen Felssimsen brüten, wie z.B. ↗ Alken, außerdem bei Limicolen (Watvögeln), wo die relativ großen Eier zur optimalen Bedeckung eine möglichst enge Lage im Nest benötigen. Die Eier sind entweder weiß (z.B. bei vielen Sturmvögeln, Tauben, Papageien, Eulen, Spechten, Eisvögeln u. verschiedenen höhlenbrütenden Singvögeln) od. sehr vielseitig gefärbt u. gezeichnet. Häufig wird hiermit eine opt. Schutzwirkung (☐ Schutzanpassungen) erreicht; bei Höhlenbrütern ist diese Tarnung nicht erforderlich (B 358–359). Gestalt u. Färbung sind innerhalb enger Grenzen arttypisch; bei ↗ Kuckuck sind diese den Eiern der Wirtsvögel manchmal sehr weitgehend angeglichen. Die Eifarbstoffe sind Porphyrine (aus dem Hämoglobin; rote, braune u. schwarze Färbung) od. Cyanine (aus Gallenpigmenten; blaue u. grüne Farben). Mit den Variationen und ökolog. Anpassungen der V.er befaßt sich die ↗ *Oologie*.

Lit.: Makatsch, W.: Die Eier der Vögel Europas. Melsungen 1975.

Vogelfeder, *Feder,* eine ausschl. bei ↗Vögeln, dort aber bei allen Arten vorkommende Bildung der ↗Haut, die im fertigen Zustand aus toten verhornten Zellen der Epidermis besteht (↗Horngebilde, ☐). Die V. leitet sich stammesgeschichtl. von der ↗Schuppe (☐) der ↗Reptilien ab. Für beider ↗Homologie sprechen: 1) In der Individualentwicklung entsteht bei beiden zunächst eine Ansammlung v. Mesenchym, über der sich die Epidermis verdickt u. zapfenartig vorwächst. Die Federanlage wird dann jedoch in die Haut versenkt, wodurch der *Federfollikel (Federbalg)* entsteht. (Bei Durchbrechen der Haut ist die junge Feder noch v. einer hornigen *Federscheide* umgeben, die durchstoßen wird u. abfällt.) 2) Am Lauf u. Fuß der Vögel sind meist Hornschuppen (bzw. -schilder) entwickelt, bei manchen Arten jedoch Federn (so bei Eulen, Adlern, Rauhfußhühnern). Im Übergangsbereich v. Schuppen zu Federn am Lauf können Schuppen entwickelt sein, deren distale Abschnitte zu Federn differenziert sind. – Die Haut der Vögel kann also sowohl Schuppen als auch Federn bilden, je nach dem Einfluß eines als ↗Induktor wirkenden Mesenchyms. Transplantiert man ↗Mesenchym aus dem schuppentragenden Fußbereich unter die Flügelepidermis, so entstehen dort Schuppen statt Federn. Nach Gestalt u. Funktion lassen sich folgende Typen von V.n unterscheiden: 1. ↗ *Dunen (Plumulae):* Sie bestehen aus einem kurzen Schaft, der an der Spitze in radiär angeordnete Strahlen (wie ein Pinsel) aufgespalten ist. Im Federkleid des ausgewachsenen Vogels stehen sie unter den Konturfedern u. dienen v.a. der Wärmeisolation. Eine Sonderbildung sind die ↗ *Nestdunen.* 2. ↗ *Konturfedern (Pennae):* Bei ihnen wächst der Schaft einseitig zu einer langen *Rhachis* aus, die jederseits mit dichtstehenden *Strahlen (Rami)* besetzt ist, welche in ihrer Gesamtheit die *Federfahne (Vexillum)* bilden. Der basale Teil ohne Rami wird *Spule (Calamus)* gen.; mit ihr steckt die Feder in der Haut. Spule u. Schaft bilden zus. den *Kiel (Scapus).* In das Innere der Spule ragt während der Entwicklung der V. eine Coriumpapille, die sich etappenweise zurückzieht u. dabei die *Federpulpa* als Hohlraum zurückläßt, der mit mehreren dünnen Hornlamellen („*Federseele*") angefüllt ist. – Die den Rumpf abdeckenden Konturfedern nennt man ↗ *Deckfedern (Tectrices),* am Schwanz (↗Schwanzfedern) stehen die *Steuerfedern (Rectrices),* am Flügelhinterrand (↗Vogelflügel) die ↗ *Schwungfedern (Remiges).* Die Rami der Konturfedern tragen nach beiden Seiten *Nebenstrahlen (Radii).* Die zur Federbasis gerichteten Nebenstrahlen sind als *Bogenstrahlen,* die spitzenwärts gerichteten als *Hakenstrahlen* entwickelt. Deren *Haken (Radioli)* greifen in eine Krempe der Bogenstrahlen ein u. koppeln so die Radii zu einer geschlossenen Federfahne. Durch diesen komplizierten Mechanismus wird erreicht, daß die Fahne bei zu starker mechan. Beanspruchung nicht reißt, sondern sich zw. zwei Radii wie ein Reißverschluß öffnet u. beim Federputzen wieder verhakt werden kann. Während Deckfedern eine symmetrische Fahne haben, ist bei den Schwungfedern die *Außenfahne* schmal, die *Innenfahne* breit, wodurch beim Flug ein „Jalousieeffekt" entsteht. Da bereits der „Urvogel" ↗ *Archaeopteryx* solche asymmetr. Schwungfedern hatte, war er wohl ein aktiver Flieger. Vor allem bei den Deckfedern entspringt der Spule außer dem *Haupt-*

schaft auf der dem Körper zugewandten Seite eine zweite, meist kleinere Federbildung als *Afterschaft* (↗ *Hyporhachis*). Konturfedern dienen dem mechan. Schutz u. als Schwung- u. Schwanzfedern beim ↗ Flug. Sie sind auch Träger der *Gefiederfärbung*, wobei nur der sichtbare äußere Teil der Feder gefärbt ist; der basale, verdeckte Teil ist i. d. R. ungefärbt (weiß). Die Färbung der Feder beruht auf Pigmentfarben od./u. Strukturfarben (↗ *Farbe*). Als ↗ Pigmente treten neben braunen u. schwarzen ↗ Melaninen, die gleichzeitig eine strukturelle Festigung bewirken (↗ Schwungfedern), v. a. rote u. gelbe ↗ Carotinoide auf, die aus der Nahrung (letztl. von Pflanzen) stammen u. in die spitzenwärts gerichteten Teile der Federäste eingelagert werden. Daneben kennt man auch *Haft-* od. *Schminkfarben* (meist zart rot), die v. Farbstoffen im Sekret der ↗ Bürzeldrüse herrühren. In seltenen Fällen, so bei Lämmergeier u. manchen Entenarten, werden auch Eisenoxide aus der Umgebung als *Rostfärbung* in das Gefieder aufgenommen. – Vielfach ist die V. für bes. Funktionen abgewandelt: *Borstenfedern* wirken durch das Fehlen der Fahne „haarartig"; sie sind als „Tastborsten" im Bereich der Mundöffnung, als „Augenwimpern" z. B. bei Straußenvögeln u. Nashornvögeln u. in Form langer kräftiger Borsten bei Kasuaren am Flügel als Waffe entwickelt. Bes. auffällig gefärbt u. gestaltet sind *Schmuckfedern* (z. B. Paradiesvögel, B Selektion III, B Ritualisierung). *Puderdunen,* bei denen sich die verhornenden Zellen in ein feines Keratinpuder auflösen, dienen der Gefiederpflege (↗ Dunen). – Die V. kann auch zur Erzeugung v. Instrumentallauten eingesetzt werden, so z. B. bei der männl. ↗ Bekassine mit bes. gestalteten Schwanzaußenfedern, durch deren Vibration beim Balzflug ein „meckerndes" Geräusch entsteht. Auch der Pfauen-Hahn kann durch Schütteln der Federn bei der Balz ein raschelndes Geräusch erzeugen. ↗ Gefieder, ↗ Federfluren, ↗ Federraine, ↗ Mauser. B Wirbeltiere II. G. O.

Vogelfische, *Gomphosus,* Gatt. der ↗ Lippfische.

Vogelflügel, zu Flugorganen umgewandelte Vorder-↗ Extremität (B Homologie, B Skelett) der ↗ Vögel. Die den Knochen der Hand u. des Unterarms ansitzenden *Federn* (↗ Vogelfeder) bieten durch ihre dachziegelart. Anordnung eine geschlossene Angriffsfläche für Luftströmungen u. damit die Voraussetzung für eine wirkungsvolle ↗ Flugmechanik (☐). Länge u. Form insbes. der ↗ Handschwingen u. der ↗ Armschwingen bestimmen maßgebl. das ↗ Flugbild (☐) u. die Flugeigenschaften des Vogels; beim Brems-, Kurven- u. Rüttelflug verhindert ein abspreizbarer ↗ Daumenfittich das Auftreten störender Turbulenzen. Der bes. kräftebeanspru-

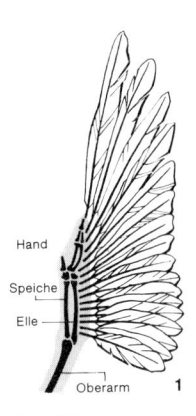

Vogelflügel
1 Skelett des V.s und Ansatzstelle der Schwungfedern;
2 Federpartien des Vogelflügels

Vogelfuß
Serradella
(Ornithopus sativus)

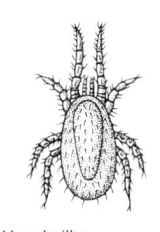

Vogelmilbe
(Dermanyssus gallinae)

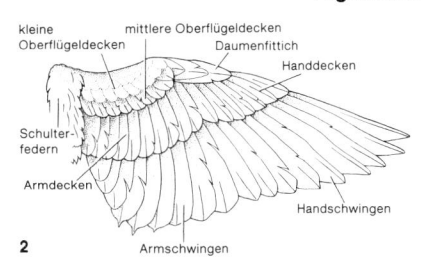

chende Abschlag des gestreckten V.s erfordert starke ↗ Flugmuskeln; die beiden Brustmuskeln machen durchschnittl. etwa 15% des Körpergewichts aus (von 8% bei schlechten Fliegern, wie Rallen, bis über 35% bei manchen Tauben). Bei ↗ Laufvögeln sind die Flügel rückgebildet, die ↗ Pinguine nutzen sie als Ruder zum ↗ Schwimmen u. Tauchen unter Wasser. Neben der Hauptaufgabe als Fortbewegungsorgan übernimmt der V. noch eine Reihe weiterer Funktionen: Abwehrverhalten (Ausbreitung zur Vortäuschung scheinbarer Körpergröße bei Eulen u. Rohrdommeln, Geräuschentwicklung in einer Höhle [verbunden mit „Zischen"] bei Meisen, Waffe bei Schwänen), Bettelverhalten (Flügelzittern v. Singvögeln), Brutpflege (Schutz der Jungen, ↗ Verleiten), Balz- u. Revierverhalten (Flügelklatschen z. B. von Tauben u. Greifvögeln), Nahrungssuche (Schattenwurf fischfangender Glockenreiher), opt. Ausdrucksmittel in vielseitiger Ausprägung durch unterschiedlichste Färbung, deren Erscheinungsbild sich noch dazu im zusammengefalteten u. ausgebreiteten Flügel unterscheidet. T Flug.

Vogelflügler, *Vogelfalter, Ornithoptera, Troides,* Gattungen der ↗ Ritterfalter.

Vogelfuß, *Ornithopus,* Gatt. der ↗ Hülsenfrüchtler; zottig behaarte Kräuter mit 3–4 Blüten in Dolden u. ungestielten Gliederhülsen (Fruchtstand ähnelt einem V.). Die Mäusewicke *(O. perpusillus)* ist ein bis 30 cm hohes, niederliegendes Kraut; weißl. Blüten mit gelben Schiffchen; auf Sandböden W-Europas. Im südwestl. Europa kommt Serradella *(O. sativus)* vor; bis 60 cm hoch, lange Pfahlwurzel, blaßrosa Blüten; gute Futterpflanze, in N-Afrika und S-Europa als Zwischenfrucht angebaut.

Vogelkirsche, *Prunus avium,* ↗ Prunus.

Vogelmiere, die ↗ Sternmiere.

Vogelmilbe, Hühnermilbe, *Dermanyssus gallinae,* Vertreter der ↗ Parasitiformes (Fam. ↗ Laelaptidae); saugt Blut an Hühnern, anderem Hausgeflügel u. Stubenvögeln; kann bei starkem Befall erhebl. Beeinträchtigungen hervorrufen. Bei Nahrungsmangel geht sie auch kurzfristig auf Säuger über (verursacht beim Menschen Juckreiz u. Hautentzündungen). V.n sind nachtaktiv; den Tag verbringen sie in Ritzen z. B. der Sitzstangen. Sie sind ca. 0,75 mm groß (nüchtern), rotbraun gefärbt u. haben schlanke, stilettartige Chelizeren.

VOGELEIER I

1 Rauchschwalbe *(Hirundo rustica)*, **2** Mehlschwalbe *(Delichon urbica)*, **3** Grünspecht *(Picus viridis)*, **4** Eisvogel *(Alcedo atthis)*, **5** Kohlmeise *(Parus major)*, **6** Pirol *(Oriolus oriolus)*, **7** Kolibri *(Trochilidae)*, **8** Goldhähnchen *(Regulus spec.)*, **9** Hausrotschwanz *(Phoenicurus ochruros)*, **10** Wiedehopf *(Upupa epops)*, **11** Nachtigall *(Luscinia megarhynchos)*, **12** Singdrossel *(Turdus philomelos)*, **13** Hänfling *(Acanthis cannabina)*, **14** Buchfink *(Fringilla coelebs)*, **15** Goldammer *(Emberiza citrinella)*, **16** Misteldrossel *(Turdus viscivorus)*, **17** Neuntöter *(Lanius collurio)*, **18** Uhu *(Bubo bubo)*, **19, 20** Kuckuck *(Cuculus canorus)*, **21** Sperber *(Accipiter nisus)*, **22** Saatkrähe *(Corvus frugilegus)*, **23** Kolkrabe *(Corvus corax)*, **24** Mäusebussard *(Buteo buteo)*

Natürliche Größe; **21, 24** = ⅖ natürliche Größe

VOGELEIER II

1 Goldregenpfeifer *(Pluvialis apricaria)*, **2** Bleßhuhn *(Fulica atra)*, **3** Kiebitz *(Vanellus vanellus)*, **4** Stockente *(Anas platyrhynchos)*, **5** Weißstorch *(Ciconia ciconia)*, **6** Haubentaucher *(Podiceps cristatus)*, **7** Birkhuhn *(Lyrurus tetrix)*, **8** Flußseeschwalbe *(Sterna hirundo)*, **9** Kranich *(Grus grus)*, **10** Wachtel *(Coturnix coturnix)*

Natürliche Größe; **4, 5, 6** = ⅔ natürliche Größe

Vogelmuscheln

Vogelmuscheln, die ↗Seeperlmuscheln.
Vogelnestfarn, *Asplenium nidus,* ↗Streifenfarn.
Vogelschutz, Maßnahmen zum Schutz der freilebenden Vogelwelt. Vögel eignen sich als auffällige u. relativ leicht bestimmbare, dabei jedoch auch empfindl. reagierende Tiergruppe als ↗Bioindikatoren ([T] DDT) für Biotopveränderungen. Schutz v. Vögeln bedeutet meist gleichzeitig auch den Schutz der Lebensgrundlagen anderer Tier- u. Pflanzenarten. Die Zielsetzungen des V.es sind deshalb ident. mit denjenigen des allg. ↗Naturschutzes. ↗*Artenschutz* dient der Bestandserhaltung od. auch Wiederansiedlung bes. gefährdeter Vogelarten (in Dtl. z.B. Weißstorch, Kranich, Seeadler, Wanderfalke, Uhu; [T] Rote Liste), während die *Biotopschutz* die flächenhafte Sicherstellung schutzwürdiger Gebiete verfolgt. *V.gebiete* wurden – z.T. auf Basis int. Vereinbarungen – geschaffen, um Vögeln Brut- u. Raststätten (↗Vogelzug) zu bieten. In der BR Dtl. gibt es über 1000 V.gebiete. Gesetze regeln national u. international den Handel u. die Haltung v. Vögeln (z.B. das Washingtoner ↗Artenschutzabkommen). Intensivdurchforstung v. Wäldern (Verringerung v. Altholzbeständen), Gewässerausbau (Begradigung, Verschwinden natürl. Steilufer), agrarstrukturelle Veränderungen, Versiegelung der Landschaft durch Siedlungs- u. Straßenbau machten ein Angebot an ↗*Nisthilfen* erforderlich. – V. basiert auf den Ergebnissen ökol. und populationsbiol. Untersuchungen. Träger des V.es sind behördl. Institutionen (z.B. staatliche *V.warten,* die sich – im Unterschied zu den ↗Vogelwarten – mehr der angewandten Ornithologie widmen) u. private Naturschutzverbände (mit ausgeprägter Öffentlichkeitsarbeit); in Dtl. neben verschiedenen regionalen Vereinigungen v. a. der Dt. Bund für Vogelschutz (DBV), in Östr. die Österreichische Ges. für Vogelkunde u. in der Schweiz der Verband Schweizerischer V.vereine.
Vogelspinnen, 1) *V. i. w. S.,* die ↗*Orthognatha.* 2) *V. i. e. S., Buschspinnen, Aviculariidae, Theraphosidae,* Fam. der Webspinnen mit ca. 800 Arten. V. sind in den Tropen u. Subtropen verbreitet, artenreich v. a. in S-Amerika (v. dort häufig als ↗Bananenspinnen eingeschleppt). Es sind stets große Spinnen (6–10 cm), langlebig (10–20 Jahre) u. stark behaart. An den Laufbeinen befinden sich Büschel od. ganze Flächen mit Hafthaaren, welche die V. befähigen, sich auch in der Vegetation u. an glatten Flächen gut zu bewegen. Die meisten Arten sind nachtaktiv u. erbeuten Insekten u. Tausendfüßer, große Arten auch kleine Wirbeltiere. Bedroht, nehmen sie eine Abwehrhaltung ein, indem sie den Vorderkörper, die beiden Vorderbeinpaare, Pedipalpen u. Cheliceren aufrichten. Viele Arten

Vogelspinnen
Einige Gattungen:
Avicularia:
jagt nachts in der Vegetation; die Beute wird auf dem Boden auf einer Gespinstdecke gefressen; gutes Sprungvermögen; südl. USA–Chile
↗*Eurypelma*
Theraphosa:
sehr große Spinnen, S-Amerika
Selenocosmia:
v. Indien bis Austr. verbreitet; Kokon wird in den Cheliceren gehalten

stridulieren dabei laut. V. gelten allg. zu Unrecht als sehr giftig (↗Giftspinnen). Dies gilt nur für wenige Arten. Die meisten besitzen nur kleine Giftdrüsen u. töten ihre Beute v. a. mechanisch. Gefährlicher sind feine Haare, die bei Bedrohung mit den Hinterbeinen beidseits vom Opisthosoma abgerieben werden u., da sie auch Widerhaken besitzen, einem Angreifer in den Augen u. beim Einatmen in den Bronchien erhebl. Schaden zufügen. Die Lebensweise der einzelnen Arten und Gatt. (vgl. Tab.) ist sehr verschieden. Manche leben unter Steinen u./od. Rinde, viele in selbstgegrabenen Röhren im Boden. Viele Arten sind gewandte Jäger, andere eher träge Tiere, die auf Beute lauern. Der Schlupfwinkel wird fast stets mit Spinnseide ausgekleidet. Bei der Paarung richtet das Weibchen den Vorderkörper auf, das Männchen steht ihm gegenüber u. inseriert den Taster von frontal. Der Eikokon wird oft im Schlupfwinkel bewacht, v. einigen Arten aber auch mitgetragen.
Vogelstimmen ↗Gesang (☐), ↗Duettgesang (☐), ↗Sonagramm (☐), ↗Syrinx (☐); [B] Kaspar-Hauser-Versuch.
Vogeluhr, zeitl. Abfolge des tägl. Gesangbeginns bei Vögeln. Da der diurnale Rhythmus (↗Chronobiologie, [B] II) helligkeitsgesteuert verläuft (↗Lichtfaktor), erfolgt auch der Beginn des ↗Gesangs (☐) bei verschiedenen Arten zu unterschiedl. Zeiten. Sehr früh beginnen z.B. Feldlerche, Hausrotschwanz u. Singdrossel, später folgen Amsel, Fitis, Kuckuck; als letzte stoßen verschiedene Finkenvögel, Spechte u. der Star dazu.
Vogelwarte, Inst. für wiss. Vogelkunde; befaßt sich als Zentrale für Vogel-↗Beringung bes. mit der Erforschung des ↗Vogelzugs. Hierzu gehören die Auswertung der Ringfunde sowie die Untersuchung der Jahresperiodik und physiolog. Aspekte des Vogelzugs. Weiterhin sind die V.n Forschungszentren für ökolog. Fragestellungen der Ornithologie, wie Biotoppräferenzen, Auswirkungen v. Umweltgiften auf Populationen u.a. In der BR Dtl. bestehen die V. Helgoland (gegr. 1910, Hauptsitz: Wilhelmshaven) u. die V. Radolfzell (Sitz: Möggingen; vormals – bis in den 2. Weltkrieg – V. Rossitten auf der Kurischen Nehrung/Ostpr., gegr. 1901); in der DDR die V. Hiddensee (gegr. 1936), in Östr. die V. Neusiedler See (Sitz: Neusiedl), in der Schweiz die V. Sempach. [B] Biologie III.
Vogelzug, jahresperiodische, gerichtete Wanderungen v. ↗Vögeln zw. zwei mehr od. weniger weit auseinanderliegenden Gebieten (Brutgebiet, Winter- od. Ruhequartier); dabei können auch Zwischenziele aufgesucht werden (Mauser-Plätze). Zeitpunkt u. Zugrichtung variieren v. Art zu Art sowie geograph. zw. verschiedenen Populationen derselben Art. In mittleren und nördl. Breiten wird zw. *Frühjahrs-* u.

Vogelzug

Herbstzug differenziert, allgemeiner zw. *Heim-* und *Wegzug*. Als *Zugrichtung* herrscht bei den eur. und asiat. Zugvögeln im Herbst SW und beim Heimzug NO vor, in anderen Regionen der Erde ändern sich die Verhältnisse abhängig v. den geogr. Gegebenheiten. Die meisten Vögel ziehen nicht – wie fr. angenommen – auf eng begrenzten *„Zugstraßen"*, sondern unternehmen weitgehend einen *Breitfrontzug*. *Schmalfrontzieher* folgen relativ scharf begrenzten Routen; hierzu gehören verschiedene Gänse, Enten u. auch Singvögel, wie z. B. der Neuntöter (↗Würger), der außerdem im Herbst u. Frühjahr eine unterschiedl. *„Zugstrecke"* nimmt u. einen *„Schleifenzug"* durchführt. Topograph. Verhältnisse können eine Verdichtung des V.s bedingen; als *Leitlinien* wirken dabei Küsten, Flußtäler, Gebirgsausläufer u. Wüstenränder. Segelflieger (↗Weißstorch, ↗Kraniche, ↗Greifvögel) nutzen thermische Aufwinde, was über der freien Meeresfläche nicht möglich ist, u. konzentrieren sich deshalb an Meerengen. Bes. günstige Plätze zur Beobachtung des V.s eur. und westasiat. Vögel sind dementsprechend z. B. Öland u. Falsterbo (Schweden), Gibraltar, Bosporus (Türkei) u. Eilat (Israel). Eine *„Zugscheide"* trennt beim ↗Weißstorch die Zugwege westl. und östl. Brutpopulationen. Je nach Ausprägungsgrad des Zugverhaltens unterscheidet man ↗*Standvögel*, ↗*Strichvögel*, ↗*Teilzieher* und eigtl. ↗*Zugvögel*. *Kurzstreckenzieher* sind Arten, die innerhalb eines Klimagebiets nur über kürzere Strecken wandern; hierzu zählen unter den eur. Vögeln z. B. Ringeltaube, Kiebitz, Bleßhuhn, Graureiher und v. den Singvögeln Zeisig, Star, Wiesenpieper, Rotkehlchen u. Heidelerche. I. d. R. rechnen auch Teilzieher (z. B. Feldlerche) u. Strichvogel (z. B. Wacholderdrossel) dazu. *Langstreckenzieher* wandern zweimal jährlich zw. zwei weit voneinander entfernten Gebieten hin u. her, die i. d. R. verschiedenen Kontinenten u. Klimazonen angehören. Viele Watvögel, Seeschwalben, Wachtel, Kuckuck, Mauersegler, Wiedehopf, Wendehals u. insektenfressende Singvögel, wie Schwalben, Grasmücken, Laubsänger, Braunkehlchen u. Nachtigall, gehören zu dieser Gruppe, die in die Tropen od. Subtropen od. noch weiter bereits wieder in gemäßigte Regionen der S-Halbkugel zieht. Von den nordamerikan. Arten verbringt ein Großteil den Winter bereits in Mittelamerika. Die weiteste bisher bekannte Strecke (zweimal 17 000 km!) wandert die Küsten-↗Seeschwalbe. Die meisten Langstreckenzieher brechen unmittelbar nach Beendigung des Brutgeschäfts zum Wegzug auf, d. h. schon bevor ein eventueller Nahrungsengpaß auftritt. Die jährl. Aufenthaltsdauer im Brutgebiet kann dadurch relativ kurz werden: beim Mauersegler z. B. nur 3 Monate od. bei arkt. Watvögeln weniger als 2 Monate. – Über die Evolution des V.es bestehen eine Reihe v. hypothet. Vorstellungen. Ein großer Teil der Zugmuster auf der N-Halbkugel muß nach der letzten Glazialperiode entstanden sein, d. h. innerhalb der letzten 15 000 Jahre. Im Wechsel v. Rückzug u. Vorstoß als Reaktion auf klimat. Änderungen dürften sich period. Wanderbewegungen entwickelt haben. Die Entwicklung v. Zugverhalten entbindet v. der Notwendigkeit, sich z. B. ernährungsökologisch an veränderte Bedingungen anzupassen; Zugvögel leben gewissermaßen ganzjährig in einem Sommergebiet. Selektionsdruck führte bei Standvögeln in weit größerem Ausmaß als bei Zugvögeln zu geogr. Rassenbildung infolge stärkerer genet. Isolation. Andererseits förderten regelmäßige Wanderbewegungen die Arealerweiterung und Neubesiedlung bisher unbesetzter Gebiete. Eine bes. Form des V.es stellen ↗*Invasionen* dar; ↗Massenwanderungen einiger Vogelarten in unregelmäßigen Zeitabständen bei Nahrungsmangel u./od. Populationsüberdruck durch zu hohe ↗Abundanz. Unter den eur. Vögeln treten solche Invasionen z. B. bei Seidenschwanz, Birkenzeisig, Kreuzschnäbeln u. Tannenhäher auf. Die V.sforschung bedient sich verschiedener Methoden. Mit Hilfe der ↗Beringung (☐), die in Dtl. von den ↗*Vogelwarten* organisiert wird, ist es mögl., die zeitl. und räuml. Zugmuster der einzelnen Arten sehr genau aufzudecken. Physiolog. stellt der V. an den Vogelorganismus zusätzl. Anforderungen, insbes. bei Langstreckenziehern. Für eine Reihe v. Vorgängen, wie ↗Depotfett-Bildung, ↗Mauser, Auftreten v. Zugunruhe u. Richtungspräferenz, wurde an verschiedenen Arten (v. a. Grasmücken, Laubsänger, Fliegenschnäpper) nachgewiesen, daß sie einem endogenen Jahresrhythmus unterliegen (*circannuale Rhythmik;* ↗Chronobiologie, B II). Kreuzungsexperimente mit Individuen unterschiedl. Grasmückenpopulationen ergaben, daß ein genet. Programm den Zeitverlauf der *Zugunruhe* festlegt, wodurch auch zugunerfahrenen Vögeln (Jungvögel) geholfen werden kann, die überlebensnotwendigen Überwinterungsgebiete zu finden. Die Steuerung der Zugdisposition erfolgt durch endogene u./od. Umweltfaktoren; Klima, Witterung, Nahrungsfaktoren u. die Änderung der Photoperiode sind wichtige Auslöser für die Wanderung, insbes. bei weniger ausgeprägten Zugvögeln. Während des V. s können äußere Reize das endogene Zeitprogramm „überstimmen", z. B. dann, wenn sich bei erschöpften Fettreserven in ↗Durchzugsgebieten die Möglichkeit zum Auffüllen des Depots bietet. Artspezif. Unterschiede im *tageszeitl. Zugmuster* ließen sich durch Zugplanbeobachtungen an Orten mit verdichtetem V. (s. o.) u. durch Be-

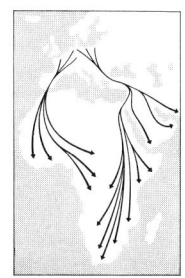

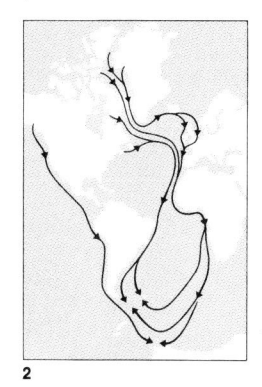

Vogelzug

1 Herbstwanderung des ↗Weißstorchs (*Ciconia ciconia*). Störche, die in Fkr. und dem westl. Dtl. nisten, wandern über Spanien, während die, die weiter im O nisten, das östl. Mittelmeer umfliegen.
2 Zugbahnen der Küstenseeschwalbe (*Sterna paradisaea*) von der Arktis zur Antarktis. Bemerkenswert ist, daß in der Arktis N-Amerikas brütende Küstenseeschwalben auf ihrer Herbstreise in die Antarktis den Atlantik überqueren.

ringung nach festgelegtem Zeitschema untersuchen. Mit Hilfe v. Radarmethoden ist es möglich, auch den nächtlichen V. zu analysieren. Viele Singvögel ziehen nachts (Grasmücken, Laubsänger, Rohrsänger, Drosseln u. a.); auf diese Weise entgehen sie der Verfolgung durch Greifvögel. Zahlr. Untersuchungen befassen sich mit der *Orientierung* der Vögel während des Zuges. Dabei ist zu unterscheiden zw. der Richtungsorientierung od. ↗ *Kompaßorientierung* und der Zielorientierung od. ↗ *Navigation*. Bisher wurden drei verschiedene Kompaßsysteme gefunden: Der „*Sonnenkompaß*" hängt v. der inneren Uhr ab; bei künstl. Verstellung des Licht-Dunkel-Wechsels läßt sich im Käfigversuch die Vorzugsrichtung verändern; bei bedecktem Himmel ist die Bewegung weitgehend ungerichtet. Der bisher nur im Experiment nachgewiesene „*Sternenkompaß*" arbeitet ohne Zeitkompensation u. benötigt deshalb keine innere Uhr (↗ Astrotaxis). Eine nichtvisuelle Orientierung für Tag- u. Nachtzieher ermöglicht der „*Magnetkompaß*" (↗ magnetischer Sinn); Vögel nutzen hierbei nicht die Polarität des Magnetfeldes der Erde, sondern die Neigung der Feldlinien im Raum. Da der „Magnetkompaß" auch für transäquatorial ziehende Arten (z. B. Gartengrasmücke) nachgewiesen wurde, muß es für die Orientierung bei der Überquerung des Äquators noch zusätzl. Mechanismen geben. Prinzipien der Navigation wurden bisher v. a. an ↗ Brieftauben untersucht. Ungelöste Probleme bei der V.sforschung sind außerdem die Fragen, wie endogene Zeitprogramme zus. mit Außenreizen das beobachtbare Wanderverhalten erzeugen u. worin die physiolog. Grundlagen circannualer Rhythmen bestehen. ↗ Tierwanderungen.

Lit.: *Curry-Lindahl, K.:* Das große Buch vom V. Berlin u. Hamburg 1982. *Papi, F., Wallraff, H. G.* (Hg.): Avian navigation. Berlin 1982. *Schmidt-König, K.:* Das Rätsel des V.s. Hamburg 1980. *Schüz, E.,* u. a.: Grundriß der V.skunde. Berlin u. Hamburg 1971.
M. N.

Voges-Proskauer-Reaktion [ben. nach den dt. Ärzten O. Voges, * 1867, † ?, B. Proskauer, 1851–1915], Abk. *VPR*, chem. Verfahren zum Nachweis der Bildung v. ↗ Acetoin (= Acetylmethylcarbinol) aus Glucose in Mikroorganismen-Kulturen (vgl. Spaltentext); dient zus. mit anderen Verfahren (↗ IMViC-Test, ↗ bunte Reihe) zur Differenzierung v. Bakterien (Gattungen), bes. aus der Gruppe der ↗ Enterobacteriaceae.

Vogt, *Karl,* dt. Naturforscher, * 5. 7. 1817 Gießen, † 5. 5. 1895 Genf; seit 1847 Prof. in Gießen, 1852 in Genf; 1861 Leiter einer Expedition zum Nordkap; zahlr. Arbeiten zur Anatomie u. Physiologie sowie geolog. Untersuchungen; Verfechter des Materialismus u. Darwinismus, deren Gegner (insbesondere Rud. ↗ Wagner) er mit scharfen satir. Schriften („Altes u. Neues aus dem

volvo- [v. lat. volvere = wälzen, rollen, umdrehen].

Voges-Proskauer-Reaktion

VPR-Nachweis:
Die zu prüfende Bakterienkultur wird für ca. 3 Tage (bei 37°C) im Glucose-Pepton-Medium bebrütet. Anschließend werden 5 ml Nährlösung mit 1 ml 10%iger KOH-Lösung (u. etwas Eisenchlorid) versetzt. Gebildetes Acetoin wird unter den alkalischen Bedingungen durch Sauerstoff zu Diacetyl oxidiert, das mit dem im Pepton enthaltenen Kreatin zu einer Rotfärbung führt. Durch Zusatz v. Kreatin und α-Naphthol kann die Nachweisgrenze noch herabgesetzt werden. – VPR-positiv (= Acetoinbildung) sind z. B. *Enterobacter aerogenes* u. *Serratia-Arten,* VPR-negativ (keine Acetoinbildung) *Escherichia coli.*

Tier- u. Menschenleben", 1859; „Köhlerglaube u. Wissenschaft", 1855) angriff.

Voit, *Carl* von, dt. Physiologe, * 31. 10. 1831 Amberg, † 31. 1. 1908 München; seit 1860 Prof. in München; bedeutende Untersuchungen des Stoffwechsels v. Säugetieren u. des Menschen; arbeitete bes. über Fragen der Wärmebilanz, der Ernährung (Harnstoffbilanz, Proteinumsatz) u. des Energiehaushalts des Körpers.

Voitia *w,* Gatt. der ↗ Splachnaceae.

Volborthella *w* [ben. nach dem russ. Paläontologen A. v. Volborth, 1800–76], (F. Schmidt 1888), † Gatt. unsicherer taxonom. Stellung; dokumentiert durch ca. ½ cm lange, schlanke, kegelförm. Kalkgehäuse mit engständigen Kammerscheidewänden. Schindewolf (1928) glaubte, einen Siphonalapparat zu erkennen u. erklärte *V.* zum ältesten, als „Vorposten" isoliert stehenden Vertreter der Kopffüßer. Lipps u. Sylvester (1968) hielten *V.* für ein wurmart. Lebewesen. Verbreitung: unteres Kambrium v. Skandinavien, Estland, Kanada und Austr., mittleres Kambrium v. Europa.

Volema *w* [v. lat. volemum = Birne], jetzt *Pugilina,* ↗ Kronenschnecken.

Volière *w* [woljär; frz.], großer, umzäunter, oft mit Bäumen od. Büschen bepflanzter Raum zur Aufnahme v. Vögeln im Freien.

Volk ↗ staatenbildende Insekten.

Vollblut ↗ Blut; ↗ Pferde.

Vollinsekt, *Vollkerf,* die ↗ Imago.

Vollkiel, (Wedekind), mediane kielart. Aufwölbung an der Außenseite spiraler Ammoniten-Gehäuse (↗ *Ammonoidea),* deren Innenraum im Ggs. zum ↗ Hohlkiel mit dem Gehäusehohlraum in offener Verbindung steht. Hölder (1952) bezeichnete diesen Typus als „offenen Kiel", während ein V. – ontogenetisch verfolgbar – mit Schalensubstanz „voll" ausgefüllt wird.

Vollmast ↗ Mastjahre.

Vollmedium, ein Nährmedium (↗ Nährboden), das neben den essentiellen auch viele Verbindungen enthält, die der Organismus selbst synthetisieren kann. Die Wachstumsrate (↗ mikrobielles Wachstum) auf dem V. ist höher als auf einem Minimalmedium.

Vollparasiten, die ↗ Holoparasiten.

Volterra-Prinzip [ben. nach dem it. Mathematiker V. Volterra, 1860–1940] ↗ Lotka-Volterra-Gleichungen.

Voltziales [Mz.; ben. nach dem Bergwerksingenieur Ph. L. Voltz, † 1840], ausschl. fossil (Oberkarbon – Kreide) bekannte Ord. der ↗ Nadelhölzer mit den beiden wichtigsten Fam. *Lebachiaceae* u. *Voltziaceae.* Zu den Lebachiaceae (Oberkarbon – Unterperm) gehören relativ kleine (Stammdurchmesser bis 10 cm), der rezenten Zimmertanne (↗ *Araucariaceae)* ähnl. Coniferen mit schraubig ansitzenden Nadelblättern u. wirtelig angeordneten Seitenästen; die einzelnen „Blüten" (Kurzsprosse) der ♀ Zapfen sind mehr od.

weniger radiärsymmetrisch. Bei der Gatt. *Lebachia* (B Nadelhölzer) sind die Zapfen keulenförmig, wobei die ♀ Zapfen aufrecht stehen, während die ♂ hängen. Die ♀ Zapfen bestehen aus schraubig ansitzenden, zweizipfligen Deckblättern, in deren Achseln annähernd radiärsymmetrische Kurzsprosse (Blüten) stehen; diese tragen asymmetrisch verteilte sterile Schuppen u. auf der der Zapfenachse zugewandten Seite 1 aufrechte gestielte Samenanlage. (Neuerdings wird allerdings vermutet, daß die Samenanlage auch bei *Lebachia* umgewendet ist u. an einer flächigen Schuppe sitzt.) Die ♂ Zapfen bestehen aus schraubig angeordneten, in Stiel u. Lamina gegliederten Sporophyllen mit 2 Pollensäcken. Die Gatt. *Ernestiodendron* weicht v. a. durch den Bau der ♀ Zapfen ab, deren Kurzsprosse zahlr. aufrechte Samenanlagen tragen. Als *Walchia* werden heute meist sterile, ohne Cuticula erhaltene Zweigreste bezeichnet, die sich keiner der beiden Gatt. zuordnen lassen. Die oberpermischen bis unterjurassischen *Voltziaceae* erinnern mit den stark abgeflachten, schuppenartig ausgebildeten Kurzsprossen der ♀ Zapfen stärker an moderne Nadelhölzer. Bei *Pseudovoltzia* sind die mit dem Tragblatt teilweise verwachsenen Kurzsprosse der ♀ Zapfen schuppenartig abgeflacht und 5zipflig, wobei die beiden äußeren u. der mittlere Zipfel je eine umgewendete Samenanlage tragen. Die Kurzsprosse der Gatt. *Ullmannia* (ein häufiges Fossil des Zechsteins; Oberperm) bestehen im wesentl. nur aus einer runden Schuppe mit einer umgewendeten Samenanlage. Zu den V. werden oft auch die ↗*Cheirolepidaceae* gestellt. – Phylogenet. sind die V. von entscheidender Bedeutung. Sie stellen gewissermaßen das phylogenet. Bindeglied zw. den ↗*Cordaitidae* (aus deren Umfeld sie sich vermutl. entwickelten) u. den übrigen Nadelhölzern dar; allerdings sind die Übereinstimmungen im Bau der ♀ Zapfen zw. *Cordaitidae* u. *Lebachiaceae* vermutl. geringer als bisher angenommen u. lebten die ältesten V. (Westfal B) zeitgleich mit den *Cordaitidae*. Vermutl. sind aus den V. im Bereich Perm-Trias die übrigen Nadelhölzer hervorgegangen. Die V. belegen ferner, daß die Deck- bzw. Samenschuppen der rezenten ♀ Coniferenzapfen einem Tragblatt bzw. Kurzsproß (Blüte) homolog sind u. daß die ♀ Zapfen damit Blütenstände darstellen. So zeigen die V. zunehmende Tendenz zur Abflachung der Kurzsprosse, zur Reduktion der Zahl der sterilen Schuppen u. Samenanlagen u. zur Einkrümmung der Samenanlage.

Lit.: Meyen, S. V.: Basic features of gymnosperm systematics and phylogeny as evidenced by the fossil record. Bot. Rev. 50 (1), 1984. Stewart, W. N.: Paleobotany and the evolution of plants. Cambridge 1983. *V. M.*

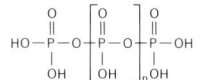

Volutin
Polyphosphorsäure

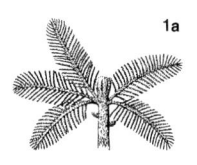

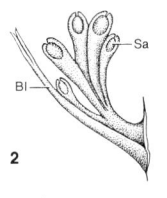

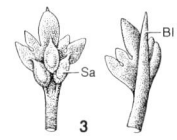

1 *Lebachia piniformis*; **a** Achse mit wirtelig abgehenden Seitenästen, **b** Zweig mit schraubig ansitzenden Nadelblättern. 2 *Ernestiodendron filiciforme*, Kurzsproß mit Tragblatt eines ♀ Zapfens. 3 *Pseudovoltzia liebeana*, Kurzsproß eines ♀ Zapfens; links Innen-, rechts Außenansicht mit Tragblatt. Bl Tragblatt, Sa Samenanlagen

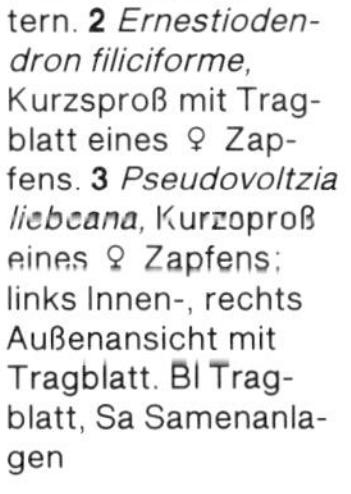

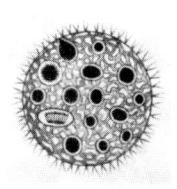

Voltziales

Volvocaceae
Volvox globator mit männl. und weibl. Gameten u. Chromatophoren

Volucella w [v. lat. volucer = geflügelt], Gatt. der ↗Schwebfliegen.
Volumprozent s, *Volumenprozent*, ↗Lösung (T).
Volutidae [Mz.; v. lat. voluta = Schnecke], Fam. der ↗Walzenschnecken.
Volutin s, hpts. aus langkettigen ↗Polyphosphaten (□) bestehende Zelleinschlüsse (Speicher-Granula, *Polkörper*) in Bakterien, Pilzen u. Cyanobakterien; dient wahrscheinlich hpts. als Phosphat-Reservestoff; die Verwertung als Energiequelle ist umstritten. V. wurde nach *Spirillum volutans* ben., aus dem es zuerst isoliert wurde (A. Meyer). Der Name *metachromatische Granula* für V. bezieht sich auf das Färbeverhalten: beim Anfärben mit basischen Farbstoffen, bes. Toluidinblau, wird das Absorptionsmaximum verschoben, so daß die Einschlüsse rötlichviolett (nicht blau) erscheinen.
Volutoidea [Mz.], die ↗Walzenschnecken.
Volva w [lat., = Hülle, Eihaut], **1)** Bot.: *Scheide*, die bei manchen Hutpilzen vorhandenen, oft becherförm. Reste der Gesamthülle (Velum universale) am Stielgrund (↗Blätterpilze, □). **2)** Zool.: Gatt. der ↗Eierschnecken mit spindelförm., oben u. unten verlängertem Gehäuse; zahlr. Arten im Indopazifik. *V. volva*, Gehäuse 12 cm hoch, rosa, lebt in 10–100 m Tiefe vorwiegend an Steinkorallen.
Volvariella w [v. lat. volva = Hülle], die ↗Scheidlinge. [↗Cniden (□).
Volventen [Mz.; v. lat. volvens = rollend],
Volvocaceae [Mz.; v. *volvo-*], Fam. der ↗*Volvocales*, Geißelalgen (↗*Phytomonadina*), deren begeißelte, Chlamydomonas-ähnliche Zellen strahlenförmig, tafelartig od. in kugeligen Kolonien angeordnet sind. Bei *Gonium*, 7 Arten, sind 4–16 Zellen zu einer viereckigen, tafelart. Kolonie vereint; *G. pectorale* (B Algen I) häufig in wärmeren Jahreszeiten in schwach eutrophierten Teichen. Bei den 2 *Pandorina*-Arten bilden 8–16 Zellen eine kugelige bis ellipt. Kolonie. Aus 16–64 Zellen, in 5 Etagen angeordnet, bestehen die ellipt. Kolonien der Gatt. *Eudorina*; *E. elegans* häufig im Plankton der Seen u. Teiche. ↗*Pleodorina* ähnelt *E.* bildet aber kugelförm. Kolonien. *Volvox* (B Algen I), die Kugelalge od. Gitterkugel, ist die höchstentwickelte Gatt.; die Zellen bilden eine Hohlkugel, innen mit Gallerte gefüllt, vielfach durch ↗Plasmodesmen miteinander verbunden; begeißelte Zellen mit trophischer Funktion, daneben einige wenige unbegeißelte größere Zellen als Sporangien od. Gametangien. Bei vegetativer Fortpflanzung Bildung einer Tochterkugel in einem Sporangium; Tochterkugeln werden zu mehreren im Innern der Mutterkugel abgelagert und daraus erst nach Aufreißen u. Absterben der Mutterkugel frei. Sexuelle Fortpflanzung durch Oogamie; es gibt monözische u. diözische Arten.

Volvocales

Volvocales [Mz.; v. *volvo-], Ord. der ↗Grünalgen, vegetative Zellen begeißelt, einzeln od. in Kolonien lebend. Sexuelle Fortpflanzung bei vielen Arten bekannt; vegetative Fortpflanzung durch Zoosporen od. Tochterkoloniebildung. Die ca. 100 Gatt. sind 6 Fam. (vgl. Tab.) zugeordnet.
Volvox *m* [v. *volvo-], Gatt. der ↗Volvocaceae.
Vombatidae [Mz.; austral.], die ↗Wombats.
Vomer *m* [lat., = Pflugschar], *Pflugscharbein*, urspr. paariger Deckknochen des (primären) ↗Munddaches der Wirbeltiere. Die Vomera lagen bei frühen Tetrapoden dicht hinter den Praemaxillaria (↗Praemaxillare) u. wiesen je eine Öffnung auf, die (primäre) innere Nasenöffnung (↗Choanen). In der Säugerlinie, bei den Therapsiden, verschmolzen die Vomera zu einem unpaaren Element. Es liegt als schlanker Knochenstab in der Mitte des primären Munddaches u. bildet den hinteren unteren Teil der Nasenscheidewand (↗Nase). – Bei Fischen ist der V. meist bezahnt.
Vomeronasalorgan [v. lat. vomer = Pflugschar, nasalis = zur Nase gehörig], das ↗Jacobsonsche Organ.
Vomitus *m* [v. lat. vomere = sich erbrechen], das ↗Erbrechen.
Voraugendrüse, vor dem Auge befindl. Hautdrüse (Duftdrüse; ↗Duftorgane) bei Rothirsch, Axishirsch, Thomsongazelle u. Dikdiks. Das an Zweige geschmierte Sekret der V. dient der Reviermarkierung (↗Markierverhalten). B Signal.
Vorbackenzähne, *Praemolaren*, die vorderen ↗Backenzähne. [ren.
Vorbären, frühere Bez. für die ↗Kleinbä-
Vorblatt, die ↗Brakteole; ↗adossiert.
Vorderbrust, der ↗Prothorax; ↗Thorax.
Vorderhirn, 1) das ↗Protocerebrum. 2) *Prosencephalon*, Bez. für den vorderen Abschnitt des ↗Gehirns (☐) der Wirbeltiere u. des Menschen. Das V. versorgt mit Endhirn (↗Telencephalon) u. Zwischenhirn die großen Kopfsinnesorgane ↗Nase u. ↗Auge u. stellt wesentl. Strukturelemente für übergeordnete integrative Leistungen des Gehirns bereit (↗Telencephalon). Das V. unterscheidet sich nicht nur in der Versorgung der Peripherie (Auge, Nase) vom nach hinten anschließenden ↗Rautenhirn, das die Derivate des Kiemendarms versorgt, sondern auch grundlegend in seinem morpholog. Aufbau. Die Untergliederung des Wirbeltiergehirns in V. und Rautenhirn entspr. funktionellen u. phylogenetischen Befunden.
Vorderhörner ↗Rückenmark (B).
Vorderhornzellen, die im Vorderhorn (↗Rückenmark, B) gelegenen Zellen, die zu Kerngruppen geordnet sind u. deren efferente Fasern zur Muskulatur ziehen.
Vorderkiefer, der ↗Oberkiefer 1).
Vorderkiemer, *V.schnecken, Prosobranchia, Prosobranchiata*, U.-Kl. der ↗Schnek-

volvo- [v. lat. volvere = wälzen, rollen, umdrehen].

Volvocales
Familien:
↗ Chlamydomonadaceae
↗ Dunaliellaceae
↗ Haematococcaceae
↗ Phacotaceae
↗ Spondylomoraceae
↗ Volvocaceae

Vorderkiemer
Ordnungen:
↗Altschnecken (Archaeogastropoda)
↗Mittelschnecken (Mesogastropoda)
↗Neuschnecken (Neogastropoda)

Vorderkiemer
Wellhornschnecke, kriechend, mit ausgestrecktem Sipho; Dauerdeckel auf dem Hinterfuß

ken, bei denen durch die Torsion die Mantelhöhle mit zugehörigen Organen nach vorn gelangt ist, so daß die Kiemen vor dem Herzen liegen (Name!); urspr. Formen mit je 2 Kiemen u. Herzvorkammern (↗*Diotocardia*), höherentwickelte nur mit den jeweils linken Organen (↗*Monotocardia*). Das ↗Nervensystem (B I) ist chiastoneur (↗Chiastoneurie). Fast immer ist ein spiralgewundenes, seltener napf- od. röhrenförm. Gehäuse ausgebildet. Der Kopf trägt 1 Paar Fühler mit Sinneszellen, an der Fühlerbasis liegen meist Augen; der Fuß hat eine abgeflachte Kriechsohle u. auf dem Rücken einen Dauerdeckel zum Verschluß der Gehäusemündung. Meist getrenntgeschlechtl. Tiere, selten ☿, die überwiegend im Meer, aber auch im Süßwasser u. auf dem Lande leben; einige sind Parasiten an Wirbellosen. Etwa 25 000 Arten, die zu den Ord. ↗Alt-, ↗Mittel- u. ↗Neuschnecken gehören. B Darm.
Vorfrucht ↗Nachfrucht.
Vorhof, 1) *Atrium*, ↗Herz (B); 2) das ↗Vestibulum.
Vorhoftreppe, *Scala vestibuli*, ↗Gehörorgane (B).
Vorkeim, der ↗Proembryo.
Vorkern, der ↗Pronucleus.
Vorlager, *Hypothallus, Prothallus*, algenfreier Teil des ↗Flechten-Thallus, der das Lager bzw. Lagerareolen ringsum säumt und oft farbl. und durch geringe Dicke stark vom restl. Lager abweicht.
Vormagen, der ↗Proventriculus.
Vormenschen, die ↗Praehomininae, ↗Australopithecinen.
Vormilch, das ↗Kolostrum; ↗Milch.
Vormuster ↗Prepattern.
Vorniere, *Stammniere, Pronephros, Protonephros, Archinephros*, bei der Entwicklung der höheren Wirbeltiere der räuml. und zeitl. zuerst angelegte Teil der ↗Niere. ↗Nierenentwicklung (☐).
Vorpuppe, die ↗Propupa. ↗Praepupa.
Vorratsmilben, *Acaridae*, Fam. der ↗*Sarcoptiformes*, hell gefärbte, kleine ↗Milben mit gedrungenem Körper u. scherenförm. Cheliceren; kommen meist in ungeheuren Massen vor u. können dann auch den Menschen befallen. Sie (ggf. auch ihr „Staub" aus Kot, Häuten usw.) rufen teilweise schwere Allergien hervor. Hierher gehören als bekannte Vertreter die ↗Mehlmilbe (*Acarus siro*), ↗Käsemilbe (*Tyrophagus casei*), ↗Hausstaubmilbe (*Dermatophagoides pteronyssinus*), Modermilben (*Tyroglyphus*) u. ↗Polstermilbe (*Glyciphagus domesticus*). ↗Wohnungsmilben.
Vorspelze, *Palea superior*, Bez. für die in der ↗Grasblüte (☐) der ↗Deckspelze folgende ↗Spelze, die als Verwachsungseinheit zweier Perigonblätter gedeutet werden kann. ☐ Ährchen, B Blüte.
Vorsteherdrüse, die ↗Prostata.
Vorticella *w* [v. lat. vortex, vertex = Wirbel], ↗Glockentierchen.

Vorziehmuskeln, *Vorzieher,* die ↗Protraktoren.
Vorzugsbereich, das ↗Präferendum.
Votsotsa s, *Hypogeomys antimena,* ↗Madagaskarratten.
Vries, Hugo Marie de, niederländ. Botaniker u. Erbforscher, * 16. 2. 1848 Haarlem, † 21. 5. 1935 Lunteren; 1878–1918 Prof. in Amsterdam; ein Wiederentdecker (zus. mit Correns u. Tschermak) der v. Mendel aufgestellten Vererbungsgesetze (1900); förderte bes. durch seine Forschungen an *Oenothera lamarckiana* (Nachtkerze) die Kenntnis der Mutationen; seine Untersuchungen über Osmose u. Plasmolyse der Zelle waren für die Zellphysiologie grundlegend.
Vriesia w [ben. nach dem niederländ. Botaniker W. H. de Vries, 1807–62], *Vriesea,* Gatt. der ↗Ananasgewächse, ca. 200 Arten in S- und Mittelamerika; Epiphyten mit dichten Blattrosetten, die als trichterförm. Wasserspeicher dienen. Wegen der oft gemusterten Blätter werden zahlr. Arten als Zierpflanzen gehalten. Nach der Blüte des zweizeiligen, farb. Blütenstandes stirbt die Rosette ab; Fortpflanzung über Seitentriebe u. Kapselfrüchte.
Vulgärnamen [v. lat. vulgaris = gewöhnlich], die ↗Nomina vernacularia.
Vulkanismus m [ben. nach dem röm. Schmiedegott Vulcanus], Bez. für alle Vorgänge, die mit der Förderung innenbürtiger Gesteinsschmelzen (Magmen) an die Erdoberfläche verbunden sind. Ein *Vulkan* ist eine Stelle der Erdoberfläche, an der *Magma (Lava)* aus einem *Krater (Zentraleruption)* od. (bei Deckenergüssen) durch Erdspaltung *(Lineareruption)* an die Erdoberfläche tritt *(Eruption* od. *Vulkanausbruch).* Der Lavaaustritt *(Effusion)* erfolgt meist nach einer starken Explosion, bei der Gesteinsblöcke u. Lockermaterial in große Höhe geschleudert werden. Die Eruption wird durch Gasentbindung im Vulkanherd infolge Druckentlastung, Temp. Erniedrigung, Auskristallisation ermöglicht. ↗schwefeloxidierende Bakterien; ☐ Riff, B chemische u. präbiologische Evolution. [↗Tüchse.
Vulpes w [lat., = Fuchs], Gatt. der
Vultur m [lat., = Geier], Gatt. der ↗Neuweltgeier, ↗Kondor.
Vulva w [v. lat. volva, vulva = Gebärmutter], der *Scheiden-Vorhof* (Vestibulum vaginae), d. h. die mehr od. weniger schlitzförmige Umgebung der ♀ Geschlechtsöffnung (↗Vagina). Bei ↗Fadenwürmern ist es ein Querschlitz (☐ Rhabditida), bei Säugern ein Längsschlitz (Schamspalte, *V. i. w. S.* = gesamtes äußeres ♀ Genitale, also kleine u. große Schamlippen [Labia minora u. Labia majora] u. ↗Clitoris), der aus dem Sinus urogenitalis hervorgeht u. an dessen Grund die Vagina u. die Harnröhre ausmünden (☐ Geschlechtsorgane).

H. de Vries

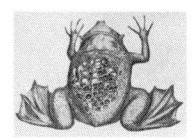

Wabenkröte
(Pipa pipa)

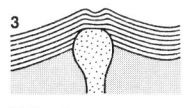

Vulkanismus
Wichtige *Vulkan*-Typen:
1 *Schicht-* oder *Strato-Vulkan* bei wechselnder Lava- und Aschenförderung; **2** *Explosionstrichter* ohne Förderung von Lava und Lockermaterial (Maar); **3** *Quellkuppe* aus zähflüssiger Lava, mit Tuffbedeckung

W, Abk. für ↗Tryptophan.
Waal-Warmzeit (W. Zagwijn 1957), nach dem Rheinmündungsarm Waal (Niederlande) ben. Wärmeschwankung des Alt-↗Pleistozäns (☐) zw. ↗Eburon- u. ↗Menap-Kaltzeit in N-Mitteleuropa; entspr. der Donau/Günz-Warmzeit in S-Dtl.
Wabe, *Bienen-W.,* bei Bienen (↗Honigbienen, ☐) aus körpereigenem Wachs (↗Bienenwachs, ↗Cerumen) gefertigter Bau aus sechseckigen Zellen zur Speicherung v. ↗Honig u. Pollen u. für die Aufzucht der Brut. ↗staatenbildende Insekten, ↗Tierbauten, ☐ Bienenzucht, ☐ Bienensprache, B mechanische Sinne I.
Wabenkröten, *Pipa,* Gatt. der *Pipidae* mit 7 Arten im östl. S-Amerika, südl. bis Espirito Santo (Brasilien), nördl. bis Panama. Alle W. sind, wie die verwandten ↗Krallenfrösche, fast permanent aquatische Frösche, die das Wasser nur bei starken Regenfällen verlassen, um ein anderes Gewässer aufzusuchen. Dementsprechend sind ihre wichtigsten Sinnesorgane die Seitenlinienorgane, ihre Finger sind schwache Tastorgane. Eigentümlich für die W. ist die Brutpflege: Bei der Paarung, mit Lendenamplexus (↗Klammerreflex, ☐ Froschlurche), vollführt das Paar im freien Wasser charakterist. „Loopings", die bewirken, daß die austretenden Eier gleich bei der Eiablage auf den Rücken des Weibchens fallen. In den Pausen zw. solchen Umdrehungen werden die Eier vom Männchen zuerst mit dem Körper, später auch mit den Hinterfüßen fest auf den Rücken des Weibchens gedrückt. Nach der Paarung sinken die Eier langsam in die sich verdickende Rückenhaut ein, bis jedes Ei einzeln v. einer Wabe umschlossen ist. Bei ursprünglicheren Arten, wie *P.* (früher *Hemipipa) carvalhoi, P. parva* u. a., entschlüpfen den Waben fortgeschrittene Kaulquappen, die ähnl. wie die Larven der Krallenfrösche filtrieren. Diese unspezialisierten Arten sind kleine (5 bis 7 cm) Frösche, die den Krallenfröschen ähneln. *P. snethlageae* und bes. *P. pipa* dagegen sind große (bis 20 cm), flache, absonderlich gestaltete Formen, die regl. im Wasser lauern. Bei ihnen werden fertig entwickelte Jungfrösche geboren.
Wacholder, *Juniperus,* nordhemisphärisch verbreitete Gatt. der ↗Zypressengewächse mit ca. 60 Arten; immergrüne, diözische Bäume u. Sträucher mit nadel- oder schuppenförm. Blättern u. fleischigen Beerenzapfen (Scheinfrüchte), gebildet durch Verwachsung u. Fleischigwerden von 3 od. mehr Deck-Samenschuppen-Komplexen. Der Gemeine od. Gewöhnliche W. (*J. communis;* B Europa IV) ist meist strauchig, selten bis 10 m hoch, besitzt in Dreier-Wirteln angeordnete Nadelblätter, blaue bis schwarze, im 2. Jahr reifende Beerenzapfen u. kommt in N-Amerika, N-Afrika u. in Europa bis NO-

Wachsblättler

Wacholder
1 Gemeiner W. *(Juniperus communis)* mit Beerenzapfen; **2** Sadebaum *(J. sabina)*, Zweig mit Schuppenblättern

Asien vor. Er wächst als Lichtholzart v. der Ebene bis ins Gebirge v. a. auf sonnigen Heiden u. Magerweiden (Beweidungszeiger), auf wechselfeuchten od. mäßig trockenen Böden, u. ist in der BR Dtl. geschützt. Die Beerenzapfen sind reich an äther. Ölen (⁊ Pinen, Campen u. a.) u. werden als Gewürz u. zur Herstellung v. Spirituosen (Gin, Genever, Steinhäger) u. Arzneidrogen *(Fructus Juniperi,* Diuretikum) genutzt. Im Mittelmeerraum its N-Persien kommt der ähnl. Zedern-W. *(J. oxycedrus)* vor. Der Sadebaum (Stink-W., *J. sabina;* Jugendblätter nadelförmig, Folgeblätter schuppenförmig, Beerenzapfen im allg. aus 6 Schuppen gebildet) wächst als meist niederliegender Strauch an flachgründigen, heißen Trockenhängen u. auf Trockenrasen der Gebirge (S-Europa, Alpen, bes. Zentralalpen, bis Zentralasien). Die Zweige riechen beim Zerreiben unangenehm u. sind stark giftig (ätherische Öle, ⁊ Podophyllotoxin); sie wurden in der Volksheilkunde vielfach als (allerdings sehr gefährl.) Abortivum verwendet. In N-Amerika liefert der Virginische W. (Virginische Bleistiftzeder, *J. virginiana;* B Nordamerika V) ein wertvolles Holz („Rotes Zedernholz"), das auch für Bleistifte Verwendung findet. Viele W.-Arten, v. a. *J. communis* und *J. chinensis* (Heimat: China, Japan), werden in Mitteleuropa mit zahlr. Gartenformen als Ziersträucher kultiviert (z. B. *J. chinensis* ‚Pfitzeriana', „Pfitzer").

Wachsblättler, die ⁊ Dickblättler.

Wachsblume, 1) *Porzellanblume, Hoya,* Gatt. der ⁊ Schwalbenwurzgewächse. 2) *Cerinthe,* Gatt. der ⁊ Rauhblattgewächse mit ca. 10, im Mittelmeergebiet heim. Arten. Kräuter od. Stauden mit mehr od. weniger glatten, herz- bzw. pfeilförm. stengelumfassenden Blättern u. in beblätterten Wickeln stehenden, gelben, röhrenförm. Blüten mit 5zipfligem Saum. Die kugeligen Früchtchen sind paarweise zu 2fächerigen Nüßchen verwachsen. Haare sind bei der W. meist auf die v. ⁊ Cystolithen weiß gefärbten Basalhöcker reduziert. In Mitteleuropa zu finden ist die Alpen-W. *(C. glabra),* eine in subalpinen Staudenfluren u. an Viehlägern wachsende Halbrosettenstaude mit etwas dicklichen, bläul. bereiften Blättern sowie am Kronsaum purpurrot gefleckten Blüten.

Wachse, Sammelbegriff für wasserunlösl., bei Raum-Temp. feste, in der Wärme plastisch verformbare Substanzgemische. Die *natürlichen W.* sind lipophile bzw. hydrophobe Stoffgemische, als deren Hauptbestandteile ⁊ Ester *(Wachsester)* langkettiger Alkohole *(Wachsalkohole)* od. Sterine mit langkettigen, geradzahligen Säuren *(Wachssäuren)* auftreten. Von den Fettsäureestern der ⁊ Fette u. ⁊ fetten Öle unterscheiden sich die Wachsester dadurch, daß die ⁊ Fettsäuren nicht mit Glycerin, sondern mit höheren, primären, einwertigen ⁊ Alkoholen verestert sind. Wachsester lassen sich schwerer verseifen u. werden durch Wärme u. Sauerstoff weniger verändert als Fette. Zu den wichtigsten Wachsalkoholen zählen ⁊ Cetylalkohol (Hexadecanol, C_{16}), Carnaubylalkohol (Tetracosanol, C_{24}), ⁊ Cerylalkohol (Hexacosanol, C_{26}) u. ⁊ Myricylalkohol (Triacontanol, C_{30}). Häufig vorkommende Wachssäuren sind ⁊ Laurinsäure (C_{12}), ⁊ Myristinsäure (C_{14}), ⁊ Palmitinsäure (Cetylsäure, C_{16}), ⁊ Lignocerinsäure (Carnaubasäure, Tetracosansäure, C_{24}), ⁊ Cerotinsäure (Hexacosansäure, C_{26}), Montansäure (Octacosansäure, C_{28}, ⁊ Montanwachs) u. ⁊ Melissinsäure (Triacontansäure, C_{30}). – *Pflanzliche W.* sind Abscheidungsprodukte der Epidermis, die in die ⁊ Cuticula (Cuticular-W., ⁊ Cutin) eingelagert od. ihr aufgelagert werden. Viele Blätter, Früchte u. Sprosse tragen einen Wachsüberzug (z. B. Rotkohl u. Pflaumen), der die oberird. Pflanzenteile gg. Verdunstung, Benetzung mit Wasser u. Befall durch Mikroorganismen schützt. Beispiele für pflanzl. W. sind das *Carnaubawachs* (⁊ Carnaubapalme) u. das fossile ⁊ *Montanwachs.* – *Tierische W.* treten als Schutzschicht auf Haut, Pelz u. Federn u. auf dem äußeren Skelett (⁊ Cuticula 2) vieler Insekten auf. Bei Säugetieren werden sie als Sekret der ⁊ Talgdrüsen gebildet, bei Vögeln sind sie Bestandteil des Bürzelfetts (⁊ Bürzeldrüse). Vielen marinen Organismen dienen W. als Reservestoffe od. zur Regulation des ⁊ Auftriebs. Wachsester als Hauptkomponente der Gesamtlipide findet man bei Fischen, Cephalopoden, Krabben, Dekapoden, Korallen u. Seevögeln. Manche Insekten benutzen W. als Baustoffe für ⁊ Waben. Tier. W. sind z. B. ⁊ *Bienenwachs, Schellackwachs* (⁊ Schellack), ⁊ *Walrat* (⁊ Pottwale), ⁊ *Lanolin* (Wollwachs, Wollfett) u. ⁊ *Pelawachs* (chin. Wachs). – Zu den *Mineral-W.n* zählt das *Erdwachs* (Ozokerit), ein Gemisch höherer Paraffine, das als Bestandteil v. ⁊ Bitumen auftritt. *Leichenwachs* (Adipocere) bildet sich in u. an Leichen unter anaeroben Bedingungen u. im feuchten Milieu (bes. bei Wasserleichen) nach mehreren Jahren durch bakterielle Tätigkeit. Es besteht aus freien gesättigten Fettsäuren. – Natürliche W. und die Vielzahl synthetischer W. besitzen große wirtschaftl. Bedeutung u. werden z. B. für Kerzen, Glanz- u. Poliermittel, Modelliermassen, wasserdichte Imprägnierung, Bohnermassen usw. verwendet. *E. F.*

Wachsfresser, *Cerophaga,* ⁊ Nahrungsspezialisten, die mittels symbiontischer Mikroorganismen (⁊ Endosymbiose) od. eigener Enzyme (u. a. Lipasen, Lecithinasen, Cholesterin-Esterase) die ansonsten unverdaulichen Wachse aufspalten u. als Nährstoffe nutzen können. Bekanntestes Beispiel ist die Raupe der Großen ⁊ Wachsmotte.

Wachshaut, *Cera, Ceroma,* nackte, weiche Haut an der Basis des Ober-↗Schnabels v. Vögeln, umgibt die Nasenlöcher; grau od. auch leuchtend gelb gefärbt; findet sich z. B. bei Greifvögeln, Hühnern, Papageien u. Tauben.

Wachsmotten, *Bienenmotten,* Vertreter der Schmetterlingsfam. ↗Zünsler, deren Larven an Wachs u. Pollenresten in Bienenstöcken fressen u. durch ihre Spinntätigkeit die Brut schädigen; befallen auch andere organ. Materialien, wie Kork, Dörrobst und zuckerhalt. Vorräte. Die Große W. (Bienenwolf), *Galleria mellonella,* ist ein Kosmopolit; Falter vom Mai bis Sept.; Spannweite um 30 mm, Flügel breit u. braun; Eiablage in Ritzen u. Spalten v. Bienen- u. Wespennestern; Larven („Rankmaden"), anfangs in Gespinströhre, befressen u. überziehen später alte u. belegte Waben mit Gespinsten; verpuppen sich oft gesellig in den Wirtsnestern in längl., festen Kokons. Kleine W. *(Achroia grisella),* Spannweite 20 mm, gelbgrau, glänzend; Lebensweise ähnlich der vorigen Art.

Wachsrose, *Anemonia sulcata,* Vertreter der ↗*Endomyaria;* eine im Mittelmeer u. Atlantik bes. in Ufernähe oft massenhaft vorkommende Seerose (Aktinie, Hohltier) mit ca. 5 cm Höhe und 12 cm ⌀. Die vielen Tentakel sind bis 15 cm lang u. nesseln stark; die Färbung ist sehr variabel. Wird im Mittelmeergebiet roh od. gebraten gegessen.

Wachstum, Bez. für die Vermehrung der Gesamtmasse individueller Strukturen auf den Organisationsebenen v. Zellorganellen, Zellen, Geweben, Organen u. Gesamtorganismen, aber auch der ↗Biomasse auf der Ebene v. Populationen (↗Populations-W., ↗Bevölkerungsentwicklung, ↗mikrobielles W.) W. ist eine an das ↗Leben unabdingbar gekoppelte Eigenschaft. ↗Vermehrung u. ↗Fortpflanzung nahezu aller Lebewesen werden damit überhaupt erst möglich. Als W. wird aber auch die Längenzunahme von biol. Strukturen u. Gesamtorganismen *(Längen W. - Streckungs-W.)* bezeichnet, die nicht mit einer Biomassenzunahme gekoppelt sein muß. I.d.R. liegt der Massenzunahme ein Zell-W. u. eine Zellvermehrung durch Zellteilung (↗Cytokinese) zugrunde. Dazu müssen aus stetig aufgenommener Nahrung (↗Nahrungsmittel, ↗Ernährung) zell- u. körpereigene Stoffe aufgebaut werden (↗Stoffwechsel) bzw. aus aufgenommenen Mineralstoffen mit Hilfe v. ↗Chemosynthese u. ↗Photosynthese solche synthetisiert werden. Die Biosynthesewege der wichtigsten organ. Zellbestandteile, wie ↗Nucleinsäuren, ↗Proteine, ↗Lipide u. ↗Zellwand-Bausteine, sind weitgehend bekannt. Die Masse extrazellulärer Substanzen (z. B. Zellwände, Knochen) wird durch gesteigerte Synthese u. Sekretion der Baustoffe vermehrt. Und ein Zellstrek-

Wachstum

Beispiele für *Längen-W.* bei Pflanzen: Die Keimwurzel der Sojabohne streckt sich z. B. um 1,7 cm/Tag, der Schößling vom Bambus 57 cm/Tag, der Staubfaden des Roggens um 2,5 mm/min, Fruchtkörper v. Pilzen bis zu 5 mm/min. (Pflanzen heißen daher auch in der Umgangssprache „Gewächse".)

Große Wachsmotte *(Galleria mellonella)*

Wachsrose *(Anemonia sulcata)*

kungs-W., das hpts. durch eine zeitl. begrenzte Erhöhung der plast. Verformbarkeit der Zellwand u. durch osmot. Aufnahme großer Wassermengen (↗Wasseraufnahme) in die ↗Vakuole verursacht wird, bedingt das oft sehr schnelle Längen-W. pflanzlicher Organismenteile. Das W. einer Einzelzelle ist bereits ein hochkomplexer Vorgang. Bei vielzelligen Organismen muß darüber hinaus das W. der einzelnen Zellen mit dem der anderen räuml. und zeitl. koordiniert werden. Dies geschieht durch hormonelle Kontrolle der W.saktivitäten der verschiedenen Zellen u./od. durch Kontaktinhibition der Zellteilung. Darüber hinaus ist bei den Vielzellern das W. stets mit ↗Differenzierungs-Vorgängen verflochten. Entspr. den großen Unterschieden in den Bauplänen zw. den ortsfesten ↗Pflanzen mit ihrer in den umgebenden Raum hineingreifenden, offenen Gestalt u. den im umgebenden Raum umherstreifenden ↗Tieren mit ihrem kompakten, nach innen hoch differenzierten, nach außen scharf abgegrenzten, geschlossenen Körperbau unterscheidet sich das W. bei Pflanzen u. Tieren in wesentl. Punkten. So behält die *Pflanze* als offene Form an ihrem Vegetationskörper dauernd gewisse begrenzte Bezirke embryonalen Gewebes bei u. differenziert nur den Rest aus (↗Apikalmeristem, ↗Scheitel). Sie ist daher nie – bis auf spezielle Ausnahmen – völlig ausgewachsen, sondern stets in der Lage, unter gegebenen Umständen neu auszutreiben u. neue Teile zu gestalten. Aus dem sich dabei stetig vergrößernden Kronenbereich der ↗Landpflanzen ergibt sich die Notwendigkeit, durch ein ↗Dickenwachstum (↗sekundäres Dickenwachstum, □) der die Krone tragenden ↗Sproßachsen dem Bedarf nach vermehrter Leitkapazität u. vermehrten Stützelementen nachzukommen. Die das pflanzliche W. steuernden ↗Phytohormone od. *Wuchsstoffe* (↗Auxine, ↗Gibberelline, ↗Cytokinine) können wegen Fehlens eines Kreislaufsystems nur durch polaren Transport im Vegetationskörper verteilt werden. Wie oben bereits erwähnt, erfolgt die Längenzunahme pflanzl. Teile v.a. durch Zellstreckungs-W. Durch den Besitz einer festen Zellwand kann die Pflanze notwendige ↗Bewegungen (↗Rankenbewegungen, ↗Nutations- od. Umlaufbewegungen, Öffnen u. Schließen von Blüten, Nachstellen v. Blättern u. Blüten entspr. dem Sonnenstand) nur durch W.sbewegungen (= unterschiedl. starkes ↗Streckungs-W. entsprechender Organseiten) ausführen. Das W. der *Tiere* beruht auf Zellvermehrung u. damit plasmatischem W. und z.T. auf Sekretionsvorgängen bei der Vergrößerung des ↗Skeletts (Hydro-, Außen-, knorpeliges od. knöchernes Innenskelett). Dadurch erfolgt es im Vergleich zum pflanzlichen W. langsam u.

Wachstum

Wachstum

Beim Menschen mit seiner langen Kind- u. Jugendphase (↗Jugendentwicklung: Tier-Mensch-Vergleich) zeigt sich sehr deutl. neben dem sich beständig verlangsamenden postembryonalen kindlichen W. (☐ Kind) ein charakterist. pubertärer W.sschub, der ebenfalls sich verlangsamend ausklingt u. zur endgültigen Körperlänge führt.

ist zudem zeitl. begrenzt. Es endet häufig mit dem Eintritt in das Erwachsenenstadium u. in die Geschlechtsreife od. verlangsamt sich dann zumindest sehr stark. Während Vögel, Säuger, Insekten u. Spinnen mit dem Erreichen des Adultstadiums zu wachsen aufhören, können eine Reihe v. Vertretern der Fische, Amphibien u. Reptilien sowie der Wirbellosen während der gesamten Lebensspanne noch wachsen, aber dann nur noch stark verlangsamt. Beim kompakten Bau der Tiere vergrößert sich die Masse u. damit das Gewicht u. das Volumen während des W.s schneller als die Oberfläche (erstere wachsen mit der 3. Potenz, letztere wächst mit der 2. Potenz des Radius), so daß die tierischen Organismen bedeutend mehr als die Pflanzen *allometrisches W.* (↗Allometrie) zeigen, d.h., daß sich während der W.sphase die W.raten einzelner Teile gegeneinander verändern. Tiere mit Außenskelett (↗Exoskelett) wachsen, äußerl. gesehen, in Schüben, indem nach Abwurf des alten Außenskeletts das noch weiche, neue vor der Erhärtung durch Wasser- od. Luftaufnahme gedehnt wird u. diese Volumenzunahme durch plasmatisches W. dann allmählich durch Körpersubstanz ersetzt wird. Aber auch sonst erfolgt das tierische W. des Gesamtorganismus nicht linear mit der Zeit. Bei den Säugern u. den Tieren mit dotterreichen Eiern trifft man ein schnelleres embryonales W. an, dem ein langsameres postembryonales W. folgt. Bei einer Vielzahl v. Tierarten wird das W. als Massenzunahme v. einem verhältnismäßig einfach organisierten Larvenstadium ausgeführt. In einer ↗Metamorphose werden dann erst viele Strukturen der geschlechtsreifen u. viel komplexer gestalteten Adultform durch W.svorgänge u. Differenzierung, oft auf Kosten larvaler Strukturen, ausgebildet. Bei Tieren wird das W. ebenfalls durch ↗Hormone gesteuert, die aber durch ein Kreislaufsystem zu den Zielgeweben u. -organen transportiert werden. Je nach Tierstamm sind es verschiedene Stoffe (u.a. ↗Somatotropin, ↗Thyroxin). Für Tier u. Pflanze ist wiederum gemeinsam, daß der einzelne W.svorgang der Zellen (sowohl plasmatisches wie Streckungs-W.) u. damit der v. ihnen aufgebauten Teile nicht linear mit der Zeit erfolgt, sondern – unabhängig davon, welcher Parameter vermessen wird – in der graphischen Darstellung gg. die Zeit einen sigmoiden Kurvenverlauf zeigt (W.skurve), d.h., es nimmt zunächst beständig zu, verlangsamt sich dann u. kommt ganz allmählich zum Stillstand. – Der Ablauf des W.s ist bei allen Organismen v. vielen Erbanlagen abhängig. Daher sind Größe u. ↗Gestalt der Körper artspezifisch. Diese genetische Fixierung der Körpergröße u. -gestalt ist nur als Vorgabe einer Reaktionsbreite zu verstehen, innerhalb derer aber Ernährungsqualität u. Temp. die Körpergröße (bei Poikilothermen) mitbestimmen. Fehler im Hormonhaushalt können zu anormalem W. führen (↗Gigas- u. ↗Zwergwuchs). ↗Wundheilung und ↗Regeneration sind immer mit einem Wiederaufleben v. W.svorgängen verbunden. Je komplexer ein pflanzl. oder tier. Organismus differenziert ist, mit um so größerer Wahrscheinlichkeit werden mit zunehmendem Alter in einzelnen Zellen die Gene für Zellteilung u. plasmatisches W. wieder aktiv. Es kommt zu einem entarteten u. letztendlich den Organismus zerstörenden W. (↗Krebs), das allerdings auch durch spezif. Viren (↗Tumorviren) u. Bakterien sowie durch Umweltgifte (↗cancerogen) ausgelöst werden kann. ↗Ergänzungsstoffe, ↗W.sregulatoren, ↗Akzeleration, ↗Körpergröße. *H. L.*

Wachstumsfaktoren, die ↗Ergänzungsstoffe; ↗Minimumgesetz, ↗Mitscherlich-Gesetz.

Wachstumhemmendes Hormon, das ↗Somatostatin.

Wachstumshormon, das ↗Somatotropin.

Wachstumskurve ↗Wachstum, ↗mikrobielles Wachstum (☐), ↗Populationswachstum (☐), ↗Bevölkerungsentwicklung (☐).

Wachstumsregulatoren, Bez. für Chemikalien, deren Verabreichung je nach Konzentration u. Zeitpunkt bei den verschiedenen Nutzpflanzen den Stoffwechsel so umsteuern kann, daß für den Menschen erwünschte Wirkungen eintreten. W. bewirken u.a. ↗Wachstums-Förderung u. -hemmung, ↗Blütenbildung, ↗Knospen-Austrieb, Beeinflussung der Internodienlänge, zeitl. Vereinheitlichung der ↗Fruchtreife u. des ↗Fruchtfalles, ↗Blattfall, Parthenokarpie (↗Fruchtbildung), Adventivwurzelbildung (↗Adventivbildung), Zunahme erwünschter Inhaltsstoffe (z.B. Proteine, Zucker). Durch diese Stoffe wird der Einsatz moderner Produktionsmethoden oft erst rentabel. In Europa, USA u. Japan z.B. werden sie hpts. in industriemäßig angebauten Kulturen v. Tabak, Weizen, Zuckerrohr, Baumwolle, Gummibaum u. Citrus-Früchten angewendet. Neben den natürl. ↗Phytohormonen, wie ↗Auxin, ↗Gibberelline, ↗Cytokinine, ↗Abscisinsäure u. ↗Äthylen, werden auch künstl. Wirkstoffe, wie Naphthylessigsäure, 2,4-Dichlorphenoxyessigsäure u.a., zu den W. gezählt.

Wachtelkönig, *Crex crex,* ↗Sumpfhühner.

Wachteln, kleine Vertreter der ↗Fasanenvögel. Mit einer Länge von 18 cm ist die auch in Dtl. heimische sandbraune Wachtel (*Coturnix coturnix,* B Asien II) nur starengroß; sie bewohnt in verschiedenen Rassen weite Teile Europas, Afrikas u. Asiens; extensiv bewirtschaftete Felder, Wiesen u. Steppen sind ihr Lebensraum (nach der ↗Roten Liste „stark gefährdet"). Unverkennbar ist der rhythmische „Wachtelschlag" („pickwerwick"). Die Nahrung besteht aus Sämereien u. Insekten; als einziger Zugvogel unter den eur. Hühnervögeln kehrt die W. erst Ende April ins Brutgebiet zurück u. zieht bis Okt./Nov. wieder ab. Das Gelege in einer flachen Bodenmulde umfaßt 7–18, meist um 10 bräunl. Eier ([B] Vogeleier II); das Weibchen brütet allein; die nestflüchtenden Jungen schlüpfen stark synchronisiert, oft innerhalb 1 Stunde; sie sind nach 19 Tagen voll flugfähig. W. werden schon seit langer Zeit als Haustiere gehalten; in Japan z. B. ist die Wachtelzucht seit Ende des 16. Jh. bekannt. Außer zur Eier- u. Fleischgewinnung sind sie als ↗Käfigvögel beliebt; hierbei insbes. die spatzengroße Zwergwachtel *(Excalfactoria chinensis),* die mit 12 cm Länge der kleinste Hühnervogel überhaupt ist; als Wildvogel besiedelt sie S-Afrika, S-Asien u. Australien.

Wachtelweizen, *Melampyrum,* Gatt. der ↗Braunwurzgewächse mit rund 25, einander sehr nahe stehenden, überwiegend in Europa u. Vorderasien heim. Arten. Kräuter mit gegenständ., einfachen, am Grunde bisweilen gezähnten Blättern u. in den Achseln v. a. fiederspalt., oft lebhaft gefärbten Deckblättern stehenden, 2lippigen Blüten. Diese mit helmförm. Ober- u. flacher, 3lappiger Unterlippe, gelb od. weißl. gefärbt oder zweifarbig gelb mit Orange bzw. Purpur. Die Frucht ist eine fachspalt. Kapsel. Der W. ist ein grüner Halbparasit, der anderen Pflanzen mit Hilfe seiner Saugwurzeln v. ihm benötigte Nahrungsstoffe entzieht ([B] Parasitismus I), selbst jedoch noch zur Photosynthese fähig ist. Wirtspflanzen können je nach Art des W.s sowohl Gräser u. Kräuter als auch Sträucher od. Bäume sein. In Mitteleuropa am häufigsten und in eine Vielzahl schwer unterscheidbarer U.-Arten gegliederten Sammelarten: Wiesen-W., *M. pratense* (in lichten Wäldern, Heiden u. Hochmooren sowie an Wald- u. Wiesenrändern) mit erst hellgelben, später rötl. Blüten; Wald-W., *M. silvaticum* (an Waldrandern sowie in Fichten- u. Fichtenmischwäldern) mit goldgelben Blüten; Acker-W., *M. arvense* (in Getreidefeldern, im Saum sonniger Büsche sowie an Wegen) mit gelb u. purpurn gefärbten Blüten. Letzterer kann bei massenhaftem Auftreten im Getreide großen Schaden anrichten.

Wadenbein, die ↗Fibula; ☐ Organsystem, [B] Skelett.

Wadenstecher, *Stomoxys calcitrans,* Art der ↗Muscidae.

Wadjakmensch [ben. nach dem Ort Wadjak (Zentraljava)], *Homo wadjakensis,* Reste zweier Schädel des fossilen *Homo sapiens;* 1889/90 v. van Rietschoten u. Dubois auf Java ausgegraben; ähnelt den Australiden u. stützt die Hypothese v. deren Einwanderung über Indonesien. Alter unsicher: Jungpleistozän bis Mesolithikum.

Waffenfliegen
Chamäleonfliege
(Stratiomys chamaeleon)

Wachtelweizen
(Melampyrum)

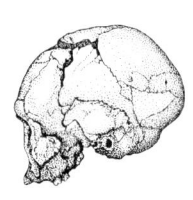

Wadjakmensch
Schädel (Wadjak I)

Waffenfliegen, *Stratiomyidae,* Fam. der ↗Fliegen mit ca. 1500 weltweit verbreiteten Arten, in Mitteleuropa etwa 100. Die W. sind ca. 12 mm groß, typisch fliegenartig gestaltet u. häufig bunt gefärbt. Die Körperoberfläche ist bes. im Brustabschnitt mit spitzen, kegelförm. Fortsätzen versehen (Name), denen jedoch keine Wehrfunktion zukommt. Einige Arten tragen einen langen Saugrüssel; die W. ernähren sich meist v. Blütennektar. Die Fühler sind sehr unterschiedl. gestaltet, das 3. Glied ist häufig abgewinkelt. Deutl. sind die W. an den kräftigen Längsadern an den Flügelvorderrändern zu erkennen. Die beiden Flügel werden in der Ruhe über dem abgeplatteten, ovalen Hinterleib so zusammengelegt, daß die seitl. Hinterleibsränder sichtbar bleiben. Die eucephalen Larven sind durch die typ. Körperform leicht zu erkennen: Der aus 11 Segmenten bestehende, flache Körper verjüngt sich an beiden Enden; der Kopf ist klein u. wenig beweglich. Der Körper ist v. einer dicken, lederart. Haut mit Kalkeinlagerungen umgeben, die vor Umwelteinflüssen schützt. Bei den wasserlebenden Formen ist das letzte Segment zu einer langen Atemröhre umgebildet, die bei der Larve der einheim., schwarz-gelb gefärbten, ca. 15 mm großen Chamäleonfliege *(Stratiomys chamaeleon)* am Ende zu einem unbenetzbaren Haarkranz aufgefächert ist, mit dem sie unter der Wasseroberfläche hängen. Die meisten Larven der W. leben terrestrisch in feuchtem, faulendem Milieu.

Waffenstachel, *Mastocembelus armatus,* ↗Stachelaale.

Waffentierchen ↗Stylonychia.

Wagner, 1) *Moritz,* dt. Zoologe, * 3. 10. 1813 Bayreuth, † 31. 5. 1887 München; seit 1860 Prof. in München; Forschungsreisen nach Algerien (1836–38), an die Küste des Schwarzen Meeres und nach Persien (1843–45), Nord- und Mittelamerika (1852–55), Panama u. Ecuador (1858–60); zahlreiche tiergeogr. Arbeiten, stellte die ↗Migrationstheorie auf. **2)** *Paul,* dt. Agrikulturchemiker, * 7. 3. 1843 Liebenau (Hannover), † 25. 8. 1930 Darmstadt; seit 1881 Prof. in Darmstadt; führte das Thomasmehl als Phosphatdünger in die Praxis ein. **3)** *Richard,* dt. Physiologe, * 23. 10. 1893 Augsburg, † 19. 12. 1970 München; zuletzt (seit 1941) Prof. in München; bekannt durch seine ab 1925 durchgeführten Untersuchungen über Regelvorgänge im Organismus. **4)** *Rudolf,* dt. Physiologe u. Anthropologe, Bruder von 1), * 30. 6. 1805 Bayreuth, † 13. 5. 1864 Göttingen; seit 1833 Prof. in Erlangen, 1840 in Göttingen; entdeckte den Keimfleck in der Eizelle des Menschen u. mit G. Meißner die Tastkörperchen der Haut.

Wahlenbergia *w* [ben. nach dem schwed. Botaniker G. Wahlenberg, 1780–1851], Gatt. der ↗Glockenblumengewächse.

Wahrnehmung

Waid

Der vermutl. schon in vorgeschichtl. Zeit sowie im Altertum zum Färben benutzte Färber-W. *(Isatis tinctoria)* war das ganze MA hindurch als Lieferant des begehrten blauen Farbstoffs ↗*Indigo* eine wichtige Kulturpflanze. Sein Anbau u. seine Verarbeitung waren daher in den Anbauzentren (v. a. in Thüringen) von großer wirtschaftl. Bedeutung. Dies änderte sich erst, als sich, durch die Entdeckung des Seewegs nach Indien (im Jahre 1498), die Möglichkeit ergab, billigeren indischen Indigo, v. a. aus dem in Indien heim. Indigostrauch, *Indigofera tinctoria* (↗*Indigofera*), einzuführen. Zur Gewinnung v. Indigo wurden die vor der Blüte geernteten Blätter des Färber-W.s in sog. Waidmühlen zermahlen, mit Wasser vermengt u., in Haufen aufgeschichtet, einer 14tägigen Gärung überlassen. Der vergorene Brei wurde dann zu Kugeln geformt, getrocknet u. als „Kugelwaid" in den Handel gebracht. Bei der Gärung wird das in den Blättern der Pflanze enthaltene farblose Indoxylglucosid Isatan (↗*Indican*) enzymatisch in Glucose u. Indoxyl gespalten. Letzteres oxidiert in Ggw. von Luftsauerstoff zu Indigo.

G. Wald

Wahrnehmung, bewußtes Erkennen eines Objekts od. Sachverhalts durch Sinnesempfindungen (↗*Empfindung) und* begriffl. Einordnung in die innere Repräsentation der Welt, in diesem Sinne eine einheitl. Leistung aus Sinnesmeldung u. einsichtiger Verarbeitung im Zentralnervensystem. Die W. wird beim Menschen von den sog. „nur vergegenwärtigenden" Denkakten (Erinnerung, Erwartung, Vorstellung, Phantasie) unterschieden, die nicht auf aktuellen Sinnesempfindungen beruhen. Der übl. Wortgebrauch ist an die Funktion des menschl. ↗Bewußtseins gebunden u. läßt sich nicht ohne weiteres auf Tiere übertragen, wo W. in einem eingeengten Sinn oft als *Sinnes-W.* (synonym mit *Reizaufnahme)* verstanden wird. Die sehr alte Idee einer *außersinnlichen W.* wird jedoch in der Parapsychologie für Mensch u. Tier gleichermaßen diskutiert.

Waid *m* [v. ahd. weit], *Isatis,* v. Mittel- u. S-Europa bis Zentralasien verbreitete Gatt. der ↗Kreuzblütler mit etwa 30 Arten. Kräuter od. Stauden mit längl. Grund- u. an der Basis herz- oder pfeilförm., sitzenden Stengelblättern u. traubig angeordneten kleinen, gelben Blüten in reich verzweigten Gesamtblütenständen. Die Frucht ist eine rundl. bis längl., hängende u. von einem Flügelrand umgebene, einsamige Schließfrucht. In Mitteleuropa zu finden ist lediglich der Färber-W. *(I. tinctoria).* Die bis ca. 150 cm hohe, bläul. bereifte, vermutl. aus den Steppengebieten Vorder- u. Zentralasiens stammende Pflanze wurde fr. zur Gewinnung v. ↗Indigo häufig angebaut (vgl. Spaltentext). Heute wächst sie, aus früheren Kulturen verwildert oder z. T. auch eingebürgert, in den Unkrautgesellschaften warmer, trockener Gegenden (u. a. an Weinbergen, Wegen, Dämmen), auf meist kalkhaltigem Boden.

Waksman [wäksmän], *Selman Abraham,* russ.-amerikan. Biochemiker, * 2. 7. 1888 Priluka bei Kiew, † 16. 8. 1973 Hyannis (Mass.); seit 1910 in den USA, ab 1930 Prof. in New Brunswick (N. J.); bedeutende Arbeiten über Boden-Mikroorganismen; isolierte antibiotische Substanzen aus Bodenbakterien, 1940 das Actinomycin u. 1943 das Antibiotikum Streptomycin (zur Bekämpfung u. a. der Tuberkulose); prägte die Bez. „Antibiotikum"; erhielt 1952 den Nobelpreis für Medizin.

Walaat, mißverständl. auch *Wal-* od. *Walfischaas,* in großen Mengen in den nördl. Meeren auftretende u. daher v. Bartenwalen als Nahrung genutzte, schwimmende Schnecken, wie ↗Seeschmetterlinge u. ↗Ruderschnecken, insbesondere ↗ *Clione*.

Walchia *w* [ben. nach dem dt. Mineralogen J. E. I. Walch, 1725–78], Gatt. der ↗Voltziales.

Wald [wåld], *George,* am. Physiologe, * 18. 11. 1906 New York; seit 1948 Prof. an der Harvard-Univ.; erhielt zus. mit R. Granit und H. K. Hartline für die Aufklärung der physiolog. und biochem. Prozesse beim Sehvorgang (u. a. Funktion v. Vitamin A u. des Sehpurpurs oder Rhodopsins in den Stäbchen der Retina) 1967 den Nobelpreis für Medizin.

Wald, Lebensgemeinschaft, in der neben Klima u. Boden eine mehr od. weniger geschlossene Baumschicht standortprägend ist. Unter dem Kronendach, das einige zehn Meter über dem Boden liegen kann, bildet sich ein spezif. *W.innenklima,* das sich im Vergleich zum *Freilandklima* durch gleichmäßigere Temp. (v. a. im Tagesgang), höhere relative Luft-↗Feuchtigkeit, geringere Lichtintensität (↗Lichtfaktor), veränderte spektrale Zusammensetzung des Lichtes (höherer Grünanteil), geringere Windgeschwindigkeiten u. geringere ↗Niederschläge (weil ein Teil davon im Kronenraum durch ↗Interzeption abgefangen wird) auszeichnet. – Der W. ist ein reich gegliedertes ↗Ökosystem, das sich in übereinanderliegenden Schichten (Stockwerken) aufbaut: *Boden-* od. *Moosschicht – Krautschicht – Strauchschicht – Baumschicht* (☐ Stratifikation). Die Strahlungsminderung im Innern, einer der wichtigsten Faktoren für die „Auslese" der Sträucher, Kräuter u. Kryptogamen, hängt v. den Arten der Baumschicht (↗Lichthölzer, ↗Schatthölzer) u. ihrer natürl. oder forstl. beeinflußten Dichte (☐ Schlagformen) ab. Die geringe Lichtmenge am Boden eines Buchenwaldes bewirkt z. B., daß die wenig schattenfesten Pflanzen in der Vegetationszeit vor der Belaubung zur Entfaltung kommen (↗Frühlingsgeophyten). Im Grenzbereich Wald-Freiland wird aus Sträuchern u. Stauden ein ↗*W.rand* gebildet, der Schutz gg. Wind, übermäßige Sonneneinstrahlung u. Bodenerosion bietet. – Wälder sind diejenige Formation, welche real u. erst recht potentiell den größten Teil des Festlands bedeckt. Von der Gesamtoberfläche der Erde sind ca. 29,3% Festland (= 14 930 Mill. ha); davon nehmen ein: Wälder 34% = 1957 *(26% = 1977),* landw. Kulturen 23% *(25%),* Wüsten, Steppen, Polargebiete, Hochgebirgszonen 43% *(49%).* Da die kultivierten Flächen dem W. abgewonnen sind, war also rund die Hälfte der Kontinente W.land bzw. würde es wieder werden (potentielle ↗natürliche Vegetation; ↗Vegetation), wobei man berücksichtigen muß, daß manche ehemals bewaldete Flächen in den Tropen u. Subtropen heute irreversibel erodiert sind (↗Desertifikation, T). So gehen z. Z. allein in den Tropen jährlich rund 16 Mill. ha Wald durch Abholzung (↗Rodung) od. Abbrennen (↗Brandrodung) verloren, d. h. mehr als die doppelte Waldfläche der BR Dtl. (vgl. Tab.). – Die Wälder der Erde unterscheiden sich in ihrer Zusammensetzung u. in ihrem Aufbau v. a. aufgrund unterschiedlicher klimat. (Temp., Nieder-

WALD

Waldtypen und Betriebsarten

1 Urwaldähnlicher Nadelholz-Bestand am Arbersee (Bayer. Wald). **2** Mittelwald mit hiebreifem Unterholz und älteren Eichen, heute vielfach in Hochwald überführt. **3** Hiebreifer Niederwald aus Stockausschlägen, ebenfalls eine weitgehend historische Betriebsart. **4** Plenterwald, stufig und vielaltrig ausgeformt. **5** Auwald, in den Ausuferungsflächen großer Flußsysteme. **6** Eichen-Buchen-Wald, in der Mitte 300jährige Spessart-Eichen. **7** Femelschlagverjüngung im Fichten-Tannen-Buchen-Mischbestand. **8** Pappelforst, ca. 40jährig. **9** Lärchenwald in den Zentralalpen

Die Bedeutung des Waldes für den Menschen beschränkt sich nicht auf seine Rolle als Holzlieferant und Jagdrevier. Zunehmende Bedeutung erlangen die zahlreichen „Wohlfahrtswirkungen" des Waldes, seine Retentionseigenschaften, seine günstigen Einflüsse auf Klima, Boden und Wasserhaushalt.

Um das Verständnis für den Wald und die dringende Notwendigkeit seines Schutzes zu fördern, sind v.a. im Bereich von Erholungsgebieten *Waldlehrpfade* eingerichtet worden. Auf Tafeln werden die einzelnen Baumarten vorgestellt, manchmal mit Angaben zur Morphologie und Biologie der Bäume. In jüngerer Zeit wurden, bedingt durch ein wacheres Umweltbewußtsein, neue thematische Lehrpfade eingerichtet, die sich mit der bloßen Mitteilung des Pflanzennamens nicht mehr begnügen. Lehrpfade zur Waldgeschichte/Waldbau, Lehrpfade über das Waldsterben u.a. bemühen sich, die Bäume als Glieder einer Lebensgemeinschaft darzustellen und Einflüsse des Menschen auf die Waldentwicklung bis hin zur Zerstörung (z. B. durch schädliche Abgase) des Waldes aufzuzeigen.

Wald

schlagsmenge) u. edaphischer Faktoren. In Anlehnung an die Klimazonen (↗ Klima) lassen sich folgende *W.formationen* beschreiben (Auswahl): a) tropische und subtropische Zone: *Immergrüne Regenwälder* (↗ Regenwald, ↗ Nebelwald), *Halbimmergrüne und Regengrüne Wälder* (↗ Regengrüner Wald, ↗ Monsunwald), ↗ *Mangrove, Regengrüner* ↗ *Trockenwald* (↗ Miombowald); b) gemäßigte Zone: *Immergrüne Sommerregenwälder* (↗ Lorbeerwälder), *Immergrüne Winterregenwälder* (↗ Hartlaubwälder), *Sommergrüne (nemorale) Laubwälder* (↗ Laubwaldzone), ↗ *boreale Nadelwälder* (↗ Nadelwaldzone). – In den natürl., vom Menschen noch unbeeinflußten W.gesellschaften nahmen in Mitteleuropa im ↗ Subatlantikum (↗ Mitteleuropäische Grundsukzession) die *Laubwälder* 80% der Fläche ein; Rot-↗ Buche (36%) u. ↗ Eiche (32%) bildeten zus. mit ↗ Hainbuche u. ↗ Linde die Hauptbaumarten. Im nördl. Bereich war vielfach zusätzl. die ↗ Birke vertreten. Die urspr. ausgedehnten mitteleur. Wälder (95% der Fläche waren bewaldet) wurden mit dem Seßhaftwerden der Bevölkerung u. dem Aufkommen der Landw. durch extensive Rodungen, v. a. auf den für den ↗ Ackerbau geeigneten, reicheren Böden, wie Lößlehm, auf rund ein Drittel der Bestände reduziert. Dieser zunächst quantitativen Zurückdrängung des W.es auf ärmere Standorte folgten im MA sehr bald auch qualitative Veränderungen. Die reduzierte „Holzbodenfläche" mußte als wichtigster Energie- u. Rohstofflieferant für die anwachsende, arbeitsteilig wirtschaftende Gesellschaft dienen: Heizenergie für den Erzbergbau, für Glashütten, Ziegelbrennereien, Hausbrand u. Baumaterial für die aufblühenden Städte. Die jahrhundertelange Übernutzung hat zu einer weiteren Ausdünnung der Wälder geführt. Hutewälder, Schälwälder, Raumden, Harzungen mit vergrasten, lichten Flächen, aus Stockausschlägen hervorgegangene Baumgruppen, Birken- u. Weideanflug u. Sträucher bildeten die W.bilder jener Zeit. Mit dem aufkommenden Manufakturwesen im 18. Jh. erreichte die W.verwüstung in Mitteleuropa ihren Höhepunkt. Gegen Ende des 18. Jh.s erzwang der bedrohl. Holzmangel die Umstellung auf eine planmäßige Forstwirtschaft. In dem Bestreben, die devastierten Flächen möglichst rasch u. risikolos mit leistungsfähigen W.beständen zu bestocken, wurde das Laubholz zugunsten der *Nadelhölzer*, v. a. v. ↗ Fichte u. ↗ Kiefer, erheblich benachteiligt. Hierfür waren die problemlose Bestandesbegründung, die geringe Umtriebszeit u. die auf den meisten (ärmeren) Standorten bessere Wüchsigkeit des Nadelholzes, namentlich der Fichte, maßgebend. Heute sind an der W.bodenfläche der BR Dtl. Nadelhölzer zu knapp 70% (Fichte 40%, Kiefer 26%, Tanne 2%), Laubhölzer zu gut 30% (Buche 18%, Eiche 8%) beteiligt. – Der W. gewinnt in den letzten Jahrzehnten immer stärkere Bedeutung als Faktor zur Sicherung der natürl. Lebensgrundlagen u. der Erholung der Bevölkerung *(Wohlfahrtwirkungen des W.es)*. Zu den vielfältigen Funktionen des W.es gehören Speicherung, Filterung u. gleichmäßigere Abflußverteilung der Niederschläge (Wasser- ↗ Schutzwald; ↗ Wasserhaushalt, ↗ Wasserkreislauf), Schutz vor ↗ Bodenerosion durch Wind od. Auswaschung (Bodenschutzwald), Eindämmung der Lawinengefahr im Hochgebirge (Lawinenschutzwald), Verminderung der Windgeschwindigkeiten (Windschutzwald), Dämmung v. Lärmquellen (wie z. B. Straße), Filterung u. Verbesserung der Luft (Immissions-Schutzwald), als Sichtschutz (z. B. von Industrie-Anlagen, Mülldeponien). Der W. ist ein wichtiges stabilisierendes Element innerhalb des ganzen Landschaftshaushaltes. Aus dieser Erkenntnis sind große Waldflächen unter Schutz (↗ Naturschutz) gestellt worden. ↗ W.sterben B I–II, ☐ Pollenanalyse, B Vegetationszonen; ↗ Afrika (B), ↗ Asien (B), ↗ Australien (B), ↗ Europa (B), ↗ Mediterranregion (B), ↗ Nordamerika (B), ↗ Südamerika (B). B 371. *W. H. M.*

Wald
W.flächen der Erde (1977; in Mill. ha):

Welt	3919
Afrika	637
Asien (ohne UdSSR)	551
Europa (ohne UdSSR)	145
Nordamerika	757
Ozeanien/ Australien	155
UdSSR	792
Mittel- u. Südamerika	882

Wald
W.flächen in der BR Dtl. (in 1000 ha und in % der Gesamtfläche; Stand 1985)

BR Deutschland	7360,0 (29,6%)
Baden-Württemberg	1305,5 (36,5%)
Bayern	2378,2 (33,7%)
Berlin (West)	7,7 (16,0%)
Bremen	0,7 (1,7%)
Hamburg	3,2 (4,2%)
Hessen	835,8 (39,6%)
Niedersachsen	984,0 (20,7%)
Nordrhein-Westfalen	838,1 (24,6%)
Rheinland-Pfalz	781,5 (39,4%)
Saarland	85,1 (33,1%)
Schleswig-Holstein	140,2 (8,9%)

Waldameisen, die ↗ Roten Waldameisen.

Waldbau, *W.lehre,* die Lehre v. Begründung, Aufbau, Pflege u. Erziehung v. Waldbeständen. Hinzu kommen Aufgaben wie Gestaltung u. Erhaltung des ↗ Waldes als schützender, verbessernder und verschönernder Bestandteil der Landschaft.

Waldbock, *Rollenschröter, Spondylis buprestoides,* Art der ↗ Bockkäfer; 12–25 mm groß, ganz schwarz, Körper walzenförmig, mit sehr kräftigen, spitzen Mandibeln u. für Bockkäfer untypisch kurzen Fühlern, die nur den Hinterrand des Halsschildes erreichen. Bei uns meist häufig in Nadelwäldern. Die Larve bevorzugt alte, trockene Kiefernstümpfe; Entwicklung mindestens zweijährig.

Waldböcke, *Tragelaphinae,* U.-Fam. der ↗ Hornträger mit 3 Gatt.-Gruppen, den formenreichen *Tragelaphini* mit den beiden Gatt. ↗ *Tragelaphus* u. *Taurotragus* (↗ Elenantilopen) u. den mit je nur 1 Art vertretenen *Boselaphini* (↗ Nilgauantilope) u. *Tetracerini* (↗ Vierhornantilope). Zu den W.n gehören die größten ↗ Antilopen (z. B. Großer Kudu, Bergnyala, Elenantilope); zu den 4 Gatt. rechnen 10 Arten mit insgesamt 45 U.-Arten.

Waldboden, veraltete Bez. in der Bodensystematik; Brauner W. ↗ Braunerde, gebleichter brauner W. ↗ Parabraunerde.

Waldbrettspiel, *Queckenfalter, Pararge aegeria,* häufiger eurasiat. Vertreter der ↗ Augenfalter; Flügel braun mit grünl. Ton u. blaßgelbem Fleckenmuster; die südeur. Nominatform ist sattgelb gezeichnet; Flügelrand mit kleinen schwarzen, weiß gekernten Augenflecken; Spannweite um 45 mm; typischer Bewohner v. Waldrändern, Schneisen, Schlägen u. lichten Waldwegen; die Männchen besetzen an halbschattigen Stellen kleine Territorien in sonnenbeschienenen Flecken am Boden od. auf überhängenden Ästen, von wo sie auf vorbeifliegende Weibchen lauern u. die sie gg. eindringende Geschlechtsgenossen verteidigen. Raupe grün mit weißl. Streifen, fressen an Waldgräsern; Überwinterung als Raupe od. tief in der Vegetation od. unter Steinen als Puppe möglich; dadurch im Frühjahr eine langgezogene Flugperiode. [stoma.

Walddeckelschnecke, die Gatt. ↗ Cochlo-

Waldeidechse, die ↗ Bergeidechse.

Waldeyer-Hartz, *Wilhelm* v. (1916 geadelt), dt. Anatom, * 6. 10. 1836 Hehlen bei Braunschweig, † 23. 1. 1921 Berlin; seit 1865 Prof. in Breslau, 1872 Straßburg, 1883 Berlin; Arbeiten zur mikroskop. Anatomie der Nervenfasern, Gehörorgane, Augen u. Ovarien sowie zur Entwicklungsgeschichte der Zähne u. Keimblätter; führte 1863 das ↗ Hämatoxylin in die Färbetechnik ein u. prägte 1888 den Begriff „Chromosom". Mitherausgeber des „Archivs für mikroskop. Anatomie".

Waldfüchse, *Speothonini,* Gatt.-Gruppe südam. Wildhunde mit 3 sehr unterschiedl. Arten. Von fuchsähnl. Gestalt ist der Eigentl. Waldfuchs od. Maikong *(Cerdocyon thous),* der häufigste Wildhund vieler Waldgegenden S-Amerikas. Plump wirkt der kurzbeinige u. gedrungene Waldhund *(Speothos venaticus);* er lebt in Wäldern u. Baumsteppen u. jagt in Familienrudeln. Selten u. deshalb noch wenig erforscht ist der Kurzohrfuchs *(Atelocynus microtus)* der Regenwaldgebiete Amazoniens.

Waldgärtner, *Blastophagus,* Gattung der ↗ Bastkäfer.

Waldgerste, *Elymus europaeus,* ↗ Haargerste.

Waldgiraffe, das ↗ Okapi.

Waldgrenze, Zone, in der mehr od. weniger geschlossene Baumbestände (im Ggs. zu ↗ Baumgrenze) ihre Grenze finden; vor der menschl. Einflußnahme (hpts. ↗ Rodungen, ↗ Beweidung) oft mit der Baumgrenze zusammenfallend. Die *alpine* od. *Höhen-W.* in den Hochgebirgen u. die *polare W.* in der Subarktis haben ihre Ursache in der für eine ausreichende Stoffproduktion zu kurzen Vegetationsperiode u. können, wie die durch Trockenheit bestimmten W.n gegen die Steppengebiete hin, als *allgemeinklimatische W.n* angesehen werden – im Ggs. zu den *lokalklimatischen W.n,* die durch Kaltluftansammlungen, Wind usw. bedingt sind. Man unterscheidet weiter die durch Flachgründigkeit od. Nährstoffarmut des Bodens gesetzte *edaphische W.* und *orographische W.n* (durch Lawinenbahnen, Felswände usw. verursacht).

Waldgrille, *Nemobius silvestris,* ↗ Gryllidae.

Waldhirse, *Milium,* Gatt. der Süßgräser (U.-Fam. ↗ *Pooideae*) mit 8 Arten auf der N-Halbkugel. Wichtigste Art ist das Flattergras od. die Flatterhirse *(M. effusum),* ein Rispengras mit dünnen Rispenästen, grünen Ährchen u. kahlen Blättern mit bis zu 7 mm langem, gesägtem Blatthäutchen; Mullbodenpflanze kalkarmer Laub- u. Nadelmischwälder.

Waldhochmoor, Moortyp der subkontinentalen Gebiete Europas; längere u. stärker ausgeprägte Trockenperioden ermöglichen eine bessere Durchlüftung des Torfes u. damit das Wachstum v. Baumwurzeln (Wald- u. Berg-Kiefer). Unter dem lichten Baumschirm siedeln Torfmoose, Sumpf-Porst, Heidekraut. ↗ Moor.

Waldhund, *Speothos venaticus,* ↗ Waldfüchse.

Waldhyazinthe, Kuckucksstendel, *Platanthera,* Gatt. der ↗ Orchideen mit rund 50 Arten; Verbreitungszentrum in Asien u. Amerika; besitzen schmale, ungeteilte Lippe mit langem, den Fruchtknoten überragenden Sporn. Beide in Dtl. vorkommende Arten haben 2 grundständ., ovale, glänzende Blätter. Die Weiße od. Zweiblättrige W. *(P. bifolia,* B Europa VI) mit weißen, stark duftenden Blüten u. die Berg-W. *(P. chlorantha)* mit grünl., geruchlosen Blüten kommen als Wechselfrische-Zeiger v. a. in Nadelwäldern u. Magerrasen vor. Beide Arten sind nach der ↗ Roten Liste „gefährdet".

Waldkatzen ↗ Wildkatze.

Waldkobras, *Pseudohaje,* Gatt. der ↗ Giftnattern.

Waldkrankheiten, ökologisch betrachtet, die Störung des Beziehungsgefüges im Ökosystem ↗ Wald, ausgelöst durch *abiotische Faktoren* wie Feuer (↗ Brandrodung), ↗ Luftverschmutzung (↗ saurer Regen, ↗ Stickoxide, ↗ Rauchgasschäden, ↗ Waldsterben), Hitze, Frost, Wassermangel od. -überschuß od. Nährstoffmangel u. *biotische Faktoren* (↗ Forstschädlinge, ↗ Forstschutz). Im bewirtschafteten Wald ist der Krankheitsbegriff um den ökonom. Aspekt zu erweitern. Unter der Norm, v. der die Waldentwicklung im Krankheitsfall abweicht, wäre dann nicht das biol. Geschehen, sondern der vom Menschen gesetzte wirtschaftl. Maßstab zu verstehen.

Waldmaus, Feld-W., Kleine W., *Apodemus (= Sylvaemus) sylvaticus,* die im Ggs. zur waldlebenden, naheverwandten ↗ Gelbhalsmaus (Zwillingsarten) das offene Gelände („Kultursteppe") bevorzugende Art der Echten ↗ Mäuse; Kopfrumpf- u. Schwanzlänge je 8–10 cm; über fast ganz Europa (einschl. Island; nicht in N-Skandinavien) u. Asien verbreitet. – Auf O-Europa beschränkt ist die erst 1952 entdeckte, etwas kleinere Zwerg- od. Kleine W. *(A. microps).* B Europa XI.

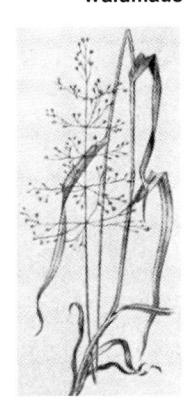

Waldhirse

Flattergras, Flatterhirse *(Milium effusum)*

Waldmeister

Waldmeister, *Asperula odorata,* ↗ Meister.

Waldportier, *Waldpförtner,* große Vertreter der alten Sammel-Gatt. *Satyrus* der Fam. ↗ Augenfalter, die alle in od. in der Nähe v. Wäldern anzutreffen sind. Fliegen in einer Generation im Hochsommer; Raupen an Gräsern; Verbreitung der Arten bei uns inselartig; durch Intensivierung in Forst- und Landw. und Verschwinden ihrer Habitate sind alle Arten stark im Rückgang begriffen. Beispiele: Blauäugiger W. *(Minois dryas),* dunkelbraun mit schwarzen blaugekernten Augenflecken auf den Vorderflügeln; Spannweite bis 60 mm, lokal auf Feuchtwiesen u. Trockenrasen in Gehölznähe; saugen an Flockenblumen, Skabiosen, Dost, Disteln u.a.; Raupen an Pfeifengras u.a.; nach der ↗ Roten Liste „stark gefährdet". Der Große W. *(Hipparchia fagi),* ebenfalls „stark gefährdet", und der „vom Aussterben bedrohte" Kleine W. *(H. alcyone)* bewohnen lichte Laub- u. Kiefernwälder; beide Arten sehr ähnl., dunkelgraubraun mit gelblich-weißen Querbinden auf den Flügeln; Spannweite bis 70 bzw. 60 mm; Raupen an Honiggras u. Fiederzwenke; Falter sitzen wie bei der folgenden Art gerne an Baumstämmen am Waldrand (Name!). Weißer W. (Schattenkönigin, *Brintesia circe),* Spannweite bis 70 mm, mit deutlich abgesetzter weißer Querbinde; bewohnt trockene Waldwiesen, Schläge u. gehölzreiche Trockenrasen; Raupe an Trespen u.a.; ebenfalls „stark gefährdet".

Waldrand, Grenzbereich Wald–Freiland mit spezif. Standortsgefälle. Die Vegetationszonierung am W. führt im typ. Fall vom *Stammwald* über einen niedrigeren *Gebüsch-Mantel* und einen *Stauden-Saum* aus hochwüchsigen, meist großblättr. Arten zum *Freiland* mit Düngewiesen, Magerrasen o.ä. Südexponierte Waldränder haben durch hohe Einstrahlung ein bes. warmes, nordexponierte ein ausgeglichenes, gemäßigtes Mikroklima. Waldränder sind z.T. bereits in der ↗ Naturlandschaft vorhanden gewesen (etwa an der Trockengrenze des Waldes), überwiegend jedoch durch den wirtschaftenden Menschen geschaffen. ↗ Saum, ↗ Mantelgesellschaften.

Waldrapp, *Geronticus eremita,* 75 cm großer schwarzer Ibis (↗ Ibisse) N-Afrikas u. Vorderasiens; Gefieder mit grünem Metallschimmer, Kopf unbefiedert, mit gebogenem rotem Schnabel; kam fr. auch in den Alpen vor u. war noch im 16. Jh. in Dtl. Brutvogel; Gründe für das Aussterben waren vermutl. Klimaveränderungen u./od. Verfolgung durch den Menschen. Nistet kolonieweise an Felsen u. Ruinen.

Waldrebe, *Clematis,* Gatt. der ↗ Hahnenfußgewächse mit über 400 Arten; Verbreitungsschwerpunkt in den gemäßigten bis subtrop. Breiten. Die Sträucher od. Kräuter besitzen gegenständige Blätter. Mit Hilfe der Blattstiele sind sie als Lianen z.T. in der

Waldrapp
(Geronticus eremita)

Waldrebe
Gewöhnliche W. *(Clematis vitalba)* mit Frucht

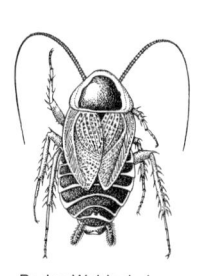

Podas Waldschabe *(Ectobius sylvestris)*

Waldschnepfe *(Scolopax rusticola)*

Lage, mehrere Meter hoch zu ranken, so z.B. die Gewöhnliche W. *(C. vitalba)* als Linkswinder in Auenwäldern od. an Waldrändern u. in Waldlichtungen. Charakterist. für sie sind der verholzte Stengel, die blattachselständ. Blütenrispen, beidseits behaarte, weiße Blütenblätter u. die stark fedrig behaarten, langen Fruchtgriffel, die der Ausbreitung dienen. Aufgrund des raschen kletternden Wachstums sind die großblütigen (bis 12 cm ⌀), violetten, rosa od. weißen Zuchtformen bes. an geschützten Mauern v.a. in Südlage als Begrüner beliebt.

Waldreservate ↗ Waldschutzgebiete.

Waldsalamander, *Alligatorsalamander, Plethodon,* Gatt. der ↗ Plethodontidae (T) mit 26 z.T. polytypischen Arten in N-Amerika. Schlanke, lebhafte Salamander mit kurzen Beinen, die vorwiegend Wälder, auch Bergwälder, besiedeln. Große Arten, wie der Silbersalamander *(P. glutinosus)* u. der Rotwangensalamander *(P. jordani),* erreichen 18 cm; andere Arten sind kleiner (8 bis 10 cm). Alle W. sind relativ unabhängig vom Wasser; sie legen terrestrische Eier mit direkter Entwicklung. Am bekanntesten ist der Rotrückensalamander *(P. cinereus),* der in einer bleigrauen u. einer rotrückigen Form vorkommt. Beim Zickzacksalamander *(P. dorsalis)* bildet das rote Rückenband eine Zickzack-Linie. Eine weitere Art ist der Schluchtensalamander *(P. richmondi).*

Waldsänger, *Parulidae,* Fam. lebhaft gefärbter, bis 19 cm großer Singvögel der amerikan. Kontinente mit 125 Arten; Insekten- u. Beerenfresser mit schlankem Schnabel; leben in Wäldern, Gärten u. Sumpflandschaften; die nördl. Arten sind ausgeprägte Zugvögel, während die trop. Arten ganzjährig im Brutgebiet bleiben. Nestbau in der Vegetation, am Boden od. ausnahmsweise in einer Baumhöhle; 2–5 einfarbige od. gefleckte Eier.

Waldschaben, *Kleinschaben, Ectobiidae,* Fam. der ↗ Schaben mit ca. 12, mittelgroßen Arten; Männchen etwas größer als Weibchen. In ganz Europa häufig ist die Gemeine Waldschabe (Tarakan, Lapplandschabe, *Ectobius lapponicus),* 5 bis 12 mm lang, gelbl. gefärbt; lebt wie auch *E. sylvestris* (Podas Waldschabe) an Waldrändern u. in lichten Wäldern.

Waldschäden, *neuartige W.,* ↗ Waldsterben.

Waldschilf, *Calamagrostis epigeios,* ↗ Reitgras.

Waldschnepfe, *Scolopax rusticola,* taubengroßer ↗ Schnepfenvogel mit braunweiß gemustertem Gefieder; bewohnt unterholzreiche Laub- u. Mischwälder mit weichem Boden u. morastigen Stellen; hält sich tagsüber am Waldboden auf u. ist zw. dem Fallaub kaum zu entdecken; Teilzieher. Männchen führen in der Dämmerung Balzflüge – den langen Schnabel schräg abwärts gerichtet – aus („Schnepfenstrich") u. lassen dabei ein tiefes dumpfes „Quorren" sowie ein hohes „Pfuizen" hören. Die Nestmulde am Boden enthält 4 Eier, aus denen die nestflüchtenden Jungen nach 3wöchiger Bebrütung schlüpfen. Die W., deren Brutbestand relativ schwer zu kontrollieren ist, ist nach der ↗ Roten Liste „gefährdet". B Europa XV.

Waldschutzgebiete, *Naturwaldreservate, Naturwaldzellen;* 1934 forderte der Forstwissenschaftler H. Hesmer, Naturwaldzellen in genügender Zahl zu schaffen, die dazu dienen sollten, die Entwicklung v. bewirtschafteten Forsten mit der v. natürlichen, sich selbst überlassenen Wäldern zu vergleichen. Diese aus der forstl. Nutzung entlassenen W. werden unterschieden in Bannwälder und Schonwälder. Unter *Bannwäldern* versteht man hier Totalreservate, bestehend aus natürlichen od. naturnahen Waldbeständen, in denen jegl. Nutzung, jeder Eingriff unterbleibt. *Schonwälder* hingegen werden forstl. zwar behandelt, aber es wird das Ziel verfolgt, eine bestimmte Pflanzen-Ges. oder einen bestimmten Waldaufbau, der von hist. Interesse ist, zu konservieren. Nach dem Stand von 1981 sind in der BR Dtl. 8318 ha Wald als W. ausgewiesen. Sie genießen nicht den Schutz der ↗ Naturschutz-Gesetze. Ihre Unverletzlichkeit ist praktisch nur durch verwaltungsinterne Bestimmungen der Staatsforstverwaltungen gewährt. ↗ Schutzwald.

Waldschweine, *Hylochoerus,* Gatt. der Altweltl. Schweine *(Suidae);* einzige Art: das erst 1904 in Kenia v. Meinertzhagen entdeckte Riesen-W. *(H. meinertzhageni);* Kopfrumpflänge 155–180 cm. Riesen-W. leben in 3 U.-Arten im Dickicht des afr. Urwalds v. Liberia im W bis Kenia im O.

Waldskinke, *Sphenomorphus,* Gatt. der ↗ Schlankskinkverwandten.

Waldspitzmaus, *Sorex araneus,* in weiten Teilen Europas und Asiens (bis Japan) vorkommende, in Dtl. häufigste Art der (Rotzahn-)↗ Spitzmäuse, Kopfrumpflänge 6–8,5 cm; Fell „dreifarbig" (oberseits dunkelbraun, Flanken hellbraun, Unterseite grauweiß). Lebensraum: Wälder, Wiesen, Felder u. Sümpfe, d.h. große ökol. Anpassungsfähigkeit. – Als W.e werden auch alle 40 Arten der Gatt. *Sorex* bezeichnet, v. denen die meisten in N- und Mittelamerika, 6 in Europa u. davon nur 3 in Dtl. leben. B Europa XI.

Waldsteiger, *Leptopelis,* Gatt. der ↗ *Hyperoliidae* mit 41 Arten südl. der Sahara, meist in Wäldern u. Savannen. Gedrungene, laubfroschartige Frösche von 3 bis 8 cm Länge u. senkrechten Pupillen. Meist auf Bäumen od. Sträuchern. Der Erdboden wird nur zur Fortpflanzung aufgesucht. Dabei gräbt sich das Paar im Amplexus (↗ Klammerreflex) rückwärts in feuchten Boden an Uferböschungen ein u. legt dort wenige große Eier ab. Die Larven schlängeln sich später zum Wasser. Einige Savannenbewohner graben sich während der Trockenzeit ein; *L. bocagei* hat als Bodenbewohner sein Klettervermögen verloren.

Waldsteppe, zw. sommergrüner Laubwaldzone u. dem Bereich der Wiesensteppe gelegenes Übergangs- bzw. Verzahnungsgebiet der beiden Formationen. ↗ Steppe.

Waldsterben, schlagwortartige Bez. für die seit etwa 1975 großflächig auftretenden u. seither fast überall sichtbar gewordenen Schäden an vielen forstl. wichtigen Baumarten *(Baumsterben).* Symptome einer Erkrankung zeigten sich zuerst an der Tanne *(„Tannensterben"),* griffen aber bald auch auf Fichte u. Kiefer, später auch auf Buche u. Eiche über. Bei der Waldschadenserhebung 1986 galten ca. 54% der Bestände der BR Dtl. als geschädigt, wobei Schwerpunkte in Hoch- bzw. Kammlagen, im Alpenvorland u. in den nördl. Kalkalpen festzustellen sind (B 376). Dabei muß allerdings berücksichtigt werden, daß leichte Schäden (Schadstufe 1, vgl. Tab.) nicht immer eindeutig abzugrenzen sind u. in ihrer Bedeutung häufig unsicher bleiben („Warnstufe"). Die Darstellung der Schadstufen 2–4 (B 376 und ☐ 378) gibt deshalb wohl ein zuverlässigeres Bild der augenblicklichen Situation. Auf jeden Fall aber gehen die Schäden weit über das hinaus, was bisher an räuml. begrenzten Beeinträchtigungen (z.B. durch Trockenjahre, Schädlingskalamitäten, Wind- od. Eisbruch, waldbauliche Fehler usw.) bekannt war *(„neuartige Waldschäden").* Über die Ursachen des W.s herrscht noch keine endgültige Klarheit; weitgehende Einigkeit besteht jedoch darüber, daß bei den beobachteten Phänomenen vermutl. mehrere Faktoren zusammenwirken u. daß

Waldsterben

Geschädigte Waldfläche 1983–86
(NBV = Nadel-/Blattverlust)

Schadstufe	1983*	1984	1985	1986	Veränderungen 83–84	84–85	85–86
	in % der Waldfläche						
1 schwach geschädigt (NBV = 11–25%)	24,7	32,9	32,7	34,8	+ 8,2	− 0,2	+ 2,1
2 mittelstark geschädigt (NBV = 26–60%)	8,7	15,8	17,0	17,3	+ 7,1	+ 1,2	+ 0,3
3 + 4 stark geschädigt (NBV = über 60%) und abgestorben	1,0	1,5	2,2	1,6	+ 0,5	+ 0,7	− 0,6
2 + 3 + 4	9,7	17,3	19,2	18,9	+ 7,6	+ 1,9	− 0,3
1 + 2 + 3 + 4	34,4	50,2	51,9	53,7	+ 15,8	+ 1,7	+ 1,8

* Erhebungen 1983 nur bedingt vergleichbar mit den späteren Erhebungen

(Quelle: Waldschadenserhebung 1986 des Bundesministeriums für Ernährung, Landwirtschaft u. Forsten)

WALDSTERBEN I

Waldschäden
in der Bundesrepublik Deutschland (1986)

Die Zunahme der *Waldschäden* hat sich in den Jahren 1985 und 1986 deutlich verlangsamt, dennoch ist das inzwischen erreichte Schadensniveau besorgniserregend. Die Abgrenzung der Schadstufe 1 („schwach geschädigt") ist nicht immer einfach, und ihre Bewertung ist umstritten. Sie wurde deshalb in der Abb. rechts (Schadstufen 2–4) bei der Berechnung der geschädigten Waldfläche nicht berücksichtigt. Da dieser Schadstufe der weitaus überwiegende Teil der geschädigten Waldfläche zuzuordnen ist, ändert sich dadurch das Gesamtbild ganz wesentlich (vgl. Abb. unten, Schadstufen 1–4).

Schadstufen 2 bis 4

Geschädigte Fläche in % der Waldfläche des Wuchsgebiets
- bis 10
- >10–20
- >20–30
- >30–40
- >40–50
- über 50

Schadstufen 1 bis 4

Geschädigte Fläche in % der Waldfläche des Wuchsgebiets
- bis 20
- >20–40
- >40–60
- >60–80
- über 80

Quelle:
Bundesminister für Ernährung, Landwirtschaft und Forsten.
Waldschadenserhebung 1986
Stand: Oktober 1986
Darstellung: Umweltbundesamt/UMPLIS Methodenbank Umwelt
© Umweltbundesamt 1986

den atmogenen ↗Schadstoffen (↗Abgase), v.a. ↗*Schwefeldioxid* (SO$_2$), den ↗*Stickoxiden* (NO$_x$) und vermutl. ↗*Ozon* (O$_3$), eine Schlüsselrolle zukommt. Mit Sicherheit gilt dies für die „klassischen", durch hohe SO$_2$-Konzentrationen in der Luft verursachten ↗*Rauchgasschäden,* wie sie seit langem in der Umgebung v. Hüttenwerken, heute aber auch großflächig im Erzgebirge, im Bayer. Wald usw. beobachtet werden. Diese einfache Erklärung kommt jedoch für die meisten der geschädigten Waldgebiete in Mitteleuropa nicht in Frage, weil hier die kritische Konzentration von 50 μg SO$_2$/m^3 Luft nicht erreicht wird. Intensiv diskutiert wurde dagegen die *indirekte* Wirkung des SO$_2$; es gilt als eine der Hauptursachen des ↗*sauren Regens* u. könnte über eine Kationen-Freisetzung (↗Kation) im Boden u. die dann erfolgende Auswaschung zu einer Mangelernährung der Bäume an ↗Calcium- u. ↗Magnesium-Ionen beitragen. Es ist außerdem zu berücksichtigen, daß es durch die Absenkung des pH-Wertes zur Freisetzung v. ↗Aluminium-Ionen kommen kann, deren toxische Wirkung für viele Pflanzenwurzeln seit langem bekannt ist. Allerdings hat es derzeit (1987) den Anschein, als wären beide Mechanismen allenfalls v. regionaler Bedeutung; vielerorts ist jedenfalls keine Korrelation zw. dem Säureeintrag u. dem

WALDSTERBEN II

Symptome der Walderkrankung

Die Waldschäden werden seit einigen Jahren nach dem gleichen bundeseinheitlichen Verfahren erhoben. Die Eingruppierung erfolgt nach dem geschätzten *Nadel-* bzw. *Blattverlust* (in %) und umfaßt 5 *Schadstufen:*

Stufe 0: ohne Schadmerkmale (bis 10%)
Stufe 1: schwach geschädigt (11–25%)
Stufe 2: mittelstark geschädigt (26–60%)
Stufe 3: stark geschädigt (über 60%)
Stufe 4: abgestorben oder absterbend

Links eine mittelstark geschädigte *Fichte* (Schadstufe 2), rechts eine stark geschädigte *Tanne* (Schadstufe 3 bis 4). Die verschiedenen Grade der Schädigung sind in den waagerechten Bildleisten für Fichte (oben) und Tanne (unten) dargestellt. Neben Nadelverlusten treten aufgrund der Störungen im Nährstoffhaushalt häufig *Vergilbungserscheinungen* auf („Goldspitzigkeit" bzw. „Gelbspitzigkeit" der älteren Nadeln bei Magnesium-Mangel, Gelbfärbung bei Kalium-Mangel); dazu kommen komplexe Symptome durch *Schwächeparasiten* (z. B. Hallimasch) und *phytophage Insekten* (Borkenkäfer, Buchen-Springrüßler usw.). Sind auf einer Probefläche mittlere oder starke Vergilbungen zu beobachten, wird die Schadstufe bei der Schadensschätzung um eine Stufe erhöht. Nothiebe der Schadstufen 3 und 4 lassen dem unvoreingenommenen Beobachter die Schäden häufiger weniger gravierend erscheinen, als sie in Wirklichkeit sind.

Schadstufe 0 1 2 3 4

Schadstufe 0 1 2 3 4

Ausmaß der Waldschäden festzustellen. Neben der Untersuchung vieler weiterer Schadstoffe (↗ *Schwermetalle*, ↗ *Photooxidantien*, wie Peroxiacetylnitrat, Fluorkohlenwasserstoffe usw.; ↗ Aerosol, ↗ Luftverschmutzung) kommt derzeit den ↗ Stickoxiden u. dem ↗ Ammoniak in der Waldschadensforschung bes. Bedeutung zu. Seit 1962 sind die NO_x-↗ Emissionen um mindestens 50% angestiegen, und die Freisetzung v. Ammoniak ist regional ganz beträchtlich, v. a. in Gebieten mit intensiver Tierproduktion u. hohem Anteil von Flüssigmist. Es erscheint möglich, daß der erhöhte Stickstoffeintrag das labile Gleichgewicht zw. den Waldbäumen u. ihren ↗ *Mykorrhiza*-Partnern so stört, daß die normalerweise weitgehend v. den Mykorrhiza-Pilzen übernommene Wasser- u. Nährsalzversorgung beeinträchtigt u. gleichzeitig deren nachgewiesene Schutzfunktion gg. pathogene Pilze und gg. toxische Ionen (z. B. Schwermetalle) stark herabgesetzt wird. Nach dieser Hypothese wären Waldschäden in erster Linie auf mikrobiologisch wenig tätigen Böden u. verstärkt nach ausgesprochenen Trockenjahren zu erwarten, während feuchtere Jahre eine Verlangsamung des Erkrankungsgeschehens bewirken sollten. Diese Korrelation wird durch viele erfahrene Praktiker und zahlr. Schadenserhebungen bestätigt.

Waldtundra

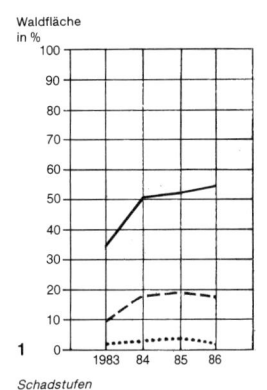

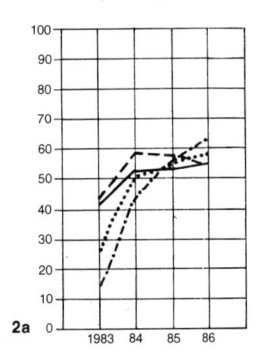

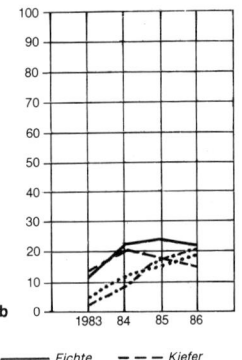

Waldfläche in %

Schadstufen
— 1–4 (Waldschäden insgesamt)
– – – 2–4 (mittlere u. starke Schäden)
····· 3–4 (stark geschädigt und abgestorben)

2a

b

— Fichte   – – – Kiefer
····· Buche   –·–·– Eiche

Waldsterben

Entwicklung der Waldschadenssituation von 1983 bis 1986 (nach Baumarten u. Schadstufen).
1 Alle Baumarten (Gesamt-Waldfläche 7,389 Mill. ha).
2 Schadentwicklung bei den forstlichen Haupt-Baumarten Fichte, Kiefer, Buche u. Eiche (Angaben in % der Baumartenfläche):
a Schadstufen 1–4,
b Schadstufen 2–4.
(Quelle: Waldschadenserhebung 1986 des Bundesministeriums für Ernährung, Landwirtschaft u. Forsten)

Es bleibt abzuwarten, ob die Störung der Ionenaufnahme durch den anhaltenden Stickstoff-Eintrag tatsächl. den alles entscheidenden Schlüsselprozeß bei der Auslösung des W.s darstellt. Zahlr. frühere Hypothesen gelten inzwischen als überholt (Epidemiehypothese, Radioaktivitätshypothese usw.), und es ist keineswegs sicher, ob sich das augenblickl. Bild unter dem Eindruck neuer Erkenntnisse nicht noch einmal grundlegend verändert. Vorläufig bleibt jedenfalls die drastische Reduzierung der zum überwiegenden Teil aus dem Kraftverkehr u. aus der Tierproduktion stammenden Stickstoff-Emissionen (T) Luftverschmutzung) die wichtigste Forderung, die sich aus der bedrohlichen Entwicklung der Walderkrankung ableitet.
Lit.: Meister, G., Schütze, C., Sperber, G.: Die Lage des Waldes. Hamburg 1984. Waldschäden u. Luftverunreinigung. Sondergutachten des Rates v. Sachverständigen für Umweltfragen, Stuttgart 1983. Troyanowsky, C. (Hg.): Air Pollution and Plants. Weinheim 1985. A. B.

Waldtundra, mosaikartig ausgebildetes Durchdringungs- bzw. Verzahnungsgebiet v. baumloser arkt. ↗Tundra u. ↗borealem Nadelwald. ↗Europa.

Wald- und Feldmäuse, *Apodemus,* Gatt. der Echten ↗Mäuse; über weite Teile Eurasiens (im O bis Japan) verbreitet; Kopfrumpflänge 8–14 cm, Schwanz meist körperlang. Von den wahrscheinl. 11 Arten kommen 5 (T 379) in Europa u. davon 3 in Dtl. vor.

Waldvögelein, *Cephalanthera,* Gatt. der ↗Orchideen (B) mit ca. 14 Arten; gleichmäßig am Stengel verteilte, grüne Blätter; Blüten mehr od. weniger aufrecht abstehend auf ungestieltem, spiralig abgedrehtem Fruchtknoten. Die Blütenblätter neigen meist zus.; die ungespornte Lippe ist durch eine Einschnürung zweigeteilt. Anstelle v. Knollen ist ein fleischiges Rhizom ausgebildet. Die 3 in Dtl. vorkommenden Arten finden sich in wärmeliebenden Laubmischwäldern. ☐ 379.

Waldziegenantilopen, *Nemorhaedini,* fr. als Antilopen angesehene, heute den Ziegenartigen *(Caprinae)* zugerechnete Gruppe aus 2 Gatt. mit je 1 Art. Von dem etwa ziegengroßen Serau *(Capricornis sumatraënsis)* unterscheidet man in Asien 11 U.-Arten (7 im Bestand gefährdet); er lebt in der Strauchzone oberhalb der Waldgrenze, während der ↗Goral *(Nemorhaedus goral)* mehr die kahlen Hänge (z.T. in demselben Gebiet) bevorzugt.

Wale, *Waltiere* (fälschl. Bez. *Walfische*), *Cetacea,* Ord. der ↗Säugetiere, deren Lebensweise u. Körperbau völlig an das Leben im Wasser angepaßt sind; Gestalt fischförmig; Gesamtlänge von 1 m (↗Langschnabeldelphine) bis zu ca. 30 m (↗Blauwal). Die Vordergliedmaßen der W. sind zu Flossen umgestaltet (B) Homologie), v. den Hintergliedmaßen ist meist nur noch ein verborgener Beckenrest vorhanden (B rudimentäre Organe). Die Rückenflosse (Rückenfinne) mancher W. wird nur v. Bindegewebe gestützt. Das für alle Säugetiere (= Haartiere) typische Haarkleid ist bei den W.n bis auf spärl. Reste im Kieferbereich (Sinneshaare) reduziert. Junge W. kommen nach einer Tragzeit von 10–16 Monaten voll entwickelt u. sehr groß zur Welt. (Ein neugeborener Blauwal ist bereits 7 m lang u. wiegt 2 Tonnen.) Das Jungtier wird, je nach Art verschieden, 5–12 Monate lang gesäugt; die Milch der W. enthält 40–50% Fett. – Die heute lebenden W. lassen sich in 2 deutl. unterscheidbare U.-Ord. aufteilen: Die ↗Zahn-W. *(Odontoceti)* besitzen viele gleichförmige Zähne (Homodontie); die meisten ernähren sich v. Fischen, einige v. Kopffüßern u. haben ein reduziertes Gebiß. Von Geburt an zahnlos u. statt dessen mit einem perfekten Seihapparat (↗Barten, ☐) ausgestattet sind die ↗Barten-W. *(Mystacoceti);* ihre Nahrung besteht aus Kleintieren u. Plankton (↗Krill). Zu beiden U.-Ord. rechnen 11 Fam. mit 38 Gatt. u. insgesamt 80–90 Arten. – Die Fortbewegung der W. geschieht durch Schlagen der waagerechten Schwanzflosse (Fluke). W. können beim Schwimmen Dauergeschwindigkeiten v. bis zu 25 km/h halten (z.B. Delphine, Furchen-W.) u. kurzzeitig auf 37 (Pott-W.) od. sogar 50 km/h (Furchen-W.) beschleunigen. Hierzu trägt v.a. die federnde Hautoberfläche bei, welche die Bildung v. Wasserwirbeln (Turbulenzen) verhindert. W. erreichen Tauchtiefen v. mehreren Hundert (Pott-W. sogar v. 1000) Metern; sie können dabei 50–90 Min. unter Wasser bleiben; eine dicke Fettschicht (Unterhautbindegewebe) schützt sie dabei vor Auskühlung. Für den Druckausgleich im Blutgefäßsystem sorgen sog. Wundernetze (↗Rete mirabile). Den meisten Sauerstoff haben W. im Muskelgewebe (↗Myoglobin) u. im Blut (↗Hämoglobin) gespeichert, nur 9% in der relativ kleinen Lunge – auch dies eine Anpassung an das Tauchen. Zum Luftholen müssen W. stets an die Wasseroberfläche kommen. Beim Ausatmen durch die nach hinten verlagerten äußeren Nasenöffnungen („Spritzloch") entsteht eine durch Wasserdampfkondensation eine meterhohe Dampfwolke, der sog. „Blas"; nach seiner Form läßt sich die Art bestimmen. Die meisten W. sind Meeresbewohner; für die Salzausscheidung sorgen die bes. großen Nieren. Im Süßwasser leben nur einige Zahn-W. (↗Flußdelphine). Regelmäßige Wanderungen führen alle Barten-W., aber auch einige Zahn-W. durch. – Zahlr. Walarten sind heute in ihrem Bestand stark gefährdet bzw. vom Aussterben bedroht.

Walfang betreibt der Mensch nachweisl. schon seit 1500 v. Chr. (Alaska). Heutzutage wird Walfleisch v.a. noch in Japan als Nahrungsmittel geschätzt; andernorts wird es zu Tierfutter verarbeitet. Das aus dem Unterhautfettgewebe gewonnene Walöl dient heute v. a. zur Margarineherstellung. Andere „Walprodukte" sind zum Beispiel ↗Ambra, Fischbein, ↗Walrat. Die Überbejagung der W. mit Hilfe moderner techn. Mittel führte in diesem Jh. zu einem bedrohl. Rückgang zahlr. Arten (v. a. manche Groß-W., wie Blau-W., Pott-W., Finn-W., sind nahezu ausgerottet – zu der Erholung ihrer Bestände ist wahrscheinl. eine mindestens 50jährige Schonzeit nötig). Bereits 1936 erlassene Schutzbestimmungen wurden zu wenig beachtet. Die 1946 gegr. *Int. Walfangkommission* (IWC) beschloß 1982, den Walfang ab 1986 ganz einzustellen. Leider haben sich bisher nicht alle „Walfangnationen" daran gehalten u. deklarieren z. T. den v. ihnen betriebenen Walfang als „wiss. Walfang" od. „Eingeborenenwalfang". Von der Einhaltung dieses Beschlusses hängt aber die Zukunft der W. ab. ☐ Nahrungspyramide, B Säugetiere, B Polarregion III–IV.

Lit.: *Gaskin, D. E.:* The Ecology of Whales and Dolphins. London 1982. *Harrison Matthews, L.:* The Natural History of the Whale. New York 1978. *Slijper, E. J.:* Riesen des Meeres. Berlin 1962. H. Kör.

Walhaie, Rauhhaie, Rhincodontidae, Fam. der Echten ↗Haie. Einzige Art ist der bis 18 m lange u. bis 20 t schwere W. (*Rhincodon typus*, B Fische V) mit breitem, endständ. Maul, großen Kiemenspalten u. Kiemenreusenapparat, mit dem er Plankton ausseiht; wie der ↗Riesenhai mit gleicher Ernährungsweise hat er eine große, ölreiche Leber, die ein Schweben im Wasser ermöglicht. W. sind vor den Riesenhaien die größten Fische. [fer.

Walker *m*, *Polyphylla fullo*, ↗Blatthornkä-
Walkeria *w*, *Valkeria*, Gatt. der U.-Ord. *Stolonifera* (↗Moostierchen), namengebend für die Fam. *Walkeriidae* (darin auch die Gatt. *Farrella*). W. *uva* kosmopolitisch, auch in der Dt. Bucht.

Walköpfige Fische, Cetomimiformes. Ord. der ↗Knochenfische; freischwimmende, kleine Tiefseefische, meist mit großen Köpfen, kleinen Augen, hartstrahl. Flossen u. oft reduzierten Schuppen. Hierzu u. a. die ↗Teleskopfische u. die U.-Ord. W. F. i. e. S. (*Cetomimoidei*), die das Aussehen v. kleinen Bartenwalen haben; werden 5–15 cm lang, haben keine Schwimmblase, doch übernehmen größere Hohlräume des Seitenlinienorgans hydrostat. Aufgaben.

Wallabys [wåleb¹s; Mz.; v. austral. Eingeborenennamen *wolaba* über engl. = kleines Känguruh], i. w. S. sämtl. nicht der Gatt. *Macropus* (Riesenkänguruhs) angehörenden ↗Känguruhs; i. e. S. die Gatt. *Wallabia* mit etwa 11 Arten.

Wallace [wål¹eß], *Alfred Russel*, brit. Zoologe u. Botaniker, * 8. 1. 1823 Usk (Monmouthshire), † 7. 11. 1913 Broadstone bei Bournemouth; Reisen zum Amazonas, Río Negro (1848–52) u. zum Malaiischen Archi-

O. Wallach

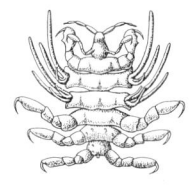

Walläuse
Cyamus ovalis, Parasit am Nordkaper (Glattwal)

Wald- und Feldmäuse
Europäische Arten:
Feld-↗Waldmaus
(*Apodemus sylvaticus;* Dtl.)
↗Gelbhalsmaus
(*A. flavicollis;* Dtl.)
Zwerg-↗Waldmaus
(*A. microps*)
Felsenmaus
(*A. mystacinus*)
↗Brandmaus
(*A. agrarius;* Dtl.)

Weißes Waldvögelein
(*Cephalanthera damasonium*)

Walnußgewächse
Wichtige Gattungen:
Engelhardia
Hickory (*Carya*)
Oreomunnea
Platycarya
Pterocarya
Walnuß (*Juglans*)

pel (1854–62); begr. die Tiergeographie; entdeckte die tiergeograph. Trennungslinie zw. Bali u. Lombok *(W.-Linie);* fand unabhängig v. ↗Darwin die Veränderlichkeit u. die Entstehung neuer Arten (WW: „Über die Tendenz der Varietäten, unbegrenzt von dem Originaltypus abzuweichen") u. regte diesen zur Veröffentlichung seiner Forschungsergebnisse an.

Wallacea *w* [ben. nach A. R. ↗Wallace], ein in der Tiergeographie als „indo-australisches Zwischengebiet" abgetrenntes Gebiet v. Inseln. Seine W-Grenze verläuft je nach Auffassung der Autoren östl. der Philippinen *(Wallace-Linie)* oder westl. davon *(Huxley-Linie).* ☐ Orientalis. ☐ tiergeographische Regionen.

Wallace-Linie [ben. nach A. R. ↗Wallace] ↗Wallacea, ↗Orientalis (☐).

Wallach, *Otto*, dt. Chemiker, * 27. 3. 1847 Königsberg, † 26. 2.1931 Göttingen; Prof. in Bonn u. Göttingen; untersuchte die Zusammensetzung äther. Öle u. die Struktur von zahlr. Terpenen u. Campher; seine Forschungen trugen wesentl. zur Entwicklung der modernen Parfüm-Ind. bei; erhielt 1910 den Nobelpreis für Chemie.

Wallach *m* [v. rumän. Valahia = Walachei, valah = walachisch], kastriertes männl. Pferd, zuerst aus der Walachei bekannt.

Wallagonia *w* [v. bengal. Namen], Gatt. der ↗Welse.

Walläuse, Walfischläuse, Cyamidae, Fam. der ↗Flohkrebse, die alle ektoparasitisch an Walen leben. Wie bei den verwandten ↗Gespenstkrebsen ist ihr Pleon bis auf einen kleinen Knopf reduziert. Ebenso fehlen die 3. und 4. Pereiopoden, aber ihre Epipodite, die Kiemen u. beim ♀ die Oostegite sind vorhanden. Alle anderen Pereiopoden sind kräftige, fast subchelate Klammerbeine. Die W. erreichen Größen zw. 10 und 15 mm. Sie bewohnen ihre Wirte oft zu Hunderten u. Tausenden u. können große u. tiefe Wunden verursachen. Da sie kein Schwimmvermögen besitzen, können sie nur bei direktem Kontakt übertragen werden. Über ihre Biologie ist wenig bekannt; die meisten Arten scheinen wirtsspezifisch zu sein. *Cyamus boopis* lebt auf dem Buckelwal, andere Gatt. sind *Paracyamus* u. *Platycyamus*. B Parasitismus II. [*glanis*, ↗Welse.

Waller *m* [v. ahd. hwalis = Wels], *Silurus*
Walnuß [v. mhd. wälhisch nuz = welsche (= romanische) Nuß], *Juglans*, Gatt. der ↗Walnußgewächse.

Walnußartige, *Juglandales*, Ord. der ↗*Rosidae*; Holzgewächse mit einfachen, diklinen, an Windbestäubung angepaßten Blüten, meist in Kätzchen; Steinfrüchte od. Nüsse, ohne Nährgewebe, aber Embryo häufig mit Kotyledonarspeicherung. Fam. ↗Walnußgewächse; manche Autoren stellen auch die Fam. *Myricaceae* hierher (bei anderen eigene Ord. der *Hamamelididae*, ↗Gagelartige).

Walnußgewächse

Walnußgewächse, Juglandaceae, Familie der ↗Walnußartigen; laubwerfende Holzgewächse mit 7 Gatt. (T 379), ca. 70 Arten; v. a. in nördl.-gemäßigten und subtrop. Gebieten der N-Halbkugel. Blätter unpaar gefiedert, meist wechselständig. Staminate Blüten stehen zu vielen in reichblütigen, hängenden Kätzchen, die sich an vorjähr. Achselknospen entwickeln, die karpellaten Blüten zu wenigen in aufrechten Ähren an den Enden neuer Triebe. Blütenhülle 4zipflig, oft reduziert; Windbestäubung; ↗Chalazogamie. Die beiden Gatt. *Platycarya* u. Flügelnuß *(Pterocarya,* 7 Arten, v. a. in O-Asien; mit auffallend großen Blättern u. dekorativen hängenden Fruchtkätzchen; als Zierbäume gepflanzt) haben trockene Nußfrüchte, die durch den Wind verbreitet werden; die übrigen Gatt. besitzen Steinfrüchte. Samenöl findet Verwendung als Speiseöl, für Kosmetika, Seifen u. Fette. Aus dem Alttertiär sind mehrere Gatt. der W. nachgewiesen, die Fam. seit der oberen Kreide. Heutiges Wildvorkommen entspr. einem Restareal. Die Gatt. Walnuß *(Juglans)* ist mit ca. 15 Arten in Amerika und O-Asien bis zur Balkanhalbinsel verbreitet. Die Steinfrucht *(Walnuß)* hat eine grüne, fasrig-ledrige Außenhülle, ein Verwachsungsprodukt aus Fruchtknotenwand, Blütenhülle, Vor- u. Tragblättern; springt bei Reife auf u. gibt den Steinkern mit verholzter Fruchtinnenwand frei, die sich bei der Keimung längs einer Trennlinie öffnet. Senkrecht dazu steht die Verwachsungsnaht der Kotyledonen des ölhalt. Samens. Gerbstoff- u. Färbepflanzen. Seit der Jungsteinzeit ist die Walnuß i. e. S. (Walnußbaum, Nußbaum, *J. regia;* B Kulturpflanzen III) heimisch v. S-Europa über Zentralasien bis China, auch in Mitteleuropa nachgewiesen. Einzige Art der Gatt. mit ganzrandigen (nicht gezackten) Fiederblättchen. Heute Anbau in Gegenden mit Weinklima, spätfrostempfindlich; verwildert gelegentlich. Genutzt wird der Samen, der über 60% Fett und 14% Protein enthält, und das u. a. für Möbel genutzte Holz (↗Nußbaum, B Holzarten). Ebenfalls kostbares Möbelholz liefert die Butternuß *(J. cinerea)* u. die Schwarznuß *(J. nigra),* beide in N-Amerika beheimatet, in Mitteleuropa forstmäßig eingebracht. Bei der Gatt. Hickory *(Carya)* teilt sich die Fruchtaußenschale 4klappig; 3fach verzweigte Kätzchen; über 20 Arten, hpts. östl. N-Amerika und SO-Asien. Die Arten Pekannuß *(C. illinoensis, C. pecan;* B Kulturpflanzen III) u. die weniger wärmebedürftige *C. ovata* (liefert *Hickorynüsse;* B Nordamerika V) werden ihrer schmackhaften Nüsse mit über 70%igem Fettanteil u. ihres Holzes wegen (Werkzeugstiele) in den USA in ca. 300 Sorten auf großen Plantagen angebaut u. großtechnisch verarbeitet. Gegessen in Süßspeisen, als Frischfrucht u. salzige Knabberei; „papierscha-

Walrosse
Unterarten:
Polarmeer-Walroß
(Odobenus rosmarus rosmarus)
Laptewsee-Walroß
(O. r. laptevi)
Pazifisches Walroß
(O. r. divergens)

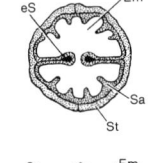

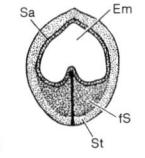

Walnußgewächse
1 Walnußbaum *(Juglans regia),* Wuchs- u. Blattform (F Frucht). **2 a** Quer-, **b** Längsschnitt (median) durch einen Steinkern v. *Juglans regia* (Em Embryo, eS echte Scheidewand, fS falsche Scheidewand, Sa Samenschale, St Steinschicht). **3** Hickory-Zweig *(Carya)*

lige" Pekannüsse: Sorte mit extrem dünnschal. Fruchtwand. ☐ Knospe. Y. S.

Walrat *m* und *s* [v. skandin. hvalraf], *Cetaceum,* je nach Temp. öl- od. wachsartige Masse aus dem W.-Organ, einem mächtigen Gewebepolster vor dem Oberkiefer des ↗Pottwals (☐); wird u. a. zur Herstellung v. Kerzen, Seifen u. als Salbengrundlage verwendet.

Walrosse, *Odobenidae,* systemat. den ↗Ohrenrobben nahestehende ↗Robben-Fam. mit nur 1 rezenten Art, dem Walroß *(Odobenus rosmarus),* mit 3 auf die nördl. Meere beschränkten, stark bedrohten U.-Arten (vgl. Tab.). Gesamtlänge 280 cm (♀) bis 370 cm (♂); obere Eckzähne als eindrucksvolle „Hauer" ausgebildet (↗Elfenbein), Backen- u. Vorbackenzähne stummelförmig (Muschelfresser); Bart. Im Gefolge der Nordmeer-Entdeckungsreisen wurden die einst großen W.-Herden rücksichtslos dezimiert. Heute ist nur noch arkt. Naturvölkern, für die W. noch immer zur Lebensgrundlage rechnen, die Jagd auf W. erlaubt. ☐ Robben, B Polarregion
Walroßschnecke ↗ Opeatostoma. [III.
Walsauger, *Remiligia australis,* ↗Schiffshalter.
Waltiere, die ↗Wale.
Walzenechsen, *Chalcides,* Gattung der ↗Skinke mit ca. 10 Arten, die unter Steinen, im Laub, seltener eingegraben im Erdreich in den Mittelmeerländern, in O-Afrika bis zur Somalia-Halbinsel, in Arabien sowie in Vorder- und S-Asien beheimatet sind; vorwiegend tagaktiv u. lebendgebärend. Bekannteste Vertreter: Die sehr flinke Erzschleiche *(C. chalcides,* ☐ 381) ist bis 40 cm lang; blindschleichenähnl.; oberseits bronzeglänzend bis olivfarben mit 9–11 dunklen Längsstreifen, unterseits heller; Extremitäten nur ca. 10 mm lang, 3zehig, werden bei rascher Fortbewegung dem Körper angelegt; ernährt sich v. Insekten, Spinnen, Nacktschnecken, Würmern; 15–20 Junge; lebt in den westl. Mittelmeerländern, NW-Afrika, auf Elba auf feuchten Wiesen, meist im Hügelland. Der Gefleckte Walzenskink *(C. ocellatus)* ist bis 20 cm lang; oberseits metallisch glänzend, gelbbraun bis graugrünl. mit großen, schwarzen, durch einen weißen Strich geteilten Flecken; unterseits weißl.; kurze Extremitäten 5zehig; 3–12 Junge, 7–10 cm lang; ernährt sich v. a. von Insekten; wühlt sich bei Gefahr schnell in den Sand ein; verbreitet in S-Europa, N- und NO-Afrika, SW-Asien; beliebtes Terrarientier. Der Spanische Walzenskink *(C. bedriagai)* wird bis 16 cm lang; Oberseite metallisch glänzend, hell- bis olivbraun, grau od. gelb, mit großen schwarzrand. Augenflecken; Gliedmaßen kurz, 5zehig; 2–3 Junge; lebt auf der Iberischen Halbinsel – nicht im äußersten N –, in N-Afrika und SW-Asien; verzehrt v. a. kleine Insekten u. vergräbt sich bei Gefahr ebenfalls schnell im Sand.

Walzenschlangen, *Cylindrophis,* Gatt. der ⁊Rollschlangen.

Walzenschnecken, *Faltenschnecken, Volutoidea,* Überfam. der ⁊Schmalzüngler mit ei- bis spindelförm., meist glattem Gehäuse; Mündung mit Siphonalkanal, meist mit Spindelfalten; Dauerdeckel dünn. 6 Fam. (vgl. Tab.), darunter die W. i. e. S. *(Volutidae),* mit dickwand., farbig gemustertem Gehäuse; etwa 200 Arten in 43 Gatt., die sich v. Weichtieren u. Aas ernähren u. überwiegend in trop. Meeren vorkommen; getrenntgeschlechtl.; Eier in Kapseln, in denen die Entwicklung bis zum Kriechstadium verläuft. *Voluta ebraea,* Gehäuse 26 cm hoch, mit geschulterten, kurzbestachelten Umgängen, mit brauner, netzart. Zeichnung, lebt auf Sand u. Korallensand der Karibik. Dort ist auch *V. musica,* 11 cm hoch, zu finden, mit notenähnl. Muster. *Lyria mitraeformis,* 5,5 cm hoch, mit 3 Spindelfalten, auf Sandböden austr. Küsten. ⁊Kahnschnecken.

Walzenspinnen, *Solifugae,* Ord. der ⁊Spinnentiere mit ca. 800 Arten, fast ausschl. in den Trockengebieten der Erde (Wüsten u. Steppen) verbreitet (nicht in Austr., wenige Arten in Europa); die größten Arten erreichen 7 cm Körperlänge. W. leben alle räuberisch, sind meist nachtaktiv u. sehr schnelle u. gewandte Läufer. Prosoma in Proterosoma und 2 freie Segmente gegliedert, Opisthosoma mit 11 Segmenten, an der Basis stielartig verschmälert. Sehr große Cheliceren (beim Männchen mit großer Borste = Flagellum) mit starken Schneiden u. Zähnen, keine Giftdrüsen; Pedipalpen mit Haftblasen, laufbeinartig; 4 Laufbeinpaare, davon das erste Paar kurz u. dünn (Tastfunktion). Kein Mundvorraum, Saugpharynx, Oesophagus, Mitteldarm mit stark verzweigten Divertikeln, Enddarm mit Erweiterung. 1 Paar Malpighische Gefäße, 1 Paar Coxaldrüsen, Nephrocyten. Sehr gut entwickeltes Tracheensystem mit Mündungen am Hinterrand der Segmente 9, 10 und 11 sowie 1 Paar prosomale laterale Stigmen, im Körper 2 Tracheenlängsstämme mit zahlr. anastomosierenden Verästelungen; W. führen Atembewegungen durch. Schwach entwickeltes Kreislaufsystem, Herz mit 8 Ostienpaaren ohne Seitenarterien, außer Kopfaorta u. Schwanzaorta keine Gefäße. Ober- u. Unterschlundganglion im Prosoma, opisthosomales Ganglion im 8. Segment versorgt die hinteren Segmente. Sehr viele lange Tasthaare, 1 Paar Medianaugen, 1–2 Paar oft reduzierte Seitenaugen, je 5 dreieckige, plättchenförm. Organe (Malleoli) proximal auf der Ventralseite des 4. Laufbeinpaares, deren Funktion unbekannt ist (Chemorezeption?). Fortpflanzung ist nur v. wenigen Arten bekannt; vom Männchen gepackt, fällt das Weibchen in Paarungsstarre; die Spermien werden direkt v. Geschlechtsöffnung zu Geschlechtsöffnung od. mit Hilfe einer Spermatophore übertragen. Das Weibchen legt die Eier in einer selbstgegrabenen Höhle ab u. bewacht dort die sehr schnell schlüpfenden Jungen. Diese häuten sich nach ca. 3 Wochen u. erhalten erst dann Bewegungsfähigkeit u. das Aussehen der Adulten. – W. sind sehr wehrhafte Tiere, die heftig zubeißen können, jedoch kein Gift besitzen; bedroht, nehmen sie eine Abwehrstellung ein: Vorderkörper u. vordere Extremitätenpaare werden erhoben, die Cheliceren gespreizt, oft werden Geräusche (Stridulation) mit den Cheliceren erzeugt. Bekannte Gatt. *Galeodes, Gluvia, Solpuga, Eremobates.* C. G.

Wandelnde Geige, *Gongylus gongylodes,* ⁊Fangschrecken.

Wandelndes Blatt, *Phyllium,* Gatt. der ⁊Gespenstschrecken.

Wanderalbatros, *Diomedea exulans,* mit 3,2 m Spannweite größter Vertreter der ⁊Albatrosse u. damit größter Meeresvogel überhaupt; brütet zw. dem 30. und 60. südl. Breitengrad u. umfliegt zw. 2 Brutperioden (alle 2 Jahre) als ausgezeichneter Segelflieger den ganzen Erdball. Das einzige Junge schlüpft nach einer Brutzeit von 11 Wochen u. ist erst nach 8–9 Monaten flügge; brütet erstmals im Alter v. 7–8 Jahren. B Polarregion IV.

Wanderameisen, die ⁊Treiberameisen.

Wanderfalke, *Falco peregrinus,* 38–48 cm großer Greifvogel der Fam. ⁊Falken mit schiefergrauer Oberseite sowie breitem, schwarzem Bartstreif; bewohnt bewaldete Gebiete mit Felsen als Brutplätze; jagt im Flug Vögel bis Krähengröße, brütet in allen Erdteilen. V. a. in N-Amerika u. Europa starker Bestandsrückgang; in Dtl. nur noch mit lokalem Vorkommen, hochgradig gefährdet u. nach der ⁊Roten Liste „vom Aussterben bedroht"; Ursachen hierfür sind Verfolgungen durch den Menschen u. gebietsweise Pestizide u. Schwermetalle; intensive Schutzmaßnahmen – v. a. Horstbewachungen – zeigen Erfolge. ☐ Falken, ☐ Flugbild, B Europa IX.

Wanderfalter, Schmetterlinge, die mehr od. weniger regelmäßig einzeln od. in mitunter großen Gruppen gerichtete Wanderungen aus ihrem Ursprungsgebiet unternehmen (⁊Tierwanderungen, ⁊Massenwanderung) und dabei z. T. erhebliche Distanzen bis zu einigen tausend Kilometern zurücklegen können, um am Zielort Nachkommen zu erzeugen od. zu überdauern; ein Rückflug kann vorkommen. Wanderflüge sind eine Anpassung an schwankende Umweltbedingungen (bei Überbevölkerung, Nahrungsverknappung, zur Überwinterung u. a.); sie dienen zudem der Nutzung instabiler Lebensräume mit nur kurzzeitigem Angebot von z. B. Nahrung und können zur Arealerweiterung einer Art führen. Bei uns kommen die W. überwiegend im Frühjahr aus dem Mittelmeerraum, von wo sie, z. T. von N-Afrika

Wanderfalter

Walzenechsen
Erzschleiche *(Chalcides chalcides)*

Walzenschnecken
Familien:
⁊Gitterschnecken *(Cancellariidae)*
⁊Harfenschnecken *(Harpidae)*
⁊Olivenschnecken *(Olividae)*
⁊Randschnecken *(Marginellidae)*
⁊Vasenschnecken *(Vasidae)*
Walzenschnecken i. e. S. *(Volutidae)*

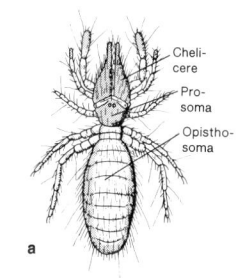

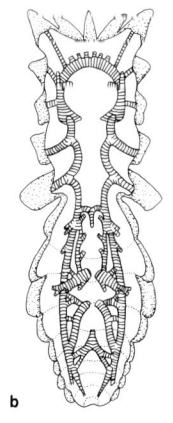

Walzenspinnen
a Walzenspinne,
b Tracheensystem

stammend, die Alpen überqueren u. bis nach Skandinavien u. Island vordringen können. Zu den W.n gehören v. a. Tagfalter, Schwärmer, Eulenfalter u. Zünsler. Bekannte Beispiele sind der ↗Admiral, ↗Distelfalter, ↗Postillon, ↗Totenkopf- u. ↗Windenschwärmer, das ↗Taubenschwänzchen, die ↗Gammaeule u. der bes. gut untersuchte ↗Monarch in Amerika.

Wanderfeldbau, in den Tropen weit verbreitetes ↗Bodennutzungssystem, wobei sowohl die landw. genutzten Flächen als auch die Siedlungen nach wenigen Jahren verlegt werden. Beim W. werden eine kleine Waldfläche abgebrannt (↗Brandrodung) u. auf dem mit der Asche gedüngten, aber nicht weiter bearbeiteten Boden Kulturpflanzen angebaut. Infolge der großen Verluste an Huminstoffen u. Stickstoff u. der Nährstoffauswaschung ist der Boden nach 2 bis 3 Ernten erschöpft, so daß an anderer Stelle neu gerodet wird. Die urspr. Fläche bleibt sich überlassen, wobei sich i. d. R. ein ↗Sekundärwald einstellt. Nach einer längeren Brachperiode wird diese Fläche erneut bewirtschaftet, wobei die Erträge als Folge der unvollständ. Bodenregenerierung noch geringer sind. Die Bez. *shifting cultivation* gilt für den W. und die Übergangsformen zur ↗Landwechselwirtschaft. Nach FAO-Schätzungen (1984) wird ein Viertel der gesamten Agrarfläche der Erde in Form des shifting cultivation bewirtschaftet, wovon jedoch nur 1/20 der Weltbevölkerung ernährt werden kann.

Wanderfilarie *w* [v. lat. filum = Faden], *Loa loa,* ↗Loa.

Wanderfische, Fische, die regelmäßig große Ortsveränderungen vornehmen; ↗Fischwanderungen.

Wanderflechten, Flechten ohne feste Bodenhaftung, in Wüsten u. Steppen vorkommende Arten z. B. der Sammelgatt. ↗Parmelia u. ↗Cladonia mit oft eingerollten Lagern, werden vom Wind verweht u. sammeln sich an geschützten Stellen in großen Mengen an. Zu den W. zählt auch die ↗Mannaflechte.

Wandergelbling, der ↗Postillon.

Wanderheuschrecken, Bez. für mehrere Arten der ↗Feldheuschrecken u. der ↗Catantopidae (vgl. Tab.), die sich, bedingt durch verschiedene Umweltfaktoren (Klima, Nahrung u. a.), von einer Einzelphase *(Solitaria-Phase)* zu einer sozialen Schwarmphase *(Gregaria-Phase)* entwickeln (↗Massenwanderung). Dieser mit einer ↗Massenvermehrung verbundene, sich meist über zwei Generationen erstreckende Umwandlungsprozeß zur Schwarmphase ist zunächst noch nicht mit einem Wechsel des Lebensraums der Heuschrecken verbunden. Erst nach Erreichen einer krit. Populationsdichte bilden sich die eigtl. Schwärme der W. von z. T. riesigen Ausmaßen: zw. etwa 700 Mill. und 2 Mrd. Tiere bilden Ansammlungen mit einer Aus-

Wanderheuschrecke *(Locusta migratoria)*

Wanderheuschrecken
Fam. Feldheuschrecken:
Chortoicetes terminifera (Australien)
Dociostaurus maroccanus (N-Afrika u. Mittelmeerraum)
Locusta migratoria (S-Europa, Afrika u. Asien)
Locusta pardalina (S-Amerika)
Fam. *Catantopidae:*
Nomadacris septemfasciata (S-Afrika)
Schistocerca gregaria (Wüstenheuschrecke; N-Afrika u. Vorderasien)
Schistocerca paranensis (Amerika)

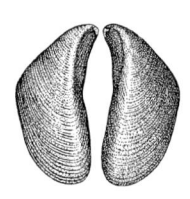

Wandermuschel *(Dreissena polymorpha)*

dehnung von ca. 5 bis 12 km²; es wurden aber auch schon Schwärme bis 250 km² mit einer Gesamtmasse von ca. 50000 t beobachtet. Die Wanderungsrichtung wird teils vom Wind, teils zufällig bestimmt; der Schwarm bewegt sich ca. 30 bis 50 km pro Tag fort, es kommen aber auch ununterbrochene Flugstrecken von mehreren 100 km vor. Schon während der Entwicklung zur Schwarmphase, bes. aber beim Einfall eines wandernden Schwarms, können die W. an landw. Kulturen fast aller Art ungeheuren Schaden anrichten: So können z. B. schon in einer 10 km² großen Einfallszone der afrikan. W. *Schistocerca gregaria* mit ca. 1,5 Mrd. Individuen pro Tag über 2000 t Pflanzen vernichtet werden. Schon in der Bibel wird über Heuschreckenplagen berichtet; in Mitteleuropa verursachten W. noch im 17. und 18. Jh. weitreichende Hungersnöte. Auch während der Schwarmphase kommt es zu weiterer Vermehrung der W.; bei ungünst. Lebensbedingungen wird der Schwarm individuenärmer und schließl. aufgerieben. Die Bekämpfungsmaßnahmen beschränkten sich fr. auf mechan. Methoden (Einsammeln der Eier, Fanggruben für Larven), heute werden v. a. Insektizide verwendet. Erfolgversprechende Ansätze gibt es heute in der ↗biologischen Schädlingsbekämpfung. ⒷInsekten I.

Wanderkern ↗Konjugation 2).

Wanderlarve, die ↗Larva migrans.

Wandermuschel, *Dreiecksmuschel, Dreikantmuschel, Dreissena polymorpha,* Art der *Dreissenidae* (U.-Ord. Verschiedenzähner), Muschel mit am Vorderende liegenden Wirbeln, Schale dreikantig-kahnförmig, festwandig, bis 4 cm lang, grau mit braunen Wellenlinien; Scharnier ohne Zähne. Die Fußdrüsen erzeugen Byssusfäden, mit denen sich die W. an Steinen, Holz, Bootsrümpfen u. a. festspinnt. Getrenntgeschlechtliche Muscheln, die sich über freie Veliger entwickeln. Ursprüngl. in den Flüssen im Einzugsbereich v. Kaspischem u. Schwarzem Meer beheimatet, hat sich die W. seit Beginn des 19. Jh. über Europa ausgebreitet, wobei ihr die hohe Salzgehaltstoleranz zugute kam; Holzfrachten nach W-Europa u. Wasservögel haben die Verbreitung wohl gefördert.

Wanderratte, *Rattus norvegicus,* urspr. in den Steppengebieten O-Asiens beheimatete Art der Eigentl. ↗Ratten; Fellfärbung oberseits graubraun, Bauchseite schmutzigweiß bis grau; Kopfrumpflänge 22 bis 26 cm, Schwanzlänge 18–22 cm. Große Anpassungsfähigkeit an unterschiedl. Lebensräume u. Nahrungsangebote (↗Omnivoren) sowie eine hohe Vermehrungsrate (↗Strategie) führten zur weltweiten Ausbreitung der W. im Gefolge des Menschen (v. a. durch den Schiffsverkehr u. über die Hafenstädte); Europa erreichte die W. wahrscheinl. schon im Mittelalter, N-Amerika um 1750. Wenn möglich, z. B. auf Müllplätzen u. an Gewässerufern („Wasserratte"), legen W.n im Ggs. zur ↗Hausratte ausgedehnte unterird. Gangsysteme an. W.n leben in Fam.-Verbänden mit fester Rangordnung zus.; Gruppenmitglieder erkennen sich am Geruch u. verteidigen ihr Territorium gg. fremde Artgenossen. Für Vögel u. Kleinsäuger sind W.n gefürchtete Nesträuber. Dem Menschen kann die W. als Krankheitsüberträger (z. B. Pest, Tollwut) gefährl. werden. Von großer Bedeutung als ↗Versuchstier für die med., pharmazeut. und biol. Forschung ist die v. der W. abstammende, meist in der Albinoform gezüchtete, sog. „Laborratte". B Europa XVI.

Wandertrieb, ↗Bereitschaft v. Tieren zur ↗Migration. ↗Tierwanderungen, ↗Vogelzug. [deroo, der ↗Bartaffe.

Wanderu m [v. Singales. vanduru], Wanderzellen, 1) die ↗Amoebocyten. 2) die ↗Histiocyten u. ↗Monocyten; ↗Makrophagen 2).

Wanderzygote w [v. gr. zygōtos = verbunden], der ↗Ookinet.

Wandflechte ↗Xanthoria.

Wandzelle, der ↗Dislokator.

Wange, 1) die ↗Gena; ☐ Insekten. 2) Backe, Bucca, seitl. Mundhöhlenbegrenzung (↗Mund), säugertypisches Merkmal (↗Gesicht). Die W. oder W.nregion erstreckt sich v. der Mundspalte bis etwa zum Hinterrand der Kiefer. Sie besteht aus einer Muskelschicht, die außen v. Epidermis, innen v. Schleimhaut bedeckt ist. Der W.nmuskel (Musculus buccinator) dient zum Saugen u. Kauen sowie der Ausbuchtung der W.n zu ↗Backentaschen (bes. bei Nagern, Altweltaffen). Weiterhin spielt er eine Rolle in der ↗Mimik. Aufgrund der W.nbildung reicht bei Säugern auch die geöffnete Mundspalte nicht so nah an das Kiefergelenk wie bei den anderen Wirbeltierklassen. – Die Entwicklung der W.n steht wahrscheinlich in Zshg. mit dem Kauen, um die Nahrung besser im Mund behalten u. einspeicheln zu können. Andere Wirbeltiere verschlucken ihre Nahrung, ohne zu kauen. Beim Menschen mündet etwa in der Mitte der W. der Ausführgang der Ohrspeicheldrüse in die Mundhöhle.

Wangenbein, das ↗Jugale; ↗Schädel (☐).

Wanstschrecke [v. dt. Wanst = Bauch], Polysarcus denticauda, ↗Sichelschrecken.

Wanzen [gekürzt aus ahd. wantlus = Wandlaus], Heteroptera, Ord. der ↗Insekten (T) mit ca. 40 000 weltweit verbreiteten Arten in 54 Fam. (vgl. Tab.) in den U.-Ord. Land-W. (Gymnocerata, Geocorisae) u. Wasser-W. (Cryptocerata, Hydrocorisae); in Dtl. ca. 800 Arten. Der typ. insektenartig in Kopf, Brust u. Hinterleib gegliederte, je nach Art 1 mm bis 10 cm lange Körper der W. ist meist abgeflacht mit überwiegend ovalem, aber auch stabförm. (z. B. Fam. ↗Stab-W. od. ↗Wasserläufer) Umriß. Der Kopf bildet eine meist stark sklerotisierte Kapsel. Die ↗Mundwerkzeuge (☐) sind vom stechend-saugenden Typ u. bilden einen für die W. charakterist. Saugrüssel (Schnabel, Rostrum), der aus einem Bündel von 4 gleitend gegeneinander bewegl. Stechborsten (2 Mandibeln, 2 erste Maxillen) besteht, die v. der Unterlippe (Labium) umhüllt (Scheide) werden. Zw. den Stechborsten liegen i. d. R. ein Speichelkanal sowie 2 Nahrungskanäle, mit denen die ausschl. flüssige, tier. oder pflanzl. Nahrung mittels kräftiger Muskulatur in der Kopfkapsel in den Körper gepumpt wird. Durch den Speichelkanal wird bei den räuberisch od. parasitisch lebenden W. nach dem Einstich ein lähmendes u./od. blutgerinnungshemmendes Sekret in die Beute od. den Wirt injiziert. Die Spitze des Saugrüssels ist mit zahlreichen chem. Sinnesorganen besetzt. In der Ruhe wird der Saugrüssel unter den Körper geklappt, wo er häufig in einer Längsrinne liegt. Die W. besitzen mittelgroße Komplexaugen u. Fühler verschiedener Länge u. Form, die bei den Land-W. aus 4 bis 5 Gliedern bestehen; bei den Wasser-W. liegen die 3- bis 4gliedrigen Fühler in Gruben verborgen u. sind v. oben nicht sichtbar. Die 3 Glieder des Brustabschnitts tragen je 1 Paar meist als Laufbeine ausgebildete Extremitäten, die bei den Land-W. meist Haftorgane besitzen. Je nach Lebensweise können die Beine sehr verschiedenartig gestaltet sein: Die langen, dünnen Beine der Wasserläufer dienen zur schnellen Fortbewegung auf dem Wasser; die Vorderbeine der ↗Skorpions-W. sind zu zangenart. Fangorganen umgebildet. Die Rückenplatte des 1. Brustsegments bildet ein großes Halsschild, das den mittleren Brustabschnitt bis auf ein zw. die Flügel ragendes Schildchen (Scutellum) weit überdeckt. Die beiden hinteren, meist miteinander verschmolzenen Brustabschnitte tragen fast immer 2 Paar, hpts. längsgeaderte Flügel, aufgrund deren Gliederung die W. leicht zu erkennen sind: Die Vorderflügel sind als Halbdeckflügel (Hemielytren) ausgebildet, mit stark sklerotisierten, lederart. Basalteilen u. einem dünnhäutigen Spitzenteil (Membran). Die Basalteile bestehen aus voneinander abgegrenzten, verschieden geformten Feldern. Das größte ist das Corium, daran schließt nach innen der Clavus (Analfeld; ↗Insektenflügel) an, bei den ↗Blüten-W. u. ↗Weich-W. gliedert sich nach hinten noch der Cuneus ab. In der Ruhe werden die dann längsgefalteten, stets membranösen Hinterflügel v. den Vorderflügeln überdeckt, die Membranen der Vorderflügel liegen dabei übereinander auf dem Hinterleib. Bei den Wasser-W. liegen unter den Flügeln Luftkammern. Vorder- u. Hinterflügel verhaken sich meist zur funktionellen

Wanzen

Wanderratte
(Rattus norvegicus)

Wanzen

Wichtige Familien:
U.-Ord. Landwanzen
(Gymnocerata, Geocorisae)

↗Bachläufer
(Veliidae)
↗Blütenwanzen
(Anthocoridae)
↗Erdwanzen
(Cynidae)
↗Feuerwanzen
(Pyrrhocoridae)
↗Gitterwanzen
(Tingidae)
↗Hüftwasserläufer
(Mesoveliidae)
↗Kugelwanzen
(Plataspidae)
↗Langwanzen
(Myodochidae, Lygaeidae)
↗Meldenwanzen
(Piesmidae)
Phymatidae
(Macrocephalidae)
↗Plattwanzen
(Cimicidae)
↗Randwanzen
(Coreidae)
↗Raubwanzen
(Reduviidae)
↗Rindenwanzen
(Aradidae)
↗Schildwanzen
(Pentatomidae)
↗Sichelwanzen
(Nabidae)
↗Springwanzen
(Saldidae)
↗Stabwanzen
(Berytidae)
↗Teichläufer
(Hydrometridae)
↗Wasserläufer
(Gerridae)
↗Weichwanzen
(Miridae)
↗Zwergwasserläufer
(Hebridae)

U.-Ord. Wasserwanzen (Cryptocerata, Hydrocorisae)

↗Grundwanzen
(Aphelocheiridae)
↗Riesenwanzen
(Belostomatidae)
↗Rückenschwimmer
(Notonectidae)
↗Ruderwanzen
(Corixidae)
↗Schwimmwanzen
(Naucoridae)
↗Skorpionswanzen
(Nepidae)
↗Zwergrückenschwimmer
(Pleidae)

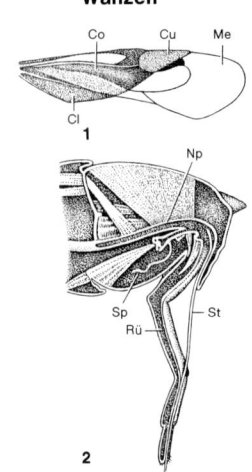

Wanzen

Wanzen
1 Flügel (Halbdecke) einer Wanze.
2 Mundteile der W. (Kopflängsschnitt). Cl Clavus, Co Corium, Cu Cuneus, Me Membran, Np Nahrungspumpe, Rü Rüssel, Sp Speichelpumpe, St Stechborste

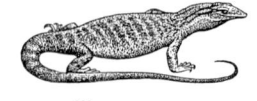

Zweiflügeligkeit; das Flugvermögen ist je nach Fam. unterschiedlich ausgebildet. Viele W. (z. B. Weich-W.) sind gewandte Flieger, andere haben rückgebildete Flügel od. Flugmuskulatur; kurz- u. langflügelige Formen kommen häufig innerhalb einer Art vor (Flügelpolymorphismus, z. B. bei den ↗ Feuer-W.). Bei den Imagines der Land-W. liegen an den Basen der Hinterbeine die Ausmündungen der Stinkdrüsen, die ein übelriechendes Sekret bis zu 15 cm weit verspritzen können. Es enthält meist auch giftige Stoffe u. dient als Wehrsekret. Der Hinterleib besteht aus 11 Segmenten, v. denen die letzten für die Aufgabe der Fortpflanzung umgebildet sind: In einer Geschlechtstasche zw. dem 9. und 10. Hinterleibssegment liegen beim Männchen kompliziert gebaute Klammerapparate (Parameren) u. Kopulationsorgane. Der meist breitere Hinterleib der Weibchen trägt an der Geschlechtsöffnung einen Legesäbel, der in der Ruhe eingeklappt ist. Das Weibchen wird zur Kopulation vom Männchen vermutl. geruchlich od. akustisch angelockt. Viele W. besitzen Stridulationsorgane, die je nach Fam. sehr verschiedenartig ausgebildet sein können. Die Eier werden bald nach der Kopulation abgelegt, aber auch Ovoviviparie u. Viviparie kommen vor. Bei einigen Arten ist auch Brutpflege bekannt. Die ↗ Entwicklung (□) der Larven erfolgt hemimetabol; schon die jungen Larven sehen den Imagines ähnlich; es gibt kein Puppenstadium. – Die Fam. der W. haben fast alle nur denkbaren Biotope besiedelt; die meisten Arten der U.-Ord. Land-W. sind wärme- u. trockenheitsliebend; die Arten der U.-Ord. Wasser-W. sind Bewohner des Wassers od. ufernaher feuchter Lebensräume. In Mitteleuropa zeigen die W. die größte Aktivität im Sommer. Die Bedeutung der W. für den Menschen ist verhältnismäßig gering: Durch die Saugtätigkeit u. darauf folgenden Bakterien- od. Virenbefall bei verschiedenen Kulturpflanzen können einige Arten der W. schädlich werden. Die räuberisch lebenden Arten wirken der Massenvermehrung vieler Schädlinge entgegen. Einige blutsaugende W. sind Parasiten des Menschen, wie z. B. die Bettwanze (ugs. „Wanze", *Cimex lectularius,* ein Vertreter der ↗ Platt-W.). Einige Arten der ↗ Raub-W. können durch Stich die Erreger der ↗ Chagas-Krankheit übertragen. Durch das Sekret der Stinkdrüsen können Nahrungsmittel ungenießbar werden. Viele Arten der W. gelten nach der ↗ Roten Liste als in ihrem Bestand gefährdet, bes. die an Feuchtgebiete gebundenen Fam. Nur mit 2 räuberisch lebenden, ca. 8 mm großen Arten ist die Fam. *Phymatidae (Macrocephalidae)* in Mitteleuropa vertreten. B Insekten I, B Endosymbiose.

Lit.: Weber, H.: Biologie der Hemipteren. Berlin 1930.   G. L.

Warane
Wüsten-Waran
(*Varanus griseus*)

Wapiti *m* [Algonkin, = weiß], nordamerikan. U.-Art des ↗ Rothirschs ([T]).

Warane [Mz.; v. arab. ouaran = Eidechse], *Varanidae,* Fam. der ↗ *Varanomorpha,* nahe Verwandte der ↗ Schleichen, mit 31 Arten und zahlr. U.-Arten, deren Verbreitungsgebiet sich über Afrika, S-Asien u. die indones. Inseln bis Austr. (hier allein 17 Arten) erstreckt. Gesamtlänge 0,2–3 m, Gewicht bis 135 kg; leben als Höhlen- u. Baumbewohner sowie am Boden in Wüsten u. Steppen, gern auch an od. in Gewässern (elegante Schwimmer, tauchen gut); vorwiegend tagaktiv, schnell u. wendig. Kopf verhältnismäßig lang, mehr od. weniger zugespitzt; Augen mit runder Pupille u. bewegl. Lidern; deutl. erkennbare Ohröffnung; Zunge tief gespalten, mit 2 horn. Spitzen, liegt zurückgezogen in einer Hautfalte, kann weit vorgestreckt werden; Kiefer mit kräftigen Zähnen. Langer, schlanker Hals; massiger Körper mit kleinen, sich nicht überlappenden Schuppen; kräftige, stark bekrallte, 5zehige Gliedmaßen; dikker Schwanz mehr als körperlang (kann als Ruder-, Steuerorgan od. Kletterhilfe bzw. als Waffe benutzt werden). Ernähren sich v. größeren Wirbeltieren, v. a. jedoch v. Eiern (der Krokodile, Vögel usw.), Nagetieren, Kleinvögeln, Eidechsen, Schlangen, Fröschen, Schnecken u. Insekten. Das ♀ vergräbt 7–56 (je nach Art) weiche, pergamentschal. Eier im Erdreich od. in Baumhöhlen. Fleisch u. Eier der W. sind bes. in SO-Asien geschätzt; Haut wird zu Leder verarbeitet. W. können in Gefangenschaft schnell zahm werden. Wie Fossilfunde beweisen, gab es vor etwa 60 Mill. Jahren in N-Amerika u. Europa ebenfalls W. – Alle wichtigen Arten gehören zur Gatt. *Varanus.* Die größte lebende Echsenart ist der graugelbl. bis grünl. Komodo-W. (*V. komodoensis;* streng geschützt; erst 1912 erstmals beschrieben; tötet auch Wildschweine sowie Timorhirsche u. verzehrt Aas; Eier bis 12 cm lang und 200 g schwer) v. der Insel Komodo sowie 2 benachbarten, noch kleineren Inseln u. dem W-Teil der Insel Flores im indoaustr. Raum ([B] Asien VIII). Nahe Verwandte sind der austr. Bunt-W. (*V. varius;* bis 1,5 m lang; gelbl. mit dunklen Querbinden) u. der südasiat. Groß-W. (*V. giganteus;* bis 2,4 m groß). Im trop. Afrika ([B] Afrika I) lebt der gelegentl. über 2 m lange, dunkelgrüne (mit gelbl. Flecken u. Querbinden) Nil-W. (*V. niloticus;* Nasenlöcher auf der Schnauzenoberseite gelegen; nach der Jugendzeit erfolgt Umgestaltung der hinteren spitzen Zähne zu breitkronigen Zähnen; ans Wasser gebunden, kann 1 Std. untergetaucht verbringen; legt in S-Afrika seine Eier in Termitenbauten ab), in den Wüsten v. der westl. Sahara bis W-Pakistan der bis 1,5 m große Wüsten-W. (*V. griseus;* sandfarben bis bräunl. gefärbt; rundl. Schwanz wird gern als Waffe benutzt; versteckt sich bei

Gefahr in Erdhöhlen; v. Herodot bereits im Altertum als „Landkrokodil" erwähnt). Der fast schwarze (mit gelben Querbinden) südostasiat. und austr., bis 3 m lange, ans Wasser gebundene Binden-W. *(V. salvator)* u. der plumpe Steppen-W. (*V. exanthematicus;* 1–2 m lang; graubraun mit gelben, dunkel gerandeten Flecken; kurzer, hoher Kopf; lebt in den Trockengebieten Afrikas südl. der Sahara) sind weitere bekannte Vertreter der Warane. H. S.

Warburg, Otto Heinrich, dt. Biochemiker, * 8. 10. 1883 Freiburg i. Br., † 1. 8. 1970 Berlin; seit 1915 Prof. in Berlin, ab 1931 Dir. des Ks.-Wilhelm-(bzw. Max-Planck-)Inst. für Zellphysiologie in Berlin-Dahlem; bedeutende Untersuchungen zum chem. Mechanismus der Zellatmung (wofür er spezielle Meßgeräte, *W.kolben* u. *W.manometer,* entwickelte) u. der Gärungen; isolierte 1932 das erste Enzym der Gruppe der Flavoproteine („gelbes Ferment"); wies 1936 nach, daß bei der alkohol. Gärung Acetaldehyd durch das Coenzym NAD$^+$ zu Äthylalkohol reduziert wird; ferner Arbeiten über Cytochrome (nach ihm ben. das *W.sche Atmungsferment,* die Cytochromoxidase), die sauerstoffverdrängende Eigenschaft von CO beim Hämoglobin, die Photosynthese u. über die Ursache der Entstehung der Krebszellen; erhielt 1931 den Nobelpreis für Medizin.

Warburg-Apparatur, von O. H. ↗Warburg erfundenes Gerät zur ↗Respirometrie, das zur Präzisionsmessung chem. Reaktionen, die mit einer Gasentwicklung od. einem Gasverbrauch verbunden sind, dient. Hauptanwendungsgebiet ist die Messung des mit der Atmung u. Gärung verbundenen Gaswechsels v. Gewebeschnitten od. Homogenaten; es können aber auch entspr. kleine intakte Organismen od. Organe gemessen werden. Die Apparatur besteht aus einem Wasserbad, das die Temp. konstant hält, Manometern als Meßinstrumenten, Reaktionsgefäßen u. einer Schütteleinrichtung, die einen schnellen Gasaustausch gewährleistet.

Warburgsches Atmungsferment [ben. nach O. H. ↗Warburg], die ↗Cytochromoxidase; ↗Cytochrom.

Warmblut, *W.pferde,* Bez. für die zum Reiten u. zu rascher Fortbewegung gezüchteten Pferderassen (Lauf-, Renn- u. Jagdpferde); unterscheiden sich durch lebhafteres Temperament, feineren Körperbau u. „raumenden" Gang v. dem für schweres Ziehen geeigneten ↗Kaltblut. ↗Pferde.

Warmblüter, volkstüml. Bez. für gleichwarme Tiere; ↗Homoiothermie.

Wärmehaushalt, 1) ↗Temperaturregulation. 2) In der Ökologie ist der W. innerhalb einer Lebensgemeinschaft bestimmt durch die Lage u. die Reflexionseigenschaften der sog. aktiven Oberfläche. An ihr wird ein bestimmter Prozentsatz der Einstrahlung in Wärme verwandelt. Die Wärme wird durch Kontaktwärmefluß (Konduktion), Massenaustausch (Konvektion), ↗Ausstrahlung od. in Form latenter Wärme (↗Verdunstung) v. der aktiven Oberfläche abgeführt. Dabei spielt die Wärmeleitfähigkeit bzw. Wärmekapazität des Untergrundes eine wichtige Rolle. Böden mit schlechter Wärmeleitung (↗Bodentemperatur, ▢), wie z. B. trockene Torfböden, erhitzen sich während der Einstrahlungsphase stark, sind aber auf der anderen Seite wegen der fehlenden nächtl. Wärmenachlieferung aus dem Untergrund bes. frostgefährdet (Strahlungs-↗Frost). ↗Albedo (T), ↗Wasser, ↗Energieflußdiagramm (▢), ↗Glashauseffekt.

Wärmepunkte, *Warmpunkte,* ↗Temperatursinn.

Wärmeregulation, die ↗Temperaturregulation.

Wärmerezeptoren ↗Temperatursinn.

Wärmesinn, der ↗Temperatursinn.

Wärmestarre, *Hitzestarre,* Starre-Zustand poikilothermer Tiere (↗Poikilothermie) bei hohen Außen-Temp. ab ca. 43–45 °C; wenn der Stoffwechsel (ab etwa 50 °C) völlig eingestellt wird u. eine irreversible Schädigung des Organismus eintritt, führt die W. zum ↗Wärmetod. ↗Hitzeresistenz.

Wärmestrahlung, *W. i. e. S.,* das ↗Infrarot.

Wärmetod, *Hitzetod,* Tod v. Organismen durch zu hohe Temp.; dabei verlieren Enzyme ihre katalytische, Hormone ihre physiolog. Wirkung, u. Proteine gerinnen (↗Denaturierung). Die Letaltemp. (↗Körpertemperatur) liegt für die meisten Tiere bei ca. 42°C bis etwa 50°C; manche ↗Bakterien (↗thermophile Bakterien) u. ↗Cyanobakterien ertragen noch Temp. von 65 °C bis über 100 °C. Zwischen 50 und 60 °C liegen auch die Grenzen der meisten Zellfunktionen in der Höheren Pflanze. Allerdings werden diese Grenzen aufgrund der ↗Transpirations-Kühlung nur selten erreicht; Hitze- u. Trockenschäden sind aus diesem Grund unter Standortbedingungen kaum zu trennen. ↗Hitzeresistenz (T), ↗Temperaturanpassung, ↗Temperaturregulation, ↗Wärmestarre, ↗Kältetod.

Wärmezeit, *Warmzwischenzeit, Warmzeit,* das ↗Interglazial; ↗Pleistozän (▢).

Warmhaus ↗Gewächshaus.

warmstenotherme Formen [v. gr. stenos = schmal, thermos = warm], Organismen, die an hohe Temp. gebunden sind, wie z. B. Riffkorallen, die nur in Wasser über ca. 20 °C vorkommen (↗Riff), u. insbesondere permanente Parasiten v. warmblütigen Wirtstieren. [B] Temperatur (als Umweltfaktor).

Warmzeit, das ↗Interglazial; ↗Pleistozän.

Warnsignal, *Alarmsignal,* Sammelbez. für ↗Signale ([B]) v. Tieren, die anderen Individuen eine Gefahr (meist einen ↗Freßfeind) anzeigen. Am auffälligsten sind die *akustischen Warnlaute* (Warnrufe, Alarmrufe) v.

O. H. Warburg

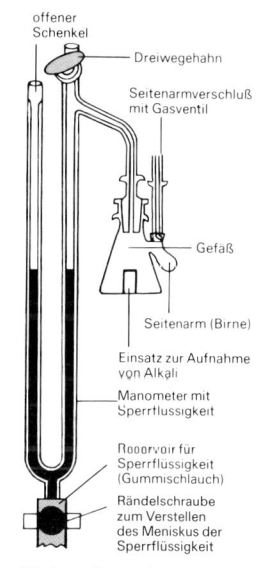

Warburg-Apparatur
Aufbau eines *Warburg-Manometers*

Warnsignal

Vögeln u. Säugetieren (↗Verhaltens-Homologie, ☐). Vögel setzen fast immer kurze Rufe zur Warnung ein, Säugetiere rufen ebenfalls (Schreie, Pfiffe) od. erzeugen andere Geräusche (Stampfen mit den Hufen). Die Warnlaute haben oft die Eigenschaft, sich schwer orten zu lassen, so daß der Räuber das warnende Individuum nicht lokalisieren kann. Ebenso häufig sind *chemische W.e* (↗Schreckstoffe, ↗Alarmstoffe), z.B. bei ↗staatenbildenden Insekten u. bei Fischen. Auch bei Säugetieren wird vermutet, daß ↗Streß eines Individuums v. anderen chemisch wahrgenommen werden kann, wobei es sich aber nicht um einen spezifisch entstandenen ↗Auslöser handeln muß. Von Fischen sind sogar *taktile W.e* bekannt. *Optische W.e* spielen bei Säugetieren eine große Rolle; oft dienen auch spezifische ↗Mimik (Affen) od. ↗Gestik od. sonstige auffällige Bewegungsweisen der Warnung. Manche W.e werden v. Angehörigen anderer Arten beachtet (Warnrufe v. Vögeln, Warnverhalten v. gemeinsam grasenden Huftieren). Sofern diese Reaktionen ↗angeboren sind u. nicht erlernt wurden (bei Vögeln ist dies sicher der Fall), kann man von *interspezifischen Auslösern* sprechen. Evolutionsbiologisch bietet das W. das Problem, daß das warnende Tier anderen Individuen hilft u. sich selbst einer Gefahr aussetzt, so daß der Anpassungswert (↗Adaptationswert) des Warnverhaltens nicht klar erkennbar ist (↗Altruismus). Allerdings ist die Größe der zusätzl. Gefährdung in jedem Einzelfall unbekannt u. möglicherweise recht klein. Weiterhin sind die gewarnten Tiere oft verwandt (z.B. in einer Kolonie v. Erdhörnchen), so daß sich das Warnverhalten durch ↗Sippenselektion (↗Soziobiologie) ausbreiten könnte. Ein direkter Selektionsvorteil könnte darin liegen, daß geringe Jagderfolge einen Räuber dazu veranlassen, ein anderes Gebiet aufzusuchen od. sich auf eine andere Beuteart auszurichten. Außerdem könnte das W. dem Räuber signalisieren, er sei gesehen worden, so daß er sich anderen Beutetieren bzw. (bei Kolonien od. Gruppen) einer anderen Kolonie zuwendet. – Häufig wird auch die *Warntracht* (↗Schreckfärbung) giftiger od. wehrhafter Tiere als W. bezeichnet. Sie schützt die Träger, indem sie Freßfeinde v. vornherein abhält. Sie wird daher auch v. harmlosen Arten nachgeahmt (↗Mimikry, B I–II). Das W. in diesem Sinne gehört jedoch eher in den Bereich der Feindvermeidung, da nicht vor einer Gefahr gewarnt wird, sondern dem mögl. Gegner od. Freßfeind *gedroht* wird. Die Warntracht stellt also immer einen interspezifischen Auslöser dar, u. auch sonstiges ↗Drohverhalten muß dem Räuber verständlich sein, wenn es abschreckend wirken soll (vgl. die defensive ↗Aggression). *H. H.*

Warzenschwein
(*Phacochoerus aethiopicus*)

Waschmittel
Zusammensetzung eines Vollwaschmittels:

Tenside	10–15%
Komplexbildner (gg. Wasserhärte)	30–40%
Bleichmittel	20–30%
Optische Aufheller	0,1–0,3%
Vergrauungsschutz	0,5–2,0%
Korrosionsschutz	3,0–5,0%
Schaumbremser	2,0–3,0%
Stabilisatoren	0,2–2,0%
Parfümöle	0,1–0,2%
Farbstoffe	0–0,001%
Enzyme	0–0,5%

Warzenschwämme
Wichtige Gattungen:
Coniophora,
Coniophorella
(Warzenschwämme)
[↗Kellerschwamm]
↗*Serpula*
[↗Hausschwamm]

Warntracht, *Warnfärbung,* die ↗Schreckfärbung; ↗Warnsignal, ↗Schutztracht, ↗Mimikry (B I–II), ↗Farbe.

Warnverhalten ↗Warnsignal, ↗Drohverhalten, ↗Aggression.

Warthe-Stadium (P. Woldstedt 1927), nach der Warthe (Nebenfluß der Oder) ben. Stillstandslage des nord. Inlandeises im ↗Pleistozän N-Dtl.s; entspr. der jüngsten Phase der ↗Saalekaltzeit u. wird v. manchen Autoren als selbständige Kaltzeit bewertet.

Warve w [v. mhd. varwe = Farbe], *Warwe*, ↗Bänderton.

Warvenchronologie w [v. mhd. varwe = Farbe, gr. chronologia = Zeitrechnung], ↗Bänderton; ↗Geochronologie.

Warventon, der ↗Bänderton.

Warzenascidie w [v. gr. askidion = kleiner Schlauch], *Phallusia mammillata,* ↗Monascidien.

Warzenbeißer, *Decticus verrucivorus,* ↗Heupferde.

Warzenkäfer, die ↗Zipfelkäfer.

Warzenkaktus, *Mammillaria,* Gattung der ↗Kakteengewächse.

Warzenkoralle, *Eunicella verrucosa,* ↗Eunicella.

Warzenmolche, die Gatt. ↗Paramesotriton.

Warzenschlangen, *Acrochordidae,* Fam. der ↗Schlangen mit je 1 Art in 2 Gatt.; weitgehend im Wasser lebend; kleine Nasenöffnungen durch Hautfalten verschließbar, auf der Schnauzenoberseite gelegen; Körperschuppen bis auf die an den Lippenrändern klein mit je 1 höckerart. Kiel (Name!, Haut fühlt sich warzig an); keine Bauchschienen; rechter Lungenflügel fast bis zur Kloakenspalte reichend, dient als Luftreservoir u. Schwimmhilfe; lebendgebärend; träge; bissig, aber ungiftig. – Javanische W. (*Acrochordus javanicus*); ♀ bis 2,5 m lang, ♂ wesentl. kleiner; Süß- u. Brackwasserbewohner in den Küstengebieten Hinterindiens u. der indoaustr. Inselwelt bis zu den Salomoninseln; graubräunl.; mit kurzem Greifschwanz; ernährt sich v. Fischen u. Fröschen; 20–30 Junge; Haut wird zu Leder (für Handtaschen u. Damenschuhe) verarbeitet. Indische W. (*Chersydrus granulatus*); 1,2 m lang; mit dunklen Querbändern, Brack- u. Meerwasserbewohner an den Küsten v. Sri Lanka bis zu den Philippinen; gebärt jeweils nur 4–8 Junge.

Warzenschwämme, *Coniophoraceae,* Familie der ↗Nichtblätterpilze mit einjährigen, häutigen bis mäßig fleischigen, mittelgroßen bis sehr großen Fruchtkörpern, die Holz meist krustenförmig, selten konsolenförmig überziehen; das Hymenophor ist höckerig-warzig od. faltig; die Hyphen sind farblos bis braun; die Trama ist weichfleischig, im Alter oft trockenhäutig. Von den ↗Fältlingen (Fam. *Meruliaceae*) unterscheiden sich die W. vor allem durch die braunen, glatten, doppelwand. Sporen. Viele W. sind gefürchtete Holzzerstörer (↗Braunfäule) in Gebäuden ([T] 386). Im od. zum Holz werden häufig dicke Mycelstränge ausgebildet (☐ Hausschwamm).

Warzenschweine, *Phacochoerus,* Gatt. der Altweltl. ↗Schweine mit nur 1, in 7 U.-Arten über Afrika südl. der Sahara verbreiteten Art: *P. aethiopicus;* Kopfrumpflänge, 1,2–1,6 m, Schulterhöhe 75 cm; großer Kopf mit 2 Paar, bei ♂♂ zapfenartigen Hautwarzen zw. Auge u. den hauerförm. Eckzähnen; Nacken- u. Rückenmähne, sonst nur spärl. beborstet. W. bevorzugen Wassernähe in der offenen Savanne, Sie leben in Fam.-Verbänden u. sind vorwiegend tagaktiv. Zur Aufnahme der Nahrung (v. a. Gräser u. Kräuter) knien W. auf Hornschwielen der Handgelenke. Hauptfeinde der W. sind Löwe u. Leopard. Beim Fliehen tragen W. den dünnen Schwanz mit Endquaste senkrecht nach oben. ☐ 386; [B] Afrika III.

Warzenviren, die ↗Papillomviren.

Waschbären, *Procyon,* Gatt. der ↗Kleinbären.

Waschmittel, Stoffe bzw. Stoffgemische, die aufgrund ihrer ↗amphipathischen Eigenschaften in der Lage sind, feinverteilte Feststoffe (Schmutz) bzw. Flüssigteilchen in Form v. ↗Suspensionen bzw. ↗Emulsionen zu lösen u. dadurch v. Körperoberflächen, Fasern, Textilgeweben od. festen Gegenständen zu entfernen. Als W. wirken die ↗Detergentien, ↗Seifen u. ↗Tenside. – W. sind ihrer Natur nach umweltbelastend. *Tenside* (grenzflächenaktive, waschaktive Substanzen) z. B. bilden auf Gewässern Schaum u. wirken schädigend auf Organismen (u. a. Schädigung der Schleimhäute v. Fischen, Herabsetzung des Sauerstoffaufnahmevermögens der Fauna). Nach einer Verordnung v. 1977 müssen 80% der grenzflächenaktiven Substanzen biol. abbaubar sein. ↗Phosphate (Komplexbildner) tragen wesentl. zur ↗Eutrophierung der Gewässer bei. Das W.gesetz v. 1975 schreibt ab 1984 eine Reduzierung des Phosphatgehalts um 50% des Werts v. 1975 vor. Ersatzstoffe sind das ökolog. unbedenkl. *Zeolith A* und *Nitrilotriacetat* (NTA). [T] 386. ↗Subtilisin. ☐ Seifen.

Wasser, chem. Formel H_2O, eine in dicker Schicht bläuliche, sonst farb-, geruch- u. geschmacklose Flüssigkeit, die unterhalb von 0°C in die feste Form *(Eis),* oberhalb von 100°C in den gasförm. Zustand *(W.dampf)* übergeht (↗W.kreislauf). W. bildet sich chem. bei der Oxidation v. Wasserstoff und wasserstoffhalt. Verbindungen mit Sauerstoff (od. anderen sauerstoffhaltigen Oxidationsmitteln), ferner bei ↗Neutralisation v. ↗Säuren u. ↗Basen sowie bei zahlr. wasserabspaltenden Reaktionen, wie z. B. bei der Bildung v. Estern, Amiden, Glykosiden u. Säureanhydriden. Im Altertum hielt man das W. für ein Element; erst Cavendish stellte 1781 fest, daß es durch Verbrennung v. Wasserstoff mit Sauerstoff entsteht. ↗Lavoisier lieferte dann 1783 den strengen Beweis seiner Zusammensetzung aus Wasserstoff u. Sauerstoff im Volumenverhältnis 2:1 (H_2O). – Aufgrund des starken Dipolmoments (↗Dipol) des Wassermoleküls (vgl. Abb.) besitzt W. eine hohe Dielektrizitätskonstante u. zeigt für polar (↗Polarität) aufgebaute (↗hydrophile) Stoffe (darunter zahlr. biol. Molekülklassen, wie Aminosäuren, Nucleotide, Zucker, Peptide, globuläre Proteine, Nucleinsäuren) ein gutes ↗Lösungs- u. ↗Dissoziations-Vermögen. ↗Apolar aufgebaute (↗hydrophobe) Verbindungen (z. B. ↗Fette) zeigen dagegen nur geringe W.-Löslichkeit. – Durch seine bes. hohe spezif. Schmelzwärme (333,8 J/g bei 0°C) und Verdampfungswärme (2256,7 J/g bei 100°C) ist W. für den *Wärmehaushalt* der Natur ein guter Wärmespeicher, der starke Temp.-Schwankungen ausgleicht. W. spielt außerdem eine wichtige Rolle bei der ↗Temperaturregulation (Kühlung durch ↗Verdunstung von W.). Da W. von 4°C dichter ist als Eis, schwimmt Eis an der W.oberfläche; Gewässer gefrieren daher v. oben nach unten, was für die Erhaltung v. Lebewesen in Gewässern v. Bedeutung ist (↗Stagnation). In Form v. Meerwasser, Süßwasser u. Eis bedeckt W. 71% der Erdoberfläche u. ist damit die häufigste chem. Verbindung auf der Erdoberfläche. Ferner ist es am Aufbau der Pflanzen- u. Tierwelt maßgebl. beteiligt (der menschl. Körper besteht zu 60–70% aus W., manche Gemüse u. Früchte zu mehr als 90%). 4 Vol.-% kann die ↗Atmosphäre aufnehmen (↗Feuchtigkeit) u. gibt es in flüssiger (z. B. Regen) od. fester Form (z. B. Schnee) wieder ab (↗Niederschlag). Chem. gebunden findet sich W. in zahlr. Mineralien (z. B. als Kristall-W.) – Aufgrund seiner physikal. und chem. Eigenschaften u. seines reichen Vorkommens ist W. das wichtigste intra- u. extrazelluläre *Lösungs-* u. *Transportmittel* (Körperflüssigkeiten) für biol. Systeme. Für die Entstehung v. ↗Leben auf der Erde war W. sowohl während der ↗chemischen Evolution als auch während der ↗biologischen Evolution essentiell ([B] chemische u. präbiologische Evolution, ↗Miller-Experiment). Durch ↗Wasserstoffbrücken gebunden, bildet W. die Hydrathülle gelöster Moleküle, bes. der biol. Makromoleküle (↗Biopolymere) DNA, RNA, Proteine (☐ Proteine) u. Polysaccharide (↗Hydratation). W. ist (neben ↗Kohlendioxid) das Endprodukt der biol. Oxidation (↗Atmungskette) sowie das Ausgangsprodukt der ↗Photosynthese. Darüber hinaus bildet es sich bei zahlr. Einzelreaktionen des ↗Stoffwechsels (z. B. bei der Umwandlung v. ↗Apfelsäure zu ↗Fumarsäure [☐ Fumarase], bei der Bildung v. ↗Estern, ↗Amiden u. energiereichen Phosphaten [↗energie-

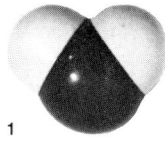

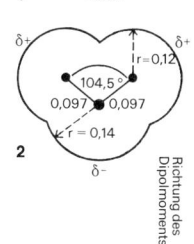

Wasser

Wassermolekül:
1 räumliches Modell (Kalottenmodell),
2 Bindungsgefüge: Winkel, Abstände, Radien in nm,
3 Strukturformel

Wasser

Schmelzpunkt: 0°C
Siedepunkt: 100°C (1 bar)
Dichte:
Wasser bei 0°C 0,999868 g/cm³
Eis bei 0°C 0,9168 g/cm³
Wasser bei 4°C 1 g/cm³

Wasser

Schätzung des Wasser-Bestandes der Erde in Kubikkilometer:

Ozean	$20 \cdot 10^8$
Eis	$4,5 \cdot 10^7$
Grundwasser (tiefes)	$1,3 \cdot 10^7$
Süßwasserseen	$2 \cdot 10^5$
Salzseen	$1,6 \cdot 10^5$
Grundwasser (oberflächlich)	$1 \cdot 10^5$
Atmosphäre	$2 \cdot 10^4$
Lebewesen (gebunden)	$8 \cdot 10^3$
Wasserläufe	$2 \cdot 10^3$

Wasser

W.gehalt (in %) einiger Gewebe u. Organe des Menschen:

insgesamt	60
(entspr. 42 kg)	
Haut	58
Skelett	28
Muskelgewebe	70
Fettgewebe	23
Leber	71
Gehirn	75

Wasserabgabe

reiche Verbindungen]). Unter der katalyt. Wirkung v. ↗Hydrolasen ist W. an vielen Spaltreaktionen (↗Hydrolyse) des Stoffwechsels (u. a. Spaltung v. Nucleinsäuren, Peptiden, Polysacchariden) beteiligt. ↗W.abgabe, ↗W.aufbereitung, ↗W.aufnahme, ↗W.bilanz, ↗W.härte, ↗W.haushalt, ↗W.potential, ↗W.transport, ↗W.verschmutzung, ↗Boden-W. *H. K.*

Wasserabgabe, geschieht bei *Pflanzen* durch ↗Transpiration (Abgabe v. Wasserdampf) u. ↗Guttation (Abgabe flüssigen Wassers). *Tiere* verlieren große Wassermengen durch ↗Exkretion u. ↗Defäkation, außerdem über die Haut (↗schwitzen, ↗Temperaturregulation) u. mit der Atemluft. B Wasserhaushalt (der Pflanze).

Wasseraloë *w* [v. gr. *aloē* = Aloe], die ↗Krebsschere.

Wasseramseln, *Cinclidae,* Fam. starengroßer Singvögel mit 5 Arten in bergigen Gebieten in Eurasien u. im westl. Amerika. Gedrungener Körperbau, Schwanz u. Flügel kurz; an schnellfließende Gewässer angepaßt, wo sie am u. im Wasser Jagd auf Insekten u. deren Larven sowie auf Flohkrebse machen; unverdaul. Nahrungsreste werden als ↗Gewölle ausgespien. Schwimmen u. tauchen unter Wasser gg. die Strömung; ihr dichtes Gefieder ist mit Bürzelfett gg. Wassereintritt bes. geschützt. In Europa, N-Afrika u. Asien kommt die 18 cm große Wasseramsel od. Bachamsel (*Cinclus cinclus,* B Europa IV) vor; unverkennbar mit weißer Kehle, rotbrauner Brust u. brauner Oberseite; fliegt mit schwirrendem Flügelschlag u. hohem metall. Ruf dicht über dem Wasser u. läßt sich „knicksend" auf herausragenden Steinen nieder; recht winterfest, zumal die Insektenfauna im Wasser weit geringeren period. Schwankungen ausgesetzt ist als an Land. Baut ein großes Kugelnest aus Moos u. Wurzeln an überhängenden Uferböschungen, in Gesteinsnischen u. auch in künstl. ↗Nisthöhlen unter Brücken; 1–2 Bruten mit 3–6 Eiern. Uferbegradigungen u. Gewässerverschmutzungen beeinträchtigen ihr Vorkommen (nach der ↗Roten Liste „gefährdet").

Wasserassel, *Asellus aquaticus,* Art der Fam. *Asellidae* (U.-Ord. ↗*Asellota*), einzige oberirdisch lebende mitteleur. Süßwasserassel. Alle Vertreter der *Asellidae* leben im Süßwasser; nur wenige Arten gehen auch ins Brackwasser. Charakterist. Merkmale sind das zu einem Pleotelson verwachsene Pleon u. der zu einem Operculum gewordene Exopodit des 3. Pleopodenpaares, der die folgenden, als Kiemen fungierenden Pleopoden überdeckt. Die W. ist ein träger, bis 16 mm langer Bewohner nährstoffreicher, auch verschmutzter Tümpel, Teiche u. Flüsse. Sie ernährt sich v. in Zersetzung begriffenen pflanzl. Geweben, z. B. Fall-Laub; sehr zählebig, verträgt starke Verschmutzung, hohe u. tiefe Temp.

Wasseraufbereitung
Trinkwasser:
Für den menschl. Genuß u. Gebrauch geeignetes Wasser muß klar u. farblos sein bei einer Temp. zw. 8 und 11 °C; es darf weder Krankheitserreger (T Abwasser) noch sonstige die Gesundheit beeinträchtigende Stoffe enthalten; ebenso müssen materialschädigende Stoffe fehlen. Am besten erfüllt Grundwasser aus mindestens 8–10 m Tiefe diese Forderungen.

Herkunft des Trinkwassers in der BR Dtl.:

Echtes Grund- u. Quellwasser	71%
angereichertes Grundwasser	12%
Talsperrenwasser	7%
Uferfiltrat	6%
Seewasser	3%
Flußwasser	1%

Wasseraufnahme
Bei der Verbrennung von Nährstoffen (je 100 g) freigesetzte Mengen an (Oxidations-)Wasser:

Protein	41 g H_2O
Kohlenhydrate	56 g H_2O
Fette	107 g H_2O
Alkohol	117 g H_2O

Wasserassel
(Asellus aquaticus)

und kann sogar einfrieren. Vor der Paarung wird das wesentlich kleinere ♀ vom ♂ in einer Praecopula unter dem Bauch getragen. Andere W.-Arten leben u. a. in N-Amerika. Zahlr. *Asellidae* sind Grundwasserbewohner; so findet man in Mitteleuropa *Asellus (Stenasellus) cavaticus,* eine kleine (bis 6 mm), blinde, unpigmentierte Assel in Höhlen u. Brunnen.

Wasseratmung ↗Atmung, ↗Atmungsorgane.

Wasseraufbereitung, 1) *Abwasseraufbereitung,* ↗Abwasser, ↗Abwasserbehandlung (T), ↗Kläranlage. 2) *Trinkwasseraufbereitung:* ↗Grundwasser (□) kann meist ohne weitere W. als *Trinkwasser* (vgl. Tab.) geeignet sein. Sicker- u. Regenwasser (↗Bodenwasser) sowie *Uferfiltrat* (= Grundwasser, das in der Nähe eines Flusses entommen wird) u. Flußwasser müssen gefiltert u. aufbereitet werden, ehe sie verwendet werden können. Im Wasserwerk wird das Wasser einer Reinigungsanlage mit Grob- u. Feinfilter zugeführt; es können sich spezielle Verfahren, wie Aktivkohlefilterung od. Ionenaustausch-Behandlung, anschließen; zur Entkeimung (↗Sterilisation) wird Chlor zugesetzt, ultraviolette Bestrahlung (↗Ultraviolett) u. Ozonisieren (↗Ozon) sind weitere Entkeimungsverfahren. Aus Brack- u. Meerwasser läßt sich durch Entsalzung Trinkwasser gewinnen. Nitratverseuchtes Grundwasser kann mit chem. Methoden oder biol. durch ↗Denitrifikation vom ↗Nitrat befreit werden. ↗Wasserverschmutzung.

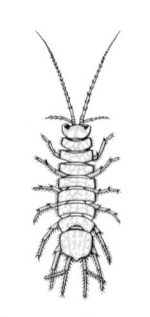

Wasseraufnahme, Aufnahme flüssigen ↗Wassers od. von Wasserdampf in einen Organismus. 1) *Bot.:* Niedere Pflanzen u. Pilze nehmen, ebenso wie die Samen der Samenpflanzen, Wasser durch ↗Quellung auf. Viele Algen, Flechten u. einige Moose können auch Wasserdampf aus der Atmosphäre über ihre gesamte Körperoberfläche aufnehmen. Die W. der Höheren Pflanzen erfolgt, v. einigen Ausnahmen abgesehen, durch die ↗Wurzel. Die Triebkraft der W. ist die ↗Wasserpotential-Differenz zw. Wurzelraum u. Xylemflüssigkeit. Das in der Pflanze normalerweise niedrigere Wasserpotential wird durch die ↗Transpiration od., bei geringen Transpirationsraten, durch Wurzeldruck verursacht. Die Aufnahme v. Regen (↗Niederschlag) od. ↗Tau über die Blattoberflächen macht bei Landpflanzen normalerweise höchstens 10% der Gesamt-W. aus. Submerse ↗Wasserpflanzen u. einige Farne sehr feuchter Standorte (↗Hautfarne) können Wasser über die gesamte Oberfläche aufnehmen, da sie keine bzw. eine durchlässige Cuticula besitzen. Bei trop. ↗Epiphyten finden sich einige morpholog. Besonderheiten. So dienen u. der W. dienen, die Schuppenhaare der ↗Ananasgewächse u. bei ↗Orchideen u. ↗Aronstabgewächsen das *Velamen radicum,* ein mehrschichtiges, schwammartiges Rindengewebe. Parasiten nehmen Wasser über die ↗Haustorien aus ihren Wirtspflanzen auf ([B] Parasitismus I). ↗Wassertransport. **2)** Zool.: Die meisten Landtiere müssen Wasser durch Trinken aufnehmen (↗Durst). Bei einigen Tieren erfolgt die W. über das Integument (Amphibien, Nacktschnecken; Endoparasiten). Manche Asseln u. Insekten (z. B. Mehlkäfer, Zecken) können – vermittelt durch aktiven Ionentransport – Wasser aus der Luft aufnehmen. Die W. aus der Atmosphäre kann auch durch Einatmen feuchter Luft erfolgen (z. B. Känguruhratte). Früchtefresser u. pflanzensaftsaugende Insekten decken ihren Wasserbedarf über den Wassergehalt der Nahrung. Das bei der Verbrennung v. Nährstoffen, v. a. Fetten, anfallende Oxidationswasser ([T] 388) ist für alle Tiere eine wichtige Quelle; für Kleidermotten, verschiedene Kleinsäuger der Wüstengebiete (↗Wüste) u. das ↗Dromedar z. B. stellt es zumindest zeitweise die einzige Wasserquelle dar. [B] Wasserhaushalt (der Pflanze).

Wasserbär, *Palustra,* Gatt. der ↗Bärenspinner.
Wasserbestäubung, die ↗Hydrogamie.
Wasserbienen, die ↗Rückenschwimmer.
Wasserbilanz, Differenz zw. ↗Wasseraufnahme u. ↗Wasserabgabe eines wasserhaltigen Systems (z. B. Boden) oder v. Einzel-Organismen u. Pflanzenbeständen. Bei *Pflanzen* ist die W. abends u. nachts infolge der verringerten ↗Transpiration positiv, tagsüber, v. a. an Schönwettertagen, negativ. Wachsende Pflanzen weisen, über einen längeren Zeitraum betrachtet, eine positive W. auf. Negative Werte treten bei ↗Wasserstreß auf. Die W. eines *Pflanzenbestands* errechnet sich wie folgt: $N = W + V_{ET} + V_{AV}$ (es bedeuten: N = Bestandsniederschlag, berechnet als Differenz v. Freiland-↗Niederschlag u. ↗Interzeption; W = Änderung des Wasservorrats im Ökosystem; V_{ET} = ↗Evapotranspiration; V_{AV} = Abfluß u. Versickerung). In dieser *W gleichung* sind die Größen als Niederschlagsäquivalente angegeben u. stellen über mehrere Jahre gemittelte Werte dar. ↗Wasserhaushalt, ↗Wasserkreislauf ([ ]).
Wasserblätter, die ↗Unterwasserblätter; ↗Wasserpflanzen, ↗Schwimmblätter.
Wasserblattgewächse, die ↗Hydrophyllaceae.
Wasserblüte, eine durch Massenentwicklung einzelner Algen-Arten (↗Eutrophierung) verursachte Verfärbung des Wassers (Vegetationsfärbung); häufig in nährstoffreichen Gewässern. Urheber können Blaualgen (u. a. *Anabaena flos-aquae, Aphanizomenon flos-aquae*), Flagellaten (*Euglena, Trachelomonas*), monadale u. kokkale Grünalgen (z. B. *Scenedesmus, Ankistrodesmus*) od. Diatomeen (z. B. *Melosira*) sein. Die carotinoidreichen *Euglena*-Arten *E. sanguinea* und *E. rubra*

Wasserböcke
Wasserbock
(*Kobus ellipsiprymnus*)

Wasserbilanz
W. eines gesunden Menschen innerhalb eines Tages (24 h) unter normalen Lebensbedingungen (Durchschnittswerte, in ml):

Wasseraufnahme
Getränke	1300
Speisen	1000
Oxidationswasser	350
insgesamt	2650

Wasserabgabe
Harn	1500
Lunge	550
Haut	450
Kot	150
insgesamt	2650

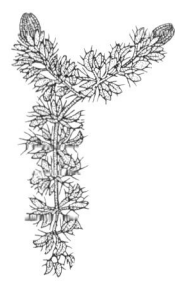

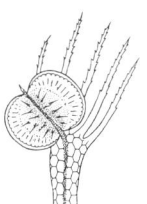

Wasserfalle
Wasserfalle (*Aldrovanda vesiculosa*), unten aufgeklapptes Blatt

verursachen u. a. in Hochgebirgsseen eine rote W. (*Blutseen;* ↗Blutregen). ↗red tide.
Wasserblüten, *Palingeniidae,* Fam. der ↗Eintagsfliegen.
Wasserblütigkeit, die ↗Hydrogamie.
Wasserböcke, *Reduncini,* Gatt.-Gruppe der ↗Riedböcke i. w. S. mit 5 Gatt. und 7 Arten; reh- bis hirschgroß; nur die ♂♂ mit Hörnern. Die in Savannen- u. Waldgebieten Afrikas südl. der Sahara lebenden W. bevorzugen meist Wassernähe; sie leben gesellig; Böcke verhalten sich meist territorial. Von hirschähnl. Gestalt ist der Wasserbock (Hirschantilope), *Kobus ellipsiprymnus* ([B] Afrika I); zu den 13 U.-Arten gehören der Defassa- (*K. e. defassa*) u. der Ellipsenwasserbock (*K. e. ellipsiprymnus*). 13 U.-Arten kennt man auch v. der Moor- od. Kob-Antilope (*Adenota kob*). Bes. stark an Feuchtgebiete (sumpfige Fluß- u. Seeufer) gebunden ist der Litschi-Wasserbock od. die Litschi-Moorantilope, *Hydrotragus leche* (3 U.-Arten). Für ↗Hornträger außergewöhnl. ist der starke Geschlechtsdimorphismus der Weißnacken-Moorantilope od. Grays Wasserbock (*Onototragus megaceros*): die ♂♂ sind oberseits dunkelbraun mit einem weißen Fleck hinter den Hörnern, die ♀♀ deutl. heller gefärbt. 3 Arten gehören zur Gatt. *Redunca* (↗Riedböcke i. e. S.).
Wasserbüffel, *Bubalus arnee,* an Wassernähe gebundenes, heute nur noch in Asien vorkommendes stattliches Wildrind; Kopfrumpflänge 2,5–3 m, Schulterhöhe 1,5–1,8 m; große, nach hinten gebogene Hörner. In vorgeschichtl. Zeit lebten W. auch in N-Afrika und wahrscheinl. auch in Europa. Alle 6 U.-Arten kommen heute nur noch in kleinen Restpopulationen, z. T. sogar nur noch in Schutzgebieten vor u. sind v. der Ausrottung bedroht. Durch Domestikation entstand bereits vor etwa 2500 Jahren der Haus-W., der heute in zahlr. Rassen in vielen Ländern (hpts. in Asien) als Nutztier (Milch- u. Fleischlieferant) gehalten wird; er bewährt sich als Arbeitstier v. a. in trop. und subtrop. Sumpfgebieten. [B] Asien VII.
Wasserdarm, die ↗Wassermiere.
Wasserdost, *Eupatorium,* Gatt. der ↗Korbblütler ([T]) mit ca. 500, überwiegend im trop. Mittel- und S-Amerika verbreiteten Arten. Einzige einheim. Art ist der in den Lichtungen feuchter Wälder (Auenwälder), an Wegen u. Ufern anzutreffende Gemeine W. (*E. cannabinum*). Die bis über 150 cm hohe Staude besitzt handförm. geteilte Blätter mit 3–5 lanzettl. Abschnitten sowie weißl. bis rötl. gefärbte, röhrige Blüten in wenigblütigen Köpfchen, die wiederum zu einer dichten, mehr od. weniger schirmförm. Doldentraube zusammengefaßt sind.
Wasserdrachen, *Physignathus,* Gatt. der ↗Agamen.
Wasserfalle, *Aldrovanda vesiculosa,* Art der ↗Sonnentaugewächse; Verbreitung:

Wasserfarne

W-Europa bis Indien, v.a. S-Afrika; an der Wasseroberfläche schwimmende, wurzellose, ↗carnivore Pflanze mit fädigen, sehr brüchigen Stengeln u. Blättern in dichten, abstehenden Quirlen. Blätter zu Klappfallen umgebildet: Reizung der Borsten auf der Spreitenoberfläche löst das Zusammenklappen des Blattes aus; Drüsen sezernieren proteinabbauende Enzyme, welche die Wassertierchen (kleine Insekten u. Krebschen) verdauen. In nährstoffreichen, im Sommer sich erwärmenden, windgeschützten Wasserbuchten, in Mitteleuropa sehr selten (in der BR Dtl. nach der ↗Roten Liste „ausgestorben" od. „verschollen"). ☐ 389.

Wasserfarne, *Hydropterides,* Kl. heterosporer, wasser- od. sumpfbewohnender ↗Farne mit in bes. Sporangienbehältern eingeschlossenen Leptosporangien. Hierzu die Ord. ↗*Marsileales* (Fam. ↗Kleefarngewächse und ↗Pillenfarngewächse) u. ↗*Salviniales* (Fam. ↗Schwimmfarngewächse und Algenfarngewächse [↗Algenfarn]). Offenbar sind die W. eine phylogenet. nicht sehr homogene Gruppe und entspr. eher einer Organisationsstufe.

Wasserfeder, *Hottonia,* Gatt. der ↗Primelgewächse mit 2 in Eurasien bzw. N-Amerika heim. Arten. In Mitteleuropa zu finden ist die nach der ↗Roten Liste „gefährdete" Sumpf-W. *(H. palustris).* Die gesellig in den Schwimmblatt-Ges. flacher, stehender od. langsam fließender Gewässer wachsende Staude besitzt eine im Wasser schwebende Hauptachse mit untergetauchten, lanzettl., kammförmig gefiederten Blättern u. einem sich über die Wasseroberfläche erhebenden Blütenschaft. Die in wenigblütigen Quirlen stehenden weißen oder rötl. Blüten haben eine stieltellerförm. Krone mit 5lappigem Saum u. gelb gefärbtem Schlund. Die Frucht ist eine rundl. Kapsel mit zahlr. Samen. Aus den Blattachseln entspringen viele fadenförm. Adventivwurzeln, welche die früh absterbende Hauptwurzel ersetzen.

Wasserfenchel, *Oenanthe,* Gatt. der ↗Doldenblütler; Sumpf- u. Wasserpflanze; in Mitteleuropa alle der 7 heim. Arten selten (nach der ↗Roten Liste 2 Arten „ausgestorben" od. „verschollen", 2 „stark gefährdet"); Bestände zurückgehend. Hierzu der Große W. *(O. aquatica),* eine eurosibirische, bis 120 cm hohe Staude mit hohlem Rhizom; Überwasserblatt eiförmig-lanzettlich, fiederteilig, Unterwasserblatt haarförmig zerschlitzt; weiße Blütendolden.

Wasserflechten, submers od. amphibisch meist in kleinen Gebirgsbächen lebende Flechten, z.B. Krustenflechten der Gatt. *Verrucaria, Staurothele, Aspicilia,* od. Laubflechten *(Dermatocarpon).* Manche Arten werden bereits durch mehrtägige Austrocknung irreversibel geschädigt.

Wasserfledermaus, *Myotis daubentoni,* ↗Glattnasen ([T]).

Wasserflöhe
Sektionen, Überfamilien, Familien u. einige Gattungen:
Haplopoda
   Leptodoridae
     ↗*Leptodora*
Eucladocera
   Sidoidea =
   Ctenopoda
   (Kammfüßer)
    Sididae
     Sida
     Diaphanosoma
    Holopediidae
     Holopedium
   Chydoroidea =
   Anomopoda
    Daphnidae
     Daphnia
     Moina
    Bosminidae
    (Rüsselkrebse)
     Bosmina
    Macrothricidae
     Ilyocryptus
    Chydoridae
     Chydorus
     (Linsenfloh)
     Anchistropus
     (↗Polypenfloh)
   Polyphemoidea
   ↗*Polyphemidae*
    Polyphemus
    Bythotrephes
    Podon
    Evadne

Wasserflöhe
Bauplan eines Wasserflohs *(Daphnia pulex,* ♀ *)*

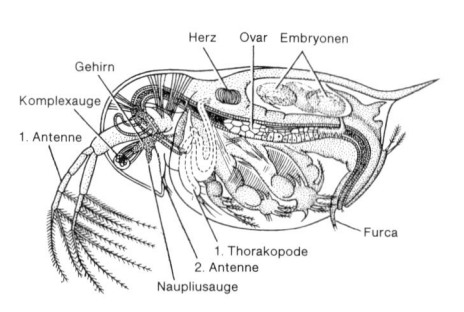

Wasserflöhe, *Cladocera,* U.-Ord. der ↗*Phyllopoda* (Blattfußkrebse), bilden zus. mit den ↗Muschelschalern die Ord. Krallenschwänze *(Onychura).* Ihre Morphologie läßt sich am besten v. der der Muschelschaler ableiten, wenn man annimmt, daß ihre Vorfahren larvale Merkmale (geringe Segmentzahl, unvollständ. Carapax) behalten haben. Der Rumpf der W. ist v. einem geräumigen, zweiklappigen Carapax umgeben, der den Vorderkopf frei läßt u. durch einen Carapax-Adduktor geschlossen werden kann. Die Segmentzahl ist, verglichen mit anderen *Phyllopoda,* stark reduziert: Der Thorax besitzt maximal 6 beintragende Segmente; das Abdomen ist kurz, kaum gegliedert, in der Ruhe ventrad eingeschlagen u. endet mit der krallenförm. Furca. Fortbewegungsorgane sind die kräftigen, zweiästigen 2. Antennen. Die Thorakopoden sind Blattbeine mit langen Filterborsten an den Enditen. Nur die wenigen räuberischen Vertreter (↗*Leptodora* u. die ↗*Polyphemidae*) weichen hiervon ab: ihr Carapax ist reduziert u. dient nur noch als Brutraum; ihre Thorakopoden sind Stabbeine. Wichtigste Sinnesorgane sind ein unpaares (median verwachsenes) u. in eine Augenhöhle versenktes, bewegl. Komplexauge, das immer vorhanden u. bei den räuberischen Arten extrem groß ist, sowie ein Naupliusauge u. einige Chemorezeptoren an den kleinen 1. Antennen. Der Kreislauf ist stark vereinfacht; das Herz hat nur ein Ostienpaar; das Blut kann Hämoglobin enthalten. W. sind primär Filtrierer, die mit den Thorakopoden einen Wasserstrom erzeugen, diesen an den langen Filterborsten filtrieren u. die Nahrung über eine kurze ventrale Nahrungsrinne unter die Oberlippe und zw. die kräftigen Mandibeln schieben. Die krallenartige Furca dient zum Reinigen des Filterapparates u. kann am Boden auch bei der Lokomotion eingesetzt werden. Im freien Wasser ist die Fortbewegung ein ruckartiges Schwimmen, hervorgerufen durch das Schlagen der 2. Antennen. Die ♂♂ der W. sind kleiner als die ♀♀, haben längere 1. Antennen, u. ihre Geschlechtsöffnungen liegen im Bereich der Furca. Die weibl. Geschlechtsöffnungen münden in einen dorsalen, vom Carapax gebildeten Brutraum. Die Fortpflanzung ist eine ↗Heterogonie od. zyklische ↗Parthenogenese. Im Frühjahr treten amiktische ♀♀ auf, die parthenogenetisch sich entwickelnde Sommer- od. ↗Subitaneier legen, welche sich im Brutraum zu kleinen W.n entwickeln. So wird der Lebensraum schnell ausgefüllt. Später treten auch ♂♂ auf, welche die miktischen ♀♀ begatten. Diese produzieren Eier, die befruchtet werden müssen u. als ↗Dauer- od. Latenzeier eine Diapause durchmachen u. austrocknen od. einfrieren können. Die Geschlechtsbestimmung ist phänotypisch, u. ein ♀ kann nacheinander Sommereier, Männcheneier u. Dauereier produzieren. Miktische ♀♀ der Gatt. *Daphnia* produzieren stets 2 Dauereier, die in einer Kapsel, dem ↗Ephippium, eingeschlossen werden. Dieses entsteht aus dem hinteren Teil des Carapax, der hart sklerotisiert u. wasserabstoßend wird u. bei der nächsten Häutung v. der Exuvie abbricht. Die Ephippien können an der Wasseroberfläche treiben u. durch Wasservögel od. Wind weit verbreitet werden. Bei in größeren Seen vorkommenden Arten der Gatt. *Daphnia* u. *Bosmina* sehen die aufeinanderfolgenden, parthenogenetisch entstandenen Generationen unterschiedl. aus: Zur Sommermitte werden die Tiere größer, bekommen längere Carapaxdornen u. Kopfhelme (bei *Daphnia*) oder l. Antennen (bei *Bosmina*) u. eine andere Körperform, zum Herbst hin werden Körper u. Anhänge wieder kleiner (⬚ Temperatur als Umweltfaktor). Diese ↗*Cyclomorphose* (⬚) beruht teils auf ↗Modifikation, teils auf unterschiedl. Selektion durch Raubfeinde (Fische, Copepoden). – Etwa 420 Arten von W.n sind bekannt. Sie haben im Süßwasser eine reiche Radiation durchgemacht. Manche *Daphnia*- u. *Bosmina*-Arten gehören zum ↗Plankton, andere Arten und Gatt. sind auf pflanzenreiche Litoralzonen beschränkt. Daneben gibt es Spezialisten, wie die räuberischen Formen ↗*Leptodora* (⬚), mit über 1 cm Länge die größten Vertreter, die ↗*Polyphemidae* (⬚) u. der Kahnfahrer ↗*Scapholeberis*. Der ↗Polypenfloh hat es geschafft, ohne große morpholog. Veränderungen zu einem Ektoparasiten am Süßwasserpolypen *Hydra* zu werden. Nur ganz wenige Arten haben das Meer besiedeln können. Im Brackwasser u. in küstennahen Buchten können manche *Bosmina*-Arten leben; echte Meeresbewohner sind dagegen nur *Podon* u. *Evadne*, zwei Gatt. der ↗*Polyphemidae*. – W. sind v. großer ökolog. Bedeutung, v. a. als Futter für Fische und zahlr. andere Wassertiere. *P. W.*

Wasserflorfliegen, *Sialidae,* Familie der ↗Schlammfliegen.

Wasserfreunde, die ↗Wasserkäfer.

Wasserfrosch, *Rana esculenta,* ↗Grünfrösche.

Wassergefäßsystem, das ↗Ambulacralgefäßsystem; ↗Stachelhäuter.

Wassergewebe, Bez. für das wasserspeichernde Gewebe aus meist großen, dünnwandigen u. stark vakuolisierten Zellen, das v. a. bei xerophytischen Pflanzen (↗Xerophyten) vorkommt. Es kann als *äußeres W.* aus der Epidermis od. darunter befindl. Zellschichten bestehen. Als *inneres W.* bezeichnet man das wasserspeichernde Parenchym im Mesophyll der Blätter einiger Blatt-Sukkulenten bzw. das Mark der Sprosse v. Stamm-Sukkulenten.

Wassergüteklassen ↗Saprobiensystem.

Wasserhafte, nur noch selten gebrauchte Bez. für die Insekten-Ord. ↗Eintagsfliegen, ↗Libellen u. ↗Steinfliegen.

Wasserharnruhr, der ↗Diabetes 1).

Wasserhärte, durch im Grundwasser gelöste Verbindungen (v. a. Calcium- u. Magnesiumsalze, meist als Hydrogencarbonate) bestimmte Eigenschaft des Wassers. Man unterscheidet vorübergehende W. *(Carbonathärte)* u. bleibende W. *(Sulfathärte).* In Dtl. (vgl. Tab.) wird die W. nach *dt. Härtegraden* (Kurzzeichen D. G., °dH oder °d) gemessen. 1 °d entspricht 10 mg CaO (oder z. B. 7,19 mg MgO) pro Liter Wasser.

Wasserhaushalt, 1) in der Biologie umfassende Bez. für die physiolog. Prozesse der ↗Wasseraufnahme, des ↗Wassertransports, der Wasserspeicherung (↗Sukkulenz) u. der ↗Wasserabgabe v. lebenden Systemen (Zellen; Tiere, Pflanzen; Pflanzenbestände). Bei den *Pflanzen* unterscheidet man 2 Grundtypen hinsichtl. des W.s: *homoiohydre* u. *poikilohydre* Arten (↗homoiohydre Pflanzen; ↗Trockenresistenz). Die Wasseraufnahme erfolgt bei Thallophyten ausschl. durch ↗Quellung, bei Höheren Pflanzen hpts. durch ↗Osmose. Der Wasserzustand vakuolisierter Zellen läßt sich durch die ↗Wasserpotential-Gleichung beschreiben. Der W. grüner Pflanzen ist eng verknüpft mit der ↗Primärproduktion. Die Regulation des Gaswechsels (↗Spaltöffnungen) soll einerseits einen genügend hohen Einstrom von CO_2 ermöglichen, andererseits den Wasserverlust durch ↗Transpiration in Grenzen halten. Hierin unterscheiden sich ↗*hydrostabile* v. *hydrolabilen* Pflanzen. Erstere schränken bei zu hohem Sättigungsdefizit der Luft (↗Feuchtigkeit) ihren Gaswechsel stark ein, was an Schönwettertagen zur „*Mittagsdelle der Transpiration*" führt. Dieses Verhalten ist v. a. bei Bäumen u. ↗Heliophyten zu beobachten. Der ↗osmotische Druck der Bäume schwankt tageszeitlich um nur ca. 3 bar. Aus dem *Wasserausnutzungskoeffizienten,* berechnet als Quotient aus Trockensubstanzproduktion u. Wasserverbrauch, läßt sich ersehen, wie „effizient" eine Pflanze od. ein Bestand arbeitet. Einen hohen Wasserverbrauch weisen z. B. trop. Laubbäume u. Hülsenfrüchtler auf, einen sehr niedrigen die CAM-Pflanzen (↗diurnaler Säurerhythmus). Starke Belastungen des W.s

Wasserhärte
(Angabe in dt. Härtegraden)

sehr weich
(unter 4)
Freiburg i. Br.
Kaiserslautern
Remscheid

weich
(4–8)
Marburg
Essen

mittelhart
(8–12)
Konstanz
Flensburg
Bochum

ziemlich hart
(12–18)
Baden-Baden
Hamburg
München

hart
(18–30)
Göttingen
Köln
Mannheim
Osnabrück

sehr hart
(über 30)
Stuttgart
Würzburg
Mainz

(Regen-, Schnee- u. Kondenswasser haben keine Härte)

Wasserhaushalt

treten auf bei hohen Salzkonzentrationen (↗Salinität) im Boden (↗Halophyten, ↗Salzböden), bei ↗Dürre u. bei Bodengefrornis im Frühjahr (↗Frosttrocknis). Pflanzen in Trockengebieten zeigen neben der Einschränkung des Gaswechsels zahlr. morpholog. und physiolog. Anpassungen (↗Austrocknungsfähigkeit ↗diurnaler Säurerhythmus). – In den W. eines *Pflanzenbestands* gehen als Faktoren ein: ↗Niederschlag, Sättigungsdefizit der Luft (v. dem die Höhe der ↗Evapotranspiration abhängt), ↗Bodenwasser, ↗Bodenart u. -struktur (↗Bodengefüge, ↗Gefügeformen), Struktur des Bestands (ein- od. mehrschichtig; ↗Interzeption), um Wasser konkurrierende Pflanzen. Die quantitative Erfassung des W.s geschieht in der ↗Wasserbilanz-Gleichung. – Der W. der *Tiere* ist gekoppelt mit dem Ionenhaushalt (↗Osmoregulation), der ↗Temperaturregulation u. der ↗Temperaturanpassung. Vergleichbar den Pflanzen kann zw. *poikilosmotischen* u. *homoiosmotischen* Organismen unterschieden werden, je nachdem, ob das osmot. Potential der Körperflüssigkeiten dem der Umgebung passiv angepaßt od. auf einem konstanten Niveau reguliert wird. ↗Wasser (T) ist – wie bei Pflanzen – Hauptbestandteil tier. Organismen u. als Lösungs- u. Transportmittel an allen Stoffwechselprozessen beteiligt. Die Wassergehalte schwanken zw. 45 u. 98% des Körpergewichts (zum Vergleich: erwachsener Mensch ca. 60%). Bei den meisten Tieren führen Wasserverluste v. wenigen Prozent zu körperl. Schäden. Bei Wirbeltieren sind Verluste von 10–15% des Körpergewichts tödl., während z. B. ↗Bärtierchen bis zu 85% ihrer Masse verlieren u. so jahrelang überleben können (↗Anabiose). An der Regulation des W.s homoiosmotischer Tiere sind verschiedene Rezeptoren u. Hormone beteiligt. Beim Menschen, dessen extra- u. intrazelluläre Flüssigkeit (↗Flüssigkeitsräume) eine Osmolalität (↗Osmose) v. etwa 290 mosmol/kg H_2O aufweisen, melden ↗Osmorezeptoren eine Erhöhung des osmot. Potentials an den Hypophysen-Hinterlappen, so daß vermehrt ↗Adiuretin ausgeschüttet wird, was eine verminderte Wasserretention in der ↗Niere zur Folge hat. Außerdem erhält das Zwischenhirn über Dehnungsrezeptoren in der linken Herzvorkammer Informationen über Blutvolumenzunahme od. -abnahme, so daß bei zu geringem Blutvolumen vermehrt Hormone ausgeschüttet werden (↗Renin-Angiotensin-Aldosteron-System, ↗Durst). Es wirken noch einige weitere Hormone auf den W., z. B. ↗Aldosteron. **2)** In der Bodenkunde beschreibt der Begriff W. die hydrolog. Bodeneigenschaften, wie Menge, jahreszeitl. Schwankungen, räuml. Verteilung u. damit Verfügbarkeit v. ↗Bodenwasser, sowie Umsätze des Bodenwassers durch ↗Verdunstung u. Versickerung einerseits u. Niederschlagseinträge andererseits. **3)** In der *Wasserwirtschaft* Bez. für die regionale od. globale quantitative Erfassung der Komponenten des ↗Wasserkreislaufs u. deren Wechselbeziehungen. B 393. *Ch. H.*

Wasserhirsche, *Hydropotinae,* urtüml. U.-Fam. der ↗Echthirsche; einzige rezente Art das ↗Wasserreh.

Wasserhunde, *Hydrocinus, Hepsetus,* Gattungen der ↗Salmler.

Wasserhyazinthe, *Eichhornia,* Gatt. der ↗Pontederiaceae mit ca. 6 Arten, natürl. Verbreitung im trop. und subtrop. Amerika. Die Art *E. crassipes* ist in vielen trop. Gebieten eingeschleppt worden. Sie ist durch ihre starke vegetative Vermehrung zu einem gefürchteten Wasserunkraut (↗aquatic weed) geworden. Die meist frei schwimmende Blattrosette besitzt stark angeschwollene Blattstiele, die als Schwimmblase dienen. Die Scheinähre hat violett-blaue bis purpurne Blüten.

Wasserjungfern, Kleinlibellen, *Zygoptera,* U.-Ord. der ↗Libellen (T).

Wasserkäfer, *Wasserfreunde, Hydrophilidae,* Fam. der polyphagen ↗Käfer (T) aus der Gruppe der *Hydrophiloidea* od. *Palpicornia,* die unabhängig v. den echten ↗Schwimmkäfern innerhalb der Käfer den Lebensraum Wasser mit einem Teil ihrer Arten erobert haben. Hierher werden oft auch die ↗*Hydraenidae* (bei uns über 65 Arten) u. *Spercheidae* (1 Art) gerechnet. Die artenreiche Fam. umfaßt bei uns über 70 Arten. Gewölbte, selten flachere Arten von 1–50 mm Länge, von rundl. od. ovalem geschlossenem Umriß, meist schwarz od. bräunlich glänzend, gelegentl. eine Fleckenzeichnung auf den Elytren. Fühler kurz, mit einer locker gegliederten, 3gliedrigen Keule, die bei den im Wasser lebenden Arten als Atemschnorchel verwendet werden kann. Deren Tastfunktion haben die meist erhebl. längeren Maxillentaster übernommen. Die U.-Fam. *Sphaeridiinae* enthält Arten, die überwiegend an Land im Dung, faulendem Pflanzenmaterial od. Pilzen vorkommen. Häufig sind hier die 4–7 mm großen, mit je 2 großen roten Flecken auf jeder Elytre ausgestatteten Arten *Sphaeridium bipustulatum* und *S. scarabaeoides,* die im frischen Kuhmist vorkommen. Dort leben sie oft mit den kleinen kugeligen *Cercyon*-Arten zus. Die eigentl. W. (U.-Fam. *Hydrophilinae*) sind ausschl. Wasserbewohner. Die Imagines sind Pflanzenfresser, ihre Larven oft Räuber. Die Fortbewegung erfolgt über alternierende Paddelschläge der Beine. Atemluft wird mit Hilfe der Fühler (Antennen) beschafft, indem die für Wasser unbenetzbare Fühlerkeule auf die Wasseroberfläche gelegt u. anschließend leicht wieder nach unten gezogen wird. Dadurch bildet sich entlang des Fühlers ein Luftkanal, durch den durch Fühlerbewegung Luft in einer Rinne auf die

Wasserhyazinthe (*Eichhornia crassipes*)

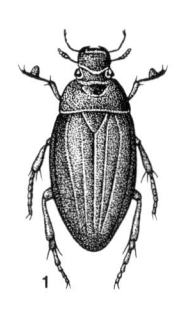

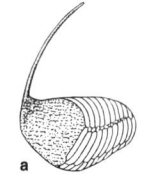

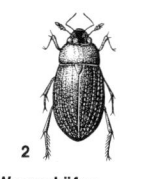

Wasserkäfer

1 Großer Kolben-W. (*Hydrous piceus*); a Eischiffchen (Gespinstkokon, im Schnitt) von *H. aterrimus*; 2 Stachel-W. (*Hydrophilus caraboides*)

WASSERHAUSHALT DER PFLANZE

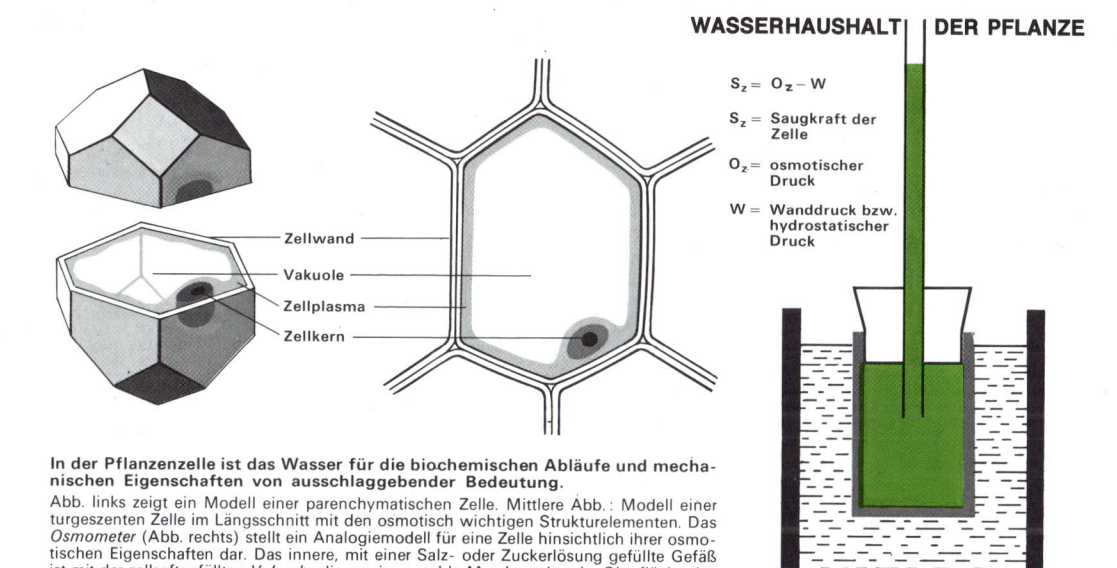

$S_z = O_z - W$

S_z = Saugkraft der Zelle

O_z = osmotischer Druck

W = Wanddruck bzw. hydrostatischer Druck

- Zellwand
- Vakuole
- Zellplasma
- Zellkern

In der Pflanzenzelle ist das Wasser für die biochemischen Abläufe und mechanischen Eigenschaften von ausschlaggebender Bedeutung.
Abb. links zeigt ein Modell einer parenchymatischen Zelle. Mittlere Abb.: Modell einer turgeszenten Zelle im Längsschnitt mit den osmotisch wichtigen Strukturelementen. Das *Osmometer* (Abb. rechts) stellt ein Analogiemodell für eine Zelle hinsichtlich ihrer osmotischen Eigenschaften dar. Das innere, mit einer Salz- oder Zuckerlösung gefüllte Gefäß ist mit der zellsaftgefüllten *Vakuole*, die semipermeable Membran (an der Oberfläche des inneren Gefäßes) mit dem wandständigen *Plasmaschlauch* vergleichbar. Der sich einstellende Innendruck führt beim Osmometer zum Hochsteigen der Lösung im Rohr, bei der Zelle zur Dehnung der Zellwand.

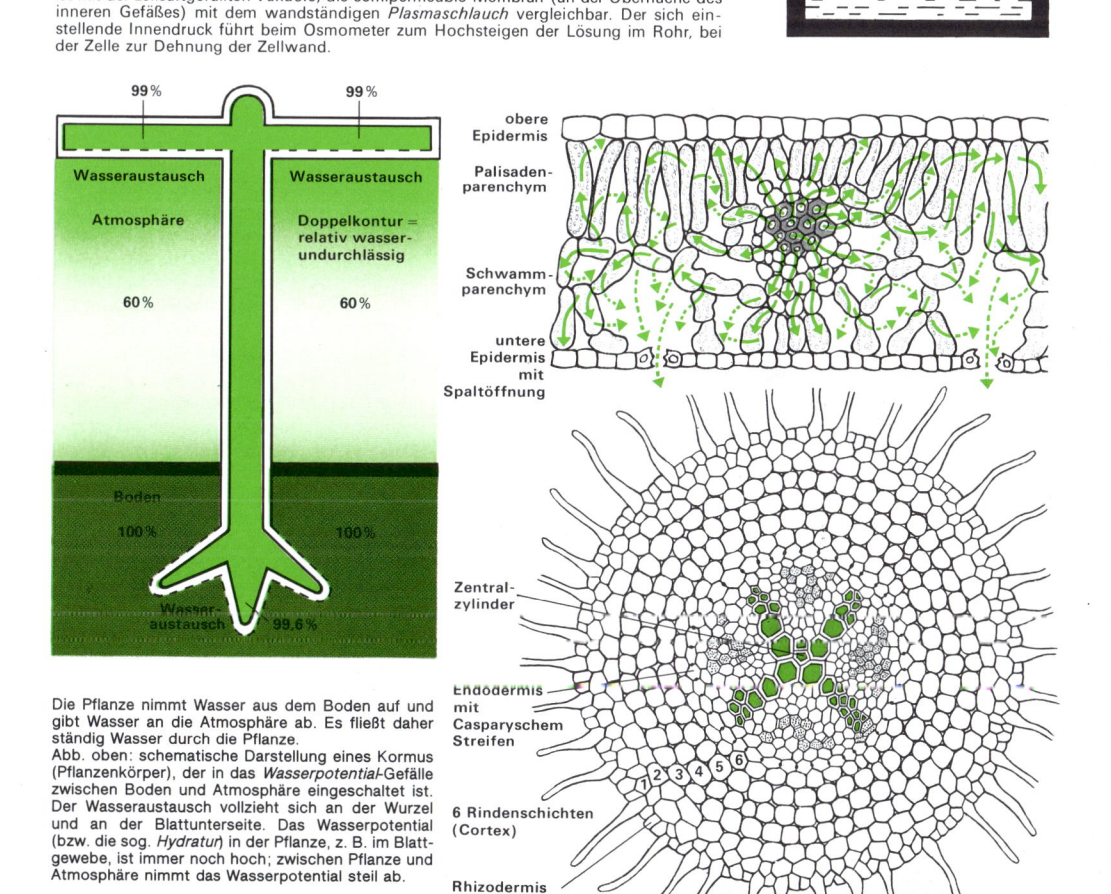

99% 99%

Wasseraustausch Atmosphäre

Wasseraustausch Doppelkontur = relativ wasserundurchlässig

60% 60%

Boden 100% 100%

Wasseraustausch 99,6%

Die Pflanze nimmt Wasser aus dem Boden auf und gibt Wasser an die Atmosphäre ab. Es fließt daher ständig Wasser durch die Pflanze.
Abb. oben: schematische Darstellung eines Kormus (Pflanzenkörper), der in das *Wasserpotential*-Gefälle zwischen Boden und Atmosphäre eingeschaltet ist. Der Wasseraustausch vollzieht sich an der Wurzel und an der Blattunterseite. Das Wasserpotential (bzw. die sog. *Hydratur*) in der Pflanze, z. B. im Blattgewebe, ist immer noch hoch; zwischen Pflanze und Atmosphäre nimmt das Wasserpotential steil ab.

Die Prozentangaben in der Abb. beziehen sich auf die relative Luftfeuchtigkeit. Beispiele für Werte des Wasserpotentials:

- feuchter Boden: −1 bar
- Wurzeln: −2 bis −4 bar
- Tracheensaft: −5 bis −15 bar
- Blätter: −5 bis −25 bar
- Atmosphäre: −940 bar (bei 50% relativer Feuchte)

- obere Epidermis
- Palisadenparenchym
- Schwammparenchym
- untere Epidermis mit Spaltöffnung

- Zentralzylinder
- Endodermis mit Casparyschem Streifen
- 6 Rindenschichten (Cortex)
- Rhizodermis mit Wurzelhaaren

Abb. Mitte rechts: Querschnitt durch ein flächiges Laubblatt mit unterständigen Spaltöffnungen mit Weg des Wassers vom Leitbündel bis in die äußere Atmosphäre (ausgezogene Pfeile: flüssiges Wasser; gestrichelte Pfeile: Wasserdampf).
Abb. oben: Querschnitt durch eine Dikotylenwurzel. Der Weg des Wassers und der Ionen führt vom perirhizalen Raum in die Gefäße des Zentralzylinders.

Wasserkäfer

Unterseite des Halsschildes geleitet wird, von wo sie sich auf die gesamte Bauchseite verteilt u. als Luftvorrat mit unter Wasser genommen wird (☐ Antennen). Kleinere Arten schwimmen dadurch mit der silbrig glänzenden Bauchseite nach oben. Dieser Luftfilm fungiert oft als physikal. Kieme (↗Atmungsorgane, ↗Kiemen). Der so aufgenommene Sauerstoff gelangt unter die Elytren zu den dort befindl. Stigmen. Viele Arten betreiben Brutfürsorge, indem sie ihre Eier in einem Eikokon einspinnen. Das Gespinst wird aus Anhangsdrüsen der Geschlechtsorgane gebildet. Dieser Kokon wird entweder an Wasserpflanzen schwimmend befestigt (*Enochrus*-Arten), an od. in ein Blatt gesponnen (*Hydrous, Hydrophilus*) od. gar auf der Bauchseite des Weibchens mit dem Eivorrat festgeheftet u. stets mitgeführt (*Berosus, Spercheus*). Der schwimmende Kokon (Eischiff), der beim Großen Kolben-W. (*Hydrous*) 2 cm lang und 1 cm hoch ist, hat gelegentl. einen „Schornstein", einen bis 3 cm langen Luftschnorchel. Bekannt sind bei uns die Kolben-W., von denen die 2, nach der ↗Roten Liste „stark gefährdeten" Arten der Gatt. *Hydrous* (*H. piceus* und *H. aterrimus*) mit über 5 cm Körpergröße zu den größten heimischen Käfern gehören. Sie leben in Teichen u. kleineren Seen. Der Kleine Kolben-W. oder Stachel-W. (*Hydrophilus caraboides*, 14–20 mm) ist weit verbreitet. Die Larven der aquatilen W. leben räuberisch. Sie machen extraintestinale Verdauung u. halten dazu ihre Beute oft über Wasser, damit die Verdauungssäfte nicht verdünnt werden. Kopfform u. Kopfhaltung (↗hypergnath) sind an diesen Freßmodus angepaßt. H. P.

Wasserkalb, Bez. für *Gordius* u. ä. Gattungen der ↗Saitenwürmer.
Wasserkapazität, *Feldkapazität,* ↗Bodenwasser, ↗Wasserpotential.
Wasserkastanie, Nußfrucht v. *Trapa bicornis,* ↗Wassernußgewächse. [wölfe.
Wasserkatze, *Anarrhichas latifrons,* ↗See-
Wasserkobras, *Boulengerina,* Gatt. der ↗Giftnattern; bis 3 m lang; leben im Gebiet der Großen Seen in Zentralafrika in Flachgewässern; schwarz u. braun gebändert; ernähren sich fast ausschl. von Fischen.
Wasserköpfe, *Telamonia,* U.-Gatt. der Gatt. *Cortinarius* (↗Schleierling), früher *Hydrocybe*; bilden kleine bis große Fruchtkörper aus, deren Hut nicht schleimig, aber hygrophan (wäßrig) ist; der Haarschleier ist mehr od. weniger dunkel, oft v. einer Gesamthülle (Velum universale) umgeben. Im Ggs. zu den ↗Gürtelfüßen, die auch zur Gatt. *Telamonia* gehören, haben die W. keinen flockig-gegürtelten od. beringten Stiel.
Wasserkreislauf, weltweite od. regionale Zustands- und Ortsveränderungen des ↗Wassers. Die Wasserreservoire der Erde stehen miteinander über die Prozesse ↗Niederschlag, ↗Verdunstung, ober- und unterird. Abfluß im Fließgleichgewicht (↗dynamisches Gleichgewicht). Das Hauptreservoir bilden die Ozeane (↗Meer). In ihnen sind schätzungsweise 97% des gesamten Wasservorrats gespeichert, das entspricht ca. $1{,}4 \cdot 10^{18}$ t (☐ Wasser). Etwa 2% des Wassers liegen als Schnee u. Eis vor. Die Wassermenge auf den Kontinenten macht nur etwa 0,6% aus (größtenteils ↗Grundwasser), wovon nur 1% pflanzenverfügbar ist. In der ↗Atmosphäre sind 0,001% in Form v. Wasserdampf enthalten. Die ↗turnover-Zeiten der einzelnen Reservoire unterscheiden sich erheblich.

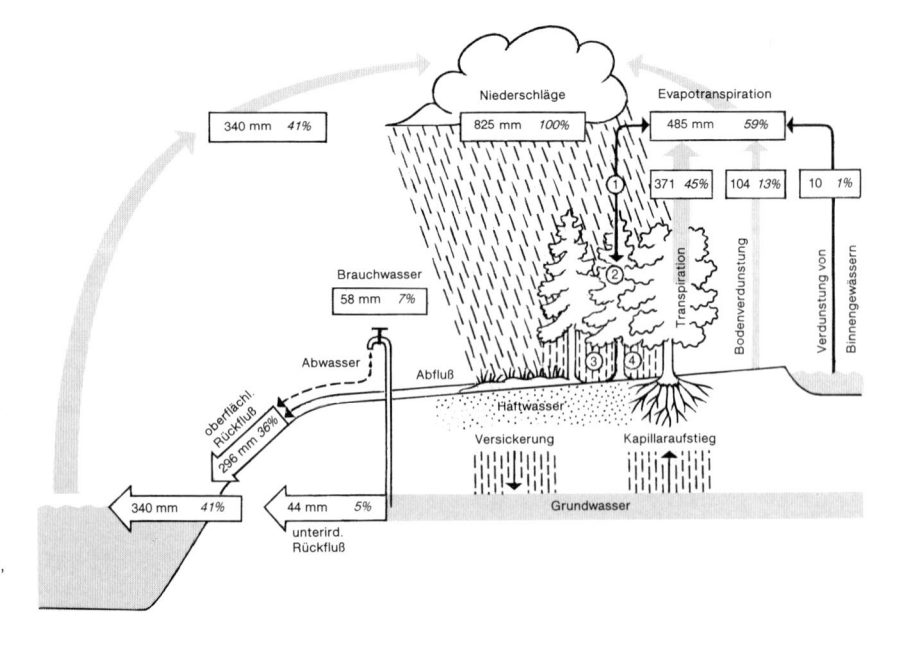

Wasserkreislauf
Schema eines W.s am Beispiel des Gebietswasserhaushalts der BR Dtl. für die Jahre 1931 bis 1960 (durchschnittl. Jahresmengen).
1: Interzeptionsverdunstung, 2: Interzeptionsaufsaugung, 3: Kronendurchlaß, 4: Stammablauf

So betragen sie für Gletschereis ca. 14 000 Jahre, für Ozeane etwa 3000 Jahre, für den Wasserdampf in der Atmosphäre hingegen nur 9 Tage. Im *großen W.*, der die Verdunstung über dem Meer, Niederschläge über dem Meer u. Festland, Versickerung, Abfluß u. Grundwasserbildung umfaßt, sind *Teilkreisläufe* enthalten, so die ausschl. über dem Meer od. Festland ablaufenden W.e aus Verdunstung u. Niederschlag (vgl. Abb.). – Durch menschl. Eingriffe wurde u. wird in vielen Gebieten der Erde der W. empfindlich gestört. Wird z. B. in einer Region, die ihre Niederschlagsmenge nicht aus dem Meer erhält, die Wasservorratsmenge reduziert (z. B. durch ↗Rodung großer Waldgebiete, etwa trop. ↗Regenwälder), so nimmt infolge der verringerten Verdunstung die Niederschlagsmenge exponentiell ab. Bes. anfällig sind auch aride Gebiete; hier droht eine ↗Desertifikation ([T]). Werden andererseits in Gebieten, deren Niederschläge größtenteils aus Meerwasser stammen, Wälder gerodet, so entstehen Feuchtgebiete u. Moore (z. B. Schottland). ↗Wasserhaushalt.

Wasserkultur, 1) die ↗Aquakultur; 2) die ↗Hydrokultur.

Wasserläufer, 1) *Schlittschuhläufer, Wasserschneider, Gerridae,* Fam. der ↗Wanzen (Landwanzen) mit ca. 200 Arten, in Mitteleuropa 10. Der schlank-ovale, hinten spitz zulaufende, je nach Art 0,5 bis 2 cm große Körper ist meist dunkel gefärbt. Die W. laufen mit ihren langen, dünnen Beinen, v. denen bes. die Mittelbeine weit vom Körper abgespreizt sind, in ruckart., schnellen Bewegungen auf der Wasseroberfläche. Dabei legen sie Fußglieder u. Schienen der Mittel- u. Hinterbeine (die ↗Teichläufer alle 6 Beine) auf das Wasser; die Beine u. bes. die Unterseite des Körpers sind v. eingefetteten Haaren bedeckt, die ein Benetzen mit Wasser verhindern. W. ernähren sich räuberisch hpts. von kleinen Insekten, die sie mit den Vorderbeinen ergreifen u. aussaugen. Der kräftige Brustabschnitt trägt 2 Paar, oft innerhalb einer Art unterschiedlich stark rückgebildete Flügel; viele Arten der ausschl. auf offenen trop. Meeren lebenden Meeresläufer (Gatt. *Halobates*) sind flügellos. Die einheim. Arten, meist aus der Gatt. *Gerris,* überwintern als Imago; sie bringen meist zwei Generationen im Jahr hervor, wie z. B. der häufige, ca. 1 cm große Gemeine W. *(Gerris lacustris).* Spät im Jahr eierlegende Arten, wie z. B. *Gerris rufoscutellatus,* durchlaufen nur eine Generation. [B] Insekten I. **2)** *Tringa,* Gatt. langbeiniger u. langschnäbliger ↗Watvögel aus der Fam. ↗Schnepfenvögel; etwa drosselgroß; braune Grundfärbung mit dunkler Strichelung u. weißen Abzeichen auf Bürzel und z. T. Flügeln: laut pfeifende Rufe; halten sich zur Nahrungssuche im seichten Wasser auf; weniger gesellig als die ↗Strandläufer. In Dtl. brüten mehrere Arten: Der Rotschenkel *(T. totanus,* [B] Europa XIX) ist gekennzeichnet durch rote Beine, eine weiße Flügelbinde u. einen melod. Balzgesang; er nistet in Küstennähe auf feuchten Wiesen u. im Marschland (nach der ↗Roten Liste „stark gefährdet"). Als Durchzügler aus dem Norden erscheint in Dtl. der Grünschenkel *(T. nebularia).* Der außer in sumpfigem Gelände des nördl. Dtl. („vom Aussterben bedroht") v. a. in Skandinavien heim., graubraune Bruch-W. *(T. glareola)* ruft hart „giffgiff"; ähnelt dem dunkleren, „tlui-titit" rufenden Wald-W. *(T. ochropus;* „potentiell gefährdet"), der auf dem Durchzug u. im Winter auch an kleinsten Wassergräben anzutreffen ist. An klarfließenden Gewässern u. Seen mit vorwiegend steinigen Ufern lebt der kleinste eur. W., der 20 cm große Flußuferläufer, *T. (Actitis) hypoleucos* ([B] Europa III), fliegt mit hohen „hididi"-Rufen dicht über dem Wasser u. wippt im Stehen mit dem Körper – ein Verhalten, das auch die anderen W. zeigen.

Wasserlieschgewächse, die ↗Schwanenblumengewächse.

Wasserlinsendecken, die ↗Lemnetea.

Wasserlinsengewächse, *Lemnaceae,* Fam. der ↗Aronstabartigen, mit 6 Gatt. und ca. 43 Arten kosmopolit. verbreitet; kleine bis winzige Süßwasserbewohner, die z. T. an der Wasseroberfläche, z. T. aber auch im Wasser schwebend leben. Von den nahe verwandten ↗Aronstabgewächsen unterscheiden sich die W. durch starke Reduktionserscheinungen im vegetativen u. generativen Bereich. Sie sind aus einfachen, meist linsenförm. Sproßgliedern aufgebaut, wobei eine Unterteilung in Blatt u. Sproßachse höchstens undeutlich erkennbar ist. Nur bei den Gatt. *Lemna* u. *Spirodela* sind Wurzeln vorhanden. Der Blütenstand setzt sich aus einer karpellaten und 1–2 staminaten Blüten (jeweils nur aus 1 Staubblatt bestehend) zus.; er kann wie bei den Aronstabgewächsen v. einem Hochblatt umgeben sein. Durch Bildung v. Seitensprossen, die sich meist schnell vom Muttersproß ablösen, erfolgt eine vegetative Massenvermehrung. Die Bestände bilden für viele Fische u. Wasservögel eine wicht. Nahrungsgrundlage *(Entenflott, Entengrütze).* – In Dtl. kommen Vertreter von 3 Gatt. vor: Die Teichlinse *(Spirodela polyrhiza)* zeichnet sich durch mit Wurzelbüscheln versehene Sproßglieder aus. Unter den 3 heim. Wasserlinsenarten *(Lemna,* [B] Europa VI) fällt die Dreifurchige W. *(L. trisulca)* durch ihre schwebende Lebensweise sowie die recht deutl. abgesetzte Sproßachse auf. Die Sommerwärme liebende Zwerglinse *(Wolffia arrhiza)* – mit ca. 1 mm ⌀ die kleinste Blütenpflanze der Welt – ist in Dtl. nur sehr selten anzutreffen; nach der ↗Roten Liste „stark gefährdet".

Wasserlungen, stark verästelte Enddarm-

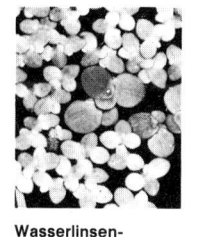

Wasserlinsengewächse

Wasserlinse *(Lemna spec.)*

Wasserlungenschnecken

Ausstülpungen bei ↗Seewalzen. ↗Atmungsorgane ([B] II), [B] Stachelhäuter I.

Wasserlungenschnecken, *Basommatophora,* Ord. der ↗Lungenschnecken, die überwiegend (sekundär) im Süßwasser leben; einige ertragen Salzgehalte bis 8‰, wenige sind am Küstensaum der Meere zu finden. Das Gehäuse kann napfartig od. spiralgewunden sein, kegelförmig bis plan; ein Dauerdeckel fehlt meistens, tritt aber bei manchen während der Larvalphase auf. Die ungestielten Augen liegen an der Fühlerbasis (wiss. Name!); in der Lungenhöhle ist bei vielen Arten eine sekundäre Kieme (Pseudobranchie) entwickelt. Das Nervensystem ist bei einigen Gruppen noch chiastoneur (z. B. ↗*Chilina*), zeigt aber allg. eine Tendenz zu zunehmender Konzentration (Schlammschnecken). Die W. sind ☿; die rund 1000 Arten werden 7 Überfam. (vgl. Tab.) und 15–16 Fam. zugeordnet.

Wasserlungenschnecken
Überfamilien:
Siphonarioidea
(↗ *Siphonaria*)
Amphiboloidea
(↗ *Amphibola*)
Chilinoidea
(↗ *Chilina*)
Acroloxoidea
(↗Flußmützenschnecken)
Lymnaeoidea
(↗Schlammschnecken)
Physoidea
(↗Blasenschnecken)
Planorboidea
(↗Tellerschnecken)

Wassermann, *August Paul* von, dt. Serologe, * 21. 2. 1866 Bamberg, † 16. 3. 1925 Berlin; seit 1891 am Robert-Koch-Inst. in Berlin, 1898 Prof. ebd. und ab 1913 Dir. des Kaiser-Wilhelm-Inst. für experimentelle Therapie; entdeckte 1901 das Prinzip der Eiweißdifferenzierung durch spezif. Präzipitation u. schuf mit F. Bruck die *W.sche Reaktion* (zum Nachweis der Syphilis).

Wassermarder, die ↗Otter. [lus.
Wassermelone, *Citrullus lanatus,* ↗Citrul-
Wassermiere, *Wasserdarm, Myosoton,* Gatt. der ↗Nelkengewächse mit der einzigen Art *M. aquaticum,* in Europa u. im gemäßigten Asien verbreitet. Die der Sternmiere ähnl. W. kommt in Ufersäumen u. an Waldwegen, Gräben usw. vor; sie besitzt im Ggs. zur Sternmiere 5 Griffel.

Wassermilben, die ↗Süßwassermilben.
Wassermolche, die ↗Molche 1).
Wassermoose, im Wasser lebende ↗Moose, die häufig gg. längere Trockenheit empfindl. sind, z. B. *Fontinalis antipyretica* (↗Fontinalaceae). In kalkhalt. Bächen haben einige W. (u. a. *Eucladium verticillatum, Bryum pseudotriquetrum*) wesentl. Anteil an der Kalktuffbildung. In Verbindung mit der Photosynthese (CO_2-Bindung) wird das im Wasser gelöste Hydrogencarbonat als schwerlösl. Calciumcarbonat ausgefällt; letzteres lagert sich in Form v. Calcitplättchen auf den Moosen ab. Die rezenten W. waren urspr. wohl „Landmoose", die nachträgl. zum Wasserleben übergegangen sind.

Wassermotten, die ↗Steinfliegen.
Wassernabel, *Hydrocotyle,* Gatt. der ↗Doldenblütler mit etwa 80 nahezu weltweit verbreiteten Arten. In Dtl. der Gemeine W. *(H. vulgaris),* eine bis 20 cm hohe Sumpfpflanze mit kreisrunden, schildförm., gekerbten Blättern u. weißen Blütchen in kopfigen, sehr kleinen Dolden; in Flachmooren, Riedgraswiesen (v. a. NW-Dtl.s) sehr selten. [pionswanzen.
Wassernadel, *Ranatra linearis,* ↗Skor-

Wassernattern, *Natricinae,* U.-Fam. der ↗Nattern mit über 75 ungift. Arten in zahlr. Gatt., v. denen die Kielrückennattern *(Natrix)* u. die Strumpfbandnattern *(Thamnophis)* die wichtigsten sind. Erstere leben in Europa, NW-Afrika, W-, O-, SO-Asien, im indoaustr. Raum, östl. N-Amerika und 2 Arten bis zum trop. Mexiko. Kopf meist deutl. vom Hals abgesetzt; Augen groß, Pupille rund; nach hinten länger werdende Oberkieferzähne, Unterkieferzähne gleich groß; seitl. Rückenschuppen mit scharfen Längskielen; verteidigen sich durch Ausspritzen einer übelriechenden Flüssigkeit aus der Afteröffnung gg. Angreifer; ernähren sich v. a. von Fröschen, Fischen u. Molchen. 3 Arten der Gatt. *Natrix* sind auch in Europa beheimatet: neben der ↗Ringelnatter *(N. natrix)* u. der ↗Würfelnatter *(N. tessellata)* die nahe verwandte Vipernatter *(N. maura;* ♀ bis 1 m lang, ♂ etwas kleiner). Letztere auf der Iber. Halbinsel, den Balearen, in S-Fkr., SW-Schweiz, NW-Italien, Sardinien und NW-Afrika lebend, mit dunklem Zickzackband auf dem grau-, oliv-, rötl.- od. gelbbraunen Rücken, ähnelt somit der ↗Kreuzotter (aber mit runder Pupille u. für den Menschen völlig ungefährlich, wenn gelegentl. auch bissig); Flanken mit hellkernigen Flecken. In den O- und Mittelstaaten der USA sowie auf Kuba lebt die bis 1,3 m lange Siegelringnatter *(N. sipedon);* Körper plump; oberseits grau od. braun; unterseits gelbl.-grau; im vorderen Körperabschnitt mit einer Reihe breiter, grauer bis (rötl.-)brauner Querbinden, weiter hinten mit viereckigen Rücken- u. kleineren Seitenflecken; im Aug. bis Anfang Okt. ca. 20 cm lange Junge gebärend. Größte nordamerikan. W. ist die Braune W. *(N. taxispilota);* selten länger als 1,3 m; lebt in den östl. S-Staaten der USA; (rost-) braun mit großen viereckigen Flecken. Zu den häufigsten Schlangen N-Amerikas gehören mit zahlr. Arten die Strumpfbandnattern (Gatt. *Thamnophis*); bis 1,5 m lang; oft schlank u. mit 3 hellen Streifen; von S-Kanada bis Mexiko verbreitet; ernähren sich z. T. v. a. von Regenwürmern, teilweise v. Fröschen.

Wassernetz, *Hydrodictyon,* Gatt. der ↗Hydrodictyaceae.

Wassernußgewächse, *Trapaceae,* Fam. der ↗Myrtenartigen mit der einzigen, artenarmen Gatt. Wassernuß *(Trapa).* Wasserpflanze, Stengel im Grund verwurzelt, Schwimmblattrosette aus rhombischen, gezähnten Blättern mit aufgeblasenen Blattstielen; am untergetauchten Stengel zusätzlich grüne, fiedrig verzweigte Wurzeln. Über Wasser blühend, Blüte 4zählig, weiß; nach Befruchtung senkt sich der Blütenstiel, so daß Fruchtentwicklung submers. Die Frucht („*Wasserkastanie*") ist eine stärke- und fettreiche, holzige Nuß mit 2–4 auffallenden Dornen, die sich aus den Kelchblättern entwickeln (Ankerfrucht).

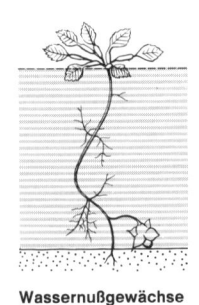

Wassernußgewächse
Trapa natans, mit Ankerfrucht auf dem Grund

Endospermloser Samen, Kotyledonen des Embryos in Größe u. Form sehr unterschiedlich. In O-Asien, Malesien u. Indien sind die Früchte mehrerer Arten Grundnahrungsmittel; in S-China wird die Wasserkastanie *(T. bicornis)* kultiviert. *T. natans* (Mitteleuropa) war bereits in ältester Zeit Sammelfrucht, ist inzwischen sehr selten geworden (nach der ↗Roten Liste „stark gefährdet"), andernorts aber lästiges ↗aquatic weed.

Wasseropossum, der ↗Schwimmbeutler.

Wasserpest, *Elodea* i.w.S., Gatt. der ↗Froschbißgewächse mit 16 Arten; in Amerika heimische Wasserpflanzen, heute weltweit verschleppt. Die W.-Arten werden heute nach unterschiedl. Blütenbau in 3 Gatt. unterteilt; vegetativ jedoch sehr ähnlich. Die lineal. Blätter stehen quirlig am flutenden Stengel, den wenige Wurzeln im Untergrund befestigen. Vermehrung vorwiegend vegetativ; Pflanzen blühen nur selten. Bei uns als Neophyten: *E. canadensis*, ab 1859 in Dtl., zeitweise ein Problem als Unkraut (↗aquatic weed); *Egeria densa*, selten, in Warmwassergräben.

Wasserpfeifer, *Hyla crucifer*, ↗Laubfrösche (T).

Wasserpflanzen, *Hydrophyten*, zeitweise od. ständig im Wasser lebende, makroskopisch sichtbare Pflanzen (↗Plankton), einschl. der nur bei hohem Wasserstand untergetaucht od. schwimmend lebenden ↗Amphiphyten. Neben vollständig od. auch nur vegetativ untergetaucht *(submers)* lebenden Formen gehören zu den W. viele mit ↗Schwimmblättern ausgestattete od. frei auf der Wasseroberfläche schwimmende Formen (↗Schwimmblattpflanzen). Die W. sind durch zahlreiche morpholog. Besonderheiten ausgezeichnet, die als Anpassung an die besonderen physikal. Eigenschaften des Wassers zu verstehen sind. Dünne Epidermiswände, bandartige od. stark zerschlitzte Blätter mit großer Oberfläche u. dünner Cuticula erleichtern den Gasaustausch u. die Aufnahme gelöster Nährstoffe. Die reichl. Entwicklung v. ↗Aerenchym mit großen ↗Interzellularen erhöht den ↗Auftrieb u. fördert den Gaswechsel innerhalb der Pflanze. Das Festigungsgewebe der Blattstiele u. Triebe ist i. d. R. schwach ausgebildet u. überdies meist zentral angeordnet, was die Biege- u. Zugfestigkeit in strömendem Wasser erhöht. Große, v. der Pflanze abfallende u. am Gewässergrund überdauernde Winterknospen *(Turionen)* bewirken eine schnelle Jugendentwicklung im Frühjahr u. eine rasche Wiederbesiedlung des Standorts. Zahlr. W.n sind durch Gewässerausbau u. Wasserverschmutzung gefährdet od. von Ausrottung bedroht. Ihre Erhaltung ist nicht zuletzt deshalb v. Bedeutung, weil sie als Indikatoren für die Gewässergüte (↗Saprobiensystem) verwendet werden können u. indirekt auch selbst zur Reinigung v. Gewässern (↗Selbstreinigung) beitragen.

Wasserpotential, Symbol Ψ, thermodynamische Größe (↗Thermodynamik), welche die *Wassersättigung* eines Systems (Boden, Luft, Zelle, Pflanze, Flüssigkeiten) beschreibt. Das W. ist die Arbeit, die geleistet werden muß, um eine Volumeneinheit Wasser aus dem betrachteten System auf das ↗Potential-Niveau des Bezugssystems (reines Wasser bei Atmosphärendruck u. gleicher Höhe über dem Meeresspiegel) zu überführen. Das W. von reinem Wasser ist definitionsgemäß $\Psi = 0$. Das W. wird in ↗Druck-Einheiten angegeben (Energie/Volumen, entspricht Kraft/Fläche). Es ist der negative Wert der ↗*Saugspannung* (früher auch *Saugkraft* genannt). Das W. steht mit der ↗Hydratur (hy) in folgender Beziehung: $\Psi = \dfrac{RT}{V} \cdot \ln \dfrac{hy}{100}$; R = allg. Gaskonstante, T = Temp., V = Volumen des Systems. – *Pflanzenzelle:* Das W. Ψ der vakuolisierten Zelle setzt sich aus 3 Komponenten zus.: dem durch die Zellwand verursachten Druckpotential Ψ_p (positiv), dem negativen Matrixpotential Ψ_τ (Quellungsdruck, ↗Quellung), das durch quellfähige Substanzen im Cytoplasma verursacht wird, u. dem negativen osmot. Potential Ψ_π der ↗Vakuole (↗osmotischer Druck) mit den darin gelösten Stoffen. Es gilt: $\Psi = \Psi_p + \Psi_\tau + \Psi_\pi$. Das Matrixpotential ist meist vernachlässigbar klein. In einer wassergesättigten Zelle ist der Wanddruck gleich groß wie der osmotische Druck (= Potential), so daß die Saugspannung $S = 0$ (↗Turgor). In einem hypertonen Medium verliert die Zelle Wasser. Löst sich der Protoplast v. der Zellwand *(Grenz-↗Plasmolyse)*, so ist der Wanddruck = 0; das W. der Zelle wird nur durch das osmotische Potential bestimmt. – Die *Pflanze* ist in das W.gefälle zw. Boden u. Atmosphäre eingespannt (B Wasserhaushalt der Pflanze, ☐ Wasserkreislauf). Dieses Gefälle ist der Motor des ↗Wassertransports in der Pflanze. Das W. in einem Pflanzenorgan ist um so negativer, je niedriger das Boden-W. (s. u.) ist, je größer die Leitungswiderstände in der Pflanze sind (d. h., je weiter der Transportweg ist) u. je größer die Höhe ist, die überwunden werden muß. Eine Pflanze kann nur so lange Wasser aus dem Boden aufnehmen, wie das W. der ↗Wurzel niedriger ist als das des umgebenden Bodens. Ist dies nicht mehr der Fall, so welkt (↗welken) sie permanent. Das entsprechende W. wird *permanenter Welkepunkt* genannt. Die erreichbaren maximalen Wurzelsaugspannungen sind art- u. standortspezifisch. ↗Hygrophyten können bis 10 bar erreichen, ↗Xerophyten dagegen bis 60 bar. Für mitteleur. Bäume liegt der Grenzwert bei ca. 30 bar. – Das W. im *Boden* setzt sich zus. aus dem Matrixpotential (auch *Wasserspannung* des Bo-

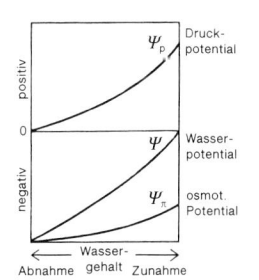

Wasserpest
(Elodea canadensis)

Wasserpotential

Schematische Darstellung des W.s und seiner Komponenten einer vakuolisierten Pflanzenzelle in Abhängigkeit vom Wassergehalt.

Wasserratte

dens genannt), dem osmotischen Potential u. dem meist vernachlässigbaren hydrostat. Druck auf das ⁊Bodenwasser. Das osmotische Potential kann in ⁊Salzböden beträchtl. Werte erreichen, ansonsten aber ist das Matrixpotential die wesentlichste Komponente. Es ist die Kraft, mit der Haftwasser adsorptiv (⁊Adsorption) an Bodenpartikeln u. kapillar in Bodenporen (⁊Porung, T) festgehalten wird. Ist ein Boden nicht wassergesättigt, so fällt das W. auf zunehmend negative Werte. Die Wasserbindung u. damit die Bodensaugspannung (positiver Wert des Boden-W.s) nehmen stark zu, wenn die Grob- u. Mittelporen des Bodens entleert sind u. nur noch die Feinporen Wasser enthalten (⁊Bodenwasser). Das Boden-W. hängt nicht nur vom Wassergehalt ab, sondern auch v. der ⁊Bodenart. So beträgt das W. bei Feldkapazität in einem Sandboden 0,05 bar, in einem Lehmboden 0,15 bar. *Ch. H.*

Wasserratte, ugs. Bez. für ⁊Schermäuse u. die ⁊Wanderratte.

Wasserraubtiere, die ⁊Robben.

Wasserregionen, *Gewässerregionen,* Bez. für die ⁊Flußregionen (T) u. die vertikalen Zonierungsbereiche im ⁊See (☐) u. ⁊Meer (⁊Meeresbiologie, ☐).

Wasserreh, *Hydropotes inermis,* einzige, etwa rehgroße Art der Wasserhirsche; ohne Geweih, ♂ mit langen, hauerförm. Eckzähnen (⁊Moschushirsche). Das W. bewohnt Dickichte u. hohes Ufergras v. Flußniederungen in China u. Korea. In einigen eur. Wildparks wurden W.e erfolgreich ausgesetzt.

Wasserreinigung ⁊Abwasser, ⁊Kläranlage, ⁊Wasseraufbereitung.

Wasserreis, 1) *Naßreis, Sumpfreis,* Kulturform des ⁊Reis *(Oryza sativa);* 2) die Gatt. ⁊Zizania.

Wasserreservoirfrosch, *Cyclorana platycephalus,* ⁊Cyclorana.

Wasserrose, die ⁊Seerose.

Wasserrübe ⁊Kohl.

Wasserrübengelbmosaik-Virusgruppe, *Tymovirus-Gruppe* (v. engl. *t*urnip *y*ellow *mo*saic virus), ⁊Pflanzenviren (T) mit einteiligem, einzelsträngigem RNA-Genom (relative Molekülmasse ca. $2 \cdot 10^6$, entspr. ca. 6500 Nucleotiden). Es gibt zwei Hauptklassen stabiler Viruspartikel (B und T; ∅ ca. 30 nm, Ikosaedersymmetrie), von denen nur die B-Partikel die komplette Genom-RNA enthalten u. infektiös sind. Die einzelnen Viren besitzen meist enge Wirtsbereiche; sie sind durch Käfer übertragbar. Befallene Pflanzen zeigen Mosaik- u. Scheckungssymptome; es kommt zu einer Verklumpung der Chloroplasten in den infizierten Zellen.

Wassersäcke, Bez. für die zu einem becher- oder sackförm. Gebilde umgestalteten „Blatt"-Lappen bei einigen foliosen Lebermoosen (☐ *Jubulaceae*), die zum Speichern v. Wasser dienen.

Wasserschierling
Wasserschierling *(Cicuta virosa),* unten Frucht

Wasserschimmelpilze
Wichtige Arten (in Klammern verursachte Krankheit od. Vorkommen):
Achlya racemosa (im Wasser auf faulenden Pflanzenresten u. toten Insekten)
Aphanomyces astaci (Pest des Edelkrebses, ⁊Flußkrebse)
A. raphani (Rettichschwärze)
A. euteiches (Wurzelfäule an Erbsen u. a. Leguminosen)
A. cochlioides
A. laevis (Wurzelbräune u. Auflaufkrankheiten an Beta-Rüben, Mangold, Spinat)
Saprolegnia parasitica u. a. *S.*-Arten (Fischschimmel)

Wassersalamander, *Gelbsalamander, Eurycea,* Gatt. der ⁊*Plethodontidae* mit 11 Arten im östl. N-Amerika. Schlanke, lebhafte, 10 bis 16 cm lange Salamander, manche mit sehr langen Schwänzen. Viele Arten leben zeitlebens aquatisch in Bächen, Flüssen u. Quellen, andere sind wenigstens als Adulte zeitweilig terrestrisch. Am bekanntesten u. weitesten verbreitet ist der Zweistreifensalamander *(E. bislineata),* bei dem es terrestrische u. aquatische Adulte u. neotene Populationen gibt. Mehr terrestrisch leben *E. lucifuga* und *E. longicauda* (Langschwanzsalamander), die erste Art im Eingangsbereich v. Kalksteinhöhlen. Alle Arten sind gelbl. mit schwarzen Flecken od. Streifen. Vom Langschwanzsalamander, dessen Nominatform gefleckt ist, gibt es eine U.-Art, den Dreistreifensalamander *(E. longicauda guttolineata),* mit in Linien angeordneten Flecken. Zu den W.n gehört auch der Zwergsalamander od. Vierzehen-W., *E. quadridigitata* (fr. *Manculus quadridigitatus*), der nur 8 bis 9 cm Länge erreicht.

Wassersalat, *Pistia stratiotes,* ⁊Aronstabgewächse.

Wasserschierling, *Cicuta,* Gatt. der ⁊Doldenblütler mit 7 Arten auf der N-Hemisphäre. In Dtl. *C. virosa,* ca. 1 m hohe, am Rand stehender Gewässer lebende, sehr giftige (enthält *Cicutoxin,* lähmt Atemzentrum), kahle Staude mit hohlem, querfächrigem, milchsafthaltigem, dickfleischigem, nach Sellerie riechendem Wurzelstock; Blätter petersilienähnlich, dreifach gefiedert; Blüten weiß.

Wasserschildkröten, *Clemmys,* Gatt. der ⁊Sumpfschildkröten mit neuweltl. Verbreitung. Während sich die auffällige Tropfenschildkröte *(C. guttata;* Panzerlänge bis 12 cm; lebt im NO und O der USA; oberseits blauschwarz mit runden gelben Flecken) und die scheue, sehr selten gewordene Pazifik-W. *(C. marmorata;* Panzerlänge bis 20 cm; lebt auf der W-Seite der Rocky Mountains) v.a. im Wasser aufhalten, sind die Waldbachschildkröte *(C. insculpta;* Panzerlänge bis 23 cm; lebt in waldreichen Gebieten im NO der USA; mit konzentr. Ringen auf jedem Rückenschild; ernährt sich v. Obst od. Beeren; ortstreu; überwintert im Bodenschlamm; soll über 50 Jahre alt werden) u. die kaum 11 cm große Mühlenberg-Schildkröte *(C. muhlenbergii;* ebenfalls kräftig skulpturiert auf dem Rücken; bevorzugt Pflanzenkost) mehr Landbewohner.

Wasserschimmelpilze, *Wasserschimmel, Saprolegniaceae,* Fam. der ⁊*Saprolegniales* (Kl. ⁊*Oomycetes*); meist saprophytisch lebende Pilze im klaren Wasser, auch Bodenbewohner u. wichtige Parasiten, die Fische, Fischlaich, Krebse od. Pflanzen befallen (vgl. Tab.). Die Sporangien sind v. den Traghyphen durch Septen abgegrenzt, doch meist nur als leicht angeschwollene

Hyphenabschnitte erkennbar (Ggs. ↗ *Peronosporales,* bei denen Sporangien u. Hyphen deutl. unterscheidbar sind). – In der Gatt. *Achlya* sind die Hyphenenden mehr od. weniger seitl. verzweigt, die Sporangien zylindrisch od. keulenförmig. Das Mycel der *Aphanomyces*-Arten ist feinfädig, mit endständ. Sporangien, die etwa so breit wie die Hyphen sind. Die Vertreter der Gatt. *Saprolegnia* besitzen ein relativ derbfädiges Mycel, nur spärlich verzweigt; die Sporangien werden endständig angelegt; sie sind keulenförmig u. meist deutl. breiter als die Hyphen.

Wasserschlauch, *Utricularia,* v. a. in den Tropen, aber auch in der gemäßigten Zone verbreitete Gatt. der ↗ Wasserschlauchgewächse mit ca. 120 Arten. Im Wasser od. an feuchten Landstandorten (z. B. in Sümpfen) lebende, wurzellose Kräuter mit kriechendem bzw. flutendem Stengel, ungeteilten (bei den Landformen) od. fein zerteilten (bei den Wasserformen) Blättern sowie einzeln od. in traubigen Blütenständen angeordneten Blüten, die über die Wasseroberfläche hinausragen, um dort v. Insekten bestäubt zu werden. Die gelbe, 2lippige Blütenkrone ist relativ groß u. besitzt einen Nektarsporn sowie eine mit einem blasig aufgewölbten Gaumen versehene Unterlippe. Die Frucht des W.s ist eine Kapsel. Eine Besonderheit der Pflanze sind die an Blättern u. Sprossen befindl. ↗ *Fangblasen* (☐ carnivore Pflanzen, ☐ Kohäsionsmechanismen). Sie bestehen aus einem kleinen, gestielten, halbrundl. Sack, dessen v. Borsten umstandener Zugang durch eine Klappe verschlossen ist. Diese schnellt bei Berührung der Borsten durch ein potentielles Opfer (Insektenlarve od. kleines Wassertier) zurück, u. das reizauslösende Tier wird mit dem Wasserstrom in die unter Unterdruck stehende Fangblase hineingezogen. Dort befinden sich Verdauungsdrüsen, deren proteinspaltende Enzyme die Beute verdauen. – Häufigste einheim. Arten sind: der in Seerosenbeständen (in stehendem od. langsam fließendem Wasser) zu findende Gewöhnliche W. *(U. vulgaris)* sowie der in Moorschlenken u. -tümpeln anzutreffende Kleine W. *(U. minor).* Beide Arten sind nach der ↗ Roten Liste „gefährdet" und gesetzl. geschützt.

Wasserschlauch-Gesellschaften, Kleinwasserschlauch-Ges., ↗ Utricularietea intermedio-minoris.

Wasserschlauchgewächse, *Lentibulariaceae,* mit den ↗ Braunwurzgewächsen eng verwandte, weltweit verbreitete (insbes. in den Tropen stark vertretene) Fam. der ↗ Braunwurzartigen mit ca. 180 Arten in 4 Gatt. Überwiegend im Wasser od. an feuchten Landstandorten (z. B. im Sumpf) lebende, oft wurzellose, krautige Pflanzen mit sehr unterschiedl. geformten Blättern sowie zygomorphen Blüten mit 2lippiger,

Wasserschimmelpilze
Zoosporangium v. *Saprolegnia*

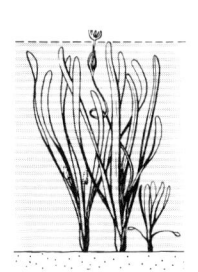

Wasserschraube *(Vallisneria spiralis)*

Wasserschwaden
W. *(Glyceria maxima),* **a** Ährchen, **b** Blattgrund

5zipfliger Krone, deren Schlund durch einen v. der Unterlippe gebildeten Gaumen verschlossen sein kann. Der oberständige, aus 2 verwachsenen Fruchtblättern bestehende Fruchtknoten ist einfächerig u. wird zu einer meist vielsamigen Kapsel. Charakterist. für die W. sind z. T. hochkomplizierte morpholog. Umwandlungen v. vegetativen Organen in Fangvorrichtungen (↗ Wasserschlauch) für kleine Insekten od. Wassertiere (z. B. Krebse). Die Beute der ↗ carnivoren Pflanzen (☐) wird mit Hilfe proteinspaltender Enzyme verdaut u. dient so dem pflanzl. Stoffwechsel als zusätzl. Stickstoffquelle. Der überwiegende Teil der W. ist der Gatt. ↗ Wasserschlauch *(Utricularia)* zuzurechnen. Weitere wichtige Gatt. sind: das ↗ Fettkraut *(Pinguicula)* u. *Genlisea.* Letztere Gatt. ist mit 15 Arten über S- und Mittelamerika sowie Afrika verbreitet u. zeichnet sich aus durch zusätzl. zu den in Rosetten stehenden, spatelförm. Laubblättern auftretende, gegabelte „Wurzelblätter". Dies sind schlauchförmige, innen jeweils mit einer Reuse aus spitzen Zellen ausgestattete Fangvorrichtungen, die sich auch in den Boden hineinbohren können.

Wasserschneider, die ↗ Wasserläufer.

Wasserschraube, *Vallisneria,* Gatt. der ↗ Froschbißgewächse mit 2 Arten v. a. trop. Verbreitung, heute weltweit verschleppt; flutende, am Grunde verwurzelte Wasserpflanzen mit einer Rosette langer bandförm. Blätter. Die zweihäusig verteilten Blüten werden an langen Stielen zur Wasseroberfläche gehoben. Die kleinen ♂ Blütenstände treiben nach Ablösung v. ihren Stielen zur Bestäubung frei auf dem Wasser. *V. spiralis,* eine beliebte Aquarienpflanze, ist in Dtl. z. T. verwildert (nur ♂ Pflanzen).

Wasserschutzgebiete, nach dem Wasserhaushaltsgesetz festgelegte Gebiete eines Trinkwassereinzugsgebiets, in denen zum Schutz des ↗ Grundwassers Nutzungsbeschränkungen erlassen wurden. Man gliedert W. meist in den Fassungsbereich, die engere u. die weitere Schutzzone.

Wasserschwaden, *Schwaden, Süßgras, Glyceria,* Gatt. der Süßgraser (U.-Fam. ↗ *Pooideae*), mit ca. 30 Arten hpts. auf der N-Halbkugel verbreitet. *G. maxima* ist ein bis 1,5 m hohes Rispengras mit langen Rhizomen im Überflutungsbereich der Flüsse; ertragreiches Streugras. Vom Flutenden Schwaden *(G. fluitans)* in stehendem Flachwasser od. auf Feuchtwiesen wurden die Früchte fr. für „Schwadengrütze" gesammelt.

Wasserschwein, *Hydrochoerus hydrochoerus,* ↗ Capybara. B Südamerika IV.

Wasserskorpion, *Nepa rubra,* ↗ Skorpionswanzen.

Wasserspalten ↗ Hydathoden; ↗ Transpiration. [serpotential.

Wasserspannung ↗ Bodenwasser, ↗ Was-

Wasserspeicherzellen

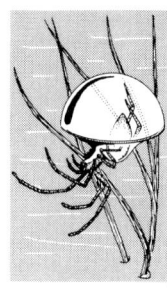

Wasserspinne (Argyroneta aquatica) mit Luftglocke

Wassersterngewächse

Teich-Wasserstern *(Callitriche stagnalis)*

wasserstoffoxidierende Bakterien

Einige Arten:
Alcaligenes eutrophus
Pseudomonas facilis
(= *Hydrogenomonas facilis*)
P. carboxidovorans
Aquaspirillum autotrophicum
Paracoccus denitrificans
Xanthobacter autotrophicus
Nocardia opaca
Mycobacterium gordonae
Bacillus-Arten

wasserstoffoxidierende Bakterien

Oxidation von Wasserstoff (Knallgasreaktion) u. Bildung v. Zellsubstanz aus CO_2 in ↗*Alcaligenes eutrophus* bei einem Wachstum in einer einfachen Nährlösung mit anorgan. Salzen u. einem Gasgemisch v. 70% H_2 + 20% O_2 + 10% CO_2 (Volumengehalt):

$$6 H_2 + 2 O_2 + CO_2$$
$$\downarrow$$
$$<CH_2O> + 5 H_2O$$
Zellsubstanz

Wasserspeicherzellen, Bez. für die großen, plasmaleeren u. damit toten Zellen mit v. Poren durchsetzten Zellwänden in den „Blättchen" u. an den „Stämmchen" vieler ↗Laubmoose, bes. der ↗Torfmoose. B Moose I.

Wasserspinne, *Argyroneta aquatica,* v. Finnland über Mitteleuropa bis Oberitalien u. von England bis Sibirien u. Zentralasien verbreitete Art der ↗Trichterspinnen; die einzige Webspinne, die ständig unter Wasser lebt (langsam fließende od. stehende, sauerstoffreiche, saubere Gewässer mit viel Vegetation). Zum Atmen ist atmosphär. Sauerstoff nötig. Deshalb führt die W. ständig an ihrem mit stark gefiederten Haaren besetzten Opisthosoma einen Luftvorrat mit (silbriges Aussehen). Als Wohngespinst wird unter Wasser eine unten offene Luftglocke angelegt: zunächst baut die W. eine horizontale, an Wasserpflanzen verankerte Netzdecke; mit Hilfe der Hinterbeine transportiert sie dann Luftblasen unter diese Decke, die beim Aufsteigen die Decke wölben. Beutefang (↗Giftspinnen) erfolgt an der Glocke lauernd od. im freien Wasser (u. a. Wasserinsekten, Larven, Wasserasseln), die Nahrungsaufnahme in der Glocke (extraintestinale Verdauung!). Die W. ist eine der wenigen Spinnen, bei denen die Männchen mit 15 mm größer sind als die Weibchen (9 mm). Paarung, Kokonherstellung, -bewachung u. Jungenaufzucht finden in der Glocke statt. Während der Eientwicklung wird die Luft ständig erneuert. Die Jungspinnen bleiben so lange in der Glocke, bis sich die gefiederten Haare am Opisthosoma gebildet haben u. sie ein selbständ. Leben führen können. Entwicklung 2jährig.

Wasserspitzmäuse, *Neomys,* Gatt. der Rotzahn-↗Spitzmäuse mit 2 Arten; Füße mit Schwimmborsten; nur 30 Zähne. Die Sumpf- od. Bergspitzmaus (*N. anomalus*) lebt hpts. in Kleinasien, in Mitteleuropa selten. Stärker an das Wasserleben angepaßt ist die weit über Eurasien verbreitete Wasserspitzmaus *(N. fodiens);* sie jagt ihre Beute unter Wasser; mit 7–11 cm Kopfrumpflänge ist sie die größte in Dtl. vorkommende Spitzmaus. Beide Arten sind nach der ↗Roten Liste „gefährdet".

Wasserspringer, Schwarzer W., *Podura aquatica,* ↗Poduridae.

Wassersterngewächse, *Callitrichaceae,* fast weltweit verbreitete, vorwiegend jedoch in der gemäßigten Zone heimische Fam. der ↗Lippenblütlerartigen mit der einzigen, etwa 17 Arten umfassenden Gatt. Wasserstern *(Callitriche).* Ein- bis mehrjährige, untergetaucht od. amphibisch lebende Pflanzen, die in Anpassung an ihre äußeren Lebensbedingungen sehr wandlungsfähig sind. Hierzu gehört, daß alle Knoten der flutenden bzw. am Boden kriechenden Sproßachse Wurzeln u. Seitentriebe ausbilden können u. daß aus dem Wasser herausragende Sproßspitzen durch Stauchung der Internodien zu schwimmenden Blattrosetten werden. Zwischen untergetauchten u. an der Luft befindl. Blättern ist ein deutl. Unterschied festzustellen. Erstere sind i. d. R. wesentl. schmaler u. dünner, wodurch sie zart u. durchsichtig erscheinen. Über sie u. die untergetauchten Sprosse wird ein großer Teil der Nährstoffe aufgenommen, da sowohl Wurzel- als auch Gefäßsystem der W. nur schwach entwickelt sind. Die kleinen, unscheinbaren, einzeln od. zu mehreren in den Blattachseln stehenden Blüten werden durch Wind od. Wasser bestäubt (Anemo- bzw. Hydrogamie). Sie besitzen keine Blütenhülle, sondern werden lediglich von zwei hinfälligen Vorblättern umgeben. Männl. Blüten bestehen aus einem Staubblatt, weibl. aus einem aus 2 Fruchtblättern zusammengesetzten, 4fächerigen Fruchtknoten. Die Frucht zerfällt in 4 geflügelte od. gekielte Teilfrüchte. Häufigste einheim. Art der W. ist der in stehenden od. fließenden Gewässern bzw. an trocken gefallenen Schlammufern anzutreffende Teich-Wasserstern *(C. stagnalis).*

Wasserstoff, *Hydrogenium,* chem. Zeichen H, nichtmetall., einwertiges chem. Element (↗ Atom, T Bioelemente), das als Bestandteil des ↗Wassers u. nahezu aller am Stoffwechsel der Zellen u. Organismen beteiligten organ. ↗chem. Verbindungen (↗organisch) v. zentraler biolog. Bedeutung ist. Reiner molekularer W. (H_2) ist ein farb-, geruch- u. geschmackloses Gas, unter $-253\,°C$ eine wasserklare, leichtbewegl. Flüssigkeit; unter $-259\,°C$ bildet W. weiße Kristalle. Er besteht aus den beiden stabilen ↗Isotopen ^1_1H *(Protium)* und ^2_1H (↗*Deuterium,* schwerer W.); als künstl. radioaktives W.-Isotop kommt ^3_1H (↗*Tritium*) vor. Die natürl. Häufigkeiten der beiden stabilen Isotope sind 99,9855% (^1_1H) und 0,0145% (^2_1H). Obwohl W. im Weltall das häufigste Element ist, steht es innerhalb der Erdkruste nach Sauerstoff (55,1 Atom-%) u. Silicium (16,3 Atom-%) nur an 3. Stelle (15,4 Atom-%), was auf Verluste von W. während der Entstehung der Erde u. aus der W. enthaltenden, reduzierenden ↗Uratmosphäre der Urerde (B chemische u. präbiotische Evolution, ☐ Miller-Experiment) durch ↗Diffusion ins Weltall zurückzuführen ist. In der heutigen, oxidierenden ↗Atmosphäre kommt W. nur spurenweise in freiem Zustand vor; darüber hinaus kann freier W. Bestandteil v. Vulkangasen sein od. eingeschlossen in Mineralien bzw. Gesteinen vorkommen. Der weitaus größte Anteil des W.s der Erdkruste ist in Form v. Wasser (11,2 Gewichtsprozente v. Wasser) gebunden. W. ist ca. 14mal leichter als Luft u. verbrennt in Ggw. von ↗Sauerstoff mit blaßblauer, fast unsichtbarer Flamme zu Wasser (2 H_2 + O_2 → 2 H_2O). Bei vielen biol. ↗Redoxreaktionen (T Redoxpotential) wird W. mit Hilfe v. Enzymen (als Katalysatoren) von organ. Verbindungen (W.-Donoren) zu H⁺ (Wasserstoffion = *Proton*) oxidiert (↗Dehydrierung) od. auf andere Verbindungen (W.-Akzeptoren) übertragen (↗Hydrierung, ↗W.übertragung). Die bei der Oxidation zu H⁺ freiwerdenden Elektronen (↗Elektron) werden innerhalb der ↗Atmungskette (☐) letztl. auf Sauerstoff übertragen. ↗protonenmotorische Kraft (☐), ↗Protonenpumpe.

Wasserstoffbakterien, die ↗wasserstoffoxidierenden Bakterien.

Wasserstoffbrücke, *W.nbindung, Wasserstoffbindung,* eine nichtkovalente, schwache ↗chemische Bindung vorwiegend elektrostat. Natur zw. gebundenen Wasserstoffatomen u. den freien Elektronenpaaren v. Sauerstoff- u. Stickstoffatomen. Von bes. biol. Bedeutung sind die W.n bei der Ausbildung der ↗Sekundärstrukturen v. ↗Nucleinsäuren (☐ Basenpaarung, DNA-Doppelhelix), ↗Proteinen (α-Helix, Faltblattstrukturen) u. ↗Polysacchariden. Auch an der Bildung v. Enzym-Substrat-Komplexen u. deren Übergangszustände (☐ Enzyme) sowie an der Bindung v. Liganden an Makromoleküle (↗Komplexverbindungen) sind häufig W.n beteiligt. W.n können sich sowohl intramolekular, wie z. B. bei der α-Helix v. Proteinen (☐ Proteine), als auch intermolekular, wie z. B. bei der DNA-Doppelhelix (☐ Desoxyribonucleinsäuren) od. bei der ↗Kollagen-Tripelhelix ausbilden. Die Sekundärstruktur v. ↗Cellulose (☐) ist durch intra- u. intermolekulare W.n stabilisiert. B Proteine.

Wasserstoffionenkonzentration, *Hydroniumionenkonzentration,* ↗pH-Wert.

wasserstoffoxidierende Bakterien, *Wasserstoffbakterien,* fr. *Knallgasbakterien,* fakultativ chemolithotrophe Bakterien, die molekularen Wasserstoff (H_2) oxidieren u. dadurch Energie gewinnen. Wenn ihnen H_2, O_2 und CO_2 zur Verfügung steht u. im Nährmedium keine organ. Substrate vorliegen, assimilieren sie CO_2 autotroph im ↗Calvin-Zyklus. Im Nährmedium ohne H_2 mit organ. Substraten (z. B. Fructose) wachsen w. B. chemoorganotroph. Ist jedoch gleichzeitig H_2 vorhanden, so wird H_2 zum Energiegewinn oxidiert u. das organ. Substrat vorwiegend nur als Kohlenstoffquelle genutzt. Einige fakultativ aerobe w. B. nutzen H_2 auch bei der ↗Nitratatmung (↗*Paracoccus*). Die physiolog. Gruppe der aeroben w.n B. gehören verschiedenen taxonom. Gruppen der Bakterien an (T 400). Viele können auch Kohlenmonoxid als einzige Energiequelle verwerten (↗Carboxidobakterien). Sie leben in Boden u. Wasser. — Auch viele (obligat) anaerobe Bakterien nutzen H_2 zum Energiegewinn in verschiedenen anaeroben Stoffwechselwegen (↗Carbonat-, ↗Sulfat-, ↗Fumaratatmung, ↗Schwefelreduzierer). ☐ 400.

Wasserstoffperoxid, veraltete Bez. *Wasserstoffsuperoxid,* H_2O_2, in reinstem Zustand farblose, sirupartige Flüssigkeit; starkes Oxidations-, Desinfektions- u. Bleichmittel in der organ. Chemie, Medizin u. Kosmetik (T MAK-Wert). — W. bildet sich bei der Oxidation v. Aminosäuren u. bei der Oxidation v. ↗Xanthin durch Übertragung v. ↗Wasserstoff auf molekularen ↗Sauerstoff. W. wird als Substrat v. ↗Katalasen u. ↗Peroxidasen umgesetzt; dabei wird ein Sauerstoffatom von W. entweder auf andere Substrate od. auf W. selbst übertragen; in letzterem Fall (Katalase-Wirkung) bildet sich O_2 (Dehydrierung v. Wasserstoffperoxid).

Wasserstoffübertragung, die im zellulären Stoffwechsel durch Enzyme katalysierte Übertragung v. ↗Wasserstoff v. Wasserstoff-Donoren auf Wasserstoff-Akzeptoren. Die W. ist eine spezielle Form (↗Hydrogenierung des Akzeptors bzw. ↗Dehydrogenierung des Donors) v. ↗Redoxreaktionen. Von zentraler biol. Bedeutung sind die W.s-Reaktionen im Rahmen der ↗Atmungskette (☐), des ↗Citratzyklus (☐), des ↗Calvin-Zyklus (☐), der ↗Photosynthese (☐) sowie beim Auf- u. Abbau der ↗Fettsäuren (☐). ↗Flavinadenindinucleotid, ☐ Nicotinamidadenindinucleotid.

Wasserstreß, durch Absinken des ↗Wasserpotentials im Gewebe hervorgerufene Streßerscheinungen bei Pflanzen; verursacht durch starke ↗Transpirations-Verluste u./od. mangelnde Wassernachlieferung. ↗Streß.

Wassertejus, *Neusticurus,* Gattung der ↗Schienenechsen.

Wassertransport, Bez. für die Weiterleitung des in großen Mengen von den jungen Wurzelteilen, insbes. von den Wurzelhaaren aufgenommenen Wassers bis zu den Parenchymzellen der Blätter (B Blatt), wo das Wasser v. den gequollenen Zellwänden in den Luftraum der ↗Interzellularen (☐) verdampft u. durch ↗Diffusions-Vorgänge hpts. über die ↗Spaltöffnungen (T Blatt) an die nur selten wasserdampfgesättigte Atmosphäre abgegeben wird. Man unterscheidet einen *extravaskulären W.,* der v. der Rhizodermis (↗Absorptionsgewebe) bis zu den Xylemsträngen im Zentralzylinder der Wurzel erfolgt, von einem *vaskulären W.,* der in den toten ↗Tracheiden u. ↗Tracheen des Xylems v. Wurzel, Sproßachse u. Blättern stattfindet (↗Leitbündel, ↗Leitungsgewebe). In der ↗Wurzel kann das Wasser v. 2 Wegen bis zur ↗Endodermis gelangen: zum einen diffundiert es über die Kapillarräume der Zellwände (Intermicellar- u. Interfibrillärräume) bis zur Diffusionsbarriere des ↗Casparyschen Streifens (↗Apoplast, ☐) der Endodermiszellen *(apoplastischer W.),* zum anderen wird es über die Rindenzellen entlang einem osmot. ↗Gradienten bis zu den Endodermiszellen geleitet. So zeigen die

Wassertransport

Einige elementare Wasserstoffbrücken

zwischen einer Hydroxylgruppe und H_2O

zwischen einer Carbonylgruppe und H_2O

zwischen einer —$NH_3^⊕$-Gruppe und H_2O

zwischen einer —$CO_2^⊖$-Gruppe und H_2O

0,097 nm
0,276 nm
0,179 nm
H-Donor
H-Akzeptor

Wasserstoffbrücke

W.nbindungen sind nur bei genauer Ausrichtung zw. Donor- und Akzeptormolekül energiereich („stark").

Wassertransport

Mittägliche Spitzengeschwindigkeiten (m/h) der Wasserleitung verschiedener Pflanzentypen:

immergrüne Nadelhölzer 1,2
Mediterrane Hartlaubgewächse 0,4–1,5
zerstreutporige Laubhölzer 1–6
ringporige Laubhölzer 4–44
krautige Pflanzen 10–60
Lianen bis 150

Wassertransport

Zellen der einzelnen Zellschichten der Wurzelrinde in Richtung Endodermis eine zunehmende Konzentration an Nicht-Wasser-Teilchen in ihren ↗Vakuolen, also ein fallendes ↗Wasserpotential. Nach der Endodermis, durch deren Protoplasten alles aufgenommene Wasser unter selektiver Kontrolle der mittransportierten Nährsalze passiert, gelangt das Wasser bei Vorherrschen des Wurzeldrucks (s. u.) aktiv, bei Vorherrschen des Transpirationssoges (↗Transpiration) passiv durch ↗Osmose in die Leitbahnen des Xylems, in denen es als kontinuierl. Wasserfäden v. der Wurzel bis zu den Blättern – teilweise über 10 m bis zu 120 m (Höhe der höchsten Bäume) hoch. Dabei stellt sich sofort die Frage nach den Antriebskräften, die das Wasser entgegen den Reibungswiderständen u. entgegen dem Schwerefeld der Erde bis in solche Höhen verfrachten. Da ist einmal der *Wurzeldruck* zu nennen, der aber nur bei krautigen Pflanzen mit Standorten hoher Wasserdampfsättigung der Atmosphäre u. im späten Frühjahr vor Austrieb des Laubes eine Rolle spielt. Man kann nämlich nach Abschneiden des Sproßteils ein ↗„Bluten" der Wundfläche beobachten, bei dem Drucke von 1–2 bar entstehen. Wie diese Drucke durch aktive Transportvorgänge zw. Endodermis u. Xylemelementen des Wurzelleitbündels entstehen, ist noch weitgehend ungeklärt. Durch Vergiftung der Zellatmung in den Wurzeln kann man nur zeigen, daß die Wurzel dazu Energie aufwendet, daß es ein aktiver Vorgang ist. Auch reichen die beobachteten Werte des Wurzeldrucks nicht aus für einen W. über 20 m Höhe hinaus. Als entscheidende Triebkraft für den W. stellte sich eine v. den transpirierenden Blättern ausgehende *Saugwirkung (Transpirationssog)* heraus, die physikal. zwangsläufig durch die Wasserdampfabgabe der „wasserreichen" Blätter an die zumeist nicht mit Wasserdampf gesättigte, „wasserärmere" Atmosphäre zustande kommt. So hat bei 20°C eine noch 95%ig an Wasserdampf gesättigte Luft (↗Feuchtigkeit, ⊤) gegenüber einer 100%ig gesättigten Luft od. gegenüber freiem Wasser eine Dampfdruckdifferenz *(Wasserpotentialdifferenz)* von rund 100 bar (↗Druck, ⊤), eine 63%ig gesättigte Luft eine solche von 600 bar u. eine 50%ig gesättigte Luft eine solche von 900 bar. Schon der kleinste der gen. Potentialunterschiede ist mehr als ausreichend für einen W. bis zu 120 m Höhe einschl. der zu überwindenden Reibungskräfte (pro bar Druckdifferenz 10 m Höhendifferenz u. 0,1–0,2 bar zur Überwindung des Reibungswiderstands von 1 m Leitungsbahn). Ein Modellversuch zeigt, daß das Wasser tatsächl. über Barometerhöhe (= 10,33 m Wassersäule ≙ 760 mm Quecksilbersäule) in ↗Kapillaren (↗Kapillarität) hochgesaugt

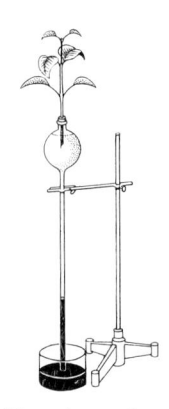

Wassertransport
Modellversuch zur Demonstration der Anhebung einer Quecksilbersäule durch *Transpirationssog:*
Verbindet man einen verdunstenden Zweig (od. auch einen Wasser verdunstenden, porösen Tonzylinder) über eine mit Wasser gefüllte Glaskapillare mit Quecksilber, so steigt letzteres bis über 1 m hoch, also weit höher, als dies unter Vakuumbedingungen der Fall ist (= 760 mm). Die Erklärung liegt in der Kohäsion der Wasserteilchen untereinander u. ihrer ↗Adhäsion (↗Kapillarität) zu den Zellwandbausteinen – im Versuch zur Glaswand u. zur Quecksilberoberfläche.

werden kann (vgl. Abb.). Andere Versuche zeigen, daß die Zerreißfestigkeit v. kapillaren Wasserfäden einen Druckunterschied von weit über 25 bar aushält, sofern eine Gasblasenbildung verhindert wird. Auch sind die pflanzl. Gefäße gg. ein Kollabieren durch Verholzung u. Ausbildung v. Versteifungsstrukturen stabilisiert; sie geben höchstens etwas dem Unterdruck elast. nach. Dies kann man durch empfindl. ↗Dendrometer messen. So verkleinert sich der Durchmesser v. Zweigen, Ästen u. Stamm mit zunehmender Transpiration der Pflanze, u. zwar zunächst in den jüngeren Zweigen, später folgend in den Ästen u. im Stamm; die Rückgewinnung des alten Durchmessers erfolgt dagegen in der nächtl. Transpirationspause in umgekehrter Richtung. Da die Pflanze über ihre Leitbahnen den im Vergleich zur Atmosphäre hohen Wassergehalt des Bodens (↗Bodenwasser) in den Luftraum mit nur geringer Erniedrigung der Wasserpotentialdifferenz durch Diffusions-, Reibungs- u. stomatären Widerstand hebt, verbraucht sie selber für den Ferntransport des Wassers keine eigene Energie, sondern nutzt die letztendlich durch die Sonneneinstrahlung sich aufbauende Wasserpotentialdifferenz zw. Boden u. Luftraum dazu aus. Die Geschwindigkeiten des W.s sind recht unterschiedlich (⊤ 401). ↗Wasserkreislauf (☐), ⒷWasserhaushalt (der Pflanze).

H. L.

Wassertreter, 1) *Haliplidae,* Fam. der adephagen ↗Käfer (⊤) aus der Gruppe der *Hydradephaga.* Weltweit mit ca. 120, bei uns mit 20 Arten verbreitete Gruppe v. kleinen (2–5 mm) Wasserkäfern von tropfenförm. Habitus u. gelber bis rotbrauner Grundfarbe mit schwarzer Fleckung. Die Beine sind zwar mit Schwimmhaaren besetzt, aber nicht verbreitert, so daß die Tiere eher unbeholfen, mit alternierenden Beinbewegungen, schwimmen. Auffällig für diese Fam. sind die extrem verbreiterten Hinterhüftplatten, die fast den gesamten Hinterleib bedecken können. Die Atmung erfolgt wie bei den echten ↗Schwimmkäfern, indem ein Luftvorrat mit der Hinterleibsspitze unter die Elytren aufgenommen wird. Käfer u. Larven leben in stehenden od. langsam fließenden Gewässern; Larvalentwicklung 1–2jährig, Verpuppung an Land in einer kleinen Erdhöhle. Die Larven atmen über röhrenförm. Strukturen an den Tergiten u. Sterniten, die teilweise beträchtl. Länge erreichen können (Gatt. *Peltodytes*); es handelt sich um als Mikro-Schlauchkiemen bezeichnete Tracheenkiemen. Während die Larven ausschl. phytophag v. Grünalgen leben, nehmen die Imagines neben Grünalgen auch tier. Kost zu sich. Dabei scheint es ausgesprochene Spezialisten zu geben. *Haliplus flavicollis* frißt überwiegend Chironomiden-Eier, *H. lineolatus* bevorzugt Süß-

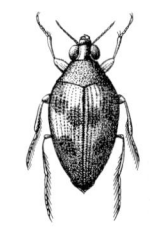

Wassertreter *(Haliplus ruficollis),* ca. 3 mm groß

wasserpolypen. *H. immaculatus* ist dagegen auf die Grünalge *Cladophora* spezialisiert. In Mitteleuropa sind die W. mit den Gatt. *Brychius, Peltodytes* und *Haliplus* vertreten. **2)** *Phalaropodidae,* Fam. zierlicher ↗Watvögel mit 3 um 20 cm großen Arten, die auch zur Fam. ↗Schnepfenvögel gerechnet werden. Schwimmen korkleicht mit Kreiselbewegungen auf der Wasseroberfläche u. picken dort mit dem sehr dünnen Schnabel nach Nahrung. Im Schlichtkleid grau u. weiß gefärbt, im Sommerkleid mit kontrastreicherer, Rotbraun enthaltender Zeichnung; Sexualdimorphismus in der Weise, daß die Männchen unscheinbarer gefärbt sind als die Weibchen; dies ist ungewöhnl. in der Vogelwelt (auch bei ↗Goldschnepfen), spiegelt jedoch das Brutverhalten wider: pro Brutsaison sukzessive Polygamie, d. h., ein Männchen begattet mehrere Weibchen, wobei die Bebrütung der Eier u. die Jungenführung allein v. Männchen übernommen werden. Das Odinshühnchen (*Phalaropus lobatus,* B Polarregion II) brütet an kleinen Tümpeln u. Buchten geschützter Seen in Skandinavien u. im N der Brit. Inseln; tritt an der Nordseeküste u. gelegentl. im Binnenland auf dem Durchzug. Das etwas größere Thorshühnchen *(P. fulicarius)* ist während der Brutzeit unterseits rostrot gefärbt, tritt in Dtl. wesentl. seltener auf u. ist circumpolar in Eurasien und N-Amerika verbreitet. Das Amerikan. Odinshühnchen *(P. tricolor)* wird in Europa als Irrgast beobachtet.

Wassertrugnattern, *Homalopsinae;* U.-Fam. der ↗Nattern; leben v. a. in den Flüssen u. Küstengewässern SO-Asiens, der indoaustr. Inselwelt u. Australiens. Augen klein; äußere Nasenöffnungen oberständig, durch Hautklappen verschließbar; hintere Oberkieferzähne gefurcht; mit Giftdrüse (Gift meist sehr schwach, für den Menschen ungefährl.); kleine, ventrale Schuppen; kräft. Schwanz; ernähren sich v. a. v. Fischen, die sie unter Wasser verschlingen, gelegentl. auch v. Fröschen; lebendgebärend; meist nachtaktiv; schwimmen ausgezeichnet. Hierzu gehören die Boa-Trugnatter *(Homalopsis buccata;* ca. 1 m lang; kommt öfters an Land), die Hundskopf-W. *(Cerberus rhynchops)* u. die Angehörigen der Gatt. *Enhydris* (bis 1 m lang; mit 16 Arten) sowie die eigenart. Fühlerschlange *(Erpeton tentaculatum;* ca. 75 cm lang; kann sich zur Tarnung ganz steif machen; ♀ bringt 7–13 Junge zur Welt) mit 2 bewegl. und beschuppten Kopffortsätzen. Die Krebstrugnatter *(Fordonia leucobalia)* geht weit ins Meer u. ernährt sich v. a. von Krabben.

Wasserverschmutzung, *Wasserverunreinigung,* Verunreinigung der Gewässer, einschl. des ↗Grundwassers (☐), durch feste, flüssige u./od. gasförmige Stoffe, die als häusl., gewerbl., ind. und landw. ↗Ab-

Wassertreter
Odinshühnchen
(Phalaropus lobatus)

Wasserverschmutzung
Die bisher schwerste Rheinvergiftung ereignete sich am 1. 11. 1986, als eine Lagerhalle mit Agrochemikalien u. Lösungsmitteln eines Basler Chemiekonzerns abbrannte u. mit Löschwasser ca. 30 Tonnen Pestizide (z. B. Phosphorsäureester [Nervengifte] u. Quecksilberverbindungen) in den Rhein gelangten. Welche Auswirkungen dieser Chemieunfall auf die Ökosysteme „Rhein" und „Nordsee" (v. a. das Wattenmeer) langfristig haben wird, ist z. Z. noch nicht abzusehen.

*fall-*Stoffe anfallen u. vom Erdboden (↗Bodenwasser), von ↗Deponien, als ↗Abwasser (T) sowie aus der Luft (z. B. durch ↗sauren Regen; ↗Luftverschmutzung) in das Wasser gelangen. Als Folge kann die ↗Selbstreinigung gestört, das pflanzl. und tier. Leben beeinträchtigt u. das ↗ökolog. Gleichgewicht (↗Stabilität, ☐) des Gewässers gestört sein. Auch die Nutzung als ↗Brauch- u./od. Trinkwasser (↗Wasseraufbereitung, T) kann durch eine W. nicht mehr od. erst nach aufwendigen Reinigungsverfahren wieder mögl. sein. Während in Afrika u. a. Entwicklungsländern die Verseuchung des Wassers mit *Krankheitserregern* (noch) die größte Gefahr darstellt (T Abwasser), ist in eur. u. anderen Industrieländern die Verschmutzung des Wassers mit *Chemikalien* das Hauptproblem. Der *Rhein,* an dem die chem. Industrie bes. stark konzentriert ist u. der auch Trinkwasser für ca. 20 Mill. Menschen liefert, transportiert mehr als 100 000 Stoffe in die Nordsee; davon werden nur ca. 600 kontrolliert. Auch ohne bes. „Störfälle" (vgl. Spaltentext) werden (mit Genehmigung) so viel Giftstoffe (↗Gifte, ↗Schadstoffe) eingeleitet u. abgelagert, daß z. B. der ausgebaggerte Schlamm im Hafen v. Rotterdam nicht mehr in die Nordsee „entsorgt" wird, sondern in „Sonder-Deponien" eingelagert werden muß (ca. 10 Mill. m³/Jahr). Hauptursache für die Verschmutzung der *Nordsee* (gleiches gilt für die *Ostsee*) sind die Stoffe aus dem Rhein u. den anderen großen Flüssen. Zusätzl. gelangen jährl. Tausende Tonnen Stickstoffverbindungen (u. a. ↗Stickoxide; T Luftverschmutzung) u. ↗Schwermetalle aus Heizungsanlagen, Schornsteinen u. Auspuffgasen (↗Abgase) über die ↗Atmosphäre in Nord- u. Ostsee. Die Schmutzfracht (↗Abwasserlast) der Flüsse u. die durch die (noch) genehmigten Verklappungen eingebrachten Chemikalien (Dünnsäure) werden nicht gleichmäßig in der Nordsee verteilt u. verdünnt, sondern durch Strömungen in bestimmten Regionen konzentriert und bes. im ↗Watt abgelagert. Außerdem ist der Austausch des Nordseewassers mit dem Atlantik relativ gering u. kann bei ungünst. Witterung nahezu unterbunden sein. Bes. Probleme schafft die hohe Konzentration an ↗*Schwermetallen* (v. a. ↗Cadmium u. ↗Quecksilber) und ↗*Chlorkohlenwasserstoffen* (u. a. ↗polychlorierte Biphenyle), die sich in den ↗Nahrungsmitteln bzw. ↗Nahrungsketten anreichern (↗Akkumulierung). Am stärksten bedroht sind Seevögel u. ↗Seehunde. Die Verseuchung des Wassers zeigt sich bes. deutlich an den erkrankten Fischen (↗Fischgifte, ↗Fischvergiftung, ↗Fischsterben) im Bereich der Flußmündungen; so sind Aale zu 50–90% geschädigt; Mißbildungen findet man bei vielen weiteren Fischarten, verstärkt bei Brut- u. Jungtieren (z. B. v. Kliesche, Butten, Flundern). Eine weitere große Gefahr für die Fauna entsteht bei Sauerstoffmangel, der in manchen Regionen zum einen bei ungünstiger Witterung als Folge der *Überdüngung* mit ↗Nitrat u. ↗Phosphat eintreten (↗Eutrophierung, ☐), zum anderen aber auch durch die *thermische Belastung* der Gewässer mit der Abwärme (Prozeßwärme) aus Kraftwerken (Abnahme der Sauerstoffsättigung mit wachsender Temperatur) verursacht werden kann. Durch die häufigen *Ölverschmutzungen* (↗Erdöl) des Wassers (↗Ölpest) treten bei Seevögeln hohe Verluste auf; schätzungsweise verenden jährl. über 50 000. – Schwere Schädigungen v. Wasserorganismen werden auch durch die aus der Luft hervorgerufene W. verursacht: so sind in Skandinavien über 10 000 Seen biologisch nahezu tot, da der pH-Wert durch ↗sauren Regen so stark abgefallen ist (pH 4–5), daß ein Leben höherer Organismen nicht mehr möglich ist. Auch in Mitteleuropa verschlechtern sich die Lebensbedingungen in einigen Seen u. Flüssen durch Versauerung so stark, daß Fische bzw. Fischbrut absterben. Bes. gefährdet sind Gewässer, die v. Schmelzwässern gespeist werden u. deren Untergrund aus Urgestein besteht. Im Schweizer Kanton Tessin waren von 56 untersuchten Seen 20 klar u. blau, aber ohne Fische. Auch in vielen Bächen dt. Mittelgebirge ist ein dramat. Rückgang der Fischbestände festgestellt worden. – Eine weitere, noch „schleichende", aber um so gefährlichere W. findet im *Boden* statt. Durch übermäßige ↗Düngung (Nitrat; ↗Stickstoffdünger, ↗Stickstoffauswaschung), bes. in Gebieten mit landw. Intensivkulturen (Mais, Weinbau), und durch schwer abbaubare ↗Pestizide werden immer häufiger Grundwasserbrunnen verunreinigt. Jährl. werden in der BR Dtl. ca. 30 000 t Pestizide auf Böden ausgebracht. Ein erhebl. Gefährdungspotential für das Grundwasser stellen auch eine Reihe Altmülldeponien mit gift. Industrieabfällen dar, deren Sickerwässer gefährl. Giftstoffe (Dioxine, Furane; ↗TCDD) enthalten. ↗Saprobiensystem (☐T☐), ↗Colititer (☐T☐), ↗chemischer Sauerstoffbedarf, ↗biochemischer Sauerstoffbedarf, ↗Muschelgifte, ↗Umweltbelastung, ↗Kläranlage (☐), ↗Wasseraufbereitung.

Lit.: Schmit, H., Dekkers, M.: Schmutzige Wasser. Reinbek 1984. G. S.

Wasserwanzen, *Hydrocorisae,* U.-Ord. der ↗Wanzen.

Wasserzikaden, die ↗Ruderwanzen.

Watasenia w, Gatt. der Fam. *Enoploteuthidae,* Kalmare (U.-Ord. ↗*Oegopsida*) mit zugespitztem Hinterende, an dem große Flossen stehen; der Schalenrest (Gladius) ist federförmig mit verdickten Rändern. *W. scintillans* tritt im N-Pazifik, an den Küsten Japans u. Koreas bis 1000 m Tiefe in großen Schulen auf; in einem Netzzug werden

J. D. Watson

Wasserverschmutzung

Stoffklassen (Auswahl):
1. Sauerstoffverbrauchende (biol. abbaubare) Abfälle aus kommunalen, landw. und ind. ↗Abwässern
2. Krankheitskeime (Bakterien, Pilze, Viren, Protozoen; ☐T☐ Abwasser)
3. Nährstoffe für Pflanzen (wichtig: Phosphat u. Stickstoffverbindungen)
4. Organ. Substanzen, die toxisch u./ od. schwer abbaubar sind: ↗Seifen, ↗Detergentien (↗Emulgatoren, ↗Waschmittel), ind. Chemikalien (z. B. ↗Pestizide) u. Ölabfälle (↗Ölpest)
5. Anorgan. Chemikalien: Metall-↗Salze (z. B. ↗Natriumchlorid, ↗Schwermetalle), ↗Laugen u. ↗Säuren aus Bergbau, gewerbl. und ind. Prozessen
6. Sedimente
7. Radioaktive Substanzen (aus Natur, Industrie, Medizin, Forschung; ↗Radioaktivität, ↗Strahlenbelastung)

bis 2 Mill. Individuen gefangen; ♂♂ bis 6 cm, ♀♀ bis 7 cm lang. *W.* stellt eine wichtige Nahrung für Dorschartige u. Robben, wird in Japan als Köder verwendet u. auch gegessen.

Watson [wåtßn], *James Dewey,* amerikan. Biochemiker, * 6. 4. 1928 Chicago; seit 1958 Prof. in Cambridge (Mass.), ab 1968 Dir. des Cold Spring Harbor Laboratory in Long Island (N. Y.); Arbeiten über Strahlenauswirkungen auf Viren; stellte 1953 zus. mit F. ↗Crick auf der Grundlage der durch Röntgenstrukturanalyse (v. Franklin u. Wilkins) erhaltenen Daten das Doppelhelix-Modell *(Watson-Crick-Modell)* von Desoxyribonucleinsäure (DNA) auf (☐B☐ Desoxyribonucleinsäuren III); erhielt 1962 zus. mit Crick u. Wilkins den Nobelpreis für Medizin.

Watsonsche Regel [wåtßn-], beschreibt das Phänomen, daß neue „Organisationstypen" in der Stammesgeschichte nicht durch Makromutationen (Typensprünge, ↗Saltation), sondern durch ↗additive Typogenese über Zwischenformen (connecting links) entstehen. ↗Evolution, ↗Mosaikevolution, ↗Archaeopteryx.

Watt *s* [v. ahd. vat = Furt], küstennaher Bereich an der Nordsee im Niveau zw. Springtidehoch- u. -niedrigwasser; bildet einen ca. 450 km langen Streifen im Schutz der West-, Ost- und Nordfriesischen Inseln zw. Texel (Niederlande) u. Esbjerg (Dänemark); erreicht an der dt. Küste ca. 13,5 km Breite. Je nach Strömungsgeschwindigkeit entstehen unterschiedl. Formen des W.s: *Sand-, Schlicksand-* und *Schlick-W.* Zwischen den höheren Verebnungen des W.s *(Platen)* liegen auch bei Ebbe wassergefüllte Rinnen u. Gräben *(Priele* u. *Baljen).* – Im W. werden Sinkstoffe angereichert, da die Resuspendierung v. Teilchen energieaufwendig ist u. das Sediment rasch durch schleimbildende Tiere gefestigt wird. *W.boden* besteht neben Sand, Schluff, Ton, Muschelschill, Diatomeenschalen u.a. zu 1,5 bis 10% aus organ. Substanz; bei Luftabschluß unter Algendecken wird er schwarz gefärbt, bei Luftzufuhr durch Tierbauten rostgefleckt. – Die Vorbeiführung v. Pflanzen-↗Detritus u. ↗Plankton mit dem Tidenstrom liefert die Nahrung für eine reiche Fauna mit meist sessiler bis hemisessiler Lebensweise: Wattwurm *(Arenicola marina,* ↗*Arenicolidae),* ↗*Nereis,* ↗Klaff-, ↗Herz-, ↗Pfeffer-, ↗Miesmuscheln, ↗Strand- u. ↗Wattschnecken, ↗Wattkrebse, Garnelen (↗*Crangonidae);* außerdem eine charakterist. Vogelfauna (v.a. ↗Wat- u. Möwenvögel). Das Sand-W. ist frei v. höherer Vegetation; auf feinkörnigerem Substrat wachsen, vom Meer zum Land hin zoniert: Seegraswiesen *(↗Zosteretea),* Quellerwatten u. Schlickgras-Bestände *(↗Thero-Salicornietea,* ↗*Spartinetea)* u. Salzrasen *(↗Asteretea tripolii).* Die höheren Pflanzen wirken als Sedimentfänger, sind Nahrungsquelle für Tiere u. Substrat für Aufwuchsalgen. – Das W. zählt zu den einzigartigen Lebensräumen der Erde. Bedroht ist es heute einmal durch die Anreicherung v. ↗Schadstoffen (↗Schwermetalle, ↗Pestizide u. a.), die mit den Flüssen eingeleitet oder v. Schiffen abgelassen werden (↗Ölpest, ↗Wasserverschmutzung), zum zweiten durch große Eindeichungsprojekte, welche die W.fläche verringern. ↗Schlick, ↗Marschböden, ↗Europa ([T]); [B] National- u. Naturparke I.

Wattenfaser, die Gatt. ↗Phormidium.

Wattkrebs, *Wattenkrebs, Corophium volutator,* ein 1 cm langer Vertreter der ↗Flohkrebse. Alle Arten der Fam. *Corophiidae* bauen Schlickröhren od. graben Löcher in weichen Boden. Der W. lebt in riesigen Mengen im Schlickwatt der Nordsee; im Jadebusen können bis zu 40 000 Individuen auf 1 m² vorkommen. Zur Nahrungsaufnahme streckt er den Vorderkörper aus der Wohnröhre u. zieht mit den Antennen kleine Schlickportionen heran. Wo sie in Massen vorkommen, erzeugen die Tiere ein ständig knackendes od. knisterndes Geräusch durch Ausspannen u. Zerreißen eines Oberflächenhäutchens zw. den großen 2. Antennen. Der W. bildet eine wichtige Nahrungsgrundlage für Schollen u. a. Fische u. für *Crangon* (Nordseegarnele). *C. curvispinum* ist vom Kaspischen Meer eingeschleppt worden u. hat sich in einigen Flüssen (z. B. Havel) etabliert. *C. lacustre,* eine kleinere (bis 0,5 cm) Brackwasserart, besiedelt die Flußmündungen von Nord- u. Ostsee. Andere Arten und Gatt. sind an amerikan. Küsten verbreitet.

Wattschnecken, *Schnauzenschnecken, Hydrobiidae,* Fam. der ↗Kleinschnecken mit kegelförm. oder planspiralem Gehäuse, im allg. rechts-, selten linksgewunden, Mündung einfach, Dauerdeckel conchinös. Der vorn abgestutzte Fuß ist sehr beweglich. Bandzüngler, die sich v. Mikroorganismen u. Detritus ernähren; der Magen hat einen Kristallstiel. Getrenntgeschlechtl. Tiere mit innerer Befruchtung, selten parthenogenetisch; meist eierlegend, doch manche ovovivipar. Die W. sind weltweit verbreitet, mit Schwerpunkt im Süßwasser, einige im Brackwasser od. terrestrisch. Die Klassifikation ist umstritten (ca. 60 Gatt.; vgl. Tab.). W. i. e. S. sind Arten der Gatt. *Hydrobia,* insbes. *H. ulvae:* Gehäuse spitzkegelförmig, bis 6 mm hoch (bei parasitärer Kastration durch Saugwurm-Larven auch größer); auf Sand u. Schlick im brackigen Bereich der Nordseeküsten oft massenhaft auftretend (50 000 Tiere/m²). Bei Trockenfallen während der Ebbe graben sie sich ein u. nehmen Kieselalgen u. Detritus auf. Kommt die Flut, so schwimmen sie am Oberflächenfloß des Wassers mit Hilfe eines Schleimfloßes, das gleichzeitig als Planktonfänger dient. Sie entwickeln sich über Veliger, die sich bald auf dem Schlick niederlassen. Auch die Bauchigen W. *(H. ventrosa),* 4,5 mm hoch, bevorzugen Brackwasser; verwandte Arten leben im Süßwasser.

Wattwurm, *Arenicola marina,* ↗Arenicolidae.

Wat- und Möwenvögel, *Charadriiformes,* vielgestaltige Ord. von Wasser- u. Sumpfvögeln mit gut ausgebildeten Nasendrüsen, schwach entwickelter od. fehlender Hinterzehe u. meist kleinen, 1–4 Eier umfassenden Gelegen. 18 Fam. (vgl. Tab.) mit insgesamt etwa 360 Arten.

Watvögel, *Limicolen,* Sammelbez. für mehrere Fam. der ↗Wat- u. Möwenvögel ([T]), die sich in Feuchtgebieten aufhalten u. meist durch hohe Beine u. langen Schnabel gekennzeichnet sind.

Wau *m* [v. mhd. wolde, waude = Reseda], *Reseda luteola,* ↗Resedagewächse.

Wawilow, *Nikolai Iwanowitsch,* sowjet. Botaniker, * 25. 11. 1887 Moskau, † 2. 8. 1942 Magadan (am Ochotskischen Meer, als Häftling); seit 1917 Prof. in Saratow, 1920–27 Leiter der Abt. für angewandte Botanik u. Selektion des Allunions-Inst. für angewandte Bot. und neue Kulturen in Leningrad; 1930–39 dessen Dir.; pflanzengeogr., -pathol., populationsgenet. und taxonom. Untersuchungen an Kulturpflanzen, deren Ursprungszentren er nachging (↗Genzentrentheorie) und v. denen er auf ca. 180 Expeditionen in Asien, Afrika, S-Amerika eine Fülle v. Saatgut als Grundlage für die Neuzüchtung u. Nutzpflanzen mitbrachte. In seinen Bestrebungen, die Mendelsche Theorie der Vererbung mit Darwinistischen Vorstellungen in Einklang zu bringen, geriet er in schärfsten Ggs. zu den damals in der UdSSR vorherrschenden irrigen Vorstellungen ↗Lyssenkos u. seiner Anhänger, verlor 1939 alle seine Ämter u. wurde 1940 verhaftet.

Waxdick *m,* *Acipenser gueldenstaedti,* ↗Störe. [ner.

Webebär, *Hyphantria cunea,* ↗Bärenspin-

Weber, *Ernst Heinrich,* dt. Anatom u. Physiologe, * 24. 6. 1795 Wittenberg, † 26. 1. 1878 Leipzig; 1818–71 Prof. in Leipzig; Mitbegr. der Psychophysik u. der modernen Physiologie; arbeitete auf nahezu allen Gebieten der Physiologie, bes. über Tast- u. Gehörsinn (W.sches Gesetz; ↗W.-Knöchelchen) sowie das Nervensystem, u. war auch anatomisch (Drüsen, Geschlechtsorgane) tätig. ↗W.-Fechnersches Gesetz.

Weberameisen, *Smaragdameisen, Oecophylla,* tropische Gatt. der ↗Schuppenameisen (↗Ameisen). Die W. bauen ihr Nest in Bäumen innerhalb zusammengenähter Blätter. Dazu werden die Blätter am Baum durch Ketten v. Arbeiterinnen zusammengezogen; andere halten die Larven, die aus den Labialdrüsen einen Spinnfaden liefern, an die Blattkanten. Die W. leben räuberisch v. diversen Insekten,

---

Wat- und Möwenvögel

Familien:

Watvögel:
↗ Austernfischer *(Haematopodidae)*
↗ Blatthühnchen *(Jacanidae)*
↗ Brachschwalben u. Rennvögel *(Glareolidae)*
↗ Goldschnepfen *(Rostratulidae)*
↗ Höhenläufer *(Thinocoridae)*
↗ Regenpfeifer *(Charadriidae)*
↗ Reiherläufer *(Dromadidae)*
↗ Säbelschnäbler *(Recurvirostridae)*
↗ Scheidenschnäbel *(Chionididae)*
↗ Schnepfenvögel *(Scolopacidae)*
↗ Triele *(Burhinidae)*
↗ Wassertreter *(Phalaropodidae)*

Möwenvögel:
↗ Möwen *(Laridae)*
↗ Raubmöwen *(Stercorariidae)*
↗ Scherenschnäbel *(Rhynchopidae)*
↗ Seeschwalben *(Sternidae)*
↗ Alken *(Alcidae)*
↗ Flughühner *(Pteroclidae)*
(z. T. als eigene Ord. aufgefaßt)

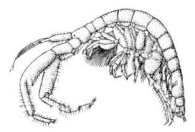

Wattkrebs (Corophium volutator), ♂

Wattschnecken

Wichtige Gattungen:
↗ Brunnenschnecken
↗ *Bythinella*
Hydrobia
↗ *Littoridina*
↗ *Potamopyrgus*
↗ Steinkleber

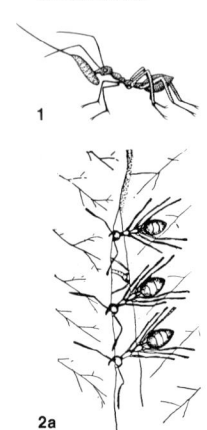

Weberbock

die sie mit ihren langen u. spitzen Oberkiefern erbeuten. In Asien u. Afrika werden die W. zum Klammern v. Wunden benutzt, indem man die Wundränder v. den Kiefern der W. ergreifen läßt. Der sodann abgetrennte Kopf verbleibt festgebissen bis zur Heilung an der Wunde.

Weberbock, *Lamia textor,* Art der ↗Bockkäfer; dunkel graubraun, kräftiger Körper, Fühler kürzer als der Körper, ca. 25–30 mm groß. Die Käfer laufen meist nachts in der Nähe ihrer Brutbäume (Weiden, Pappeln) umher. Die Larve entwickelt sich in der erdnahen Region des Stammes u. kann bei Befall junger Kopfweiden schädl. werden.

Weber-Fechnersches Gesetz [ben. nach E. H. ↗Weber und G. T. ↗Fechner], *psychophysisches Grundgesetz,* besagt, daß zw. der meßbaren u. der empfundenen Reizstärke kein linearer Zshg. besteht, sondern die Intensität der Empfindung (E) proportional dem Logarithmus der Stärke des auslösenden ↗Reizes (S) ist: $E = K \cdot \log S$ (K = Konstante). Dies ist für mittlere Reizintensitäten bei Licht- u. Schallreizen (↗Gehörsinn) annähernd erfüllt. – Das W.-F. G. ging v. dem für kleine Reize gültigen *Weberschen Gesetz* aus: $\Delta E = (K' \cdot \Delta S)/S$, demzufolge eine Reizänderung (ΔS) zu einer um so kleineren Änderung der Empfindung (ΔE) führt, je größer der Reiz ist.

Weberknechte, *Kanker, Opiliones,* Ord. der ↗Spinnentiere mit 3 U.-Ord. (vgl. Tab.) u. ca. 3200 Arten. Körper ohne Taille; das Prosoma ist oft durch 2 dorsale Furchen in ein Proterosoma und 2 freie Segmente geteilt. Das Opisthosoma ist deutl. gegliedert u. hat bei urspr. Arten u. den Embryonen der höher entwickelten Arten 10 Segmente. Das Prosoma trägt 1 Paar sackförmige Stinkdrüsen. Lange, 3gliedrige Cheliceren, i. d. R. kurze, laufbeinartige Pedipalpen u. 4 Laufbeinpaare, die bei vielen Arten sekundär verlängert sind; die Tarsen weisen dann bis über 100 Glieder auf; das 2. Laufbeinpaar ist das längste u. dient zum Tasten; bei Gefahr werden die Laufbeine autotomiert, Sollbruchstelle zw. Coxa u. Trochanter; abgeworfenes Bein kann noch bis zu 30 Min. zucken. Ober- u. Unterschlundganglion, paarige Nervenknoten im vorderen Bereich des Opisthosomas. Sinneshaare, Spaltsinnesorgane, 2 große Medianaugen, meist auf einem Augenhügel. 1 Paar baumförmig verzweigte Tracheen mit Mündung am 8. Sternit, bei langbeinigen Arten zusätzlich je eine Atemöffnung an der Tibia der Laufbeine; Herz kurz, 2 Paar Ostien, keine Verzweigungen. Nephrocyten, Perineuralorgane, Coxaldrüsen (1 Paar bildet kompliziertes, ausgedehntes Kanalsystem). Mund weit, Mundvorraum aus ladenartigen Fortsätzen der Pedipalpen u. des 1. Laufbeinpaares; Pharynx mit Saugmuskel; Oesophagus, Mitteldarm mit Blindsäcken, Enddarm; Ernährung ist unterschiedlich, teils räuberisch, teils fressen sie Aas u. faulende Früchte; Brettkanker u. Schneckenkanker auf Schnecken als Beute spezialisiert. Übertragung der Spermien direkt mit einem Penis in die nach vorne zw. die Coxen verlagerte weibl. Genitalöffnung. Eiablage mit einem Ovipositor. Penis u. Ovipositor sind durch Hämolymphdruck teleskopartig ausstülpbar. Bei Schneckenkankern gustatorische Balz. Junge W. haben milbenartigen Habitus.

Weber-Knöchelchen [ben. nach E. H. ↗Weber], bei den *Ostariophysi* (↗Karpfenfische u. ↗Welse) vorkommende, von den vorderen 3 Wirbeln u. Rippen abstammende kleine Knochenstücke, die Schwingungen v. der ↗Schwimmblase zum Labyrinth übermitteln, also Hilfseinrichtungen zur Schallweiterleitung (Gehörknöchelchen) sind u. so Hören ermöglichen. Der vordere Teil der Schwimmblase, die hier als Resonanzraum dient, ist dehnungsfähiger als der hintere Teil u. leitet die Schwingungen zum Perilymphraum (Sinus impar). Bei einigen Ostariophysen hat die Schwimmblase nur noch die Funktion, Schwingungen zu übertragen, u. ist bis auf den vorderen Teil völlig reduziert. ☐ 407, ↗Gehörknöchelchen, ☐ Gehörorgane.

Weber-Linie [ben. nach dem dt. Zoogeographen M. Weber, 1852–1937] ↗Orientalis.

Webervögel, *Ploceidae,* Fam. der ↗Singvögel mit 145 relativ kleinen Arten urspr. in der Alten Welt, die meisten in Afrika südl. der Sahara; nach Einbürgerung durch den Menschen kommen einige Arten auch in der Neuen Welt vor. Gefieder graubräunl. mit gelben, schwarzen u. weißen Abzeichen, vielfach jedoch auch sehr bunt gefärbt, zumindest die Männchen während der Brutzeit, weshalb einige Arten gern als ↗Käfigvögel gehalten werden. Ernähren sich v. Körnern, Samen u. Insekten; teilweise werden nur die Jungen mit Insektennahrung gefüttert. Als sehr gesellige Vögel bewohnen die W. die Steppe u. Savanne, einige auch Kulturland u. Ortschaften. Zu letzten gehören mehrere Arten der ↗Sperlinge. Die meisten W. bauen überdachte Nester (☐ Nest) im Schilf od. hohen Gras, auf Büschen u. Bäumen, oft kunstvoll geflochten; bes. ausgeprägt z. B. bei den Widavögeln (*Euplectes,* B Käfigvögel), die ein kugel. Nest mit seitl. Eingang errichten; das Nest des Steppenweber (*Textor*) besitzt ein doppeltes Dach, vermutl. zur Isolierung gg. Einwirkung v. Sonnenstrahlen. Die Neigung zu geselligem Nisten ist vielfach auch mit dem Auftreten v. ↗Polygamie verbunden. Die größten W., die schwarzgrau befiederten Büffelweber (*Bubalornis*), weiden gern in der Nähe v. Büffelherden, um dort aufgescheuchte Insekten zu fangen; sie fügen mehrere Nester zu einem Gemeinschaftsbau zus. Noch ausgepräg-

---

Weberameisen

1 Weberameise (*Oecophylla*); **2a** W.n spinnen die Blattränder eines Nestes zusammen; **b** Gespinstnest

Weberknechte

Unterordnungen u. Familien:

↗ Cyphophthalmi
↗ Laniatores
↗ Palpatores
  ↗ Brettkanker (Trogulidae)
  ↗ Fadenkanker (Nemastomatidae)
  ↗ Schneckenkanker (Ischyropsalididae)
  ↗ Phalangiidae

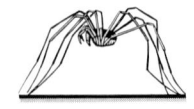

Gemeiner Weberknecht (*Phalangium opilio*)

ter ist dies bei den Siedelwebern (*Philetairus*, B Afrika VI), die zur Gruppe der Sperlingsweber gehören, der Fall: unter einem Kuppeldach befindet sich wie in einer riesigen Bienenwabe eine Vielzahl v. Grasnestern; die Kolonie wird Jahr für Jahr erweitert, so daß ganze Äste unter der Last abbrechen können. Die ↗Witwenvögel sind durchweg Brutparasiten (↗Brutparasitismus), u. zwar bei ↗Prachtfinken, die den W.n verwandtschaftlich nahestehen.

Webspinnen, Spinnen i. e. S., *Araneae*, Ord. der ↗Spinnentiere mit ca. 30 000 Arten in etwa 60 Fam. ([T] 408). W. sind seit dem Karbon fossil bekannt. Als größte Art gilt die Vogelspinne *Theraphosa leblondi* mit 9 cm Körperlänge, die kleinsten Arten sind nur 1–2 mm groß. W. sind weltweit in allen Klimazonen verbreitet u. besiedeln alle Landbiotope; nur 1 Art (↗Wasserspinne) ist zum Wasserleben übergegangen. Alle W. ernähren sich räuberisch. Sie produzieren *Spinngewebe*, die auf vielfältige Weise eingesetzt werden können (↗Spinnapparat). Die Systematik innerhalb der Ord. ist umstritten u. nicht endgültig geklärt. *Körpergliederung:* Prosoma mit einheitl. Rückendecke u. ungegliederter Bauchplatte (Sternum). Fast stets ungegliedertes Opisthosoma (Ausnahme ↗*Mesothelae*) setzt mit stielförmigem 7. Segment am Prosoma an (Taille), was die Beweglichkeit des Opisthosomas beim Einsatz der Spinnwarzen bedingt. Segmentierung des Opisthosomas zeigt sich noch in der Embryonalentwicklung, manchmal in der Pigmentierung, der Anordnung der Muskulatur u. den Ostien u. Seitenarterien des Herzschlauchs. *Extremitäten:* zweigliedrige Cheliceren, klappmesserartig mit Giftdrüse (↗Giftspinnen), orthognath od. labidognath angeordnet (↗Orthognatha); Pedipalpen, bei Männchen als Gonopode mit oft kompliziert ausgebildetem letztem Glied (schiffchenförm. Cymbium, Bulbus mit Samenschlauch [sklerotisierte Spitze = Embolus] u. verschiedenen Apophysen); Coxen bei der Mundvorraumbildung beteiligt. 4 Paar Laufbeine mit 8 Gliedern (wie bei Insekten, jedoch zw. Tibia u. Femur die Patella eingefügt) und 2–3 Endkrallen; zw. Coxa u. Trochanter ist Autotomie möglich. Am Opisthosoma nur umgewandelte Extremitäten in Form v. ↗Fächerlungen u. Spinnwarzen. *Skelett:* den ganzen Körper bedeckende Cuticula, Aufbau ähnl. der Insektencuticula; Endoskelett zum Muskelansatz in Form v. Cuticulaeinstülpungen (Apodeme, Entapophysen); außer den ektodermalen Anteilen zusätzlich mesodermale Endosterna. *Sinnesorgane:* Tasthaare, Trichobothrien, Spaltsinnesorgane u. Propriorezeptoren in den Gelenken als mechan. Sinnesorgane; Kontakt-Chemorezeptoren (an der Spitze offene Haare). 6 bis (meist) 8 Augen (Hauptaugen = vordere Mittelaugen, ↗Nebenaugen), die je nach Lebensweise hoch leistungsfähig sein können (↗Springspinnen). *Zentralnervensystem:* stark konzentriert im Prosoma, Oberschlundganglion u. das alle Körperganglien enthaltende Unterschlundganglion. *Darmtrakt:* enger Mund mit Ober- u. Unterlippe, enger Pharynx mit Saugmuskulatur, enger Oesophagus, Magen mit zweiter Saugpumpe; Mitteldarm mit den ganzen Körper durchziehenden Verästelungen (Mitteldarmdrüse) u. Kloakenblase; Enddarm; extraintestinale Verdauung; Einsaugen des durch Haare im Mund u. Querrinnen an der Oberlippe gefilterten Nahrungssaftes; Verdauung u. Resorption im Mitteldarm. *Exkretion:* Malpighische Gefäße, als 2 dünne Schläuche ausgebildet, die Darmausstülpungen sind u. beidseitig aus der Kloakenblase entspringen, entodermaler Herkunft (analog zu Insekten!); Speicherung v. nicht wasserlösl. Exkreten; Speicherung v. ↗Guanin in Darmzellen (weiße Muster der Spinnen). Coxaldrüsen bei den einzelnen Gruppen unterschiedl. gut entwickelt, maximal 2 Paar (*Mesothelae, Orthognatha*); Nephrocytenansammlungen an verschiedenen Stellen des Körpers. *Atmung:* ursprünglich 2 Paar ↗Fächerlungen am 8. und 9. Sternit, meist vorderes Paar, manchmal beide durch Röhrentracheen ersetzt; Bau, Herkunft u. Anordnung der Tracheen variieren in den verschiedenen Fam. sehr stark; Tracheen enden offen in der Hämolymphe. *Kreislaufsystem:* offenes, oft gut entwickeltes Gefäßsystem, dorsaler Herzschlauch mit Ostien u. seitlich abgehenden Arterien, ventrale Blutlakunen; Ligamente zw. Herz u. Exoskelett ziehen das Herz nach der Kontraktion wieder auseinander; Herzinnenwand ist ein hämatopoetisches Gewebe, d. h., Hämocyten entstehen hier durch Abschnürung; Blutfarbstoff ↗Hämocyanin; Wundverschluß durch Pseudopodienbildung bestimmter Hämocyten. *Geschlechtsorgane* u. *Fortpflanzung:* paarige Gonaden, Mündung unpaar am 2. Opisthosomasegment; die stark dotterhaltigen Eizellen entwickeln sich auf der Außenseite des Ovars; Spermien liegen bei der Übertragung in einer kugelig eingerollten Transportform vor. Bei den Männchen keine

Webspinnen
Innere Organisation
Auge, Giftdrüse, Saugmuskel, Magen, Aorta, Malpighisches Gefäß, Herz, Darmdivertikel, Mitteldarm, Rektalblase, Cuticula, Ober- u. Unterschlundganglion, Chelicere, Darmfortsatz, Taille, Fächerlunge, Receptaculum seminis, Geschlechtsöffnung, Ovar, diverse Spinndrüsen, After, Spinnwarze

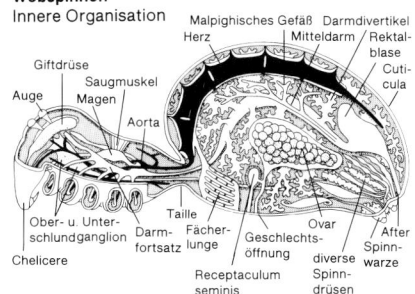

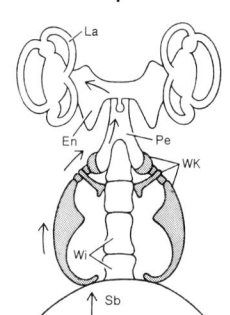

Weber-Knöchelchen

Bei den Karpfenfischen u. Welsen (*Ostariophysi*) werden die Schwingungen (in Pfeilrichtung) v. der Schwimmblase über die W.-K., die Perilymphe u. die Endolymphe zum Labyrinth geleitet, wo hpts. die Macula sacculi, aber auch die Macula lagenae bei den Knochenfischen Hörfunktion übernommen haben.
En Endolymphsack an der Basis des Hirnschädels,
La Labyrinthorgan,
Pe Perilymphe,
Sb Schwimmblase,
Wi Wirbel, WK Weber-Knöchelchen

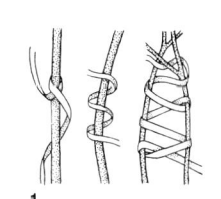

Webervögel

1 Beispiele für die Flechtkunst eines Webervogels; 2 Webervogel-Nest

Webspinnen

Webspinnen
Unterordnungen, Gruppen u. wichtige Familien (Systematik nach Kaestner, 1965):

↗ Mesothelae
↗ Ecribellatae
  ↗ Orthognatha
    ↗ Dipluridae
    Falltürspinnen (Ctenizidae)
    ↗ Tapezierspinnen (Atypidae)
    ↗ Vogelspinnen (Theraphosidae, Aviculariidae)
  Labidognatha
    ↗ Haplogynae
    ↗ Dunkelspinnen (Dysderidae)
    ↗ Speispinnen (Sicariidae)
    ↗ Zwergsechsaugenspinnen (Oonopidae)
    Entelegynae
    ↗ Baldachinspinnen (Linyphiidae)
    ↗ Eusparassidae
    ↗ Hersiliidae
    ↗ Kammspinnen (Ctenidae)
    ↗ Krabbenspinnen (Thomisidae)
    ↗ Kugelspinnen (Theridiidae)
    ↗ Philodromidae
    ↗ Plattbauchspinnen (Gnaphosidae)
    ↗ Radnetzspinnen (Araneidae)
    ↗ Raubspinnen (Pisauridae)
    ↗ Sackspinnen (Clubionidae)
    ↗ Spinnenfresser (Mimetidae)
    ↗ Springspinnen (Salticidae)
    ↗ Streckerspinnen (Tetragnathidae)
    ↗ Trichterspinnen (Agelenidae)
    ↗ Urocteidae
    ↗ Wolfspinnen (Lycosidae)
    ↗ Zitterspinnen (Pholcidae)
    ↗ Zwergspinnen (Micryphantidae)
↗ Cribellatae
  ↗ Palaeocribellatae
  ↗ Hypochilidae
  Neocribellatae
    ↗ Dinopidae
    ↗ Filistatidae
    ↗ Finsterspinnen (Amaurobiidae)
    ↗ Kräuselradnetzspinnen (Uloboridae)
    ↗ Kräuselspinnen (Dictynidae)
    ↗ Röhrenspinnen (Eresidae)
    ↗ Zoropsidae

primären Kopulationsorgane; Pedipalpen fungieren als Gonopoden. Männchen setzen auf einem eigens dafür konstruierten kleinen Spermanetz einen Spermatropfen ab u. saugen ihn in den Samenschlauch der beiden Taster ein. Bei der Paarung wird das Sperma indirekt in die beiden Receptacula seminis der Weibchen übertragen. Die Besamung der Eier erfolgt erst später bei der Eiablage. Bei den meisten Spinnen sind die Taster sehr kompliziert gebaut u. passen genau in die Öffnungen der Receptacula auf einer sklerotisierten Platte (Epigyne), welche die weibl. Geschlechtsöffnung abdeckt. Vor der Kopulation läuft bei den meisten Spinnen ein mehr od. weniger kompliziertes Balzverhalten ab, bei dem chemische (Pheromone), akustische (Stridulation, Substratschall), taktile (Betrillern, Betasten) u. optische (Balzbewegungen, Färbungen) Reize eine Rolle spielen können. Die Eier werden i. d. R. mit Spinnseide umhüllt. Dieser Kokon, der oft artspezif. gestaltet ist, besteht oft aus mehreren Schichten u. unterschiedlicher Seide u. schützt die Eier z. B. vor Austrocknung od. Parasiten. Brutfürsorge u. Brutpflege sind weit verbreitet, z. B. Tarnung des Kokons, Bewachen u./od. Mittragen des Kokons bzw. der Jungen, Verteidigen u. Füttern der Jungen. *Entwicklung:* dotterreiche Eier, superfizielle Furchung, „Umrollung" des Keims in der späten Embryogenese. Mit dem Abstreifen der Eihüllen verläuft die erste Häutung; bis zur Geschlechtsreife sind je nach Größe des Tieres 5–12 Häutungen nötig; danach häuten sich nur noch wenige Spinnenarten (z. B. Vogelspinnen). Regeneration v. Extremitäten bei Jungspinnen ist v. einer Häutung zur nächsten möglich. – Allen W. gemeinsam sind das Spinnvermögen u. der räuberische Beutenerwerb. Die Lebensweise ist im Detail außerordentl. verschieden. Die meisten Arten leben solitär, es gibt aber auch ↗ soziale Spinnen. Ursprüngliche W. haben eine lange Lebenszeit (große Vogelspinnen mehr als 20 Jahre); in unseren Breiten sind die meisten W. 1–2jährig. Viele Jungspinnen, aber auch Adulte geringer Körpergröße breiten sich am Faden fliegend aus (Ballooning; ↗ Altweibersommer) u. erreichen so die abgelegensten Biotope. Als Feinde sind Wirbeltiere zu nennen, die W. fressen; v. a. zählen hierher jedoch verschiedenste Hautflügler, die Spinnen als Larvalfutter jagen (Wegwespen, Grabwespen) od. ihre Eier an eine Spinne od. in ihren Kokon ablegen (Schlupfwespen). Die ↗ Spinnenfresser sind eine Spinnen-Fam., die sich ausschl. von anderen Spinnen ernährt. Mimese u. Mimikry sind weit verbreitet. ☐ Chelicerata, B Gliederfüßer II.

Lit.: *Foelix, R. F.:* Biologie der Spinnen. Stuttgart 1979. *Bellmann, H.:* Spinnen beobachten, bestimmen. Melsungen 1984.   *C. G.*

wechselfeuchte Pflanzen, *poikilohydre Pflanzen,* ↗homoiohydre Pflanzen, ↗Trockenresistenz.
Wechselfieber, die ↗ Malaria.
Wechselgesang, der ↗ Duettgesang.
Wechselgrünland, im Ggs. zum ↗ Dauergrünland ↗ Grünland, das nur einige Jahre als Weide (Wechsel- od. Ackerweide) od. zur Heugewinnung u. im Wechsel mit einjährigen Ackerfrüchten genutzt wird.
Wechseljahre, das ↗ Klimakterium.
Wechselproteine, *allosterische Proteine,* ↗ Allosterie.
wechselständig, *spiralig, zerstreut,* Bez. für diejenige Anordnung der Blätter an der Sproßachse, bei der in jedem Knoten nur ein Blatt entspringt u. die Blätter in aufeinanderfolgenden Knoten in einer Spirale stehen. ↗ Blattstellung.
Wechseltierchen, die ↗ Nacktamöben.
wechselwarme Tiere ↗ Poikilothermie.
Wechselwirtschaft, wechselweise Nutzung einer Fläche als Acker, Grünland od. Wald. Neben der ↗ Feld-Gras-W., der ↗ Feld-Wald-W. und dem ↗ Wanderfeldbau wird auch der abwechselnde Anbau v. mehrjährigen Futterpflanzen u. einjährigen Nutzpflanzen als W. bezeichnet. ↗Wechselgrünland.
Wechselzahl ↗ Enzyme.
Weckamine, *Weckmittel,* anregende ↗ Psychopharmaka (Psychostimulantien, meist ↗ Amphetamine), mit starker zentralerregender Wirkung auf Kreislauf u. Sympathikus, die z. T. gg. Narkotika, ferner zur Leistungssteigerung, aber auch als Appetitzügler verwendet werden. Die Gefahr des Mißbrauchs ist sehr groß (↗ Sucht). Chemisch handelt es sich um hydroxylgruppenfreie Derivate des β-Phenyläthylamins, von dem sich auch das ↗ Adrenalin ableitet. Einige W. (keine Amphetaminabkömmlinge) finden auch als sog. Geriatrika Verwendung. ↗ Sympathikomimetika.
Weckhelligkeit ↗ Gesang (☐).
Weddell-Robbe w [ben. nach dem engl. Walfänger J. Weddell, um 1823], *Leptonychotes weddelli,* ↗ Südrobben (T).
Weddide [Mz.; ben. nach den Wedda, Ureinwohner v. Sri Lanka], menschl. Rasse der ↗ Europiden aus S- bis Hinterindien, Indonesien u. Sri Lanka; grazil u. mittelbraun, schwarzes welliges Haar, rundl. niedriges Gesicht mit dicklippigem Mund u. kurzer, stumpfer Nase. B Menschenrassen II.
Wedel m [v. ahd. wedil = Fächer, Haarbüschel], Bez. für die großen, gefiederten Blätter v. Farnen, Palmfarnen u. Palmen.
Wegameise, *Schwarzgraue W., Lasius niger,* ↗ Schuppenameisen.
Wegener, *Alfred Lothar,* dt. Geophysiker u. Meteorologe, * 1. 11. 1880 Berlin, † Ende Nov. 1930 Grönland; 1919 Prof. in Hamburg, 1924 in Graz; nahm 1906–08, 1912–13 (Durchquerung Grönlands) u. 1929–30 (als Leiter) an Grönlandexpeditionen teil; Arbeiten zur Thermodynamik u.

Paläoklimatologie; entwickelte die ↗Kontinentaldrifttheorie.

Wegerichartige, *Plantaginales,* nur die ↗Wegerichgewächse umfassende Ord. der ↗*Asteridae* mit ca. 250 Arten in 3 Gattungen.

Wegerichgewächse, *Plantaginaceae,* fast weltweit verbreitete, einzige Fam. der Wegerichartigen *(Plantaginales)* mit 3 Gatt. u. etwa 250, fast ausschl. der Gatt. Wegerich *(Plantago)* angehörenden Arten. Kräuter, Stauden od. (Halb-)Sträucher mit ungeteilten bis fiederspalt., häufig in einer grundständ. Rosette angeordneten Blättern u. unscheinbaren, meist in einer kugeligen bis langgestreckten Ähre angeordneten Blüten (B Blütenstände). Letztere überwiegend weißl. oder bräunl. gefärbt, radiär und i.d.R. zwittrig, mit 4 im allg. weit aus der häutigen, 4zipfligen Kronröhre herausragenden Staubblättern u. einem oberständ., aus 2 Fruchtblättern bestehenden (2fächerigen) Fruchtknoten. Die Frucht ist eine Deckelkapsel. Besonderheiten der W. sind: die weit verbreitete Windbestäubung der Blüten, die Speicherung v. einfachen, aber seltenen Zuckern, wie etwa Stachyose od. Planteose anstelle v. hochmolekularen Verbindungen (wie z.B. Stärke), u. das häufige Auftreten von sog. *Rhachisblättern.* Dies sind durch eine parallele Nervatur der Spreite gekennzeichnete Blätter, die dadurch entstehen, daß sich der Bereich des Mittelnervs durch starkes Breitenwachstum ausdehnt, während Randbereiche zurückgebildet werden. Häufigste mitteleur. Arten sind: der Große W., *P. major* (in Tretrasen, auf Wegen u. Plätzen; B Europa XVIII), mit breit-eiförmigen Blättern; der Mittlere W., *P. media* (in Halbtrockenrasen, mageren Fettwiesen u. -weiden), mit eiförm. Blättern; der Spitz-W., *P. lanceolata* (in Fettwiesen u. -weiden, an Wegen), mit lanzettl., lang zugespitzten Blättern. Die letztgenannte Art enthält in allen Organen Schleimstoffe u. wird in der Volksmedizin als Heilmittel gg. Erkrankungen der Atemwege (Bronchitis, Asthma u.a.) sowie gg. Diarrhöe eingesetzt. Von der nur 2 Arten umfassenden Gatt. *Litorella* (Strandling) ist in Mitteleuropa ledigl. der nach der ↗Roten Liste „stark gefährdete" Einblütige Strandling *(L. uniflora)* zu finden. Die in Ufersaumfluren, auf periodisch flach überschwemmten Böden wachsende Staude besitzt binsenartige, in einer grundständ. Rosette angeordnete Blätter u. einhäusige weißl. Blüten. Sie kann durch Bildung bewurzelter Ausläufer bisweilen ausgedehnte, submerse Rasen bilden. ☐ Blattstellung.

Wegschnecken, *Arionidae,* Familie der ↗*Sigmurethra,* Landlungenschnecken mit kleinem od. rückgebildetem Gehäuse; in letzterem Fall ist dieses zu einer Platte od. zu Körnchen reduziert, die unter dem auf den Vorderkörper beschränkten, ovalen Mantel liegen, vor dessen Mitte sich rechts die Atemöffnung befindet. Die W. sind oft intensiv gefärbt; am Fußende mündet eine große „Schwanzdrüse". ⚥ Tiere, deren Genitalsystem zur bis heute ungenügenden Klassifikation herangezogen wird. Pflanzen- u. Aasfresser, die manchmal in Pflanzenkulturen schädl. werden, auch durch Übertragung v. Pflanzenkrankheiten. Wahrscheinl. weniger als 50 Arten in etwa 15 Gatt. Alle W. Mitteleuropas gehören zur Gatt. Arion. Die Großen W., *A. ater* (fr. *A. rufus, A. empiricorum*), sind mit bis 20 cm Länge die größten heimischen W.; treten in schwarzen, roten od. grauen Formen (U.-Arten ?) auf, die in Wäldern, Gärten u. auf Wiesen W- und Mitteleuropas häufig und bes. bei feuchtwarmem Wetter auffällig sind. Die Garten-W. *(A. hortensis),* 3–4 cm lang, mit fast schwarzem Rücken u. blauschwarzen, grau begrenzten Seitenbinden, sind bei Massenentwicklung bedeutende Pflanzenschädlinge. Die Braunen W. *(A. subfuscus),* 7 cm lang, dunkelod. rotbraun mit dunkleren Seitenbinden, sind in Europa in Wäldern, Gärten, auf Wiesen u. Dünen zu finden. Andere Gatt. sind in Amerika, Asien und S-Afrika verbreitet.

Wegwarte, die Gatt. ↗Cichorium.

Wegwespen, *Psammocharidae, Pompilidae,* überwiegend trop. Fam. der ↗Hautflügler mit über 3000 Arten, in Mitteleuropa ca. 100. Die schwarz bis rotbraun gefärbten, langbeinigen W. werden bis zu 7 cm (trop. Art *Pepsis heros*) groß. Die Imagines leben meist v. Blütennektar; für die Brut werden Spinnen erbeutet. Die oft größeren Beutetiere werden mit dem Stich des Giftstachels gelähmt u. zum Nest transportiert, vorher werden häufig die Beine der Spinne abgebissen; die lebendig eingegrabene Spinne dient der Larve als Nahrung. Häufig ist bei uns die ca. 12 mm große, vorwiegend schwarz gefärbte Art *Anoplius fuscus* u. die Rote Wegwespe *(Pompilus rufus = Psammochares rufus);* die schwarz-gelb gezeichnete, ca. 14 mm große Art *Batozonellus lacerticida* jagt hpts. Radnetzspinnen. Über die Hälfte aller Arten sind nach der ↗Roten Liste „(stark) gefährdet" bzw. „vom Aussterben bedroht".

Wehrdrüsen, *Abwehrdrüsen,* der ↗Abwehr mittels ↗Schreckstoffen (↗Wehrsekrete) dienende Drüsen (↗Analdrüsen, ↗Pygidialdrüsen) bei verschiedenen Tieren. ↗Schutzanpassungen.

Wehrpolypen, fadenförmige Polypen der ↗*Hydrozoa,* die mit bes. vielen Nesselzellen (↗Cniden) besetzt sind; treten als ↗*Dactylozoide* u. als ↗*Nematophoren* auf. ↗Arbeitsteilung (☐), B Hohltiere I.

Wehrsekrete, der interspezif. (zwischenartl.) ↗Abwehr dienende Ausscheidungen (T 410) vieler – insbes. wirbelloser – Tiere, die an den verschiedensten Körperstellen produziert werden u. mannigfaltige

A. L. Wegener

Wegerichgewächse
Großer Wegerich
(Plantago major)

Große Wegschnecke
(Arion ater)

Wegwespe
(Priocnemis spec.)

Wehrsekrete

Wehrsekrete

Beispiele für W. wirbelloser Tiere

Unspezifische Stoffe, die zu Haut- u. Schleimhautirritationen führen (topische Effekte):

aliphatische Säuren
 Essigsäure
 Ameisensäure
 Caprylsäure
 Isobuttersäure
 Isovaleriansäure

aliphatische Aldehyde
 n-Hexanal
 trans-2-Hexenal
 trans-2-Dodecenal
 Acrolein

aromatische Verbindungen
 m-Kresol
 Benzaldehyd
 Salicylaldehyd

Chinone
 Benzochinon
 Toluchinon
 Äthylchinon
 Methoxychinon

Terpene
 Dolichodial
 Iridomyrmecin

Hitzeerzeugende Sekretgemische:
 Hydrochinon, Wasserstoffperoxid
 Peroxidase, Katalase (↗Bombardierkäfer)

Substanzen, die den Angreifer mechanisch behindern:
 Schleimstoffe
 Proteine
 gelöste Wachse
 Lipidsuspensionen
 chinonhaltiges Material, das eine Proteingerbung bewirkt

Gifte mit verzögerter Wirkung (systemische Effekte):
 Emetika
 Narkotika
 Herzglykoside (Cardenolide)
 Steroide (Corticosteroide, Geschlechtshormone)
 Alkaloide
 Cantharidin
 Pederin
 Histamin
 Blausäure

chem. Zusammensetzung besitzen. – I.w.S. können auch Alarm-↗Pheromone (↗Alarmstoffe) zu den W.n gerechnet werden, da sie häufig neben ihrer Pheromontypischen intraspezif. ↗Kommunikations-Vermittlung der Abwehr v. Feinden dienen. (Ein Beispiel ist die Ausscheidung v. Isoamylacetat mit dem Stich der Biene, die andere Bienen dazu veranlaßt, ebenfalls die so markierte Stelle zu attackieren). Eine Reihe v. sekundären ↗Pflanzenstoffen, die der Abwehr v. Einzellern, Pilzen od. Fraßfeinden dienen (Hexenal, Blausäure, Terpene, aber auch Ecdysteroide u.v.a.), können ebenfalls als W. aufgefaßt werden; sie werden v. manchen Insekten inkorporiert u. dienen diesen als W. – Die meisten chem. Bestandteile der W. sind niedermolekular (relative Molekülmasse zw. 30 und 200); häufig vertretene Stoffklassen sind Säuren, Aldehyde, Ketone, Ester, Kohlenwasserstoffe, Lactone, Phenole, p-Benzochinone, Monoterpene. Höhermolekulare W. findet man als klebrige Proteine (mechanische Abwehrfunktion) oder Steroidhormone („Wirbeltierhormone" der ↗Schwimmkäfer). Viele W. werden in lokal außerordentl. hohen Konzentrationen gebildet (ein ↗Gelbrandkäfer enthält z.B. die gleiche ↗Cortexon-Menge wie 1500 Rindernieren) u. duften sehr stark. In einem W. können mehrere Komponenten enthalten sein (bei Wanzen bis zu 18 Stoffe), ferner kommen bei einer Art verschiedene *Wehrdrüsen* mit unterschiedlichen W.n vor. So werden in den pygidialen Abwehrdrüsen (↗Pygidialdrüsen) der Schwimmkäfer W. gegen Mikroorganismen gebildet (Benzoesäure, PHB-Ester, Glykoproteide), wogegen spezifische prothorakale Abwehrdrüsen neben Alkaloiden die erwähnten Steroide enthalten, die auf Wirbeltiere (speziell Amphibien) narkotisierend wirken. W. werden entweder in speziellen exokrinen Drüsen produziert (s.u.), od. sie sind im Blut, Verdauungssaft od. anderweitig im Körper enthalten, von wo sie entweder nach lokalen mechan. Reizen (Reflexbluten [↗Exsudation 2], „Sollverwundungsstellen" bei ↗Ölkäfern [↗Cantharidin] u.a. Käfern) od. durch Regurgitation aus dem Verdauungstrakt (z.B. Schnabelfliegen u. Geradflügler) hervorgebracht werden. Die gift. ↗Farbfrösche besitzen hochwirksame Alkaloide in ihrer Haut (↗Batrachotoxine, ↗Krötengifte). – Nach der Art der Abgabe der in Drüsen gebildeten W. können mehrere Drüsentypen unterschieden werden: Schmetterlingsraupen besitzen oft am Kopf *ausstülpbare Drüsen* (sog. Osmeterien), die ein Gemisch aus Isobuttersäure und 2-Methylbuttersäure abgeben (↗Nackengabel); entspr. Vorrichtungen wurden bei ↗Kurzflüglern am Abdomen gefunden. Bei anderen Drüsen fließen die W. aus (Tausendfüßer) u. können mit den Extremitäten über den ganzen Körper verteilt werden (z.B. Schnabelkerfe); „nach Gebrauch" werden sie teilweise wieder in die Drüsen eingesogen (Blattkäfer-Larven). Derartige W. enthalten im allg. Chinone, ferner Salicylaldehyd u.a. Besonders ausgeprägt ist dieser Typ in den ↗Prothoraxdrüsen. ↗Pygidialdrüsen arbeiten als Spritzdrüsen u. erlauben mit dem Versprühen der W. in eine bestimmte Richtung eine gezielte Abwehr (Laufkäfer, Schwarzkäfer, Wanzen, Stummelfüßer u.v.a.). Die Inhaltsstoffe der Pygidialdrüsen sind chemisch sehr heterogen. Allein bei Laufkäfern kommen Ameisensäure, Alkane, Chinone, Kresol, aliphatische Ketone, Methacrylsäure, Salicylaldehyd, Salicylsäuremethylester, Isovalerian- u. Isobuttersäure vor. Speziell bei den Laufkäfern erlaubt die Ausgestaltung der Drüsen sowie die chem. Zusammensetzung der W. eine Diagnose ihrer phylogenet. Entwicklung. In *Reaktordrüsen,* zu denen auch die Pygidialdrüsen der ↗Bombardierkäfer (☐) gehören, werden die W. erst im Moment der Entladung gebildet; in den Drüsen selbst werden die Vorstufen der chem. Reaktion gespeichert. Auf diese Weise erreichen die Eigentümer derartiger Wehrdrüsen Schutz vor ihren eigenen W.n. Schließl. kommen auch spezialisierte Teile des ↗Tracheensystems zus. mit drüsigem Gewebe (sog. *Tracheadrüsen*) als W. produzierende Strukturen vor (Schaben, Grashüpfer). Die W. werden in diesen Fällen „ausgeatmet" u. bilden einen Schaum, der Sesquiterpene u. Histamine u. Cardenolide enthält. – Ein völlig anderer Typ der Abwehr wird mit solchen W.n erreicht, die nach ihrer Ausscheidung erstarren u. sich in Form v. wachsartigem Puder od. sonstigen leicht abstreifbaren Materialien od. Strukturen auf die Körperoberfläche legen. Indem sich das so geschützte Tier bei einem Angriff dieser Hülle wie einer Jacke entledigt, entgeht es dem Angreifer (Motten, Köcherfliegen, Schnabelkerfe, Borstenschwänze). Derartige Bedeckungen können auch fremder Herkunft sein od. – wie bei der Larve eines Schildkäfers – in einem bewegl. Schild aus getrockneten Fäkalien bestehen, das dem Angreifer gezielt entgegengehalten wird. Auch das sog. Entspannungsschwimmen einiger ↗Kurzflügler *(Stenus)* u. der Wasserläufer der Gatt. *Velia* beruht auf W.n aus abdominalen od. Speicheldrüsen *(Velia).* Die W., die nur bei Gefahr abgegeben werden, setzen die Oberflächenspannung des Wassers unmittelbar vor od. hinter dem Tier herab u. schieben od. ziehen es dadurch mit beachtl. Geschwindigkeit (40–75 cm/s) aus dem Gefahrenbereich. ↗Duftorgane, ↗Stinkdrüsen, ↗Schreckstoffe, ↗Schutzanpassungen. K.-G. C.

Wehrstachel, der ↗Abwehr dienendes, stachelförm. Organ bei verschiedenen Gliederfüßern, das oft mit einer Giftdrüse kombiniert ist (↗Giftstachel, ↗Stechapparat, ↗Skorpione).

Wehrvögel, *Anhimidae,* 3 südamerikan. Arten umfassende Fam. der ↗Gänsevögel mit hühnerart. Erscheinungsbild; fast gänsegroß, lange Beine ohne Schwimmhäute an den Füßen, reiherart. Körperhaltung; der Bug des langen, abgerundeten Flügels trägt einen spitzen, bis 2,5 cm langen Dorn, der bei Kämpfen als Waffe eingesetzt wird. Die W. sind Bodenvögel, die sich nur schwer in die Luft erheben, dann jedoch gute Flieger sind u. auch segeln können; bei Gefahr ziehen sie sich meist auf Bäume zurück. Das Skelett ist mit einem umfangreichen Luftsacksystem durchsetzt; dies wirkt auch bei der Lauterzeugung mit; einem tiefen, trommelnden Röcheln folgt ein lauter zweisilbiger Ruf, der bis 1,5 km weit zu hören ist; daneben gibt es noch gänseartige Rufe. Lebensraum sind Sumpfwälder an Ufern stehender u. fließender Gewässer. Die W. fressen ausschl. Pflanzen u. begeben sich auch schwimmend auf Nahrungssuche. Das umfangreiche Pflanzennest wird am od. im Wasser errichtet u. enthält bei den Schopf-W.n *(Chauna chavaria* und *C. torquata)* 5–6 Eier, beim Horn-W. *(Anhima cornuta)* 2 Eier. Beide Partner brüten; die gänseähnl. Jungen tragen ein gelbes Dunenkleid u. sind Nestflüchter.

Weichboviste, *Lycoperdaceae,* Fam. der ↗Bauchpilze; der geschlossene Fruchtkörper ist mit einer doppelten Peridie umgeben; die äußere, oft mehlige, körnige od. stachelige Peridie vergeht mehr od. weniger rasch; die innere, sehr dünne Peridie umschließt die Gleba mit den Sporen u. einem Capillitium; teilweise mit basalem, sterilem Glebateil (Subgleba), der v. der übrigen Gleba durch eine pergamentartige Haut abgegrenzt sein kann. Das Sporenpulver ist bräunlich. Weltweit ca. 90 Arten in 15 Gatt.; in Europa 8 Gatt. mit ca. 45 Arten (vgl. Tab.). Alle W. sind jung eßbar, solange die Gleba noch weiß ist B Pilze III.

Weicher Schanker [v. lat. cancer = Krebs, über frz.] ↗Geschlechtskrankheiten.

Weichfäule, 1) ein oberflächl. Zerfall des Holzes, verursacht durch Pilze. 2) eine ↗Naßfäule, bei der das parenchymat. Gewebe der durch Pilze od. Bakterien (vgl. Tab.). befallenen Pflanzenorgane in eine wäßrige Masse zerfällt: primär werden durch pektolytische Enzyme des Parasiten die Mittellamellen zersetzt u. dadurch die Zellwand gelockert u. degradiert, so daß auch andere Enzyme (z. B. Cellulasen, Hemicellulasen) wirksam werden können. W. tritt an unterird. Organen (bes. Speicherorganen) auf, kann aber auf oberird. Pflanzenteile übergehen od. v. oben beginnen.

Weichholz, Bez. für ↗Holz-Arten B mit einer Dichte unter 0,55 g/cm³. Hierzu gehören die meisten Nadelhölzer sowie einige Laubhölzer, z. B. Erle, Pappel, Weide. I. w. S. auch Bez. für den ↗Splint. ↗Hartholz.

Weichholzaue ↗Auenwald.

Weichkäfer, *Cantharidae,* Fam. der polyphagen ↗Käfer (T) aus der Gruppe der *Cantharoidea* od. *Malacodermata;* mit zahlr. Arten (in Mitteleuropa über 90) weltweit verbreitet. Längl., schwach cuticularisierte, weichhäutige, oft bunt gefärbte Vertreter mit fadenförm. Fühlern. Die Käfer sitzen gerne auf Blüten (v. a. Doldenblütler), auf denen sie Nektar auflecken, aber auch andere Insekten jagen. Gelegentl. fressen einige Arten auch an frischen Trieben. Viele W. sind auffällig gefärbt; sie besitzen dunkelblaue Elytren, roten Halsschild, rotes Abdomen u. Beine. Die Arten der häufigen Gatt. *Cantharis* haben unterschiedl. Zeichnungsmuster auf dem Halsschild. Der Gesamtfärbung u. dieser Zeichnung verdanken sie auch die dt. Namen „Soldatenkäfer" od. „Franzosenkäfer" – bezogen auf die alten bunten Uniformen. Die Färbung stellt eine Warnung dar: die Arten besitzen abdominale Stinkdrüsen, die außerdem toxische Stoffe produzieren. Die Larven sind längl., samtartig beborstet. Sie haben dolchförmige Saugmandibeln, mit denen sie andere weichhäutige Insekten aussaugen. An warmen Wintertagen können sie als sog. „Schneewürmer" auf dem Schnee umherlaufen (↗Schneeinsekten). Bei uns im Frühjahr u. Frühsommer allg. verbreitet sind die Vertreter der Gatt. *Cantharis* (ca. 30 Arten), 6–18 mm, die in der niederen Vegetation u. auf Blüten sitzen. Im Hochsommer findet sich oft in sehr großer Zahl auf Schirmblüten die gelbrote Art *Rhagonycha fulva* (7–10 mm). Verkürzte Elytren mit gelben Spitzen haben die vielen Arten der Gatt. *Malthinus* u. *Malthodes,* die v. a. auf Gebüsch sitzen u. bevorzugt dämmerungsaktiv sind. B Insekten III, B Käfer I.

Weichkorallen, Lederkorallen, *Alcyonidae,* Fam. der ↗*Alcyonaria* mit dicken, fleischigen Kolonien, die v. Epidermis überzogen sind. Die Polypen, die gleichmäßig über die Oberfläche verteilt sind, haben über ihre Gastralräume, die teilweise bis zur Basis des Stocks reichen, mit zahlr. querverlaufenden Entodermkanälen miteinander Verbindung. Skelett wird nur in Form v. Skleriten, die im Coenosark liegen, ausgebildet. Die bekannteste der Arten (T 412) ist die ↗Tote Mannshand.

Weichporlinge, *Hapalopilus (Phaeolus),* Gatt. der ↗Nichtblätterpilze (Fam. *Poriaceae).* Der Fruchtkörper ist einjährig, gestielt od. sitzend, häufig konsolenförmig (⌀ 1–5 [8] cm, an der Basis bis 3 cm dick), mit filziger, selten kahler Oberfläche. Die Röhren sind einschichtig, dünnwandig, die Poren klein bis groß u. labyrinthförmig. Die bräunl. bis zimtfarbige Trama verfärbt sich mit Kalilauge dunkelbraun, mit Ammoniak violett. In Dtl. 2 Arten: der Kiefern-Porling

Wehrvögel

Horn-Wehrvogel
(Anhima cornuta)

Weichboviste

Wichtige Gattungen u. einige bekannte Arten:

Lycoperdon
(Stäublinge)
   L. perlatum Pers.
   (Flaschenstäubling)
   L. pyriforme Pers.
   (Birnenstäubling)
   L. echinatum Pers.
   (Igelstäubling)

Calvatia
(Großstäublinge, Becherstäublinge)
   C. utriformis Jaap
   [= *C. caelata* Morg.]
   (Hasenbovist)
   C. excipuliformis Perd.
   (Beutelstäubling)

Bovista
(Boviste, Bovistartige)
   B. plumbea Pers.
   (Bleigrauer Bovist)
   B. nigrescens Pers.
   (Schwärzender B., Eierbovist)

Discisea
(Scheibenbovist, Schüsselbovist)
   D. bovista P. Henn.
   (Großer Scheibenbovist)

Weichfäule

Einige W.n und Erreger:

W. (Knollennaßfäule) an Kartoffeln, Kohl, Möhren
(Erwinia carotovora var. *carotovora)*

W. an Süßkartoffeln
(Streptomyces ipomoeae)

W. an Gurken, Erdbeeren, Kartoffeln, Süßkartoffeln
(Rhizopus stolonifer, R. nigricans)

Weichritterlinge

Weichkorallen

Einige Arten und Gattungen:

Alcyonium palmatum, ähnl. der ↗ Toten Mannshand, mit klumpigen, oft fingerförm. gelappten, weißl., rosa od. rot gefärbten Kolonien; häufig im Mittelmeer in 20–200 m Tiefe, meist auf losem Grund

Paralcyonium elegans, eine W. des Mittelmeers, die einen ausgeprägten Tag-Nacht-Rhythmus aufweist

Anthomastus grandiflorus, an der amerikan. N-Atlantikküste, mit pilzförm. Wuchs; auf dem „Hut" sprossen wenige, bis 2 cm ⌀ erreichende Polypen

Sarcophyton ehrenbergi, kommt im Roten Meer vor; charakterist. für die Gatt. ist ein kurzer, breiter Stamm; die mit Polypen besetzte „Krone" ist in breite, wellenartige Falten gelegt

Dendronephthya, verbreitete Gatt. im Roten Meer mit bes. farbenprächtigen, baumchenart. Kolonien

Xenia, W. des Roten Meeres mit schlankem Basalteil, aus dessen Spitze die großen Polypen wie ein „Blumenstrauß" herausragen

Weichschildkröte (*Trionyx spec.*)

(*H. salmonicolor* Ponz.) an Kiefern u. der Zimtfarbene Porling (*H. nidulans* Karst.) an Eichen wachsend.

Weichritterlinge, *Melanoleuca,* Gatt. der ↗ Ritterlingsartigen Pilze; Blätterpilze mit weich-fleischigem Fruchtkörper; die mehr od. weniger durchwässerten (hygrophanen) Hüte haben schmutzige Oberhautfarben (meist graubraun u. schwärzlich); der Stiel ist mit braunen od. schwarzen Fasern berindet. In Mitteleuropa etwa 30 Arten, die meisten jung eßbar; auf Wiesen u. Weiden.

Weichrostrum *s* [v. lat. rostrum = Schnabel], (Fr. Schmidt 1961), fossil meist nur überlieferter unverkalkter, alveolärer Teil des eigtl. Hart-↗ Rostrums mancher ↗ Belemniten.

Weichschildkröten, Echte W., Trionychidae, Fam. der ↗ Halsberger-Schildkröten mit 7 Gatt. und 25 (fast ausschl. süß- u. brackwasserbewohnenden) Arten in N-Amerika, S- und O-Asien sowie Afrika, Kopf mit spitzem, fleischigem Rüssel, die scharfen Hornkiefer verdeckend u. an dessen Ende die Nasenöffnungen dicht beieinanderstehend; langer Hals kann über den Rücken zurückgebogen werden; Knochenpanzer weitgehend rückgebildet u. (anstelle der Hornschilder) v. einer dicken Haut bedeckt, die mit breitem Saum – bes. am Hinterteil – über den Körper hinausreicht u. teilweise der Hautatmung dient; Extremitäten ruderartig abgeflacht u. verbreitert mit je 3 freien Krallen; eierlegend. Am artenreichsten (ca. 15 Arten) sind die weitverbreiteten Dreiklauen-W. (Gatt. *Trionyx;* 25–90 cm lang). Die Dornrand-W. (*T. spiniferus*) ist oberseits olivgrau mit Fleckenmuster; Panzervorderrand mit einer Reihe weicher Hautdornen; im Gebiet des Mississippi u. des St.-Lorenz-Stroms westl. der Rocky Mountains. Die Florida-W. oder Wilde Dreiklaue (*T. ferox;* S-Kanada bis N-Mexiko; am Vorderrand des Rückenpanzers mit zahlr. kleinen Höckern) gilt als außerordentl. angriffsfreudig u. bissig; sie ernährt sich v. Fischen, Schnecken u. anderer tier. Kost. Die große Afrikan. W. (*T. triunguis*) lebt in den trop. Süßgewässern Afrikas u. längs der Küste im Meer, übernimmt aber auch längere Landausflüge; gräbt sich bei Trockenheit im Flußschlamm ein. Bes. widerstandsfähig gg. Frost ist die kleine Chines. W. (*T. sinensis;* lebt in fast ganz China u. Japan). Die Kurzkopf-W. (*Chitra indica;* Panzerlänge bis 75 cm; sehr bissig), die Riesen-W. (*Pelochelys bibroni;* bis 1 m lang; die Ind. Klappen-W. (*Lissemys punctata;* bis 25 cm lang) sind südasiat. Vertreter der W. Letztere besitzt wie die beiden afr., bis 55 cm langen Klappen-W. (Gatt. *Cyclanorbis* u. *Cycloderma*) am Hinterrand des Bauchpanzers Hautklappen, welche die eingezogenen Hinterbeine schützen. Die breitköpf. Malayen-W. (*Dogania subplana;* bis 25 cm lang) soll nur Pflanzenstoffe verzehren. – ↗ Papua-W.

Weichseleiszeit, (K. Keilhack 1909), *Weichselkaltzeit,* nach dem Fluß Weichsel ben. letzte große ↗ Eiszeit des ↗ Pleistozäns (☐) in N-Dtl.; in S-Dtl. entspr. die ↗ Würmeiszeit.

Weichteilerhaltung, die seltene Überlieferungsweise v. ↗ Fossilien, bei der (Reste v.) leicht vergängl. Weichteile(n) bis in den zellulären Bereich erhalten sind. Es bedarf mitunter bes. Methoden (Röntgenstrahlen), um sie sichtbar zu machen. Als bes. günstig haben sich erwiesen: ↗ Permafrostböden (Sibirien, Kanada), Erdwachs- u. Salzsümpfe (Starunia/Ostgalizien [heute Ukraine]), Asphaltsümpfe (Rancho La Brea in Hancock Park, Los Angeles/USA), Ölschiefer (↗ Messel, Holzmaden / BR Dtl.), ↗ Bernstein (Palmnicken/Ostpr.).

Weichtiere, *Mollusken, Mollusca,* arten- u. formenreicher, seit dem Unterkambrium nachgewiesener Tierstamm, dessen Angehörige (am bekanntesten ↗ Kopffüßer, ↗ Schnecken u. ↗ Muscheln) stets unsegmentiert sind. Der Körper ist aus Kopf, Fuß u. Eingeweidesack aufgebaut, letzterer vom Mantel umhüllt, der auch die ↗ Schale bildet, die den Körper im allg. einschließen kann, in einigen Gruppen aber rückgebildet wird. Der Körper ist „weich" (Name!), d. h. ohne innere Skelettelemente, u. durch die drüsenreiche, schleimproduzierende Haut gg. die Umwelt abgeschirmt. Form u. Bewegung des Körpers kommen durch Zusammenwirken v. Bindegewebe, dreidimensional verflochtener Muskulatur u. flüssigkeitserfüllten Hohlräumen zustande. Hauptorgan der Bewegung ist der ↗ Fuß (Podium), oft mit einer Kriechsohle ausgestattet (☐ Fortbewegung). Als ursprüngl. bilateralsymmetr. Tiere haben die W. einen ↗ Kopf, der reich mit Sinneszellen od. -organen (chem. Sinn, Tast-, Lichtsinn) versorgt ist, meist Fühler u. die Mundöffnung trägt sowie die Cerebralganglien (☐ Gehirn) als übergeordnete Schaltzentren u. oft weitere, kleinere Ganglien enthält (Ausnahme ↗ Muscheln). Bei den meisten W.n sind die inneren Organe in eine dorsale Ausstülpung, den ↗ *Eingeweidesack,* verlagert. Der ↗ Mantel (Pallium), als Hautfalte v. dorsal her entstehend, bildet zw. seinem Außenrand u. dem Fuß die Mantelrinne, die sich zu einer (ursprüngl. hinten gelegenen) ↗ Mantelhöhle erweitert, in der die *Pallialorgane* (↗ Pallialkomplex) liegen: Kiemen, Osphradien, Hypobranchialdrüsen u. die Öffnungen von Enddarm, Nieren u. Gonaden. Die sekundäre Leibeshöhle ist meist klein u. umfaßt den Herzbeutel, die Gonadenhöhle u. Teile des Exkretionssystems, die ursprüngl. mit offenen Wimpertrichtern beginnen (B Exkretionsorgane). Das *Verdauungssystem* (B Darm; B Verdauung I, II) ist gekennzeichnet durch die Ausbildung der *Reibzunge* (↗ Radula), die den W.n ermöglicht, zahlr. Nahrungsquellen zu nutzen. Die mit Hilfe der Reibzunge in den

WEICHTIERE

Die Weichtiere (Mollusca) haben einen unsegmentierten weichen Körper, der meist einen Kopf, ventralen Fuß, dorsalen Eingeweidesack und eine Mantelfalte ausbildet. Häufig ist die schleimige Haut, wenn auch nicht vollständig, so doch zu einem guten Teil von einer Kalkschale bedeckt. Zu den Weichtieren gehören die Schnecken, Muscheln und Tintenfische.

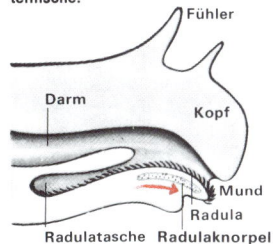

Schnecken. Ihr Fuß ist gewöhnlich als breite Kriechsohle ausgebildet (Abb. rechts) und der Eingeweidesack samt der ihn bedeckenden Kalkschale meist spiralig aufgewunden. Die Mantelhöhle enthält die Kiemen oder ist von einem lungenartigen Atemepithel ausgekleidet. Im Mund befindet sich eine mit Zähnchenreihen besetzte Reibzunge, die Radula.

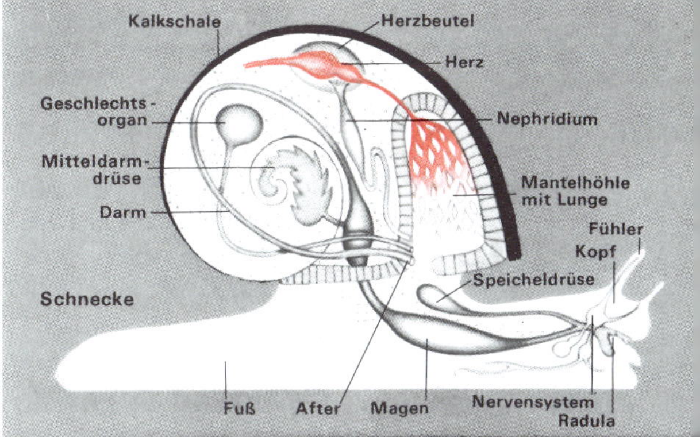

Muscheln. Der symmetrische Körper der *Muscheln* (Abb. rechts) ist von einer zweiklappigen Schale eingehüllt. Große gitterartige Kiemenblätter an den Schalenseiten dienen der Atmung und meist auch dem Abfiltrieren von Nahrungspartikeln, die durch Wimperrinnen nach vorn zum unbewehrten Mund transportiert werden. Grobe Partikel werden zum Kiemenrand gedrängt und ausgeschieden. Der Kopf ist reduziert. Ein stark gewundener Darm durchzieht den in den Fuß eingesenkten Eingeweidesack und verläuft mitten durch das Herz. Das Blutgefäßsystem ist wie bei allen Weichtieren offen.

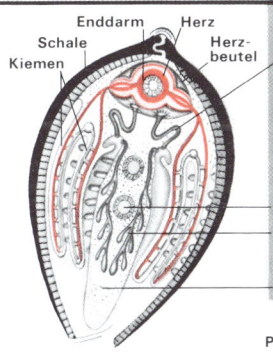

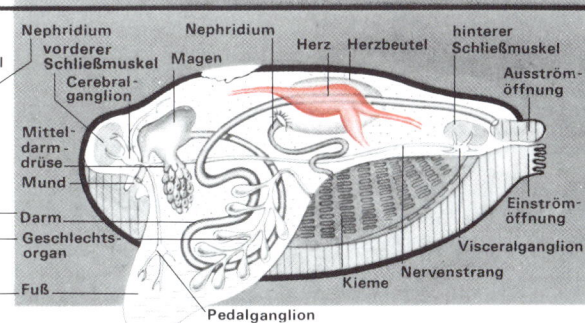

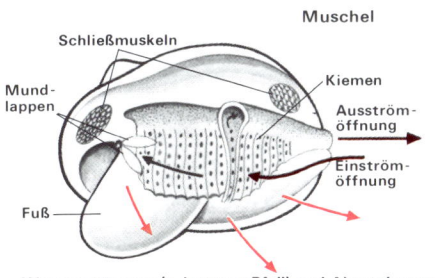

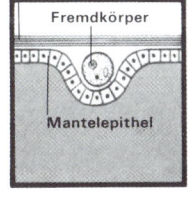

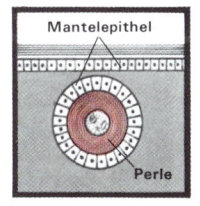

Ein in die Muschel zwischen Schale und Mantelepithel eingedrungener Fremdkörper oder Parasit reizt das Epithel zu stärkerer Ausscheidung von Calciumcarbonat und wird dadurch unschädlich gemacht, daß das in konzentrischen Schichten abgelagerte Perlmutter ihn einhüllt. Durch Abschnürung des ins Bindegewebe versenkten Epithels entsteht eine Perle.

Kopffüßer. Die *Kopffüßer* oder *Tintenfische* sind hochentwickelte, räuberische Weichtiere. Der Eingeweidesack ist hoch aufgewölbt und wird von einem muskulösen Mantel mit großer Atemhöhle umschlossen. Um den Mund, der mit einer Radula und mit kräftigen Kiefern von der Form eines Papageienschnabels bewehrt ist, stehen lange, mit *Saugnäpfen* besetzte *Fangarme*. Diese sind Umbildungen des vorderen, mit dem Kopf verschmolzenen Fußabschnitts. Der hintere Fußabschnitt ist zu einem beweglichen Trichter am Ausgang der Mantelhöhle umgestaltet. Nur beim *Nautilus* (Abb. unten) ist der Körper wie bei zahlreichen fossilen Arten (z. B. die *Ammonshörner*) von einer spiraligen Schale eingeschlossen. Sonst ist die Schale zurückgebildet und als horniger oder kalkiger Rückenschulp ins Innere verlagert (Leichtbauweise). Sinnesorgane und Nervensystem sind sehr leistungsstark.

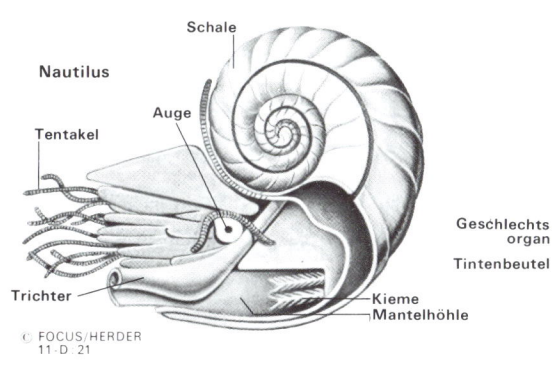

Der muskulöse, wie ein Stempel wirkende Boden des Saugnapfes kann beim Festhalten die Saugkammer erweitern und eine große Haftwirkung erzielen.

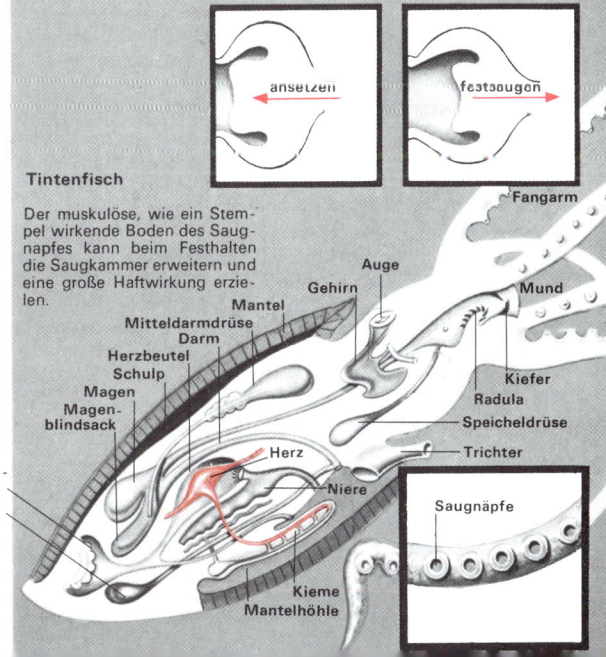

Weichtiere

Schlund (Pharynx) aufgenommene Nahrung wird durch die Speiseröhre (Oesophagus) in den Magen weiterbefördert, der bei Filtrierern einen ↗Kristallstiel enthält u. von dem Kanäle in die großen ↗*Mitteldarmdrüsen* führen, welche die Zentren der Verdauung u. Resorption darstellen; unverdaute Reste gelangen über Mittel- u. Enddarm nach außen. Der *Kreislauf* ist offen (□ Blutkreislauf): das ↗Herz, in der hinteren Rückenmitte gelegen, pumpt das Blut aus der Kammer in eine vordere u. eine hintere Aorta, an die Arterien anschließen, die sich in Lakunen öffnen. Ein Teil des Blutes, das ↗Hämocyanin u. -globin enthält, gelangt über die Kiemen (B Atmungsorgane II) in die (ursprüngl. paarigen) Vorkammern (Atrien, Aurikeln) zurück. Das ↗*Nervensystem* (B I), bei Wurmmollusken u. Käferschnecken im wesentl. aus Marksträngen bestehend, zeigt in mehreren Entwicklungszweigen Tendenz zur Konzentration; wichtigste Ganglien sind bei den Schalen-W.n neben den Cerebral- die Pedal-, Pleural- u. Visceralganglien; bei einigen Gruppen treten Riesenzellen bzw. -fasern auf. Die W. sind ursprüngl. getrenntgeschlechtl., abgeleitete Formen zwittrig. Viele marine Arten stoßen die Keimzellen ins Wasser aus, wo die Befruchtung stattfindet; bei höherentwickelten W.n gibt es innere Befruchtung u. oft auch einfache Formen der Brutpflege. Die *Entwicklung* beginnt mit einer Spiralfurchung (B Furchung) u. verläuft über Larvenphasen (↗Veliger; B Larven I–II); in Eikapseln od. bei Brutpflege können diese reduziert sein. – Verbreitungsschwerpunkt der W. ist das Meer; viele Muscheln leben auch im Süßwasser, Schnecken im Süßwasser u. auf dem Land. Meist schon wegen ihrer geringen Größe unauffällig, können manche Arten bei Massenvorkommen als Pflanzenschädlinge auftreten; einige sind Überträger gefürchteter Krankheiten (z. B. ↗Schistosomiasis), viele werden v. Tieren u. vom Menschen gegessen, v. von letzterem als Produzenten v. ↗Perlmutter od. attraktiven Schalen (Sammelobjekte) geschätzt. Die ökolog. Bedeutung ist erst in wenigen Fällen bekannt, dürfte jedoch beachtl. sein. Die Artenzahl, in Lehrbüchern bis 130 000 angegeben, ist umstritten; nach neueren Schätzungen gibt es ca. 50 000 Arten, die den U.-Stämmen ↗Wurmmollusken (rund 300 Arten), ↗Käferschnecken (1000) u. ↗Schalen-W. (48 700) zuzuordnen sind. □ Schnecken; B Kopffüßer, B Muscheln; B 413.

Lit.: *Götting, K.-J.:* Malakozoologie. Stuttgart 1974. *Kilias, R.:* Stamm Mollusca; in: Kaestner: Lehrbuch der spez. Zool. I, 3. Stuttgart ⁴1982. *Morton, J.:* Mollusca. London 1967. *Purchon, R. D.:* The Biology of the Mollusca. Oxford 1968. *Salvini-Plawen, L. v.:* Die Weichtiere; in: Grzimeks Tierleben *3.* München 1979. *Solem, A.:* The Shell Makers. New York 1974.

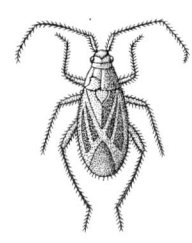

K.-J. G.

Weichwanze
(Capsodes gothicus)

Weichwanzen, *Blattwanzen, Blindwanzen, Schmalwanzen, Capsidae, Miridae,* artenreichste Fam. der ↗Wanzen (Landwanzen) mit ca. 6000 Arten, in Mitteleuropa etwa 400. Der verhältnismäßig weichhäutige (Name!), bis 8 mm große Körper ist meist länglich-oval u. blaß gefärbt. Die Vorderflügel weisen eine nach hinten angegliederte Zelle, den Cuneus, auf. Die W. ernähren sich teils räuberisch, mei... jedoch v. Pflanzensäften, wodurch einige Arten v. a. durch den folgenden Bakterien- u. Virenbefall an Kulturpflanzen schädl. werden können, wie z. B. die Grünen Blattwanzen (Gatt. *Lygus*). Häufig in ganz Europa ist die ca. 5 mm große Gemeine Wiesenwanze *(L. pratensis)* mit schwarzer Querbinde auf den Vorderflügeln u. schwarzen Flecken auf Halsschild u. Scutellum; sie saugt an vielen Kulturpflanzen, im Frühjahr schon an Knospen, wobei Blattentwicklung u. Fruchtansatz gestört werden können. Die ca. 6 mm große Futterwanze *(L. pabulinus)* überwintert als Ei; die Larven u. Imagines saugen u. a. an Kartoffeln u. Bohnenpflanzen. Anfang des Jh.s breitete sich die Apfelwanze *(Plesiocoris rugicollis)* von N-Europa über ganz Mitteleuropa aus; sie gehört heute zu den gefürchtetsten Apfelschädlingen. Die Teewanzen (Gatt. *Helopeltis*) befallen u. a. Teepflanzungen in Asien u. Afrika. Kurz- u. langflügelige Formen kommen bei der ca. 7 mm großen Graswanze *(Miris dolobratus)* vor. Den Roten Waldameisen im äußeren Erscheinungsbild sehr ähnl. ist die ca. 5 mm große, räuberisch lebende Ameisenwanze *(Myrmecoris gracilis)*. Zu den auffällig bunt gefärbten Arten gehört die schwarz-gelb gezeichnete Schönwanze *(Calocoris sexguttatus)*.

Weide, landw. Nutzfläche, die mehr od. weniger regelmäßig v. Nutztieren *beweidet* wird. Man unterscheidet die extensiv genutzten *Natur-W.n,* wie ↗Savannen u. ↗Steppen, v. den *Kultur-W.n,* die oft aus Mähwiesen hervorgegangen sind u. dann als Dauer- (↗Dauergrünland) od. Wechsel-W.n (↗Wechselgrünland) betrieben werden. Hinsichtl. der Art der ↗Beweidung unterscheidet man u. a. *Stand-W.,* ↗*Umtriebs-W.,* ↗*Mäh-W.* und die heute seltenen Formen der ↗*Wald-W.* und ↗*Triften.* Seit etwa 1960 erfolgte eine großflächige Umstellung v. Mäh- auf W.betrieb mit gleichzeitiger Intensivierung (Düngung, höherer Viehbesatz). Als Folge davon dominieren weideresistente Arten, die häufigen Verbiß, mechan. Verletzung durch Tritt (↗Trittpflanzen) u. ↗Bodenverdichtung ertragen. W.n zeigen eine geringe Artendiversität u. bilden in Mitteleuropa die Ord. ↗*Trifolio-Cynosuretalia.* – I. w. S. bezeichnet man mit W. auch die für eine Tiergruppe bedeutenden Futterpflanzen, z. B. ↗*Bienenweide.*

Weide, *Salix,* formenreiche Gatt. der Weidengewächse mit über 300, vorwiegend in

Weidenröschen

der nördl.-gemäßigten Zone heimischen Arten. Kriechende Zwergsträucher (in der Arktis u. den Alpen), Sträucher od. hohe Bäume mit lineal-lanzettl. bis ellipt. Blättern, Nebenblättern und i. d. R. diözischen, in meist aufrechten, blattachselständ. Kätzchen (B Blüte) angeordneten Blüten, an deren Basis sich 1 oder 2 Honigschuppen befinden. Letzteres macht die meisten W.n-Arten zu wichtigen Bienenfutterpflanzen, deren Bestäubung überwiegend v. Insekten vorgenommen wird. Die Frucht der W. ist eine 2klapp. aufspringende Kapsel, deren kleine Samen mit einem Haarschopf versehen sind. In Mitteleuropa sind zwischen 30 und 40 z. T. schwer voneinander unterscheidbare, häufig auch miteinander bastardierende W.n-Arten heimisch. Hierzu gehören v. a. die an Bächen, Gräben, Fluß- u. Seeufern od. Altwässern sowie am Rande von Auenwäldern u. -gebüschen bzw. an Sümpfen u. Mooren wachsende Bruch-W. (*S. fragilis*, B Asien I), Silber-W. (*S. alba*), Korb-W. (*S. viminalis*), Purpur-W. (*S. purpurea*) u. Grau-W. (*S. cinerea*). Die Sal-W. (*S. caprea*, B Europa X) ist u. a. in Gebüschen, auf Waldschlägen u. an Waldrändern u. finden. Alpine Arten der W. sind u. a. die in Spalierweiden-Ges. wachsende Teppich-W. (*S. retusa*) u. die in Schneeboden- od. Schneetälchen-Rasen anzutreffende Kraut-W. (*S. herbacea*). Letztere bildet ein System unterird. Ausläufer, v. denen nur die Spitzen als relativ kurzlebige Laubtriebe aus dem Boden herausragen. Wirtschaftl. Nutzen haben die raschwüchsigen, leicht über Stecklinge zu vermehrenden W. vor allem als Lieferant v. Ruten für Flecht- u. Korbmacherarbeiten. Oft wird hierfür der alljährl. Austrieb von sog. Kopf-W.n (W.n, deren Krone u. Seitentriebe regelmäßig entfernt werden) genutzt. Bes. geeignete Arten sind die einheim. Korb-W.n, *S. viminalis* und *S. rigida*. – Das weiße, sehr leichte u. weiche Holz der W. ist grobfaserig, biegsam u. wenig haltbar. Es wird u. a. zur Herstellung v. Holzschuhen, Schachteln u. Kisten sowie zur Papierherstellung verwendet. W.nrinde wird wegen ihres hohen Gerbstoffgehalts zum Gerben v. Leder benutzt. Verschiedene W.n werden auch als Ziersträucher od. -bäume in Gärten u. Parks kultiviert. Bes. dekorativ sind Formen mit lang herabhängenden Zweigen, sog. Trauer-W.n (☐ Baumformen), wie z. B. die Echte Trauer-W., *S. babylonica*, *S. alba* ‚Trista' oder Bastarde zwischen *S. babylonica* und *S. alba*. Die Korkenzieher-W. (*S. matsudana* ‚Tortuosa') zeichnet sich durch korkenzieherartig verdrehte Zweige u. Blätter aus. Medizin. Bedeutung hat die W. erlangt durch das in ihrer Rinde enthaltene Phenolglykosid ⇗ Salicin, aus dem durch Hydrolyse u. anschließende Oxidation die stark desinfizierend (antibakteriell) u. temperatursenkend wirkende ⇗ Salicylsäure

Weide
1 Korb-W. (*Salix viminalis*) mit Kätzchen (links ♂, rechts ♀); 2 Sal-W. (*S. caprea*), a Kätzchen

Schmalblättriges Weidenröschen (*Epilobium angustifolium*)

entsteht. Sie u. ihre Derivate werden heute synthetisch hergestellt. Bes. die Acetylsalicylsäure hat unter dem Handelsnamen Aspirin (seit 1899 auf dem Markt) weltweite Bedeutung als schmerzstillendes, fiebersenkendes u. antirheumat. wirkendes Mittel erlangt. Ihr die ⇗ Blutgerinnung hemmender Effekt wird zudem zur Behandlung v. Thrombosen genutzt. Die Wirkung der Acetylsalicylsäure wird auf eine Hemmung der Prostaglandinsynthese (⇗ Prostaglandine) zurückgeführt. B Polarregion II. *N. D.*

Weidenartige, *Salicales,* nahezu weltweit verbreitete, jedoch v. a. in der nördl.-gemäßigten und subarkt. Zone anzutreffende Ord. der ⇗ Dilleniidae mit ledigl. einer, 4 Gatt. mit rund 350 Arten umfassenden Fam., den Weidengewächsen (*Salicaceae*). Fast ausschl. laubwerfende Bäume od. Sträucher mit einfachen Blättern, oft hinfälligen Nebenblättern sowie, in Kätzchen angeordneten, eingeschlechtigen, i. d. R. zweihäusig verteilten Blüten, die im zeitigen Frühjahr, vor od. während des Blattaustriebs, erscheinen. Der Bau der jeweils einzeln in der Achsel eines Tragblattes stehenden Blüten ist einfach. Es fehlen sowohl Kelch- als auch Kronblätter; männl. Blüten bestehen aus 2 bis vielen Staubblättern, weibl. aus einem ungefächerten, oberständ., meist 2blättrigen Fruchtknoten mit zahlr. Samenanlagen sowie einem sich oft in mehrere Nebenäste teilenden Griffel. Die Frucht ist eine 2–4klappige, vielsamige Kapsel. Die Samen sind an ihrer Basis mit einem der Windverbreitung dienenden Haarbüschel ausgestattet. Bevorzugte Standorte der W.n sind Ufer, feuchte od. nasse Wiesen u. Wälder (Auenwälder) sowie Sümpfe u. Moore. – Die beiden Hauptgatt. der Weidengewächse sind: ⇗ Pappel (*Populus*) u. ⇗ Weide (*Salix*).

Weidenblattlarve, Jugendform der ⇗ Aale; B Larven I–II.

Weidenbock, *Oberea oculata,* ⇗ Bockkäfer.

Weidenbohrer, *Cossus cossus,* ⇗ Holzbohrer.

Weidengewächse, *Salicaceae,* Fam. der ⇗ Weidenartigen.

Weidenlibelle, *Lestes viridis,* ⇗ Teichjungfern.

Weidenröschen, *Epilobium,* Gatt. der ⇗ Nachtkerzengewächse mit mehr als 200 Arten in den nicht-tropischen Gebieten der Erde; Kräuter od. Stauden mit schmalen Blättern u. hell- bis purpurroten Blüten; Samen mit dichtem, weißem Haarschopf. In Nadelmisch- u. Laubwäldern u. an Ruderalstandorten kommt das Berg-W. (*E. montanum*) vor; bis 80 cm hoch, meist unverzweigter Stengel; Blätter dicht gesägt, fast sitzend; kleine blaßrosa Blüten. Ähnlich ist das kleinere Hügel-W. (*E. collinum*), Stengel aber v. unten her ästig; an sonnenexponierten, kalkarmen Standorten, in Mauer- u. Felsspalten. Das nach der ⇗ Roten Liste „potentiell gefährdete" Nikkende W. *(E. nutans)* ist charakterisiert durch einzeln stehende Stengel, deren Spitzen stark nicken; subalpin-alpines, ausdauerndes Kraut in Quellfluren u. -mooren. Die häufigste Art ist das bis 150 cm hohe Schmalblättrige W. *(E. angustifolium,* B Europa XVIII); lanzettl. Blätter, unterseits blaugrün, Seitennerven hervortretend; purpurrote Blüten in aufrechten Trauben, Blüten kurz gestielt; in Kahlschlägen u. an Waldwegen, in Hochstaudenfluren. Das Sumpf-W. *(E. palustre),* mit rundem Stengel, ganzrandigen od. etwas gezähnten, dunkelgrünen Blättern, kommt auf nährstoffreichen, kalkarmen Böden v. a. in gestörten Flach- u. Quellmooren u. in Naßwiesen vor. Eine Pflanze nasser bis feuchter Standorte ist das Zottige W. *(E. hirsutum);* Stengel abstehend behaart; Blätter gezähnt, halb Stengel umfassend; rotviolette Blüten; Narbe 4zipflig. Eine rotviolett blühende Pflanze der Arktis ist *E. latifolium.* B Polarregion I.

Weidenschwärmer, das ↗Abendpfauenauge.

Weiden- und Pappelgesellschaften, *Salicion albae,* Verb. der ↗Salicetea purpureae.

Weiderich, *Lythrum,* Gatt. der ↗Weiderichgewächse; Kräuter u. Sträucher mit schmalen, weidenähnl. Blättern u. roten od. weißen, in dichten Ähren stehenden Blüten. Im Spätsommer fällt auf heim. Naßu. Moorwiesen der bis 120 cm hohe Blut-W. *(L. salicaria,* B Europa VI) durch purpurrote Blütenstände auf, bei denen 3 Typen v. Blüten zu beobachten sind (trimorphe ↗Heterostylie). – Der ↗Gelb-W. *(Lysimachia)* ist eine Gatt. der ↗Primelgewächse.

Weiderichgewächse, *Lythraceae,* Fam. der ↗Myrtenartigen mit ca. 22 Gatt. und 450 Arten, hpts. in Tropen u. Subtropen. Einfache, ganzrandige Blätter mit sehr kleinen Nebenblättern; radiäre od. bilaterale Blüten mit meist 4 Kelch- u. Kronblättern sowie 8 Staubblättern; 2–6fächriger, oberständ. Fruchtknoten; die Frucht ist eine trockene Kapsel od. Schließfrucht. Der Hennastrauch *(Lawsonia inermis)* wächst vom Mittelmeergebiet bis Indien u. wird auch kultiviert; kleiner Strauch mit lanzettl. Blättern; ein roter Farbstoff wird aus zermahlenen Stengeln, ein brauner aus zermahlenen Blättern unter Zugabe v. Kalk gewonnen; für Tuchfärberei wurde aus der Wurzel ein roter Farbstoff hergestellt. Arten des Köcherblümchens *(Cuphea)* in Mitteleuropa sind bei uns als interessant- u. reichblühende Topfpflanzen bekannt: gefärbte, verwachsene Kelchblätter bilden eine lange Röhre, die bei Reife aufspringt u. schwarze Samen entläßt. *Lagerstroemia indica* (S-Asien) ist in den gesamten Subtropen wegen ihrer langblühenden rispigen Blütenstände eine beliebte Zierpflanze; andere Arten dieser Gatt. liefern wertvolles Holz. Weitere wichtige Gatt. sind der ↗Sumpfquendel *(Peplis)* u. der ↗Weiderich *(Lythrum).*

Weidetetanie *w* [v. gr. tetanos = Starrkrampf], die ↗Grastetanie.

Weigelie *w* [ben. nach dem dt. Chemiker C. E. v. Weigel, 1748–1831], *Weigela,* Gatt. der ↗Geißblattgewächse.

Weihen, *Circus,* schlanke, mittelgroße ↗Greifvögel aus der Fam. der ↗Habichtartigen mit schmalen langen Flügeln u. Schwanz u. einem Federschleier, der dem Gesicht ein eulenart. Aussehen verleiht u. vermutl. im Dienst der akust. Lokalisierung v. Beutetieren steht. Charakterist. schaukelnder Jagdflug dicht über dem Boden od. Schilf mit V-förmig abgewinkelten Flügeln. Von den 9 weltweit verbreiteten Arten kommen in Dtl. 3 als regelmäßige Brutvögel vor, die alle auf der ↗Roten Liste stehen. Die in Sümpfen u. an Gewässern mit ausgedehnten Röhrichtflächen lebende bussardgroße Rohrweihe *(C. aeruginosus,* B Europa VII) ist noch am häufigsten, dennoch „potentiell gefährdet"; sehr manövrierfähig beim Pirschflug über Schilfflächen, Seggenwiesen u. das freie Feld, wo sie Vögel u. Kleinsäuger bis Entengröße jagt; Nest im Schilf, meist v. Wasser umgeben; Zugvogel. Kleiner u. schlanker ist die Kornweihe *(C. cyaneus;* „vom Aussterben bedroht"); Männchen mit grauem Gefieder u. schwarzen Flügelspitzen, Weibchen braun mit weißem Bürzel; kommt in trockenerem Gelände vor, sogar in Sanddünen; überwinternde Vögel versammeln sich truppweise zu Schlafgemeinschaften. Als sehr ähnliche, jedoch noch schlankere Art bevorzugt die Wiesenweihe *(C. pygargus,* „vom Aussterben bedroht") als Brutplatz feuchte Wiesen u. Sümpfe; ausgeprägter Zugvogel, der in Afrika südl. der Sahara u. in S-Asien überwintert.

Weiher *m* [v. lat. vivarium = Fischteich, über mhd. wi(w)aere], stehende Gewässer v. geringer Tiefe (selten mehr als 2 m), häufig letzter Rest eines durch Verlandung kleiner gewordenen ↗Sees. W. haben keine Profundal- u. Pelagialzone; das Litoral erstreckt sich über das gesamte Gewässer. Die für die Uferregion der Seen typ. Pflanzen- u. Tierarten besiedeln den gesamten Wasserkörper. Durch die geringe Tiefe erwärmt sich das Wasser im Sommer sehr stark bis auf den Grund, so daß Vermehrungs-, Wachstums- u. Zersetzungsvorgänge beschleunigt ablaufen. Vollzirkulation findet beinahe tägl. statt. Abgesehen v. Hochmoor-, Hochgebirgs-W.n od. solchen auf Fels, Heideland od. Schotterterrassen der Flüsse haben W. eine vielfältige Pflanzen- u. Tierwelt. ↗Teich, ↗Tümpel.

Weihnachtskaktus, *Zygocactus truncatus,* ↗Kakteengewächse.

Weihnachtsstern, *Euphorbia pulcherrima,* ↗Wolfsmilch.

Weiderich
Blut-W. *(Lythrum salicaria),* unten Einzelblüte

Weihrauch, *Olibanum, Gummi olibanum,* das gelbl.-weiße und rötl. Gummiharz der Rinde mehrerer *Boswellia*-Arten; kommt als tropfenförmige, nach Balsam riechende Körner auf den Markt, liefert W.öl (*Olibanumöl;* meist farbloses, balsam., zitronenartig riechendes Öl); als Räuchermittel u. für pharmazeut. Präparate. ↗Burseraceae, ↗Balsame.

Weilsche Krankheit [ben. nach dem dt. Arzt A. Weil, 1848–1916], *Weil-Landouzy-Krankheit, infektiöse Gelbsucht, Icterus infectiosus, Leptospirosis icterohaemorrhagica,* durch eine Spirochäte der Gatt. ↗*Leptospira* [T] hervorgerufene, anzeigepflichtige Infektionskrankheit (↗Leptospirose), die meist schwer u. nicht selten tödl. verläuft u. die Gefahr schwerer Organschäden (Leber, Niere) in sich birgt. Übertragen wird sie meist durch v. Ratten verunreinigtes Wasser (z. B. nach Baden in Flüssen, Arbeiten in Abwässern) u. tritt schlagartig nach einer Inkubationszeit von 1–2 Wochen mit hohem Fieber auf. Auch Hunde können an der W. erkranken; sie endet hier meist tödlich.

Weimar-Ehringsdorf, Mensch *von W.-E.,* Skelettreste v. ↗Präneandertalern aus den Travertinbrüchen bei Weimar, darunter ein Schädel und 2 Unterkiefer; dazu Steinwerkzeuge eines Prämoustérien (↗Moustérien), „Weimarer Kultur". Alterseinstufung früher letztes, heute vorletztes Interglazial, d. h. ca. 100 000 bzw. 250 000 Jahre.

Wein [v. lat. vinum = W.], 1) i. w. S.: weinähnliche Getränke, die durch Vergärung *zuckerhaltiger* Pflanzensäfte gewonnen werden. 2) i. e. S.: nach dem W.gesetz geschützte Bez. für Getränke des Traubensafts der ↗W.rebe *(Vitis vinifera),* die durch ↗alkohol. Gärung mit ↗W.hefen gewonnen werden. Die Herstellung reicht bis in die Frühzeit menschl. Kulturen zurück. Mit Sicherheit haben bereits die Sumerer im 4. Jt. v. Chr. *Weinbau* betrieben. – *Herstellung:* 1. *Maischprozeß:* Die gelesenen u. von den Stielen (Kämme, Rappen) befreiten (abgebeerten, entrappten) W.trauben werden schonend gequetscht (gemahlen); man erhält die ↗*Maische,* die, je nachdem, ob Weiß- oder Rot-W. bereitet werden soll, unterschiedl. weiterverarbeitet wird. Zur Herstellung von *Weiß-W.* beläßt man die Maische 2–5 Stunden in Silos; dadurch wird der Abbau v. Schleimstoffen (↗Pektine) durch traubeneigene Enzyme (Pektinasen) erreicht; das führt zu einer besseren Preßleistung mit erhöhter Saftausbeute, leichterer Filtrierbarkeit u. der Ausbildung eines typischen Traubenbuketts. 2. *Kelterung:* Beim anschließenden Keltern trennt man die Traubenrückstände (Schalen u. Kerne = *Trester*) vom süßen Traubensaft *(Most)* u. befreit letzteren v. Trübteilchen (Staub, Erde, Fruchtfleisch), fr. durch Absetzenlassen, heute meist durch große Klärschleudern (Separatoren; = *Vorklärung*). Aus ca. 115 kg Trauben werden 100 l Maische u. daraus im Mittel 65–85 l Most erhalten. Der Trester kann, ggf. unter Zusatz v. Abfall-Hefen aus der Hauptgärung, zu *Trester-W.* vergoren u. dann zu *Tresterschnaps* destilliert werden. In Großkellereien schließt sich an die Vorklärung oft eine Kurzzeiterhitzung (↗Pasteurisierung, ca. 2 min, 87 °C) des Mostes an, um vegetative Mikroorganismen abzutöten u. safteigene Enzyme (Oxidasen) zu inaktivieren; dadurch können das Schwefeln (s. u.) verringert u. die Proteinstabilität des späteren W.s günstig beeinflußt werden. 3. *Anreicherung:* Häufig wird dem Most vor der ↗Gärung zur Qualitätsverbesserung Zucker (↗Saccharose = Rohr- u. Rübenzucker) in begrenzter Menge zugegeben (= *Trockenverbesserung;* in der BR Dtl. nicht für Qualitäts-W.e mit Prädikat zugelassen). Der zugesetzte Zucker wird in gleicher Weise wie der natürl. Trauben- u. Fruchtzucker zu Äthanol (Äthylalkohol) vergoren, so daß seine Konzentration erhöht wird. Enthält der Most zuviel Säuren, kann noch eine *Entsäuerung* (z. B. mit Calciumcarbonat) stattfinden. Der Most wird schließl. noch geschwefelt. Zum „Schwefeln" wird i. d. R. dem Most direkt schweflige Säure od. Kaliumpyrosulfit bzw. flüssiges Schwefeldioxid zugegeben, aus denen gleichfalls schweflige Säure entsteht, die den Most vor Oxidationen (Braunwerden) schützt und z. T. unerwünschte Mikroorganismen in der Entwicklung hemmt. 4. *Gärung:* Zur Vergärung wird der Most in Gärbehälter nahezu vollgefüllt (80–90%) u. der Behälter mit einem ↗Gärverschluß (☐) verschlossen; zur Gärung können auch geschlossene Tanks mit Überdruckventil eingesetzt werden. I. d. R. beginnt die Gärung spontan durch die v. den Traubenoberflächen in den Most gelangten Hefen; anfangs, solange noch Sauerstoff vorhanden ist, findet auch eine Hefevermehrung statt. Mit zunehmender Alkoholbildung werden die schwach gärenden Hefearten (z. B. *Kloeckera-,* ↗*Hanseniaspora*-Arten u. a. Apiculatushefen) zurückgedrängt, u. es setzt sich die ↗W.hefe durch. In vorher erhitztem Most u. in großen Gärbehältern muß die W.hefe (Reinzuchthefe), die nach bes. Eigenschaften ausgewählt wird, zugesetzt werden (↗Kulturhefen, [T] W.hefe). Neben den Hauptendprodukten der alkohol. Gärung, ↗Äthanol u. ↗Kohlendioxid, entstehen viele Gärungsnebenprodukte: ca. 400 flüchtige Verbindungen (Aldehyde, Glycerin, Säuren, höhere Alkohole, Ketone, Ester) können im W. nachgewiesen werden, die zus. mit den nichtflüchtigen W.-Inhaltsstoffen (Extraktstoffe) für Geruch u. Geschmack des W.s verantwortlich sind. Vielerorts wird bereits angegorener Most (Federweißer, Bitzler, Sauser, Süßkrätzer,

Wein

Der Zuckergehalt des Mostes wird aus der Dichte („spezif. Gewicht") mittels eines Aräometers (Senkwaage, *Mostwaage, Oechslewaage*) bestimmt. Das v. der Waage angezeigte *Mostgewicht* (in *Oechslegraden*) gibt nicht nur an, um wieviel Gramm 1 l Most schwerer ist als 1 l Wasser, sondern auch, wieviel g Alkohol der aus dem Most gewonnene Wein pro l enthalten kann. Zur Bestimmung des Zuckergehaltes c (in %) aus den Oechslegraden n dient die Näherungsformel

$$c = (n/5) + 1$$

Beispiel: Most von 110 Grad Oechsle hat eine Dichte von 1,110 g/cm³, enthält ca. 23 % Zucker u. ergibt einen Wein mit etwa 110 g Alkohol pro l. Die Oechslegrade sind nach dem Konstrukteur der Senkwaage, dem dt. Mechaniker F. Oechsle (1774–1852), benannt.

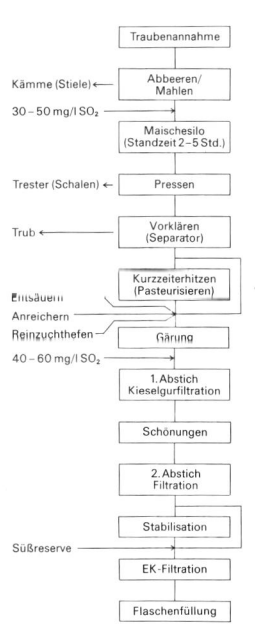

Wein

Schematische Darstellung der Weißweinbereitung (EK = Entkeimung)

Wein

Wein

Fehler und *Krankheiten:*

1. Geruchs- u. Geschmacksfehler durch weinfremde Stoffe und chem. oder physikal. Veränderungen (z. B. Farbstich, Trübung, Phenolgeschmack)

2. Krankheiten durch Bakterien oder schädl. Hefearten u. a. Pilze (Auswahl):

a) *Zäh-* oder *Lindwerden:* dickflüssig durch extrazelluläre Polysaccharide v. Milchsäurebakterien (z. B. *Pediococcus cerevisiae, Leuconostoc mesenteroides*) od. durch Schimmelpilze u. Hefen.

b) *Milchsäureton – Milchsäurestich:* Geschmacksfehler (Sauerkrautton, Molketon), der bei stärkerem Säureabbau (z. B. von *Lactobacillus buchneri = L. mannitopeum*) durch gleichzeitig gebildete Nebenprodukte, v. a. durch ↗ Diacetyl, verursacht wird.

c) *Mannit-Stich:* Geschmacksveränderung durch Mannitbildung (z. B. v. *Lactobacillus brevis*)

d) *Essigstich:* Essigsäurebildung bei Luftzutritt durch Essigsäurebakterien (*Acetobacter*-Arten)

e) *Buttersäurestich:* Buttersäurebildung durch Clostridien

f) *Kahmigwerden:* Kahmhautbildung auf der W.oberfläche bei Luftzutritt u. Abbau v. W.inhaltsstoffen (besonders Säuren), verursacht durch ↗ Kahmhefen (z. B. *Candida-, Hansenula-, Pichia*-Arten)

g) *Bitterwerden:* Abbau von Glycerin durch Clostridien zu Acrolein ($CH_2 = CH–CHO$), das mit Polyhydroxyphenolen des W.s zu Bitterstoffen reagiert.

Sturm) als belebendes Getränk geschätzt. Die Hauptgärung ist bei Temp. von 22–25°C in 6–8 Tagen beendet; um erhöhte Temp. zu verhindern, werden große Gärbehälter gekühlt. Nach der stürmischen Hauptgärung folgt oft noch eine langsamere, ruhige *Nachgärung* mit geringer Kohlendioxidentwicklung. Bes. bei säurearmen W.en setzt spontan noch eine bakterielle *Säuregärung* ein (abhängig vom Gehalt an schwefliger Säure u. dem pH-Wert); in säurereichen W.en kann die Säuregärung erst Wochen nach der Hauptgärung beginnen. Charakterist. für diese Gärung durch ↗ Milchsäurebakterien ist die Umwandlung v. ↗ Äpfelsäure in die „weichere" ↗ Milchsäure (↗ Malo-Lactat-Gärung, ☐); dadurch wird der Geschmack des W.s milder (bes. bei Rot-W.en erwünscht, unerwünscht bei säurearmen W.en). 5. *Kellerbehandlung* (Abstich, Ausbau, Lagerung): Nach der Gärung wird der Jung-W. nochmals geschwefelt u. dann v. den Hefen (u. Bakterien) durch Absetzenlassen od. Separatoren abgetrennt (1. Abstich) u. in Lagerbehälter gefüllt (abgestochen). Die Schwefelung dient wiederum zum Oxidationsschutz; außerdem werden das Absetzen der Hefen beschleunigt u. aerobe Bakterien (z. B. Essigsäurebakterien), z. T. – abhängig v. der Konzentration schwefliger Säure – auch Milchsäurebakterien, in der Entwicklung gehemmt. Sehr wichtig ist auch die Bindung des Gärprodukts ↗ Acetaldehyd an die schweflige Säure ($CH_3 \cdot CHOH \cdot HSO_3$), so daß sich der Acetaldehyd nicht mehr durch seinen scharfen Geschmack bemerkbar macht. In den vollgefüllten Lagertanks kann eine weitere Nach- bzw. Säuregärung ablaufen; dann ist ein weiteres Umfüllen (Abstich) notwendig. In der mehrmonatigen Lagerzeit (10–15°C) unter Sauerstoffabschluß entwickeln sich spezif. *Bukettstoffe* der betreffenden W.sorte. Um die Haltbarkeit des W.s zu gewährleisten, muß der W. vor der Flaschenfüllung noch verschiedenen Behandlungen unterzogen werden, die als „Schönen" u. „Stabilisierung" bezeichnet werden. Die Trübstoffe werden vorwiegend durch zugesetzte Speisegelatine u. Kieselsol (kolloidal gelöste Kieselsäure) gebunden u. ausgeflockt *(„Klarschönung").* Spuren v. Schwermetallen, bes. Eisen, lassen sich durch Zugabe äquivalenter Mengen an Kaliumhexacyanoferrat entfernen *(„Blauschönung").* Proteine, die Trübungen verursachen können, werden an „Bentonit" (Geisenheimer Erde), ein natürl. Tonmaterial, gebunden *(Eiweißstabilisierung).* Durch Filtrieren können dann die an die Zusatzmittel gebundenen unerwünschten Stoffe entfernt werden (2. oder 3. Abstich). Durch Kühlung der W.e ($-3°C$ bis $-4°C$, 5–6 Tage) vor der Flaschenfüllung wird bes. in größeren Betrieben Weinstein (saures Kaliumsalz der

↗ Weinsäure) zum Ausfällen gebracht, um Reklamationen wegen des „Zuckersatzes" in den Flaschen vorzubeugen. *Flaschenfüllung:* Vor dem sterilen Abfüllen des W.s in Flaschen (od. Fässer) kann durch Zugabe von sterilem, süßem Traubensaft (= „Süßreserve") herbem W. zu „harmonischer" Süße verholfen werden. – Die Herstellung von *Rot-W.* unterscheidet sich anfangs wesentl. von der Bereitung von Weiß-W., da die roten Farbstoffe (↗ Anthocyane) aus den Beerenhäuten der roten W.trauben in den Saft gelangen müssen. Nach altem Verfahren läßt man die Gärung bereits in der Maische beginnen, ohne vorher zu keltern; durch den entstehenden Alkohol werden die Farbstoffe extrahiert. Erst nachdem die Farbstoffe sich im Saft gelöst haben, wird gekeltert u. die Gärung weitergeführt; die anschließenden Behandlungen verlaufen wie beim Weiß-W. In Großkellereien wird heute der rote Farbstoff durch kurzes Erhitzen der Maische auf ca. 80°C aus den Beerenhäuten herausgelöst u. nach der Abkühlung sofort gekeltert. Der rotgefärbte Most wird dann in der gleichen Weise wie Weiß-W. vergoren u. weiterbehandelt. – Werden Rot-W.-Trauben im Maischprozeß wie Weiß-W.-Trauben behandelt, sofort gekeltert od. nur relativ kurze Zeit auf der Maische stehengelassen, so erhält man die rötl. getönten *Rosé-W.e (Weißherbst).* Die rötl. gefärbten *Rotlinge (Schiller-W.e, Badisch Rotgold)* werden durch Verschneiden von Weiß- u. Rot-W.en hergestellt. – *Bio-W. (Öko-W.)* wird in gleicher Weise hergestellt wie der „normale" W; die Trauben stammen aber v. W.reben, die nur mit „natürlichen" Düngern u. nicht-synthet. Pflanzenschutzmitteln behandelt wurden. *Biologisch ausgebauter W.* („naturrein") wird dagegen ohne Schwefelung hergestellt. Dies gelingt nur bei möglichst sauerstofffreier Kellerbehandlung (vom Abpressen bis zur Flaschenfüllung), durch Einsatz v. Hefen, die nur sehr wenig Acetaldehyd bilden, u. sauerstoffdichten Verschluß der Flaschen; eine Oxidase-Wirkung muß u. U. durch Zusatz v. ↗ Ascorbinsäure verhindert werden. – Erheblich unterschiedl. Herstellungsverfahren (z. T. auch unter Luftzutritt) findet man bei verschiedenen W.en in S- und SO-Europa. Diese als *Dessert-, Likör-, Süd-* oder *Süß-W.e* bezeichneten W.e haben einen sehr hohen Gehalt an Alkohol (15–18%) u. besitzen meist auch noch einen hohen Zuckergehalt. Sie werden nach 2 verschiedenen Verfahren od. durch Kombination beider Verfahren hergestellt: a) durch Vergärung konzentrierter, sehr zuckerreicher Moste aus Trockenbeeren od. eingetrockneten Beeren od. auch durch Zusatz v. konzentriertem Traubensaft zu normalem W. *(= konzentrierte Dessert-W.e),* z. B. Malaga-W., Sherry; b) durch Zusatz v. Äthanol oder gespritetem, eingedicktem Most zu durchgegorenem od. teilweise vergorenem Most aus frischen od. Trockenbeeren, so daß die normale Gärung zum Stillstand kommt (*gespritete [fortifizierte, avinierte] Dessert-W.e*, z.B. Port-W., Madeira-W., Samos-W.). – Durch eine 2. Hefegärung des W.s, dem man eine bestimmte Menge an Zucker zugesetzt hat (*Dosage*), wird der sehr alkoholreiche, kohlensäurehaltige *Sekt* (bzw. *Champagner*) erhalten. Wegen des hohen Zucker- u. Alkoholgehalts müssen spezielle Heferassen eingesetzt werden, die auch an einen hohen Gehalt an schwefliger Säure adaptiert sein müssen. Die Sektgärung kann in bes. dicken Flaschen ablaufen (*Flaschengärung*, z.B. Champagner) od. in großen Tanks (*Tankvergärung = Großraumgärverfahren*) erfolgen u. die Flaschenfüllung später unter Kohlensäuredruck vorgenommen werden. ↗alkoholische Gärung, |T| Weinrebe.

Lit.: *Dittrich, H. H.*: Mikrobiologie des Weines. Stuttgart ²1986. *Vogt, E., Jakob, L., Lemperle, E., Weiss, E.*: Der Wein. Stuttgart ⁹1984. G. S.

Weinbergschnecken, *Helix*, Gatt. der ↗ Helicidae, Landlungenschnecken mit rundl. Gehäuse aus festwand., rasch anwachsenden Umgängen, mit unregelmäßigen Zuwachsstreifen u. bis zu 5 dunkelbraunen Spiralbändern; Mündungsrand am alten W. erweitert u. wulstig verdickt; Nabel ganz od. teilweise bedeckt. Die mitteleur. W., *H. pomatia* (4 cm ⌀), bevorzugen kalkhaltige Böden in wärmeren Gegenden, wo sie in lichten Wäldern u. Gebüsch v. Kräutern leben; die ☿ Tiere kopulieren im Mai-Aug. nach einem Vorspiel, in dessen Verlauf der ↗Liebespfeil in den Fuß des Partners gestoßen wird (Stimulation?); anschließend wird wechselseitig eine Spermatophore übertragen. 6–8 Wochen nach der Paarung werden ca. 50 kalkschalige Eier (5 mm ⌀) in eine selbstgegrabene Erdhöhle abgelegt, nach 3–4 Wochen schlüpfen die Kriechstadien. Im Winter u. in sommerl. Trockenzeiten wird das Gehäuse durch ein Epiphragma (↗Deckel) verschlossen. *H. pomatia* ist eine geschätzte Delikatesse; seit Jhh. wird sie gesammelt, in „Schnekkengärten" gefüttert u. bes. zur Fastenzeit verkauft; in den Handel kommen die aktiven Tiere („Kriecher") u. die Ruhestadien („Deckelschnecken"), auch als Konserven od. tiefgefroren. Die einheim. W. sind durch die Bundesartenschutzverordnung geschützt, doch kann das Sammeln von W. mit Gehäuse- ⌀ über 3 cm zwischen 1. 4. und 15. 6. zugelassen werden (§ 8). Als Ersatz werden zunehmend süd- und osteur. W. importiert, z. B. die Großen W. (*Helix lucorum*, 7 cm ⌀) aus der Türkei, die Gestreiften W. (*H. cincta*) u. die Gefleckten W. (*H. aspersa*, 35 mm ⌀) aus dem Mittelmeergebiet bzw. W-Europa.

Weinbergslauch-Gesellschaft, *Geranio-Allietum*, ↗Polygono-Chenopodietalia.

Weinhefen
Einige wichtige allg. Eigenschaften:
1. hohe Alkoholbildung
2. möglichst wenig Schaumentwicklung
3. wenig Bildung v. Acetaldehyd u.a. unerwünschten Nebenprodukten (z. B. H_2S)
4. viel Glycerin u.a. erwünschte Gärnebenprodukte, so daß organoleptisch ansprechende Zusammensetzung
5. gutes Absetzvermögen (nicht Zersetzen); spezielle Rassen für bes. Moste
6. Sulfithefen: Vergärung stark geschwefelter Moste
7. Kalthefen: kälteresistente Rassen, Gärung bis ca. 4°C
8. Osmophile Hefen: für Vergärung extrem zuckerreicher Moste (mehr als 30%) u. dann noch eine Äthanolbildung von 10–13 Vol.%
9. Sekt-Hefen (Umgärhefen), für Vergärung stark zucker- u. alkoholhaltiger Weine (Sektherstellung)
10. Hefen mit gutem Gärvermögen in pasteurisierten Mosten od. rückverdünnten Mostkonzentraten
11. Hochgärige Rassen: Hefen, die bis zu 18 Vol.% Alkohol im Optimum bilden können

Weinbergschnecken
a Weinbergschnecke (*Helix pomatia*), b W.n beim Liebespiel

Weinert, *Hans*, dt. Anthropologe, * 14. 4. 1887 Braunschweig, † 7. 3. 1967 Heidelberg; seit 1932 Prof. in Berlin, 1935–55 Kiel; Arbeiten zur menschl. Stammesgeschichte u. Rassenbildung anhand v. Fossilfunden.

Weingeist, das ↗Äthanol.

Weinhähnchen, *Oecanthus pellucens*, Art der ↗Blütengrillen.

Weinhefen, ↗Echte Hefen mit starkem Gärvermögen, die den zuckerhalt. Saft (Most) v. Weintrauben zu ↗Wein vergären; es sind verschiedene Rassen v. ↗ *Saccharomyces cerevisiae* (auch als *S. cerevisiae* var. *ellipsoides* u. früher *S. ellipsoides* u. *S. pastorianus* bezeichnet), die bes. Eigenschaften aufweisen u. an bes. Mostzusammensetzungen u. Gärzustände angepaßt sind (vgl. Tab.). ↗Kulturhefen, ↗Drosophilidae.

Weinkellermotten, *Oenophilidae*, artenarme Schmetterlingsfam. mit kleinen Vertretern, deren Larven an Pilzen u. zerfallendem pflanzl. Material fressen. Bei uns nur eine Art: die Wein- oder Fässermotte (*Oenophila v-flavum*); Falter braun, Spannweite 12 mm; fliegt im Sommer; Larve weißl. mit gelbem Kopf, lebt im Gespinst, frißt in Weinkellern Pilze an Korken, Fässern u. Wänden.

Weinraute, *Ruta graveolens*, ↗Raute.

Weinrebe, *Rebe, Vitis vinifera*, vom vielgestalt. Formenkreis der eurasiat. Wildrebe (*Vitis sylvestris*) abstammende, außerordentl. sortenreiche Kulturart der ↗Weinrebengewächse, in erster Linie wohl auf vorderasiat. Stammformen zurückgehend, heute in klimat. geeigneten Gebieten weltweit angebaut. Die ehemaligen Vorkommen der Wildrebe in den Rhein- u. Donauauen sind heute weitgehend erloschen; größere Reste der urspr. Gesamtpopulation scheinen lediglich im Raum zw. Kaukasus u. Hindukusch erhalten geblieben zu sein. Die wilde W. ist eine bis 30 m hohe, ausdauernde Schlingpflanze mit einem tief reichenden Wurzelsystem u. sympodialem Sproßaufbau. Jedes Sympodialglied (*Lotte*) beginnt in der Achsel eines der in 2 Zeilen angeordneten Laubblätter u. endet mit einer nach der Seite abgedrängten paarigen Endverzweigung, v. der sich ein Teil zu einer berührungsempfindl. Ranke (☐ Ranken) entwickelt, der andere zu einem Blütenstand (*Geschein*). Die durch Berührung ausgelöste Einrollbewegung der haptotropen Ranke (↗Tropismus) hat zur Folge, daß das zunehmende Gewicht des wachsenden Fruchtstandes an die tragende Pflanze bzw. Tragekonstruktion (Pfähle, Drähte usw.) angehängt wird. In den Achseln der Tragblätter jedes Sympodialglieds sitzen weitere, serial angeordnete Beiknospen, die sich ebenfalls zu Trieben (sog. ↗Geizen) entwickeln können. Ihr Auswachsen wird im modernen Rebbau durch das Ausbrechen der trei-

Weinrebe

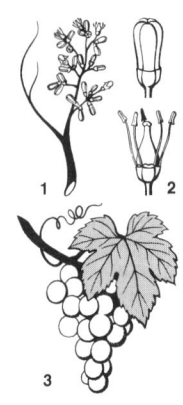

Weinrebe

1 Blütenstand; 2 einzelne Blüte, geschlossen u. entfaltet (nach Abwurf der Haube); 3 Fruchtstand

Weinrebe

Ampelographie (Rebsortenkunde) ist die Wiss., die sich mit Erfassung u. Beschreibung der über 5000 Kultursorten der W. nach morpholog. und physiolog. Gesichtspunkten befaßt. Von großem wirtschaftl. Interesse sind lediglich 50 Sorten.
Eine kleine Auswahl:

Blauer Burgunder, Spätburgunder, Pinot Noir: Kleine, dichtbeerige Fruchtstände; „die" Rotweinrebe der burgund. Côte d'Or, daneben in S-Dtl. und O-Europa gepflanzt

Carignan: Enorm ertragreiche, rote Sorte für unauffällige, säurearme Rotweine; S-Fkr., Algerien, Spanien, Kalifornien

Chardonnay, Pinot Blanc: Beste Traube für weißen Burgunder u. Champagner; Fkr., Kalifornien, Bulgarien

Elbling, Räuschling: Ertragreiche Rebe, die sehr gewöhnl. Weißweine hervorbringt; Baden, Württemberg, Obermosel, Elsaß, Schweiz; wird vom Müller-Thurgau (s. u.) verdrängt

Gutedel, Moster, Chasselas, Fendant: Ertragreiche Rebe, die liebl. Tischweine mit mittlerem Alkoholgehalt hervorbringt; Anbaugebiete Markgräflerland, Elsaß, W-Schweiz, Wallis

Kerner: Kreuzung zw. Riesling u. Trollinger (s. u.); widerstandsfähige, ertragszuverlässige Rebe; ergibt frucht., säurereichen Wein; Rheinhessen

Müller-Thurgau: Eventuell aus einer Selbstung Riesling × Riesling hervorgegangen (die gelegentl. noch verwendete Bez. *Riesling-Silvaner* ist danach unzutreffend); frühreif, sehr ertragreich; leichte, duftige Weine; Rheinhessen, Pfalz, S-Dtl., Östr.

Muskateller: Sehr anspruchsvolle Rebe, selten angebaut; Wein mit eigenwilligem Aroma

Riesling: Klassische Rebe in Dtl.; kleine, dichtbeerige, helle Trauben; geringer Ertrag, kann Weine der Spitzenklasse liefern; edelfaulfähig, v. a. an Mosel, im Rheingau, Austr., Chile, Kalifornien, S-Afrika

Ruländer, Tokajer, Grauer Burgunder: Mittelfrüh reifend; volle Weißweine mit hohem Zuckergehalt, geringer Säuregrad; Kaiserstuhl, Ungarn

Schwarzriesling, Pinot Meunier: Rotweinrebe, die gut gefärbten, samtigen Wein hervorbringt; Württemberg, Nordbaden, Champagne

Semillion: Hauptrebe für den weißen Bordeaux; edelfaulfähig; Austr., Fkr.

Silvaner: Zweitwichtigste Sorte in Dtl.; mittelgroße, helle, frühreife Trauben; große Erträge; wenig Säure, Franken, Rheinhessen, Elsaß, N-Italien, Kalifornien

Traminer, Gewürztraminer, Clevner: Kleine rosa bis grauviolette Trauben, frühreif, mäßiger Säuregehalt; leicht würzige, alkoholreiche Tafelweine; Elsaß, Zentraleuropa, Kalifornien, Ortenau

Trollinger: Blaue Kelter- u. Tafeltraube; spätreifend; liefert leicht gefärbte, kernige Tischweine; Württemberg

---

Weinrebe

Getrocknete Weinbeeren sind im Handel unter den Bezeichnungen:

Korinthen:
kernlose, blauschwarze Früchte der Sorte Agyrena

Rosinen:
grüne od. gelbe Früchte mit Kernen

Sultaninen:
grüne od. gelbe Früchte ohne Kerne, etwas kleiner als Rosinen

Zibeben:
an der Pflanze getrocknete Früchte mit Kernen

Weinrebe

Erntemenge (Mill. t) der wichtigsten Erzeugerländer 1984

Welt	64,20
Italien	11,08
Frankreich	9,40
UdSSR	7,50
Spanien	5,57
USA	4,64
Türkei	3,30
Argentinien	2,76
Südafrika	1,61
Rumänien	1,60
Griechenland	1,57
Jugoslawien	1,56
Iran	1,30
BR Dtl.	1,06
Chile	1,05
Portugal	1,02
Bulgarien	1,00

benden Knospen (Ausgeizen) verhindert. Der Blütenstand der W. stellt (entgegen dem allg. Sprachgebrauch: Wein-„Traube") eine Rispe dar, keine Traube (↗Blütenstand, ☐). Die unscheinbaren, aber wohlriechenden, diözischen Blüten besitzen gelbl., an ihrer Spitze verwachsene Blütenblätter, die später als Haube abgeworfen werden. Zurück bleiben 5 Kelch- und 5 Staubblätter u. der aus 2 Fruchtblättern gebildete oberständige Fruchtknoten, aus dem sich später die gelben, grünen, roten od. blauvioletten Beeren *(Weinbeeren)* entwickeln. – Die Beeren der Wildrebe sind seit Urzeiten gesammelt worden, was durch große Mengen v. Kernen in den Resten zahlr. prähistorischer Siedlungen bewiesen wird. Die Anfänge des planmäßigen *Rebbaus* u. die Entstehung der ersten Kulturformen liegen dagegen im dunkeln; seine Wurzeln sind vermutl. im Mittelmeerraum zu suchen, aus dem uns auch die frühesten Zeugnisse der Rebkultur erhalten geblieben sind. Mit den Römern kam der Weinbau im 2. Jh. auch nach Dtl., wo er sich zunächst in Süd-Dtl. stark ausbreitete. Mit dem Ende der röm. Herrschaft erlitt der Weinbau einen Rückschlag, bis er unter der Obhut der Klöster zu einer neuen Blüte gelangte. Günstige polit. und wirtschaftl. Bedingungen, vermehrte Kenntnisse über den Anbau der Rebe u. verbesserte Kellertechnik hatten zur Folge, daß im 15./16. Jh. die Rebfläche etwa das Vierfache der heutigen Anbaufläche betrug. Allerdings wurden fast alle *Weine* gesüßt u. vielfach mit Pflanzenessenzen gewürzt (Wermut, Weinraute usw.). Steigende Qualitätsansprüche, der Bevölkerungsrückgang während des Dreißigjährigen Krieges u. eine merkl. Klimaverschlechterung in Mitteleuropa führten in der Folge zu einem Rückgang der Anbaufläche – unter gleichzeit. Konzentration auf die klimatisch bes. begünstigten Stromtäler. Heute sind in Dtl. etwa 100 000 ha (ca. 1% der globalen Rebfläche) mit Reben bepflanzt. Etwa ¾ der Welt-Weinproduktion kommt aus Europa; Haupterzeuger sind Fkr. und Italien. – Rebbau ist eine arbeitsintensive landw. Dauerkultur, bei der neben der *Weinlese* u. dem *Rebschnitt* v. a. die vielfält. Bekämpfungsmaßnahmen ins Gewicht fallen. Durch entspr. Schnitt lassen sich sehr unterschiedl. Wuchsformen erzielen, deren Zweckmäßigkeit neben den Klima- u. Bodenverhältnissen v. a. von arbeitstechn. Erwägungen bestimmt wird. Heute wird in weiten Gebieten die sog. *Pfahl-Draht-Erziehung* bevorzugt, bei der die Reben zeilenweise in Drahtrahmen eingebunden werden, wodurch zw. den Rebzeilen befahrbare Gassen entstehen. Beim Rebschnitt im Spätwinter wird das neu zugewachsene Holz des Vorjahres bis auf einen Rest von 1–3 kurzen Trieben zurückgeschnitten. Dieser Rückschnitt erhält die Wuchskraft der Rebe (durchschnittl. Ertragsdauer der Stöcke 15–20 Jahre) und sichert den Ertrag (fruchtbar sind lediglich Fruchtruten auf zweijährigem Holz). – Die gefährlichsten Schädlinge der Rebe (T Rebkrankheiten, B Pflanzenkrankheiten II, B Schädlinge) stammen aus N-Amerika; dazu gehören neben Echtem u. Falschem Mehltau (↗Rebenmehltau), die auch heute noch zur ständigen vorbeugenden Bekämpfung zwingen, v. a. die 1860 nach Fkr.

eingeschleppte ↗Reblaus (☐). Sie befällt v. a. die Wurzel der eur. Rebe und bringt dadurch die Stöcke zum Absterben. Ihre unaufhaltsame Ausbreitung drohte vorübergehend den Weinbau in Europa völlig zum Erliegen zu bringen. 1874 erreichte der Schädling dt. Gebiet; zu dieser Zeit war in Fkr. bereits die Hälfte der Rebfläche vernichtet. Durchgreifende Abhilfe brachte erst die Einführung sog. *Pfropfreben,* bei denen eur. Edelreiser auf eine Wurzelunterlage amerikan. Reben aufgepfropft werden. Die amerikan. *Vitis*-Arten (z. B. die Ufer-Rebe, *V. riparia*) sind an den Wurzeln weitgehend reblausresistent. Es zeigte sich, daß die Pfropfrebe nicht nur eine ideale Kombination der Reblausfestigkeit amerikan. Reben mit der Traubenqualität eur. Sorten darstellt, sondern daß sie auch höhere Wuchs- u. Ertragsleistung erbringt als sog. wurzelechte Reben. ↗Wein. ☐ Kulturpflanzen IX. *A. B./Y. S.*

Weinrebengewächse, *Vitaceae,* Fam. der ↗Kreuzdornartigen mit 12 Gatt. und 700 Arten. Meist holzige Kletterpflanzen in feucht-warmen Wäldern; Verankerung mittels Fadenranken u. ↗Ranken (☐) mit Haftscheiben (☐ Haftorgane). Wechselständ. Blätter, 2 Nebenblätter; unscheinbare, radiäre, 4- oder 5zählige Blüten in Rispen od. Trauben. Der oberständige Fruchtknoten besteht aus 2 verwachsenen Fruchtblättern mit je 2 Samenanlagen u. entwickelt sich zur Beerenfrucht. Insektenbestäubung. Artenreichste Gatt. ist die Klimme (*Cissus;* 350 pantropische Arten); neben mit Ranken kletternden aufrechte Sträucher u. Stauden, darunter zahlr. sukkulente Arten. So z. B. die bis 4 m hohe *C. juttae* (SW-Afrika) mit mächtig angeschwollenem Stamm, deren Saft als ↗Pfeilgift genutzt wird. Attraktive Warmhauspflanzen sind die raschwüchsige *C. gongylodes* (S-Amerika) mit 4kantigem, geflügeltem Sproß u. langen, roten Luftwurzeln u. die buntblättrige, farbenprächtige *C. discolor* (Java). Die Antarkt. Klimme (*C. antarctica,* ☐ Australien III) ist eine aus Austr. eingeführte, fast unverwüstl. Zimmerpflanze. Zur Gatt. *Parthenocissus,* Zaunrebe (hpts. gemäßigte Zonen O-Asiens und N-Amerikas) zählt der Wilde Wein (*P. quinquefolia,* östl. N-Amerika; ☐ Nordamerika IV), ein sommergrüner, mit Haftscheiben kletternder Strauch mit lang gestielten, aus 5 eiförm., gezähnten Blättchen zusammengesetzten Blättern; auffallende Herbstfärbung. Ähnlich, in vielen Gartenformen gezüchtet, ist die sich stark verzweigende Jungfernrebe (*P. tricuspidata,* Japan, Korea, China), aber mit glänzend grünen, rundl., 3lappigen Blättern, die sich im Herbst orangegelb u. scharlachrot färben. Häufig v. den W.n als eigene Fam. abgetrennt wird die Gatt. *Leea* (70 Arten, pantropisch, aber v. a. S-Asien); aufrechte, rankenlose Stauden od. Sträucher;

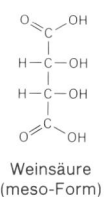

Weinsäure (meso-Form)

Weinrebengewächse
Cissus discolor

A. F. L. Weismann

3–8fächriger Fruchtknoten mit je 1 Samenanlage; *L. amabilis* (Borneo) ist bei uns Warmhauspflanze. – Wirtschaftl. wichtigste Gatt. der W. ist *Vitis* (↗Weinrebe).

Weinsäure, *Weinsteinsäure, 2,3-Dihydroxybernsteinsäure,* in reiner Form farblose, sauer schmeckende, ungiftige, geruchlose Kristalle, wasserlösl., verbreitete ↗Fruchtsäure; die wäßrige Lösung natürlicher W. ist opt. aktiv (rechtsdrehend, ↗optische Aktivität). Kommt im Weintraubensaft (als saures Kaliumsalz = *Weinstein*), Weißdorn, Huflattich, Löwenzahn, Vogelbeere, Weichselkirsche usw. vor. Verwendung in Limonaden, sauren Bonbons, als Konservierungsmittel, Bestandteil des Backpulvers; ihre Salze *(Tartrate)* als Heilmittel (Brechweinstein) u. in der analyt. Chemie (Nylanders Reagens u. Fehlingsche Lösung).

Weinschwärmer, *Weinvogel,* Name für 3 Vertreter der Schmetterlingsfamilie ↗Schwärmer, die bei uns mehr od. weniger regelmäßig in ein bis zwei Generationen fliegen. Der Kleine W., *Deilephila (Pergesa) porcellus,* und der Mittlere W., *D. (P.) elpenor,* sind paläarktisch verbreitet, olivgrün u. lila weinrot gefärbt; Spannweite um 50 bzw. 65 mm; fliegen häufig in der Dämmerung in Gärten, lichten Auwäldern, auf Waldwiesen u. Schlägen, gerne an Blüten; Raupen dunkelgrau u. ocker gesprenkelt, mit verjüngtem Vorderende, das in den verbreiterten Brustabschnitt eingezogen werden kann; dieser trägt auffällige Augenflecken; Afterhorn verkürzt; fressen an Weidenröschen, Labkraut, Weinrebe u. a. Ein sehr selten zufliegender Gast aus S-Europa ist der Große W. *(Hippotion celerio);* Körper u. Flügel sehr schlank u. schmal; silbrig weißes Längsband auf den olivgrauen, schwärzl. geäderten Vorderflügeln; Spannweite um 70 mm; Hinterflügel rosa mit schwarzen Adern; übersteht bei uns den Winter nicht.

Weisel *m* [v. ahd. wiso, mhd. wisel = Anführer (der Bienen)], die Königin im ↗Honigbienen-Staat; ↗staatenbildende Insekten.

Weisheitszähne, *Dentes serotini,* beim Menschen die 3. (hintersten) ↗Backenzähne; ihre Anlage erfolgt im 4. bis 5., ihr Durchbruch nach dem 16. Lebensjahr, er kann aber auch unterbleiben; Zahnkronen u. -wurzeln recht variabel.

Weismann, *August Friedrich Leopold,* dt. Arzt u. Zoologe, * 17. 1. 1834 Frankfurt a. M., † 5. 11. 1914 Freiburg i. Br. W. studierte zunächst Medizin in Göttingen, u. a. bei ↗Wöhler, ↗Henle und ↗Siebold, u. begann seine Tätigkeit als Assistenzarzt in Rostock. Hier beendete er seine erste wiss. Arbeit: „Über den Ursprung der Hippursäure im Harn der Pflanzenfresser." Ab 1858 als Arzt in Frankfurt, begann er seine histolog. Arbeiten (Nachweis der quergestreiften Herzmuskulatur bei Wir-

Weismannscher Ring

beltieren, Wachstum v. Muskelfasern). Nach Studien in Paris bei ↗Geoffroy Saint-Hilaire, ↗Milne-Edwards, Serres u.a. (1860) u. einer bes. anregenden Zeit in Gießen bei ↗Leuckart (1861) trat er eine Stelle als Leibarzt des östr. Erzherzogs Stephan auf dessen Schloß Schaumburg an (1861–63). Hier entstand seine erste entwicklungsbiol. Arbeit „Über die Entwicklung der Dipteren im Ei" und fiel die Entscheidung zur Universitätslaufbahn, die er mit der Habilitation („Über die Entstehung des vollendeten Insekts in Larve u. Puppe") 1863 an der med. Fakultät der Univ. Freiburg begann. Die Embryologie der Insekten wurde zu seinem ersten Hauptarbeitsgebiet (er prägte die Begriffe „Polzellen" u. „Imaginalscheiben"). 1873 Berufung auf den ersten Lehrstuhl für Zoologie in Freiburg. In den folgenden 10 Jahren entstanden Studien zur Deszendenztheorie, die Naturgeschichte der Daphnoiden (daneben limnologisch orientiert: „Das Tierleben im Bodensee", mit der ersten Beschreibung der Vertikalwanderung des Krebs-Planktons), die Entstehung der Sexualzellen bei den Hydromedusen u. Arbeiten an Schmetterlingen (u.a. zur Frage des Saisondimorphismus u. der Mimikry). In diese Zeit fiel auch die intensive Auseinandersetzung mit Darwins Arbeiten, die ihn zur Beschäftigung mit Fragen der Fortpflanzung, Vererbung und phylogenet. Betrachtungen über Lebensdauer u. Tod der Organismen sowie die „potentielle Unsterblichkeit" der Einzeller anregten. Wichtigstes Ergebnis dieser Tätigkeiten war das 1892 erschienene Buch über „das Keimplasma". Hier wurden Überlegungen zur ↗Keimplasmatheorie, Abgrenzung des ↗Keimplasmas (Gesamtheit der ↗Determinanten) v. den übrigen Zellen (Soma) u. die Einbeziehung phylogenet. Vorstellungen in die Entwicklungsbiologie u. Vererbung (↗Neodarwinismus) zu einer großen Theorie der Vererbung zusammengefaßt. Damit trat W. auch als entschiedener Gegner des seinerzeit noch weit verbreiteten ↗Lamarckismus auf. Mit der Vorstellung v. der ↗Amphimixis und der Erfassung des Prinzips der Meiose (W. prägte die Begriffe „Reduktionsteilung" und „Äquationsteilung") ahnte er bereits die Bedeutung der Chromosomen u. schuf die entscheidenden Grundlagen für das heutige Verständnis des Vererbungsvorgangs. ⬜B Biologie I–III.   K.-G. C.

Weismannscher Ring [benannt nach A. ↗Weismann], die ↗Ringdrüse.

Weißährigkeit, *Flissigkeit,* durch Schädlingsbefall, Wasser- od. Nährstoffmangel hervorgerufene Krankheit bei Gräsern (insbes. bei Getreide-Arten), gekennzeichnet durch Weißfärbung der Blüten u. fehlenden Fruchtansatz im unteren Bereich des Blütenstands. ↗Schwarzbeinigkeit.

Weißbuche, die ↗Hainbuche.

Weißdorn

1 Zweigriffeliger W. *(Crataegus oxyacantha);* 2 Feuerdorn *(C. pyracantha)*

Weißfäule

Einige typische W.-Erreger:

Hallimasch *(Armillariella mellea* Karst.)
Angebrannter Rauchporling *(Bjerkandera adusta* Karst.)
Rötende Tramete *(Daedaleopsis confragosa* Schroet.)
Wurzelschwamm *(Heterobasidion annosum* Bref.)
Glänzender Lackporling *(Ganoderma lucidum* Karst.)
Birkenblättling *(Lenzites betulina* Fr.)
Riesenporling *(Meripilus giganteus* Karst.)
Austernpilz *(Pleurotus ostreatus* Kumm.)
Zunderschwamm *(Fomes fomentarius* Fr.)
Zinnoberschwamm *(Pycnoporus cinnabarinus* Karst.)
Runzeliger Schichtpilz *(Stereum rugosum* Fr.)
Striegelige Tramete *(Trametes hirsuta* Pil.)
Buckeltramete *(Trametes gibbosa* Bond. u. Sing.)
Schmetterlingsporling *(Trametes versicolor* Pil.)
Shiitakepilz *(Lentinus edodes)*

Weißdorn, *Crataegus,* artenreiche Gatt. der Rosengewächse, v.a. in N-Amerika; dornige, leicht bastardierende Sträucher od. kleine Bäume mit sehr hartem Holz. In Mitteleuropa heimisch sind die Sammelarten Eingriffeliger W. *(C. monogyna,* ⬜B Europa XII) mit tief fiederspaltig geteilten Blättern, Blattgrund unterseits weißl. grün, 1 Griffel und 1 Steinkern, und der Zweigriffelige W. *(C. laevigata, C. oxyacantha)* mit schwach gelappten, abgerundeten Blättern; keilförm. Blattgrund; Griffel und Steinkerne zu 2–3. Aus den Blättern bereitet man einen blutdrucksenkenden Tee. Beide Arten sind häufig in Waldsäumen u. -unterwuchs; als Schnitthecken gepflanzt. Der Feuerdorn od. Rotdorn *(C. pyracantha, Pyracantha coccinea)* ist ein immergrüner Strauch aus dem östl. S-Europa u. Kleinasien mit scharlachroten Früchten. Bei uns in vielen Sorten als Ziergehölz (oft als lebende Hecke) gepflanzt; gedeiht gut in nährstoffreichem Lehm. Als bot. Kuriosität gilt *Crataegomespilus:* durch Pfropfung der ↗Mispel *(Mespilus germanica)* auf W. *(C. monogyna)* entsteht eine Periklinal-↗Chimäre; hier bildet das W.gewebe einen Mantel um das Mispelgewebe, sie bleiben also getrennt; die Organe, z.B. Blätter, entsprechen aber einer Zwischenform der Partner. [miten.

Weiße Ameisen, falsche Bez. für die ↗Ter-

Weiße Fliegen, die ↗Aleurodina.

weiße Muskeln, Wirbeltier-Muskeln mit überwiegend glykogenreichen, aber an Myoglobin armen Muskelfasern, die ihren Energiebedarf hpts. durch Gärung decken. Die w.n M. arbeiten rascher als ↗rote Muskeln, sind aber weniger zur Dauerbelastung geeignet. Normalerweise setzen sich Wirbeltier-Muskeln in unterschiedl. Verhältnissen aus weißen u. roten Fasern zus., wobei in manchen Muskeln einer der Fasertypen deutl. überwiegen kann. So bestehen z.B. die Brustmuskeln (Pectoralis maior und minor) von Dauerfliegern, wie den Kolibris, ausschl. aus roten Fasern, während die Flugmuskulatur (↗Flugmuskeln) des Haushuhns (kurze Flugleistung bei Flucht) überwiegend aus weißen Fasern, die Beinmuskulatur dagegen überwiegend aus roten Fasern zusammengesetzt sind. ↗Muskelkontraktion.

Weißer Hai, *Weißhai,* der ↗Menschenhai.

Weiße Rübe ↗Kohl.

Weißer Zimt ↗Canellaceae.

Weißes C, der ↗C-Falter.

weiße Substanz, *Substantia alba,* die zu Bahnen zusammengefaßten markhaltigen Ausläufer v. Nervenzellen in ↗Rückenmark (⬜B) u. ↗Gehirn (⬜B); ↗graue Substanz.

Weißes W, *Strymonidia w-album,* ↗Zipfelfalter.

Weißfäule, 1) *Korrosionsfäule,* pilzl. Holzzersetzung, bei der die Grundbestandteile des Holzes, Lignin u. Cellulosen, etwa gleichmäßig abgebaut werden, wobei gleichzeitig eine Bleichung des Holzes eintritt. Das befallene Holz wird weißlich; Struktur u. Volumen bleiben lange erhalten, bis das Holz schließl. faserig zerfällt. Bei der Zersetzung des ↗Lignins sind Polyphenoloxidasen (z. B. Laccase, Tannase), in einigen Fällen auch Peroxidasen der Pilze wirksam. Typische W.-Erreger vgl. Tab. Sonderformen der W. sind eine Form der ↗Rotfäule u. eine wabenförmige W., die Honigwabenfäule (Lochfäule, Weißlochfäule), bei der das Lignin nicht gleichmäßig abgebaut wird; dadurch entstehen längl. Löcher im Holz. Ggs.: ↗Braunfäule. 2) Pflanzenerkrankungen, bei denen sich auf den befallenen Stellen ein weißes Pilzmycel ausbildet, z. B. bei der W. und Grünfäule v. Citrusfrüchten (Erreger: Penicillium digitatum und P. italicum) od. bei der Kartoffel-W., einer Lagerfäule der Kartoffelknolle (Erreger: Fusarium solani var. coeruleum).

Weißfische, Karpfenfische i. e. S., Cyprinidae, größte Fam. der U.-Ord. ↗Karpfenähnliche mit ca. 200 Gatt. und 1500 Arten. Weit verbreitete Süßwasserfische, die urspr. (vor der späteren Einbürgerung einiger Arten) nur in S-Amerika, Madagaskar und Austr. fehlten; bevorzugen langsam fließende od. stehende Gewässer u. fressen Pflanzen oder Kleintiere. Sie haben eine zweiteilige Schwimmblase, charakterist. Schlundzähne mit Kauflächen, meist stachellose Flossen u. oft Barteln. Die umfangreiche Fam. wird in zahlr. U.-Fam. (vgl. Tab.) unterteilt. Zu der vielgestaltigen nordamerikan. und eurasiat. U.-Fam. Eigentliche W. (Leuciscinae) gehören viele bekannte, meist silberglänzende Arten (vgl. Tab.). Vertreter der Gatt. W. i. e. S. (Leuciscus) sind: der bis 60 cm lange Döbel od. Aitel (L. cephalus) mit dickem Kopf, der schnellfließende Gewässer v. Spanien bis zum westl. Kasp. Meer bewohnt; der bis 30 cm lange, eurasiat., in klaren Gewässern lebende Hasel (L. leuciscus); der bis 24 cm lange eur. Strömer (L. souffia, R Fische X) u. der bis ca. 50 cm lange Aland od. Schwarznerfling (L. idus, B Fische X), der v. Mitteleuropa bis Sibirien verbreitet ist; eine goldglänzende Farbvariante, die Goldorfe, Orfe od. Goldnerfling, wird oft als Zierfisch in Teichen u. Aquarien gehalten (vgl. auch Spaltentext). – Riesige, nordam., bis 1,5 m lange, räuber. Vertreter der U.-Fam. Eigentliche W. sind die Squawfische (Ptychocheilus); sie haben große Mäuler u. erbeuten überwiegend Fische.

Weißfuchs, natürl. Farbvariante des ↗Eisfuchses.

Weißhai, der ↗Menschenhai.

Weißholz, Sammelbez. für weißl. oder gelbl. trop. Hölzer, z. B. ↗Abachi, ↗Balsaholz.

Weißkohl ↗Kohl.

Weißlehm, Bez. für sehr hell gefärbten ↗Graulehm.

Weißfische
Wichtige Unterfamilien:
↗Barben (Barbinae)
↗Bärblinge (Danioninae)
↗Bitterlinge (Acheilognathinae)
Eigtl. Weißfische (Leuciscinae)
↗Gründlinge (Gobioninae)
↗Karpfen (Cyprininae)
Schlitz-↗Karpfen (Schizothoracinae)

Bekannte Gattungen bzw. Arten der Unterfamilie Eigtl. Weißfische (Leuciscinae):
↗Brachsen (Abramis)
↗Elritzen (Phoxinus)
↗Güster (Blicca)
↗Mairenke (Chalcalburnus)
↗Moderlieschen (Leucaspius)
↗Nasen (Chondrostoma)
↗Orfen (Notropis)
↗Rapfen (Aspius)
↗Rotaugen (Rutilus)
↗Schleie (Tinca)
↗Schneider (Alburnoides)
↗Sichlinge (Erythroculter)
↗Ukelei (Alburnus)
↗Zährten (Vimba)
↗Ziege (Pelecus)

Weißfische
Die Goldorfe wird in sog. Fischtestanlagen bei der Abwasserreinigung (↗Kläranlage) als ↗Bioindikator benutzt (offizieller Testfisch zur Bestimmung der Fischtoxizität). Ihr Wohlbefinden zeigt an, ob die Endreinigung v. Abwasser, das durch das Fischbecken läuft, vollständig erfolgt ist.

Weißlinge, 1) Sillaginidae, Fam. indopazif. ↗Barschfische; haben langgestreckten, kräft. Körper mit kleinen Kammschuppen, eine kurze, stachelstrahlige 1. und saumart., weichstrahlige 2. Rückenflosse sowie weißes, wohlschmeckendes Fleisch; leben v. a. im sand. Küstenbereich in der Nähe v. Flußmündungen. Hierzu gehören der ostaustr., bis 45 cm lange Sand-W. (Sillago ciliata) u. der südaustr., bis 55 cm lange Gefleckte W. (S. punctatus); beide Arten sind wicht. Wirtschaftsfische. **2)** Pieridae, den ↗Ritterfaltern verwandte Tagfalter-Fam. mit weltweit etwa 1500 Vertretern, bei uns ca. 17 Arten, darunter so bekannte Schmetterlinge wie die Kohl-W. oder der ↗Zitronenfalter. Grundfarbe der Flügel durch ↗Pteridine meist weiß, gelb oder orange, oft mit schwärzl. Zeichnung v. a. an der Flügelspitze, manche trop. Arten auch blau, rot u. violett; saisonale Farbunterschiede u. Geschlechtsdimorphismus sind häufig, so z. B. beim ↗Aurorafalter (Anthocharis cardamines); Unterseite der Hinterflügel oft unscheinbar grünl., Flügel immer ungeschwänzt; Spannweite reicht von 25 mm bis 100 mm. Die einheimischen W. sind mittelgroß, alle Brustbeine sind voll entwickelt u. zum Klettern geeignet; die meisten Arten fliegen in mehreren Generationen, oft wanderlustig, mitunter in Schwärmen ziehend, wie der amerikan. W. Ascia monuste; viele Arten in großer Individuenzahl auftretend, einige von wirtschaftl. Bedeutung, wie die Kohl-W. Vorkommen bis ins Hochgebirge, so in den Anden bis über 5000 m; dringen auch in extreme nördl. Breiten vor, z. B. die circumpolar verbreitete Art Colias hecla. Eier spindelförmig mit Längsrippen, Larven zylindrisch, ohne bes. Anhänge od. Fortsätze; meist grün mit kurzen Härchen u. Längsstreifung; fressen bei uns bevorzugt an Kreuzblütlern u. Leguminosen; Verpuppung als Gürtelpuppe, die einen Kopffortsatz trägt; Überwinterung normalerweise als Raupe od. Puppe. Bei uns 3 U.-Fam.: Pierinae mit weißer Grundfarbe, nur beim ↗Aurorafalter sind die Flügelspitzen beim Männchen orange; Raupen an Kreuzblütlern, wo sie mit der Nahrung Senfölglykoside aufnehmen u. speichern, was ihnen einen gewissen Schutz vor Freßfeinden verleihen soll; nur der ↗Baumweißling (Aporia crataegi) frißt an Rosengewächsen. Bekanntester einheim. Vertreter ist der Große Kohlweißling (Pieris brassicae), eurasiatisch, Spannweite um 60 mm, Vorderflügelspitze schwärzlich; Weibchen mit 2 schwarzen Flecken; Kulturfolger, verbreitet in Gärten, auf Äckern u. Brachland; jährl. starke Populationsschwankungen; Eier gelbl., in dichtem Gelege an Blattunterseite; Raupen auffällig grün mit gelbl. Längszeichnung u. schwarzem Punktmuster; anfangs gesellig, kann an Kohlarten schädl. werden. Ähnlich der Kleine Kohlweißling oder

Weißlippenhirsch

Rübenweißling, *Artogeia (Pieris) rapae,* Spannweite nur um 45 mm; Zeichnung blasser grau, häufig, Eiablage einzeln, Raupe grün. Sehr ähnlich der Raps-, Hekken- od. Grünaderweißling, *Artogeia (Pieris) napi,* Unterseite der Hinterflügel mit deutlich graugrün bestäubten Adern; verbreitet u. häufig, in der Feldflur mehr in Wald- od. Gehölznähe, auf Schlägen, Waldwegen, Wiesen u. Säumen; Bergweißling, *Artogeia (Pieris) bryoniae,* stark dunkel bestäubt, in den Alpen auf Wiesen bis 2000 m; Resedafalter *(Pontia daplidice),* mit schwarzer Fleckzeichnung, Hinterflügelunterseite weiß u. olivgrün gescheckt, südl. Art, wandert bis Skandinavien, auf blütenreichem Brachland u. Trockenrasen. Vertreter der v. a. neotropisch verbreiteten U.-Fam. *Dismorphiinae* sind in Gestalt u. Färbung oft ähnl. einigen giftigen ↗ Ithomiidae u. ↗ Heliconiidae (↗Mimikry); Vorderflügel meist schmal, einzige Art bei uns der Senf- od. Leguminosenweißling *(Leptidea sinapis);* Falter zart mit schwachem Flug, Flügel gerundet, außen mit grauem Fleck; an Waldrändern, auf Schlägen u. bebuschten Trockenrasen; Raupenfutterpflanzen sind Schmetterlingsblütler, an deren Blüten die Falter auch gern Nektar aufnehmen. Zur U.-Fam. Gelblinge *(Coliadinae)* gehören: der ↗ Zitronenfalter *(Gonepteryx rhamni)* u. der ↗Postillon *(Colias crocea);* die Vertreter der Gatt. *Colias* („Kleefalter") fressen als Raupe an Leguminosen; Ausnahme: der Moor- od. Hochmoorgelbling *(C. palaeno),* dessen Larve an Rauschbeere lebt; männl. Falter gelb, Weibchen blaß grünlich-weiß, beide mit schwärzl. Randbinde; bei uns ein Eiszeitrelikt; durch Moorzerstörung nach der ↗Roten Liste „stark gefährdet"; fliegt im Sommer in einer Generation. Häufig ist der Gemeine Heufalter od. die Goldene Acht *(C. hyale),* gelb mit unterbrochener dunkler Saumbinde; Weibchen heller, auf der Hinterflügelunterseite ein schwarz und rötl. geranderter weißer Doppelfleck (Name!); Spannweite um 45 mm, auf Wiesen u. Kleeäckern. B Insekten IV, B Schmetterlinge.

T. J./H. St.

Weißlippenhirsch, *Cervus (Przewalskium) albirostris,* 1884 von Przewalski beschriebene Art der ↗Edelhirsche. Der seltene u. noch wenig erforschte W. lebt im innerasiat. Hochgebirge in 3000 bis 5000 m Höhe, oberhalb der Waldgrenze.

Weißmoose, die ↗Leucobryaceae. [ren.
Weißrüsselbär, *Nasua narica,* ↗Kleinbä-
Weißrüster ↗Ulme. [nus, ↗Braunhaie.
Weißspitzenhai, *Carcharhinus longima-*
Weißsporer, Blätterpilze (vgl. Tab.), deren Sporenpulver weiß. aussieht; wicht. taxonomisches Merkmal.

Weißstorch, *Ciconia ciconia,* bekannteste Art der ↗Störche, ca. 102 cm groß; unverkennbares Aussehen: Gefieder weiß, nur Schwingen schwarz, Schnabel u. Beine

Weißstorch
Brutbestand (Paare) des W.s in der BR Dtl.:
1958: 2600
1974: 1057
1982: 799

Weißsporer
Blätterpilz-Gattungen mit weißem Sporenpulver (Auswahl):
Wulstlinge
Schirmlinge
Milchlinge
Täublinge
Trichterlinge
Ritterlinge
Rüblinge
Schnecklinge
Schwindlinge

rot. Das Verbreitungsgebiet umfaßt Mittel- und O-Europa, Spanien, N-Afrika, Vorder- u. Mittelasien. Bewohnt weite Niederungen, Feuchtwiesen u. Sümpfe. Wenngleich der W. auch mitten in menschl. Siedlungen seine Nester auf Gebäuden errichtet, ist er dennoch kein eigtl. Kulturfolger. In Europa hat der Bestand in den letzten 100 Jahren erhebl. abgenommen (vgl. Tab.); nach der ↗Roten Liste „vom Aussterben bedroht"; Gründe sind Entwässerung v. Feuchtgebieten, Umbruch v. Wiesen, Verschlechterung des Nahrungsangebots durch moderne Agrarnutzung (Abnahme an Großinsekten), aber auch Einflüsse in den afr. Winterquartieren (Jagd, Insektizide, die über Heuschrecken aufgenommen werden). Wiederansiedlungsprojekte versuchen, vorhandene Restpopulationen zu stützen. Als Zugvogel trifft der W. Ende Februar im Brutgebiet ein u. verläßt dieses bis September wieder. Die Nahrung besteht aus Mäusen, Insekten und deren Larven, Regenwürmern (bes. im Frühjahr), außerdem Fröschen u. Reptilien. Über die Standorttreue bei der Brutplatzbesiedlung u. das Zugverhalten weiß man durch die ↗Beringung sehr gut Bescheid (☐ Vogelzug). Bei Balz- u. Brutzeremonien lautes Schnabelklappern des sonst schweigsamen Vogels – oft paarweise – mit zurückgelegtem Hals. 3–5 weiße Eier (B Vogeleier II); Brutdauer 33 Tage; Fütterung durch beide Altvögel; die Jungen verlassen nach 8–9 Wochen den Horst; die Brutreife erreichen sie nach 3–4 Jahren; werden bis 35 Jahre alt. ☐ Störche.

Weißtannenwälder, entsprechend dem Areal der Weiß-↗Tanne *(Abies alba)* in Mitteleuropa u. den submediterranen Gebirgen verbreitete Wälder mit deutl. Weißtannenanteil. Die Tanne vermittelt dabei in Höhenstufung u. Kontinentalitätsgrad zw. Buche u. Fichte. W. stehen zwar den Buchenwäldern (↗ *Fagion sylvaticae)* nahe, haben aber durch ihr Lichtklima auch Nadelwaldeigenschaften: Frühlingsblüher werden zugunsten v. Moosen u. Sommerblühern unterdrückt. – W. gibt es in unterschiedl. pflanzensoziol. Einheiten: Auf recht basenreichen Böden in subkontinentalem Klima siedeln W. des ↗ *Galio-Abietion;* auf niederschlagsreichen Standorten der montanen Stufe stocken W. des ↗ *Asperulo-Fagion* (etwa das ↗ *Abieti-Fagetum*) od. des ↗ *Luzulo-Fagion.* Fichtenreiche Hochlagenformen, z. B. das *Luzulo-Abietetum* (Hainsimsen-Fichten-Tannenwald), werden oft bereits zu den ↗ *Vaccinio-Piceetea* gestellt. Zw. bodensauren, zwergstrauchreichen u. den oft hoch staudenreichen Carbonat-Fichten-Tannenwäldern vermittelt das *Oxali-Abietetum* (Sauerklee-Fichten-Tannenwald). Submontan bis montan gelegen sind die staunassen Plateau-Tannenwälder *(Querco-Fagetum).*

Weißwal, *Beluga, Delphinapterus leucas,* äußerl. einem Delphin (ohne Rückenflosse) ähnl. ↗Gründelwal v. plumper Gestalt; Gesamtlänge 3,7–4,3 m; einheitl. weiße Färbung. W.e sind v. a. entlang der arkt. und subarkt. Küsten verbreitet u. dringen im Winter nordwärts in den Packeis-Bereich vor. Da sie Flachwasserzonen bevorzugen, sind W.e auch vor od. in Flußmündungen anzutreffen; Irrgäste wandern z. T. flußaufwärts. W.e leben gesellig u. ernähren sich hpts. von Fischen. [B] Polarregion III.

Weißwasser, Bez. für das trübe, lehmgelbe, nährstoffreiche Wasser mancher in den niederschlagsreichen Randgebirgen der Anden entspringender Flüsse *(W.flüsse)* des Amazonas-Beckens; die Ablagerungen der W.flüsse ergeben fruchtbare Böden. ↗Schwarzwasser.

Weißwedelhirsch, *Virginiahirsch, Odocoileus virginianus,* in 39 U.-Arten über weite Teile N-, Mittel- und S-Amerikas verbreitete Art der (wie auch das Reh) systemat. den ↗Trughirschen zugerechneten Amerikahirsche; Kopfrumpflänge 1–2 m. Bei der Flucht tragen W.e ihren 10–30 cm langen, unterseits weißen Schwanz aufrecht; dies wirkt auf Artgenossen als Fluchtsignal. Als Kulturfolger mit hoher Fortpflanzungsrate stellen W.e in N-Amerika den Hauptanteil des Jagdwildes. In einigen Ländern (z. B. Finnland, ČSSR, Neuseeland) wurden W.e erfolgreich als Nutzwild eingebürgert. Das gefleckte W.-Kitz war Vorbild für W. Disneys „Bambi". [B] Nordamerika VII.

Weißwurm, getrockneter Uferaas *(Polymitarcis virgo),* Art der ↗Eintagsfliegen.

Weißwurz, *Polygonatum,* Gatt. der ↗Liliengewächse mit ca. 50 Arten in den gemäßigten Breiten der N-Halbkugel; ausdauernde Pflanzen mit aufrechtem bis gebogenem Stengel, der einem monopodialen Rhizom entspringt. Da das Aussehen der Narben vorjähriger Triebe am Rhizom hat der Gemeinen W. *(P. odoratum)* auch den Namen Salomonssiegel eingetragen. In den Blattachseln hängen, einzeln od. zu mehreren, weiße Blüten mit röhrig bis glockig verwachsenen Blütenblättern. Die Frucht ist eine schwarze Beere. In lichten Kiefern- u. Eichenwäldern od. in Säumen auf basenreichen Böden wächst *P. odoratum* mit ovalen, zweizeil. Blättern u. kantigem Stengel ([B] Europa IX). Die Vielblütige W. *(P. multiflorum)* hat einen runden Stengel u. ist eine weit verbreitete Waldpflanze krautreicher Laub- u. Mischwälder. Die Quirlblättrige W. *(P. verticillatum),* mit quirlig genäherten Blättern, ist eine montane Art der Wälder u. Hochstaudenfluren. Das Salomonssiegel u. a. W.-Arten sind seit dem 16. Jh. in Kultur nachweisbar.

Weißzeder, die ↗Lebensbaumzypresse.

Weißzüngel, *Pseudorchis, Leucorchis,* Gatt. der ↗Orchideen mit 2 Arten; zierl. Pflanzen mit 2 stark geteilten Knollen und längl., eiförm. Blättern. Die kleinen (bis 5 mm langen), weißl. Blüten sitzen in schmaler, leicht einseitswend. Ähre. Die Blütenblätter neigen zus., die Lippe ist 3lappig mit kurzem, walzl. Sporn. In Dtl. kommt nur die nach der ↗Roten Liste „stark gefährdete" *P. albida* vor; als Charakterart der ↗Nardetalia findet sie sich in Silicatmagerrasen der Gebirge.

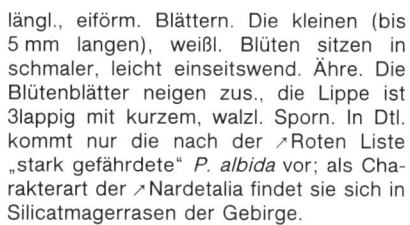

Weitholz, das ↗Frühholz; ↗Holz ([ ]).

Weitmaulfliegen, die ↗Sumpffliegen.

Weitmundschnecken, *Falsche Meerohren, Stomatellidae,* Fam. der ↗Altschnecken mit ohr- oder napfförm. Gehäuse (meist unter 2 cm Länge), innen perlmuttrig, meist ohne Deckel; der Körper ist im allg. größer als das Gehäuse. Getrenntgeschlechtl. Fächerzüngler, die v. a. im trop. Indopazifik u. dort in Korallenriffen leben.

Weitsichtigkeit, *Übersichtigkeit, Hypermetropie, Hyperopie,* ist durch einen ↗Brechungsfehler ([ ]) des Auges bedingt; die *Alters-W. (Presbyopie)* wird durch Elastizitätsverlust der Augenlinse verursacht.

Weizen *m* [v. ahd. hweizi = Weizen (zu hwiz = weiß)], *Triticum,* Gatt. der ↗Süßgräser (U.-Fam. ↗*Pooideae*) mit ca. 27 Arten. Sie umfaßt wichtige ↗Kulturpflanzen u. nimmt die größte Anbaufläche unter ihnen ein ([B] Kulturpflanzen I). Morpholog. Merkmale der Gatt. sind ein kurzes Blatthäutchen (↗Ligula) u. ein deutlich behaartes Öhrchen ([ ] Getreide). Der glatte, kahle, 1,1–1,3 (maximal 1,7) m hohe Stengel ist meist hohl, selten markerfüllt. Es sind ↗Ährengräser mit brüchiger od. zäher Spindel. Die ↗Ährchen ([ ]) sind 2–5blütig u. bilden 2–4 Körner. Die Hüllspelzen sind gekielt, die Deckspelzen gezähnt od. begrannt ([B] Blüte). – Die einfachste Einteilung der W.-Arten ist seit Kenntnis ihrer Genetik die Einteilung nach dem ↗Polyploidiegrad in 3 W.-Reihen: Die Einkorn-Reihe umfaßt diploide Arten (2n = 14, Genom AA) mit

Weizen
Ährchen des Saatweizens *(Triticum aestivum)*

Weizen
Verschiedene Weizen-Arten:
1 Wildeinkorn *(Triticum boeoticum);* **2** *Aegilops speltoides;* **3** Polnischer Weizen *(Triticum polonicum);* **4** Dinkel *(Triticum spelta);* **5** Hartweizen *(Triticum durum);* **6** Wildemmer *(Triticum dicoccoides);* **7** Saatweizen *(Triticum aestivum);*
a Ährchen v. der Seite, **b** Ährchen v. vorn

Weizen

Übersicht über die Genetik der Weizen-Arten

Genom Ährchen	Einkorn-Reihe diploid, 2n = 14 AA 2blütig, 1 Korn	Emmer-Reihe tetraploid, 2n = 28 AABB 2–3blütig, 2körnig	Dinkel-Reihe hexaploid, 2n = 42 AABBDD 2–4blütig, 2–4körnig
Wildweizen Spindel brüchig Spelzenschluß	Wildeinkorn (Triticum boeoticum)	Wildemmer (T. dicoccoides)	—
Spelzweizen Spindel zäh Spelzenschluß	Einkorn (T. monococcum)	Emmer (T. dicoccum)	Dinkel od. Spelz (T. spelta)
Nacktweizen Spindel zäh Körner frei werdend	—	Hartweizen (T. durum) Polnischer Weizen (T. polonicum) Rauhweizen (T. turgidum) ferner: T. persicum, T. pyramidale, T. orientale	Saatweizen (T. aestivum)

2blütigen Ährchen, die nur 1 Korn ausbilden. Die tetraploiden Arten der Emmer-Reihe (2n = 28, Genom AABB) haben 2–3blütige Ährchen mit 2 Körnern. Der Saat-W. gehört zur hexaploiden Dinkel-Reihe (2n = 42, Genom AABBDD) mit 2–5blütigen Ährchen und 2–4 Körnern je Ährchen. Innerhalb der W.-Reihen kann man nach der Morphologie der Ähre wieder in 3 Gruppen einteilen: *Wild-W.* mit brüchiger Spindel u. Spelzenschluß, *Spelz-W.*, bei dem die Spindel zäh ist, aber noch mit Spelzenschluß, u. die *Nackt-W.* mit zäher Spindel u. bei der Reife freiwerdenden Körnern. – Die Entstehung der W.-Reihen geht v. einem unbekannten diploiden Prototyp aus, aus dem sich durch diploide ↗Divergenz (Auseinanderentwicklung) die Gatt. *Triticum* u. *Aegilops* gebildet haben. Bei *Triticum* hat sich mit dem Genom AA (2n = 14) die Einkorn-Reihe entwickelt. Durch Allopolyploidisierung (Hybridisierung mit anschließender Chromosomensatzverdopplung; ↗Allopolyploidie) mit *Aegilops speltoides* (Genom BB) gelangt man zur tetraploiden Emmer-Reihe (AABB). Die Dinkel-Reihe mit dem Genom AABBDD ist durch eine weitere Allopolyploidisierung mit der Art *Aegilops squarrosa* (Genom DD) entstanden ([B] Mutation). – 1. *Einkorn-Reihe:* Der Wild-W. ist das Wildeinkorn *(T. boeoticum)*, dessen Heimat der Balkan u. Vorderasien sind. Der Spelz-W., das Einkorn *(T. monococcum)*, mit flachen Ähren unterscheidet sich nur durch die zähe Spindel. Früheste Funde des Einkorns reichen bis ca. 6700 v. Chr. im heutigen Irak zurück. Es ist nur aus Kultur bekannt u. wird heute nur noch in wenigen Gegenden Kleinasiens u. in Spanien als Futterpflanze vereinzelt angebaut. Ein Nackt-W. der Einkorn-Reihe ist unbekannt. – 2. *Emmer-Reihe:* Der Wildemmer *(T. dicoccoides)* ist vermutl. eine der ältesten Sammelpflanzen. Er kommt v. a. in Persien, Syrien u. Palästina wild als Unkraut vor. Aus ihm hat sich als Spelz-W. der Emmer (von lat. amylum = feines Mehl) *T. dicoccum*, mit scharf gekielten, lang 2grannigen Hüllspelzen entwickelt. Der Emmer hat bereits Sommer- u. Winterformen u. ist nur aus Kultur bekannt. Als der W. mit der weitesten urgeschichtl. Verbreitung ist er bes. aus den Pfahlbauten der Stein- u. Bronzezeit bekannt geworden. Er wird heute nur noch vereinzelt zur Stärke- u. Graupenproduktion angebaut. Mehrere Nackt-W.: Der Hart-W. *(T. durum)*, aus dem Abessinischen Hochland stammend, wird heute v. a. im Mittelmeergebiet, im S der Sowjetunion u. in den USA angebaut. Die Körner sind glasig u. werden wegen ihres hohen Klebergehalts (↗Gluten) bes. zur Makkaroni-Herstellung verwendet. Er zeichnet sich durch eine hohe Krankheitsresistenz aus u. gedeiht auch noch in Regionen mit weniger als 500 mm Jahresniederschlag. Sein Anteil am Welt-W.anbau ist daher mit ca. 10% relativ hoch. Bei dem im Mittelmeergebiet u. in Mittelasien angebauten frostempfindl. Rauh-W. *(T. turgidum)* sind zahlr. Varietäten bekannt. Eine Mutation mit verästelten Ähren, der sog. „Wunder-W." *(T. compositum)*, ist wegen seines geringen Klebergehalts schnell durch den Dickkopf-W. *(T. capitatum = T. aestivum × compactum)* verdrängt worden. Weitere Nackt-W. der Emmer-Reihe sind Polnischer W. *(T. polonicum)* mit roggenähnl. Korn, *T. pyramidale, T. persicum* und *T. orientale*. – 3. *Dinkel-Reihe:* Einen Wild-W. gibt es in der Dinkel-Reihe nicht. Der Spelz od. Dinkel *(T. spelta)* hat Spelzenschluß, das Korn muß gerbt (geschält) werden. Dinkel ist eine endemische Art Mitteleuropas, anspruchsloser u. ertragsärmer als Saat-W. Im Zustand der Milchreife ([T] Getreide) geerntete Körner ergeben das Grünkorn, eine proteinreiche (ca. 12%) Suppeneinlage (bes. in Schwaben u. Franken). Der Anbau ist stark rückläufig. Zu den Nackt-W. zählt der anspruchslose, aber ertragsarme Zwerg-W. *(T. compactum)*. Der wichtigste W. überhaupt ist der Saat-W. *(T. aestivum,* in der *ssp. aestivum* synonym mit *T. vulgare)*, der in Europa erst

Entstehung des Saatweizens

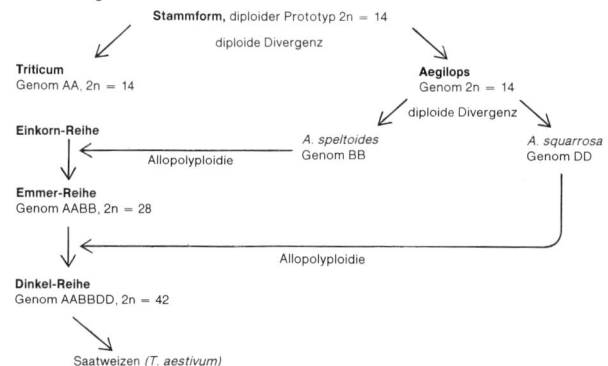

Stammform, diploider Prototyp 2n = 14

diploide Divergenz

Triticum Genom AA, 2n = 14   **Aegilops** Genom 2n = 14

diploide Divergenz

Einkorn-Reihe ← *A. speltoides* Genom BB   *A. squarrosa* Genom DD

Allopolyploidie

Emmer-Reihe Genom AABB, 2n = 28

Allopolyploidie

Dinkel-Reihe Genom AABBDD, 2n = 42

Saatweizen *(T. aestivum)*

seit ca. 3000 v. Chr. bekannt ist. Er ist das klimatisch u. edaphisch (Bodenfaktoren) anspruchsvollste Getreide, verlangt nährstoffreiche Lehm- u. Lößböden in sommerwarmen Gebieten (Keimungsminimum 3–4 °C, Blüte bei über 14 °C). Sommer-W. benötigt 120–145 Tage, Winter-W. 280–350 Tage zur Reife. Züchterisch stark bearbeitet, kennt man heute über 20 000 Varietäten, so z. B. begrannte Bart-W. und unbegrannte Kolben-W. Wichtige Züchtungsziele sind Kälteresistenz (kanad. W.sorten mit nur 95 Tagen Vegetationszeit), erhöhter Kornertrag, Krankheitsresistenz u. Standfestigkeit. Das Genzentrum (⇗Genzentrentheorie) der Gatt. *Triticum* mit den meisten Wildvorkommen u. dem größten genet. Potential liegt in SW-Asien. Der ⇗Gattungsbastard *Triticale* zw. W. und ⇗Roggen *(Secale)* erfüllte seine Erwartungen der Kombination der hohen Mehlqualität des W.s mit der Standortstoleranz des Roggens nur teilweise. Trotz geringer Fertilität der 1. Tochtergeneration wurden in der UdSSR 1981 ca. 200 000 ha (weltweit 316 000 ha) bestellt. In der neueren Züchtung spielen v. a. die sog. *HY-varieties* (high yield varieties, HY-Sorten) eine wichtige Rolle, für deren Entwicklung N. E. ⇗Borlaug 1970 den Friedensnobelpreis erhielt. Es sind *Hochertragssorten* (pro Jahr ca. 60 dt/ha bei 200 kg/ha Stickstoff). Sie zeichnen sich durch gute Stickstoffverwertung u. verkürzten Halm („semi-dwarf") durch Einkreuzung der japan. Zwergsorte Norin 10 aus. – Zu den klassischen W.-Exportländern gehören Argentinien, Austr., Kanada u. die USA. Insgesamt werden heute weltweit ca. 90% Saat- und ca. 10% Hart-W. angebaut, die übrigen Arten sind fast bedeutungslos. – Es gibt ca. 50 (von ca. 200) wichtige, meist ⇗Pilz-*Krankheiten* (⇗Pflanzenkrankheiten, B l) des W.s (Gesamtertragsminderung einschl. Lagerungsschäden 20%). Neben Falschem *(Sclerospora macrospora)* und Echtem Mehltau *(Erysiphe graminis* f. sp. *tritici,* ⇗Getreidemehltau,) sind es v. a. ⇗Rostpilze (l): an den Stengeln u. Blättern treten *Puccinia graminis* u. *recondita* auf (⇗Rostkrankheiten). In den reifen Ähren findet man ⇗Flugbrand *(Ustilago tritici),* ⇗Steinbrand *(Tilletia-*Arten) [⇗Brand, ⇗Brandpilze] u. den ⇗Mutterkornpilz *(Claviceps purpurea,* ⇗Roggen). – Wichtigstes Produkt aus dem W.korn ist das *W.mehl,* nach dem Klebergehalt in 3 Stufen eingeteilt: A mit hoher Kleberqualität ist schwer verbackbar u. dient zur Mischung, B sind Gebrauchsmehle, C mit geringem Klebergehalt ergibt festes Brot u. Kekse. Entscheidend für die Backfähigkeit ist das ⇗Gluten der Kleberschicht, insbes. die Proteine ⇗Gliadin u. Glutenin (⇗Glutelin). Die Typenzahl des Mehls gibt den Aschengehalt in mg/100 g wasserfreies Mehl an. Höhere Typenzahl bedeutet daher höheren

Weizen
Erntemenge (Mill. t) und Hektarerträge (in Klammern; in Dezitonnen/ha) der wichtigsten Erzeugerländer für 1984

Welt	523,6	(22,6)
VR China	87,8	(29,7)
UdSSR	76,0	(14,9)
USA	70,6	(26,1)
Indien	45,1	(18,5)
Frankreich	32,9	(64,5)
Kanada	21,2	(16,1)
Australien	18,6	(15,5)
Türkei	17,2	(19,2)
Großbritannien	15,0	(76,3)
Argentinien	13,6	(22,4)
Pakistan	10,9	(14,8)
BR Dtl.	10,2	(62,6)
Italien	10,0	(30,6)
Rumänien	7,9	(33,6)
Ungarn	7,3	(53,8)
Polen	6,0	(35,2)

Welkekrankheiten

Wichtige bakterielle u. pilzliche Welke-Erreger

Bakterien
(⇗Bakterienwelke):

⇗ *Erwinia*
   E. tracheiphila
   (W. an Gurke u. Kürbis)
   E. stewartii
   (W. an Mais)
⇗ *Xanthomonas*
   X. vasculorum
   (W. an Zuckerrohr)
⇗ *Corynebacterium*
   C. michiganense
   (W. an Tomaten u. a. Solanaceen)
⇗ *Pseudomonas*
   P. solanacearum
   (W. an Solanaceen)

Pilze:

⇗ *Verticillium*
   V. dahliae
   (W. an Baumwolle)
⇗ *Fusarium*
   F. lini
   (⇗Flachswelke)
   F. oxysporum
   f. sp. *lycopersici*
   (W. an Tomate)
   f. sp. *cubense*
   (W. an Banane)
   f. sp. *cucumerinum*
   (⇗Gurkenwelken)
⇗ *Ceratocystis*
   C. ulmi
   (⇗Ulmensterben)

Proteingehalt u. dünneres Schälen des Korns. Weitere Verwendungen des Korns sind Malz- u. Kleisterherstellung, Teig- u. Backwaren, Grieß, Stärke; Stroh u. Kleie als Viehfutter. B Kulturpflanzen I.

Lit.: *Feldman, M., Sears, E. R.:* Genreserven in Wildformen des Weizens. Spektrum der Wissenschaft 3/1981 (S. 95–105). *Hoffmann, W., Mudra, A., Plarre, W.:* Lehrbuch der Züchtung landw. Kulturpflanzen, Bd. 2. Berlin 1970. *A. S.*

Weizenälchen, *Anguina tritici,* Fadenwurm aus der Ord. ⇗ *Tylenchida,* erwachsen 2 mm (♂) bzw. 4–5 mm (♀) lang; bedeutender Phytoparasit, v. a. im Weizen (⇗Radekrankheit); bisweilen über die Hälfte der Ernte vernichtet. Die W. bilden Gallen in Stengeln u. Blättern. Später dringen sie in Fruchtknoten ein u. fressen das sich bildende Korn aus; die abgelegten Eier entwickeln sich dort bis zum 2. Larvenstadium u. können im trockenen Zustand in den *Gicht-(Rade-)körnern* (darin bis 30 000 Larven) Jahrzehnte überdauern. Die winzigen Larven wurden schon 1743 von Needham entdeckt. Abwehr-Maßnahmen: Fruchtwechsel u. Saatgut-Kontrolle (die Gichtkörner sind kleiner u. dunkler). Andere Arten derselben Gatt. sind Parasiten bei bestimmten Ein- u. Zweikeimblättrigen.
Weizenbraunrost ⇗Rostkrankheiten (T).
Weizenfliegen, *Chlorops,* Gatt. der ⇗Halm-
Weizenflugbrand ⇗Flugbrand. [fliegen.
Weizenhirse, *Echinochloa frumentacea,* ⇗Hühnerhirse.
Weizenkeimöl, halbtrocknendes Getreideöl aus Weizenkeimlingen mit den Hauptfettsäuren Linolsäure (50%), Ölsäure (25%) u. Linolensäure (5%); W. enthält pro 100 g 400 mg Vitamin E (Tocopherol); Verwendung in Kosmetik u. Diätetik.
Welkekrankheiten, 1) *nicht-parasitäre W.,* durch Witterungseinflüsse (Wassermangel) hervorgerufene Pflanzenkrankheiten, i. d. R. reversibel. 2) *bakterielle* und *pilzliche W., Tracheobakteriosen, Tracheomykosen,* patholog. Veränderungen des normalen Pflanzenhabitus bei wasserreichen Organen, v. a. Blättern u. Sproßenden, die durch Turgorverlust erschlaffen; meist irreversibel, so daß die Pflanzen absterben. Die Erreger (vgl. Tab.) parasitieren in den Leitgefäßen der Pflanze, wo durch Gefäßverstopfung (Thyllenbildung) mit verschiedenen Ausscheidungen (Glykopeptide, Polysaccharide), Toxinbildung *(⇗Welketoxine)* u./od. Bildung v. Enzymen, welche die Zellen schädigen, der Wassertransport vermindert wird. Das Eindringen der Welkeerreger wird durch Nematodenbefall stark gefördert. W. sind frühzeitig an den gelbbraunen Verfärbungen der Gefäßsysteme in Querschnitten v. Wurzeln od. Stengeln zu erkennen. ⇗Flachswelke, ⇗Gurkenwelken, ⇗Pilzringfäule, ⇗Bakterienwelke.

welken, Bez. für das Schlaffwerden v. Blättern, Blütenteilen u. ganzen Pflanzenkör-

Welkepunkt pern infolge des Verschwindens des Zellbinnendrucks (↗Turgor) bei zu starkem Wasserverlust od. Behinderung der Wasserzufuhr durch Parasitenbefall. ↗Bodenwasser, ↗Wasserpotential.

Welkepunkt, *permanenter W.,* ↗Bodenwasser, ↗Wasserpotential.

Welketoxine, *Welkestoffe, Welkstoffe,* von pflanzenpathogenen Mikroorganismen gebildete toxische Stoffwechselprodukte (z. B. ↗Marasmine, ↗Lycomarasmin, Fusarinsäure), die i. d. R. irreversible Welkeerscheinungen (↗Welkekrankheiten) hervorrufen. Die W. werden vom Erreger abgegeben u. mit dem Wasserfluß bis in die Triebspitzen des Wirts transportiert; dort schädigen sie die Cytoplasmamembran, so daß u. a. die Wasserpermeabilität erhöht wird u. es dadurch zum Turgorverlust, zum ↗Welken, kommt.

Welkstoffe, *Welkestoffe,* die ↗Welketoxine. [↗Sturmschwalben.

Wellenläufer, *Oceanodroma leucorhoa,*

Wellensittich, *Melopsittacus undulatus,* bis 18 cm große, grüne, oberseits „gewellte" Art der ↗Papageien; lebt in Grassteppen, wo er als Körnerfresser in Schwärmen umherzieht; nistet kolonieweise in selbstgehackten Höhlen v. Gummi- u. Eucalyptusbäumen; beliebter ↗Käfigvogel (B) u. hierfür in zahlr. Farbvarianten gezüchtet. B Australien II.

Weller [wäl^{er}], *Thomas Huckle,* amerikan. Virologe, * 15. 6. 1915 Ann Arbor (Mich.); Prof. in Boston u. Cambridge (Mass.); entwickelte mit J. F. Enders und F. C. Robbins Verfahren zur Züchtung v. Polioviren auf Gewebekulturen u. schuf damit die Grundlage zur Entwicklung v. Polio-Impfstoffen; isolierte den Erreger der Röteln; erhielt 1954 zus. mit Enders u. Robbins den Nobelpreis für Medizin.

Wellhornartige, *Buccinoidea,* Überfam. der ↗Schmalzüngler, Meeresschnecken mit sehr verschiedenem, oft birnen- od. spindelförm. Gehäuse; jetzt meist mit den ↗Stachelschnecken vereinigt.

Wellhornschnecken, *Buccinidae,* Fam. der ↗Schmalzüngler, fr. zur eigenen Überfam. ↗Wellhornartige, jetzt meist zu den ↗Stachelschnecken gerechnet; mit kugeligem bis spindelförm., festwand. Gehäuse (bis 15 cm Höhe), selten linksgewunden, Mündung mit Siphonalkanal u. dünnem Deckel; die Gehäuseoberfläche ist glatt od. axial od. spiralig gerippt. In der Mantelhöhle inserieren eine einseitig gefiederte Kieme, ein zweiseitig gefiedertes Osphradium u. die Hypobranchialdrüse (kein Purpursekret). W. sind getrenntgeschlechtl. Tiere, die ihre Eier in Kapseln ablegen, deren Oberfläche v. der Fußsohle geprägt wird; ein Teil der Eier dient den anderen zur Nahrung. W. sind weltweit in gemäßigten u. kalten Meeren verbreitet, vom Flachwasser bis unter 3000 m Tiefe, u. ernähren sich v. Würmern, Weichtieren u. Aas. Die Gewöhnlichen W., *Buccinum undatum* (☐ Vorderkiemer), Gehäuse bis 12 cm hoch, leben im N-Atlantik; ihre Eikapseln, zu faustgroßen Ballen vereinigt u. an Felsen u. Muschelschalen geklebt, sind oft im Spülsaum der Nordseeküsten zu finden; die Schnecken werden gegessen. Wichtige Gattungen vgl. Tab. Unechte W. ↗Kronenschnecken.

Welpe *m* [v. ahd. hwelf = Tierjunges], junger Hund, Wolf od. Fuchs, der noch gesäugt wird.

Welse, *Siluriformes,* Ord. der ↗Knochenfische, die gemeinsam mit den ↗Karpfenfischen *(Cypriniformes)* Knochenverbindungen (↗Weber-Knöchelchen, ☐) zw. ↗Schwimmblase u. Innenohr (☐ Gehörorgane) besitzen u. deshalb mit diesen zur Gruppe der *Ostariophysi* zusammengefaßt werden. Die Ord. W. umfaßt 32 Fam. (vgl. Tab.) mit etwa 2000 Arten. W. sind überwiegend bodenbewohnende, weltweit verbreitete und v. a. in S-Amerika häufige Süßwasserfische mit plumpem, massigem, schuppenlosem od. mit Knochenplatten bedecktem Körper, großem Kopf, der mehrere, manchmal durch Knorpel gestützte, geschmacksempfindl. Barteln trägt, einem mit dem Schädel verbundenen Schultergürtel, großem einheitl. Schädelknochen u. einem mit feinen Zähnen bewehrten, nicht vorstülpbaren Maul. Nur wenige Arten leben im Meer. – Zur Fam. Echte W. *(Siluridae)* gehören u. a.: der in Mittel- und O-Europa heimische Fluß-W. oder Waller *(Silurus glanis,* B Fische X), der bis 3 m lang werden kann; lebt meist versteckt in Flüssen u. Seen; der bis 2 m lange, südostasiat. Jagd-W. *(Wallagonia attu)* mit schlankem Körper und kräft. Zähnen, der als Speisefisch geschätzt wird; u. die meist um 15 cm langen, oft als Aquarienfische gehaltenen Glas-W. (Gatt. *Kryptopterus*) mit dem weitgehend durchsicht., in kleinen, freischwimmenden Schwärmen lebenden, zweibarteligen Asiatischen Glas-W. *(K. bicirrhis).* Eine eigene Fam. bilden die im Jugendstadium oft glasig-durchsichtigen, meist mittelgroßen, afr. und asiat. Glas-W. *(Schilbeidae),* v. denen viele Arten wicht. Nutzfische sind. In Mittel- und N-Amerika kommen in verschiedenen Lebensräumen die Katzen-W. *(Ictaluridae)* vor; sie haben einen langgestreckten, walzenförm., am Schwanzstiel seitl. abgeplatteten Körper, 4 Paar, z.T. peitschenartige Barteln, eine große Fettflosse und kräft. Stachelstrahlen in verschiedenen Flossen, die bei einigen Arten an der Basis eine Giftdrüse besitzen. Hierzu gehören: der bis 1,5 m lange, wirtschaftlich bedeutende Blaue Katzen-W. *(Ictalurus furcatus)* aus dem Mississippi-Gebiet, der ursprüngl. in N-Amerika heimische, bis 45 cm lange Gewöhnliche Katzen-W. *(I. nebulosus),* der auch in Europa verbreitet worden ist, u. die weißl.

Welse
Wichtige Familien:
- ↗ Antennenwelse *(Pimelodidae)*
- Bratpfannenwelse *(Bunocephalidae)*
- ↗ Dornwelse *(Doradidae)*
- Echte Welse *(Siluridae)*
- Eigtl. Glaswelse *(Schilbeidae)*
- ↗ Fiederbartwelse *(Mochocidae)*
- Großkopfwelse *(Chacidae)*
- ↗ Harnischwelse *(Loricariidae)*
- Katzenwelse *(Ictaluridae)*
- Korallenwelse *(Plotosidae)*
- Kreuzwelse *(Ariidae)*
- ↗ Maulbrüterwelse *(Tachysuridae)*
- ↗ Panzerwelse *(Callichthyidae)*
- ↗ Parasitenwelse *(Trichomycteridae)*
- ↗ Raubwelse *(Clariidae)*
- ↗ Sackkiemer *(Heteropneustidae)*
- ↗ Saugwelse *(Sisoridae)*
- Stachelwelse *(Bagridae)*
- ↗ Zitterwelse *(Malapteruridae)*

Wellhornschnecken
Wichtige Gattungen:
- ↗ *Babylonia*
- ↗ *Cantharus*
- ↗ *Neptunea*
- ↗ *Opeatostoma*
- ↗ *Pisania*
- ↗ *Siphonalia*

Blind-W. (Gatt. *Satan* u. *Trogloglanis*), die in unterird. artesischen Brunnen bei San Antonio in Texas leben. Vorwiegend trop. Meeresbewohner u. im Bereich der Flußmündungen weltweit verbreitet sind die lebhaften, meist mittelgroßen, in dichten Schwärmen lebenden Kreuz-W. *(Arius proops,* Fam. *Ariidae),* die starke Dornen an Brust- u. Rückenflosse haben, deren Schädelskelett v. der Unterseite einem Kruzifix ähnelt u. die deshalb in südamerikan. Häfen als Andenken gehandelt werden; männliche Kreuz-W. sind Maulbrüter, die Eier u. Jungfische im Maul tragen. Ebenfalls vorwiegend in Gezeitenmündungen leben die indopazif. Korallen-W. *(Plotosidae);* sie haben einen aalart. Körper mit saumart. Rückenflosse, 8 Barteln u. meist eine Giftdrüse an einzelnen Stacheln der Brust- u. Rückenflosse. Einen stark abgeflachten Kopf besitzen die südostasiat. Großkopf-W. *(Chacidae)* mit dem 20 cm langen Großkopf-W. *(Chaca chaca),* der Tieflandgewässer u. Überschwemmungsgebiete bevorzugt. Bei den südamerikan. Bratpfannen-W.n (Fam. *Bunocephalidae)* ist der Vorderkörper scheibenförmig ausgebildet; sie sind nachtaktive Bewohner sand. Untergründe; das Weibchen hütet zw. schwammartigen Tentakeln auf der Bauchseite die Eier; einige Arten leben im Meer. Zu den v.a. im NO von S-Amerika heimischen Kurzbartel-W.n *(Ageneiosidae)* gehören wicht. Nahrungsfische. Zahlr. weitere Fam. (vgl. Tab.) weisen auf die Vielgestaltigkeit der W. hin. *T. J.*

Weltmodelle, modellartige Computer-Simulationen, die zeigen sollen, wie bei Anhalten derzeitiger Werte für Bevölkerungswachstum (↗Bevölkerungsentwicklung), Nahrungsgewinnung (↗Ernährung), Ausbeutung der ↗Ressourcen, Industriewachstum u. ↗Abfall-Produktion des Menschen die Zukunft des ↗Lebens auf der Erde aussieht. Am bekanntesten ist die für den ↗„Club of Rome" entworfene Studie „Grenzen des Wachstums" (D. Meadows, Massachusetts Institute of Technology, 1972), die bei unveränderter Beibehaltung der seit 1900 registrierten Trends den Zusammenbruch des Systems bis zur 1. Hälfte des 21. Jh.s voraussagte (↗Systemanalyse); nur durch Änderung bestimmter Tendenzen wäre er vermeidbar. Die zu hohe Aggregation dieses Modells u. sein Mangel an polit. und soziolog. durchsetzbaren Vorschlägen führten zu weiteren Entwürfen (Regionalmodell Mesarović-Pestel 1974, Bariloche-Modell für Entwicklungsländer 1977, „Reform der internationalen Ordnung"-Bericht 1977, Studien der Vereinten Nationen 1977, Nord-Süd-Kommission 1980, Organization for Economic Cooperation and Development 1979, Food and Agriculture Organization 1981, Weltbank 1981); eine sehr detaillierte Gesamtanalyse versuchte „Global 2000" (Bericht an den amerikan. Präsidenten 1980). Obschon alle W. gravierende Änderungen für nötig halten, wenn der *ökolog. Zusammenbruch* des Systems vermieden werden soll (↗ökologisches Gleichgewicht, ↗Stabilität), waren die Reaktionen auf polit. Seite u. wirksame Abhilfen begrenzt. Die Gefahr, daß die Menschheit erst aus schwereren ökolog. Katastrophen (als den schon sichtbaren; ↗Waldsterben, ↗Klima, ↗Schadstoffe) lernt, besteht daher nach wie vor. ↗Holozän, ↗Humanökologie, ↗Stadtökologie, ↗Modell.

Welwitschia *w* [ben. nach dem östr. Arzt F. Welwitsch, 1806–72], Gatt. der Kl. ↗*Gnetatae* mit *W. mirabilis* als einziger Art einer eigenen Ord. *(Welwitschiales)* und Fam. *(Welwitschiaceae).* Diese bizarre Gymnosperme, die über 1000 Jahre alt werden kann, wächst nur in der Namib-Wüste vom Rio de S. Nicolau in S-Angola bis zum Kuiseb am Wendekreis des Steinbocks in Namibia. *W.* besitzt einen rübenförmigen, bis 1,5 m langen, aber nur wenige Dezimeter über den Boden hinausragenden Stamm, ist diözisch u. bildet neben den Keimblättern und 2 Schuppenblättern nur 2 bandförmige, basal zeitlebens kontinuierlich fortwachsende u. apikal absterbende, xeromorph gebaute Blätter mit syndetocheilen Spaltöffnungen. Die staminaten u. karpellaten Blüten sind zu zapfenart. Blütenständen zusammengefaßt u. stehen in dichasial verzweigten Ständen am Rande des scheibenförm. Stammgipfels. Die staminaten Blüten sitzen in den Achseln v. Tragblättern u. bestehen aus 2 Vorblättern, 2 verwachsenen Hüllblättern und 6 basal verwachsenen Staubblättern mit je 3 verwachsenen Pollensäcken; bei grundsätzl. gleichem Aufbau tragen die karpellaten Blüten 1 Samenanlage mit 2 (!) Integumenten u. langer Mikropyle. Das Sekundärholz besitzt neben den für Gymnospermen typischen Tracheiden auch Tracheen. *W.* siedelt v.a. in den durch gelegentl. Wasserzufluß etwas feuchteren, flach-rinnenart. Rivieren am Rande kleinerer Hochflächen. Entgegen früherer Annahme erfolgt die Wasseraufnahme über die Wurzel (nicht über die mit einer dicken Cuticula versehenen, unbenetzbaren Blätter) u. ist *W.* keine CAM-Pflanze (↗diurnaler Säurerhythmus). – Fossilien liegen von *W.* bisher nicht vor. Wegen der syndetocheilen Spaltöffnungen wurden Beziehungen zu den ↗*Bennettitales* vermutet u. wurden in den 2 Integumenten u. den Tracheen Anklänge an die Angiospermen gesehen. Tatsächl. müssen aber Abstammung u. phylogenet. Bedeutung von *W.* als völlig unklar gelten. [B] Afrika VII.

Wendeglied, der ↗Pedicellus.

Wendehals, *Jynx torquilla,* graubrauner, 16 cm großer Vertreter der ↗Spechte Eurasiens, v. denen er in einigen Merkmalen so sehr abweicht, daß er gelegentl. in eine ei-

Welwitschia mirabilis

Wendehalsfrösche

gene Fam. gestellt wird; Fußbildung u. lange vorstreckbare Zunge sind gleich, der relativ lange Schwanz dient jedoch nie zur Abstützung, u. der kurze Schnabel eignet sich nicht zum Selbsthacken v. Bruthöhlen. Durch mimetische Färbung gut an Rindenstruktur alter Bäume in Parks u. Obstanlagen angepaßt. Als Zugvogel zw. Anfang April u. Anfang Okt. im Brutgebiet, leicht kenntl. an nasalen Rufreihen ("gäh-gäh-gäh"). Ernährt sich hpts. von Ameisen u. deren Puppen. Ablage von 6–14 Eiern ohne Unterlage in Baumhöhlen u. Nistkästen, wobei manchmal vorhandene Neste anderer Arten samt Eiern hinausgeworfen werden. Durch Verschwinden alter Streuobstbestände nach der ↗Roten Liste „gefährdet". B Europa XV.

Wendehalsfrösche, *Phrynomerus,* Gatt. der ↗Engmaulfrösche (T).

Wendelähre, der ↗Schraubenstendel.

Wendeltreppen, *Epitoniidae,* Fam. der ↗Mittelschnecken (Überfam. ↗Federzüngler), mit hochkegel- bis turmförm. Gehäuse, auf dessen weißer Oberfläche meist axiale, oft lamellöse Rippen verlaufen. Der lange Rüssel der W. hat seitl. kleine Stilette, an denen sich ein vorderes Paar Speicheldrüsen öffnet; mit ihrer Hilfe leben die W. ektoparasitisch u. carnivor an Seerosen u.ä. Sie sind protandrische ⚥, die als ♂♂ dimorphe Spermien u. Spermatozeugmen produzieren; die Eier entwickeln sich in Kapseln zum pelag. Veliger. Der Verbreitungsschwerpunkt der über 100 Arten ist in trop. Meeren. Hauptgatt. ist ↗*Epitonium* (früher *Scala, Scalaria*).

Wendium s, *Vendium,* ↗Ediacara-Fauna.

Wenigborster, die ↗Oligochaeta.

Wenigfüßer, *Pauropoda,* U.-Kl. der ↗Progoneata innerhalb der ↗Tausendfüßer. Winzige, höchstens 2 mm große, augenlose, unpigmentierte Zwergformen, die mit knapp 400 Arten weltweit verbreitet sind. Bei uns sind ca. 10 Arten bekannt. Sie leben in der Bodenspreu an ausgesprochen feuchten Stellen, wie in alten bemoosten Baumstümpfen, zw. Fallaub od. in Komposthaufen. Der Kopf trägt Antennen aus entweder 6 teleskopartig ineinanderschiebbaren Gliedern (Ord. *Hexamerocerata:* 5 Arten der Gatt. *Millotauropus* aus Afrika und Madagaskar) od. nur 4 kaum zusammenschiebbaren Gliedern (Ord *Tetramerocerata:* alle übrigen W.). Auf den Kopfseiten liegt ein relativ großer ↗Feuchterezeptor (Schläfenorgan, Tömösvary-Organ, Pseudoculus). Der Rumpf besteht bei den urspr. *Millotauropus*-Arten aus 12 Segmenten, 12 Tergiten und 11 Beinpaaren, bei den übrigen W.n aus 11–12 Segmenten mit meist nur 6 Tergiten und 9, selten 10 Laufbeinpaaren. Dem 1. Rumpfsegment fehlt sowohl ein Tergit als auch das Extremitätenpaar; es entspricht dem Collum der ↗Doppelfüßer. Ebenso fehlt den W.n am Kopf das 2. Maxillensegment,

Wendeltreppen
Epitonium scalaris

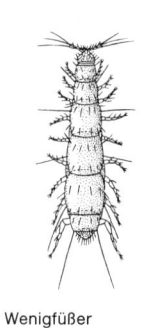

Wenigfüßer
(Pauropus huxleyi)

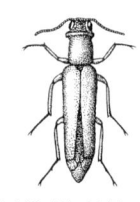

Schiffs-Werftkäfer
(Lymexylon navale)

so daß sie mit den Doppelfüßern meist als ↗*Dignatha* zusammengefaßt werden. Die paarigen Geschlechtsöffnungen liegen am 3. Rumpfsegment (progoneat). Wegen der Kleinheit fehlen den W.n meist die typischen *Tracheata*-Atmungsorgane. Lediglich der urspr. *Millotauropus* hat wie die Doppelfüßer an den Hüften der Beine Tracheenöffnungen. Während die Mehrzahl der W. wohl Pilzhyphensauger sind, haben die Arten v. *Millotauropus* kräftige Mandibeln u. sind Partikelfresser. W. sind ausgesprochen flinke Läufer u. huschen geradezu über den Boden. Die Entwicklung erfolgt über ↗Anamorphose. Es treten 4 Larvenstadien mit 3, 5, 6 und 8 Beinpaaren auf *(Pauropus).*

Wenigzähner, die ↗Adapedonta.

Werbung, Verhalten, das der ↗Paarbildung v. Tieren dient (↗Balz), und zwar v.a. das Verhalten des aktiveren Partners, i.d.R. des Männchens. ↗Imponierverhalten.

Werftkäfer, *Lymexylonidae, Lymexylidae,* Fam. der polyphagen ↗Käfer (T), oft als Vertreter einer sehr urspr., eigenen Überfam. betrachtet. Käfer langgestreckt, weichhäutig, kurze fadenförmige od. schwach gesägte Fühler; Hinterleib mit 6 oder 7 Segmenten. Weltweit nur etwa 80, bei uns 3 Arten. Schiffs-W. *(Lymexylon navale),* 7–13 mm, rostrot, Kopf schwarz, Elytren zur Spitze leicht verdunkelt; Eiablage an rindenloser Eiche; junge Larven ("Haarwürmer") legen senkrechte, dünne Gänge an u. leben vermutl. lediglich vom Holz; fr. schädl. auf Werftplätzen; nach der ↗Roten Liste „stark gefährdet". Bohrkäfer *(Hylecoetus dermestoides),* gelbbraun, ähnelt einem Weichkäfer; Männchen 6–15 mm, Weibchen 7–18 mm; Larven in Buchen- od. Eichen-, seltener auch Nadelholz; ernähren sich v. den in den Fraßgängen gezüchteten Ambrosiapilzen (↗Ambrosia), die das Weibchen bei der Eiablage aus zwei Taschen neben dem Eilegeapparat mit in das Holz abgibt. In den Tropen ist die Gatt. *Atractocerus* (B Käfer II) dadurch bemerkenswert, daß sie ihre Hinterflügel nur längs faltet, was nicht dem Hinterflügel-Faltungsschema der ↗Käfer (□) entspricht. ↗Ambrosiakäfer.

Werkzeuggebrauch, die Verwendung v. Gegenständen als Werkzeug z.B. bei der Körperpflege, dem Erwerb v. Nahrung, als Waffe, bei der Balz u.a. Man kennt W. von relativ wenigen Tierarten, v.a. aus den Gruppen Gliederfüßer u. Wirbeltiere, bes. Vögel u. Affen. Das Verhaltensprogramm für den W. kann angeboren od. erlernt sein. Beispiele für *angeborenen* W. sind: Die Larven der ↗Ameisenjungfer *(Myrmeleon)* bauen im Sand Trichter u. bringen durch hochgeschleuderten Sand Beutetiere zum Absturz. ↗Grabwespen der Gatt. *Ammophila* benutzen kleine Steinchen, um die Erde über dem Eingang zu ihren Brutröhren in der Erde festzustampfen. Der ↗Schützenfisch *(Toxotes jaculatrix)* spritzt mit dem Maul Wassersalven auf Beuteinsekten in der Ufervegetation u. „schießt" sie damit ab. Zwei Arten von ↗Darwinfinken, die Spechtfinken *(Cactospiza pallida* und *C. heliobates),* stochern mit Kaktusstacheln od. abgebrochenen Ästchen, die sie im Schnabel führen, Insektenlarven aus ihren Bohrlöchern im Holz ([B] adaptive Radiation). Der Schmutzgeier *(Neophron percnopterus,* ↗Altweltgeier) schleudert Steine mit dem Schnabel auf Straußeneier, um sie zu öffnen. Der ↗Meerotter *(Enhydra lutris)* legt sich, an der Meeresoberfläche auf dem Rücken treibend, einen Stein auf die Brust u. schlägt mit einem zweiten Muscheln u. Seeigel an diesem Amboß auf. Manche ↗Laubenvögel, z. B. der Seiden-Laubenvogel *(Ptilonorhynchus violaceus),* bemalen ihre Balzlauben mit Fruchtfarben, die sie mit Hilfe eines faserigen Borkenstücks wie mit einem Pinsel auftragen. *Erlernt* und tradiert *(↗Tradition)* wird W. vor allem bei Affen. Schimpansen benutzen Stöcke als Schlagwaffe u. zum Krawallmachen (Imponiergehabe), Stöckchen als Zahnstocher, zerkaute Blätter als Schwämmchen, um Wasser aus Baumhöhlen aufzusaugen, Äste, um Termiten aus ihren Bauen herauszuangeln, u. Steine, um Nüsse aufzuschlagen. Paviane zerschlagen hartschalige Tiere od. harte Kerne mit Steinen u. verteidigen sich durch Steinwurf. In bes. Fällen können auch Artgenossen als „Werkzeug" eingesetzt werden. So benutzt die ↗Weberameise *(Oecophylla longinoda)* das Spinnvermögen ihrer Larve, die sie zw. ihren Kiefern hält und zw. den Blatträndern hin u. her führt, um Blätter mit Spinnfäden zu einem Netz zusammenzufügen (☐ Weberameisen). Der W. der Primaten war eine der Voraussetzungen für die Entwicklung der materiellen ↗Kultur des Menschen. Die Benutzung u. Herstellung v. Werkzeugen war ein wichtiger Schritt bei der ↗Hominisation (↗Paläanthropologie). Die *Werkzeuge des Menschen* sind i. d. R. für ihren Gebrauch bes. zugerichtet u. werden dann als *Geräte* bezeichnet. Noch wenig zubereitet sind die ältesten derzeit bekannten Steinwerkzeuge (sog. „Pebble-tools" = ↗Geröllgeräte), denen ein Alter von ca. 2,3–2,6 Mill. Jahre zugeschrieben wird. – Bedeutung des W.s für die ökolog. Dominanz des Menschen ↗kulturelle Evolution. [B] Einsicht.

Lit.: *Alcock, J.:* The evolution of the use of tools by feeding animals. Evolution 26, 464–473; 1972. *Guilmet, G. M.:* The evolution of tool-using and tool-making behaviour. Man 12, 33–47; 1977. G. O.

Wermut, *Artemisia absinthium,* ↗Beifuß.
Werner, *Abraham Gottlob,* dt. Geologe u. Mineraloge, * 25. 9. 1750 Wehrau (Oberlausitz; heute: Osiecznica), † 30. 6. 1817 Dresden; seit 1775 Prof. an der Berg-Akad. Freiberg; bahnbrechender Systematiker der Mineralogie u. Geologie; Begr. des heute widerlegten Neptunismus, nach dem alle Gesteine (ausgenommen die vulkan.) durch Kristallisation aus dem Urozean entstanden sein sollen.
Werre w, *Gryllotalpa gryllotalpa,* ↗Maulwurfsgrillen.
Wespen [Mz.; v. lat. vespa = Wespe], Sammel-Bez. für einige Fam. der ↗Hautflügler ([T]), ugs. auch gebräuchl. nur für die ↗*Vespidae.*
Wespenbein, das ↗Keilbein.
Wespenbienen, *Nomada,* Gatt. der ↗Andrenidae.
Wespenböcke, Gruppe v. ↗Bockkäfern, die entweder das Zeichnungsmuster sozialer Wespen, also eine schwarz-gelbe Ringelung, besitzen od. durch Elytrenreduktion u. Bildung einer Wespentaille einen Schlupfwespen-Habitus erlangt haben. Zum ersteren Typ gehören die eigtl. W. aus den Gatt. *Clytus, Xylotrechus, Plagionotus* (Widderböcke) od. einige Arten der Gatt. *Strangalia* (↗Blütenböcke). *Clytus arietis* lebt als Larve in allerlei Laubhölzern. Die Käfer laufen entweder zur Eiablage u. Partnerfindung auf solchen Hölzern umher od. sind (seltener) auch Blütenbesucher. Ausschl. auf Eiche findet sich der Eichenwidderbock *(Plagionotus arcuatus),* dessen Larve unter der Rinde frisch gefällter Eichen lebt. Der Schlupfwespentyp ist durch die großen, aber bei uns sehr seltenen Arten der Gatt. *Necydalis* vertreten. Bes. im Flug gleichen diese 2–3 cm großen Tiere ganz erstaunl. großen *Ichneumonidae* (Echte Schlupfwespen). Häufiger ist der Kleine Kurzdeckenbock *(Molorchus minor),* der an Nadelhölzern lebt. In allen gen. Fällen nimmt man an, daß es sich um Mimikry handelt.
Wespenbussarde, *Pernis,* Gatt. der ↗Habichtartigen, braune ↗Greifvögel, deren bevorzugte Nahrung Larven v. Wespen, Bienen u. Hummeln darstellen. Die Augenregion ist durch Hautschuppen gg. Stiche geschützt; die Füße unterscheiden sich v. denjenigen anderer Greifvögel; sie werden zum Ausscharren v. Wespennestern benutzt. Vertreter der Gatt. ist neben dem relativ unerforschten Malayen-Wespenbussard *(P. ptilorhynchus)* der nach der ↗Roten Liste „gefährdete" euras. Wespenbussard *(P. apivorus),* der sich im Flug vom Mäusebussard v. a. durch schlankere Flügel, längeren Schwanz, einen taubenart. vorgestreckten Kopf u. einen weicheren Flügelschlag unterscheidet. Der Nahrung entsprechend Zugvogel, der sich in Dtl. von April bis Okt. aufhält u. im nördl. Afrika überwintert. Brütet in Laub- u. Mischwäldern der Ebene u. des Mittelgebirges, errichtet den Horst bevorzugt an Waldrändern.
Wespenspinne, *Zebraspinne, Zitterspinne, Argiope bruennichi,* Vertreter der ↗Radnetzspinnen; sehr auffallend durch

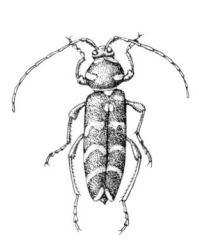

Werkzeuggebrauch

1 Schmutzgeier *(Neophron percnopterus),* im Begriff, einen Stein auf ein Straußenei fallenzulassen, um dessen Schale zu zerbrechen. 2 Schimpanse beim „Termitenangeln" mit einem Stock

Wespenböcke

Eichenwidderbock *(Plagionotus arcuatus)*

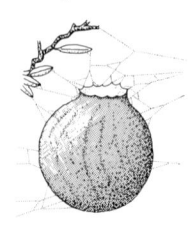

Wespenspinne

Kokon einer Wespenspinne

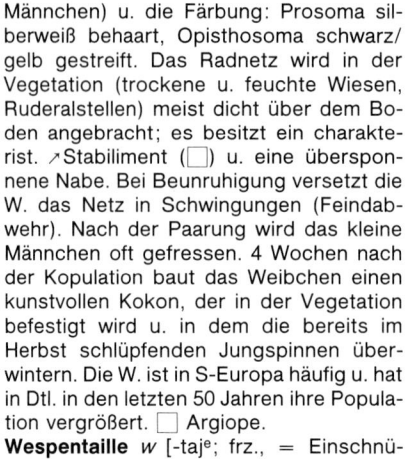

F. Wettstein

Weymouthskiefernblasenrost

Der Rostpilz *Cronartium ribicola*, der Erreger des W.es, war urspr. in der sibirischen u. alpinen Arve *(Pinus cembra)* verbreitet, ohne größere Schäden zu verursachen. Eine explosionsartige Ausbreitung der Krankheit erfolgte nach Einführung der Weymouths-↗Kiefer *(P. strobus)* aus den USA nach Europa. Durch die Ausfuhr kranker Pflanzen in die Nordoststaaten der USA wurde der Erreger auch in den USA heimisch u. befällt v. a. *P. monticola* und *P. strobus*.

ihre Größe (15–20 mm Weibchen, 5 mm Männchen) u. die Färbung: Prosoma silberweiß behaart, Opisthosoma schwarz/gelb gestreift. Das Radnetz wird in der Vegetation (trockene u. feuchte Wiesen, Ruderalstellen) meist dicht über dem Boden angebracht; es besitzt ein charakterist. ↗Stabiliment (☐) u. eine überspannene Nabe. Bei Beunruhigung versetzt die W. das Netz in Schwingungen (Feindabwehr). Nach der Paarung wird das kleine Männchen oft gefressen. 4 Wochen nach der Kopulation baut das Weibchen einen kunstvollen Kokon, der in der Vegetation befestigt wird u. in dem die bereits im Herbst schlüpfenden Jungspinnen überwintern. Die W. ist in S-Europa häufig u. hat in Dtl. in den letzten 50 Jahren ihre Population vergrößert. ☐ Argiope.

Wespentaille *w* [-taj^e; frz., = Einschnürung], ↗Apocrita, ↗Hautflügler.

Wettbewerb ↗Konkurrenz, ↗Daseinskampf.

Wetterdistel, die ↗Eberwurz.

Wetterfisch, *Misgurnus fossilis,* ↗Schmerlen.

Wettersterne, *Astraeus,* Gatt. der ↗Bauchpilze (Fam. Wetterstemartige Pilze, *Astraeaceae,* früher Fam. *Calostomataceae*). In Europa nur 1 Art, der Wetterstern *(A. hygrometricus),* ein Erdstem-artiger Bauchpilz, dessen Gleba aber gekammert ist. Die äußere, dicke, dunkelbraune Peridie reißt sternförmig, tief gespalten auf (7–15 Lappen), bei feuchtem Wetter nach außen gebogen und bei Trockenheit sich wieder über die Innenperidie zusammenlegend (Name!). Zur Freisetzung der Sporen reißt die Innenperidie am Scheitel unregelmäßig auf. Kein Peristom u. keine Columella (Unterschied zu den ↗Erdsternen).

Wettstein, Ritter von *Westersheim,* **1)** *Friedrich,* Sohn v. 2), östr. Botaniker, * 24. 6. 1895 Prag, † 12. 2. 1945 Trins (Tirol); seit 1925 Prof. in Göttingen, 1931 in München, seit 1934 Dir. des Kaiser-Wilhelm-Inst. für Biologie in Berlin-Dahlem; arbeitete bes. über plasmat. Vererbung bei Laubmoosen u. dem Weidenröschen. **2)** *Richard,* Vater von 1), östr. Botaniker, * 30. 6. 1863 Wien, † 10. 8. 1931 Trins (Tirol); seit 1892 Prof. in Prag, 1900 in Wien; hervorragender Pflanzensystematiker, der entscheidend das Pflanzensystem unter Betonung phylogenet. Erwägungen ausbaute.

Weymouthskiefernblasenrost [wäⁱmᵉß-; ben. nach dem brit.-am. Waldbesitzer T. Thynne, 1. Viscount of Weymouth, † 1714], *Strobenblasenrost, Strobenrost,* Rostkrankheit (↗Blasenrost) an fünfnadeligen Kiefern, verursacht durch den wirtswechselnden Rostpilz *Cronartium ribicola* (= *Peridermium strobi,* ↗Cronartium); die Kiefern, bes. *Pinus strobus, P. monticola* und *P. lambertiana* (↗Kiefer), sind die Haplontenwirte; an ihren Trieben u. Stämmen werden orangegelbe, blasige Aecidiosporenlager gebildet; nach mehreren Jahren sterben die Bäume ab. Die Aecidiosporen keimen auf ↗*Ribes*-Arten, bes. der Schwarzen Johannisbeere (= ↗Säulenrost). Der W. ist die bedeutendste Krankheit fünfnadeliger Kiefern.

Whartonsche Sulze [ben. nach dem engl. Arzt T. Wharton (wårtn), 1614–73], *Whartonsche Sulz,* ↗Bindegewebe, ↗Gallertgewebe, ↗Nabelschnur.

Whittleseya, Gatt.-Name für einen bestimmten Synangientyp der ↗*Medullosales.*

Wicke *w* [v. lat. vicia = W.], *Vicia,* Gatt. der ↗Hülsenfrüchtler mit ca. 200 kraut. Arten, Hauptverbreitungsgebiete in nördl. gemäßigten Zonen. Blätter mit mehreren bis vielen Fiederpaaren, Blättchen der Spitze als Borste od. Ranke umgebildet; bei einigen Arten an Nebenblattunterseite Nektarien; Staubblattröhre schief abgeschnitten. Eine bes. Form der ↗Geokarpie ist bei *V. amphicarpa* zu beobachten (Amphikarpie, ↗amphikarp): an derselben Pflanze entwickeln sich oberirdische, insektenbestäubte und unterirdische, kleinere, kleistogame Blüten; dementsprechend Bildung v. oberirdischen u. von ihnen in Form u. Samenzahl verschiedenen unterirdischen Hülsen. Heute weltweit als Gemüse- u. Futterpflanze angebaut wird die Ackerbohne, Dicke Bohne, Puffbohne od. Saubohne (*V. faba,* B Kulturpflanzen V); Heimat vermutl. Vorderasien; eine der ältesten Kulturpflanzen; Blätter paarig gefiedert ohne Ranken; aufrechter Stengel; große weiße Blüten (Mai–Juli), tiefe Pfahlwurzel; schwarze, gedunsene Hülsen mit 3–5 braunen Samen; enthalten bis 30% Protein; ↗Favismus. Aus dem Mittelmeerraum stammt die purpurn blühende Saat- od. Futter-W. (*V. sativa,* B Kulturpflanzen II), angebaut in Futtergemischen od. als Körnerfrucht. Zu den heim. Arten zählen: die Rauhhaarige W. *(V. hirsuta),* Blätter mit verzweigter Endranke, blaßblaue Blüten zu 3–6 in lang gestielten Trauben, 2samige, weichhaarige Hülsen; die Vogel-W. (*V. cracca,* B Europa XVII), Blätter aus 12–20 lanzettl. Fiederblättchen, verzweigte Endranke, dunkel-violette Blüten zu 10–30 in gestielten Trauben, Platte der Fahne so lang wie ihr Stiel; die Zaun-W. *(V. sepium),* mit eiförm. Fiederblättchen und meist schmutzig violetten Blüten, die zu 3–5 in kurzgestielten Trauben stehen; Nebenblattnektarien, gutes Futterkraut. – Die Garten-W. gehört zur Gatt. *Lathyrus* (↗Platterbse).

Wickel *m* [v. ahd. wickilin = Faserbündel], *Cincinnus,* Bez. für den monochasialen Blütenstand (↗Monochasium), bei dem die aufeinanderfolgenden Seitensproßgenerationen abwechselnd in den linken u. rechten Vorblattachseln zur Entwicklung kommen u. daher in verschiedenen Ebenen liegen. Geht diese Art der Blütenstandsentwicklung zunächst an den beiden Ästen eines anfänglich dichasial verzweigten Teilblütenstands vor sich, so entsteht ein *Doppelwickel*, z.B. bei den Lippenblütlern. ↗Blütenstand (☐, B).

Wickelbär, *Potos flavus,* ↗Kleinbären.

Wickler, *Tortricidae,* Schmetterlingsfam. mit weltweit 5000 Arten, in Mitteleuropa ca. 450, darunter viele Arten mit wirtschaftl. Bedeutung, einige Schädlinge durch Verschleppung kosmopolitisch. Falter klein, Spannweite bis 25 mm, Vorderflügel breit mit Schräg- u. Querstreifung u. Flecken, bisweilen bunt u. metallisch glänzend; Flügel in Ruhe dachförmig; Falter meist dämmerungs-/nachtaktiv; Raupen farblos, spinnen od. rollen (Name!) in charakter. Weise Blätter zus. und verpuppen sich darin; manche Arten anfangs Minierer, andere im Innern v. Knospen, Gallen, Samenkapseln (wie bei der ↗Hupfbohne). Die Räupchen des Fichtennest-W.s *(Epinotia tedella)* minieren in Nadeln; Falter braun, mit weißen Querbinden. In den Hülsen v. Leguminosen leben die Larven des Erbsen-W.s *(Laspeyresia nigricana),* fressen dort die noch unreifen Samen; Falter olivbraun; an Weinreben gelegentlich schädl. ist der Springwurm-W. *(Sparganothis pilleriana),* Falter hellbraun bis ockergelb, mit grünl. Glanz und 2 Schrägbinden; Raupen überziehen Triebspitzen u. Blätter mit Gespinsten, auch an Hopfen, Waldrebe u.a. Wichtige Schädlinge sind der ↗Apfel-W. *(Cydia pomonella),* ↗Eichen-W. *(Tortrix viridana),* ↗Nelken-W. *(Tortrix pronubana),* ↗Pflaumen-W. *(Laspeyresia funebrana),* ↗Posthorn-W. *(Rhyacionia buoliana)* und der Bekreuzte ↗Trauben-W. *(Lobesia botrana).* Nahe verwandt sind die ↗Blüten-W. B Schädlinge.

Wickler
Erbsen-W. *(Laspeyresia nigricana),* oben: Falter, unten: Larve an Erbse fressend

Widavögel, *Euplectes,* ↗Webervögel.

Widder *m* [v. ahd. widar = Schafbock (eigtl.: einjähriges Tier)], 1) das männliche ↗Schaf; 2) langohrige ↗Kaninchen-Rasse (☐).

Widderbären, *Flecken„widderchen", Ctenuchidae, Amatidae, Syntomidae,* weltweit, v.a. neotropisch verbreitete Schmetterlingsfam. mit fast 3000 Arten, bei uns nur 2 Vertreter. Falter klein bis mittelgroß; durch toxische Substanzen in der Hämolymphe v. Fraßfeinden gemieden; Falter warnfarben bunt, Vorderflügel schmal, Hinterflügel klein; ähneln den ebenfalls ungenießbaren ↗Widderchen, mit denen sie ↗Mimikry-Ringe bilden können; Falter tags aktiv, imitieren in den Tropen auch ↗Rotdeckenkäfer; einige Arten sogar mit „Wespentaille" und durchsicht. Glasfenstern auf den Flügeln, ahmen Wespen nach, Hinterleib oft bunt geringelt; Flug träge, eifrige Blütenbesucher; Larve ähnl. behaart wie die der verwandten ↗Bärenspinner; lebt an Kräutern od. Flechten; Verpuppung in Kokon. Heimisch ist der Weißfleckwidderbär, Weißfleck„widderchen", *Amata (Syntomis)*

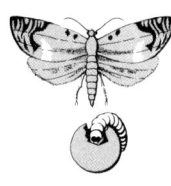

Widderchen
(Zygaena spec.)

phegea, schwarz mit weißl. Glasflecken auf den Flügeln; Spannweite um 35 mm; Abdomen mit gelbem Ring, Spitze der fadenförm. Fühler weiß; fliegt auf blütenreichen Trockenrasen, häufiger in S-Europa; Raupe an Löwenzahn, Wegerich u.a. Kleiner ist der Flechtenwidderbär, Braunes „Widderchen" *(Dysauxes ancilla),* braun mit weißl. Glasfenstern auf der Waldwiesen; Raupe an Flechten, Moosen, auch Kräutern. Beide Arten gelten nach der ↗Roten Liste als „stark gefährdet".

Widderböcke, *Plagionotus,* Gatt. der ↗Wespenböcke.

Widderchen, *Blutströpfchen, Zygaenidae,* fr. *Anthroceridae,* Schmetterlingsfam. mit fast 1000 Arten, die v.a. in der Alten Welt vorkommen, in Mitteleuropa etwa 24 Vertreter. Vorderflügel gestreckt, Hinterflügel klein, Falter bei uns um 30 mm Spannweite; mit auffälliger Warntracht entweder rot-schwarz bei den *Rot-W.* (Gatt. *Zygaena)* oder metallisch-grün bei den *Grün-W.* (Gatt. *Procris);* alle sind durch den Gehalt an Blausäure, Acetylcholin u. Histamin für viele Räuber ungenießbar u. werden v. anderen ↗Bärenspinnern u. ↗Widderbären nachgeahmt (↗Mimikry). Falter tagaktiv, bes. in den wärmsten Stunden; Flug träge, Flügel in Ruhe dachförmig; Fühler werden auffällig „widderartig" vorgestreckt, an der Spitze kolbig verdickt; Rüssel gut entwickelt, eifrige Blütenbesucher, saugen oft gesellig bevorzugt an violetten Blüten v. Knautien, Skabiosen, Disteln, Dost u.ä., wo sie sich auch verpaaren u. übernachten können. Die W. fliegen bei uns in einer Generation; Larven gedrungen, meist grüngelbl. mit schwarzen Flecken; Rot-W. fressen v.a. an Schmetterlingsblütlern, Grün-W. an verschiedenen Kräutern, auch Gehölzen; Raupe überwintert ein bis zweifach; Verpuppung in gelbl. Gespinst, oft auffällig an Pflanzenstengeln. Die Falter der Rot-W. unterscheiden sich u.a. in der Anordnung der roten Flecken auf den schwarzen Flügeln. Beim Purpur-W., *Mesembrynus (Zygaena) purpuralis,* sind diese zu einem Langswisch verschmolzen, Raupen an Thymian. Manche Arten variieren beträchtl., wie das Veränderliche W., *Polymorpha (Zygaena) ephialtes;* es tritt mit roter, weißer u. gelber Färbung auf schwarzem Grund auf; mehr im S verbreitet; Raupen an Wicken. Zahlr. auf Wiesen ist das Gemeine W. *(Zygaena filipendulae),* mit 6 roten Flecken auf den Vorderflügeln; Larve an Hornklee. Schwer unterscheidbar sind die Grün-W.; am häufigsten ist das Gemeine Grün-W., *Procris (Ino) statices,* auf Feuchtwiesen; Raupen an Ampfer. Alle Arten stehen bei uns unter Naturschutz, viele sind „gefährdet" od. „ausgestorben". B Schmetterlinge.

Widerbart, *Epipogium,* Gatt. der ↗Orchideen mit (i.e.S.) nur 1 Art: *E. aphyllum;* chlorophyllfreier, gelbl. Saprophyt mit Wur-

Widerristhöhe

zelpilz; Blätter schuppenförmig; 2–4 hängende Blüten; die Blüten sind nicht gedreht, so daß die dreilapp. Lippe wie auch der Sporn nach oben zeigen. Der in der ↗Roten Liste als „stark gefährdet" geführte W. wächst in montanen, moosreichen Nadel- u. Buchenmischwäldern. Er kommt in fast ganz Europa vor, ist jedoch überall selten.

Widerristhöhe, die ↗Schulterhöhe.

Wiedehopf *m* [v. ahd. witihopfa = Waldhüpfer], *Upupa epops,* ↗Hopfe.

Wiederkäuen, *Rumination,* Teilprozeß der ↗Verdauung (B III) einiger pflanzenfressender Säuger (↗Wiederkäuer), wobei etwa ½ bis 1 Std. nach Nahrungsaufnahme der im ↗Pansen (☐ Pansensymbiose, ☐ Magen) vorverdaute Speisebrei in den Mundraum zurückbefördert u. dort durch mahlende Bewegung der Zähne weiter mechanisch zerkleinert wird. Zunächst wird die Speiseröhre (↗Oesophagus) durch Schlucken v. Speichel schlüpfrig gemacht. Die *Ansaugphase* beginnt mit einem tiefen Atemzug bei geschlossener Glottis, so daß der Unterdruck im Brustraum erhöht u. durch das Druckgefälle zw. Pansen u. Speiseröhre Nahrungsbrei aus dem Pansen gesaugt wird. Während der *Auspreßphase* drückt eine v. der Mitte des Oesophagus ausgehende Kontraktionswelle (↗Peristaltik) den pansenseitigen Inhalt der Speiseröhre zurück in den Pansen, den kopfseitigen vorwärts in die Mundhöhle (Druck-Saug-Vorgang). Dort wird Flüssigkeit ausgedrückt u. wieder verschluckt. Nach kurzer Kaudauer (ca. 1 Min. beim Rind) gelangt die Nahrungsportion wieder in den Pansen. Gesteuert werden die reflektorisch ablaufenden Prozesse durch ein Wiederkauzentrum in der Formatio reticularis des verlängerten Marks, dort, wo bei anderen Tieren das Brechzentrum lokalisiert ist (↗Erbrechen).

Wiederkäuer, *Ruminantia,* den Nichtwiederkäuern (↗Nonruminantia) gegenübergestellte, artenreichste U.-Ord. der ↗Paarhufer mit 5 Fam. (vgl. Tab.), 71 Gatt. und insgesamt 145 Arten, denen u. a. so wichtige Haustiere wie z. B. Rinder, Schafe u. Ziegen entstammen. Gemeinsam ist allen, z. T. sehr unterschiedl. aussehenden W.n ein ↗Wiederkäuer-Magen u. die Fähigkeit zum ↗Wiederkäuen. W. können so neben der Nutzung der ↗Pansensymbiose (☐) in relativ kurzer Zeit große Mengen an Futter aufnehmen, das sie erst danach, in sicherer Deckung, gründl. zermahlen, ein bedeutender Vorteil für Raubfeinden ausgesetzte W. – Innerhalb der pflanzenfressenden Säugetiere wurde das Wiederkäuen mehrmals entwickelt (↗Konvergenz): Auch ↗Känguruhs, ↗Kamele einschl. ↗Lamas (U.-Ord. *Tylopoda*) u. ↗Schliefer gehören zu den W.n. B Verdauung III.

Wiederkäuer-Magen, aus dem echten ↗Magen (↗Labmagen) u. als Vormagen

H. O. Wieland

N. Wiener

Wiederkäuer
Familien der Wiederkäuer i. e. S.:
↗Hirschferkel
(Tragulidae)
↗Hirsche
(Cervidae)
↗Giraffen
(Giraffidae)
↗Gabelhorntiere
(Antilocapridae)
↗Hornträger
(Bovidae)

bes. ausdifferenzierten Teilen des ↗Oesophagus (↗Pansen, ↗Netzmagen, ↗Blättermagen) bestehender Komplex der ↗Wiederkäuer, der an die bes. Bedürfnisse des ↗Wiederkäuens u. der Verdauung unter Beteiligung v. Symbionten (↗Endosymbiose, ↗Pansensymbiose) angepaßt ist. ↗Darm, ☐ Magen.

Wieland, *Heinrich Otto,* dt. Chemiker, * 4. 6. 1877 Pforzheim, † 5. 8. 1957 München; Prof. in Freiburg i. Br. und München; arbeitete über organ. Stickstoffverbindungen, Morphin, Gallensäuren, Sterine u. Pterine; bestimmte 1921 die Konstitution des Lobelins; stellte die Dehydrierungstheorie zur Beschreibung der biol. Oxidation auf; erhielt 1927 den Nobelpreis für Chemie.

Wielandiella *w* [ben. nach H. O. ↗Wieland], Gatt. der ↗Bennettitales.

Wiener, 1) *Alexander Solomon,* amerikan. Serologe, * 16. 3. 1907 Brooklyn, † 7. 11. 1976 New York; seit 1949 Prof. in New York; entdeckte 1940 zus. mit K. ↗Landsteiner den ↗Rhesusfaktor. **2)** *Norbert,* amerikan. Mathematiker, * 26. 11. 1894 Columbia (Mo.), † 18. 3. 1964 Stockholm; seit 1932 Prof. in Cambridge (Mass.); begr. die ↗Kybernetik; maßgebl. an der Entwicklung der Nachrichtentheorie beteiligt; grundlegende Arbeiten über programmgesteuerte Rechenanlagen; Beiträge zur Theorie der ↗Brownschen Molekularbewegung u. zur harmon. Analyse.

Wiese, frische bis feuchte, v. ↗Gräsern (v. a. ↗Süßgräsern) und niederwüchsigen krautigen Arten beherrschte ↗Grasflur der gemäßigten Zone. In dieser engen Fassung des Begriffs sind die ebenfalls gehölzfreien u. prinzipiell mähbaren ↗Rasengesellschaften, ↗Großseggengesellschaften, ↗Röhrichte usw. nicht enthalten; sie werden häufig mit den W.n unter dem Oberbegriff ↗Grünland (↗Dauergrünland, ↗Wechselgrünland) zusammengefaßt. Die W.n des Wirtschaftsgrünlands können je nach Düngungszustand u. Ertrag ein- bis dreimal im Jahr gemäht werden (ein- bis dreischürige W.n). Vielfach sind auch gemischte Wirtschaftsformen üblich (Nachbeweidung, period. Umbruch usw.). Die meisten W.n stellen wirtschaftsbedingte ↗Ersatzgesellschaften der urspr. ↗Vegetation dar, doch gibt es auch sog. *Urwiesen,* die bereits vor dem Eingriff des rodenden Menschen existiert haben. Allerdings stammen die meisten der heutigen W.npflanzen nicht aus solchen Urwiesen, sondern aus Saumgesellschaften (↗Saum), ↗Hochstaudenfluren, lichten Wäldern usw.; einige mögen auch aus alpinen Sippen entstanden od. aus fremden Florengebieten zugewandert sein. Pflanzensoziolog. gehören die W.ngesellschaften ganz überwiegend zur Kl. *Molinio-Arrhenatheretea* (T). ↗Matten, ↗Weide.

Wiesel, *Torsten Nils,* schwed.-amerikan. Neurophysiologe, * 3. 6. 1924 Uppsala;

seit 1955 an der Johns Hopkins Univ. (Baltimore, USA), ab 1959 Prof. an der Harvard-Univ.; erforschte die neurophysiolog. Vorgänge bei der Informationsverarbeitung opt. Reize durch das Gehirn; erhielt 1981 zus. mit D. H. ↗Hubel u. R. W. ↗Sperry den Nobelpreis für Medizin.

Wiesel, *Kleines W., Maus-W., Hermännchen, Mustela nivalis,* zierl., bis 17 cm langes, marderart. Raubtier mit braunroter Ober- u. weißer Unterseite u. bis 6 cm langem Schwanz (ohne schwarze Spitze); Farbwechsel zu weißem Winterpelz findet nur beim W. in N-Europa u. im Hochgebirge statt; lebt in Baumlöchern, Steinhaufen u. jagt v. a. kleine Wirbeltiere. Verbreitung: Europa (ohne Irland, Island), Asien (außer im S), N-Afrika und N-Amerika. Zwerg-W. (*M. n. minuta;* Eurasien) u. Kleinst-W. (*M. n. rixosa;* N-Amerika) sind kleinere U.-Arten. - Groß-W.: ↗Hermelin.

Wieselartige, *Mustelinae,* U.-Fam. der ↗Marder mit mehreren Gatt. (vgl. Tab.).

Wieselkatze, *Herpailurus yagouaroundi,* ↗Kleinkatze Mittel- und S-Amerikas mit der für altweltl. Katzen typ. Chromosomenzahl 2 n = 38. Die W. bewohnt als dämmerungsaktives Bodentier Waldränder u. Gebüsch. Die beiden Farbschläge, braun oder schwärzl. (Jaguarundi) u. fuchsrot (Eyra), galten fr. als eigene Arten.

Wiesenameise, *Gelbe W., Lasius flavus,* ↗Schuppenameisen.

Wiesenknopf, *Sanguisorba,* Gatt. der ↗Rosengewächse; ca. 30 Arten in nördl. gemäßigten Zonen; Stauden mit grundständ. Fiederblättern u. dichten eiförm. Blütenköpfen. Auf Magerrasen u. an Böschungen wächst der Kleine W. *(S. minor);* der grünl. Blütenstand besteht oben aus weibl., im mittleren Teil aus zweigeschlechtigen u. unten aus männl. Blüten, deren Staubfäden heraushängen; Übergang zu sekundärer Windblütigkeit. Der Große W. *(S. officinalis)* mit schwarzroten Blütenständen wird v. Insekten bestäubt u. kommt auf Moor- u. Naßwiesen vor; Gewürz- u. Heilpflanze.

Wiesenotter, *Spitzkopfotter, Vipera ursinii;* Art der ↗Vipern; bis 50 cm lang; von S- bis SO-Europa (inselartig in den frz. Seealpen, Mittelitalien, im Burgenland und Niederösterreich, in W-Jugoslawien, Ungarn, Albanien u. Bulgarien) sowie in weiten Gebieten Asiens verbreitet; bevorzugt offene Landschaften (Wiesen, Heide, Steppen). Oberseits hellgrau bis braun mit dunklem, wellenförm. Zickzackband; unterseits dunkelgrau, oft weiß marmoriert; Kehle weiß, dunkler Streifen vom Auge zum Mundwinkel, Kopf oval, Pupille senkrecht; Rückenschuppen stark gekielt. Ernährt sich v. a. von Heuschrecken; ♀ bringt im Sept. 2–6, seltener bis 15 Junge zur Welt. Kleinste eur. Giftschlange, Biß weniger gefährl. als der anderer Vipern; bis 6 Monate Winterpause in Nagetierhöhlen. [B] Reptilien III. •

Wiesenraute, *Thalictrum,* Gatt. der ↗Hahnenfußgewächse mit ca. 250 morpholog. schwer faßbaren Arten (Bastardierung) in den gemäßigten bis subtrop. Gebieten Eurasiens, ausdauernde Kräuter mit gefiederten Blättern u. traubigen bis rispigen Blütenständen. Die 4–5 Blütenblätter der zwittrigen Blüte fallen früh ab; die zahlr. Staubblätter übernehmen die Schaufunktion. Die einsamigen Früchte sind spindelförmig u. häufig gerieft. Die Akeleiblättrige W. *(T. aquilegifolium),* mit hellvioletten Blüten u. keulig verdickten Staubblättern, wächst in subalpinen Hochstaudenfluren; sie ist eine Pollenblume mit Übergang zur Windblütigkeit. Rein anemogam ist die nach der ↗Roten Liste „gefährdete" Kleine W. *(T. minus),* mit gelbgrünen Blüten im Saum thermophiler Wälder. In feuchten Moorwiesen, Staudenfluren u. Auenwäldern wächst die Gelbe W. *(T. flavum),* mit ungestielten Früchten u. schmallanzettl. Teilblättchen. Mehrere T.-Arten werden in verschiedenen Farbvarietäten als Gartenstauden z. B. zur Uferbepflanzung v. Teichen verwendet.

Wiesenschmätzer, *Saxicola,* knapp sperlingsgroße, offenes Gelände bewohnende ↗Drosseln, die gern in aufrechter Haltung auf Strauch- u. Halmspitzen sitzen u. dabei mit dem Schwanz zucken; als Insektenfresser Zugvögel; ein Nest am Boden aus Gras u. Moos. In ausgedehnten Wiesenflächen, Sümpfen u. Bergmatten lebt das nach der ↗Roten Liste „stark gefährdete", 13 cm große Braunkehlchen *(S. rubetra),* das einen Gesang mit rauhen u. wohlklingenden Tönen besitzt u. dabei auch andere Vögel imitiert. In trockenerem Gelände, an Bahndämmen, in Heiden u. Weinbergen kommt das gleich große, durch einen schwarzbraunen Kopf gekennzeichnete, „gefährdete" Schwarzkehlchen *(S. torquata)* vor; sein Gesang ist kurz u. rauh, charakterist. auch der Warnruf „fid kr kr". [dae.

Wiesenschnake, *Tipula paludosa,* ↗Tipuli-

Wiesensilge, *Roßfenchel, Silaum silaus,* Art der ↗Doldenblütler mit blaßgelben Blüten in zusammengesetzten Dolden; Blätter 3–4fach fiederteilig, Blüte Juni–August; auf Halbtrockenrasen u. Mähwiesen (daher oft vor der Blüte geschnitten); eine der Futterpflanzen der Schwalbenschwanz-Raupen.

Wiesenvögelchen, *Coenonympha,* Gatt. der ↗Augenfalter.

Wiesner, *Julius* Ritter v., böhm.-östr. Botaniker, * 20. 1. 1838 Tschechen bei Brünn, † 9. 10. 1916 Wien; seit 1868 Prof. in Wien, 1870 Forstakademie Mariabrunn, 1873 Wien; 1883 Reise nach Java (Buitenzorg), ferner Reisen nach Lappland, Spitzbergen, Yellowstone-Gebiet, Indien u. Ägypten; zahlr. Arbeiten zur Pflanzenphysiologie (Licht u. Vegetationsprozesse, Chlorophyll, Wachstum u. Bewegung), Pflanzenanatomie (Organisation der Zellwand) und pflanzl. Rohstoffe.

Wiesel
(Mustela nivalis)

Wieselartige
Wichtige Gattungen und Arten:
↗Hermelin
(Mustela erminea)
↗Wiesel
(M. nivalis)
↗Nerze
(Lutreola)
↗Iltisse
(Putorius)
Eigentl. ↗Marder
(Martes)
↗Tayra
(Eira)
↗Grisons
(Galictis)
↗Zorilla
(Ictonyx)
↗Vielfraß
(Gulo gulo)

Großer Wiesenknopf
(Sanguisorba officinalis)

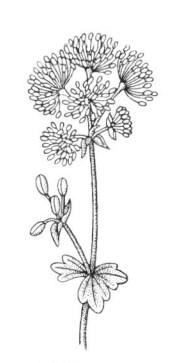

Akeleiblättrige Wiesenraute
(Thalictrum aquilegifolium)

Wiesneriella *w* [ben. nach ↗Wiesner], Gatt. der ↗Marchantiaceae.
Wikstroemia *w* [ben. nach dem schwed. Botaniker J. E. Wikström, 1789–1856], Gatt. der ↗Seidelbastgewächse.
Wild, alle dem Jagdrecht (↗Jagd, ↗Schonzeit) unterliegenden Tierarten. Man unterscheidet *Haar-W.* (= Säugetiere) und *Feder-W.* (= Vögel). Innerhalb des Haar-W.s werden alle Paarhufer als ↗Schalen-W. zusammengefaßt. Traditionell unterscheidet man zwischen ↗Hoch- u. ↗Nieder-W.
Wildebeest [afrikaans] ↗Gnus.
Wilder Reis, *Leersia oryzoides,* ↗Leersia.
Wilder Wein, *Parthenocissus quinquefolia,* ↗Weinrebengewächse.
Wildesel ↗Esel, ↗Halbesel.
Wildhefen, allg. Bez. für die in der freien Natur vorkommenden u. wachsenden Hefearten (↗Hefen, ↗Echte Hefen), die nicht vom Menschen durch spezielle Züchtungsverfahren u. Auslese für die Herstellung bestimmter Produkte optimiert wurden. Ggs.: ↗Kulturhefen.
Wildhunde, alle zur Fam. *Canidae* gehörenden, wildlebenden ↗Hunde-Arten. Afrikan. W.: ↗Hyänenhund; Asiat. W.: ↗Rothunde.
Wildkaninchen, Eur. W., *Oryctolagus cuniculus,* neben dem ↗Feldhasen der bekannteste Vertreter der ↗Hasenartigen; Stammform aller Hauskaninchenrassen („Stallhasen"; ↗Kaninchen). Kopfrumpflänge 35–45 cm, d.h. kleiner als der Feldhase, u. mit kürzeren Ohren; Oberseite graubraun, Hals u. Nacken rostrot. W. leben gesellig in Wiesen u. Kulturland mit ausreichend Deckungsmöglichkeit; sie bevorzugen leichte, sandige Böden für ihre weitverzweigten unterird. Gangsysteme. W. sind hpts. nachtaktiv u. ernähren sich v. Gräsern, Kräutern u. Wurzeln (im Winter auch v. Rinde). Sprichwörtl. ist ihre hohe Vermehrungsrate. Eine Besonderheit: Der Eisprung wird durch die Paarung ausgelöst. Von Febr. bis Okt. können W. 4–7 Würfe mit je 4–6 Jungen (bei Geburt nackt u. blind) zur Welt bringen. Vor der Eiszeit lebten W. in vielen Teilen W-Europas; nacheiszeitl. gab es sie nur noch auf der Iber. Halbinsel u. in NW-Afrika. Seit dem MA hat man W. in vielen Ländern eingebürgert. Der Übervermehrung begegnete man (z. B. in Austr., Fkr.) durch Ausbringen v. ↗Myxomatose-Viren. ☐ Kaninchen, B Europa XIII.
Wildkatze, *Felis silvestris,* über weite Teile Europas, Asiens u. Afrikas verbreitete ↗Kleinkatze mit sehr variabler Fellfarbe u. -zeichnung. Man unterscheidet 3 Gruppen, deren U.-Arten sich ähneln. Die asiat. Steppenkatzen (*Ornata*-Gruppe) sind sand- bis ockerfarben mit dunklem Fleckenmuster u. mit spitz endendem Schwanz; sie bevorzugen Trockengebiete. Nach der mitteleur. W. *(F. s. silvestris),* deren Verbreitungsgebiete (Kleinasien, Kaukasus, Europa) sich anschließen, werden die Waldkatzen (*Silvestris*-Gruppe) bezeichnet; sie kennzeichnet neben der Querstreifung auf gelb-grauer Grundfärbung der kurze, stumpf endende Schwanz; restl. Vorkommen in Dtl. (Harz, Hunsrück, Eifel) sind wahrscheinl. nicht mehr reinerbig, da leicht Vermischungen mit Hauskatzen vorkommen. Nach der Nubischen Falbkatze *(F. s. lybica),* der Stammform unserer Hauskatze, werden die in Afrika u. Arabien beheimateten ↗Falbkatzen (*Lybica*-Gruppe) bezeichnet. B Europa XIV.
wildlife management *s* [ᵁaildlaif-mänidschment; engl., = Wildlenkung], die Anwendung ökolog. Kenntnisse *(Wildökologie)* auf die Populationen v. Wildtieren (im Ggs. zu ↗Haustieren), v.a. Wirbeltieren, und auf diese beeinflussende Mitgl. der ↗Biozönose (z.B. Pflanzen, Räuber, Parasiten, Krankheitserreger) in einer Weise, daß die Ansprüche der Tiere mit denen des Menschen in Einklang gebracht werden. Die Tätigkeit des Menschen kann dabei bestehen in: 1) völligem Schutz der Biozönose vor jedem menschl. Eingriff; 2) Beeinflussung der Populationsgröße durch Fang, Abschuß u. Einbringen v. Individuen od. durch Fütterung u. dergleichen; 3) Veränderung der Vegetation, die sich indirekt auf die Tierpopulationen auswirkt. Urspr. war w. m. ein *„game management"* – die Pflege u. Regulation v. Tierbeständen ausschl. für die „sportliche" Jagd (Großwildjagd, z. B. in Afrika u. Indien). Heute ist w. m. von großer Bedeutung für den ↗Naturschutz für die Betreuung u. Gestaltung der großen ↗Nationalparke (B National- und Naturparke I–II). Da letztere, bei aller Größe, nur begrenzte Ausschnitte aus den oft großräumigen Streifgebieten (v. a. bei Arten mit großen Wanderungen) der Tiere sind, bedarf es vielfach des regulierenden Eingriffs durch den Menschen, um das ↗biologische Gleichgewicht zu erhalten.
Lit.: Dasmann, R. F.: African Game Ranching. The Commonwealth and International Library of Science, Technology and Liberal Studies I. Oxford 1964. *Robinson, W. L., Bolen, E. G.:* Wildlife Ecology and Management. New York 1984.

Wildpflanzen, alle spontan auftretenden u. nicht vom Menschen durch Züchtung genet. veränderten Pflanzensippen. ↗Nutzpflanzen, ↗Kulturpflanzen.
Wildpflege, die ↗Hege.
Wildschweine, *Sus,* Gatt. der Altweltl. ↗Schweine mit 4 Arten und zahlr. U.-Arten; Kopfrumpflänge meist 90–150 cm. Einen hellen Backenbart trägt das Bartschwein *(S. barbatus;* 6 U.-Arten; Malaysia, Java, Sumatra, Borneo). Das Pustelschwein *(S. verrucosus;* 11 U.-Arten; Java, Celebes, Philippinen) hat 3 Warzen auf jeder Kopfseite. Am kleinsten ist das Zwergwildschwein *(S. salvanius;* Kopfrumpflänge 50–65 cm; Nepal). Die weiteste Verbreitung weist das eur.-asiat. Wildschwein *(S.*

---

wildlife management
Dem w. m. steht nahe das *„game ranching"* – die Haltung v. Wildtieren in ihren natürl. Biotopen zur Nutzung der v. den Tieren gelieferten Produkte durch den Menschen. Die Vorteile des game ranching (im Vergleich zur Haustierhaltung) z.B. in Afrika beruhen darauf, daß die Wildtiere den lokalen Umweltbedingungen (z.B. Klima, Wasserangebot, Räuber, Parasiten u. Krankheitserreger) besser angepaßt sind als die eingeführten Haustiere (Rinder, Schafe, Pferde u.a.) und die Wildtiere durch ihr Weideverhalten die Vegetation schonender u. „produktiver" (ökonomischer) nutzen. In ↗Afrika ist es v. a. die ↗Savanne, die v. allen terrestr. Ökosystemen die höchste Produktivität an tierischem Protein aufweist. Von den Großtieren der Savanne eignen sich für eine *Wildtiernutzung* hpts. ↗Antilopen, ↗Büffel u. ↗Zebras, wobei die ↗Elenantilope neben Fleisch auch Milch u. Häute liefert u. beinahe wie ein „Haustier" genutzt werden kann. Eine alte Tradition hat das game ranching in Europa durch die v. den Lappen betriebene Haltung großer Herden v. ↗Rentieren in freier Wildbahn.

scrofa, B Europa XIV) auf. In 32 U.-Arten bewohnt es Europa, die gemäßigten u. trop. Gebiete Asiens bis zum Malayischen Archipel u. N-Afrika; in Amerika wurde es eingebürgert; es ist die Stammform der Hausschweine. Das Mitteleur. Wildschwein (*S. s. scrofa*, „Schwarzwild") lebt in Herden (= Rotten; erwachsene Eber jedoch einzeln) hpts. in feuchten Laub- u. Mischwäldern. Auf Nahrungssuche (pflanzl. und tier. Kost, Aas) gehen W. im Sommer überwiegend nachts, im Winter tags. Die längsgestreiften Jungtiere (maximal 12) folgen der Mutter nach 1 Woche Nestaufenthalt.

Wildtyp, ↗Phäno- u. zugehöriger ↗Genotyp, durch den die Mehrzahl einer unter natürl. Bedingungen lebenden Population gekennzeichnet ist. Oft wird auch nur der zufällig aus der Natur isolierte Typ als W. bezeichnet u. seine Allele z. B. im Kreuzungsschema mit „+" gekennzeichnet. ↗Mutante.

Wildverbiß, *Verbiß,* Verbeißen v. Knospen u. jungen Trieben an Bäumen u. Sträuchern durch Wild. Die Verbißschäden können regional durch Überbesatz an Reh- u. Rotwild sehr beträchtl. sein. Der ↗Rothirsch benötigt tägl. ca. 12 kg Frischgewicht an Nahrung, das ↗Reh-Wild ca. 3 kg. Zum Teil wird dieser Bedarf durch Gräser u. Kräuter gedeckt, in erheblichem Ausmaß (v. a. im Winter) durch Abäsen v. Knospen u. jungen Trieben der Bäume u. Sträucher (ein 5 cm langer Tannentrieb wiegt ca. 2 g!). Die Folge des Wildverbisses ist das Ausbleiben eines Teils der Naturverjüngung sowie eine vollständige Veränderung der zukünftigen Baumartenmischung. Stark verbissen werden Tanne, Linde, Esche, Eibe u. Bergahorn, weniger stark Fichte u. Buche. Einzige wirksame Gegenmaßnahme: deutliche Verringerung der Wilddichte.

Wilhelmia *w,* Gatt. der ↗Kriebelmücken.

Wilkins, *Maurice Hugh Frederick,* brit. Biochemiker, * 15. 12. 1916 Pongaroa (Neuseeland); Vize-Dir. des biophysikal. Forschungszentrums am Kings College in London; schuf mit seinen röntgenstrukturanalyt. Untersuchungen (□ Röntgenstrukturanalyse) an Nucleinsäuren die Grundlage zur Aufklärung der Doppelhelix-Struktur v. ↗Desoxyribonucleinsäure (B III) durch F. H. C. Crick und J. D. Watson; erhielt 1962 mit beiden Forschern den Nobelpreis für Medizin.

Wille ↗Freiheit und freier Wille.

Willemetia *w* [ben. nach dem frz. Botaniker R. Willemet, 1725–1807], der ↗Kronenlattich.

Williamsonia *w,* Gatt. der ↗Bennettitales.

Willissche Regel [ben. nach I. C. Willis], die ↗age-and-area-Regel.

willkürliche Muskulatur, im wesentl. bei Wirbeltieren u. Mensch die gesamte dem Willen unterworfene Körper-↗Muskulatur, also die ↗quergestreifte Muskulatur (Skelettmuskulatur) mit Ausnahme der ↗Herzmuskulatur, die eine Sonderform der ↗unwillkürlichen Muskulatur darstellt.

Willstätter, *Richard,* dt. Chemiker, * 13. 8. 1872 Karlsruhe, † 3. 8. 1942 Locarno; Prof. in München, Zürich u. Berlin; Untersuchungen über die Struktur u. Synthese zahlr. Alkaloide u. Pflanzenfarbstoffe; wies die strukturelle Ähnlichkeit zw. dem grünen Pflanzenfarbstoff Chlorophyll u. dem roten Blutfarbstoff Häm nach; entdeckte die Holzverzuckerung mit konzentrierter Salzsäure; Arbeiten über Enzyme (hielt diese für Nicht-Proteine); erhielt 1915 den Nobelpreis für Chemie.

Wilson [wilßn], *Edmund Beecher,* amerikan. Zoologe, * 19. 10. 1856 Genf, † 3. 3. 1939 New York; seit 1897 Prof. in New York; Arbeiten über Entwicklungsgeschichte u. -mechanik der niederen Meerestiere u. Geschlechtsbestimmung; entdeckte die Geschlechtschromosomen bei Insekten.

Wimansche Regel, von C. Wiman erkannte, für ↗*Dendroidea* (↗Graptolithen) charakterist. Generationenfolge aus jeweils 3 Theken: Autotheca, Bitheca, Stolotheca.

Wimpelfisch, *Heniochus acuminatus,* ↗Borstenzähner.

Wimperepithel, das ↗Flimmerepithel.

Wimperfarn, *Woodsia,* Gatt. der ↗Frauenfarngewächse mit 40 überwiegend kalt-gemäßigt verbreiteten Arten; kleine Farne mit fransig zerschlitztem Indusium. Die 3 in Mitteleuropa heimischen Arten sind typ. Felsspaltenbewohner. Der Südliche W. *(W. ilvensis)* ist mit mehreren Teilarealen circumpolar boreal-arktisch verbreitet, besitzt in Mitteleuropa nur einzelne Vorkommen (z. B. Harz, Schwarzwald, Alpen) u. gedeiht an sonnig-trockenen Silicatfelsen. Ähnl. Standorte besiedelt der nach der ↗Roten Liste „potentiell gefährdete" Alpen-W. *(W. alpina),* der ebenfalls arktischalpin verbreitet u. offenbar ein allotetraploider Bastard ist. In oft leicht schattigen Kalkfelsspalten der zentralen und östl. Alpen kommt der (ebenfalls „potentiell gefährdete") Kleine W. *(W. pulchella;* z. T. auch als Varietät des nordischen W.s, *W. glabella,* aufgefaßt) vor.

Wimperflamme, aus vielen Wimpern (↗Cilien) gebildetes Büschel v. Flimmerhaaren einer protonephridialen Terminalzelle bei Plattwürmern, Schnurwürmern u. Rädertieren. ↗Exkretionsorgane (B), ↗Nephridien (□).

Wimperhafte, *Caenidae,* Fam. der ↗Eintagsfliegen. [ceae.

Wimperkugel, *Volvox,* Gatt. der ↗Volvoca-

Wimperlarven, *Flimmerlarven,* Wimpern (Flimmern, ↗Cilien) tragende ↗Larven; z. B. ↗Miracidium (□), ↗Coracidium.

Wimpern, *Cilia,* **1)** Anatomie: *Augen-W.,* starre kurze Borstenhaare an den Augenlidern (↗Lid) der meisten Säuger zum

Wildschwein
(Sus scrofa)
mit Frischlingen

R. Willstätter

Wimpertierchen

Schutz des Auges. **2)** Cytologie: Bewegungsorganelle an der Oberfläche v. Zellen; ↗Cilien, ↗Flimmerepithel.

Wimpertierchen, *Ciliata, Ciliophora,* arten- u. formenreiche Kl. der ↗Einzeller mit 5 Ord. (vgl. Tab.) und ca. 5500 rezenten, marinen u. limnischen Arten, die durch drei Merkmale charakterisiert sind: 1. Sie tragen ein oft den ganzen Körper bedeckendes ↗*Wimpern*-Kleid (↗Cilien), das primär der Fortbewegung, sekundär in hohem Maße zusätzl. der Nahrungsaufnahme dient. 2. Sie haben einen ↗*Kerndualismus* (unabhängig nur noch bei ↗*Foraminifera*); es sind gleichzeitig ein großer ↗Makronucleus (vegetativer Kern), der die vegetativen Vorgänge der Zelle steuert, u. ein kleiner ↗Mikronucleus (generativer Kern), der nur bei der Fortpflanzung aktiv ist, vorhanden. Bei ursprünglichen W. gibt es mehrere Makro- u. Mikronuclei, u. die diploiden Makronuclei sind nicht teilungsfähig (Primärtyp); die höher entwickelten W. besitzen polyploide, vielgestaltige, stets teilungsfähige Makronuclei (Sekundärtyp). 3. Die geschlechtliche Fortpflanzung ist eine ↗*Konjugation* (B Sexualvorgänge), d.h., es lagern sich ↗Gamonten zus., die ledigl. Gametenkerne austauschen (keine Zellverschmelzung). Konjugation ist eine ↗Gamontogamie. Sie kann zu einer einseitigen Befruchtung abgewandelt sein (↗*Peritricha*) u. als Iso- od. Anisogamontie ablaufen. Daneben kommt auch ↗Autogamie vor. Die ungeschlechtl. Fortpflanzung ist eine Quer- od. Längsteilung. Bei einigen Arten tritt Koloniebildung, teilweise mit Differenzierung, auf (↗*Zoothamnium*). Die Körperform der W. ist sehr konstant, weil sie eine kompliziert gebaute Zellhülle (Pellicula) haben. Darunter können zusätzl. Strukturen eingebaut sein (↗Extrusomen), die der Verteidigung (↗Trichocysten, ↗Mucocysten) u. dem Beutefang dienen (Toxicysten, Haptocysten). Die Verfestigung der äußeren Hülle hat u.a. zur Folge, daß Zellmund, Zellafter u. pulsierende Vakuole(n) sich immer an derselben Stelle befinden. W. sind primär Schlinger, die große Beute durch einen erweiterungsfähigen Zellmund (Cytostom) aufnehmen. Diesen Typ zeigen noch einige wenige ursprüngliche Gatt., z.B. ↗*Didinium* (☐). Alle anderen sind Strudler, die den Zellmund eingesenkt u. Wimpern zum Nahrungserwerb umgestaltet haben. Nach der Art der Bewimperung (vgl. Tab.) u. der Mundfeldgestaltung unterscheidet man die Ord. ↗*Holotricha*, ↗*Peritricha*, ↗*Spirotricha*, ↗*Chonotricha* u. ↗*Suctoria*. – Viele Arten der W. sind Leitorganismen für Wassergüteklassen (↗Saprobiensystem, T). ↗Aufgußtierchen (☐), ☐ Einzeller.

Wimperurnen, *Wimpernurnen,* **1)** ↗Sipunculida. **2)** 0,3 mm lange, trichterförmige Vorwölbungen der Coelomwand (≙ innerste Schicht des Hautmuskelschlauches) bei ↗Seewalzen; nur bei der Ord. *Apoda.* Die W. können ↗Coelomocyten u. auch Fremdkörper aus der Leibeshöhle herausfiltrieren u. dienen so wahrscheinl. der Exkretion.

Windaus, *Adolf Otto Reinhold,* dt. Chemiker, * 25. 12. 1876 Berlin, † 9. 6. 1959 Göttingen; Prof. in Freiburg i. Br., Innsbruck u. Göttingen; Begr. der modernen Vitaminforschung; erzeugte Vitamin D künstlich, Konstitutionsaufklärung des Cholesterins, Ergosterins u. vieler Vitamine, Forschungen über Digitalisglykoside u. Histamin; erhielt 1928 den Nobelpreis für Chemie.

Windblütigkeit, *Windbestäubung,* die ↗Anemogamie.

Winde, *Convolvulus,* Gatt. der ↗Windengewächse.

Windelschnecken, *Vertiginidae,* Fam. der Landlungenschnecken (Überfam. ↗Puppenschnecken) mit sehr kleinem, zylindr. oder eiförm. Gehäuse u. oft gezähnter Mündung; die Gehäuseoberfläche ist glatt, fein gestreift od. gerippt, gelb bis braun; die Fühler sind fast od. völlig rückgebildet; eierlegende od. ovovivipare ☿. Zu den W. gehören zahlr. Spezies; in Mitteleuropa sind das neben ↗*Columella* u. ↗Zylinder-W. die Arten von *Vertigo.* Die Linksgewundenen W. (*V. pusilla*), 2 mm hoch, leben in ganz Europa, v.a. an trockenen Felsen, Mauern u. in Laubstreu. Die Sumpf-W. (*V. antivertigo*), 2,2 mm hoch, rechtsgewunden wie die übrigen, bevorzugen feuchtes Gelände. Weitverbreitet in Europa sind ferner die Gemeinen W. (*V. pygmaea*), die Schlanken W. (*V. heldi*), die Bauchigen W. (*V. moulinsiana*) u. die Schmalen W. (*V. angustior*), letztere mit 1,8 mm Gehäusehöhe die kleinsten. Die Bauchigen u. die Schlanken W. sind nach der ↗Roten Liste „gefährdet" bzw. „vom Aussterben bedroht".

Winden, **1)** Bez. für Windepflanzen, für krautige od. holzige ↗Lianen, die durch Nutation (Umlaufbewegung, ↗Nutationsbewegungen) schraubenartig um dünne Stützen emporwachsen u. denen im Ggs. zu den *Rankenpflanzen* (↗Rankenbewegungen) eine Reizbarkeit der windenden Achsen fehlt. **2)** Bez. für die Fähigkeit v. Schlingpflanzen (Lianen), in schraubenförm. Windungen ohne Berührungsreiz an einer aufrechten Stütze emporzuklettern.

Windengewächse, *Convolvulaceae,* weltweit in allen gemäßigten, trop. und subtrop. Zonen verbreitete Fam. der ↗*Polemoniales* mit etwa 1800 Arten in ca. 50 Gatt. Aufrechte, kriechende od. windende Kräuter, Stauden od. (Halb-)Sträucher, seltener kleine Bäume, mit meist einfachen, seltener gelappten od. gefiederten Blättern und blattachselständ., meist recht ansehnl. Blüten. Diese 5zählig, radiär, mit einer trichter-, glocken- od. annähernd rad- bzw. stieltellerförm. Krone, deren Saum 5lappig oder 5eckig ausgebildet sein kann. Der

---

A. O. R. Windaus

Wimpertierchen
Ordnungen:
↗ *Holotricha*
 mit allseits bewimpertem Körper
↗ *Peritricha*
 mit spiralig um ein Peristom angeordneten Wimpernreihen
↗ *Spirotricha*
 mit adoralem Membranellenband
↗ *Chonotricha*
 mit trichterförm. Strudelapparat
↗ *Suctoria*
 mit Saugtentakeln

Sumpf-Windelschnecke
(*Vertigo antivertigo*)

Windengewächse
Wichtige Gattungen:
Convolvulus
Ipomoea
Rivea
↗ Teufelszwirn
(*Cuscuta*)

oberständ., aus 2 (3–5) verwachsenen Fruchtblättern bestehende Fruchtknoten reift meist zu einer Kapsel heran. W. verfügen häufig über kräftige Rhizome bzw. Wurzelknollen. Charakterist. sind auch nicht selten an Blättern od. Blattstielen auftretende, extraflorale Nektarien, bikollaterale Leitbündel sowie die oft in dieser Fam. zu beobachtenden ⁄Sekretbehälter, in die milchsaft- bzw. harzähnl. Substanzen abgeschieden werden. Wichtige Inhaltsstoffe dieser Sekrete sind die nur bei den W.n vorkommenden sog. *Glykoretine,* deren abführende Wirkung fr. auch med. genutzt wurde. Als Abführmittel diente v. a. das aus den knoll. Wurzelstöcken der mexikan. Art *Ipomoea purga (Exogonium purga)* stammende *Jalapa-Harz* sowie das *Skammonium-Harz* aus den Wurzeln v. *Convolvulus scammonium* (östl. Mittelmeergebiet). Ebenfalls med. genutzt wurde fr. die auf den Kanar. Inseln heimische, Rosenholzöl enthaltende Ruten-Winde *(Convolvulus scoparius).* In verschiedenen Arten der W. wurden zudem sonst nicht bei Höheren Pflanzen auftretende Derivate der ⁄Lysergsäure gefunden. Sie sind chem. mit dem synthet. Rauschgift ⁄Lysergsäurediäthylamid (LSD) verwandt u. wirken stark halluzinogen. Eine aus den Samen v. *Rivea corymbosa* hergestellte Droge (Ololiuqui) wurde schon v. den Azteken bei kult. Anlässen als Rauschmittel verwendet od. diente als Narkotikum. Wirtschaftl. bedeutendstes W. ist die ⁄Batate od. Süßkartoffel *(Ipomoea batatas).* Eine weitere Nahrungspflanze ist *I. aquatica* (trop. Afrika bis Asien), deren Blätter u. Triebspitzen in SO-Asien als Gemüse verzehrt werden. Verschiedene W. werden ihrer schönen Blüten wegen auch als Zierpflanzen kultiviert. Hierzu gehören v. a. Arten der Gatt. *Convolvulus* (Winde) u. *Ipomoea* (Prunkwinde, Trichterwinde). Bes. beliebt ist die aus dem (sub-)trop. Amerika stammende Purpurprunkwinde *(I. purpurea).* Die 1jährige, schnell wachsende Schlingpflanze besitzt herzförm. Blätter u. große, trichterförm., je nach Gartensorte weiß, rosa, purpurn od. hell- bzw. dunkelblau gefärbte Blüten. Einheimische W. sind die heute in der gemäßigten Zone als Kulturbegleiter weltweit verbreiteten kriechenden od. kletternden Stauden Ackerwinde, *Convolvulus arvensis* (in Äckern, Gärten, Weinbergen, an Schuttplätzen u. Wegen), u. Zaunwinde, *Convolvulus sepium (= Calystegia sepium)* (in staudenreichen Unkraut-Ges., an Zäunen, Wegrändern, Ufern). Die Zaunwinde besitzt relativ große, mehr od. weniger dreieckige Blätter sowie große, breittrichterförm., weiße Blüten. Die Ackerwinde hat kleinere, pfeilförm. Blätter u. ebenfalls kleinere, rosa-weiß gestreifte Blüten. Letztere ist ein gefürchtetes, sich durch Wurzelsprosse rasch ausbreitendes Unkraut ([B] Unkräuter). Eine Sonderstel-

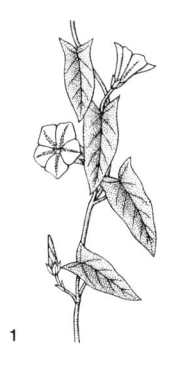

Windengewächse
1 Ackerwinde *(Convolvulus arvensis);* 2 Purpurprunkwinde *(Ipomoea purpurea)*

lung unter den W.n nimmt die nur aus mehr od. weniger chlorophyllfreien Parasiten bestehende Gatt. ⁄Teufelszwirn *(Cuscuta)* ein. N. D.

Windenpflanzen, Windepflanzen, ⁄Lianen.
Windenschwärmer, auch *Windig, Agrius (Herse) convolvuli,* großer Vertreter der Schmetterlingsfam. ⁄Schwärmer, verbreitet in der Alten Welt, Spannweite um 110 mm, Vorderflügel schwarzgrau, Hinterleib rosa u. schwarz gemustert; Rüssel sehr lang (bis 90 mm), besucht in den Abendstunden Blüten wie Flammenblume, Tabak und Seifenkraut; ⁄Wanderfalter, der vom Mittelmeergebiet u. Afrika zu uns bis Skandinavien einfliegt, den Winter aber nicht übersteht. Raupe grün, später braun, an Winden; verpuppt sich in der Erde; Rüsselscheide der Puppe nicht anliegend, sondern spiralig aufgerollt abstehend.
Windeschlangen, die ⁄Hundskopfboas.
Windfaktor, Einfluß des Windes auf Pflanzen u. Tiere. 1) Bot.: an Küsten, im weiten, offenen Flachland u. an Gebirgskämmen wird der Wind zum vegetationsprägenden ⁄Klima-Element; v.a. die mechan. Dauerwirkung des Windes beeinflußt Wuchsform u. -höhe. Der Schädigung durch Austrocknung (⁄Trockenresistenz) der jungen Triebe u. Knospen auf der Windseite (Luv) geht oft eine relativ stärkere Entwicklung der Leeseite parallel, so daß die eigenart. Fahnenformen der Bäume u. Sträucher entstehen (z. B. Windbuchen; Mechanomorphose, ⁄Morphosen). Sand, Grus, Salz- od. Schneekristalle als „Schleifpulver" verschärfen die mechan. Windwirkung. Gegen Wind sehr widerstandsfähig sind die holarktischen Nacktriedrasen *(⁄Elynetea),* die arktisch-alpinen Windheiden *(⁄Cetrario-Loiseleurietea)* und die Strandhafer-Dünengesellschaften *(⁄Ammophiletea).* Ferner beeinflußt der Wind über die Veränderung des ⁄Mikroklimas physiolog. Prozesse, wie ⁄Wasserhaushalt (höhere ⁄Transpiration) u. ⁄Wärmehaushalt (Verminderung v. Übertemperaturen). Als Transportmittel tragt der Wind zur ⁄Bestaubung (⁄Anemogamie) u. Ausbreitung (⁄Anemochorie) bei. 2) Zool.: Der Wind ist bei Tieren v. Bedeutung für die passive ⁄Verbreitung (⁄Bewegung), den aktiven ⁄Flug u. spielt eine Rolle bei der Orientierung sowie der ⁄Verdunstung u. der damit einhergehenden Temp.-Verringerung. – Übersteigt die Windstärke die Flugleistung eines (meist kleinen) Tieres, so wird es verschleppt, u. U. über 1000 km weit. Manche Tiere sind auf eine solche ⁄Verdriftung angewiesen u. bilden dafür bes. Hilfsmittel aus (wie z. B. die Wachsfäden der Blattläuse). Der Wind kann einerseits einen aktiven Flieger v. seiner Flugbahn abbringen, andererseits dienen Aufwinde vielen Vögeln zum energiesparenden Höhengewinn (⁄Flugmechanik). Die Orientierung nach dem Wind (⁄Ane-

Windhalm

motaxis) ist bei manchen Käfern (Flug in Windrichtung), der Wanderheuschrecke (Flug gg. Windrichtung) u. a. Insekten festgestellt worden. Die meisten Insekten fliegen bei starkem Wind nicht u. verkriechen sich. Vögel u. Säugetiere stellen sich in Ruhe gg. den Wind ein. ↗Altweibersommer.

Windhalm, *Apera*, Gatt. der Süßgräser (U.-Fam. ↗*Pooideae*) mit 3 Arten in Eurasien. Der Gewöhnliche W. *(A. spica-venti)* ist ein Rispengras mit 2–3 mm langen Ährchen mit 5–7 mm langer Granne u. ca. 5–6 mm langen Blatthäutchen. Er ist ein Säurezeiger nährstoffreicher Standorte, bes. in Getreidefeldern u. an Verladeplätzen.

Windhalm-Fluren ↗Aperetalia spicaeventi.

Windkesselfunktion, Eigenschaft der elast. ↗Arterien u. ↗Aorta, sich nach einer ↗Herz-Kontraktion (Systole, B Herz) zu dehnen u. somit einen Teil der kinet. ↗Energie des ausströmenden Blutes in potentielle Energie umzuwandeln (↗Blutdruck). Während der Herz-Erschlaffung (Diastole) dehnen sich entspr. dem Voranschreiten der ↗Puls-Welle benachbarte Gefäßteile. Auf diese Weise wird der durch die Herzpumpe (↗Herzmechanik) erzeugte diskontinuierl. Blutstrom in eine kontinuierl. Strömung umgewandelt.

Windpocken, *Schafblattern, Spitzpocken, Varizellen, Wasserblattern, Wasserpocken,* sehr ansteckende ↗Infektionskrankheit (↗Inkubationszeit 10–21 Tage), die durch das zu den ↗Herpesviren gehörende ↗Varizellen-Zoster-Virus ausgelöst u. meist durch Tröpfcheninfektion übertragen wird. Hpts. befallen werden Kleinkinder; bei ihnen verläuft die Krankheit i. d. R. harmlos mit den typischen W.symptomen, wie leichtem Fieber, Schnupfen u. schubweise auftretendem Hautausschlag mit rotgesäumten Bläschen, die stark jucken (Gefahr der Sekundärinfektion durch Kratzen) u. narbenlos verheilen. Wesentl. gefährlicher kann eine W.infektion bei Schwangeren verlaufen, da – je nach Zeitpunkt des Befalls – unterschiedl. ↗Fehlbildungen (↗Embryopathie) zu erwarten sind (↗Teratogene). Wird nach Abklingen der Krankheit keine vollständige Immunität erreicht od. erlischt diese, so kann eine Zweitinfektion (gleiches Virus!) als Gürtelrose (↗Herpes zoster) auftreten. ☐ Virusinfektion.

Windröschen, *Anemone,* Gatt. der ↗Hahnenfußgewächse mit weltweit ca. 120 Arten in den gemäßigten u. kalten Gebieten (v. a. S- und O-Asien, südl. N-Amerika); ausdauernde Kräuter mit radiär bis fiedrig geteilten Grundblättern. An den Blütenstengeln sitzen 3–4 den Grundblättern ähnl. Hochblätter u. endständige Blüten, einzeln od. zu mehreren in den Blattachseln. Die Nußfrüchtchen haben im Ggs. zu *Pulsatilla* (↗Küchenschelle) einen kahlen, kurzen Griffel. In Laubwäldern ist das Busch-W. *(A. nemorosa,* B Europa XII) mit weißen Blüten u. zur Blütezeit ohne grundständ. Blätter als Rhizomgeophyt weit verbreitet. Selten ist das Gelbe W. *(A. ranunculoides),* mit gelben, meist paarigen Blüten u. außen behaarten Blütenblättern; es wächst in Auewäldern u. feuchten Laubmischwäldern. Zur Blütezeit im Mai bereits mit Grundblättern u. mit großen weißen Blüten bildet das geschützte, nach der ↗Roten Liste „gefährdete" Große W. *(A. sylvestris)* an sonnigen Waldrändern (Geranion sanguinei) u. an Lößböschungen schöne Säume. Mit 3–8 doldenartigen weißen Blüten findet man in alpinen u. subalpinen Hochgrasfluren u. Staudenhalden die giftige u. ebenfalls geschützte Narzissen-Anemone od. das Berghähnlein *(A. narcissiflora).* Während die in Dtl. wildwachsenden Arten meist weiß blühen u. niedrige Frühjahrsblüher sind, gibt es unter den zahlr. eingeführten u. gezüchteten Garten-Anemonen farbenprächtige Vertreter, wie die rotblühende Stern-Anemone *(A. stellata, A. hortensis)* aus dem Mittelmeergebiet, u. ausgesprochene hochwüchsige Herbstblüher, wie die Herbst-A. *(A. japonica, A. hupehensis* var. *japonica)* mit rosa Blüten an bis zu 1,2 m hohen Stengeln. Die mediterran verbreitete Kronenanemone *(A. coronaria)* wird ebenfalls häufig kultiviert (B Mediterranregion IV).

Windschäden, durch Wind bzw. Sturm *(Sturmschäden)* verursachte Schäden bei Pflanzen. Anhaltende heftige Winde führen v. a. bei landw. Kulturen zu stärkerer ↗Verdunstung u. zu ↗Bodenerosion. Bei Sturm kommt es bei flachwurzelnden Bäumen zu *Sturm-Wurf,* bei tiefwurzelnden zu *Sturm-Bruch.*

Windspielantilopen, die ↗Dikdiks.

Windverbreitung, die ↗Anemochorie.

Winkelkopfagamen, *Acanthosaura* u. *Gonocephalus,* Gattungen der ↗Agamen; leben in den Regenwäldern des indoaustr. Raumes. Die 3 *Acanthosaura*-Arten (bis 21 cm lang) halten sich mehr im Unterholz auf, die 29 Arten der Gatt. *Gonocephalus* (Länge 45–100 cm) sind vorwiegend Baumbewohner u. besitzen einen Kehlsack bzw. Rückenkamm. Kopf 3eckig mit steil abfallender Stirn; Körper seitl. zusammengedrückt; mit langen Krallen; ernähren sich v. kleinen Wirbellosen; zu raschem Farbwechsel befähigt.

Winkelspinnen, *Haus-W.,* Vertreter der Gatt. *Tegenaria* (meist *T. atrica;* ↗Trichterspinnen); leben v. a. in Häusern, Garagen, Kellern usw., wo sie weit ausladende Gewebedecken in den Winkeln bauen, die eine nach hinten offene Röhre aufweisen; oft sind mehrere Decken übereinander angeordnet, da die Netze schnell ihre Fängigkeit verlieren. W. sind dunkel gefärbt, erreichen fast 2 cm Körperlänge u. haben lange, schlanke Beine. Die Weibchen können mehrere Jahre alt werden.

Großes Windröschen
(Anemone sylvestris)

Winkelzahnmolche, *Hynobiidae,* Fam. der ↗Schwanzlurche mit 2 U.-Fam. (vgl. Tab.), bilden zus. mit den ↗Riesensalamandern die ganz urtümliche Überfam. *Cryptobranchoidea.* Namengebendes Merkmal sind die in V-förmigen Reihen angeordneten Gaumenzähne. Verbreitung in der O-Paläarktis mit der größten Artenvielfalt in China u. Japan, westwärts bis Afghanistan, Iran u. in der UdSSR bis zum Ural. Im Ggs. zu allen anderen Schwanzlurchen (mit Ausnahme der Riesensalamander) äußere Besamung. Die Eiablage findet im Wasser statt; die beiden Eischnüre werden anschließend vom Männchen besamt. Nur v. *Ranodon* sind Spermatophoren beschrieben worden, auf die das Weibchen die Eier legt. Die Eischnüre werden meist in Bergbächen od. Schmelztümpeln an die Unterseite v. Steinen angeheftet, u. von *Hynobius nebulosus* wird berichtet, daß das Männchen die Eier bewacht. Die meisten W. sind molch- od. salamanderähnl. Tiere mit kurzen Köpfen, vorquellenden Augen u. seitlich zusammengedrückten Schwänzen. Viele Arten sind klein (wenig mehr als 10 cm), nur die Vertreter der Gatt. *Ranodon* erreichen 25 bis 30 cm. Fast alle sind kälteliebend. *Salamandrella (Hynobius) keyserlingi,* die einzige bis nach Europa (UdSSR) vorkommende Art, überschreitet als einziger Schwanzlurch 66 Grad n.Br. und verträgt jahrelanges Einfrieren im Permafrostboden. Die meisten Arten der Gatt. *Hynobius* sind außerhalb der kurzen, direkt an die Schneeschmelze anschließenden Fortpflanzungszeit terrestrisch. Dagegen halten sich die Asiatischen Gebirgsmolche *(Batrachuperus),* die Krallenfingermolche *(Onychodactylus)* u. die Froschzahnmolche *(Ranodon)* auch als Adulte in unmittelbarer Nähe od. in Bergbächen auf, u. die beiden letzten Gatt. haben in Anpassung daran die Lungen reduziert. Bei einigen Arten kommt Neotenie vor.

Winkerkrabben, *Uca,* Gatt. der *Ocypodidae* (↗*Brachyura,* [T]) mit ca. 65 Arten an den Küsten warmer und trop. Meere. W. sind kleine (0,8 bis 3,5 cm breite), manchmal auffällig bunt gefärbte, semiterrestrische Krabben, die während des Niedrigwassers aktiv sind u. sich bei der auflaufenden Flut in ihren Wohnröhren einschließen. Manche Arten bewohnen das Schlick- od. Sandwatt in riesigen Mengen u. an günstigen Stellen, z.B. in Mangrovesümpfen, mit mehreren Arten. Das ♂ hat eine sehr große Schere, die bis zur Hälfte des Körpergewichts ausmachen kann. Die andere Schere u. beide Scheren des ♀ sind klein. Die große Schere ist ein Schauapparat, der durch artcharakterist. Winkbewegungen (Name!) bei der Balz u. Reviermarkierung zur Schau gebracht wird. Besonders heftig winkt ein ♂, wenn ein ♀ in sein Gebiet kommt, u. es läuft eifrig um das ♀ herum, um immer in dessen Gesichtsfeld zu bleiben, bis das ♀ dem winkenden ♂ in seine Höhle folgt, wo die Paarung stattfindet, od. bis es das Gebiet des ♂ verläßt. Außerdem wird die große Schere bei Kommentkämpfen zwischen ♂♂ eingesetzt. Nachts winken die ♂♂ weniger, vielmehr benutzen sie zur Balz u. Reviermarkierung akust. Signale (durch Trommeln auf das Substrat). Die Nahrung der W. besteht aus Schlick, der mit den kleinen Scheren aufgenommen u. mit den Mundwerkzeugen aussortiert wird. Die unbrauchbaren Bestandteile werden in Form kleiner Kügelchen abgelegt, die zum Ende der Niedrigwasserperiode die Wohnröhren der W. sternförmig umgeben. Der Gezeiten-Aktivitätsrhythmus wird auch unter konstanten Bedingungen beibehalten (↗Chronobiologie).

Winkverhalten, eine bes. Verhaltensweise der ↗Dauerlarve saprobionter ↗Fadenwürmer (v.a. ↗*Rhabditida*): wenn sich das Substrat erschöpft, erheben sich die Dauerlarven mit dem Großteil ihres Körpers über das Substrat u. führen pendelnde („winkende") Bewegungen aus, wodurch sie Kontakt zu einem Insekt bekommen, das die Larven in ein frisches Substrat transportiert. □ Phoresie.

Winogradsky, *Sergei Nikolajewitsch,* russ. Mikrobiologe, * 1.9. 1856 Kiew, † 24.2. 1953 Paris; Prof. in Petersburg, ab 1922 am Inst. Pasteur in Paris; erkannte, daß ↗schwefeloxidierende Bakterien u. ↗Eisenbakterien aus der Oxidation reduzierter Schwefelverbindungen bzw. Eisen-II-Verbindungen ihre Stoffwechselenergie gewinnen können, u. bewies bei den ↗nitrifizierenden Bakterien, daß ein Wachstum im Dunkeln auch ohne organ. Stoffe, in mineral. Nährlösung, möglich ist (= Anorgoxidation, = ↗Chemolithotrophie); untersuchte außerdem die ↗Stickstoffixierung bei *Clostridium pasteurianum* (↗Clostridien) u. ↗*Azotobacter.* W. gilt auch als Begr. der Bodenmikrobiologie.

Winteraceae [Mz.; ben. nach dem brit. Seeoffizier J. Wynter (Winter), 16. Jh.], eine der ursprünglichsten Fam. der ↗Magnolienartigen, mit ca. 8 Gatt. und rund 120 Arten in trop. und subtrop. Gebieten Amerikas, SO-Asiens u. Australiens u. (mit 1 Art) auf Madagaskar verbreitet. Pollen der W. wurden schon in Ablagerungen der unteren Kreide (ca. 110 Mill. Jahre alt) nachgewiesen. Die W. sind Bäume u. Sträucher mit wechselständ., nebenblattlosen Laubblättern, die durch eine bläul. Wachsschicht auf der Unterseite gekennzeichnet sind. Im Ggs. zu den meisten anderen Bedecktsamern haben die W. keine Tracheen, sondern nur *Tracheiden* als Wasserleitsystem. Die Blüten sind meist monoklin. Die Blütenorgane sind im allg. in größerer, nicht festgelegter Anzahl spiralig angeordnet u. untereinander nicht verwachsen. Im Bau der Fruchtblätter wie

Winkelzahnmolche

Unterfamilien u. Gattungen (Artenzahl in Klammern):

Hynobiinae
  Hynobius (17)
  Batrachuperus (6)
  Liuia (1)
  Onychodactylus (2)
  Pachyhynobius (1)
  Pachypalaminus (1)
  Paradactylodon (1)
  Salamandrella (1)

Ranodontinae
  Ranodon (2)

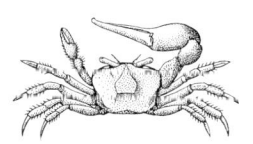

Winkerkrabbe
(Uca pugilator)

Winterannuelle

auch der Staubblätter zeigt sich innerhalb der Fam. eine Reihung v. sehr primitivem zu höherentwickeltem Bau: die Sporophylle bei der Gatt. *Belliolum* sind blattartig verbreitet mit unterhalb der Mitte ansitzenden Pollensäcken. Bei anderen Gatt. stehen die Pollensäcke auf der Spitze der Staubblätter. Häufig ist die Verwachsung der Fruchtblattränder unvollständig, wobei der freie Rand als Narbe dient; diese Fruchtblätter zeigen die Form v. an der Mittelrippe gefalteten, zusammengeklappten u. nur wenig verwachsenen Laubblättern. Einige Arten werden medizinisch genutzt. Die Rinde der südamerikan. *Drimys winteri* liefert den *Magellanischen Zimt.*

Winterannuelle [Mz.; v. frz. annuel = jährlich], einjährig-überwinternde Pflanzen (↗Annuelle), die im Herbst keimen u. in der darauffolgenden Vegetationsperiode blühen u. fruchten; Beispiele: ↗Wintergetreide. ↗Vernalisation, ↗hapaxanthe Pflanzen.

Winteraster [v. gr. astēr = Stern] ↗Wucherblume.

Wintereier, die ↗Dauereier.

Wintereulen ↗Eulenfalter.

Wintergetreide, *Winterfrucht, Winterung,* Bez. für eigene, im Herbst ausgesäte u. im Stadium v. Jungpflanzen überwinternde Getreidesorten (Winterroggen, Winterweizen usw.). Trotz unterschiedlich starker Schäden durch ↗Auswinterung i. d. R. von höherem Ertrag als das ↗Sommergetreide.

Wintergrüngewächse, *Pyrolaceae,* Fam. der ↗Heidekrautartigen mit ca. 15 Gatt. und über 60, vorwiegend in den kühl-gemäßigten Zonen der N-Halbkugel heim. Arten. Grüne od. bleiche Stauden bzw. Halbsträucher mit reich verzweigten, kriechenden Grundachsen u. einfachen, derben, oft immergrünen, meist am Grunde rosettig gehäuften Laub- od. mehr od. weniger chlorophyllfreien Schuppenblättern. Die zwittrigen, 4–5zähligen Blüten stehen einzeln od. in endständ. Trauben u. besitzen eine radiäre Krone sowie 8–10, in 2 Kreisen angeordnete Staubblätter. Der oberständ. Fruchtknoten besteht aus 4–5 Fruchtblättern u. entwickelt sich meist zu einer fachspalt. Kapsel mit zahlr., winzigen Samen, die durch den Wind verbreitet werden. Umfangreichste Gatt. ist mit etwa 40 Arten das Wintergrün *(Pyrola);* 6 Arten hiervon kommen in mitteleur. Nadelwäldern vor. Die wichtigsten sind: das Nikkende Wintergrün *(P. secunda),* mit eiförm. Blättern u. traubig angeordneten, kleinen, gelbl.-weißen Blüten mit glockiger Krone; das Kleine Wintergrün *(P. minor),* mit rundl. Blättern u. kugeligen, weiß od. blaß rosa gefärbten Blüten, u. das Einblütige Wintergrün *(P. uniflora;* B Europa IV), mit größeren, einzeln stehenden, weißen Blüten. Ein weiteres, bei uns anzutreffendes W. ist der in Nadel- u. artenarmen Eichen- od. Buchenwäldern wachsende Fichtenspargel

Wintergrüngewächse
1 Einblütiges Wintergrün *(Pyrola uniflora);* 2 Fichtenspargel *(Monotropa hypopitys)*

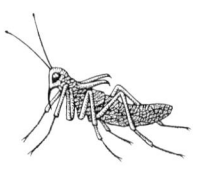

Winterhafte
Schneefloh *(Boreus hiemalis),* ♂

Winterling *(Eranthis hiemalis)*

(Monotropa hypopitys), ein gelbl. bis bräunl.-rötl. gefärbter Schmarotzer mit schuppenförm. Blättern u. in einer nickenden Traube angeordneten, gelbl. Blüten mit glockiger Krone. – Bezeichnend für Wintergrün wie auch Fichtenspargel ist das Vorhandensein einer ↗Mykorrhiza. Der die Wurzeln mit einem mehr od. weniger dichten Mycelmantel umgebende Pilz scheint bes. bei der Keimlingsentwicklung v. großer Bedeutung zu sein. Seine Hyphen dringen erst in die Interzellularen, dann in die Zellen der Wurzelepidermis ein u. können deren Inhalt verdauen, bis diese absterben u. abgestoßen werden. Der an Proteinen u. Kohlenhydraten reiche Inhalt der Pilzhyphen kann aber ebenso, wenn diese platzen, der Wirtszelle zugute kommen. Beim Fichtenspargel erfolgt auch die Wasser- u. Nährsalzversorgung über das Außenmycel. B Europa IV.

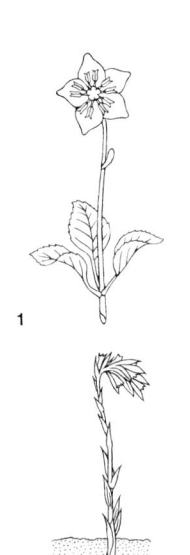

Wintergrünöl ↗Gaultheria.

Winterhafte, *Boreidae,* Fam. der ↗Schnabelfliegen mit ca. 10 Arten, in Mitteleuropa nur 2. Der ca. 3 mm große, metall. braungrünl. gefärbte, in der Gestalt grillenähnliche Schneefloh (Gletschergast, Schnabelgrille, *Boreus hiemalis*) kommt in ganz Mittel- und N-Europa vor. Er besitzt schnabelartig verlängerte Mundwerkzeuge, fast körperlange Fühler sowie lange hintere Sprungbeine. Der Schneefloh ist wegen stark reduzierter Flügel flugunfähig; das Hinterleibsende ist zu einer Art Legebohrer verlängert. Die Imagines kann man v. Herbst bis Winter auch auf Schnee finden (↗Schneeinsekten); sie ernähren sich v. Moos u. sich zersetzender tier. Nahrung. Aus den überwinternden Eiern schlüpft im Frühling die bis 7 mm große Larve, die sich im Herbst verpuppt.

winterhart, Eigenschaft v. bestimmten Pflanzen, Temp. unter dem Gefrierpunkt zu ertragen. ↗Frostresistenz.

Winterkleid ↗Sommerkleid, ↗Haarwechsel.

Winterknospen, die ↗Erneuerungsknospen.

Winterlibellen, *Sympecma,* Gattung der ↗Teichjungfern.

Winterling, *Eranthis,* eurasiat. Gatt. der ↗Hahnenfußgewächse mit 8 Arten. Im zeitigen Frühjahr blüht in Gärten und gelegentl. verwildert in Weinbergen u. Gebüschen der 5–10 cm hohe Kleine W. *(E. hiemalis);* er stammt aus SO-Europa; die 5–7teiligen Grundblätter erscheinen erst nach den gelben Blüten; es sind Zierpflanzen mit Rhizomknollen.

Wintermücken, *Petauristidae, Trichoceridae,* Fam. der ↗Mücken mit nur wenigen Arten in Mitteleuropa. Die im Spätherbst u. zeitigen Frühjahr vorkommenden, zarten, langbeinigen, ca. 7 mm großen W. haben zurückgebildete Mundwerkzeuge. Häufig auch in Höhen über 3000 m ist *Petaurista* (= *Trichocera*) *hiemalis.*

Winterruhe, 1) Bot.: Bez. für die starke Einschränkung der Lebensaktivitäten bei Pflanzen außertrop. Gebiete während des winterl. Klimas, bes. in Anpassung an das fehlende flüssige Wasser. ↗Überwinterung, ↗Dormanz. **2)** Zool.: Bez. für die im Unterschied zum ↗Winterschlaf nicht allzu tiefe, häufiger auch für Nahrungsaufnahme unterbrochene Ruhe- u. Schlafphase während des Winters bei verschiedenen Säugetieren, z.B. Dachs, Bären, Eichhörnchen, Murmeltier u.a. Auch sinkt die Körper-Temp. während dieses Ruhezustands nicht ab; eine Einsparung an Stoffwechselenergie wird nur durch das körperliche Ruhen erreicht. ↗Winterstarre, ↗Überwinterung.

Winterschlaf, ↗Schlaf-Periode bei einigen Säugetieren mit stark herabgesetzten Lebensfunktionen, um die nahrungsarme Winterzeit in einem Zustand der Lethargie zu verbringen (↗Überwinterung). Zu den Winterschläfern zählen v.a. Vertreter niederer Warmblüter-Gruppen (↗Homoiothermie), wie ↗Fledermäuse, ↗Igel u. einige ↗Nagetiere (↗Hamster, ↗Siebenschläfer, ↗Murmeltier u.a.), die ohnehin niedrigere u. von der Umwelt beeinflußte Wachtemperaturen aufweisen. Bei einer auf die Umgebungstemperatur abgesunkenen ↗Körpertemperatur beträgt unter gleichzeitig eingeschränkter Schilddrüsenfunktion der Tages-Kalorienumsatz (↗Energieumsatz) nur noch bis zu 1/50 des Sommerumsatzes. Die Atemfrequenz sinkt, es kommt zu langen, bis zu 1 h dauernden Atempausen, gefolgt v. mehreren schnellen Atemzügen (Cheyne-Stokes-Atmung, ☐ Atmungsregulation). Die apnoischen Perioden gewinnen mit fortschreitendem W. an Länge; Aufwachen aus dem W. kündigt sich durch Einsetzen einer kontinuierl. Atmung an. Der W. ist im Ggs. zur konsekutiven passiven Kältelethargie poikilothermer Tiere (↗Poikilothermie) in Gebieten mit zykl. Temperaturwechsel eine prospektive Form der ↗Dormanz und beginnt mit einer vermehrten W.bereitschaft. Dazu sind neben abiotischen Faktoren (↗Temperatur) auch endogene Umstellungen, wie die des gesamten Hormonsystems, erforderlich. Als Folge zeigt sich auch eine Änderung des Verhaltensmusters, indem lange vor dem W. Winterlager eingerichtet u. Nahrungsreserven in Form v. körpereigenem Fett u. Glykogen od. Nahrungsvorräte durch Sammeln angelegt werden. Bei abnehmenden Temperaturen versucht der Winterschläfer zunächst, seine Körpertemperatur aufrechtzuerhalten – bis zu einem kritischen Punkt, ab dem die Wärmeregulation (↗Temperaturregulation) unterbleibt. Die Körpertemperatur sinkt ab bis zu einer „Minimaltemperatur", an der die Thermoregulation wieder einsetzt. W. bedeutet – in der Betrachtungsweise der „Regelungstechnik" – die ständig vom Zentralnervensystem kontrollierte Verstellung des Sollwertes der Thermoregulation auf den Wert der Minimaltemperatur (↗Regelung). Wird der Minimalpunkt unterschritten, tritt der ↗Kältetod ein. Die Absolutwerte des krit. Punktes wie auch der Minimaltemperatur sind bei den einzelnen Winterschläfern unterschiedl. und bestimmen Schlaftiefe u. Dauer der Schlafperiode. Niedrige krit. Temperatur u. hohe Minimaltemperatur bedingen einen flachen W. mit regelmäßigem Aufwachen (Hamster). Während des W.s ist Fett wichtigste Energiequelle; der Blutzuckerspiegel ist bei herabgesetzter Adrenalinausschüttung niedrig. Beim Erwachen aus dem W. kommt es durch verstärkte Adrenalinfreisetzung zunächst zu einer ↗Hyperglykämie, die Atmung wird beschleunigt u. regelmäßig, die Muskulatur läßt wieder koordinierte Bewegungen zu, das Tier erwärmt sich innerhalb kurzer Zeit auf die normale Körpertemperatur. Eine intensive chem. Thermogenese (zitterfreie Thermogenese, ↗Temperaturregulation) findet in dem protoplasma-, fett- u. mitochondrienreichen „braunen Fettgewebe" (↗braunes Fett) zw. den Schulterblättern *(W.drüse)* statt, die zunächst die vordere Körperhälfte einschl. des Kopfes erwärmt. – W.artige Zustände sind unter den Vögeln bei ↗Kolibris bekannt, die unter Nahrungsmangel u. Kälte in Schlafstarre (Torpidität, ↗Torpor) verfallen. Junge ↗Mauersegler überdauern ↗Hunger-Perioden durch Übergang zu einem der Poikilothermie ähnl. Zustand (↗Hypothermie) während des Schlafs. Da permanente Parasiten warmblütiger Wirtstiere an konstante u. relativ hohe Temperaturen angepaßt sind (↗Temperaturanpassung), sterben sie bei Unterkühlung rasch ab. Winterschläfer haben daher keine für sie spezif. Läuse. ↗Winterruhe, ↗Winterstarre, ↗Sommerschlaf. *L. M.*

Wintersporen, ein- od. mehrzellige Pilzsporen, die als derbwandige ↗Dauersporen ungünstige Umweltbedingungen überdauern können (↗Teleutosporen). Der Begriff wird bes. für Pilze mit mehreren Sporenformen benutzt (↗Rostpilze, ↗Brandpilze, ↗*Tilletiales*). Ggs.: ↗Sommersporen.

Winterstarre, ↗Kältestarre-Zustand wechselwarmer Tiere (↗Poikilothermie) im Winter der gemäßigten u. kalten Zonen. Im Ggs. zum ↗Winterschlaf der homoiothermen Tiere sinkt die Körper-Temp. entsprechend der Außen-Temp.; die Körperfunktionen sind nahezu völlig ausgeschaltet. Um nicht bei lang anhaltenden Umgebungstemp. unter 0°C zu ↗erfrieren (↗Kältetod), suchen die Tiere mit W. geeignete frostgeschützte Plätze zur ↗Überwinterung. ↗Anabiose, ↗Winterruhe, ↗Torpor.

Wipfeldürre, die ↗Gipfeldürre.

Wirbel, 1) *Umbo,* ältester Teil der Muschelschale (↗Muscheln, ↗Schale), an dem oft

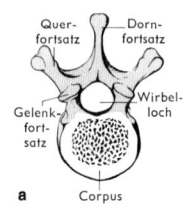

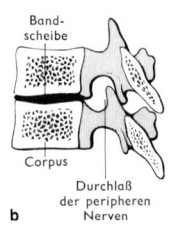

Wirbel

Wirbel
Rücken-W. des Menschen, **a** horizontaler, **b** senkrechter Schnitt durch einen Wirbel

Wirbel-Bildung

Durchschnürung der Chorda dorsalis:
Bei der Bildung der W.körper (W.zentren, Centra) wird die Chorda ein- od. durchgeschnürt u. bei vielen Gruppen bis auf kleine Reste rückgebildet.
Bei einer *intravertebralen* Durchschnürung wird die Chorda *innerhalb* der W.körper völlig reduziert. Es kann aber zw. 2 benachbarten W.körpern ein Chordarest erhalten sein (Säuger, die meisten Knochenfische). Der Nucleus pulposus in der ↗Bandscheibe (☐) der Säuger wird als Chordarest angesehen.
Bei einer *intervertebralen* Durchschnürung wird die Chorda *zwischen* 2 W.körpern völlig reduziert, aber innerhalb dieser kann ein Chordarest erhalten sein (Schwanzlurche, Reptilien, juvenile Vögel). – Eine durchgehende Chorda – z.T. mit Einschnürungen, aber ohne Durchschnürungen – weisen auf: Kieferlose, Elasmobranchier, Lungenfische, Störe.

die Embryonalschale erhalten ist u. der sich durch Struktur u. stärkere Wölbung meist deutl. von den jüngeren, konzentr. zugewachsenen Klappenteilen unterscheidet. 2) *Vertebrae, Spondyli* (Ez. *Spondylus*), Einzelelemente der ↗W.säule von W.tieren u. Mensch, aus ↗Knorpel od. ↗Ersatzknochen bestehend, durch ↗Bandscheiben (☐) u. Bänder miteinander verbunden. W. entstehen aus dem Sklerotom-Anteil der ↗Somiten, die während der Embryonalentwicklung beidseits der ↗Chorda dorsalis gebildet werden (⬚B Embryonalentwicklung I). Im Ggs. zur unsegmentierten Chorda ist die Anlage der W. segmental – ein Indiz für die Abstammung der ↗W.tiere v. Vorfahren mit segmentalem Bau. – W. sind ein wicht. Merkmal zur ↗Klassifikation, v.a. bei ↗Fischen, ↗Amphibien, ↗Reptilien. Es gibt eine Vielzahl v. Bildungsweisen und entspr. viele W.typen. – Bei den fossilen *Agnatha* (↗Kieferlose) u. den zur Gruppe der *Cyclostomata* (↗Rundmäuler) gehörenden *Myxinidae* (↗Inger) fehlen Strukturen, die als W. oder als Teile davon angesprochen werden können. Bei den anderen Cyclostomen, den *Petromyzonidae* (↗Neunaugen), treten pro Somit 2 Paar spangenartige, knorpelige Bögen dorsal der Chorda auf. Das vordere Bogenpaar wird als *Interdorsalia* bezeichnet, das hintere als *Basidorsalia*. Diesen Zustand des ↗Achsenskeletts, mit vollständig vorhandener Chorda u. höchstens dorsal vorhandenen W.bögen, nennt man *Chordastadium*. – Bei den ↗*Chondrostei* (Knorpelganoiden) u. den *Dipnoi* (↗Lungenfische) befindet sich das Achsenskelett im *Bogenstadium*. Die Chorda ist auch hier vollständig erhalten, aber an ihr setzen pro Somit dorsal u. ventral je 2 Paar W.bögen an, die *Arcualia*. Die vorderen, kleineren Paare sind die *Interdorsalia* u. *Interventralia*, die größeren, hinteren Paare die *Basidorsalia* od. *Neuralbögen* (da sie das Rückenmark umfassen) sowie *Basiventralia* od. *Ventralbögen* (im Schwanzbereich *Hämalbögen* gen., da sie dort Blutgefäße umfassen). – Das Achsenskelett aller anderen Gruppen weist ein *W.körperstadium* auf, das verschiedene Ausprägung haben kann. Ein *W.körper (W.zentrum, Centrum)* ist derjenige Teil des Achsenskeletts, der die Chorda umgreift; diese kann dabei erhalten bleiben od. rückgebildet werden (vgl. Spaltentext). Die Bildung des W.körpers kann v. verschiedenen Orten ausgehen: a) von eingewanderten Zellen innerhalb der Chorda = *autozentrale* W.bildung (einige Knorpelfische, Knochenfische, einige Amphibien, die meisten Amnioten); b) durch Skelettbildung in der Chordascheide = *chordazentrale* W.bildung (einige Knorpelfische); c) von den W.bögen ausgehend = *arcozentrale* W.bildung (einige Knochenfische, einige Amphibien, einige Amnioten). – In

bezug auf die Ausbildung der W.körper unterscheidet man mehrere Zustände: Ist kein W.körper vorhanden (*Chondrostei* = Bogenstadium!, s.o.), liegt *Aspondylie* vor (aspondyler Zustand). Bei *Hemispondylie* umfassen pro Segment 2 hintereinanderliegende knorpelige od. knöcherne Halbringe die Chorda. Der vordere, dorsal gelegene Halbring ist das *Pleurozentrum*, der hintere, ventral gelegene Halbring das *Hypozentrum (Pycnodontoidea † [Holostei])*. Weist ein Segment 2 W.körper auf, die jeweils vollständig die Chorda umfassen, liegt ↗*Diplospondylie* vor. Hier bilden Pleuro- u. Hypozentrum einen geschlossenen Ring *(Amia [Holostei])*. – Bei *Monospondylie* tritt pro Segment nur 1 W.körper auf. Er kann aus der Verschmelzung v. Pleuro- u. Hypozentrum entstanden sein (Knochenfische), od. es wurde eines der beiden Centra reduziert, u. das andere hat sich vergrößert. So bildet bei den Amphibien allein das Hypozentrum den W.körper, wogegen das Pleurozentrum reduziert ist. Umgekehrt dominiert bei den Amnioten das Pleurozentrum, u. das Hypozentrum ist reduziert. (Von den jeweils reduzierten Elementen sind bei vielen Taxa Rudimente nachzuweisen; in der Bandscheibe der Säuger könnte ein Rest des Hypozentrums enthalten sein.) Daraus folgt, daß die W. der meisten W.tier-Taxa zueinander nicht homolog sind! – In der Embryonalentwicklung der W.tiere werden pro Segment je 1 Muskelanlage (Myomer) und 2 W.körperanlagen (Pleuro- u. Hypozentrum) gebildet. Die Segmentgrenzen v. Muskulatur u. Skelett sind zunächst deckungsgleich. Es verbindet sich aber jeweils die hintere W.körperanlage (Hypozentrum) eines Segments mit der vorderen W.körperanlage (Pleurozentrum) des dahinterliegenden Segments. Erst danach erfolgt die Verschmelzung der beiden Centra bzw. die Reduktion eines v. ihnen, während zugleich das jeweils dominante Centrum auswächst. Das Resultat ist eine *intersegmentale Lage* des fertigen monospondylen W.s. Das Myoseptum zwischen 2 Myomeren setzt nun an der Mitte des W.s an, was biomechanisch v. Vorteil ist. – Die Form der W. wird nach der Wölbung ihrer kranialen u. caudalen Flächen benannt: a) *amphicoele W.* = an beiden Enden konkav (Fische, einige Amphibien, Schnabelköpfe, Geckos); b) *procoele W.* = kranial konkav, caudal konvex (die meisten Froschlurche u. Reptilien); c) *opisthocoele W.* = kranial konvex, caudal konkav (Schwanzlurche, einige Froschlurche, Knochenhechte); d) *acoele* od. *biplane W.* = beide Enden eben, allenfalls schwach konkav (Säuger); e) *heterocoele W.* = beide Enden mit sattelförmig gewölbten Flächen (Vögel). – Vom W.körper gehen mehrere Fortsätze ab, die allg. als *Apophysen* bezeichnet werden. Nach dorsad ragen die ↗Neural-

bögen *(Neurapophysen, Basidorsalia)*, die sich zum unpaaren Dornfortsatz (↗ Processus spinosus) vereinigen. Sie schließen zw. sich u. der Dorsalseite des W.körpers den Neuralkanal (Rückenmarkskanal, ↗ Rückenmark) ein. In diesem verlaufen auch – außerhalb der Rückenmarkshäute – die dorsalen Längsbänder der W.säule. – Die nach ventrad ragenden ↗ *Hämalbögen (Hämapophysen)* sind die Ansatzstellen der ventralen ↗ Rippen (die Bez. Hämalbögen wird meist auch auf diese ausgeweitet). – Zu den Seiten ragen die paarigen Querfortsätze (Processus transversus, ↗ *Diapophysen*, ↗ *Pleurapophysen*), an denen der obere Gelenkkopf der Rippen ansetzt. – Als ↗ *Parapophyse* wird die kleine Gelenkfläche am W.körper bezeichnet, an der der untere Gelenkkopf der Rippen ansetzt. – Paarige Gelenkfortsätze an der Basis der Neuralbögen sind die ↗ *Zygapophysen*. An der kranialen Seite des Neuralbogens liegen die Präzygapophysen, deren Gelenkflächen nach kraniad-dorsad weisen; an der caudalen Seite liegen die Postzygapophysen, deren Gelenkflächen nach caudad-ventrad weisen. Zygapophysen sind typisch für Tetrapoden (↗ Vierfüßer); analoge Bildungen weisen aber auch die Knochenhechte *(Lepisosteidae)* auf. – Zusätzl. Gelenkfortsätze – kranial an die W.n die *Metapophysen*, caudal die *Anapophysen* – brachten der Säuger-Ord. *Edentata* (↗ Zahnarme) auch den Namen *Xenarthra* (Nebengelenkträger) ein. – Auch bei ↗ Schlangen, für die hohe Beweglichkeit der W.säule bes. wichtig ist (☐ Schlangen), treten zusätzl. Gelenke an den W.n auf. Das kraniale *Zygosphen* des einen Neuralbogens bildet mit dem caudalen *Zyganthrum* des davorliegenden Neuralbogens ein Zapfengelenk. ↗ Halswirbel, ↗ Brustwirbel, ↗ Lendenwirbel, ↗ Kreuzwirbel, ↗ Schwanzwirbel. T Wirbelsäule; B Wirbeltiere II, B Fische (Bauplan), B Skelett.
K.-J. G./A. K.

Wirbeldost, *Calamintha clinopodium,* ↗ Bergminze.

Wirbellose, *Niedere Tiere, Invertebrata, Evertebrata,* ausschl. deskriptiver, nicht taxonomisch-systemat. Begriff für alle ↗ *Metazoa,* die nicht zu den Wirbeltieren gehören. Zu den W.n gehören daher alle Tierstämme (↗ Tiere) mit Ausnahme der ↗ Chordatiere, von denen nur die beiden U.-Stämme ↗ Manteltiere u. ↗ Schädellose zu den W.n zählen, während der 3. U.-Stamm die ↗ Wirbeltiere darstellt.

Wirbelsäule, *Rückgrat, Columna vertebralis, Spina dorsalis,* ↗ Achsenskelett v. ↗ Wirbeltieren u. Mensch, das den Körper im Rückenbereich stützt. Die W. entsteht ontogenetisch als Nachfolgestruktur der ↗ *Chorda dorsalis* (↗ Chordatiere) u. besteht aus hintereinander angeordneten Einzelelementen, den ↗ *Wirbeln* (☐), die im Grundbauplan untereinander ident. sind (seriale Homologie, ↗ Homonomie). Zw. allen Wirbeln, außer den obersten beiden ↗ Halswirbeln, liegt jeweils eine druckelast. ↗ *Bandscheibe* (☐). Die Fortsätze der Wirbel berühren einander an ↗ Gelenk-Flächen. Dies erlaubt eine Funktion der W. als elast., biegsame u. in sich verdrehbare Achse. Für die Bewegungen verantwortl. sind die Rückenmuskulatur (↗ Rücken) sowie die Längsbänder, die sich entlang der Vorder- u. Rückseite (hier innerhalb des Wirbelkanals) der Wirbelkörper erstrecken, u. die Zwischenbogenbänder, welche die Wirbelfortsätze (Wirbelbögen) verbinden. Bei Tetrapoden ist das vordere (obere) Ende der W. gelenkig mit dem ↗ Schädel verbunden. Das hintere (untere) Ende stützt den meist frei vom Rumpf abstehenden ↗ Schwanz. Am mittleren Bereich der W. sind ↗ Schultergürtel, ↗ Rippen u. ↗ Beckengürtel befestigt. So erhalten die Extremitäten ein festes Widerlager, um bei der ↗ Fortbewegung den Vorschub auf den ↗ Rumpf zu übertragen, u. die den Brustbereich stützenden u. schützenden Rippen haben einen Verankerungspunkt. – Im Laufe der Stammesgeschichte hat eine Regionenbildung der W. stattgefunden. Bei ↗ Fischen (B, Bauplan) setzt kein Extremitätengürtel an der W. an, und alle Wirbel tragen Rippen, so daß die W. von vorn bis hinten einheitl. gebaut ist. Bei den Tetrapoden (↗ Vierfüßer) wurde zunächst der Beckengürtel mit der W. verbunden. Die mit dem Becken verwachsenen Wirbel werden als ↗ Kreuzwirbel bezeichnet, dieser Abschnitt der W. entsprechend als *Kreuzregion*. Der hinter der Kreuzregion liegende Bereich ist die *Schwanzregion* (↗ Schwanzwirbel). Hier wurden die Rippen reduziert, sind aber meist noch als ↗ Hämalbögen nachweisbar. Der Bereich vor der Kreuzregion wurde weiter spezialisiert: Die vordersten Wirbel bildeten die *Halsregion* (↗ Halswirbel), in der ebenfalls die Rippen reduziert wurden. Sie sind bei manchen Gruppen noch als rudimentäre ↗ Halsrippen vorhanden. Zw. Hals- u. Kreuzregion liegt bei den ↗ Amphibien u. den meisten ↗ Reptilien die *Rumpfregion*, die durch deutl. ausgebildete Rippen gekennzeichnet ist. Bei den ↗ Säugetieren, ↗ Vögeln, ↗ Krokodilen sowie einigen ↗ Eidechsen-Arten wurde die Rumpfregion nochmals untergliedert. Hier tragen nur die oberen Rumpfwirbel Rippen, die unteren dagegen nicht. Man unterscheidet den rippentragenden Bereich als *Brustregion* (↗ Brustwirbel) vom rippenfreien als *Lendenregion* (↗ Lendenwirbel). Die Ausbildung der Lendenregion wird als Verbesserung für die seitl. Beweglichkeit der W. angesehen. Im Zshg. mit dem aktiven ↗ Flug (↗ Flugmechanik, ↗ Flugmuskeln) haben die Vögel ihre Lendenwirbel in das *Synsacrum* mit eingeschmolzen (↗ Kreuzwirbel), da beim aktiven Flug eine steifere

Wirbelsäule

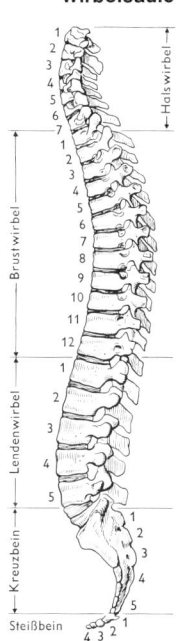

Wirbelsäule

W. des Menschen

Wirbelsäule

Regionen der W. und Anzahl der Wirbel beim Menschen:

Halsregion (Cervicalregion) (7)

Brustregion (Thorakalregion) (12)

Lendenregion (Lumbalregion) (5)

Kreuzregion (Sakralregion) (5)

Schwanzregion (Caudalregion) (4)

Es kann 1 Schwanzwirbel mehr od. weniger auftreten, so daß die Gesamtzahl der Wirbel 32–34 betragen kann. Die meisten Menschen haben 33 Wirbel.

Stammesgeschichtliche Entwicklung der Großgruppen der Wirbeltiere

Die Wurzel der W. wird v. wasserlebenden Formen mit „fischartiger" Organisation gestellt (↗Fische). Innerhalb der *Chordata* (↗Chordatiere) stellen die *Acrania* (↗Schädellose) mit dem bekannten ↗Lanzettfischchen *(Branchiostoma,* ☐ Schädellose) die Schwestergruppe der W. dar. Beide sind auf eine gemeinsame Stammform zurückführbar, die fossil nicht bekannt ist. Wie die anderen Chordatiere – Schädellose u. ↗Manteltiere *(Tunicata)* – waren die ursprünglichsten W. Strudler, deren Kiemendarm also sowohl dem Nahrungserwerb als auch dem Gasaustausch diente. Dementsprechend besaßen die ursprünglichsten echten W. noch keine Kiefer u. werden daher als *Agnatha* (↗Kieferlose) zusammengefaßt. Hierzu gehörten als 1. Kl. die im Devon ausgestorbenen ↗*Ostracodermata,* von denen ihre ältesten Vertreter bereits aus dem Ordovizium bekannt sind. Während ihre Haut mit einem umfängl. Knochenpanzer versehen war, fehlt ein solcher wohl sekundär bei der 2. Kl., den ↗Rundmäulern *(Cyclostomata),* die sich bis heute erhalten haben. Die Larven der Rundmäuler sind noch Nahrungsstrudler. Den Kieferlosen fehlen noch paarige Extremitäten (Flossen). Sie bewegen sich durch einen medianen Flossensaum fort, der in der Rückenlinie verläuft u. in der Schwanzregion auf die Ventralseite übergreift. – Ein entscheidender Schritt in der Evolution der W. war der Erwerb eines echten ↗Kiefers (mit gegeneinander bewegl. Ober- u. Unterkiefer) durch Umwandlung eines vorderen Kiemenbogens, wodurch das Ergreifen größerer Beute mögl. wurde. Alle W. mit einem solchen Kieferapparat faßt man als ↗Kiefermünder *(Gnathostomata)* zus. Mit dem Erwerb des Kiefers treten auch echte ↗Zähne auf, die sich v. zahnartige Fortsätze tragenden ↗Schuppen der Haut ableiten, wie sie ähnl. als Plakoidschuppen heute noch bei den ↗Haien *(Selachii)* vorkommen. Als weiterer Neuerwerb gegenüber den Kieferlosen besitzen die Kiefermünder bereits paarige Extremitäten, zunächst in Form v. ↗Flossen. – Die ursprünglichsten Kiefermünder sind die sog. Panzerfische (↗*Placodermi*), die im Silur auftraten u. im Perm ausstarben. Sie besaßen einen massiven Knochenpanzer in der Haut, ein knöchernes Skelett u. lebten im Meer. Bei den ↗Knorpelfischen *(Chondrichthyes)* mit den Haien, Rochen u. Chimären, die schon im Devon auftraten, unterbleibt die Verknöcherung des Skeletts; es besteht nur aus Knorpelgewebe, ledigl. die Sockel ihrer kleinen Plakoidschuppen (☐ Schuppen) in der Haut bleiben knöchern u. können als „Rest" einer ehemaligen Knochenpanzerung gedeutet werden. Als ↗Knochenfische *(Osteichthyes)* werden mehrere Gruppen v. Fischen zusammengefaßt, die durch ein knöchernes Skelett ausgezeichnet sind. Sie sind z.T. stammesgeschichtlich älter als die Knorpelfische u. sind wohl im Süßwasser entstanden. Gerade die stammesgeschichtlich alten Gruppen besitzen als urspr. Merkmal zusätzl. zu den ↗Kiemen eine Fischlunge (↗Lunge), so die ↗Quastenflosser *(Crossopterygii),* die ↗Lungenfische *(Dipnoi)* u. die ↗Flösselhechte *(Polypteridae),* was dafür spricht, daß ihr Lebensraum flache Süßgewässer in warmen Regionen waren, wo Sauerstoffarmut des Wassers u. sogar Austrocknung durch zusätzl. ↗Atmung mittels atmosphär. Sauerstoff mittels der Lungen überwunden werden konnten. Über 99% der heute lebenden Fische gehören zu den Strahlenflossern *(Actinopterygii),* die schon im Devon reich entfaltet waren. Bei ihren stammesgeschichtlich jüngeren Vertretern wurde die ursprünglich paarige u. ventrale *Fischlunge* zu einer unpaaren dorsal gelegenen ↗Schwimmblase umgewandelt (☐ Lunge), die als hydrostat. Organ das „Schweben" im Wasser ermöglichte (↗Schwimmen). Die Eroberung des freien Wassers auch der Meere erlaubte, worauf die reiche Artentfaltung beruht, die v. a. die Teilgruppe der *Teleostei* (Knochenfische i.e. S.) erfuhr, deren Blütezeit in der Kreide begann u. diese Gruppe zur artenreichsten (ca. 24 000 Arten) unter den heutigen W.n gemacht hat. – Bes. Beachtung unter den Knochenfischen verdienen die ↗Quastenflosser, die bereits im frühen Devon (vor den Haien u. Strahlenflossern) auftraten u. eine reiche Entfaltung erfuhren. Eine Teilgruppe der Quastenflosser, die ↗*Rhipidistia,* stellte im Devon mit mehreren Arten ausschl. Süßwasserbewohner mit paarigen Lungen, inneren Nasenöffnungen (die eine Luftatmung durch die Nase ermöglichte, ↗Choanen) sowie gestielten u. muskulösen Flossen (↗Fleischflosser). Damit konnten sie ihre austrocknenden Gewässer verlassen u. über Land neue aufsuchen. Dadurch waren sie prädisponiert (↗Präadaptation), das Land zu erobern. Die *Rhipidistia* bilden so die Stammgruppe, von denen aus die landbewohnenden W. *(Tetrapoden,* ↗Vierfüßer) ihren Ursprung nahmen. Deren 4 Lauf-↗Extremitäten lassen sich in ihren Skelettelementen vom Skelett der Quastenflosser ableiten. Die ersten Land-W. (Tetrapoden) sind als ↗*Ichthyostegalia* aus der Wende Devon/Karbon bekannt. Sie haben bereits amphibienartige Extremitäten vom primitivsten Typ, am Schwanz einen Flossensaum wie Fische u. einen Schädelbau, der sehr an den der Quastenflosser erinnert. Sie stellen somit Zwischenglieder (↗additive Typogenese) zw. den wasserbewohnenden Fischen u. den Amphibien (als ältesten Landbewohnern) dar. – Als älteste ↗Amphibien *(Amphibia)* traten im Karbon die ↗*Labyrinthodontia* auf, deren Zahnbau (↗labyrinthodont) noch an den der Quastenflosser erinnert. Von ihnen aus ging die Entwicklung zu den Höheren *Tetrapoda* (Reptilien) weiter, während die heute lebenden Amphibien einen spezialisierten Seitenzweig darstellen, der u. a. auch durch Reduktionen (z. B. Schädelknochen) gekennzeichnet ist. Die Molche u. Salamander (↗Schwanzlurche = *Urodela)* vermitteln noch am ehesten ein Bild der urtümlichen Amphibienorganisation, die ↗Froschlurche *(Anura)* haben im Adultstadium den Schwanz völlig reduziert. In der Lebensweise sind die Amphibien mit ihrer nackten, drüsenreichen Haut noch sehr an das feuchte Milieu gebunden. Von sekundären Spezialisationen abgesehen (↗Amphibien), legen sie ihre Eier, die noch keine feste Schale besitzen, ins Wasser, wo auch ihre noch durch Kiemen atmenden u. mit einem Ruderschwanz mit Flossensaum versehenen Larven leben, die auch ihre Stickstoffendprodukte, wie die Knochenfische, als Ammoniak ausscheiden (↗ammo-

Körperlängsachse v. Vorteil ist. Das gleiche gilt für das *Notarium* od. *Os dorsale,* eine Verschmelzung mehrerer Brustwirbel der Vögel. Auch in der Schwanzregion der W. treten Verschmelzungen auf, so das ↗Pygostyl der Vögel, das ↗Urostyl der Amphibien u. das ↗Steißbein des Menschen. ↗Biomechanik, ↗Rückenmark; ☐ Organsystem; ▣ Skelett, ▣ Wirbeltiere I–II, ▣ Nervensystem II. *A. K.*

Wirbeltiere, *Vertebrata,* ↗*Craniota* (Schädeltiere), U.-Stamm des Stamms *Chordata* (↗Chordatiere), ↗Schwestergruppe des U.-Stamms ↗Schädellose *(Acrania).* W. sind bilateralsymmetrische (↗bilateral) ↗Deuterostomier mit einer vom mittleren ↗Keimblatt (↗Mesoderm) ausgehenden *Segmentierung* (↗Metamerie), die sich in der metameren Seitenrumpfmuskulatur mit quergestreiften Muskelfasern (↗quergestreifte Muskulatur, ↗Muskulatur) sowie in der Anordnung der Wirbel u. der Rückenmarksnerven (↗Spinalnerven) zu erkennen gibt. Der Körper wird durch ein knorpeliges od. knöchernes inneres ↗*Achsenskelett* (↗Skelett, ▣) in Form v. Spangen (nur bei einigen ↗Rundmäulern) od. einer aus intersegmental angeordneten ↗*Wirbeln* aufgebauten ↗*Wirbelsäule* gestützt, welche die ↗Chorda dorsalis (▣ Chordatiere) mehr od. weniger verdrängt. Große Teile auch des übrigen Skeletts werden beim Embryo (↗Embryonalentwicklung, ▣ I–IV) zunächst knorpelig (↗Knorpel) angelegt u. dann durch ↗Knochen (▣) ersetzt (↗Ersatzknochen). Das *Zentralnervensystem* ist als dorsal gelegenes ↗Rückenmark (▣; ↗Nervensystem, ▣ II) entwickelt, das sich im Kopf zu einem 5gliedrigen ↗Gehirn (☐, ▣) differenziert (↗Telencephalon, ▣), von denen 10 (bei Rundmäulern) bzw. 12 ↗Hirnnerven (☐) abgehen. Als typische ↗Sinnesorgane sind paarige ↗Geruchsorgane (↗Nase) (bei

notelische Tiere). Den sich im Wasser entwickelnden Embryonen fehlen eigene Keimhüllen (↗Embryonalhüllen), weshalb man die Amphibien mit den Fischen als ↗Anamnia zusammenfaßt. Voll an das Landleben angepaßt sind schließl. die Kriechtiere (Reptilien = *Reptilia*), deren urtümlichste Vertreter v. der alten Amphibiengruppe der *Labyrinthodontia* (s.o.) ab und traten im Oberkarbon auf. Nach einer starken adaptiven Radiation waren bereits in der Trias alle Großgruppen der Reptilien vertreten. Die Reptilien haben im Ggs. zu der Schleimhaut der Amphibien eine in ↗Schuppen vorhornende, trockene Haut, die einen guten Verdunstungsschutz darstellt. Das an Land abgelegte Ei wird durch eine Schale geschützt, u. während der ↗Embryonalentwicklung kommt es zur Ausbildung v. Keimhüllen in Form von ↗Amnion u. ↗Serosa, weshalb man v. den Reptilien an alle Land-W. als ↗Amniota zusammenfaßt. In der mit Flüssigkeit erfüllten Amnionhöhle (☐ Amniota) kann sich der Embryo an Land wie in einem „Aquarium" entwickeln. Als Atmungsorgan dient ihm ein embryonaler Harnsack (↗Allantois), dessen stark durchblutete Wand sich der Eischale eng anlegt. Stickstoffendprodukt ist Harnsäure (↗uricotelische Tiere), die in der Allantois gespeichert werden kann. Der dem Ei mitgegebene Dottervorrat wird während der Embryonalentwicklung in einem umfängl. ↗Dottersack untergebracht. Es schlüpfen voll entwickelte Jungtiere (und nicht Larven), die wie die Erwachsenen landlebend sind. Die Reptilien sind eine paraphyletische Gruppe (↗monophyletisch), in der mehrere Teilgruppen vereinigt werden, von denen für die weitere Evolution der Tetrapoden v.a. die ↗*Archosauria* u. die ↗*Synapsida* bedeutsam sind. Die *Archosauria* haben im Mesozoikum eine reiche Entwicklung erfahren, die u.a. zu den ↗Dinosauriern (B), mit z.T. riesigen Formen, und zu den ↗Flugsauriern (*Pterosauria*), den ersten aktiv flugfähigen W.n (↗Flug, ☐), geführt hat. Eine basale Gruppe der *Archosauria* sind die ↗*Thecodontia*, mit Zähnen, die in Alveolen der Kiefer befestigt sind (↗thekodont). – Aus den Thekodontiern haben sich sowohl die ↗Krokodile (*Crocodylia*) als auch die ↗Vögel (*Aves*) entwickelt (s.u.); diese beiden Tiergruppen sind daher als ↗Schwestergruppen zu bezeichnen. Voraussetzung für die Evolution der Vögel war der Erwerb der ↗Bipedie (Laufen auf den Hinterbeinen), wodurch die Vorderextremität frei wurde u. sich zum Flügel (↗Vogelflügel) entwickeln konnte. Bipedie kommt bei Thekodontiern mehrfach vor (↗Dinosaurier). Typisch für die Vögel ist die Entwicklung der Feder (↗Vogelfeder) aus der Reptilien-↗Schuppe. Das ↗Federkleid bietet eine gute Wärmeisolation, was u.a. die ↗Homoiothermie der Vögel ermöglicht, u. bietet gleichzeitig eine wichtige Voraussetzung für das Flugvermögen der Vögel (↗Flug, ↗Flugmuskeln, ↗Flugmechanik). Bekanntes Zwischenglied ist der „Urvogel" ↗*Archaeopteryx* aus der Jurazeit (Malm), mit einem „Mosaik" v. Reptilien- u. Vogelmerkmalen, darunter noch thekodonten Zähnen (↗additive Typogenese). – Schon im Karbon haben sich als eigene Gruppe der Reptilien die ↗*Synapsida* (*Theromorpha*) abgespalten. Eine ihrer Teilgruppen, die ↗*Therapsida*, entfaltete sich in der Trias, und aus ihr entwickelten sich die Säugetiere (*Mammalia*). Wichtige Bauplanabwandlungen bei dieser Entwicklung waren die Differenzierung des Gebisses v. homodont zu heterodont (↗Gebiß), die Ablösung des primären Kiefergelenks durch das sekundäre ↗Kiefergelenk sowie die Ausbildung eines sekundären Gaumens (↗Munddach). Dadurch wird ein Kauen der Nahrung u. somit deren bessere Ausnutzung möglich (↗Kauapparat). Das mag eine günstige Voraussetzung für die Entwicklung einer konstanten ↗Körpertemperatur (↗Homoiothermie) gewesen sein, welche die Säugetiere in ihrer Aktivität weitgehend unabhängig v. der Außentemperatur gemacht hat (↗Temperaturregulation). Im Zshg. damit steht die Entwicklung des für die Säugetiere typischen Haarkleides (↗Haare, ↗Fell), das den Körper vor Wärmeverlust schützt. Während der Rumpf bei den Reptilien noch zw. den seitl. abgespreizten Beinen hängt, werden diese durch Drehung (↗Ellbogengelenk nach hinten, ↗Kniegelenk nach vorne) unter den Körper gestellt u. dieser dadurch, v. den Extremitäten gestützt, vom Boden abgehoben, was die Beweglichkeit erhöht. Während die ↗Kloakentiere (*Monotremata*) noch Eier legen, kommt es bei den ↗Beutelsäugern (*Metatheria*) zur Entwicklung der Jungen im Mutterleib (↗Viviparie). Bei der einzigen Ord. ↗Beuteltiere werden die Jungtiere im Uterus (↗Gebärmutter) über eine Dottersackplacenta (↗Placenta) versorgt, jedoch nach kurzer Tragzeit (8 bis 42 Tage) noch in einem unreifen Zustand geboren, um ihre weitere Entwicklung im Beutel zu durchlaufen. Die Höheren Säugetiere (↗*Eutheria*, *Placentalia*) bilden eine Allantoisplacenta (↗Placenta), die Jungen kommen bei den ursprünglicheren Vertretern als Nesthocker, bei den höher evolvierten als ↗Nestflüchter zur Welt. Bei allen Säugetieren werden die Jungen mit ↗Milch, einem Sekret v. ↗Milchdrüsen, ernährt, die bei den *Prototheria* (Kloakentieren) aus je einer Reihe getrennt mündender Drüsenschläuche bestehen, die ihr Sekret auf das Fell der Bauchfläche ergießen, wo es v. den Jungen aufgeleckt wird. Bei allen anderen Säugetieren sind die Drüsenmündungen zu Brustwarzen (↗Zitze) zusammengefaßt. –
Die Ableitung der Säugetiere v. den noch auf dem Reptilien-Niveau stehenden ↗*Theriodontia* ist durch Fossilien gut belegt. Diese waren vielleicht schon homoiotherm. Interessante „Zwischenglieder" stellen ↗*Cynognathus* und *Diarthrognathus* dar. Bei letzterem waren das primäre Kiefergelenk (der Reptilien) u. das sekundäre Kiefergelenk (der Säugetiere) nebeneinander in Funktion. Während die Entwicklung der Säugetiere aus den *Theriodontia* bereits Ende der Trias (vor ca. 200 Mill. Jahren) begann, setzte eine reiche Formaufspaltung erst an der Grenze Kreide/Tertiär (Paleozän), also vor 65 Mill. Jahren, ein und führte zu den heute lebenden Ordnungen (T Säugetiere). B Säugetiere, B 448–449, B 451.

Lit.: *Starck, D.:* Vergleichende Anatomie der Wirbeltiere Bd. 1. Berlin, Heidelberg, New York 1978. G. O.

Rundmäulern sekundär unpaar) und paarigo ctato-akuctischo Organo (Labyrinth mit Bogengängen; ↗mechanische Sinne, B I–II) entwickelt. Dem ↗Zwischenhirn entspringen als ↗Lichtsinnesorgane a) paarige, laterale, inverse ↗Augen (↗Linsenauge, B; ↗Netzhaut, B) mit v. der Epidermis gelieferter Linse (B Induktion) und b) unpaare, dorsale, everse Blasenaugen, die als Parietalorgan (Scheitelauge) u. ↗Pinealorgan bezeichnet werden. Das Pinealorgan wird sekundär zu einer endokrinen Drüse (Zirbeldrüse, ↗Epiphyse). Der Körper der W. ist v. einer mehrschichtigen ↗Epidermis überzogen (↗Wirbellose haben eine einschichtige Epidermis), die bei Tetrapoden (Land-W., ↗Vierfüßer) verhornen kann (↗Horngebilde, ↗Haut, ↗Epithel). Er ist in Kopf, Rumpf u. Schwanzregion gegliedert. Der ↗*Schwanz* enthält keine Eingeweide, jedoch (Schwanz-)Wirbelsäule (↗Schwanzwirbel) u. Muskulatur. Er kann sekundär reduziert sein, so z.B. bei den Fröschen, Menschenaffen u. beim Menschen. Der ↗*Kopf* (↗Cephalisation) mit dem Gehirn u. den v. ihm versorgten Sinnesorganen ist v. einem knöchernen od. knorpeligen ↗Schädel (Cranium) geschützt. An den ↗Hirnschädel (Neurocranium) werden bei den *Gnathostomata* (↗Kiefermünder) vorderste Wirbelanlagen als Hinterhauptsregion (Occipitalregion, ↗Hinterhauptsbein) angeschmolzen. Im Kopf liegen ↗Mund u. ↗Rachen-Raum mit ↗Kiemendarm, der durch ein Kiemenskelett (Visceralskelett, ↗Branchialskelett) gestützt wird. Aus einem vorderen Kiemenbogen wird bei den Kiefermündern ein Kieferskelett (mit Ober- u. Unterkiefer) entwickelt. Der ↗*Rumpf* beginnt mit dem 1. Wirbel und endet mit dem After. Er beherbergt das ↗Coelom als einheitl. Leibeshöhle, von der sich um das Herz ein ↗Herzbeutel (Perikard) abfaltet, u. die mei-

Fische sind wasserlebende Wirbeltiere, bei denen die Chorda durch knorpelige oder knöcherne Wirbelkörper mehr oder weniger stark verdrängt wird. Der Körper ist in der Regel mit Schuppen bedeckt und hat meist zwei paarige Extremitäten, die Brust- und Bauchflossen. Der Blutkreislauf ist einfach. Es sind meist 5 Kiemenspalten ausgebildet. Das Hinterhirn als Zentrum der Bewegungskoordination ist gut entwickelt. Im Mittelhirn enden die Sehnervenfasern; hier werden zahlreiche Schaltungen durchgeführt. Das Vorderhirn dient überwiegend als Riechhirn.

Lurche oder *Amphibien* leben als kiemenatmende Larven im Wasser und als lungenatmende Erwachsene meist an feuchten Landstellen. Die Haut ist drüsenreich. Der Schädel sitzt im Gegensatz zu den Fischen gelenkig an der Wirbelsäule; auch sind Nasen- und Mundhöhle regelmäßig durch einen Gang miteinander verbunden. Das Herz besteht aus einer Kammer und zwei Vorkammern.

Kriechtiere oder *Reptilien* sind durch Reduktion der Kiemen bereits während der Embryonalphase unter gleichzeitiger Ausbildung von Lungen sowie durch die stets mit Hornschuppen bedeckte Haut ganz an das Landleben angepaßt. Auch die Herzkammer ist wenigstens teilweise unterteilt, bei den Krokodilen sogar vollständig.

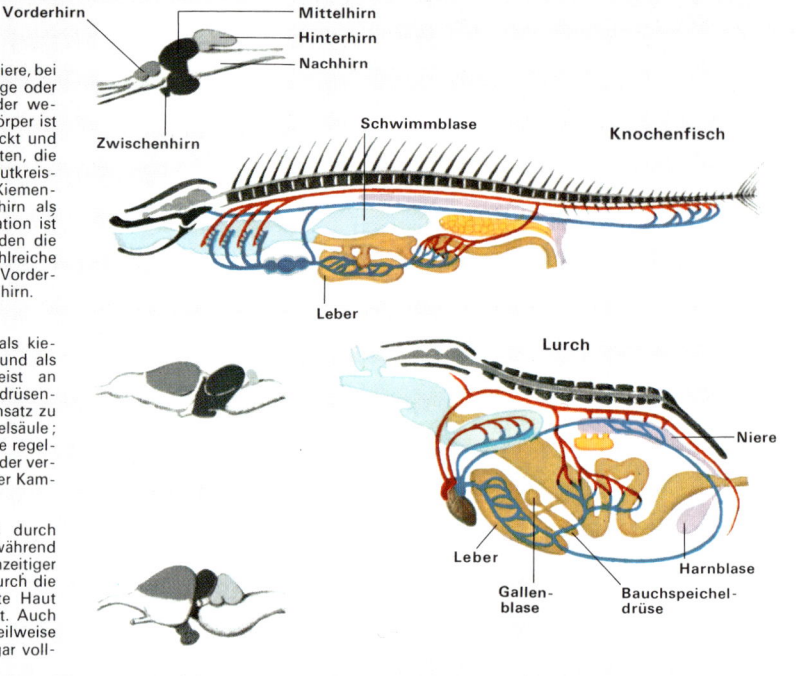

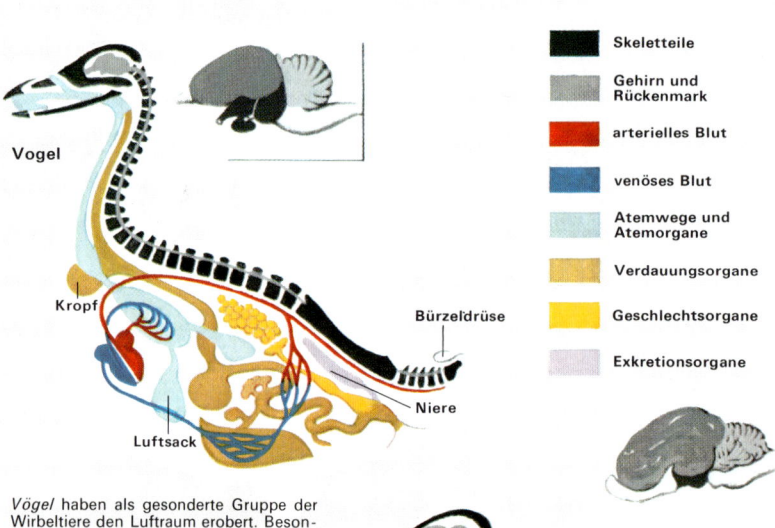

Vögel haben als gesonderte Gruppe der Wirbeltiere den Luftraum erobert. Besondere Anpassungen hierfür sind die Umbildung der Vordergliedmaßen zu Flügeln, die Ausbildung leichter Federn, die den Körper stromlinienförmig umkleiden und als Schwungfedern große Tragflächen bilden, die luftgefüllten Knochen, der leichte zahnlose Hornschnabel, die den ganzen Körper durchziehenden Luftsäcke und das leistungsfähige doppelte Blutgefäßsystem. Aus hartschaligen Eiern werden von den warmblütigen Elterntieren die Jungen erbrütet und nach dem Ausschlüpfen meist noch längere Zeit versorgt.

Die nebenstehende Legende bezieht sich auf die Baupläne und berücksichtigt nicht die Graustufen der jeweils vergrößert dargestellten, einzelnen Gehirne.

Säugetiere sind wie die Vögel *gleichwarme Wirbeltiere* und haben wie diese ein vierkammeriges Herz. Die drüsenreiche Haut ist meist von Haaren bedeckt. Die mit Ausnahme bei Kloakentieren stets lebendgeborenen Jungen werden immer zunächst vom Weibchen an Milchdrüsen gesäugt. Im Kiefer wechseln gewöhnlich die Zähne des Milchgebisses mit denen des Dauergebisses ab. Bei den Säugern ist die Brusthöhle durch ein muskulöses Zwerchfell vollständig von der Bauchhöhle getrennt. Das Vorderhirn oder Großhirn ist bei den Säugetieren wie schon bei den Vögeln mächtig entwickelt und stellt ein riesiges Assoziationszentrum dar.

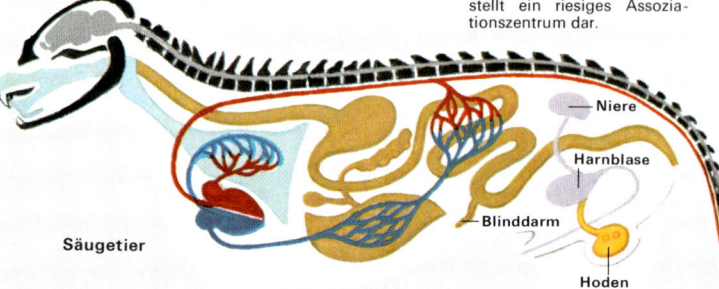

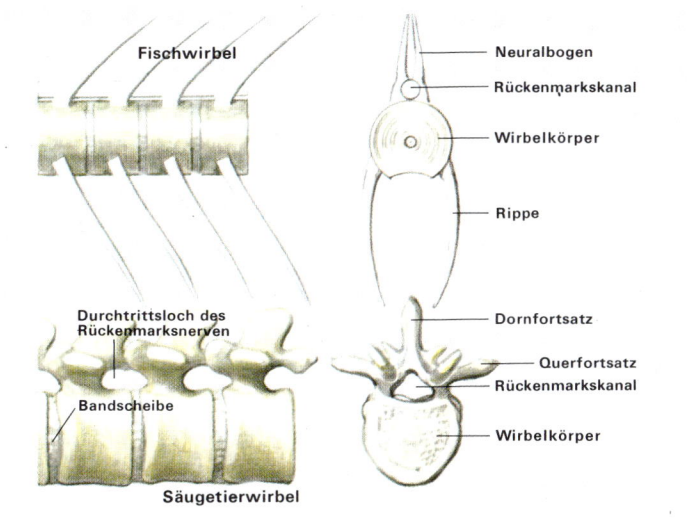

WIRBELTIERE I–II

Die Wirbeltiere (Vertebrata) sind Chordatiere mit hochentwickelten Organen. Die Chorda ist gewöhnlich durch ein knorpeliges oder knöchernes Achsenskelett aus einer Schädelkapsel und zahlreichen Wirbelkörpern ersetzt. Das gegliederte Innenskelett erstreckt sich in der Regel ebenfalls in die zwei Extremitätenpaare, die meist über einen Schulter- und Beckengürtel mit der Wirbelsäule verbunden sind. Der Körper ist durchweg in Kopf, Rumpf und Schwanz gegliedert. Ein geschlossenes Blutgefäßsystem, geräumige Coelomhöhlen um die inneren Organe und ein Gehirn sind stets vorhanden.

Abb. links zeigt einen Abschnitt der Wirbelsäule von einem Knochenfisch und einem Säugetier. Dorsal am Wirbelkörper ansetzende Bögen (Neuralbögen) umschließen das Rückenmark. Seitliche Fortsätze sind Ansatzstellen für Muskeln und Rippen.

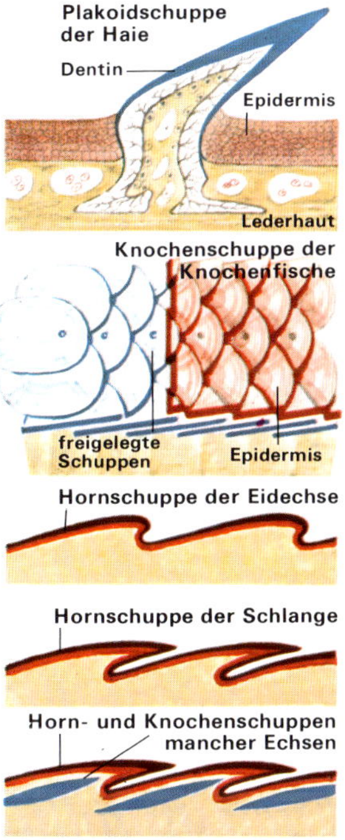

Die Haut und Hautdifferenzierungen

Die Haut der Wirbeltiere besteht aus der *Oberhaut (Epidermis)*, einem mehrschichtigen Epithelgewebe, und der darunter liegenden *Lederhaut (Corium)* mit Nerven, Gefäßen usw. Sie stellt ein komplexes Gebilde dar (Abb. rechts). Häufige Oberflächendifferenzierungen sind die toten Horngebilde der Epidermis, z. B. Krallen, Nägel, Hufe, Haare und Hörner der Säuger, die Vogelfedern und die Hornschuppen der Kriechtiere. Bei manchen Eidechsen sind die Hornschuppen von Knochenschuppen des Bindegewebes unterlagert. Ebenfalls in der bindegewebigen Lederhaut werden die Fischschuppen gebildet, die wie die Plakoidschuppe der Haie zahnartig die Oberhaut durchbrechen oder bei den Schuppen der Knochenfische zeitlebens von einer dünnen Epidermisschicht überzogen sind.

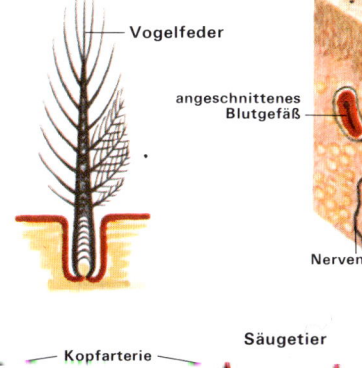

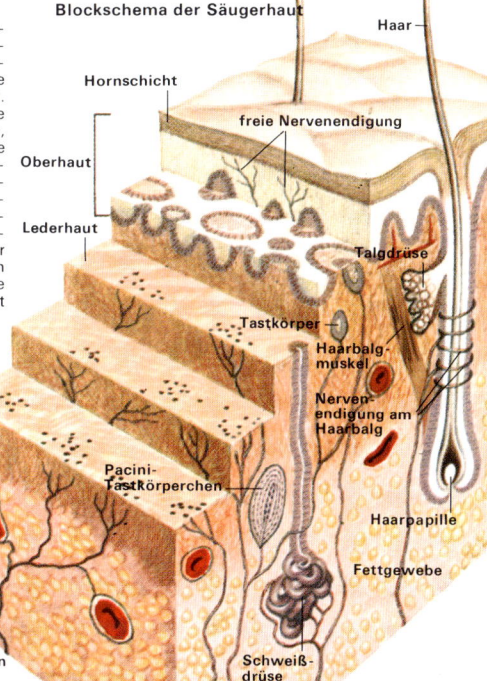

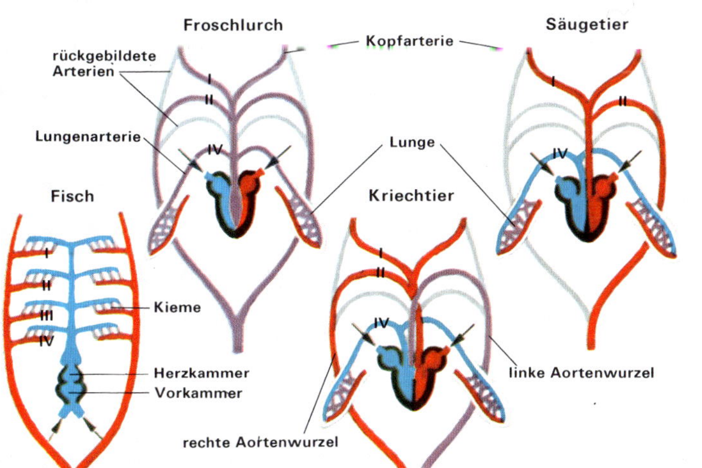

Schematische Darstellung von Herz und Arterienbögen bei verschiedenen Wirbeltiergruppen

Der einfache Grundtypus des Blutgefäßsystems, so wie er beim Lanzettfischchen oder auch bei Fischen ausgeprägt ist, wird mit zunehmender Organisationshöhe schrittweise abgewandelt. Beim vielkiemigen *Lanzettfischchen* treibt u. a. ein ungekammerter Arterienabschnitt das Blut zu den Kiemen, von denen es in den Körper gelangt und über Venen zum Herzen zurückgeführt wird. Ähnlich geschieht dieses bei Fischen, doch ist das Herz stets in Vor- und Hauptkammer unterteilt, und es sind oft nur 4 Kiemenbögen und dementsprechend 4 Arterienbögen ausgebildet. Bei den Landwirbeltieren erfährt das Herz eine weitere Kammerung, und ein Teil der 4 Arterienbögen wird zurückgebildet. Das IV. Bogenpaar wird immer zu Lungenarterien, die bei den Lurchen mit ihrer einfachen Herzkammer Mischblut führen. Auch bei den Kriechtieren sind die beiden Kreisläufe, der kleine Lungen- und der große Körperkreislauf, nicht völlig getrennt, da die Herzscheidewand noch nicht vollständig ist (außer bei Krokodilen). Erst die warmblütigen Vögel und Säuger haben ein vierkammeriges Herz. Bei ihnen ist das III. Bogenpaar reduziert, und nur der linke (Säuger) bzw. rechte (Vögel) II. Bogen führt als Aortenwurzel das Blut in den Körper.

Wirbeltiere

Wirbeltiere
Systematische Gliederung der rezenten W. und ihre Stellung im System. In Klammern die ungefähre Artenzahl (in Anlehnung an M. Renner: „Kükenthals Leitfaden für das Zool. Praktikum", Stuttgart 1984); v. a. bei artenreichen Taxa finden sich in der Literatur z. T. sehr unterschiedl. Angaben.

Stamm: *Chordata* (↗Chordatiere)
I. U.-Stamm: *Tunicata* (↗Manteltiere) (2100)
II. U.-Stamm: *Acrania* (↗Schädellose) (30)
III. U.-Stamm: *Vertebrata* (Wirbeltiere) (46500)
1. Über-Kl.: *Agnatha* (↗Kieferlose)
   Kl.: *Cyclostomata* (↗Rundmäuler) (44)
2. Über-Kl.: *Gnathostomata* (↗Kiefermünder)
   1. Reihe: *Pisces* (↗Fische) (24700)
   1. Kl.: *Chondrichthyes* (↗Knorpelfische) (625)
      1. U.-Kl.: *Elasmobranchii* (↗Haie u. ↗Rochen) (600)
      2. U.-Kl.: *Holocephali* (↗Chimären) (25)
   2. Kl.: *Osteichthyes* (↗Knochenfische) (24000)
      1. U.-Kl.: *Actinopterygii* (Strahlenflosser) (24000)
      2. U.-Kl.: *Polypteriformes* (Flösselhechtverwandte; ↗Flösselhechte) (9)
      3. U.-Kl.: *Dipnoi* (↗Lungenfische) (6)
      4. U.-Kl.: *Crossopterygia* (↗Quastenflosser) (1)
   2. Reihe: *Tetrapoda* (↗Vierfüßer, ↗Tetrapoden)
   3. Kl.: *Amphibia* (↗Amphibien, Lurche) (2900)
      1. U.-Kl.: *Anura* (↗Froschlurche) (2600)
      2. U.-Kl.: *Urodela* (↗Schwanzlurche) (220)
      3. U.-Kl.: *Apoda* = *Gymnophiona* (↗Blindwühlen) (170)
   4. Kl.: *Reptilia* (↗Reptilien, Kriechtiere) (6000)
   5. Kl.: *Aves* (↗Vögel) (8600)
   6. Kl.: *Mammalia* (↗Säugetiere) (4500)
      1. U.-Kl.: *Prototheria* (Eierlegende Säugetiere) mit nur 1 Ord.: *Monotremata* (↗Kloakentiere) (6)
      2. U.-Kl.: *Marsupialia* (↗Beuteltiere) (241)
      3. U.-Kl.: ↗*Eutheria* = *Placentalia* (Placentatiere) (4000)

sten Eingeweide. Bei den ↗Säugetieren wird der Rumpf durch die Ausbildung des ↗Zwerchfells in einen ↗Brust-Raum (Thorax) u. ein ↗Abdomen getrennt. Der ↗Darm-Trakt bildet im Bereich des ↗Kiemendarms als ↗Atmungsorgane (B I–III) primär ↗*Kiemen* (bei Rundmäulern, Fischen u. Amphibienlarven), sekundär paarige ↗*Lungen* aus, z. T. schon bei Fischen, generell aber bei den Tetrapoden. Am Boden des Kiemendarms entsteht aus dem ↗Endostyl durch Abfaltung die ↗Schilddrüse (Thyreoidea). Anhangsdrüsen des ↗Mitteldarms sind für W. typische ↗Leber u. die Bauchspeicheldrüse (↗Pankreas). Als Haupt-↗Exkretionsorgane (↗Harnorgane) fungieren 1 Paar ↗*Nieren* (B), die sich aus segmental angeordneten Abschnitten des Rumpfmesoderms entwickeln und als exkretorische Elemente zahlreiche Nephrone (↗Nephron,), je mit ↗Glomerulus, enthalten. Funktionell stehen die Harnorgane meist mit den Geschlechtsorganen im Zshg. (↗Urogenitalsystem, ; ↗Nierenentwicklung,). Die ↗*Geschlechtsorgane* (Gonaden) sind bei W.n stets nur in einem Paar (↗Hoden od. Eierstöcke, ↗Ovar) entwickelt, im Ggs. zu den ↗Schädellosen mit deren mehreren. Während bei den Rundmäulern die Geschlechtsprodukte frei in die Leibeshöhle abgegeben werden u. durch Abdominalporen austreten, die sich nur zur Fortpflanzungszeit bilden, entwickeln alle anderen W. Eileiter (oft mit offenem Wimpertrichter; ↗Ovidukt) bzw. ↗Samenleiter, die sich meist aus den Anlagen der Harnorgane (primärer Harnleiter) differenzieren (z. B. gemeinsamer Harnsamenleiter bei Amphibien). Die Geschlechtsprodukte werden primär (Fische, Amphibien) ins freie Wasser abgegeben, wo es zur ↗äußeren Besamung (↗Besamung,) kommt. Molche setzen ↗Spermatophoren ab, die vom Weibchen mit der ↗Kloake aufgenommen werden. Bei allen Tetrapoden (aber auch schon bei einigen Fischen) wird das ↗Sperma bei einer Kopulation in die weibl. Geschlechtsorgane übertragen, so daß innere Besamung stattfinden kann. Der Rumpf ist bei den Rundmäulern noch ohne *Extremitäten,* bei allen Kiefermündern sind 2 Paar Rumpfextremitäten ausgebildet. Sekundär können 1 Paar (z. B. Hinterextremitäten der Wale u. Seekühe) od. beide (z. B. Schlangen) rückgebildet sein. Die ↗Extremitäten der Tetrapoden sind primär 5zehig (pentadaktyl), doch kann die Zahl bis auf Einzehigkeit (z. B. ↗Unpaarhufer) reduziert sein. Das ↗*Blutgefäßsystem* ist geschlossen. Ursprüngliche Kiemenbogengefäße (bei den Fischen) werden auch in der Embryonalentwicklung der Tetrapoden angelegt (↗Biogenetische Grundregel, B), dann aber zu ↗Aortenbögen (Arterienbogen () und Lungenarterien differenziert (↗Blutkreis-

lauf,). Ein ventral gelegenes, muskulöses ↗Herz (B) bewegt das ↗Blut mit hämoglobinhaltigen (↗Hämoglobine) roten Blutkörperchen (↗Erythrocyten), die bei den Säugetieren kernlos sind. – Die W. sind i. d. R. getrenntgeschlechtlich (↗Getrenntgeschlechtlichkeit), doch kommt ↗*Zwittrigkeit* (Hermaphroditismus) bei Fischen u. Jungfernzeugung (↗Parthenogenese) bei Fischen u. einigen Eidechsen vor. Die Mehrzahl der W. legt dotterreiche Eier (↗ *Oviparie),* so daß der Embryo einen ↗Dottersack entwickelt. Dies gilt sogar noch für die Kloakentiere unter den Säugetieren. Alle anderen Säugetiere sind ausnahmslos lebendgebärend (↗ *Viviparie).* Bei den anderen Kl. der W. kommt Viviparie nur bei einigen wenigen Teilgruppen vor (Embryonalentwicklung). Bezügl. der Ausbildung v. ↗Embryonalhüllen kann man ↗*Anamnia* (Fische, Amphibien) u. ↗*Amniota* (Reptilien, Vögel, Säugetiere) unterscheiden. G. O.

Wirbelwespe, *Bembix rostrata,* ↗Grabwespen. [↗Enzyme.

Wirkgruppe, die ↗prosthetische Gruppe v.

Wirkungsgesetz der Wachstumsfaktoren, das ↗Mitscherlich-Gesetz.

Wirkungsmuster, Gesamtheit der Stoffwechselprozesse u. Eigenschaften eines Organismus, die der Wirkung eines Gens zugeordnet werden können; bes. bei pleiotrop (↗Polyphänie) wirkenden Genen kann das W. sehr komplex sein. Es kann häufig durch den Vergleich zw. dem ↗Wildtyp u. den bei ↗Mutanten ausfallenden Funktionen (↗Mangelmutante) eines Organismus ermittelt werden. [trum.

Wirkungsspektrum, das ↗Aktionsspek-

Wirkungsspezifität, die Eigenschaft v. Enzymen, Substrate in bestimmter Weise u. nur in dieser umzusetzen, d. h. von mehreren theoretisch möglichen Umsetzungen (vgl. Spaltentext S. 452) nur eine bestimmte auszuwählen. ↗Enzyme, ↗aktives Zentrum, ↗Antibiotika.

Wirrköpfe, die ↗Rißpilze.

Wirsing *m* [v. dialekt.-it. verdza = Grünkohl (v. lat. viridia = Grünzeug)], ↗Kohl.

Wirt, pflanzl.-, tier.- oder menschl. Organismus, der einem ↗Parasiten (od. auch ↗Synöken) Schutz, Nahrung od. Transport bietet. Der W. kann die Parasiten in der ungeschlechtl. oder geschlechtl. Phase des Lebenszyklus beherbergen (↗Zwischen-W., ↗End-W.), selten od. häufig befallen werden (↗Gelegenheits-W., ↗Neben-W., ↗Haupt-W.), er kann für die Parasiten in verschiedenem Grade physiologisch notwendig sein (fakultativer, obligatorischer W.; ↗fakultativer Parasitismus, ↗obligate Parasiten) sowie dem Parasiten keine Entwicklungsmöglichkeit (↗paratenischer W.) od. keine Lebensmöglichkeit (↗Fehl-W.) bieten. – Der Begriff W. wird auch auf die v. Pathogenen (z. B. ↗Bakterien, ↗Bakteriophagen, ↗Viren) befallenen Zellen (W.szel-

WIRBELTIERE III

Evolution der Wirbeltiere

Die ersten Spuren der *Wirbeltiere (Vertebrata)* finden sich im Ordovizium. Das Silur zeigt nur wenige altertümliche Fische. Dies hängt wahrscheinlich mit der Entwicklung der Fische im Süßwasser zusammen, während die meisten Sedimente des älteren Paläozoikums mariner Herkunft sind. Das Devon ist reich an Fischen *(Zeitalter der Fische)*. Am Ende des Devons erscheinen die ersten Landwirbeltiere *(Vierfüßer, Tetrapoden)*: die *Amphibien*. Sie sind reichlich im Karbon vertreten. Das Mesozoikum ist das *Zeitalter der Reptilien*. Sie beherrschen das Land, zum Teil auch Luft und Wasser. Im Mesozoikum treten die ersten Vögel und Säuger auf, die sich dann im Känozoikum zu den vielfältigsten und progressivsten Formen der Wirbeltiere entwickeln und die Luft und das feste Land beherrschen.

Der „Stammbaum" (unten) deutet einen Zusammenhang zwischen den Wirbeltierklassen an. Zu der Auffassung, daß Vögel und Säugetiere sich von Reptilien, die Reptilien von Amphibien, die Amphibien von Fischen usw. „ableiten" lassen, hat die Paläontologie wichtige Beiträge geleistet. Wichtig sind dabei u. a. die sog. *Zwischenformen*. Solche *connecting links*, seltene fossile Funde, sind z.B. *Ichthyostega*, der zwischen Fischen und Amphibien vermittelnde *älteste Tetrapode*, oder der berühmte *Urvogel Archaeopteryx*, der Reptilienmerkmale (langer Schwanz, bezahnte Kiefer) und Vogelmerkmale (Federn u. a.) zeigt.

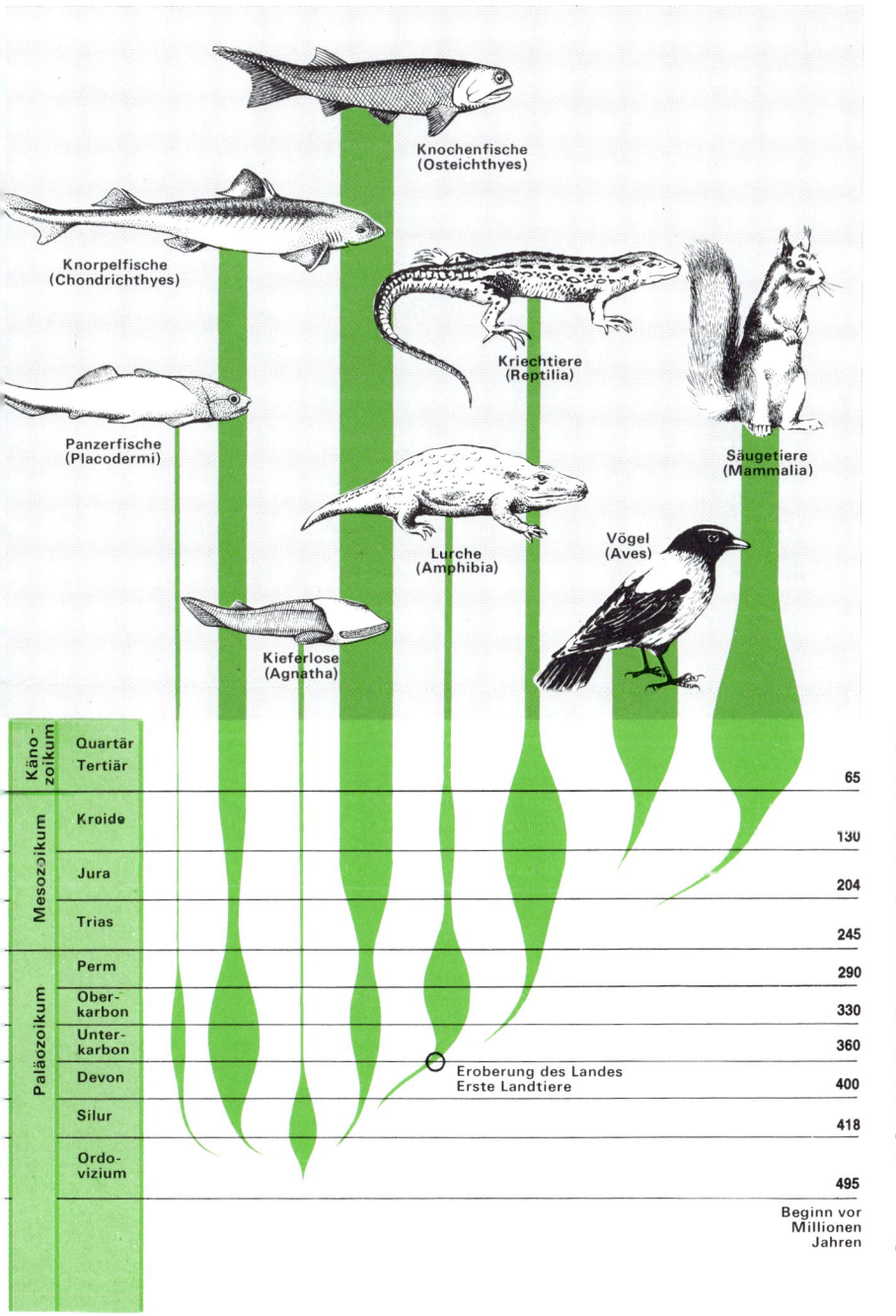

Die *Säugetiere (Mammalia)* und die *Vögel (Aves)* sind warmblütig; die Säuger besitzen ein Haarkleid, die Vögel Federn. Den *Kriechtieren (Reptilia)* fehlen diese fortschrittlichen Merkmale. Die *Lurche (Amphibia)* mit *Fröschen* und *Kröten (Anura)* sowie *Molchen* und *Salamandern (Urodela)* machen einen Teil ihrer Entwicklung im Wasser durch. Die Organisationsstufe *Fische* umfaßt *Kieferlose (Agnatha)*, *Panzerfische (Placodermi*, nur fossil), sowie die Klassen der *Knorpelfische (Chondrichthyes)* und der *Knochenfische (Osteichthyes)*.

Wirtel

len) bzw. Organismen angewandt (↗W.sbereich, ↗Virusinfektion). ↗Parasitismus (☐), ↗Symbiose.

Wirtel *m* [v. lat. *verticillus* = W.], *Quirl*, Bez. für die Anordnung v. 3 und mehr pflanzl. Organen (Seitensprosse, Blätter, Blütenteile) auf gleicher Sproßachsenhöhe, falls diese in einem Knoten entspringen. Die Organe sind dann *quirlständig* od. *wirtelig* angeordnet. Entspringen solche Organe auf gleicher Höhe an der Sproßachse, aber aus entspr. vielen stark genäherten Knoten, so bilden sie *Scheinquirle* od. *Scheinwirtel*.

Wirtelschwanzleguane, *Cyclura*, Gatt. der ↗Leguane; Gesamtlänge über 1,2 m (Schwanz länger als Kopf-Rumpf); vorwiegend Bodenbewohner; leben auf den Westind. Inseln; Körper (grau bis olivgrün) kräftig; Rumpf seitl. zusammengedrückt; mit Rückenkamm. Bekanntester Vertreter: Nashornleguan *(C. cornuta)*; auf der Schnauzenspitze 3 Hornhöcker (beim ♀ unscheinbarer); ♀ verscharrt bis 20 sehr große Eier im Sandboden od. gelegentl. in metertiefe Höhlen; nach 3 Monaten sind die Jungtiere schlupfreif; bevorzugt saftige Pflanzenkost, verzehrt aber auch Würmer, Mäuse, Vögel, Lurche u. Eidechsen; Drohgebärde durch Seitwärtsschwenken des Kopfes u. häufiges (bis 15 Min. lang) Umkreisen des Rivalen, am Ende blut. Kampf.

Wirtsbereich, engl. *host range*, Gesamtheit der Zelltypen *(Wirtszellen)* bzw. Stämme, Arten u. Gattungen v. Bakterien, Pilzen, Pflanzen od. Tieren, die v. einem bestimmten Virus (↗Viren, ↗Bakteriophagen) infiziert werden können. Der W. eines Virus wird bestimmt a) durch als ↗Virusrezeptoren dienende Strukturen der Zelloberfläche, die eine ↗Adsorption des Virus u. anschließende ↗Penetration der Virusnucleinsäure (↗Virusinfektion) ermöglichen, und b) innerhalb der Wirtszelle durch Wechselwirkungen zw. viralen u. zellulären Faktoren, die eine Virusvermehrung gestatten (↗permissive Zellen) od. verhindern (nichtpermissive Zellen). Infektion nichtpermissiver Zellen mit ↗DNA-Tumorviren führt häufig zur ↗Zelltransformation (z. B. ↗Polyomaviren). In semipermissiven Zellen ist die Produktion infektiöser Nachkommenviren stark herabgesetzt. Durch ↗Transfektion mit der isolierten Virusnucleinsäure kann der W. eines Virus i. d. R. erweitert werden; jedoch findet hierbei nur ein einziger Vermehrungszyklus statt, da die Abwesenheit geeigneter Virusrezeptoren auf der Zelloberfläche eine Infektion v. Zellen des gleichen Typs mit den neugebildeten Virionen nicht ermöglicht. Der W. eines Virus kann sich durch Mutation verändern; außerdem können Wirtszellen durch Mutation der Virusrezeptoren eine Resistenz gg. bestimmte Viren erwerben.

Wirtschaftsgrünland ↗Molinio-Arrhenatheretea.

Wirkungsspezifität von Enzymen

Beispiel: Eine Aminosäure kann durch
a) oxidative Desaminierung (Aminosäure-Oxidase)
b) Transaminierung (Transaminase)
c) Decarboxylierung (Decarboxylase)
d) Aminoacylierung von t-RNA (Aminoacyl-t-RNA-Synthetase)
umgesetzt werden. Für jede dieser Reaktionen gibt es jeweils ein spezif. Enzym (in Klammern aufgeführt), unter dessen katalyt. Wirkung die betreffende Aminosäure ausschl. nach der einen Reaktionsmöglichkeit umgesetzt wird.

Wirtskreis ↗Wirtsspezifität.

Wirtspassage, „Durchlaufen" eines Wirtsindividuums, zw. Eintritt u. Austritt des Parasiten. W.n können die Virulenz eines Parasiten erhöhen od. senken.

Wirtsspezifität, Beschränkung des Vorkommens einer ↗Parasiten-Art auf wenige Wirtsarten (Artspezifität), im Extremfall nur eine. Wirtsspezif. Parasiten haben einen kleinen, unspezifische einen großen *Wirtskreis* (Wirtsspektrum). Eine Erklärungsmöglichkeit der W. ist das Vorhandensein einer (schwer definierbaren) Bindung an den ↗Wirt; dementsprechend wurden, wie bei der ↗Biotopbindung, *wirtsfremde, wirtsvage, wirtsstete, wirtsholde* u. *wirtstreue* Parasiten unterschieden. Andererseits lassen bestimmte ökolog., etholog. oder physiolog. (immunolog., nutritive) Gründe (↗Parasitismus) nur die Besiedlung bestimmter Wirte zu u. führen auf diese Weise zu W. Die W. bestimmter ↗Nützlinge für entspr. ↗Schädlinge ist ein wicht. Vorteil der ↗biologischen Schädlingsbekämpfung, weil unerwünschte Nebenwirkungen ausgeschlossen sind.

Wirtstreue ↗Wirtsspezifität.

Wirtswahlregel, nach A. D. Hopkins Bevorzugung der Wirtsart, auf der ein Parasit aufgewachsen ist; hindert u. U. unerwünschten Übergang v. Schädlingen auf Nutzpflanzen des Menschen.

Wirtswechsel, regelmäßiger Wechsel eines ↗heteroxenen Parasiten v. einer Wirtsart auf die andere. Meist sind 2 Wirtsarten im Spiel *(Diheteroxenie)*, es können aber auch mehrere Wirtsarten hintereinander besiedelt werden, z. B. 4 bei der Saugwurm-Gatt. *Strigea*. Der Vorteil des W.s liegt in der Nutzung verschiedener Nahrungsquellen u. unterschiedlicher Verbreitungschancen in den verschiedenen Wirtsarten. Der W. ist oft mit ↗Generationswechsel verknüpft. Neben dem Wechsel v. Wirtsarten gibt es auch obligatorische Wechsel des Wirtsindividuums od. -organs (und nicht notwendigerweise der Art; ↗Trichine). ↗Parasitismus.

Wirtszellen ↗Wirtsbereich, ↗Wirt.

Wisent *m*, *Bison bonasus*, einst weitverbreitetes euras. Wildrind, nächst verwandt dem nordamerikan. ↗Bison; Kopfrumpflänge bis 3 m; hoher Widerrist u. stark nach hinten abfallende Rückenlinie; kräftige Kopf- u. Brustmähne. Urspr. Lebensraum des W. waren lichte Laubwälder, Waldsteppe u. Steppe, Rückzugsgebiete: Hochwälder. Waldrodungen u. Bejagung führten zur Ausrottung aller wildlebenden W.e (1921). Aus Zoo-Nachzuchten der Flachlandform *(B. b. bonasus)* konnten 1956 wieder W.e in Polen u. der UdSSR erfolgreich ausgewildert werden. Die Gebirgsform, der Kaukasus-W. *(B. b. caucasicus)*, ist seit 1927 ausgestorben; Zootiere dieser U.-Art sind nicht mehr reinblütig. [B] Europa XIII.

Wisent
(Bison bonasus)

Wissenschaftstheorie und Biologie

Aufgaben der Wissenschaftstheorie
Wissenschaftstheorie ist eine *Metadisziplin*. Wie die *Erkenntnistheorie* fragt sie nicht nach der Struktur der Welt, sondern nach der Struktur unseres *Wissens von der Welt,* insbesondere nach den Strukturen und Methoden der Erfahrungswissenschaften. (Die Metatheorie der Strukturwissenschaften bleibt hier unberücksichtigt.) Dabei bemüht sie sich sowohl um vorliegende, „fertige" Theorien (Wissenschaft als Ergebnis) als auch – als diachronische Wissenschaftstheorie – um Wissenschaft im Werden (Wissenschaft als Prozeß). Sie arbeitet sowohl beschreibend („Wie geht der Wissenschaftler vor?") als auch vorschreibend („Wie sollte er vorgehen?"), besitzt also jenen deskriptiv-normativen *Doppelcharakter,* der für methodologische Disziplinen charakteristisch ist. Ihre Hauptaufgaben sind logische Analyse und *rationale Rekonstruktion* von wissenschaftlichen Problemen, Methoden und Argumenten. Solche Rekonstruktionen dienen der Erhellung, der Systematisierung, der Präzisierung, der Kritik und möglicherweise der Korrektur. Ob eine Rekonstruktion angemessen ist, erweist sich freilich nicht im Experiment, sondern nur im Vergleich mit der „tatsächlichen" Wissenschaft. Nun macht allerdings die Wissenschaftstheorie selbst darauf aufmerksam, daß es so etwas wie „nackte Tatsachen" gar nicht gibt; vielmehr hängt schon die Auswahl und Deutung der Tatsachen von Erwartungen und Vor-Urteilen, von subjektiven Bewertungen und Präferenzen ab. Dem hier drohenden Zirkel kann man nur dadurch entgehen, daß man dem faktischen Wissenschaftsbetrieb einen *gewissen* Vertrauensvorschuß einräumt, ihn als ein im Kern vernünftiges Unternehmen ansieht. Tut man nicht einmal dies, so erübrigt sich jede Rekonstruktion, da für deren Angemessenheit dann gar keine Prüfinstanz mehr zur Verfügung steht. Sollten sich allerdings aufeinanderfolgende Rekonstruktionsversuche regelmäßig als verfehlt erweisen, so müßte das genannte Rationalitätspostulat selbst kritisiert und notfalls sogar aufgegeben werden.

Probleme der Wissenschaftstheorie
Der Aufgabenbereich der Wissenschaftstheorie wird vielleicht am besten abgesteckt, indem man einige ihrer *Probleme* nennt und *als Fragen* formuliert:

Explikationsprobleme
Was ist eine wissenschaftliche Erklärung? (Wie *verwenden* Wissenschaftler den Begriff der Erklärung und wie *sollten* sie ihn verwenden?) Was ist eine Hypothese, ein Naturgesetz, eine Theorie, eine Wissenschaft? Was unterscheidet Beobachtung, Messung, Experiment, Test? Was ist eine Definition, und welche zusätzlichen Forderungen muß eine Explikation erfüllen? Welche Begriffsarten gibt es, was unterscheidet insbesondere Beobachtungs- und theoretische Begriffe, und wie werden wissenschaftliche Begriffe gebildet?

Basisprobleme
Welches sind und welchen Status haben die elementaren Beobachtungsaussagen (Protokollsätze, Konstatierungen)? (Wie) können sie als empirische Basis für erfahrungswissenschaftliche Theorien dienen?

Induktionsproblem
Gibt es wahrheitsbewahrende Erweiterungsschlüsse? Wie lauten solche Schlüsse (oder Verfahren), und (wie) lassen sie sich rechtfertigen? Gibt es einen *deduktiven* Bestätigungsbegriff und (wie) läßt er sich auszeichnen? Wie lauten die Normen für rationale Entscheidungen und (wie) lassen sie sich begründen?

Abgrenzungsproblem
Welches sind die Kriterien zur Beurteilung wissenschaftlicher Theorien? Wie kann man „gute" erfahrungswissenschaftliche Theorien von anderen unterscheiden? Welche Rolle spielen dabei die notwendigen Kriterien Zirkelfreiheit, Widerspruchsfreiheit, Erklärungswert, Prüfbarkeit und Testerfolg, welche die erwünschten Merkmale wie Einfachheit, Anschaulichkeit, Tiefe, Präzision usw.?

Reduktionsprobleme
Lassen sich erfahrungswissenschaftliche Gesetze, Theorien und Wissenschaften auf andere zurückführen? In welchem Sinne und unter welchen Bedingungen sind solche Reduktionen möglich?

Anwendungsproblem
Wie kommt es, daß Logik, Mathematik und andere Strukturwissenschaften sich zur Beschreibung der Welt so gut eignen?

Konvergenzproblem
Wie kommt es, daß unter konkurrierenden Theorien in der Regel *eine* sich allen anderen als überlegen erweist?

Wissenschaftstheoretische Probleme, die speziell die Biologie betreffen
Die Biologie als Wissenschaft von den belebten Systemen steht im Spannungsfeld zwischen der allgemeineren Wissenschaft Physik, die sich mit *allen* realen Systemen – mit belebten und unbelebten – befaßt, und der spezielleren Wissenschaft Psychologie, die unter den belebten Systemen nur jene mit Bewußtsein(serscheinungen) zum Forschungsgegenstand hat. Die Besonderheit ihrer Objekte hat dabei zur Folge, daß die Biologie Fragen stellt, Begriffe, Gesetze und Kriterien formuliert und Methoden entwickelt, die – auch vom Typ her – in der Physik keine Rolle spielen. Während die Frage „wie?" (als Suche nach Beschreibungen) und die Frage „warum?" (als Suche nach Erklärungen) in allen Erfahrungswissenschaften auftreten, diskutiert der Biologe auch die *teleonomische* Frage „wozu?" und die *genetische* Frage „wie entstanden?". Dieser erweiterte Fragenkatalog führt dann natürlich auch zu ei-

Wissenschaftstheorie und Biologie

nem breiter gefächerten Spektrum von Antworten.

Teleonomische Erklärungen sind Antworten auf die Frage „wozu?". Sie erklären organismische Merkmale aus ihrem Arterhaltungswert, aus ihrer arterhaltenden *Funktion*. Im Rahmen der Evolutionstheorie lassen sie sich als verkürzte kausale Erklärungen verstehen und sind deshalb nur *scheinbar* teleologisch.

Genetische Erklärungen sind ebenfalls spezielle kausale Erklärungen. Sie erklären den Zustand eines Systems als Ergebnis einer *Kette* von kausalen Prozessen. Das Wort „genetisch" kommt hier also nicht von „Genetik", sondern von „Genese". Diese Erklärungsweise hat allerdings längst auch Eingang in die Physik gefunden.

Evolutionäre (phylogenetische) Erklärungen sind spezielle genetische Erklärungen. Sie erklären organismische Merkmale über ihren phylogenetischen Ursprung.

Ein weiteres charakteristisches Moment der Biologie ist die ungeheure *Komplexität* ihrer Objekte. Wie immer man den Komplexitätsbegriff faßt, in jedem Falle sind alle belebten Systeme erheblich komplexer als alle unbelebten. Die Komplexität beruht dabei nicht auf der Zahl der Bausteine, sondern auf der *Vielfalt* ihrer Wechselwirkungen, auf der durchgehend *hierarchischen* Strukturierung der lebenden Systeme und auf dem kybernetisch-systemtheoretischen Zusammenwirken aller ihrer Teile.

Hochkomplizierte Systeme kann es nun aber auch in weit größerer Zahl und *Verschiedenheit* geben als einfache. Tatsächlich sind ja nicht nur alle existierenden Arten, sondern alle Individuen voneinander verschieden. Deshalb ist es auch viel schwieriger, im Bereich des Lebendigen allgemeine Gesetzlichkeiten zu entdecken, zu formulieren und zu überprüfen.

Ein letztes Moment, das die Biologie auszeichnet, ist die *konstitutive Rolle des Zufalls*. Ein Ereignis ist *zufällig,* wenn es keine Ursache hat. (Daß wir die Ursache(n) nicht *kennen,* reicht dafür offenbar nicht aus.) Natürlich gibt es Ereignisse dieser Art auch in der unbelebten Natur. Die Physik sähe jedoch nicht so gänzlich anders aus, wenn es den Zufall nicht gäbe; tatsächlich ist sie ja mehrere Jahrhunderte lang von einem durchgehenden Determinismus ausgegangen, und die Fragwürdigkeit dieses Modells ist erst durch die Quantenphysik und durch die Entdeckung der chaotischen Systeme offenbar geworden. In der Biologie nun liegt die Sache noch wesentlich komplizierter.

Die ungeheuer große Zahl der existierenden Arten und erst recht die Gesamtzahl aller lebenden Systeme von einst und jetzt ist verschwindend klein gegenüber der Zahl der prinzipiell denkbaren und auch der naturgesetzlich möglichen Organismen. Aus dem riesigen Spektrum möglicher lebender Systeme wurde und wird auch noch in fernster Zukunft immer nur ein winziger Bruchteil verwirklicht. Die Auswahl der zu realisierenden Systeme unter den prinzipiell möglichen erfolgt dabei im wesentlichen über *Zufallsfaktoren:* ungerichtete Mutationen, Schwankungen der Populationsgröße, zufällige Genrekombinationen. So weisen biologische Systeme immer auch zufällige Aspekte auf, die sich weder durch deterministische noch durch Wahrscheinlichkeitsgesetze beschreiben, erklären oder gar prognostizieren lassen. So sind der Wiederholbarkeit, Erklärbarkeit und Voraussagbarkeit in der Biologie engere Grenzen gesetzt, als man sie aus der Physik kennt. Diese Beschränkungen gelten insbesondere für die Evolutionstheorie

Die Evolutionstheorie im Lichte der Wissenschaftstheorie

Aus den zuvor dargelegten Gründen schneidet die Evolutionsbiologie – und *alle* Biologie ist letztlich Evolutionsbiologie – hinsichtlich der Reproduzierbarkeit, Erklärbarkeit und Prognostizierbarkeit der von ihr betrachteten Erscheinungen eher schlecht ab. Das hat viele Philosophen, insbesondere Popper, dazu bewogen, der Evolutionstheorie den Rang einer „guten" (insbesondere *prüfbaren*) erfahrungswissenschaftlichen Theorie abzusprechen und sie zum zwar fruchtbaren, letztlich aber doch metaphysischen Forschungsprogramm zu erklären.

Inzwischen setzt sich die Einsicht durch, daß man die Evolutionstheorie *nicht* mit den an der Physik entwickelten Kriterien messen darf (daß also z. B. Wiederholbarkeit und Voraussagbarkeit keine *notwendigen* Merkmale sind, da sie durch die natürliche *Vielzahl* der einschlägigen Systeme und durch die Fähigkeit zur *Retrodiktion* ersetzt werden können).

Reduktionsprobleme

Fragen der Definierbarkeit, der Ableitbarkeit, der Rückführbarkeit treten in vielen Zusammenhängen auf. Für die Biologie stellen sich einige besonders interessante Reduktionsprobleme: Kann die klassische (Mendelsche) Genetik auf die molekulare Genetik zurückgeführt werden? Kann man soziales Verhalten bei Tieren und Menschen biologisch-evolutionstheoretisch erklären (Soziobiologie)? Kann man psychische Phänomene neurophysiologisch erklären (Leib-Seele-Problem)? Und läßt sich die Biologie als Ganzes auf andere Disziplinen, z. B. auf Physik und Chemie, zurückführen (Fragestellungen der *Vitalismus-Mechanismus-Diskussion*)? Die Diskussion über diese Probleme ist keineswegs abgeschlossen; sie hat aber doch zu wichtigen Einsichten geführt.

Wie sich gezeigt hat, gibt es sehr unterschiedliche Reduktionsbegriffe, die für verschiedene Bereiche relevant sind. So betrifft die erste Frage konkurrierende und zeitlich aufeinanderfolgende biologische Theorien und damit gleichzeitig die Wissenschaftsgeschichte, Fragen des Theorienwandels, des wissenschaftlichen Fortschritts und somit auch der wissenschaftlichen Rationalität. Die letzte Frage umgreift dagegen ganze Wissenschaften – möglicherweise auch in einem fiktiven Endstadium; sie betrifft das Gesamtgebäude der Erfahrungswissenschaften, also auch die Einheit der Wissenschaft und die Frage nach der Einheit der Natur. Kein Wunder, daß die jeweiligen Antworten stark von den verwendeten Reduktionsbegriffen abhängen. Die formulierten Probleme können deshalb überhaupt nur sinnvoll *diskutiert* werden, wenn ein präziser Reduktionsbegriff zugrunde gelegt wird.

Eine Reduktion im Sinne einer strengen logischen Ableitung (Reduktion durch Deduktion) ist in den Erfahrungswissenschaften im allgemeinen und auch in den vorliegenden Fällen nicht möglich. Daraus sollte man jedoch nicht den Schluß ziehen, daß die vom Wissenschaftler intuitiv durchaus erwartete Reduzierbarkeit reine Utopie sein müsse. Wie so oft in der Wissenschaftstheorie könnte es mit einem verfeinerten Instrumentarium durchaus gelingen, der Intuition des Wissenschaftlers gerecht zu werden, hier z. B. mit dem Begriff einer approximativen Reduktion. Die Kernfrage ist also nicht „Reduktion – ja oder nein?", sondern „Wie muß der Reduktionsbegriff verfeinert werden, damit eine Reduzierbarkeit sinnvoll erwartet oder aufgewiesen werden kann?" Und auch hier gilt wieder: Erst wenn die Versuche, einen angemessenen Reduktionsbegriff zu explizieren, regelmäßig scheitern sollten, ist es sinnvoll, die Reduzierbarkeitsthese als verfehlt anzusehen.

Lit.: *Götz, E., Knodel, H.:* Erkenntnisgewinnung in der Biologie, dargestellt an der Entwicklung ihrer Grundprobleme. Stuttgart 1980. *Nachtigall, W.:* Einführung in biologisches Denken und Arbeiten. Heidelberg 1978. *Rosenberg, A.:* The structure of biological science. Cambridge 1985. *Speck, J.* (Hg.): Handbuch wissenschaftstheoretischer Grundbegriffe (3 Bde.). Göttingen 1980.

Gerhard Vollmer

Wisteria *w* [ben. nach dem am. Anatomen C. Wister, 1761–1818], Gatt. der ↗Hülsenfrüchtler.

Wittling *m* [v. niederdt. witt = weiß], *Merlangius merlangus* (B Fische II), in Küstengebieten vom Nordkap bis ins Mittelmeer verbreiteter, bis 70 cm langer Dorschfisch, ähnlich dem Schellfisch, doch ohne Bartfaden, v.a. in Großbritannien und Fkr. als Speisefisch geschätzt. Der von N-Norwegen bis zur Adria vorkommende, bis 40 cm lange Blaue W. (*Micromesistius poutassou,* B Fische III) bevorzugt Wassertiefen zwischen 80 und 400 m; bildet oft riesige Schwärme.

Witwenblume, die ↗Knautie.

Witwenvögel, brutparasitierende ↗Webervögel der Steppen u. Savannen des trop. Afrika; 15 Arten, vorwiegend schwarz gefärbt u. oft mit stark verlängerten Schwanzspießen; Schmuckfedern der Paradieswitwen *(Steganura)* dienen zusätzl. der Geräuscherzeugung. Die W. legen ihre Eier ausschl. in die Nester v. ↗Prachtfinken als Wirtsvögel (↗Brutparasitismus), mit denen sie relativ nah verwandt sind. Die Jungen der Prachtfinken besitzen ein artspezif. sehr differenziertes Zeichnungs- u. Farbmuster im Sperrachen, woran die Jungvögel der W. im Detail angepaßt sind. Außerdem imitieren die Männchen der meisten W. die Gesänge u. Lockrufe der Wirtsvögel, was bei brutbiol. Untersuchungen dazu verhalf, zu den einzelnen Witwenarten die jeweils zugehörigen Prachtfinken ausfindig zu machen. B Mimikry I.

Wobbegong *m* [austral. Name], *Orectolobus maculatus,* ↗Ammenhaie.

Wobble-Hypothese [v. engl. to wobble = schwanken] ↗transfer-RNA.

Wöhler, *Friedrich,* dt. Chemiker, * 31. 7. 1800 Eschersheim bei Frankfurt a.M., † 23. 9. 1882 Göttingen; Prof. in Berlin, Kassel u. Göttingen; zus. mit J. v. ↗Liebig Begr. der modernen Chemie; stellte eine große Zahl organ. Verbindungen als erster dar (z. B. Iodcyan, Cyansäure, Hydrochinon), synthetisierte 1828 als erster eine organ. Substanz (↗Harnstoff) aus einer anorgan. (Ammoniumcyanat) u. widerlegte damit das Konzept einer ↗„Lebenskraft" (vis vitalis, ↗Vitalismus – Mechanismus). B Biologie I, II.

Wohlverleih, die ↗Arnika.

Wohndichte, 1) die ↗Populationsdichte einer Organismenart; ☐ Bevölkerungsentwicklung). 2) Summe der ↗Individuendichten aller in einem Biotop lebenden Arten.

Wohnkammer, der dem jeweiligen Altersstadium entspr. jüngste, vom Tier bewohnte Teil des ↗Kopffüßer-Gehäuses; seine Länge beträgt meist etwa die Hälfte, in Ausnahmen bis zu 1½ Längen des letzten Umgangs; die sog. Endwohnkammer bei adulten Tieren ist i.d.R. um ¹⁄₁₀ kürzer als in früheren Wachstumsstadien. ↗Phragmocon.

Wohnungsmilben, Milben der Fam. *Acaridae* (↗Vorratsmilben), die v. Nahrungsmitteln aus ganze Wohnungen besiedeln können; da sie dann v.a. Schimmelpilze als Nahrung aufnehmen, kommt es nur in feuchten, sonnenarmen Wohnungen zu Massenvermehrungen. W. sind häufig Verursacher schwerer Allergien (↗Hausstaubmilbe). Meist handelt es sich um Vertreter

F. Wöhler

Wolbachieae

Wolf

Einige Unterarten des W.s *(Canis lupus)* (* = Bestand bedroht, † = ausgestorben)

Eur. Wolf
(C. l. lupus)
Ind. Wolf*
(C. l. pallipes)
Japan. Wolf †
C. l. hodophilax)
Mackenzie-Waldwolf
(C. l. occidentalis)
Mongol. Wolf
(C. l. chanco)
Nebraskawolf
(C. l. nubilus)
Rohrwolf †
(C. l. minor)
Rotwolf*
(C. l. niger)
Tundrawolf,
Polarwolf
(C. l. tundrorum)

Haushund
(C. l. familiaris)

Wolf
(Canis lupus)

der Gatt. *Glyciphagus, Tyrophagus, Dermatophagoides, Carpoglyphus, Lepidoglyphus.*

Wolbachieae [Mz.], Gruppe (Tribus III) der ⁊Rickettsien (T) mit unterschiedl. Zellformen, die in Wirbellosen, meist Gliederfüßern, leben; Wirbeltiere werden normalerweise nicht befallen; die meisten Vertreter konnten noch nicht außerhalb des Wirts kultiviert werden. Die Arten der Gatt. *Wolbachia* (gramnegative, kleine Stäbchen u. Kokken) leben extra- od. intrazellulär in Gliederfüßern, für die sie wahrscheinl. nicht pathogen sind. Die *Rickettsiella*-Arten parasitieren in Insektenlarven u. a. Wirbellosen (z. B. Krebstieren). Den W. werden meist noch die Gatt. ⁊ *Blattabacterium* (Symbionten in Küchenschaben) u. die Gatt. *Symbiotes* (Symbionten in Bettwanzen) zugeordnet.

Wolf, *Canis lupus,* in mehreren U.-Arten (vgl. Tab.) urspr. über fast ganz Eurasien (einschl. Arabien) und N-Amerika verbreiteter Wildhund; Stammform aller Haushunderassen (⁊Hunde); Aussehen ähnl. einem Dt. Schäferhund (B Hunderassen II); Kopfrumpflänge 100–140 cm; Schwanz 30–50 cm lang, buschig, gerade herabhängend; Färbung variabel v. hellgraubraun bis dunkel ockerfarben. Größere Bestände leben heute nur noch im asiat. Teil der UdSSR, in Alaska u. Kanada. Als typ. ⁊Kulturflüchter ist der W. heute in weiten Teilen Europas ausgerottet; er findet sich noch in O-Europa (Sibirien) sowie Restbestände in Spanien, Italien u. Skandinavien. Als Lebensraum bevorzugt der W. Tundra, Waldsteppe u. offene Landschaft; bei starker Bejagung zieht er sich auch in geschlossene Waldgebiete zurück. Wölfe leben in Familienrudeln (Eltern mit den noch nicht geschlechtsreifen Jungen) zus. Rangordnung, ausgeprägte soziale Verhaltensweisen (z. B. Droh- u. Demutsgebärden), Abgrenzen des Jagdreviers (durch Markieren mit Harn u. Kot) u. Verteidigen desselben prägen die Sozialstruktur des W.es. Das „Wolfsgeheul" dient der Verständigung im Rudel (Stimmfühlung) und zw. Nachbarrudeln. Die Nahrung besteht sowohl aus kleinen bis mittelgroßen Wirbeltieren (z. B. Hasen, Nagetiere, Vögel) wie auch aus großen Huftieren (z. B. Hirsch, Elch, Rentier), die nur durch gemeinsame Hetzjagd erbeutet werden können. In Viehherden richteten W.e früher beträchtl. Schaden an. Die noch heute bei vielen Menschen vorhandene „Wolfsfurcht" ist unbegründet: Wölfe meiden die Nähe des Menschen. ☐ Rangordnung; B Europa V, B Polarregion II.

Wolff, 1) *Caspar Friedrich,* dt. Anatom u. Physiologe, * 18. 1. 1733 Berlin, † 22. 2. 1794 Petersburg; Prof. in Petersburg; Mit-Begr. der Embryologie u. Entwicklungsgeschichte; erkannte um 1759, daß bei Pflanzen wie bei Tieren die verschiedenen Organe aus zunächst undifferenziertem Gewebe entstehen u. widerlegte damit die ⁊Präformationstheorie (⁊Epigenese, ⁊Entwicklungstheorien). B Biologie I–III.
2) *Emil* von, dt. Agrikulturchemiker, * 30. 8. 1818 Flensburg, † 26. 11. 1896 Stuttgart; 1854–94 Prof. in Hohenheim; schuf durch seine Untersuchungen über den Nährstoffgehalt der Futter- u. Düngemittel die Grundlage für die heutige Fütterungs- u. Düngerlehre.

Wolffscher Gang [ben. nach C. F. ⁊Wolff], *Urnierengang,* bei Wirbeltieren u. Mensch der *primäre Harnleiter,* Ausführungsgang der Vor- u. Urniere, im ♂ Geschlecht auch der Spermien. ⁊Nierenentwicklung (☐), ⁊Urogenitalsystem.

Wolfsbarsch, *Roccus labrax,* ⁊Sägebarsche. [tern.

Wolfsfisch, *Lycodes esmarki,* ⁊Aalmut-

Wolfsflechte, *Letharia vulpina,* leuchtend gelbe Strauchflechte aus der Fam. ⁊*Parmeliaceae* mit schmalen, bandförm., verzweigten Abschnitten; in der borealen Nadelwaldzone u. in Hochgebirgen der gemäßigten Zone (z. B. in den Alpen, Rocky Mountains), hpts. in kontinentalen Lagen auf der Rinde v. Nadelbäumen, v. a. Lärche. Die W. wurde fr. zum Vergiften v. Wolfsködern verwendet.

Wolfsmilch, *Euphorbia,* Gatt. der ⁊Wolfsmilchgewächse; mit ca. 2000 Arten eine der umfangreichsten Pflanzen-Gatt. überhaupt; Kräuter, Bäume od. Sträucher; führen ⁊Milchsaft in ungegliederten ⁊Milchröhren; oft giftig; ⁊Blütenstand (B) ein ⁊Cyathium (☐). Verbreitung in Tropen, Subtropen u. warm-gemäßigten Gebieten, mit mehr als 20 Arten auch in Mitteleuropa. Heim. Vertreter sind: Die Garten-W. *(E. peplus),* 1jähriges Kraut; Stengel mit gestielten, eiförm. Blättern, Hochblätter kahnförmig gewölbt; lockere, 3–5strahlige Blütendolde, Fruchtkapsel an 3 Kielen mit Flügelleisten; in Gartenunkrautgesellschaften. Die Kleine W. *(E. exigua)* stammt aus dem Mittelmeergebiet; 1jährig; bis 20 cm hoch, reich verästelter Stengel mit linealen, kahlen Blättern; v. a. in Getreideäckern, selten auch in Brachen. Die Kreuzblättrige W. *(E. lathyris),* aufrechte, bis 100 cm hohe, 2jährige Pflanze aus dem östl. Mittelmeergebiet; kreuzweise gegenständ. Blätter ohne Nebenblätter; Schleuderfrucht; gelegentl. in Gärten gepflanzt u. verwildert; soll Wühlmäuse vertreiben. Die Mandelblättrige W. *(E. amygdaloides),* mehrjährig, wintergrün; dichtbeblätterte diesjährige Stengel verholzen u. treiben im nächsten Jahr Stengel mit Blütenständen; die beiden Hochblätter des Einzelblütenstands verwachsen schüsselartig; in krautreichen Laubwäldern. Kulturbegleiter ist die Sonnenwend-W. *(E. helioscopia)* mit vorne fein gezähnten, verkehrt eiförm. Blättern; glatte Fruchtkapsel; in Weinbergen, Äckern, Gärten mit nährstoffreichen

Böden. Die Zypressen-W. *(E. cyparissias)* ist bis 50 cm hoch, mit bläulich-grünen, schmal-linealen Blättern u. zuerst gelben, dann roten Hüllblättern; nichtblühende Triebe dicht beblättert; in Magerrasen, an Böschungen; Zwischenwirt des Erbsenrostes *Uromyces pisi-sativi*. Aus Mexiko stammt der bei uns als Schnitt- od. Topfpflanze beliebte Weihnachtsstern *(E. pulcherrima,* B Südamerika I); am Ende der Äste gelbl., doldenartig angeordnete Cyathien mit zuckerreichen Saft absondernden Nektarien, werden v. einem Kreis leuchtend roter Hochblätter umgeben; Vogelbestäubung; Zuchtformen auch mit rosa, gelbl. oder weißen „Blüten". Ein charakterist. Vertreter der ↗Garigue ist die Dornige W. *(E. spinosa),* die niedrige Dornenpolster bildet. Auf den Azoren, Kanar. Inseln u. Madeira fällt der kandelaberartig verzweigte, an Zweigenden dicht beblätterte Halbstrauch *E. regis-jubae* auf. Ein Dornenstrauch aus Madagaskar mit fingerdicken, graugrünen Ästen, bewehrt mit langen, spitzen Dornen u. hellgrünen Blättern, ist der Christusdorn *(E. milii, E. splendens;* B Afrika VIII); Blüten in verzweigten Ständen, v. leuchtend roten Hochblättern umgeben; in den Tropen häufig gepflanzte lebende Hecke, bei uns Topfpflanze. Sukkulente Vertreter der W., die eine verblüffende Konvergenz zu den Kakteengewächsen aufweisen, besitzen ihre Hauptverbreitung in afrikanischen Trockengebieten; Stammsukkulenz, Reduktion der Blätter, Rippenbildung, Dornen, die Kurzsprossen, Nebenblättern od. Blütenstandsästen entsprechen können. Beispiele: kandelaberwüchsige *E. abyssinica* (O-Afrika), kugelförmige *E. obesa,* dickstämmiges Medusenhaupt *(E. caput-medusae)* mit schlangenförmig herabhängenden Seitenästen und *E. globosa* (Kapland) mit spiralig angeordneten Podarien u. gegliederten Sprossen. Y. S.

Wolfsmilchartige, *Euphorbiales,* Ord. der ↗Rosidae mit den beiden Fam. ↗Pandaceae u. ↗Wolfsmilchgewächse; stets eingeschlechtige Blüten; meist 3fächriger, oberständ. Fruchtknoten; pro Fach 1 (selten 2) hängende, anatrope Samenanlagen.

Wolfsmilchgewächse, *Euphorbiaceae,* Fam. der ↗Wolfsmilchartigen mit über 300 Gatt. und mehr als 5000 Arten, v. a. im trop. Regenwald und in trop. Trockenvegetation hpts. SO-Asiens u. Amerikas. Großer Formenreichtum, wenige allgemeingültige Fam.-Merkmale. Typisch sind monözische, radiäre Blüten, meist nur mit 3–5blättrigem Kelch, Nektardrüsen, oberständ. Fruchtknoten; Frucht aus 3 Fruchtblättern mit 1–2 hängenden Samenanlagen, die bei Reife in 3 sich v. einem Mittelsäulchen lösende Teilfrüchte zerfällt. Daher rührt der nicht mehr gebräuchl. Name *Tricoccae.* Samen mit öl- oder proteinhalt. Nährgewebe u. dem familientyp. Organ ↗Caruncula, einer Wucherung des äußeren Integuments. Außergewöhnliche Befruchtung: ↗Aporogamie. ↗Milchsaft nicht bei allen Vertretern. Innerhalb der Fam. Tendenz zu stark vereinfachtem Blütenbau. Der kompliziert aufgebaute Blütenstand v. *Euphorbia* u. *Dalechampia* wird als Rückentwicklung v. sekundärer Windblütigkeit zu Tierbestäubung angesehen (↗Cyathium, ↗Dollosche Regel). Wichtige Vertreter der W. (vgl. Tab.): Gatt. *Acalypha* (400 Arten, gesamte Tropen, häufig in Bodenschicht der Wälder), an Windbestäubung durch bis zu 2 cm lange Narben u. exponiert hängende, lange Blütenstände angepaßt; *A. hispida* (vermutl. Neuguinea) ist eine beliebte Zierpflanze in trop. Ländern, bei uns Kübel- u. Zimmerpflanze; die bis 50 cm langen, leuchtend roten, quastenart. Ähren trugen ihr den Namen „Roter Katzenschwanz" ein. Zu den dicht behaarten Kräutern der Gatt. *Chrozophora* (v. a. Wüstengebiete N-Afrikas und NW-Indiens) zählt *C. tinctoria* (Mittelmeergebiet), aus dessen Kraut u. Früchten ein Farbstoff zum Färben v. Lebensmittel u. Wein gewonnen wurde. Durch distelartiges Aussehen, Brennhaare (wie bei der heim. ↗Brennessel) und ansehnl. Blüten ist die Gatt. *Cnidoscolus* charakterisiert; eine Art wird in Mittelamerika als lebende Hecke gepflanzt. Die Gatt. *Dalechampia* (100 Arten; Lianen, Sträucher, Halbsträucher; hpts. Brasilien) hat im Bau reduzierte Blüten, die durch Zusammendrängen in köpfchenförm. Blütenstände u. durch zusätzliche, gefärbte Hochblätter, welche die Funktion der Blütenkrone übernehmen, das Aussehen einer zwittrigen Einzelblüte haben. Zur Gatt. *Endospermum* (S-China bis Fidschiinseln) gehört die Art *E. moluccanum,* die in hohlen Zweigen Ameisen Niststätten u. durch Drüsenabscheidungen der Blätter Futter bietet; am längsten bekanntes Beispiel für ↗Myrmekophilie; alte Heilpflanze. Bei der Gatt. *Hura* sind die (bei den W.n gewöhnlich) 3 Fruchtblätter auf 5–20 vermehrt; die unreifen, bis 8 cm erreichenden, dekorativen Kapseln des Sandbüchsenbaums *(H. crepitans)* dienten als Sandbehälter für den Schreibtisch; urspr. beheimatet im mittleren und südl. Amerika, wird er heute in trop. Ländern seiner herzförm., großen Blätter wegen als Ziergehölz gepflanzt. Die Gatt. *Jatropha* hat gut entwickelte Kelch- u. Kronblätter; Nebenblätter vielgestaltig (blattartig, zerschlitzt, zu Dornen od. Drüsen umgebildet); einige Arten Heilpflanzen, so die Purgiernuß *(J. curcas),* deren Samenöl als Abführmittel, aber auch als Brennöl genutzt wird. In Monsungebieten von S- und SO-Asien gedeihen die Gatt. *Mallotus* (ca. 100 Arten), die durch sehr große, schildförm. Blätter auffällt (einige Arten alte Färbe- u. Heilpflanzen), und die Gatt. *Macaranga,* v. der einige Arten ebenfalls

Wolfsmilch
1 Weihnachtsstern *(Euphorbia pulcherrima),* 2 Zypressen-W. *(E. cyparissias)*

Wolfsmilchgewächse
Wichtige Gattungen u. Arten:

Acalypha
↗ *Aleurites*
↗ *Bingelkraut (Mercurialis)*
Chrozophora
Cnidoscolus
Codiaeum
↗ *Croton*
Dalechampia
Endospermum
↗ *Hevea*
Hippomane
Hura
Jatropha
Macaranga
Mallotus
↗ *Maniok (Manihot esculenta)*
Oldfieldia
Phyllanthus
↗ *Rizinus (Ricinus communis)*
Sapium
Toxicodendron
↗ *Wolfsmilch (Euphorbia)*

Wolfspinnen

Myrmekophilie zeigen. Der Milchsaft des Manzanillo-Baums (*Hippomane mancinella*, Karibik) ruft starke Hautreizungen hervor; hat große, fleischige Früchte, die v. Fledermäusen gefressen u. deren Samen so v. den Tieren verbreitet werden. Ein Urwaldriese des afr. Regenwaldes ist *Oldfieldia africana;* er liefert das wertvolle Afr. Teakholz, das im Schiffsbau verwendet wird. Die Gatt. *Phyllanthus* (750 Arten in Tropen bis warm-gemäßigten Gebieten) umfaßt Holzgewächse, Stauden u. Einjährige in mannigfaltigen Wuchsformen, so z. B. die einzige echte Wasserpflanze der Fam., *P. fluitans* (S-Amerika), die erstaunl. der Gatt. *Salvinia* (Schwimmfarne) ähnelt, und *P. speciosus* (Amerika), die Fiederblättchen nachahmt: eigentliche Blätter zu Schuppen reduziert; aus ihren Achseln sprießen Phyllokladien in lanzettl.-ovaler Form; Obst liefern der Stachelbeerbaum (*P. acidus*) und der Ambla- od. Mirobalanenbaum *(P. emblica),* beheimatet in S- und SO-Asien, kultiviert auch in Indien; Früchte mit fleischiger Fruchtwand; schmecken säuerlich; hoher Vitamin-C-Gehalt; Verarbeitung zu Marmelade. In Kapland endemisch ist *Toxicodendron globosum,* dessen Samen u. Früchte einen stark wirksamen, zur Herstellung v. Giftködern für Hyänen benutzten Wirkstoff enthalten. Zur Gatt. *Sapium* zählen Arten, die fr. zur Kautschukgewinnung dienten; Milchsaft anderer Arten dieser Gatt. ist heute noch Ausgangsprodukt für Vogel- u. Fliegenleim, Pfeil- u. Fischgift; aus der fleischigen Fruchtaußenschale von *S. sebiferum* (Mittelchina, in O-Asien kultiviert) wird Talg zu Herstellung v. Kerzen u. Seifen gewonnen. Als „Croton" im Blumenhandel ist der Wunderstrauch *(Codiaeum variegatum),* dessen Blätter in Form u. Farbe stark variieren; der immergrüne Strauch aus dem Malaiischen Archipel und v. den Pazif. Inseln ist bei uns prächtige Topfpflanze, die aber weder Luftzug noch plötzl. Temperaturwechsel verträgt. Y. S.

Wolfspinnen, *Wolfsspinnen,* Lycosidae, Fam. der ↗Webspinnen mit ca. 2500 Arten (70 in Mitteleuropa), über alle Erdteile u. Klimazonen verbreitet. Langbeinige, braun, grau, schwarz u. weiß gezeichnete Spinnen mit charakterist. Augenstellung; Körpergröße reicht v. wenigen mm bis zu mehreren cm (z. B. ↗Taranteln). Fast alle W. bauen kein Fanggewebe, sondern lauern auf Beute u. überwältigen sie in kurzem Sprung od. Lauf. Ausnahmen bilden die mitteleur. Art *Aulonia albimana* u. die in Afrika u. Asien verbreitete Gatt. *Hippasa;* sie bauen bodennah Netze, die jenen der ↗Trichterspinnen ähneln. Die kleineren Arten leben meist frei, viele größere Arten (*Lycosa, Alopecosa, Trochosa*) bauen Erdröhren, die bei manchen sogar mit Deckel verschlossen werden (Konvergenz zu den ↗Falltürspinnen). W. sind am Tag

Wolfspinnen
Einige Arten u. Gattungen mitteleuropäischer Wolfspinnen:
Pardosa: artenreichste Gatt. (40), mit senkrecht abfallenden Prosomaseiten, oft helle Prosomalängsbinden; grau od. braun gefärbt mit hellen u. dunklen Mustern, tagaktiv; *P. lugubris:* sehr häufige Art lichter Wälder, ♂ sehr dunkel mit weißer Zeichnung, ♀ braun gescheckt; *P. purbeckensis:* Art der Küsten, erträgt stundenlange Überflutung; *P. wagleri:* Art der alpinen Geröllhalden sowie Fluß- u. Seenschotter; steingrau gefärbt, läuft sehr gut auf dem Wasser;

Alopecosa: 14 Arten, ähnl. *Pardosa,* Körper u. Extremitäten jedoch plumper; 7–18 mm Körperlänge, Prosoma mit hellem, ungezeichnetem Längsband, Opisthosoma bei manchen Arten mit rautenförm. Muster; tagaktiv; *A. cuneata:* ♂ hat eine deutlich verdickte Vordertibia, die eine Drüse enthält. Bei der Balz beißt das ♀ in die Tibia

↗ *Trochosa*

Pirata: 9 Arten, typische Prosomazeichnung; alle Arten leben in Gewässernähe; häufigste Art: *P. piraticus* mit hellbrauner Färbung u. auffallenden weißen Längsbinden u. Punkten am Opisthosoma; läuft geschickt auf dem Wasser u. taucht gelegentlich; Gespinströhren am Ufer

Arctosa: meist hell gefärbtes Prosoma, unregelmäßig stark gemustertes Opisthosoma u. geringelte Beine; häufigste Art: *A. perita* (9 mm), lebt in Dünen der Meeresküsten u. des Binnenlandes; Gespinströhre mit tunnelartigem Eingang, der bei schlechtem Wetter zugesponnen wird

(*Pardosa, Alopecosa*) od. in der Nacht (*Trochosa,* Taranteln) aktiv. Neben Erschütterungsreizen spielen auch opt. Reize (Kontrastfärbungen, Bewegung) eine bedeutende Rolle bei Beutefang u. Balz. Wahrnehmung polarisierten Lichts u. Sonnen-↗Kompaßorientierung ist bei manchen uferbewohnenden Arten möglich. Viele W. haben eine ausgeprägte Balz. Das Männchen signalisiert mit auffallenden Bewegungen der Taster, der Vorderbeine u./ od. des Opisthosomas Paarungsbereitschaft. Männchen v. *Hygrolycosa rubrofasciata* trommeln mit speziellen Klöppelhaaren auf der Ventralseite des Opisthosomas auf trockenes Laub; Stridulation als Paarungssignal ist v. mehreren Arten bekannt. Bei allen W. trägt das Weibchen den Kokon an den Spinnwarzen festgesponnen mit sich. Nach dem Schlüpfen steigen die Jungen auf den Körper der Mutter u. bleiben dort bis zu einer Woche. Danach zerstreuen sie sich u. beginnen ein eigenständiges Leben. □ 459.

Wolfstrapp, *Lycopus,* Gatt. der ↗Lippenblütler mit ca. 10, v. a. in Eurasien und N-Amerika heim. Arten. Bodenausläufer treibende Stauden mit gezähnten bis fiederspalt. Blättern u. in blattachselständ. Scheinquirlen stehenden, kleinen, weißl. annähernd radiären Blüten. In Mitteleuropa v. a. der im Röhricht, in Seggenbeständen od. im Erlenbruch, an Ufern u. Gräben wachsende Gemeine oder Ufer-W. *(L. europaeus)* mit weißen, im Bereich der Unterlippe rot punktierten Blüten.

Wolfszahnnattern, *Lycodontinae,* U.-Fam. der ↗Nattern; mit vergrößerten Vorderzähnen (Name!). Zu den Augengrubennattern (Gatt. *Bothrophthalmus;* mit auffälligen Vertiefungen – Sinnesgruben – vor den Augen) gehört die bis 1,25 m lange Gestreifte Augengrubennatter (*B. lineatus;* Mittel- und W-Afrika; schwarzrot od. -gelb gestreift, unterseits rot bzw. gelb). Unter den Boazähnern (Gatt. *Boaedon;* trop. und südl. Afrika; bis 1 m lang) kommt die Afrikan. Hausnatter (*B. lineatus;* dunkel- bis olivbraun od. schwarz; ernährt sich v. a. von Nagetieren, Vögeln, Eidechsen) bes. in O-Afrika, in Häusern od. deren Nähe bzw. Abfallhaufen vor. Die süd- u. ostafrikan., schlangenfressenden (auch Giftschlangen) Feilennattern (Gatt. *Mehelya;* zieml. gleichförmig gefärbt; Name wegen der im Querschnitt 3kantigen Körperform, Schuppen dicht gekielt) bevorzugen wie die Kap-Feilennatter (*M. capensis;* über 1,5 m lang; olivgrau bis schwarz; ♀ legt ca. 6 Eier in verrottendes Unterholz) Savannenlandschaften. Oberseits dunkelbraun bis schwarz u. hellgefleckt (Flanken u. Unterseite gelbl. mit dunklen Flecken) ist die Madagaskarnatter (*Lioheterodon madagascariensis;* bis 1,5 m lang); hat eine vorspringende, zugespitzte Schnauze u. große Augen mit runder Pupille. Die nordamerikan. Regenbogennattern (Gatt. *Abastor*) haben eine grabende Lebensweise u. sind schillernd gefärbt; *A. erythrogrammus* (bis 1,25 m lang; im SO der USA beheimatet) hat auf schwarzem Rücken 3 gelbe Längsstreifen sowie einen weiteren längs der Flanken; roter Bauch mit einer doppelten Längsreihe gelber Flecken. Ein ähnl. Schuppenkleid besitzen die Schlammnattern (Gatt. *Farancia*), jedoch ist die Schwanzspitze mit einem horn. Stachel versehen; *F. abacura* (bis 1,25 m lang; lebt im SO der USA) kann bis zu 104 Eier auf einmal legen; als Nahrung dienen u. a. Frösche, Fische u. große Molche. Die kleinen, ziemi. gleichförmig gefärbten Wolfsnattern (Gatt. *Lycophidion*) bevorzugen die trokkeneren Landschaften Afrikas; Oberkiefer u. bezahnter Teil des Unterkiefers winkelig einwärts gebogen. Bei den W. i. e. S. (Gatt. *Lycodon*) hat der Oberkiefer 2–6 verlängerte Vorderzähne; mit 4 Arten in SO-Asien zu Hause; verzehren Geckos u. Mäuse.

Wolga *w* [ben. nach dem russ. Fluß], Gatt. der ↗Rädertiere (Ord. *Monogononta*) mit einer kleinen, derb gepanzerten Art *W. spinifera*.

Wolhynisches Fieber, *Fünftagefieber, Febris quintana,* dem ↗Fleckfieber ähnl. Erkrankung des Menschen durch *Rickettsia quintana* (= *Rochalimaea quintana,* ⊤ Rickettsien), bekannt geworden in den beiden Weltkriegen in den Wolhynischen Sümpfen (UdSSR); Überträger ist die Menschenlaus *Pediculus* (↗Kleiderlaus, ⊤). Symptome: meist in fünftägigen Perioden auftretende Fieberschübe, Gliederschmerzen u. Milzschwellung. [affen.

Wollaffen, Gatt. der ↗Klammerschwanz-
Wollafter, *Eriogaster lanestris,* ↗Glucken.
Willäuse, die ↗Schmierläuse.
Wollbaumgewächse, die ↗Bombacaceae.
Wollbienen, *Anthidium,* Gatt. der ↗Megachilidae.

Wolle, abgeschnittenes Haar v. Schafen, Ziegen (Mohair-W.), Lamas (Alpaka-W.), Angorakaninchen usw. Roh-W. besteht zu 20–50% aus Proteinfasern (in α-Helix vorliegende ↗α-Keratine), 6–17% Wollfett (↗Lanolin), 10–30% Wollschweiß sowie Verunreinigungen. W., die mengenmäßig wichtigste tier. Faser, findet vielseitige Verwendung z. B. für Textilien u. Filz.

Wollfett, *Wollwachs,* das ↗Lanolin; ↗Wolle.
Wollgras, *Eriophorum,* Gatt. der ↗Sauergräser, mit 15 Arten v. a. im gemäßigten bis subarkt. Bereich der N-Halbkugel verbreitet. Die monoklinen Blüten bilden je nach Art 1 oder mehrere köpfchenart. Ähren. Zur Fruchtzeit fallen die Arten durch ihren dichten, weißen Wollschopf auf, der aus sekundär vermehrten u. verlängerten Perigonborsten gebildet wird. Das horstbildende Scheidige W. oder Moor-W. (*E. vaginatum,* B Europa VIII) ist als Charakterart der ↗Oxycocco-Sphagnetea eine Hochmoorart. In basenärmeren Niedermooren findet sich das rasenbildende Schmalblättrige W. (*E. angustifolium*), in basenreicheren Niedermooren u. Quellsümpfen wird es durch das nach der ↗Roten Liste „gefährdete" Breitblättrige W. (*E. latifolium*) abgelöst. Das „vom Aussterben bedrohte" Schlanke W. (*E. gracile*) ist eine Art der Zwischenmoore, Scheuchzers W. (*E. scheuchzeri,* B Polarregion II) kommt in alpinen Mooren vor.

Wollhaar, das ↗Flaumhaar.
Wollhandkrabbe, *Eriocheir sinensis,* Art der *Grapsidae* (↗Felsenkrabben), die urspr. im chin. Tiefland beheimatet ist, aber seit 1912 auch in Europa auftritt, wahrscheinl. mit Ballastwasser eingeschleppt. Die Scheren der 7,5 cm Größe erreichenden Männchen sind mit einem dichten Pelz v. Haaren besetzt. Die W. hat sich sehr schnell in Dtl. und Europa ausgebreitet: bereits 1935 wurden in der Elbe 500 000 kg gefangen. Zur Fortpflanzung müssen die Tiere das Meer aufsuchen. Während dieser Rückwanderung reifen die Ovarien u. Hoden, u. die Tiere paaren sich in riesigen Mengen in den Flußmündungen, v. a. im Elbe-, Weser- u. Rhein-Ästuar. Die Zoëa-Larven schlüpfen im späten Frühjahr; danach sterben die Adulten. Schon die Megalopa-Stadien lassen sich mit dem Tidenstrom flußaufwärts tragen. Die jungen Krabben bleiben im 1. Jahr im Tidenbereich, im 2. Jahr, mit 20 bis 25 mm Länge, beginnen sie flußaufwärts zu wandern, 1 bis 3 km pro Tag, meist nachts im tiefen Wasser. Dämme, Schleusen u. a. überwinden sie durch Umwege über Land, wo sie sich tagelang aufhalten können. Die Tiere bleiben am Ende des 2., 3. oder 4. Jahres in Teichen, Tümpeln u. Seen. Im Alter von 5 Jahren beginnt die Rückwanderung zu den Flußmündungen. Die Tiere sind Allesfresser; sie holen Fische aus Netzen. Da sie in Massen auftreten, sind sie durch die Zerstörung v. Fischnetzen und bes. durch die tiefen Höhlen u. Gänge, die sie in Deiche u. Dämme graben, sehr schädl. An Schleusen u. Wehren werden sie mit automat. Fanganlagen tonnenweise (unterhalb Hamburg bis zu 125 Tonnen pro Jahr, das sind viele Mill. Tiere) gefangen u., da sie als Speisekrebse kaum zu gebrauchen sind, zu Viehfutter od. Dünger verarbeitet.

Wollkäfer, *Lagriidae,* Fam. der polyphagen ↗Käfer (⊤) aus der Gruppe der ↗Heteromera; weltweit ca. 600, bei uns nur 2 Arten in der Gatt. *Lagria;* längl., nach hinten etwas bauchig erweiterte, gelbbraune, lang wollig behaarte Elytren. Bei uns v. a. der 7–10 mm große *L. hirta,* der im Frühsommer überall in der Vegetation zu finden ist.

Wollkrabben, *Dromiidae,* Fam. der ↗Rükkenfüßer; die ca. 150 Arten bedecken u. maskieren ihren Körper mit Fremdkörpern. In einfachen Fällen, bei *Hypoconcha* u. *Conchoecetes,* werden Muschelschalen

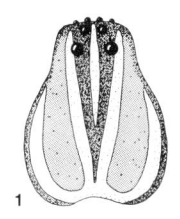

Wollkrabben

Wolfspinnen

1 *Pirata*: typische Prosomazeichnung;
2 *Alopecosa*: ♂ bei der Balz; 3 *Pardosa*: ♀ mit Eikokon

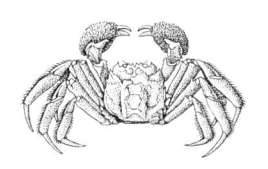

Wollhandkrabbe
(*Eriocheir sinensis*)

Wollmaki

mit den beiden letzten Beinpaaren über dem Rücken getragen. Die eigtl. Wollkrabbe *(Dromia personatus)*, bis 5 cm groß, bedeckt ihren stark gewölbten, fast halbkugeligen Körper mit einem Schwamm (z. B. *Suberites*), aus dem sie dazu ein zu ihrer Körpergröße passendes Stück herausschneidet. Die Tiere sind dadurch gg. Feinde weitgehend geschützt. Die im indopazif. Raum lebende *Pseudodromia* läßt sich v. einer Seescheidenkolonie so weit einwachsen, daß nur noch eine Öffnung für die Gliedmaßen bleibt.

Wollmaki [v. madagass. maky], *Avahi laniger*, ↗ Indris.

Wollmäuse, *Chinchilla,* Gatt. der ↗ Chinchillas.

Wollraupenspinner, die ↗ Glucken.

Wollrückenspinner, die ↗ Eulenspinner.

Wollschwanzhasen, die ↗ Rotkaninchen.

Wollschweber, *Hummelfliegen, Schweber, Trauerschweber, Bombyliidae,* Fam. der ↗ Fliegen mit ca. 3000, in Mitteleuropa über 100 Arten. Die gedrungen gebauten, ca. 12 mm großen, dicht behaarten u. oft mit Pollen bestäubten Insekten v. oft hummelähnl. Gestalt u. Färbung fallen durch ihren gewandten Flug auf: Im Schwebflug „stehen" sie häufig vor Blüten u. saugen mit dem langen Rüssel Nektar; typ. ist die Beinhaltung während des Rüttelflugs: die Hinterbeine werden nach oben gestreckt, Mittel- u. Vorderbeine nach vorne. Die Larven entwickeln sich parasit. bei anderen Insekten, häufig bei solitären Wespen od. Bienen; die Eier werden während des Fluges in das Netz des Wirtes „geschossen" od. neben dem Eingang abgelegt. Mit feinem Sand überzogen werden dabei die Eier der Arten *Bombylius vulpinus* u. *Villa quinquefasciata.* Hellgelb bis braun gefärbt sind die 10 bis 15 mm großen Imagines der Gatt. *Bombylius;* die dunkel gefärbten, ca. 9 mm großen Trauerschweber der Gatt. *Anthrax* findet man häufig an sonnigen Stellen am Boden sitzend.

Wollspinner, die ↗ Trägspinner.

Wollwachs, auch *Wollfett,* das ↗ Lanolin; ↗ Wolle.

Wolterstorffina w, Gatt. der Kröten mit 2 kleinen (3,5 cm) Arten im trop. W-Afrika auf dem Kamerunberg u. dem Obudo-Plateau in Nigeria; schlanke, lebhafte Kletterer.

Wombats [Mz.; austral. Eingeborenenname], *Plumpbeutler, Vombatidae,* Fam. der ↗ Beuteltiere mit nur 2 rezenten Arten, in Australien u. Tasmanien; plumper Körperbau; variabel in Körpergröße u. Fellfärbung; Kopfrumpflänge 70–100 cm. W. sind Pflanzenfresser mit einem ↗ Nagegebiß. Sie graben ausgedehnte Erdbaue; W. wurden deshalb als „Schädlinge", aber auch wegen ihres Fleisches („Dachsschinken") v. den austr. Siedlern verfolgt. Heute gelten Nacktnasen-W., *Vombatus ursinus,* u. Haarnasen- od. Breitstirn-W., *Lasiorhinus* (= *Phascolomys*) *latifrons,* als bedroht.

Wollschweber
(Bombylius spec.)

Wucherblume
1 Margerite *(Chrysanthemum leucanthemum),* 2 Rainfarn *(C. vulgare),* 3 Chrysantheme *(C. Téméraire)*

Nacktnasen-Wombat
(Vombatus ursinus)

Woodsia w [ben. nach dem engl. Botaniker J. Woods, 1776–1864], der ↗ Wimperfarn.

Woodward [wudwᵉrd], *Robert Burns,* amerikanischer Chemiker, * 10. 4. 1917 Boston, † 8. 7. 1979 Cambridge (Mass.); seit 1950 Prof. in Cambridge (Mass.); herausragender Forscher auf dem Gebiet der Synthese biochem. wichtiger organ. Verbindungen; 1944 Totalsynthese des Chinins, 1951 Synthese der Steroide Cholesterin u. Cortison, 1954 v. Strychnin u. Lysergsäure, 1956 v. Reserpin, 1960 Totalsynthese des Chlorophylls, 1962 Synthese der Tetracycline, 1971 v. Vitamin B_{12}; erhielt 1965 den Nobelpreis für Chemie. ☐ 461.

World Wildlife Fund m [ᵘörld ᵘaildlaif fand; engl., = Weltbund (zum Schutz des Wildlebens], Abk. *WWF,* 1961 (als WWF-International) gegr. Weltverband zum Schutz wildlebender Tiere u. Pflanzen; setzt sich insbesondere auch für die Erhaltung der natürl. Lebensräume v. Tieren u. Pflanzen ein; betreibt intensive Öffentlichkeitsarbeit; arbeitet eng mit der ↗ IUCN (↗ Artenschutz, ↗ Artenschutzabkommen) zus., stellt Geldmittel bereit, u. a., um wichtige, schutzwürdige Biotope zu kaufen. Wappentier der WWF ist der Große Panda (↗ Bambusbär, ☐). ↗ Naturschutz.

Wrackbarsche, *Polyprion,* Gatt. der ↗ Sägebarsche. Hierzu der bis 2 m lange, graubraune Atlantische W. *(P. americanus)* v. a. des trop. Atlantik u. des Mittelmeeres mit stachel. Kopf, gedrungenem Körper u. weiß gesäumter Schwanzflosse. Junge W. halten sich gern an schwimmenden Wrackteilen u. anderem Treibgut auf.

Wucherblume, *Chrysanthemum,* nahezu ausschl. über die gemäßigten Zonen der N-Halbkugel verbreitete Gatt. der ↗ Korbblütler (T) mit ca. 200 Arten, v. denen die Mehrzahl in Europa, bes. im Mittelmeergebiet u. in Vorderasien, heim. ist. Kräuter, Stauden od. Halbsträucher mit gezähnten bis fiederspalt. Blättern u. einzeln stehenden od. in Doldentrauben angeordneten Blütenköpfen. Diese bestehen gewöhnl. aus zwittrigen, meist gelben (grünl. oder dunkelbraunen), röhrenförm. Scheibenblüten mit 5zipfliger Krone und zungenförm., weiß, rot od. gelb gefärbten, ♀ Randblüten. Bekannteste einheim. Art ist die formenreiche, heute in der gemäßigten Zone weltweit verbreitete Gewöhnliche W. oder Margerite, *C. leucanthemum* (in Fettwiesen u. -weiden, in Brachen u. an Wegen; B Europa XVII), mit relativ kleinen, spatelförm., am Rande kerbig gezähnten bis fiederlapp. Blättern u. großen, einzeln stehenden Blütenköpfen aus gelben Scheiben- u. weißen Strahlenblüten. Der in der gemäßigten Zone heute ebenfalls weltweit verbreitete, aromat. duftende Rainfarn, *C. vulgare, Tanacetum vulgare* (in staudenreichen Unkraut-Ges., an Wegen, Schuttplätzen, Dämmen u. Ufern; B Europa XVII), besitzt zahlr. kleine gelbe, nur aus Röhrenblüten bestehende Köpfchen. Er enthält an Thujon reiches äther. Öl (fr. Wurmmittel). Eine alte Heil- u. Gewürzpflanze ist das gelegentlich noch kultivierte Balsamkraut *(C. balsamita)*. Zahlr. Arten der Gatt., wie die einheimische Margerite *(C. leucanthemum)*, Riesenmargerite, *C. maximum* (Pyrenäen), Strauchmargerite, *C. frutescens* (Kanarische Inseln), Goldblume, *C. coronarium* (Mittelmeergebiet) u. die früher als Heilpflanze genutzte Röm. Kamille oder Mutterkraut, *C. parthenium* (östl. Mittelmeerraum), werden in verschiedenen, z. T. „gefüllten" Zuchtformen (↗ gefüllte Blüten) als Garten- u. Schnittblumen kultiviert. Bei weitem bedeutendste Zierpflanze der Gatt. ist jedoch die in China bereits um 500 v. Chr. bekannte, in Europa jedoch erst seit Ende des 18. Jh.s gezüchtete Gartenchrysantheme od. Winteraster *(Chrysanthemum × hortorum)*. Sie stammt u. a. von den ostasiat. Arten *C. indicum* (B Asien V) und *C. morifolium* ab, ist ausdauernd u. besitzt aromat. duftende, eiförm., buchtig-fiederlapp. Blätter u. in Größe, Form u. Farbe außerordentl. vielgestaltige Blütenköpfe. Einige Sorten sind winterhart u. eignen sich als spätblühende Gartenstauden, andere Sorten werden als Schnittblumen in Gewächshäusern gezogen. Die weiß, gelb, hell-lila oder bräunl. (bis rötl.) gefärbten Blütenköpfe können u. a. margeritenähnl. aussehen (ungefüllte Formen) od. nur aus ein- od. auswärts gebogenen Zungenblüten bestehen (ballförmige, gefüllte Formen). Einige Arten der W., wie etwa *C. cinerariifolium* (östl. Mittelmeergebiet) und *C. coccineum* (Vorderasien), werden wegen ihres Gehalts an für alle Arten v. Insekten u. manche Würmer äußerst giftigen ↗ Pyrethrinen zur Herstellung v. ↗ Insektiziden verwendet.

Wuchereria w [ben. nach dem dt. Arzt O. Wucherer, 19. Jh.], *W. bancrofti*, eine tropische ↗ Filarie aus der Fam. Onchocercidae; ♂ 4 cm, ♀ bis 10 cm lang (⌀ 0,3 mm); einer der beiden Erreger der ↗ Elephantiasis.

Wuchsform, Bez. des Gestaltungstyps v. Pflanzen mit gleichen äußeren Organisationsmerkmalen, wie z. B. Gräser, Kräuter, Sträucher, Bäume, Schwimmblattpflanzen. Im Ggs. zu den ↗ Lebensformen (☐) klassifiziert man hier nicht primär nach ökolog. Gesichtspunkten (z. B. Lage der Erneuerungsknospen, Art der Ausbreitung), sondern nach der äußeren Erscheinung. So gehören die W.en Bäume (↗ Akrotonie) u. Sträucher (Ausnahme: Zwergsträucher; ↗ Basitonie) zu der Lebensform ↗ Phanerophyten.

Wuchsstoffe, Pflanzen-W., die ↗ Phytohormone, i. e. S. die ↗ Auxine.

Wühler, Cricetidae, den ↗ Mäusen *(Muridae)*, ↗ Blindmäusen *(Spalacidae)* u. ↗ Wurzelratten *(Rhizomyidae)* gegenübergestellte Fam. der ↗ Mäuseverwandten mit 5

R. B. Woodward

Wühler
Unterfamilien:
Eigentl. Wühler *(Cricetinae)*
↗ Madagaskarratten *(Nesomyinae)*
↗ Mähnenratten *(Lophiomyinae)*
↗ Wühlmäuse *(Microtinae)*
↗ Rennmäuse *(Gerbillinae)*

Gattungsgruppen der Eigtl. Wühler *(Cricetinae)*:
Neuweltmäuse *(Hesperomyini)*
↗ Hamster *(Cricetini)*
Afr. ↗ Hamster *(Mystromyini)*
↗ Blindmulle *(Myospalacini)*

Wulstlingsartige Pilze
Wichtige Arten der Gatt. *Amanita*:
A. caesarea Pers. (Kaiserling, guter Speisepilz)
A. muscaria Hook. (↗ Fliegenpilz)
↗ Knollenblätterpilze
A. spissa Kummer (Grauer Wulstling, eßbar)
A. rubescens S. F. Gray (Perlwulstling, Perlpilz, eßbar)
A. pantherina Secr. (Pantherpilz, sehr giftig)
A. vaginata Quél. (Grauer Scheidenstreifling, eßbar)

U.-Fam. (vgl. Tab.) und insgesamt etwa 2000 Arten. W. sind i. d. R. bodenlebende Nagetiere, die Gänge graben u. sich hpts. v. Pflanzenkost (daneben auch v. wirbellosen Tieren) ernähren. Zu den W.n gehören u. a. so bekannte Gruppen wie ↗ Hamster, ↗ Lemminge, ↗ Wühlmäuse u. ↗ Feldmäuse. Als Eigentl. W. *(Cricetinae)* faßt man 4 Gatt.-Gruppen zus. (Tab.). – Schnell-W., ↗ Wurzelratten.

Wühlmäuse, i. w. S. die *Microtinae*, U.-Fam. der ↗ Wühler, mit den ↗ Lemmingen, den Mull-↗ Lemmingen u. den in der Alten u. Neuen Welt artenreich vertretenen Eigentl. W.n *(Microtini)*. Letztere sind reine Bodentiere; sie wirken plumper als ↗ Mäuse durch gedrungenen Kopf mit stumpfer Schnauze u. kurzen Ohren (meist im Fell verborgen) u. den relativ kurzen Schwanz (dünn behaart, mit deutl. Ringen). Die Kauflächen der Backenzähne weisen etwa dreieckige artspezif. Schmelzschlingen auf. W. halten keinen Winterschlaf. Zu den Eigentl. W.n gehören z. B. ↗ Bisamratte, ↗ Rötel-, ↗ Scher- u. ↗ Feldmäuse. B Europa XVI.

Wühltejus, *Bachia,* Gatt. der ↗ Schienenechsen.

Wulstlinge, *Amanita,* Gatt. der ↗ Wulstlingsartigen Pilze.

Wulstlingsartige Pilze, Amanitaceae, Fam. der ↗ Blätterpilze, umfaßt Pilze mit dünnfleischigem bis fleischigem Hut (Rand nicht eingerollt) u. zentralem Stiel. Der Stielgrund ist oft wulstig angeschwollen, knollig, zwiebel- od. rübenartig. Das Velum universale kann als deutl. Scheide (Volva) den Stielgrund umgeben, bis auf Flocken reduziert od. verschleimt sein, das Velum partiale als Manschette am Stiel zurückbleiben od. fehlen (☐ Blätterpilze). Der Lamellenansatz ist frei od. fast frei *(= Freiblättler)*. Die Vertreter der Gatt. *Limacella* (↗ Schleimschirmlinge) haben einen Hut, der feucht stark schleimig ist; die Arten der Gatt. *Amanita* (Wulstlinge, Scheidenstreiflinge) besitzen dagegen keinen schleimigen, höchstens feucht etwas klebrigen Hut. Einige Vertreter der Gatt. *Amanita* sind gute ↗ Speisepilze (vgl. Tab.), andere hingegen tödl. ↗ Giftpilze (↗ Knollenblätterpilze, ↗ Fliegenpilz). In Europa findet man ca. 35 *Amanita-* u. etwa 8 *Limacella-*Arten.

Wulstschnecken, die ↗ Purpurschnecken.
Wunderbakterium ↗ Serratia (T).
Wunderbaum, die Gatt. ↗ Rizinus.
Wunderblume, *Mirabilis,* Gatt. der ↗ Wunderblumengewächse mit 60 Arten, v. a. in Amerika (u. im Himalaya) verbreitet. Von den staudenförm. W.n-Arten ist bes. *M. jalapa* als Zierpflanze bekannt; die Wurzel dient als Ersatz des echten Jalapa (Abführmittel). C. E. ↗ Correns erforschte an dieser Art die Vererbungsregeln. ☐ 462.

Wunderblumengewächse, Nyctaginaceae, Fam. der ↗ Nelkenartigen, mit ca. 30 Gatt.

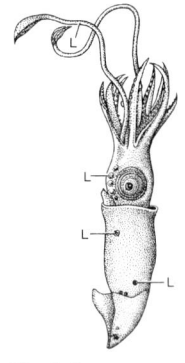

Wunderlampe

(vgl. Tab.) und 290 Arten pantropisch (v. a. Amerika) verbreitet. Die W. besitzen ganzrand., gegenständ. Blätter; Nebenblätter fehlen; die ↗Blütenformel der radiären Blüten ist meist P(5) A1–5 G1 mit am Grund verwachsenen Staubfäden – danach sind die W. den ↗Kermesbeerengewächsen nah verwandt. Der untere Teil der Blütenhülle verbleibt um die Samenanlage als Schutz- u. Ausbreitungsorgan *(Anthokarp).* Häufig ist anomales sekundäres Dickenwachstum. Bei der Gatt. *Abronia* ist das 2. Keimblatt auf ein winziges Spitzchen reduziert; zur pantrop. zweihäusigen Gatt. *Pisonia* gehört der Kohlbaum *(P. alba),* der im Malaiischen Archipel als Gemüse kultiviert wird.

Wunderlampe, *Lycoteuthis diadema,* Kalmare (Fam. *Lycoteuthidae,* U.-Ord. ↗*Oegopsida*) mit zylindr., muskulösem Mantel, die gut schwimmen können. Bisher wurden nur ♀♀ gefangen (bis 8,3 cm Mantellänge), deren Mägen Reste v. Krebsen u. Fischen enthielten. Am Körper sind 22 Leuchtorgane verteilt, die 10 verschiedenen Bautypen zuzuordnen sind u. Licht in 4 Farben erzeugen (↗Leuchtorganismen). Die W. ist v. a. in den Meeren der S-Hemisphäre in Tiefen bis 3000 m verbreitet.

Wundernetz, das ↗Rete mirabile.

Wundheilung, 1) Bot.: Bez. für den selbständigen Verschluß v. Verletzungen u. den Ersatz verlorengegangener Strukturen *(Restitution).* So reembryonalisieren bei krautigen Pflanzen zunächst Parenchymzellen in Wundnähe u. bilden durch erhöhte Teilungsaktivität eine Zellwucherung *(Wund-*↗*Kallus).* Bei verholzten Pflanzen geht der Wundkallus meist aus dem Kambium hervor. Später setzt im Kallus durch den Einfluß eines wechselnden Konzentrationsverhältnisses an Phytohormonen eine Differenzierung einiger Kalluszellen ein, die zu dem passenden Regenerat führen: so werden Sproß- od. Wurzelvegetationspunkte gebildet, Leitelemente ersetzen unterbrochene Verbindungen innerhalb des Xylems od. Phloems. Verlorene Blattspreiten werden nur in sehr seltenen Fällen ersetzt. Das Auftreten v. speziellen ↗*Wundhormonen* ist nach neueren Untersuchungen eher unwahrscheinl. geworden. Nach außen bildet der Kallus ein wundverschließendes, stets dünnwandiges korkähnl. Gewebe, den *Wundkork,* der den Wasserverlust u. das Eindringen v. Krankheitskeimen verhindert. Bei Verletzungen der sekundär verdickten Sproßachse bildet sich ein *Wundholz* aus, das durch ↗*Überwallung* die Verletzungen ausgleicht u. reich an isodiametrischen, aber arm an faserförm. Zellen ist. ↗Baumwachs, ↗Exsudation, ↗Regeneration. 2) Zool.: Bei Tieren u. Mensch können 3 Stadien der W. unterschieden werden: In der *Substratphase* kommt es zur Exsudation (↗Entzündung, ↗Blutgerinnung) und zum Abbau v. zerstörtem Ge-

Wunderblumengewächse
Wichtige Gattungen:
Abronia
↗ *Bougainvillea*
Pisonia
↗Wunderblume *(Mirabilis)*

Wunderlampe
W. *(Lycoteuthis diadema),* L = Leuchtorgane

Wundklee
(Anthyllis vulneraria)

Wunderblume
(Mirabilis jalapa)

webe, in der *Kollagenphase* wird die Reparatur mittels Bindegewebszellen eingeleitet (↗Bindegewebe) u. in der *Differenzierungsphase* (soweit möglich) die urspr. Gewebssituation wiederhergestellt (hierbei sind die Neubildung v. Kapillaren, Vermehrung v. Bindegewebs- u. Epithelzellen u. die Bildung ↗kollagener Fasern beteiligt). Bei der *primären W.* wird der Wundverschluß innerhalb von 4–6 Tagen mit völliger ↗Regeneration erreicht. Die *sekundäre W.* (nach Wundinfektion od. bei nekrotischen Wundrändern) verläuft wesentl. langsamer u. führt zur Bildung eines nicht mehr ursprünglich funktionstüchtigen ↗Narben-Gewebes. ↗Fibroblasten, ↗Granulationsgewebe.

Wundhormone, *Nekrohormone,* bei der Verletzung v. Pflanzen freigesetzte Substanzen, die über das Gefäßsystem transportiert werden u. die Synthese v. Proteinase-Inhibitoren induzieren sollen; W. sind vermutl. Poly- bzw. Oligosaccharide (↗Elicitoren). ↗Wundheilung.

Wundklee, *Anthyllis,* Gatt. der ↗Hülsenfrüchtler mit ca. 30, im Mittelmeerraum verbreiteten Arten. Eine Sammelart ist der Gemeine W. *(A. vulneraria).* Unpaar gefiederte Blätter, goldgelbe, im oberen Teil des Schiffchens zuweilen blutrote Blüten, diese in kugeligen Köpfchen zusammengefaßt. Vorkommen in sonnigen Kalkmagerrasen; Hummelblume; selten angebaute Futterpflanze; früher Wundheilmittel.

Wundstarrkrampf, *Starrkrampf, Tetanus,* eine durch den Tetanusbacillus *(Clostridium tetani,* ↗Clostridien) hervorgerufene Infektionskrankheit mit einer Inkubationszeit von 4–60 Tagen, die – unbehandelt – bei Mensch u. Haustieren oft zum Tode führt. Das Toxin des ubiquitär in Erde u. „Schmutz" verbreiteten T.erregers (↗Tetanustoxine, ↗Exotoxine) dringt in Wunden ein (Schnitt, Biß od. sonstige, auch kleinste Verletzungen) u. führt über eine Lähmung motor. Nervenendigungen zu Krampferscheinungen im Bereich der gesamten Muskulatur (meist beginnend mit Kiefer- u. Zungenmuskeln – sog. Sardonisches Lächeln). Die Vorbeugung gegen W. besteht in ↗aktiver Immunisierung u. Auffrischungsimpfungen alle 10 Jahre. Nach Verletzungen wird bei unklarem Tetanusschutz aktiv u. passiv (mit Immunglobulinen) geimpft.

Wundtumoren-Virusgruppe, *Phytoreovirus,* Gatt. der ↗Reoviren.

Wurf, bei Säugetieren die v. demselben Muttertier u. zu gleicher Zeit zur Welt gebrachten Jungtiere. Die ungefähre W.größe ist arttypisch (↗Mehrlingsgeburten) u. läßt sich aus der Anzahl der ausgebildeten Zitzen abschätzen.

Würfelbein, *Kuboid, Os cuboideum,* Ersatzknochen der Fußwurzel (Tarsus), an der Außenseite des Fußes gelegen, vor dem ↗Fersenbein, neben den ↗Keilbeinen.

Am W. setzen die beiden äußeren Zehenstrahlen an.

Würfelfalter, Bez. für einige Arten der ↗ Dickkopffalter u. ↗ *Nemeobiidae.*

Würfelnatter, *Natrix tessellata,* Art der ↗ Wassernattern; 75–150 cm lang; im (oft Stunden unter) od. am Wasser in Mittel- und S-Europa (nicht S-Italien), W- und Mittelasien; in der BR Dtl. selten (nur Rhein-, Mosel-, Nahe-, Lahntal), in der DDR bei Meißen u. Pirna, in Östr. im Donautal, in der Schweiz im Tessin u. am Vierwaldstätter See. Augen u. Nasenöffnungen etwas nach oben gerichtet, Pupille rund; oberseits olivgrau bis graubraun gefärbt mit dunkler Würfelzeichnung od. Flecken; unterseits gelbrötl.; Schuppen auf dem Rücken u. der Schwanzoberseite stark gekielt; oft mit dunklem, winkelförm. Nackenfleck. Ernährt sich v.a. von kleinen Fischen (fischereiwirtschaftl. jedoch ohne Bedeutung). Das ♀ legt im Sommer 4–25 Eier in Baumhöhlen, Laub od. Komposthaufen; Jungtiere (ca. 16 cm lang) schlüpfen im Aug./Sept.; sehr bewegl., schwimmt u. taucht gut; zischt bei Gefahr. Nach der ↗ Roten Liste „vom Aussterben bedroht". B Reptilien II.

Würfelquallen, Feuerquallen, Cubomedusae, Ord. der ↗ *Scyphozoa* mit 16 Arten, die meist die Schelfregion warmer Meere bewohnen. Sie haben einen 5–25 cm hohen Schirm, der oft Würfelform aufweist. An jeder Ecke sitzen Tentakel (einzeln od. in Büscheln). Interessant ist, daß die W. in Analogie zum Velum der Hydromedusen durch eine Falte der Subumbrella ein Velarium ausbilden, das dieselbe Funktion hat. Oberhalb des Schirmrandes liegen symmetrisch angeordnet 4 tiefe Taschen, in denen je ein Sinneskolben steht (Augen, statisches Organ). Die Eier werden im Gastralraum besamt u. als Planulae ausgestoßen. Bei der Gatt. *Tripedalia* sind komplizierte Paarungstänze bekannt, bei denen die Spermien als Spermatophoren übertragen werden. Einmal wurde bisher die Entwicklung über einen Polypen im Aquarium beobachtet. W. sind Räuber u. ernähren sich v. Fischen. Die Wirkung ihres Nesselgiftes ist stark u. auch für den Menschen gefährlich (↗ Seewespe, ↗ *Chironex*). Eine Art, ↗ *Charybdea marsupialis,* kommt in 500–1000 m Tiefe im Mittelmeer vor. – Nach neuester Auffassung gelten die W. als eigene Kl. innerhalb der *Cnidaria* (↗ Nesseltiere).

Würger, *Laniidae,* Fam. mittelgroßer ↗ Singvögel mit 62 hpts. in der Alten Welt vorkommenden Arten; besitzen einen langen stufigen Schwanz u. eine hakenförmig gebogene Schnabelspitze; machen v. erhöhter Warte (Buschspitzen, Zäune) aus Jagd auf Insekten u. kleine Wirbeltiere, die sie häufig auf Dornen aufspießen oder zw. Äste einklemmen, um sie dort leichter zerreißen zu können. Lebensraum sind Waldränder u. buschreiches offenes Gelände, bei den mitteleur. Arten bes. auch Streuobstflächen. Alle 4 in Dtl. brütenden Arten stehen auf der ↗ Roten Liste. Mit einer Länge von 24 cm ist der Raub-W. (*Lanius excubitor,* „vom Aussterben bedroht") die größte Art; er ist schwarz-weißgrau gefärbt u. überwintert auch im Brutgebiet, im Ggs. zum ähnlichen, etwas kleineren Schwarzstirn-W. (*L. minor,* „vom Aussterben bedroht"), der durch ein schwarzes Stirnband u. eine rötl. überflogene Unterseite gekennzeichnet ist; er rüttelt häufig bei der Nahrungssuche; wärmeliebend; leidet unter dem Verlust an alten Obstwiesen u. Hecken in der Agrarlandschaft u. dem Einsatz v. Insektiziden, ebenso wie der 17 cm große Rotkopf-W. (*L. senator,* „vom Aussterben bedroht", B Europa XX). Die kleinste eur. Art, der Neuntöter od. Rotrücken-W. (*L. collurio,* „stark gefährdet", B Europa XIII), ist deutl. sexualdimorph: das Männchen auffallend bunt mit grauem Kopf u. rotbraunem Rücken, das Weibchen braun mit quergewellter Unterseite; ist bes. stark an dichte Hecken u. Dornengestrüpp gebunden, in die er auch sein Nest mit 2–7 Eiern (B Vogeleier I) baut; der leise, z. T. rauhe Gesang enthält Imitationen anderer Vogelarten; Rufe „dschried" u. „teck teck"; erscheint im Brutgebiet Mitte April u. ist bis Mitte Sept. wieder verschwunden.

Rotrücken-Würger, Neuntöter *(Lanius collurio)*

Würmchenflechte, *Thamnolia,* Gatt. der ↗ Siphulaceae.

Würm-Eiszeit, (A. Penck u. E. Brückner 1909), nach dem Flüßchen Würm (Bayern) ben. letzte Vergletscherung des ↗ Pleistozäns (□) im Voralpengebiet; in N-Dtl. entspr. die ↗ Weichsel-Eiszeit.

Würmer ↗ Vermes.

Wurmfarn, die Gatt. ↗ *Dryopteris.*

Wurmfarngewächse, *Aspidiaceae,* in ihrer Umgrenzung problematische Fam. leptosporangiater Farne (↗ *Filicales*) mit mindestens 800 Arten; meist große Erdfarne mit aufrechtem od. kriechendem, schuppigem Rhizom; Sori oft von nierenförm. oder rundem Indusium bedeckt, Sporen bohnenförmig mit ausgeprägtem ↗ Perispor. Wichtige Gatt.: Wurmfarn (↗ *Dryopteris*), ↗ *Gymnocarpium,* ↗ Schildfarn *(Polystichum).*

Wurmfäule, die ↗ Älchenkrätze.

Wurmfortsatz ↗ Appendix.

Wurmholothurie, *Leptosynapta inhaerens,* relativ schlanke, bis 30 cm lange ↗ Seewalze (Fam. *Synaptidae*) mit 12 gefiederten Tentakeln (vgl. Abb.) (andere Gatt. derselben Fam. haben gefingerte od. einfache Tentakel, z. B. *Rhabdomolgus:* □ Seewalzen). Hat wie alle anderen *Apodida* keine Füßchen. Lebt im Schlamm in 2 bis 500 m Tiefe (Nordsee, Mittelmeer).

Wurmlattich, *Picris echioides,* ↗ Bitterkraut.

Wurmholothurie *(Leptosynapta inhaerens)*

Wurmlöwe, Larve einer Gatt. *(Vermileo)* der ↗ Schnepfenfliegen.

Wurmmollusken

Wurmmollusken, *Aplacophora,* U.-Stamm der ⟶ Weichtiere, marine Tiere mit wurmart. langgestrecktem Körper, wenig differenziertem Kopf u. reduziertem Fuß; die Körperoberfläche wird v. einer Cuticula mit Kalkstacheln u. -schuppen gebildet. Die beiden Kl. ⟶ Schild- u. ⟶ Furchenfüßer sind in mehreren Merkmalen so verschieden, daß sie sich wohl über lange Zeit auseinanderentwickelt haben, so daß einige Autoren sie neuerdings völlig trennen.

Wurmnacktschnecken, *Boettgerillidae,* fr. in den Kielnacktschnecken enthaltene Fam. der Landlungenschnecken, deren Gehäuse auf eine im Körperinnern liegende Platte reduziert ist; Gestalt wurmähnlich; auf dem Mantel eine typ. Furche. Einzige Gatt. ⟶ *Boettgerilla* mit wenigen Arten in Kaukasien.

Wurmsalamander, *Schlangensalamander, Batrachoseps,* Gatt. der ⟶ Schleuderzungensalamander (Fam. ⟶ *Plethodontidae*); 3 Arten im pazif. Küstenbereich von N-Amerika in winzigen Arealen, in Wäldern u. offenem Gelände, *B. pacificus* auch in Gärten; kleine (10 cm), wurmförmige Salamander mit schmächtigen Extremitäten u. langem, autotomierbarem Schwanz. W. leben wie andere Schleuderzungensalamander vollkommen terrestrisch, ohne aquatisches Larvenstadium. Sie fallen in eine mehrmonatige Sommerruhe.

Wurmschleichen, die ⟶ Doppelschleichen.

Wurmschnecken, *Vermetidae,* Fam. der ⟶ Mittelschnecken (Überfam. ⟶ Nadelschnecken) mit röhrenförm. Gehäuse, das an Korallen, Felsen od. Schalen gebaut wird u. den Röhren festsitzender Ringelwürmer ähnelt; innen hat es eine glänzende Porzellanschicht. Das Jugendgehäuse umfaßt 2–4 normale Umgänge, an die das unregelmäßig gewundene Adultgehäuse etwa rechtwinklig anschließt. Der fast immer vorhandene Dauerdeckel ist bei einigen W. bis auf den halben Mündungs-Durchmesser reduziert. Der Fuß ist klein u. drüsenreich. W. sind Bandzüngler; sie ernähren sich v. Mikroorganismen, die sie mit Schleimfäden einfangen; der notwendige Wasserstrom wird mittels Wimpern der vergrößerten Kieme erzeugt. Getrenntgeschlechtl.; die ♂♂ produzieren pelag. Spermatophoren; die ♀♀ sind ovipar od. ovovivipar u. haben eine Bruttasche. Die W. leben überwiegend in trop. und subtrop. Meeren in der Gezeitenzone, aber auch unter 1000 m Tiefe, oft in größeren Gruppen u. mit Schwämmen vergesellschaftet. Die Haupt-Gatt. ist *Vermetus,* doch sind die W. taxonomisch unzureichend bearbeitet. *V. arenarius,* 10 cm lang, Mündungs-Durchmesser bis 15 mm, ist im Querschnitt rund, lebt im Mittelmeer; dort ist auch *V. triqueter,* mit dreikant. Gehäuse, zu finden.

Wurmwühlen, *Caecilia,* Gatt. der ⟶ Blindwühlen (⊤).

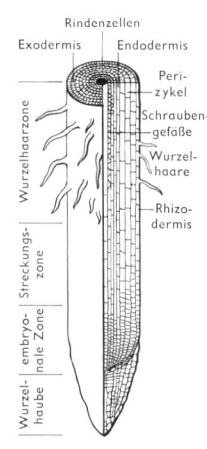

Wurzel
Bau einer W.spitze, links in Ansicht, rechts im Längsschnitt, oben Querschnitt

Wurmschnecken-Gehäuse

Wurzel, *Radix,* 1) Bot.: eines der drei ⟶ Grundorgane der Sproßpflanzen (⟶ Kormophyten, ⟶ Kormus) neben ⟶ *Sproßachse* u. ⟶ *Blatt,* das primär im Boden wächst, sich dort oft mächtig ausbreitet u. die Verbindung des Vegetationskörpers mit dem flüssigen ⟶ Wasser herstellt. W.n sind i. d. R. radiärsymmetrische, im Primärzustand fadenförm. Gebilde, die nie Blätter ausbilden, keine Spaltöffnungen besitzen, deren ⟶ Leitungsgewebe ein zentral gelegenes radiales ⟶ Leitbündel (Zentralzylinder) bilden u. deren embryonale Gewebe der Scheitelzone v. einer schützenden W.haube (Calyptra) bedeckt sind. Hauptaufgaben der W.n sind: ⟶ Wasseraufnahme u. damit Ersatz des vom sich in den Luftraum erhebenden Sproßteil verdunsteten Wassers (⟶ Verdunstung, ⟶ Transpiration), gekoppelt mit selektiver Aufnahme v. Nährsalzen *(Nähr-W.);* Verankerung u. Befestigung des der Luftströmung ausgesetzten, oberird. Sproßteils *(Anker-W.);* Speicherort für Nährstoffe (⟶ Nährsalze) u. ⟶ Reservestoffe, wozu W.n sich aufgrund ihres hohen Anteils an der Masse des Gesamtvegetationskörpers u. ihrer gegenüber klimat. Schwankungen sehr geschützten Existenz im Erdreich sehr gut eignen (⟶ *Speicher-W.);* Leitfunktion, denn das mineralhaltige Wasser muß vom Ort der Aufnahme (W.haare an den W.spitzen) bis zur Sproßachse u. die Assimilate müssen zu den Verbrauchsorten (Wachstumszonen) u. Speicherorten transportiert werden (⟶ Wassertransport, ⟶ Wasserpotential). Die Ortsfestigkeit der Pflanze bedingt, daß ein wesentl. Anteil des Konkurrenzkampfes innerhalb und zw. den Arten sich im W.bereich abspielt (⟶ Allelopathie, ⟶ W.ausscheidungen), so daß eine Vielfalt in der Ausgestaltung der W.systeme als Antwort entspr. einer Minderung der W.konkurrenz zu beobachten ist. I. d. R. erfüllen W.n mehrere dieser Funktionen gleichzeitig. Auch haben sie stärkere Abwandlungen zur Erfüllung spezieller Aufgaben erfahren (W.metamorphosen, s. u.).

Primärer Bau der W.: Äußerlich können von der W.spitze aus 4 aufeinanderfolgende Regionen unterschieden werden: das ⟶ Apikalmeristem (Vegetationskegel) mit der schützenden W.haube (bilden zus. den *W.scheitel),* die Wachstums- oder Streckungszone, die Zone der W.haare, die Zone der Seitenwurzelbildung. Das *Apikalmeristem* besteht bei den meisten Farnpflanzen aus einer vierschneidigen ⟶ Scheitelzelle (☐) u. deren frühen Deszendenten. Diese Scheitelzelle in Gestalt einer dreiseit. Pyramide gibt zu den zur Spitze geneigten Seiten Tochterzellen (Deszendenten) ab, die den W.körper, zur Basisseite solche, die die *W.haube* (⟶ *Calyptra)* aufbauen. Bei den Samenpflanzen besteht das Apikalmeristem aus einer mehrzelligen, z. T. in Stockwerke unterteilten Initialzellgruppe (↗Initialzellen, ↗Initialschicht). So findet man bei den Gymnospermen 2 mehr od. weniger voneinander abgesetzte Initialzellkomplexe, deren innerer den Zentralzylinder u. deren äußerer die Rinde, die *Rhizodermis (W.haut)* u. die in diesem Fall nicht deutl. abgegrenzte Calyptra hervorbringen. Bei den Angiospermen findet sich an der Scheitelkuppe ein aus mehreren unabhängigen Initialzellgruppen zusammengesetztes, geschichtetes Bildungszentrum, aus dem die verschiedenen Dauergewebe v. Calyptra, Rhizodermis, Rinde u. Zentralzylinder bei den einzelnen systemat. Großgruppen in verschiedener Weise hervorgehen. So werden bei der Mehrzahl der Dikotyledonen W.haube u. Rhizodermis v. der gleichen Initialgruppe *(Dermato-Calyptrogen)* geliefert, das darunterliegende Initialstockwerk ist Ausgangspunkt der Rinde, die im jungen Zustand auch ↗ *Periblem* gen. wird, u. ein drittes Initialstockwerk bildet den Zentralzylinder, im unausdifferenzierten Zustand ↗ *Plerom* gen. Doch treten auch bei den Angiospermen neben solchen „geschlossenen" W.scheiteln „offene" Typen auf, bei denen die urspr. Abgrenzung der Histogene frühzeitig durch einen äußerlich ungeordnet erscheinenden, wuchernden Initialkomplex gesprengt wird. Dabei können nachträglich ähnl. Verhältnisse wie bei den Gymnospermen entstehen. In den ausgewachsenen Zellen der Calyptra befinden sich bei vielen Pflanzenarten große ↗Stärke-Körner, die als Statolithenstärke (↗Statolithen, ↗Statolithenhypothese) zur geotropischen Orientierung der W. dienen (↗Tropismus, ☐). In der an den W.scheitel sich anschließenden *Wachstums-* od. *Streckungszone* erfolgt mit der Zellstreckung die Ausdifferenzierung der embryonalen Zellen, die sich aber auch noch bis in die W.haarzone erstreckt. Durch Zellneubildung im W.scheitel u. durch die Zellstreckung (↗Streckungswachstum) dringt die W.spitze ständig im Boden weiter vor u. erschließt damit aber auch ständig neue Wasser- u. Mineralvorkommen. Im Ggs. zur Sproßachse ist die ↗Streckungszone nur 5–10 mm groß. Auf diese Weise wird ein Abknicken der sich verlängenden W. im dichten Boden vermieden. In der *W.haarzone* wächst ein Teil der cuticulalosen Rhizodermiszellen zu schlauchförmigen, dünnwand. Ausstülpungen, den *W.haaren,* aus (vgl. Abb.). Da die zu W.haaren auswachsenden Rhizodermiszellen nicht willkürl. verteilt sind, sondern meist ein Muster bilden, erfolgt die W.haarbildung reguliert. Die Regelkräfte sind noch weitgehend unbekannt. Die W.haare nehmen engen Kontakt zu den Bodenpartikeln auf u. vergrößern die wasseraufnehmende Oberfläche um ein Vielfaches. Vielen Wasser- u. Sumpfpflanzen fehlen allerdings W.haare. Bei Pflanzen mit ↗Mykorrhiza ([B]) übernehmen die Pilzhyphen deren Funktion. Die Lebensdauer der als ↗Absorptionsgewebe arbeitenden Rhizodermis ist auf wenige Tage beschränkt, so daß die W.haarzone nur bis zu einigen Zentimetern lang ist. Da sie die Zone der Wasser- u. Nährsalzaufnahme ist, kann die Pflanze durch Ausbildung vieler ↗Seiten-W.n die Aufnahmefläche vergrößern u. durch das W.wachstum den das W.system umgebenden Raum, die ↗ *Rhizosphäre,* nach Wasser u. Nährsalzen gleichsam „durchwühlen". Mit dem Absterben der Rhizodermis entsteht aus den äußeren Rindenschichten als sekundäres Abschlußgewebe die ↗ *Exodermis.* Dazu wird in den Zellen einer od. mehrerer subrhizodermaler Rindenschichten ↗Suberin auf die Zellwände abgelagert, doch nicht zu stark, so daß die Zellen nicht absterben. Mitunter werden einzelne Zellen nicht verkorkt (↗Verkorkung, ↗Endodermis) u. werden so zu Durchlaßzellen. Mit der Ausbildung der W.haare differenzieren sich alle Zellen der W. aus, es entsteht der fertige, primäre Bau der W. Auf dem Querschnitt ([B] Sproß und Wurzel I–II) folgt der Rhizodermis bzw. später der Exodermis nach innen ein relativ dickes ↗Grundgewebe mit großen, parenchymat. Zellen u. großen Interzellularen, die *W.rinde.* Sie nimmt auf dem Querschnitt den weitaus größten Flächenanteil ein u. umgibt mit ihrer zur ↗Endodermis differenzierten innersten Zellschicht den ↗Zentralzylinder. Dieser besitzt nach außen ein 1 bis mehrere Zellagen starkes Restmeristem, den ↗Perizykel od. das *Perikambium.* Nach innen folgen die Leitbahnen (Xylem u. Phloem), die alternierend angelegt sind u. das zentral gelegene radiale ↗Leitbündel aufbauen, voneinander durch parenchymat. Zellschichten getrennt. Je nach Zahl der Xylemstränge (= Zahl der Phloemstränge) bezeichnet man eine W. als ein-, zwei-, drei- bis vielstrahlig *(mon-, di-, tri-* bis *polyarch).* Der Perizykel ist für die nachträgl. Neubildung v. Zellen, insbes. für die Entstehung von Seiten-W.n und bei den Samenpflanzen mit ↗sekundärem Dickenwachstum für die Bildung eines neuen Abschlußgewebes v. großer Bedeu-

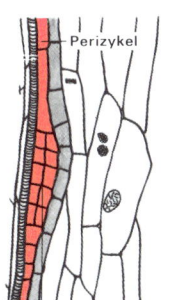

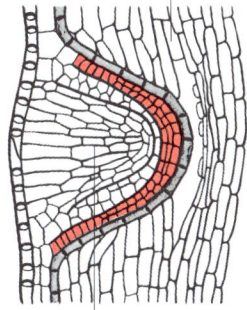

Wurzel

Wurzel

Seitenwurzelentwicklung:

Aus dem Perizykel gehen durch Teilungen die *Seitenwurzeln* hervor. Es entsteht ein Zellkomplex, der in das umgebende Rindengewebe hineinwächst. Hierbei beginnt sich das Seitenwurzelgewebe auszudifferenzieren, so daß die Seitenwurzel, nachdem sie die Rinde durchstoßen hat, fertig entwickelt ist.

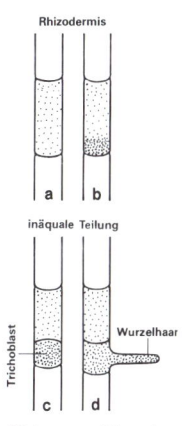

Bildung von Wurzelhaaren

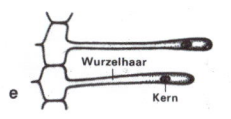

Wurzel

W.haaro und *W.haarzone:*

In bestimmten Zellen der *Rhizodermis* erfolgt eine inäquale Teilung (**a, b, c**) in eine kleinere, cytoplasmareichere Zelle und eine größere, cytoplasmaärmere Zelle. Die erstere Zelle ist als *Trichoblast* der Ursprung des nun wachsenden *W.haars* (**d**). Die W.haare (**e**) werden im Boden 0,8–8 mm lang und vergrößern die Oberfläche, die mit dem Boden in Kontakt kommt, beträchtlich (etwa um das 18fache).

tung. Während in der W.haarzone die Endodermiszellen im primären Zustand sind, lagern sie im älteren W.abschnitt Endodermin u. Lignin vornehml. auf ihre Radialwände u. auf die dem Zentralzylinder benachbarten Wände u. werden bis auf wenige Durchlaßzellen – diese verbleiben im Primärzustand u. besitzen daher auch einen ↗ Casparyschen Streifen – für jegl. Stofftransport undurchlässig. In den älteren W.abschnitten folgt bald nach der W.haarzone u. vor der Umbildung der Endodermis die Zone der *Seitenwurzelbildung* (☐ Seitenwurzel). Im Ggs. zu Blatt u. Seitentrieb an der Sproßachse, die als seitl. Auswüchse exogen entstehen, geht die Bildung der Seiten-W.n endogen, von Geweben innerhalb der W., aus (☐ 465). Bei den Farnen ist es die innerste Rindenschicht, bei den Samenpflanzen der Perizykel. Das lokal begrenzte Wachstum dieser Gewebeschichten zu einer Seiten-W. erfolgt jeweils über od. paarig direkt seitl. von ihnen, so daß die Seiten-W.n in Reihen übereinanderstehen. Die junge Seiten-W. durchbricht die Rindenschichten, u. ihre sich ausdifferenzierenden Leitgewebe nehmen Verbindung mit den Leitsträngen der Mutter-W. auf. Zur Ausbildung des W.systems: ↗ Wurzelbildung (= Rhizogenese).

Sekundärer Bau der W.: Bei den Samenpflanzen mit sekundärem Dickenwachstum (Gymnospermen u. dikotyle Angiospermen) erfahren auch ältere Teile des W.systems ein ↗ sekundäres Dickenwachstum (☐). Das erforderl. sekundäre Abschlußgewebe wird zunächst vom Perizykel gebildet, u. die primäre Rinde wird abgesprengt, bis dann später wie in der Sproßachse sekundäre Korkkambien (↗ Kork) in den älteren Teilen des ↗ Bastes zur ↗ Borken-Bildung führen. Im fortgeschrittenen Stadium gleicht der sekundäre Bau der W. dem der Sproßachse, bis auf den zentralen Bereich. Hier führt die Verlängerung der primären Markstrahlen auf die primären Xylemstränge.

W.metamorphosen: In Anpassung an bes. Aufgaben haben auch W.n starke morpholog. Umbildungen (Metamorphosen) erfahren. So findet man häufig die Umbildung zu ↗ Speicherorganen, bei *sproßbürtigen Neben-W.n* (↗ sproßbürtige Wurzeln, ☐) als ↗ Knollen (↗ W.knollen), bei der Haupt-W. als Rübe (↗ Rüben, ☐). Hierbei bilden sich während des Dickenwachstums die Parenchymgewebe der Rinde u. im Zentralzylinders mächtig aus (↗ Speicher-W.n). ↗ Haft- u. Ranken-W.n (↗ Ranken) bei ↗ Lianen sind reich mit Sklerenchymfasern ausgestattet. In den ↗ Atem-W.n tropischer Sumpfpflanzen sind die Interzellularen in der Rinde bes. großräumig ausgebildet. Bei den ↗ Luft-W.n einiger epiphyt. Orchideen entsteht aus dem Bildungsgewebe der Rhizodermis eine zusätzl. Hüllschicht aus toten, luftgefüllten Zellen (↗ Velamen), die sich bei Feuchtigkeit begierig mit Wasser füllen. Charakteristisch u. a. für Mangrovengehölze sind ↗ *Stelz-W.n* (☐). W.n können ebenfalls verdornen *(Dorn-W.n)*, so z. B. bei einigen Palmenarten. Bei einigen wenigen epiphyt. Orchideen mit reduziertem Sproß sind die Luft-W.n bandartig verbreitet u. dienen als Photosyntheseorgane. ↗ Haupt-W., ↗ Primär-W., ↗ Keim-W., ↗ Zug-W., ☐ Allorrhizie, ☐ sekundäres Dickenwachstum, ☐ Kormus; [B] Bedecktsamer I–II, [B] Knöllchenbakterien, [B] Sproß und Wurzel I–II, [B] Wasserhaushalt (der Pflanze). **2)** Zool.: ↗ Seelilien. *H. L.*

Wurzelausscheidungen, Sammelbez. für die verschiedenen, v. der Pflanzen-↗ Wurzel ausgeschiedenen Stoffe. Eine Reihe dieser Stoffe dient dem Aufschluß des Bodens; so löst die abgegebene Kohlensäure (HCO_3^-) Kalkstein auf, abgegebene Komplexbildner wandeln schwerlösl. Salze in lösl. und damit für die Pflanze verwertbare Salze um. Cumarin- u. Phenolderivate, Glykoside, Alkaloide, ätherische Öle u. Äthylen werden in der Wurzelkonkurrenz eingesetzt u. benachbarte Wurzelsysteme in ihrem Wachstum beeinflußt (↗ *Allelopathie).* Vitamine, Aminosäuren u. Kohlenhydrate verändern nachhaltig den Nährstoffgehalt u. damit das Leben v. Mikroorganismen, Milben u. Bodeninsekten (↗ Bodenorganismen) im Wurzelraum (↗ Rhizosphäre). Dabei wechseln Art u. Menge der abgegebenen Stoffe je nach Pflanzenart, sind aber auch bedingt vom Jahreszeit- u. Feuchte-abhängigen Grad des Wurzelwachstums u. von der Beschaffenheit des Bodens. Eine Reihe der W. verläßt die Pflanze passiv, meist im Zshg. von Austauschvorgängen; so tauscht die Pflanze gg. Protonen ($= H^+$) Kationen (↗ Austauschkapazität) ein, Anionen gg. das Hydrogencarbonat-Ion (HCO_3^-). Beim Absterben v. nicht mehr benötigten Seitenwurzeln u. der verschleimenden Zellen der Wurzelhaube gelangen ebenfalls größere Mengen organ. Verbindungen passiv in den Boden. Andere Stoffe, bes. im Zshg. mit Symbionten u. Konkurrenten, werden aktiv abgegeben.

Wurzelausschlag, Bez. für die Bildung v. Wurzelsprossen (↗ Wurzelbrut).

Wurzelbacillus ↗ Bacillus ([T]).

Wurzelbildung, *Rhizogenese,* Bez. für die Entwicklung, die Ausgestaltung des ↗ Wurzel-Systems bei den kormophytischen Pflanzen (↗ Kormophyten, ↗ Kormus). Aus der befruchteten Eizelle entwickelt sich schon früh neben den ersten Blattanlagen ein Sproß- (= Stamm-) u. ein Wurzelscheitel (↗ Apikalmeristem). Während der Wurzelscheitel bei den Samenpflanzen dem Sproßscheitel gegenüberliegend angelegt ist, der Keimling mit den sich gegenüberliegenden Sproß- u. Wurzelpolen *bipolar* gebaut ist, entwickelt er sich bei den Farnpflanzen seitl. zum Stammscheitel u. gegenüber vom Blattscheitel. Dem Sproßpol liegt hier das Haustorium (Fuß) des jungen Sporophyten gegenüber, mit dem dieser dem Gametophyten in seiner ersten Entwicklungszeit Nährstoffe entzieht. Der Keimling der Farne ist also *unipolar* gebaut, da die erste Wurzel als endogenes, sproßbürtiges Gebilde seitl. aus dem Achsenkörper entspringt. Da auch die späteren Wurzeln endogen angelegt werden u. sproßbürtig sind, besitzen Farnpflanzen ein, v. der Entwicklung aus betrachtet, einheitl. Wurzelsystem (primäre Homorrhizie; ☐ Allorrhizie). Bei den Samenpflanzen wird die ↗Keimwurzel exogen angelegt, durchbricht bei der Samen-↗Keimung (☐) die Samenschale u. wächst positiv geotrop in den Boden. Diese Primärwurzel wird bei den Gymnospermen u. dikotylen Angiospermen zur ↗Hauptwurzel, die sich durch endogene Seitenwurzelbildung (☐ Wurzel) in 1. und 2. Ord. verzweigt u. von diesen ↗Seitenwurzeln kürzerlebige Seitenwurzeln höherer Ord. als hauptsächl. Nährwurzeln austreibt. Das entstehende Wurzelsystem ist v. der Entwicklung her ein uneinheitl. System (↗Allorhizie). Bei den monokotylen Angiospermen stirbt die exogen angelegte Primärwurzel meist früh ab u. wird durch endogen gebildete sproßbürtige Nebenwurzeln (☐ sproßbürtige Wurzeln) ersetzt, die sich über endogene Seitenwurzelbildung in unterschiedl. Ord. reich verzweigen. Hier ist das Wurzelsystem dann sekundär wieder einheitlich (sekundäre Homorrhizie). Darüber hinaus sind schlafende Wurzelanlagen in den Sproßachsen vieler Pflanzenarten vorhanden, die nach Verletzungen (↗Wundheilung) od. auch normal zu späteren Zeitpunkten als Nebenwurzeln od. ↗Beiwurzeln auswachsen. [B] Bedecktsamer I–II.

Wurzelbohrer, *Hepialidae,* urtümliche Schmetterlingsfam. mit fast 400 weltweit, v. a. indoaustralisch verbreiteten Arten; bei uns nur 5 Vertreter, die alle in die Gatt. *Hepialus* gestellt werden. Falter klein bis groß, Spannweite bis 200 mm, Vorder- u. Hinterflügel fast gleich geformt u. mit gleichem Geäder, meist unscheinbar graubraun, gelblich od. weiß, Flügelkopplung jugat, Fühler kurz, Rüssel reduziert; die Hinterbeine der Männchen mancher Arten, wie des Heidekraut-W.s *(Hepialus hecta),* sind als ↗Duftbeine umgestaltet, deren Sekrete beim Paarungsflug die Weibchen stimulieren. Die W. fliegen bei uns in der Dämmerung in einer Generation im Sommer; Eiproduktion sehr hoch, bei exotischen Arten bis 30000 Stück; werden im Flug od. im Sitzen ausgestreut; die wenig behaarten Raupen fressen unterird. an Wurzeln v. Gräsern, Kräutern od. im Holz; Überwinterung z. T. mehrmals im Larvenstadium, Verpuppung in röhrenförm. Gespinst im Boden. Der größte einheim.

Wurzelbrand
Beispiele:
W. an *Beta*-Rüben
(Pleospora björlingii
[T] Pleosporaceae],
Konidienstadium:
↗ *Phoma betae)*
Umfallkrankheit der Zuckerrübe
(Pythium debaryanum)
Umfallkrankheit v. Kreuzblütlern
(Olpidium brassicae)
W. der Erbsen
(Pythium aphanidermatum)

Wurzelbräune
Beispiele:
W. des Tabaks
(Thielaviopsis basicola)
W. und ↗Auflaufkrankheit an *Beta*-Rüben
(Aphanomyces cochlioides)

Wurzelfäulen
Beispiele:
W. an Erbsen u. a. Hülsenfrüchtlern
(Aphanomyces euteiches [Ord. *Saprolegniales])*
W. an Süßgräsern
(Pythium-Arten [Ord. *Peronosporales*];
Polymyxa graminis)
↗Wurzeltöterkrankheit
(Rhizoctonia solani)
W. an Bohnen
(Fusarium solani f. sp. *phaseoli, Rhizoctonia solani, Thielaviopsis basicola, Pythium*-Arten)
↗Schwarzbeinigkeit v. Getreide *(Gaeumannomyces graminis)*
W. an Forst-, Obst- u. Ziergehölzen
(Heterobasidion annosum [Wurzelschwamm], *Armilla-riella mellea* [Hallimasch], *Rosellinia necatrix* [Weißer Wurzelschimmel])

Vertreter ist der Hopfen-W. (Hopfenmotte, Hopfenspinner, *H. humuli*), Spannweite um 65 mm, geschlechtsdimorph, Männchen silbrig weiß, Weibchen lehmgelb mit rötl.-brauner Zeichnung; fliegen in Auegebieten, Parks u. auf Waldwiesen, Raupen gelegentl. an Hopfen Schäden anrichtend.

Wurzelbrand, ↗Keimlingskrankheiten verschiedener Pflanzen, an deren Wurzeln (↗Fußkrankheiten) u. Stengelgrund (od. Keimblättern) durch Pilzbefall graubraune bis schwarze Flecken auftreten (↗Umfallkrankheiten u. ↗Welkekrankheiten; Beispiele vgl. Tab.).

Wurzelbräune, pilzliche Wurzelerkrankungen (↗Wurzelfäulen) v. Pflanzen, bei denen an den Wurzeln Braunfärbungen auftreten, z. T. auch als ↗Wurzelbrand bezeichnet (Beispiele vgl. Tab.).

Wurzelbrut, *Wurzelsprosse,* Bez. für die v. Wurzeln endogen gebildeten Sprosse. Sie dienen wie die ↗Ausläufer der vegetativen Ausbreitung. Im Unterschied zu den in den Blattachseln exogen entstehenden Seitensprossen (= „Achselsprosse") nehmen die Wurzelsprosse ihren Ausgang v. Zellen des Perikambiums (Perizykel) ebenso wie die Seitenwurzeln. Bei ihrem Längenwachstum durchbrechen sie die Rindenschichten der Mutterwurzel. Wie die ↗Seitenwurzeln werden auch sie über den Xylemsträngen im Zentralzylinder ausgebildet, so daß auch sie in Längszeilen angeordnet sind. Die Wurzeln, u. a. die Primärwurzel wie auch die kräftigeren Seitenwurzeln vieler Bedecktsamer-Arten, sind zur Sproßbildung fähig. Die Wurzelsprosse treten je nach Pflanzenart schon an der unverletzten Wurzel obligatorisch (z. B. Zitterpappel, Weiden, Robinie) od. auch erst fakultativ nach Verletzungen des Wurzelsystems (z. B. einheimische Ulmenarten, Linde, Eßkastanie, Weißerle, Platane, Hasel, Feldahorn) auf.

Wurzelbüschel, die ↗Rhizothamnien.

Wurzeldornen ↗Dornen, ↗Wurzel.

Wurzelfäulen, Erkrankungen v. Wurzeln u. unterird. Speicherorganen krautiger Pflanzen u. von Holzgewächsen, verursacht durch Pilz- od. Bakterienbefall; die Krankheitserreger befallen nur die Rindenschicht u. zerstören Nebenwurzeln od. das gesamte Wurzelwerk (Beispiele vgl. Tab.).

Wurzelfüßchen, die Rhizopodien; ↗Pseudopodien, ↗Wurzelfüßer.

Wurzelfüßer, *Rhizopoda, Sarcodina,* Kl. der ↗Einzeller mit 5 Ord. ([T] 468), mit ca. 11 100 rezenten Arten. W. leben sowohl marin, limnisch, im feuchten Boden als auch kommensalisch u. parasitisch in anderen Tieren. Sie haben keine ständig vorhandenen Bewegungsorganelle, sondern plasmatische ↗*Pseudopodien* (Scheinfüßchen). Diese können beliebig am Zellkörper gebildet u. eingeschmolzen werden u. treten in mehreren Typen auf: lappenart.

Wurzelgallenälchen

Lobopodien, dünne, spitze *Filopodien*, netzart. *Reticulopodien*, verzweigte *Rhizopodien* (Wurzelfüßchen) u. mit einem Zentralstab aus Mikrotubuli (Achsenfaden) versehene *Axopodien*. Die Pseudopodien dienen auch dem Nahrungserwerb (Umfließen v. Partikeln od. Festhalten u. Weitertransport zum Zellkörper). Die Fortpflanzung der W. ist eine ungeschlechtl. Zwei- od. Vielfachteilung, Sexualprozesse treten nur bei ↗Sonnentierchen u. ↗*Foraminifera* auf (B Sexualvorgänge).

Wurzelgallenälchen, *Meloidogyne*, ↗Fadenwürmer aus der Ord. ↗*Tylenchida;* gehören zur selben Fam. wie die Gatt. *Heterodera* (Kartoffel- u. ↗Rübenälchen, □); von diesen unterschieden durch die Fähigkeit zur Induktion v. Wurzelgallen.

Wurzelhaare ↗Wurzel, ↗Absorptionsgewebe.

Wurzelhals, Bez. für die Übergangszone zwischen Hypokotyl u. Wurzel.

Wurzelhalsgalle, der ↗Wurzelkropf 2).

Wurzelhaube, die ↗Calyptra; ↗Wurzel.

Wurzelhaut, 1) Bot.: die ↗Rhizodermis. 2) Zool.: Zahn-W., *Periodontium*, bindegewebige, elast., gefäß- u. nervenreiche Knochenhaut, welche die Zahnwurzel umgibt. ↗Zähne (□).

Wurzelkletterer ↗Lianen.

Wurzelknöllchen, knollige Anschwellungen (⌀ wenige mm bis Tennisballgröße) an den Wurzeln verschiedener Pflanzen, verursacht durch symbiontische, stickstoffixierende Bakterien, z. B. die ↗Knöllchenbakterien (*Rhizobium, Bradyrhizobium*) bei Hülsenfrüchtlern u. *Frankia*-Arten, die ein weiteres Wirtsspektrum haben (z. B. an Erle, Ölweide, Sanddorn; ↗*Frankiaceae*). B Knöllchenbakterien.

Wurzelknollen, Bez. für die durch primäres ↗Dickenwachstum des Rindenparenchyms entstandenen, verdickten Abschnitte an ↗sproßbürtigen Wurzeln (↗Wurzel), die der Reservestoffspeicherung dienen. Wie alle aus der ↗Sproßachse hervorgehenden Strukturen dieser Art werden sie als ↗Knollen (□) bezeichnet, doch unterscheiden sie sich v. den analogen ↗Sproßknollen durch ihre Homologie mit Nebenwurzeln (gekennzeichnet durch das Fehlen jegl. Blattanlagen, Besitz einer Wurzelhaube u. inneren anatom. Bau. Zu den W. bildenden Pflanzen gehören ↗Orchideen, ↗Dahlien, aber auch sämtl. für die Tropen wichtige Stärkelieferanten, wie Süßkartoffel (↗Batate, □), ↗Yams u. ↗Maniok. □ Rüben.

Wurzelkrebse, die ↗Rhizocephala.

Wurzelkropf, 1) die ↗Kohlhernie; 2) *Wurzelhalsgalle, Wurzelhalstumor*, durch ↗*Agrobacterium tumefaciens* hervorgerufener ↗Pflanzentumor.

Wurzelläuse, an Pflanzenwurzeln saugende ↗Blattläuse u. ↗Reblaus.

Wurzellorcheln, *Rhizinaceae*, Fam. der ↗Lorchelpilze mit 1 Gatt. *(Rhizina)*. Der

Wurzelfüßer
Ordnungen:
Amoebina
(↗Nacktamöben)
↗*Testacea*
(Schalenamöben)
↗*Foraminifera*
(Kammerlinge)
Heliozoa
(↗Sonnentierchen)
↗*Radiolaria*
(Strahlentierchen)

Wüste

Neben den hochspezialisierten ausdauernden W.npflanzen beherbergt jede Trocken-W. (auch scheinbar vegetationslose Voll-W.n) eine Fülle kurzlebiger Pflanzen, sog. ↗Ephemere, welche die W. nach den seltenen, z. T. säkularen Regenfällen nach wenigen Tagen mit einer Flut v. Blüten überziehen können. Die Samen vieler Ephemeren keimen erst, wenn die seltenen Niederschläge eine gewisse Mindestmenge übersteigen und wasserlösl. Keimungshemmstoffe aus der Samenschale herausgelöst haben. Das Überleben dieser Arten beruht auf einer Art Ausweichstrategie; ihr aktiver Lebensabschnitt beschränkt sich auf wenige Tage bis Wochen; dazwischen liegen Jahre der Samenruhe. Im Ggs. zu den ephemeren Pflanzen zeigen viele der ausdauernden (perennierenden) Arten deutliche, äußerl. sichtbare Anpassungen an ihre wasserarme Umgebung. Häufig sind Sukkulenz, außerordentl.

Fruchtkörper ist oberseits kastanien- bis schwarzbraun gefärbt, der Rand weißl., verdickt u. wellig verbogen; er liegt krustenartig ausgebreitet auf dem Erdboden (⌀ 2–6[8] cm), an der Unterseite mit weißl. bis bräunl. Mycelsträngen, ohne Stiel (primitive Formen); anfangs ist der Fruchtkörper (Apothecium) wachsartig, dann ledrig; die Ascosporen sind spindelförmig. Die ungenießbare Wellige Wurzellorchel (*R. undulata* Fr.) wächst überall in sand. Nadelwäldern gemäßigter Zonen u. kann an jungen Nadelhölzern eine ↗Wurzelfäule hervorrufen (Wurzelschwamm); auch auf Brandstellen zu finden.

Wurzelmetamorphosen ↗Wurzel.

Wurzelmundquallen, *Rhizostomeae*, Ord. der ↗*Scyphozoa* mit 80 Arten, deren Schirme bis 60 cm ⌀ erreichen können. Charakterist. ist, daß die Mundtentakel zu Röhren verwachsen sind, die zahlr. Poren u. oft Krausen haben, u. daß die Schirmtakel reduziert sind. W. sind zu einer filtrierenden Lebensweise übergegangen. Dabei wird Wasser mit Kleinstpartikeln durch Poren der Mundtentakel in das Gastralsystem gesaugt. In Europa sind die W. mit der ↗Blumenkohlqualle (*Rhizostoma octopus*), der ↗Lungenqualle (*Rhizostoma pulmo*) u. der ↗Knollenqualle (*Cotylorhiza tuberculata*) vertreten. Bei allen 3 Arten leben zw. den Mundkrausen häufig Jungfische. Ob diese Beziehung eine Symbiose ist, wird angezweifelt, da die schwachen Nesselkapseln keinen Schutz bieten. Hemisessile Lebensweise zeigt die Gatt. ↗*Cassiopeia*. *Rhopilema esculenta* dient in China u. Japan als Nahrungsmittel.

Wurzelparasiten, auf Pflanzenwurzeln spezialisierte Parasiten, z. B. die wirtschaftl. wichtigen Nematoden der Gatt. ↗*Heterodera* u. die ↗Sommerwurzgewächse.

Wurzelpflanzen, die ↗Rhizophyten.

Wurzelpol ↗Wurzelbildung.

Wurzelratten, *Rhizomyidae*, altweltl. Fam. der ↗Mäuseverwandten mit 3 Gatt.; an das Graben angepaßte, plump gebaute Nagetiere mit bes. großen Nagezähnen; Kopfrumpflänge 16–45 cm; Nahrung: Wurzeln, Schößlinge. Die 1000–4000 m hoch gelegenen Bambuszonen SO-Asiens bewohnen die Bambusratten (*Rhizomys, Cannomys;* 7 Arten). Die systemat. Stellung der Afrikan. Maulwurfsratten od. Schnellwühler (*Tachyoryctes;* O-Afrika; einige Arten) ist noch unklar; sie kommen in offenen Landschaften (Savannen, Viehweiden) vor u. graben sich in Trockenzeiten mit Hilfe ihrer Zähne bis in 2 m Bodentiefe ein.

Wurzelraumverfahren, Verfahren zur Klärung v. ↗Abwasser im Wurzelbereich v. Pflanzen, die auf voll wassergesättigten Böden wachsen (z. B. Schilfrohr, Binsen, Iris). Der für die Abwasserreinigung wichtige Wurzelraum erreicht Tiefen von 30–120 cm unter der Bodenoberfläche.

Durch den Transport v. Sauerstoff im Pflanzengewebe zu den Wurzeln entstehen auch um die Wurzeln aerobe Bedingungen, so daß sauerstoffbedürftige Boden-Mikroorganismen organ. Stoffe veratmen u. mineralisieren (↗Mineralisation); dadurch häuft sich kein Klärschlamm an. In wassergesättigten anaeroben Zonen wird durch eine ↗Nitratatmung denitrifizierender Bakterien der überschüssige Stickstoff weitgehend als N_2 freigesetzt. Außerdem werden bakterielle Krankheitserreger fast vollständig beseitigt u. ↗Phosphate sowie ↗Schwermetalle in Boden u. Pflanzen festgelegt, so daß das in den Vorfluter ablaufende, geklärte Abwasser auch weitgehend von anorgan. Nährstoffen befreit ist. Nachteilig wirkt sich bei der Wurzelraumentsorgung der höhere Flächenbedarf aus; auch muß für die Anlage des Feuchtbiotops geeignetes Gelände vorhanden sein.

Wurzelscheide, 1) Bot.: *Keim-W.*, die ↗Coleorrhiza. **2)** Zool.: ↗Haare (□).

Wurzelscheitel, das stumpfkegelige ↗Apikalmeristem (= Vegetationskegel) der ↗Wurzel zus. mit der umhüllenden, schützenden Wurzelhaube. ↗Scheitel.

Wurzelschwamm, *Wurzelschichtporling, Heterobasidion annosum* (= *Fomes annosa*), gefürchteter parasitärer ↗Schichtporling, der an Fichten hohe Schäden verursacht, bes. auf kalkreichen Böden. Der konsolenartige Fruchtkörper ist an der Oberseite braun bis schwärzlich, runzelig, oft gezont, ledrig verkrustet; junger Zuwachs ist hell gefärbt; das röhrig geschichtete Hymenophor besitzt länglich-eckige, cremefarbene Poren. Der W. wächst an der Basis lebender Nadelbäume; der Stammgrund kann durch ein verstärktes Wachstum flaschenförmig anschwellen; Laubbäume werden seltener befallen. Der W. ist ein ↗Stammfäule-Erreger. In Fichtenstamm wächst er mehrere Meter aufwärts u. zerstört ihn durch eine Kernfäule; das Holz verfärbt sich bräunlich (= ↗*Rotfäule*), doch handelt es sich um eine bes. ↗Weißfäule. Bei Kiefern wird der Stamm i. d. R. nicht angegriffen; durch eine intensive Wurzelfäule können die erkrankten Bäume jedoch ebenfalls absterben.

Wurzelsprosse, die ↗Wurzelbrut.
Wurzelstock, das ↗Rhizom.
Wurzeltöterkrankheit, *Pilzkrankheit, Rhizoctonia-Krankheit*, Kartoffelkrankheit, verursacht durch ↗*Rhizoctonia solani* (= sterile Mycelform; Hauptfruchtform = *Thanatephorus cucumeris* [Ord. ↗*Tulasnellales*]); beim Auflaufen (↗Auflaufkrankheiten) treten braune Faulstellen an der Stengelbasis auf, anschließend ist ein Gipfelrollen zu beobachten; bei hoher Luftfeuchtigkeit kann sich am oberird. Stengelgrund ein dichter Mycelbelag ausbilden (= „Weißhosigkeit"; Hymenium mit Basidien); während der Abreife der Pflanze entstehen an den unbeschädigten Knollen krustenartige, flache Auflagerungen od. kompakte Pocken mit schwarzen Sklerotien (= Pockenkrankheit). [↗Erdnußartige Pilze.

Wurzeltrüffel, *Rhizopogon luteolus* Fr.,

Wüste, durch Trockenheit, Kälte od. ungünstige edaphische Faktoren (↗*Salz-W.*) geprägte Landschaft mit lückiger od. vollständig fehlender Vegetation. Neben den zahlr. natürlichen W.n gibt es auch solche, deren W.ncharakter auf den Einfluß des Menschen zurückgeht (*anthropogene W.n*; ↗Desertifikation). Nach der Ausbildung der Vegetation unterscheidet man bei *Trocken-W.n* gewöhnlich zw. *Halb-W.n* mit lückiger, aber noch weitgehend gleichförm. Verteilung der Pflanzenindividuen, und *Voll-W.n*, in denen die Vegetation auf die wenigen Stellen mit etwas günstigerer Wasserversorgung (flache Senken, Trockentäler usw.) beschränkt bleibt. *W.npflanzen* u. *W.ntiere* vgl. Spaltentext.

tief reichendes Wurzelsystem (bis 50 m), harte, ledrige, mit sehr dicker Cuticula versehene Blätter, Abwurf v. Vegetationsorganen u. Verödung v. Teilen des Wurzelsystems während lang anhaltender Trockenperioden, außerdem physiolog. Merkmale, wie ↗diurnaler Säurerhythmus und C_4-Syndrom (↗Hatch-Slack-Zyklus). Diese Anpassungen sind oft in verblüffender Weise mit Merkmalen der Fraßabwehr (Dornen, Stacheln, giftige Inhaltsstoffe usw.) und Tarnung (z. B. Lebende Steine, ↗*Lithops*) verbunden. – *W.ntiere* sind meist sandfarben u. hell, wodurch die Sonnenstrahlen stark reflektiert werden (andererseits dient die helle Farbe auch zur Tarnung). Zur Abgabe möglichst großer Wärmemengen besitzen W.ntiere ein günst. Körperoberflächen-Volumen-Verhältnis. Sie zeigen physiolog. Anpassungen zur Wassereinsparung (↗*Dromedar*) u. nutzen teilweise sogar Nebeltropfen zur Wasseraufnahme bzw. begnügen sich mit ihrem eigenen, im Stoffwechsel produzierten Wasser. Meist nachtaktiv (nachts kälter u. feuchter). Manche W.ntiere halten einen ↗Sommerschlaf, andere sind Nomaden u. wandern in regenreichere Gebiete. Bei vielen W.ntieren erfolgt starke Vermehrung in regenreicheren Zeiten u. dann schnelle Entwicklung, wie z. B. bei manchen Kröten, die bei Trockenheit in Trockenstarre in der Erde leben u. bei Regen hervorkommen u. in Wasserlachen ihre Eier ablegen. – Beispiele für die Vegetation u. Fauna der großen W.ngebiete: ↗Afrika, ↗Asien, ↗Australien, ↗Nordamerika, ↗Südamerika. B Vegetationszonen.

Wüstenassel, *Hemilepistus*, Gatt. der *Porcellionidae* (↗Landasseln, T) mit mehreren bis 2 cm langen Arten in Wüsten u. Halbwüsten, z. B. *H. aphghanicus* in Afghanistan u. *H. reaumuri* in N-Afrika. Die W.n sind die am besten ans Landleben angepaßten Asseln u. Krebstiere; dies verdanken sie der Bildung geschlossener Sozialverbände. ♂ und ♀ besetzen od. graben im Frühjahr eine gemeinsame, bis 50 cm tief in den Boden gehende Wohnröhre, die sie nur in den frühen Morgen- u. Abendstunden verlassen, wenn es weder zu heiß u. trocken noch zu kalt ist. Zur „Verteidigung" bleibt ein Tier jeweils als Wächter in der Höhle. Die Jungtiere bleiben zunächst ebenfalls in der Höhle u. werden mit Nahrung versorgt, die die Eltern im Freien sammeln, v. a. pflanzl. Material. Eltern u. Jungtiere nehmen einen gemeinsamen Nestgeruch an, an dem sich die Tiere erkennen. Fremden wird vom Wächter der Eintritt in die Wohnhöhle verwehrt, fremde Jungtiere werden evtl. sogar gefressen.

Wüstenfuchs, der ↗Fennek.
Wüstenhase, der ↗Kaphase.
Wüstenkatze, die ↗Sandkatze.
Wüstenluchs, *Karakal, Caracal* (= *Felis*) *caracal*, den ↗Luchsen der Gatt. *Lynx* nahestehende, schlanke u. hochbeinige Kleinkatze der afr. Savannen u. der asiat. Sandwüsten u. Steppen; Kopfrumpflänge 55–75 cm, Schwanzlänge 22–33 cm. W.e jagen hpts. in den Morgen- u. Abendstunden nach kleineren Wirbeltieren; in Indien hat man W.e früher zur Jagd abgerichtet (↗Gepard).

Wüstpflanzen ↗Wüste.
Wüstenrenner, *Eremias*, Gatt. der Echten ↗Eidechsen. [nenechsen.
Wüstentejus, *Dicrodon*, Gatt. der ↗Schie-
Wüstenteufel, der ↗Moloch.
Wüstentiere ↗Wüste.
WWF, Abk. für ↗World Wildlife Fund.
Wychuchol [russ., = Desmane], *Desmana moschata*, ↗Desmane.

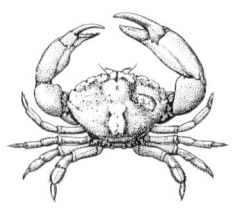

Xanthidae

Menippe mercenaria, Carapax 8,5 cm lang

Xanthin

Xanthophyceae

Ordnungen:
↗ Botrydiales
(= Heterosiphonales)
↗ Heterochloridales
↗ Heterogloeales
↗ Heterotrichales
↗ Mischococcales
↗ Rhizochloridales

Xanthorrhoeaceae

Gattungen:
Acanthocarpus
Baxteria
Calectasia
Chamaexeros
Dasypogon
Kingia
Lomandra
Xanthorrhoea

Xanthosin-5′-monophosphat

xanth-, xantho- [v. gr. xanthos = gelb].

Xancus *m* [v. Sanskrit śaṅkha (?) = Seemuschel], ↗ Turbinella.
Xanthidae [Mz.; v. *xanth-], Fam. der ↗ *Brachyura;* mit über 900 Arten formenreichste Krabben-Fam., die in allen Meeren und v. a. in den Tropen verbreitet ist; enthält zahlr. eßbare Arten, wie den it. Taschenkrebs *Eriphia spinifrons* u. in Amerika *Menippe mercenaria. Pilumnus hirtellus* ist eine kleine (bis 2 cm) Art aus der Nordsee.
Xanthidium *s* [v. *xanth-], Gatt. der ↗ Desmidiaceae.
Xanthin *s* [v. *xanth-], *2,6-Dihydroxypurin,* ein ↗ Purin-Derivat, das sich als Zwischenprodukt beim ↗ Purinabbau (☐) bildet. Durch das eisen- u. molybdänhaltige ↗ Flavinenzym *(X.-Oxidase)* wird die Oxidation von X. (aber auch v. ↗ Hypoxanthin u. a. Purinen) zu Harnsäure u. Wasserstoffperoxid katalysiert. [klette.
Xanthium *s* [v. gr. xanthion =], die ↗ Spitz-
Xanthocillin *s* [v. *xanth-, ↗ Penicillium], v. *Penicillium notatum* gebildetes Antibiotikagemisch, das bakteriostatisch gg. grampositive u. gramnegative Erreger wirkt (B Antibiotika). X. wird lokal angewandt bei Racheninfektionen u. in der Dermatologie.
Xanthommatin *s* [v. *xanth-, gr. ommata = Augen], ↗ Ommochrome (☐).
Xanthomonas *w* [v. *xantho-, gr. monas = Einheit], Gatt. der ↗ *Pseudomonadaceae;* gramnegative, stäbchenförm. Bakterien (0,4–0,7 × 0,7–1,8 μm), meist einzeln, durch eine polare Geißel beweglich; der Test auf Oxidase ist negativ od. sehr schwach positiv. Die Kolonien sind normalerweise durch charakterist. Pigmente (Xanthomonadine) gelb gefärbt. *X.*-Arten sind obligate Aerobier u. oxidieren im Atmungsstoffwechsel (mit O_2) organ. Substrate; Wachstum ist mit verschiedenen Kohlenhydraten in mineral. Nährlösung möglich, aber zusätzl. werden i. d. R. Wachstumsfaktoren benötigt (z. B. Nicotinsäure, Methionin). Alle (6) Arten sind pflanzenpathogen. Wichtigste Art ist *X. campestris,* von der über 120 Pathovars (formae speciales) bekannt sind, die verschiedene Pflanzen befallen. In der Phytopathologie werden viele dieser wirtsspezif. Formen als eigene Arten angesehen. Bereits 1883 wurde *X.* als Erreger einer Weichfäule an Hyazinthen erkannt. T 471.
Xanthophoren [Mz.; v. *xantho-, gr. -phoros = -tragend] ↗ Chromatophoren.
Xanthophyceae [Mz.; v. *xantho-, gr. phykos = Tang], *Gelbgrünalgen,* urspr. Bez. ↗ *Heterokontae,* Kl. der ↗ Algen; Plastiden gelb- bis dunkelgrün, Chlorophyll a durch β-Carotin u. verschiedene Xanthophylle (↗ Carotinoide) überlagert; Reservestoffe sind Lipide u. vermutl. Chrysolaminarin (↗ Chrysose). Charakterist. sind die 2 ungleich langen heterokonten Geißeln bei begeißelten Fortpflanzungskörpern u. die i. d. R. zweiteilige Zellwand vegetativer Zellen; Zellwand aus Pektinen, seltener Cellulose, mitunter verkieselt. Es kommen alle Organisationsstufen (↗ Algen, B I) vor, einzellige od. koloniebildende Arten bevorzugt im Süßwasser. Die systemat. Zusammengehörigkeit der in dieser Kl. zusammengefaßten Algen ist zweifelhaft. Die 80 Gatt. mit den ca. 400 Arten werden in 6 Ord. (vgl. Tab.) gegliedert. T Algen.
Xanthophylle [Mz.; v. *xantho-, gr. phyllon = Blatt], ↗ Carotinoide, ↗ Lutein.
Xanthopterin *s* [v. *xantho-, gr. pteron = Flügel], ↗ Pteridine, ☐ Exkretion.
Xanthoria *w* [v. *xantho-], Gatt. der ↗ *Teloschistaceae* mit 15 Arten; gelbe bis orangerote Laubflechten mit beiderseitiger Berindung u. dadurch v. den verwandten gelappten ↗ *Caloplaca-*Arten unterschieden, die unterseits nicht berindet sind; Apothecien lecanorin, gelb bis rot, Sporen polar-zweizellig. Kosmopolitisch, hpts. in gemäßigten Regionen, auf kalkhaltigen u. nährstoffreichen Substraten weit verbreitet; z. B. die Wandflechte *(X. parietina)* mit flachen Lappen, hpts. auf Rinde; *X. elegans* mit schmalen, konvexen, orangeroten Lappen, auf Gestein u. Mauern.
Xanthorrhiza *w* [v. *xantho-, gr. rhiza = Wurzel], Gatt. der ↗ Hahnenfußgewächse.
Xanthorrhoeaceae [Mz.; v. *xantho-, gr. rhoiē = Saft], *Grasbaumgewächse,* Fam. der ↗ Lilienartigen mit 8 Gatt. und ca. 66 Arten. Das Vorkommen ist auf die Trockengebiete von hpts. Australien u. Neuseeland beschränkt. Die Fam. umfaßt ausdauernde, meist verholzte Pflanzen mit einem dicken verzweigten od. unverzweigten Stamm. Dieser entsteht mit Hilfe eines peripheren Meristemrings, der für das primäre ↗ Dikkenwachstum verantwortl. ist u. in einiger Entfernung vom Scheitel nach innen ein Parenchym bildet, das v. Leitbündeln durchsetzt ist (für Monokotyle außergewöhnl. Dickenwachstum). Der Stamm kann eine Höhe von 3 m erreichen. Die langen grasartigen Blätter stehen meist in einem dichten Schopf am Stammscheitel. Die radiären, trockenen und pergamentart. Blüten stehen meist in Ähren, Rispen od. Köpfen; Blütenformel P3+3 A3+3 G(3). Die Frucht ist meist eine Kapsel. Einige *Xanthorrhoea*-Arten liefern ein rotes od. gelbes Harz *(Akaroidharz),* das zur Herstellung v. Firnissen u. Lacken verwendet wird. B Australien I.
Xanthosin-5′-monophosphat *s* [v. *xantho-], *Xanthylsäure* (Säureform), Abk. *XMP,* ein ↗ Ribonucleosidmonophosphat, das sich v. ↗ Xanthin als Basenkomponente ableitet. X. ist Zwischenprodukt bei der Biosynthese der ↗ Purinnucleotide ↗ Adenosinmonophosphat u. ↗ Guanosinmonophosphat.
Xantusiidae [Mz.; ben. nach dem ung. Naturforscher J. Xántus v. Csiktapolcza, 1825–94], die ↗ Nachtechsen. [tin.
X-Chromatin, das ↗ Geschlechtschroma-

X-Chromosom, ↗Geschlechtschromosom, das mit (*XY-Typ,* z. B. Mensch, *Drosophila*) od. ohne (*X0-Typ,* z. B. Wanzen) andersgestaltetem ↗homologem Chromosom (↗ *Y-Chromosom*) das ↗Geschlecht des Trägers bestimmt (vgl. Tab.). Beim XY-Typ ist meist das ♀ homogametisch, bei Schmetterlingen u. Köcherfliegen (Schwestergruppen!) ist umgekehrt das ♂ homogametisch, das ♀ heterogametisch (*ZW-Typ:* ↗Geschlechtsbestimmung, ☐). – Die zunächst naheliegende Vermutung, daß auf dem X-Chromosom nur Gene für ♀ und auf dem Y-Chromosom nur Gene für ♂ Merkmale liegen, trifft nicht zu. Beim Menschen liegen auf dem X-Chromosom zahlr. Gene für geschlechts-unabhängige Merkmale (☐ Chromosomen). Deren mutierte Allele wirken sich jedoch meist nur im ♂ auf den Phänotyp aus, z. B. als ↗Bluterkrankheit (Hämophilie, ↗Bluter-Gen) u. ↗Farbenfehlsichtigkeit (☐ Geschlechtschromosomen-gebundene Vererbung). Ebenfalls auf dem X-Chromosom liegt das Gen, das für die Bildung v. Androgen-Rezeptoren verantwortl. ist (Tfm-Locus: ↗Intersexualität: Spaltentext). ↗Barr-Körperchen, ↗Drumstick, ↗Lyon-Hypothese; ↗Chromosomen (☐, B III), ↗Chromosomenanomalien.

Xenacanthidae [Mz.; v. *xen-, gr. akantha = Dorn, Stachel], *Xenacanthida,* (Goodrich 1909), *Süßwasserhaie, Stachelhaie, Pleuracanthodii,* † Taxon der ↗Knorpelfische mit langem medianem Stachel am Hinterende des Schädels, 5 ungleich langen Kiemenbögen u. fast gerader, mit Flossensaum besetzter Schwanzflosse; paarige Flossen v. archipterygialem Bau (↗Urflosse), Rückenflosse stark verlängert. X. waren Bewohner des Süßwassers. Verbreitung: oberes Devon bis obere Trias, Europa, Australien, N- und S-Amerika; ca. 10 Gattungen, z. B. *Xenacanthus, Pleuracanthus, Triodus.*

Xenarthra [Mz.; v. *xen-, gr. arthra = Gelenke], (Cope 1889), *Nebengelenktiere, Nebengelenker,* U.-Ord. der ↗Zahnarmen *(Edentata).* Verbreitung: ? oberes Paleozän, unteres Eozän bis rezent; ca. 165 fossile Gatt.

Xenia w [v. *xeni-], Gatt. der ↗Weichkorallen.

Xenicidae [Mz.; v. *xen-, lat. -cida = -töter], die ↗Neuseeland-Pittas.

Xenidium s [v. *xeni-], (Cloud 1942), der bei manchen ↗Brachiopoden *(Strophomenida)* ausgebildete Verschluß des ↗Delthyriums in Form einer einheitl. Platte; oft auch als *Pseudodeltidium* bezeichnet.

Xenien [Mz.; v. *xeni-], Bez. für bereits auf der Mutterpflanze, bevorzugt an Früchten u. Samen, sichtbar werdende Merkmale, die der bestäubende Pollen eingebracht hat. Die Erklärung liegt in der Doppelbefruchtung bei den Bedecktsamern, bei der eine Spermazelle sich mit der Eizelle u. der Kern der 2. Spermazelle sich aber mit dem sekundären ↗Embryosack-Kern vereinigen. Daher kann das triploide ↗Endosperm Merkmale der pollenliefernden Pflanze zeigen (z. B. Maiskörner). Darüber hinaus kann das Fruchtgewebe v. Tomaten, Datteln od. Äpfeln v. dem heranwachsenden, mischerbigen Sporophyten hormonell beeinflußt werden. Man spricht dann von *Metaxenien.*

Xenoanura [Mz.; v. *xeno-, gr. an- = nicht, oura = Schwanz], ↗Froschlurche (T).

Xenobiose w [v. *xeno-, gr. biōsis = Leben], das Zusammenleben einer kleineren Ameisenart mit einer größeren Art im od. am Nest. Die kleine Art genießt den Schutz der großen Art, die selbst keinen Nutzen aus diesem Zusammenleben zieht. ↗Kommensalismus, ↗Synökie.

Xenococcus m [v. *xeno-, gr. kokkos = Kern, Beere], Gatt. der ↗Hyellaceae.

Xenoderminae [Mz.; v. *xeno-, gr. derma = Haut], die ↗Höckernattern.

Xenodiagnose w [v. *xeno-, gr. diagnōsis = Bestimmung], Nachweis v. Parasiten in einem anderen („fremden") Wirt, in dem sie nach der Vermehrungsphase leichter auffindbar sind; z. B. Erreger der ↗Chagas-Krankheit in vorher parasitenfreien Wanzen, die am Menschen Blut gesaugt haben.

Xenodontinae [Mz.; v. *xen-, gr. odōn = Zahn], U.-Fam. der ↗Nattern.

Xenogamie w [v. *xeno-, gr. gamos = Hochzeit], die ↗Allogamie.

Xenomystus m [v. *xeno-, gr. mystax = Schnurrbart], Gatt. der ↗Messerfische.

Xenopeltidae [Mz.; v. *xeno-, gr. peltē = Schild], die ↗Erdschlangen.

Xenopholis w [v. *xeno-, gr. pholis = Schuppe], Gatt. der ↗Höckernattern.

Xenophora w [v. *xeno-, gr. -phoros = -tragend], Gatt. der ↗Trägerschnecken.

Xenopleura w [v. *xeno-, gr. pleura = Rippen], Gatt. der ↗Enteropneusten (Fam. *Harrimaniidae*) mit 1 Art, *X. vivipara,* die an den südafr. Küsten vorkommt u. innerhalb der Enteropneusten die einzige Form mit Viviparie darstellt.

Xenopsylla w [v. *xeno-, gr. psylla = Floh], Gatt. der ↗Flöhe; ↗Pestfloh.

Xenopus m [v. *xeno-, gr. pous = Fuß], Gatt. der ↗Krallenfrösche.

Xenosauridae [Mz.; v. *xeno-, gr. sauros = Eidechse], die ↗Höckerechsen.

Xenoturbellida [Mz.; v. *xeno-, lat. turbella = kleiner Wirbel], Gruppe strudelwurmartiger mariner Würmer unsicherer systemat. Stellung der bisher nur 2 bekannten Arten, *Xenoturbella bocki* aus der Nordsee u. einer mediterranen Art. Die *X.* sind 2–3 cm lange, dorsoventral abgeplattete, gelbl.-weiße, planarienartig bewegl. Tiere v. einfachem Körperbau. Sie besitzen eine cilienbesetzte Epidermis u. in Körpermitte eine ringförmige sowie beidseits je eine längsverlaufende Wimpernrinne mit längeren Cilien. Eine in Körpermitte liegende ventrale

Xenoturbellida

xen-, xeni-, xeno- [v. gr. xenos = fremd, andersartig, ungewöhnlich; Fremder, Gastfreund; xenion = Gastgeschenk].

X-Chromosom

Geschlechtsbestimmung beim Menschen u. bei Drosophila:

Beim Menschen bestimmt das Vorhandensein eines Y-Chromosoms das ♂ Geschlecht; bei *Drosophila* wird das Geschlecht durch das Verhältnis von X-Chromosomen zu Autosomen (A) bestimmt. Obere Hälfte der Tab.: normale, untere Hälfte: abnorme Chromosomenkonstellationen (in Klammern: z. T. abnorme u./od. sterile Individuen).

	Mensch	Drosophila
XX 2A	♀	♀
XY 2A	♂	♂
X0 2A	(♀)	(♂)
XXY 2A	(♂)	♀

Xanthomonas

Arten u. Pathovars [pv.] (Auswahl):

X. campestris [über 120 pv.]
  X. campestris pv. *campestris* (Adernschwärze, Tracheobakteriose, Welkekrankheit u. Fäulen an *Brassica*-Arten)
  X. campestris pv. *carotae* [Fäule an Karotten]
  X. campestris pv. *phaseoli* [Brand an Bohnen]
X. fragariae (Blattfleckenkrankheit an Erdbeeren)
X. axonopodis (Gummifluß an verschiedenen Pflanzen)
X. ampelina (krebsartige Wucherungen am Reben-Stamm)

xero- [v. gr. xēros = trocken].

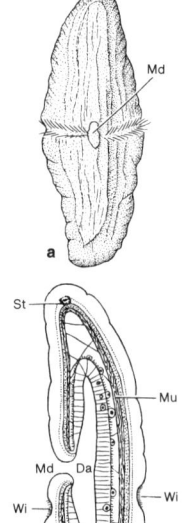

Xenoturbellida

a *Xenoturbella bocki*, Ventralansicht; b Organisationsschema. Da Darm, Md Mund, Mu Muskulatur, Pa Parenchym mit Geschlechtszellen, St Statocyste, Wi Wimpernrinne

Xiphosura

Rezente Gattungen:

↗ *Limulus*: einzige Art *L. polyphemus*; atlant. Schwertschwanz, erreicht 60 cm Körperlänge; Fortpflanzungzeit im Frühjahr, v. a. an der amerikan. O-Küste; Versuchstier für sinnes- u. stoffwechselphysiolog. Forschungen

Tachypleus (Molukkenkrebs) u. *Carcinoscorpius* leben an südasiat. Küsten

Alle Arten treten in hohen Individuenzahlen auf u. unterscheiden sich in ihrer Morphologie nur wenig.

Mundöffnung führt in den einfachen sackförm. Darm. Subepidermale Ring- u. Längsmuskulatur u. ein dichtes Parenchym füllen den Körper aus. Ein Nervenzentrum ist nicht ausgebildet; ledigl. eine in den Plexus eingebettete, kompliziert gebaute Statocyste kennzeichnet das Vorderende. Die *X.* sind Hermaphroditen; Eier wie Spermien entwickeln sich allenthalben im Körperparenchym u. gelangen über den Darm u. die Mundöffnung nach außen. Anfangs wurden die *X.* als aberrante Ord. den ↗ Plattwürmern zugerechnet. In neueren elektronenopt. Untersuchungen ließen sich jedoch mit jenen keine gemeinsamen abgeleiteten Merkmale (Synapomorphien) entdecken. So werden sie einstweilen als isolierte Gruppe primitiver ↗ *Bilateria* angesehen, die sich keiner anderen Tiergruppe anschließen läßt.

xenozön [v. *xeno-, gr. koinos = gemeinsam], *xenök, xenotop,* nur selten (als „Gast") in einem Ökosystem od. Lebensraum vorkommend.

Xenungulata [Mz.; v. *xen-, lat. ungulatus = mit Hufen versehen], (Paula Couto 1952), Huftiere, die sich unmittelbar nach der Isolierung von S-Amerika auf diesem Kontinent entwickelt haben, mit Gebiß mit Anklängen an die nordamerikan. ↗ *Dinocerata;* urspr. zu den ↗ *Pyrotheria* gestellt. Verbreitung: jüngeres Paleozän.

Xenusion auerswaldae s [v. *xen-, gr. ousia = Wesen, ben. nach einer Stiftsdame v. Auerswald], (Pompecky 1928), aus nord. Geschieben stammende Abdrücke eines wurmart. segmentierten Körpers mit 14 (12–13?) Gliedern und entspr. vielen Paaren v. Parapodien. Ihr Alter wurde im Bereich jüngeres Präkambrium/älteres Kambrium vermutet. Ein erstes in SW-Schweden im Anstehenden gefundenes Exemplar entstammt dem untersten Kambrium. Dem Fossil wurde oft eine Mittelstellung zw. *Annelida* u. *Arthropoda* zugewiesen; andere Bearbeiter sahen Beziehungen zu den *Onychophora* od. (Tarlo 1967) sogar zu den *Coelenterata.* Derzeit wird es den „*Articulata* incertae sedis" zugeordnet.

Xerobdellidae [Mz.; v. *xero-, gr. bdella = Egel], Fam. der ↗ *Pharyngobdelliformes* (Schlundegel); Erdbewohner, die als Blutsauger od. auch Räuber leben. Zu ihnen gehört die in Dtl. seltene, letztl. nur für die Buchenwälder der Bayer. Kalkalpen nachgewiesene Art *Xerobdella lecomtei.* Sie ist ca. 30–60 mm lang und 4–5 mm breit, kann sich aber bis etwa auf die doppelte Länge strecken. Um der Austrocknung zu entgehen, hält sie sich tagsüber unter Steinen, in Erdhöhlen u. Felsspalten verborgen, kommt folgl. nur nachts od. bei feuchtem Wetter hervor. Sie saugt an Alpensalamandern u. Regenwürmern; kann die Regenwürmer in Stücke zerteilen u. diese, wie auch Mückenlarven, verschlingen.

Xerobromion s [v. *xero-, gr. bromos = Trespe], *Trespen-Volltrockenrasen,* Verb. der *Brometalia erecti* (↗ *Festuco-Brometea*). Die Vegetation von X.-Ges. ist im Ggs. zu der der ↗ *Mesobromion*-Wiesen u. -Weiden nur lückig u. im Sommer schnell graubraun, da sie steile, flachgründige, südexponierte Hänge mit geringer Wasserspeicherfähigkeit einnimmt, die für Ackerod. Weinbau nicht geeignet sind; es handelt sich oft um auch natürl. wald- bzw. gebüschfreie Standorte. Vorkommende Arten wie *Teucrium montanum, Carex humilis, Globularia punctata* u. a. haben skleromorphe Anpassungen u. sind trockenheitsresistent.

Xerochasie w [v. *xero-, gr. chasis = Spaltung], Bez. für das Öffnen v. Früchten, aber auch das Ausklappen v. Hüllblättern u. Doldenstrahlen bei Trockenheit, so daß dann Samen od. Früchte ausgestreut werden können; bei Feuchtigkeit verhindern Schließbewegungen die Ausbreitung. Gegensätzlich dazu verhalten sich Früchte u. Fruchtstände in trockenen Klimaten. Hier erfolgt die Öffnung der Früchte bzw. das Ausklappen v. Hüllblättern u. Doldenstrahlen bei Feuchtigkeit *(Hygrochasie)*, während bei Trockenheit das Ausstreuen der Samen behindert wird.

Xerocomus m [v. *xero-, gr. komē = Schopf], die ↗ Filzröhrlinge.

Xeroderma pigmentosum s [v. *xero-, gr. derma = Haut], ↗ Amniocentese, ↗ DNA-Reparatur.

xeromorph [v. *xero-, gr. morphē = Gestalt], mit ↗ Schutzanpassungen gg. Trokkenheit versehen. ↗ Xerophyten.

Xerophagen [Mz.; v. *xero-, gr. phagos = Fresser], Organismen, die v. trockener Nahrung leben u. ihren Wasserbedarf überwiegend durch das beim Stoffwechsel entstehende Wasser decken; z. B. die Kleidermotte.

xerophil [v. *xero-, gr. philos = Freund], *aridophil,* Bez. für Lebewesen, die bevorzugt in trockenen Biotopen leben. Ggs.: hygrophil.

Xerophyten [Mz.; v. *xero-, gr. phyton = Gewächs], Bez. für Landpflanzen, die an sehr trockenen Standorten gedeihen. Sie besitzen entweder eine Austrocknungsfähigkeit (↗ hardiness) durch hohe plasmat. ↗ Trockenresistenz (bes. in Fällen v. Thallophyten), od. die ↗ Transpiration wird durch ↗ Schutzanpassungen sehr stark eingeschränkt, so z. B. durch Verkleinerung bis zur völligen Reduktion der Blätter (↗ Sklerokaulen), Verdornung der Blätter (↗ Blatt), starke Ausbildung der Cuticula u. Verstärkung der Epidermiszellwände (↗ Sklerophyllen), Ausbildung v. eingerollten Blättern (↗ Rollblätter) mit nach innen verlagerten ↗ Spaltöffnungen, Verminderung u. Versenkung der Spaltöffnungen, starke Haarbildung (↗ Malakophyllen), Ausbildung v. Sukkulenz (↗ Sukkulenten). Ggs.: ↗ Hygrophyten, ↗ Mesophyten.

↗Hartlaubvegetation, ↗Wassergewebe, ↗Wasserhaushalt, ↗Wasserpotential.

Xerothermen [Mz.; v. *xero-, gr. thermos = warm], Bez. für trocken-warme Geoökosysteme (Wüsten, Steppen, Savannen) u. deren Fauna u. Flora.

Ximenia w [ben. nach dem span. Missionar F. Ximénez, † 1721 (?)], Gatt. der ↗Olacaceae.

Xiphiidae [Mz.; v. gr. xiphias = Schwertfisch], die ↗Schwertfische.

Xiphinema s [v. *xiphi-, gr. nēma = Faden], Gatt. der Fadenwürmer aus der Ord. *Dorylaimida* (↗*Dorylaimus*) mit bes. langem ↗Stilett (Mundstachel, „Speer": namengebend!). Einige mm lange Phytoparasiten an den Wurzeln verschiedener Ein- u. Zweikeimblättriger Pflanzen; gefährlich weniger durch Saftsaugen als vielmehr durch Virusübertragung.

Xiphodon m [v. *xipho-, gr. odōn = Zahn], (Cuvier 1822), Nominat-Gatt. der taxonom. umstrittenen, fr. den *Tylopoda* zugeordneten *Xiphodontoidea* J. Viret 1961 (Ord. Paarhufer), die sich v.a. durch primitive Merkmale in Carpus u. Tarsus v. den höher differenzierten *Suiformes* unterscheiden. Verbreitung: oberes Eozän bis unterstes Oligozän v. Europa.

Xiphophorus m [v. *xipho-, gr. -phoros = -tragend], Gatt. der ↗Kärpflinge.

Xiphosura [Mz.; v. *xipho-, gr. oura = Schwanz], *Schwertschwänze, Pfeilschwanzkrebse, Königskrabben,* Ord. der ↗*Chelicerata* ([T]) mit nur 4 rezenten, marinen Arten; fossil seit dem Silur mit großer Artenfülle bekannt; die heutigen Arten sind ↗lebende Fossilien ([B]). Größter rezenter Vertreter ist ↗*Limulus polyphemus* mit 60 cm Länge. Die X. werden oft mit den ↗*Eurypterida* zu den ↗*Merostomata* zusammengefaßt, nach neuerer Auffassung gelten jedoch die *Eurypterida* als Schwestergruppe der *Arachnida* (↗Spinnentiere; ☐ Chelicerata). X. sind Grundbewohner in 10–20 m Tiefe mit abgeflachtem, hufeisenförm. Körper, die sich räuberisch v. Krebschen, Weichtieren, Würmern u.a. ernähren. *Körpergliederung:* großes ungegliedertes Prosoma, mit breiter Kopfduplikatur, die zum Graben dient; kleines ungegliedertes Opisthosoma mit Pleurotergiten, dessen erste Segmente (1. und Teile des 2.) dem Prosoma angeschmolzen sind. Gelenk zwischen 2. und 3. Opisthosomasegment; letzte Opisthosomasegmente verkleinert, tragen den langen Schwanzstachel. *Extremitäten:* am Prosoma 1 Paar 3gliedrige Cheliceren, 5 Paar Laufbeine, 4 Paar davon mit Scheren, das letzte mit Stacheln u. flachen Borsten, die sich ausbreiten können u. zum Abstützen im weichen Substrat dienen (Skistockbein); das letzte Beinpaar trägt seitl. einen Fortsatz (Flabellum), der eine Rolle beim Abdichten der Kiemenkammer spielt; alle Prosomaextremitäten tragen stark entwik-

xen-, xeni-, xeno- [v. gr. xenos = fremd, andersartig, ungewöhnlich; Fremder, Gastfreund; xenion = Gastgeschenk].

xiphi-, xipho- [v. gr. xiphidion = kurzes Schwert, Dolch; xiphos = Schwert].

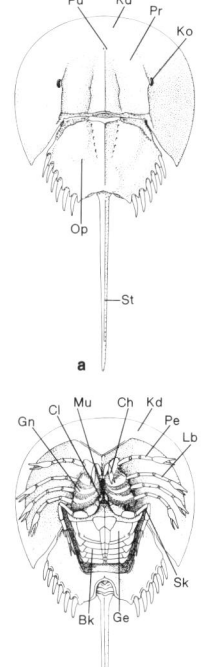

Xiphosura
Limulus:
a Dorsalansicht, **b** Ventralansicht. Bk Buchkiemen, Ch Cheliceren, Cl Chilaria, Ge Genitaloperculum, Gn Gnathocoxen, Kd Kopfduplikatur, Ko Komplexauge, Lb Laufbein, Mu Mund, Op Opisthosoma, Pe Pedipalpus, Pr Prosoma, Pu Punktaugen, Sk „Skistockbein", St Schwanzstachel

kelte Gnathocoxen, die den Mund umstehen u. zum Zerkleinern der Nahrung dienen; Extremitäten des 1. Opisthosomasegments zu den 1gliedrigen Chilaria reduziert, die den Mundraum nach hinten begrenzen; alle anderen Extremitäten flächig entwickelt; das 1. Paar bildet das Genitaloperculum, auf dem die Geschlechtsorgane münden, die restl. 5 Paar Blattbeine tragen Kiemen auf der Hinterseite, die aus je etwa 150 Blättchen aufgebaut sind. *Skelett:* Exoskelett aus kräftiger, nicht verkalkter Cuticula, zusätzl. gut entwickeltes Endoskelett (Endosternit, Entapophysen). *Nervensystem* u. *Sinnesorgane:* Ober- u. Unterschlundganglion bilden große Hirnmasse im Prosoma; Sinneshaare auf dem ganzen Körper, 1 Paar Komplexaugen ohne Kristallkegel mit runden Cornealinsen, die zapfenartig nach innen verlängert sind, sternförmiges Rhabdom; 1 Paar Medianaugen; weitere v. außen nicht sichtbare modifizierte Medianaugen liegen im Inneren; Sinnesgrube vor dem Mundbereich (Frontalaugen, Chemorezeption?). *Darmtrakt:* Mund zw. den Gnathocoxen der Prosomaextremitäten, Mundraum wird vorne v. Oberlippe, hinten v. den Chilaria begrenzt; enger Pharynx, Kaumagen, Mitteldarm mit verzweigten Divertikeln (Mitteldarmdrüse), Enddarm, After an der Basis des Stachels; Nahrung, die beim Durchpflügen des Untergrunds gefunden wird, wird mit Hilfe der Cheliceren u. der Scheren an den Beinen vor den Mund gebracht u. zerkleinert (auch mit den Gnathocoxen); im Kaumagen erfolgt eine weitere mechan. Aufbereitung; Sekretion u. Resorption in der Mitteldarmdrüse, extra- u. intrazellulär. *Exkretion:* 1 Paar Coxaldrüsen, Mündung zwischen 5. und 6. Beinpaar. *Kreislauf* u. *Atmung:* schlauchförm. Herz mit 8 Ostienpaaren, 3 vordere und 4 laterale Arterienpaare, Atmung über Buchkiemen (5 Paar modifizierte, kiementragende Extremitäten). *Geschlechtsorgane:* paarige Gonaden im Prosoma, getrenntgeschlechtlich, münden auf der Unterseite des Genitaloperculums. *Fortpflanzung:* die Tiere sammeln sich im Gezeitenbereich an flachen Küsten; das Männchen hält sich mit dem zum Greiforgan umgebildeten 1. Beinpaar am Prosomarand auf dem Weibchen fest; bis zu 1000 Eier werden in eine flache Mulde gelegt, besamt (äußere Besamung!) u. mit Sand bedeckt. *Entwicklung:* Furchung total, erstes freilebendes Stadium (sog. Trilobitenlarve) hat schon alle Segmente, aber nur 9 Extremitätenpaare; Geschlechtsreife erst nach ca. 12 Jahren. [T] 472. *C. G.*

Xiphydriidae [Mz.; v. *xiphi-], die ↗Holzwespen.

Xiridaceae [Mz.; v. xyris = eine Art wilde Schwertlilie], Fam. der ↗Commelinales.

X0-Typ, *XX/X0-Typ,* ↗Geschlechtsbestimmung (☐), ↗X-Chromosom.

X-Organ

xyl-, xylo- [v. gr. xylon = Holz].

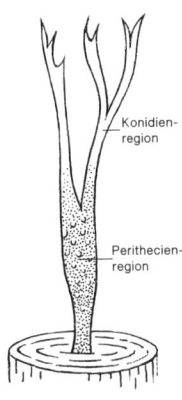

Xylariales

Der Schlauchpilz *Xylaria hypoxylon*, häufig auf Laubholzstubben, bildet geweihartige, distinkte Körper (Stromata). Im unteren, dunkel gefärbten Abschnitt werden Perithecien, im oberen helleren Abschnitt *Konidien* gebildet.

Xylariales

Familien:
Neurosporaceae
(↗ *Neurospora*)
Sordariaceae
Xylariaceae
Roselliniaceae
(↗ *Rosellinia*)

Die Fam. werden v. einigen Autoren auch bei den ↗ *Sphaeriales* eingeordnet

D-Xylose   D-Xylulose

R. Yalow

X-Organ, neuere Bez. *Medulla-terminalis-X-Organ, Hanström-X-Organ,* Gruppe neurosekretorischer Zellen in der Medulla terminalis des ↗ Augenstiels der Krebse, die ein häutungshemmendes Peptidhormon *MIH* (engl.: *m*oult *i*nhibiting *h*ormone) bilden (↗ Augenstielhormone), das in der ↗ Sinusdrüse gespeichert u. in der Zeit zw. zwei ↗ Häutungen ausgeschüttet wird. Neben dem MIH wird wahrscheinl. noch ein häutungsbeschleunigendes Hormon *MAH* (engl.: *m*oult *a*ccelerating *h*ormone) gebildet u. im Sinnesporen-X-Organ des Augenstiels gespeichert. In der ersten Häutungsphase regt es das ↗ Y-Organ zur beschleunigten Abgabe v. Häutungshormon an.

Xul, Abk. für ↗ Xylulose.

Xyl, Abk. für ↗ Xylose.

Xylane [Mz.; v. *xyl-], als Bestandteile der ↗ Hemicellulosen vorkommende unlösl. Polysaccharide (↗ Pentosane), die aus ↗ Xylose-Resten als Monosaccharideinheiten aufgebaut sind. Stroh enthält 15 bis 20%, Zuckerrohrrückstände (Bagasse) 30%, Laubholz 20–25% und Nadelholz 7–12% Xylane.

Xylariales [Mz.; v. *xyl-], Ord. der ↗ Schlauchpilze; die Arten sind meist Saprophyten, vorwiegend auf Holz wachsend; einige Wundparasiten, die lebende Stämme an Verletzungen befallen; auch Dungbewohner. Das Mycel ist septiert, die Zellen enthalten mehrere Kerne; die Fruchtkörper (Kleistothecien od. Perithecien) sind mehr od. weniger dunkel pigmentiert; z.T. liegen sie frei od. sind in krusten-, knollen-, keulen- od. geweihförm. Stromata eingesetzt. Die unitunicaten Asci enthalten 4–8 dunkelbraune bis schwärzl. Ascosporen. Meist in 4 Fam. eingeteilt (vgl. Tab.). – Nahezu alle Vertreter der Fam. *Xylariaceae* bewohnen totes Holz; ihre Perithecien sind in schwarzem Stroma eingesetzt. Bei dem Brandigen Krustenpilz *(Ustulina deusta)* überzieht das oft sehr große, krustenförmige Stroma Laubholzstubben *(= Brandfladen).* Das Stroma der Kugelpilze *(↗ Hypoxylon, ↗ Daldinia)* ist halbkugelig, das der Holzkeulen *(Xylaria)* keulen- ods. geweihförmig (vgl. Abb.).

Xyleborus *m* [v. gr. xylēboros = holzfressend], ↗ Ambrosiakäfer.

Xylem *s* [v. *xyl-], Holzteil, Gefäßteil, Hadrom, Bez. für das wasserleitende Gewebe der pflanzl. ↗ Leitbündel (☐), das vornehml. aus ↗ Tracheen u./od. ↗ Tracheiden besteht, daneben Sklerenchymfasern u. lebende Holzparenchymzellen besitzen kann. Die noch in der Streckungszone angelegten Elemente sind dünnwandiger u. dehnungsfähig u. bilden das ↗ *Protoxylem;* die später angelegten Elemente sind dickwandig u. bilden das ↗ *Metaxylem.* ☐ Rüben, B Sproß und Wurzel I–II.

Xylemprimanen [Mz.; v. *xyl-], lat. primanus = von der 1. Legion], ↗ Protoxylem.

Xylemsauger [v. *xyl-], ↗ Pflanzensaftsauger. [ler.

Xylia *w* [v. *xyl-], Gatt. der ↗ Hülsenfrücht-

Xylit *s* [v. *xyl-], ↗ Lignit.

Xylocopa *w* [v. gr. xylokopos = Holz spaltend], Gatt. der ↗ Apidae.

Xylophaga *w* [v. *xylo-, gr. phagos = Fresser], Gatt. der Eigentlichen ↗ Bohrmuscheln mit kugeliger Schale; bohrt in untergetauchtem Holz, ernährt sich aber v. Planktonten; protandrische ☿. *X. dorsalis,* 11 mm lang, ist im Mittelmeer und nördl. Atlantik verbreitet.

Xylophagen [Bw. *xylophag;* v. *xylo-, gr. phagos = Fresser], *Holzfresser, Lignivoren,* spezialisierte Gruppe der Pflanzenfresser, z. B. die ↗ Schiffsbohrer, zahlr. Insektenlarven sowie Termiten, die in u. an Holz leben u. sich davon ernähren. Das aufgenommene Holz wird im wesentl. von endosymbiontischen Mikroorganismen, z.T. unter Mitwirkung körpereigener ↗ Cellulose spaltender Enzyme, aufgeschlossen. ↗ Verdauung, ↗ Endosymbiose (B), ↗ celluloseabbauende Mikroorganismen, ↗ Cellulase.

Xylophagidae [Mz.; v. *xylo-, gr. phagos = Fresser], die ↗ Holzfliegen.

Xyloplax *w* [v. *xylo-, gr. plax = Fläche, Platte], eine 1986 neu beschriebene Gatt. der ↗ Stachelhäuter, mit nur 1 Art *Xyloplax medusiformis* Baker, Rowe u. Clark. Die im August 1985 in den Spalten v. Treibholz, das abgesunken in 1000 bis 1200 m Tiefe auf dem Meeresboden vor den Küsten v. Neuseeland lag, gefundenen 9 Exemplare weisen einen so aberranten Bau auf, daß für sie eine eigene Kl. *Concentricycloidea* mit der einzigen Ord. *Peripodida* u. der Fam. *Xyloplacidae* errichtet werden mußte. Das Vorhandensein eines Ambulacralgefäßsystems mit Füßchen, kalkigen Skelettplatten u. Stacheln sowie die noch erkennbare „fünfstrahlige" (↗ pentamere) Symmetrie kennzeichnen die Tiere als Stachelhäuter *(Echinodermata).* Andere Merkmale kennt man v. keiner weiteren Stachelhäutergruppe, so u.a. scheibenförm., nach dorsal schwach aufgewölbter Körper mit (ohne Stachelkranz) 2,1 bis 7,8 mm ⌀, auf der Dorsalseite mit fein perforierten Skelettplättchen bedeckt, die winzige stachelartige Fortsätze tragen. In einer vergrößerten Dorsalplatte mündet der ↗ Hydroporus. 5 randständige große Terminalplatten kennzeichnen die ↗ Radien. Der Rand der Körperscheibe ist v. einem Kranz von zahlr. hohlen Stacheln umstellt, die 0,6 mm lang sind. Die Ventralseite ist v. in 2 Ringen angeordneten, randständigen Kalkplättchen (Ossikel) bedeckt. Zwischen den Plättchen des äußeren Ringes (Adambulacralplättchen) treten die Füßchen des Ambulacralgefäßsystems jeweils einzeln (!) in ringförm. Anordnung (!) aus. (Bei allen anderen Stachelhäutern sind die Füßchen stets radiär angeordnet.)

Mund u. After fehlen. Die leicht eingewölbte Ventralseite ist v. einem dünnen Velum wie v. einem Trommelfell überdeckt. Das Velum ist vermutl. durch „Ausstülpung" eines ursprünglich sackförm. Magens entstanden. Da Mundöffnung u. After fehlen, wird vermutet, daß X. gelöste organ. Substanzen über das Velum als Nahrung aufnimmt. Das Ambulacralgefäßsystem besteht aus 2 (!) ventral gelegenen, konzentrischen Ringkanälen, die interradial durch Kanäle verbunden sind. Der äußere Ringkanal versorgt die Füßchen über interradiale (!) Kanäle, der innere Ringkanal stellt die Verbindung zum Hydroporus her u. steht in Kontakt mit 4 interradial angeordneten ↗Polischen Blasen. Die 5 Paar Gonaden beherbergen Embryonen in verschiedenen Entwicklungsstadien (Brutpflege) bis zu Jungtieren, die den Erwachsenen schon weitgehend gleichen. Die Jungtiere werden wohl in der Grundströmung verdriftet u. finden so neue Substrate. – Systematisch wird die neue Kl. *Concentricycloidea* als Schwestergruppe der ↗Seesterne u. ↗Schlangensterne betrachtet u. mit diesen in den *Asterozoa* zusammengefaßt (T Stachelhäuter). Unter den fossilen Stachelhäutern haben nur die *Cyclocystoidea*, die vom mittleren Ordovizium bis zum mittleren Devon lebten, einen ähnlich „medusoiden" Körperbau wie X. Ob daraus auf eine nähere Verwandtschaft geschlossen werden darf, ist z.Z. noch fraglich.
Lit.: *Baker, A. N., Rowe, F. W. E., Clark, H. E. S.*: A new Class of Echinodermata from New Zealand. Nature Vol. *321*, S. 862–864. 1986. G. O.

Xylopodium s [v. gr. xylopous = mit Holzfüßen], Bez. für unterird., zur Regeneration befähigte Stammkörper, wie sie eine Reihe v. Sträuchern (z.B. Hasel) od. zahlr. an Feuerbrande (↗Feuerklimax) angepaßte Holzpflanzen der Klimazonen mit Trockenperioden ausbilden.

Xylose w [v. *xyl-], *Holzzucker*, Abk. *Xyl*, ein zu den Aldopentosen zählender Einfachzucker, der techn. durch saure Hydrolyse der in Holz u. Stroh reichl. vorkommenden ↗Xylane gewonnen wird (↗Holzverzuckerung). Wicht. Nahrungsbestandteil v. Pflanzenfressern, bes. Wiederkäuern. Zuckerersatz für Diabetiker. □ 474.

Xyloterus m [v. *xylo-, gr. terein = zermalmen], Gatt. der ↗Ambrosiakäfer.

Xylulose w, Abk. *Xul*, ein zu den Ketopentosen zählender Einfachzucker, der in phosphorylierter Form als *X.-5-phosphat* Zwischenprodukt beim ↗Calvin-Zyklus u. beim ↗Pentosephosphatzyklus bzw. Ausgangsprodukt beim ↗Phosphoketolase-Weg ist. □ 474.

Xylulose-5-phosphat ↗Xylulose.

Xysticus m [v. gr. xystikos = schabend, kratzend], Gatt. der ↗Krabbenspinnen.

XY-Typ, *XX/XY-Typ*, ↗Geschlechtsbestimmung, ↗X-Chromosom, ↗Drosophilatyp.

Y, Abk. für ↗Tyrosin.
Yaba-Virus, *Yabapoxvirus*, ↗Pockenviren.
Yak m [v. tibet. gyag], *Jak, Bos mutus*, systemat. den Eigentl. ↗Rindern zugeordnetes asiat. Wild- u. Hausrind; Kopfrumpflänge bis 3 m (♂♂); erhöhter Widerrist durch verlängerte Dornfortsätze der Wirbel; massiger Kopf mit gewundenem Gehörn; Schulter- u. Bauchmähne; auch der Schwanz ist lang behaart, mit buschiger Endquaste. Wildyaks, während der Eiszeit bis NO-Sibirien verbreitet, leben heute nur noch in kleinen, v. Ausrottung bedrohten Restbeständen weit verstreut im nordtibetan. Hochland in Höhen bis 5000 m. Ihr dichtes Haarkleid ist ein wirksamer Kälteschutz; die verbreiterten Hufe sind eine Anpassung an das sumpfige Gelände. Aus der Wildform entstand vermutl. im 1. Jt. v. Chr. in Tibet der deutl. kleinere Hausyak od. „Grunzochse" (*B. m. grunniens*) in zahlr. Farbschlägen (↗Haustierwerdung). Wegen seiner Anpassung an Höhenlagen hat sich der Hausyak über weite Teile Asiens ausgebreitet; er ist Last- u. Reittier, liefert Wolle, Milch u. Fleisch. B Asien II.

Yalow [jälou], *Rosalyn*, geb. *Sussmann*, amerikan. Physikerin, * 19. 7. 1921 New York; seit 1970 Leiterin der Abt. für Nuklearmedizin als Isotopeninstitut in New York (South Bronx); entwickelte zur analyt. Bestimmung v. äußerst geringen Substanzmengen (10^{-9}–10^{-12} g) v. Peptidhormonen den sog. ↗Radioimmunassay; erhielt 1977 zus. mit R. Guillemin und A. V. Schally den Nobelpreis für Medizin. □ 474.

Yams m [v. senegal. nyami = essen], *Jams, Elefantenfuß, Schildkrötenpflanze, Dioscorea*, Gatt. der ↗Yamsgewächse mit ca. 600 Arten. In SO-Asien wird *D. esculenta* wegen der stärkehalt. Wurzelknollen (*Y.wurzel*) angebaut. Sie hat 1,5 cm lange Wurzeldornen zum Schutz gg. Tierfraß. In dem gleichen Gebiet wird die einjährige Brotwurzel (*D. opposita = D. batatas*) angepflanzt. *D. sinuata* wird hpts. in Brasilien kultiviert; ihre Knolle geht aus Stengelgliedern des 1. und 2. Internodiums sowie dem angrenzenden Hypokotyl hervor. Für *D. bulbifera* und *D. villosa* sind Blattachselknollen an den unteren Blattachseln kennzeichnend. Die Knollen kultivierter *Dioscorea*-Arten können eine Länge von 70 cm u. ein Gewicht von über 20 kg erreichen. Außer zur Herstellung v. Dioscoreen-Stärke (*Y.stärke*) werden v. a. die Blattachselknollen als Nahrungsmittel verwendet. Die Zusammensetzung der Knolle gleicht der der Kartoffel (72% Wasser, 1,8% Protein, 23,7% Kohlenhydrate, 1% Mineralstoffe). Einige Arten, wie z. B. *D. hirsuta*, enthalten das Alkaloid ↗*Dioscorin*. Ein weiterer Inhaltsstoff, das *Diosin*, ist ein wicht. Ausgangsstoff für die Partialsynthese v. Steroidhormonen. B Kulturpflanzen I.

Yamsgewächse [v. senegal. nyami = essen], *Dioscoreaceae*, Fam. der ↗Lilienarti-

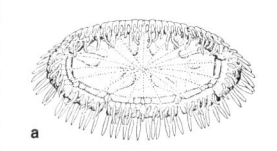

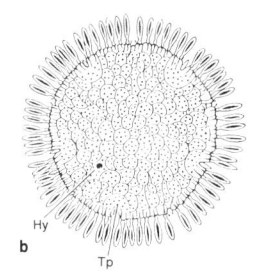

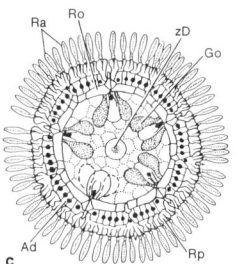

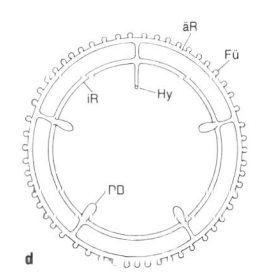

Xyloplax

a Habitus (ventro-lateral) von *X. medusiformis*; b Dorsalansicht, c Ventralansicht, d Wassergefäßsystem. Ad Adambulacralplättchen, äR äußerer Ringkanal, Fü Füßchen, Go Gonade, Hy Hydroporus, iR innerer Ringkanal, PB Polische Blase, Ra Randstacheln, Ro Ringossikel, Rp Randplatte, Tp Terminalplatte, zD zentrale Dorsalplatte

Yersinia

Arten u. Vorkommen:

Y. pestis
(*Bacterium pestis*, 3 Biovars; Mensch u. Tier)

Y. pseudotuberculosis (*Bacillus pseudotuberculosis*, mehrere Serovars)

Y. enterocolitica (*Bacterium enterocoliticum*, 5 Biovars; über 50 Serovars)

Y. intermedia (Süßwasser, Fisch, Nahrungsmittel, gelegentl. Mensch)

Y. frederiksenii (Süßwasser, Fisch, Nahrungsmittel, gelegentl. Mensch, Tier)

Y. kristensenii (Boden, Süßwasser, Nahrungsmittel, selten Mensch)

Y. ruckeri (in N-Amerika Krankheitserreger in Regenbogenforellen [red mouth disease])

gen mit 11 Gatt. u. über 650 Arten. Fast alle Vertreter sind trop. und subtrop. Kletterpflanzen mit stärkehalt. Knollen, Luftknollen od. Rhizomen; sie haben wechsel- od. gegenständige, herzförmige Blätter. Die in Ähren, Trauben od. Rispen angeordneten unscheinbaren Blüten sind z. T. diözisch; ↗Blütenformel *P(3+3) A3+3 G($\bar{3}$). Ein Staubblattkreis kann zu Staminodien reduziert sein od. ganz fehlen. Die Früchte sind Beeren od. Kapseln. Wichtige Gatt. sind der ↗Yams *(Dioscorea)* u. die in Laubwäldern des Mittelmeergebiets und W-Europas verbreitete Schmerwurz *(Tamus).*

Yapok *m* [ben. nach dem südam. Fluß Oyapock], der ↗Schwimmbeutler.

Y-Chromosom, das ↗Geschlechtschromosom, das beim XY-Typ der diplogenotypischen ↗Geschlechtsbestimmung (☐) als Partner des ↗X-Chromosoms ($\boxed{T}$) im ♂ vorkommt. Bei ↗*Drosophila melanogaster* ist das Y-Chromosom ohne Bedeutung für die Geschlechtsbestimmung, d. h. X0 = XY = ♂. Es trägt aber Fertilitätsfaktoren, die zur Herstellung funktionsfähiger Spermien nötig sind. Während auf dem menschl. X-Chromosom bisher zahlr. Gene kartiert werden konnten, scheint das Y-Chromosom beinahe „leer" zu sein (Ausnahme: Sex-reversal-Gen: ↗H-Y-Antigen). ↗Chromosomen (☐, $\boxed{T}$).

Yerkes [jö'kiß], *Robert Mearns,* amerikan. Verhaltensforscher, * 26. 5. 1876 Breadysville (Pa.), † 3. 2. 1956 New Haven (Conn.); seit 1902 Prof. an der Harvard Univ., ab 1924 an der Yale Univ.; bekannt v. a. durch seine Forschungen über Intelligenz bei Tieren u. Mensch. WW: „The great apes" (1929) und „Chimpanzees" (1943).

Yersin [järßã̃], *Alexandre John Émile,* schweizer. Tropenarzt, * 22. 9. 1863 Rougemont, † 1. 3. 1943 Nha-Trang (Annam); Präparator am Inst. Pasteur in Paris; entdeckte 1888 zus. mit P. ↗Roux das Diphtherietoxin u. 1894 in Hongkong unabhängig von S. ↗Kitasato den Erreger der Pest (↗Yersinia).

Yersinia *w* [ben. nach A. J. E. ↗Yersin (järßã̃)], Gatt. der ↗*Enterobacteriaceae*; gramnegative, Oxidase-negative, fakultativ anaerobe Bakterien, stäbchen- bis fast kokkenförmig (0,5–0,8 × 1,3 µm); bei 37°C nicht, aber unter 30°C durch peritrich angeordnete Geißeln beweglich (Ausnahme: *Y. pestis*). Die Arten (vgl. Tab.) wachsen in normaler Nährlösung u. oxidieren organ. Substrate im Atmungsstoffwechsel (mit O_2) oder anaerob im Gärungsstoffwechsel. Glucose u. a. Zucker werden im Gärungsstoffwechsel zu Säuren abgebaut; dabei tritt kein od. nur wenig Gas auf; die meisten Vertreter können Nitrate zu Nitrit reduzieren. 7 Arten sind eindeutig beschrieben, 3 von ihnen verursachen gefährl. Krankheiten, die übrigen leben vorwiegend saprophytisch. *Y. pestis* ist Erreger der ↗Pest; sein Reservoir sind wilde Nager (z. B. Murmeltiere, Wiesel, Hamster, Ratten, Mäuse, Erd- u. Eichhörnchen) u. ihre Ektoparasiten (Flöhe, Zecken), durch die i. d. R. die Weiterübertragung erfolgt. Gefährdet sind Menschen in den enzootischen Pestgebieten (z. B. durch Tier-, v. a. Flohbisse [↗Pestfloh]). Kommen befallene Wildtiere in die Nähe menschl. Behausungen, können die Pest-infizierten Flöhe auf Wander- u. Hausratten übergehen und, wenn diese erkranken u. sterben, auch den Menschen befallen. *Y. pseudotuberculosis* ist ein bei Tieren weit verbreiteter Erreger (bes. bei kleinen Nagern, Katzen u. Vögeln), der beim Menschen Darm- u. a. Erkrankungen im Bauch-Bereich verursacht; bemerkenswert ist, daß die Keime bei 2–4°C noch wachsen können. *Y. enterocolitica* ist in verschiedensten Habitaten zu finden (z. B. in Mensch u. Tier, Nahrungsmitteln, Trinkwasser); verursacht hpts. Darmerkrankungen.

Yeti *m* [nepal.], der ↗Schneemensch.

Yohimbin *s* [v. einer Bantusprache], *Johimbin, Quebrachin, Aphrodin, Corynin,* ein ↗Rauwolfiaalkaloid (☐) aus der Rinde des *Y. baums* (Yohimbebaum, *Pausinystalia yohimba,* Vertreter der Krappgewächse aus dem trop. W-Afrika); wirkt gefäßerweiternd u. erhöht die Erregbarkeit des Sakralmarks (Aphrodisiakum).

Yoldia *w* [ben. nach dem span. Grafen A. d'Aguirre de Yoldi, 1764–1852], (Möller 1842), *Portlandia,* für das ↗Yoldiameer charakterist. taxodonte Fiederkiemermuschel mit ca. 2 cm langen, hinten leicht klaffenden sinupalliaten Schalen. Die urspr. namengebende Art *Y. arctica* (Gray 1824) wurde 1966 durch Beschluß der ICZN dem Genus ↗*Portlandia* Mörch 1857 zugewiesen. Typus-Art von *Y.* ist *Y. hyperboraea* Torell 1859. Verbreitung: Kreide bis rezent. ⬛ Muscheln.

Yoldiameer, (O. Torell 1865), Begriff aus der Gesch. der Ostsee; bezeichnet eine marine, nach der Leitmuschel ↗*Yoldia* (↗*Portlandia*) ben. Phase zu Beginn des ↗Holozäns mit arkt. Fauna im Anschluß an den limn. „Balt. Eisstausee" des Spätpleistozäns; auf das Y. folgte der ↗Ancylussee. Dauer ca. 8000 bis 6200 v. Chr.

Y-Organ, Carapaxdrüse, paarige endokrine Hormondrüse (↗Häutungsdrüsen) der Krebstiere im 1. Maxillen- od. Antennensegment; ektodermaler Herkunft; bildet das Häutungshormon β-Hydroxyecdyson = Crustecdyson (↗Ecdyson). Bei Einstellen der Produktion eines häutungshemmenden Hormons im ↗X-Organ, das in den Zwischenhäutungsphasen auf das Y.-O. einwirkt, wird Häutungshormon sezerniert u. die Häutung eingeleitet. ↗Augenstielhormone.

Young [jang], *Thomas,* engl. Arzt u. Physiker, * 13. 6. 1773 Milverton (Somerset), † 10. 5. 1829 London; Prof. in London; entdeckte 1793 das Prinzip der Akkomodation u. 1801 die Ursache des Astigmatismus des Auges; bewies mit Interferenzversuchen 1803 die Wellennatur des Lichts; stellte eine Dreifarbentheorie des Farbensehens auf.

Yponomeutidae [Mz.; v. gr. hyponomeuein = unterirdische Gänge graben], die ↗Gespinstmotten.

Ypsiloneule, *Scotia ipsilon,* ↗Eulenfalter.

Ysop *m* [v. gr. hyssōpos = Y.], *Hyssopus,* nur die im Mittelmeergebiet u. in Vorderasien heim. Art *H. officinalis* umfassende Gatt. der ↗Lippenblütler. Aromat. duftender Halbstrauch mit derben, längl.-lanzettl., beiderseits dicht mit Öldrüsen besetzten Blättern u. dunkelviolettblauen Blüten, die in aus Scheinquirlen zusammengesetzten, endständ. Scheinähren stehen. Der bei uns aus früheren Kulturen verwilderte u. in sonnig-warmen, trockenen Gebieten auch z.T. eingebürgerte Y. wurde schon im Altertum wegen seines hohen Gehalts an äther. Öl *(Ysopöl)* als Heil- u. Gewürzpflanze geschätzt. Er wird in der Volksmedizin v. a. zur Behandlung v. Erkrankungen der Atemwege (Bronchitis, Asthma) verwendet, während er als Küchengewürz zur Verfeinerung v. Suppen, Salaten, Fleischgerichten u. gekochtem Obst dient. Y. war in früheren Zeiten auch eine beliebte Zierpflanze.

Yucca *w* [v. Arawak über span. yuca =], die ↗Palmlilie.

Yuccamotten [v. Arawak über span. yuca = Palmlilie], *Prodoxidae,* den ↗Miniersackmotten nahestehende kleine Schmetterlingsfam. der Neuen Welt, deren Verbreitung u. Biologie eng an die der ↗Palmlilien gekoppelt ist; letztere werden ausschl. durch Y. bestäubt; die Y. leben hingegen als Larve v. den Samen od. anderen Pflanzenteilen der Palmlilien. In Mexiko und dem S der USA ist die bis 33 mm spannende nachtaktive Art *Tegeticula (Pronuba) yuccasella* weit verbreitet; Flügel weiß; die Weibchen transportieren mit Hilfe der umgewandelten aufgebogenen Maxillen Pollen v. einer Blüte auf die Narbe einer anderen Blüte u. legen dort in den Fruchtknoten Eier ab; die schlüpfenden Larven verzehren nur einen Teil der reifenden Samen u. verpuppen sich im Boden. Diese monophagen Y. und die Palmlilie sind in ihrer Lebensweise so eng aneinander gekoppelt, daß keiner der beiden Partner dieser Symbiose unter natürl. Bedingungen ohne den anderen existieren kann. Die Falter schlüpfen daher nur zur Blütezeit der Palmlilien; sie nehmen keine Nahrung mehr auf; der Blütenbesuch dient lediql. der Sicherung der Nachkommenschaft durch gezieltes Pollensammeln u. Bestäubungstätigkeit. ↗Coevolution.

Yungia *w,* Gatt. der Strudelwurm-Fam. *Pseudoceridae* (Ord. ↗Polycladida). Bekannte Art *Y. aurantiaca,* 8 cm lang, rot; Mittelmeer. □ Müllersche Larve.

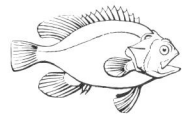

Zackenbarsch

Zabrus *m* [v. gr. zabros = Vielfraß], Gatt. der ↗Laufkäfer.

Zackenbarsche, Bez. für verschiedene Gatt. der ↗Sägebarsche *(Serranidae),* oft auch als Name für diese Fam. verwendet. Unterschiedl. große Raubfische, die vorwiegend im Küstenbereich warmer gemäßigter und trop. Meere leben; mit seitl. leicht abgeflachtem, oft auffälligem, sehr variabel gefärbtem Körper u. großem Maul. Zu den Z.n i. e. S. *(Epinephelus)* gehören zahlr., sehr große Fische, z.B. der bis 2,5 m lange, vor der O- und W-Küste des trop. Amerika lebende Riesen-Z. *(E. itajara,* B Fische VII) u. der etwas kleinere Schwarze Z. *(E. nigritus,* B Fische VII) aus dem südwestl. Atlantik. Bis 1,2 m lang wird der westatlant. Gestreifte Z. *(E. striatus);* er kann sein Farbmuster wie ein Chamäleon sehr schnell ändern. Im Mittelmeer und O-Atlantik ist der bis 1,4 m lange Braune Z. *(E. gigas)* heimisch. Sehr groß wird auch der bis 3,7 m lange Indopazifische Z. oder Gelbe Fleckenbarsch *(Promicrops lanceolatus),* der sich v.a. in der Nähe v. Korallenriffen aufhält u. von Perlentauchern vor der austr. O-Küste gefürchtet wird. Typ. Riffbewohner sind die bis 1 m lange, bei Tahiti vorkommende Gepunktete Z. *(E. elongatus,* B Fische VIII) u. die verschiedenen Arten der Gatt. *Cephalopholis,* wie z.B. der bis 45 cm lange, tropische pazif. Blaufleckige Z. *(C. argus,* B Fische VIII) u. der bis 50 cm lange, indopazif. Rote Felsenbarsch *(C. sonnerati).* Ein austr. Süßwasserfisch der bis 1,8 m lange Murray-Z. *(Maccullochella macquariensis,* B Fische IX), der v.a. im Murray-Darling-Flußsystem sehr häufig vorkommt u. ein bedeutender Nutzfisch ist.

Zackeneule, die ↗Zimteule.

Zackenhirsche, *Rucervus,* U.-Gatt. der ↗Edelhirsche mit 2 in Asien vorkommenden, bedrohten Arten; hochbeinige Bewohner sumpfreicher Landschaften. Vom Barasingha, *Cervus (Rucervus) duvauceli,* leben noch 2 U.-Arten, eine in N- und die andere in Mittelindien; der Schomburgkhirsch *(C. d. schomburgki)* wurde in den 30er Jahren dieses Jh.s ausgerottet. Auch vom Leierhirsch, *Cervus (Hucervus) eldi,* ist eine U.-Art ausgerottet, die beiden anderen stehen kurz davor.

Zackenschötchen, *Bunias,* Gatt. der ↗Kreuzblütler mit 6 vom Mittelmeergebiet bis Zentralasien verbreiteten Arten. Ein- bis mehrjährige, behaarte, ästig verzweigte Kräuter mit schrotsägeförm. bis fiederspalt. Blättern u. weißen od. gelben, in reich verzweigten Blütenständen stehenden, kleinen Blüten. Die Frucht ist eine schief eiförmige Schließfrucht mit harter, zickzackförmig geknickter Scheidewand. Seit dem 17. Jh. ist in Mitteleuropa bisweilen das aus S-Europa stammende, auch als Salat- od. Futterpflanze nutzbare Morgenländische Z. *(B. orientalis)* zu finden.

Bei Z vermißte Stichwörter suche man auch unter C und K.

Zackenschwärmer

Standorte sind staudenreiche Unkrautfluren u. a. an Wegen, Schuttplätzen u. Ufern.

Zackenschwärmer, der ↗ Lindenschwärmer.

Zaglossus *m* [v. gr. za- = sehr, glössa = Zunge], Gatt. der ↗ Ameisenigel.

Zagutis, *Plagiodontia,* Gatt. der ↗ Capromyidae.

Zahlenpyramide, ↗ Nahrungspyramide, welche die Abnahme der Organismenzahlen in verschiedenen Trophiestufen eines Ökosystems darstellt. Die reale Abnahme der Zahlen ist oft viel drastischer als in der idealisierten Darstellung (☐ Nahrungspyramide). Unberücksichtigt bleiben in der Z. die ↗ Biomasse, ihr Umsatz u. das Ausmaß der Verluste v. Stufe zu Stufe (↗ ökologische Effizienz, ☐).

Zählinge, *Lentinellus,* Gatt. der Pilze mit zähem Fruchtkörper u. lamelligem Hymenophor; Scheiden der Lamellen gesägt; Stiel exzentrisch bis seitlich od. fehlend. Die taxonom. Einordnung der Z. ist umstritten; einige Autoren stellen sie zu den ↗ Ritterlingsartigen Pilzen, andere rechnen sie zu den ↗ Porlingen. In Europa ca. 10 Arten auf Holz od. modrigen Holzresten wachsend. Häufig wird der nach Anis duftende, trichterförmige Anis-Z. (*L. cochleatus* Karst.) in Büscheln an Stubben, Wurzeln od. gefällten Stämmen gefunden.

Zählkammer, Mikrobiologie: ein dicker, plangeschliffener Objektträger, in den ein von 2 Rinnen begrenzter Steg eingeschliffen ist. In den Steg ist ein Netzquadrat bestimmter Größe eingeätzt. Seine Oberfläche liegt etwas (z. B. 0,1 mm) unter der übrigen Objektträgeroberfläche, so daß beim Auflegen eines plangeschliffenen Deckglases eine Kammer mit einem bestimmten Volumen entsteht. Die Kammer wird v. der Seite mit einer verdünnten Mikroorganismen- od. Blutkörperchen-Suspension gefüllt. Unter dem Mikroskop können die Partikel (pro Quadrat) ausgezählt u. dann die Gesamtzahl pro Volumeneinheit (z. B. ml) berechnet werden.

Zählvermögen, durch Versuche von O. ↗ Koehler nachgewiesene Fähigkeit v. Tieren, Anzahlen zu erlernen u. ihnen gegenüber spezif. zu reagieren (↗ Lernen, ↗ bedingte Appetenz). So lernen es Vögel, Futternäpfe mit einer bestimmten Anzahl v. Punkten zu öffnen – unabhängig v. Gestalt od. Anordnung der Punkte. Tauben hörten nach einer bestimmten Zahl v. Futterkörnern, die ein Spendemechanismus abgab, mit dem Picken auf. Es ist also Abzählen mögl., z. B. auch, jeweils Futter im 3., 4. oder 5. Napf zu suchen, ohne die Art der Gefäße zu beachten. Daß es sich tatsächl. um eine Form vorsprachlichen, unbenannten Zählens handelt, zeigen die Versuche, in denen z. B. 4 Punkte gezeigt werden u. das Tier den Napf öffnen muß, der gleich viele Punkte aufweist. Dohlen können in einem solchen Wahlversuch Punktzahlen bis

6 unterscheiden; ähnl. Leistungen erreichen Wellensittiche u. Kolkraben sowie Eichhörnchen. Tauben (deren visuelle Fähigkeiten sehr hoch entwickelt sind) können die Zahl 8 erreichen. Das vorsprachl. Z. ist nicht direkt mit der Einsichtsfähigkeit (↗ Einsicht) eines Tieres verbunden (Säugetiere schneiden nicht besser ab als Vögel), hat aber Beziehung zur visuellen Gestaltwahrnehmung u. beruht wahrscheinl. auf der ↗ Abstraktion v. einfachen Mustern. Auch Menschen können vermutl. nicht mehr Zahlen als Tiere unterscheiden, wenn sie auf diese Musterabstraktion angewiesen sind, wenn sie also die Musterelemente nicht „abzählen" od. sonstwie begriffl. ordnen können.

Zahn, *Dens,* ↗ Zähne.

Zahnarme, *Zahnlose, Edentata,* Ord. urspr. Säugetiere, zu der Cuvier im 18. Jh. sowohl die zahnlosen ↗ Schnabeltiere, ↗ Ameisenigel u. ↗ Schuppentiere rechnete als auch das (zahntragende) ↗ Erdferkel u. die Nebengelenktiere, von denen nur die Ameisenbären zahnlos sind. Heute gehören den Z.n nur die Nebengelenktiere (U.-Ord. ↗ Xenarthra) an; diese sind durch 3 Fam. (↗ Gürteltiere, ↗ Faultiere, ↗ Ameisenbären) vertreten, die alle sog. Nebengelenke (= *Xenarthrales*), zusätzl. Wirbelgelenke an den letzten Brust- u. den Lendenwirbeln, aufweisen.

Zahnbein, das ↗ Dentin.

Zahnbildung, *Odontogenie, Odontogenese,* ↗ Zähne. [sen.

Zahnbrasse, *Dentex vulgaris,* ↗ Meerbras-

Zähne, echte Z., Dentin-Z., *Dentes* [Ez. *Dens*], Zellprodukte ekto- u. mesodermaler Herkunft im Bereich der ↗ Mund-Höhle v. Wirbeltieren einschl. Mensch, die phylogenet. auf den Bauplan v. Plakoidschuppen (↗ Schuppen) zurückgehen u. diesen homolog sind. *Zahnbein* (↗ Dentin), *Zahnmark* (Zahn-↗ Pulpa, *Pulpa dentis*) *Zahn-* ↗ *Zement* (*Substantia ossea*) u. der umgebende Alveolarknochen stammen aus dem Mesoderm, der ↗ Zahnschmelz (*Substantia adamantina*) aus dem Ektoderm. Bei urspr. Wirbeltieren (↗ Fische, ↗ Niedere Tetrapoden) können Z. an vielen Knochen der Mundhöhle u. in der Speiseröhre auftreten; für sie typ. sind ihre große Anzahl u. ihre z. T. unbeschränkte Regenerationsfähigkeit. Beide Merkmale werden im Laufe der Stammesgeschichte eingeschränkt zugunsten höherer Differenzierung u. Leistungsfähigkeit des Einzelzahns. Bei känozoischen Säugern tragen schließl. nur noch die Kieferbögen Z., i. d. R. maximal 44 in 2 Generationen u. in Gestalt von funktionsbestimmten ↗ Gebissen. Die *Zahnbildung* (Odontogenie, Odontogenese) läuft ontogenet. (z. B. beim Menschen) in der Weise ab, daß sich ab dem 2. Embryonalmonat im Ober- u. Unterkiefer je eine bogenförm. *Zahnleiste* (Schmelzleiste, Dentallamina) ektodermaler Abkunft in das

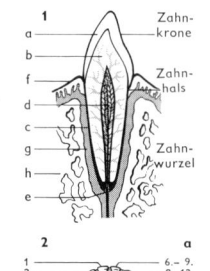

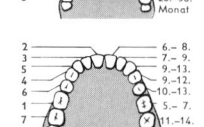

1 Zahnkrone
a
b
Zahnhals
f
d
c
g Zahnwurzel
h
e

2 a
1 6.– 9.
2 8.–12.
3 16.–20.
4 12.–16.
5 20.–30.
Monat

2 a
1 6.– 9.
2 7.– 9.
3 9.–13.
4 10.–13.
5 5.– 7.
6 11.–14.
7 18.–40.
8 Jahr
b

Zahnformel
des bleibenden Gebisses

3	2	1	2	2	1	2	3
3	2	1	2	2	1	2	3
B	V	E	S	S	E	V	B

S Schneidezähne
E Eckzähne
V Vorderbackenzähne
B Backenzähne

Zähne

1 Längsschnitt durch einen Schneidezahn; **a** Zahnschmelz, **b** Zahnbein, **c** Zementschicht, **d** Zahnmark, **e** Wurzelloch, **f** Zahnfleisch, **g** Wurzelhaut, **h** Kieferknochen. **2** Anordnung der Z. im Oberkiefer des Menschen u. die Reihenfolge des Zahndurchbruchs: **a** der Milchzähne, **b** der bleibenden Z.; die rechts stehenden Zahlen geben die Zeiten des Durchbruchs, die links stehenden die Reihenfolge an

umgebende ↗Bindegewebe einsenkt. Aus der Zahnleiste knospen dann – entspr. der Anzahl auszubildender *Milch-Z.* (↗Milchgebiß) – glockenförm. *Schmelzorgane* (Schmelzglocken) heraus, die innen die Gestalt der späteren Zahnkronen als Negativform vorzeichnen. Vom Innenraum (*Pulpahöhle, Zahnhöhle, Cavum dentis*) wächst embryonales Bindegewebe mit Nerven u. Blutgefäßen in die Schmelzorgane ein, deren inneres Epithel den Zahnschmelz absondert. Die Ausbildung der 2. Zahngeneration folgt bereits ab dem 5. Monat nach Ovulation unter Verlängerung der Zahnleiste zur *Ersatzzahnleiste*. – Der aus dem Kieferknochen u. Zahnfleisch (Gingiva) herausragende, meist schmelzüberzogene u. selten noch zusätzl. zementbedeckte Teil der Z. heißt *Zahnkrone* (Corona dentis); diese ist primär niederkronig (↗*brachyodont*), bei stärkerer Beanspruchung (z.B. bei Grasessern) kann sie stammesgeschichtl. hochkronig (↗*hypsodont*) ausgestaltet werden. Die Kronen *heterodonter* (↗*heterodont*) Säuger weisen eine ihrer Funktion bei ↗Nahrungsaufnahme u. -zerkleinerung angepaßte ein- od. mehrhöckerige Form auf. ↗Front-Z. (↗Stoß-Z.) und Praemolaren (vordere ↗Backen-Z.) sind allg. einfacher gebaut als die hinteren, echten Backen-Z. oder ↗Molaren (↗*bunodont*, ↗*lopho-* bzw. ↗*zygodont,* ↗*plicident, secodont* bzw. ↗*kreodont,* ↗*selenodont;* ↗Trituberkulartheorie). Durch Abkauung (↗Kauapparat) entstehen typ. Kauflächenmuster (*Usuren*). Zw. Krone u. Wurzel vermittelt manchmal ein *Zahnhals* (Collum dentis, Cervix dentis). Die *Zahnwurzel* (Radix dentis), ein- od. mehrzählig ausgebildet u. mit Zement bedeckt, dient bei Säugern u. manchen Reptilien (thecodonten) Befestigung der Z. in (Zahn-)*Alveolen* (Zahnfächer, Zahngruben, Alveoli dentales) der Kiefer mittels ihrer *Wurzelhaut* (Zahnperiost, Parodontium). Bei Fischen, Amphibien u. niederen Reptilien kann die Befestigung einfacher sein (↗*pleurodont* od. ↗*akrodont,* d.h. auf der Kante des Kiefers befestigt). – Zumeist verschließt sich die primär weit offene Pulpahöhle am Ende des Wurzelwachstums bis auf eine enge Öffnung des *Zahnwurzelkanals*. Bei hypsodonten Z.n tritt der Verschluß erst spät (z.B. Pferd) od. niemals mehr ein (z.B. ↗Stoß-Z., ↗Nage-Z.); die Folgen sind *Wurzellosigkeit* u. *Dauerwachstum*. – ↗*taurodont*. – Sog. *Horn-Z.,* die im Maul der ↗Rundmäuler (□) u. als Larvalorgane der ↗Froschlurche (Kaulquappen) vorkommen, entstehen im Ggs. zu echten Z.n aus verhornten Epidermiszellen. ↗Eizahn.   S. K.

Zahnformel, Charakterisierung v. Säugetiergebissen (↗Gebiß) durch Buchstaben u. Symbole. Dabei werden die Zähne der Funktionsgruppen durch Buchstaben symbolisiert und entspr. ihrer Anzahl für je eine

Zahnkaries

Eine wesentl. Ursache der Z. scheint die bakterielle Säurebildung aus Zuckern zu sein, die durch eine Plaque-Bildung stark gefördert wird. *Plaques* sind Zahnbeläge. Sie setzen sich aus Speichelglykoproteinen, hpts. aus Mikroorganismen (70–90%, 10^{10}–10^{11} Zellen pro g) u. aus extrazellulären Polysacchariden (Glucanen u. Fructanen) v. Bakterien, v.a. *Streptococcus*-Arten, zusammen. Bes. bei Vorliegen v. Saccharose (Rohr- u. Rübenzucker) werden diese Polysacharide gebildet. *S. mutans* scheidet z.B. ein wasserunlösliches Glucan aus, das α-1,6 und α-1,3 verknüpft ist. – Säuren werden bei Abbau v. Zuckern (z.B. Saccharose) gebildet; zusätzlich können Säuren aus Glykogen-ähnlichen, intrazellulären Speicherstoffen entstehen, die bei Mangel an äußeren Zuckern abgebaut werden. – *S. mutans* scheint der wichtigste Z.-Erreger zu sein; aber auch andere Plaque-Bewohner tragen durch eine Säurebildung zur Zahnzerstörung bei.

Zahnkaries

Bakterien an der Zahnoberfläche (Auswahl):

Streptococcus
  S. mutans
  S. sanguis
  S. mitis
Actinomyces
  A. viscosus
  A. naeslundii
  A. israelii
Rothia dentocariosa
Bacterionema matruchotii
Bacteroides
  B. oralis
  B. corrodens

Arten von:
Veillonella
Fusobacterium
Leptotrichia
Propionibacterium
Lactobacillus
Nocardia
Peptostreptococcus
Neisseria
Haemophilus
Mycoplasma

Zahnschmelz

obere u. untere Kieferhälfte in Form v. Brüchen angegeben; z.B. I (= Incisivi, ↗Schneidezähne) $\frac{3}{3}$, C (= Canini, ↗Eckzähne) $\frac{1}{1}$, P (= Praemolaren, vordere ↗Backenzähne) $\frac{4}{4}$, M (= ↗Molaren, hintere ↗Backenzähne) $\frac{2}{3}$ für *Canis* (Gatt. der Echten Hunde). Vereinfacht lautet diese Z.:

$$\frac{3I \cdot 1C \cdot 4P \cdot 2M}{3I \cdot 1C \cdot 4P \cdot 3M} \quad \text{oder} \quad \frac{3 \cdot 1 \cdot 4 \cdot 2}{3 \cdot 1 \cdot 4 \cdot 3}$$

($\times 2$ = 42 Zähne im Gebiß). Fehlende Kategorien werden durch eine Null bezeichnet: $\frac{0 \cdot 0 \cdot 3 \cdot 3}{3 \cdot 1 \cdot 3 \cdot 3}$ = Z. für Wiederkäuer. Bei Milchzähnen (↗Milchgebiß) können die Buchstabensymbole in Kleinschreibung (i c p bzw. m) u./od. durch Hinzufügung von d (= deciduus; id, cd, pd bzw. md) od. als Kurzformel angegeben werden:

$\frac{3 \cdot 1 \cdot 3}{3 \cdot 1 \cdot 3}$ = Milchgebiß von *Canis*.

Zahnheringe, *Hiodontidae,* Familie der ↗Messerfische.

Zahnkaries, *Karies, Zahnfäule, Zahnfraß,* lokale Zerstörung der Zahn-Hartsubstanz (↗Zahnschmelz u. ↗Dentin) durch äußere Einflüsse, meist unter Braunfärbung. Nach W.D. Müller (1889) erfolgt eine Demineralisierung (Überführung v. Calciumphosphat in eine lösl. Form) durch Säuren, die im Stoffwechsel v. Bakterien (vgl. Tab.) beim Abbau v. Zuckern gebildet werden. Es lassen sich 2 Arten von Z. unterscheiden: Bei der unspezifischen Z. findet die Zahnzerstörung in geschützten Stellen der ↗Zähne (z.B. in Hohlräumen am Zahnfleisch) statt, wo sich Nahrungspartikel festsetzen u. sich viele säurebildende Bakterien entwikkeln. Die eigentliche Z. entsteht an der glatten Zahnoberfläche; dabei ist die vermehrte Bildung v. Plaques von entscheidender Bedeutung (vgl. Spaltentext).

Zahnkärpflinge, *Cyprinodontoidei,* U.-Ord. der ↗Ährenfischartigen; meist kleine, weltweit verbreitete Süßwasserfische, die im Ggs. zu den ähnlich gestalteten ↗Karpfenähnlichen *(Cyprinoidei)* stets bezahnte Kieferknochen besitzen. Hierzu die Haupt-Fam. Eierlegende Z. *(Cyprinodontidae)* u. Lebendgebärende Z. *(Poeciliidae),* v. denen viele als ↗Aquarientische gehalten werden (↗Kärpflinge).

Zahnknorpel *m,* dem ↗Ossein ähnl. Restsubstanz v. ↗Dentin nach Auflösung der verkalkten Interzellularsubstanz in Säure.

Zahnlilie, *Erythronium dens-canis,* ↗Liliengewächse. [cea.

Zahnlose Muscheln, die ↗Anomalodesma-

Zahnschmelz *m, Schmelz, Enamelum, Email, Substantia adamantina, Substantia vitrea,* kappenförm. Überzug ektodermalen Ursprungs auf fast allen Zahnkronen (↗Zähne) der Wirbeltiere aus Hartsubstanz, die im Ggs. zur lange Zeit herrschenden Ansicht kein Gewebe mit faserigen Strukturen darstellt, sondern ein fast rein kristallines, von Zellen produziertes

Bei Z vermißte Stichwörter suche man auch unter C und K.

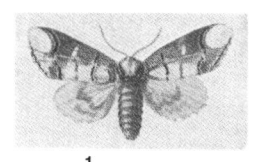

Zahnspinner

1 Mondvogel, Mondfleck *(Phalera bucephala).* **2** Schnauzenspinner *(Pterostoma palpina)* in Ruhehaltung mit deutl. sichtbarem „Schuppenzahn" und schnauzenartig verlängerten Kieferntastern

Zahnspinner

Auswahl einheimischer Z.:

Kleiner Gabelschwanz *(Harpyia [Cerura] bifida)*
Großer ↗Gabelschwanz *(Cerura [Dicranura] vinula)*
Weißer Gabelschwanz, Hermelinspinner *(Cerura [Dicranura] erminea)*
Buchenspinner *(Stauropus fagi)*
Pergamentspinner *(Hybocampa [Hoplitis] milhauseri)*
Drymonia ruficornis (= chaonia)
Porzellanspinner, Pappel-Z. *(Pheosia tremula)*
Dromedarspinner, Erlen-Z. *(Notodonta dromedarius)*
↗Zickzackspinner *(Notodonta ziczac)*
Eichen-Z. *(Peridea [Notodonta] anceps)*
Weißer Z. *(Leucodonta bicolora)*
Kamelspinner *(Ptilodon capucina = Lophopteryx camelina)*
Schnauzenspinner *(Pterostoma palpina)*
Mondvogel *(Phalera bucephala)*
Erpelschwanz *(Clostera [Pygaera] curtula)*

Gefüge. Z. besteht zu 95% aus mineral. (Hydroxylapatit), zu 1–2% aus organ. Stoffen (Proteine, wenig Kohlenhydrate u. Lipide) u. zu 3–4% aus Wasser. Unter den Spurenelementen spielt ↗Fluor (↗Fluoride) die Hauptrolle. Grundbausteine des Z.es sind i. d. R. ausgebildete Schmelzprismen in einer Dichte um 20 000 bis 30 000 Prismen pro mm^2, die sich wiederum aus kleindimensionierten Kristalliten des Dahllits zusammensetzen. Bei Säugern konnte man bisher 5 verschiedene Typen v. Querschnittsmustern an den Prismen unterscheiden. Die Härte des Z.es beträgt beim Menschen 300 bis 400 Vickers-Grade (↗Dentin = 50 bis 100) bzw. 5 bis 8 der Mohsschen Skala. Da die Schmelzsekretion unter Härtezunahme von innen nach außen in Schüben verläuft, hat auch der Z. schichtigen Aufbau. Im Ggs. zum Dentin kann Z. nicht nachwachsen. An der Bildung von Z. wirken 3 Prozesse zus.: 1. Ausscheidung einer Schmelzmatrix als Primärprodukt der ↗Adamantoblasten, 2. Mineralisation dieser Matrix mit 3. anschließender Reifung des kristallinen Gefüges.

Zahnspinner, *Notodontidae,* weltweit, v. a. neotropisch verbreitete Schmetterlingsfam. mit etwa 2500 Arten, in Mitteleuropa 35 Vertreter (vgl. Tab.); ähneln den verwandten ↗Eulenfaltern u. ↗Prozessionsspinnern. Falter meist mittelgroß; Vorderflügel schmal, tarnfarben düster gezeichnet; eine Ausnahme ist der Weiße Z. *(Leucodonta bicoloria),* Vorderflügel weiß mit orangenfarbenen Flecken, Raupe an Birken. Die Z. besitzen am Vorderflügelhinterrand ein Schuppenbüschel, das in Ruhe die dachförmig gehaltenen Flügel zahnartig überragt; Körper mit Rückenschöpfen, Fühler beim Männchen stark gekämmt, Rüssel oft nur schwach entwickelt; am Metathorax Gehörorgane. Die Falter fliegen in 1–2 Generationen nachts in Laubwäldern, Parks u. ä.; Eier abgeflacht, werden einzeln od. in Gelegen an Blättern abgelegt; Raupen an Laubhölzern, selten schädlich, leben in den Wipfelbereichen; glatt, mitunter kurz behaart, Afterfüße bisweilen reduziert, oft mit Wehrdrüsen. Viele Larven sind mit Fortsätzen, Höckern u. Erhebungen bizarr gestaltet, so die des ↗Gabelschwanzes, des ↗Zickzackspinners u. die des Buchenspinners *(Stauropus fagi),* dessen Raupe braun gefärbt ist u. verlängerte Brustbeine am in Bedrohung aufgerichteten Vorderende trägt; Hinterende ebenfalls aufgebogen mit 2 Fortsätzen, Rücken mit Höckern. Die Z. verpuppen sich im Boden od. in einem z. T. sehr festen Gespinst an der Rinde, wie der Pergamentspinner *(Hybocampa milhauseri),* an Eiche; Überwinterung meist als Puppe. Weit verbreitet ist der Mondfleck od. Mondvogel *(Phalera bucephala);* Name vom hell ockergelben Fleck in der Spitze der silbriggrauen, rotbraun überrieselten Vorderflügel; Spannweite um 60 mm; fliegt in Auewäldern u. Parklandschaften; Raupe gesellig, gelb mit schwarzer Längsfleckung; an Linde, Weide, Pappel u. a., Verpuppung am Boden. B Mimikry II.

Zahntaucher, die ↗Hesperornithiformes.

Zahntrost, *Odontites,* Gatt. der ↗Braunwurzgewächse mit ca. 20, v. a. im Mittelmeergebiet beheimateten Arten. Einjährige od. ausdauernde Halbschmarotzer mit aufrechtem Stengel, ungeteilten, meist gezähnten Blättern u. in den Achseln v. Tragblättern stehenden, zu endständ. Trauben od. Ähren angeordneten, 2lippigen Blüten mit 3lappiger Unterlippe. Bekannteste einheim. Art ist der Rote Z. *(O. rubra),* auf Wiesen, Weiden u. Äckern wachsend, oft purpurrot gefärbt, mit lineal-lanzettl. Blättern u. trübroten Blüten.

Zahnwale, *Odontoceti,* den ↗Bartenwalen gegenübergestellte, vielgestaltige U.-Ord. der ↗Wale, deren Vertreter ([T] 481) alle zahntragend sind; Gesamtlänge 1–18 m. Alle Z. haben als anatomische Besonderheiten einen unsymmetr. Schädel (□ 481; zum besseren Richtungshören?) u. eine durch verlängerte Kehlkopfknorpel gestützte, schlauchförm. Verbindung vom Kehlkopf zum Nasengang; letztere ermöglicht die Dämpfung v. Druckschwankungen beim Atmen u. dient evtl. auch der Schalleitung. Weiterhin kennzeichnet die Z. ein stark gefurchtes, leistungsstarkes Gehirn (↗Delphine); jedoch sind weder Riechlappen noch eine Riechschleimhaut ausgebildet; Z. haben keinen Geruchssinn. Die meisten Z. ernähren sich v. Fischen u. haben viele, gleichförm. Zähne zum Festhalten der Beute (z. B. bis 130 beim ↗Amazonasdelphin). Reduziert ist die Zahnzahl bei den von Kopffüßern lebenden ↗Pottwalen u. ↗Schnabelwalen (z. B. auf nur 2 beim Entenwal).

Zahnwechsel, Ersatz vorhandener durch neuentstehende Zähne. Bei Fischen, Amphibien u. Reptilien bildet die Zahnleiste (↗Zähne) fortwährend neue Zähne *(Polyphyodontismus,* ↗polyphyodont), bei Säugern wird ledigl. das ↗*Milchgebiß* gg. das ↗*Dauergebiß* ausgewechselt *(Diphyodontismus,* ↗diphyodont). Unter dem Druck der heranwachsenden Ersatzzähne bauen die Milchzähne ihre Wurzeln so weit ab, bis die verbleibende Krone unschwer ausfällt. – Beim *horizontalen Z.* treten nicht alle Zähne einer Zahngeneration zugleich in Funktion, sondern nacheinander, von hinten nach vorn. Dies trifft zu für Elefanten, Seekühe, Springbeutler u. manche Klippschliefer. ↗Beuteltiere zeigen (mit Ausnahme des 4. Praemolaren) keinen Z. *(Monophyodontismus).*

Zahnwurz, *Dentaria,* oft dem ↗Schaumkraut *(Cardamine)* zugeordnete Gatt. der ↗Kreuzblütler mit 5 einheim. Arten. Die in krautreichen Buchen- od. Buchenmischwäldern anzutreffende Zwiebeltragende Z.,

Bei Z vermißte Stichwörter suche man auch unter C und K.

D. bulbifera (= *Cardamine bulbifera*), ist eine kahle Staude mit unten gefiederten, oben einfach lanzettl. Blättern u. traubig angeordneten, weißl., rosa od. hellviolett gefärbten Blüten. Ihre Besonderheit sind die der vegetativen Vermehrung dienenden, braunvioletten *Brutzwiebeln* (Bulbillen). B Südamerika VII.

Zahnzement ↗Zement.

Zährten [Mz.; v. slaw.], *Vimba*, Gatt. ost- und nordeur. ↗Weißfische. Hierzu die meist um 25 cm lange, etwas hochrückige Zährte od. Meernase (*V. vimba*), die in verschiedenen U.-Arten im Gebiet um die Ostsee, das Schwarze und Kasp. Meer Brackwasser, Seen u. Flüsse besiedelt; hat unterständ. Maul u. dunkle Schnauze; steigt zum Laichen flußaufwärts. Der schlanke Seenäsling (*V. elongata*) lebt v. a. in Seen von S-Bayern u. Ober-Öst.

zalambdodont [↗Zalambdodonta], die Anordnung der mit Schneiden versehenen Höcker auf Backenzahnkronen v. ↗*Zalambdodonta* in Gestalt eines (umgekehrten) griech. Lambda (Λ).

Zalambdodonta [Mz.; v. gr. za- = sehr, lambda = Buchstabe L, odontes = Zähne], Zusammenfassung v. *Centeoidea* Gill 1872 u. *Chrysochloridoidea* Gill 1872 zur U.-Ord. Z. durch Gill 1884 aufgrund des gemeinsamen ↗zalambdodonten Zahnbaus; gleichbedeutend mit den Superfam. *Tenrecoidea* Simpson 1931 (= Tanrekartige) u. *Chrysochloroidea* Gregory 1910 (= Goldmullartige), die heute – gleichrangig mit anderen – die Ord. *Insectivora* (↗Insektenfresser) bilden.

Zalophus *m* [v. gr. za- = sehr, lophos = Kamm, Helmbusch], Gatt. der ↗Seelöwen.

Zamia *w* [v. lat. azania = trockene Piniennüsse], Gatt. der ↗Cycadales.

Zamites *m* [v. lat. azania = trockene Piniennüsse], Gatt.-Name für fossile (v. a. Jura u. Unterkreide), 1fach gefiederte Wedel, deren lang-dreieckige Fiedern 1. Ord. mit abgerundeter Basis der Rhachis ansitzen. Der Name verweist auf Ähnlichkeiten zur rezenten Cycadeen-Gatt. *Zamia* (↗*Cycadales*), die Blätter gehören aber zu ↗*Bennettitales*. Verwandte Formen sind *Otozamites*, *Ptilophyllum* u. a.

Zanclinae [Mz.; v. gr. zagklon = Sichel], U.-Fam. der ↗Doktorfische.

Zanclodon *m* [v. gr. zagklon = Sichel, odōn = Zahn], (Th. Plieninger), problemat. Name für einen angebl. ↗Dinosaurier aus dem süddt. Keuper, der auf die „Zanclodon-Mergel" (= km_5, Knollenmergel) übertragen wurde; in der Sekundär-Lit. unter Bezug auf *Plateosaurus* geschildert als „Schwäb. Lindwurm, der 40 Fuß lang wurde". Als Typus gilt ein schlecht erhaltenes u. längst in Verlust geratenes Kieferfragment mit 4 gekrümmten, oberflächl. glatten Zähnen ohne scharfe Kanten aus der Lettenkohle (= ku) v. Gaildorf (*Z. laevis*), daher die Konfusion. Sekundär wird Z. auch aus dem unteren Muschelkalk (mu, *Z. silesiacus*) u. dem Stubensandstein (km_4) erwähnt u. meist ↗*Plateosaurus* od. *Teratosaurus* zugeordnet.

Zander, *Stizostedion*, Gatt. der ↗Barsche. Hierzu der bis 1,2 m lange, wirtschaftl. bedeutende Europäische Z. (*S. lucioperca*, B Fische XI), der v. a. in mittel-, nord- und osteur. sowie westasiat. Flüssen u. großen Seen vorkommt, aber auch in O-England eingeführt worden ist; hat langgestreckten, hechtförm. Körper mit stark bezahntem Maul. Weitere bekannte Arten sind der in den mittleren und östl. USA u. Kanada verbreitete, als Speisefisch geschätzte, bis 90 cm lange Glasaugenbarsch od. Amerikanische Z. (*S. vitreum*) u. der bis 50 cm lange Kanadische Z. (*S. canadense*).

Zangenlibellen, *Onychogomphus*, Gatt. der ↗Flußjungfern.

Zangensterne, Zangen-Seesterne, die Ord. ↗Forcipulata.

Zanklea *w* [v. gr. zagklē = Rebmesser], Gatt. der ↗Corynidae.

Zannichelliaceae [Mz.; ben. nach dem it. Botaniker G. Zannichelli, 1662–1729], die ↗Teichfadengewächse.

Zaocys *m* [v. gr. za- = sehr, ōkys = schnell], die ↗Rattennattern.

Zapfen, *Conus*, 1) Bot.: *Strobilus*, Bez. für den ährigen ↗Blütenstand der ♀ Blüten bei den ↗Nadelhölzern (= *Coniferen* ≙ *Zapfenträger*), mit später verholzender Achse u. verholzenden Z.schuppen, die einen Eck- u. Samenschuppenkomplex darstellen (B Nadelhölzer, B Nacktsamer). Vergleichend morpholog. Untersuchungen zeigten, daß die ↗*Deckschuppe* ein Tragblatt darstellt, in dessen Achsel die ↗Samenschuppe steht. Letztere ist ein Stand v. Megasporophyllen, die bis auf wenige steril geworden u. zu einer Schuppe miteinander verwachsen sind. Die Deckschuppen können schon früh zurückgebildet werden bzw. mit der Samenschuppe verwachsen. Die oft zahlr. Schuppen können schraubig, gegenständig od. auch wirtelig angeordnet sein. Beim Wacholder werden sie fleischig u. verwachsen miteinander zu einem ↗Beeren-Z. Während bei den Tannen-Arten der Z. zur Samenreife auf der Mutterpflanze auseinanderfällt, öffnen sich bei den Fichten-, Kiefer- u. Lärchen-Arten die Z.schuppen u. entlassen die meist geflügelten Samen; sie fallen später als Ganzes ab. Bei den Cycadeen (↗*Cycadales*, ☐) sind die „Zapfen" dagegen ein Stand v. Megasporophyllen, also eine Blüte. 2) Zool.: Seh-Z., Zäpfchen, bilden zus. mit den ↗Stäbchen die Lichtsinneszellen (↗Photorezeptoren) in der ↗Netzhaut (☐, B) der Wirbeltieraugen. ↗Auge, ↗Linsenauge, ↗Sehfarbstoffe, ↗Farbensehen (B), ↗Retinomotorik (☐).

Zapfenblüte ↗Blüte, ↗Zapfen.

Zapfengallen, Gallen der ↗Tannenläuse.

Zapfenroller, Gruppe der ↗Blattroller.

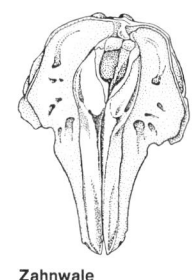

Zahnwale
Zahnwal-(Narwal-)Schädel, v. der Unterseite

Zahnwale
Familien:
↗Pottwale (*Physeteridae*)
↗Schnabelwale (*Ziphiidae*)
Ganges-Delphine (*Platanistidae*,
↗Flußdelphine)
Inias (*Iniidae*,
↗Flußdelphine)
La-Plata-Delphine (*Stenodelphidae*,
↗Flußdelphine)
Gründelwale (*Monodontidae*,
↗Narwal, ↗Weißwal)
↗Schweinswale (*Phocaenidae*)
↗Langschnabeldelphine (*Stenidae*)
↗Delphine (*Delphinidae*)

Bei Z vermißte Stichwörter suche man auch unter C und K.

Zapfenschuppe

Zapfenschuppe ↗Zapfen.

Zapodidae [Mz.; v. gr. za- = sehr, podes = Füße], die ↗Hüpfmäuse.

Zärtlinge, Faserlinge, Glimmerköpfchen, Psathyrella, Gatt. der ↗Tintlingsartigen Pilze; vorwiegend schlanke, sehr zerbrechl., kleine Pilze, meist mit halbkugeligem bis kegelig-glockigem u. deutlich hygrophanem Hut. Die Hutoberseite kann gerieft, schwach faserschuppig od. kahl sein, bei einigen größeren Arten auch stark filzig, faserig bis schuppig. Die zuletzt schwarzen od. schwarzbraunen (selten umbrabraunen) Lamellen sind gleichmäßig gefärbt, nicht scheckig wie bei Panaeolus u. nicht zerfließend wie bei den ↗Tintlingen (Coprinus). Das Sporenpulver ist schwarz od. purpurschwarz (= Schwarzsporer), selten fleischbraun. In Europa ca. 100 Arten, auf Holz, gedüngtem od. humusreichem Boden wachsend.

Zaubernußartige, Hamamelidales, Ord. der ↗Hamamelididae mit 3 Fam. (vgl. Tab.). Die Z. haben teilweise noch zwittrige Blüten mit einfachem Perianth, sind aber weitgehend windblütig. Sie zeigen Zusammenhänge mit den ursprünglichen ↗Rosidae.

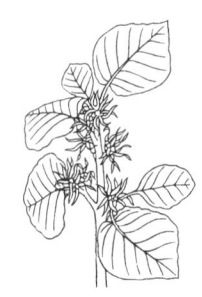

Zaubernußgewächse, Hamamelidaceae, Fam. der ↗Zaubernußartigen mit 23 Gatt. und ca. 100 Arten mit disjunkter Verbreitung in subtrop. und gemäßigten Gebieten. Die Z. haben haselähnl. Blätter mit 2 Nebenblättern u. windbestäubte Blüten in Ähren od. Köpfchen mit reduzierten Kronblättern od. reduzierter Blütenhülle. Aus den 2 (3) Fruchtblättern entwickelt sich eine 2fächrige ledrige od. holzige Kapsel mit meist nur 1 Samen. Im Tertiär waren die Z. mit den Gatt. Amberbaum u. Zaubernuß im arkt.-euras.-nordamerikan. Gebiet weit verbreitet. In bes. Balsamzellen wird Balsam (↗Balsame) gebildet. Der zweihäusige Amberbaum (Liquidambar orientalis) aus Vorderasien mit 5lappigen efeuähnl. Blättern liefert ↗Storax-Harz, der amerikan. Amberbaum (L. styraciflua) Duftstoffe für Leder- u. Pelzwaren; sein Nuß-Satinholz dient als Nußbaumholzersatz. Der bis 50 m hohe Rasamala-Baum (Rasmala, Rasomala; Altingia excelsa) ist Charakterbaum des Gebirgswaldes v. Sumatra u. liefert Balsamharz u. hartes Bauholz. Die Gatt. Zaubernuß (Hamamelis) umfaßt nordamerikan. und jap. Ziersträucher mit haselähnl. Blättern u. gelben Blüten im Herbst od. zeitigen Frühjahr. Die Zweige werden als Wünschelruten (Name!) verwendet. Auch die Scheinhasel (Corylopsis) ist ein jap. Vorfrühlingsblüher mit gelben Blüten in proterogynen hängenden Blütenkätzchen.

Zaunblättling, Gloeophyllum sepiarium, ↗Gloeophyllum.

Zauneidechse, Lacerta agilis, häufigste Art der Echten ↗Eidechsen in Dtl.; Gesamtlänge 20–24 cm (Schwanz ca. 1½ Körperlänge). In weiten Teilen Europas, W- und Zentralasiens verbreitet; bevorzugt warme Böschungen, Feld- u. Waldränder, Heidelandschaften, trockene Wiesen; auch in Gärten; bis 1300 m Höhe. Färbung variabel (oberseits braun od. grau mit breitem, dunklem Längsband u. dunklen, weißkern. Flecken; Flanken im Frühjahr beim ♂ leuchtend grün; unterseits beim ♂ grünl. oder beim ♀ gelbl. mit schwarzen Flecken); kurzer Kopf stumpfschnauzig; Halsband gezähnelt; Körper plump mit zieml. großen, gekielten Rückenschuppen, in der Mitte 8–16 sehr schmale Längsreihen. Ernährt sich v. Insekten(larven), Würmern u. Schnecken. Aus den 4–14 Eiern (Ablage im Sommer in lockere Erde) schlüpfen die Jungtiere (ca. 4 cm lang) nach 8–10 Wochen. Wenig flink u. nicht sehr klettergewandt; beliebtes Terrarientier. B Europa XIII, B Reptilien II.

Zaunkönigdrosseln, Zeledoniidae, Fam. der ↗Singvögel mit einer einzigen Art (Zeledonia coronata), die in feuchten Gebirgswäldern Costa Ricas u. Guatemalas in 2000–3000 m Höhe lebt u. dort den Boden u. das Unterholz in Zaunkönigart nach Arthropoden absucht. Färbung unscheinbar, oberseits olivgrün, unterseits grau, Scheitel mit braungoldenen aufrichtbaren Federn; Gesang besteht aus wohltönenden gleichen Pfiffen; schwer zu beobachten.

Zaunkönige, Troglodytidae, Fam. lebhafter ↗Singvögel mit 62 Arten, wovon lediglich eine, der 9,5 cm große Zaunkönig (Troglodytes troglodytes, B Europa XIII), in der Alten Welt vorkommt; dieser erreichte offensichtl. während der Eiszeit über die Beringstraße das asiat. Festland u. breitete sich v. dort in Richtung Europa und N-Afrika aus. Die Z. sind überwiegend braun gefärbt mit Streifen u. Flecken an Flügeln u. Schwanz; Geschlechter gleich; bei einigen Arten wird der Schwanz gestelzt; in Anpassung an das Leben im dichten Gestrüpp sind die Flügel stark gerundet. Die Nahrung besteht aus Wirbellosen, zusätzl. aus pflanzl. Kost, was ein Überdauern des Winters ermöglicht, denn die meisten Z. sind überwiegend Standvögel. Geselliges Schlafen ist verbreitet; es schützt vor Feinden u. in der kalten Jahreszeit vor nächtl. Temperaturverlust. Kennzeichnend für die Z. ist auch ein ausgeprägtes Singverhalten; der kräftige, wohltönende Gesang besteht aus Trillern, Pfeif- u. Flötentönen; vielfach wird er als ↗Duettgesang v. Männchen u. Weibchen vorgetragen. Meist baut das Männchen im Gestrüpp mehrere Nester, die es dem Weibchen anbietet u. die z.T. auch zur Übernachtung dienen; verbunden damit ist eine v. Art zu Art graduell verschiedene ↗Polygamie. Die Eier sind weiß, oft mit bräunl. Fleckung; das Gelege enthält bei trop. Arten 2–5 Eier, bei nördl. lebenden bis 8.

Zaunkönigmeisen, Chamaeidae, Fam. der ↗Singvögel mit 3 Arten in O-Asien und N-Amerika; werden auch zu den ausschl. alt-

Zaubernußartige
Wichtige Familien:
↗Platanengewächse (Platanaceae)
↗Zaubernußgewächse (Hamamelidaceae)

Zaubernußgewächse
Virginische Zaubernuß (Hamamelis virginiana)

Zaunkönig (Troglodytes troglodytes)

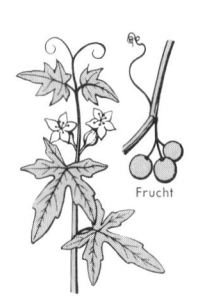

Rotfrüchtige Zaunrübe (Bryonia dioica)

weltl. ⇗Timalien gerechnet. Die deshalb auch Chaparral-Timalie gen. Art *Chamaea fasciata* bewohnt Laubgehölze der nordamerikan. Pazifikküste; der braune Vogel stelzt oft den langen Schwanz u. ernährt sich v. Insekten u. Beeren.

Zaunleguan, *Sceloporus undulatus,* ⇗Stachelleguane. [⇗Weinrebengewächse.
Zaunrebe, *Parthenocissus,* Gattung der
Zaunrübe, *Bryonia,* Gatt. der ⇗Kürbisgewächse mit 10 v. a. im Mittelmeerraum u. in Vorderasien heim. Arten. Ausdauernde, rauh behaarte Kletterpflanzen mit rübenförm. Wurzel, ungeteilten, handförmig gelappten Blättern u. ihnen gegenüberstehenden, meist ungeteilten Ranken, sowie eingeschlechtigen, in blattachselständ. Trauben (♂) bzw. Büscheln (♀) angeordneten, mon- oder diözischen Blüten. Die Frucht ist eine kugelige oder eiförm., schwarz, rot od. gelb gefärbte Beere. Zwei Arten sind auch in Mitteleuropa heimisch: die bis 3 m hoch rankende, nur im NO des Gebiets zu findende, nach der ⇗Roten Liste „gefährdete" Weiße Z. *(B. alba)* u. die ihr sehr ähnl., relativ häufige Rotfrüchtige Z. *(B. dioica;* ☐ 482). Beide besitzen 5lappige Blätter, kleine gelbl.-weiße, grün geäderte Blüten mit weit trichterförm., 5spaltiger Krone sowie giftige, etwa erbsengroße, schwarze bzw. scharlachrote Früchte u. wachsen an Heckensäumen, Zäunen u. Wegrändern. Wurzel u. Früchte der Z. können nach Verzehr zu tödl. Vergiftungen führen. [dengewächse.
Zaunwinde, *Convolvulus sepium,* ⇗Win-
Z-DNA ⇗Desoxyribonucleinsäuren.
Zea *w* [gr., = Dinkel, Spelt], der ⇗Mais.
Zeatin *s* ⇗Cytokinine (☐).
Zeaxanthin *s* [v. gr. *zea* = Dinkel, Spelt, *xanthos* = gelb], gelbes bis gelbrotes Xanthophyll (⇗Carotinoide, ☐), das im Pflanzenreich weit verbreitet ist, aber auch bei Algen u. Bakterien vorkommt. Z. ist z.B. in Maiskörnern, Sanddornfrüchten u. in den Federn u. im Eidotter v. Vögeln enthalten. Der Dipalmitinsäureester des Z.s, das tiefrote *Physalin,* tritt als Inhaltsstoff der Judenkirsche *(Physalis alkekengi)* auf.
Zebrafink, *Taeniopygia guttata,* ⇗Prachtfinken ([T]). [menhaie.
Zebrahai, *Stegostoma fasciatum,* ⇗Am-
Zebraholz, Holz v. *Connarus guianensis,* ⇗Connaraceae.
Zebrahund, der ⇗Beutelwolf.
Zebrano *m* [v. *zebra-], 1) das Zebraholz, ⇗Connaraceae. 2) *Zingana,* harzhaltiges, fein strukturiertes, hellbraunes mit dunklen Streifen versehenes Holz v. *Microberlinia brazzavillensis* (Schmetterlingsblütler) aus W-Afrika; hartes u. dauerhaftes Ausstattungsholz. [B] Holzarten.
Zebras [Mz.; v. *zebra-], *Tigerpferde,* durch kontrastreiche Querstreifung gekennzeichnete ⇗Pferde der afr. Savanne; Kopf eselartig; kurze, steife Nackenmähne; langer Schwanz mit Quaste. Häufig

zebra- [v. port. (wohl aus einer afr. Sprache) *zebro, zebra* = Wildesel, Zebra].

Zebra mit Fohlen

Zebras

Arten u. Unterarten:
Steppenzebra
(Equus quagga)
 ⇗Quagga
  (E. q. quagga †;
  S-Afrika bis Kapland)
 Burchell-Zebra
  (E. q. burchelli †;
  S-Afrika)
 Chapman-Zebra
  (E. q. antiquorum;
  Angola, SW-Afrika,
  Transvaal)
 Selous-Zebra
  (E. q. selousi;
  Simbabwe, Mocambique)
 Böhm- od. Grant-Zebra
  (E. q. boehmi;
  O-Afrika von S-Sudan bis Tansania)
Bergzebra
(Equus zebra)
 Kap-Bergzebra
  (E. z. zebra; Kapland)
 Hartmann-Zebra
  (E. z. hartmannae;
  SW-Afrika, S-Angola)
Grevy-Zebra
(Equus grevyi;
O-Afrika v. Äthiopien
bis N-Kenia)

leben Z. in gemischten Herden, mit Antilopen (z. B. ⇗Gnus) od. Giraffen (u. auch Straußen), zus. Die Nahrung besteht hpts. aus Gräsern. Auf der Suche nach Wasserstellen unternehmen Z. – v. a. während der Trockenzeit – ausgedehnte Wanderungen. Durch Wegnahme v. Lebensraum u. Verfolgung der Z. durch den Menschen sind einige Formen ausgestorben, andere zahlenmäßig sehr zurückgegangen. – Innerhalb der sog. Echten Z. (U.-Gatt. *Hippotigris,* d. h. Tigerpferd; Widerristhöhe 120–140 cm) unterscheidet man 2 Arten mit mehreren U.-Arten (vgl. Tab.). Vom Bergzebra, *Equus (Hippotigris) zebra,* leben nur noch Restbestände (z. T. nur in Reservaten). Am häufigsten kommt noch das Steppenzebra, *E. (H.) quagga,* vor; von urspr. 5 U.-Arten sind aber bereits 2 ausgerottet (⇗Quagga). Steppen-Z. weisen eine hohe geogr. und individuelle Variabilität im Zeichnungsmuster auf; der Kontrast der Fellstreifung nimmt von N nach S ab. Mehr als andere Z. leben Steppen-Z. i. d. R. in großen Herden zus. Aufgrund abweichender Merkmale wird das Grevy-Zebra *(E. grevyi)* einer eigenen U.-Gatt. *(Dolichohippus)* zugerechnet. Es ist größer (Widerristhöhe 150 cm) als alle anderen Z. und hat deutl. schmalere Streifen. Grevy-Z. leben in kleineren Trupps v. nur 4–14 Tieren zus. – Das Streifenmuster der Z. wurde bislang als Tarnung (⇗Somatolyse) gegenüber Großräubern (Hauptfeind: Löwen) interpretiert. Nach J. Waage (1979) wirkt die Zebrastreifung somatolytisch für die Komplexaugen der Tsetsefliege *(*⇗*Muscidae),* Überträgerin der durch Trypanosomen hervorgerufenen ⇗Naganaseuche; Z. weisen nur eine geringe Befallsrate durch Trypanosomen auf (⇗Selektionsdruck). [B] Afrika II, [B] Rassen- und Artbildung I.

Zebrasoma *s* [v. *zebra-, gr. sōma — Körper], Gatt. der ⇗Doktorfische.
Zebraspinne, 1) die ⇗Harlekinspinne; 2) die ⇗Wespenspinne.
Zebrina *w* [v. *zebra-], Gatt. der ⇗Enidae, Landlungenschnecken mit schmalelförm., milchigweißem Gehäuse, meist rechtsgewunden; zahlr. Arten in Vorderasien und SO-Europa, in Mitteleuropa nur die nach der ⇗Roten Liste „potentiell gefährdete" *Z. detrita:* Gehäuse 25 mm hoch, glänzend, rötl. gestreift; lebt an warmen, trockenen Standorten v. a. in SW-Dtl.
Zebroide [Mz.; v. *zebra-], aus in Gefangenschaft durchgeführten Kreuzungen v. einfarbigen Equiden (z. B. ⇗Pferd, ⇗Esel, ⇗Halbesel) mit ⇗Zebras hervorgegangene Bastarde *(Pferde-Z., Esel-Z.).* Z. sind unfruchtbar; die Zebrastreifung dominiert gegenüber der Einfarbigkeit.
Zebu *s* [wohl v. tibet. *mdzopho*], *Buckelrind,* wirtschaftl. bedeutsames, in vielen Rassen gezüchtetes Hausrind der Tropen Asiens, Afrikas u. (neuerdings auch) S-Amerikas; überwiegend grau gefärbt, da-

Bei Z vermißte Stichwörter suche man auch unter C und K.

Zechstein

Pandschab- oder Gudzerat-Zebu

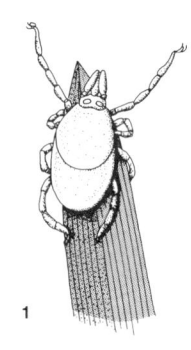

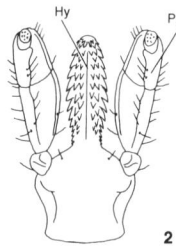

Zecken

1 Zecke in typischer Lauerstellung; **2** Gnathosoma des Holzbocks *(Ixodes ricinus):* Hy Hypopharynx, darunter liegen die Cheliceren; Pe Pedipalpus

Atlas-Zeder *(Cedrus atlantica)*

neben zahlr. andere Farbschläge. Der Widerristhöcker od. Buckel des Z.s wird v. dem stark entwickelten Rautenmuskel (Musculus rhomboides) gebildet u. dient vermutl. als sekundäres Geschlechtsmerkmal. Z.s sind aufgrund ihrer Beweglichkeit hervorragende Arbeitstiere in der Landw.; ihre Milch- u. Mastleistung ist jedoch weit geringer als beim eur. Hausrind. Die Z.s sind die „heiligen Rinder" der Hindus. Als Wildform des Z.s wird die ind. Form des Auerochsen *(Bos primigenius nomadicus)* angenommen. Von Asien gelangte das Z. schon in altägypt. Zeit nach Afrika, wo aus Kreuzungen mit afr. Hausrindern (z.B. Langhornrind) die Rinder vieler Hirtenvölker (Watussi, Massai, Samburu) entstanden.

Zechstein *m* [wohl v. mhd. zaehe = zäh], 1) alter, schon 1756 bei J. G. Lehmann nachweisbarer Bergmannsausdruck aus dem Mansfelder Kupferschieferbergbau für Gesteine (auf denen die Zeche steht), die während der Z.zeit abgelagert worden sind, z. B. Z.kalk und Z.salz. 2) ↗Perm.

Zecken, *Ixodes* (i. e. S. die Fam. *Ixodidae*), Gruppe der ↗*Parasitiformes* mit v. dorsal sichtbarem Gnathosoma; mittelgroße bis große ↗Milben (☐), die ein hartes Rückenschild aufweisen (bei trop. Arten oft wie emailliert). Alle Z. leben als Ektoparasiten u. saugen mit dafür umgebildeten Mundwerkzeugen Blut an Reptilien u. Warmblütern; einige Arten bleiben zeitlebens auf demselben Wirt, die meisten sind zwei- bzw. dreiwirtig. Die Entwicklung läuft über ein Larven- u. ein Nymphenstadium. In den Tarsen der Vorderbeine befindet sich ein grubenart. Sinnesorgan *(Hallersches Organ)*, in dem verschieden strukturierte Sinneshaare angeordnet sind. Es dient der Wirtsfindung, da es empfindl. auf bestimmte Geruchsstoffe (z. B. Buttersäure) reagiert. Weitere Funktionen werden vermutet (Hygro-, Thermorezeption), sind aber nicht untersucht. Z. können beim Blutsaugen äußerst gefährl. Krankheitserreger auf Haustiere u. Mensch übertragen (Beispiele: Z.encephalitis [↗Meningitis], ↗Q-Fieber, ↗Rückfallfieber, ↗Z.bißfieber, ↗Babesiosen, ↗Theileriosen, ↗Rickettsiosen [⊤ Rickettsien]). Bekannteste Art ist der ↗Holzbock; die Gatt. *Amblyomma* ist in den Tropen häufig.

Zeckenbißfieber, Erkrankung des Menschen durch ↗Rickettsien, ähnl. dem ↗Fleckfieber. 1) *Amerikanisches Z., Rocky-Mountain-Fleckfieber,* das ↗Felsengebirgsfieber. 2) *Afrikanisches Z., Fièvre boutonneuse,* durch R. *conorii,* Afrika, aber auch Portugal, Rumänien, Südrußland; Übertrager Zecke *Rhipicephalus* u. a., Reservoirwirte Hunde od. Ratten.

Zeckenencephalitis *w* [v. gr. egkephalon = Gehirn], ↗Meningitis (Spaltentext).

Zeder *w* [v. gr. kedros = Z.], *Cedrus,* Gatt. der ↗Kieferngewächse (U.-Fam. ↗*Laricoideae*) mit 4 im Mittelmeerraum u. im W-Himalaya beheimateten Arten; Nadeln wie bei der ↗Lärche an Lang- u. Kurztrieben, die aber im Herbst nicht abgeworfen werden. Die bis 40 m hohe, im Libanon, im Taurus u. Antitaurus verbreitete Libanon-Z. (*C. libani,* B Mediterranregion III) bildet im Alter eine auffällig schirmförmige Krone u. wird wie die mehr pyramidenförmig wachsende Atlas-Z. (*C. atlantica;* Algerien, Marokko) in Mitteleuropa in vielen Gartenformen kultiviert. In W-Dtl. nicht überall winterhart ist die Deodara-Z. oder Himalaya-Z. (*C. deodara),* die im W-Himalaya zw. 1300 und über 3000 m beheimatet ist. Relativ kleinwüchsig ist die auf Zypern heimische Zypern-Z. (*C. brevifolia).* Das aromat., recht widerstandsfähige Holz v. a. der Libanon-Z. wird seit dem Altertum genutzt. Das aus der Deodara-Z. gewonnene Öl findet als Anti-Moskito-Mittel Verwendung. – Die Z. trat vermutl. bereits in der Unterkreide auf (Funde z. B. in Alaska) u. war im Tertiär auch in Europa verbreitet. – Die Virginische Bleistift-Z. gehört zur Gatt. ↗Wacholder *(Juniperus).*

Zedernholzöl, *Zedernöl,* äther. Öl aus dem Holz des Virginischen ↗Wacholders (Virginische Bleistiftzeder, *Juniperus virginiana);* enthält u.a. Cedren (80%) u. ↗Cedrol (7,5%) u. wird in der Parfüm-Ind., zur Seifenherstellung u. in der Mikroskopie als Immersionsöl verwendet.

Zederntanne, die Gatt. ↗Keteleeria.

Zehen, *Digiti, Dactyli,* ↗Finger, ↗Autopodium. ↗Großzehe.

Zehengänger, die ↗Digitigrada.

Zehenspitzengänger, die ↗Unguligrada.

Zehnfüßer, 1) *Zehnfußkrebse,* die ↗Decapoda. 2) ↗*Decabrachia* (fr. auch ↗*Decapoda*), *Zehnarmige Tintenschnecken,* zusammenfassende Bez. für die beiden Ord. Eigentliche ↗Tintenschnecken u. ↗Kalmare; ↗Kopffüßer mit 10 Armen, v. denen 2 zu besonders langen Fangarmen entwickelt sind.

Zehnfußkrebse, die ↗Decapoda.

Zehrwespen, die ↗Chalcidoidea.

Zeidae [Mz.; v. gr. zaios über lat. zeus = ein Fisch], die ↗Petersfische.

Zeïformes die ↗Petersfischartigen.

Zeigerpflanzen, die ↗Bodenzeiger (⊤).

Zein *s* [v. gr. zea = Spelt, Dinkel], *Maisprotein,* zu den ↗Prolaminen zählendes, einfaches Vorrats-Protein aus ↗Mais-Körnern; enthält ca. 23% Glutaminsäure, 19% Leucin und je 9% L-Alanin u. Prolin.

Zeisig *m* [v. tschech. čižek = kleiner Z.], *Erlen-Z., Carduelis spinus,* ↗Finken.

Zeitgeber ↗Chronobiologie, ↗soziale Z.

Zeitmessung, die ↗Chronometrie.

Zeitsinn ↗Chronobiologie.

Zeledoniidae [Mz.; v. gr. zēlos = Eifer, hedonē = Freude], die ↗Zaunkönigdrosseln.

Zelladhäsion [v. lat. adhaesio = Anhaften], *Zelladhäsivität,* das Aneinanderhaften v. Zellen, bedingt durch Bindung komplementärer Membranoberflächenmoleküle, durch Bindung lösl. Faktoren (z. B. bei Schwämmen) u./od. durch unterschiedl. Ladungsverhältnisse der Zelloberflächen. Z. führt in einer Suspension v. Einzelzellen zur Bildung v. Zellklumpen (*Zellaggregation*; ↗Aggregation). Zellen unterschiedl. *Adhäsivität* in einem solchen Aggregat sortieren sich aus, wobei die Zellen höherer Adhäsivität ins Innere des Aggregats zu liegen kommen. Veränderungen der Z. sind vermutl. auch an ↗morphogenetischen Bewegungen beteiligt.

Zellafter, die ↗Cytopyge.

Zellatmung, *innere Atmung,* i. e. S. der Verbrauch v. ↗Sauerstoff zur ↗Oxidation der über die ↗Atmungskette (☐) anfallenden Reduktionsäquivalente (↗Redoxreaktionen) innerhalb der lebenden Zelle. In geringem Umfang tragen zur Z. auch enzymkatalysierte Reaktionen bei, bei denen Sauerstoff direkt mit Substraten reagiert, z. B. die durch ↗Oxidasen u. ↗Oxygenasen katalysierten Reaktionen. I. w. S. werden zur Z. auch alle oxidativen bzw. dehydrierenden ↗Stoffwechsel-Wege (B) gerechnet, bei denen NADH, FADH bzw. Elektronenäquivalente anfallen, die – in Ggw. von Sauerstoff – in die Atmungskette münden. ↗Atmung, B Dissimilation I–II.

Zellaufschluß, Aufbrechen v. Zellen, an das sich im allg. eine *Zellfraktionierung* (↗fraktionierte Zentrifugation, ☐) mit dem Ziel der Isolation definierter, d. h. nicht mit anderen Zellbestandteilen kontaminierter Kompartimente (↗Kompartimentierung) einer Zelle anschließt. Wichtige Z.-Methoden: Lyse in hypotonischem Medium (Zellen platzen durch Wasseraufnahme); Glashomogenisatoren (Glasgefäße mit verschieden eng angepaßten Glas- od. Teflonkolben); Zerreiben mit Quarzsand im Mörser; Messerhomogenisatoren (nach dem Prinzip v. Küchenmixern); Ultraschall (Vibrationsenergie); Zellmühle, Vibrator (Zellen werden zus. mit Glasperlen in Stahlbechern geschüttelt); french press (Z. durch plötzl. Druckdifferenz: Zellen unter hohem Druck werden durch Ventil od. Düse auf Normaldruck entlassen). Zellen mit Zellwänden kann man bes. schonend aufschließen, wenn man die Zellwände vorher enzymat. abbaut (Protoplasten). ↗differentielle Zentrifugation, ↗Dichtegradienten-Zentrifugation, ↗Homogenat.

Zellbiologie ↗Cytologie.

Zellbrücke, 1) *morpholog. Z.:* a) Zool.: Cytoplasmabrücke zw. Zellen, entsteht durch unvollständ. Durchschnürung einer sich teilenden Zelle. Beispiel: Cytoplasmabrücken zw. Nährzellen u. Eizellen im Insektenovar, u. U. durchsetzt v. Spindelresten (Fusom). b) Bot.: ↗Plasmodesmen. 2) *physiolog. Z.:* ↗junctions, ↗gap-junctions, ↗tight-junctions, ↗Synapsen.

Zelle, *Cellula;* die ungeheure Vielfalt der heute lebenden Tier- u. Pflanzenarten so-

zell- [v. lat. cellula = kleine Kammer].

Zelle

Z.n können nur durch Teilung od. Verschmelzung aus ihresgleichen entstehen (R. ↗Virchow: „omnis cellula e cellula", 1855). Die grundsätzl. ↗Homologie aller Z.n sowie die fundamentalen Entsprechungen u. die Gleichwertigkeit der Z.n verschiedener Organismen wurden jedoch erst erkannt, als man im 19. Jh. mit der Untersuchung undifferenzierter, embryonaler Z.n von Tieren u. Pflanzen begann. Übereinstimmende Prinzipien im Zellbau der Vielzeller formulierten 1839 M. ↗Schleiden und T. ↗Schwann in ihrer ↗Zelltheorie.

Zellaufschluß

Um eine weitgehende Intaktheit bestimmter Organelle unter Erhalt ihrer biol. Aktivitäten zu erzielen, sind bestimmte Anforderungen an die für einen Z. verwendeten Medien zu stellen: um das Milieu des Zellinnern möglichst gut zu simulieren, ist es nötig, durch geeignete ↗Puffer-Substanzen ein konstantes physiolog. pH-Milieu u. durch Zucker (Saccharose, Sorbit, Mannit) Isotonie (↗Osmose) zu gewährleisten. Auch die Anpassung der Ionenverhältnisse an zelluläre Konzentrationen (☐ Elektrolyte) der Zusatz v. Antioxidantien (Mercaptoäthanol, Dithioerythrit) und stabilisierende Makromoleküle (Serumalbumin, Polyvinylpyrrolidon) spielen bei der Zusammensetzung eines geeigneten Aufschlußmediums eine wichtige Rolle.

wie der Bakterien findet keine Entsprechung im mikroskop. und feinstrukturellen Aufbau dieser Lebewesen. Sie alle sind aus Z.n aufgebaut, so daß man die Z. als kleinste lebens- u. vermehrungsfähige Einheit, als *Elementarorganismus,* bezeichnen kann. Als Elementarorganismus muß die einzelne Z. v. a. ihre eigene ↗Vermehrung sicherstellen können. Es bedarf insgesamt der Summe einer Reihe sog. *Lebenskriterien,* welche die Z. als kleinste Einheit des Lebendigen (↗Leben) auszeichnen: es bedarf eines od. mehrerer, die Struktur, Funktion u. Selbstreproduktion der Z. gewährleistender Informationsmoleküle, allg. als ↗Genom bezeichnet. In allen heute lebenden Organismen übernimmt ↗Doppelstrang-DNA diese Aufgabe (↗Desoxyribonucleinsäuren). Die Gesamtheit der zum (Über)leben der Z. benötigten Proteine entsteht ausgehend v. dieser ↗genet. Information durch die Vorgänge der ↗Transkription u. ↗Translation. ↗Mutationen können diese genet. Information sprunghaft verändern – Voraussetzung für eine ↗Evolution der Z. nach den Kriterien der ↗Selektion. Alle Z.n besitzen einen ↗Stoffwechsel. Nur im Zustand eines Fließgleichgewichts (↗dynamisches Gleichgewicht) kann die Z. dem thermodynam. Gleichgewicht (d. h. dem Tod) entgehen, was die ständige Zufuhr v. freier ↗Enthalpie u. ↗Negentropie erfordert (↗Entropie und ihre Rolle in der Biologie). Energiefreisetzender Stoffabbau (Katabolismus, ↗Dissimilation, ↗Zellatmung) od. die Energiegewinnung (↗Energiestoffwechsel) durch Lichtabsorption ermöglichen die energieverbrauchenden anabolischen Reaktionen (↗Anabolismus). In allen Z.n sind hierfür die gleichen energiereichen Metaboliten zwischengeschaltet (z. B. ATP, $NAD(P)H \cdot H^+$). Als Barriere zur Außenwelt umgibt jede Z. eine *Plasma-*↗*Membran,* durch die hindurch ein kontrollierter Stoffaustausch stattfinden kann. Die Z. kann ↗Reize in Form chem. und physikal. ↗Signale v. außen über spezif. ↗Rezeptoren empfangen u. auf sie reagieren. Auch die ↗Motilität (↗Bewegung) ist eine fundamentale Eigenschaft einer Z., obwohl nicht alle Z.n in allen physiolog. Zuständen dieses Kriterium erfüllen. – Man kann 2 Grundformen der Zellorganisation im gesamten Organismenbereich klar unterscheiden: ↗Eucyten, die Z.n der ↗Eukaryoten, zeichnen sich durch den Besitz eines Zellkerns aus, während die *Protocyten,* die Z.n der ↗Prokaryoten, in solcher stets fehlt; ihre DNA ist nie v. einer Membranhülle umgeben. Allerdings findet man in der Natur selbst unterhalb der Organisationsstufe der einfachsten Protocyten-Z. biologische Einheiten, die noch mutierbare genetische Information (Nucleinsäuremoleküle) besitzen, die jedoch die oben genannten Lebenskriterien nur partiell erfül-

Bei Z vermißte Stichwörter suche man auch unter C und K.

Vergleich von Protocyte und Eucyte

	Protocyte	Eucyte
Organismen-Gruppen	Archaebakterien, Eubakterien, Cyanobakterien	Protisten, Pilze, Pflanzen, Tiere, Mensch
Zelldimensionen ($\varnothing$)	< 3 µm	tierische Zellen 2–20 µm Pflanzenzellen 0,1–0,3 mm
DNA		
Basenpaare	Mycoplasmen $6{,}8 \cdot 10^5 – 10^6$ bp E. coli $4{,}2 \cdot 10^6$ bp Cyanobakterien $2{,}4 \cdot 10^6 – 1{,}3 \cdot 10^7$ bp	Hefe $1{,}5 \cdot 10^7$ bp Mensch $3 \cdot 10^9$ bp einige Amphibien $7{,}5 \cdot 10^{10}$ bp
Anordnung der Genome	ringförmige DNA im Cytoplasma $(0{,}02–0{,}06 \cdot 10^{-12}$ g/Zelle), Nucleoid	lineare DNA im Zellkern, nucleosomal organisiert, Histone, Verteilung auf verschiedene Chromosomen $(0{,}1–7 \cdot 10^{-12}$ g/Zelle)
Nicht-codierende Sequenzen	nie oder kaum	häufig
Ribosomen (Untereinheiten)	70S (30S/50S)	80S (40S/60S); Massenverhältnis 70S/80S = 1:1,5
Hemmbarkeit der Translation	Chloramphenicol	Cycloheximid
RNA-/Proteinsynthese	im gleichen Kompartiment	RNA-Synthese im Zellkern, Proteinsynthese im Cytoplasma
Zellteilung	einfache Zweiteilung (Septenbildung)	Mitose, Meiose
Teilungsrhythmus	20 min	12–14 h
Zellzyklus	fehlt	vorhanden (G_1-, S-, G_2-Phase, Teilung)
Motilität		
Actomyosin	–	+
Tubulin/Dynein	–	+ (typisches 9+2-Muster der intrazellulären Undulipodien)
Flagellin	+ (Flagellen extrazellulär)	–
Zellskelett	–	+
Kompartimentierung	kaum	zahlreich; Organelle (Plastiden, Mitochondrien)
Gasvakuolen	+ (Halo-, Cyanobakterien)	–
Isoenzyme	–	+
N_2-Assimilation	+	–
Muraminsäure-haltige Zellwand	+ (fehlt bei Archaebakterien)	–
zelluläre Organisation	hpts. einzellig; geringe Tendenz zur Differenzierung (z. B. Heterocysten, Sporen; lockere Zellverbände: Coenobien)	ausgeprägte Tendenz zur Vielzelligkeit, hochgradige Differenzierung der Einzelzellen

Zelle

Zu den kleinsten bisher gefundenen Z.n zählen wandlose Prokaryoten, die sog. ↗Mycoplasmen. Sie stellen bei einem $\varnothing$ von 0,3 µm, einer relativen Molekülmasse ihrer DNA von $4{,}5 \cdot 10^8$ (ausreichend für 700 Polypeptide) u. einem Gehalt von ca. 400 Ribosomen sowie ca. 60 000 Proteinmolekülen (mit relativen Molekülmassen von ca. 50 000) wahrscheinl. die kleinsten selbstvermehrungsfähigen Systeme dar.

len: ↗Viroide, ↗Bakteriophagen u. ↗Viren. Protocyten u. Eucyten sind innerhalb der rezenten Organismen nicht durch Übergangsformen verbunden. Trotz einer Reihe v. Detail-Unterschieden zw. beiden Zellformen (vgl. Tab.) ist es sehr unwahrscheinlich, daß sich die rezenten Organismenarten aus mehr als nur einer einzigen Wurzel entwickelt haben. Die Zahl der Gemeinsamkeiten (z. B. Doppelstrang-DNA als Informationsträger, Universalität des ↗genet. Codes, gemeinsame Ribosomen- u. Membranstruktur) machen eine ↗monophyletische Entwicklung aller heute lebenden Pro- u. Eukaryoten sehr plausibel. – Alle *Protocyten* sind relativ einheitl. organisiert; sie umfassen die beiden Organismenreiche der ↗Archae- u. ↗Eubakterien (☐ Bakterien). Meist umschließt die Plasmamembran nur ein einziges cytoplasmat. Kompartiment (↗Kompartimentierung). In einer bes. Region des Cytoplasmas *(↗Nucleoid)* befindet sich die DNA. Viele Protocyten besitzen Flagellen (↗Bakteriengeißel) zu ihrer Fortbewegung. Zahlr. Protocyten bilden als Dauerstadien Sporen aus (↗Endosporen); bei schwarmbildenden ↗Myxobakterien können diese zu einem ↗Fruchtkörper zusammengelagert sein. Manche ↗Cyanobakterien (☐) bilden Zellkolonien od. kommen als fädige Formen vor; bei letzteren findet man ↗Heterocysten (☐) als speziell differenzierte Z.n der Stickstoff-Fixierung. – *Eucyten,* die mit dem ↗Zellkern als genet. Steuerzentrum ein eigenes Organell als DNA-Speicher besitzen, sind sehr viel komplexer aufgebaut, was sich auf strukturellem Niveau in einer ausgeprägten internen Gliederung des Protoplasten durch Membranen in zahlr. Reaktionsräume oder Kompartimente (↗Kompartimentierungsregel) äußert. Hinzu kommt der Besitz semiautonomer Organelle (↗*Mitochondrien,* ↗*Plastiden;* ↗Endosymbiontenhypothese, ☐). Schließlich führte bei den Eukaryoten die Evolution v. Einzel-Z.n zu großen vielzelligen Organismen. Eine Folge der Vielzelligkeit sind die ↗Differenzierung der Z.n zu unterschiedl. Funktionen, ihre Anordnung in ↗Geweben u. Organen u. ihre Kooperation im Gesamtorganismus. Die unterschiedl.

ZELLE

Ein Dictyosom setzt sich aus mehreren (4–8) flachen, übereinandergestapelten und an den Rändern oft durchbrochenen Membranvesikeln (*Golgi-Zisternen*, Durchmesser 1–2 μm) zusammen. Dictyosomen sind asymmetrisch aufgebaut: an der dem endoplasmatischen Reticulum nahen Bildungsseite überwiegen kleine *Primärvesikel*, die Sekretionsseite zeichnet sich durch große *Golgi-Vesikel* aus. Alle Dictyosomen einer Zelle zusammen nennt man *Golgi-Apparat*.

Das **endoplasmatische Reticulum** (ER) ist ein weitläufiges System von untereinander verbundenen, flachen Membranvesikeln (Zisternen) und tubulären oder retikulären Strukturen. Das *rauhe ER* trägt auf der plasmatischen Seite Ribosomen und ist Ort der Exportprotein- und Membranproteinsynthese. Lipidsynthese und Entgiftungsreaktionen (Cytochrom P450-System) sind weitere Aufgaben des ER.

Das **Cytoplasma** kann man als hochkonzentrierte Proteinlösung ansehen, die neben vielen niedermolekularen Bestandteilen die Komponenten des Zellskeletts (Cytoskeletts) und die Ribosomen enthält. Es ist von der *Plasmamembran* umgeben, bildet den Reaktionsraum für viele Stoffwechselwege und ist der Wirkort der sekundären Botenstoffe.

Modell einer tierischen Zelle mit Innenstrukturen

Polyribosomen (*Polysomen*) entstehen während des Translationsprozesses, wenn sich mehrere bis viele Monosomen auf einer messenger-RNA (m-RNA) aufreihen.

Der **Zellkern** (*Nucleus*) ist ein vom umgebenden Cytoplasma durch eine Porenkomplexe enthaltende *Kernhülle* abgegrenztes, meist kugeliges Organell von ca. 5–20 μm Durchmesser. In Säugerzellen nimmt der Kern etwa 10% des Zellvolumens ein. Er enthält das Chromatin der *Chromosomen*, einen filamentösen Komplex aus linearen DNA-Doppelsträngen und einer Vielzahl von Proteinen, sowie die Kern-Grundsubstanz und die *Nucleolen*. Die DNA stellt den genetischen Informationsspeicher dar. Ihre Replikation und die Synthese von RNA im Zuge der Transkription erfolgt hier.

Ribosomen sind die größten und kompliziertesten *Ribonucleoprotein-Partikel* der Zelle. Man unterscheidet zwei Ribosomen-Grundtypen: Ribosomen des Eukaryoten-Cytoplasmas (80S-Typ) und die 70S-Ribosomen der Prokaryoten und Organelle. An den aus zwei verschieden großen *Untereinheiten* aufgebauten Ribosomen findet die Biosynthese von Proteinen (Translation) nach der in einer m-RNA vorliegenden Information statt. Diese in Form von aufeinanderfolgenden Basentripletts vorliegende Matrize dirigiert den korrekten Einbau der durch die verschiedenen transfer-RNAs (t-RNAs) angelieferten Aminosäuren in die wachsende Polypeptidkette.

Lysosomen sind membranumschlossene Vesikel mit einem intern sauren pH-Wert. Sie enthalten eine Vielzahl abbauender Enzyme und können selektiv mit Endocytosevesikeln verschmelzen (*sekundäre Lysosomen*).

Mitochondrien sind ovale bis längliche Organelle von 2–8 μm Länge, die von einer äußeren und einer inneren Hüllmembran umgeben sind. In ihnen findet bei Eucyten die Atmung statt, d. h. die Reaktionen des Citratzyklus, des Elektronentransports und der oxidativen Phosphorylierung. Zum Teil laufen diese Prozesse an den in die Matrix hineinreichenden Invaginationen der inneren Membran (*Cristae*) ab. Der Besitz eines eigenen Genoms macht die Mitochondrien zu semiautonomen Organellen.

Der **Nucleolus** liegt als meist sphärisches, 2–5 μm großes *Kernkörperchen* (in tierischen Zellen meist in Einzahl, bei Pflanzenzellen in Mehrzahl) vor. Elektronenmikroskopisch kann man zwei Hauptkomponenten, Filamente und (an der Peripherie überwiegend) Granula, unterscheiden. Im Nucleolus werden die ribosomalen RNAs (r-RNAs) der 80S-Ribosomen in Form großer Vorläufermoleküle synthetisiert. Hier entstehen die unmittelbaren Vorläufer der ribosomalen Untereinheiten. Die dazu benötigten Proteine werden aus dem Cytoplasma angeliefert.

Die **Plasmamembran** (*Plasmalemma*) dient der Zelle als Barriere und Vermittler zur Außenwelt. Sie kann mittels Rezeptoren Signale (z. B. Hormone) von außen aufnehmen und weiterleiten. Wichtige Substanzen kann sie über Translokatoren bzw. Endocytosevorgänge aufnehmen und durch Exocytose exportieren, d. h., sie steht mit dem Endomembransystem über Vesikelflüsse in enger Beziehung. Die Plasmamembran verfügt über spezifische Ionenkanäle und -pumpen. Zwischen ihr und dem Zellskelett bestehen vielfältige Wechselbeziehungen. Über spezifische Zell-Zell-Verbindungen (*junctions*) nimmt die Plasmamembran Kontakt zu benachbarten Zellen auf.

Zellenlehre

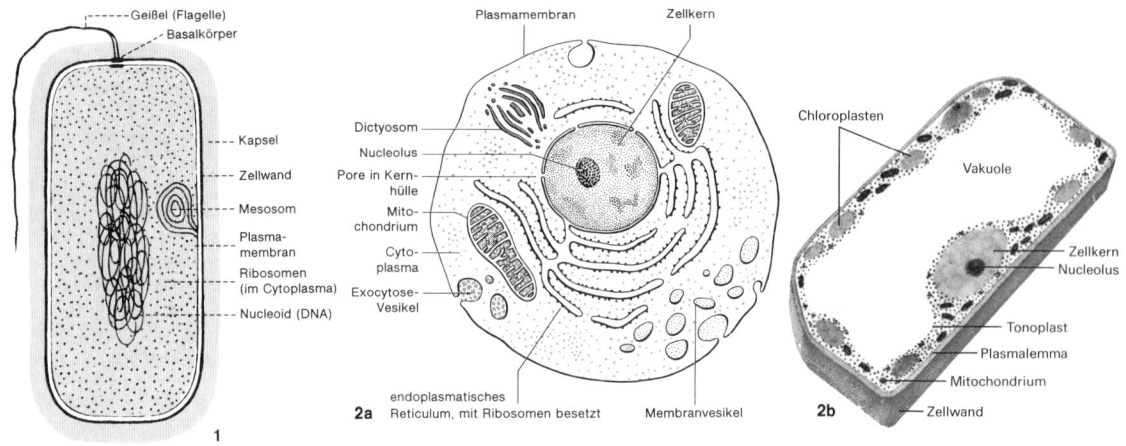

Zelle

1 Schematische Darstellung der *Protocyte*: Die Zelle der ↗ *Prokaryoten* besteht im wesentl. aus *Grundplasma (Cytoplasma)*, in das auch die Erbinformation, das *Kernäquivalent (Nucleoid)*, eingeschlossen ist, und der das Grundplasma umgebenden *Membran*, dem *Plasmalemma*. Die Membran ist bei einigen Prokaryoten eingefaltet und bildet die sog. *Mesosomen* – diese im Elektronenmikroskop sichtbaren Gebilde sind evtl. nur Präparations-Artefakte –, oder von ihr haben sich runde oder flache Membransäckchen *(Thylakoide)* ins Zellinnere abgeschnürt und bilden dann eigene Reaktionsräume oder *Kompartimente*. Umgeben wird die Protocyte von einer festen, von ihr ausgeschiedenen *Zellwand*. Dieser kann noch *Kapsel*-Material aufgelagert sein.

2 Schematische Darstellung der *Eucyte*: Auch die Zelle der ↗ *Eukaryoten* stellt ein von einer Membran (Plasmamembran, Plasmalemma) umgebenes Grundplasma (Cytoplasma) dar. Doch sind in dieses Grundplasma eine Fülle von Membransystemen eingeschlossen, die als *endoplasmatisches Reticulum, Dictyosomen, Vesikel* und *Mitochondrien* eigene, vom Grundplasma abgegrenzte Unterräume mit besonderen Aufgaben darstellen. Auch ist die Erbinformation durch eine Sonderbildung des endoplasmatischen Reticulums (= *Kernmembran*, ein von Poren durchsetztes Doppelmembransystem, auch *Kernhülle* genannt) die auf den Zeitraum der Zellteilungsvorgänge vom Grundplasma getrennt; es gibt einen *Zellkern*.

Die *pflanzliche Zelle* **(2b)** unterscheidet sich von der *tierischen Zelle* **(2a)** durch den zusätzlichen Besitz von *Plastiden*, eines *Vakuolensystems* und der festen *Zellwand*.

---

differenzierten Z.n haben in einem vielzelligen Organismus keine einheitl. Lebensdauer: während z. B. Nerven-Z.n oder Skelettmuskel-Z.n so lange wie der Organismus selbst leben, werden andere Z.n abgebaut u. durch Teilung v. Stamm-Z.n bzw. dedifferenzierten Z.n ersetzt (z. B. Blut-Z.n, Epithel-Z.n). Nur die Z.n der ↗ Keimbahn (☐) behalten in einem höheren Organismus die Fähigkeit, nach ↗ Meiose (B) u. ↗ Syngamie wieder einen neuen Organismus entstehen zu lassen. Für alle übrigen Z.n (↗ Soma-Z.n) ist der physiolog. ↗ *Tod* (↗ Altern) unvermeidlich. ↗ Pflanzenzelle. ☐ Hooke, T Bakterien, B Mitose, B Photosynthese I, B chemische und präbiologische Evolution.

Lit.: Alberts, B., Bray, D., Lewis, J., Raff, M., Roberts, K., Watson, J. D.: Molekularbiologie der Zelle. Weinheim 1986. *Darnell, J., Lodish, H., Baltimore, D.*: Molecular Cell Biology. New York 1986. *Fawcett, D. W.*: The Cell. Philadelphia, London, Toronto ²1981. *Kleinig, H., Sitte, P.*: Zellbiologie. Ein Lehrbuch. Stuttgart ²1986. *B. L.*

Zellenlehre, die ↗ Cytologie.

Zellforschung, die ↗ Cytologie.

Zellfraktionierung *w* [v. lat. fractio = Brechung], die Auftrennung (↗ fraktionieren) der Bestandteile geöffneter Zellen (↗ Zellaufschluß, ↗ Homogenate) in verschiedene Fraktionen. Wichtige Methoden sind die ↗ fraktionierte Zentrifugation (☐), die ↗ Dichtegradienten-Zentrifugation, die Säulen- ↗ Chromatographie u. die ↗ Fällung.

zellfreie Systeme, *in-vitro-Systeme,* Systeme zur Untersuchung von biochem. Re-

zellfreie Systeme

Das von E. ↗ Buchner 1892 erstmals beschriebene z. S. aus Hefezellen (erhalten durch Zerreiben v. Hefezellen u. anschließende Filtration, ↗ Zymase) besaß die Fähigkeit, Glucose zu Alkohol zu vergären, womit der Beweis erbracht war, daß die Stoffwechselleistungen der Zellen nicht an eine nur in lebenden Zellen vorhandene bes. Kraft (↗ Lebenskraft, ↗ Vitalismus – Mechanismus) gekoppelt sind.

zell- [v. lat. cellula = kleine Kammer].

aktionen der Zelle, die – im Ggs. zu ganzen Zellen od. Organismen (in-vivo-Systeme) – nur aus isolierten Zellkomponenten bestehen. Vielfach können Stoffwechselreaktionen schon in zellfreien ↗ Homogenaten (sog. *Zellextrakt* od. *Rohextrakt*) ablaufen. Häufig werden für detailliertere Untersuchungen Zellhomogenate durch die Methoden der ↗ Zellfraktionierung in die einzelnen Komponenten (z. B. Enzyme, Coenzyme, Nucleinsäuren, Membranfraktionen) zerlegt, die dann unter streng kontrollierten Bedingungen wieder zum z. S. vereinigt werden können, wodurch der Einfluß jeder einzelnen Komponente auf das Gesamtsystem untersucht werden kann. Z. S. sind daher v. großer Bedeutung für die Untersuchung einzelner Stoffwechselreaktionen u. ihrer Komponenten sowie für komplex ablaufende Reaktionsketten, wie u. a. die ↗ alkohol. Gärung (↗ Buchner), Fettsäuresynthese, DNA-Replikation, RNA-Synthese u. Proteinsynthese.

Zellfusion *w* [v. *zell-*, lat. fusio = Guß], natürliches od. künstlich eingeleitetes Verschmelzen v. mindestens 2 Zellen. Eine bekannte Z. stellt z. B. das Verschmelzen v. verschiedenartigen ↗ Gameten (etwa Ei- u. Samenzelle) beim Vorgang der Syngamie dar (↗ Befruchtung, ↗ sexuelle Fortpflanzung, ☐). Künstliche Z.en kennt man seit 1960. Durch eine Reihe v. fusiogenen Agenzien (tierische Zellen: inaktivierte Sendai-Viren; pflanzl. Zellen: Polyäthylenglykol) ist die Herstellung v. Heterokaryonen (↗Heterokaryose) u. Zellhybriden (↗Hybridisierung) eine Routinemethode geworden. Eine bedeutende Rolle spielte die Z. z.B. bei der von H. Harris entwickelten Somazell-Genetik u. bei der Herstellung v. Hybridomzellen zur Gewinnung ↗monoklonaler Antikörper.

Zellgenealogie *w* [v. gr. genealogia = Geschlechtsregister], *cell lineage*, Zellfolge, „Stammbaum" der Zellteilungsschritte in Furchungs- u. späteren Entwicklungsstadien; wird durch Beobachtung der Furchungsteilungen od. Erfassen der Nachkommenschaft einer (meist genetisch) markierten Zelle ermittelt. Wichtig u. a. zum Verständnis der Zell-↗Determination u. ↗Musterbildung. Bes. gut untersucht bei ↗Fadenwürmern (↗Rhabditida).

Zellgifte, die ↗Cytotoxine; ↗Mitosegifte.

Zellhybridisierung ↗Hybridisierung.

Zellige Schleimpilze, die ↗Zellulären Schleimpilze.

Zellinie, Abfolge v. Zellteilungen in der Embryonalentwicklung; die Aufspaltungs-Abfolge (Cell Lineage) wird in Zell-Stammbäumen dargestellt (↗Zell-Genealogie). ↗Zellkultur.

Zellkern, Kern, Nucleus, Karyon, genet. Steuerzentrum u. größtes Organell der Eukaryoten-↗Zelle (↗Eukaryoten, ↗Eucyte). Zu den allg. Funktionen des Z.s gehören die Speicherung der ↗genet. Information in linearen DNA-Doppelsträngen, die ↗Replikation dieser DNA sowie die Synthese der verschiedenen RNA-Spezies im Zuge der ↗Transkription u. deren ↗Prozessierung. Für die korrekte Gleichverteilung der hier gespeicherten Erbguts auf zwei genetisch ident. Tochterkerne sorgt im Verlauf des Zellzyklus die ↗Mitose (B). Anders ist dies bei der ↗Meiose (B), in deren Verlauf eine weitgehende Durchmischung (↗Rekombination) des Erbguts erreicht wird. Durch die meiotischen Kernteilungen entstehen aus diploiden ↗Zygoten bzw. deren mitotisch entstandenen Tochterzellen wieder haploide Zellen (Reduktionsteilung). Manche Zellen verlieren im Zuge irreversibler Differenzierungsprozesse ihren Z. (z.B. Säuger-Erythrocyten, Siebzellen u. Siebzellenglieder bei Spermatophyten); sie sind dann zu keiner weiteren Entwicklung mehr fähig u. gehen ebenso wie experimentell kernlos gemachte Zellen nach einer begrenzten Überlebenszeit zugrunde. – Wichtigste Strukturkomponenten des Z.s sind Chromatin, Nucleolen, Kern-Grundsubstanz u. Kernhülle. Als ↗*Chromatin* (□) bezeichnet man alle Bestandteile des Z.s, die während der Kernteilung in den ↗Chromosomen vorliegen. Das sind, biochem. gesehen, filamentöse Komplexe aus DNA u. einer Vielzahl unterschiedl. Proteine (Desoxyribonucleoprotein-Komplex, nucleärer DNP-Komplex). ↗Prokaryoten besitzen keinen Z. (↗Protocyte), u. ihre zirkuläre DNA ist nicht mit ↗Histonen kom-

Zellfusion
Eine neuere Methode der Z. stellt die *Elektrofusion* dar, bei der Zellen od. Protoplasten in Kontakt gebracht u. kurzfristig einem relativ hohen elektr. Feld (Feldstärken v. einigen kV/cm) ausgesetzt werden (*Elektroporation*).

Zellkern
In Säugerzellen nimmt der Z. etwa 1/10 des Zellvolumens ein (mittlerer ⌀ ca. 6 μm). Hydratisierte Z.e haben wegen des hohen Gehalts an Nucleinsäuren (↗Desoxyribonucleinsäuren, ↗Ribonucleinsäuren) u. ↗Proteinen eine relativ hohe Dichte (≈ 1,35 g/cm³). Zw. Kerngröße u. Zellgröße besteht im allg. eine enge Korrelation, d. h., bes. große Zellen (z. B. Eizellen, Nervenzellen, Muskelzellen, Ciliaten) verfügen auch über einen ausnehmend großen Z. Oft sind sie auch *polyenergid*, besitzen also mehrere Z.e. Die dieser ↗*Kern-Plasma-Relation* zugrundeliegenden Ursachen sind noch weitgehend unbekannt.

plexiert. Dagegen ist das Eukaryoten-Chromatin grundsätzl. anders aufgebaut; die DNA ist hier über die gesamte Länge mit Histonen komplexiert. Das in Form v. Nucleofilamenten u. Chromatinfibrillen elektronenmikroskop. darstellbare Chromatin ist in Form v. ↗*Nucleosomen* organisiert. Verschiedene Histonproteine sind für diese „Perlenketten"-Struktur des Chromatins verantwortlich; sie bewirken auch das Auftreten supranucleosomaler Überstrukturen u. regulieren damit den Kondensationsgrad des Chromatins. Im Interphasekern (↗Arbeitskern) ist das Chromatin gegenüber den kompakten Metaphase-Chromosomen stark aufgelockert (*Euchromatin*). Nur das *Heterochromatin* liegt auch im Interphasekern in Form dichter Chromozentren (↗Chromozentrum) in kondensierter Form vor. – Die meist sphärischen *Nucleolen* od. Kernkörperchen (⌀ 2–5 μm) sind die auffälligsten Einschlüsse des Z.s und aufgrund ihres kompakten Aufbaus u. ihrer hohen Dichte auch im Lichtmikroskop deutl. sichtbar. Hier findet die Synthese der Prä-↗Ribosomen statt (an denen jedoch noch keine Translation ablaufen kann). Die Nucleolen bilden sich am Ende der Mitose (in der Telophase), ausgehend v. sekundären Einschnürungen bestimmter Chromosomen (sog. Satellitenchromosomen), die man als Nucleolus-Organisator-Regionen bezeichnet (↗Nucleolus). Da keine Proteinsynthese im Z. ablaufen kann, müssen viele Proteine nach ihrer Synthese im ↗Cytoplasma in den Kernraum verlagert werden. Diese sog. ↗*Nucleoproteine* (z.B. Histone, DNA-, RNA-Polymerasen) lassen sich ausschl. hier nachweisen. – Die *Grundsubstanz* des Z.s ist eine amorph erscheinende Masse, die Chromatin u. geformte Genprodukte enthält, u. setzt sich aus einer großen Zahl unterschiedl. löslicher Proteine (↗*Nuclear-Sol*, früher Karyolymphe genannt; ↗Kernplasma) sowie einem filamentösen *Kernskelett* aus Strukturproteinen (↗*Nuclear-Gel*, Nuclear-Matrix) zus. Als Hauptprotein des Nuclear-Sols enthalten tierische Z.e ↗*Nucleoplasmin*, ein aus 5 gleichen Untereinheiten (relative Molekülmasse je 29000) gebildeter Komplex unbekannter Funktion. Nucleoplasmin ist weit verbreitet, in seiner Aminosäuresequenz konserviert; es fehlt in inaktiven Z.en. Das Kernskelett umfaßt etwa 1/10 aller nucleären Proteine u. gliedert sich in Nuclear-Lamina, internes Kerngerüst u. Nucleolarskelett. Die *Nuclear-Lamina* liegt der Innenfläche der ↗Kernhülle an (↗Membranskelett), u. setzt sich bei Wirbeltieren aus 3 untereinander ähnl. hydrophoben Hauptproteinen zus. (Lamine A, B und C). Die ↗*Lamine* sind einerseits sehr eng mit der inneren Membran der Kernhülle verbunden, weisen andererseits jedoch auch starke Bindungstendenzen zum Chromatin auf; darauf beruht offenbar

Bei Z vermißte Stichwörter suche man auch unter C und K.

Zellknospung

die Strukturordnung des Chromatins im Interphasekern. Vor einer Mitose (Prophase) werden die Lamine stark phosphoryliert, sie werden löslich, u. die Kernhülle bricht zus. Am Ende der Mitose (Telophase) sammeln sich die Lamine wieder unter Dephosphorylierung an den Chromosomenoberflächen sowie an der Innenseite der neu entstandenen Kernhülle. – Die ↗ *Kernhülle* (Kernmembran) gewährleistet die strikte Trennung v. aktivem Chromatin u. allen anderen Zellkompartimenten (↗Kompartimentierung). Diese Perinuclearzisterne ist wohl die phylogenetisch älteste Ausbildungsform des eukaryotischen Endomembransystems. Sie unterscheidet sich vom übrigen ↗endoplasmatischen Reticulum, in das sie meist an mehreren Stellen übergeht, durch ihren unmittelbaren Kontakt mit Chromatin u. durch die Ausbildung v. ↗Kernporen (∅ 50–70 nm). Die Porenkomplexe sind dynam. Strukturen, die in der Prophase verschwinden u. bei der telophasischen Neubildung der Kernhülle wieder auftauchen. Der Makromolekültransport zw. Cyto- u. ↗Kernplasma erfolgt ausschl. durch die Porenkomplexe (RNA und RNP vom Z. ins Cytoplasma, alle nucleären Proteine in umgekehrter Richtung). Die Porenfrequenz (Porenkomplexe pro μm^2) steigt mit Aktivität u. Größe des Z.s an ([T] Kernporen). [B] 487, [B] Photosynthese I, [B] Translation. *B. L.*

Zellknospung, die ↗Agamogenesis.

Zellkolonie, die ↗Aggregation 2); ↗Coenobium.

Zellkommunikation *w, interzelluläre Kommunikation,* Signalaustausch (↗Kommunikation) zw. Zellen; findet statt während der Entwicklung (z. B. bei ↗Induktion u. ↗Musterbildung), aber auch im fertigen Organismus (z. B. an ↗Synapsen im ↗Nervensystem, zw. Zellen des ↗Immunsystems usw.). Als Informationsüberträger dienen 1) diffusible Stoffe im interzellulären Raum (z. B. Acetylcholin im synapt. Spalt; ▢ Acetylcholinrezeptor, ▢ Synapse) od. direkt über ↗gap-junctions elektr. gekoppelter Zellen (Ionen, kleine Moleküle); 2) Stoffe, die mit dem Zirkulationssystem im Körper verteilt werden (z. B. ↗Hormone); 3) zellgebundene Oberflächenmoleküle (z. B. bei der ↗Kontaktinhibition v. Fibroblasten); 4) hochmolekulare Stoffe in Basallamellen v. Epithelien u. a. (z. B. bei der Organbildung). Komplexe Signalmoleküle wirken i. d. R. über spezif. Rezeptormoleküle in der Zelloberflächen-Membran (z. B. für Peptidhormone) od. im Zellplasma (z. B. für Steroidhormone). ↗junctions.

Zellkonstanz *w* [v. lat. *constantia* = Beständigkeit], *Eutelie,* Konstanz in Zahl u. Anordnung v. Körperzellen, bedingt durch ein genau festgelegtes Teilungsmuster während der Entwicklung (↗Zellgenealogie); charakterist. für ↗Rädertiere, ↗Fadenwürmer (↗*Rhabditida*) u. ↗Bärtierchen.

Zellkultur

Zusammensetzung eines Kulturmediums für Säugerzellen (M = ↗Mol)
essentielle L-Aminosäuren 0,1–0,2 mM
Vitamine 1 μM
Salze 1–100 mM
Glucose 5–10 mM
Serum 10% des Gesamtvolumens
Penicillin
Streptomycin
Phenolrot als pH-Indikator

Inkubation bei 37°C bei 5% CO_2 und 95% Luft

Zellkultur

Gebräuchliche Zellinien:

3T3:	Mäusefibroblasten
BHK 21:	Hamsterfibroblasten
HeLa:	menschliche Epithelzellen
PTK 1:	Epithelzellen der Känguruhratte
L 6:	Rattenmyoblasten
PC 12:	chromaffine Zellen der Ratte
SP 2:	Mäuseplasmazellen

zell- [v. lat. *cellula* = kleine Kammer].

Zellkontakte, die ↗junctions.

Zellkultur, 1) Zool.: Kultivierung v. Zellen eukaryotischer Vielzeller unter sterilen Bedingungen in künstl. Medien im allg. in flacher Schicht am Boden spezieller Kulturgefäße. Direkt aus einem Organismus entnommene und in vitro kultivierte Zellen (bzw. Gewebe) werden als *Primärkulturen* bezeichnet. Aus ihnen lassen sich durch Übertragen in neue Gefäße *Sekundärkulturen* anlegen. Oft behalten solche Zellen den Differenzierungszustand des Spendergewebes. Für routinemäßige *Gewebekulturen* werden synthet. Medien mit biol. Material (z. B. Pferdeserum) angereichert. Zur Bestimmung spezif. Wachstumsfaktoren od. zur Anzucht bestimmter Zelltypen wurden chemisch definierte Medien erstellt (↗Nährlösung), denen bedarfsweise spezif. Wachstumsfaktoren (Proteine) zugesetzt werden können. Kritisch ist der pH-Wert der Kulturen, der den optimalen Bereich zw. 7,2 und 7,4 nicht verlassen darf. Die besten ↗Puffer-Systeme liefern CO_2/Hydrogencarbonat, Tris sowie 2-[4-(2-Hydroxyäthyl)-1-piperazinyl]-äthansulfonsäure (HEPES). Die meisten Wirbeltierzellen altern auch bei Übertragung in ständig frische Kulturmedien u. sterben nach einer bestimmten Zahl v. Zellteilungen (50–100) ab. Ob dies den natürl. Alterungsprozeß im Organismus widerspiegelt, wird z. Z. diskutiert (↗Altern). Einige Zelltypen aber lassen sich in Kultur unbegrenzt als sog. permanente ↗Zellinien weiterzüchten; sie entgehen den "programmierten Zelltod". Dazu gehören Zellen mit abnormen Chromosomenzahlen sowie Tumorzellinien (↗*HeLa-Zellen*). Tumorzellen (↗Krebs) benötigen in Kultur keine festen Anheftungsstellen u. wachsen zu weit höherer Zelldichte heran als normale Zellen. Durch Transformation normaler Zellen mit Tumor-induzierenden Viren od. Chemikalien lassen sich neoplastisch transformierte Zellinien herstellen, die, in Tiere injiziert, Tumoren bilden. Der Vorteil dieser Zellinien liegt in der Uniformität der Zellen u. ihrer Resistenz gg. schnelles Gefrieren (−70°C) und Auftauen. Die Uniformität kann durch ↗Klonierung vergrößert werden. **2)** Bot.: Auch bei Pflanzen können Zellen in vitro kultiviert werden, doch ist die Kultur v. aus dem Geweberverband isolierten Einzelzellen gerade bei Pflanzen bes. schwierig. Im allg. geht man v. *Kalluskulturen* aus – Zellwucherungen (↗Kallus) an explantierten Organstückchen, wie z. B. Stengelscheiben, Markstückchen. Die Einzelzellen erhält man mechan. durch Schütteln od. über den enzymat. Abbau der Zellwände als Protoplasten (↗Zellwand, ↗Protoplast). Dabei werden die Zellwände während der weiteren Z. wieder regeneriert. Pflanzliche Z.en sind meist heterotroph; sie brauchen neben bestimmten Mineralien Vitamine u.

eine organ. Kohlenstoffquelle, meist Saccharose. In Einzelfällen ist es gelungen, auch photoautotrophe Kulturen zu gewinnen. Die Z.en werden als Kalluskulturen auf Agar od. in Form v. Suspensionen als kleinere Zellaggregate bis hin zu Einzelzellen angezogen. Hierbei zeigen die Zellen im Vergleich zu tier. Kulturzellen ein sehr heterogenes Aussehen. Sie gleichen auch nicht typischen Meristemzellen, sondern besitzen eine Primärwand und mehr od. weniger große Vakuolen. 3) Mikrobiologie: ↗Kultur (T), ↗Mikroorganismen, ↗mikrobielles Wachstum (□), ↗Nährboden, ↗Nährlösung. L. M./H. L.

Zell-Linie ↗Zellinie.

Zellmembran w [v. lat. membrana = dünne Haut], ↗Membran, ↗Bakterienmem- [bran.

Zellmund, das ↗Cytostom.

Zellplasma, das ↗Cytoplasma.

Zellplatte ↗Cytokinese.

Zellsaft ↗Vakuole, ↗Cytoplasma.

Zellschlund, der ↗Cytopharynx.

Zellskelett, *Cytoskelett,* zusammenfassende Bez. für alle Proteinfilamente (Faserproteine), welche die innere Architektur des ↗Cytoplasmas bestimmen. 1. Die dicksten Elemente des Z.s bilden mit 25 nm ⌀ die ↗Mikrotubuli, Komplexe aus Tubulin aufgebauter Quartärstrukturen. Diese aus 13 Protofilamenten aufgebauten Röhren sind die charakterist. Strukturelemente der ↗Centriolen, ↗Cilien u. ↗Geißeln sowie der Kernteilungsspindel (↗Spindelapparat). 2. Die *10 nm-Filamente, intermediäre Filamente* (wegen ihres zw. den Mikrotubuli u. Actinfilamenten liegenden Durchmessers) umfassen 5 verschiedene, meist auf ganz bestimmte Zelltypen begrenzte Gruppen: *Cytokeratinfilamente* (Tonofilamente) kommen in Epithelzellen u. Zellen epithelialer Herkunft vor, *Desminfilamente* in Muskelzellen, *Vimentinfilamente* in Mesenchymzellen (u. vielen Zellkulturen), *Neurofilamente* in Neuronen u. *Gliafilamente* in Gliazellen. Die relative Molekülmasse der einzelnen Untereinheiten der 10 nm-Filamente liegt im allg. zwischen 40 000 und 60 000; die Untereinheiten besitzen in ihrer Mitte einen α-Helix-Bereich. Cytokeratine inserieren sehr häufig an ↗Desmosomen; Desminfilamente sind Bestandteile der Z-Scheiben (↗Z-Streifen) quergestreifter Muskeln (□ quergestreifte Muskulatur; B Muskulatur). Die Funktion(en) der 10 nm-Filamente sind noch weitgehend unbekannt. Wegen ihrer Gewebespezifität werden die 10 nm-Filamente als diagnost. Marker v. Tumorzellen (Tumormarker) herangezogen (↗Krebs). Mit den entspr. spezifischen Antikörpern kann man mit Hilfe der indirekten ↗Immunfluoreszenz (↗Fluoreszenzmikroskopie) Karzinome, deren gewebliche Abstammung unklar ist, gegeneinander abgrenzen, da die Tumorzellen den Filamenttyp ihrer Ursprungszelle beibehalten. 3. Die ubiquitär vorkommen-

Zellkultur
Pflanzliche Z.en sind wichtig geworden: a) für die Erforschung von Differenzierungsvorgängen (↗Omnipotenz), wobei die ↗Synchronisation der Zellen große Schwierigkeiten bereitet; b) für genet. Untersuchungen, z. B. der Entwicklung haploider Sporophyten aus unreifen Pollenzellen beim Tabak; c) zur Gewinnung bestimmter Stoffe, d. h. als Biotransformatoren (↗Biotransformation); d) zur vegetativen Vermehrung bes. Zuchtstämme; e) zur Realisierung der Möglichkeit, über die Vereinigung v. Protoplasten – die Kreuzungsbarrieren umgehend – Artbastarde zu gewinnen; f) für viele Gebiete der Pflanzenpathologie.

zell- [v. lat. cellula = kleine Kammer].

den ↗*Actinfilamente* (⌀ 6 nm; „Mikrofilamente") stellen Doppelfilamente aus 2 helikal angeordneten Reihen globulärer Untereinheiten (relative Molekülmasse 42 000) dar. Neben ihrer Bedeutung als Komponenten zellulärer ↗Bewegungs-Systeme (z. B. Muskelbewegung [Muskelkontraktion], amöboide Bewegung, ↗Plasmaströmung, ↗Chloroplastenbewegungen) findet man Actinfilamente häufig im corticalen Cytoplasma vieler Zellen. Auch Zellausstülpungen werden häufig durch Actinfilamente stabilisiert (z. B. Mikrovilli im Bürstensaum [↗Mikrovillisaum] des Dünndarmepithels). Auch die ↗Stereocilien (z. B. an den sog. ↗Haarzellen der ↗Cochlea im Innenohr; B mechanische Sinne II) werden durch Bündel v. Actinfilamenten versteift. Als sog. *stress fibers* finden sich Bündel v. Actinfilamenten im Cytoplasma vieler Zellkultur-Zellen. 4. Erst neuerdings bekannt wurde ein 3–4 nm im ⌀ großes Proteinfilament, das in den Sarkomeren des quergestreiften Muskels vorkommt. Wegen der noch nicht genau bekannten, offenbar jedoch außerordentl. großen relativen Molekülmasse seiner Untereinheiten nennt man dieses Protein *Titin* (v. gr. Titan = Riese).

Zellsoziologie, Ansatz der Entwicklungsbiologie, der versucht, ↗Morphogenese u. ↗Musterbildung nicht nur v. der strukturellen und biochem. ↗Differenzierung bestimmter Zellgruppen her zu verstehen, sondern auch dynam. Zelleigenschaften u. Interaktionen zw. Zellen u. Zellpopulationen gleicher oder unterschiedl. Art berücksichtigt. So können z. B. Verhaltensweisen v. Zellen wie Bewegung, Teilung, Veränderung der Gestalt u. Größe u. sogar Zelltod bei der Morphogenese v. Vielzellern eine wesentl. Rolle spielen.

Zellstoff ↗Cellulose. [wechsel.

Zellstoffwechsel, der intrazelluläre ↗Stoff-

Zellteilung, die ↗Cytokinese; B Mitose.

Zelltheorie, von M. J. ↗Schleiden und T. ↗Schwann in den Jahren 1838/39 entwickelte Vorstellung, welche die ↗Zelle als gemeinsamen Baustein alles Lebendigen ansah (↗Leben). Allerdings sollten nach dieser Vorstellung die Zellen selbst durch Kondensation aus noch nicht zellulär organisierter Materie entstehen – eine Fehleinschätzung, die schon 1855 v. ↗Virchow berichtigt wurde („omnis cellula e cellula"). Die Z., in der bereits korrekt das generelle Vorkommen v. Zellkern u. Nucleolen in Pflanzenzellen konstatiert (Schleiden) u. darüber hinaus die allg. Bedeutung des ↗Zellkerns für die Entwicklung der Zellen richtig eingeschätzt wurde (Schwann), gewann in Fachkreisen rasch allg. Anerkennung, die den vorangegangenen Verfechtern einer solchen Theorie (z. B. C. F. ↗Wolff, 1774; L. ↗Oken 1805; J. B. de ↗Lamarck, 1809; J. ↗Purkinje, 1837) versagt geblieben war.

Bei Z vermißte Stichwörter suche man auch unter C und K.

Zelltransformation, *Transformation*, auch *maligne, neoplastische* od. *onkogene Z.*, die Umwandlung normaler Zellen in vitro (↗Zellkultur) zu Zellen mit veränderten Wachstumseigenschaften, unbegrenzter Lebensdauer (Immortalisierung) u. meist der Fähigkeit zur Tumorbildung in geeigneten Versuchstieren. Die Z. kann hervorgerufen werden durch 1) Infektion mit ↗DNA-Tumorviren (↗Polyoma-, ↗Papillom-, ↗Adeno-, ↗Herpesviren) od. ↗RNA-Tumorviren, 2) ↗Transfektion mit Tumorvirus-DNA oder DNA viraler bzw. zellulärer ↗Onkogene, 3) Behandlung mit Cancerogenen (↗cancerogen), 4) ↗Ultraviolett- od. ↗Röntgenstrahlen oder 5) bei einigen Zelltypen spontan. Aus tier. oder menschl. Tumorzellen isolierte DNA kann ebenfalls bestimmte Zielzellen (als bes. geeignet erwiesen sich NIH3T3 Mäuse-↗Fibroblasten) transformieren. Mit derartigen DNA-Transfer-Experimenten gelang die Identifizierung einiger zellulärer ↗Onkogene (T). Transformierte Zellen unterscheiden sich in vielen Merkmalen v. den normalen Ausgangszellen (vgl. Tab.) u. besitzen ähnl. Eigenschaften wie ↗Krebs-Zellen. Es wird angenommen, daß die Z. in vitro u. die Entstehung v. Tumorzellen in vivo einander entsprechende, wenn auch nicht notwendigerweise ident. Prozesse sind.

Zelluläre Schleimpilze, *Zellige Schleimpilze, Acrasiomycetes,* ↗Schleimpilze (Abt. ↗*Myxomycota*), die Amöbenzellen mit breiten, lappenförm. Plasmafortsätzen bilden. Im Unterschied zur Gatt. ↗*Dictyostelium* (☐), die fr. hier eingeordnet wurde, entwickeln sie keine Rhizopodien, u. der Stiel des Fruchtkörpers enthält keine Cellulose, sondern besteht wie der übrige Fruchtkörper aus aggregierten Amöben (↗Aggregationsplasmodien), die ihre Individualität behalten u. nicht wie die Zellen der meisten ↗Echten Schleimpilze miteinander verschmelzen. Am Ende des verzweigten Fruchtkörpers entstehen Ketten v. Sporen, die zu Amöben auskeimen u. später wieder zu Fruchtkörpern aggregieren. Weit verbreitet auf faulenden Pflanzenteilen findet sich *Acrasia rosea,* die andere einzellige Mikroorganismen (z. B. Bakterien, Hefen) aktiv aufnimmt u. verdaut. – In der Pilz-Systematik wird ↗*Dictyostelium* neuerdings bei den ↗Echten Schleimpilzen eingeordnet (U.-Kl. *Dictyostelidae*). In zool. Systemen werden dagegen die *Acrasia-* u. *Dictyostelium-*Arten in der Gruppe der ↗Kollektiven Amöben *(Acrasina)* zusammengefaßt.

Zellularpathologie *w* [v. *zell-, gr. pathologikē = Krankheitslehre], von R. ↗Virchow („Die Cellularpathologie in ihrer Begründung auf physiolog. und patholog. Gewebelehre"; Berlin 1858) formulierte Theorie, die den Ursprung der Krankheiten generell in Entgleisungen der normalen physikal. und chem. Funktionen der Zelle sieht.

zell- [v. lat. *cellula* = kleine Kammer].

Zelltransformation
Eigenschaften transformierter Zellen, durch die sie sich v. normalen Zellen unterscheiden:
– Vermehrung zu hoher Zelldichte
– Verlust der ↗Kontaktinhibition (Zellen wachsen ungerichtet u. übereinander; führt auf einem Rasen normaler, kontaktgehemmter Zellen zur Kolonie- oder Focusbildung)
– verminderte Abhängigkeit v. Wachstumsfaktoren im Serum
– Wachstum in Weichagar od. in Suspension (anchorage independence)
– Immortalisierung
– Tumorbildung nach Injektion in geeignete Versuchstiere
– Veränderungen der Zellmorphologie (u. a. Abrundung der Zellen)
– veränderte Zusammensetzung der Glykolipide u. Glykoproteine der Zelloberfläche
– erhöhte Agglutinierbarkeit durch ↗Lectine
– ↗Fibronektin der Zelloberfläche stark vermindert od. fehlend
– veränderte Anordnung der ↗Actinfilamente
– erhöhter Zuckertransport
– Sekretion v. Proteasen u. Protease-Aktivatoren
– Chromosomenveränderungen
– ↗Tumorantigene
– virusspezifische DNA-Sequenzen, mRNAs u. Proteine

Zellulartherapie ↗Frischzellentherapie.
Zellverband, die ↗Aggregation 2); ↗Coenobium.
Zellwand, Bez. für die charakterist. Hüllschichten, welche die Zellen v. ↗Bakterien (↗*Bakterien-Z.*, ☐) u. ↗Pflanzen umgeben, die vom ↗Protoplasten nach außen abgegeben werden u. dauernd mit diesem verbunden bleiben. Als außerhalb der Plasmamembran liegende Abscheidungen sind sie nicht unmittelbar an den Lebensprozessen beteiligt, doch spiegeln sie Zellaktivitäten wider u. können diese beeinflussen. Funktionen der Z.: 1. Formgebendes Exoskelett; dabei kann Z.bildung bei Vielzellern auch dem Gesamtorganismus Form u. Halt geben. 2. Festigung der v. Süßwasser umgebenen Zellen, die keine aktive Wasserabscheidung besitzen, indem die Z. als zerreißfeste, geschlossene Hülle (Saccoderm) den ↗Turgor auffängt. 3. Schutz bei bes. exponierten Zellen. 4. Vermittlung des Zusammenhalts v. Gewebezellen. 5. Separierung der einzelnen Protoplasten im Geweberverband. 6. Speicherung v. Stoffen, Ionenaustauscher u. Ablagerungsort für Exkrete. Meist werden mehrere dieser Funktionen gleichzeitig ausgeführt. Doch verrät oft schon die Struktur einer Z., welche Aufgaben vornehml. ausgeführt werden. – Die *Z.bildung* beginnt im Zuge der Zellteilung. Dazu wandern in der späten Telophase zahlr. mit Z.-Grundsubstanz (Pektine, Hemicellulosen) gefüllte Golgi-Vesikel in die Äquatorialebene des Phragmoplasten (↗Cytokinese) u. verschmelzen miteinander zu einer flachen Zisterne, in der die *Zellplatte* als Verschmelzungsprodukt der Vesikelinhalte liegt. Neben der häufigeren zentralen Anlage mit zentrifugalem Wachstum der Zellplatte u. letztendlichem Verschmelzen mit der Mutter-Z. existiert auch eine umgekehrt erfolgende zentripetale Z.bildung. Schon bei der Anlage der Zellplatte werden die ↗Plasmodesmen u. damit die Tüpfel angelegt. Unmittelbar nach Fertigstellung der Zellplatte *(Primordialwand)* beginnen die beiden Tochterzellen mit der Bildung v. eigenen Z.schichten, die sie auf die Primordialwand, die nun zur ↗*Mittellamelle* wird, bzw. auf Anteile der Mutter-Z. auflagern. Diese enthalten neben der in dem Golgi-Apparat synthetisierten Grundsubstanz auch schon *Cellulosefibrillen* als zerreißfestes Gerüstmaterial. Wie man heute weiß, wird die ↗Cellulose (B Kohlenhydrate II) erst in der Zellmembran aus den aktivierten Glucosemolekülen (↗UDP-Glucose) synthetisiert. Sie legt sich aufgrund zwischenmolekularer Kräfte v. selber zu ↗Fibrillen zus. Da der Mischkörper Grundsubstanz und z. T. kristalline Cellulosefibrillen noch sehr dehnungsfähig ist, kann die junge *Primärwand* dem Zellwachstum auch in der Fläche folgen. Durch stetige Auflagerung (*Apposition,* ↗Appositionswachs-

tum) neuer Lamellen (↗ *Multinet-Wachstum*, ☐) bleibt sie trotz der Verdehnung gleich stark bzw. nimmt später sogar in der Dicke zu. Da auch der Cellulosegehalt ständig steigt, wandelt sich die anfänglich dehnbare Primärwand um in ein nur noch begrenzt elastisch dehnbares *Saccoderm*, dessen Festigkeit sich aus der Ausrichtung *(Textur)* u. Vernetzung der Cellulosefibrillen ergibt. Damit schließt aber auch das Zellwachstum ab. In bestimmten Zellen wird aber das Z.wachstum durch Bildung neuer Wandschichten darüber hinaus fortgesetzt, es entsteht die *Sekundärwand*. Sie wird i. d. R. zur Erfüllung übergeordneter Aufgaben im Gesamtbauplan der Pflanze u. nicht zur Stabilisierung der Einzelzelle angelegt. Die apponierten Schichten sind sehr reich an Cellulosefibrillen, die nun in jeder Schicht parallel angeordnet sind *(Paralleltextur)*. Die Anordnung kann bezügl. der Zellachse ringförmig sein *(Ringtextur)* u. dann noch Dehnbarkeit ermöglichen, sie kann aber auch schraubenförmig *(Schraubentextur)* sein u. dann v. Schicht zu Schicht sich kreuzend angelegt werden, so daß bei hoher Festigkeit eine gewisse Elastizität möglich ist (↗ Biegefestigkeit, ☐). Bei hauptsächlicher Längsausrichtung *(Fasertextur)* wird eine hohe Zugfestigkeit erreicht. Durch ↗ Inkrustierung v. ↗ Lignin (= ↗ *Verholzung)*, einem dreidimensional vernetzten Körper aus Zimtalkoholen (☐ Lignin), wird die Sekundärwand in einigen Fällen zu einem druckfesten, starren Gebilde, das bestimmte Gewebe gg. Druckbelastung, aber auch die Wasserleitgefäße gegen ein Kollabieren stabilisiert. Abge-

Zellwand
Neben dem beschriebenen Grundschema des Z.baus finden sich bes. bei ↗ Algen u. bei Spezialzellen Abweichungen. So gibt es wandlose Formen, in diesem Fall mit aktiver Wasserausscheidung, od. Wände als Schleimhüllen, sog. *Kapseln*. Andere Formen benutzen ihre Zellwände nicht als Saccoderm, sondern als geschlossene od. einseitig offene *Gehäuse*. Wieder andere Formen legen Zellwände an, die aus trennbaren Einzelteilen bestehen *(Plakoderm)*, so z. B. Dinoflagellaten u. Kieselalgen (B Algen II).

schlossen wird die Sekundärwandbildung durch Auflage einer dünneren Wandschicht *(Tertiärwand)* mit abweichender Textur. Die Sekundärwand kann aber auch aus aufgelagerten (↗ Akkrustierung), lipophilen u. dann cellulosefreien, dünnen ↗ *Suberin*-Schichten bestehen, welche die Z. sehr stark wasserundurchlässig machen. Auf Epidermiszellen werden durch später verstopfte Poren ↗ Cutin-Schichten aufgelagert, ebenfalls zur Herabsetzung der unkontrollierten ↗ Transpiration. Bei der Bildung der Sekundär- u. Tertiärwand bleiben die Plasmodesmen erhalten, indem bei der Wandbildung Kanäle (↗ *Tüpfel)* ausgespart werden. Bei ↗ Pilzen besteht die Gerüstsubstanz aus ↗ Chitin. ☐ Apoplast, B Photosynthese I. *H. L.*

Zellzyklus *m* [v. gr. kyklos = Kreis], *Mitosezyklus*, Aufeinanderfolge v. Phasen, die eine Zelle in meristematischem Gewebe od. bei Einzellern durchläuft, wobei sich an ↗ Mitose u. ↗ Cytokinese die ↗ Interphase mit verschiedenen Synthese- u. Wachstumsphasen (G_1-, S-, G_2-Phase) anschließt. B Mitose.

Zelotes *m*, Gatt. der ↗ Plattbauchspinnen.

Zement *m* [v. lat. caementum = Bruchstein], fr. *Cement, Zahn-Z., Zahnkitt, Cementum, Substantia ossea, Crusta petrosa*, dünner Überzug aus einer dem Knochengewebe in Aufbau u. Bildungsweise ähnl. Substanz auf Krone *(Kronen-Z.)* und Wurzeln *(Wurzel-Z.)* v. ↗ Zähnen der Pflanzenfresser mit Ausnahme der Schneidezähne u. Praemolaren des Unterkiefers.

Zentralblüten, Bez. für im Zentrum v. Blütenständen stehende, i. d. R. bezügl. ihres

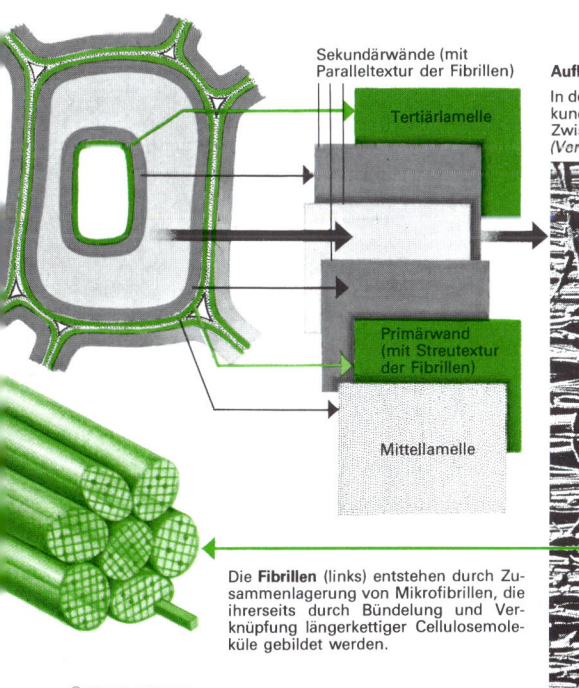

ZELLWAND

Aufbau einer verholzten Zellwand

In den Ausschnitten ist die Aufgliederung der Zellwand in Primär- und Sekundärwand aufgezeigt sowie die Fibrillenanordnung in der Sekundärwand. Zwischen den Fibrillen wird *Lignin* als amorphe Substanz abgelagert *(Verholzung)*.

Sekundärwände (mit Paralleltextur der Fibrillen)
Tertiärlamelle
Primärwand (mit Streutextur der Fibrillen)
Mittellamelle

Die **Fibrillen** (links) entstehen durch Zusammenlagerung von Mikrofibrillen, die ihrerseits durch Bündelung und Verknüpfung längerkettiger Cellulosemoleküle gebildet werden.

Zentralfurche

Perianths weniger auffällig gestaltete bis stark reduzierte Blüten, die vermehrt der Frucht- u. Samenbildung dienen (= Fruktifikationsblüten). Beispiel: die röhrigen Scheibenblüten der *Asteroideae*. Ggs.: ↗Randblüten. ☐ Pseudanthium.

Zentralfurche ↗Telencephalon.
Zentralisation, die ↗Konzentration 2).
Zentralkanal ↗Rückenmark.
Zentralkörper, *Corpus centrale*, ein übergeordnetes Assoziationszentrum im ↗Oberschlundganglion (☐) des ↗Gehirns (☐) der Insekten. Im Z. werden Sinneseindrücke aus allen Sinnesorganen miteinander verglichen u. verarbeitet.
Zentralkörperchen, das ↗Centriol.
Zentralnervensystem, *zentrales Nervensystem,* Abk. *ZNS,* empfängt über zuleitende Nervenfasern (↗Afferenz) Nervenimpulse aus der Körperperipherie u. den Sinnesorganen. Das ZNS verarbeitet diese Impulse u. entsendet über fortleitende Bahnen (↗Efferenz) Informationen an die ↗Erfolgsorgane. Daneben ist das ZNS auch zu autonomer Erregungserzeugung befähigt. ↗ *Gehirn* (B) u. ↗ *Rückenmark* (B) bilden das ZNS der Wirbeltiere, Gehirn u. ↗ *Bauchmark* (↗Strickleiternervensystem) das ZNS der Gliedertiere. ↗Nervensystem (B I–II).
Zentralstrang ↗Usnea.
Zentralwindung, zentrales Knotengebiet im Großhirn (↗Telencephalon) des Menschen, das eine wesentl. Rolle für das assoziative Denken des Menschen spielt.
Zentralzylinder, Bez. für den v. der primären ↗Rinde umschlossenen Gewebekomplex in ↗Sproßachse u. ↗Wurzel der Kormophyten. Er besteht aus Grundgewebe in Form v. Mark u. Markstrahlen, den Leitbündeln u. eventuell aus Festigungsgewebe. Gegen die Rinde ist er in der Wurzel u. in Rhizomen durch Perizykel u. Endodermis abgegrenzt, aber sehr häufig nicht in den Luftsprossen. Daraus ergaben sich große Schwierigkeiten für die ↗Stelärtheorie. B Sproß und Wurzel I–II, B Wasserhaushalt (der Pflanze).
Zentrifugation *w*, Dichtegradienten-Z., ↗fraktionierte Z., ↗Ultrazentrifuge, ↗Sedimentation.
zentrische Fusion ↗Robertson-Fusion.
zeorin, Bez. für Flechtenapothecium mit Eigen- u. mit Lagerrand, die in zwei Schichten das Hymenium umschließen; ↗lecanorin, ↗lecidein.
Zeorin *s*, ein in Flechten vorkommendes Terpen; ↗Flechtenstoffe.
Zeppelina *w*, Gatt. der Ringelwurm-Fam. ↗*Ctenodrilidae*. *Z. monostyla* erreicht mit 20–25 Segmenten nur eine Länge von 3–4 mm; ihre Heimat ist unbekannt; sie wurde in einem Meerwasseraquarium entdeckt; vermutl. wurde sie aus dem Mittelmeer eingeschleppt. Bisher ist von *Z. m.* nur ungeschlechtl. Fortpflanzung bekannt. Die in Kultur gehaltenen Tiere pflanzten

zentral- [v. lat. centralis = in der Mitte befindlich (v. gr. kentron = Mittelpunkt)].

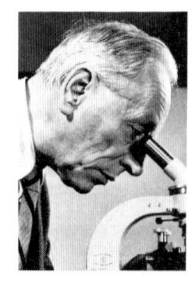

F. Zernike

Zibetkatzen
Gattungen der Z. i.w.S.:
Echte Zibetkatzen (*Viverra*)
Kleinzibetkatzen (*Viverricula*)
↗Ginsterkatzen (*Genetta*)
Wasserzivetten (*Osbornictis*)
Afrikan. Linsangs (*Poiana;* ↗Linsangs)
Asiat. Linsangs (*Prionodon;* ↗Linsangs)
Arten der Echten Z.:
Afrika-Zibetkatze (*Viverra civetta*)
Indien-Zibetkatze (*V. zibetha*)
Kleinfleck-Zibetkatze (*V. tangalunga*)
Großfleck-Zibetkatze (*V. megaspila*)
Malabar-Zibetkatze (*V. civettina*)

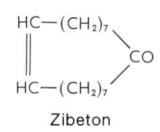

HC—(CH$_2$)$_7$
‖   CO
HC—(CH$_2$)$_7$

Zibeton

zibet- [v. arab. zabād = Duftstoff der Zibetkatze, über mlat. zibethum, it. zibetto].

sich über 60 Jahre durch Autotomie mit anschließender Regeneration (Schizogenese) fort.
Zerfallfrüchte ↗Fruchtformen (T).
Zerfallsteilung, die ↗multiple Teilung; ↗Simultanteilung.
Zernike [sär-], *Frits*, niederländ. Physiker, * 16. 7. 1888 Amsterdam, † 10. 3. 1966 Groningen; seit 1915 Prof. in Groningen; entdeckte bei Arbeiten mit Beugungsgittern die Phasenkontrastmethode (↗Phasenkontrastmikroskopie); erhielt 1953 den Nobelpreis für Physik.
Zersetzung, ↗Abbau komplexer organ. Verbindungen auf dem od. im Erdboden u. Wasser zu einfachen Stoffen. Man unterscheidet u. a. ↗Fäulnis, ↗Gärung, ↗Humifizierung, ↗Verwesung. ↗Bodenentwicklung, ↗Mineralisation.
zerstreut ↗wechselständig.
Zerynthia *w* [ben. nach der thrak. Stadt Zērynthos], Gatt. der ↗Ritterfalter.
Zeugloptera [Mz.; v. gr. zeuglē = Joch, pteron = Flügel], U.-Ord. der ↗Schmetterlinge, zu der die ↗Urmotten gehören.
Zeugobranchia [Mz.; v. gr. zeugos = Joch, bragchia = Kiemen], *Zygobranchia,* die ↗Paarkiemer.
Zeugopodium *s* [v. gr. zeugos = Joch, podion = Füßchen], *Unterarm, Unterschenkel,* mittlerer Hebel der aus drei Hebeln aufgebauten ↗Extremität der Tetrapoden. Das Z. besteht aus jeweils zwei längl. Knochen: im Unterarm aus Ulna (↗Elle) u. Radius (↗Speiche), im Unterschenkel aus ↗Fibula (Wadenbein) u. ↗Tibia (Schienbein). Zum proximal gelegenen ↗Stylopodium (Oberarm/Oberschenkel) u. zum distal gelegenen ↗Autopodium (Hand/Fuß) bestehen Gelenkverbindungen. ↗Pronation, ↗Supination; B Skelett.
Zeugopterus *m* [v. gr. zeugos = Joch, pteron = Feder, Flügel], Gatt. der ↗Butte.
Zeus *m*, Gatt. der ↗Petersfische.
Zeuzera *w*, Gatt. der ↗Holzbohrer.
Zhabotinsky-Belousov-Reaktion, oszillierende chem. Reaktion (↗biochemische Oszillationen) zw. mehreren in Lösung befindl. Komponenten, darunter der eisenhalt. Indikatorfarbstoff Phenanthrolin, Bromid- bzw. Bromationen sowie Malonat als Energielieferant. Die Belousov-Reaktion (von B. P. Belousov 1958 beschrieben) oszilliert ohne äußeren Einfluß mit konstanter Frequenz zw. zwei instabilen Extremzuständen. In der v. A. M. Zhabotinsky 1970 beschriebenen Modifikation der Belousov-Reaktion wandern Reaktionswellen durch eine dünne Flüssigkeitsschicht u. verursachen konzentr. oder spiralige Muster aus Zonen mit oxidiertem bzw. reduziertem Indikator. Diese Erscheinung kann u. a. zum Verständnis der Bildung periodischer räuml. Muster in lebenden Systemen beitragen.
Zibeben [Mz.; v. arab. zibiba = Rosine] ↗Weinrebe.
Zibet *m* [*zibet-], moschusartig riechen-

des Drüsensekret aus den Analdrüsen der ↗Zibetkatzen; enthält die Geruchsstoffe ↗Skatol (0,1%) u. ↗Zibeton (2,5–4%).

Zibethyäne, der ↗Erdwolf.

Zibetkatzen, 1) i.w.S. die *Viverrinae,* U.-Fam. der ↗Schleichkatzen mit insgesamt 6 Gatt. (T 494). Die Z. sind hpts. Bodentiere, die aber nicht graben. Ihre Krallen sind nur teilweise rückziehbar. Die meisten Z. besitzen in Afternähe gelegene Duftdrüsen (↗Analdrüsen), deren Sekret zum Markieren eingesetzt wird. 2) i.e.S. die zur Gatt. *Viverra* gehörenden Echten Z., 5 Arten (T 494), v. denen die Afrika-Z. od. Civette (U.-Gatt. *Civettictis*) nahezu ganz Afrika südl. der Sahara bewohnt; die anderen 4 (U.-Gatt. *Viverra*) leben in S- und SO-Asien. Die Nahrung der Z. besteht hpts. aus Kleintieren, daneben auch Früchten. ↗Zibet.

Zibeton *s* [v. *zibet-], 9-Cycloheptadecenon, höhergliedriges Ringketon, das in konzentrierter Form widerwärtig, in großer Verdünnung angenehm moschusartig riecht; wichtigster Duftstoff des ↗Zibets; Verwendung in der Parfümerie. □ Moschus. □ 494.

Zichorie *w* [v. gr. kichórion = Z., Endivie], *Cichorium intybus,* ↗Cichorium.

Zichorienpilz, *Lactarius helvus* Fr., Maggipilz, ↗Milchlinge (T).

Zickzackklee-Säume ↗Trifolio-Geranietea sanguinei.

Zickzacksalamander ↗Waldsalamander.

Zickzackspinner, *Notodonta ziczac,* verbreitete Art der ↗Zahnspinner, Spannweite bis 50 mm, Flügel basal ockergelb, zur Spitze hin graubraun gefärbt, Hinterflügel weißl. grau; fliegt in 2 Generationen in Laubwäldern. Name v. der eigenartig zickzackförm. Ruhestellung der braunen Raupe; sie hat auf dem gewölbten Rücken einen spitzen Höcker u. trägt das kantig zugespitzte Hinterleibsende aufgerichtet; an Weiden, Pappeln, Birken od. Eichen.

Ziege, Sichling, *Pelecus cultratus,* meist um 30 cm langer Weißfisch mit messerförm. Körper, oberständ. Maul und wellenförm. Seitenlinie; lebt im Süß- u. Brackwasser im Gebiet der balt. Staaten sowie des Schwarzen und Kasp. Meeres; wird wirtschaftl. genutzt.

Ziegelbarsche, *Branchiostegidae,* kleine Fam. der ↗Barschfische; mit seitl. stark abgeflachtem Körper und einheitl., vielstrahl. Rückenflosse. Hierzu der bis 60 cm lange Japanische Z. *(Branchiostegus japonicus),* ein wicht. Wirtschaftsfisch.

Ziegen, *Capra,* Gatt. der ↗Böcke, paarhufige ↗Hornträger mit kräftigem Körper auf starken Beinen; Kopfrumpflänge 115 bis 170 cm, Körperhöhe 65–105 cm; ♂♂ mit großen, säbelförmig gebogenen, ♀♀ mit kleineren, fast geraden Hörnern; Haarkleid kurz; ♂♂ mit Kinnbart u. Duftdrüsen an der Schwanzunterseite. Die rezenten Wild-Z. sind (ebenso wie die ↗Schafe) Gebirgs- od. Hochgebirgsbewohner mit insel-

1

2

Ziegen

1 Alpenziege mit Jungen, **2** Saanenziege (hornlos)

Ziegen

Wildziegen-Arten:
↗Steinbock
(Capra ibex)
Pyrenäensteinbock
(C. pyrenaica)
↗Schraubenziege
(C. falconeri)
↗Bezoarziege
(C. aegagrus)

Einige *Hausziegen-Rassen:*

Weiße Dt. Edelziege
Bunte Dt. Edelziege
Gemsfarbene Alpenziege (Alpenländer)
Saanenziege (Schweiz)
Hängeohrziege (Afrika)
Zwergziege (Afrika)
Kaschmirziege (Vorder- und S-Asien)
Angoraziege (Vorder- und S-Asien)

Ziegenartige

Gattungsgruppen:
↗Waldziegenantilopen
(Nemorhaedini;
↗Goral)
↗Rindergemsen
(Budorcatini)
Gemsenartige
(Rupicaprini;
↗Gemse)
↗Böcke *(Caprini)*
↗Schafochsen
(Ovibovini;
↗Moschusochse)

art. Verbreitung in Eurasien u. N-Afrika. Haltenorth unterscheidet 4 Arten (vgl. Tab.). – Stammform der Haus-Z. (Geißen; *C. aegagrus hircus*) ist die hpts. in Vorderasien beheimatete ↗Bezoarziege (□), v. der ein bedrohter Restbestand auf griech. Inseln lebt (Kreta-Wildziege). Z. wurden schon im 7. Jt. v. Chr. (vor dem Rind!) in den Hausstand überführt (↗Haustiere, ↗Haustierwerdung), vorwiegend zur Nutzung der Milch („Kuh des kleinen Mannes"); daneben werden Fleisch u. Haut (zur Ledergewinnung) geschätzt; von Angora-Z. stammt das sog. Kamelhaar. Z. sind in der Lage, auch spärl. vorhandene od. geländemäßig schwer zugängl. Nahrung noch abzuweiden (Gebirgstier!). Gestalt u. Färbung der Haus-Z. sind vielfältig. Verwilderte Haus-Z. kommen auf den Brit. Inseln u. einigen Mittelmeerinseln vor. – Nicht zu den Z., sondern zu den Gemsenverwandten *(Rupicaprini)* gehört die weiße Schneeziege *(Oreamnos americanus);* sie lebt als gewandter Felskletterer in den Gebirgen von N-Amerika, v.a. den kanad. Rocky Mountains. B Nordamerika II.

Ziegenartige, *Ziegenverwandte,* 1) i.w.S. die *Caprinae,* U.-Fam. der ↗Hornträger mit 5 Gatt.-Gruppen (vgl. Tab.), deren verwandtschaftl. Beziehungen zueinander noch unklar sind; hierzu gehören z.B. ↗Schafe u. ↗Ziegen, die ↗Gemse u. der ↗Moschusochse. Z. gibt es wildlebend in S-Europa, N-Afrika, S-Asien, N-Amerika u. Grönland. – 2) i.e.S. nur die *Caprini* od. ↗Böcke.

Ziegenbärte, „Korallen", *Ramaria,* Gatt. der ↗Nichtblätterpilze (Fam. *Ramariaceae*); weltweit etwa 100, in Europa ca. 40 Arten, deren Fruchtkörper aufrecht verzweigt ist; die Äste sind hell, oft lebhaft, auch dunkel gefärbt u. nicht abgeflacht. Das Sporenpulver ist gelbl. bis bräunl.; die ellipsoiden Sporen besitzen eine rauhe, feinwarzige bis stachelige Oberfläche. Z. wachsen auf Erdboden u. Humus, seltener auf Holz. T 496, □ 496.

Ziegenfisch, Gold-Z., *Mulloidichthys auriflamma,* ↗Meerbarben.

Ziegenfußporling, *Albatrellus pes caprae* Ponz, ↗Fleischporlinge (T).

Ziegengazellen, *Kurzschwanzgazellen, Procapra,* Gatt. mittelgroßer Gazellen (Kopfrumpflänge 95–148 cm) der innerasiat. Hochgebirge; hierzu die sandfarbene Mongoleigazelle *(P. gutturosa)* u. die braune Tibetgazelle *(P. picticaudata).*

Ziegenlippe, *Xerocomus subtomentosus* Quél, ↗Filzröhrlinge (T).

Ziegenmelker, *Caprimulgidae, Nachtschwalben,* nächtl. lebende Fam. der ↗Schwalmvögel mit 69 fast weltweit verbreiteten Arten; fehlen nur in S-Amerika, auf Neuseeland u. verschiedenen anderen Inseln. Machen in der Dämmerung u. bei Dunkelheit Flugjagd auf Schmetterlinge, Käfer u.a. fliegende Insekten; sind hieran

Bei Z vermißte Stichwörter suche man auch unter C und K.

Ziehl-Neelsen-Färbung

Ziegenbart
(Ramaria formosa)

Ziegenbärte

Wichtige Arten:
Dreifarbener Z.
(Ramaria formosa Quél.)
Fruchtkörper zitronen-schwefelgelb oder rötl., meist in Laubwäldern; giftig

Rötlicher Z. (Koralle, Hahnenkamm
(R. botrytis Rick.)
Fruchtkörper blumenkohlähnl.
(7–15 cm hoch, 6–20 cm dick), in Laubwäldern; jung eßbar

Bauchwehkoralle, Bauchweh-Z.
(R. pallida Rick. = *R. mairei* Donk.)
Fruchtkörper weißl., Äste jung mit lila Schimmer, in Laub- u. Mischwäldern; giftig

Goldgelber Z.
(R. aurea Quél.)
Fruchtkörper goldgelb-ockerfarben, meist Nadelwald; jung eßbar

Ziehl-Neelsen-Färbung

Auf Objektträgern fixierte Ausstriche v. Bakterien werden mit Carbolfuchsinlösung (rot) überschichtet u. über der Bunsenbrennerflamme u. unten mehrmals erhitzt (bis zur Dampfbildung), dann abgespült u. mit einem Salzsäure-Alkohol-Gemisch (3 ml 25%-HCl + 100ml 96%-Alkohol) für 3–5 min behandelt (differenziert). Säurefeste Bakterien geben bei dieser Säurebehandlung nicht ab; nicht-säurefeste werden entfärbt u. können zum besseren Erkennen mit Methylenblau gegengefärbt werden.

optimal angepaßt durch lange, spitze Flügel, langen Schwanz, große Augen u. eine tief eingeschnittene Mundspalte im breiten Kopf, die zu einem weiten Rachen geöffnet wird u. als Insektenkescher wirkt. Die Z. sind v. allen Schwalmvögeln am meisten an den Boden gebunden; sie sitzen tagsüber dort od. auf einem waagrechten Ast unbewegl. und sind infolge ihres braunen, rinden- od. laubartig gemusterten Gefieders kaum zu entdecken. Die Arten Europas, N-Amerikas u. Asiens sind Zugvögel. Der 27 cm große, nach der ↗Roten Liste „stark gefährdete" Europäische Z. (*Caprimulgus europaeus*, B Europa XV) ist in Dtl. von April bis Okt. im Brutgebiet anzutreffen u. besiedelt Heide- u. Waldflächen mit trockenem Boden, v. a. Kiefernwälder mit Sandböden. Z. legen auf den blanken Boden 1–2 graue, braungefleckte Eier, die knapp 3 Wochen lang v. beiden Partnern bebrütet werden; die Jungen bleiben 2–3 Wochen am Nistplatz. Bei Schlechtwettereinbrüchen ist – ähnl. wie bei ↗Seglern – Herabsetzung des Stoffwechsels durch Lethargie u. Kältestarre mögl. Die Stimme während der Brutzeit ist ein anhaltendes, v. einer Singwarte aus od. im Flug vorgetragenes Schnurren; außereur. Arten rufen auch eulenartig; eine weitere Lautäußerung ist Flügelklatschen.

Ziehl-Neelsen-Färbung [ben. nach F. Ziehl (dt. Neurologe), 1857–1926, F. K. A. Neelsen (dt. Pathologe), 1854–94], Färbeverfahren zur Unterscheidung v. „säurefesten" u. „nicht-säurefesten" Bakterien (vgl. Spaltentext). Säurefeste Bakterien bleiben nach Färbung u. Säurebehandlung rot gefärbt (von P. ↗Ehrlich 1882 bei Tuberkelbakterien *[Mycobacterium tuberculosis]* beobachtet). Nicht-säurefeste Bakterien werden entfärbt. Die Säurefestigkeit beruht auf einem hohen Gehalt der Zellwände an wachsartigen, stark hydrophoben Substanzen (langkettige Mycolsäuren); Vorkommen z. B. bei den Arten der Gatt. *Mycobacterium* (↗Mykobakterien) u. *Nocardia* (↗Nocardien). Die Z. ist bei Bakterien ein wichtiges taxonom. Merkmal.

Zieralgen, die ↗Desmidiaceae.

Zierläuse, Callaphididae, Drepanosiphonidae, Fam. der ↗Blattläuse mit unterschiedlich stark ausgebildeten Rückenröhren; manche Arten mit starker Wachsausscheidung u. gutem Sprungvermögen. Die oft gelb gefärbten Z. haben keinen Wirtswechsel; sie saugen mehr od. weniger wirtsspezifisch an Laubbäumen, Schmetterlingsblütlern od. Gräsern. An der Unterseite v. Buchenblättern mit Wachswolle umhüllt, saugt die Wollige Buchenlaus (Buchenzierlaus, Buchenblatt-Baumlaus, *Phyllaphis fagi*). Die gelbl. gefärbte, mit dunkler Querzeichnung versehene Gestreifte Walnußzierlaus *(Callaphis juglandis)* saugt auf der Blattoberseite v. Walnußbäumen. Die gelbe, dunkel längsgestreifte Lindenzierlaus *(Eucallipterus tiliae)* ruft bei Massenbefall an der Linde starke Honigtaubildung hervor.

Ziermotten, Scythrididae, Scythridae, Schmetterlingsfam. mit weltweit etwa 300 Arten, v. a. in N-Amerika u. in S-Europa verbreitet; Falter klein, Spannweite um 12 mm, Flügel lanzettlich, meist düster gefärbt, oft mit gelber Querstreifung; Falter fliegen meist am Tage, Raupen oft gesellig in lockeren Gespinsten, v. a. an Korbblütlern u. Schmetterlingsblütlern.

Zierpflanzen, ↗Kulturpflanzen, die wegen ihres Schmuckwerts gehalten werden. Viele Z. stammen urspr. aus den Tropen od. Subtropen.

Zierschildkröten, *Chrysemys*, Gatt. der ↗Sumpfschildkröten mit nur 1 Art (*C. picta*; Panzerlänge bis 20 cm), jedoch mehreren U.-Arten; bewohnt oft in größerer Zahl kleinere Seen von S-Kanada bis zu den USA; meist schön gefärbt (Gliedmaßen, Kopf u. Hals oft mit roten Binden bzw. deutl. abgesetzten gelben Streifen); Winterstarre endet kurz nach der Eisschmelze, bereits bei einer Wasser-Temp. von 8 °C munter; beliebtes Vivarientier.

Ziesel m [v. slaw. sysel über mhd. zisel], *Citellus*, zu den ↗Erdhörnchen gehörende Nagetier-Gatt. mit etwa 25 Arten (T 497); in Eurasien: von O-Europa bis zur Mongolei, in N-Amerika: von Kanada bis N-Mexiko; Kopfrumpflänge 11,5–38 cm; meist gesellig lebende Steppentiere, die sich hpts. von pflanzl. Kost ernähren, sie in Backentaschen in den Erdbau eintragen. Manche Z. halten Winterschlaf, der Kalifornische Z. *(C. beecheyi)* und der Zwerg-Z. *(C. pygmaeus)* auch einen Trockenschlaf. In Europa sind am weitesten nach W vorgedrungen der sandfarbene Europäische Z. oder Schlicht-Z., *C. citellus* (nach W bis Polen, ČSSR, Burgenland), u. der Perl-Z., *C. suslicus* (Steppen S- und Mittelrußlands nach W bis SO-Polen und NO-Rumänien). ☐ 497, B Europa XIX.

Ziest m [sorb.], *Stachys*, formenreiche, schwer zu gliedernde Gatt. der ↗Lippenblütler mit rund 300, fast weltweit verbreiteten, u. a. bes. im Mittelmeergebiet u. Vorderasien stark vertretenen Arten. Kahle bis zottig behaarte Kräuter od. Stauden, seltener (Halb-)Sträucher, mit einfachen, am Rande häufig gekerbten od. gesägten Blättern u. kleinen, in meist dichten, blattachselständ. Scheinquirlen stehenden Blüten. Diese weiß, gelb, rosa, purpurn od. scharlachrot gefärbt mit 2lippiger Krone, deren 3lappige Unterlippe einen vergrößerten, oft 2spaltigen Mittellappen aufweist. Häufigste der etwa 10 in Mitteleuropa vertretenen Arten sind: der rötl.-bräunl. blühende Sumpf-Z., *S. palustris* (in Staudenfluren an Ufern u. Gräben, in Naßwiesen), der dunkelrot blühende Wald-Z., *S. silvatica* (in Auen- od. feuchten Laubmischwäldern), sowie der gelbl.-weiß blühende

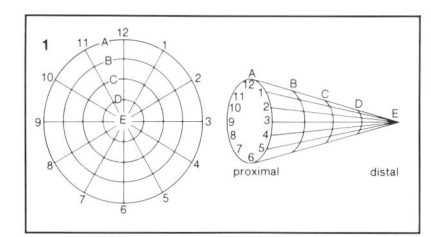

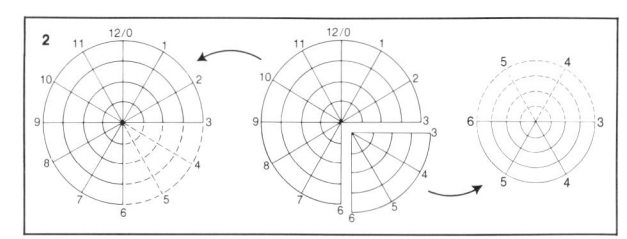

Aufrechte Z., *S. recta* (im Saum sonniger Büsche, in lichten, warmen Wäldern u. in Kalkmagerrasen). Der rosa-purpurn blühende Gemeine oder Heil-Z., *S. officinalis* (in Moor- u. mageren Bergwiesen), wurde fr. wegen seines hohen Gerbstoffgehalts als Heilpflanze benutzt. Zu den als Zierpflanzen genutzten Z.-Arten gehört der aus SO-Europa u. dem Kaukasus stammende, dicht weißseidig behaarte Woll-Z. oder das Eselsohr, *S. lanata* (B Asien II). *S. sieboldii*, der in Mittel- und N-China sowie Japan heim. Knollen-Z. (Japanknolle, Jap. Kartoffel), treibt, wie der ihm nahe verwandte Sumpf-Z., unterirdische, an ihrer Spitze knollig verdickte Ausläufer. Die Knollen enthalten u. a. nahezu 20% des Tetrasaccharids ↗Stachyose u. sind eßbar (Gemüse).

Zifferblattmodell, *Polarkoordinatenmodell,* Urform einer Gruppe hypothet. Vorstellungen zum einheitl. Verständnis sehr unterschiedl. ↗Musterbildungs-Vorgänge v. a. bei der ↗Regeneration. Das Z. geht aus vom Postulat, daß jede Zelle einen Positionswert (↗Positionsinformation) besitzt, der ihre weitere ↗Differenzierung ortsgemäß steuert. Er ist bestimmt durch die Lage der Zelle auf den Koordinaten A–E und 1–12 eines Polarkoordinatensystems (Abb. 1). Der Name Z. bezieht sich auf die „Zirkularkoordinate" (entspr. dem Polarwinkel), die (im Ggs. zum Zifferblatt, eine im Einklang mit dem kontinuierl. Lauf des Zeigers) keinen Sprung zwischen 12 bzw. 0 und 1 kennt. Eine Teilregel des Modells schreibt vor, daß benachbarte Zellen mit stark unterschiedl. Positionswerten die fehlenden Werte zwischen sich einschieben (meist wohl durch ↗Mitosen; ↗Regeneration). Eine weitere Teilregel verlangt, daß die Interkalation auf dem „kürzesten Weg" geschieht: Zellen der Positionswerte 3 und 6 werden also die Werte 4 und 5 interkalieren, nicht aber 7...12/0...2, selbst wenn diese Werte fehlen. Dies erklärt den Befund, daß von 2 ungleichen Teilstücken eines regenerierenden Systems (z. B. einer ↗Imaginalscheibe) das größere die fehlenden Teile ersetzt, das kleinere aber die in ihm vorhandenen Teile verdoppelt (Abb. 2). Das Z. führt zum Verständnis altbekannter Paradoxa der Regeneration, z. B. der Entstehung von 2 zusätzlichen Bein-Enden, wenn man ein Bein-Ende (bzw. seine Anlage) v. einer Körperseite auf einen entspr. Bein-stumpf der anderen verpflanzt (beobachtet bei Insekten u. Amphibien). Für mehr als 2 Raumachsen läßt sich das Z. als ↗Kontinuitätsprinzip verallgemeinern; die Einführung v. ↗Kompartiment-Grenzen als ↗Organisator-Regionen gestattet die Anwendung des Modells auch auf die primäre Entstehung von räuml. Mustern. Die wesentl. Bedeutung des Z.s liegt in der Erkenntnis, daß ganz allg. Zellen v. Metazoen in ortsabhängiger Weise „nicht-äquivalent" sind u. daß dies eine Voraussetzung für die ↗Musterkontrolle ist, ohne die die Ordnung des Organismus zerfällt.

Zigarrenwickler, *Byctiscus betulae,* Art der ↗Blattroller.

Zigeuner, *Rozites caperata,* ↗Rozites.

Zikaden [Mz.; v. lat. cicada = Zikade], *Zirpen, Auchenor(r)hyncha, Cicadina,* Ord. der ↗Insekten (↗Pflanzensauger). Die ca. 30 000 Arten in 40 Fam. ([T] 498) sind meist in den Tropen u. Subtropen verbreitet, in Mitteleuropa etwa 500 Arten. Die Z. sind 2 mm bis 7 cm groß (die meisten Arten unter 10 mm). Sie sind meist unscheinbar gefärbt, aber auch bunte Arten, wie z. B. bei uns in der Fam. ↗Schaum-Z., kommen vor. Der meist kugelige, bei den ↗Laternenträgern mit Anhängen versehene Kopf setzt fast unbewegl. an der Brust an. Mit dem 3gliedrigen, an der Kopfunterseite ansetzenden Rüssel werden ausschl. Pflanzensäfte aufgenommen. Die Fühler sind kurz u. borstenförmig. Der 3gliedrige Brustabschnitt trägt 3 Paar Beine; die Hinterbeine sind bei vielen Arten als Sprungbeine ausgebildet. Bes. bei den Larven mancher Z. sind bestimmte Beinabschnitte zum Graben umgebildet (Grabbeine). Die 2 Paar Flügel werden in der Ruhe dachförmig über dem Hinterleib übereinandergelegt, wobei die dünnhäutigeren Hinterflügel v. den größeren Vorderflügeln überdeckt werden. Während des i. d. R. geschickten Fluges sind Vorder- u. Hinterflügel miteinander verbunden (funktionelle Zweiflügeligkeit). Viele Z. besitzen Zirp- u. Gehörorgane (Trommelorgane, Tympanalorgane; ↗Sing-Z.); der Schall wird durch Eindellen einer Membran (Schallplatte) erzeugt u. dient dem Auffinden der Geschlechter. Die Eier werden mit einem Legebohrer i. d. R. in lebendes od. totes Pflanzengewebe gelegt. Die sich hemimetabol entwickelnden Larven durchlaufen 5 oder 6 Stadien mit unterschiedl. Dauer. Den Groß-Z. (Sing-Z., *Cicadidae*) werden die Klein-Z. (alle ande-

Zifferblattmodell

1 Polarkoordinatensystem zur Charakterisierung des Positionswertes (↗Positionsinformation) der einzelnen Epithelzelle z. B. in einer ↗Imaginalscheibe (links) od. einer Extremität (rechts). **2** Die „Regel vom kürzesten Weg" führt bei kleinen Verlusten zur Regeneration des fehlenden Teils (links), bei großen Verlusten zur Verdopplung des vorhandenen Teils (rechts).

Ziesel

Einige altweltliche Arten:

Eur. Ziesel
(*Citellus citellus*)
Perlziesel
(*C. suslicus*)
Gelbziesel
(*C. fulvus*)
Zwergziesel
(*C. pygmaeus*)
Eversmann-Ziesel
(*C. eversmanni*)

Europäischer Ziesel
(*Citellus citellus*)

Sumpf-Ziest
(*Stachys palustris*)

Bei Z vermißte Stichwörter suche man auch unter C und K.

Zikadenwespen

ren Fam.) gegenübergestellt, hierzu neben den in eigenen Artikeln behandelten Fam. (vgl. Tab.) auch die Käfer-Z. *(Tettigometridae)* mit in Mitteleuropa nur 8 seltenen, ca. 4 mm großen Arten sowie die *Issidae* mit im vorderen Teil verbreiterten Vorderflügeln; bei uns kommt die käferartige, ca. 7 mm große Art *Issus coleoptratus* vor. B Insekten I.

Zikadenwespen, *Dryinidae,* Fam. der ↗Hautflügler mit ca. 400, maximal 8 mm großen, meist trop. Arten. Die Larven leben endo- oder ektoparasitisch in Larven der Zikaden. Die bei vielen Arten flügellosen Weibchen haben das 4. und 5. Fußglied der verlängerten Vorderbeine zu einem pinzettenart. Greiforgan umgebildet, mit dem das Wirtstier zum Anbringen des Eies festgehalten wird.

Zilpzalp *m* [ben. nach dem Ruf], *Phylloscopus collybita,* ↗Laubsänger.

Zimbelkraut [v. gr. kymbalon = Handpauke], *Zymbelkraut, Cymbalaria,* häufig auch dem ↗Leinkraut *(Linaria)* zugerechnete Gatt. der ↗Braunwurzgewächse mit etwa 10 Arten im westl. Europa u. der Mittelmeerregion. Bekannteste Art ist das Mauer-Z., *C. muralis* (= *Linaria cymbalaria),* eine meist ausdauernde Pflanze mit hängendem od. kriechendem Stengel, lang gestielten, handförm., 5–7lappigen Blättern u. ebenfalls lang gestielten, einzeln blattachselständ., hellvioletten Blüten mit kurzem Sporn u. hellgelbem Gaumen. Die aus S-Europa stammende Zierpflanze lebt bei uns verwildert od. auch eingebürgert, v. a. an alten Mauern u. Felsen.

Zimmerlinde, *Sparmannia africana,* ↗Lindengewächse.

Zimmermann, *Walter,* dt. Botaniker, * 9. 5. 1892 Walldürn, † 30. 6. 1980 Tübingen; seit 1930 Prof. in Tübingen u. 1954 Dir. des Inst. für Angewandte Botanik. Arbeiten u. a. zur Phylogenie der Landpflanzen, die zur Begr. der ↗Telomtheorie führten („Die Telom-Theorie"; Stuttgart 1965).

Zimmermannsbock, *Acanthocinus aedilis,* Vertreter der ↗Bockkäfer (T); 12–20 mm lang, mit Fühlern beim Männchen 4–5mal, beim Weibchen etwa 2mal so lang wie die Körpergröße; Färbung: grau bis schwärzl. gescheckt; Eiablage im Frühjahr in Rindenritzen anbrüchiger Kiefern od. Stubben; Larvalentwicklung unter der Rinde. Die extrem langen Fühler werden in Aktion nach vorne getragen u. vom Männchen oft auch als Rammhörner in Kämpfen um Weibchen eingesetzt. B Insekten III. [caria.

Zimmertanne, *Araucaria excelsa,* ↗Arau-
Zimt *m* [v. gr. kinamon (asiat. Herkunft) = Z.], *Z.baum, Cinnamomum,* Gatt. der ↗Lorbeergewächse mit über 250 Arten, bei denen nur der untere Teil der Frucht v. einem Fruchtbecher umschlossen ist. Aus der Rinde des Ceylon-Z.baums *(C. zeylanicum)* u. des Chinesischen Z.baums od. Z.kassie *(C. aromaticum, C. cassia)* wird

Zikade *(Zamara)*

Zikaden
Wichtige Familien:
↗Buckelzirpen *(Membracidae)*
Issidae
Käferzikaden *(Tettigometridae)*
↗Laternenträger *(Fulgoridae)*
↗Schaumzikaden *(Cercopidae)*
↗Singzikaden *(Cicadidae)*
↗Zwergzikaden *(Jassidae)*

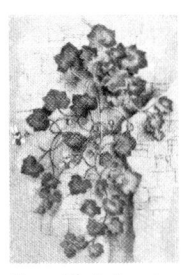

Mauer-Zimbelkraut *(Cymbalaria muralis)*

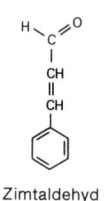

Zimtaldehyd

zingib- [v. Sanskrit śrngavera = Ingwer (eigtl. = hornförmig), über gr. ziggiberis].

das vermutl. älteste Gewürz, der Zimt, hergestellt. Der in Sri Lanka, Indien, auf den Sundainseln u. in Brasilien kultivierte Ceylon-Z.baum wird wie die Z.kassie aus Hinterindien, China u. Japan in Plantagen, ähnl. wie Korbweiden, geschnitten. Von etwa zweijährigen Zweigen werden ca. 1 m lange Rindenstücke abgeschält u. über Nacht in Matten eingeschlagen (fermentiert). Der Chinesische Z. oder China-Z., der v. einer Seite her eingerollt ist, kommt meist so in den Handel. Ein kräftigeres Aroma hat der von 2 Seiten her eingerollte Ceylon-Z. oder Echte Z. Bei ihm werden nach dem Fermentieren die äußerste Rindenschicht entfernt, 8–10 der innersten Rindenschichten ineinandergesteckt u. zunächst im Schatten, dann in der Sonne getrocknet. Aus den ovalen gegenständigen Blättern, den unreifen getrockneten Früchten (Z.blüten) u. den Bruchstücken der Z.rinde destilliert man reines *Z.öl* (für Parfüm- und Genußmittel-Ind.). Das äther. Öl (zu 1–4% im Z.) besteht bis zu 75% aus ↗Z.aldehyd. Im Z.baum sind außerdem ca. 10% ↗Eugenol enthalten. – Aus dem ↗Campherbaum *(C. camphora)* wird ↗Campher gewonnen. B Kulturpflanzen VIII.

Zimtaldehyd *m* [Kw. aus lat. Alcohol dehydrogenatus], *Cinnamaldehyd, Zinnamal, 3-Phenylpropenal,* nach ↗Zimt riechender Inhaltsstoff äther. Öle, z.B. von Ceylon-Zimtöl (65–75%), Kassiaöl (75–90%) u. Lavendelöl; wird als Duftstoff für Seifen, Aromen u. Gewürze verwendet. T Lignin.

Zimtbär, 1) *Phragmatobia fuliginosa,* ↗Bärenspinner. 2) *Ursus americanus cinnamomum,* rötl.-braune U.-Art des nordamerikan. Baribal (↗Schwarzbären).

Zimteule, *Zackeneule, Krebssuppe, Scoliopteryx libatrix,* häufige Art der ↗Eulenfalter; Spannweite bis 50 mm, Vorderflügel dreieckig mit gezacktem Außenrand, auf graubraunem Grund leuchtend-orange; überwintert in Höhlen, Kellern u. dgl. als Falter; saugt gerne an Obstsäften; Raupen grün, an Weiden u. Pappeln.

Zimtkassie *w* [v. gr. kasia = Kasienlorbeer (-Rinde)], *Cinnamomum aromaticum,* ↗Zimt.

Zimtsäure, β-*Phenylacrylsäure,* einfachste aromat. Monocarbonsäure mit ungesättigter Seitenkette; trans-Z. kommt in äther. Ölen, Harzen u. Balsamen vor; bildet sich in Pflanzen aus Phenylalanin durch Abspaltung v. Ammoniak unter der katalyt. Wirkung des Enzyms ↗Phenylalanin-Ammonium-Lyase (499). Z. ist Vorstufe zahlreicher pflanzl. Phenolabkömmlinge (↗Lignin, T,). Verwendung zu Estern für die Parfüm-Ind. [der ↗Barsche.

Zingel *m* [v. lat. cingulum = Gürtel], Gatt.
Zingiber *s* [v. *zingib-], der ↗Ingwer.
Zingiberaceae, die ↗Ingwergewächse.
Zingiberales [Mz.; v. *zingib-], die ↗Blumenrohrartigen.

Zinjanthropus *m* [v. ägypt. zinj = Afrika, gr. anthrōpos = Mensch], nicht mehr gebräuchl. Gatt.-Bez. für den *Australopithecus boisei* aus O-Afrika; basiert auf einem 1959 v. Mary ↗Leakey in der ↗Olduvai-Schlucht (B Paläanthropologie) entdeckten Schädel. Alter: Altpleistozän, ca. 1,8 Mill. Jahre.

Zink, chem. Zeichen Zn, zweiwertiges, zu den ↗Schwermetallen (T) zählendes chem. Element. Mineralstoff, der in Organismen in Form von Zn^{2+}-Ionen in kleinen Mengen erforderl. ist (↗Bioelemente, ↗essentielle Nahrungsbestandteile, ↗Mikronährstoffe) u. daher zu den Spurenelementen gerechnet wird. Der menschl. Organismus enthält 2–4 g vorwiegend intrazelluläres Z. Der tägl. Bedarf des Menschen an Z. beträgt ca. 15 mg. Manche Organe enthalten auffallend viel Z., wie die Netzhaut des Auges (bis zu 0,5%). Z. verbindet sich leicht mit Proteinen (z. B. Insulin) u. hat – gebunden an manche Enzyme (z. B. DNA-Polymerase, Kohlensäureanhydratase, Peptidasen) – funktionelle Bedeutung. Bei Pflanzen führt Z.-Mangel zu Zwergwuchs u. Chlorophylldefekten. Hohe Z.-Konzentrationen wirken toxisch: ab 5 mg/l für Mikroorganismen, ab 60–400 mg/l bei Pflanzen u. ab 150–600 mg/Tag beim Menschen. Z.-Vergiftungen können durch den Genuß saurer Speisen od. Getränke aus verzinkten Gefäßen hervorgerufen werden. T MAK-Wert.

Zinn, chem. Zeichen Sn, zwei- u. vierwertiges, zu den ↗Schwermetallen (T) zählendes chem. Element. Eine essentielle Wirkung von Z. als Mikronährelement ist nur bei der Ratte bekannt, wo Z.-Mangel zu Wachstumsstörungen führt. Toxische Wirkungen zeigen andererseits zinnorgan. Verbindungen, die auch als Fungizide verwendet werden. Bestimmte *Pseudomonas*-Arten können anorgan. durch Biomethylierung in organ. Methyl-Z.-Verbindungen umwandeln, die als Mono- bis Trialkyl-Z. auch in Wasser lösl. sind. Auch aus den Wandungen v. Konservendosen (verzinntes Eisenblech) kann bei der durch mechan. Beschädigungen bedingten Luftzufuhr Z. in Lösung gehen. Eine Anreicherung von Z. als Sn^{4+} findet in Plankton u. Braunalgen sowie durch Huminstoffe des Bodens statt. T MAK-Wert.

Zinnamal *s*, der ↗Zimtaldehyd.

Zinnie *w* [ben. nach dem dt. Botaniker J. G. Zinn, 1727–59], *Zinnia*, Gatt. der ↗Korbblütler (T) mit knapp 20 in Amerika, v.a. in Mexiko heim. Arten. Kräuter od. Halbsträucher mit ganzrandigen, sitzenden Blättern sowie aus röhrenförm. Scheiben- und unterschiedl. gefärbten, zungenförm. Randblüten bestehenden Blütenköpfen. Die aus Mexiko stammende *Z. elegans* (B Nordamerika VIII) ist eine sehr beliebte, in vielerlei Zuchtformen kultivierte Gartenzierpflanze. Sie besitzt vom Frühsommer bis zum Spätherbst erscheinende, 5 bis 12 cm breite Blütenstände, deren Scheibenblüten auch teilweise od. ganz in Zungenblüten umgewandelt sein können.

Zinnkraut, *Equisetum arvense*, ↗Schachtelhalm.

Zipfelfalter, *Theclinae*, U.-Familie der Schmetterlingsfam. ↗Bläulinge, mit geschwänzten Hinterflügeln, oberseits meist unscheinbar braun, beim Eichen-Z. *(Quercusia quercus)* schillernd-blauviolette Vorderflügel; auch das Weibchen des größten heimischen Z.s (Nierenfleck, *Thecla betulae*), Spannweite bis 35 mm, trägt einen orangefarbenen, nierenförm. Fleck auf den Vorderflügeln; Unterseite bunt orange u. grünlich-gelb mit weißen Linien, bei anderen Arten tarnfarbener, mit weißer W-Zeichnung; am deutlichsten beim Ulmen-Z. *(Strymonidia w-album)*; der Brombeer-Z. *(Callophrys rubi)* hat eine leuchtend-grüne Flügelunterseite. Die schwanzartigen Fortsätze sind bei einigen trop. Arten sehr lang u. werden „fühlerartig" bewegt; sie täuschen zus. mit einer „Augenzeichnung" am Innenwinkel der Hinterflügel einen „falschen Kopf" vor, der Räuber auf das falsche Körperende ablenkt. Die Falter besitzen sehr kurze Rüssel, mit denen sie nur Nahrung aus kurzkronigen Blüten, wie Dost od. Zypressenwolfsmilch, aufnehmen können; einige Arten bevorzugen Blattlaushonig. Die Larven der Z. leben fast ausschl. an Gehölzen; die Falter fliegen bei uns in einer Generation.

Zipfelfrösche, *Megophrys*, Gatt. der ↗Krötenfrösche mit 21 Arten in SO-Asien. Der eigtl. Z. ist *M. monticola* mit langen, zu Zipfeln ausgezogenen Augenlidern; bei *M. m. nasuta* bildet auch die Nase einen spitzen Zipfel; den anderen Arten fehlen solche Zipfel. Alle *Megophrys*-Arten sind kräftige, krötenartige Frösche, die kryptisch gefärbt u. nachtaktiv sind. Die ♀♀ von *M. monticola* erreichen 14 cm Länge. Mit ihren Zipfeln ahmen die Z. welkes Laub nach. Die Larven vieler Z. sind ↗Trichtermund-Larven.

Zipfelkäfer, Warzenkäfer, *Malachiidae*, Fam. der polyphagen ↗Käfer (T) aus der Verwandtschaft der *Melyridae/Cleridae*. Kleine bis mittelgroße (1,5–7 mm), weichhäutige, meist lebhaft gefärbte Käfer mit fadenförmigen od. leicht gesägten Fühlern. Bei Gefahr stülpen sie rötl. gefärbte Hautblasen am Prothorax u. Abdomen aus, die vermutl. der Abwehr dienen. Beine lang u. schlank, mit 5, selten auch nur 4 Tarsengliedern. Die Käfer fressen v. a. Graspollen, sind aber oft auch räuberisch. Die langgestreckten Larven mit 2 kräftigen Urogomphi finden sich unter der Rinde, im Holz od. in hohlen Pflanzenstengeln, wo sie Jagd auf andere Insekten machen od. von deren Resten leben. Viele Arten tragen im männl. Geschlecht sog. ↗Excitatoren. Weltweit umfaßt die Fam. ca. 3500, bei uns nur 50

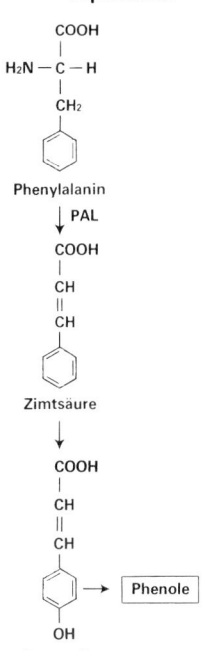

Zipfelkäfer

$$H_2N-\overset{COOH}{\underset{CH_2}{\overset{|}{C}}}-H$$

Phenylalanin
↓ PAL

$$\overset{COOH}{\underset{}{\overset{|}{CH}}}$$
$$\overset{||}{CH}$$

Zimtsäure
↓

$$\overset{COOH}{\underset{}{\overset{|}{CH}}}$$
$$\overset{||}{CH}$$

OH → Phenole

p-Cumarsäure

Zimtsäure

Biosynthese der Z. und der Phenole (PAL = Phenylalanin-Ammonium-Lyase)

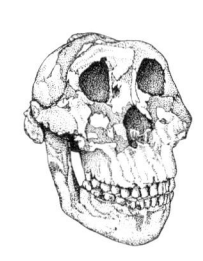

Zinjanthropus

Schädel des *Z. boisei* aus der Olduvaischlucht in O-Afrika (Tansania)

Zinnie *(Zinnia elegans)*

Bei Z vermißte Stichwörter suche man auch unter C und K.

Zipfelkröte

Arten. Zieml. häufig sind in Dtl. v. a. die metallisch grünen od. roten Arten der Gatt. *Malachius;* sie leben v.a. an Gräsern. Die 3–5 mm großen *Anthocomus*-Arten leben als Larve gelegentl. in Wohnungen, wo sie dann im Sommer od. Herbst oft an den Fenstern erscheinen.

Zipfelkröte, *Bufo superciliaris,* große (bis 20 cm) ↗Kröte mit zipfelartig ausgezogenen Augenlidern; in ihrer Heimat (Kamerun) im Bestand stark gefährdet.

Ziphiidae [Mz.; v. gr. xiphios = Schwertfisch], die ↗Schnabelwale.

Zippora w [ben. nach der bibl. Frau des Mose], Gattung der ↗*Rissoidae,* Kleinschnecken mit schmal-eikegelförm. Gehäuse. *Z. membranacea (= Rissostomia m.),* Gehäuse 1 cm hoch, gelbl.-grün, transparent, mit coaxialen Rippen; lebt in Mittelmeer, O-Atlantik u. Nordsee in Seegraswiesen u. ernährt sich v. Kleinalgen.

Zirbeldrüse, die ↗Epiphyse 1); ☐ Hormondrüsen, T Hormone.

Zirfaea w, Gatt. der ↗Bohrmuscheln.

Zirkulation w [Ztw. *zirkulieren;* v. lat. circumlatio = Kreislauf, allg.: Umlauf, Kreislauf, z.B. v. Stoffen in ↗Stoffkreisläufen, des Blutes im ↗Blutkreislauf, v. Luftmassen in der ↗Atmosphäre (↗Klima). Limnologie: durch den Wind hervorgerufene, großräumige, vertikale Umschichtung der Wassermassen eines ↗Sees (☐). Eine Z. kann nur stattfinden, wenn im See keine stabile therm. Schichtung vorliegt (↗Stagnation). ↗Frühjahrs-Z., ↗monomiktisch, ↗dimiktisch, ↗polymiktisch.

Zirmet, *Tordylium,* Gatt. der ↗Doldenblütler. [↗Zikaden.

Zirpen [Mz.; ben. nach dem Geräusch], die

Zirpkäfer, die ↗Hähnchen.

Zirpkröten, *Bachkröten, Ansonia,* Gatt. der ↗Kröten mit 17 Arten im trop. SO-Asien in Regen- u. Nebelwäldern; ihr Ruf erinnert an das Zirpen v. Insekten. Z. sind auffällig schlanke, lebhafte Kröten, die an Bergbächen u. in Stromschnellen laichen; Larven mit großem Saugmaul.

Zirporgane, die ↗Stridulations-Organe.

Zisterne w [v. lat. cisterna = unterird. Wasserbehälter], *Cisterna,* Erweiterung od. Hohlraum in Organen od. Zellen, z.B. die Hohlräume des ↗Golgi-Apparats, od. des ↗endoplasmatischen Reticulums.

Zisternenpflanzen, Bez. für epiphytische Rosettenpflanzen, deren Blätter an der Blattbasis dicht aneinander schließen u. so Zisternen bilden, in denen sich Regenwasser u. Staub sammeln. Schuppenhaare an den Blattbasen nehmen das Wasser u. die Mineralsalze auf, während die kurzen, drahtigen Wurzeln nur noch Verankerungsfunktion haben. ↗Phytotelmen.

Zitronatzitrone, *Citrus medica,* ↗Citrus.

Zitrone w [v. gr. kitron = Z.], ↗Citrus.

Zitronenfalter, *Gonepteryx rhamni,* bekannter Vertreter der ↗Weißlinge, Spannweite um 65 mm; Männchen leuchtend

Zipfelkäfer (Troglops spec.)

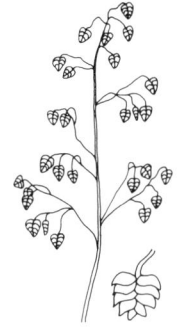

Zittergras
Briza media, Blütenstand u. (rechts) Ährchen

Zitterpilze
Wichtige Arten:
Warziger Drüsling (*Exidia glandulosa* Fr.), geleeartige, mehr od. weniger hirnartige, schwarze Fruchtkörper (= Hexenbutter) an Ästen u. Zweigen v. Laubhölzern

Goldgelber Zitterpilz (*Tremella mesenterica* Retz), gallertartig, gelappt od. hirnartig, gelbl. Fruchtkörper; auf abgestorbenen Ästen u. Stämmen v. Laubhölzern

Gallert-Zitterzahn, Eispilz (*Pseudohydnum gelatinosum* Karst. = *Tremellodon gelatinosum* Scop.), halbkreisförm., fast seitlich gestielter, gallertart. Fruchtkörper mit gallertart. Stacheln an der Unterseite; an alten Stubben v. Nadelholz, bes. Kiefern

Roter Gallerttrichter(ling) (*Tremiscus helvelloides* Donk. = *Guepinia helvelloides* Fr.), rötl., gelatinöser, spatel- bis ohrod. eingeschnitten trichterförm. Fruchtkörper; basal knorpeliger Stiel; auf Erdboden u. morschem Holz, als Salatpilz gesammelt

zitronengelb, Weibchen blaß grünlichweiß; weit verbreitet u. häufig in Gärten, an Waldrändern u. Waldwegen. Falter schlüpfen im Juli u. überwintern bis zum Frühjahr, wo sie bei sonnigem Wetter als Frühlingsboten auf Partnersuchflügen angetroffen werden können; langlebigster Falter bei uns, eifriger Blütenbesucher, der mit seinem 17 mm langen Rüssel auch tiefkronige Blüten, wie Schlüsselblumen, besuchen kann. Grüne Raupen, an Faulbaum u. Kreuzdorn; Verpuppung als schrägabstehende Gürtelpuppe an Zweigen. B Insekten IV. [der ↗Blauhaie.

Zitronenhai, *Negaprion brevirostris,* Art

Zitronensäure, die ↗Citronensäure.

Zittel, *Karl Alfred* von, dt. Paläontologe u. Geologe, * 25. 9. 1839 Bahlingen, † 5. 1. 1904 München; seit 1863 Prof. in Karlsruhe, 1866 München; mit seinen Arbeiten (u. a. über fossile Schwämme) Begr. der Paläontologie als selbständiger Wissenschaft.

Zitteraale, die ↗Messeraale.

Zittergras, *Briza,* Gatt. der Süßgräser (U.-Fam. ↗*Pooideae*) mit ca. 30 Arten in Europa (hpts. mediterran) bis Zentralasien, in S- und Mittelamerika. Ausdauernde Rispengräser mit rundl. herzförmigen Ährchen, an dünnen Stielen hängend, u. kurzen Blatthäutchen. In Dtl. nur *B. media* in mageren Wiesen, v.a. im ↗Mesobromion. Die mediterrane Art *B. maxima* mit größeren Ährchen dient als Ziergras.

Zitterpilze, *Tremellales,* Ord. der ↗Ständerpilze; die Arten bilden gelb-bräunl. oder schwarze Fruchtkörper verschiedener Form – von polsterförm., gehirnartig gewundenen bis zu gestielten, trichterförm. und selbst hutart. Gebilden. Feucht quellen die Wände der Hyphen (mit Schnallen) stark auf, so daß die Fruchtkörper gallertig werden u. sich vergrößern; bei Erschütterungen wackeln sie wie ein Gelatinepudding (Name!); sie besitzen kein der Festigkeit dienendes Stroma. Bei Trockenheit schrumpfen die Fruchtkörper wieder zu kleinen, unscheinbaren Krusten zusammen. Charakterist. sind die durch 2 sich kreuzende Längswände unterteilten Basidien (☐ Phragmobasidie, *Tremella*-Typ); sie liegen in der oberen Schicht des Fruchtkörpers eingebettet. Ungeschlechtl. vermehren sich Z. durch Konidien (Oidien, zweikernig). Der Entwicklungszyklus ist haplo-dikaryotisch, wobei die Haplophase auf die Teilungsstadien der Basidiosporen beschränkt bleibt; durch Somatogamie entstehen die dikaryotischen Hyphen. Z. leben meist saprophytisch (↗Weißfäule-Erreger) auf Rinde u. Holz abgestorbener Äste u. Baumstubben, auch auf Erde; häufig in unseren Wäldern zu finden (vgl. Tab.). In Europa ca. 100 Arten, die in etwa 20 Gatt. eingeordnet werden. Es werden meist 2 Fam. unterschieden, die *Tremellaceae* (mit einzeln stehenden Basidien) u.

die *Sirobasidiaceae* (mit nur 1 Art, deren Basidien zu 4–12 kettenartig hintereinanderstehen). – Die gallertartigen Ständerpilze mit Phragmobasidien, ↗ *Auriculariales* u. die Z., werden v. einigen Autoren in der Gruppe der *Gallertpilze* zusammengefaßt. In anderen Systemen werden alle fruchtkörperbildenden Heterobasidiomyceten (↗ *Heterobasidiomycetidae)* als Gallertpilze (i. w. S.) bezeichnet.

Zitterrochen, *Elektrische Rochen, Torpedinoidei,* U.-Ord. der ↗ Rochen mit 3 Fam. und ca. 40 Arten; haben einen stark abgeplatteten, meist rundl. Körper u. im Basisteil der Brustflossen starke ↗ elektrische Organe (bis 200 V Spannung), einen kräft. Schwanz, kleine spitze Zähne, meist nackte Haut u. kleine od. sogar reduzierte Augen. Leben meist träge am Boden der Küstenbereiche aller trop. bis gemäßigten Meere; manche besiedeln Tiefen bis ca. 1000 m; sind ovovivipar. Artenreichste Fam. sind die Echten Z. *(Torpedinidae)* mit dem bis 60 cm langen Marmor-Z. *(Torpedo marmorata,* B Fische VII), der im östl. Atlantik vor S-England bis S-Afrika auf Sandböden meist in Tiefen zw. 5 und 20 m lebt, u. der ebenfalls ostatlant. und mittelmeer., bis 60 cm lange Gefleckte Z. *(T. torpedo),* der auf dem bräunl. Rücken 5 auffällige Augenflecke hat; er geht bis ca. 50 m tief. ↗ elektrische Fische, B elektr. Organe.

Zitterrochen *(Torpedo torpedo)*

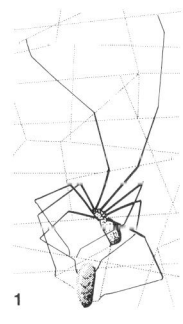

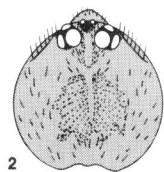

Zitterspinnen, *Pholcidae,* Fam. der ↗ Webspinnen mit ca. 240 Arten, deren Verbreitungsschwerpunkt in den Tropen u. Subtropen liegt. Durch ihre Langbeinigkeit ähneln sie ↗ Weberknechten, unterscheiden sich v. diesen jedoch durch die Taille zw. Pro- u. Opisthosoma leicht zu unterscheiden. Der Körper ist längl.-walzenförmig, die Augen weisen eine charakterist. Stellung auf (vgl. Abb.). Z. sind Netzbewohner, deren Netze aus einem lockeren Gewirr v. Fäden (Pholcus) bestehen oder zusätzl. eine Netzdecke besitzen. Manche Fäden sind mit einer Leimschicht überzogen. Bei Beunruhigung wird das Netz in Schwingung versetzt (Name!); dadurch wird die Spinne für einen Feind unsichtbar. Z. wickeln ihre Beute mit den Hinterbeinen in Spinnseide ein u. saugen sie nach dem Giftbiß durch ein einziges Loch aus. – In Dtl. 2 Arten, die meist innerhalb v. Gebäuden leben: *Pholcus phalangioides,* 10 mm Körperlänge, ausschl. in Gebäuden, v. a. in S-Dtl.; die rosafarbenen Eier werden vom Weibchen mit den Cheliceren getragen u. sind nur v. einer ganz dünnen Lage v. Spinnsekret überdeckt; kann 3 Jahre alt werden. *P. opilionoides,* 5 mm Körperlänge, lebt in Häusern, aber in S-Dtl. auch in Steinbrüchen, an Mauern usw.; Eier grau gefärbt.

Zitterwelse, *Elektrische Welse, Malapteruridae,* Fam. der Welse mit nur 1 Art, dem bis 1,2 m langen Z. *(Malapterurus electricus,* B Fische IX), der in Süßgewässern des trop. Afrika weit verbreitet ist; er hat an den Körperseiten dicht unter der Haut große ↗ elektr. Organe.

Zitterzahn ↗ Zitterpilze (T).

Zitwersamen ↗ Beifuß.

Zitze, *Mamilla, Papilla mammae, Milchdrüsenpapille,* Saugwarze an der ↗ Milchdrüse ( ) der Säuger, beim Menschen *Brustwarze* genannt. – Z.n werden in bestimmten Regionen der ↗ Milchleiste gebildet u. sind haarlose, meist warzenartige Erhebungen (oft fingerlang), in denen sich die Ausführgänge der Milchdrüsen vereinigen u. nach außen münden. Die Anzahl der Z.n(paare) entspr. annähernd der durchschnittl. Wurfgröße. Bei Wiederkäuern sind die etwa fingerlangen Z.n nicht warzenartig u. runzlig, sondern zapfenartig u. glatt; sie werden auch „Strich" gen. ☐ Euter.

Zizania *w* [v. gr. zizanion = Lolch], *Wasserreis,* Gatt. der Süßgräser (U.-Fam. ↗ *Oryzoideae)* mit 3 Arten v. Wassergräsern in N-Amerika und O-Asien. Die nordamerikan. Art *Z. aquatica* bildet an Fluß-, See-, Teichufern u. in Sümpfen ausgedehnte Bestände. Die Rispe gliedert sich in einen oberen zusammengezogenen ♀ Teil mit lang begrannten Ährchen u. einen ausgebreiteten unteren ♂ Teil. Die ♂ Blüten haben 6 Staubblätter. Die Frucht mit ebenso langem Keimling ist ein wicht. Sammelgetreide u. war Hauptnahrungsmittel vieler nordamerikan. Indianerstämme. Heute werden die leicht verdaulichen Körner als Delikatesse geschätzt.

Ziziphus *m* [v. gr. zizyphon = Brustbeere, Jujube], Gatt. der ↗ Kreuzdorngewächse.

Z-Linien, die ↗ Z-Streifen.

Zn, chem. Zeichen für ↗ Zink.

ZNS, Abk. für das ↗ Zentralnervensystem.

Zoantharia [Mz.; v. gr. zōon = Tier, anthos = Blume], die ↗ Krustenanemonen.

Zoarcoidei [Mz.; v. gr. zōarkēs = Leben erhaltend], die ↗ Aalmuttern.

Zobel *m,* 1) *Abramis sapa,* ↗ Brachsen. 2) [v. russ. sobol], *Martes zibellina,* urspr. auch in N-Europa (Rußland, Finnland), jetzt nur noch in Asien (asiat. Sowjet-Republiken, Mandschurei, Korea) verbreiteter ↗ Marder; Kopfrumpflänge 35–50 cm. Der Z. bevorzugt Nadelwald als Lebensraum u. hält sich vorwiegend am Boden auf; seine Beutetiere sind hpts. Kleinsäuger. Aus dem meist dunkelbraun gefärbten, bes. dichten u. weichen Fell werden seit alters die kostbarsten Pelze gefertigt. B Asien I.

Zodiomyces *m* [v. gr. zōdion = Tierchen, mykēs = Pilz], Gatt. der ↗ Laboulbeniales.

Zoea *w* [v. gr. zoē = Leben], Larve der ↗ *Decapoda.* ☐ Brachyura. B Larven I–II.

Zoecium *s* [v. gr. zōon = Tier, oikia = Haus], *Zooëcium, Zoözium, das* ↗ Gehäuse eines Einzeltieres (↗ Zoide) einer Metazoen-Kolonie. Die Bez. wird v. a. für ↗ Moostierchen verwendet, bei deren U.-Kl. *Gymnolaemata* das Cystid-Epithel ein cuticularisiertes, oft durch Kalkeinlagerungen versteiftes Z. abscheidet.

Zitterspinnen

1 Zitterspinne *(Pholcus spec.)* beim Einspinnen einer Beute; **2** charakteristische Augenstellung

Bei Z vermißte Stichwörter suche man auch unter C und K.

Zoide

zoo- [v. gr. zōon, zō-ion = Lebewesen, Tier].

Zoide [Mz.; v. gr. zōoeidēs = tierähnlich], *Zooide,* die einzelnen Tiere einer Metazoen-Kolonie, z. B. bei ↗ *Hydrozoa,* ↗ *Anthozoa,* ↗ *Kamptozoa,* ↗Moostierchen; oft differenziert in ↗Autozoide u. ↗Heterozoide. ↗Zoecium, ↗Personen; ↗Arbeitsteilung.

Zoidiogamie *w* [v. gr. zōidios = Tier-, gamos = Hochzeit], Bez. für die bei urspr. Samenpflanzen (z. B. *Cycas, Ginkgo*) noch durch freie Spermatozoide erfolgende Befruchtung im Ggs. zur Pollenschlauchbefruchtung (= ↗Siphonogamie).

zonale Böden [v. lat. zonalis = Zonen-], Bodentypen, die für ihre Boden-, Klima- u. Vegetationszone charakterist. sind, z. B. Podsole für die boreale Nadelwaldzone Eurasiens und N-Amerikas; ↗azonale Böden.

zonale Vegetation [v. lat. zonalis = Zonen-, vegetatio = Belebung], die ↗natürliche Vegetation der normalen, von den typischen Klimafaktoren der betreffenden ↗Vegetationszone bestimmten, nicht von bes. Relief- od. Bodenfaktoren geprägten Standorte eines Gebiets; in Mitteleuropa vorwiegend Buchenwald verschiedener Ausprägung, der allerdings heute weithin v. anthropogenen ↗Ersatzgesellschaften vertreten wird. ↗azonale Vegetation, ↗extrazonale Vegetation.

Zona pellucida *w* [v. gr. zōnē = Gürtel, lat. pellucidus = durchscheinend], *Membrana pellucida, Glashaut,* stark lichtbrechende Hülle um das Säuger-Ei; besteht aus Glykoproteinen, die v. den umgebenden ↗Follikelzellen auf die ↗Oocyte aufgelagert werden; Plasmafortsätze der Follikelzellen bleiben aber mit der Oocyte in Kontakt. Die Z. p. löst sich bei Bildung der ↗Blastocyste auf. ☐ Eizelle, ☐ Oogenese.

Zonaria *w* [v. lat. zonarius = Gürtel-], von manchen Autoren zur Gatt. erhobene U.-Gatt. der ↗Porzellanschnecken.

Zone *w* [v. gr. zōnē = Gürtel], **1)** Stratigraphie: (A. d'Orbigny 1849/52 = „*étage*", A. Oppel 1856/58), kleinste stratigraph. Einheit, die sich paläontolog. definieren u. überregional verfolgen läßt; sie ist das Grundelement der Biostratigraphie. Umfang u. Abgrenzung von Z.n richten sich int. nach unterschiedl. Gesichtspunkten. Über 100 Z.n-Konzepte sind geprägt worden, 2 finden bevorzugte Anwendung: 1. *Faunen-Z. (Gesellschafts-Z., Zöno-Z.,* engl. *assemblage-zone,* bot. = *Flori-Z.);* 2. *Art-Z. (Akro-Z.,* engl. *range-zone).* Während die Faunen-Z. auf einer typ. Faunengesellschaft beruht, aber dennoch nach einer Leitart ben. wird, basiert die Art-Z. auf nur einer Art, deren erstes Erscheinen u. Verschwinden die Grenzen bestimmt; Benennung z. B.: „Z. des *Leioceras opalinum"* (im Dogger α) od. kurz „*opalinum*-Z.". Die Unterstellung v. Zeitgleichheit aller Z.n-Lokalitäten stützt sich jedoch nicht auf Kenntnis, sondern auf Definition. In postkambr. Zeiten ist die Dauer des kleinsten erfaßbaren Zeitraums der Radiogeochronologie z. Z. bedeutend größer als die Dauer einer ↗Bio-Z. (Chron). ↗Sub-Z., ↗Teil-Z., ↗Zöno-Z.; ↗Erdgeschichte, ↗Stratigraphie. **2)** ↗Klima-Zone, ↗Vegetationszonen, ↗ökologische Zone.

Zonite [Mz.] ↗Kinorhyncha.

Zonitidae [Mz.], die ↗Glanzschnecken.

Zonitoides *m* [v. gr. zōnitis = gürtelähnlich], Gatt. der ↗Glanzschnecken mit niedrig-kreiselförm., radialgestreiftem, dünnwand. Gehäuse, perspektivisch genabelt, Mündungsrand einfach; einige, holarktisch verbreitete Arten. In Dtl. lebt die Glänzende Dolchschnecke *(Z. nitidus),* Gehäuse 7 mm ⌀, an sehr feuchten Habitaten; ernährt sich von zerfallenden Pflanzenteilen.

Zonosaurus *m* [v. gr. zōnē = Gürtel, sauros = Eidechse], Gatt. der ↗Schildechsen.

Zönose *w* [gr. koinos = gemeinschaftlich], allg. Bez. für eine Gemeinschaft, z. B. ↗Bio-Z., ↗Chorio-Z., Mero-Z. (↗Merotope), ↗Phyto-Z., ↗Zoo-Z.

Zonoskelett *s* [v. gr. zōnē = Gürtel, skeleton = Mumie], *Zonenskelett,* die in bestimmten Körperzonen der Wirbeltiere angelegten *Extremitätengürtel,* nämlich ↗Becken(gürtel) u. ↗Schulter(gürtel).

Zönozone *w* [v. gr. koinos = gemeinschaftlich, zōnē = Gürtel], vorwiegend in der ↗Palynologie unterschiedene räuml. begrenzte biostratigraph. Einheit (↗Zone).

Zoo, der ↗zoologische Garten.

Zooanthroponosen [Mz.; v. *zoo-, gr. anthrōpos = Mensch, nosos = Krankheit], die ↗Anthropozoonosen; gelegentl. wird jedoch ein Unterschied beider Begriffe danach gemacht, in welcher Richtung die Krankheit bevorzugt übertragen wird (Z. bevorzugt v. Tier auf Mensch, Anthropozoonosen umgekehrt).

Zoobios *m* [v. *zoo-, gr. bios = Leben], Organismen, die es od. in Tieren leben.

Zoobothryon *s* [v. *zoo-, gr. botryon = Träubchen], Gatt. der U.-Ord. *Stolonifera* der ↗Moostierchen. Bei *Z. verticillatum* (= *pellucidum*) sitzen die Zoide zweizeilig auf 2 mm dicken, verzweigten Ästen (oft mit Algen verwechselt); Kolonie kann über 1 m Länge erreichen, im Mittelmeer auf Bojen, Treibgut u. an liegenden Schiffen.

Zoochlorellen [Mz.; v. *zoo-, gr. chlōros = gelbgrün], auf K. Brandt (1881) zurückgehende Sammelbez. für grün erscheinende Endosymbionten in Protozoen u. Metazoen (Algensymbiose, ↗Endosymbiose). Die Z. von *Amoeba viridis, Paramecium bursaria, Chlorhydra viridissima* u. *Dalyellia viridis* haben morpholog. Ähnlichkeit mit freilebenden Grünalgen der Gatt. *Chlorella* (↗ *Oocystaceae*). Die Z. von ↗ *Convoluta roscoffiensis* u. *C. psammophila (Platymonas convolutae)* zählen zu den autotrophen Flagellaten (↗ *Prasinophyceae*). Hingegen sind die Z. der marinen Schnecken ↗ *Elysia viridis* u. *Tridachia* *crispata* nackte Chloroplasten, die aus der Nahrung (siphonale Grünalgen, ↗ *Bryopsidales*) einbehalten u. als sog. „Kleptoplasten" in das Wirtsgewebe eingelagert werden. Die autotrophen Z. liefern Photosyntheseprodukte (z. B. Maltose) an den heterotrophen Wirtsorganismus u. übernehmen v. diesem u. a. Stickstoffverbindungen. Im Ggs. zu den nur marin auftretenden ↗ Zooxanthellen kommen Z. (abgesehen v. den Algen-Chloroplasten) hpts. in Süßwasserorganismen vor. [B] Endosymbiose.

Zoochorie w [v. *zoo-, gr. chōra = Raum], *Tierfrüchtigkeit, „Tierverbreitung"*, Bez. für die Ausbreitung v. Früchten u. Samen durch Tiere. Dabei können die ↗ Diasporen zeitweilig an der Tieroberfläche haften (↗ Epi-Z.), v. Ameisen verbreitet werden, die nur Diasporenanhängsel (↗ Elaiosomen) fressen (↗ *Myrmekochorie*), od. sie werden v. Tieren gefressen, ein nährreicher, schmackhafter Anteil wird verdaut, u. die eigtl. Diaspore wird nach entspr. Verweilzeit im Darmtrakt wieder ausgeschieden (↗ *Endo-Z.*). ↗ Allochorie. ↗ Samenverbreitung.

Zooflagellata [Mz.; v. *zoo-, lat. flagellum = Geißel] ↗ Geißeltierchen.

Zoogameten [Mz.; v. *zoo-, gr. gametēs = Gatte], die ↗ Planogameten.

Zoogamie w [v. *zoo-, gr. gamos = Hochzeit], *Zoophilie, Anthophilie, Tierbestäubung, Tierblütigkeit*, die Übertragung des Pollens einer ↗ Blüte auf die Narbe einer artgleichen anderen Blüte durch Tiere (↗ Bestäubung). Characterist. für tierbesuchte Blüten ist der Besitz v. Lockeinrichtungen (z. B. ↗ Schauapparat, ↗ Blütenduft) u. in den meisten Fällen einer „Belohnung" (↗ Blütennahrung) für die Tiere in Form v. ↗ Pollen u./od. ↗ Nektar. Da viele verschiedene Tiergruppen als Überträger v. Blüten genutzt werden (vgl. Tab.), sind die Anpassungen vielfältig. [B] 505.

zoogen [v. gr. zōogenēs = tierisch], ↗ biogenes Sediment.

Zoogenetes m [v. *zoo-, gr. genetēs = Erzeuger], Gatt. der ↗ Grasschnecken mit eikegelförm. Gehäuse, eng genabelt. Die einzige Art (*Z. harpa*) hat ein 4 mm hohes, coaxial-lamellar geripptes Gehäuse; in Nadelwäldern der nördl. Holarktis.

Zoogeographie w [v. *zoo-, gr. geōgraphia = Erdbeschreibung], die ↗ Tiergeographie.

Zoogloea w [v. *zoo-, gr. gloia = Lehm], 1) Bez. für in gallertigen Schleim eingeschlossene Bakterien bzw. Bakterienkolonien; ↗ Froschlaichgärung. 2) Gatt. der gramnegativen aeroben Stäbchenbakterien (Fam. ↗ *Pseudomonadaceae*); die Zellen sind gerade od. leicht gekrümmte, plumpe Kurz-Stäbchen (1,0–1,3 × 2,1–3,6 μm), sporenlos, durch eine Geißel beweglich; ↗ Poly-β-hydroxybuttersäure-Granula werden als Reservestoff gespei-

zoo- [v. gr. zōon, zōion = Lebewesen, Tier].

Zoogamie
Formen der Zoogamie:

↗ Entomogamie (Insektenbestäubung)
  ↗ Käferblütigkeit (Cantharophilie)
  ↗ Fliegenblütigkeit (Myophilie)
  ↗ Schmetterlingsblütigkeit
  Bienenblütigkeit (Mellitophilie)
↗ Ornithogamie (Vogelbestäubung)
↗ Chiropterogamie (Fledermausbestäubung)

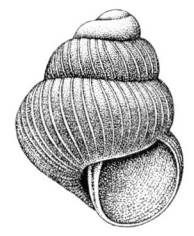

Zoogenetes harpa

chert. Characterist. ist die Bildung v. Flokken u. Filmen in alten Kulturen; die schleimumschlossenen gelatinösen Zellmassen haben dabei ein baumart. oder fingerförm. Aussehen. Die Bakterien oxidieren organ. Substrate (Kohlenhydrate, Säuren, Proteine) im Atmungsstoffwechsel mit molekularem Sauerstoff; anaerob können sie auch mit einer Nitratatmung (Denitrifikation) wachsen; einen Gärungsstoffwechsel besitzen sie nicht. *Z. ramigera*, die einzige eindeutig beschriebene Art, lebt frei in mit organ. Stoffen belastetem Süßwasser u. im Abwasser. Wahrscheinl. ist es das wichtigste Bakterium für die Flockenbildung im Belebungsbecken (↗ Kläranlage).

Zooide [Mz.], die ↗ Zoide.

Zoolithe [Mz.; v. *zoo-, gr. lithos = Stein], zoogene Gesteine, z. B. Kalkstein (↗ Kalk); ↗ zoogen, ↗ biogenes Sediment.

Zoologie w [v. *zoo-, gr. logos = Kunde], *Tierkunde*, Teilgebiet der ↗ Biologie, Wiss. v. Bau, Stammesgeschichte, Verbreitung u. Lebensäußerungen der ↗ Tiere. Entspr. den verschiedenen Fragestellungen u. den unterschiedl. Forschungsmethoden kann man folgende große Teilgebiete (Disziplinen) unterscheiden: ↗ *Morphologie:* untersucht den äußeren u. inneren Bau der Tiere, ihrer Organe (↗ Anatomie), Gewebe (↗ Histologie) u. Zellen (↗ Cytologie); ↗ *Systematik u. ↗ Taxonomie:* beschreibt u. ordnet die Tierarten in Gruppen (Taxa), nach der stammesgeschichtl. Verwandtschaft (↗ Phylogenetik); ↗ *Entwicklungsbiologie:* beschreibt u. vergleicht den Ablauf der Individualentwicklung der Arten (↗ Entwicklungsgeschichte) u. untersucht die dafür ursächl. Faktoren (↗ Entwicklungsphysiologie); ↗ *Physiologie (↗ Tierphysiologie):* untersucht die Funktionen u. Leistungen des Tierkörpers; ↗ *Ökologie:* untersucht die Wechselbeziehungen der Tiere mit ihrer Umwelt u. den Stoffhaushalt (Ökosystemforschung); ↗ *Ethologie (Verhaltensforschung):* untersucht das Verhalten der Tiere; ↗ *Tiergeographie:* untersucht die geogr. Verbreitung der Tiere auf der Erde u. ihre Ursachen; ↗ *Evolutionsbiologie (↗ Abstammungslehre):* untersucht die stammesgeschichtl. Entwicklung der Tiere (↗ Phylogenetik) u. deren Ursachen; ↗ *Paläozoologie:* untersucht die fossilen Tiere der Vorzeit; ↗ *Genetik (Vererbungslehre):* untersucht die materiellen Grundlagen u. Mechanismen der Vererbung. Viele dieser Disziplinen finden sich auch in der ↗ Botanik u. gehören damit zur „Allgemeinen Biologie", andere sind z. T. erst in jüngerer Zeit miteinander in engen Kontakt getreten u. haben zu neuen Disziplinen geführt, so z. B. zur ↗ Ethoökologie, ↗ Populationsgenetik, ↗ Soziobiologie, Funktionsmorphologie (kausalanalyt. Betrachtung biol. Strukturen im Hinblick auf ihre Funktion), Populationsbiologie (↗ Demökologie) u. a.

zoologischer Garten

Eine Einteilung der Z. in bestimmte Fachgebiete kann schließl. nach den systemat. Gruppen vorgenommen werden z. B. in: Entomologie (Insektenkunde), Ornithologie (Vogelkunde), Herpetologie (Amphibien- u. Reptilienkunde), Proto-Z. (Protistenkunde) u. a. – Die *Angewandte Z.* befaßt sich mit den für Menschen nützl. (↗Nutztiere) bzw. schädl. Tieren (↗Schädlinge), mit dem Ziel, ihren Nutzen zu mehren u. ihren Schaden zu mindern (z. B. ↗biol. Schädlingsbekämpfung, ↗Parasitologie). Zur Angewandten Z. gehören daher: ↗Tierzüchtung, ↗Jagd, ↗Fischereibiologie, ↗Teichwirtschaft, ↗Abwasserbiologie, ↗Naturschutz, ↗Landschaftsökologie, ferner alle Bereiche der Z., die der Human- u. Veterinärmedizin dienen. – Die *Geschichte der Z.* beginnt mit den Schriften v. ↗Aristoteles (384–322), der mit seinen Werken bereits Beiträge zum Bau („De partibus animalium"), zur Systematik („Historia animalium"), Bewegungsphysiologie („De animalium motione") und Entwicklungsgeschichte („De generatione animalium") geliefert hat. Eine umfängl. Naturgeschichte von 37 Bänden, von denen 4 der Z. gewidmet waren, schrieb ↗Plinius. Danach gab es bis ins 15. Jh. kaum Fortschritte, da man sich darauf beschränkte, die Kenntnisse aus der Antike zu zitieren, wobei als Ausnahme das großartige Vogelbuch des Hohenstaufenkaisers ↗Friedrich II. (1194–1250) gen. werden muß. Im 16. Jh. haben C. ↗Gesner (1516–65) und U. ↗Aldrovandi (1522–1605), die als „Väter der Z." bezeichnet werden, in mehrbänd. Werken das gesamte Wissen der Zeit über die verschiedenen Tiergruppen zusammengefaßt. Bis in das 19. Jh. wurde Z. vor allem v. Medizinern, Veterinärmedizinern u. Pharmazeuten betrieben u. an den Univ. vertreten. Erst nach der Botanik emanzipierte sich die Z. als selbständiges Lehr- u. Forschungsfach. Die ersten Lehrstühle und z. T. schon Inst. für Z. in Dtl. entstanden 1833 in Leipzig (E. Poeppig), 1853 in München (K. T. v. ↗Siebold), 1865 in Jena (E. ↗Haeckel) und 1867 in Freiburg i. Br. (A. ↗Weismann). Während T. H. ↗Huxley (1850) alle Wiss. über Organismen als Biologie vereinigt lassen wollte und H. ↗Spencer (1863) die Teilung in Z. und Botanik verwarf, setzte sich E. Haeckel (1866) für eine Gliederung der Biologie in Protistologie, Botanik und Z. ein. Auf ihn geht auch die Trennung in *Spezielle Z.* (= Systematik) und *Allgemeine Z.* zurück. Heute sind alle Disziplinen der Biologie in engem Kontakt miteinander. Ch. ↗Darwin hat in der ↗Evolutionstheorie (1859) eine für die gesamte Biologie grundlegende Theorie formuliert, die alle Disziplinen durchdringt u. beschäftigt. B Biologie I–III. G. O.

zoologischer Garten, *Zoo,* öffentl., meist wiss. geleitete und veterinärmed. betreute Einrichtung zur Haltung einheim. und

zoo- [v. gr. zōon, zōion = Lebewesen, Tier].

Gründungsjahre zoologischer Gärten

Wien	1752
London	1829
Dublin	1830
Antwerpen	1843
Berlin	1844
Köln	1856
Frankfurt a. M.	1858
Philadelphia	1858
Dresden	1861
Hannover	1865
Karlsruhe	1865
Basel	1874
Münster	1875
Leipzig	1878
Elberfeld (Wuppertal)	1881

Die bekanntesten zoologischen Gärten (Artenzahlen in Klammern)

Deutschland:
Berlin (West)
  30 ha (über 1000)
(Ost-)Berlin
  130 ha (ca. 880)
Dresden
  12,5 ha (ca. 450)
Duisburg
  15 ha (ca. 690)
Frankfurt a. M.
  11 ha (ca. 650)
Hamburg
  25 ha (ca. 360)
Hannover
  18 ha (ca. 350)
Köln
  20 ha (ca. 550)
Leipzig
  16,3 ha (ca. 560)
München
  36 ha (ca. 600)
Münster
  30 ha (ca. 500)
Nürnberg
  63 ha (ca. 365)
Schweiz
(10–15 ha groß):
Basel
  (ca. 650)
Bern
  (ca. 450)
Zürich
  (ca. 360)
Österreich:
Wien, Schloß Schönbrunn
  (ca. 850)
Salzburg, Schloßpark Hellbrunn
Innsbruck, Alpenzoo

fremdländ. (exotischer) Tiere in Freigehegen, Käfigen od. Gebäuden (z. B. Tierhäusern, Aquarien, Terrarien, Insektarien); oft in großzügig gestaltete gärtner. Anlagen eingefügt. Die heutigen, über 500 z. G. in der ganzen Welt wollen die Besucher zu Beobachtungen anregen (pädagog. Aspekt). Sie erlauben – in den meisten Fällen – einen Blick hinter die Kulissen moderner Wildtierhaltung u. dienen zugleich der wiss. Arbeit (u. a. der Verhaltensforschung, der Ernährungsphysiologie, aber auch verschiedenen Fragen der Parasitologie od. Pathologie; ↗Tiergartenbiologie). Z. G. haben ferner eine große Bedeutung für die Nachzucht v. Tieren u. damit für die Erhaltung bzw. eine evtl. spätere Wiederausbürgerung vom ↗Aussterben bedrohter Arten. – Geschichte: Bereits 2000 v. Chr. gab es am Hofe eines chin. Kaisers einen Tierpark. Als der älteste z. G. Europas gilt der 1752 als Hofmenagerie vom Kaiserpaar Maria Theresia u. Franz I. Stephan im Park Schönbrunn angelegte spätere z. G. Wiens. Der älteste z. G. in Dtl. entstand 1844 in Berlin, in den USA 1858 in Philadelphia. Im Mai 1907 eröffnete Carl Hagenbeck in Stellingen bei Hamburg seine Freisichtgehege (statt Gittern mit Gräben u. hoher Begrenzungswand) für Großtiere eines bestimmten Lebensraums vor einer künstl. Naturkulisse (später z. T. aus Natursteinen). B Biologie III.

Zoomastigina [Mz.; v. *zoo-, gr. mastiges = Geißeln], *Zoomastigophora,* die *Zooflagellata,* ↗Geißeltierchen.

Zoonosen [Mz.; v. *zoo-, gr. nosos = Krankheit], Krankheiten der Tiere, selten od. niemals auf den Menschen übergehend. Ggs.: Anthroponosen.

Zoopagales [Mz.; v. *zoo-, gr. pagē = Schlinge], Ord. der ↗Jochpilze; die Niederen Pilze wachsen auf Erdboden, Mist od. anderen verrottenden Pflanzenresten u. leben parasit. von Tieren (Amöben, Wurzelfüßer, Fadenwürmer) u. Pilzen (meist *Mucorales*). Tierparasiten sind z. B. Arten der Gatt. *Cochlonema* u. *Stylopage* (Fam. *Zoopagaceae*); als Fangapparat dienen Hyphenzweige mit Schleimtropfen; die gefangenen Tiere werden v. den Hyphen durchwuchert, umsponnen u. verdaut. Die sexuelle Fortpflanzung der Pilze erfolgt durch Zygosporen (ähnlich ↗*Mucorales*); zur ungeschlechtl. Vermehrung werden Sporen gebildet, einzeln od. in Ketten. Pilzparasiten sind Arten der Gatt. *Syncephalis* (Fam. *Piptocephalidaceae*); ihr Thallus besteht aus einem unseptierten, im Alter unregelmäßig septierten Hyphenmycel.

Zoophagen [Mz.; v. *zoo-, gr. phagos = Fresser], heterotrophe ↗Konsumenten unter den Tieren, die sich v. anderen Tieren ernähren (Konsumenten 2. Ord., ↗Sekundärkonsumenten).

Zoophilie *w* [v. *zoo-, gr. philia = Freundschaft], die ↗Zoogamie.

ZOOGAMIE

Blüten locken durch Farbe, Duft und Form Insekten als Bestäuber an. Manche Arten können den Bestäuberkreis einengen. Sie locken nur bestimmte Insektenarten an. Je spezifischer das Bestäubungsspektrum einer Art ist, um so geringer wird die Möglichkeit einer Bastardbildung.

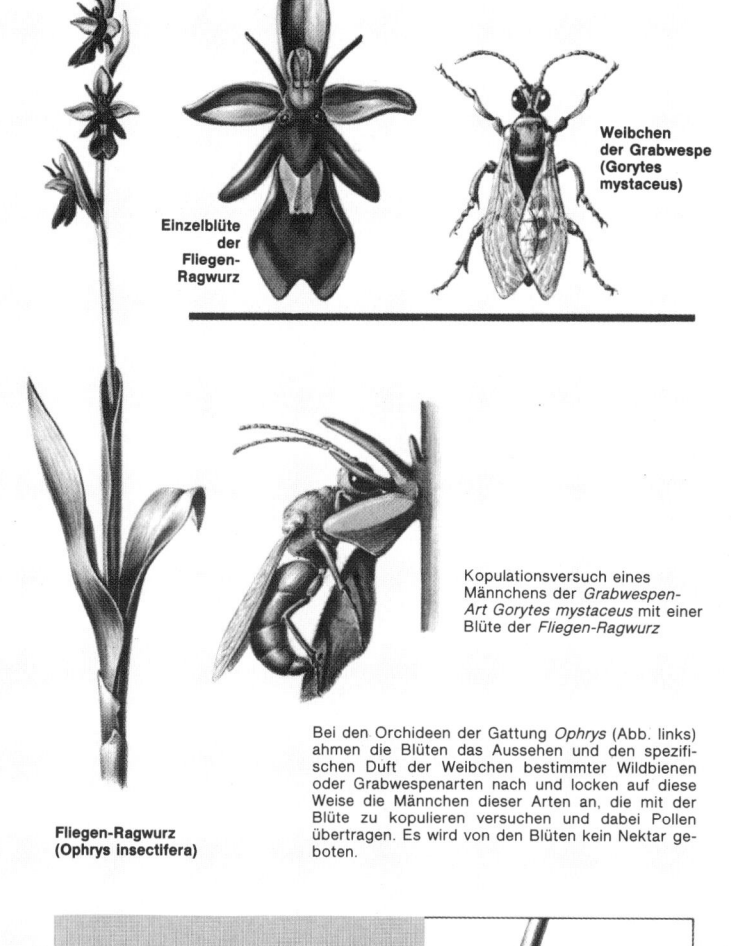

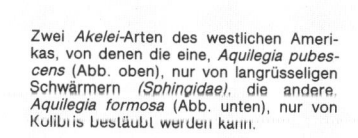

Einzelblüte der Fliegen-Ragwurz

Weibchen der Grabwespe (Gorytes mystaceus)

Kopulationsversuch eines Männchens der Grabwespen-Art *Gorytes mystaceus* mit einer Blüte der *Fliegen-Ragwurz*

Fliegen-Ragwurz (Ophrys insectifera)

Bei den Orchideen der Gattung *Ophrys* (Abb. links) ahmen die Blüten das Aussehen und den spezifischen Duft der Weibchen bestimmter Wildbienen oder Grabwespenarten nach und locken auf diese Weise die Männchen dieser Arten an, die mit der Blüte zu kopulieren versuchen und dabei Pollen übertragen. Es wird von den Blüten kein Nektar geboten.

Aquilegia pubescens

Zwei *Akelei*-Arten des westlichen Amerikas, von denen die eine, *Aquilegia pubescens* (Abb. oben), nur von langrüsseligen Schwärmern *(Sphingidae)*, die andere, *Aquilegia formosa* (Abb. unten), nur von Kolibris bestäubt werden kann.

Zahlreiche Blütenpflanzen bergen den Nektar in einem mehr oder weniger langen Blütensporn, so daß er nur von bestimmten Insekten oder Vögeln mit entsprechend langen Saugapparaten erreicht werden kann (Abb. oben und rechts).

Die auf Madagaskar blühende Orchidee *Angraecum sesquipedale* hat einen 25–30 cm langen Nektarsporn. Nur der Schwärmer *Xanthopan morgani praedicta* hat einen entsprechend langen Rüssel und kommt so als Bestäuber in Frage. 1862 vermutete *Ch. Darwin* in seinem Orchideenbuch, daß es auf Madagaskar ein Insekt mit einem so langen Rüssel geben müsse, um den Nektar aus dem Sporn dieser Blüte zu schöpfen. 1903 wurde dieses Insekt, der oben abgebildete Schwärmer, entdeckt; die Bezeichnung »praedicta« (»vorhergesagt«) erinnert daran.

Nektarsporn von Angraecum sesquipedale

Aquilegia formosa

Zoophycos

Zoophycos *m* [v. *zoo-, gr. phykos = Tang], (Massalongo 1855), ↗Spreiten-Bau v. variabler, vorwiegend wendelförm. (helicoider) od. flacher (planarer) Gestalt, bis 1,45 m ⌀; zahlr. „Arten". Verbreitung: Ordovizium bis Tertiär.

Zooplankton *s* [v. *zoo-, gr. plagktos = umherschweifend], ↗Plankton.

Zoopsis *w* [v. gr. zōon = Tier, opsis = Aussehen], Gatt. der ↗Lepidoziaceae.

Zoosaprophaga [Mz.; v. *zoo-, gr. sapros = faul, phagos = Fresser], die ↗Aasfresser.

Zoosporangium *s* [v. *zoo-, gr. sporos = Same, aggeion = Gefäß], Bez. für die Zellen od. mehrzelligen Behälter v. Algen u. Pilzen, in denen durch Differenzierung od. auch nach mehreren Mitosen die ungeschlechtl. (= vegetativen) Schwärmsporen (= *Zoosporen*, Planosporen) gebildet werden. B asexuelle Fortpflanzung I.

Zoosporen [Mz.; v. *zoo-, gr. sporos = Same], die ↗Planosporen.

Zoothamnium *s* [v. *zoo-, gr. thamnion = kleiner Strauch], Gatt der ↗Peritricha; Wimpertierchen mit mehrere mm großen Kolonien, im Meer u. Süßwasser verbreitet; alle Einzelzellen haben einen gemeinsamen Stielmuskel. Bei Z. liegt eine Differenzierung der Einzelindividuen in Mikrozoide u. viel größere Makrozoide vor; letztere haben ein reduziertes Peristom, u. nur sie können sich ablösen u. eine neue Kolonie gründen.

Zootoxine [Mz.; v. *zoo-, gr. toxikon = (Pfeil-)Gift], die ↗Tiergifte.

Zooxanthellen [Mz.; v. *zoo-, gr. xanthos = gelb], von K. Brandt 1883 geprägte Bez. für gelbbraun erscheinende, nur in marinen Protozoen u. Metazoen symbiontisch lebende einzellige Algen (Algensymbiose, ↗Endosymbiose) verschiedener systemat. Zugehörigkeit. Die in Schwämmen, Hohltieren u. Weichtieren am häufigsten gefundenen Z. sind Dinoflagellaten (↗Pyrrhophyceae), oft *Symbiodinium microadriaticum* (mehrere Arten?). In Foraminiferen u. Radiolarien kommen auch Vertreter der ↗Cryptomonadales (Gatt. *Chrysidiella*) vor. In dem acoelen Strudelwurm *Convoluta convoluta* leben ↗Kieselalgen der Gatt. ↗*Licmophora* als Z. Die systemat. Zuordnung von Z. ist schwierig, da freilebende Algen beim Übergang zu symbiont. Lebensweise „überflüssige" Strukturen (z.B. Schale, Zellwand, Flagellen, Augenfleck) abbauen können. Die photoautotrophen Z. geben Assimilationsprodukte u. Reservestoffe an den Wirtsorganismus ab. Eine bedeutende Rolle spielen die Z. der riffbildenden (hermatypischen) Steinkorallen für die Entstehung der trop. Korallenriffe (↗Endosymbiose, ↗Riff); im Entoderm v. Riffkorallen hat man pro cm^2 1 Million Z. gezählt. Auch am Bau der großen Kalkgehäuse der ↗Großforaminiferen sind Z. (hier: Kieselalgen) beteiligt. ↗Zoochlorellen.

zoo- [v. gr. zōon, zōion = Lebewesen, Tier].

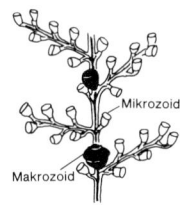

Zoothamnium (Mikrozoid, Makrozoid)

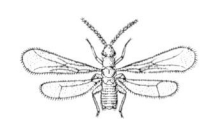

Zoraptera
Zorotypus brasiliensis

Zoozönose *w* [v. *zoo-, gr. koinos = gemeinsam], Gesamtheit der Tiere in einer ↗Biozönose. Ggs.: Phytozönose.

Zope *w*, *Abramis ballerus*, ↗Brachsen.

Zopfplatten, (F. A. Quenstedt 1858), *Zopffährten*, meist unter 10 mm breite, zopfförmige Kriech- od. Grabspuren (↗Lebensspuren) wurmart. Organismen; häufig in bzw. auf Sandsteinplatten des unteren u. mittleren Jura von S-Dtl. Als Spurenfossil unter dem Namen *Gyrochorte* Heer 1865 geführt. Verbreitung zw. Silur u. Tertiär.

Zoraptera [Mz.; v. gr. zōros = kräftig, apteros = flügellos], *Bodenläuse,* Ord. der ↗Insekten mit nur 20 Arten in trop. Gebieten. Der meist farblose, ca. 3 mm lange Körper der Imagines kommt in geflügelten u. ungeflügelten Morphen vor; eine deutl., mit Arbeitsteilung verbundene Kastenbildung fehlt jedoch. Der Kopf trägt 9gliedrige, perlschnurartige Fühler u. beißendkauende Mundwerkzeuge. Die 3 Brustabschnitte tragen je 1 Paar Laufbeine; bei den ungeflügelten Morphen sind die beiden hinteren Brustabschnitte vereinfacht. Der breit an der Brust ansetzende Hinterleib besteht aus 10 gleichförm. Segmenten. Aus den nach der Begattung abgelegten Eiern schlüpfen nach ca. 20 Tagen die augenlosen Larven, die sich hemimetabol zur Imago entwickeln. Die Kolonien der Z. befinden sich im Boden od. unter Rinde; sie leben u.a. von Pilzen u. Milben.

Zorilla *m* [v. span. zorilla = Füchschen], *Bandiltis, Ictonyx striatus,* in Afrika südl. der Sahara in Savannen u. offenen Landschaften vorkommender Iltis (Kopfrumpflänge 30–35 cm; mehrere U.-Arten) mit kontrastreicher schwarzweißer Zeichnung (4 weiße Längsstreifen über Rücken u. Flanken); verteidigt sich ähnl. wie der amerikan. ↗Skunks durch Anspritzen des Gegners mit stinkendem ↗Analdrüsen-Sekret.

Zornnattern, *Coluber,* Gatt. der ↗Nattern; bevorzugen trockenes, stein. Gelände mit od. ohne Buschwerk in Europa, N-Afrika, N- und Mittelamerika sowie Teilen Asiens. Kopf deutl. abgesetzt; meist große Augen mit runder Pupille; Oberkieferzähne nach hinten verlängert, -drüsen bei einigen Arten mit einem auf Beutetiere wirkenden Gift (für den Menschen jedoch ungefährl.); Bauchschilder bilden eine mehr od. weniger deutl. Bauchkante; Schwanz lang. Ernähren sich v.a. von Eidechsen, kleinen Schlangen u. Nagetieren. Eierlegend; oft sehr angriffsfreudig; tagaktiv; gute Kletterer. 5 eur. Arten: Die Balkan-Z. (*C. gemonensis;* ca. 1 m lang, oberseits hellgraubraun mit mehreren Reihen unregelmäßiger, schwarzer Flecken; ♀ legt im Sommer 3–9 Eier, Jungtiere schlüpfen nach 6–8 Wochen) lebt an der ostadriat. Küste, in Griechenland, auf Kreta u. einigen anderen Inseln in der Ägäis. Neben der ↗Eidechsennatter größte eur. Schlange ist die Pfeilnatter (*C. jugularis;* Gesamtlänge bis 2 m; oberseits olivgrau, gelbbraun oder schwärzl. mit helleren u. dunkleren Längsstreifen; SO-Europa, SW-Asien; ♀ legt 6–11 Eier unter Laub u. in Gesteinsspalten). Einen bes. guten Gesichtssinn hat die Gelbgrüne Z. (*C. viridiflavus;* 1,5–2 m lang; dunkelgrau bis schwarz, Vorderkörper mit gelbgrünen Flecken in Quer-, zum Schwanz zu in Längsreihen; S-Europa; ♀ legt 5–15 längl. Eier). Etwa 1,5 m lang wird die Hufeisennatter (*C. hippocrepis;* oberseits olivfarben, gelbl. oder rötl.-braun mit großen rundl. bis rautenförm. dunklen Flecken u. hufeisenförm. Zeichnung am Oberkopf; S, W, O der Iber. Halbinsel, S-Sardinien, Insel Pantelleria südwestl. v. Sizilien, NW-Afrika; ♀ legt 5–10 Eier). Als schlankste eur. Natter gilt die Schlank- od. Steignatter (*C. najadum;* bis 1,3 m lang; Vorderkörper olivbraun bis graugrünl., nach hinten zu rotbräunl. oder sandfarben; verzehrt auch gern Heuschrecken; Balkanländer, SW-Asien, Irak, Iran; ♀ legt 3–6 längl. Eier unter und zw. Steine sowie in Erdgänge). Unter den neuweltl. Z. gilt die 1,2 m lange Peitschenschlange *(C. flagellum)* aus den südl. USA zu den schnellsten Schlangen der Welt; sie kann eine Geschwindigkeit v. etwa 5,5 km/h erreichen. Ähnl. schnell ist die nordam. Schwarznatter (*C. constrictor;* bis 1,5 m lang). B Reptilien II.

Zoropsidae [Mz.; v. gr. zōros = kräftig, opsis = Aussehen], Fam. der ⁊ Webspinnen mit ca. 30 Arten; *Zoropsis rufipes* v. den Kanarischen Inseln ist als ⁊ „Bananenspinne" bekannt; die Art lebt unter Steinen od. Rinde in unregelmäßigen Gespinsten; Fangfäden mit Cribellumwolle belegt. In den nördl. Mittelmeerländern ist *Z. spinimana* verbreitet. Beide Arten sind sehr schnelle Läufer.

Zoster *m* [v. *zoster-*], die Gürtelrose, ⁊ Herpes 2). [grasgewächse.
Zosteraceae [Mz.; v. *zoster-*], die ⁊ See-
Zosteretea [Mz.; v. *zoster-*], *Seegraswiesen,* Kl. der Pflanzenges. mit Vorkommen an den Küsten der gemäßigten Zone auf der N- und S-Halbkugel, beschränkt auf wenig bewegtes Sediment (Schlick- u. Sandschlickwatt). In Mitteleuropa findet man Z.-Ges. mit *Zostera nana* und *Z. marina* (⁊ Seegrasgewächse) unterhalb der ⁊ Salicorniazone.
Zosterophyllum *s* [v. *zoster-*, gr. phyllon = Blatt], Gatt. der ⁊ Urfarne.
Zosteropidae [Mz.; v. *zoster-*, gr. ōpē = Aussehen], die ⁊ Brillenvögel. [nidae.
Zottelbienen, *Panurgus,* Gatt. der ⁊ Andre-
Zotten, *Villi,* fingerförm. Ausstülpungen der Haut od. Schleimhaut, z. B. ⁊ Darmzotten. ⁊ Mikrovillisaum.
Zottenhaut, das ⁊ Chorion 1), ⁊ Serosa.
Zsigmondy [schig-], *Richard Adolf,* dt. Chemiker, * 1. 4. 1865 Wien, † 23. 9. 1929 Göttingen; seit 1908 Prof. in Göttingen; erfand 1903 das Ultramikroskop (zus. mit H. Siedentopf), das Membranfilter (1918) u. Ultramembranfilter (1922); untersuchte die Eigenschaften kolloidaler Lösungen (z. B. Lichtstreuung) u. gab grundlegende Methoden zu ihrer Herstellung an; erhielt 1925 den Nobelpreis für Chemie.

Z-Streifen, *Z-Linien,* bessere Bez. *Z-Scheiben,* in Form v. Querscheiben od. -septen in regelmäßigen Abständen die ⁊ Myofibrillen quergestreifter Muskelfasern (⁊ quergestreifte Muskulatur, ☐) durchsetzende Faserfilze aus ⁊ α-Actinin-Fäden, die durch ⁊ Desmin miteinander vernetzt sind. Sie dienen der Verankerung der ⁊ Actinfilamente (☐), welche, haarnadelförmig gekrümmt, mit dem α-Actinin-Gespinst verflochten sind u. beidseits mit ihren freien Enden wie Bürstenhaare aus den Z.-S. hervorragen. ⁊ Muskulatur (B), ⁊ Muskelkontraktion (B I).
Zucchini [zukkini; Mz.; v. it. zucca = Kürbis] ⁊ Kürbis. [nis.
Zucht, die ⁊ Züchtung bzw. deren Ergeb-
Zuchtlinie ⁊ Linie, ⁊ Linienzüchtung.
Zuchtperle ⁊ Perlenzucht.
Zuchtrassen, die ⁊ Kulturrassen; ⁊ Rasse.
Züchtung, *Zucht,* Maßnahmen zur Verbesserung u./od. Erhaltung der genetisch fixierten Eigenschaften v. ⁊ Kulturpflanzen (⁊ Pflanzen-Z.) u. ⁊ Nutztieren (⁊ Tier-Z.). Voraussetzung für Z. ist das Vorhandensein genet. Formenvielfalt innerhalb einer Population. Im Rahmen verschiedener *Z.smethoden,* die oft miteinander kombiniert werden, werden entweder natürlich vorhandene Varianten genutzt (⁊ Auslese-Z.), od. die genet. Formenvielfalt wird durch künstl. induzierte Mutationen (⁊ Mutations-Z.) od. Kombination verschiedener Genotypen durch Kreuzung (⁊ Kreuzungs-Z.) vergrößert. Nach Auslese des ⁊ Genotyps, der dem gewünschten Zuchtziel entspricht, muß dieser durch ⁊ Erhaltungs-Z. fixiert werden. Demgegenüber müssen im Rahmen der ⁊ Hybrid-Z., die den Heterosiseffekt (⁊ Heterosis) nutzt, die entspr. Ausgangssorten immer wieder bereitgestellt werden, da Heterosis nur in der F_1-Generation (⁊ Filialgeneration) auftritt. ⁊ Genzentrentheorie, B Selektion II.
Zuchtwahl ⁊ Selektion, ⁊ sexuelle Selektion, ⁊ Tierzüchtung.
Zucker, 1) *Z. i. e. S.,* der Rohr- od. Rüben-Z. (⁊ Saccharose); 2) *Z. i. w. S.,* die ⁊ Saccharide.
Zuckeralkohole, die durch Hydrierung der Aldehyd- bzw. Ketogruppen v. ⁊ Monosacchariden (Einfachzucker) entstehenden mehrwertigen ⁊ Alkohole. Je nach Anzahl der Kohlenstoffatome unterscheidet man zw. *Pentiten,* ⁊ *Hexiten* usw. Wichtige natürl. vorkommende Z. sind ⁊ Glycerin, ⁊ Erythrit, ⁊ Ribit, ⁊ Mannit u. ⁊ Sorbit.
Zuckerester, die v. ⁊ Mono- od. Oligosacchariden als Alkoholkomponenten abgeleiteten ⁊ Ester. Von bes. Bedeutung sind die mit Phosphorsäure gebildeten Z. *(Zucker-*

zoster- [v. gr. zōstēr = Leibgurt, Gürtel; eine Art Seetang].

R. A. Zsigmondy

Bei Z vermißte Stichwörter suche man auch unter C und K.

Zuckergast

phosphate), wie z. B. ↗Glycerinaldehyd-3-phosphat, ↗Ribulose-1,5-diphosphat, ↗Glucose-1-(bzw. 6-)phosphat od. ↗Fructose-6-phosphat. Schwefelsäureester polymerer Zucker sind ↗Chondroitin-Sulfat, ↗Keratansulfat u. ↗Heparin.

Zuckergast, *Lepisma saccharina*, ↗Silberfischchen.

Zuckerkäfer, *Passalidae*, Fam. der polyphagen ↗Käfer (T) aus der Gruppe der ↗Blatthornkäfer, verwandt mit den ↗Hirschkäfern. Mittelgroße bis sehr große (bis 9 cm), längl., meist glänzend braune Käfer, die mit ca. 500 Arten überwiegend in den Tropen (nicht in Europa) verbreitet sind. Larven u. Imagines sitzen im Mulm alter, verrottender Bäume. Sie haben ein hochentwickeltes Brutpflegeverhalten: In einfachen subsozialen Gruppen werden mehrere Larven mit vorgekautem Holz direkt gefüttert; dabei findet über Stridulation sowohl bei den Imagines als auch den Larven eine Kommunikation statt; Imagines besitzen ein abdomino-elytrales ↗Stridulations-Organ; die Larven haben ihr hinteres Thorakalbein stark verkleinert u. zu einem handartigen Plectrum umgebildet, das über die auf der Coxa des Mittelbeins befindl. Pars stridens streicht. Der dt. Name bezieht sich auf den 1. Fund der Z. unter verrottendem Zuckerrohr.

Zuckerkrankheit, der ↗Diabetes 2).

Zuckerphosphate ↗Zuckerester.

Zuckerrohr, *Saccharum*, Gatt. der Süßgräser (U.-Fam. ↗*Andropogonoideae*) mit 5 trop. bis subtrop. Arten mit ausgebreiteten, behaarten Rispen. Die wichtigste Art ist das Z. i. e. S. *(S. officinarum)*, das zur Rohrzuckergewinnung (↗Saccharose) dient. Es ist nur aus Kultur bekannt u. stammt vermutl. aus Indien. Die heutigen Kultursorten blühen praktisch nicht mehr: die Vermehrung erfolgt durch Stecklinge. Wichtige Anbaugebiete sind u. a. Austr., Indien, Brasilien, Mexiko u. die Westind. Inseln (B Kulturpflanzen II). Der bis zu 6 (9) m hohe Halm enthält im Mark 11–20% Zucker. Der durch Auspressen od. Ausziehen gewonnene Saft wird nach der Entfernung v. Protein eingedickt. Zur Rohrzuckergewinnung wird auskristallisiert. *Rum*-Gewinnung erfolgt durch die Destillation des Sirups. Die Preßrückstände *(Bagasse)* finden Verwendung als Brennstoff, für Isoliermaterial, Zellstoff- u. Papierherstellung.

Zuckerrübe, wicht. Varietät der ↗Beta-Rübe.

Zuckersäuren [Mz.], *Aldarsäuren*, allg. ↗Dicarbonsäuren, die sich v. Aldose-Zuckern durch Oxidation des ersten u. letzten Kohlenstoffatoms zu Carboxylgruppen ableiten; speziell die Zuckersäure (Glucarsäure) $HOOC-(CHOH)_4-COOH$, die bei der Oxidation v. Glucose entsteht.

Zuckerspiegel ↗Blutzucker; B Hormone.

Zuckertang, *Laminaria saccharina*, ↗Laminariales.

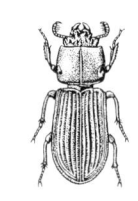

Zuckerkäfer (Pentalobus spec.)

Zuckerrohr
Z. (Saccharum officinarum) mit Blütenständen

Zuckerrohr

Erntemenge (in Mill. t) der wichtigsten Erzeugerländer 1984

Welt	932,6
Brasilien	241,5
Indien	177,0
Kuba	75,0
VR China	46,5
Mexiko	36,5
Pakistan	34,3
Australien	25,5
Thailand	24,9
USA	24,8
Indonesien	23,7
Kolumbien	23,0
Philippinen	20,1

Zuckervögel
Blauer Türkisvogel *(Cyanerpes cyaneus)*

Zuckervögel, *Coerebidae*, Familie der ↗Singvögel mit 26 Arten in den Wäldern der Antillen, Mittel- und S-Amerikas; saugen od. lecken Blütennektar, woran die zweigeteilte u. an der Spitze ausgefranste Zunge speziell angepaßt ist. Die Z. werden aufgrund anatom. Merkmale des Gaumens u. der Kiefermuskulatur systemat. auch anders eingeordnet, u. zwar verteilt auf die ↗Tangaren u. ↗Waldsänger. Manche Arten öffnen die Sporne v. Blüten mit einer hakenförm. Schnabelspitze, um dann den Inhalt herauszusaugen. Das Männchen baut ein kugelförm. Nest.

Zuckerwurz, *Sium sisarum*, ↗Merk.

Zuckmücken, *Schwarmmücken, Tanzmücken, Tendipedidae, Chironomidae*, Fam. der ↗Mücken mit weltweit ca. 10000, in Mitteleuropa etwa 1000 Arten. Die 2 bis 14 mm großen, weichhäutigen, meist blaß gefärbten Imagines haben verkümmerte Mundwerkzeuge u. nehmen während ihres kurzen Lebens keine Nahrung zu sich. Die Fühler sind bei beiden Geschlechtern buschig verzweigt; der große Brustabschnitt ist häufig stark gewölbt. Auffällig ist die Sitzhaltung vieler Arten, bei der die Vorderbeine ständig zuckende Bewegungen (Name) ausführen. Die Männchen scharen sich meist in den Abendstunden zu oft riesigen Schwärmen zus., die mit Rauchschwaden verwechselt werden können. Die Weibchen fliegen, akustisch u./od. optisch angelockt, zur Begattung in diese Schwärme hinein. Bald nach der Ablage der 20 bis 3000 Eier in gallertigen Ballen od. Schnüren sterben die Imagines. Die Larven schlüpfen nach einigen Tagen; sie weisen je nach Art mannigfaltige Lebensformen auf. Der wurmähnl. Körper trägt einen deutl. abgesetzten Kopf mit 1 Paar Fühler u. je nach Lebensweise verschieden entwickelten Mundwerkzeugen. Das 1. Brustsegment trägt 2 Stummelfüße, das letzte Hinterleibssegment 1 Paar Nachschieber; die übrigen zylindr. Segmente sind wenig differenziert. Die Atmung der wasserlebenden Formen erfolgt durch die Haut; bei manchen im sauerstoffarmen Schlamm lebenden Arten enthält die Körperflüssigkeit Hämoglobin (z. B. bei der Gatt. *Chironomus*). Die wasserlebenden Larven bauen meist ein Gehäuse aus gallertigen Gespinsten (☐ Bergbach), in denen Fremdkörper, wie Steinchen, Schlamm od. Pflanzenreste, eingelagert sind; einfache Gehäuse sind beidseitig offene, im Schlamm am Gewässergrund liegende Röhren. Mit ihren herausragenden Enden gleichen die nebeneinander senkrecht tief im Schlamm steckenden Röhrenbündel der Larven v. *Tanytarsus roseiventris* einem Stoppelfeld. Eine mehrere cm dicke Schicht, den Chironomidentuff, bilden die Larven v. *Lithotanytarsus emarginatus* durch viele nebeneinanderliegende, gewundene Röhren mit Kalkeinlagerungen. Viele Arten sind frei bewegl. und tragen einen Köcher mit sich. Ohne Gehäuse leben die Larven der Gatt. *Heptagia* in stark strömenden Gebirgsbächen; die Nachschieber sind zur Verankerung am Untergrund zu einem Saugnapf umgebildet. Die meisten wasserlebenden Larven ernähren sich durch Schwebteilchen, die sie mit Netzen (z. B. Gatt. *Rheotanytarsus*) od. Strudeleinrichtungen einholen. Einige Arten weiden den Untergrund ab; andere fressen Minen (z. B. *Eucricotopus brevipalpis*) in Wasserpflanzen. Zur räuberischen Lebensweise übergegangen sind einige Arten der Gatt. *Tanypus, Xenochironomus, Symbiocladius* u. *Parachironomus;* sie tragen kein Gehäuse u. jagen u. a. wasserlebende Insektenarten. Im Meerwasser entwickeln sich die Vertreter der Gatt. *Clunio;* die Imagines schwärmen nur bei Vollod. Neumond (↗Lunarperiodizität). Zur U.-Fam. *Orthocladiinae* werden die terrestrischen, meist auf feuchtem Untergrund, wie z. B. Moos od. Moor, vorkommenden Larven der Z. zusammengefaßt. Zu ihnen gehören z. B. die Gatt. *Pseudosmitta, Parasmitta* u. *Camptocladius.* Die Verpuppung der Z.-Larven erfolgt nach ca. 1 Jahr; man kann frei bewegliche u. Puppen in Gehäusen unterscheiden. Die Z. sind als Nahrungsgrundlage für Fische von großer Bedeutung. G. L.

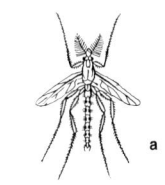

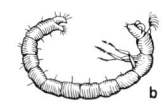

Zuckmücken
a *Chironomus spec.*,
b Larve

Zufall in der Biologie

Der umgangssprachliche Zufallsbegriff ist mehrdeutig. Je nach Situation werden seltene oder unerwartete, unerklärte oder unerklärbare, unsichere, unwiederholbare oder regellose Ereignisse als zufällig bezeichnet. Manchmal („hier regiert der Zufall") wird sogar „der Zufall" selbst als wirksamer Faktor, als Ursache, als Naturkraft, als Erklärungsgrund ausgegeben.

Für den wissenschaftlichen Sprachgebrauch muß der Zufallsbegriff präzisiert werden. Dabei sind verschiedene Bedeutungen zu unterscheiden, die in einschlägigen Diskussionen leicht durcheinander geraten:

– Ein Ereignis ist *objektiv zufällig,* wenn es *keine Ursache* hat.
– Ein Ereignis ist *subjektiv zufällig,* wenn wir dafür *keine Erklärung* haben.

Beiden Begriffen *gemeinsam* ist die Tatsache, daß das Geschehen auch anders – oder gar nicht – ablaufen könnte, daß es nicht determiniert, nicht „notwendig" war. Dieser Gegensatz kommt auch in dem Begriffspaar „Zufall und Notwendigkeit" zum Ausdruck. Während aber der objektive Zufallsbegriff die *Struktur der Welt* beschreibt, bezieht sich der subjektive auf *unser Wissen.* Zwischen beiden besteht jedoch ein enger Zusammenhang: Für ein ursachloses Ereignis gibt es auch keine Erklärung. Objektive schließt also subjektive Zufälligkeit ein – aber nicht umgekehrt: Ein Ereignis kann unerklärt sein und doch eine (bisher unbekannte) Ursache haben. *Zufällig im objektiven Sinne* ist der spontane Zerfall eines Atomkerns oder der Strahlungsübergang eines angeregten Atoms oder Moleküls in den Grundzustand. Charakteristisch für diese Prozesse ist das Entstehen neuer Teilchen (Alphateilchen, Elektronen, Photonen ...), das Auftreten einer neuen Kausalkette. Solche Prozesse, die nach allem, was wir wissen, keine Ursache haben, werden vor allem durch die Quantenmechanik beschrieben. Man spricht deshalb auch von *quantenmechanischem oder absolutem Zufall.*

Was ist Zufall?

Zufällig im objektiven Sinne ist aber auch das *Zusammentreffen vorher unverbundener Kausalketten.* Man trifft einen Bekannten auf Mallorca (ohne mit ihm verabredet zu sein); der Hammer des Dachdeckers fällt (ohne böse Absicht) dem vorübereilenden Arzt auf den Kopf; ein Gammaquant vom Fixstern Sirius löst in einem Chromosom eine Mutation aus. Obwohl jede *einzelne* Kausalkette in sich geschlossen und vielleicht vollständig erklärbar ist, bleibt doch das *Zusammentreffen* dieser lückenlosen Kausalketten ohne direkte Ursache, also auch ohne Erklärung; es ist *zufällig.*

Ob die genannten Kausalketten tatsächlich unverbunden waren, kann davon abhängen, wie weit man sie zurückverfolgt. Vielleicht waren sie vor zwei Stunden, vor tausend Jahren oder wenigstens im Urknall verbunden. Wenn man das betrachtete System nur genügend groß nimmt, mag doch noch eine Verbindung entdeckt werden. Diese Art von Zufall ist also bezogen (relativ) auf die Größe des betrachteten Systems. Wir sprechen deshalb auch von *relativem Zufall.* Relativen Zufall könnte es auch dann geben, wenn es den absoluten Zufall nicht gäbe.

Subjektiv zufällig sind dagegen die Ereignisse beim Münzwerfen, beim Würfeln, beim Roulette, beim Lotto. Hier können *kleine* Unterschiede im Anfangszustand *große* Unterschiede im Endzustand bewirken, im Extremfall sogar zwischen Reichtum und Bankrott entscheiden. Unsere Kenntnis der Anfangsbedingungen reicht dabei im allgemeinen *nicht* aus, um das Ergebnis vorauszusagen oder auch nur nachträglich zu erklären. Selbst wenn Münzen, Würfel, Kugeln sich ausschließlich nach deterministischen Gesetzen bewegten (also kein quantenmechanischer Zufall existierte) *und* alle Einflußfaktoren wie Gewichtsverteilung, Windverhältnisse, Tischoberfläche usw. bekannt wären (also auch der relative Zufall ausgeschaltet wäre), würden doch die unvermeidlichen

Zufall

Ungenauigkeiten dieser Kenntnisse eine exakte Prognose unmöglich machen (der subjektive Zufall würde also bestehen bleiben). Diese Zusammenhänge werden vor allem in der *Chaostheorie* untersucht.

Kommt ein Ereignis mehrmals vor, so läßt sich die *Häufigkeit* ermitteln, mit der es eintritt. Bleibt diese Häufigkeit stabil, so spricht man von der statistischen Wahrscheinlichkeit des Ereignisses. Die statistische Wahrscheinlichkeit für das Erscheinen einer Zahl beim Münzwerfen ist 1/2, für das Auftreten einer Sechs beim Würfeln 1/6. Für solche stabilen Häufigkeiten gelten die Gesetze der Wahrscheinlichkeitsrechnung.

Zufällige Ereignisse sind also keineswegs gänzlich gesetzlos. Obwohl sich im *Einzelfall* nur wenig sagen läßt, kann doch die Prognose des *Durchschnittsverhaltens* bei genügender Anzahl der beteiligten Ereignisse (Kernzerfälle, Strahlungsübergänge, molekulare Stöße, Münzwürfe, Todesfälle usw.) äußerst genau sein („Gesetz der großen Zahl").

Zufallsgesetze

Inwiefern sind nun Mutationen zufällig? Haben sie etwa keine Ursache? Können wir ihr Auftreten nicht erklären? Wir kennen sehr wohl auslösende, also verursachende, *Faktoren* für Mutationen: ionisierende Strahlung, Hitzeschock, mutagene Substanzen. In vielen Fällen durchschauen wir sogar den Ablauf von Mutationsprozessen, *erklären* z. B. die Veränderung der Base eines Nucleotids durch Umlagerung innerhalb des Moleküls oder führen eine Genverdopplung auf Verzögerungen während der meiotischen Teilung zurück.

Höhenstrahlung kann Mutationen *auslösen:* Ein Gammaquant vom Sirius mag zwar durch ein absolut zufälliges Ereignis (einen Quantensprung) entstanden sein; es stellt aber nach seinem Entstehen eine in sich geschlossene Kausalkette dar, die auf eine andere Kausalkette trifft, z. B. auf den molekularen Baustein des Gens. Die dadurch ausgelöste(!) Mutation ist also zwar nicht absolut zufällig, aber als im Zusammentreffen vorher unverbundener Kausalketten doch *relativ (also auch objektiv)* zufällig. Da eben dieses Zusammentreffen nicht voraussehbar und auch nicht erklärbar ist, ist es natürlich auch subjektiv zufällig. Mutationen sind allerdings noch in einem weiteren Sinne zufällig. Es ist nämlich nicht vorhersagbar, welches Gen als nächstes und in welche Richtung (zu welchem Allel) es mutieren wird. Mutationen sind also „richtungslos": Die phänotypisch sichtbare *Wirkung* einer Mutation ist auch nicht eindeutig mit ihrer *Ursache* verknüpft. Ein Hitzeschock z. B. kann zwar zahlreiche Mutationen auslösen, wird die betroffenen Organismen jedoch in der Regel nicht widerstandsfähiger oder anfälliger gegenüber hohen Temperaturen machen. Die Wirkungen von Mutationen sind vielmehr zufällig verteilt; sie streuen in alle Richtungen. Darunter *kann* dann allerdings auch eine positive oder negative Reaktion auf die eigentliche auslösende Ursache sein.

Mutationen – zufällige Ereignisse?

Durch gezielte Eingriffe kann man die Häufigkeit von Mutationen verändern. Mit zunehmender Einsicht in das Mutationsgeschehen wird somit auch dessen subjektive Zufälligkeit verringert. An den objektiven Zufallsmomenten ändert sich dadurch allerdings nichts.

Der Zufall in der Evolution

Man könnte den Eindruck haben, der Zufallsbegriff stifte in der Biologie eher Verwirrung als Orientierung, und man mag vielleicht versuchen, ihn ganz zu vermeiden. Das ist aber unmöglich. Zufällige Ereignisse sind nicht nur ein wesentliches Element unserer Welt, vielmehr spielen sie gerade im Bereich des Organischen eine ausgezeichnete Rolle. Die Tatsache, daß es verschiedene Arten von Lebewesen auf der Erde gibt, daß sich auch die Mitglieder ein und derselben Art voneinander unterscheiden, daß Organismen individuelle Systeme mit je eigener Struktur und – bei höheren Säugetieren – eigener Persönlichkeit sind, daß also gerade die lebendigen Systeme Vielfalt und Individualität aufweisen, und daß schließlich die biologische Evolution ein *einmaliger*, nicht umkehrbarer und nicht wiederholbarer historischer Vorgang ist, all dies ist letztlich dem Auftreten *zufälliger* Ereignisse, insbesondere in Form von Mutationen, zu verdanken. In kleinen Populationen kann auch die Allelenhäufigkeit durch zufällige Ereignisse (z. B.: welches Allel bei der Meiose der weiblichen Geschlechtszellen in den Richtungskörper gelangt und damit „verlorengeht" oder welches der zahlreichen genetisch verschiedenen Spermien eines Ejakulats ein Ei befruchtet) beeinflußt werden und so im Laufe der Generationenfolge eine Veränderung der Zusammensetzung des Genpools bedingen (Gendrift). Daß die Evolution trotz des Wirksamwerdens zufälliger Ereignisse *gerichtet* verläuft und zu Organismen mit komplexeren Strukturen und Funktionen und mit höherer Ökonomie führt, beruht auf dem Wirken der *Selektion*. Die Selektion ist im Evolutionsgeschehen der große Gegenspieler des Zufalls.

Lit.: Henning, K., Kutscha, S.: Mangelnde Ursache oder mangelndes Wissen? Zum Begriff Zufall in Philosophie und Naturwissenschaft. Naturwissenschaften *71*, 493–499 (1984). Monod, J.: Zufall und Notwendigkeit. München 1971 (auch dtv). Poincaré, H.: Der Zufall. In: Wissenschaft und Methode. Leipzig u. Berlin 1914. Darmstadt 1973, 53–79.

Gerhard Vollmer

Zufallsfixierung, nach H. Steiner (1955) die bei manchen systemat. Gruppen auftretende Zahlenfixierung (Zufallszahlen) od. Lagefixierung bestimmter Strukturen (od. Organe), die funktionell nicht unmittelbar zu begründen ist. Beispiele für *Zahlenfixierung* sind: stets 7 Halswirbel bei ↗Säugetieren, unabhängig v. der Halslänge (bei Reptilien bzw. Vögeln gibt es eine solche Fixierung nicht); stets 33 Körpersegmente bei Blutegeln (↗*Hirudinea*), im Ggs. zur wechselnden Zahl bei anderen ↗Gürtelwürmern; die stets 8 Thorax- und 6 (7) Pleonsegmente bei ↗*Malacostraca;* aber auch das (in der Regel) aus $9 \times 2 + 2$ Mikrotubuli aufgebaute ↗Axonema der Geißel der Eukaryoten (↗Cilien). Beispiel für *Lagefixierung:* alle ↗Grillen schlagen in Ruhehaltung stets den rechten Flügel über den linken, bei allen Laub-↗Heuschrecken ist es umgekehrt. Z.en innerhalb einer Gruppe sprechen für deren ↗monophyletische Entstehung; bereits bei der Stammform muß es (zufällig?) zu der betreffenden Z. gekommen sein. Da die ↗Systematik nur monophyletische Gruppen zuläßt, sind Merkmale, die durch Z. zustandegekommen sind, von hoher Relevanz. ↗Vervollkommnungsregeln.

Zügel, bei Vögeln Gefiederpartie zw. Auge u. Oberschnabel, oft in Form eines hellen od. dunklen Streifens v. der Umgebung abgegrenzt. ☐ Vögel.

Zugholz ↗Reaktionsholz.

Zugvögel, Vögel, die geogr. klar unterschiedene Brut- u. Überwinterungsgebiete besitzen und artspezif. zw. beiden im Frühjahr bzw. Herbst mehr od. weniger ausgeprägte Wanderungen durchführen (↗Vogelzug). Hiervon unterschieden sind die ↗Standvögel, ↗Strichvögel u. ↗Teilzieher.

Zugwurzeln, *Kontraktionswurzeln,* Bez. für die bei Geophyten u. Rosettenpflanzen verbreiteten Wurzeln, die durch Kontraktion der älteren Wurzelabschnitte u. Verankerung im Bereich der Wurzelspitzen die Erneuerungsknospen stets in der optimalen Tiefenlage halten u. somit das langsame Längenwachstum im Sproßbereich ausgleichen. Die Kontraktion ist eine Wachstumsbewegung, beruht auf der osmot. Volumenzunahme der Zellen des relativ dicken Rindenparenchyms. Da diese Zellen in ihren Zellwänden vorwiegend längsorientierte Fasertextur aufweisen, bedeutet eine Volumenzunahme eine radiale Dehnung mit Verkürzung der Längsachse. Z. zeigen nicht selten dadurch eine äußerlich deutl. Querrunzelung.

Zunderschwamm, 1) *Echter Z., Fomes fomentarius* Fr., bekanntester u. auffälliger Porling (↗Schichtporlinge) im Laubwald; der ungenießbare Fruchtkörper ist knollig, dick-konsolen- bis hufartig (⌀ 10–50 cm, bis 25 cm dick), im Alter mit geschichteten Röhren (durch jährl. Bildung neuer Hymenialschichten); seine Farbe ist anfangs gelbbraun, später schiefergrau; oberflächl. von einer harten Kruste bedeckt. Das gelbbraune Hutfleisch ist wergartig, faserig, korkig, holzig; es wurde fr. zu Zunderherstellung genutzt (vgl. Spaltentext). Der Z. wächst als Schwäche- u. Wundparasit an Laubbäumen, bes. Birken u. Buchen, auch als Saprophyt an abgestorbenen Bäumen (aktiver ↗Weißfäule-Erreger). 2) *Falscher Z., Phellinus igniarius,* ↗Feuerschwämme.

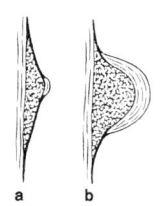

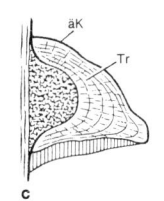

Zunge, 1) *Glossa,* paarige Anhänge an der Spitze der Unterlippe (Labium) der Insekten. ↗Mundwerkzeuge (☐). 2) *Lingua,* (selten) *Glossa,* bewegl., muskulöses Tast- u. Schmeckorgan am Boden der ↗Mund-Höhle der Wirbeltiere. Bei Fischen ist die Z. meist nur als wulstförm. Verdikkung des Mundbodens ausgebildet, bei Tetrapoden ist sie frei beweglich u. vorstreckbar. Die Z. hat in den einzelnen Wirbeltiergruppen eine Vielfalt v. Funktionen; entsprechend wurde eine Vielfalt von Z.nformen entwickelt. – Unter den ↗Amphibien besitzen die meisten Froschlurche eine zweizipflige Z., die *vorn* in der Mundhöhle befestigt ist u. zum Beutefang durch Muskelaktion ausgeklappt wird *(Klapp-Z.).* Dabei wird zusätzlich Lymphe in die Z. gepreßt, so daß diese sich noch weiter ausdehnt. Die Beute bleibt an den klebrigen Schleim, der von Z.ndrüsen abgegeben wird, haften. Einige Froschlurche sind zungenlos *(Aglossa);* die Schwanzlurche besitzen meist eine wulstförmige, schwach bewegliche Z. Ausnahme sind die ↗Schleuderzungensalamander, die ihre *hinten* in der Mundhöhle befestigte Z. weit herausschleudern können *(Schleuder-Z.).* – Unter den ↗Reptilien (B I) weisen die ↗Chamäleons (☐) ebenfalls eine Schleuder-Z. auf. Bei ihnen wird durch Einpressen v. Blut eine zusätzl. Vergrößerung der Z. erreicht. Das ↗Züngeln der Schlangen u. Eidechsen dient dem Aufspüren v. Beute: Die zweizipflige (!) Z.nspitze, auf deren feuchter Oberfläche Moleküle aus der Luft hängenbleiben, wird in das paarige (!) ↗Jacobsonsche Organ (☐) eingeführt, das zu den chem. Sinnesorganen gehört (B chemische Sinne I). Bei Krokodilen u. Schildkröten ist die Z. kürzer u. weniger beweglich; Ausnahme ist die Geierschildkröte (↗Alligatorschildkröten). – Die Z. der ↗Vögel ist, zumindest im vorderen Teil, verhornt. ↗Spechte spießen damit ihre Beute auf, z. B. Insekten od. deren Larven. Um diese in Astlöchern u. anderen Hohlräumen zu erreichen, ist die Specht-Z. besonders lang u. dünn ausgebildet. Die ↗Z.nbein-Hörner, die zus. mit der Muskulatur das Vorschnellen der Z. ermöglichen, sind so lang, daß sie bei „eingefahrener" Z. um den Schädel herumgerollt sind u. bis auf das Schädeldach reichen. ↗Entenvögel besitzen eine *Stempel-Z.,* die Wasser durch die Hornlamellen des Oberschnabels drückt (Seihapparat, Analogie zu den

Zunderschwamm

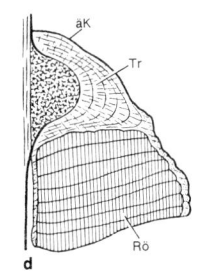

Entwicklung des Fruchtkörpers (Querschnitte); **a, b** Initialfruchtkörper, **c** junger Fruchtkörper, **d** mehrjähriger Fruchtkörper. äK äußere Kruste, Rö Röhrenlager, Tr Trama

Zunderschwamm

Zunderherstellung: Vor Erfindung der Zündhölzer hatte Zunder große wirtschaftl. Bedeutung. Als Zunder diente das weich-faserige Fruchtfleisch des Z.s, das aus dem Fruchtkörper durch Entfernen der harten Deckschicht u. der Höhrenschichten gewonnen wurde. Durch Kochen u. Klopfen wurde die faserige (Trama-) Schicht erweicht; oft wurde sie noch mit Salpeter getränkt, um die Glimmfähigkeit zu erhöhen. Diesen Zunder nutzte man zum Auffangen der Funken beim Feuerschlagen mit Stein u. Stahl. Durch Blasen wurde der Zunder zum Glühen gebracht, so daß Kienspäne daran entzündet werden konnten.

Zunge

Zunge

Die Z. des Menschen trägt über 200 *Geschmacksknospen*, die in kleinen Erhöhungen, den Papillen, besonders an der Oberseite der Z. liegen. Auch an anderen Stellen in der Mundhöhle sind sie verstreut anzutreffen. Von den Nervenbündeln in den Geschmacksknospen werden Impulse auf Nervenfasern zum verlängerten Mark (Medulla oblongata), zur Brücke (Pons) und bis zum Geschmackszentrum in der Hirnrinde geleitet.

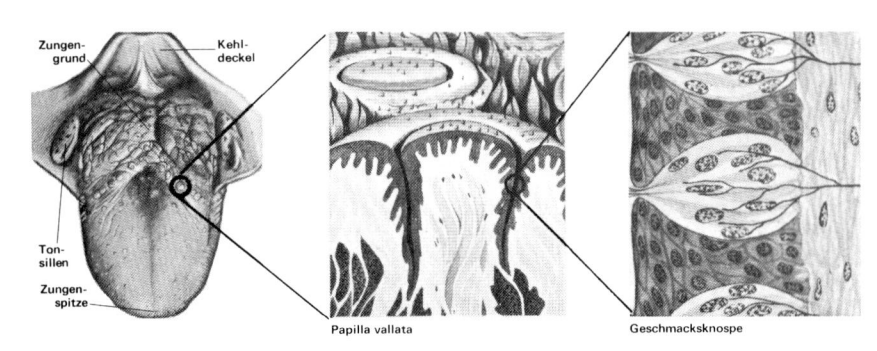

Walen). Bei den ↗Kolibris ist die Z. beidseitig aufgerollt (☐ Ornithogamie). Mit dieser *Röhren-Z.* kann Nektar aufgesogen werden (Analogie zu Insektenrüsseln). – Die Z der ↗Säugetiere ist sehr muskulös u. beweglich u. von einer papillenbesetzten Schleimhaut bedeckt. Zum einen ist sie ein chem. Nahsinnesorgan (↗chemische Sinne), auf dessen Oberfläche ↗*Geschmacksknospen* (☐) verteilt sind. Zum anderen dient sie dem Nahrungserwerb u. der Nahrungsbearbeitung. Rinder umfassen mit ihrer Z. Grasbüschel u. rupfen sie ab; Wale haben (analog zu Entenvögeln) eine mächtige *Stempel-Z.* entwickelt, die das krillreiche Wasser durch die ↗Barten (☐) preßt; ↗Ameisenfresser (↗Lebensformtypus) besitzen eine lange, dünne, mit klebrigem Sekret benetzte Z., an der die Beute haftenbleibt; manche Raubtiere (v.a. Katzenartige, z.B. Jaguar) können mittels stark verhornter Papillen auf der Z.nmitte Knochen fein säuberlich abraspeln. – Weiterhin wirkt die Z. mit beim Kauen (↗Kauapparat) u. Schlucken (↗Schluckreflex, ☐) der Nahrung sowie bei der Körperpflege (z.B. Katzen), bei der Lautbildung (z.B. Mensch, ↗Sprache) u. bei vielen Raubtieren – mangels Schweißdrüsen – auch bei der ↗Temperaturregulation (z.B. ↗Hecheln der Hunde). – An der Z. des Menschen melden die überall verstreuten ↗*freien Nervenendigungen* (☐) u. *Fadenpapillen* (Papillae filiformes) taktile (mechanische) Reize. Die zw. den Fadenpapillen stehenden *Pilzpapillen* (Papillae fungiformes) tragen Geschmacksknospen, ebenso die am Hinterrand des Z.nrückens in einer Reihe stehenden *Wallpapillen* (Papillae vallatae). An den Z.nrändern nahe der Z.nwurzel stehen die *Blattpapillen* (Papillae foliatae), die bes. viele Geschmacksknospen tragen. Hinter den Wallpapillen folgt die Grenzfurche u. der Z.ngrund mit der ↗Z.nmandel. Die Z.nmuskulatur setzt am Unterkiefer, am Griffelfortsatz des Hinterhaupts, am Gaumen u. am ↗Z.nbein an Es gibt Muskeln, die longitudinal (längs), transversal (quer) u. vertikal (von oben nach unten) durch die Z. verlaufen u. mit ihrem Zusammenspiel eine vielfältige Verformung der Z. ermöglichen. Die Unterseite der Z. ist durch das Z.nbändchen (Frenulum) am Mundboden befestigt. – Reib-Z. der Weichtiere: ↗Radula. ☐ chemische Sinne, ☐ Gaumenmandel. *A. K.*

züngeln, rasche Zungenbewegungen der meisten ↗Reptilien (↗Echsen u. ↗Schlangen), durch die das ↗Jacobsonsche Organ (☐) mit aufgenommenen Duftstoffen versorgt wird; ein Einschnitt am Oberkieferrand ermöglicht das Z. auch bei geschlossenem Maul; daneben fungiert die Zunge als Tastorgan. [B] chemische Sinne I.

Zungen, *Eigentliche Z., Soleidae,* Fam. der U.-Ord. Zungenartige (↗Plattfische); mit lang-ovalem Körper, dessen rechte Seite normalerweise die Augen trägt u. dunkelbraun gefärbt ist, mit rundl., den gebogenen Mundspalt überragender Schnauze, kleinen Augen und zahlr., feinen Tastzotten auf der Kopfblindseite; sind v. a. in trop. und subtrop. flachen Küstengewässern verbreitet, doch dringen mehrere Arten in Süßgewässer vor. Am weitesten nördl. kommt die wirtschaftl. bedeutende, bis 60 cm lange See-Z. (*Solea solea,* [B] Fische I) vor, die an Küsten von S-Norwegen bis N-Afrika verbreitet ist u. manchmal auch in Flußmündungen vordringt. Ähnl. Verbreitung hat die nur bis 12 cm lange Zwerg-Z. (*Buglossidium luteum)*, doch bevorzugt sie küstenfernere Gebiete. An der O-Küste der südl. USA bis nach Panama lebt die bis 20 cm lange Süßwasser-Z. oder Zwergflunder *(Trinectes maculatus),* die im Aquarium in reinem Süßwasser gehalten werden kann. Nah verwandt ist die Fam. der linksäugigen Hunds-Z. *(Cynoglossidae),* die in trop. Meeren verbreitet ist, mit der in Japan wirtschaftl. wichtigen Roten Hunds-Z. *(Cynoglossus joyneri).* – Zu der U.-Ord. Schollenartige (↗Plattfische) gehören die nordatlant., bis 60 cm lange Rot-Z. oder der Z.-Butt *(Glyptocephalus cynoglossus),* die ↗Limande od. Rot-Z. u. die Lamm-Z. (↗Butte).

Zungenartige, *Soleoidei,* U.-Ord. der ↗Plattfische.

Zungenbein, *Hyoid, Os hyoideum,* zum Schädelskelett gehörender dünner Knorpel od. Knochen in der ↗Zunge der Tetrapoden. Sein Hauptteil ist homolog dem unteren Teil (Hyoid) des 2. Kiemenbogens der Fische. Beim Menschen ist das Z. etwa hufeisenförmig. Von dem nach caudal schwach konkav gewölbten Z.körper ragt rechts u. links je ein schlankes, langes *Z.horn* schräg nach hinten. Bei den meisten Wirbeltieren sind Elemente nachfolgender Kiemenbögen als weitere paarige Z.hörner angeschmolzen. Das Z. dient dem Ansatz der Zungenmuskulatur. ↗Z.bogen, ↗Hypoglossum. ☐ Schilddrüse.

Zungenbeinbogen, *Hyoidbogen,* 2. Kiemenbogen (Branchialbogen) des ↗Branchialskeletts der Wirbeltiere. Bei Haien besteht der Z. aus einem dorsalen ↗Hyomandibulare u. einem ventralen Hyoid. In der Evolution der Tetrapoden wurden diese Elemente abgewandelt. Das Hyoid wurde ein Teil des ↗Zungenbeins, das Hyomandibulare zur ↗Columella bei Amphibien, Reptilien u. Vögeln bzw. zum Stapes (↗Gehörknöchelchen) bei Säugern.

Zungenblüten, *Strahlenblüten* (i. e. S.), Bez. für den bei ↗Korbblütlern ausgebildeten Blütentyp, der im Ggs. zu den radiärsymmetrischen ↗Röhrenblüten eine dorsiventrale, aus 3 oder 5 Blütenblättern zu einer Zunge verwachsene u. verlängerte Blumenkrone besitzt. Sie stehen bei den röhrenblütigen Korbblütlern, den *Asteroideae* (= *Tubuliflorae*), randlich, bei den rein zungenblütigen *Cichorioideae* (= *Liguliflorae*) füllen sie das Köpfchen aus.

Zungendrüsen, *Zungenspeicheldrüsen, Glandulae linguales,* zu den ↗Speicheldrüsen gehörende ↗Drüsen, die in der ↗Zunge od. unmittelbar benachbart liegen. Man unterscheidet seröse Drüsen, die enzymhaltigen Verdauungs- od. Verdünnungs-↗Speichel absondern, u. mucöse Drüsen, die schleimhaltigen Gleitspeichel sezernieren, sowie gemischte Drüsen. – Die *Zungenspitzendrüse* ist eine gemischte (überwiegend mucöse) Drüse im Zungeninnern beidseits der Zungenspitze. Ihre Ausführgänge münden verteilt an der Zungenoberfläche. – Im hinteren Teil der Zunge liegen zw. der Zungenmuskulatur seröse *Spüldrüsen,* die in der Grenzfurche hinter den Wallpapillen und zw. den darauf folgenden Blattpapillen des Zungengrundes münden. Sie spülen die Geschmacksknospen frei, so daß neue Geschmacksstoffe an diese herantreten können. – Die ↗Unter-Z. liegt im Mundboden.

Zungenfarne, die ↗Glossopteridales.

Zungenfliegen, *Glossina,* Gatt. der ↗Muscidae.

Zungenkiemer, *Malacosteidae,* Fam. der ↗Großmünder.

Zungenlose, *Aglossa, Eulimoidea,* Überfam. der ↗Mittelschnecken mit turmförm. Gehäuse, das bei den parasit. lebenden Arten ebenso wie die Reibzunge zurückgebildet wird; die Reduktion erstreckt sich auf die gesamte Körperorganisation einschließlich der Ganglien. Getrenntgeschlechtl. oder ⚥; Entwicklung über freie Veliger. Der Rüssel ist vorstreckbar; mit

Zungenlose
Familien:
↗ Asterophilidae
↗ Eingeweideschnecken *(Entoconchidae)*
↗ Eulimidae
Paedophoropodidae *(↗Paedophoropus)*
Pelseneeridae *(↗Pelseneeria)*
↗ Stiliferidae

Zünsler
Mehl-Z. *(Pyralis farinalis),* oben in seiner charakterist. Ruhestellung mit hochgebogenem Hinterleib, unten aufgespannt

Hilfe eines Pumpapparates im Schlund wird an Stachelhäutern gesaugt; die am stärksten abgewandelten Formen leben endoparasitisch. Etwa 4000 Arten, die taxonom. wenig bearbeitet sind (vgl. Tab.).

Zungenmandel, *Zungentonsille, Tonsilla lingualis,* den Zungengrund bedeckendes unpaares ↗lymphatisches Organ. Die Z. ist breit u. flach u. besteht aus vielen kleinen Aufwölbungen, den Zungenbälgen, in denen Lymphfollikel sitzen.

Zungenmuscheln, 1) *Glossoidea,* Überfam. der Verschiedenzähner mit gleichklappiger, rundl. bis längl. Schale v. glatter oder konzentr. schwach skulpturierter Oberfläche. Knapp 50 Arten, alle marin, sich flach eingrabend; am bekanntesten ist das ↗Ochsenherz. 2) irreführende Bez. für die Brachiopoden-Gatt. ↗*Lingula.*

Zungenmuskelnerv, der ↗Hypoglossus.

Zungen-Schlund-Nerv, der ↗Glossopharyngeus.

Zungenwürmer, die ↗Pentastomiden.

Zünsler [Mz.; v. ahd. zinsilo; verwandt mit Zunder], *Pyralidae,* mit etwa 15000 Arten eine der größten Schmetterlingsfam., bei uns ca. 300 Vertreter, weltweit, v. a. tropisch verbreitet, in fast allen Habitaten, sogar im Wasser. Falter klein bis mittelgroß, Spannweite 10–60 mm; Vorderflügel schmal, mehr od. weniger dreieckig geformt, meist v. unscheinbarer Färbung; Rüssel an der Basis beschuppt, Labialpalpen lang, oft aufgebogen; Antennen borstenförmig, einfach; Beine lang, Schienen lang bedornt, ähnl. den ↗Spannern mit Gehörorgan am Hinterleib; überwiegend nachtaktiv, einige Arten, wie *Nomophila noctuella,* gehören zu den ↗Wanderfaltern. Larven in Gespinsten, sehr lebhaft, auch in Gehäusen; leben v. Pflanzen, aber auch v. unterschiedlichstem organ. Material; viele endophag in Wurzeln, Trieben, Früchten, Samen u. ä.; manche erzeugen Gallen; Verpuppung in Kokon. Viele Arten sind Schädlinge in der Landw. u. an Vorräten mit großer wirtschaftl. Bedeutung, darunter viele z.T. weltweit verschleppte Arten: ↗Dörrobstmotte *(Plodia interpunctella),* ↗Fett-Z. *(Aglossa pinquinalis),* ↗Mais-Z. *(Ostrinia nubilalis),* ↗Mehlmotte *(Ephestia kuehniella),* ↗Nelkenwickler *(Tortrix pronubana),* ↗Wachsmotten (u.a. die Gatt. *Achroia* u. *Galleria*). Weitere bedeutende Schädlinge: Reismotte *(Corcyra cephalonica),* Falter braun mit schmalen Vorderflügeln, Spannweite bis 22 mm; in Vorratslagern an Reis, Trockenobst, Nüssen u.a. Nahe verwandt ist die Hummelnestmotte *(Aphomia sociella),* braun, bis 38 mm; Larven in Nestern v. Hummeln u. Wespen, fressen an Waben u. Brut. Kakaomotte od. Heumotte *(Ephestia elutella),* ockergraubraun, bis 20 mm; an pflanzlichen Vorräten, v.a. Kakao, Tabak u. Getreide, z.T. erhebliche Schäden anrichtend. Mehl-Z. *(Pyralis farinalis),* bis 30 mm, Flügel ocker

Bei Z vermißte Stichwörter suche man auch unter C und K.

Zürgelbaum

mit schokoladebraunen Binden; Larven an Getreideprodukten. Ein ausgesprochener Nützling dagegen ist die Kaktusmotte *(Cactoblastis cactorum),* die zur biol. Bekämpfung der Opuntienplage mit Erfolg aus S-Amerika nach Austr. eingeführt wurde. Zur großen U.-Fam. der Gras-Z. *(Crambinae)* gehören Vertreter mit schmalen, langen Vorderflügeln mit Längszeichnung u. breiten Hinterflügeln; Labialpalpen auffällig verlängert; allein die Gatt. *Crambus* umfaßt über 400 Arten; wickeln in Ruhe Flügel um den Leib, ähneln dann Zweigstückchen od. Halmen; viele tag- od. dämmerungsaktiv auf Wiesen; Larven an Gräsern od. Moosen; schädl. in den Tropen an Mais, Zuckerrohr, Reis u.a. Extreme Lebensräume besiedeln einige Wasserschmetterlinge der Gatt. *Nymphula, Cataclysta, Paraponyx* u.a.; Beispiel: *Acentria ephemerella* (= *Acentropus niveus),* um 15 mm, hellgrau; Falter lebt nur 2 Tage; Männchen fliegen nachts auf Partnersuche, Weibchen mit Flügelstummeln; unter Wasser; schwimmen mit lang beschuppten Ruderbeinen; Kopulation an Wasseroberfläche, Eiablage unter Wasser; Larven bis in 2 m Tiefe an Wasserpest, Laichkraut u. Algen, in Seen u. langsam fließenden Gewässern; Verpuppung in luftgefülltem Kokon; Larven der Wasserschmetterlinge atmen mit Tracheenkiemen od. durch die Haut. Ausgefallene Lebensweise auch bei Larven der südamerikan. Gatt. *Bradipodicola* u. *Cryptoses;* fressen an organ. Material u. Kotresten im Pelz v. Faultieren. Die Raupen v. *Tirathaba parasitica* ernähren sich v. Larven der ↗Wurzelbohrer, u. die südam. Art *Sthenauge parasitus* lebt in einem Gespinst ektoparasit. an Raupen v. ↗Pfauenspinnern. H. St.

Zürgelbaum, *Celtis,* v. den Tropen bis in die gemäßigte Zone verbreitete Gatt. der ↗Ulmengewächse mit etwa 80 Arten. Laubwerfende od. immergrüne Bäume od. (seltener) Sträucher mit einfachen Blättern u. kleinen, unscheinbaren männl. oder zwittrigen Blüten. Letztere in blattachselständ. Dichasien (♂) bzw. einzeln stehend, mit 4–6teiliger Blütenhülle und 4–6 Staubblättern. Der in den Zwitterblüten vorhandene Fruchtknoten ist einfächerig u. wird zu einer langgestielten, kugel- bis eiförm. Steinfrucht mit fleischigem, bei einigen Arten eßbarem Exokarp. In Mitteleuropa anzutreffen ist der vom Mittelmeergebiet bis W-Asien heim. Südliche Z. *(C. australis),* ein Strauch od. mittelgroßer Baum mit behaarten, schief eiförm., am Rande gesägten Blättern sowie ca. 1 cm großen, in reifem Zustand violettbraunen, wohlschmeckenden Früchten. Ihm sehr ähnl. ist der aus dem östl. N-Amerika stammende, bis über 25 m hohe Westliche Z. *(C. occidentalis),* mit kleineren, fast schwarzen, geschmackl. minderwertigen Früchten. Beide Arten liefern Nutzholz.

Zweikeimblättrige Pflanzen

Unterklassen:
↗ Asteridae
↗ Caryophyllidae
↗ Dilleniidae
↗ Hamamelididae
↗ Magnoliidae
↗ Rosidae

zusammengesetzte Eier, *ektolecithale Eier, perilecithale Eier,* Eier, bei denen die ↗Eizelle mit mehreren ↗Nährzellen (Dotterzellen) in einer gemeinsamen Hülle eingeschlossen ist, die v. den Dotterzellen selbst gebildet werden kann. Die Dotterzellen der ↗Plattwürmer werden als abortive Eizellen (↗Abortiveier) betrachtet, da sie bei einer Gruppe der Strudelwürmer (↗*Neoophora*) im ↗Ovar neben den Eizellen entstehen. Bei anderen Formen ist das Ovar in zwei Abschnitte aufgeteilt, in denen Oocyten bzw. Dotterzellen getrennt entstehen (Germovitellarium). Bei abgeleiteten Formen entstehen Oocyte u. Dotterzellen in getrennten Organen, dem Ovar bzw. dem ↗*Dotterstock* (Vitellarium), u. vereinigen sich erst im ↗Ovidukt. Z. E. kommen auch bei Saug- u. Bandwürmern vor, wo die Dotterzellen z.T. zu einem Nährbrei zerfallen. ↗Eitypen, ↗Oogenese.

Zuwachsstreifen ↗Schuppen.

Zweiblatt, *Listera,* Gatt. der ↗Orchideen mit ca. 30 Arten; Pflanzen ohne Knollen od. Rhizome mit nur 1 Paar gegenständ. Stengelblätter. Die Blütenlippe ist tief zweispaltig u. ungespornt. In Dtl. 2 Arten: das Große Z. *(L. ovata),* eine kräft. Pflanze mit breiteiförm. Blättern und grünl. Blüten, findet sich als Wechselfrischezeiger in Wäldern u. Wiesen. Das Herz-Z. *(L. cordata)* mit zarten, herzförm. Blättern und rötl. Blütenlippe ist ein Rohhumuswurzler u. gilt als lokale Kennart natürl. Fichtenwälder; nach der ↗Roten Liste „gefährdet".

Zweifelderwirtschaft, im Mittelalter in Dtl. regional (untere Mosel, Mittelrhein) verbreitetes ↗Ackerbau-System, bei dem Getreideanbau mit ↗Brache abwechselte.

Zweifleck, *Epitheca bimaculata,* ↗Falkenlibellen.

Zweiflügler, *Dipteren, Diptera,* Ord. der ↗Insekten mit ca. 80000 Arten in über 130 Fam. Die Z. gliedern sich in die beiden U.-Ord. ↗Fliegen *(Brachycera)* u. ↗Mücken *(Nematocera).* Während die Fliegen eher gedrungen u. plump wirken, sind die Mücken i.d.R. schlanker u. weichhäutiger. Wichtigstes gemeinsames Merkmal ist die *Zweiflügeligkeit;* die Hinterflügel sind zu den Schwingkölbchen (Halteren) umgewandelt, zum Fliegen dienen nur noch die Vorderflügel.

Zweig, Bez. für ein jüngeres, weniger kräftiges Teilstück eines Astes, das v. einer Gabelung ausgeht. Dabei bezeichnet man als *Ast* einen kräftigeren u. damit älteren Z., meist das unmittelbar aus dem Stamm abzweigende kräftigere Teilstück des Seitensproßsystems. ↗Seitenachse.

Zweigeschlechtlichkeit, die ↗Bisexualität.

Zweihäusigkeit, die ↗Diözie.

zweijährig ↗bienn.

Zweikeimblättrige Pflanzen, *Dikotylen, Dicotyledoneae, Magnoliatae,* Kl. der ↗Bedecktsamer mit 6 U.-Kl. (vgl. Tab.) und ca. 170000 Arten. Damit gehören über ¾ der

Bei Z vermißte Stichwörter suche man auch unter C und K.

Bedecktsamer zu den Z.n P. Charakteristische Merkmale: 2 seitenständig am Embryo (☐ Embryonalentwicklung) angelegte Keimblätter (es sind auch Ausnahmen bekannt); meist wird eine langlebige Hauptwurzel mit Seitenwurzeln angelegt (↗ Allorrhizie, ☐). Die ↗ Leitbündel (☐) sind im Stengelquerschnitt fast immer kreisförmig angeordnet (Eustele). Offene Leitbündel mit einem Kambium ermöglichen ↗ sekundäres Dickenwachstum. Es kommen sehr vielfältige ↗ Blatt-Formen (B Blatt III) vor: so sind z. B. zusammengesetzte Blätter (gefiedert od. gefingert) häufig. Die Blätter sind meist netzadrig und deutl. gestielt sowie mit ↗ Nebenblättern versehen. Die Blütenorgane (↗ Blüte) sind im allg. in 4- oder 5zähligen Wirteln angeordnet. Weit verbreitet ist die ↗ Lebensform der Bäume; sie wird als ursprünglich angesehen. Die ↗ Pollen sind meist tricolpat, d. h., sie besitzen 3 Keimfalten. Die U.-Kl. ↗ Magnoliidae enthält die meisten urspr. Sippen u. wird deshalb an die Basis der Bedecktsamer gestellt. Sippen der Magnoliidae zeigen außerdem gehäuft Merkmale, die zu den ↗ Einkeimblättrigen Pflanzen überleiten: so kommen zerstreut angeordnete Leitbündel vor; für einige sind 3zählige Blüten kennzeichnend. Über die genauere stammesgeschichtl. Ableitung der Einkeimblättrigen Pflanzen sind jedoch bisher nur Spekulationen möglich. B Bedecktsamer II.

Zweikiemer, die ↗ Dibranchiata.
Zweipunkt, Adalia bipunctata, ↗ Marienkäfer.
Zweischichtminerale ↗ Tonminerale.
Zweistrangaustausch, reziproker Segmentaustausch (↗ Faktorenaustausch) zw. in der Meiose gepaarten Chromosomen mit 2 Crossing over-Ereignissen zw. 2mal den gleichen Chromatiden.
Zweistreifensalamander, Eurycea bislineata, ↗ Wassersalamander.
Zweizahn, Bidens, weltweit verbreitete Gatt. der ↗ Korbblütler (T) mit etwa 130, v. a. in Amerika heim. Arten. Meist an feuchten Standorten wachsende, ästig verzweigte Pflanzen mit gegenständ. Blättern u. einzeln stehenden od. in rispigen od. trugdoldigen Gesamtblütenständen angeordneten Blütenköpfen. Diese aus zahlreichen bräunl. Röhrenblüten, die v. weiß od. gelb gefärbten Zungenblüten umgeben werden. Die Früchte sind mit meist 2–4, mit Widerhaken bewehrten Borsten versehen (Klettfrüchte). Häufigste einheim. Art ist der 1jähr., bis 1 m hohe Dreiteilige Z. (B. tripartitus), mit in 3–5 lanzettl., gezähnte Abschnitte zerteilten Blättern u. einzeln stehenden, bis 2,5 cm breiten, oft nur aus bräunl.-gelben Zungenblüten bestehenden Köpfchen. Die in fast ganz Europa sowie N- und W-Asien weit verbreitete Pflanze wächst an feuchten Standorten, u. a. in den staudigen Unkrautges. von Ufersäumen, Gräben u. Sümpfen.

Zwenke
Fieder-Z. (Brachypodium pinnatum), Blütenstand

Zwergdommel (Ixobrychus minutus)

Zweizahn-Gesellschaften ↗ Bidentetea tripartitae.
Zweizahnwale, Mesoplodon, formenreiche Gatt. der ↗ Schnabelwale mit auffallender Form u. Stellung eines Unterkiefer-Zahnpaares.
Zwenke, Brachypodium, Gatt. der Süßgräser (U.-Fam. ↗ Pooideae) mit ca. 25 Arten in Eurasien, Mittelamerika sowie S- und O-Afrika; ↗ Ährengräser mit 2–4 cm langen, vielblütigen (6–24), begrannten Ährchen u. zerschlitztem Blatthäutchen. Die Wald-Z. (B. sylvaticum) ist ein Horstgras feuchter Laubmischwälder, die Fieder-Z. (B. pinnatum) ein Rhizomgras der Kalk-Trockenrasen.
Zwerchfell [v. mhd. twerh = quer], Diaphragma, kuppelförmiger Muskel der Säuger aus quergestreiften Muskelfasern, der Brusthöhle (↗ Brust 1) u. ↗ Bauchhöhle voneinander trennt. Beim Menschen setzt das Z. am Brustbein, den unteren 6 Rippen sowie den Lendenwirbeln an. Bei der Z.atmung (abdominale ↗ Atmung, ↗ Bauchatmung) kontrahiert das Z., dehnt die Brusthöhle nach unten aus, wobei das Lungenvolumen passiv vergrößert wird, u. drückt die Baucheingeweide vor. In entspannter Stellung (Ausatemstellung) reicht das Z. fast bis in Höhe der Brustwarzen in den Brust*korb* (nicht die Brust*höhle*) hinein. In diesem oberen Abschnitt der Bauchhöhle liegen große Teile v. Leber u. Magen sowie die Milz. Die Oberseite des Z.s ist in der Mitte schwach eingesenkt, so daß eine Doppelkuppel entsteht. Auf der Einsenkung liegt die Unterseite des Herzens, auf den beiden Kuppeln die Unterseiten der Lungen. Etwa in der Mitte des Z.s befindet sich ein großes Foramen, durch das Vena cava (Hohlvene), Aorta (Hauptschlagader) u. Oesophagus (Speiseröhre) sowie Nerven hindurchtreten. – Krokodile weisen eine zum Z. der Säuger analoge Bildung auf.
Zwergantilopen, 1) Zwergspringer, Neotraginae, die ↗ Böckchen. 2) Bez. für kleinere Arten der Gatt. Cephalophus, ↗ Dukker.
Zwergbandwurm, Hymenolepis nana, Art der ↗ Hymenolepidae.
Zwergbinsen-Gesellschaften ↗ Isoëto-Nanojuncetea.
Zwergbuchs, Polygala chamaebuxus, ↗ Kreuzblumengewächse.
Zwergdommeln, Zwergrohrdommeln, Ixobrychus, Gatt. der ↗ Reiher, die zus. mit den größeren ↗ Rohrdommeln die Gruppe der Dommeln bilden, die sich bei Gefahr durch eine bes. Körperhaltung, die ↗ Pfahlstellung, schützen. Im Ggs. zu den anderen Reihern sind die Z. sexualdimorph gefärbt. Die 7 Arten leben in dichter Ufervegetation stehender u. langsam fließender Gewässer aller Kontinente. Die auch in Dtl. heimische, nach der ↗ Roten Liste „vom Aussterben bedrohte", 35 cm große

Bei Z vermißte Stichwörter suche man auch unter C und K.

Zwergfadenwurm

Z. *(I. minutus)* hält sich als Zugvogel zw. Ende April u. Mitte Okt. im Brutgebiet auf; sie ist ein scheuer Vogel, der seine Anwesenheit durch monoton bellende od. quakende Rufe verrät; beim Männchen ist die Oberseite schwarzbraun, die Unterseite gelbl., der Flügel besitzt ein rahmgelbes Feld; das Weibchen ist brauner u. am Bauch gestreift. Die Vögel jagen im Verlandungsbereich v. Gewässern Frösche, Fische u. Wasserinsekten. Das Nest wird über dem Wasser im Schilf od. Weidengebüsch errichtet u. enthält 1–2mal pro Brutsaison 4–7 Eier. Die Jungen verlassen bereits nach 5–6 Tagen das Nest, können geschickt klettern u. nach 1 Monat fliegen.

Zwergfadenwurm, *Strongyloides stercoralis,* Parasit des Menschen mit Generationswechsel: die freilebende getrenntgeschlechtliche Generation (♀ 1 mm, ♂ 0,7 mm) lebt wie viele andere ↗ *Rhabditida* im Boden an feucht-warmen Stellen. Bei Temp. ab 15°C können infektiöse ↗ filariforme Larven entstehen, die sich durch die Haut einbohren (im allg. am Fuß, also wie beim ↗ Hakenwurm) u. über die ↗ Herz-Lungen-Passage den Dünndarm erreichen. Dort wachsen sie zu 2 mm lange ♀♀ heran, die sich mit dem Vorderende in die Darmschleimhaut einbohren u. sich parthenogenet. fortpflanzen (↗ Heterogonie). Aus den Eiern schlüpfen schon im Darm (Ggs. zu anderen parasit. ↗ Fadenwürmern) ↗ rhabditiforme Larven; sie gelangen mit dem Kot nach draußen u. wachsen zur freilebenden Generation heran. – Bei der vom Z. verursachten, nicht selten tödl. Krankheit *(Strongyloidiasis)* treten schwere Lungenschäden (Durchbohren der Larven vom Blutgefäß- zum Alveolenlumen) u. Durchfälle (eingebohrte ♀♀ in Darmschleimhaut) auf. In manchen trop. Gegenden sind über 50% der Bevölkerung befallen.

Zwergfledermäuse, *Pipistrellus,* Gatt. der ↗ Glattnasen.

Zwergfüßer, die ↗ Symphyla.

Zwerghaie ↗ Dornhaie.

Zwerghirsche, *Zwergböckchen, Zwergmoschustiere, Tragulina,* geolog. sehr alte, systematisch v. der großen Gruppe der ↗ Stirnwaffenträger abgetrennte Teil-Ord. der ↗ Wiederkäuer; einzige rezente Vertreter sind die ↗ Hirschferkel.

Zwerghöhlenschnecken, die ↗ Brunnenschnecken.

Zwergkäfer, Bez. für Arten u. a. der ↗ Federflügler, ↗ Palpenkäfer, ↗ Kugelkäfer u. ↗ Ameisenkäfer.

Zwergkalmare, *Alloteuthis,* Gatt. der Fam. Loliginidae, ↗ Kalmare (U.-Ord. ↗ *Myopsida*), deren Hinterende ausgezogen ist u. einen trompetenförmig gewundenen Schalenrest enthält. Der Pfriemenkalmar *(A. subulata),* 20 cm lang, ist der häufigste Kalmar der dt. Küsten, kommt auch im O-Atlantik u. Mittelmeer vor; die gleiche Verbreitung haben die nur 12 cm langen Marmorierten Z. *(A. media).*

Zwergklapperschlangen, *Sistrurus,* Gatt. der ↗ Grubenottern mit 3 urtüml., nord- u. mittelamerikan., meist 40–80 cm langen Arten; im Ggs. zu den Echten ↗ Klapperschlangen anstelle v. kleinen 9 große Kopfschilder u. sehr kleine Schwanzklappern; oberseits u. an den Flanken mit dunklen Fleckenreihen; lebendgebärend (4–9 Junge). Die Massasauga od. Kettenklapperschlange *(S. catenatus;* gelegentl. bis 95 cm lang; zw. den Großen Seen u. Mexiko weit verbreitet) ist die größte Art; bevorzugt feuchte Wälder u. Torfmoore; ernährt sich v. a. von Fröschen, Eidechsen u. kleineren Nagetieren; Biß kann gefährl. sein. Im SO der USA lebt die kleinere u. etwas harmlosere – aber angriffsfreudigere – Eigentliche Z. *(S. miliarius;* zw. den dunklen Flecken oft orangerot gefärbt). Südlichster Vertreter der Z. ist die Mexikanische Z. *(S. ravus).*

Zwergkugler, *Glomeridellidae,* Fam. der ↗ Doppelfüßer-Gruppe (T) *Opisthandria* aus der Verwandtschaft der ↗ Saftkugler. Nur 10 Arten, die v. a. auf dem Balkan, in Italien u. S-Fkr. verbreitet sind. Bei uns nur die 4–5 mm große Art *Glomeridella germanica,* die ähnl. gezeichnet ist wie unsere *Glomeris-*Arten. Sie findet sich im Alpengebiet unter Laub.

Zwerglaube, das ↗ Moderlieschen.

Zwergläuse, *Phylloxeridae,* kleine Fam. der ↗ Blattläuse. Die Z. besitzen weder Rückenröhren noch Wachsdrüsen; sie bilden keinen Honigtau u. haben keinen After; die Flügel (falls vorhanden) liegen in der Ruhe flach auf dem Rücken. Der für die Blattläuse typische, komplizierte Generationswechsel (↗ Heterogonie) ist bei den Z.n meist nicht mit einem Wirtswechsel verbunden. Alle weibl. Formen sind eierlegend. Die Z. kommen ausschl. auf Laubbäumen u. -sträuchern vor. Die bekannteste Art ist die ↗ Reblaus *(Viteus vitifolii).* Die Eichenzwerglaus *(Phylloxera coccinea)* parasitiert an Trauben- od. Stieleichen. Ihre Stammutter (Fundatrix) bildet durch Umklappen der Blattränder Taschen; die nächste (parthenogenet. entstandene) Generation saugt an den Blattunterseiten u. verursacht dadurch gelbl. Flecken. [muren (T)].

Zwergmakis, *Microcebus,* Gatt. der ↗ Le-

Zwergmännchen, *Pygmäenmännchen;* man spricht von Z., wenn die ♂♂ regelmäßig wesentl. kleiner sind als die ♀♀, z. B. bei manchen Algen *(↗ Oedogoniales),* ↗ Rädertieren, Igelwürmern (☐ *Bonellia*), Ringelwürmern *(↗ Dinophilidae),* Mollusken *(↗* Papierboot*),* Spinnen *(↗* Seidenspinnen*),* Krebsen *(↗* Wasserflöhe*),* Schlangensternen u. Fischen *(↗* Tiefseeangler*).* ☐ Parabiose, B Parasitismus II). Die Z. sind oft darmlos u. können auch Reduktionen v. anderen Organen aufweisen. Die Bildung

---

Zwergfadenwurm

Fortpflanzung:
Der Z. kann sich auch noch anders als beschrieben fortpflanzen; insbes. bei tieferen Temp. können mehrere freilebende Generationen *direkt* aufeinander folgen. Andererseits gibt es auch *Endo-Autoinvasion:* Schon im Darm bilden sich infektiöse Larven, dringen in Darm-Blutgefäße ein u. erreichen über die Herz-Lungen-Passage wieder ihren Ausgangspunkt, das Darmlumen. Sogar *Exo-Autoinvasion* wurde festgestellt (Larven durchbohren die Haut im äußeren Afterbereich).

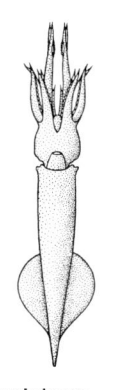

Zwergkalmare
Pfriemenkalmar *(Alloteuthis subulata)*

Zwergmännchen
Bes. stark hat der ↗ Parasitismus die Evolution von Z. begünstigt: einerseits bei Arten, deren Kopulation vor dem endgültigen Heranwachsen der ♀♀ erfolgt (z. B. manche ↗ Pentastomiden u. Fadenwürmer), andererseits bei Arten, deren ♂♂ am od. im ♀ sitzen (z. B. ↗ *Epicaridea* (☐), ↗ Eingeweideschnecken: ☐ *Enteroxenos*).

von Z. *(Nannandrie)* ist eine Extremform des ↗Sexualdimorphismus (□).

Zwergmaus, Hafermaus, *Micromys minutus,* über ganz Eurasien (außer im äußersten N und S) verbreitete kleine Maus (Kopfrumpflänge 5,5–7,5 cm; Schwanzlänge 5–7 cm), die geschickt zw. den Halmen hochwüchsiger Gräser (Getreide, Reis, Schilfrohr) herumklettert u. darin ein kugelförm. Grasnest anlegt.

Zwergmispel, *Cotoneaster,* Gatt. der ↗Rosengewächse mit ca. 100 Arten, hpts. in China und im Himalaya beheimatet. Sommer- od. immergrüne niedrige Sträucher od. kleine Bäume mit ganzrandigen Blättern; kleine, meist rötl.-weiße, glockige Blüten; rote Steinäpfel. Als bis 5 m hoher Zierstrauch gepflanzt wird die Weidenblättrige Z. *(C. salicifolia)* mit ausladenden Zweigen; Heimat W-China. Die Teppich-Z. *(C. dammeri)* stammt aus Mittelchina; die niederliegende Pflanze ist ein beliebter Bodendecker. In Mitteleuropa heimisch, aber selten sind die Gewöhnl. Z. *(C. integerrimus,* B Europa XII) und die nach der ↗Roten Liste „potentiell gefährdete" Filzige Z. *(C. tomentosa),* die in Eichen-Kieferntrockenwäldern, in sonnigen Felsgebüschen auf kalkhalt., steinigen Böden vorkommen.

Zwergmoschustiere, die ↗Zwerghirsche.

Zwergmotten, *Nepticulidae, Stigmellidae,* weltweit, v. a. holarktisch verbreitete Schmetterlingsfam. mit etwa 300 Arten. Falter sehr klein, meist nur 2–4 mm Spannweite, Flügel oft farbenprächtig bunt u. metallisch glänzend, Rüssel reduziert, basales Fühlerglied vergrößert, unterseits konkav, bildet dadurch einen Deckel über den Augen. Raupen leben als Blattminierer v. a. an Gehölzen, können Gallen erzeugen.

Zwergnattern ↗Eirenis.

Zwergorchis *w* [v. gr. orchis = Hode, Knabenkraut], *Chamorchis,* Gatt. der ↗Orchideen mit nur 1, arktisch-alpisch verbreiteten, nach der ↗Roten Liste „potentiell gefährdeten" Art *(C. alpina).* Die nur ca. 10 cm hohe, unscheinbare Z. besitzt grundständ., grasartige Blätter u. einen armblüt. Blütenstand; die Perigonblätter der gelbl.-rötl. Blüten neigen zus., die Lippe ist meist schwach dreilappig. Als Charakterart des Caricetum firmae (↗Seslerion variae) kommt die Z. in alpinen Kalk-Steinrasen vor.

Zwergrost, Gerstenbraunrost, weitverbreitete ↗Rostkrankheit (↗Getreiderost) der Gerste in gemäßigten Klimazonen, verursacht durch den wirtswechselnden ↗Rostpilz *Puccinia hordei;* bei Frühjahrsbefall kann der Ertragsausfall über 20% betragen. Auf der Gerste entstehen im Sommer kleine, gelbbraune Uredolager, bevorzugt auf der Blattoberseite; später im Jahr v. der Epidermis gedeckte, schwarze Teleutosporenlager an Blattunterseite u. Halmen. Die Aecidiosporenlager entwickeln sich auf *Ornithogalum*-Arten.

Zwergrückenschwimmer *(Plea leachi)*

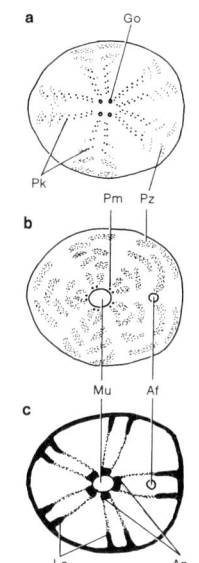

Zwergseeigel

Schale des Z.s *(Echinocyamus pusillus),* **a** von oben (Aboralansicht), **b** von unten (Oralansicht), **c** Innen-Ansicht (untere Schalenhälfte, von oben gesehen). Af After, Ap Apophysen (zurückgebogene Schalenränder im Mundbereich, Ansatzstellen für Kiefer-Muskulatur), Go Gonoporen (4 Geschlechtsöffnungen), Le Leisten (springen in die Leibeshöhle vor u. wirken als Stützpfeiler), Mu Mund, Pk Poren für Kiemenfüßchen (ihre Doppelreihen bilden die 5 Petalodien), Pm Poren für 5 Paar Mundfüßchen (Buccalfüßchen), Pz Poren für viele hundert zusätzliche winzige Füßchen

Zwergrückenschwimmer, *Pleidae,* Fam. der ↗Wanzen (Wasserwanzen) mit der einzigen einheim. Art *Plea leachi;* ca. 2 mm groß, schwimmt flink mit wenig spezialisierten Ruderbeinen im Wasser; der hochgewölbte Rücken zeigt dabei nach unten; kommt zum Erneuern des Luftvorrates zw. Haaren am Bauch an die Wasseroberfläche. Die Ernährung erfolgt räuberisch durch kleine Wassertiere.

Zwergsalamander, 1) *Eurycea quadridigitata,* ↗Wassersalamander; 2) *Parvimolge,* Gatt. der ↗Schleuderzungensalamander.

Zwergscheide, *Chamaesiphon,* Gatt. der ↗Chamaesiphonaceae.

Zwergschlangen, *Calamarinae,* U.-Fam. der ↗Nattern, mit ca. 7 Gatt. und etwa 80 im Boden wühlenden Arten in den Tropen SO-Asiens beheimatet; Gesamtlänge bis 30 cm; Kopf klein; die im allg. bei Nattern vorhandenen 8 Kopfschilder fehlen meist; neben Oberkiefer- auch Gaumenzähne; Unterkieferzähne nach hinten zu kleiner werdend; Augen klein, Pupille rund; ernähren sich v. a. von Regenwürmern u. Insekten; sehr langsame Bewegungen. Bekanntester Vertreter: Linnés Z. *(Calamaria linnaei);* lebt auf Java; Färbung u. Zeichnung sehr variabel: oberseits meist dunkelbraun, unterseits rot mit schwarzen würfelförm. Flecken.

Zwergschnecken, Bez. für die ↗Höhlenschnecken (insbes. die *Zospeum*-Arten) u. die Arten der Gatt. ↗*Carychium.*

Zwergsechsaugenspinnen, *Oonopidae,* Fam. der ↗Webspinnen mit ca. 200 Arten, die fast alle in der trop. Zone verbreitet sind; Körpergröße 1 – 3,5 mm; 4 Arten in Mitteleuropa (Gatt. *Oonops* u. *Dysderina),* leben in Häusern od. im Freien, teils in den Netzen anderer Spinnen; bei der Gatt. *Dysderina* ist der Hinterleib dorsal u. ventral v. je einer sklerotisierten Platte bedeckt.

Zwergseeigel, *Echinocyamus pusillus,* ein ↗Irregulärer Seeigel, grau bis grün, relativ flach (deshalb selten auch „Schildigel" gen.); 6–10 (selten bis 15) mm lang, 5–8 mm breit u. nur 3–4 mm hoch; auf Sand- u. Kiesböden der Nordsee und westl. Ostsee häufig, kommt ansonsten bis zu den Azoren vor (bis über 1000 m Tiefe), auch im Mittelmeer. Als Nahrung ist er für manche Fische wichtig. Leere Schalen (vgl. Abb.) sind oft im Spülsaum zu finden. Durch Zusammenwirken von bes. großen Mundstacheln, Mundfüßchen (5 Paar) u. häutigem Mundsaum kann der Z. Steinchen festhalten u. deren Aufwuchs, v. a. Diatomeen u. Foraminiferen, mit seinem Kauapparat zermahlen. Wegen der in die Leibeshöhle vorspringenden Leisten, die das flache Gehäuse stabilisieren, u. wegen der 5 Petalodien (nur 4 bei den ↗Herzseeigeln) wird der Z. herkömmlicherweise zu den Clypeasteroida (↗Sanddollars) gestellt.

Bei Z vermißte Stichwörter suche man auch unter C und K.

Zwergsepie

Zwergspinnen

Einige häufige u. artenreiche Gattungen:
Ceratinella
Diplocephalus
↗ *Erigone*
Oedothorax
Walckenaera

Zwergsepie w [v. gr. sēpia = Tintenfisch], *Sepiola rondeleti,* ↗ Sepiola.

Zwergspinnen, U.-Fam. *Erigoninae, Micryphantinae,* fr. als eigene Fam. *Micryphantidae* v. den ↗ Baldachinspinnen *(Linyphiidae)* abgegrenzte Spinnengruppe mit über 1000 Arten (in Mitteleuropa ca. 150); Körperlänge meist 1–2 mm, große Arten bis 4 mm. Die Männchen tragen bei vielen Arten bizarre Kopffortsätze, auf denen über Poren Drüsen nach außen münden; ihr Sekret spielt eine Rolle während der Paarung. Die meisten Arten sind Streubewohner; manche bauen winzige Netzdecken zum Fang v. Beute, viele leben jedoch ohne Netz.

Zwergspringer, 1) *Neelidae,* Familie der ↗ Kugelspringer, gelegentl. als eigene U.-Ord. *Neelomorpha* der ↗ Springschwänze geführt. Die Gatt. *Neelus* umfaßt winzige (0,3–0,6 mm), sekundär wieder zur Lebensweise im Boden zurückgekehrte, blinde Kugelspringer; *N. (Megalothorax) minimus* lebt als kleinster bekannter Springschwanz tief in der vermodernden Schicht des Fallaubs. 2) *Zwergantilopen, Neotraginae,* die ↗ Böckchen.

Zwergsträucher, Bez. für verholzte Pflanzen, die eine Wuchshöhe bis zu 25–50 cm nicht überschreiten u. dadurch mit ihren Erneuerungsknospen unter der schützenden Schneedecke bleiben. Zusammen mit den ↗ Halbsträuchern werden sie zur ↗ Lebensform ([T]) der ↗ *Chamaephyten* gerechnet. ↗ Zwergstrauchformation.

Zwergstrauchformation, primär od. sekundär baumfreie, von ↗ Chamaephyten beherrschte Vegetationsformation (Tundra, atlant. Heide usw.). ↗ Zwergstrauchgürtel.

Zwergstrauchgürtel, dem Krummholz (↗ Höhengliederung) vorgelagerter Vegetationsgürtel in der alpinen Stufe; durch Holzgewinnung u. Beweidung heute meist stark bis in den Bereich des ↗ Krummholzgürtels ausgeweitet (↗ *Rhododendro-Vaccinion,* ↗ *Cetrario-Loiseleurietea*).

Zwergstrauchheiden, die ↗ Nardo-Callunetea.

Zwergtaucher, *Podiceps ruficollis,* ↗ Lappentaucher.

Zwergtintenschnecke, die Gatt. ↗ Idiosepius.

Zwergtritonshörner, *Colubrariidae,* Fam. der ↗ Neuschnecken mit längl.-spindelförm. Gehäuse; der vordere Siphonalkanal ist kurz u. zurückgebogen; Oberfläche gegittert od. knotig. Getrenntgeschlechtl. Meeresschnecken mit reduzierter Reibzunge, v. denen vermutet wird, daß sie sich saugend ernähren. Bekannteste Gatt. sind ↗ *Colubraria* u. ↗ *Fusus.*

Zwergwal, *Balaenoptera acutorostrata,* weltweit verbreiteter, zu den ↗ Furchenwalen gehörender Bartenwal, der sich v. Plankton u. Fischen ernährt; Gesamtlänge bis 9 m; Brustflossen mit weißer Binde.

Zwergwasserläufer, *Hebridae,* Fam. der ↗ Wanzen (Landwanzen) mit in Mitteleuropa nur 2 Arten; beide unter 2 mm groß; laufen mit alternierenden Beinbewegungen auf der Wasseroberfläche umher. Bei uns kommen *Hebrus pusillus* und *H. ruficeps* vor.

Zwergwespen, *Mymaridae,* kosmopolitische Fam. der ↗ Hautflügler (Fam.-Gruppe ↗ *Chalcidoidea*) mit ca. 300 Arten; oft winzige, 0,1 bis 1 mm große Arten (kleinste Insekten); die schmalen Flügel sind mit langen Wimpern besetzt. Die Z. entwickeln sich als Parasiten in den Eiern anderer Insekten.

Zwergwiesel, *Mustela nivalis minutus,* fr. als eigene Art abgetrennte, heute als U.-Art betrachtete kleinere Form des euras. Maus-↗ Wiesels. Dem Z. entspricht in N-Amerika das Kleinstwiesel *(M. n. rixosa).*

Zwergwuchs, Minderwuchs, Nanismus, Nanosomie, bei Pflanzen, Tieren u. Mensch durch die verschiedensten Ursachen zustande gekommene Wuchsform, bei der die normale Größe der Gestalt (↗ Körpergröße) nicht erreicht wird (↗ Wachstum). Z. kann als Rassenmerkmal einer Art im Zshg. mit der Anpassung an extreme Lebensräume selektioniert werden, als genet. Defekt vorhanden sein od. aufgrund v. Mangelzuständen (trockene Standorte, vermindertes Angebot an Nährsalzen od. Spurenelementen, Stickstoffmangel bei Pflanzen od. ↗ Unterernährung bei Tieren) während der Ontogenese des Individuums auftreten. Bei Mensch u. Tier sind ferner eine Reihe v. Hormonstörungen (Mangel an ↗ Somatotropin, Hypophysenvorderlappen-Insuffizienz u. a.) für den Z. verantwortlich. Beim Menschen unterscheidet man – abgesehen vom *primordialen* Z. mit normalen Körperproportionen, wie er bei Zwergstämmen (↗ Pygmäen, ☐) vorkommt – den *chondrodystrophischen* Typ (↗ Chondrodystrophie), verbunden mit einer Körperdisproportionierung, aber ohne Intelligenzverlust (sog. Liliputaner), von solchen Formen, die oft mit schweren Störungen der mentalen Funktionen einhergehen (hypophysärer Z., ↗ Cushing-Syndrom, Pubertas praecox, ↗ Chromosomenanomalien beim ↗ Turner-Syndrom u. ↗ Down-Syndrom). ↗ Verzwergung, ↗ Bonsai; ↗ Hyposomie.

Zwergzikaden, *Jassidae,* artenreichste Fam. der ↗ Zikaden mit ca. 5000, weltweit verbreiteten Arten. Die Z. werden bis 15 mm groß, die meisten Arten sind kleiner als 10 mm und meist grünl. gefärbt. Viele Z. verursachen durch Saftsaugen (↗ Pflanzensaftsauger) u. Übertragung v. Krankheiten an Pflanzen Schäden. Die ca. 4 mm große, gelbl.-grüne, in Europa und N-Amerika vorkommende Rosenzikade *(Typhlocyba rosae)* saugt an der Blattunterseite v. Rosen sowie Obstbäumen u. -sträuchern; die Blätter werden weißgepunktet u. blei-

Bei Z vermißte Stichwörter suche man auch unter C und K.

chen aus. Die an Vorderbrust u. Vorderflügel dunkel gestreifte Streifenzikade *(Deltocephalus striatus)* befällt wie *Macrosteles laevis* Getreidehalme, letztere findet man aber auch an Rüben u. Kartoffeln. An Sumpfpflanzen, aber auch vielen Kulturpflanzen saugt die grüne, ca. 7 mm große *Cicadella viridis;* das Männchen hat dunkelblaue Vorderflügel. Die größte Z. mit ca. 15 mm ist die Ohrzikade *(Ledra aurita)* mit ohrenart. Anhängen am Halsschild.

Zwetschge, *Prunus domestica.* ↗ Prunus.
Zwetschgenschildlaus, *Eulecanium corni,* ↗ Napfschildläuse.
Zwicke, *free-martin,* genetisch weibl. Kalb mit teilweise zu Hoden entwickelten Ovarien; tritt beim Rind auf, wenn durch eine ↗ Anastomose der Choriongefäße v. zwei Embryonen unterschiedl. Geschlechts ein Hoden induzierender embryonaler Faktor vom männl. Embryo in den Blutkreislauf eines weibl. Embryos übertritt.
Zwiebel, 1) *Küchen-Z., Allium cepa,* ↗ Lauch. **2)** *Bulbus,* Bez. für zu einem Speicher- u. Überdauerungsgebilde (↗ Z.pflanzen) metamorphosierte, sehr stark verkürzte Sprosse (Sproßachse u. Blätter). Sie sind meist unterirdisch angelegt. An der zu einer Scheibe od. einem stumpfen Kegel verkürzten Sproßachse *(Z.kuchen, Z.scheibe)* setzen verdickte, fleischige Schuppenblätter *(Z.schuppen)* an, die der Speicherung (↗ Speicherblätter) dienen. Diese Z.schuppen stellen entweder schuppenförm. Niederblätter dar od. gehen aus dem Blattgrund abgestorbener Laubblätter als stengelumfassende u. geschlossene Blattscheiden *(Z.schalen)* hervor. Z.n können sowohl nur aus Niederblättern *(Schuppen-Z.),* nur aus Blattscheiden *(Schalen-Z.)* od. auch alternierend aus beiden Schuppenformen aufgebaut sein. Aus dem Apikalmeristem der verkürzten Achse treibt später der oberird. Blütensproß. In vielen Fällen geht alljährl. aus einer Knospe in der Achsel einer der Z.schuppen eine neue *Tochter-Z.* (↗ Brut-Z.) hervor, während die letztjahrige abstirbt. Von dem Z.kuchen gehen sproßbürtige Wurzeln ab. B asexuelle Fortpflanzung II.
Zwiebelbrand, ↗ Brand-Krankheit der Zwiebelpflanze, verursacht durch den Brandpilz *Urocystis cepulae* (↗ Tilletiales); bei Befall entstehen streifige Anschwellungen an den Blättern; die Sporenlager schimmern bleigrau durch die Epidermis, die aufreißt u. die reife Sporenmasse freigibt; die Übertragung erfolgt v. Pflanzgut od. durch Keimlingsinfektion vom Boden.
Zwiebelfliege, *Phorbia antiqua,* ↗ Blumenfliegen. [tellidae.
Zwiebelmotte, *Acrolepia assectella,* ↗ Plu-
Zwiebelmuscheln, die ↗ Sattelmuscheln.
Zwiebelpflanzen, *Zwiebelgeophyten,* Bez. für mehrjährige, krautige Pflanzen, die ungünstige Klimaperioden (Kälte, Trocken-

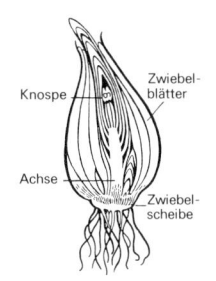

Zwiebel

Z.n als Speicherorgane v. Stauden sind weit verbreitet, v. a. bei den Einkeimblättrigen Pflanzen (z. B. vielen ↗ Liliengewächsen). Schuppen-Z.n finden sich u. a. beim Türkenbund, Schalen-Z.n z. B. bei der Tulpe (vgl. Abb., Längsschnitt) und der Küchen-Z. Ein Beispiel für die Ausbildung v. Tochter-Z.n ist der Knoblauch.

heit) in Form v. ↗ Zwiebeln überdauern. Dazu gehören bes. Einkeimblättrige Pflanzen, wie z. B. viele Vertreter der ↗ Lilien- u. ↗ Amaryllisgewächse.
Zwiebelsprosse, Bez. für unterirdische Sprosse, die Übergangsbildungen zw. ↗ Zwiebeln u. ↗ Rhizomen darstellen; die nur wenig gestauchten Sproßachsen sind dicht mit fleischig verdickten Schuppenblättern besetzt, die der Nährstoffspeicherung dienen; z. B. ↗ Schuppenwurz (☐), einige Arten der ↗ Gesneriaceae.
Zwiesel *w,* auch *m,* Gabelbildung: nach Ausfall des Haupttriebes kommt es bei Laubbäumen (seltener Nadelbäumen) zu Wuchsformen mit 2 Stämmen u. Kronen, die einem gemeinsamen unteren Stammteil entspringen.
Zwillinge, *Gemini, Gemelli,* zwei sich gleichzeitig in der Gebärmutter entwickelnde Embryonen. Beim Menschen sind die meisten Z. *zweieiige Z.,* die aus zwei gleichzeitig ausgestoßenen (↗ Ovulation) u. befruchteten ↗ Oocyten entstehen. Die genet. Übereinstimmung u. damit die Ähnlichkeit der zweieiigen Z., die zweierlei Geschlechts sein können, sind daher nicht größer als bei Geschwistern allgemein. *Eineiige Z.* entstehen aus einer einzelnen befruchteten ↗ Eizelle (Zygote), die sich in einem sehr frühen Entwicklungsstadium aufteilt, meist im frühen ↗ Blastocysten-Stadium nach Spaltung der innen gelegenen Embryonalanlage (Embryoblast) in zwei getrennte Zellhaufen. Spaltet sich die Zygote in einem späteren Entwicklungsstadium, kann es zu einer unvollständigen Zerteilung der Keimscheibe u. damit zu unvollständig getrennten Embryonen kommen (↗ *siamesische Z.).* Die früheste Trennung soll bereits im 2-Zell-Stadium vorkommen. Eineiige Z. sind genetisch identisch u. damit auch immer gleichen Geschlechts. ↗ Mehrlingsgeburten (T), ↗ Doppelbildungen, ↗ Polyembryonie, ↗ Zwillingsforschung.
Zwillingsarten, engl. *sibling species,* Artenpaare od. Gruppen nahe verwandter Arten (↗ Art), die sich morpholog. nicht od. nur geringfügig unterscheiden, jedoch durch ↗ Isolationsmechanismen reproduktiv getrennt, also „gute Arten" sind. Vielfach haben Z. unterschiedliche physiolog., ökolog., etholog., biochem. (Chemo- ↗ Taxonomie) oder cytolog. (Chromosomenzahl, z. B. ↗ Polyploidie) Merkmale. Z. finden sich in vielen genau analysierten Verwandtschaftsgruppen, so z. B. auch bei ↗ *Drosophila melanogaster* (z. T. durch ↗ Chromosomenaberrationen unterschieden) und mit nur geringen morpholog. Unterschieden bei Vögeln. B Rassen- und Artbildung II.
Zwillingsforschung, Forschungsgebiet, das mit Hilfe der Analyse v. ↗ Zwillingen die Konstanz v. Merkmalen sowie den Einfluß v. Erbgut u. Umwelt auf bestimmte Merk-

Bei Z vermißte Stichwörter suche man auch unter C und K.

Zwischeneiszeit

male untersucht. Die Z. ist v. a. eine Methode der Humangenetik, in der andere Ansätze, wie z. B. das Umsetzen des Organismus in eine bestimmte Umwelt, nicht mögl. sind. Die Unterscheidung v. eineiigen Zwillingen u. zweieiigen Zwillingen ist anhand des Übereinstimmungsgrades v. Merkmalen mögl.; eineiige Zwillinge sind genetisch identisch, während bei zweieiigen Zwillingen Aufspaltungsverhältnisse und Übereinstimmungswahrscheinlichkeiten wie bei normalen Geschwistern vorliegen. Durch Vergleich v. zweieiigen Zwillingen, eineiigen Zwillingen in gleicher Umwelt u. eineiigen Zwillingen in verschiedener Umwelt (nur 150 Fälle bekannt) können die oben gen. Fragestellungen untersucht werden. Z. B. kann die Konkordanz bzw. ↗Diskordanz der Fälle bei Vergleich verschiedener Zwillingspärchen Aufschluß darüber geben, ob die Anfälligkeit gegenüber bestimmten Krankheiten erbl. bedingt ist. Die Z. ist in letzter Zeit, seit auch in der Humangenetik vermehrt mit cytogenetischen und molekulargenetischen Methoden gearbeitet wird, in den Hintergrund getreten.

Zwischeneiszeit, das ↗Interglazial.
Zwischenformen, die ↗Bindeglieder; ↗missing links.
Zwischenfruchtbau, Anbau einer dritten Kultur zw. den Vegetationszeiten zweier Hauptfrüchte innerhalb von 2 Jahren; Zwischenfrüchte werden meist als Futterpflanzen od. zur ↗Gründüngung angebaut. Beispiele: Raps, Rübsen.
Zwischenhirn, *Diencephalon,* der hintere Abschnitt des Vorderhirns (↗Gehirn), umschließt den III. Ventrikel. Das Dach des Z.s besitzt einige nicht-nervöse Differenzierungen: Bei sehr urspr. Wirbeltieren, wie den ↗Neunaugen, handelt es sich um 2 unpaare mediale Augen (Parietal- u. Pinealauge; ↗Pinealorgan). Bei ↗Brückenechsen u. ↗Eidechsen kann das Parietalauge eine hohe Differenzierung erreichen (mit Hornhaut, Linse, Glaskörper u. Retina). Das Pinealorgan wird hingegen bei allen höheren Wirbeltieren zu einer endokrinen Drüse, der ↗Epiphyse, umgebildet. Die Seitenwand die Z.s bildet in ihrem oberen Abschnitt den ↗Epithalamus, der eine Umschaltstation v. Fasern aus dem ↗Riechhirn zum ↗Hirnstamm ist. Der mittlere Abschnitt der Z.-Wand bildet den ↗Thalamus, ein wichtiges Umschaltzentrum motorischer u. sensorischer Impulse v. und zu den Endhirnhemisphären (↗Telencephalon). Der Boden des Z.s bildet den ↗Hypothalamus (☐), der gemeinsam mit der Hirnanhangsdrüse, der ↗Hypophyse (☐), ein übergeordnetes Steuerungszentrum für vegetative u. hormonelle Funktionen darstellt (↗hypothalamisch-hypophysäres System).

Zwischenkieferknochen, das ↗Praemaxillare.

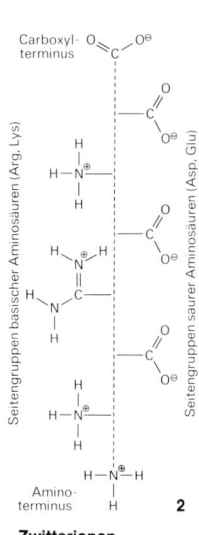

Zwischenklauendrüse, *Zwischenzehen-, Interdigital-, Klauendrüse, Klauensäcke,* ein Hautdrüsenorgan zw. den ↗Klauen v. wiederkäuenden Paarhufern; bei Damhirsch, Elch, Reh u. Rentier nur an den hinteren, bei Gemse u. Schaf an allen Füßen; fehlt bei Edelhirsch u. Rind. Das Sekret der Z.n dient zur „Schmierung" (Reibeschutz) der Klauen u. zur Duftmarkierung.
Zwischenwirbelscheibe ↗Bandscheibe.
Zwischenwirt, ↗Wirt, in dem sich ein Parasit (↗Parasiten) ungeschlechtl. oder parthenogenet. vermehrt. Ggs.: ↗Endwirt.
Zwischenzellen, die ↗interstitiellen Zellen; ↗Leydig-Zwischenzellen.
zwischenzellstimulierendes Hormon, das ↗luteïnisierende Hormon.
Zwitscherschrecke, *Tettigonia cantans,* ↗Heupferde.
Zwitter, *Hermaphroditen,* Bez. für Organismen mit der Fähigkeit, im selben Individuum ♂ und ♀ befruchtungsfähige ↗Geschlechtsprodukte (↗Gameten) auszubilden. ↗Zwittrigkeit, ↗Zwittergonade, ↗Intersexualität, ↗Gynander.
Zwitterblüten, *zwittrige Blüten,* Bez. für Blüten, die Staub- u. Fruchtblätter ausgebildet haben.
Zwitterdrüse, *Ovariotestis,* fr. Bez. für die ↗Zwittergonade.
Zwittergonade, *Zwitter„drüse", Ovotestis, Ovariotestis,* Gonade (Keim„drüse"), die sowohl Spermien als auch Eizellen produziert; im Tierreich relativ selten (Hinterkiemer u. Lungenschnecken: ☐ Geschlechtsorgane; einziger Fall bei Wirbeltieren: *Serranus* ↗Zackenbarsche). Z.n (i. w. S.) treten bei wenigen anderen Tiergruppen auf: die Gonade fungiert zunächst als Hoden, später als Ovar (z. B. *Caenorhabditis:* ↗Rhabditida). Die meisten Zwitter haben aber keine Z.n, sondern deutlich getrennte Hoden u. Ovarien (z. B. Plattwürmer: ☐ Geschlechtsorgane).
Zwitterionen [Mz.], ionisch aufgebaute Moleküle, die sowohl anionische (↗Anion) als auch kationische (↗Kation) Gruppen enthalten; z. B. sind Aminosäuren, viele Peptide u. Proteine Zwitterionen. ☐ Proteine, B Aminosäuren.
Zwitterlinge, *Asterophora (Nyctalis),* Gatt. der ↗Ritterlingsartigen Pilze; kleine, ungenießbare Pilze, die parasit. auf faulenden Pilzen leben u. an deren Oberfläche sich auffällige Chlamydosporen entwickeln. In Mitteleuropa 2 Arten: auf faulenden Schwarztäublingen u. weißen Milchlingen lebt der Stäubende Z. (*A. lycoperdoides*) mit sternförmigen, auf faulenden Schwarztäublingen auch der Beschleierte Z. (*A. parasitica*) mit glatten Chlamydosporen.
zwittrige Blüten, die ↗Staubblattfruchtblattblüten; ↗Zwittrigkeit.
Zwittrigkeit w [Bw. *zwittrig*], *Zwittertum, Hermaphroditismus, Gemischtgeschlechtigkeit,* **1)** Bot.: a) die ↗Blüte der Samenpflanzen betreffend in der Bedeutung, daß

Zwitterionen

1 Zwitterionen-Struktur v. Aminosäuren,
2 Zwitterionen-Struktur v. Peptiden u. Proteinen (schematisch)

in derselben Blüte (Zwitterblüte) sowohl fertile Staubblätter (= Mikrosporophylle mit den Mikrosporangien) als auch fertile Fruchtblätter (= Megasporophylle mit den Megasporangien) ausgebildet werden; eine sekundäre Entwicklung in Anpassung an die Tierblütigkeit (↗Zoogamie). Sie kann in Anpassung an eine sekundäre Windblütigkeit (↗Anemogamie) wieder verlorengehen (↗Bestäubung). b) in der Bedeutung, daß ein Individuum die ↗Geschlechtsorgane zur Bildung beider ↗Gameten-Sorten beieinander ausbildet. Diese Definition ist bei Pflanzen mit ihrem i.d.R. heterophasischen ↗Generationswechsel (↗diphasischer Generationswechsel) völlig anders als bei den rein diploiden tierischen Organismen (s.u.). Diese Definition betrifft zunächst nur den ↗Gametophyten. Beispiele liefern Gametophyten einiger ↗Pilze u. ↗Algen. Eine völlig andere Situation liegt vor, wenn auf dem gleichen Individuum die beiden Sorten v. Geschlechtsorganen getrennt voneinander modifikativ ausgebildet werden. Man spricht dann v. ↗Monözie. Beispiele liefern die Gametophyten vieler ↗Moose u. isosporer ↗Farnpflanzen. Bei den zwittrigen heterosporen Farn- u. Samenpflanzen findet man reduziert, modifikativ eingeschlechtl. Gametophyten (↗Generationswechsel), deren Geschlechtsdifferenzierung gleichsam auf den Sporophyten übergreift u. zur obigen pflanzlichen Z. führt, wobei auch die Monözie bezügl. rein staminater u. rein karpellater Blüten auf dem Sporophyten eingeschlossen ist. 2) Zool.: Bei Tieren spricht man von Z., wenn vom selben Individuum Eier u. Spermien gebildet werden. Bei *Simultan-Z.* werden Eier u. Spermien gleichzeitig gebildet, z.B. bei Plattwürmern, Lungenschnecken, Hinterkiemern, Regenwürmern, Manteltieren, aber auch bei einigen Schwämmen, Nesseltieren u. Fischen (einige Sägebarsche). Bei Lungenschnecken werden Eier u. Spermien in derselben Gonade (↗Zwittergonade, ☐ Geschlechtsorgane) gebildet. Meist sind ♂ und ♀ Genitalsysteme aber räuml. getrennt (z.B. bei Strudelwürmern u. Regenwürmern). Bei *Sukzedan-Z.* od. *konsekutiver Z.* (Bildung v. Eiern u. Spermien zeitl. nacheinander) unterscheidet man proterandrische und proterogyne Z. Bei *prot(er)andrischer Z.* (↗Proterandrie) sind zuerst die ♂, später die ♀ Genitalsysteme aktiv, z.B. bei dem kleinen Ringelwurm ↗*Ophryotrocha puerilis* (☐ Geschlechtsumwandlung), bei der ↗Pantoffelschnecke (☐) *Crepidula* od. bei Garnelen der Fam. *Pandalidae* (U.-Ord. ↗*Natantia*). Bei *prot(er)ogyner Z.* (↗Proterogynie) sind zuerst die ♀, später die ♂ Genitalsysteme aktiv, z.B. bei Salpen u. vielen Fischen aus verschiedenen Fam. (z.B. Zahnkarpfen). – Außer der echten Z. kommt auch eine (abnorme) *Schein-Z.* (Pseudohermaphroditismus) vor; die be-

troffenen Individuen sind i.d.R. unfruchtbar (↗Intersexualität). ↗Geschlechtsbestimmung, ↗Geschlechtsumwandlung, ↗Androgynie, ↗Gynander.   H. L./K. N.

Zwölffingerdarm, *Duodenum,* vorderster ↗Dünndarm-Abschnitt der Wirbeltiere u. des Menschen, direkt hinter dem ↗Magen, in den Bauchspeicheldrüse (↗Pankreas) u. ↗Leber mit ↗Galle ihr Sekret abgeben. Er ist beim Menschen etwas länger als 12 nebeneinandergelegte Finger (Name) u. liegt dreiviertelkreisförmig der hinteren Bauchwand an. Die Schleimhaut ist in hohe Falten mit zahlr. Zotten (↗Darmzotten, ☐ Darm) gelegt, die ein einschichtiges Epithel mit ↗Mikrovillisaum tragen u. der ↗Resorption dienen. Dazwischen sind zahlr. schleimproduzierende ↗Becherzellen angeordnet. Zw. die Zotten dringen die ↗Lieberkühnschen Krypten mit serös sezernierenden Zellen, v. denen wiederum in die Submucosa die ↗Brunnerschen Drüsen ausgehen. Im Z. beginnen der Abschluß des Verdauungsprozesses i.e.S. und die Resorption der Nahrungsabbauprodukte. Dazu wird der saure Speisebrei mit alkalischem Schleim der Brunnerschen Drüsen zum Schutz der Darmwand vor Selbstverdauung (↗Autolyse) neutralisiert. Zudem stimuliert der aus dem ↗Magen (☐) kommende salzsaure Speisebrei (↗Salzsäure, Spaltentext) die Ausschüttung der Peptidhormone ↗Sekretin u. ↗Cholecystokinin (Pankreozymin). Beide ↗Hormone (T) fördern die Sekretion der Bauchspeicheldrüse, Cholecystokinin veranlaßt zudem die Kontraktion der ↗Gallenblase. ↗Verdauung, ↗Villikinin, ↗Darm.

ZW-Typ, *ZZ/ZW-Typ,* ↗Geschlechtsbestimmung (☐).

Zygaenidae [Mz.; v. gr. zygaina = Hammerhai], die ↗Widderchen.

Zygapophysen [Mz.; v. *zyg-, gr. apophysis = Auswuchs], *Processus articularis vertebrae,* v. der Basis der Neuralbögen der ↗Wirbel nach vorne *(Prä-Z.)* u. nach hinten *(Post-Z.)* ragende paarige Gelenkfortsätze.

Zygentoma [Mz.; v. *zyg-, gr. entomos = Insekt], die ↗Silberfischchen.

Zygnemataceae [Mz.; v. *zyg-, gr. nēmata = Fäden], Fam. der ↗Zygnematales (Jochalgen), kokkale ↗Grünalgen mit zylindr. Zellen, bilden einreihige, unverzweigte Kolonien; etwa 600 Arten in 13 Gatt. Die verbreitetste Gatt. *Spirogyra* (Schraubenalgen, ca. 300 Arten) besitzt einen typischen wandständigen, rinnenförm., schraubig gewundenen ↗Chloroplasten (B Algen II) mit zahlr. Pyrenoiden. Sexuelle Fortpflanzung häufig durch leiterförm. ↗Konjugation (☐): zw. den Zellen zweier od. mehrerer Fadenkolonien bilden sich zahlr. Kopulationskanäle aus (B Algen IV), durch die jeweils ein Gamet (Wandergamet) zum anderen (Ruhegamet) übertreten kann (relative Sexualität). Weitere häufige Gatt. sind *Mougeo-*

zyg-, zygo- [v. gr. zygon = Joch].

tia, mit nahezu plattenförm., axialen Chloroplasten, u. *Zygnema* mit 2 sternförm. Chloroplasten pro Zelle (B Algen II). Z. sind häufig in leicht eutrophierten, stehenden u. wärmeren Teichen od. Tümpeln; bei Massenentwicklung Bildung v. leichten, schleimigen Watten.

Zygnematales [Mz.; v. *zyg-, gr. nēmata = Fäden], Jochalgen, Conjugales,* Ord. der ↗ Grünalgen mit 4 Fam. (vgl. Tab.), mitunter als eigene Kl. *Conjugatophyceae* geführt. Kokkale Algen mit Tendenz zur Bildung fädiger Kolonien; vegetative Fortpflanzung durch Zweiteilung, sexuelle Fortpflanzung durch Isogamie, wobei 2 geschlechtsreife Zellen sich aneinanderlagern; je Zelle wird 1 unbegeißelter Gamet gebildet; die Gameten treten über eine Kopulationsbrücke in Verbindung (↗ Konjugation, ☐). Bei Zygotenkeimung läuft Meiose ab; aus den 4 haploiden Kernen können 4 oder durch Absterben von 2 bzw. 3 Kernen 2 oder nur 1 neues Individuum entstehen. Alle Zellen sind Haplonten. Das Fehlen jegl. begeißelter Fortpflanzungskörper erschwert die systemat. Zuordnung. Die ca. 5000 Arten sind fast alle Süßwasserbewohner. B Algen II, IV.

Zygocactus *m* [v. *zygo-, gr. kaktos = stachlige Pflanze], Gatt. der ↗ Kakteengewächse.

Zygodon *m* [v. *zyg-, gr. odōn = Zahn], Gatt. der ↗ Orthotrichaceae.

zygodont [v. *zyg-, gr. odontes = Zähne] ↗ lophodont.

Zygogamie *w* [v. *zygo-, gr. gamos = Hochzeit], die ↗ Gametangiogamie.

Zygolophodon *m* [v. *zygo-, gr. lophos = Helmbusch, Kamm, odōn = Zahn], (Vacek 1877), ↗ Mastodonten, deren hintere Bakkenzähne 4 Querkämme (Joche) aufweisen (↗ lophodont). Verbreitung: mittleres Miozän (Burdigalium) bis unterstes Pleistozän in Europa, zeitweise auch in N-Afrika u. China.

zygomorphe Blüte [v. *zygo-, gr. morphē = Gestalt], *monosymmetrische Blüte,* die ↗ dorsiventrale Blüte. ↗ Blüte (☐).

Zygomycetes [Mz.; v. *zygo-, gr. mykētes = Pilze], die ↗ Jochpilze.

Zygomycota [Mz.; v. *zygo-, gr. mykēs = Pilz], heute Abt. der ↗ *Fungi* (Höhere Pilze), fr. bei den Niederen Pilzen eingeordnet. Charakterist. ist die Gametenkopulation durch Zygogamie, aus der ein Zygosporangium mit einer Zygospore hervorgeht (B Pilze II); meist wird das gesamte Zygosporangium als „Zygospore" bezeichnet. Nicht von allen Z. ist eine geschlechtl. Vermehrung bekannt (↗ *Trichomycetes*). Zur Gliederung in Ord.-Gruppen werden morpholog. Merkmale, die Zellwandzusammensetzung u. der Grad der Myceloseptierung herangezogen. Die Abgrenzung der beiden Kl., *Zygomycetes* (↗Jochpilze) u. ↗ *Trichomycetes,* wird in verschiedenen Systemen unterschiedl. gehandhabt.

zyg-, zygo- [v. gr. zygon = Joch].

zyklisch [v. gr. kyklikos = kreisförmig].

Zygnematales
Familien:
↗ *Desmidiaceae*
↗ *Gonatozygaceae*
↗ *Mesotaeniaceae*
↗ *Zygnemataceae*

Zylinderrose
(Cerianthus membranaceus)

Gemeine Zylinderwindelschnecke
(Truncatellina cylindrica)

Zygoneura [Mz.; v. *zygo-, gr. neura = Nerven] ↗ Gastroneuralia.

Zygophyllaceae [Mz.; v. *zygo-, gr. phyllon = Blatt], die ↗ Jochblattgewächse.

Zygoptera [Mz.; v. *zygo-, gr. pteron = Flügel], U.-Ord. der ↗ Libellen (T).

Zygopteris *w* [v. *zygo-, gr. pteris = Farn], Gatt. der ↗ Coenopteridales.

Zygospore *w* [v. *zygo-, gr. spora = Same], die ↗ Hypnozygote.

Zygotän *s* [v. *zygo-, gr. tainia = Band], Stadium v. Prophase I der ↗ Meiose (B), Beginn der ↗ Chromosomenpaarung.

Zygote *w* [v. gr. zygōtos = zusammengejocht, verbunden], die durch Verschmelzung zweier ↗ Gameten entstandene Zelle (☐ Befruchtung, B Algen IV, B Meiose). Der Z.n-Kern (↗ *Synkaryon*) ist diploid. Bei manchen Algen, Pilzen u. Protozoen ist die Z. beweglich (↗ *Plano-Z., Ookinet:* B Malaria). Bei vielen Pflanzen u. Tieren ist die Z. v. einer festen Hülle umgeben (extrem: dicke Eischalen) u. kann auf diese Weise widrige Umweltbedingungen, z. B. Austrocknung, überdauern u. auch der Verbreitung dienen (z. B. Dauereier, Zygospore = ↗ Hypno-Z., Oospore: ☐ Kraut- u. Knollenfäule). Die Z. ist bei Metaphyten u. Metazoen die erste Zelle des durch ↗ sexuelle Fortpflanzung (☐) entstehenden vielzelligen Körpers (☐ Keimbahn).

Zygotenkern, das ↗ Synkaryon.

zyklisch [*zyklisch], *cyclisch,* kreisläufig, regelmäßig wiederkehrend; ↗ Zyklus.

zyklische Adenylsäure ↗ Adenosinmonophosphat.

zyklische Blüten, Bezeichnung für solche ↗ Blüten, deren verschiedene Blattorgane (Kelch-, Kron-, Staub- u. Fruchtblätter) in Kreisen od. (besser) in *Wirteln* angeordnet sind im Ggs. zur ursprünglich spiraligen Anordnung.

zyklische Guanylsäure ↗ Guanosinmonophosphat.

zyklische Nucleotide, Nucleotide mit zykl. Phosphodiestergruppierung, wie im ↗ Adenosin- bzw. ↗ Guanosinmonophosphat u. in den als Abbauprodukten von RNA vorkommenden zyklischen 2', 3'-↗ Ribonucleosidmonophosphaten.

zyklische Parthenogenese *w* ↗ Parthenogenese, ↗ Heterogonie.

zyklische Photophosphorylierung ↗ Photosynthese.

zyklisches Adenosinmonophosphat, Abk. *cyclo-AMP, cAMP, c-AMP,* ↗ Adenosinmonophosphat, ↗ sekundäre Boten.

zyklisches Guanosinmonophosphat, Abk. *cyclo-GMP, cGMP, c-GMP,* ↗ Guanosinmonophosphat, ↗ sekundäre Boten.

zyklische Verbindungen, chem. Verbindungen mit Ringstruktur; ↗ Ringsysteme.

Zyklomorphose *w* [v. gr. kyklos = Kreis, morphōsis = Gestaltung], ↗ Cyclomorphose, ↗ Wasserflöhe.

Zyklus *m* [Mz. *Zyklen,* Bw. *zyklisch;* v. gr. kyklos = Kreis, Kreislauf], Kreis(lauf), Umlauf, periodisch ablaufendes Geschehen (↗Periode), z.B. ↗Stoffwechsel-Z., ↗Menstruations-Z.

Zylinderrosen [v. gr. kylindros = Walze], *Ceriantharia,* Ord. der ↗*Hexacorallia* (Sechsstrahlige Korallen) mit ca. 50 Arten (längste Art 70 cm), die auf Schlick- u. Sandböden leben. Sie stecken in einer lederartigen Röhre, die aus Schleim, Nesselkapseln u. Sand besteht, in die sie sich auch zurückziehen können. Die einzelnen lebenden Polypen bilden niemals ein Skelett. Der Zuwachs v. Mesenterien erfolgt nicht wie bei den ↗Seerosen in mehreren Fächern, sondern nur in einem einzigen Fach an einer Schmalseite des Mundrohres. Z. ernähren sich v. Kleinkrebschen, kleinen Medusen u.a. Manche ihrer Tentakel können sehr lang gestreckt werden u. breiten sich über den Grund aus. Ein Tier mit 2 cm ⌀ kann so eine Fangzone v. 60 cm ⌀ bilden. Bekannteste Gatt. ist *Cerianthus. C. membranaceus* [B] Hohltiere III), eine Mittelmeerart, ist ein beliebtes Aquarientier, da sie sehr robust ist u. sehr alt wird (50 Jahre sind belegt). Ihr Körper wird 35 cm lang u. trägt etwa 130 Lippententakel sowie ebenso viele, 20 cm lange Fangtentakel. Die Färbung ist sehr variabel. *C. lloydii* ist eine ähnl. Art, die an der Nordsee- u. Atlantikküste lebt. Ihre Wohnröhre kann bis 40 cm in den Untergrund reichen. *Cerianthopsis americanus* ist an der amerikanischen Atlantikküste beheimatet. ☐ 522.

Zylinderwindelschnecken [v. gr. kylindros = Walze], *Truncatellina,* Gatt. der Windelschnecken mit kleinem, zylindr. Gehäuse, das fein gestreift od. gerippt ist; Mundsaum gelippt, mit 1–3 Zähnen. Zahlr. Arten in Europa, Asien u. Afrika. In Mitteleuropa kommen 4 Arten vor, deren Gehäuse bis 2,4 mm hoch wird; am weitesten verbreitet sind die Gemeinen Z. *(T. cylindrica),* auf trockenen Kalkrasen u. Geröllhalden; weniger exponiert kommen die Wulstigen Z. *(T. costulata)* vor, die nach der ↗Roten Liste „potentiell gefährdet" sind. ☐ 522.

Zymase *w* [v. *zymo-], „Gärungsenzym", veraltete Bez. für das – urspr. für einheitl. gehaltene – komplex zusammengesetzte (11 Glykolyse-Enzyme u. Coenzyme) zellfreie System aus Hefe, das die ↗alkohol. Gärung katalysiert (↗Buchner).

Zymogene [Mz.; v. *zymo-, gr. gennan = erzeugen], Sammelbez. für die inaktiven Vorstufen (z.B. *Pepsinogen* [↗Pepsin], *Trypsinogen* [↗Trypsin], *Chymotrypsinogen* [↗Chymotrypsin]) der ↗Proteasen des Magen-Darm-Trakts. ↗Zymogengranula.

Zymogengranula [Mz.; v. *zymo-, gr. gennan = erzeugen, lat. granulum = Körnchen], in enzymproduzierenden Drüsenzellen gespeicherte, vom ↗Golgi-Apparat stammende Sekretvesikel, die inaktive Vorstufen v. Enzymen (↗Zymogene) enthalten. Erst nach ihrer Ausschüttung aus der Zelle durch ↗Exocytose werden die Zymogene, gewöhnl. durch hydrolyt. Spaltung bestimmter Peptidbindungen im Zymogenmolekül, zum wirksamen Enzym aktiviert, wie dies typischerweise bei vielen Verdauungsenzymen der Fall ist, so beim ↗Pepsin der ↗Magen-Drüsen (intrazelluläre inaktive Vorstufe Pepsinogen) u. beim ↗Trypsin u. ↗Chymotrypsin der Bauchspeicheldrüse (↗Pankreas), die zugleich ein Wechselwirkungssystem darstellen, da das zuvor durch ↗Enteropeptidase aus dem Trypsinogen aktivierte Trypsin seinerseits in den Darmlumen das ausgeschüttete Chymotrypsinogen zum aktiven Chymotrypsin hydrolysiert, indem es 2 Dipeptide v. der inaktiven Zymogenstufe abspaltet.

Zymoid *s* [v. gr. kyma = Welle, -oeides = -artig], ungebräuchliche Bez. für ↗Blütenstand.

Zymol *s* [v. *zymo-, lat. oleum = Öl], *Cymol,* als Bestandteil von ätherischen Ölen, z.B. Kümmelöl, Eucalyptusöl und Thymianöl, vorkommendes monocyclisches Monoterpen.

Zymologie *w* [v. *zymo-, gr. logos = Kunde], Wiss. von a) den Enzymen u. b) den Gärungsvorgängen.

Zymomonas *w* [v. *zymo-, gr. monas = Einheit], Gatt. der fakultativ anaeroben, gramnegativen Bakterien; Zellen stäbchenförmig (1,0–1,4 × 2–6 µm), gelegentl. eiförmig, normalerweise in Paaren, auch in charakterist. Gruppen zusammenliegend; (junge) bewegl. Formen besitzen 1–4 polare Geißeln. Sie wachsen meist (mikro-) aerophil u. anaerob, einige Stämme nur anaerob. Im Energiestoffwechsel werden Zucker zu Äthanol vergärt (vgl. Abb.). Der Abbau erfolgt nicht wie bei den Hefen in der Glykolyse, sondern im ↗Entner-Doudoroff-Weg. Z. ist Äthanolbildner im Agavensaft (mexikan. Pulque), verschiedenen Palmsäften u. Zuckerrohrsaft (Brasilien). Er wurde v. Honigbienen u. Honig isoliert u. tritt als Schädling in ↗Bier, Apfelwein u. verschiedenen Mosten auf (Acetaldehydu. Schwefelwasserstoff-Bildung). Gentechnolog. wird versucht, Z.-Stämme so zu verändern, daß sie noch bei höheren Äthanolkonzentrationen wachsen können (normalerweise bis etwa 5%). Neuerdings werden alle Z.-Stämme in 1 Art *(Z. mobilis)* mit 2 U.-Arten eingeordnet (vgl. Tab.), die sich in der DNA/DNA-Homologie unterscheiden.

Zymonema *s* [v. *zymo-, gr. nēma = Faden], Form-Gatt. der ↗imperfekten Hefen. *Z. dermatitidis* (fr. *Blastomyces d.*) wächst biphasig, bei Zimmer-Temp. schimmelpilzartig mit Luftmycel u. Konidien, bei 37°C (z.B. im Gewebe) hefeartig mit Sproßzellen; Erreger der Nordamerikan. Blastomykose; befallen meist bes. Lungen u. Haut. Die Hauptfruchtform ist *Ajellomyces dermatitidis* (Schlauchpilz, Fam. *Gymnoascaceae*).

---

zymo- [v. gr. zymē = Sauerteig].

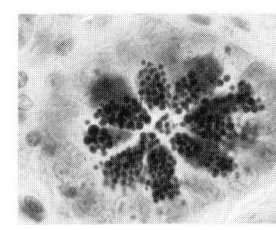

Zymol

Zymogengranula
Bauchspeicheldrüsenzellen, Zymogengranula versilbert

Zymomonas
Äthanolbildung:

Glucose
(Fructose)
↓ *Entner-Doudoroff-Weg*
2 Pyruvat
↳ 2 CO$_2$
2 Acetaldehyd
⊢ 4 H
2 Äthanol

(zusätzlich wird von Z. etwas Milchsäure durch Reduktion v. Pyruvat gebildet)

Zymomonas
Art u. Unterarten:
Z. mobilis Unterart *mobilis* (= *Z. mobilis* var. *anaerobia* = *Saccharomonas anaerobia* var. *immobilis*)

Z. mobilis Unterart *pomacii* (= *Z. anaerobia* var. *pomaceae,* = *Z. mobilis* var. *pomaceae*)

Bei Z vermißte Stichwörter suche man auch unter C und K.

zymo- [v. gr. zymē = Sauerteig].

zymöse Blütenstände [v. lat. cymosus = voller Sprossen] ↗racemöse Blütenstände.

Zymosterin s [v. *zymo-, gr. stear = Fett], Zymosterol, ein z.B. in Hefe vorkommendes C_{27}-Sterin; wird als Zwischenstufe bei der Umwandlung v. ↗Lanosterin in ↗Cholesterin gebildet.

Zypergras [v. gr. kypeiros = Pfl. mit würziger Wurzel], Cyperus, mit ca. 600 Arten vorwiegend tropisch u. subtropisch verbreitete Gatt. der ↗Sauergräser. Der charakterist. Habitus der Z.er mit den an der Stengelspitze rosettig angeordneten Blättern kommt durch starke Verlängerung eines Internodiums u. Stauchung der folgenden Internodien zustande. Der v. einem Blattquirl umgebene Blütenstand besteht aus kopfig od. doldig angeordneten Ährchen mit zweizeil. Spelzen u. monoklinen Blüten. 3 der 4 in Dtl. vorkommenden Arten – darunter als häufigste das Braune Z. (C. fuscus) – sind kleine, einjähr. Pflanzen der Zwergbinsengesellschaften. Das Lange Z. (C. longus) ist eine große, ausläuferbildende Art des ↗Magnocaricion u. kommt in S-Europa vor. Viele Z.-Arten sind als Zierpflanzen beliebt – bes. verbreitet ist C. alternifolius. C. esculentus, die Erdmandel, ist in den Tropen O-Afrikas beheimatet, wird heute jedoch weltweit in den Tropen u. Subtropen angebaut. Die mandelgroßen Sproßknollen (ähnl. Kartoffeln) sind sehr nährstoffreich (vgl. Tab.); man genießt sie roh od. gekocht. Sie werden auch zur Ölgewinnung sowie zur Herstellung eines süßen Getränkes genutzt. Die Papyrusstaude (C. papyrus, B Afrika I) wird bis 3 m hoch; die Halme erreichen den ⌀ eines Armes. V. a. im Ägypten des Altertums besaß C. p. große wirtschaftl. Bedeutung; neben einem eßbaren Rhizom lieferte er das kulturell wichtige Papyrus. Zur Herstellung (die über 3 Jtt., bis ins 11. Jh. n. Chr., betrieben wurde) spaltete man das Mark des Sprosses in dünne Scheiben u. preßte diese zus. Zusätzlich wurden aus Papyrushalmen auch Flechtwerk u. sogar Schiffe hergestellt. Der norweg. Ethnologe Thor Heyerdahl erbrachte 1970 den Beweis, daß mit einem nach altägypt. Vorlagen gebauten Papyrusschiff Amerika von N-Afrika aus erreicht werden konnte. Weitere C.-Arten werden als Nahrungs-, Arznei- u. Faserpflanzen genutzt.

Zypresse w [v. gr. kyparissos = Zypresse], Cupressus, Gatt. der ↗Zypressengewächse mit ca. 15 von O-Asien bis zum östl. Mittelmeerraum u. im westl. N-Amerika verbreiteten Arten. Zweige vierkantig mit im Alter schuppenförm. Blättchen, ♀ Zapfen kugelig u. holzig mit schildartig schließenden Zapfenschuppen. Die bis 30 m hohe Echte Z. (C. sempervirens; westl. Asien, Mittelmeergebiet; B Mediterranregion III) kommt in einer breitkronigen u. in einer säulenart. Wuchsform vor u. ist im Mittelmeerraum ein geschätzter Zierbaum. Das Holz ist aromatisch, hart u. dauerhaft u. wurde daher bereits im alten Ägypten u. a. für Särge benutzt; heute wird es v. a. für Drechsler- u. Tischlerarbeiten verwendet. Weitere Arten: C. macrocarpa (Kalifornien), C. lusitanica (Mexiko, Guatemala), C. funebris (China).

Zypressengewächse, Cupressaceae, Fam. der ↗Nadelhölzer mit 20 Gatt. und etwa 130 Arten; immergrüne, reichverzweigte Bäume od. Sträucher, Blätter kreuzgegenständig od. in Dreier- (selten Vierer-)Wirteln, in der Jugend nadelförmig, später meist schuppenförmig den Zweigen anliegend; ♂ Blütenzapfen klein mit kreuzgegenständig od. wirtelig angeordneten Staubblättern, ♀ (Blütenstands-)Zapfen aus holzigen, ledrigen od. fleischigen, z. T. sterilen Zapfenschuppen bestehend, die aus der Verwachsung v. Deck- u. Samenschuppe hervorgegangen sind u. damit einer Blüte entsprechen. Traditionell werden die Z. in 3 U.-Fam. gegliedert. Bei den Cupressoideae sind die Zapfenschuppen holzig u. schließen schildförmig aneinander. Hierzu gehören die ↗Zypresse (Cupressus) u. die ↗Lebensbaumzypresse (Chamaecyparis). Holzige od. ledrige, aber dachziegelartig schließende Zapfenschuppen besitzen die Thujoideae mit den wichtigen Gatt. ↗Lebensbaum (Thuja), ↗Tetraclinis, ↗Libocedrus, ↗Callitris u. ↗Fitzroya. Bei den Juniperoideae mit der Gatt. ↗Wacholder (Juniperus) werden die Zapfenschuppen fleischig u. verwachsen untereinander zu beeren- od. steinfruchtähnl. Scheinfrüchten. Dieser wohl eher künstl. Unterteilung steht neuerdings eine stärker natürl. Gliederung in die 2 U.-Fam. Callitroideae (überwiegend südhemisphärisch; Tetraclinis, Libocedrus, Callitris, Fitzroya) u. Cupressoideae (überwiegend nordhemisphärisch) gegenüber. – Fossil lassen sich die Z. mit einiger Sicherheit bis in die späte Trias zurückverfolgen; ihren Ursprung nahmen sie vermutl. wie die übrigen Nadelhölzer von den ↗Voltziales.

Zypressenkraut, Heiligenkraut, Santolina chamaecyparissus, in den Zwergstrauchheiden der westl. Mittelmeergebiets heimischer, aromat. duftender ↗Korbblütler (T), ein Halbstrauch mit 4zeilig angeordneten, graufilzig behaarten, schmalen, kammartig gefiederten Blättern u. langgestielten, aus gelben Röhrenblüten bestehenden Blütenköpfen. Früher als Heilkraut u. Mottenmittel benutzt, wird das Z. heute häufig als Gartenzierpflanze kultiviert.

Zypressenmoos, Sertularia cupressina, Vertreter der ↗Sertulariidae; Polypenkolonien mit deutl., oft gedrehtem Hauptstamm, der 45 cm hoch wird; die Polypen sitzen in 2 Reihen auf den Zweigen. Das Z. kommt im Atlantik u. in der Nordsee häufig vor. Es wird zus. mit dem ↗Korallenmoos als ↗Seemoos geerntet.

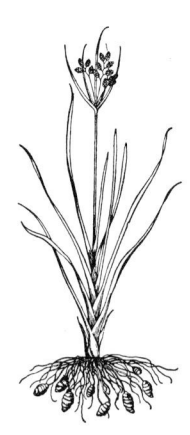

Zypergras
Erdmandel (Cyperus esculentus)

Zypergras
Inhaltsstoffe der Erdmandel (Cyperus esculentus):
Kohlenhydrate 40%
Fette (v. a. Ölsäureester) 20–25%
Wasser 20–30%
Protein 8%

Zypresse
Die Echte Z. (Cupressus sempervirens) wird in ihrer Säulenform im Mittelmeerraum viel kultiviert

Bei Z vermißte Stichwörter suche man auch unter C und K.